工程项目施工组织设计范例

中铁二局股份有限公司　卿三惠　等　编著

中国铁道出版社

2014年·北　京

内容简介

为总结和推广工程项目施工组织管理经验，规范工程项目施工组织设计编制，提升工程项目施工组织管理水平，作者在全面系统地总结工程项目施工组织设计管理经验的基础上，广泛吸收国内外先进技术，紧密结合工程实例编著的《工程项目施工组织设计范例》，内容涵盖施工组织设计的基本知识和铁路、公路、市政、地铁、房建等专业的工程项目施工组织设计范例。

该书理论联系实际，内容系统完整，工程范例典型，具有较强的“实用性、先进性、示范性”和可操作性，可供从事铁路、公路、市政、地铁、房建等专业的施工管理人员、技术人员和大专院校师生学习和参考。

图书在版编目(CIP)数据

工程项目施工组织设计范例/卿三惠等编著．—北京：中国铁道出版社，2014.10

ISBN 978-7-113-19098-9

Ⅰ.①工… Ⅱ.①卿… Ⅲ.①建筑工程—施工组织—设计—案例 Ⅳ.①TU721

中国版本图书馆CIP数据核字(2014)第187115号

书　　名：工程项目施工组织设计范例
作　　者：卿三惠　等

策　　划：江新锡
责任编辑：江新锡　徐　艳　　**编辑部电话：**010-51873193
封面设计：郑春鹏
责任校对：龚长江
责任印制：郭向伟

出版发行：中国铁道出版社(100054，北京市西城区右安门西街8号)
网　　址：http://www.tdpress.com
印　　刷：中煤涿州制图印刷厂北京分厂
版　　次：2014年10月第1版　2014年10月第1次印刷
开　　本：880 mm×1 230 mm　1/16　印张：57.25　插页：5　字数：1946千字
书　　号：ISBN 978-7-113-19098-9
定　　价：310.00元

主编简介

卿三惠，男，1956年生，贵州省息烽县人，工学博士，教授级高工，国家注册土木工程师。1982～2006年在中铁二院工程集团有限公司从事工程勘察设计25年(其间任院副总工程师8年)，2006年8月至今任中铁二局股份有限公司总工程师。历经南防、南昆、黎湛、株六、水柏、黔桂、渝怀、遂渝、达成、大丽、玉蒙、滇藏、京津等新(改)建铁路的前期研究、勘察设计及施工实践，长期致力于工程勘察设计与结合工程的科学试验研究，多项成果荣获国家、省(部)、总公司级奖励，为铁路勘察设计与施工技术进步作出了积极的贡献。

勘察设计：《水柏铁路北盘江大桥工程地质勘察》获铁道部工程勘察一等奖和国家银奖；《渝怀铁路圆梁山隧道工程地质勘察》、《黔桂铁路工程地质勘察》、《高烈度地震区铁路工程地质与环境地质综合选线》获四川省工程勘察一等奖；《南防铁路小董河特大桥工程地质勘察》、《遂渝铁路引入重庆枢纽无砟轨道试验段工程地质勘察》、《遂渝铁路龙凤隧道地质综合勘探》、《洛湛铁路南岭山脉紫金山越岭段工程地质选线》获省(部)工程勘察二等奖；《南昆铁路南那段龙床地裂区工程地质勘察》获中国中铁总公司工程勘察三等奖；《水柏铁路选线设计》、《时速200公里遂渝铁路路基工程设计》、《黔桂铁路扩能改造工程设计》分获省(部)工程设计一、二、三等奖。

科学研究：《京津时速350公里铁路线路工程技术及应用》获铁道部科学技术特等奖；《时速350 km高速铁路CRTSⅡ型板式无砟轨道施工技术及关键设备研究》、《海底隧道钻爆法施工关键技术》获省(部)科技进步一等奖；《独塔斜拉连续刚构组合桥关键施工技术》、《客运专线无砟轨道制造与施工成套设备及工艺研究》、《超深埋大断面隧道群施工关键技术》、《长大岩溶隧道快速施工与配套设备研究》获省(部)科技进步二等奖；《红层软岩地区建造时速200公里客货共线铁路路基关键技术》、《超浅埋地铁大断面长距离水平冻结施工技术》、《高压富水地层超深埋特长隧道施工技术》、《城市地下互通立交隧道群施工技术》、《高瓦斯特长隧道建设关键技术》获省(部)科技进步三等奖；《大跨径曲线梁非对称外倾式钢箱拱桥关键施工技术》、《富水砂卵石地层土压平衡盾构施工关键技术》、《高寒地区冻土隧道施工技术研究》、《玉蒙铁路特殊路基修建技术研究》获中国中铁总公司科学技术一等奖；《遂渝铁路一次铺设跨区间无缝线路轨道关键技术试验研究》、《特殊环境修建复杂洞室群地铁车站整体洞桩法施工关键技术》、《科技管理信息系统》获中国中铁总公司科学技术二等奖；《大断面单拱单柱双层地铁车站浅埋暗挖施工技术》、《工程测量数据处理技术研究及其通用软件GSP开发》获中国中铁总公司科学技术三等奖。

学术成就：发表科技论文40余篇，对山区铁路选线、工程地质及水文地质勘察、岩溶和软弱地基处理、滑坡或边坡工程治理、复杂地质隧道灾害防治、高速铁路设计与施工、工程试验与监测等技术问题进行了有益的研究和探索；主编出版《西南铁路工程地质研究与实践》、《土木工程施工工艺》(1～5册)、《高速铁路建造技术—施工卷》(上、下册)、《铁路工程勘察设计与施工技术研究》、《高速铁路隧道工程施工技术指南》、《铁路隧道施工安全技术规程》，参编出版《铁路路基填筑连续压实控制技术规程》、《铁路混凝土支架法现浇施工技术规程》、《CRTSⅡ型板式无砟轨道施工质量验收标准》、《高速铁路地基处理手册》、《铁路工程声屏障施工技术指南》等；主持或参加研发国家级工法5项、省(部)级工法12项；国家授权发明专利20项、实用新型专利5项。

社会荣誉：荣获“四川省工程勘察设计大师”、“四川省学术和技术带头人”、中施协和中建协“全国技术创新先进个人”、中国中铁总公司“突出贡献中青年专家”和“十一五科技创新标兵”、“全国铁路火车头奖章”、“汶川与玉树地震灾后重建先进个人”等社会荣誉。

《工程项目施工组织设计范例》编委会

前　言

为总结和推广工程项目施工组织管理经验，规范工程项目施工组织设计编制，提升工程项目施工组织管理水平，中铁二局股份有限公司组织工程技术人员在全面系统地总结工程项目施工组织设计管理经验的基础上，广泛吸收国内外先进技术，紧密结合工程实例编著的《工程项目施工组织设计范例》，共18章。

第1～4章论述施工组织设计的基本知识。主要内容包括工程项目施工组织设计的概念、意义及施工组织设计编制的一些问题及对策；工程项目管理的基本工作程序、项目管理策划及模式选择的基本原则，施工组织设计分级管理制度及施工组织设计的审批、实施、调整、日常管理；工程项目施工调查的内容、组织与分工及施工调查报告的编写；施工组织设计编制的原则、依据、程序、内容及工程项目进度计划安排等。

第5～18章重点介绍工程项目施工组织设计范例。主要内容涉及铁路、公路、市政、地铁、房建等专业的14个代表性工程项目的施工组织设计。各项目施工组织设计的内容均包括编制说明、工程概况、工程项目管理组织、施工总体部署、主要施工方案、施工进度安排、资源配置计划、施工现场布置、综合管理（进度、质量、安全、环保、文明施工等）措施共九个部分，并与附录1、附录2配套使用，构成一项完整的工程项目施工组织设计。

参加编写的人员大多是施工生产一线的技术骨干或专家，有较强的基础理论和丰富的工程实践经验，展现了本书理论联系实际、内容系统完整、工程范例典型等特点，具有较强的实用性、先进性、示范性和可操作性，可供铁路、公路、市政、地铁、房建等专业施工管理人员、技术人员和大专院校师生学习和参考。本书编撰过程中，参考了大量的文献和资料，向原作者和单位表示感谢。

由于编者水平有限，书中难免存在疏漏和不足之处，恳请读者批评指正。

编者

2014年5月　成都

目　　录

第1章　绪　　论

1.1　工程项目与施工组织设计的概念

工程项目是以工程建设为载体的项目，是作为被管理对象的一次性工程建设任务。它以建筑物或构筑物为目标产出物，需要支付一定的费用、按照一定的程序、在一定的时间内完成，并应符合质量要求。工程项目是施工组织设计的载体，是施工组织设计编制的重要依据，施工组织设计是工程项目的核心，是工程项目建设的重要指导文件。

工程项目施工组织设计，是针对拟建工程的特点和环境情况，在开工前对所需的施工劳动力、施工材料、施工机具和施工临时设施，经过科学计算、分析对比及合理安排而编制的一套在时间和空间上进行合理施工的组织策划方案，是指导施工准备和组织施工的技术经济文件。根据工程项目建设规模和特点，施工组织设计可分为指导性施工组织设计和实施性施工组织设计。指导性施工组织设计是工程项目的全局性战略部署，内容和范围比较概括；实施性施工组织设计依据指导性施工组织设计编制，将工程项目的实施内容进一步具体化。

工程项目的施工组织设计，是指导施工全过程各项活动的纲领性文件，是施工技术与施工项目管理有机结合的产物，是工程开工后施工活动有序、高效、科学、合理地进行的保证。施工组织设计以单个工程为对象进行编制，有很强的技术性和综合性，需要编制人员有足够的工程理论基础和一定的实践经验。施工组织设计的内容，必须符合国家有关法律、法规、标准及地方规范的要求，也必须适应工程项目和业主、设计、监理的特殊要求。施工组织设计必须满足指导和控制施工过程的作用，在一定的资源条件下实现工程项目的安全、质量、工期、效益目标。

1.2　工程项目施工组织设计的意义

(1)从建筑产品及其生产的特点来看

工程实践表明，不同的建筑物或构筑物均有不同的施工方法，相同的建筑物或构筑物的施工方法也不尽相同，即使同一个标准设计的建筑物或构筑物，因为建造地点不同，施工方法也不可能完全相同。所以，根本没有完全统一的、固定不变的施工方法可供选择，应根据不同的拟建工程编制相应的施工组织设计。必须详细研究工程特点、地区环境和施工条件，从施工的全局和技术经济角度出发，遵循施工工艺的要求，合理地安排施工过程的空间布置和时间排列，科学地组织物质资源供应和消耗，把参与施工的各单位、各部门及各施工阶段之间的关系统筹协调起来，这就需要在拟建工程开工之前，进行统一部署，通过施工组织设计科学地表达出来。

(2)从建筑施工在工程建设中的地位来看

基本建设的内容和程序是先计划、再设计、后施工三个阶段。计划阶段是确定拟建工程的性质、规模和建设期限；设计阶段是根据计划的内容编制实施建设项目的技术经济文件，把建设项目的内容、建设方法和投产后的经济效果具体化；施工阶段是根据计划和设计文件的规定制定实施方案，把人们主观设想变成客观现实。根据基本建设投资分配可知，在施工阶段的投资占基本建设总投资的60%以上，远高于计划和设计阶段投资的总和。因此，施工阶段是基本建设中最重要的一个阶段。认真编好施工组织设计，对保证工程项目施工的顺利进行，实现预期效果，具有重要的意义。

(3)从施工企业的经营管理来看

1)施工企业的施工计划与施工组织设计的关系

施工企业的施工计划是根据国家或地区基本建设计划的要求及企业对建筑市场进行科学预测和中标的

结果，结合施工企业的具体情况，制定出的企业不同时期的施工计划和各项技术经济指标。而施工组织设计是按具体拟建工程对象的开、竣工时间编制的指导施工的文件。对于现场型企业来说，企业的施工计划与施工组织设计是一致的，施工组织设计是企业施工计划的基础。对于区域型施工企业来说，当拟建工程属于重点工程时，为了保证其按期投产或交付使用，企业的施工计划要服从重点工程、有工期要求的工程和续建工程的施工组织设计要求。也就是说，施工组织设计对企业的施工计划起着决定性和控制性的作用；当拟建工程属于非重点工程时，尽管施工组织设计要服从企业的施工计划，但其施工组织设计对本身的施工仍然起决定性的作用。由此可见，施工组织设计与施工企业的施工计划两者之间有着极为密切的、不可分割的关系。

2)施工企业生产的投入、产出与施工组织设计的关系

建筑产品的生产和其他工业产品的生产一样，都是按要求投入生产要素，通过一定的生产过程，而后生产出成品。建筑施工企业经营管理目标的实施过程，就是从承担工程任务开始到竣工验收交付使用的全部施工过程的计划、组织和控制的投入、产出过程的管理，基础就是科学的施工组织设计。即按照基本建设计划、设计图纸规定的工期和质量、遵循技术先进、经济合理、资源少耗的原则，拟定周密的施工准备、确定合理的施工程序、科学地投入人才、技术、材料、机具和资金等五个要素，达到进度快、质量好、经济省三个目标。可见，施工组织设计是统筹安排施工企业生产的投入、产出过程的关键。

3)施工企业的现代化管理与施工组织设计的关系

施工企业的现代化管理，主要体现在经营管理素质和经营管理水平两个方面。施工企业的经营管理素质主要是指竞争、应变、盈利、技术开发和扩大再生产等方面的能力；施工企业的经营管理水平是指计划、决策、组织、指挥、控制、协调、教育、激励等方面的职能。经营管理素质和水平是企业经营管理的基础，是实现企业的贡献、信誉、发展、职工福利等经营管理目标的保证，也是发挥企业经营管理素质和水平的关键过程。所以，无论是企业经营管理素质的能力，还是企业经营管理水平的职能，都必须通过施工组织设计的编制、贯彻、检查和调整来实现。因此，施工企业的经营管理素质和水平的提高、经营管理目标的实现，都离不开施工组织设计编制到实施的全过程，充分体现了施工组织设计对施工企业的现代化管理的重要性。

1.3 工程项目施工组织设计编制的一些问题及对策

1)在工程项目施工组织设计编制中，普遍存在以下问题：

①某些施工企业积累的施工技术资源(特别是智力资源)不能充分推广应用。一方面是编制人员自身素质和经验不足造成的；另一方面是传播渠道不畅所致。对早已有的成功经验没有认真借鉴，所编制的内容缺乏新技术、新工艺，未能起到提高劳动效率、降低资源消耗的作用。往往有这样一种情况，某施工组织设计编制人员构想的内容，早已有经验可以借鉴，但他不仅没有借鉴，甚至根本不知道有这项成果的存在，这就给编制人员带来了大量的重复劳动。

②某些施工组织设计编制人员缺乏技术理论基础和施工实践经验，编制施工组织设计中对技术规范照搬照抄，而未对具体工程的特点进行有针对性的规划和设计，不能起到指导施工的作用。

③施工组织设计必须对每个建筑工程逐个进行编制，以适应不同工程的特点。但不同编制人员对于同类型的施工工艺，在进行编制的同时作了大量不必要的重复劳动，降低了工作效率。

④某些编制人员编制的施工组织设计，只作为技术管理制度的一项工作，主要追求施工效益，而很少考虑经济效益，存在只注重组织技术措施，而忽视经济管理的内容，以致在实施过程中不讲成本，未能实现经济效益的目标。

⑤施工组织设计的编制，经常是技术部门几个技术人员包揽，技术部门搞编制，生产部门管执行，出现设计与实施分离的现象，以致造成施工组织设计流于形式，不能起到指导施工的作用。

随着科学技术的发展和建筑水平的不断提高，施工企业管理体制的进一步完善，原有的传统施工组织设计编制方法已不能适应现代的要求。我国已加入了 WTO，建筑施工企业为了适应日益激烈的市场竞争形势，适应建筑市场和新型施工管理体制的需要，要具备建造现代化建筑物的技术力量和手段，就必须对现在的施工组织设计的编制方法进行改进。

2)针对上述问题，提出以下对策

①运用系统的观念和方法，建立施工组织设计编制工作的标准。行业管理部门如对建筑工程的大中型

项目施工组织设计进行收集，经过分析、归纳、整理并发布，使先进的施工组织设计能发挥效益，减少编制人员重复劳动，有利于推广先进的施工组织设计经验。

②企业应改变施工组织设计由技术部门包揽的做法，实行谁主管（如项目经理）、谁负责主持编制的方法，使施组设计能较好地服务于施工项目管理的全过程。

③施工组织设计的内容是根据不同工程的特点、要求及现有的、可能创造的施工条件，从工程实际出发，决定各种生产要素的结合方式。选择合理的施工方案是施工组织设计的核心，应根据多年积累的建筑施工技术资源，借鉴国内外先进施工技术，运用现代科学管理方法并结合工程项目的特殊性，从技术经济上比较，选出最合理的方案来编制施工组织设计，使技术上的可行性同经济上的合理性统一起来。

④运用现代化信息技术，编制标准化的模块化施工组织设计，以便积累、分组、交流及重复应用。通过各个技术模块的优化组合，减少无效劳动。

⑤贯彻国家质量管理和保证体系标准，建立并完善科学的、规范的质量保证体系。编制的质量保证计划，应与施工组织设计同时进行，使二者有机地结合起来。

⑥施工组织设计必须扩大深度和范围，对设计图纸的合理性和经济性做出评估，实现设计和施工技术一体化的有机融合。

⑦施工企业要建立施工组织设计总结与工法制度，扩大技术积累，加快技术转化，使新的技术成果在施工组织设计中得到推广应用。

当今知识经济时代，信息技术在工程项目管理中的作用越来越大，建筑施工企业应大力发展与运用信息技术，重视高新技术的移植和利用，拓宽智力资源的传播渠道，全面改进传统的施工组织设计编制方法，使信息在生产力诸要素中起到核心作用，逐步实现施工信息自动化、施工作业机械化、施工技术模块化和标准化，以产生更大的经济效益，增强建筑施工企业的竞争力，促使企业在日益激烈的竞争中更好地生存和发展。

第2章　工程项目施工组织设计管理

2.1　工程项目施工组织设计管理的内容

(1)工程项目管理。工程项目中标后,应遵循项目管理基本工作程序,组织开展项目管理策划,确定项目管理模式,对工程项目进行分级,按照施工组织设计分级管理体系,对工程项目的施工组织设计进行编制、审批和实施。各级生产指挥机构必须根据施工组织设计合理配置各项施工生产资源,均衡组织施工生产,加强施工过程控制,确保实现安全、质量、工期、效益目标。

(2)施工组织设计管理。为规范施工组织设计的编制和审批,明确各级单位、部门在施工组织设计管理中的职能,施工企业(公司)应制定《施工组织设计分级管理办法》,要求各单位承建的工程在项目管理机构成立后3个月内,必须编制完成施工组织设计,并按规定报上级审批后组织实施。

2.2　工程项目管理基本工作程序

为推进项目管理规范化、标准化和程序化,使项目管理各项基本工作有章可循,施工企业(以中铁二局为例)规定"凡以公司名义投标及公司为合同主体中标的工程项目,项目管理的基本工作应按照项目投标→项目中标→项目管理策划→施工组织设计→施工过程控制→项目竣工交验→项目考核→项目收尾→工程回访的程序及相关要求执行;以子公名义中标的工程项目可参照执行"。

2.3　工程项目管理策划

项目管理策划的主要工作内容:确定管理模式,进行任务划分及队伍组建;设立组织机构并确定管理班子和配置管理人员,明确管理职责;确定大型临时设施方案、物资及设备供应方案、安全管理目标、质量管理目标及创优规划、经济指标、科技创新规划、文明施工及环境保护方案等。

对路内和路外中标的工程项目,采用不同的任务划分方式,并在收到中标通知书及相关资料后7日内以文件形式下达工程任务划分和项目管理方式的通知。

路内项目:根据各子公司(专业分公司)的专业特长、管理水平,现有的施工能力和生产规模,由公司工程管理部提出初步方案,报公司领导会议决定。

路外项目:为鼓励子公司(专业分公司)参与路外建筑市场竞争,开拓公司经营领域,路外任务的划分采取"谁投标、谁施工(指子公司、专业分公司)"的原则,先由区域分公司向公司提出任务划分的建议,再由公司工程管理部起草内部任务划分文件并报公司领导批准。

项目领导班子、项目经理在投标前选定,中标后不得随意调整变换。公司自管项目的领导班子由公司委派,授权子公司管理的项目由子公司提议、公司审批,子公司自管项目由子公司自行委派。

2.4　工程项目管理模式

选择正确的项目管理模式能够理顺管理关系,明确管理职责,提高管理效益,为项目创造更大经济效益奠定坚实的基础,是项目能够顺利实施的前提。工程项目采用的管理模式有以下几种:

(1)公司"自管项目"管理模式

以公司为项目合同主体,由公司派员组建机构并实施管理。现场设置项目经理部、项目分部两级管理机构,其中项目经理部由公司派员组建,项目分部由参建子(分)公司派员组建。项目经理部全面代表公司在现场履行合同义务，严格按照项目管理责任制的原则，负责项目的实施和管理，对项目的安全、质量、工期、成本、效益等各项工作负责任主体职责，是项目的管理中心和效益中心。项目分部是项目的作业层，对自己承担工程任务的安全、质量、工期、责任成本等工作负责任主体职责，是项目的责任成本中心。

此种管理模式，主要用于大型铁路项目或工程体量大、涉及专业多、技术难度大的路外项目，且必须由公司派员组建管理机构进行管理才能圆满完成任务的项目。如铁路项目合同额在30亿元以上，管理跨度和难度较大，需要多家子(分)公司共同参与才能完成的项目；公路项目合同额在25亿元以上，技术复杂、施工难度较大、安全质量风险较高，一家子(分)公司难以实施的项目；地铁及市政项目合同额在15亿元以上，施工难度大、安全风险高、社会影响大，一家子(分)公司难以实施的项目；房建项目合同额在30亿元以上，需要多家子(分)公司共同参与施工的项目；其他工程类项目根据承担任务的具体情况确定。

(2)公司“直管项目”管理模式

以公司为项目合同主体，由公司派员组建机构并实施管理，现场设置项目经理部一级管理机构，由项目经理部直接组织劳务协作队伍或劳务人员进行施工。项目经理部全面代表公司在现场履行合同义务，对项目的安全、质量、工期、成本、效益等各项工作负责任主体职责，是项目的管理、效益、责任成本中心。

此种管理模式主要用于项目规模一般、技术难度较小、涉及专业能利用社会资源完成，且由公司组建管理机构进行管理可以实现更大效益的项目。此种管理模式，因项目经理部是一次性临时机构，对项目后期的责任追究或缺陷修补难以落实到具体责任单位，只在特殊情况下采用。

(3)子(分)公司“代局指项目”管理模式

以公司为项目合同主体，由牵头子(分)公司以公司名义组建机构并实施管理，多家子(分)公司共同承担施工任务。现场设置项目经理部、项目分部两级管理机构。项目经理部由负责牵头的子(分)公司派员组建、代表公司行使管理职责；项目分部由其他参建子(分)公司派员组建，属于配合单位参与项目施工。项目经理部全面代表公司在现场履行合同义务，负责项目的实施和管理，对项目的安全、质量、工期、成本、效益等各项工作负责任主体职责，是项目管理中心和效益中心。项目分部是项目作业层，对自己承担工程任务的安全、质量、工期、成本等工作负责任主体职责。

此种管理模式主要用于项目规模一般，技术难度较小、管理难度不大且涉及专业较多，由一家子(分)公司难以实施，适合多家子(分)公司共同承担施工任务的项目。公司根据参建子(分)公司承担任务多少或难易程度，指定其中一家作为牵头单位，负责派员组建项目经理部，代表公司履行相应的管理职责，其他参建单位为配合单位，负责完成本单位承担的施工任务，并履行本单位的管理职责。如铁路项目合同额在30亿元以下，管理跨度和难度较小，且涉及专业较多，需要多家子(分)公司共同参与才能完成的项目；公路项目合同额在25亿元以下，技术不复杂、施工难度较小、安全风险不高，一家子(分)公司难以实施的项目；地铁及市政项目合同额在15亿元以下，施工难度不大、涉及专业较多、安全风险不高，一家子(分)公司难以实施的项目；房建项目合同额在30亿元以下，需要多家子(分)公司共同参与施工的项目；其他工程类项目根据承担任务的具体情况确定。

(4)授权“子(分)公司管理”管理模式

以公司为项目合同主体，授权子(分)公司以公司名义派员组建机构并实施管理。现场设置项目经理部一级管理机构，全面代表公司在现场履行合同义务，对项目的安全、质量、工期、成本、效益等各项工作负责任主体职责，是项目的管理、成本、效益中心。

此种管理模式主要用于由子(分)公司利用公司的资质或资源，通过自身努力承揽到的工程项目，且工程任务一家子(分)公司能够独立完成。公司按照一定的比例收取项目总承包收益，项目的盈亏由子(分)公司自己全权负责。

(5)子(分)公司“自管项目”管理模式

以子公司为项目合同主体，由子公司自行派员组建机构并实施管理。现场设置项目经理部一级管理机构，全面代表子公司在现场履行合同义务，对项目的安全、质量、工期、成本、效益等各项工作负责任主体职责，是项目的管理、成本、效益中心。

此种管理模式主要用于由子公司利用自己的资质或资源，通过自身努力承揽、且自身能够独立完成的项目。此类项目，公司不收取项目总承包收益等费用，项目的盈亏由子公司全权负责。

2.5 工程项目管理模式选择的基本原则

选择合适的工程项目管理模式，是项目顺利实施的重要保障，是实施项目管理的基础。根据承担工程任务的特点，应按照以下基本原则确定具体管理模式。

(1) 项目效益最大化。哪种管理模式更能够实现管控到位、效益最大，就选择那种管理模式。效益优先是管理的基本原则，但不可一味追求效益而忽视安全、质量风险来换取效益。

(2) 项目管理扁平化。选择工程项目管理模式时，应尽量减少管理层次，实现项目扁平化管理，减少现场管理费用及管理人力资源，提升项目经济效益。

(3)现场机构设置必须化。工程任务能够由子(分)公司设置机构并实施管理的，公司就不设置管理机构；能够由一家子(分)公司完成工程任务的，不在分配其他子(分)公司共同承担；只有必须由公司派员组建机构才能达到项目的管理效果时，公司才设置管理机构。公司按照管理能力与管理跨度、难度相适应的原则，尽量减少现场机构的设置。

2.6 工程项目分级的界定

(1) 一级项目

1)特大型项目：规模特别大(中标金额≥5 亿元人民币)的工程项目。

2)年度重点项目：公司年度施工生产总体部署确定的技术难度大、工期紧迫、安全风险大、质量要求高、项目影响大及新领域内的工程项目。

3)特殊重点单项工程：技术难度符合表 2-1 的工程项目。

(2)二级项目

技术难度低于表 2-1 中界定值，但项目实施影响比较大、质量要求高，并存在一定的工期、安全压力，需要公司关注的项目。

(3)三级项目

成熟施工技术或常规的工程项目。

工程项目中标后，由公司根据投标施工组织设计及施工调查报告，参照以上规定，将项目界定为一级、二级、三级项目。

表 2-1 特殊重点单项工程界定表

分 类	项 目	指 标
一、桥梁工程		
1. 下部结构	水中基础	水深 $H \geqslant 10$ m
	高墩	墩高 $H \geqslant 80$ m
2. 上部结构	连续梁(刚构)、斜拉桥，及其他特殊桥梁(悬索桥、顶推桥、悬拼桥、转体桥、移动模架法等)	
	拱桥	无支架，跨度 $L \geqslant 100$ m；有支架，跨度 $L \geqslant 80$ m
	支架上现浇梁	支架高度 $H \geqslant 10$ m
	大型整孔箱梁制、运、架	制梁规模 $N \geqslant 100$(孔)，铁路：$L \geqslant 24$ m，公路及市政：$L \geqslant 35$ m
3. 既有线顶进桥(涵)		跨度 $L \geqslant 12$ m
二、隧道工程		
1	钻爆法掘进的长大隧道	长度≥3000 m
2	大跨度隧道(包括连拱隧道)	跨度≥20 m
3	不良地质隧道	断层影响带及软弱破碎带≥300 m；富水及高水压；瓦斯隧道

续上表

分　类	项　目	指　标
二、隧道工程		
4	TBM施工的长大隧道	
三、城市轨道交通工程	盾构法施工的区间、盖挖法施工车站及区间、地下折返线、富水软土隧道暗挖施工、复杂地下结构等	
四、路基工程		
1	既有线大型土石方爆破	一次土石方爆破量≥10万m^3
2	大型支挡结构(工点)	抗滑桩、锚索桩N≥200根,桩板式挡墙L≥500 m
五、房建工程		
1	一般房建工程	28层以上;36 m跨度以上(轻钢结构除外);单项工程建筑面积3万m^2以上
2	高耸构筑工程	高度120 m以上
3	住宅小区工程	建筑面积12万m^2以上
4	特殊结构(薄壳、悬吊等)	

注:符合表列条件的为公司特殊重点单项工程,各子公司、公司指挥部(经理部)可根据管段内工程情况,确定自身的重难点单项工程。

(4) 铺架、四电、水利等工程项目。根据项目具体情况,由公司主管领导决定施工组织设计是否报经公司审批。

2.7　工程项目施工组织设计分级管理制度

(1)工程项目施工组织设计实行分级管理。

1)公司直管项目中的一、二级项目,执行“公司→公司指挥部(经理部)→子公司→子公司项目部”四级管理体系。

2)公司直管项目中的三级项目,执行“公司指挥部(经理部)→子公司→子公司项目部(作业队)”三级管理体系。

3)公司委托管理项目和子公司自管项目中的一、二级项目,执行“公司→子公司→子公司项目部”三级管理、分公司监管的体系。

4)公司委托管理项目和子公司自管项目中的三级项目,执行“子公司→子公司项目部”两级管理、分公司监管的体系。

(2)公司、公司指挥部(经理部)、子公司、子公司项目部的总工程师负责组织指导施工组织设计的编制。

(3)施工组织设计由各级工程管理部门归口管理,上级工程管理部门对下级工程管理部门的工作实施督促、检查和指导。

1)公司施工组织设计管理部门为公司工程管理部。

2)公司指挥部(经理部)施工组织设计管理部门为下设的工程部(工程科)。

3)分公司施工组织设计监管部门为下设的工程部(工程科)。

4)子公司施工组织设计管理部门为下设的工程部(工程科)。

5)子公司项目部施工组织设计管理部门为下设的工程部(技术室)。

(4)施工组织设计管理职责:

1)公司职责

负责一级项目或需要公司审批的其他项目的施工组织设计审批;检查各子公司、公司指挥部(经理部)、子公司项目部的施工组织设计审批及实施情况;必要时牵头组织编制一级项目施组设计。

2)公司相关部门职责

工程管理部是公司组织施工组织设计审查或审批的主管部门,并负责二级项目施工组织设计审批;安质、科技、成本、人力、财会部等有关部门参与公司组织的各类工程项目施工组织设计评审,并根据本部门相关职责提出审查意见。

(5)公司指挥部(经理部)施工组织设计管理职责

负责主持编制一级项目施工组织设计,报公司审批;负责组织编制二级项目施工组织设计,报公司工程管理部审批;负责审批子公司项目部编制的三级项目施工组织设计。

(6)子公司施工组织设计管理职责

负责主持委托管理、自管的一级项目施工组织设计编制,报公司审批;参加直管的一级项目施工组织设计编制;负责组织委托管理、自管的二级项目施工组织设计编制,报公司工程管理部审批;参加直管的二级项目施工组织设计编制;负责审批托管及自管的三级项目施工组织设计。

(7)分公司施工组织设计管理职责

收集和熟悉所有监管项目经公司、子公司批准的施工组织设计,按照公司规定检查子公司项目部施工组织设计执行情况,及时发现监管项目在施工生产过程中存在的问题,并将有关情况上报公司和通报承建项目的子公司。

(8)子公司项目部施工组织设计管理职责

参加编制一级、二级项目施工组织设计;负责编制三级项目施工组织设计,其中委托管理及自管项目报子公司审批、直管项目报子公司审查后报公司指挥部(经理部)审批;负责实施经批准的施工组织设计,编制项目的施工作业指导书,并进行技术交底。

2.8 工程项目施工组织设计的审批

公司对施工组织设计审批实行分级管理制度。

一级项目或需要公司审批的其他项目的施工组织设计审批,由公司主管领导主持召开公司专家委员会、公司办公室、经营开发中心、工程管理部、安质环保部、科学技术部、成本管理部、人力资源部、财务会计部等相关部门参加的施工组织设计评审会审定,并在15个工作日内,以公司行文批复;二级项目施工组织设计审批,由公司工程管理部组织召开有关部门参加的施工组织设计审查会,在10个工作日内,以公司工程管理部行文批复;三级项目施工组织设计的审批,直管项目由公司指挥部(经理部)负责在10个工作日内行文批复,抄送子公司;委托管理项目和自管项目由子公司负责在10个工作日内行文批复,抄送工程项目所属区域性分公司。

公司各级人员审查施工组织设计时,应提出具体审查意见,包括但不局限于以下内容:

(1)施工方案的科学性、合理性、可行性、经济性。

(2)确保建设工程的合同工期和阶段性工期目标。

(3)机械设备和动力配备是否合理,能否满足施工需要。

(4)指标和定额的使用是否合理。

(5)确保安全、质量、环境保护等的施工技术措施。

(6)待解决或需请求上级解决的问题。属公司内部问题需逐条予以落实;属公司外部方面的问题,管理单位应积极联系有关单位解决。

编制单位应根据上级单位批复意见,修改完善施工组织设计,并报批准单位备案。

2.9 工程项目施工组织设计的实施

(1)施工组织设计一经上级批准,未经审批单位同意,任何单位和个人不得更改。

(2)公司、子公司按施工组织设计要求配置、协调各类专业人员、各种机械设备及工程资金等生产资源。

(3)公司指挥部(经理部)、子公司负责检查、督促、指导项目部严格按照业经审定的施工组织设计实施,在实施过程中进一步优化,并负责解决实施过程中出现的问题,重大问题应及时上报。

(4)分公司负责对所辖范围内工程项目施工组织设计的实施进行检查、督促和指导,发现重大问题应及时向公司报告。

(5)项目部经理负责工程项目按施工组织设计实施。包括施工组织指挥、劳动力组织、设备配备、施工计划安排、技术管理、物资供应、后勤保障等，都要以批准的施工组织设计为行动纲领，精心组织施工。项目部总工程师负责组织对项目经理部有关人员、班组、协作队伍进行施工组织设计交底，落实各工序施工严格按既定施工组织设计实施。对工程质量、安全、职业健康、环境保护等方面可能出现的问题，应提前编制应急预案，出现问题及时解决。

(6)施工组织设计实行动态管理。各级生产指挥系统，要以施工组织设计和阶段性施工生产计划为依据，监督、检查施工进展情况，增强预见性，把问题解决在萌芽状态，以兑现施工组织设计确定的计划进度。如因主、客观因素发生较大变化，难以按预定施工组织设计实施时，由原编制单位编制调整施工组织设计，并按本办法审批程序批准后组织施工。

2.10　工程项目施工组织设计的调整

工程的施工活动是一个动态过程。工地上的情况是千变万化的，而施工组织设计在实施过程中，原定的一些条件、程序和方法都有可能因各种原因而发生改变。因此，有必要对施工组织设计进行局部调整。调整的方法主要是根据施工组织设计执行情况，检查发现的问题及产生的原因，拟定改进措施或方案；对施工组织设计的有关部分或指标进行调整；对施工总平面图进行修改，使施工组织设计在新的条件下实现新的平衡。

施工组织设计的贯彻、检查和调整是一项经常性的工作，必须随着工程施工的进展情况，加强施工中的信息反馈，贯穿施工过程的始终。当施工条件、建设规模发生较大变化及重大设计变更或业主、监理工程师另有要求时，应编制调整或优化施工组织设计。调整或优化施工组织设计，原则上应由原编制小组进行编制，并按本办法审批程序报批后组织实施。

2.11　工程项目施工组织设计的日常管理工作

(1)公司工程管理部应建立健全一级、二级项目的施工组织设计管理文档。文档内容包括一级、二级项目的施工组织设计及其评审会纪要、批复文件等；收集实施过程中出现的重大问题，及时提出解决问题的措施和方案；负责对公司各指挥部(经理部)、各子公司施工组织设计的编制、审批工作进行检查、督促和指导。

(2)公司指挥部(经理部)应建立健全管段范围内所有项目施工组织设计的管理文档。文档内容包括所有项目施工组织设计、评审会纪要、批复文件等；负责检查、督促和指导所有项目施工组织设计的实施，了解实施过程中出现的问题并及时提出解决措施和方案，出现重大问题时应及时向公司报告。

(3)分公司应建立健全监管片区范围内所有公司委托管理项目、子公司自管项目施工组织设计的管理文档。文档内容包括所有监管项目施工组织设计、评审会纪要、批复文件等；负责检查、督促和指导所有项目施工组织设计的实施，了解实施过程中出现的问题并及时提出解决措施和方案，出现重大问题时应及时向公司报告。

(4)子公司应建立健全所有承建项目的施工组织设计管理文档。文档内容包括所有项目的施工组织设计、评审会纪要、批复文件等；负责检查、督促和指导所有项目施工组织设计的实施，了解实施过程中出现的一般问题并及时提出解决措施和方案，出现重大问题时应及时向公司报告。

(5)子公司项目部应建立健全承建项目的施工组织设计管理文档。文档内容包括承建项目施工组织设计、评审会纪要、批复文件等；负责承建项目施工组织设计的实施，及时解决实施过程中出现的问题，出现重大问题时应及时向上级报告。

第3章　工程项目施工调查

3.1　工程项目施工调查的目的

施工调查的目的是为编制施工组织设计、合理组织施工提供基础资料，是企业搞好目标管理，推行技术经济承包责任制的重要依据，也是施工顺利进行的根本保障。在编制工程项目施工组织设计前，都必须进行现场施工调查，编制施工调查报告。

3.2　工程项目施工调查的主要内容

施工调查要分层次进行，凡大中型工程项目涉及到几个子公司施工者，由公司或公司指挥部组织调查；由一个子公司独立承担施工的大中型项目，由子公司组织施工调查。施工调查组应由施工技术管理部门牵头，经营、物资、机电、运输、安监、生活供应、公安、防疫等部门的人员参加，必要时可邀请建设、设计单位、地方政府民政部门派员参加。组长由牵头单位技术负责人担任。

施工调查应包括下列主要内容：

(1)现场核对设计文件；

(2)察看工程施工条件，施工场地情况；

(3)核实沿线的工程地质、水文地质和气候情况；

(4)落实大堆材料的产地、产量、质量和价格；

(5)当地三类材料的品种、价格及供应能力；

(6)沿线铁路、公路、水运等交通运输情况，公路桥梁、水运船只的承载能力，以及运价、装卸费率等；

(7)生产、生活用水、用电的水源、电源及施工通信路径；

(8)沿线地区时发性、传染性的流行病，以及当地人民的生活风俗习惯，尤其是少数民族地区；

(9)可以借用的当地施工力量，如成建制的施工队伍、农村中的富余劳动力和运输力量；

(10)了解预制构件场地设置及当地构件生产能力和价格；

(11)核实沿线对环境保护、文明施工、节能减排的要求；

(12)编制施工组织设计所需的其他资料。

3.3　工程项目施工调查的组织与分工

公司承建的所有工程项目的施工调查由公司或子公司(专业分公司)负责组织调查。

(1)公司负责组织公司自管项目或其他重大项目的施工调查。

1)人员组成。参与施工调查的人员由公司、参建单位有关人员组成，必要时可邀请建设、设计、地方政府派员指导。

2)人员分组及分工。为使施工调查工作有序、高效开展，参与施工调查的人员原则上应分成领导小组、工程技术组、物资组、综合组四个小组开展相关事项的调查，各小组应密切合作，各负其责，为编制施工组织设计提供真实、全面的基础资料。各个调查小组的主要职责如下：

①领导小组。主要负责组织各单位施工调查工作安排，确定重大事项。

②工程技术组。主要负责本章第2节(1)～(3)、(10)～(12)项的调查工作，并综合考虑各施工单位驻地。

③物资组。主要负责本章第2节(4)～(6)项的调查工作，选择材料厂设置地址。

④综合组。主要负责本章第2节(7)～(9)项的调查工作。

(2)子公司(专业分公司)负责组织除公司组织施工调查的工程项目之外的项目施工调查。参与施工调查的人员及分组、分工由各单位自行确定。

3.4　工程项目施工调查报告

施工现场调查工作完毕后，各专业小组应提交本组的调查报告，由施工技术组汇总，编写完整的施工调查报告。调查报告应包括下列主要内容：

(1)工程概况。工程类型、工程数量、重点工程分布情况；重点工程、技术难度较大工程及整个工程项目的工期要求。

(2)对工程重点、难点拟采取的对策措施。

(3)指挥机构驻地和现场生产区、辅助生产区、办公生活区的规划。

(4)全线交通运输方案(附示意图)。新建汽车便道、扩建加固既有公路的数量和修建标准；如利用水运，则应有沿河清滩、船只使用管理、靠岸码头等建议。

(5)施工供电方案(附示意图)。示意图应标出高压线路的路径和长度、输送电压和变压站的位置；如采用自发电集中供电方案，应将电站设置地点、装机容量、机组来源、管理方式等加以说明。

(6)施工供水方案(附示意图)。尤其是对缺水地段的施工供水方案，要有水源利用方式，输水管路的路径及管路坡度，管道的规格型号，供水区域及供水量。

(7)施工通信方案(附示意图)。

(8)对所需的混凝土拌和站、预制场、钢筋加工场及其他大型临时设施的设置地点、规模等的安排意见。小型临时设施要有修建标准和数量。

(9)物资供应方案。

(10)生活供应保障方案。

(11)施工进场和施工过程中应注意的问题，如少数民族的习俗等。

(12)环境保护、文明施工、节能减排方面的意见。

(13)其他需要解决的问题和事项。

由公司或公司指挥部组织的施工调查报告，应由公司总经理组织工程、经营、物资、机电、运输、安监、人力资源、生活等部门的领导听取汇报，对施工队伍安排、施工运输、施工物资供应、施工供电、施工供水、施工通信、大型临时建筑的设置、生活供应等方案进行审定，作为编制指导性施工组织设计的依据；由子(分)公司指挥部组织的调查报告，由子(分)公司经理组织有关业务部门进行审定，作为编制综合性施工组织设计的依据；由工程队组织的调查，由队长组织听取汇报并进行审议，作为编制施工组织设计的依据。

第4章　工程项目施工组织设计编制

4.1　工程项目施工组织设计的编制目的及指导思想

(1)编制目的。施工组织设计是指导和组织工程施工的依据，是工程建设重要的技术经济文件，任何单位承担的工程，在施工前都应编制施工组织设计，提出工程项目的总体施工规划和分段的综合性施工安排，并按施工组织设计分级管理办法报送上级单位审批后实施。

(2)指导思想。施工组织设计编制，必须贯彻“安全第一、质量至上”的指导思想。必须从技术、经济、管理等方面提出贯穿施工生产全过程的安全、质量保证措施；施工组织设计编制工作，应由项目或单位项目经理主持，施工技术管理部门牵头，组织经营、物资、机电、运输、安监、生活供应、公安、防疫等部门的人员参加，共同调查、研讨和编制；施工组织设计一经上级批准，便具有法定性，任何单位或个人未经审批单位书面同意，无权进行变更。

4.2　工程项目施工组织设计的基本原则

(1)认真贯彻我国基本建设和改革开放的方针政策。

建设工程项目规模巨大，耗用人、财、物等资源多，必须纳入国家或地方政府的计划安排，工程建设才有可靠的保障。组织施工应严格按基本建设程序办事，认真做好施工组织设计，充分发动群众，建立和健全施工管理制度和各项工程施工的技术保障措施，确保正常的施工秩序。

在我国全面改革开放的新形势下，随着国家经济的发展，道桥建设突飞猛进，建设资金从单一的国家投资来源扩展到地方投资、银行贷款、国外投资、发行股票及债券等多种渠道。工程建设的施工，应以现行政策为依据，充分利用施工组织设计科学合理地调配施工资源，努力提高劳动生产率，加快工程进度，提高工程质量，降低工程成本，全面完成工程建设计划。

(2)根据建设期限的要求，统筹安排施工进度。

工程施工的目的在于保质保量地实现拟建项目迅速建成的目标，尽早交付使用，早日发挥工程的社会经济效益。因此，保证工期是施工组织设计中需要考虑的首要问题。根据要求的建设期限，按轻、重、缓、急进行工程排队，全面考虑、统筹安排施工进度，做到保证重点，让控制工期的关键项目早日完工。在施工部署方面，既要集中力量保证重点工程的施工，又要兼顾全面，避免过分集中而导致人、财、物资源的浪费。同时，还需注意协调各专业间的相互关系，按期完成施工任务。

(3)采用先进技术，实现快速施工。

先进的科学技术是提高劳动生产率、加快施工进度、提高工程质量、降低工程成本的重要源泉。积极运用和推广新技术、新工艺、新材料、新设备，减轻施工人员的劳动强度，是现代化文明施工的标志。施工机械化是建设工程实现优质、快速的根本途径。只有这样，才能从根本上改变建设工程施工手工操作的落后面貌，实现快速施工。在组织施工时，应结合机具配备情况、工程特点和工期要求，作出切实可行的布置和安排，注意机械的配套使用，提高综合机械化水平，充分发挥机具设备的效能。对于基础工程、路基土石方、起重运输等用工较多或劳动强度大的工程，以及特殊路基、高级路面等工序复杂的工程，尤其应优先考虑机械化施工。

(4)实现连续均衡而紧凑的施工。

建设工程施工系野外流动作业，受外界的干扰很大，要实现连续、均衡而紧凑的施工，就必须科学合理地安排施工计划。计划的科学性，就是对施工项目作出总体的综合判断，采用现代数学的方法，使施工活动在时间上、空间上得到最优的统筹安排，也就是施工优化。计划的合理性，是指对各个项目相互关系的合理安排，如施工程序和工序的合理确定等。要做到这些，就必须采用系统分析、流水作业、统筹方法、电子计算机辅助系统和先进的施工工艺等现代化科学技术成果。施工的连续性和均衡性，对于施工物资的供应、减少临时设施、生产和生活的安排等而言，都是十分必要的。安排工程计划时，在保证重点工程施工的同时，可将一些辅助的或附属的工程项目作适当穿插。考虑季节特点，可将一些后备项目作为施工中的转移调节项目。采取这些措施，才能使各组织机构、各工种人员和施工机械，不间断地、有秩序地进行施工，实现连续均衡而又紧凑地组织施工。

(5)确保工程质量和安全施工。

本着对国家建设高度负责的精神，严肃认真地按设计要求组织施工，确保工程质量，这是每个施工组织者应有的态度。安全施工，既是施工顺利进行的保障，也是党和国家对劳动者关怀的体现。如果施工中发生安全、质量事故，不但会耽误工期、造成浪费，有时甚至引起施工人员思想情绪波动，造成难以弥补的损失。因此，在进行施工组织设计时，确保工程施工安全和质量的措施必不可少。在组织施工时，贯彻"预防为主"的方针，经常对员工进行安全、质量教育，认真执行施工规范、规程和制度，力求防止安全、质量事故的发生。

(6)增产节约，降低工程成本。

工程建设耗费的巨额资金和大量的物资，是按工程概、预算的规定计算的，即有一个"限额"。如果施工时突破这一限额，不仅施工企业没有经济收益，而且从基本建设管理角度也是不允许的。因此，施工企业必须实行经济核算，贯彻"增产节约"的方针，才能不断降低工程成本，增强企业自身的经济实力和社会竞争力。

社会经济实力的增长，一方面是以现有生产条件为基础，挖掘潜力、增加生产；另一方面则是依靠资金的积累，进行投资，增加生产设备，实现扩大再生产。建设工程施工涉及面广，需要资源的品种及数量繁杂，在施工组织设计和施工管理中，只有认真实行经济核算，增加生产，厉行节约，对施工计划进行科学合理的安排，才能取得更大的经济效益。此外，还应做到一切施工项目都要有降低成本的技术组织措施，尽量减少临时工程，充分利用当地资源，降低非生产性开支和管理费用。

4.3　工程项目施工组织设计编制依据

(1)工程建设现行的法律、法规、标准、规范等；
(2)工程设计文件；
(3)工程施工合同、招投标文件和建设单位指导性施工组织设计；
(4)施工调查报告；
(5)现场社会条件和自然条件；
(6)本单位的生产能力、机具设备状况、技术水平等；
(7)工程项目管理的规章制度。

4.4　工程项目施工组织设计编制程序

施工组织设计的编制程序，如图4-1所示。

4.5　工程项目施工组织设计编制内容

4.5.1　编制说明

主要指编制依据、原则、范围等。

4.5.2　工程概况

工程概况及特点分析是对整个建设项目总的说明和分析。一般包括下述内容：
(1)项目基本情况(项目名称、性质、所在位置，设计基本情况，主要技术标准，项目范围、内容、规模等)；
(2)标段工程情况(工程分布，主要工程范围、内容、规模及工程数量，管段工程特点、重难点分析以及拟采取的措施）；

（3）标段工程建设自然及社会条件。

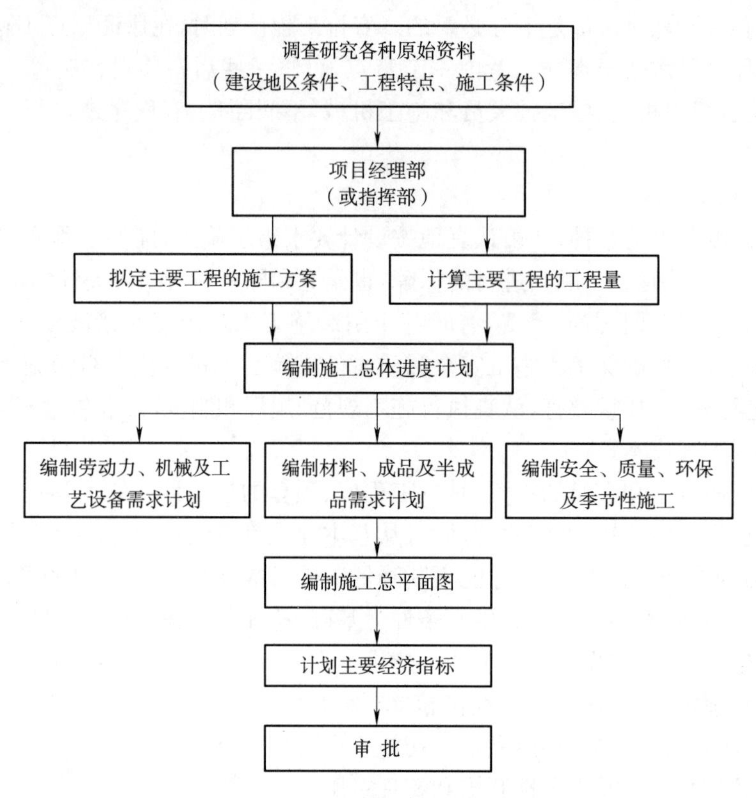

图 4-1 施工组织设计编制程序

4.5.3 工程项目管理组织

（1）项目管理组织机构与职责；

（2）施工队伍及施工区段划分。

4.5.4 施工总体部署

（1）总体施工指导思想；

（2）施工总目标（安全、质量、工期、成本、环保、文明施工、节能减排、科技创新等目标）；

4.5.5 主要工程施工方案、方法及技术措施

（1）总体施工方案和各单位工程、分部分项工程施工方案；

（2）重难点及控制性工程项目施工方法、工艺流程及施工技术措施；

（3）一般工程项目施工方法、工艺流程及施工技术措施。

4.5.6 施工进度计划

4.5.6.1 进度计划编制内容

（1）项目工期总目标；

（2）各阶段、节点工期安排；

（3）重难点及控制性工程施工进度计划安排；

（4）一般工程施工进度计划安排等。

4.5.6.2 进度计划编制原则

按照项目工期总目标进行详细编制，采用网络图或横道图表示并附详细说明。

（1）关于路基工程的进度安排

1）集中的区间土石方和站场土石方，在作进度安排时，要以机械筑路专业队为主，以成建制的专业队进

行安排。专业队的选择应符合工程的需要，如有几个点在工期允许的情况下，可根据铺轨进度安排流水作业程序，以主机生产能力计算各点的进度。

2)集中土石方地段内的涵管及一般挡墙，原则上由机筑队施工，以避免施工干扰。如由综合队承担，应为机筑队施工创造条件。

3)路基圬工，安排综合工程队施工。指导性和综合性的施工组织设计，按队的综合能力安排进度；施工组织设计，按施工劳动定额结合班组劳力组合安排进度。

4)一般零星土石方，如桥头填土、上挡背后回填等，指导性和综合性施工组织设计中不作具体安排，而在施工组织设计中要进行进度安排，并以现行劳动定额为依据安排进度。

5)房屋所需的场坪土石方，要配合房建进度安排，尤其在填方地段应留有一定的沉降时间。

(2)关于隧道工程的进度安排

1)长度2000 m及以上的隧道，安排甲级隧道队施工；500 m～2 000 m的隧道，安排乙级隧道队施工；500 m及以下的隧道安排丙级隧道队施工。靠近长隧的短隧道，根据需要(如长隧内有地质不良地段)可安排为长隧道的调济工地。

2)指导性和综合性施工组织设计，以各级隧道队的综合进度安排隧道的进度和工期，施工组织设计则分工序按施工定额安排进度。

3)施工方法的确定，要立足现实或预计可能的基础上，经过经济比较，在确保工期的前提下，进行选定。

4)指导性和综合性施工组织设计，对短小隧道群，可采用流水作业线的安排，在第一个工点收尾和第二个工点准备，可以进行平行交叉作业。

(3)关于桥涵工程的进度安排

1)桥涵工程的进度，应从下列四个方面考虑安排

基础部分，尤其是特殊基础，要从基础类型，使用机具类型，施工现场地质条件等考虑其进度；墩台的主体圬工数量，以综合定额或施工定额安排进度；附属工程，按施工定额安排进度；需要预架的梁跨，要根据综合定额安排进度。

2)受洪水季节影响的桥，应尽量避开洪水季节，必须渡过洪季，要有渡洪措施。

3)涵洞的进度安排，要密切与土石方工程的进度配合，尤其是重点土石方工程，涵洞必须提前施工，为土石方施工创造条件。

4)特大桥及深水大桥，应安排甲级桥工队施工；一般大中桥可安排乙级桥工队施工；小桥及涵洞可安排综合工程队施工。

4.5.7 主要施工资源配置计划

(1)施工管理及技术人员配置计划；

(2)劳动力组织计划；

(3)主要机械设备配置(包括检测、测量和试验设备)计划；

(4)主要物资(含料具、模型)供应计划；

(5)资金需求计划。

4.5.8 施工现场平面布置

(1)平面布置原则；

(2)临时工程设施布置说明；

(3)平面布置图。

4.5.9 工程项目综合管理措施

工程项目综合管理措施主要包括：进度控制管理、工程质量管理、安全生产管理、职业健康安全管理、环境保护管理、文明施工管理、节能减排管理等内容。详见附录2。

第 5 章　成渝高速铁路施工组织设计

5.1　编制说明

5.1.1　编制依据

(1)工程建设现行的法律、法规、标准、规范等;

(2)工程设计文件;

(3)工程施工合同、招投标文件和建设单位指导性施工组织设计;

(4)施工调查报告;

(5)现场社会条件和自然条件;

(6)本单位的生产能力、机具设备状况、技术水平等;

(7)工程项目管理的规章制度。

5.1.2　编制原则

(1)资源节约和环境保护原则。贯彻“十分珍惜、合理利用土地和切实保护耕”的基本国策,依法用地、合理规划、科学设计,少占土地,保护农田,使铁路建设用地符合土地利用总体规划,贯彻节约、集约用地的原则,最大限度地节约使用土地;搞好环境保护、水土保持和地质灾害防治工作;支持矿床、文物、景点保护;维持既有交通秩序。

(2)符合性原则。满足建设工期和工程质量标准,符合施工安全要求。

(3)标准化管理原则。贯彻执行建设单位《成渝高速铁路标准化管理(暂行)》和《标准化工地建设实施方案》的相关要求,以建设目标和合同约定为纽带,按照三级管理模式组建项目管理机构、建设标准化工地,实现建设项目标准化管理目标。

(4)科学、经济、合理原则。树立系统工程的理念,统筹分配各专业工程的工期,搞好专业衔接;合理安排施工顺序,组织均衡、连续生产;以关键线路为中心,资源优化;管理目标明确,指标量化、措施具体、针对性强。

(5)引进、创新、发展原则。积极采用、鼓励研发提高工程技术和施工装备水平、保证施工安全和工程质量、加快施工进度、降低工程成本的新技术、新材料、新工艺、新设备。

(6)“六位一体”管理原则。结合建设项目特点,建立项目管理目标体系、责任体系、分级控制系统和评价(估)体系,按照计划、组织、指挥、协调、控制等基本环节,将质量、安全、工期、投资、环保、技术创新“六位一体”标准化管理管理目标分解细化为实施目标。

5.1.3　编制范围

新建成都至重庆高速铁路第 5 标段,线下工程 DK240＋153.932～DK288＋991.95,正线长度 48.838 km;预制架梁里程 DK240＋153.932～DK288＋991.95;无砟轨道板预制里程 DK213＋100～DK306＋302.2 段,安装轨道板里程 DK240＋153.932～DK288＋991.95 段。

5.2　工程概况

5.2.1　项目基本情况

5.2.1.1　项目简述

成都至重庆高速铁路西起四川省成都市东客站,向东经简阳、资阳、资中、内江、隆昌后进入重庆市境内荣昌、大足、永川、璧山、沙坪坝至终点重庆站，线路全长308.206 km(运营长度309.224 km)，其中四川省境内长185.503 km,重庆市境内长122.703 km。全线路基总长度99.773 km,占线路总长度的32.4%；正线桥梁工程310座，全长156.752 km；正线隧道42座，长度51.681 km；全线正线桥隧总长208.433 km,桥隧比重为67.6%。全线共划分6个标段。

5.2.1.2　主要技术标准

铁路等级：高速铁路；正线数目：双线；正线间距：5 m；旅客列车设计行车速度：350 km/h；最小曲线半径：7000 m,进入枢纽可适当减小；限制坡度：20‰(困难地段可适当加大)；到发线有效长度：650 m；牵引种类：电力；闭塞方式：自动闭塞；动车组类型：动车组；列车运行控制方式：CTC；行车指挥方式：调度集中；轨道类型：无砟轨道；结构型式：CRTSⅠ型双块式轨枕。

5.2.2　标段工程概况

5.2.2.1　标段工程简述

本标段起于永川东站，以大安隧道下穿既有成渝高速公路，经九龙河特大桥和梅江河特大桥上跨九龙河和梅江河，经来凤特大桥，过徐家湾中桥接璧山车站，出璧山车站以缙云山隧道下穿缙云山，经大学城特大桥上跨大学城，最后经梁滩河特大桥至标段终点重庆西左联络线起点。设计里程DK240+153.932～DK288+991.95,正线长度约48.838 km。

5.2.2.2　主要工程数量

路基工程约18.11 km,路基土石方总断面方约为798万m^3,其中区间路基土石方512万m^3,站场土石方286万m^3；CFG桩250 295 m,水泥搅拌桩214 243 m,改良土92.95万m^3。

正线桥梁17 857.6延长米/22.5座，其中复杂特大桥6 741.8延长米/3.5座，一般特大桥8 105.8延长米/6座，大桥2 601延长米/8座，中桥408.9延长米/5座；框架涵38座，框架桥13座，渡槽2座，倒虹吸1座。

隧道12 689延长米/5座，其中$L>4$ km隧道5 054延长米/1座，3 km$<L\leqslant4$ km的隧道6 640延长米/2座，$L\leqslant1$ km的隧道1 005延长米/2座；明洞180延长米/3座。

车站2个(永川东站和璧山车站)，均为中间站。

梁场1处，负责生产522孔箱梁；轨枕厂1座，负责预制DK213+100～DK306+302段轨道板及负责安装DK240+154.2～DK289+100段轨道板，其主要工程数量详见表5-1。

5.2.2.3　征地拆迁情况

红线内征地总面积1 879.728亩，临时用地(不包括小临)计划用地面积为1 846.23亩；红线范围内房屋362户，搬迁面积为63 079.082 7 m^2,应拆迁企业为12户；临时用地房屋拆迁为9户1 600 m^2。特殊拆迁项目有文物点、地下管线、天然气管道等。

5.2.2.4　工程特点

本标段工程具有“六多”、“三高”、“一大”特点。

(1)“六多”

1)路基地质类型多。有顺层、岩堆、滑坡、高路堤、深路堑、软土、松软土、膨胀土(岩)等。

2)软土加固多。有CFG桩、搅拌桩、旋喷桩等50多万米，且需在2011年3月底前完成。

3)过渡段多。受地形制约，线路由22.5座桥梁，5座隧道，3座明洞，38座框架涵和13座框架桥分割，形成较多路基过渡段。

4)改良土多。全段有近93万m^3改良土，其技术难点有待克服。

5)与站后专业接口多。高速铁路路基、桥梁、隧道工程与综合接地、接触网立柱基础、连通管道、声屏障基础等站后工程的接口复杂。

6)隧道Ⅳ、Ⅴ级围岩多。5座隧道全长12 684 m,其中Ⅳ级围岩5 338 m,Ⅴ级围岩3 552 m,Ⅳ、Ⅴ级围岩占70.09%。

(2)“三高”

1)隧道施工风险高。低瓦斯、浅埋、不良地质、顺层偏压、洞口浅层滑坡及下穿水库等，施工技术复杂、安全风险高。

表 5-1 主要工程数量表

工程项目及名称			单 位	工 程 数 量
拆迁及征地	征用土地		亩	1879.728
	拆迁房屋		m^2	362
	临时土地		亩	1846.23
	改移道路		km	10.54
路基	区间土石方	土方	万断面方	542680
		石方	万断面方	3316276
		改良土	万断面方	509124
		基床表层	万断面方	124709
		过渡段	万断面方	98457
		挖淤泥	万断面方	55095
	站场土石方	土方	万断面方	417168
		石方	万断面方	1130566
		改良土	万断面方	420331
		基床表层	万断面方	31043
		过渡段	万断面方	28600
		挖淤泥	万断面方	2100
	路基附属	混凝土圬工	m^3	201665
		浆砌石	m^3	75347
		沥青混凝土	m^3	2184
		A 组填料	m^3	14054
		土工布	万 m^2	1.97
		土工格栅	万 m^2	35.48
		复合土工膜	万 m^2	27.82
		CFG 桩	万 m	25.03
		水泥搅拌桩	万 m	21.42
		旋喷桩	万 m	4.74
	支挡结构	挡土墙混凝土	圬工 m^3	36116
		锚固桩	圬工 m^3	60690
		桩板挡土墙	圬工 m^3	4111
桥涵	特大桥		座-延长米	8.5-13509.94
	大桥		座-延长米	9-4119.37
	中桥	梁式中桥	座-延长米	5-549.44
	小桥	框架桥	座	13
	涵洞	框架涵	座	38
		渡槽及倒虹吸	座	2/1
隧道	隧道		座-延长米	5-12689
	其中	4 km$<L<$6 km	座-延长米	1-5054
		$L<$4 km	座-延长米	4-7630
轨道	CRTSⅠ型双块式无砟轨道预制/安装		km /km	186.175/96.8
	到发线无砟轨道		km	4.08
	底座及支承层混凝土		km	96.8

续上表

工程项目及名称		单　位	工 程 数 量
大型临时工程和过渡工程	制(存)梁场	处	1
	轨枕预制厂	处	1
	材料厂	处	1
	混凝土集中拌和站	处	6
	级配碎石拌和站	处	3
	改良土拌和站	处	3
	汽车运输便道	km	72.25
	电力干线	km	67.21
	栈桥	m	147

2)大坡度架梁安全风险高。标段内有两段坡度为20‰以上的线路纵坡，存在较大的施工安全风险和技术难度。

3)标准高。本线工程实体以时速350 km设计，为高速铁路，各项标准高。

(3)“一大”

前期施工压力大。总工期42个月，2010年完成3.5亿元，占总量11%；2011年完成19.87亿元，占总量63.5%。从2010年11月1日重点工程开工，到2011年底14个月要完成23.37亿元，占总量74.5%，月平均完成1.67亿元。

5.2.2.5　控制工程及重难点工程

控制工程：“三隧、一制架、一无砟轨道”。即：大安隧道(5054 m)、缙云山隧道(3175 m)、壁山隧道(3455 m)；简支箱梁制架522孔，其中涉及25‰大坡度架梁70孔；CRTSⅠ型双块式无砟轨道施工。见表5-2。

表5-2　控制工程一览表

工 程 名 称	工 程 概 况
大安隧道	大安隧道为双线隧道，中心里程DK246+477，全长5054 m，隧道最大埋深约120 m。该隧道地质条件比较复杂，有泥岩风化剥落、危岩落石、隧道顺层偏压、进出口路堑边坡顺层等不良地质，并有人工弃土、软土、松软土等特殊岩土。洞身泥岩质软，岩层近于水平，节理发育。下穿水库边缘。据西南石油学院对地层中有害气体分布的测试结果，大安隧道为低瓦斯隧道，施工难度大，为施工安全高风险隧道
缙云山隧道	隧道中心里程为DK276+952，全长3175 m，隧址区不良地质为泥岩风化剥落、进出口危岩落石、进口滑坡、采空区及煤层瓦斯；特殊岩土为膨胀岩，缙云山隧道为低瓦斯隧道，施工中应加强通风，做好地质超前预报工作
璧山隧道	璧山隧道中心里程为DK284+917，全长3455 m，该隧道地质条件比较复杂，泥岩风化剥落、危岩落石。特殊岩土为松软土、膨胀岩。洞身泥岩质软，岩层水平、节理发育；隧道进口段存在危岩落石，隧道进口为675 m浅埋Ⅴ级围岩；地下水为第四系土层孔隙水及基岩裂隙水，第四系土层较厚，含一定量孔隙水
简支箱梁预制及运架	依据本标段箱梁制架工程量结合桥隧分布实际，标段内522孔双线箱梁采用梁场预制、运架分离及运架一体设备架梁，大部分箱梁须通过隧道运梁。本标段双线整孔箱梁预制架设是除长大隧道之外的控制工期的关键环节，既要受运梁通道内隧道工期的制约，又要影响运梁通道内的无砟道床工期。因此，施工过程中必须合理安排制架进度和下部工程施工，特别是隧道工程施工，为无砟道床施工提供工期保证
无砟轨道施工	无砟轨道施工内容：混凝土底座、支撑层水硬性混合料、钢筋混凝土道床板施工、轨道精调等，具有工艺新、技术标准高、施工难度大，无砟轨道施工物流组织复杂，是本项目的重点；施工机具设备选型及配置复杂，标段共有隧道及明洞8座，路基堆载预压段34段，将无砟轨道施工从空间、时间上分割成若干作业区段，制约单作业面无砟轨道施工长度，因此如何使无砟轨道施工机具设备同时适用路基、桥梁、隧道将作为施工设备配置的关键因素和重点，对减少资金投入及提高作业效率至关重要；同时，标段地处丘陵地区，施工期间多处便道处于路基正线范围，路基施工后尤其是路基段无砟轨道支撑层施工后，原施工便道将无法通行，导致后续施工过程中轨枕及混凝土运输等物流组织难度较大

重点工程：“6联连续梁、一联刚构、一座框架桥”，即：九龙河大桥(32+48+32)m连续梁、梅江河特大桥(32+48+32)m连续梁、壁南河特大桥(40+64+40)m和(40+56+40)m连续梁、大地坝特大桥(40+64+40)m连续梁、梁滩河特大桥(25+40+32)m连续梁，马道子大桥(16+2×24+16)m连续刚构，1-17 m跨兴龙大道框架桥(全长108 m)。见表5-3。

表 5-3 重点工程一览表

工程名称	工程概况
连续梁	标段有6联连续梁，一联刚构，施工中对连续梁下部结构均纳入最早开工项目，减小工期风险。九龙河大桥(32+48+32)m连续梁总工期9.5个月，梅江河特大桥(32+48+32)m连续梁总工期9.5个月、璧南河特大桥(40+64+40)m、(40+56+40)m连续梁总工期11.5个月，大地坝特大桥(40+64+40)m连续梁总工期13个月、梁滩河特大桥(25+40+32)m连续梁总工期15个月
框架桥	跨越兴龙大道的1-17 m框架桥(DK240+888)，施工不能断道，采用分幅施工，交通疏解难度大，施工防护、安全风险大、耗时长。总工期10个月

控制工程和重点工程难点、工期及措施见表5-4。

表 5-4 工程难点、工期及措施表

<table>
<tr><th>工程名称</th><th>工程难点</th><th>工期(月)</th><th>工程措施</th></tr>
<tr><td>大安隧道</td><td>隧道不良地质为泥岩风化剥落、危岩落石、隧道顺层偏压、进出口路堑边坡顺层，施工安全风险大，Ⅳ、Ⅴ级围岩占86%；隧道为低瓦斯隧道；施工工期影响总工期</td><td>24</td><td rowspan="3">1. 做好隧道超前地质预报工作，并将超前地质预报纳入正常施工工序；
2. 在隧道施工前对所有参建人员进行技术培训，认真研讨每道工序的施工工艺、施工方法、质量检验办法及作业细则，并在施工过程中严格贯彻落实，确保各工序的施工质量；
3. 隧道浅埋、偏压顺层、断层、破碎及下穿既有构筑物地段采取大拱脚台阶法开挖；隧道大跨段采取CD法开挖，按照短进尺、多循环、弱爆破、强支护、早衬砌的原则组织施工，防止隧道塌方、构筑物损坏及影响地表山体的稳定；
4. 对低瓦斯隧道采用建立“双保险”瓦斯监测制度，即遥控自动化监测系统与人工现场监测相结合的瓦斯监测，利用斜井进行巷道式通风；
5. 隧道进出口和斜井按标准化配置专业施工队，加强机械化配套作业水平，确保隧道工期；
6. 对施工阶段风险进行评估，根据风险评估结果提出相应的处理措施，编制应急预案，并及时进行信息反馈</td></tr>
<tr><td>缙云山隧道</td><td>隧址区不良地质为泥岩风化剥落、进出口危岩落石、进口滑坡、采空区及煤层瓦斯；特殊岩土为膨胀岩，缙云山隧道为低瓦斯隧道；施工工期制约架梁线路</td><td>21</td></tr>
<tr><td>璧山隧道</td><td>该隧道地质条件比较复杂，泥岩风化剥落、危岩落石。特殊岩土为松软土、膨胀岩。洞身泥岩质软，岩层水平、节理发育；隧道进口段存在危岩落石，隧道进口为675 m浅埋Ⅴ级围岩；地下水为第四系土层孔隙水及基岩裂隙水，第四系土层较厚，含一定量孔隙水；施工安全风险极大，工期非常紧张</td><td>21</td></tr>
<tr><td>简支箱梁
预制及运架</td><td>522孔双线箱梁采用梁场预制、运架分离及运架一体设备架梁，大部分箱梁须通过隧道运梁。箱梁运输与路基、桥梁、隧道等工程干扰大</td><td>制梁19，
运架16</td><td>1. 进场后进行详细的施工调查，不断优化、确定各种参数(如运输半径、生产周期)，完善预制场布局设计；
2. 多种方法解决场地条件困难、桥梁场占地大等问题。
3. 采用先进的桥梁制、运、架设备，优化制、运、架梁设备的选型、配套和养护，提高设备的可靠性与生产率；
4. 统筹安排路基、桥梁、隧道和制、架的施工，避免相互干扰，确保工期目标</td></tr>
<tr><td>九龙河连续梁</td><td rowspan="6">1. 九龙河大桥连续梁跨越九龙河，施工安全防护、防洪渡汛安全风险大，施工工期制约架梁线路。
2. 梅江河双线特大桥连续梁跨越梅江河，施工安全防护，防洪渡汛安全风险大，施工工期制约架梁线路。
3. 璧南河双线特大桥连续梁分别跨越璧南河及省道璧青公路，施工安全防护、防洪渡汛安全风险大。
4. 大地坝特大桥连续梁跨越重庆外环高速公路，施工安全防护、安全风险大。
5. 梁滩河特大桥连续梁跨越梁滩河，施工安全防护，防洪渡汛安全风险大</td><td>9.5</td><td rowspan="6">1. 及时提供施工图，办理征地拆迁、开工手续；
2. 大临工程在工程开工前完成并兼顾洪水位施工；
3. 及时上报审批交通疏解方案，编制切实可行的施工组织设计，优化施工方案，合理安排工期；
4. 按标准化配设相应作业人员及设备。
5. 优化连续箱梁悬臂施工挂篮的设计方案，做好挂篮的加载试验，安装质量，保证挂篮行走安全，保证0号段支架搭设强度、刚度及稳定性，保证合拢段的质量，加强线型控制</td></tr>
<tr><td>梅江河连续梁</td><td>9.5</td></tr>
<tr><td>璧南河连续梁</td><td>11.5</td></tr>
<tr><td>璧青路连续梁</td><td>11.5</td></tr>
<tr><td>外环高速
公路连续梁</td><td>13</td></tr>
<tr><td>梁滩河连续梁</td><td>15</td></tr>
<tr><td>1-17 m框架桥
(DK240+888)</td><td>跨越兴龙大道，该道为双向8车道，施工不能断道，采用分幅施工，交通疏解难度大，施工防护、安全风险大，耗时长</td><td>10</td><td>1. 及时提供施工图，办理征地拆迁、开工手续；
2. 及时上报审批交通疏解方案，编制切实可行的施工组织设计，优化施工方案，合理安排工期；
3. 做好安全防护工作。
4. 按标准化配设相应作业人员及设备。
5. 保证基础处理质量</td></tr>
</table>

5.2.3 自然特征

5.2.3.1 地形地貌

全线位于四川盆地内。所经地貌类型主要有冲积平原、丘陵、低山三种，龙泉山、华蓥市呈北东25°～30°延绵于盆地中，宏观上将盆地为西部平原、中部丘陵及东部平行岭谷三大地貌景观。

本标段地处川东褶皱带，狭长条形低山山脉与丘陵槽谷沿区域构造线方向交替排列组成平行峡谷景观。蜿蜒曲折穿越丘陵、低山的长江、沱江等大小江河两岸零星分布河漫滩和河谷阶地。

5.2.3.2 地质特征

标段内属丘陵地貌。地表上覆第四系全新统人工填土粉质黏土及碎石土，冲洪积软土(软粉质黏土)、松软土(粉质黏土)、粉质黏土；坡洪积软土(软粉质黏土)；松软土(粉质黏土)、粉质黏土；坡残积粉质黏土；下伏基岩为侏罗系中统沙溪庙组泥岩夹砂岩，下沙溪庙组泥岩夹砂岩，新田沟组泥岩夹砂页岩，中下统自流井组泥岩夹砂页岩及灰岩，下统珍珠冲组泥岩夹砂岩；全风化带(W4)厚2～10 m，强风化带(W3)厚5～20 m。测区位于华蓥山断裂以东的褶皱束，发育石庙场向斜及梓檀地场向斜，沥鼻峡背斜、丹凤场背斜，壁山向斜，黄场岭扭压断层。

地表水主要为河水、沟水和坡面暂时性流水；地下水主要为第四系土层孔隙水及基岩裂缝水，第四系土层较厚，含一定量孔隙水，基岩中泥岩裂隙水含量甚微，砂岩中相对较大。沙溪庙组地层偶夹石膏，地下水对混凝土结构具硫酸盐侵蚀，环境作用等级为H1，施工阶段应加强地表水、地下水的水质复查。

测区不良地质主要为危岩落石、岩堆、瓦斯；特殊岩土为软土、松软土、膨胀岩。软土、松软土遍布测区低洼沟槽内，厚4～8 m，路基基底应加强地基处理；膨胀岩(土)水效应敏感，遇水强度降低、岩体稳定性差，施工中应做好防排水措施；泥岩质软，边坡开挖应加强保护；桥基应置于基岩弱风化带(W2)内一定深度；隧道开挖过程中拱部易产生掉块，应加强支护，衬砌紧跟，加强进出口天沟及洞内排水，防止坍塌；危岩落石主要分布于大安隧道进出口处，对工程影响大，应采取遮挡、拦截、支挡、刷坡、排水、嵌补等防治措施，以确保施工运营安全；岩堆伴随崩塌产生，主要分布于大安隧道出口段，施工中予以清除或采取措施进行处理；据区域地质资料，川中丘陵区天然气蕴藏量大，在结构、裂缝较发育地段，天然气可能沿地层裂隙泄露出地表，具有不可预见和无规律性(不确定性)特点，基坑施工和隧道开挖过程中，应加强通风，加强瓦斯监测，确保安全；测段地震动峰值加速度为0.10 g，地震动反应谱特征周期为0.35 s。

5.2.3.3 水文特征

沿线江河、水库、堰塘分布较多，水量均受大气降水补给。长江、岷江、沱江及其支流清水河、蒙溪河、濑溪河、小安溪河等大小江河、沟渠为常年地表径流。

地下水类型主要有第四系松散岩类孔隙潜水、基岩裂隙水、岩溶水等。孔隙潜水主要分布于长江、岷江、沱江两岸河漫滩、河流阶地砂卵石及丘间宽谷低洼处松散堆积层中，受大气降水及河水等地表水流渗透补给。基岩裂隙水主要为红层丘陵区基岩裂隙水及须家河组碎屑岩裂隙层间水。岩溶水主要分布于沥鼻峡背斜、温塘峡背斜、观音峡背斜核部、两翼的灰岩、白云质灰岩、白云岩、角砾状灰岩、泥质灰岩等碳酸盐岩中。

沿线地表水、地下水水质类型主要以 $HCO_3^- Ca^{2+}$ 型与 $HCO_3^- \cdot SO_4^{2-}-Ca^{2+}$、$SO_4^{2-}-Ca^{2+} \cdot Mg^{2+}$、$Cl^- \cdot SO_4^{2-}-Ca^{2+}$ 型为主，一般为低矿化度淡水、软水、弱酸性～弱碱性水。据区域地质资料，白垩系(K)侏罗系(J)“红岩”泥岩、砂岩地层中含石膏、盐卤，地下水对混凝土多具侵蚀性；三叠系须家河组含煤层段、三叠系嘉陵江组与雷口坡组含石膏盐地层地下水对混凝土也多具侵蚀性。根据《铁路混凝土结构耐久性设计规范》，在环境作用类别为化学侵蚀环境时，主要为硫酸盐侵蚀、酸性侵蚀、二氧化碳侵蚀，环境作用等级为H1～H3。

5.2.3.4 气象特征

标段气候属中亚热带湿润季风气候区，受西南季风气候和地形影响，四季分明，雨热同季，冬暖，春早，夏长，秋雨，云雾，霜雪少。年平均气温16.9 ℃～18.2 ℃，常年降水在918～1105 mm，主要集中在5月～10月，占全年降水的70%。日照年平均数为1000～1400 h，是全国最少的地区之一。标段气象特征值见表5-5。

表 5-5 标段气象特征值表

序 号	气象特征值	单 位	永 川	璧 山
1	历年平均降雨量	mm	1033.7	1042
2	历年平均气温	℃	17.7	
3	历年最高气温	℃	42.1	42.2
4	历年最低气温	℃	−2.9	−3
5	年平均相对湿度	%	82	81
6	最小相对湿度	%		15
7	历年平均风速	m/s	1.5	1.6
8	历年最大风速	m/s	26	27
9	风 向		N	E
10	平均雾天日数	日	40.6	38.7
11	平均雷暴日数	日	34.2	33

5.2.3.5 地震参数

地震动峰值加速度:0.05 s;地震反应谱特征周期:0.35 s;抗震设防烈度:6 度。

5.2.3.6 交通运输情况

(1)铁路:既有成渝单线铁路,全长 504 km,经成都～简阳～资阳～内江～隆昌～永川～江津～重庆,既有成遂渝铁路全长 330 km,经成都～遂宁～潼南～合川区～重庆江北站。

(2)公路:成都至重庆间公路网发达,与本项目相关的主要交通干线有成渝高速公路、成遂渝高速公路、G321 国道、G319 国道,其他省级以下公路以及乡村道路。

5.2.3.7 沿线水源、电源、燃料等可资利用的情况

(1)施工用水

地表水相对丰富;个别工点受地形条件限制,需铺设给水干管路。

(2)施工用电

本标段临时施工用电分别由永川胜利 110 kV 变电所(由 4 标施工永临结合电力工程)、璧山东林 110 kV变电所、沙坪坝金凤 110 kV 变电所(规划未建设)引出 10 kV 供电线路供施工用电。另可就近从当地 10 kV 供电线路 T 接取电。

前期不能尽快利用当地电力线路供电的施工段和施工期短且无电力线的区间采用自备发电机供电。桥面系、无砟轨道板施工及铺轨利用前期架设的供电线路供电,无电源区段采用自发电供电。

(3)施工用燃料

本段线路沿线燃料供应比较充足,油类供应主要渠道为各县、镇沿线加油站供给,施工机械使用的燃料可就近购买。中石油永川火车南站有 5 万吨的存油罐,主要由兰州炼油厂用输油管道直接输送到油罐储存;部分民营企业也经营油料,可在工地设储油罐储存油料。

5.2.3.8 当地建筑材料的分布情况

(1)路基填料

沿线为红色砂、泥页岩碎屑岩层,属片石和碎石石料贫乏区,红层岩风化严重,路基填料及级配碎石缺乏。路基填料可采用丰富的砂砾石和砂卵石作为填料;正线路基部分地段,利用路堑挖方及隧道弃渣作填料,也可利用红色岩、泥页岩碎屑岩层进行改良后作为基床底层及路基本体填料。级配碎石采用既有砂石场原料拌和。

(2)砂

永川区长江流域沿岸,通过抽砂船抽取,砂质偏细,运输路况良好。梁、板等高性能混凝土中粗砂采用洞庭湖砂,船运至长石码头、大渡口码头等,再汽车运输至梁场、板场。

(3)碎石

东段主要集中在璧山县福禄镇、铜梁县云雾山一带,石灰石材质,大多数母材外观较好,采用颚破和锤破生产工艺。西段主要集中在永川区黄瓜山、永川区红炉镇新店、永川区大安镇一带,石灰石材质,外观较好,

采用颚破和锤破生产工艺，运输线路道路状况良好。

(4)粉煤灰

川渝地区火电厂分布在重庆江津、合川，四川广安、泸州、内江一带。均能生产Ⅰ级、Ⅱ级粉煤灰。

(5)矿粉

重庆市生产矿渣粉规模较大的企业有两家，S95级矿粉年产量约20万吨。

5.2.3.9　卫生防疫、地区性疾病及民俗情况

沿线各级卫生防疫系统健全，措施有效，未发现区域性地方疾病。当地民风民俗与四川境内接近，社会治安良好。

5.3　工程项目管理组织

工程项目管理组织(见附录1)，主要包括以下内容：

(1)项目管理组织机构与职责；

(2)施工队伍及施工区段划分。

5.4　施工总体部署

5.4.1　指导思想

按照铁路工程建设"六位一体"总体要求，以"高起点开局、高标准建设、高效率推进"的三高建设为指导方针。以"标准化建设、架子队施作、一盘棋推演、六位体闪光"为项目运作指导思想。

5.4.2　施工理念

坚持"六化"施工理念。即"施工生产工厂化、施工手段机械化、施工队伍专业化、施工管理规范化、施工控制数据化、施工环境园林化"。

以"工厂化"为龙头，将施工技术与工艺按工序细分，在架子队设立作业班组(工厂)、确定流水线，形成"工厂化"生产。

"队伍专业化"和"手段机械化"是对"工厂"配置相应的人、机资源。把握人、机这两大资源，突出专业性和效率，在特定的工区和流水线上形成高效的生产能力。

"数据化"是对"工厂"施工全过程中的安全、质量、环保、工期、成本核算的控制与把握，讲究执行力，用数据说话，量化各项工作并进行评定。

"规范化"是"工厂"的行业准则和法律。针对本项目特点，以管理体系或模式构建规章制度、标准和操作流程，是"数据化"的支撑。

"园林化"是以人为本，保护生态自然和谐，构建绿色工程。针对"工厂"的人及生活、生产区的要求，对基本设施进行人性化、环保性的设置。

5.4.3　奋斗目标

根据建设单位总体施组安排及年度施工计划，以制架梁为主线，以里程碑工期为导向，以成本控制为核心，以"四新"技术为动力，以立功竞赛为抓手；铸就标准化建设魂魄，构建架子队施作骨架，舞动一盘棋推演脉搏，打造"六位一体"的闪光点，建设工地标准化管理的示范工程。

5.4.4　建设总体目标

5.4.4.1　安全目标

坚持"安全第一，预防为主"的方针，建立健全安全管理组织机构，完善安全生产保证体系，杜绝安全特别重大、重大、较大事故，杜绝死亡事故，防止一般事故的发生。消灭一切责任事故；确保人民生命财产不受损害。创建安全生产标准工地。

5.4.4.2 质量目标

坚持“百年大计，质量第一”的方针，认真贯彻执行国家和铁道部有关质量管理法规，确保全部工程质量全面达到国家及铁道部高速铁路工程质量验收标准，并满足设计速度开通要求。

对桥涵工程、隧道工程、路基工程、站场土建等按高速铁路工程质量验收标准的要求进行检测；工程一次验收合格率达到100%。

5.4.4.3 工期目标

计划2010年9月13日开工，2014年2月28日完工，总工期42个月。其中：架梁2011年6月16日开始，2012年10月26日完成；无砟轨道板铺设2012年1月9日开始，2013年4月30日完成。

5.4.4.4 环境保护目标

努力把工程设计和施工对环境的不利影响减至最低限度，确保铁路沿线景观不受破坏，地表水和地下水水质不受污染，植被有效保护，噪声、振动和扬尘的环境影响得到有效控制，文物得到有效保护；坚持做到“少破坏、多保护，少扰动、多防护，少污染、多防治”，使环境保护监控项目与监控结果达到设计文件及有关规定；做到环保设施与工程建设“同时设计，同时施工，同时交付使用”。

5.4.4.5 文明施工目标

做到现场布局合理，施工组织有序，材料堆码整齐，设备停放有序，标识标志醒目，环境整洁干净，实现施工现场标准化、规范化管理。

5.4.4.6 管理创新目标

紧密结合本项目的施工实际，开展“数据化控制、标准化管理”创新，以求取得经验和培养人才。

5.5 控制工程和重点工程施工方案

5.5.1 连续梁

5.5.1.1 工程概况

本标段共有六联连续梁，分别为九龙河大桥(32+48+32)m连续梁、梅江河特大桥(32+48+32)m连续梁、壁南河特大桥(40+64+40)m和(40+56+40)m连续梁、大地坝特大桥(40+64+40)m连续梁、梁滩河特大桥(25+40+32)m连续梁。

5.5.1.2 施工组织及进度计划

标段内连续梁由二分部、四分部和五分部施工，其中二分部负责九龙河大桥、梅江河特大桥两联(32+48+32)m连续梁施工，四分部负责壁南河特大桥(40+56+40)m和(40+56+40)m连续梁施工，五分部负责大地坝特大桥(40+64+40)m连续梁、梁滩河特大桥(25+40+32)m连续梁施工。六联连续梁均采用挂篮悬臂浇筑，共配置12对挂篮及塔吊等垂直吊装设备；另外，对于跨璧青路的壁南河特大桥(40+64+40)m及跨重庆外环高速的大地坝特大桥(40+64+40)m连续梁设置安全防护措施。其施工进度计划见表5-6。

表5-6 连续梁施工进度计划表

序号	桥梁名称	工程项目	开工时间	完工时间
1	九龙河大桥(32+48+32)m连续梁	桩基施工	2010-12-1	2011-3-16
		承台施工	2010-12-29	2011-4-6
		墩身施工	2011-1-12	2011-5-6
		梁部施工	2011-5-7	2011-9-14
2	梅江河特大桥(32+48+32)m连续梁	桩基施工	2010-11-16	2011-2-28
		承台施工	2010-12-13	2011-3-21
		墩身施工	2010-12-27	2011-4-20
		梁部施工	2011-4-21	2011-8-29

续上表

序　　号	桥梁名称	工程项目	开工时间	完工时间
3	壁南河特大桥（40+64+40）m连续梁	桩基施工	2010-11-1	2010-12-10
		承台施工	2010-12-1	2010-12-31
		墩身施工	2010-12-20	2011-2-9
		梁部施工	2011-2-10	2011-10-15
4	壁南河特大桥（40+56+40）m连续梁	桩基施工	2010-11-1	2010-12-20
		承台施工	2010-12-10	2011-1-15
		墩身施工	2011-1-10	2011-2-28
		梁部施工	2011-3-1	2011-10-15
5	大地坝特大桥（40+64+40）m连续梁	桩基施工	2010-12-1	2011-1-25
		承台施工	2011-1-30	2011-3-26
		墩身施工	2011-3-1	2011-4-25
		梁部施工	2011-5-15	2011-12-31
6	梁滩河特大桥（25+40+32）m连续梁	桩基施工	2010-12-1	2011-1-25
		承台施工	2011-1-30	2011-3-26
		墩身施工	2011-3-1	2011-4-25
		梁部施工	2011-5-15	2012-2-29

5.5.1.3　主要施工方案

主墩墩身施工完成后，安设临时支墩及0号块现浇支架，对支架进行预压，根据预压所得数据进行0号块底模及侧模的安装，施工连续梁0号块。

在0号块上拼装挂篮，并进行预压，利用挂篮对1号～n号悬灌段进行施工。挂篮采用全封闭式施工，确保跨公路时的行车及行人安全。对边跨现浇段及边跨合拢段的地基进行处理后，搭设满堂式碗扣支架对边跨现浇段施工；安设边跨合拢段外模、钢筋制安完成后，安装临时刚性连接构造并张拉临时预应力束，进行临时固结，施工边跨合拢段。

边跨合拢段张拉压浆完成后，拆除临时支墩，进行体系转换；利用挂篮做中跨合拢段外模，制安中跨合拢段钢筋，安装中跨合拢段临时刚性连接构造，并张拉临时预应力束进行临时固结，施工中跨合拢段。中跨合拢完成后施工连续梁附属工程。

连续梁施工顺序：墩身施工→安设临时支墩→0号块现浇支架施工→对支架进行预压→根据预压所得数据进行0号块底模及侧模的安装→制安连续梁0号块钢筋及预应力管道→浇筑混凝土→养护→张拉压浆→在0号块上拼装挂篮→对挂篮进行预压→利用挂篮对1号～n号悬灌段进行施工(同步施工边跨：对边跨现浇段及边跨合龙段的地基进行压实→搭设满堂式碗扣支架→对支架进行预压→铺设底模，制安钢筋，浇筑混凝土→养护→张拉、压浆)→安设边跨合拢段外模、钢筋→安装临时刚性连接构造并张拉临时预应力束，进行临时固结→浇筑边跨合龙段→养护→张拉，压浆→拆除临时支墩→利用挂篮做中跨合龙段外模，制安中跨合龙段钢筋→安装中跨合龙段临时刚性连接构造，并张拉临时预应力束进行临时固结→浇筑中跨合拢段混凝土→养护→张拉，压浆→施工连续梁附属工程。

以上连续梁作为二级施工方案，需制定专项施工方案报送公司审批，在此仅提出总体方案；在施工前进一步完成方案细化及报批工作。

5.5.2　框架桥

5.5.2.1　工程概况

本工程位于重庆市永川区，城区主干道兴龙大道下穿成渝高速铁路线路。为此，在DK240+888处设置一座1－17.0 m框架桥，全长108 m。兴龙大道为双向8车道，隔离带为绿化带。因兴龙大道为交通要道，故施工时不能断道，采用分幅施工。

5.5.2.2　施工组织及进度计划

框架桥施工进度计划见表5-7。

表 5-7 框架桥施工进度计划表

序号	项目名称	开工日期	完工时间	备注
一	左幅施工	2010-10-15	2011-5-5	
1	交通疏解	2010-10-15	2010-11-30	
2	地基处理	2010-12-1	2011-1-15	
3	基坑开挖及支护	2011-1-16	2011-1-31	
4	基础施工	2011-2-1	2011-2-20	
5	支架搭设及预压	2011-2-21	2011-3-20	
6	框架身施工	2011-3-21	2011-4-20	
7	通车前恢复	2011-4-30	2011-5-5	
8	翼墙施工	2011-4-30	2011-5-10	
9	桥面系	2011-5-11	2011-5-5	
二	右幅施工	2011-5-6	2011-9-30	
1	地基处理	2011-5-6	2011-6-20	
2	基坑开挖及支护	2011-6-21	2011-7-5	
3	基础施工	2011-7-6	2011-7-25	
4	支架搭设及预压	2011-7-26	2011-8-25	
5	框架施工	2011-8-26	2011-9-25	
6	翼墙施工	2011-9-26	2011-9-30	
7	桥面系	2011-9-26	2011-9-30	

5.5.2.3 主要施工方案

(1)交通疏解

兴龙大道下穿新建线路路基，因该道路属于主干道，不能断道，拟采用分幅施工。先封闭兴龙大道左侧4车道进行框架施工，车流及行人从右侧4车到双向限速通过；待左侧框架施工完毕后，开通左侧道路，车流及行人从左侧框架限速通过，右侧封闭施工。施工过程中，设置相关警告牌和指示牌，便于行人及车辆按规定行驶。

(2)总体施工方案

该框架桥设计采取围护桩及钢管支撑联合维护结构。该桥共设置围护桩207根，采用旋挖钻成孔进行施工，冠梁采用模筑法施工；基坑开挖采用机械分层开挖，自卸车运输；框架桥主体采用整体移动门型支架分节施工，混凝土采用罐车运输、泵送入模。该框架桥另行编制详细施工方案。

5.5.3 隧道

标段有隧道3座(表5-8)。缙云山隧道进口有2处滑坡，需整治后才能进洞；壁山隧道进口有600 mV级围岩，且两隧道均处于架梁通道上。为保证工期、提前打通架梁通道，分别在缙云山隧道DK277＋300处设184 m斜井、壁山隧道DK283＋780处设125 m斜井、大安隧道DK246＋100处设652 m斜井。

表 5-8 隧道表

序号	隧道名称	进出口里程	长度(m)	围岩分级计算长度(m)		
				Ⅲ级	Ⅳ级	Ⅴ级
1	大安隧道	DK243＋950～DK249＋004	5054	650	3850	554
2	缙云山隧道	DK275＋360～DK278＋535	3175	946	688	1541
3	璧山隧道	DK283＋195～DK286＋660	3465	1805	605	1055

5.5.3.1 大安隧道

1. 工程概况

大安隧道位于重庆市境内永川～璧山段，起讫里程为DK243＋950～DK249＋004，中心里程DK246＋

477，全长 5054 m。

隧道位于半径为 10000 m 左偏的曲线上，隧道进口纵坡为 0.3%的上坡，出口纵坡为 0.4%、1.05%的下坡，变坡点里程分别为 DK245＋400 及 DK248＋400。本隧道设置贯通斜井一座，位于线路左侧，斜井与正洞相交里程为 DK246＋100，斜井长 652 m，最大坡度 10%。

本工程由第一项目分部和第二项目分部承建。第一项目分部拟定施工任务为进口段 1.3 km(DK243＋950～DK245＋250)；第二项目分部拟定施工任务为斜井及出口段(DK245＋250～DK249＋004)段；正洞部分采用动态分界。

隧道围岩级别和长度见表 5-9。

表 5-9　隧道围岩级别及长度

序　　号	里　　程	长　　度	围岩类别(级)	备　　注
1	DK243＋950～DK243＋990	40	Ⅴ	明洞
2	DK243＋990～DK244＋250	260	Ⅴ	
3	DK244＋250～DK244＋975	725	Ⅳ	
4	DK244＋975～DK245＋075	100	Ⅴ	
5	DK245＋075～DK246＋150	1075	Ⅳ	
6	DK246＋150～DK246＋400	250	Ⅲ	
7	DK246＋400～DK246＋500	100	Ⅳ	
8	DK246＋500～DK246＋900	400	Ⅲ	
9	DK246＋900～DK248＋850	1950	Ⅳ	
10	DK248＋850～DK248＋988	138	Ⅴ	
11	DK248＋988～DK249＋004	16	Ⅴ	明洞

2. 地形地貌和地质概况

隧区属丘陵地貌，丘槽相间，地形波状起伏，地面高程 303～424m，相对高差 20～100 m，自然横坡 5°～30°，局部较陡，达 45°。丘坡上覆土层较薄，基岩部分裸露，地表多被垦为旱地；沟槽等低洼地带覆土较厚，多被辟为水田。沿线路两侧村庄民房零星分布，有乡道和线路相通，交通较为便利。

隧道地表水分布七一水库和众多鱼塘，流量受季节影响明显；地下水为孔隙水和基岩裂隙水，基岩中泥岩裂隙水含量甚微，砂岩中相对较大。永川地区为弱地震区，地震动峰值加速度为 0.05 g。

隧道不良地质为泥岩风化剥落、危岩落石、隧道顺压偏压、进口路堑边坡顺层。斜井进口周围遍布良田和水塘，附近有两座水库，隧址区域水源相当丰富，洞身渗水相当严重，而斜井为下坡施工，排水难度较大，影响洞内施工安全。本隧道为低瓦斯隧道，施工中必须加强通风管理和瓦斯浓度检测。

3. 工程特点、难点及施工措施

(1)工程特点

隧道全长 5 054 m，其中，Ⅴ级围岩 554 m，Ⅳ级围岩 3 850 m，Ⅲ级围岩 650 m，围岩松软，岩体破碎，节理、裂隙发育，存在瓦斯等有害气体，工期紧、地质复杂，采用无砟轨道。

(2)工程难点

1)岩层近于水平，围岩松软，岩体破碎，节理、裂隙发育，以Ⅳ和Ⅴ级围岩为主；浅埋，最大埋深不超过 120 m，易塌方。

2)有瓦斯等有害气体存在，施工过程存在瓦斯灾害等安全隐患，安全风险大。

3)为保证瓦斯隧道施工通风，斜井进入正洞断面扩大时，存在坍方的安全风险。

4)进口段地质复杂，泥岩风化剥落，有危岩落石，洞身段距水库较近，施工难度大；出口段地形较陡，场地狭小，进洞施工较为困难。

(3)施工措施及解决办法

1)针对Ⅳ级围岩，采用台阶法；针对Ⅴ级围岩采用台阶法、环形开挖预留核心土台阶法，严格控制开挖进尺及时做好支护。

2)针对瓦斯等有害气体，按照规范要求进行瓦斯检测，随时把握洞内瓦斯状况，加强通风，有效降低瓦斯浓度，采用超前钻孔探煤，提前预测煤层瓦斯赋存情况，以及时针对性采取防治措施。

3)斜井接入正洞施工，采取加强超前支护、短开挖、强支护，加强监测等措施，确保施工安全。

4)针对进出口地质条件复杂，制定周密妥善的进洞计划，确保进洞安全。

4. 施工总体安排

根据施工合同和指挥部总体安排，本工程要求总工期为33个月。该隧道在DK246＋100处设置斜井，共三个作业面施工；一分部负责施工进口段1.8 km，其余部分及斜井由二分部施工。按局经理部要求在2012年8月15日隧道贯通。因施工图未到，进出口及斜井暂定开工日期为2010年11月1日，实际开工日期待设计施工图到位后做相应调整。斜井2011年5月底完成开挖，6月15日完成由斜井转入正洞施工。具体见表5-10。

表5-10 节点工期计划表

序 号	项目名称	开工时间	完工时间	备 注
1	正洞进出洞口	2010-11-1	2010-12-10	
2	正洞进洞	2010-12-11	2012-9-3	
3	斜井施工	2010-11-1	2011-5-31	
4	斜井进入正洞	2011-6-1	2011-6-15	
5	隧道贯通	2010-12-10	2012-8-15	

5. 施工总体方案

大安隧道施工严格按照新奥法原理、设计文件及瓦斯隧道施工规范要求进行组织，施工前做好洞身超前地质预报，对洞身地质、水文及瓦斯有毒气体等进行预测，施工中坚持“管超前、严注浆、短开挖、强支护、勤量测、早封闭”的原则施工，同时加强对有毒有害气体监测。建立以多功能开挖台架、全断面衬砌模板台车、挖掘机、装载机、汽车运输为主要特征的机械设备配套施工体系，实现钻爆、装运、喷锚、衬砌等机械化作业线的有机配合，严格机械设备管、用、养、修制度，科学管理，达到优质快速施工如目的所示。

隧道施工采用进、出口相向施工，同时，在DK246＋100处设置斜井，斜井交入正洞后同时向大、小里程掘进，各作业面开挖里程如图5-1所示。

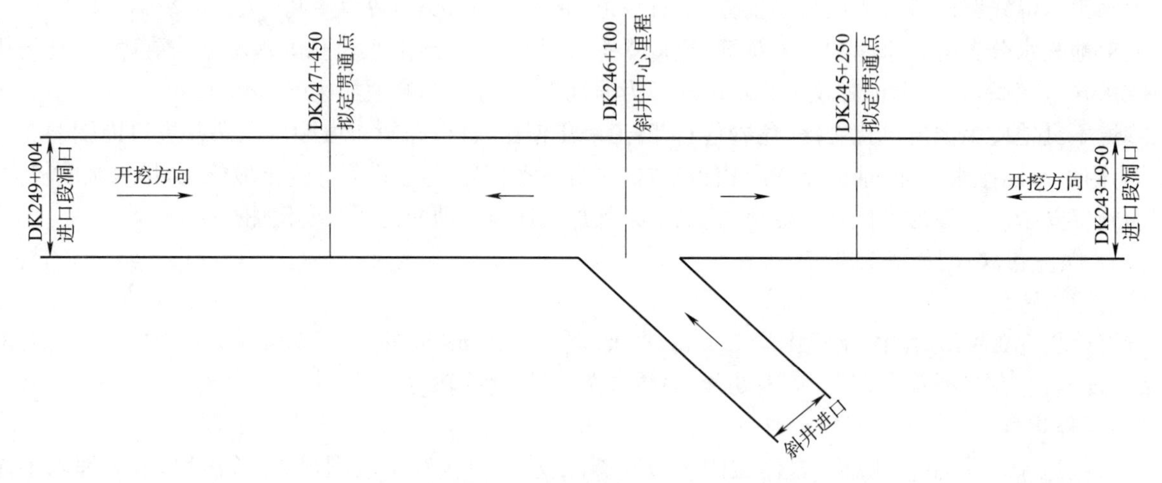

图5-1 大安隧道工区划分图

确定开挖方法，Ⅲ级围岩采用全断面开挖，Ⅳ级围岩采用台阶法开挖，Ⅴ级围岩采用台阶法预留核心土台阶法开挖，采用无轨运输方式，装载机装渣，自卸车运渣。如使用台阶法施工，采取挖掘机翻渣，装载机装渣，自卸车运渣，以保证出渣速度。

瓦斯隧道，通风是保证安全的重要技术措施，因此，专门设置通风管理小组进行通风管理，设备的保养及围护，确保施工期间通风不间断，为施工创造安全作业环境，通风采用压入式通风。

为随时掌握隧道内瓦斯浓度，施工过程加强洞内瓦斯检测，瓦检员携带便携式瓦检仪对开挖掌子面、捡底作业面、二衬作业面以及沟槽、低洼、易聚集有害气体的空间及位置全方位不间断的检测。

6. 隧道进洞方案及措施

(1)斜井进洞方案

根据设计文件,对斜井进口位置采用人工清除洞口范围植被及覆盖层。结合现场地质情况,土方采用挖掘机配合自卸车挖、装、运,石方采用手持风钻钻孔,浅眼爆破,装载机装运。开挖过程中,按照设计要求进行洞口边仰坡锚喷防护,边坡稳定后进洞施工。进洞前,洞口施作 ϕ42 mm 超前小导管,采用台阶法进行施工。因进口段隧道埋深较浅,施工中加强监控量测及涌水量观察,以保证施工安全。

(2)进口进洞方案

洞门刷坡采用 PC200 挖掘机分级开挖配合人工进行,在部分硬岩可采用局部小爆破开挖,开挖必须一次到位,避免二次开挖时影响正洞施工及安全。刷坡成型及时施工永久性边仰坡支护,确保边坡稳定,然后施工导向墙及洞口段管棚,对洞口段软弱围岩加固,然后采用环形开挖预留核心土法进洞施工。

(3)出口进洞方案

大安隧道出口明洞直接与桥台相连,明洞包含 9 m 单压明洞及 8 m 双耳墙明洞,洞顶设置 3 m×4 m 通风井两座。根据设计文件,明洞段地形纵断面和横断面,地势相对平缓,因此,洞口及明洞边仰坡采用分级开挖,及时施工永久性边仰坡支护,确保边坡稳定,然后施工导向墙及洞口段管棚,对洞口段软弱围岩加固,然后采用环形开挖预留核心土法进洞施工。出口明洞先施工 9 m 单压明洞及拱顶回填,待桥梁架设完毕后,最后施工洞口段 8 m 双耳墙明洞及拱顶回填,以利于桥梁架设及洞内施工。

(4)隧道进洞措施

由于隧道洞口地质条件差,设计均采用长管棚进行超前支护,采用 ϕ108 mm 壁厚 6 mm 热轧无缝钢花管,管棚长度进口为 35 m,出口为 25 m,管节长度 4～6 m,环向间距 40 cm,外插角 1°～3°。管棚设置于衬砌拱部 140°范围内,导管上设注浆孔,按 15 cm 间距梅花形交错设置,孔径 10～16 mm,管尾段留 2.0 m 不钻孔的止浆段。

长管棚施工应注意以下几方面:

1)施工前,应根据设计洞门的里程和标高刷好洞门仰坡,如果仰边坡石质不良或为土质时,应根据地质用水平锚杆、挂网、喷混凝土加固,保证其稳定。

2)洞口段设置 1 m×1 mC20 导向墙,导向墙内预埋壁厚 5 mm 直径 146 mm 的孔口管,并在每侧导向墙底设置 4 根 ϕ42 锁脚锚杆,每根长 4 m,焊于两榀钢拱架上。

3)按设计设置两榀 I 18 工字梁临时钢支撑拱架,焊好纵向连接。应注意预留保护层。

4)在两榀钢拱架上,按管棚设计位置(间距和水平标高、仰角),准确的焊上导管,导管为 ϕ146×5 mm,外端焊一个法兰盘,用来平衡钻孔和压浆的后座力,里面一端用胶纸封口,以防砂浆流入。导管的导向直接影响管棚的质量,必须严格按设计安装、焊牢。

5)导管全部焊好后即可灌注导向墙混凝土,边墙部分不影响管棚施工,可以在洞身开挖后一并施作。

6)搭设钻孔操作平台,应根据钻机钻最低眼标高和安钻杆长度的要求设置,宽度为整个洞门。

7)引入水电管线,水压力不小于 3.5 kg/cm^2,安装钻孔机接通水管即可开钻,必须备有若干个异型接头,管前端安装环形钻头,一边钻孔一边高压水将钻渣冲出。随着钻孔进尺应随时检查孔眼的方向与仰角,以免超过误差限度。钻眼达到设计长度后,检查管内钻渣是否冲洗干净,否则再用较小钻头加高压水在管内钻除余渣。

8)压浆液:隧道采用单液注浆,灌注浆液为纯水泥浆液,注浆前应先进行注浆现场试验,如果单液注浆能达到固结围岩的目的,则采用此方案,否则应进行水泥一水玻璃双浆液试验,注浆参数应通过现场试验确定,以利施工。注浆参数:水泥浆水灰比为 1∶1;浆压力为 0.6～1.0 MPa。

9)压浆液仅在花管内进行,故应进行花管安装,压注浆液,然后清除管内浆液。最后和普管一起逐根压水泥砂浆。压水泥浆可用浆筒随加随压直到注满为止,最后堵口。压浆时应注意将压浆管伸入孔底,保证压浆饱满。待水泥浆达到 70%设计强度即可进行洞身拱部开挖。

5.5.3.2 缙云山隧道

1. 工程概况

缙云山隧道位于重庆市境内永川～璧山段,起讫里程为 DK275+360～DK278+535,中心里程 DK276+945,全长 3 175 m。

隧道位于一半径为 8 000 m 右偏的曲线上,为 0.35%的上坡。本隧道设置贯通斜井一座,位于线路左侧，斜井与正洞相交里程为DK277＋300，斜井长184 m，最大坡度8%。

2. 地形地貌和地质概况

隧道区位于新华夏系四川沉降带川东褶皱带中，隧道区主体构造为温塘峡背斜，在它的东面为北碚向斜，在它的西面为璧山向斜。这些背、向斜均呈南～北向延伸，向斜宽缓，背斜紧凑，构成了背斜与向斜相同排列的构造格局。

隧区地表水主要为水库水、沟水及坡面暂时性流水、水田水，流量受季节影响明显，雨季水量较大，旱季相对较小。地下水为第四系土层孔隙水及基岩裂隙水，第四系土层较厚，含一定量孔隙水；基岩裂隙水主要赋存于碎屑岩砂岩中的裂隙及浅层风化带裂隙中，地下水主要以下降泉的形式在冲沟、低洼的地方排泄于地表，流量随季节而变化。泥、页岩中裂隙水含量微弱，砂岩中相对较大。地下水具硫酸盐侵蚀，环境作用等级为H1～H2。

隧址区不良地质为泥岩风化剥落、进出口危岩落石、进口滑坡、采空区及煤层瓦斯；特殊岩土为膨胀岩。

3. 施工组织及进度计划

缙云山隧道制约着管段内至六座桥梁的架梁施工，施工时首先安排长隧道施工。本隧道计划开工时间2010年11月1日，贯通时间2012年6月4日，总工期21个月(含准备期3个月)。

根据工期计划安排和架梁工期计划要求，隧道需要在DK277＋300处增加斜井，斜井长184 m，隧道进口端设置在暗洞与明洞交界处，进口段150 m明洞与隧道暗洞平行作业，隧道施工分4个工作面，分别为明洞工作面、进口工作面、斜井工作面及出口工作面。进口工作面承担隧道开挖及衬砌779 m，斜井工作面承担隧道开挖及衬砌1 651 m，出口工区承担隧道开挖及衬砌595 m。各工作面均按无轨运输组织施工。

4. 主要施工方案

为尽快形成隧道开挖工作面，隧道进口进洞选择在明洞和暗洞交界处，从隧道左侧拉槽进入隧道中心线后，扩挖至隧道开挖工作面后，尽量少刷边仰坡，清理土石方至拱脚标高，在拱部衬砌断面外向前打一圈长管棚(留3～5m不打入围岩)并注浆，然后贴壁施工临时拱圈，将外露管棚埋入拱圈内，确保安全后再进行开挖支护进洞。

根据围岩级别选择不同的开挖方法，其中隧道进、出口段Ⅴ级围岩采用CD法开挖；除洞口外其余Ⅴ级围岩段，采用带临时仰拱的台阶法施工；隧道Ⅳ级围岩开挖采用上下台阶法进行开挖，Ⅲ级围采用全断面法开挖。隧道明洞段采用明挖法施工；暗挖段采用锚喷构筑法施工，光面爆破法开挖。

全隧仰拱超前，拱墙一次衬砌；洞身Ⅳ级围岩地段设拱墙格栅钢架及拱部$\phi42$超前锚管加强支护；洞身Ⅴ级围岩地段设全环格栅或Ⅰ20b工钢钢架及拱部$\phi42$超前小导管加强支护；进出口段设$\phi108$超前大管棚支护，ZL50C装载机装渣，15～20 t自卸汽车运输出渣，二次衬砌仰拱先行，采用仰拱栈桥作为运输通道，拱墙采用拌和站、混凝土输送车、混凝土输送泵、液压衬砌台车、人工捣固的流水线作业。

斜井洞身采用台阶法开挖施工，锚喷施工支护采用ZL50型正装正卸装载机装渣，PC120挖掘机配合人工找顶，10T自卸汽车运输出渣。Ⅲ级围岩采用锚喷衬砌，Ⅳ、Ⅴ(主要为该级围岩)级围岩段采用模筑衬砌，无轨单车道运输，衬砌采用1台6 m长模板衬砌台车，混凝土由拌和站集中拌制，混凝土罐车运输，泵送入模。施工时注意根据超前地质预报情况，及时采取局部注浆等堵水措施。

本隧道有危岩落石、人工填土、软土、松软土、隧道顺层偏压、煤层采空区、瞿塘峡背斜、岩爆等不良地质情况，主要集中在隧道进出口两端及穿越瞿塘峡背斜段，施工中要加强地质预报工作，根据地质超前预报及掌子面实际地质情况，采用CD法开挖施工，初期支护采用小导管注浆超前支护，型钢进行加强，当断层带围岩特别破碎时改为长管棚注浆支护。施工中严格控制开挖循环进尺，计划月进度50 m/月。

5.5.3.3 璧山隧道

1. 工程概况

璧山隧道位于重庆市境内永川～璧山段，起讫里程为DK283＋195～DK286＋660，全长3 465 m。

隧道位于直线上，进口为0.62%的上坡，出口为0.3%下坡，边坡点里程为DK285＋400。本隧道设置贯通斜井一座，位于线路左侧，斜井与正洞相交里程为DK283＋780，斜井长125 m，最大坡度8%。

2. 地形地貌和地质概况

隧道区位于新华夏系四川沉降带川东褶皱带中，隧道区主体构造为温塘峡背斜，在它的东面为北碚向斜，在它的西面为璧山向斜。这些背、向斜均呈南～北向延伸，向斜宽缓，背斜紧凑，构成了背斜与向斜相同排列的构造格局。

隧区地表水主要为水库水、沟水及坡面暂时性流水、水田水，流量受季节影响明显，雨季水量较大，旱季相对较小。地下水为第四系土层孔隙水及基岩裂隙水，第四系土层较厚，含一定量孔隙水；基岩裂隙水主要赋存于碎屑岩砂岩中的裂隙及浅层风化带裂隙中，地下水主要以下降泉的形式在冲沟、低洼的地方排泄于地表，流量随季节而变化。泥、页岩中裂隙水含量微弱，砂岩中相对较大。地下水具硫酸盐侵蚀，环境作用等级为 H1～H2。

不良地质有泥岩风化剥落、危岩落石。特殊岩土为松软土、膨胀岩。洞身泥岩质软，岩层水平、节理发育。隧道进口段存在危岩落石。隧道进口为 675 m 浅埋Ⅴ级围岩。为避开该段，特设置斜井增加工作面，缩短工期。

3. 施工组织及进度计划

本隧道计划开始时间 2010 年 11 月 1 日，贯通时间 2012 年 6 月 10 日，总工期 21 月(含准备期 3 个月)。

根据工期计划安排和架梁工期计划要求，隧道需要在 DK283＋780 处增加斜井，隧道进口端设置在暗洞与明洞交界处，进口段 25 m 明洞与隧道暗洞平行作业，隧道施工分 3 个工作面，分别为进口工作面、斜井工作面及出口工作面。进口工区承担隧道开挖及衬砌 595 m，斜井工区承担隧道开挖及衬砌 1 666 m，出口工区承担隧道开挖及衬砌 1 204 m。各工区采用无轨双向车道运输组织施工。

4. 主要施工方案

为尽快形成隧道开挖工作面，隧道进洞选择在明洞和暗洞交界处，从隧道左侧拉槽进入隧道中心线后，扩挖至隧道开挖工作面后，尽量少刷边仰坡，清理土石方至拱脚标高，在拱部衬砌断面外向前打一圈长管棚(留 3～5m 不打入围岩)并注浆，然后贴壁施工临时拱圈，将外露管棚埋入拱圈内，确保安全后再进行开挖支护进洞。

斜井先施工约 80 m 明槽后进洞，斜井洞身采用台阶法开挖施工，锚喷施工支护采用 ZL50 型装载机装渣，PC120 挖掘机配合人工找顶，10 t 自卸汽车运输出渣。Ⅲ级围岩采用锚喷衬砌，Ⅳ、Ⅴ(主要为该级围岩)级围岩段采用模筑衬渣，无轨单车道运输，衬砌采用 1 台 6 m 长模板衬砌台车，混凝土由拌和站集中拌制，混凝土罐车运输，泵送入模。施工时注意根据超前地质预报情况，及时采取局部注浆等堵水措施。

本隧道有危岩落石、人工填土、软土、松软土、隧道顺层偏压、煤层采空区、瞿塘峡背斜、岩爆等不良地质地段，主要集中在隧道进出口两端(DK283＋185～DK283＋860、DK286＋470～DK286＋650)及 DK285＋430～DK285＋630 范围内，施工中要加强地质预报工作，隧道进、出口段Ⅴ级围岩采用 CD 法开挖；除洞口外其余 V 级围岩段，采用带临时仰拱的台阶法施工；隧道 IV 级围岩开挖采用上下台阶法进行开挖，Ⅲ级围采用全断面法开挖。初期支护采用小导管注浆超前支护，型钢进行加强，当断层带围岩特别破碎时改为长管棚注浆支护。施工中严格控制开挖循环进尺，计划月进度 50 m/月。

5.5.4 简支梁制运架

5.5.4.1 工程概况

璧山梁场(10 号)梁场选址重庆市璧山县正兴镇，占地 150 亩，线路左侧。制梁范围 DK249＋004～DK290＋280，长 41.3 km，共计 522 孔后张法预应力混凝土单箱单室箱梁，其中 32 m 梁 484 孔，24 m 梁 38 孔。32 m 梁梁体混凝土体积约为 322 m^3，梁体重 826.9 t，24 m 梁梁体混凝土体积为 251 m^3，梁体重 650 t。架梁项目分部承担璧山制梁场预制箱梁的运架施工运架箱梁段 DK249＋004～ DK290＋281(DK289＋818)，合计架梁 522 孔。

梁场中心里程为 DK262＋600，梁场中心距本任务段大里程方向 315 孔预制箱梁，小里程方向 207 孔预制箱梁。

5.5.4.2 施工组织及进度计划

标段制、架梁施工任务重，计划梁场从 2010 年 10 月开工建设，2010 年 12 月 28 日开始制梁，2011 年 3 月完成梁场认证，2012 年 7 月完成全标段的制梁施工任务；箱梁架设从 2011 年 6 月 16 日开始，2011 年 11 月 16 日完成成都方向架梁任务，2012 年 10 月 26 日完成重庆方向架梁任务。

5.5.4.3 主要施工方案

(1)方案概述

简支箱梁制运架采用后张法厂内预制，运梁车或运架一体机运梁上桥，大吨位架桥机架设的施工方案，制梁场内采用搬运机移运箱梁。

梁场在供梁范围内先往小里程方向供梁，供至梅江河连续梁处时调头开始供应大里程方向梁至陈家坡隧道，调头然后供至小里程结束，最后供应大里程方向箱梁。

(2)梁场平面布置

梁场施工总平面布置遵循施工生产组织有序、平面紧凑合理，各施工作业面交叉作业影响小、保证大型机械畅通运行等原则。梁场平面布置依据施工任务、制架梁工期、施工进度、制梁周期、箱梁预制工艺、机械设备场内搬运方式等对场地进行五大分区块布置(包括制梁区、存梁区、混凝土拌和区、装梁区、办公生活区)。

制梁区设置在2台50 t龙门吊走行轨道内，根据制梁周期、架梁工期、制梁工艺等共设置7个制梁台座、底腹板钢筋预扎台座2个、面筋预扎台座2个、内外模拼装台座各5个；存梁区共设置42个双层存梁台座满足制架梁工期及存梁数量需求；混凝土拌和区共设置3台120 m^3/h的拌和站，理论生产能力360 m^3/h，满足日产箱梁生产需求，同时考虑与板场合用的混凝土需求，紧挨拌和站设置相应的砂石料场；装梁区设置运梁车及运架一体机专用上线通道，同时设置临时装梁台座3座。

(3)制梁施工方案

制梁模型板采用钢模板，外模数量与制梁台座的比例按照1∶1配置，内模数量按照3天一个循环配置。

箱梁外模为开合式钢模板，内模为可牵引液压钢模板。

钢筋集中下料加工，在绑扎台座上绑扎成型，采用2台50 t龙门吊整体吊装入模，先吊装底腹板钢筋，内模安装后再吊装顶板钢筋。

混凝土采取3台120 m^3/h全自动配料机配料，强制式拌和机拌和，3台80 m^3/h混凝土泵与布料机配合泵送混凝土入模；采取附着式震捣与插入式震捣相结合的震捣方式保证混凝土密实。

为防止混凝土早期开裂，采用带模预张拉工艺；初张后采用搬运机将箱梁从制梁台座移至存梁台座，终张和预应力孔道压浆、封锚在存梁台座进行。

梁场内设置专用静载试验台，加载装置采用移动式桁架作为加载反力梁进行加载。

(4)运架梁方案

按照工程布局和架梁工期，为确保安全、优质、按期完成本项目箱梁运架工程任务，项目部投入900 t级箱梁运架设备1套、运架一体机1套完成璧山制梁场箱梁的运架施工任务，运架设备包括：1台JQ900A架桥机和1套SC900HT－F运架一体机、1台YL900吨级运梁车。

1)供梁方案

璧山制梁场合计供梁522孔。

采用JQ900A架桥机架梁作业时：梁场采用900t轮胎式搬运机横向将箱梁由存梁台位装车至运梁车上，运梁车通过梁场便道运梁上桥。

采用SC900HT－F运架一体机架梁作业时：梁场搬运机横向将箱梁由存梁台位搬运至临时转换台位上，再由运架一体机直接装梁，运架一体机通过梁场便道运梁上桥。

2)运架梁方案

JQ900A架桥机架梁作业：梁场搬运机经重载试验合格后，将箱梁由存梁台位装车至运梁车上，架桥机组装调试完成并完成架桥机重载试验，然后架桥机自力走行、对位，运梁车运输箱梁至架桥机处架设。

SC900HT－F运架一体机架梁作业：梁场搬运机经重载试验合格后，将箱梁由存梁台位搬运至临时转换台位上，运架一体机组装调试完成并完成重载试验，运架一体机直接装梁、运梁架设。

(5)运架指标分析和应对

小里程运梁距离为16 km，大里程端最远运距27 km，远距离运梁，使架梁效率不高。运架分离式架桥机0～8 km的架梁速度为3孔/天，8 km以上的架梁速度为2孔/天，12～20 km的架梁速度为1.5孔/天。

运架一体机0～8 km的架梁速度为2.5孔，8～12 km的架梁速度为2孔/天，12～27 km的架梁速度为1.5孔/天。

运架一体机架梁时，8 km运距以上的架梁采取白天进行运架梁作业，夜班运梁一孔到达待架点，可以保证12～27 km的架梁速度为1.5孔/天。

(6)主要节点

2011年5月1日JQ900A架桥机和运梁车进场；

2011年6月10日完成JQ900A架桥机和运梁车组装、试运行和取得使用许可证；

2011年6月16日架设第一孔箱梁；

2011年6月16日～11月16日完成大安隧道～陈家坡隧道之间的全部箱梁共287孔32 m、8孔24 m箱梁。完成小里程段架梁。

2012年2月1日运架一体机进场；

2012年3月10日前完成运架一体机拼装、试运行和取得使用许可证；

2012年3月15日起架设陈家坡隧道大里程段箱梁；

2012年10月26日完成大里程段箱梁架设，完成全部箱梁架设。

(7)技术特点和难点

1)箱梁运输采用便道上桥：根据该标段施工需要，结合我公司近期运架设备使用情况，为了确保架梁工期目标，投入二种类型架桥设备(JQ900A型架桥机和900t运梁车、SC900HT－F运架一体机)架设。为确保YL900运梁车、运架一体机取梁，必须修建坡度不大于3%且转弯半径不小于150 m的运梁便道，路肩宽不小于12 m宽、通道承载力满足运梁通过要求。

2)箱梁架设坡度大：目前中铁二局的该类架桥机已架设最大坡度为25‰，而该标段有三处超过20‰架设的坡度，已接近架桥机最大架设坡度，箱梁架设施工难度非常大。

3)技术含量高：本工程所采用的箱梁为后张法预应力混凝土双线简支梁，体积大，重量大，32 m箱梁质量826.9 t(不包括保护层和桥面系)，其吊装、运输、架设技术和支座安装、灌浆技术对施工设备、材料、工艺等都提出了很高的要求。

4)施工专用机械设备配置高、投入大：为确保工程进度、质量和安全，采用的900吨级运梁车、架桥机及运架一体机等配套设备均居国内铁路项目最高水平。

5)施工干扰大：架梁过程中途经多处路基、连续梁、隧道，相关工程的施工进度对架梁进度制约大，影响架梁进度。

6)施工技术难度大：架梁采用新型设备运架一体机，箱梁架设、隧道口架梁、跨高压线架梁及运架设备多次过路基施工难度大。

7)架梁施工属高空作业，安全压力异常大。

5.5.5 无砟轨道

5.5.5.1 无砟轨道工程概况

新建成都至重庆高速铁路CYSG－5标(DK240＋153.932～DK288＋991.95)的CRTS－Ⅰ型双块式无砟轨道铺设施工长度为100.2铺轨公里(单线)，需要铺设约150653根双块式轨枕；轨枕预制里程范围为DK213＋100～DK295＋972，需预制轨枕数量25.5万根。主要工程数量见表5-11。

表5-11 主要工程数量表

序　号	材料名称	单　位	数　量	备　注
1	C40混凝土	m^3	85 400	含无砟道床、路基端梁、桥梁底座板
2	C25混凝土	m^3	9 345	路基底座及混凝土封闭
3	C15混凝土	m^3	32 410	路基支撑层
4	SK－1双块式轨枕	根	258 937	轨枕间距按0.65 m计算
5	钢筋	t	5 315	Φ12、Φ14、Φ16、Φ20及直径10 mm、CRB550级冷轧带肋钢筋焊接网
6	绝缘卡	个	6 969 856	绝缘材料，如聚乙烯，满足GB1410要求

5.5.5.2 工程特点及工程重、难点

1. 工程特点

无砟轨道工程的主要特点如下：

(1)无砟轨道施工涵盖路、桥、隧专业。标段无砟轨道施工长度为97.89铺轨公里，其中，路基段36.12

铺轨公里，占 36.9%；桥梁段 35.93 铺轨公里，占 36.7%；隧道段 25.84 铺轨公里，占 26.4%。

(2)标段地处丘陵地区，物流组织困难。标段内施工期间多处便道处于路基正线范围，路基施工后尤其是路基段无砟轨道支撑层施工后，原施工便道将无法通行，导致后续施工过程中轨枕及混凝土运输等物流组织难度较大。

(3)无砟轨道施工设备多样、适应性较差。标段共有隧道及明洞 8 座，将路、桥无砟轨道分割成若干段，如何使无砟轨道施工设备同时适用路基、桥梁、隧道将作为施工设备配置的关键因素。

(4)路基、隧道段无砟道床设计为连续板结构，施工过程中如何控制道床板开裂将是施工质量控制的重点。

(5)路基堆载预压段较多，制约单作业面无砟轨道施工长度受限。标段共有 34 段堆载预压区段，因其观测周期长，对施工工效影响较大。

2. 工程重、难点

结合无砟轨道施工要求、机械设备配置及标段结构物分布情况等因素，标段无砟轨道施工重点为：

(1)无砟轨道施工

本项目无砟轨道施工内容包括混凝土支承层或底座施工铺设、钢筋混凝土道床板施工、轨道精调等，具有工艺新、技术标准高、施工难度大，无砟轨道施工物流组织复杂，是本项目的重点。

(2)施工机具设备选型及配置

标段共有隧道及明洞 8 座，路基堆载预压段 34 段，将无砟轨道施工从空间、时间上分割成若干作业区段，制约单作业面无砟轨道施工长度，因此如何使无砟轨道施工机具设备同时适用路基、桥梁、隧道将作为施工设备配置的关键因素和重点，对减少资金投入及提高作业效率至关重要。

施工难点为：

(1)成渝高速铁路无砟轨道路基、隧道段道床设计为连续板结构，施工过程中，须在施工缝处设置钢筋网片，确保分次浇注道床板结构连接为整体。因此，如何防止道床板开裂将是施工质量控制的难点。

(2)标段地处丘陵地区，施工期间多处便道处于路基正线范围，路基施工后尤其是路基段无砟轨道支撑层施工后，原施工便道将无法通行，导致后续施工过程中轨枕及混凝土运输等物流组织难度较大。

5.5.5.3 *无砟轨道施工计划安排*

根据成渝客专《新建铁路成都至重庆高速铁路指导性施工组织设计》安排，2014 年 5 月完成无砟轨道、6 月完成铺轨、8 月完成四电工程和站房，2014 年 10 月至 2015 年 3 月完成联调联试及安全评估，2015 年 3 月开通；其中铺轨进入我标段施工时间为 2014 年 6 月 1 日至 6 月 15 日，按照以上工期要求及标段无砟轨道施组计划，标段无砟轨道施工时间为 2013 年 1 月 1 日至 2014 年 4 月 30 日，计划工期 16 个月。其中，标段试验段施工时间为 2013 年 1 月 1 日至 2013 年 1 月 31 日，工期 1 个月。

5.5.5.4 *主要施工方案*

根据建设单位《成渝客专 CRTSⅠ双块式无砟轨道施工工法研讨会议纪要》(2012 第 96 期)相关要求：“为确保无砟轨道施工质量和精度，全线采用 CRTSⅠ双块式无砟轨道道床板轨排框架法施工工法。各施工单位要依据施工工法要求，配置必须的工装设备，满足施工需要；针对路基堆载预压段、无砟道岔过渡段等具体情况，施工单位在报请成渝客专公司审查同意后，可采用 CRTSⅠ双块式无砟轨道道床板人工轨排法施工工法，施工中需加强监督和质量控制，确保工程质量和精度”。结合标段内无砟轨道施工任务情况、工程结构物分布特点、架梁施工进度、路基堆载预压观测周期及大安隧道施工进等因素，确定无砟轨道总体施工方案为：无砟轨道路基段支撑层、桥梁段底座板采用模筑法施工；无砟轨道道床板底面纵、横向钢筋和顶面部分纵、横向钢筋(不影响轨枕铺设)及相关预埋件等采用工厂分节绑扎运至现场整体吊装就位，受限施工区段采用现场绑扎成型；轨枕铺设采用平板车运输，现场人工散枕至简易散枕台架后，采用跨线龙门吊利用“轨排框架”从散枕台架上将轨枕整体吊装就位；特殊地段受路基堆载预压、无砟道岔过渡段等影响严重时，采用“人工轨排法”施工；“轨排框架”纵向模板采用定制组合式，利用排架特殊卡扣连接，形成无砟道床纵、横向模板；混凝土采用混凝土罐车运输至现场，汽车泵泵送入模(路基、桥梁作业区段)，隧道内采用跨线龙门吊调运料斗进行混凝土灌注。

根据建设单位《成渝客专 CRTSⅠ双块式无砟轨道施工工法研讨会议纪要》(2012 第 96 期)相关要求：“按照成渝客专公司首件(段)认可制度规定，各施工单位要开展无砟轨道工艺性试验段施工，试验段施工长度不小于 200 m。通过对重要工序、设备精度和配合比进行验证，达到熟悉设备、完善工艺和验证施工组织方案的目的”。为确保标段内无砟轨道施工各项工序顺利开展及实体工程质量、施工精度满足相关规范要求，机具设备配置满足施工工艺及进度、工期要求，选取在长田沟双线特大桥 0 号台至 7 号墩（里程为 DK259＋483.6～DK259＋717.4）进行试验段施工，试验段长度为 233.8 m；考虑该位置为通往小里程运输“咽喉”，试验段为单线施工，以确保运输通道畅通。

5.5.6　一般工程项目施工方案及措施

标段内路基土石方开挖、边坡防护及支挡结构，桥梁桩基、承台、墩身及桥面系，隧道开挖、支护及衬砌施工等具体施工工艺流程及技术措施，按照经理部编制的相关作业指导书要求进行施工。

5.6　施工进度计划

5.6.1　施工工期总目标

5.6.1.1　工期安排原则

（1）响应指导性施工组织设计工期计划，综合考虑施工技术要求，施工设备效率，施工环境，气候条件等因素，确定科学合理的施工进度和工期，并满足项目总工期、阶段节点工期和重点工程工期要求。

（2）以箱梁架设为工期控制主线，向下安排路基、桥梁和隧道工程施工，向上安排无砟道床施工。

（3）桥梁工程：桥梁下部按施工作业队多作业面平行流水组织施工，控制工期的特殊结构（连续梁）优先安排施工。桥梁下部和现浇梁在架梁前 1 个月完成，保证架桥机顺利通过。

（4）路基工程：地基处理优先安排施工；站场路基优先安排施工，为架桥机顺利通过提供条件。

（5）隧道工程：本标段大安隧道为长大隧道，作为本标段重点工程，优先安排施工。

（6）无砟轨道工程：以无砟轨道施工工期作为控制红线，对架梁、隧道施工、路基堆载预压、沉降观测及评估、CPⅢ测设及评估进行全面部署，对影响无砟轨道施工的关键工点的工期控制。

5.6.1.2　工程进度指标

（1）主要进度指标

主要进度指标见表 5-12。

表 5-12　主要进度指标表

工程名称	分项工程		进度指标
路基工程	复合地基处理		CFG 桩 8.34 万 m/月；水泥搅拌桩 7.14 万 m/月；旋喷桩 1.58 万 m/月
	路堤填筑		3.5 万 m^3/月
桥涵工程	下部结构		钻孔灌注桩：5～8 d/根；旋挖：1 d/根；承台：7～10 d/个；墩身：7～15 d/个
	箱梁预制（架桥机调头）		5.5 d/孔（15 d/次）
	连续梁		0 号块 45 d；挂篮安装调试 15～20 d；节段悬浇 8～10 d/块；中、边孔合拢段 15～20 d/段
	箱梁架设	不过隧道	0～8 km：2 孔/d；8～12 km：1.5 孔/d；12～20 km：1 孔/d
		架桥机过隧道	5 d/次
隧道工程	Ⅲ级围岩（斜井、横洞）		双线隧道 100～130 m/月（120～180 m/月）
	Ⅳ级围岩（斜井、横洞）		双线隧道 55～80 m/月（90～120 m/月）
	Ⅴ级围岩（斜井、横洞）		双线隧道 35～50 m/月（60～80 m/月）
	通过斜井正洞施工		进度指标折减系数为 0.7～0.9
	大跨段		进度指标折减系数为 0.75～0.8
	帷幕注浆		25 m/月
轨道工程	轨枕预制		600 根/d
	无砟道床		路基、桥梁单线 120 m/d；隧道单线 100 m/d

(2)主要技术要素

无砟道床施工前,线下工程的工后沉降和CPⅢ网应满足规范要求。主要技术要素见表5-13。

表5-13 主要技术要素表

<table>
<tr><th>工程名称</th><th colspan="2">要素</th><th>技术条件</th></tr>
<tr><td rowspan="5">无砟道床</td><td colspan="2">路基沉降观测期</td><td>路堤不小于6个月,路堑不小于3个月</td></tr>
<tr><td colspan="2">桥梁沉降观测期</td><td>简支梁徐变:≥1个月(3个月)
连续梁徐变:≥2个月(其中 $D \geqslant 100$ m,≥3个月)
基础沉降:梁部完成后≥1个月(3~6个月)</td></tr>
<tr><td colspan="2">隧道沉降观测期</td><td>≥1个月(2个月)</td></tr>
<tr><td>精测网布设</td><td>标志套筒设置</td><td>路基:接触网基础完成后1个月
桥梁:防撞墙完成后1个月
隧道:二衬完成后1个月</td></tr>
</table>

注:括号内为铁建(2006)158号文规定。

5.6.2 主要阶段工期

主要阶段工期见表5-14。

表5-14 主要阶段工期表

序号	工程项目	开始时间	结束时间	工期(月)	备注
1	施工准备	2010-10-01	2010-12-31	3.0	重点工程2个月
2	路基工程	2011-01-01	2011-11-30	11.0	不含附属工程滞后2个月;不含沉降观测期6个月和堆载预压期6个月
3	桥梁工程	2010-12-01	2012-10-31	25.0	含架梁施工时间,其中桥梁下部及连续梁施工15个月
4	隧道工程	2010-12-01	2012-11-30	24.0	含附属工程滞后主体工程2个月以及沉降观测时间;不含重点工程施工准备2个月
5	箱梁制运架	2011-06-16	2012-10-26	16.3	2010-12-28制第一孔梁,提前架梁时间5.5个月
6	轨枕预制	2011-04-01	2012-12-30	21.0	
7	无砟道床	2012-01-09	2013-04-30	15.7	
8	联调联试	2014-04-01	2014-07-31	4.0	
9	运行试验	2014-08-01	2014-09-30	2.0	

5.6.3 各专业工程施工工期

(1)路基工程工期见表5-15。

表5-15 路基工程工期表

序号	工程项目	开始时间	结束时间	工期(月)	备注
1	地基处理	2011-01-01	2011-03-31	3.0	
2	路基土石方	2011-01-01	2011-10-31	10.0	不含堆载预压时间
3	防护及支挡工程	2011-01-01	2012-01-31	13.0	

(2)桥梁墩台(含连续梁)工程工期见表5-16。

表 5-16　桥梁墩台(含连续梁)工程工期表

序号	桥梁名称	中心里程	孔跨式样	开始时间	结束时间	工期(月)	备　注
1	黑岩湾特大桥	DK249+509	1×24+29×32	2010-12-01	2011-08-31	9.0	
2	松树牌大桥	DK250+451	8×32+1×24	2011-03-23	2011-09-24	6.0	
3	黄家湾大桥	DK252+654	9×32	2011-03-23	2011-09-21	6.0	
4	九龙河大桥	DK253+196	2×32 32+48+32(连) 3×32	2010-12-01	2011-09-14	9.5	跨九龙河
5	佛平岩大桥	DK253+750	13×32	2010-12-01	2011-09-09	9.3	高墩
6	梅江河特大桥	DK255+212	17×32 32+48+32(连) 47×32+2×24	2010-11-16	2011-07-06 2011-08-29 2011-06-15	7.7 9.5 7.0	跨梅江河,高墩
7	凯家湾1号中桥	DK257+110	1×24+1× 32+1×24	2011-04-12	2011-06-13	2.0	
8	凯家湾2号中桥	DK257+205	2×24	2011-02-16	2011-05-14	3.0	
9	白瓦房中桥	DK258+268	3×32	2010-12-20	2011-03-20	3.0	
10	镇云中桥	DK258+992	2×32	2010-12-01	2011-03-31	4.0	
11	长田沟特大桥	DK260+233	1×24+44×32	2010-12-01	2011-05-24	5.8	高墩
12	高庙子特大桥	DK261+385	21×32	2010-11-20	2011-05-16	5.8	
13	文家堡特大桥	DK263+485	55×32+1×24	2010-11-01	2011-07-16	8.5	
14	石坪村1号大桥	DK265+175	8×32	2010-11-10	2011-08-05	8.8	
15	石坪村2号大桥	DK266+522	1×24+7× 32+1×24	2010-11-10	2011-08-09	9.0	高墩
16	石梯岩大桥	DK267+198	15×32	2010-11-10	2011-08-13	9.1	高墩
17	来凤特大桥	DK268+986	44×32	2010-11-01	2011-09-30	11.0	高墩
18	徐家湾中桥	DK269+950	3×32	2010-11-01	2011-08-31	10.0	
19	壁南河特大桥	DK273+954	5×32 40+64+40(连) 18×32 40+56+40(连) 10×32	2010-11-01	2011-10-15	11.5	跨壁南河 跨壁青公路
20	石麻塘中桥	DK278+625	3×32	2011-03-01	2011-07-31	4.0	
21	大地坝特大桥	DK279+651	1×24+1×32 40+64+40(连) 23×32+2×24	2010-12-01	2011-12-31	13.0	跨外环高速路
22	大学城特大桥	DK281+847	22×32+1×24 +27×32+1×24	2010-12-01	2011-12-31	13.0	
23	马道子大桥	DK282+998	6×32	2010-12-01	2011-09-30	10.0	
24	梁滩河特大桥	DK287+503	2×24+33×32 +1×24+9×32 +2×24+ 25+40+32(连) +17×32+5×32 (双变三) +6×32+2×24	2010-12-01	2012-02-29	15.0	标段分界

(3)框架桥工程工期见表5-17。

表 5-17 框架桥工程工期表

序号	名称	中心里程	孔跨式样	开始时间	结束时间	工期(月)	备　注
1	框架桥	DK240+888	1−17.0	2010-12-01	2011-09-30	10.0	跨 8 车道,分幅施工
2	框架桥	DK241+900	1−8×4.5	2010-12-01	2011-12-31	11.0	站内地道
3	框架桥	DK242+012	1−8×4.5	2010-12-01	2011-12-31	11.0	站内地道
4	框架桥	DK242+745	1−8.0	2010-12-01	2011-04-30	5.0	
5	框架桥	DK242+854	2−16.0	2010-12-01	2011-06-30	7.0	
6	框架桥	DK251+720	1−8.0	2010-12-15	2011-04-30	4.5	
7	框架桥	DK272+720	1−12×4.5	2011-01-01	2011-12-31	12.0	站内地道
8	框架桥	DK273+300	3−14.0	2011-01-01	2011-07-31	7.0	

(4)涵洞工程工期见表 5-18。

表 5-18 涵洞工程工期表

序号	名称	中心里程	孔跨式样	开始时间	结束时间	工期(月)	备　注
1	低框架涵	DK240+360	1−4.0	2010-12-11	2011-04-10	4.0	
2	框架涵	DK241+120	1−4.0	2011-03-01	2011-04-30	2.0	
3	框架涵	DK242+090	1-3.0	2011-01-06	2011-03-25	2.5	
4	框架涵	DK242+340	1−3.0	2010-12-01	2011-02-29	3.0	
5	框架涵	DK242+660	1−4.0	2010-12-01	2011-02-21	2.7	
6	框架涵	DK243+190	1−4.0	2011-03-01	2011-04-30	2.0	
7	低框架涵	DK243+543	1−3.0	2010-12-01	2011-04-30	5.0	
8	低框架涵	DK243+820	1−2.0	2010-12-01	2011-01-15	1.5	
9	框架涵	DK250+200	1−4.0	2010-12-15	2011-04-17	4.0	
10	框架涵	DK251+180	1−6.0	2010-12-15	2011-04-16	4.0	
11	框架涵	DK251+870	1−4.0	2010-12-15	2011-03-31	3.5	
12	框架涵	DK252+370	1−4.0	2010-12-15	2011-03-31	3.5	
13	低框架涵	DK254+325	1−4.0	2010-12-15	2011-03-22	3.2	
14	低框架涵	DK257+320	1−1.5	2010-12-01	2011-02-24	2.8	
15	低框架涵	DK257+960	1−1.5	2010-12-01	2011-02-16	2.6	
16	框架涵	DK258+450	1−1.5	2010-11-21	2011-02-11	2.6	
17	框架涵	DK258+880	1−6.0	2010-11-21	2011-03-20	4.0	
18	框架涵	DK259+380	1−4.0	2010-11-21	2011-03-20	4.0	
19	低框架涵	DK262+200	1−6.0	2010-11-16	2011-03-05	3.6	
20	框架涵	DK264+500	1−1.5	2010-11-21	2011-03-20	4.0	
21	低框架涵	DK266+235	1−6.0	2010-12-01	2011-03-15	3.5	
22	框架涵	DK266+760	1−1.5	2010-12-01	2011-03-31	4.0	
23	低框架涵	DK270+700	1−1.5	2010-12-01	2011-03-31	4.0	
24	低框架涵	DK270+980	1−6.0	2010-12-01	2011-03-31	4.0	
25	低框架涵	DK271+300	1−5.0	2010-12-01	2011-03-31	4.0	
26	低框架涵	DK272+000	1−1.5	2010-12-01	2011-04-30	5.0	
27	低框架涵	DK272+410	1−5.0	2010-12-01	2011-04-30	5.0	
28	框架涵	DK272+650	1−3.0	2010-12-01	2011-04-30	5.0	
29	框架涵	DK272+885	1−6.0	2010-12-16	2011-04-30	4.5	
30	低框架涵	DK272+980	1−3.0	2010-12-16	2011-04-30	4.5	
31	框架涵	DK273+535	1−4.0	2010-12-16	2011-04-30	4.5	
32	框架涵	DK278+900	1−4.0	2011-01-01	2011-04-30	4.0	
33	框架涵	DK286+800	1−1.5	2011-03-01	2011-04-30	2.0	

(5)隧道工程工期见表5-19。

表5-19　隧道工程工期表

序号	隧道名称及施工口		里程	长度(m)	开挖开始时间	衬砌或明洞结束时间	工期(月)	指标(m/月)
1	大安隧道进口	Ⅴ明洞	DK243+950～DK245+250	45	2010-11-01	2011-02-22	3.8	30.0
		Ⅴ级围岩		255	2010-12-11	2011-07-10	7.0	43.4
		Ⅳ级围岩		725	2011-06-11	2012-03-31	11.6	85.0
		Ⅴ级围岩		100	2012-03-01	2012-06-30	3.0	50.0
		Ⅳ级围岩		175	2012-05-01	2012-08-31	2.0	85.0
		贯通点	DK245+250		2012-07-31	2012-08-31		
2	大安隧道斜井	Ⅳ级围岩		850	2011-07-06	2012-08-31	12.8	66.4
		斜井	DK246+100	653	2010-11-01	2011-05-31	7.0	93.3
		Ⅳ级围岩	DK246+100～DK247+450	50	2011-06-16	2011-08-05	1.2	43.0
		Ⅲ级围岩		250	2011-07-09	2011-10-13	2.0	125.0
		Ⅳ级围岩		100	2011-09-16	2011-11-21	1.2	85.0
		Ⅲ级围岩		400	2011-10-25	2012-03-03	3.0	133.0
		Ⅳ级围岩		550	2012-02-05	2012-09-15	7.2	80.0
		贯通点	DK247+450		2012-08-15	2012-09-15		
3	大安隧道出口	Ⅳ级围岩	DK247+450～DK249+004	1400	2011-03-11	2012-09-15	17.2	80.0
		Ⅴ级围岩		137	2010-12-11	2011-04-10	3.0	46.7
		洞Ⅴ明		17	2010-11-01	2011-03-31	1.3	13.0
4	陈家坡隧道进口	Ⅴ明洞	DK267+460～DK268+095	22	2010-11-06	2011-01-05	1.0	22.0
		Ⅴ级围岩		38	2010-12-06	2011-01-31	0.8	45.0
		Ⅳ级围岩		500	2011-01-01	2011-08-15	7.5	67.0
		Ⅴ级围岩		40	2011-07-16	2011-09-10	0.8	48.0
		Ⅴ明洞		35	2011-08-11	2011-10-15	1.0	35.0
5	缙云山隧道进口	滑坡处理			2010-11-01	2011-01-31		
		Ⅴ级明洞	DK275+355～DK276+327	150	2011-02-01	2011-9-30		
		Ⅴ级围岩		62	2011-02-01	2011-06-03	3.3	20.0
		Ⅳ级围岩		79	2011-05-04	2011-07-03	1.0	79.0
		Ⅴ级围岩		83	2011-06-04	2011-08-21	1.7	50.0
		Ⅳ级围岩		50	2011-07-22	2011-09-09	0.7	80.0
		Ⅲ级围岩		65	2011-08-10	2011-09-24	0.5	130.0
		Ⅳ级围岩		50	2011-08-25	2011-10-13	0.7	80.0
		Ⅴ级围岩		433	2011-09-13	2012-06-14	8.5	50.0
		贯通点	DK276+327		2012-06-04	2012-06-19		
6	缙云山隧道斜井	Ⅳ级围岩	DK276+327～DK277+300	50	2012-05-11	2012-06-19	0.7	62.5
		Ⅲ级围岩		294	2012-02-23	2012-06-10	2.6	113.0
		Ⅳ级围岩		50	2012-01-30	2012-03-24	0.8	62.5
		Ⅴ级围岩		192	2011-09-18	2012-02-29	4.5	43.0
		Ⅳ级围岩		50	2011-08-25	2011-10-18	0.8	62.5
		Ⅲ级围岩		103	2011-07-27	2011-09-24	1.0	107.0
		Ⅳ级围岩		50	2011-07-06	2011-08-26	0.7	71.0
		Ⅴ级围岩		184	2011-03-01	2011-08-05	4.2	43.3
		斜井	DK277+300	180	2010-11-01	2011-04-30	3.0	60.0
		Ⅴ级围岩	DK27+300～DK277+935	101	2011-04-14	2011-07-28	2.5	40.4
		Ⅳ级围岩		50	2011-06-28	2011-08-21	0.8	62.5
		Ⅲ级围岩		484	2011-07-22	2012-02-16	6.0	80.7

续上表

序号	隧道名称及施工口		里程	长度(m)	开挖开始时间	衬砌或明洞结束时间	工期(月)	指标(m/月)
		贯通点	DK277+935		2012-02-17	2012-03-18		
7	缙云山隧道出口	Ⅳ级围岩	DK277+935～DK278+530	117	2012-01-06	2012-03-18	1.4	83.6
		Ⅴ级围岩		202	2011-06-24	2012-02-05	6.5	31.0
		Ⅳ级围岩		142	2011-05-01	2011-07-24	1.8	79.0
		Ⅴ级围岩		94	2011-02-11	2011-05-31	2.7	35.3
		Ⅴ级明洞		40	2011-01-01	2011-04-10	1.3	30.0
8	上石岩隧道	Ⅴ级围岩		355	2011-02-01	2011-10-25	8.8	40.3
9	璧山隧道进口	Ⅴ级明洞	DK283+195～DK283+780	25	2010-11-01	2011-02-29	2.0	12.5
		Ⅴ级围岩		570	2011-01-01	2012-01-31	12.0	47.5
		贯通			2011-12-31			
10	璧山隧道斜井	斜井	DK283+780	150	2010-11-01	2011-02-18	3.0	50.0
		Ⅴ级围岩	DK283+780～DK285+380	80	2011-02-19	2011-05-20	2.0	40.0
		Ⅳ级围岩		255	2011-04-21	2011-09-02	3.4	75.0
		Ⅲ级围岩		1215	2011-08-02	2012-06-15	9.5	130.0
		Ⅳ级围岩		50	2012-05-16	2012-07-06	0.8	62.5
		贯通点	DK285+380		2012-06-10	2012-07-06		
11	璧山隧道出口	Ⅳ级围岩	DK285+380～DK286+650	50	2012-05-16	2012-07-06	0.8	62.5
		Ⅴ级围岩		200	2012-01-16	2012-06-15	4.0	50.0
		Ⅳ级围岩		100	2011-11-01	2012-01-15	1.5	67.0
		Ⅲ级围岩		590	2011-06-16	2011-11-30	4.5	130.0
		Ⅳ级围岩		150	2011-04-16	2011-07-15	2.0	80.0
		Ⅴ级围岩		180	2010-11-01	2011-05-15	4.5	40.0

(6)无砟轨道工程工期见表5-20。

表5-20 无砟轨道工程工期表

序 号	起止里程	开始时间	结束时间	工期(月)	备 注
1	DK240+153.9～DK249+004	2012-07-20	2012-10-31	3.4	向小里程段
2	DK259+483～DK249+004	2012-04-08	2012-09-25	5.7	向小里程段
3	DK261+734～DK259+483	2012-01-09	2012-01-26	0.6	无砟轨道先导段
4	DK261+734～DK268+260	2012-12-01	2013-01-25	1.8	向大里程段
5	DK268+260～DK275+355	2012-12-01	2013-01-31	2.0	向大里程段
6	DK275+355～K288－991.95	2012-12-01	2013-04-30	5.0	向大里程段

(7)桥面系:在本桥架梁后3个月内完成。

(8)CPⅢ测设:在底座施工前,预压沉降观测评估后进行。

(9)底座:在无砟轨道板施工前完成,施工时间:2011年12月18日至2013年4月18日。

5.6.4 里程碑工期及关键节点工期

5.6.4.1 里程碑工期

(1)2010年10月20日,1号混凝土拌和站建成。

(2)2010年12月11日,大安隧道开挖进洞。

(3)2010年12月16日,璧山隧道出口开挖进洞。

(4)2010 年 12 月 28 日,箱梁开始预制。
(5)2011 年 2 月 1 日,缙云山隧道进口开挖进洞。
(6)2011 年 4 月 1 日,轨枕开始预制。
(7)2011 年 6 月 16 日,架桥机开始架梁。
(8)2011 年 8 月 29 日,梅江河特大桥连续梁完工。
(9)2011 年 11 月 16 日,完成成都方向架梁。
(10)2012 年 1 月 9 日,开始铺设无砟轨道板先导段。
(11)2012 年 6 月 19 日,缙云山隧道主体完成。
(12)2012 年 7 月 6 日,璧山隧道主体完成。
(13)2012 年 8 月 15 日,大安隧道开挖贯通。
(14)2012 年 10 月 26 日,架梁结束。
(15)2013 年 4 月 30 日,无砟轨道床完成。

5.6.4.2　标段关键节点工期

关键节点工期见表 5-21。

表 5-21　关键节点工期表

分　类	项　目	中心里程	开始时间	完成时间
临时工程	混凝土拌和站		2010-10-28	2010-12-16
	改良土拌和站		2010-12-28	2011-02-28
	钢筋加工场		2010-10-28	2010-12-28
	梁场建设		2010-10-01	2011-03-25
	制板场建设		2011-02-01	2011-05-20
工程准备	临时配合比选定		2010-10-28	
	第一孔梁		2010-12-28	
	梁场认证		2011-03-31	
	第一块板		2011-04-28	
	板场认证		2011-06-30	
第一根桩	高庙子双线特大桥	DK261+385	2010-11-20	
	文家堡双线特大桥	DK263+485	2010-11-01	
	九龙河双线大桥	DK253+196	2010-12-01	
	梅江河双线特大桥	DK255+212	2010-11-15	
第一个墩	梅江河双线特大桥	DK255+212	2010-12-27	
第一个洞门	大安隧道	DK246+477	2010-11-01	2010-11-30
	璧山隧道	DK276+952	2010-11-01	2010-11-30
	缙云山隧道	DK279+207	2010-11-01	2010-11-30
首架	高庙子双线特大桥	DK261+385	2011-06-16	
架梁第一次调头	架梁到达梅江河桥	DK255+212	2011-07-31	
架梁第二次调头	陈家坡隧道进口	DK267+777	2011-09-18	
架梁通过小里程连续梁	梅江河桥 32+48+32	DK255+212	2011-10-03	
	九龙河桥 32+48+32	DK253+196	2011-10-18	
完成小里程架梁			2011-11-30	
更换架桥机			2011-11-30	2012-02-20
大里程通过隧道	通过陈家坡隧道		2012-03-15	
	通过缙云山隧道		2012-06-19	
	通过上石岩隧道		2012-08-18	
	通过璧山隧道		2012-07-20	

续上表

分　类	项　目	中心里程	开始时间	完成时间
架梁通过大里程连续梁	壁南河桥 40+64+40	DK273+956	2012-04-30	
	壁南河桥 40+56+40	DK273+956	2012-04-30	
	大地坝桥 40+64+40	DK279+650	2012-06-23	
	梁滩河桥 25+40+32	DK287+503	2012-09-19	
架梁完成			2012-10-26	
连续梁完工时间	九龙河桥 32+48+32	DK253+196		2011-09-15
	梅江河桥 32+48+32	DK255+212		2011-08-30
	壁南河桥 40+64+40	DK273+956		2011-10-15
	壁南河桥 40+56+40	DK273+956		2011-10-15
	大地坝桥 40+64+40	DK279+650		2011-09-15
	梁滩河桥 25+40+32	DK287+503		2011-11-15
隧道工程	大安隧道	DK246+477		2012-09-30
	陈家坡隧道	DK267+777		2011-09-21
	缙云山隧道	DK276+952		2012-06-19
	上石岩隧道	DK279+207		2011-11-24
	璧山隧道	DK284+917		2012-08-08
无砟道床先导段	DK259+483.06	DK261+734	2013-01-01	2013-01-31
无砟道床施工	DK240+153.932	DK288+991.5		2014-04-30

5.6.5 关键线路

施工准备→梁场建设→箱梁预制→箱梁架设→底座(或支承层)混凝土施工→无砟轨道板的铺设→竣工交验及其他。

5.6.6 工程接口及配合

电缆沟槽、综合接地、声屏障基础、接触网立柱基础、过轨管线、隧道内与“四电”相关的预埋结构与站前工程同步设计、同步施工，站后单位施工前由建设单位组织对接口工程进行验收。

(1)站前与站后各专业工程的接口关系

站后施工单位进场前要与站前施工单位取得联系，共同确认站前施工单位建筑设施现状，站后施工单位对破损的站前工程要按要求恢复，恢复合格后，监理单位组织站前站后单位共同确认。

(2)相关专业间的技术配合

站前专业与“四电”专业要进行沟通和协调，进度计划要协调，接口作业项目要统一组织进行，避免返工。

(3)站前各标段间的施工配合

站前各标段施工单位进场后要互相取得联系，共同做好以下工作：

1)测量控制桩的搭接测量复核。

2)做好土石方调配利用。

3)便道等大临的利用。

4)综合接地的连通。

5.6.7 施工进度横道图

施工进度横道图如图 5-2 所示。

5.7 主要资源配置计划

5.7.1 主要工程材料设备采购供应方案

5.7.1.1 主要工程材料采购方案

(1)甲供物资设备采购由成渝客专公司负责，施工单位提供计划。

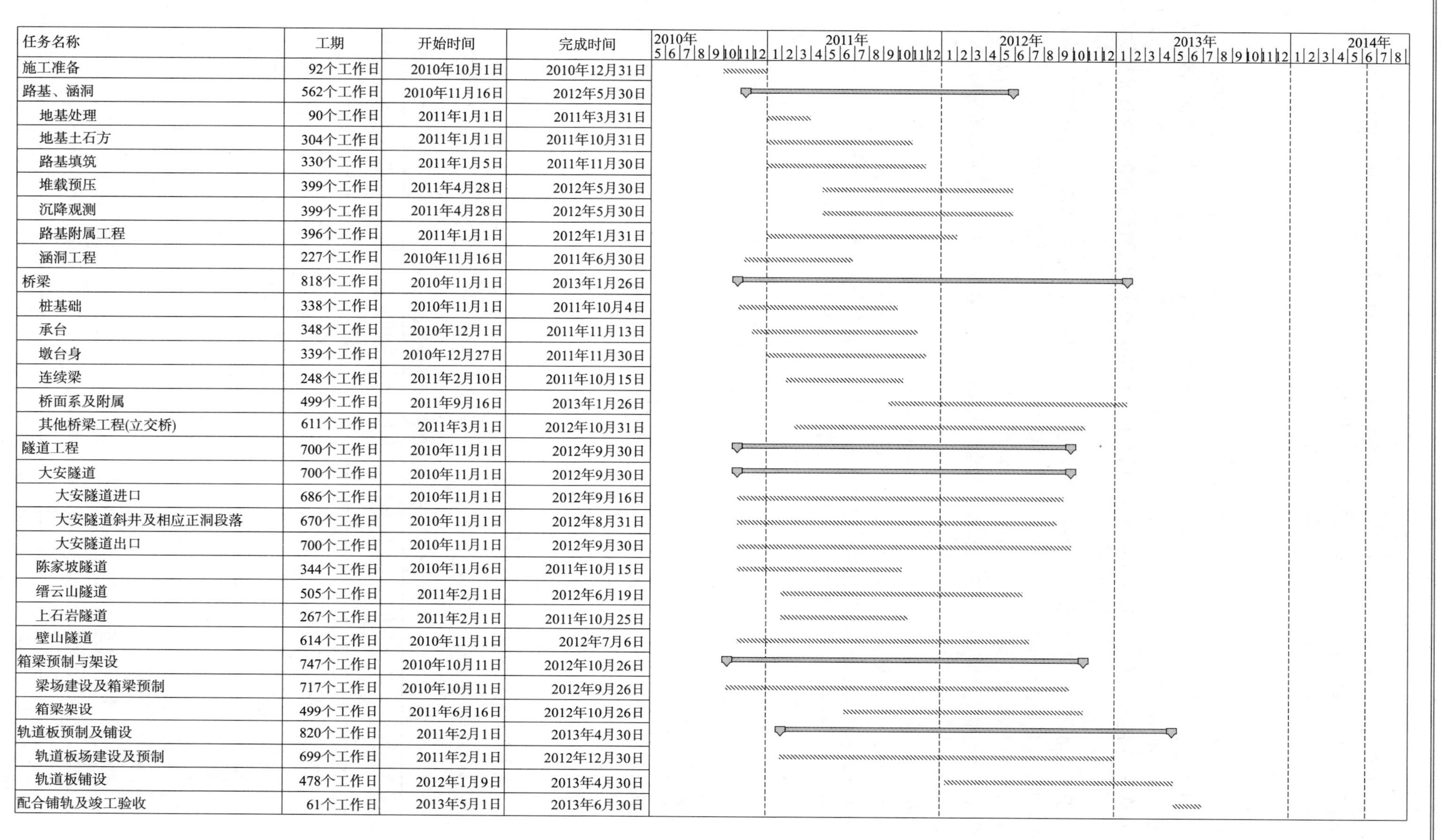

任务名称	工期	开始时间	完成时间
施工准备	92个工作日	2010年10月1日	2010年12月31日
路基、涵洞	562个工作日	2010年11月16日	2012年5月30日
地基处理	90个工作日	2011年1月1日	2011年3月31日
地基土石方	304个工作日	2011年1月1日	2011年10月31日
路基填筑	330个工作日	2011年1月5日	2011年11月30日
堆载预压	399个工作日	2011年4月28日	2012年5月30日
沉降观测	399个工作日	2011年4月28日	2012年5月30日
路基附属工程	396个工作日	2011年1月1日	2012年1月31日
涵洞工程	227个工作日	2010年11月16日	2011年6月30日
桥梁	818个工作日	2010年11月1日	2013年1月26日
桩基础	338个工作日	2010年11月1日	2011年10月4日
承台	348个工作日	2010年12月1日	2011年11月13日
墩台身	339个工作日	2010年12月27日	2011年11月30日
连续梁	248个工作日	2011年2月10日	2011年10月15日
桥面系及附属	499个工作日	2011年9月16日	2013年1月26日
其他桥梁工程(立交桥)	611个工作日	2011年3月1日	2012年10月31日
隧道工程	700个工作日	2010年11月1日	2012年9月30日
大安隧道	700个工作日	2010年11月1日	2012年9月30日
大安隧道进口	686个工作日	2010年11月1日	2012年9月16日
大安隧道斜井及相应正洞段落	670个工作日	2010年11月1日	2012年8月31日
大安隧道出口	700个工作日	2010年11月1日	2012年9月30日
陈家坡隧道	344个工作日	2010年11月6日	2011年10月15日
缙云山隧道	505个工作日	2011年2月1日	2012年6月19日
上石岩隧道	267个工作日	2011年2月1日	2011年10月25日
壁山隧道	614个工作日	2010年11月1日	2012年7月6日
箱梁预制与架设	747个工作日	2010年10月11日	2012年10月26日
梁场建设及箱梁预制	717个工作日	2010年10月11日	2012年9月26日
箱梁架设	499个工作日	2011年6月16日	2012年10月26日
轨道板预制及铺设	820个工作日	2011年2月1日	2013年4月30日
轨道板场建设及预制	699个工作日	2011年2月1日	2012年12月30日
轨道板铺设	478个工作日	2012年1月9日	2013年4月30日
配合铺轨及竣工验收	61个工作日	2013年5月1日	2013年6月30日

图 5-2　施工进度横道图

(2)甲控物资设备(含工厂化生产的物资设备)采购

在成渝客专公司安排和监督下,委托中铁八局在合格商中统一组织招标采购,由施工单位与之签订合同,并将合同复印件报监理单位、成渝客专公司物资设备部备案。

(3)自购物资设备(不含工厂化生产的物资设备)采购

1)由施工单位作为货物采购招标人进行招标采购。负责编制资审文件、招标文件,组织评标(审)工作,招标前向成渝客专公司报告。

2)施工单位上报的供应商资格文件真实可靠,经成渝客专公司审查批复后才能进行自购物资招标。

3)对于构成主体工程的砂石料、土工材料及其他重要辅助材料,在成渝客专公司监督下实施招标采购。

(4)按招标规定,甲供物资设备单项合同估算价在50万元人民币以上、甲控物资设备(含工厂化生产的物资设备)单项合同估算价在100万元人民币以上的必须进行招标采购,招投标活动在铁路有形建设市场进行。

(5)对于同一建设项目不同标段中相同的、合同估算价达到招标规定的甲控物资设备(含工厂化生产的物资设备),由成渝客专公司与施工单位共同组成招标人,按招标程序统一实施招标采购。

(6)对确须越权采购且合同估算价不超过50万元的甲供物资设备和合同估算价不超过50万元的甲控物资设备,工程承包单位填报"甲供(控)物资设备自购审批表",经成渝客专公司审批后可实施采购。

5.7.1.2 主要工程设备采购供应方案

1. 甲供物资设备供应

(1)成渝客专公司物资设备部负责督促供应商按供应合同要求将甲供物资送达指定地点。

(2)甲供物资到达指定地点后,施工单位协同监理单位在成渝客专公司物资设备部的组织下,对甲供物资设备的规格、型号、数量、品种、检测报告、合同证书、外观质量等按合同要求进行检查验收。

(3)按照"谁供应、谁负责"的原则,成渝客专公司物资设备部负责组织对质量反馈问题调查认定,界定责任,解决问题,并形成处理报告。对建设项目造成损失的,做好索赔工作。

(4)施工单位协同监理单位在成渝客专公司物资设备部的监督下对甲供物资的现场管理,做好物资设备现场分配工作,提升现场物资管理水平。

2. 甲控物资设备供应

(1)物资设备部做好甲控物资的组织供应工作,负责督促供应商按供应合同要求将甲控物资送达指定地点,对供应异常情况指定应急解决方案,确保施工现场供应。

(2)甲控物资设备到达指定地点后,施工单位物资设备部要在监理单位的协同下对物资的规格、型号、数量、品种、检测报告、合格证书、外观质量等按合同要求进行检查验收。

5.7.2 分年度主要材料供应计划

分年度主要材料供应计划见表5-22。

表5-22 分年度主要材料供应计划表

序号	类别	材料名称	单位	2010年	2011年	2012年	2013年	合计
1	甲供	铁路盆式橡胶支座	个		1 500	624		2 124
2	甲供	球形支座	个		30	10		40
3	甲供	止水带	m	50 000	110 000	12 000		172 000
4	甲供	防排水板	m^2	60 000	139 239	10 000		209 239
5	甲控	钢材	t	8 750	70 000	30 000	2 000	110 750
6	甲控	水泥	t	20 000	400 000	90 000	6 000	516 000
7	甲控	外加剂	t	750	3 000	1 000	500	5 250
8	甲控	粉煤灰	t	4 630	25 000	5 000	1 000	35 630
9	自购	砂	t	150 000	560 000	150 000	30 000	890 000
10	自购	碎石	t	300 000	1 000 000	150 000	50 000	1 500 000
11	自购	炸药	t	300	1 200	500		2 000
12	自购	雷管	万发	20	90	40		150

5.7.3　关键施工装备的数量及进场计划

5.7.3.1　配置原则

配套的机械组合、制运架梁设备、制板成套设备等大型机械的配置原则为：

(1)适应工程所在地的施工条件和结构特点，能满足施工图要求的标准，生产能力满足施工强度要求。

(2)设备性能机动、灵活、高效、低耗、运行安全可靠，符合环境保护要求。

(3)按各工作面、施工强度、施工方法进行选型配套；有利于人员和设备的调动，减少资源浪费。

(4)设备通用性强，能在工程项目中持续使用。

(5)设备购置及运行成本较低，易于获得零配件，便于维修、保养、管理和调度。

(6)新型施工设备宜成套应用；单一施工设备应与现有施工设备生产率相适应。

在设备选型配套的基础上，按工作面、工作班制、施工方法，结合专业特点和国内平均先进水平，进行专业技工和一般工人的优化组合设计。

5.7.3.2　配置计划

本标段所有机械设备和试验检测仪器设备，根据配置数量和施工能力均在附近工点就近调配，满足施工和工期要求；路基、桥涵、隧道施工的机械设备和试验仪器设备按照各专业工程施工总体部署、施工顺序以及工序安排适时进行调配，保证机械设备的完好率和使用率，达到均衡生产的目的。

5.7.3.3　关键施工装备的数量及进场计划

(1)关键装备配置见表5-23。

表5-23　关键装备配置表

序号	设备名称	单位	数量	进场时间	备注
1	混凝土拌和站	套	5	2010.10	
2	运架一体机	台	1	2012.2	
3	架桥机	台	1	2011.5	
4	运梁车	台	1	2011.5	
5	箱梁模板	套	7	2010.11	
6	衬砌台车	台	10	2010.12	
7	试验室仪器	套	5	2010.10	含中心试验室设备
8	900 t箱梁搬运机	台	1	2011.1	
9	改良土拌和站	套	3	2010.11	
10	50 t龙门吊	台	2	2010.12	

(2)主要施工设备见表5-24。

表5-24　主要施工设备表

序号	设备名称	规格型号	数量	国别产地	进场时间	额定功率(kW)	生产能力	用于施工部位	备注
强制性设备									
1	潜孔钻机	KQD100	10	杭州	2010.10			路基	
2	推土机	EC360	15	瑞典	2010.9	287	2.5 m^3	路基	
3	平地机	PQ190Ⅱ	5	中国	2011.1	145	82 kN	路基	
4	碾压机(≥25 t)	YZC12Ⅱ	6	中国	2011.1	88	50 t	路基	
5	冲击式压路机	YZC12Ⅱ	6	中国	2011.1	88	50 t	路基	
6	自卸汽车(载重量≥15 t)	K29 F7	320	瑞典	2010.9	206	19.5t	路基桥梁隧道	
7	级配碎石拌和站(≥300 t/h)	WCB300	4	潍坊	2011.1		300 t/h	路基	
8	改良土拌和站(≥300 t/h)	WDBG300	3	潍坊	2011.3		300 t/h	路基	

续上表

序号	设备名称	规格型号	数量	国别产地	进场时间	额定功率(kW)	生产能力	用于施工部位	备注
9	装载机(≥2.0 m^3)	ZL50 ZL50B ZL50C	30	柳州	2010.9	155	3 m^3	路基 桥梁 隧道	
10	洒水车(≥5 m^3)	EQ141	10	武汉	2010.9	118	10 t	路基	
11	挖掘机	EX300－3 Cat320 Pc200	35	日本	2010.9	158	1.25 m^3	路基 桥梁 隧道	
12	900T级运架梁设备	SC900HT－F	1	北京	2011.4	838	900 t	架梁	运架一体机
13	提升设备(900T以上)	43.5 m/900 t	1	武汉	2010.10	546	900 t	梁场	搬运机
14	混凝土搅拌站(自动计量≥200 m^3/h)	HZS240	5	洛阳	2010.9	160	200 m^3/h	综合	
15	混凝土运输车(6～8 m^3)	JCGY－6B	60	上海	2010.9		8 m^3	综合	
16	混凝土输送泵(≥60 m^3/h)	HBT60	12	湖南	2010.9	6	60 m^3/h	综合	
17	挂篮(连续梁)	自制	36	中国	2011.2			桥梁	
18	汽车吊	QY16，QY20，QY25	36	徐州	2010.9		16～25 t	桥梁	
19	塔吊	60 t·m	10	川建	2011.4	15 kW	600 kN·m	桥梁	
20	多功能作业台架	自制 L6	18	中国	2010.10		6 m	隧道	
21	管棚钻机	TY－4000	6	韶关	2010.9		60～40 m	隧道	
22	注浆泵	2TGZ－60/210	10	辽宁	2010.9	7.5	16～60 L/分	隧道	
23	注浆钻机	JXD－100	10	无锡	2010.9	55	60～40 m	隧道	
24	混凝土湿式喷射机(5～12 m^3/h)	TK－961	18	四川	2010.10	7.5	5～12 m^3/h	隧道	
25	衬砌台车(≥9 m)	TCDR－9000	9	太原	2010.12		12 m	隧道	
26	地震波物探仪	TSP203	2	美国	2010.10		200 m	隧道	
27	地质雷达	SIR－2000	2	美国	2010.10		10～30 m	隧道	
28	水平地质钻机	Xy－1	18	中国	2010.10	11	30～60 m	隧道	
29	无砟轨道施工设备		6	中国	2012.1	4	200 m/d	综合	
投入的其他设备									
路基设备									
1	液压搅拌桩机	SJB－1型	20	江西	2010.9	75	120 m/台班	地基处理	
2	高压旋喷桩机	XP－30	25	中国	2010.9	55	80 m/d	地基处理	
3	强夯机	KH230－3	3	日立	2011.1	160	60 t	地基处理	
4	压路机	YZ18、YZ20	8	长沙	2011.1	88	50 t	路基	
5	砂浆搅拌机	HJ25	12	广州	2010.9			路基工程	
6	级配碎石摊铺机	MT－7500	2	中国	2010.9	140	210 m/h	路基工程	
7	水泵	50LG	20	威海	2010.9	7.5		桥梁 基础	
8	螺旋钻机	CFG－25	6	中国	2010.9	110	600 m/t	路基	
9	风钻	YT28	30	长沙	2010.9			路基	
10	锚杆钻机	MD50	4	无锡	2010.9		Φ110～150	路基	
桥梁下部及连续梁设备									
1	桥梁钻机	CZ－6、CZ－9	70	徐州 河北	2010.9		5～7天/桩	桥梁	

续上表

序号	设备名称	规格型号	数量	国别产地	进场时间	额定功率(kW)	生产能力	用于施工部位	备注
2	泥浆泵	3PN	50	山东	2010.9	22	108 m^3/h	桥梁 桩基	
3	制浆机	ZJ800	80	山东	2010.9			桥梁 桩基	
4	夯实机	PH－5	20	德国	2010.9			桥梁 桩基	
5	装载机	ZLM50B	6	柳州	2010.9			桥梁 基础	
6	振动锤	ZD－60	1	浙江	2010.9			桥梁 桩基	
7	卷板机	W11－20	6	南京	2010.9			桥梁 桩基	
8	剪板机	BDQ－16	6	上海	2010.9			桥梁 基础	
9	空气压缩机	W9/7－1	20	沈阳	2010.9	4～6		桥梁 桩基	
10	水泵	50LG	20	威海	2010.9			桥梁 基础	
11	千斤顶	YCB250/300/400	20	柳州	2011.4			现浇 梁部	
12	电动油泵	ZB－24Q	20	柳州	2011.4			现浇 梁部	
13	压浆机	C232	30	柳州	2011.4		3 m^3/min	现浇 梁部	
14	拌浆机	VZJ325	30	柳州	2011.4			现浇 梁部	
15	卷管机	VSL	5	香港	2011.4			现浇 梁部 梁部	
16	砂浆搅拌机	SJ350	8	徐州	2010.9		350/L	桥梁	
17	油泵	ZB4/500	2	徐州	2010.9			桥梁	
18	对焊机	UN1-100	15	上海	2010.9	100		桥梁	
19	钢筋切断机	GQ-40	30	渭南	2010.9	3	ϕ6～40 mm	桥梁	
20	钢筋弯曲机	GW-40	30	渭南	2010.9	3	ϕ6～40 mm	桥梁	
21	钢筋调直机	GTJ-14	30	渭南	2010.9	4	ϕ6～14 mm	桥梁	
22	普通车床	C620＊1500	10	沈阳	2010.9		ϕ400 mm	桥梁	
23	汽车吊	QY16,6/25 t	5	徐州	2010.9		25 t	桥梁	
隧道设备									
1	风动凿岩机	YT28	350	沈阳风动	2010.10		Φ34～42 mm	隧道	
2	电动空压机	L-22/7	20	太原压缩机	2010.10	110	22 m^3/min	隧道	
3	通风机	DKS-H010	4	山西	2010.10	74	670 m^3/min	隧道	

续上表

序号	设备名称	规格型号	数量	国别产地	进场时间	额定功率(kW)	生产能力	用于施工部位	备注
4	通风机	88-1	14	天津	2010.10	110	1000 m^3/min	隧道	
5	移动式栈桥	MIB-12	9	自制	2010.10		L=12 m	隧道	
6	对焊机	UN1-100	5	华东	2010.10		100 kW	隧道	
7	钢筋切断机	GQ-40	10	渭南	2010.10		3 kWϕ6～40 mm	隧道	
8	钢筋弯曲机	GW-40	10	渭南	2010.10		3 kWϕ6～40 mm	隧道	
9	钢筋调直机	GTJ-14	10	渭南	2010.10		4 kWϕ6～14 mm	隧道	
10	普通车床	C620 * 1500	5	沈阳	2010.10		ϕ400 mm	隧道	
11	摇臂钻床	Z3050 * 16A	5	沈阳	2010.10		50 mm	隧道	
12	木工圆锯机	MJ105	10	都江	2010.10		0-900 mm	隧道	
13	木工刨床	MB106	10	洛阳木工	2010.10		0-600 mm	隧道	
14	衬砌台车(6 m)		1	中国	2010.10		6 m	隧道	
15	管棚钻机	YGL-100A	3	无锡	2010.10			隧道	
16	注浆泵	2TGZ-60/210	6	辽宁	2010.10	7.5	16～60 L/min	隧道	
17	防水板焊机	JTT-810	18	山东	2010.10	0.6	2 mm	隧道	
18	长臂挖机	PC300LC-7	9	山东	2010.10	158	1.25 m^3	隧道	
19	浑水泵	DYWS70-12 * 5000	8	云南	2010.10		40～50 m^3/h	隧道	
简支箱梁预制、运架设备									
1	龙门吊	45 m * 50 t	2	河南	2010.10	43	50 t	制梁	
2	龙门吊	17 m * 16 t	1	河南	2010.10	29	16 t	制梁	
3	液压布料杆	HG15 m	2	西安	2010.11	20	R15	梁场	
4	附着振荡器	ZFZ	200	成都	2010.10	20		梁场	
5	插入式振动器	ZH-50	50	上海	2010.10	1.5		梁场	
6	钢筋切断机	GQ50	5	成都	2010.10	20	50 mm	梁场	
7	钢筋弯曲机	GW-50	7	成都	2010.10	20	50 mm	梁场	
8	钢筋调直切断机	GJT4/14	1	成都	2010.10	20		梁场	
9	钢筋对焊机	UN1-125	3	成都	2010.10	60		梁场	
10	张拉千斤顶	YCW400b-200	8	柳州	2010.11	8		梁场	
11	真空压浆泵	HB-3	2	宜昌	2010.12	15		梁场	
12	液压油泵	ZBM-500	7	成都	2010.12	10		梁场	
13	蒸养锅炉	NB4T	1	宁波	2010.10		4 t/h	梁场	
无砟道床设备									
1	轨道排架	长 7.142 m	120		2011.12			道床	
2	轨道排架 B	长 5.617 m	120	山东	2011.12			道床	
3	龙门吊	10 t	10		2011.12			道床	
4	轨枕组装平台	简易式	5	天津	2011.12			道床	
5	轨排吊具	250 型	10	湖北	2011.12		15 t	道床	
6	轨枕吊具	250 型	5	河北	2011.12		4 t	道床	
7	平板车		2	北京	2011.12			道床	
8	叉车	3 t	3	四川	2011.12	18		道床	
9	精调小车	GEDO 轨检仪	5		2011.12			道床	
10	滑模摊铺机		1		2011.12	75	4.5 m	支撑层	

续上表

序号	设备名称	规格型号	数量	国别产地	进场时间	额定功率(kW)	生产能力	用于施工部位	备注
11	钢筋加工设备	WJ40-1 GJ-40	4	重庆	2011.12	17.6			
通用设备									
1	切割机	HQL-12-D	70	上海	2010.9			切割	
2	电焊机	BX1-400/ZX7-400	80	成都	2010.9			焊接	
3	发电机	200/250/30 kW	33	上海	2010.9			全段	
4	载重汽车	EQ3141G	40	东风	2010.9		5 t	全段	
5	混凝土输送泵	HBT80	15	湖南	2010.9			全段	
6	变压器	315 kVA	11	四川	2010.9			全段	
7	变压器	400 kVA	10	四川	2010.9				
8	变压器	500 kVA	34	四川	2010.9				
9	变压器	630 kVA	5	四川	2010.9				
10	空压机	VY12/7-6	35	沈阳	2010.9				
11	平板拖车	Fl-10	3	四川	2010.9				

5.7.4 劳动力计划

5.7.4.1 劳动力组成及机构

根据本项目工程的特点和工期要求,本着合理组织、动态管理的原则,项目经理部除配备足够经验丰富的管理人员外,架子队还设置专职队长、技术负责人,配置技术、质量、安全、试验、材料、领工员、工班长等主要组成人员。另在劳动力组织方面还配备精干的专业队伍进场施工,以企业员工和社会合格劳务工相结合的组织方式组织劳动力,主要工种有:电工、钢筋工、模板工、机械司机、机修工、管道工、泥瓦工、装吊工、混凝土工、开挖工、普工等,管理人员和技术人员均有大、中专以上学历,具有招标文件规定的职称和职称比例要求,具有参与国家重点工程的施工管理经验和施工技术经验,技术工人都有技术等级证书,普通工人均经培训考核后,持证上岗。机构分布情况见表5-25。

表5-25 机构分布情况表

机构	单位	1分部	2分部	3分部	4分部	5分部	架梁分部	组织机构配置
工区(管理人员)	人	41	127	92	100	96	27	五部一室:工程管理部、安全质量部、计财部、物资设备部、综合管理部、工区试验室
专业架子队	个	3	8	8	6	13	1	队长、副队长、技术主管、技术员、质量员、安全员、试验员、材料员、领工员、工班长

5.7.4.2 劳动力进场方式

劳动力进场结合本工程特点及工程进度、工期安排等,采取动态管理的模式分批分阶段进场。

参与本项目施工人员经成渝高速、成渝铁路乘大巴、火车及乘飞机等交通工具到达重庆市、永川区、璧山县,然后转乘汽车至各施工工点。

5.7.4.3 劳动力管理

(1)建立健全组织机构

组建精干、高效的经理部和作业队、架子队,经理部除代表公司全面履行施工承包合同、科学组织施工外,负责作业队、架子队进场人员的选派工作,并随着工程进度及时掌握和调整人员编制,确保工程施工顺利、高效地进行。

(2)员工队伍的管理

管理服务人员和生产人员合理配置,形成较强的生产能力,劳动力的规模根据施工进度情况实施动态管理。进入施工现场人员，严格进行自我安全保护、环境保护、生态保护、民族风俗、宗教信仰等方面知识的培训工作，做到先培训、后上岗。

(3)社会劳务工的管理

对劳务提供单位的信誉、资质实行有效控制。对使用的劳务工工资实行登记造册，每月由项目经理部财会部负责监督发放到劳务工手中。管理组织机构和岗位职责及各种规章制度覆盖全体参与施工的劳务工。指定专业部门及成员直接对架子队劳务工实施劳动管理和安全管理

(4)岗前培训

为确保本标段工程施工安全和质量，所有施工人员进场前必须经过专业技术培训，并经考试合格后持证上岗。

针对本项目工程特点、技术难点、技术要求、质量标准、操作工艺等，分专业制定岗前培训计划，组织具有丰富施工经验的专家，对准备进场的管理人员和施工人员进行集中学习和培训。使所有管理和施工人员熟悉与本标段工程相关的安全生产知识、施工技术标准、质量要求、操作规程及有关规定，经理论和实践考核合格后方可进场。确保所有人员均能以饱满的热情、认真负责的工作态度、精湛的施工技术和安全优质高效地完成施工任务。

在正式施工前，由经理部统一组织，针对施工人员施工的具体工程项目，对施工人员进行岗前培训，明确设计标准、技术要求、施工工艺、操作方法和质量标准，施工人员经培训合格后上岗。

施工过程中，在施工队伍中开展劳动竞赛，技术比武和安全评比等活动，提高施工人员整体施工水平。

对于施工中采用的新工艺、新设备，在施工人员中挑选理论知识、实际操作能力都较强的专业技术人员到专门技术学校及专业厂家进行培训，待其熟练掌握操作技术后，才能进场。

作为储备的施工队伍在上场之前，先在公司劳务基地进行相关教育培训，根据现场施工需要时随时进场。

5.7.4.4 劳动力动态计划

劳动力动态分布如图 5-3 所示。

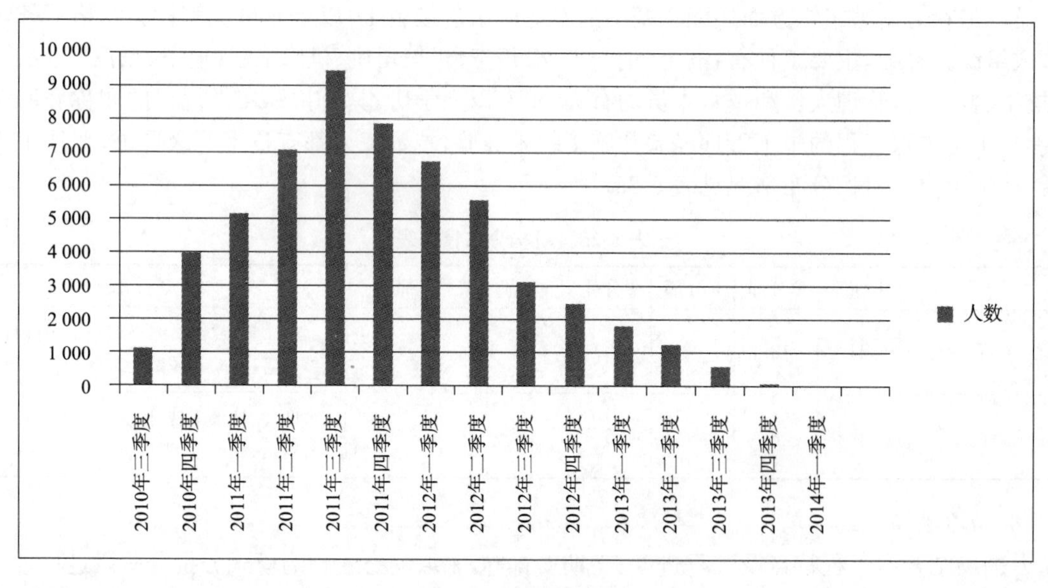

图 5-3 劳动力动态图

5.7.4.5 特殊时期劳动力保证措施

制定农忙季节及节假日劳动力保障措施，配备相应的服务设施，保障特殊季节及节假日劳动力稳定且满足需要，具体措施如下：

实现全面经济承包责任制，遵循多劳多得、少劳少得、不劳不得的分配原则，使劳动者深刻意识到缺勤可能造成的经济损失及对工程施工可能造成的影响，充分发扬劳动者的主人翁责任感，减少特殊季节及节假日劳动力缺失。

建立劳动者之家，搞好业余文化生活，活跃业余生活气氛，缓解劳动者工作压力，稳定劳动者情绪，减少特殊季节及节假日劳动力缺失。

加强政治思想工作，解除劳动者后顾之忧，稳定劳动者思想，减少特殊季节及节假日劳动力的缺失。

建立员工家属区，配备住房、小灶具、小浴室，鼓励员工家属反探亲并给予适当补助，减少节假日员工的探亲人数，以减少节假日期间的劳动力缺失；对农忙季节和节假日不能回家的员工，除向其家人发慰问信外，给予适当补助，以人性化的管理，减少劳动力的缺失。

做好特殊季节及节假日劳动力意向及动态的摸底工作，提前做好补充预案，保证施工正常进行。

5.7.5 资金使用计划

根据工程进度安排资金使用计划，资源配置按资金使用计划、合同价款控制，对资金的使用实行严格的管理，提高资金预测水平、使用水平、风险防范水平，降低资金使用成本。资金使用计划见表5-26。

表5-26 资金使用计划表

开工后时间(月)	估计			
	分期		累计	
	金额(千元)	百分率(%)	金额(千元)	百分率(%)
0～3	188 215	6	188 215	6.00
4～6	282 323	9	470 538	15.00
7～9	345 061	11	815 599	26.00
10～12	376 430	12	1 192 029	38.00
13～15	376 430	12	1 568 459	50.00
16～18	345 061	11	1 913 520	61.00
19～21	313 692	10	2 227 212	71.00
22～24	219 584	7	2 446 796	78.00
25～27	219 584	7	2 666 380	85.00
28～30	125 478	4	2 791 858	89.00
31～33	62 739	2	2 854 597	91.00
33～35	62 739	2	2 917 336	93.00
36～38	31369	1	2 948 705	94.00
39～42	31 369	1	2 980 074	95.00
质量保修期	156 846	5	3 136 920	100.00
小计	3 136 920	100		

5.7.6 临时用地与施工用电计划

5.7.6.1 临时用地计划

(1)临时工程用地原则

按照“先征后用”的原则，按照“尽量少占土地，节约土地资源“的原则，按照“施工便利”的原则，按照“环境保护”的原则，合理规划临时工程用地。

(2)临时工程占地计划表

临时工程用地计划见表5-27。

表5-27 临时工程用地计划表

土地的计划用途及类别	所需面积(m^2)	大致位置或里程范围	所需时间		其中利用发包人已征用土地(m^2)	待租用(m^2)
			开始日期	结束日期		
一、便道						
施工便道	209700	DK240+154.2～DK289+100	2010-09	2014-02		209700
二、施工营地(含生产生活用地)						
项目经理部	3100	DK273+750	2010-09	2014-02		3100
路基架子一队	7300	DK243+200	2010-09	2012-06		7300
路基架子二队	7300	DK272+800	2010-09	2012-06		7300

续上表

土地的计划用途及类别	所需面积(m²)	大致位置或里程范围	所需时间		其中利用发包人已征用土地(m²)	待租用(m²)
			开始日期	结束日期		
二、施工营地(含生产生活用地)						
桥梁架子一队	11000	DK253+300左	2010-09	2012-06		11000
桥梁架子二队	11000	DK267+000左	2010-09	2011-12		11000
桥梁架子三队	8300	DK280+700左	2010-09	2012-06		8300
桥梁架子四队	7200	DK288+000右	2010-09	2012-05		7200
隧道架子一队	2950	DK246+050	2010-09	2013-04		2950
隧道架子二队	4200	DK275+300	2010-09	2012-12		4200
隧道架子三队	2350	DK283+150	2010-09	2012-12		2350
超前地质预报作业队	500	DK246+000右	2010-09	2013-04		500
沉降观测作业队	550	DK273+600右	2010-09	2013-04		550
长大隧道通风照明作业队	480	DK246+100右	2010-09	2013-04		480
三、混凝土和路基填料拌和站						
1号混凝土拌和站	12000	246+200右	2010-09	2013-07		12000
2号混凝土拌和站	12000	257+500右	2010-09	2013-07		12000
3号混凝土拌和站	10000	DK270+220右	2010-09	2013-07		10000
4号混凝土拌和站	10000	DK279+900左	2010-09	2013-07		10000
5号混凝土拌和站	12000	DK287+000左	2010-09	2013-07		12000
1号改良土拌和站	10000	DK242+150右	2011-02	2012-02		10000
2号改良土拌和站	10000	DK257+520右	2011-02	2012-02		10000
3号改良土拌和站	10000	DK270+230右	2011-02	2012-02		10000
四、预制梁场						
璧山箱梁制梁场	63100	DK262+600	2011-03	2013-04		63100
五、轨道板预制场						
璧山轨道板预制场	86700	DK262+600	2011-07	2013-10		86700
合计	511730					511730

5.7.6.2 施工用电计划

(1)外部用电的初步安排

施工用电部分采用临时电力线路,在施工前期用自备柴油发电机组供电,外供电线路正常供电后,发电机组作为备用电源。

(2)外部电力需求计划

外部电力需求计划见表5-28。

表5-28 临时工程用地计划表

用途及类别	需求电量(kVA)	地区或里程	所需时间		永临结合意见
			起始日期	结束日期	
一、路基工程					
1号改良土拌和站	400	DK242+150右	2011-02	2012-02	
2号改良土拌和站	400	DK257+520右	2011-02	2012-02	
3号改良土拌和站	400	DK270+230右	2011-02	2012-02	
涵洞及跨线桥	6×400		2011-02	2012-02	

续上表

用途及类别	需求电量(kVA)	地区或里程	所需时间		永临结合意见
			起始日期	结束日期	
二、桥梁工程					
黑岩湾特大桥	500	DK249+000	2011-10	2012-05	
松树牌大桥	500	DK250+600	2012-01	2012-05	
黄家湾大桥	400	DK252+500	2011-12	2012-04	
九龙河大桥	500	DK253+100	2011-10	2012-06	
佛平岩大桥	500	DK253+900	2011-07	2012-01	
梅江河特大桥	2×500	DK254+600\DK255+700	2010-10	2011-11	
凯家湾1号中桥	500	DK256+600	2011-07	2011-10	
凯家湾2号中桥	500	DK256+600	2011-07	2011-10	
白瓦房中桥	500	DK258+260	2011-08	2011-11	
镇云中桥			2011-06	2011-09	
长田沟特大桥	2×500	DK259+500\DK260+200	2010-10	2011-08	
高庙子特大桥	500	DK260+900	2011-08	2011-12	
文家堡特大桥	2×500	DK262+700\DK263+400	2010-10	2011-09	
石坪村1号大桥	500	DK265+000	2011-07	2011-11	
石坪村2号大桥	400	DK266+500	2011-06	2011-10	
石梯岩大桥	500	DK267+000	2011-05	2011-09	
来凤特大桥	2×500	DK268+600\DK269+300	2010-10	2011-06	
徐家湾中桥	500	DK269+900	2011-05	2011-08	
壁南河特大桥	2×500	DK274+000\DK274+700	2010-10	2011-08	
石麻塘中桥	与缙云山隧道出口共用	DK278+550	2011-06	2011-10	
大地坝特大桥	500	DK279+800	2011-08	2012-05	
朝房双线大桥	400	DK280+700	2011-12	2012-06	
大学城特大桥	2×500	DK281+400\DK282+100	2011-08	2012-04	
马道子大桥	与璧山隧道进口共用	DK283+050	2012-03	2012-07	
梁滩河特大桥	4×500	DK286+908.18~289+100	2011-05	2012-05	
三、隧道工程					
大安隧道	3×630	DK243+950~DK249+004	2010-11	2013-04	
陈家坡隧道	500	DK267+460~DK268+095	2010-11	2011-11	
缙云山隧道	500+630	DK275+370~DK278+535	2010-11	2012-12	
上石岩隧道	400	DK279+030~DK279+385	2011-11	2012-11	
璧山隧道	630+500	DK283+185~DK286+650	2010-11	2012-12	
四、混凝土拌和站					
1号混凝土拌和站	400	246+200右	2010-09	2013-07	
2号混凝土拌和站	400	257+500右	2010-09	2013-07	
3号混凝土拌和站	400	DK270+220右	2010-09	2013-07	

续上表

用途及类别	需求电量(kVA)	地区或里程	所需时间		永临结合意见
			起始日期	结束日期	
四、混凝土拌和站					
4号混凝土拌和站	400	DK279+900左	2010-09	2013-07	
5号混凝土拌和站	400	DK287+000左	2010-09	2013-07	
五、璧山箱梁制梁场	2×500	DK262+600	2011-03	2013-04	
六、璧山轨道板预制场	315	DK262+600	2011-07	2013-10	
合计	27165				

5.8 施工现场平面布置

5.8.1 平面布置原则

(1)资源节约和环境保护的原则。贯彻"十分珍惜、合理利用土地和切实保护耕地"的基本国策,依法用地、合理规划、科学设计,少占土地,保护农田;搞好环境保护、水土保持和地灾防治工作;支持矿床保护、文物保护、景点保护;维持既有交通秩序。铁路建设用地符合土地利用总体规划,贯彻节约、集约用地的原则,最大限度地节约使用土地。

(2)符合性原则。满足建设工期和工程质量标准,符合施工安全要求。

(3)标准化管理的原则。通过建设单位管理标准化,以建设目标和合同约定为纽带,严格按照《成渝高速铁路标准化管理(暂行)》和《标准化工地建设实施方案》的相关要求,按照三级管理模式组建项目管理机构及标准化工地建设,实现建设项目标准化管理。合理安排施工顺序,组织均衡、连续生产。

5.8.2 大型临时工程

5.8.2.1 制(存)梁场

本标段在璧山设1处箱梁预制场,负责预制544孔箱梁,该制梁场设在DK262+600附近,位于线路右侧,占地63100 m^2;场内设制梁台座7个,存梁台座42个,日制梁1.4孔,月制梁能力42孔,最大存梁能力84孔。

5.8.2.2 轨枕预制场

本标段在璧山梁场附近设立1个轨道板预制场,负责供应DK213+100~DK306+302段CRTS Ⅰ型双块式无砟轨枕。枕厂设置在DK262+800线路右侧,占86 700 m^2;按照每天生产成品板600根,全场存枕量为7万根。

5.8.2.3 材料厂

材料厂办公地点位于永川区宫井路180号,距项目经理部5 km,主要负责标段内物资供应及保障。现办公设备已配置齐备,具备正常办公条件,满足工作需要。

5.8.2.4 混凝土集中拌和站

根据标段混凝土施工总方量确定设置6个混凝土拌和站,中心试验室设置在梁场内。混凝土拌和站具体位置及生产能力见表5-29。

表5-29 混凝土拌和站设置情况表

序号	名称	配置	位置	供应范围	所属分部
1	1号拌和站	2×60 m^3/h	DK243+200	DK240+154.2~DK245+250	一分部
2	2号拌和站	2×90 m^3/h	DK248+550	DK245+250~DK249+989.	二分部
3	3号拌和站	2×120 m^3/h	DK256+030	DK249+989~DK258+875	二分部
4	梁、板场拌和站	3×120 m^3/h	DK262+600	DK258+875~DK267+770	四分部
5	4号拌和站	2×90 m^3/h	DK273+000	DK267+770~DK276+500	四分部

续上表

序号	名　　称	配　　置	位　　置	供应范围	所属分部
6	5号拌和站	2×90+2×60 m^3/h	DK281+300	DK276+500～DK289+100	五分部
7	1号喷射混凝土拌和站	750型	DK267+460	大安隧道、陈家坡隧道	三分部
8	2号喷射混凝土拌和站	750型	DK275+370	缙云山、上石岩、壁山	五分部

5.8.2.5　填料拌和站

根据标段内路基工程改良土方工程量，在标段内共设置3个改良土拌和站和3个级配碎石拌和站，标段内级配碎石拌和站利用改良土拌和站场地，待改良土施工结束后，将场地改建为级配碎石拌和站；前期路桥过渡段、路隧过渡段、桥隧过渡段、路基与横向结构物间的过渡段级配碎石由相应混凝土拌和站供应。其分布位置及供应范围见表5-30。

表5-30　填料拌和站设置情况表

序号	名　　称	位　　置	供应范围	所属分部
1	1号改良土拌和站	DK243+200	DK240+154.2～DK243+950	一分部
2	2号改良土拌和站	DK248+550	DK249+989～DK267+460	二分部
3	3号改良土拌和站	DK273+000	DK268+095～DK286+875	四分部
4	1号级配碎石拌和站	DK243+200	DK240+154.2～DK243+950	一分部
5	2号级配碎石拌和站	DK248+550	DK249+989～DK267+460	二分部
6	3号级配碎石拌和站	DK273+000	DK268+095～DK286+875	四分部

5.8.2.6　汽车运输便道(含运梁便道)

根据线路周边地方既有道路和工程分布情况，本标段共需修建便道72.25 km，其中新建引入便道18.92 km，改(扩)建便道13.93 km，新建贯通便道39.4 km，内容见表5-31。

表5-31　施工便道表

序号	对应线路里程	便道长度(m)	新建/扩建	路面等级	备　　注
1	DK242+750引入便道	2300	300 m新建/2000 m扩建	混凝土路面	一分部
2	贯通便道(DK240+154.2～DK245+250)	600	新建	泥结碎石路面	一分部
3	DK246+000引入便道	3600	600 m新建/3000 m扩建	混凝土路面	二分部
4	DK249+004引入便道	1200	500 m新建/700 m扩建	混凝土路面	二分部
5	DK251+800引入便道	2200	400 m新建/1800 m扩建	泥结碎石路面	二分部
6	DK256+100引入便道	3400	300 m新建/3100 m扩建	混凝土路面	二分部
7	贯通便道(大安隧道出口至二分部终点DK258+875)	13000	新建	泥结碎石路面	二分部
8	DK262+000～+320引入便道	320	新建	钢筋场便道，混凝土路面	三分部
9	DK265+200引入便道	800	扩建	泥结碎石路面	三分部
10	DK266+200引入便道	900	扩建	混凝土路面	三分部
11	DK267+400引入便道	1200	扩建	泥结碎石路面	三分部
12	DK269+890引入便道	700	扩建	混凝土路面	三分部
13	贯通便道(DK258+875～DK270+640)	13800	新建	泥结碎石路面	三分部
14	DK262+340引入便道	300	新建	梁场，混凝土路面	四分部
15	DK273+150引入便道	500	新建	泥结碎石路面，新修便桥2座	四分部
16	贯通便道	5000	扩建	泥结碎石路面	四分部
17	DK275+350～+505引入便道	1260	430 m新建/830 m扩建	混凝土路面	五分部
18	DK277+300引入便道	970	新建	混凝土路面	五分部
19	DK278+535引入便道	1820	420 m新建/1100 m扩建	混凝土路面	五分部
20	DK279+030引入便道	640	新建	混凝土路面	五分部

续上表

序号	对应线路里程	便道长度(m)	新建/扩建	路面等级	备注
21	DK279＋600 引入便道	800	新建	混凝土路面	五分部
22	DK283＋185 引入便道	700	新建	混凝土路面	五分部
23	DK283＋780 引入便道	660	新建	混凝土路面	五分部
24	DK286＋650 引入便道	1500	400 m 新建/1100 m 扩建	混凝土路面	五分部
25	贯通便道	7000	新建	泥结碎石路面	五分部
26	隧道弃碴便道	7080	新建	泥结碎石路面	五分部

5.8.2.7　临时通信

线路大部分地段均有移动信号，且临近村庄均有程控固定电话。移动和固定电话接入十分便利。

5.8.2.8　临时电力线路

本标段临时电力线路 67.21 km，分别由永川胜利 110 kV 变电所(由 4 标施工永临结合电力工程)、璧山东林 110 kV 变电所、沙坪坝金凤 110 kV 变电所(规划未建设)引出 10 kV 供电线路供施工用电。但由于永临结合方案实施的时间严重滞后，前期开工的项目采用就近的地方 10 kV 电源，后期开工的项目如永临结合供电线路送电后 T 接取电。见表 5-32。

表 5-32　临时施工供电 10/0.4 kV 变配电站设置表

序号	用电工程	安装位置	变压器容量(kVA)	变压器数量(台)	自备电源(kW)
1	路基	DK240＋700	630	1	
2	车站	DK242＋200	630	1	
3	大安隧道进口、路基	DK243＋950	630	1	200
			630	1	
4	混凝土 1 号拌和站、1 号改良土拌和站	DK243＋200	630	1	200
5	大安隧道斜井(洞口)	DK246＋100	800	1	400
6	大安隧道斜井洞内(高压进洞)		500	1	
			500	1	
			500	1	
7	混凝土 2 号拌和站	DK248＋550	400	1	200
8	大安隧道出口	DK249＋004	800	1	400
9	黑岩湾大桥、路基	DK249＋700	630	1	
10	混凝土 3 号拌和站、(2×120)梅江河	DK256＋030	630	1	200
11	2 号改良土拌和站、松树牌大桥	DK251＋800	500	1	
12	黄家湾大桥、路基、九龙河大桥	DK252＋900	630	1	
13	佛平岩大桥	DK253＋900	500	1	
14	梅江河特大桥	DK255＋100	500	1	
			500	1	
		DK256＋300	500	1	
15	凯家湾大桥、路基	DK257＋200	400	1	
16	长田沟双线特大桥	DK259＋483	630	1	
17	长田沟双线特大桥	DK260＋223	630	1	
18	长田沟双线特大桥	DK260＋958	630	1	
19	高庙子双线特大桥	DK261＋035	315	1	
20	高庙子双线特大桥	DK261＋734	630	1	
21	钢筋加工场	DK262＋500	200	1	

续上表

序号	用电工程	安装位置	变压器容量（kVA）	变压器数量（台）	自备电源（kW）
22	文家堡双线特大桥	DK263＋270	630	1	
23	文家堡双线特大桥	DK264＋400	630	1	
24	石坪村1号双线大桥	DK265＋188	315	1	
25	石坪村2号双线大桥	DK266＋517	315	1	
26	石梯岩双线大桥	DK267＋196	630	1	
27	陈家坡隧道	DK267＋780	630	1	
28	来凤双线特大桥	DK268＋460	630	1	
29	来凤双线特大桥	DK269＋411	630	1	
30	10号梁厂、板厂、混凝土搅拌站(3×120)	DK262＋600	1250	1	400 kW×2
31	4号混凝土搅拌站(2×90)、3号改良土搅拌站	DK273＋000	800	1	400
32	壁南河连续梁及桥墩	DK274＋000	200	1	
33	壁青路连续梁及桥墩	DK274＋650	200	1	
34	壁山车站(CF桩基备用)	DK272＋600	630	1	
35	CF桩基备用	DK270＋980	630	1	
36	CF桩基备用	DK273＋300	630	1	
37	缙云山隧道斜井	DK277	630	1	400
			630	1	
38	缙云山隧道进口	DK275＋475	630	1	400
			315	1	
39	缙云山隧道出口	DK278＋530	630	1	400
			315	1	
40	上石岩隧道进口	DK279＋030	500	1	
41	大地坝双线特大桥	DK279＋650	630	1	
42	朝房双线大桥	DK280＋85	315	1	
43	项目部、钢筋场		400	1	
44	大学城双线特大桥	DK281＋798	630	1	
45	马道子双线大桥	DK282＋965	630	1	200
46	璧山隧道进口	DK283＋185	315	1	
47	璧山隧道出口	DK286＋650	315	1	200
			630	1	
48	璧山隧道斜井 单头掘进	DK285	630	1	200
			315	1	
49	梁滩河双线特大桥	DK287＋503	500	1	
			315	2	
50	5号混凝土搅拌站(2×90、2×60站)	DK281＋300	500	1	200
			315	1	
	合计		33315	63	

5.8.2.9　临时给水干管

因拌和站集中供应混凝土，现场生产用水主要为：混凝土养护及桩基施工用水，可利用就近的河流、水库等水源，离水源较远的地段采用打井取水；经理部及架子队驻地的生活用水采用自来水或打井取水。

5.8.2.10 临时栈桥

本标段设置施工栈桥6座，总长147 m。其中一分部2座，长12 m，设在大安隧道进口便道上；二分部2座，长60 m，一座跨九龙河，长21 m，一座跨梅江河，长39 m(9+21+9)；四分部2座，长100 m，设在壁南河特大桥5号～8号墩处，长50 m，一座青杠镇引入便道既有桥加固，长50 m。

5.8.2.11 钢筋加工场

标段内共设置7个钢筋加工厂，其中在1号～5号混凝土拌和站各设置1处钢筋加工厂；梁、板场内设置1处钢筋加工厂；DK262+100处设置1处钢筋加工厂。钢筋加工厂规模根据所承担钢筋加工吨位决定，其规划布置按照标准化工地建设要求执行。具体见表5-33。

表5-33 钢筋加工场设置表

序号	名称	位置	供应范围	占地(亩)	备注
1	1号钢筋加工厂	DK243+200	DK240+154.2～DK245+250	17.5	一分部
2	2号钢筋加工厂	DK248+550	DK245+250～DK249+989.39	1.5	二分部
3	3号钢筋加工厂	DK256+030	DK249+989.39～DK258+875	6	二分部
4	4号钢筋加工厂	DK262+100	DK258+875～DK270+640	18.6	三分部
5	梁、板场钢筋加工厂	DK262+600	供梁场范围钢筋加工	4.7	四分部
6	5号钢筋加工厂	DK273+000	DK270+640～DK275+370	1.5	四分部
7	6号钢筋加工厂	DK281+300	DK275+370～DK289+100	12.6	五分部

5.8.2.12 取弃土场

取弃土场按施工图设计的取弃土场设置。如设计取弃土场经现场实地调查有优化方案时将以专项报告上报设计院进行变更，并按变更后的取弃土场设置。

5.8.2.13 火工品库

本标段共设置6座炸药库，其具体位置及供应范围见表5-34。

表5-34 火工品库设置表

序号	对应线路里程	储存量(t)	占地(亩)	供应范围	备注
1	DK244+000	5	1.5	DK240+154.2～DK245+250	一分部
2	DK250+030	5	1.8	DK245+250～DK249+004	二分部
3	DK258+100	5	1.8	DK245+250～DK249+004	二分部
4	DK267+100	5	1.5	DK258+750～DK270+640	三分部
5	DK271+200	5	1.8	DK270+640～DK275+370	四分部
6	DK278+530	10	4	DK275+370～DK289+100	五分部

5.8.2.14 小型预制件场

本标段在梁场内设置一处小型预制件场，占地20亩，负责整个标段桥梁遮板、栏杆，路基电缆槽、防护栅栏，桥梁、路基段RPC盖板。

5.8.3 小型临时工程

5.8.3.1 驻地建设

项目经理部及各分部驻地位置及建设情况见表5-35。

表5-35 项目经理部及各分部驻地位置及建设情况

序号	分部名称	驻地位置	建设情况
1	项目经理部	永川区萱花西路263号	已建成，并开始办公，通信及网络畅通
2	一分部	DK243+000处线路左侧，租用当地农家乐	正在按照标准化要求进行改造施工，预计10月7日前具备正常办公条件

续上表

序号	分部名称	驻地位置	建设情况
3	二分部	DK248+700 处线路左侧，租用当地农家乐	正在按照标准化要求进行改造施工，预计 10 月 10 日前具备正常办公条件
4	三分部	DK262+000 处线路左侧，租用距正兴镇 1 km 的当地水务局	正在按照标准化要求进行改造施工，预计 10 月 7 日前具备正常办公条件
5	四分部	DK274+700 处，租用青杠收费站办公	已经按照标准化要求完成改造，并于 9 月 28 日前开始办公
6	五分部	DK281+300 处线路左侧，正在新建活动板房作为驻地	正在按照标准化要求建设活动板房，预计 10 月 20 日前具备正常办公条件
7	三电分部	大安镇安置小区	已经投入使用
8	物资分部	永川区宫井路 180 号	已经投入使用

5.8.3.2 中心试验室及工地试验室

标段中心试验室设置在梁、板场内，负责水泥、粉煤灰、外加剂、钢筋等原材料的检验、检测工作；各分部在相应拌和站内设置工地试验室，负责各自分部范围内的混凝土试件强度试验、原材料基本项目检验及路基土工试验，工地试验室需设置标养室。其具体位置及试验内容见表 5-36。

表 5-36 试验室设置表

序号	试验室名称	位置	占地(亩)	主要试验内容	备注
1	1 号工地试验室	DK243+200	2.1	混凝土试件强度试验、原材料基本项目检验及路基土工试验	一分部
2	2 号工地试验室	DK248+550	1.5	混凝土试件强度试验、原材料基本项目检验及路基土工试验	二分部
3	3 号工地试验室	DK262+000	1.8	混凝土试件强度试验、原材料基本项目检验及路基土工试验	三分部
4	中心工地试验室	DK262+600	3.5	标段内所涉各种原材料检测项目	四分部
5	4 号工地试验室	DK273+150	1.2	混凝土试件强度试验、原材料基本项目检验及路基土工试验	四分部
6	5 号工地试验室	DK281+300	2.3	混凝土试件强度试验、原材料基本项目检验及路基土工试验	五分部

5.8.3.3 生产及生活用水

隧道施工供水有水源就近修建高压水池供应，无水源工点就近从沟渠中抽水修建高压水池供应或打井供应；大安隧道进出口及斜井、陈家坡隧道进口、缙云山隧道进出口及斜井、上石岩隧道进口、骑龙咀隧道进出口及斜井用水采用打井抽取，在附近山头共设置 11 座高压水池供隧道内施工用水，水池与洞顶高差不小于 40 m，蓄水池设置为 10 m×15 m×1.5 m，储水量不小于 200 t。

混凝土拌和站修建常规蓄水池；现场生产用水主要为混凝土养护及桩基施工用水，可利用就近的河流、水库等水源，离水源较远的地段采用打井取水；经理部及架子队驻地的生活用水采用自来水或打井取水。

5.8.4 施工平面布置图

施工平面布置图见附图 1。

5.9 工程项目综合管理措施

工程项目综合管理措施主要包括进度控制管理、工程质量管理、安全生产管理、职业健康安全管理、环境保护管理、文明施工管理、节能减排管理等内容。详见附录 2。

第 6 章　贵广高速铁路油竹山隧道施工组织设计

6.1　编制说明

6.1.1　编制依据

(1)工程建设现行的法律、法规、标准、规范等;

(2)工程设计文件;

(3)工程施工合同、招投标文件和建设单位指导性施工组织设计;

(4)施工调查报告;

(5)现场社会条件和自然条件;

(6)本单位的生产能力、机具设备状况、技术水平等;

(7)工程项目管理的规章制度。

6.1.2　编制原则

(1)严格遵照招标文件和合同文件各标准和条款的要求,在充分理解设计意图的基础上,制定先进、合理、操作性强的施工方案;严格执行国家和铁道部现行有关建设管理办法和相关规范、规程、标准、指南等;

(2)尊重科学,严格按新奥法原理组织施工,科学合理地安排施工顺序;

(3)根据本隧道的工程地质和水文地质条件、开挖断面大小、资源情况及施工条件选择合理、可靠的施工方法,以保证施工安全。

(4)优先选用先进的施工技术工艺和设备,积极推行"机械化、工厂化、专业化、信息化";

(5)严格按"项目法"管理,贯彻执行"六位一体"管理制度体系,将安全、质量、进度、环保、效益和技术创新等目标进行层层分解细化,以标准化管理为基础,全面实现"六位一体"管理要求。

6.1.3　编制范围

新建贵广铁路油竹山隧道(D3K80+795～D3K90+691),全长 9 896 m。

6.2　工程概况

6.2.1　工程简介

新建贵广铁路油竹山隧道,位于贵州省黔南州贵定县与都匀市交界处,全长 9 896 m(D3K80+795～D3K90+691),为单洞双线隧道;隧道进口位于贵定县打铁乡筷子坡、出口位于都匀市甘塘镇紫沙村。

油竹山隧道全隧在线路左侧 30 m 分别设置进口和出口平行导坑各 1 座;进口段平导全长 2 717 m(P1K80+803～P1K83+520),平导设 6 个横通道与正洞相连;出口段平导全长 2 371 m(P2K88+330～P2K90+701),平导设 6 个横通道与正洞相连。平导坑底高程比正洞轨面设计高程低 2.5 m,按无轨运输单车道设计[净空断面尺寸:4.7 m(宽)×6.0 m(高)]。平导及横通道设置情况如图 6-1 所示,平导与正洞连接横断面如图 6-2 所示。

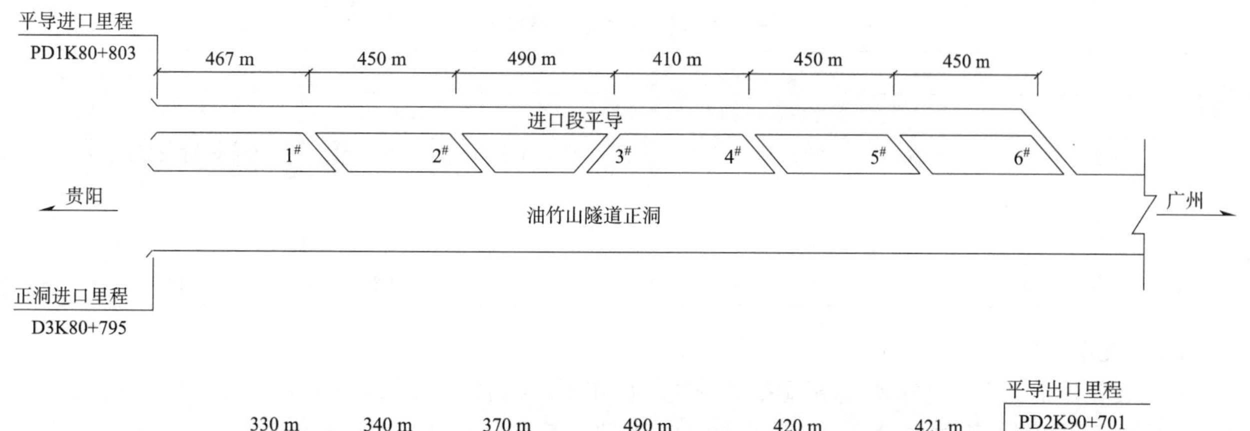

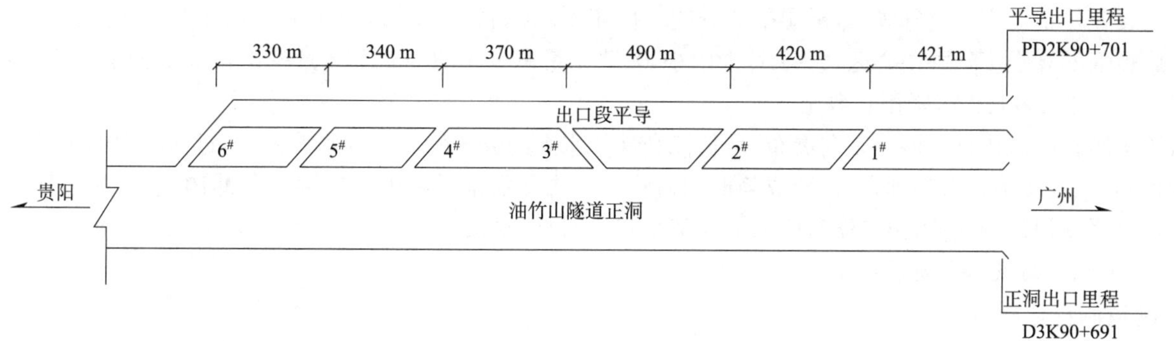

图 6-1　平导及横通道设置平面示意图

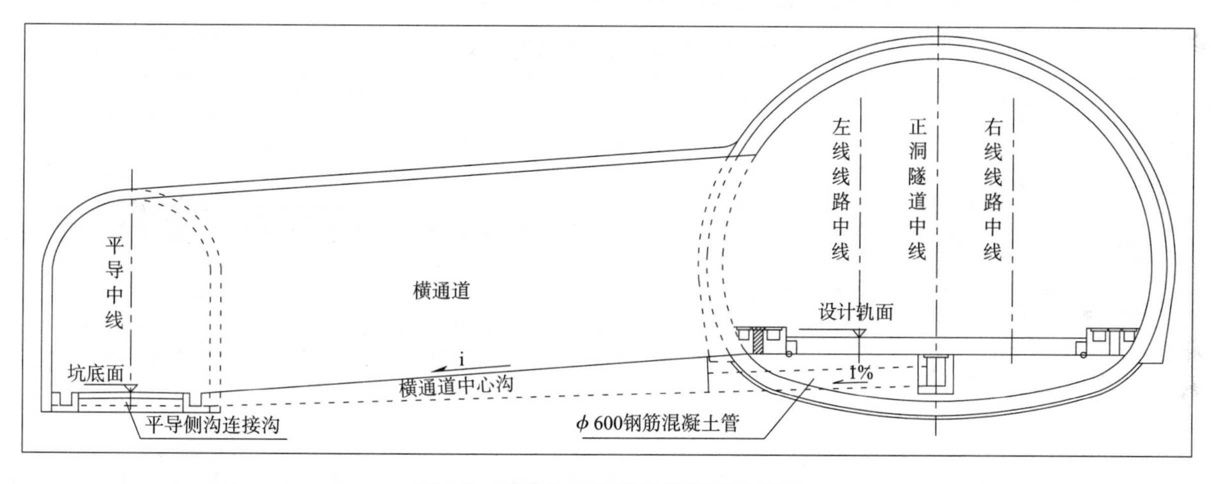

图 6-2　平导与正洞连接横断面示意图

6.2.2　主要技术标准

铁路等级:高速铁路;正线数目:双线;速度目标值:250 km/h,预留提速条件;正线线间距:4.8 m;最小曲线半径:5500 m;最大坡度:13‰;列车类型:动车组;列车运行控制方式:自动控制。

6.2.3　工程设计情况

6.2.3.1　线路平面及纵坡设置情况

油竹山隧道除进口段 184.426 m(D3K80＋795～＋979.426)和出口段 1752.038 m(D3K88＋938.962～D3K90＋691)分别位于半径为 6000 m 和半径为 5500 m 的缓和曲线上外,其余地段均为直线;隧道纵坡设置情况见表 6-1。

6.2.3.2　地形、地貌

隧区主山体呈东西走向,支脉向南北方向展布,线路与主山体走向一致。隧道区地貌受构造及岩性控制明显,兼有溶蚀、剥蚀类型,属低中山山地地貌。最高点为轿子顶,海拔 1762.5 m,最低点为隧道进出口端的冲沟,高程约 970 m。地形起伏较大,相对高差 350～750 m,山高坡陡,峡谷深切,山势雄伟,峰峦叠嶂,多险峻的悬崖峭壁,隧道最大埋深约 700 m。

表 6-1　隧道纵坡设置情况表

正　洞				平　导			
序号	设计里程	长度(m)	纵坡(‰)	序号	设计里程	长度(m)	纵坡(‰)
1	D3K80＋795～D3K85＋800	5005	6	1	进口段 P1K80＋803～P1K83＋520	2717	6
2	D3K85＋800～D3K88＋500	2700	－10	2	出口段		
3	D3K88＋500～D3K90＋691	2191	－13	(1)	P2K88＋330～P2K88＋500	170	－10
				(2)	P2K88＋500～P2K90＋701	2201	－13

6.2.3.3　气象、水文

隧区属亚热带湿润季风气候区，干湿季节分明。历年平均气温 15.9 ℃，历年平均霜冻期 8.6 天。隧区处于苗岭腹部的高强度降雨中心区，5～8 月为雨季，其降雨量占全年的 60%，12 月～次年 3 月为旱季，降雨量占全年的 11%，最长连续降雨日数 15 天。

苗岭山脉在隧区内近北西南东向展布，是长江和珠江水系的分水岭。在分水岭两侧，近南北向的沟谷侵蚀切割强烈，水系多沿构造节理发育，形成菱形网格状。主沟分别是隧道进出口端两条冲沟，进口端摆梭河则是珠江水系摆浪河的支流，出口端对门河汇入清水江，为长江水系。

6.2.3.4　工程地质及水文地质

1. 隧道洞身地质条件

隧道洞身基岩以可溶岩为主，基本以处于岩溶地下水的水平径流为主，部分段落处于地下水的季节变动带内，物探判释遇大溶洞、岩溶水的可能性较大。洞身主要地质条件见表 6-2。

表 6-2　隧道洞身主要地质条件表

序号	设 计 里 程	长度(m)	主要地质条件
1	D3K80＋783～D3K81＋600	817	进口覆土较薄，基岩裸露，仰坡顺层；基岩以砂岩、页岩夹泥质灰岩为主，薄至中厚层状，岩质较软，岩层倾角较平缓。段内末端处于砂页岩与白云岩接触带附近，岩溶相对较发育、节理裂隙密集、岩体较破碎。地下水以裂隙水为主，多以线状渗出，易软化页岩等软弱岩层，对围岩稳定不利。本段涌水量 4 000 m^3/d
2	D3K81＋600～D3K84＋700	3100	基岩以白云岩为主，夹灰岩，中厚层至厚层状，岩质较坚硬，岩性较脆，岩层产状平缓；后段偶夹泥质白云岩及页岩。局部受构造影响，岩体较破碎。据物探及探孔资料综合分析，D3K83＋400～D3K84＋700 段属于较为富水地段。本段涌水量 12 000 m^3/d
3	D3K84＋700～D3K85＋650	950	基岩主要为厚层状白云岩夹灰岩，岩质坚硬、岩性较脆，岩体总体较完整，局部偶夹泥质白云岩及页岩。岩溶弱至中等发育，洞身有遇溶洞、溶腔的可能。地下水以岩溶裂隙水为主，不排除遇大型岩溶管道水的可能，D3K84＋700～D3K85＋500 段可能为一大型岩溶富水区。本段涌水量 58 000 m^3/d
4	D3K85＋650～D3K88＋150	2500	基岩主要为厚层状白云岩夹灰岩，岩质坚硬、岩性较脆，岩体总体较完整，局部偶夹泥质白云岩及页岩。岩溶弱至中等发育，洞身有遇溶洞、溶腔的可能。地下水以岩溶裂隙水为主，不排除遇大型岩溶管道水的可能，段内地下水较丰富。本段涌水量 51 000 m^3/d
5	D3K88＋150～D3K90＋701	2551	基岩以白云岩为主，偶夹灰岩，中至厚层状，节理较发育，岩体完整性较差，岩溶弱至中等发育，洞身遇溶洞、溶腔的可能性大。段内地下水丰富，尤其是隧道通过 D3K89＋000～＋150 岩溶槽谷地段，遇岩溶管道水的可能性较大。本段涌水量 11 000 m^3/d

2. 水文地质条件

(1)地下水类型

地下水分为第四系松散岩类孔隙水、基岩裂隙水和岩溶水三大类，前两类水量不大，岩溶水为主要地下水。

（2）地下水的补给、排泄

D3K80＋783～D3K87＋000 段洞身地下水主要受大气降水补给，部分由地表水补给；D3K87＋000～D3K90＋701 段地下水受大气降水及地表沟水同时补给。

隧区地下水主要通过裂隙下降泉形式在低处排泄。

（3）水质及侵蚀性

水质无微量元素超标现象，对混凝土无侵蚀性。

（4）隧道涌水量预测

平常涌水量为 67 300 m^3/d，雨季涌水量为 168 250 m^3/d。

若考虑遇暗河，则涌水量无法预计。据线路右侧 2 000 m 已建的黔桂线银洞坡隧道中部施工开挖遇到的暗河实测最大涌水量达到 370000 m^3/d 推算，本隧道施工中有可能遇大型暗河涌水量预估为 400 000 m^3/d以上。

3. 不良地质情况

本隧道不良地质有岩溶、岩爆、顺层、断层破碎带及节理裂隙密集带等。

（1）岩溶

隧道可溶岩段岩性以白云岩为主，次为灰岩、泥质灰岩、泥质白云岩，可溶岩分布于 D3K81＋450～D3K90＋701 段，岩溶中等至强烈发育。

（2）涌水突泥

洞身遇岩溶管道水、大型岩溶大厅及溶腔的可能性较大，特别是 D3K87＋000 至隧道出口段；D3K89＋800 附近段内地下水丰富，并有一定流速，可能附近有岩溶管道水或暗河通过。易发生突水、突泥可能的段落见表 6-3。

表 6-3　易发生突水、突泥可能的段落表

序号	里　程	长度(m)	围岩级别	备　注
1	D3K83＋700～＋820	120	Ⅳ	节理密集带。大型岩溶富水区、岩体破碎
2	D3K84＋270～＋400	130	Ⅳ	F2 节理密集带。大型岩溶富水区、岩石破碎
3	D3K85＋000～＋070	70	Ⅳ	F3 节理密集带。大型岩溶富水区、岩石破碎
4	D3K85＋230～＋285	55	Ⅴ	F4 节理密集带。大型岩溶富水区、岩石破碎
5	D3K87＋420～＋540	120	Ⅳ	F5 节理密集带。岩石破碎较严重，可能岩溶发育
6	D3K87＋860～＋910	50	Ⅳ	F6 节理密集带。受断层作用影响，岩石破碎严重
7	D3K88＋350～＋430	80	Ⅳ	F7 节理密集带。受断层作用影响，岩石破碎严重
合　计		625		

（3）岩爆

隧道最大埋深达 700 m，局部地段可能发生轻微岩爆。

（4）顺层

隧道进口仰坡顺层，岩层走向与线路大角度相交，岩层倾向贵阳端，倾角为 25°左右，开挖时易发生顺层坍塌。

（5）断层破碎带及节理裂隙密集带

隧道洞身共有 1 条断层带和 6 处裂隙密集带。

4. 围岩类别

（1）正洞洞身围岩类别

正洞洞身围岩分级见表 6-4。

表 6-4　正洞洞身围岩分级表

序号	设计里程	长度(m)	围岩级别	备　注
1	D3K80＋795～3K80＋815	20	Ⅴ	明挖法
2	D3K80＋815～3K80＋850	35	Ⅴ	

续上表

序号	设计里程	长度(m)	围岩级别	备　注
3	D3K80+850～3K81+350	500	Ⅳ	
4	D3K81+350～3K82+000	650	Ⅲ	
5	D3K82+000～3K82+075	75	Ⅳ	F1断层破碎及影响带。岩石较破碎，可能岩溶发育
6	D3K82+075～3K83+700	1 625	Ⅲ	D3K83+400～D3K85+500段可能为一岩溶富水区
7	D3K83+700～3K83+820	120	Ⅳ	节理密集带，大型岩溶富水区、岩体破碎
8	D3K83+820～3K84+270	450	Ⅲ	
9	D3K84+270～3K84+400	130	Ⅳ	F2节理密集带。大型岩溶富水区、岩石破碎
10	D3K84+400～3K85+000	600	Ⅲ	
11	D3K85+000～3K85+070	70	Ⅳ	F3节理密集带。大型岩溶富水区、岩石破碎
12	D3K85+070～3K85+170	100	Ⅲ	
13	D3K85+170～3K85+230	60	Ⅳ	
14	D3K85+230～3K85+285	55	Ⅴ	F4节理密集带。大型岩溶富水区、岩石破碎
15	D3K85+285～3K86+000	715	Ⅳ	
16	D3K86+000～3K87+420	1 420	Ⅲ	
17	D3K87+420～3K87+540	120	Ⅳ	F5节理密集带。岩石破碎较严重，可能岩溶发育
18	D3K87+540～3K87+860	320	Ⅲ	
19	D3K87+860～3K87+910	50	Ⅳ	F6节理密集带。受断层作用影响，岩石破碎严重
20	D3K87+910～3K88+350	440	Ⅲ	
21	D3K88+350～3K88+430	80	Ⅳ	F7节理密集带。受断层作用影响，岩石破碎严重
22	D3K88+430～3K90+630	2 200	Ⅲ	D3K89+000～+150岩溶槽谷地段，遇岩溶管道水的可能性大
23	D3K90+630～3K90+686	56	Ⅳ	
24	D3K90+686～3K90+691	5	Ⅳ	明挖法

(2)正洞围岩级别及所占比例

正洞洞身围岩分级及所占比例见表6-5。

表6-5　正洞洞身围岩分级及所占比例表

油竹山隧道正洞(9 896 m)		
围岩级别	长度(m)	所占比例(%)
Ⅲ	7 805	78.9
Ⅳ	1 981	20
Ⅴ	110	11.1

(3)平导围岩分级及所占比例

隧道进、出口段平导围岩分级及所占比例见表6-6。

表6-6　隧道进、出口段平导围岩分级及所占比例表

进口段平导(2 717 m)			出口段平导(2 371 m)		
围岩级别	长度(m)	所占比例(%)	围岩级别	长度(m)	所占比例(%)
Ⅲ	2 095	77.1	Ⅲ	2 220	93.6
Ⅳ	585	21.5	Ⅳ	151	6.4
Ⅴ	37	1.4	Ⅴ	0	0

6.2.3.5　支护、衬砌设计

(1) 正洞支护、衬砌设计

本隧道进口采用斜切式洞门，出口采用单压式明洞门。全隧除进口斜切、斜切延伸段及出口采用明挖法施工，设置明洞衬砌外；其余段落均采用暗挖法施工，设置复合式衬砌。主要支护、衬砌设计参数见表 6-7。

表 6-7　正洞主要支护、衬砌设计参数表

序号	衬砌类型	超前支护	初期支护	二次衬砌
1	明洞			拱墙、仰拱 C35 钢筋混凝土
2	Ⅲ级围岩 复合（开挖断面 131.05 m^2）		拱墙喷 C25 混凝土厚 12 cm；拱部挂 ϕ6 钢筋网；拱部 ϕ22 中空、边墙 ϕ22 砂浆锚杆（L=3.0 m），间距 1.2×1.5 m	拱墙 C30 纤维混凝土厚 40 cm，仰拱 C30 混凝土厚 50 cm
3	Ⅲ级围岩加强复合（开挖断面 133.45 m^2）		拱墙喷 C25 混凝土（拱 23 cm、墙 12 cm）；拱部 180°范围挂 ϕ6 钢筋网，间距 1.5 m 设置格栅钢架；拱部 ϕ22 中空、边墙 ϕ22 砂浆锚杆（L=3.0 m），间距 1.2×1.5 m	拱墙 C30 纤维混凝土厚 40 cm，仰拱 C30 混凝土厚 50 cm
4	Ⅳ级围岩 A 型复合（开挖断面 138.06 m^2）	拱部 144°范围设置 ϕ42 锚管，单根 L=3.5 m，环向间距 0.5 m，纵向间距 2 m	拱墙喷 C25 混凝土厚 25 cm，仰拱喷 C25 混凝土厚 10 cm；拱墙挂 ϕ6 钢筋网；拱部 ϕ22 中空、边墙 ϕ22 砂浆锚杆，L=3.5 m，@1.2×1.2 m；拱墙间距 1 m 设格栅钢架	拱墙 C35 纤维混凝土、厚 45 cm，仰拱 C35 混凝土、厚 55 cm
5	Ⅳ级围岩 B 型复合（开挖断面 138.06 m^2）	拱部 144°范围设置 ϕ42 锚管，单根 L=3.5 m，环向间距 0.5 m，纵向间距 2 m	拱墙喷 C25 混凝土厚 25 cm，仰拱喷 C25 混凝土厚 10 cm；拱墙挂 ϕ6 钢筋网；拱部 ϕ22 中空、边墙 ϕ22 砂浆锚杆，L=3.5 m，@1.2×1.2 m；拱墙间距 1 m 设格栅钢架	拱墙 C35 钢筋混凝土、厚 45 cm，仰拱 C35 钢筋混凝土、厚 55 cm
6	Ⅳ级围岩Ⅰ型加强复合（开挖断面 138.73 m^2）	拱部 144°范围设置 ϕ42 锚管，单根 L=3.5 m，环向间距 0.5 m，纵向间距 2 m	拱墙喷 C25 混凝土厚 25 cm，仰拱喷 C25 混凝土厚 15 cm；拱墙挂 ϕ6 钢筋网；拱部 ϕ22 中空、边墙 ϕ22 砂浆锚杆，L=3.5 m，@1.2×1.2 m；拱墙间距 1 m 设格栅钢架	拱墙 C35 钢筋混凝土、厚 45 cm，仰拱 C35 钢筋混凝土、厚 55 cm
7	Ⅳ级围岩Ⅱ型加强复合（开挖断面 140.83 m^2）	拱部 144°范围设置 ϕ108 大管棚，单根 L=20 m，环向间距 0.4 m	拱墙喷 C25 混凝土厚 25 cm，仰拱喷 C25 混凝土厚 15 cm；拱墙挂 ϕ6 钢筋网；拱部 ϕ22 中空、边墙 ϕ22 砂浆锚杆，L=3.5 m，@1.2×1.2 m；拱墙间距 0.8 m 设 I18 钢架	拱墙 C35 钢筋混凝土、厚 50 cm，仰拱 C35 钢筋混凝土、厚 60 cm
8	Ⅴ级围岩 复合（开挖断面 143.47 m^2）	拱部 144°范围设置 ϕ42 小导管，单根 L=3.5 m，环向间距 0.4 m，纵向间距 2.4 m	拱墙喷 C25 混凝土厚 28 cm，仰拱喷 C25 混凝土厚 28 cm；拱墙挂 ϕ8 钢筋网；拱部 ϕ22 中空、边墙 ϕ22 砂浆锚杆，L=4.0 m，@1.2×1.0 m；全环间距 0.8 m 设 I20b 钢架	拱墙 C35 钢筋混凝土、厚 50 cm，仰拱 C35 钢筋混凝土、厚 60 cm
9	Ⅴ级围岩Ⅰ型加强复合（开挖断面 143.47 m^2）	拱部 144°范围设置 ϕ108 大管棚，单根 L=15 m，环向间距 0.4 m	拱墙喷 C25 混凝土厚 28 cm，仰拱喷 C25 混凝土厚 28 cm；拱墙挂 ϕ8 钢筋网；拱部 ϕ22 中空、边墙 ϕ22 砂浆锚杆，L=4.0 m，@1.2×1.0 m；全环间距 0.8 m 设 I20b 钢架	拱墙 C35 钢筋混凝土、厚 50 cm，仰拱 C35 钢筋混凝土、厚 60 cm

(2)平导支护、衬砌设计

进口段平导除洞口Ⅴ级围岩段(长 37 m)采用复合式衬砌断面、ϕ42 小导管超前支护、拱墙间距 1 m 设置 116 型钢钢架外，其余段均采用锚喷衬砌；出口段平导除洞口Ⅳ级围岩段(长 11 m)采用复合式衬砌断面、ϕ42 小导管超前支护、拱墙间距 1 m 设置 116 型钢钢架外，其余段均采用锚喷衬砌。

支护采用 C25 喷射混凝土、ϕ22 砂浆锚杆、ϕ6～ϕ8 钢筋网，二次衬砌拱墙均为 C25 混凝土。

6.2.3.6 防排水设计

(1)防排水原则

本隧采取“以排为主、综合治理”的治水原则，当施工中可能产生突水、突泥危及施工安全时，实施以注浆堵水、加固围岩、确保施工安全为目的的超前帷幕或局部注浆。

(2)洞身衬砌防水

全隧二次衬砌拱部、边墙及仰拱混凝土抗渗等级不低于 P10；暗洞初期支护与二次衬砌间拱部及边墙部位铺设防水板及无纺布(分离式)防水；全隧环向施工缝设中埋式止水带及遇水膨胀止水胶防水，纵向施工缝采用遇水膨胀止水胶及外贴式止水带防水；隧道明暗分界处设置变形缝一道，变形缝宽 2 cm，变形缝设中埋式橡胶止水带及外贴式止水带，填充聚苯乙烯硬质泡沫板；斜切及斜切延伸段衬砌外缘设置防水板及水泥砂浆保护层，斜切延伸衬砌拱脚外设置 ϕ80 纵向盲沟，每隔 8～10 m 采用 ϕ50 竖向盲管引入衬砌侧沟；暗洞段二次衬砌拱部每隔 3 m 左右预留回填注浆孔，待混凝土达到设计强度后，进行充填注浆。

(3)洞身衬砌排水

隧道排水采用双侧水沟及中心水沟方式，衬砌背后的积水通过环向和纵向盲管的汇集后引入侧沟，再经侧沟汇集和沉淀后通过横向导水管引入中心水沟，由中心水沟排出洞外。

设置平导地段，在正洞与平导横通道相交处设内径 600 mm 的钢筋混凝土横向排水管，将正洞中心水沟水排入平导侧沟。

全隧二次衬砌背后设环向盲管(ϕ50 单壁打孔波纹管，外裹无纺布)，纵向 10 m 间距设置，集中出水点加密设置；两侧边墙设纵向盲管(ϕ80 单壁打孔波纹管，外裹无纺布)，每隔 8～12 m 将地下水引入洞内侧沟。

6.2.4 主要工程数量

油竹山隧道主要工程数量见表 6-8。

表 6-8 主要工程数量表

序号	工程项目		单位	数量	备注
1	洞身开挖		m^3	1 285 757	
2	超前支护	ϕ108 大管棚	m	1 330	正洞进、出口段
		ϕ42 钢花管	m/kg	10 773/36 090	
3	初期支护	ϕ22 砂浆锚杆	m	233 355	
		ϕ22 组合中空锚杆	m	228 190	
		I18 或 I20b 型钢钢架	t	318.76	
		格栅钢架用钢筋	t	2 026.1	
		钢筋网用钢筋	t	276	
		喷 C25 混凝土	m^3	23 363	
		喷 C25 纤维混凝土	m^3	17 368	
4	临时支护	喷 C20 混凝土	m^3	571	Ⅴ级围岩地段
		118 型钢及钢筋	t	152.25	
5	模筑衬砌	C20 混凝土	m^3	60 293	仰拱填充
		C30 混凝土	m^3	107 262	
		C35 钢筋混凝土	m^3	50 736	
		衬砌钢筋	t	3 269	

续上表

序号	工程项目		单　位	数　量	备　注
6	防排水	防水板	m^2	263 526	
		无纺布	m^2	273 202	
		中埋式止水带	m	59 337	
		外贴式橡胶止水带	m	60 140	
		ϕ50 单壁透水软管	m	26 853	
		ϕ80 双壁透水软管	m	21 716	
7	水沟、电缆槽	C25 混凝土/钢筋	m^3/t	37 283/397	

6.2.5　工程特点、施工重点和难点

6.2.5.1　工程特点

(1)隧道长、通风要求高。本隧道全长 9 896 m,是贵广铁路的控制工程之一;采用进出口双口掘进、无轨运输,平均单口施工长度约 5 000 m,通风距离长、通风要求高,对快速施工不利,要求机械化程度高,机械设备的性能和效率高,投入机械设备的数量大、配套要求高。

(2)施工难度大、安全风险高。本隧道不良地质种类多,穿过断层破碎带及节理密集带多,岩溶、岩溶水发育,尚有岩溶管道水或暗河通过的可能,其中尤以突水突泥的危害性最大,属Ⅰ级高风险隧道;准确的地质超前预报是作为动态设计和组织施工的依据,注浆堵水事关进度和安全;施工中如处理不好,将严重制约施工进度、危及施工安全,极大地增加了施工难度和安全风险。

(3)施工条件差。一是洞口施工场地狭窄,隧道进口紧邻打铁寨 2 号双线大桥、出口紧邻对门河双线大桥,场地布置较难;二是建筑材料较为缺乏,施工所需材料均需远运,对施工道路的要求高。

(4)工期紧。由于隧道独头施工长,尽管施工工期长达 4 年,不良地质对施工进度影响较大,预计不良地质的预报与处理影响工期将达 22 个月,工期压力仍然很大,为确保工期目标,正洞Ⅲ级围岩的掘进指标需达 170 m/月方能满足工期要求。

6.2.5.2　施工重点和难点

(1)如何有效地对断层破碎带(节理裂隙密集带)、岩溶发育情况及各种潜在或可能的地下水进行预报和处理,既是本工程的重中之重、又是本工程施工的最大难点;

(2)如何确保安全、连续均衡快速掘进确保工期是本工程的重点;

(3)无轨运输、独头掘进超 5 000 m,长距离施工通风是本工程的重点之一;

(4)富水洞段结构防排水的处理,确保衬砌不渗、不漏也是本工程的重点之一。

6.2.5.3　施工重、难点拟采取的主要对策措施

本工程施工重、难点拟采取的主要对策措施见表 6-9。

表 6-9　施工重、难点拟采取的主要对策措施

序号	重、难点名称	主要对策措施
1	断层破碎带(节理裂隙密集带)、岩溶发育情况及各种潜在或可能的地下水进行预报和处理	1. 成立专业超前地质预报小组,将超前地质预报作为本工程施工的关键工序进行管理; 2. 建立长、中、短期相结合的综合预报体系,采取地质分析、物探与钻探相结合的预报方法,对各种方法预报结果进行定性、定量等综合分析,相互验证,以提高预报准确性; 3. 施工中将实际开挖的地质情况与预报结果进行对比分析,及时总结,优化和调整地质预报方法; 4. 根据地质预报信息和开挖揭示情况,当隧道正洞或平导经过断层破碎带、可溶岩地段(岩溶富水区、接触带、溶洞和暗河)时,采用超前帷幕或局部注浆等措施,具体注浆段落和注浆方式由现场四方确定,注浆达设计标准后方能进行隧道开挖

续上表

序号	重、难点名称	主要对策措施
2	安全、连续均衡快速掘进	1. 组建"精干、高效、权威"的项目经理部，调集成建制的具有多年长大隧道施工经验的专业队伍和"先进、配套"的机械设备，在人、材、物、机上确保本工程顺利进行； 2. 建立健全工期保证岗位责任制，层层签订工期包保责任状；编制周密、详尽的施工进度计划，以天保旬、以旬保月，实行月评比、季考核制度，并严格兑现奖惩； 3. 成立专业超前地质预报小组，引进专业注浆止水队伍，准确预测不良地质灾害，及时采取切实可行的方法和措施对不良地质段进行处理，把地质灾害的影响程度降至最小； 4. 编制科学合理的施工组织设计，对于关键技术、关键部位的施工方案，先请专家评审论证，进行多种方案比选，最后定出合理可行的方案，并在施工中不断完善、优化，采用成熟的施工工艺，并确保方案和工艺在施工中得到正确落实； 5. 制定各类应急预案并进行演练，以确保施工和人员安全
3	长距离施工通风	1. 充分利用进出口段所设平导，采用巷道式通风技术，选用大功率风机和螺旋式大直径风管。 2. 成立专业通风班组，加强通风管理，采取措施降低洞内污染
4	富水洞段结构防排水	按照结构防排水的设计原则，采用超前地质预报涌水量，预注浆封堵围岩涌水，初支后补注浆堵渗漏水，设注浆分区防水，采用无钉铺挂防水板工艺技术，保证衬砌达不渗、不漏的标准

6.2.6 工程建设条件

6.2.6.1 交通运输情况

(1)既有铁路：贵阳枢纽的贵阳市区现有川黔线、贵昆线、株六线和新建黔桂线4条铁路接入。直发料和部分厂料可通过贵阳枢纽办理货运至株六线的麻芝铺站、新建黔贵线的贵定南站和绿茵湖站、焦柳线的三江站、湘贵线的桂林北站和洛湛线的贺州站进行中转。

(2)既有公路：本工程沿线交通相对发达，主要公路为321国道和部分县乡公路交织成网，以及等级较低的乡村道路。

6.2.6.2 建筑材料分布情况

(1)片、碎石：本工程地层以石灰岩为主，储量丰富。龙里县城、都匀市城区及昌明附近分布有大型石场，生产能力较大。

(2)砂、卵石：贵阳至贺州段沿线所经过的大部分河流均不产砂；柳江、浔江部分地点产砂，但产量很少，并受季节性影响较大；漓江由于环保原因禁止采砂。本工程地段只有茶江上游桥头和富江上游西湾附近有较大型的砂场，主要产中粗砂，质量较好。

(3)水泥、石灰：贵阳、都匀等大城市均有水泥石灰生产和出售。

6.2.6.3 沿线水、电、燃料资源情况

(1)水源：本工程进、出口均有河流通过，水资源较丰富，可满足施工生产和生活用水需求。

(2)电源：铁路所经过的都匀市电网较为发达，沿线一般均有110 kV变电站。较易取得可靠的大容量电源。

(3)燃料：沿线燃料供应比较充足，施工机械用燃料可就近从贵定和都匀购买。

6.2.6.4 卫生防疫、民风民俗情况

(1)卫生防疫：本工程沿线未见地方病及流行病发生，卫生防疫情况良好。

(2)民风民俗：本工程施工区域为布依族和苗族聚居区，将遵循《贵广铁路少数民族地区工程建设服务指南》，尊重少数民族信仰、风俗习惯和语言文字，遵守乡规民约，正确处理与少数民族的关系，做到平等待人，和睦共处，把握和谐、平等、团结三要素，构建民族路、和谐路。

6.3 工程项目管理组织

工程项目管理组织(见附录1)，主要包括以下内容：

(1)项目管理组织机构与职责;
(2)施工队伍及施工区段划分。

6.4 施工总体部署

6.4.1 施工总目标

6.4.1.1 工期目标

本工程计划于2008年12月19日开工,2012年12月18日完工,总工期48个月;满足业主工期要求。

6.4.1.2 安全目标

杜绝生产安全责任员工一般及以上伤亡事故;遏制生产安全重伤事故;职业健康危害或伤害可控,杜绝职业病的发生;杜绝道路交通安全重大及以上事故、遏制道路交通安全较大责任事故;杜绝火灾事故、机械设备责任事故;杜绝锅炉、压力容器爆炸事故;杜绝火工品丢失、被盗、爆炸事故;杜绝中毒事件。

6.4.1.3 质量目标

坚持"百年大计,质量第一"的方针,认真贯彻执行国家和铁道部有关质量管理法规,以先进技术和管理经验为支撑,对建设工程质量实施全过程监控,确保主体工程质量"零缺陷"。

按照验收标准,各检验批、分项、分部工程施工质量检验合格率达到100%,单位工程一次验收合格率达到100%。

6.4.1.4 成本目标

通过成本预控、过程控制和二次经营等手段"开源节流",确保项目实际成本小于公司核定的目标责任成本,加强成本管理,确保成本可控,实现公司确定的成本目标。

6.4.1.5 环境保护目标

严格按照国家《环境保护法》、《水土保持法》、《文物保护法》和地方政府有关规定落实环保"三同时"的要求,采取各种工程防护措施,减少工程建设对沿线生态环境的破坏和污染,确保铁路沿线景观不受破坏和影响,河道及当地水体水质不受污染,植被及防护林区得到有效保护,杜绝重大环境事故及有关投诉事件的发生。确保环水保监控项目与监控结果达到设计文件及有关规定。

6.4.1.6 文明施工目标

做到现场布局合理,施工组织有序,材料堆码整齐,设备停放有序,标识标志醒目,环境整洁干净,实现施工现场标准化、规范化管理。

6.4.1.7 节能减排目标

严格遵守国家法律法规中关于节能减排的规定,严禁使用被淘汰的技术、工艺、产品,始终采用最新的方案完成工程建设,达到公司下达的量化考核指标,争创节能减排标准工地。

6.4.2 施工指导思想

根据本工程的工程特点、施工重点、技术难点及总体施工安排,制定本隧道的施工指导思想为:先探后掘、处理超前;科学组织、优质安全;快速均衡、确保工期。

先探后掘、处理超前:采取地质分析、物探与钻探相结合和长期、中期、短期三者相结合及平导与正洞探测相结合的方法,有效地对掌子面前方的不良地质进行预报判译,根据各种预报方法综合分析结果,对掌子面前方的不良地质体选择有效的方法进行超前处理(超前帷幕注浆或超前局部注浆等),再选择切实可行的掘进和支护方案组织施工。

科学组织、优质安全:为保证施工的顺利进行,尽量避免施工中的地质灾害,施工中必须贯彻科学的管理理念,以施工技术管理为龙头,提高组织决策和施工方案的科学性,坚持"安全第一、预防为主、综合治理"的方针,严格操作规程,在科学管理的基础上,加强关键工序的卡控,确保本工程安全、优质地顺利完成。

快速均衡、确保工期:配备"先进、配套"的掘进、支护、装碴设备,加强现场管理、加大资源投入、组织多工序平行作业、抓好现场各工序的协调,快速均衡组织施工生产,确保工期目标的顺利实现。

6.4.3 总体施工顺序

(1)进场后立即进行各项施工准备,做到"边筹备、边施工",及时完成洞顶截排水沟的施作、洞口(含正洞明挖段)土石方的开挖和边仰坡的加固;

(2)施工准备后立即进行正洞进出口大管棚超前支护施工,平导进出口待洞口加固工作完成、达到进洞条件后率先进行暗洞施工;

(3)正洞待进、出口暗洞大管棚超前支护完成、达到进洞条件后,及时组织进行暗洞的施工,从而实现平导、正洞"四口"并举;

(4)仰拱、填充紧随隧道开挖进行,拱墙二次衬砌一般在围岩与初期支护变形基本稳定后进行,特殊地质地段及时安排二次衬砌;

(5)水沟、电缆槽待二次衬砌施作后,根据施工进度要求适时安排施作。

6.5 主要工程施工方案、方法及技术措施

6.5.1 总体施工方案

油竹山隧道正洞、平导按新奥法原理组织、钻爆法施工。采取进出口正洞、平导四口掘进,实施"手风钻钻眼、光面爆破、无轨运输、仰拱超前、拱墙整体衬砌、巷道式通风"等方案。

以掘进为龙头,不良地质的预报与处理为技术突破点,认真做好超前地质预报,准确预报不良地质灾害,为隧道施工提供依据。

平导超前,提前探明地质,并为正洞通风和排水提供条件;以科学管理、合理组织、强化调度指挥为手段,采用合理、先进、配套的机械设备,形成预报、钻爆、运输、喷锚、衬砌机械化作业流水线,实现"四口"并举。

强化管理,制定防突水突泥、防坍等突发事件的施工预案并进行演练,确保施工和隧道结构安全。

6.5.2 主要分项工程施工方案

6.5.2.1 超前地质预报方案

项目经理部设置超前地质预报小组,负责油竹山隧道正洞与平导的地质预报工作,配备相关地质工程师和物探工程师,并聘请有关专家作顾问,帮助提高地质信息的解译能力。采用洞内与地面观察相结合、物探法与地质法和钻探法相结合、电磁波与地震波法相结合、平导与正洞探测相结合的综合预报;应用工程地质法、TSP203 隧道地质超前预报系统、地质雷达法、红外线探水法、水平超前地质钻探法、地质描述法、水文地质条件分析法等方法进行长期、中期、短期预报相结合、相互印证的预报方案,以平导超前探明地质,正洞重点预报断层、节理密集带、岩溶、地下水及高地应力等不良地质,并将监控量测作为预报的一部分,及时将预报成果报送设计单位进行动态设计,同时作为施工预案的依据,及时采取相应对策和措施。主动配合设计单位完善隧道施工设计,并根据设计单位要求进一步完善超前地质预报方案。

1. 组织机构

成立以项目总工程师负责的超前地质预报小组,配备地质、物探专业技术人员 10 人(不包括监控量测人员),以及有经验的熟练技工共同组成,其组织机构如图 6-3 所示。

2. 超前地质预报主要人员及设备配备

主要人员及设备配备见表 6-10。

3. 超前地质预报实施计划安排

(1)综合预报"三阶段"方案

宏观预报:进场施工前,指派地质人员对隧道设计已有勘察资料、地表补充地质调查资料进行复核,通过层层对比、地层分界线及构造线地下和地表相关性分析、断层要素与隧道几何参数的相关分析、临近隧道内不良地质体的前兆分析等,利用常规地质理论、地质作图和趋势分析等,推测开挖工作面前方可能揭示的地质情况。

长距离预报：以宏观预报为指导，以地质分析及长距离物理探测方法相结合为手段，预测掌子面前方存在的岩层分界线、断层和涌水突泥等不良地质体的发育位置和规模。采用地震波法TSP203对断层破碎带、软硬岩分界及其他软弱夹层或节理密集带进行重点探测。

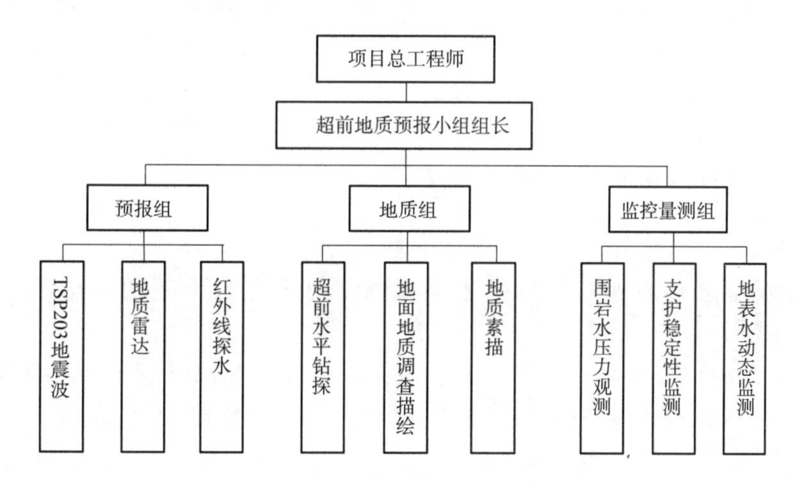

图6-3　地质预报组织机构

表6-10　超前地质预报主要人员及设备配备表

序　号	设备名称	型　号	数　量	专业人员配置
1	超前预报仪	TSP203	1	组长：1人 地质工程师2名 隧道工程师2名 物探工程师3名 数据管理员2名
2	地质雷达	SIR－2000	1	
3	红外探水仪	HY－303	2	
4	水平钻机	RPD－150C	3	
5	掌子面画像系统	画像系统	2	

中、短距离预报：以宏观预报、长距离预报成果为基础，采用地质分析法、中、短距离物探手段（地质雷达、红外探水仪）进行进一步的探测，采用超前钻孔探测法及加深炮孔探测法，准确预报前方地质异常体的类型、位置、规模。通过掌子面地质素描，结合经验判断与分析，对地质异常体位置作进一步的确认，作为施工的根据。

（2）实施计划安排

本工程超前地质预报项目、频率、预报范围及工作量见表6-11。

表6-11　超前地质预报项目、频率、预报范围及工作量表

预报项目		预报里程	长度(m)	预报范围、频率	计划工作量（次）
油竹山隧道正洞	TSP203	D3K80＋815～D3K90＋686	9871	暗洞全长。100 m/次，前后两次重叠10 m	110
	红外探水	D3K81＋295～D3K90＋686	9391	30 m/次，前后两次重叠5 m	376
	地质雷达	D3K80＋815～D3K90＋686	9871	暗洞全长。30 m/次，前后两次重叠5 m	395
	地质素描	D3K81＋295～D3K90＋686	9391	暗洞全长，每循环开挖后	4556
	加深炮孔探测	D3K81＋295～D3K90＋686	9391	暗洞全长。每开挖循环，孔深较炮孔深5 m	1362
	超前地质钻孔	D3K81＋295～D3K90＋686	9391	100 m/次，布置3孔，前后两次重叠5 m	99
平导	TSP203	P1K80＋803～P1K83＋520 P2K88＋330～P2K90＋701	5088	平导全长。100 m/次，前后两次重叠10 m	30/26
	红外探水	进出口段平导全长	5088	30 m/次，前后两次重叠5 m	107/95
	地质雷达			30 m/次，前后两次重叠5 m	107/95
	地质素描			每循环开挖后	1168/964

续上表

预报项目		预报里程	长度(m)	预报范围、频率	计划工作量(次)
平导	加深炮孔探测	进出口段平导全长	5088	每开挖循环,孔深较炮孔深 5 m	371/307
	超前地质钻孔			100 m/次,布置 3 孔,前后两次重叠 5 m	29/25

注:1. 正洞开挖循环进尺:Ⅲ级围岩 2.5 m、Ⅳ级围岩 1.5 m、Ⅴ级围岩 0.8 m;平导开挖循环进尺Ⅲ级围岩 2.5 m、Ⅳ级围岩 2.0 m、Ⅴ级围岩 1.0 m。
2. 表中斜线上方为进口段平导参数、下方为出口段平导参数。

6.5.2.2 洞口及明洞工程施工方案

进洞前及时完成截、排水沟的施作,进行洞口(含明洞段)土石方的开挖、边仰坡清刷,危石清除,边、仰坡按设计采用锚网喷加固。

正洞进口段 15 mⅤ级围岩地段、出口段 20 mⅣ级围岩地段采用 ϕ108 大管棚注浆超前支护后,进口采用临时仰拱台阶法、出口采用台阶法开挖进洞;平导进口段 37 mⅤ级围岩地段、出口段 11 mⅣ级围岩地段采用 ϕ42 小导管注浆超前支护后,采用台阶法开挖进洞。待隧道进洞施工正常后及时完成明洞施作及洞门和附属工程的施工。

明洞先行安排仰拱、填充及边墙基础的施作,仰拱采用全幅施工;拱墙内模采用衬砌台车、外模采用组合钢模板,混凝土采用拌和站拌和、泵送入模,两侧对称浇筑,拱墙一次整体浇筑成型;明洞衬砌施工完毕、达到设计强度后及时进行防水层、砂浆保护层及洞顶回填的施工。

6.5.2.3 洞身开挖方案

正洞及平导均采用自制多功能台架、人工手持风钻钻爆法施工;正洞Ⅲ、Ⅳ级围岩采用台阶法掘进,Ⅴ级围岩采用临时仰拱台阶法掘进;平导Ⅲ、Ⅳ级围岩采用全断面法掘进,Ⅴ级围岩采用台阶法掘进;正洞、平导均实施光面爆破。

6.5.2.4 支护施工方案

正洞Ⅲ级围岩采用 ϕ22 组合中空锚杆、砂浆锚杆、格栅钢架(加强段)与网喷混凝土的锚喷支护;Ⅳ、Ⅴ级围岩分别采用超前小导管、超前大管棚结合格栅钢架(型钢钢架)、系统锚杆、喷射混凝土支护加固围岩;平导除进、出口段采用超前小导管、型钢钢架加强支护外,其余地段均采用砂浆锚杆、网喷混凝土的锚喷支护;涌水突泥段采用超前帷幕注浆或超前局部注浆止水加固地层。

正洞采用 MEYCO 喷射机械手(25 m^3/h)、平导采用 TK500 湿喷机按湿喷工艺喷射混凝土,锚杆、小导管采用手风钻打眼、人工安装、注浆泵注浆,大管棚及超前注浆采用 PRD－150C 钻机和 KLemm80412 管棚钻机钻孔、注浆泵注浆,支护按“早封闭、早成环、勤量测”的原则组织施工。

6.5.2.5 出渣运输方案

隧道正洞Ⅲ、Ⅳ级围岩采用台阶法开挖,Ⅴ级围岩采用临时仰拱台阶法开挖,上部石渣采用 PC300－6 挖掘机扒渣至下部,然后采用 2 台 WA470－3 正装侧卸式装载机辅以 1 台 PC300－6 挖掘机装渣,19t 自卸汽车运输。

平导Ⅲ、Ⅳ级围岩采用全断面法开挖,Ⅴ级围岩采用台阶法开挖,上部石渣采用 PC130 挖掘机扒渣至下部,然后采用 ITC312 挖装机装渣,15t 自卸汽车运输;在平导内左侧间距 150 m 左右设置一长 30 m、净空断面为宽 7.7 m×高 6.26 m 的错车道,以利汽车调头和错车。

6.5.2.6 隧道防水方案

本隧道采取“以排为主、综合治理”的治水原则,对可能产生涌水、突泥段危及施工安全时,采取以确保施工安全为目的的超前帷幕或局部注浆方案堵水和加固围岩。衬砌阶段采用防水板、中埋式止水带防水、抗渗混凝土结合纵、环向软式透水管防水,采用悬挂式复合防水板无钉铺设工艺,用塑料热熔焊接工艺连接防水板。

6.5.2.7 模筑衬砌施工方案

二次衬砌根据监控量测结果在围岩变形基本稳定后施作,软弱围岩地段二次衬砌可提前施作。

正洞采用 12 m 长全断面液压衬砌台车,进、出口各配置 2 台(其中 1 台根据开挖进度跳槽施工),利用仰拱快速施工设备实施仰拱、填充混凝土先行快速施工，拱墙一次性整体灌注。平导进口段 37 m、出口段11 m二次衬砌采用自制型钢拱架、小模板立模，拱墙一次性整体灌注。

混凝土采用拌和站集中拌制、混凝土运输车运输、泵送混凝土灌注，插入式捣固器配合附着式捣固器捣固密实。

水沟、电缆槽槽身采用沟槽移动模架立模现浇灌注，盖板采用定型钢模在预制场集中预制、人工安装。

6.5.2.8 施工通风方案

根据平导及横通道设置情况和掘进施工组织安排进行分析计算，本隧道通风总体按两个阶段进行：第一阶段平导未施工完前，隧道正洞进、出口及进、出口段平导均采用压入式通风；第二阶段隧道进、出口段平导施工完成，进、出口正洞掘进超前对应的平导后，利用平导输入新鲜风、正洞出污风形成巷道式通风。

6.5.2.9 施工排水方案

隧道进、出口段平导均为顺坡施工，采取由两侧水沟自然顺坡排至洞口集水池（容量 2×200 m^3），集中处理后排放。正洞进、出口以顺坡施工为主，水流通过侧沟的汇集、沉淀后通过横向导水管将侧沟水引入中心沟，由中心沟排出洞外；设置平导地段利用横通道内设置的横向排水管，将正洞中心水沟水排入平导侧沟排出洞外。

出口工区正洞 D3K85＋400～D3K85＋800 段（长 400 m）为反坡施工，该段（1950 m）最大涌水量为 58000 m^3/d，则 400 m 最大涌水量为 11900 m^3/d＝496 m^3/h；间距 150 m 设置集水池（容量 30 m^3），每处设 3 台（1 台备用）排量 130 m^3/h 的污水泵，一条 DN400 钢管作为排水管路，将水经两级接力抽排至变坡点水沟内自然排出。

隧道掌子面和仰拱开挖积水顺坡施工段采用潜水泵抽送至附近水沟后顺坡排放，反坡施工段用潜水泵抽送至附近集水池，再通过污水泵抽排至变坡点水沟后排放。

6.5.2.10 施工供风方案

洞内采用大功率移动电动空压机供风，以满足手风钻钻眼和 TK500 湿喷机作业，拟配置 27 m^3/min 移动电动空压机 10 台（隧道进、出口工区各配置 5 台）；隧道掘进小于 500 m 时，空压机设置在隧道洞口，500 m 后空压机随变压器进洞，每 400～500 m 移动一次，空压机设置在与洞内变压器相距较近的大避车洞或横通道内。

6.5.2.11 洞内施工供电方案

洞内采用 10 kV 高压电缆进洞方案。采用在洞外 10 kV 母线上 T 接二根 YJV_{22}3×50 mm^2带铠装交联聚乙烯绝缘聚氯乙烯护套电缆经 GN－10/200 隔离开关、DW10－10/100 断路器分别送电至正洞和平导洞内所设的 630 kVA 移动变压器上，降压为 400 V 后，再由各馈电开关和电缆完成向工点的供电，共分两个阶段进行。

（1）第一阶段：平导未施工完前，进口工区最大施工长度 2717 m、出口工区最大施工长度 2371 m。每个作业工区均在正洞和平导内分别设置 2 台 630 kVA 移动变压器，供洞内施工用电，变压器随着隧道的掘进，每 400～500 m 交叉移动。

（2）第二阶段：平导施工完后，正洞进口施工长度 4605 m、出口施工长度 5291 m。

1）在进、出口段平导内 2 km 附近各设置 1 台 630 kVA 变压器，供平导内 1 km 至平导终点的通风机、照明等施工用电。

2）在进、出口正洞内各设置 2 台 630 kVA 移动变压器，供变压器前后约 500 m 的洞内施工用电，变压器随着隧道的掘进，每 400～500 m 交叉移动。工程施工的中后期分别在正洞 2 km 和 4 km 处各设置 1 台 630 kVA变压器供射流风机、后续零星施工和照明用电。

洞内变压器设在横通道、大避车洞或隧道内侧壁临时修筑的洞室内，在洞室处设置明显的警示标志和隔离栏栅，高压电缆和变压器安装严格按安规执行。

供电系统采用"三相五线制"，照明电压作业地段 36 V、成洞和非作业地段 220 V，动力电压 400 V。

6.5.2.12 洞内施工供水方案

接洞外高压水池，水池标高高于洞内最高点 50 m，确保洞内施工用水。洞内供水管路接洞外 DN200 主管后，分两路采用 DN150 钢管供隧道正洞和平导施工用水，钢管每节长 6 m，每 200～300 m 安装一个球阀以便接续,每 100 m 焊接一 DN50 分支管,并安装一个球阀,供各工作点施工用水。

6.5.3 主要工程项目施工方法、工艺流程及施工技术措施

6.5.3.1 超前地质预报

1. 工程地质分析法

地质分析法有地质调查和隧道掌子面地质素描两种方法。

地质调查:由具有丰富经验的地质工程师在开工前采用地貌、地质调查与地质推理相结合的方法有针对性地补充地质调查,进一步完善和印证设计勘测资料。补充地质调查的内容主要包括不同岩性、地层在隧道地表的出露及接触关系,岩层产状及其变化;构造在隧道地表的出露、分布、性质、规模及其产状变化;地表岩溶发育、规模及分布规律。

补充地质调查的方法:预报组根据建立的标准地层剖面,结合沉积韵律,确定各岩组的地层层序、厚度、标志层位置。对地质构造进行追踪调查后,根据施工进展情况,展开有针对性的地质调绘,详尽地核对、细化勘察设计资料,为地质预报做好基础工作。

隧道掌子面地质素描:地质素描是对已开挖掌子面的地质状况作如实的调查,并进行详细编录,采集必要的数据,具体包括:掌子面地层岩性、节理发育程度、受构造影响程度、围岩稳定状态等进行详细编录。此方法采用掌子面成像技术和人工素描结合,相互印证。地质素描的方法及预报成果见表 6-12。

表 6-12 地质素描的方法及预报成果表

序号	方法	形成成果
1	采用罗盘仪,洞内观察等方法,实测岩层产状、节理产状及间距、微构造产状、断层面产状等,分段测绘	分析岩体各种参数,进行掌子面的工程地质评价,作出掌子面断面图,据其作常规预报展示图和分段预报报告书
2	做标准地层剖面和岩层层位	预报预测软弱岩层的位置,提出施工措施建议
3	观察掌子面断层及微构造出现情况、对产状进行量测	分析断层、微构造的产出规律,据其在掌子面部位、构造走向与隧道轴向的关系作出地质预报图

2. 水文地质分析法

根据突水点涌水的变化规律:一般有渗、滴水段——线状渗水段——集中涌水段——高压喷水段,当隧道由渗、滴水段进入线状渗水段时,需作好出现集中涌水的准备。

根据施工经验,钻孔内出现浑水,前方可能有涌水;若浑水喷射 5 m 以上,则前方可能有大于 30～50 L/s的涌水存在;当超前钻孔内出水能喷射 3.5 m 以上,或涌水速度大于 7 m/s,或风钻孔内有涌水速度大于 14 m/s 的出水,则前方可能出现大于 20 L/s 的涌水存在。

结合红外线探测法探水进行综合判断,当地温测值出现比前一点低时,可能有涌水。

掌子面附近出现铁锰质富集或泥质充填的裂隙,则表明前方有涌水的可能。

3. TSP203 超前探测

TSP203 每次可探测 100～200 m,地质条件好时预报距离取大值,地质条件差时预报距离取小值。为提高预报准确度和精度,采取重叠式预报,每开挖 100～150 m 预报一次,重叠部分(10 m 以上)对比分析,每次探测结果与开挖揭示情况对比分析,在重点部位可适当加密预报频率。

(1)工作原理

TSP203 地质超前预报系统预报方法是利用波的反射原理进行地质预报。通过爆破产生地震波,在隧道周围的岩体内传播,当遇到一地震界面时,如断层、破碎带、溶洞、裂大的节理面等,一部分地震波被反射回来,到达传感器被记录仪接收,经专门的分析软件进行处理,就得到清晰的反射波图像。通过对反射波特征的分析,如发射与反射之间的时间差、相位差、反射信号强弱、纵波与横波的比率等就可以确定隧道前方及周围区域地质构造的位置和特性。

(2)操作方法

准备工作:TSP203 地质超前预报系统测试的工作面是在隧洞的两侧边墙上布置 24 个炮孔、2 个接收孔。在距隧底约 1.0 m 高的一侧边墙的水平线上,按间距 1.5 m、孔深 1.5～2.0 m、孔径 35～38 mm、下倾

15°～20°的标准钻24个炮孔，最后一个炮孔距掌子面0.5 m左右。在距第一个炮孔15～20 m处，按孔深2.0 m、孔径42～45 mm、上倾5～10°的标准在两侧边墙对称钻两个接收孔。钻孔完后，将传感器套管借助风钻安置在接收孔中。

为节约预报时间，减少对施工的影响，提高预报的准确性，提前将已钻好接收孔的孔深、倾角、间距测量出来，并作好记录，以备数据处理时用。再按设计分袋准备好高爆速炸药约3.0 kg，零延迟电雷管30发，起爆器一只，1000 g天平一台，以及直径30 mm左右的细杆两根，60 m长的软水管一根。最后将启爆器充电。

现场数据采集：数据采集前将所有的线路连接好，并检查仪器工作是否正常，待各项准备工作都就绪后，进行数据采集。数据采集时，为减少噪声对采集数据的影响，工区内停止其他施工作业，尤其是针对岩体的作业。两人装炸药、灌水，一人操作主机。将称量好的炸药装到炮孔底部，然后用水管将炮孔注满水，待装药人员撤离后，起爆电雷管并引爆炸药，数秒后，传感器就将掌子面前方的反射波信号传输到主机，这样便完成一道数据的采集。以后，按顺序逐个引爆炮孔中的炸药，直到第24个炮孔(第一个炮孔为距接收孔最近的一个炮孔)。在数据采集过程中，还应根据反射波信号能量的强弱，随时对药量进行调整。

解析手段及解析结果：使用解析软件利用各种滤波器，滤出地震波形中的异常质的同时直接分离出直接波与反射波。由抽出的直接波算出弹性波速度及围岩的物性值，再由反射波找出反射面；求出在推定为反射面位置的围岩状态变化(硬→软或软→硬)及其相对变化的程度。通过解析分析，可以得出以下结果：

围岩物性值：直接P波及直接S波的波形数据；围岩弹性波速度VP、VS；静弹性系数ES。

反射面状况：反射波形数据；围岩的变化程度；反射面的位置及方向性。

4. 地质雷达

该方法为地质预报的短期方法，预报距离为20～30 m，采用美国SIR系列地质雷达。

(1)工作原理

地质雷达方法是采用1个天线发射高频电磁波和1个天线接收来自地下介质界面的反射波，通过对接收到的反射波进行分析就可推断出地下水、断层及其影响带等对施工不利的地质情况。

(2) 操作方法

在开挖、支护完成后，清除工作面干扰，进行地质雷达预报的准备工作；掌子面上发射天线、接收天线的耦合安设；激发发射天线的电磁波，接收天线的信号并记录保存；根据方案布设预报位置，对收集的图像信息处理分析，预测前方地质体特征。

5. 红外线探水

该方法现场操作简单，对工序的作业时间影响小，主要用于短期地质预报探水。

(1)工作原理

红外线探水方法是利用大量地下水的存在，会造成含水地层岩体的温度发生变化，在掌子面上可测出温度逐渐变化的梯度和部位，根据含水岩体在掌子面的温度变化，通过红外线热像仪的温度场记录，结合温度高低与地下水的关系，判断出可能富含水地层。

(2)操作方法

为准确获取围岩温度场的变化，每个工序循环都进行探测。安排在初期支护后进行，减小爆破对围岩温度的干扰。

操作程序：清除工作面干扰，进行红外热像仪的准备工作；对掌子面岩石温度进行成像记录；通过专业软件进行温度场分布分析；对每循环记录资料进行分析，预测含水岩石体出现的里程位置。

6. 超前地质钻探

(1)加深炮孔探测

每开挖循环进行爆破钻孔施工时，通过加深炮孔，观测记录钻进中钻进速度、冲洗液的变化、岩粉性质、水量水压量测等，探测掌子面前方工程地质条件。

每循环一般布置5孔左右，钻孔探测深度较炮孔深5 m左右，孔位、孔数及钻孔与隧道轴向的夹角根据掌子面具体地质情况调整。

(2)超前深孔地质钻探

利用水平地质钻机，采用冲击钻进或回转取芯法成孔，钻孔长度可分为长距离、中距离和短距离。钻孔探测深度 30、100 m 左右两种，钻孔数量 2～3 个，分别位于拱腰和拱顶。通过超前钻孔探明掌子面前方的工程及水文地质条件。同时对 TSP203 超前地质预报的结果进行验证。

1)工作原理

采用水平钻机对未开挖岩体进行钻探，通过岩芯来判断开挖岩石的信息，可借助传感器设备，通过钻速、钻进压力、扭矩等判断前方岩体的特性，加入钻孔声波、水压力等技术，预测涌水量和涌水压力，能够较为完整准确地揭示地质状况，并且在孔口可以进行有害气体的监测。

2)操作方法

有水压地段采用带止水装置的 RPD－150C 钻机，可以防止钻孔过程中突水突泥涌出，并通过钻杆注浆；一般地段采用普通地质钻机。通过对超前钻探的长度、水压力、钻机扭距、施钻压力的记录，并对岩芯地质情况的编录，充分掌握前方地质体的特点和地质信息参数，通过调整施工方法保证施工安全。

6.5.3.2 洞口及明洞工程

(1)土石方开挖、边仰坡加固

洞口与明洞土石方开挖统一安排，开挖前先做好天沟、截水沟等排水工程。

施工方法分两步，为尽快进洞，第一步以明洞开挖宽度为标准，根据设计及现场地形、地质条件、边仰坡的稳定程度进行放坡纵向拉槽进入明洞范围，边仰坡采用自上而下分层开挖，按设计分层做好临时支护及洞口的加固处理。当工作面可以挂齿进洞时即停止拉槽，按设计施作超前支护及初期支护，然后上半断面进洞；当上半断面掘进 5～8 m 后，即停止上半断面掘进进行第二步施工，返回从路基零开挖处开挖下部，直至进入暗洞 3 m。

洞口及明洞土方开挖采用挖掘机直接剥离，石方采用挖掘机辅以手风钻钻眼弱爆破开挖，开挖后及时清除边仰坡虚渣、危石，使坡面顺直、平整。

正洞进、出口边仰坡均采用锚网喷加固，随开挖分层进行，锚杆采用 ϕ22 砂浆锚杆、$L=4.5$ m、间距 1.0 m 梅花型布置；钢筋网采用 ϕ8 mm 圆钢、网格间距 0.25×0.25 m；喷射混凝土厚度 10 cm。平导进、出口边仰坡均采用喷锚网防护，随开挖分层进行，锚杆采用 ϕ22 砂浆锚杆、$L=3.0$ m、间距 1.0 m 梅花型布置；钢筋网采用 ϕ8 mm 圆钢、网格间距 0.25×0.25 m；喷射混凝土厚度 10 cm。

(2)进洞方法

正洞进、出口待明洞上部土石方开挖、边仰坡加固好后，靠近洞口掌子面间距 60 cm 安装 3 榀 I20b 型钢钢架，立模浇筑套拱混凝土 2.0 m，浇筑混凝土时按管棚设计位置预埋管棚孔口管；采用管棚钻机钻孔，沿拱部 144°范围开挖轮廓线外 15 cm 打设一环长 15 m(出口长 20 m)、环向间距 40 cm 的 ϕ108 注浆管棚作为超前支护；采用挖掘机、风镐或风钻钻眼按不爆破或弱爆破的方法，采取临时仰拱台阶法(出口台阶法)开挖进洞。

进、出口段平导待洞口边、仰坡加固好后，沿拱部 180°范围开挖轮廓线外 5～10 cm 打设一环单根长 3.5 m、环向间距 40 cm 的 ϕ42 注浆小导管作为超前支护；采用挖掘机、风镐或风钻钻眼按不爆破或弱爆破的方法，采取台阶法开挖进洞。

(3)明洞施工

1)施工方法

① 仰拱及边墙基础施工

仰拱采用全幅施工。采用挖掘机配合自卸汽车进行开挖运输，仰拱快速施工设备立模，混凝土由拌和站拌和、混凝土罐车运输、梭槽入模、插入式捣固器振捣密实。

钢筋安装前先根据测量放样的中线、水平点，设置定位钢筋，再安装钢筋，保证位置正确。

堵头模板处及边墙基础面预留接头钢筋，并长短错开，保证满足钢筋焊接需要。钢筋焊接采用帮焊接头，纵环向施工缝设止水条。

② 拱墙混凝土施工

仰拱及边墙基础混凝土浇筑完毕 48 h 后，将边墙基础与拱墙施工缝连接处凿毛、清除浮浆，并用高压风吹净。

拱墙钢筋施工时，搭设钢管脚手架以模板台车为工作平台进行拱墙钢筋的安装，定位钢筋与模板之间设同级混凝土垫块。端墙处预留钢筋与洞门端墙钢筋相连。

外模采用组合钢模板，内模采用衬砌台车。混凝土采用拌和站拌和、泵送入模，两侧对称浇筑，拱墙一次性整体浇筑成型，插入式捣固器捣固密实。

混凝土浇筑完后，及时洒水养护，当混凝土强度达到设计强度70%以上时方可脱模。

③ 防水层施工

明洞衬砌全部施工完毕、达到设计强度后进行防水层施工，先用砂浆将混凝土基面抹平，然后铺设EVA防水卷材，最后浇筑10 cm厚细石混凝土保护层。

④ 洞顶回填

防水层施工完毕后，先施工两侧浆砌片石和干砌片石盲沟，然后从下至上、分层对称夯填土，采用人工配合内燃打夯机分层回填，分层厚度15 cm，最后回填50 cm的黏土隔水层。明洞回填完成后，及时进行洞口及洞顶的绿化及防护工作，避免雨水冲刷。

6.5.3.3　洞身开挖

本隧道正洞洞身Ⅲ级围岩共计9段7 805 m、Ⅳ级围岩共计11段1 976 m、Ⅴ级围岩共计2段90 m，平导Ⅲ级围岩共计4段4315 m、Ⅳ级围岩共计4段736 m、Ⅴ级围岩共计1段37 m。根据不同围岩级别、断面大小采取不同的开挖方法，即：正洞Ⅲ、Ⅳ级围岩采用台阶法开挖，Ⅴ级围岩采用临时仰拱台阶法开挖；平导Ⅲ、Ⅳ级围岩采用全断面法开挖，Ⅴ级围岩采用台阶法开挖。

1. 临时仰拱台阶法开挖

正洞Ⅴ级围岩采用临时仰拱台阶法开挖，开挖前拱部144°范围按设计采用ϕ108注浆管棚(洞口段)或ϕ42注浆小导管进行超前支护。各分部均采用挖掘机、风镐辅以风钻钻眼弱爆破进行开挖，各分部开挖后及时施作初期支护，台阶长度3～5 m，循环进尺0.8 m。施工中严格遵循"管超前、严注浆、短开挖、强支护、勤量测、早封闭"的原则组织施工。施工工序如图6-4所示。

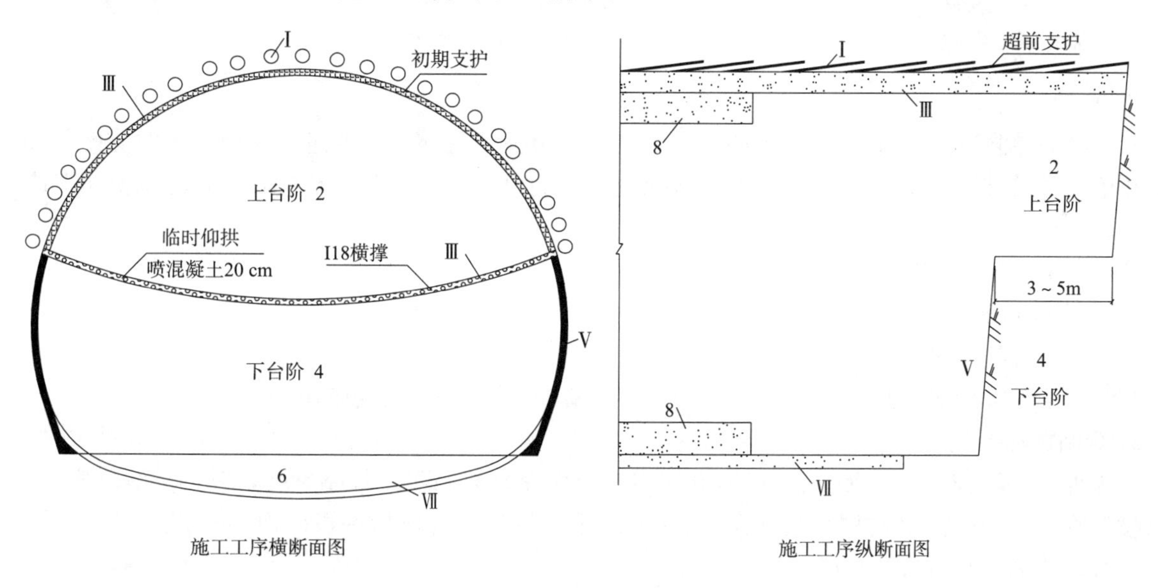

图6-4　临时仰拱台阶法施工工序

施工步序：

Ⅰ——拱部超前支护；	2——上台阶开挖；
Ⅲ——上台阶初期支护、临时仰拱施作；	4——下台阶开挖；
Ⅴ——下台阶初期支护；	6——仰拱开挖及支护；
Ⅶ——仰拱、填充混凝土施作；	8——铺设防水层、二次衬砌施作。

2. 台阶法开挖

(1)正洞

正洞Ⅲ、Ⅳ级围岩采用台阶法开挖，Ⅳ级围岩开挖前拱部144°范围采用ϕ42注浆小导管进行超前支护。各分部均利用开挖台架、YT28风钻钻孔，实施光面爆破及上、下台阶同时钻孔和起爆。上、下台阶开挖后及时初喷混凝土5 cm，Ⅲ级围岩系统锚杆、钢筋网及复喷混凝土滞后一段距离施作，Ⅳ级围岩初喷后及时施作系统锚杆、挂网、架设钢架、复喷混凝土至设计厚度。上台阶高度 5.7 m、下台阶高度 4.46 m，台阶长度 3～5 m，Ⅲ级围岩循环进尺 2.5 m、Ⅳ级围岩循环进尺 1.5 m。施工工序如图 6-5 所示。

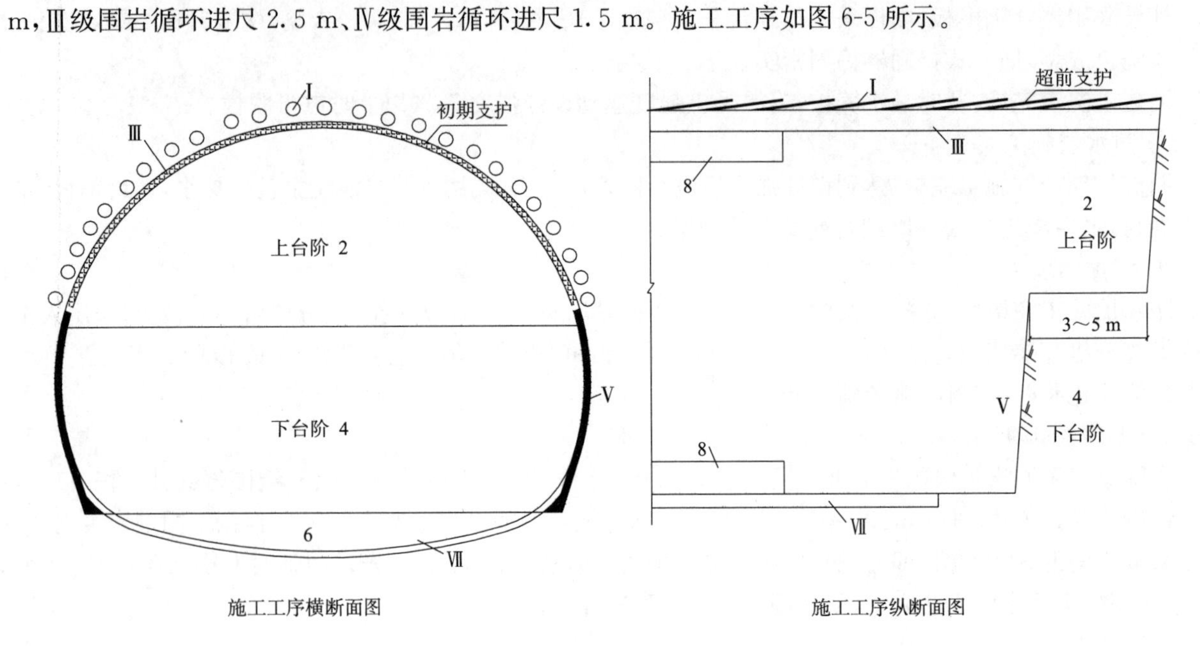

图 6-5 台阶法施工工序

正洞台阶法施工步序：

Ⅰ——拱部超前支护（Ⅳ级围岩）；	2——上台阶开挖；
Ⅲ——上台阶初期支护；	4——下台阶开挖；
Ⅴ——下台阶初期支护；	6——仰拱开挖及支护；
Ⅶ——仰拱、填充混凝土施作；	8——铺设防水层、二次衬砌施作。

(2)平导

进口段平导洞口Ⅴ级围岩（长 37m）拱部 144°范围采用 ϕ42 注浆小导管进行超前支护的前提下，采用台阶法开挖，用挖掘机、风镐辅以 YT28 风钻钻眼弱爆破进行开挖，上、下台阶开挖后及时施作初期支护，台阶长度 3～5 m，循环进尺 1.0 m。

平导台阶法施工步序：

Ⅰ——拱部超前支护；	2——上台阶开挖；
Ⅲ——上台阶初期支护；	4——下台阶开挖；
Ⅴ——下台阶初期支护；	6——拱墙模筑衬砌施作。

3. 全断面法开挖

平导Ⅲ、Ⅳ级围岩采用全断面法开挖，利用多功能作业台架、YT28 风钻钻孔，实施光面爆破，开挖后及时初喷混凝土 5 cm，系统锚杆打设、挂网、复喷混凝土至设计厚度滞后一段距离施作；Ⅲ级围岩循环进尺 2.5 m、Ⅳ级围岩循环进尺 2.0 m。

施工步序：全断面开挖→全断面锚喷支护。

4. 钻爆设计

(1)爆破方案

正洞与平导均采用 YT28 风钻钻孔、人工装药、非电起爆系统起爆进行洞身开挖，周边实施光面爆破。正洞Ⅲ级围岩采用台阶法施工、钻孔深度 2.7 m、循环进尺 2.5 m，Ⅳ级围岩采用台阶法施工、钻孔深度 1.6 m、循环进尺 1.5 m，台阶长度 3～5 m，实施上、下断面同时起爆；平导Ⅲ级围岩采用全断面法施工、钻孔深度 2.7 m、循环进尺 2.5 m，Ⅳ级围岩采用全断面法施工、钻孔深度 2.2 m、循环进尺 2.0 m；正洞与平导Ⅴ级围岩采用挖掘机、风镐等方式开挖，必要时采用弱爆破。

(2)掏槽方式

采用水平楔形掏槽，根据循环进尺控制掏槽孔倾角大小。

(3)钻爆参数

1)掏槽孔设计参数：

掏槽孔设计参数见表6-13。

表6-13　掏槽孔设计参数表

围岩级别	掏槽孔数量（个）	掏槽孔间距（cm）	炮孔夹角（°）	炮孔底间距（m）	线装药量（kg/m）
Ⅲ	10	60	60	20	0.55
Ⅳ	8	80	50	30	0.6

2)掘进孔设计参数

Ⅲ级掘进孔间距 a=0.8～1.0 m，岩石爆破移动方向间距不大于0.8 m，垂直于岩石爆破移动方向相邻两孔连线间距为0.8～1.2 m；Ⅳ级掘进孔间距 a=0.8～1.2 m，岩石爆破移动方向间距不大于1.0 m，垂直于岩石爆破移动方向相邻两孔连线间距为1.0～1.2 m。

3)周边孔设计参数

Ⅲ级围岩：周边孔间距 E=60 cm、炮孔密集系数 m 取0.8 m、线装药量0.25 kg/m。

Ⅳ级围岩：周边孔间距 E=50 cm、炮孔密集系数 m 取0.8 m、线装药量0.2 kg/m。

(4)装药参数

1)装药几何参数

① 装药直径：ϕ25、ϕ32、ϕ40三种规格，具体选用应根据钻孔参数确定；

② 装药密度：ρ=0.9～1.2 g/cm^3，主炮孔爆速不低于4 000 m/s；

③ 周边孔应选用低爆速炸药，药卷直径为 ϕ25，ρ<1.0 g/cm^3。

2)炸药单耗

平导全断面：Ⅲ级围岩1.25 kg/ m^3、Ⅳ级围岩1.0 kg/ m^3；

正洞半断面：Ⅲ级围岩0.9 kg/ m^3，Ⅳ级围岩0.75 kg/m^3。

(5)网络设计

总体按梯形起爆顺序，周边孔按分组同段安排起爆，以利提高光面爆破质量。爆破设计如图6-6、图6-7所示。

(6)炸药消耗数量见表6-14。

表6-14　炸药消耗数量表

开挖部位			炮眼名称	炮眼个数	孔深（m）	线装药量（kg）	单孔药量（kg）	小计药量（kg）
正洞	Ⅲ级围岩	上部	掏槽眼	10	2.9	0.55	1.595	16
			扩槽眼	12	2.7	0.52	1.404	16.8
			掘进眼	43	2.7	0.59	1.593	68.5
			周边眼	32	2.7	0.25	0.675	21.6
			底板眼	16	2.7	0.682	1.8414	29.5
		小计		113				152
		下部	掘进眼	33	2.7	0.67	1.809	59.7
			周边眼	18	2.7	0.25	0.675	12.2
			底板眼	12	2.7	0.9	2.43	29.2
		小计		63				101
		仰拱	掘进眼	8	2.7	0.67	1.809	14.5
			底板眼	11	2.7	0.9	2.43	26.7
		小计		19				41
		合计		195				295

续上表

开挖部位			炮眼名称	炮眼个数	孔深(m)	线装药量(kg)	单孔药量(kg)	小计药量(kg)
正洞	Ⅳ级围岩	上部	掏槽眼	8	1.7	0.6	1.02	8.2
			扩槽眼	6	1.6	0.53	0.848	5.1
			掘进眼	37	1.6	0.6	0.96	35.5
			周边眼	43	1.6	0.2	0.32	13.8
			底板眼	14	1.6	0.67	1.072	15
		小计		108				78
		下部	掘进眼	33	1.6	0.65	1.04	34
			周边眼	18	1.6	0.2	0.32	5.8
			底板眼	12	1.6	0.8	1.28	15.4
		小计		63				55
		仰拱	掘进眼	8	1.6	0.65	1.04	8.3
			底板眼	11	1.6	0.8	1.28	14.1
		小计		19				22.4
		合计		190				155
平导	Ⅲ级围岩	全断面	掏槽眼	10	2.9	0.55	1.595	16
			扩槽眼	12	2.7	0.52	1.404	16.8
			掘进眼	23	2.7	0.59	1.593	36.6
			周边眼	28	2.7	0.25	0.675	18.9
			底板眼	7	2.7	0.682	1.8414	12.9
		合计		73				101
	Ⅳ级围岩	全断面	掏槽眼	8	2.4	0.6	1.44	11.5
			扩槽眼	6	2.2	0.667	1.4674	8.8
			掘进眼	19	2.2	0.533	1.1726	22.3
			周边眼	33	2.2	0.2	0.44	14.5
			底板眼	7	2.2	0.667	1.4674	10.3
		合计		66				67

(7)钻爆作业

钻爆作业按照钻爆设计图进行。当开挖条件出现变化时,爆破设计随围岩条件变化而作相应改变。

钻眼前绘出开挖断面中线、水平和断面轮廓,并根据爆破设计图,用红油漆将炮孔布置在掌子面上,布孔满足精度要求:中心掏槽孔不大于±3 cm;其余各孔不大于±5 cm。

经检查符合设计要求后方可钻眼,钻眼必须做到"准、平、直、齐"四要素。钻眼完毕,按炮眼布置图进行检查并作好记录,有不符合要求的炮眼重钻,经检查合格后方可装药爆破。

装药前将炮眼内泥浆、石粉吹洗干净,按设计药量装药,当开挖面凹凸不平时,其各孔装药量可随炮孔深浅变化作相应的调整。

中间连接、击发雷管一律反向设置;塑料导爆管连接过程中不得打死结、弯折,更不能被岩石和其他东西刺破。

各炮孔用炮泥堵塞,周边孔堵塞长度不小于 30 cm,其余各孔不小于 20 cm。

5. 钻爆法开挖工艺流程

钻爆法开挖工艺流程如图 6-8 所示。

6.5.3.4 施工支护

1. 超前支护

本工程超前支护包括正洞进口Ⅴ级围岩段(15 m)和出口Ⅳ级围岩段(20 m)拱部的 ϕ108 注浆大管棚,洞身Ⅳ、Ⅴ级围岩拱部的 ϕ42 注浆小导管,进口段平导Ⅴ级围岩段(37 m)和出口段平导Ⅳ级围岩段(11 m)

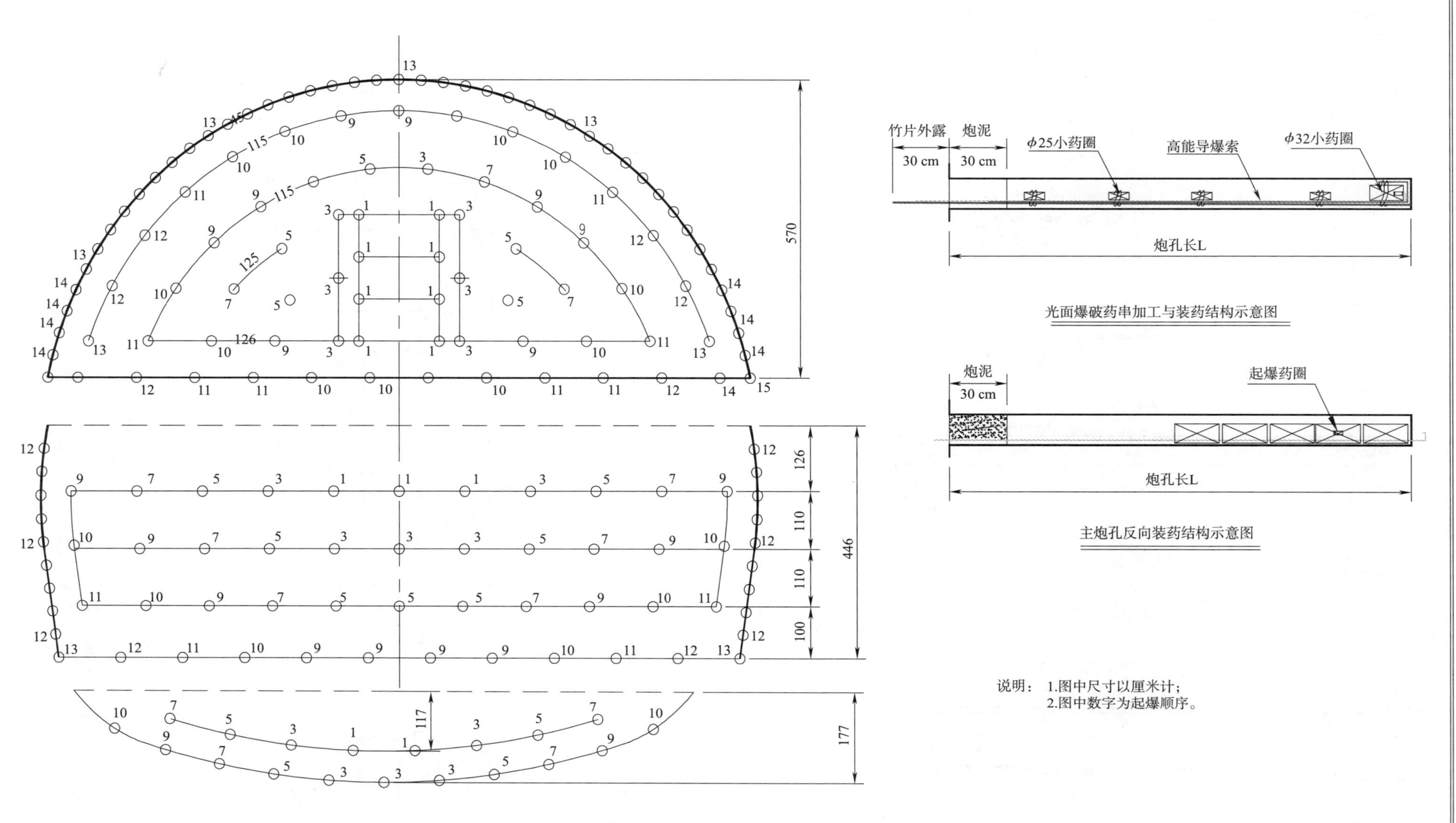

图 6-6　正洞Ⅲ、Ⅳ级围岩台阶法开挖爆破设计图

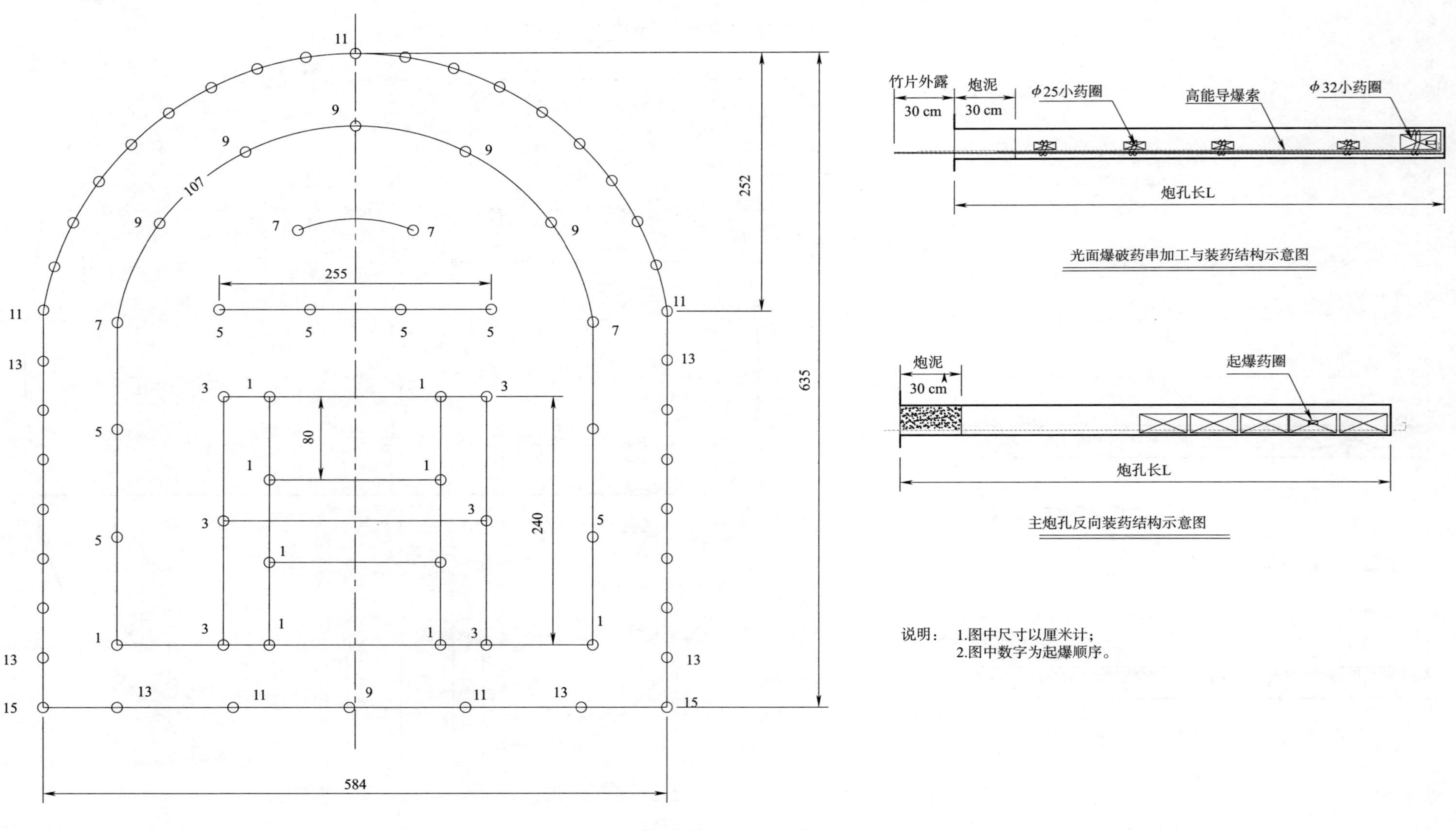

图 6-7 平导Ⅲ、Ⅳ级围岩全断面开挖爆破设计图

拱部的 $\phi42$ 注浆小导管两种形式。

(1)注浆大管棚

管棚采用 $\phi108$ 热扎无缝钢管加工而成，壁厚 6 mm，顶部切削成尖靴状，尾部焊接垫圈，长度 15～20 m，每节钢管长度 3～6 m，接头采用 15～20 cm 长丝扣连接以保证连接强度和顺直，钢管接头错开布置，避免设置在同一横断面上；钢管壁加工注浆花管，孔径一般为 $\phi6$～$\phi8$ mm，间距 10～15 cm，呈梅花形排列；注浆浆液采用纯水泥浆液。

1)施工方法

① 混凝土套拱

靠近洞口掌子面间距 60 cm 安装 3 榀 I20b 型钢钢架，在隧道开挖轮廓线以外立模浇筑 C30 混凝土 2 m 作为长管棚导向墙，浇筑混凝土时按管棚设计位置预埋管棚孔口管，孔径比管棚钢管大 20～30 mm；孔口管设 1°仰角，并与型钢钢架焊接成整体。

② 钻孔、清孔、安装管棚钢管

采用进口管棚钻机按设计位置钻孔，先打有孔钢花管(奇数编号)，注浆后再打无孔钢管(偶数编号，可作为检查管，检查注浆质量)。

钻孔完毕先用钻机钻杆配合钻头进行来回扫孔，清除浮渣到孔底，再用高压风从孔底向孔口清理钻渣，后用经纬仪、测斜仪等检测孔深、倾角和外插角。

清孔完成后及时安设管棚钢管，避免出现坍孔。钢管顶进采用大孔引导和棚管钻机相结合的工艺，即先钻大于棚管直径的引导孔，后用 10 t 卷扬机配合滑轮组反压顶进到位。为确保同一横断面内接头数量不超过 50%，编号为奇数的第一节管采用 3 m 钢管，编号为偶数的第一节钢管采用 6 m 钢管。及时将钢管与钻孔壁间缝隙堵塞密实，在钢管外端焊上法兰盘、止浆阀，并检查焊接强度和密实度。

③ 注浆

每施作完一个孔的管棚，对孔口进行封闭处理。管棚与孔口管之间的空隙采用麻丝或棉纱填塞，管口用水泥水玻璃胶泥封闭。封孔后采用 YSB－50/70 注浆泵进行分段后退式注浆，注浆浆液采用水灰比为 0.5∶1～1∶1 的纯水泥浆；注浆分两步进行，当第一次注浆的浆液收缩后进行第二次注浆，以使管棚填充密实；注浆采取终压和注浆量双控措施，拱脚的注浆终压高于拱腰和拱顶，初压为 0.5～1.0 MPa，终压压力控制在 2.0 MPa，持续 3～5 min 后停止注浆，注浆量一般为钻孔圆柱体的 1.5 倍。注浆前先进行注浆现场试验，注浆参数通过现场试验按实际情况确定。

2)施工工艺

大管棚施工工艺如图 6-9 所示。

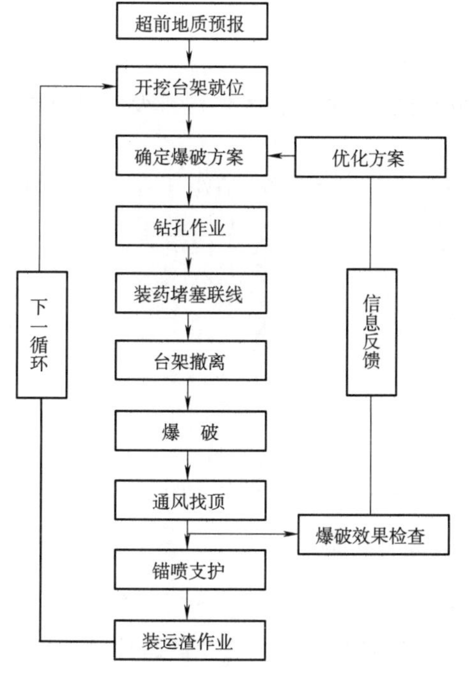

图 6-8　钻爆法开挖工艺流程

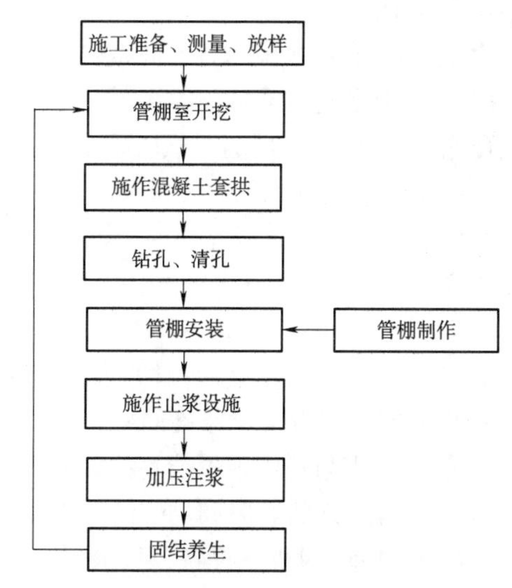

图 6-9　注浆大管棚施工工艺流程

(2)超前注浆小导管

1)施工方法

施工时按设计沿隧道开挖轮廓线外侧以5°～10°外插角打入小导管预注浆进行超前支护。

小导管单根长3.5 m,前后排搭接长度1～1.5 m,沿小导管周边间距0.1 m梅花形打设ϕ10注浆孔。小导管前端加工成锥形,尾部长度不小于30 cm,作为不注浆孔的预留止浆段(不钻孔段),尾端焊上ϕ6 mm一圈加强箍,以防插入导管时尾端变形。

小导管注浆作业包括钻孔、布管、封面、注浆四道工序。

钻孔布管:小导管在钻孔前,按设计要求画出小导管的位置,并标明清楚。采用YT28风钻或锚杆钻机钻孔,孔口钻眼偏差小于5 cm,孔眼深度大于小导管长度,布孔顺序由拱顶分别向左右方向进行,采取隔孔间隔布置;钻孔完毕后用气水联合法对钻孔进行冲洗。小导管外露长度为0.3～0.4 m,尾部焊接在钢架腹部,增加共同支护能力。小导管安装后用塑胶泥封堵导管外边的孔口及围岩裂隙。

封面:注浆前,喷20 cm厚混凝土封闭工作面,以防漏浆。

注浆:注浆材料根据现场而定,并满足“浆液的流动性好,易注入地层;固结后收缩小,具有良好的黏结力和较高的早期强度;结石体透水性低,抗渗性能好”三项要求。

采用分段注浆形式,浆液采用纯水泥浆或双液浆,纯水泥浆水灰比0.5∶1～1∶1、水泥－水玻璃浆液水灰比0.8∶1～1.5∶4(水泥浆与水玻璃的体积比为1∶0.3～1∶1),注浆压力为0.3～0.8 MPa。在孔口设置止浆塞,浆液配合比由现场试验确定,注浆时先注无水孔,后注有水孔,注浆顺序由拱脚向拱顶逐管注浆,如遇窜浆或跑浆,则间隔一孔或几孔注浆。

2)施工工艺

施工工艺如图6-10所示。

2. 初期支护

本隧道初期支护包括C25喷射混凝土、ϕ22组合中空锚杆、ϕ22砂浆锚杆、ϕ6～ϕ8钢筋网、格栅钢架、型钢钢架等类型。

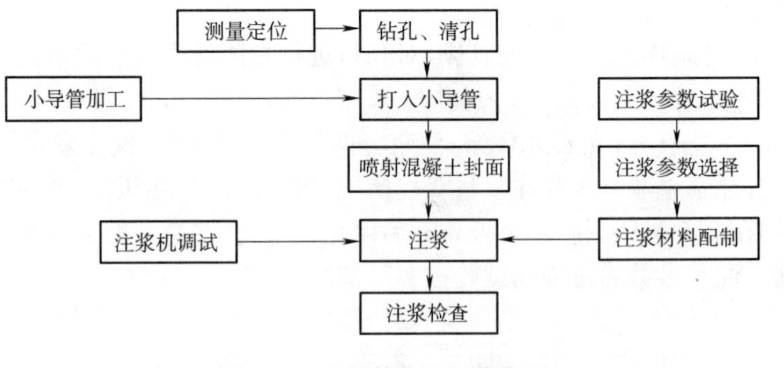

图6-10　小导管施工工艺流程

(1)喷射混凝土

1)原材料及配合比

水泥:采用与液态速凝剂相容性较好的普通硅酸盐水泥,使用前做强度复查试验。

砂子:采用硬质洁净的中粗砂,细度模数2.5～3.2,含泥量小于3%,吸水率小于1%,使用前必须过筛。

碎石:采用坚硬耐久的碎石,粒径必须控制在5～15 mm,级配良好,含泥量小于1%,吸水率小于1%,使用前必须筛洗干净。

水:水中不应含有影响水泥正常凝结与硬化的有害杂质;不得使用污水、PH值小于4的酸性水和含硫酸盐量按SO_4^{2-}计超过水重1%的水,使用前必须进行水质分析。

配合比:按经验选择后通过试验确定。

速凝剂:采用液态速凝剂,掺量参考产品推荐值根据试验确定。

2)喷射混凝土作业面清理

① 喷射作业现场,做好下列准备工作:

a. 拆除作业面障碍物、清除开挖面的浮石和墙脚的岩渣等;

b. 用高压风水冲洗受喷面;对遇水易潮解、泥化的岩层,则用高压风清扫岩面;

c. 埋设控制喷射混凝土厚度的标志;

d. 喷射机司机与喷射手不能直接联系时,配备联络装置;

e. 作业区有良好的通风和足够的照明装置。

② 喷射作业前,对机械设备、风、水管路,输料管路和电缆线路等进行全面检查及试运转。

③ 受喷面有滴、淋水时,喷射前按以下方法做好治水工作:

a. 有明显出水点时，可埋设导管排水；

b. 导水效果不好的含水岩层，可设盲沟排水；

④施工现场宜备有无碱液体速凝剂和高效减水剂，并检查速凝剂的泵送及计量装置性能。

⑤对破损岩面，清除所有暴露的破损岩石，并在破损岩面范围内提供和安装附加的岩石加固钢筋或钢支撑。

⑥在已有混凝土面上进行喷射时，清除剥离部分，以保证新老混凝土之间具有良好的粘结强度。将被下一层覆盖的喷混凝土层首先达到初凝，并使用扫帚、水冲或其他方式除去所有松散物、尘土或其他有害物质。

3)作业要求

① 喷射作业分段分片依次进行，喷射顺序自下而上，先边墙后拱部；一次喷射最大厚度边墙小于15 cm、拱部小于10 cm；分层喷射时，后一层喷射在前一层混凝土终凝后进行，若终凝1 h后再进行喷射时，先用风、水清洗喷层表面；喷射作业紧跟开挖工作面时，混凝土终凝到下一循环放炮时间不小于3 h。

② 喷射时向喷射机供料连续均匀，机器正常运转时料斗内保持足够的存料；喷射机的工作风压不小于0.2 MPa；喷射作业完毕或因故中断喷射时，必须将喷射机和输料管内的积料清除干净；喷射时喷头与受喷面垂直，宜保持0.8～1.2 m的距离；喷射混凝土的回弹率，边墙不大于15%，拱部不大于20%。

③ 钢筋网喷射混凝土施工时遵守下列规定：钢筋网铺设前，喷射不低于5 cm的混凝土；钢筋网铺设后，减小喷头与受喷面的距离，并调节喷射角度，以保证钢筋与壁面之间混凝土的密实性、饱满、表面平顺，其强度和抗渗等级达到设计要求；喷射时如有脱落的混凝土被钢筋网架住，及时清除。

④ 喷射混凝土的养护遵守下列规定：混凝土终凝2 h后喷水养护；养护时间不得少于14 d；气温低于5 ℃时，不得喷水养护。

⑤ 冬季施工遵守下列规定：喷射作业区的气温不低于+5 ℃；拌和料进入喷射机的温度不低于+5 ℃；喷射混凝土强度低于15 MPa时不得受冻。

⑥ 隧道开挖后立即对岩面喷射混凝土，以防岩体发生松弛。

⑦ 喷射作业分段、分片由下而上顺序进行，每段长度不宜超过6 m。

⑧ 开挖断面周边有金属杆件和钢支撑时，保证将其背面喷射填满，粘结良好。

⑨ 喷射混凝土连续、快速进行，尽量减少喷射混凝土的随机施工缝，保证其效果并达到设计要求。

4)喷射混凝土工艺流程

喷射混凝土采用拌和站拌和、混凝土运输车运输、MEYCO喷射机械手辅以TK500湿喷机进行喷射混凝土作业。喷射混凝土工艺流程如图6-11所示。

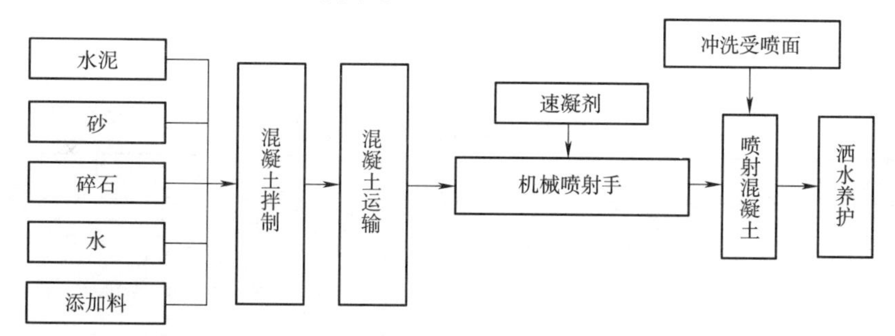

图6-11　喷射混凝土施工工艺流程

(2)锚杆施工

1)砂浆锚杆：采取先灌浆后插杆的施工工艺，为确保灌浆质量，采取低水灰比砂浆，灌注采用注浆泵。锚杆采用YT28风钻成孔、高压风清孔、人工安装、注浆泵注浆。

施工顺序：清理岩面→钻锚杆孔→清孔→注浆→插入锚杆→安装端头垫板。

2)组合中空注浆锚杆：锚杆采用YT28风钻成孔、高压风清孔，并将锚杆边旋转边送入锚孔，检查锚孔是否平直畅通，不合格重新钻孔，严格控制锚杆位置、方向和直径；在合格的锚杆中插入装好锚头、防弊气连接套(与水平线倾角大于45°)，安装止浆塞、垫板、螺母；采用注浆泵注浆，注浆时排出锚杆中的气体，注浆应确保浆液注满孔体，浆液水灰比控制在0.45～0.5∶1，注浆压力控制在0.3～0.8 MPa；止浆塞采用可记忆止浆塞，把注浆过程中的相关参数如注浆孔口压力、注浆量、注浆日期等存储起来。

3)施工要求

① 锚杆成孔与清孔视不同地质条件选取合适的方法，报监理工程师批准后实施；

② 砂浆锚杆注浆后及时插入锚杆，锚杆放入后视实际需要补注浆，使杆体与孔壁空隙充填浆液饱满、密实；

③ 锚杆孔内砂浆达到设计强度80%以上时，方可进行垫板安装，垫板与杆体垂直，并与初喷面密帖、压紧；

④ 每段工程取代表性段落对锚杆进行抗拔力试验，抗拔力大于80 kN/根；

⑤ 锚杆安装后，不得随意敲击，3天不得悬挂重物；

⑥ 有水地段采用组合中空锚杆，利用锚杆向围岩进行压力注浆。

(3)型钢(格栅)钢架

型钢钢架采用冷弯机加工成型，格栅钢架在加工棚设置的1：1制作样台上，采用分段制作，按单元拼焊及试拼装后，运至现场安装。其制作要求如下：

1)加工做到尺寸准确，弧形圆顺；钢架焊接满足设计要求，焊接成型时，钢架中心与轴线重合，接头处相邻两节圆心重合，连接孔位准确。

2)加工后先试拼，检查有无扭曲现象，接头连接每榀可以互换，沿隧道周边轮廓误差小于3 cm。

钢架运至现场拼装，安设前进行断面尺寸检查，及时处理欠挖部分，首先测定出线路中线，确定高程，然后再测定其横向位置。保证钢架正确安设，钢架外侧有大于5 cm、内侧有大于3 cm的喷射混凝土，安设拱脚或墙脚前清除垫板下的松渣，将钢架置于原状土体上，在软弱地段，采用拱脚下垫钢板的方法。钢架与封闭混凝土之间紧贴，在安设过程中，当钢架与土体间有较大间隙时安设垫块，两榀钢架间沿周边设ϕ22纵向连接筋，形成纵向连接体系，拱脚高度不够时设置钢板调整。安设到位后再采用锁脚锚管对钢架进行固定，锚管尾部与钢架焊接在一起。

(4)钢筋网

在锚杆安装好后按设计间距进行钢筋网的铺设，铺设质量要求：钢筋网使用前清除锈蚀。钢筋网随受喷面的起伏铺设，钢筋网的混凝土保护层不小于设计值，钢筋网与锚杆或其他固定装置连接牢固，在喷射混凝土时钢筋不晃动。

6.5.3.5　监控量测

监控量测工作紧接开挖、支护作业，按设计要求进行布点和监测，并根据现场情况及时进行调整或增加量测的项目和内容。量测数据及时分析处理，并将结果反馈到施工过程中。

1. 监控量测项目及方法

监控量测项目及方法见表6-15。

表6-15　监控量测项目及方法一览表

项目名称		方法及工具	布　置
必测项目	洞内、外观察	现场观察、地质罗盘	开挖及初期支护后进行
	拱顶下沉	全站仪 水准仪、钢尺	每5～50 m一个断面，每断面1个测点
	水平净空收敛	收敛计	每5～50 m一个断面，每断面2对测点
选测项目	隧底隆起	水准仪、塔尺	每5～50 m一个断面，每断面1个测点
	围岩内部位移 (洞内设点)	多点位移计	每30～100 m一个断面，每断面2～11对测点
	喷混凝土受力	混凝土内应变计	代表性地段量测每断面宜为11个测点
	二次衬砌接触压力	压力盒	代表性地段量测每断面宜为11个测点
	二次衬砌内应力	混凝土内应变计	代表性地段量测每断面宜为11个测点
	钢架受力	钢筋计	每10～50 m榀钢支撑一对测力计
	地表下沉	水准仪及塔尺	每5～50 m一个断面，每断面至少3个测点
	锚杆应力	应力计	每50 m一个断面，每断面至少3个测点
	孔隙水压力	压力盒	富水地段

2. 监测频率

各量测项目监测频率根据位移速度和量测断面距开挖面距离，分别按表6-16确定。当选择监测频率出现较大差异时，取监测频率较高的作为实施的监测频率。监测频率见表6-16。

表6-16　隧道收敛位移和拱顶下沉监测频率表

序　号	位移速率(mm/d)	距工作面距离(m)	频　率	备　注
1	＞10	(0～1)D	2～4次/d	D—隧道宽度
2	5～10	(1～2)D	1次/d	
3	1～5	(2～5)D	1次/2d	
4	＜1	＞D	1次/周	

3. 量测实施

(1)洞内外观察

洞外观察：重点是洞口边仰坡及洞顶表面有无开裂、地表沉陷、边坡及仰披稳定状态、地表水渗透情况等。

洞内观察：分为开挖工作面观察和已施工地段观察。

开挖面观察：岩层种类、风化和变质情况，节理裂隙发育程度，开挖面稳定状态，拱部有无剥落和坍塌现象。观察后及时绘制地质素描图，填写开挖面地质状态记录表和施工段围岩级别判定卡。

已施工地段观察：锚杆有无拉断、松动。喷射混凝土与格栅钢架有无裂缝、剥落、和剪切破坏情况。二次衬砌有无变形、开裂等。

(2)周边净空收敛位移量测

选用ϕWRM型钢环式收敛计，其精度可达0.01 mm。量测按Ⅴ级围岩小于5 m、Ⅳ级围岩小于10 m、Ⅲ级围岩30～50 m设置一个观测断面，每个断面设置二条收敛量测基线。

(3)拱顶下沉量测

拱顶下沉的量测断面与洞室周边位移量测相同。每个断面在拱顶设置一个观测点。采用预埋钢筋钩，挂钢卷尺，用全站仪、水准仪测量的方法测出拱部下沉量。测点布置如图6-12所示。

(4)量测注意事项

净空变化、拱顶下沉量测在每次开挖后12 h内取得初读数，最迟不得大于24 h，下一循环开挖前必须完成。

各项量测作业均持续到变形基本稳定后2～3周结束，对于软岩膨胀地段，位移长期没有减缓趋势时，适当延长量测时间。

图6-12　测点布置图

(5)监测数据管理

1)监测数据的管理基准

监测后对各种监测数据应及时进行整理分析，判断其稳定性并及时反馈到施工中去指导施工。监测工作分阶段、分工序对量测结果进行总结和分析，变形管理等级见表6-17。

2)监测数据的分析和预测

取得监测数据后，及时进行整理，绘制位移—时间变化曲线图。在取得足够的数据后，根据散点图的数据分布状况，选择合适的函数，对监测结果进行回归分析，以预测该测点可能出现的最终位移值，预测结构和建筑物的安全性，据此确定施工方法。

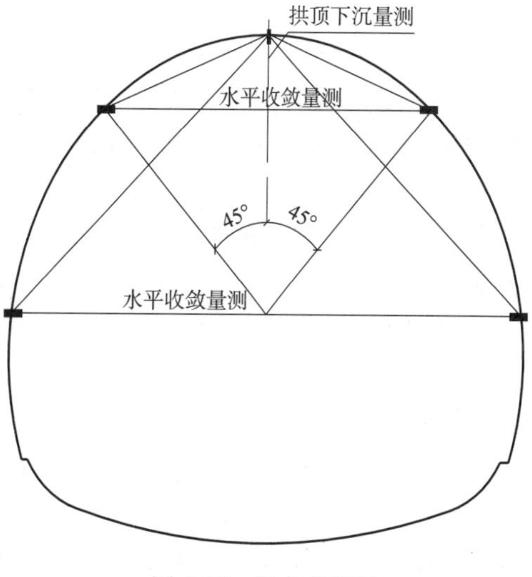

3)监测数据的反馈

动态设计信息化施工要求以监测结果评价施工方法，确定工程技术措施。因此，对每一测点的监测结果要根据管理基准和位移变化速率(mm/d)等综合判断结构和建筑物的安全状况。

每次量测后及时进行数据整理，并绘制量测数据时态曲线和距开挖面关系图。

表 6-17 变形管理等级表

序号	管理等级	管理位移(mm)	施工状态	备注
1	Ⅲ	$U<U_0/3$	可正常施工	U—实测位移值;U_0—最大允许位移值
2	Ⅱ	$U_0/3\leqslant U<2U_0/3$	加强支护	
3	Ⅰ	$U>2U_0/3$	采取特殊措施	

对初期的时态曲线进行回归分析,预测可能出现的最大值和变化速度。

数据异常时,及时反馈设计单位,根据具体情况及时采取加厚喷层、加密或加长锚杆、增加钢架等加固措施。

为确保监测结果的质量,加快信息反馈速度,全部监测数据均由计算机管理,并向驻地监理、设计单位提交监测月报。

4. 质量保证措施

(1)量测项目人员相对固定,保证数据资料的连续性。

(2)测点牢固可靠、易于辨识,并注意保护,严防爆破损坏。

(3)仪器管理采用专人使用保养,专人检验的办法。

(4)量测设备、传感器等各种元器件在使用前均经检验校准合格后方投入使用。

(5)各量测项目在监测过程中必须严格遵守相应的监测项目实施细则。

(6)量测数据均经现场检查,室内复核后方可上报。

(7)量测数据的存贮计算均采用计算机系统进行。

(8)各量测项目从设备管理使用及量测资料的整理均设专人负责。

6.5.3.6 隧道防排水施工

本隧道正洞暗洞初期支护与二次衬砌间拱墙部位铺设 EVA 防水板和无纺布防水,全隧环向施工缝设中埋式橡胶止水带和遇水膨胀止水胶防水;二次衬砌背后环向设 ϕ50 透水盲管(纵向 10 m 一环)、两侧边墙脚设 ϕ80 透水纵向盲管,每隔 8～12 m 将地下水引入洞内侧沟排放。

1. 透水盲管施工

正洞初期支护完成后,移动多功能台架就位,用气腿式凿岩机在设计(实际涌水大时缩小间距)位置施钻引水孔,沿隧道断面安装环向透水管盲管,纵向在洞内两侧水沟泄水孔标高处设全隧贯通材质相同的透水管盲管,该盲沟需与环向盲沟及泄水孔用三通管连通,施工时注意不堵塞盲管。

盲管安装时做到与初期支护混凝土面密贴,线性顺直,并按设计间距用 U 形卡牢固定位,保证施工过程中不变形、不移位;排水盲管用扎丝捆好并用钢卡固定在膨胀螺栓上;对集中出水点铺设单根排水盲管,并用速凝砂浆将周围封堵,地下水从管中集中引出;当初期支护表面有大面积渗漏水时,设双根或多根排水盲管或塑料排水板,将水引入纵向排水盲管。

2. 防水层铺设

防水层在二次衬砌灌筑前进行,施作地段在爆破的安全距离以外。防水层利用作业台架采用垫片法无钉铺设。

(1)防水层铺设准备

防水层施工时先进行基面处理,利用防水板台架,除净喷射混凝土面外露的钢筋、锚杆头等尖锐物,再用砂浆将不平整面和已割除的铁件头抹平。喷射混凝土表面凹凸不平面的跨深比不大于 1/7,大于 1/7 的凹坑用细石混凝土抹平,确保喷射混凝土基面平整,无尖锐棱角。

(2)铺设无纺布缓冲层

首先用作业平台车将半幅无纺布固定到预定位置,然后用专用热熔衬垫及射钉将无纺布固定在喷射混凝土上。专用热熔衬垫及射钉按梅花型布置,拱部间距 0.5～0.8 m,边墙间距 0.8～1.0 m。无纺布铺设松紧适度,使之能紧贴在喷射混凝土表面,不致因过紧被撕裂或因过松使无纺布褶皱堆积形成人为蓄水点。无纺布间搭接宽度不小于 50 mm。

(3)铺设防水板

防水板采用无钉铺设,焊接方式为热风焊接,分自动焊接和手动焊接。

1)防水板手动焊接

手动焊接主要针对阴阳角、渐变段等复杂的细部处理和损坏部位的修补。先用简易作业平台车将防水板固定到预定位置,然后用手动电热熔接器加热,使防水板焊接在固定无纺布的专用热熔衬垫上。防水板铺设松紧适度,使之能与无纺布充分结合并紧贴在喷射混凝土表面,防止过紧或过松,防水板受挤压破损变形而形成人为蓄水点。防水板间搭接缝与变形缝、施工缝等薄弱环节错开1 m以上。

2)防水板间自动热熔焊接

焊接前先除尽防水板表面灰尘再焊接,防水板搭接宽度大于15 cm。防水板之间用自动双缝热熔焊接机按照预定的温度、速度焊接,单条焊缝的有效宽度不小于1.5 cm,焊接后两条焊缝间留一条空气道,用空气检测器检测焊接质量。

3)焊缝检测

采用检漏器检测防水板焊接质量,先堵住空气道的一端,然后用空气检测器从另一端打气加压,直至压力达到0.25 MPa,并能稳定15 min,允许压力下降不超过10%,则说明完全粘合,如压力持续下降,则需用检测液(如肥皂水)找出漏气部位,用手动热熔器焊接修补后再次检测,直至完全粘合。

(4)施工工艺

防水层施工工艺流程如图6-13所示。

3. 中埋式止带施工

(1)施工方法

1)在衬砌台车端头安装内侧钢质端模;首次或跳段衬砌应两端安装钢端模。

2)二次衬砌台车就位后,在钢质端板外缘铺设中埋式止水带,并按50 cm间距设置止水带钢筋卡,固定在端模轮缘面上。

3)在中埋式止水带与防水层之间安装木质端模,用木楔填缝、楔紧木端模,卡紧中埋式止水带。

4)利用杠杆原理加固外侧木质端模,即用钢管插入在内侧钢质端模预留孔,抵紧边墙,内、外端模与钢管间用木楔块楔紧。

(2)施工要点

1)将端模一分为二,内侧钢质、外侧木质。

2)内端模与衬砌台车栓接,定位止水带。

3)外端模与内端模夹持固定止水带。

4)钢筋卡与内端模连接,支撑约束止水带,防止扭曲。

(3)施工工艺流程

工艺流程如图6-14所示。

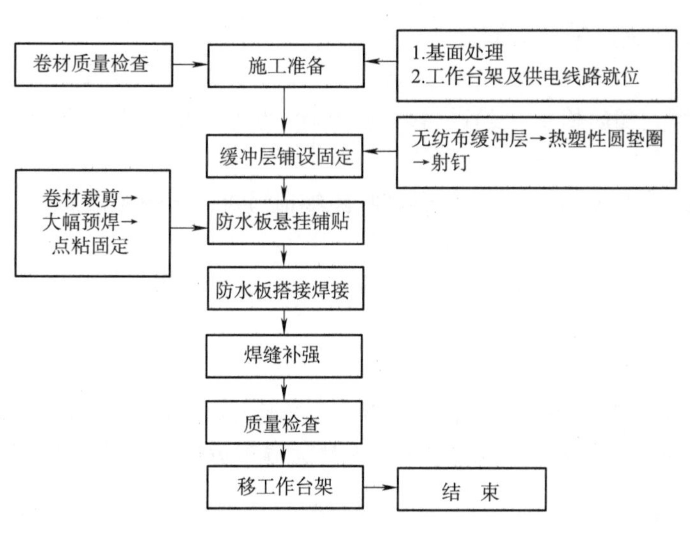

图6-13　防水层施工工艺流程

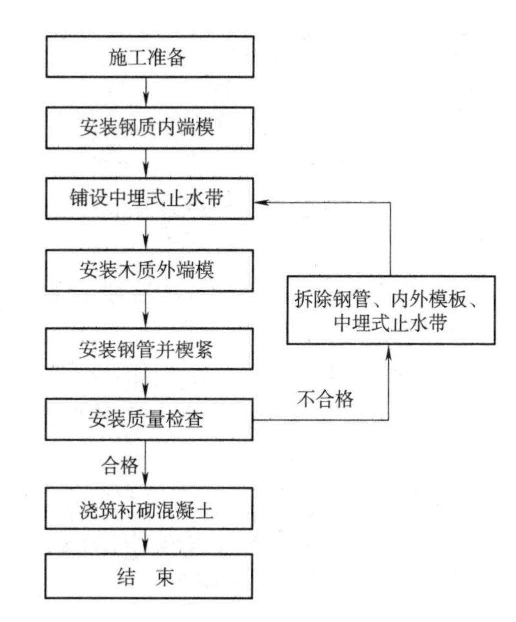

图6-14　中埋式止水带施工工艺流程

(4)注意事项

1)钢端模应在二次衬砌施工前在衬砌台车上进行试拼。钢端模与衬砌台车间加设止浆带。

2)在首次或跳段衬砌施工时,衬砌台车两端必须安装内侧钢端模。

3)为保证止水带钢筋卡处不漏浆,外侧木质端模应预留 1 cm 缺口。

4)外侧端模与岩面应用木楔填实、楔紧;加固外侧端模的钢管应抵紧喷射混凝土面,钢管与内、外端模间用垫块、木楔楔紧。

5)衬砌混凝土浇筑前,应仔细检查台车端模和中埋式止水带的安装是否稳固。主要检查:钢质端模与衬砌台车模型肋板连接的螺栓螺帽是否拧紧;中埋式止水带安装位置是否正确、预埋宽度是否符合质量验收标准要求;中埋式止水带是否卡紧;木质端模是否卡紧;钢管是否楔紧等。

6.5.3.7 隧道模筑混凝土衬砌

本隧道正洞拱部、边墙、仰拱采用 C30 混凝土或 C35 混凝土或 C35 钢筋混凝土,仰拱填充采用 C20 混凝土;Ⅲ、Ⅳ级围岩为素混凝土时,其拱墙采用纤维混凝土;混凝土抗渗等级不低于 P10。平导洞口段拱墙、底板均采用 C20 混凝土。

正洞、平导模筑衬砌采用仰拱、填充(铺底)混凝土先行,超前于拱墙衬砌 40~80 m。仰拱、填充混凝土采用仰拱快速施工设备施工,正洞拱墙采用 12 m 全液压模板台车立模整体浇筑。平导、横通道采用自制模架施工。所有衬砌混凝土均采用拌和站集中拌和、混凝土搅拌运输车运输、泵送混凝土入模,附着式捣固器和插入式捣固器捣固密实;钢筋在加工场加工预制、现场绑扎成型。

1. 钢筋工程

(1)原材料的进场和堆放

每批钢筋进场均要有出厂合格证或质量证明书,严格遵守“先试验后使用”的原则,钢材进场后按 ISO9001 标准进行进场验收及标识,经复检合格后再使用。

(2)钢筋加工

1)先由钢筋专职放样员按施工图和施工规范要求编制钢筋加工料单,并经过现场主管工程师审核,按复核料单制作。

2)钢筋加工的形状、尺寸符合设计要求和有关标准的规定,钢筋表面洁净,无损伤、油渍、铁锈等,在使用前清除干净,带有粒状和片状锈的钢筋不得使用。

3)钢筋切断和弯曲时注意长度的准确,钢筋弯曲点处不得有裂缝,钢筋切断时,将同规格钢筋根据不同长度、长短搭配统筹下料,尽量做到节约用料,避免浪费。

4)钢筋种类、级别和直径按施工图要求采用,当需要代换时,先征得设计、监理单位的同意,且符合设计施工规范要求。

5)成品钢筋按规格形状、尺寸、级别集中堆放并进行标识,避免错点错用,有条件时及时运往作业层,严禁踩踏。

6)钢筋接头采用闪光对焊或电弧焊,ϕ16 以上的钢筋采用机械接头。

(3)成型钢筋验收

钢筋按设计和施工规范绑扎成型后,施工班组先和质检员一起进行自检、互检,再由安全质量部进行检查评定、确认。

自检评定合格后报请现场监理工程师、质监站等有关部门进行隐蔽验收,经签证后进行下道工序施工。

(4)成品钢筋的保护

成品钢筋架立好以后,在上铺设临时通道,用 Φ25 钢筋焊制支架,间距为 500 mm,上面铺设人行木板。浇注混凝土时设专人看护,发现钢筋位置出现位移,及时调整。

2. 仰拱及填充

仰拱、填充混凝土采用仰拱与填充移动模架、搭设双车道分离式简易栈桥,一次施工长度Ⅲ级围岩 6 m、Ⅳ、Ⅴ级围岩 3 m,全幅一次成型的方法施工。混凝土由拌和站拌和、混凝土搅拌运输车运输至作业面、梭槽入模、插入式捣固器捣固密实。

(1)移动模架工作原理

工艺原理如图 6-15 所示。

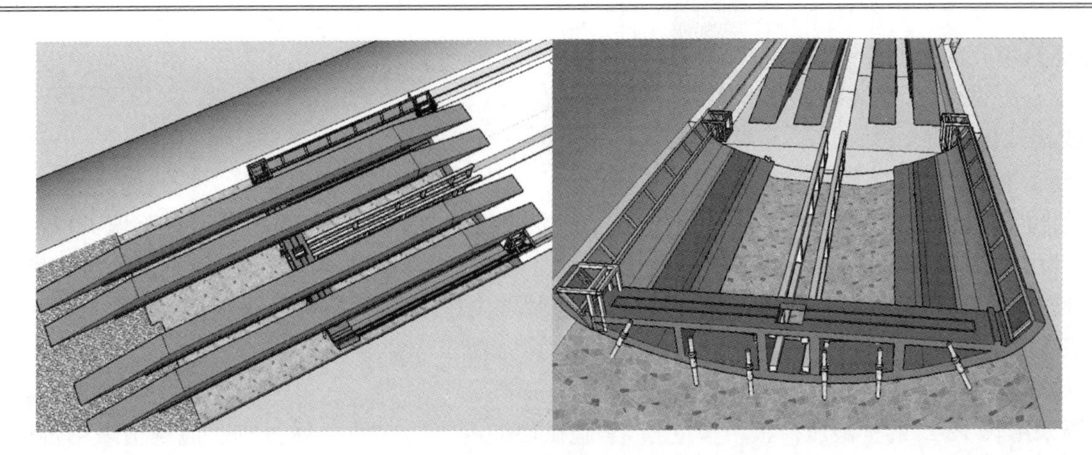

图6-15　移动模架效果

移动模架主要由五部分组成：仰拱模架、中心水沟模架、端头梁、栈桥和走行设备。以端头梁为界，移动模架把仰拱填充施工分为两个工作区，即隧底开挖、出渣、清底为第一区，仰拱模板安装、拆除和混凝土浇筑为第二工作区，二者以流水作业的方式组织施工。

1)把两个仰拱作业面用长栈桥合为一个作业段进行流水作业，减少了仰拱施工段的总长度，有利于安全距离的保证。

2)仰拱模板把填充混凝土以上部分作为固定部分。在填充混凝土施工时，固定部分不拆除，只需把填充混凝土以下的仰拱模板翻转起来就可浇筑填充混凝土。

3)在端头梁上设置了模板系统的定位卡，使模板系统定位准确快速。

4)通过端头梁把模架系统联成一体后，利用与栈桥配套的轨道吊车在卷扬机的牵引下整体移动至下工作面。

(2)施工工艺流程

仰拱填充两工作区施工工艺流程如图6-16所示。

(3)施工步序

1)隧底开挖、出渣、清底(此步骤为第一工作区作业内容，可在后续第二工作区作业时同时进行)；

2)测量放样，确定端头梁位置；

3)栈桥就位，使栈桥与隧道中线平行；

4)用拉杆把端头梁与两边栈桥吊车连接拉紧后，收起端头梁的支腿，使模架系统处于悬吊状态；

5)启动电动绞车，拉动模架系统向前移动6m(模板设计长度)；

6)利用挂在栈桥上的两个手动葫芦吊住端头梁两端，轨道吊车卸载；

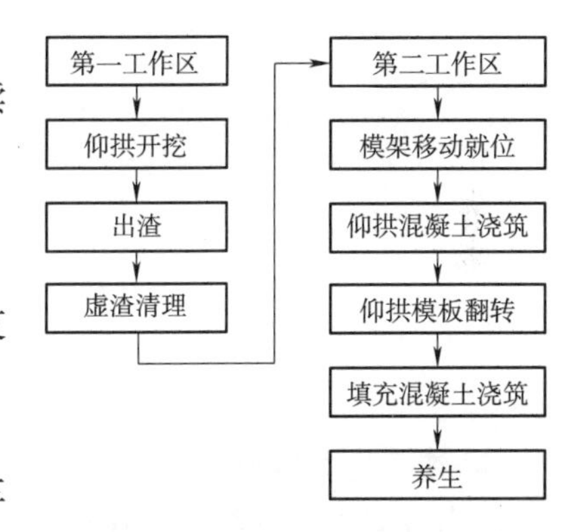

图6-16　移动模架施工工艺流程

7)松开轨道吊车与端梁之间的拉杆，用手动葫芦上下调整端头梁标高至设计位置；

8)用千斤顶横向调整端头梁至设计平面位置；

9)放下端头梁支柱，使端头梁固定；

10)仰拱排架一端靠紧端头梁上的端头立柱，另一端利用仰拱接茬钢筋和绞车自重固定；

11)用绞车拉住翻折的仰拱模板，人工配合放下仰拱模板至预先布设销钉上，固定模板；

12)撑开中心沟模架，一端在端头梁上定位，另一端在已施作混凝土上定位；

13)安设仰拱填充端头木板和止水带等防排水系统；

14)浇筑仰拱混凝土：中部无模板部分混凝土通过自然摊铺的方式，从仰供中部开始纵向摊铺，再向左右两边同时浇筑，混凝土浇至仰拱模板下沿时，混凝土改由仰拱两侧的顶部入模，使仰拱混凝土不留施工缝，一次浇筑完成；

15)仰拱模板拆除：利用绞车和滑轮拉起模板翻折到模架上；

16)浇筑填充混凝土；

17)中心沟脱模后，模架系统整体移到下一作业区。

3. 拱墙二次衬砌

(1)施工准备

按设计混凝土等级、抗渗等级的要求，进行配合比的选配、试验，经选定的配合比交监理工程师审批后，拌和站按配合比拌和混凝土；台车就位后进行中线、水平检查、设备进行试运转；监理工程师对衬砌的断面、尺寸，钢筋结构、防水层的施工质量，基底虚渣、污物和基坑内积水是否清除干净等进行工程隐蔽前的检查，在监理工程师同意隐蔽并签认后，才能进行混凝土的衬砌施工。

(2)施工方法

正洞采用长 12 m 的全液压模板台车立模，实施拱墙混凝土一次性整体衬砌。混凝土采用带四料仓的 HZS60 拌和站拌和、混凝土搅拌运输车运输、泵送混凝土入模、附着式捣固器与插入式捣固器联合进行捣固密实。混凝土灌注时，在隧道拱部按设计预埋 $\phi32$ 注浆管(每环 3 根、纵向间距 1.5 m、梅花型布置)，待衬砌混凝土达到设计强度后对二次衬砌背后进行回填注浆。

(3)施工工艺

二次衬砌施工工艺如图 6-17 所示。

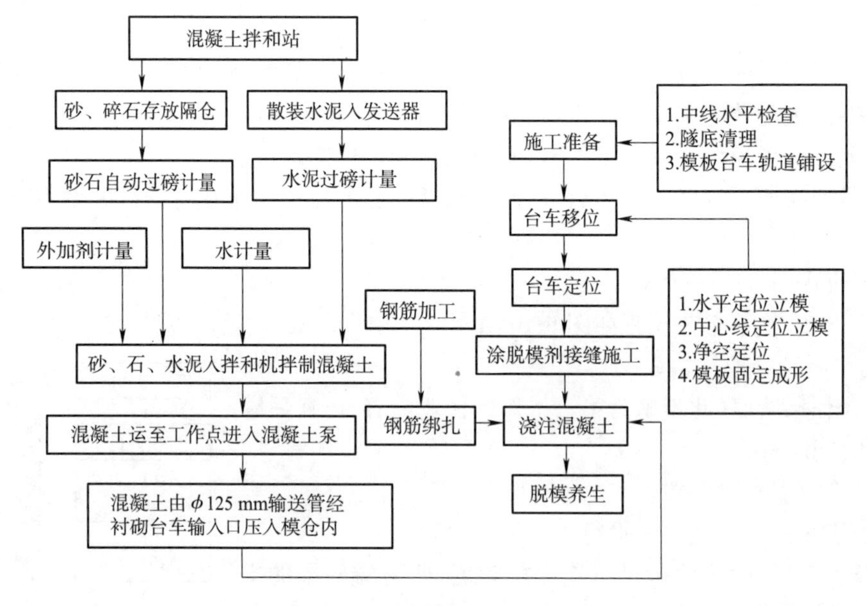

图 6-17 二次衬砌施工工艺流程

(4)施工技术措施

1)当隧道周边位移速率小于 0.1～0.2 mm/d，或拱顶下沉速率小于 0.07～0.15 mm/d 可认为围岩变形基本稳定，此时可施作二次衬砌；当发现净空位移量过大、收敛速度无稳定趋势时可提前施作二次衬砌，采取二次衬砌增加钢筋或提高二次衬砌强度等级的方法予以加强。

2)临时钢支撑在施作防水层和二次衬砌之前拆除，以确保初期支护的强度和洞室的稳定安全。

3)为保证钢筋垂直于隧道中线，钢筋安装按照法线放样点划分间距。间距放样由大至小，分段划分，避免累计误差。

4)隧道衬砌前对中线、标高、断面尺寸和净空大小进行检查，满足设计要求。

5)二次衬砌前，将喷层或防水层表面的粉尘清除干净，并洒水润湿。

6)严格按配合比进行拌和，确保混凝土的拌和时间和混凝土质量达到规范要求。

7)灌注混凝土时严格按规范和操作细则施工，特别是对封顶混凝土认真处理，保证拱顶部混凝土密实。

8)洞内围岩有明显软硬变化处，可能引起衬砌沉降变形，以及图纸要求处，均设置沉降缝。

9)拱顶混凝土密实度和空洞解决措施

① 分层分窗浇注

泵送混凝土入仓自下而上，从已灌注段接头处向未灌注方向进行。充分利用台车上、中、下三层窗口，分层对称浇注混凝土，在出料管前端加接 3～5 m 同径软管，使管口向下，避免水平对混凝土面直泵。混凝土浇筑时的自由倾落度不超过 2 m。

② 封顶工艺

当混凝土浇筑面已接近顶部(以高于模板台车顶部为界限)，进入封顶阶段，为保证空气能够顺利排除，在堵头的最上端预留两个圆孔，安装排气管(采用 ϕ50 mm 钢管)，要避免其沉入混凝土之中。将排气管一端伸入仓内，且尽量靠上。随着浇筑继续进行，当发现有水(混凝土表面的离析水、稀浆)自排气管中流出时，即说明仓内已完全充满混凝土，停止浇筑混凝土，疏通排气管和撤出泵送软管，并将挡板的圆孔堵死。

封顶混凝土时尽量从内向端模方向灌注，以排除空气。后期利用排气管对拱顶因混凝土收缩产生的空隙进行填实。

③ 浇筑过程中设专人负责振捣，保证混凝土的密实，台车就位前准确安装拱顶排气管，确保封顶时不出现空洞，并在后期利用此管进行压浆，使衬砌背后充填密实。

10)对已完成的混凝土利用地质雷达进行无损检测，检查衬砌质量和封顶效果，进行信息反馈，及时进行补强，并分析原因采取纠正和预防措施。

11)严格控制混凝土从拌和出料到入模的时间，当气温 20 ℃～30 ℃时，不超过 1 h，10 ℃～19 ℃不超过 1.5 h。冬、雨季施工时，混凝土拌和运输和浇筑严格按保障措施和规范要求执行。每循环脱模后及时对模板台车进行养护：清刷模板，对变形和麻面处进行整修和打磨，涂脱模剂。

(5)模筑混凝土衬砌质量检测与压浆预案

为确保衬砌质量，在施工过程中采用地质雷达对衬砌厚度、衬砌背后填充密实度情况进行检测。

测试方法：衬砌每完成 200 m 检测一次，检测时在拱顶、起拱线、边墙共布置 3 条测线，起拱线与边墙采取交错布设的方法。

为保证检测精度，每次检测完后钻 3～5 个孔进行校核验证。

若在地质雷达中检测出有空洞、混凝土不密实则采用注浆填充。在二次衬砌时预埋注浆管，衬砌完成后，向衬砌背后注浆，以填充二衬混凝土因干缩后造成的裂隙或由于混凝土受重力作用在拱顶易形成一平面与外防水层不密贴，故在二次衬砌达到设计强度后，从预留注浆管逐孔压入 1∶1 的水泥浆液，压力为 0.5～0.8 MPa，充填二次衬砌与外防水层之间的间隙。

6.5.3.8　水沟电缆槽

水沟电缆槽槽身采用移动模架施工，盖板在预制场集中预制、汽车运输至现场、人工安装。

(1)移动模架工作原理

预制长约 10 m 左右的移动式模架及配套的定型模板；通过丝杆把模板悬挂起来，可以左右移动模板到设计的平面位置；拧动螺丝帽可上下调整模板高度，使模板与设计标高一致；在模板调整到设计位置后，通过“定位卡”固定模板与模板之间的相对位置和模板与模架的相对位置；模板固定后，浇筑结构混凝土；待结构成型脱模后，通过人工推动或机械牵引使模架的整体移动到下一模混凝土浇筑的位置。移动模架效果如图 6-18 所示。

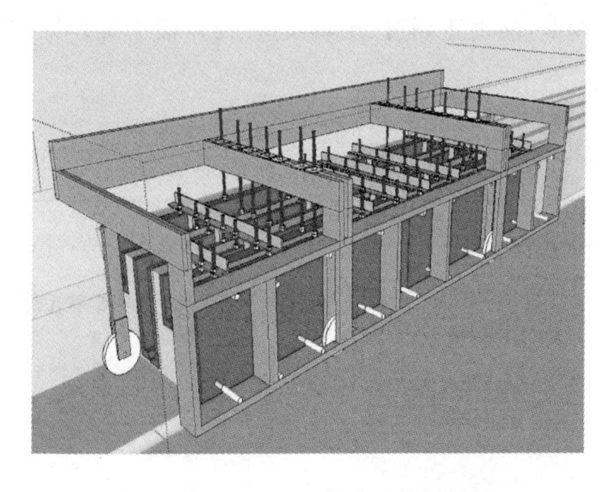

图 6-18　水沟电缆槽移动模架效果

(2)移动模架施工流程

施工准备→模架就位→模板组装、定位→安装定位卡→浇筑结构混凝土→拆模→转至下循环。

(3)移动模架施工要点

1)测量放线。

2)钢筋制安。

3)预埋件设置检查。

4)模板安装：

① 测量放样，根据外模的位置和标高，外移 30 cm 为移动模架外边的位置；

② 模架移动就位，调整模架位置，使其外侧距外模约 30 cm(±10 cm)处；

③ 通过悬吊模板的丝杆将模板横向移动至设计平面位置，再通过拧动丝杆上的螺帽调模板至设计标高；

④ 安装定位卡，拧紧定位螺栓，使模板位置固定；

⑤ 安装挡头模板、涂脱模剂、检查预压件等。

5)混凝土浇注：

混凝土均匀分层浇注，一次性浇筑完成。因沟槽断面小，不能直接用罐车入模，需要专用的平口"["型溜槽凿孔引导混凝土入模，使模架内混凝土面均匀上升。浇注混凝土坍落度宜控制在 14～16 cm 范围。

6)拆模：

① 松开定位螺栓，拆除定位卡；

② 用小锤敲击震动模板，使模板与混凝土脱离；

③ 调整悬吊丝杆，使槽内两块模板上下错位后收拢，提升；

④ 整体移动模架至下一循环施工位置。用 11 kW 电动卷扬机牵引，或人工用撬棍使模架向前滑动后，用人力可推动行走。

6.5.3.9 施工通风

1. 计算依据

(1)CO 含量不高于 30 ppm，NO_2含量不超过 2.5 ppm，H_2S 含量不超过 6.6 ppm(10 mg/m^3)；

(2)空气中 O_2含量按体积计不低于 20%；

(3)粉尘中 SiO_2含量不超过 1 mg/m^3；

(4)洞内最高平均温度不大于 28 ℃。

(5)洞内噪声不得大于 90 dB;

(6)洞内最低风速不小于 0.25 m/s、最大风速不大于 6.0 m/s;

(7)掌子面工作的柴油机车辆需要的空气量不小于 3 m^3/(kW·min)，地下开挖范围内每个作业人员不小于 3 m^3/min;

2. 通风机功率、数量计算

(1)第一阶段：平导未施工完前，隧道正洞进、出口及进、出口段平导均采用压入式通风，按最长通风距离 3000 m 计算。

1)压入式通风所需风量及风机功率计算公式，见表 6-18。

表 6-18 压入式通风所需风量、功率计算公式

计算项目	计算公式	系数说明
最大炸药爆破量所需风量(m^3/min)	$Q_1=\frac{7.8}{t}\sqrt[3]{A(SL)^2K}$	t—通风时间(min) A—同一时间爆破耗药量(kg) S—巷道面积(m^2) L—炮烟抛掷区域或临界长度(m)，取 500 K—淋水使炮烟浓度降低或地层含水修正系数，取 0.3
洞内同时工作最多人数所需风量(m^3/min)	$Q_2=qmk$	q—每人所需新鲜风标准(3m^3/min) m—同时工作人数 k—风量备用系数，取 1.15

续上表

计算项目	计算公式	系数说明
掌子面装渣时内燃设备功率计算风量(m^3/min)	$Q_3=P\times q\times\sum N$	P—修正系数，取 1.3 q—每 kW 需风量，取 4 m^3/min N—各内燃机功率(kW)
最小风速所需风量(m^3/min)	$Q_4=VS$	V—洞内允许最低风速，取 0.25 m/s S—巷道断面积(m^2)
高程修正系数	$K=760/P_{高}$	$P_{高}$—高山地区大气压力(mmHg)，查表取 674
通过风管的平均风量(m^3/s)	$Q_{需}=KQ_{最大}$	K——高程修正系数
风机供风量(m^3/min)	$Q_{供}=PQ_{需}$	P—漏风系数
漏风系数	$P=1/\left(1-\frac{\beta L}{100}\right)$	β—通风损失，取 0.5%(采用螺旋风管) L—通风区段长度(m)
摩擦阻力	$h_{摩}=R\times Q_{需}^{2}$	$h_{摩}$—摩擦损失(Pa) R—风管的风阻(kμ)
局部阻力	$h_{局}$	一般地段取 0.2$h_{摩}$，特殊地段取 0.3$h_{摩}$
隧道总风压(Pa)	$H_{总}=h_{摩}+h_{局}$	
风管的风阻	$R=6.5\times\frac{\alpha L}{d^5}$	d—风管直径(m) L—风管长度(m) $\alpha=\lambda\rho/8$，摩阻系数，查表取 0.00013
风机电机功率(kW)	$N=Q_{供}H_{总}/(102\eta_1\eta_2)\times B$	$Q_{供}$—风机供风量(m^3/s) $H_{总}$—隧道总风压 η_1—静压效率，取 0.85 η_2—机械效率，取 1.0 B—电机容量储备系数，取 1.2

2)压入式通风所需风量、风机功率计算结果

计算结果见表 6-19。

表 6-19　压入式通风所需风量、风机功率计算结果

序号	计算项目	正　洞	平　导
1	最大通风长度(m)	3000	3000
2	通风管直径(m)	1.8	1.5
3	巷道断面积(m^2)	130	30
4	同一时间爆破药量(kg)	488	115
5	洞内同时作业最多人数	80	30
6	通风时间(min)	45	45
7	最大炸药爆破量所需风量 Q_1(m^3/min)	1478	344
8	洞内同时作业最多人数所需风量 Q_2(m^3/min)	276	104
9	掌子面装碴时内燃设备所需风量 Q_3(m^3/min)	2704	1524
10	最小风速所需风量 Q_4(m^3/min)	1950	450
11	通过风管的平均风量 $Q_{需}$(m^3/min)	2974(49.6 m^3/s)	1667(27.8 m^3/s)
12	风机供风量 $Q_{供}$(m^3/min)	3497(58.3 m^3/s)	1960(32.7 m^3/s)
13	摩擦阻力 $h_{摩}$(Pa)	330	257
14	局部阻力 $h_{局}$(Pa)	66	52
15	隧道总风压(Pa)	396	309
16	风机电机功率(kW)	320	140
17	风机配置	电机 2×200 kW、风量 2793～5792 kW	电机 2×110 kW、风量 1550～2912 kW

3)通风机主要参数见表 6-20。

表 6-20 轴流通风机主要参数表

序号	风机型号	风量(m^3/min)	风压(Pa)	转速(r/min)	功率(kW)
1	SDF(B)－No18	2973～5792	782～5124	980	2×200
2	SDF(B)－No12.5	1550～2912	1378～5355	1500	2×110

(2)第二阶段:隧道进、出口段平导施工完成,进、出口正洞掘进超前对应的平导,此阶段采用巷道式通风;由平导进新鲜风、正洞出污风,采用射流风机进行辅助通风。

1)射流风机数量计算

①射流风机数量计算公式见表 6-21。

表 6-21 射流风机数量计算公式

计算项目	计算公式	系数说明
射流风机数量(台)	$N=\Delta P_c/\Delta P_j$	ΔP_c—通风阻力(Pa) ΔP_j—射流风机推力(Pa)
通风阻力	$\Delta p_c=\left(\sum\xi+\sum\lambda_i\frac{L_i}{d_i}\right)\frac{\rho}{2}v_i^2$	ξ—局部阻力系数,计算时可忽略 λ_i—巷道内不同地段沿程摩擦阻力系数,取 0.2 L_i—巷道内不同洞段长度(m) d_i—巷道内不同洞段水力直径(m) ρ—空气容重(kg/m^3),取 1.2 v_i—巷道内所需满足的风速(m/s)
巷道内不同洞段水力直径	$d_i=\frac{4\times A_r}{C}$	A_r—巷道面积(m^2) C—巷道周长(m)
射流风机推力	$\Delta P_j=\rho V_j^2\phi(1-\psi)K$	V_j—射流风机出口风速(m/s) ϕ—面积比 K—喷流系数,取 0.85 ψ—速度比
面积比	$\phi=F_j/F_s$	F_j—射流风机的出口面积(m^2) F_s—巷道横断面积(m^2)
速度比	$\psi=V_s/V_j$	V_s—巷道内风速(m/s)

②射流风机计算结果

计算结果见表 6-22。

表 6-22 射流风机计算结果

序号	计算项目	正洞		平导	
		进口	出口	进口段	出口段
1	巷道长度 L_i(m)	4605	5291	2717	2371
2	巷道面积 A_r(m^2)	117	117	27	27
3	巷道周长(m)	39	39	21	21
4	水力直径 d_i(m)	12	12	5	5
5	射流风机出口风速 V_j(m/s)	40	40	40	40
6	射流风机的出口面积 F_j(m^2)	1.13	1.13	1.13	1.13
7	面积比 ϕ	0.01	0.01	0.042	0.042
8	速度比 ψ	0.0375	0.0375	0.0375	0.0375
9	射流风机推力 ΔP_j	16	16	69	69
10	通风阻力 ΔP_c	104	119	135	125
11	射流风机数量(台)	7	8	2	2

2)射流风机选型

根据通风计算要求,选用 75 kW 强力射流风机(最大喷出风速达 40 m/s、口径 125 cm、出口面积 1.13 m^2),可满足通风需求。

3. 通风设备及动力

通风设备及动力见表 6-23。

表 6-23　通风设备及动力表

序号	设备名称	型号、规格	单位	数量	动　　力	备　　用
1	强力射流风机	QSF－1260	台	19	75×19＝1425 kW	1台
2	多级变速轴流风机	SDF(B)－No18	台	2	2×200＝400 kW	
3	多级变速轴流风机	SDF(B)－No12.5	台	2	2×110＝220 kW	
4	螺旋焊接风管	ϕ1.8 m	m	5200	百米漏风率 0.5%	300 m
5	螺旋焊接风管	ϕ1.5 m	m	5200	百米漏风率 0.5%	300 m

4. 通风布置

根据施工总体安排,本隧道通风布置共分两个阶段进行。

(1)第一阶段:平导未施工完前,隧道正洞进、出口及进、出口段平导均采用压入式通风;在隧道正洞进、出口洞口分别设置1台 2×200 kW 的多级变速轴流风机,风管采用 ϕ1.8 m 的螺旋风管;在进、出口段平导洞口分别设置 1 台 2×110 kW 的多级变速轴流风机,风管采用 ϕ1.5 m 的螺旋风管。其通风布置如图 6-19 所示。

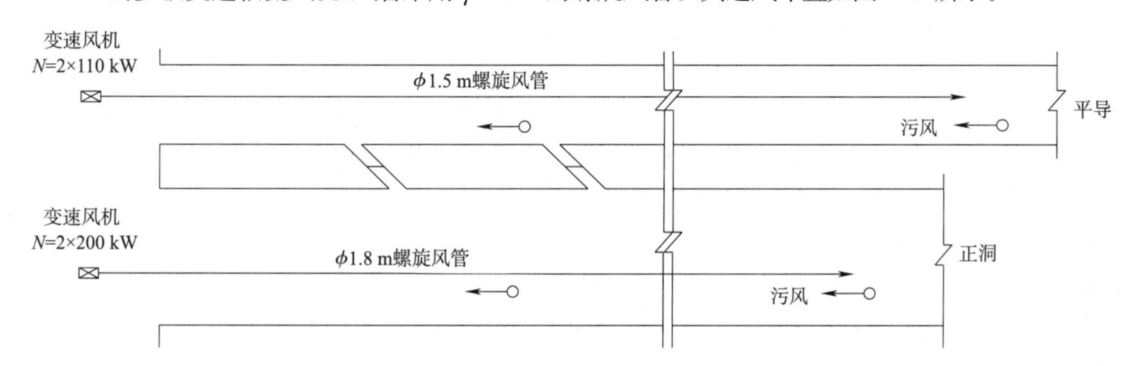

图 6-19　第一阶段通风布置示意图

(2)第二阶段:隧道进、出口段平导施工完,进、出口正洞掘进超前对应的平导,此阶段采用巷道式通风。在进、出口段平导内、相应的 6 号横通道口处分别设置 1 台 2×200 kW 的多级变速轴流风机,风管采用 ϕ1.8 m 的螺旋风管;在进风洞进、出口段平导内间距 1000 m 左右分别布置 1 台 75 kW 强力射流风机,在出风洞进、出口正洞内间距 500～800 m 布置 1 台 75 kW 强力射流风机。其通风布置如图 6-20 所示。

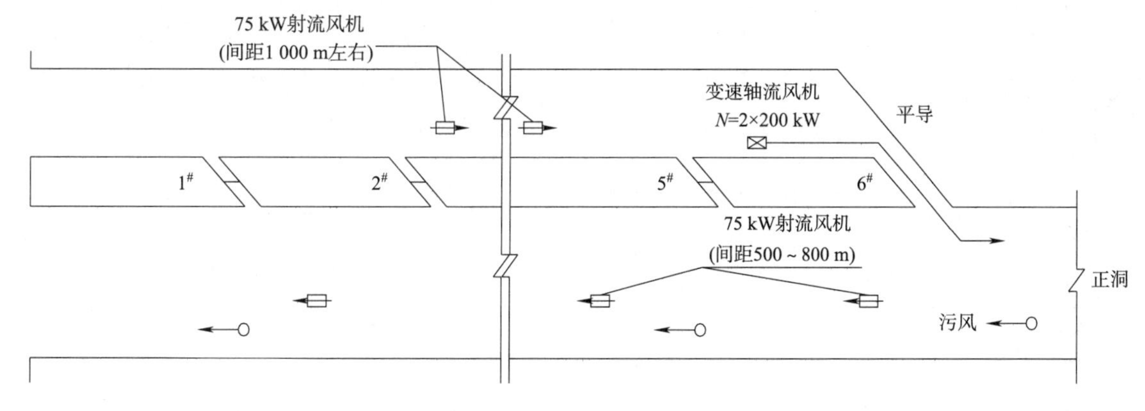

图 6-20　第二阶段通风布置示意图

5. 通风管理

(1)选用新型螺旋焊接通风软管,该焊接工艺使焊缝的受力方向改变,增大了承压能力,焊缝不易开裂,采用 40 m 一节，气密性较高；通过严格通风管理，将风管百米漏风率控制在 0.5%以内。

(2)加强环境意识，重视通风工作，成立专业的通风队伍，采取专项技术承包(已有类似成熟经验)，负责通风机、通风管安装，维护，以及通风方式变换，漏风量测定，并承担通风效果的责任。

(3)通风监测是搞好通风除尘的首要工作，通风技术人员负责日常的有害气体浓度监测，根据浓度调整风量，合理供风。

(4)安装温度、湿度、CO 自动检测仪，反映掌子面一带的环境情况。在洞口显示、公开隧道内劳动卫生条件，接受监督，自觉执行《劳动法》。

(5)爆破后、喷射混凝土时用水幕降尘器灭尘，该方法还可以溶解部分 H_2S，降低粉尘的浓度，增加能见度。

(6)炮眼应采用水炮泥封堵，既可减少残眼，又可使污染在源头得到治理。

6.5.4　不良地质处理方案、方法、工艺流程及施工技术措施

6.5.4.1　不良地质地段处理方案

施工过程中坚持“先预报后设计再施工，不预报不施工”的原则，加强对不良地质的预报。针对断层破碎带、岩溶、地下渗水、涌水突泥等不良地质段，根据超前地质预报资料制定不同处理措施。可溶岩、强富水地段地下水采取“以堵为主，限量排放”的原则，采用超前帷幕注浆或局部注浆等方法堵水；断层采用超前支护加固围岩，开挖按“短进尺、强支护、多循环、勤量测”原则施工；岩溶、暗河根据位置、规模等采取截引水、封堵、注浆加固、跨越等措施处理。

6.5.4.2　超前预注浆段施工方法、工艺流程及施工技术措施

1. 超前地质预报

在设计文件提供的地质资料的基础上，采用 TSP203、地质雷达、红外线探水、超前探孔和地质素描等手段，通过对地质预报信息的综合分析，可较准确地判明相应施工区域的地质情况，从而可以掌握岩土的渗透性、土颗粒的组成、孔隙率、饱和度及地下水量、水压和水质等物理化学性质，为合理采取注浆方法和获得理想的注浆效果提供理论依据。

2. 超前帷幕注浆

正洞帷幕注浆加固范围为隧道开挖线外 5 m，每循环注浆段长 30 m，开挖 25 m，预留 5 m 作为止浆岩盘。正洞超前帷幕注浆加固方案如图 6-21 所示。

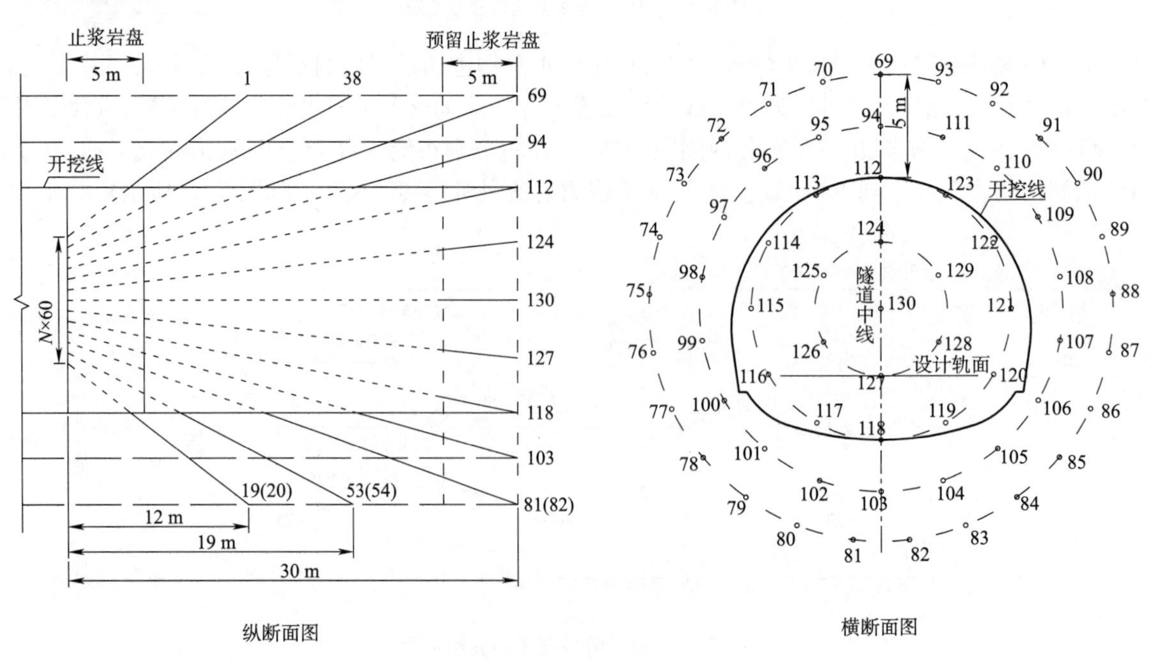

图 6-21　正洞全断面(帷幕)超前注浆示意

平导帷幕注浆加固范围为隧道开挖线外 3 m，每循环注浆段长 30 m，开挖 27 m，预留 3 m 作为止浆岩盘。平导超前帷幕注浆加固方案如图 6-22 所示。

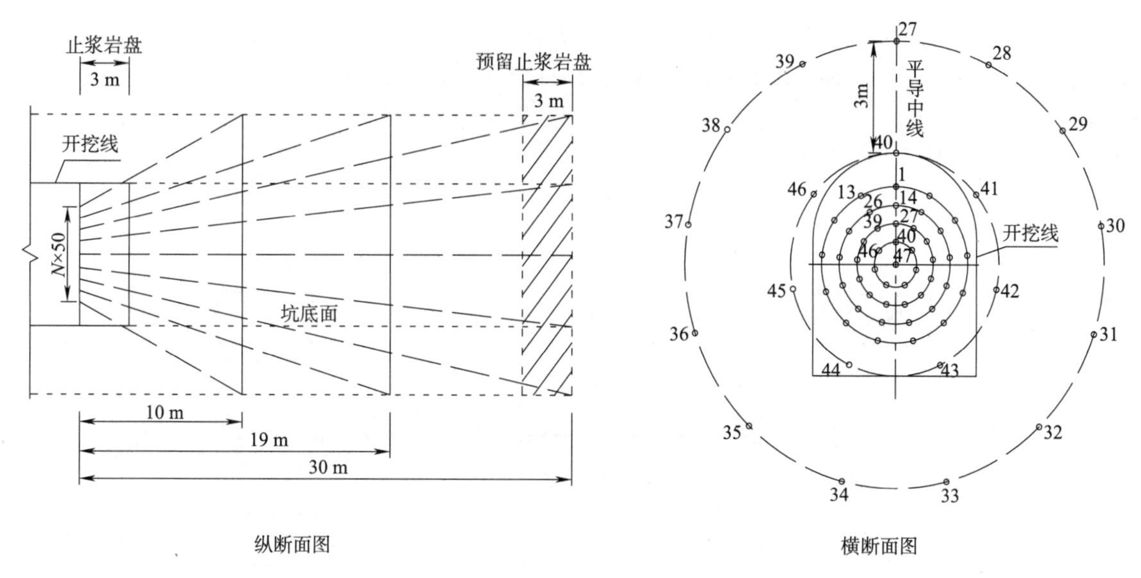

图 6-22　平导全断面(帷幕)超前注浆示意

(1)注浆参数的确定

1)注浆压力

岩石地层注浆压力宜比静水压力大 0.5～1.5 MPa，当静水压力较大时，宜为静水压力的 2～3 倍；注浆泵的压力应达到设计压力的 1.3～1.5 倍。

2)注浆量计算

单孔注浆导管的注浆量

$$Q=\pi R^2 H\eta\alpha\beta$$

式中　R——注浆加固半径，$R=(0.6\sim0.7)L$(L—注浆孔之间的中心距离)；

H——注浆段长度；

η——岩体孔隙率；

α——浆液有效充填系数，一般取 0.8～0.9；

β——浆液损耗系数，取 1.15。

注浆作业时，可参照理论注浆量来估算注浆量的大小，实际操作时，以注浆压力和现场实际情况来灵活控制注浆量，避免发生安全事故。

3)注浆加固范围

注浆区域按围岩止水的有效范围进行计算，正洞全断面帷幕预注浆范围为开挖轮廓线外 5 m，注浆段长度 30 m，分 3 环实施：第一环长 12 m、第二环长 19 m、第三环长 30 m；平导为开挖轮廓线外 3 m，注浆段长度 30 m，分 3 环实施：第一环长 10 m、第二环长 19 m、第三环长 30 m。

4)注浆孔布置

全断面帷幕注浆孔间距一般为注浆扩散半径的 1.5～1.75 倍，即 $L=(1.5\sim1.75)R$，可根据注浆加固范围、注浆扩散半径均匀布置注浆孔。

5)注浆材料选择及配比

水泥：采用普通硅酸盐水泥，强度等级不低于 R42.5 级，细度要求为通过 80 μm 方孔筛的筛余量不宜大于 5%。

注浆在特殊地质条件下如断层、溶洞渗漏通道等，根据需要，可在水泥浆液中掺入下列掺合料：

砂：质地坚硬的天然砂或人工砂，细度模数不大于 2.0，最大粒径不大于 2.5 mm，含泥量小于 3%，有机物含量小于 3%。

水玻璃：模数 2.4～3.0，浓度 30～45Be′。

对于一般破碎地段，采用普通水泥单液浆，水灰比为 0.8∶1～2∶1；对出露地下水需封堵涌水或注浆量大且压力不上升的地段，采用水泥—水玻璃双液浆，水泥浆的水灰比为 0.8∶1～1.5∶1，水泥浆与水玻璃的体积比为 1∶1～1∶0.3。

粉煤灰：精选粉煤灰，烧失量小于8%，SO_3含量小于3%，细度不低于同时使用的水泥细度。

注浆浆液掺入掺合料和外加剂的种类及其掺加量通过室内浆材试验确定。

(2)施工工艺

全断面帷幕注浆施工工艺如图6-23所示。

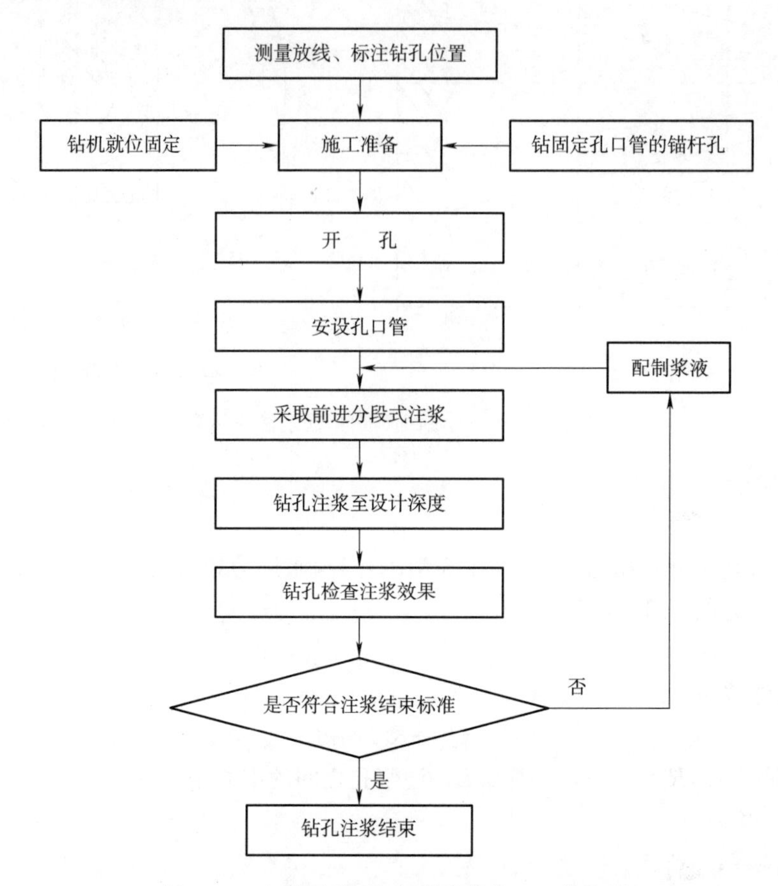

图6-23 全断面(帷幕)超前注浆施工工艺流程

(3)钻孔注浆施工方法

1)施工准备

按设计在掌子面用红油漆将注浆孔位置标明；在孔口管附近钻设2～3个固定螺栓孔；将钻具对准注浆孔孔口位置，调整钻机至钻孔方向和设计钻孔方向一致(即偏角和立角与设计相同)，固定钻机。

2)开孔

钻机采用低压力、慢钻速，采用ϕ108钻头开孔，钻深2～2.5 m，退出钻杆。

3)孔口管安装

孔口管安装采用螺栓固定法，在孔口管距法兰盘端部30 cm、60 cm处缠绕棉纱两道，孔内放入环氧树脂锚固剂，将孔口管顶入孔内，用螺栓固定。

4)钻孔注浆

采用前进式分段注浆，注浆孔前段设ϕ100套管，后续注浆段采用ϕ76钻头成孔。

通过孔口管钻进5 m后，停止钻孔，进行注浆施工，之后每钻进5～7 m，再进行注浆，如此循环直到完成该孔的钻孔及注浆。

5)注浆顺序

从外圈向内圈注浆。每环注浆孔先施工奇数编号注浆孔，然后施工偶数编号注浆孔，同时兼作检查孔。

6)注浆方式

成孔注浆采用前进式分段注浆，套管安装完成后，每钻进5～7 m即开始注浆，注浆达到设计要求后开始下一段钻孔注浆。

(4)钻孔、注浆设备

采用带止水装置的3台PLD－150C(钻孔深度≥100 m)的地质钻机、2台MEDIAN多功能钻机(钻孔深度≥100 m)和2台KLemm80412管棚钻机(钻孔深度≥50 m)作为主要钻孔设备;采用2台注浆流量为0～200 L/min、带强制式拌和系统、能自行行走的注浆台车,2台PH－250高压注浆泵(与MEDIAN钻机配套),4台ZJB－30高压注泵及2套集中制浆系统、4台立式双层搅拌机、4套灌浆自制动记录仪等设备作为主要注浆设备。

(5)注浆效果检查

注浆效果检查采用钻设检查孔法检测,检查孔位置根据注浆状况确定,数量以注浆孔总数的5%～10%为宜,其深度以超过开挖长度3 m为宜,并根据检查孔出现的渗漏(涌)水量来判断是否需要补充注浆。坚硬岩石钻孔涌水量小于0.4 L/min·m或单点涌水量小于5 L/min可以不追加钻孔注浆;破碎地段钻孔涌水量小于0.2 L/min·m或单点涌水量小于3 L/min可以不追加钻孔注浆,否则需再次压注直到达到注浆设计要求。

(6)主要技术措施

1)钻孔过程中,如遇到钻孔出水量明显增加时,则停止钻进,立即进行注浆,尽量减少钻注施工过程中水量排出,恶化注浆段的地质条件。

2)注浆前先进行注浆试验,注浆参数在注浆设计给出的基础上,通过现场实验在实际工作中进行确定或调整,以获得更好的注浆效果。

3)严格按照制浆要求顺序投料,不得随意增减数量,水泥在倒入搅拌桶前捡去其中的水泥纸及包装线,要在倒入口安装过滤筛网。

4)水泥浆搅拌好后放入储浆桶后,在吸浆过程中不断搅动,防止浆液离析,影响配合比参数。

5)注浆泵吸浆头用纱网包裹,防止大颗粒吸入,卡在注浆泵的球形与胶圈间,影响吸浆能力。并间隔一段时间提起吸浆头晃动或对吸浆头进行冲洗,防止浆液堵塞吸浆头。

6)注浆管路连接完毕后,压水检查注浆管路的密闭性和各连接接头的牢固性,防止注浆过程中高压脱开伤人。

7)注浆开始时,先打开进浆阀,再关闭泄浆阀,注浆结束时,先打开泄浆阀,再关闭进浆阀,待泄压后拆卸注浆管路。

8)若注浆过程中遇到突然停电,要立即拆卸注浆软管,用高压水冲洗干净管内浆液,与隧道外联系确定停电时间长短。停电时间长时需将注浆管路及注浆泵全部拆卸冲洗,搅拌机中的浆液也需要放入储浆桶,并冲洗搅拌机。

9)注浆过程中,若地层吸浆量大,注浆压力长时间不上升,可通过调整浆液配合比,缩短浆液凝胶时间或调整浆液比重,以达到控制注浆的目的。

10)注浆过程中,若注浆压力突然上升,立即停止注浆泵工作,打开泄浆阀卸压,找明原因后再决定该孔是否继续注浆,如系管路堵塞,清除故障后继续注浆,如管路未堵塞,接管注浆时仍出现压力突然上升的现象,则结束该孔注浆。

11)注浆过程中,若发现串浆现象,可关闭该串浆孔继续注浆,但串浆频繁,则加大钻孔与注浆孔的距离或钻一个孔注一个孔,减少或防止串浆现象。

12)注浆过程中,如跑、漏浆严重时,可通过间歇注浆技术或通过调整浆液配比缩短凝胶时间的方法进行封堵,若无效,可停止该孔注浆。

13)注浆过程中要保持注浆管路畅通,防止因管路堵塞而影响注浆结束标准的判断。

14)严格按照设计的段长进行分段注浆,不得任意延长分段长度,必要时可进行重复注浆,以确保注浆质量。严格进行注浆效果检查评定,符合要求后才能结束注浆作业。当未达到注浆结束标准时,进行补充注浆。

15)施工过程中做好排水准备工作,以防止施工中大量涌水造成危害,准备好抢险设备和物资,做好抢险准备工作。

3. 超前局部注浆

在隧道局部断面围岩节理裂隙较发育或比较破碎,其余部位围岩比较完整;超前探水孔单孔出水量5 L/min～25 L/min;探水孔水压≤0.3 MPa的情况下,根据破碎部位和破碎体与隧道的空间关系,实施局部断面超前注浆。超前局部注浆参数选择与全断面超前帷幕注浆相比,仅钻孔布置部位和数量存在差异,钻孔采取有针对性的布置，使钻孔布置能满足注浆形成局部破碎带隧道开挖轮廓线外 5 m 范围的帷幕为目的。超前局部注浆如图 6-24 所示。

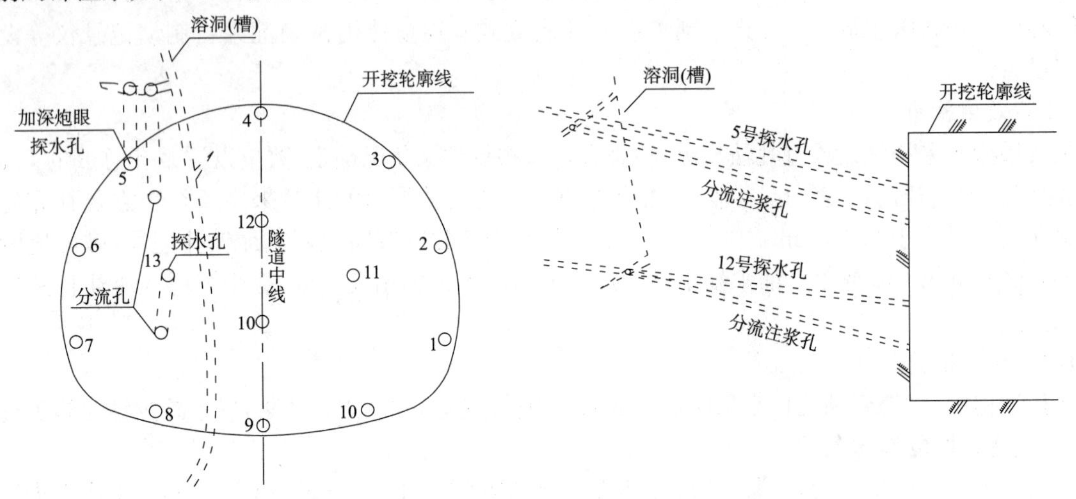

图 6-24 超前局部注浆示意

4. 注浆施工安全技术措施及注意事项

(1)注浆施工安全技术措施

1)制浆前，对于注浆材料的性能、规格应进行测定，不符合技术要求的材料不准使用。

2)采用双液浆时(水泥水玻璃)，每换一级浆液浓度，应测定凝胶时间。

3)为防止浆液中混入纸片、杂物、水泥硬块等堵塞管路。在搅拌机倒灰口及放浆出口处设置过滤网。

4)注浆过程中，必须注意观察注浆压力(泵压及孔口压力表)和吸浆量的变化情况。当注浆泵压力发生剧增，吸浆量迅速减小或不吸浆时，一般是泵的吸水笼头或吸浆球阀堵塞。如果泵压突增，而注浆孔压力上升很慢或不上升，而吸浆能力下降或不吸浆，多为混合器或钻孔发生堵塞，应及时处理。

5)注浆过程中压力突然下降，增大流量仍不回升，属跑浆或超扩散，可采用缩短凝胶时间，增大浆液浓度或低压间歇注浆的方法来解决。

(2)注浆施工安全注意事项

1)每一注浆段都必须按设计要求留够止浆岩盘或浇筑混凝土止浆墙，防止注浆的反压使掌子面坍塌。

2)钻进注浆孔时，应尽可能避免坍孔卡钻事故。在换钻具和钻孔时，应采取措施防止水压反射钻杆伤及人身和损坏设备。

3)在注浆掌子面附近 10 m 范围内，岩壁应加强喷混凝土层或衬砌，必要时可架设钢支撑，以策安全。并应经常观察附近有无裂缝和跑浆现象。

4)注浆完成后，确认无浆液凝固后，方可将孔口阀取下，并应将空孔部分用水泥砂浆封填密实。

5)认真遵守钻注机械设备的操作规则，所有注浆人员必须严格执行专项作业的防护要求，尽可能减少或免除浆液和粉尘对人身及机械设备的侵害。严禁湿手操作任何钻注设备及其他带电机具。

6)设置专门的孔口封闭装置钻机应有足够的推力，遇高压地下水时能够直接与双液(水泥、水玻璃)注浆泵相接，进行高压注浆。

7)注输浆管路能承受 1.5 倍最大注浆压力，注浆设备应配置高压注浆泵，耐蚀注浆阀门，钢丝编织胶管，大量程压力表，其最大标值应为最大注浆压力的 2～2.5 倍。

5. 超前预注浆处理程序

超前预注浆处理程序如图 6-25 所示。

6.5.4.3 富水地段施工技术措施

本隧道富水地段多，渗水量大，特别是断层破碎带、向斜构造地段，溶蚀严重，水道畅通，极易发生大、中涌水，其处理措施为超前准确预报、采用全断面帷幕注浆、局部超前注浆施工工艺及方法。

对于局部大涌水或注浆后仍存在较大涌水，拟采取集中蓄水排放，一次封堵的办法处理，用防渗混凝土浇筑蓄水池，安装水阀，混凝土厚度、蓄水池大小根据计算确定，待衬砌后，关闭水阀，连同水阀在内用混凝土或注水泥浆封闭，填实蓄水池止水。

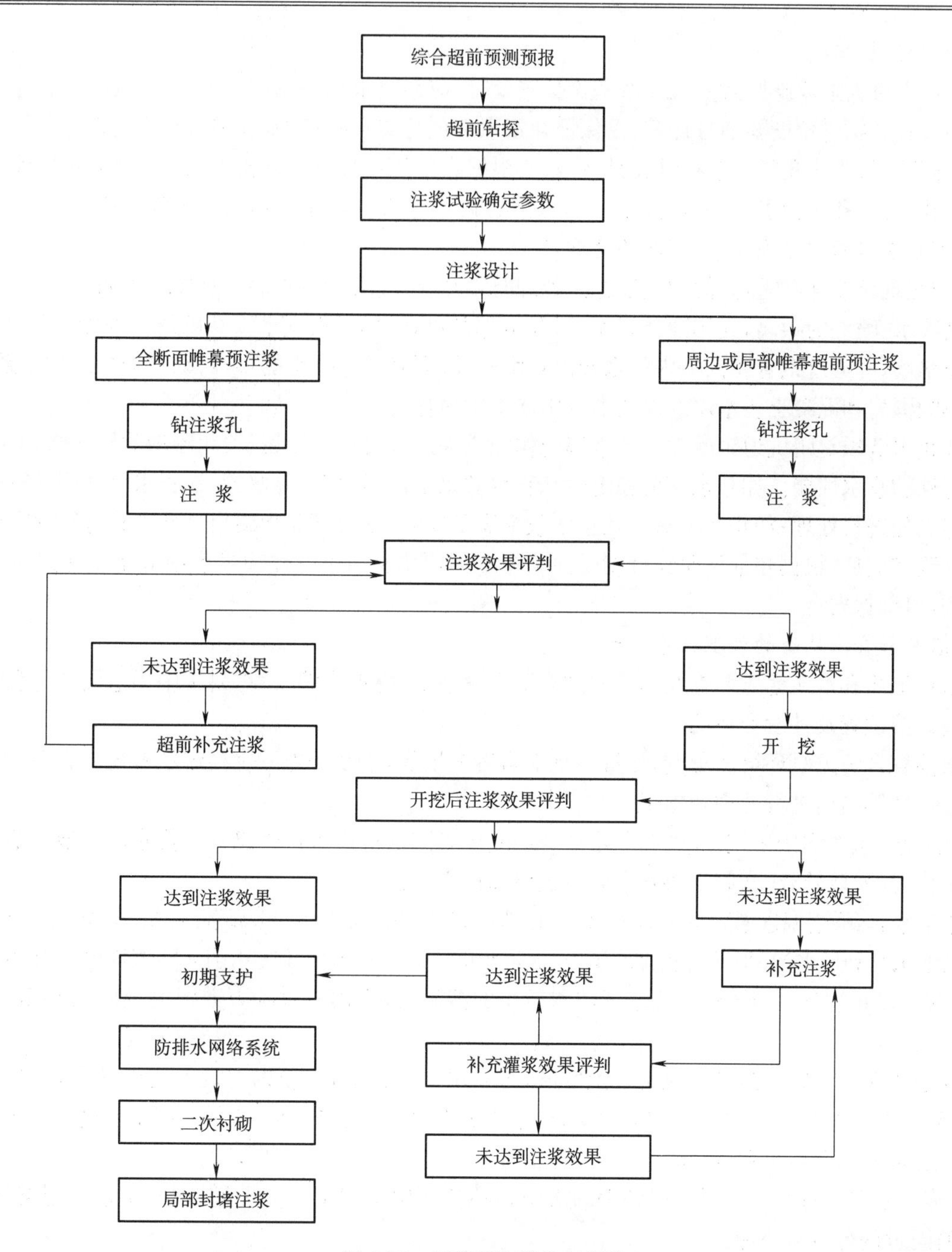

图6-25　超前预注浆处理程序

一般按下列步骤进行堵漏注浆：钻设若干个与裂隙相交的注浆孔，并镶上孔口管；漏水裂隙凿槽，先用棉纱、麻纱等对缝嵌塞，迫使渗水全部从管中流出，然后再用快凝砂浆将槽填平；对注浆孔进行压力注浆。

6.5.4.4　突水突泥的施工技术措施

突水突泥容易在可溶岩与非可溶岩接触界面或隧道通过的断层、向斜、背斜核部位置产生。

由于地下岩溶水发育的不规律性，尽管采用了超前预测预报、超前探孔等手段对地下水进行探测，但有可能还存在个别盲区，这样在施工中将有可能出现突发性的突水、突泥的地质灾害。当有这种突发性事故发生时，按以下技术措施处理执行。

(1)超前钻探过程中出现突水时的处理

在岩溶富水地段，超前钻探过程中可能会出现突水，这也是注浆堵水工作的重点。遇有这种情况，采用带止水阀装置的RPD－150C钻机，当有高压水时利用钻杆注浆止水。若发生突水，采取原孔注浆封堵法和引水分流封堵法止水。

(2)原孔注浆封堵法

在突水的孔中用钻机的机械力将高压注浆塞固定在孔口部位，然后进行双液或单液注浆堵漏。

(3)引水分流封堵法

当突水压力过大造成膨胀式液压注浆塞无法安设时，应在突水孔一侧打一注浆孔，其孔位布置在受突水影响较小的位置。钻进角度要通过计算，以保证在富水部位与突水孔接近，并进入富水构造。

在钻进侧孔时，开孔孔径大于正常孔径一级，并根据岩石的完整情况开孔 1～2 m，镶铸孔口管。新开的孔作为注浆孔，突水孔作为引水降压孔。还可根据突水压力情况决定是否增加引水降压孔。

(4)隧道开挖过程中出现突水、突泥的处理

突水、突泥现象非常严重，无法用上述方法处理时，应施作混凝土止水墙。具体方法如下：

根据其喷水、喷泥的距离，先用沙袋施作 2～3 m 厚的围堰，同时根据水量在围堰的外侧施作 3～5 m 厚的混凝土止水墙，并通过钢管将围堰内的水导出止水墙外，同时增加排水能力，启动移动泵站排水系统；另一方面在不影响围岩和混凝土止水墙的前提下在围堰中抛填片石。

围堰和止水墙须封闭坑道全断面。止水墙施作完成并达到设计强度后，关闭预埋的导水管，同时观测止水墙的稳定性和止水性能。如止水墙的稳定性和止水效果不好，则打开导水管，在止水墙外侧进行再加固或对止水墙漏水处进行处理；如止水墙稳定且止水效果满足要求，则自下而上逐个对导水管进行顶水注浆。

顶水注浆完成后，根据超前注浆设计图及注浆标准逐环注浆通过。注浆过程中应密切注意对止水墙稳定性的监测，以确保安全。

6.5.4.5 溶洞和含水构造的处理技术措施

根据区域地质和水文地质调查及已探明的岩溶发育情况，隧道岩溶发育，施工中用地质雷达和超前钻孔的方法确定岩溶位置及其发育情况。

治理岩溶综合考虑对环境的影响，尽量不扰动岩溶充填物，不改变地下水径流场及径流方向。分别采取截、引、堵、越、绕等措施进行处理和施工。

拦截地表水：自然沟槽采用在溶穴、落水洞、漏斗、地表陷穴四周施作浆砌片石排水沟。地表溶蚀封闭洼地采用截水沟，泄水暗管，泄水暗管将水引到隧道渗泄区以外。

引排地下水：当隧道掘进遇到溶洞有流水时，宜排不宜堵，采取以排为主，截引相结合的措施。常年流量大的采用开凿泄水孔利用水沟、平导将水排除洞外，流量小的可采用拦截引排将水引入隧道排水沟内，排出洞外。

堵填：对已停止发育，径跨不大，无水或渗水较小的溶洞时，采用浆砌片石或混凝土回填封闭，并辅以适当的引排水。

隧道穿过溶洞，下部为充填物，拱部以上空洞，可采用加强衬砌，拱顶以上设混凝土护拱，护拱以上设干砌片石封闭。如空洞过高，可视岩石破碎程度，对空穴岩壁进行适当锚、网、喷及型钢拱架进行加固。

跨越：当溶洞较深时，采用梁、拱跨越。

绕行：施工中遇到特大和一时难以处理的溶洞，为使工程不陷入停顿，可采用迂回导坑绕过溶洞区，继续进行施工的同时进行溶洞处理。

如发现了隐伏溶洞和含水构造，探明其大小、规模、与隧道关系等基础资料，报设计、监理及建设方，确定处理方案后再进行施工。

6.6 施工进度计划

6.6.1 各阶段工期安排

(1)施工准备

本工程计划 2008 年 12 月 19 日开工，施工准备 62 天，2009 年 2 月 19 日正式进行进、出口平导的施工，进、出口正洞待洞口超前支护完成后，2009 年 3 月 6 日正式进行暗洞的施工。

(2)主要工程阶段性工期安排

进口段平导：2010 年 9 月 30 日完工。

出口段平导：2010 年 6 月 30 日完工。

正洞：2012 年 10 月 20 日贯通至 D3K85+400，二次衬砌 2012 年 11 月 30 日完工，水沟、电缆槽 2012 年 12 月 10 日完工。

本隧道全部工程 2012 年 12 月 18 日竣工。

6.6.2　隧道各主要工序进度指标分析

6.6.2.1　超前地质预报时间分析

(1)正洞超前地质预报时间分析

正洞超前地质预报时间分析见表 6-24。

表 6-24　正洞超前地质预报时间分析

序号	预报项目	预报次数(次)	每次测试时间(min)	合计测试时间(min)	开挖循环次数(次)	每循环用时(min)
1	TSP203	110	120	13200		2.9
2	红外探水	376	不占工序时间	0		0
3	地质雷达	395	20	7900		1.7
4	地质素描	4556	不占工序时间	0	4556	0
5	超前探孔	1362	20	27240		6.0
6	超前地质钻孔	99	1800	178200		39.1
7	合计用时	157 天				49.7

注:1. 开挖循环进尺指标:Ⅲ级围岩 2.5 m,Ⅳ级围岩 1.5 m,Ⅴ级围岩 0.8 m。
2. 考虑有的预报工作可同步进行,正洞综合考虑计算每循环用时为:40 min。

(2)平导超前地质预报时间分析

平导超前地质预报时间分析见表 6-25。

表 6-25　平导超前地质预报时间分析

序号	预报项目	预报次数(次)	每次测试时间(min)	合计测试时间(min)	开挖循环次数(次)	每循环用时(min)
1	TSP203	30/26	120	3600/3120		3.1/3.2
2	红外探水	107/95	不占工序时间	0		0
3	地质雷达	107/95	20	2140/1900	1168/964	1.8/2.0
4	地质素描	1168/964	不占工序时间	11680/9640		0
5	超前探孔	371/307	20	7420/6140		6.3/6.4
6	超前地质钻孔	29/25	1800	52200/45000		44.5/46.7
7	合计用时	45 天/39 天				55.7/58.3

注:1. 开挖循环进尺指标:Ⅲ级围岩 2.5 m,Ⅳ级围岩 2.0 m,Ⅴ级围岩 1.0 m。
2. 斜线上为进口段平导指标、下为出口段平导指标。
3. 考虑有的预报工作可同步进行,平导综合考虑计算每循环用时为:50 min。

6.6.2.2　开挖进度指标分析

(1)开挖作业循环时间分析

开挖作业循环时间分析见表 6-26。

(2)开挖进度指标

隧道开挖进度指标见表 6-27。

6.6.2.3　二次衬砌进度指标分析

本隧道因平导二次衬砌量小(48 m),采用自制型钢拱架、小模板施工,故仅对隧道正洞二次衬砌指标进行分析。正洞二次衬砌进度指标分析见表 6-28。

表 6-26　开挖作业循环时间表

围岩级别 \ 工作内容		循环进尺(m)	测量(h)	钻孔(h)	装药爆破排烟(h)	喷锚支护(h)	出渣(h)	其他(h)	超前地质预报(h)	合计(h)
正洞	Ⅲ	2.5	0.3	1.7	2.0	0.5	4.0	0.3	0.7	9.5
	Ⅳ	1.5	0.3	1.3	2.0	3.5	2.5	0.3	0.7	10.6
	Ⅴ	0.8	0.3	主要采用挖掘机开挖,平均用时 4.2 h		5.0	1.5	0.5	0.7	12.2

续上表

围岩级别 \ 工作内容		循环进尺(m)	测量(h)	钻孔(h)	装药爆破排烟(h)	喷锚支护(h)	出渣(h)	其他(h)	超前地质预报(h)	合计(h)
平导	Ⅲ	2.5	0.3	2.4	1.5	1.0	2.3	0.3	0.8	8.6
	Ⅳ	2.0	0.3	2.1	1.5	2.8	1.8	0.3	0.8	9.6
	Ⅴ	1.0	0.3	主要采用挖掘机开挖，平均用时1.2 h		4.0	1.0	0.5	0.8	7.8

注：1. 正洞、平导Ⅲ、Ⅳ级围岩均采用风钻钻眼，Ⅴ级围岩主要采用挖掘机开挖。
2. 喷锚支护时间正洞与平导Ⅲ级围岩考虑初喷5 cm的时间，复喷与锚杆打设滞后一段距离与出渣同时进行；正洞与平导Ⅳ、Ⅴ级围岩已考虑超前支护和初期支护时间(未考虑超前帷幕或局部注浆时间)。

表6-27 隧道开挖进度指标

项目 \ 围岩级别	正洞			平导		
	Ⅲ	Ⅳ	Ⅴ	Ⅲ	Ⅳ	Ⅴ
循环进尺(m)	2.5	1.5	0.8	2.5	2.0	1.0
循环时间(h)	9.5	10.57	12.3	8.6	9.6	7.8
日循环次数(次)	2.52	2.27	1.95	2.8	2.5	3.08
日进度(m)	6.3	3.4	1.56	7.0	5	3.08
月进度(m)	188.9	103	47	210	150	92
长期工作效率(%)	90	90	90	95	95	0
实际平均月进度(m)	170	93	42	200	140	92

注：1. 采用超前帷幕注浆或局部注浆的Ⅳ、Ⅴ级围岩地段，正洞开挖指标按25 m/月计、平导开挖指标按40 m/月计。

表6-28 正洞二次衬砌指标分析

类型 \ 内容	单模长度(m)	台车行走就位(h)	涂脱模剂(h)	端模、止水带安装(h)	混凝土灌注(h)	养生待强(h)	脱模清理(h)	合计(h)	进度指标(m/月)
正洞	12	2	1	2.0	12	48	3	68	127

注：综合考虑施工干扰等因素，实际施工二次衬砌指标按120 m/月计。隧道进、出口各配置2台12 m长衬砌台车。

6.6.3 各主要分项工程施工进度安排

各主要分项工程施工进度安排见表6-29。

表6-29 各主要分项工程施工进度安排

序号	工程项目			施工时间	时间(d)
1	施工准备			2008.12.19～2009.02.18	60
2	进口工区	平导	开挖及初期支护(锚喷衬砌)	2009.02.19～2010.09.30	589
			进口段二次衬砌	2009.04.01～2009.04.15	15
		正洞	洞口大管棚超前支护	2009.02.19～2009.03.05	15
			洞身开挖及支护	2009.03.06～2012.10.15	1321
			二次衬砌(含洞口明洞衬砌)	2009.05.01～2012.11.20	1300
			水沟、电缆槽	2011.05.01～2012.11.30	580
3	出口工区	平导	开挖及初期支护(锚喷衬砌)	2009.02.19～2010.06.30	497
			出口段二次衬砌	2009.04.20～2009.04.30	10
		正洞	洞口大管棚超前支护	2009.02.19～2009.03.05	15
			洞身开挖及支护	2009.03.06～2012.10.20	1326
			二次衬砌(含洞口明洞衬砌)	2009.05.01～2012.11.30	1310
			水沟、电缆槽	2011.05.01～2012.12.10	590
4	收尾、竣工			2012.12.11～2012.12.18	8

6.6.4 施工进度横道图

施工进度横道图如图6-26所示。

序号	工程项目			施工时间	2008年	2009年				2010年				2011年				2012年			
					4季	1季	2季	3季	4季	1季	2季	3季	4季	1季	2季	3季	4季	1季	2季	3季	4季
1	施工准备			2008.12.19～2009.02.18	60d																
2	进口工区	平导	开挖及初期支护	2009.02.19～2010.09.30					589d												
			进口段二次衬砌	2009.04.01～2009.04.15		15d															
		正洞	洞口大管棚超前支护	2009.02.19～2009.03.05			15d														
			洞身开挖及支护	2009.03.06～2012.10.15									1321d								
			二次衬砌	2009.05.01～2012.11.20										1300d							
			水沟、电缆槽	2011.05.01～2012.11.30														580d			
3	出口工区	平导	开挖及初期支护	2009.02.19～2010.06.30					497d												
			进口段二次衬砌	2009.04.20～2009.04.30		10d															
		正洞	洞口大管棚超前支护	2009.02.19～2009.03.05		15d															
			洞身开挖及支护	2009.03.06～2012.10.20										1326d							
			二次衬砌	2009.05.01～2012.11.30										1310d							
			水沟、电缆槽	2011.05.01～2012.12.10														590d			
4	收尾、竣工			2012.12.11～2012.12.18																	8d

图 6-26 贵广铁路油竹山隧道施工进度横道图

6.7　主要资源配置计划

6.7.1　施工管理及技术人员配置计划

本工程施工管理及技术人员配置计划见表 6-30。

表 6-30　施工管理及技术人员配置计划表

序号	部　门	职　务	人数(人)	备　注
1	项目部领导	项目经理	1	
2		党委书记	1	兼工委主任
3		副经理	2	
4		总工程师	1	
5		安全总监	1	
6		副总工程师	1	
小计			7	
1	工程管理部	部长	1	
2		专业工程师	2	
3		内业管理	1	
4		计划、统计、调度	1	
5		测量组组长	1	含隧道监控量测人员
6		测量工	6	
小计			12	
1	超前地质预报小组	组长	1	计划于 2012 年 10 月 20 日隧道贯通后调离
2		地质工程师	2	
3		隧道工程师	2	
4		物探工程师	3	
5		数据管理员	2	
小计			10	
1	中心试验室	主任	1	
2		试验工程师	3	
小计			4	
1	科技管理部	部长	1	
2		专业工程师	3	
小计			4	
1	安质环保部	部长	1	
2		安全工程师	2	
3		质检工程师	2	
4		环保工程师	1	
小计			6	
1	物资设备部	部长	1	
2		机电工程师	3	
3		材料员	2	
小计			6	
1	计划合同部	部长	1	
2		专业工程师	1	

续上表

序号	部　门	职　务	人数(人)	备　注
小计			2	
1	财务会计部	部长	1	
2		会计	1	
3		出纳	1	
小计			3	
1	综合办公室	主任	1	征地、拆迁工作完成后减至3人
2		协调员	4	
3		文秘	1	
小计			6	
项目经理部合计			60	
1	作业队	队长	1	
2		副队长	1	
3		技术主管	1	
4		技术员	3	
5		计统调兼内业	1	
6		测量员	3	
7		试验员	2	
8		安全员	1	
9		质检员	1	
10		材料员	2	
11		核算员	1	
12		领工员	3	
小计			20	
两个作业队合计			40	
总计			100	

6.7.2 劳动力组织计划

6.7.2.1 劳动力配备计划

根据本隧道工程的规模、工期要求、投入的机械设备及本工程的技术特点，组建专业班组施工，进行相关人力资源的最优配置，主要管理技术人员相对固定，施工作业队人员按进度计划实行动态管理，满足工程进度计划需要和业主要求。项目管理人员精干高效、职责明确、权限到位。作业人员挑选熟练工人，特殊工种持证上岗。使施工队伍始终保持高素质，确保高效率、高质量完成本工程施工。劳动力配备计划见表6-31。

6.7.2.2 劳动力动态计划

劳动力动态计划如图6-27所示。

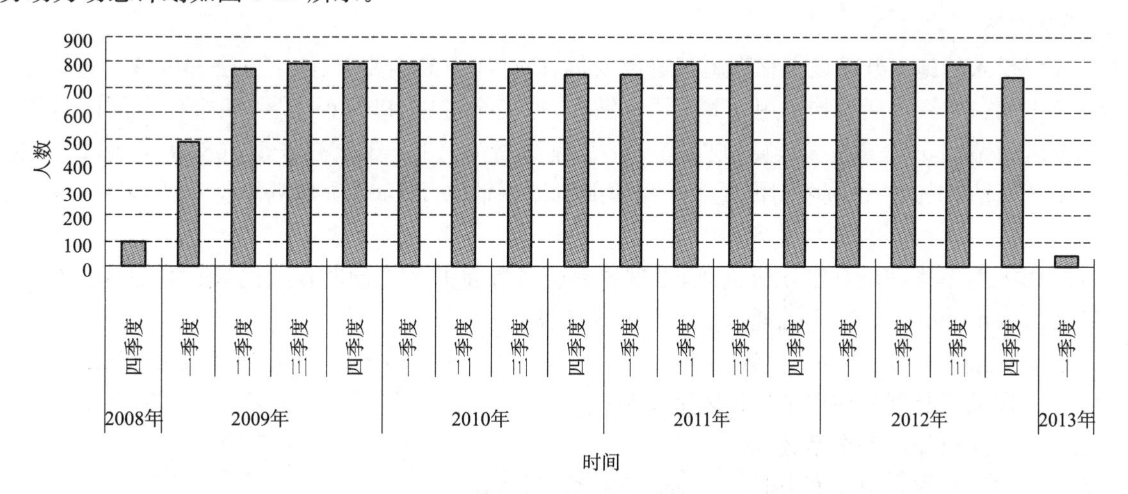

图6-27 劳动力动态图

表 6-31 劳动力配备计划表 （单位：人）

工种 时间		管理技术人员	开挖工	支护工	混凝土工	钢筋工	电工	木工	电焊工	机械工	修理工	钻探工	灌浆工	司机	普工	其他	合计
2008 年	四季	60					5							10		20	95
2009 年	一季	100	160	60	20	10	6	5	5	10	5		10	25	30	40	486
	二季	100	160	60	80	50	14	30	20	40	16	20	20	40	80	40	770
	三季	100	160	60	80	50	14	30	20	40	16	40	20	40	80	40	790
	四季	100	160	60	80	50	14	30	20	40	16	40	20	40	80	40	790
2010 年	一季	100	160	60	80	50	14	30	20	40	16	40	20	40	80	40	790
	二季	100	160	60	80	50	14	30	20	40	16	40	20	40	80	40	790
	三季	100	150	50	80	50	14	30	20	40	16	40	20	40	80	40	770
	四季	100	140	40	80	50	14	30	20	40	16	40	20	40	80	40	750
2011 年	一季	100	140	40	80	50	14	30	20	40	16	40	20	40	80	40	750
	二季	100	140	40	120	50	14	30	20	40	16	40	20	40	80	40	790
	三季	100	140	40	120	50	14	30	20	40	16	40	20	40	80	40	790
	四季	100	140	40	120	50	14	30	20	40	16	40	20	40	80	40	790
2012 年	一季	100	140	40	120	50	14	30	20	40	16	40	20	40	80	40	790
	二季	100	140	40	120	50	14	30	20	40	16	40	20	40	80	40	790
	三季	100	140	40	120	50	14	30	20	40	16	40	20	40	80	40	790
	四季	100	140	40	120	50	14	30	20	40	16		10	40	80	40	740
2013 年	一季	30												5		5	40

6.7.3 主要机械设备配置(包括检测、测量和试验设备)计划

6.7.3.1 施工机械设备配备原则

根据本工程设计情况、施工方案、工期及施工进度安排，设备选型按照“先进、合理、配套、适用”的原则进行配置。即：隧道进、出口正洞和进、出口段平导分别配置开挖、装渣、运输及喷锚支护设备，超前地质预报、超前支护、混凝土拌和站、混凝土运输车、钢筋加工等设备共用，同时考虑一定的富裕量。

6.7.3.2 主要机械设备选型与配置

(1)超前钻孔、注浆设备

采用 3 台 PLD－150C 钻机(钻孔深≥100 m，可用于超前地质钻探、超前注浆钻孔、锚杆钻孔等)、2 台自带止水装置的 MEDIAN 钻机、2 台 Rlemm80412 钻机(钻孔深≥50 m)，2 台注浆流量为 0～200 L/min 的注浆台车、高压注浆泵辅以集中制浆系统、搅拌机等设备作为钻孔、注浆设备。

(2)开挖设备

本工程拟投入的施工开挖设备根据施工进度安排、设计净空断面要求、施工方法和设备工效选定。

本隧道正洞、平导、横通道均采用 YT28 风钻钻孔，拟安排进、出口两个工区、四个作业面同时作业。按每台 YT28 风钻钻设 5 m^2 掌子面计算，则需 YT28 风钻数量为(135＋35)×2÷5＝68 台，考虑 20％的备用，则共需 YT28 风钻 84 台。正洞喷射混凝土采用喷射机械手辅以 TK500 湿喷机作业，平导采用 TK500 湿喷机作业。

洞内采用大功率移动电动空压机供风，根据风钻配备数量并考虑同时作业的风钻数量为总量的 80％，每台风钻耗风 3 m^3/min 计算，则总耗风量根据下式计算：

$$Q=\sum Q_1\times(1+\lambda)\times K\times K_m=(68\times 80\%\times 3)\times(1+0.3)\times 1.1\times 1.1=257\ m^3/min$$

式中 Q_1——风动机具同时使用工作耗风量总和；

λ——空压机使用安全系数，取 30％；

K——空压机本身磨损而引起的效率降低系数，取 1.1；

K_m——海拔影响空压机生产能力的修正系数，取 1.1。

根据计算需配备 27 m³/min 电动移动空压机 10 台(进、出口工区各配置 5 台),以满足开挖供风的需要。

(3)喷射混凝土设备

本隧道喷射混凝土量达 41302 m³,正洞每天喷射混凝土最大量出现在Ⅲ级围岩加强复合式断面地段(开挖进尺 6.3 m/d、喷射混凝土 6.31 m³/m),则每天喷射混凝土量为 40 m³;平导每天喷射混凝土最大量出现在Ⅳ级围岩地段(开挖进尺 5.0 m/d、喷射混凝土 2.43 m³/m),则每天喷射量为 12.2 m³;每个作业工区喷射混凝土最大量为 52.2 m³/d,考虑 20%的超挖超喷量和 15%的回弹量,则每个作业工区喷射混凝土量最大为 52.2×(1+20%)×(1+15%)=72 m³/d。每个作业工区(进、出口两个工区)配备 1 台喷射能力为 25 m³/h喷射机械手,并辅以 3 台 TK500 湿喷机进行喷混凝土作业。横通道及小喷量喷射混凝土采用 TK500 湿喷机作业,移动电动空压机供风。

(4)混凝土拌和、运输设备

1)混凝土拌和设备

平导二次衬砌在平导进、出口段,且数量较小,在正洞二次衬砌前先行安排施工。正洞二次衬砌采用 12 m液压衬砌台车,根据施工进度安排,混凝土最大用量在Ⅴ级围岩地段,每米衬砌量达 30.76 m³(拱墙 12.54 m³,仰拱、填充 18.22 m³)。则每组需混凝土最大量=30.76×12=369 m³。根据施工安排,衬砌采用仰拱、填充混凝土先行的施工方法,则同时需用混凝土最大的工况为仰拱、填充与拱墙混凝土同时灌注。

拱墙混凝土采用输送泵分层、左右侧交替对称浇筑,为防止混凝土上升速度过快造成衬砌台车损坏,按 1.5 m/h 的上升速度计算,则拱墙混凝土灌注速率为 12 m×0.5 m×1.5 m/h×2=18 m³/h,需 60 m³/h 混凝土输送泵数量 $N=Q/(E_t Q_{max})=18/(0.4\times60)\approx1$ 台。

仰拱、填充混凝土灌注采用运输罐车卸入梭槽直接入模,按其施工速度与拱墙衬砌基本一致考虑,则仰拱、填充混凝土的灌注速度为 18.22(仰拱、填充)÷12.54(拱墙)×18=26.2 m³/h。

因此模筑混凝土需求量最大为 18+26.2=44.2 m³/h,喷射混凝土需求量最大 72 m³/d,考虑设备的使用效率及二次衬砌混凝土与喷射混凝土同时拌和等因素,拟配备生产能力为 60 m³/h 的 HZS60 型混凝土拌和站 2 台,理论拌和能力按 120.0 m³/h 计算,能满足混凝土拌和需要。

2)混凝土运输设备

根据喷射混凝土、模筑混凝土灌注设备配置及施工组织,正洞内喷射混凝土最大需求量为机械喷射手 1 台+1 台 TK500 湿喷机的喷射量,喷射手喷射最大效率为 25 m³/h,实际工作效率为 25×80%=20 m³/h,则每个作业工区喷射混凝土需求速度为 20+5=25 m³/h(平导因其喷射量小,且平导较早施工完成,计算混凝土运输设备时可忽略)。二次衬砌混凝土最大需求量为 44.2 m³/h,则每个作业工区混凝土需求最大速度为 25+44.2≈69 m³/h。隧道进、出口分别设置一座混凝土拌和站,拌和站至洞内最远距离计 6.0 km,洞外平均车速 20 km/h,考虑接料等因素,混凝土运输车往返一次用时为 6÷20××60×2=36 min,模筑混凝土需要 6 m³混凝土搅拌运输车数量为 36÷[6÷(44.2÷60)]+1≈6 辆;喷射混凝土需要 6 m³混凝土搅拌运输车数量为 36÷[6÷(25÷60)]+1≈4 辆。因此,本隧道共需 6 m³混凝土搅拌运输车为 2×(6+4)=20 辆,另备用 2 辆。

另进、出口拌和站分别配备 ZL50 装载机 2 台作为上料设备。

(5)装渣、运输设备

1)正洞

正洞每个作业面配备 2 台 WA470—3 型装载机(斗容量 3.9 m³,充盈系数取 0.8,则每斗装渣 3.1m³),19tVOLVO 自卸汽车(斗容 10.5 m³松方)运输。洞内最大运距 5.3 km(出口),平均车速 15 km/h,洞口距弃渣场平均运距 2 km,平均车速 30 km,卸渣及汽车掉头耗时按 2.0 min 考虑。

运输需要最大汽车数量在隧道开挖接近贯通面时,弃渣往返运输时间为:[(5.3÷15)+(2÷30)]×60×2+2=52 min,自卸汽车洞内掉头就位及等待装渣时间按 6 min 计(WA470—3 型装载机铲、运、卸一斗需 1.0 min,2 台装满一车需装 4 斗,用时 2.0 min),则自卸汽车出渣时最长循环时间为 52+6=58 min。则正洞每个作业面需自卸汽车数量为 58÷6≈10 辆,正洞共需 19t 自卸汽车 22 辆(备用 2 辆)。

2)平导

平导采用 ITC312 挖装机(实际装碴能力 160 m³/h),受平导单车道净空断面(宽 4.7×高 6.0 m)的影响,拟采用 15 t 自卸汽车(斗容 8.3 m³松方,外形尺寸:长 6173×宽 2462×高 2710 mm)运输。进口平导段洞内最长运距 2.7 km、出口段平导洞内最长运距约 2.4 km，洞口距弃渣场平均运距 2 km，平均车速 30 km，卸渣及汽车掉头耗时计 2.0 min。

进口段弃渣往返运输时间为：[(2.7÷15)+(2÷30)]×60×2+2≈32 min，出口段弃渣往返运输时间为：[(2.4÷15)+(2÷30)]×60×2+2≈30 min；自卸汽车洞内掉头就位及等待装渣时间按 10 min 计(ITC312 挖装机装满 1 车需 3.1 min)，则自卸汽车出渣时最长循环时间进口段平导为 32+10=42 min、出口段平导为 30+10=40 min。则平导需自卸汽车数量为(42+40)÷10≈9 辆，另备用 2 辆，共需 11 辆。

(6)变压器选型与配置

1)第一阶段：平导未施工完前，进口工区最大施工长度 2717 m、出口工区最大施工长度 2371 m。

每个作业工区主要施工用电设备见表 6-32。

表 6-32　第一阶段每个作业工区施工用电设备表

序号	设备名称	规格、型号	功率(kW)	数量(台)	小计(kW)
1	移动电动空压机	英格索兰 27 m^3/min	184	5	920
2	轴流通风机	SDF(B)-No18	2×200	1	400
		SDF(B)-No12.5	2×110	1	220
3	喷射机械手	MEYCO　25 m^3/h	90	1	90
4	湿喷机	TK500	7.5	2	15
5	挖装机	ITC312	132	1	132
6	液压衬砌台车	12m	22	1	22
7	混凝土输送泵	HBT60	75	2	150
8	混凝土拌和站	HZS60	87	2	174
9	抽水机	IS125-100-400	35	1	35
10	钢筋加工设备		50	1	50
11	生活区及照明等		120	1	120
合计					2428

① 施工总用电量估算

隧道施工用电量，按需要系数法，计算施工供电系统的高峰负荷：

$$S=K_1K_2K_3(\sum K_cP_1+\sum K_cP_2)$$

式中　S——施工供电系统高峰负荷时的有功功率(kW)；

K_1——考虑未计及的用户及施工中发生变化的余度系数，取 1.1；

K_2——各用电设备组之间的用电同时系数，取 0.7；

K_3——配电变压器和配电线路的损耗补偿系数，一般取 1.06；

K_c——设备同时使用系数，通风机取 0.8，其余电动机械及照明取 0.7；

P_1——各用电设备的额定容量(kW)；

P_2——照明用电总和(kW)。

根据设备配置表，将数据代入公式得：

$$S=1.1\times0.7\times1.06\times[(400+220)\times0.8+(2428-400-220)\times0.7]=1438\ \text{kW}$$

施工总用电量 $S_{总}=S/\cos\phi=1438/0.8=1797$ kVA($\cos\phi$：功率因素)。

② 变压器的选型、配置

根据施工总用电量和洞内、洞外施工用电量以及施工中、后期洞内高压进洞等因素，变压器按以下方式进行配备。

a. 洞内掘进长度小于 500 m，在隧道洞口配置 3 台 630 kVA 变压器(总容量 1890 kVA)，供正洞和平导洞口段施工及洞外施工用电。

b. 洞内掘进长度大于 500 m，洞内采用高压进洞方案。在隧道洞口设置 2 台 630 kVA 变压器，供洞外生产、生活用电；正洞和平导内分别设置 2 台 630 kVA 移动变压器，供洞内施工用电，变压器随着隧道的掘进，每 400～500 m 交叉移动。

2)第二阶段:平导施工完成,正洞进口施工长度 4605 m、出口施工长度 5291 m。

隧道进、出口作业工区主要施工用电设备见表 6-33。

表 6-33　第二阶段隧道进、出口工区主要施工用电设备表

序号	作业工区	设备名称	型号	功率(kW)	数量(台)	小计(kW)	备注
1	进口	移动电动空压机	英格索兰 27 m³/min	184	4	736	
2		轴流通风机	SDF(B)-No18	2×200	1	400	安装于平导终点附近
3		射流风机	QSF-1260	75	2	150	平导内 1000 m 布置 1 台
4		射流风机	QSF-1260	75	7	525	正洞内 500～800 m 设置 1 台
5		喷射机械手	MEYCO　25 m³/h	90	1	90	
6		湿喷机	TK500	7.5	1	7.5	
7		液压衬砌台车	12 m	22	1	22	
8		混凝土输送泵	HBT60	75	2	150	
9		混凝土拌和站	HZS60	87	2	174	
10		抽水机	IS125-100-400	35	1	35	
11		钢筋加工设备		50	1	50	
12		生活区及照明等		120	1	120	
合计						2460	
1	出口	移动电动空压机	英格索兰 27 m³/min	184	4	736	
2		轴流通风机	SDF(B)-No18	2×200	1	400	安装于平导终点附近
3		射流风机	QSF-1260	75	2	150	平导内 1000 m 布置 1 台
4		射流风机	QSF-1260	75	8	600	正洞内 500～800 m 设置 1 台
5		喷射机械手	MEYCO　25 m³/h	90	1	90	
6		湿喷机	TK500	7.5	1	7.5	
7		污水泵	130 m³/h	22	4	88	反坡地段施工用
8		液压衬砌台车	12 m	22	1	22	
9		混凝土输送泵	HBT60	75	2	150	
10		混凝土拌和站	HZS60	87	2	174	
11		抽水机	IS125-100-400	35	1	35	
12		钢筋加工设备		50	1	50	
13		生活区及照明等		120	1	120	
合计						2623	

① 施工总用电量估算

根据上式计算,$S_{进}=1493$ kW、$S_{出}=1592$ kW($S_{进}$、$S_{出}$分别表示进、出口工区供电系统高峰负荷时的有效功率)。

进口总用电量＝1493/0.8＝1866(kVA),出口总用电量＝1592/0.8＝1991 kVA

② 变压器的选型、配置

A. 在隧道进、出口洞口各设置 1 台 630 kVA 变压器,供洞外生产、生活及平导内 1 km 范围的射流风机(1 台)等施工用电。

B. 在进、出口段平导内 2 km 附近各设置 1 台 630 kVA 变压器,供平导内 1 km 至平导终点的通风机、照明等施工用电。

C. 在进、出口正洞内各设置 2 台 630 kVA 移动变压器,供变压器前后约 500 m 的洞内施工用电,变压器随着隧道的掘进,每 400～500 m 交叉移动。工程施工的中后期分别在正洞 2 km 和 4 km 处,各设置 1 台 630 kVA 变压器供射流风机、后续零星施工和照明用电。

3)总需变压器数量

第一阶段进、出口工区共需 12 台 630 kVA 变压器，第二阶段需进、出口工区共需 12 台 630 kVA 变压器；综合考虑总需 12 台 630 kVA 变压器。

6.7.3.3 主要机械设备配备计划

本工程主要施工机械配备见表 6-34。

表 6-34 拟投入本工程的主要机械设备

序号	设备名称	规格、型号	产地厂家	数量(台、套)	进场时间	备注
一、超前地质预报设备						
1	地质预报系统	TSP203	瑞士	1	2009.2	
2	红外线探水	HY-303	武汉	2	2009.2	
3	掌子面画像系统		日本	2	2009.2	
4	地质雷达	SIR-2000	美国	1	2009.2	
5	水平地质钻机	PLD-150C 钻深≥100 m	日本	3	2009.2	
二、开挖、出渣、运输设备						
1	手风钻	YT28	天水	84	2009.2	
2	挖掘机	PC130 0.5 m^3	小松	2	2009.2	短臂
3	挖掘机	PC300-6 1.4 m^3	黄工	4	2008.12	长臂
4	挖装机	ITC312300 m^3/h	德国	2	2009.2	平导装渣
5	正装侧卸式装载机	WA470-3 3.9 m^3	德国	4	2009.2	正洞装渣
6	自卸汽车	VOLVO FM7 19 t	瑞典	22	2009.2	分阶段投入
7	自卸汽车	EQ3141G7D 15 t	东风	11	2008.12	
8	多功能作业台架	4 m	自制	4	2009.2	
三、支护设备						
1	多功能钻机	MEDIAN 带止水装置	法国	2	2009.12	
2	管棚钻机	KLemm80412 钻深≥50 m	德国	2	2009.2	
3	集中制浆系统	JZ222-15	杭钻厂	2	2009.12	
4	立式双层搅拌机	JJS-2B	杭钻厂	4	2009.12	
5	灌浆自动记录仪	JT2008	北京	4	2009.12	
6	储浆桶	JJS-10	杭钻厂	2	2009.12	
7	注浆台车	PG185 流量 0～200 L/min	意大利卡萨	2	2009.12	
8	锚杆台车	H318 102 kW	广东	2	2009.2	
9	注浆泵	SNS-140/15	宜昌	4	2009.2	
10	高压注浆泵	PH-250 与 MEDIAN 钻机配套	法国	2	2009.12	
11	高压注浆泵	ZJB-30 30 MPa	西安探矿	4	2009.12	
12	喷射机械手	MEYCO 25 m^3/h	瑞士	2	2009.2	
13	混凝土湿喷机	TK500 5 m^3/h	成都	6	2009.2	
四、混凝土拌和、运输、二次衬砌、仰拱等施工设备						
1	混凝土搅拌站	HZS60 60 m^3/h	山东建机	4	2009.1	
2	装载机	ZL50 2.7 m^3	柳工	4	2008.12	
3	混凝土搅拌运输车	SQH5270GJB 6 m^3	四川勤宏	22	2009.2	分阶段投入
4	混凝土输送泵	HBT60 60 m^3/h	三一重工	4	2009.3	
5	全液压模板台车	12 m	定制	4	2009.4	正洞使用
6	仰拱快速施工设备	CRECGG-1 6 m	定制	4	2009.4	

续上表

序号	设备名称	规格、型号	产地厂家	数量(台、套)	进场时间	备注
7	水沟、电缆槽移动模架	CRECGG-2　9 m	定制	4	2011.4	
五、通风机、空压机、变压器、发电机等设备						
1	强力射流风机	QSF-1260　75 kW	山西侯马	19	2010.2	分段投入
2	多级变速轴流风机	SDF(B)-No18 2×200 kW		2	2009.4	
3	多级变速轴流风机	SDF(B)-No12.5 2×110 kW		2	2009.3	
4	移动电动空压机	英格索兰 27 m^3/min	上海	10	2009.2	
5	柴油发电机	250GF　250 kW	康明斯	4	2008.12	
6	变压器	S9-630/10 630 kVA	长沙	12	2009.1	分阶段投入
7	污水泵	QW150-130-30 排量130 m^3/h	大连	6	2012.5	
8	抽水机	IS125-100-400 35 kW	都匀	3	2009.1	备用1台
六、其他设备						
1	汽车起重机	QY25　25 t	徐工	2	2008.12	
2	钢筋调直机	CTJ-4/8　3 kW	太原	4	2009.1	
3	钢筋弯曲机	CW40　3 kW	太原	8	2009.1	
4	钢筋切断机	WS40-1　5.5 kW	上海	4	2009.1	
5	交流弧焊机	RX-360　20 kVA	上海	6	2009.1	
6	乙炔气割机	CF-3	上海	2	2009.1	
7	液压锻钎机	YDD-1	太原	4	2009.1	
8	车床	C620　4 kW	成都	2	2009.1	
9	车头刨床	B665　3 kW	成都	2	2009.1	
10	载重汽车	ZZ1322BM434 21 t	重庆红岩	6	2009.1	
11	洒水车	EQ1132F8 6000 L	二汽	2	2009.2	

6.7.3.4　主要试验、检测、测量设备配备计划

本工程主要试验、检测、测量设备配备见表6-35。

表6-35　拟投入本工程的主要试验、检测、测量仪器设备

序号	仪器名称	规格型号	量程	精度	单位	数量
1	液压万能材料试验机	WE-1000	0～1000 kN	±1%	台	1
2	液压式压力试验机	YE-2000	0～2000 kN	±1%	台	1
3	水泥电动抗折试验机	DKZ5000N	0～5000 N	±1%	台	1
4	行星式水泥胶砂搅拌机	XJ202-A	4 min	0.5s	台	1
5	水泥胶砂振实台	ZST98-A	60次/60 s	±2	台	1
6	水泥净浆搅拌机	SJ-160	4 min	0.5 s	台	1
7	沸煮箱	FZ-31	0～100 ℃	±1 ℃	台	1
8	水泥标准度及凝结时间测定仪	0～70 mm	0～70 mm	1 mm	台	1

续上表

序号	仪器名称	规格型号	量　程	精　度	单　位	数　量
9	水泥抗压夹具	40×40 mm	40×40 mm	0.1 mm	个	6
10	水泥细度负压筛析仪	FYS-150	0～10000 Pa	5 Pa	台	1
11	雷氏夹测定仪	LD-50	2.5～17.5 mm	±2.5 mm	台	1
12	数控水泥混凝土标准养护箱	SBY-40 B	0～50 ℃	≤0.7 ℃	台	1
13	自动切石机	DQ-4A	50～200 mm	0.5 mm	台	1
14	水泥标准筛	ϕ80×125	0.08 mm	0.10%	套	1
15	粉煤灰筛	ϕ80×125	0.045 mm	0.10%	套	1
16	新标准砂石筛	ϕ300 mm	0.08～10，2.5～100 mm		套	1
17	新标准石子筛	ϕ300 mm	0.08～10，2.5～100 mm		套	1
18	土壤标准筛	ϕ300 mm	0.074～60 mm		套	1
19	环刀	70×52	70×52 mm	±0.2 mm	个	2
20	环刀手柄	70×52			个	2
21	强制式单卧轴混凝土搅拌机	NJB-50	50 L		台	1
22	混凝土振动台试验仪	BZ2111	0.1～199.9 m/s^2		台	1
23	砂浆搅拌机	HJ350	——		台	1
24	砂浆稠度仪	SC145	0～145 mm	±1 mm	台	1
25	震击式标准筛选机	ZBSX-92	ϕ300 mm		台	1
26	针片状规准仪	0～40 mm	0～40 mm	1 mm	台	1
27	游标卡尺	0～300 mm	0～300 mm	0.02 mm	把	1
28	电子分析天平	TG328A	0～200 g	0.1 mg	台	1
29	电子天平	TD5102	500 g	0.01 g	台	1
30	静水力学天平	8sj5 kg-1	0～5 kg	0.1 g	台	1
31	台称	TGT-100	0～100 kg	50 g	台	1
32	石子压碎值指标仪	ϕ174×120	ϕ172×120		台	1
33	标养室温湿自控仪	BYS	(20±1) ℃	±0.1 ℃	台	1
34	混凝土试模	L100、L150	L100、L150 mm	±0.2 mm	组	10
35	砂浆试模	L70.7	L70.7 mm	±0.2 mm	组	3
36	抗渗试模(成型)	175×185×150	175×185×150	±0.2 mm	组	5
37	水泥软练试模	40×40×160	40×40×160	±0.2 mm	组	5
38	轻型触探仪	ϕ25+120 mm	50 cm	±2 cm	台	1
39	重型触探仪	63.5 kg～760 mm	63.5 kg～760 mm	50 g～5 mm	台	1
40	数显土壤液塑限联合测定仪	FG-3	0～22 mm	0.1 mm	台	1
41	电热鼓风恒温干燥箱	CS202B	0-200 ℃	±0.5 ℃	台	1
42	电热鼓风恒温干燥箱	CS202B	0～200 ℃	±0.5 ℃	台	1
43	混凝土渗透仪	HS-40	0～4 MPa	1.5 级	台	1
44	雷氏夹	150 mm～10 mm	150 mm～10 mm	0.1 mm	个	5
45	回弹仪	HT-225A	100 MPa	2 MPa	台	2
46	干湿温度计	WHM5	−20～40 ℃，100%RH	1 ℃，2%	支	5
47	温度计	−10～100 ℃	−10～100 ℃	0.5 ℃	支	5
48	砂浆层度仪	145 mm	0～145 mm	0.5 mm	台	1
49	多功能混凝土钻孔取芯机	HZ-15	ϕ50、100、150	1 mm	台	1
50	钢卷尺	0～500 mm	0～500 mm	1 mm	把	2
51	机械秒表	803	0～99999 s	0.2 s	个	2

续上表

序号	仪器名称	规格型号	量程	精度	单位	数量
52	相对密度试验仪	WJ-3	0～250 mL	1 mL	台	1
53	数控标准电动击实仪	ZDGFS123-88	0～5000 cm^3	1 cm^3	台	1
54	冷弯冲头	ϕ6.5～130 mm	ϕ6.5～130 mm	±1%	个	3
55	水泥胶砂流动度测定仪	SLD-30	30次		台	1
56	坍落度筒仪	100×200×300	100×200×300		个	4
57	砂浆抗渗仪	147×104 Pa	1.5 MPa		台	1
58	混凝土含气量测定仪	CA-3	≤10%	≤10%	台	1
59	水泥稠度测定仪	0～70 mm	0～70 mm	1 mm	台	1
60	测力环	FS-5	0.5～5 kN	±0.3%	台	1
61	混凝土劈裂夹具	R75×20 mm	R75×20 mm		个	4
62	手动脱模器	STM-125	0～175 mm		个	3
63	电动脱模器	TLD-141	0～230 mm		个	3
64	混凝土贯入阻力仪	20～28 MPa	20～28 MPa	0.2 MPa	台	1
65	砂子漏斗		ϕ5～10 mm	ϕ0.5 mm	台	1
66	标准砂	ISO			kg	40
67	钢丝刷	L150、300 mm	L150、300 mm		把	5
68	毛刷	L150×10 mm	L150×10 mm		把	5
69	吸球	ϕ50～2 mm	ϕ50～2 mm		把	5
70	土工刀	L150-200 mm	150～200 mm		把	2
71	刮土刀	L200 mm	L200 mm		把	2
72	钢筋切割机	GQ50	25～50 mm		台	1
73	混凝土收缩仪	SS-1	10 mm	0.01 mm	台	1
74	混凝土保护层测定仪	HBY－84	0～60 mm	1 mm	台	1
75	马弗炉	Sx2-2.5-10	0～1000 ℃	10 ℃	台	1
76	恒温水浴	HHS11-2B	37～100 ℃	±1 ℃	台	1
77	耐蚀系数电动抗折机	DKZ5000N	0～5 000 N	±1%	台	1
78	混凝土压力泌水仪	SY-2	6 MPa	0.5 MPa	台	1
79	混凝土电通量仪(NEL法)	NEL-PER	0～6000C	<0.3%	台	1
80	混凝土氯离子扩散系数仪(RCM法)	BJ118-NEL-PER	0～6000 C	<0.3%	台	1
81	电热蒸馏水器	WS2-226-77	10 L/h	——	台	1
82	电通量仪	HLD-5A	——	1C	台	1
83	表面振动压实仪	DZYS4212		1 cm^3	台	1
84	全站仪	莱卡402		1s	台	1
85	全站仪	尼康430		2 s	台	2
86	自动安平水准仪	NA205		1 mm/km	台	5
87	隧道断面测量仪	TAPS			台	2
88	激光导向仪	YJB-Ⅰ型			台	4
89	锚杆拉拔仪	HZ20			台	1
90	周边收敛仪	WRM-4		2 mm+2 ppm	台	8
91	收敛仪	QJ-85		2 mm+2 ppm	台	6
92	多点锚头位移计	DW3	150 mm	±0.1%F.S	台	6
93	锚杆应力计		3 000$\mu\varepsilon$	±0.25%F.S	台	6

6.7.4 主要物资供应计划

主要物资供应计划见表 6-36。

表 6-36 主要物资供应计划

材料名称		水泥(t)	砂(m^3)	碎石(m^3)	炸药(t)	钢材(t)
总量		122 259	189 913	241 113	1 286	3 150
2008 年	4 季度	3 668	5 697	7 233	39	95
2009 年	1 季度	4 890	7 597	9 645	51	126
	2 季度	6 113	9 496	12 056	64	158
	3 季度	7 336	11 395	14 467	77	189
	4 季度	7 336	11 395	14 467	77	189
2010 年	1 季度	9781	15 193	19 289	103	252
	2 季度	9 781	15 193	19 289	103	252
	3 季度	9 781	15 193	19 289	103	252
	4 季度	9 781	15 193	19 289	103	252
2011 年	1 季度	9 781	15 193	19 289	103	252
	2 季度	9 781	15 193	19 289	103	252
	3 季度	8 558	13 294	16 878	90	221
	4 季度	7 336	11 395	14 467	77	189
2012 年	1 季度	6 113	9 496	12 056	64	158
	2 季度	6 113	9 496	12 056	64	158
	3 季度	3 668	5 697	7 233	39	95
	4 季度	2 445	3 798	4 822	26	63

6.7.5 资金需求计划

资金需求计划见表 6-37。

表 6-37 资金需求计划表 单位:千元

开工后时间(月)	分期		累计	
	金额	百分率(%)	金额	百分率(%)
0～3	17 460	4	17 460	4
4～6	21 825	5	39 285	9
7～9	34 920	8	74 205	17
10～12	34 920	8	109 125	25
13～15	34 920	8	144 045	33
16～18	34 920	8	178 965	41
19～21	34 920	8	213 885	49
22～24	30 555	7	244 440	56
25～27	30 555	7	274 995	63
28～30	21825	5	296 820	68
31～33	21 825	5	318 645	73

续上表

开工后时间（月）	分期		累计	
	金额	百分率(%)	金额	百分率(%)
34～36	21 825	5	340 470	78
37～39	21 825	5	362 295	83
40～42	21 825	5	384 120	88
43～45	17 460	4	401 580	92
46～48	13 095	3	414 675	95
质量保修期	21 825	5	436 500	100
合计	436 500	100	436 500	100

6.8　施工现场平面布置

6.8.1　平面布置原则

充分利用隧道进、出口山间谷地进行两个作业队的场地布置，实行作业区、生活和办公区分开设置。

(1)尽可能方便施工，有利于文明施工，节约用地和保护环境；

(2)事先统筹规划，分期安排，便于各项施工活动有序进行，避免相互干扰；

(3)充分利用各种建筑物，降低临时设施费用；

(4)满足安全、消防和劳动保护的要求。

6.8.2　临时工程设施布置说明

6.8.2.1　施工营地及临时房屋

项目经理部拟租用都匀市甘塘镇当地废弃厂房1 000 m^2、新建活动房屋200 m^2，满足项目部管服人员、监理工程师办公、生活需要。

两个作业队分别设于隧道进、出口山间谷地。各作业队拟分别新建双层活动房屋2 500 m^2供办公、生活需要，拟分别新建砖房或棚架1 200 m^2供各类生产设施所需。

在隧道出口作业二队驻地新建中心试验室150 m^2(包括力学室、材料室、水泥试验室、标准养护室、办公室等)，负责本工程的检验和试验工作。

6.8.2.2　施工便道、便桥

分别从922县道(都匀～昌明)打铁乡和甘塘镇引出至隧道进、出口，隧道进口拟新建便道1.46 km、改扩建便道10.4 km、至弃渣场新建便道1.4 km，隧道出口利用既有机耕道扩建便道10.6 km，便道采用路面宽度为3.5 m的混凝土路面、每200 m设长度为15 m的错车道1处。

为便于交通运输，拟采用贝雷梁架设跨隧道进口摆梭河(跨度22 m、宽度4.5 m)和出口对门河(跨度19 m、宽度4.5 m)的便桥各1座，便桥基础和台身采用C15片石混凝土修筑。

6.8.2.3　施工用水

在进口摆梭河和出口对门河分别设集水井1座，抽水至隧道进、出口洞顶山坡所设的200 m^3高压水池，主水管路采用DN200钢管。洞内供水管路接DN200主管后，分两路采用DN150钢管供隧道正洞和平导施工用水；另铺设一DN100主水管路、支管采用DN50钢管分别供作业一队、作业二队洞外生产、生活用水。

供水管路沿地面铺设，洞外每隔10 m设浆砌石支墩承托固定，洞内每隔10 m采用钢筋悬挂于填充或铺底混凝土上1.2 m处。

生活用水需进行沉淀、消毒检验处理。

6.8.2.4　施工用电

从洞外永临接合10 kV系统电力线上就近T接，洞内施工用电采用10 kV高压电缆进洞。施工前期分别

在隧道进、出口设置3台630 kVA变压器供洞内和洞外生产、生活用电;中、后期随着隧道掘进和施工总体安排在进、出口洞口仅保留1台630 kVA变压器供洞外生产生活用电,另2台630 kVA变压器逐步移入洞内。

另在隧道进、出口分别配置2台250 kW柴油发电机,作为系统停电时的备用电源。

6.8.2.5 拌和站、钢筋加工场及混凝土预制场

在隧道进、出口生产场地内分别设置一座2台HZS60的混凝土拌和站,分别负责隧道进、出口工区正洞和平导混凝土和喷射混凝土的供应;在拌和站附近分别设置一座钢筋加工场和混凝土预制场,负责钢筋加工、钢架预制及水沟、电缆槽盖板的预制;拌和站、钢筋加工场、混凝土预制场均采用C20混凝土硬化。

6.8.2.6 施工通讯

经理部和作业队均安装程控电话,现场配备移动电话和无线对讲机,进行内部的生产指挥和对外的通讯联络;办公区安装宽带网络,并与业主、监理的信息网络实行联网,进行信息管理。

6.8.2.7 污水处理

在施工场地内设置排水沟,施工产生的污水排入沉淀池,经沉淀处理达标后排入当地排污系统,避免造成污染;生活场地内设排水沟,经排水沟进入沉淀池(3级沉淀池)沉淀处理达标后,排入临近的既有沟渠之中。本工程拟在隧道进、出口、混凝土拌和站各设置2座200 m^3的沉淀处理系统。

6.8.2.8 火工品库

火工品库拟设置在经当地公安部门同意的山坡上,隧道进、出口拟分别设置一容量为20 t的炸药库和雷管库,炸药库和雷管库的设置符合安全相关规定。

6.8.2.9 油料库

拟在距隧道洞口约1 000 m处、进场道路旁设置油库和看守房,备足5天油料,周围用磁力线围挡并标注"油库重地、严禁烟火"。隧道进、出口工区分别拟设10 t油罐2个、新建砖房30 m^2、加油厂棚房20 m^2。

6.8.2.10 弃渣场

隧道弃渣弃于设计指定的弃渣场,隧道进、出口弃渣分别弃于距洞口约2 km的弃渣场内。弃渣坡脚采用M10浆砌片石挡墙或拦渣坝挡护,渣顶设截水天沟,并作好渣场排水系统,渣场顶面和坡面进行绿化,以防止弃渣流失、污染环境,满足当地环保的相关要求。

6.8.3 平面布置图

油竹山隧道进、出口施工场地平面布置图如图6-28、图6-29所示。

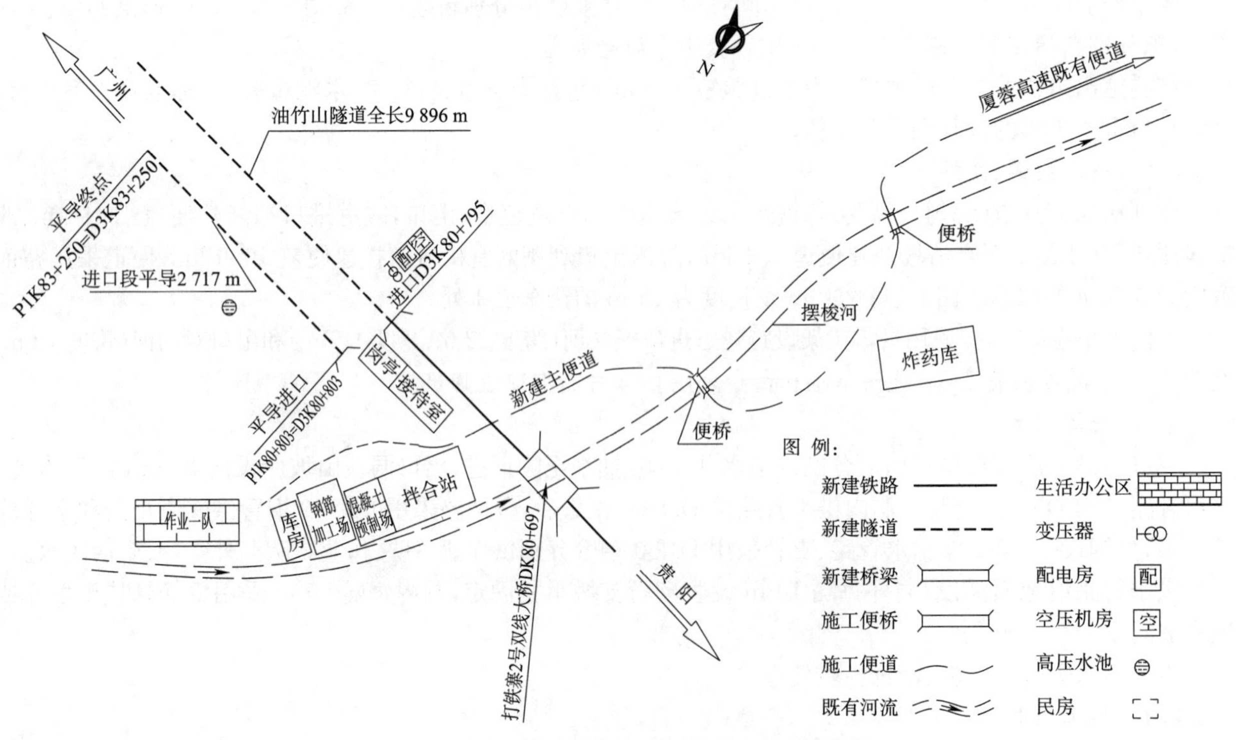

图6-28 油竹山隧道进口施工场地平面布置示意图

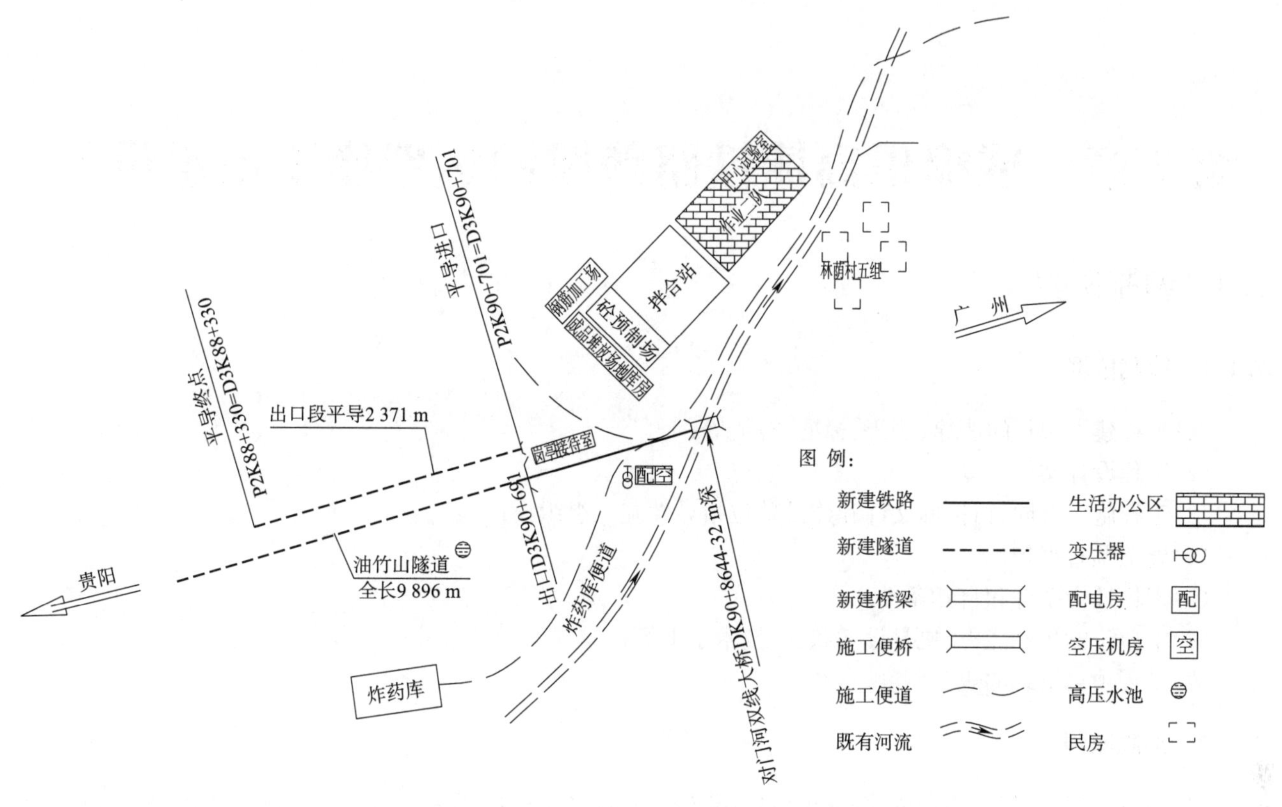

图 6-29 油竹山隧道出口施工场地平面布置示意图

6.9 工程项目综合管理措施

工程项目综合管理措施主要包括进度控制管理、工程质量管理、安全生产管理、职业健康安全管理、环境保护管理、文明施工管理、节能减排管理等内容。详见附录 2。

第 7 章　成绵乐高速铁路箱梁制运架施工组织设计

7.1　编制说明

7.1.1　编制依据

(1)工程建设现行的法律、法规、标准、规范等；
(2)工程设计文件；
(3)工程施工合同、招投标文件和建设单位指导性施工组织设计；
(4)施工调查报告；
(5)现场社会条件和自然条件；
(6)本单位的生产能力、机具设备状况、技术水平等；
(7)工程项目管理的规章制度。

7.1.2　编制原则

以业主提供的成绵乐高速铁路招标文件、指导性施工组织设计、国家现行设计及施工规范、质量评定验收标准及有关法规为依据，按照全面保证施工安全质量、施工工期的要求，结合本企业类似工程施工经验和技术编制。

7.1.3　编制范围

新建成都至绵阳、乐山高速铁路 5 标，里程范围 DK171＋550～DK232＋500 内 11 座双线桥梁预制、运输与架设施工。

7.2　工程概况

7.2.1　项目基本情况

7.2.1.1　线路情况

新建成都至绵阳(乐山)高速铁路位于四川盆地西北部，本线总体走向为北东～南西向，正线全长 315.87 km，设江油、青莲、绵阳、罗江东、德阳北、广汉北、青白江东、新都东、成都东客站、成都南、双流机场、双流西、新津西、彭山北、眉山东、眉山南、夹江、峨眉和乐山等车站。全线新建桥梁 116 座，桥梁总长 151.85 km，占线路长度 48%；隧道 4 座，隧道总长 12.969 km，占线路长度 4.1%。线路 52.1%的路段以桥梁隧道通过。

7.2.1.2　主要技术标准

(1)铁路等级：Ⅰ级；
(2)基础设施速度目标值：250 km/h；
(3)正线线间距：4.6、4.6～4.8、4.8 m；
(4)最大坡度：20‰；
(5)最小曲线半径：4 500 m，困难地段采用 3 500 m；
(6)到发线有效长度：650 m；
(7)牵引种类：电力；
(8)列车运行方式：自动控制；
(9)行车指挥方式：综合调度；

(10)列车类型:8 辆编组电动车组。

7.2.1.3 工程项目特点及重难点

(1)工程量大、工序多、工期紧、重点工程多、施工难度大。

(2)质量要求高。线路设计为 250 km/h 的行车速度,对施工质量提出了较高要求。

(3)施工干扰多。由于多座桥梁跨越既有公路,高空作业、起吊作业、大型机械作业等危险源多,如何在施工中保证下方行车及施工人员、机械的安全将会成为首要问题。

(4)环保要求高。线路位于成都平原西部,穿行成雅高速路、大件路(S103)、成昆线,是本地区旅游资源最丰富的地带,城市化程度较高。沿线植被较好,地形较平坦,施工过程中要确保不破坏沿线景观,江河、农田不受污染,植被得到有效保护。

7.2.2 制梁场基本情况

7.2.2.1 制梁场简介

新津制梁场位于新津县邓双镇双河村,占地面积 211 亩,位于线路左侧。制梁场承担 CMLZQ－5 标 DK171＋550～DK232＋500 范围内 926 孔箱梁预制、运输及架设工程,其中 32 m 箱梁 885 孔,24 m 箱梁 41 孔。制梁场中心里程为 D1K204＋202,设置制梁台座 13 座,其中 1 座为 24 m 制梁台座,1 座为 24 m/32 m 共用制梁台座,其余为 32 m 箱梁制梁台座;75 个存梁台座(含 2 座临时换装台座和 1 座静载试验台座),最大存梁能力 150 孔。制梁场设计制、架梁能力为 2.5 孔/天。

7.2.2.2 工程特点

(1)箱梁数量较多。预制梁采用通桥(2008)2224 A 单箱双室梁,相比通常的单箱单室梁在预制过程的中侧腹板及内箱混凝土浇筑工艺上具有更大难度。

(2)特殊结构多、施工复杂。梁部构造以简支箱梁为主,在跨公路、河流处设置为大跨度连续梁。简支箱梁以工厂预制、架桥机架设的方法施工,受现浇梁施工进度、路基施工进度及沿线高压电线等情况影响大。

(3)青龙场特大桥 146 号墩至 160 号墩纵向坡度为－17.01%,大坡度箱梁架设施工难度高、危险性大。

(4)工后沉降和混凝土徐变控制标准高。为满足无砟轨道质量控制技术要求,对桥梁工后沉降和混凝土收缩徐变要严格控制。

7.2.3 自然特征

7.2.3.1 气象特征

沿线冬无严寒,夏多暴雨,阴天多、日照少。所经过的主要地市气象特征值见表 7-1。

表 7-1 气象特征值表

气象特征值	单 位	江 油	绵 阳	德 阳	成 都	眉 山
历年平均降雨量	mm	828	931	938.9	918.2	1 351
历年平均气温	℃	15.2	16.1	16.1	18.3	17.1
历年最高气温	℃	37	38.8	35.6	37.3	38.2
历年最低气温	℃	－10.5	－7.3	－6.7	－5.9	－4
历年平均风速	m/s	0.88	1	1.4	1.3	2
历年最大风速	m/s	17	11.5	15	12	14
风向		WN	WN	EN	EN	N

7.2.3.2 地质特征

沿线分布地层较简单,广泛分布第四系(Q)人工填筑土、人工弃土及冲积层、洪积层、破积层、崩积层、残积层、风积层、冰水一流水堆积层,局部分布滑坡堆积层;下伏地层主要为白垩系(K)、侏罗系(J)地层。

(1)地质构造

江油至德阳段位于新华夏系第三沉降段至绵阳帚状构造中,地层呈大规模宽缓状褶皱产出,倾角较缓(局部水平),局部发育逆断层,节理较发育。

德阳至眉山段位于新华夏系第三沉降带四川盆地西部，断层、节理一般不发育，地质构造不强烈，出露岩层平缓。

(2)地震动参数

汶川地震前，根据国家地震局《中国地震动参数区划图》(GB 18306－2001)，沿线地震动参数划分见表7-2。

表 7-2 地震动参数表

段　落	动峰值加速度	动反应谱特征周期
江油至新都(DK0＋000～DK138＋850)	0.05 *g*	0.35 s
新都至眉山(DK138＋850～DK232＋500)	0.10 *g*	0.45 s

汶川地震后，根据国家地震局《中国地震动参数区划图》(GB18306－2001)国家标准第1号修改单，沿线地震动参数调整见表7-3。

表 7-3 地震动参数调整表

段　落	动峰值加速度	动反应谱特征周期
江油至青莲(DK0＋000～DK16＋000)	0.15 *g*	0.40 s
青莲至德阳(DK16＋000～DK95＋700)	0.10 *g*	0.40 s
德阳至双福场(DK95＋700～DK290＋100)	0.10 *g*	0.45 s
双福场至眉山(DK290＋100～DK232＋500)	0.10 *g*	0.40 s

(3)不良地质与特殊岩土

1)不良地质

沿线地质主要有滑坡、危岩落石、岩堆、坍塌、顺层、采空区、河岸冲刷、砂土液化及地震堰塞湖。

2)特殊岩土

人工弃土、膨胀土(岩)、软土、松软土、石膏、钙芒硝。

3)软土

沿线软土主要分布在丘陵区的丘间槽地的水田、水塘表层，一般厚0～2 m，局部为1～7 m；主要为淤泥质粉质黏土，局部为淤泥，局部有1～2 m厚的硬壳。

4)松软土

沿线水田、水塘表层普遍分布，一般厚0～2 m，局部较厚达6 m，据统计，1～6 m厚的有10段，分布于丘陵区，以粉质黏土为主，呈软塑状，局部有1～2 m的硬壳层。

7.2.3.3 水文特征

(1)地下水类型

地下水主要为第四系孔隙潜水和少量基岩裂隙水。

(2)地下水化学类型

地下水、地下水一般对混凝土结构无侵蚀性，局部具硫酸盐侵蚀或氯盐侵蚀。罗江至黄许段(DK66＋600～DK77＋300)、新都至眉山(DK133＋000～DK232＋500)地表水及地下水对混凝土结构多具氯盐侵蚀及硫酸盐侵蚀作用。

7.2.3.4 交通、水电及其他状况

(1)铁路

本线路北段有宝成铁路纵贯南北，南段有成昆铁路纵贯南北，东有成渝、达成、内昆等铁路干线。工程施工可充分利用既有铁路的运输能力，将主要材料运至项目附近的车站，再用汽车运至工地。

(2)公路

本工程所经地区公路交通发达，制梁场所在地与线路并行的103省道，各种等级的市、县、乡道分布广泛，交通运输方便。

(3)施工用水

沿线有涪江、金马河、南河等河流，另有东风渠、解放渠等，地表水、地下水丰富，无特殊缺水情况，各工程可就近取水。沿线水质较好，施工用水主要来源于这些江河或利用城市自来水。

(4)施工用电

沿线地方电网十分发达，供电质量和可靠性较高，本线的施工用电主要采用地区级电网供给。

7.2.3.5　主要地材情况

成都市境内砂、卵石较为缺乏，当地建筑用砂卵石多从广汉、金堂、五凤溪、新津、青龙场等地购买。线路附近没有碎石，本段线路采用沿线江河中所产卵石。在成都至德阳段连山镇方碑、海胜水库、洛带、云顶山等地有石场，主要生产片块石、条石，可用于桥梁附属工程。

川渝地区火电厂分布在重庆江津、合川，四川广安、泸州、内江一带。均能生产Ⅰ级、Ⅱ级粉煤灰。

7.3　工程项目管理组织

工程项目管理组织(见附录1)，主要包括以下内容：

(1)项目管理组织机构与职责；

(2)施工队伍及施工区段划分。

7.4　施工总体部署

7.4.1　指导思想

本工程将以系统工程理论进行总体规划，工期以动态网络计划进行控制，施工技术以本公司同类工程的丰富施工经验为基础，质量以ISO9001质量管理保证体系进行全面控制，安全以事故树进行预测分析、控制。以“加强领导、强化管理、科技引路、技术先行、严格监控、确保工期、优质安全、文明规范、争创一流”为施工指导思想，以“创优质名牌，达文明样板，保合同工期，树企业信誉”的战略目标组织施工。

7.4.2　施工总目标

7.4.1.1　质量目标

主体工程质量“零缺陷”，竣工工程验收一次合格率100%。

7.4.1.2　安全目标

坚持“安全第一，预防为主”的方针，建立健全安全管理组织机构，完善安全生产保证体系，杜绝特别重大、重大、大事故，杜绝死亡事故，防止一般事故的发生。消灭一切责任事故；确保人民生命财产不受损害，创建安全生产标准工地。

7.4.1.3　环保目标

严格按照国家环保、水保法律和地方政府有关规定落实环保“三同时”，采取各种工程防护措施，减少工程建设对沿线生态环境的破坏和污染，确保铁路沿线景观不受破坏，江河水质不受污染，植被得到有效保护。

7.4.1.4　工期目标

满足工程合同及业主对工期的要求。

7.4.1.5　成本目标

对技术方案、工期安排、资源配置、临时过渡工程布置和安全、质量、环保措施逐级进行优化，实现施工方案对项目成本的预控。

7.5　箱梁制、运、架施工方案

7.5.1　总体施工方案

(1)箱梁预制：模板采用整体式钢模板，外侧模与底模按1∶1配置，内模采用液压结构；梁体底、腹板钢筋及面筋在工装胎模上集中预扎整体吊装入模。混凝土拌制采用3套90型拌和站，输送泵加布料机布料的灌筑方式，一次灌筑成型；箱梁初张拉后用搬运机搬运至存梁区，终张拉后进行压浆、封锚，端隔墙施工。

（2）箱梁架设：以制梁场位置为界，先往眉山方向架梁，眉山方向架设完成后，返回梁场调头向成都方向架设，眉山端运梁最远距离为 26 km，成都端为 23 km。为保证工期，拟采用 1 台 DF900D 架桥机架梁，两台 DCY900L 轮胎式运梁车运梁，利用彭山北车站 DK221＋150，新津车站 DK191＋700 设置运梁车错车通道的方式解决远距离运梁问题。

7.5.2 施工方法、工艺流程及技术措施

7.5.2.1 箱梁预制施工

1. 箱梁预制工艺流程

箱梁预制施工工艺流程图如图 7-1 所示。

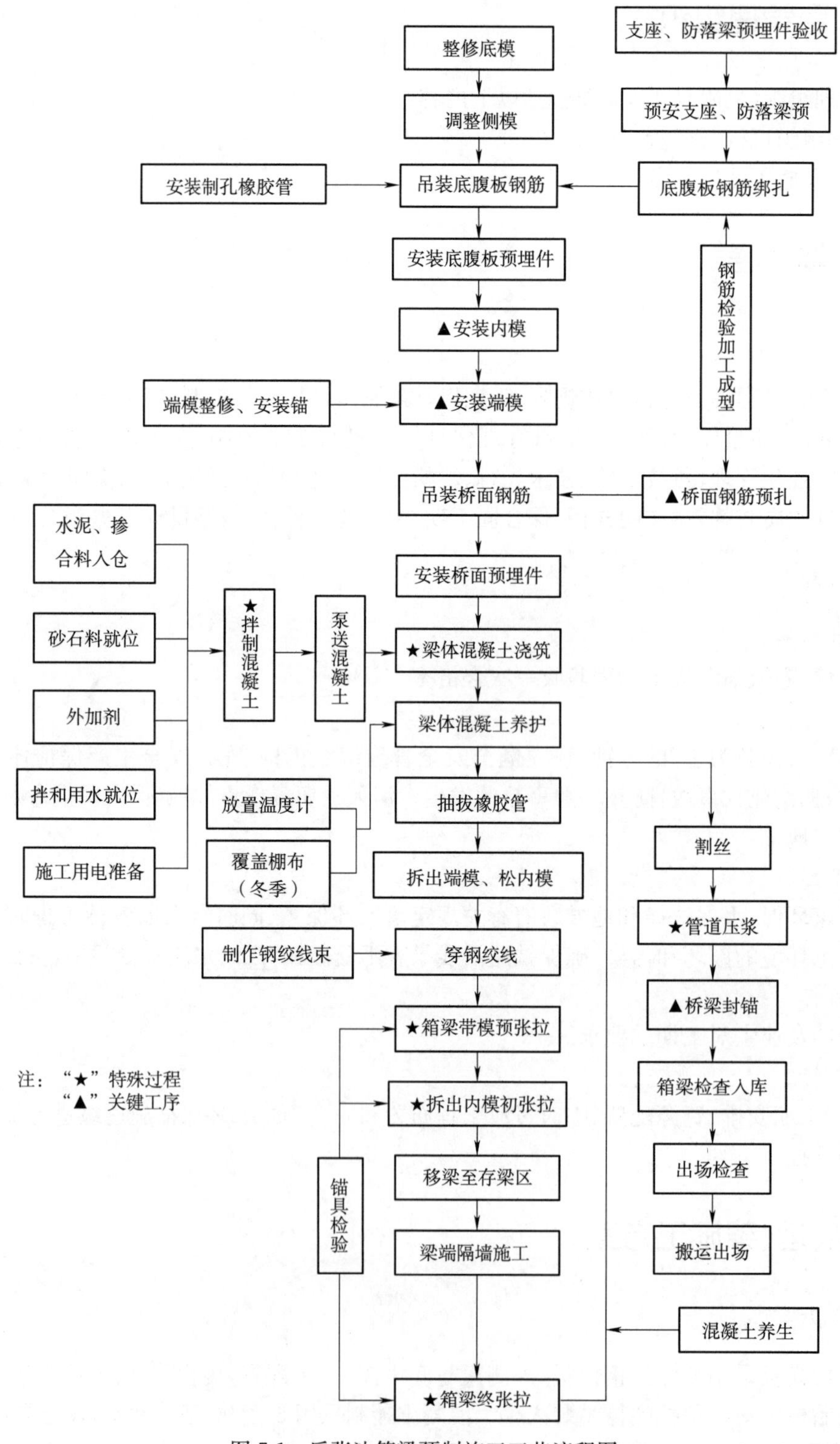

图 7-1 后张法箱梁预制施工工艺流程图

2. 钢筋工程

钢筋成型主要在钢筋加工场内完成，钢筋绑扎在胎模具上进行。考虑内模安装，故将箱梁钢筋绑扎分阶段进行，即：腹板与底板一同绑扎，顶板钢筋另行绑扎，先将底腹板钢筋吊装就位，待内模拼装后，再进行顶板钢筋绑扎。

(1) 梁体钢筋加工

1)每批钢筋焊接前，应先选定焊接参数，按实际条件进行试焊，并检验接头外观质量及规定的力学性能，仅在试焊质量合格和焊接工艺参数确定后，方可成批焊接。

2)每个闪光对焊接头，在外观上应符合下列要求：

① 接头四周缘应有适当的墩粗部分，并呈均匀的毛刺外形。

② 钢筋表面应没有明显的烧伤或裂纹。

③ 接头弯折的角度不得大于 3°。

④ 接头轴线的偏移不得大于 0.1 倍钢筋直径，且不得大于 2 mm。

⑤ 当有一个接头不符合要求时，应对全部接头进行检查，剔出不合格品。不合格接头经切除重焊后，可提交二次验收。

3)在同条件下(指钢筋的生产厂、批号、级别、直径、焊工、焊接工艺、焊机等均相同)完成并经外观检查合格的焊接接头，以 200 个作为一批(一周内连续焊接时，可以累计计算，一周内累计不足 200 个接头时，亦可按一批计算)，从中切取 6 个试件，3 个作拉伸试验，3 个作冷弯试验，进行质量检查。焊接质量不稳定或有疑问时，抽样数量应加倍。

4)箱梁钢筋弯制成型后尺寸允许偏差应满足表 7-4 的要求。

表 7-4 钢筋弯制成型允许偏差

序 号	检验项目及方法	允许偏差
1	钢筋顺长方向尺寸偏差	±10 mm
2	标准弯钩内径	$\geqslant 2.5d$
3	标准弯钩平直段长度	$\geqslant 3d$
4	蹬筋中心距离尺寸偏差	±3 mm
5	外形复杂的钢筋用样板抽查偏离大样尺寸	±4 mm
6	钢筋不在同一平面	≤10 mm
7	钢筋的垂直肢与垂线的偏离值	$\leqslant d$
8	弯起钢筋起点位移	15 mm
9	箍筋内边距离尺寸	±3 mm
10	弯起钢筋的弯起高度	±4 mm

注：表中 d 为钢筋直径。

(2) 箱梁底、腹板钢筋及桥面钢筋绑扎胎模

1)纵向和横向钢筋的间距按照图纸设计要求，在角钢竖直面的肢上割焊接 Φ10 短钢筋，以保证钢筋的绑扎质量。

2)为保证纵向和横向钢筋的位置正确及两侧腹板钢筋的保护层厚度满足允许误差，在胎模具的两外侧底边分别焊接满足保护层的钢构件，用其竖直肢作支挡，在绑扎时，将横向筋的弯钩及腹板箍筋贴紧此肢背，即可保证钢筋的正确位置及外侧钢筋的整齐。

3)箱梁桥面钢筋绑扎胎模的主体是用型钢焊接而成。由于桥面钢筋的截面形状决定了桥面钢筋不适合在平面上操作，因此，根据桥面钢筋的截面形状，在绑扎胎模的底部加焊了 200 mm 至 878 mm 长短不等的支腿，使作业平面正好满足桥梁顶板的结构形状，方便操作。

箱梁钢筋预扎架如图 7-2 所示。

(3) 箱梁钢筋吊具

1)箱梁钢筋面积大、重量大，要求吊具具有较大的刚度，起吊时吊具及钢筋不得发生过大变形，吊具须具有通用性既能起吊梁体底腹板钢筋又能起吊顶板钢筋。

2)吊具的结构形式采用斜拉框架结构,吊架采用16号工字钢。吊绳采用Φ28 mm钢丝绳配以相同数量紧线装置,形成等高吊点,起吊时钢筋笼表面穿入钢管以分散集中力。箱梁面筋吊装如图7-3所示。

图7-2 箱梁钢筋预扎架

图7-3 箱梁钢筋面筋吊装示意图

(4) 预应力管道制孔

1)橡胶管及接头处理

制孔使用高压橡胶管,橡胶管内穿入钢绞线作芯棒。跨中采用厚度为0.5 mm、长度不小于300 mm的短铁皮管套接,套接处用封口胶缠紧,并用扎丝扎紧。

2)管道定位

采用钢筋定位网法控制张拉管道位置,将定位网焊接在箱梁的钢筋上,且间距不大于50 cm。当主筋预扎完毕后,将高压橡胶管置入钢筋定位网,待主筋吊入制梁台位后,再全面检查并微调高压橡胶管,使其位置偏差满足设计要求。

3)拔管

拔管时间与混凝土凝结时间、气温有关。拔管过早则混凝土容易塌陷或造成孔道变形,拔管过晚则可能拔断胶管,因此拔管应在混凝土初凝之后、终凝之前进行。拔管时应用手触压检查桥面混凝土强度,若不留凹坑即可开始抽拔胶管。抽拔胶管应先试拔,胶管拔出后孔道壁光滑,孔道内无落沙或残渣,孔道不发生变形及塌孔,胶管上不附着湿水泥浆。拔管顺序应先拔芯棒,后拔胶管;先拔下层胶管,后拔上层胶管;先拔灌梁的起始端,后拔灌梁结束端。拔管采用卷扬机抽拔,胶管端部系钢丝绳的部位应包裹麻袋片或胶皮,防止钢丝绳损伤胶管,同时应避免在管道口系钢丝绳。每次拔管数量最多不超过2根。

4)箱梁钢筋绑扎

箱梁钢筋绑扎严格按照设计图纸进行，应满足表7-5中要求。

表7-5　预应力筋预留管道及钢筋绑扎要求

序　号	项　目	要　求
1	预应力筋预留管道在任何方向与设计位置的偏差	距跨中4 m范围≤4 mm、其余≤6 mm
2	桥面主筋间距及位置偏差(拼装后检查)	≤15 mm
3	底板钢筋间距及位置偏差	≤8 mm
4	箍筋间距及位置偏差	≤15 mm
5	腹板箍筋的不垂直度(偏离垂直位置)	≤15 mm
6	混凝土保护层厚度与设计值偏差	$^{+5}_{0}$ mm
7	其他钢筋偏移量	≤20 mm

3. 模型工程

模板安装前，应检查模型板面是否平整、光洁、有无凹凸，并清理模板上的灰渣和端模管道孔内的杂物；检查振动器支架及模板焊缝处是否开裂破损，如有应及时补焊、整修合格。模板与混凝土接触面上均匀涂刷脱模剂，不得漏刷。检查吊装模型所需用的吊具、穿销、钢丝绳是否安全，齐备；检查模型安装前所需的各类联接件、紧固件如通风孔、底部泄水孔等是否齐全，是否符合图纸要求。

(1)液压内模

1)液压内模系统组成

该系统包括标准段(梁体中间段)、变截面段(即梁体腹板变厚段)和孔口段，各段液压系统及支撑方式有所不同，标准段和变截面段均由模板系、车架系统(含支撑)和液压系统组成，孔口段由模板系、车架系统(含支撑)组成。其中，模板系为大块钢模组拼结构，分下模、边模和顶模三个部分。整个内模支撑在贝雷式龙骨上，贝雷式龙骨兼做走行轨道，内模依靠固定在梁体底板泄水孔处的支撑。

2)液压内模安装及拆除工艺

若采用吊装方式，则内模安装首先是内模预先在拼装平台上整体拼装，拼装完成验收合格后吊装就位；若通过卷扬机将内模拖拉进入制梁台座，则在箱梁底模上进行内模拼装。内模整体安装到台座上底腹板钢筋骨架内，将台车上的螺杆撑杆支撑于预留孔中(该预留孔作箱梁底板泄水孔)，使内模稳定安装于底模上。

液压内模拆除主要步骤如下：

①拆模顺序：拆出端节、变截段、标准段、主梁收缩、拉出内模；

② 端节拆除：把变截段上节收起，收起端节支撑丝杆，再收端节；

③ 变截段拆除：先收内模变截段下节，收起后，再活动一下变截段上节；

④ 标准段拆除：把标准节上下节支撑丝杆拆除，收起标准节下节，收标准节上节；

⑤ 主梁收缩：把限位框销轴取掉，收主梁，主梁下降25 cm；

⑥ 内模全部收缩，主梁下降后，采用卷扬机整体拉出，进入内模整修台，之后拆除箱梁内箱内模支腿。

内模吊装施工如图7-4所示。

(2)侧模

侧模采用分节焊接组装方式，然后在配套底模上安装就位并分侧焊成整体，将焊缝磨平使模型侧面形成一个无缝平面，侧模微调时采用螺旋撑杆交替顶升就位，侧模下缘与底模必须密贴，用铁楔子锁紧。侧模上设有走行道板和栏杆，保证施工安全。

(3)底模

底模采用双槽钢组合梁，制梁台座基础施工完毕后即可安装底模。从中部向两端安装，根据预留反拱值设置反拱。底模两端支座板及防落梁挡板固定孔要设置精确，以保证支座板和防落挡板的准确位置。

(4)端模

端模安装的要领是保证端模中线和底模中线重合以及保证梁体高度和设计垂直度。端模与底模、侧模采用螺栓连接。

图 7-4　内模吊装图

所有的模型安装完成以后，专职测量人员应采用相应精度要求的测量仪器进行整体测量来检查模板尺寸是否达到要求，以便控制梁体的外形尺寸符合设计要求（表 7-6、表 7-7）。

表 7-6　模板尺寸容许误差

序　号	项　目	要　求
1	模板总长	±10 mm
2	底模板宽	$^{+5}_{0}$ mm
3	底模板中心线与设计位置偏差	≤2 mm
4	桥面板中心线与设计位置偏差	≤10 mm
5	腹板中心线与设计位置偏差	≤10 mm
6	模板倾斜度偏差	≤3 mm/m
7	底模不平整度	≤2 mm/m
8	桥面板宽	±10 mm
9	腹板厚度	$^{+10}_{0}$ mm
10	底板厚度	$^{+10}_{0}$ mm
11	顶板厚度	$^{+10}_{0}$ mm
12	端模板预留孔偏离设计位置	≤3 mm
13	相邻板面错台	≤2 mm
14	相邻模板接缝	≤1 mm
15	端模与底模中线偏差	≤2 mm
16	内模中线与底模设计位置偏差	≤2 mm
17	防落梁位置偏差	≤1 mm
18	支座板位置偏差	≤3 mm
19	其他预埋件位置	正确完好
20	端隔墙模板安装尺寸	±5 mm

4. 混凝土工程

箱梁预制混凝土施工准备包括技术准备、机械设备及计量器具的准备、材料准备、劳动力准备，还包括组织混凝土施工从拌和、运输、灌注和振捣的协调一致，以及突发事件状态下保证灌注顺利进行的应急措施等。

(1)梁体混凝土配合比选择

根据科技基〔2005〕101 号《高速铁路高性能混凝土暂行技术条件》、铁科技〔2004〕120 号《高速铁路预应力混凝土预制梁暂行技术条件》、原材料品质以及试制梁拟采用的主要生产工艺，C50 预应力混凝土的配制应体现以下主要原则：

进行原材料的比选复试，确定品质性能符合科技基〔2005〕101 号《高速铁路高性能混凝土暂行技术条件》、铁科技〔2004〕120 号《高速铁路预应力混凝土预制梁暂行技术条件》、铁建设〔2009〕152 号《铁路混凝土工程施工质量验收补充标准》要求的水泥、粉煤灰、矿渣粉、砂、石、外加剂和水用于 C50 预应力混凝土的试配。

1)混凝土的拌和物性能

表 7-7　支座板容许偏差

	项　目	容许偏差(mm)
支座板	支座中线偏离设计位置	±1
	板面边缘高差	≤1
	螺栓孔垂直度	不垂直度≤1%
	螺栓孔中心位置偏差	≤1

① 坍落度及其经时损失：采用泵送浇灌的生产工艺，混凝土的坍落度在入模时要求不得小于 140 mm，一般按入模坍落度在(180±20)mm 进行控制。混凝土出机至入模间的期间坍落度有一定程度的损失，因此混凝土的出机坍落度一般按(200±20)mm 进行控制，30 min 静置坍落度损失控制一般不超过 60 mm，最大不超过 80 mm。

② 含气量：根据《高速铁路预应力混凝土预制梁暂行技术条件》的要求，混凝土入模含气量应控制为 2%～4%，混凝土应具有 F200 的抗冻性，因此混凝土应适量引入微气泡，新拌混凝土的含气量控制值应满足混凝土的抗冻性试验结果，并确保入模时在 2%～4%。

③ 泌水率：混凝土入模后不得泌水。在配合比试配过程中测试其泌水率，采用泵送施工，还要测试其压力泌水率。

2)混凝土的力学性能

① 立方体抗压强度：28 d 龄期混凝土的强度应不小于 53.5 MPa。

② 静力抗压弹性模量：28 d 龄期混凝土的弹性模量应不小于 35.5 GPa，在配合比设计时，混凝土的 28d 龄期弹性模量应与强度相适宜。

3)混凝土的抗裂性

对混凝土拌和物性能满足要求的试拌配合比进行早期抗裂性能对比试验，选择抗裂性相对较好的混凝土配合比进行耐久性试验。

4)混凝土的耐久性能

① 电通量：混凝土的 56 d 龄期电通量应不大于 1 000 库仑。

② 抗冻性：混凝土的 56 d 龄期抗冻性应不小于 F200。

③ 抗渗性：混凝土的抗渗性应不小于 P20。

④ 抗碱—骨料反应性：采用非碱活性骨料(砂、石)时，混凝土的总碱含量没有限值要求；采用砂浆棒膨胀率小于 0.10%～0.20%的碱—硅酸反应活性骨料时，由水泥、矿物掺和料、外加剂和水带入混凝土的碱含量之和应不大于 3.0 kg/m^3，且要进行矿物掺和料和外加剂抑制碱骨料反应有效性试验；不得采用碱-碳酸反应活性骨料。

(2)每片梁灌注开盘前，应有专人负责组织好下列准备工作：

取得施工配合比通知单，确认本次浇注混凝土的骨料、水泥、掺和料、外加剂等已到达拌和站，不得采用边运输材料边开盘搅拌的方法进行梁体混凝土浇注作业。核对并检查骨料、水泥、掺和料、外加剂品种和质量。混凝土搅拌站和输送设备处于正常状态，衡器已检查校正。机具应进行试运转，并确认状态良好。附着式振动器(包括备用振动器)，插入式捣固棒已准备，测试完毕。水电供应系统保证，意外停水、停电的备用措施已落实。容易损坏的机具和零部件有备用品，机械故障停盘有应急方案(如备用拌和站就位)。浇注安全防范设施确认安全可靠。模板、钢筋、制孔管和各种预埋构件等工序的检查签证及整修手续均已办妥。抽拔管人员、机械、工具等准备就绪。气象预报落实，适应各种气候的施工措施完备。技术交底、劳动力(包括后备人员)、机电维修力量配备安排落实。

(3)原材料入仓(三座拌和站共 12 仓)

1)每座拌和站料仓均采用四罐四仓：

四罐：两罐水泥、一罐粉煤灰、一罐矿粉

四仓：两个砂仓，两个石仓。碎石分为两级(5～10 mm 和 10～20 mm)分别储存和计量，粒径为 5～10 mm与 10～20 mm 的碎石的质量之比由试验确定。

2)砂石料入仓前要进行检查,如发现黏土块、泥污含量超过标准不得使用。料仓不得混料,严禁混料进行施工,料仓每月应冲洗一至两次,保持干净。

(4)混凝土配料和计量

1)混凝土配料必须严格按试验室通知单进行,并应有试验人员在现场进行施工控制,混凝土原材料配料采用自动计量装置,设备计量系统每周校验1次,每班混凝土灌注前校核称量,根据施工配合比调整用料,并由试验人员复核,如施工中发现异常及时校核。根据施工配合比用料考虑下料重量,由试验员复核。开盘后,前三盘要逐盘检查实际下料重量,以后每十盘检查一次,秤料误差(均以质量计)为:水、外加剂、水泥、掺和料≤±1%;砂、石≤±2%。

2)用水量控制:每次开盘前应进行骨料含水率测定,每班抽测1次,遇有雨雪天气增加测定次数,并按测定的结果及时调整混凝土施工配合比。浇注初期,参照施工配合比的用水量拌和混凝土,可根据实测混凝土坍落度适当调整用水量。但当实际用水量和施工配合比相差较大时,必须查明原因加以调整。用水量的调整应由工地试验员决定,其他任何人均不得擅自调整用水量,混凝土拌和物出机后严禁加水。

3)减水剂的掺量由试验确定,应选用减水率高、坍落度损失小、适量引气、能明显改善或提高混凝土耐久性能的质量稳定产品。外加剂与水泥有良好的相容性。外加剂开盘前应检查是否符合要求,外加剂储存罐每半个月清理一次。施工中发现外加剂溶液有异常现象时应及时向试验员反映,不得擅自处理。应随时检查外加剂是否与试验要求相符。

(5)混凝土搅拌

原材料采用电子计量系统计量,混凝土采用强制式搅拌机拌制。搅拌混凝土的下料顺序为先下骨料、外加剂和水,接着下水泥和粉煤灰,总搅拌时间为120 s,且混凝土必须搅拌均匀,颜色一致。混凝土拌制速度和灌注速度要密切配合,拌制服从灌注,以免灌注工作因故障停顿而使机内储存混凝土。如因故障灌梁中断,常温下混凝土滞留在搅拌机内的时限一般不宜超过60 min,夏季高温季节不得超过45 min。否则,应请示试验室主任或总工程师做出处理意见。混凝土具体初凝时间、终凝时间应根据水泥性能、环境温度、水灰比和外加剂类型、运输距离等条件通过试验确定。

(6)混凝土浇筑

1)混凝土浇筑前应按要求做好开盘检查,并作好检查记录,确认无问题时才可开盘。

2)梁体混凝土浇筑顺序:由两端向中间循序渐进的施工方法进行浇筑,一次成型,每层浇筑厚度小于30 cm。3套搅拌、浇筑系统逐套启动。混凝土浇筑采用斜向分段、水平分层的方式连续浇筑,布料先从箱梁两侧边腹板及中腹板同步对称均匀进行,先浇筑腹板与底板结合处及底板混凝土,再浇筑腹板。当两侧腹板及中腹板混凝土浇筑到与顶板面结合部位时,改用从内模顶面预留的混凝土浇筑孔下料补浇底板混凝土,并及时摊平、补足、振捣,控制好标高,达到设计要求,最后浇筑顶板。浇筑两侧腹板及中腹板混凝土时,应采用同步对称浇筑腹板混凝土,防止混凝土面高低悬殊,造成内模偏移或其他后果。当腹板槽灌平后,开始浇筑桥面板混凝土。桥面混凝土也从两端向中间连续分段浇筑,每段4 m,以利表面收浆抹面。浇筑过程中,设专人检查模板、附着式振动器和钢筋,发现螺栓、支撑等松动应及时拧紧和打牢。发现漏浆应及时堵严,钢筋和预埋件如有移位,及时调整保证位置正确。混凝土浇筑入模时下料要均匀,注意与振捣相配合,混凝土的振捣与下料交错进行,每次振捣按混凝土所浇筑的部位开启相应区段上的附着振动器。梁体混凝土浇筑顺序如图7-5所示。

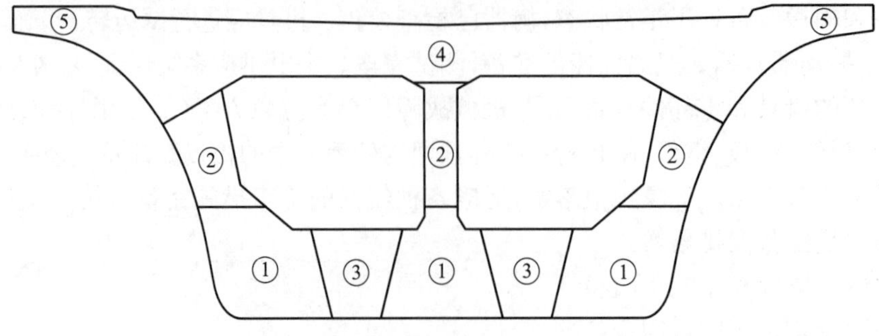

图7-5 箱梁混凝土浇筑顺序示意图

3)梁体混凝土浇筑采用插入式振动棒振捣成型,并辅以侧振和底振,以确保混凝土密实。浇筑过程中注意加强箱梁端头、倒角以及钢筋密集部位的振捣,特别是内箱作业面小、条件差,重点加强转角、腹板与底板的交界面处的振捣及底板标高控制。桥面板混凝土浇筑到设计标高后采用平板振动抹平机及时赶压、抹平，在混凝土初凝之前必须对桥面进行第二次收浆抹平以防裂纹，使桥面达到平整，排水通畅。在梁体混凝土浇筑构成中，应配备有足够的振捣作业人员，以满足混凝土浇筑与振捣相适应，确保混凝土浇筑质量和浇筑时间。操作插入式振动棒时宜快插慢拔，垂直点振，不得平拉，不得漏振，谨防过振；振动棒移动距离应不超过振动棒作用半径的1.5倍(不大于40 cm)，每点振动时间约20～30 s，振动时振动棒上下略为抽动，振动棒插入深度以进入前次浇筑的混凝土面层下50 mm为宜。为达到混凝土外观质量要求，在侧模和底模上安装有高频振动器，在混凝土浇筑过程中根据下料情况开启使用，以保证梁体混凝土浇筑密实。

4)当室外温度超过35 ℃或混凝土拌和物出盘温度达到25 ℃及以上时，应按夏季施工办理，可改变混凝土浇筑时间，尽量安排在温度适宜时灌注完或下午16:00以后开盘浇筑。当昼夜平均气温连续三天低于5 ℃或最低气温低于−3 ℃时，采取保温措施，按冬季施工处理。

5)认真填写混凝土浇注记录。

(7)收尾工作

浇筑完毕，将电源切断，将搅拌机及全部混凝土容器冲刷干净，清扫场地。移走振动器控制柜，拆除并清洗混凝土输送管及混凝土输送泵。梁体混凝土浇筑完毕后，立即覆盖养护。

(8)自然养护

因成都无特别寒冷气候，故不考虑蒸汽养护，采用自然养护，但成立专门的养护小组，实行12小时倒班制。梁体拆模后进行自然养护时，箱梁表面应予以覆盖，洒水次数以保持混凝土表面充分潮湿为宜。养护时间不小于14天。

(9)混凝土试件制作

箱梁在浇筑混凝土过程中，应按规定随机从箱梁底板、腹板及顶板同时取样，制作混凝土强度试件、弹性模量试件，试件随梁体同样条件下振动成型；施工试件随梁养护，28 d标准试件按规定制作和按标准养护办理；混凝土试件制作、养护应符合《普通混凝土力学性能试验方法标准》(GB/T50081—2002)和《铁路混凝土强度检验评定标准》(TB10425—1994)的规定。

5. 预应力工程

(1)准备工作

本工序为特殊工序，操作人员应持证上岗。锚具按规定检验合格，预应力钢绞线应符合标准要求。千斤顶和油压表应配套使用，不得混用，且均已校正并在有效期内。确认孔道已通过检孔器检查，钢绞线束数与孔道设计相符，各束顺直不绞缠，两端外露长度相等。确认梁体内孔道积水和污物已被清除。所有的张拉程序若无设计明确规定，按相应规范要求执行。

(2)张拉条件

1)预张拉

为防止梁体混凝土开裂，当梁体混凝土强度达到标准值($\sigma\times50\%+3.5$ MPa)时，松开内模，对梁体进行预张拉。张拉数量、位置及张拉值应符合设计要求。

2)初张拉

当梁体混凝土强度达到标准值($\sigma\times80\%+3.5$ MPa)时，方可进行初张拉。初张拉后梁体方可吊离台座。张拉数量、位置及张拉值应符合设计要求。

3)终张拉

张拉前实施混凝土强度、弹性模量、混凝土龄期“三控”：即张拉前梁体混凝土强度及弹性模量均应达到标准值时，且龄期不少于10 d。

4)梁体混凝土预施应力部分有较大缺陷者，应征得监理工程师同意后在预施应力前修补并达到规定强度后才可预施应力。

5)锚具安装前应将锚垫板上的灰浆清除干净，检查管道是否偏心，若偏心则必须扩孔，并检查孔道轴线与锚垫板平面是否垂直。穿上钢束后应再次核对钢束根数。

6)预制梁试生产期间，应至少对两孔梁体进行各种预应力瞬时损失测试，确定预应力的实际损失，必要时请设计方对张拉控制应力进行调整。正常生产后每100孔进行一次损失测试。需测试的各项瞬时损失有：管道摩阻、锚口摩阻、锚垫板喇叭口摩阻、锚具回缩损失等。

7）张拉前应布置测量梁的上拱度及弹性压缩的测点。

（3）张拉程序

1）张拉中实施张拉应力、应变、时间“三控”：即张拉时以油压表读数为主、以钢绞线的伸长值作校核，在σ_K作用下持荷5 min。

2）预张拉：0→初应力0.2σ_k（作伸长值标记）→张拉至预张拉设计要求的控制应力（测伸长值）→回油、锚固（测量总回缩量）。

3）初张拉：0→初应力0.2σ_k（作伸长值标记）→张拉至初张拉设计要求的控制应力（测伸长值）→回油、锚固（测量总回缩量）。

4）终张拉：0→初应力0.2σ_k（作伸长值标记）→1.0σ_k（测伸长值、持荷5 min）→回油、锚固（测量总回缩量、测夹片外露量）。

（4）张拉操作工艺

1）梁体钢绞线束张拉应按照设计规定的张拉顺序，采取两端同步张拉，并左右对称进行，最大不平衡束不得超过1束。

2）安放锚板，把夹片装入锚板，再将短钢管套在钢绞线上，沿着钢绞线把夹片敲击整齐，然后装入限位板。

3）安装千斤顶，使之与孔道中心对位。安装工具锚，夹紧钢绞线，务必使钢绞线顺直无扭结。

4）千斤顶缓慢进油至初始油压，在此过程中要拨正千斤顶，使千斤顶与锚具对中，管道、锚具、千斤顶三者同心。

5）两端同时对千斤顶主缸充油，加载至钢束的初始应力0.2σ_K，测量千斤顶主缸伸长量，作为测量钢绞线伸长值的起点。

6）梁体两端张拉千斤顶同时分级加载，两端同步张拉，保持千斤顶升、降压速度相近，使两端同时达到同一荷载值。每次加载应报与另一端操作人员，以保证其同步张拉。

7）张拉至钢束设计控制应力，持荷5 min，在持荷状态下，如发现油压下降，应立即补至张拉控制应力。

8）测量钢束伸长值，检查两端钢束伸长值之总和及其偏差是否在规定范围的±6%以内，若超出规定允许范围，应查明原因后重新张拉。

9）千斤顶回油，测钢束总回缩量和测夹片外露量有无超标。否则，应查明原因后重新张拉。

10）在整个张拉过程中，要认真检查有无滑丝、断丝现象。滑丝、断丝现象如果发生在锚固前，应立即停止张拉，处理后再重拉。如果发生在割丝后，可用气割设备缓慢加热切割一端锚板，然后换束重拉。

11）终张拉完成后，在锚圈口处的钢束做上记号，24 h后检查确认无滑丝、断丝现象方可割束，切断处距夹片尾3～4 cm。钢束切割应采用砂轮角磨机作业，严禁使用氧焰、电焊切割。

12）张拉完毕，应填写张拉记录，有关人员签字，原始记录不得任意涂改，并及时将记录交技术部门存档。

预应力施工操作如图7-6所示。

图7-6 预应力施工

(5)张拉设备

1)高压油表

油压表应采用防震型,其精度等级不应低于1.0级。最小分度值不大于0.5 MPa,表盘直径应大于150 mm。选用油压表表盘量程应在工作最大油压的1.5～2.0倍之间。千斤顶主缸设置主、副二块油压表,当油压在10 MPa以上时,两块压力表所标示油压之差不得大于0.5 MPa,否则两块表同时撤换。油压表检定有效期不得超过一周。油压表在压力表校验器上校正,校正后的油压表用铅封封口,未经校正过的油表不许使用。油表在使用过程中发生震动、玻璃破损、指针松动、无压时指针不回零现象都应更换。油压表应建立校正及领用登记卡,记录校正日期及领用日期等。

2)千斤顶的校正

①千斤顶标定有效期不得超过一个月,在张拉作业前必须经过校正,确定其校正系数。除此之外,千斤顶在下列情况下还必须重新进行校正:千斤顶使用过程中出现异常现象时;千斤顶经过拆修之后;已张拉作业达200次。

②千斤顶的校正方法:千斤顶与已校正过的油压表配套编号。千斤顶、油压表、油泵安装好后,试压三次,每次加压至最大使用压力的110%,加压后维持5 min,其压力下降不超过3%,即可进行正式校正工作。

③顶压机(压力环)校正法:将千斤顶放在压力机(压力环)上,开动油泵,使千斤顶顶压试验机(压力环),测读千斤顶或油泵上油表读数(精度0.40级标准油表)及相应压力机的标示读数,重复三次,取其平均值。

6. 管道压浆

(1)管道压浆采用真空辅助压浆工艺,在终张拉完毕48 h内进行。

(2)管道压浆工艺流程如下:

清除管道内杂物及积水→用密封罩密封锚具→清理锚垫板上的灌浆孔→确定抽真空端及灌浆端,安装引出管、堵阀和接头→搅拌水泥浆→抽真空→灌浆泵压浆→出浆稠度与灌入的浆体相同时,关闭抽真空端阀门→灌浆泵保压→关闭灌浆泵和压浆端阀门→拆卸灌浆泵、外接管路→浆体初凝后拆卸并清洗真空罩及堵阀。

压浆施工操作如图7-7所示。

图7-7　压浆施工

7. 封锚

封锚采用强度等级不低于C50的微膨胀混凝土进行填塞。

(1)工艺流程:锚具穴槽表面凿毛处理→安装封锚钢筋→填塞基层混凝土→表层混凝土封堵→养护→在梁端底板和腹板表面满涂聚氨酯防水涂料(厚度为1.5 mm)。

(2)封锚工艺:

封锚前,应对锚具穴槽表面进行凿毛(宜在梁端钢模拆卸后立即进行)处理,并将灰、杂物以及支承板上浮浆清除干净。安装封锚钢筋后,采用C50微膨胀混凝土对锚穴进行填塞。混凝土填塞分两次施工,首先进行基层填筑,混凝土应分层筑实,特别是锚孔周边不得存有缝隙,避免将来出现空响现象。待混凝土终凝后进行表层混凝土封堵，保证新旧混凝土结合良好、混凝土表面平整。混凝土凝固后，采用保湿养护，在封堵混凝土四周不得有收缩裂纹。最后，在梁端底板和腹板表面满涂聚氨酯防水涂料(厚度为 1.5 mm)。封锚施工如图 7-8 所示。

图 7-8　封锚施工

8. 梁端隔墙

每孔箱梁梁端隔墙共有 4 个，位于支座中心上部。在梁体初张拉之后施工，端隔墙混凝土下部采用 C50 混凝土，上部采用 C50 微膨胀自密实混凝土。

(1)施工放样

施工前对梁端隔墙外轮廓线进行放样，并弹出墨线标识。

(2)凿毛

梁端隔墙放样完成后，要对梁体混凝土表面进行凿毛处理。凿毛按照弹出的墨线为边界，对其范围内的混凝土全部进行凿毛，凿毛深度要均匀，以凿除原混凝土浆皮为准。凿毛完成后应清除表面松散混凝土碴以及灰尘等杂质，在混凝土灌注前涂刷界面剂，以增强新旧混凝土间的连接。

(3)钢筋绑扎

梁端隔墙钢筋与梁体钢筋采用套筒连接，梁体钢筋绑扎时应准确预埋套筒位置。绑扎前应找出每个连接套筒位置，按照设计要求安装连接钢筋，拧接牢固，拧入深度为套筒的一半(25 mm)。连接钢筋与端隔墙钢筋采用焊接连接，焊接长度要根据规范要求进行，单面焊$\geqslant 10d$，双面焊$\geqslant 5d$。

(4)模型安装

模型按照端隔墙轮廓线进行拼装，拼装时要注意接缝要紧密，与梁体混凝土应密贴。模型安装完成后要对缝隙用棉纱堵塞，防止漏浆。

(5)混凝土灌注

混凝土灌注采用料斗接料，用装载机吊调运料斗至桥面端隔墙灌浆孔位置进行灌注，混凝土灌注至模型振捣孔处应停止布料，待用振动棒在振捣孔处对混凝土进行振捣后才能继续布料。振捣时要朝各个方向进行振捣，特别是对几个倒角处不能漏振。第 2 次布料至端隔墙顶部垂直段底面，然后用振动棒在灌浆孔处对混凝土进行振捣，振捣棒要往不同方向进行振捣，由于看不到气泡排出情况，振捣应严格按要求进行，每处振捣时间约 30 s，不能漏振。顶部垂直段采用自密实混凝土，布料时间相应延长，有利于混凝土扩展和密实。当混凝土布料至灌浆孔顶面后，应静停 10 min，如混凝土有下沉，应立即补齐至灌浆孔顶面直至不在下沉。

(6)脱模

当混凝土强度达到脱模强度后方可进行脱模，脱模时先松开支撑撑杆，再松开连接螺栓，最后移开模板。脱模时若发生缺角掉块应及时进行修补。脱模完成后立即覆盖土工布养护，并洒水保持土工布湿润。

(7)养护

混凝土养护采用土工布覆盖灌浆孔和端隔墙模板养护。灌浆孔处土工布要保持湿润，养护时间为 14 天。

梁端隔墙施工如图7-9所示。

图7-9　端隔墙施工图

7.5.2.2　箱梁运输、架设施工

1. 箱梁运架施工工艺流程

箱梁运架施工工艺流程如图7-10所示。

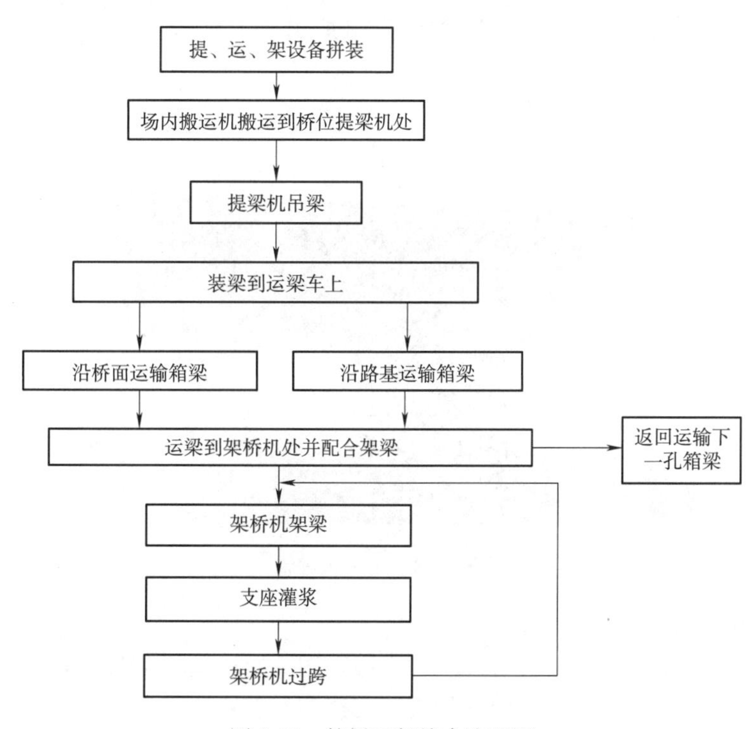

图7-10　箱梁运架综合流程图

2. 运、架设备拼装

运、架设备结构件在制梁场内组装完毕，对电力电气、液压、制动、控制等系统全面检查、调试。设备组拼检查合格后，先对其进行空载试验、重载试验，检查设备各项性能。

搬运机、提梁机、架桥机拼装、调试、试验结束各项性能达到设计和相关规范要求后，根据国家大型特种设备必须经过国家技术监督局型式试验认证规定，报请当地相关部门(一般为地方安监局)进行检查验收，在相关部门验收合格并颁发特种设备使用许可证后方可投入施工生产使用。

3. 箱梁提升上桥

箱梁从存梁台座至提梁站的转运由搬运机完成，箱梁提升上桥由提梁机完成，包括直接架梁和运梁车装车两个内容。

(1)直接架梁:提梁机通过提梁走行线空载走行至提梁位提升箱梁,重载走行或横向移梁后直接落梁,完成运架设备拼装地段 4 孔箱梁的架设,以作为后续运梁车及架桥机的桥上作业平台,如图 7-11 所示。

(2)运梁装车:提梁机通过提梁走行线空载走行至提梁位提升箱梁,重载横移至桥面运梁机组上方后落梁,完成箱梁从桥下至桥上的转运。

图 7-11 提梁机提梁

4. 箱梁运输

箱梁运输由 DCY900L 轮胎式运梁车完成,如图 7-12 所示。

图 7-12 运梁车运梁

5. 架桥机驮运、桥头对位

(1)架桥机短距离转移(如通过路基段、连续梁段等)和调头通过运梁车驮运进行,如图 7-13 所示。

(2)架桥机由运梁车驮运行驶至桥头,使架桥机轴心线与线路中线重合,后支腿中心位于桥台中心线前方 600 mm 处。

(3)架桥机过孔(图 7-14)

1)桥机准备过孔:于桥面铺设架桥机临时轨道;解除架桥机后支腿台车下部 8 个油缸使其悬空,走行轮着力于钢轨上,利用辅助支腿和前支腿油缸,使前支腿离开墩面悬空。

2)架桥机前移:开动辅助支腿和后支腿后车电动机,使架桥机前移;架桥机前移至设计位置;安装后支腿台车下部 4 个调整垫块;利用辅助支腿油缸,调整前支腿,支平主梁。

3)调移下导梁:前吊梁小车前移吊起导梁后端;辅助支腿反扣轮吊起导梁前端;前吊梁小车前移,推动导梁在辅助支腿引导下前移;导梁移至其重心在辅助支腿 1 m 处停止前移,辅助小车吊导梁;前吊梁小车和辅助小车、吊导梁同时前移。

图 7-13　运梁车驮运架桥机

图 7-14　架桥机桥头对位

4)架桥机过孔完毕:前吊梁小车行至前支腿附近停止;解除前吊梁小车悬吊;辅助小车继续拖动导梁前移到位;支平、调整、放稳导梁;拆除架桥机临时轨道;全面检查,架桥机准备架梁。

6. 架桥机架梁作业程序

(1)运梁车运梁:架桥机准备工作完毕;运梁车喂梁(图 7-15);运梁车载梁行至架桥机尾部,停止并制动;运梁车喂梁之前,用后支腿千斤顶顶起后支腿,使车轮悬空,垫箱承力,架桥机前、后支腿分别锚固在梁和墩上;前吊梁小车吊起梁体前端。

(2)前吊梁小车吊梁前行:前吊梁小车拖梁和运梁车上后移梁台车配合,前移梁体;梁体前端行至架桥机主梁 1/2 处。

(3)后吊梁小车吊梁前行:梁体继续前移,梁体后端至架桥机尾部;后吊梁小车吊起梁体后端;前后吊梁小车共同前移梁体。

(4)前后吊梁小车于架梁位落梁:前后吊梁小车吊梁行至架桥机架梁梁位上方(图 7-16);导梁机过孔(图 7-17);落梁至距离墩面 200 mm(图 7-18);前后、左右调整梁体位置,梁体就位;架桥机准备过孔。

(5)架设 24 m 箱梁时,通过调整主梁底面前支腿、辅助支腿的纵向支撑位置即可分别满足 24 m 梁的架设。

(6)架设最后一孔梁与架设中间梁的作业程序基本一样,架桥机纵移到位后,先拆除前支腿折叠柱间的连接螺栓,收缩折叠油缸,收起折叠柱,前支腿支撑前方桥台,后支腿支撑于已架桥梁前端部并锁定于桥面。在导梁纵移前在路基上支垫滚轮以便于导梁纵移。运梁车到架桥机后支腿对位,前起重小车运行至取梁位置,与运梁车上的小车共同移梁前行,前后小车吊梁前行至架梁位置落梁完成架梁作业。

图 7-15　喂梁

图 7-16　提梁

图 7-17　导梁机过孔

图 7-18　落梁

7. 特殊情况下架梁措施

(1) 坡道架梁措施

架桥机在坡道上的架梁过程同前面平道作业程序一致，主要是调整坡道上机臂的纵向水平度，DF900D型架桥机通过改变一、三号柱伸缩柱插销位置调整机臂的纵向水平度。

(2) 曲线架梁措施

架桥机在曲线段架桥机作业时，根据所架设线路的曲线半径，计算出架桥机纵移时三号柱走行的偏移量，在线路上划出三号柱走行轮组走行的线路。架桥机纵移时，偏转三号柱走行轮组，使三号柱沿划出的线路行走，由三号柱推动机臂，以一号柱托轮组为支点，向下一工位移进。

8. 支座安装

(1)支座采用盆式橡胶支座，每孔箱梁采用 1 个固定支座(GD)、1 个横纵向支座(HX)、1 个纵向支座(ZX)、1 个多向支座(DX)。

(2)落梁时，将箱梁先落在千斤顶上再进行支座灌浆，同一梁端的千斤顶油压管路应保证同端的支座受力一致。箱梁支座安装时，上下板螺栓的螺帽安装齐全，并涂上黄油，无松动现象。支座与梁底、支座与支承垫石密贴无缝隙，安装允许误差应符合表 7-8 要求。

表 7-8　支座安装允许误差

项　　目	允许误差(mm)
支座中心线与墩台十字线的纵向错动量	≤15
支座中心线与墩台十字线的横向错动量	≤10
支座板每块板边缘高差	≤1
支座螺栓中心位置偏差	≤2
同一端两支座横向中心线间的相对错位	≤5

续上表

项　　目		允许误差(mm)
螺　栓		垂直梁底板
四个支座顶面相对高差		2
同一端两支座纵向中线间的距离	误差与桥梁设计中心线对称	+30 −10
	误差与桥梁设计中心线不对称	+15 −10

(3)支座锚栓孔采用重力灌浆方式填满。灌浆材料的 28 d 抗压强度不应小于 50 MPa，弹性模量不小于 30 GPa，24 h 抗折强度不小于 10 MPa；浆体水灰比不大于 0.34，并不得泌水，流动度不小于 320 mm，30 min 后流动度不小于 240 mm；标准养护条件下浆体 28 d 自由膨胀率为 0.02%～0.1%。

7.6　施工进度计划

7.6.1　总工期安排

本标段施工合同工期为：2011 年 11 月 30 日，为保证后续工程工期，制定箱梁架设完工日期为 2011 年 5 月 20 日。

7.6.2　各阶段、节点工期

(1)2009 年 9 月 20 日完成大临施工，制梁场达到制梁条件。
(2)2009 年 11 月 15 日完成制梁场认证工作。
(3)2011 年 3 月 20 日完成箱梁预制。
(4)2010 年 9 月 30 日完成眉山方向箱梁架设，2011 年 5 月 20 日完成成都方向箱梁架设。
(5)2011 年 6 月 30 日完成桥面附属施工。

7.6.3　施工进度安排

根据架梁进度安排梁场生产规模，最大生产能力按 75 孔/月考虑；综合考虑运距、架梁设备利用率、气候等因素，架梁按 2.5 孔/天进度考虑。箱梁制运架工程进度安排详见表 7-9。

表 7-9　箱梁制运架工程进度安排

日　　期		预　　制	架　　设	库　　存	备　　注
2009 年度	9 月	6		6	
	10 月	20		26	
	11 月	25		51	
	12 月	25		76	
2010 年度	1 月	25		101	
	2 月	15		116	
	3 月	30	6	140	
	4 月	30	30	140	
	5 月	40	50	130	
	6 月	60	60	130	
	7 月	75	75	130	
	8 月	75	75	130	
	9 月	75	75	130	
	10 月	75	60	145	完成眉山段架设，架桥机调头成都段架设
	11 月	75	75	145	
	12 月	75	75	145	

续上表

日期		预制	架设	库存	备注
2011 年度	1 月	75	75	145	
	2 月	75	75	145	
	3 月	50	75	120	
	4 月		75	75	
	5 月		45	0	

7.6.4 计划横道图

箱梁制运架施工横道图如图 7-19 所示。

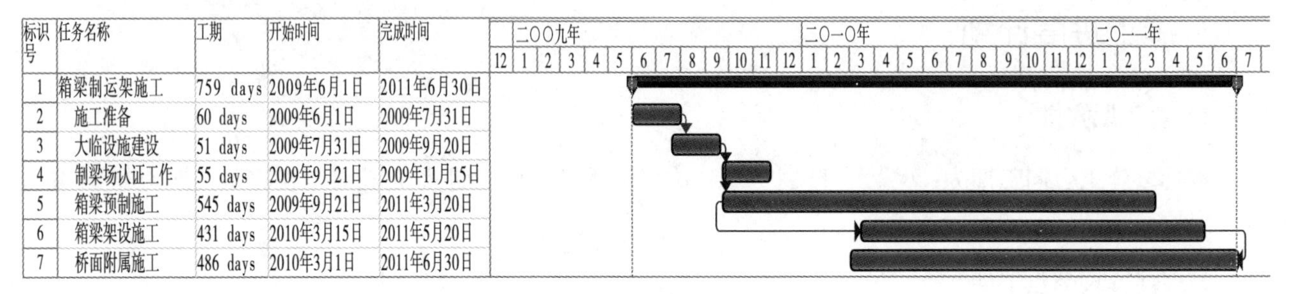

图 7-19 箱梁制运架施工横道图

7.7 主要资源配置计划

7.7.1 主要工程材料供应计划

箱梁预制所需主要材料供应计划见表 7-10。

表 7-10 箱梁预制材料供应计划表

材料名称		单位	2009 年		2010 年				2011 年
			3 季度	4 季度	1 度	2 季度	3 季度	4 季度	1 季度
			6	70	70	130	225	225	200
钢筋	HRB335	t	342	3 990	3 990	7 410	12 825	12 825	11 400
	HPB235	t	14.4	168	168	312	540	540	480
C50 高性能混凝土	P.O.42.5 水泥	t	543.6	6 342	6 342	11 778	20 385	20 385	18 120
	矿渣粉	t	132	1 540	1 540	2 860	4 950	4 950	4 400
	粉煤灰	t	66	770	770	1 430	2 475	2 475	2 200
	中粗砂	t	1 199.4	13 993	13 993	25 987	44 977.5	44 977.5	39 980
	碎石 5—10 mm)	t	690.6	8 057	8 057	14 963	25 897.5	25 897.5	23 020
	碎石 10—25 mm)	t	1 035.6	12 082	12 082	22 438	38 835	38 835	34 520
	减水剂	t	7.8	91	91	169	292.5	292.5	260
钢绞线	ϕ_j15.24 钢绞线	t	53.4	623	623	1 157	2 002.5	2 002.5	1 780
桥面防水层		m^2	2 602.8	30 366	30 366	56 394	97 605	97 605	86 760
锚具		套	300	3 500	3 500	6 500	11 250	11 250	10 000
盆式橡胶支座		个	24	280	280	520	900	900	800
无砟轨道防排水伸缩缝		m	73.2	854	854	1 586	2 745	2 745	2 440
预埋件	防震落梁档块	个	24	280	280	520	900	900	800
	接地螺母	个	48	560	720	1 040	1 800	1 800	1 600

7.7.2　主要施工设备配置计划

箱梁预制、运输、架设主要施工设备配置见表 7-11。

表 7-11　箱梁预制、运输、架设主要施工设备配置

序　号	名　称	型号规格	单　位	数　量
1	电力变压器	1250 kVA	台	1
2	混凝土搅拌站	HZS90、90 m^3/h	台	3
3	混凝土输送泵	HBT90-21-200S	台	3
4	混凝土布料机	HGY18、18 m	台	3
5	混凝土罐车	8 m^3	台	2?
6	龙门起重机	45 m/50 t	台	3
7	龙门起重机	17 m×16 t	台	2
8	提梁龙门起重机	MG450/20	台	2
9	轮胎式搬运机	900 t	台	1
10	运梁车	YL450	台	2
11	架桥机	DF900D	台	1
12	液压千斤顶	YC600	台	4
13	液压油泵	ZBM-500	台	2
14	柴油发电机组	350 kW	台	2
15	移动电站	300 kW	台	2

7.7.3　劳动力配置计划

7.7.3.1　施工管理及技术人员配置

根据施工组织机构设置，新津制梁场管理人员配置详见表 7-12。

表 7-12　制梁场管理及技术人员配置

序　号	部门或职务	人数及说明	
1	场长	1	
2	总工程师	1	
3	副场长	2	
4	副总工程师	1	
5	工程部	4	
6	质管部	8	
7	安环部	3	
8	物资部	4	
9	机电部	4	
10	财务部	1	
11	试验室	6	
12	综合部	2	
13	调度室	3	
合计		40	

7.7.3.2　劳动力配置

制梁场作业人员按工序分班组，各班组人员配置情况详见表 7-13。

表 7-13 新津制梁场作业人员配置(设计制架梁 2.5 孔/天)

序 号	工班或工种名称	配置人数	备 注
1	混凝土班	160	包括小件预制 40 人
2	模型班	120	
3	钢筋班	330	
4	装吊班	40	包括龙门吊、搬运机、提梁机司机,指挥布线人员
5	张拉班	80	
6	拌和站	28	
7	机电班	16	
8	桥面班	130	
9	架桥队	72	
10	小计	976	

7.7.3.3 劳动力进场计划

新津制梁场劳动力进场计划详见表 7-14。

表 7-14 劳动力进场计划

工程项目	工种名称	2009 年		2010 年				2011 年	
		3 季度	4 季度	1 季度	2 季度	3 季度	4 季度	1 季度	2 季度
制架梁	混凝土班	40	80	100	160	160	160	160	
	模型班	28	60	100	120	120	120	120	
	钢筋班	60	120	200	330	330	330	330	
	装吊班	18	22	28	40	40	40	40	10
	张拉班	18	26	50	80	80	80	80	20
	拌和站	15	20	28	28	28	28	28	8
	机电班	7	11	16	16	16	16	16	5
	桥面班				20	130	130	130	130
	架桥队			30	45	72	72	72	72
共计		186	339	552	839	976	976	976	245

7.8 施工现场平面布置

7.8.1 平面布置原则

统筹安排、全方位考虑制梁的总体施工进度,综合考虑施工条件及周边环境的因素,注重施工效率、注重成本控制、注重环保,切实引进新技术、新材料、新工艺、新设备来增强场区建设的力度,力求场区建设简洁、明快。

7.8.2 临时工程设施布置说明

7.8.2.1 施工便道

由 103 省道直接开口接入梁场。

7.8.2.2 施工用电

施工用电采用网络电引入供电为主,以自备发电机为辅。梁场采用 1 台 1 250 kVA 变压器,并配置 2 台 350 kW 自备发电机,以确保临时停电急用。

7.8.2.3 施工用水

主要采取打深井取水的方案,检验合格后使用。供水管路从储水池接主管,沿梁场纵向通长布管,在主管路上接支管分别进入各使用单元。

7.8.3　平面规划

制梁场占地211亩，采用横向布置，分为6个区域，即生活办公区、生产辅助区、制梁区、存梁区、小件预制区、提梁区。各区域位置合理安排，紧密结合，以充分满足施工生产的需要。

7.8.3.1　生活办公区规划

(1)所有办公及生活用房以白墙蓝顶为格调，区域内除绿化外的道路及场地进行硬化处理。设置领导及职能管理部门办公室、宿舍、医务室、活动室、食堂、浴室、厕所等公用设施。生活办公区占地面积12 855 m^2，其中生活办公房屋占地面积5 540 m^2(满足900人生活办公)，房屋均采用彩钢板活动房。

(2)在进场醒目位置处设置“五牌一图”，制作标准、格式按照建设单位相关文件要求办理。

(3)场内生活污水通过化粪池和污水处理池集中处理达到排放标准后向外排放，给水、排水管道都按照当地环境保护的施工要求铺设。

7.8.3.2　制梁区规划

(1)梁场设置制梁台座13座，其中1座为24 m制梁台座；1座为24 m/32 m共用制梁台座。

(2)制梁区内运梁通道按照40 cm砂夹石+20 cm厚C20混凝土进行施工，其他非运梁道路采用20 cm厚C20混凝土进行施工。

7.8.3.3　存梁区规划

以保证月制梁综合产出能力、施工规范的技术要求等确定存梁台座的数量，制梁场设置75个双层存梁台座(含2座临时换装台座和1座静载试验台座)，最大存梁能力150孔。台座间距纵向10 m，横向1 m，以保证900 t搬运机通行，不影响张拉、压浆及其他后道工序作业；存梁区纵横向运梁通道采取在夯实的原地面上按照40 cm砂夹石+20 cm厚C20混凝土进行施工，横向运梁通道宽7 m，纵向运梁通道宽20 m。

7.8.3.4　混凝土拌制区规划

(1)箱梁设计预制能力2.5孔/d，且同时供应小预制件和桥面附属施工所需的混凝土，拌和站日产量应达到约900 m^3混凝土才能满足要求。配备3台90 m^3/h全电脑控制混凝土搅拌站以满足施工需要。散装水泥及矿物掺和料储存罐的储备能力，满足连续三天以上的混凝土浇筑能力所用量的要求。

(2)砂石场面积为9 000 m^2，存量为18 000 m^3(约60孔箱梁用量)。砂石料场硬化方案为：40 cm厚砂夹石+25 cm厚C20混凝土。砂石料场须按砂石料种类、粒径大小分仓隔离，隔离采用混凝土隔墙，隔墙高度和厚度需满足堆料要求；主用砂石料仓上部遮盖采用棚架结构(棚架拉筋高度不小于自卸车倒料时车厢最高点的高度，约为8.5 m)，避免阳光直射和雨雪污染。

7.8.3.5　提梁站规划

箱梁上桥方式采用垂直提升的方法垂直运输上桥，在用900 t运梁车运输至前方架桥机处进行架桥作业。提梁机跨度36 m，净空高度根据桥墩高度+梁高+架桥机高度+吊装高度进行设置；作业方式：跨梁作业；走行方式：轮轨式，走行轨距1 435 mm，最大轮重36 t。

7.8.3.6　平面布置图

新津制梁场平面布置如插页图7-20所示。

7.9　工程项目综合管理措施

工程项目综合管理措施主要包括进度控制管理、工程质量管理、安全生产管理、职业健康安全管理、环境保护管理、文明施工管理、节能减排管理等内容。详见附录2。

第 8 章 兰新高速铁路双块式无砟轨道道床施工组织设计

8.1 编制说明

8.1.1 编制依据

(1)工程建设现行的法律、法规、标准、规范等;

(2)工程设计文件;

(3)工程施工合同、招投标文件和建设单位指导性施工组织设计;

(4)施工调查报告;

(5)现场社会条件和自然条件;

(6)本单位的生产能力、机具设备状况、技术水平等;

(7)工程项目管理的规章制度。

8.1.2 编制原则

(1)资源节约和环境保护原则。贯彻"十分珍惜、合理利用土地和切实保护耕地"的基本国策,依法用地、合理规划、科学设计,少占土地,保护农田,使铁路建设用地符合土地利用总体规划,贯彻节约、集约用地的原则,最大限度地节约使用土地;搞好环境保护、水土保持和地质灾害防治工作;支持矿床、文物、景点保护;维持既有交通秩序。

(2)符合性原则。满足建设工期和工程质量标准,符合施工安全要求。

(3)标准化管理原则。贯彻执行建设单位的相关要求,以建设目标和合同约定为纽带,按照三级管理模式组建项目管理机构、建设标准化工地,实现建设项目标准化管理目标。

(4)科学、经济、合理原则。树立系统工程的理念,统筹分配各专业工程的工期,搞好专业衔接;合理安排施工顺序,组织均衡、连续生产;以关键线路为中心,资源优化;管理目标明确,指标量化、措施具体、针对性强。

(5)引进、创新、发展原则。积极采用、鼓励研发提高工程技术和施工装备水平、保证施工安全和工程质量、加快施工进度、降低工程成本的新技术、新材料、新工艺、新设备。

(6)"六位一体"管理原则。结合建设项目特点,建立项目管理目标体系、责任体系、分级控制系统和评价(估)体系,按照计划、组织、指挥、协调、控制等基本环节,将质量、安全、工期、投资、环保、技术创新"六位一体"标准化管理管理目标分解细化为实施目标。

8.1.3 编制范围

兰新铁路第二双线土建 5 标 DK1489+000～DK1679+000 段,CRTSI 型双块式无砟轨道道床板施工。

8.2 工程概况

8.2.1 项目基本情况

8.2.1.1 线路情况

新建兰新铁路第二双线(哈密—乌鲁木齐段)站前工程项目 LXTJ5 标段位于新疆吐鲁番地区管辖的鄯善县和吐鲁番市境内,标段起于新疆吐鲁番地区和哈密地区交界附近(DK1489+000),向西延伸至新建吐鲁番北站西端出站(DK1679+000),全长 187.905 km,该段线路基本处于既有兰新铁路的南侧,

G312 国道北侧，主要经过的周边城镇有鄯善火车站镇（吐哈油田鄯善基地）、鄯善县城、连木沁镇、吐鲁番市等。全标段包含路基段 328.995 铺轨公里、桥梁段 45.159 铺轨公里（共 69 座桥梁），其中特大桥 8 座，大桥 38 座，中桥 23 座；全标段含 5 个车站，分别为小草湖西车站、吐哈车站、鄯善北车站、胜金车站、吐鲁番车站。

8.2.1.2　主要技术标准

（1）铁路等级：Ⅰ级。

（2）正线数目：双线。

（3）速度目标值：200 km/h 以上。

（4）最小曲线半径：5 500 m。

（5）最大坡度：20‰。

（6）到发线有效长度：650 m。

（7）牵引种类及列车类型：电力、动车组。

（8）列车运行控制方式：自动控制。

（9）行车指挥方式：综合调度。

8.2.2　无砟轨道基本情况

8.2.2.1　无砟轨道工程基本情况

中铁二局兰新铁路第二双线项目部五工区负责全标段 187.905 km 的双块式轨枕预制及铺设任务，轨枕预制约 58 万根，轨枕铺设包含路基段 328.995 铺轨公里、桥梁段 45.159 铺轨公里（共 69 座桥梁），其中特大桥 8 座，大桥 38 座，中桥 23 座；全标段含 5 个车站，分别为小草湖西车站、吐哈车站、鄯善北车站、胜金车站、吐鲁番车站。

8.2.2.2　主要工程数量

其主要工程数量详见表 8-1。

表 8-1　主要工程数量表

工程项目及名称		单　位	工 程 数 量
CRTSⅠ型双块式无砟轨道	正线路基段	km	320.0195
	明洞段	km	0.352
	路桥、隧过渡段	km	5.616
	桥梁段	km	45.576 4
	到发线、安全线	km	7.857 42
	合计	km	379.421 3

8.2.2.3　工程特点与难点

（1）轨道精调

根据历年气候统计，3 月至 5 月为风级，因此 2013 年 3 月至 5 月精调时间安排在白天，6 月至 8 月气候炎热，白天温度较高，因此 2013 年 6 月至 8 月轨道精调安排在晚上，轨道精调作业受气候影响较大，有效施工时间短。

（2）施工环境复杂

施工线路较长且线路复杂，DK1489＋000～DK1515＋700、DK1653＋262.63～DK1679＋000 均为深挖路堑，大中桥 69 座，DK1489＋000～DK1540＋000、DK1656＋000～DK1679＋000 均属百里风区及三十里风区，常年大风不断，无砟轨道铺设施工环境复杂，施工难度大，防风问题是该段线路面临的重要问题，因此施工中必须采取切实可行的防风措施，确保施工安全。

（3）物流组织及施工管理

本标段双块式无砟轨道施工长度 187.905 延米，施工战线长，任务重，施工地点比较分散，因此在物流组织及人员管理上有相当大的难度。

（4）高性能混凝土

为了把兰新铁路第二双线建成世界一流的精品工程、百年不朽的工程，实现无砟轨道混凝土结构 60 年的使用寿命，在施工过程中必须把满足混凝土结构的耐久性指标及工艺要求作为混凝土施工控制的重难点。

8.2.3　自然特征

8.2.3.1　地形地貌

本项目地处哈密、吐鲁番盆地北缘天山南麓山前冲、洪积平原区，地形平坦开阔，地势略有起伏，地面高程 700～1050 m，多为典型的戈壁荒漠地貌，区内人烟稀少。了墩～小草湖段（长 97 km）为兰新线著名的百里风区，风蚀地貌发育，沟梁相间，相对高差 5～30 m。

8.2.3.2 地质特征

全线沿线地层的分布主要受构造控制，从元古界至新生界均有出露，岩性复杂多样。本段地层主要为中、新生界断陷盆地陆源碎沉积物，出露第三系、白垩系泥岩、砂岩及砾岩，表层广布第四系，以黄土、卵砾石土松散沉积物为主。

8.2.3.3 水文特征

沿线水文地质条件相对简单，地表水贫乏，地下水主要为第四系孔隙潜水，埋深一般大于 50 m。本段水资源缺乏，三道岭至鄯善（约 190 km）沿线为严重缺水区，施工用水困难，施工用水需要长大距离调运，对工程成本影响较大。第四系孔隙潜水一般对混凝土具硫酸盐侵蚀性。

8.2.3.4 气象特征

本段线路属中温带干旱大陆性气候区。其特点是气候干燥，旱季长、雨季短，降雨量较少且集中，昼夜温差变化较大，春、秋季多风，夏季短促，冬季寒冷。

鄯善地区：年极端最低气温－31.3 ℃，极端最高气温 47.7 ℃；年降水量最大 99.1 mm，最小 0 mm；最大风速 46.6NEN。

本项目管段内风速高，最大风速达 56.6 m/s；风期长，局部地段大于 8 级风的天数已超过 200 天；季节性强，全年最大风速主要发生在冬春交替的 4～5 月；风向稳定，主导风向大约在 N～N20°W 范围内。

根据施工所处的环境，分为百里风区（强风区、大风区）、三十里风区（大风区、微风区）。其中百里风区强风区起始里程为 DK1489＋000～DK1510＋000，含 3 座桥，共 21 km；大风区起始里程为 DK1510＋000～DK1540＋000，含 4 座桥，共 30 km；三十里风区大风区起始里程为 DK1656＋000～DK1679＋000，含 12 座桥，共 23 km；微风区起始里程为 DK1540＋000～DK1656＋000，含 53 座桥，共 113.077 公里（含长短链各一）。风区大风频繁，风力强劲，年均风速为 5.8 m/s（4 级），年均大风日数（≥8 级）为 208 天，每次持续时间为 7.0 h。最大定时风速 33 m/s（12 级），最大瞬时风速 48 m/s（15 级）。

8.2.3.5 地震参数

根据全国地震标准化技术委员会颁发的《中国地震动峰值加速度区划图》（GB 18306—2001 图 A1）及《中国地震动反应谱特征周期区划图》（GB 18306—2001 图 B1），结合沿线地质及工程情况，划分沿线相当于地震基本烈度 7 度。

本线主要穿越北天山地震带，其中线路经过的北祁连山深断裂系的三条深断裂带，呈北西至北西西延展，为地震多发带，历史上曾发生过多次地震。沿线地震动峰值加速度值和反应谱特征周期见表 8-2。

8.2.3.6 交通运输情况

（1）铁路

本线路紧邻兰新铁路既有线，工程施工可充分利用既有铁路的运输能力，将主要材料运至项目附近的车站，再用汽车运至工地。

表 8-2 地震动参数区划表

项　　目	代表里程	数值	相当于地震基本烈度
地震动峰值加速度（g）	DK1368＋000～DK1790＋000	0.10	7 度
地震动反应谱特征周期（s）	DK1420＋000～DK1657＋000	0.35	
	DK1657＋000～DK1907＋664	0.40	

（2）公路

本工程所经地区公路交通发达，施工管段与线路并行的 G30 高速，各种县、乡道分布广泛，交通运输方便。

8.2.3.7 沿线水源、电源、燃料等可资利用的情况

（1）施工用水

本段为严重缺水地区，只有坎儿其河、柯柯亚河、二塘渠、石油工人渠、黑河、煤窑沟、塔尔郎沟七个水源，地而且水量小、地理分布不均匀，施工、生活用水采用长管路与汽车运输相结合提供工程用水与生活用水。在严重缺水地区修建大型储水站储水和临时中小型储水池，从附近水源地运水至储水站和储水池，保证工地施工及饮用水的供应。

（2）施工用电

本线建设标准高，大型临时设施多，工程用电负荷很大。本线所经地区，由于地形、地理和经济社会发展

等因素，区域电力资源不丰富，设计线路通道上可利用的电力资源有限，而且多是低等级的农电末端，部分地区严重缺电，尤其是鄯善以东地区。施工临时用电采用自己架设线路，再与钾盐生产基地的电力线搭接，其余地段通过架设线路，就近与地方高压动力电相连。本线驻地用电采取架设临时电力线路的方式供电，无砟轨道施工现场用电采取发电机发电。

(3)施工用燃料

本段线路沿线燃料供应比较充足，油类供应主要渠道为各县、镇沿线加油站供给，施工机械使用的燃料可就近购买。

8.2.3.8　当地建筑材料的分布情况

由于线路位于新疆东部，砂石料严重缺乏，主要采用汽车运输的方式供应材料，砂源地为哈密、鄯善、大河沿、托克逊。

吐鲁番至鄯善石料严重缺乏，碎石在一碗泉天山、红山口、大河沿、乌拉泊等石料场采购，采用火车与汽车相结合的运输方式，再通过地方道路和施工便道运至工地现场。

8.2.3.9　卫生防疫、地区性疾病及民俗情况

当地为少数民族地区，沿线各级卫生防疫系统健全，措施有效，未发现区域性地方疾病。

8.3　工程项目管理组织

工程项目管理组织(见附录1)，主要包括以下内容：

(1)项目管理组织机构与职责；

(2)施工队伍及施工区段划分。

8.4　施工总体部署

8.4.1　指导思想

按照中国铁路总公司六位一体总体要求，以“高起点开局、高标准建设、高效率推进”的三高建设为指导方针。以“标准化建设、架子队施作、一盘棋推演、六位体闪光”为项目运作指导思想。

8.4.2　施工理念

坚持“六化”施工理念。即“施工生产工厂化、施工手段机械化、施工队伍专业化、施工管理规范化、施工控制数据化、施工环境园林化”。

以“工厂化”为龙头，将施工技术与工艺按工序细分，在架子队设立作业班组(工厂)、确定流水线，形成“工厂化”生产。

“队伍专业化”和“手段机械化”是对“工厂”配置相应的人、机资源。把握人、机这两大资源，突出专业性和效率，在特定的工区和流水线上形成高效的生产能力。

“数据化”是对“工厂”施工全过程中的安全、质量、环保、工期、成本核算的控制与把握，讲究执行力，用数据说话，量化各项工作并进行评定。

“规范化”是“工厂”的行业准则和法律。针对本项目特点，以管理体系或模式构建规章制度、标准和操作流程，是“数据化”的支撑。

“园林化”是以人为本，保护生态自然和谐，构建绿色工程。针对“工厂”的人及生活、生产区的要求，对基本设施进行人性化、环保性的设置。

8.4.3　奋斗目标

根据建设单位总体施组安排及年度施工计划，以道床板施工为主线，以里程碑工期为导向，以成本控制为核心，以“四新”技术为动力，以立功竞赛为抓手；铸就标准化建设魂魄，构建架子队施作骨架，舞动一盘棋推演脉搏，打造“六位一体”的闪光点，建设工地标准化管理的示范工程。

8.4.4 建设总体目标

8.4.4.1 安全目标

坚持“安全第一，预防为主”的方针，建立健全安全管理组织机构，完善安全生产保证体系，杜绝安全特别重大、重大、较大事故，杜绝死亡事故，防止一般事故的发生。消灭一切责任事故，确保人民生命财产不受损害。创建安全生产标准工地。

8.4.4.2 质量目标

坚持“百年大计，质量第一”的方针，认真贯彻执行国家和铁道部有关质量管理法规，确保全部工程质量全面达到国家及铁道部高速铁路工程质量验收标准，并满足设计速度开通要求。

主体工程质量“零缺陷”，竣工工程验收一次合格率100%。

8.4.4.3 工期目标

满足工程合同及业主对工期的要求。

8.4.4.4 环境保护目标

努力把工程设计和施工对环境的不利影响减至最低限度，确保铁路沿线景观不受破坏，地表水和地下水水质不受污染，植被有效保护，噪声、振动和扬尘的环境影响得到有效控制，文物得到有效保护。坚持做到“少破坏、多保护，少扰动、多防护，少污染、多防治”，使环境保护监控项目与监控结果达到设计文件及有关规定。做到环保设施与工程建设“同时设计，同时施工，同时交付使用”。

8.4.4.5 文明施工目标

做到现场布局合理，施工组织有序，材料堆码整齐，设备停放有序，标识标志醒目，环境整洁干净，实现施工现场标准化、规范化管理。

8.4.4.6 技术创新目标

紧密结合本项目的施工实际，开展“数据化控制、标准化管理”创新，以求取得经验和人才培养。

8.5 控制工程和重点工程施工方案

8.5.1 无砟轨道施工方法、工艺流程及技术措施

8.5.1.1 工具轨法施工方法及工艺

(1)施工工艺流程

施工工艺流程如图8-1所示。

(2)轨枕运输、验收及现场堆放

轨枕运送使用平板卡车，汽车吊等配合专用吊具卸载轨枕。严禁碰、撞、摔、扭，避免轨枕桁架钢筋扭曲变形，保持轨枕面无缺棱掉角，保证扣件安装完好。

质检人员对轨枕进行检验，对不合格轨枕(如桁架钢筋端头脱焊、桁架钢筋变形、混凝土外观不合格的)作出书面记录，并退场返轨枕场处理。

为确保施工时的散轨方便，提前将轨枕转运到线路附近。轨枕垛按相应计算位置卸车堆放，每垛5层，每层4根；沿纵向隔13m整齐、成线的堆放在路基下，采用方木支垫，要求上下成线，同层轨枕平整堆放；基底应平整、密实，避免轨枕扭曲变形，最下面一层轨枕设置垫木。

(3)测量放样

1)路基测量放样

①清除道床板范围内下部结构表面浮渣、灰尘及杂物。

②施工放样。支承层每隔19.5 m测设并标记两个轨枕铺设中心控制点，弹出线路中线，偏差不超过2 mm。

③标示出道床板纵向模板内侧边线和横向模板位置。

④ 基标控制点设置在道床内侧，距支承层边缘10 cm，每5 m设置一个。

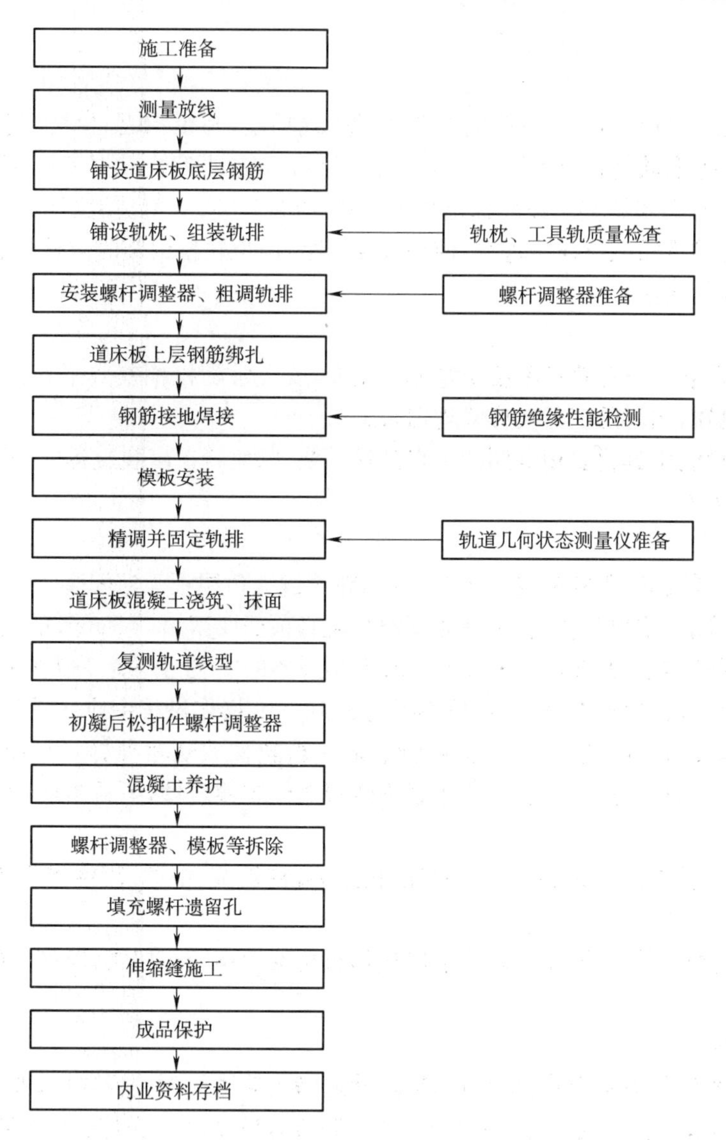

图8-1　双块式无砟轨道道床板施工工艺流程(工具轨法)

2)桥梁段测量放样

①桥梁段控制基标设置在线间距底座边缘10 cm。

②测设基标控制准确的里程计坐标值,并利用基标标记出轨道中心。

3)桥路段隔离层、弹性垫层施工

①座混凝土强度达到设计强度的75%后,方可施工隔离层和弹性垫层。

②隔离层和弹性垫层施工前应检查并清洁底座表面和凹槽底面。

③将隔离层分中铺设,并根据凹槽位置画出凹槽边线,按所画线条剪裁隔离层。

④将隔离层平整地铺置于桥上混凝土底座上,在底座边缘处,用固定胶带将土工布固定。

⑤隔离层宜与道床板等宽,铺设时应平整,无褶皱、无破损,接缝采用对接,不得重叠。

⑥将弹性垫层粘贴于凹槽的侧面,使其与凹槽周边的混凝土密贴,不得有鼓泡、脱离现象,缝隙应采用薄膜封闭。利用剪裁下来的隔离层铺设于凹槽底面,并与侧面的弹性垫层采用胶带牢固粘接。

(4)布设下层钢筋、组装轨排

1)摆放钢筋

在支承层、底座上标识出钢筋绑扎边线,用钢筋样杆控制纵横向钢筋间距。除纵横向接地钢筋交叉点按照规定进行焊接外,其余纵向钢筋与横向钢筋(含轨枕桁架筋横向钢筋)交叉点处均设置绝缘卡;相邻纵向钢筋搭接长度不小于0.7 m,钢筋搭接或焊接接头位置应相错不小于1 m,且同一断面钢筋搭接率不大于50%。

底座铺设下层钢筋前先铺设聚乙烯土工布,土工布应平整,先绑扎道床板凹槽钢筋,钢筋安装时,应注意避免对弹性垫板、泡沫板及土工布造成损伤。

2)散布轨枕

采用人工散布轨枕于设计位置,轨枕横向位置通过中线控制,间距用钢卷尺控制,人工方枕。桥梁段布枕以孔为单位,路基段标准轨枕间距为 650 mm,路基与结构物过渡处根据实际情况将轨枕间距控制在 600～650 mm 范围内进行适当调整。在散枕过程中,不得损坏底座、支承层混凝土及土工布,应避免磕碰损坏,受损轨枕必须更换,尽量保证与线路垂直,控制轨枕间距,避免轨排组装时方枕量过大。

(5)安装工具轨、组装轨排

1)施工内容

①检查工具轨:工具轨状态对轨道精度调整非常重要,要经常随机检查其平直性、轨头质量、垫板变形,就位前要彻底清洁工具轨,损坏的工具轨应清理出来。

②用吊车吊装工具轨:工具轨要用专用的多点吊具吊装,以免其在吊装过程中变形。

③检查轨枕质量,方枕。

2)施工要求

①工具轨调整就位:轨缝间距控制在 10～30 mm,轨缝过大鱼尾板无法安装。

②安装扣件:间隔安装、定位扣件,扣件弹条下颚与轨脚顶面要留出 0.5 mm 的间隙,不能使用发生塑性变形的扣件,扣件螺栓扭矩控制约 250 N·m(SKLB15 型弹条的安装扭矩为 180 N·m)。

③采用方尺方轨,保证钢轨轨头齐平,错位不得超过 10 cm,操作过程中应尽量避免轨缝落在轨枕上。

④螺杆调节器尽量安放在距轨头最近的轨枕侧,隔一根轨枕放轨距撑杆。平面布置为:钢轨接头—轨枕—螺杆调节器—轨枕—轨距撑杆—轨枕,为增强钢轨接头位置稳定性,可适当增设轨距撑杆(或拉杆)和支撑螺杆。

⑤注意支撑杆底部,使支撑杆达到稳定、平稳的状态后,在粗调、精调、浇注混凝土过程中使支撑杆不致突然位移。

⑥检查轨枕扣件是否安装正确,工具轨安装时应检查确保轨枕胶垫居中,轨底无附着物。

(6)轨道粗调

1)安装螺杆调节器

通过螺杆调节器对工具轨的高低和轨向的调整,使之满足轨道线型验标要求,并固定工具轨的空间几何状态。托盘则是螺杆调节器相对钢轨的支承平台,螺杆调节器托盘用完后要及时涂油,螺杆有损伤应及时套丝修复。

①工前检查

a. 螺杆调节器无附着物,平移板已涂油并活动自如,托轨盘已涂油防护;

b. 部件配置数量齐全;

c. 部件使用工作状态完好;

d. 对扭曲变形的应进行剔除,整配合格后方能使用。

②安装螺杆调节器

a. 将钢轨托盘平装到轨底,安装螺杆,螺杆支撑在平整位置,不得支撑在支承层凹槽斜面上;

b. 一般直线地段,每隔 3 根轨枕两侧对称各设一个螺杆调节器,超高段隔 2 根轨枕各设一个;

c. 在每一个施工起点第一个轨排首根轨枕后安装一对螺杆调节器;

d. 根据超高段的超高量,选择角度调整级别,将定位销插入相应的角度定位孔,超高段的角度调整级别见表 8-3。

2)人工粗调

①工前检查

a. 检查所有轨道扣件安装是否紧固;

b. 检查待调轨排的轨距是否满足施工要求,标准轨距为(1435±0.5)mm,使用轨距尺按轨枕位置逐个检测,不符合标准值的应立即调整;

c. 检查工具轨是否清洁,若有附着物立即清除;

d. 清理待调轨排内的杂物;

e. 检查起道机使用工作状态完好。

②粗调轨道

a. 轨排高程调整

线路工使用L尺和道尺,左右对称布置起道机顶起轨排,根据基标的起道量,调整轨面标高。

b. 轨排轨向调整

轨面高程达到设计值后,根据基标采用L尺调整轨排轨向。

c. 粗调轨道的标准

工具轨粗调必须达到表8-4所示标准。

表8-3 超高段角度调整级别表

超高量	高 侧	低 侧
0~25 mm	0°孔	0°孔
25~75 mm	+2°孔	−2°孔
75~125 mm	+4°孔	−4°孔
125~180 mm	+6°孔	−6°孔

表8-4 双块式无砟轨道工具轨粗调标准

序号	项 目	容许偏差	备 注
1	轨 距	±0.5 mm	相对于标准轨距1 435 mm
2	起道量	−2~0 mm	
3	拨道量	±2 mm	
4	水 平	2 mm	
5	接头错牙	踏面0.2 mm,工作边0.2 mm	

(7)安装上层钢筋、综合接地

1)钢筋绑扎

按设计要求布置道床板上层钢筋,纵横向钢筋交叉处用绝缘卡及绝缘扎丝将钢筋绑扎牢固,要求对道床板的纵横向钢筋交叉处进行满扎。纵横向钢筋交叉处不得存在焊接点;绑扎过程中不得扰动粗调过的轨排。

2)接地焊接

焊接前对接地端子进行防污保护,安装位置正确,接地端子采用"公母"配对,端头密贴模板。

桥梁上每单元板内取一根ϕ16 mm的横向结构钢筋作为横向接地钢筋,纵向接地钢筋取3根ϕ16 mm上层纵向钢筋(分别为两侧及中间)。

路基上道床板内纵向接地钢筋取3根ϕ16 mm上层纵向钢筋(分别为两侧及中间),每3.9 m道床板的一根ϕ14 mm横向结构钢筋更换为ϕ16 mm的接地钢筋,上下层接地钢筋通过N4钢筋焊接连接。

单元式道床板接地单元纵向长度不大于100 m,每一单元中部(与接触网立柱对齐)增加焊接一个接地端子。

横纵向接地钢筋连接时采用L型焊接。

焊接长度单面焊不小于100 mm,双面焊不小于55 mm,焊缝厚度不小于4 mm。

焊接完成后,要在焊接点进行绝缘处理。

3)钢筋绝缘及接地检测

①混凝土浇筑前采用绝缘电阻检测仪对钢筋网进行绝缘电阻检测,绝缘电阻值不小于2MΩ;灌注前还应采用接地电阻测试仪进行综合接地电阻检测,接地电阻值不大于1Ω。

②道床板混凝土浇筑完成后,进行接地性能测试,确保符合要求。

(8)安装纵、横向模板

每19.5 m设置一道伸缩缝,伸缩缝分隔板采用两块10 mm厚的整体钢模及销子,横向模板通过卡子固定在纵向模板上;每3.9 m设置一道假缝,假缝采用一块异形角钢通过固定装置安装在侧模上,并通过调节螺杆将高度调整到位;纵向模板每节3 m长,纵向模板采用螺栓连接。

1)工前检查

①检查模板表面平整无凹凸、无弯折、无污染;

②检查脱模剂涂刷是否均匀,有无漏涂。

2)安装纵向模板

①利用基标弹出两侧纵向模板内边线。

②冲击钻打设模板加固锚固孔,孔内植入钢筋。

③按照墨线标示吊运模板就位,下部钢筋固定,上部拉杆加固。下部钢筋应在支承层侧面进行打孔固定,钢筋的长度25cm,在每块模板上应设置两个加固点,若需要可适当增加固定点。

④采用砂浆对模板进行封堵时必须保证砂浆与模型内边平齐，密实，防止混凝土施工时底部漏浆。

(9)安装伸缩缝及传力杆

1)真缝模板固定

按照预先放样好的伸缩缝位置安装伸缩缝模型。

2)传力杆安装

设置传力杆，使传力杆两端与轨枕桁架钢筋绑扎固定，并保证传力杆空间位置准确，传力杆端头横向位置偏移不得大于 6 mm，传力杆应交错安装，即相邻两根传力杆粘结护套部分不得同向。

施工中应加强传力杆套筒及顶帽的保护。长期中断施工时应对传力杆进行涂油、包裹等防锈、防腐蚀处理。

传力杆安装完成后，将模板上传力杆卡槽进行封堵，严防伸缩缝模板进行浆。

3)注意事项

①安装时防止模板变形。

②模板在安装就位后，检查模板拼缝处是否严密，纵、横向模板是否垂直，以防止漏浆，检查合格后，才能浇注混凝土。

③清除即将浇注道床板下部结构的表面浮渣、灰尘及杂物，检查模板底部与基面接触是否严密，严防漏浆。

(10)轨道精调

1)确定全站仪坐标

全站仪采用自由设站法定位，通过观测附近 8 个控制点棱镜，自动平差、计算确定位置。改变测站位置，必须至少交叉观测后方利用过的 4 个控制点。

2)测量轨道数据

全站仪测量轨道精测小车顶端棱镜，小车自动测量轨距、超高。

3)反馈信息

接收观测数据，通过配套软件，计算轨道平面位置、水平、超高、轨距等数据，将误差值迅速反馈到精测小车的电脑显示屏幕上，指导轨道调整。

4)调整标高

用普通六角螺帽扳手，旋转竖向螺杆，调整轨道水平、超高。高度只能往上调整，不能下调。

5)调整中线

采用双头调节扳手，调整轨道中线。

6)注意事项

精调好轨道后，尽早浇筑混凝土。浇筑混凝土前，如果轨道放置时间超过 12 h 或环境温度变化超过 15 ℃，或受到外部条件影响，必须重新检查或调整。

(11)道床板混凝土浇筑与养护

1)工前检查

①检查和确认轨排复测结构，当轨排放置时间较长(超过 12 h)且环境温度变化大于 15 ℃时，或受外部条件影响，必须重新精调。

② 道床板混凝土浇筑前，必须清理浇筑面上的杂物，应提前 2 h 采用高压雾化水对支承层基座面、轨枕侧底面，确保支承层和轨枕完全湿润，但是洒水润湿后的支承层上不得有明显积水。混凝土浇筑过程中应根据实际情况及时对后续浇筑的支承层及轨枕进行湿润。

③ 采用轨枕防护罩保护轨枕及扣件，采用钢轨防护罩覆盖工具轨，以免污染。

④ 检查螺杆调节器螺杆是否出现悬空，隔离套是否装好。

2)混凝土浇筑前，现场调度、相关部门、班组人员必须对下列项目进行检查确认，检查合格后才能进行混凝土的浇筑：

①取得施工配合比通知单，核对并检查骨料、水泥、掺合料、外加剂等是否合格，确认本次混凝土原材料数量是否满足要求；

②混凝土拌和站和输送泵处于正常状态，机具应进行试运转，并确认状态良好；

③水电供应系统正常，意外停水、停电的备用措施已落实，容易损坏的机具和零部件有备用品，混凝土浇筑应急预案已准备到位。

3)混凝土准备

①道床板混凝土浇筑前,应提前2 h采用高压雾化水对支承层、轨枕进行充分润湿,并保持湿润状态,但不得有明显积水。检测混凝土拌和物的温度、坍落度、泌水率和含气量等。在遵循"低胶材用量、低用水量、低坍落度、高含气量"(三低一高)原则的基础上,道床板混凝土的胶凝材料用量每方不大于380 kg,入模含气量不小于4%,用水量不大于150 kg,采用减水剂和引气剂双掺的方式配制,单位体积浆体的量不大于0.3 m^3,入模温度宜控制在5 ℃～30 ℃。采用泵送施工时,混凝土出机坍落度控制在140～160 mm,坍落度损失不大于20 mm;采用吊斗施工时,混凝土出机坍落度控制在120～140 mm,坍落度损失不大于20 mm;大风及干旱地区(平均风速六级以上或瞬时风速八级以上、干旱指数>7)应掺入内养护材料。

②在炎热季节浇筑道床板混凝土时,应避免模板和混凝土直接受阳光照射,保证混凝土入模前模板和钢筋温度以及附近的局部气温均不超过40 ℃。

③在低温条件下(当昼夜平均气温低于5 ℃或最低气温低于-3 ℃时)浇筑道床板混凝土时,应采取适当的保温防冻措施,防止混凝土早期受冻。

4)混凝土搅拌、运输

①搅拌:减水剂和引气剂双掺,其储料罐必须配备循环泵或搅拌叶,在施工过程中保证外加剂的匀质性,不出现分层,搅拌时间不得少于120 s。

②运输:运输应采用确保浇注工作连续进行的罐车,保证混凝土在运输过程中保持均匀性,运到浇筑地点不发生分层、离析和泌浆等现象。当罐车到达浇筑现场时,应使罐车高速旋转20 s～30 s方可卸料。严禁在运输过程中向混凝土内加水。混凝土运至浇筑地点时应对温度、坍落度、含气量等指标进行检测,如果不满足要求时,混凝土作废弃处理。

5)浇筑过程及方法

精调完成后,开始浇筑道床板混凝土,其工作流程,具体施工方法如下:

道床板混凝土浇筑工艺流程:清理、润湿工作面→轨排复测→混凝土运输→混凝土浇筑→抹面→养护。

浇筑混凝土期间,设专人检查轨排、模板、钢筋和预埋件等的稳固情况,当发现有松动、变形、移位时,应及时处理。混凝土浇筑过程中按要求及时测试混凝土的坍落度、含气量、入模温度等拌和物性能,在浇筑地点取样制作试件,按照施工要求每天施工需做一组同条件养护试件,及时填写施工记录。

桥路段混凝土浇筑:特大桥和长大路堑地段由于料斗布料困难,可采用混凝土泵车泵送混凝土入模。

路基地段混凝土浇筑:路基段混凝土浇筑时采用混凝土运输车集中运输混凝土,右线可采用罐车上路基,梭槽入模,左线可采用吊车+料斗方式入模,布料时按"之"字形路线来回浇筑,入模温度控制在5～30 ℃。

采用人工振捣,配置4根插入式捣固棒,2根捣固棒紧跟泵车出料口,负责在下料时引流,2根捣固棒负责将混凝土捣固密实、均匀,提气泡,振捣持续时间以混凝土不再下沉、表面呈现浮浆为度,切不可过振、漏振。在灌注过程中,一旦混凝土入模后立即插入振动棒振捣,对轨枕底部位置混凝土要加强振捣。振捣完毕后,道床板混凝土抹面最低按照5个收面步骤进行。

①混凝土浇筑完毕后,第一批工人先用铁锹把道床模板内的混凝土按道床顶面标高进行挖补(若混凝土表面浮浆过多必须进行清除,重新填补混凝土),挖补后的混凝土必须重新进行振捣,找平后用长木抹子逐格将轨枕间道床面找平,施工中通过道床板混凝土顶面标高控制工装来监控顶面标高。找平时需清理轨枕侧面粘接的混凝土残渣,并用抹子对轨枕四周进行捣鼓,捣鼓是否到位以轨枕与混凝土接触面有沙砾粘凝为准。

②第二批工人首先对道床板表面进行减蒸剂润湿喷涂。喷涂采用散喷式喷淋方式,喷涂以混凝土表面均匀覆盖即可,不得有积液,采用铁抹子将道床混凝土面抹光,道床顶面与承轨台面高差允许偏差不大于5 mm。

③第三批工人在混凝土初凝前再用铁抹子进行压光。抹面时严禁洒水润面,并防止过度操作影响表层混凝土的质量,着重对轨枕四周的道床板混凝土进行压光收面作业。

④在混凝土初凝时,进行第四次系统的抹面。

⑤终凝时,最后一次收面,将道床板表面的不平整的褶皱重新压光收面,收面之前不允许洒水,抹面后涂刷养护剂进行养护。

抹面过程中要注意加强对托盘下方、轨枕四周等部位的施工,避免产生质量问题。抹面完成后,及时清刷钢轨、轨枕和扣件,防止污染。

混凝土灌注时应配备应急措施,出现机械故障等原因浇筑过程中断,立即启动应急方案,保证混凝土持续灌注，同时派人对机械故障进行维修。

⑥在混凝土初凝后，松动横向模板。

⑦混凝土达到设计强度的75%前，禁止在道床板上行车及碰撞轨枕。

⑧混凝土浇筑完成之后，采用钢球压痕法及时松懈扣配件、卸除钢轨，同时检查轨温的变化情况，基本上每小时检测一次，当轨温达到精调作业时轨温的±2 ℃的情况下，必须采取升高(降低)轨温的措施。

6)坍落度要求

坍落度选择在混凝土浇筑中极为重要。兰新公司规定入模坍落度在140 mm以内，混凝土出拌和站坍落度要根据天气、罐车温度、罐车行驶距离等综合确定。

7)混凝土养护

①养护措施按照不同地段、不同风区等环境特点，因地制宜确定，主要以养护剂(膜)＋塑料薄膜＋ 土工布＋ 棉被＋ 篷布等多重覆盖措施，防风加固措施采用支承层或基床植筋，篷布挂孔，篷布四周紧固、中间压实或沙袋等压实加固方式。

②道床板施工时搭设作业棚，作业棚长度宜为进度指标的1～3倍，解决大风干旱地区混凝土浇筑后表面水分蒸发过快，表面易开裂现象，使道床板混凝土浇筑后抹面、喷涂养护剂、覆盖等均在作业棚内完成。作业棚同时起到遮阳防风作用，有效减少日晒等外界环境对棚内混凝土、钢轨温度变化影响。由于百里、三十里核心风区，风力强劲，作业棚宜采用铁制的圆弧形防风作业棚，并具有防风固定措施。

a. 常规养护

(a)道床板混凝土抹面、涂刷养护剂、覆盖均在防风作业棚内完成。

(b)在初凝前道床板的抹面工作必须全部完成，最后一次抹面后立即喷涂养护剂，养护剂用量为0.3～0.4 kg/m²。

(c)养护剂的喷涂应采用喷涂和滚涂相结合的方式，不得使用毛刷涂刷；养护过程中要对养护剂喷涂质量进行检查，人工对道床全断面逐一检查，发现漏喷漏涂处及时处理。两侧模板拆处后应立即喷涂养护剂。养护剂在成膜前严禁与水接触，避免影响成膜质量。

(d)在养护剂喷涂完毕后，应及时进行覆盖。通常情况下覆盖物可采用两布一膜，即第一层为土工布，第二层为塑料薄膜，第三层为防风布。覆盖物的纵向搭接长度不小于50 cm，覆盖物的固定可采取挂压结合的方式，即两侧2 m设置一个固定点挂牢并辅以砂袋加固，中间每2 m一个断面压不少于3个砂袋。对于风区，为了确保养护措施的有效性，可在上述养护方式的基础上增加一层养护被。养护期间养护被应充分湿透，一方面保证被内混凝土环境温度恒定，另一方面起到防风和保证覆盖物与道床板混凝土密贴。

(e)道床板混凝土的覆盖养护时间不得少于28天。

(f)上述养护措施的具体涵义为:采用遮阳防风棚是为了保证灌注后混凝土环境温度变化不大；涂刷养护剂是防止混凝土失水过快；洒水是为了保证环境湿度；采用养护被覆盖是为了保证混凝土的环境温度和湿度变化不大；采用砂袋压实是为了防风。

b. 冬季施工、养护

当工地昼夜平均气温连续3天低于5 ℃或最低气温低于－3 ℃时，混凝土施工应按冬季施工进行。当平均气温低于10 ℃直至达到冬季施工条件时，道床板施工就应当开始采取相应的保暖措施。

(a)混凝土浇筑应选择在当日气温最高时进行，保证混凝土入模温度不低于5 ℃。

(b)混凝土养护时首先均匀喷涂养护剂，再覆盖土工布、塑料薄膜和双层棉被。应及时进行覆盖。通常情况下覆盖物可采用两布一膜，即第一层为土工布，第二层为塑料薄膜，第三层为防风布。

c. 夏季施工、养护

当昼夜平均气温高于30 ℃时，混凝土施工应按夏季施工进行。

(a)针对该地区夏季昼长夜短、白天气温很高的气候条件，混凝土的浇筑选择在夜间进行。

(b)高温季节道床板混凝土养护主要是保水、降温，因此夏季施工养护主要是涂刷养护剂，覆盖棉被并加以洒水降温的方式进行保水降温养护。白天还需安排专门人员每隔1 h检查道床板是否湿润，如有未被湿润部分应立即进行洒水处理。

③采用遮阳防风棚对道床板进行遮挡，防止阳光直射。

(12)拆除螺杆调节器

每块板混凝土浇筑完成后根据钢球压痕法及时松懈钢轨连接零件及扣件。首先解除接头处的鱼尾板，然后采用跳解的方式解锁。

1)应力释放

在混凝土终凝前，逆时针旋转螺杆调节器，拧松 1/2 圈；用“丁”字扳手逆时针旋转轨枕螺栓，松开 2 圈；拆除快速接头。

2)拆除螺杆调节器

混凝土浇筑完成 24 h 后，拆除螺杆调节器。操作时注意不要扰动轨排，避免混凝土受到损伤。

拆除下来的螺杆调节器，应及时清理干净，且不得堆放在道床板上。

(13)拆除纵横向模板

当混凝土强度大于 10 MPa 后，即可拆除纵向模板，拆除工具轨后，再拆除横向模板，依照混凝土浇筑方向依次进行拆除。混凝土初凝后应及时拔除伸缩缝横向模板插销并松动钢模板及假缝角钢，拆除时采用撬棍两端同时起升模板。拆除模板时注意成品保护，严禁混凝土出现缺棱掉角。

(14)填注嵌缝胶及螺杆孔填塞

1)伸缩缝

伸缩缝宽度 30 mm，中层设置 ϕ30 无黏结护套式传力杆，传力杆以下部分填充聚乙烯泡沫板，上部填充锯齿形聚乙烯泡沫板并以树脂嵌缝胶封闭。

2)假缝

假缝宽 10 mm，深 65 mm，下部 45 mm 采用聚乙烯泡沫板填充，上部及两侧 20 mm 采用树脂嵌缝胶封闭。

3)伸缩缝、假缝处理

①清理伸缩缝和假缝内的杂物，并保证缝内干燥。

②采用角磨机把伸缩缝和假缝内侧的脱模剂或混凝土浮浆打磨掉，并吹扫干净，保持界面整洁。

③将与嵌缝胶接触的混凝土界面用专用界面剂涂抹均匀，待界面剂表干后方可灌注。

④封闭伸缩缝时，务必将伸缩缝底部和两侧密封严实，保证嵌缝胶灌注后，不出现漏料、溢料。

4)泡沫板安装

①将条形泡沫板根据现场传力杆的位置从传力杆的下方穿入。

②将锯齿形泡沫板锯齿朝上塞入伸缩缝中，并将其压紧。

5)嵌缝材料的拌制

①配制嵌缝胶时，将 A、B 组分嵌缝胶按重量比 5∶1 或体积比 6∶1 分别取出两组份，将 B 组份加入 A 组份中，采用专用机具进行拌制。

②搅拌时，应采用机械搅拌机搅拌，并将搅拌桨完全没入液料，搅拌时间以 3 min 左右为宜。

③搅拌好后的嵌缝胶应放置 1 min 后再进行灌注。

6)嵌缝材料的灌注

①伸缩缝或假缝底部和两侧密封严实，保证嵌缝胶灌注后，不出现漏料、溢料和鼓起。

②将伸缩缝或假缝周围的混凝土板面的浮土吹扫干净，防止保护胶带脱落，失去保护作用。

③灌注口应靠近伸缩缝或假缝，灌注速度应缓慢均匀，尽量避免产生气泡。

④嵌缝材料混合后须在 30 min 内使用完毕，当日的平均气温高于 5 ℃时方可进行嵌缝施工。雨雪天气，不可进行嵌缝施工，如嵌缝完成后出现雨雪天气，则应用塑料布等遮盖物保护嵌缝作业后的伸缩缝。

7)填塞螺杆孔

采用无收缩砂浆对螺杆孔进行填塞。

8.5.1.2　排架法施工方法及工艺

(1)施工工艺流程

施工工艺流程如图 8-2 所示。

(2)施工设备

主要施工设备有：轨道排架，专用龙门吊，移动组装平台，专用吊具，纵横向模板等。施工设备进场验收合格后方可使用。

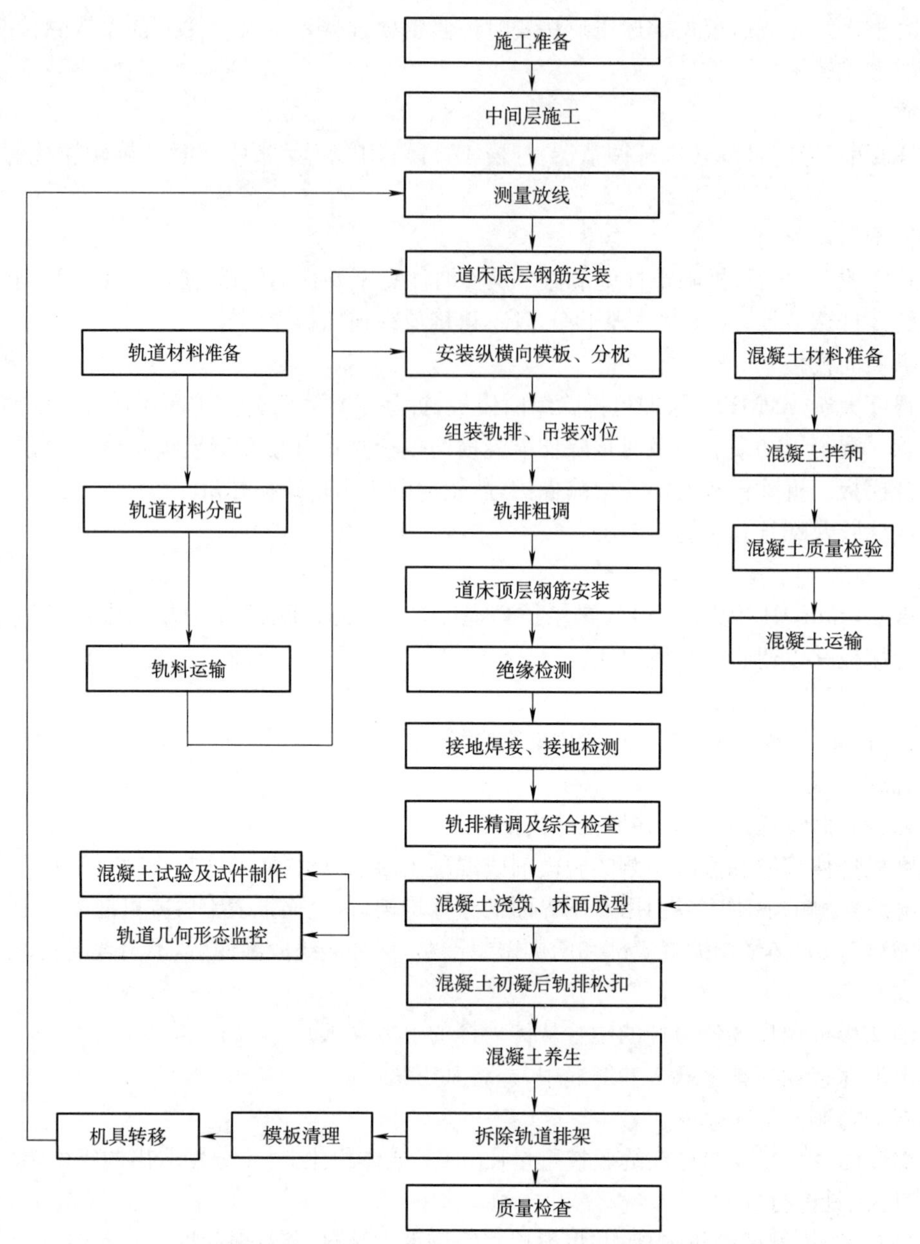

图 8-2 双块式无砟轨道施工工艺流程(排架法)

1)轨道排架主要部件有:托梁、工具轨(60 kg/m 钢轨)、定位夹板、楔形夹板、调整夹板、双块式轨枕定位标、中心标、螺柱支腿和轨向锁定器等。螺柱支腿进行轨道排架的高低、水平的调整;轨向锁定器进行轨道排架的横向调整和固定。选择排架类型和每榀轨排架长度需要综合考虑直线地段的长度、曲线半径大小、轨道排架加工精度、就位操作难易,以及所计算的曲线段矢量差值、相邻轨枕间距的内外侧弧形差值、枕内外侧弧形累计差值等。

轨排制造技术标准:

①轨道排架轨距(1 435±0.5)mm,顺坡率<0.5%。

②轨底坡坡度 1∶(40±2)。

③排架长度 L±1 mm,方正度<1 mm。

④相邻轨枕定位间距±5 mm。

⑤钢轨直线度及平面度<0.5 mm/m,钢轨高度偏差<0.3 mm。

⑥接头钢轨错牙≤0.5 mm。

⑦中心标必须以两钢轨对称偏差<0.2 mm。

2)专用龙门吊:龙门吊安装在防护墙外侧,预制电缆槽内侧,胶轮行走,行走机构采用变频技术实现快速行走、慢速安装排架。电动葫芦选用 MD 双速,实现快速起吊、慢速定位。龙门吊在底座板施工前由铁五院安装完成，安装完成后由项目部设备部负责组织验收。

3)简易组装平台：简易分枕组装平台包括组装平台、双块式轨枕间距控制刻度，功能是完成轨枕定位和轨排组装。

4)吊具：起吊轨排的专用吊具具有保持轨排几何结构不变形和灵活就位的功能，由钢桁架、钢轨夹紧机构、轨排移动调整机构等组成。装卸轨枕的专用吊具具有避免轨枕变形的功能，每次可起吊4根轨枕。

(3)施工准备

双块式轨枕在施工前运输至施工现场(并提供本批轨枕质量证明文件)，施工过程中不得出现轨枕运输。装车时每4根×3层为1垛，层与层之间采用10 cm×10 cm方木隔离，放置位置在轨枕承轨槽中部。运输过程中，采用柔性绳索对轨枕进行捆绑，捆绑位置在两侧承轨槽内，严禁在轨枕中部的桁架上进行捆绑。

桥梁地段将凸台间的纵向底层钢筋摆放到位后，将其余钢筋摆放在桥梁防撞墙一侧待用；桥梁地段清除道床板范围内下部结构表面浮渣、灰尘及杂物。

路基地段清除道床板范围内下部结构表面浮渣、灰尘及杂物。检查道床板宽度范围内支承层的拉毛情况，拉毛深度不符合要求时进行凿毛处理。端梁范围内底座与道床板之间采用锚固钢筋进行连接。

两轨枕垛之间要求的最小间距为0.5 m。轨枕外观质量检查标准见表8-5。

表8-5　轨枕外观质量检查表

序　号	检查项目	检验标准及允许偏差
1	预埋套管内	不允许堵塞
2	承轨台表面	不允许有长度>10 mm、深度>2 mm的气孔、粘皮、麻面等缺陷
3	挡肩宽度范围内的表面	不允许有长度>10 mm、深度>2 mm缺陷
4	其他部位表面	不允许有长度>50 mm、深度>5 mm的气孔、粘皮、麻面等缺陷
5	表面裂纹	不得有肉眼可见裂纹
6	周边棱角破损长度	≤50 mm

(4)铺设隔离层

桥梁地段底座板与道床板之间设置隔离层，在混凝土底座表面及凹槽底面铺设聚丙烯土工布，土工布接缝与轨道方向垂直，采用对接方式并用胶带粘贴，注意不能出现折叠和重叠。

(5)安装弹性垫板和泡沫板

桥梁地段根据设计在凹槽周围安装弹性垫板和泡沫板，并用胶带纸封闭所有间隙。凹槽周围的弹性垫板和泡沫板应密贴，防止浇筑混凝土时鼓起现象。

(6)测量放线

①通过CPⅢ控制点按设计道床板位置在每块底座板土工布上放出轨道中线控制点(距每块底座板板端50 cm处)，用钢钉精确定位，红油漆标识，用墨线弹出轨道中心线。

②以轨道中心控制点为基准放出轨枕控制边线(墨线标识)。

③根据弹出的轨道中心线及凹槽的位置采用墨线定位出道床板底层每根纵横向钢筋的位置。

④测量放样的内容应以书面交底的形式反馈至技术员，并交施工作业人员。

(7)道床板底层钢筋加工与安装

1)钢筋加工

钢筋弯曲过程中采取在弯曲机上增加2 mm厚橡胶垫板的方式进行保护，防止涂层破坏，并设专人进行涂层检查，对破坏的涂层进行处理。

2)底层钢筋安装

①弹出凹槽钢筋位置线，摆放N3、N4、N5钢筋并绑扎，在凹槽钢筋底面放置25 mm厚C40混凝土保护层垫块，凹槽四角及中部各1个。

②根据土工布上弹出的纵向钢筋位置放置纵向钢筋。

③从道床板一端向另一端按弹出的横向钢筋位置线逐根安装横向钢筋。安装时先将绝缘卡卡在纵向钢筋上，然后将横向钢筋直接放置在绝缘卡卡槽上。

④横向钢筋安装完成后，按照横向钢筋安装顺序和方式，从道床板一端向另一端采用塑料绝缘扣对纵横向钢筋交叉部位进行斜向交错扎结。

⑤钢筋绑扎完成后在钢筋网纵向钢筋下安装35 mm厚C40混凝土保护层垫块，每横断面上安装5个

(最外侧各1个,中间0.6 m间距),纵向间距0.8 m,确保每平方米不少于4个。

(8)轨排组装和运输

按桥梁轨枕布置图组装轨排,并按顺序铺设。

①吊装,将待用轨枕使用龙门吊与轨枕专用吊具吊放在轨排组装平台上,每次起吊每垛的1层(5根轨枕),吊装时需低速起吊、运行。

②匀枕,按照组装平台上轨枕块的定位线人工匀枕,轨枕间距误差控制在5 mm内,并对轨枕表面进行清理。

③检查调整轨枕块位置,并弹线将一侧的螺栓孔布成一条线,偏差小于1 mm。

④吊装轨道排架,人工配合龙门吊,将轨道排架扣件螺栓孔位置与轨枕上螺栓孔位置对齐,平稳、缓慢地将排架放置于轨枕上。

⑤复查轨枕位置并上紧扣件。

安装前检查螺栓孔内是否有杂物,螺栓螺纹上是否有砂粒等,并在螺栓螺纹上涂抹专用油脂;将螺栓旋入螺栓孔内,用手试拧螺栓,看是否能顺利旋进,若出现卡住现象,则调整后重新对准、旋入。使用扭矩扳手按照160 N·m扭矩要求上紧螺栓,轨枕与钢垫板、钢垫板与橡胶垫板必须密贴,弹条前端三点要与轨距块密贴(双控措施)。由质检员负责检查每个扣件安装情况,并做好记录。

⑥对轨排螺栓安装质量及轨枕间距进行检查,合格后龙门吊吊起组装好的轨排至预定地点进行定位铺设。

(9)轨排就位

①布设轨排。铺装龙门吊从分枕组装平台上吊起轨排运至铺设地点,按中线和高程定位,误差控制在高程−10~0 mm、中线±10 mm。相邻轨排间使用夹板联结,每接头安装4套螺栓,初步拧紧,轨缝留6~10 mm。每组轨排按准确里程调整轨排端头位置。

②安装轨向锁定器。靠近防护墙一侧轨向锁定器一端支撑在防护墙底部,另一端支撑在轨排托梁的支腿上。靠近线路中线侧,在距离轨排拖梁支腿外侧50 cm处钻孔(ϕ16,孔深3 cm,孔距对应拖梁支腿位置)预埋长20 cm的ϕ16圆钢,作为轨向锁定器的支撑。轨道排架几何尺寸检查标准见表8-6。

(10)轨排粗调

粗调顺序。对某两个特定轨排架而言,粗调顺序如下:

①中线调整。配备全站仪和测量手簿,采用自由设站法定位,设站时应至少观测附近4对CPⅢ点,测量轨排框架拖梁上的中心基准器,轨排两侧各安排4人同时对轨向锁定器进行调整。如中心基准器偏离轨道中线左侧,则采用46 mm开口扳手松动右侧轨向锁定器(逆时针旋转),同时采用46 mm开口扳手拧紧左侧轨向锁定器(顺时针旋转)使轨排向右移动至设计轨道中线位置后拧紧右侧轨向锁定器;如中心基准器偏离轨道中线右侧,则采用46 mm开口扳手松动左侧轨向锁定器(逆时针旋转),同时采用46 mm开口扳手拧紧右侧轨向锁定器(顺时针旋转)使轨排向左移动至设计轨道中线位置后拧紧左侧轨向锁定器。中线一次调整不到位时应循环进行,直到中线偏差满足±5 mm要求。

②高程调整。使用精密电子水准仪测量每榀轨排对应拖梁处钢轨的标高(每榀8个点),与设计轨面标高对照计算高程差。当实测轨面标高低于设计轨面标高时,应采用36 mm开口扳手顺时针旋转竖向螺杆使轨排上升至设计轨面标高;当实测轨面标高高于设计轨面标高时,应松开轨向锁定器,同时采用36 mm开口扳手逆时针旋转竖向螺杆使轨排下降至设计轨面标高。竖向螺杆每旋转120°将升降1 mm,调整轨排标高时应逐点调整,粗调后的轨道高程误差控制在高程−5~−2 mm。

③粗调完成后,相邻两排架间用夹板联结,接头螺栓按1—3—4—2顺序采用活动扳手拧紧;轨排粗调检查标准见表8-7。

表8-6 轨道排架几何尺寸检查表

序号	检查项目	检验标准	检测方法
1	排架轨距	(1 435±1)mm	轨道尺
2	钢轨工作边及轨顶平直度	0.3 mm/m	1 m直尺与塞尺

表8-7 轨排粗调检查表

序号	检查项目	检验标准	检测方法
1	轨排轨顶标高	−5~−2 mm	检查记录
2	轨排中线与设计中线位置偏差	±2 mm	检查记录

(11)顶层钢筋安装及接地焊接

①按设计纵向钢筋间距在轨枕钢筋桁架上用白色粉笔标识出纵向钢筋位置并摆放好纵向钢筋，纵向钢筋与轨枕桁架钢筋交叉部位安装绝缘卡，采用塑料绝缘扣按斜向扎结。

②纵向钢筋摆放完成后采用白色粉笔在道床板最外侧两根钢筋上按设计横向钢筋间距标出横向钢筋位置，安排3人从道床板一端向另一端逐根安装横向钢筋，纵横向钢筋交叉处安装绝缘卡。横向钢筋安装完成后按安装顺序和方式对纵横向钢筋交叉点采用塑料绝缘扣按斜向扎结。

③纵横向接地钢筋之间采用50 cm长ϕ16“L”型钢筋单面焊接(两个弯钩长度各25 cm)，焊接长度不小于200 mm；接地端子采用焊接方式固定在道床两侧接地钢筋上。接地端子的焊接应在轨道精调完成后进行，端子表面应加保护膜，焊接时应保证其与模板密贴。

④进行绝缘电阻测试。先目测检查绝缘卡安装是否良好，有无脱落现象，然后用兆欧表进一步测量钢筋间的绝缘数据，全部检查任意两根非接地钢筋间电阻必须达到2 MΩ以上。

侧面C40、35 mm厚混凝土保护层垫块待钢筋骨架绑扎完成后安装，每个侧面6个，距离两端及中心各2个。混凝土钢筋保护层厚度控制标准见表8-8。

表8-8　混凝土钢筋保护层厚度控制表

序号	控制部位	设计标准(mm)	允许偏差(mm)	检测方法
1	道床板顶面、侧面	40	±5	尺量
2	道床板底面	35		尺量
3	凸台四周及顶面	25		尺量

(12)纵横向模板安装

①模板检查。模板安装前应先进行以下检查工作：模板平整度；模板清洗情况；脱模剂涂刷情况，更换损坏或弯折的模板。

②安装横向模板。横向模板高度为31 cm，下端插入底座板板缝内5 cm，模板顶部通过定位器与轨排工具轨连接，底部在两端采用8 cm×8 cm×21 cm木块支撑。混凝土初凝前、后各2 h内分2次轻提模板，以顺利取出横向模板。

③安装纵向模板。纵向模板高度31 cm(外包底座混凝土5 cm)，出厂前统一编号，与轨排框架配套安装，在安装前调整轨道排架横梁上的模板超高调节螺栓，保证纵向模板工作面垂直水平面，通过侧模横向调节螺栓将模板贴住底座板侧面，调制细砂浆，用尖抹仔细填塞抹平，水泥浆封堵时顶面要与底座板顶面平齐，缝内填满，防止漏浆。

(13)轨道精调

①轨枕编号。精调工作进行前首先对轨枕进行编号，编号采用印刷好的不粘胶贴纸粘帖于靠线路侧轨枕顶面端部。

②全站仪设站。采用莱卡TS30全站仪观测4对连续的CPⅢ点，自动平差、计算确定设站位置，如偏差大于0.7 mm时，应删除1对精度最低的CPⅢ点后重新设站。改变测站位置后，必须至少交叉观测后方利用过的6个控制点，并复测至少已完成精调的一组轨排，如偏差大于2 mm时，应重新设站。

③测量轨道数据。轨道状态测量仪放置于轨道上，安装棱镜。使用全站仪测量轨道状态测量仪棱镜。小车自动测量轨距、超高、水平位置，接收观测数据，通过配套软件，计算轨道平面位置、水平、超高、轨距等数据，将误差值迅速反馈到轨道状态测量仪的电脑显示屏幕上，指导轨道调整。

④调整中线。采用46 mm开口扳手调节左右轨向锁定器，调整轨道中线，一次调整2组，左右各配2人同时作业。在调整过程中，全站仪一直测量轨道状态测量仪棱镜，接收观测数据，通过配套软件，将误差值迅速反馈到轨道状态测量仪的电脑显示屏幕上，直到误差值满足要求后调整结束；中线调整到位后，在仪器监控下拧紧松扣一侧，在此过程中，不得扰动已调整好的中线。

⑤调整高程。粗调后顶面标高略低于设计顶面标高0～－2 mm。用36 mm开口扳手，旋转竖向螺杆，调整轨道水平、超高(旋松超高调整器，调整轨排倾角，使轨排框架至设计标高，旋紧两侧竖向螺杆，使竖向螺杆与地面垂直)。调整后人工检查螺杆与混凝土是否密贴，保证螺杆底部不悬空。调整螺柱时要缓慢进行，旋转120°为高程变化1 mm。

(14)混凝土浇筑

①施工准备。浇筑前清理浇筑面上的杂物，浇筑前洒水润湿后的底座上不得有积水。为确保轨枕与新浇混凝土的结合良好，需在浇筑前对轨枕进行喷雾1次。用防护罩覆盖轨枕、扣件及钢轨。检查轨排上各调整螺杆是否出现悬空。检查接地端子是否与模板密贴。直线地段对应每块道床板两侧的端头位置(4个

点)、曲线地段对应每块道床板的两侧端头及中部位置(6个点)实测模板顶面标高并与设计标高(考虑排水坡度)对照,由技术员反算混凝土浇筑面的位置经技术主管复核后用双面胶贴于模板内侧面进行标识,计算时内轨顶面为设计标高,靠线路外侧低15 mm,靠线路侧高5 mm,质检员根据实测模板顶面标高与设计标高的差值用钢卷尺检查双面胶的位置是否正确,双面胶下缘线为混凝土浇筑面顶面控制线。以两侧模板的双面胶下缘为两端点,紧贴轨枕侧面拉墨线,在相应轨枕侧面弹线,作为排水坡控制线。

②检查和确认轨排复测结果。浇筑混凝土前,进行轨道几何参数的复核,超过允许偏差应重新调整。

③混凝土拌和与运输。道床板混凝土由各作业队拌和站集中拌制,施工时采用混凝土运输车运输到施工现场采用混凝土泵车完成混凝土浇筑。利用混凝土运输车将混凝土运至施工现场后,应检测每车混凝土的坍落度、含气量及温度指标,合格后方可卸料。

④混凝土布料。采用一端向另一端连续进行,当混凝土从轨枕下自动漫流至下一根轨枕后,方可前移至下一根轨枕继续往前浇筑。下料过程中须注意及时振捣,下料应均匀缓慢,不得冲击轨排。

⑤混凝土振捣。道床混凝土捣固采用4个振捣器人工进行振捣,作业时分前后两区间隔2 m捣固,前区主要捣固轨枕底部和下部钢筋网,后区主要捣固轨枕四周与底部加强。捣固时应避免捣固棒接触排架和轨枕,遇混凝土多余或不足时及时处理。

⑥抹面。表层混凝土振捣完成后,及时修整、抹平混凝土裸露面。混凝土入模后用坡度尺和木抹按轨枕上所弹墨线完成粗平,坡度尺用于两线轨枕之间,木抹用于钢轨下、纵向轨枕间及钢轨外侧部分。1 h后再用钢抹抹平压实。为防止混凝土表面失水产生细小裂纹,在混凝土初凝前(钢球压痕试验确定)进行第三次抹面,抹面时严禁洒水润面,并防止过度操作影响表层混凝土的质量。抹面过程中要注意加强对轨道下方、轨枕四周等部位的施工。加强对表面排水坡的控制,确保坡度符合设计要求,表面排水顺畅,不得积水。

⑦清理轨排。抹面完成后,采用毛刷和湿润抹布及时清刷轨排、轨枕和扣件上沾污的灰浆,防止污染(禁止用水清刷轨排)。

⑧混凝土初凝后松开支承螺栓1/4～1/2圈,同时松开扣件和鱼尾板螺栓,避免温度变化时钢轨伸缩对混凝土造成破坏。

注意:a.桥上单节混凝土浇筑不允许出现施工缝,如出现机械故障等原因中断浇筑,本节道床板废除,拆除后重新施作;b.在全部混凝土施工过程中,用精调小车配合全站仪监控轨道几何参数,如有变化,按精调规则及时调整复位并固定。

(15)混凝土养护

混凝土养护工艺与工具轨法一致,参见8.5.1.1第(11)条道床板混凝土浇筑与养护。

(16)轨道排架的拆除和配件清理

当道床板混凝土达到5 MPa后,首先顺序旋升螺柱支腿1～2 mm,然后松开轨道扣件,按照拆除顺序拆除排架,拆卸模板,最后经过技术员确认扣件全部松开后,龙门吊吊起排架运至轨排组装区清理待用,进入下一循环施工。安排专人负责对拆卸的模板、排架及配件等用毛刷进行清洁处理,配件集中储存在集装筐中,备下次使用。

8.6 施工进度计划

8.6.1 施工工期总目标

8.6.1.1 工期安排原则

响应指导性施工组织设计工期计划,综合考虑施工技术要求、施工设备效率、施工环境、气候条件等因素,确定科学合理的施工进度和工期,并满足项目总工期、阶段工期和重点工程工期要求。

8.6.1.2 工程进度指标

施工作业面人员、设备按照97.5 m/日的进度进行配置,每个工作面配置工具轨、模型400 m,单个工作面最大功效为133.3 m/天(约7块单元板),考虑大风及高温降效影响按照97.5 m/天(5块单元板)进度指标进行工期安排。无砟轨道道床板施工进度安排详见表8-9,施工横道图如图8-3所示。

表 8-9 道床板施工进度安排

序号	施工队伍	起止里程		生产能力	单作业面剩余量(m)	施工天数	施工方向	左右线	开工日期	完工日期	工装		人员				备注
		起始里程	终止里程	(块(跨)/m		天					工装编号	进场时间	管理人员数量	进场时间	作业人员数量	进场时间	
1	第1作业面	DK1 489+000.	DK1 499+821.	5/97.5	10 821.00	133	小里程往大里程	右线	2013/3/14	2013/7/30	工装1	已进场	3	2013/2/23	115	2013/3/4	
2	第2作业面	DK1 489+000.	DK1 499+821.	5/97.5	10 821.00	133	小里程往大里程	左线	2013/3/16	2013/8/1	工装2	已进场	3	2013/2/25	115	2013/3/6	
3	第(5)作业面	DK1 499+821.	DK1 505+000.	5/97.5	5179.00	64	小里程往大里程	右线	2013/5/30	2013/8/7	工装5−2	已进场	3	2013/5/11	115	2013/5/20	
4	第(6)作业面	DK1 499+821.	DK1 505+000.	5/97.5	5 179.00	64	小里程往大里程	左线	2013/6/1	2013/8/9	工装6−2	已进场	3	2013/5/13	115	2013/5/22	
5	第3作业面	DK1 505+000.	DK1 515+700.	5/97.5	10 700.00	132	大里程往小里程	右线	2013/3/18	2013/7/27	工装3	已进场	3	2013/2/27	115	2013/3/8	
6	第4作业面	DK1 505+000.	DK1 515+700.	5/97.5	10 700.00	132	大里程往小里程	左线	2013/3/20	2013/7/29	工装4	已进场	3	2013/3/1	115	2013/3/10	
7	第5作业面	DK1 515+700.	DK1 521+200.	5/97.5	5 500.00	68	小里程往大里程	右线	2013/3/16	2013/5/27	工装5−1	已进场	3	2013/2/25	115	2013/3/6	
8	第6作业面	DK1 515+700.	DK1 521+200.	5/97.5	5 500.00	68	小里程往大里程	左线	2013/3/18	2013/5/29	工装6−1	已进场	3	2013/2/27	115	2013/3/8	
9	第7作业面	DK1 521+200.	DK1 526+712.63	5/97.5	11 025.26	136	大里程往小里程后调头施工	左右线	2013/3/14	2013/8/1	工装7	已进场	3	2013/2/23	115	2013/3/4	
10	第8作业面	DK1 526+712.63	DK1 532+000.	5/97.5	10 574.74	130	小里程往大里程后调头施工	左右线	2013/3/20	2013/8/2	工装8	已进场	3	2013/3/1	115	2013/3/10	
11	第9作业面	DK1 532+000.	DK1 538+500.	6/117	13 000.00	133	大里程往小里程后调头施工	左右线	2013/3/14	2013/7/30	工装9	已进场	3	2013/2/23	115	2013/3/4	
12	第10作业面	DK1 538+500.	DK1 544+700.	6/117	12 400.00	127	小里程往大里程后调头施工	左右线	2013/3/12	2013/7/22	工装10	已进场	3	2013/2/21	115	2013/3/2	
13	第11作业面	DK1 544+700.	DK1 552+959.06	5/97.5	12 161.49	134	小里程往大里程后调头施工	左右线	2013/3/16	2013/8/1	工装11	已进场	3	2013/2/25	115	2013/3/6	
14	第12作业面	DK1 552+959.06	DK1 560+112.42	5/97.5	11 913.72	131	大里程往小里程后调头施工	左右线	2013/3/18	2013/7/31	工装12	已进场	3	2013/2/27	115	2013/3/8	
15	第13作业面	DK1 560+112.42	DK1 570+388.11	5/97.5	11 975.13	132	小里程往大里程后调头施工	左右线	2013/3/18	2013/8/1	工装13	已进场	3	2013/2/27	115	2013/3/8	
16	第14作业面	DK1 570+388.11	DK1 579+128.4	5/97.5	12 609.46	139	小里程往大里程后调头施工	左右线	2013/3/12	2013/8/2	工装14	已进场	3	2013/2/21	115	2013/3/2	
17	第15作业面	DK1 579+128.4	DK1 585+342.33	5/97.5	12 427.86	137	小里程往大里程后调头施工	左右线	2013/3/14	2013/8/2	工装15	已进场	3	2013/2/23	115	2013/3/4	
18	第16作业面	DK1 585+342.33	DK1 591+400.	5/97.5	12 115.34	133	大里程往小里程后调头施工	左右线	2013/3/16	2013/8/1	工装16	已进场	3	2013/2/25	115	2013/3/6	
19	第17作业面	DK1 591+400.	DK1 597+431.1	5/97.5	12 062.2	133	小里程往大里程后调头施工	左右线	2013/3/20	2013/8/4	工装17	已进场	3	2013/3/1	115	2013/3/10	
20	第18作业面	DK1 597+431.1	DK1 603+555.38	5/97.5	12 248.56	135	小里程往大里程后调头施工	左右线	2013/3/12	2013/7/29	工装18	已进场	3	2013/2/21	115	2013/3/2	
21	第19作业面	DK1 603+555.38	DK1 609+400.	5/97.5	11 689.24	128	大里程往小里程后调头施工	左右线	2013/3/20	2013/7/31	工装19	已进场	3	2013/3/1	115	2013/3/10	
22	第20作业面	DK1 609+400.	DK1 616+900.	6/117	15 000	137	小里程往大里程后调头施工	左右线	2013/3/14	2013/8/3	工装20	已进场	3	2013/2/23	115	2013/3/4	
23	第21作业面	DK1 616+900.	DK1 626+800.	6/117	15 123.00	138	小里程往大里程后调头施工	左右线	2013/3/16	2013/8/6	工装21	已进场	3	2013/2/25	115	2013/3/6	
24	第22作业面	DK1 626+800.	DK1 632+831.49	5/97.5	12 062.98	133	小里程往大里程后调头施工	左右线	2013/3/18	2013/8/2	工装22	已进场	3	2013/2/27	115	2013/3/8	
25	第23作业面	DK1 632+831.49	DK1 639+041.63	5/97.5	12 420.28	136	大里程往小里程后调头施工	左右线	2013/3/14	2013/8/2	工装23	已进场	3	2013/2/23	115	2013/3/4	
26	第24作业面	DK1 639+041.63	DK1 645+176.8	5/97.5	12 270.34	135	大里程往小里程后调头施工	左右线	2013/3/16	2013/8/2	工装24	已进场	3	2013/2/25	115	2013/3/6	
27	第25作业面	DK1 645+176.8	DK1 653+762.63	5/97.5	12 045.32	132	小里程往大里程后调头施工	左右线	2013/3/18	2013/8/2	工装25	已进场	3	2013/2/27	115	2013/3/8	
28	第26作业面	DK1 653+762.63	DK1 657+498.35	5/97.5	3 735.72	41	小里程往大里程	右线	2013/3/12	2013/4/27	工装26−1	已进场	3	2013/2/21	115	2013/3/2	
29	第27作业面	DK1 653+762.63	DK1 657+498.35	5/97.5	3 735.72	41	小里程往大里程	左线	2013/3/14	2013/4/29	工装27−1	已进场	3	2013/2/23	115	2013/3/4	
30	第28作业面	DK1 657+498.35	DK1 660+086.37	5/97.5	5 176.04	64	小里程往大里程后调头施工	左右线	2013/3/12	2013/5/19	工装28−1	已进场	3	2013/2/21	115	2013/3/2	
31	第29作业面	DK1 660+086.37	DK1 665+075.29	5/97.5	4 988.92	61	小里程往大里程	左线	2013/3/15	2013/5/20	工装29−1	已进场	3	2013/2/24	115	2013/3/5	
32	第30作业面	DK1 660+086.37	DK1 665+075.29	5/97.5	4 988.92	61	小里程往大里程	右线	2013/3/18	2013/5/23	工装30−1	已进场	3	2013/2/27	115	2013/3/8	
33	第(28)作业面	DK1 665+075.29	DK1 667+782.72	5/97.5	5 414.86	67	小里程往大里程后调头施工	左右线	2013/5/22	2013/7/28	工装28−2	已进场	3	2013/5/3	115	2013/5/12	
34	第(26)作业面	DK1 667+782.72	DK1 674+551.34	5/97.5	6 768.62	83	大里程往小里程	右线	2013/4/30	2013/7/22	工装26−2	已进场	3	2013/4/11	115	2013/4/20	
35	第(27)作业面	DK1 667+782.72	DK1 674+551.34	5/97.5	6 768.62	83	大里程往小里程	左线	2013/5/2	2013/7/24	工装27−2	已进场	3	2013/4/13	115	2013/4/22	
36	第(29)作业面	DK1 674+551.34	DK1 679+000.	5/97.5	4 448.66	55	小里程往大里程	右线	2013/5/23	2013/7/17	工装29−2	已进场	3	2013/5/4	115	2013/5/13	
37	第(30)作业面	DK1 674+551.34	DK1 679+000.	5/97.5	4 448.66	55	小里程往大里程	左线	2013/5/26	2013/7/20	工装30−2	已进场	3	2013/5/7	115	2013/5/16	
	合计	DK1 489+000	DK1 679+000.		350 000	3 943			2013/3/12	2013/8/9	30套						

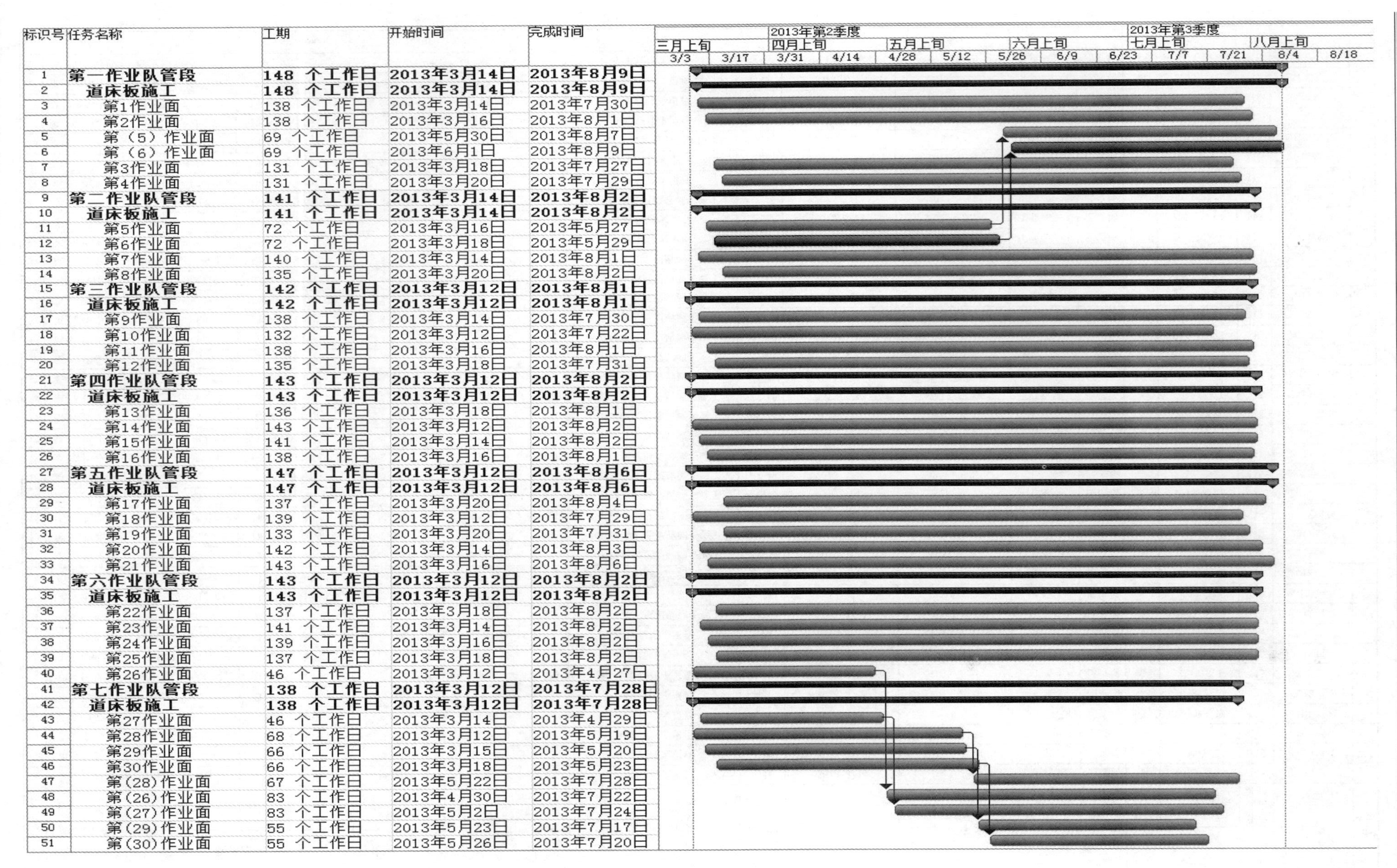

标识号	任务名称	工期	开始时间	完成时间
1	**第一作业队管段**	**148 个工作日**	**2013年3月14日**	**2013年8月9日**
2	**道床板施工**	**148 个工作日**	**2013年3月14日**	**2013年8月9日**
3	第1作业面	138 个工作日	2013年3月14日	2013年7月30日
4	第2作业面	138 个工作日	2013年3月16日	2013年8月1日
5	第（5）作业面	69 个工作日	2013年5月30日	2013年8月7日
6	第（6）作业面	69 个工作日	2013年6月1日	2013年8月9日
7	第3作业面	131 个工作日	2013年3月18日	2013年7月27日
8	第4作业面	131 个工作日	2013年3月20日	2013年7月29日
9	**第二作业队管段**	**141 个工作日**	**2013年3月14日**	**2013年8月2日**
10	**道床板施工**	**141 个工作日**	**2013年3月14日**	**2013年8月2日**
11	第5作业面	72 个工作日	2013年3月16日	2013年5月27日
12	第6作业面	72 个工作日	2013年3月18日	2013年5月29日
13	第7作业面	140 个工作日	2013年3月14日	2013年8月1日
14	第8作业面	135 个工作日	2013年3月20日	2013年8月2日
15	**第三作业队管段**	**142 个工作日**	**2013年3月12日**	**2013年8月1日**
16	**道床板施工**	**142 个工作日**	**2013年3月12日**	**2013年8月1日**
17	第9作业面	138 个工作日	2013年3月14日	2013年7月30日
18	第10作业面	132 个工作日	2013年3月12日	2013年7月22日
19	第11作业面	138 个工作日	2013年3月16日	2013年8月1日
20	第12作业面	135 个工作日	2013年3月18日	2013年7月31日
21	**第四作业队管段**	**143 个工作日**	**2013年3月12日**	**2013年8月2日**
22	**道床板施工**	**143 个工作日**	**2013年3月12日**	**2013年8月2日**
23	第13作业面	136 个工作日	2013年3月18日	2013年8月1日
24	第14作业面	143 个工作日	2013年3月12日	2013年8月2日
25	第15作业面	141 个工作日	2013年3月14日	2013年8月2日
26	第16作业面	138 个工作日	2013年3月16日	2013年8月1日
27	**第五作业队管段**	**147 个工作日**	**2013年3月12日**	**2013年8月6日**
28	**道床板施工**	**147 个工作日**	**2013年3月12日**	**2013年8月6日**
29	第17作业面	137 个工作日	2013年3月20日	2013年8月4日
30	第18作业面	139 个工作日	2013年3月12日	2013年7月29日
31	第19作业面	133 个工作日	2013年3月20日	2013年7月31日
32	第20作业面	142 个工作日	2013年3月14日	2013年8月3日
33	第21作业面	143 个工作日	2013年3月16日	2013年8月6日
34	**第六作业队管段**	**143 个工作日**	**2013年3月12日**	**2013年8月2日**
35	**道床板施工**	**143 个工作日**	**2013年3月12日**	**2013年8月2日**
36	第22作业面	137 个工作日	2013年3月18日	2013年8月2日
37	第23作业面	141 个工作日	2013年3月14日	2013年8月2日
38	第24作业面	139 个工作日	2013年3月16日	2013年8月2日
39	第25作业面	137 个工作日	2013年3月18日	2013年8月2日
40	第26作业面	46 个工作日	2013年3月12日	2013年4月27日
41	**第七作业队管段**	**138 个工作日**	**2013年3月12日**	**2013年7月28日**
42	**道床板施工**	**138 个工作日**	**2013年3月12日**	**2013年7月28日**
43	第27作业面	46 个工作日	2013年3月14日	2013年4月29日
44	第28作业面	68 个工作日	2013年3月12日	2013年5月19日
45	第29作业面	66 个工作日	2013年3月15日	2013年5月20日
46	第30作业面	66 个工作日	2013年3月18日	2013年5月23日
47	第（28）作业面	67 个工作日	2013年5月22日	2013年7月28日
48	第（26）作业面	83 个工作日	2013年4月30日	2013年7月22日
49	第（27）作业面	83 个工作日	2013年5月2日	2013年7月24日
50	第（29）作业面	55 个工作日	2013年5月23日	2013年7月17日
51	第（30）作业面	55 个工作日	2013年5月26日	2013年7月20日

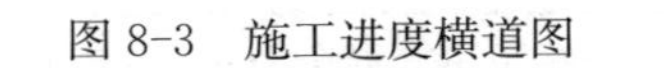

图 8-3　施工进度横道图

8.6.2　主要阶段工期

(1)2013年2月20日人员到场并进行培训。

(2)2013年3月1日达到现场施工条件。

(3)2013年6月30日前完成轨枕预制。

(4)2013年8月30日前完成无砟轨道道床板施工。

8.7　主要资源配置计划

8.7.1　主要工程材料设备采购供应方案

8.7.1.1　主要工程材料采购方案

(1)甲供物资的采购由建设单位直接招标采购供应并进行资金结算和质量监控,施工单位编制供应计划,包括钢轨、扣件等。

(2)甲控物资采购

在建设单位监督下,由施工单位招标采购,并与合格供应商签订合同,包括钢材、水泥、粉煤灰、外加剂等。

(3)集中(招标)采购物资,指除甲供、甲控物资以外的砂石料、柴油及主要材料采购合同估算价在30万元以上的物资等由施工单位作为物资采购招标人进行招标采购。

(4)自购物资采购,指甲供、甲控、集中(招议标)采购物资范围以外的其他二、三项物资。

8.7.1.2　主要工程设备采购供应方案

(1)主要工程设备供应方案

施工单位根据项目施工组织方案拟定设备配置计划,详细填写需要机械的名称、型号、规格、数量、使用地点及需用时间,整理完毕后报公司设备管理部门。公司设备管理部门根据公司内部设备资源情况进行统一调配,确因施工需要新购的设备经公司同意后方可购置。

(2)主要工程设备采购方案

经公司同意需要采购的主要施工设备,在设备购置前应当进行技术经济论证,掌握机械产品的技术发展动态和市场价格信息,认真做好设备选型工作。

1)设备选型要求

①必须按照生产上适用、技术上先进、经济上合理的原则,并充分考虑设备的技术性、适用性、可靠性、维修性和经济性。

②必须选购国家或行业定点生产的优质产品。严禁购置未经行业主管部门鉴定,未颁发生产许可证的非标设备。

2)设备购置

①设备购置应以保证施工生产需要为前提,认真做好需要机械的技术性能、产品质量、市场价格、保证供货期、配件供应及售后服务的调查研究,确切掌握各项信息后,方能选厂订货。

②购置机械必须签订订货合同,作为供需双方责任和义务的约束,也是付款和索赔的依据。签订合同必须手续完备,填写清楚,包括机械名称、型号、规格、数量、价格、供货日期、运输方式、到达地点、付款办法等,并应明确双方应承担的责任和经济制约办法,以及其他附加条件和特殊要求。经双方签章后方具有法律效力。

③负责设备购置的单位应做好机械发运、移交、售后服务及索赔工作。设备到达现场后,接收单位应立即进行检查验收,清点备品附件和技术资料,并签章接收。

8.7.2　分月份主要材料供应计划

分月份主要材料供应计划见表8-10。

表 8-10　主要材料计划表

序号	物资名称	规格型号	单位	3月份（单线）	4月份（单线）	5月份（单线）	6月份（单线）	7月份（单线）	8月份（单线）	合计
一	混凝土		m³	25 256	58 992	59 955	56 742	55 841	72 684	329 470
1	水泥	P. O42.5	t	7 071	16 517	16 787	15 887	15 635	20 351	92 248
2	粉煤灰	I级	t	3 030	7 079	7 194	6 809	6 701	8 722	39 535
3	矿粉	S95	t							
4	砂	中砂	t	18 715	43 713	44 426	42 046	41 378	53 859	244 147
5	小碎石	5～10 mm	t	11 214	26 192	26 620	25 193	24 793	32 272	146 284
6	大碎石	10～20 mm	t	16 846	39 347	39 990	37 847	37 246	48 480	219 756
7	减水剂	JMPCA(1)	t	101.03	235.97	239.82	226.97	223.37	290.74	1 317.9
8	引气剂	GYQ	t	40.41	94.39	95.93	90.79	89.35	116.30	527.17
9	支座灌浆剂		t	11.44	26.70	27.15	25.74	25.23	32.91	149.17
二	钢筋		t							
	HRB335 钢筋(涂层)	ϕ12 mm	t	31.01	118.51	113.61	145.75	158.01	17.53	584.42
10	HRB335 钢筋	ϕ12 mm	t	28.45	58.92	70.81	104.01	12.26	81.90	356.35
11	HRB335 钢筋	ϕ14 mm	t	613.94	1 459	1 446	1 243	1 529	1 766	8 056.94
12	HRB335 钢筋	ϕ16 mm	t	1 314	3 065	3 121	2 972	2 879	3 781	17 132
13	HRB335 钢筋	ϕ20 mm	t	229.69	475.64	571.59	839.63	98.98	661.12	2 876.65
三	绝缘卡		个							
14	绝缘卡	ϕ12－ϕ16（＋）	个	633 450	1 505 949	1 492 261	1 282 671	1 577 986	1 822 910	8 315 227
15	绝缘卡	ϕ14－ϕ16（＋）	个	2 081 338	4 948 120	4 903 145	4 214 492	5 184 813	5 989 564	27 321 472
16	绝缘卡	ϕ16－ϕ16（－）	个	158 484	352 234	383 984	451 459	229 869	456 127	2 032 157
17	绝缘卡	ϕ14－ϕ14（－）	个	361 971	860 542	852 720	732 955	901 706	1 041 663	4 751 557
18	绝缘卡	ϕ16－ϕ20（＋）	个	415 147	859 693	1 033 123	1 517 586	178 904	1 194 941	5 199 394
19	绝缘卡	ϕ20－ϕ20（－）	个	14 011	29 014	34 867	51 218	6 038	40 329	175 477
20	绝缘卡	ϕ12－ϕ12（＋）	个	125 959	260 838	313 459	460 449	5 4281	362 556	1 577 542
21	绝缘卡	ϕ12－ϕ20（＋）	个	205 214	424 961	510 691	750 170	88 435	590 681	2 570 152
四	伸缩缝									
22	聚乙烯泡沫板	2 800 mm×132 mm×32 mm 矩形	块	1 529	3 635	3 602	3 096	3 809	4 401	20 072
23	聚乙烯泡沫板	550 mm×110 mm×32 mm 矩齿形	块	7 646	18 178	18 013	15 483	19 048	22 005	100 373
24	聚乙烯泡沫板	2 760 mm×45 mm×10 mm 矩形	块	6 117	14 543	14 411	12 386	15 238	17 604	80 299
25	聚乙烯泡沫板	984 mm×110 mm×8 mm 矩形	块	2 962	6 135	7 372	10 830	1 276	8 527	37 102
26	聚乙烯泡沫板	700 mm×110 mm×8 mm 矩形	块	2 962	6 135	7 372	10 830	1 276	8 527	37 102
27	树脂嵌缝胶	ZCL 聚氨酯防水嵌缝材料	m³	13.26	31.53	31.25	26.86	33.04	38.17	174.11

续上表

序号	物资名称	规格型号	单位	3 月份（单线）	4 月份（单线）	5 月份（单线）	6 月份（单线）	7 月份（单线）	8 月份（单线）	合计
五	其他材料									
28	接地端子	不锈钢材质，满足集成〔2006〕220 号要求	个	4 798	10 865	11 538	12 600	8 308	13 809	61 918
29	传力杆	全长 760 mm 直径 ϕ30 mm，钢种 40Cr 或 45＃优质碳素结构钢	根	10 558	25 100	24 872	21 379	26 301	30 384	138 594
30	混凝土垫块	35 mm	个	382 231	892 510	907 465	860 137	843 323	1 099 997	4 985 663
31	土工布	700 g/m² 聚丙烯	m²	13 209	27 353	32 872	48 286	5 692	38 020	165 432
32	弹性垫块	A 型（880 mm×60 mm×8 mm）	块	2 962	6 135	7 372	10 830	1 276	8 527	37 102
33	弹性垫块	B 型（600 mm×60 mm×8 mm）	块	2 962	6 135	7 372	10 830	1 276	8 527	37 102
34	PVC 管	ϕ40	m	12 251	28 606	29 085	27 568	27 029	51 206	175 745

8.7.3　关键施工装备的数量及进场计划

8.7.3.1　配置原则

适应工程所在地的施工条件和结构特点，能满足施工图要求的标准，生产能力满足施工强度要求。

设备性能机动、灵活、高效、低耗，运行安全可靠，符合环境保护要求。

按工作面、施工强度、施工方法进行选型配套；有利于人员和设备的调动，减少资源浪费。

设备通用性强，能在工程项目中持续使用。

设备购置及运行成本较低，易于获得零配件，便于维修、保养、管理和调度。

新型施工设备宜成套应用；单一施工设备应与现有施工设备生产率相适应。

在设备选型配套的基础上，按工作面、工作班制、施工方法，结合专业特点和国内平均先进水平，进行专业技工和一般工人的优化组合设计。

8.7.3.2　配置计划

所有机械设备根据施工能力进行配置，满足施工和工期要求；保证机械设备的完好率和使用率，达到均衡生产的目的。

8.7.3.3　关键施工装备的数量及进场计划

（1）关键设备配置见表 8-11。

（2）主要工装模型配置。

轨枕铺设设置 30 个作业面，主要采用工具轨法及排架法施工，因此 2013 年需准备 26 套工具轨法及 4 套排架法的工装模型，具体每个铺枕作业面及轨枕预制主要的工装及设备配置详见表 8-12、表 8-13。

表 8-11 关键设备配置表(30 个作业面)

序号	类型	名称	规格型号	单位	数量	总数量	计划进场时间	备注
1	主要设备	混凝土罐车	12 方	台	10	106	2013/3/1	
2		吊车	25 t	台	3	90	2013/3/1	
3		吊车	50 t	台	1	7	2013/3/1	
4		随车吊	8.6 m	台	1	26	2013/3/1	
5		平板汽车	9.6 m	台	1	30	2013/3/1	
6		轨检小车		台	1	30	2013/3/1	
7		装载机		台	1	7	2013/3/1	
8		水车	15 m^3	台	2	14	2013/3/1	
9			30 m^3	台	1	7	2013/3/1	
10		发电机	5 kW	台	5	150	2013/3/1	
11			15 kW	台	2	67	2013/3/1	
12		钢筋切断机		台	1	30	2013/3/1	
13		钢筋弯曲机		台	2	67	2013/3/1	
14		电焊机		台	4	120	2013/3/1	
15		轻卡车		辆	1	26	2013/3/1	
16		皮卡车		辆	2	14	2013/3/1	
17		测量车		辆	2	14	2013/3/1	
18		上下班车	47 座	辆	1	30	2013/3/1	

表 8-12 双块式轨枕铺设主要工器具配备表(26 个面工具轨法)

序号	类型	名称	规格型号	单位	单个作业面数量	总数量	备注
1	工器具	螺杆调节器		个	600	18 000	
2		ϕ30 mm 螺杆	620 mm 高,与调节器配套	根	600	18 000	
3		道尺		把	4	120	
4		L 尺		把	4	120	
5		方尺		把	1	30	
6		钢球	4 kg	个	1	30	
7		轨温表		个	2	60	
8		手持式测风仪		个	1	30	
9		鱼尾板		块	190	5 700	
10		鱼尾螺栓		个	384	11 520	
11		插入式振动棒	30 mm 棒	根	5	150	
12		插入式振动棒	50 mm 棒	根	5	150	
13		插入式振动器	ZN70,2.2 kW	台	8	240	
14		高压水枪清洗机		台	1	37	大队备用 1 台
15		起道机	KD7-10-HL	台	5	150	
16		快速扳手		把	6	180	
17		电动扳手	配扣件螺栓套筒	把	8	240	
18		道钉专用套筒头子	22×30	个	10	300	
19		套筒带加力杆连接套	55	把	10	300	
20		扭力扳手	500 N·m	把	1	30	
21		中间调节杆		根	10	300	
22		大头撬棍		根	10	300	
23		中实撬棍		根	10	300	

续上表

序号	类型	名称	规格型号	单位	单个作业面数量	总数量	备　注
24	工器具	轨距撑杆		根	150	4 500	
25		绝缘电阻检测仪	UT512	台	1	30	
26		接地电阻测试仪	ZC29B-2	台	1	30	
27		电锤	博世牌	个	8	240	
28		角磨机	博世牌	个	4	120	
29		吹风机	18.8 kW	把	2	60	
30		扎钩		把	40	1 200	
31		破坏钳		把	1	30	
32		手锤	6 磅	把	10	300	
33		活动扳手	18″	把	8	240	
34		活动扳手	10″	把	8	240	
35		开口扳手	30×32 mm	把	10	300	
36		梅花扳手	22×24 mm	把	20	600	
37	工装	料斗	1 m^3	个	2	60	
38		工具轨	60 kg、12.5 m 长、新钢轨	根	96	2880	
39		模型		双米	600	18 000	
40		工具轨吊架		套	1	30	
41		混凝土标高控制架		套	1	30	
42		混凝土平整度控制架		套	1	30	
43		道床板喷号工装		套	1	30	
44	其他	棚架		个	40	1 200	单个长度 3 m
45		棚架托架		套	1	30	
46		精调棚		个	1	30	2 个异型
47		养护专用棉被		公里	1	30	
48		配电箱	550 mm×650 mm×220 mm 225A	个	1	30	
49			500 mm×400 mm×220 mm 60A	个	3	90	

表 8-13　双块式轨枕铺设主要工器具配备表(4 个面排架法)

序号	设备类型	设备名称	规格型号	单　位	数　量	备　注
1	轨排设备	轨道排架	长 6.5 m	榀	248	
2		龙门吊	10 t	台	8	吊运轨排、轨枕、模板等
3		轨枕组装平台	简易式	台	4	组装轨排
4		轨排吊具	250 型	套	8	
5		轨枕吊具	250 型	套	4	
6	小型机具	扭矩扳手	200 N·m	台	16	扣件安装
7		开口扳手	36 mm	台	32	竖向螺杆调节
8		开口扳手	54 mm	台	32	轨向锁定器调节
9		活动扳手		台	32	
10	其他	棚架		个	160	
11		棚架托架		套	4	
12		精调棚		个	4	
13		养护专用棉被		公里	4	
14		料斗	1 m^3	个	8	
15		模型		双米	400	

8.7.4 劳动力计划

8.7.4.1 劳动力组成及机构

根据本项目工程的特点和工期要求，本着合理组织、动态管理的原则，项目经理部除配备足够经验丰富的管理人员外，架子队还设置专职队长、技术负责人，配置技术、质量、安全、试验、材料、领工员、工班长等主要组成人员。另在劳动力组织方面还配备精干的专业队伍进场施工，以企业员工和社会合格劳务工相结合的组织方式组织劳动力，主要工种有：电工、钢筋工、模板工、机械司机、机修工、装吊工、混凝土工、普工等，管理人员和技术人员均有大、中专以上学历，具有招标文件规定的职称和职称比例要求，具有参与国家重点工程的施工管理经验和施工技术经验，技术工人都有技术等级证书，普通工人均经培训考核后，持证上岗。拌和站按照单独运转，独立操作的原则，归各个施工作业队管理，设站长 1 人，拌和站司机 2 人，装载机司机 2 人，协助人员 2 人，修理人员 2 人，电工 1 人，共 10 人，接管拌和站 8 个，拌和站人员配置 80 人。

架子队管理人员情况见表 8-14，单个作业面工序作业人员分配情况见表 8-15、表 8-16。

表 8-14 架子队管理人员表

序号	职务	数量(人)	共计(人)	备注
1	队长	1	7	负责现场劳动力、机具设备的合理调配，组织各班组严格按照设计、施工方案和作业指导书规范施工，负责抓好安全质量管理控制，认真开展安全质量教育，对现场安全质量及文明施工负全面责任
2	副队长	1	7	协助队长完成作业队施工生产任务
3	技术主管	1	7	负责全面技术管理工作，监督班组作业人员在领工员或工班长的带领下进行作业，确保规范施工。负责向领工员、工班长对每道作业工序和环节进行书面技术交底
4	调度	2	14	负责队内机械、人员、材料等的协调指挥以及完善调度资料
5	测量副队长	1	7	负责队内测量指导、监督，测量内业资料整理
6	质量员	1	7	负责工程质量管理。检查、落实现场质量、安全文明施工的各项措施。负责组织实施关键工序的质量标准，明确关键工序的质量控制要点及质量保证措施
7	技术员	2	14	负责技术质量工作，认真执行规范、施工工艺标准，认真交底，对实体质量负直接技术管理责任；落实质量创优规划，指导各分项施工的实施，负责隐蔽工程检查验收，填写隐蔽工程检查记录
8	试验员	3	21	1 名试验员负责拌和站试验工作，2 名试验员严格按照有关试验规程和试验方法做好各项试验，及时填写试验记录和试验报告。混凝土施工过程中做好现场监督指导工作
9	材料员	4	28	1 名材料员驻拌和站，负责站内材料收发及报验工作，3 名材料员负责各作业面材料管理工作
10	机械员	2	14	全面负责队内的机械设备工作
11	安全员	1	7	对作业班组的安全生产工作进行检查、监督，消除安全事故隐患；对各班组的安全防护器材、用品的投入、使用进行检查监督，确保安全生产措施的有效使用
12	后勤管理	2	14	负责队内后勤工作
13	司机	2	14	
14	合计	23	161	

表 8-15 单个作业面无砟轨道工序人员配备表(工具轨)

序号	工班	工序	人员	完成量(m)	备注
1	领工员		1		
2	技术负责人		1		
3	调度员		1		
4	测量人员		5		

续上表

序号	工　班	工　序	人　员	完成量(m)	备　注
5	小计		8		
6	钢筋班	加工房	4	117	
7		底层钢筋绑扎	7	117	含钢筋转运
8		上层钢筋绑扎	7	117	含钢筋转运
9		调整、固定钢筋安装、垫块安装	3	117	
10		综合接地、固定钢筋焊接	4	117	
11		班长	1	117	
12	小计		26		
13	轨道班	散枕、方枕	4	117	散枕工序完成后配合其他工序
14		拼轨排	6	117	二次方枕、锁轨距
15		粗调	8	117	粗调、精调根据情况相互协调
16		精调	6	117	
17		转轨	4	117	
18		班长	2	117	
19	小计		30		
20	模型	关模	4	117	
21		校模	2	117	
22		真假缝	6	117	其中2人负责拆卸，4人安装；真假缝模板安装、拆卸，传力杆安装
23		模板清灰、打磨、涂油	2	117	
24		封边	2	117	侧模、真缝
25		拆模、转模	4	117	
26		电焊工	1	117	
27		工班长	1	117	
28	小计		22		
29	混凝土	罐车放料	1	117	
30		标高线，轨枕、钢轨及调节器防护，洒水	2	117	
31		布料	2	117	
32		振捣	4	117	
33		平料	2	117	
34		找平粗抹	3	117	
35		收面	11	117	
36		工班长	1	117	
37		收面棚	6	117	松扣件、调节器及鱼尾板，养护
38	小计		32		
39	后道工序		7	117	
合计			125		

表8-16　单个作业面无砟轨道工序人员配备表(排架法)

序号	工序名称	作业内容	岗位工种	人　数	备　注
1	测量放线	测放轨道中线控制点；道床板、纵横向钢筋位置弹线	测量员	2	测量放线
2			普工	4	

续上表

序号	工序名称	作业内容	岗位工种	人数	备注
3	钢筋加工	钢筋加工	钢筋工	5	
4	中间层施工	土工布、弹性垫板、泡沫板施工	普工	2	
5	轨枕、钢筋卸码	钢筋等小型材料运输	汽车司机	1	
6			吊车	1	
7			普工	2	
8	底层钢筋安装	底座钢筋铺设、绑扎	钢筋工	12	
9	轨排组装	轨排组装运输	门吊司机	2	
10			普工	8	
11	轨排粗调	粗调轨排	测量员	3	
12			普工	8	
13	顶层钢筋安装	铺设顶层钢筋并焊接地端子	钢筋工	12	
14	模板安装、拆除	安装、固定、拆除纵横向模板	模板工	16	
15	轨道精调	轨排精调及测量	测量员	3	
16			普工	6	
17	混凝土浇筑	混凝土卸料	普工	2	
18		混凝土布料、振捣、抹面	混凝土工	16	含防风遮阳棚人员
19		吊车送料	吊车司机	1	
20	混凝土养护	混凝土洒水养护	普工	2	
21	轨排拆除	拆除轨排及附件	普工	6	
22	后道工序	伸缩缝施工及成品保护	普通	7	
合计				121	

8.7.4.2 *劳动力进场方式*

劳动力进场结合工程特点及工程进度、工期安排等，采取动态管理的模式分批分阶段组织进场。

参与本项目施工人员乘大巴经连霍高速、火车或飞机等交通工具到达吐鲁番鄯善县，然后转乘汽车至各施工工点。

8.7.4.3 *劳动力管理*

(1)建立健全组织机构

组建精干、高效的经理部和作业队、架子队，经理部除代表公司全面履行施工承包合同、科学组织施工外，还负责作业队、架子队进场人员的选派工作，并随着工程进度及时掌握和调整人员编制，确保施工顺利、高效地进行。

(2)员工队伍的管理

管理服务人员和生产人员合理配置，形成较强的生产能力，劳动力的规模根据施工进度情况实施动态管理。进入施工现场人员，严格进行自我安全保护、环境保护、生态保护、民族风俗、宗教信仰等方面知识的培训工作，做到先培训、后上岗。

(3)社会劳务工的管理

对劳务提供单位的信誉、资质实行有效控制。对使用的劳务工工资实行登记造册，每月由项目经理部财会部负责监督发放到劳务工手中。管理组织机构和岗位职责及各种规章制度覆盖全体参与施工的劳务工。指定专业部门及成员直接对架子队劳务工实施劳动管理和安全管理。

(4)岗前培训

为确保本标段工程施工安全和质量，所有施工人员进场前必须经过专业技术培训，并经考试合格后持证上岗。

针对项目工程特点、技术难点、技术要求、质量标准、操作工艺等，分专业制定岗前培训计划，组织具有丰富施工经验的专家，对准备进场的管理人员和施工人员进行集中学习和培训。使所有管理和施工人员熟悉与本标段工程相关的安全生产知识、施工技术标准、质量要求、操作规程及有关规定，经理论和实践考核合格后方可进场。确保所有人员均能以饱满的热情、认真负责的工作态度、精湛的施工技术和安全优质高效的工作效率圆满完成施工任务。

在正式施工前，由经理部统一组织，针对施工人员施工的具体工程项目，对施工人员进行岗前培训，明确设计标准、技术要求、施工工艺、操作方法和质量标准，施工人员经培训合格后上岗。

施工过程中，在施工队伍中开展劳动竞赛，技术比武和安全评比等活动，提高施工人员整体施工水平。

对于施工中采用的新工艺、新设备，在施工人员中挑选理论知识、实际操作能力都较强的专业技术人员到专门技术学校及专业厂家进行培训，待其熟练掌握操作技术后，才能进场。

作为储备的施工队伍在上场之前，先在公司劳务基地进行相关教育培训，根据现场施工需要时随时进场。

8.7.4.4　*劳动力动态计划*

劳动力使用计划见表 8-17。

表 8-17　劳动力使用计划表

序号	作业面	2013 年						备注
		3 月	4 月	5 月	6 月	7 月	8 月	
		管理人员	管理人员	管理人员	管理人员	管理人员	管理人员	
1	第 1 作业面	3	3	3	3	3	3	单作业面配备测量人员 5 人，共计 150 人；第 8、9、20、21 为排架法
2	第 2 作业面	3	3	3	3	3	3	
3	第 3 作业面	3	3	3	3	3	3	
4	第 4 作业面	3	3	3	3	3	3	
5	第 5 作业面	3	3	3	3	3	3	
6	第 6 作业面	3	3	3	3	3	3	
7	第 7 作业面	3	3	3	3	3	3	
8	第 8 作业面	3	3	3	3	3	3	
9	第 9 作业面	3	3	3	3	3	3	
10	第 10 作业面	3	3	3	3	3	3	
11	第 11 作业面	3	3	3	3	3	3	
12	第 12 作业面	3	3	3	3	3	3	
13	第 13 作业面	3	3	3	3	3	3	
14	第 14 作业面	3	3	3	3	3	3	
15	第 15 作业面	3	3	3	3	3	3	
16	第 16 作业面	3	3	3	3	3	3	
17	第 17 作业面	3	3	3	3	3	3	
18	第 18 作业面	3	3	3	3	3	3	
19	第 19 作业面	3	3	3	3	3	3	
20	第 20 作业面	3	3	3	3	3	3	
21	第 21 作业面	3	3	3	3	3	3	
22	第 22 作业面	3	3	3	3	3	3	
23	第 23 作业面	3	3	3	3	3	3	
24	第 24 作业面	3	3	3	3	3	3	
25	第 25 作业面	3	3	3	3	3	3	
26	第 26 作业面	3	3	3	3	3		
27	第 27 作业面	3	3	3	3	3		
28	第 28 作业面	3	3	3	3	3		
29	第 29 作业面	3	3	3	3	3		
30	第 30 作业面	3	3	3	3	3		

续上表

序号	作业面	2013年						备注
		3月	4月	5月	6月	7月	8月	
		管理人员	管理人员	管理人员	管理人员	管理人员	管理人员	
31	轨枕预制	26	26	26	26	26		
32	小计	116	116	116	116	116	75	
33	第1作业面	117	117	117	117	117	117	
34	第2作业面	117	117	117	117	117	117	
35	第3作业面	117	117	117	117	117	117	
36	第4作业面	117	117	117	117	117	117	
37	第5作业面	117	117	117	117	117	117	
38	第6作业面	117	117	117	117	117	117	
39	第7作业面	117	117	117	117	117	117	
40	第8作业面	113	113	113	113	113	113	
41	第9作业面	113	113	113	113	113	113	
42	第10作业面	117	117	117	117	117	117	
43	第11作业面	117	117	117	117	117	117	
44	第12作业面	117	117	117	117	117	117	
45	第13作业面	117	117	117	117	117	117	
46	第14作业面	117	117	117	117	117	117	
47	第15作业面	117	117	117	117	117	117	
48	第16作业面	117	117	117	117	117	117	
49	第17作业面	117	117	117	117	117	117	
50	第18作业面	117	117	117	117	117	117	
51	第19作业面	117	117	117	117	117	117	
52	第20作业面	113	113	113	113	113	113	
53	第21作业面	113	113	113	113	113	113	
54	第22作业面	117	117	117	117	117	117	
55	第23作业面	117	117	117	117	117	117	
56	第24作业面	117	117	117	117	117	117	
57	第25作业面	117	117	117	117	117	117	
58	第26作业面	117	117	117	117	117		
59	第27作业面	117	117	117	117	117		
60	第28作业面	117	117	117	117	117		
61	第29作业面	117	117	117	117	117		
62	第30作业面	117	117	117	117	117		
63	轨枕预制	116	166	166	166	166		
	小计	3622	3672	3672	3672	3672	2921	
合计		3738	3788	3788	3788	3788	2996	

8.7.4.5 特殊时期劳动力保证措施

制定农忙季节及节假日劳动力保障措施，配备相应的服务设施，保障特殊季节及节假日劳动力稳定且满足需要，具体措施如下：

实现全面经济承包责任制，遵循多劳多得、少劳少得、不劳不得的分配原则，使劳动者深刻意识到缺勤可能造成的经济损失及对工程施工可能造成的影响，充分发扬劳动者的主人翁责任感，减少特殊季节及节假日劳动力缺失。

建立劳动者之家，搞好业余文化生活，活跃业余生活气氛，缓解劳动者工作压力，稳定劳动者情绪，减少特殊季节及节假日劳动力缺失。

加强政治思想工作，解除劳动者后顾之忧，稳定劳动者思想，减少特殊季节及节假日劳动力的缺失。

建立员工家属区，配备住房、小灶具、小浴室，鼓励员工家属反探亲并给予适当补助，减少节假日员工的探亲人数，以减少节假日期间的劳动力缺失；对农忙季节和节假日不能回家的员工，除向其家人发慰问信外，给予适当补助，以人性化的管理减少劳动力的缺失。

做好特殊季节及节假日劳动力意向及动态的摸底工作，提前做好补充预案，保证施工正常进行。

8.7.5　资金使用计划

根据工程进度安排资金使用计划，资源配置按资金使用计划、合同价款控制，对资金的使用实行严格的管理，提高资金预测水平、使用水平、风险防范水平，降低资金使用成本。资金使用计划见表8-18。

表8-18　资金使用计划表

开工后时间(月)	预　估			
	分　期		累　计	
	金额(万元)	百分率(%)	金额(万元)	百分率(%)
1	6386	10	6386	10
2	14904	23	21290	33
3	15207	23	36497	56
4	14603	22	51100	78
5	13821	21	64921	99
6	531	1	65452	100
小计	65452	100		

8.7.6　临时用地与施工用电计划

8.7.6.1　临时用地计划

现场施工队伍采取临时建点或租用线下单位生活办公房屋，临时房屋和设施的布置注意防洪、防风、防沉陷、防火等；施工营地建立完善的排水系统，生活污水经必要的处理后排入环保部门指定的位置。临时驻地计划详见表8-19。

表8-19　临时驻地计划表

土地的计划用途及类别	大致位置	所需时间		备　注
		开始日期	结束日期	
项目经理部	DK1568+025	2009-11	2014-10	
第一作业队	DK1491+000	2013-02	2013-09	
	DK1510+632	2011-02	2014-10	
第二作业队	DK1523+100	2012-12	2014-10	
第三作业队	DK1553+300	2012-09	2013-09	
第四作业队	DK1585+942	2011-03	2013-12	
	DK1568+025	2009-11	2014-10	
第五作业队	DK1604+500	2012-11	2014-10	
第六作业队	DK1633+000	2012-11	2014-10	
第七作业队	DK1673+296	2012-09	2014-10	

8.7.6.2　施工用电计划

(1)外部用电的初步安排

施工用电部分采用临时电力线路，在施工前期用自备柴油发电机组供电，外供电线路正常供电后，发电机组作为备用电源。

(2)外部电力需求计划

外部电力需求计划详见表 8-20。

表 8-20 临时工程用电计划表

用途及类别	需求电量(kVA)	地区或里程	所需时间		永临结合意见
			起始日期	结束日期	
驻地	250	DK1491+000	2013-02	2013-09	
拌和站	400	DK1497+000	2013-02	2013-09	
驻地和拌和站	400	DK1510+632	2011-02	2014-10	
驻地和拌和站	400	DK1523+100	2012-12	2014-10	
拌和站	400	DK1551+120	2012-09	2013-11	
驻地	250	DK1553+300	2012-09	2013-09	
驻地和拌和站	2×800	DK1568+025	2009-11	2014-10	
拌和站	400	DK1578+800	2011-03	2013-12	
驻地	250	DK1585+942	2011-03	2013-12	
驻地和拌和站	400	DK1604+500	2012-11	2014-10	
驻地和拌和站	400	DK1633+000	2012-11	2014-10	
拌和站	400	DK1653+500	2012-11	2013-10	
驻地	250	DK1673+296	2012-11	2014-10	

8.8 施工现场平面布置

8.8.1 平面布置原则

(1)资源节约和环境保护的原则。贯彻"十分珍惜、合理利用土地和切实保护耕地"的基本国策,依法用地、合理规划、科学设计,少占土地,保护农田;搞好环境保护、水土保持和地灾防治工作;支持矿床保护、文物保护、景点保护;维持既有交通秩序。铁路建设用地符合土地利用总体规划,贯彻节约、集约用地的原则,最大限度地节约使用土地。

(2)符合性原则。满足建设工期和工程质量标准,符合施工安全要求。

(3)标准化管理的原则。严格按照《标准化工地建设实施方案》的相关要求,开展标准化建设,实现建设项目标准化管理。

8.8.2 大型临时工程

8.8.2.1 混凝土集中拌和站

根据标段混凝土施工总方量确定设置 10 个混凝土拌和站。混凝土拌和站具体位置及生产能力如表 8-21所示。

表 8-21 混凝土拌和站设置情况表

序号	名称	配置	位置	供应范围	所属分部
1	一工区 1#拌和站	1×90 m^3/h	DK1497+000	DK1489+000—DK1505+000	第一作业队
2	七克台制梁场拌和站	2×90 m^3/h	DK1510+632	DK1505+000—DK1521+000	
3	二工区 1#拌和站	1×120 m^3/h	DK1521+790	DK1521+000—DK1540+000	第二作业队
4	二工区 2#拌和站	1×120 m^3/h	DK1551+120	DK1540+000—DK1559+000	第三作业队
5	鄯善制梁场拌和站	2×90 m^3/h	DK1568+025	DK1559+000—DK1577+000	第四作业队
6	三工区拌和站	2×120 m^3/h	DK1578+800	DK1577+000—DK1596+000	

续上表

序号	名　称	配　置	位　置	供应范围	所属分部
7	DK1604拌和站	1×180 m^3/h	DK1604+600	DK1596+000—DK1614+000	第五作业队
8	DK1633拌和站	1×180 m^3/h	DK1633+000	DK1614+000—DK1642+000	第六作业队
9	吐鲁番制梁场拌和站	2×120 m^3/h	DK1653+500	DK1642+000—DK1660+000	第七作业队
10	DK1673+296拌和站	1×180 m^3/h	DK1673+296	DK1660+000—DK1679+000	

8.8.2.2　临时通信

线路大部分地段均有移动信号。

8.8.2.3　临时电力线路

本标段临时电力主要为驻地和拌和站，施工现场用电主要采用发电机发电。变电站布置见表8-22。

表8-22　临时施工供电变配电站设置表

序号	用电工程	安装位置	变压器容量（kVA）	变压器数量（台）	自备电源（kW）
1	驻地	DK1491+000	250	1	
2	拌和站	DK1497+000	400	1	
3	驻地和拌和站	DK1510+632	400	1	
4	驻地和拌和站	DK1523+100	400	1	
5	拌和站	DK1551+120	400	1	
6	驻地	DK1553+300	250	1	
7	驻地和拌和站	DK1568+025	800	2	
8	拌和站	DK1578+800	400	1	
9	驻地	DK1585+942	250	1	
10	驻地和拌和站	DK1604+500	400	1	
11	驻地和拌和站	DK1633+000	400	1	
12	拌和站	DK1653+500	400	1	
13	驻地	DK1673+296	250	1	

8.8.2.4　临时给水干管

施工用水主要靠车辆运输，离水源较远的地段采用打井取水。

8.8.2.5　钢筋加工场

标段内共设置8个钢筋加工场。钢筋加工场规模根据所承担钢筋加工吨位决定，其规划布置按照标准化工地建设要求执行。具体位置见表8-23。

表8-23　钢筋加工场设置表

序　号	名　称	位　置	供应范围	备　注
1	1号钢筋加工厂	DK1510+632	第一作业队	
2	2号钢筋加工厂	DK1523+100	第二作业队	
3	3号钢筋加工厂	DK1553+300	第三作业队	
4	4号钢筋加工厂	DK1585+942	第四作业队	
5	5号钢筋加工厂	DK1568+025		
6	6号钢筋加工厂	DK1604+500	第五作业队	
7	7号钢筋加工厂	DK1633+000	第六作业队	
8	8号钢筋加工厂	DK1673+296	第七作业队	

8.8.3 小型临时工程

8.8.3.1 驻地建设

项目经理部及各作业队驻地位置及建设情况见表 8-24。

表 8-24 项目经理部及各分部驻地位置及建设情况

序　号	分部名称	驻地位置	建设情况
1	项目经理部	DK1568+025	已投入使用(自建)
2	第一作业队	DK1491+000	已投入使用(自建和租用)
3		DK1510+632	已投入使用(自建)
4	第二作业队	DK1523+100	已投入使用(自建)
5	第三作业队	DK1553+300	已投入使用(租用)
6	第四作业队	DK1585+942	已投入使用(租用)
7		DK1568+025	已投入使用(自建)
8	第五作业队	DK1604+500	已投入使用(自建和租用)
9	第六作业队	DK1633+000	已投入使用(自建和租用)
10	第七作业队	DK1673+296	已投入使用(自建和租用)

8.8.3.2 工地试验室

各个作业队均设有试验室，负责水泥、粉煤灰、外加剂、钢筋等原材料的检验、检测工作；各分部在相应拌和站内设置工地试验室，负责各自作业队范围内的混凝土试件强度试验、原材料基本项目检验，工地试验室需设置标养室。其具体位置及试验内容见表 8-25。

表 8-25 试验室设置表

序号	试验室名称	位　置	主要试验内容	备　注
1	1 号工地试验室	DK1510+632	混凝土试件强度试验、原材料基本项目检验及路基土工试验	第一作业队
2	2 号工地试验室	DK1523+100	混凝土试件强度试验、原材料基本项目检验及路基土工试验	第二作业队
3	3 号工地试验室	DK1553+300	混凝土试件强度试验、原材料基本项目检验及路基土工试验	第三作业队
4	工区试验室	DK1568+025	标段内所涉各种原材料检测项目、混凝土试件强度试验	项目部 (第四作业队)
5	4 号工地试验室	DK1604+500	混凝土试件强度试验、原材料基本项目检验及路基土工试验	第五作业队
6	5 号工地试验室	DK1633+000	混凝土试件强度试验、原材料基本项目检验及路基土工试验	第六作业队
7	6 号工地试验室	DK1673+296	混凝土试件强度试验、原材料基本项目检验及路基土工试验	第七作业队

8.8.3.3 生产及生活用水

第一、二作业队离水源远，修建蓄水池，采用水车运水满足施工生产及生活；其他作业队水源充足，采用打井的方式进行取水。

8.8.4 平面布置图

平面布置图如插页图 8-4 所示。

8.9 工程项目综合管理措施

工程项目综合管理措施主要包括进度控制管理、工程质量管理、安全生产管理、职业健康安全管理、环境保护管理、文明施工管理、节能减排管理等内容。详见附录 2。

第 9 章 钦北铁路改建工程有砟轨道铺轨施工组织设计

9.1 编制说明

9.1.1 编制依据

(1)工程建设现行的法律、法规、标准、规范等;
(2)工程设计文件;
(3)工程施工合同、招投标文件和建设单位指导性施工组织设计;
(4)施工调查报告;
(5)现场社会条件和自然条件;
(6)本单位的生产能力、机具设备状况、技术水平等;
(7)工程项目管理的规章制度。

9.1.2 编制原则

本施工组织设计编制以业主提供的新建钦州北至北海段扩能改造工程招标文件、指导性施工组织设计、国家现行设计及施工规范、质量评定验收标准及有关法规为依据,按照全面保证施工安全质量、施工工期的要求,参照国内外类似工程施工经验并结合企业施工能力的原则编制。

9.1.3 编制范围

钦州北至北海段扩能改造工程 QB 标段,钦州东至合浦(DK8+523 至 DK62+417)段 53.894 km 轨道工程施工。

9.2 工程概况

9.2.1 项目基本情况

9.2.1.1 线路情况

广西沿海铁路,位于北部湾地区,其中钦州北—北海段属于广西沿海铁路重要组成部分,为北部湾地区主要铁路运输线。北接在建钦州北站,经钦州市的钦南区,北海市的合浦县、银海区、海城区,止于北海站,正线长度 99.629 km。

钦州北至合浦段新建双线、保留既有线,形成三线模式;合浦至北海段增建第二线。本线新建铁路除引入钦州、北海地区部分路段限速外,其余地段设计行车速度均为 250 km/h。北海至北海港前站段现状电化,作为本线货运系统的延伸线。全线设钦州东、大马、合浦、北海和北海港前站 5 个车站,大马为越行站,钦州东、合浦、北海和北海港前站为中间站,钦州东客车场、大马站为新建,钦州东货场、合浦、北海和北海港前站为改建。

广西沿海铁路钦州北至北海段扩能改造工程 QB 标段铺轨工程,施工里程为 DK0+000～QK98+400,主要内容包括铺砟、铺枕、铺轨、上砟整道、焊接、应力放散、精调等工程。其中管段内正线铺轨 202 km(含改线),站线铺轨 32 km。

9.2.1.2 主要技术标准

(1)铁路等级:I级。

(2)正线数目:双线。

(3)速度目标值:250 km/h。

(4)线间距:4.6 m。

(5)最小曲线半径:一般5 500 m,困难4 500 m。引入钦州地区、北海地区根据运营需要合理选定。

(6)限制坡度:6‰。

(7)牵引种类:电力。

(8)机车类型:客机:动车组、SS_9;货机:HXD_3。

(9)牵引质量:4 000 t。

(10)到发线有效长度:850 m。

(11)闭塞方式:自动闭塞。

9.2.1.3 工程总特点

(1)建设工期紧,建设工期三年,实际轨道工程施工仅有半年工期。

(2)技术标准高:设计对本项目工程结构的耐久性、强度和刚度要求高,轨道、道岔必须满足平顺性、稳定性和耐久性的要求。

(3)安全风险大:本项目钦州地区和北海地区相关工程,合浦至北海段增建第二线,既有线施工,安全风险大。

(4)环保要求严:本线设计穿越钦州市和北海市两个城市之间,并跨越钦江、大风江、南流江,施工中必须对取、弃土场进行优化,施工噪声、废水的达标排放严格控制,工程完工后及时按要求进行绿化和复垦。

(5)民族政策性强:本线位于广西壮族自治区钦州市至北海市之间。施工前参建人员必须加强民族政策学习。施工过程中必须尊重当地民风民俗。

9.2.2 铺轨基地基本情况

9.2.2.1 铺轨基地简介

钦州铺轨基地选择在既有钦州东站出岔,在新建钦州东站南宁端设置铺轨基地,考虑轨料运输与既有线干扰小,成品轨节运输不通过既有线。

场内设置长轨存放区、钢轨及轨枕存放区、道砟存放区、生活办公区。

长轨存放区采用21 m跨度32台3 t龙门吊作为装卸机具,存放有效长度500 m,宽度15 m,存放10层钢轨,能同时存放200 km长钢轨,满足全线需要。

其中工具轨存放区设置长度234 m,存放钢轨10层,能存放6 000根工具轨;轨枕存放在龙门架走行线外侧,能存放8 km轨枕;道岔存放区设置150 m,能存放40组道岔。

道砟存放区设置存放8万方道砟,设置在新建钦州东站北海端。

生活办公区设置在铺轨基地南宁端5 130 m²,满足1 050人施工人员生活办公。主要工程数量见表9-1。

表9-1 主要工程数量表

序 号	工程项目	单 位	数 量	备 注
一	长轨直铺	km	107.788	
二	单元焊接	km	107.788	
三	应力放散及锁定	km	107.788	

9.2.2.2 工程特点与难点

(1)长钢轨的供应是制约铺轨施工进度的关键因素,因此,长钢轨的组织及运输时确保铺轨施工顺利进行的难点和重点。

(2)道砟供应紧张,必须提前进行道砟备砟工作,确保铺轨顺利进行。

(3)各专业工程及相互间的施工接口多,加大了站前土建工程、轨道工程、站后工程施工协调的难度。

(4)本地台风、暴雨天气多,施工设备与人员的防护是安全工作重点。

9.2.3　自然条件及社会条件

9.2.3.1　气象特征

沿线属亚热带湿润季风气候,直接承受印度洋及太平洋水汽补充。其气候特点是温暖湿润,雨量充沛,夏季长而炎热,冬季短偶尔有奇寒,有明显的干湿两季之分。每年4月到8月为雨季,9月至次年3月为旱季。夏季易涝,春季易旱。沿线气象情况详见表9-2。

表9-2　沿线气象资料表

地区	气温			风速及风向		降雨		日照	蒸发量	雾日	积雪深	相对湿度
	多年平均气温	极端最高气温	极端最低气温	年平均风速	最大风速风向	多年平均降雨	最大一日降雨	多年平均日照时数				
	℃	℃	℃	m/s	m/s	mm	mm	时	mm	天	cm	%
钦州市	22	37.5	−1.8	3.8	37.0	2 227.3	360		1 783.1	20.2		82
合浦县	22.9	37.6	−0.8	2.1	>40	1 910.3	434.8		1 828.1	7		81
北海市	22.6	37.1	2.0	3.2	38.1	1 683.8	503.6		1 812.3	3		

9.2.3.2　地质情况

沿线主要分布古生界的志留系(S)砂岩、页岩;泥盆系(D)砂岩、页岩;侏罗系(J)泥岩、细砂岩,粉砂岩、砂岩,紫红色砂岩、灰黄色灰绿色砂岩夹紫红、灰黄色泥岩,粉砂质泥岩,局部夹煤线(0.5−1 cm);白垩系(K)泥质粉砂岩夹细砂岩,粉砂岩、砂岩、砾岩,砾砂岩,砂岩夹泥岩,粉砂质泥岩夹细砂岩、泥岩。

新生界的第三系(N)砂岩、泥岩,泥质砂岩。

第四系(Q)人工填筑土,软粉质黏土,软粉土,粉土,粗砂,粉质黏土,泥炭,中细砂,含砾中细砂。

印支期岩浆岩花岗岩。

其中志留系、侏罗系、白垩系地层分布最广,强风化层的厚度较大。

(1)地质构造

本线位于桂南地区,属低山丘陵和滨海平原区,南流江水系向南流入北部湾。地势西北高,东南低,合浦以后,地形为滨海平原地貌,线路从北西向东南行进于丘陵与平原的过渡地段。

丘陵区绝对高程12~45 m,相对高差10~30 m、地面坡度15°~25°。主要由低矮丘陵和剥蚀残丘组成,局部较陡。区内以农田为主,部分地段有小片树林分布。

(2)地震动参数

根据《中国地震动参数区划图》(GB18306—2001),沿线地震动峰值加速度为0.05g,地震动反应谱特征周期为0.35 s。

9.2.3.3　水文地质特征

(1)地下水类型

地下水划分为第四系孔隙水和基岩裂隙水两种主要类型。孔隙水赋存于第四系覆盖土的松散孔隙内,裂隙水则主要赋存在基岩的各种结构面以及断层破碎带。

(2)地下水化学类型

钦州东~北海段水质类型水质多属HCO^{3-}-Ca^{2+}、HCO^{3-}·Cl^--Ca^{2+}·Na^+、Cl^--Ca^{2+}、HCO^{3-}·Cl^--Na^+·Ca^{2+}、Cl^-·HCO^{3-}-Na^+、Cl^-·HCO^{3-}-Ca^{2+}·Mg^{2+}·Na^+、SO_4^{2-}-Ca^{2+}型,在化学侵蚀环境条件下水对混凝土结构具酸性腐蚀和侵蚀性CO2侵蚀,侵蚀等级为H1~H2,对钢筋混凝土结构中的钢筋无腐蚀性,对钢结构具有弱腐蚀性。

(3)不良地质与特殊岩土

1)不良地质

沿线主要的不良地质问题有软质岩风化剥落、滑坡、顺层等。

2)特殊岩土

沿线主要特殊岩土为人工弃土、软土、松软土、膨胀(岩)土等。

3)软土、松软土

软土、松软土在本线分布极为广泛。DK50+000以前,山间沟槽内,大部分地段均有软土、松软土分布,厚度一般小于3m;DK50+000以后为滨海平原,相关既有工程处理的软土较多,范围及厚度分布不均。

软土:主要有淤泥质粉质黏土、淤泥、软黏性土,灰褐、黄褐色,软塑状,含20%有机质,有腥臭味,如水塘及沟槽表层,厚1~3 m、2~4 m、1~7 m不等,常与松软土相伴生。

松软土:褐黄色、灰褐色,主要为软塑状黏性土,局部夹10%的细圆砾。分布规律性差,呈透镜状、鸡窝状、层状分布于沟槽覆盖层中,厚1~3 m、2~4 m、1~7 m不等,常与软土相伴生。

4)膨胀岩土

沿线膨胀土分布较少,主要发育于沟谷洼地内的第四系全新统冲洪积相黏性土及第三系地层中的坡残积土中,局部有少量膨胀土分布,局部地段高阶地更新统冲积相黏性土中也具有膨胀性,该土具有较高的液限和较低的塑限,干缩湿胀,干时强度高,湿时强度极低,多裂隙、超固结、胀缩性是膨胀土的三大特征。

膨胀岩主要有上第三系(N)地层中的泥岩、粉砂质泥岩及下第三系(E)地层中部分泥岩、粉砂质泥岩、泥质粉砂岩夹层,为一套内陆湖积相沉积岩,属膨胀岩,呈灰白、灰黑色,薄至中厚层状,厚度不稳定,单层厚度一般小于20 m,成岩性差,质软,易风化,遇水易崩解;具高孔隙率、高蒙脱石含量、胀缩性大、网状裂隙和各种结构面发育、岩体扰动后强度衰减显著等特点,有明显的塑性流变、强度及变形各向异性且随时间相应衰减的特征,具有较大的膨胀力和自由膨胀率。

膨胀岩及膨胀土在DK52+190~+290、DK90+000~DK93+000和QK96+000~QK98+400、QK98+900~QK104+906.350段零星分布。

9.2.3.4 交通、水电及其他状况

(1)铁路

本线路相邻的铁路有湘桂线、既有南防线、南环铁路、黎钦铁路等。工程施工可充分利用既有铁路的运输能力,将主要材料运至项目附近的车站,再用汽车运至工地。

(2)公路

本线所经地区钦州至北海段交通发达,主干道有南宁—钦州—北海高速公路和G325国道,再加上纵横交错的省、县、乡级公路以及村村通道路,为本工程的材料运输提供了方便。

(3)施工用水

钦州至北海段:利用钦江、大风江、南流江河水。施工用水可就近取水,进入城区范围利用自来水。

(4)施工用电

本线所经大部分区域电网相对完善,本线施工用电采取直接利用地方电源的方式供应。

9.2.3.5 地材情况

本项目建材主要包括甲供和自购两大部分材料。甲供材料:钢轨、轨枕、扣配件;自购材料:道砟、砂、水泥、硫磺等。

甲供材料:编制详细的材料供应计划,通过铁路运输到铺轨基地和就近车站,采用自备动力运输到工地。

自购材料由物资部统一调配组织供应。在开工前与材料供应商协商,签订材料供应有关协议,确保地料连续、稳定地供应,确保施工进度的需要。

道砟采用就近采购,利用地方运输车辆通过国道、省道及施工道路运输到铺轨基地。预铺道砟由翻斗车运输至工作面,人工配合装载机摊铺、掏槽;剩余道砟通过K13砟车从存砟场运输到工地;砂、水泥、硫磺采用汽车运输到铺轨基地。

9.3 工程项目管理组织

工程项目管理组织(见附录1),主要包括以下内容:

(1)项目管理组织机构与职责;

(2)施工队伍及施工区段划分。

9.4　施工总体部署

9.4.1　指导思想

以公司“以人为本、保障安全健康；用户至上、建造工程精品；保护环境、坚持文明施工；遵纪守法、确保诚信经营；持续改进，增进用户满意”为工作指导方针，以“实现均衡生产，确保安全、优质、高速、低耗地搞好工程项目管理，提高施工企业经济效益的经济、技术水平”为项目指导思想。

9.4.2　建设总体目标

9.4.2.1　质量目标

主体工程质量“零缺陷”，竣工工程验收一次合格率100%。

9.4.2.2　安全目标

坚持“安全第一，预防为主”的方针，建立健全安全管理组织机构，完善安全生产保证体系，杜绝安全特别重大、重大、大事故，杜绝死亡事故，防止一般事故的发生，消灭一切责任事故，确保人民生命财产不受损害，创建安全生产标准工地。

9.4.2.3　环保目标

严格按照国家相关法规和地方政府有关规定落实环保“三同时”，采取各种工程防护措施，减少工程建设对沿线生态环境的破坏和污染，确保铁路沿线景观不受破坏，江河水质不受污染，植被得到有效保护。

9.4.2.4　工期目标

满足工程合同及业主对工期的要求。

9.4.2.5　成本目标

对技术方案、工期安排、资源配置、临时过渡工程布置和安全、质量、环保保障措施逐级进行优化，实现施工方案对项目成本的预控。

9.5　主要工程施工方案、方法及技术措施

9.5.1　总体施工方案

DK8＋523～DK62＋417钦州东至合浦段双线正站线轨道铺设采用CYP500群枕法长轨直铺机铺设，大机精细整道，K922移动焊轨机焊接单元轨，铝热焊焊接道岔、锁定焊接无缝线路施工方法。具体施工组织如下：

DK8＋523～DK62＋417钦州东至合浦采用分段交替铺设的方式，共划分DK8＋523～2号梁场(DK27＋800)、2号梁场DK27＋800～丹田特大桥(DK45＋000)，丹田特大桥(DK45＋000)～合浦(DK62＋417)三段，每段采用先铺设右线后铺设左线的方式进行，并同时开始上碴整道施工，并在铺轨完成5天内完成大机第一次整道作业，并整道达到焊接条件后进行单元焊及锁定焊接。

9.5.2　施工方案及措施

9.5.2.1　500 m长钢轨铺设施工方案、工艺及流程

(1)长钢轨铺设施工方法

本项目采用株州产CYP500型铺轨机组，按一次性拖拉入槽式铺轨作业法铺设有砟轨道长钢轨。铺设机组由长钢轨拖拉机、主机、辅机、轨枕运输车组四大部分组成。长钢轨拖拉机主要用于拖拉钢轨，将枕轨运输车组上的长钢轨拖出并放置在石碴道床上。辅机主要完成分轨、推送等动作，轨枕运输车组装载、运送钢轨。

CYP500型铺轨机组采用钢轨推送装置推送为主，钢轨牵引车施加辅助牵引力(以保证钢轨推送平顺、稳定)的方案。主机由卷扬装置、操作控制室、非动力转向架、导框组成(1＃、2＃)、车体组成、轨枕布设机、液压吊钳装置、钢轨收放装置(Ⅰ、Ⅱ)、轨枕垫板安放台、轨枕搬运车缓冲装置、钢轨就位器及操作台、匀枕机

构、车钩缓冲装置、轨桥组成(1、2位)、计程装置、布枕小车缓冲装置、牵引装置、滚轮支架总成、履带牵引装置、履带连接桥架、滚筒木架、风手制动装置、底架附属件及标记等组成,车体两侧还设有车载龙门吊走行钢轨。

辅机的前端与主机连挂,后端与枕轨运输车组连挂。辅机由车辆、动力室、钢轨推送装置、分轨装置、钢轨对中装置、轨道扣件安装工具箱、轨桥组成、风制动装置等组成,车体两侧设有车载龙门吊通过的轨道。辅机的作用主要是为机组作业提供整个的牵引动力,并为机组提供照明和控制系统用电。

轨枕搬运车由龙门架、提升取枕机构、走行机构、锁定机构、限位装置、动力系统、液压系统、电气控制系统、操纵控制室等部分组成。轨枕搬运车的作用是把轨枕从运输车运送到主机上。非作业工况两台轨枕搬运车分别停在主机与辅机上,便于运输车组返回装运轨料,同时在低温时方便从主机上取得电源对液压油进行加热。否则造成在低温状态下设备无法启动。

(2)长钢轨铺设施工流程

CYP长钢轨铺设施工流程图如图9-1所示。

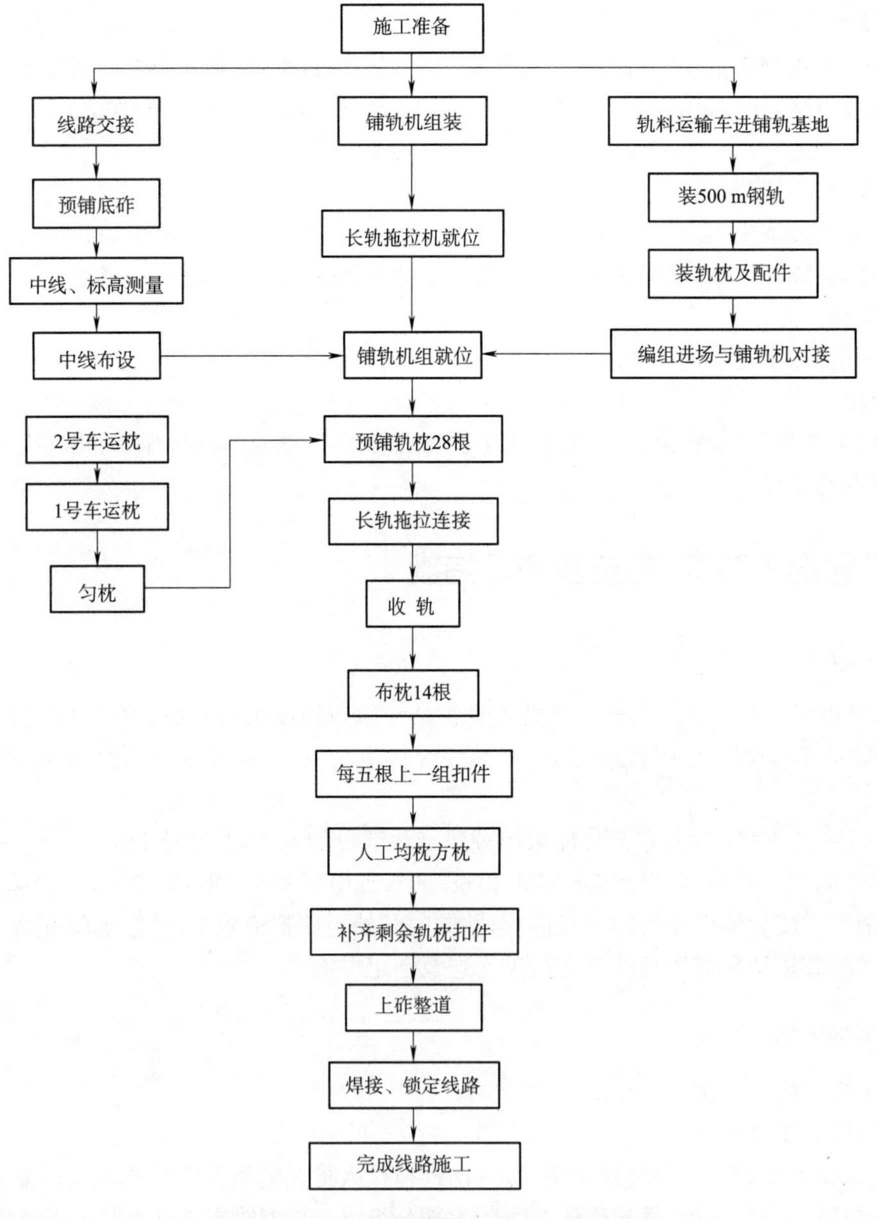

图9-1 CYP500群枕铺轨机铺轨工艺流程图

(3)长钢轨铺设施工工艺

1) 准备工作

机组运至铺轨现场组装好后,长钢轨拖拉机提前进入铺轨现场;主机和辅机由机车推送到线路待铺处,在距已铺轨道轨端约0.5 m处停车,连接好机组的管线,启动发动机,液压系统建压,合上转向架驱动机构齿轮。

用机组自带的随车吊将主机前端的履带式牵引装置放至道砟上，使主机自行骑上履带式牵引装置，转向架与履带式牵引装置锁定，并连接好管线，主机前端由履带式牵引装置支撑。

松开机组转运过程中固定好的轨枕搬运车、收分轨装置、布枕装置、匀枕装置等作业机构，使铺轨机主机达到铺轨作业状态。

枕轨运输车组由机车推送进入铺轨现场，将枕轨运输车组与铺轨机组辅机连挂并摘开机车；安装铺轨机组与枕轨运输车组之间的轨桥。

2）预铺轨枕

轨枕搬运车将枕轨运输车组上的轨枕转运到主机的匀枕机构上，轨枕搬运车退出主机，匀枕机构前顶升装置顶起14根轨枕，匀枕小车开至轨枕下方，顶升装置将轨枕放到匀枕小车上，匀枕小车前行并自动匀枕，轨枕布设机的布枕机构同时开至轨枕上方，夹持一组轨枕后起升、前移到位，当机组前行8.4 m停止时布枕架开始落枕，枕木落到道砟面约50 mm处，轨枕吊钩由开合油缸推动机构打开吊钩，将轨枕放至道砟面上。

机组自行走行，同上述布设第二组轨枕后。主机自行至转向架距已铺钢轨约500 mm处停下。

3)长钢轨拖卸

卸开枕轨运输车组上的长钢轨锁紧装置(每次只允许松开所要拖拉的一对长钢轨)，松开钢轨间隔铁并取掉所要拖拉的一对长钢轨前的挡板。

长钢轨由主机上的卷扬机从枕轨运输车组上拖出，并通过分轨装置向车体两侧分出，进入钢轨推送装置。

钢轨推送装置驱动钢轨，通过导向滚轮组将钢轨推送到主机的履带式牵引装置前端。

长钢轨拖拉机对位后，将钢轨固定在拖拉架的钢轨夹持器上，拖拉机向前拖拉钢轨。钢轨拖拉过程中，在长钢轨底下的道砟上每10 m左右放置一滚筒。

当长钢轨拖拉至剩下约10 m时，拖拉机应放慢拖拉速度(≤15 m/min)，当长钢轨尾端拖出长钢轨对位器前最后一个导向框架之后，拖拉机速度再次减慢。此时通过无线对讲与拖拉机司机联络对位，直到长钢轨尾端与已铺设钢轨轨端基本对齐。

通过以上操作过程，将长钢轨预铺于道床上，钢轨轨距约为3 100 mm。

4)收轨布枕

操控长钢轨就位器，夹持待铺钢轨使其轨端与已铺钢轨轨端对位，并用专用无孔夹轨器将两根长钢轨连接在一起。变换主机上分收轨装置的空间位置，使其由分轨状态转换为收轨状态。通过各个分收轨装置，逐步将钢轨收入承轨槽内。

机组边自行边收轨至下一个铺枕位置停下。

人工对位两组间的轨枕间距。然后转换到自动控制模式，铺轨机组布完枕后，自行走行并收轨，铺轨机组的布枕及匀枕装置在自动控制模式下作业时，随着铺轨机组前行，预铺于道砟上的长钢轨通过各个分收轨装置(收轨状态)和长钢轨就位器等，准确放置于承轨槽内，实现机组步进式自动铺轨。

长轨入槽前在主机下进行橡胶垫板的放置。长钢轨就位后，在辅机下可以进行轨道扣件等的初始安装和紧固工作(初装量约10%)。

(4)长钢轨铺设质量检验

1）长钢轨铺设验收标准

①铺轨应严格按照“配轨表”铺轨编号依次铺设长钢轨。

②单元轨节起止点不应设置在不同轨道结构过渡段及不同线下基础过渡段范围内。

③左右两股钢轨的胶接绝缘接头应相对铺设，联合接头左右股相错量不大于100 mm，且绝缘接头轨缝绝缘端板距轨枕边缘不宜小于100 mm。

2）扣配件安装验收标准

①绝缘轨距块的配置应符合设计要求。

②各种零件应安装齐全，位置正确，使其达到规定扭矩。

③安装扣件时，螺栓必须按照要求涂抹防锈油脂，并将承轨槽清扫干净。

9.5.2.2 500 m单元焊接施工方案、工艺及流程

(1)单元焊施工方法

正线是把500 m长钢轨焊接成一定长度的单元轨节，再对单元轨节进行应力放散及锁定，单元轨节长度宜为1 000～2 000 m，最短不得小于200 m。将500 m长钢轨焊接成单元轨节为现场单元焊，将单元轨节焊接并应力放散锁定为锁定焊。

计划投入3台焊机(一台备用)，负责焊接及应力放散锁定。为了保证施工不产生平行干扰，铺轨跟焊轨分开两条线施工，焊接滞后长钢轨拖拉放送工位5天，当焊完已铺地段长钢轨时，铺轨机跟焊轨机调换线路施工。计划单元焊跟应力放散同时进行，白天做单元焊，晚上做锁定焊。施工人员分两班，分别负责单元焊及锁定焊，设备备用一套。

本标段焊机拟采用K922型移动焊接机焊接，计划在正式铺轨前一个半月做焊轨型式检验。K922移动焊接机主要由30t轨道平车、液压支腿、动力集装箱和焊接集装箱组成。动力集装箱内安装一台柴油发电机组，另一个集装箱分成三个舱，分别安装液压系统和冷却系统、操作系统、焊机头(图9-2)。

图9-2 K922型移动接触焊轨机

(2)单元焊施工流程

单元焊施工流程图如图9-3所示。

(3)单元焊施工工艺

1) 单元焊施工前准备

①进行工地单元轨焊接施工工艺设计，编制作业指导书。

②组织施工调查，根据现场施工情况确定单元轨焊接地段及焊接计划。

③对施工人员进行岗前安全和施工技术培训，焊接作业人员应持有国家铁路主管部门认可的技术机构颁发的“钢轨焊接工操作许可证”。

④根据焊接需要备齐各种施工设备及检验检测量具，并设置经认证的检测机构。

⑤在正式焊接前必须按客运专线铁路钢轨焊接的相关要求通过焊头型式检验，确定焊接参数，制定相应的操作规程。

2) 拆扣件、安放滚筒

①拆除待焊轨头前方长钢轨全部及轨头后方10 m范围内的扣件，并校直钢轨。

②根据轨枕和扣件类型适当垫高待焊轨头后方的钢轨，以保证焊头轨顶平直度。

③待焊轨头前方长钢轨下每隔10 m安放一个滚筒，以便钢轨可以纵向移动焊机。

3)钢轨焊前检查

①检查钢轨表面质量，应符合《客运专线250 km/h或350 km/h钢轨检验及验收暂行标准》的规定。配轨时应选用断面不对称、公差基本一致的钢轨相对焊接，长钢轨首尾断面的不对称偏差不得大于0.6 mm。

②检查左右股单元轨节接头相错量，不宜超过100 mm，对超出部分在焊接前进行锯轨。锯切后的钢轨端面不垂直度不大于0.8 mm。

4)轨端打磨

松开扣件，当轨缝太大时用液压拉轨器拉轨。将钢轨头部用垫木支垫，清除轨端0.5 m范围内的污垢，

待焊轨端面及钢轨与电极接触部位应打磨除锈，使金属光泽露出达 80%以上，对钢轨端面和轨腰钳口夹持处进行打磨，轨腰打磨位置为距轨端两侧 700 mm 范围内，严禁横向打磨。经打磨的表面见金属光泽，没有锈斑，此范围内有凸出的厂标、字母等符号必须用砂轮机磨平。

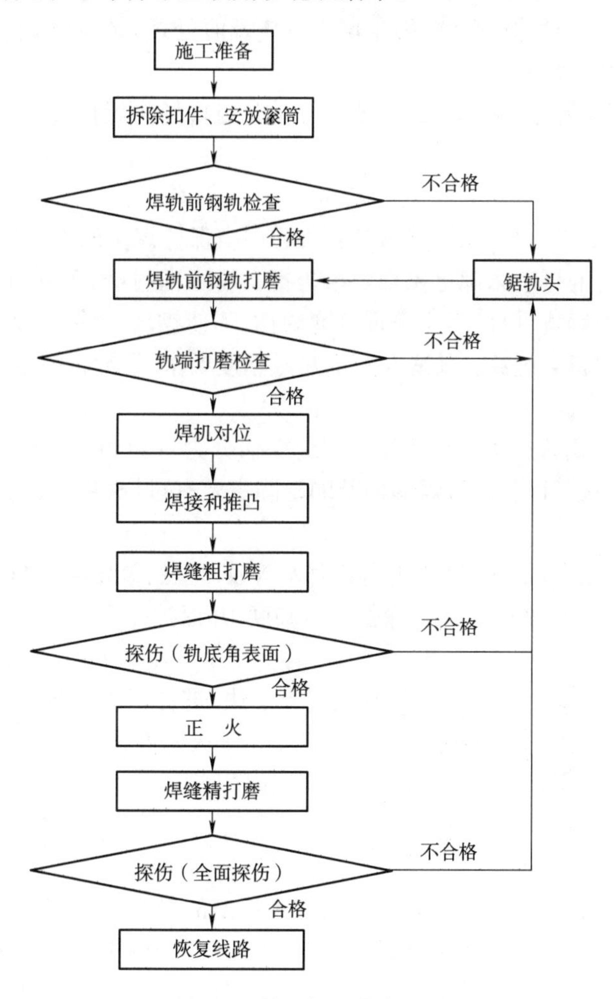

图 9-3　单元焊工艺流程图

5)焊机对位

①每班由调车员联系和协调，将移动式焊轨机和工班作业人员运抵焊接作业区。

②移除焊缝 1 m 范围内的所有扣件，根据轨枕和扣件类型，在钢轨轨底下加楔子将两焊接轨端抬起一定高度，便于焊机对位夹轨。

③推进移动焊轨车初定位，载有移动式焊轨机的平板车第一个轮对距焊接位置 2.4～3.2 m，对位完成后应迅速装好止轮器，保证车辆不会发生溜车现象，并由设置在该车底板上的四个液压油缸将整车顶起，使其车轮离开约 6～8 cm。

6)焊接和推凸

①焊前必须检查焊机的供电电压，供电电压值必须在规定的允许范围内，在生产过程中也应随时检查。每班前应该对焊接设定的参数进行核实，确认无异常后方可进行下一步的作业。

②严格按焊轨机安全操作规程进行焊轨作业。待焊钢轨进入焊机后，对中时首先要保证钢轨顶面和工作面平顺。对中后，作用面错位偏差不大于 0.5 mm，非作用面错位偏差不大于 1 mm，焊缝中心不偏离焊机钳口中心。

③焊机夹紧钢轨并自动对正。焊机自动焊接钢轨、顶锻并推除焊瘤。

④焊机监控人员应认真观察焊接记录，分析每个焊接接头曲线，与型式试验通过时的焊接曲线仔细对比，发现异常及时汇报给有关部门，不得擅自变更焊机的技术参数。

⑤焊接结束后，应立即检查焊机钳口部位及钢轨钳口接触处有无打火烧伤、被钳口烧伤的焊接接头应判为不合格。如发现焊接接头存在表面烧伤、严重错位、推瘤推亏、裂纹等缺陷都因判为不合格。不合格的焊

头必须锯掉重焊，锯切长度为焊缝每侧各 100 mm，锯切后的钢轨端面不垂直度不大于 0.8 mm。

⑥焊接接头冷却到 400 ℃以下方可撤除斜铁，回位钢轨。焊接接头的轨头、轨底和轨底面斜坡的推凸余量不应大于 1 mm，其他位置推凸余量不得大于 2 mm。不应将焊渣挤入母材，焊渣不应划伤母材。

⑦焊机的导电钳口表面必须光洁、平整，发生烧伤时应及时处理，必要时更换，更换后方可再进行焊接。每焊完一个焊接接头应对钳口清理，不得留有尘渣。

⑧每次焊接结束后要认真填写焊接记录，记录的编号要与现场的焊接接头编号以及机内焊接编号对应上具有可追溯性。

7)焊头初打磨

焊头打磨应在焊缝温度低于 200 ℃时进行，打磨过程中应保持焊头的外形轮廓，打磨的目的是为了除去轨头推凸余量，轨底和三角区的打磨以满足探伤要求为准。应纵向打磨，不允许横向打磨。打磨过程中，不应使砂轮在钢轨上跳动、冲击钢轨母材，不应出现打磨灼伤，不使钢轨表面"发蓝"。焊接接头非工作面的垂直、水平方向错边应进行纵向打磨过渡。轨底角打磨尺寸精度要求：不允许打磨母材，不允许磨亏。

8)探伤(轨底角表面)

钢轨冷却到 50 ℃以下对钢轨焊头进行探伤。焊缝探伤分为目测和仪器检测。焊缝表面的缺陷主要有电击伤、划伤、碰伤的，可以通过目测判断；焊缝内部的缺陷主要有过烧、灰斑、夹杂、未焊透等，通过仪器进行探伤。

探伤前，首先对工件表面进行处理，使其达到表面无锈蚀、斑点、氧化层、油和焊接溅射物等污物存在，表面光洁度通常要求在▽6 以上，这样可以保证探伤的准确度，并保护探头。

9)焊后热处理

待焊缝温度冷却到 500 ℃以下，对焊缝采用(氧气＋乙炔)进行正火处理。轨头加热的表面温度应控制在(900±20) ℃。轨底角表面温度应控制在 800～900 ℃。正火温度采用红外线测温仪进行测量控制，同时做好正火记录。轨头冷却应采用自然冷却或风冷。具体步骤如下：

①在钢轨下垫上短枕木头将火焰加热器、流量控制箱、乙炔过滤器、乙炔瓶、氧气瓶和冷却水泵用胶管连接。

②将正火器架放置在钢轨上，火焰加热器放置在正火机架的导杆上，调整加热器与钢轨表面间隙，使得间隙均匀，对正之后锁定。调整加热器的位置，使焊头处于加热器中心，摆动幅度不小于 60 mm。

③启动冷却水泵，调节乙炔瓶输出压力为 0.15 MPa，调节氧气瓶输出压力为 0.6 MPa，调节控制箱乙炔流量为 3.8 m^3/h，氧气流量为 5.2 m^3/h。

④将氧气流量下调爆鸣点火，点火后氧气流量恢复规定格数，点火摆动频率控制在 60 次/min 左右。

⑤达到正火温度应同时关闭控制箱开关阀，但乙炔比氧气先关数秒。

⑥正火加热起始阶段轨头表面中心线温度应在 500 ℃以下，加热终了轨顶温度应在 920 ℃左右，轨底角表面中心线温度应为 820 ℃左右。光电测温仪探头应垂直于被测钢轨表面，每次测量接触时间≤3 s，并记录好起始温度和终了温度。光电测温仪应轻拿轻放，以防探头损伤，若探头污染应及时用酒精清洗。

⑦待焊缝正火完成后，温度降低到 400 ℃以下时，对钢轨进行调直，并预留上拱量，矫后 1 m 长度宜有 0.3～0.5 mm 的上拱量，不宜反复多次矫直。

10)精磨

利用仿形打磨机打磨焊接接头的轨顶面、各侧面，精磨的长度不应超过焊缝中心线两侧各 450 mm 范围。使用仿形打磨机对焊接接头的轨顶面及轨头侧面工作边进行外形精整，外形精整应保持轨头轮廓形状，不应使焊头或钢轨产生任何机械损伤或热损伤，不应使用外形精整的方法纠正超标的平直度偏差和超标的接头错边。轨头、轨底上圆角在 1 米范围内应圆顺，不允许横向打磨，母材打磨深度不超过 0.5 mm。

焊头在轨底上表面焊缝两侧各 150 mm 范围内及距两侧轨底角边缘各为 35 mm 的范围内应打磨平整。焊缝两侧各 100 mm 范围内不得有明显压痕、碰痕、划伤缺陷，焊头不得有电击伤。

打磨时不能使钢轨"发蓝"。打磨时若温度过高，要适当暂停打磨，待温度适宜时再进行打磨。

11)焊缝探伤(全面探伤)

每个钢轨焊头均应进行超声波探伤检查。探伤时焊头的温度不应高于 40 ℃，当焊头温度高于 40 ℃时，可浇水冷却，浇水冷却时的轨头表面温度应低于 350 ℃。焊缝探伤分为目测和仪器检测。焊缝表面的缺陷主要有电击伤、划伤、碰伤的，可以通过目测判断；焊缝内部的缺陷主要有过烧、灰斑、夹杂、未焊透等，通过仪器进行探伤。

探伤前，首先对工件表面进行处理，使其达到表面无锈蚀、斑点、氧化层、油和焊接溅射物等污物存在，表面光洁度通常要求在▽6以上，这样可以保证探伤的准确度，并保护探头。

12)线路初锁、焊机移位

直线段扣件隔7锁1，曲线段和大坡度段扣件隔5锁1，方便焊机通过和后期锁定焊接施工。

(4)单元焊质量检验

1)单元轨节的长度一般宜为1000～2000 m。在困难地段，单元轨节长度不得小于200 m。无缝道岔中单组或相邻多组一次锁定的道岔及其间线路组成一单元轨节。

2)单元轨节起止点不应设置在不同轨道结构过渡段及不同线下基础过渡段范围内。应注意左右股单元轨节的接头相错量不宜超过100 mm。

3)工地钢轨焊接应符合长钢轨布置图，加焊轨长度不得小于12 m。

4)单元轨节起终点的位移观测桩宜与单元轨节焊接接头对应，纵向相错量不应大于30 m。位移观测桩应与电务设备错开。

5)气温低于0 ℃不宜进行工地焊接，刮风、下雨天气焊接时，应采取防风、防雨措施。中雨、大雨和风力大于4级时不应进行焊接作业。

6)气温低于10 ℃时，焊前应用火焰预热轨端0.5 m长度范围，预热温度应均匀，钢轨表面预热升温为35～50 ℃，焊后应采取保温措施。

7)承受拉力的焊缝，在其轨温高于400 ℃时应持力保压。

8)焊后推凸，焊渣不能划伤或挤入母材。推凸余量：焊接接头轨头、轨底及轨底顶面斜坡应不大于1 mm，其他位置应不大于2 mm。

9.5.2.3　*应力放散及锁定施工方案、工艺及流程*

(1)应力放散及锁定施工方案

计划用K922型移动接触焊轨设备进行应力放散和锁定焊，单元焊接完3个单元轨节后只在轨温适宜就紧接着进行应力放散及锁定。

应力放散和锁定焊时，首先量测钢轨温度，当轨温在设计锁定轨温范围内时采用“滚筒法”放散应力和线路锁定，当轨温在锁定轨温范围以下时采用“拉伸器滚筒法”放散应力和线路锁定。

(2)应力放散及锁定施工流程

应力放散及锁定施工流程图如图9-4所示。

(3)应力放散及锁定施工工艺

1) 应力放散及锁定施工前准备

①进行应力放散及无缝线路锁定施工工艺设计，编制作业指导书。

②线路锁定前应掌握当地轨温变化规律，根据作业区段的时间间隔，选定锁定线路的最佳施工时间。

③对施工人员进行岗前安全和施工技术培训，焊接作业人员应持有国家铁路主管部门认可的技术机构颁发的“钢轨焊接工操作许可证”。

④根据施工需要备齐各种施工设备及检验检测量具，并设置经认证的检测机构。

⑤轨道状态检测：在应力放散前全面对轨道进行检测，检测项目有：轨道几何尺寸、轨面标高、线路中线位置、枕下道床刚度、横向阻力等，通过全面的质量检测，确认线路已达到初步稳定，方可准备进行线路锁定施工。

⑥近期轨温调查：通过调查，了解当地轨温的变化规律，确定锁定施工时间。

2)应力放散及锁定施工工艺

①拉轨

为方便焊接施工，待滚筒安装完毕后对钢轨进行拉轨作业，等前后两股钢轨轨缝拉至5 mm内。当拉轨距离在50 cm以内时用钢轨拉伸器进行拉轨，当拉轨距离超过5 m可插入短轨焊接，插入的短轨长度不得小于12 m，每个区间只允许插入一对短轨。

②焊接

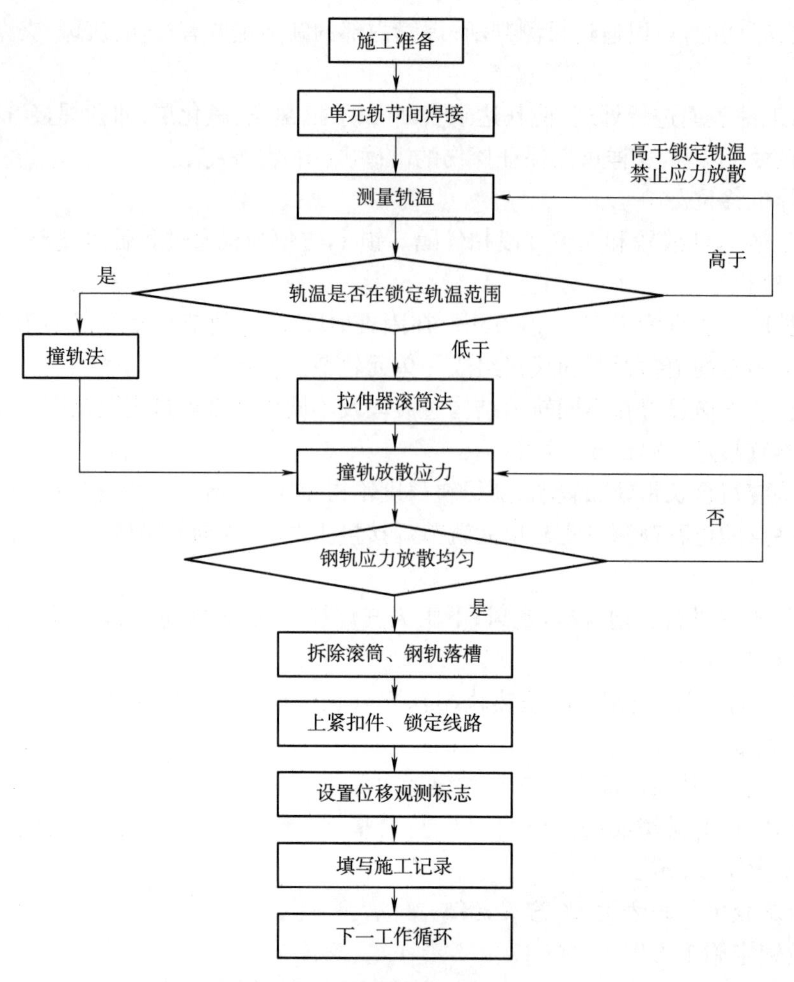

图 9-4　应力放散及锁定施工流程图

焊前拆除扣件、安放滚轮、除锈工序、轨头对位、焊接、接头正火、焊头粗打磨均与单元焊施工工艺相同，这里不再详细说明。

③应力放散

待焊头温度低于 400 ℃时可以进行应力放散，应力放散时，首先量测钢轨温度。当轨温在设计锁定轨温范围内时采用“滚筒法”放散应力和线路锁定，当轨温在锁定轨温范围以下时采用“拉伸器滚筒法”放散应力和线路锁定。

滚筒法：当轨温在设计锁定轨温范围内时采用滚筒放散法。用撞轨器和小锤敲击单元轨节放散应力，撞轨器沿放散方向撞击钢轨，其他人员用小锤或上弹跳工具敲击轨腰放散应力。每 300 m 左右一台撞轨器，使得应力放散均匀。放散应力过程中，始终有专人在轨头量测位移变化情况，当位移出现反弹时，证明单元轨节内应力已经为零。同时观察“零点”位置是否归零，如果不能到位，调整撞轨位置撞轨直至“零点”归零。此时，立即拆除滚筒使钢轨落槽，上扣件锁定单元轨节。

拉伸器滚筒法：当轨温低于设计轨温时，采用拉伸放散法。根据单元轨节长度和和设计轨温与实测轨温差，按公式 $\Delta L=\alpha L\Delta t(\alpha=11.8\times10^{-6})$计算出钢轨的拉伸量。其中 L 为单元轨节长度，Δt 为设计锁定轨温与现场实测轨温之差。先将单元轨节放散至零应力状态，然后按 300 m 间距安装撞轨器，使用撞轨器同一方向进行撞击钢轨，用拉伸器均匀拉伸至设计轨温对应的长度，并注意零点归零及临时位移观测点的位移量呈线性比例。当每次撞轨各检查点移动量均一致或最大偏差 2 mm 时，可视为钢轨应力为 0，然后拆除滚轮，落轨，立即锁定线路。拉轨前必须在钢轨上设置好临时位移观测点，每 100～150 m 一处，用来观测单元轨节的应力放散是否均匀。拉轨过程中，始终用撞轨器和小锤撞击钢轨，保持单元轨节内应力均匀。当拉伸量达到设定值时，停止撞击，查看临时位移点的位移量是否成比例增长，立即拆除滚筒使钢轨落槽，锁定单元轨节。否则，检查原因，拉轨器保压继续撞轨直至达到要求。

当轨温高于设计轨温时严禁锁定。

④线路锁定、焊机位移

迅速安装绝缘块、扣件，按设计扣压力紧固扣件，并核实锁定轨温，填写施工记录表。锁定线路后焊机移位到下一接头处待焊。

(4)应力放散及锁定质量检验

1）无缝线路应在设计锁定轨温范围内锁定，且相邻单元轨节间的锁定轨温差不应大于5 ℃，同一单元轨节左右股钢轨的锁定轨温差不应大于3 ℃，同一区间内单元轨节的最高与最低锁定轨温差不应大于10 ℃。

2)单元轨节长度应满足施工进度和铺设时应力放散最佳效果的要求，以1 000～2 000 m为宜，最短不得小于200 m。在单元轨节的终端设置一台拉伸器拉伸钢轨，必要时撞轨，使拉伸量传递均匀。

3)应力放散时，应每隔100～500 m左右设一位移观测桩，观测放散时钢轨的位移量，应力放散应均匀、彻底。位移观测桩应设置齐全、牢固可靠、易于观测和不易破坏。

4)两股钢轨宜同步锁定，线路锁定后才能撤出钢轨拉伸器。

5)线路锁定后，应立即在钢轨上标记位移观测"零点"位置，并每月观测钢轨位移情况并做好记录。固定区位移观测桩处换算200 m范围内相对位移量不得大于10 mm，任何一个位移观测桩处位移量不得超过20 mm。

6)位移观测桩应编号，每对位移观测桩基准点连线与线路中线应垂直。

7)轨道纵向位移"零点"标记应齐全，标记大小应适当、一致，色泽均匀、清晰。

9.5.2.4　轨道整理及钢轨预打磨施工方案、工艺及流程

(1)轨道整理及钢轨预打磨施工方案

在线路验收前，统一对全线进行轨道精整，包括调整轨距、水平、高低、方向，补齐扣、配件，对轨道进行预打磨。预打磨的作用是：避免钢轨表面微小缺陷的发展扩大，推迟可能发生的波形磨耗，延长钢轨寿命；消除钢轨轧制过程中形成的长波不平顺和轨面的斑点，提高线路平顺性；使钢轨轨面粗糙度适应列车速度，减少轮轨相互作用产生的噪声。

轨道形成无缝线路后采用专用的检测设备对其进行检测，并对轨道进行整理，使轨道达到设计精度要求。轨道的检测分为静态检测和动态检测，轨道质量静态平顺度检验采用徕卡GRP300轻便式轨道几何尺寸检测仪或轨检小车，轨道质量动态检测采用大型轨道检查车(EM200)进行检测。

采用钢轨打磨列车对全线钢轨进行全长预打磨，进一步提高轨道平顺性。本标段钢轨打磨拟采用由美国HTT公司同宝鸡工程机械厂合资生产的PG－48/3打磨列车。

(2)轨道整理及钢轨预打磨施工流程

轨道整理及钢轨预打磨施工流程图如图9-5所示。

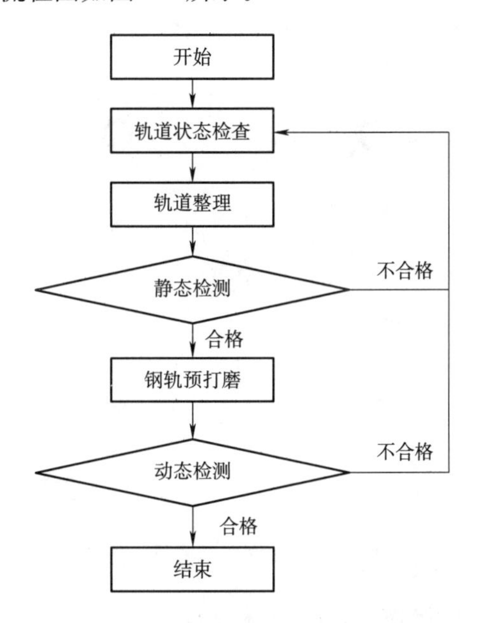

图9-5　轨道整理及钢轨预打磨施工流程图

(3)轨道整理及钢轨预打磨施工工艺

1)轨道整理及钢轨预打磨施工前准备

缓和曲线、竖曲线区段应整理圆顺;整修打磨不平顺焊缝,提高轨面平顺性;利用轨距调节块、轨下微调垫板和铁垫板下调高垫板调整轨距和轨面高低,补齐扣、配件;测取钢轨爬行量,复核锁定轨温。

2)钢轨全线预打磨应具备的条件

轨面高程符合设计要求;钢轨扣件齐全紧固;钢轨焊头平直度达到技术指南要求。

3)轨道整理及钢轨预打磨施工工艺

①轨道整理施工工艺

a. 无缝线路整理作业,应遵守下列作业条件:

(a)高温时不应安排影响线路稳定性的整理作业。高温时可安排矫直钢轨、整理扣件、钢轨打磨等作业。

(b)进行无缝线路整理作业,必须掌握轨温,观测钢轨位移,分析锁定轨温变化,根据作业轨温条件进行作业,严格执行“作业前、作业中、作业后测量轨温”制度。

(c)当轨温在实际锁定轨温减 30 ℃以下时,伸缩区和缓冲区禁止进行整理作业。

(d)在跨区间无缝线路上的无缝道岔尖轨及其前方 25 m 范围内综合整理,允许在实际锁定轨温±10 ℃内进行作业。

(e)无缝线路应力放散和调整后,应按实际锁定轨温及时修改有关技术资料和位移观测标记。

(f)桥上无缝线路整理作业应做好下列各项工作:

a)按设计规定,保持扣件布置方式和拧紧程度;

b)对桥上钢轨焊缝应加强检查,发现伤损应及时处理;

c)对桥上钢轨伸缩调节器的伸缩量应定期观测,发现异常爬行,应及时分析原因并整治。

b. 工前检查

(a)检查轨道精调小车的工作状态,松开轨距测量轮,校准超高测量传感器。

(b)检查螺杆调节器固定情况。

(c)检查扭矩扳手性能。

c. 精调过程

(a)将所有测量控制点数据文件调入备用。

(b)输入线路设计中心线的参数,确定线路设计中心线的理论位置。

(c)确定全站仪自由设站点的坐标、方位和全站仪横轴中心的高程。全站仪与精调小车的距离要保持在 10～70 m 之间,通过前后各 4 个连续 CPⅢ基标上的棱镜,自动平差、计算确定位置。改变测站位置,必须至少交叉观测后方利用过的 4 个控制点。为加快进度,宜配备 2 台同型号的全站仪。全站仪精调测量示意如图 9-6 所示。

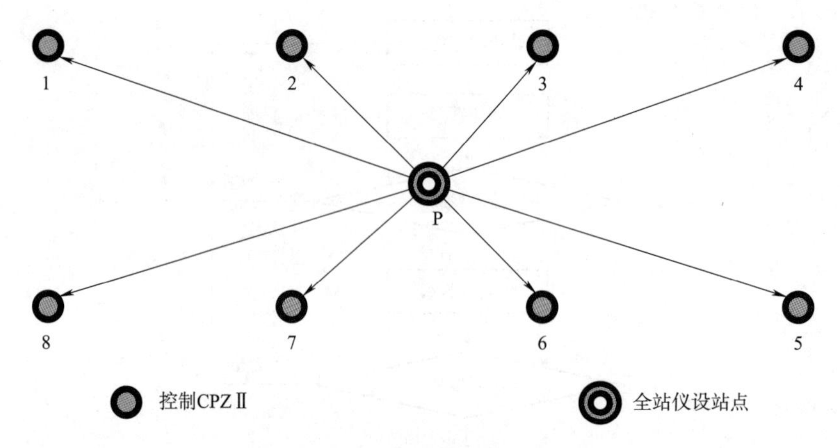

图 9-6 全站仪精调测量示意图

(d)观测确定精调小车上棱镜的绝对位置(x、y 和 z),经过计算并与设计中心线进行比较,得到该点离设计中心线的水平和高程偏差,确定该点钢轨的精确调整量,进行该点精细调整。

(e)精调小车移动到下一个精调位置,全站仪自动照准、测量和记录,确定该点钢轨的精确调整量,进行该点精细调整。

先检测各螺杆调节器对应位置的轨道状态，测完一个测站的所有测点后，返回起点，逐根轨枕检测，直至测完所有测点。然后精调小车后退 10 m，改变全站仪测站位置，进行复核，复核合格后，方可向下一段推进。

d. 精调注意事项

(a)为精调提供足够的视野(为避免白天施工人员的干扰，精调小车宜晚间作业)。

(b)仪器应架设在稳定性高的地点，避免各种振动带来的影响。

(c)尽量避免撞击仪器。

(d)装配系统时，应避免将任何部件(比如瞄准器)放置在要被拧紧的部分之间。

(e)轨距测量轮对轨道内例约 12 kg 重的压力，放测量轮时一定要小心，将仪器从轨道上搬起时要确保测量轮已脱离轨道。

(f)整个系统重将近 35 kg，搬动整个仪器至少需要两个人。

(g)精调是高精度测量仪器，不能作为运输车使用，不能够将货物放在精调小车上。

②钢轨打磨在线路达到稳定状态，静态检查合格后进行。

a. 钢轨全线预打磨应具备下列条件：

(a)轨面高程符合设计要求；

(b)钢轨扣件齐全紧固；

(c)钢轨焊头平直度达到技术指南要求。

b. 打磨前，应调整好打磨头的偏转面和对钢轨的施压力；

c. 打磨前用安装在打磨机上的测量设备对整个打磨段的钢轨进行纵断面的零位测量。

d. 打磨列车到达工地后，根据轨面状态，可采用列车运行打磨、成形打磨等方式作业。

e. 对具有波纹和短波的钢轨，原则上要磨到波纹底及波谷范围。

f. 道岔尖轨及可动心轨、辙叉和钢轨伸缩调节器尖轨，应采用专用机械或人工操作的钢轨波纹研磨机进行打磨，严禁用普通打磨列车打磨。

g. 打磨列车应回收打磨下的铁粉。

(4)轨道整理及钢轨预打磨质量检验

1) 轨道整理

①轨面高程允许偏差为$^{+4}_{-6}$ mm；紧靠站台为 $^{+4}_{0}$ mm。

②轨道中线与设计中线允许偏差为 10 mm，线间距允许偏差为＋10 mm，车站线间距应与站台偏差协调调整。

③扣件的轨距块应与轨底边缘顶严靠紧，离缝者不应大于 6%；扣件紧固，扣压力小于规定者不应大于 8%；胶垫无缺损，偏斜量大于 5 mm 者不应大于 8%。

2) 钢轨预打磨

①钢轨打磨在线路达到稳定状态，静态检查合格后进行，采用新轨基本打磨三遍模式，运行打磨速度 v=12 km/h，打磨时角度位于－5°～35°，消磨量 0.2～0.3 mm。

②消除钢轨微小缺陷及锈蚀等。

③消除钢轨在轧制过程中形成的轨面斑点及微小不平顺。

④消除轨头表面的脱碳层。

⑤钢轨表面应光滑、平顺、无斑点，使其适应列车速度；钢轨顶面平直度 1 m 范围内允许偏差为$^{+0.2}_{0}$ mm。

⑥钢轨预打磨后，轨头工作面实际横断面与理论横断面相比允许偏差为±0.3 mm。

⑦全线钢轨预打磨后，轨顶表面粗糙度大于 10 μm 的个数不应超过 16%。

⑧打磨面最大宽度在轨距角圆弧上为 4 mm，在轨距角圆弧和轨顶圆弧的连接圆弧部分为 7 mm，在轨顶圆弧上为 10 mm。从轨头打磨区向非打磨区应平滑过渡。

⑨打磨面宽度的最大变化在沿钢轨长度 100 mm 的范围内不应大于打磨面最大宽度的 25%。

⑩轨头打磨区无连续发蓝带。

9.6 施工进度安排

9.6.1 总工期安排

钦州东(DK8+523)至3#梁场(DK62+417)轨道工程施工工期为:2013年1月25日至2013年4月11日。轨道工程施工总体安排见表9-3。

表9-3 轨道工程进度计划横道图

序号	名称	单位	数量	开始日期	结束日期	消耗工天	1月			2月			3月			4月		
							25	26	27	16	21	28	8	18	28	7	8	11
1	CPY500铺轨铺枕	km	107.788	1.25	4.8	73												
2	上碴整道	km	107.788	1.27	3.28	60												
3	单元焊接	km	107.788	2.16	4.7	50												
4	应力放散及锁定	km	107.788	2.21	4.11	49												

9.6.2 各阶段、节点工期安排

(1) 钦州东至2号梁场

①2013年1月25日至2013年2月28日,长轨直铺完成。

②2013年1月27日至2013年2月15日,整道上砟完成。

③2013年2月16日至2013年2月25日,单元焊接完成。

④2013年2月21日至2013年3月2日,应力放散锁定完成。

(2)2号梁场至丹田特大桥

①2013年2月19日至2013年3月8日,长轨直铺完成。

②2013年2月21日至2013年3月10日,整道上砟完成。

③2013年3月11日至2013年3月19日,单元焊接完成。

④2013年3月16日至2013年3月24日,应力放散锁定完成。

(3)丹田特大桥至3号梁场

①2013年3月9日至2013年4月8日,长轨直铺完成。

②2013年3月11日至2013年3月28日,整道上砟完成。

③2013年3月29日至2013年4月7日,单元焊接完成。

④2013年4月2日至2013年4月11日,应力放散锁定完成。

9.6.3 施工进度安排

根据铺轨基地设备配置以及CYP500长轨直铺机机况,铺轨按2 km/天进度考虑,整道上砟按2 km/天进度考虑,单元焊接按4 km/天进度考虑,应力放散及锁定按4 km/天进度考虑。

9.7 主要资源配置计划

9.7.1 施工管理及技术人员配置

根据施工组织机构设置,钦州铺轨基地管理人员配置见表9-4。

表 9-4　钦州铺轨基地管理及技术人员配置表

<table>
<tr><th>岗　位</th><th>职　务</th><th>计划配置</th><th>小　计</th></tr>
<tr><td rowspan="6">领　导</td><td>项目经理</td><td>1</td><td rowspan="6">7</td></tr>
<tr><td>书记</td><td>1</td></tr>
<tr><td>总工程师</td><td>1</td></tr>
<tr><td>副经理</td><td>2</td></tr>
<tr><td>工会主席</td><td>1</td></tr>
<tr><td>安全总监</td><td>1</td></tr>
<tr><td rowspan="2">综合部</td><td>主任</td><td>1</td><td rowspan="2">3</td></tr>
<tr><td>部员</td><td>2</td></tr>
<tr><td rowspan="4">工程部</td><td>部长</td><td>1</td><td rowspan="4">4</td></tr>
<tr><td>副部长</td><td>1</td></tr>
<tr><td>测量主管</td><td>1</td></tr>
<tr><td>部员</td><td>1</td></tr>
<tr><td rowspan="2">安质环保部</td><td>部长</td><td>1</td><td rowspan="2">4</td></tr>
<tr><td>部员</td><td>3</td></tr>
<tr><td rowspan="2">合同部</td><td>部长</td><td>1</td><td rowspan="2">2</td></tr>
<tr><td>部员</td><td>1</td></tr>
<tr><td rowspan="2">财务部</td><td>部长</td><td>1</td><td rowspan="2">3</td></tr>
<tr><td>会计出纳</td><td>2</td></tr>
<tr><td rowspan="2">机电部</td><td>部长</td><td>1</td><td rowspan="2">3</td></tr>
<tr><td>部员</td><td>2</td></tr>
<tr><td rowspan="2">物资部</td><td>部长</td><td>1</td><td rowspan="2">2</td></tr>
<tr><td>部员</td><td>1</td></tr>
<tr><td rowspan="2">试验室</td><td>主任</td><td>1</td><td rowspan="2">5</td></tr>
<tr><td>部员</td><td>4</td></tr>
<tr><td colspan="2">合　计</td><td>43</td><td>33</td></tr>
</table>

9.7.2　劳动力组织计划

9.7.2.1　劳动力组织

铺轨基地作业人员包括轨道工程施工各个队施工人员，作业人员配置情况详见表9-5。

表 9-5　钦州铺轨基地作业人员配置表

作业队名称	施工任务	管理人员(人)	施工人员(人)	合计(人)
基地作业队	铺轨基地轨料装卸	8	120	128
长轨队	长轨直铺、上补扣件	3	100	103
铺轨作业队	上砟人工整道	3	120	123
线路队	大机整道，线路精调	3	20	23
运输所	全线轨料运输组织	5	60	65
焊轨队	焊接、锁定、精调	8	120	128
测量队	轨道测量	3	30	33
合计		33	570	603

9.7.2.2　劳动力组织计划

钦州铺轨基地劳动力进场计划详见表9-6。

表 9-6　劳动力进场计划表

作业队名称	2013 年					
	1 月	2 月	3 月	4 月	5 月	6 月
基地作业队	80	128	128	128	80	70
长轨队	63	103	103	103	63	43
铺轨作业队	60	123	123	123	60	60
线路队	18	23	23	23	18	18
运输所	35	65	65	65	50	40
焊轨队	68	128	128	128	68	58
测量队	23	33	33	33	23	18
合计	347	603	603	603	362	307

9.7.3　主要施工机械设备

主要施工机械配置见表 9-7。

表 9-7　主要施工机械设备配置表

序号	设 备 名 称	规 格 型 号	单　位	需 求 数 量	用　途	备　注
1	龙门吊	10 t×17 m 16 t×17 m	套	8	装卸车	
2	群吊	3 t×21 m	套	1	长轨装卸	
3	长轨直铺机	CYP500	套	1	铺轨	两列运输车辆
4	移动焊轨机	K922	台	3	焊轨	
5	铝热焊设备	德国施密特	套	2	道岔锁定焊	
6	长轨放送车		列	1	长轨放送	
7	轨道车	金鹰 290	台	3	焊轨	
8	内燃机车	DF4	套	8	牵引动力	
9	大型捣固机组	08/09	组	3	道床捣固	
10	平板车	N16 或 N17	辆	120	轨料运输	路用
11	砟车	K13	辆	60	上砟	
12	精调小车		台	6	轨道调整	

9.7.4　主要工程材料采购供应计划

轨道工程主要材料计划见表 9-8。

表 9-8　轨道工程主要材料计划表

序号	材 料 名 称	型号或图号	单位	总数量	已到数量	到 料 时 间					备注
						1 月	2 月	3 月	4 月	5 月	
1	标准钢轨	250 km/h 速度 P60、500 m 长轨、U75 V 无孔热轧新轨	根	780	200	100	150	150	150		
2	2.6 mⅢc 型有挡肩混凝土轨枕	专线 3451	根	319 350	104 548	48 500	50 000	56 000	56 000	4 302	

续上表

序号	材料名称	型号或图号	单位	总数量	已到	到料时间					备注
					数量	1月	2月	3月	4月	5月	
3	弹条V型扣件	研线0602	套	641 861	540 000	50 000	51 861				
4	道岔及配套岔枕	北海站	组	37	6	12	6	7	6		
		北海港前站	组	14	0	14					
		合浦站	组	48	3	4	7	3	17	14	
		大马站	组	8	0		8				
		钦州东站	组	25	2						
		泥桥线路所	组	3	0					3	
5	道砟	特级	方	47 565	10 666	6 500	8 800	8 500	7 000	6 100	

9.8 施工现场平面布置

9.8.1 平面布置原则

统筹安排，从全局考虑，保证长轨的存放、轨排生产、道砟储备。全方位考虑铺轨的总体施工进度，并留有充分的余地以应付不可遇见的因素。以人为本，综合考虑施工条件及周边环境的因素，注重施工效率、注重成本控制、注重环保，注重企业形象，切实引进新技术、新材料、新工艺、新设备来增强铺轨基地建设的力度，力求铺轨基地建设简洁、明快，适合施工管理和施工生产、生活，体现企业施工形象。

铺轨基地布置分为8个区域，即长钢轨存放区、工具轨存放区、轨排生产区、轨排存放区、道岔存放区、轨枕存放区、道砟存放区、办公生活区及其他生产设施。各区域位置合理安排，紧密结合，互相依赖，以充分满足施工生产的需要。

9.8.2 临时工程设施布置说明

9.8.2.1 施工便道

铺轨基地靠永福东大街，可从永福东大街接入场内道路。

9.8.2.2 施工用电

根据现场调节器的情况，在钦州东站附近有903绸丝线，可从903绸丝线15杆下线，接入铺轨基地变电房长度约450 m。

9.8.2.3 施工用水

钦州至北海段：利用钦江、大风江、南流江河水，对混凝土无侵蚀性。施工用水可就近取水，进入城区范围利用自来水。

铺轨基地地处既有钦州东站旁边，生活用水经过详细调查，可以从东站搭接。

9.8.2.4 钦州铺轨基地

基地占地175亩，采用横向布置，基地主要包括长钢轨存放区、工具轨存放区、轨排生产区、轨排存放区、道岔存放区、轨枕存放区、道砟存放区、办公生活区等区域。

9.8.3 施工现场平面布置

9.8.3.1 生活办公区规划

(1) 铺轨基地生活办公区与生产区隔离，三周设砖砌围墙，正面设铁栅围墙，进入基地的正门门墩悬挂“中国中铁二局股份有限公司钦州东铺轨基地”铭牌。办公用房和生活住房分别设立，房屋间距符合安全规定和钦北线标准化建设文件要求，其他公共设施均按照中铁总公司的要求修建。区域内除绿化外的道路及场地进行硬化处理。拟设置6 600 m^2 办公区、生活区，可供50人办公、500人生活使用。

(2) 所有办公及生活用房以蓝白色为格调。设置领导及职能管理部门办公室、宿舍、食堂、活动中心、热水塔、浴室、厕所等公用设施。共计建筑面积2 847.3 m^2。

(3)在铺轨基地醒目位置处设置“七牌一图”,制作标准、格式按照建指宣传策划的相关文件要求办理。

(4)场内生活污水通过污水处理池集中处理后自然排放,给水、排水管道都按照南方地方施工要求铺设

9.8.3.2 长轨存放区规划

长轨存放场采用跨度 2 t×21 m 间距 16 m 的固定群吊存取 500 m 长钢轨。群吊限高 7.5 m,有效存放宽度为 14 m,最下层存放 500 m 长钢轨 89 根,上层依次递减 1 根,存放 10 层就能存放 845 根,满足长轨存量需要。

9.8.3.3 轨枕存放区规划

轨枕存放区设在两个龙门吊走行线两侧,长度为 422+415+353+352=1 542 m,即 4 009 m^2。

按照 12 层进行存放,轨枕宽 22 cm,考虑吊装方便,存放时按照 25 cm 进行存放。可存放轨枕 74 012 根,即可存放 45.4 单线公里轨枕。

9.8.3.4 道岔存放区规划

设置 6 m×120 m、60 m×20 m 和 114 m×55.3 m 的道岔存放拼装区,面积 8 110 m^2,可一性存放道岔 140 组,满足道岔存量需要。

9.8.3.5 道砟存放区规划

设置道砟存区一个,供小里程端 25 km 范围内的道砟供应,占地面积约 21 000 m^2。按照 4 m 高度进存放,可储存道砟 8 万 m^3。

9.8.4 施工现场平面示意图

施工现场平面示意图如图 9-7 所示。

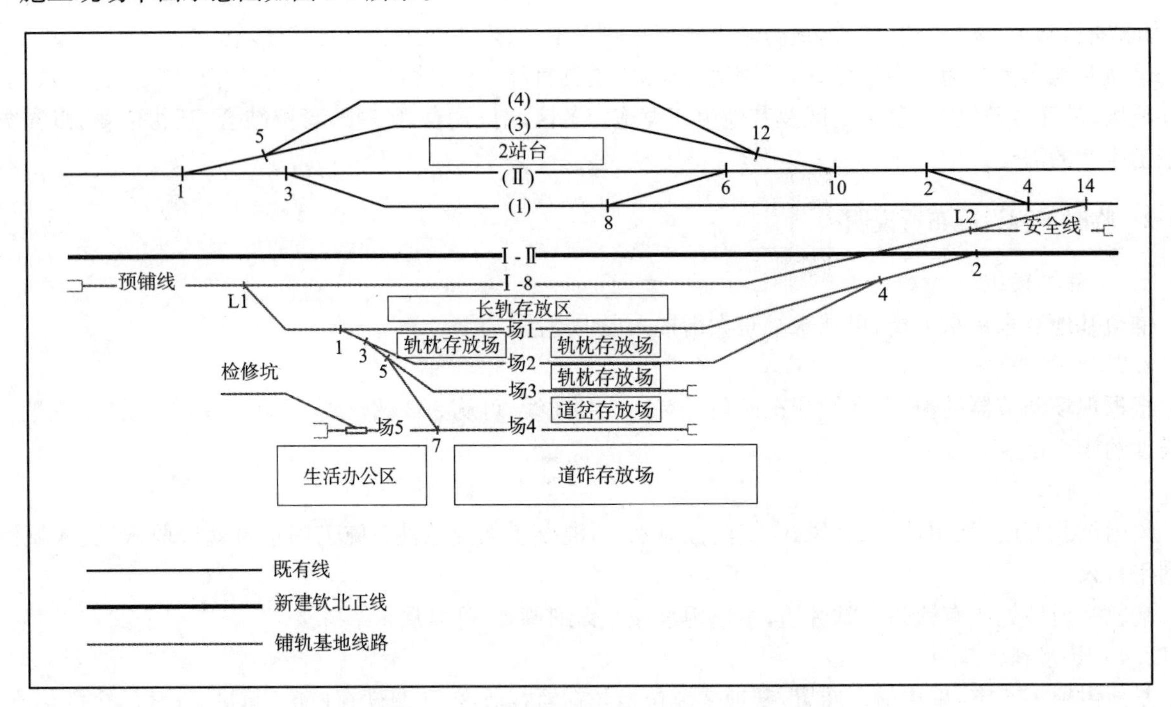

图 9-7 钦北铁路钦州东站铺轨基地平面示意图

9.9 工程项目综合管理措施

工程项目综合管理措施主要包括进度控制管理、工程质量管理、安全生产管理、职业健康安全管理、环境保护管理、文明施工管理、节能减排管理等内容。详见附录 2。

第 10 章　淮南铁路电气化改造工程施工组织设计

10.1　编制说明

10.1.1　编制依据

(1)工程建设现行的法律、法规、标准、规范等；

(2)工程设计文件；

(3)工程施工合同、招投标文件和建设单位指导性施工组织设计；

(4)施工调查报告；

(5)现场社会条件和自然条件；

(6)本单位的生产能力、机具设备状况、技术水平等；

(7)工程项目管理的规章制度。

10.1.2　编制原则

遵循基本建设程序，合理安排施工顺序，及时形成完整施工能力，缩短建设周期，以期提高建设单位的投资效益。

认真贯彻落实国家及铁道部的技术方针、政策，确保本标段全部工程符合设计文件、国家和铁道部颁布的规范、验收标准，工程一次验收合格率达到 100%。

以项目法的方式组织施工，建立健全安全质量保证体系，严把关键要害部位安全质量关，并由项目经理对工程安全质量负总责。建立以项目经理为责任中心的安全生产管理体系，细化多级安全生产责任制，强化管理，保证施工全过程的安全，全面推行安全质量标准化工地建设。优化组织结构，合理配置生产要素，抓重点、保整体，组织均衡施工，应用网络技术确保阶段工期和总工期。优质、安全、高效、按期地完成施工任务。

施工场地及临时设施布置紧凑，方便施工，符合环保、安全、防火要求，提高场地利用率。

做好环境保护、水土保持、文明施工、消防治安等工作，创造良好的施工环境，建文明工程，创文明工地。

遵循“诚信为本、服务顾客、求实创新、奉献精品”的质量方针，认真履行投标文件的承诺和招标文件以及合同条款的全部内容，确保本项目施工工期、质量、安全及文明施工目标的实现，完善对使用单位的售后服务。

10.1.3　编制范围

上海铁路局管内淮南线淮南至合肥东段电气化改造工程，正线全长 98.5 km 范围内的四电迁改、通信、信号及信息、电力及电力牵引供电以及附属工程的施工组织设计。

10.2　工程概况

10.2.1　项目基本情况

10.2.1.1　项目性质

淮南线是构成华东铁路南北二通道的重要组成部分，位于安徽省中西部，北起淮南市淮南站，向南通过合肥枢纽与宁西、合九线、沪汉蓉通道(在建)、淮南线合肥至芜湖段相衔接，延伸至长江三角洲地区，地理位置重要，径路便捷优越。本次淮南线电气化改造工程止于合肥东站，全长 98.5 正线公里。

10.2.1.2 技术标准

铁路等级：Ⅰ级；

正线数目：双线；

速度目标值：120 km/h，个别困难地段限速；

限制坡度：6‰；

牵引种类：电力；

牵引质量：5 000 t；

到发线有效长：1 050 m；

闭塞类型：自动闭塞；

建筑限界：按满足双层集装箱列车通行要求设计。

10.2.2 标段工程情况

10.2.2.1 标段总体情况

淮南线电气化改造全长 98.5 正线公里，途经淮南市范围 12.2 正线公里，合肥市长丰县范围 79.2 正线公里，合肥市区范围 7.1 正线公里。工程包含四电迁改、通信、信号及信息、电力、牵引供电及其配套附属工程，合同总建安 3.82 亿元。

10.2.2.2 主要工程数量

新征用地 50.92 亩，民房拆迁 2 860 m^2，电力迁改 251 处，通信拆迁 253 处；通信光缆 98.5 正线公里，长途干线光缆 117 km；信号联锁道岔 344 组，自动闭塞 98.5 正线公里；电力线路 134.7 km(7 站)；接触网承力索和导线各 307.825 条千米，回流线 191.891 1 条公里，架空地线 35.925 条公里，供电线 20.636 条公里；分区所 3 处，开闭所 1 处，分区所兼开闭所 1 处。工程数量汇总见表 10-1。

表 10-1 主要工程数量汇总表

类别			单位	数量	备注
通信	通信线路		公里	46.6	
	长途干线光缆	光缆沟	沟公里	117	
		敷设光缆	条公里	117	
		长途干线光缆接续成端	处	74	
	长途干线电缆	电缆沟	沟公里	10	
		敷设电缆	条公里	10	
	地区及站场光、电缆	光、电缆沟	沟公里	43.1	
		敷设光缆	条公里	15.4	
		敷设电缆	条公里	58.8	
	通信设备安装与调试		处	11	
	长途干线光电缆整治		公里	103.1	
	敷设直放站 8 芯光缆		条公里	7.1	
	无线列调	铁塔基础	个	11	
		无线铁塔塔身安装	个	11	
		无线列调设备安装与调试	站	16	
	数调设备安装与调试		站	12	
	通信干线传输设备安装与调试		站	13	
信号	自动闭塞设备		正线公里	98.5	
	其中	电缆沟	沟公里	107.6	

续上表

<table>
<tr><th colspan="3">类　别</th><th>单　位</th><th>数　量</th><th>备　注</th></tr>
<tr><td rowspan="5">信号</td><td rowspan="5">其中</td><td>电缆槽道</td><td>m</td><td>51 500</td><td></td></tr>
<tr><td>敷设电缆(各类)</td><td>条公里</td><td>378.05</td><td></td></tr>
<tr><td>电缆砂砖防护</td><td>百米</td><td>116</td><td></td></tr>
<tr><td>电缆过道钢管防护</td><td>处</td><td>116</td><td></td></tr>
<tr><td>电缆过桥、涵、水沟等钢管(槽)防护</td><td>10 m</td><td>240</td><td></td></tr>
<tr><td rowspan="27">信号</td><td rowspan="7">其中</td><td>敷设贯通接地铜缆</td><td>条公里</td><td>114.29</td><td></td></tr>
<tr><td>设备基础(各类)</td><td>处</td><td>802</td><td></td></tr>
<tr><td>区间通过信号机安装</td><td>架</td><td>101</td><td></td></tr>
<tr><td>ZPW-2000 轨道电路</td><td>区段</td><td>139</td><td></td></tr>
<tr><td>补偿电容安装</td><td>个</td><td>2 070</td><td></td></tr>
<tr><td>区间柜(各类)安装</td><td>个</td><td>63</td><td></td></tr>
<tr><td>继电器(各类)</td><td>台</td><td>2484</td><td></td></tr>
<tr><td colspan="2">联锁装置</td><td>正线公里</td><td>98.5</td><td></td></tr>
<tr><td rowspan="18">其中</td><td>电缆沟</td><td>沟公里</td><td>69.01</td><td></td></tr>
<tr><td>电缆槽道</td><td>m</td><td>23 353</td><td></td></tr>
<tr><td>敷设电缆(各类)</td><td>条公里</td><td>294.87</td><td></td></tr>
<tr><td>砂砖防护</td><td>百米</td><td>61.8</td><td></td></tr>
<tr><td>电缆过道钢管防护</td><td>处</td><td>865</td><td></td></tr>
<tr><td>电缆过桥、涵、水沟等钢管(槽)防护</td><td>10 m</td><td>259.28</td><td></td></tr>
<tr><td>敷设贯通接地铜缆</td><td>条公里</td><td>42.22</td><td></td></tr>
<tr><td>设备基础</td><td>处</td><td>3 317</td><td></td></tr>
<tr><td>信号机安装(各类)</td><td>架</td><td>265</td><td></td></tr>
<tr><td>97 型 25 周相敏轨道电路</td><td>区间</td><td>348</td><td></td></tr>
<tr><td>道岔转辙装置</td><td>组</td><td>193</td><td></td></tr>
<tr><td>补偿电容安装</td><td>个</td><td>786</td><td></td></tr>
<tr><td>钢轨绝缘安装</td><td>对</td><td>303</td><td></td></tr>
<tr><td>机柜(各类)安装</td><td>个</td><td>72</td><td></td></tr>
<tr><td>电源屏安装</td><td>个</td><td>12</td><td></td></tr>
<tr><td>继电器(各类)</td><td>台</td><td>2 284</td><td></td></tr>
<tr><td colspan="2">TDCS 列车调度指挥系统改造</td><td>处</td><td>13</td><td></td></tr>
<tr><td rowspan="2">信息</td><td colspan="2">车号自动识别系统</td><td>套</td><td>3</td><td></td></tr>
<tr><td colspan="2">红外线轴温探测系统</td><td>套</td><td>5</td><td></td></tr>
<tr><td rowspan="6">电力</td><td rowspan="3">供电线路</td><td>高压干线电缆</td><td>条公里</td><td>15.3</td><td></td></tr>
<tr><td>低压电缆线路</td><td>条公里</td><td>119.4</td><td></td></tr>
<tr><td>电源线路</td><td>条公里</td><td>5</td><td></td></tr>
<tr><td rowspan="2">电源设备</td><td>箱式变电站基础</td><td>座</td><td>9</td><td></td></tr>
<tr><td>箱式变电站安装</td><td>座</td><td>9</td><td></td></tr>
<tr><td>其他电力</td><td>投光灯塔</td><td>座</td><td>23</td><td></td></tr>
</table>

续上表

类别			单位	数量	备注
电力	其他电力	可倾式灯柱	座	99	
		拆除旧电力线路	条公里	41.62	
电力牵引供电	接触网		条公里	374.84	
	其中	钢柱基础浇筑	个	723	
		拉线基础浇筑	个	712	
		立直埋杆	根	3 374	
		立钢柱	根	753	
		腕臂组装	组	3 316	
		软横跨组装	组	357	
电力牵引	其中	拉线安装	组	1 026	
		回流线肩架安装	组	3 609	
		架空地线肩架组装	组	665	
		接地极安装	处	1 408	
		承力索架设	条公里	308.66	
		接触线架设	条公里	308.66	
		回流线架设	条公里	193.99	
		架空地线架设	条公里	36.67	
		供电线架设	条公里	19.97	
		接触悬挂调整	条公里	308.66	
	牵引变电		正线公里	98.5	
	其中	分区所	处	3	
		开闭所	处	2	

10.2.2.3　*工程特点和重难点分析*

(1)综合电气化工程施工,管理要求高

本工程涉及专业范围广,工程规模大,施工进度受征地拆迁、四电迁改、路基工程和站场改造制约因素多,协调难度大,需要很好的统一指挥、协调配合能力,科学调配施工资源,紧缩施工周期,提高经济效益,是施工组织管理的重点。

(2)涉及既有运营车站施工,安全生产责任重大

本工程涉及既有运营车站施工,运输繁忙。在保证行车安全、人身安全和设备安全的前提下,科学组织施工,最大限度地减少施工对运输的干扰,确保既有运营车站的安全畅通是整个工程的重中之重和一切工作的出发点。

(3)工程地质复杂

沿线不良地质主要有软土及液化粉土,沿线广泛分布。特殊岩土主要为软土及膨胀土。地下水丰富,地下水位高,接触网基坑开挖支撑护壁和排水工作量大。

(4)生态环保要求高

地方环境部门对环境保护和水土保持的要求很高。施工中必须注意取、弃土场的选址及对施工废水进行处理并达标后排放。施工中原则上不在敏感区域内及附近设置取弃土场、施工便道、施工机械冲洗维修站点等临时设施;保护景观,工程完工后及时按设计要求进行绿化、复垦。

10.2.3　标段工程建设自然及社会条件

10.2.3.1　沿线工程、水文地质条件

线路经过区域地层分区属华北地层区的南缘，沿线地表出露地层为第四纪全新统及上更新统冲积、冲洪积层、残坡积松散堆积层，下伏基岩为下元古界五河群、上元古界青白口系、寒武系、侏罗系、白垩系地层，局部丘陵区基岩裸露于地表，西泉街、考城一带出露青白口系、寒武系地层。

本标段地处中朝准地台的淮河地坳和江淮台隆，是一个相对稳定的构造单元，区内总体构造线为东西向。构造形迹为褶皱、断(坳)陷和断裂。

江淮波状平原是本工程主要地貌单元，为剥蚀一堆积地貌，其中河谷平原区(I)为河漫滩及一级阶地，上部为第四系全新统软～硬塑黏土，中压缩性，工程地质条件一般，窑河及各支流河床处表层存在淤泥或松软土及阜淮线(K110＋600～K114＋700)段有软土分布外，本次未发现有其他软弱土层存在。

10.2.3.2　沿线气象特征

本工程施工地段位于淮南与合肥之间，处于中纬度地带，为亚热带湿润季风气候，年平均气温在15 ℃～16 ℃之间，极端最低气温－20.6 ℃，极端最高气温38 ℃以上；年平均降水量在900～1 000 mm之间，降雨多集中在6、7、8三个月，约占全年的40％左右。全年气温变化的特点是季风明显、四季分明、气候温和、雨量适中、春温多变、秋高气爽、梅雨显著、夏雨集中，总之气候条件优越，气候资源丰富。

10.2.3.3　交通运输

(1)铁路

本工程为既有线电气化改造，周围铁路四通八达，运输条件优越，既有京沪线、水蚌线，待建京沪高速在蚌埠交汇，水蚌线、淮南线、阜淮线在水家湖交汇；既有淮南线、合武线、合九线、合宁线、合宁客运专线、合武客运专线在合肥交汇，京九线、青阜线和待建的阜六线在阜阳汇合。发达的铁路网可为本工程施工机具进场和建筑材料运输提供便利的条件。

本工程范围内的阜淮线、淮南线和水蚌线运能基本趋于饱和，通过能力利用率也基本达到90％以上，但本工程为既有线电化改造，建筑材料和施工机具数量都较小，既有线的运能还是可以满足运输要求，为本工程的材料运输和施工机具进场提供条件。既有铁路的区间行车密度见表10-2。

表10-2　既有铁路的区间行车密度表

2007年	区　　间	列车对数			
		客车	货车	行包	合计
淮南	淮南西—水家湖	19	101	3	123
淮南	水家湖—合肥	27	91	3	121

(2)公路

本标段地处平原地带，公路交通发达，主要有合水路、合徐高速、水九公路等主要干线和发达的乡村公路组成，可作为本工程的材料运输的主要干线，满足工程材料运输的需要。

10.3　工程项目管理组织

工程项目管理组织(见附录1)，主要包括以下内容：

(1)项目管理组织机构与职责；

(2)施工队伍及施工区段划分。

10.4　施工总体部署

10.4.1　施工总体目标

以“质量第一、用户至上”和提供优质服务为指导思想，充分发挥施工优势，运用系统工程的科学管理方

法,统筹规划,认真组织,精心施工,全部工程一次验收合格率100%,实现零缺陷、无维修。

以安全标准工地为载体,建立以项目经理部为责任中心的安全管理体系严格执行上海局《上海铁路局营业线安全管理实施细则》(上铁运发〔2008〕316号)和《铁路行车事故处理规则》(铁道部3号令),针对既有线施工特点,细化各级安全生产责任制,优化施工组织方案,细化各项应急预案,强化轨行车辆管理,保证工程中不发生人员伤亡和行车事故,实现安全线。

10.4.2 建设总体目标

10.4.2.1 质量目标

达到国家和铁道部现行的质量验收标准和设计要求,一次验收合格率达到100%。

10.4.2.2 安全目标

严格遵守国家有关安全生产的法律法规和《铁路工程施工安全技术规程》(TB 10401.1—2003)等有关安全生产的规定。坚持"安全第一、预防为主"和坚持"管生产必须管安全"的原则,加强安全生产宣传教育,增强全员安全生产意识,杜绝较大(及以上)施工安全事故;杜绝较大(及以上)交通责任事故;杜绝较大(及以上)火灾事故;控制和减少一般铁路交通责任事故。

10.4.2.3 职业健康与安全目标

坚持"以人为本"的原则,严格控制、减少职业病,确保员工的职业健康和生命安全。杜绝人身伤亡、重大火灾、爆炸及中毒等事故。

10.4.2.4 工期目标

2009年10月15日开工,2011年3月31日全线开通,工程总工期18个月(533日历天)。

10.4.2.5 环境保护与水土保持目标

施工过程中严格按照工程设计的环保、水保方案实施,确保工程所处的环境不受污染。

10.4.3 管理组织机构

管理组织机构参见附录1。

10.5 主要工程施工方案、方法及技术措施

10.5.1 总体施工方案和各单位工程、分部分项工程施工方案

根据合同工期的要求,结合工程量、天窗点、线路运输繁忙以及本工程以既有线电化为改造主的特点,将本项目总体划分为四个施工阶段:

第一阶段:施工准备阶段。主要完成现场调查、施工驻地的选定、施工基地的建设、设计联络、和相关单位签订各项施工协议、施工队伍、大型机械的调度、先期物资的准备等。

第二阶段:接触网区间下部工程、信号、通信、电力电缆敷设。主要工作内容:首先组织区间的接触网下部工程施工,信号、通信、电力工程的区间线缆敷设,分区所和开闭所围墙和设备基础施工。信号工程要与轨道施工单位建立良好的联系,根据站场改造总体施工安排,紧盯站改施工进度,配合完成车站改造及信号工程同步过渡、改造。2010年3月给排水及其他站后配套开工,2010年8月牵引变电设备安装全面展开,掀起施工高潮。各专业以重点工程为主线,采取专业化、流水化作业方式,立体穿插,确保工程按期推进。

第三阶段:全部工程完工阶段。计划2011年2月上旬全部完工。电力、变电工程2010年12月底全部完工,并到达验收程度;2010年2月底,四电各专业完成全部安装工程量达到验收程度。主要工作内容:完成接触网上部安装、架线,设备安装调试、专业检测、试验、调试等工作。

第四阶段:联调和验收、开通阶段。2011年3月底完成。主要完成工作内容:进行各项联合检测、试验和联调等。确保全线送电开通目标的实现。

10.5.2　重难点及控制性工程项目施工方法、工艺流程及施工技术措施

10.5.2.1　站改施工

信号工程则采取先进行电缆敷设、相关设备安装配线、预铺道岔初调试及电气试验。配合轨道工程站场改造将插铺道岔代替或纳入既有相关道岔表示检查(如插铺道岔轨道区段内无既有道岔则可将插铺道岔纳入该区段轨道电路检查)。一次或分部要点进行新旧信号设备倒接开通(计算机联锁车站最好一次要点倒接)的施工技术方案。以下为淮南线站场改造重点及控制性工程即水家湖车站站场改造及开通的方案及步骤。

(1)站场改造施工平面图

站场改道施工平面如图10-1所示。

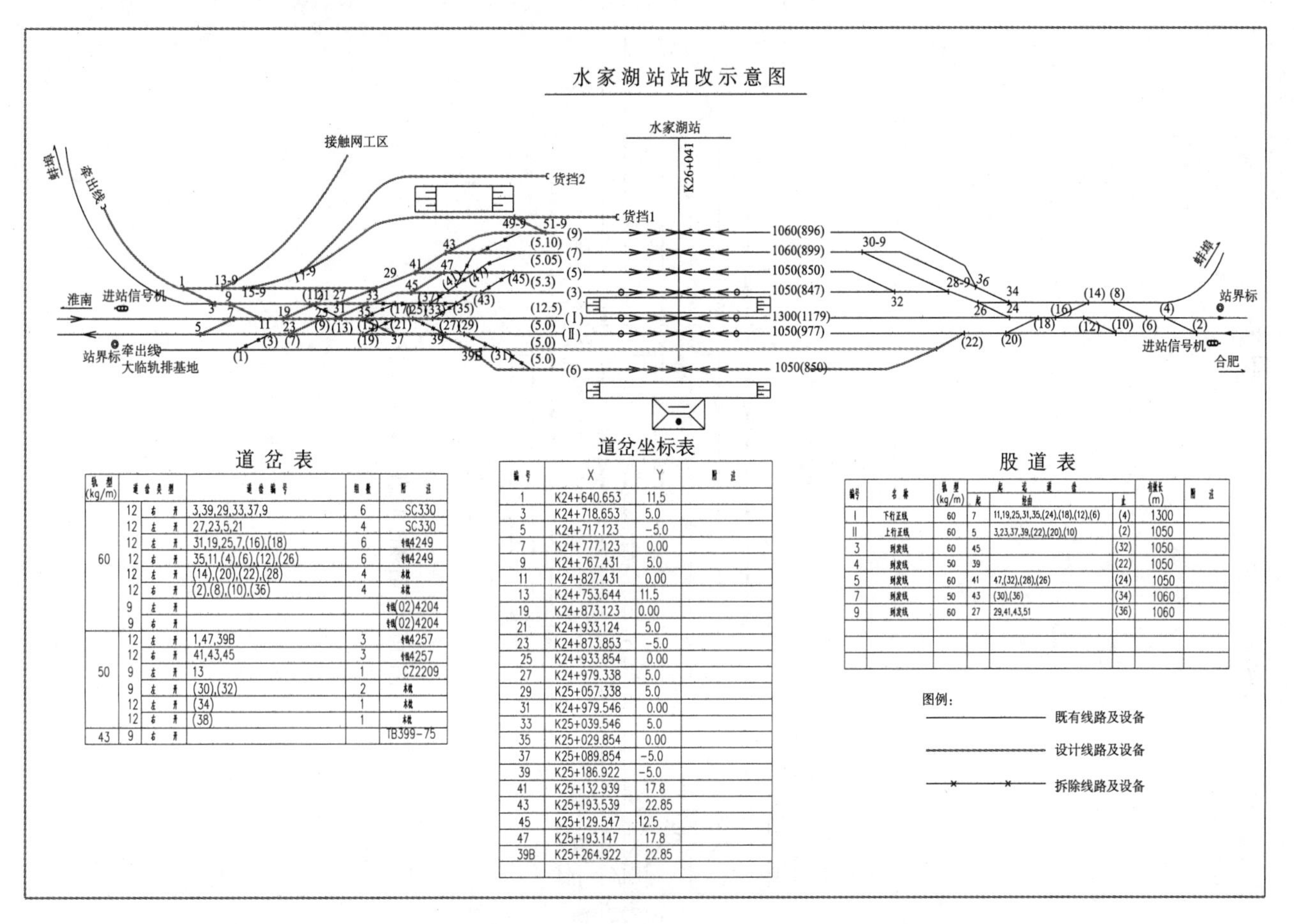

道岔表

轨型(kg/m)	道岔类型		道岔编号	组数	附注
60	12	右开	3,39,29,33,37,9	6	SC330
	12	左开	27,23,5,21	4	SC330
	12	左开	31,19,25,7,(16),(18)	6	专线4249
	12	右开	35,11,(4),(6),(12),(26)	6	专线4249
	12	左开	(14),(20),(22),(28)	4	木枕
	12	右开	(2),(8),(10),(36)	4	木枕
	9	左开			专线(02)4204
	9	右开			专线(02)4204
50	12	左开	1,47,39B	3	专线4257
	12	右开	41,43,45	3	专线4257
	9	左开	13	1	CZ2209
	9	左开	(30),(32)	2	木枕
	12	左开	(34)	1	木枕
	12	右开	(38)	1	木枕
43	9	右开			TB399-75

道岔坐标表

编号	X	Y	附注
1	K24+640.653	11,5	
3	K24+718.653	5.0	
5	K24+717.123	-5.0	
7	K24+777.123	0.00	
9	K24+767.431	5.0	
11	K24+827.431	0.00	
13	K24+753.644	11.5	
19	K24+873.123	0.00	
21	K24+933.124	5.0	
23	K24+873.853	-5.0	
25	K24+933.854	0.00	
27	K24+979.338	5.0	
29	K25+057.338	5.0	
31	K24+979.546	0.00	
33	K25+039.546	5.0	
35	K25+029.854	0.00	
37	K25+089.854	-5.0	
39	K25+186.922	-5.0	
41	K25+132.939	17.8	
43	K25+193.539	22.85	
45	K25+129.547	12.5	
47	K25+193.147	17.8	
39B	K25+264.922	22.85	

股道表

编号	名称	轨型(kg/m)	起讫道岔			有效长(m)	附注
			起	经由	止		
Ⅰ	下行正线	60	7	11,19,25,31,35,(24),(18),(12),(6)	(4)	1300	
Ⅱ	上行正线	60	5	3,23,37,39,(22),(20),(10)	(2)	1050	
3	到发线	60	45		(32)	1050	
4	到发线	50	39		(22)	1050	
5	到发线	60	41	47,(32),(28),(26)	(24)	1050	
7	到发线	50	43	(30),(36)	(34)	1060	
9	到发线	60	27	29,41,43,51	(36)	1060	

图10-1　站场改造施工平面示意图

(2)封锁施工

站改共分九步如图10-2～图10-10所示，相应说明见表10-3～表10-11。

10.5.2.2　接触网拆除施工

淮南线合肥东站既有线电气化改造工程涉及站场1050股道延长改造，由于改造后的接触网承力索、接触线每个锚段线材中间不允许有接头，常规的过渡施工方法会使工程量增大和难于实施。经向行车调度调查，合肥东既有接触网已带电而无电力机车运行，有条件在施工期间采取全场停电的施工方案进行拆除。根据建设指挥部批复的合肥东站站场改造施工方案，接触网拆除顺序为Ⅰ场、Ⅳ场，然后机务段，建设单位要求Ⅱ场、Ⅲ场暂缓实施，严禁超范围拆除。拆除前由项目部技术负责人进行技术交底，明确拆除时间、拆除范围、拆除步骤、拆除安全防护措施。拆除示意图如插页图10-11、插页图10-12及图10-13所示。

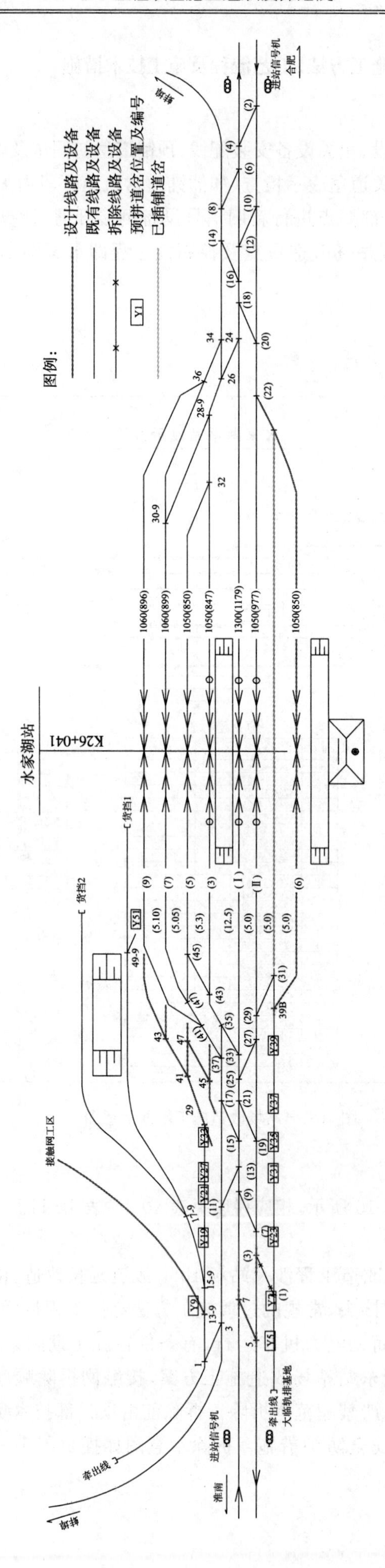

图 10-2 站场改造第一步示意图

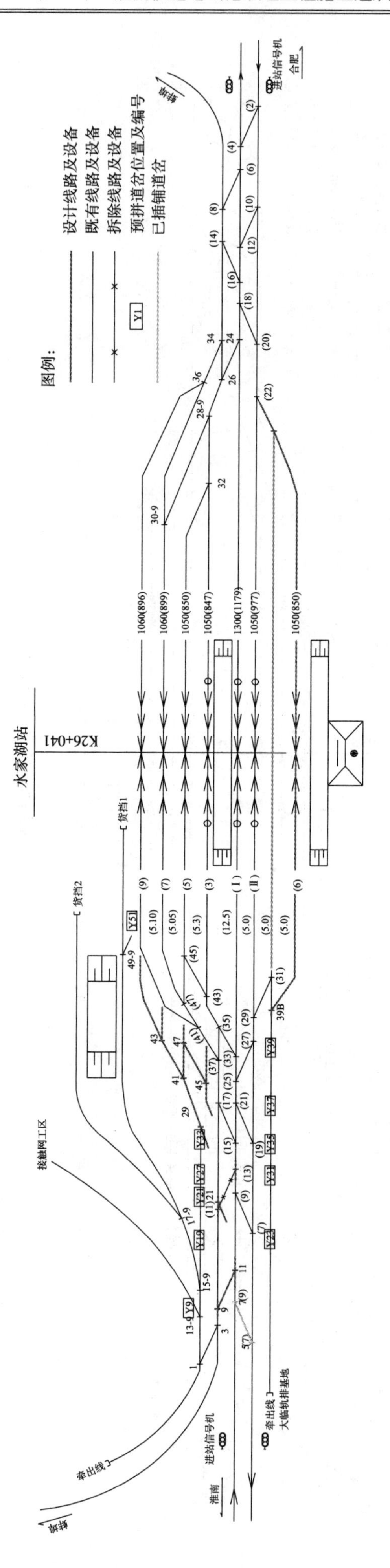

图 10-3　站场改造第二步示意图

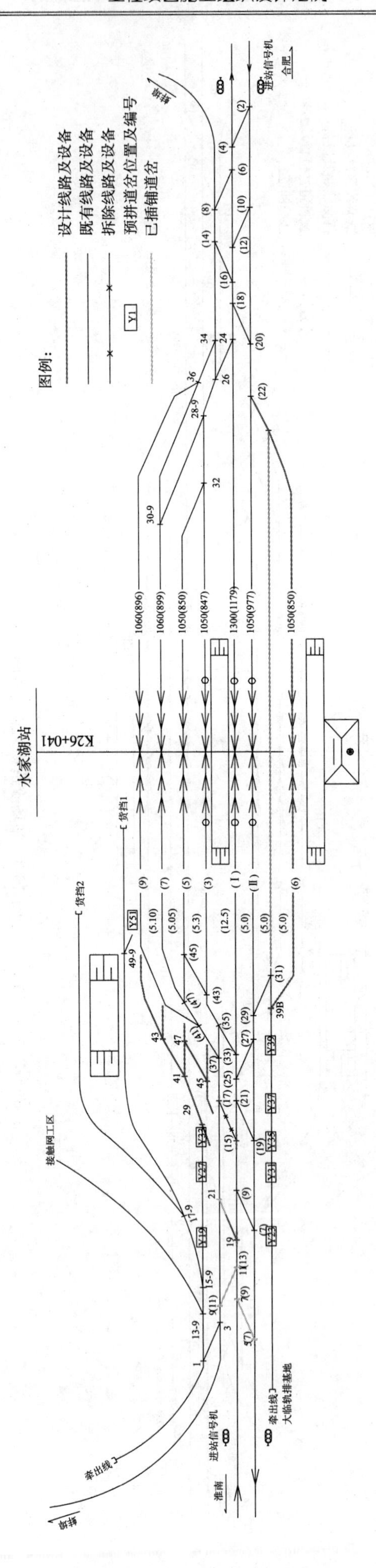

图 10-4 站场改造第三步示意图

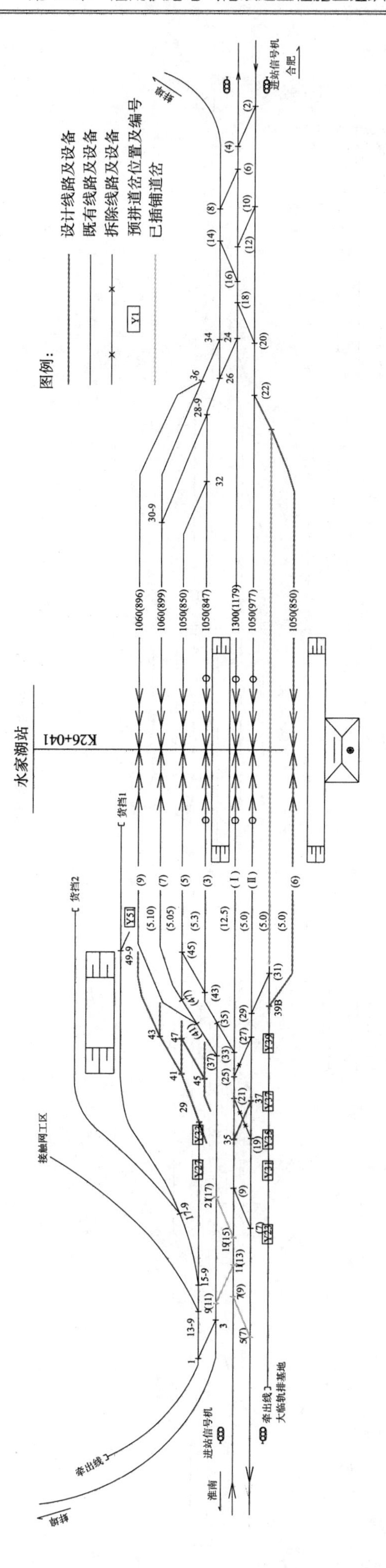

图 10-5　站场改造第四步示意图

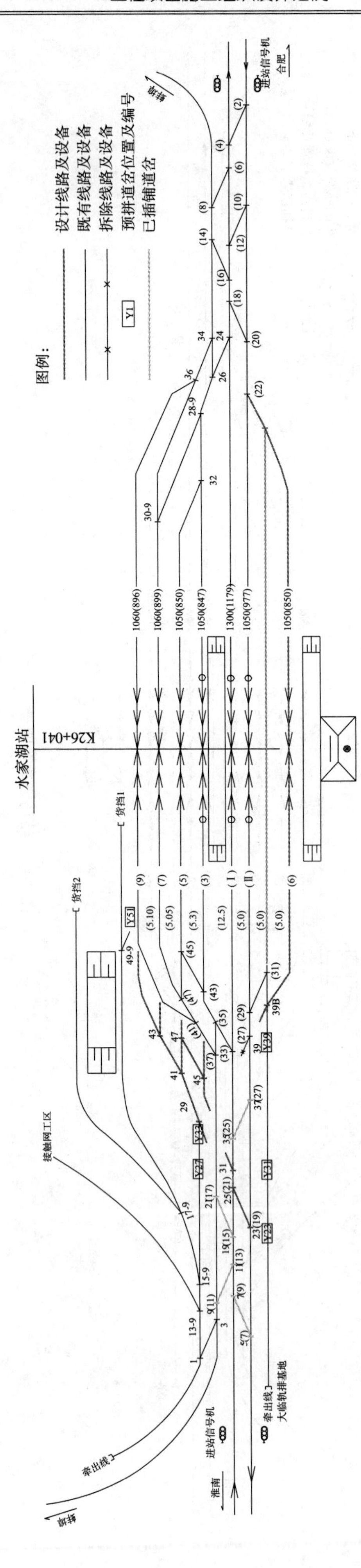

图 10-6 站场改造第五步示意图

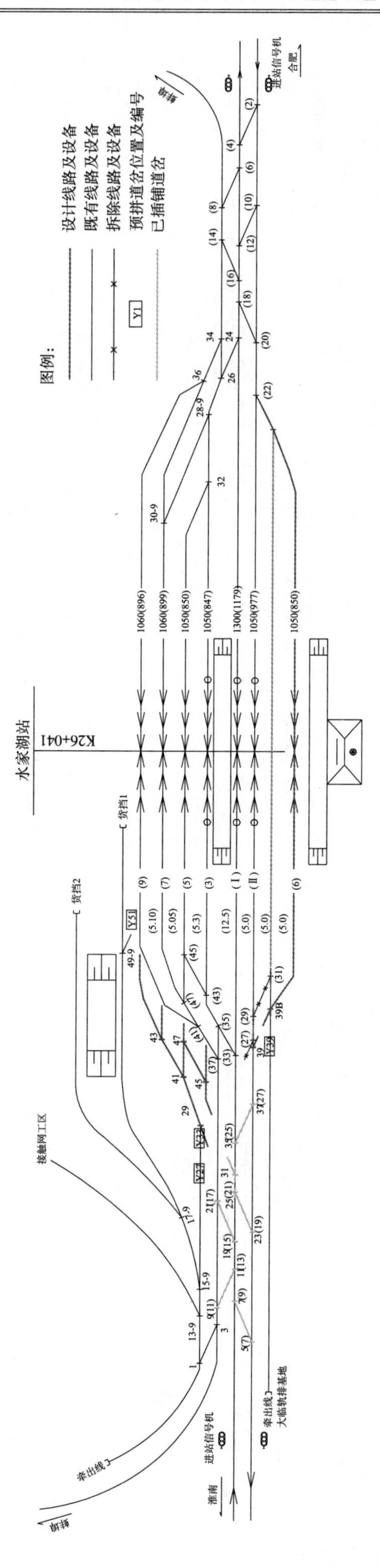

图 10-7　站场改造第六步示意图

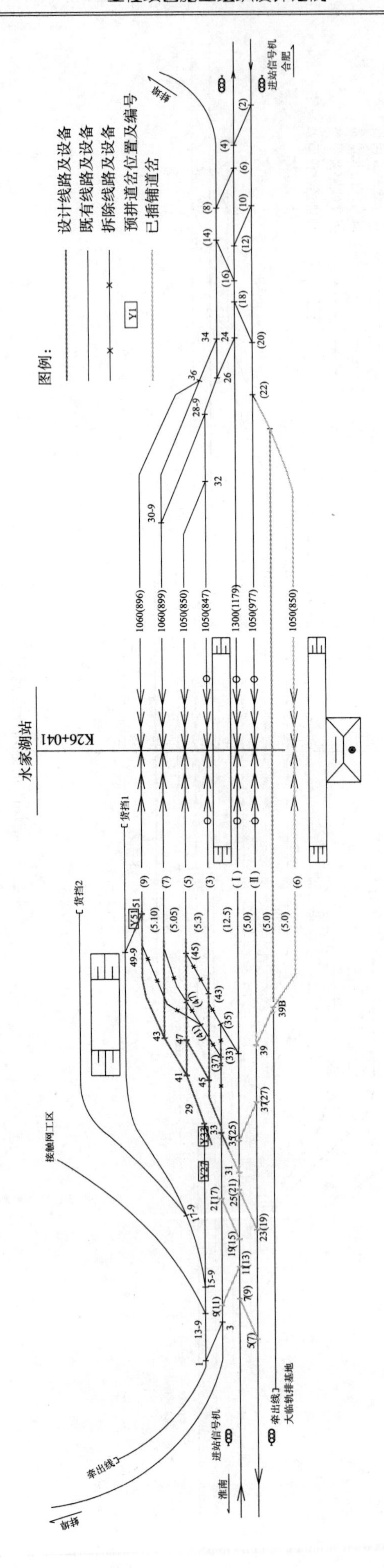

图 10-8　站场改造第七步示意图

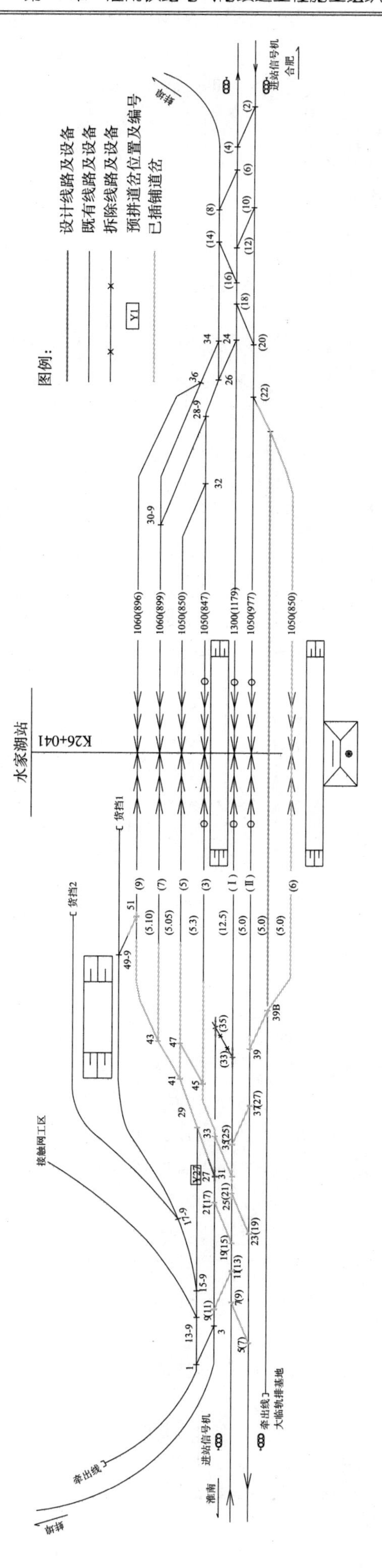

图 10-9　站场改造第八步示意图

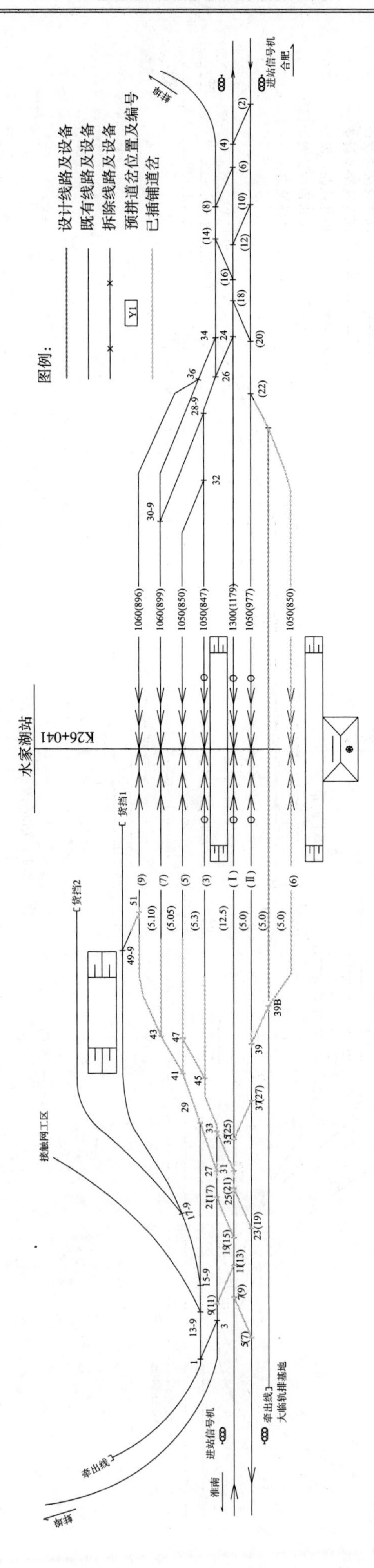

图 10-10　站场改造第九步示意图（信号大点倒接施工）

表 10-3　站场改造第一步说明

封锁施工地点及时间	信号停用范围	工务施工内容	电务施工内容
站内上行 K24＋973 至 K24＋629（含既有 3、7 号道岔），180 min	施工时间停用：淮南线下行反方向进站信号、上行正方向出站信号及有关调车信号	封锁前 60 min 淮南线水家湖（含既有 3、7 号道岔）上行线 K24＋973 至 K24＋629 处限速 45 km/h；开通后 淮南线水家湖（含新 5 号、既有 7 号道岔）上行线 K24＋973 至 K24＋629 处依次 4 h 限速 45 km/h、24 h 限速 60 km/h、24 h 限速 80km/h（其中开通后第 1 列限速 25 km/h、第 2 列限速 45 km/h）。拆除既有 3 号道岔、插铺新 5 号道岔	1. 拆除既有(1)号、(3)号道岔转辙设备，安装调试新 5 号道岔转辙设备。2. 同步做既有(1)号、(3)号道岔定位表示过渡处理，迁移既有(D7)调车信号机及相关轨道电路。3. 自施工开通时起，新 5 号道岔纳入联锁并开通直股钉闭加锁至开通启用时止。4. 封锁开通前 10 min 为调试道岔时间
站内下行 K24＋656 至 K24＋894（含淮南线下行进站信号机至既有 9 号道岔间线路，不含既有 9 号道岔），180 min	施工时间内停用：淮南下行线下行正方向进站信号、上行反方向出站信号；Ⅰ、Ⅱ、6 道水淮联络线方向进出站信号；有关调车信号	封锁前 60 min 淮南线水家湖（淮南线下行进站信号机至既有 9 号道岔间线路，不含既有 9 号道岔）下行线 K24＋645 至 K24＋894 处限速 45 km/h；开通后 淮南线水家湖（淮南线下行进站信号机至既有 9 号道岔间线路，含新 7 号道岔，不含既有 9 号道岔）下行线 K24＋656 至 K24＋894 处依次 4 h 限速 45 km/h、24 h 限速 60 km/h、24 h 限速 80 km/h（其中开通后第 1 列限速 25 km/h、第 2 列限速 45 km/h）。 1. 封锁时间内插铺新 7 号道岔，连接新 5 号至新 7 号岔间渡线。2. 下行线封锁开始 40 min 后，准占有水家湖站淮南上行线下行反向进站信号机至既有 7 号道岔间线路 K24＋656～K24＋894 处和水家湖站既有 31 号道岔（不含）岔后至牵出线线路对应处 60 min 进行横移道岔，具体时间由施工单位提前申请，调度发令安排	1. 配合工务铺设道岔，安装调试新 7 号道岔转设备，安装新新 5 号、新 7 号道岔渡线绝缘，连通调试相关轨道电路。2. 用新 5 号道岔代替既有(7)号道岔，新 7 号道岔代替既有(9)号道岔过渡。3. 自施工开通时起，开通启用新 5 号、新 7 号道岔及岔间渡线；既有(7)号、既有(9)号道岔纳入新联锁并开通直股钉闭加锁至重新开通启用时止。4. 封锁开通前 10 min 为调试道岔时间

表 10-4　站场改造第二步说明

封锁施工地点及时间	信号停用范围	工务施工内容	电务施工内容
站内 K5＋505 至 K5＋680（含既有 1 号至既有 11 号道岔间线路），180 min	施工时间内停用：水淮联络线下行进站信号、上行出站信号；有关调车信号。	封锁前 60 min 水淮联络线水家湖（既有 1 号至既有 11 号道岔间线路）站内 K6＋505 至 K5＋680 处限速 45 km/h；开通后 水淮联络线水家湖（既有 1 号至既有 11 号道岔间线路，含新 9 号道岔）站内 K5＋505 至 K5＋680 处 4 h 限速 45 km/h（其中开通后第 1 列限速 25 km/h、第 2 列限速 45 km/h），至下次施工慢行前止限速 60 km/h。 1. 封锁时间内插铺新 9 号道岔。2. 自水淮联络线封锁 20 min 后，准占用牵出线新 1 号岔至 H1 号岔间线路 60 min 横移道岔，具体时间由施工单位申请，调度、车站给予安排	1. 安装调试新 9 号道岔转辙设备，迁移既有(D13)调车信号机及相关轨道电路。2. 点毕将新 9 号道岔定位纳入既有(11)号道岔定位表示检查。3. 自施工开通时起，新 9 号道岔纳入联锁并开通直股钉闭加锁至开通启用时止。4. 封锁开通前 10 min 为调试道岔时间
站内下行 K24＋706 至 K25＋020（含既有 9 号、既有 13 号道岔），180 min	施工时间内停用：淮南线下行正向进站信号、上行反向出站信号；水淮联络线方向进、出站信号；7、9 道淮南线上行出站信号；有关调车信号。	封锁前 60 min 淮南线水家湖（既有 9 号、既有 13 号道岔）下行线 K24＋706 至 K25＋020 处限速 45 km/h；开通后 淮南线水家湖（既有 9 号、新 11 号道岔）下行线 K24＋706 至 K25＋020 处依次 4 h 限速 45 km/h、24 h 限速 60 km/h、24 h 限速 80 km/h（其中开通后第 1 列限速 25 km/h）。 1. 封锁时间内停用既有 11 号～13 号道岔岔间渡线，拆除既有 13 道岔，插铺新 11 号道岔，连接新 9 号至新 11 号道岔岔间渡线。2. 其中 7:20～8:30 准同时封锁水家湖站既有 15 号道岔 K25＋020～K25＋065，拆除既有 15 号至既有 17 号道岔岔间渡线。3. 自封锁开始时起，既有 11 号、既有 15 号、既有 17 号道岔开通直股钉闭加锁至拆除。4. 自下行线封锁开始 30 min 后，准占用水家湖站上行线新 5 号至既有 19 号道岔（含既有 7 号道岔）间 K24＋706～K25＋010 处和水家湖站既有 31 号道岔（不含）岔后至牵出线对应处线路 60 min 进行纵移道岔，具体时间由施工单位提前申请，调度发令安排	1. 做既有(15)号～(17)号双动道岔过渡修改。2. 配合工务纵移既有(13)号道岔转辙设备，调试新 9 号、新 11 号道岔转辙设备，安装新 9 号～新 11 号渡线绝缘，连通调试相关轨道电路，3. 点毕用新 9 道岔代替既有(11)号道岔，新新 11 道岔代替既有(13)号道岔。既有(11)号道岔定位纳入新 9 号道岔定位表示检查。4. 自施工开通时起，开通启用新 9 号道岔、新 11 号道岔及岔间渡线。5. 封锁开通前 10 min 为电务调试道岔时间

续上表

封锁施工地点及时间	信号停用范围	工务施工内容	电务施工内容
站内 K5＋505 至 K5＋830(含新9号道岔、既有11道岔)，180 min	施工时间内站停用：水淮联络线进站信号、出站信号及有关调车信号	封锁前60 min水淮联络线水家湖(含新9号道岔、既有11道岔)站内K5＋505至K5＋830处限速45 km/h；开通后水淮联络线水家湖(含新9号道岔、新21道岔)站内K5＋505至K5＋830处依次4 h限速45 km/h、24 h客车限速60 km/h、24 h客车限速80 km/h(其中开通后第1列限速25 km/h)。 封锁时间内拆除既有11号道岔，插铺新21号道岔	1. 配合并做既有(11)号道岔过渡修改。2. 拆除既有(11)号道岔转辙设备，安装调试新新21号道岔转辙设备。同步迁移既有(D15)调车信号机及相关轨道电路设备。3. 将新21道岔定位纳入既有(17)号道岔定位表示检查。4. 自施工开通时起，新21号道岔纳入联锁并开通直股钉闭加锁至开通启用时止。5. 封锁开通前10 min为调试道岔时间

表10-5　站场改造第三步说明

封锁施工地点及时间	信号停用范围	工务施工内容	电务施工内容
站内下行K24＋756至K25＋070(含既有9号、既有15号道岔)，180 min	施工时间内停用：淮南线下行正方向进站信号、上行反向出站信号；7、9道淮南线方向下行反向进站信号；7、9道淮南线方向上行正向出站信号；Ⅰ、Ⅱ、6道水淮联络线方向进、出站信号；有关调车信号	封锁前60 min淮南线水家湖(既有9号、既有15号道岔)下行线K24＋756至K25＋070处限速45 km/h；开通后 淮南线水家湖(既有9号、新19号道岔)下行线K24＋756至K25＋070处依次4 h限速45 km/h、24 h限速60 km/h、24 h限速80 km/h(其中开通后第1列限速25 km/h、第2列限速45 km/h) 1. 封锁时间内拆除既有15道岔、插铺新19道岔，连接新19号至行21号道岔间渡线。 2. 下行线封锁开始30 min后准占有水淮联络线新9号至既有37号道岔间线路(含既有17号道岔)60 min进行横移道岔，具体时间由施工单位提前申请，调度发令安排。	1. 配合并做既有(15)号道岔定位表示过渡修改。2. 拆除既有(15)号道岔转辙设备，安装调试新19号道岔转辙设备，安装新19号～新21号渡线绝缘。3. 迁移既有(D17)调车信号机及相关轨道电路。4. 点毕用新19道岔代替既有(15)号道岔，用新21号道岔代替既有(17)号道岔。既有(9)号道岔定位纳入新19号道岔表示检查。5. 自施工开通时起，开通启用新19号道岔、新21号道岔及岔间渡线。6. 封锁开通前10 min为调试道岔时间
站内 K24＋811至K25＋070，150 min	施工时间内停用：7道、9道水淮联络线方向进、出站信号，有关调车信号	开通后 水淮联络线水家湖站内K24＋811至K25＋070依次4 h限速45 km/h、24 h客车限速60 km/h、24 h客车限速80 km/h(其中开通后第1列限速25 km/h)。 拆除既有(17)号道岔	配合拆除既有(17)号道岔转辙设备，连通调试相关轨道电路

表10-6　站场改造第四步说明

封锁施工地点及时间	信号停用范围	工务施工内容	电务施工内容
站内上行K25＋150至K24＋960(含既有19号道岔)，180 min	施工时间内站停用：Ⅱ、6道淮南线上行正方向出站信号，Ⅱ、6道淮南线下行反向进站信号，有关调车信号	封锁前60 min淮南线水家湖(含既有19号道岔)上行线K25＋150至K24＋960处限速45 km/h；开通后 淮南线水家湖(含新37号道岔)上行线K25＋150至K24＋960处依次4 h限速45 km/h、24 h限速60 km/h、24 h限速80 km/h(其中开通后第1列限速25 km/h)。 1. 封锁时间内拆除既有19号道岔、插铺新37号道岔。2. 自施工开通时起，新37号道岔纳入联锁并开通直股钉闭加锁至开通启用时止；既有(21)号道岔开通直股钉闭加锁至拆除	1. 配合并做既有(19)号、(21)号道岔联锁条件分别移至既有(7)号、(9)号道岔的过渡修改。2. 拆除既有(19)号道岔转辙设备，安装调试新37号道岔转辙设备，迁移既有(D11)、(D25)调车信号机及相关轨道电路。3. 点毕将新37号道岔定位纳入既有(27)号道岔定位表示检查。用既有(7)号道岔代替既有(19)号道岔，用既有(9)号道岔代替既有(21)号道岔过渡。4. 封锁开通前10 min为调试道岔时间
站内下行K25＋010至K25＋150(含既有21号、既有25号道岔)，180 min	施工时间内停用：淮南线下行正方向进站信号，Ⅰ、3、5、7、9道淮南线上行出站信号，Ⅰ、Ⅱ、6道水淮联络线方向进、出站信号；有关调车信号	封锁前60 min淮南线水家湖(含既有21号、既有25号道岔)下行线K25＋010至K25＋150处限速45 km/h；开通后 淮南线水家湖(含新35号道岔)下行线K25＋010至K25＋150处依次4 h限速45 km/h、24 h限速60 km/h、24 h限速80 km/h(其中开通后第1列限速25 km/h)。 1. 封锁时间内拆除既有21号、既有25号道岔，插铺新35道岔，连接新35号至新37号道岔岔间渡线。2. 下行线封锁开始30分钟后，准占有水家湖站既有7号至既有27号道岔间上行线K24＋914～K25＋151处和水家湖站既有31号道岔(不含)岔后至牵出线对应处线路60 min进行横移道岔，具体时间由施工单位提前申请，调度发令安排	1. 配合拆除既有(21)号、(25)号道岔转辙设备，安装调试新35号道岔转辙设备，安装新35号～新37号道岔渡线绝缘。2. 迁移既有(D27)、(D29)调车信号机及相关轨道电路。3. 点毕用新35号道岔代替既有(25)号道岔，用新37号道岔代替既有(27)号道岔。将既有(27)号道岔定位纳入新37号道岔定位表示检查。4. 自施工开通时起，开通启用新35号道岔、新37号道岔及岔间渡线。5. 封锁开通前10 min为电务调试道岔时间

表10-7　站场改造第五步说明

封锁施工地点及时间	信号停用范围	工务施工内容	电务施工内容
站内下行K24+920至K24+965(含既有9号道岔),70 min	施工时间内停用:淮南线下行进站信号、上行出站信号;Ⅰ、Ⅱ、6道道水淮联络线方向进、出站信号;有关调车信号	1. 封锁时间内拆除既有7号至既有9号道岔岔间渡线。2. 自封锁开始时起,既有7号、既有9号道岔开通直股钉闭加锁至拆除	1. 配合并做既有(7)号~(9)号双动道岔过渡修改。2. 施工结束前要10 min关门点试验联锁
站内上行K24+995至K24+757(含既有7号道岔),180 min	施工时间内停用:淮南线上行正方向出站信号、下行反方向进站信号;有关调车信号	封锁前60 min淮南线水家湖(含既有7号道岔)上行线K24+995至K24+757处限速45 km/h;开通后 淮南线水家湖(含新23号道岔)上行线K24+995至K24+757处依次4 h限速45 km/h、24 h限速60 km/h、24 h限速80 km/h(其中开通后第1列限速25 km/h)。 施工时间内拆除既有7号道岔、插铺新23号道岔	1. 配合并做既有7号道岔定位表示过渡修改。2. 拆除既有(7)号道岔转辙设备,安装调试新23号道岔转辙设备,连通调试相关轨道电路。3. 点毕用新23号道岔代替既有(19)号道岔。4. 自施工开通时起,新23号道岔纳入联锁并开通直股钉闭加锁至开通启用时止。5. 施工结束前要10 min关门点试验联锁
站内下行K24+813至K25+023(含既有9号道岔),180 min	施工时间内停用:淮南线下行正方向进站信号;Ⅰ、3、5、7、9道淮南线上行出站信号,Ⅰ、Ⅱ、6道水淮联络线方向进、出站信号,有关调车信号	封锁前60 min淮南线水家湖(含既有9号道岔)下行线K24+813至K25+023处限速45 km/h;开通后 淮南线水家湖(含新25号、新31号道岔)下行线K24+813至K25+023处依次4 h限速45 km/h、24 h限速60 km/h、24 h限速80 km/h(其中开通后第1列限速25 km/h)。 1. 施工时间内拆除既有9号道岔,插铺新25号、31号道岔,连接新23号至新25号道岔岔间渡线。2. 下行线封锁开始30 min后准封锁水家湖站上行线新5号至新37号道岔间(含新23号岔)线路K24+813至K25+023处和水家湖站既有31号道岔(不含)岔后至牵出线对应处60 min进行纵移道岔,具体时间由施工单位提前申请,调度发令安排。	1. 配合纵移既有(9)号道岔转辙设备,安装调试新31号道岔转辙设备。2. 安装新23号~新25号道岔渡线绝缘,连通调试相关轨道电路。3. 点毕用新23号道岔代替既有(19)号道岔,新25道岔代替既有(21)号道岔。将新31道岔定位纳入既有(25)号道岔表示检查。4. 自施工开通时起,开通启用新23号道岔、新25号道岔及岔间渡线;新31号道岔纳入联锁并开通直股钉闭加锁至开通启用时止。5. 施工结束前要10 min关门点试验联锁

表10-8　站场改造第六步说明

封锁施工地点及时间	信号停用范围	工务施工内容	电务施工内容
站内上行K25+010至K25+390(含既有27号、29号道岔),180 min	施工时间内停用:淮南线Ⅱ道、6道下行进站信号,上行出站信号;水淮联络线Ⅱ道、6道进站信号,出站信号;有关调车信号	封锁前60 min淮南线水家湖(含既有27号、29号道岔)上行线K25+010至K25+390处限速45 km/h;开通后淮南线水家湖(含新39号道岔)K25+010至K25+390处依次4 h限速45 km/h、24 h限速60 km/h、24 h限速80 km/h(其中开通后第一列限速25 km/h),其后恢复正常速度。 施工时间内拆除既有27号、29号道岔,插铺新39号道岔	1. 拆除既有(27)号、(29)号道岔转辙设备,安装调试新39号道岔转辙设备,迁移既有(D35)调车信号机及相关轨道电路。2. 点毕用新39号代替既有(29)号道岔。3. 施工结束前要10 min关门点试验联锁
站内上行K25+360至K25+100(既有31号至既有23号道岔间线路,包括既有31号道岔),180 min	施工时间内停用:6道淮南线方向下行进站信号、上行出站信号;6道水淮联络线进、出站信号;有关调车信号	开通后 淮南线水家湖(含新39B号道岔)相对上行线K25+360至K25+100处第1列限速25 km/h。 1. 封锁水家湖站既有31号至既有23号道岔(包括31号道岔)对应淮南上行线K25+360~K25+100处间线路,进行拆除既有31号道岔,插铺新39B号道岔,连接新39号至新39B号道岔间渡线。	1. 封锁点起10 min停用水家湖站Ⅱ、6道下行进站信号和上行出站信号及有关调车信号不办理行车作业电务做既有31号道岔过渡修改。2. 拆除既有(31)号道岔转辙设备,安装调试新39B道岔转辙设备、相关轨道电路,安装新39号至新39B号道岔间渡线绝缘。3. 点毕用新39B号道岔代替既有(31)号道岔。4. 自施工开通时起,开通启用新39号、新39B号道岔及岔间渡线。5. 施工结束前10 min为关门试验联锁时间

表 10-9　站场改造第七步说明

封锁施工地点及时间	信号停用范围	工务施工内容	电务施工内容
站内(既有 41 号、既有 47 号道岔),180 min	施工时间内停用:3 道、5 道、7 道、9 道淮南线和水淮联络线下行进站信号;3 道、5 道、7 道、9 道淮南线和水淮联络线上行出站信号;有关调车信号	1. 施工时间内拆除既有 41 号、47 号道岔及相关线路。2. 自施工开通时起:既有 37 号道岔开通直股并钉闭加锁至拆除止;既有 45 号道岔开通 5 道并钉闭加锁至拆除止。3. 自封锁施工起至另有通知时止(信号设备施工大开通时止),水家湖站 7 道、9 道停用,停用期间准施工单位进行插铺新 51 号道岔,连接 7 道、9 道延长段线路等改造施工,并准轨道车进入配合相关施工	1. 配合进行既有(43)/(45)号双动道岔改单动及轨道电路过渡修改等施工。2. 配合拆除既有(41)号、(47)号道岔转辙装置,相关信号设备就位。3. 施工开通前 10 min 为电务关门试验联锁时间。4. 安装调试新 51 号道岔及有关轨道电路
站内 K5+780 至 K6+027(既有 17 号、既有 37 号、既有 35 号、既有 43 号、既有 45 号道岔)	施工时间内停用:3 道、5 道淮南线和水淮联络线下行进站信号;3 道、5 道淮南线和水淮联络线上行出站信号;有关调车信号	封锁前 60 min 水家湖站既有 17 号道岔、既有 37 号、既有 35 号、既有 43 号、既有 45 号道岔(水淮联络线线 K5+780～K6+027 处和对应淮南下行线 K25+220～K25+320 处),限速 45 km/h;开通后水家湖站 3 道、5 道及新 33 号、新 45 号、新 47 号道岔水淮联络线线 K5+780～K5+822 处和对应淮南下行线 K25+015～K25+320 处,第一列限速 15 km/h(不为旅客列车)、第二列限速 25 km/h;24 h 限速 45 km/h。其中开通后第一列、第二列限速由列车调度员发布调度命令。 1. 封锁水家湖站既有 37 号、既有 35 号、既有 43 号、既有 45 号道岔(水淮联络线 K5+780～K6+027 处和对应淮南下行线 K25+220～K25+320)处,拆除既有 37 号、43 号、45 号道岔,插铺新 33 号道岔,连接新 33 号道岔至新 45 号道岔至新 47 号道岔间线路(新 45 号和新 47 号道岔已提前预铺好),连接 3 道、5 道延长段线路。电务配合做道岔及轨道电路过渡等施工。2. 自施工开通时起:开通启用新 45 号道岔;连通新 33 号道岔至新 45 号道岔至新 47 号道岔间线路并开通启用;既有 17 号、既有 35 号道岔与 3 道、5 道断开,连通新 45 号道岔至 3 道间和新 47 号道岔至 5 道间线路并开通启用。其中新 33 号道岔纳入联锁并开通 3 道方向钉闭加锁至信号大开通时止;新 47 号道岔纳入联锁并开通 5 道方向钉闭加锁至信号大开通时止;既有 33 号道岔开通直股钉闭加锁至拆除止	1. 配合做既有(33)号、(37)号、(43)号、(45)号道岔定位表示的过渡处理及相关轨道电路过渡施工。2. 拆除既有(37)号、(43)号、(45)号道岔转辙设备,安装调试新 33 道岔转辙设备,调试新 45 号道岔转辙设备,迁移既有(D31)、(D33)调车信号机及相关轨道电路。3. 点毕用新 45 号道岔代替既有(37)号道岔过渡。将新 47 号道岔纳入新 45 号道岔表示检查,将新 33 道岔定位纳入既有(17)号道岔表示检查。4. 施工结束前要 10 min 关门点试验联锁

表 10-10　站场改造第八步说明

封锁施工地点及时间	信号停用范围	工务施工内容	电务施工内容
站内下行 K25+150 至 K25+240(含既有 33 号道岔),170 min	1. 施工开始时起 10 min 停用Ⅰ、3、5 道淮南线和水淮联络线下行进站信号;Ⅰ、3、5 道淮南线和水淮联络线上行出站信号;Ⅱ道水淮联络线方向进出站信号;2. 施工时间内停用:Ⅰ道淮南线和水淮联络线下行进站信号;Ⅰ道淮南线和水淮联络线上行出站信号;Ⅱ道水淮联络线方向进出站信号;有关调车信号	封锁前 60 min 淮南线水家湖(既有 33 号道岔)下行线 K25+150 至 K25+240 处限速 45 km/h;开通后淮南线水家湖(既有 33 号道岔)下行线 K25+150 至 K25+240 处依次 4 h 限速 45 km/h、24 h 限速 60 km/h、24 h 限速 80 km/h(其中开通后第 1 列限速 25 km/h、第 2 列限速 45 km/h)。 施工时间内拆除既有 33 号道岔,同步拆除已不在接发列车进路上的既有 17 号、既有 35 号道岔	1. 做既有(33)号道岔表示过渡修改。2. 拆除既有(17)号、(33)号、(35)号道岔转辙设备,连通调试相关轨道电路。3. 施工开通前电务要 10 min 关门试验联锁

续上表

封锁施工地点及时间	信号停用范围	工务施工内容	电务施工内容
站内 K5＋720 至 K5＋780（含新 21 号道岔至新 33 号道岔间线路），180 min	施工时间内停用：3 道、5 道淮南线和水淮联络线下行进站信号；3 道、5 道淮南线和水淮联络线上行出站信号；有关调车信号	封锁前 60 min 水淮联络线水家湖（新 21 号道岔至新 33 号道岔间线路）站内 K5＋720 至 K5＋780 处限速 45 km/h；开通后 水淮联络线水家湖（新 21 号道岔至新 33 号道岔间线路，含新 27 号道岔）站内 K5+720 至 K5+780 处依次 4 h 限速 45 km/h、24 h 限速 60 km/h（其中开通后第 1 列限速 25 km/h）。 施工时间内插铺新 27 道道岔，连接新 27 号至已预铺的新 29 道岔间渡线	1. 安装调试新 27 号道岔转辙装置及相关轨道电路。2. 安装新 27 号至新 29 号岔间渡线绝缘。3. 自施工开通时起：新 27 号道岔纳入联锁并开通直股钉闭加锁至开通启用时止。4. 施工开通前要 10 min 关门点试验联锁

表 10-11　站场改造第九步说明

封锁施工地点及时间	信号停用范围	施 工 项 目	电务施工内容
九龙岗—水家湖—戴集上行，下行 420 min（11：20～18：20）	1. 11：20～18：20 停用孔店、水家湖、戴集全站信号，TDCS 系统；九龙岗—孔店—水家湖—戴集—朱巷间淮南线上下行基本闭塞；水家湖—张家岗间水蚌线、水淮联络线基本闭塞。2. 14：05～14：55 停用张家岗线路所全站信号，TDCS 系统。期间张家岗线路所不办理行车作业。3. 13：50～15：20 停用九龙岗站全站信号，TDCS 系统；停用大通—九龙岗间淮南线上下行基本闭塞	撤销孔店站，开通水家湖站新站场计算机联锁信号设备，开通戴集站新站场信号、联锁设备及九龙岗至水家湖至戴集间 ZPW-2000A 自动闭塞	1. 进行九龙岗—水家湖—戴集区间 ZPW-2000A 区间自动闭塞设备换装，拆除既有废弃设备；完成水家湖站电化改造新旧设备就位安装、倒接、调试；水家湖站老信号机械室 TDCS 设备利旧搬迁至新信号楼并调试，拆除既有废弃设备；完成戴集站网络修改，控制台更换，电化改造新旧设备安装、倒接、调试，TDCS 设备调试，拆除既有废弃设备等施工。2. 17：50～18：20 为电务关门点试验时间。3. 自18：20 施工开通时起：水家湖站 7 道、9 道与新铺道岔连通并开通启用；新预铺 29 号、41 号、43 号、49 号、51 号道岔岔间线路连通并开通启用。4. 自 18：20 施工开通时起：撤销孔店站；开通启用水家湖站新站场计算机联锁、全站新站场线路、道岔、信号、联锁等设备（不含接触网工区，新 13 号道岔开通直股钉闭加锁至网工区线路开通启用）；开通启用戴集站新站场信号、联锁设备（不含水淮疏解线方向）；开通启用九龙岗至水家湖至戴集间 ZPW-2000A 自动闭塞；恢复 TDCS 系统。具体线路、道岔、进出站（进路）信号机、通过信号机、调车信号机的编号、坐标位置等行车设备均按行车办法、路局公布的 LKJ 数据等相关文件、电报为准

（1）合肥东既有接触网拆除的顺序，如图 10-14 所示。

合肥东既有接触网拆除的准备工作包括：施工手续的办理（如：施工方案报审、安全协议、开工报告、施工计划的报批等）、配合单位的联系和协调、施工所需人员的组织、机械准备、材料准备、施工现场的准备（施工测量、施工过渡工程等）。

（2）接触网拆除流程如图 10-15 所示。

（3）接触网锚段拆除流程图，如图 10-16 所示。

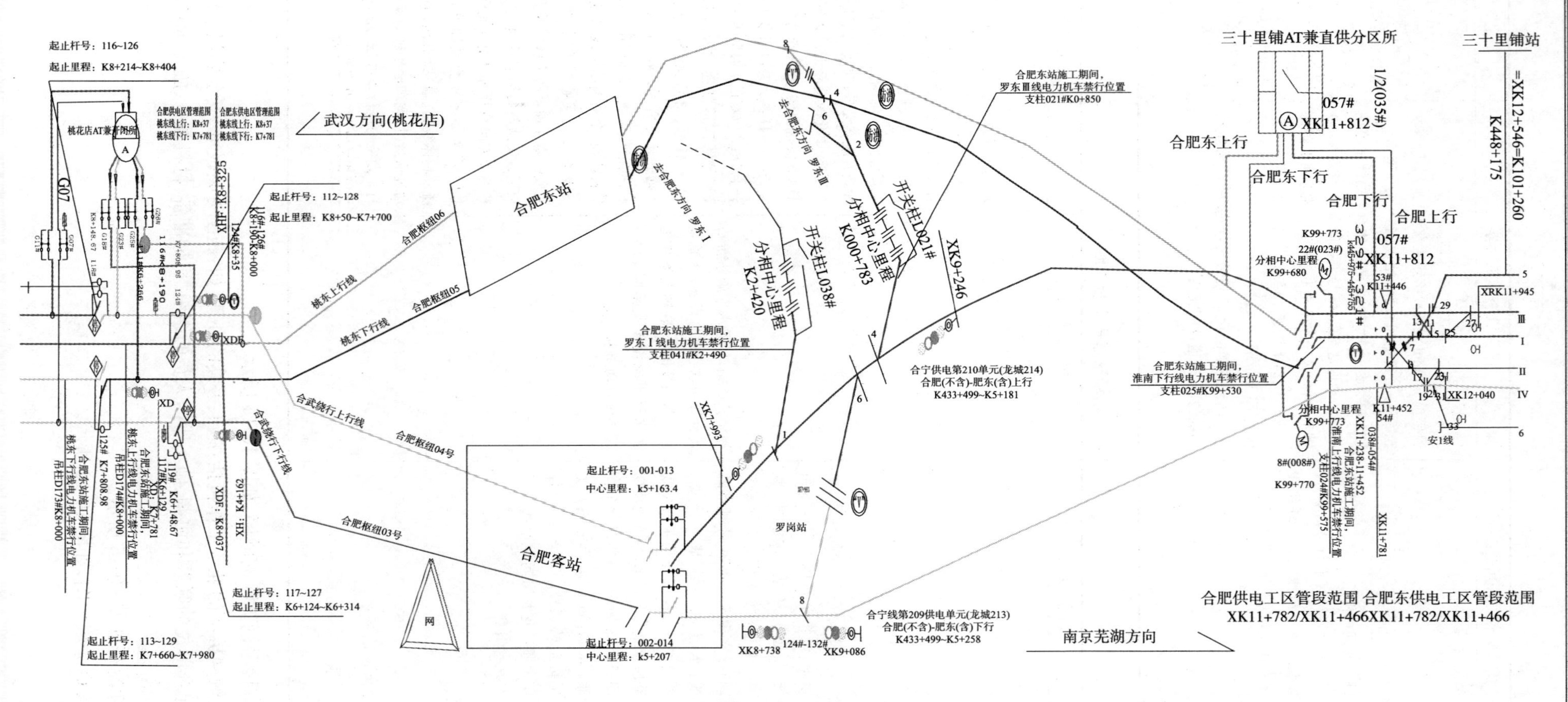

图 10-13 合肥东站站接触网施工期间停用分界点示意图

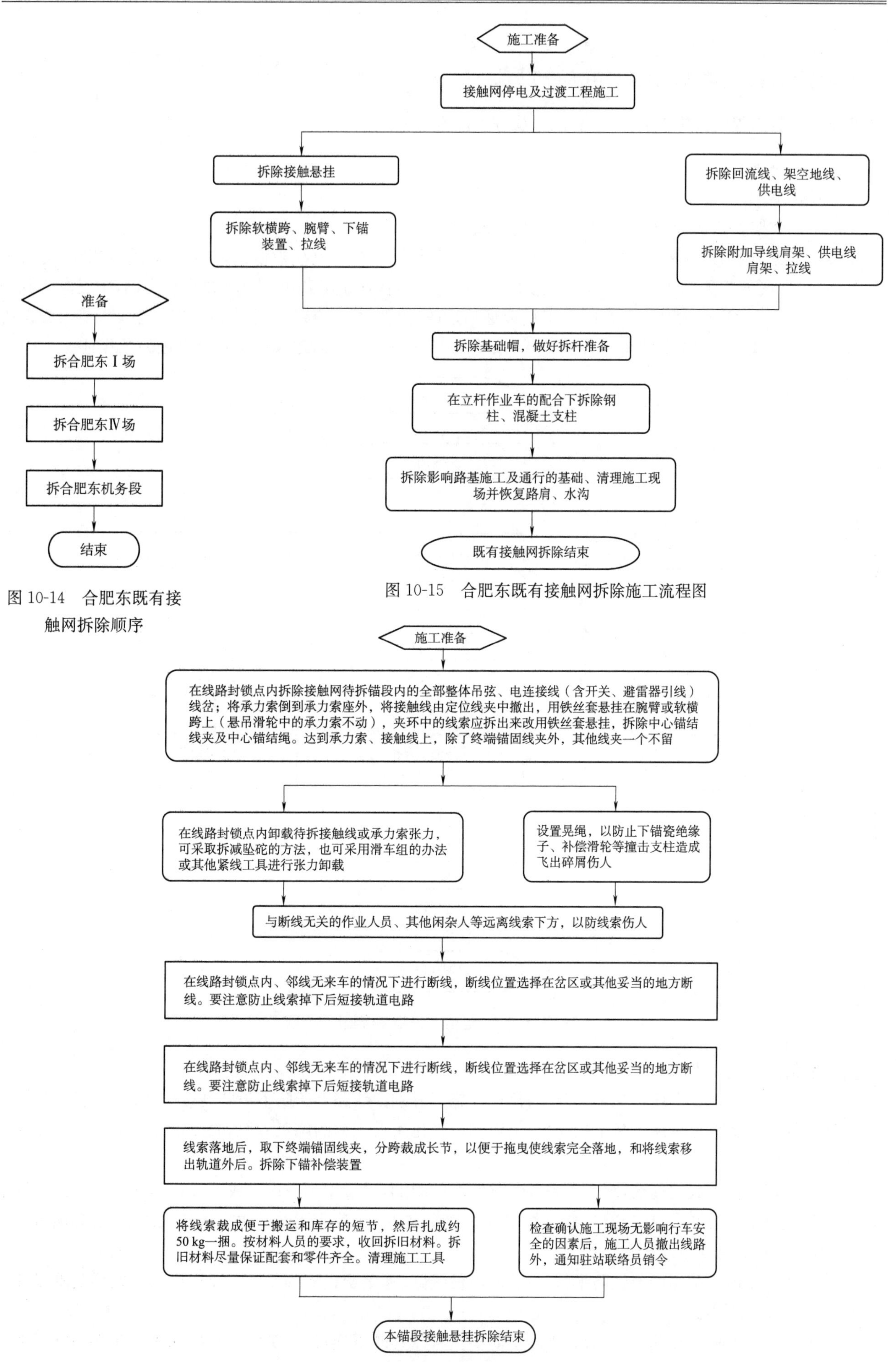

图 10-14　合肥东既有接触网拆除顺序

图 10-15　合肥东既有接触网拆除施工流程图

图 10-16　接触网锚段拆除施工流程图

(4)接触网拆网施工径路图,如插页图 10-17 所示。

(5)拆网施工安排,如插页图 10-18 所示。

10.5.3 一般工程项目施工方法、工艺流程及施工技术措施

10.5.3.1 通信工程

(1)施工方案

设立一个架子队负责全线通信线路和设备安装调试。

架子队驻地下塘集,架子队配备 70 人,下设 1 个迁改组,1 个光电缆敷设组,1 个光电缆接测组,配备吊车 1 辆,载重汽车 2 辆,中巴车 2 辆,熔接机 1 台。设备安装作业组配备 10 人,轻载汽车 1 辆,中巴车 1 辆。

工程于 2009 年 12 月 15 日开工后,前期以通信迁改、过渡、整治施工为重点,后期以光电缆施工和设备调试为重点,采取专业化、分项流水作业方式,按照图 10-19 所示流程,逐段逐站有序推进施工作业。

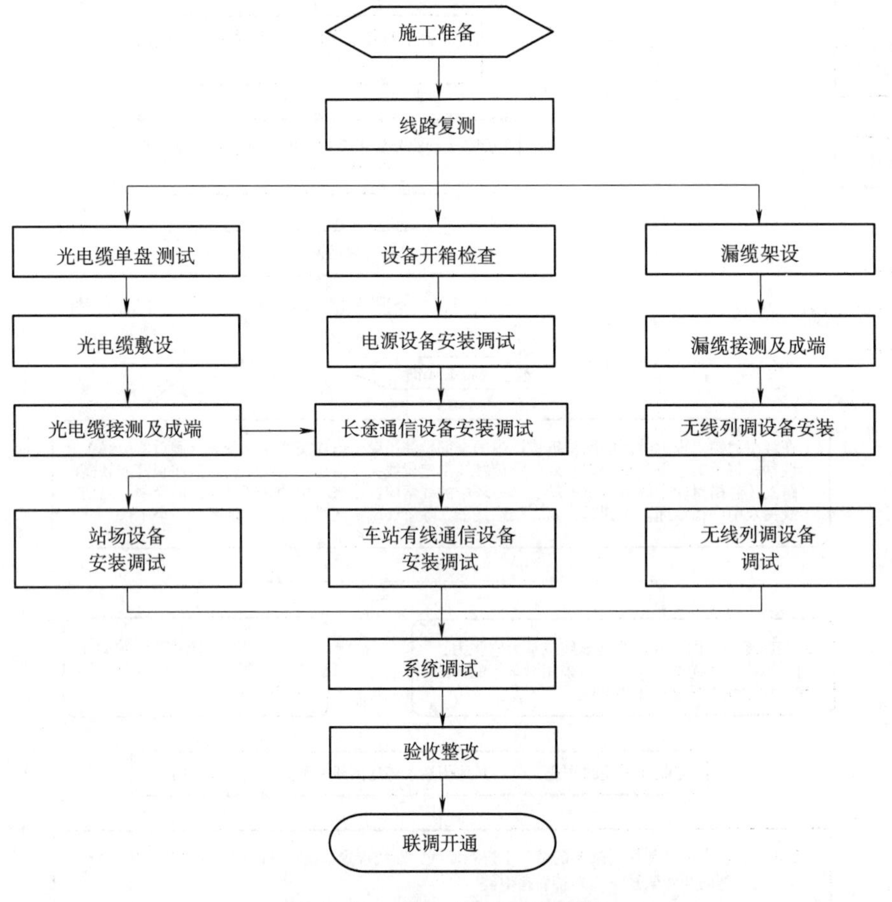

图 10-19 通信工程施工流程图

1)通信迁改施工方案

考虑到通信迁该点多线长施工零散,通信迁改施工分别由线路架子队下设的迁改作业组负责完成。

迁改处理方案充分考虑土建工程、轨道工程和电气化架线工程的施工方案和进展,分轻重缓急紧随其组织实施。

对于土建工程引起的迁改,统筹考虑电气化铁路的影响,尽量做到一次完成,使改迁后的有线、无线设施不仅满足土建工程的要求,也能符合电磁兼容的技术指标。对于确实无法一次完成迁改的设施,必须做好临时过渡措施,确保其安全及正常工作。

对于在铁路地界范围内与铁路平行、重叠的电信线路、通信交接箱等设施一律迁出铁路地界范围以外并保证一定的安全距离。

对上跨铁路的通信线路,一律改为埋地加防护钢管从路基下通过,两头的终端杆和人手孔必须立于封闭网以外,并满足与最近股道中心距离不小于 1.5 倍的杆高长度。接头处宜做手孔,方便今后再换电缆或光缆

时，不必进封闭网内操作，以保证铁路运营的绝对安全，或者绕行从附近的桥涵下或隧道顶上通过。

对于与铁路交叉的既有地埋光、电缆，在路基施工同时即须做好钢管或槽钢保护，并在路基两端设标识桩。过轨处的光电缆采用绝缘性能良好的缆线。一般不在站、段、场、所内作地埋过轨处理，宜改为绕行。

由于土建工程或交越铁路需要光缆改迁时，对不同等级的光缆采取不同的迁改方式。

对桥涵工程引起的容量大、规格高的主要通信干线，尤其是多孔通信管道、长途地埋通信光缆等的迁改，必须与相关单位充分协商，制定切实可行的避绕墩台方案或保护措施。

对于受电气化铁路影响的平行电信线路，需经电磁干扰计算后，视当地的地形地貌等具体情况确定迁改方案，原则上以远迁为主，确实条件不具备的地段则将普通架空市话电缆改埋设屏蔽效果好的铠装电缆。

通信迁改涉及产权单位多，迁改的点数多，和其他产权单位的联络顺利与否将直接影响整个迁改的进行。迁改作业组进场后将派专人和产权单位联络处理相关事宜，保证征地及相关产权单位的施工配合能充分满足迁改的要求，确保施工顺利进行。

由于通信迁改涉及的通信线路都已投入使用，尽量减少通信中断时间，迁改时完成一段立即组织验收一段，投入使用一段。

2)站改通信过渡方案

通信站改由线路架子队的迁改作业组负责各自管段的线路改造施工，设备安装由作业二队派人负责安装调试。

在新设信号楼及通信机械室的情况下，由于信号开通可能在新设通信系统未开通以前开通，既有信号楼通信设备搬迁至新建信号楼，相关光、电缆割接至新建信号楼，需进行车站运转室通信设备及通信机械室设备搬迁，需进行通信过渡。

既有信号楼设备搬迁至新楼时，在新楼内提前配置安装综合柜、电源、传输设备。通信过渡设备建议在全线统一配置一套综合柜、电源、传输设备作为过渡设备，根据施工进度全线统一协调使用，过渡用的通信设备配置和既有中间站的基本配置相同。

新旧系统在进行系统割接倒换前，先对所有通信设备进行安全测试和功能检测，并进行记录建设单位、监理和设计、施工单位进行会签。制定合理高效的过渡措施和过渡计划、应急预案等，保证行车安全，降低对既有线运营的影响。

从既有通信机械室敷设一条100对电缆至新信号楼，一端成端在新信号楼100对分线盒上，另一端与老信号楼通信用户并联。

将新信号楼内100对分线盒两端的用户线跳通，提前作好新信号楼及新通信机械室通信光、电缆端头，并进行对线，确保线对无误。

经过新信号楼内100对分线盒，通过配线电缆(新设)向新设信号楼提供站间行车、调度电话、专用电话、自动电话等通信回线，并向信号机械室提供四对闭塞线(新设)。

信号监测等原有通信机械室至信号楼间的数据通信，若距离超出传输距离将增加数据线路延长器延长其传输距离。

在既有干线与新建通信机械室间埋设与既有光、电缆同型号的光、电缆各两条，为备通信系统倒接作好准备。

在新信号楼通信机械室安装、调测新建通信机械室光接入网设备、电化综合柜、开关电源、免维护蓄电池组，为备通信系统倒接作好准备。

在信号开通的站改时间内，请点中断车站通信及干线通信网(不超过半小时)，进行运转通信及干线通信网的倒接，保证相关专业站改的顺利进行。

干线通信倒接成功后逐步将调度和专用用户倒接入新信号楼通信设备，最后逐步倒接自动电话用户。倒接后立即对系统进行测试保证测试指标符合通信过渡工程要求。

既有通信机械室内的通信设备移设，在新设通信系统开通，既有通信系统倒入新系统后，撤除相关设备可作为其他站既有设备搬迁、倒接设备。

通信系统站改施工在专业技术人员的指导下进行，严格遵循施工规范和安全生产的相关规定。

3)光电缆敷设施工方案

架子队计划于2010年4月安排长途光电缆施工。光电缆沟径路尽量选择在安全、可靠的路基坡脚以外的铁路用地范围内。光电缆过桥时利用预留的电缆防护槽，没有防护槽采用钢管防护；光电缆过隧道时，利用预留的电缆防护槽防护。沿线通信线路的防雷、防腐及防电磁影响按电气化铁路设计规范办理。

光、电缆的开挖、敷设、回填采用流水作业方式进行，为避免重复开挖，在条件许可的情况下，还考虑尽量与地区电缆同沟敷设。线路地线、标石的埋设工作，在光、电缆敷设过程中同步进行。

如果由于桥隧等前期土建原因，缆线敷设通道尚未形成，敷设工作不能循序推进，原则上作跳跃式前进，条件成熟一段施工一段，确保施工按计划进行。

预计到 2010 年 10 月底中旬完成全线长途通信光电缆敷设施工。

根据地区、站场的施工条件，施工采取逐站推进与交叉作业相结合的方式，先完成条件成熟的地区、站场线路，对于不具备条件的，等条件成熟后再安排施工。

漏缆支架安装、漏缆敷设采用流水作业方式进行，如果由于桥隧等前期土建原因，缆线敷设通道尚未形成，敷设工作不能循序推进，原则上作跳跃式前进，条件成熟一段施工一段，确保施工按计划进行。

光电缆接续和测试计划于 2010 年 6 月展开。光电缆接续和测试是整个工程的关键工序，其施工优劣将直接影响传输质量，除了施工人员经培训合格持证上岗外，必须严格按操作规范进行。架子队将选派 5 名技术骨干组成接续班组，随光电缆敷设方向进行接续测试。预计到 2010 年 10 月底完成长途光电缆接测，将光电缆全线贯通，不影响传输系统的顺利调试。2010 年 12 月底完成地区光电缆接测。

4)设备安装调试施工方案

设备安装作业组承担各站、通信机械室通信设备安装调试，车站、通信站和区间无线设备安装调试，全部完成后配合进行全线联调。

设备安装调试是整个通信工程的窗口和核心，架子队将在工程的中后期，选派具有丰富实践经验的人员进行设备安装、配线和调试。

设备安装调试计划于 2010 年 10 月中旬展开，原则上采用成熟一站、安装一站、调试一站的施工方法，逐站推进，单站完成后，进行全线联调。

施工人员首先进行各车站电源设备安装、配线与调试。电源设备安装必须先行完成，以保证其他设备正常供电。随后进行长途通信设备安装调试，主要包括 SDH 传输设备、接入网设备的安装和扩容、各种配线设备等安装、配线与调试。最后进行区段通信设备和无线通信设备的安装。

预计到 2010 年 12 月底完成全线设备安装调试。2011 年 3 月 19 日完成通信系统调试开通。

(2)施工方法

1)通信线路施工

①施工流程如图 10-20 所示。

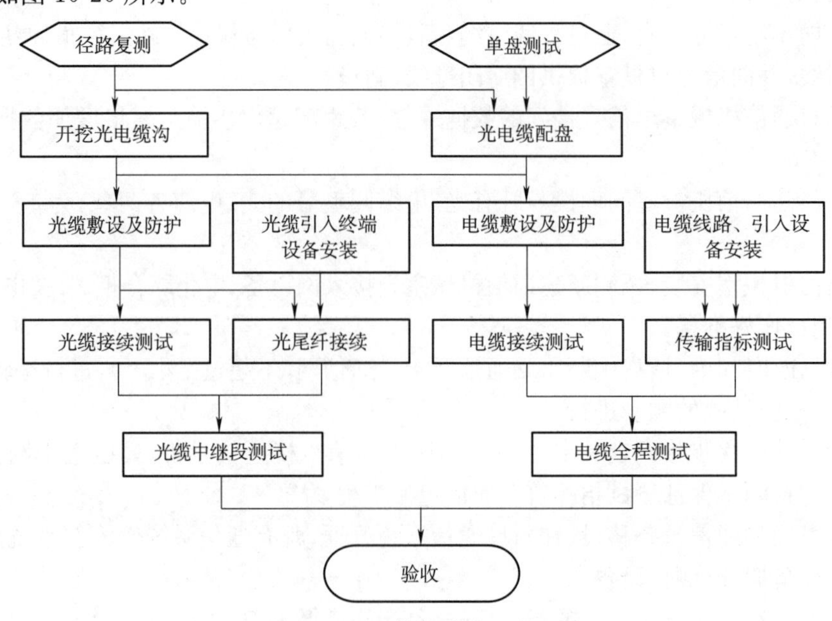

图 10-20 通信线路施工流程图

②施工准备

a. 劳动力组织见表10-12。

表10-12　劳动力组织

序　号	施工人员	人　数	工作内容
1	施工负责人	2	主持长途、地区光电缆敷设及光电缆接续
2	技术员	2	光电缆施工技术工作
3	技术工	6	光电线路开挖及敷设
4	辅助工	54	光电线路开挖及敷设

b. 主要施工机具配备见表10-13。

表10-13　主要施工机具设备

序　号	名　称	型号、规格	单　位	数　量	用　途
1	吊车	QY-8	辆	1	电缆吊卸
2	汽车	5t	辆	1	运输电缆及其他材料
3	中巴车	19座	辆	2	人员运输

③施工方法及技术措施

a. 光、电缆单盘测试

光、电缆开盘前，核对光、电缆包装标记、盘号和盘长；检查电缆和电缆盘，完整、无破损、无机械损伤等；根据设计技术条件要求对光、电缆进行电气特性测试；对同一型号规格的光电缆用红漆在盘面上书写盘号，标明A、B端。

光、电缆盘保护层在测试完成后及时复原，及时做密封防护处理。

在测试记录表上填写盘号并注明测试日期、气候、测试人和记录人姓名、检验、测量设备名称、型号、编号。

b. 光、电缆敷设

根据设计定测台账，采用白灰粉点划线方式确定开挖光电缆径路，开挖时保持二人间隔距离(3 m)，防止被别人伤害或伤害别人。开挖光电缆沟，深度、宽度、与其他建筑物最小间距符合设计文件要求，电缆的弯曲半径不得小于敷设电缆直径的15倍。

在铁路路肩上、站场股道间和穿越铁路开挖电缆沟时，及时回填、夯实、整平，做到敞沟不过夜。

光电缆敷设前后，确认光电缆外护套不得有破损；敷设时根据台账认真核对光、电缆盘号，按配盘表编号，从端站开始敷设。

光电缆同沟敷设时，同底同期敷设，先敷设电缆，后敷设光缆，并在沟中平行排列。

光电缆敷设时在下列情况下根据要求确定余量：光电缆接续、通信站引入、穿越河流、大桥、公路以及特殊地段光电缆防护等。

敷设后及时埋设标石，标明光电缆实际敷设位置及走向，做好埋深、防护记录，并绘制径路草图。

工程质量监理工程师员随工检查并在隐蔽工程记录上签认。

敷设光电缆技术措施：开挖地段，施工前收集地下电缆、管线、地线的有关资料，明确各地段的地下情况，开挖注意原有电缆、管线、地线的安全，有情况及时汇报处理。施工前准备适量木板、木桩、沙袋，预防沟体坍塌。路肩浅埋时，事先征得站前施工单位或工务部门同意，并请求配合，做到当天开挖当天恢复。开挖时在道砟上垫彩条布，防止污染道砟。雨季在路肩、护坡上开挖，先征得站前施工单位或工务部门的同意，用最短的时间恢复、夯实，保证路基不受损害。

电缆槽防护、水泥包封技术措施：装卸电缆槽应稳搬轻放，严禁重压、撞击水泥槽、塑料管。搬运电缆槽严禁上肩，两人抬运物体过铁路及公路时，确认无列车通过后，两人平行过铁路及公路。做包封工序时遇到原有设备要处理得当，防止破坏、污染。严禁在路肩上搅拌水泥。

c. 光缆接续

根据地形开挖接头坑，整理光缆，根据设计要求和地形作“∝”形或“Ω”预留，两端光缆引出地面。端头切除，用专用开剥器开剥光缆，两侧光缆各套入一只橡胶挡圈待用。调整好工作台固定支架上的光缆的距离，使两侧光缆基本平直对应，安装光缆接头盒骨架（盘留盘），紧固光缆加强芯。

用酒精纱布擦拭光纤表面，在一侧光纤穿入光纤热缩加强管。

按顺序在每根光纤上用不干胶编码纸编上号。

将光纤熔接机及专用工具放置在操作台上，用酒精纱布擦拭熔接机的V型槽、开剥钳的钳口、光纤切割器的切口部位，达到无尘、无油污、无潮气。

将光电话接在与测试点同一根光纤上，与测试点建立联系。

用被覆层开剥钳剥除光纤一次被覆层，用酒精棉轻轻擦拭剥除了一次被覆层的部位，顺一个方向除掉一次被覆层。

光纤端面处理，熔接时其端面倾斜度必须小于0.5°。

光纤接续完毕后对接头点进行检查，出现接头点有焊纹、接点成球状、接点变细、轴向偏差、气泡等现象必须重新接续。在测试端将光时域反射仪(OTDR)通过尾纤用V型槽或耦合管连接被测光纤，终端光纤环接，实行双向监测。

光纤接续合格后，即用光纤加强管加强保护，确保收缩均匀，无气泡。

每接完一根光纤，把余长盘留在盘留板槽道内，光纤接头（加强管）放在盘留板两侧固定槽内。光纤收容时弯曲半径不小于40 mm。

全部光纤接续完毕后，按要求进行接头盒安装，在接头盒内放置接头卡片，标明每根光纤的接续损耗值及接续人、接续日期、气温情况等。

在盘留光纤和固定光纤接头加强管时，测试端用OTDR随时监视接续点的接头损耗，如果有附加损耗出现立即通知接续点找出原因或重新盘留。

对接头盒作防腐处理后轻置于接头坑底防护水泥槽内，接头盒两端光缆保持平直，盖上水泥盖板，回土并设置接头标桩。

d. 光缆测试

光缆接续测试，是当光缆接续时用OTDR仪表监测光缆接续质量的必要手段，光缆接测技术指标：

在一个光缆中继段内，单模光纤每一根光纤接续损耗平均值符合：$\alpha \leqslant 0.08$ dB(1 310 nm、1 550 nm双窗口测试)。内控指标：$\alpha \leqslant 0.05$ dB(1 310 nm、1 550 nm双窗口测试)。

光缆中继段测试，是当光中继段线路接续完毕和光终端尾纤接续完毕后，对光中继段内有关参数的测试，其测试内容为：光中继段衰耗、最大离散反射系数和最小回波损耗，它们是反映光纤传输性能的重要指标。其方法为：在被测区段的一端用光源发送一光功率电平，在另一端用光功率计测出接收电平(1 310 nm、1 550 nm均测)，两者之差即为光中继段衰耗。当A→B方向测完后，用同样的方法进行B→A方向测试。

光中继段衰耗≤中继段长×衰耗/每公里＋活接头损耗＋尾纤熔接损耗。

用OTDR测试仪测出光缆S、R点间最大离散反射系数和S点最小回波损耗。

e. 低频对称电缆接续

接续前的准备：平整好接头场地，用棉纱清洁预留电缆外护套，将电缆接头部位理直并交叉放置，准备接续用工具及材料，擦净待用。

检验接头盒是否有损伤，不能使用有裂纹的盒体。

开挖接头坑，坑开挖尺寸符合电缆盒的技术要求，坑深满足接头盒埋深要求。

两端待接缆预留长度≥1.5 m，特殊地段应有0.8 m的预留或在接头两端作"S"型预留，并理直、清洁干净缆身。检查待接电缆是否有损伤和挤压变形情况。

锯掉待接缆的端头约200～500 mm，并确认A、B端是否正确，作好记录。

开剥电缆：用卷尺测量电缆，按电缆接头盒操作工艺要求的尺寸，用钢锯进行电缆的开剥。

清洁开剥铝护套：用喷灯在剥除钢带部位的铝护套上均匀加热，待胶或沥青熔化后，用棉纱除去，并擦净铝护套上的胶或沥青。然后用平锉(电工刀)将铝护套上的焊缝和划痕打磨平，再用0号砂布将剥开的铝护套按铝护套圆形方向打磨平。

先将喷灯烧烤铝护套3～10 s，再用低温焊料，涂在烧烤处。涂料时，需用铜丝刷不断刷除焊料和氧化铝杂物，待涂料处光亮银白后即可。然后再用焊锡涂在焊料处，并不断用喷灯烧烤，待焊锡与铝护套紧密焊牢后即可。钢带上锡，需先将钢带上氧化层用平锉除去，然后涂上松香水，用喷灯烧烤焊锡，使其与钢带紧密焊牢。

以上整个操作过程，要求时间短，火力适中，确保缆芯完好无损。

穿缆：穿缆前将铝护套清洁干净。按接头盒的操作工艺要求和顺序进行穿缆。

先穿入热可缩套管，再穿入塑料变径套，密封胶垫、金属变径套(锥形密封圈)，电缆放入盒体时，使铝护套露出铝卡箍 2 mm。

穿盒前先将压缆卡取下上半部，待缆放入缆卡下半部后，将上半部盖上，拧紧螺帽，卡紧电缆。

紧固电缆：将金属变径套移入盒体内法兰，且将“O”形圈移至变径套端面并贴紧，再移六孔密封圈到盒体内法兰。然后移塑料变径套和外法兰与“O”形圈贴紧，使“O”形密封圈边沿在盒体内法兰里。用 M6×35 不锈钢螺钉将外法兰与内法兰进行紧固。紧固时采取对称拧紧的方式进行，且分三次加力进行紧固。

芯线接续：将缆外的玻璃纸带拉开，四线组及对绞线分开。四线组和对绞线接头排列成三排，然后去掉多余的芯线长度。

缆芯接续完成并成型后，用电缆纸缠包三层，然后再用复合铝带缠包，缠包搭接为 50%，并且将铝带两端与电缆铝护套进行电气连通。

四芯组及对绞线的接续采用扭接加焊方法。

分歧缆接入干线电缆的端别与干线电缆端别相对应，其芯线接续同上。电缆芯线接续完成后放入电缆接头卡一份。接续时由专业工程师负责，用数字万用表、兆欧表、数字式电容耦合测试仪、低频测试仪、精密电桥进行施工测试，确保电气特性良好。

连接过桥线：将电缆接头盒内配带的过桥线，利用压缆卡两头的螺栓紧固铜鼻子，且将铜鼻子与铝制压缆卡直接接触，与电缆的铝护套电气接通。过桥线另一端同样按前面操作，将另一边压缆卡固定好，够成两端电缆电气接通。

封盒：在封盒前，首先清洁接头盒盒内卫生，再除去密封槽内杂质，放入密封圈盖上盒盖，紧固四方边缘上的螺栓。紧固时，要求分三次对称加力。

外端头处理：用非硫化橡胶将外端帽口与缆身切口之间绕制成锥形。用 0 号砂布将外端帽外表面打磨粗糙。

用热熔胶片卷成“S”形，搭 20 mm 在外端帽上，其余按“S”形缠绕在缆身上，然后再套上热可缩。

用喷灯首先将端帽上的热可缩喷缩，等冷却后，再顺延将剩余部分热缩。

接头盒气闭性的检查：接续封装好的接头盒，进行闭气的试验。

所有操作按照接头盒操作工艺要求操作完成后，用打气筒带上过滤干燥剂和压力表对接好的接头盒充气试验，充入气体的压力为 1 kPa。

埋接头盒：将接续好的接头盒放入防护槽内，盖上盖板。先用松土回填，然后再将余土填上。同时设置电缆接续埋设标，其编号以一个区间为单位，从上行往下行方向顺序编号，并用汉语拼音表示。

f. 全塑电缆接续

电缆接头采用专用套管密封方式。电气连接线和地线用 4×0.9 芯线与电缆钢皮焊接牢固，且导电性能良好。接续套管密封前，采用绝缘胶灌注，一次成型。

电缆的芯线接续做到：接续位置排列匀称、整齐，芯线卡接美观，牢固无松动。接续套管密封前应进行对号绝缘测试，以检查所有芯线有无断线、混线及接地故障，绝缘电阻是否符合要求。

g. 电缆成端

取成端端头 1 500 mm 处，将外护套用棉纱擦净。准备需用工具及材料，并擦净待用。

距电缆端头 1 200 mm 处，用电工刀环切 PE 外套一周，再从端头纵向切割，将其切除，裸露钢带。在距电缆外皮切口 20 mm 处，用直径 1.2 mm 铁扎线将钢带捆扎，用钢锯将钢带锯至 2/3 处，用克丝钳将钢带撕掉。

擦净铝护套上的沥青，将二层钢带上部及距钢带切口 5 cm 内的铝管用钢丝刷打毛，在钢带打毛处涂上松香水。用钢锯在距钢带切口 5 cm 处将铝管锯 2/3 深，然后用螺丝刀沿锯缝将铝管撬开并抽去，裸露出芯线。

用棉纱将缆芯内黄油擦净。将 250 mm 长的 RSYV(带铝衬套)型热缩套管内的铝衬套套在电缆上固定好，热缩套管在铝衬套上进行热缩。热缩管冷却后，将配置好的环氧树脂混合物慢慢灌入热缩套管内，环氧树脂混合物的配比为:环氧树脂 71%,石英粉 8%,二丁酯 12%,乙二胺 9%。树脂冷却后,对电缆线、组、护套间进行绝缘测试。

④控制要点

光缆单盘测试满足出厂指标和设计要求。

光缆单条测试是当敷设完毕,开始光缆接续前,测试的光缆衰耗指标和其他特性仍能满足要求。

电缆成端头制作前确认芯线绝缘良好,并进行芯线对号。电缆成端头的芯线垂直设置,线把编扎符合要求,芯线保持原有的扭距。

在机房成端时注意原有设备的安全、用电安全及防火工作。

2)传输设备安装

①施工流程如图 10-21 所示。

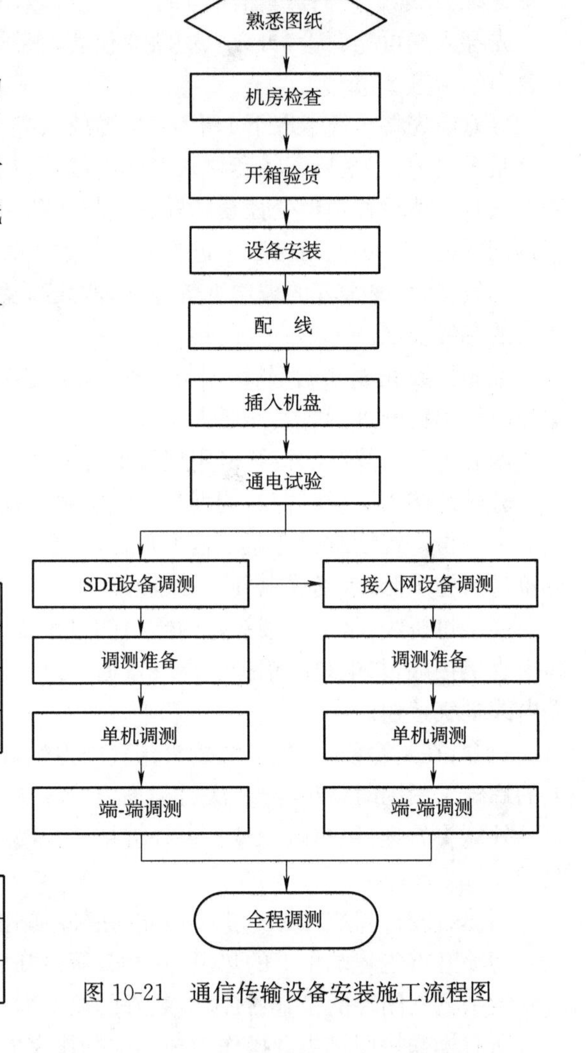

图 10-21　通信传输设备安装施工流程图

②施工准备

a. 劳动力组织见表 10-14。

表 10-14　劳动力组织

序　　号	施工人员	人　　数	工作内容
1	施工负责人	1	主持设备安装工作
2	技术负责人	1	设备安装技术工作
3	设备安装组	6	设备安装

b. 主要施工机具配备见表 10-15。

表 10-15　主要施工机具配备

序　　号	名　　称	规格型号	单　　位	数　　量	用　　途
1	冲击电锤		台	5	设备安装
2	汽车	2t	辆	1	设备运输

③施工方法及技术措施

a. 设备安装配线

施工中严格按照设计及“规范”进行操作;铁件加工做到全线标准化、统一化;安装时注意防震性能,防震架制作规范。

设备位置确定后,画好设备边线及地脚螺栓的位置→移开设备→打眼→埋设地脚螺栓→设备就位→利用水平尺和吊线锤调整机架的水平、垂直度→固定机架。

机架固定必须牢固可靠,做到横平竖直、前后左右的倾斜偏差小于机身全长的 1‰。设备必须可靠接地,接地阻值达到设计要求。安装有防静电要求的设备接插件时,安装人员穿防静电服或戴上接地护腕。

配线电缆规格型号必须符合设计要求,布放前用万用表、兆欧表进行对号、环阻、绝缘测试,检查有无断、混线。电源线、地线必须采用整段材料,且排列布放规范化、标准化。

机架内配线绑扎整齐、横平竖直、转角方正,跳线松紧适度,层次分明,编扎线把按规定作一定的余留。

缆线在防静电活动地板下布放整齐,无交叉,捆扎均匀美观,施工过程中移动了的防静电地板在施工完毕后立即恢复完好。

尾纤套塑料软管进行防护、标识,在收容盘中分别规范收容。

配线根据设计要求可选用焊接、卡接、绕接 3 种方式。焊接后芯线绝缘无烫伤、开裂及后缩;绕接必须使用专用绕线枪,不接触绕接柱的芯线部分不露铜。卡接必须使用专用的卡接钳,芯线线径符合卡接端子的要求。

b. 设备单机调测

安装配线检查：在设备单机调测之前，首先进行安装配线检查。

安装位置和安装强度是否符合设计要求。电源设备测试是否合格。机架接地是否可靠，接地电阻是否符合要求。子架安装位置是否正确，有无松动现象。若发现以上任何一项不合格，立即进行处理，直至符合要求。

单机调测：设备安装配线结束后进行单机调测，分三步：硬件调试、软件调试和测试。

硬件调试包括：

供电电源：接线正确，无短路、接地现象，电源电压符合设备技术条件。

设备机盘：各机盘硬件设置符合设备运用条件，并按照设计要求插入相应位置。

工作电源：插紧电源盘，使其工作，测量电源盘工作电压，符合设备技术条件要求。

机盘工作：插紧各机盘，无异常情况。

设备与配线：检查每对配线的配置和设备的工作情况，配线标志明确，数量与位置符合设计要求，无中断、混线、接地现象，设备正常工作，无误码。

软件调试：所需软件，经检查确认为正品后，装入设备。根据设备使用情况和设计配置，设置各种网管参数，如站名、站号、系统号、保护倒换、勤务、时钟运用、口令等。根据设计配置路由。

单机测试主要项目：发送光功率；接收灵敏度；过载光功率；光接口输出抖动；光接口输入抖动容限；电接口输出抖动；电接口输入抖动容限；电接口频偏；映射与去映射；指针调整；支路映射抖动与结合抖动；V5接口测试；各种数据接口测试；音频2/4线接口测试；POTS接口测试；2B+D接口测试。

c. 中继段调测

若在单机调测过程中发现任何错误，立即进行处理。当单机测试通过后，进行中继段调测，主要测试项目如下：

勤务电话调试；中继段开销测试；保护倒换试验；告警功能试验；误码和抖动测试；各种数据接口测试；音频2/4线接口测试；POTS接口测试；2B+D接口测试。

d. 全程调测

网内所有站和所有中继段全部调测结束并符合要求后，进行全程调测，分两部分：网管功能试验和全程指标测试。

(a)网管功能试验

在网管中心逐个调出各站，先检查网管通道及各站网管参数设置情况，再检查通路运用设置情况。

观察各站的发送、接收光功率，一方面是检查网管的此功能，另一方面观察整个网的大致运行情况，若发现故障，及时排除。

勤务试验，查看全程勤务电话拨叫是否正确，话音是否清晰，若发现问题，及时排除；通路保护倒换试验；告警功能试验，仪表发送LOS、LOF、LOP等，观察设备、仪表及网管的反应，三者应一致；性能管理功能试验。

(b)全程指标测试

SDH网络接口输出抖动；全程误码性能。

④控制要点

铁件加工做到全线标准化、统一化；安装时注意防震性能，防震架制作规范；设备必须可靠接地，接地阻值达到设计要求；电源线、地线必须采用整段材料，且排列布放规范化、标准化。

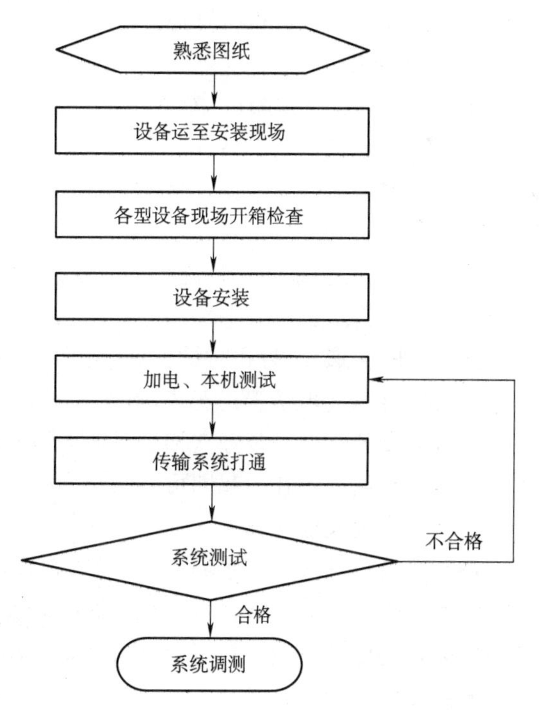

图10-22　无线列调设备安装施工流程图

3)无线列调设备安装

①施工流程如图10-22所示。

②施工准备

a. 劳动力组织见表10-16。

表 10-16 劳动力组织

序　号	施工人员	人　数	工作内容
1	施工负责人	1	主持无线通信系统施工
2	技术负责人	2	施工技术工作
3	技工	6	设备安装、光电漏缆接测
4	普工	20	设备安装、光电漏缆敷设

b. 主要施工机具配备见表 10-17。

表 10-17 主要施工机具配备

序　号	名　称	规格型号	单　位	数　量	用　途
1	轻载汽车		辆	1	设备材料运输
2	发电机	5kW	台	1	施工电源
3	冲击电锤	TE25	把	2	钻孔
4	数字万用表	F45	只	2	测试
5	光功率计	SGT4004	台	1	光缆测试

③施工方法及技术措施

a. 各型设备现场开箱检查

设备开箱检查是对设备质量检查的第一步，也是比较重要的环节，直接关系到施工方和厂方之间的对设备管理的责任的划分，因此在开箱时应注意以下几点：

在开箱前必须检查设备的外包装是否完整和无包装的设备外表是否有破损的痕迹。若发现有以上情况之一者，应要求厂家一起对此类设备进一步检查，确诊设备无损害后，方可使用，不得私自打开上述产品。

对包装完整无损设备可以开箱检查，首先查看设备的装箱清单，箱内的设备数量、品类是否和装箱清单一致，发现有缺漏的，要和项目部及时沟通，汇报发现的问题。

b. 设备安装

(a)光纤直放站(远端机)安装

设备安装定位：

根据中继房内的大小、门窗开放以及馈线的引入和电源的接入的因数的影响，确定各类设备摆放位置。原则是安全、操作方便，布局美观。

在安装设备前，细研安装说明书，严格按照说明书所指导的安装方法划线定位，划线的原则是在设备安装好后要横平竖直。

打眼放膨胀螺栓，打孔时钻头垂直，孔不得成喇叭口。

直放站可以实现壁挂式安装，落地式安装，电线杆上或天线架上安装。

地墩上安装支架。装好支架后，将直放站安装在支架上部的两个支点上，并在支架下方用 M6 紧固螺钉将支架与直放站固定在一起即可。

蓄电池安装及连接：

将蓄电池机箱平放于水泥墩上(切勿倒置或侧置)，用螺栓将机箱的四个安装孔固定于水泥墩上即可。一定要用所配的电源线。将带黄色地线一端远端机蓄电池电源线接口，黄色地线接于远端机机箱接地线上，线另一端接蓄电池的电源接口上即可。蓄电池机箱也要良好接地。

隔离变压器安装：

防止变压器底部受潮，变压器应放在水泥墩上平台上，用螺栓将机箱的四个安装孔固定于水泥墩上即可。

光纤跳线连接：

跳线与设备连接：将光纤从主设备“光纤入口”处穿入，将跳线的一头(FC－APC、尖头)插入光模块的光口。注意将跳线头的‘舌’对准座上的‘凹’轴用力推入，否则会挤破座内陶瓷薄管，增加损耗甚至不能使用，拧紧 FC 螺帽。

跳线与光缆连接：对准、轴向用力、渐进推入、拧紧。采用一定的防雨措施。

光纤引入：

根据直放站固定后，确定光终端盒的位置，要求终端盒的位置应满足尾纤到直放站的引入、便于操作和维护，并将其室内光缆固定。

设备连接电缆：

连接业务天线同轴射频电缆，分别接于设备"功分器射频输出口"。再将"功分器射频输入口"和直放站的"射频输出口"相连，天线同轴射频电缆使用 N 型公头。

在连接射频电缆时把功分器固定在支架上。把电源接头安装在交流供电电缆上，将接头插入"电源接口"由交流电供电的直放站，电源插头座的 E 必须接地。把接好的尾纤 APC 型头通过光纤入口插入光模块的光接口。

(b)近端机安装

近端机没有任何防水措施，要求安装在无线列调机柜里，根据机柜具体使用的情况，把本机放入到机柜的空闲层，并且固定在机柜的层板上。

光跳线安装：

光跳线的数量：1 根 3 m/根或一拖二跳线与光端机的连接将跳线的一头(FC/APC、尖头)插入光端机的光口，跳线头部的"舌"对准座上的"凹"。轴向用力推入拧紧 FC 螺帽。跳线与光缆连接。

定向耦合器安装：

断开基站的输出，串入 40 dB 的定向耦合器，注意定向耦合的输入、输出不能反接，否则耦合度不准。

连接：

用射频电缆把定向耦合器的耦合接口与近端机的射频接口相连。

将电源线接口插入到近端机的电源入口。

尾纤的 FC 头引入到综合柜的光纤引入盘的光缆端子。

(c)线路天馈线安装

电杆天线终端处安装：

天线支架的固定：把事先做好的天线固定支架安装到离电杆顶部 10cm 下的杆上，连接避雷针和地线将引向器、折合振子反射器固定在主杆对应位置。

用夹具按极化要求将天线紧固在架设杆上。连接好馈线，并将馈线接头用防水胶带包好。用扎带固定好馈线，不要让馈线的下坠力直接施加在天线接头上。

馈线从室外进入室内前要形成防水倒流段，以免雨水沿馈线进入设备；组装天线是把主杆的箭头与折合振子的箭头相对。

架设天线时的正确安装方位：折合振子的杆上有一箭头指向上方，水孔向下。

用做好的短射频连接天线的接口，并用防水胶带包扎好后，用扎带将其固定在支架上或电杆上的抱箍上。每小段的射频缆应有 60 cm 的圆形余留圈。

天线架设方向调整：根据铁路通信的特点，线路需要链路通信，所以在安装天线时必须把天线架设方向调整好，终端杆天线架设方向调整的原则是指向铁路延伸 500 m 范围的方向。

铁塔天线安装：

铁塔天线有两种：全向天线和定向天线。

天线支架一般使用的是绝缘材料。固定天线支架在铁塔的工作平台外的支撑钢管上，支架在安装后两横担应保持水平。

用 U 型穿钉把天线的支撑部位固定在绝缘支撑横担上，调整安装好的天线的方向，使其天线辐射的范围最佳。

连接天线与馈线的射频头，拧紧后射频头外要采用防水措施，防止射频头渗水和进潮。

馈线使用铝质护套线沿铁塔爬梯绑扎引下。

房屋与铁塔连接的钢绞线间应加入绝缘材料，馈线在钢绞线上走线采用铝质护套线做 8 型扎线并使其扎紧，不得松脱，扎线分布均匀。

在进入室内时，室外引入孔处应做一个滴水弯，引入孔口应是外高内低，便于馈线引入时弯曲半径符合设计要求。

馈线通过室内电缆沟槽引入到无线列调机柜的电台的天馈线接口。

电杆天线功分处安装：

功分器的固定：把功分固定支架安装在电杆适当的位置后，将其功分器固定在支架上，线路功分处的天线架设的方向是指向无信号区段。其他的安装步骤与电杆天线终端处相同。

(d)设备调试

加电、本机测试：

设备安装好后，用万用表对各线路的端口进行测试，测试合格后，方可加电调试。杜绝对线路端口不测试就直接加电调试。

近端机加电、调试：

近端机为DC48V供电，由于设备内部已做处理，所以电源不分正负极，只要两根线接好即可。设备面板上有显示，其中电源指示灯亮正常，说明加电成功。反之有故障，需处理后再做调试。

按照设备的调试项目进行各项数据指标进行设置和调试。严禁乱调试厂家规定的禁止调试的项目和数据。

远端机加电、调试：

加电：检查交、直流电源的配线正确后，可以合上交流空气开关，进行通电。设备底部板上有显示，其中电源指示灯亮正常，说明加电成功。反之有故障，需处理后再做调试。

调试：按照设备的调试项目进行各项数据指标进行设置和调试。严禁乱调试厂家规定的禁止调试的项目和数据。

(e)传输系统打通

在各小的中继段调试开通后，就可以打开站区段的传输系统通道，进行测试和调试。在测试和调试的过程中，与厂家密切配合，达到调试人员自行熟练掌握调试和测试的程度。

(f)系统联合调试

小三角通信调试：

小三角通信是由司机、车站值班员、外勤车长三者组成的通信。

用便携台模拟机车台，在车站信号覆盖的范围内进行小三角通信，看能否达到设计时所规定的要求。看通话质量是否清晰，电台内是否有无干扰的噪声及噪声的大小，三者相互通话畅通情况，邻近的车站是否能听见本站的通话内容等。

一般情况下，车站电台在出厂时它的发射功率基本上是已调试好的，但也可以在现场上做专业调试，通常下施工单位不能轻易去改变设备的各种技术参数。在这种情况下在做此项调试时，应该检查施工的外围设备连接情况：如天馈线的安装是否合理，用通过式功率计测试天馈线的发射驻波比是否大于出厂的技术参数，如高于此参数就应该检查天馈线的各连接的地方，以及是否为布线弯曲过小所致。经过施工外围的检查无误后，方可通知厂家要求一起查处事故的原因，对设备参数进行调试，直到故障排除。

大三角通信调试：

大三角通信是由司机、车站值班员、调度员三者组成的通信。

首先，施工技术人员应登机沿全线路进行和车站值班员、调度员通话。每隔3 min分别和其他两方进行通话，并记录好各段呼叫的质量，在通话中通话应是相互进行通话，不能单方面进行通话。

经过上述登机试验后，对大三角通话试验做出分析和总结，对出现的问题应及时提出处理意见和解决的办法。

系统网管调试：

在调度所网管中心，通过计算机对全线的无线列调系统进行配置管理、故障管理和性能管理测试。

④质量控制要点

在安装过程中，设备的定位必须画线定位，不能凭肉眼进行确定，安装孔垂直，布成喇叭口；设备的布线要布局合理、美观、整齐、绑扎牢固。

在机车上安装电台时，选择通风、避热，安装位置要牢固和操作方便。

在布放天馈线时，应按施规要求进行施工，为确保施工的质量，每次布完线后，均要用通过功率计进行驻波比测试，防止因驻波比超标而烧坏电台设备。

4)电源设备安装

①施工流程如图10-23所示。

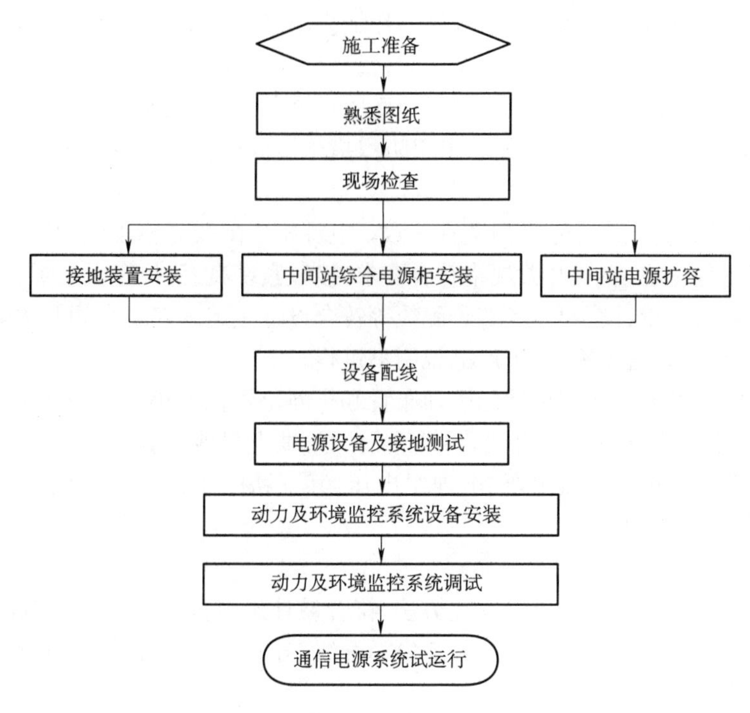

图10-23　通信电源设备安装施工流程图

②施工准备

a. 劳动力组织见表10-18。

表10-18　劳动力组织

序　　号	施工人员	人　　数	工作内容
1	施工负责人	1	主持通信电源设备施工
2	技术负责人	1	施工技术工作
3	设备安装工人	6	通信电源设备安装

b. 主要施工机械配备见表10-19。

表10-19　主要施工机械设备

序　　号	名　　称	规格型号	单　　位	数　　量	用　　途
1	冲击电锤		台	2	设备安装
2	汽车	2t	辆	1	设备运输

③施工方法及技术措施

a. 设备安装

设备检验：安装的设备和器材运至现场后，存放在室内。与建设单位在规定期限内共同严格进行开箱验收检查，并按清单造册登记。包装及密封良好，制造厂的技术文件齐全，型号规格符合设计要求，附件备件齐全。

机柜本体外观无损伤及变形，油漆完整无损。柜内电器元件齐全、无损伤等缺陷。在搬运过程中固定牢靠，防止磕碰，避免元器件损坏。

基础槽钢制作好后与地脚螺栓同时按图所标位置或有关规定，配合土建工程进行预埋。

安装时用水平尺找正、找平，不平直度及水平度<1‰，全长<5 mm，基础槽钢的位置偏差及不平行度在全长时均<5 mm。基础槽钢顶部宜高出室内抹平地面10 mm。

埋设的基础型钢做良好接地。

电源柜组立:组立柜在稳固基础型钢的混凝土达到规定强度后进行。

电源柜单独安装时,找好正面和侧面的垂直度。成列柜安装时,先把每个柜调到大致的位置上,就位后再精确地调整第一面柜,再以第一面柜的柜面为标准逐台进行调整。调整次序既可以从左到右,柜找正时,柜与型钢之间采用0.5 mm铁片进行调整,但每处垫片最多不能超过3片。找平找正后,盘面一致,排列整齐,柜与柜之间及柜体与侧挡板均用螺栓拧紧柜之间接缝处的缝隙小于2 mm。

在基础型钢上安装柜体,采用螺栓连接。根据柜底固定螺孔尺寸,在基础型钢上用手电钻钻 ϕ12.5 mm孔,用M12镀锌螺栓固定。电源柜按设计要求采用防震措施。同时检查机械活动部分是否灵活,导线连接是否紧固。

电源系统设备安装:机架安装牢固、排列整齐一致。电源柜内配线完整正确,开关刀闸接触紧密,接触器的可动部分动作灵活,各种保险、空气开关规格符合要求,接触紧密良好,机盘无锈蚀,漆饰完好。

高频开关电源的型号、容量、设备布置、端子配线等符合设计规定。安装高频开关电源(包括交流配电单元、直流配电单元、整流模块和监控单元)按产品说明书进行。

按设计安装蓄电池柜,蓄电池架按设计的平面布置和排列位置偏差小于10 mm,蓄电池架布放平稳、牢固、端正,全长水平偏差小于10 mm。蓄电池连接接触良好,馈电母线与蓄电池垂直连接,并标明极性"+"极为红色,"-"极为蓝色。蓄电池单端电压、电池组电压,其开路电压符合产品技术条件;蓄电池外壳无破裂,电池液无外溢,密封阀无松动。

b. 电源配线

各种电源配线的规格、敷设径路和走线固定方法,符合设计规定;电源配线的布放平直整齐、稳固,不得有急剧转弯和起伏不平,严禁扭绞和交叉;交、直流电源配线,分开布放,不得绑在同线束内;电源端子配线正确,配线两端的标志齐全。

电缆的最小弯曲半径不得小于其外径的6倍。

c. 电源柜接地

电源柜的接地固定良好。每台柜单独与基础型钢做接地连接,每台柜从后面左下部的基础型钢侧面焊上鼻子,用不小于6 mm^{2}铜导线与柜上的接地端子连接牢固。电源柜装有电器的可开启的柜门,用裸铜软线与接地的金属构架可靠地连接。

接地装置检测引接点的电阻值≤4 Ω,引接点焊接牢固,导电良好。分别引接到直流电源需要接地的一级,通信设备的保安避雷器和机架及机壳,引入及室内电缆和配线的金属护套层或屏蔽层以及无线通信设备防雷接地。

接地铜排符合下列规定:接地铜排和螺栓结合紧密、导电性能良好;接地铜排端子分配、至通信设备的接地配线的线种和截面符合设计要求。

d. 绝缘及接地测试

(a)绝缘电阻测试(用500 V兆欧表测量)

交流配电屏内部配线及各元部件对地绝缘电阻不小于2 MΩ。

直流馈电线连同所接的列内电源线和机架引线,正负线间和负线对地绝缘电阻不小于1 MΩ。

交流电源线的芯线间和芯线对地绝缘电阻不小于1 MΩ。

电源配线线间及线对地绝缘电阻大于1 MΩ。

(b)交流耐压试验

试验电压为1000 V。当回路绝缘值在10 MΩ以上时,可采用2500 V兆欧表代替,试验持续时间为1 min。注意将电子元器件设备拔出或两端短接。

(c)通电试验

按图纸要求,接通临时控制和操作电源。

通电试验交流配电柜符合下列规定:馈入馈出线路按设计要求配线,测试记录清楚,标牌正确、明显;保护电路动作正常,各种可听、可视告警信号显示良好;电表指示正确;闸刀、保险等接触部位接触良好,在正常负荷情况下,无过热现象;有良好的接地防护设施;配线、螺栓螺母无松动或脱落情况;正确无误,灵敏可靠。

通电试验高频开关电源符合产品技术条件:输入电源符合要求;输出电压和电流值在额定范围内运转正常;当输出电压过高、过低时能通过键盘操作或自动实现整流模块的开关和电池充电均浮充控制;当电网掉电，电网电压过高、过低或电网三相不平衡时发出告警信号。

指示电池的浮充电压小于产品技术指标时、紧急放电后电池需在短时间内充电时、单体电池电压值参差不齐时均衡充电后达到产品技术条件。

用万用表测量电源线电压降，从蓄电池至交换机设备端子间不大于2 V。

(d)接地电阻测试

用接地电阻测试仪(ZC－8型)测试新建通信站和站区综合楼的联合接地电阻和保护接地电阻，满足联合接地电阻 $R\leqslant4\ \Omega$、保护接地电阻 $R\leqslant10\ \Omega$ 的技术要求。测试中间站通信机械室、站场通信机械室合设接地体电阻，满足接地电阻 $R\leqslant4\ \Omega$ 的技术要求。

④控制要点

基础型槽钢焊接处焊渣清理、除锈干净，油漆均匀，无漏刷现象。

基础型钢埋设前将型钢调直，在埋设的位置先找出钢型中心线，再用水平尺放在两型钢顶面上测量。待水平调整好后，再配合土建埋设好型钢，混凝土浇筑后再及时检查型钢的安装尺寸和水平度。

柜内电器元件防止安装过程中损坏。

柜内导线压接牢固，接线无误。

线槽内电源线留有适当余量，导线顺理平直，绑扎成束。

保护地线必须配好防松垫圈且压接牢固、可靠，并有明显接地标记，以便于检查。不能压在盘面的固定螺栓上，防止拆卸时断开。

接地装置的各种连接处镀锡过渡，焊接无假焊或虚焊现象，焊点防腐良好，连接结合紧密，导电性能良好。

吊装作业时，机具、吊索必须先仔细检查，不合格者不得使用，防止事故伤人。

搬运沉重的电源柜时，在地面垫木板用滚杠移动，并由专人统一指挥。用撬杠拨动时，不得使物件倾斜，不仅保护器材本身不受损坏，而且注意不碰伤人。

在基础型钢上调整柜体时动作协调一致，防止挤伤手脚。当柜内有人时，柜外的工作人员均须听从柜内人员的口号进行。

使用手电钻钻孔时，电钻外壳不得漏电，电源线不得破皮漏电，电钻按规定接地(接零)。

接地连接线在接地极顶部焊接。放置在距顶部大于50 mm处焊接。

10.5.3.2　信号及信息工程

(1)施工方案

项目部设立两个信号架子队负责全线信号及信息工程施工。架子一队驻双墩集，负责下塘集、双墩集、合肥枢纽计4站(场)及区间的信号施工及改造工作；架子二队驻水家湖，负责大通、九龙岗、水家湖、戴集计4站及区间的信号施工及改造工作。

根据信号及信息工程的特点及工作量，各架子队将施工人员分为室外电缆敷设、室外设备安装、室外设备配线、室内设备安装配线、调试组五个班组，以电缆工程为重点，采取专业化、分项流水作业方式，按照信号工程施工流程图组织实施，两个架子队同时展开，每个架子队根据各自管段的现场实际情况组织、调整本段施工，形成同时在各自管段内平行作业的施工格局。具体施工时，根据现场条件成熟情况，部分工序可作跳跃式进行。本工程属既有线改造，各站股道基本都要延长，站形变化较大，从2010年5月1日开始，两个架子队配合进行站场改造。信息工程施工流程如图10-24所示。

1)室外线路敷设施工方案

2010年3月1日信号及信息工程开工后，架子队首先安排室外电缆敷设班组展开电缆工程施工。施工人员按照“先干线后支线”的原则，先进行干线电缆工程施工，完成之后进行支线电缆工程施工。

电缆沟开挖采用人工开挖方式，过道开挖采用天窗点防护明挖与顶管作业(主要用于区间)相结合方式。采用载重汽车运输的方式将电缆运至施工现场。电缆敷设采用人工进行敷设。电缆接续由经培训、考试合格的具有电缆接续资格证书的电缆接续工完成。

如果由于土建原因，缆线敷设通道尚未形成，敷设工作不能循序推进，原则上作跳跃式前进，条件成熟一段施工一段，确保施工按计划进行。

预计到2010年11月5日前后完成信号电缆敷设、接续和测试施工。

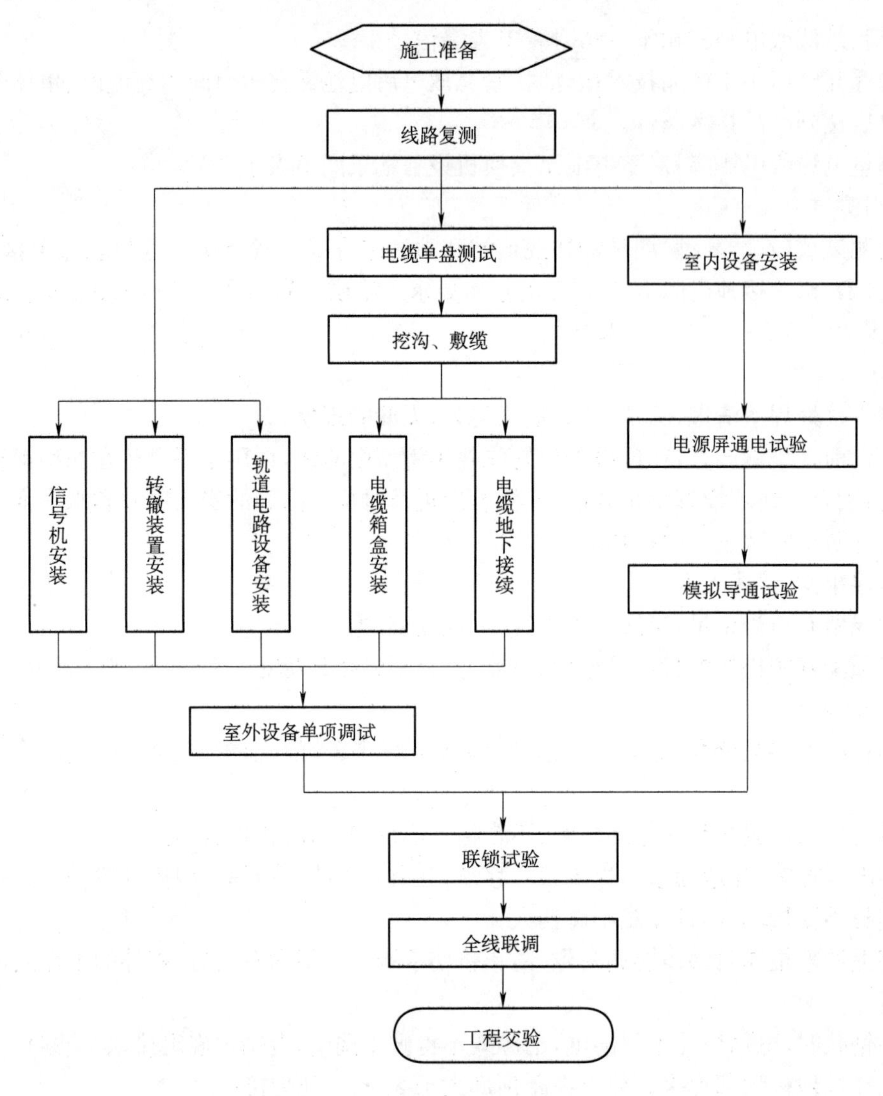

图 10-24　信号工程施工流程图

2)室外设备安装、配线施工方案

室外设备安装、配线计划于 2010 年 3 月 15 日逐步展开。作业组重点放在电缆终端在箱盒内的接线,必须严格按施工图进行,杜绝接线错位造成事故;立信号机柱及其他轨旁设备施工时派驻站联络员进行防护,加强与车站值班员的联系,确保施工和行车安全。

预计 2010 年 11 月 10 日前完成全线室外设备安装及配线工作。

3)室内设备安装、调试施工方案

室内设备安装计划于 2010 年 3 月 25 日逐步展开。作业组重点放在认真复核施工图纸,严格按图进行接、配线。预计 2010 年 11 月 10 日前完成全线室内设备安装。

室内设备导通、调试计划于 2010 年 11 月中旬由各管辖架子队分段同时进行。作业组重点放在联锁试验彻底,确保联锁关系正确无误。预计 2010 年 12 月上旬完成全线各站联锁试验。

(2)施工方法

1)电缆地下接续

①施工流程如图 10-25 所示。

②施工准备

a. 劳动力组织

技术主管 1 人,技术工人 2 人。

b. 主要施工机具配备见表 10-20。

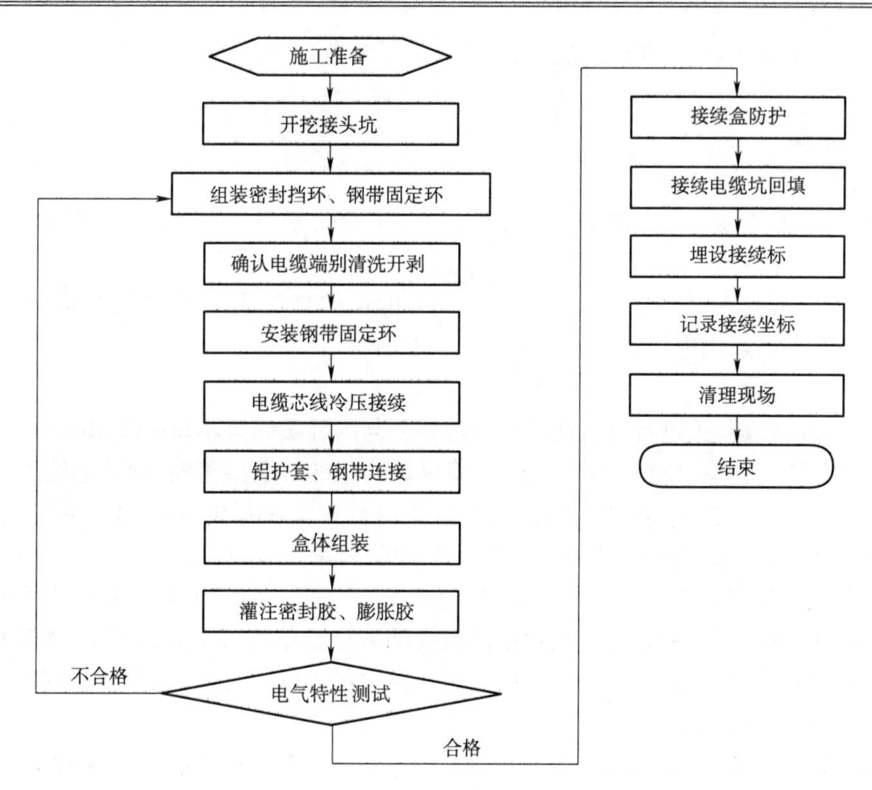

图 10-25　电缆地下冷接续施工流程图

表 10-20　主要施工机具设备

序　号	名　称	单　位	数　量	备　注
1	裁纸刀	把	1	
2	克丝钳	把	1	
3	压线钳	把	1	VS. JJ1
4	剥线钳	把	1	可控剥线尺寸
5	斜口钳	把	1	
6	内屏蔽专用压接钳	把	1	
7	呆扳手	把	2	10 mm
8	专用扳手	把	2	接续材料配备
9	活口扳手	把	1	150 mm
10	钢锯	把	1	
11	管刀	把	1	
12	锯条	根	2	
13	剪刀	把	1	
14	螺丝刀	把	1	
15	切胶刀	把	1	接续材料配备
16	钢丝刷	把	1	
17	棉纱	kg	0.1	
18	砂布	张	1	
19	接头盒　HDM－T－P 型	套	1	含密封胶、膨胀胶

③施工方法及技术措施

a. 开剥电缆

距电缆端头 300 mm 处用电工刀环切电缆外护套一周，并向端头纵向切割将其除去。距外护套切口 15 mm处用克丝钳将钢带（双层）折弯 90°。剥除将钢带折弯处至电缆端头 80 mm 的电缆铝护套表面垫层，并将铝护套用砂布条打磨。

距电缆外护套 50 mm 处，用钢锯环锯铝护套一周，当锯深为铝护套厚度的三分之二时，轻轻折断铝护套并将其抽出。

b. 安装钢带固定环

将双层钢带的正反面打磨处理。

松开钢带固定环上的螺栓，将钢带夹在固定环中间，用螺栓紧固牢靠；保留钢带固定环外侧的的钢带 5 mm，将多余部分剪去，再将固定环外的钢带折弯后整平。

将铝护套屏蔽网一端套在距电缆外护套切口 30 mm 的铝护套上，用喉箍将其与铝护套紧固牢靠，然后将屏蔽网全部推向固定侧，露出电缆芯线。

c. 芯线接续

非屏蔽线组的芯线接续除不进行屏蔽连接外其他部分与内屏蔽线组芯线接续相同。

开剥芯线屏蔽层：距铝护套切口 50～70 mm 处将屏蔽线组的屏蔽层剪断，保留芯线长度 185 mm；除去屏蔽层端口 30 mm 范围的绝缘层，再剥开屏蔽层纵缝，将内衬管套入芯线，将其放置在芯线与屏蔽层间；将屏蔽压接管放置在屏蔽层外端；将小屏蔽网穿入屏蔽线组的一端。

芯线压接：将芯线绝缘层剥除 6～8 mm 露出裸铜线，先将一个方向的全部电缆芯线用接线端子压接，方法是：将裸铜线穿入压接端子筒，通过检查孔观察裸铜线端头穿至压接端子筒的根部，然后用“芯线压线钳”压接；芯线一端压接完成后，再用同样方法将对应的另一侧电缆芯线压接。全部芯线压接完成后，检查核对压接的线组线对，确保芯线接续正确。

芯线屏蔽层连接：将小屏蔽套沿接续完的芯线恢复成直线状，小屏蔽套的两端分别与屏蔽层搭接 15 mm，将内衬管移到屏蔽层切断口处，使屏蔽层覆盖内衬管。内衬管的端口探出屏蔽层切断口 1 mm，以防止压接时屏蔽层切断口与芯线接触。先将屏蔽压接管套入小屏蔽套，再将屏蔽压接管移到与内衬管规定的位置，用“屏蔽层专用压接钳”在屏蔽压接管处压接，使电缆两侧屏蔽四线组的屏蔽层连接。注意：屏蔽连接时应特别注意屏蔽层切口的处理，确保屏蔽层与芯线间的电气特性良好。

d. 铝护套、钢带连接

全部芯线接续完毕后，将接续后的电缆芯线恢复直线状态。用干燥的棉纱，将铝护套与电缆缆芯之间的缝隙填塞，防止灌胶时胶液沿铝护套与电缆芯之间的缝隙渗漏。将铝护套屏蔽网沿电缆芯线拉至另一侧电缆的铝护套处，用喉箍将屏蔽网与铝护套固定连接。将固定拉杆安装在固定环凹槽内。

e. 接地

按现行有关标准，一般在电缆接续处不做接地。特殊情况下，电缆接续处需要接地时，应将屏蔽四线组的屏蔽层接地线复联后与铝护套屏蔽网连接在一起，再与密封挡环上的接地端子连接，最后接到地线体。

f. 盒体组装

将两侧外护套切口 150 mm 范围的电缆外护套用砂布打毛。

将主套管移至电缆接续的中间部位。

将两端的密封挡环推入主套管，外挡环与主套管端面在同一平面上，调整主套管注胶孔的位置，使接头盒落地后注胶孔与地面垂直向上。

用扳手按对角、轮换的顺序，紧固密封挡环的螺丝，使密封胶片受挤压后径向膨胀；一端完成后再用同样方法安装另一端密封挡环。紧固密封挡环的螺丝时，必须按对角轮换的要求均匀拧紧，不可盲目用力，避免用力过大损坏密封部件。

将辅助套管与主套管对接，用专用扳手拧紧，辅助套管注胶孔应与主套管上的注胶孔在同一条直线上其角度差不大于±15°。

在辅助套管小口径端与电缆之间用密封胶带缠包做临时封堵，防止灌膨胀胶时胶液渗漏。

g. 灌注密封胶和膨胀胶

将接头盒水平放入电缆接头坑底部，保持主套管注胶孔与地面垂直，两端电缆储备量呈“Ω”状(或“S、∽”状)盘放整齐。然后即可灌注密封胶、膨胀胶。

h. 机械防护、回填

在接续部位安装接头防护槽，先填埋 200 mm 的松土，然后将接头坑全部填满。

i. 电气特性测试

用高阻计测试电缆的对地(无接地)、线间(无混线)绝缘;用万用表测试电缆芯线的电阻(无断线及芯线压接不良)均符合规定要求后将测试纪录填入电缆接续卡内(两份,一份存档,一份放入接头盒内)并进行下道工序,不合格则重新接续。

④控制要点

接续人员必须经过铁道部有关部门的技术培训并取得合格证书。

选择变径环必须根据接续电缆的直径,严禁随意组合。密封挡环和钢带固定环在电缆中的位置,要严格按组装顺序和零件位置的方向安装。

电缆开剥特别是切割铝护套时必须细心,切割深度适中,严禁伤及电缆芯线的塑料(皮泡皮)外皮。

在芯线压接过程中始终保证电缆芯线在压接端子筒内的位置正确。

压线钳与压接端子筒及芯线呈垂直状,压接时压接钳不得晃动。

压线应一次压紧,压线钳压紧后,能自动松开,严禁对压接后的端子进行再次压接。

电缆储备量不能盘成环状("O"型),可成"Ω"状或"S、∽"状布置。

铝护套屏蔽的喉箍须压接牢固以保证其屏蔽作用。

密封胶、膨胀胶混合时,保证 A、B 胶配比正确。膨胀胶混合时注意操作环境温度变化的影响,调胶后迅速灌注,防止胶液在胶袋内膨胀。

自动闭塞用电缆严格按照《ZPW-2000A 自动闭塞施工安装过程工艺标准》相关要求进行施工。

2)信号机安装

以高柱信号机为例,介绍施工方法。

施工流程如图 10-26 所示。

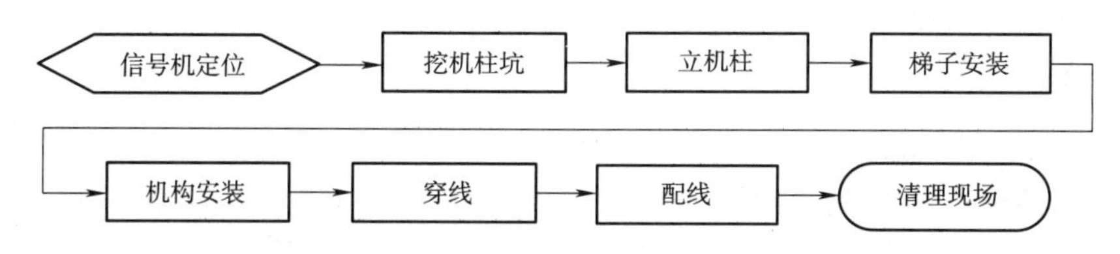

图 10-26　高柱信号机安装施工流程图

①施工准备

a. 劳动力组织

熟练技工 5 人,普工 20 人。

b. 主要施工机具配备

大绳 4 根,顶杆 1 套,三脚架 1 副,安全带 1 根,铁锹 4 把,十字镐 4 把,钢钎 4 根,捣固锤 1 个,滑槽 1 个,抬杠,抬绳,錾子,榔头等。

②施工方法及技术措施

a. 开挖基础坑

基坑全部采用人工开挖。基坑宽以 0.5 m 见方为宜(有底盘的须略加宽),坑深须满足机柱埋深要求。坑挖好后,为方便立杆,按确定的立杆方向将"马槽"挖出来。

b. 立杆

机柱一般都采用人工直接立杆。将机柱顺向"马槽",杆底距"马槽"对面挡板 1 m。在距杆顶 1 m 左右处分别系上 1 根拖绳、2 根边绳和 1 根溜绳。人员分配到位,准备工作就绪后,一起用力起杆。机柱立起后,找正机柱方向,使机柱垂直于水平面,其倾斜限度不大于 36 mm(距地面 4.5 m 处用吊线测量),同时测量机柱限界符合标准,及时将回填土分层捣固,回填 850 mm(10 m 以上的杆为 1000 mm)时,安装上卡盘(卡盘应埋设于地下(500±100)mm 处),再继续回填捣固、夯实至土略平于自然地面为达到标准。

当土质不好时,机柱坑底应增设混凝土底盘,防止机柱沉陷。

c. 安装梯子和机构

当机柱立好,回填夯实后,把预先组装好的梯子装上。梯子第一支架安装在离机柱顶约 400 mm 处,梯子方向正面看与机柱中心线平行;支架从侧面看与机柱中心线成直角。螺帽拧紧。连接梯子与梯子基础,并培土捣固。梯子安装好,就把弯管滑轮(又称顶杆)安在机柱顶部,采用顶杆吊装法安装信号机构。

d. 信号机配线

(a)机构配线：

信号机机构采用 $7\times0.52\ mm^2$ 的多股铜芯塑料绝缘线配线，线条两端用 $0.52\ mm^2$ 的铜线制成线环(机构内部为 $\phi5$ 的线环，XB箱内部为 $\phi6$ 的线环)。目前有的工程施工箱盒采用复合材料，内部接线端子板采用万科端子，箱盒侧软线就不须铜线绕环。

多股铜芯塑料绝缘线放线的根数：机构实际使用灯位的数目乘上3。3代表一个灯的1根主丝线、1根副丝线和1根回线。

从机柱上部眼孔穿入，从下部引线孔穿出的机构内部到箱子内部的软线在上下引入孔处穿入塑料管子予以防护，内部线都用小扎带间隔180 mm扎把分线。

(b)设备配线

设备配线采用 $7\times0.52\ mm^2$ 的多股铜芯塑料绝缘线。

③控制要点：

安装满足限界要求，参与该项目施工人员掌握信号机建筑接近限界标准，安装过程中责任心强，测定准确。

配线准确，电气性能绝缘良好，工艺美观。用线采用多股铜芯绝缘软线，其截面积不得小于 $1.5\ mm^2$；软线不得有破损、老化，中间不得有接头；软线在引线管进出口处加以防护。

信号灯光显示正确，位置无误，主、副灯负丝转换良好，灯口电压正常。每架信号机在采用一次联锁方式点灯时，室内、外试验人员须确保通信畅通，一一核对灯光显示，测量并调整灯口电压，进行断丝报警试验，并作好表格填写。

3) 转辙装置安装调试

①施工流程见图10-27。

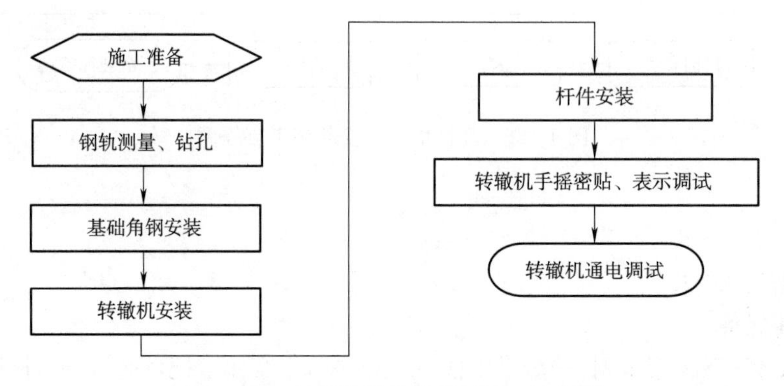

图10-27　转辙装置安装调试施工流程图

②施工准备

a. 劳动力组织

技术工人2人，普工4人。上岗前必须进行专门培训，经考试合格后持证上岗，熟悉施工作业程序，清楚各种规范及施工标准。

b. 主要施工机具配备见表10-21

表10-21　主要施工机具设备

序　号	名　称	规　格	单　位	数　量
1	道岔方尺		把	1
2	发电机	10 kW	台	1
3	电钻(配 $\phi21$ 钻头)	JIS—27A	台	1
4	电钻夹具	43 kg	套	1
5	电钻夹具	50 kg	套	1
6	立式钻床		台	1
7	榔头	1 kg	把	2

续上表

序　号	名　称	规　格	单　位	数　量
8	小撬棍		根	2
9	活口扳手	300 mm	把	4
10	活口扳手	375 mm	把	2
11	活口扳手	250 mm	把	2
12	钢卷尺	5 m	把	1

③施工方法及技术措施

a. 施工准备：待轨道铺设成型，标高、中心已到位后，对道岔铺设情况进行检查，主要检查道岔方正、两尖轨相错量、道岔开程及各部尺寸、尖轨密贴情况等，确定道岔已符合安装要求。

b. 施工测量：道岔各部尺寸达到安装条件后，按标准图的要求进行施工测量，在钢轨上确定钻孔位置。

c. 孔位置基线确定：将道岔扳到四开位置，两边尖轨与基本轨等距的时道岔方钢的中心线确定。

基础角钢安装孔测量：基线确定后，再根据基础角钢固定孔与基线的相对位置关系在基本轨上划出后角钢孔位置，再推算出前角钢孔位置。待四个孔位置确定后，对各孔位置进行复核，确保准确无误。

d. 钢轨钻孔：使用电钻对钢轨进行钻孔，为了保证钻孔位置准确、不跑位，精度达到要求，使用自制的电钻夹具固定电钻，使电钻在工作期间始终与钢轨保持垂直、紧固。根据不同的钢轨类型选用不同的夹具。

e. 基础角钢眼预制：根据现场调查资料，确定钢轨类型后，道岔类型分为左直、左曲、右直、右曲四种类型进行角钢预制，有条件的可进行工厂化预制，以确保角钢钻孔质量。

f. 基础角钢拼装：钢轨钻孔、角钢预制完毕后，即可进行现场拼装，拼装时先将“L”型铁安装在钢轨上(先不紧固)，然后将长角钢放入，连接长角钢与“L”型铁，连接过程中各种绝缘管垫、绝缘板、铁垫板、垫圈按规定放置，不可遗漏，再将短角钢与长角钢相连接。最后可紧固各部螺栓。

g. 安装转辙机：基础角钢拼装完毕后可进行转辙机安装。在安装时检查动作杆与牵引方向一致性，如果不一致须对动作杆及表示杆换边。

三杆连接：在三杆连接过程中注意密贴调整杆的象鼻铁朝向。三杆连接完毕后将各部螺栓全部紧固一遍。

h. 道岔开程调整：检查道岔各部尺寸符合要求后即可进行道岔机械调试，调试前首先检查道岔开程，开程不足可在尖端杆及尖轨间增减铁垫板，使之满足要求。

i. 道岔密贴调整：开程满足要求后，即可进行道岔密贴调整，密贴调整时使尖端杆两端丝口余量一致。

j. 道岔表示调整：必须先调整主表示杆(电机伸出端)，再调副杆(电机缩入端)。

道岔调整完毕，条件具备时进行通电调整，电动调整主要检查转辙机运行情况，定位、反位表示正确，锁闭及表示情况，并调整磨擦电流符合要求。

④控制要点

在安装道岔前必须进行道岔方正及各部尺寸检查，符合要求后才能进行后续工作。

道岔 L 型铁与角钢连接处的各种管、垫齐全，因安装后不易检查，因此在安装前对每组 L 型铁材料进行预配，避免错漏，影响轨道电路工作。

严格控制基本轨上安装眼孔的测量及钻孔，确保道岔方正。

施工完毕再次检查各部螺栓紧固情况，确保各部螺栓紧固良好。

4)25 Hz 轨道电路安装

①施工流程如图 10-28 所示。

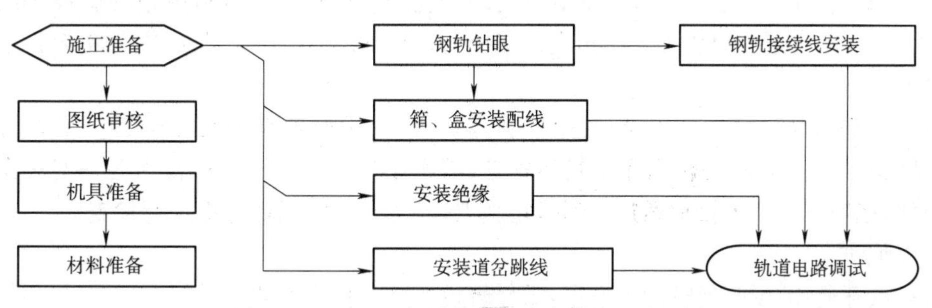

图 10-28　25 Hz 相敏轨道电路安装施工流程图

②施工准备

a. 劳动力组织

钢轨钻眼及接续线安装(一个作业组):熟练技工 2 人,普工 6 人。

轨旁设备安装(一个信号点):熟练技工 1 人,普工 4 人;

钢轨绝缘安装(一处):熟练技工 1 人,普工 4 人。

b. 主要施工机具配备

主要施工机具配备见表 10-22。

表 10-22 主要施工机具配备

序　号	名　称	单　位	数　量	备　注
1	钻具	套	1	专用
2	发电机	台	1	1.5 kVA
3	手枪电钻	把	1	6 cm
4	钻头	个	4	13 cm
5	手锤	把	2	
6	铁锹	把	2	
7	十字镐	把	2	
8	压力扳手	把	2	
9	撬棍	根	2	
10	机械万用表	块	2	
11	数字万用表	块	1	室内 1、室外调试 1/组
12	相位测试仪	台	1	
13	活口搬手	把	10	300 mm
14	小工具	套	10	信号专业常用

③施工方法及技术措施

a. 钢轨钻眼:调整电钻架头部螺丝,钻头对准钢轨腰部位置,开启电源,加力使钻头缓缓钻入钢轨。待钻头将要钻透钢轨时,减轻力量,直至钻透。退出钻头关闭电源,用水将钻孔内钢渣洗净。

b. 安装钢轨接续线:将塞钉头水平对准钻孔,用手锤用力打入,塞钉头受力也要水平,不能把塞钉头打弯;塞钉头要冒出钻孔 1~2 mm,并涂油漆防锈;塞钉线与钢轨水平贴近,高度不得超过轨面,并用 ϕ1.6 铁线均匀帮扎。

c. 轨旁设备安装:熟悉技术标准及设备安装限界;测定基础距所属线路中心、基础距轨面的高度后,进行设备基础的埋设、稳固和安装,设备至钢轨的引接线,全部按标准上齐、紧固,并涂防锈油。

d. 变压器箱内设备安装:轨道箱的内配要进行集中预配,并将变压器固定在轨道箱的底板上,使线把在底板上走线。线把留够余量后,就进行线头做环,并对线环进行编号。将电缆引入轨道箱,并用冷封胶灌注后,将电缆芯线引上端子进行配线,同时将变压器内的相应跨线连接好。将轨道箱的底板(带变压器及预配线把)放入轨道箱内,把线把的引线头上在相应的端子上,与电缆芯线连接,轨道电路的接配线应严格按照同名端相连的原则执行。

e. 安装绝缘:钢轨轨缝太大或太小都要用拉轨器调整,再进行绝缘安装,绝缘管、垫等均要安装齐全。绝缘安装完成后要检查螺栓是否拧紧,不得自行松动,再次用专用压力扳手进行加固。安装完毕后,要对安装现场进行清理,把换下的鱼尾板和螺栓运到指定地点,并对安装的钢轨绝缘进行检查。

f. 轨道电路调试:

为了确保正点开通,减少开通时的工作量,需对轨道电路一步步单调。

首先,打开电源屏向室外及室内轨道继电器供电,检查轨道屏输出的轨道电源是否为 220 V,局部电源是否为110 V，同时确定局部电源电压超前轨道电源电压90°。

然后，在电源送到轨道架后，检查每个咽喉的JDJ继电器是否吸起，从而保证轨道屏供出电源相位的正确性。

若线路条件已具备挂接钢轨连接线，则可以直接连接轨道进行试验；否则，在室外用两根10 mm^{2}的软线，模拟对应一个轨道区段，将电源由送电端，通过两根软线，再由受电端，经电缆送回室内，至轨道继电器的轨道线圈侧，检查继电器是否吸起。若未能吸起，检查继电器轨道线圈侧的电压是否达到标准值，用相位测试仪检查局部线圈电压是否超前轨道线圈电压90°，再对故障进行处理。如此，可以逐个区段进行调试。

④质量控制要点

塞钉头冒出钻孔1～2 mm，并涂油漆防锈。

设备引接线与设备、钢轨端的连接要求紧固，不得有松动现象。

极性交叉试验完成后不得随意轨道电路两钢轨极性，必须保证极性交叉的准确性。

5)ZPW-2000A轨道电路安装

①施工流程如图10-29所示。

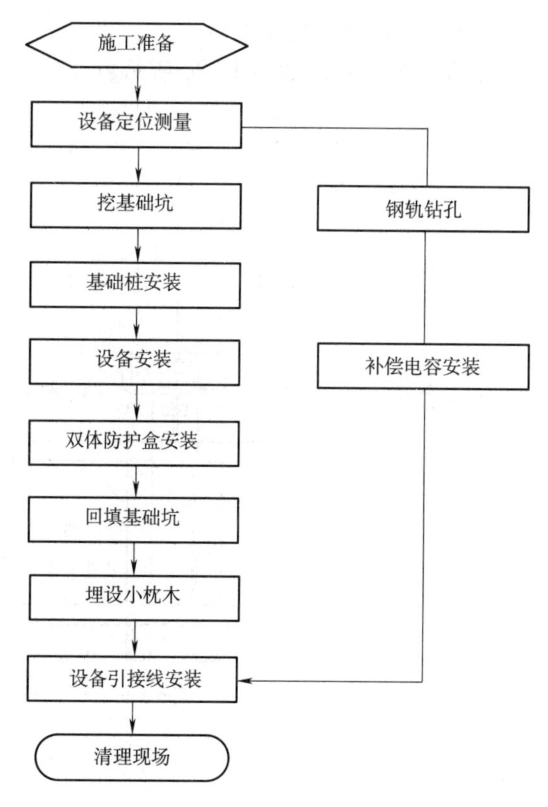

图10-29　ZPW-2000A轨道电路安装施工流程图

②施工准备

a. 劳动力组织

经培训合格的技工2名，普工4名协助。

b. 主要施工机具配备见表10-23。

表10-23　主要施工机具设备

序　号	名　称	单　位	数　量	备　注
1	钻具	套	1	专用
2	发电机	台	1	1.5 kVA
3	手枪电钻	把	1	6 cm
4	钻头	个	2	13 cm
5	钻头	个	2	23 cm
6	冷压铜端头压接钳	把	1	ZYQ—120
7	机械万用表	块	2	
8	数字万用表	块	2	
9	移频测试仪	台	2	CD96—3A
10	活口搬手	把	4	300 mm
11	小工具	套	2	信号专业常用
12	双体防护盒	套	3	含基础桩，机械绝缘处2套
13	钢轨引接线	套	3	机械绝缘处2套
14	短跨线	套	若干	
15	空心线圈	台	2	严格按设计文件配料，注意机械及电气绝缘型号，不要备错
16	匹配变压器	台	2	
17	调谐单元	台	2	
18	补偿电容	个	若干	按其型号要求配置
19	补偿电容防护罩	套	若干	

③施工方法及技术措施

a. 电气绝缘节处设备安装

(a)安装配置示意如图 10-30 所示。

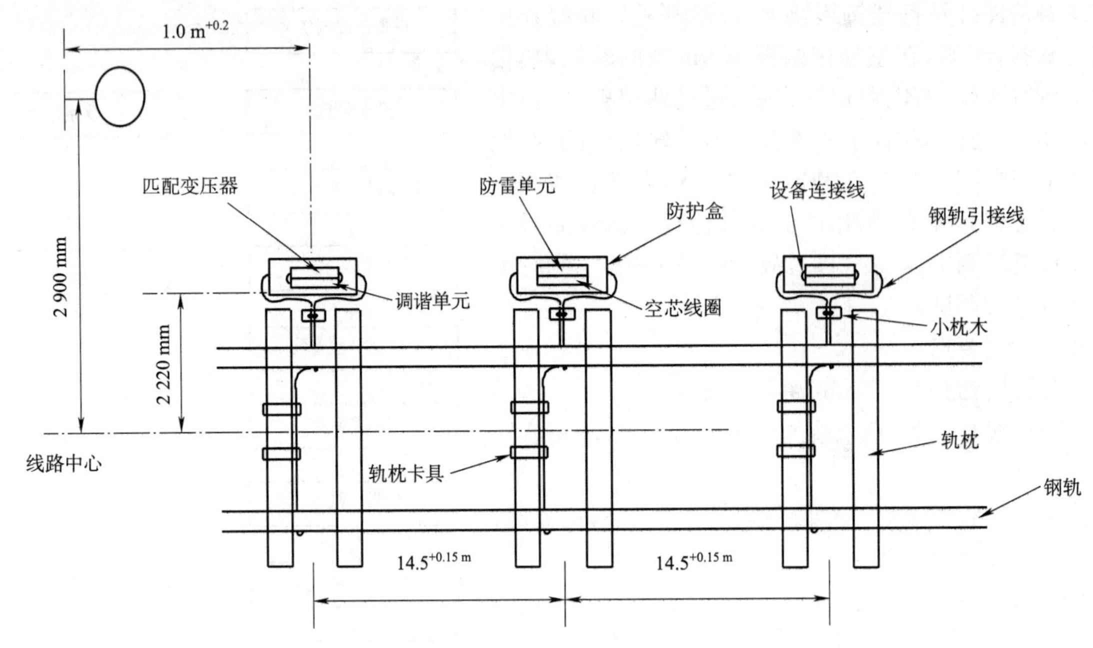

图 10-30 电气绝缘节处设备安装配置示意图

(b)调谐单元和匹配变压器安装

调谐单元的频率必须与所属轨道区段频率一致。调谐单元、匹配变压器应背对背安装在电气绝缘节的两端。

在电气绝缘节的两端距钢轨内侧 1200 mm 以外的地方，各挖一个 400～500 mm 深的基础坑。然后将调谐单元和匹配变压器背对背用 ϕ13 mm 的螺栓固定在基础上部的固定板上(使调谐单元的盒体正面面向钢轨，匹配变压器的盒体正面面向大地)。将装好设备的基础放入基础坑中，调整安装高度使防护盒的上外沿距轨面的最大高度差≤200 mm。调整设备安装限界，使防护盒外沿距钢轨内侧 1200 mm，再将基础坑回填好，使基础及设备平稳牢固。

用截面积为 7.4 mm^2 的两根多股铜芯电缆线(电缆线两端用 ϕ13 mm 的接线片压接)将匹配变压器的 V1、V2 端与调谐单元连接好。

将一端与设备固定好的、长度为 3600 mm、1600 mm 的两根钢包铜连接线用塑料卡箍平行绑扎在一起，固定在专用小枕木上，另一端与钢轨用冷挤压塞钉固定。且连接线与钢轨之间须用专用卡具固定。

(c)空芯线圈安装

空芯线圈设在电气绝缘节的中间，距两端调谐单元 14.5 m(误差范围为＋0.15～0 m)处。

在距钢轨内侧 1200 mm 以外的地方，挖一个 400～500 mm 深的基础坑。将空芯线圈用两根 ϕ13 mm 的螺栓固定在基础上部的固定板上(使空芯线圈的正面面向大地)。将装好空芯线圈的基础放入基础坑中，调整安装高度使防护盒体的上外沿距轨面的最大高度差≤200 mm。调整设备安装限界，使防护盒外沿距钢轨内侧 1200 mm，再将基础坑回填好，使基础及设备平稳牢固。

将一端与空心线圈固定好、长度为 3600 mm、1600 mm 的两根钢包铜连接线用塑料卡箍平行绑扎在一起，固定在专用小枕木上，另一端与钢轨用冷挤压塞钉固定，且连接线与钢轨之间须用专用卡具固定。

b. 机械绝缘节处设备安装

(a)安装配置示意如图 10-31 所示。

(b)调谐单元和空芯线圈安装

调谐单元和空芯线圈应背对背用螺栓固定在同一基础上部的固定板上。安装时使调谐单元的盒盖正面面向钢轨，空芯线圈的盒盖正面面向大地。

在站外方向距扼流变压器中心700 mm的地方挖一个400～500 mm深的基础坑。将同时装有空芯线圈和调谐单元的基础放置在基础坑内，使设备防护盒的中心与扼流变压器的中心距700 mm，设备防护盒顶面与扼流变压器顶面平。且使防护盒的内沿与扼流变压器内沿成一直线距轨道内侧1200 mm。

调谐单元和空心线圈分别用ϕ16 mm、长3600 mm、1600 mm的钢包铜连接线与钢轨连接。连接线两端采用压接端子。与钢轨固定时将调谐单元连接线及空心线圈连接线用同一个专用的加长冷挤压塞钉与钢轨固定在一起。连接线须进行平行绑扎后固定在专用小枕木上，同时与钢轨之间用专用卡具进行防护。连接线安装时应与扼流变压器的连接线走在同一钢轨枕木空处。

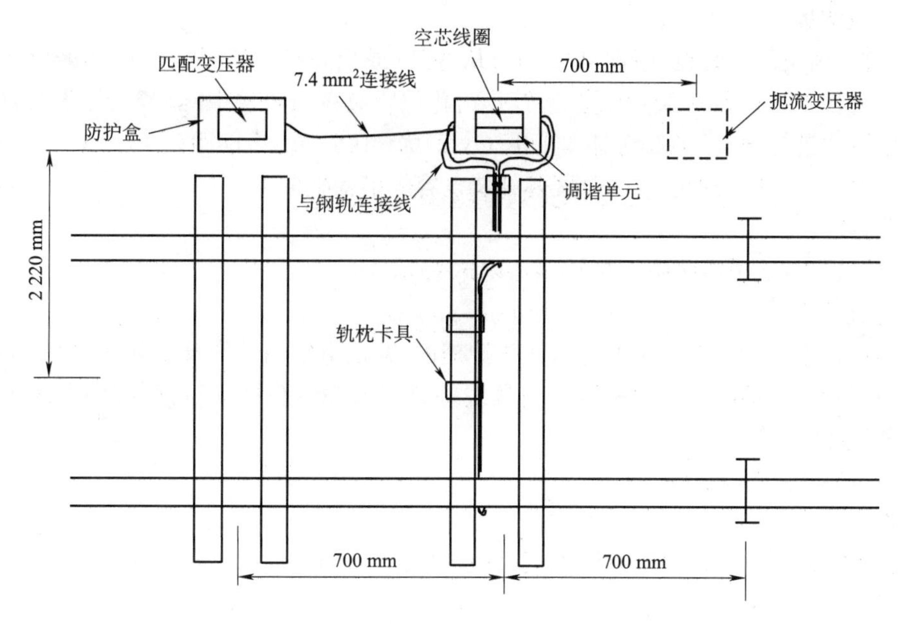

图10-31　机械绝缘节处设备安装配置示意图

(c)匹配变压器安装

进、出站信号点处匹配变压器安装时应单独设置。安装时使调谐单元的盒盖正面面向大地。

在距调谐单元中心700 mm的地方挖一个400～500 mm深的基础坑。将装有匹配变压器的基础放置在基础坑内，使匹配变压器的外防护盒的中心与调谐单元和空心线圈防护盒的中心距700 mm，防护盒顶面相平，内沿在一直线上距轨道内侧1200 mm。

用两根截面7.4 mm^{2}加有防护套管的多股铜芯电缆将匹配变压器与调谐单元连接起来。且连接电缆须进行防护。

(d)流变压器安装

在机械绝缘节站外方第一、第二轨枕间距钢轨内侧1200 mm以外的地方挖深400～500 mm深的基础坑，将扼流变压器与基础固定好，调整扼流变压器基础高度，使基础面与轨面平。扼流变压器中心至钢轨中心2100 mm，将基础坑填好，使基础和设备平稳牢固。连接线安装与匹配变压器与钢轨连接相同。

c. 补偿电容安装

(a)补偿电容定位

轨道电路长度的计算

轨道电路长度为电气绝缘节空芯线圈中心到另一电气绝缘节中空芯线圈中心的距离，或者从机械绝缘节(站口)到电气绝缘节中空芯线圈的距离。本区段轨道电路补偿长度为：

$$L_{调}=\text{轨道电路长度}(L)-29\ \text{m}(\text{电气绝缘节到电气绝缘节})$$

或L调＝轨道电路长度(L)－14.5 m(电气绝缘节到机械绝缘节)

补偿电容等间距长度的计算

无绝缘轨道电路闭塞分区内电容的容量、数量和轨道电路长短及道渣电阻大小等因素有关。根据道渣电阻和轨道电路的实际长度从“补偿电容配置表”查出本区段使用电容的数量N_C和容量。补偿电容等间距长度$\Delta=L_{调}/N_C$；半间距时调谐单元与第一个电容之间的距离，即半间距＝$\Delta/2$。补偿电容布置图如图10-32所示。

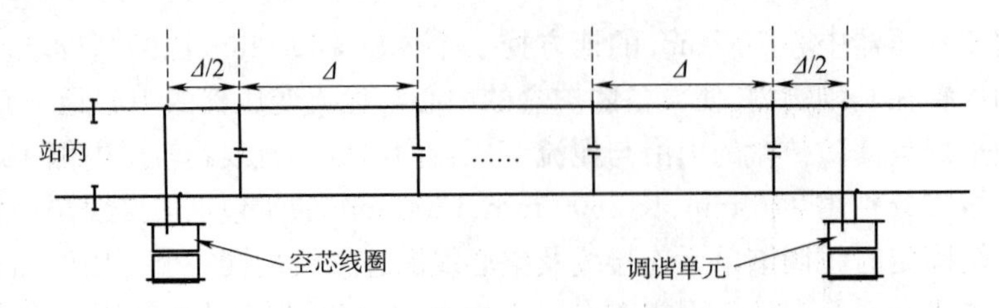

图 10-32 补偿电容布置示意图

(b)塞钉孔定位测量

根据补偿电容等间距及半间距,用钢尺(50 m)从进站(或出站)口开始测量(以调谐单元钢轨连接线安装位置为起点)。为便于钻孔和电容的安装,塞钉孔钻孔位置应在两轨枕中间,若测量出塞钉孔不在两轨枕中间,可在误差范围内进行调整(误差范围:半间距(Δ/2)为±0.25 m;等间距(Δ)为±0.5 m)。在确定的钻孔位置用红油漆做标记,并造表标明每一分区各补偿电容的里程坐标。

(c)钢轨钻孔打眼

施工方法与传统信号轨道电路施工相同。

(d)补偿电容安装

按设计要求,补偿电容安装在专用电容轨枕防护槽内,补偿电容引接线从专用轨枕两端引线孔引出,将电容两端引接线用钢轨卡具固定,并用手锤将引接线塞钉打入塞钉孔中;塞钉引接线要求朝下并与地面成45°～60°夹角,最后安装防护罩。

d. 调谐区内设备单独送电试验

(a)准备工作

确认室内移频电路模拟试验完毕,拆除相关区段模拟回路。导通分线柜中相应区段的电缆芯线,连接到端子上,并将调谐单元与匹配变压器连接。

(b)试验

开启相应区段的发送器,测量匹配变压器的 V1、V2 间电压应为 500～1500 mV。用铜芯塑料线将调谐单元与空芯线圈连接,测量匹配变压器的 V1、V2 间电压应上升 20%～30%,E1、E2 间电压应下降20%～30%。

④控制要点

施工人员经过严格的技术培训,考试合格后持证上岗。

设备定位测量要求准确,误差在允许范围内。

设备引接线与设备、钢轨端的连接要求紧固,不得有松动现象。

7.4 mm^2 铜缆连接线两端的冷压铜端头要求压接紧密,不得有松动现象。

安装机械绝缘节处设备时要注意空心线圈的型号及规格,不要与电气绝缘节处的空心线圈相混。

补偿电容的等间距、半间距要求测量准确,钻孔标准,误差在允许范围内。

补偿电容安装前必须进行电气特性测试,严禁安装不合格的补偿电容。

5) 室内设备安装

①施工流程如图 10-33 所示。

②施工准备

a. 劳动力组织

工程技术员 2 人,必须熟悉设计文件,领会设计意图;技术工人 10 人,上岗前必须进行专门培训,经考试合格后持证上岗,熟悉施工作业程序,清楚各种规范及施工标准。

b. 主要施工机具配备见表 10-24。

③施工方法及技术措施

a. 施工准备

对信号楼的微机房、继电器室、运转室的室内设备安装场地进行清理,特别是微机房进行彻底除尘。检查防静电地板安装是否符合相关标准及设计要求。技术人员根据设计图纸,现场测量电源设备、分线盘、组合柜、移频柜等位置,设备定位后根据测量数据绘制所需加工件加工图,同时在相应的静电地板上钻孔。

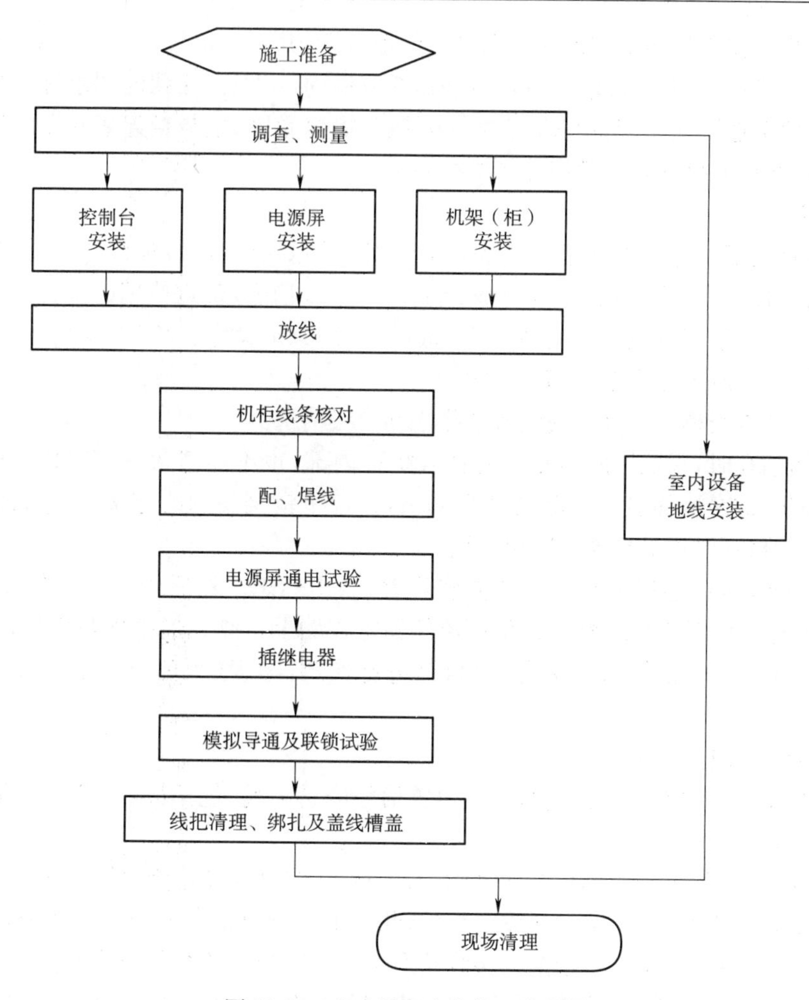

图 10-33　室内设备安装施工流程图

表 10-24　主要施工机具配备

序　　号	名　　称	规　　格	单　　位	数　　量
1	电脑套管打码机	M-100	台	1
2	电锤		台	1
3	电钻	13 mm、6 mm	台	各 1
4	钢锯弓		把	1
5	平锉		把	10
6	活动扳手	250	把	5
7	电烙铁	25 W/50 W/75 W	把	各 5
8	万用表	MF-47	块	2～3
9	接地电阻测试仪	ZC-29	台	1
10	移频综合测试仪	CD96-3S	台	1
11	常用小工具		套	10
12	对讲机	摩托罗拉	对	5

b. 电源屏安装

根据设计图纸标定的设备位置进行安装。当与使用中的电源屏相连接时，应有电务人员配合并采取安全措施，电源屏排列整齐，屏间无缝隙。在两侧上下各钻 ϕ10 mm 的孔，用 M8×30 mm 的镀锌螺栓紧固。屏与屏之间用两端带冷压铜端头、截面不少于 6 mm^2 铜芯塑料线做安全连接；钻孔时要采取措施防止铁屑掉入屏内。

c. 机柜安装

根据设计图纸标定的设备位置进行安装，不得随意调换机柜位置。按设计图纸标定尺寸确定机柜与墙壁、排与排之间的距离。按设计图纸在地板上测量出机柜位置，并画出框线，每个机柜下的防静电地板上钻两个 ϕ30 mm 孔，用于机柜和网格地线连接；将机柜移至方框内，机柜正面朝向图纸标定方向。机柜与机柜侧面对齐，使上方的两个连接孔吻合，用 M8×30 mm 镀锌螺栓紧固，柜与柜连接密贴。当机柜的连接孔无法对齐，必须钻孔时，要采取措施防止铁屑掉入机柜内部。

d. 走线槽道安装

现场调查时，根据图纸确定机柜与墙间支撑位置、长度、数量，确定电源配线进入槽道的位置，是否需要增加竖槽以及在槽道对应位置予留入口。对照图纸核对每一段槽道，确定使用的部位。清点配件确定使用部位，连接是否适用，数量是否满足。走线槽宽 300 mm，高 150 mm，配备有槽盖起防尘作用，每段走线槽道两端的内方焊接 M6×20 mm 的螺栓，用于地线连接。

先安装机柜顶部的走线槽道。其次安装排与排之间走线槽道。

安装走线槽道需钻孔时，采取措施防止铁屑掉入机柜内部，也不能遗留在槽道内。槽道与槽道之间用 10 mm^2 扁平铜网编织线连接，槽道与机柜之间用 10 mm^2 扁平铜网编织线连接。为保证机柜稳定安全，在槽道连接完成之后，用角钢或槽道延伸至墙相连接。

支撑角钢安装：测量角钢连接件在墙上的安装位置，做出标志。然后用冲击钻打孔(冲击钻头直径与 ϕ10 mm 膨胀螺栓相吻合)，用膨胀螺栓将直角连接件固定在墙上。测量连接件与机柜连接部位的距离，加工支撑角钢，并在角钢上用电钻打出连接孔，对角钢进行除锈，涂漆(颜色与机柜一致)，待油漆干后进行安装。

e. 机柜及走线架中的电缆走线

放置电缆顺序原则：首先放置电源电缆，其次放置信号联系电缆，包括接收、发送电缆，如果设备柜间具有数据通信电缆，则最后放置。

电缆在走线架中的位置：设备成单行排列时，电源线布放在前部(设备侧)，柜间通信连线布放在后部(配线侧)，信号联络线布放于走线槽中部；设备成双行排列时，第 2 行设备上方的走线架中，柜间通信连线需布放在前部，以便与前排设备柜连接。机柜内的接收及发送电缆应与电源线分开放置。

接口柜中微机专用电缆及软线，从接口柜两边主线槽分别下线，每一层再由两边向中间横向绑把走线至对应端子后上端子。机械室、运转室、电源屏室地沟内填砂，分线盘、电源屏、控制台下方、微机房入口处等地方要填防火防鼠堵料，以防止火患、鼠害。

焊线焊点要牢固、饱满、美观，无虚焊、假焊、毛刺；不得使用焊锡膏等有腐蚀性的助焊剂。多股铜芯软线和端子的连接：与带焊片的端子(如组合侧面、熔丝转换装置插座板等)可直接焊接，与螺栓端子使用平行线环进行焊接或绕线环。单股铜芯电力电缆和端子的连接：将铜芯电缆用剥线钳剥去外皮，露出铜芯(裸露铜芯长度视要连接端子直径大小而定)，再将裸露出的铜芯弯曲成圆形线环(直径比要连接的端子直径略大即可)，直接固定于螺栓端子上；线环间使用垫片，防止线环受力后互相之间缠绕及受伤。截面 6 mm^2 以上室内电力电缆采用多股铜芯电缆，用电工刀剥去适当长度外皮，将线头焊接在铜端头上再固定于相应的端子上。

f. 电缆引入

至信号机械室的电缆引入后，其电缆的储备量排列整齐，盘放在电缆坑内；设有电缆房的车站，备用电缆应整齐地盘放在专用电缆支架上；电缆引入电缆柜后排列整齐，并分段固定；电缆转弯时均匀圆滑、整齐美观，不得有硬弯或背扣现象；电缆的终端有标明去向的铭牌。

g. 室内防雷及接地

为了信号设备的使用安全及减少雷电对设备的损坏和干扰，信号设备应按设计规定加装防雷及接地装置。室内控制台、人工解锁按钮盘、机柜(架)、电源屏、分线柜(盘)等设备，用两根 7×0.52 mm^2 多股铜芯塑料软线环接后，接至防雷、屏蔽及公用安全接地装置上。有 ZPW-2000A 自动闭塞车站应在信号机械室设置接地网，并在室外埋设贯通地线，以保证各处设备等电位。

④控制要点

认真执行施工、设计文件“三级”会审制度，各级技术交底制度，切实做到施工人员领会设计文件精神，熟悉施工标准、方法及施工程序；深入、细致地进行施工调查，特别是针对施工中的重点，制定切实可行的施工方案，确保施工工程质量。

各种机柜、架的安装尺寸按设计文件进行，配线规格、截面积按设计、部颁《铁路信号施工规范》(TB10206—99)及《铁路信号工程施工质量验收标准》(TB10419—2003)施工。

室内电缆、对绞屏蔽线在配线前进行测试。

室内施工全部进行挂牌施工，各作业项目附有相应的质量记录。

自动闭塞室内设备安装严格按照《ZPW-2000A 自动闭塞施工安装过程工艺标准》相关要求进行施工。

10.5.3.3　电力工程

(1)施工方案

项目部设立两个电力架子队负责标段内电力工程施工；在试验调试部设置一个电力试验组负责电气测试任务。作业一队驻水家湖，负责淮南至朱巷段电力工程施工；作业二队驻合肥东，负责朱巷至双墩集及合肥枢纽电力工程施工。

两个架子队计划于2009年12月15日先同步展开电力线路迁移和车站过渡施工，各架子队将人员细分为线路作业组、设备安装作业组、变电所安装作业组，以流水作业方式进行电力线路迁移、电缆敷设、设备安装等工序施工。对电力线路和既有所的改造施工要严格按照停送电操作规程和施工规范中的相关要求进行，杜绝人身触电事故。

1)电力线路迁移施工方案

本全线迁改任务量大、站线长，各架子队进场后组织人员在较短的时间内完成迁改施工调查，确定施工范围，掌握迁移工程的技术特点，初步制定方案，摸清施工环境和交通条件，为迁移施工作好准备。

根据现场实际情况，既有电力线路的迁移主要采用跨越迁改或平移迁改两种方案。10 kV及以下线路跨越轨道一般采用顶管过轨方式；35 kV线路跨越轨道宜采用增高加强架空跨越方式，跨越支柱上安装增高肩架，通过耐张形式实现跨越；35 kV以上线路一般采用铁塔进行跨越。平移迁改一般采用架空线路，无径路条件时采用电缆。

每处工点的迁改施工完成后，及时做好有关的验收资料，邀请产权单位进行检查验收，验收合格后及时办理交接，请产权单位和建设单位予以签认。

电力线路平移迁改施工过程中，各架子队线路作业组以耐张段为单元，采取以流水作业为主的方式组织施工。大运电杆采用汽车运输方式，小运电杆以人力为主、机械为辅。人口稠密地区的杆坑及电缆沟开挖采用人工方式，人口稀少地区及土质坚硬地段采用爆破作业方式。电杆组立一般采用人工方式，交通便利的地方采用机械立杆。横担组装、导线架设、电缆敷设等工序均采用人工作业方式。

2)车站电力施工方案

车站电力随电力线路迁移施工采取平行作业方式同步推进。各架子队分别抽调部分专业人员，负责各自管段内的车站电力施工。

因车站电力受土建、房建等专业的制约，各架子队指派专人主动与相关专业联系，提早确定电缆线路径路、灯柱及灯塔基础的位置，适时调整作业计划，在站内道路路面、站台面硬化前，完成地下管、线、缆、基础等单位工程施工，在房屋内外装饰前完成动力配线及动力配电盘、柜的安装施工，减少对站场、房屋施工的干扰，避免对已完工的墙面、路面、站台面等造成破坏。

灯柱、灯塔及杆上变电台安装均由专业人员组成安装作业小组负责实施，以保证施工工艺和技术标准统一。施工主要采用人工作业方式，有条件的地方尽量利用机械作业，以提高工效。箱式变电站、灯柱基础等在现场进行浇制。站区内各种基础、杆坑、电缆沟的开挖均采用人工作业方式。

3)高低压变电所安装施工方案

高低压变电所安装计划于2010年4月1日开始展开，由技术骨干人员组成一支专业小组，先进行新建水家湖35kV变电所施工，完成后在设备管理单位的配合下进行既有低压变电所、站改造。

新建高压变电所的施工采用流水作业方式。既有低压变电所、站改造由各架子队指派专人与设备管理单位联系，改造方案作到优化并经设备管理单位专业人员审核，需要临时过渡的，采取有效的过渡方案，新增设备各种试验提前作好，对改造倒接过程中可能出现的各种意外情况尽量有预见性，作好应对各种意外情况的预案，作到万无一失。

条件成熟的所先进行改造，随后逐所推进，预计到2010年9月底完成。

施工中各类电气设备安装严格按照设计文件和《铁路电力施工规范》进行，电气测试严格执行《电气装置安装工程电气设备交接试验标准》的规定。

(2)施工方法

1) 电力线路迁改

①10 kV 及以下线路跨越迁改

10 kV 及以下线路跨越轨道一般采用顶管过轨方式,先将 ϕ50 钢管从道床中顶穿,电缆从钢管中穿过,沿道床通过路基后顺电杆而上,在电杆上距地面 2 m 范围内用钢管进行保护,电缆头终端与架空线路连接,完成跨越。10 kV 顶管过轨示意图如图 10-34 所示。

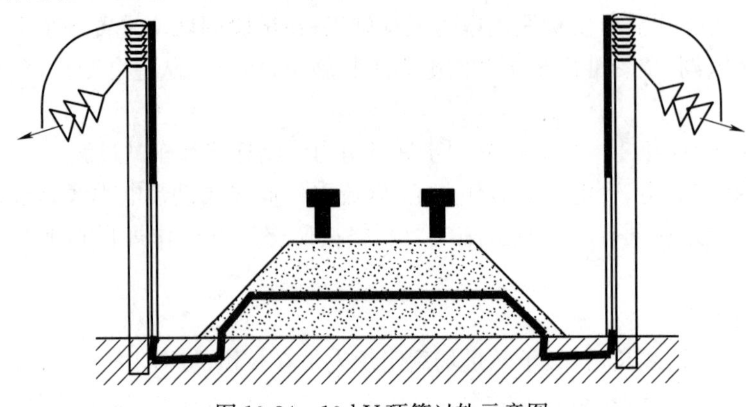

图 10-34　10 kV 顶管过轨示意图

注意事项:

顶管尽量垂直线路,顶进前与工务、电务等部门联系,了解地下埋设物情况,并签订安全配合协议。

顶进位置距道床顶面距离及路基上电缆埋深大于 0.8 m,以免工务整道造成破坏。

顶进利用行车间隙或封锁线路进行。

②35 kV 及以上线路跨越迁改

35 kV 线路跨越轨道宜采用增高加强架空跨越方式,主要采用在跨越支柱上安装增高肩架,通过耐张形式实现跨越。35 kV 架空跨越示意图如图 10-35 所示。

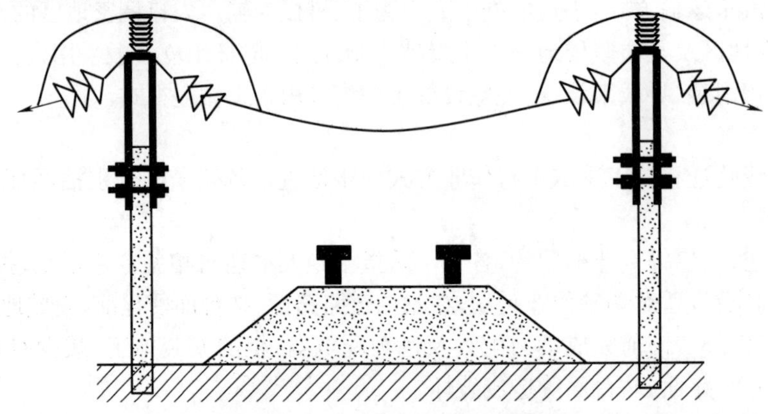

图 10-35　35 kV 架空跨越示意图

根据轨道距地面高差选用适当的电杆,一般选择 12 m 以上电杆进行跨越,确保跨越线路距轨面或接触网的距离满足规范要求。安装经加强处理的增高肩架,跨越档一般采用独立耐张段,用耐张线夹与绝缘子串连接,跨越线通过电连接线夹或压接与架空线路连通,形成跨越。

注意事项:

增高肩架进行加强处理后,按照规范要求进行防腐处理。

根据线路转交情况及电杆的受力情况增加拉线进行加固。

跨越线的高度必须满足规范要求。

封闭线路进行跨越施工。

③35 kV 以上线路跨越迁改

35 kV 以上线路跨越同样采用架空跨越,不同之处在于其线索自重更大,对地绝缘距离要求更高。一般采用铁塔进行跨越,施工方法类似 35kV 线路跨越。

35 kV以上架空跨越示意图如图10-36所示。

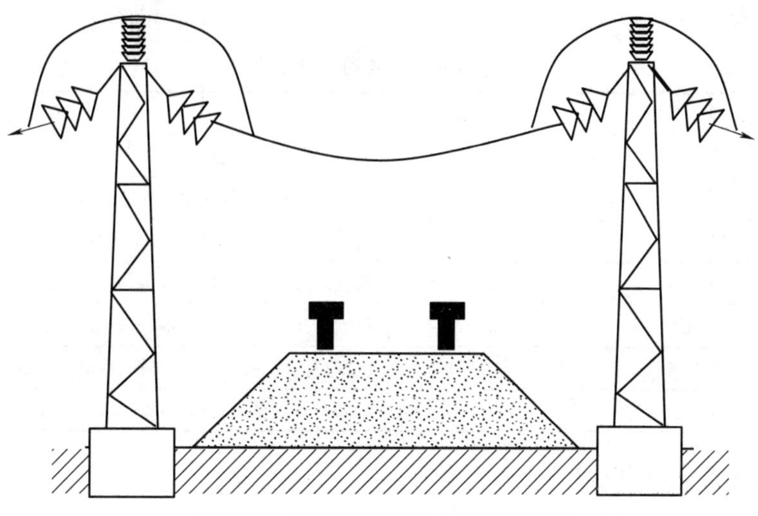

图10-36 35 kV以上架空跨越示意图

④平移迁改

平移迁改主要将有影响的电力线路移至不影响的地方，将既有电杆向线路外侧迁移。平移迁改示意如图10-37所示。

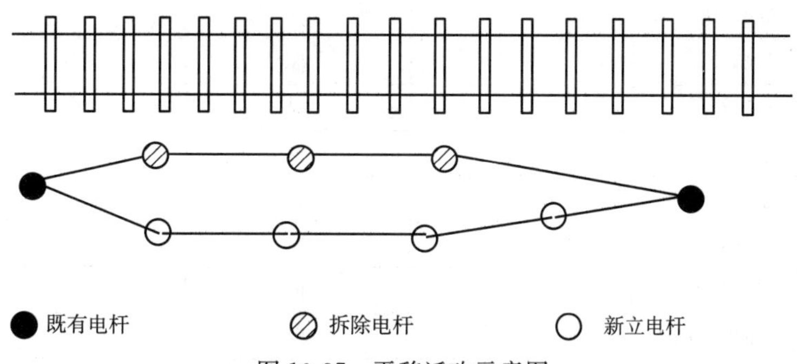

图10-37 平移迁改示意图

首先根据地形地貌确定新立电杆线路走向，保证新立电杆不再对其他施工产生影响，且尽量避免转角。电杆组立后，安装横担，架设导线，新线架设可预留长度，临时固定在支柱上。停电拆除需迁改段线路，新线与既有线通过电连接线夹连通，拆除迁改支柱。

注意事项：

线路走向不能满足直线时，转角大于12°时须作耐张，小于12°时可设拉线加固。

线索接头距电杆不宜过远，一般为5～8 m。

在迁改地段附近若有耐张杆，尽量从此处接线。

与既有线临近作业，注意施工安全和人身安全。

平移迁改一般采用架空线路，无径路条件时采用电缆。

每处工点的迁改施工完成后，及时做好有关的验收资料，邀请产权单位进行检查验收，验收合格后及时办理交接，请产权单位和建设单位予以签认。

2)杆塔组立

①施工流程如图10-38所示。

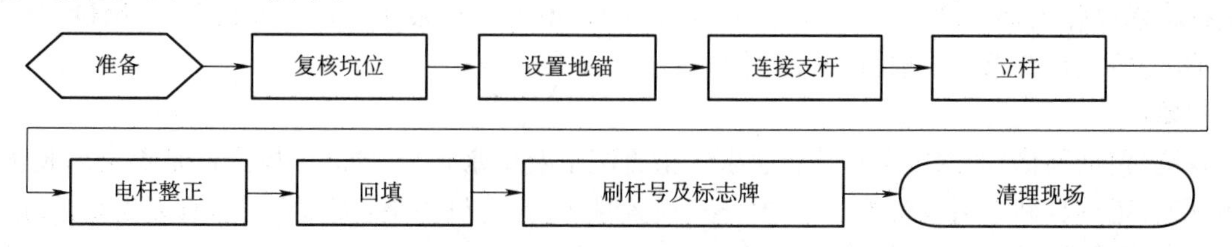

图10-38 杆塔组立施工流程图

②施工准备

a. 劳动力组织见表10-25。

表10-25 劳动力组织

序　号	施工人员	人　数	主要职责
1	小组长	1	确定支杆摆放位置,并指挥立杆
2	副组长	1	用皮尺检查坑深,利用标杆进行看杆
3	安质员	1	负责立杆工序的质量和安全注意事项
4	边绳组	4	负责两边边绳、工具的准备、搬运及施工
5	滑车组	2	负责滑车组、工具的准备、搬运及施工
6	牵引组	15	负责拉大绳、抬支杆、开马槽、回填、写临时杆号
7	修坑	1	跟随看杆人员负责修坑,保证坑的深度

b. 主要施工机具配备见表10-26。

表10-26 主要施工机具配备

序　号	名　称	规格型号	单　位	数　量	备　注
1	铝合金扒杆	LBC—15	副	1	
2	滑轮组	3t	套	2	
3	倒向滑轮		套	2	
4	长钢钎		根	1	
5	短钢钎		根	10	
6	起吊绳		根	1	
7	钢丝套	3t	副	8	
8	边绳		根	2	
9	根绳		根	1	
10	尾绳		根	1	
11	铁锹		把	5	
12	标杆		根	4	

③施工方法及技术措施

采用倒卧式立杆的方法起吊电杆。

先起吊抱杆:抱杆起动时,对地面的夹角在55°~70°之间。抱杆失效时,对地面的夹角,以杆塔对地面的夹角来控制,使杆塔对地面的夹角不小于55°。

起吊电杆:待抱杆立好后,指挥员发令立杆,开始拉大绳,等电杆离开地面1 m后,检查各方受力是否良好,然后才发令继续拉大绳。待电杆与地面夹角在85°左右时,停止拉大绳,确定电杆中心位置后放根绳,保证电杆落在线路中心点上,然后电杆整正。

杆身调整:观测人站在相邻未立杆的杆坑线路方向上的辅助标桩处(或其延长线上),面对线路已立杆方向观测电杆,或通过垂球观测电杆,指挥调整杆身,或使与已立正直的电杆重合。

夯实填土:杆身调整后,即进行填土夯实工作。普通土质回填时,土块要打碎,每回填300 mm要夯实一次。夯实过程中不能使基础移动或倾斜。回填水坑时排除坑内积水。冬季土坑回填时,清除坑内积雪,并将大冻土块打碎掺以碎土,冻块最大允许尺寸为150 mm,且不允许夹杂冰雪块。大孔性土、硫砂、淤泥等难以夯实的基础坑,按设计要求或采取特殊施工措施。

④控制要点

复核基坑(包括马槽)的深度是否符合要求。检查沉土及积水是否排除;杆塔附件是否全部装正,有无缺件或损伤;所有工器具和牵引设备等是否均合格、设置是否恰当;桩锚是否牢固可靠,有无走动情况。

检查附近有无带电设备,有无足够的安全距离。若必须停电,在确知已停电并经验电接地后才能施工。

杆塔起立到梢部离地约1 m时,暂停牵引,重点检查一次起重设备及桩锚绳索。若发现不正常情况,放下重新调整后再起立。

整体起立杆塔过程中，必须一次立好，不得中途停下休息。

基础坑的回填，在地平面以上筑有自然坡度的防沉土层，回填一般土质时，对基础坑的防沉土层高出地面 300 mm；回填冻土及不易夯实的土质时，防沉土要高出地面 500 mm。土台上部面积大于原坑口。

施工完毕后，集中回收施工遗弃物，恢复植被。

3)导线架设

①施工流程如图 10-39 所示。

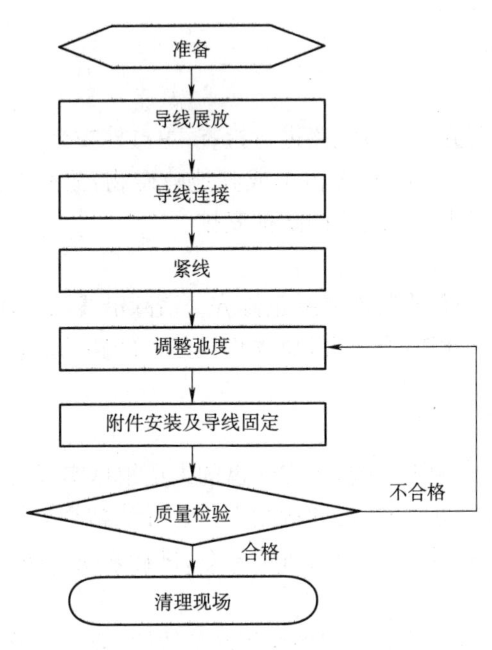

图 10-39　导线架设施工流程图

②施工准备

a. 劳动力组织见表 10-27。

表 10-27　劳动力组织

序　号	施 工 人 员	人数(名)	主 要 职 责
1	小组长	1	放线指挥，负责架线安全及观察弛度调整
2	质检员	1	配合小组长分管架线质量
3	接头组	2	负责接续及接续用的工具、材料
4	挂头组	1	负责耐张线夹安装
5	紧线组	2	负责紧线和调整导线弛度
6	线盘看护人员	2	检查线盘是否牢固，保持正常转动
7	导线牵引人员	5～20	牵引导线
8	挂滑轮组	3～5	负责悬挂滑轮及让导线翻越障碍物

b. 主要施工机具配备见表 10-28。

表 10-28　主要施工机具配备

序　号	名　称	规　格	单　位	数　量	备　注
1	放线架		付	2	支线盘
2	放线轴	ϕ50×2000	根	2	
3	压接钳		套	2	接续用
4	滑轮		个	6～10	挂导线
5	对讲机		个	4	指挥及工作联系

续上表

序　号	名　称	规　格	单　位	数　量	备　注
6	断线钳	900 mm	把	1	断线用
7	吊绳	$\phi16$	根	6～8	
8	凡士林		瓶	1	接续用
9	木郎头		个	1	接续用

③施工方法及技术措施

采用人工牵引导线的架设方法。

a. 架线前检查

架线前由专职质检员和技术人员一起对线路进行检查，重点检查交叉跨越距离是否满足规范要求，横担及拉线安装是否正确，线路通道是否畅通，有无树木或其他障碍物，放线经过的山上及屋顶上有无危险物。同时做好跨越河流、公路、铁路及其他架空线路的防护安排。

b. 架线准备

检查电杆是否已经校正，有无倾斜或缺件需补正修齐。清除沿线放线通道上可能损伤导线的障碍物，或采取可靠的保护措施，如碎石地段垫以隔离物，以免擦伤导线。线路跨越公路、电力线、通信线时，搭设牢固的跨越架。

c. 放线

线盘支撑牢固后，在牵引员的带领下拖线，值守线盘的人员根据实际情况控制好线盘的转速，保持缓慢、匀速放线，发现导线有断头需作接续处理时，通知接续人员。导线拖到位后，杆上作业人员将导线固定到耐张绝缘子串上，牵引导线的人员回到紧线处，及时听从号令，进行紧线工序的工作。

d. 导线连接

将导线用钢锯锯齐，锯前在锯点的两侧用与导线相同的线股，或软于导线的绑线将导线捆紧，以免松股。将连接管放入压接钳的压模中，并使两侧导线平直，接规定顺序、规定的深度及压口数进行压接，并使连接管最外边的压口数位于导线端头侧。压接时，每个压口要一次压完，中途不能间断，并压到规定深度，即压到上、下模相接触为止。稍停后，即可松开压钳，进行下一个压口。

e. 紧线

杆上作业人员先安装好作业架(便于操作)，搭好导线紧线器，准备好导线连接金具。在工长的指挥进行导线的紧线工作。紧线前先得用人力在地面上拉紧余线，待架空线离地面约 2～3 m 左右，即可开始在耐张杆塔 30 m 处套上紧线器，用牵引设备牵引钢丝绳紧线。

采用与导线规格相同的三角紧线器，把紧线器固定在横担上，由后向前推动拉环，此时夹线部分即可张开，夹入导线后，拉紧拉环，使夹线部分越拉越紧。

紧线顺序是由上到下，先紧中线，后紧两边紧导线。

根据弛度表的规定值确定导线弛度，当导线的驰度调整到规定值时停止紧线，安装导线连接金具，剪除多余导线，拆除作业架，清理现场。

f. 附件(防震锤及跳线)安装

承力杆塔(耐张、耐张转角、终端等杆塔)导线紧好后，用铝并沟线夹将杆塔两侧导线的尾线连接起来。

防震锤的安装数量和安装距离值由设计确定，从杆塔的耐张线夹(悬垂线夹)中心起量至防震锤中心来确定防震锤的安装距离，并在导线的固定处缠绕铝包带一层(夹不紧时可用二层)，安装后两端露出铝包带层 15～30 mm 长，安装误差要求不大于 30 mm。

防震锤安装后在导线下方同一垂直面，夹板的缺口方向为两边线内侧，中线向右，用弹簧垫圈拧紧固定。

④控制要点

a. 放线施工安全措施

放线架必须安全牢固，必要时加设临时拉线，或加必要的支撑。交叉跨越处均搭设牢固可靠的越线架，对于无法搭建越线架的交叉跨越处，事先制定可靠的施工方案，放线时均需指派专人负责看管。

清除放线通道上有可能损伤导线的障碍物或采取可靠的保护措施。

对于耐张段太长、挡距过大而环境又较复杂的导线架设，沿线布置必要的监护人员。

拖线时若导线被树枝等挂住，可用木棒挑开或用绳索拉开，但操作人员尽量站在线弯外侧。

放线速度不能太快，防止导线死扣、损伤和松股。施工领线人员，随时注意联系讯号，若讯号不清发生怀疑时停止拖线，弄清原因前不准盲目拖线。

邻近有带电线路时，架线采取可靠的安全措施，线轴接地。若交叉跨越带电线路必须停电时，按规定手续办理停电申请，停送电作业严格按操作规程操作，防止事故发生。

b. 紧线施工安全措施

紧线施工负责人必须在取得各方面均已准备好的联系讯号后，才能发令紧线。

紧线时，在操作杆塔上划印或挂线人员处在架空线的上风侧，待驰度观测好以后，再接近架空线进行划印。挂线时必须待耐张串已接触挂线处，再凑近挂线金具操作。随时准备应对可能发生的意外情况。

挂线时尽量减小架空线所承受的过牵引张力，从改进挂线措施着手，不允许过分增大过牵引张力，特别是孤立挡，过牵引数值从严掌握。

紧线用的施工地锚，按设计规定埋设，施工中随时监视有无异状。

紧线用绞磨由专职技工负责，尾绳由熟练人员操作，禁止用脚踏尾绳。紧线时，导线下方严禁站人。

邻近有带电线路时，紧线绞磨接地。若交叉跨越的线路带电，在紧线时派专人监视，至到导线挂好耐张杆塔为止。

严格按照设计提供的弛度表(安装曲线表)，并根据现场的实际温度，采用弛度板或经纬仪测量导线的弛度。

c. 导线连接质量检查

导线的连接质量影响线路安全运行，指派专人负责操作施工中的导线连接工作。

压接前，检查连接管规格是否符合要求。压接后进行外观检查，连接管呈平直无弯曲。当弯曲度在1%～3%时，可用木板衬隔，用木槌矫正；当弯曲度超过3%时，要求开断重接。连接管表面无毛边，不允许产生任何裂纹。

钳接管压后尺寸的允许误差为 0.5 mm。导钳压接后的深度误差为 0.5 mm。

4)室外电缆敷设

①施工流程如图 10-40 所示。

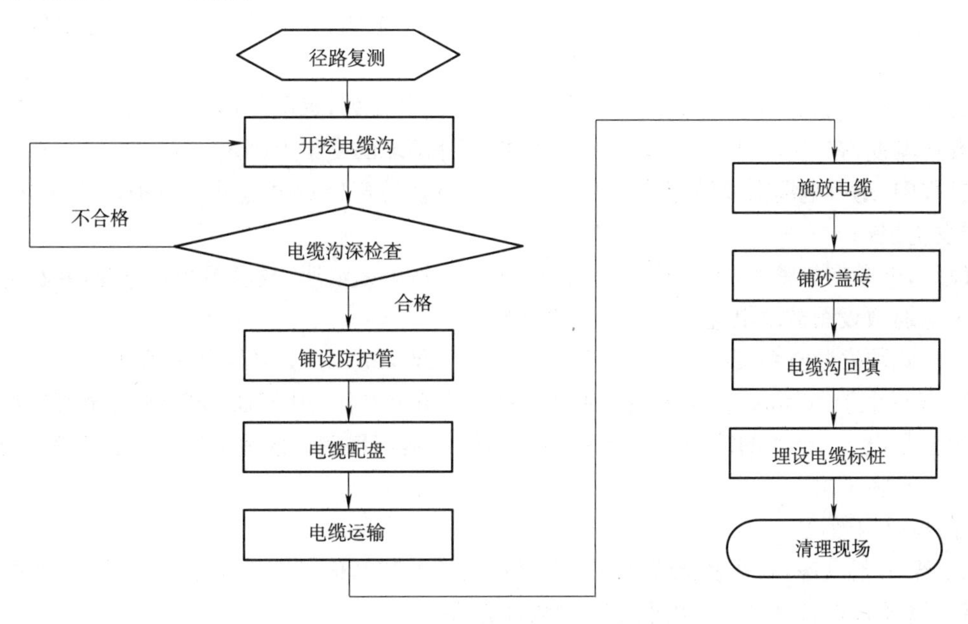

图 10-40　室外电缆敷设施工流程图

②施工准备

a. 劳动力组织见表 10-29。

表 10-29 劳动力组织

序 号	施工人员	人 数	工作内容
1	小组长	1	施工组织、电缆敷设指挥
2	技术员	1	负责沟深检查,敷设质量
3	开挖组	20	负责电缆沟开挖
4	引导组	2	负责电缆首尾端准确对位,配合敷设
5	敷设组	40	全部电缆的施放、敷设、固定工作
6	辅助组	6	障碍处理,电缆穿管,转弯处防护

b. 主要施工机具配备见表 10-30。

表 10-30 主要施工机具配备

序 号	名 称	规 格	单 位	数 量	用 途
1	电缆盘支架		副	2	放电缆盘
2	无缝钢管	ϕ50 mm,l=2000 mm	根	2	放电缆
3	摇表	1000 V	块	1	测绝缘
4	钢卷尺	50 m/5 m	把	各 1	测量
5	手工钢锯		把	2	裁切电缆
6	电缆标志牌	l=0.7 mm,40 mm×50 mm	块	10	电缆标示
7	镀锌铁线	ϕ3.2	kg	5	牵拉电缆
8	细铁丝	ϕ1.0	kg	2	捆标志牌
9	铁绑线	ϕ1.5 mm(缠丝)	kg	1	绑扎电缆

③施工方法及技术措施

将电缆盘在选好的位置上支起,调整支架手柄使滚轴呈水平状态,且电缆盘下沿距地面的高度不超过 100 mm,防止支得过高以致不稳。

分段用钢卷尺测量电缆沟的长度,并在电缆沟、电缆井、电缆桥架上作出标记,编制电缆敷设图。

a. 电缆在电缆沟内敷设

控制、电力电缆分层敷设,敷设在同一侧支架上的电缆,按电压等级分层排列,控制电缆放于电力电缆下面,1 kV 及以下电力电缆放于 1 kV 以上电力电缆下面。

在每层支架上并排敷设的电缆,其走向一致。在电缆的分支处,每层并排的电缆之间不得交叉。

水平敷设的电缆,在电缆首尾两端、转弯和中间接头处两端的支架上固定。

在敷设过程中,遇有电缆需要转弯情况时,由辅助人员在转弯处对电缆进行防护,必要时可设转向滑轮组导向,以防发生损伤。

电缆敷设后,电缆摆放整齐、不交叉,并且整洁、美观。按电缆清册、敷设图切割电缆,并在电缆两端作好临时标识。按电缆敷设图敷放电缆。对电缆整理、绑扎。

在电缆沟两侧须安装电缆支架,支架层间间距为 200 mm,最上层支架距沟顶距离 150 mm,最下层支架横档距沟底距离不小于 50 mm,支架采用 L50×5 的镀锌角钢制作,用 M12 的膨胀螺栓固定在电缆沟侧壁上。电缆支架上敷设－40×4 的镀锌扁钢作为支架接地线,镀锌扁钢与接地干线采用镀锌螺栓连接,电缆支架每隔 600 mm 安装一组。

b. 电缆在管道内敷设

从桥架、支架引至设备,墙外表层或屋内行人容易接近处和其他可能机械损伤的地方,预留一定机械强度的保护管(厚壁镀锌钢管)保护,采用电缆穿管敷设方式。

管道要求管口光滑,内部无积水且无杂物堵塞。穿电缆时,不得损伤保护层,可采用滑石粉作润滑剂,便于管内穿电缆。管子表面的防腐层完好,否则须涂防火涂料。镀锌钢管管内打磨光滑,管内吹扫干净,穿电缆前装上管护口,管护口胶粘固定,钢管镀锌层损伤处刷 2 遍防火涂料。

电缆管长度在 30 m 以上时,管内径不小于电缆外径的 1.5 倍。

敷设工作全部完成后，按技术要求的规定在各有关支架上把电缆绑扎固定牢靠，并悬挂标志牌。

④质量控制要点

电缆的规格、型号、电压等级符合设计要求。

电缆支架的规格及安装位置符合设计要求，且焊接牢固、接地可靠，支架及接地线的油漆完整。

敷设电缆的位置正确，电缆铠装接地牢固、可靠。

电缆敷设完后，预留的备用长度设置在终端头附近，并采取保护措施，防止损伤。

支放电缆盘处地面平坦坚实，施放的路面不得有障碍物，且便于行走。

施放时，电缆从盘的上方引出，避免在支架或地面上摩擦、拖拉。实施敷设电缆作业的人员戴手套及垫肩。用肩扛施放电缆，每一作业人员承担的负荷不超过35 kg，且不得置身于电缆转弯处的内侧。

电缆施放工作结束后，及时盖好电缆沟盖板，避免作业人员踏空摔伤现象。

5）电缆中间头和终端头制作

①施工流程如图10-41所示。

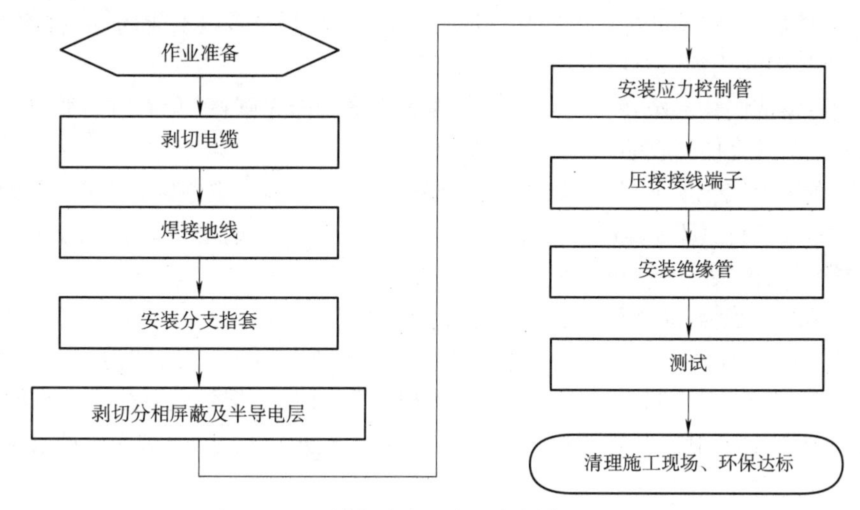

图10-41　电缆终端头和中间头制作施工流程图

②施工准备

a. 劳动力组织见表10-31。

表10-31　劳动力组织

序　号	施工人员	人员(名)	职　责
1	小组长	1	施工组织、指挥
2	技术员	1	负责质量
3	技工	2	负责电缆头制作安装
4	测工	2	负责测试高压电缆

b. 主要施工机具配备见表10-32。

表10-32　主要施工机具配备

序　号	名　称	规　格	单　位	数　量	备　注
1	兆欧表	ZC25－4	台	1	绝缘测试
2	直流高压试验器	ZGS－200/2	台	1	耐压及泄漏试验
3	电缆拨切刀		把	1	
4	压接钳		把	1	
5	钢锯		把	1	
6	钢卷尺		把	1	

③施工方法及技术措施

a. 电缆热缩终端头制作

固定电缆末端:先校直电缆末端并固定之,按规定对户外末端量取 750 mm(户内终端量取 550 mm),在量取处刻一环形刀痕。

剥切电缆:顺着电缆方向破开塑料护层,然后向两侧分开剥除。在护层口处向上略低于 30 mm 处用铜线绑扎铠装层,作临时绑扎,并锯开钢带(锯口整齐)。在钢铠断口处保留内衬层 20 mm,其余剥去。摘去填充物,分开线芯。

焊接地线:预先将编织软铜带一端拆开均分三份,重新编织后分别包绕各相屏蔽层并绑牢后,焊接在铜带上。另一编织线用扎线和钢铠焊牢。将编织铜带与电缆护套间的一段按规定尺寸用锡填满,编织线与电缆护套间空隙长 15～20 mm,形成防潮段。

安装分支指套:在单相分叉处和根部包绕填充胶使其外观平整,中间略呈苹果形,最大直径大于电缆外径约 15 mm。清洁安装在电缆分支套处的电缆护套。套进分支指套,使其与芯线根部尽量靠紧,然后用慢火环形由指套根部往两端加热收缩固定待收缩完全后,端部有少量胶挤出为好。

剥切分相屏蔽及半导电层:由分支手套指端部向上在 55 mm 铜屏蔽层处,用铜线绑扎,割断屏蔽带,断口整齐。剥除外半导体层,距铜屏蔽保留 20 mm 外半导体层,剥切干净,但不能伤及线芯绝缘。对于残留的外半导体层用清洗剂擦净或用细砂打磨干净。

安装应力控制管:清洁绝缘屏蔽,铜带屏蔽表面,确保绝缘表面无碳迹,套入应力管,应力管下部与铜屏蔽搭接 20 mm 以上。用微火使其收缩。

压接接线端子:确定引线长度 K(K＝接线端子孔深＋5 mm),剥切主绝缘,剥切端部削成"铅笔头"状。压接接线端子,用砂布或锉将其不平处锉平。清洁表面,用填充胶填充绝缘和端子之间,以及压坑,填充胶带与线芯绝缘和接线端子均搭接 5～10 mm,使其平滑过渡。

安装绝缘管:清洁线芯绝缘,应力管及分支手套表面。将绝缘管套至三叉根部,管上端超出填充胶 10 mm 以上,由根部起往上加热固定,并将端子多余的绝缘管在加热后割除。安装副管及相色管。将副管套在端子接管部位,先预热端子,由上端起加热固定,再套入相色管,在端子接管或再往下一点加热固定。

安装雨裙:清洁绝缘表面,套入单孔雨裙,定位加热固定。按规定尺寸,安装单孔雨裙,将其端正后加热收缩,再安装副管及相色管。

b. 电缆热缩中间头制作

技术特点:热收缩对接头适用于环境温度－40 ℃～70 ℃。热收缩对接头长期工作温度、过载温度和短路允许温度等同配套电缆。热收缩对接头体积小、重量轻,安装方便,各项性能满足国家标准。热收缩对接头成套供应,一套材料适用于 3 个不同截面规格的电缆。

剥切电缆及处理:将两端电缆对直,固定电缆。重叠 200 mm 标记。按规定尺寸,剖切电缆外护套。在距断口 40～50 mm 处钢带上用铜线绑扎,去除其余的钢带,保留 20 mm 内护套,摘去填充物。按规定尺寸,对正中心标记线,然后锯断。由铜屏蔽末端起,去除 300 mm 的铜屏蔽散带,剥去 280 mm 的外半导体层,并清洗线芯绝缘层表面的碳痕。分别在每相芯线上热缩固定应力管,要求应力管下端搭接在铜屏蔽上 20 mm 为宜。将外护套套入电缆的一端。每相芯线的一端或两端分别套入铜网、外绝缘管、半导电管、内绝缘管构成一套热缩管件。

连接电缆:将电缆两端的单相芯线导体分别插入已擦试好的连接管内,压接好。用锉刀和砂纸将压接后连接管的棱角,毛刺除掉,用清洗剂将金属屑清洗干净。将电缆的连接单相校直。

包绕屏蔽层和增绕绝缘层:用清洗剂清洗绝缘表面。连接管的压坑用半导电带拉伸原宽度的一半后搭盖方式绕包填平连接管搭盖线芯半导层,间隙和压坑用半导电带拉伸原宽度的一半后搭盖圆滑过渡填平,然后在连接管上半搭盖绕包半导电带一层。在两端的锥体之间包绕填充胶,厚度不小于 3 mm。先将内绝缘管套在两端应力管间,由中间向两端加热固定。再将外绝缘管套在内绝缘管的中心位置上加热固定。然后将半导电管放到中部加热收缩两端部压铜带各约 10～20 mm,三根完全收缩。将单相线芯上的铜网各放到中部,拉紧拉直,使其平滑紧凑的包在半导电管上,两端用铜丝绑扎在铜带上焊好。

焊接地线,安装外护套:接地铜编织带要求热缩管绝缘,将编织铜地线两端裸露部份焊接在电缆的钢带上。把做好的单相接头的线芯收拢紧,用接地线绝缘部分将单相芯线缠绕扎紧,将接地线另一端和另一端的钢铠焊牢。固定金属护套和外护套。将金属护套对扣,其两侧余量电缆剖切部分对称相等,扣完后用 PVC 带或绑扎线绑好固定,再将外护套加热固定,要求外护套对接处至少达到 100 mm,两侧电缆聚乙烯护套与外护套搭接至少100 mm。

④控制要点

剥切护层、金属、铠装、铜带和绝缘屏蔽时，不得伤及主绝缘，屏蔽端部平整光滑，无毛刺和凸缘。彻底清洁绝缘表面，不得留有碳迹，必要时可用细砂布打磨抛光，最后用清洗剂清洗擦净。

焊接地线用烙铁，不得直接用喷灯，避免损失主绝缘。地线内外绑扎牢固，以防脱落和损伤护套密封。

外护层密封部位可用木锉或粗砂布打毛，增强粘接密封效果。

切割热缩管时端面平整，无凸起裂口，避免收缩时因应力集中造成开裂。黑色应力控制管不得随意切割。

每个电缆热缩头可靠接地，确保安全。

热缩电缆接头安装质量关键在于处理和准备电缆。如电缆较直、剥切护套、去除屏蔽、压接、清洁绝缘表面等各项工作都仔细进行。

用烙铁焊接地线、铁壳、铜屏蔽网，以免烧伤绝缘。

加热收缩热缩管时，使用汽油喷灯，温度适中，将火焰远离材料，火焰在管子周围均匀加热。温度在120 ℃～140 ℃之间。加热收缩热缩管时，从热缩管中部向两端加热收缩减以利排除空气。

接头的各部位清洁无灰尘和油污，各密封处打毛擦干净。安装过程中，防止损伤电缆的外护套和芯线绝缘。接头施工完毕，未完全冷确时，不得移动电缆。

不能在雨雾天气施工，发现电缆进水受潮采取补救措施。

清洗剂使用丙酮、三氯乙烯、无水乙醇等。

6)杆架式变电台安装

①施工流程如图10-42所示。

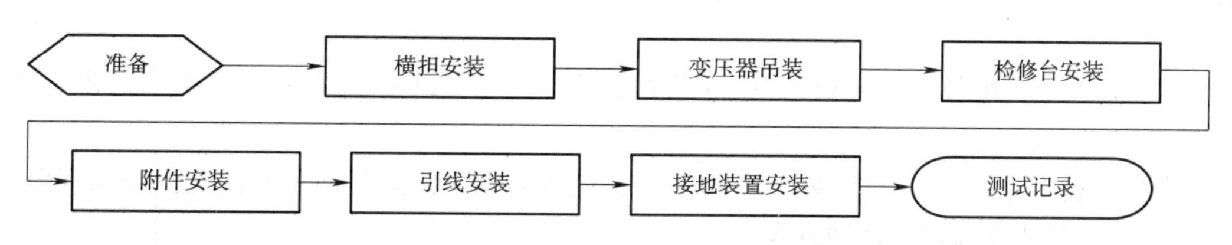

图10-42　杆架式变电台安装施工流程图

②施工准备

a. 劳动力组织见表10-33。

表10-33　劳动力组织

序　号	施工人员	人　数	主要职责
1	小组长	1	施工组织、作业指挥
2	技术员	1	施工技术、工程质量负责
3	安装工人	10	负责设备搬运、安装
4	测试员	3	负责设备电气测试

b. 主要施工机具配备见表10-34。

表10-34　主要施工机具配备

序　号	名　称	规　格	单　位	数　量	备　注
1	汽车吊	8t	辆	1	
2	手扳葫芦		套	1	
3	钢丝套		副	2	
4	单槽铁滑轮		套	2	
5	晃绳		根	2	
6	水平尺		把	2	
7	铁锤		把	1	
8	钢卷尺		把	1	

③施工方法及技术措施

施工负责人组织相关人员调查变压器运输道路，平整变压器安装场坪，检查施工机械设备。

对变压器进行开箱检查，确认外观完好，并且变压器的附件、备件，必须有出厂合格证、出厂日期及试验记录，变压器油有出厂试验报告。

电气试验合格后由小货车将变压器运输至变电台。

根据变压器的安装高度，将变压器吊装支架固定在电杆上。

各种类型的横担安装前，按设计图分类，做好标记，在地面进行预配。安装顺序一般采取由杆顶往下，依次进行直线横担、终端横担、避雷器、熔断器横担等的安装。

将滑轮挂在吊装支架U型环上，手扳葫芦的钢丝绳穿过滑轮，关闭滑轮开口。一端和挂在变压器整体吊钩上的吊装绳固定，手扳葫芦的固定钩与绑扎在电杆根部的钢丝绳套连接好。

将晃绳系在变压器身上，卸掉变压器台架的槽钢。

起吊时，先进行试吊，确认无问题后再继续起吊。起吊过程中调整变压器两侧的晃绳，以保持变压器稳定。

当变压器起吊高度高于变压器台架位置时，将台架槽钢重新安装牢固。缓慢将变压器落在台架槽钢上，调整变压器的位置，然后用螺栓将变压器紧固在台架上。变压器吊装完毕，依次进行检修台、熔断器、避雷器等安装。

熔断器、避雷器本体安装固定牢固、安装可靠。并列安装的避雷器、熔断器三相中心线在同一直线上。熔断器操作灵活，无卡阻现象。

设备安装符合相应规范、验标要求。

安装完毕，拆除吊装工具及包扎套管的草袋。

④控制要点

变压器等设备在安装前按国家现行的《电气装置安装工程电气设备交接试验标准》有关规定进行电气试验，并且选择晴朗天气进行。

设备上的瓷件表面光洁，无裂纹、破损等现象；带油设备所有焊缝连接面及阀门无渗漏油现象；设备的零部件齐全；设备铸件无裂纹、砂眼、锈蚀现象。

杆上变压器及变台安装，水平倾斜不大于台架根开的1%；一、二次引线排列整齐、绑扎牢固；油枕、油位正常；呼吸孔道畅通；接地可靠，接地电阻值符合规定。

跌落式熔断器安装，转轴光滑灵活，熔丝管无吸潮膨胀或弯曲现象；熔管轴线与铅垂线夹角在15°～30°之间，熔断器水平相间距离不小于500 mm，且排列整齐；操作时灵活可靠，接触紧密，合熔丝管时上触头有一定的压缩行程；上、下引线压紧(引线过长中部加瓷件固定)，与线路导线的连接紧密可靠。

杆上避雷器安装，瓷套与固定抱箍之间加设垫层；排列整齐，高低一致。相间距离：1 kV～10 kV时，不小于350 mm；1 kV以下时，不小于150 mm。引线短而直，连接紧密，且不得使避雷器承受外加应力。

引下线接地可靠，接地电阻值符合规定。

7)高压开关柜及配电屏安装

①施工流程如图10-43所示。

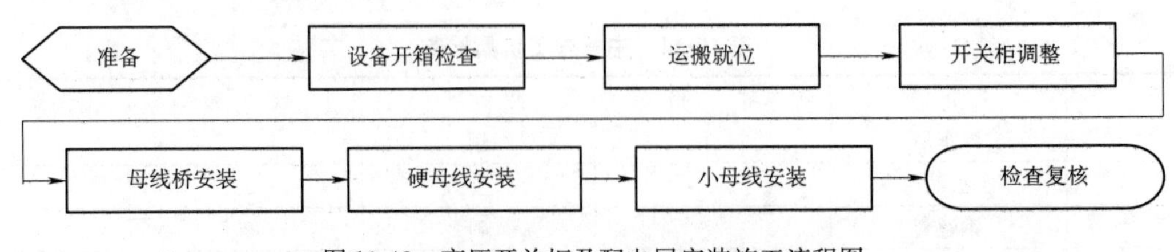

图10-43　高压开关柜及配电屏安装施工流程图

②施工准备

a. 劳动力组织见表10-35。

表 10-35　劳动力组织

序　号	施工人员	人　数	主要职责
1	小组长	1	施工组织、作业指挥
2	技术员	1	施工技术、工程质量负责
3	拆箱组	2	设备拆箱、技术文件收集
4	安装组	4	设备运搬就位、安装调整固定
5	开关组	2	断路器检查、保养

b. 主要施工机具配备见表 10-36。

表 10-36　主要施工机具配备

序　号	名　称	规　格	单　位	数　量	用　途
1	电焊机	165－300A	台	1	固定开关柜
2	水平尺	500 mm	把	1	开关柜垂直调整
3	线坠	0.5kg	个	1	检测
4	撬棍	1500 mm	把	2	设备运搬
5	滚杠	ϕ32×1500 mm	根	8	设备运搬
6	大绳	ϕ19 mm，L＝15 m	根	1	设备拆箱
7	小撬棍	600 mm	把	2	设备拆箱
8	起钉器		把	2	硬母线安装
9	套筒扳手		套	1	裁切垫铁
10	钢锯		把	1	

③施工方法及技术措施

准备：用水平尺检查基础型钢的水平度，不符合要求时，按测量结果准备好垫铁，待组立时加垫。

柜体安装：按照施工图将开关柜安装在指定位置，成列柜的调整从平面布置图上提供控制尺寸的一侧开始，逐柜进行。调整方法从通过测量开关正、侧两面垂直度来实施。先用一方木将线坠由柜顶垂下，待线坠静止后，分别测量铅垂线与柜体间上下的距离即可知柜体是否倾斜。当开关柜的垂直度到达技术要求时，柜体也呈水平状态。此时即可将开关柜固定在槽钢上。调整第二面时，以调好第一面柜为安装控制基准，可用相同检查垂直度的方法进行调整，但两柜间的允许偏差满足表 10-37 的要求。

表 10-37　开关柜安装的最大允许偏差表

序　号	项　目		允许偏差(mm)
1	垂直度(每米)		1.5
2	水平度	两相邻顶部	2
		成列柜顶部	5
3	不平行度	两相邻柜边	1
		成列柜面	5
4	柜间接缝		2

成列柜从第三面起，都采用第二面柜的调整方法进行。为确保安装质量，每次调整下一面柜之前，均使用线坠把上一面柜将与下一面连接侧的前后侧垂直度检查一次，以防成列柜调好后呈现扇形倾斜。

母线桥安装：将母线桥的引桥部分安装在双列开关柜的设计位置上，稍稍拧紧其固定螺栓。把母线桥的主桥部分在地面上连接成一个整体，确保其四个棱面在连接后均处于各自的同一平面内无扭曲现象。在双列柜间搭设一临时脚手架，其顶面高度与柜顶高度一致，用以安装母线桥及桥内母线。将主桥部分抬放到脚手架上，用方木及木板把桥体垫平垫实，使主桥与引桥合拢，拧紧各连接部位的紧固螺栓，使母线桥成一整体。检查引桥与开关柜连接处有无应力出现，拧紧桥、柜间的紧固螺栓，再进行柜内母线安装。

柜内母线安装：分别检查各开关柜内的断路器或设备小车位于运行位置的边界线时，隔离动、静触头的高度及中心位置是否一致。如误差超过制造厂家规定，则需调整隔离静触头绝缘子的位置，使之满足要求。将厂家提供的已加工好的硬母线逐段连接起来，并核对其长度及与各开关柜分支母线的连接位置是否相符。拆除终端开关柜侧面母线安装孔的挡板，将柜内主母线依次固定牢靠，然后依次把柜内分支母线连接在主母线上，并随时检查各段母线的相间及对地距离，防止返工。硬母线安装完毕经质量检查合格后方可恢复安装孔挡板。打开开关柜顶部前沿的盖板，测量成列柜二次回路小母线设置的长度、下料、平直并安装。

安装工作结束后，及时填写好安装记录，与开关柜有关的其他作业，如断路器调整、电缆二次配线等工作，按施工总体安排进行。

④控制要点

进行设备开箱时，所用工具不得触及柜面漆膜及外露设备；拆除的箱板及时运出工作场地，以防绊倒作业人员。

开关柜就位后，临时固定。严禁将柜体长期放置在滚杠上，运搬过程中暂停时，采取防滑措施。

安装柜内母线时，搭设临时脚手架，作业人员不得蹬踏母线。柜内机械闭锁装置未经检查试验合格前，不得强行将设备小车推入工作位置，以免损坏设备。

10.5.3.4 *接触网工程*

(1)施工方案

项目部设立两个接触网架子队负责标段内接触网工程施工。其中作业一队驻水家湖镇，负责淮南至下塘集(不含)段接触网工程施工；作业二队驻双墩集，负责下塘集至合肥东段接触网工程施工。配备2组立杆车组、2台安装作业车和2组电气化架线作业车组，满足平行施工需要。

各架子队以接触网架设调整为重点，本着支持结构装配尽量形成完整锚段，为接触网架设提供条件的原则，采取工序专业化、流水化的作业方式，按照图所示流程分别组织施工人员展开施工。

工程于2009年12月15日开工，各架子队按两个作业面先同步展开未改造地段的基础工程施工，改造地段在路基工程完成后随即展开，尽快完成。2009年5月初开始支持结构安装，2010年6月初开始接触网及附加导线架设调整。接触网施工流程图如图10-44所示。

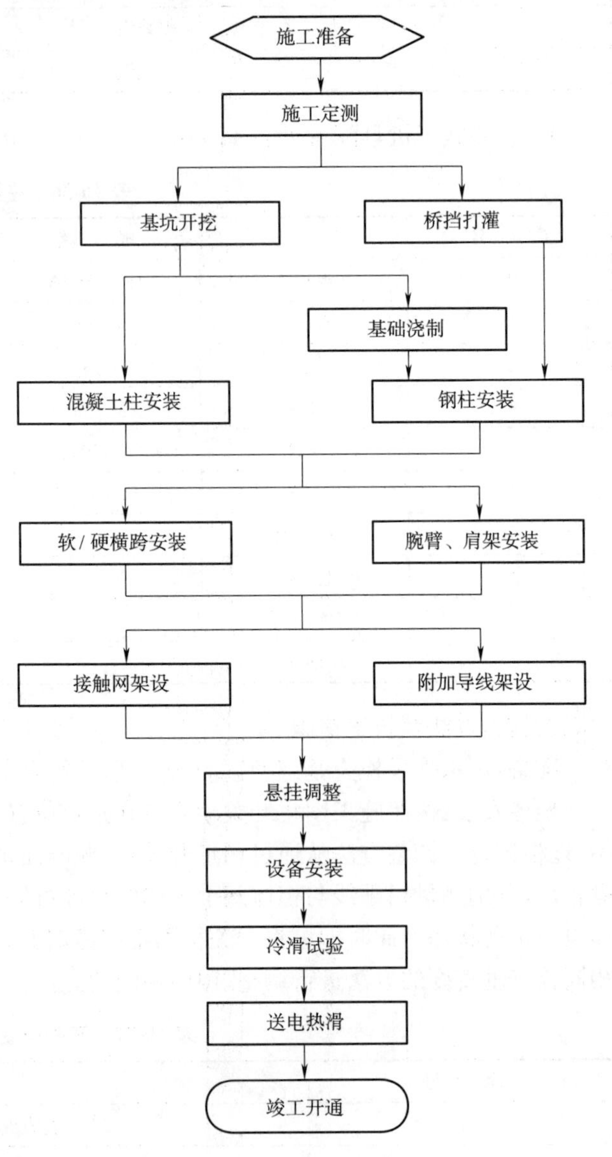

图10-44 接触网工程施工流程图

1) 接触网下部工程施工方案

基坑开挖采用人工开挖，木板防护，保证基础稳定和位置准确。开挖前在设备管理单位的配合下，探测标明地下管线的走向并做好防护。开挖过程中采取可靠的防路基污染措施。原则上做到当日开挖基坑，当日立杆回填或当日浇注基础，因特殊情况当日无法完成，基坑深度超过1.5m时，采取临时回填或可靠的支护措施防止基坑坍塌，确保行车安全。

支柱安装利用天窗点进行，采用轨道车立杆的机械化作业方式，按规定设置防护，立杆吊车转向不得侵入邻线限界，并控制吊臂、支柱的升降速度，确保施工安全。支柱安装后顶端向田野侧倾斜，并及时整正回填固定。混凝土支柱整正采用独立整杆器作业，严禁借用钢轨。白天天窗点内安装的支柱在当天整正回填完毕，夜间天窗点内安装的支柱在18 h内整正回填完毕，以免支柱侵入限界造成行车事故。钢柱安装须基础养护期满后进行，桥钢柱安装前充分征求工务部门的意见，安装时吊臂缓慢移动，防止碰坏桥梁墩台、护栏等设施。

接触网下部工程于2009年12月下旬按三个作业区段同步展开施工，预计到2010年8月底全部完成。

2）接触网上部工程施工方案

接触网上部工程施工均利用天窗点进行，采用支持结构安装一次到位、承力索架设一次到位、接触线架设一次到位、悬挂调整一次到位的“四个一次到位”的施工工法。

腕臂、软横跨、定位装置等支持结构装配、整体吊弦安装采用计算软件对腕臂装配、定位装配、软横跨和吊弦长度进行精确计算，根据计算结果进行预配和预组装，施工天窗点内利用安装作业车安装。接触网架设采用恒张力架线工艺，附加导线架设采用小张力放线工艺。吊弦安装、悬挂调整均采用作业车结合梯车的方式施工，施工过程中严禁踩踏接触线。接触网检测采用接触网动态车载检测设备进行，确保接触网参数满足开通快速运行要求。

接触网上部工程于2009年5月初按三个作业区段同步展开施工，预计到2010年12月底完成全线接触网架设和悬挂调整。2011年2月底完成冷滑试验及缺陷整改，2011年3月底竣工。

3）接触网过渡施工方案

合肥东各场因土建工程引起接触网改造，存在过渡工程。针对不同的现场情况，主要采取以下几种过渡方案。

①新立腕臂支柱过渡

通过土建专业交桩测量，在满足基本侧面限界的情况下，新立腕臂支柱，安装腕臂和定位装置，对既有接触悬挂定位。

②安装新软横跨过渡

在技术改造施工过程中，由于地形复杂，在无条件立腕臂柱进行悬挂定位时，采用软横跨过渡方式。施工时，由土建专业交桩，确定支柱位置。过渡接触网一般悬挂支数较少，宜采用混凝土柱软横跨。在软横跨安装过程中，需穿越既有接触网，要在有限的停电天窗内完成，在施工组织时应投入较多的人力，穿越多股道接触网时，还应配备安装作业车辅助施工。

③利用既有支柱、软横跨过渡

当轨道工程横向移动不大时，可采用在既有支柱上更换腕臂和定位管型号，以达到对新接触网定位的目的，或移动既有软横跨定位环线夹、横承力索线夹等零件，满足新线索的悬挂和定位。

④车站咽喉区向外延长、股道延长过渡

对于股道有效长度延长的情况，站场中间部分无论是暂时利用既有接触网还是重新架设新的接触网均不能一次到位，股道延长的难点主要在咽喉区，根据现场情况一般采用以下两种过渡方案施工：

第一种方案：

在施工过程中根据实际需要增设过渡支柱或过渡软横跨，将既有接触网倒换到新支柱上，调整到位，保证既有线正常运营，在咽喉区提前拆除影响股道延长施工的既有支柱，按照设计位置架设该道新网及相关设计正式渡线，中间区段与既有接触网并行，新架接触网尽量架设在设计位置，并抬高调整到位，恢复既有接触网状态。在岔改时调整新线和设计正式渡线，形成新线岔，拆除既有接触网，将新架接触网调整到位，开通新线岔，完成该股道有效长度延长及相关道岔向外延长，即开通股道。

第二种方案：

在不具备架设新接触网的情况下，先在股道两端咽喉区适当位置安装过渡锚柱，然后利用施工天窗架设过渡短锚段接触网，在过渡锚柱上临时下锚，待到开通当日停点天窗时间内，在适当位置将两端过渡短锚段接触网与既有接触网接头，即可实现股道沟通，临时延长咽喉区和股道长度，保证车站正常接发车能力，然后再对该锚段接触网进行更换。完成股道有效长度延长及相关道岔向外延长。

为保证接触网的正常取流，在既有接触网与新架接触网并行区段的两端需安装过渡等位电连接。

⑤车站拔道接触网过渡

对于站场改造过程中股道拔道，分两种情况，一是拔道量小，二是拔道量大。采用以下两种过渡方案施工：

对于小量拔道的情况，利用既有软横跨和接触网进行过渡调整，保证接触网参数，实现过渡开通股道。

对于拔道量较大的情况，则车站中间段按设计位置架设新接触网，既有接触保持不动，咽喉区根据拔道的现场情况增设临时腕臂柱或临时软横跨，按线路实际位置固定新、旧接触网，新架接触网按拔道位置调整到位，过渡保证拔道前的正常运营。在咽喉区岔改时拆除过渡支柱（或软横跨）、该道既有接触网，按照设计位置调整新线岔，将新架接触网调整到位，开通新线岔，完成该股道拔道施工。

为保证接触网的正常取流，在既有接触网与新架接触网并行区段的两端需安装过渡电连接。

⑥锚柱倒替过渡

站改中有的既有锚柱影响到轨道铺架需要提前拆除，需要重新下锚。首先选择就近既有支柱作为下锚柱，将下锚支延长到符合设计要求的既有支柱上临时下锚，若既有支柱无法满足临时下锚技术要求时，重新设置新支柱进行过渡下锚。站改完成后架设新的接触网，在新设计位置下锚，即可拆除临时下锚支及其过渡锚柱。锚柱倒替过渡施工示意如图 10-45 所示。

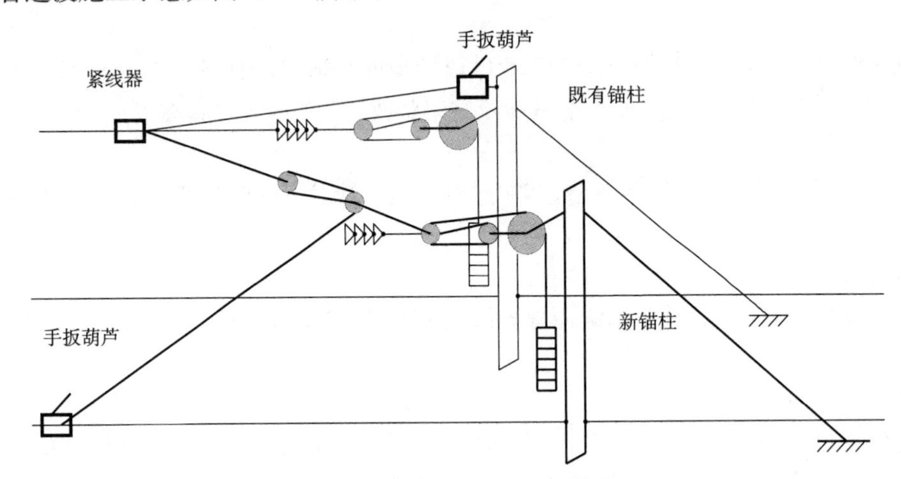

图 10-45　锚柱倒替过渡施工示意

⑦临时电分段过渡

新架接触网与既有接触网并网电气连接前，为使新架接触网不带电，在引入端的适当位置临时下锚进行电分段，并在临锚附近安装临时可靠接地线，减小感应电对新网架设后悬挂调整施工的影响，保证施工安全。

(2)施工方法

1) 基础施工

①施工流程如图 10-46 所示。

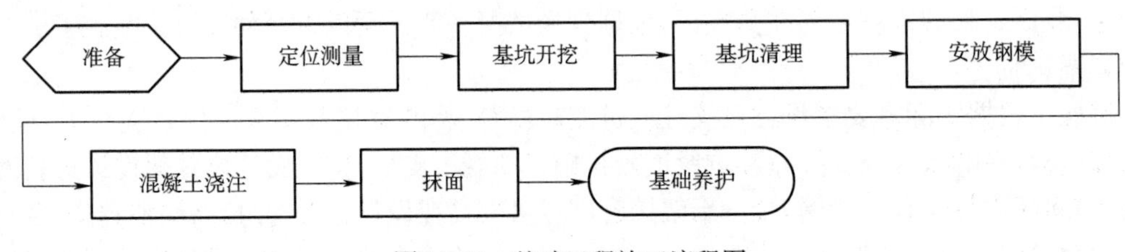

图 10-46　基础工程施工流程图

②施工准备

a. 劳动力组织见表 10-38。

表 10-38　劳动力组织

序　　号	施 工 人 员	人　　数	工 作 内 容
1	施工负责人	1	施工安排、指挥、协调
2	技术员	1	技术负责
3	材料、混凝土运输人员	14	工地材料装卸、运输和混凝土运输
4	混凝土捣固人员	2	捣固混凝土及抹面
5	防护员	2	施工安全防护

b. 主要施工机具配备见表 10-39。

③施工方法及技术措施

a. 基坑测量及开挖

用丁字尺和钢卷尺测量基坑限界和确定坑口尺寸。软横跨基础中线用经纬仪测量且垂直正线；基础顶面标高用水准仪按设计要求进行控制。基坑开挖采用旋转钻机，严格按设计尺寸进行，杜绝超挖和欠挖现象。在开挖过程中，路基上铺设塑料布，防止弃土污染道床。

表 10-39　主要施工机具配备

序　号	名　称	型　号	单　位	数　量	备　注
1	经纬仪	TDJ6E	台	2	
2	水准仪	DES3-E	台	2	
3	发电机	10kW	台	2	
4	混凝土振动棒	ZX-25	台	2	
5	混凝土搅拌车	JDY250B	辆	2	
6	磅秤	TGT-500	台	2	
7	钢模		套	2	
8	钢卷尺	5m	把	若干	
9	线坠		个	若干	
10	丁字尺		把	若干	

b. 基础浇制

根据支柱的侧面限界、方向确定基础模型板的限界、方向，模型板高出地面 200 mm，在其顶面安装基础锚栓钢模型框架，并把钢模型板加固。模型板内侧涂一层脱模剂。对于各种类型钢柱按整正后的倾斜率折算出基础面的斜率，架模时严格复核。

在基础浇制前，再次复核基坑位置、侧面限界、基础型号、外形尺寸、基坑深度、模型板位置等，混凝土每浇制 200～300 mm 厚，用电动振捣器进行捣固。在浇制过程中，不断校核钢模位置，保证其铅垂中心线位于基坑中心。

基础露出地面部分在混凝土填满后将顶面保持一定的倾斜度抹平，地脚螺栓涂油后包扎保护，并严格按照基础的养护方法及要求进行养护。

④控制要点

开挖基坑时，确保基坑开挖规则、尺寸符合技术要求。开挖基坑遇到特殊土时，按设计要求用砂夹石(或灰土)换填。

基础浇制前根据设计的混凝土强度配制两组试块送检，如试块达到设计要求后方可按此配合比进行基础混凝土的配制。试验块测试结果及混凝土配合比呈报驻地监理工程师存档。制作混凝土时严格按照配合比进行施工，各种材料用量用磅秤计量，以保证基础混凝土强度符合设计要求。浇制过程中按规范要求制作试块。

在浇制过程中，每浇制 200～300 mm 混凝土后用振捣器捣固一次，每个基础浇制必须一次完成，保证混凝土强度均匀、密实，使基础在任何部位无蜂窝、麻面。

2)桥支柱锚栓安装

①施工流程如图 10-47 所示。

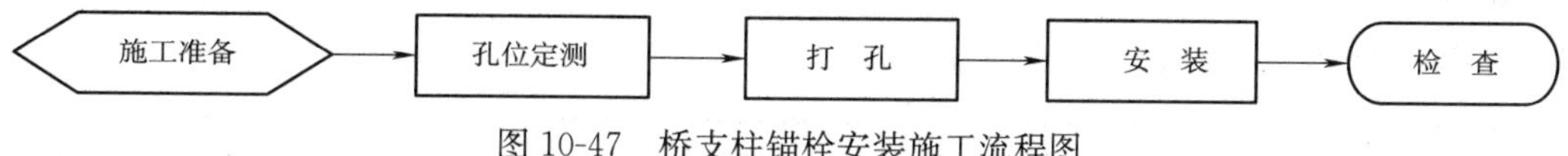

图 10-47　桥支柱锚栓安装施工流程图

②施工准备

a. 劳动力组织见表 10-40。

表 10-40　劳动力组织

序　号	施工人员	人　数	工作内容
1	施工负责人	1	施工组织、指挥、协调
2	技术员	1	技术负责

续上表

序　　号	施工人员	人　　数	工作内容
3	技术工人	2	钻孔、锚栓预埋
4	防护员	2	施工安全防护

b. 主要施工机具配备见表10-41。

表10-41　主要施工机具配备

序　　号	名　　称	规　　格	单　　位	数　　量	说　　明
1	冲击电锤	TE25	台	2	
2	钻杆		支	4	备用2支
3	发电机	10 kW	台	1	
4	水平丁字尺	2.5 m	把	2	
5	线坠		个	1	
6	锚栓模板		套	2	按设计图预制
7	钢卷尺	5 m	把	2	
8	小绳		米	15	

③施工方法及技术措施

a. 锚栓孔位定测

利用水平丁字尺和线坠测量轨平面至桥墩台顶面的垂直距离，计算出钢柱底部内缘至轨平面高处钢柱内缘的水平差值。将丁字尺置于轨顶水平面，在丁字尺上量出钢柱底部内缘至线路中心的距离，再从该点用吊线坠在桥墩台面确定垂直投影点，作好标记。在桥墩台顶面放置钢柱底面模板框架，使框架中线垂直于线路中线，钢柱底面内缘通过该点。最后通过模板孔用红色油漆在桥墩台顶面做钻孔标记。

桥支架锚栓孔位测量时先复核桥墩型式与设计文件是否一致。复核桥支架、桥接腿设计选型是否正确。然后确定桥墩竖中心线即支架底座安装中心线。测出桥支架底座安装高度，作好标记。最后选用与支架类型相符的锚栓孔位膜板框架，置于支架底座安装位置上，并在孔位作红油漆标记。测量时孔位标记画成"+"字型，以利于在打孔时找准点。

b. 打孔安装

作业人员利用梯子下到桥墩台面上，操作冲击电锤在锚栓标记处钻孔。打孔作业完成后，立即进行锚栓安装工作。

④控制要点：

作业台必须稳固、牢靠，台上工作人员不能超过2人。桥梁上施工及桥梁上行走，注意来往车辆，明确避车台位置，来车时，及时进入避车地点。

安装后的锚栓必须符合下列规定：锚栓间距允许施工偏差±2 mm；锚栓埋深允许施工偏差±20 mm；锚栓组纵向轴线顺线路偏离中心线允许施工偏差±30 mm；桥支架锚栓呈水平状态，且垂直线路；锚栓至轨面高度允许施工偏差±50 mm。

3)支柱安装

①施工流程如图10-48所示。

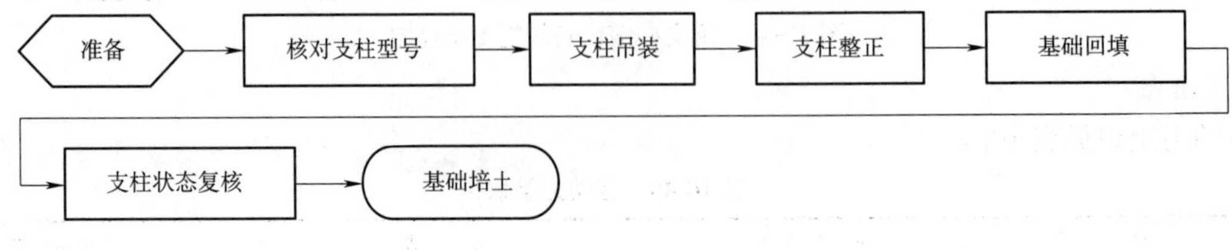

图10-48　支柱安装施工流程图

②施工准备：

a. 劳动力组织见表10-42。

b. 主要施工机具配备见表10-43。

③施工方法及技术措施

备杆前对支柱外观质量进行认真检查，立杆前认真复核基坑尺寸参数或基础型号及其螺栓尺寸。

混凝土支柱按顺线路方向吊立，如果支柱倾斜过大则及时整正。钢柱立好后每个角地脚螺栓戴两颗螺母并紧固。

表10-42　劳动力组织

序　号	施工人员	人　数	工作内容
1	施工负责人	1	施工组织、指挥、协调
2	技术员	1	技术负责
3	技术工人	2	支柱整正
4	辅助人员	2	配合立杆、支柱整正
5	防护员	2	施工安全防护

表10-43　主要施工机具配备

序　号	名　称	规　格	单　位	数　量
1	立杆作业车组	16 t	组	1
2	倾斜仪		台	1
3	钢卷尺	5 m	把	1
4	手扳葫芦(混凝土柱)	3 t	套	3
5	钢钎(钢柱)	400 mm	根	2

混凝土支柱整正采用3套手板葫芦互成120°配合作业，用经纬仪复核支柱的倾斜状态。支柱侧面限界、倾斜状态调整到位后，手板葫芦均锁死，然后分层回填并捣固。

钢柱整正用钢钎拨动支柱调整倾斜达标，然后对角循环紧固地脚螺栓螺帽，紧固完成后螺栓涂黄油防腐并包扎。

④控制要点

支柱安装后不能及时整正，采取临时加固措施，防止销令后支柱倾斜影响线路行车。

支柱的侧面限界允许误差为0～+100 mm。

混凝土支柱受力后横线路方向呈中心直立，允许向受力反方向偏差0～0.5%，锚柱顺线路方向朝受力反方向倾斜小于1%，横线路方向中心直立，允许误差为0～3‰，支柱倾斜用倾斜仪测量，严格控制施工误差。

钢柱安装须在基础养护期满后进行，整正时采用无垫片施工工艺。

4)腕臂安装

①施工流程如图10-49所示。

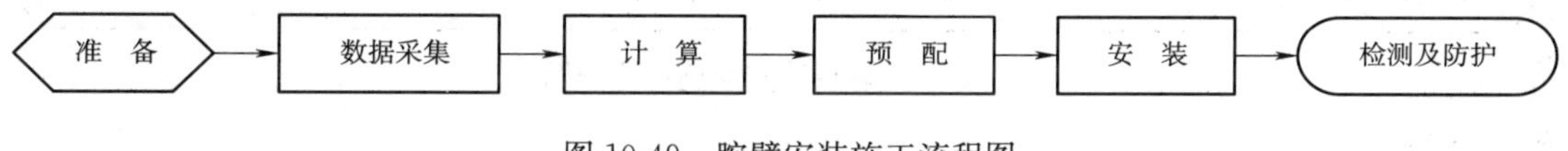

图10-49　腕臂安装施工流程图

②施工准备

a. 劳动力组织见表10-44。

表10-44　劳动力组织

序　号	施工人员	人　数	工作内容
1	施工负责人	1	施工安排、指挥、协调
2	技术员	1	技术负责、测量记录
3	测量人员	2	测量支柱斜率、侧面限界

续上表

序　　号	施工人员	人　　数	工作内容
4	技术工人	4	腕臂预配、安装
5	防护员	2	施工安全防护

b. 主要施工机具配备见表 10-45。

表 10-45　主要施工机具配备

序　　号	名　　称	型　　号	单　　位	数　　量
1	激光测量仪	DJJ-8	台	1
2	倾斜仪		台	1
3	钢卷尺	5 m	把	3
4	腕臂制作平台		台	1
5	切割机	J3G-400B	台	1
6	扭矩扳手		把	2
7	棕绳	ϕ16 mm－20 m	条	1
8	滑轮	1.5t	套	1

③施工方法及技术措施

数据采集：用接触网多功能激光测量仪测量支柱侧面限界与定位处外轨面的超高；用倾斜仪测量支柱斜率。

计算：利用微机进行计算。

预配：在专用腕臂制作平台上进行预配。根据预配、安装作业表，对腕臂进行加工并标号，便于安装过程中对号入座。

安装：把包装好并有标记的腕臂运到安装作业车上。作业组根据预配安装作业表，用激光测量仪定出上、下底座安装位置，误差不得大于 5 mm。二人分别由支柱两侧上杆，通过绳子、滑轮由地面人员配合安装绝缘子。起吊腕臂，至安装高度后将棒式绝缘子与腕臂底座相联，地面人员再缓慢放松拉绳，杆上作业人员连接平腕臂和绝缘子。在安装过程中，螺栓穿向一致。

检查调整：用多功能激光测量仪检测承力索座的位置及安装高度是否符合要求，否则进行初步调整。用扭矩扳手检查各紧固件螺帽紧固力矩是否达标。检查完毕后，对瓷件进行防护包扎，支持结构进行临时稳定性固定。

④控制要点

在安装过程中，螺栓采用力矩扳手紧固，并用梅花扳手配合，严禁使用活口扳手。

5）软横跨安装

①施工流程如图 10-50 所示。

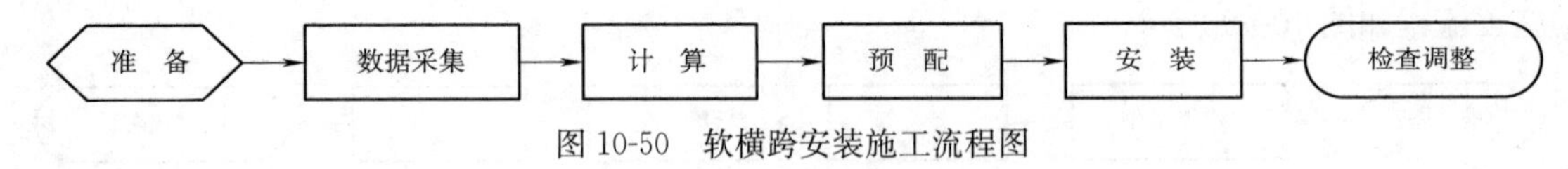

图 10-50　软横跨安装施工流程图

②施工准备

a. 劳动力组织见表 10-46。

表 10-46　劳动力组织

序　　号	施工人员	人　　数	工作内容
1	施工负责人	1	施工安排、指挥、协调
2	技术员	1	技术负责、测量记录
3	测量人员	4	测量支柱斜率、侧面限界、股道间距等
4	技术工人	10～20	软横跨预配、安装（人数由跨越股道数决定）
5	防护员	2	施工安全防护

b. 主要施工机具配备见表10-47。

表10-47　主要施工机具配备

序　号	名　称	型　号	单　位	数　量
1	水准仪	DES3－E	台	1
2	激光测量仪	DJJ－8	台	1
3	倾斜仪		台	1
4	钢卷尺	50 m/5 m	把	1/4
5	链条葫芦	1.5 t	套	2
6	扭矩扳手		把	2
7	钢丝套		副	4
8	断线钳		把	1
9	油画笔		支	1
10	红油漆		筒	若干
11	ϕ30 棕绳	45 m/35 m	根	2/2
12	滑轮	1.5 t	套	4

③施工方法及技术措施

a. 软横跨测量

用水准仪测量钢柱基础面标高(混凝土支柱地线孔标高)、正线轨面标高。用激光测量仪测出软横跨安装位置曲线(若有)外轨超高,轨面起测点为低轨加超高的一半,或高轨减超高的一半。

用倾斜仪测量出软横跨两支柱线路侧的倾斜率。

用激光测量仪测出基础面高度处两支柱内缘间距总长、支柱内缘至相邻股道中心间距、支柱内缘至站台边缘间距、站台边缘至相邻股道中心间距、中间站台宽度、股道间距等横向分段长度。

b. 软横跨计算

根据测量记录,整理出各组软横跨支柱内缘倾斜率、钢柱基础面(混凝土柱地线孔)与正线轨面高差、各横向分段长度。

根据安装图核定支柱类型、悬挂高度、悬挂支数、节点型号、悬挂点负载等参数,使用专用软件计算软横跨,将计算结果、安装高度以图示方法标注在预配图中,下发预配作业组。

c. 软横跨预配

在专用预配场地,按预配图所示尺寸,预配各段横承力索、上下部固定绳,安装各横承力索线夹、定位环线夹。用油漆标明支柱号或连接序号,将各段横承力索及上部固定绳用零件(除绝缘子外)连接,然后盘成圈,用铁丝捆扎,便于运输。

d. 软横跨安装

防护员到达规定位置,驻站联络员与车站联系办理好有关线路封锁手续后,方可安装。先一并安装横承力索和上部固定绳,然后安装下部固定绳。

作业人员在软横跨一侧支柱上,用钢卷尺按计算预配图测量出软横跨固定底座安装位置,在支柱上套好钢丝套,挂滑轮、棕绳,同时地面人员解开预配好的软横跨,将绝缘子与软横跨各分段连接好,理顺软横跨。然后地面施工人员用棕绳分别绑好横承力索、上部固定绳支柱侧绝缘子串,并通过滑轮拉起软横跨一端,到位后,杆上作业人员将横承索与相应耳环杆连接,上部固定绳与软横跨固定底座连接。

另一端,作业人员在软横跨另一侧支柱上,安装软横跨固定底座、耳环杆,在支柱上套好钢丝套,挂滑轮、棕绳,在上部固定绳支柱侧绝缘子上做一个铁丝套,在支柱侧固定绳安装位置处装好链条葫芦。

接到驻站联络员线路已封锁的通知后,施工人员迅速横越车站股道,将软横跨搬运至支柱处,用棕绳分别绑好横承力索、上部固定绳支柱侧绝缘子串,通过滑轮拉起软横跨,将横承力索与耳环杆连接好后,链条葫芦挂在上部固定绳绝缘子铁丝套上紧固,到位后,把上部固定绳与软横跨固定底座连接好,收紧开式螺旋扣,撤除施工工具、材料、人员。

横承力索、上部固定绳架设完毕,按上述方法安装软横跨下部固定绳。待接触线架设完毕,软横跨调整符合《验标》要求后，拆除上、下部固定绳支柱侧绝缘子内的铁丝套，换为弹簧销。

④控制要点

横承力索，上、下部固定绳回头长度满足要求并统一量化，楔型线夹受力面安装正确。所有螺栓采用力矩扳手紧固。

6)硬横梁安装

①施工流程如图 10-51 所示。

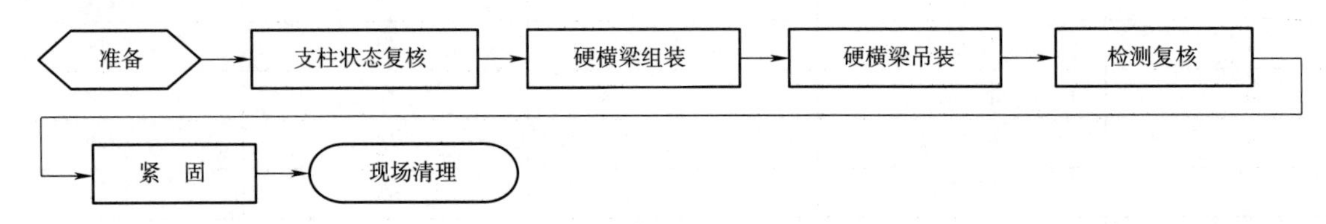

图 10-51 硬横梁安装施工流程图

②施工准备：

a. 劳动力组织见表 10-48。

表 10-48 劳动力组织

序 号	施工人员	人 数	工作内容
1	施工负责人	1	施工组织、指挥、协调
2	技术员	1	技术负责、数据采集
3	技术工人	8	横梁组装，配合轨道车运输及吊装
4	防护人员	2	施工安全防护

b. 主要施工机具配备见表 10-49。

表 10-49 主要施工机具配备

序 号	名 称	规 格	单 位	数 量
1	立杆作业车	GQ16B	台	1
2	轨道平板车	N60	台	2
3	经纬仪	TDJ6E	台	1
4	水准仪	DES3－E	台	1
5	激光测量仪	DJJ－8	台	1
6	水平尺		把	1
7	扭力扳手		把	2
8	扁担梁		副	1

③施工方法及技术措施：

采用经纬仪测量、机械运输、机械吊装的施工方法。

硬横梁长度测量：用激光测量仪、经纬仪测量，生产厂家根据测量数据制造硬横梁。

硬横梁组装：选择一处平整的硬化场地作为硬横梁拼接场地。安放好支架，并在每对支架上横设一根钢管，测量各支架顶面钢管高度，并用支架调整螺丝调节钢管高度，使其达到横梁设计的拱度要求。用吊车先放置中间段，再放置两端并且每两段组装一次。用吊车将梁稍稍吊起，将下边的支架撤除，用水准仪测量硬横梁的预留拱度。将检查结果记录。硬横梁组装示意如图 10-52 所示。

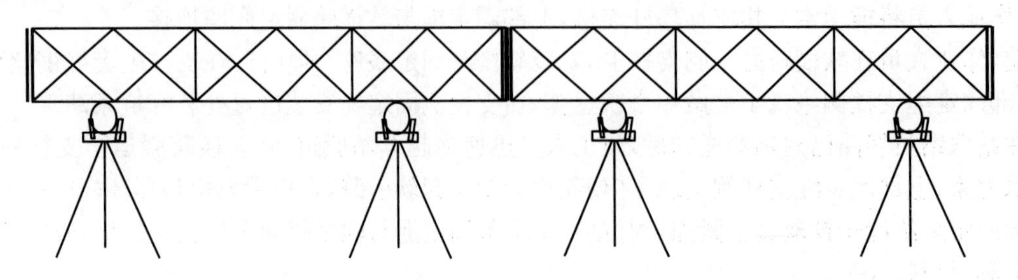

图 10-52 硬横梁组装示意图

硬横梁安装：利用封闭点进行吊装时，吊车停在距硬横梁安装位置6～7 m左右。堆放硬横梁平板车组与吊车车组各占用一个股道并行。在硬横梁的两端各栓一条大绳作晃绳，控制梁起吊后的旋转。

根据横梁中心位置和钢丝套子长度确定悬挂点位置，吊车先吊起横梁，离开平板一定高度后将运载横梁的平板车拖走，利用横梁两端晃绳，吊车配合横梁缓慢转动，将横梁转动到垂直线路状态。

调整吊车吊臂的长度和角度，将横梁悬吊至硬横梁支柱正上方，两端晃绳控制好横梁的方向，吊车缓慢的下落大钩直至高于钢柱顶端200～300 mm位置，调整横梁中心位置。

钢柱上作业人员扶稳横梁，将横梁落下并将一端用连接螺栓与钢柱连接上，两边各一根，然后对应另一端将横梁与钢柱连接上。

紧固：确认横梁状态良好后，将两端的连接螺栓全部补齐，配齐垫片、螺帽，用棘轮扳手紧固到一定力矩，最后用力矩扳手紧固到规定力矩。

落下吊臂，卸下钢丝套子，完成安装。

硬横梁安装完毕后，再根据线路线间距和设计要求在钢柱上标记出各个吊柱的安装位置。

④控制要点：

在硬横梁组装前，由专业工程师负责向作业人员进行技术交底，明确技术标准和安全操作程序。

硬横梁组装时，各梁段连接密贴，各螺栓对角循环紧固。紧固力矩严格控制在误差范围内。

安装硬横梁时，横梁正下方不得有人停留。

硬横梁组装顺直，并预留拱度。中段横梁有上、下方向性，不得装反。

7）接触网架设

①施工流程如图10-53所示。

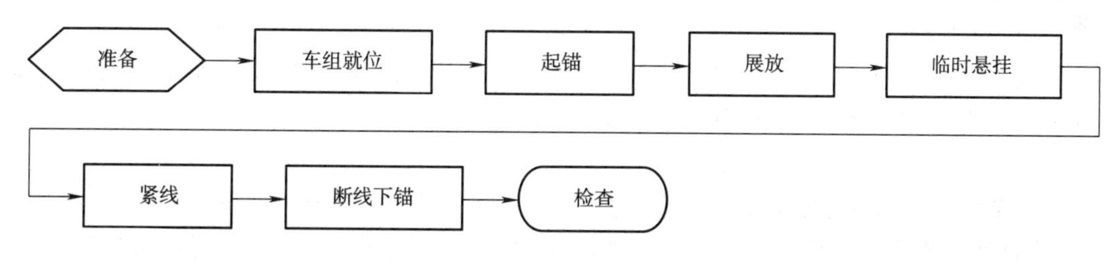

图10-53　接触网架设施工流程图

②施工准备

a. 劳动力组织见表10-50。

表10-50　劳动力组织

序　号	施工人员	人　数	工作内容
1	施工负责人	1	施工安排、指挥、协调
2	技术员	1	技术负责
3	技术工人	6	起锚前穿线；挂滑轮或S钩；下锚
4	起锚人员	4	安装补偿装置，架线过程中监护补偿装置
5	下锚人员	4	断线下锚
6	防护员	2	施工安全防护

b. 主要施工机具配备见表10-51。

表10-51　主要施工机具配备

序　号	名　称	规　格	单　位	数　量	备　注
1	恒张力放线车组	CEM100.121	组	1	配线盘
2	放线滑轮		套	40	
3	S钩		套	40	带塑料套管
4	断线钳		把	1	
5	链条葫芦		套	1	
6	钢丝套		副	4	
7	紧线器		套	3	
8	导线煨弯器		个	1	做接触线回头
9	钢卷尺	5m	把	若干	

③施工方法及技术措施

a. 架线准备:架线前,作业人员将线盘包扎物拆除,理出线头。线索经过导向装置后,按要求在线头上安装终端线夹。架线负责人派人提前向轨道管理单位办理架线车进入区间或车站占用股道作业的封闭手续,防护人员、作业人员、起下锚人员、司机各就各位。

b. 起锚作业:先在坠砣杆上加满全部坠砣并码放整齐,缺口上下错开 180°,坠砣串的总重量误差不得大于 1%。坠砣码放后,为防止倾倒,须临时绑固在支柱上。架线车组到达起锚支柱后,转动作业平台,将线索始端的终端楔形线夹与补偿装置相连,完成后转回作业平台并调整高度。按照大于存盘张力小于额定张力的原则来设定放线张力,司机将轨道车工作挡位拨至 0～5 km/h 静液压走行挡,指挥人员命令架线车平缓启动。

c. 架线作业:起锚完成后作业车平稳起动,按不大于 5 km/h 的速度行驶。当接近承力索悬挂点时,操作抬拨装置,使承力索落入放线滑轮槽内。然后适当降低拨抬装置高度,车组平缓提速,到达下一悬挂点时,重复上述操作程序。作业过程中指挥人员协调好架线车速度和平台操作,作业平台操作人员密切配合,动作统一,架线车组在加速和减速时平缓。架线车组接近下锚支柱时注意监视线盘上线索的长度,避免因长度不足引发架线事故。架设接触线时,在腕臂悬挂点处用双放线滑轮悬挂,跨距内每隔 15～20 m 用 S 钩或放线滑轮将接触导线悬挂在承力索上。

d. 下锚作业:当作业平台接近下锚支柱时,架线车停住,在线索上安装紧线器,将紧线柱上钢丝绳带钩的一端钩在紧线器上。确认连接好后,操作紧线柱上紧线装置,观察钢丝绳受力情况。当线索紧到两端坠砣离地高度符合安装曲线要求,并加上初伸长值时,停止紧线,然后断线并安装楔形线夹,再适当紧线至便于楔形线夹与补偿装置的连接。连接完毕后,缓慢松动紧线柱上张力,然后拆除紧线柱上的钢丝绳及相应的连接线。

e. 巡视检查:下锚结束后,施工人员对补偿装置的工作状态进行检查,确认安全无误后车组返回,沿途检查接触网是否有断股、损伤现象,是否影响行车,否则作相应处理。

④控制要点

架线过程中架线车运行须平稳,起步和制动平缓,保证线索架设中张力波动小。

承力索、接触线的规格、型号、性能符合设计要求,由生产厂家依据设计资料进行定盘、定长供应,避免承力索、接触线接头。

承力索、接触线架设根据线材型号选用相应的放线滑轮和 S 钩滑轮,并带有防护措施,避免线索磨损,保持线索的平直度,架设接触线在每个跨距内均匀悬挂 2～3 组 S 钩或滑轮。

张力架线时曲线区段、转换柱处的支柱装配采取临时加固措施,使腕臂不因架线而偏转,减少对线索的磨损。

8)附加导线架设

①施工流程如图 10-54 所示。

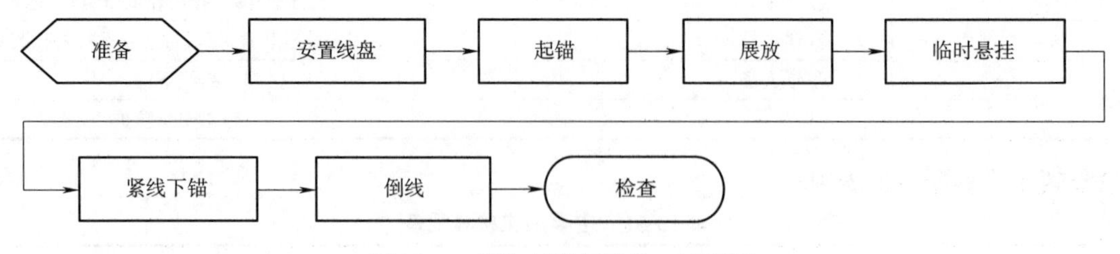

图 10-54 附加导线架设施工流程图

②施工准备

a. 劳动力组织见表 10-52。

b. 主要施工机具配备见表 10-53。

③施工方法及技术措施

采用人工架设附加导线的施工方法。

a. 安置线盘:用汽吊将线盘吊装在附加导线起锚处,并固定好放线架。注意不能卡滞。

b. 起锚:将附加导线牵引至锚柱后,留出预留长度,缠绕铝绑带(长度为线夹两侧各露 10～20 mm),安装耐张线夹，通过连接件挂到下锚角钢上。

表10-52　劳动力组织

序　号	施工人员	人　数	工作内容
1	施工负责人	1	施工安排、指挥、协调
2	技术员	1	技术把关
3	起锚人员	4	附加导线起锚
4	下锚人员	6	附加导线下锚
5	展放人员	12	附加导线展放、就位
6	防护员	2	施工安全防护

表10-53　主要施工机具配备

序　号	名　称	型　号	单　位	数　量
1	放线架		副	1
2	放线滑轮		套	60
3	手扳葫芦	3 t	套	1
4	紧线器		套	2
5	钢丝套		套	2
6	滑轮组	1∶4	套	1
7	张力计	1.5 t	套	1
8	温度计		支	1
9	断线钳		把	1
10	扭矩扳手		把	10

c. 架线：人工牵引附加导线进行架设，每到一个悬挂点在肩架位置用铁丝套子悬挂放线滑轮，将附加导线放入滑轮导槽内。

d. 弛度调整：当整个锚段附加导线就位后，在靠近下锚的适当位置将张力计安装在附加导线上，查看附加导线安装曲线和当时气温，确定附加导线的下锚张力。

e. 下锚：通知架线巡视人员汇报线索展放情况，确认所架锚段的线索不受障碍影响后开始紧线。紧线过程中随时观察张力计的数值，达到确定的张力时停止紧线。

f. 倒线：从起锚端向下锚端，把线索从放线滑轮中依次倒入附加导线固定线夹（暂不紧固，保证线索能在一定的张力下可自由滑动）后，取下放线滑轮。在倒线过程中注意张力计的张力有变化时，对其进行调整，使张力计指示值始终维持为确定的张力值。倒线至下锚处后，再从下锚端向起锚端将地线线夹全部按紧固力矩要求进行紧固。

g. 检查：每一区段线索架设到位固定好后，检查所架设的线材是否有扭曲、断股、挂伤等现象，并做出相应的处理和记录。

④控制要点

在用耐张线夹做起锚和下锚时，用扭矩扳手紧固耐张线夹，保证受力均匀。

在附加导线架设过程中，沿线安排人员防护。

在曲线区段架设、倒线过程中，所有人员均站在曲线外侧（站在线索的受力反方向），以防止线索从滑轮或线夹中滑脱伤人。

9）整体吊弦安装

①施工流程如图10-55所示。

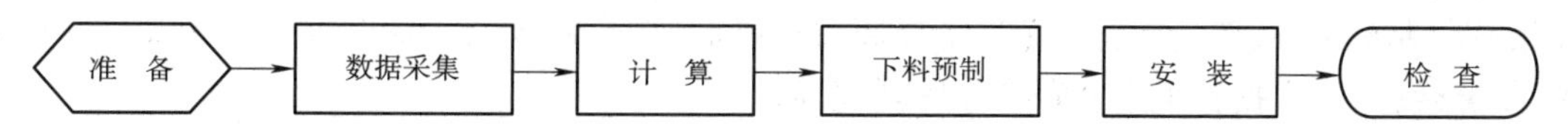

图10-55　整体吊弦安装施工流程图

②施工准备

a. 劳动力组织见表 10-54。

表 10-54 劳动力组织

序号	施工人员	人数	主要工作内容
1	施工负责人	1	施工安排、指挥、协调
2	技术员	1	技术负责、测量记录
3	测量员	3	数据采集
4	技术工人	4	吊弦预制、安装
5	防护员	2	施工安全防护

b. 主要施工机具配备见表 10-55。

表 10-55 主要施工机具配备

序号	名称	规格	单位	数量
1	激光测量仪	DJJ－8	台	1
2	绝缘测量绳	50 m	副	1
3	钢卷尺	5 m	把	2
4	吊弦制作平台		台	1
5	压接工具		套	1
6	梯车		台	1
7	扭矩扳手		把	2

③施工方法及技术措施

a. 数据采集

跨距测量：当接触网塑性延伸基本完成，承力索调整到设计位置，接触线定位装置安装后，用绝缘测量绳测量跨距。

悬挂点处超高测量：用激光测量仪测出各悬挂点处外轨超高，并做好记录。根据站前单位提供的线路设计资料查出竖曲线半径长度。

结构高度测量：承力索调整到设计位置，用激光测量仪测出承力索距轨面的高度，从而得出实际结构高度。

各跨距的实际张力计算：架设导线时，坠砣重量进行单块称重，并精确到 0.1 kg，每串坠砣重量值误差控制在±1.0 kg。根据补偿装置的实际张力，减去张力损耗（通过张力损耗公式修正），得出各跨距的实际张力。

b. 计算

架子队根据测量的数据，利用整体吊弦计算软件，计算出各锚段内每根吊弦的长度，并打印出整体吊弦预制安装工作表交送加工车间。

c. 预制

加工车间先对吊弦线索进行检查，保证无散股、断股、死弯等缺陷，压接管外径、内径、孔深等符合要求，并对吊弦线索进行预拉。每次从线盘上放出 30～50 m 线，将两端固定，串接紧线器和拉力计，按 1.5 kN 的拉力进行拉伸。

根据计算值，在吊弦制作平台上，让整体吊弦线索在拉直状态下，放比照放样尺寸对位下料，误差控制在±1 mm。并用 3.5 号钢字头在每根压接夹板背面打上第 x 根标记，用工业凡士林油密封管口。然后把截好的吊弦线索穿入夹板孔内（保证穿入长度），利用液压机和压接模具进行压接。其误差控制在±1.5 mm。

整体吊弦预制好后，按跨距分组，按锚段分捆，按区间（或车站）分箱，并分别标上标签：xx 区间（或车站）、xx 锚段 xx 跨距。根据施工进度安排分发到现场。

d. 安装

利用梯车在承力索和接触线的标记位置上安装整体吊弦，允许偏差±20 mm；吊弦线顺直安装，螺栓用扭矩扳手紧固。

e. 检测

安装后用激光测量仪对接触线高度、吊弦在跨中的预留驰度进行检验。导高误差控制在±10 mm，吊弦预留驰度控制在±10 mm。

④控制要点

整体吊弦只有在吊弦线超拉出75％～90％的塑性延伸，才能进行裁断、加工。

严格控制补偿张力。张力的大小对吊弦的计算是非常关键的，必须对每块坠砣进行称重误差为0.1 kg。每一串坠砣值误差控制在±1 kg。

10)锚段关节调整

以绝缘锚段关节调整为例，介绍施工方法。非绝缘锚段关节调整方法类同。

①施工流程如图10-56所示。

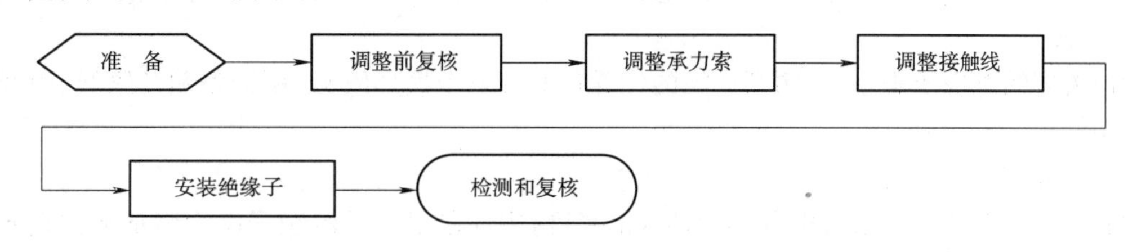

图10-56　锚段关节调整施工流程图

②施工准备

a. 劳动力组织见表10-56。

表10-56　劳动力组织

序　　号	施工人员	人　　数	主要工作内容
1	施工负责人	1	施工安排、指挥、协调
2	技术员	1	技术负责、参数复测
3	技术工人	4～6	调整及安装作业
4	测量员		状态参数测量
5	防护员	2	施工安全防护

b. 主要施工机具配备见表10-57。

表10-57　主要施工机具配备

序　　号	名　　称	规　　格	单　　位	数　　量
1	梯车/作业车		台	1/1
2	激光测量仪	DJJ－8	台	1
3	链条葫芦	3t	套	2
4	楔形线夹			4
5	滑轮		个	2
6	棕绳	15 m	根	1
7	扭矩扳手		把	2

③施工方法及技术措施

采用人工调整，先调整工作支，再调非支，用激光测量仪复核检查。

a. 调整前复核

复核各悬挂点的承力索高度及水平位置符合设计要求，水平位置允许偏差为±30 mm，高度允许偏差为±30 mm；复核腕臂顺线路方向的偏移量是否符合技术要求；复核各吊弦的安装位置是否符合标准。

b. 调整承力索

转换柱：用绳子和滑轮配合调整，激光测量仪测量出承力索高度和拉出值，使非工作支承力索在垂直位置上高出工作支 500 mm，水平距离为 500 mm。

中心柱：调整中心柱两支悬挂的参数匹配，保证绝缘距离。

c. 调整接触线

在各支柱承力索调整到位后，参照承力索用同样的方法，调整接触线导高和拉出值及水平间距，使工作支及非工作支承力索与各自接触线按设计拉出值调整于同一铅垂面。先把工作支调整到位后，并安装好整体吊弦，再调非工作支(先用临时铁线固定)。调整的技术标准：

转换柱：非工作支接触线在垂直位置上高出工作支 500 mm，水平距离保证 500 mm。

中心柱：两支接触线均为工作支，故确保此处两接触线严格等高，水平间距 500 mm。

d. 检测和复核

承力索和接触线调整到位后，利用激光测量仪再次复核承力索及接触线的水平间距、垂直间距，接触悬挂与各支持装置的绝缘距离等。分相绝缘锚段关节中性区的长度是否符合技术要求。

e. 安装绝缘子

按设计位置安装绝缘子串，并在两端适当的位置各安装一个楔形线夹，用链条葫芦紧线、断线、做回头，然后安装好绝缘子。

④质量控制要点

严格按施工图控制锚段关节式电分相中性区的长度，中性段锚段的绝缘子串安装从硬锚端向补偿端进行；调整中所有调整数据均严格控制。确保在误差范围内。

11)分段绝缘器安装

①施工流程如图 10-57 所示。

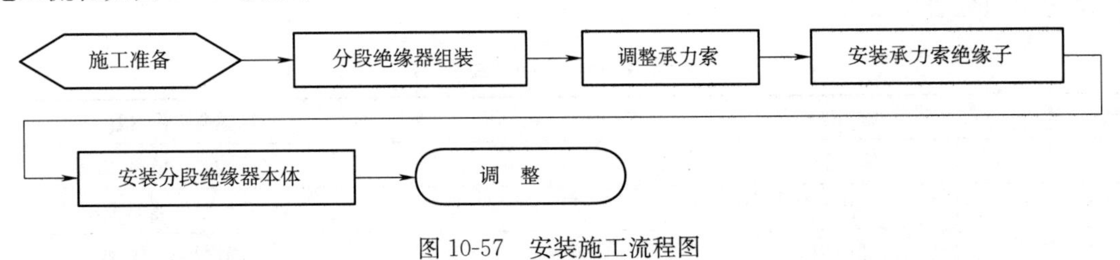

图 10-57 安装施工流程图

②施工准备

a. 劳动力组织见表 10-58。

表 10-58 劳动力组织

序 号	施 工 人 员	人 数	主要工作内容
1	施工负责人	1	施工安排、指挥、协调
2	技术员	1	技术负责
3	技术工人	2	安装调试
4	辅助工人	4	辅助作业
5	防护员	2	施工安全防护

b. 主要施工机具配备见表 10-59。

表 10-59 主要施工机具配备

序 号	名 称	规 格	单 位	数 量
1	安装作业车	DA12	台	1
2	钢卷尺	50 m/5 m	把	1/1
3	激光测量仪	DJJ−8	把	1
4	扭矩扳手		把	2
5	断线钳		把	1
6	楔形紧线器	3 t	套	2
7	链条葫芦	3 t	件	1
8	平锉		把	1

③施工方法及技术措施

a. 分段绝缘器组装

组装前，先对分段绝缘器外观进行检查，在符合技术要求的条件下，根据安装图纸进行组装。并对分段绝缘器进行拉力试验。

b. 分段绝缘器安装

在设计位置安装承力索绝缘子，然后在正下方安装分段绝缘器本体。初步调平分段绝缘器，然后将分段绝缘器接头线夹处的接触线炜弯，固定在线夹内。分段绝缘器调整时先调整分段绝缘器两端吊弦长度，使分段绝缘器符合技术要求。安装完后，用激光测量仪检测分段绝缘器高度是否符合要求，底面是否与轨面平行，并用塑料布将所有绝缘元件包扎好。

④控制要点

保证分段绝缘器本体中心位置要与承力索绝缘子串中心在一条铅垂线上。

分段绝缘器处拉出值不能太大，必须保证绝缘器底面全面与受电弓接触，以免受电弓钻弓、打弓。

12)隔离开关安装

①施工流程如图10-58所示。

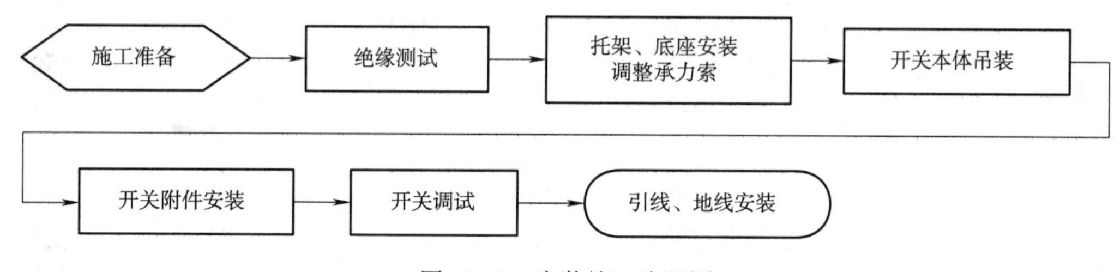

图10-58　安装施工流程图

②施工准备

a. 劳动力组织见表10-60。

表10-60　劳动力组织

序　号	施工人员	人　数	备　注
1	施工负责人	1	施工安排、指挥、协调
2	技术员	1	技术负责
3	技术工人	4	开关及引线安装调试
4	辅助工人	4	辅助作业
5	防护员	2	施工安全防护

b. 主要施工机具配备见表10-61。

表10-61　主要施工机具配备

序　号	名　称	规　格	单　位	数　量
1	安装作业车	DA12	台	1
2	水平尺	500 mm	把	1
3	卷尺	5 m	把	1
4	大绳	ϕ16 mm×10	根	1
5	闭口滑轮	1.5 t	套	1
6	扭矩扳手		把	2

③施工方法及技术措施：

对隔离开关进行外观检查后，按照技术要求进行绝缘测试。用绳子吊装隔离开关托架，安装时用水平尺调平。

托架安装好后，用绳子把开关底座吊上，按要求把底座安装固定在托架上。然后将隔离开关本体吊上托架，在底座上固定好。最后将传动杆和操作机构等开关附件按照设计要求安装完毕。

开关安装完毕后，按照设计要求进行开关的合闸、分闸实验，对开关的动作进行调试。最后安装好接地线和开关引线。

④控制要点

隔离开关安装前进行电气试验，试验合格后才能进行安装。托架安装要水平。

开关引线连接正确牢固，并预留因温度变化而引起的位移长度，电连接线夹及设备线夹均涂抹电力复合脂。

引下线接地可靠，接地电阻值符合规定。

13）避雷器安装

①施工流程如图 10-59 所示。

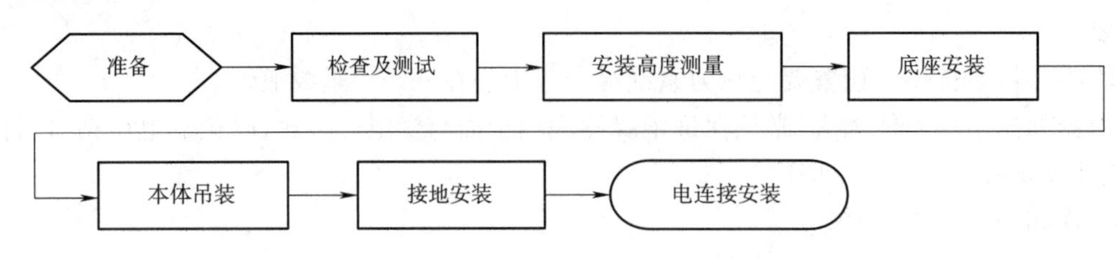

图 10-59　避雷器安装施工流程图

②施工准备

a. 劳动力组织见表 10-62。

表 10-62　劳动力组织

序　号	施工人员	人　数	主要工作内容
1	施工负责人	1	施工安排、指挥、协调
2	技术员	1	技术负责
3	技术工人	2	避雷器安装调试
4	辅助工人	4	辅助作业
5	防护人员	2	施工安全防护

b. 主要施工机具配备见表 10-63。

表 10-63　主要施工机具配备

序　号	名　称	型　号	单　位	数　量
1	钢卷尺	50 m	个	1
2	棕绳		根	2
3	水平尺	500 mm	把	1
4	扭矩扳手		把	1
5	大梯子		架	1
6	平锉		把	1

③施工方法及技术措施

对避雷器进行外观检查后，按照技术要求进行测试。

用钢卷尺从支柱底部测量出避雷器支架安装高度，并用粉笔在支柱上做好标记。

用绳子吊装避雷器固定角钢和支撑角钢，并用水平尺调整至水平。

支架安装好后，用绳子把避雷器底座吊上，按要求把底座安装固定在支架上。

用绳子捆绑好避雷器本体，吊上支架，然后在底座上固定好。

根据技术要求，安装好避雷器接地线。

根据技术要求预制好电连接线并安装。

④控制要点

避雷器安装前进行电气试验，试验合格后才能进行安装。托架安装要水平。

开关引线连接正确牢固，并预留因温度变化而引起的位移长度，电连接线夹及设备线夹均涂抹电力复合脂。

引下线接地可靠，接地电阻值符合规定。

10.5.3.5　牵引变电工程

(1)施工方案

项目部设立一个变电架子队，负责标段内牵引变电工程施工。在试验调试部设置一个变电试验组，负责变电工程测试任务。架子队分阶段成立基础地网组、设备安装组、电缆敷设组等专业化作业组，以设备安装调试为重点，采取标准化、专业化、流水作业方式组织施工。

2010年9月1日牵引变电工程开工，架子队先组建基础及地网作业组展开分区所、分区所兼开闭所设备基础和地网工程施工，预计到2010年9月底全部完成。

2010年10月初，架子队调整劳动力成立设备安装组，开始展开箱式设备安装。于2010年10月中旬完成后，架子队调整劳动力成立电缆敷设组，展开电缆敷设及二次接线，预计到2010年11月上旬完成。

电缆敷设完成后，项目部试验调试部于2010年11月中旬投入变电试验组，先进行设备单体测试；完毕后进行整组试验。到2010年11月底完成。2010年12月进行远动系统调试，2011年2月底完成验收整改，2011年3月底竣工。

设备基础采用人工作业方式，混凝土浇筑采用混凝土搅拌机搅拌、结合振动棒捣鼓的方式。设备安装以人工方式为主进行，电缆敷设由人工按电缆无交叉法敷设，电缆标识采用电脑烫印机制作电缆号牌及接线标识。设备单体试验、整组试验及远动装置调试，由通过国家技术监督局计量认证的试验人员采用智能化的测试设备和手提计算机进行。

(2)施工方法

1)基础施工

①施工流程如图10-60所示。

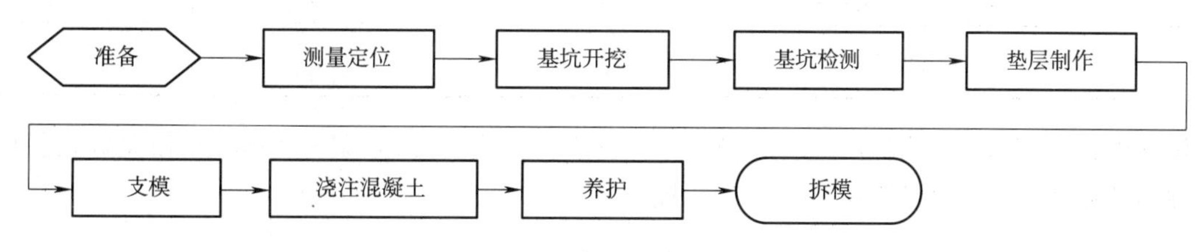

图10-60　基础工程施工流程图

②施工准备

a. 劳动力组织见表10-64。

表10-64　劳动力组织

序　号	作业人员	人　数	工作内容
1	施工负责人	1	主持、组织基础施工全部项目
2	技术负责人	1	负责基础技术工作
3	基坑开挖人员	8	基坑开挖
4	基础浇注人员	10	基础浇注

b. 主要施工机具配备见表10-65。

表10-65　主要施工机具配备

序　号	名　称	型号、规格	数　量	用　途
1	搅拌机	JDY250B	1台	基础浇注
2	振捣器	ZX—25	2台	基础浇注
3	发电机	10 kW	2台	施工电源
4	抽水机	3DA—8*7	2台	基础开挖时抽水

③施工方法及技术措施

a. 测量定位：以牵引变电所生产房屋轴线为基准用经纬仪引出基准轴线，再根据基准轴线引出每个基础中心轴线。根据设计图要求，测量出基坑的开挖边线，并用白灰粉做好标记。

b. 基坑开挖：沿基坑开挖边线挖掘，可采取刨一层挖一层的方法。开挖深度达 1m 左右时，按设计规定的基础尺寸修整坑壁，然后按修整后的尺寸继续下挖，直至满足要求。用水准仪复测坑深无误后，用排夯法把坑底均匀夯实。基坑挖好后，预留出回填用土，其余弃土全部运离变电所。

c. 浇注垫层：在基坑坑底夯实后，及时浇注混凝土垫层，以防止雨水浸泡，影响基础的承载力。在混凝土垫层初凝期结束后，便可在其表面用墨线标出基础中心线，以方便支模型板。

d. 基础浇制：将模型板放入坑内，根据基础中心轴线及标高将模型板固定，基础模板与混凝土直接接触的侧面均匀涂刷脱模剂。用搅拌机根据选定的水灰比和混凝土配合比进行搅拌，实施基础混凝土浇筑，浇筑时，用振动棒进行分层振捣，将混凝土捣固密实。在基础浇制过程中，按有关规定要求同时浇注混凝土试块，并与基础在同等条件下养护，同时做好有关记录。

e. 拆模型板及基础养护：在基础初凝期结束后，便可拆除基础内、外模型板，拆除时注意保护基础的边线及棱角完整。混凝土基础灌注完毕后的 12 h 内，其表面覆盖草袋并浇水养护，在高温有风天气灌注后 2～3 h 内浇水养护。浇水养护以保持混凝土表面经常湿润为准，气温低于 5 ℃时不得浇水养护。

④控制要点：

基础施工的测设位置及其顶面高程使用经纬仪和水平仪进行复核检测，符合设计要求，并满足基础施工偏差表（表 10-66）的规定。

表 10-66 基础施工允许偏差表

序号	项目名称	允许偏差(mm)		
		独立电气设备	三相联动设备	构架基础
1	纵横轴线中心位置	±10	±10	±20
2	顶面高程	0 −20	0 −10	0 −10

预埋螺栓的外露长度使用钢卷尺进行检测，外露长度符合设计要求，埋设垂直，丝扣完好，无锈蚀现象，并符合预埋螺栓施工允许偏差范围（表 10-67）的规定。

表 10-67 预埋螺栓施工允许偏差范围

序号	项目	名称	施工允许偏差(mm)
1	预埋螺栓	中心距	±2
2		外露长度	+20 0
3	预留螺栓孔	中心位置	±10
4		孔深	+20
5		孔壁垂直度	10

基础表面进行外观检查，表面平整光洁、棱角完整，无跑浆、露筋等缺陷。用钢卷尺复核测量基础的外型尺寸，外型尺寸允许偏差范围不得超过$^{+20}_{0}$ mm。

基准线的测定必须反复校核，确保其准确无误。基础中心轴线尺寸的计算和测定必须有人同时复核。

同一轴线的基坑一次测定，各类标桩齐全，如有移位或遗失，需进行复测补桩。经校核准确的标桩采取保护措施（用砂浆或石头围住），防止在作业过程中因碰撞而移位。

基坑开挖后，要求做地基承载力试验（根据施工现场情况，可采用简单易行的扦插试验），如与设计不符（不能保证工程质量或工程量加大），及时与监理、设计联系。

混凝土连续灌注，并在前层混凝土凝结前将次层混凝土灌注完毕。间歇时间不得超过有关规定。承受动力作用的断路器基础，必须一次连续灌注完成。

确定坑位时，根据地下设施调查情况，采取躲开或其他安全措施。基坑开挖过程中如发现地下电缆、管道文物等设施时，立即停止工作，及时报告施工负责人及有关单位，妥善处理。

在土质松软地带挖坑时，为防止坑壁坍塌，坑壁设置适当的坡度或安装防护板。

挖坑时，坑边上不得放置重物或工具，弃土堆放在坑边0.6 m以外，堆土高度不得大于1.5 m。

2)接地网敷设

①施工流程如图10-61所示。

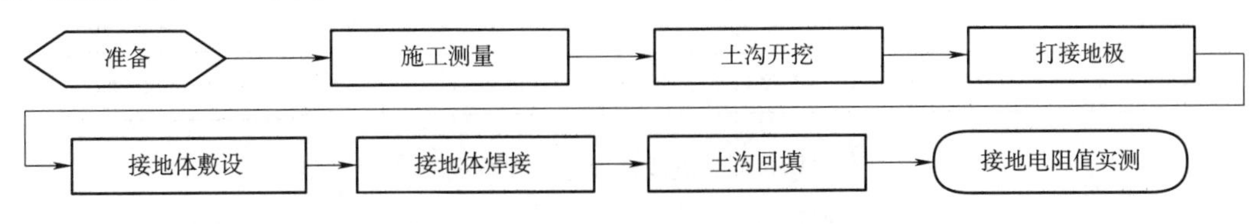

图10-61　接地网敷设施工流程图

②施工准备

a. 劳动力组织见表10-68。

表10-68　劳动力组织

序　号	作业人员	人　数	工作内容
1	施工负责人	1	主持、组织地网施工全部项目
2	技术负责人	1	负责施工技术工作
3	测量人员	2	接地电阻测试
4	电焊人员	1	接地网焊接
5	开挖人员	10	沟、坑开挖
6	回填人员	3	沟、坑回填

b. 主要施工机具配备见表10-69。

表10-69　主要施工机具配备

序　号	名　称	单　位	数　量	用　途
1	电焊机	台	2	接地网焊接
2	切割机	台	1	接地线加工

③施工方法及技术措施

地网沟及接地极位置测量：按设计图要求确定变电所内接地体敷设位置及走向，用白灰粉作出明显的标志。准备好合格的工具及材料。接地网引入高压室、控制室及电缆沟处相应的墙壁或沟壁上打孔，预埋引入接地体。

土沟开挖：接地网地沟采用人工开挖，开挖深度符合设计、验标要求。

接地体敷设：地网沟挖好后，可先在设计要求位置打入接地极，再将接地扁钢与之电焊连接起来。

土沟回填及接地电阻值实测：接地网敷设完后，经监理工程师检查签认后，再用素土对地沟回填夯实。用接地电阻摇表对接地电阻测量，如接地电阻达不到设计标准值，则采用接地模块，对接地网进行处理，并添加化学降阻剂，直至符合标准。

④控制要点

地网焊接工作由取得特殊工种操作证的焊工担任，焊接尺寸满足：接地扁钢与扁钢的搭接，其搭接长度为扁钢宽度的两倍，并且至少三面焊接。扁钢与角钢的搭接，除在扁钢两侧焊接外，还焊以钢带弯成的弧形卡子或直角形卡子。

接地体的埋设深度符合设计要求，设计无规定时，其顶面埋设深度不小于0.6 m，人行道上不小于1 m。

在进行地线沟和接地极坑开挖时，必须保证其深度，以保证扁钢和接地极的埋深。

焊接时，严格按照规范操作，确保搭接面积符合规范要求。

挖坑时，坑边上不得放置重物或工具，弃土(渣)堆放在坑边0.6 m以外，堆土高度不大于1.5 m。

当接地极坑开挖深度超过1 m时，随时检查坑壁四周是否有无松动情况，如发现松动，及时清除，必要时采取防护板支撑。

3)电缆敷设

①施工流程如图 10-62 所示。

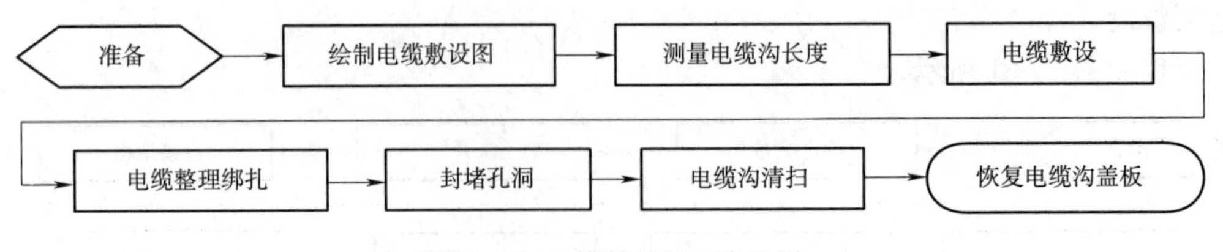

图 10-62 电缆敷设施工流程图

②施工准备

a. 劳动力组织见表 10-70。

表 10-70 劳表动力组织

序 号	作业人员	人 数	作业内容
1	技术负责人	1	负责敷设质量、保证技术要求
2	引导组	2	负责电缆首尾端准确对位,配合敷设
3	敷设组	6	全部电缆的施放、敷设、固定工作
4	辅助组	2	障碍处理、电缆穿管、转弯处防护

b. 主要施工机具配备见表 10-71。

表 10-71 主要施工机具配备

序 号	名 称	规 格	数 量	用 途
1	载重汽车	5 t	2 辆	运输
2	吊车	8 t	1 辆	装卸电缆盘
3	电缆盘支架		2 副	放电缆
4	钢管	6 m	2 根	放电缆
5	摇表	1000 V	1 台	测绝缘
6	钢卷尺	50 m	1 把	测量
7	钢锯		2 把	裁切电缆
8	断线钳		1 把	剪断电缆

③施工方法及技术措施

采用人工无交叉电缆敷设方法。

绘制电缆敷设图:由技术负责人绘制电缆在电缆沟内的布置图。

测量电缆沟长度及土沟开挖:测量电缆沟长度,计算出每根电缆的敷设长度,根据各设备电缆走向开挖电缆埋设土沟。

电缆敷设:打开室内、外电缆沟的盖板,并将沟内杂物清扫干净。在所有由电缆沟引出的电缆保护管内穿入牵拉电缆的铁线。

根据由近至远的先后顺序敷设,在电缆沟交叉处,电缆不在同一层支架上发生交叉。先放盘与盘之间,再放端子箱与端子箱之间、端子箱与机构箱之间、机构箱与机构箱之间,最后放控制室至高压室、控制室至室外、高压室至室外。

每层支架上的电缆排满后,先将其全部理顺调直,临时绑扎固定,待全部电缆敷设完后,再绑扎固定。

遇有多支电缆沟共同汇集于一处引入控制室的情况时,将不可避免地要出现电缆交叉。为确保敷设的整体质量,交叉点集中在控制、保护盘之间的电缆沟内,以便统一整理,交叉点都设在下部,以上面看不见为原则。

电缆整理及绑扎:电缆敷设完毕后,先将其全部理顺调直,再将其绑扎固定;孔洞封堵采用橡皮泥,电缆穿管、洞处必须封堵严密。

电缆沟清扫及电缆沟盖板恢复:将电缆沟清扫干净,然后将不再进行作业的部位的电缆沟盖板恢复就位,剩余盖板待整理工作或配线工作完成后再恢复。

④控制要点

电缆在电缆支架上的布置由上至下为高压电力电缆、低压电力电缆、控制电缆。

直埋电缆深度保证电缆表面距地面不小于700 mm，进入建筑物或接近引出处可以浅埋，但须采取保护措施。

控制电缆不得有中间接头。当敷设长度超过制造长度时或必须延长已敷设竣工的电缆时可有接头，但须连接牢固并不受到机械拉力。

明敷电缆管用卡子固定在支架或墙上，电缆管支持点的距离，当设计无规定时，不宜超过3 m。

水平敷设的电缆，在电缆首尾两端、转弯和中间接头处两端的支架上固定；垂直敷设的电缆在每个支架上固定。电缆支架上同层电缆和不同层电缆在任何地方不得交叉，电缆不能放在电缆沟底地上。

敷设过程中，遇有电缆需要转弯情况时，由辅助人员在转弯处对电缆进行防护，必要时可设转向滑轮组导向，以防发生损伤。

施放时，电缆从线盘的上方引出，避免在支架或地面上摩擦、拖拉。支放电缆盘处地面平坦坚实，施放的径路上不得有障碍物，且便于行走。

电缆敷设工作完成后，及时盖好电缆沟的盖板，避免作业人员踏空摔伤现象。同时将所有剩余电缆运出施工现场，消除火灾隐患。

4)电气设备试验

验证电气设备的各种性能是否符合国家规定的交接标准及厂家的技术条件，找出各种可能影响设备正常运行的缺陷并予以克服，从而保证设备安装后能正常投入运行。

①试验对象及标准

所有电气设备、电缆等都要进行电气试验。

《电气装置安装工程电气设备交接试验标准》(GB50150—91)。

《电力设备预防性试验规程》(TL/T596—1996)。

《中华人民共和国铁道部电气设备交接及预防试验标准》(铁机电〔1995〕4号)。

厂家提供的产品技术资料。

②电气试验项目

绝缘电阻试验、介质损失角试验、直流耐压及泄漏电流试验、交流耐压试验、电力变压器特性试验、高压断路器特性试验、互感器特性试验、继电保护试验等。

③主要电气设备试验方法

a. 真空断路器试验方法

观察外部是否有损伤、锈蚀。

测量导电回路电阻，判断触头是否受潮、氧化。

绝缘电阻和交流耐压试验，判断绝缘拉杆、断路器灭弧室和整体绝缘的受潮情况，真空泡是否受损。

操动机构检查和分、合闸线圈绝缘电阻测量，判断断路器操动机构是否锈蚀，二次回路元件是否受潮、氧化。

b. 电流、电压互感器试验方法

观察外部是否有损伤、绝缘油是否有渗漏。

测量绕组的绝缘电阻，判断互感器线圈是否有损伤、受潮。

测量互感器一次绕组的介质损耗正切值，判断互感器内部是否有损伤、受潮。

绝缘油耐压试验，判断绝缘油是否受潮，各项批指标是否达到标准要求。

交流耐压试验，判断互感器的整体绝缘是否合格。

c. 电动隔离开关试验方法

检查瓷柱是否碰伤，触头是否氧化。

瓷柱绝缘电阻和交流耐压试验，判断绝缘强度是否合格。

电动操作机构检查和绝缘电阻测量，判断操作机构分、合闸线圈、电机及其元器件是否完好。

④安全技术措施

凡电气试验工作，均由两人或两人以上进行，分工明确。试验负责人在工作前进行安全技术交底。操作人员按规定穿高压绝缘靴和戴绝缘手套。试验设备的接地处必须可靠接地,高压引线尽量缩短并用绝缘物支持牢固。试验区域内禁止闲杂人员入内。

接通电源前,试验设备的电源开关断开,并将调压器置零。试验从零电位开始升压,升压速度均匀;禁止高电位合闸,以防被试设备受冲击电压而损坏。加压过程中设专人监护并与操作人相互唱合确认。

试验结束后,试验人员对被试设备放电后再拆除地线,并检查和清理现场。

5)整组试验

整组试验是复核各工序的施工质量符合施工规范、验收标准、设计要求的重要步骤,是保证工程顺利开通的关键。

①施工流程如图 10-63 所示。

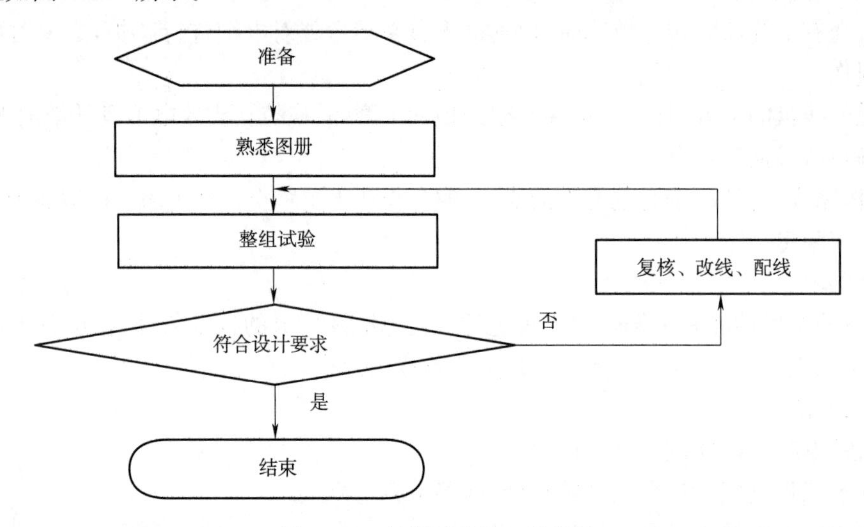

图 10-63 整组试验施工流程图

②施工准备

施工准备主要是各所主接线图及二次部分施工图册、保护整定值的准备。二次部分施工图主要包括:二次原理图、二次接线端子排图、电缆清册、厂家的盘(柜)内配线图、设计变更。

③施工方法及技术措施

熟悉图册:参加整组试验的技术人员在整组试验开始前必须仔细、认真地熟悉施工图册及设计变更的内容。

投入交直流屏:将交流电源引入交直流屏,按照设计及厂家的要求检查其功能是否满足。

整组试验:根据设计的施工图首先作电动隔离开关、断路器的单控操作,灯光、音响信号试验。在所有的电动设备单控操作,灯光、音响信号试验完成后进行联动试验,试验相互之间的闭锁关系能否实现。联动试验完成后,逐个在保护回路中加入电压、电流量模拟故障,试验设计的各种保护功能能否正常实现。同时在试验中校核电流、电压的极性。在试验中发现与设计相违背的问题及时向设计反映。

复核、改线、配线:对整组试验中发现的问题,要予以复核,并通过改线、配线等方式及时解决。

10.6 施工进度计划

10.6.1 项目施工工期总目标

项目部作为公司的履约代表方,严格遵守公司和建设方签订的合同工期,完成合约内规定的全部施工任务。

开工日期:2009 年 10 月 15 日。

竣工日期:2011 年 3 月 31 日。

施工总天数:533 天。

10.6.2　各阶段、节点工期目标

根据总体工期目标及建设单位的要求，结合全线电气化工程项目的特点，考虑站场改造对我项目部工期的制约，项目部确定以接触网下部工程为控制重点，接触网架线和调线为关键，信号工程配合站场改造为难点，分别制定了节点工期。2010年6月完成接触网下部工程，2010年8月完成立杆整正，2010年12月配合站场改造同步完成信号工程施工，2010年12月完成电力工程，2011年1月完成接触网腕臂安装和架线施工，变电设备安装调试，达到送电条件，2011年3月完成接触网冷滑、热滑试验，达到送电开通和竣工验收条件。

10.6.3　重难点及控制性工程施工进度计划安排

接触网是本工程的控制性工程，计划2010年5月完成所有区间的基坑开挖，基础浇筑，立直埋杆，8月底完成站场的基础浇筑和立杆整正，2010年5月1日～9月底完成软很跨的安装，所有杆柱上的肩甲和腕臂的安装，2010年10月1日至2010年12月31日完成承力索和接触线的架设，2010年10月20日至2011年1月31日完成接触网的调整，2011年2月至3月上旬完成接触网的精确调整，3月中、下旬完成接触网的验交和送电。

信号站场改造是本工程的重难点工程，项目部紧盯轨道分部站场改造施工计划，积极与轨道公司相互协调配合，计划2010年3月完成双墩集站场信号改造，5月完成水家湖站信号改造，6月完成下塘集站信号改造，8月完成大通站信号改造，9～12月完成合肥东站Ⅰ场、Ⅱ场、Ⅲ场、Ⅳ场站场信号改造，2011年1月完成信号的验交。

10.6.4　一般工程施工进度计划安排

10.6.4.1　通信工程

通信工程计划于2009年12月15日进场开工，先展开通信迁改、过渡、整治施工。2010年4月进行长途光电缆施工，2010年9月底完成。2010年7月开始地区站场电缆线路施工，2010年12月底完成。2010年10月开始设备安装，同时进行设备单体调试，2010年12月底所有通信设备安装完毕，2011年1月开始通信系统调试，2010年3月19日通信安装调试全部完成，达到开通条件。通信工程施工进度计划见表10-72。

表10-72　通信工程施工进度计划表

序　号	主要施工内容	开始时间	完成时间
1	通信迁改、过渡、整治施工	2009.12.15	2010.5.31
2	长途光电缆开挖、敷设	2010.4.1	2010.9.30
3	长途光电缆接续、测试	2010.6.10	2010.10.30
4	地区站场光电缆开挖、敷设	2010.7.1	2010.10.31
5	地区站场光电缆接续、测试	2010.8.15	2010.12.31
6	无线系统基站修建、缆线布放	2010.9.1	2010.12.31
7	设备安装、单体调试	2010.10.10	2010.12.31
8	通信系统调试、开通	2011.1.1	2011.3.19

10.6.4.2　信号及信息工程

信号及信息工程计划于2010年3月1日开工，首先展开电缆施工和室外设备安装配线，预计到2010年11月上旬完成电缆工程施工，2010年11月上旬完成室外设备安装配线。室内设备安装配线跟随房建进度于2010年3月25日开始，2010年11月上旬完成室内设备安装配线。2010年12月上旬完成联锁试验，2010年12月31日前完成验收、整改及复验工作。2011年1月1日至2011年1月31日，进行联合调试及竣工开通。本工程属既有线改造，各站股道基本都要延长，站形变化较大，从2010年5月1日开始，2个架

子队配合进行站场改造施工。信号及信息工程施工进度计划见表 10-73。

表 10-73 信号及信息工程施工进度计划表

序　　号	主要施工内容	开 始 时 间	完 成 时 间
1	电缆工程	2010.3.1	2010.11.5
2	室外设备安装	2010.3.15	2010.11.5
3	室外设备配线	2010.3.25	2010.11.10
4	室内设备安装、配线	2010.3.25	2010.11.10
5	配合站改	2010.5.1	2010.9.30
6	室外对线、导通	2010.11.11	2010.11.30
7	室内导通、调试	2010.11.11	2010.11.30
8	联锁试验	2010.12.1	2010.12.10
9	验收、整改、复验	2010.12.11	2010.12.31
10	联合调试及竣工开通	2011.1.1	2010.1.31

10.6.4.3 电力工程

电力工程计划于 2009 年 12 月 15 日进场开工，首先展开电力线路迁移和车站过渡施工，随后展开高低压电力线路施工，2010 年 4 月初展开高低压变电所施工。预计到 2010 年 8 月底完成电力线路迁移和变电所设备安装，2010 年 9 月底完成车站电力设施施工，2010 年 10 月底电力线路送电，2010 年 11 月底完成初步验收及缺陷整改，2010 年 12 月底竣工。进度计划见表 10-74。

表 10-74 电力工程施工进度计划表

序　　号	主要施工内容	开 始 时 间	完 成 时 间
1	电力线路迁移及车站过渡施工	2009.12.15	2010.8.31
2	电缆沟开挖	2010.1.1	2010.8.31
3	电缆敷设及电缆头制安	2010.2.1	2010.8.31
4	变电台、车站供电设施安装调试	2010.6.1	2010.9.30
5	变电所设备及箱变安装调试	2010.4.1	2010.9.30
6	联调送电	2010.10.1	2010.10.31
7	验收整改	2010.11.1	2010.11.30
8	复验竣工	2010.12.1	2010.12.31

10.6.4.4 接触网工程

接触网工程本项目的重点控制工程，需封锁线路作业。计划于 2009 年 12 月 15 日进场开工，首先展开未改造地段的基础工程施工，改造地段在路基工程完成后随即展开。2010 年 4 月初开始支持结构安装，2010 年 6 月初开始接触网及附加导线架设调整。预计到 2010 年 8 月底完成全段下部工程施工，2010 年 12 月底完成全段接触网架设调整，2011 年 2 月底完成冷滑试验及缺陷整改，2011 年 3 月底竣工。进度计划详见表 10-75。

表 10-75　接触网工程施工进度计划表

序　　号	主要施工内容	开始时间	完成时间
1	基坑开挖、基础浇注	2009.12.15	2010.8.31
2	桥打孔、灌注	2010.4.1	2010.8.31
3	支柱安装、整正	2009.12.26	2010.8.31
4	软横跨安装	2010.5.1	2010.9.30
5	肩架安装	2010.5.1	2010.9.30
6	腕臂安装	2010.5.1	2010.9.30
7	附加导线架设调整	2010.6.1	2010.12.31
8	承力索及中锚架设	2010.6.1	2010.11.30
9	接触线架设	2010.6.21	2010.12.10
10	悬挂调整	2010.7.1	2010.12.31
11	设备安装调试	2010.10.1	2010.12.31
12	冷滑试验、尾工处理	2011.1.1	2011.1.31
13	验收整改	2011.2.1	2011.2.28
14	复验竣工	2011.3.1	2011.3.31

10.6.4.5　牵引变电工程

牵引变电工程计划于2010年8月1日进场开工，先展开设备基础和地网工程施工，基础养护期满后进行设备安装，预计到2010年11月底完成。2010年12月底完成远动系统调试，2011年2月底完成验收整改，2011年3月底竣工。由于本工程只有分区所和开闭所，变电所在合蚌客专中，电源引入时间无法确定。具体施工进度安排见表10-76。

表 10-76　变电工程施工进度计划表

序　　号	主要施工内容	开始时间	完成时间
1	设备基础、地网施工	2010.8.1	2010.9.30
2	设备安装	2010.10.1	2010.10.20
3	电缆敷设及二次接线	2010.10.21	2010.11.10
4	设备单体调试及整组试验	2010.11.11	2010.11.30
5	远动系统调试	2010.12.1	2010.12.31
6	验收整改	2011.1.1	2011.2.28
7	复验竣工	2011.3.1	2011.3.31

10.6.5　施工进度横道图及网络图

施工进度横道图及网络图如插页图10-64、图插页10-65所示。

10.7　主要资源配置计划

10.7.1　施工管理及技术人员配置计划

施工管理及技术人员的配置按照投标文件的承诺配置，具项目管理人员配置表：详见附录1。

10.7.2　劳动力组织计划

按照铁道部建设司“铁建设〔2008〕51号文”《关于积极倡导架子队管理模式的指导意见》的规定，结合本项目的施工特点，对各专业采用架子队管理模式，按照“管理有效，监控有力，运作高效”的原则组建。架子队要设置专职队长、技术负责人，配置技术、质量、安全、试验、材料、领工员、工班长等架子队主要组成人员。各岗位明确职责，落实责任。

各专业架子队主要组成人员由施工企业正式职工担任，具有相应的作业技能，并经过岗位培训合格后持证上岗。领工员、工班长具备相应的组织能力和丰富的施工实践经验，其人员数量根据各自管段工程量大小确定，满足施工现场生产管理、各施工环节和过程不间断监督的需要。

施工现场所有劳务作业人员纳入各专业架子队统一集中管理，由各专业架子队按照施工组织安排统筹劳务作业任务。班组作业人员在领工员和工班长的带领下进行作业，确保每个工序和作业面有领工员、技术员、安全员跟班作业。

各专业架子队的建立和实行技术交底制度，技术负责人就工程作业工序和环节向领工员、工班长进行书面技术交底，书面技术交底资料要归类存档备查。领工员、工班长在实施作业前对班组作业人员进行工作和安全交底。

各专业架子队主要组成人员在施工过程中保持稳定和完整，根据施工组织安排及工程进度，适时调整作业班组用工数量。

在本工程实施中，劳务作业层人员中的专业技术工种和特种作业工种为已取得相应职业资格证书和特种作业证书的正式职工，由或委外按专业要求对其按期进行培训，培训合格后方可上岗。其他普工可从和有长期合作的，有资质、信誉好的劳务公司中的劳务人员选配，并按规定签订合同。

10.7.2.1 架子队用工管理

根据本项目实际情况及特点，项目部综合管理作为劳务管理的主责机构，配备专职劳动力管理人员，按照六个分区进行劳务管理，优选劳务队伍，加强劳务用工管理。

建立健全劳务管理制度，对劳务作业人员登记造册，记录其身份证号、职业资格证书号、劳务合同编号以及业绩和信用等情况，基本情况报建设单位、监理单位备案。

接受建设、监理单位对现场管理机构人员等的核查，按照规定组建和管理架子队、设置劳务管理机构和人员、使用劳务作业人员等。如发现架子队、劳务企业使用不合格的劳务作业人员或包工队时，无条件接受建设、监理单位下发的限期整改，清退不合格劳务作业人员或包工队等相关指令并立即整改。

10.7.2.2 标准专业架子队人员配置

标准专业架子队人员配置详见表10-77。

表10-77 专业架子队标准配置表

职务	人数(人)	职责	备注
队长	1	负责本架子队现场施工管理工作，具体落实管辖范围内工程项目的质量、进度、安全、生产、计划等工作；负责架子队的人、财、物资的调配工作	
技术主管	1	协助项目总工程师、主管专业工程师进行现场技术管理，具体负责管辖范围内工程项目的技术工作，审核技术交底和作业指导书，指导现场工程施工工艺和方法，负责工程质量和安全工作，及时向项目总工程师上报现场技术工作情况、各项监测资料和测量成果	
副队长	1	协助队长进行现场施工管理及协调工作	
技术员	1～4	协助工程管理部专业工程师和架子队技术负责人做好技术管理工作，指导现场技术工作，施工测量，编制技术交底和作业指导书，指导现场工程施工工艺和方法	根据管段工作量大小确定人数
安质员	1～3	协助安质环保部和架子队技术负责人做好现场安全质量管理工作，负责对现场施工安全措施的交底和监督工作，按照规定进行安全检查和安全监督，对存在的问题提出整改意见，并督促整改，确保实现架子队安全目标，对现场施工进行安全质量监督，发现问题及时制止并及时向上级汇报现场工程安全生产动态	根据管段工作量大小确定人数
核算员	1～3	对本架子队的施工生产工作量进行统计、验工，做好架子队与工班、工班与协作队伍的统计验工工作，协助项目部计统部做好人员、机械、工资、工作量、变更工作量的统计工作	根据管段工作量大小确定人数
材料员	1～3	协助物资管理部和架子队技术负责人做好现场材料管理工作，具体负责现场材料、设备的接收、发放和保管工作；及时上报现场各种物资材料的使用和库存数量情况	根据管段工作量大小确定人数

续上表

职　务	人数(人)	职　责	备　注
调度员	1～4	协助架子队副队长管理现场施工，具体向施工现场劳务作业人员进行施工任务交底，监督劳务层按规范施工，确保安全质量生产，文明施工，全面合理、有效实施方案；并对劳务作业人员进行入场教育	根据管段工作量大小确定人数
工班长	1～4	协助架子队副队长管理现场施工，负责本班全面工作，组织班组安全作业，遵守安全生产规章制度；带领全班按质按量按时完成生产任务；并严格控制各种材料使用，保管好本班的机械设备	根据管段工作量大小确定人数

按照各专业工程规模大小、施工难度情况，项目部决定设接触网架子队2个，电力架子队1个，变电架子队1个，通信架子队1个，信号架子队2个，共计7个架子队，各架子队按照各自管段平行施工，最高峰时期，全线上线劳动力总和达到1800人。在项目实施过程中，如果建设单位对总体工期进行缩短调整，将适时加大劳动力资源的投入，以满足建设单位对工期提前的要求。

10.7.2.3　*劳动力计划表*

根据工程施工阶段的变化，投入的劳动力数量也随着变化(详见表10-78)。

表10-78　劳动力计划表

	按工程施工阶段投入劳动力情况																
	2009年		2010年												2011年		
	11月	12月	1月	2月	3月	4月	5月	6月	7月	8月	9月	10月	11月	12月	1月	2月	3月
钢筋工	2	4	4	6	10	10	20	20	20	20	4						
木工	2	4	4	4	8	8	10	10	10	10	4						
捣固工	2	4	4	8	10	16	20	20	20	20	6						
浆砌工	10	15	15	20	20	30	30	35	35	30	20						
信号工					10	15	20	20	20	30	30	30	30	30	25	20	10
通信工		10	10	10	10	15	15	20	20	20	20	20	20	20	15	15	10
电力工		6	6	8	8	10	10	15	15	15	15	15	10	10	8	8	6
变电工										8	12	12	12	12	4	4	4
接触网工		20	20	20	20	30	40	60	60	60	60	60	60	60	50	40	40
司机	15	20	20	30	30	30	30	40	40	40	40	40	40	40	20	20	20
轨道车司机		8	8	8	8	8	8	12	12	12	12	12	12	12	12	8	8
吊车司机	2	2	2	2	4	4	4	5	5	5	5	5	5	5	3	2	2
挖掘机司机	2	4	4	4	4	10	10	10	10	8	2						
推土机司机	2	2	2	2	2	5	5	5	5	4	2						
碾压机司机	2	2	2	2	2	5	5	5	4	4	2						
装载机司机	3	3	3	3	3	6	6	6	6	5	2						
机修工	3	3	3	5	5	5	5	7	7	7	7	7	7	7	4	4	3
焊工	2	3	3	3	3	5	6	6	6	6	4	4	4	4	2	2	2
普工	100	150	200	200	400	500	550	700	750	800	600	600	600	600	500	400	250
合计	147	260	310	335	557	712	794	996	1045	1104	847	805	800	800	643	523	355

10.7.3　主要机械设备配置计划

10.7.3.1　*施工机械设备及试验、质量检验设备配置方案*

施工设备作为生产力的要素之一，是企业生产的重要手段，是企业完成施工任务的重要物质基础。

根据本工程设计标准高、施工质量要求严、专业种类多、施工难度大、交叉施工作业多等施工特点，为确保工程工期、质量和工艺要求，施工设备配置遵循科技含量高、性能优良、生产效率高、环保性能好、采用先进的机械设备和检测仪器的原则进行设备组合匹配，使施工设备的配置充分体现先进性、适用性，配置数量以满足施工需要为前提，使用过程中充分挖掘设备的潜力，做到均衡生产，综合利用，降低机械使用成本。

满足施工需要的原则：针对不同的工序施工按专业化组织流水作业，与施工方法相适应，与工期安排相适应，各工点兼顾，加大投入、满足施工需要又略有富裕，节约资金、合理配置的原则，机械及时进场和及时退场的原则，来满足施工需要，并实现各机械化作业线的有机配合，用机械化程度的提高来实现施工的稳产、高产。

提高机械化水平，配备大型设备，配备效率高的施工机械、大容量自卸汽车等。设备数量充足、机况良好，主要设备均有备用。

在设备配备上使机械设备能力大于进度计划指标能力，有足够的设备储备。

10.7.3.2 主要施工设备

主要施工设备表详见表10-79。

表10-79 主要施工设备表

序号	设备名称	规格型号	数量	国别产地	制造年份	额定功率（kW）	生产能力	用于施工部位
一、综合设备								
1	指挥车	普拉多	4	日本	2006	75	5座	施工指挥
2	搅拌桩机（台）		10	徐州	2006			桩基础
3	汽车吊（≥25 t）	QY-16	6	徐州	2004	125	16 t	吊装
4	发电机组（≥50 kW）	75 kW	3	上海	2004	75		整道
5	电气化作业车（组）	DF2	2	宝鸡	2006	216		附加线架设
6	载重汽车	N150	12	济南	2006	128	8t	运输
7	客货车	金杯	12	沈阳	2006	80	12座	运输
8	汽车起重机	QY-8	4	徐州	2003	99	8t	吊装
9	试验专用车	依维柯	2	南京	2005	73		电气测试
10	轨道车	GC210	8	宝鸡	2003	210		牵引动力
11	安装作业车	DA12	16	宝鸡	2006	216		接触网作业
12	立杆作业车	GQ16B	8	宝鸡	2004	134	16t	支柱安装
13	恒张力放线车	CEM-100.121	4	奥地利	2003	340		接触网架设
14	轨道平板车	N60	24	宝鸡	2007		60 t	运输
15	绞磨	FM-IA	2	广州	2004	4.85	25 m/min	电力线架设
16	紧线器	3 t	30	成都	2007		3 t	导线架设
17	发电机	130 kW	2	上海	2006	130		施工电源
18	汽油发电机	10 kW	8	十堰	2005	10		施工电源
19	汽油发电机	10 kW	16	十堰	2005	10		施工电源
20	电脑套管印号机	M-10	2	日本	2007			电缆牌打印
21	插入式振捣器	ZX-25	10	成都	2008			混凝土施工
22	母排综合加工机	DWP-12A	6	泰州	2003			母排弯制
23	立式钻床	Z535	6	河北	2007	1.1	0—25 mm	加工
24	冲击钻	TE-25	20	德国	2005	0.83		打眼安装
25	电钻	TE16-C	20	德国	2005	0.8		打眼安装
26	液压弯管机	YYWW-1000	1	石家庄	2005		63 MPa	钢管弯制
27	顶管机	DXY-B	4	霸州	2006			保护管过轨
28	压接钳	YJQ-10	20	北京	2004			导线压接
29	梯车	自制	40	成都	2006			悬挂调整
30	整杆器		40	绵阳	2007			支柱整正

续上表

序号	设备名称	规格型号	数量	国别产地	制造年份	额定功率（kW）	生产能力	用于施工部位
31	抽水机	200QG	6	天津	2007			抽水
32	铝合金抱杆	LBC-15	4	扬州	2004			电杆组立
33	液压钻孔机	HGD-100	7	长沙	2007	22		基坑开挖
34	管道穿管器		2	上海	2006			给排水管
35	气流吹缆机		1	上海	2007			敷设电缆
36	空气压缩机	VY-6/7	2	德国	2004		6 m^3/min	土方施工
37	电缆千斤顶		8	上海	2006			敷设电缆
38	光纤熔接机	藤仓 FSM-50	4	日本	2007	0.4		光缆接续
39	电子喷枪		6	日本	2006			打眼
40	轨道打眼机	NZK-Ⅰ	8	上海	2008	1.5		铺轨
41	对讲机	GP88	100	美国	2006			通信联络
42	专用压接钳	6PK-301H	15	广州	2007			电源线压接
43	液压压接钳		16	上海	2007			电源线压接
二、电力及电力牵引供电工程								
1	工程指挥车	三菱	2	日本	2006	75	5 座	施工指挥
2	载重汽车	EQ1092	7	十堰	2004	99	5 t	运输
3	轻载汽车	NHR22ELW	3	十堰	2004	78	1.25 t	运输
4	汽车起重机	QY-16	1	徐州	2004	170	16 t	吊装
5	接触网检测车	JC-2F	1	襄樊	2003			接触网检测
6	号码烫印机	LM-350A	3	日本	2007			线号管打印
7	混凝土搅拌机	JC-2F	14	襄樊	2008			混凝土施工
8	电焊机	BX-300S-1	5	北京	2005		300A	加工
9	切割机	JK16	5	石家庄	2006	2.2		加工
10	管台钳	GTQ	5	南京	2007			加工
11	液压阻尼放线装置	ZZ200	2	西安	2007			接触网架设
12	额定张力机械落锚装置	RB3000	2	郑州	2007			接触网架设
13	附加导线展放机	FJ-09	2	石家庄	2007			附加线架设
14	腕臂制作平台	自制	2					腕臂加工
15	吊弦制作平台	自制	4					吊弦加工
16	移动液压叉车	2 t	3	上海	2006		2t	设备搬运
17	放缆转弯滑车	ZCL	30	长沙	2005			电缆敷设
18	放缆直滑车	HCL	60	长沙	2005			电缆敷设
19	真空滤油机	ZKL-100	1	泰州	2004		100 L/min	主变油过滤
20	抽真空机组	ZJA-150	1	自贡	2006	5.76		主变安装
21	对讲机	GP88	180	美国	2006			通讯联络
22	运输平板车	100 t	1					主变运输
23	起重吊车	100 t	1					主变装卸
24	就位推进器		4					主变就位
三、通信、信号及信息工程								
1	指挥车	三菱	2	日本	2006	75	5 座	施工指挥
2	光纤电话	FTS-2	6	美国	2007			光缆接续
3	发电机	YAMAH	4	日本	2006	1.5		施工电源

续上表

序号	设备名称	规格型号	数量	国别产地	制造年份	额定功率(kW)	生产能力	用于施工部位
4	发电机	YAMAH	6	日本	2006	5		施工电源
5	轨道打眼机	PB-45	8	天津	2007	1.2		钢轨钻孔
6	载重汽车	EQ1092	4	十堰	2004	99	5t	运输
7	轻载汽车	NHR22ELW	4	十堰	2004	78	1.25 t	运输
8	汽吊车	QY-8	2	徐州	2005	99	8 t	吊装
9	中巴车	华西	4	成都	2005	110		运输
10	放缆车	自制	7	成都	2007			放缆
11	切割机	HQL-12-D	10	上海	2005			切割路面
12	电焊机	BX3-300	4	上海	2006			焊接加工
13	冲击电钻	TE25	20	上海	2006	0.83	ϕ5~38.5 mm	钻孔安装
14	电钻	DW169	8	上海	2006		ϕ6.5 mm	钻孔安装
15	电钻	DC988K	20	上海	2006		ϕ13 mm	钻孔安装
16	电钻	DC988K	10	上海	2006		ϕ22 mm	钻孔安装
17	压接钳	6PK-301H	20	台湾	2007			电源线压接
18	电脑套管印号机	LM-350AⅡ	2	广州	2007			套管印码
19	铭牌打码机	M-100	2	上海	2006	0.2		铭牌书写
20	对讲机	摩托罗拉	100	上海	2007			施工联系

10.7.3.3 实验和检测设备

本工程的实验和检测仪器设备表详见表10-80。

表10-80 实验和检测仪器设备表

序号	仪器设备名称	规格型号	数量	国别产地	制造年份	已使用台时数	用途
一、电力及电力牵引供电工程							
1	电缆径路深测仪	BX3-300	10	成都	2006	110	地下电缆探测
2	电缆故障测试仪	JH5135	3	南京	2003	130	故障点测试
3	电缆导线长度测量仪	BA2006	3	成都	2007	86	电缆长度测量
4	一次检测车	依维柯	1	南京	2005	160	一次设备测试
5	二次检测车	ER7930	1	成都	2005	130	控制保护测试
6	接触网检测车	JC-2F	1	襄樊	2003	240	接触网检测
7	多功能激光检测仪	DJJ-8	16	山东	2006	128	接触网施工
8	幅度观测仪	3012	2	宁波	2006	120	导线驰度观测
9	自动变比测试仪	LS-600	2	上海	2005	216	变比测试
10	接地电阻测试仪	ZC29B-2	5	南京	2006	124	接地电阻测试
11	水准仪	DES3-E	5	上海	2006	60	施工测量
12	经纬仪	TDJ6E	5	上海	2005	132	施工测量
13	兆欧表(1000V)	ZC25-4	10	上海	2006	120	绝缘测试
14	兆欧表(2500V)	ZC11D-5	10	上海	2006	140	绝缘测试
15	万用表	MF-50	10	深圳	2007	120	电气测试
16	变比组别自动测量仪	ZB70	1	上海	2006	212	变比、组别测试
17	交直流功率表	3187	1	日本	2006	80	功率因素测试
18	数字电感电容表	UA6243	1	上海	2004	80	LC测试
19	LCR测试仪	3532-50	1	保定	2006	112	LCR测试

续上表

序号	仪器设备名称	规格型号	数量	国别产地	制造年份	已使用台时数	用　途
20	试验变压器	YDJ-20/100	1	自贡	2005	142	耐压、泄漏试验
21	试验变压器	YDC-10/2*50	1	上海	2004	212	耐压、泄漏试验
22	交直流电源	TGT-500	1	杭州	2005	110	设备测试
23	直流高压发生器	ZGS-60/2	1	西安	2006	88	直流耐压
24	耐压测试仪	QS18A	1	上海	2005	120	耐压测试
25	直流单臂电桥	SQJ-1	2	上海	2006	80	直流电阻测试
26	直流双臂电桥	QJ44	2	上海	2004	113	变比测试
27	万能电桥	QS18A	2	上海	2005	92	变比测试
28	介质击穿装置	HV9001	1	上海	2004	130	介质损耗测试
29	高压试验变压器	CJ2672	1	上海	2005	132	耐压试验
30	多功能数字继保仪	S40	1	上海	2005	119	继电器测试
31	直流高压发生器	ZX550	1	成都	2005	126	直流耐压及泄漏试验
32	断路器分析仪	R50	1	上海	2004	216	断路器测试
33	继电器测试仪	FP-06	1	青岛	2004	213	继电器测试
34	极性试验器	HTFA-Ⅳ	1	上海	2004	92	极性测试
35	调压器	HL50/32S	1	上海	2004	92	电源电压调节
36	升流器	SL10	1	武汉	2003	102	调节测试电流
37	氧化锌避雷器检测仪	MOA30KV	1	上海	2006	114	避雷器检测
38	高压开关特性测试仪	GKC-890-3	1	常州	2006	123	断路器测试
39	微量水分分析仪	2550	1	台湾	2005	136	断路器测试
40	回路电阻测量仪	5200	1	西安	2005	124	电阻测试
41	互感器校验仪	HEW2000-W	1	大连	2005	148	互感器测试
42	局部放电检测仪	JF-8601	1	扬州	2005	146	设备放电测试
43	接触电阻测试仪	R9345	2	扬州	2006	218	电阻测试
44	绝缘油击穿试验器	IJJ-1/80	1	沈阳	2004	96	变压器油试验
45	相位指示器	XZ-1	3	上海	2003	76	电力系统测试
46	精密露点仪	DMP248	2	常州	2005	116	气体湿度检测
47	温、湿度计	JWS-A4	12	德国	2006	114	环境条件测试
48	倾斜仪	Q3	24	成都	2005	124	支柱整正
49	高压验电器	35kV	24	上海	2007	64	验电
二、通信、信号及信息工程							
1	经纬仪	TDJ6E	8	苏州	2007	170	施工测量
2	水准仪	DES3-E	8	上海	2006	60	施工测量
3	光时域反射仪	HP8147	4	美国	2004	190	光缆测试
4	SDH 测试仪	HP37717C	2	美国	2005	190	传输调试
5	稳定光源	SGT3C03	6	西安	2005	170	光缆测试
6	光功率计	SGT4C04	6	西安	2005	170	光缆测试
7	误码测试仪	迅捷	3	北京	2007	70	误码测试
8	无线综合测试仪	HP8922M	2	美国	2007	90	无线调试
9	场强测试仪	Z-Tech R-505	2	美国	2004	290	无线调试
10	驻波比测试仪	S331C	1	深圳	2005	80	天馈线测试
11	数字传输综合测试仪	HP37718A	2	美国	2006	190	传输调试
12	绝缘测试仪	TES-1602	3	上海	2005	220	绝缘电阻测试

续上表

序号	仪器设备名称	规格型号	数量	国别产地	制造年份	已使用台时数	用　途
13	杂音测试仪	ZW-1200B	2	北京	2001	100	杂音测试
14	低频串音测试仪	HP-8903B	1	深圳	2005	220	音频分析
15	直流电桥	QJ45 型	2	南京	2006	180	区间电缆测试
16	低频电缆测试仪	PITE3600	2	深圳	2006	170	通信电缆测试
17	电缆故障测试仪	T617	7	英国	2005	190	故障点测试
18	接地电阻测试仪	ZC29B-2	8	南京	2007	80	接地电阻测试
19	ZPW-2000 通用在线测试仪	GD718-D	6	北京	2005	220	移频参数测试
20	PCM 通路测试仪	MS371A	1	广州	2006	126	传输调试
21	SDH 传输分析仪	HP37717C	1	美国	2005	190	传输调试
22	选频电平表	JH5019	2	北京	2002	180	调度调试
23	光万用表	FOT-930	6	美国	2004	270	光缆测试
24	光可变衰耗器	SVA-1	3	美国	2004	370	光缆测试
25	回波损耗测试仪	Fibkey TM7600	3	美国	2005	160	光缆测试
26	数字示波器	HP54503	3	美国	2002	280	通信调试
27	数字频率计	NFC-1000C-1	3	南京	2002	260	通信调试
28	电平振荡器	HF5118	3	北京	2002	270	调度调试
29	模拟呼叫发生器	EF104A	2	日本	2002	190	电话调试
30	通过式功率计	4304A	2	美国	2005	100	无线调试
31	频谱分析仪	HP8593E	2	美国	2004	180	无线调试
32	射频毫伏表	URV55	2	德国	2004	170	无线调试
33	天线倾角测量仪	DP-45	2	美国	2006	170	无线调试
34	基站综合测试仪	SITE MASTER	2	日本	2006	120	无线调试
35	地下电缆探测仪	TDD-1A/2B	8	上海	2005	260	地下电缆探测
36	高阻计	QZ-4 型	4	南京	2006	120	区间电缆测试
37	电容测试仪	VC6243	4	南京	2006	80	区间电缆测试
38	指针式万用表	MF-47	26	上海	2005	580	配线、导通
39	数字万用表	F45	32	美国	2006	90	电流、电压测试

10.7.3.4 轨行机械的配置

(1)主要施工车辆编组示意如图 10-66 所示。

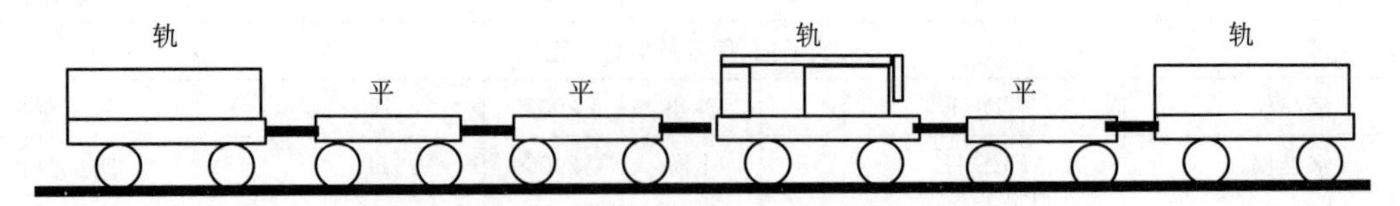

图 10-66 安列作业车组示意图(长约 72 m)

(2)主要施工车辆配置数量及分布。

主要施工车辆配置数量及分布见表 10-81。

表 10-81 主要施工车辆配置数量及分布

项　目	单　位	第一架子队	第二架子队	合　计
安列车	组	1	1	3
架线车	组	1	1	3
轨道作业车	组	1	1	3

(3)轨行车辆停放车站

轨行车辆停放车站见表 10-82。

表 10-82　主要施工车辆配置数量及分布

项　　目	数　　量		大　　通	水　家　湖	合　肥　东
安列车	3 组	数量	1	1	1
		到达时间	2009.12.30	2009.12.30	2009.12.30
架线车	3 组	数量	1	1	1
		到达时间	2010.6.30	2010.6.30	2010.6.30
轨道作业车	3 组	数量	1	1	1
		到达时间	2010.6.30	2010.6.30	2010.6.30

10.7.4　主要物资(包含料具、模型)供应计划

10.7.4.1　主要设备材料供应方案

(1)主要设备材料供应方式

主要设备材料供应方式如图 10-67 所示。

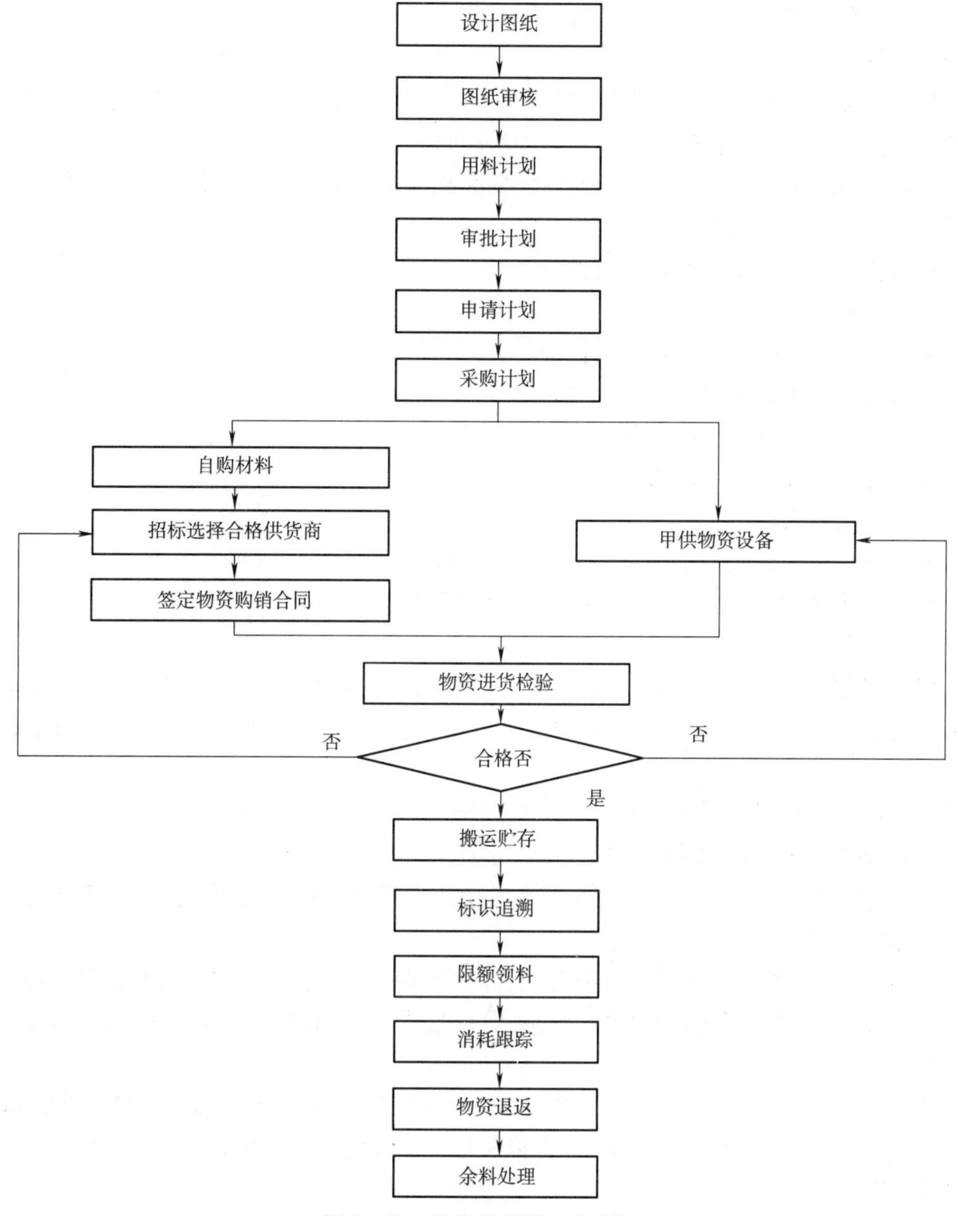

图 10-67　物资供应管理流程图

物资管理是项目管理的重要组成部分，是确保工程所需物资及时、准确、保质保量地供应的重要环节，是确保工程质量的基础。在以往的电气化施工过程中，建立起了一套完整物资供应、管理体系，以满足各工程的需要，而 ISO9001 质量体系标准又为在物资供应管理方面上了一个新的台阶。在本工程中，将以既有的物资管理体系为基础，严格按建设单位的具体要求进行物资管理，保证工程质量和进度。

(2)物资采购的管理与控制

1)采购计划的制定

工程开始之初,项目部将组织技术部专业工程师进编制材料计划,内容应包括名称、规格、型号、材质、单位、净用量、技术要求条件以及使用时间,三大材要附编核算表。物资管理部根据工程管理部提出的工程净用量材料计划,合理加入消耗和储备,属于建设单位供应的材料应上报建设单位,属于自购料范围的,制订物资采购计划,并报建设单位审查。对于建设单位要求招标采购的甲控材料,制定详细的招标采购计划,招标计划、招标文件提前45日报建设单位确认,招标结果报建设单位书面确认后发中标通知书,签订的物资采购合同作为验工计价的依据之一。

因工程数量增减、设计变更需要调整原采购计划时,工程管理部在接到相关文件时应首先尽快通知物资部,以便及时根据变更计划更改正式物资采购计划,并报招标人认可。不能更改时,因变更而形成的物资采购计划应单独成册并附上相关的变更设计资料,上报建设单位,经认可后方可购买。

物资部门接到变更通知后,及时与供货方联系,按合同法要求积极与供货方办理合同更改手续,对造成较大损失的,要查明原因,报项目经理研究处理,并上报建设单位。

2)采购合同的签订

将严格执行招标文件中有关物资供应和管理的要求,对工程自购物资严把进货关。由于材料质量直接影响着最终工程质量,采购工作将按照《物资管理办法》执行。

物资由物资管部组织采购,并负责日常业务;物资采购前进行采购招标或供方评价工作,并建立“中标或合格供方名册”,同时上报招标人审查。

合格物资设备供应商需具备下列基本条件:

①具有独立企业法人资格;

②遵守国家法律、行政法规,具有良好的信誉;

③具有履行合同的能力和良好的履约记录;

④具有一定规模和良好的资金财务状况;

⑤有完善的产品质量保证体系和管理制度;

⑥有相应的专业技术人员;

⑦有按国家规定的标准检测和检验合格的专业生产设备;

⑧至少三年以上为铁路大中型建设项目提供产品的业绩;

⑨铁道部规定的其他条件。

提供的供货商经招标人认可后,与其签定合同,主要内容包括:物资名称、规格型号、计量单位、数量、总价,交货时间、地点、包装、运输方式、现场验收方式和方法,付款方式、付款时间,违约责任,附加协议,技术要求条件等。

物资的采购依据是经审批的采购计划。

采购合同签订要由法人或经法人授权的人来签定。

签订合同时不能确定到站和收货人的,物资部工程师应随着工程的进展,通知供货方到站地点和收货人,掌握好工程进度和供货时间的衔接。

合同签订后,物资部工程师应及时开具进料、催料通知单(或合同原件、复印件),通知现场的收货人员。

物资部工程师负责采购合同的日常管理,收集、保管收货单位的收单、验收记录,根据到料情况,对查采购合同,处理账务。

当分包方供应的产品出现质量等问题时,如:发现规格不符、资料不全、零部件短少、破损等,或达不到合同规定要求的,根据使用单位出具的相应纪录,物资管理工程师要负责组织、联络、协商解决。

3)自购物资控制措施

除甲方供应的设备物资外,其他本工程所需物资均由物资部负责采购、运输和保管,并对自购的材料和工程设备负责。

将各项材料和工程设备的供货人及品种、规格、数量和供货时间等报送监理工程师审批。同时向监理工程师提交材料和工程设备的质量证明文件,并满足合同约定的质量标准。

会同监理工程师进行检验和交货验收,查验材料合格证明和产品合格证书,并按合同约定和监理工程师指示，进行材料的抽样检验和工程设备的检验测试，检验和测试结果提交监理工程师。

监理工程师有权拒绝提供的不合格材料或工程设备，如有发现，立即进行更换。

如果监理工程师发现使用了不合格的材料和工程设备，立即依照监理工程师发出的指示要求进行改正，并禁止在工程中继续使用不合格的材料和工程设备。

10.7.4.2　甲供物资的接收方案

对于本项目甲方直接供应的物资材料，在下塘集设立中心料库，对甲供材料设备分区段统一接收，再由汽车运至工地料库。安装时再由汽车或轨道车运至安装地点。接触网杆塔、牵引变压器等大型物资，则由火车直接运输到施工场地进行验收交接。

由于该线为既有线电气化改造，采用轨道车进行运输时要利用封闭点，在规定的时间，运到指定的地点，严禁压点，运输工作完成后及时消点，严格按照运营单位的规定施行。

依据进度计划的安排，提前向监理工程师报送要求甲方供应材料交货的日期计划。详细列明甲供材料和工程设备的名称、规格、数量、交货方式、交货地点和计划交货日期。

接到甲方的收货通知后，会同监理工程师在约定的时间内，赴交货地点共同进行验收。验收合格签认后，甲方提供的材料和工程设备由负责接收、运输和保管。

如要求更改交货日期和地点的，事先报请监理工程师批准后实施。

运入施工场地的材料、工程设备，包括备品备件、安装专用工器具与随机资料，专用于本工程，不挪作他用。

随同工程设备运入施工场地的备品备件、专用工器具与随机资料，由会同监理工程师按供货人的装箱单清点后共同封存，未经监理工程师同意不得启用。如因合同工作需要使用上述物品时，向监理工程师提出申请批准后才可实施。

10.7.4.3　主要设备材料运输方案

(1)运输方式说明

主要设备、材料的运输方案：在施工现场的车站专业线或存车线等可停放立杆作业车的线路旁，设立临时杆塔堆放点，大宗大型物资(如接触网杆塔等)以铁路运输为主，由发货地直接运到施工现场临时堆放点；小型物资以汽车直接运输或采取铁路运输再由汽车中转运输至中心料库或施工现场工地料库。

(2)物资短途搬运和吊卸

物资搬运和吊卸按照《物资管理办法》执行。

使用适当的搬运和吊卸方法，经济合理地控制物资在搬运过程中和贮存时间内质量不受影响，数量不受损失。

物资搬运和装卸过程中将采用适当的工具和方法，大型设备的搬运先由专业工程师制定搬运作业方案，并由项目经理部总工程师批准后方可实施。

机械搬运和吊卸时，将根据货物的重量和大小选择合适的搬运机械，作业现场设统一指挥，作业过程中捆扎牢固，稳挂稳吊，有吊装标识的，按吊装点吊持，放置货物处预先铺垫平稳。

在进行重要物资运输时，应采取相应的安全保卫措施，派专人负责运输过程中的安全保卫工作，保证重要物资在运输过程中不会出现丢失和因为外来原因而导致的破损；同时还应加强物资本身的安全防护措施以保证重要物资在运输过程中不会因为防护不当而引起的破损。同时，根据各种重要物资的性质不同采取相应的具体运输防护措施。

接触网的设备从料库至施工现场主要采用汽车运输，到达现场后，用汽车吊吊装到轨行车辆上，然后再通过轨道运输设备运抵施工安装地点，进行现场安装。在搬运、装卸、安装过程中都由专人负责，保证各种设备、材料安全。

在进行易燃(各种燃料及油漆)、易碎(各种瓷件)、易散落(各型穿钉、螺母、垫片、电力金具等)、超重超长限物资(主要是指电线电缆盘、电杆及大型设备)搬运时，下发相应的作业指导书或进行技术交底；送达目的地时对产品设备的保护状态和完整情况进行验证；机械搬运作业人员严格按技术操作规程进行作业。

人工搬运时，单人搬运轻拿轻放，不抛掷，二人或二人以上搬运时，制定呼唤应答措施，做到步调一致。

搬运中，保持物资原标识和有关状态标记不变，如有丢失设法及时补齐。

10.7.4.4　物资的仓贮与管理

(1)物资的储存

物资搬运和贮存按照《物资管理办法》执行。

使用合理的贮存方法，经济合理地控制物资在贮存时间内质量不受影响，数量不受损失。

合理布置材料堆放场地，设置贮存仓库，库房内存放的物资按名称、规格、型号，分库、分区、分类存放，做到四号定位、五化堆码。料棚、料场存放的物资分区、分类存放，按各类物资的保管要求进行堆码，做到整齐、牢固、过目成数，并留有作业通道。

贮存中，保持和维护物资原标识和有关状态标记不变，如有丢失设法及时补齐。

电缆存储时集中分类存放，标明电缆型号、电压等级、规格、长度等，电缆盘之间有通道，电缆存放处不得有积水，不得与酸碱等化学物品或有害物混放；怕光、热、雨淋及避免过冷过热的电缆，存入封闭式库房中；电缆应原轴直立（筒轴与地面平行），不得卧放；滚动时不许与轴箭头所示方向相反滚动；电缆在运输、保管中不可受强烈震动（如直接从车上滚下受震等），以免破坏绝缘层和保护层而在使用时发生电压击穿等现象；电缆倒盘时，采用的盘芯直径不得小于电缆直径 25 倍，以防破坏电缆保护层；分割带钢丝铠装电缆时，应在切割点左右 150 mm 处先用钢丝绑扎，以免振散，完后要及时处理好切口，包扎严实，以防渗水受潮；电缆盘上标志如有模糊不清时应及时补写清楚；电缆到库后，应用红油漆标明使用工程位置号（能配盘使用的尽量配盘使用），使用后余量返回，应要求技术人员提供耗用量。

对于易碎的物品，如绝缘子、避雷器、开关绝缘瓷器等，在运输过程中，要轻拿轻放。为了防止冲击碰撞，必须用包装物将易碎物品绑扎塞严、卡紧等。在保管过程中，要有明显的易碎品标识符号，禁止频繁挪动、运输。在发出和安装易碎品时，必须用防振包装物将易碎品包装好，防止二次搬运和安装过程中打碎、碰坏。

铜、铝等型材、零件，要存放在库房内。存放时，布局合理、安全牢固，避免与化学物品接触，防止生锈和氧化。

主要设备、材料的仓储集中在组建的中心料库内，由项目部物资机械部负责统一配送。

（2）物资的标识

物资标识和可追溯按照质量体系《物资管理办法》执行。

物资、设备进行适当的标识，防止混淆、误用。需要时能对购进的物资实现追溯。用记录、铭牌、印号、产品合格证、材质证明单、使用说明书等方式实现。其中物资的铭牌、印号为不可离标识，其他为可离标识。

同品种、同规格型号、同材质、同批次的物资按规定实行同存放、同标识。

不同类、不同批次、不同供货商的物资按不同的标识，分类存放。

物资、设备在出库时，本身携带的标识如铭牌、印号、使用说明书随物资发出，发出后其标识由使用的架子队负责管理，其他标识由管库员保管，待工程竣工后作为竣工资料的一部分移交建设单位。如果建设单位对此有其他规定和要求，按建设单位的规定和要求办理。

通过标识和质量记录实现物资的可追溯性。在出库前需要追溯时，由物资管理工程师负责；物资投入安装使用后，需要追溯时由施工的有关人员提供物资出库时的记录及安装使用的分布和场所等标识，并报工程管理部，视情况作进一步的处理。

（3）物资的发放

将采用限额领料的方式进行物资发放，根据工程净用量对架子队进行物资发放，尽量减少物资消耗，定期进行领料记录查验，对施工班组进行奖惩。限额领料是降低工程造价的重要措施，是物资管理的重要组成部分，是架子队经济核算的主要内容，专业架子队、技术、财务、安质、物资等人员密切配合，保证限额领料的贯彻执行。

10.7.4.5 物资的检验和试验

（1）现场验收组织

首先，由物资部提前一周向建设单位和监理单位提报考核和检验的具体安排计划，以便建设单位和监理单位安排检验人员参加现场考核检验，如果有部分设备、材料不能通过考核和检验，将联系制造厂商替换、修正或重新生产，严重时取消其合格分承包商的资格。未经考核检验通过的设备、材料，将向建设单位和监理单位申请重新进行考核和检验。考核和检验完成后，将向建设单位和监理单位提供一份已完成的证明报告。

（2）现场检验和验收

承诺接受建设单位和监理指派的检验人员的现场监督和指导，并随时接受其提出的任何其他合理的检验和考核要求，以便对工程物资做进一步的质量、数量查验，满足工程的需要。

物资检验和试验按照《物资管理办法》执行。

物资到达时，物资管理人员核对发货凭证与订货合同、采购计划对照，通知物资管理配送中心管库员准备收货。管库员准备检验场所和检验器具。

验收时，管库员首先应确认说明书、合格证及分承包方和检验、试验资料，逐件清点，对计重的物资，检重时填写磅码单，带包装计重的物资，同时记录毛重、皮重和净重。

检查有无破损、缺陷、受潮、锈蚀、创伤、几何尺寸规格型号是否符合规定，标志、铭牌是否和发票、合格证、采购合同相符。

内在质量检查联系合格检测单位进行。

填写开箱记录和物资验收记录。

使用前需要进行复验和试验的物资，由材料员或管库员协助技术部门或试验室共同进行。

检验和试验中发现问题时，责成供货分承包方进行修理、更换或退货。

10.7.4.6　主要设备材料供应计划

根据的施工进度计划，制定了本工程的主要物资供应计划，根据工程进度情况，分批陆续到场。由于全线电气化工程主要材料设备为甲方供应，由工程技术人员在详细的审核施工图纸后，提出甲供物资需求计划，计划中注明详细规格型号和数量，并标明详细需求时间，以使甲方尽早的组织采购物资的供应以满足现场施工进度需要。

主要设备材料供应计划详见表 10-83。

表 10-83　主要设备材料供应计划

序号	材料设备名称	单位	供应计划									
			2009 年		2010 年							
			11	12	1	2	3	4	5	6	7	8
1	通信工程											
(1)	光电缆	%		30		50		20				
(2)	通信设备	%						100				
2	信号及信息工程											
(1)	电缆	%				30		40		30		
(2)	室外箱盒	%				30		40		30		
(3)	信号机、转辙机	%				30		40		30		
(4)	轨道电路器材	%				30		40		30		
(5)	室内机架	%				30		40		30		
(6)	室内电源设备	%					30		40		30	
(7)	室内联锁设备	%					30		40		30	
3	电力工程											
(1)	电杆	%		40		30	30					
(2)	铁配件、绝缘子	%		30			30		40			
(3)	导线	%		30			30		40			
(4)	电力电缆	%		30		30	20			20		
(5)	线路及站场设备	%				40		20		20		20
(6)	所内设备	%					60			40		
4	接触网工程											
(1)	支柱	%			50	30			20			
(2)	锚栓	%			40		30		30			
(3)	绝缘子	%			40		30				30	
(4)	接触网零配件	%			40		30				30	
(5)	附加导线	%		30		40					30	
(6)	承力索、接触线	%		30		40					30	
(7)	设备							40		60		60
5	牵引变电工程											
(1)	设备	%										100
(2)	电缆	%										100

10.7.5　资金需求计划

项目部组建完成，劳务协作队伍、施工机械设备进场，报验合格后，建设单位应按照合同条款拨付工程预付款。

根据施工组织设计，按照工程施工进度计划安排编制资金需求计划表报建设单位和公司。

每月 25 日前向监理单位上报每月实际完成工程数量，经现场复核后报投资监理进行验工计价，按照实际完成进度拨付工程进度款。

根据施工总进度计划向建设单位报送每月资金需求计划，以便建设单位统筹安排资金需求。

根据下月工程施工进度计划，提前向建设单位申请下月的施工资金需求计划，确保施工资金需求。

10.8 施工现场平面布置

10.8.1 平面布置原则

由于"四电"专业的特殊性，没有大型拌和站和制梁场，站线长、专业多、分工细，各站各区间施工工序持续时间不长的特点，结合现场管理和职业健康管理的要求，确定以租房为主，减少临时设施的修建，避免资源的浪费。料库中心的选址要充分考虑运输、装卸方便，场坪大小，仓库面积，防盗要求，便于材料的分类管理，减少二次转运，综合成本最低的原则选址。

10.8.2 临时工程设施布置说明

10.8.2.1 项目部布置说明

根据施工队伍部署方案，项目部设在合肥市庐阳工业园区，租用合肥鑫纸源工贸公司三层办公楼作为项目部办公地点，一层门厅设置企业展板和告示栏，其余房间布置为餐厅、食堂、资料库房、厨师和后勤人员住宿，二层布置工程部、安质环保部、综合部、试验室和部分管理人员住宿，三层布置会议室、项目经理、书记、总工、副经理、安全总监办公室。按照职业健康要求和公司相关规定搭设单层活动板房 19 间作为员工宿舍，每间宿舍配置两个床位，1 台壁挂彩电，2 个组装衣柜，1 张课桌，1 台冷暖空调；搭设 3 间淋浴室、4 间厕所，修建 1 座化粪池、1 座隔油池作为生活配套设施，生活污水经初步处理后排入市政污水管网系统(图 10-68、图 10-69、图 10-70)。

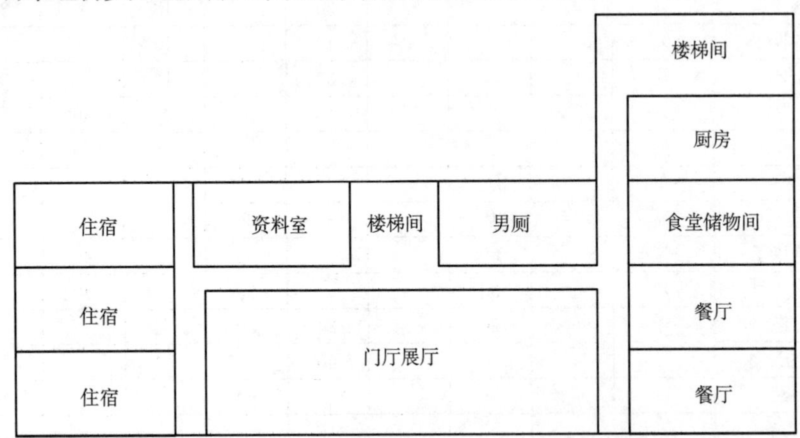

图 10-68 项目部办公楼一层平面布置示意图

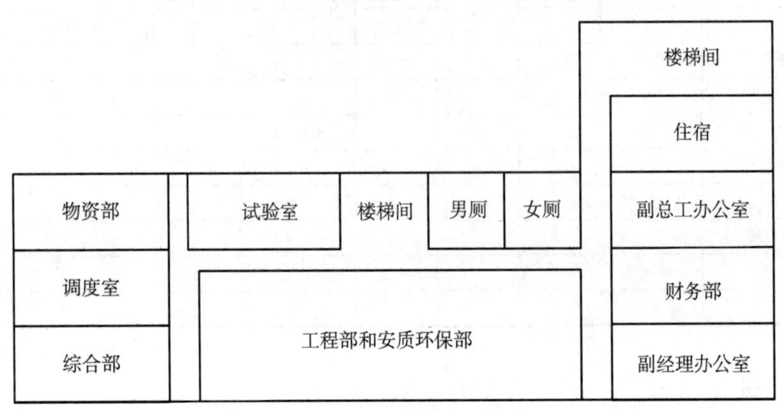

图 10-69 项目部办公楼二层平面示意图

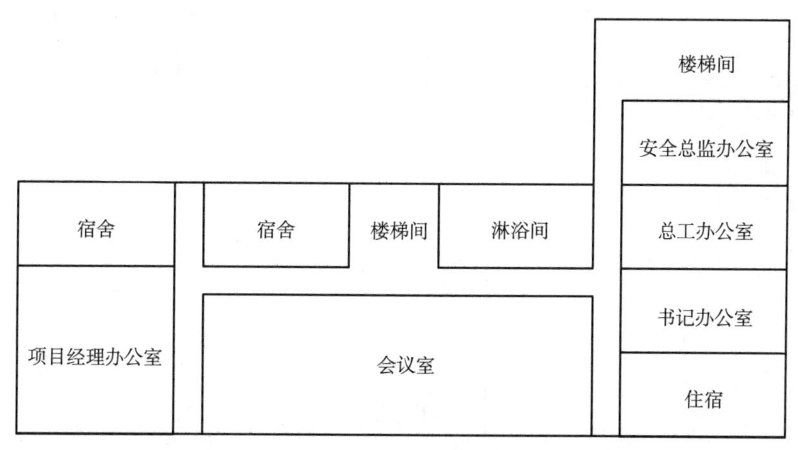

图 10-70　项目部办公楼三层平面示意图

10.8.2.2　架子队布置说明

架子队根据各专业工程数量分部情况，确定建立办公地点。架子队全部采用租房，租房必须满足办公、生活、堆放小型材料和机具的要求，原则上不搭设临时设施，项目部只配置办公用品（办公桌椅、打印机、网络系统、空调等）、生活用品（床、活动衣柜、空调、电视、厨房餐具和淋浴设施等）。

10.8.2.3　中心料库的布置说明

中心料库按照总体布置规划，经过充分比对，选择租用下塘集镇原废弃汽车站作为料库中心，面积大约 15 亩，原车站调度室作为料库办公楼和部分不能露天堆放的贵重材料、配件和设备的库房，硬化的停车坪作为材料堆放场，物资部按专业，材料性质、场内道路、作业平台条件划分堆放区域，做好标识。配备足够数量的方木、防潮布、塑料膜作为材料架空、防雨、防潮的保护措施（如图 10-71 所示）。

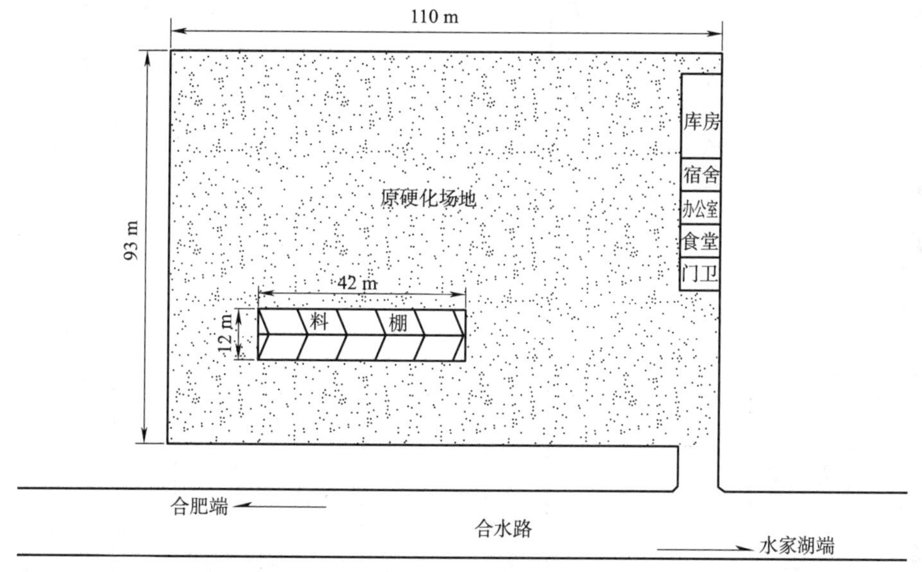

图 10-71　中心料库平面示意图

10.8.3　平面布置图

按照施工总体部署，项目部设置在合肥东庐阳工业园区金池路 110 号鑫纸源公司内；中心料库设置在下塘集废弃的汽车站内，位于天水路旁，居淮南线电气化改造工程中部；接触网架子一队设置在下塘集镇，接触网二队设置在水家湖镇；信号架子一队设置在双墩集镇，信号架子二队设置在水家湖镇；电力架子队设置在水家湖镇；变电架子队设置在合肥东站（图 10-72、表 10-83）。

10.9　工程项目综合管理措施

工程项目综合管理措施主要包括进度控制管理、工程质量管理、安全生产管理、职业健康安全管理、环境保护管理、文明施工管理、节能减排管理等内容。详见附录 2。

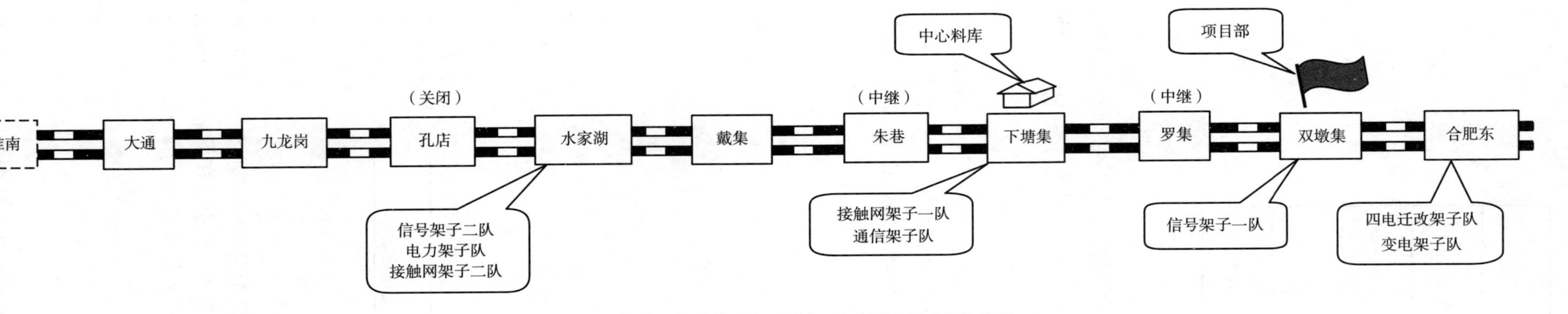

图 10-72　淮南线电气化改造工程施工队伍平面布置示意图

表 10-84　架子队分布表

序　号	机构名称	驻　地	工作内容
1	项目经理部	庐阳产业园	工程组织、指挥、协调
2	四电拆迁架子队	合肥东	负责管内征地协调，四电拆迁工程
3	通信架子队	下塘集	负责全线的通信工程施工
4	信号第一架子队	双墩集	负责下塘集（含站）至合肥东（含）段信号施工及站场改造施工
5	信号第二架子队	水家湖	负责淮南（不含）至下塘集（不含站）段信号施工及站场改造施工
6	电力架子队	水家湖	负责全线电力工程施工
7	接触网第一架子队	下塘集	负责戴集（不含站）至合肥东接触网及供电线施工
8	接触网第二架子队	水家湖	负责淮南（不含站）至戴集接触网及供电线施工
9	中心料库	下塘集	负责全线设备、材料的储存、管理及供应

第11章　思剑高速公路土建工程施工组织设计

11.1　编制说明

11.1.1　编制依据

(1)工程建设现行的法律、法规、标准、规范等；
(2)工程设计文件；
(3)工程施工合同、招投标文件和建设单位指导性施工组织设计；
(4)施工调查报告；
(5)现场社会条件和自然条件；
(6)本单位的生产能力、机具设备状况、技术水平等；
(7)工程项目管理的规章制度。

11.1.2　编制原则

本施工组织设计编制以业主提供的思剑高速公路招标文件、招标图纸、招标补遗文件以及国家现行设计及施工规范、质量评定验收标准及有关法规为依据，按照全面响应招标文件要求，参照类似工程施工经验，并结合企业施工能力的原则编制。同时，基于工程质量及工期控制的目标，我公司拟配备性能优良的2套绞坡道系统，以适应标段范围内的乌江特大桥主桥施工要求。

11.1.3　编制范围

贵州省思南至剑河高速公路2标段ZK10＋250～K18＋000范围内，乌江特大桥、小水井大桥、腾龙互通、清渡河大桥及路基、涵洞工程施工等。

11.2　工程概况

11.2.1　项目基本情况

11.2.1.1　项目简述

思南至剑河高速公路是《贵州省骨架公路网规划》“678”网中第2纵——沿河至榕江高速公路的中间路段，起于思南，与杭瑞线思南至遵义高速公路相接，终于剑河，与沪昆线三穗至凯里高速公路相接，全长152.74 km，设计时速80 km，路基宽21.5 m，双向四车道。是贵州境内纵贯铜仁、黔东南自治州的南北向交通通道，是贵州东部地区北上重庆、南下珠江三角洲、北部湾经济区的重要南北向交通大动脉。本项目连接思南、石阡、镇远和剑河四县，其建设对于带动沿线资源开发、促进区域经济发展、推进城镇化进程具有重要意义，已列入贵州省“县县通高速省高近期重点建设项目”。

11.2.1.2　主要技术标准

设计时速80 km，路基宽21.5 m，双向四车道。

11.2.2　标段工程概况

11.2.2.1　标段工程简述

本标段为第2合同段，起讫里程桩号为K10＋250～K18＋000，管段全长8.008 km。本合同段路线从隧道出口岁湾处起，自西北向东南跨乌江后，沿山坡展线跨清渡河，后沿山坡台地布设前行，本合同段终点鱼溪沟。

11.2.2.2 主要工程数量

主要工程数量见表 11-1、表 11-2。

表 11-1 主要工程数量表

项目名称			单位	数量	备注
路基土石方	挖方		m^3	1396113.3	/
	填方		m^3	1262096.95	/
桥梁工程	乌江特大桥(左侧)		m	1157	11×30 m+(116+220+116)m+12×30 m 预应力连续刚构+T 梁
	乌江特大桥(右侧)		m	1010	7×30m+(116+220+116)m+11×30 m 预应力连续刚构+T 梁
	清渡河大桥		m	603.5	8×40 m+(70+130+70)m 预应力 T 梁+连续刚构
	小水井大桥		m	172	5×30 m 预应力 T 梁
	腾龙互通跨线立交桥		m	161	(28+35+28)m 预应力混凝土连续箱梁+3×20 m 普通钢筋混凝土连续箱梁
	岁湾小桥		m	23	1—13 m 预应力混凝土空心板
涵洞及通道			座	21	/
路基防护	湿法喷播		m^2	55447.1	/
	三维植被网		m^2	34381.2	/
	ϕ1.6 铁丝网		kg	17843.4	/
	钢筋		kg	22948	灌木护坡
	M7.5 浆砌片石		m^3	7872.42	三维网植草、护坡、挡墙
	C20 混凝土		m^3	715.9	(不分预制、现浇)
	C15 片石(现浇)混凝土		m^3	5039.15	挡墙、护脚墙、检查梯步
	框架式植草护坡	钢筋及铁丝网	kg	135256.6	不分规格
		钢筋锚杆	kg	40851.2	不分规格、长短
		C25 现浇混凝土	m^3	2426.7	/
路基排水	M7.5 浆砌片石		m^3	22734.67	/
	C20(C25)混凝土		m^3	1074.48	(不分预制、现浇)

表 11-2 桥梁工程主要工程数量表

序号	桥梁名称	钻孔桩(根)	承台(个)	墩柱(个)	盖梁(个)	现浇梁(类型)	预制梁(片)	桥台(个)	备注
1	乌江特大桥	150	14	80	41	2 联刚构箱梁(116+220+116)m	205	4	30 mT 梁
2	小水井大桥	16	无	16	8	(5×30)m	50	4	30 mT 梁
3	腾龙互通立交	21	3	18	0	(28+35+28+3×20)m	0	2	现浇箱梁
4	清渡河大桥	68	14	30	16	2 联刚构箱梁(70+130+70)m	80	4	40 mT 梁
5	岁湾小桥	无	无	无	无	1—13 m 预应力混凝土空心板	16	4	13 m 空心板
合计		255	31	144	65	5	351	18	/

11.2.2.3 工程特点

路基工程量大。路基挖方 1396113.3 m^3，填方 1262096.95 m^3，运弃方量较大。

桥涵多，分布广，施工难度大。管段内有特大桥 1157 m 一座，大桥 603.5 m 一座，分离式立交 150 m 一座，互通式立体交叉一处，涵洞及通道 21 座，特别是乌江特大桥主桥大跨高墩连续刚构，主墩桩基最长

56 m，主墩最高121 m，主跨220 m。30 m预制T梁255片，40 m的预制T梁80片，分布相对不集中，梁场资源配置优化较困难。

施工便道施工难度大、投入多。线路穿越高山峡谷，地形陡峭，施工便道施工难度大，施工便道方案优化难度大，投入较大。

工期紧。本标段总工期30个月，扣除施工准备及其他影响扣除3个月，能开展施工的日历工期仅有27个月，工期异常紧张。特别是乌江特大桥主桥和清渡河大桥主桥，其中乌江特大桥主桥工期压力异常艰巨，清渡河大桥主桥施工对总体资源配置优化影响很大。

11.2.2.4　控制工程及重难点工程

控制工程：乌江特大桥(116＋220＋116)m连续刚构，清渡河大桥(70＋130＋70)m连续刚构施工。清渡河大桥和乌江特大桥主桥的施工存在共同特点：地形条件恶劣，施工便道难度非常大，施工安全、技术和质量要求高。且两座主桥梁体采用高墩大跨度的连续刚构，0号段、挂篮悬臂现浇段、边直线段及合龙段施工技术难度大，安全质量要求高(见表11-3)。

表11-3　控制工程一览表

工程名称	工程概况
乌江特大桥	乌江特大桥主跨为(116＋220＋116)m连续刚构，主桥主墩位于乌江峡谷底部两岸，地形条件恶劣；四个主墩每墩采用12根 ϕ2.5 m直径的钻孔灌注桩基础，桩长是46～56 m；主墩为高103～121 m间的双肢矩形空心墩
清渡河大桥	清渡河大桥主桥采用(70＋130＋70)m刚构结构，主墩位于清渡河河谷两岸，每墩基础采用4根40～45 m长的 ϕ2.5 m钻孔灌注桩，墩身采用53～47.5 m高双肢等截面矩形墩

重点工程：本标段共有预制T梁335片，量大类多，其预制、运输和架设优化是本合同段的重点工程(见表11-4)。

表11-4　重点工程一览表

工程名称	工程概况
乌江特大桥	乌江特大桥引桥位于分离式路基，半幅桥面宽11.25 m，205片30 mT梁制运架
小水井大桥	小水井大桥位于整体式路基，半幅桥面宽10.75 m，50片30 mT梁制运架
清渡河大桥	清渡河大桥引桥位于整体式路基，半幅桥面宽10.75 m，80片40 mT梁制运架

11.2.3　自然特征

11.2.3.1　地形地貌

路线所经地带处于武陵山山脉西南缘，主要为丘陵和中低山地貌，地势总体北部低，南部高，最大标高1212 m，一般标高500～900 m，相对高差一般60～140 m，山体走向整体多为北东向和北北冻向，基岩大多裸露，植被不发育。

11.2.3.2　地质特征

路线地段大部分有基岩出露，沿线出露地层从新到老依次有第四系、三叠系、二叠系、志留系、奥陶系、寒武系、震旦系、元古界板溪群等地层。其中以寒武系、三叠系最发育，其次为元古界板溪群。第四系为冲、洪积层和残积层，主要为高～低液限黏土、粉土和砂乐石层及碎石土，沿线均有分布，厚度不大。三叠系为碳酸盐岩和沉积碎屑岩，主要是白云岩、灰岩及粉砂质泥岩，红砂岩，另外零星分布有二叠系白云岩、灰岩及粉砂质泥岩夹煤层。受区域地层岩性条件、构造条件、地形条件以及气象水文地质条件的综合影响，区内不良地质现象目前查明主要有岩溶、危岩崩塌、三间软土、顺层滑坡等及人类活动可能诱发崩塌、滑坡、采空区等。

11.2.3.3　水文特征

项目所在区域河流属山区雨源河流，沿线水系较发育，较大的常年性地表水体主要为乌江、舞阳河、清水河等河流及其支流等水体，地表河河谷深切，河床狭窄，落差大。夏季河流水量充沛，秋冬季河流水量锐减，部分河床暴露,沿线浅变质砂岩、板岩及砂岩地层含裂隙水,灰岩地层分布岩溶裂隙水,乌江、舞阳河、清水河及其支流第四系冲、洪积层分布孔隙水。

11.2.3.4 气象特征

本区属中亚热带湿润季风气候区,冬无严寒,夏无酷暑,雨量充沛。气温与所处地理位置及海拔高度有密切相关,年平均气温随海拔高度的变化而有所变化,各地年均气温16.7~17.2 ℃,历年极高气温39.1 ℃,极低气温−8.1 ℃,历年平均日照1116.9 h,历年最大积雪深度18 cm。

11.2.3.5 地震参数

根据《中国地震动参数区划图》(2001),路线所经地域的地震动峰值加速度小于0.05 g,地震动反应谱特征周期0.35 s,对应于原基本烈度小于Ⅵ度区。

11.2.3.6 交通运输情况

本项目交通运输相对便利,有沪昆高速公路、到达遵义、玉屏等的铁路、S203等省道,进场材料及设备等可通过现有公路,并通过农村公路及新修便道运达各工点。为便于组织施工,在各工点引入施工便道,总体上先在合适的地方将施工便道引入主线,再满足施工需要全线贯通,施工便道预计长度共计11 km,路面有效宽度4.5 m。

11.2.3.7 沿线水源、电源、材料等可资利用的情况

(1)施工用水

本项目沿线水资源相对缺乏,沿线有乌江、清渡河及其支流,为常年性流水河流,可作为工程用水水源。

(2)施工用电

项目所在地电网较为发达,电力充足,地方政府对项目建设的积极性很高,能够保障工程用电,工程用电可与地方电力部门协商解决。

(3)施工用材料

本标段物资供应由项目部自行组织,进入工程主体材料项目部在业主指定入围合格生产厂(供应商)中选择。大宗采购由公司会同项目部联合招标采购,二、三项料项目自行采购。

11.3 工程项目管理组织

工程项目管理组织(见附录1),主要包括以下内容:

(1)项目管理组织机构与职责;

(2)施工队伍及施工区段划分。

11.4 施工总体部署

11.4.1 指导思想

发挥自身优势,科学管理,优质高效,经济合理,保证安全,长期可靠,终身服务,运用先进、成功的施工技术,确保合同内容全面按期完成,严格按《质量保证手册》、《程序文件》要求运作,确保达到项目总体目标。

按项目管理的要求组织各工序的平衡、交叉流水作业,通过有效的协调指挥,使整个项目自始自终保持最优组合和最佳工效。

11.4.2 建设总体目标

11.4.2.1 工期目标

本合同段全部工程计划2012年8月26日完工,预计总工期859天(设计工期30个月,2010年8月17日正式下达开工令)。总工期较招标工期提前一个月,确保月度、季度、半年度、年度、总体施工计划的顺利设施,维护计划的严肃性。

11.4.2.2 质量目标

分部工程优良率95%以上及单位工程优良率90%;实现优良工程,创国家优质工程鲁班奖。

11.4.2.3 安全目标

认真贯彻"安全第一,预防为主"和"管生产必须管安全"的方针,严格遵守一切规章制度,强化管理,严守职责,切实抓好安全生产的工作。

职工伤亡事故:死亡率控制在0,重伤率控制在0。其他事故:万元以上的直接经济损失控制在年产值的0.04%以下。无等级火警、机械设备、管线、中毒、重大及以上交通事故;工地安全检查达标;创建中国铁路工程总公司级安全标准工地、省安全标准工地;重大工程"文明工地",争创"省级文明工地"。

11.4.2.4 节能减排目标

以全面完成股份公司节能减排工作目标为前提,以提升项目经济效益为根本,推行标准管理模式,总结标准作业方式,依据PDCA模型,建立超前策划、过程可控、成效突出的工程项目节能减排标准化管理体系,实现节能减排目标与项目精细化管理目标的统一、社会效益与经济效益的统一,全面提升项目的可持续发展能力和市场竞争力。

11.4.2.5 环保及文明施工目标

争创"文明施工单位",做到履约信誉好、质量安全好、机料管理好、队伍建设好、环境氛围好、综合治理好。

11.4.2.6 成本目标

认真组织,精细施工,严控成本,如期完成责任成本。

11.5 主要工程施工方案、方法及技术措施

11.5.1 总体施工方案和各单位工程、分部分项工程施工方案

(1)临时设施建设

首先进行营地建设,采用挖掘机、推土机、压路机以及自卸汽车等土石方机械设备,在进场两个月内完成场地平整和场内主要施工道路的修建,实现"四通一平"(通水、通电、通路、通信和场地平整),并在三个月内完成一座混凝土拌和站的设备安装调试,投入使用。

(2)桥梁工程施工

桩基采用冲击钻机或人工挖孔桩(研究定向分阶爆破成孔加快进度和降低扩孔系数)成孔;承台基坑采用挖机挖坑,大块钢模立模浇筑;矩形空心墩和矩形实心墩采用液压爬模施工,高于30 m的墩身采用塔吊作为吊装设备;盖梁采用预埋钢棒法搭设钢平台施工,外模采用大块钢模,采用吊车或塔吊作为吊装设备。乌江特大桥和清渡河大桥主桥刚构连续箱梁0号段和边跨直线段利用挂篮既有底模、外模和内模材料,利用双肢等截面矩形空心墩搭设钢平台现浇施工,悬浇段采用三角挂篮悬臂施工,先边跨合龙,后中跨合龙,边跨直线段利用既有的挂篮底模、外模和内模搭设钢平台,在挂篮底模纵梁前段支撑到边墩设置的牛腿上通过边墩牛腿受力,另一端通过三角挂篮后锚和底模后吊杆锚固受力,通过适当改装的挂篮施工边跨直线段。边跨直线段施工完成后,在改装的挂篮上进行边跨合龙段合龙,最后利用中跨挂篮合龙中跨合龙段。

全标段30 mT梁255片,40 mT梁80片,在乌江特大桥桥尾设置一个预制场集中预制,用平板车运输,架桥机架设。T梁预制、运输和架设的顺序是:建设梁场预制30 m和40 mT梁→运输架设乌江特大桥大里程引桥→小水井大桥→清渡河大桥→乌江特大桥小里程引桥。

腾龙互通立交采用满堂支架现浇方式施工,下构及现浇梁混凝土根据高度和施工地理环境情况采用吊车吊送、地泵泵送或天泵泵送等方式,预制T梁采用龙门吊吊送。各施工方案均要求充分调查实地因素,深度优化和监控实施,务必保证施工安全、质量、工期、经济效益和企业形象。

(3)路基涵洞工程施工

路基土石方主要采用深孔台阶爆破,用潜孔钻机钻孔,横向分区纵向成台阶深孔爆破;边坡采用光面和预裂控制爆破,人工修整,减少对边坡的扰动,也有利于边坡的成型;填方按照"四区段、八流程"的施工工艺组织施工。

11.5.1.1 桩基施工

桩基采用冲击钻机钻孔成孔,局部条件限制的采用挖孔桩(研究定向分阶爆破成孔加快进度和降低扩孔

系数)成孔。

(1)钻孔灌注桩施工方法

冲击钻机就位,正式开钻前应先向护筒内灌注泥浆(或直接加入黏土块,若覆盖层为黏土也可直接注入清水),采用钻头以小冲程反复冲击造浆,冲孔到一定深度大于3～4 m以上时开始正式钻进。正式钻进时应根据地质情况采取不同的冲击方法和措施,同时根据不同地质情况选择合适的泥浆比重。一般基岩中冲进时泥浆比重控制在1.3,砂及砂卵石地层泥浆比重控制在1.5。表层黏土能自行造浆,只需加入适量清水稀释泥浆即可。

钻进过程中地质情况有变化时应及时取样,进入岩层后,每隔1 m取一次渣样,取得的样品存放在标准样品盒内,同时做好标记(取样时间、取样深度、地质名称)。钻进过程中应及时填写钻孔记录。

孔桩成孔并经检查合格后,开始安装桩身钢筋笼。钢筋笼在加工间集中分段制作成型,利用平板车运输到现场后利用吊车逐节下放入孔。局部地段吊车无法直接到位的地方,利用ϕ48×3.5 mm钢管搭设井字架,采用孔口成型安装入孔工艺,主筋接头采用焊接或螺纹套筒连接。

钻孔桩采用C30水下混凝土。混凝土要求坍落度为18～22 cm,2 h内析出的水分不大于混凝土的1.5%。浇筑应尽量缩短时间,连续作业,使浇筑工作在首批浇筑的混凝土仍具有塑性的时间内完成。

钻孔桩成桩质量要求:混凝土强度必须符合设计要求,桩无断层或夹层,钻孔桩桩底不高于设计标高,桩头凿除预留部分后无残余松散层和薄弱混凝土层。钻孔桩成桩允许偏差执行《公路桥涵施工技术规范》(JTJ041—2000)的规定,见表11-5。

表11-5 钻孔桩检测质量标准

检测项目		允许偏差
1	孔的中心位置	群桩:不大于100 mm,排架桩:不大于50 mm
2	孔径	不小于设计孔径
3	倾斜度	小于1%
4	孔深	不小于设计桩底标高,测锤重量不小于4 kg
5	沉淀厚度	设计未作要求,总监办文件要求为50 mm
6	清孔后混凝土灌注前泥浆指标	规范标准为:相对密度:1.03～1.10;黏度:17～20 Pa·s;含砂率:<2%;胶体率:>98%

钻孔桩施工工艺流程如图11-1所示。

(2)挖孔桩施工方法

平整场地,测量组将桩位放样后,采用浅眼松动爆破法进行孔桩挖孔施工,逐段爆破逐段人工开挖清渣,并及时采用与桩基相同标号的混凝土浇筑护壁,护壁厚度不小于25 cm。孔桩深度超过10 m后,采取通风、照明、排水等安全措施保证安全施工。孔深挖到设计标高后,组织相关单位进行桩底验收。由于地形陡峭,场地限制,钢筋笼采用孔口成型安装入孔工艺施工,主筋利用螺纹套筒连接,并按设计要求安装桩基检测管。清干桩底积水后,采用常规干地法浇筑混凝土。桩基混凝土拌和站集中拌制,采用罐车运输到施工现场,通过串筒导入孔内,串筒每10 m设置一斜向挡板减缓下落速度,防止混凝土过高下落离析。混凝土每30 cm一层分层捣固,捣固密实。

挖孔桩施工工艺流程如图11-2所示。

11.5.1.2 承台、下系梁施工

承台一般采用一次关模、整体一次浇筑完成。承台模型统一采用大块钢模,设置对穿拉杆形式。承台钢筋在钢筋加工场集中下料,按照设计尺寸进行制作,利用平板车运至现场绑扎成型。承台混凝土浇筑水平分层进行,每层厚度控制在30 cm内,为降低承台内部温度,采用低热微膨胀水泥或水化热较低的矿渣硅酸盐水泥,且掺入适量磨细粉煤灰,优化混凝土配合比,减少水泥用量。若大方量混凝土需要在承台内部布置冷却管。冷却管采用外径40 mm、壁厚2.5 mm的钢管,承台每层有一个进水口,一个出水口。冷却管水平间距为2 m,两层之间间距为1.4 m,上下两层之间相互错开布置。布置图如图11-3所示。

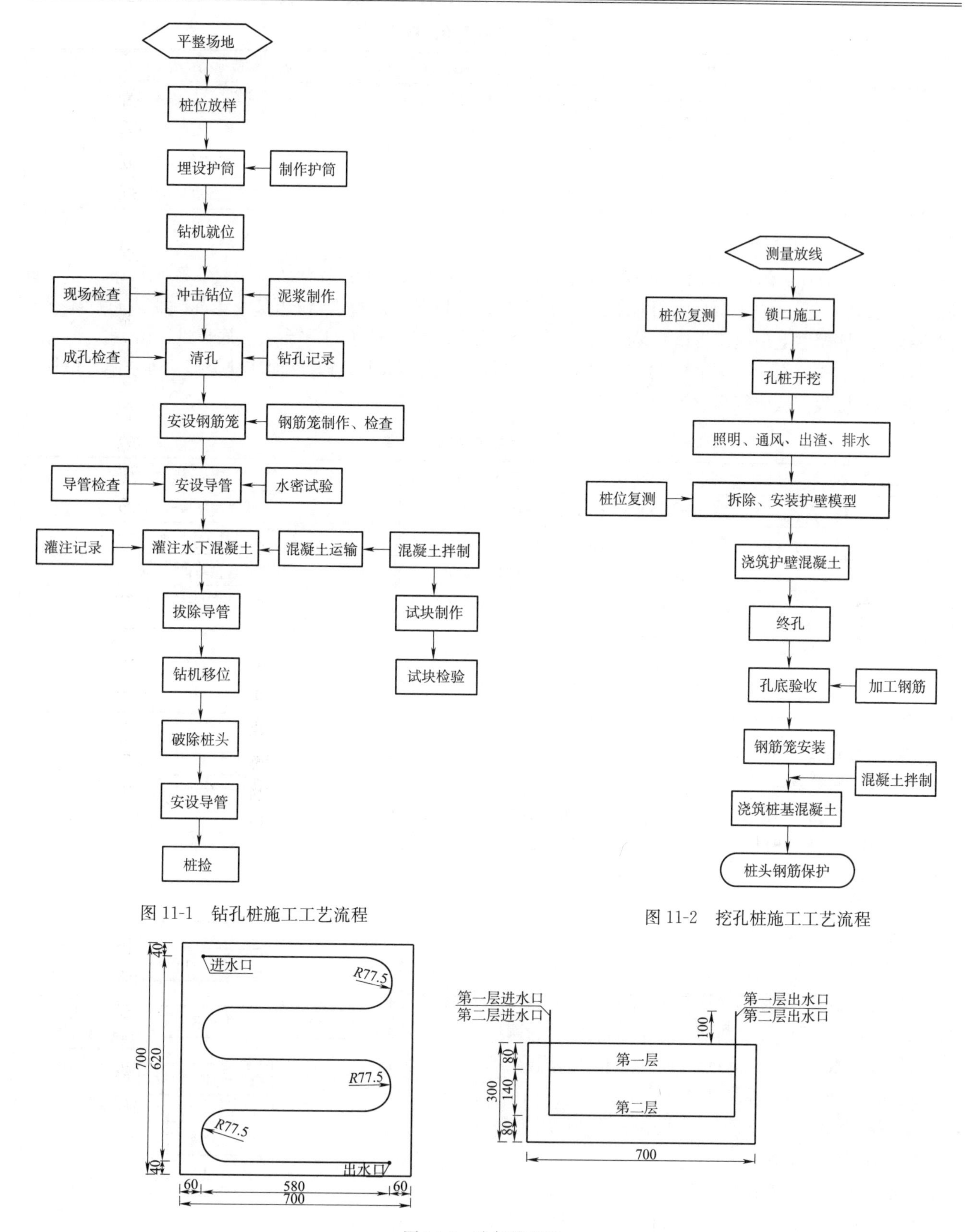

图 11-1　钻孔桩施工工艺流程

图 11-2　挖孔桩施工工艺流程

图 11-3　冷却管布置

在混凝土浇筑前，用水泵抽水，保证冷却管进水口有足够的压力，进水管的水温相差在 5 ℃～10 ℃之间，承台从浇筑起至浇筑完混凝土后，半月内不间断注水。所用水不宜立即循环使用，以控制水温。

冷却管应保证不串浆、不漏水。安装完毕应做密水检查，保证注水时管道通畅，混凝土养生完成后，冷却管内压入 30 号水泥砂浆。

混凝土结构表面应密实平整、颜色均匀，不得有露筋、蜂窝、孔洞、疏松、麻面和缺棱掉角等缺陷。承台的允许偏差和检验方法应符合表 11-6 的规定。

表 11-6 承台质量检测标准

序 号	项 目	允许偏差(mm)	检验方法
1	尺寸	±30	尺量长、宽、高各 2 点
2	项目高程	±20	测量 5 点
3	轴线高程	15	测量纵横各 2 点
4	前后、左右边缘距设计中心线尺寸	±50	尺量各边 2 处

11.5.1.3 墩台、上系梁施工

墩柱施工总体上采用大块钢模，墩高小于 25 m 墩柱采用汽车吊安装钢筋笼、模板、浇筑混凝土以及拆除模板；墩高在 25 m 以上墩柱利用塔吊安装钢筋笼、模板以及拆除模板，输送泵泵送混凝土进行施工。系梁直接在墩柱模型上预埋钢板作系梁底模安装平台，利用工字钢搭设施工平台安装底模进行施工。

混凝土结构表面应密实平整、颜色均匀，不得有露筋、蜂窝、孔洞、疏松、麻面和缺棱掉角等缺陷。墩柱的允许偏差和检验方法应符合表 11-7 的规定。

表 11-7 墩柱质量检测标准

项 次	检查项目	规定值或允许偏差	检查方法
1	混凝土强度(MPa)	在合格标准内	参见验标指南
2	断面尺寸(mm)	±10	用尺量 3 个断面
3	竖直度或斜度(mm)	0.3%H 且不大于 20	用垂线或全站仪侧 2 点
4	墩顶面高程(mm)	±10	用水准仪测量 3 点
5	轴线偏位(mm)	10	用全站仪检查纵、横各 2 点
6	大面积平整度(mm)	5	用 1 m 直尺检查
7	预埋件位置(mm)	10	用尺量

墩台施工工艺流程见图 11-4。

11.5.1.4 盖梁施工

矩形实体墩：在墩柱上设置预埋孔，从预埋孔中安装钢牛腿，然后利用塔吊将 2 根长 12 m 的 I45 工字钢吊装到已安装好的牛腿上，最后在工字钢上每隔 20 cm 左右铺设一根 15 cm×15 cm×200 cm 的方木作为施工平台，平台上铺设 δ=2 cm 的木板作底模。

圆柱型墩柱：根据墩柱直径加工 2 个钢抱箍，在钢抱箍的两侧焊接钢牛腿。钢抱箍加工成两半，用高强螺栓连接。施工时，确定标高位置，把钢抱箍捆绑在墩柱上，然后利用吊车或塔吊将 2 根长 12 m 的 I45 工字钢吊装到钢牛腿上，最后在工字钢上每隔 20 cm 左右铺设一根 15 cm×15 cm×200 cm 的方木作为施工平台，平台上铺设 δ=2 cm 的木板作底模。

盖梁钢筋统一在钢筋加工场制作，分型号、规格堆码，采用平板车运输至现场安装。

混凝土由集中拌和站供应，混凝土运输车运输，墩高小于25 m 采用吊车施工，墩高大于 25 m 利用塔吊安装输送泵垂直泵送入模。分层连续浇筑，每层混凝土灌注厚度不超过 30 cm，用插入式捣固器振捣密实。

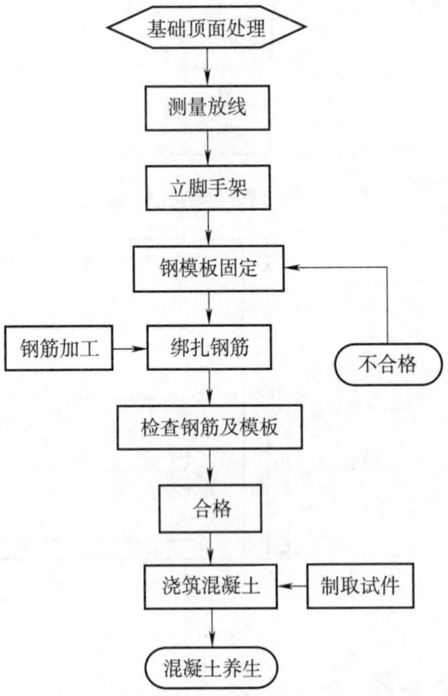

基础顶面处理 → 测量放线 → 立脚手架 → 钢模板固定 → 绑扎钢筋（钢筋加工）→ 检查钢筋及模板 → 合格 / 不合格 → 浇筑混凝土（制取试件）→ 混凝土养生

图 11-4 墩台施工工艺流程

11.5.1.5 现浇箱梁施工

腾龙互通立交桥(28+35+28+3×20)m 预应力混凝土现浇箱梁，采用满堂支架现浇施工，底模、外模和内模采用木模。

(1)地基处理

首先进行基础处理，满堂支架基础采用先将地面整平碾压实，如地形高差太大，将地面修整成台阶形，地基软弱处采用碎石垫层进行换填，再浇筑10 cm厚的C15混凝土硬化地面。跨越主线区域直接利用既有的路基作为支架基础。

(2)支架搭设

满堂支架采用ϕ48×3.5 mm普通钢管脚手架，纵桥向间距90 cm，横桥向间距30～60 cm，水平纵横向立杆间距120 cm，为保证满堂支架的整体稳定性，设置足够的剪刀撑(见图11-5)。横跨主线路基宽度范围内采用ϕ1.6 m墩柱模型作临时支墩，并在支墩上搭设I45a工字钢作底模支撑，保证施工安全，然后在工字钢及脚手架上铺设方木，调平，最后铺设竹胶板底模。

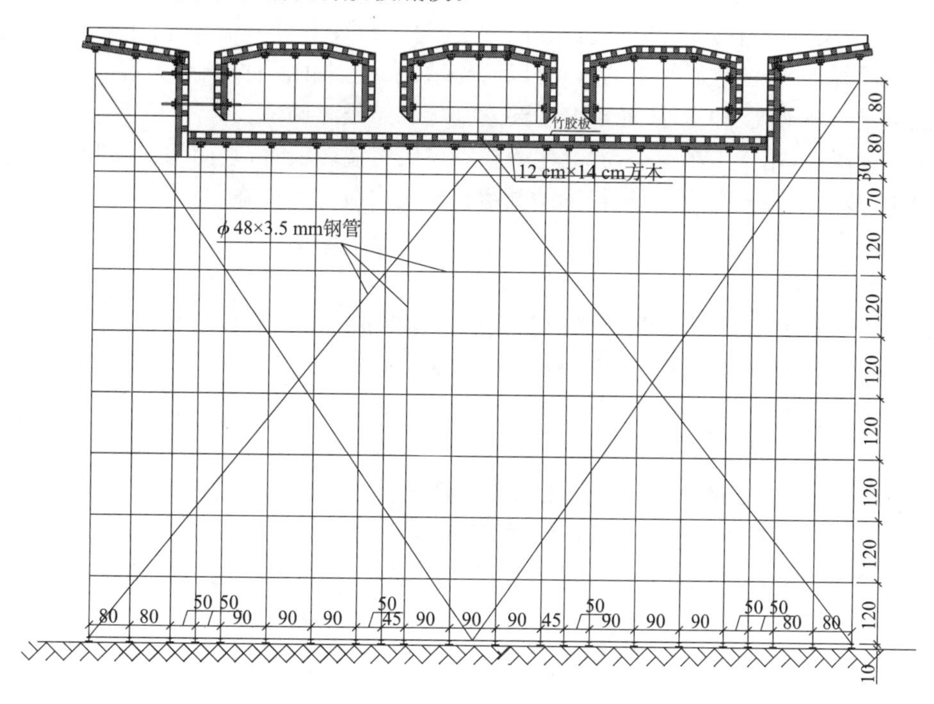

图11-5　箱梁典型横截面支架布置

(3)支架预压

为消除支架系统非弹性变形和弹性变化值，确保梁体的线形美观，支架搭设完成后，梁体施工前对支架进行预压。用钢筋堆载预压，预压时间定为7天。钢筋从钢筋加工场取用成捆的钢筋，用25 t吊车吊上支架后，人工配合在底模上堆码整齐。预压过程中，在支架顶和地面上设置观测点，支架顶的观测点设在每根枋木的两段旁边，观测支架的变形和地基的沉降，并与理论计算值对比总结，支架卸载前后的顶面高差作为支架的弹性变形，底模板标高将综合考虑预应力张拉反拱度及支架弹性变形(预留沉落量)进行调整，确保梁体线形美观。

(4)模板施工

现浇梁底模、外模、端头板及内模均采用木模，1.8 cm竹胶板配合12 cm×15 cm方木。利用吊车吊上支架顶，根据测量放样，人工配合安装。

(5)钢筋及预应力管道施工

对图纸复核后绘出钢筋加工图，加工时同一类型的钢筋按先长后短的原则下料，钢筋加工后与大样图核对，并根据各钢筋所在部位的具体情况对细部尺寸和形状做适当调整。钢筋保护层垫块统一采用混凝土垫块，垫块强度刚度需满足要求。

预应力管道安装及定位是施工重点，波纹管定位必须准确，严防上浮、下沉和左右移动，其位置偏差应在规范要求内；波纹管轴线必须与锚垫板垂直；当管道与普通钢筋发生位置干扰时，可适当调整普通钢筋位置以保证预应力管道位置的准确，但严禁截断钢筋。为保证其在混凝土浇筑过程中预应力孔道不偏移，先将定位网用ϕ10 mm钢筋焊成刚性骨架，再将定位网骨架焊接在主筋上。

(6)混凝土浇筑及养护

该箱梁高度较矮，拟采取一次浇筑的方式，具体措施如下：

1)混凝土由拌和站集中拌和、由混凝土输送泵运送入模。

2)混凝土灌注分层厚度为 30 cm 左右。

3)混凝土入模导管安装间距为 1.5 m 左右,导管底面与混凝土灌注面保持在 1 m 以内。在钢筋密集处断开个别钢筋留作导管入口,待混凝土灌注到此部位时,将钢筋焊接恢复。在钢筋密集处要适当增加导管数量。

4)混凝土捣固采用 ϕ50 mm 和 ϕ30 mm 插入式振捣器。钢筋密集处用小振捣棒,钢筋稀疏处用大振捣棒。振动棒移动距离不得超过振动棒作用半径的 1.5 倍。

5)对捣固人员要认真划分施工区域,明确责任,以防漏捣。振捣腹板混凝土时,振捣人员要从预留"天窗"进入腹板内捣固。"天窗"设在内模和内侧钢筋网片上,每 2 m 左右设一个,混凝土灌注至"天窗"前封闭。

6)灌注底腹板混凝土时,注意混凝土的落点,以防松散混凝土粘附顶板钢筋。混凝土倒入储浆盘后,试验人员要检查混凝土的坍落度、和易性,如不合适要通知拌和站及时调整。

7)梁体混凝土初凝后,用土工布覆盖,并洒水养护。冬天气温较低时,表面用保温麻袋覆盖,再覆盖塑料薄膜进行保温养护;夏天气温较高时,可从箱梁的预留孔向梁内鼓风等措施,对箱梁内进行降温,减小箱梁内部和外部的温差防止梁体产生裂纹。

(7)预应力张拉及压浆施工

混凝土强度达到设计要求后,方可进行张拉。张拉过程中张拉实行双控即张拉应力及伸长量控制,以张拉应力为主,并以伸长量进行校核,伸长量误差控制在±6%范围内,否则停止张拉,待查明原因后再继续施工。预应力施工工艺张拉程序如下:0→初始应力(持荷 2 min)→每 5 MPa 逐级加载→控制应力(测量伸长量终值)→超张拉(1.03σ_k 持荷 2 min)→锚固。

管道压浆:管道压浆是防止钢束锈蚀和保证钢束与混凝土之间连接成整体的重要措施。压浆时间在张拉完毕后 24 h 内进行。采用真空辅助压浆工艺,压浆前,用压力水将管道冲洗干净,把拌好的水泥浆过筛后,从一端压注,每根管道的压浆能一次连续灌筑完成。压浆完成后,养护至设计规定时间或按照规范办理后方可拆除支架。

11.5.1.6 桥面系施工

(1)湿接缝

30 m、40 m 后张预应力混凝土 T 梁,架设后先简支后结构连续。预制梁高 2.0 m,半幅桥每孔布置 5 片 T 梁,梁距 2.2 m,梁间横向采用 50 cm 宽湿接头连接。

湿接缝采用与梁体等强度混凝土浇筑,先在梁缝底部安装底模,用砂浆将缝隙填实,用混凝土运输车将混凝土运至施工处,人工浇筑混凝土,最后用草袋覆盖、洒水养生。绞缝施工同湿接缝。

(2)桥面混凝土铺装

本合同段桥面铺装采用自行设计的振动梁进行施工。铺筑完成后用 FYT－1 型防水剂涂抹桥面混凝土。工艺流程如图 11-6 所示。

(3)防水层

桥面混凝土铺筑并超出养护期后,用 FYT－1 型防水剂均匀涂抹桥面混凝土。

(4)护撞墙及护栏座

模型采用定型钢模。施工前,放样出护墙及护栏座边线,对混凝土结合面进行凿毛处理,调整预埋钢筋和栏杆底座钢板,绑扎护墙及护栏座钢筋并与预埋钢筋进行连接、安装预埋件后立模,调整并固定位置。利用前倾车运输混凝土进行浇筑,插入式捣固器捣实,塑料薄膜养生,最后安装底座和栏杆。

(5)伸缩缝及切缝

清除缝内杂物,检查缝宽及预埋件位置,如有顶头现象或缝不符合要求时,画线凿剔平整,预埋件数量及位置符合设计。安装橡胶伸缩缝顶面与桥面保持同一平面或略低,伸缩装置定位值根据设计的纵向伸缩值,结合工地安装时的平均

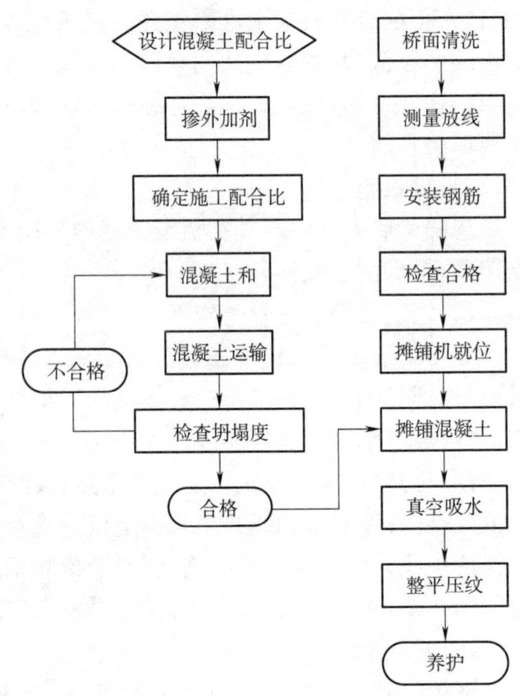

图 11-6 桥面混凝土施工工艺流程

温度、梁体收缩等因素，按工程师同意的办法计算确定后，浇筑接头混凝土并捣实整平。

根据施工条件，纵缝设在主车道两侧，楔口缝、凹榫先期施工。桥面混凝土养生达到一定强度后放线，用切缝机切缝，缝深 3 cm，切缝用设计规定的胶质填料及时填塞，缩缝根据设计布置，用切缝机切割，缩缝深度 3～4 cm，用设计规定的胶质填料填塞。

(6)桥面泄水管安装

泄水管按设计位置在桥面混凝土施工时安装，管口比桥面混凝土面略低。

11.5.1.7　路基工程施工

(1)土石方开挖

1)土质路基开挖

开挖前做好临时排水设施，临时排水设施应与永久排水设施相结合，不得污染环境。

对于适用的土方，开挖前应清除地表不良土质。不能用作路基填料的应按指定地点遗弃，防止水土流失污染环境。

不论开挖量和深度大小，均应采用挖掘机自上而下逐层挖土，人工修整边坡成型，不得乱挖超挖。根据路堑深度和长度确定横挖、顺挖还是混合式开挖法。

2)石质路基开挖

根据岩石的类别、风化程度和节理发育程度等确定开挖方式，能用机械直接开挖的使用机械开挖，否则采用适宜的爆破法进行开挖。

石方地段采用浅孔或深孔微差松动爆破，开挖深度在 5 m 以下时采用浅眼松动爆破，每次钻孔深为 2～4 m；堑较深时，采用深孔爆破，钻孔深度 6～8 m，两侧边坡采用光面和预裂控制爆破。对于全路堑地段，采用纵向浅层开挖，横向台阶布孔，中深孔松动控制爆破；对于高边坡半壁路堑，采用分层布孔，深孔松动控制爆破，上层顺边坡沿倾斜孔进行预裂爆破，下层靠边坡的垂直孔应控制在边坡线以内。少量石方段和局部石方如侧沟、挡墙挖基、刷边坡等采用风动凿岩机钻眼，浅眼松动控制爆破。

3)路堑开挖爆破作业施工工艺

路堑开挖爆作业绝工工艺流程如图 11-7 所示。

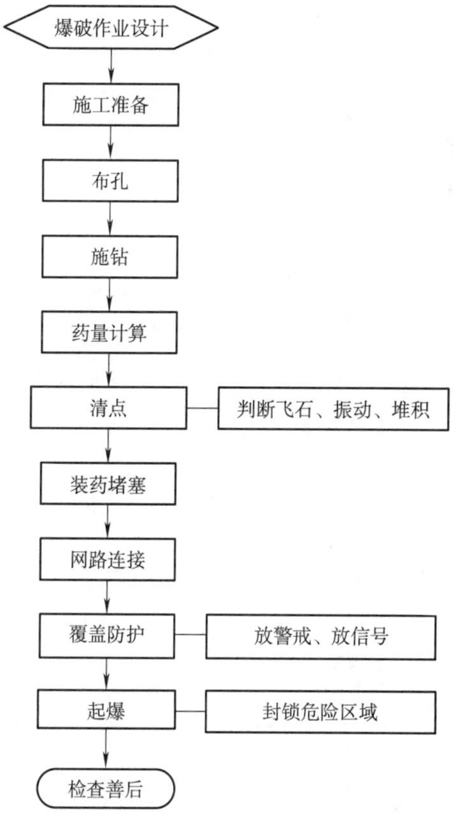

爆破作业设计
施工准备
布孔
施钻
药量计算
清点 — 判断飞石、振动、堆积
装药堵塞
网路连接
覆盖防护 — 放警戒、放信号
起爆 — 封锁危险区域
检查善后

图 11-7　路堑开挖爆破作业施工工艺流程

(2)路基填筑

为加快施工进度，保证路基填筑质量，结合实际情况，表层土方作为弃方处理，除涵洞顶部和局部台背位置外，其余全部利用石方填筑。优先选用级配较好的碎石土等粗粒料作为填料，填料最大粒径应小于 150 mm；浸水路堤应选用渗水性良好的材料填筑。按照“四区段、八流程”施工工艺组织施工。

1)填料试验和填土、填石试验段施工

填方材料：按《公路土工试验规程》规定的方法进行颗粒分析、含水量与密实度、液限和塑限、有机质含量和承载比试验及击实试验。

试验段施工：先采用人工配合推土机清除树根、表土、草皮。填筑前，规划好作业程序和机械化作业线路，选取 1 段总长约 150 m 的地段，作填土、填石和土石混填的现场压实试验，且对应在下路堤(93 区)、上路堤(94 区)试及路床(96 区)各区段进行试验并采集数据。按“四区段，八流程”进行，把施工区划分为填筑区、平整区、压实区、检测区，并据现场压实试验得出的松铺厚度、最佳含水量和机械选型与组合、碾压遍数、碾压速度及确定相应压实度沉降差指标等施工参数施工，并将试验结果报监理工程师审批。

2)填石路堤填筑

填石路堤选用石质均匀、单轴饱和抗压强度在 15 MPa 以上的石料填筑，并采用具有较大功率的振动压实机具或重型夯实机具，分层碾压密实。

① 分层填筑及摊铺：为保证填料均匀、密实、强度高和减少不均匀沉降，填石路堤采用渐进形式摊铺法，要求按横断面全宽纵向水平分层填筑、摊铺。施工中填料的堆料和摊铺同步进行，首先摊铺出一个作业面，填石料直接堆放在摊铺初平的表面，上路堤分层松铺厚度不得大于 40 cm，下路堤分层松铺厚度不得大于 50 cm，最大粒径应小于分层厚度 2/3。由推土机向前摊铺，形成新的工作面，自卸汽车在新的工作面上卸料，推土机再向前摊铺，填料向前推移的距离不小于 3 m。

② 路基面、边坡找平：个别不平处应人工找平，尤其注意路基边缘部位的整平工作，当细料明显偏少，影响压实段落，在摊铺初平的填石料表面，铺洒一层碎石或石屑料，保证碎石或石屑料填洒大粒径料尖缝隙。务必注意，石料粒径过大时必须 2 次破碎再摊铺碾压。在推土机初平、人工找平后，其摊铺面平顺，压路机轮无明显的架空形象。以利于压路机碾压施工。

③ 碾压夯实：路堤填料压实的标准为重型压实标准，分层摊铺，均匀压实，局部角落及桥涵构造物台背处路基可采用小型压实机压实。压实顺序按先两侧后中间，先慢后快，先静压后振动压的操作规程进行。压路机碾压最大时速不超过 4 km，在路堤高度低于 4 m 时，压路机碾压到路基边缘 0.5 m 的位置，在路堤高度大于 4 m 时，碾压到路基边缘 1.0 m 的位置，压路机在路基边缘 2 m 范围内压实时，可适当减低振幅或用弱振挡进行压实。行与行的碾压轮迹重叠 0.4 m，前后相邻两区段纵向重叠 2 m，上下两层填筑接头处错开 3 m，到达无漏压、无死角，确保碾压均匀。

④ 边坡码砌：边坡码砌与填筑同时进行，到第二层填筑时进度适当超前，每层边坡码砌要在碾压前完成。边坡采用粒径大于 30 cm 的硬质石料(强度大于 30 MPa)码砌。填高小于 5 m 时码砌厚度为 1 m，填高 5～12 m 时，码砌厚度为 1.5 m，12 m 以上时码砌厚度为 2 m。

⑤ 填石路堤的质量控制：为保证路基边缘部分的压实度，路堤两侧填筑宽各增加 25 cm，路基填筑完成并稳定后再对边坡进行清理/填料分层的最大松铺厚度：上路堤不超过 40 cm，下路堤不超过 50 cm。填石路堤使用重型压路机分层压实。填石路堤施工过程中的每一压实层，可用试验路段确定的工艺流程和工艺参数，控制压实过程；用试验路段确定的沉降差指标检测压实质量。路基各结构层厚度与技术要求见表 11-8。

表 11-8　路基各结构层厚度与技术要求表

结构层名	路床顶面以下(cm)	要求填料类别	填料最大粒径(mm)	最小压实度(%)	填料最小强度Ⅱ类(CBR)/Ⅰ、Ⅲ类(MPa)
上路床(顶面)	0～30 cm	Ⅰ类	37.5	97	/>30
上路床底面及下路床	30～80 cm	Ⅱ或Ⅲ类	100	96	12/≥30
上路堤	80～150 cm	Ⅱ或Ⅲ类	Ⅱ类 150 Ⅲ类 400	94	8/≥30
下路堤	150 cm 以下	Ⅱ或Ⅲ类	Ⅱ类 150 Ⅲ类 400	92	6/≥30

注：1. Ⅰ类填料为级配碎石，其颗粒组成与技术要求如表 11-9 所示；Ⅱ类填料为壤土、软质细砂岩、页岩或强度>30 MPa 的碎石含量小于 70%的碎石土；Ⅲ类填料为强度大于 30 达 MPa、含量 70%以上的石灰岩、石英砂岩石块以及砾岩等，按填石路基设计。
2. 压实度为重型夯实标准。

表 11-9　级配碎石颗粒组成与技术要求

颗粒组成	通过下列元筛孔(mm)的质量百分率(%)							
	37.5	31.5	19	9.5	4.75	2.36	0.6	0.075
	100	93～100	75～90	50～70	29～50	15～35	6～20	0～5
针片颗粒含量	压碎值			有机质含量			小于 0.075 颗粒含量	
≤15%	<30%			≤2%			≤5%	

3)填石路堤施工工艺流程见图 11-8。

(3)特殊路基处理

1)低填浅挖路基

为保证低填浅挖，路基和土质挖方路堑路床范围压实度不小于 96%，一般要求对路床进行处理，本项目要求对低填浅挖路基采用清除耕植土后进行原地面开挖(路床范围)后回填碎砾石土。对土质路堑路段，对路床范围进行超挖后，换填碎砾石进行处理。若地下水丰富路段，则需要增设横向排水碎石盲沟，在路基两侧边沟下设置渗沟，以拦阻路基外地下水渗入和降低路基范围内地下水位，确保路基强度。

2)高填路堤

①路基填料选用级配较好的粗粒土如砂、砾土等，填料应做 CBR 值试验，其 CBR 值满足《公路土工试验规程》的规定：15 cm 内填料 CBR 值不小于 10，路堤下部填料 CBR 值不小于 5。

②土方路堤水平分层填筑，分层最大松铺厚度不超过 30 cm，路基顶面最后一层最小压实厚度不小于10 cm。

③地面横坡或纵坡陡于 1:5 时将地面挖成台阶，台阶宽度满足摊铺和压实设备操作的需要且不小于 1 m，台阶顶作成 2%～4%的内倾斜坡。

④路堤中心填高≥20 m 时，增加 2%高度的沉落量。

⑤按设计在顶面下间隔 8 m 高设一道 2 m 宽平台，坡脚用 M7.5 浆砌片石护脚。

⑥每填筑 2 m 高采用 25KJ 冲击压路机进行补压以提高路基压实度，弥补常规分层碾压存在的缺陷。

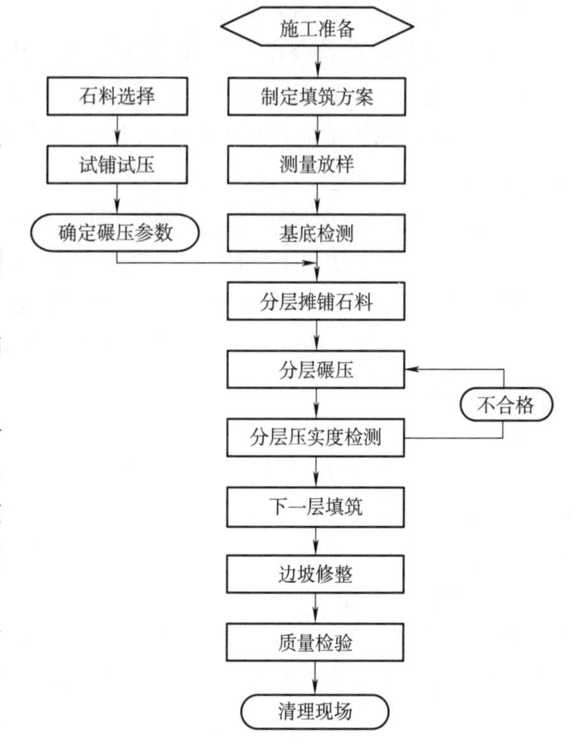

图 11-8　填石路堤施工工艺流程

3)深挖路堑

对边坡高度大于 20 m 的地段，开挖方法和质量控制措施如下：

①根据路堑深度、长度、地形、土质、土方调配情况和开挖机械设备条件来确定开挖方式。

a. 路堑较短时，采用多层横向全宽开挖法，从开挖路堑的一端或两端按断面全宽分层挖到设计标高。

b. 路堑较长时，采用通道式纵挖法，先沿路堑纵向挖掘一通道，然后将通道向两侧拓宽以扩大工作面，并利用该通道作为运土路线及场内排水的出路。

c. 对于风化破碎岩体，为保证施工中边坡稳定和防护工程的开展，采用阶梯式进行开挖，按设计图要求的高度设置平台，边开挖边防护加固，开挖一级防护一级，形成阶梯的边坡，不一次开挖到底。

②开挖前，充分做好排水设施，设置截水沟以排除路堑边坡地表水，防止冲刷。

③采用爆破法施工时，及时清理移运爆破后堆体和边坡上的松石、危石。

④按设计布置观测点并加强观测。每开挖一级后及时对坡顶地面、边坡坡面进行调查观测，判定边坡稳定后施工防护工程，再进行下一步开挖，发现问题及时采取措施加以解决，确保施工安全。

4)路基填挖交界处处理

填挖高差 3 m 以上或地面陡坡较陡路段、横向半挖半填路基和纵向填挖转换路基的填挖结合部，均应进行强化处理。主要措施如下：

①过渡区域的填料质量要求应适当提高，压实度比相应层的压实度提高 1%～2%，并且强调必须从最底部往上填筑(先按填筑层厚度挖台阶)，并按每层填方量开挖山体，移挖做填，压实后再挖上一层所需方量。不允许将大量挖方堆到底部，而影响分层填筑。对半填半挖路基，当填方部分不足一个压实宽度时，应超挖至一个压实宽度；纵向台阶挖至路床底标高后，还应将路床至少超挖 5 m 长，以便填、挖段路基、路面的过渡与衔接。

②结合部的挖方区的表层土清除作其他用，选渗透性好、风化程度低、颗粒较小的材料填到过渡区。

③在路床范围铺装 2 层土工格栅，土工格栅采用 TGSG40 型双向拉伸聚丙烯塑料土工格栅，要求设计抗拉强度≥180 kN/m，极限延伸率≤10%。

④挖方区为土质(含强度低的软石)时，填至上路堤顶面后，应将结合区超挖至下路床底面，然后采用冲击压路机全面补压 2～3 遍，铺设土工格栅，绷紧、固定，再分两层铺筑下路床(压实厚度 2×25 cm)。待有一定工段长度后一并铺筑上路床(厚 30 cm)。

⑤挖方区为整体性好的坚石、次坚石者，填方区填至下路床顶面后，用冲击压路机将填方部分补压2～3遍，铺筑上路床，待铺筑路面底基层时，在填挖结合部先铺设双层土工格栅。

⑥当横向半挖半填路段的地面自然横坡陡于1:2.5时，还应进行填挖间路基稳定性分析，稳定系数不小于1.25。当稳定系数不足时，则应根据地形、地质条件在路堤边坡下方设支挡工程。

⑦当结合部的原坡面有地下水出露时，应根据地形设置截、排水盲沟，防止其渗透至填挖接触面。截水盲沟的底面和背水面应铺设防渗土工布；排水盲沟通过填方区段的侧壁和地面均铺设防渗土工布。至于沟顶是否需要铺设反滤土工布，视填料性质而定，填土则设，填石则不设。

5)桥台、涵背回填段

①台背填方与路堤填方同步协调进行，台背回填和路堤填方结合部要特别重视，需增加碾压遍数；如果后填台背则要开挖台阶进行回填。

②填筑材料必须符合设计及规范要求，选用内摩擦角较大的透水性材料(内摩擦角大于35°的砂性土)。主要选用强度大于30 MPa、最大粒径10 cm且耐风化的碎石填筑。从构造物基础顶面至下路床的压实度不应小于96%，两侧边部应按填石路基或浸水路堤的要求处理。基础顶面以下的基坑，可用挖基(下部)材料回填，压实至94%以上。

③台背填筑过程中尽可能扩大施工场地，充分发挥重型压路机的作用，认真施工，保证压实度合格。当场地受限制时，采用横向碾压法，使压路机尽量靠近台背进行碾压，桥台胸墙边角部分采用小型压实机械配合人工夯实。涵洞缺口两侧对称均匀回填压实，涵顶填土压实厚度大于50 cm时，才通过重型机械和汽车。

④设置完善排水设施，防止地面水流入填方体，及时排除积水，防止填料在施工中及施工后因积水而下沉。

(4)路基附属

1)排水工程

水沟浆砌时按设计纵坡挂线砌筑，嵌缝饱满、密实；沟底平顺且纵坡符合要求，勾缝平顺、无脱落。中央分隔带排水在路基成型后，按设计图纸埋设排水管道，集水井盖板均为预制件。路基排水工程紧随路基的成型安排施工，完成一段，施工一段。

2)边坡防护工程

①浆砌挡墙：采用用挤浆法分层砌筑，石料大小搭配，互相错叠，石块之间有砂浆粘结。表面采用M7.5浆砌粗料石镶面(强度高于30 MPa)，丁顺相间，按设计预留伸缩缝和泄水孔，M10水泥砂浆勾缝。

②锚杆施工：按设计图布孔，采用风动干钻钻孔。锚孔成孔后，将孔内岩粉碎屑清除干净，保持孔内干燥。将设有对中器的锚杆插入孔内。注浆时在孔口0.5 m深范围内用1:3水泥砂浆封闭，并预留排气孔及灌浆孔。注浆过程中保证排气孔通畅，注浆完毕后封闭排气孔及灌浆孔。

③框架施作：主筋采用ϕ16、ϕ12螺纹钢，框筋采用ϕ8盘条，钢筋骨架节点由ϕ25螺纹钢锚杆粘结固定，锚杆外露端头与钢筋骨架箍筋捆扎或焊接连接。框架每间隔15～25 m设一伸缩缝，缝宽2 cm，内填沥青防水材料。为防止施工过程中骨架发生偏移和下垂，骨架下面由ϕ6锚钉锚固于坡面，且用于固定拉伸网，锚钉锚固深度不小于0.4 m，框架内采用拉伸网植草型式防护。培植土厚度10～25 cm。

④三维网格植草先人工清刷边坡，在加固土路肩以下及坡脚处分别开挖宽20 cm，深30 cm的沟槽，将土工网铺设于沟内，用方木桩固定并填土夯实，再从加固土路肩以下自上而下铺设土工网，其纵横向搭接长度20 cm，搭接部位每间隔100 cm用U型钢钉固定，待土工网铺设完毕再播草籽。

⑤窗孔式护面墙砌筑前，清除松动岩石，清刷边坡达到设计要求。然后测量放线，人工开挖耳墙穴和墙基基坑，达到设计要求后，挂线砌筑。砌筑过程中经常校正挂线坡率，确保砌体各部尺寸符合设计要求，泄水孔、耳墙、反滤层及伸缩缝等与墙体同步进行砌筑。

3)路基附属施工流程如图11-9所示。

(5)爆破工程施工

路基石方开挖应根据施工部位及现场施工环境采用适宜的爆破法进行开挖。石方开挖应根据岩石的类别、风化程度、岩层产状、岩体断裂构造、施工环境等因素确定开挖方案。石方开挖严禁采用峒式爆破，近边坡部分宜采用光面爆破或预裂爆破。石方地段采用浅孔或深孔微差松动爆破，开挖深度在5 m以下时采用浅眼松动爆破，每次钻孔深为2～4 m；堑较深时，采用深孔爆破，钻孔深度6～8 m，两侧边坡采用光面和预裂控制爆破。对于全路堑地段，采用纵向浅层开挖，横向台阶布孔，中深孔松动控制爆破；对干高边坡半壁路堑，采用分层布孔，深孔松动控制爆破，上层顺边坡沿倾斜孔进行预裂爆破，下层靠边坡的垂直孔应控制在边坡线以内。少量石方段和局部石方，如侧沟、挡墙挖基、刷边坡等，采用风动凿岩机钻眼，浅眼松动控制爆破。

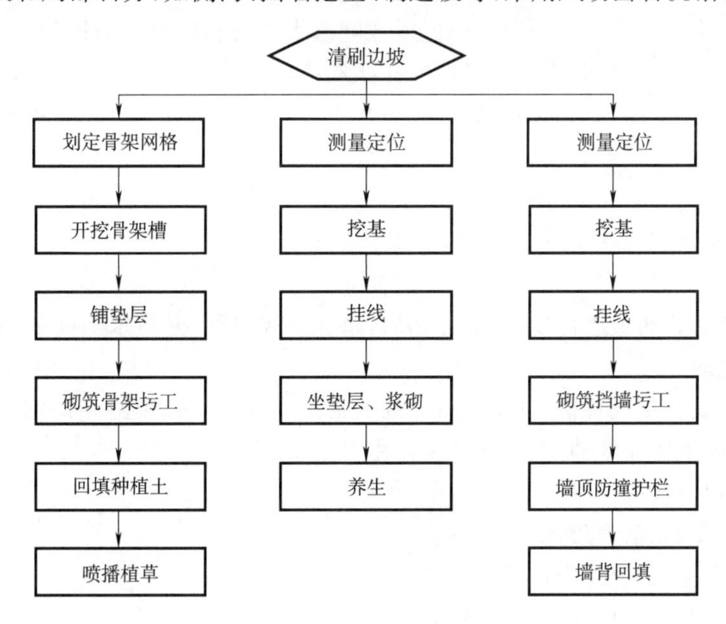

图 11-9　路基附属施工流程

1)浅眼爆破

浅眼爆破是直径小于 50 mm、深度不大于 4 m 的炮眼装药爆破技术。它是工程爆破中的主要方法之一，应用范围广泛。按作业对象及条件，浅眼爆破分三种：

①台阶式浅眼爆破。主要用在采石场石方开采、露天矿小台阶剥岩和采矿，以及地下采矿的薄矿脉落矿爆破等。台阶式浅眼爆破的特点是有两个自由面，对爆破有利。其主要爆破参数有炮眼直径、深度、距离、最小抵抗线和爆破 $1m^3$ 矿岩所消耗的炸药量(下称炸药单耗)。

②掏槽式浅眼爆破。主要用于井巷掘进和地表沟渠及桥涵基坑开挖的石方爆破，其特点是仅有一个自由面，因此，首先用掏槽爆破创造新的自由面，或者有时采取成组药包齐发爆破，以获得良好 的爆破效果。

③岩块的浅眼爆破。主要用于大块的破碎和零星孤石破碎，例如露天矿处理大块和根底的二次爆破等。其特点是具有两个以上的自由面，炸药单耗较小。

2)深孔爆破

深孔爆破作业顺序：测量放线→布孔→钻孔→装药连线→起爆→出渣→整修边坡→防护→成型。爆破完后应检查是否有盲炮，如发现盲炮，立即组织有关技术人员针对不同性质的盲炮、瞎炮采取相应的措施进行处理，同时作好残眼率、循环进尺的统计，用以指导下一循环爆破。并用杆探找爆破面前后左右有无被爆破震松而未掉的危石，针对危石情况采取防护或摘除措施。危石处理完后开始出渣。

现场进行爆破施工前，应先对该段石质进行爆破试验，确定适当的爆破参数，提高爆破效果，使每次爆破产生的岩石大小满足装运机械工作要求，并适于路基填筑。

3)预裂爆破与光面爆破

为保证保留岩体按设计轮廓面成型并防止围岩破坏，须采用轮廓控制爆破技术。常用的轮廓控制爆破技术包括预裂爆破和光面爆破。所谓预裂爆破，就是首先起爆布置在设计轮廓线上的预裂爆破孔药包，形成一条沿设计轮廓线贯穿的裂缝，再在该人工裂缝的屏蔽下进行主体开挖部位的爆破，保证保留岩体免遭破坏。光面爆破是先爆除主体开挖部位的岩体，然后再起爆布置在设计轮廓线上的周边孔药包，将光爆层炸除，形成一个平整的开挖面。

预裂爆破和光面爆破在边坡岩体开挖中应用。预裂爆破和光面爆破都要求沿设计轮廓产生规整的爆生裂缝面，两者成缝机理基本一致。

①光面爆破是先爆除主体开挖部位的岩体，然后再起爆布置在设计轮廓线上的周边孔药包，将光爆层炸除，形成一个平整的开挖面，是通过正确选择爆破参数和合理的施工方法，达到爆后壁面平整规则、轮廓线符合设计要求的一种控制爆破技术。它与传统的爆破法相比，最显著的优点是能有效地控制周边眼炸药的爆破作

用,从而减少对围岩的扰动,保持围岩的稳定,确保施工安全,同时,又能减少超、欠挖,提高工程质量和进度。

②预裂爆破采用不耦合装药结构,其特征是药包和孔壁间有环状空气间隔层,该空气间隔层的存在削减了作用在孔壁上的爆炸压力峰值。因为岩石动抗压强度远大于抗拉强度,因此可以控制削减后的爆压不致使孔壁产生明显的压缩破坏,但切向拉应力能使炮孔四周产生径向裂纹。加之孔与孔间彼此的聚能作用,使孔间连线产生应力集中,孔壁连线上的初始裂纹进一步发展,而滞后的高压气体的准静态作用,使沿缝产生气刃劈裂作用,使周边孔间连线上的裂纹全部贯通成缝。

4)爆破施工安全措施

①严格按照《爆破安全规程》(GB6722—2003)操作。

②爆破必须专人负责,保证安全施工。

③严格按照设计计算装药量进行装药,装完药后,每孔必须堵塞,并要求保证堵塞质量,禁止与爆破无关的人员进入爆破作业境内。

④装药必须使用木质炮棍或竹棍,禁止用铁棒或其他坚硬的棍棒作装药、回填工具。

⑤装药时,禁止在爆破作业区抽烟、玩火柴和使用打火机等。

⑥所使用的塑料雷管,脚线不得用猛力拉、砸、折。

⑦严禁将未用完的炸药、雷管放在工地上。

⑧严禁在雷雨天、大雾天、夜间进行爆破作业。

⑨爆破必须站警戒,并在警戒点确立明显标识。

⑩爆破警戒半径:爆破警戒半径取 300 m。即爆破警戒以 300 m 为警戒圈,设立若干个警戒点。警戒点根据爆破环境条件而定。当警戒信号发出后,警戒人员立即将警戒圈内的所有人员全部带着撤到安全地带,并把道路口封锁堵死。

⑪爆破信号确定:

第一次警报(口哨、锣)声,开始警戒;

第二次警报(口哨、锣)声,5 min 后进行起爆;

第三次警报(口哨、锣)声,解除警戒。

5)爆炸物品管理的规定

①严格执行《中华人民共和国民用爆炸物品管理条例》的规定,严格管理,未经指定爆破班长签名、审核,不予发放火工产品。

②领取火工产品必须填写当班申请用量,指定持证爆破员专人负责领取,领取数量不得超过当班使用量。

③领取火工产品不得少于 2 人。其中 1 人负责运送炸药,另 1 人负责运送雷管,并保持相应安全距离,分开行走,严禁在运送过程中吸烟、玩耍。

④领取的火工产品必须妥善保管,不得遗失或转交他人,不准擅自销毁、变卖,赠送、转借或挪作他用。

⑤火工产品现场使用完后,由当班领工员和爆破员负责清点,填写剩余火工产品数量,当天退回仓库集中保管,严禁将火工产品带到住地或其他地方存放过夜。

⑥对清退回库的火工产品,仓库仓管人员必须当场进行查验,做好回收记录,并分类存放。

⑦未经单位指定的火工产品领取专职持证爆破人员,库房仓管员不得发放火工产品,并有权拒绝一切违规领取行为和违章指挥。

6)爆破事故应急预案

为加强对施工安全事故的防范,及时做好安全事故发生后的抢险、救援处置工作,最大限度地减少事故损失,坚持安全第一、预防为主、自救为主、统一指挥、分工负责的原则,根据《中华人民共和国安全生产法》、《建设工程安全生产管理条例》和施工等有关规定,制定爆破施工安全事故应急预案。

对发生爆破事故隐瞒不报或不积极组织抢救者,要追究其相关负责人的责任。

11.5.1.8 *涵洞工程施工*

涵洞基坑开挖达到设计标高后,自检、抽检地基承载力及基底各部结构尺寸合格,浇筑基础混凝土。墙身施工采用 2 m×1.5 m 定型模板,分节施工。盖板、混凝土预制块计划在一工区驻地场地上预制,用汽车转运到施工现场,采用吊车安装成型。洞口锥坡及洞口铺砌,施工用片石色泽宽度一致,大小均匀,修打后大面平整,棱角分明,砌筑时砂浆饱满,砌缝宽度一致,无通缝并符合规范要求,然后进行洞口浆砌片石铺砌。

11.5.2　重难点及控制性工程项目施工方法、工艺流程及施工技术措施

本合同段工程重点、难点及对策分析见表 11-10。

表 11-10　重点和难点及对策分析

序号	重点和难点	主要对策
1	30 m、40 mT 梁制运架施工及合理精益组织难度大，是为重点工程	(1)采用集中式预制场工厂化作业预制 T 梁，保证 T 梁预制质量的稳定性及预制速度的稳定性
		(2)采用汽车拖车在桥上或修好的路基上运输 T 梁
		(3)采用架桥机架设 T 梁
		(4)采用 Project 项目管理软件跟踪各施工环节，合理打通架梁通道，保证制运架过程流畅
2	乌江特大桥和清渡河大桥主桥为高墩大跨度刚构桥，施工难度大，工期紧迫，是为难点工程	(1)乌江特大桥利用绞坡道系统作为主墩施工物质设备运输系统，采用塔吊和垂直电梯作为垂直运输机械
		(2)钻孔桩采用平行施工作业，以缩短桩基施工时间，缓解总工期的压力
		(3)采用墩身液压爬模施工方案施工双肢薄壁空心高墩柱，每次浇筑 4.5 m，提高墩身施工质量及降低墩身整体施工时间
		(4)采用在双肢薄壁空心墩顶预埋牛腿，用型钢搭设钢结构平台施工 0 号段，0 号段分 2 次浇筑完成，提高 0 号段施工的安全性
		(5)采用三角挂篮系统施工悬浇段

11.5.2.1　30 m、40 m T 梁制、运、架施工方案

(1)T 梁预制、架设施工方案

为确保 T 梁预制和架设能够满足总体施工进度要求，T 梁预制场规模为：制梁台座 16 个，制梁能力 64 片/月，存梁能力 80 片，预制场设 2 台 80 t/24 m 和 2 台 5t/17 m 龙门吊分别负责 T 梁转运、模板安拆以及混凝土浇筑等工作。架桥机选用 180 t/50 m 双导梁架桥机，汽车拖车运输 T 梁，按 3 片/天计算，架梁能力可达到 90 片/月，提前 1 个月安排制梁。考虑到 T 梁台座周转次数较多，采用 C20 混凝土和 5 mm 钢板制作而成，台座设置成 30 mT 梁、40 mT 梁通用台座。30 mT 梁模板配置 5 套，40 mT 梁模板配置 3 套。

(2)T 梁预制

1)钢筋、波纹管安装

T 梁钢筋按腹板、顶板部位分 2 次安装成型，施工顺序如下：台座清理→腹板钢筋安装→横隔板钢筋安装→波纹管安装→T 梁模板安装→顶板钢筋安装→混凝土浇筑。

钢筋统一在加工场制作，运到现场直接安装成型，在安装过程中必须按照：底板 2 个/m、腹板 4 个/m、翼缘板 1 个/1.5 m^2 的数量设置 C50 混凝土保护层垫块，转角处还必须根据适当情况进行加密。

腹板、横隔板钢筋安装完成后，根据钢绞线设计安装坐标安装波纹管。波纹管安装前，首先焊接波纹管水平定位筋，定位筋间距为 50 cm。波纹管采用专用接头连接，注意连接处的气密性，同时每隔 50 cm 利用钢筋边角料焊接压顶并采用 U 型钢筋卡住波纹管，防止混凝土捣固时波纹管上浮和水平方向移动。波纹管压顶时，注意不要烧伤波纹管。

钢筋绑扎过程中，应做好桥面系、伸缩缝、护栏及其他相关附属构造的预埋。横隔板处预留钢筋骨架的位置应准确放样，以便给搭接钢筋的顺利焊接机绑扎创造条件。

2)模板安装

T 梁模板采用厂家定制大块钢模板。新模板在首次使用前必须采用水泥浆处理 2～3 次，然后采用液压油作脱模剂。腹板钢筋及波纹管安装完成(注意悬挂 C50 混凝土保护层垫块)在自检基础上经监理工程师验收合格后，先将模板清理干净，均匀涂抹一层脱模剂(液压油)，利用 5t 小龙门吊逐块安装固定，最后统一校正到位，经自检合格后报监理工程师验收。

注意事项：台座与侧模板接触边缘采用粘贴止浆带(特制橡胶条)，台座在每次使用前均必须检查台座边缘粘贴的止浆带是否完好，若有破损必须恢复。模板板块与板块之间必须采用槽形胶进行止缝(模板在出厂前利用沉头螺栓固定就位)，防止混凝土漏浆。同时注意检查吊梁孔位置台座上设置的活动板与 T 梁模板是否密贴牢固，避免漏浆现象。

3)混凝土浇筑、养护

T梁采用斜向水平分层浇筑,每层厚度不大于30 cm,浇筑顺序为:“马蹄形”部位→腹板部位→翼缘板部位。混凝土采用混凝土运输罐车运到施工现场后利用龙门吊吊送入模,混凝土以45°倾斜角由一端向另一端连续浇筑,一次成型。

为确保T梁捣固密实,T梁混凝土采用高频附着式振捣器与插入式振动器配合进行振捣。随着混凝土放料进度(若钢筋较密,混凝土无法进入,可采用插入式振捣器辅助放料),逐个开动高频附着式振动器进行侧模振捣。同时用插入式振动器沿波纹管和钢筋间间隙插入振捣,但必须严防振动棒碰触波纹管和钢筋。梁中部及顶部混凝土,则采用插入式振动器振捣,振捣时以振捣区混凝土停止下沉,表面呈现平坦、泛浆,不冒气泡为准,并用小锤敲击“马蹄形”部分检查混凝土是否振捣密实。注意在混凝土未放入部位,不得开动高频附着式振动器,以免破坏模板。

每段混凝土振捣完毕,顶板表面利用人工收面找平,待混凝土初凝后利用钢丝刷将顶板表面混凝土刷毛,直到露出混凝土细骨料为止,以便桥面铺装时新老混凝土连接。

T梁顶板混凝土表面刷毛后覆盖一层土工布,安排专人负责进行洒水养护。养护期间人员不得擅自离开,随时检查梁体顶面土工布是否处于湿润状态,边角部位有无遗漏地方。T梁洒水养护时间不得少于7天,若气温较低,还应适当延长养护时间。

4)预应力张拉及压浆

采取两端张拉方式进行张拉。张拉采用双控方式,以应力控制为主,伸长值校核为辅。压浆采用真空泵进行真空灌浆。

①预应力张拉

现场同等条件养护的混凝土试件强度达到设计强度85%以上,且弹性模量达到要求,龄期不低于7天时,开始组织进行张拉作业。

张拉采用2台穿心式千斤顶按设计顺序对称张拉。对千斤顶逐级加压,当千斤顶压力达到最大张拉力即控制应力时停止升压,对千斤顶停止供油使千斤顶的张拉力维持不变,持荷2～3 min,并测量出千斤顶的最终伸长量,千斤顶的最终伸长量减去初始伸长量(张拉到初应力时测得的伸长量)即是钢绞线的实际张拉伸长量,实际张拉伸长量与理论张拉伸长量的误差应控制在6%以内。预应力筋留露长度30～40 mm。锚具处多余的钢绞线用砂轮切割机切除。

②管道压浆

预应力张拉完成后,孔道尽早进行压浆,一般不超过24 h,最迟不得超过3天,以免预应力筋锈蚀和松弛。水泥浆标号为C50。压浆时构件温度不低于5 ℃,外界气温不高于35 ℃。

为降低封锚偏差,封锚作业安排在T梁架设到位后再进行集中封锚。

5)T梁反拱设置

为了防止预制T梁上拱过大,预制梁与桥面现浇层由于龄期差别而产生过大收缩差,存梁期不超过90天,若累计上拱值超过计算值10 mm,应采取控制措施。预制梁应设置向下的二次抛物线反拱。预制T梁在钢束张拉完成后,各存梁期跨中上拱度计算值及二期恒载所产生的下挠值见表11-11。反拱值的设计原则是使梁体在二期恒载施加前上拱度不超过20 mm,桥梁施工完成后桥梁不出现下挠。施工设置反拱时,预应力管道也同时反拱。

表11-11 预加力引起的上拱度及二期恒载产生的下挠值表

位置		钢束张拉完上拱度(mm)	存梁30 d上拱度(mm)	存梁60 d上拱度(mm)	存梁90 d上拱度(mm)	二期恒载产生的下挠值(mm)
边梁	边跨	27.5	52.1	57	59.6	−5.7
	中跨	21	39.7	43.4	45.4	−1.6
中梁	边跨	22.1	41.6	45.5	47.6	−5.9
	中跨	14.3	26.4	28.8	30.1	−1.8

注:表中正值表示位移向上,负值表示位移向下。

为防止同跨及相邻跨预制梁间高差过大,同一跨桥不同位置的预制梁的存梁时间应基本一致,相邻跨的预制梁的存梁时间亦应相近。

6)预应力 T 梁预制施工工艺流程如图 11-10 所示。

(3)T 梁架设

梁片架设前先设置临时支座或安装好永久支座，临时支座采用砂箱内置 5 cm 厚木板，木板尺寸比砂箱小 1 cm，临时支座预留下沉高度。临时支座待桥面现浇层混凝土施工完成后才能拆除，永久支座按设计安装。

利用运梁平车将待安装的混凝土 T 梁运送到架桥机后部主梁内，依次改用起吊天车吊运和安装梁。为保证中梁架设的稳定，安装的中梁要用方木加楔形木在端横隔梁下两侧进行支撑(如图 11-11 所示)，以防倾斜，待相邻中梁架设完成后立即焊接横隔板。在梁体落位摘除钢丝吊绳应一端拉送，一端牵引，以防钢丝绳在摘除过程中荡起。在架设第一片中梁时，梁体两侧均用方木对称支撑，防止梁体倾斜。在边梁就位后应对边梁进行临时支撑。待下一片 T 梁架设完成后，立即进行相邻两片 T 梁横隔板的钢筋进行焊接。边梁架设完成，在未安装次边梁并焊接形成稳定体系前，不得随意拆除边梁临时支撑装置。

(4)T 梁体系转换

每一跨梁吊装就位后，马上进行普通横隔板及翼板湿接缝施工，完成横向连接，以尽早形成整体受力状态，每一联梁架设完毕后，按从边跨向中跨合龙的顺序进行体系转换。浇注与联结墩相邻的墩顶湿接头，待湿接头混凝土达到 85%强度时再张拉负弯矩区钢束并压浆，然后浇注中间其余墩顶湿接头、张拉负弯矩区钢束并压浆。最后撤除临时支座、落梁，形成连续体系。

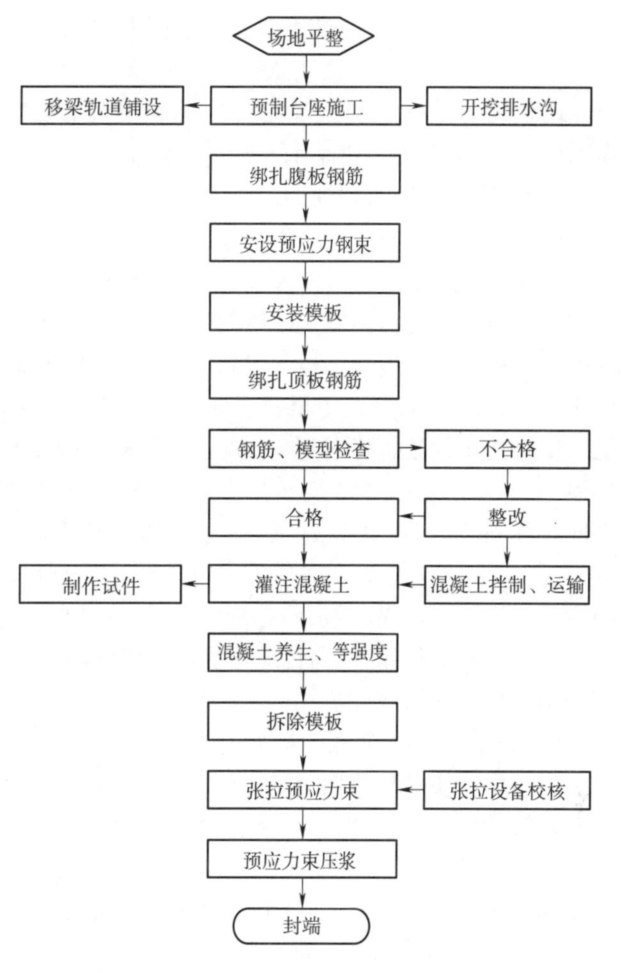

图 11-10　预应力 T 梁预制施工工艺流程

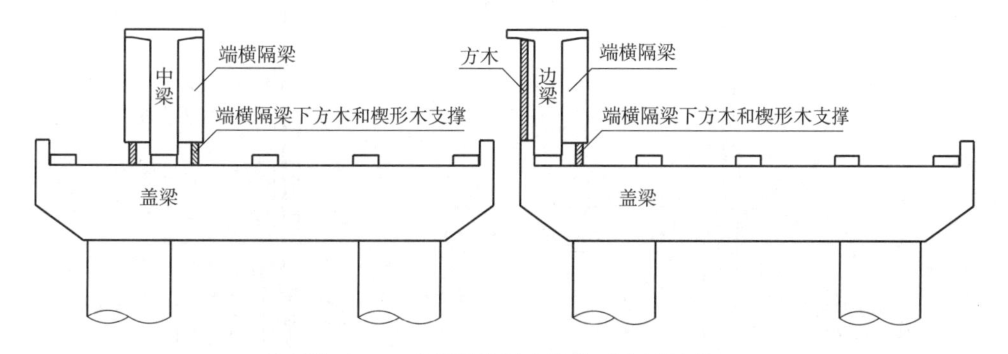

图 11-11　中梁及边梁安装临时支撑示意

11.5.2.2　高墩大跨度连续刚构桥施工方法和施工方案

(1)工程概况

乌江特大桥主桥为预应力混凝土刚构桥，孔径布置(116＋220＋116)m，墩身采用双肢等截面矩形空心墩，肢间净距 8.4 m，单肢截面尺寸 8.5 m×3.8 m，顺桥向厚度 0.7 m，横桥向厚度 0.9 m。主墩承台厚 5 m，基础采用桩径 2.5 m 的钻孔灌注桩，基桩按纵向四排、横向三排布置，每墩共 12 根桩。过渡墩墩身为等截面矩形空心墩，顺桥向 3.5 m，横桥向 6 m，壁厚 0.55 m；承台厚 3 m，采用 4 根直径 1.8 m 钻孔桩基础。主桥上部构造箱梁根部梁高 14 m，跨中梁高 4 m，顶板厚 28 cm，底板厚度从跨中至根部由 32 cm 变化到 160 cm，腹板从跨中至根部分三段采用 80 cm、65 cm、45 cm 三种厚度，箱梁高度和底板厚度按 1.8 次抛物线变化。箱梁顶板横向宽 11.25 m，箱梁底板宽 6.5 m，翼缘悬臂长 2.375 m，箱梁 0 号节段长 18 m(包括墩两侧各外伸1 m),每个悬臂现浇"T"纵向对称划分为28个节段,梁段数及梁段长从根部至跨中分别为12×3 m、6×3.5 m、10×4.3 m,节段悬浇总长100 m,悬臂节段最大控制重量2750 kN,挂篮设计自重1200 kN。边、中跨合龙段长均为2 m,边跨现浇段长5 m,箱梁根部设置四道厚0.7 m的横隔板,中跨跨中设置一道0.3 m的横隔板,边跨梁端设一道厚1.6 m的横隔板。主桥上部构造按全预应力混凝土设计,采用三向预应力体系,用塑料波纹管成孔,真空辅助压浆工艺压浆。

清渡河大桥主桥为预应力混凝土刚构桥,孔径布置(70+130+70)m,墩身采用双肢薄壁墩,肢间净距3.8 m,单肢截面尺寸6.5 m×1.5 m。主墩承台厚4 m,基础采用桩径2.5 m的双排钻孔灌注桩,每墩共4根桩。过渡墩墩身为薄壁实体墩,截面尺寸为6 m×2.4 m。承台厚3 m,采用4根直径1.8 m钻孔灌注桩基础。主桥上部构造箱梁根部梁高7.8 m,跨中梁高2.7 m,顶板厚28 cm,底板厚度从跨中至根部由30 cm变化到90 cm,腹板从跨中至根部分三段采用70 cm、55 cm、40 cm三种厚度,箱梁高度和底板厚度按2次抛物线变化。箱梁顶板横向宽10.625 m,箱梁底板宽6.5 m,翼缘悬臂长2.062 m,顶板悬臂端部厚20 cm,根部厚70 cm。按路线中心线展开计算,箱梁0号节段长9.8 m(包括墩两侧各外伸1.5 m),每个悬臂现浇"T"纵向对称划分为28个节段,梁段数及梁段长从根部至跨中分别为7×3.3 m、9×4 m、10×4.3 m,节段悬浇总长59.1 m。边、中跨合龙段长均为2 m,边跨现浇段长4 m,箱梁根部设置2道厚1.5 m的横隔板,中跨跨中设置一道0.3 m的横隔板,边跨梁端设一道厚0.85 m的横隔板。主桥上部构造按全预应力混凝土设计,采用三向预应力体系,纵向预应力管道采用预埋塑料波纹管成孔,真空辅助压浆工艺压浆;横、竖向预应力管道采用预埋金属波纹管成孔。

(2)高墩大跨度连续刚构桥总体施工方案

主桥每个墩位桩基同时进行施工;承台基坑采用直接挖坑,大块钢模立模现浇;墩身运用液压爬模施工。刚构连续箱梁0号段和边跨直线段利用挂篮既有底模、外模和内模材料,利用双肢等截面矩形空心墩搭设刚平台现浇施工,悬浇段采用三角挂篮悬臂施工,先边跨合龙,后中跨合龙。边跨直线段利用既有的挂篮底模、外模和内模搭设钢平台,在挂篮底模纵梁前段支撑到边墩设置的牛腿上通过边墩牛腿受力,另一端通过三角挂篮后锚和底模后吊杆锚固受力,通过适当改装的挂篮施工边跨直线段。边跨直线段施工完成后,在改装的挂篮上进行边跨合龙段合龙,最后利用中跨挂篮合龙中跨合龙段。

乌江特大桥主桥施工方法具体如图11-12所示。

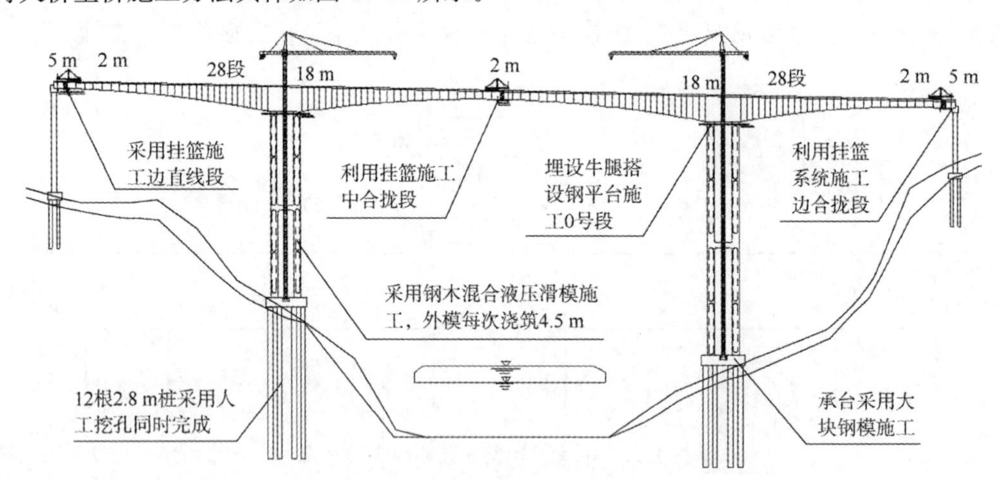

图11-12 乌江特大桥主墩主桥施工方法示意

清渡河大桥主桥施工方法和乌江特大桥主桥施工相同。

(3)深桩基施工措施

为缩短桩基施工时间,缓解总工期的压力,主墩桩基、过渡墩桩基同时进行施工。桩基施工方案与引桥桩基施工方案基本一致。由于主墩桩顶标高比地面标高高出4~6 m,若直接填筑施工平台至设计标高,需要运来大量的土石方来填筑,同时施工出来的弃渣又需转运出去,施工难度大。为方便施工,保证施工质量,采取如下施工技术及安全防护措施:

1)在主墩下方,靠江边砌筑防护挡墙,用来存储弃渣及主墩平台防护。

2)多根桩基同时作业时,事先合理安排好出渣路线及弃渣地点。

3)施工过程中,应经常检查护壁情况及孔内空气质量,是否存在有毒气体。当孔深超过 20 m 时,应持续向孔内通风,保证孔内空气质量。

4)桩孔内人员要戴好安全帽,地面人员要拴好安全带。在孔口设置活动安全盖板,当吊桶离开孔口上方 1.5 m时,推动活动安全盖板,掩蔽孔口,防止卸土的土块、石块等杂物坠落孔内伤人。孔内设置挡板,在吊桶起吊过程中,孔内人员躲在挡板下面。吊桶在小推车内卸土后,再打开活动盖板,下放吊桶装土。

5)雨天施工时,孔口上应搭设防雨棚,防止雨水流入孔内,雨量较大时,应停止施工。

6)施工过程中,在浇筑每节护壁混凝土之前,严格控制孔桩中心与设计桩基中心重合,保证孔桩的中心位置及垂直度。

7)桩基混凝土采用分层捣固,分层高度不超过 1.5 m,保证混凝土质量。桩基混凝土浇筑过程中,相邻孔内不许有人员作业。

(4)承台大体积混凝土施工控制措施

主桥承台体积较大,属于大体积混凝土浇筑,需采取措施降低水化热、防止产生裂缝。

1)原料控制

①配制配合比时,选择低热微膨胀水泥或水化热较低的矿渣硅酸盐水泥,是控制混凝土内部温升的最基本方法。

②掺用适量外加剂。大体积混凝土中掺加的减水剂主要是木质素磺酸钙,它对水泥颗粒有明显的分散效应,可有效地增加混凝土拌和物的流动性,且能使水泥水化较充分,提高混凝土的强度。若保持混凝土的强度不变,可节约水泥 10%,从而可降低水化热,同时可明显延缓水化热释放速度,热峰也相应推迟。

③在混凝土中掺入一定量的磨细粉煤灰来降低水化热。具有以下几个优点:a. 粉煤灰本身的火山灰活性作用,可生成硅酸盐凝胶,起着一定的增强作用;b. 在单位用水量不变的条件下,可以起到显著改善混凝土和易性的效能;c. 用粉煤灰替代部分水泥,可降低水泥的用量,从而降低水化热;d. 若保持混凝土拌和物原有的流动性,则可减少用水量,从而可提高混凝土的强度。

④在选择粗骨料时,可根据施工条件,尽量选用粒径较大、质量优良、级配良好的石子,这样既可以减少用水量,也可以相应减少水泥用量,还可以减小混凝土的收缩和泌水现象。在选择细骨料时,其细度模数宜在 2.6～2.9 范围内。采用平均粒径较大的中粗砂,比采用细砂,每立方米混凝土中可减少用水量 20～25 kg,水泥相应减少 28～35 kg,从而降低混凝土的干缩,减少水化热量,对混凝土的裂缝控制有重要作用。

⑤控制入模温度不大于 25 ℃措施来防止裂缝出现。

2)承台混凝土施工方案

①承台混凝土施工总体顺序为:浇筑第一层 2.5 m 厚混凝土并预埋分层连接钢筋→洒水养护 48 h 并凿毛→浇筑第二层 2.5 m 厚混凝土→承台顶面用土工布或塑料薄膜覆盖洒水养护→混凝土强度达到2.5 MPa后拆模并请监理工程师验收→验收合格后回填基坑→承台混凝土养护。

②承台采用一次关模、水平两次分层浇筑方式完成,水平分层厚度为 2.5 m。第二次浇筑混凝土的时间,需选在混凝土内部温度降低时,以避开混凝土内部温度的高峰期;在施工第二层混凝土前,施工缝工作面需凿毛清洗干净,以加强两层混凝土的连接效果。

③混凝土浇筑前,在承台内部布置冷却管,用水泵抽水,保证冷却管进水口有足够的压力,进水管的水温相差在 5 ℃～10 ℃之间,承台从浇筑起至浇筑完混凝土后,半月内不间断注水。所用水不宜立即循环使用,以控制水温。

④承台混凝土浇筑水平分层进行,每层厚度控制在 30 cm 内,采用插入式振动器振捣,振动器插点按梅花式排列,间距不超过振动器作用半径的 1.5 倍,距模板 15 cm 左右。振动器要垂直插入混凝土内,浇筑第二层混凝土时要插入前层混凝土 5～10 cm 左右,振捣时间以混凝土表面停止下沉、不再冒气泡、泛浆、表面平坦为准。振动器尽可能避免与钢筋和预埋件相接触。混凝土浇筑应连续进行,在施工现场、搅拌站备用发电机,确保混凝土施工的连续性。

3)承台混凝土养护

①大体积混凝土浇筑后,加强其表面保温、保湿养护,对防止混凝土产生裂缝具有重要作用。保温养护的作用有3个:第一是减小混凝土的内外温差,防止出现表面裂缝;第二是防止混凝土表面过冷,避免产生贯穿裂缝;第三是延缓混凝土的冷却速度,以减小新老混凝土的上下层约束。保湿养护能减小混凝土的干缩,能使混凝土的水泥水化作用顺利进行,有利于提高混凝土的极限抗拉强度,对控制裂缝有积极作用。

②保温材料应选择价格低廉、导热系数小、易于操作的材料,常用的有木模、木屑、土工布等。混凝土终凝后,采取蓄水养护是一种极好的方法,不仅具有保温隔热效果,而且还可以延缓混凝土降温速率,减小混凝土中心和表面的温度差值。

(5)高墩柱施工措施

1)主桥墩身施工方案

主桥墩身运用液压爬模施工,墩身每次浇筑5 m,模板配置高度为5.15 m。

每个墩位视施工高度配相应塔吊1台,并配置混凝土输送泵1台组织施工。模板、钢筋采用塔吊垂直运输,混凝土采用集中拌和,罐车运输到施工点,输送泵垂直泵送到灌注点,利用溜槽、串筒入模浇筑混凝土。预计每段施工周期7天。

2)模板设计

液压爬模的动力来源是本身自带的液压顶升系统,液压顶升系统包括液压油缸和上下换向盒,换向盒可控制提升导轨或提升架体,通过液压系统可使模板架体与导轨间形成互爬,从而使液压爬模稳步向上爬升。液压爬模在施工过程中无需其他起重设备,操作方便,爬升速度快,安全系数高,是高耸建筑物施工时的首选模板体系。液压爬模主要分为模板系统、埋件系统、支架系统、液压系统四部分。具体总体施工技术方案如图11-13所示。

模板系统:由于是高空作业,采用轻质高强的木梁胶合板模板体系。该种模板具有结构合理、经济实用、标准化程度高等特点。在单块模板中,胶合板与竖肋(木工字梁)采用自攻螺丝和地板钉连接,竖肋与横肋(双槽钢背楞)采用连接爪连接,在竖肋上两侧对称设置两个吊钩。两块模板之间采用芯带连接,用芯带销插紧,从而保证模板的整体性,使模板受力更加合理、可靠。木梁直墙模板为装卸式模板,拼装方便,在一定的范围和程度上能拼装成各种大小的模板。模板刚度大,接长和接高均很方便,模板最高可一次浇筑10 m以上。具体面板结构设计如图11-14所示,墩身模板平面布置见图11-15。

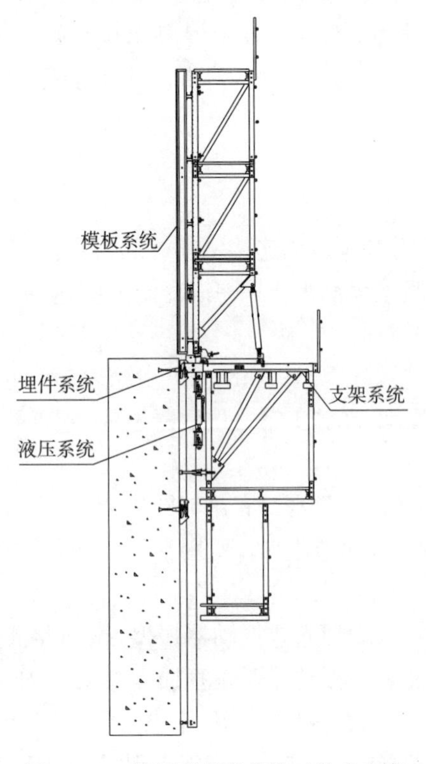

图11-13 液压爬模总体施工技术方案

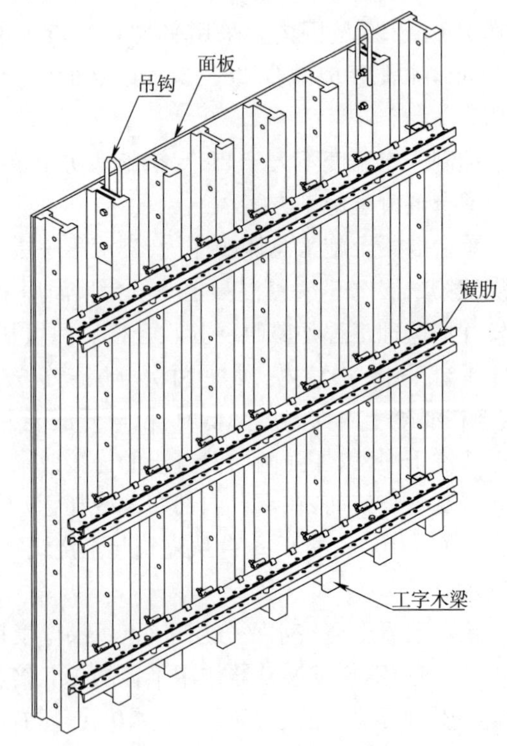

图11-14 平面模板

埋件部分：主要由埋件板、高强螺杆、受力螺栓、爬锥组成。

支架系统：主要由承重三角架、后移装置、中平台、吊平台、导轨、附墙装置、桁架支撑系统组成。

液压系统：主要有液压泵站控制台、液压油缸、同步阀、胶管、液压阀和配电装置。

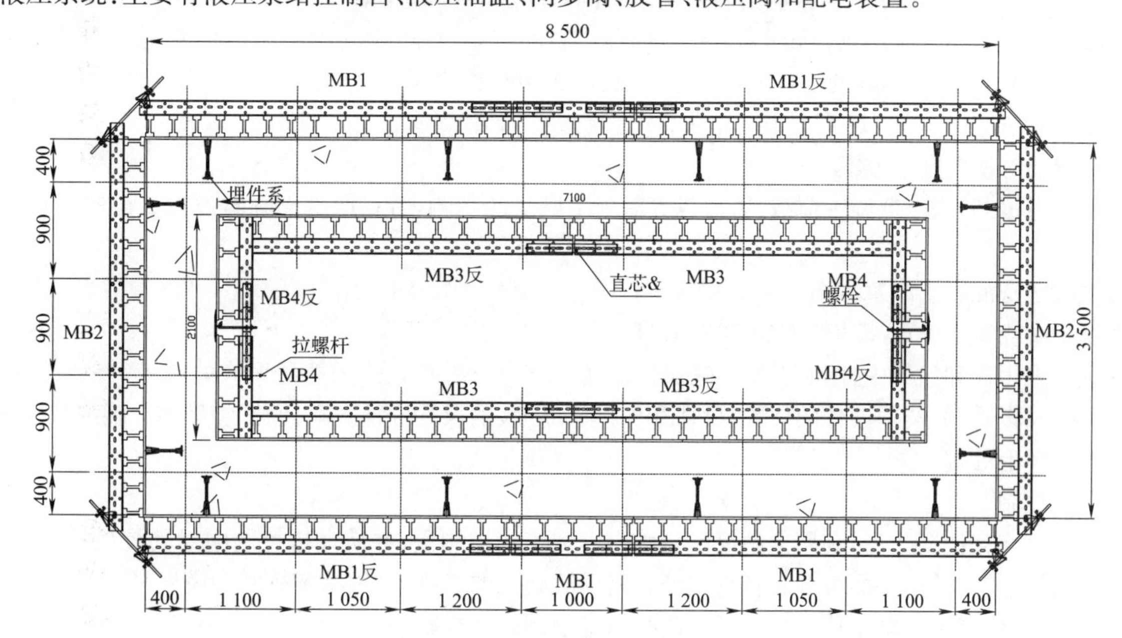

图 11-15　墩身模板平面布置

液压爬模特点：

模板部分可整体后移 120 mm。

模板单元之间有芯带相连，保证单元之间成一直线条。

模板可利用微调使其与混凝土贴紧，防止漏浆及错台。

模板部分可相对支撑架部分上下左右调节，使用灵活。

利用斜撑模板可前后倾斜，最大角度为 30°。

各连接件标准化程度高，通用性强。

3）模板施工

①施工流程

混凝土浇筑完后→拆模后移→安装附装置→提升导轨→提升架体→绑扎钢筋→模板清理刷脱模剂→埋件固定模板上→合模→浇筑混凝土。

②预埋件安装，将爬锥用受力螺栓固定在模板上，爬锥孔内抹黄油后拧紧高强螺杆，保证混凝土不能流进爬锥螺纹内。埋件板拧在高强螺杆的另一端，锥面向模板，和爬锥成反方向。

③埋件如和钢筋有冲突时，将钢筋适当移位处理后进行合模。

④导轨提升就位后拆除下层的附墙装置及爬锥，周转使用。注：附墙装置及爬锥共 3 套，2 套压在导轨下，1 套周转。

4）钢筋安装

钢筋安装工程量较大且又是高空作业，若采用焊接连接，难以保证施工质量和工程进度。根据设计要求，主筋采用直螺纹连接技术，减少现场焊接工作量。由于混凝土一次性浇筑高度达到 6 m，考虑钢筋接头错接要求，钢筋骨架高度将达到 8 m。为防止墩身钢筋失稳，采取在主筋内侧增设劲性骨架措施，劲性骨架立柱采用∟ 110×110×12 mm 角钢，伸入承台内 1.5 m。劲性骨架横向连接采用∟ 100×100×12 mm 角钢，节点通过电焊连接，杆件与节点板的连接焊缝为三面焊，节点板采用 $\delta=10$ mm 的 Q235A 钢板，焊接必须严格按照相关规范要求执行。钢筋采用塔吊垂直提升，主筋逐根安装就位后在安装水平箍筋。钢筋安装完毕后在骨架外悬挂固定混凝土预制垫块，确保保护层厚度。

5）主墩预应力施工

为加强纵桥向空心墩双肢之刚度，增加稳定性，每个主墩墩身设一道横系梁，另在单肢空心墩内部设置两道横隔板，以加强墩身刚度。

在每片系梁中设置22束横向单端张拉的钢绞线，墩身预应力必须在墩身系梁混凝土强度达到90%之后，方可进行张拉预应力钢束，采用单端交错张拉，上、下均衡，左右对称。管道压浆采用真空辅助压浆工艺。具体张拉、压浆施工工艺与T梁预应力施工基本相同，此处不再重述。

主墩施工至墩顶时应注意箱梁0＃节段竖向预应力固定端预埋在墩顶内，施工时，应做好预埋。钢绞线采用公称直径为ϕs15.2 mm的高强度低松弛钢绞线，钢束规格为15－3，波纹管采用金属波纹管，配套采用15－3锚具(张拉端)、15－3H型梨形自锚头(固定端)及锚下螺旋筋。

6)主墩临时横向联系方案

由于墩身很高，为降低施工荷载、风荷载等对施工墩身的影响，特在墩身上临时设置2层临时横向联系支撑。

7)主墩墩身混凝土浇筑方案

墩身每次浇筑4.5 m，模板配置高度为4.65 m。

混凝土采用拌和站集中拌和、混凝土输送泵运送、串筒入模、插入式振捣器振捣的施工方法。灌注混凝土前应检查模板、钢筋及预埋件的位置、尺寸和保护层厚度，确保其位置准确、保护层足够。施工节段之间按施工缝进行凿毛处理。

8)线形控制

在承台浇注完混凝土后，利用全站仪恢复墩中心和关模控制点，并从大桥控制网对其校核，准确放出墩身大样，然后立模。首段平面位置和竖直度控制是后续施工的基础，必须精确控制。模板竖直度利用激光铅垂仪校核，平面位置利用全站仪按极坐标法放线测量控制。在桥墩中心处设置一直径为40 cm、高40 cm的钢筋混凝圆台，将墩中心准确地定位在预埋的钢筋头土。每提升1次模板根据墩不同高度，利用全站仪对四边的模板进行检查调整。施工中要检查模板对角线，将误差控制在5 mm以内，以保证墩身线形。检查模板时间在每天土9点以前或下午4点以后，避免日照对墩身的影响。墩身上的后视点要量靠近承台，每次检查前校核各个方向点是否在一条直线土，如有偏差，按墩高比例向相反方向调整。每节段模板设置3～4 mm子母缝，避免节段之间错台和漏浆现象。

9)过渡墩墩帽施工

主桥过渡墩墩帽按照不等高设计，主桥箱梁一侧标高较预制T梁架设一侧低2 m。由于主桥箱梁现浇梁端与理论跨径线存在110 cm的后浇段，有足够的张拉施工的工作面，并不会影响现浇连续箱梁底板钢束的张拉。为了不影响引桥预制T梁的架设进度，故可以将墩帽按照设计图一次浇筑完成。墩帽施工方案可按照引桥盖梁施工方案进行施工。

(6)高墩大跨度刚构箱梁施工方法和施工措施

乌江特大桥和清渡河大桥主桥刚构箱梁在结构上类似，其施工方法相同，以下以乌江特大桥主桥为例介绍预应力混凝土浇连续刚构箱梁施工方法各施工措施。

乌江特大桥主桥(116＋220＋116)m预应力混凝土浇连续刚构箱梁全长452 m，位于分离式路基段内，单幅为直腹板变高单箱单室悬臂现浇箱梁，共分119个梁段，中支点0＃梁段长18 m，梁段数及梁长从根部至跨中分别为12×3.0 m、6×3.5 m、10×4.3 m，节段悬浇总长100 m，合龙段长2.0 m，边跨现浇段共长5 m，最大悬臂浇筑块重2750 kN。

1)0号段总体施工方案(图11-16)

乌江特大桥主桥(116＋220＋116)m预应力混凝土浇连续刚构箱梁0号段共长18 m，采用在双肢薄壁空心墩墩顶预埋牛腿，采用挂篮中既有型钢桁架搭设钢结构平台施工。侧模采用大块钢模，底模利用挂篮底模，内模采用组合钢模。0号段分两次浇筑完成，以提高0号段施工的安全性。需注意采取以下措施：

①0号段底模支承在钢平台上，充分利用挂篮的底模系统，首先利用挂篮的型钢作为纵向承重梁和横向分配梁，再利用挂篮的底模面板作为0号段的底模面板，以及利用挂篮的操作平台作为0号段的操作平台，而不需额外购买材料作为0号段的底模系统。

②为消除底模系统非弹性变形和弹性变化值，确保梁体的线形美观，底模铺设完成后，梁体施工前对底模进行预压。用钢筋、沙袋或钢锭堆载预压，堆载重量为梁体自重的120%，分阶段逐步加载。预压时间定为7天。用塔吊将堆载物吊上底模后，人工配合在底模上堆码整齐。预压过程中，在底模顶设置观测点，观测底模系统的变形，并与理论计算值对比总结。堆载卸载前后的顶面高差作为支架的弹性变形，底模板标高

将综合考虑弹性变形(预留沉落量)进行调整。

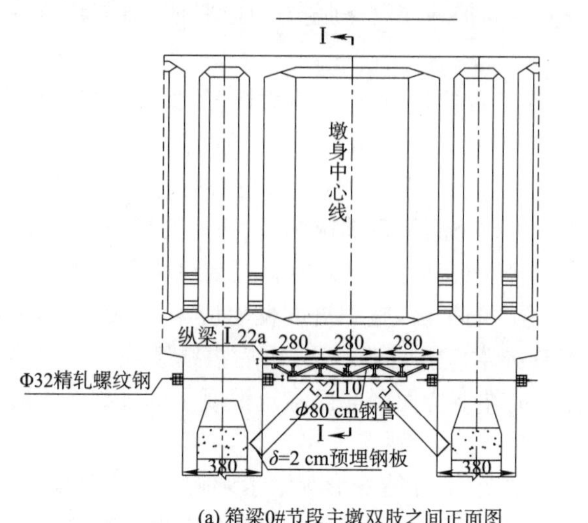

(a) 箱梁0#节段主墩双肢之间正面图

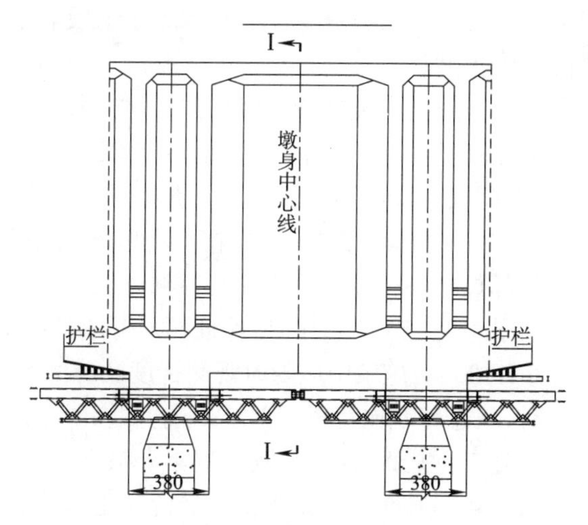

(b) 箱梁0#节段悬臂端正面图

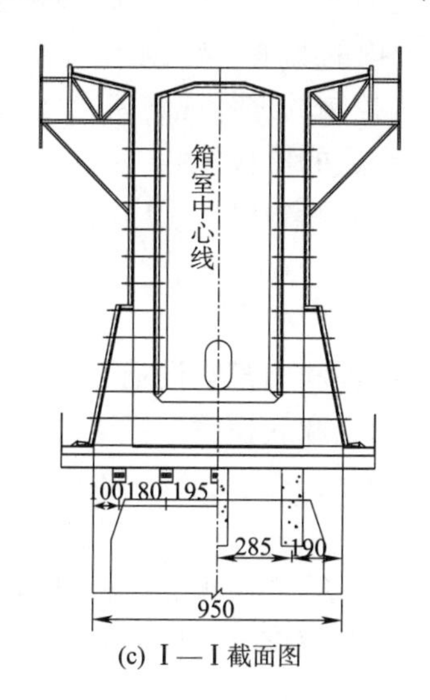

(c) I—I 截面图

图 11-16　乌江特大桥主桥 0＃墩施工方案

③由于梁体高度较大,为保证钢筋安装顺利和钢筋安装安全,0 号段钢筋分两次绑扎完毕,第一次安放底板腹板钢筋、竖向预应力钢筋及预应力管道;第二次完成顶板和翼板钢筋的绑扎,安装纵横向预应力管道。绑扎铁丝的尾段不应伸入保护层内,所有梁体预留孔处均增设相应的环状钢筋,桥面泄水孔处钢筋适当移动,并增加斜置的井字型钢筋进行加强。施工中为确保腹板、顶板、底板钢筋的位置准确,应根据实际情况加强架立钢筋的设置,拟采用增加井型架立钢筋措施。

④由于 0 号段预应力最为集中,波纹管数量较多,波纹管定位必须准确,严防上浮、下沉和左右移动,其位置偏差应在规范要求内。当管道与普通钢筋发生位置干扰时,可适当调整普通钢筋位置,以保证预应力管道位置的准确,但严禁截断钢筋。施工中要注意避免铁件等尖锐物与波纹管的接触,保护好管道。混凝土施工前仔细检查管道,在施工时注意尽量避免振捣棒触及波纹管,对混凝土深处的如腹板波纹管、锯齿板处波纹管要精心施工,仔细保护,要绝对保证波纹管不出现问题。

⑤0 号段梁高最高达 14 m,且钢筋、预应力管道密集,为便于混凝土浇筑和减轻模板系统的压力,拟采用分二次浇筑的方式。第一次浇筑完底板和部分腹板混凝土,总高度为 6 m,浇筑混凝土方量 387.4 m^3;第二次浇筑剩余的腹板、顶板和翼板混凝土,总高度为 8 m,浇筑混凝土方量共 467.8 m^3。捣固人员要认真划分施工区域,明确责任,以防漏捣。振捣腹板疑土时,振捣人员要从预留“天窗”进入腹板内捣固。“天窗”设在内模和内侧钢筋网片上,每 2 m 左右设一个,混凝土灌注至“天窗”前封闭。在顶板混凝土浇筑完成后,用插入式振捣器对顶腹板接缝处进行充分的二次振捣,确保连接处密实、可靠。

2)箱梁悬灌梁段施工

梁段悬浇施工的顺序为:挂篮就位→调整挂篮底模、外模标高并固定→吊装或绑扎底板、腹板钢筋,安装底板、腹板波纹管和竖向预应力粗钢筋，固定腹板锚具→内模就位→绑扎顶板钢筋，安装顶板波纹管→固定顶板锚具→安装端头模板→二次对称灌注梁段混凝土→覆盖养护→穿束→张拉→压浆→挂篮前移→进入下一梁段的施工循环。

①在0号块上拼装挂篮，拼装完毕后必须检查所有螺栓是否拧紧，开口销有无遗漏，保证连接的可靠性。

②对挂篮进行预压，具体顺序如下：挂篮系统调整就位、测点布置→初始各测点位置测量、加载材料准备→沙袋、钢锭荷载入模至52%荷载→测量各测点标高→加载至78%荷载→测量各部位标高、扭曲变形→加载至100%荷载→测量各部位标高、扭曲变形→加载至120%荷载→测量各部位标高、扭曲变形→分级卸载，同步测量各部位标高→计算分析挂篮各测点位置弹性变形、非弹性变形值，确定挂篮主要受力预抛值。

③箱梁悬浇施工进行中，应保证两悬臂端的挂篮施工速度的平衡，施工进度偏差应小于30%，施工重量偏差应小于2%。施工中应随时观测挠度及应力情况，发现异常应及时调整、分析后再继续施工。混凝土浇筑施工时，从悬臂端向箱梁根部施工进行，以防止由于挂篮前端下挠而引起已浇筑混凝土的开裂。混凝土施工时划分施工责任区，防止出现振捣不合格。

④由于箱梁在悬臂浇筑施工时受混凝土自重、日照、温度变化、挂篮变形等因素影响而产生竖向挠度，混凝土自身还存在收缩、徐变等因素，也会使悬臂段发生变化，为使合龙后的桥梁成型及应力状态符合设计要求，达到合龙高程误差控制在15 mm以内的要求，最大限度地使实际的状态(应力与线型)与设计的相接近，必须对各悬臂施工节段以挠度与应力为控制的进行观测控制，以便在施工及时调整有关的标高参数，为下节的模板安装提供数据预报，确定下节段合适的模板标高。挠度控制采用以往同类桥梁施工所验证准确可靠的计算机软件进行。施工时建立施工控制网络，以自适应法及灰色预测辨别法等理论为模型进行施工控制，确保合龙精度。

3)边跨直线段施工

边跨直线段利用既有的挂篮底模、外模和内模搭设钢平台，在挂篮底模纵梁前段支撑到边墩设置的牛腿上通过牛腿受力，另一端通过三角挂篮后锚和底模后吊杆锚固受力，通过适当改装的挂篮施工边跨直线段。

边跨直线段钢筋采用分节段一次性安装方式安装，并提前定位和安设波纹管管道及其他预埋件，具体安装工艺参见0号段的相关内容。

边跨直线段的混凝土采用整体一次浇筑，先底板和肋板，再翼板和顶板。当边跨支架现浇段混凝土浇筑完毕，达到设计要求强度后，拆除端模，最后浇筑合龙段混凝土。

4)合龙段及体系转换施工

合龙施工需对称进行，其顺序为先边跨，后中跨。本联悬臂现浇连续刚构箱梁合龙段施工顺序及体系转换顺序具体步骤如下：

边跨合龙段进行临时锁定(焊接型钢及张拉临时束)；

浇筑边跨合龙段，待混凝土达到张拉强度后，张拉边跨预应力筋；

将中跨合龙段进行临时锁定(焊接型钢及张拉临时束)；

浇筑中跨合龙段混凝土，张拉中跨连续预应力筋；

按设计要求，张拉预应力筋应以先长束后短束，先顶板后底板的顺序，依次对称张拉，最后形成三跨连续梁结构，并完成体系转换。

①边跨合龙工艺

边跨现浇段施工完成后，在直接利用改装的挂篮上进行边跨合龙段合龙。

首先安装平衡现浇段混凝土重量的配重(水箱)，在现浇段和悬臂段各加配重250 kN。安装边跨合龙段模型，绑扎钢筋，预应力管道，焊接内外刚性支撑，临时张拉钢束2ST1、2SB1，每根钢束张拉力500 kN，作为临时合龙束并锚固，但不灌浆。

浇筑边跨合龙段混凝土，边浇筑混凝土边水箱卸载，混凝土浇完，水箱卸载完。

待混凝土达到设计强度等级值的90%且混凝土龄期不小于7天后，张拉边跨顶、底板预应力钢束并锚固，张拉顺序先长束后短束，真空辅助压浆。

②中跨合龙工艺

中跨合龙在两个悬臂端之间合龙，采用悬臂浇筑的挂篮浇筑合龙段。合龙段施工时，为不引起该段施工的附加应力，因此，在浇筑过程中，同样需调整两悬臂端合龙施工荷载，设置配重(水箱)。调整悬臂端合龙施工荷载。具体施工工艺参见边跨合龙段。

③合龙段施工要点

a. 在合龙以前应对箱梁顶面标高及轴线进行联测，并连续观测气温变化及梁体相对标高的变化和轴线偏移量，观测合龙段在温度影响下的梁体长度变化。连续观测时间不少于 48 h，观测间隔根据温度变化和梁体构造而定，可间隔 3 h 观测一次。

b. 全桥必须同时均衡对称合龙。必须清除“T”构上不必要的施工荷载。“T”构上的施工荷载应处于相对平衡状态，合龙时也必须对称同步进行，避免在合龙段端部造成相对变形，产生“剪力差”变值，影响产生次内力和合龙精度。

c. 合龙口刚性支撑的设计和临时束的张拉力必须严格按设计要求实施。刚性支撑锁定时间根据连续观测结果确定，要求在梁体相对变形最小和温度变化幅度最小的时间区间内，对称、均衡、同步锁定。为了减少锁定时间，在锁定之前。应完成合龙临时束张拉的准备工作(如千斤顶安放就位等)。待刚性支撑焊完后，要求在 1 h 之内张拉完按设计要求的全部合龙临时束。

d. 合龙施工时，不宜引起该段施工的附加应力，因此，在浇筑过程中需要调整两悬臂端合龙施工荷载，使其变形相等，避免合龙段产生竖向应力。调整悬臂端合龙施工荷载，设置水箱，注水调整。

e. 合龙段混凝土浇筑时间应选在日气温较低、温度变化幅度小的时间区内进行，浇筑完成后，时值气温开始上升为宜，合龙温度控制在 13 ℃～19 ℃。注意混凝土在浇筑时振捣和浇筑完成后的养护，以防产生早期裂缝。

f. 连续预应力筋的张拉顺序应按照设计的规定，为先顶板后底板，先长束后短束，并对称实施张拉。

5)悬臂施工的线形控制与预拱度设置

根据施工方案、工艺和工期的要求，模拟施工过程，收集整理有关数据，输入微机，运行线形控制软件，计算梁体受自重、施工荷载、预应力张拉及预应力损失、混凝土收缩及徐变、体系转换等因素影响而产生的内力和变形，定出各梁段的施工立模高程，施工过程中，再根据实际施工荷载、悬灌循环周期以及对已灌筑梁体高程的精密测量，重新计算和修正下一梁段的施工立模高程，使悬灌段合龙时的精度、体系转换完成后梁体线形达到设计和规范的要求。

11.6　工程施工进度计划

11.6.1　施工工期总目标

11.6.1.1　节点工期计划

本合同段全部工程计划 2012 年 8 月 26 日完工，预计总工期 859 天(设计工期 30 个月，2010 年 8 月 17 日正式下达开工令)。阶段工期为：乌江特大桥主桥在 2012 年 6 月 8 日前全部完成，清渡河大桥主桥在 2011 年 9 月 2 日全部完成，引桥下构及 30 m 和 40 mT 梁制运架在 2012 年 7 月 17 日前全部完成，路基涵洞工程在 2011 年 11 月 21 日前全部完成，全部工程在 2012 年 8 月 26 日完成。本合同段实际 2013 年 10 月 20 日整体交验，2013 年 11 月 20 日正式通车。

11.6.2　主要阶段工期目标

11.6.2.1　临时工程工期目标

临时工程工期目标见表 11-12。

表 11-12　主要临时工程工期目标表

序　　号	准备工作项目	计划完成时间	备　　注
1	项目部驻地建设全部完成	/	2010-5-1 已完成
2	建立中心试验室并取得临时资质	2010.08.01	/
3	工区驻地建设及其他生产生活设施	/	2010-6-11 已完成
4	混凝土拌和站建设并投入使用	2010.07.25	5 月 20 日完成 1 套站

续上表

序　号	准备工作项目	计划完成时间	备　注
5	腾龙互通内的砂石料场规划与建设	/	2010-6-28 已完成
6	30 m 和 40 mT 梁预制场规划与建设	2011.02.04	/
7	乌江特大桥绞坡道系统设计与安装	2010.08.31	/
8	乌江特大桥挡土墙施工	2010.08.20	和桩基施工同步砌筑

11.6.2.2　主体工程工期目标

主体工程工期目标见表 11-13。

表 11-13　主要主体工程工期目标表

序　号	主体工程项目	计划完成时间	备　注
1	清渡河大桥主桥下构施工	2011.01.20	
	清渡河大桥主桥上构箱梁施工	2012.05.19	
	清渡河大桥引桥下构施工	2011.08.08	
	清渡河大桥引桥 40mT 梁制运架施工	2011.09.17	
2	乌江特大桥主桥下构施工	2011.04.10	
	乌江特大桥主桥上构箱梁施工	2012.05.19	
	乌江特大桥大里程引桥下构施工	2011.03.11	
	乌江特大桥小里程引桥下构施工	2011.09.27	
	乌江特大桥大里程引桥 30 mT 梁制运架	2011.06.20	
	乌江特大桥小里程引桥 30 mT 梁制运架	2012.06.27	
3	小水井大桥下构施工	2011.04.20	
	小水井大桥 30 mT 梁制运架施工	2011.07.20	
4	腾龙互通立交下构施工	2011.02.02	
	腾龙互通立交支架现浇箱梁施工	2011.10.07	
5	标头至乌江特大桥路基及涵洞施工	2011.09.27	
	乌江特大桥至小水井大桥路基及涵洞施工	2011.04.15	
	小水井至清渡河大桥路基及涵洞施工	2011.11.01	
	清渡河大桥至标尾路基及涵洞施工	2011.11.01	

11.6.3　关键线路

主关键线路:乌江特大桥主桥主墩桩基、承台、墩身同时施工→乌江特大桥主桥悬臂现浇刚构箱梁施工→乌江特大桥小里程 30 mT 梁运架→桥面系及收尾工程施工。

次关键线路:第一条次关键线路为清渡河大桥主桥主墩桩基、承台、墩身同时施工→清渡河大桥主桥左幅悬臂现浇刚构箱梁施工→清渡河大桥主桥右幅悬臂现浇刚构箱梁施工→桥面系及收尾工程施工。第二条次关键线路为 30 m 和 40 mT 梁梁场规划与建设并打通 T 梁架梁通道→乌江特大桥大里程引桥下构施工→乌江特大桥大里程引桥 30 mT 梁制运架施工→小水井大桥下构施工→小水井大桥 30 mT 梁制运架设→清渡河大桥引桥下构施工→清渡河大桥 40 mT 梁制运架施工→乌江特大桥小里程 30 mT 梁运架。

把握项目开工准备的先机,是控制整个施工进度的前提条件,组织好人员、物资、设备,建立强有力的管理、计划、考核、控制体制,确立质量、安全、环保体系,强化总体施工控制的有效机制,确保整个工程顺利进行。

11.6.4　施工进度横道图

施工进度横道图见图 11-17。

任务名称	工期	开始时间	完成时间	
中铁二局思剑高速2标项目总体施工计划图(2010.07.	**879 个工作日**	**2010年4月1日**	**2012年8月26日**	
乌江特大桥左线主桥(116m+220m+116m连续刚构)	**785 个工作日**	**2010年4月1日**	**2012年5月24日**	
左线11号过渡墩桩基施工(4根 φ1.8m×44.9m钻孔桩	70 个工作日	2011年9月18日	2011年11月27日	人员从主墩转入
左线11号过渡墩承台施工(8.2×9×3m)	20 个工作日	2011年11月27日	2011年12月17日	共享主墩承台模型
左线11号过渡墩墩柱施工(3.5×6×54.2m矩形空心墩	70 个工作日	2011年12月17日	2012年2月25日	液压滑模4天/4.5m/次(主墩倒用)
左线11号过渡墩盖梁施工(长10m)	20 个工作日	2012年2月25日	2012年3月16日	盖梁模型共享配置1套
主桥12号墩施工便道及绫坡道施工	100 个工作日	2010年4月1日	**2010年7月9日**	绫坡道加工同步
左线12号墩桩基施工(12根 φ2.6m×51/59m钻孔桩)	150 个工作日	2010年6月15日	2010年11月11日	班组A12根桩同时人工挖掘到位
左线12号墩承台施工(22.4×15.8×5m)	50 个工作日	2010年11月12日	2010年12月31日	共享主墩承台模型，用时间差
左线12号墩墩柱施工(2@8.5×3.8m×103m双肢空心墩	120 个工作日	2011年1月1日	2011年4月30日	液压滑模4天/4.5m/次(独立2套)
左线12号墩0号段施工(18m长14m高)	70 个工作日	2011年5月1日	2011年7月9日	充分利用挂篮及承台模型资源
左线12号墩悬臂现浇段施工(对称28个节段)	250 个工作日	2011年7月30日	2012年4月4日	第1对挂篮每2月7段
左线11～12号墩边直线段施工(5m长)	20 个工作日	2012年4月5日	2012年4月24日	利用挂篮作边直线段
左线11～12号墩边合拢段施工(2m长)	15 个工作日	2012年4月25日	**2012年5月9日**	利用挂篮作边合拢段
主桥13号墩施工便道及绫坡道施工	100 个工作日	2010年4月1日	**2010年7月9日**	绫坡道加工同步
左线13号墩桩基施工(12根 φ2.6m×49/54m钻孔桩)	140 个工作日	2010年6月15日	2010年11月1日	班组B12根桩同时人工挖掘到位
左线13号墩承台施工(22.4×15.8×5m)	50 个工作日	2010年11月2日	2010年12月21日	共配置2套(22.4×15.8×5m)模型
左线13号墩墩柱施工(2@8.5×3.8m×119m双肢空心墩	130 个工作日	2010年12月22日	2011年4月30日	液压滑模4天/4.5m/次(独立2套)
左线13号墩0号段施工(18m长14m高)	70 个工作日	2011年5月1日	2011年7月9日	充分利用挂篮及承台模型资源
左线13号墩悬臂现浇段施工(对称28个节段)	250 个工作日	2011年7月30日	2012年4月4日	第2对挂篮每2月7段
左线13～14号墩边直线段施工(5m长)	20 个工作日	2012年4月5日	2012年4月24日	利用挂篮作边直线段
左线13～14号墩边合拢段施工(2m长)	15 个工作日	2012年4月25日	**2012年5月9日**	利用挂篮作边合拢段
左线14号过渡墩桩基施工(4根 φ1.8m×38m钻孔桩)	50 个工作日	2011年11月12日	2012年1月1日	人员从主墩转入
左线14号过渡墩承台施工(8.2×9×3m)	20 个工作日	2012年1月1日	2012年1月21日	共享主墩承台模型
左线14号过渡墩墩柱施工(3.5×6×27m矩形实心墩)	35 个工作日	2012年1月21日	2012年2月25日	液压滑模4天/4.5m/次(主墩倒用)
左线14号过渡墩盖梁施工(长10m)	20 个工作日	2012年2月25日	2012年3月16日	盖梁模型共享配置1套
左线12～13号墩中合拢段施工(2m长)	15 个工作日	2012年5月10日	**2012年5月24日**	利用挂篮作中合拢段
乌江特大桥右线主桥(116m+220m+116m连续刚构)	**800 个工作日**	**2010年4月1日**	**2012年6月8日**	
右线7号过渡墩桩基施工(4根 φ1.8m×38m钻孔桩)	50 个工作日	2011年10月28日	2011年12月17日	主墩完成资源转入
右线7号过渡墩承台施工(8.2×9×3m)	20 个工作日	2011年12月17日	2012年1月6日	共享主墩承台模型
右线7号过渡墩墩柱施工(3.5×6×47.5m矩形空心墩	60 个工作日	2012年1月6日	2012年3月6日	液压滑模4天/4.5m/次(主墩倒用)
右线7号过渡墩盖梁施工(长10m)	20 个工作日	2012年3月6日	2012年3月26日	盖梁模型共享配置1套
主桥8号墩施工便道及绫坡道施工	100 个工作日	2010年4月1日	2010年7月9日	绫坡道加工同步

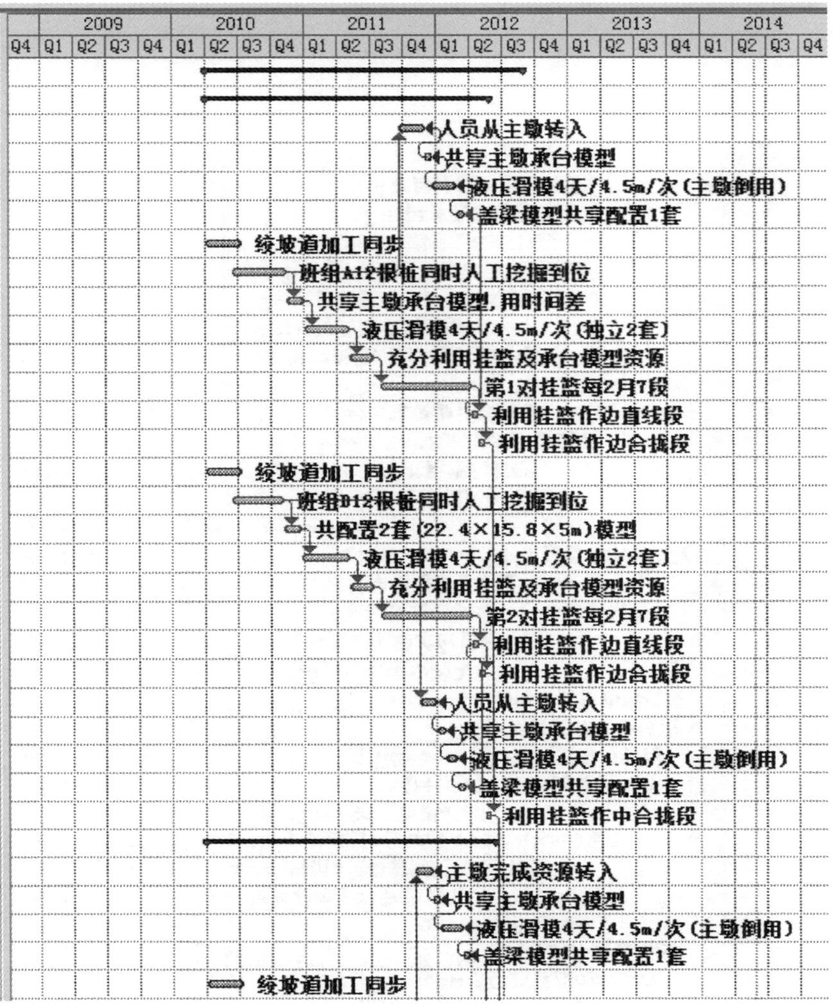

图 11-17

任务名称	工期	开始时间	完成时间
右线8号墩桩基施工（12根φ2.6m×52/60m钻孔桩）	150 个工作日	2010年6月15日	2010年11月11日
右线8号墩承台施工（22.4×15.8×5m）	50 个工作日	2010年11月12日	2010年12月31日
右线8号墩墩柱施工（2@8.5×3.8m×109m双肢空心墩	120 个工作日	2011年1月1日	2011年4月30日
右线8号墩0号段施工（18m长14m高）	70 个工作日	2011年5月1日	2011年7月9日
右线8号墩悬臂现浇段施工（对称28个节段）	250 个工作日	2011年7月30日	2012年4月4日
右线7～8号墩边直线段施工（5m长）	20 个工作日	2012年4月5日	2012年4月24日
右线7～8号墩边合拢段施工（2m长）	15 个工作日	2012年4月25日	**2012年5月9日**
主桥9号墩施工便道及绞坡道施工	100 个工作日	2010年4月1日	2010年7月9日
右线9号墩桩基施工（12根φ2.6m×50/58m钻孔桩）	140 个工作日	2010年6月15日	2010年11月1日
右线9号墩承台施工（22.4×15.8×5m）	50 个工作日	2010年11月2日	2010年12月21日
右线9号墩墩柱施工（2@8.5×3.8m×119m双肢空心墩	130 个工作日	2010年12月22日	2011年4月30日
右线9号墩0号段施工（18m长14m高）	70 个工作日	2011年5月1日	2011年7月9日
右线9号墩悬臂现浇段施工（对称28个节段）	250 个工作日	2011年8月9日	2012年4月14日
右线9～10号墩边直线段施工（5m长）	20 个工作日	2012年4月15日	2012年5月4日
右线9～10号墩边合拢段施工（2m长）	15 个工作日	2012年5月5日	**2012年5月19日**
右线10号过渡墩桩基施工（4根φ1.8m×43.4m钻孔桩	50 个工作日	2010年12月17日	2011年2月5日
右线10号过渡墩承台施工（8.2×9×3m）	20 个工作日	2011年2月5日	2011年2月25日
右线10号过渡墩墩柱施工（3.5×6×26.1m矩形实心墩	35 个工作日	2011年2月25日	2011年4月1日
右线10号过渡墩盖梁施工（长10m）	15 个工作日	2011年4月1日	2011年4月16日
右线8～9号墩中合拢段施工（2m长）	20 个工作日	2012年5月20日	**2012年6月8日**
⊟ 清漫河大桥主桥左线施工计划（70m+130m+70m刚构）	**516 个工作日**	**2010年4月5日**	**2011年9月2日**
左线8号过渡墩桩基施工（4根φ1.8m×37m钻孔桩）	50 个工作日	2011年1月16日	2011年3月7日
左线8号过渡墩承台施工（7×7.1×3m）	20 个工作日	2011年3月7日	2011年3月27日
左线8号过渡墩墩柱施工（2.4×6×42m实体墩）	60 个工作日	2011年3月27日	2011年5月26日
左线8号过渡墩盖梁施工（长10.1m）	20 个工作日	2011年5月26日	2011年6月15日
主桥9号墩施工便道贯通	20 个工作日	2010年4月15日	2010年5月4日
左线9号墩桩基施工（4根φ2.5m×40m钻孔桩）	80 个工作日	2010年6月10日	2010年8月28日
左线9号墩承台施工（9.5×9.2×4m）	25 个工作日	2010年8月29日	2010年9月22日
左线9号墩墩柱施工（2@6.5×1.5m×53m双肢实心墩）	60 个工作日	2010年9月23日	2010年11月21日
左线9号墩0号段施工（9.8m长7.8m高）	50 个工作日	2010年11月22日	2011年1月10日
左线9号墩悬臂现浇段施工（对称16个节段）	150 个工作日	2011年1月31日	2011年6月29日
左线8～9号墩边直线段施工（4m长）	30 个工作日	2011年6月30日	2011年7月29日
左线8～9号墩边合拢段施工（2m长）	15 个工作日	2011年7月30日	2011年8月13日

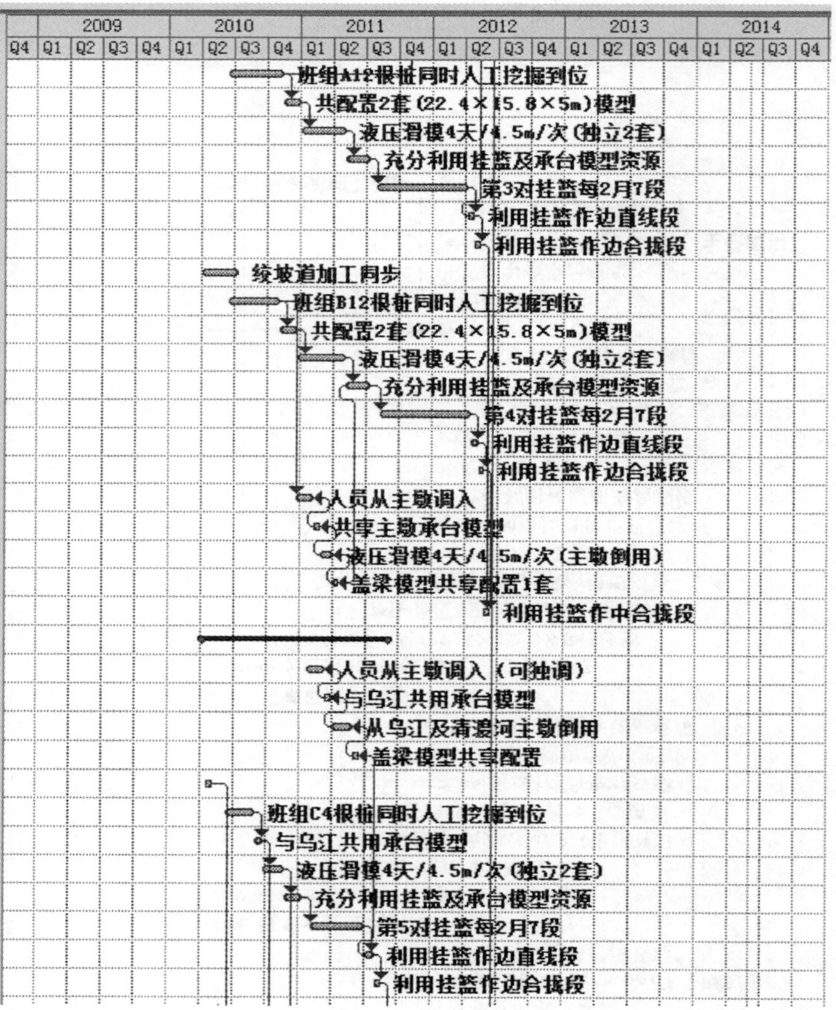

图 11-17

任务名称	工期	开始时间	完成时间	
主桥10号墩施工便道贯通	30 个工作日	2010年4月5日	2010年5月4日	
左线10号墩桩基施工 (4根ϕ2.5m×45m钻孔桩)	90 个工作日	2010年6月10日	2010年9月7日	班组C4根桩同时人工挖掘到位
左线10号墩承台施工 (9.5×9.2×4m)	25 个工作日	2010年9月8日	2010年10月2日	与乌江共用承台模型
左线10号墩墩柱施工 (2Ø6.5×1.5m×47.5m双肢实心	55 个工作日	2010年10月3日	2010年11月26日	液压滑模4天/4.5m/次 (独立2套)
左线10号墩0号段施工 (9.8m长7.8m高)	50 个工作日	2010年11月27日	2011年1月15日	充分利用挂篮及承台模型资源
左线10号墩悬臂现浇段施工 (对称16个节段)	150 个工作日	2011年2月5日	2011年7月4日	第6对挂篮每2月7段
左线10～11号墩边直线段施工 (4m长)	30 个工作日	2011年7月5日	2011年8月3日	利用挂篮作边直线段
左线10～11号墩边合拢段施工 (2m长)	15 个工作日	2011年8月4日	2011年8月18日	利用挂篮作边合拢段
左线11号墩桥台施工 (宽11.25m)	80 个工作日	2011年4月1日	2011年6月20日	盖梁模型共享配置
左线9～10号墩中合拢段施工 (2m长)	15 个工作日	2011年8月19日	2011年9月2日	利用挂篮作中合拢段
⊟ 清渡河大桥主桥右线施工计划 (70m+130m+70m刚构)	**760 个工作日**	**2010年4月1日**	**2012年4月29日**	
右线8号过渡墩桩基施工 (4根ϕ1.8m×37m钻孔桩)	50 个工作日	2011年8月19日	2011年10月8日	资源从主墩转入
右线8号过渡墩承台施工 (7×7.1×3m)	20 个工作日	2011年10月8日	2011年10月28日	与乌江共用承台模型
右线8号过渡墩墩柱施工 (2.4×6×42m实体墩)	60 个工作日	2011年10月28日	2011年12月27日	从乌江及清渡河主墩倒用
右线8号过渡墩盖梁施工 (长10m)	20 个工作日	2011年12月27日	2012年1月16日	盖梁模型共享配置
主桥9号墩施工便道贯通	20 个工作日	2010年4月15日	2010年5月4日	
右线9号墩桩基施工 (4根ϕ2.5m×40m钻孔桩)	80 个工作日	2010年4月1日	2010年6月19日	班组C4根桩同时人工挖掘到位
右线9号墩承台施工 (9.5×9.2×4m)	25 个工作日	2010年9月23日	2010年10月17日	
右线9号墩墩柱施工 (2Ø6.5×1.5m×53m双肢实心墩)	60 个工作日	2010年11月22日	2011年1月20日	液压滑模4天/4.5m/次 (独立2套)
右线9号墩0号段施工 (9.8m长7.8m高)	50 个工作日	2011年1月21日	2011年3月11日	充分利用挂篮及承台模型资源
右线9号墩悬臂现浇段施工 (对称16个节段)	150 个工作日	2011年9月3日	2012年1月30日	第5对挂篮每2月7段
右线8～9号墩边直线段施工 (4m长)	30 个工作日	2012年1月31日	2012年2月29日	利用挂篮作边直线段
右线8～9号墩边合拢段施工 (2m长)	15 个工作日	2012年3月1日	2012年3月15日	利用挂篮作边合拢段
主桥10号墩施工便道贯通	30 个工作日	2010年4月5日	2010年5月4日	
右线10号墩桩基施工 (4根ϕ2.5m×45m钻孔桩)	90 个工作日	2010年6月10日	2010年9月7日	班组C4根桩同时人工挖掘到位
右线10号墩承台施工 (9.5×9.2×4m)	25 个工作日	2010年10月3日	2010年10月27日	与乌江共用承台模型
右线10号墩墩柱施工 (2Ø6.5×1.5m×47.6m双肢实心	55 个工作日	2010年11月27日	2011年1月20日	液压滑模4天/4.5m/次
右线10号墩0号段施工 (9.8m长7.8m高)	50 个工作日	2011年1月21日	2011年3月11日	充分利用挂篮及承台模型资源
右线10号墩悬臂现浇段施工 (对称16个节段)	150 个工作日	2011年10月3日	2012年2月29日	第6对挂篮每2月7段
右线10～11号墩边直线段施工 (4m长)	30 个工作日	2012年3月1日	2012年3月30日	利用挂篮作边直线段
右线10～11号墩边合拢段施工 (2m长)	15 个工作日	2012年3月31日	2012年4月14日	利用挂篮作边合拢段
右线11号墩桥台施工 (宽11.25m)	80 个工作日	2011年11月27日	2012年2月15日	盖梁模型共享配置
右线9～10号墩中合拢段施工 (2m长)	15 个工作日	2012年4月15日	2012年4月29日	利用挂篮作中合拢段

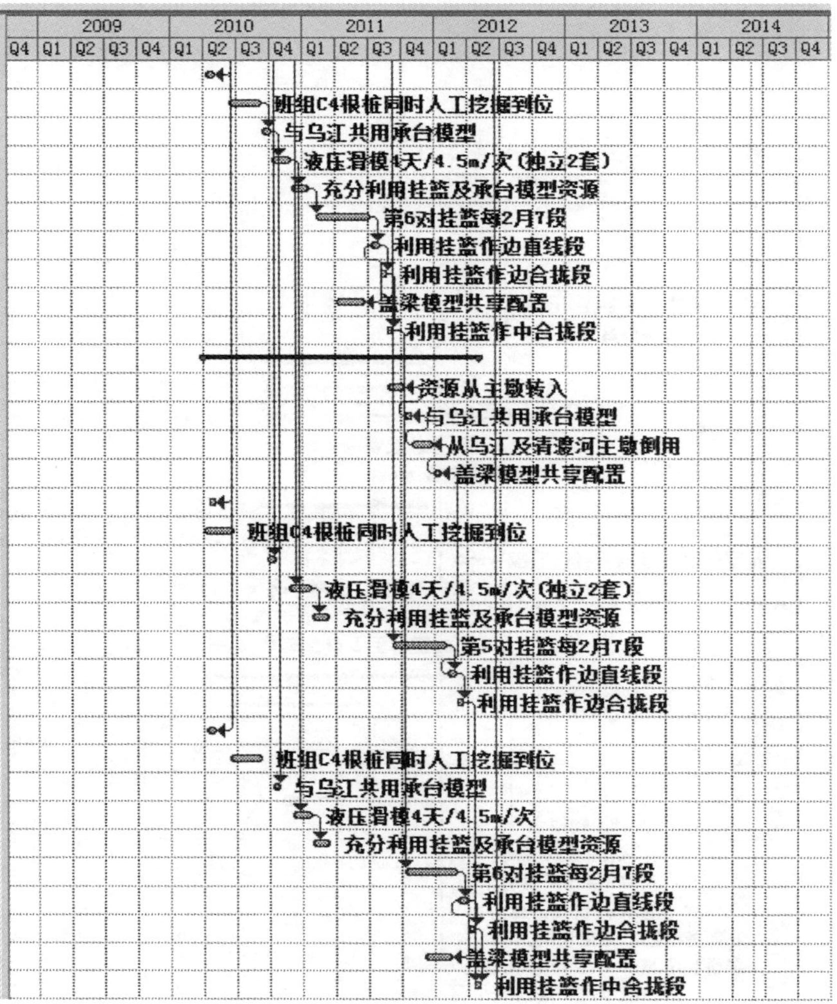

图　11-17

任务名称	工期	开始时间	完成时间
⊟ 30m、40mT梁制运架施工（16个30m和9个40mT梁台座）	**510 个工作日**	**2011年2月24日**	**2012年7月17日**
梁场规划与建设（充分利用公司贵州市场既有梁场资源）	60 个工作日	2011年2月24日	2011年4月25日
乌江特大桥大里程引桥30mT梁预制施工（115片）	120 个工作日	2011年5月5日	2011年9月2日
小水井大桥引桥30mT梁预制施工（50片）	60 个工作日	2011年9月12日	2011年11月11日
清渡河大桥引桥40mT梁预制施工（80片）	100 个工作日	2011年11月21日	2012年2月29日
乌江特大桥小里程引桥30mT梁预制施工（90片）	60 个工作日	2012年3月10日	2012年5月9日
乌江特大桥大里程引桥30mT梁运架施工（115片）	60 个工作日	2011年12月1日	2012年1月30日
小水井大桥引桥30mT梁运架施工（50片）	20 个工作日	2012年2月19日	2012年3月10日
清渡河大桥引桥40mT梁运架施工（80片）	40 个工作日	2012年3月30日	2012年5月9日
乌江特大桥小里程引桥30mT梁运架施工（90片）	40 个工作日	2012年6月8日	2012年7月17日
⊞ 乌江特大桥大里程引桥施工（12*30m和11*30m预制T梁）	**150 个工作日**	**2010年11月2日**	**2011年3月31日**
⊞ 乌江特大桥小里程引桥施工（11*30m和7*30m预制T梁）	**340 个工作日**	**2010年11月12日**	**2011年10月17日**
⊞ 小水井大桥施工（5*30mT梁）	**365 个工作日**	**2010年5月11日**	**2011年5月10日**
⊟ 腾龙互通立交现浇箱梁施工（28+35+28+20+20+20）m	**789 个工作日**	**2010年4月1日**	**2012年5月28日**
腾龙互通立交桩基施工（21 ϕ1.5m/12m）	40 个工作日	2010年4月1日	2010年5月10日
腾龙互通立交桥台施工（2个）	40 个工作日	2010年5月11日	2010年6月19日
腾龙互通立交墩柱施工（15 ϕ1.3m）	45 个工作日	2010年6月20日	2010年8月3日
腾龙互通立交支架现浇梁施工（28+35+28+20+20+20）m	90 个工作日	2012年2月29日	2012年5月28日
⊞ 清渡河大桥引桥施工（8*40m预制T梁）	**355 个工作日**	**2010年9月8日**	**2011年8月28日**
⊟ 路基工程施工计划（挖方216万方，填方76万方）	**447 个工作日**	**2010年8月31日**	**2011年11月21日**
乌江特大桥桥头路基工程施工	60 个工作日	2011年8月19日	2011年10月17日
乌江特大桥桥尾至小水井大桥路基工程施工	247 个工作日	2010年8月31日	2011年5月5日
小水井大桥至清渡河大桥路基工程施工	447 个工作日	2010年8月31日	2011年11月21日
清渡河大桥至标尾路基工程施工	447 个工作日	2010年8月31日	2011年11月21日
⊞ 涵洞及通道施工计划	**447 个工作日**	**2010年8月31日**	**2011年11月21日**
乌江特大桥、清渡河大桥、小水井及腾龙互通桥面	100 个工作日	2012年5月9日	2012年8月16日
桥梁工程、路基涵洞工程外业内业竣工验收	30 个工作日	2012年7月28日	2012年8月26日

2009
2010
2011
2012
2013
2014
Q4 Q1 Q2 Q3 Q4 Q1 Q2 Q3 Q4 Q1 Q2 Q3 Q4 Q1 Q2 Q3 Q4 Q1 Q2 Q3 Q4 Q1 Q2 Q3 Q4
16个30mT梁台座和9个40mT梁台座
2套边梁模型，3套中梁模型
2套边梁模型，3套中梁模型
2套中梁模型，1.5套边梁模型
2套边梁模型，3套中梁模型
平均每天架设10片梁
平均每天架设5片梁
平均每天架设5片梁
平均每天架设5片梁
独立配置11个工作面22人
资源从小水井大桥调入
独立配置1套墩柱模型
配置1跨外模2套支架和底模
路基作业1队
路基作业1队
路基作业2队
路基作业3队
桥面系尽快组织
竣工验收全过程控制

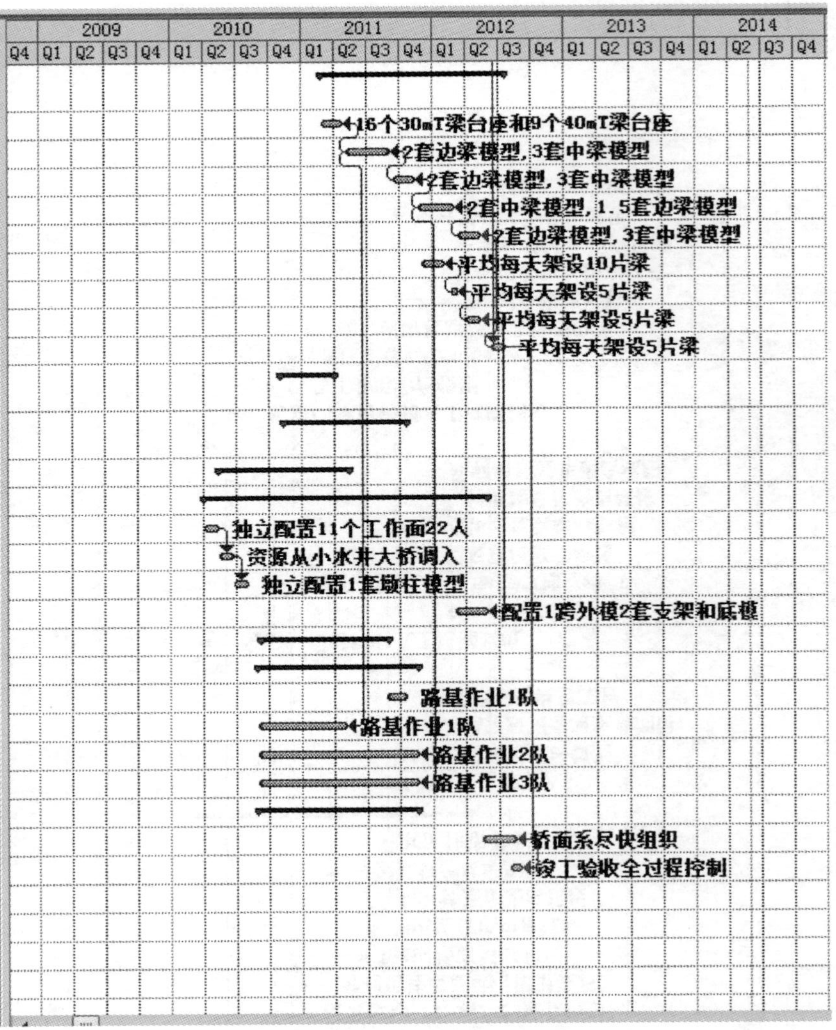

图 11-17　施工进度横道图

11.7　主要资源配置计划

11.7.1　主要工程材料设备采购供应方案

主要工程材料设备采购供应方案见表 11-14。

表 11-14　主要工程材料设备采购供应方案

时间 \ 材料		砂（m^3）	碎石（m^3）	外加剂（t）	粉煤灰（t）	水泥（t）	钢筋（t）	钢材（t）	精轧螺纹钢（t）	钢绞线（t）
材料来源	自制机制砂	自制机制碎石	购买	购买	购买	购买	购买	购买	购买	
2010 年	6 月	1267	1457.6			616.45	236			
	7 月	2213.6	2546.7			1076.99	436.38			
	8 月	4365.9	5022.9	30.3	913.4	2124.2	767	55		
	9 月	4607.4	5300.6	32	963.9	2241.6	809.4	58.1		
	10 月	4476.7	5150.3	31.1	936.6	2178.1	786.5	56.4		100.1
	11 月	4497.7	5174.5	31.2	941.0	2188.3	790.2	56.7		100.6
	12 月	3703.1	4260.3	25.7	774.7	1801.7	650.6	46.7		82.8
2011 年	1 月	3402.3	3914.3	23.6	711.8	1655.4	597.7	42.9		76.1
	2 月	4360.5	5016.6	30.3	912.2	2121.5	766.1	54.9	47.2	97.5
	3 月	5815.2	6690.246	32.9	1199.4	2789.2	834.2	59.8		106.2
	4 月	8762.8	10081.3	70.8	1833.3	4263.4	1428.4	130.4	28.4	316
	5 月	10176.2	11707.4	82.6	2129.0	4951.1	1632	151.2		327.6
	6 月	9338.4	10743.5	77.8	1953.7	4543.5	1338.9	117.7	29.1	318.8
	7 月	7888.1	9571.409	39.8	1229.7	2859.66	1178.8	98.3		172.6
	8 月	6284	7229.446	55.1	1091.4	2538.2	1092.52	94.5	28.5	116.7
	9 月	6335.5	7288.8	44	1527.1	3551.5	1113.1	79.8		141.7
	10 月	4533	5215.1	31.4	948.4	2205.5	796.4	57.1	27.4	101.4
	11 月	4552.4	5237.4	31.6	952.4	2214.9	799.8	57.4		101.8
	12 月	4299.3	4946.2	29.8	899.4	2091.7	755.3	54.2	42.9	96.1
2012 年	1 月	561.9	646.5	11	117.6	273.4	98.7	39.1		12.6
	2 月	639.4	735.6	10.6	133.8	311.1	112.3			14.3
	3 月	1398.7	1609.1		292.6	680.5	245.7			31.3
	4 月	135.3	155.6		28.3	65.8	23.8			12.6
	5 月	209.9	241.5		43.9	102.1	36.9			
	6 月	174.8	201.1		36.6	85.1	30.7			
	7 月									
	8 月									
	9 月									
	10 月									
	11 月									

11.7.2　主要设备配备

主要设备配备见表 11-15～表 11-19。

表 11-15 主要试验检测设备配备表

序 号	名 称	数 量	型号规格	备 注
1	数显式压力试验机	1台	YES-2000C	浙江辰鑫
2	全自动恒加荷压力试验机	1台	YAW-300	浙江辰鑫
3	数显万能材料试验机	1台	WE-1000BS	浙江辰鑫
4	数显万能材料试验机	1台	WE-300BS	浙江辰鑫
5	水泥细度负压筛析仪	1台	FSY-150	上海光地
6	水泥胶砂搅拌机	1台	JJ-5 型	浙江辰鑫
7	水泥电动抗折机	1台	DKZ-5000 型	浙江辰鑫
8	水泥净浆搅拌机	1台	NJ-160	浙江辰鑫
9	水泥沸煮箱	1台	FZ-31A 型	上海康路
10	ISO 水泥胶砂振实台	1台	ZT-96 型	浙江辰鑫
11	数控水泥混凝土标准养护箱	1台	SHBY-40B	浙江辰鑫
12	水泥标准稠度凝结测定仪	1台	ISO	无锡中科
13	雷氏夹膨胀值测定仪	1台	LD-150 型	无锡中科
14	水泥胶砂流动度测定仪	1套	NLD-3	上海光地
15	数显式液塑限联合测定仪	1台	LD-100P 型	上海光地
16	电动脱模器	1台	LQ-T150D	浙江辰鑫
17	路面材料强度试验机	1台	LD-127II	浙江辰鑫
18	电砂浴	1台	2.4 kW	浙 江
19	数显电动击实仪	1台	JZ-2D	上海上迈
20	路面回弹弯沉值测定仪	1套	5.4 m	南方建筑仪器厂
21	重型触探仪	1台	63.5 kg	浙江辰鑫
22	混凝土强制式搅拌机	1台	SJD-60	浙江辰鑫
23	砂浆搅拌机	1台	15 L	上海上迈
24	数控电热鼓风干燥箱	2台	101-2A	上海东星
25	混凝土振动台	3台	1 m^2	浙江辰鑫
26	震击式标准震筛机	1台	ZBSX-92A	上虞五金
27	双管精密砂当量试验仪	1台	SD-2	上海光地
28	混凝土回弹仪	3台	ZC3-A	山东乐陵
29	混凝土回弹仪钢砧	1台	HB59	天津
30	混凝土弹性模量测定仪	1套	SHD-2	上海光地
31	水泥标准筛	2个	ϕ150×0.045	上虞
32	水泥标准筛	2个	ϕ150×0.08	上虞
33	水泥标准粉	2瓶	新标准	北京建科院
34	土壤标准筛	1套	0.074～60 mm	上虞张兴纱筛厂
35	石子标准筛	2套	ϕ30	上虞张兴纱筛厂
36	砂子标准筛	2套	ϕ30	上虞张兴纱筛厂
37	灌砂桶(带击盘标定罐)	3套	ϕ150	上虞立江仪器厂
38	电子天平	1台	500 g/0.1 g	亚 太
39	电子天平	1台	30 kg/1 g	常 熟
40	电子天平	2台	100 kg/10 g	上海友声
41	电子天平	1台	2003	上海恒平
42	电子天平	1台	200	上海恒平
43	电子称	2台	10 kg/5 g	上 海

续上表

序　号	名　称	数　量	型号规格	备　注
44	游标卡尺	1 把	200 mm	桂　量
45	连续式标点机	1 台	LB-40	上　海
46	钢筋反复弯曲机	1 台	数显	天　津
47	钢铰线夹具	1 套		浙江辰鑫
48	CBR 试验附件	1 套	LQ-C	浙江辰鑫
49	浸水膨胀附件	1 套	LQ-P	浙江辰鑫
50	石子压碎指标测定仪	1 套	150 mm	浙江辰鑫
51	砂子压碎指标测定仪	1 套	国标	浙江辰鑫
52	针片状规准仪	3 套	新标准六孔	浙江辰鑫
53	雷氏夹	12 个	LJ-175	无　锡
54	水泥抗压夹具	1 付	4×4	无　锡
55	三联胶砂试模	20 联	4×4×16	无　锡
56	水泥留样桶	30 个	20×25	无　锡
57	水泥取样器	6 个	标准	无　锡
58	水泥固定加水器	3 个	225 mL	无　锡
59	水泥标准胶砂	40 袋	20.25 kg	福　建
60	水泥胶砂刮平刀	1 套	新标准	无　锡
61	混凝土坍落度测定仪	5 套	10×20×30	上虞立江仪器厂
62	容积升	2 套	1-50L	上虞立江仪器厂
63	泥浆黏度计	1 套	NC-1006 型	上海康路
64	泥浆比重计	1 套	NB-1 型	上海康路
65	泥浆含砂量测定仪	1 套	NA-1 型	上海康路
66	标养室温控仪	2 套	BYS-3	上海康路
67	一体化混凝土养护室	2 套	HBY-30-60	上海上迈
68	脱模空压机	3 套	ZB-0.11/7	浙　江
69	塞尺	1 把	0.02～1.0	上　海
70	钢直尺	1 把	0～30 cm	永康工具厂
71	钢直尺	1 把	0～50 cm	永康工具厂
72	钢直尺	1 把	0～60 cm	永康工具厂
73	万能角度尺	1 台	0～180°	哈　量
74	千分表	2 块	0～1 mm	成　量
75	百分表	4 块	0～10 mm	桂　量
76	测力环	1 付		上　海
77	亚甲蓝试验装置	1 套	数显	江　苏
78	石子漏斗	1 个	标准	浙　江
79	砂子漏斗	1 个	标准	浙　江
80	定性滤纸	4 盒	ϕ150	杭　州
81	广泛试纸	20 本	PH1-14	杭　州
82	波美比重计	1 个	0～70	河　北
83	搪瓷杯	2 个	1000 mL	杭　州
84	容积瓶	1 套	500、1000 mL	北　京
85	玻璃干燥器	1 套	ϕ210	北京
86	广口瓶	3 个	1000 mL	北京

续上表

序　号	名　称	数　量	型号规格	备　注
87	烧口瓶(2000 mL、1000 mL)	3套	1000、2000 mL	重庆
88	量筒500 mL、1000 mL	3套	1000、500 mL	重庆
89	量筒250 mL、100 mL	3套	100、250 mL	重庆
90	秒表	1块	PC-2009	上海
91	万能电炉	2台	2 kW	浙江
92	取土盒	20个	大号	浙江
93	取土盒	20个	小号	浙江
94	环刀	6个	200	浙江
95	标准砂(灌砂法)	10袋	25 kg	福建
96	凡士林	2瓶	500 g	贵阳
97	无侧限抗压试模	3组	ϕ150	华测塑业
98	三联砂浆塑料试摸	20组	70.7 $mm^3\times3$	华测塑业
99	混凝土塑料抗压试模	60组	150 mm^3	华测塑业
100	脱摸空压机	1台	标准	浙江
101	橡皮锤	2把	标准	贵阳
102	刮平刀	2把	标准	浙江
103	削土刀	2把	标准	浙江
104	酒精	2桶	25 L/桶	贵阳
105	洗耳球	2个	中号	北京
106	吸管	1个	标准	上海
107	搪瓷盘	1个	标准	杭州
108	比重瓶	1个	250 mL	北京
109	比重瓶	1个	500 mL	北京
110	李氏比重瓶	2个	250 mL	北京
111	土壤比重瓶	2个	标准	北京
112	干湿温度计	8只	TAL-2	河北
113	水银温度计	10只	0～300 ℃	河北
114	水银温度计	5只	25～50 ℃	河北
115	毛刷	5套	大、中、小	贵阳
116	防雾灯	2个	标准	贵阳
117	冷暖空调(水泥、土工)	2台	1.5P	自配
118	混凝土含量测定仪	2台	直读式	美国
119	数显混凝土测温仪	3		盛世伟业
120	钢筋保护层测定仪	1		盛世伟业
121	洛氏硬度测定仪	1	HR-150	山东莱州
122	轻型触探仪	1	10 kg	浙江辰鑫
123	水泥比表面积测定仪	1	全自动9型	立江仪器
124	水泥净浆流动度测定仪	1		浙江辰鑫
125	混凝土压力泌水率测定仪	1		上虞申克
126	多功能混凝土钻芯取样机	1		椒江建工
127	微波炉	1		美的
128	混凝土贯入阻力测定仪	1		浙江辰鑫
129	混凝土快速养护箱	1		上海康路

续上表

序　号	名　称	数　量	型号规格	备　注
130	高温炉	1		上海康路
131	混凝土锯石机	1		上海康路
132	混凝土抗渗仪	1		上海康路

表 11-16　主要机械设备配备表

序号	机械名称	规格型号	额定功率(kW)或容量(m^3)或吨位(t)	数量(台、套)			
				小计	自有	新购	租赁
			一、桥梁施工设备				
1	挖掘机	CAT320C 或 PC220	1.0m3	3			3
2	装载机	ZL50C		3			2
3	汽车起重机	QY25	25 t	4			4
4	汽车起重机	QY35	35 t/50 t	2/2			2/2
5	泥浆泵		7.5 kW	20		20	
6	塔式起重机	TC6015-10		2		2	
7	塔式起重机	TC5513-8		5			5
8	施工电梯	SCD200		6		8	5
9	架桥机	JQ160/40		1			1
10	运梁平车	160 t		1			
11	门式起重机	MG80/5-24		3			
12	成套高频振动器			2	2		
			二、混凝土站及运输				
1	混凝土站	HZS60	60 m^3/h 4×100 t 粉罐	1		1	
2	混凝土站	HZS90	90 m^3/h 5×100 t 粉罐	2	2		
3	混凝土罐车	PYGJB9	8 m^3	12			12
4	装载机	ZL40C	2 m^3	3			3
5	混凝土泵车		37-44 m	2			2
6	混凝土泵	HBT60		10		2	6
			三、钢筋机械				
1	钢筋切断机	GQ-40	ϕ6—40 5.5 kW	20		20	
2	钢筋弯曲机	GW-40	ϕ6—404 kW	10		10	
3	电焊机			40		80	
4	钢筋调直机	GT6/12B	3 kW	10		20	
			四、土石方机械				
1	挖掘机	CAT320C 或 PC220	1 m^3	16	16		
2	挖掘机	CAT320C 或 PC220	1.4 m^3	4	4		
3	装载机	ZL50C	3 m^3	4	4		
4	推土机	TY220		10	10		
5	平地机	PY180		4	4		
6	冲击压路机	Y26	26 t	2	2		
7	压路机	YZ18	18 t	4	4		
8	小型手扶式压路机	LT-18 系列		4		4	
9	平板夯式机	LT-15 型		4		4	
10	自卸汽车		15 m^3	60	60		

续上表

序号	机械名称	规格型号	额定功率(kW)或容量(m^3)或吨位(t)	数量(台、套)			
				小计	自有	新购	租赁
11	空压机		17 m^3	12	12		
12	潜孔钻机	DXB-120M	履带式	12	12		
13	破碎锤			4	4		
五、其他机械							
1	洒水车	WX5010		2	2		
2	指挥车及工具车			7	2	5	

表 11-17 挂篮及模型配置及调配计划表

序号	名称	规格型号	数量	配置及调配说明
1	挂篮	(116+220+116)m 和(70+130+70)m 挂篮	6 对/12 个	清渡河大桥主桥配置 2 套,左右幅倒用;乌江特大桥主桥配置 4 套,同时进行施工。同时还需完成相应边直线段及合龙段施工
2	承台模型	22.4×15.8×5 m (结合承台类型、墩身类型及现浇箱梁 0 号段尺寸综合配置)	2 套	标板配置 2 套,倒角模型根据各种类型单独配置,模型使用顺序为:清渡河主墩承台→乌江特大桥主墩承台→清渡河引桥主墩承台(部分转化为清渡河大桥墩身模型)→乌江特大桥主墩承台→乌江特大桥主桥刚构箱梁 0 号段外模
3	墩身模型	清渡河及乌江特大桥主墩双肢墩身(通用配置)	16 套	第一组 4 套顺序为:乌江特大桥主桥主墩墩身→乌江特大桥主桥过渡墩墩身→乌江特大桥引桥矩形实心墩。第二组 4 套顺序为:清渡河大桥主墩墩身→清渡河大桥主桥过渡墩墩身→清渡河大桥引桥墩身
4	墩柱模型	ϕ1.3 m 圆模	10 m/1 套	模型使用顺序为:乌江大里程墩柱→小水井大桥墩柱→清渡河大桥墩柱→腾龙互通立交墩柱→乌江小里程墩柱
		ϕ1.6 m 圆模	40 m/2 套	
		ϕ1.8 m 圆模	40 m/2 套	
5	T 梁模型	30 m 边 T 梁	2 套	按照 1 套模型配置 3 个台座进行规划,即规划 30 mT 梁制梁台座 16 个、40 mT 梁制梁台座 8 个
		30 m 中 T 梁	3 套	
		40 m 边 T 梁	1 套	
		40 m 中 T 梁	2 套	

注:全部资源按照少配置、动态配置、综合规划和充分调动使用为原则,以上数据为暂定。

表 11-18 塔吊具体配置表

序号	名称	型号	数量	使用地点	说明
1	塔吊	TC5513-8(TC6015-10)	2	乌江大桥小里程引桥	高度 60 m 和 45 m
2	塔吊	TC5513-8	1	乌江大桥小里程小里程主墩	高度为 135 m
3	塔吊	TC5513-8	1	乌江大桥大里程主墩	高度为 145 m
4	塔吊	TC5513-8	1	乌江大桥大里程引桥	高度为 40 m
5	塔吊	TC5513-8	1	清渡河大桥 9 号墩	高度为 75 m
6	塔吊	TC5513-8	1	清渡河大桥 10 号墩	高度为 70 m
7	塔吊	TC5513-8(TC6015-10)	2	清渡河引桥	用完转到乌江引桥
	合计		7		预计共 7 台塔吊

表11-19　施工电梯具体配置表

序号	名　称	型　号	数　量	使用地点	说　明
1	施工电梯	SCD200	1	乌江大桥小里程右线8号主墩	高度127.5 m
2	施工电梯	SCD200	1	乌江大桥小里程左线12号主墩	高度为120 m
3	施工电梯	SCD200	1	乌江大桥大里程右线9号主墩	高度为138 m
4	施工电梯	SCD200	1	乌江大桥大里程右线13号墩	高度为138 m
5	施工电梯	SCD200	1	清渡河大桥9号墩	高度为61.5 m
6	施工电梯	SCD200	1	清渡河大桥10号主墩墩	高度为58.5 m

11.7.3　劳动力配备及进场计划

根据本合同段工程施工特点和工期要求，高峰期拟配备721名素质优良的施工人员参加本工程施工。其中管理人员和技术人员81名，具有中级专业职称及以上的占36%，初级专业职称的占40%（详见表11-20）。

表11-20　施工人员动态配置计划表

工种名称	2010年				2011年				2012年			
	一	二	三	四	一	二	三	四	一	二	三	四
行政管理	2	6	8	8	8	8	8	8	8	8	8	8
工程技术员	5	10	40	51	51	51	51	51	51	51	51	30
测量、试验	5	10	16	16	16	16	16	16	16	16	16	10
安全、质检员	1	2	6	6	6	6	6	6	6	6	6	6
钻机工、挖孔工		150	150	150	150	150	150	150				
钢筋工	5	10	40	60	60	60	80	80	80	80	40	40
混凝土工	20	150	150	150	150	150	150	150	150	150	60	60
电焊工、电工	5	5	20	40	40	40	60	60	60	60	20	20
机修工	1	5	10	12	12	12	12	12	12	12	12	5
模型工	10	50	50	70	70	70	70	70	70	70	70	40
张拉工				12	24	24	24	36	36	36	6	
起重工		2	6	10	20	40	40	40	40	40	20	6
操作司机	4	4	16	16	20	20	20	20	20	20	10	10
后勤	4	10	20	22	22	22	22	22	22	22	22	10
合计	62	414	532	623	649	669	709	721	571	571	341	245

11.7.4　资金需求计划

我公司将按思剑高速公路总监办指定的监管银行签订《工程资金管理协议书》，明确在整个建设期内各方的责任和权利，管好用好建设资金，以确保思剑高速2标项目的顺利实施，并根据工程施工进度计划，制订施工期合同用款需求量，见表11-21。

表11-21　资金流量计划表

年度	季度	资金流量计划（元）	完成百分比（%）	累计资金需要量（元）	累计完成百分比（%）
动员预付款		44428188	10%	44428188	
2010年	二季度	30910786	6.96	75338974	16.96
	三季度	52972859	11.92	128311834	28.88
	四季度	54150985	12.19	182462818	41.07

续上表

年度	季度	资金流量计划（元）	完成百分比（%）	累计资金需要量（元）	累计完成百分比（%）
2010年小计		182462818	41.07	182462818	41.07
2011年	一季度	53438145	12.03	235900963	53.10
	二季度	54174829	12.19	290075792	65.29
	三季度	61489012	13.84	351564804	79.13
	四季度	57174524	12.87	408739328	92.00
2011年小计		226276510	50.93	408739328	92.00
2012年	一季度	11107047	2.50	419846375	94.50
	二季度	2221410	0.50	422067785	95.00
2012年小计		13328457	3.00	422067785	95.00
缺陷责任期		22214094	5.00	444281879	
累计资金需求量				444281879	

注：1. 投标人按工程进度估算并填写本表。

2. 用款额按所报单价和总额价估算，不包括价格调整和暂列金额、暂估价，已考虑开工预付款的扣回、质量保证金的扣留以及签发付款证书后到实际支付的时间间隔。

11.8 施工现场平面布置

11.8.1 施工场地布置原则

施工布置原则：施工场所工厂化、施工作业机械化、施工队伍专业化、施工控制自动化、施工管理规范化、施工环境园林化。

11.8.2 施工场地总平面布置

思剑高速2标项目施工总平面分为项目经理部、综合作业一工区、综合作业二工区、综合作业三工区、拌和站、炸药库、供水系统、供电系统和施工便道系统等生产生活设施。

11.8.2.1 项目经理部驻地

项目经理部设在K12＋100左侧距线路150 m处，位于广宇水泥包装厂旁边，紧靠省道S203，交通便利。经理部占地8亩，新建生活及办公用房1300 m^2，生活及办公用房采用两层彩光板活动板房修建。中心试验室设在项目部后侧，设主任办公室1间20 m^2，综合办公室及资料室1间40 m^2，样品室1间28 m^2，土工室1间28 m^2，水泥室1间28 m^2，建材室1间28 m^2，耐久性试验室1间28 m^2，力学试验室1间50 m^2，标准养护室1间40 m^2，混凝土成型室1间40 m^2，员工宿舍60 m^2，共计390 m^2。实验室在拌和站各设现场试验室1间20 m^2，养护室1间20 m^2。经理部室内外地面采用15cm厚的C15混凝土进行硬化，外设置停车场，并对经理部住地进行大面积绿化。

11.8.2.2 工区驻地规划布置

本合同段共设置三个综合作业工区，其中，综合作业一工区负责K10＋250～K11＋800范围内的路基土石方及附属、涵洞(通道)工程、桥梁工程及30 m和40 mT梁的制运架工程；综合作业二工区负责K11＋800～K14＋410范围内的路基土石方及附属、涵洞(通道)工程、桥梁工程下部及连续箱梁刚构及附属工程；综合作业三工区负责K14＋410～K18＋000范围内的路基土石方及附属及涵洞(通道)工程。其中，综合作业一工区设在K11＋450左侧，占地5000 m^2，其中各管理人员及综合作业队生活及办公用房采用两层彩光板活动房修建，生产房屋采用单层钢结构房屋。一工区室内外地面采用15 cm厚的C15混凝土进行硬化，外设置停车场，并对住地进行大面积绿化。综合作业二、三工区根据各自负责的施工任务，就近租房作为生活和办公地点。

11.8.2.3 混凝土拌和站规划布置

本合同段在腾龙互通立交旁边设置一座自动计量集中混凝土拌和站，其埋论生产能力为150 m^3/h，实际生产能力为 90 m^3/h。集料场地用混凝土硬化，确保其耐久性。用 15～20 cm 厚的碎石（卵、片石）作垫层，15 cm 的 C15 混凝土作面层进行硬化，硬化后的场坪中间高四周低，利于雨水向场外排出，并且排水不至于形成集中冲刷而损毁附近的农林经济作物和房舍构筑物等。大堆料分级分仓堆放。全线砂浆采用砂浆搅拌机在各施工工点现场拌制。在拌和站旁建设生活区，生活区和生产区用浆砌片石挡墙隔开，之间仅设一通道。其中，生产区占地 4900 m^2，配备一台 HZS60 和一台 HZS90 站，同时在拌和站入口处设置一台 100 t 地磅及一座 120 m^3 油料库，集中供应机械设备加油，强化油料定额消耗管理，降低油料消耗成本。生活区占地 2400 m^2，拌和站生活区室内外地面采用 15 cm 厚的 C15 混凝土进行硬化，外设置停车场，并对住地进行大面积绿化。

乌江特大桥小里程端混凝土需求量大，若从腾龙互通处的拌和站运输，混凝土运输路程较长。为满足乌江特大桥小里程端混凝土供应，特在乌江特大桥小里程端设置两个 HZS35 组合式拌和站。

11.8.2.4　30 m 和 40 m T 梁预制场规划布置

本合同段在 K11＋440～K11＋800 配置 1 个 30 m 和 40 m 共用 T 梁预制梁场，设置于路基上，场地采用压路机压实达到 95 区要求，场内根据预制构件要求，按照 1 套模型配置 3 个台座进行规划，即规划 30 m 和 40 m 通用 T 梁制梁台座 8 个、30 mT 梁制梁台座 8 个，配置 30 mT 梁边梁模型 2 套，中梁模型 3 套，40 mT 梁边梁模型 2 套，中梁模型 2 套。除台座外预制场全部采用 10 cm 厚 C15 混凝土进行硬化。

11.8.2.5　炸药库规划布置

经过调查，距离项目经理部约 4 km 位置的 S203 国道侧有一处县民爆公司，储存量炸药 50 t，雷管 10 万发，炸药 10500 元/t。为便于火工产品的集中管理，同时为施工方便，设置 15 t 炸药库 1 处，具体位置在清渡河大桥左侧 500 m 处，炸药库按公安部对火工产品库的要求进行设置并配备设施。炸药库设 3 个具有库管证的人员 24 h 看守。

11.8.2.6　生产、生活用电设备及线路

项目所在地电网较为发达，电力充足，本工程共报装 6 台变压器，见表 11-22。

表 11-22　变压器配置规划表

序号	所 在 位 置	设置数量（座）	T 接距离（m/处）	变压器容量（kVA）	供电范围
1	乌江特大桥头	1	350	400	乌江特大桥及路基工程施工等
2	乌江大桥桥尾	2	500	315＋500	乌江特大桥及梁场等
3	腾龙互通侧	1	300	500	砂石料场、腾龙互通、经理部等
4	清渡河大桥头	1	900	400	清渡河大桥和路基工程等
5	K15＋600	1	300	160	路基、涵洞工程等
合　计	6	—	2275	/	

11.8.2.7　生产、生活用水设备及管线

线路沿线河流较多，水资源相对较为丰富，水质纯净，对混凝土无腐蚀性，可直接作为生产用水，在沿线修建水池 4 座，作为施工生产生活用水。

11.8.2.8　通讯设施规划布置

为确保整个工程管理信息系统有效运行，采用专用的通讯网络保障体系，该体系包括：CDMA 商务电话；移动电话；专用固定电话、移动固定电话综合虚拟网；高速互联网（20 Mb）接入；基于 CDMA 或 WLAN 的无线网络接入。我部将在办公用房修建的同时，建立通信网络保障体系，并按招标文件要求及时报请驻地监理工程师验收，以确保通讯及数据传输系统畅通。

11.8.3　平面布置图

平面布置图如图 11-18 所示。

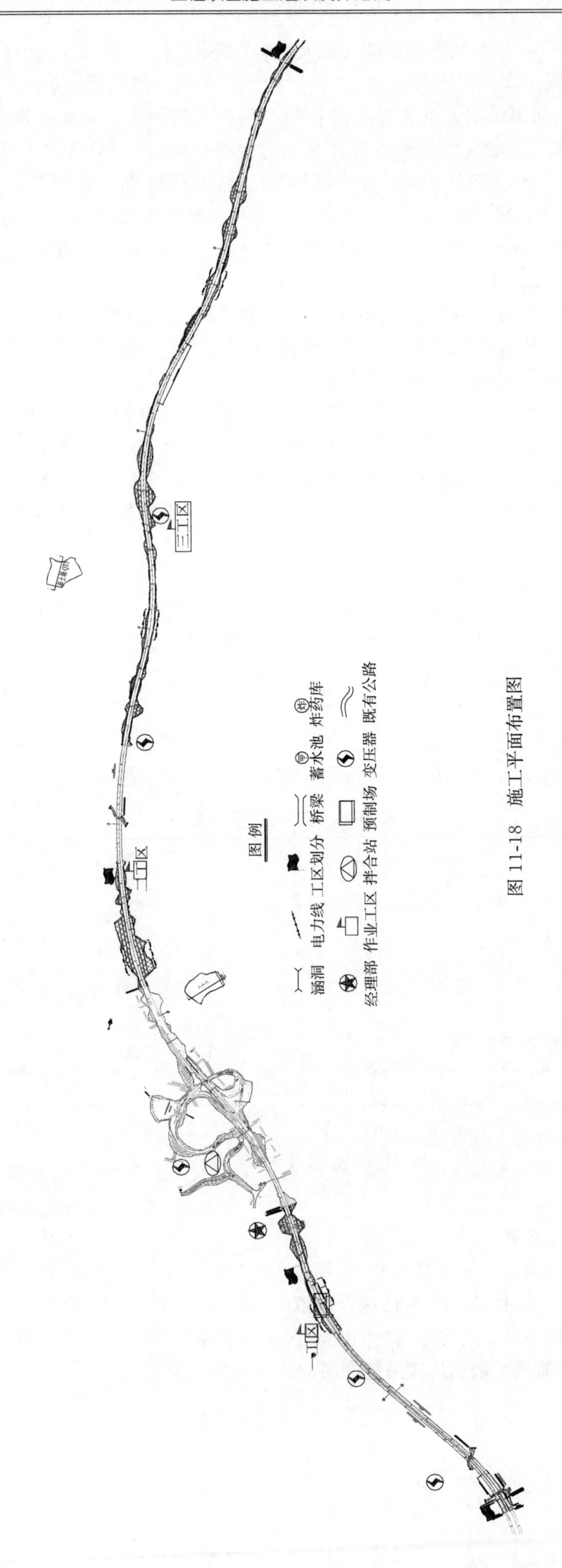

图 11-18 施工平面布置图

11.9　工程项目综合管理措施

工程项目综合管理措施主要包括进度控制管理、工程质量管理、安全生产管理、职业健康安全管理、环境保护管理、文明施工管理、节能减排管理等内容。详见附录 2。

第 12 章　忠垫高速公路路面工程施工组织设计

12.1　编制说明

12.1.1　施工编制依据和原则

(1)工程建设现行的法律、法规、标准、规范等；
(2)工程设计文件；
(3)工程施工合同、招投标文件和建设单位指导性施工组织设计；
(4)施工调查报告；
(5)现场社会条件和自然条件；
(6)本单位的生产能力、机具设备状况、技术水平等；
(7)工程项目管理的规章制度。

12.1.2　本项目适用规范、规程

(1)公路路面基层施工技术规范(JTJ 034—2000)。
(2)公路水泥混凝土路面施工技术规范(JTG F30—2003)。
(3)公路沥青路面施工技术规范(JTG F40—2004)。
(4)公路工程沥青及沥青混合料试验规程(JTJ052—2000)。
(5)公路工程水泥及水泥混凝土试验规程(JTJ E30—2005)。
(6)公路工程无机结合料稳定材料试验规程(JTJ057—94)。
(7)公路工程集料试验规程(JTJ E42—2005)。
(8)公路路基路面现场测试规程(JTJ 059—95)。
(9)公路工程质量检验评定标准 第一册(土建工程)(JTG F80/1—2004)。
(10)公路工程施工安全技术规程(JTJ 076—95)。
(11)微表处和稀浆封层技术指南(JTG/T F40－02—2005)。
(12)公路土工试验规程(JTJ051—93)。
(13)普通混凝土配合比设计规程(JGJ55—2000)。
(14)砌筑砂浆配合比设计规程(JGJ98—2000)。

12.1.3　编制范围

K117＋100～K154＋087.19,长 36.833 km。

12.2　工程概况

12.2.1　项目基本情况

沪蓉国道主干线支线重庆忠县至垫江高速公路路线起自重庆忠县,接在建石柱至忠县高速公路,经白石镇、永丰镇、拔山镇、新立镇、沙河乡、黄沙镇和太平场,止于川渝交界的明月山,与四川境内的邻水至垫江高速公路相接。

主要采用的技术标准：
(1)标准轴载:BZZ－100。
(2)设计车速:80 km/h。
(3)设计年限:15 年(沥青路面)、30 年(水泥混凝土路面)

12.2.2　标段工程情况

12.2.2.1　标段工程简述

主线路基段路面结构设计为4 cmSBS改性AC－13C＋6 cmSBS改性AC－20C＋8 cmAC－25C＋0.5 cm乳化沥青稀浆封层＋20 cm水泥稳定级配碎石基层＋20 cm水泥稳定级配碎石底基层。桥面铺装路面结构为4 cmSBS改性AC－13C＋6 cmSBS改性AC－20C＋桥面专用防水粘接层＋混凝土防水剂涂层＋防水混凝土调平层。匝道路面结构设计为4 cmSBS改性AC－13C＋6 cmSBS改性AC－20C＋0.5 cm乳化沥青稀浆封层＋20 cm水泥稳定级配碎石基层＋20 cm水泥稳定级配碎石底基层。本工程LM2合同段路线起讫里程为K117＋100～K154＋087.19，长36.833 km。

12.2.2.2　主要工程数量

本合同段主要工程数量见表12-1。

表12-1　主要工程数量

序号	工程项目	单　位	数　量	备　注
1	水泥稳定级配碎石底基层(厚20 cm)	1000 m^2	829.13	
2	水泥稳定碎石基层(厚20 cm)	1000 m^2	795.002	
3	透层(乳化沥青或液体沥青)	1000 m^2	770.267	
4	粘层沥青	1000 m^2	1533.305	
5	封层(乳化沥青稀浆封层ES-2)	1000 m^2	755.817	
6	6 cm中粒式沥青混凝土AC-20C	1000 m^2	824.914	
7	8 cm粗粒式混凝土AC-25C	1000 m^2	708.39	
8	4 cmSBS改性沥青混凝土AC-13C	1000 m^2	824.914	
9	水泥混凝土路面	1000 m^2	6.2	
10	培土路肩	m^3	12416	
11	混凝土预制块加固土路肩(厚180 mm)	m	49664	
12	混凝土预制块路缘石(250×180 mm)	m	58482	
13	排水管	m	36643	
14	纵向雨水沟	m	9107	
15	中间带集水井	座	394	
16	中央分隔带渗沟	m	29241	
17	桥面防水粘结层	1000 m^2	677.68	
18	隧道CRM薄层磨耗层	1000 m^2	13.5	

12.2.2.3　路基施工现状

(1)路基施工现状

2006年7月两次对LM2标路面全线的路基施工进度进行了一次调查，总体上看，大量路基段不能按时交付于我部进行路面施工。

(2)便道情况

原路基施工时留下了发达的便道系统，能够通达各个路基段，路面施工时可直接利用。

12.2.3　标段工程建设自然及社会条件

12.2.3.1　地形、地貌

项目地处四川盆地川东平行岭谷区，地形受地质构造控制，背斜成条状低山，向斜成宽缓丘陵谷地，构造线与山脊一致，呈北北东向展布。忠垫高速公路路线位于长江忠县段北岸，由东向西，分别穿越猫耳山、水口山(铁峰山脉余脉)、明月山三座走向北东～南西的条形山，条形山山脊高程一般在1000 m左右(水口山800～900 m)，为构造剥蚀～侵蚀低山地形。条形山间广布丘陵地形，以浅丘为主，丘顶高程一般在400～500 m、丘间谷地一般在360～400 m，相对高差50～100 m，以构造剥蚀侵蚀地形为特征。

12.2.3.2 气象、水文

项目位于四川盆地中湿区，沿线泥岩与砂岩互层分布，土质覆层较薄，地面蓄水丰富，挖方路基排水问题比较突出。当地属亚热带湿润季风气候，东暖夏凉，雨量充沛，湿度大，路线经行区域全年平均气温17 ℃～18 ℃，极限最高气温为42.1 ℃，最低气温－4.4 ℃，多年平均降雨量1185～1275 mm。项目自然区化：V2区，气候分区：1-4-1区。

12.3 工程项目管理组织

工程项目管理组织（见附录1），主要包括以下内容：

（1）项目管理组织机构与职责。

（2）施工队伍及施工区段划分。

12.4 施工总体部署

12.4.1 总体施工指导思想及施工组织程序

充分发挥路面施工短平快的优势，采取分段平行流水作业的施工方法。前期主要抓好路面施工原材料的采购组织和检验工作，包括各拌和站的建设、调试以及各种机械的租赁维修保养等工作，待路面具备施工条件后，上足相应的管理人员和劳动力，施工中加强过程监督、控制，充分发挥路面施工特点，24 h轮班作业，确保施工进度和安全质量。

12.4.2 施工总目标

12.4.2.1 安全目标

施工期间确保工程施工安全，道路行车安全，施工环境安全，生命财产安全，杜绝第三者责任事故及重大安全事故，安全生产指标达到国家标准。

12.4.2.2 质量目标

工程质量严格按照公路施工技术规范要求组织施工，并按照《公路工程质量检验评定标准》进行验收评定，分项工程合格率达到100％，优良率达到95％以上，实现开工必优、一次成优的目标。

12.4.2.3 工期目标

根据路基施工进度情况，我部将细化施工组织设计，合理配置人员及设备，按业主要求的节点工期完工，确保07年底通车目标。

12.5 主要工程施工方案、方法及技术措施

12.5.1 总体施工方案和各单位工程、分部分项工程施工方案

12.5.1.1 路面施工顺序

横向排水及集水井施工→水泥稳定碎石底基层→水泥稳定碎石基层→稀浆封层→沥青混凝土面层。

12.5.1.2 试验段

在施工区段选择100～200 m单幅路基段作为路面各结构层的试验路段。通过试验路段验证混合料的质量和稳定性，检验机械能否满足备料、运输、摊铺、拌和及压实的要求和工作效率，以及施工组织和施工工艺的合理性和适应性。试验路段确认的压实方法、压实机械类型、工序、压实系数、碾压遍数和压实厚度、最佳含水量等均作为以后施工现场控制的依据。

12.5.1.3 水泥稳定碎石底基层、基层施工方案

水泥稳定碎石底基层、基层施工采用厂拌机铺连续作业方法，即由水泥稳定土拌和站集中拌制水泥稳定碎石混合料，通过自卸汽车将混合料运至施工现场，采用两台摊铺机以梯队作业的方式进行双机联合摊铺，两边使用钉设钢纤固定三角形钢支撑的松质枋木侧模板，压路机碾压成型，成型后进行覆盖养生。20 cm水

泥稳定碎石底基层、基层一次摊铺碾压成型。

12.5.1.4　透层、封层及粘层的施工方案

透层施工采用沥青洒布车将乳化改性沥青均匀地喷洒在洁净的水稳碎石基层上。

乳化沥青稀浆封层施工采用自行式稀浆封层机投料、拌和、摊铺，将乳化沥青混合料均匀地喷洒在施工完成的透层上。

粘层施工采用沥青洒布车将乳化改性沥青均匀地喷洒在洁净的沥青混凝土下面层或中面层上。

12.5.1.5　沥青混凝土面层的施工方案

8 cm 厚粗粒式沥青混凝土下面层、6 cm 厚中粒式沥青混凝土中面层与 4 cm 厚细粒式沥青混凝土表面层(改性)施工采用厂拌机铺连续作业方法，即由沥青混凝土拌和楼集中拌制沥青混合料，通过自卸汽车将混合料保温运输至施工现场，其中，中、下面层采用两台摊铺机以梯队作业的方式进行双机联合摊铺，上面层采用一台摊铺机全断面摊铺，压路机碾压成型。4 cm +6 cm 沥青混凝土桥面铺装层施工方法同上。

12.5.1.6　路面排水的施工方案

行车道路面及路肩排水：一般路段路面雨水直接汇入边沟，超高路段的弯道内侧采用超高横坡直接将水排出路面，弯道外侧路面雨水经超高横坡排入中间带外侧汇水沟，汇水沟纵向流经 50 m 再通过 ϕ15 cm 横向短管进入中央分隔带集水井。

中央分隔带排水：中央分隔带设置 75 cm×35 cm 碎石盲沟，沟底敷设 ϕ10 cm 透水软管，汇水至中央分隔带集水井。集水井采用浆砌 7.5 标砖，在一般路段上采用上覆种植土的方形暗井，纵向间距 100 m。超高路段设置圆形明井，井侧开孔用 ϕ15 cm 的横向短管接入汇水沟排水，纵向间距 50 m。集水井汇水通过 ϕ15 cm 的混凝土包封 PVC－U 管横向排出路幅。

12.5.1.7　中央分隔带与土路肩的施工方案

路缘石和平石：采用在拌和站集中预制路缘石和平石预制块，由汽车将预制块运至施工现场，现场使用砂浆搅拌机拌制砂浆，挂线安砌成型，保湿覆盖养生的施工方法。混凝土采用强制搅拌机拌和，平板捣固器进行振捣密实，预制块模型使用钢模。

中央分隔带回填土：采用汽车将符合设计和规范要求的土料自土场运至现场，人工进行回填的施工方法。

土路肩：填方段土路肩上层为 10 cm 营养土，下层为 8 cm 透水砂砾垫层，外侧用平石加固；挖方段土路肩采用种植土。土路肩施工均采用人工施工。

12.5.1.8　水泥混凝土面层施工方案

收费广场及其连接线水泥混凝土面板施工采用成套小型机具铺筑的施工方法，即由拌和站集中拌制混凝土，混凝土搅拌运输车将混凝土运至现场后，专人指挥卸料，人工进行布料摊铺，通过插入式振捣棒、振动板与振动梁振实，振实后拖动滚杠提浆整平。养护采用保湿覆盖养生。

12.5.2　重难点及控制性工程项目施工方法、工艺流程及施工技术措施

12.5.2.1　水泥稳定碎石底基层及基层施工

(1)施工方案

本合同段底基层及基层结构厚度设计均为 20 cm 水泥稳定碎石，底基层及基层混合料由稳定土拌和站集中拌制，自卸汽车将混合料运至摊铺现场，采用两台摊铺机以梯队作业的方式进行双机联合一次性摊铺成型，两边使用钉设钢纤固定三角形钢支撑的松质枋木模板，压路机碾压成型，成型后进行覆盖养生。本合同段水泥稳定碎石底基层及基层施工安排两个施工作业面同时进行。

(2)机料配置

1)机械

提前做好机械的检修，确保所用机械以良好的状况投入施工。所投入的主要机械设备有：稳定土拌和楼(500 t/h)2 座，自卸汽车 50 台，摊铺机 4 台，自行式振动压路机 6 台，胶轮压路机 2 台。

2)材料

①基层碎石：采用青口或巴营石灰岩碎石。

②水泥：采用初凝时间 3 h 以上、终凝时间在 6 h 以上的普通硅酸盐水泥，不使用快硬水泥、早强水泥及

受潮变质水泥。

③水：采用清洁无污染的水源，符合规范要求。

(3)混合料组成设计

混合料组成设计按设计与《公路路面基层施工技术规范》(JTJ 034—2000)的规定进行。

(4)施工准备

1)测量放样

恢复中线，直线段每 10～15 m 放一中桩，曲线段每 5～10 m 放一中桩，并在单幅底基层两侧边缘外设指示桩，然后打出钢筋桩，挂 ϕ3 mm 钢铰线，进行高程测量，钢铰线两端用紧线器拉紧并固定。

2)清扫基层

将基层清扫干净，表面无浮土、杂物，保持洁净，并洒水使之湿润，便于层与层之间的粘接。

3)安装侧模

按测设的基层侧边位置安装侧模。模型采用 12 cm×15.5 cm 松质枋木，模板两端及中心用高度大于 32 cm(基层厚度)的三角形钢支撑钉设两根钢钎予以固定，钢支撑间距为 2 m。

(5)混合料的拌和

1)采用新筑 WCB500E 稳定土拌和站(500 t/h)拌制混合料。

2)拌和前反复调试好机械，以使拌和机运转正常，拌和均匀。随时抽查混合料的级配及集料的级配。

3)拌和时严格控制混合料的含水量，根据气温高低和蒸发量的大小采取略高于最佳含水量 0.5%～2% 的情况下拌和，以补偿摊铺及碾压过程中的水分损失，保证碾压时混合料处于最佳含水量。

4)拌好混合料后，存入储料斗，待料斗储满后，再装入运输车内，以减轻或避免混合料离析。

5)拌和机生产的混合料应均匀，色泽一致，含水量适当，拌和机内的死角中得不到充分拌和的材料应及时排出拌和机外。

(6)混合料的运输

拌和好的混合料要尽快进行摊铺，从第一次在拌和机内加水拌和到完成压实工作的时间不得超过 4 h。当运距较远时，车上的混合料应加以覆盖以防运输过程中水分蒸发，保持装载均匀高度以防离析。运输混合料的自卸车，应避免在未达到养生强度的铺筑层表面上通过，以减少车辙和对摊铺层的损坏。

(7)混合料的摊铺

采用两台具有自动调平、夯实功能装置的多功能摊铺机，以梯队作业的方式(即两台摊铺机前后相距 5～8 m 同步平行摊铺)进行联合摊铺，以减少混合料出现离析。高程控制采用两侧钢丝绳引导的方式。

1)放样：挂好基准线，主线每 10 m、匝道每 5 m 设一基准线桩。基准线达到规定拉力才能保证基准线平顺及高程准确，发现个别基准柱处忽高忽低时，则进行复查调试。松铺系数按试验段总结出来的结果确定。

2)摊铺机位于摊铺起点，按松铺厚度调整好熨平板，熨平板下两边垫宽 20 cm 长 60 cm 的硬质木板，高度与松铺高度一致。两台摊铺机间隔控制在 5～8 m 内，前后速度保持一致，松铺系数、横坡、平整度一致，摊铺接缝平整。

3)运料车在摊铺机前 10～30 cm 处停下，空挡待候，待摊铺机靠近时，将混合料徐徐倒入摊铺机中，由摊铺机推动前进，运料车向摊铺机料斗卸料。在摊铺过程中，边摊铺边卸料，卸空料后运输车即离去，另一辆运输车再按上述过程卸料。

4)摊铺时，在摊铺机后面设专人消除粗细集料离析现象，特别是粗集料窝或粗集料带应该铲除，并用新混合料填补或补充细混合料并拌和均匀。

5)拌和机产量、运输车辆运料能力，同摊铺机摊铺速度相匹配。摊铺开始前，摊铺机前有 3 辆以上的运料车等候，并配专人指挥车辆，使摊铺机开机后连续摊铺，尽量避免停顿。运料车倒车接近摊铺机时，严禁撞击摊铺机。

(8)混合料的碾压

1)混合料经摊铺和整形后，按试验段确定的方法立即在全宽范围内进行碾压。碾压时直线段从低侧向高侧碾压，超高段由内侧向外侧依次连续均匀碾压。碾压遍数根据试验段确定。对粗细过分集中、离析现象及时进行调整处理。

2)碾压过程中，混合料的表面层应始终保持湿润，如果表面水蒸发的快，应及时补洒少量的水，但禁止采用“提浆”碾压法进行振动收光,以保证基层一定的粗糙度。严禁压路机在已完成的或正在碾压的路段上“调头”或急刹车,以保证水泥稳定碎石基层表面不受破坏。

3)施工中,从拌和到碾压终了的时间不超过试验确定的延迟时间。

(9)接缝处理

摊铺结束后,摊铺机离开混合料末端,然后人工将混合料末端整平并碾压密实。重新摊铺前,将不符合要求部分刨除,形成一横向垂直断面,再进行后续摊铺。

(10)检测

1)施工中应检查含水量是否合适,需要调整时及时反馈到拌和站进行调整。

2)检测高程和平整度,有差异时,及时调整。

3)检测压实度确定碾压遍数,以灌砂法为准。

4)检查混合料均匀性,若明显离析、拥包、弹簧处,立即进行处理,调换混合料。

5)检测平整度,提出改进措施。

碾压后的表面应平整密实、边线整齐、无松散、坑洼、软弹现象,符合规范要求。

(11)养生与交通管制

水泥稳定碎石基层养生与交通管制与水泥石灰综合稳定土底基层相同。

(12)施工工艺

底基层及基层施工工艺如图 12-1 所示。

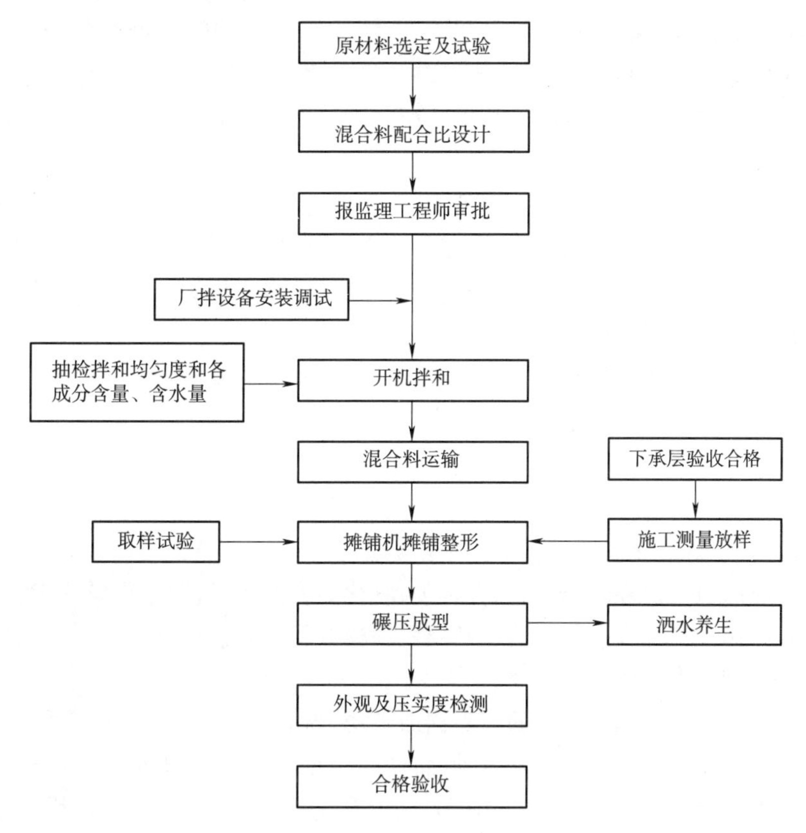

图 12-1 底基层及基层施工工艺流程图

12.5.2.2 稀浆封层

(1)施工方法

稀浆封层沥青材料采用慢裂的洒布型乳化沥青,CZL5101GLQSE 型自行式沥青洒布机进行洒布。石屑采用石屑洒布车洒布,钢轮压路机静压。

(2)施工工艺流程

施工工艺流程如图 12-2 所示。

(3)施工准备

1)调试好沥青及石屑洒布机,确保施工机械正常运转。

2)清理干净准备洒布沥青的工作面,使其表面整洁无尘,并尽量使基层表面的骨料外露,以利于其联结。

3)报请监理工程师对已准备好的工作面进行检查,签证同意后方可进行洒布沥青作业。

(4)施工工艺及要求

1)沥青洒布前,路面应清扫干净,尽量使基层表面骨料外露,以利于乳化沥青与基层的联结。对喷洒区附近的结构物等应加以保护,以免溅上沥青而受到污染。

2)沥青洒布应紧接在基层施工结束且表面稍干后喷洒。当基层完工后时间较长、表面过分干燥时,应在喷洒乳化沥青前 1 h 左右,用洒水车在基层表面少量洒水润湿表面,并待表面稍干以后,再喷洒乳化沥青。

3)采用沥青洒布车进行喷洒时,应先通过试洒确定其稠度,一般应采用较稀的乳化沥青。喷洒时,应保持稳定的速度和喷洒量,并保证在整个喷洒宽度范围内喷洒均匀。当喷嘴不能保证喷洒均匀时,应更换喷嘴。

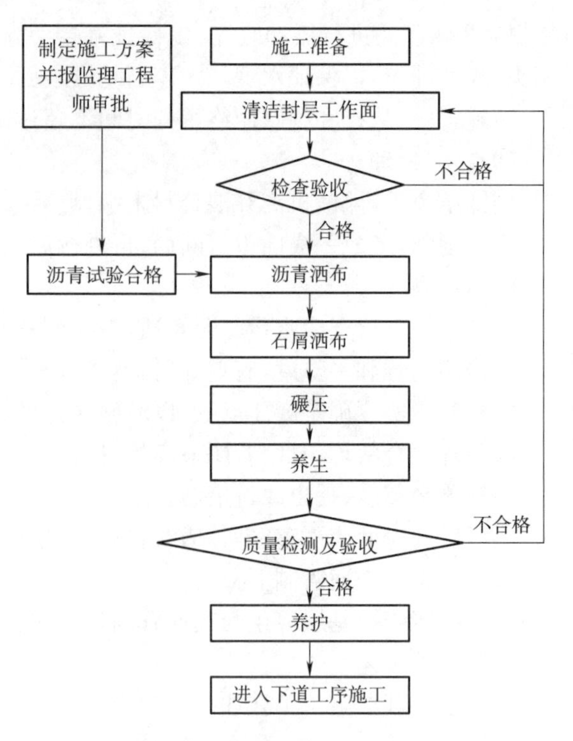

图 12-2 稀浆封层施工工艺流程图

4)喷洒作业时,应先喷洒靠近中央分隔带的一个车道,由内向外,一个车道接着一个车道进行,两相邻车道间不重叠或少重叠,但不能露白,否则须用人工喷洒设备补洒。当洒布车喷完一个车道后,须立即用油槽接住排油管滴下的乳化沥青,以防局部沥青过多而污染基层表面。在铺筑沥青混凝土面层前,若局部地方尚有多余的透层沥青未渗入基层时应予以清除。

5)如遇大风或即将降雨时应停止施工;气温低于 10 ℃时也不得施工。

6)按设计的沥青用量一次浇洒均匀,当有遗漏时,应人工补洒。沥青洒布后应不流淌。渗透入基层一定深度,并在表面不形成油膜。

7)喷洒沥青后,严禁车辆及行人通过。

8)根据《公路沥青路面施工技术规范》(JTG F40—2004),下封层用乳化沥青技术要求见表 12-2。

9)石屑洒布与沥青洒布同时进行,根据设计要求,其用量为 5~8 m^3/1 000 m^2。

10)石屑洒布后,应立即进行碾压,碾压时采用双钢压路机静压,并控制其碾压速度。

(5)施工质量控制

1)严格按技术规范控制好乳化沥青的质量技术指标。

2)开工前应取得监理工程师批准的乳化沥青种类、乳化沥青洒布量,以便指导施工。

3)乳化沥青洒布前,用人工配合空压机清除基层表面松散材料,直至无尘埃为止。对沥青洒布机罐内的沥青温度应进行检查,达到要求方可施工。

4)调整好喷嘴的喷射角,使各相邻喷嘴的喷雾扇或喷雾锥,在其下角能有少量重叠(一般洒布管喷嘴交角在 25°~30°间,洒布管离地面 25 cm 左右)。在洒布作业过程中保持喷射压力的稳定。洒布时,相邻洒布带间有一定量的重叠,横向重叠量为 10~15 cm,纵向重叠量为 20~30 cm。为确保横向重叠在一定范围内,沥青洒布机应在起洒点前 5~10 m 处起步,到起洒点后立即打开喷洒开关,到终点时立即关闭开关,以免发生滴漏现象。

5)当气温低于 10 ℃时或有雾或下雨时,不安排施工,施工前保持表面轻微湿润。

6)当喷洒 48 h 后乳化沥青仍未被完全吸收,尚有多余沥青未渗入基层时,应对多余沥青予以清除。

7)洒布过程中随时注意罐内沥青存有量。当三通阀停止洒布管喷嘴喷出的沥青含有气泡表示罐内沥青已洒完,应立即关闭停止洒布,然后升起洒布管并使喷嘴朝上,随即将分动倒挡箱挂上,将管内的沥青抽回箱内。

8)严格控制石屑洒布量及压路机碾压速度。

9)稀浆封层用乳化沥青质量技术要求见表 12-2。

表 12-2　稀浆封层用乳化沥青质量技术要求

序号	技术指标名称		技术指标要求	
			透层 PC-2、PA-2	粘层 PC-3、PA-3
1	筛上剩余量，不大于(%)		无要求	
2	电荷		阳离子带正电(+)、阴离子带负电(−)	
3	破乳速度试验		慢裂	快裂
4	黏度	沥青标准黏度计，C25，3(S)	8～20	
		恩格拉度 E25	1～6	
5	蒸发残留物含量，不小于(%)		50	
6	蒸发残留物性质	针入度(100 g，25 ℃，5 s)，(0.1 mm)	50～300	45～150
7		残留延度 (15 ℃)，不小于(%)	40	
8		溶解度(三氯乙烯)，不小于(%)	97.5	
9	贮存稳定性	5 d，不大于(%)	5	
		1 d，不大于(%)	1	
10	与矿料的黏附性，裹覆面积不小于		2/3	

12.5.2.3　*沥青混凝土中、下面层*

(1)沥青混凝土面层结构组成

沥青混凝土面层由下至上的结构组成为：

1)8 cm 厚粗粒式沥青混凝土 AC—25C 型；

2)6 cm 厚中粒式沥青混混凝土 AC—20C 型；

3)4 cm 厚沥青混混凝土抗滑层 AC—13C 型。

(2)沥青混合料的组成设计

1)目标配合比设计阶段

由试验室进行马歇尔试验，确定最佳沥青用量和矿料级配作为目标配合比。其步骤如下：

①根据路面设计确定的混合料类型选择目标矿料级配，并确定不同规格粒级矿料的配合比。

在选定矿料级配时，应使矿料混合料的颗粒组成接近设计级配范围的中值，特别是 4.75 mm、2.36 mm、0.075 mm 三个筛孔的通过量要严格控制。

②确定最佳沥青用量。

a. 根据设计文件要求的"沥青混合料矿料级配及沥青用量范围(方孔筛)"和实践经验，初步估计适宜的沥青用量(油石比)。

b. 以估计的沥青用量为中值，按 0.5%间隔变化，取 5 个不同的沥青用量制备马歇尔试件，并按规范测其密度，计算空隙率、矿料间隙率等物理指标，进行体积组成分析。每种沥青用量制 6 个试件。沥青混合料的拌和与击实条件为：

矿料加热温度：160 ℃；

沥青加热温度：145 ℃；

拌和锅加热温度：145 ℃；

沥青混合料拌和温度：145 ℃；

拌和时间：3 min；

沥青混合料试件击实次数：每面 75 次；

沥青混合料试件击实终了温度：135 ℃；

马歇尔试件高度：63 mm±1.3 mm。

c. 进行马歇尔试验，测定马歇尔稳定度及流值等物理力学性质。

d. 分别以沥青用量为横坐标，以测定的各项指标(密度、空隙率、饱和度、稳定度、流值、矿料间隙率)为纵坐标，绘制成圆滑的曲线图。

e. 从上图中分别取密度最大值的沥青用量为 a_1，取稳定度最大值的沥青用量为 a_2，取规定空隙率范围的中值的沥青用量为 a_3，取三者平均值作为最佳沥青用量的初始值 OAC_1。

$$OAC_1=(a_1+a_2+a_3)/3$$

f. 求出各项指标均符合“热拌沥青混合料马歇尔试验技术标准”的沥青用量范围 OAC_{min}～OAC_{max}，取中值求 OAC_2。

$$OAC_2=(OAC_{min}+OAC_{max})/2$$

g. 按最佳沥青用量初始值 OAC_1 在图中求取相应的各项指标值。当各项指标均符合规定的马歇尔试验技术标准时，由 OAC_1 和 OAC_2 综合决定最佳沥青用量 OAC。当不符合规定时，应调整级配，重新进行配合比设计，直至各项指标符合要求为止。一般地，可取 OAC_1 和 OAC_2 的中值作为 OAC 值。但在寒冷地区，最佳沥青用量可在 OAC_2 与上限值 OAC_{max} 范围内决定，但不宜大于 OAC_2 的 0.3%。

根据《公路沥青路面施工技术规范(JTG F40—2004)》第 5.3.3 条的规定，马歇尔试验设计要求的技术标准应符合表 12-3 的规定。

表 12-3 热拌沥青混合料马歇尔试验技术标准

试 验 项 目	沥青混合料类型	技 术 标 准
击实次数(次)	沥青混凝土	两面各 75
稳定度(kN)	Ⅰ型沥青混凝土	>8
流值(mm)	Ⅰ型沥青混凝土	2～4
空隙率(%)	Ⅰ型沥青混凝土	3～6
沥青饱和度(%)	Ⅰ型沥青混凝土	55～70

③高温稳定性检验

对以上确定的配合比不能马上作为目标配合比，而应通过抗车辙试验机对抗车辙能力进行检验，即对混合料在温度为 60 ℃、轮压为 0.7 MPa 条件下进行车辙试验，得出混合料的动稳定度。根据《公路沥青路面施工技术规范(JTG F40—2004)》第 7.3.4 条的规定，要求混合料的动稳定度不小于 800 次/mm。

④水稳定性检验

按最佳沥青用量，重新制作试件，进行马歇尔试验及 48 h 浸水马歇尔试验或真空饱水马歇尔试验，对沥青混合料的水稳定性进行验证。如果残留稳定度达不到规定的要求，则应重新进行配合比设计，或采取添加抗剥离剂的措施重新试验，直到符合要求为止。

2)生产配合比阶段

从二次筛分的各热料仓里的材料取样进行筛分，确定各热料仓的下料计量值，供控制室拌制三种不同沥青含量的混合料(一般为目标配合比中最佳沥青量及它的±0.3%各一种)，再由试验室进行马歇尔试验，确定生产配合比的最佳沥青用量。

①堆料场集料颗粒组成的校核。对拌和厂处的各种粗细集料均要重新取样进行筛分试验，若结果差别较大应重新试验。

②热料仓集料筛分试验。对热料仓矿料做筛分试验，得出各热料仓矿料的颗粒组成，用于热料仓的矿料配合比设计。

③热料仓矿料的配合比设计。根据各热料仓集料的颗粒组成，计算出拌和时从各个热料仓的取料比例，得出矿料的级配，即生产配合比。所确定的生产配合比须符合规范设计范围的要求。在这个阶段中，如果经计算得出的从各个热料仓取料比例严重失衡，则需反复调整从冷料仓进料的比例，以达到供料均衡，提高拌和场的生产力。

④马歇尔试验检验。采用矿料生产配合比组成，目标配合比设计阶段得出的最佳沥青用量，以及最佳沥青用量的±0.3%3 种沥青用量进行马歇尔试验，确定生产配合比的最佳沥青用量。

3)生产配合比验证阶段

生产配合比验证阶段是正式铺筑沥青面层之前的试拌试铺阶段，为正式铺筑提供经验和数据。拌和时按照生产配合比进行试拌，得到的混合料在试验路段上试铺，由业主、监理、设计、施工单位对混合料的级配、油石比、摊铺、碾压过程和成型混合料的表面状况进行观察和判断，同时由试验室密切配合，在拌和厂出料处或摊铺机旁采集沥青混合料试样，进行马歇尔试验，以检验混合料是否符合规定要求。同时还应进行车辙试验、浸水马歇尔试验，以检验其高温稳定性及水稳定性。以上检验只有符合要求方可进行生产使用。在铺筑试验段时，试验人员还应在现场进行抽提试验，再次检验实际铺筑的混合料矿料级配和沥青用量是否合格，并按规范规定的试验段要求进行各种试验。

(3)施工顺序

施工时根据基层完成情况分拌和站分节段逐段进行。

(4)施工方法

1)拌和:采用1台4000型沥青混凝土搅拌站集中拌和。该拌和站能自动计量,自动控温,并有除尘装置。

2)摊铺:使用两台具有自动调平功能的ABG423型沥青混凝土摊铺机联合摊铺。

3)碾压:采用双钢轮振动压路机及胶轮压路机联合压实。

(5)热拌沥青混凝土施工工艺流程

热拌沥青混凝土施工工艺流程如图12-3所示。

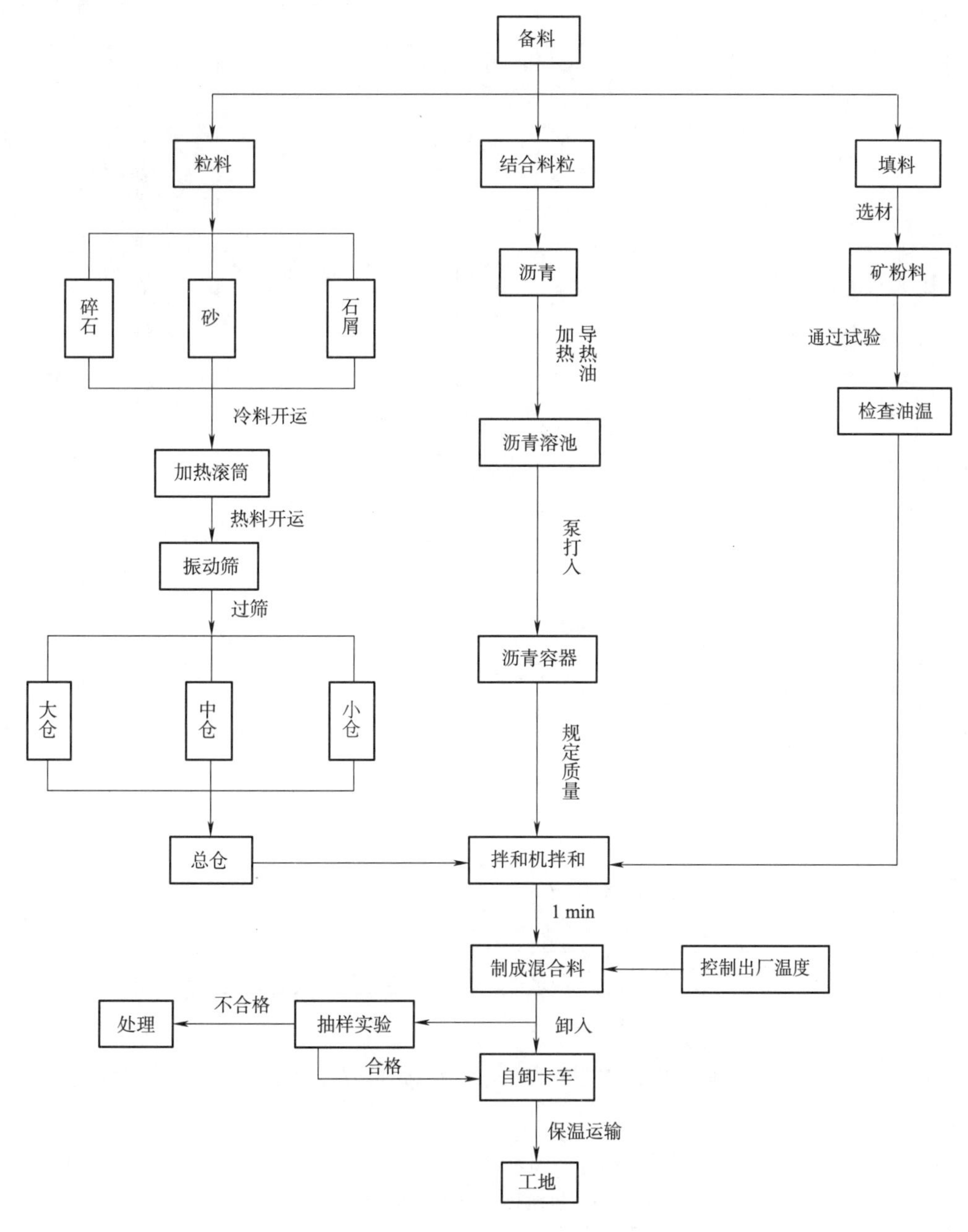

图12-3　热拌沥青混凝土施工工艺流程

(6)沥青混凝土原材料质量技术要求

1)粗集料

本路段路面中、下面层粗集料采用附近石灰岩碎石。

根据《公路沥青路面施工技术规范》(JTG F40—2004)的规定4.8节,沥青面层用粗集料规格符合表12-4的要求。

表 12-4 沥青面层所用粗集料规格(方孔筛)

规格	公称粒径(mm)	通过下列筛孔(方孔筛,mm)的质量百分比(%)												
		106	75	63	53	37.5	31.5	26.5	19.0	13.2	9.5	4.75	2.36	0.6
S1	40~75	100	90~100	—	—	0~15	—	0~5						
S2	40~60		100	90~100	—	0~15	—	0~5						
S3	30~60		100	90~100	—		0~15	—	0~5					
S4	25~50			100	90~100	—	—	0~15	—	0~5				
S5	20~40				100	90~100	—	—	0~15	—	0~5			
S6	15~30					100	90~100	—	—	0~15	—	0~5		
S7	10~30					100	90~100	—	—	—	0~15	0~5		
S8	10~25						100	90~100	—	0~15		0~5		
S9	10~20							100	90~100	—	0~15	0~5		
S10	10~15								100	90~100	0~15	0~5		
S11	5~15								100	90~100	40~70	0~15	0~5	
S12	5~10									100	90~100	0~10	0~5	
S13	3~10									100	90~100	40~70	0~20	0~5
S14	3~5										100	90~100	0~15	0~3

沥青面层用碎石应符合表 12-5 要求。

表 12-5 沥青面层用碎石指标

序　号	指　标	表 面 层	其 他 层
1	石料压碎值,不大于(%)	26	28
2	洛杉矶磨耗损失,不大于(%)	28	30
3	视密度,不小于(t/m3)	2.6	2.5
4	吸水率,不大于(%)	2.0	3.0
5	对沥青的黏附性,不小于	4	3
6	坚固性,不大于(%)	12	12
7	细长扁平颗粒含量,不大于(%)	15	18
8	水洗法<0.075 mm 颗粒含量,不大于(%)	1	1
9	软石含量,不大于(%)	3	5
10	石料磨光值(PSV),不小于	42	40

2)细集料

细集料采用机制砂和石屑的混合料。细集料应干净、坚硬、干燥、无风化、无杂物或其他有害物质,并有适当的级配。

根据《公路沥青路面施工技术规范》(JTG F40—2004)4.9 节,机制砂和石屑的级配须符合表 12-6 的要求。

表 12-6 机制砂和石屑的级配标准

规　格	公称粒径(mm)	通过筛孔(方孔筛,mm)的质量百分比(%)							
		9.5	4.75	2.36	1.18	0.6	0.3	0.15	0.075
S15	0~5	100	90~100	60~90	40~75	20~55	7~40	2~20	0~10
S16	0~3		100	80~100	50~80	25~60	8~45	0~25	0~15

沥青混凝土面层用细集料质量技术指标须符合表 12-7 要求。

3)填料

填料采用磨细石灰石材料,要求不含泥土、杂质,须干燥、洁净。

根据《公路沥青路面施工技术规范》(JTG F40—2004)4.10 节,沥青混凝土面层用填料的质量技术指标须符合表 12-8 的要求。

表 12-7　沥青混凝土面层用细集料质量技术指标

指标	规定值
视密度,不小于(t/m³)	2.5
坚固性(>0.3 mm 部分),不大于(%)	12
砂当量,不小于(%)	60
含泥量(小于 0.075 mm 含量),不大于(%)	3

表 12-8　沥青混凝土面层用填料的质量技术指标

指　标		规　定　值
视密度,不小于(t/m³)		2.50
含水量,不大于(%)		1
粒度范围	<0.6 mm (%)	100
	<0.15 mm(%)	90～100
	<0.075 mm (%)	75～100
外观		无团粒结块
亲水系数		<1

4)矿料混合料

根据《公路沥青路面施工技术规范》(JTG F40—2004)4.10 节,沥青混凝土面层用混合料的级配须符合表 12-9 的要求。

表 12-9　沥青混凝土面层用混合料的级配标准

结构类型	通过筛孔(方孔筛,mm)的质量百分比(%)												
	31.5	26.5	19.0	16.0	13.2	9.5	4.75	2.36	1.18	0.60	0.30	0.15	0.075
AC-13 Ⅰ				100	90-100	68-85	38-68	24-50	15-38	10-28	7-20	5-15	4-8
AC-20 Ⅰ		100	90-100	78-92	62-80	52-72	26-56	16-44	12-33	8-24	5-17	4-13	3-7
AC-25 Ⅰ	100	90～100	75-90	65-83	57-76	45-65	24-52	16-42	12-33	8-24	5-17	4-13	3-7

5)沥青

①路面采用通道路石油沥青 A—70 型。

②运到工地的每一批沥青要有出厂合格证和出厂试验报告,并说明装运数量、装运日期、定货数量等。

③沥青面层施工前 28 天将拟用的沥青样品和上述证明及试验报告提交监理工程师检验、批准。除监理工程师另有指示外,不得在施工中以其他沥青替代。

④进入施工现场的每一批沥青混合料都要重新进行取样和试验,其结果符合规范要求。

⑤不同生产厂家、不同标号的沥青必须分开存放,不得混杂,并有防水措施。

⑥沥青质量技术要求。

根据《公路沥青路面施工技术规范》(JTG F40—2004)4.2 节,沥青混凝土面层用道路石油沥青的质量技术指标须符合表 12-10 的要求。

⑦沥青混合料允许偏差。

根据《招标文件—技术规范》第 308.04 条表 308-8,热拌沥青混合料允许偏差要求见表 12-11。

表 12-10　沥青混凝土面层用道路石油沥青的质量技术指标

试 验 项 目		A—70
针入度(25 ℃, 100 g,5 s),(0.1 mm)		80～100
延度(5 cm/min,15 ℃),不小于(cm)		100
软化点(环球法),(℃)		44
闪点(COC),不小于(℃)		230
含腊量(蒸馏法),不大于(%)		3
密度(15 ℃),(g/cm³)		实测记录
溶解度(三氯乙烯),不小于(%)		99.5
薄膜加热试验 163 ℃ 5 h	质量损失,不大于(%)	±0.8
	针入度比,不小于(%)	54
	延度(25 ℃),不小于(cm)	20
	延度(15 ℃),不小于(cm)	6

表 12-11　热拌沥青混合料允许偏差

序　号	指　　标	允 许 偏 差
1	≥4.75 mm 筛孔的通过率	±6%
2	≤2.36 mm 筛孔的通过率	±2%
3	通过 0.075 mm 筛孔的通过率	±1%
4	油石比	±0.3%
5	空隙率	符合 JTG F40—2004 的规定
6	饱和度	
7	流值	
8	出厂温度	符合 JTG F40—2004 的规定

(7)沥青混凝土中、下面层施工准备

1)试验段

在路面面层工程开工15天以前,铺筑一段100~200 m长的沥青混凝土试验路段,以指导路面大面积施工。其任务是:检验拌和、运输、摊铺、碾压、养生等计划投入使用设备的可靠性;检验沥青混凝土的组成设计是否符合质量要求,以及各道工序的质量控制措施;提出用于大面积施工的材料配合比及松铺系数;确定每一作业段的合适长度和一次铺筑的合理厚度;提出标准施工方法(标准施工方法的主要内容有:集料与结合料数量的控制,合适的拌和方法及拌和时间、拌和温度,松铺系数,摊铺温度与速度,压实机械的组合及压实的顺序、速度和遍数,压实度检查方法及每一作业段的最小检查数量,机械的选型与配套问题等)。

2)材料准备

施工前按监理工程师批准的沥青混凝土组成设计中的各种材料进行准备,在施工过程中保持稳定。未经监理批准,不得随意变更。

3)设备准备

沥青混凝土拌和、摊铺的设备满足规范及使用、工期要求。拌和、运输、摊铺和碾压设备能力与进度、质量要求相适应,保证沥青混凝土面层机械化施工的连续性。

4)下承层准备

沥青混凝土下面层施工前,对其下承层按规范要求进行检查验收,并用高压风配合人工清扫需施工沥青混凝土的表面,做到表面干燥、清洁,无任何松散的石料、灰尘与杂质。

(8)沥青混凝土中、下面层施工工艺

1)混合料拌和

①材料供给

a. 料场地面须经过硬化处理。

b. 堆料场贮存的集料数量应为平均日用量的5倍以上,且集料堆放要有防雨水的措施。

c. 集料要干净,无垃圾、尘土等杂物,并分类堆放。

d. 在进行冷料仓的布置时,为了易于在输送带上观察细集料供给是否正常,将细集料安排在靠近烘干筒一侧,并由细到粗逐个向另一侧布置。

e. 矿粉和沥青贮存量应为日均用量的2倍以上,矿粉必须遮盖,不得浸水。

②拌和设备的运行

a. 拌和设备须具有自动记录功能,且矿料、油量、温度控制、试验室设置符合技术要求。

b. 没有施工配合比通知单和摊铺负责人的指令均不准开盘,下雨天也不准开盘。

c. 严禁拌和操作人员改变施工配合比。在拌和过程中发现异常时需及时通知拌和厂技术负责人。

d. 当使用自动装置时,操作人员不宜采用手动操作。

e. 出厂的混合料应每车签发运料单,记录运料车号、质量、出厂时间、温度、混合料类型。

f. 在拌和设备运行中经常检查各料仓的情况,发现贮料严重失衡时及时停机,以防满仓或贮料串仓。停机后矿粉仓和矿粉升运机内无余料。

g. 拌和设备在每次作业完毕后必须立即用柴油清洗沥青系统,以防沥青堵塞管路。

③试拌

a. 沥青混合料应按生产配合比确定的沥青用量试拌,取样进行马歇尔试验和抽提试验,并将其与生产配合比进行比较,验证沥青用量的合理性,必要时可作适当调整。

b. 确定合适的拌和时间,一般为30~50 s,其中干拌不得少于5 s,以混合料拌和均匀、所有矿料颗粒全部裹覆沥青为度。

c. 确定适宜的拌和及出厂温度。

④拌制

根据配料单进料,严格控制各材料用量及其加热温度。拌和后的沥青混合料应均匀一致,无花白、离析、结团成块等现象。随时作好各项检查记录,不符合要求的沥青混合料严禁出厂。

实际施工中,每天提前一定时间开始拌和,使混合料贮于拌和设备的贮料仓中,以备用。

根据《公路沥青路面施工技术规范》(JTG F40—2004)第5.2节,热拌沥青混合料的施工温度须符合表

12-12的要求。

表12-12 热拌沥青混合料的施工温度

序 号	指标名称		控制温度
1	沥青标号	石油沥青A—70	
2	沥青加热温度		150～160 ℃
3	矿料温度	间歇式拌和机	比沥青加热温度高10～30 ℃(填料不加热)
4	沥青混合料出厂正常温度		140～160 ℃
5	混合料贮存仓贮存温度		贮料过程中温度降低不超过10 ℃
6	运输到现场温度		不低于140 ℃
7	摊铺温度	正常施工	不低于130 ℃,
		低温施工	不低于140 ℃,
8	碾压温度	正常施工	125 ℃,
		低温施工	135 ℃,
9	碾压终了温度	钢轮压路机	不低于65 ℃
		轮胎压路机	不低于75 ℃
		振动压路机	不低于60 ℃
10	开放交通温度		不高于50 ℃

2)混合料的运输

①采用12辆15t自卸汽车运输混合料。运输前,每个驾驶员均需掌握运输路线、运料顺序、工作程序、注意事项、发生故障的处理方法等,同时加强汽车保养工作。

②为了避免供料不足而出现摊铺机停工,拌和设备贮存仓内要有足够的混合料,同时,摊铺机前随时保证有2～3辆车等待卸料。

③运输车辆的车厢应具有紧密、清洁、光滑的金属底板并打扫干净。为防止沥青与车厢粘结,可在车厢侧板及底板涂1∶4的植物油和水的混合液,以均匀、涂遍但不积油水为宜。

④在装载沥青混合料时,为防止其离析,应尽量缩短出料口至车厢的下料距离,且自卸车根据受料情况进行三次以上移位装料。

⑤运输车辆在运输过程中,应用篷布对混合料进行遮盖,以保持混合料的温度。

3)混合料的摊铺

①一般要求

a. 摊铺机的摊铺宽度按设计考虑,采用两台摊铺机联合摊铺。

b. 摊铺厚度按试验段确定,一般考虑松铺系数为1.15～1.30。

c. 摊铺温度符合规范要求。施工时做到快卸料、快摊铺、快整平、快碾压,摊铺机的熨平板及其他接触热沥青混合料的机具要经常加热。

d. 在摊铺过程中,若因设备出现故障,应立即前移摊铺机,以保证路面的碾压连续性,但须保留1 m左右不碾压,待消除故障后铲除未碾压部分继续施工。

②摊铺前的准备工作

a. 工程场地准备:按规范要求将下承层清理干净,并准确标出混合料的摊铺边线及高程位置。

b. 机械设备准备:对搅拌设备、摊铺机、自卸汽车、压路机及振动压路机等作好配套准备;对摊铺机的各工作装置、调节机构、动力及传动系统等进行全方位检查,确保一切正常。

③摊铺机的参数选择与调整:根据工程及规范要求,调整好熨平板宽度、拱度、初始工作迎角、熨平板前缘与分料螺旋距离、分料螺旋离地高度、振捣梁振幅与频率、前刮料板高度等数据。摊铺机的摊铺速度按试验段确定。

④熨平板加热

a. 每天开始工作前或临时停工后再工作时,就要做好摊铺机和熨平板的预热、保温工作,其目的是为了减少熨平板及其附件与混合料的温差。熨平板温度不得低于80 ℃,并应与混合料温度接近。

b. 采用间歇燃烧多次加热法或靠自身导热，或靠热风循环交替加热，每次点燃时间不得大于 10 min。

c. 预热后的熨平板在工作时，如果铺面出现少量沥青胶浆且有拉沟时，表明熨平板已过热，应冷却片刻再进行摊铺。

⑤摊铺机供料机构操作及自卸汽车卸料

a. 摊铺机刮板输送器的运转速度及闸门的开启度共同影响向摊铺室的供料量，其最恰当的混合料数量是料堆的高度平齐或略高于螺旋摊铺器的轴心线，即稍微看见螺旋叶片或刚盖住叶片为度。

b. 运输车辆必须对摊铺机有足够的持续供料量。因此，摊铺机前必须要有 2～3 辆自卸车等待卸料。

c. 测量沥青混合料的温度符合要求后，第一辆自卸车缓慢后退到摊铺机前，轻轻接触摊铺机后，挂空挡，向摊铺机受料斗中缓缓卸料，直到受料斗中料满即停止卸料。卸料不得过猛。

d. 摊铺机边受料边将混合料向后输送到分料室，并按事先确定的行驶速度起步摊铺混合料。起步时控制好熨平板的标高，并设两人专门看护传感器。

e. 摊铺机起步后边摊铺沥青混合料边推动自卸车前进，同时自卸车继续向受料斗中卸料。第一辆自卸车卸完料后立即离开摊铺机，同时第二辆自卸车立即倒退至摊铺机前 20～30 cm 处停止并挂空挡待卸料(摊铺机继续前进，当接触到第二辆自卸车时立即开始卸料)。摊铺机不得出现送料刮料板外露现象发生。

⑥接缝处理

a. 接缝位置：在施工结束时，摊铺机应在接缝近端部约 1 m 处将熨平板稍微抬起驶离现场，用人工将端部混合料铲齐后再予以碾压；随后用 3m 直尺检查平整度，并找出表面纵坡或厚度开始发生变化的横断面，趁尚未冷透时用锯缝机将此断面切割成垂直面，并将切缝靠端部一侧已铺的不符合平整度要求的尾部铲除，与下次施工时形成平缝连接。下次继续施工时，在切割面上涂上粘层油，并用热沥青将邻近接缝处已铺的沥青混合料加热。

b. 接缝方式：下面层可采用平接和斜接缝两种形式，且斜接缝长度宜为 0.4～0.6 m。

c. 接缝碾压：在预先处理好的接缝处，要求摊铺机第一次布满料时，不前行，用热料预热横向冷接缝至少 10 min(最好达 30 min)，并用温度最高的一车料开始摊铺。新铺面与冷铺面重叠 5 cm，碾压前用耙子剔除重叠部分大料，搂回细料，整平接缝并对齐，趁热横向碾压，且压路机大部分钢轮在冷铺面，新铺面第一次只压 15～20 cm，以后逐渐展向新铺面至全部在新铺面上为止(每次递增 15～20 cm)，再改为纵向碾压。

⑦摊铺作业注意事项

a. 设专人清扫摊铺机的两条履带前(或轮胎前)和浮式基准梁小车前的路面，保证摊铺机平稳行走。

b. 摊铺机操作人员注意“三点”观察，即螺旋输料器末端供料情况，整机转向情况和倾向指标计变化情况，出现意外立即处理。另设专人处理螺旋输料器末端的离析现象。

c. 在摊铺机的熨平板上，非本机操作人员不得站立和通行，以防止浮动熨平板瞬间下沉而影响路面平整度。

d. 设专人对摊铺温度、虚铺厚度等进行实际测量，并作好记录。

⑧自动调平装置的设置

a. 纵向参照基准的设置：ABG423 型及 S2100－C 型摊铺机具有自动调节摊铺厚度及找平的装置。在自动调平时，下面层采用一侧钢丝绳引导的基准线钢丝法高程控制方式。

b. 纵横向传感器的安置、使用和调整：安装纵、横向传感器的位置，应尽量靠近牵引长度的终端，纵向传感器的安装位置一般在牵引点上或牵引点与熨平板之间。在安装后要将它们调整在其“死区”的中立位置。调好后，拔出牵引臂锁销，将传感器的工作选择开关拨到“工作”位置，打开电源预热 10 min，即开始工作。

c. 横坡的控制：因路面一次摊铺较宽，横坡采用左右两侧的控制系统进行控制。直线段，给定设计横坡值进行自动控制；曲线段则加密桩号，并将横坡值记入表格，画出曲线图，由操作人员根据此资料进行控制。

⑨质量检查

a. 沥青混合料直观检查：正常的沥青混合料外观又黑又亮，运料车上混合料呈圆锥状或在摊铺机受料斗中“蠕动”。若混合料特别黑亮，表明沥青含量过大，或集料未充分烘干；若混合料呈褐色，暗而脆，粗骨料未被沥青完全裹覆，表明沥青含量过少，或拌和温度过高，或拌和不充分。

b. 混合料温度检查：正常情况下，一般冒出淡蓝色蒸汽。

c. 厚度检测：在摊铺作业过程中，应经常检查虚铺厚度，并与拟定的进行比较，发现问题及时解决。

d. 铺层表面检查：未压实的混合料表面结构无论是纵向或横向都应平整、均匀而密实，并无局部粗糙、小波浪撕裂或拉沟等现象。

4)碾压成型

沥青路面采用轮胎压路机及振动压路机联合碾压，其过程分为初压、复压、终压三个阶段。碾压设专人负责，并在开工前对压路机司机作好技术交底。每天施工前应事先作好准备工作，不得在新铺沥青路面上停车、加油和加水等。

①初压

初压须注意压实的平整性。初压采用12 t双钢轮振动压路机按2 km/h的速度静压2～3遍，碾压温度按110 ℃～140 ℃控制。碾压时，驱动轮在前静压匀速前进，后退时沿前进碾压时的轮迹行驶并可振动碾压。初压后检查平整度、路拱，必要时予以修正。

②复压

复压是压实的主要阶段，应在温度较高时并紧跟在初压后面进行，其温度一般不低于120 ℃～130 ℃。复压采用12 t双钢轮振动压路机与25 t轮胎压路机联合重力压实，碾压遍数根据试验段确定，一般不少于6遍。

③终压

终压是消除轮迹、缺陷和保证面层平整的最后一步。终压采用12 t双钢轮压路机静压2～3遍，碾压结束温度按100 ℃左右控制。

根据《公路沥青路面施工技术规范》(JTG F40—2004)第7.7.4条，不同阶段的压路机碾压速度控制见表12-13。

表12-13　压路机碾压速度(km/h)

碾压阶段 / 压路机类型	初压		复压		终压	
	适宜	最大	适宜	最大	适宜	最大
双钢轮压路机	2～3	4	3～5	6	3～6	6
轮胎压路机	2～3	4	3～5	6	4～6	8
振动式压路机	2～3 (静压或振动)	3	3～5 (振动)	5	3～6 (静压)	6

④压实方式

压路机在横坡方向上应由较低边向较高处碾压，双钢轮压路机每次碾压重叠量宜为30 cm左右。变更压道时，要在碾压区内较冷的一端关闭振动装置后进行。对未压实的边角处，用1～2 t人工手扶小型振动压路机或人工夯具等进行处理。

⑤碾压注意事项

a. 碾压过程为先静压、后振动压、最后再静压的过程进行。

b. 碾压时驱动轮靠近摊铺机，从动轮在后。

c. 后退时沿前进碾压的轮迹行驶。初压、复压及终压的回程不得在相同断面处，前后相距至少1 m。

d. 压路机的碾压速度与摊铺机匹配，并随摊铺机向前推进。

e. 碾压中，要确保压路机滚轮湿润，以免粘附沥青混合料，有时可间歇喷水，但不得过量。

f. 压路机不得在新铺混合料上转向、调头、左右移动位置、突然刹车和从刚碾压完毕的路段进出。

g. 当天碾压完成尚未冷却的沥青混合料面层上不得停放一切施工设备，压路机在已成型的路面上不得振动。在压实成型的沥青面层上必须经过完全冷却后方可开放交通。

⑥特殊路段的碾压

a. 弯道碾压

在弯道处碾压，先从弯道内侧或弯道较低一边开始，以利于形成支承边。压实中注意转向同速度相吻合，并尽可能振动，以减少剪切力。

b. 路边碾压

压路机在没有支承边时，可在离边缘20 cm处开始碾压作业。在接下来碾压留下的未压部分时，压路机每次只能向自由边缘方向推进 10 cm。

⑦提高压实质量的关键技术

a. 合理确定碾压温度

碾压温度是影响沥青混合料压实密实度的最主要因素。最佳碾压温度是批在材料允许的温度范围内，沥青混合料能够支承压路机而不产生水平推移、表面无开裂情况且压实阻力较小的温度。碾压温度按规范要求在 110 ℃～140 ℃之间进行控制，并尽可能提高复压和终压温度。一般来说，压路机尽可能靠近摊铺机进行碾压，达到密实度后，再以最少的碾压遍数进行表面修整，并可离摊铺机稍远一些。在实际施工中，要求在摊铺后及时进行碾压。

b. 选择合理的频率和振幅

采用振动压路机碾压沥青混合料，其振频多在于 40～50 Hz 的范围内选择，振幅多在 0.4～0.8 mm 内选择。

5)沥青混凝土中、下面层施工工艺见图 12-4。

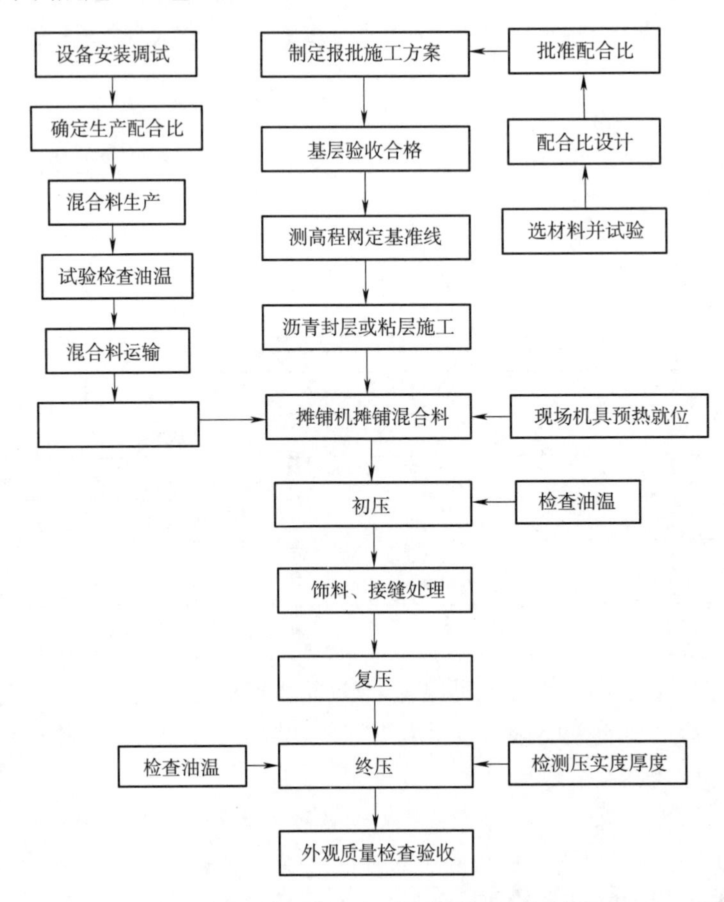

图 12-4 沥青混凝土中、下面层施工工艺流程

6)质量验收

沥青混凝土面层必须严格按施工技术规范的各种要求进行施工。经压实后，表面应平整密实，不应有泛油、松散、裂缝、粗细料明显离析等现象，搭接处紧密、平顺，烫缝不焦枯。

根据《公路工程质量检验评定标准》第 5.3.2 条，沥青混凝土面层的质量评定验收标准符合表 12-14 的要求。

表 12-14 沥青混凝土面层允许偏差表

序号	检查项目		规定值或允许偏差	检验方法和频率
1	压实度(%)		98	按 JTG F40—2004，每 200 m 每车道测 1 处
2	平整度(mm)	σ(mm) IRI(m/km)	1.2 2.0	平整度仪：全线每车道连续按第 100 m 计算 IRI 或 σ
3	弯沉值(0.01 mm)		≤竣工验收弯沉值	按 JTJ071—98 附录 I 和 JTJ059—95 要求检查

续上表

序　号	检查项目		规定值或允许偏差	检验方法和频率
4	抗滑	摩擦系数	符合设计	摆式仪：每 200 m 测 1 处 横向力系数车：全线连续
		构造深度		砂铺法：每 200 m 测 1 处
5	厚度(mm)	代表值	总厚度－8，上面层－4	按附录 JTJ071—98 附录 H 和 JTJ059—95 要求检查每 200 m 每车道测 1 点
		极值	总厚度－15，上面层－8	
6	中线平面偏位(mm)		20	经纬仪：每 200 m 4 处
7	纵断高程(mm)		±10	水准仪：每 200 m 4 断面
8	宽度(mm)	有侧石	±20	量尺：每 200 m 4 处
		无侧石	不小于设计值	
9	横坡(%)		±0.3	水准仪：每 200 m 4 断面

12.5.2.4　*沥青混凝土上面层施工*

(1)施工方案

本合同段路面上面层结构设计为 4 cm 厚 AC－13C 型细粒式 SBS 改性沥青混凝土。沥青混凝土上面层施工由拌和站集中拌制沥青混合料，通过自卸汽车将混合料保温运输至施工现场，采用一台摊铺机摊铺，压路机碾压成型。摊铺时采用非接触式平衡梁，重点控制沥青混凝土上面层厚度。

(2)机料配置

1)机械

提前对所用机械设备进行检修，确保所用机械以良好状态投入施工。所投入的主要机械设备有：沥青混凝土拌和楼 2 座(200 t/h)，沥青混合料摊铺机 1 台，双驱双振双钢轮压路机 3 台，轮胎压路机 2 台。

2)材料

①沥青：采用成品 SBS 改性沥青。沥青使用前对各项指标进行检测。

②粗集料：采用沿线玄武岩进行轧制，碎石材料开采先用鄂式破碎再经反击式破碎的两次破碎加工成的成品碎石，碎石加工设备生产能力不得小于 80 t/h 和 1000 m^3。振动筛的筛级、筛孔规格与尺寸均应与拌和楼振动筛的筛分级配吻合，加工碎石所用的振动筛和拌和楼振动筛的规格与尺寸均应满足配合比设计的级配要求。碎石进场前先进行强度、磨光值、压碎值、磨耗值、粒径等各项指标试验，合格并经监理工程师批准后才能使用。严格控制各档规格的碎石粒径，含泥量控制在允许值以下。

③细集料：采用机制砂，细集料应洁净、干燥、无风化、无杂质，含泥量不超过 3%，并有适当颗粒组成。

④填料：填料选用石灰岩石料磨细得到的矿粉。

⑤抗剥落剂：为保证矿料与沥青之间的粘附能力达到设计要求，根据石料特点，应加入用量 0.3%左右的抗剥落剂。

(3)沥青混合料配合比设计

沥青混合料配合比设计按设计与《公路沥青路面施工技术规范》(JTG F40—2004)的规定进行。

(4)施工准备

中面层及粘层经验收合格后，开始沥青混凝土上面层施工；如有缺陷则进行修整、弥补，再经监理工程师验收。

(5)改性沥青混合料的拌和与运输

1)拌和

改性沥青混合料的拌和由沥青混凝土拌和站集中拌制生产。生产改性沥青混合料时，按改性沥青所试验合格的加工工艺及试验段试办混合料的生产工艺进行生产。改性沥青混合料的拌和温度及拌和时间应根据试验段试拌所得出的结果确定，一般改性沥青混合料的拌和温度比普通沥青混合料拌和温度高 10～20 ℃，拌和料的出场温度应控制在 170～185 ℃。

拌和好的混合料应均匀一致，无花白料，无结团成块或严重的粗细料分离现象，且结合料不产生老化，不符合要求的混合料不得使用。改性沥青混合料应随拌随用，如不能立即铺筑，贮存时间不能超过 24 h，且贮存期间温降不超过 10 ℃。

沥青混合料的生产，必须经质量检查员检验合格（包括试验抽提检验合格）后方可出场，并每天按类别出据产品合格证。

2）运输

改性沥青混合料由自卸车运输到摊铺现场，运输能力与生产及摊铺能力相匹配。每天将车槽清理干净。为便于卸料，车厢底板和侧板抹一层油水混合液（排除积液）。从储料仓向运料车上放料时，应每卸一斗混合料挪动一下车位，以减少粗细集料的离析现象。连续摊铺过程中，运料车应在摊铺机前 10～30 cm 处停住，不得撞击摊铺机。卸料过程中运料车应挂空档，靠摊铺机推动前进。

（6）改性沥青混合料的摊铺与碾压

1）摊铺

改性沥青混合料的摊铺采用一台摊铺机摊铺。根据拌和能力及运输情况，摊铺速度宜控制在 2～3 m/min，保持匀速、连续、不间断地摊铺。摊铺温度宜为 170～180 ℃，不得低于 160 ℃。当地面温度低于 10 ℃时，以及雨天、地面有水或很湿时不得铺筑。摊铺前对熨平板预热不低于 100 ℃，起步应缓慢，运行平稳，对铺筑层随时检查其宽度、厚度、平整度、横坡，发现问题及时调整。

2）碾压

改性沥青混合料的压实应在摊铺后立即进行。碾压机械的组合及碾压遍数、碾压温度等根据试验段总结确定。碾压以组合梯队进行，分初压、复压、终压成型三个阶段，在初压和复压过程中，采用同类型的压路机并列成梯队压实。初压紧跟摊铺机后进行，采用双钢轮压路机或三轮压路机静压两遍，初压温度不宜低于 160 ℃，碾压速度控制在 1.5～2 km/h，并始终保持匀速碾压，不得急停或突然启动，碾压重叠宽度不宜小于 20 cm，并使压路机驱动轮始终朝向摊铺机。复压紧接在初压后进行，采用轮胎压路机碾压 2～4 遍，直至达到要求密实度。复压温度不宜低于 150 ℃，速度控制在 3～4 km/h。终压在复压后进行，选用宽钢轮压路机静压 1～2 遍至表面无明显轮迹，碾压速度为 1.5～2 km/h，终压温度不得低于 120 ℃。改性沥青混合料不宜过压，应控制好碾压遍数并用核子密度仪进行监测。对拐角等压路机碾压不到的地方，可用振动夯板及小型压实机具进行充分压实。

（7）横向接缝的处理

铺筑工作应合理安排，尽量减少施工缝，施工缝做成横向直接缝。上、下层的横向接缝错位 1 m 以上。横缝采用直茬热接。在每天摊铺结束前，在预定摊铺段的末端先铺上一层牛皮纸，摊铺碾压成型，下次施工前用三米直尺量找平，把平整度未达标的部位用切割机横向切齐，把牛皮纸上混合料铲除干净，注意结合平顺，用拖把洗干净后用森林灭火器风干。摊铺前，用喷灯将接缝处路面加热。摊铺时应掌握好松铺厚度和横坡度，以适应已铺路面的高程和横坡。压实时，应对接缝处用钢轮压路机反复横向压实，压路机不易压实处用人工夯实、熨平，直至接缝处路面平整度达到要求为止。

（8）养护及交通管制

碾压结束后实行交通管制，禁止车辆通行。待沥青混凝土下面层温度降至自然温度时，方可开放交通。在未开放的路段上设置路障，禁止车辆驶入。随时检查施工机械是否有漏油现象，禁止非施工车辆上路，避免给沥青路面造成污染。

12.5.2.5 隧道 CRM 薄层抗滑层施工

根据设计文件，在长、特长隧道洞口 300 m 长度范围内水泥混凝土面板上设置 CRM 薄层抗滑层。CRM 薄层抗滑层的抗拉强度≥2.0 MPa，纹理深度≥2.0 mm。

（1）施工准备

施工前用打砂机打磨基面，去掉表面浮浆，并使基面有一定的粗燥度，且保持基面干燥。

（2）材料

CRM 的原材料是由 A、B 两种液体基料、填料和耐磨碎石组成，A 液体基料以环氧树脂为主体，B 液体基料为固化剂。

填料采用 0.075～0.6 mm 的天然砂或人工砂。耐磨碎石料粒径为 3～5 mm。

（3）配合比组成设计

根据设计文件，确定 A、B 液体及填料混合比例，并报请监理批准。

（4）施工

施工时天气必须是晴天或阴天，气温在5 ℃以上。

施工时将A、B组分在规定的容器内混合并搅拌，搅拌时间为2～4 min，不超过5 min。立即添加填料后继续搅拌3～5 min，不能超过7 min，搅拌完毕后立即摊铺，摊铺时间不能超过10 min，摊铺结束后立即撒上耐磨碎石。对于翻油的地方，需补撒耐磨碎石，直到没有翻油的现象发生为止。

(5)养护及交通管制

在施工结束后，加强养护，在确定CRM薄层抗滑层已经完全固化后方可开放交通。

12.5.3　一般工程项目施工方法、工艺流程及施工技术措施

12.5.3.1　桥面防水黏结层施工

(1)施工方案

桥面防水黏结层施工前采用机械进行喷砂处理桥面混凝土，以增加桥面混凝土的粗燥度。防水涂层材料采用高聚物沥青基及水泥基涂膜类材料，喷涂时采用机械分三层喷涂。

(2)施工准备

1)材料准备：根据桥面面积准备相应充足数量的桥面专用防水材料。

2)人员、设备准备：根据施工需要，合理配置施工人员及设备。

(3)桥面喷砂处理

1)桥面喷砂处理采用专用喷砂机械进行处理。

2)喷砂结束后用清扫机密排清扫一遍，然后用吹风机吹干净，在进行桥面防水喷洒前再次清扫。

3)桥面特殊部位：泄水口、伸缩缝、防撞墙角边处用等用刷子和斧头做特殊处理。

4)喷砂后桥面构造深度≥1.2 mm。

(4)桥面防水黏结层施工

1)桥面表面经喷砂处理后，报监理验收合格后，才能进行面防水工程喷涂施工。

2)桥面喷涂施工时，桥面表面必须干燥、整洁。

3)防水层施工时最低气温不应低于－5 ℃，雨大、大雾及五级风以上不得施工。

4)施工时首先将准备好的涂料搅拌均匀，使之无沉积物，然后启动喷涂机。喷涂时分三次喷洒，在喷涂时下一层时必须等前一层实干后才能喷涂。

5)喷涂质量要求：喷涂均匀，表面不流淌、堆积，不出现漏喷现象。

(5)养护及交通管制

喷涂结束后，自然养护24 h以上，在养护期间设专人防护，禁止车辆通行，防水层严防上人踩踏，要确保防水层的质量。防水层实干后，方可进行桥面铺装层施工。

12.5.3.2　水泥混凝土面层施工

(1)施工方案

收费站及连接线路面面层设计为水泥混凝土面板。水泥混凝土面板施工采用成套小型机具铺筑，即由拌和站集中拌制混凝土，混凝土搅拌运输车将混凝土运至现场后，专人指挥泵送卸料，人工进行布料摊铺，通过插入式振捣棒、振动板与振动梁振实，振实后拖动滚杠提浆整平。养护采用保湿覆盖养生。

(2)施工工序

施工准备→安装模板→安设传力杆→混凝土的拌和与运送→混凝土的摊铺和振捣→接缝的处理→表面整修→混凝土养生与填缝

(3)施工作业

1)施工准备

通过试验和试配确定混凝土配合比，混凝土的设计强度以28天龄期的抗折强度为标准。在混凝土板施工前，对基层的宽度，路拱，标高，表面的平整度和压实度进行检查，达到合格。且在基层表面撒水润湿，以免混凝土板产生裂缝。

2)安设边模

边模采用槽钢，按预先测定的位置安放在基层上，两侧用铁钎固定。模板顶面用水准仪检查标高，符合设计高度。模板内侧涂刷脱模剂，以便利拆模。

3)安设传力杆

水泥混凝土路面和沥青混凝土路面接头处设置胀缝，相邻两杆的滑动端与固定端颠倒。传力杆两端固定在钢筋支架上，支架脚插入基层内。

4)制备与运送混凝土混合料

混凝土采用混凝土拌和站集中生产，混凝土拌制要严格控制配合比，其水灰比为 0.5，坍落度选用 5～20 mm，混凝土搅拌运输车将混凝土运至现场，混凝土泵车输送。

5)摊铺和振捣

混凝土运到施工现场后，用混凝土泵车向安装好侧模的路槽内输送混凝土，并用人工找均匀。考虑到混凝土振捣后的沉降量摊铺，虚高可高出设计厚度的10%左右。

混凝土振捣采用平板振捣器、插入振捣器、振动板、振动梁配套作业。一次摊铺，先用平板振捣器振实，在面板的边角部、雨水口、检查井附近，以及安设钢筋的部位，振捣不到之处可用插入式振捣器进行振实。平板振捣器在同一位置停留时间一般为 10～15 s，以达到表面振出浆水，混合料不在沉落为度。平板振捣后，再将振捣梁两端搁在侧模上，沿摊铺方向振捣拖平。拖振过程中，多余的混合料随着振捣梁的拖移而刮去，低陷处随时补足。随后，再用直径 75～100 mm 的无缝钢管沿纵向滚压一遍。在摊铺或振捣混合料时，不要碰撞模板和传力杆，以免其移位。

浇筑混凝土应连续浇筑，如必须间歇，其间歇时间应尽量短，并应在前层混凝土凝结前，将次层混凝土浇筑完毕，如超过混凝土终凝时间，应预留预缩缝。

6)表面整修

混凝土终凝前必须用电动抹面机，装上圆盘即可进行粗光，然后用拖管带横向轻轻拖拉若干次。为保证行车安全，使混凝土表面粗糙抗滑，拉毛采用金属丝梳子梳成深 1～2 mm 的横槽。

路面侧模板的拆除时间，当施工期间日均温度不大于 15 ℃，拆模时间不得少于 2 天。大于 15 ℃拆模时间不得少于 1 天。拆模后应及时做好路面边缘的保护工作。

7)养生与填缝

为防止混凝土中水分蒸发过速产生缩裂，并保证水泥水化过程顺利进行，混凝土应及时养生。混凝土抹面 2 h 后，当表面已有相当的硬度，用手指轻压不无痕迹时即可养生。采用覆盖塑料布保湿养生。

在混凝土初步结硬后及时进行填缝。先将缝隙中的泥砂杂物清除干净，再浇灌填缝材料，填缝材料应与混凝土缝壁粘附紧密，其灌注深度为缝宽的 2 倍，当深度大于 30～40 mm 时，填入多孔柔性衬底材料。

12.5.3.3 其他工程施工

培土路肩、路缘石、路面横向排水工程等在不影响主体工程施工的同时，组织多条平行线进行施工作业。

12.6 施工进度计划

12.6.1 项目施工工期总目标

根据路基施工进度情况，我部将细化施工组织设计，合理配置人员及设备，兑现业主的节点工期，确保2007 年年底通车目标。

施工进度计划如图 12-5 所示。

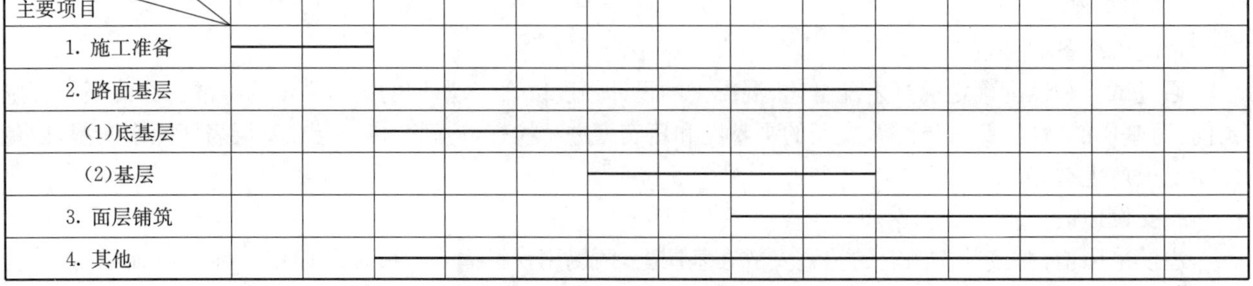

年度 / 月份 / 主要项目	2006 年						2007 年							
	7	8	9	10	11	12	1	2	3	4	5	6	7	8
1. 施工准备														
2. 路面基层														
(1)底基层														
(2)基层														
3. 面层铺筑														
4. 其他														

图 12-5 施工进度计划横道图

12.6.2　各阶段、节点工期安排

由于 2006 年路基单位未能提供路面施工断面，项目部仅完成备料约 20000 方，导致 2007 年路面施工工期压力巨大。

12.6.2.1　*施工准备*

按投标合同承诺，上足相应管理人员和机械设备，正常有序开展各项施工准备工作。

12.6.2.2　*水泥稳定级配碎石底基层*

计划在三个月内完成：2007.3.1～2007.5.31。

试验段：2007 年 2 月 20 日。

12.6.2.3　*水泥稳定级配碎石基层*

计划在三个月内完成：2007.6.1～2007.8.31。

试验段：2007 年 5 月 20 日。

12.6.2.4　*沥青混凝土下面层*

计划在两个半月内完成：2007.7.1～2007.9.15。

试验段：2007 年 6 月 20 日。

12.6.2.5　*沥青混凝土中面层*

计划在二个月内完成：2007.8.1～2007.9.30。

试验段：2007 年 7 月 20 日。

12.6.2.6　*沥青混凝土上面层*

计划在二个月内完成：2007.9.16～2007.11.15。

试验段：2007 年 9 月 10 日。

12.6.2.7　*路面排水和中央分隔带及土路肩*

路面排水、中央分隔带及土路肩施工安排：2007.3.1～2007.11.30。

12.6.2.8　*其他工程*

其他工程施工根据施工进度合理安排，以保证施工顺利进行。

12.6.3　重难点及控制性工程施工进度计划安排

路面施工重点为主线各结构层，即主线底基层、基层、面层，其进度计划安排同上 6.2 节内容。

12.6.4　一般工程施工进度计划安排

路面排水、中央分隔带及土路肩施工紧跟主线施工，匝道、收费广场、混凝土路面穿插主线各结构层，灵活安排施工，确保主线施工顺利进行。

12.7　主要资源配置计划

12.7.1　施工管理及技术人员配置计划

施工管理及技术人员配置计划见表 12-15。

表 12-15　施工管理及技术人员配置计划表

序号	岗位职务	人数
1	经理	1
2	副经理	2
3	书记	1
4	总工	1
5	副总工	1
6	质检	1
7	路面工程	2
8	内业	3
9	试验	15
10	计合	1
11	安全/机电	2
12	综后	1
13	测量	8
14	领工	7
15	材料	7
合计		53

12.7.2　劳动力组织计划

根据路基交验情况和节点工期的要求，灵活调整劳动力，确保工程按期顺利推进。劳动力需求计划见表 12-16。

表 12-16 劳动力需求计划表

工 种	按工程施工阶段投入劳动力情况(单位:人)			
	2007 年			
	1 季度	2 季度	3 季度	4 季度
管理人员	20	30	30	30
钢筋工	5	20	20	20
混凝土工	10	40	40	40
木工	10	20	20	20
试验工	5	15	15	15
电工	5	10	10	10
测量工	5	10	10	10
焊工	5	10	10	10
机械工	20	60	60	40
普工	30	145	145	90
合计	115	360	360	285

12.7.3 主要机械设备配置

12.7.3.1 施工机械配置

根据本工程的实际情况及具体要求,对机械设备作了合理配置。

主要施工机械配置见表 12-17。

表 12-17 主要施工机械配置表

序号	设备名称	型号规格	数量	国别产地	制造年份	额定功率(kW)	生产能力	用于施工部位	备注
1	沥青拌和楼	ACP4000	1	英国	2010	888	320 t/h	沥青面层	
2	摊铺机	ABG525	4	德国	2009	186	13.5 m		
3	双钢轮振动压路机	DD130	4	英格索兰	2009	130 kW	13.4 t		
4	双钢轮振动压路机	DD110	2	英格索兰	2009	93.2 kW	11.3 t		
5	胶轮压路机	Xp300	4	徐工	2009	132 kW	30 t	沥青下中面层	
6	震荡压路机	HD120	2	德国	2009	110 kW	12 t	SMA 路面层	
7	智能沥青撒布车	JG51100GLQ	1	山东奥邦	2009	220 kW	12000 L	透层 粘层	
8	稀浆封层车	XZJ5310TFC	1	徐工	2009	93 kW	2.4~4.2 m	封层	
9	水稳拌和楼	WCB500	2	成都	2008	168 kW	500 t/h	基层	
10	摊铺机	ABG423	4	德国	2008	237 kW	12 m	基层	
11	单钢轮压路机	YZ25	4	成都	2008	141 kW	击振力 45 t	基层	
12	胶轮压路机	XP261	4	徐工	2008	115 kW	26 t	基层	
13	洒水车	SCZ5141GSS	2	四川	2008		8000 L	基层	
14	自卸汽车	FM12	25	瑞典	2008	279 kW	22.5 t	基层	
15	自卸汽车	CQ30	25	四川	2008	206 kW	17 t	沥青面层	
16	装载机	ZL50C	14	常林	2007	154 kW	$3m^3$	拌和站	
17	发电机	500GF	2	中国	2008		500 kW	拌和站	
18	变压器	S11-1250	1	中国	2009		1250 kVA	拌和站	
19	变压器	S11-500	2	中国	2010		500 kVA	拌和站、经理部	

12.7.3.2 试验及测量仪器配置

根据本工程的实际情况及要求,对试验及测量仪器作了合理配置。

主要试验及测量仪器配置见表12-18。

表12-8　主要试验及测量仪器配置表

序号	仪器设备名称	型号规格	数量	国别产地	制造年份	用途	备注
1	真空干燥箱	DZF-6050	2	中国	2006年	基层、面层	
2	电脑沥青针入度仪	LZQ-2D	1	中国	2006年	面层	
3	电脑沥青软化点仪	SLR-Ⅲ	1	中国	2006年	面层	
4	克利夫兰开口闪点试验器	LR-III	1	中国	2003年	面层	
5	沥青旋转薄膜烘箱	85型	1	中国	2005年	面层	
6	调温调速沥青延伸度测定仪	WMIK-10	1	中国	2005年	面层	
7	多功能恒温水浴	HWY-10	1	中国	2006年	面层	
8	车辙试样成型机	STXC-1	1	中国	2004年	面层	
9	车辙试验仪	SYD-0719	1	中国	2006年	面层	
10	标准恒温水浴	SPH-110S	1	中国	2006年	面层	
11	电脑马歇尔稳定度仪	DF-3	1	中国	2006年	面层	
12	电热恒温干燥箱	PH030	1	中国	2006年	面层	
13	自动沥青混合料拌和机	BH-20L	1	中国	2004年	面层	
14	马歇尔电动击实仪	LD139-1	1	中国	2006年	面层	
15	沥青混合料理论密度测定仪	SLDLM-2	1	中国	2006年	面层	
16	全自动沥青混合料抽提仪	LCH-Ⅱ	1	中国	2006年	面层	
17	浸水电子天平	MP51001	1	中国	2003年	面层	
18	马歇尔成型仪	MDJ-Ⅱ	1	中国	2005年	面层	
19	电动脱模器	LD-141	2	中国	2005年	面层	
20	沥青混合料温度计	0-300 ℃	20	中国	2006年	面层	
21	电子温度计	30-500 ℃	10	中国	2004年	面层	
22	沥青比重瓶	10ml	10	中国	2006年	面层	
23	沥青石子集料筛	φ300	2	中国	2006年	面层	
24	水泥试验压力机及附件	Ⅰ级	1	中国	2006年	基层	
25	水泥胶砂抗折试验机	DK2-5000	1	中国	2006年	基层	
26	水泥胶砂试模	40×40×160 mm	10	中国	2004年	基层	
27	水泥标准养护箱	GF-A	1	中国	2006年	基层	
28	雷氏沸煮箱	FZ-31A	1	中国	2006年	基层	
29	雷氏夹测定仪	LB-50	5	中国	2006年	基层	
30	水泥净浆搅拌机	NT-160A	1	中国	2003年	基层	
31	水泥胶砂实体振实台	ZT-96	1	中国	2005年	基层	
32	水泥胶砂搅拌机	JJ-15	1	中国	2005年	基层	
33	水泥细度负压筛析仪	FSY-150B	1	中国	2006年	基层	
34	砂浆稠度仪	1 mm	1	中国	2004年	基层	
35	砂浆搅拌机	HJLS	1	中国	2006年	基层	
36	标准养护室全自动设备	BYS-II，30㎡	1	中国	2006年	基层	
37	水泥标凝时间测定仪		2	中国	2006年	基层	
38	混凝土试模	150×150×150	10	中国	2006年	基层	
39	水泥含量测定仪	EL34-2140	1	中国	2004年	基层	
40	砂浆抗压强度试模	7.07 m×7.07 m×7.07 m	10	中国	2006年	基层	
41	万能材料试验机及附件	WE-1000	1	中国	2006年	基层	
42	液压式压力试验机	NYL-2000D	1	中国	2006年	基层	

续上表

序号	仪器设备名称	型号规格	数量	国别产地	制造年份	用途	备注
43	路面弯沉仪	LW-1	1	中国	2003年	基层面层	
44	路面抗渗仪	HS-4	1	中国	2005年	面层	
45	手动铺砂仪	LD-138	2	中国	2005年	面层	
46	全自动平整度仪	YLPY-F	1	中国	2006年	基层面层	
47	取芯机	HZ-20	2	中国	2004年	基层面层	
48	摆式摩擦系数测定仪	BM-5	1	中国	2006年	面层	
49	路面构造深度仪	GS-1	1	中国	2006年	面层	
50	多功能电动击实仪	LD-140Ⅲ	1	中国	2006年	基层面层	
51	电动脱模器	LD-141	1	中国	2006年	基层面层	
52	洛杉矶磨耗机	DM-Ⅱ	1	中国	2004年	基层面层	
53	液塑限联合测定仪	TYS	1	中国	2006年	基层	
54	电热鼓风干燥箱	DHG9053A	1	中国	2006年	基层面层	
55	砂当量试验仪	SD-1	1	中国	2006年	面层	
56	压碎值试验仪	SH-1	2	中国	2003年	基层面层	
57	电子分析天平	FA2104S	1	中国	2005年	基层	
58	电热鼓风干燥箱	GW-2BS	1	中国	2005年	基层面层	

12.7.4　主要物质供应计划

(1)所有材料均采取专人进行，货比三家采购或自行加工的方法，保证施工期间材料的供应。

(2)为保证工程质量，施工所用沥青、钢材、水泥料等主要建筑材料选择多家合格厂家或供应商实行招标采购，并将确定材料供应商名单报业主及公司批准。

(3)工程所用砂、碎石、片石：沿线砂石料供应丰富，就近购买或自行开采加工，汽车运工地。

12.7.5　资金需求计划

按照施工进度要求，提前进行资金计划，按月、季、年进行，确保工程施工顺利进行。其资金使用计划如图12-6所示。

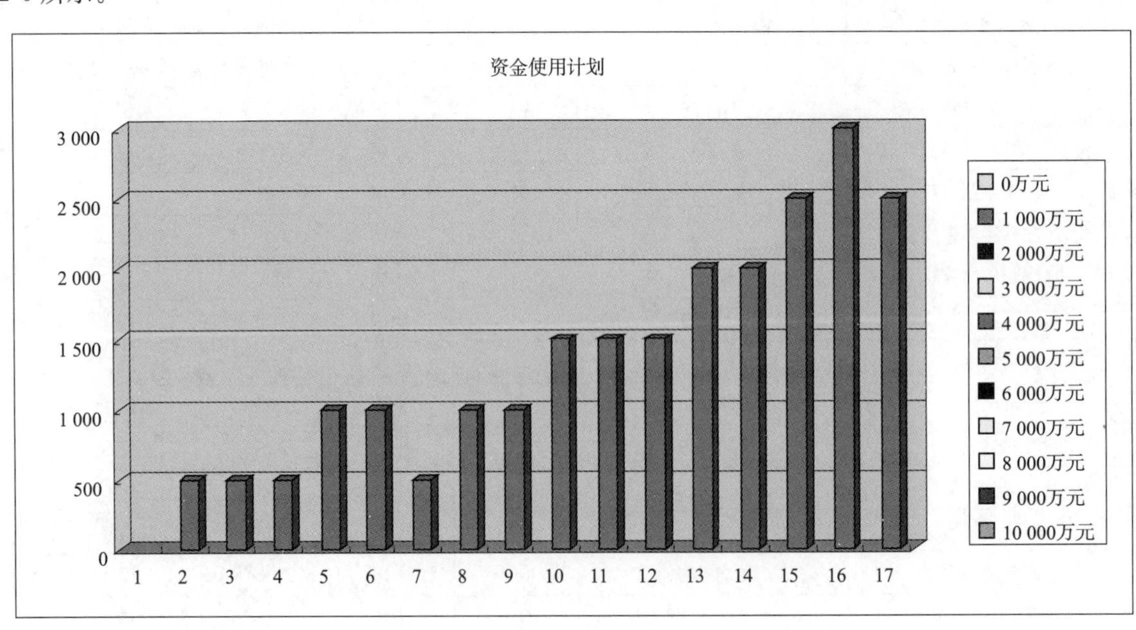

图12-6　资金使用计划

12.8　施工现场平面布置

12.8.1　平面布置原则

采取合理运距和就近、少占地、远离城镇居民和居民区的原则，力争在互通立交和废弃场地设拌和站，确保临时占地费用少、污染小。

12.8.2　临时工程设施布置说明

临时房屋采取就近租赁和临时修建，施工便道充分利用原有村镇和路基施工便道，水电采取就近接入或T接方式。

12.8.2.1　临时驻地生活、生产房屋

结合施工现场的情况，经理部和各作业队住房就近租屋或修建彩钢板房。所有生产、生活污水经沉淀处理后，汇入排水系统排放。

12.8.2.2　施工便道

本标段场内场外运输及施工便道利用现有道路，经理部和各拌和站、预制场等就近引入施工便道，以保证施工场地内便道全线贯通。

(1)施工便道：新建临时施工便道。

(2)便道标准：每间隔200 m设置错车带一处。便道为砂砾基层，20 cm厚碎石路面，同时按四级公路标准进行养护管理，以保证本工程施工现场临时道路畅通，工程完工后，恢复原状。

12.8.2.3　经理部、取料场、混凝土、生产及供应拌和站设置

(1)经理部设置：项目经理部驻地设置在K130＋400高安互通外村民民房内，采用租赁形式，其他拌和站就近修建采钢房，面积1500 m^2。

(2)料场设置：采用垫江县城山顶石灰岩石场。

(3)混凝土生产及供应：由于场地限制，线路较长，本标段不设混凝土集中拌和站，所用混凝土工程，采用强制式拌和机分段拌和或在收费广场拌和，小型汽车转运到现场。

(4)沥青、水稳拌和站设置：沥青、水泥稳定底基层、基层拌和站分别设在K130＋400左侧(高安互通内)和县城黄沙转盘原废弃拌和场内，距离主线K145＋000约5 km。

沥青、水稳拌和站内采用C20混凝土进行硬化10 cm处理，便道采用C20混凝土进行硬化，厚20 cm处理；料仓隔墙采用C15片石混凝土(厚30 cm，高250 cm，长70 m)，料仓场地铺砂碎砾石。各设地磅一台(80 t)。

12.8.2.4　预制场

本合同段附属工程预制块采用在各拌和站或主线就近预制，预制场表面采用C15混凝土硬化，厚10cm。

12.8.2.5　施工及生活用水

全线水源丰富，拌和站或施工现场就近抽水取用。

12.8.2.6　施工及生活用电

项目区内电力资源较为丰富，采用网络电就近T接；各沥青、水稳站各配备一台1250 kW变压器，其他预制场和现浇施工，采用小型发电机，依据实际情况进行增减，以满足现场施工。

12.8.2.7　施工通讯

项目经理部和各作业队主要人员配备手机，24 h不关机，保证通讯和信息畅通。

12.8.2.8　取、弃土场

沿线经过大量的村镇和人口密集区，路面施工过程中严禁乱挖乱弃。设置弃料场位置尽量远离村镇和耕地、水田，全线拟设弃料场21处，主要是保证路面工程施工废料的堆放，临时占地1.5亩，弃料后对弃料场进行覆盖处理，并进行绿化，以满足要求。

12.8.3 平面布置图

施工总平面布置图如图 12-7 所示。

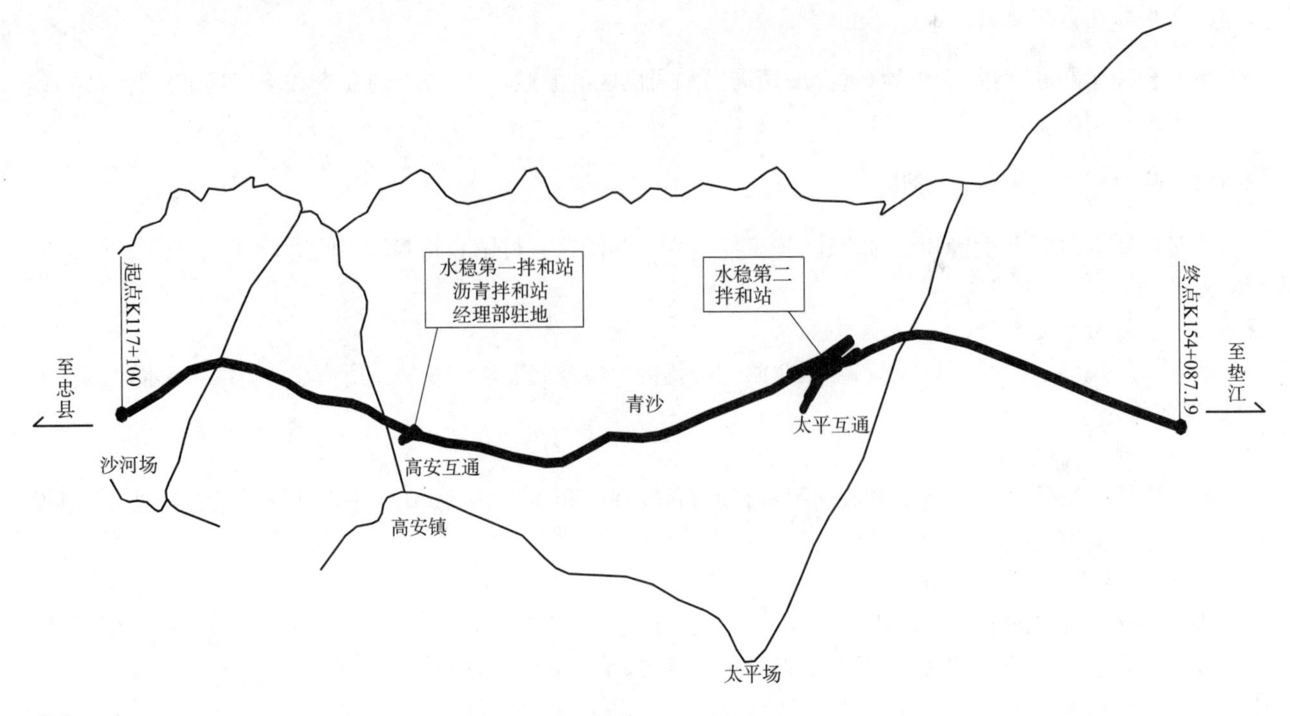

说明：

1. 经理部驻地、作业队驻地、沥青拌和站、第一水稳拌和站、中心试验室设于高安互通处，占地80亩；第二水稳拌和站设于太平互通处，占地40亩。
2. 办公生活用房采用彩塑钢板房，合计1 500 m²；生产用房采用砖混房屋，合计2 000 m²。
3. 驻地与拌和站（停车场和进出场道路）采用20 cm（15 cm）水泥稳定碎石基层+26 cm（20 cm）混凝土面板进行硬化处理。
4. 驻地与拌和站生产生活用水采用打井抽水，并设置蓄水池。
5. 生产生活用电在附近高压线上挂接，沥青拌和站、第一水稳拌和站内安装4座500 kVA变压器，第二水稳拌和站安装250 kVA变压器1座。
6. 运输道路利用既有路网和一期路基施工单位修建的便道及成型路基。

图 12-7 施工总平面布置图

12.9 工程项目综合管理措施

工程项目综合管理措施主要包括进度控制管理、工程质量管理、安全生产管理、职业健康安全管理、环境保护管理、文明施工管理、节能减排管理等内容。详见附录 2。

第 13 章　成都市红星路南延线府河桥施工组织设计

13.1　编制说明

13.1.1　编制依据

(1)工程建设现行的法律、法规、标准、规范等；

(2)工程设计文件；

(3)工程施工合同、招投标文件和建设单位指导性施工组织设计；

(4)施工调查报告；

(5)现场社会条件和自然条件；

(6)本单位的生产能力、机具设备状况、技术水平等；

(7)工程项目管理的规章制度。

13.1.2　编制原则

(1)严格遵守工程合同要求工期和本合同承诺的施工期限，合理安排施工程序与顺序，保证各施工项目相互促进，紧密衔接，避免不必要的重复工作，加快施工进程。

(2)施工总体布置体现统筹规划、布局合理、节约用地、减少干扰和避免环境污染。

(3)贯彻节材、节能、提高质量、增进效益的原则，充分性应用"新材料，新设备、新工艺、新技术，降低工程成本。

(4)遵循事实求是的原则，在编制施工组织设计时，根据该标段工程特点，从实际出发、科学组织，均衡施工，达到快速、有序、优质、高效。

(5)遵循"安全第一、防治结合"的原则，从制度管理资源配制制定切实可行的措施，确保安全施工，服从建设单位及监理工程师的监督指导，严肃安全纪律，严格按照规章程序办事。

(6)遵循科技是第一生产力原则，在编制施工组织设计文件时，充分应用新技术新工艺、新设备、新材料四新成果，发挥科技在施工生产中的先导作用。

(7)遵循专业化队伍和综合管理，在组织施工时，以专业化队伍为基本形式，配备充分的施工机械设备，同时采取综合管理手段合理调配，以达到整体优化的目的。

(8)遵循贯标机制的原则，确保 ISO9002 质量标准体系在本项目自始至终得到有效运行。

13.1.3　编制范围

本施工组织设计适用于成都市红星路南延线府河桥施工。

13.2　工程概况

13.2.1　项目基本情况

红星路南延线是天府新区高新片区"三横三纵"道路之一。"三横三纵"道路是天府新区高新片区的重大基础设施工程，建成后将形成综合的骨干路网，天府新区内规划主干路和"三纵七横"快速路网的重要组成部分，是构建天府新区规划"高端服务功能聚集带"和"天府新城"的重要城市骨干道路，也是连接"两翼"和多个"产城功能区"的交通动脉，对于打造天府新区乃至成都市发展轴线，构建天府新区高标准基础设施体系，形成支撑"再造一个产业成都"的强大产业承载能力，具有极其重要的意义。红星路南延线跨府河大桥为红星路南延线的重点工程。

13.2.2 工程概况

13.2.2.1 工程简述

府河大桥采用(44+150+55)m的孔跨布置，全桥共长249 m。其主跨采用曲线梁非对称外倾拱桥(非对称肋拱桥)，以理论支承位置桩号划分。主跨位于曲线半径为R=600 m圆曲线内，两侧边跨分别位于缓和曲线上，桥梁轴线与府河主航道流向斜交46°。如图13-1、图13-2所示。

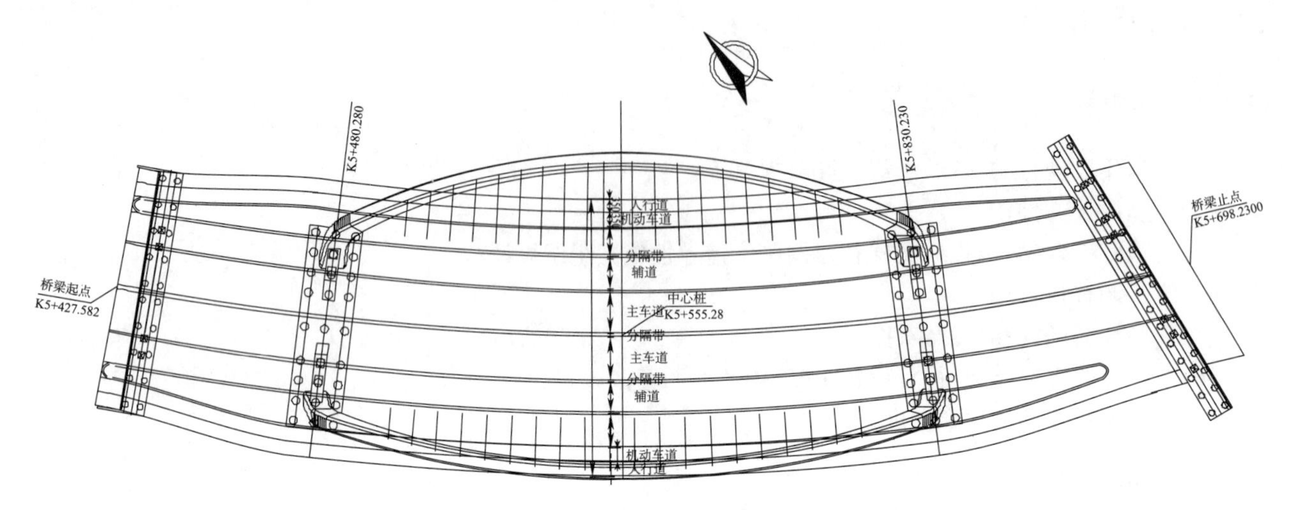

图13-1 高新区红星路南延线跨府河桥梁平面

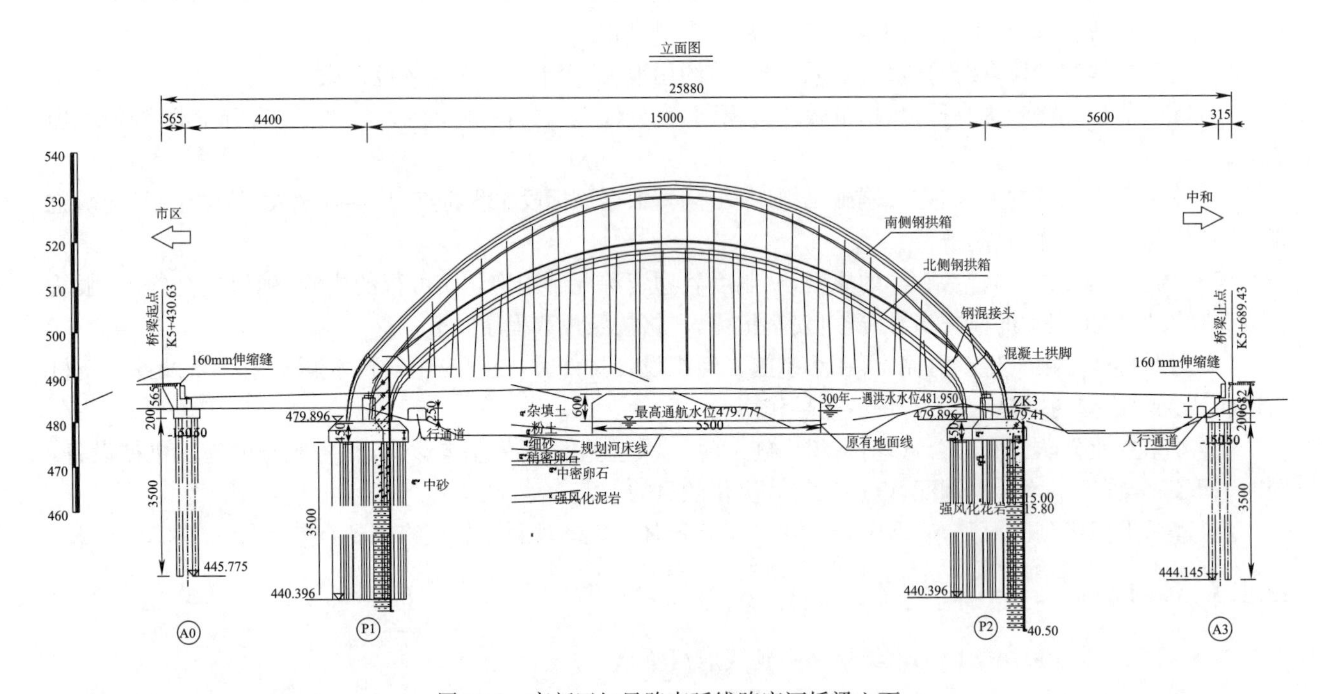

图13-2 高新区红星路南延线跨府河桥梁立面

主跨主梁位于平曲线内，南北两条独自向外倾斜的拱肋，分别位于各自的倾斜平面内，且外倾角度不同，分别为18°(南拱)、30°(北拱)，拱肋间没有任何横向联系，两条拱肋于主梁下交汇，于拱顶遥相分隔，通过倾斜的吊索支承主梁。如图13-3所示。

主梁采用双纵箱+格子梁结构形式，为三跨连续全钢结构，如图13-4所示。在两岸桥台位置设置伸缩缝。拱肋由混凝土拱脚段和钢箱拱肋段组成，混凝土拱肋与P1和P2桥墩连为一体。

桥墩采用板式墩，桥台采用重力式台。除A3号桥台斜交布置外，其余桥墩和桥台均径向布置，均采用承台群桩基础。

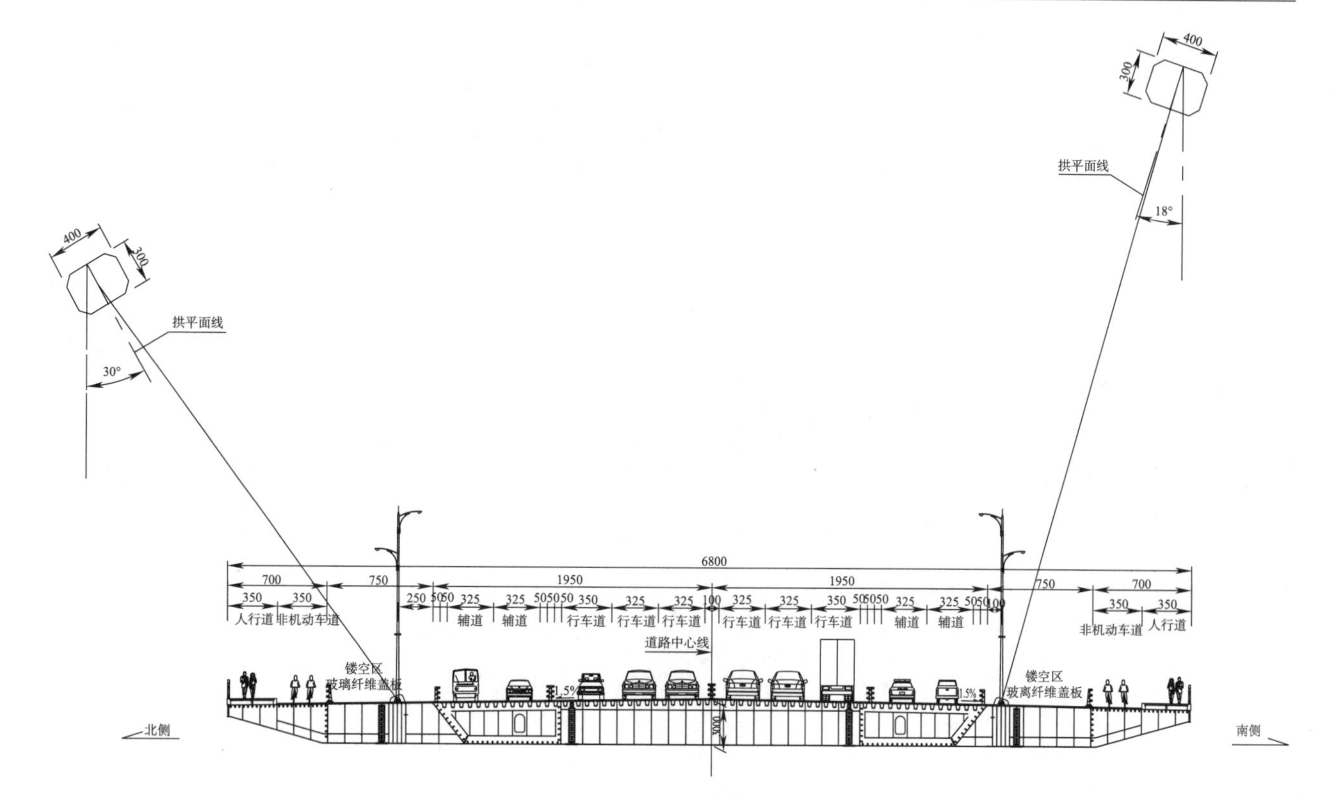

图 13-3　桥梁主跨跨中横断面

图 13-4　钢箱梁模型示意

13.2.2.2　主要工程量

红星路南延线跨府河桥梁主要工程数量见表 13-1。

表 13-1　红星路南延线跨府河桥梁主要工程数量表

工程细目		下部结构											上部结构					合计
		桩基	台帽	耳墙	牛腿背墙	承台	主墩及垫石	挡块	搭板	混凝土拱肋	楔块	系杆锚块	吊索	系杆	弹性索	钢拱	钢梁	
钢筋(kg)																		
HRB335	Φ12	40509	58714	96	1015	15932			1172	1633								119072
	Φ16	109092	29316	2718	30934	24976	67434	1249		73555	6867	2453						348593
	Φ20	9060	16908		640	106880	42953		35731	150992	8470							371635
	Φ22									27240								27240

续上表

工程细目		下部结构											上部结构					合计
		桩基	台帽	耳墙	牛腿背墙	承台	主墩及垫石	挡块	搭板	混凝土拱肋	楔块	系杆锚块	吊索	系杆	弹性索	钢拱	钢梁	
HRB335	Φ25									37690								37690
	Φ28					203797	39730	5416			11548							260492
	Φ32									86345								86345
HRB400	25	159313																159313
	28	250684																250684
	32					510438												510438
混凝土(m^3)																		
C30 水下混凝土		7674																7674
C20						1689												1689
C30			2080	26	371	7767			174									10417
C40							27	13										40
C50							1252			1818	149	10						3229
钢材(kg)																		
钢管 ϕ60×1.8		31679																31679
钢管 ϕ245×5×400														3485				3485
钢管 ϕ273×20×150															323			323
冷却管 ϕ50×2.5						21709	4790			5301								31801
镀锌钢管 ϕ90×8										4466								4466
镀锌钢管 ϕ194×5														3893				3893
角钢∠50×5										12425								12425
型钢骨架∠75×5						14754												14754
角钢∠75×8										39273								39273
角钢∠90×8										2733								2733
角钢∠100×10										61178								61178
角钢∠125×10										9320								9320
直螺纹套筒 B25(个)		4288								1082								5370
直螺纹套筒 B28(个)		6804									264							7068
直螺纹套筒 B32(个)						9532				1514								11046
钢板 σ=10 mm										1633								1633
Q235A																24097		24097
Q235C																70745		70745
Q345C														24023	1382	1162917	9330840	10519162
Q345－CZ25															29029			29029
ϕs15.2 钢绞线(kg)										79370			33604	56821	3871			173665
锚具(套)																		
M15－17 张拉端										184								184
M15－17P 锚固端										184								184
挤压式 15－15													64					64

续上表

工程细目	下部结构											上部结构					合计
	桩基	台帽	耳墙	牛腿背墙	承台	主墩及垫石	挡块	搭板	混凝土拱肋	楔块	系杆锚块	吊索	系杆	弹性索	钢拱	钢梁	
挤压式 15－12												96		32			128
ϕ90 波纹管(m)									3611								3611
叉耳连接件(套)												160		32			192
钢束连接器(套)									168								168
螺栓(套)																	
高强度 M20＊30									12992								12992
高强度 M22×145																	5080
高强度 M22×110																	5080
高强度 M22×100																	3160
高强度 M16×24									6656								6656
普通螺栓 M18×220																	57600
普通螺栓 M14×220																	19200
支座(个)																	30
改性沥青(m^3)																	25780
伸缩缝(道)																	2
无缝钢管(kg)																	10236.3
抱箍组合件(kg)																	411.4
排水管(m)																	506.4
上组合吊件(kg)																	3148.6
防撞桶(个)																	2
标线(m)																	4304
电力电缆																	3350
配电导线																	800
塑料管(m)																	3600
路灯灯杆(套)																	18
路灯(套)																	36

13.2.2.3　工程特点

(1)桥梁结构优美

本工程采用结构形式为横向三跨连续超宽曲线梁外倾式钢箱拱桥，设计外观优美，与高新区区域环境规划统一，为西部地区首座该类型桥梁。其中梁面宽度为国内桥梁梁面最宽。

(2)施工组织难度大

由于工程工期短，采用拱梁同步施工方案，施工全过程均存在交叉作业，对施工组织的合理性要求极高。

(3)安全风险大

本工程梁体和拱均采用钢箱结构，通过在钢结构厂内组拼为块段后进行吊装安装，并通过焊接连接。其中涉及到的大重构件吊装、施工高空作业和现场焊接等施工均具有极大的安全风险。

(4)技术难度大

本工程包含了以下 5 项关键技术：

1)复杂地质层中承台深基坑止水帷幕施工技术

研究在松散卵石层夹杂大量漂石的复杂地质层的筑岛平台上进行承台深基坑止水帷幕施工技术。在提炼总结类似工程施工经验、方法的基础上，改进施工机械设备、施工工艺等技术。

2)外倾式曲线混凝土拱肋施工技术

研究外倾式曲线混凝土拱肋节段混凝土浇筑整体稳定性，保证结构施工线形精确。同时研究大体积高性能耐久性混凝土拱肋施工质量控制技术。

3)钢混连接段施工技术

研究在钢筋密集和结构复杂情况下，钢混连接段混凝土施工质量控制技术。

4)非对称外倾式钢箱拱少支架安装技术

研究水上拱节段运输通道和吊装场地、外倾式钢箱拱节段吊装线形控制、拱节段空中稳定和成桥线形精确调整等技术。

5)横向三跨连续超宽曲线钢箱梁安装技术

研究横向三跨连续超宽曲线钢梁节段在短时间内快速安装，曲线钢梁节段线形精确对位的施工技术。

6)横向三跨连续超宽曲线梁外倾式钢箱拱体系转换技术

研究钢箱拱成型后结构体系转换，曲线钢梁安装完成后张拉吊杆、系杆体系转换等技术。

13.2.2.4　工程重难点

本桥梁工程的重难点主要分布在深基坑施工、异形混凝土结构施工、大体积混凝土施工和钢结构施工四个方面，详情见表13-2。

表13-2　工程重难点及措施方法一览表

工程重难点	重难点分析	工程措施及方法
主墩承台深基坑施工安全控制	主墩P1和P2承台底面标高为471.896 m，其中P1墩位于府河河堤上，桩基施工前，将地面弃土运走后承台施工前地面标高为482.0 m，P1墩承台基坑开挖深度为10.1 m，基坑采用放坡开挖；P2墩位于芙蓉岛上，临河布置，地面标高为482.0 m，承台基坑开挖深度为9 m，基坑采用混凝土排桩加旋喷桩作止水帷幕进行施工。主墩承台深基坑施工安全风险大，尤其是P2墩支护结构设计将作为本工程施工控制重点	(1)P1墩基坑采用放坡开挖，边坡喷射混凝土进行防护，基坑渗水采用井点降水和排水沟相结合的方式。(2)P2墩基坑四周布置混凝土排桩，桩顶设置冠梁，增设钢支撑进行基坑支护；排桩后侧布置高压旋喷桩做止水帷幕，防止地下渗水进入基坑。(3)严格按照深基坑施工规范进行设计，编制专项的安全施工方案，组织国内桥梁专家进行评审，报监理、业主进行审核，并送安全监督部门备案。(4)施工中严格按照专项方案组织施工，在基坑四周布置观测点，定期对基坑进行观测，如果出现异常数据，应立即停止施工，查明原因，采取应对措施，解除危险警报后方能继续施工
防大体积混凝土开裂施工控制	主墩承台尺寸为50.2 m×13.2 m×4.5 m，混凝土方量为2781.1 m³，混凝土强度等级为C30，属大体积混凝土。施工工艺要求高，防止大体积混凝土开裂将作为本工程施工控制重点	(1)严格控制混凝土浇筑温度，选用低水化热、冷却后的散装水泥，选用优质的骨料。(2)混凝土浇筑前，在承台中埋设混凝土温度检测感应片，随时监测混凝土温度变化值。(3)混凝土采用内散外蓄的养护措施，混凝土浇筑前，在承台内可安装散热管道，混凝土浇筑后，通水降低内部温度；混凝土外表面铺塑料薄膜和土工布进行保温，避免混凝土因内外温差过高开裂。(4)防止混凝土因产生收缩裂纹，在混凝土浇筑时先进行平整、收面，待混凝土初凝前再进行二次收面
外倾式混凝土拱肋施工控制	主桥拱肋由混凝土拱肋和钢箱拱组成，混凝土南拱倾角18°、北拱倾角30°，高度18 m左右，高度按照2.5次抛物线变法。混凝土拱肋为实心结构，其体内钢筋、预应力钢束布置密集，集拱肋、桥墩、楔块、系杆锚块等众多功能于一身，如何保证上部钢箱拱与其精密对接，对混凝土拱肋施工质量，线形精度的控制将作为本工程施工控制重点	(1)在混凝土拱肋结构内部安装劲性骨架，便于钢筋、预应力钢束安装精确定位；同时抵抗混凝土浇筑时产生的水平分力。(2)按照垂直混凝土拱肋轴线，进行竖向施工节段划分，施工节段和预应力钢束工作面应有效结合。(3)拱肋配置2套木模板，2个桥墩南北拱肋可同步施工，缩短施工周期。施工采用翻模法进行节段施工，通过设置对拉杆并与劲性骨架进行焊接，抵抗浇筑混凝土产生的水平分力。(4)沿拱肋四周设置碗扣式支架，主要作为拱肋施工操作平台，劲性骨架、模板的临时支撑，以及作为钢箱拱肋1号段安装操作平台

续上表

工程重难点	重难点分析	工程措施及方法
钢结构施工控制	主桥由两条外倾斜的钢箱拱肋组成，南侧拱肋倾角 18°、北侧拱肋倾角 30°，桥面是曲线半径为 600 m 的曲线钢箱梁，钢箱梁通过斜向吊杆支撑在南北外倾式钢箱拱上，边跨钢箱梁采用一跨跨越，分别通过桥台、主墩支座进行支撑。钢结构截面尺寸大，单节段构件吊装重量大，施工周期紧。如何保证拱肋节段拼装过程中结构的整体稳定，如何保证节段精确对位连接和线形控制，如何保证钢箱梁节段安装过程节段空中姿态定位和线形精确控制，以及如何满足业主施工工期要求，都将作为本工程施工难点	(1)工程开工后，通过公开招标，选择有类似工程经验的专业钢结构加工单位进行钢结构制作，并报监理、业主确定后，方可进行钢箱拱、钢箱梁节段加工。(2)钢箱拱、钢箱梁节段安装均采用拱、梁同步施工，缩短钢结构工程施工周期。(3)钢箱拱节段采用支架法安装。节段安装前，在钢箱拱水平投影面下方安装钢管支撑支架，拱节段运输到位后，采用 1 台 260 t 履带吊抬吊拱节段至钢管支架上就位安装。(4)钢箱梁节段采用支架法，分区安装。节段安装前，在钢箱梁下方安装贝雷梁支架。钢箱梁节段安装横向分块，纵向分节运输到位后，采用运梁小车运输至安装位置就位。(5)钢箱拱、钢箱梁节段线形调整采用在支架上布置千斤顶调整至设计线形，然后安装临时匹配件定位，再进行环焊缝焊接。(6)成桥后，通过张拉曲线系杆平衡钢箱拱因自重传递给混凝土拱肋的水平推力，通过张拉曲线系杆平衡曲线钢箱梁产生的横向水平分力

13.2.3　自然特征

13.2.3.1　工程地理位置

红星路南延线跨府河桥梁工程位于成都市高新区新会展以东，毗邻会展段规划滨河公园，跨越府河后接中和镇街道。其地理位置如图 13-5 所示。

图 13-5　高新区红星路南延线跨府河桥梁地理位置

13.2.3.2　气象特征

桥位处于成都平原。属于亚热带湿润气候区，四季分明，气候温和，雨量充沛，夏无酷暑，冬少冰雪。年均降雨量为 947 mm。

多年平均气温 16.2 ℃，极端最高气温为 37.3 ℃，极端最低气温为－5.9 ℃。多年平均风速为 1.35 m/s，极大风速为 27.4 m/s，风向多为北风及东北风。多年平均气压为 140 Pa，最大风压力为 250 Pa。

13.2.3.3　水文特征

(1)地表水

地表水主要是府河。桥梁跨越府河河道，在芙蓉岛位置，河道一分为二。靠 P1 墩侧为主河道，河道宽度约 40 m；靠 P2 墩侧为辅河道，河道宽度约 35 m。枯水期水位标高约为＋478 m，汛期水位标高约为＋482 m。

(2)地下水

场地地下水为赋存于第四系砂卵石层中的孔隙潜水。丰水期地下水稳定水位埋深 3.2～15.5 m，相应标高＋475.95～＋477.04 m，水位平均高程＋476.47 m。

13.2.3.4 地质特征

据区域地质资料显示，桥址区域地质构造位置上位于新华夏系第三沉降带四川盆地西边成都坳陷。地表下为人工填土、粉土、细砂、中砂、卵石层、泥岩。各地质物理参数指标见表 13-3。

表 13-3 地质物理参数指标表

岩土名称	状态	重度 γ(kN/m³)	内摩擦角 φ(°)	内聚力 c(kPa)	压缩模量 E_s(MPa)	变形模量 E_0(MPa)	地基承载力基本容许值(kPa)
杂填土	松 散	17.5	8.5	6.0	*2.5		*70
粉 土	稍 密	18.3	23.0	12.0	5.0		110
细 砂	松 散	18.0	14.0		4..5	3.5	80
淤 泥	流 塑	16.5	*6.5	*5.5	*2.0		*60
中 砂	松 散	19.0	20.0		10.0	8.0	100
卵 石	松 散	20.0	30.0		13.5	12.0	200
	稍 密	21.0	35.0		22.5	22.0	350
	中 密	22.0	40.0		37.5	30.0	550
	密 实	23.0	42.0		54.0	40.0	850
泥 岩	强风化	22.0	50.0	35.0	*16.0		270
	中风化	23..5	20.0	40.0	*27.0		700

注：表中带“*”的均为经验值。

13.3 工程项目管理组织

工程项目管理组织（见附录 1），主要包括以下内容：

(1)项目管理组织机构与职责；

(2)施工队伍及施工区段划分。

13.4 施工总体部署

13.4.1 总体施工指导思想及施工组织程序

13.4.1.1 总体施工指导思想

本工程将以系统工程理论进行总体规划，工期以动态网络计划进行控制，施工技术以现场动态为基础，质量以 ISO9001 质量保证体系进行全面控制，安全以事故进行预测分析、控制。以“加强领导、强化管理、科技引路、技术先行、严格监控、确保工期、优质安全、文明规范、争创一流”为施工指导思想，以“创优质名牌，达文明样板，保合同工期，树企业信誉”的战略目标组织施工。

加强领导：公司委派担任本项目的项目经理、项目总工、项目副经理应从事多年桥梁施工，同时具备类似桥梁施工经验，组成强有力的项目经理部，确保承包合同的兑现。

强化管理：以人为本，以工程为对象，以保工期、创优质为目标，以合同为依据，强化企业的各项管理，充分挖掘生产要素的潜力，确保目标的实现。

科技引路：在总工程师的领导下，针对施工中遇到的技术难题制定课题，聘请国内桥梁专家和组织工程技术人员共同研究，攻克技术难关，指导现场施工，争取在施工技术上有所突破。

技术先行：学习新规则、新工艺，制定详细的工艺流程，配备精良的机械设备、试验检测设备和管理通讯设备，确保新技术的实施。

严格监控：为确保本工程目标的全面实现，做出精品工程，对施工全过程将实施严谨、科学的试验和监测监控。

确保工期：保证按照施工合同要求完成本标段全部工程，确保业主总工期的顺利实现。

优质安全：确定质量目标，制定创优规划，把工程质量体系贯穿施工全过程，高标准，严要求，确保本工程一次成优；坚持"安全第一"的思想，严格操作规程，加强安全标准工地建设，有针对性地制定高空作业、大吨位起吊作业等措施，确保安全生产指标达国标。

文明规范：切实做好标准化工地建设及文明施工，做到施工场地景观化，施工操作规范化，工艺作业程序化。

争创一流：充分发扬 企业"开路先锋"的精神，争创一流质量、一流管理、一流文明施工。

13.4.1.2　施工组织顺序

根据本工程设计内容、设计特点及现场情况，为便于组织和管理，拟将本工程按照如下阶段进行组织施工：

(1)施工准备阶段

包括人、财、物准备和技术准备，个别部位的拆除，场地平整，临时用水用电的接入和临建搭设，临时道路及排水设施修建等。

(2)基础施工阶段

包括机械成孔灌注桩施工、承台深基坑施工(包括 P1 主墩深基坑放坡开挖以及 P2 主墩深基坑筑岛围堰后采用排桩＋旋喷桩止水帷幕)承台施工、混凝土拱肋施工、桥台施工等。

(3)临时结构施工阶段

包括南北岸栈桥施工、钢梁陆地与水上支撑平台施工、钢拱支撑架施工、钢结构存放场施工等。

(4)钢结构施工阶段

包括钢拱及钢梁安装施工，吊杆、系杆、纵向弹性索施工等。

(5)附属工程施工阶段

包括支座安装、桥梁伸缩缝装置、桥面铺装、防撞栏杆、混凝土结构涂装等。

13.4.2　施工总体目标

13.4.2.1　工期目标

本工程实际开工日期为 2012 年 11 月 10 日，计划工程竣工日期为 2014 年 4 月 30 日。

13.4.2.2　质量目标

达到国家现行相关验收合格标准，争创省级优质工程。

13.4.2.3　安全目标

在项目的实施和缺陷责任期内，实现无职工、民工因工死亡事故、无重大交通责任事故、无重大火灾事故及无机破事故、无重大安全及管线破损事故，重伤率小于 0.3‰，安全生产各项指标全面达到国家标准。

13.4.2.4　文明施工目标

达到成都市市级文明工地标准并获得称号，争创省级文明工地。

13.4.2.5　节能减排目标

在工程施工过程中以降低能耗、促进环保、增加效益为目的。

13.5　主要工程施工方案

13.5.1　总体施工方案

本工程主要施工内容包含桩基施工，桥台及主墩承台施工，混凝土拱肋施工，钢箱拱施工，钢箱梁施工，吊杆、系杆及纵向弹性索施工，附属工程施工等。

桥台及主墩承台施工：桩基采用旋挖钻施工。主墩承台具有尺寸较大、基坑开挖深度较深、混凝土浇筑方量大等特点。P1主墩承台施工采用放坡开挖；P2主墩承台基坑采用钢筋混凝土排桩＋高压旋喷桩止水帷幕方案防护，基坑开挖时设置钢支撑，开挖采用长臂挖机垂直开挖。承台施工混凝土采取分层浇筑方案，并设置冷却水管，确保大体积混凝土施工质量。桥台采用木模施工。

混凝土拱肋施工：混凝土拱肋结构施工包括预应力混凝土拱肋施工、主墩施工、楔形块施工三部分，均采用分节分段的方法进行施工。内部设置劲性骨架，作为模板、混凝土的承重支撑体系，并设置冷却水管，确保大体积混凝土施工质量。模板采用北京卓良模板厂的木模，根据拱肋分层的高度的采用分层制作的方式。

钢结构施工：本桥钢结构安装主要有钢拱和钢梁两个部分，钢箱拱和钢梁节段均采用支架法施工。钢箱拱和钢箱梁由中铁山桥集团有限公司加工、制造，预拼装检查验收合格后节段运输至现场钢结构存放场内。现场钢结构存放场设置在A0桥台后侧红星路南延线路基150 m范围内。桥梁左侧和右侧分别设置钢拱、钢梁的运输和架设通道，左右侧通道均由土方路基和钢栈桥组成，钢栈桥采用钻孔桩＋钢管立柱＋贝雷梁结构形式。钢箱拱节段通过在临时胎架上调整好姿态后由260 t履带起重机吊装就位。钢梁节段在存放场内通过260 t履带起重机转运至运梁小车上并调整好姿态，然后运输到设计位置，通过运梁小车直接调整就位。

吊杆系杆施工：钢梁节段全部安装到位并焊接完成后，安装吊杆、系杆，通过吊杆调整钢梁线形，分批张拉钢梁系杆，拆除梁体支架，微量调整吊杆、系杆，使钢梁达到设计线形，完成全桥钢结构安装，最后拆除钢拱肋临时横向对拉索。

在吊杆、系杆及纵向弹性索施工完成后进行钢箱梁涂装和桥面铺装等附属施工。

13.5.2 分部分项工程施工方案

13.5.2.1 桩基施工

(1)钻机选择

本工程位于成都市区，工程地质情况主要为杂填土、黏土、细砂、卵石、泥岩。$A0^{\#}$、$A3^{\#}$桥台桩基直径为$\phi1.5$ m，桩长分别为25 m、30 m，桩底进入泥岩层；$P1^{\#}$、$P2^{\#}$主墩桩基直径为$\phi2.0$ m，桩长30 m，桩底进入泥岩层。根据本工程地质和工程特点，本工程桩基施工采用旋挖钻机成孔，混凝土按水下混凝土埋设导管法进行施工。旋挖钻机如图13-6所示。

图13-6 桩基施工旋挖钻机

(2)桩基施工工艺流程(图13-7)

(3)旋挖钻机成孔施工方法

1)钢护筒埋设

钢护筒采用壁厚为16 mm钢板卷制而成，护筒内径较设计桩孔直径大30 cm，根据测设定出的桩孔位置采用锤击埋设法准确埋设钢护筒。为防止坍孔，钢护筒打入深度管底伸入泥岩，顶面高出施工地面

0.3 m。护筒埋设顶面位置偏差不得大于 5 cm，斜度不得大于 1%。

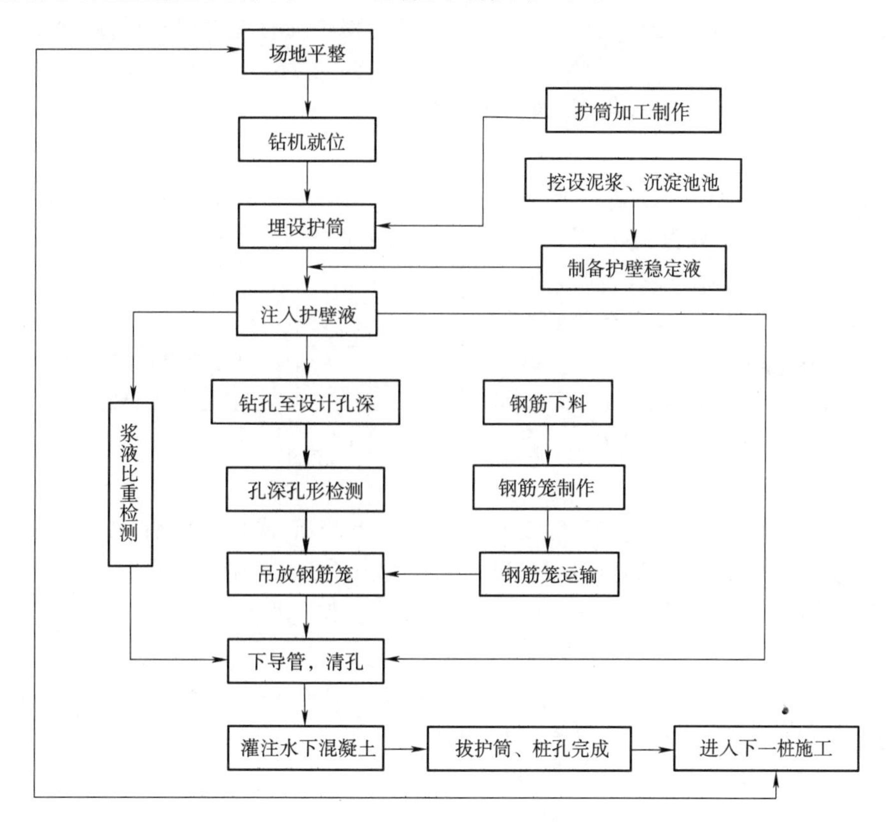

图 13-7　桩基施工工艺流程

2)钻机就位

钻机就位：立好钻架，调整和安设好起吊系统，将钻机调平并对准钻孔，使护筒中心与钻架在同一铅垂线上。连接输浆胶管，将输浆胶管接到泥浆泵，准备钻进。

3)泥浆制备

采用膨胀土制备泥浆。泥浆性能指标应符合表 13-4 要求。

泥浆护壁应符合下列规定：

①施工期间护筒内的泥浆面应高出地下水位 1 m 以上，在受水位涨落影响时，泥浆应高出最高水位 1.5 m 以上。

②在清孔过程中，应不断置换泥浆，直至浇注水下混凝土维持孔壁稳定的措施。

③在容易产生泥浆渗漏的砂卵石层中应加大泥浆浓度的方法。

表 13-4　泥浆的性能指标表

项　目	性能指标	检验方法
相对密度	1.1～1.2	泥浆比重计
黏度	18～25s	500～700 mL 漏斗法
含砂量	<6%	含砂量仪
胶体率	>95%	量杯法
失水量	<20 mL/30 min	失水量仪
泥皮厚度	3 mm/30 min	失水量仪
pH 值	8～10	pH 纸

4)钻孔顺序

钻孔顺序应按间隔钻孔。为防止振动使邻孔孔壁坍塌或影响邻孔已灌混凝土的凝固，应待邻孔混凝土灌注完毕，强度达设计强度后方可开钻。

5)钻进

①旋挖钻钻进施工要点

开始钻进时，进尺量当控制，采用低速低挡钻进。若护筒漏浆时，向孔中倒入黏土，使胶泥挤入孔壁，稳住泥浆，继续钻进。

为防止坍孔、缩孔，施工中应采用加大泥浆比重，同时提高水头，保持护筒内水头高出地下水位。为保证桩孔的垂直度，减少扩孔率，应在钻头上加配重。

钻进时，起、落钻头应速度均匀，不得过猛或骤然变速，以免碰撞壁。因故停钻时，应将钻头提离距孔口 5 m 以外。

钻孔中须采用有效措施,确保钻孔一次成孔。钻孔达到设计深度后,应对孔位、孔径、孔深和孔形等进行检查,并整理好钻孔记录表。泥浆的补充与净化:在钻进的过程中随时检查泥浆指标,根据土层变化,调整泥浆指标。

②钻进成孔后,应立即进行质量检查,符合表13-5规定。

(4)清孔

清孔采用换浆法。钻孔至设计标高后,停止进尺,将钻头提离孔底10～20cm,保持泥浆正常循环,换浆时及时向孔内注入新鲜泥浆,将孔内比重大的泥浆换出,使含砂率逐步减少,直至稳定状态为止,保持孔内水位,避免塌孔。

表13-5 成孔质量标准

项　目	允许偏差	检验方法
钻孔中心位置	100 mm	用JJY井径线
孔径	不小于设计孔径	超声波测井仪
倾斜率	0.5%	超声波测成井仪
孔深	比设计深度超深不小于50 mm	核定钻头和钻杆长度

换浆时间一般为2～3h,泥浆比重应控制在1.05～1.20,泥浆含砂量不大于4%,清孔后,桩底沉渣厚度≤10 cm。

(5)下放钢筋笼

1)钢筋制作时,用卡板成型法控制钢筋笼直径和主筋间距,钢筋连接采用机械连接,根据钢筋骨架设计长度和吊车起吊高度能力的不同,钢筋笼单段长度控制在12 m以内。钢筋笼制作标准:主筋间距误差控制在10 mm以内,箍筋间距误差控制在20 mm以内,钢筋笼直径误差控制在10 mm以内,钢筋笼长度误差控制50 mm以内。

2)声测管按设计要求与钢筋笼绑扎在一起,并注意将钢管端头严密封堵,防止漏水进浆。

3)钢筋骨架用吊车起吊安装,在运输和起吊中,要保证钢筋笼不变形。在吊起后,如发现有弯曲要校正,当进入孔口后,将其扶正慢慢下降,严禁摆动碰撞孔壁,直至下到设计标高,同时要保证钢筋骨架中心位置符合设计要求,钢筋笼节段在孔口进行机械连接。

4)根据钢筋笼顶部设计标高,确定定位筋(吊筋)长度,当钢筋笼下到最后一节,将定位钢筋固定在平台上,并焊接在钢护筒上,加固系统要对准中线,防止浇注混凝土时钢筋骨架上浮、倾斜和移动。

5)定位钢筋每2 m设置一组,每组4根均设于钢筋笼加强筋位置。

(6)混凝土灌注

钢筋笼下放完成后,应进行二次清孔,保证孔底沉渣厚度满足要求,混凝土应连续一次灌注完毕,并保证密实度。施工过程中要注意以下事项:

1)在灌注混凝土前,要对导管进行水密、承压和接头抗拉试验,合格后分段拼接,用吊车吊入孔内拼成整体。导管采用直径为300 mm的钢管。

2)钢筋笼就位经检查合格后,立即下导管、安装漏斗,储料斗及隔水栓。导管底部离孔底0.3～0.5 m,储料斗的容积要满足首批灌注下去的混凝土埋置导管深度的要求(不小于1 m)。

3)灌注混凝土:水下混凝土的配合比经监理工程师认可后才能使用,用混凝土搅拌运输车运送,在灌注中一气呵成,中途不得中断。

4)混凝土的坍落度为18～22 cm之间,不得小于18 cm,确保有良好的流动性,保证快速、连续灌注。

5)灌注混凝土时,随时用测绳检查混凝土面高度和导管埋置深度,严格控制导管埋深,防止导管提漏或埋管过深拔不出而出现断桩。导管埋入混凝土的深度一般控制在2～6 m,在灌注混凝土过程中要做好详细记录。

6)灌注混凝土时,要保持孔内水头,防止出现坍孔。

7)混凝土灌注到顶面要高出设计桩顶约0.6～1.2 m,保证设计桩头的高度有粗骨料,该部分混凝土在承台施工时凿除。

(7)桩基检测

按照设计图纸要求,本桥桩基均采用声波透射法进行检测,检测比例为100%,以判断桩身完整性。100%钻孔桩预埋声测管。

13.5.2.2 承台深基坑施工

P2承台采用混凝土排桩加高压旋喷桩作帷幕,基坑采用挖掘机开挖至设计标高;P1承台基坑采用挖掘机放坡开挖。钢筋在加工场集中制作,现场绑扎成型,混凝土采用分层浇筑,通过泵送入模插入式振捣器振捣。

(1)支护结构设计及施工

P2 承台深基坑采用钢筋混凝土排桩与旋喷桩止水帷幕支护方案。施工前先进行筑岛围堰,然后再施工止水帷幕。在排桩顶部设置一圈冠梁,冠梁尺寸为 1.5 m×1.0 m。基坑内设置 ϕ609×16 mm 两道钢支撑,第一道设置在冠梁位置,第二道与第一道钢支撑竖向间距为 4.5 m,钢支撑横向间距为 3 m,并在冠梁层四角布置一根 ϕ609×16 mm 钢管斜撑。排桩直径 1.2 m,桩间距 1.4 m,基坑开挖深度 11.6 m,开挖平面尺寸 56 m×19.6 m。排桩支护只作为支护受力结构,排桩钻入深度为伸入泥岩层 5.1 m。基坑隔水采用在排桩之间钻 1.2 m 的孔,在孔内回填黏土后,再在孔内靠排桩两侧进行旋喷桩施工,以达到良好的止水效果。旋喷桩钻入深度与钻孔桩同深。

P2 墩承台基坑平面位置图如图 13-8 所示,排桩、旋喷桩组合止水帷幕布置示意图如图 13-9 所示。

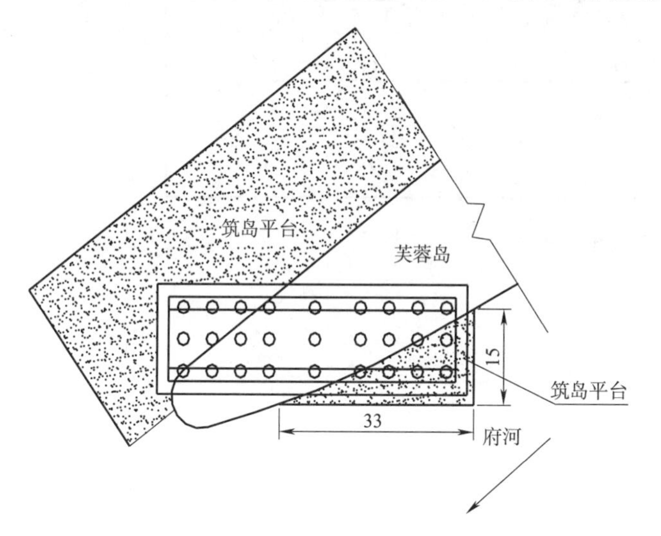

图 13-8　P2 墩承台基坑平面位置图

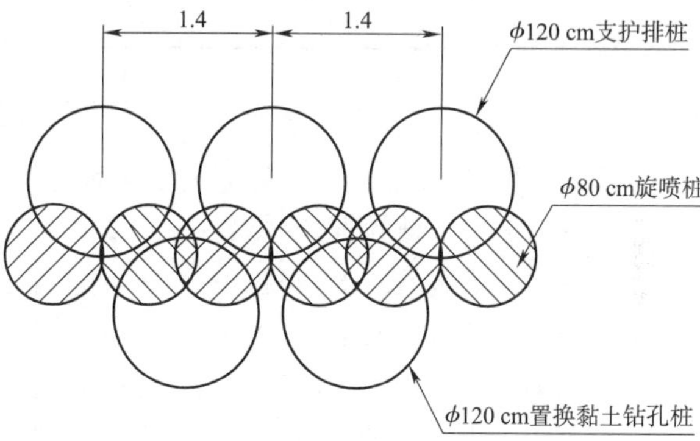

图 13-9　排桩、旋喷桩组合止水帷幕布置示意图

1)排桩施工

基坑支护排桩采用旋挖钻成孔,导管法水下混凝土灌注,混凝土采用天泵施工。排桩与旋喷桩一起形成基坑止水帷幕。排桩施工按间隔桩顺序进行,相邻排桩间隔施工时间应大于 24 h。前面已详细介绍桩基施工的工艺流程,在此不再赘述。

2)旋喷桩施工

P2 桥墩承台地质层主要为砂卵石层,且位于府河旁,承台基坑开挖地下渗水较大。承台施工采用在基坑四周施工旋喷桩做止水帷幕,旋喷桩桩底伸入泥岩。

旋喷桩采用双重管施工工艺成桩,主要工作原理是利用高压射流水,对地层进行切割,将地层按设计要求切割成一定形状的地坑,同时进行灌浆,边切割边灌浆,水泥浆液在地坑形成水泥土圆柱体,达到加固地基和止水防渗的作用。施工工艺流程图如图 13-10 所示。

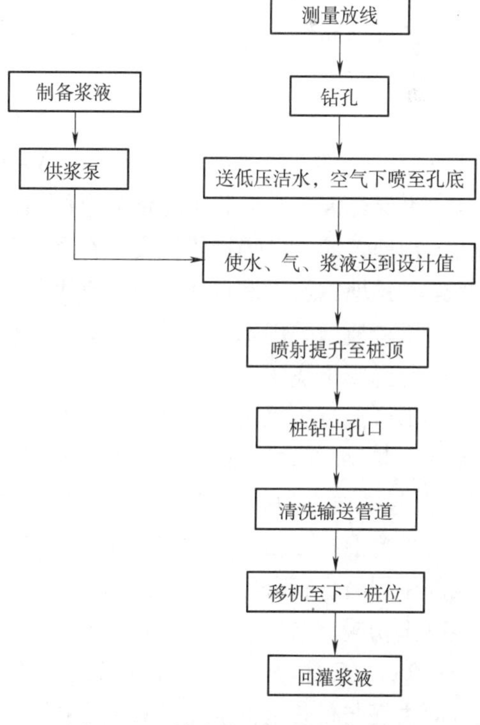

图 13-10　旋喷桩施工工艺流程图

(2)基坑开挖

1)P1 基坑开挖

①土方开挖严格按照测量组所放的开挖线进行开挖,开挖坡度按照 1∶1.5(杂填土、粉土层)、1∶1(卵石层)进行。开挖时,边开挖边进行喷锚防护。

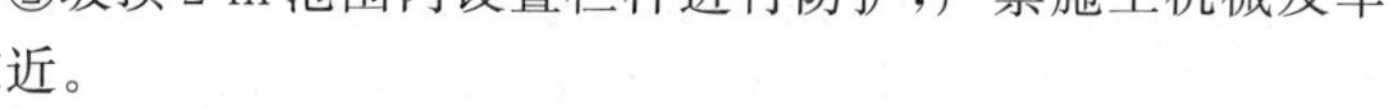
②坡顶 2 m 范围内设置栏杆进行防护,严禁施工机械及车辆靠近。

③土方开发采用挖机配合装载机进行、自卸汽车运输,从顶面逐层进行开挖,严禁从坡脚处反挖。

④开挖至 480 m 标高位置时设置一道开挖台阶，并在开挖台阶中间设置降水井。开挖至基坑底面位置靠坡脚处设置一排水沟，防止雨水对边坡进行冲刷。

⑤在施工过程中，每天对坑顶及周围进行巡视，若发现裂缝等潜在隐患应及时进行处理。若裂缝突然加剧增大，人员应马上停止作业撤离到安全地方。

⑥基坑开挖分层分段均匀对称进行，并遵循“分层、分步、平衡、限时”的施工原则。

2)P2 基坑开挖

当支护结构和旋喷桩止水帷幕达到设计强度后才能进行承台基坑开挖施工。承台基坑采用机械直接开挖，用长臂挖掘机在基坑顶部直接开挖，机械设备不下到基坑。开挖分层均衡进行，层高不超过 1.0 m。开挖顺序如图 13-11 所示。

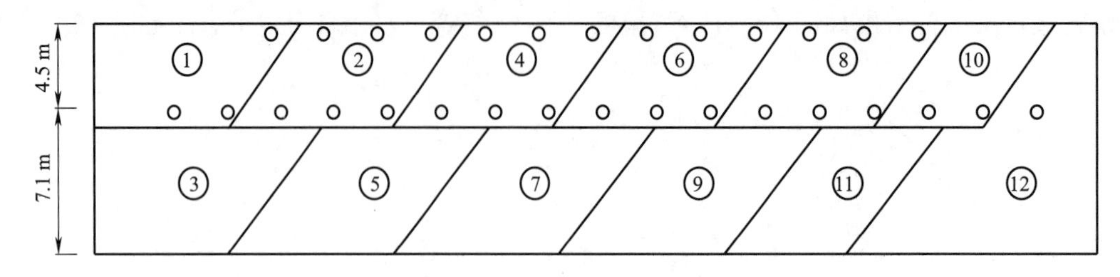

图 13-11　P2 基坑开挖顺序

①首先开挖 1 区域的土，安装 1 区域的钢支撑。

②开挖第 2、3 区域的土，安装 2～3 区域的钢支撑。

③开挖第 4、5 区域的土，安装 4～5 区域的钢支撑。

④开挖第 6、7 区域的土，安装 6～7 区域的钢支撑。

⑤开挖第 8、9 区域的土，安装 8～9 区域的钢支撑。

⑥挖第 10、11 区域的土，安装 10～11 区域的钢支撑。

⑦最后开挖第 12 区域的土，安装 12 区域的钢支撑。

(3)承台施工

1)钢筋及模板安装

承台钢筋施工主要分为五个部分：底板钢筋、侧面分布筋、中间架立筋、顶板钢筋、混凝土拱肋预埋钢筋及预埋预应力钢束。

承台钢筋在钢筋加工场统一加工制作，并分类编号、堆码备用，通过汽车转运至现场，吊车起吊下放入基坑，从底板至顶板分层绑扎。承台主筋采用剥肋直螺纹套筒进行连接。

为保证混凝土拱肋预埋钢筋定位精确、绑扎牢固，采用槽钢或角钢在承台内架设劲性骨架，将混凝土拱肋的预埋钢筋通过焊接依托支承在劲性骨架上，预埋预应力钢束则通过定位钢筋固定在劲性骨架上。劲性骨架和预埋钢筋以及预埋预应力钢束的位置，均通过测量放线控制。

承台模型采用木模，表面涂刷脱模剂，利用内拉外撑的方式进行支撑加固。

2)混凝土浇筑

承台混凝土采用水平分区、竖向分层、一次浇筑成形的施工方案。混凝土配合比，由经理部试验室与拌和站一起，根据实际施工采用的砂、石、水泥、粉煤灰及外加剂性能进行配合比试验，从而选定最佳施工配合比，其性能要求初凝时间不小于 24 h，坍落度控制在 14～18 cm，具有良好的和易性、流动性及泵送性能。

承台混凝土由拌和站集中生产供应，混凝土运输车运输到达施工现场。现场采用 2 台汽车泵，对当次浇筑部位同时进行分区、分层浇筑，分层厚度按 30 cm 控制，浇筑顺序按单向循环往复推进，保证在下层已浇筑混凝土初凝之前覆盖上层新鲜混凝土。人工利用捣固器分层振捣时，注意将捣固器插入下层已浇筑混凝土 5～10 cm，确保分层混凝土衔接紧密，避免出现施工冷缝。为保证承台侧面保护层范围内混凝土的匀质性，侧面主筋与模板之间应单独布料。同时加强底层主筋和侧面保护层范围的混凝土振捣，确保其混凝土密实。

混凝土浇筑期间，安排专人检查模型、预埋钢筋和预埋预应力钢束的稳固情况，出现松动、变形、移位等情况，应及时处理。混凝土浇筑完成后，在混凝土初凝前，对其进行二次收面、抹平，然后铺盖塑料薄膜加土工布进行养护，并不间断洒水使其表面保持湿润，以避免混凝土表面出现收缩裂缝。混凝土浇筑完毕，在混凝土内部采用循环冷却水管持续通水降温，养生时间不小于14 d。

3)防止承台大体积混凝土开裂措施

P1、P2主墩承台尺寸为50.2 m×13.2 m×4.5 m，混凝土方量为2781 m^3，属大体积混凝土。大体积混凝土施工具有水化热高、收缩量大、容易开裂等特点，为控制好混凝土内部温度与表面温度之差及表面与大气温度之差不超过25 ℃，施工主要从混凝土浇筑温度、混凝土内外温差、混凝土收缩变形等方面进行控制。采取的主要措施包括：

①原材料选择，混凝土配合比优化

a. 选用水化热较低的水泥，同时要求混凝土搅拌站不得使用刚出厂未经冷却的高温散装水泥。

b. 采用级配良好的5～25 mm碎石，最大粒径不得大于钢筋间距的1/4，减小针状、片状、石粉含量。

c. 采用优质中砂，细度模量在2.60左右，含泥量小于1%。

d. 在承台混凝土中掺用高效减水剂，延长混凝土初凝时间，满足混凝土设计强度，延缓水泥水化热峰值出现的时间，使水化热的峰值控制在不大于50 ℃。

e. 混凝土坍落度控制在14～16 cm，和易性好，不泌水，便于泵送。

②混凝土内外温差控制

a. 承台外部温度蓄热

在承台混凝土浇筑时，为使承台混凝土收缩应力小于混凝土控制应力，让混凝土内外温差控制在20～30°左右。在承台混凝土养护阶段，采用先在混凝土表面铺一层塑料薄膜，然后在其上满铺两层土工布进行保温养护，土工布的搭接长度为5 cm。墩身插筋部位，塑料薄膜要从钢筋上插入，并满铺土工布，以增强满铺效果，防止由于混凝土表面封盖不严造成散热太快而形成温度裂缝。

b. 承台内部温度降低

绑扎承台钢筋的同时，按温控设计要求安装循环冷却水管和测温元件，通过冷水在承台混凝土内部持续循环散热，降低混凝土内部的温升峰值。冷却水管采用直径ϕ48×2.5 mm镀锌钢管制作，施工时严格按照设计要求进行制作和连接，确保循环管路畅通。冷却水管安装时，与相邻承台钢筋绑扎牢固，防止在混凝土浇筑过程中变形、移位。浇筑混凝土时，尽量避免直接触碰冷却水管。

通过冷却水管的循环冷却水，经热交换作用，由循环水带出混凝土体内水化热产生的热量，降低混凝土体内部的温度，以减小内外温差，使混凝土的内外温差不大于25 ℃。

冷却水管进口设有调节流量的阀门，冷却水管安装后，进行通水压力检验，以免渗漏。每层循环冷却水管被灌注的混凝土掩盖并振捣完毕后即可在该层循环冷却水管内通水。通过水阀，调整循环水流量，控制进出口温差不大于10 ℃，且循环水温与混凝土内部温差不大于20 ℃，并作好进出口水温记录(承台冷却水管布置见图13-12)。

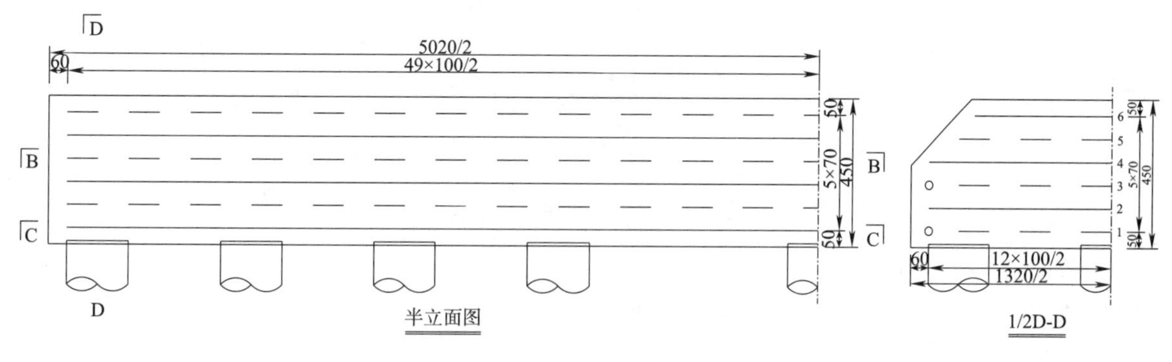

图13-12　承台冷却水管布置

③混凝土收缩变形控制

a. 增强混凝土表面抗裂强度

由于混凝土表面收缩较外部早，收缩程度大，在承台分层表面、顶面各布置带肋钢筋网，网片规格10 cm×10 cm，钢筋为ϕ5 mm带肋钢筋。

b. 混凝土表面处理

混凝土浇筑时应及时排除泌水，泌水排除可采取引流法。即在浇筑过程中将混凝土泌水适当集中，采用排水工具人工排除泌水。

混凝土浇筑后，表面可采用刮杠刮平，木抹子搓平。考虑尽量消除混凝土收缩裂缝，混凝土表面在终凝前应经过多次抹光，及时恢复收缩裂缝，避免产生永久裂缝，注意宜晚不宜早。

混凝土表面浮浆较厚时，应采取措施消除浮浆或在混凝土初凝前加石子浆，使混凝土较为均匀。石子浆应振捣密实，并进行表面处理。

④混凝土测温

a. 监测仪器

本桥梁工程 P1、P2 承台混凝土测温仪器采用 TR15-M-USB 现场定时自动测温记录仪，该记录仪可根据需要设置不同的巡检时间间隔。测温数据通过 USB 口传输到计算机后，用对应的计算机软件进行数据分析、绘图、报表打印。温度传感器的主要技术性能：测温范围：−50 ℃～150 ℃；工作误差：≤±0.5 ℃；分辨率：0.1 ℃。

b. 监测元件的布点

测温布点：P1、P2 承台混凝土区域设置的测温平面布置点分为典型点和补测点。其中典型布点是在相同厚度的不同位置测定。补充布点是为了和典型点相互结合，用来补充校核对比。

1 号测点，位于中心，属于典型布点；

2 号测点，位于长度 3/4，宽度 1/2 处，属于典型布点；

3 号测点，位于离外边线各 1/4 度处，属于典型布点；

4 号测点，位于离两边线各 2.5 m 处，属于典型布点；

5 号测点，位于半对角线 1/4 分点处，属于典型布点；

6 号测点，位于半对角线 2/4 分点处，属于典型布点；

7 号测点，位于半对角线 3/4 分点处，属于典型布点；

8 号测点，位于长度 1/4，宽度 1/2 处，属于补充布点；

9 号测点，位于离外边线各 1/4 度处，属于补充布点。

平面共布点 9 处，根据施工实际情况需要可在承台混凝土平面上添加部分补测点。P1 承台混凝土厚 4.5 m，同一测点厚度方向传感器个数 5 只，其中，最上和最下一个传感器离混凝土表面的距离为 150 mm，其他间距平分。温度数据采集器离混凝土上表面距离 500 mm。监测元件平面布置见图 13-13、图 13-14。

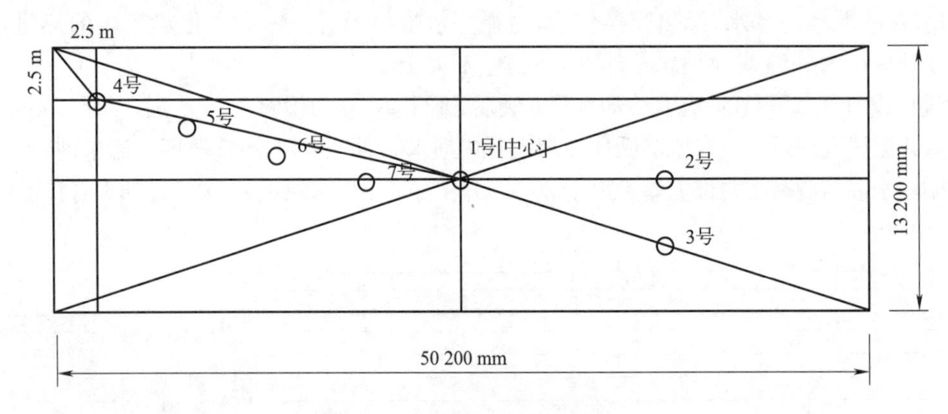

图 13-13 监测元件平面布置

13.5.2.3 混凝土拱肋及桥墩施工

混凝土拱肋南拱倾角 18°、北拱倾角 30°，高度约 18 m，由圆曲线和直线段组成。按照垂直拱肋轴线进行竖向施工节段划分，施工节段和预应力钢束工作面应有效结合，施工采用在混凝土拱肋结构内部安装劲性骨架，对钢筋、预应力钢束安装精确定位，采用北京卓良专用木模翻模法进行节段施工，通过设置对拉杆并与劲性骨架进行连接，抵抗浇筑混凝土产生的水平分力。

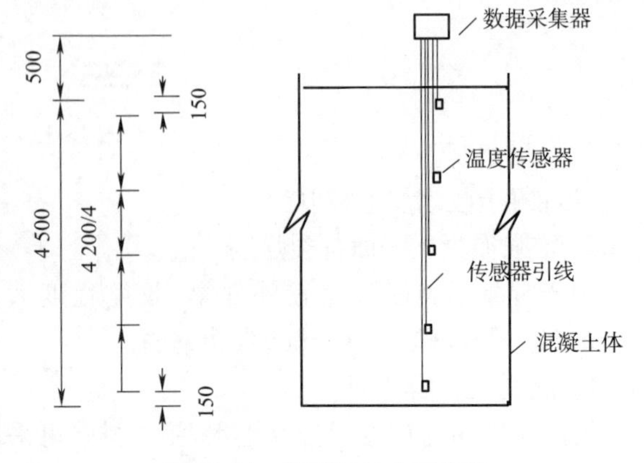

图 13-14 监测元件立面布置

(1)节段划分

混凝土拱肋段采用分段进行施工的方法进行施工。设计院将拱肋共分为 4 段及 5 个工作面。No. 1、No. 2 工作面位于承台内，其中No.1工作面为距承台顶面3 m的水平面，No.2工作面为距承台顶面2 m的水平面。对各拱肋定义了No.3～No.5等工作面，工作面均垂直于拱轴线，以满足拱肋预应力体系分段锚固、分段接长。由于第一段、第二段施工高度较高，为减小施工过程的安全风险，经过设计院同意，施工时分别将第一段和第二段增设施工缝，将拱肋分为Ⅰ、Ⅱ、Ⅲ、Ⅳ、Ⅴ、Ⅵ六个大段进行施工。北拱Ⅰ、Ⅱ段分界面(施工缝1)位于承台顶面以上2.231～4.796 m之间，Ⅱ、Ⅲ段分界面(N0.3工作面)位于承台顶面以上5.125～7.639 m之间，Ⅲ、Ⅳ段分界面(施工缝2)位于承台顶面以上8.482～11.918 m之间，Ⅳ、Ⅴ段分界面(N0.4工作面)位于承台顶面以上9.599～13.341 m之间，Ⅴ、Ⅵ段分界面(N0.5工作面)位于承台顶面以上12.373～16.751 m之间。南拱Ⅰ、Ⅱ段分界面(施工缝1)位于承台顶面以上2.621～4.379 m之间，Ⅱ、Ⅲ段分界面(N0.3工作面)位于承台顶面以上6.014～7.748 m之间，Ⅲ、Ⅳ段分界面(施工缝2)位于承台顶面以上9.023～10.976 m之间，Ⅳ、Ⅴ段分界面(N0.4工作面)位于承台顶面以上11.302～14.018 m之间，Ⅴ、Ⅵ段分界面(N0.5工作面)位于承台顶面以上13.559～17.189 m之间。各段分界面为拱轴线的垂直平面(拱肋分段见图13-15)。

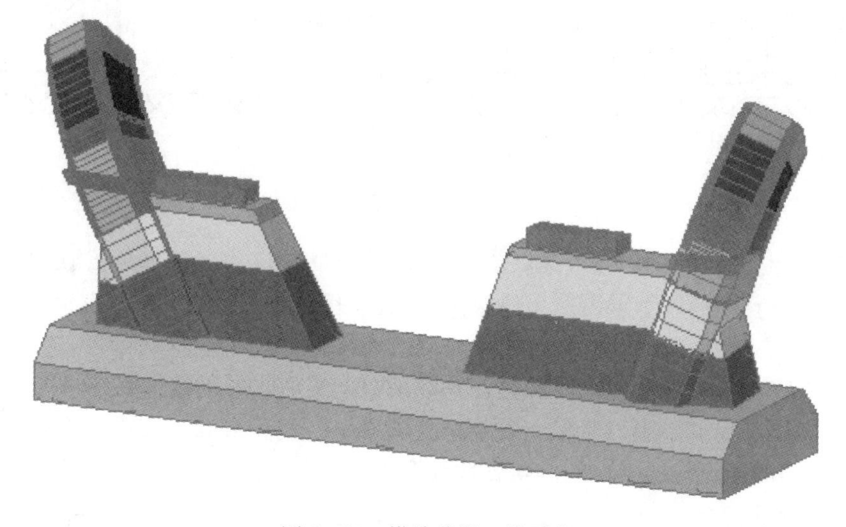

图13-15　拱肋分段三维示意

施工时混凝土拱肋在Ⅰ段及Ⅱ段与桥墩及拱肋外侧楔形块相应段进行同步装模浇筑施工，桥墩及外侧楔形块的工作面为水平面，与拱肋工作面及施工缝较高点高程齐平。拱肋在Ⅲ段与系杆锚块进行同步装模浇筑施工。

(2)劲性骨架安装

由于混凝土拱肋为双外倾结构，其钢筋及预应力束较多，在施工过程中拱肋钢筋及预应力的临时固定需要由拱座劲性骨架进行支撑，同时为测量放样平台、拱肋模板的安装受力也必须由劲性骨架进行支撑。

1)劲性骨架结构

劲性骨架采用桁架结构，主要由预埋于已浇筑节段混凝土中的承重立柱和水平连接桁片组成。其断面尺寸根据具体施工节段处拱肋竖向主筋位置确定，原则上按照主筋固定于劲性骨架水平杆件外侧面，减去净保护层厚度与主筋直径进行计算。利用劲性骨架侧面水平杆件作为拱肋竖向主筋的定位框，定位框上根据主筋间距画线标注主筋位置，作为拱肋竖向主筋绑扎的限位、定位结构，以控制主筋平面位置和保护层，同时劲性骨架还应考虑拱肋预应力钢束提供定位和固定。劲性骨架的设计，应保证在倾斜工况条件下的稳定性及刚度要求，同时考虑方便加工、运输与安装。

劲性骨架采用角钢制作成双层结构。标准加工长度按照拱肋节段划分要求进行划分，每个节段应高出已浇混凝土面1.5 m，便于下节段接长，避免劲性骨架接头处于施工缝位置，降低劲性骨架承载能力。

2)劲性骨架加工

拱肋劲性骨架结构加工精度要求较高，主桁架和水平桁架加工的正负偏差不得大于5 mm。加工时必须按照设计尺寸先在加工场地制作模具，然后再在模具上加工。

单个主桁架先加工成单片桁架，然后在将2片桁架组拼成格构柱。由于现场施工时，主桁架与主桁架之间允许存在一定偏差，水平桁架主弦杆尺寸由现场施工人员待主桁架安装完成后，现场准确测量确定其长度，再下料进行加工。劲性骨架加工步骤如图 13-16 所示。

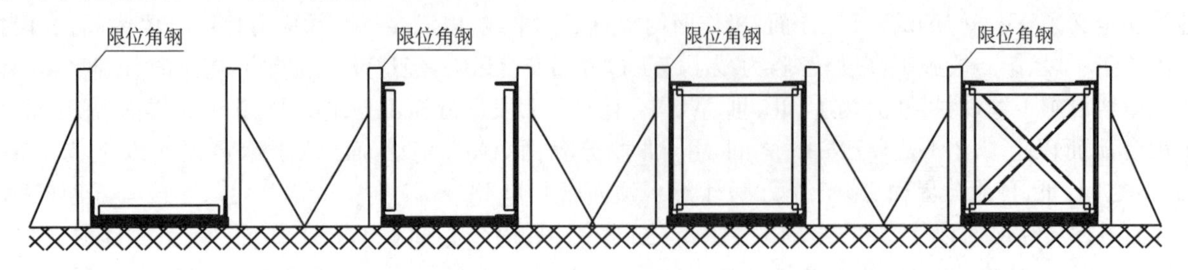

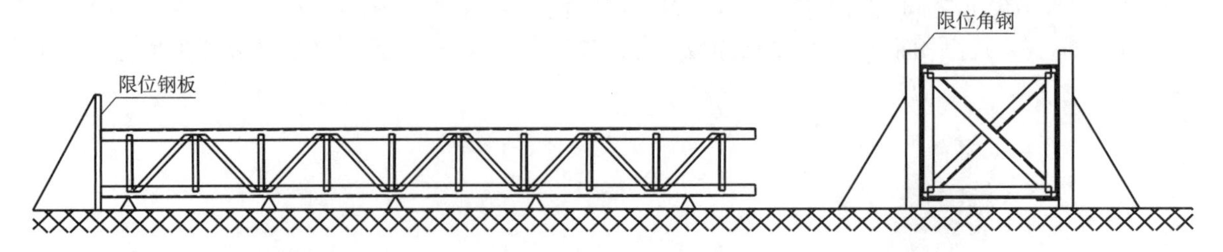

图 13-16 劲性骨架加工步骤

3)劲性骨架安装

拱肋劲性骨架主要是为拱肋施工模板提供支撑，同时为拱肋预应力及钢筋等安装提供支撑。劲性骨架在浇筑承台混凝土时进行预埋，随节段混凝土浇筑高度，逐段接长劲性骨架。劲性骨架长度高出已浇筑混凝土表面 1.5 m。

劲性骨架桁架加工完运输到现场后，由预埋在主墩承台上的塔式吊机进行安装焊接。

劲性骨架安装程序：在已安装劲性骨架上安装悬挑脚手架→测量放点→安装 4 个角上的劲性骨架→初步焊接定位→将纵桥向的两点拉线→确定倒角劲性骨架坐标位置→测量复核 4 个倒角劲性骨架→满足安装要求后安装中间劲性骨架。

劲性骨架安装过程中，必须根据设计提供的预拱度进行全程测量跟踪定位，以确保劲性骨架的空间位置精度，从而为拱肋线形施工打下良好的基础。混凝土拱肋劲性骨架现场安装如图 13-17 所示。

图 13-17 混凝土拱肋劲性骨架安装示意

(3)拱肋外支架

1)支架结构

拱肋支架采用满堂碗扣支架，拱肋施工支架主要作为拱肋施工操作平台、劲性骨架临时支撑以及混凝土结构涂装脚手架以及作为钢箱拱肋 1 号段安装操作平台。为确保施工安全，支架四周采用安全网进行全封闭,预防高外坠落事故的发生,支架顶四周安装栏杆作为施工人员的安全保护措施。

2)支架施工

拱肋施工支架总体上分两大阶段施工。

第一阶段为主墩拱肋Ⅰ、Ⅱ段支架施工,承台施工完成后,将基坑回填至承台顶面以下20 cm,回填时需分层碾压,碾压后对土层地基承载力进行检测,承载力不小于150 kPa为合格。然后对地基进行混凝土硬化,硬化采用C20混凝土,厚度为20 cm,硬化范围为超出支架搭设范围50 cm,最后围绕主墩拱肋四周搭设碗扣式支架。支架步距为1.2 m,纵横向间距均为1.2 m,拱肋Ⅰ、Ⅱ段施工时搭设高度为7.2 m。主墩拱肋支架示意见图13-18。

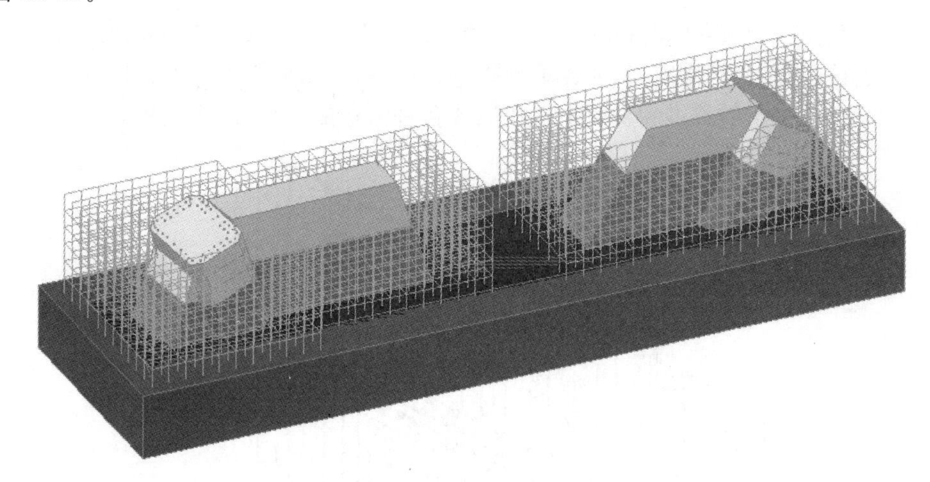

图13-18 主墩拱肋支架三维示意

第二阶段为主墩拱肋Ⅲ～Ⅵ段支架施工。Ⅰ、Ⅱ段主墩拱肋施工完成后,将基坑回填至482 m标高,回填时需分层碾压,碾压后对土层地基承载力进行检测,承载力不小于150 kPa为合格。然后对地基进行混凝土硬化,硬化采用C20混凝土,厚度为20 cm,硬化范围为超出支架搭设范围50 cm。然后根据拱肋施工进度分段搭设支架,内侧腹板采用ϕ21.5 mm钢丝绳对拉的方式固定于预埋在桥墩上的圆钢。支架步距为1.2 m,纵横向间距均为1.2 m,拱肋Ⅲ～Ⅵ段施工时搭设高度为12 m,由于拱肋结构为向外及向前倾,支架需成阶梯状搭设。

(4)钢筋工程

1)钢筋加工

钢筋在加工场集中制作。制作时,要将钢筋加工表与设计图复核,检查下料表是否有错误和遗漏,对每种钢筋要按下料表检查是否达到要求,经过这两道检查后,再按下料表放出实样,试制合格后方可成批制作。加工好的钢筋要挂牌堆放整齐有序。

根据拱肋分段以及为确保拱肋混凝土施工中的方便,保证预应力张拉空间及混凝土浇注时的操作空间,拱肋纵向钢筋埋设于承台内的钢筋按9.0 m进行分节下料后加工剥肋滚压直螺纹接头。拱肋埋置于承台面以上纵向钢筋在钢筋加工场按4 m进行分节下料后加工剥肋滚压直螺纹接头,运输至现场进行安装。拱肋其他钢筋在加工场弯制成型后运输至施工现场,并按拱肋节段混凝土浇注高度进行相应焊接绑扎施工。

2)钢筋安装

根据混凝土拱肋构造形式,拱肋下部埋于承台中的钢筋在承台钢筋施工时进行安装绑扎施工,承台内钢筋安装时利用承台钢筋及承台钢筋架立角钢进行定位固定安装。承台面以上钢筋利用拱肋施工劲性骨架及架设钢管支架进行钢筋的定位及固定。为保证钢筋安装的精确,钢筋安装前在拱肋劲性骨架上按照钢筋布置间距做好钢筋安装的标记,钢筋安装时严格按标记进行安装。钢筋安装时,主筋接头要相互错开,同一截面中接头率不大于50%。

对于标准型的剥肋滚轧螺纹接头,在钢筋连接前,先将钢筋丝头上的保护帽及连接套筒上的密封盖取下并回收,检查螺纹是否完好,如有杂物需用铁刷清理干净,然后把钢筋骨装好连接套筒的一端拧到被连接钢筋上,用规定的扳手将连接的两根钢筋拧紧,连接套筒两端的外露丝扣不得超过一扣,随后用油漆画上标记。对于正反丝扣型接头的连接,先将加工好的正反丝扣的两根待接钢筋摆好,与待安装的正反丝扣连接套筒对应摆放，正扣接正扣，反扣接反扣，一边转动套筒，钢筋一边沿轴向移动，逐渐连接到位，并且扳手将套筒按规定力矩最终拧紧。

钢筋绑扎操作时，操作人员利用在拱箱内临时安装的钢管脚手架以及拱肋内脚手架作为钢筋绑扎的操作平台，操作人员不得站在钢筋骨架上或攀钢筋骨架上下。拱肋钢筋安装位置偏差按规定进行检验。为确保钢筋保护层厚度，通过在主筋上安装塑料垫块进行模板的定位，塑料垫块每 1m 安装一个。

(5)模板工程

1)模板设计说明

模板体系由进口 18 厚胶合板、H20 木工字梁、横向背楞和专用连接件组成；胶合板与竖肋(木工字梁)采用自攻螺丝正面连接，竖肋与横肋(双槽钢背楞)采用连接爪连接，在竖肋上两侧对称设置两个吊钩。两块模板之间采用芯带连接，用芯带销固定，从而保证模板的整体性，使模板受力更加合理、可靠。木梁直模板为装卸式模板，拼装方便，在一定的范围和程度上能拼装成各种大小的模板(图 13-19)。

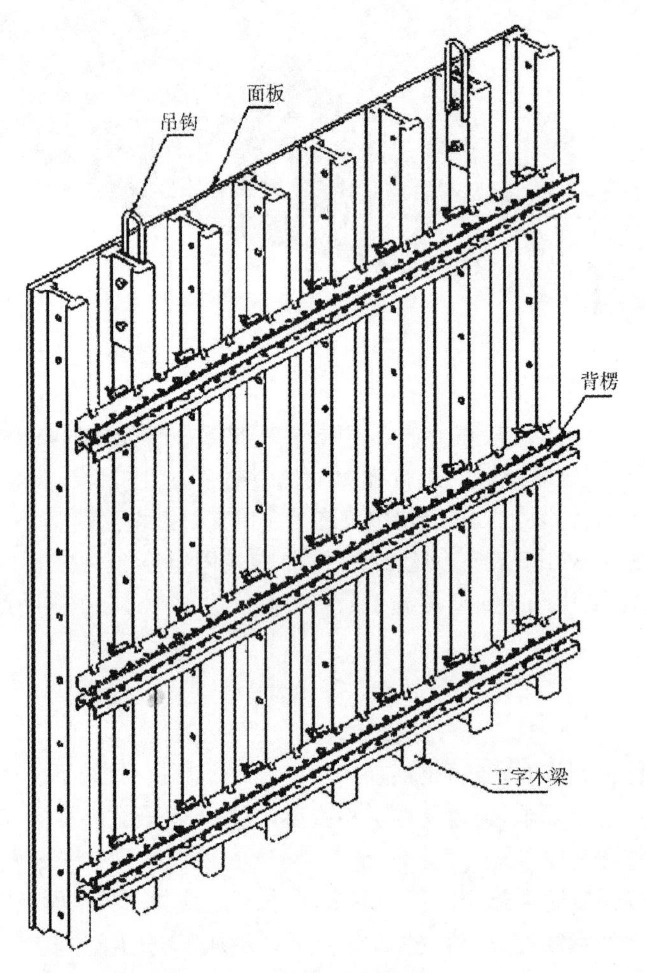

图 13-19 拱肋模板示意

2)拱肋模板方案

①拱脚段模板结构

由于拱肋第Ⅰ～Ⅲ段需与主墩、楔块及系杆锚块同步浇筑，因此该 3 段模板为异型段模板。模板采用 18 mm 厚胶合面板加木工字梁加双槽钢背楞加斜撑结构异形木模进行施工，对拉螺杆与拱肋钢筋焊接，模板与劲性骨架及钢筋间垫塑料垫块限位支撑。模板之间通过芯带连接，在棱角处用单边斜拉杆连接模板。拱肋倒角处根据实际情况作木盒子填充。

②拱肋一般节段模板结构

拱肋Ⅳ～Ⅵ段仍采用 18 mm 厚胶合板，竖肋采用 200 mm 木工字梁结构，横肋采用 2[12 槽钢结构。模板高度及宽度设计根据节段划分进行设计。考虑到模板的周转及倒用，一般节段模板可利用拱脚段模板进行改制，当模板不能进行改制时，则加工新的模板。拱肋顶、底板是由平面渐变为曲面结构，由于顶底板为等宽，但顶底板在不同节段施工时其线形均不同，在周转倒用时需调整面板线形，通过在槽钢背楞上加垫弧形造形木进行面板预弯线形调整可实现模板多次周转倒用。造形木按每节段弧度加工。

③施工端压模

由于拱肋为倾斜结构，每一施工缝端面同样均为倾斜面，为保证节段施工精度及拱肋线形控制，在每节段混凝土灌注时在节段端面上使用端压模进行施工。由于拱内预应力体系、钢筋及劲性骨架等结构较为密集，故拱肋节段端压模使用木模现场加工安装。

④在进行混凝土浇筑及振捣时，振动棒不易到达拱肋内侧腹板倒角处，因此该模板位置处需开孔，以便振动棒能振捣到该处位置混凝土，从而保证混凝土的外观质量。

3)拱肋模板安装施工

①拱肋模板施工准备

按配模标准配模板、连接体和支撑体，做好脱模剂、清洗剂、封边剂的材料准备以及操作工具的准备工作。放好轴线、模板边线、标高控制线，模板底部应做好找平层。钢筋绑扎完毕，预埋件安装完好准确，办完隐预检手续。操作用的脚手架和安全防护设施已支搭完毕并达到验收条件。

②拱肋模板运输

模板在工厂制造加工完成及在拱肋节段钢筋绑扎完成后，由汽车运输至工地现场。由于拱肋单块模板重量较大，施工时模板的安装及拆卸均利用塔式吊机进行吊装施工。模板运输过程中不得碰撞。

③拱肋模板安装

拱肋拱脚段由于其结构较为特殊异形，故其安装时先在承台顶面使用M30沙浆进行找平后进行第一节模板的安装。安装时利用塔吊进行吊运安装，利用模板外可调支撑进行模板的定位固定。模板施工中荷载均由拱肋劲性骨架进行支撑及定位，在模板安装前在劲性骨架及钢筋上每间隔1 m安装塑料垫块以保证混凝土保护层厚度。模板下包均为20～30 cm，可保证混凝土不错台漏浆。模板安装操作平台利用在拱肋内的钢管脚手架及拱肋外支架作为操作平台进行模板的安装施工。模板安装过程中必须由测量全程定位跟踪定位安装，以确保拱肋施工线形控制。

④系杆锚块模板安装

由于系杆锚块尺寸结构较大，并位于拱肋顶板上部，为保证系杆锚块支模的稳定性，在拱肋浇注至系杆锚块位时，在拱肋顶板上预埋各种拉杆及钢管支架的支撑点。系杆锚块模板采用拱肋施工模板进行修边处理后进行再利用。系杆锚块支架采用扣件式钢管支架结合锚块拉杆进行支模现浇施工。

4)模板拆除

模板及其支架拆除时的混凝土强度，应符合设计要求。侧模在混凝土强度能保证其表面及棱角不因拆除模板而损坏后方可拆除。底模在混凝土强度符合规定后方可拆除。已拆除模板及其支架的结构，在混凝土强度符合等级的要求后，方可承受全部使用荷载。当施工荷载所产生的效应比使用荷载的效应更为不利时，必须经过核算，加设临时支撑。拆模时应注意保护好模板，模板的传递均采用人工或机械传递，严禁随意抛、掷模板及其相关配件，拆下来的模板要及时整理。拆除程序应先拆除非承重部分，后拆除承重部分。

(6)预应力钢绞线施工

预应力钢绞线底部埋设在承台内部，分别在3个不同工作面进行张拉、锚固、接长。

1)钢绞线的验收

从每批钢绞线中任取3盘，并从每盘所选的钢绞线端部正常部位截取一根试样进行表面质量、直径偏差和力学性能试验。如每批少于3盘，则应逐盘取样进行上述试验。试验结果如有一项不合格时，则不合格盘报废，并再从该批未试验过的钢绞线中取双倍数量的试样进行该不合格项的复验，如仍有一项不合格，则该批钢绞线为不合格。每批钢绞线的重量应不大于60 t。

2)施工工艺流程

预应力施工工艺流程为：波纹管及锚垫板安装、固定→波纹管穿束→锚具及千斤顶安装→预应力束张拉→锚固(接长)→孔道压浆→封锚。

3)预应力安装及穿束

预应力安装及穿束，与钢筋安装同步进行，在混凝土浇筑前同时完成。

预应力管道采用塑料波纹管，波纹管安装采用钢筋定位架严格控制其平面及竖向坐标，保证管道安装精度。波纹管接头、波纹管与锚垫板之间的连接，采取内衬外包、严格控制焊接及捣固施工等有效措施，防止波纹管漏浆堵塞。

钢绞线在地面统一下料并编号，下料长度为：设计长度＋2×L（张拉工作长度）。下料采用切割机冷切割，保证束端平整。穿束利用爬架操作层作为施工平台。

4）预应力张拉

混凝土龄期及强度达到设计要求后，方可按设计要求顺序张拉预应力钢束。混凝土拱肋预应力均采取单端张拉，其张拉程序为：0→初应力（10%σ_k）→量测伸长值→初应力（20%σ_k）→量测伸长值→100%σ_k（荷载持续2分钟）→量测伸长值→锚固。预应力钢束张拉采用张拉力与伸长量双控，以张拉力为主，实际伸长量与理论伸长量差值控制在±6%以内。

5）预应力管道压浆、封锚

混凝土拱肋预应力均采用真空辅助压浆工艺。压浆在预应力张拉结束后24 h内，在专业人员指导下进行。水泥浆搅拌及压浆设备，均布设于工作平台上，采用高压输浆管输浆于张拉位置。

（7）混凝土工程

1）混凝土施工

本工程混凝土采用拌和站集中供应，混凝土运输采用运输车由拌和站运至工地现场后，使用天泵泵送至混凝土浇筑面进行浇筑。

混凝土施工采用分层浇筑、分层布料，分层振捣的施工方法，分层厚度按30 cm。在混凝土浇筑过程中，加强对每层布料厚度、振捣时间与振捣间距的控制，确保混凝土密实。

浇筑下节段混凝土前，均在已浇筑混凝土强度达到2.5 MPa以上后进行凿毛，并将凿毛面清洗干净。在新混凝土浇筑之前，对所浇筑混凝土各接触表面进行充分湿润，以保证新旧混凝土衔接紧密。

混凝土浇筑完成后，铺盖塑料薄膜加土工布进行养护，并不间断洒水使其表面保持湿润，养生时间不小于14 d。

2）混凝土浇筑技术保证措施

①混凝土浇筑选低温时间进行

混凝土的入模温度应维持在12 ℃～30 ℃之间，并控制混凝土的出料温度，浇筑时要控制分层厚度，用插入式振动器捣固的混凝土分层厚度不应超过300 mm，以加快混凝土水化热的散失。

②埋置冷却水管

由于拱肋及主墩均为大体积混凝土，故在施工时需埋设冷却水管。混凝土通过冷却水管的循环冷却水，经热交换作用，由循环水带出混凝土体内水化热产生的热量，降低混凝土体内部的温度，以减小内外温差，使混凝土的内外温差不大于25 ℃。

冷却水管进口设有调节流量的阀门，冷却水管安装后，进行通水压力检验，以免渗漏。每层循环冷却水管被灌注的混凝土掩盖并振捣完毕后即可在该层循环冷却水管内通水。通过水阀，调整循环水流量，控制进出口温差不大于10 ℃，且循环水温与混凝土内部温差不大于20 ℃，并作好进出口水温记录。

③分层浇注

混凝土浇注按照水平分层、斜向分段的原则，使混凝土部分热量充分散发到空气中，水平分层厚度控制在30cm以内。

④降低混凝土入模温度

混凝土内部温度是水泥水化热的绝热温升、浇筑温度和结构物的散热温降等温度的叠加，因此，降低混凝土入模温度，可降低混凝土内部温度。具体措施为，在混凝土拌制过程中中加冰块或选在低温时段拌制混凝土，控制混凝土的入模温度不大于30 ℃。

⑤温控测量

为测定结构内部温度，在混凝土中埋设热敏电阻元件，随时观察混凝土结构内外温差变化情况。根据观测结果确定冷却水管通水时间和蓄热养护时间。

13.5.2.4 桥台施工

本工程A0号、A3号桥台结构为肋板式桥台。施工采用双排ϕ48×3.5 mm钢管脚手架作为模板、钢筋安装和混凝土浇筑的施工平台，采用木模板进行组拼，钢筋在加工场集中制作，现场绑扎成形。

在浇筑混凝土前，应对承台混凝土表面凿毛，并用清水冲洗干净。桥台混凝土采用商品混凝土，罐车运输到现场，泵送到工作面，采用插入式振捣器进行捣固。混凝土浇筑完成后，在混凝土初凝前，对其进行二次收面、抹平，然后铺盖塑料薄膜加土工布进行养护，并不间断洒水使其表面保持湿润，养生时间不小于 14 d。

13.5.2.5　钢结构加工及运输

（1）钢结构加工制作

1）钢箱拱加工制作

①拱肋钢箱梁板单元的划分

根据拱肋的结构特点，为便于厂内制造和长途运输，更好地保证单元件的制作质量，拟将拱肋节段按板单元进行划分。面、底板分别分成 2 个面板单元和 2 个底板单元（每个板单元上含 5 个纵肋），4 个倒角和上面的纵肋分别组成 4 个倒角单元，两侧腹板按高度分别分成 4 个和 6 个腹板单元。

②板单元的制作

a. 钢材预处理

钢板、各种型材在工厂钢材预处理流水线上完成钢板矫平、抛丸处理和喷涂车间底漆工作，处理等级达到 Sa2.5。喷涂无机硅酸锌车间底漆，漆膜厚度为 20～25 μm。

b. 放样

采用计算机三维放样技术，对钢箱拱肋各构件进行准确放样。放样时按工艺要求预留制作和安装时的焊接收缩补偿量和加工余量，为无余量一次下料奠定基础。

c. 下料

下料前核对钢板的牌号、规格，检查表面质量，再进行下料。下料严格按工艺配套图进行，保证钢材轧制方向与构件受力方向一致。钢板及大型零件的起吊转运采用磁力吊具，保证钢板及下料后零件的平整度。所有零件下料，根据放样结果采用无余量一次下料工艺。

d. 零件加工及矫正

纵肋采用门式多头切割机下料，这样可保证纵肋在下料时产生的旁弯变形。

纵肋拼接板采用数控钻床进行孔群加工。连接板一端利用数控钻床进行孔群加工，另一端匹配时配钻。零、部件在制造、起吊、运输过程中，如产生变形，根据其结构形式，可采用机械矫正或热矫正。冷矫正后的零件表面不得有明显的凹痕和其他损伤。热矫正时，温度控制在 600 ℃～700 ℃，矫正后零件随空气缓慢冷却，降至室温以前，不得锤击或用水急冷。

e. 面板单元、底板单元及腹板单元的制作

面板单元、底板单元与腹板单元的结构形式相似，单元件的制造流程为：零件下料→零件加工→划线→纵肋装配→纵肋角焊缝焊接→单元件矫正（图 13-20）。

划线工作在专用划线平台上完成，该平台设有自动对位装置，板材自动对中后，按平台上的标记点绘制单元件纵横向定位线及结构装配线。纵肋装配在精密纵肋装配机上进行，并实现无马装配。

单元件装配报检合格后置于预变形亚船形旋转焊接胎架，采用 CO_2 气体保护自动焊机对 U 形肋角焊缝进行焊接，从一端向另一端平行施焊。

单元件吊装上检验、矫正平台，检查单元件平面度和板边平直度。由于控制焊接变形措施使用得当，单元件一般只产生纵向弯曲，及板边局部平直度超差，如若产生变形，则予以矫正。矫正采用火焰矫正。

f. 倒角单元（折角单元）的制作

倒角单元由面板和上面的纵肋组成。其制作工艺流程为：

零件下料→零件加工→划线→T 形材和 U 形肋装配→T 形材和 U 形肋角焊缝焊接→单元件矫正→单元件上专用油压折边机上折边。

倒角单元的制作与面板单元基本相同，只是在矫正焊接变形后上油压机上进行折弯，在折弯时我们将考虑回弹量，以保证倒角单元的外形尺寸与设计相符（图 13-21）。

g. 腹板单元的制作

腹板单元的制作与面、底板单元的制作相似。在总装胎架上各单元件之间的焊接以及横向加劲肋的对接与上相同。拱肋节段总装具体工艺流程如图 13-22 所示。

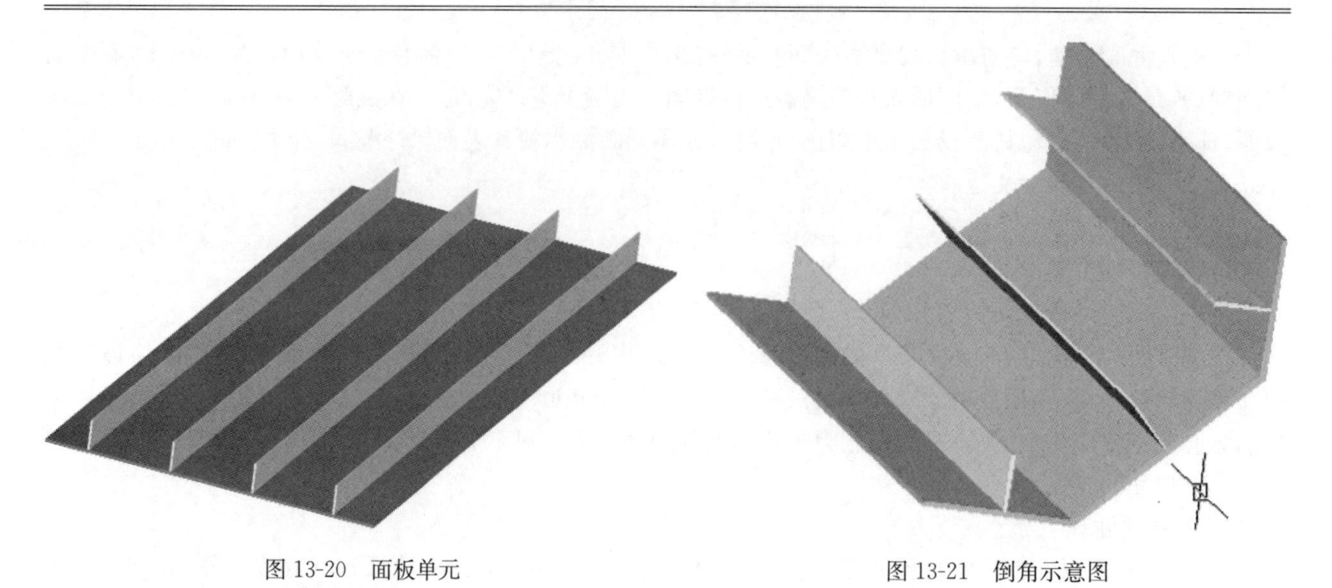

图 13-20 面板单元　　图 13-21 倒角示意图

②钢箱梁加工制作

a. 钢箱梁的制作方式

本工程桥面钢箱梁位于曲线半径 600 m 的曲线内，横桥向分成 5 块，中间采用高强螺栓连接。在制作上将此曲线用一段段的折线代替。折线长度控制在 6 m，以使“以折代曲”后的线型更加接近设计线型。

b. 钢箱梁板单元制作

桥面钢箱梁各板单元的制作与钢箱拱基本相同，具体如下：

(a)顶板单元件制造采用“精密 U 形加劲肋装配机”安装 U 肋，顶板单元件焊接在“预变形亚船形焊接旋转胎架”上进行，采用 CO_2 气体保护自动焊。单元件校正、检测在“单元件检验平台”上进行。同一梁段的顶板、底板及斜边板单元横隔板连接板在同一“横肋装配定位装置”上划线装焊。

(b)底板单元件制造采用“精密扁钢加劲肋装配机”安装纵肋，底板在“预变形亚船形焊接旋转胎架”上进行，采用 CO_2 气体保护自动焊。单元件校正、检测在“单元件检验平台”上进行；同一梁段的底板及斜边板单元横隔板连接板在同一“横肋装配定位装置”上划线装焊。

(c)横隔板分为左、中、右三块单元。在专用胎架上进行装焊。焊接采用 CO_2 气体保护自动焊和 CO_2 气体保护半自动焊。在“单元件检验平台”上校正、检测。

(d)工字梁单元件制造成立体单元，在专用胎架上进行装焊。焊接采用 CO_2 气体保护自动焊和半自动焊焊接。

(2)钢结构预拼装

钢箱拱、钢箱梁在预拼装场地进行预拼装时，当发现节段尺寸有误或预拱度不符时，即可在预拼装场地进行尺寸修正和调整匹配件尺寸，避免在高空调整，减少高空作业难度和加快吊装速度，确保钢箱拱、钢箱梁顺利架设。

1)拼装前的准备

①编写出详细的节段预拼装及预安装工艺、预拼装顺序、各安装阶段的放样、模拟标高计算、测量和检查方法等，并报请监理工程师批准。

②提交节段预拼装的零、部件及节段应是经验收合格的产品，并宜在节段进行预拼装之后再进行涂装。

③钢箱拱、钢箱梁预拼装场地应有足够的面积，至少能容纳 5 个节段进行预拼装。预拼装场地应有足够的承载力，以保证在整个预拼装过程中临时支墩不发生沉降。支墩高度的设置，应根据设计拱度及焊接变形影响综合考虑。

2)预拼装的主要作业

①修正面板或底板长度

钢箱拱、钢箱梁的空中曲线近似为一圆曲线，通过对每个节段的面板与底板的长度差的计算，在预拼装时对实际尺寸加以修正。

②修正钢箱拱、钢箱梁总长度

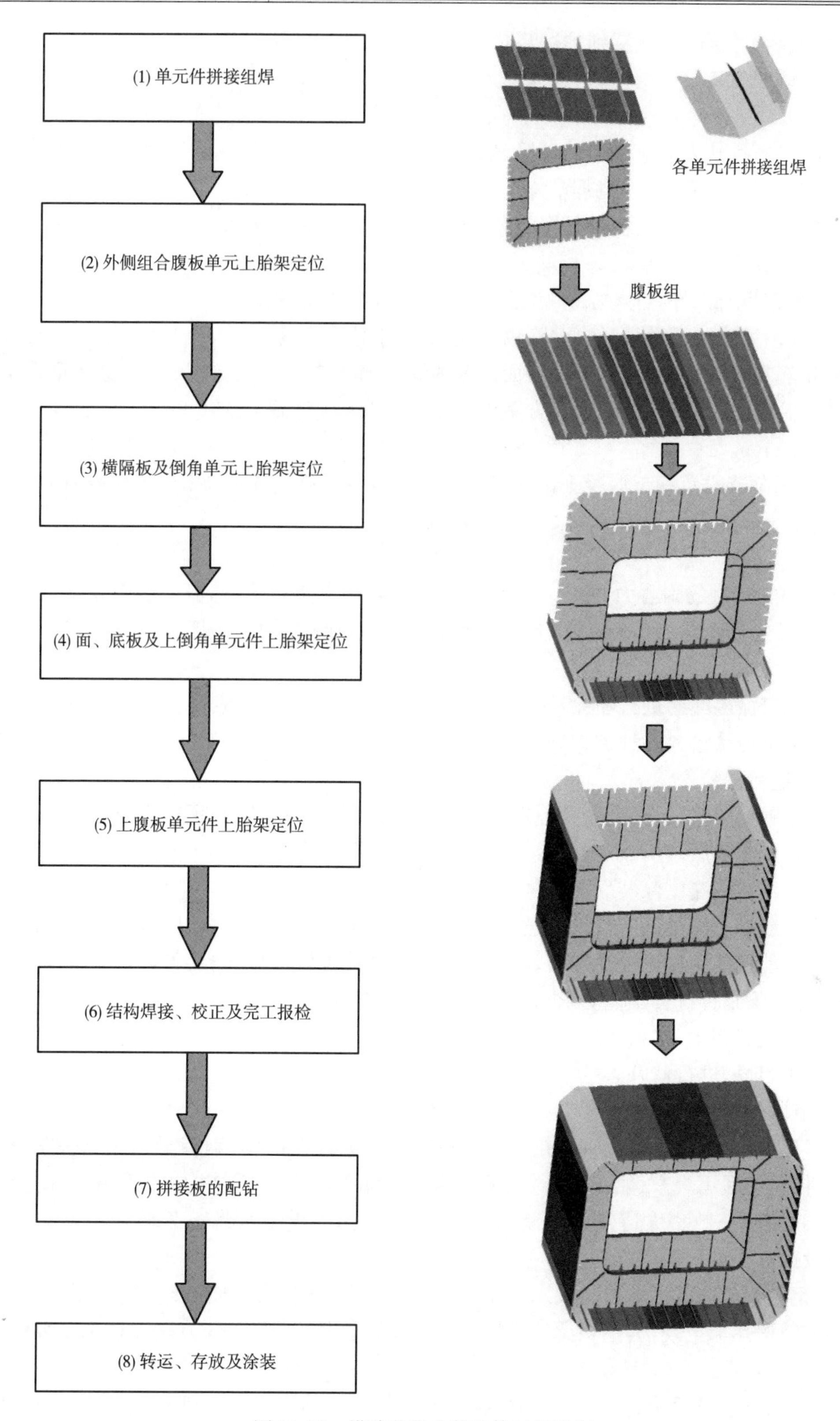

图 13-22　拱肋节段总装具体工艺流程

每个预拼装单元预拼后，测量其总长度，并将该长度与理论长度比较，其差值可在下一个预拼装单元加以修正，不使误差累积。

③修整对接口

相邻梁段的端口尺寸偏差难以避免，预拼装时对相邻端口加以修整，使之在空中安装时顺利对正及焊接。

④匹配件的安装

预拼装时已确定了相邻节段的相对位置，则把两节段的相应匹配件成对地安装在焊缝两侧，在高空吊装时只要将匹配件准确定位,即可恢复到预拼装状态。

(3)钢结构除锈和涂装

1)钢材预处理

钢材进场经辊平后,其表面应采用喷砂除锈,必须将表面油污、氧化皮和铁锈以及其他杂物清除干净。再用干净的压缩空气或毛刷将灰尘清理洁净。除锈等级应达到 Sa2.5 级,其表面粗糙度 R_a=40～80 μm。对于喷砂达不到的部位,采用动力机械打磨除锈,达到 GB8923 中的 St3 级。

2)构件二次除锈

①经加工后的钢板或构件,打磨除锈等级要满足涂装设计方案的要求。

②节段内部表面可采用风动工具打磨除锈,打磨面要求达到 GB/T8923－1988 标准规定的 St3.0 级。

③钢箱拱、钢箱梁节段外表面,除铺设路面位置的钢表面不进行二次除锈(待铺设路面前除锈)外,其余外露的钢材表面二次除锈要满足涂装设计方案的要求,其等级应达到 GB/T 8923－1988 规定的 Sa2.5 级,粗糙度 R_z=40～80 μm。

④钢箱拱、钢箱梁节段及钢－混凝土结合段钢帽的其他零部件应喷砂除锈,将其表面油污、氧化皮或铁锈等杂物清除干净。除锈等级要满足涂装设计方案的要求。

⑤表面清洁

a. 为增强漆膜与钢材的附着力,应对二次除锈后的钢材表面进行清洁处理,然后才能涂装。

b. 表面清洁工艺流程为:用压缩空气吹除表面粉粒→用无油污的干净棉纱、碎布抹净→防止再污染。

3)构件的涂装要求

①应按图纸规定涂层配套进行喷涂,涂装材料、工艺及性能要求等亦应符合图纸要求。

②涂装前应仔细确认涂料的种类、名称、质量及施工位置,乙方应对批量油漆的主要性能指标和黏度、附着力、干燥时间等进行检验。

③对双组份涂料要明确混合比例,并搅拌均匀、熟化后使用。混合后如超过使用期,则不得使用。

④除锈等级达到要求后,在环境温度 5 ℃～38 ℃之间,相对湿度 85%以下时,钢板可以喷涂防锈底漆。箱梁表面有结露时不得涂装。涂装后 4 h 内不得淋雨。

⑤注意留出焊缝处不涂油漆,节段分段边缘(即接头 50 mm 宽)不喷漆,以免影响焊接质量。

⑥根据涂料性能选择正确的喷涂设备,在使用前应仔细检查储料罐、输料管道及喷枪是否干净、适用,高压空气压力、管道喷嘴是否符合工艺要求,高压空气中是否有其他油物和水。

⑦在运输和安装过程中,对损坏的油漆应进行补涂,对大面积损伤的,必须重新打砂按层修补。局部小面积损伤者用手工打磨,进行修补。

(4)钢结构节段运输

钢结构在工厂加工制作完成后,钢箱拱按照节段在工厂进行预拼装,钢箱梁按照纵桥向分节段、横桥向分块件进行预拼装,然后用汽车(船)运输到现场。其运输路线为:外省钢结构单位厂家→水运或公路运输至成都大件路(103 省道)→牧华大道(跨越成雅高速)→天府大道→世纪城路→工地现场。

钢结构节段运输要求:

1)钢箱拱、钢箱梁节段的运输可采取水上船运或公路汽车运输,最后通过成都大件路至工地。

2)钢箱拱按节段运输至现场,钢箱梁按横桥向分成 5 个块件,纵桥向分节段运输到现场组拼场,组拼后再进行安装。

3)钢箱拱、钢箱梁节段运输,应用钢丝绳将其牢靠固定在运输工具上。绑扎钢丝绳时,应在节段边缘加垫木板,严防损伤节段边缘。

4)钢箱拱、钢箱梁节段及钢混凝土结合段钢帽吊装时,其部件等匹配件应妥善固定在该节段上,随节段一同吊装。起吊点必须放在设计起吊位置,禁止采用捆绑、挂钩等方式起吊。

13.5.2.6 钢箱拱安装

(1)主要临时设施

钢箱拱施工时主要临时设施包括钢结构存放场、南北侧运输通道及栈桥、拱肋支撑架。

1)钢结构存放场及运输通道

①钢结构存放场

钢结构存放场设置在 A0 桥台后 150 m 范围内，宽度约 80 m，总面积约 12000 m²。拱梁节段运至存放区后，采用一台 260 t 履带吊进行下车及堆放。

场地横桥向设置 1%的“人”字形横坡、两侧设置排水沟，在靠近 A0 桥台位置处设置一横向排水沟（此处最低），避免存放区积水。纵桥向设置 1%的纵坡便于运梁小车的场内运输。场地纵向标高由 485.5 变化至 484.5（图 13-23）。

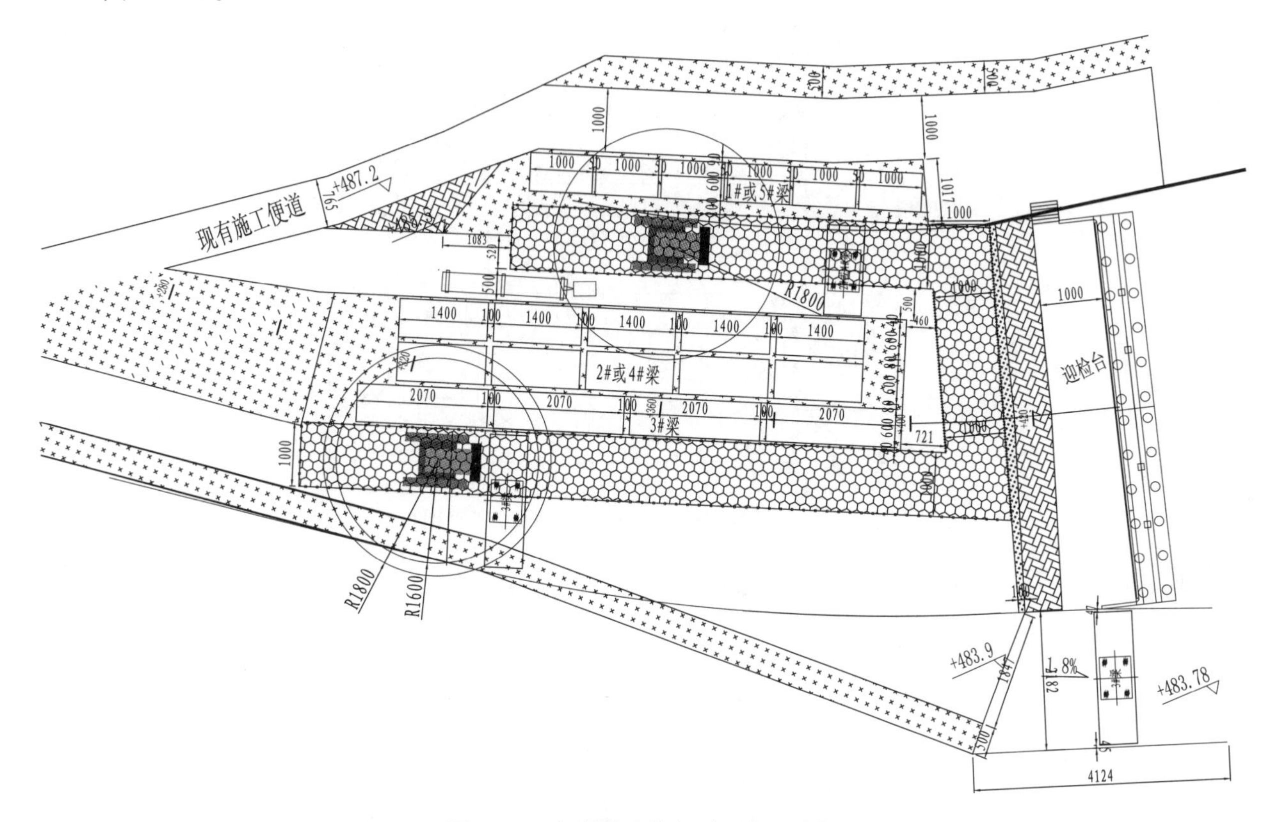

图 13-23　钢结构存放场平面布置示意

②南北侧运输通道

在拱梁存放区至桥位设置宽度约 20 m 的运输通道，南北拱两侧均设置。跨河区域搭设栈桥。

由于施工通道区域为杂填土，因此地基处理必须分层压实，分层厚度不超过 50 cm，压实度要求达到 96%。采用振动压路机进行碾压 6～8 遍，顶层基础压实后承载力不得低于 250 kPa。路面采用砂砾石或泥结碎石进行填筑，填筑厚度分别为 50 cm（砂砾石）、泥结碎石（30 cm）。路面采用 30 cm 厚 C30 混凝土。

2）南北岸栈桥

在上、下游南北拱肋外侧分别搭设一座栈桥，栈桥宽度为 12 m。供拱节段运输和履带吊吊装。其中南栈桥还包括运输 P2～A3 的梁节段。

栈桥基础水面以下部分采用直径为 ϕ1.2 m 的钻孔灌注桩，钻孔桩横向间距为 3.0 m、3.46 m，桥台下桩基桩长为 16 m，其他均为 15 m。承台尺寸为 1.7 m×1.7 m×0.6 m。

承台上采用 ϕ0.82×16 m 钢管支柱，为加强支架的整体稳定性，每排钢管桩间均采用[16a 槽钢连接成整体。

上部采用贝雷梁作纵梁，跨度为 9 m，横向共布置 21 片即 8×45 cm+4×90 cm+8×45 cm。其上铺型钢分配梁和桥面板。桥面系为 δ10 花纹钢板、I14a 工字钢，桥面系分配横梁为 I36a，间距为 0.7 m 和 0.85 m（贝雷梁节点处）。栈桥断面布置如图 13-24 所示。

3）拱肋支撑架

拱节段安装支撑支架采用钢管支架搭设，布置在南北拱肋水平投影面下方，每个支架基础采用 4 根直径 ϕ1.0 m 钻孔灌注桩，桩底深入泥岩，长 15 m、18 m 和 20 m。桩顶设置尺寸为 7 m×5 m×0.8 m 承台，结构为 C30 混凝土，浇筑混凝土时安装支架预埋件，然后根据节段标高安装钢管支架立柱，立柱采用 6m 标准件和非标准件组成。拱肋支撑架立面和侧面分别见图 13-25、图 13-26。

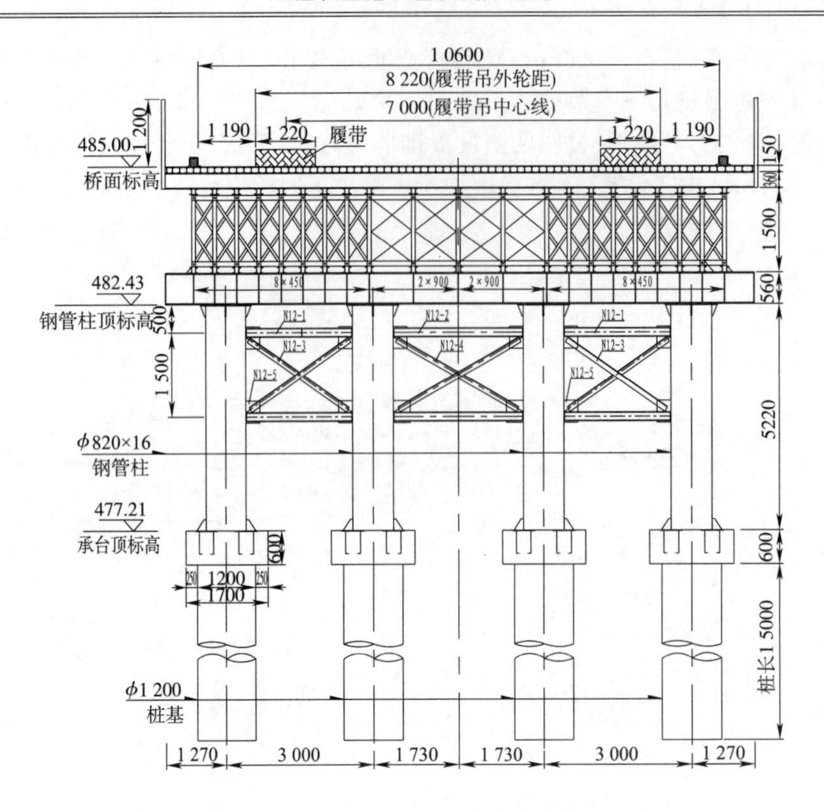

图 13-24　栈桥断面布置示意

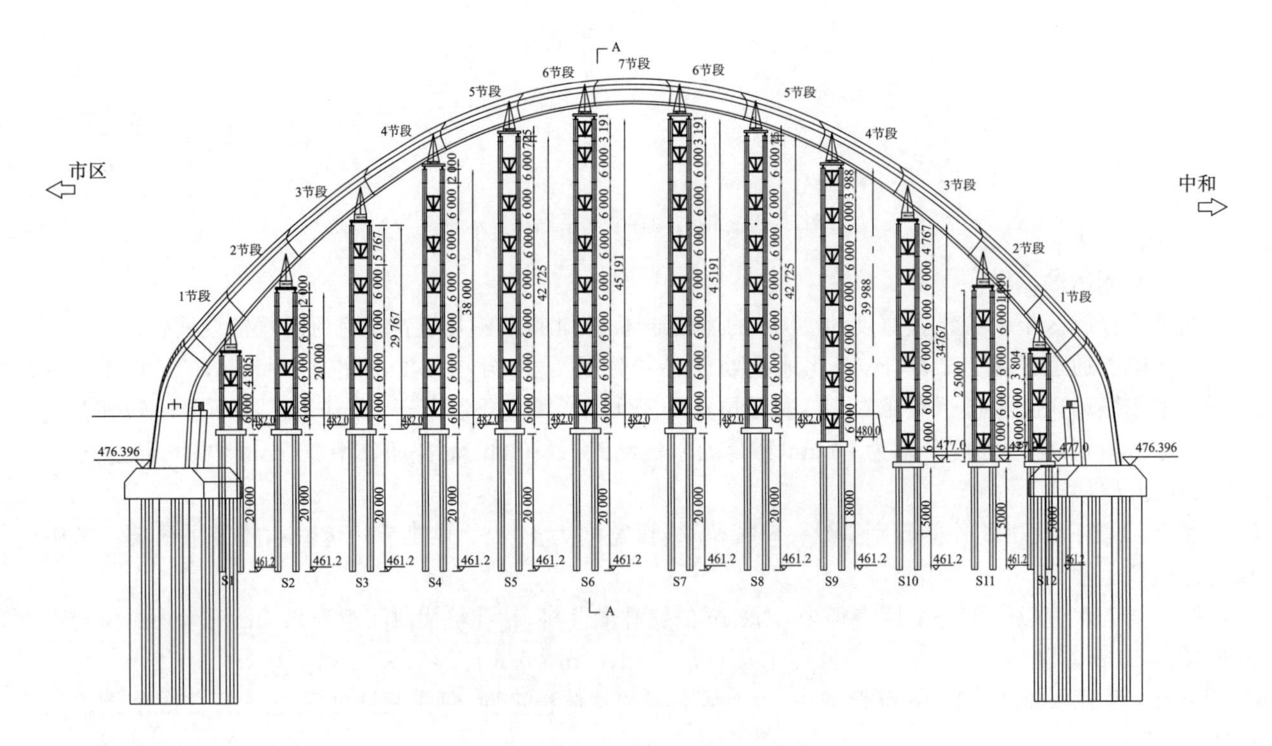

图 13-25　拱肋支撑架立面

拱支架采用 ϕ609×16 mm 钢管，共 4 根，组合成格构体系，钢管间距为 3 m(纵桥向)×5 m(横桥向)。法兰盘厚度为 20 mm。连接系高度为 2.0 m，采用 2[16a 槽钢，节点板厚度为 10 mm，连接除节点板采用焊接外，其他全部采用栓接。钢管柱法兰连接采用 M24 螺栓、螺栓孔为 26 mm。连接系采用 M20 螺栓、螺栓孔为 22 mm。如图 13-27 所示。

为便于钢箱拱钢管支架安装，在支撑架内部搭设碗口支架作为上人梯步和操作平台，支架间距为 0.9 m，步距为 1.2 m。支架在风力大于 9 级时设置缆风索，施工时做好缆风材料、地锚措施。布置图如图 13-28 所示。

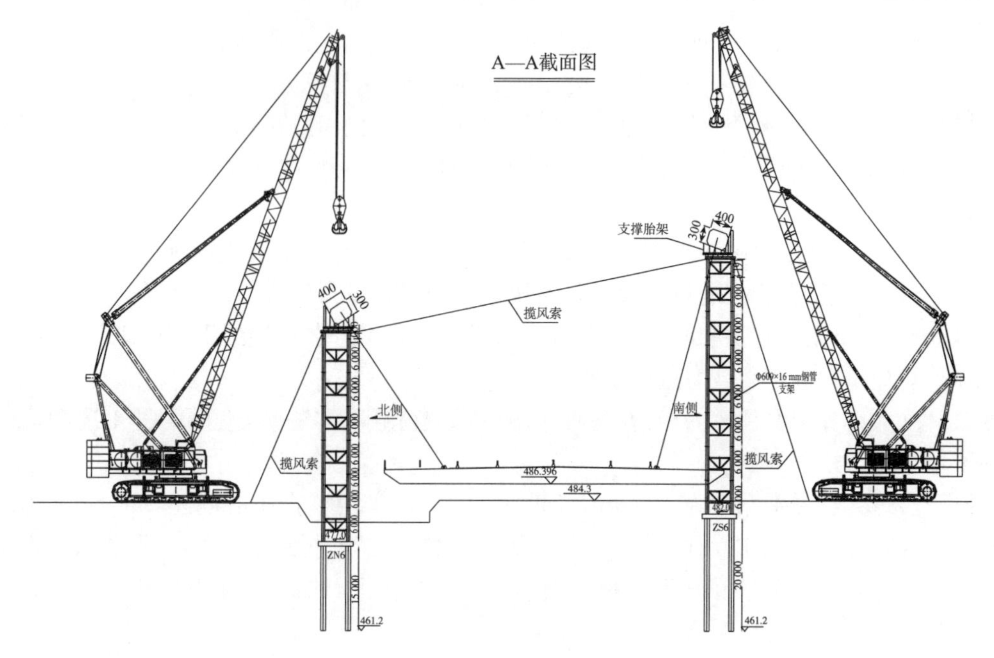

图 13-26　拱肋支撑架侧面

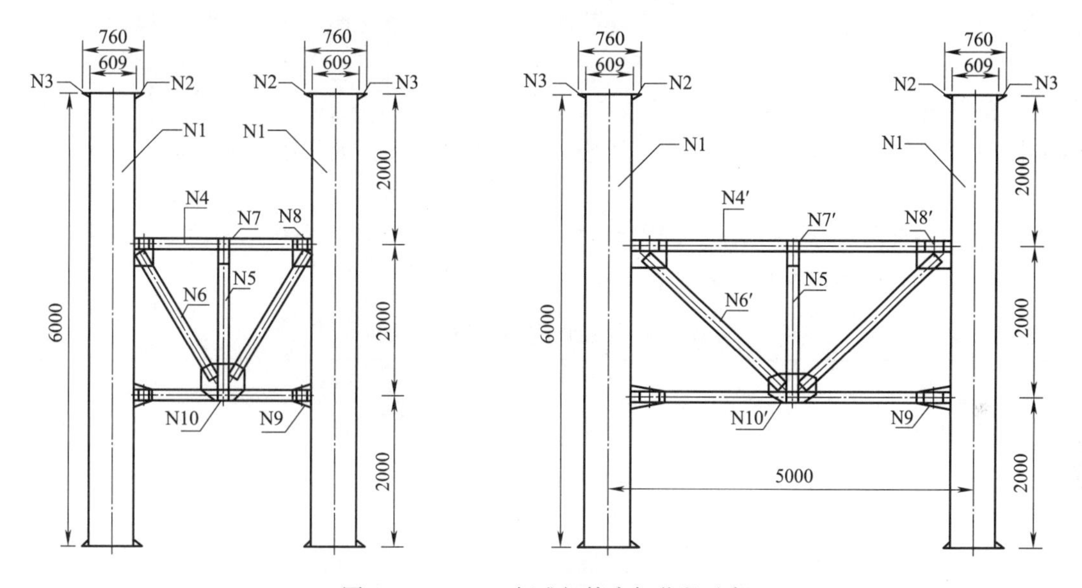

图 13-27　6.0 m 标准钢管支架节段示意

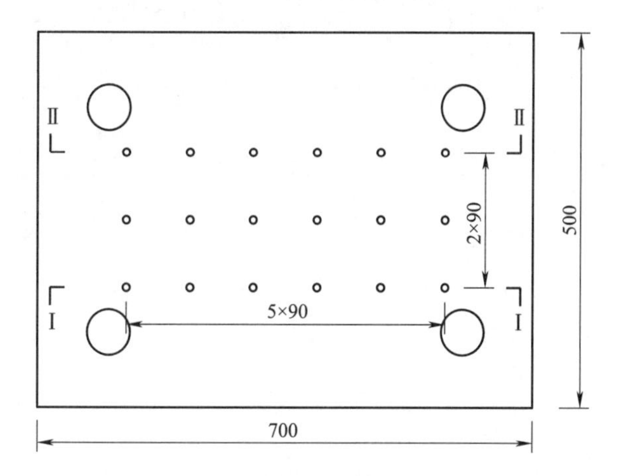

图 13-28　钢箱拱碗口支架平面布置

(2)栈桥预压

1)预压施工总体方案

本栈桥主要用于拱肋节段运输安装，栈桥桥面荷载会不断移动，具体作用位置具有随机性，则预压考虑全桥面预压，预压材料主要采用150 cm×90 cm×75 cm(长×宽×高)混凝土预压块，底层由于模拟履带吊履带宽度120 cm，采用满布工字钢垫底。

2)预压目的

检验栈桥支架及基础的强度和稳定性，考察栈桥基础非均匀沉降情况。

3)预压区域选择

当履带吊布置在钢管桩位置吊装拱肋时，荷载基本由下部桩全部承受(忽略贝雷梁的分散作用)，以此作为一种最不利工况，对桩基、钢管桩承载力及贝雷梁抗剪承载能力进行检查。

当履带吊位于跨中位置吊装拱肋时，荷载全部通过纵向贝雷梁分散传递给下部的钢管桩及桩基础，以此作为最不利工况，对贝雷梁抗弯承载力进行检查。

栈桥其余部件(大小分配梁和桥面板)在各种工况中承载荷载基本一致，上面两种工况中均以对其进行了检查，另外不单独进行检查。

根据履带吊技术参数，履带宽度为120 cm，长度为898.3 cm，两履带中心间距640 cm。预压区域设置为中心线距梁中心线320 cm的120 cm×900 cm的矩形区域，由于栈桥跨度为9 m，所以预压区域设置为距桥轴线3.2 m的120 cm条形带。预压前需根据前面两种工况在桥面钢板上标识出预压区域。

4)预压荷载

由于栈桥承受荷载主要为动荷载，同时考虑吊装过程中构件的摆动等，预压最大荷载按实际荷载的120%进行考虑。履带吊自重按260 t考虑，吊装重量按60 t考虑，则预压重量为384 t栈桥预压按照40%、70%、100%、120%四级进行分级加载。

5)预压材料组织

根据项目考察研究决定，采用混凝土预压块进行预压，各部门需提前组织材料进场。

(3)拱肋节段基本情况

南、北侧钢拱肋各自划分为15个吊装节段，编号分别为S1～S8、N1～N8；拱肋节段宽4.0～4.016 m，节段高3.000～5.016 m。拱肋节段结构参数见表13-6。

表13-6 拱肋节段结构设计参数

南拱结构节段参数									
结构	混凝土拱顶	S1	S2	S3	S4	S5	S6	S7	S8
拱肋长度(m)		3.255	7.724	12.872	15.794	14.554	13.664	13.13	12.952
拱肋重量(t)		26.86	35.69	59.90	59.86	46.45	42.49	40.37	40.02
最大截面尺寸(m)	4200×5200	4016×5016	4016×4834.6	4016×4442.5	4008×3906.5	4000×3439.2	4000×3176.9	4000×3047.1	4000×3003
最小截面尺寸(mm)		4016×4834.6	4016×4442.5	4016×3914.5	4008×3447.2	4000×3176.9	4000×3047.1	4000×3003	4000×3000
安装倾斜角度(外倾)		18°							
北拱结构节段参数									
结构	混凝土拱顶	N1	N2	N3	N4	N5	N6	N7	N8
拱肋长度(m)		2.862	6.807	11.369	13.778	12.642	11.904	11.488	11.354
拱肋重量(t)		25.07	31.85	53.91	53.33	41.36	38.01	36.16	35.98
最大截面尺寸(mm)	4200×5200	4016×5016	4016×4834.2	4016×4442.8	4008×3903.3	4000×3438.5	4000×3177.7	4000×3047.6	4000×3003
最小截面尺寸(m)		4016×4834.2	4016×4442.8	4016×3911.3	4008×3446.5	4000×3177.7	4000×3047.6	4000×3003	4000×3000
安装倾斜角度(外倾)		30°							

(4)节段吊装

1)起重机选择

拱肋吊装采用 QUY－260 履带式起重机，履带吊自重 260 t。根据拱肋支架高度和拱肋倾斜高度选用 63 m 主臂工况单台起吊，260 t 履带吊结构如图 13-29 所示，履带吊起重机基本型主臂性能见表 13-7。

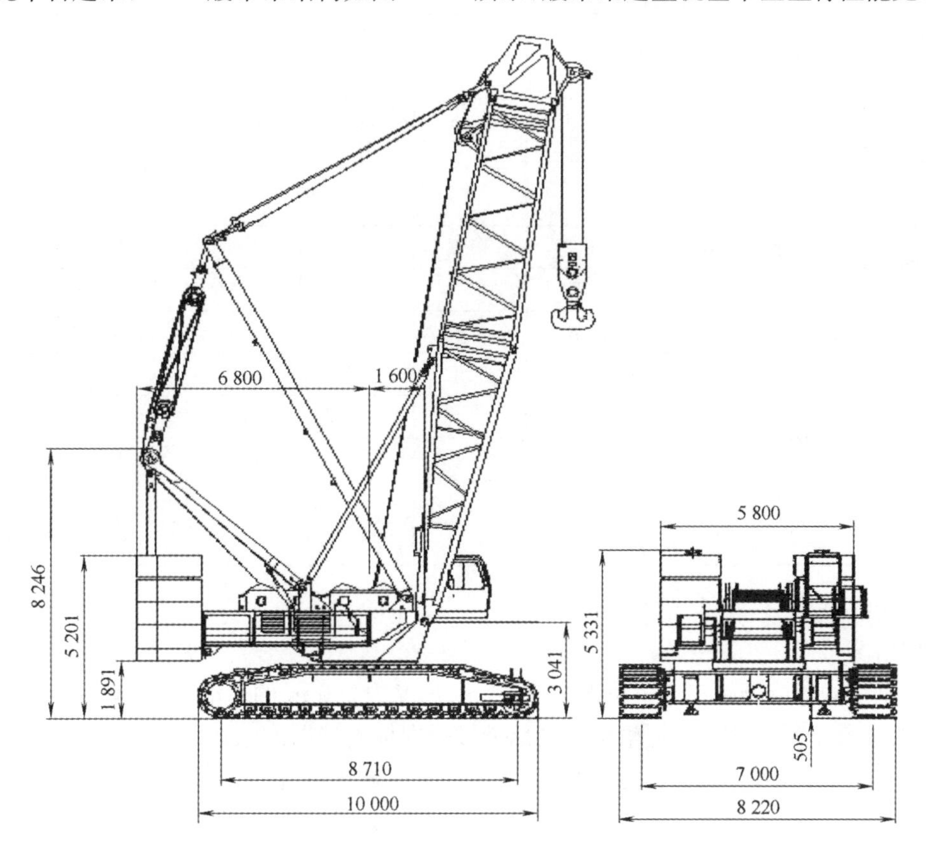

图 13-29　260 t 履带吊结构示意(单位：mm)

表 13-7　QUY－260 履带起重机基本型主臂性能表

臂长 幅度	54	57	60	63	66	69	72	75	78	81
10	94.6									
11	92.7	86.2	84.0							
12	91.2	81.3	81.3	67.6						
14	75.4	74.5	73.5	67.6	67.6	67.6	67.6	53.8		
16	64.0	63.1	62.4	61.6	60.9	60.2	59.4	53.8	53.8	48.6
18	55.3	54.6	53.9	53.2	52.5	51.9	51.3	50.6	50.0	46.6
20	48.5	47.8	47.2	46.6	46.0	45.5	44.9	44.3	43.7	43.1
22	42.6	42.3	41.8	41.3	40.7	40.2	39.7	39.1	38.6	38.0
24	37.7	37.4	37.0	36.7	36.3	35.8	35.3	34.8	34.4	33.9
26	33.7	33.4	33.0	32.7	32.3	32.0	31.7	31.2	30.8	30.3
28	30.3	30.0	29.7	29.3	29.0	28.7	28.4	27.9	27.6	27.2
30	27.4	27.1	26.7	26.4	26.1	25.8	25.4	25.1	24.8	24.5
32	24.9	24.6	24.3	24.0	23.6	23.3	23.0	22.6	22.2	21.9
34	22.7	22.4	22.1	21.8	21.4	21.1	20.8	20.4	20.1	19.8
36	20.9	20.5	20.2	19.9	19.6	19.2	18.9	18.6	18.3	17.9
38	19.2	18.9	18.6	18.2	17.9	17.5	17.2	16.8	16.5	16.2

续上表

臂长 幅度	54	57	60	63	66	69	72	75	78	81
40	17.7	17.3	17.0	16.7	16.4	16.0	15.7	15.4	15.0	14.7
42	16.4	16.0	15.7	15.4	15.0	14.7	14.4	14.0	13.7	13.4
44	15.2	14.8	14.5	14.2	13.8	13.5	13.2	12.9	12.4	12.1
46	14.1	13.8	13.4	13.1	12.8	12.3	12.0	11.7	11.3	11.0
48	13.1	12.8	12.4	12.0	11.7	11.4	11.0	10.7	10.4	10.0
50		11.8	11.5	11.1	10.8	10.5	10.1	9.8	9.5	9.1
52			10.6	10.3	10.0	9.6	9.3	9.0	8.6	8.3
54				9.5	9.2	8.9	8.5	8.2	7.9	7.7
56				8.8	8.5	8.2	7.8	7.5	7.2	6.9
58					7.9	7.4	7.2	6.9	6.6	6.3
60						6.94	6.6	6.3	6.1	5.8
62							6.1	5.8	5.6	5.3
64								5.4	5.1	4.8
66								4.9	4.7	4.4

2)履带吊行走线路

①道路规划情况

拱肋南侧从钢结构存放场施工一条路面宽度 20 m、长度约 200 m 的运输便道，运输便道与栈桥相接，栈桥又与 P2 墩位处的转向平台相接。运输便道的路面顺桥向标高按以下原则设置：

a. 耳墙背后 10 m 范围至 A0 桥台，路面标高为梁底标高减 2 m 即 483.6 m。

b. A0 桥台位置 483.6 m 放坡至 P1 墩 484.13 m，从 P1 墩 484.13 m 放坡至跨中 485.0 m，又从跨中放坡直至与栈桥桥面标高 483.8 m 顺接。

拱肋北侧：从钢结构存放场施工一条宽度 20 m、长度约 88 m 运输便道，运输便道在拱肋 N3 东、N4 东节段处加宽与栈桥台相接。栈桥又与俯河中心岛相接，岛位处地面标高 482.000 m，施工时需填土至 485.000 m，与栈桥标高相同。

拱肋北侧运输便道的路面顺桥向标高按以下原则设置：

① 耳墙背后 10 m 范围至 A0 桥台，路面标高为梁底标高减 2 m，即 483.6 m。

② A0 桥台至栈桥桥台处路面标高按 483.6 m 顺调至 485 m。

为了保证北侧中心岛靠主河道侧河堤稳定，在履带吊吊装作业范围内靠河侧设置了 9 根 1 m 地基加固桩。履带吊在岛上吊装拱节段的各种作业工况均保证履带最外边距河堤宽度大于 6 m。

③履带吊运行及吊装情况

北侧：履带吊可从 A0 桥台后存梁场至北侧运输便道吊装 N1-N4 西拱段；在北侧栈桥上吊装 N5-N7 西拱段、N8 合龙段和 N7 东拱段；在中心岛位处吊装 N1-N6 东拱段。

南侧：履带吊可从 A0 桥台后存梁场至南侧运输便道吊装 S1-S7 西拱段、S8 合龙段、S5-S7 东拱段；在南侧栈桥上吊装 S1-S4 东拱段。

3)拱肋吊装

①拱肋节段吊装能力

南侧钢拱肋 S8 段吊装就位时高度最高约 48 m，重 40.02 t，长约 12.952 m；S4 段吊装最重，重约59.9 t。本段长 15.794 m，安装就位顶部高度约 34 m。

北侧钢拱肋吊装就位时最不利吊重节段为 N4 段，重 53.33 t，长 13.778 m，安装就位顶部相对履带吊站车平面标高约 26 m；N8 段吊装高度最高，安装就位时顶部高度约 35 m，N8 段长 11.354 m，重 35.98 t。

南北两侧拱肋均采用 QUY260t 履带吊吊装就位，根据需要吊装工况为 63 m 主臂，作业半径(幅度)根据履带吊站位情况采取 14～22 m 范围进行。吊装能力、顶部钢丝绳最小安全距离满足不小于 3 m 及钢拱肋边侧距吊车臂的最小距离满足不小于1 m。履带吊吊装最不利节段S8、S4段时如图13-30所示。除S3节段外其余每段吊重能力均在履带吊额定起重量的0.9倍以下，S3节段吊装半径15 m时起重能力为0.93倍额定起重量(实际安装此段时可与存梁场的260 t转运履带吊一起进行双机抬吊，抬吊时吊装半径16 m，两台吊机的吊重均在额定起重量的80%以下，满足要求)。起重机吊装拱肋各节段能力参数见表13-8。

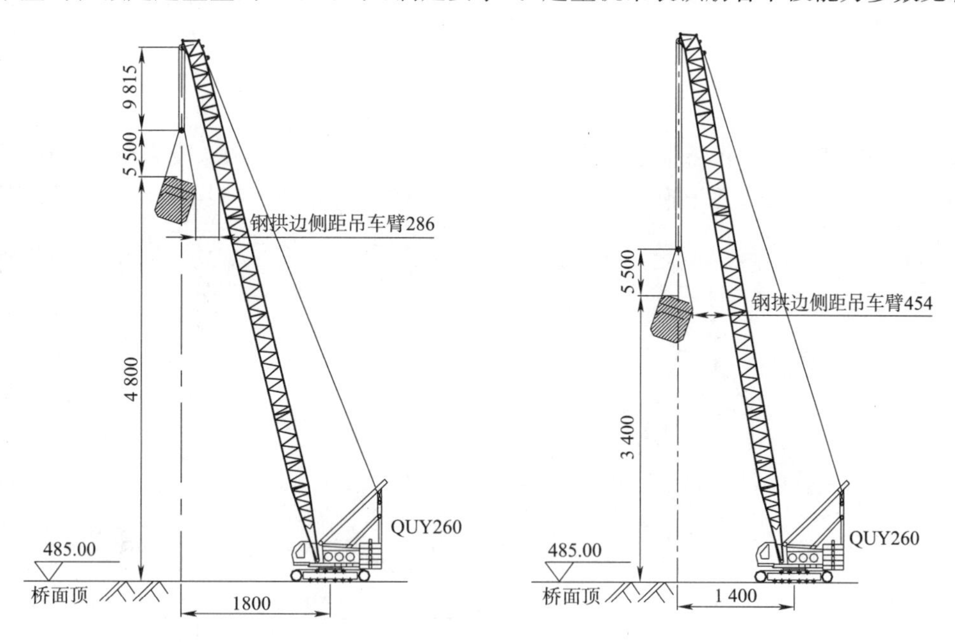

图13-30　拱段吊装示意(单位：cm)

表13-8　钢拱肋分节吊装能力参数表

部位	编号	最大弧长(m)	安装高度(m)	重量(t)	吊装半径(m)	吊机臂长(m)	吊装能力(t)
南拱肋	S1	3.255		26.86			
	S2	7.724	17	35.69	18～22	63	53.2×0.9=47.88
	S3	12.872	25	59.9	15	63	64.6×0.93=60.08
	S4	15.794	34	59.86	14	63	67.6×0.93=60.84
	S5	14.554	41	46.45	16	63	61.6×0.9=55.44
	S6	13.664	45	42.49	18	63	53.2×0.9=47.88
	S7	13.130	47	40.37	18	63	53.2×0.9=47.88
	S8	12.952	48	40.02	18～20	63	46.6×0.9=41.94
北拱肋	N1	2.862		25.07			
	N2	6.807	14	31.85	22	63	41.3×0.9=37.17
	N3	11.369	20	53.91	16	63	61.6×0.9=55.44
	N4	13.778	26	53.33	16	63	61.6×0.9=55.44
	N5	12.642	30	41.36	16	63	61.6×0.9=55.44
	N6	11.904	33	38.01	16	63	61.6×0.9=55.44
	N7	11.488	35	36.16	16	63	61.6×0.9=55.44
	N8	11.354	35	35.98	16	63	61.6×0.9=55.44

②拱肋运输及吊装就位

a. 拱肋运输就位

拱肋节段运输、存放时，应采限临时支承，临时支承结构物可采用硬杂木，运输过程须防止碰撞拱肋上其他临时构件，临时支承应设置在拱肋定位横隔板处。

b. 拱肋外倾调整

钢箱拱肋从钢结构存放场地，吊装至钢拱安装位置，采用两台履带吊(分别为260t及150t履带吊)起吊将钢拱放置在临时支撑胎架上，调整好钢拱肋的外倾姿态。

c. 拱肋竖向调整

拱肋的竖向姿态调整是采用四根吊索定长的方式进行。具体起吊方法为预先计算好四根吊绳长度，每根吊索上设有 30 t 倒链进行辅助调整(倒链调整长度为 3 m)。竖转将拱肋的竖向姿态初调至设计姿态后，吊至拱肋安装支架的定位胎架上进行精确调整。履带吊起吊前应根据拱肋的安装高度和重量，选择最佳安装角度和作业半径位置。

d. 拱肋各节段吊索布置

拱肋吊装采用单机四点吊时，每根吊索分 3 段布置，L_1 段为长起吊索，L_2 段为调节倒链，L_3 为短吊索，短吊索安装在靠近拱肋的下方，便于施工人员操作。吊索具体布置如图 13-31 所示，拱肋吊装时各节段吊索规格见表 13-9。

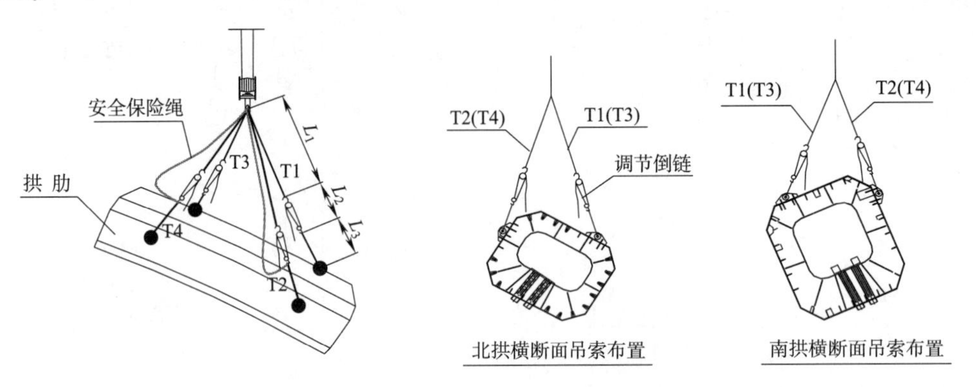

图 13-31 拱肋节段四吊点吊索布置示意

表 13-9 拱肋吊装各节段吊索规格表

项目 / 拱段		吊索长度(m)				吊索长度组成(m)				吊索直径(mm)	吊索容许拉力[F](kN)	吊索计算最大拉力(kN)
		T1	T2	T3	T4	T1($L_1+L_2+L_3$)	T2($L_1+L_2+L_3$)	T3($L_1+L_2+L_3$)	T4($L_1+L_2+L_3$)			
南拱	S1	6	6	5	6	3+1+2	3+1+2	2+1+2	3+1+2	ϕ43	175.6	116.1
	S2	10	10	5	7	5+1+4	5+1+4	2+1+2	4+1+2	ϕ43	175.6	158.3
	S3	9	10	6	7	5+1+3	5+1+4	3+1+2	4+1+2	ϕ47	213.2	188.3
	S4	13	13	9	9	9+1+3	9+1+3	5+1+3	5+1+3	ϕ47	213.2	196.6
	S5	8	8	5	5	5+1+2	5+1+2	5+1+2	2+1+2	ϕ47	213.2	176.2
	S6	9	9	7	7	5+1+3	5+1+3	4+1+2	4+1+2	ϕ43	175.6	135.8
	S7	7	7	6	6	4+1+2	4+1+2	3+1+2	3+1+2	ϕ43	175.6	133.8
	S8	6	6	6	6	3+1+2	3+1+2	3+1+2	3+1+2	ϕ43	175.6	120.9
北拱	N1	6	5	7	7	3+1+2	2+1+2	4+1+2	4+1+2	ϕ43	175.6	81.3
	N2	9	9	5	7	5+1+3	5+1+3	2+1+2	4+1+2	ϕ43	175.6	130.0
	N3	8	10	5	8	5+1+2	5+1+3	2+1+2	5+1+2	ϕ47	213.2	180.6
	N4	9	10	6	8	5+1+3	5+1+4	3+1+2	5+1+2	ϕ47	213.2	195.7
	N5	7	9	5	6	4+1+2	5+1+3	2+1+2	3+1+2	ϕ43	175.6	154.7
	N6	6	7	5	6	3+1+2	4+1+2	2+1+2	3+1+2	ϕ43	175.6	140.8
	N7	6	6	5	6	3+1+2	3+1+2	2+1+2	3+1+2	ϕ43	175.6	140.0
	N8	6	6	6	6	3+1+2	3+1+2	3+1+2	3+1+2	ϕ43	175.6	119.7

注：1. 表中吊索长度分为三个部分：L_1 是指上部起吊索长度，L_2 是倒链长度，L_3 是下部起吊索长度。起吊索长度含千斤绳绳扣。

2. 本表中钢丝绳公称抗拉强度均为 1850 N/mm²。

③拱肋安装顺序

拱肋吊装按先安装北侧拱肋，北侧拱肋合龙后再安装南侧拱肋的总体原则进行安装。

(5)临时支撑结构设计

1)设计原则

根据拱肋节段的划分位置，除了南北拱肋第一节段不设置支架外，其余各拱肋节段连接位置处均设置 1 副支撑架，南北拱肋各 12 副支撑架。支架布置按照拱肋平面投影进行径像布置。支架主要目的是用于拱肋未合拢时对拱肋的临时支撑以及辅助作业。支架高度在 8.5～45.2 m 之间。如图 13-32 所示。

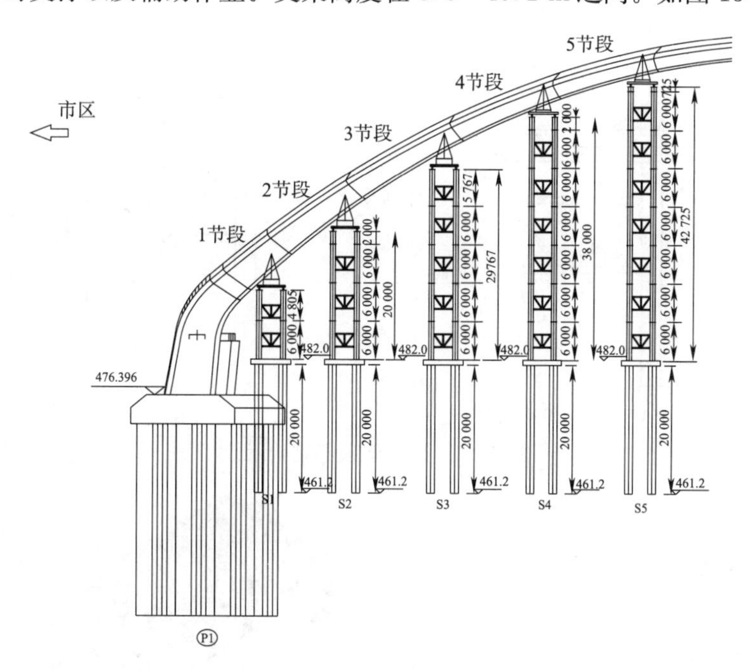

图 13-32　拱肋临时支撑结构示意

2)支撑架下部结构

每副支架基础采用 4 根 ϕ1.0 m 钻孔灌注桩、1 个(7×5×0.8)m 的 C30 钢筋混凝土承台。承台顶标高根据原地面实际标高确定，填土平台位置处标高为 482.0，河道中标高为 477.0，芙蓉岛上标高为 482.0。

3)钢管支架

①总体布置

支撑架上部结构采用 4×ϕ609×16 mm，材质为 Q235A，组成格构体系，每 6 m 设置成一个标准节段，便于制造的标准化。连接系采用 2×16a 槽钢。在支架顶部设置零节段。其中，南拱支架总长度约 390 m、北拱支架总长度约 292 m。

②构造要求

a. 法兰连接采用 M24 普通螺栓，节段板与钢管采用焊接，连接系采用 M20 螺栓连接。

b. 连接板与钢管支架的连接采用双面贴角焊，焊缝高度小于 10 mm。法兰盘与钢管采用破口焊，焊缝高度不小于 10 mm。

c. 螺栓孔的直径必须满足规范要求，M20 螺栓的钻孔直径在 ϕ(22±0.5)mm，M24 螺栓的钻孔直径 ϕ(26±0.5)mm。

d. 拱支架节段需采用“2+1”匹配加工，保证法兰盘连接适配，可互换使用。

e. 所有杆件加工完成后，都涂刷两层红色防锈油漆。

③钢管支架揽风索设置

为保证钢管立柱整体稳定性，当风力超过 9 级时，在支墩顶部设置 ϕ28 钢丝绳作为揽风索，将南、北侧拱肋支架横向连接，并锚固于地垄上。

4)安装定位胎架及调整架

①总体结构

在每个支撑架顶设置一个安装定位胎架，定位胎架下方设置一调整架。限位胎架与调整架支架采用高强螺栓连接，调整架与支架之间用焊接连接成整体。结构目的在于当张拉吊杆时保证拱肋发生偏移的同时拱托也能够随之发生滑动而不会限制拱肋的位置移。如图 13-33、图 13-34 所示。

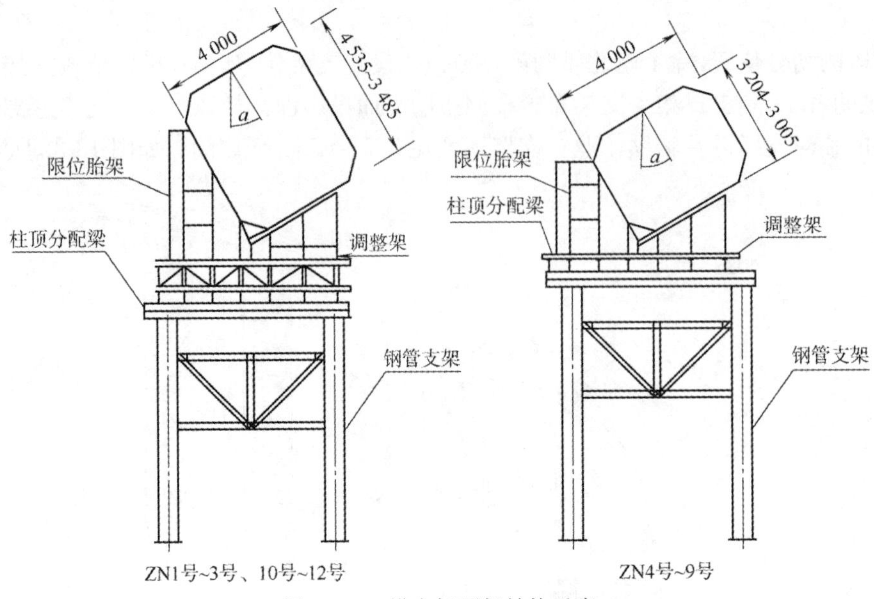

图 13-33 拱支架顶部结构示意

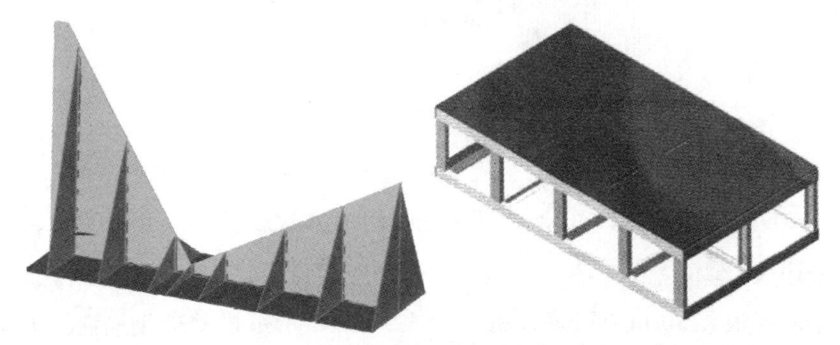

图 13-34 限位胎架及调整架示意

②限位胎架

在拱肋下方设置 2 m×5 m 的限位胎架。限位胎架是作为直接支撑拱箱的主要受力结构，通过限位胎架立板开口夹角可对拱箱的倾斜角度予以限制，保证拱箱外倾角度的准确，同时将拱箱的向外翻倒的倾覆力转化为对支架体系的竖直压力，使支架体系受力更加明确。限位胎架由 δ20 mm 焊接而成，立板开有夹角，夹角根据拱托作用位置处拱节底角角度确定，南拱肋为 18°、北拱肋为 30°。为便于满足拱节段位置的调节，在限位胎架上沿横桥向开螺栓孔，采用 M24 螺栓，用于通过螺栓与调整架相连。

限位胎架共四种，南北拱肋各两种。北拱限位胎架高度分别约为 2.7 m(ZN4 号～ZN9 号)、3.7 m(ZN1 号～ZN3 号、ZN10 号～ZN12 号)。南拱限位胎架高度分别约为 2.7 m(ZS4 号～ZS9 号)、4.0 m(ZS1 号～ZS3 号、ZS10 号～ZS12 号)。限位胎架采用 δ20 mm 钢板，采用肋板增加其整体刚度，确保其稳定性满足要求，横向、竖向的肋板间距均不超过 1.0 m 进行设置。未确保拱肋能顺利调整到位，限位胎架开口(底口)钢板按照设计线性进行约 2°的转角，防止因钢结构加工不准确造成拱肋安装不到位。胎架正立面见图 13-35。

③调整架

调整架主要采用 5.6 号角钢、14 号槽钢及钢板制成，调整架长 600 cm、宽 200 cm，高度依据拼装完成的钢管柱顶部实际标高而定。方法如下：将已拼装完成的钢管柱顶面高程进行抄平，计算其实际高程值与设计定位胎架高程之间距离以确定调整架高度。调整架顶板设螺栓槽，槽长 480 mm，宽 26 mm，沿横桥向布置。采用高强螺栓与限位胎架连接成整体。螺栓构造要求如下：螺栓强度等级 10.9 级，螺杆长度 12 cm(满扣)，每套螺栓配两个螺母、两个垫圈。调整架与柱顶分配梁采用焊接进行连接，为保证支架稳定可配以型钢作临时连接。

④限位码板结构

拱箱接口限位码板结构主要作为拱箱安装定位装置，在拱节吊装时空间姿态与设计姿态存在偏差时，可通过限位码板的限制将拱节的空间姿态进行校正，保证钢拱接口处连接的顺畅，同时限位码板还可作为两节拱接口处临时连接的码板使用。限位板的设置使得拱肋安装工作在操作上可简化工艺程序，提高安装调节的方便性，确保安装的精度，加快施工的速度。接口限位码板采用 20 mm 厚钢板制成，布置在拱节上口底角的侧面，与板面焊接长度为 30 cm,焊口采用坡角焊形式,焊缝高度 10 mm。限位板探出接口 20 cm,并刨切 5 mm 的坡角。在限位板两端设加强板将同一板面内的限位板连接成整体,加强板板厚 10 mm,与限位板垂直布置。

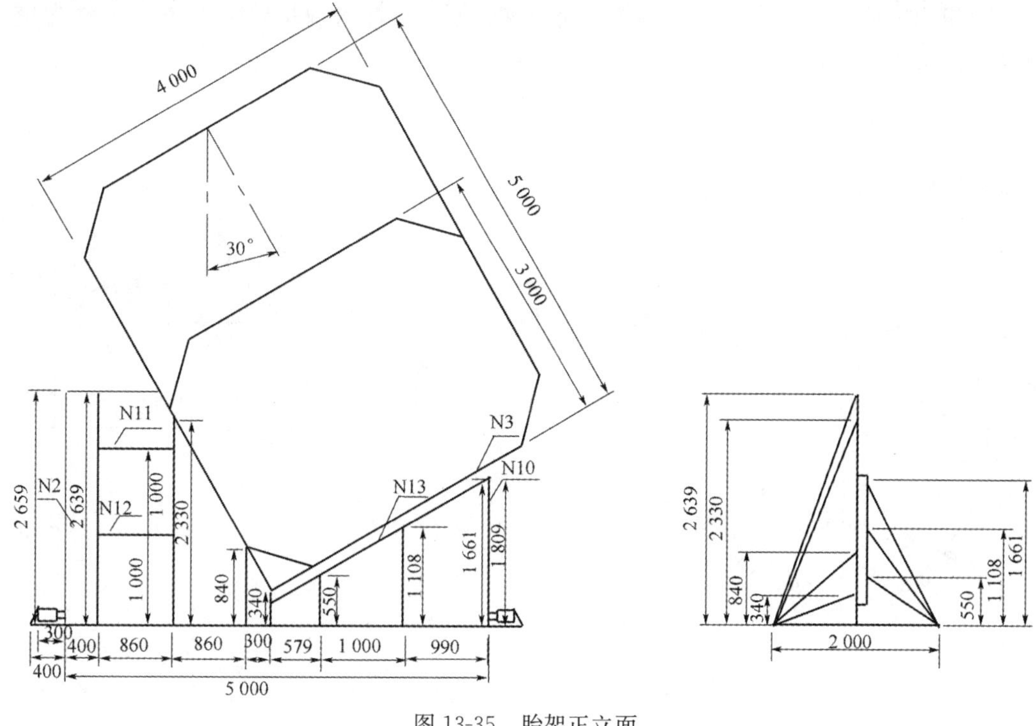

图 13-35　胎架正立面

⑤构造要求

a. 每节拱节在加工厂内加工完成后进行预拼装,在几何尺寸无误及线形符合要求后才可出厂。吊耳结构的焊接要厂内完成,吊耳两侧垫板同时送到施工现场。对吊耳的焊接质量进行探伤及 x 光射线检验,保证焊口质量的同时还要满足吊耳疲劳试验的要求。

b. 各节钢拱加工完成后,根据事先计算好的拱节定位点位置在拱节上、下口打出样冲眼,用于拱节的定位。

c. 各节钢拱加工完成后,根据拱托设计位置在钢拱上划线或打孔。用于拱箱在相对的拱托上定位。钢拱吊装吊点按设计结构形式及位置在厂内事先制作、焊接完成。

d. 预先在加工厂内对每节拱上口四边点焊小块钢板,满足定位时保证接口焊缝宽度。拱节上口预先焊接接口限位板。

e. 限位胎架在拱节运到施工现场之前按照设计位置提前安装于拱支架上,并与拱肋支架栓接成整体。

(6)节段精确调整及线形控制

1)节段的精确调整

钢拱肋在工厂进行加工,加工精度满足规范要求。工厂加工完成后必须对拱肋进行预拼装,精确调整符合设计要求,并经验收合格后方可出厂。

钢帽及第一节段的安装位置的准确性是整个拱肋节段定位的关键。在进行钢混连接段施工时,为了保证钢混连接段混凝土浇筑密实及施工方便,先进行钢帽安装及钢混连接段混凝土浇筑,再进行第一节段钢拱肋安装,最后进行小立柱混凝土浇筑及张拉压浆。

在节段吊装前,准确安装支撑架上的限位胎架。在每节拱肋的后端设置码板,便于下一节段拱肋的精确调整。码板焊接长度 30 cm,拱箱吊装到位后,节段前端放在上一节段的码板上,后端放在支撑架上的限位胎架上。码板如图 13-36 所示。

安装到位置后,测量控制点坐标,合格后吊车松勾。先连接拱肋外圈的接口之间匹配件,如图 13-37 所示。

面板纵向加劲肋拼接板打定位冲钉并微调接口,达到预总拼状态后,栓合高强螺栓并完成初拧(初拧扭矩为终拧扭矩 50%)。随后,终拧外侧 8 颗高强螺栓,焊接面板环焊缝,最后终拧中部的 4 颗高强螺栓。

拱肋连接完成后,对拱肋进行复测,如空间位置满足设计要求,即进行下一阶段的安装。如偏差超出规范,采用千斤顶在限位胎架上对拱肋进行微调直至满足设计规范,拱肋下方采用楔形块进行支撑。

2)节段的线形控制

在每节拱肋端头设置固定的测量控制点小棱镜控制点设在拱肋下缘中心位置在现场节段组拼吊装焊接后设置竖直小棱镜连接螺杆。施工放样及检查都采用全站仪进行每架设一节段拱肋对全部控制点都要进行观测。此外对支撑拱座的偏位进行观测。钢箱拱对温度特别是日照影响非常敏感，为了减少温度和日照对线形控制的影响，标高的测量包括合拢时间都安排在凌晨。

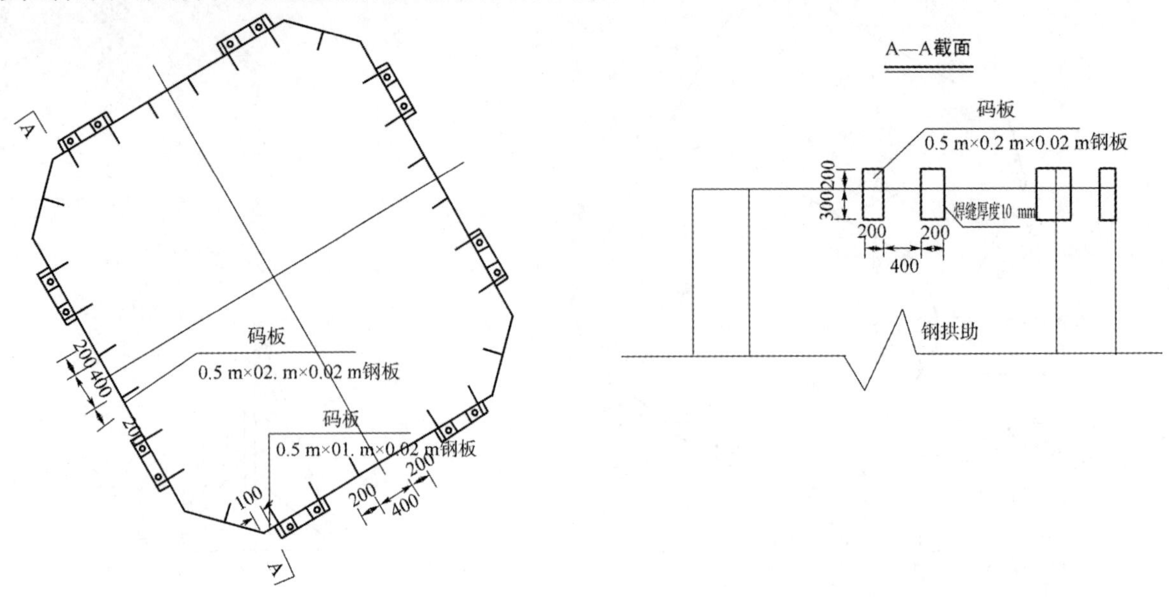

图 13-36　码板示意

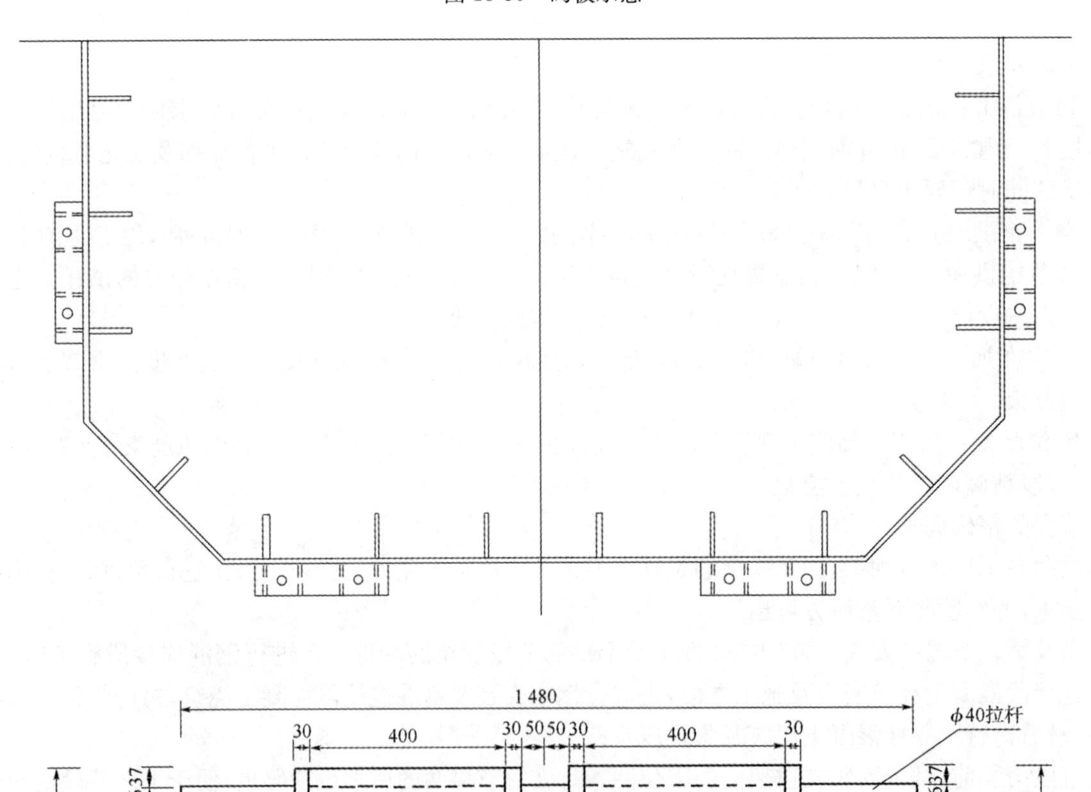

图 13-37　拱肋连接匹配件

①拱肋吊装节段安装前，在拱肋支架顶支撑点平台上用全站仪精确放出拟安装段的中心线、边缘线、端头线及吊杆中心投影点，便于拱肋节段安装一次入位，确保安装段轴线偏位满足规范要求。

②在焊接拱肋接头外包板时，对称布置的焊缝采用成双焊工对称施焊，这样可使各焊缝所引起的变形相抵消非对称焊缝，先施焊焊缝少的一侧，这样可使先焊的焊缝变形部分抵消。

③为保证钢箱拱在吊装过程中的横向稳定性，在每吊装一节段拱肋时，采用通过对称设置两道揽风绳来调整和控制拱段就位中线位置。

④拱肋线性监测设置在拱脚现浇段端头位置4处、拱肋跨中及1/4跨位置6处。

(7)拱肋支架拆除

在钢梁安装过程中，由于钢拱支架影响钢梁边块，在拆除钢拱支架时吊杆、系杆还未进行张拉施工，需对南北侧钢拱进行对拉。通过计算分析及对比，决定采用保留中间4组钢拱支架，同时设置6对横向对拉索，对拉索采用PE钢绞线。对拉力需根据第三方检测单位和设计院确定后数据进行(见图13-38)。

图13-38　4组钢拱支架+6对横向临时对拉索模型

根据拱肋的安装总体顺序，先拆除南拱、后拆除北拱。每个支架的总体拆除顺序如下：

1)若限位胎架上有楔形块支撑，直接移除楔形块进行拆除。

2)将限位胎架松动以后采用履带吊吊住限位胎架，沿跨中方向移动，将限位胎架移出支架平面位置。

3)限位胎架移除后，继续使用吊车将限位胎架下放至陆地平台上。

4)同以上方法，拆除调整架。

5)支架顶分配梁与钢管节段是焊接成整体的，需将分配梁割除后进行拆除。

6)拱支架节段采用分节段整体进行拆除，拆除高度不能超过2个节段，且不能超过吊车的最大吊重。

13.5.2.7　钢箱梁安装

(1)钢箱梁总体安装方案

钢箱梁在工厂进行加工，通过陆路分块运输至施工现场。现场采用分节段分块进行安装，横向5块先一次进行安装，然后沿桥纵向分节段进行连接。

钢箱梁安装前，先搭设下部安装作业平台。作业平台跨河时，采用贝雷梁支架方式搭设作业平台，在岸上直接采用钢筋混凝土作业平台。

钢箱梁的安装直接采用DCY60型轮胎式运梁车进行安装，对于个别运梁小车无法安装的梁段、合拢段直接采用履带吊进行吊装。根据作业要求，运梁小车采用在工厂定做，已达到钢箱梁安装的需要。对于无法用运梁小车进行安装的部分梁块，采用履带吊进行吊装。运梁小车安装钢梁如图13-39所示。

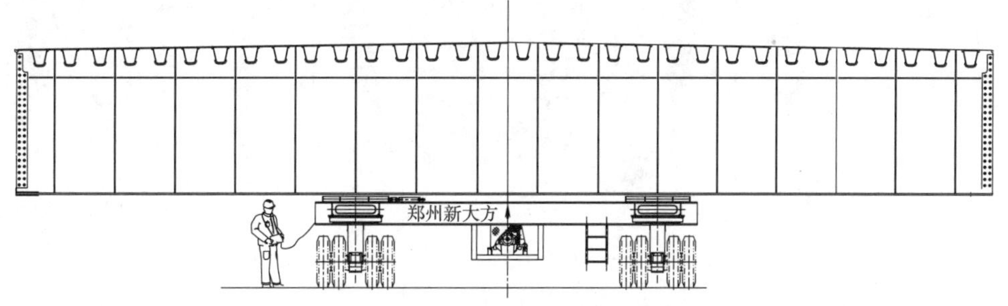

图13-39　运梁小车安装钢梁示意

(2)钢箱梁安装步骤及顺序

根据现场实际情况，钢箱梁安装共设置2个作业面。第一个作业面从P2墩向A0桥台进行安装，第二作业面由A3桥台向P2墩方向安装。现场可根据钢结构到场先后顺序展开施工。钢箱梁安装步骤如图13-40所示。

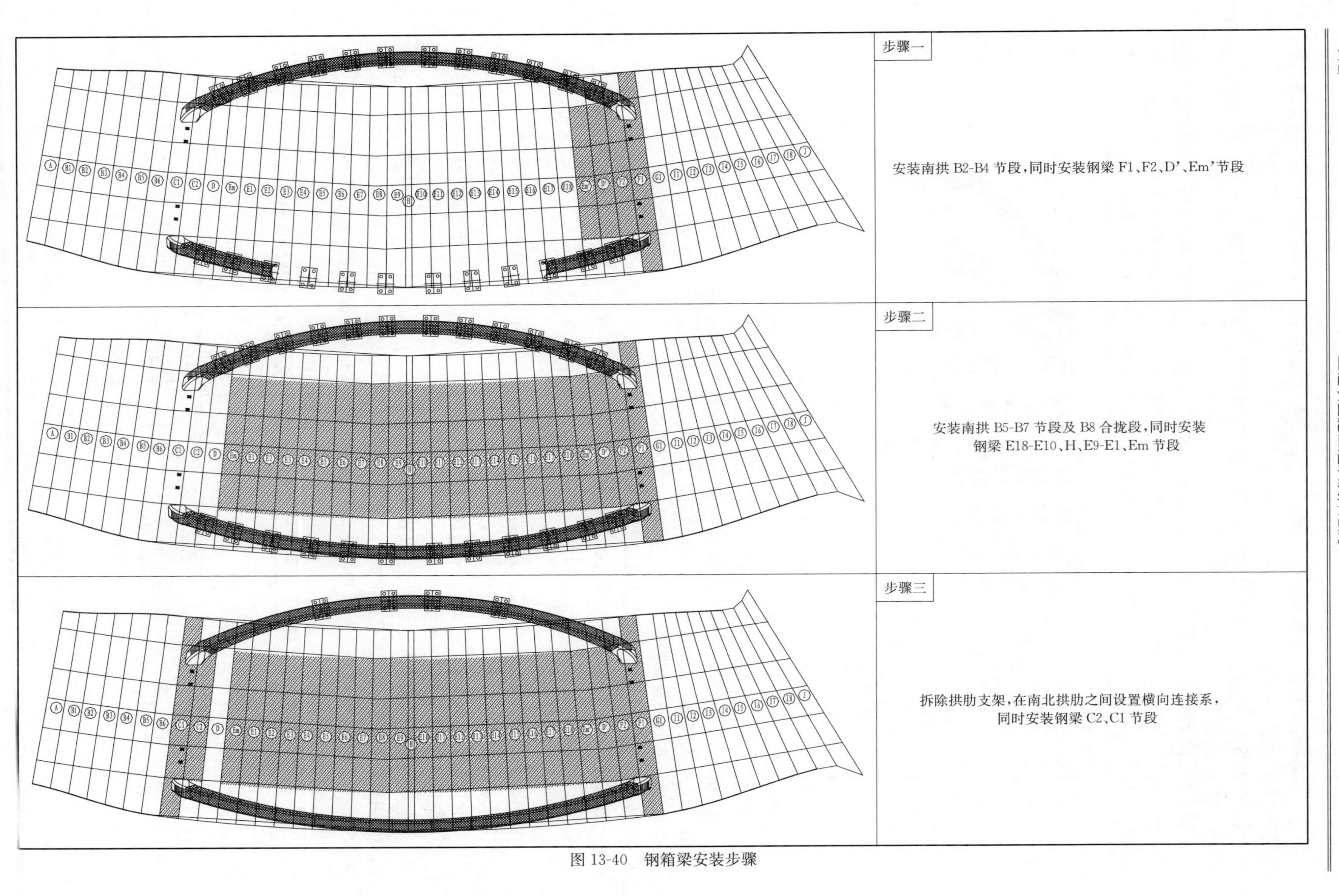

图 13-40 钢箱梁安装步骤

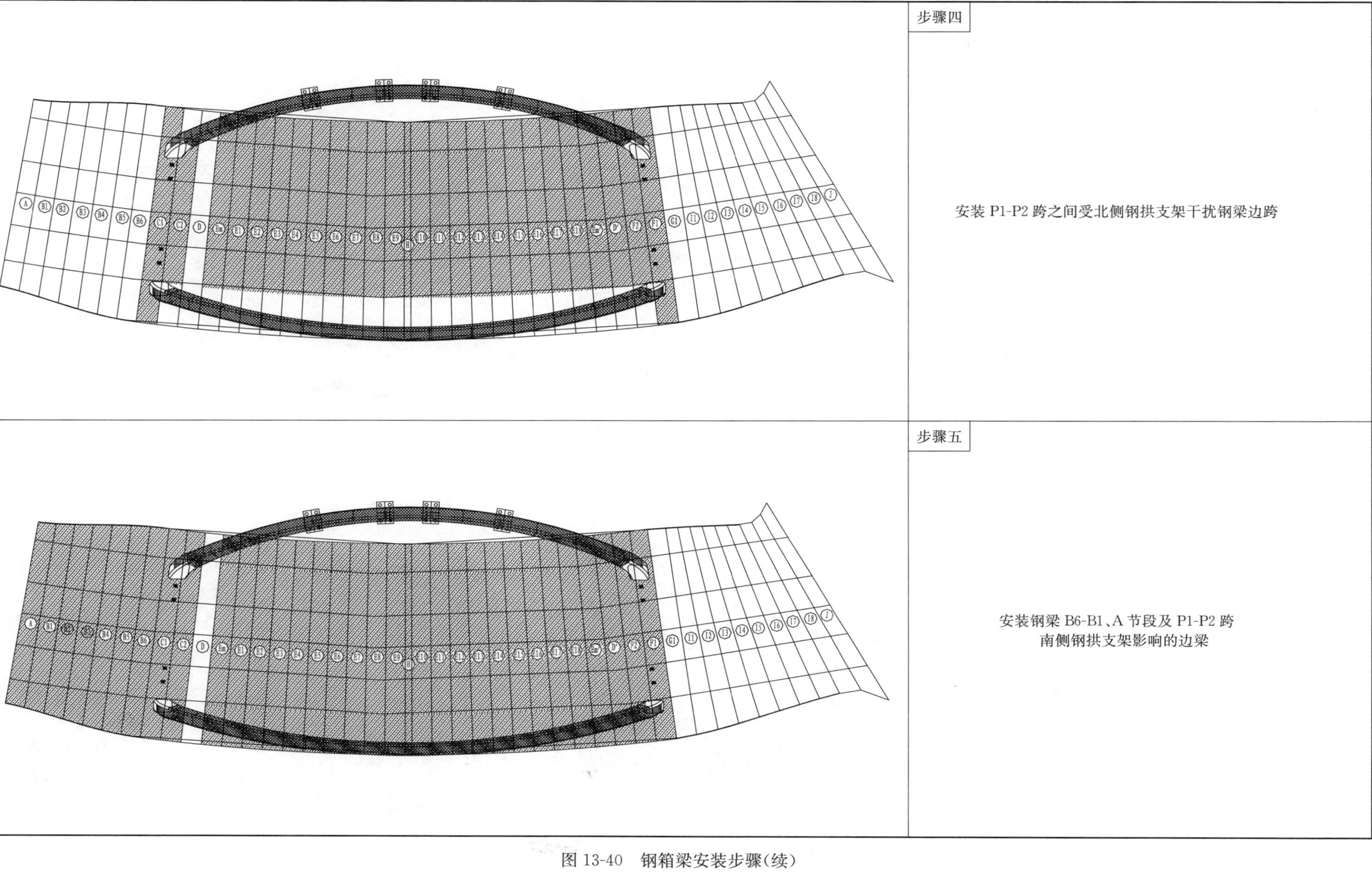

图 13-40　钢箱梁安装步骤(续)

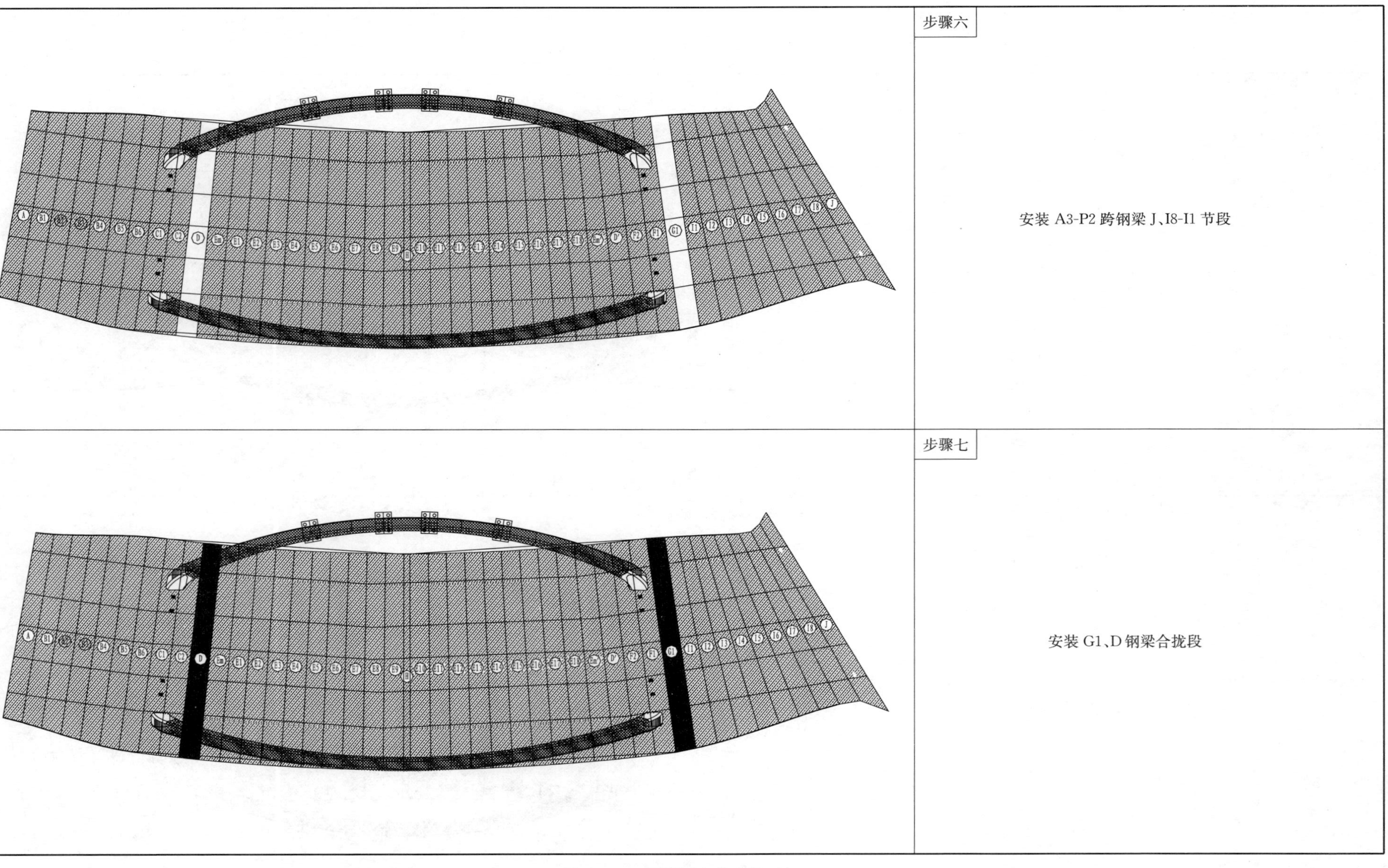

图 13-40 钢箱梁安装步骤(续)

全桥共设置 2 个合龙段，分别为 P2～A3 跨的 G1 段、P1～P2 跨的 D 段。总体安装步骤如图 13-41 所示。

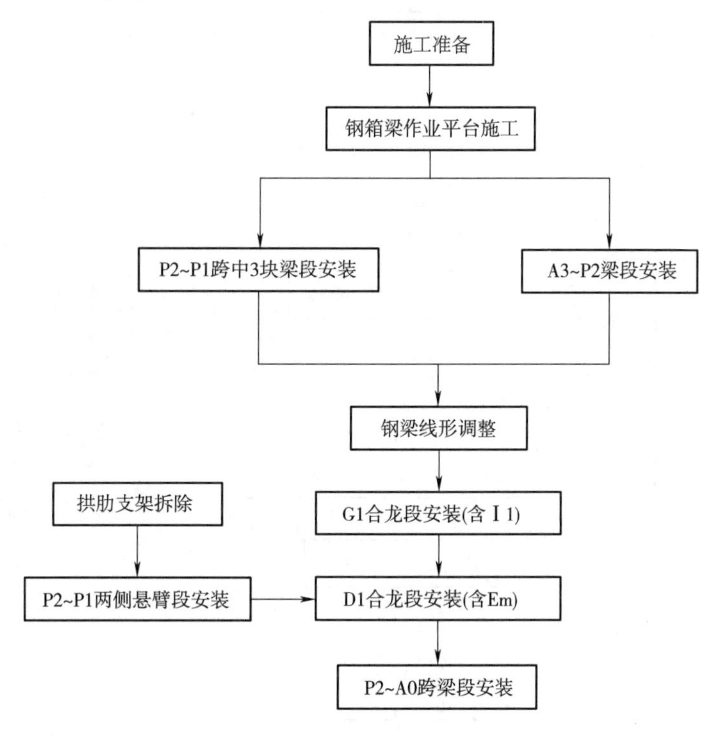

图 13-41　钢箱梁安装流程

钢箱梁安装原则：先进行横桥向安装，然后再按照上部安装顺序纵桥向安装下一节段。每跨安装顺序如下：

1)A3～P2 梁段安装顺序：J 悬臂段(北)→J 箱梁段(北)→J1 跨中段→J1 箱梁段(南)→J1 箱梁段(南)→I8 悬臂段(北)，重复以上步骤直至 I2 悬臂段(南)。

2)P2～P1 梁段安装顺序：F1 箱梁段(北)→跨中段→F1 箱梁段(南)→F2 箱梁段(北)重复以上步骤直至 E1 箱梁段(南)→安装 F1～E1 两侧悬臂段(需待拱支架拆除后再进行安装)。

3)P2～A0 梁段安装顺序：C2 悬臂段(北)→C2 箱梁段(北)→C2 跨中段→C2 箱梁段(南)→C2 箱梁段(南)C1 悬臂段(北)，重复以上步骤直至 A 悬臂段(南)。

4)G1 合拢段安装：I1 悬臂段(北)→G1 悬臂段(北)→I1 箱梁段(北)→G1 箱梁段(北)→I1 跨中段→G1 跨中段→I1 箱梁段(南)→G1 箱梁段(南)→I1 悬臂段(南)→G1 悬臂段(南)，如图 13-42 示。

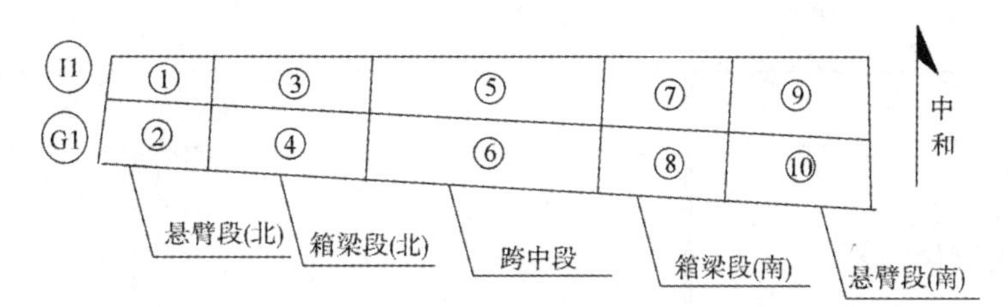

图 13-42　G1 合龙段安装顺序

注：图中序号①～⑩为梁段安装顺序。

5)D 合拢段安装：Em 悬臂段(北)→D 悬臂段(北)→Em 箱梁段(北)→D 箱梁段(北)→Em 跨中段→D 跨中段→Em 箱梁段(南)→D 箱梁段(南)→Em 悬臂段(南)→D 悬臂段(南)。

(3)设备选择

箱梁最重块为 71.51 t，采用 QUY－260 履带式起重机，主臂长度选择 33 m。个别梁段采用 2 台 260 t 履带吊进行吊装。

(a)钢箱梁吊装

1)钢梁吊装工艺流程

钢梁采用 260 t 履带吊进行吊装，钢梁安装工艺流程如图 13-43 所示。

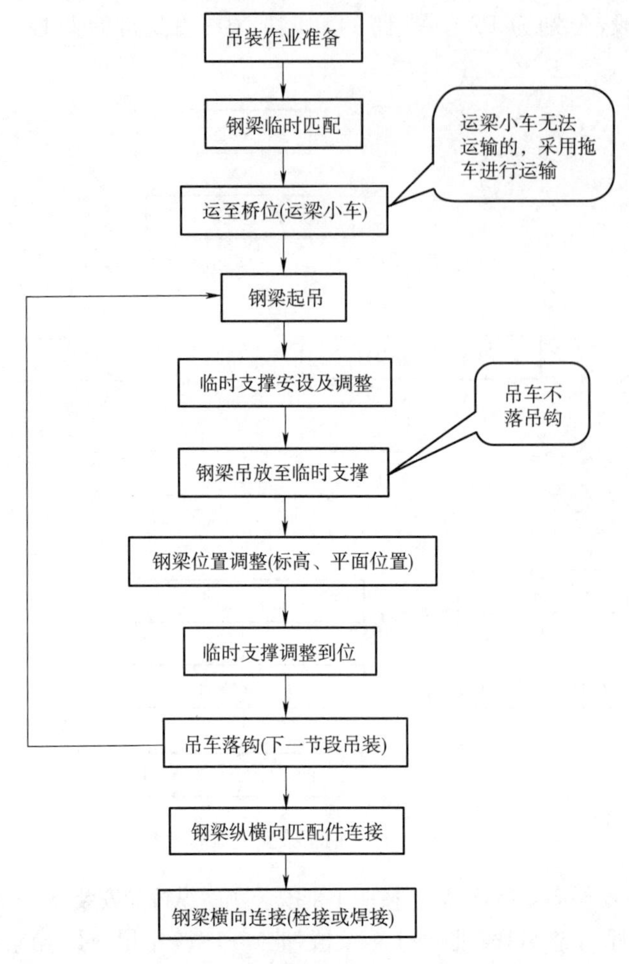

图 13-43 钢箱梁履带吊安装工艺流程

①作业准备中主要包括吊装平台及吊车就位、钢丝绳、安全技术交底、钢梁临时吊环焊接、钢梁运输通道等准备工作。

②钢梁临时匹配指将钢梁的低横梁通过临时匹配件将其与高梁连接成等高，以便于在运梁小车上进行运输。匹配件采用双槽钢做受力支撑，上方与钢箱梁横隔梁底板进行栓接，采用 M24 螺栓，下方与运梁小车上的纵向横梁进行连接，连接方式为栓接。如图 13-44～图 13-46 所示。

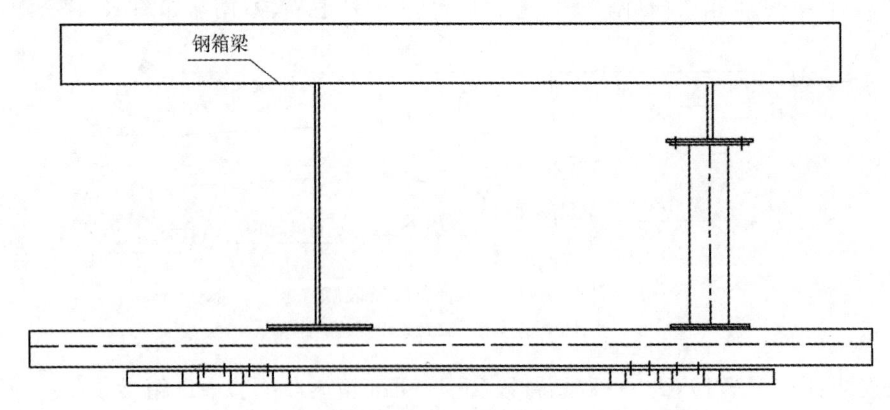

图 13-44 钢箱梁临时匹配纵断面示意(跨中段)

2)钢梁吊装履带吊区域划分

钢梁吊装区域总共分为四个区域。分区一：分别为 A3 桥台处；分区二：P2 转向平台处；分区三：P1 墩位置处；分区四：A0 桥台处。如图 13-47 所示。

3)钢梁吊装节段划分

由于钢箱梁边跨尺寸有不规则长度块(A0、A3 桥台处)，即钢梁的横桥向长度不满足运梁小车的要求，因此这部分梁段需要采用履带吊进行吊装。另在支座安装位置处的梁段、合拢段的梁段运梁小车都无法进行架设，因此这部分梁段也同样需要采用履带吊进行吊装。如图 13-48 所示。

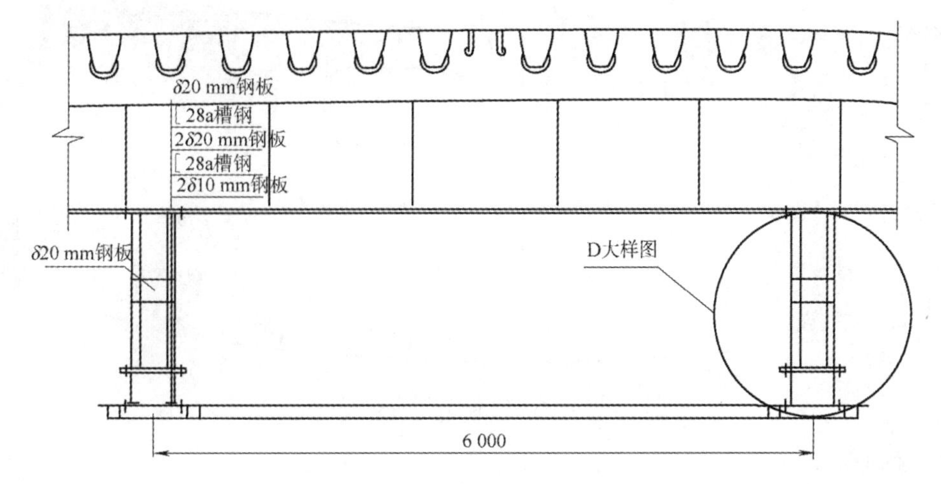

图 13-45　钢箱梁临时匹配横断面示意(跨中段)

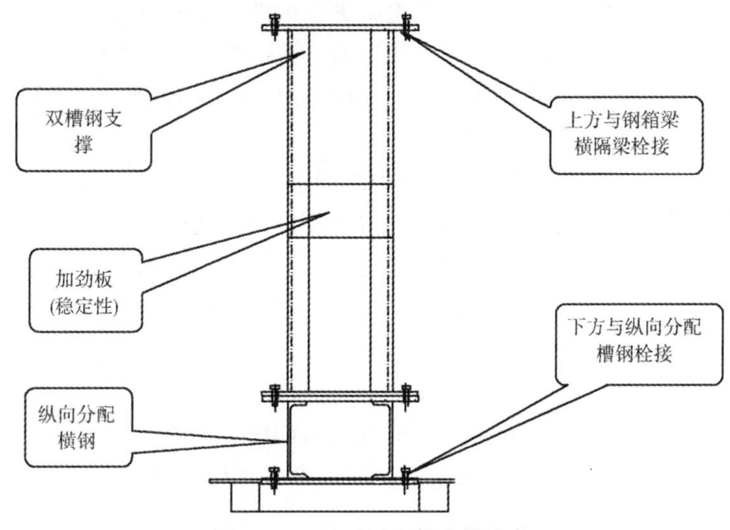

图 13-46　临时匹配件大样示意

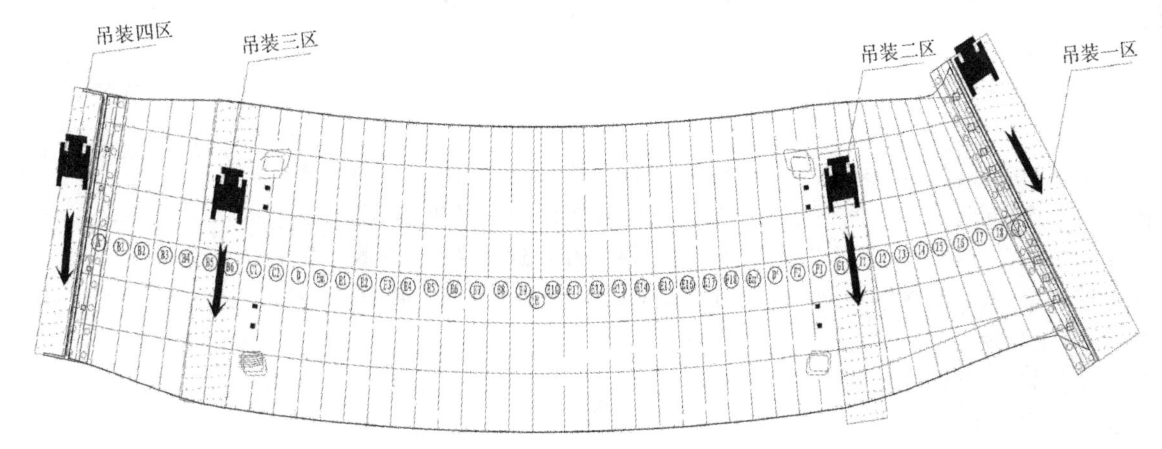

图 13-47　钢箱梁吊装分区

注：1. 钢箱梁吊装分区是按照履带吊所行走位置的原则进行划分的。

2. 图中箭头表示履带吊的行走线路。

钢梁采用运梁小车运至安装位置处，然后采用履带吊进行吊装作业。全桥需要采用履带吊进行吊装的节段共 64 个节段。

(4)钢箱梁运梁小车安装

1)运梁小车安装工艺流程

运梁小车安装钢箱梁工艺流程如图 13-49 所示。

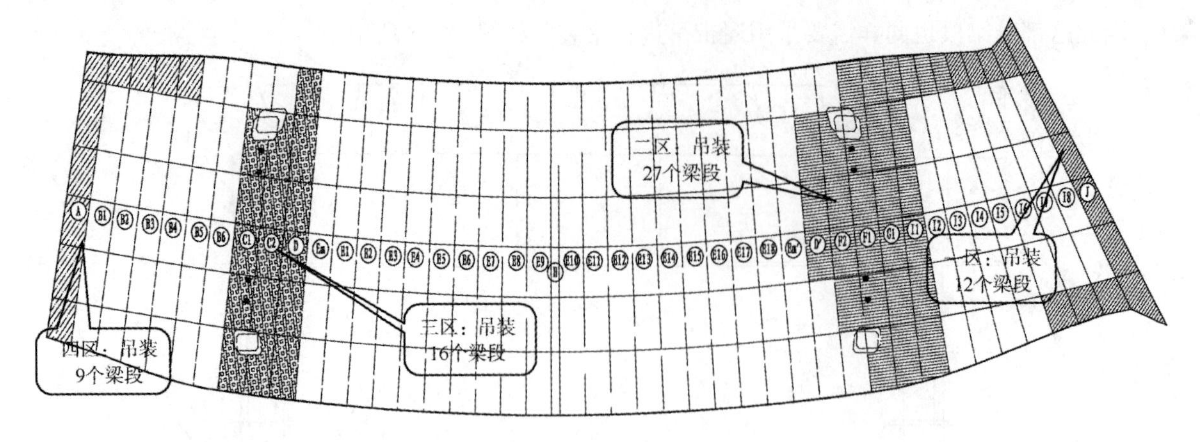

图 13-48 钢梁吊装节段划分

2)运梁小车作业面划分

全桥需要采用运梁小车进行架设的梁段共 164 块(全桥梁段共 228 块,其中采用履带吊进行架设的共 64 块,剩余的采用运梁小车进行安装)。

采用运梁小车安装时,可将安装顺序分为 2 个作业面。第一个作业面从 P2 墩向 A0 桥台进行安装,共安装 139 块梁。第二作业面由 A3 桥台向 P2 墩方向安装,共安装 25 块梁段。

现场可根据钢结构到场先后顺序展开施工。由 P2 墩向 A0 桥台进行安装时,运梁小车通过拱梁存放区通道直接进入 P1～P2 段钢箱梁运输通道进行安装。由 A3 桥台向 P2 墩方向安装时,先在拱梁存放区用履带吊将钢箱梁吊放置运梁小车上,然后运梁小车托运钢箱梁至南栈桥上,最后再通过转向平台,转向运输至 A3 桥台进行安装。

3)钢箱梁运输线路

①P2～A3 的运输线路为,钢箱梁从存梁场运出,通过桥南施工通道上南栈桥,在端头转向平台处完成 90°转向,行驶至梁安装通道再进行 90°转向运输至安装位置,如图 13-50 所示。

②P2～A0 钢箱梁运输线路为,钢箱梁从存梁场从运出,通过桥南侧施工通道,在 P1 位置往大里程处完成 90°转向,运至钢梁安装通道再进行 90°转向,运至钢梁安装位置,如图 13-51 所示。

(5)钢箱梁临时支撑

在钢箱梁吊装运输到位后,钢箱梁需进行临时支撑,以便运梁小车和吊车的循环工作,同时也能保证钢箱梁的标高位置和成桥线形的准确性。临时支撑采用碗口支架预先搭设在钢箱梁的吊点横梁和普通横梁处,待运梁小车运输到位后,直接将钢箱梁放在临时支撑上即可。临时支撑布置见图 13-52、图 13-53。

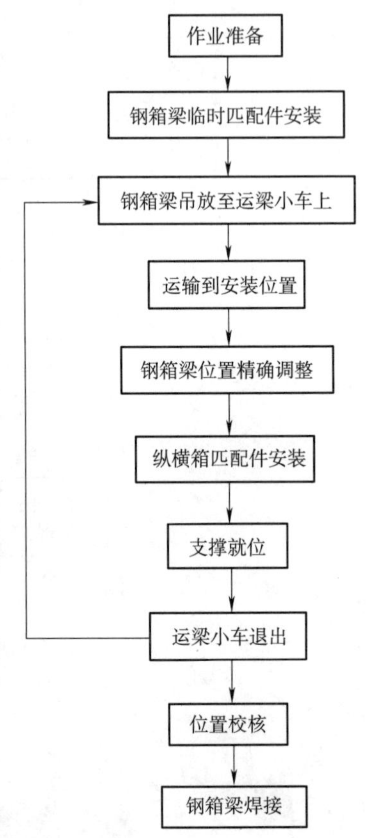

图 13-49 运梁小车安梁工艺流程

(6)钢箱梁合拢

根据安装需要,将钢箱梁合拢段设置在 G1 段和 D 段两处。

1)合拢的准备工作

①预先在合拢段梁底搭设好碗口支架,并将碗口支架标高调整到预设高度。

②选择温差较小、相对稳定的时段,精确多次测量钢箱梁两悬臂端之间的合拢缝长度,换算至设计合拢温度 15～25 ℃时的长度,并根据测量结果确定合拢段钢箱梁长度。

③根据实测合拢段长度,对钢箱梁多余部分进行切割。

④前移调整 260 t 履带吊就位,准备吊装合拢段。

2)合拢段安装

吊装选择在温度较低、风速较小的时段,利用 260 t 履带吊起吊合拢段就位,完成临时连接。按设计规定,待温度达到设计合拢温度时精确调整合拢段焊缝缝宽、标高、线形等,完成工地栓焊连接。

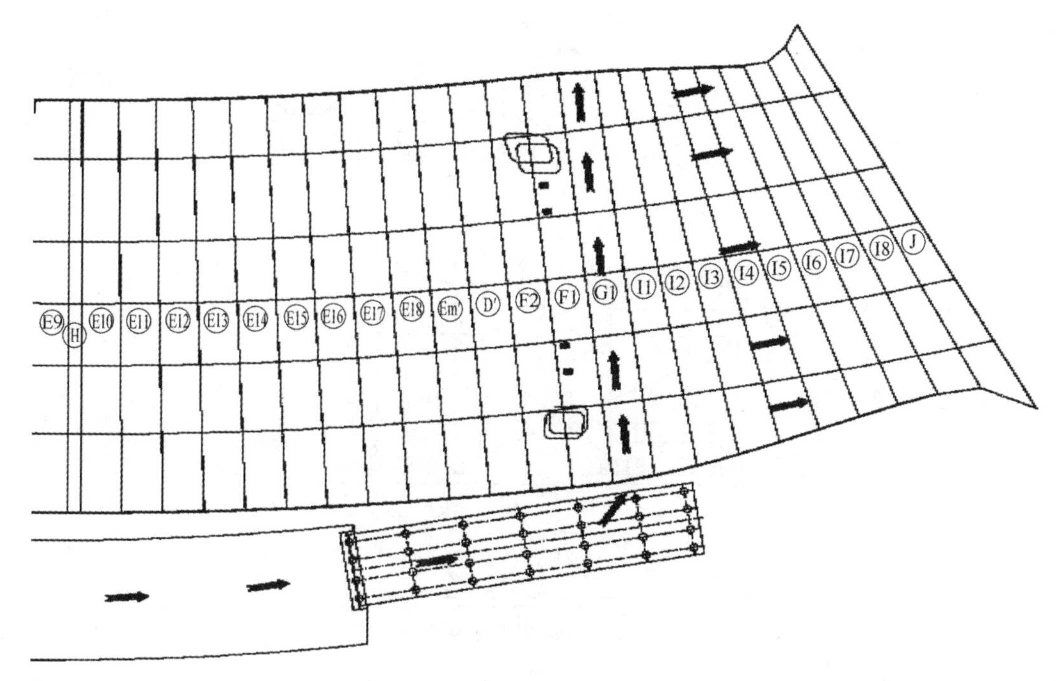

图 13-50　钢箱梁运输示意(P2～A3)

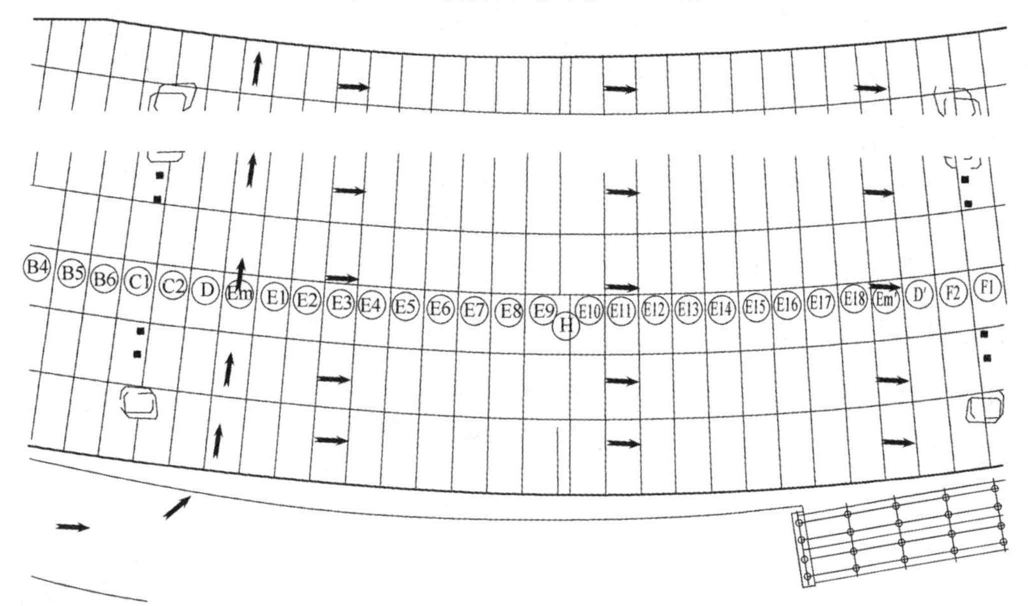

图 13-51　钢箱梁运输示意(P1～P2)

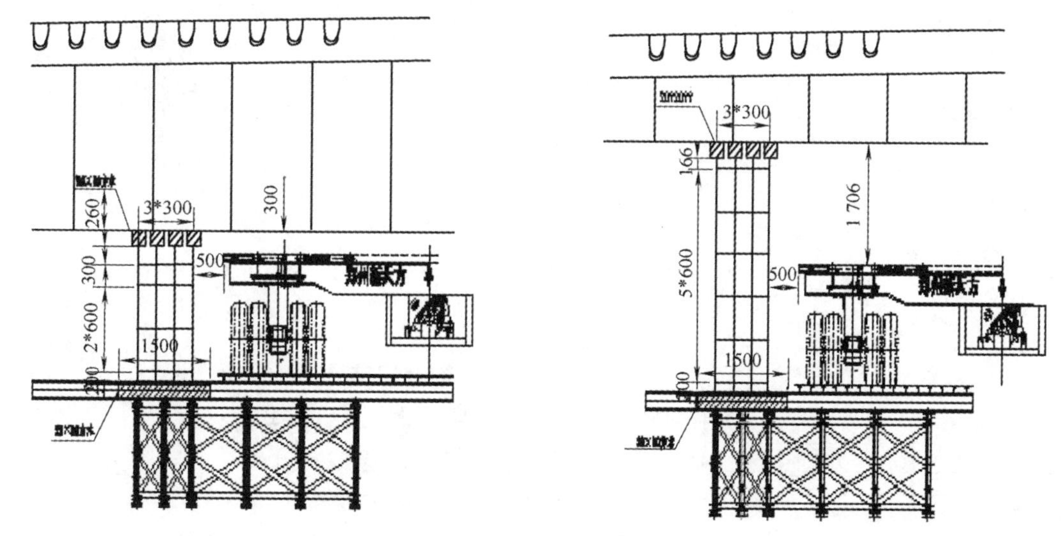

图 13-52　临时支撑横断面

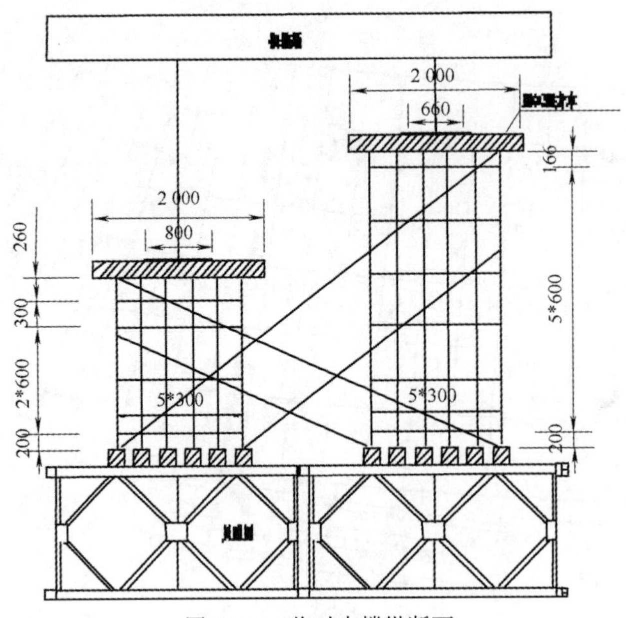

图 13-53 临时支撑纵断面

(7)钢箱梁的焊接顺序及措施

钢箱梁在每个接口的焊接顺序为:先底板,后中腹板,再边腹板,最后顶板。因为在施工中,底板的可调性最差,以底板对齐后,进行腹板的对接比较有利,把接口的误差累计在面板上,而在顶板上调节整个变形和误差比较容易实现。故此,每个节段的焊接采用此工艺控制。

(8)钢箱梁安装注意事项

1)由于支架搭设,包括基础处理等没有对其变形量进行控制,所以在箱梁吊装时,采用千斤顶支撑可以将标高调至设计要求,待箱梁降落时,可以还原标高。至于精确标高及外形,需通过千斤顶微调的来实现。

2)钢箱梁现场架设预拱度按监控单位要求设置。

13.5.2.8 吊杆、系杆安装

(1)吊杆安装

吊索采用上锚杯、下销铰的横向双索体系,上端锚固于吊点横隔板,下端与主横梁连接,最短索长约 13 m,最长索长约 42 m。吊索在平面上投影为径向布置。在梁体横断面上,北侧梁上吊点与路中线平距为 23 m,南侧梁上吊点与路中线平距为 20.5 m。吊索纵向间距 6 m(桥轴线上弧长),全桥共设置 20 组。吊杆采用环氧喷涂低松弛钢绞线、整束挤压式锚固的拉索体系。钢箱梁横截面吊索布置如图 13-54 所示,吊索结构如图 13-55 所示。

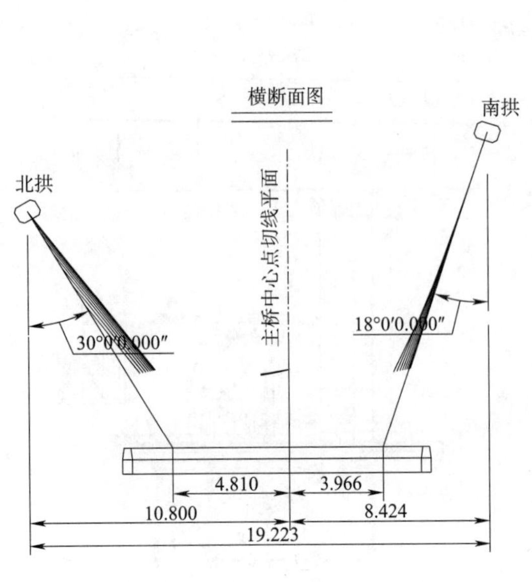

图 13-54 钢箱梁横截面吊索布置

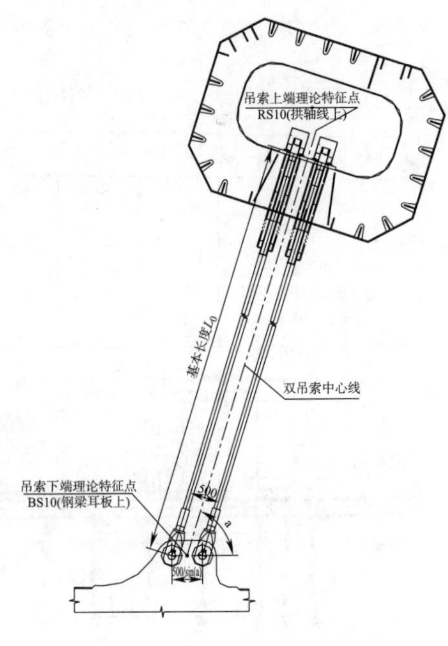

图 13-55 钢箱梁吊索结构

1)吊杆安装

①在拱肋预留孔下搭设1台5 t卷扬机平台,并在每个拱肋内吊杆预留孔上端附近焊接简易挂钩(可挂5 t导向滑轮)。

②在钢梁上找一平整场地,用钢管扣件搭一箍架,然后旋转索盘将吊杆展开,运至吊杆孔下方。

③启动卷扬机,牵引钢丝绳沿拱肋上行,穿过导向滑轮和拧下来的吊杆张拉螺母,沿预埋管向下放至吊杆锚头位置。将吊杆上锚端与钢丝绳联接。再启动卷扬机,缓慢起吊吊杆,当牵引至拱肋预留导管下端时,索导管处放置垫块,以免吊杆表面 HDPE 被预留导管刮伤。然后将吊杆穿出索导管上端,拧上上端螺母。吊杆安装如图13-56所示。

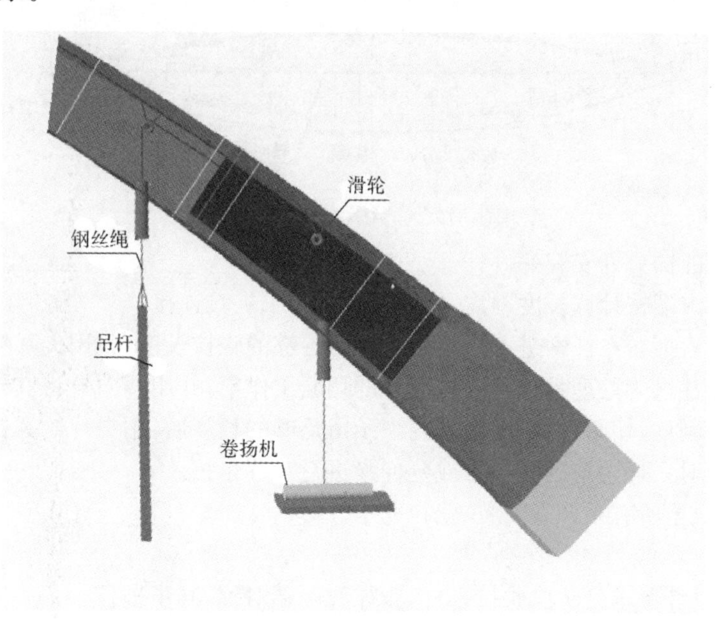

图13-56　吊杆安装示意

2)吊杆的张拉调整

钢梁节段在支架上组拼完成,并完成节段横向高强螺栓连接和节段纵向环焊缝焊接,再进行吊杆张拉调整。梁段对接前,按照设计预先抬高安装标高,以消除吊杆在主梁自重作用下的弹性伸长及伸长量间的差异,通过反复调整吊杆的张拉力和伸长量直至节段空间坐标达到设计要求。

吊杆索力由设计单位进行设计计算,施工方案确定后经监控单位根据拱节段现场安装过程情况进行复核计算,最后将现场实际情况反馈到设计单位,再确定吊杆的最终索力。

(2)系杆安装

设置成品系杆平衡拱肋推力,在平面内为曲线线形,抵消梁体所受横向分力。系杆均布置在梁体底板下缘,通过转向构造与梁体连接。

全桥共布置12束系杆索,分为南北组,每组6束。全部系杆索均通过设置于钢箱梁底部的转向器,并锚固于混凝土拱肋的锚座上。全部系杆索在转向器位置与梁底部竖向高差相同。

北侧系杆索(N1～N6)和南侧系杆索(S1～S6)在平面内均为弯曲布置,而且与路线曲线方向反向,以平衡吊索产生的横向分力。箱梁系杆平面布置如图13-57所示。

1)系杆安装

全部钢箱梁安装完毕并焊接横向环焊缝后,安装系杆索转向器,注意保持各个转向器的方向一致,使各个孔道能相互对齐。

系杆安装顺序:先安装直系杆,再安装弯系杆。系杆索采用单根穿索,在同索系杆中穿索时遵从由下至上、从左至右的顺序逐根逐排穿索。

①将系杆索盘安放在支架上,并放置在市区侧P墩桥面附近,防止穿索过程损坏钢绞线PE层,并派人在钢箱梁内观测系杆索拖拉过程,如出现异常立即停止牵引并进行处理。

②用在市区侧桥面固定好的卷扬机引出牵引索,经过钢箱梁底板的拖轮和转向机构至中和侧钢箱梁底板锚具位置的转向滑轮,返回进入市区侧桥面的卷扬机,形成闭合循环。

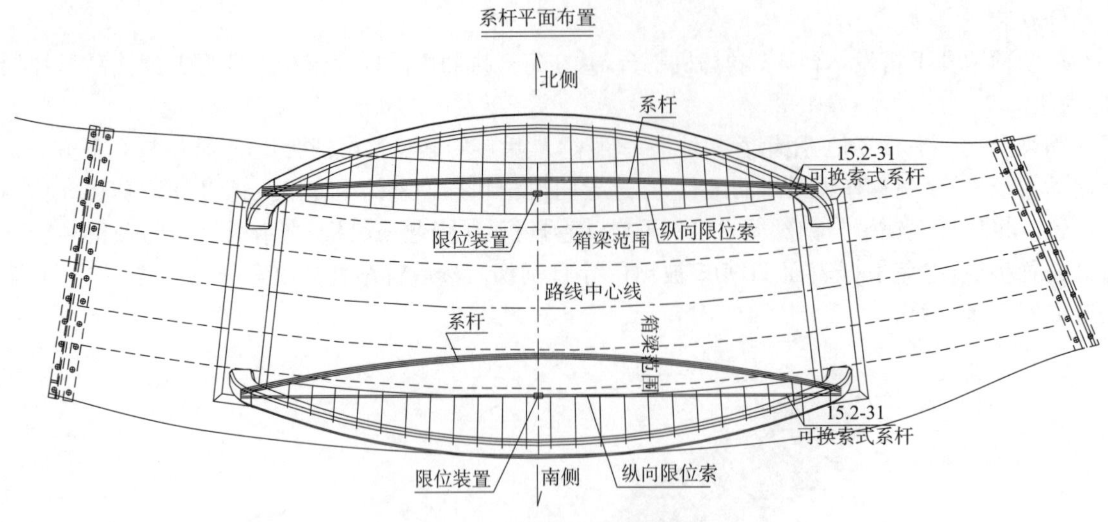

图 13-57 箱梁系杆平面布置

③将钢导管在两端的锚具处安装好。

④将第一根系杆的末端按计算长度剥皮，并和特殊的牵引夹具连接。

⑤卷扬机带动牵引索拖拉系杆索进入锚具内。预留足够的张拉长度，并用夹片锚固。

⑥系杆索的另一端穿过为处理系杆索末端准备的切断工作桌，并用转向轮将其导向至锚具索导管附近。

⑦按计算长度对其剥皮、切断，并穿入锚具内。预留足够的长度后，用夹片对其锚固。

⑧用专用张拉设备对系杆索根据张拉力或延伸量进行对称张拉。

⑨重复上述步骤，直至所有系杆索安装、张拉完毕。

2)系杆张拉

①安装千斤顶，按设计要求分阶段张拉系杆，张拉时两端对称、同步进行。

②考虑到索很长，伸长量很大，故预紧时采取悬浮式张拉方案，以防止夹片因多次锚固而被损伤。

③根据设计张拉控制力的要求，用千斤顶进行整体两端对称分级张拉系杆索，因为拉索伸长量较长，一个行程不能张拉到位，需多次倒顶进行张拉。为防止反复张拉损伤工作夹片，采用“悬浮”式张拉，即在千斤顶上增加一套工具锚及撑脚，在千斤顶与工作锚板间设限位装置。在每次张拉时工作夹片处于放松状态，在完成一个行程回油时工具夹片锁紧钢绞线，多次倒顶，直至张拉到设计应力。由于限位装置的作用，在张拉过程中，工作夹片不至于退出锚孔，在回油倒顶时，工作夹片不会咬住钢绞线，工作夹片始终处于“悬浮”状态，在张拉到位后，旋紧限位装置的螺母，压紧夹片，随后千斤顶卸压回油，使工作夹片锚固钢绞线，其“悬浮”张拉过程如图 13-58 所示。

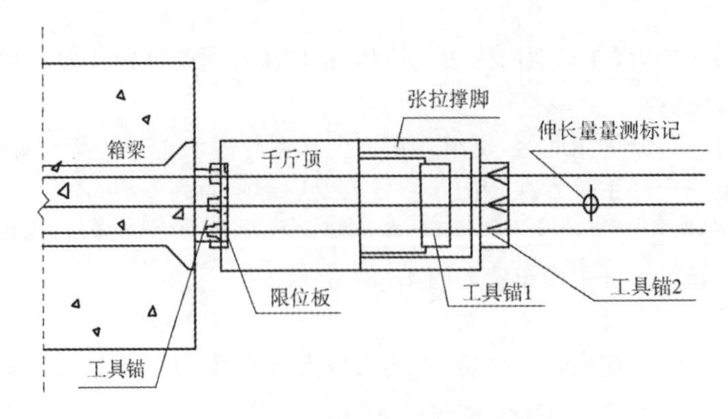

图 13-58 钢绞线系杆悬浮张拉示意

④系杆安装完以后，在工作锚板上给夹片安装防松装置，如果需要继续调整索力，则通过调节螺牙方式进行。

⑤调索完成后切割多余钢绞线，应预留一定长度的钢绞线，以方便换索，外露量按设计要求为准。

13.5.2.9 钢箱梁桥面铺装

(1)喷砂除锈

在进行钢桥面板清洗前，先做出外观检查，确保其表面无焊接及钢板缺陷，并对严重污染部采用清洗剂及高压热水作全面清洗。

喷砂除锈采用带吸尘装置的移动式自动无尘打砂机，对于自动无尘打砂机所不能施工的区域和边缘，可采用手提式打砂机作业。在喷砂除锈合格后 3 h 内，喷涂底涂层，喷涂前基面必须干燥。钢箱梁桥面喷砂除锈见图 13-59。

图 13-59　钢箱梁桥面喷砂除锈示意

(2)防水粘结层施工

防水层施工前，应充分搅拌混合，采用专用的喷涂设备进行施工。当防水层完全固化后 24 h 内涂粘结剂。喷涂前要求基面必须洁净、干燥，无污物和灰尘，并将粘结剂搅拌均匀，均匀地涂布于基体上。已涂刷好的区域要进行保护，严禁油、油脂和脏物等的污染，尽量避免车辆、行人通过。上层施工时，粘结层表面必须无水分和污物。钢箱梁桥面防水粘结层施工如图 13-60 所示。

图 13-60　钢箱梁桥面防水粘结层施工示意

(3)改性沥青浇筑式混凝土摊铺

浇筑式是自流成型无须碾压的沥青混合料，因此，铺装下层的摊铺使用浇筑式专用摊铺机。运至现场的浇筑式沥青混合料应进行流埃尔试验，符合设计要求后，方可摊铺。具体施工工艺如下：

1)边侧限制

浇筑式沥青混凝土在 220 ℃～250 ℃摊铺时具有流动性，需设置边侧限制，防止混合料侧向流动。边侧限制采用约 35 mm 厚、300 mm 宽的钢制或木制挡板，设在车道连接处的边缘。根据钢板表面平整度的情况，用不同厚度的铁片或木片调节，以达到保证铺装表面平整的目的。

2)厚度控制

在摊铺之前，进行钢板表面测量放样，确定一定间隔某一点的摊铺厚度，然后调整导轨的高度及边侧限制板，从而确定摊铺厚度。摊铺机整平板有自动的水平设备控制，按照侧限板高度摊铺规定厚度的路面。

3)行车道摊铺

应根据摊铺机及桥面宽度设定合理的摊铺宽度，但应尽量避免接缝位于车行道内。

混合料运输罐车倒行至摊铺机前方，把混合料通过其后面的卸料槽直接卸在钢桥面板上。摊铺机的整平板的紧前方布料板左右移动，把浇筑式沥青混合料铺开。摊铺机向前移动把沥青混合料整平到控制厚度。

摊铺机应带有红外加热设备，用于对先铺路面的加热，保证与新铺的沥青混凝土形成整体，接缝处连接可靠，同时人工用工具搓揉，使结合部位进一步结合良好，消除接缝。等摊铺的混凝土降到合适的温度，撒布5～10 mm的预拌沥青碎石，用量为4～8 kg/m^2。

(4)改性沥青混凝土SMA混合料摊铺

采用两台摊铺机施工作业。两台摊铺机平行、前后错开行走，两台摊铺机之间的间距为10～20 m。摊铺时，要注意控制好两台摊铺机接缝处的高程，保持高差一致。

开始摊铺前30 min摊铺机就位于起点，前端伸出横杆吊垂球于行走路线上，将熨平板垫至虚铺表面高程，并启动摊铺机电加热系统，充分预热熨平板。摊铺机采用双边传感器方式控制熨平板两端标高，传感器初始位置调整好后，架设在平衡梁上行走。

汽车卸料应对准摊铺料斗倒退至后轮离摊铺机20～50 cm处停下，挂空挡。摊铺机前进时逐渐靠近自卸车，并推动自卸车一起前进，此时汽车边移动边卸料于摊铺机料斗内。

摊铺机熨平板内设置有电加热系统，一般开始前20～30 min，启动摊铺机熨平板电加热系统，即可满足起步要求。

摊铺机熨平板的振动有夯锤和熨平板两部分，振动的作用是使熨平板不粘附沥青料和使熨平板下的沥青混合料获得初始的密实度。夯锤振动器不宜开得太大，过大的振动量易引起较多设备故障和平整的破坏，一般为4级左右。振动强度使熨平板不粘料、沥青混凝土表面不松散即可。

摊铺机行走速度应尽可能放慢，以便与拌和楼拌和能力相匹配。铺装下层及面层混合料摊铺时，摊铺机行走速度依据拌和能力，控制在1.5～3.0 m/min范围，最快不超过4 m/min。行走时，应尽可能少地在防水粘接层上转弯。绝对禁止在防水层上面急转弯和调头。

现场施工管理人员应密切注意拌和楼、运输车辆及摊铺机、压路机之间的协调统一，避免摊铺机长时间停机待料。摊铺最低温度为160 ℃。

改性沥青SMA混合料碾压，在不产生严重推移和裂缝的前提下，初压、复压、终压都在尽可能高的温度下进行。压路机应以慢而且均匀的速度进行碾压。初碾、复碾工作长度约30米，不允许超过50 m。

1)初碾

初压采用追随式碾压，即紧跟摊铺机均匀行驶的碾压方式。

初碾采用自重大于10 t双轮压路机进行静压。初压要紧随摊铺机，尽量在较高温度下进行碾压，以克服温度下降黏度增加而产生的沥青混凝土的内部阻力。初压压路机每次前进时，均应前行到接近摊铺机尾部位置。每次前进后均应在原轮迹上(重复)倒退，初压钢轮压路机后退停机返向的位置尽可能要退到复压基本完成的位置，不能在初压表面停机返向，以免增加较深的停机痕迹。第二次前进应重复约2/3轮宽，往返一次为碾压一遍。需碾压1～2遍。施工时，压路机初压的行驶速度控制在2～3 km/h范围内。初碾开始温度不低于150 ℃。

2)复碾

复碾采用双轮压路机震动碾压，是获得密实度最主要的手段。复压紧跟在初压后开始，不得随意停顿，碾压2～4遍可完全达到密实度的要求。主要控制的是复压的温度，压路机复压的行驶速度控制在3～5 km/h，复碾温度应大于130 ℃。复压压路机的前进后退的标准是，前行不超过光轮稳压的表面，后退不进入已收迹的最终路面，碾压顺序应与稳压的顺序相一致。

3)终压

终压采用双轮压路机无振动碾压收迹1～2遍即可，终压碾压速度控制在3～6 km/h。终压碾压终了温度不低于100 ℃。在边缘、角落及雨水井周围难以用大型压路机压实的部位，需采用人工操作的夯锤夯实。在混合料温度较高时，人工夯实，保证这些部位混合料的密实性。

13.5.2.10 附属工程施工

(1)支座安装

浇筑主墩钢箱梁支墩时，埋置于墩顶的钢垫板必须埋置密实，标高符合设计要求，垫板4角平面水平偏差小于2 mm。支座组装时垫板与支座间密贴，支座四周不得有0.3 mm以上的缝隙。

安装固定支座时，应根据安装时的温度与年平均的最高、最低温差，确定安装偏移量。

(2)伸缩缝安装

伸缩装置预先在工厂装配,出厂时用物制的夹具固定,保持一定的宽度。安装时,首先剔除预留槽上混凝土残渣、杂物,凿毛混凝土表面,冲洗干净。

在预留槽内划出伸缩装置定位中心线(顺缝向和垂直缝向)和标高,用吊车将伸缩装置吊入预留槽内,并进行纵横坡调整,使伸缩装置准确就位,然后将锚固钢筋与预留钢筋焊接,牢固符合规范要求,使伸缩装置固定,再拆除夹具。

安装预留槽内钢筋。在槽口立模板,做到模板严密无缝,防止混凝土进入控制箱。浇筑槽两侧C50钢纤维混凝土,振实抹平,并使表面齐平,保证汽车行驶舒适感。混凝土养护、拆模,完成伸缩缝施工。

(3)钢护栏安装

钢护栏安装施工流程:材料运输到位→测量放样,并弹出控制线→定安装位置→校正固定→焊接→螺栓连接→自检→补漆→安装完成。

桥梁钢护栏在运输过程中必须有保护措施,放置桥面上时必须轻拿轻放,并置于方木上。安装前先测量放样,弹出控制线,确定安装位置后,再进行护栏立柱安装,并用水平尺、吊锤测量安装精度无误后,方可焊接。

护栏横杆采用螺栓连接,整个护栏安装完成后,对焊缝、螺栓进行检查,合格后在对油漆损伤部位进行补漆。

13.6 施工进度计划

13.6.1 施工工期总目标

本工程实际开工日期为2012年11月10日,计划工程竣工日期为2014年4月30日。

13.6.2 节点工期安排

节点工期安排见表13-10。

表13-10 节点工期安排表

序号	完成工作	完成时间	备注
1	A0桥台施工	2013-3-11	
2	A3桥台施工	2013-9-29	因汛期原因,桩基施工完成后不能连续施工承台
3	P1主墩施工	2013-7-20	
4	P2主墩施工	2013-7-27	
5	钢箱拱安装	2013-10-12	含钢混凝土连接段施工
6	钢箱梁安装	2013-12-31	
7	吊杆、系杆施工	2014-1-31	
8	桥面附属施工	2014-4-30	

13.6.3 重难点工程施工进度计划安排

P1主墩施工:2012年11月20日~2013年7月20日,施工工期243天。

P2主墩施工:2012年11月11日~2013年7月27日,施工工期260天。

钢箱拱、钢箱梁支架及栈桥支架施工:2013年2月26日~2013年11月5日,施工工期252天。

钢箱拱安装:2013年7月20日~2013年10月12日,施工工期85天。

钢箱梁安装:2013年9月21日~2013年12月31日,施工工期102天。

13.6.4 一般工程施工进度计划安排

A0桥台施工:2013年1月10日~2013年3月11日,施工工期61天。

A3桥台施工:2013年5月18日~2013年9月29日,施工工期134天。

吊杆、系杆施工:2014年1月1日~2014年2月15日,施工工期46天。

桥面系及附属施工:2014年2月16日~2014年4月30日,施工工期74天。

13.6.5 施工横道图

本工程施工进度计划如图13-61所示。

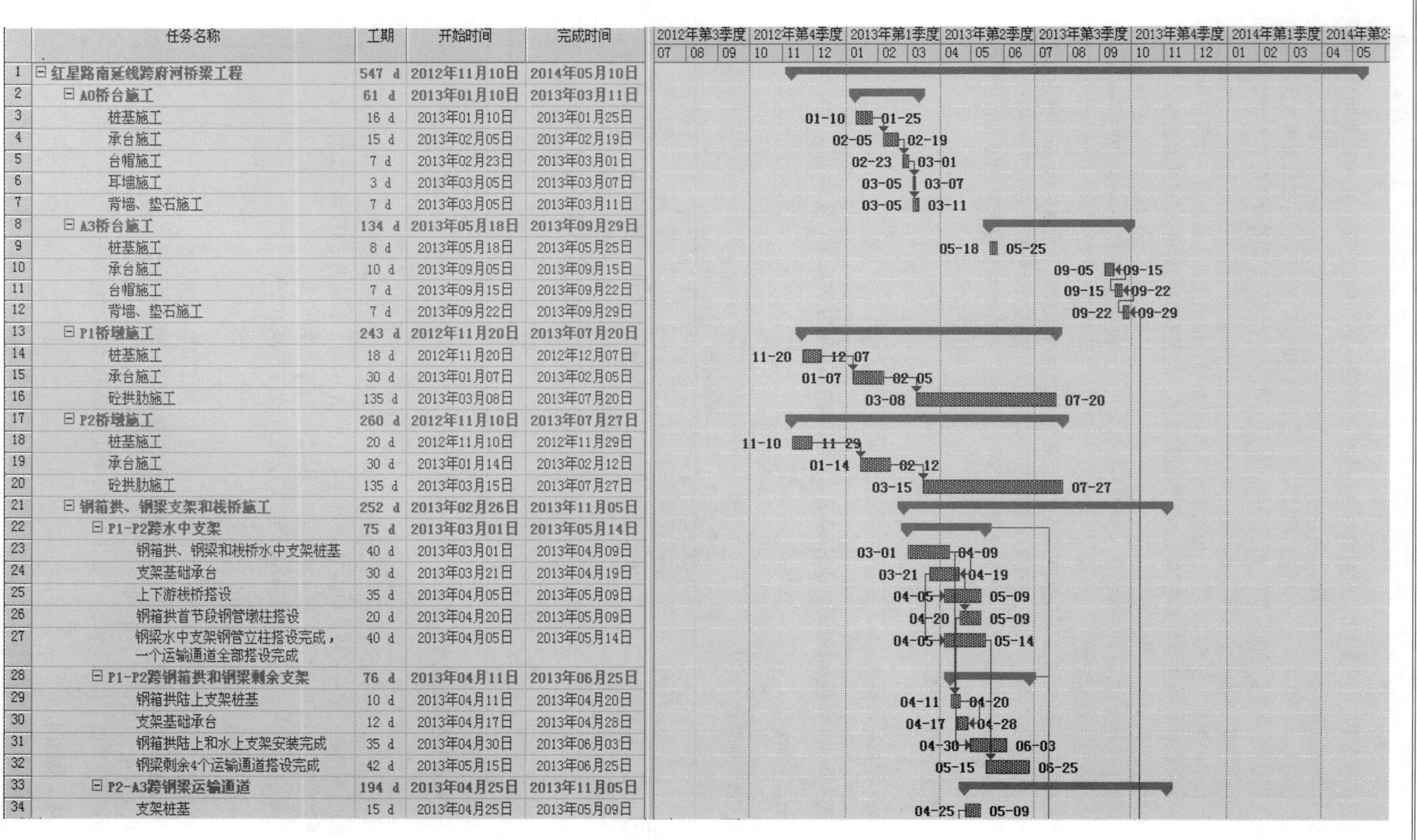

	任务名称	工期	开始时间	完成时间
1	红星路南延线跨府河桥梁工程	547 d	2012年11月10日	2014年05月10日
2	A0桥台施工	61 d	2013年01月10日	2013年03月11日
3	桩基施工	16 d	2013年01月10日	2013年01月25日
4	承台施工	15 d	2013年02月05日	2013年02月19日
5	台帽施工	7 d	2013年02月23日	2013年03月01日
6	耳墙施工	3 d	2013年03月05日	2013年03月07日
7	背墙、垫石施工	7 d	2013年03月05日	2013年03月11日
8	A3桥台施工	134 d	2013年05月18日	2013年09月29日
9	桩基施工	8 d	2013年05月18日	2013年05月25日
10	承台施工	10 d	2013年09月05日	2013年09月15日
11	台帽施工	7 d	2013年09月15日	2013年09月22日
12	背墙、垫石施工	7 d	2013年09月22日	2013年09月29日
13	P1桥墩施工	243 d	2012年11月20日	2013年07月20日
14	桩基施工	18 d	2012年11月20日	2012年12月07日
15	承台施工	30 d	2013年01月07日	2013年02月05日
16	砼拱肋施工	135 d	2013年03月08日	2013年07月20日
17	P2桥墩施工	260 d	2012年11月10日	2013年07月27日
18	桩基施工	20 d	2012年11月10日	2012年11月29日
19	承台施工	30 d	2013年01月14日	2013年02月12日
20	砼拱肋施工	135 d	2013年03月15日	2013年07月27日
21	钢箱拱、钢梁支架和栈桥施工	252 d	2013年02月26日	2013年11月05日
22	P1-P2跨水中支架	75 d	2013年03月01日	2013年05月14日
23	钢箱拱、钢梁和栈桥水中支架桩基	40 d	2013年03月01日	2013年04月09日
24	支架基础承台	30 d	2013年03月21日	2013年04月19日
25	上下游栈桥搭设	35 d	2013年04月05日	2013年05月09日
26	钢箱拱首节段钢管墩柱搭设	20 d	2013年04月20日	2013年05月09日
27	钢梁水中支架钢管立柱搭设完成，一个运输通道全部搭设完成	40 d	2013年04月05日	2013年05月14日
28	P1-P2跨钢箱拱和钢梁剩余支架	76 d	2013年04月11日	2013年06月25日
29	钢箱拱陆上支架桩基	10 d	2013年04月11日	2013年04月20日
30	支架基础承台	12 d	2013年04月17日	2013年04月28日
31	钢箱拱陆上和水上支架安装完成	35 d	2013年04月30日	2013年06月03日
32	钢梁剩余4个运输通道搭设完成	42 d	2013年05月15日	2013年06月25日
33	P2-A3跨钢梁运输通道	194 d	2013年04月25日	2013年11月05日
34	支架桩基	15 d	2013年04月25日	2013年05月09日

图 13-61 施工横道图

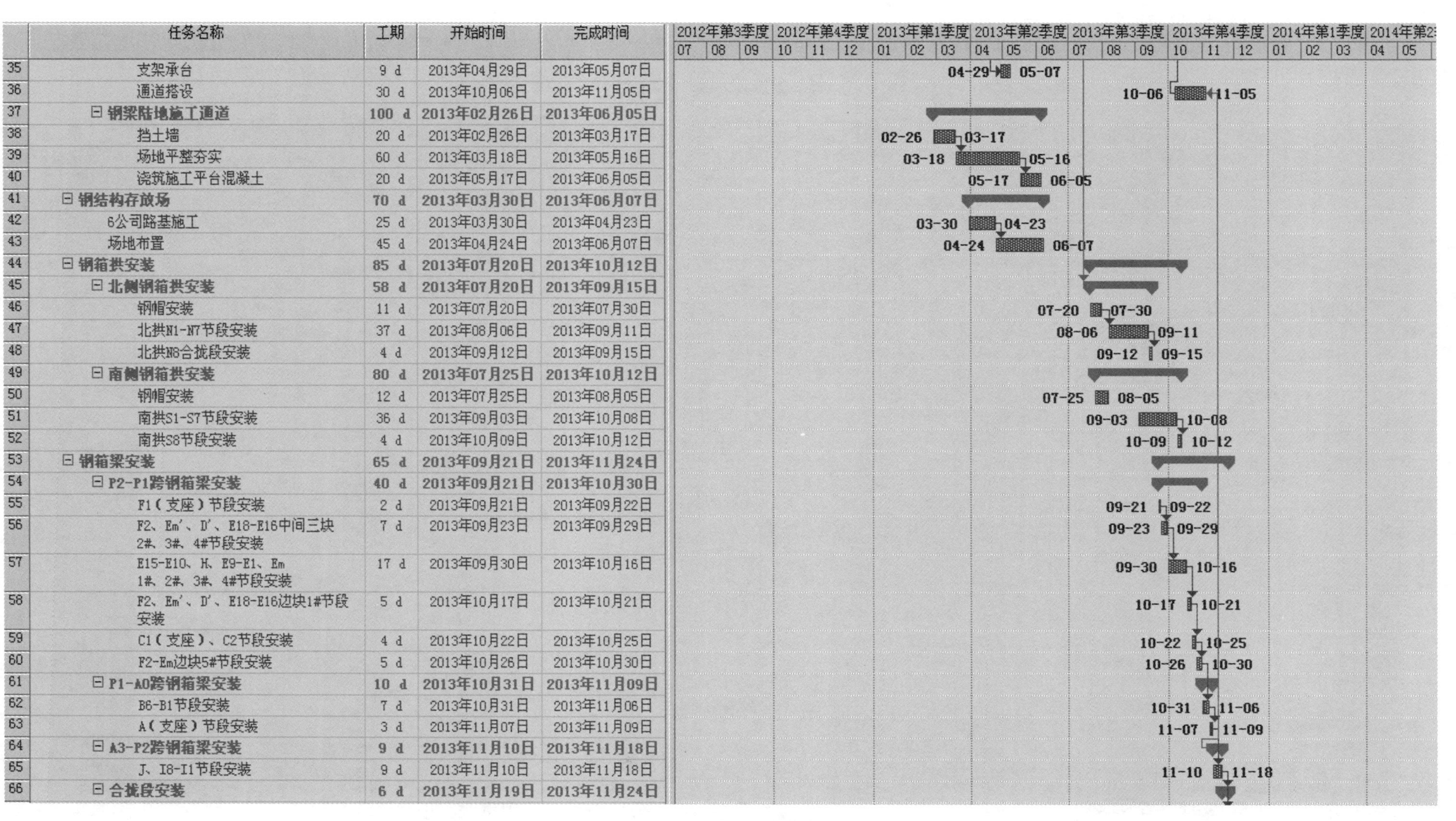

	任务名称	工期	开始时间	完成时间
35	支架承台	9 d	2013年04月29日	2013年05月07日
36	通道搭设	30 d	2013年10月06日	2013年11月05日
37	⊟ **钢梁陆地施工通道**	**100 d**	**2013年02月26日**	**2013年06月05日**
38	挡土墙	20 d	2013年02月26日	2013年03月17日
39	场地平整夯实	60 d	2013年03月18日	2013年05月16日
40	浇筑施工平台混凝土	20 d	2013年05月17日	2013年06月05日
41	⊟ **钢结构存放场**	**70 d**	**2013年03月30日**	**2013年06月07日**
42	6公司路基施工	25 d	2013年03月30日	2013年04月23日
43	场地布置	45 d	2013年04月24日	2013年06月07日
44	⊟ **钢箱拱安装**	**85 d**	**2013年07月20日**	**2013年10月12日**
45	⊟ **北侧钢箱拱安装**	**58 d**	**2013年07月20日**	**2013年09月15日**
46	钢帽安装	11 d	2013年07月20日	2013年07月30日
47	北拱N1-N7节段安装	37 d	2013年08月06日	2013年09月11日
48	北拱N8合拢段安装	4 d	2013年09月12日	2013年09月15日
49	⊟ **南侧钢箱拱安装**	**80 d**	**2013年07月25日**	**2013年10月12日**
50	钢帽安装	12 d	2013年07月25日	2013年08月05日
51	南拱S1-S7节段安装	36 d	2013年09月03日	2013年10月08日
52	南拱S8节段安装	4 d	2013年10月09日	2013年10月12日
53	⊟ **钢箱梁安装**	**65 d**	**2013年09月21日**	**2013年11月24日**
54	⊟ **P2-P1跨钢箱梁安装**	**40 d**	**2013年09月21日**	**2013年10月30日**
55	F1（支座）节段安装	2 d	2013年09月21日	2013年09月22日
56	F2、Em′、D′、E18-E16中间三块 2#、3#、4#节段安装	7 d	2013年09月23日	2013年09月29日
57	E15-E10、H、E9-E1、Em 1#、2#、3#、4#节段安装	17 d	2013年09月30日	2013年10月16日
58	F2、Em′、D′、E18-E16边块1#节段安装	5 d	2013年10月17日	2013年10月21日
59	C1（支座）、C2节段安装	4 d	2013年10月22日	2013年10月25日
60	F2-Em边块5#节段安装	5 d	2013年10月26日	2013年10月30日
61	⊟ **P1-A0跨钢箱梁安装**	**10 d**	**2013年10月31日**	**2013年11月09日**
62	B6-B1节段安装	7 d	2013年10月31日	2013年11月06日
63	A（支座）节段安装	3 d	2013年11月07日	2013年11月09日
64	⊟ **A3-P2跨钢箱梁安装**	**9 d**	**2013年11月10日**	**2013年11月18日**
65	J、I8-I1节段安装	9 d	2013年11月10日	2013年11月18日
66	⊟ **合拢段安装**	**6 d**	**2013年11月19日**	**2013年11月24日**

图 13-61　施工横道图(续)

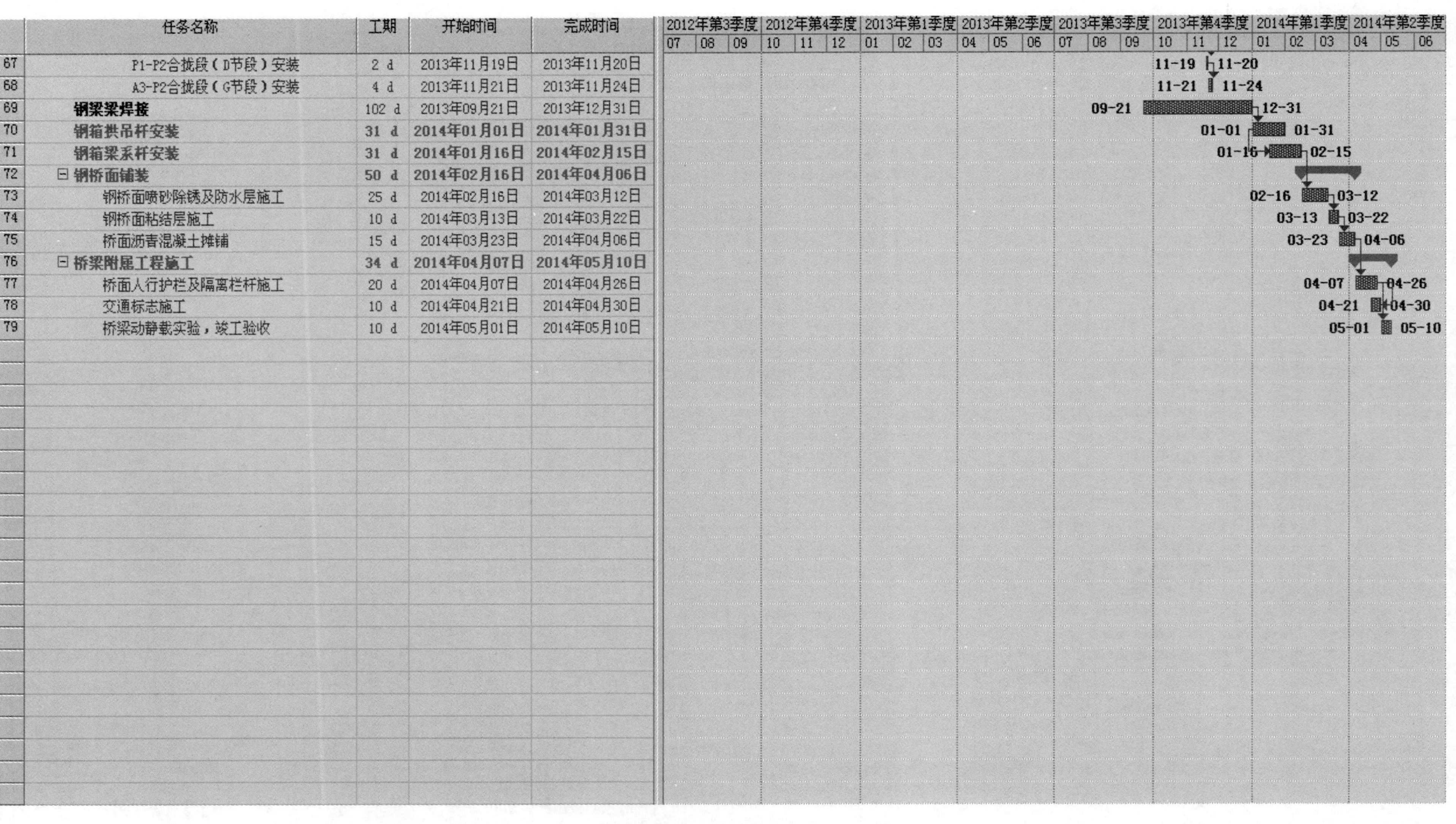

	任务名称	工期	开始时间	完成时间
67	P1-P2合拢段（D节段）安装	2 d	2013年11月19日	2013年11月20日
68	A3-P2合拢段（G节段）安装	4 d	2013年11月21日	2013年11月24日
69	**钢梁梁焊接**	102 d	2013年09月21日	2013年12月31日
70	**钢箱拱吊杆安装**	**31 d**	**2014年01月01日**	**2014年01月31日**
71	**钢箱梁系杆安装**	**31 d**	**2014年01月16日**	**2014年02月15日**
72	⊟ **钢桥面铺装**	**50 d**	**2014年02月16日**	**2014年04月06日**
73	钢桥面喷砂除锈及防水层施工	25 d	2014年02月16日	2014年03月12日
74	钢桥面粘结层施工	10 d	2014年03月13日	2014年03月22日
75	桥面沥青混凝土摊铺	15 d	2014年03月23日	2014年04月06日
76	⊟ **桥梁附属工程施工**	**34 d**	**2014年04月07日**	**2014年05月10日**
77	桥面人行护栏及隔离栏杆施工	20 d	2014年04月07日	2014年04月26日
78	交通标志施工	10 d	2014年04月21日	2014年04月30日
79	桥梁动静载实验，竣工验收	10 d	2014年05月01日	2014年05月10日

图 13-61　施工横道图(续)

13.7　主要资源配置计划

13.7.1　劳动力组织计划

施工过程中配备足够劳动力，以保证本工程施工顺利进行，本工程劳动力由公司人力资源中心配备。本工程分季度分工种劳动力计划详见表 13-11。

表 13-11　拟投入劳动力计划表

工　种	按工程施工阶段拟投入劳动力情况						
	2012 年	2013 年				2014 年	
	4 季度	1 季度	2 季度	3 季度	4 季度	1 季度	2 季度
管理人员	45	45	45	45	45	30	25
钢筋工	135	105	75	0	0	0	0
混凝土工	85	65	50	0	0	0	0
木工	120	95	65	0	0	0	0
电工	10	10	15	20	15	15	10
电焊工	15	25	35	45	40	40	25
架子工	25	25	25	25	20	15	15
机械工	10	20	20	20	20	15	15
修理工	5	10	10	13	13	8	6
张拉工	25	35	35	5	5	5	0
起重工	25	45	55	65	65	15	10
测工	8	8	8	8	8	8	6
实验工	6	6	6	6	6	6	4
普工	110	150	150	130	130	80	60
合计	624	644	594	382	367	252	176

13.7.2　主要机械设备配置计划

在施工计划安排的时间内组织机械进场，确保本工程顺利进行，拟投入本合同段施工机械满足施工需求和招标文件要求。详见表 13-12。

表 13-12　拟投入机械设备计划表

序号	设备名称	型号规格	数量	额定功率(kW) 或生产能力	拟用于施工部位	备　注
1	挖掘机	EC360LC	2 台	234 kW	驻地建设、承台基坑开挖	
2	自卸汽车	FM12	5 台	279 kW	土方运输	
3	推土机	D155A-5	1 台	235 kW	驻地建设	
4	压路机	YZTY22K	1 台	175 kW	驻地建设	
5	旋挖钻机	SR280RII	2 台		桩基	
6	泥浆运输车	WXS101GSSE	6 台		桩基	
7	泥浆泵	BW-250	6 台		桩基	
8	空压机	KS327-D1	5 台	25 kW	桩基	
9	振动锤	DZ90	1 台	90 kW	承台围堰	
10	履带吊	50 t	1 台	50 t	承台围堰及栈桥施工	
11	汽车吊	QY25	5 台		下部结构	

续上表

序号	设备名称	型号规格	数量	额定功率(kW)或生产能力	拟用于施工部位	备　注
12	钢筋调直机	GQ40	2套		下部结构	
13	钢筋弯曲机	GW-40	4套		下部结构	
14	钢筋切断机	GT4-12	4套		下部结构	
15	直螺纹车丝机		3套		下部结构	
16	张拉千斤顶	600 t	4套		混凝土拱肋	
17	张拉千斤顶	800 t	2套		混凝土拱肋	
18	真空注浆泵	SZ-3	4		混凝土拱肋	
19	电焊机	BX1-500-1	15	42 kV·A	混凝土结构工程	
20	沥青混凝土摊铺机	RP953S	2台	187 kW	桥面铺装	
21	双轮压路机	KD135	2台	13 t	桥面铺装	
22	张拉千斤顶	YDC240QX	4套	24 t	系杆张拉	
23	张拉千斤顶	250 t	4套	250 t	吊杆张拉	
24	张拉千斤顶	200 t	8套	200 t	钢箱拱安装	
25	张拉千斤顶	100 t	20套	100 t	钢箱梁安装	
26	平板小车		3	100 t	钢结构场内运输	
27	履带吊	QUY260	2台	260 t	钢箱拱节段吊装	
28	汽车吊	32 t	4台	32 t	钢结构支架及吊杆安装	
29	汽车吊	50 t	1台	50 t	钢结构存梁场	
30	电焊机	BX1-500-1	45	42 kV·A	钢结构工程	
31	柴油发电机	200 kVA	2台	200 kW	整个工程	
32	喷砂机	JZR-1DT	4台		整个工程	
33	运梁车	DCY60	1台	60 t	钢梁运输、拼装	
34	沥青洒布车	DFA1070SJ41D6	2台		粘层油施工	
35	电力变压器	ZBW20A-2000/10	1台	2000 kVA	整个工程	

13.7.3 主要试验和检测仪器投入计划

拟投入工程主要施工试验和检测仪器见表 13-13。

表 13-13　拟配备本工程的试验和检测仪器设备表

序　号	仪器设备名称	规格型号	数　量	备　注
1	马歇尔稳定度测度仪	LWD-1	1	成都
2	马歇尔击实仪	MJ-1	1	成都
3	电子天平	JD2002	2	成都
4	沥青抽提仪	LCH-2	1	成都
5	沥青混合料搅拌机	全自动	1	成都
6	沥青蜡含量测定仪	WSY-10	1	成都
7	旋转沥青薄膜烘箱	LBH-1	1	成都
8	红外线测温仪	30-400 ℃	2	成都
9	数控沥青延伸仪	H-1068	1	美国
10	沥青延度试模	铜8字	10	天津
11	自控沥青针入度仪	LP-H	1	天津
12	电控沥青黏度仪	LN-2	1	天津

续上表

序　号	仪器设备名称	规 格 型 号	数　量	备　注
13	电控沥青软化点测定仪	LP-1	1	天津
14	电控沥青闪点仪	YO-150	1	成都
15	沥青脆点仪	LCD	1	成都
16	标准恒温水浴±0.1 ℃	LHW-2	1	成都
17	沥青集料筛(冲框)	ϕ300(0.075—53)	2	天津
18	路面平整度仪	ZJ-79	1	绍兴
19	沥青专用温度计	0～200 ℃	10	沈阳
20	泥浆黏度计	MW5-1006	1	上海
21	泥浆含砂量测定仪	NA-1	1	成都
22	泥浆比重计	NB-1	4	无锡
23	脱模器		2	成都
24	台秤	TGT-100	3	重庆
25	净浆标准稠度及凝结时间测定仪	0～70 mm	1	上海
26	水泥净浆搅拌机	NJ-160	1	上海
27	水泥标准养护箱	YH-40 B	1	成都
28	水泥胶砂试模	40 mm×40 mm×160 mm	20	成都
29	混凝土搅拌机	HX-50	1	南京
30	混凝土渗透仪	HS-40	1	南京
31	混凝土振动台	1 m^2	1	天津
32	混凝土维勃稠度仪	HGC-1	10	天津
33	混凝土贯入阻力仪	HG-80	1	成都
34	回弹仪	ZC3-A	1	天津
35	含气量测定仪(附压力表)	HC-7L	2	成都
36	超声波探伤仪	CTS-23A	1	汕头
37	混凝土试模	100 mm×100 mm×100 mm	10	成都
38	混凝土试模	150 mm×150 mm×150 mm	20	成都
39	砂浆试模	70.7 mm×70.7 mm×70.7 mm	12	南京
40	混凝土标养室温度自控仪	BYS-11	1	南京
41	全站仪	TCRA1102	2	日本尼康
42	水准仪	DS3	3	苏州

13.7.4　主要物资供应计划

每季度按施工计划编制材料购置计划，以此备足资金，以确保物资供应。钢材等提前采购，保证施工需要。本桥结构混凝土采用商品混凝土，根据施工进度提前向混凝土供应商提供需求计划。

本工程施工中的大型周转材料主要是主体结构施工时的碗扣式支架、模板等，小型周转材料购买方便，提前将供货商、供货源等调查清楚后，随时可以购买，能保证施工需要。大型周转材料按照施工进度计划最高峰时使用数量考虑备用，提前备足以满足施工需要。

对于主墩结构施工用的碗扣式支架、模板，配置 2 套支架及模型满足 P1、P2 主墩能平行施工，保证施工进度需要。主要工程材料数量见表 13-14。

表 13-14 主要工程材料数量表

序 号	材 料	型 号	单 位	数 量
1	钢筋	HRB335	kg	1251065
2		HRB400	kg	920435
3	混凝土	C30 水下	m^3	7674
4		C20	m^3	1689
5		C30	m^3	10418
6		C40	m^3	40
7		C50	m^3	3229
8	钢材	Q235A	kg	241059
9		Q235C	kg	70745
10		Q345C	kg	10519162
11		Q345-CZ25	kg	29029
12	直螺纹套筒	B25	个	5370
13		B28	个	7068
14		B32	个	11046
15	钢绞线	ϕ_s15.2	kg	173666
16	锚具	M15-17 张拉端	套	184
17		M15-17P 锚固端	套	184
18		挤压式 15-15	套	64
19		挤压式 15-12	套	128
20	波纹管	ϕ90	m	3611
21	螺栓	高强度 M20×30	套	12992
22		高强度 M22×145	套	5080
23		高强度 M22×110	套	5080
24		高强度 M22×100	套	3160
25		高强度 M16×24	套	6656
26		普通螺栓 M18×220	套	57600
27		普通螺栓 M14×220	套	19200
28	支座		个	30
29	改性沥青		m^3	25780
30	伸缩缝		道	2

13.8 施工现场平面布置

13.8.1 平面布置原则

根据业主提供的施工场地控制范围，结合本工程施工特点，本着少占地、少拆迁、少扰民、对城市交通干扰少和经济合理的原则，在满足正常施工作业和生产管理的前提下，按照文明施工和安全生产的要求，对本工程施工场地分别进行了细致安排和合理布置。详见图 13-62。

13.8.2 临时工程设施布置说明

13.8.2.1 临时道路及施工场地硬化

由于本桥顺接红星路南延线，施工便道利用既有交通道路。

对钢筋加工场、材料堆放场以及钢结构存放场、运梁通道等地面，用 C30 混凝土硬化处理；生活区域所占用的临时场地等地面用 C20 混凝土硬化处理。场内施工道路、施工场地、生活区派专人每天清扫，保持清洁，做好文明施工。

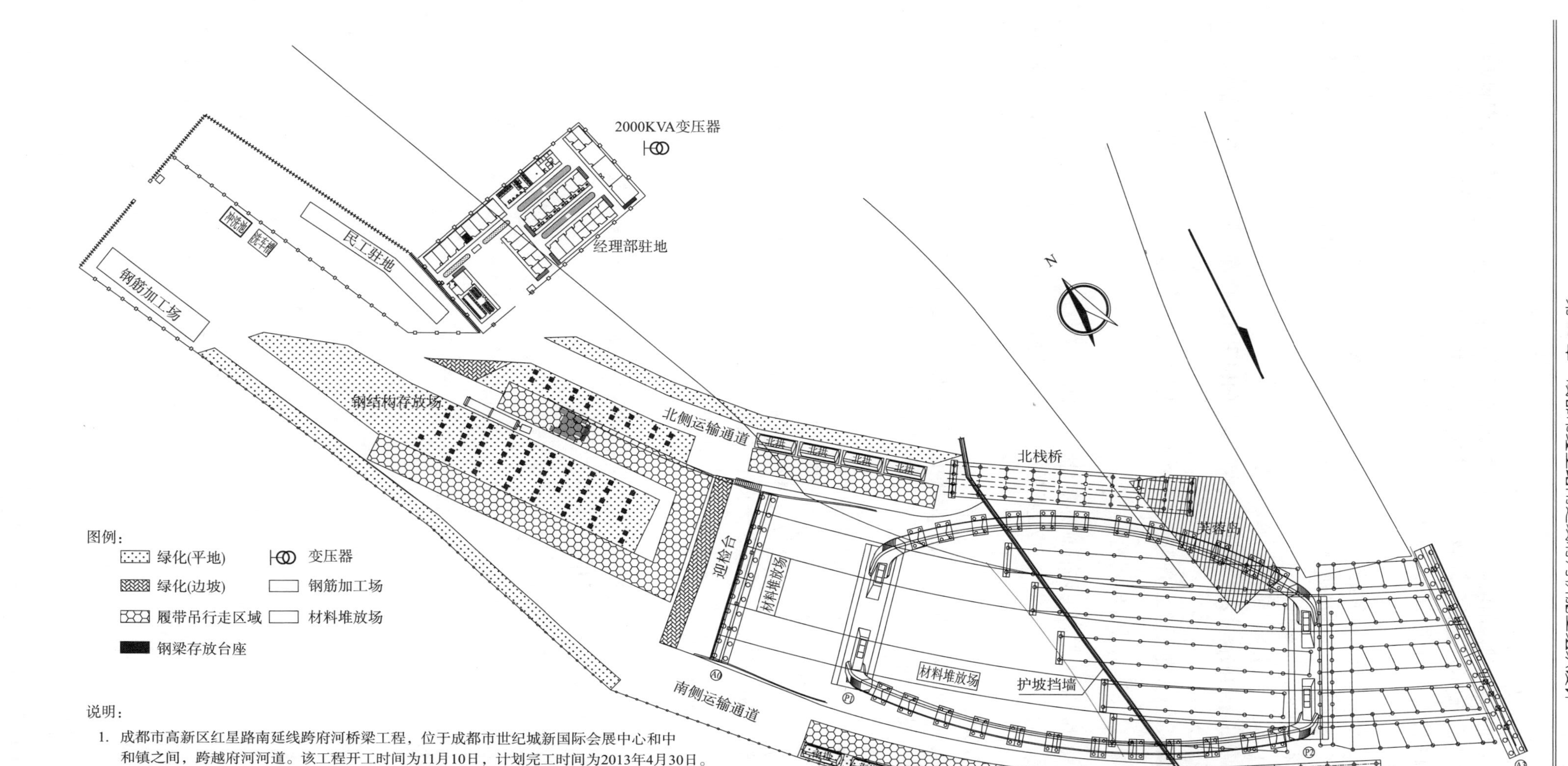

说明：

1. 成都市高新区红星路南延线跨府河桥梁工程，位于成都市世纪城新国际会展中心和中和镇之间，跨越府河河道。该工程开工时间为11月10日，计划完工时间为2013年4月30日。
2. 府河大桥采用主跨150 m跨径曲线梁非对称外倾拱桥，设计跨径为(44+150+55) m，全桥共长249 m，其中A0和A3为桥台，P1和P2为主墩。
3. 在A0桥台后150 m范围内设置拱梁存放区，宽度约80 m，总面积约7000 m^2。拱梁节段运至存放区后，采用一台260 t履带吊进行下车及堆放。在桥梁左侧设置钢拱运输通道，桥梁右侧设置钢拱及钢梁运输通道，通道在靠P1墩侧为混凝土硬化道路，宽度大于15 m，在靠P2墩侧为钢栈桥，栈桥宽度12 m。

图 13-62　总平面布置图

13.8.2.2 大门

在项目经理部驻地设置1道大门。围墙大门外侧张贴施工告示牌，写上工程简介、开竣工日期和工程建设、设计、监理、承包单位等名称。在大门出入口处，设置门卫值班室，配以门卫及建立相关的门卫制度。并设置洗车槽，供进出车辆冲洗使用，冲洗后的废水经沉淀处理后再排入市政排水系统。

13.8.2.3 生产及生活办公区

项目经理部、业主、监理等单位的现场办公用房均设置在业主提供的临时用地内，生活办公区严格按照招标文件相关标准和要求进行布置。驻地内的食堂设置沉淀池，卫生间设置化粪池，污水经三级沉淀处理，达到成都市排放标准后排入市政排水系统。

工地标养室：21.6 m^2，设在项目经理部，采用蒸汽养护。

现场照明：主体结构施工场地内设多盏探照灯作为夜间施工的照明，保证夜间施工有足够的亮度，均匀不闪烁。

生活用水：项目经理部、业主、监理、工区现场驻地及作业人员生活区的生活用水通过与供水公司协商，从附近的供水管中引入办公、生活区。

13.8.2.4 围挡

施工场地严格按照《成都市市政工程现场管理办法》执行，采用封闭管理，沿临时施工用地周边设置连续、密闭的围挡。其材质、厚度、高度要求同业主指定的彩钢板围挡一致，对于紧邻的江滩公园施工，采用钢筋围栏与其进行分隔。

13.8.2.5 混凝土生产与供应

整个大桥结构混凝土均使用商品混凝土。结构混凝土应尽量安排在交通不繁忙时段施工，并提前与商品混凝土供应商联系，提供混凝土的各项技术指标和用量计划，作好混凝土的供应，确保工程质量。

13.8.2.6 施工用水、用电

施工用水：主要抽取府河里的水流，再用支水管接至各施工用水点。

施工用电：在经理部驻地旁设置一台2 000 kVA的变压器。变压器位置修一配电房，从变压器处用电缆基本沿大桥两侧进行布置，分别在A0、P1、P2以及A3施工区域设置二级配电箱。施工现场供电线路采用电缆沟或部分埋设电缆的形式，按用电安全技术要求进行布置，以保证用电安全。

13.9 工程项目综合管理措施

工程项目综合管理措施主要包括进度控制管理、工程质量管理、安全生产管理、职业健康安全管理、环境保护管理、文明施工管理、节能减排管理等内容。详见附录2。

第 14 章　北京地铁 16 号线暗挖隧道施工组织设计

14.1　编制说明

14.1.1　编制依据

(1)工程建设现行的法律、法规、标准、规范等;
(2)工程设计文件;
(3)工程施工合同、招投标文件和建设单位指导性施工组织设计;
(4)施工调查报告;
(5)现场社会条件和自然条件;
(6)本单位的生产能力、机具设备状况、技术水平等;
(7)工程项目管理的规章制度。

14.1.2　编制原则

(1)在充分理解施工文件、设计图纸及认真踏勘现场的基础上,采用经充分论证的先进、合理、经济、可行的施工方案。

(2)施工区段合理划分,施工进度安排均衡、高效,满足业主对总工期的要求和阶段性工期的要求。

(3)严格贯彻“安全第一、质量为本”的原则,确保工程质量、确保施工工期、确保施工安全,全面兑现施工承诺。

(4)优化施工技术方案,推广应用“四新”成果,加强科技创新和技术攻关,确保工程全面创优。

(5)加强监控量测和信息反馈,指导施工;确保施工工艺与施工规范、设计要求相符,并达到完善。

(6)严格执行北京市建设行政主管部门对项目施工的文明、环保、安全、卫生健康等有关管理条例的要求。施工全过程对环境破坏最小、占用场地最少,具有周密的环境保护措施,最大限度减少扰民,树立良好的工程形象和社会形象。

(7)加强施工管理,提高生产效率。

14.1.3　编制范围

北京地铁 16 号线 07 合同段西马区间风井～马连洼站区间隧道(BK14＋3220～BK15＋256.100),西马区间风井,临时竖井及 L2 临时竖井。

14.2　工程概况

14.2.1　项目基本情况

北京地铁 16 号线工程起北六环外北安河,南至宛平,穿海淀区、西城区、丰台,线路全长约 40 km,共有车站 29 座,全部为地下线路,具体线路走向如图 14-1 所示。

北京地铁 16 号线工程土建施工 07 合同段位于北京市海淀区内,其中西马区间风井(含)～马连洼站暗挖区间线路位于永丰路下方呈南北走向,起止里程为 K14＋320.000～K15＋256.1,长 936.1 m。西马区间风井(含)～马连洼站暗挖隧道区间地理位置如图 14-2 所示。

图 14-1 北京地铁 16 号线位置示意图

14.2.2 区间工程情况

14.2.2.1 设计概况

西马区间风井(含)～马连洼站区间线路自区间风井出发向南行进布置在永丰路下，线间距 15.2～18 m，无下穿建(构)筑物，道路两侧多为绿地。区间隧道设置一座区间风井兼联络通道、两座施工竖井兼联络通道。区间风井提供西北旺站～风井段盾构吊出条件，区间风井～马连洼站段为矿山法区间，区间断面为单洞断面结构，其中马连洼站的站前渡线、存车线段为单洞双线大断面结构。

区间风井位于永丰路西侧绿地内，区间风井中心里程为右 BK14＋320.000。区间风井大小受盾构吊出大小控制，井口净宽为 8.2 m×12.8 m，初支结构净宽为 10 m×14.6 m。区间风道为暗挖双层结构，风井采用倒挂井壁法施工。

停车线段隧道设置一处施工竖井兼联络通道(右 BK14＋898)，渡线段设置一处施工竖井及两横通道(右 BK15＋205.7)，由两处施工竖井完成停车线及渡线段隧道的施工。线间距 15.2～18 m，轨顶标高为 22.860～24.945 m，区间纵段面为人坡，最大坡度为 3.152‰，隧道覆土 15～23 m。

区间标准断面尺寸为 6.3 m×6.4 m，采用预留核心土台阶法施工；区间停车线大断面尺寸为 11.6 m×9.3 m～14.5 m×11.3 m，采用双侧壁导坑法施工。

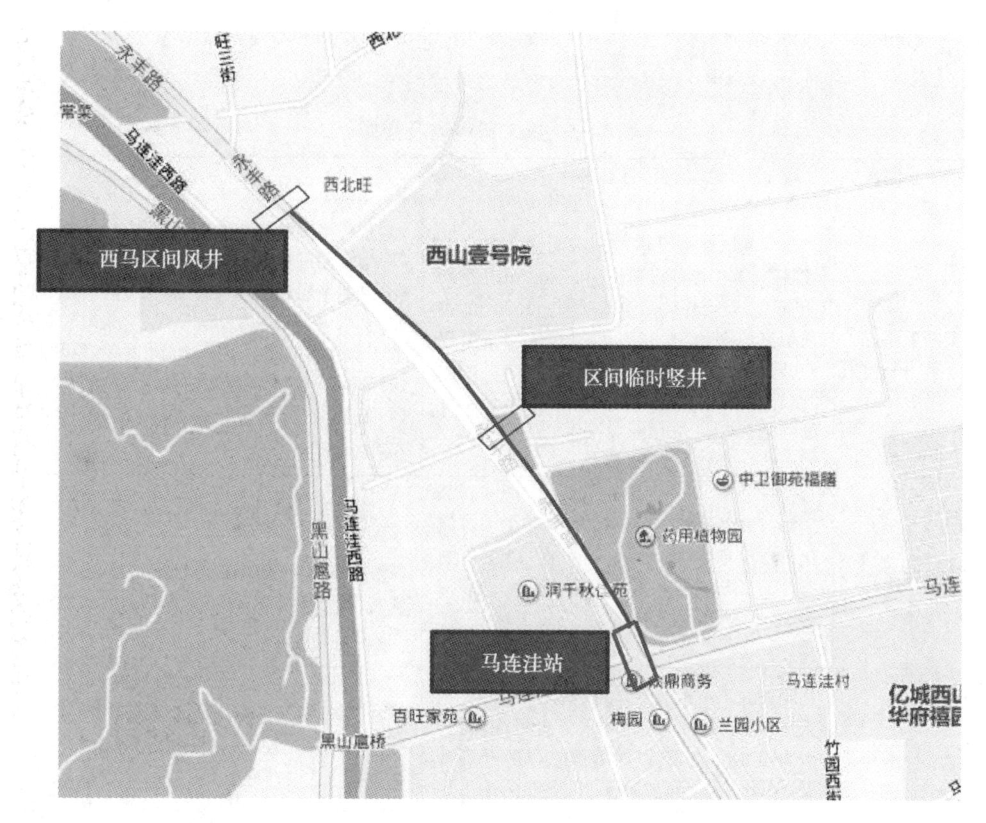

图14-2　西马区间风井(含)～马连洼站暗挖隧道区间地理位置

14.2.2.2　主要工程量

主要工程量见表14-1。

表14-1　主要工程数量表

序　号	项目名称	单　位	数　量	备　注
1	暗挖土石方	m^3	67363.54	
2	小导管	m	206082.96	
3	喷射混凝土(初期支护)	m^3	18613.57	
4	非预应力钢筋(二衬钢筋)	t	9382.176	
5	拆除钢筋混凝土结构	m^3	4214.102	
6	商品混凝土	m^3	36613.35	
7	预埋铁件	kg	500	
8	柔性防水层(暗挖结构)	m^2	64070.32	

14.2.2.3　工程特点

(1)地处首都北京,对施工的安全、工程质量、工期和环保等要求高。

(2)施工的风险大,暗挖隧道上方交通量大,管线繁多。

(3)工程规模大:西马区间风井～马连洼站区间全长936.1 m,中间设置2处临时施工竖井。

(4)工程覆盖范围广,市政工程施工协调工作量大。

(5)施工工艺多、施工难度大:西马区间风井～马连洼站区间存在多种结构形式的隧道,土方开挖及二衬施工方法各不相同。其中标准断面采用台阶法开挖,轨行式台车衬砌二衬结构,大断面(单洞双线隧道)最大开挖宽度14.5 m,高度11.3 m,采用双侧壁导坑法开挖,模筑混凝土分块施工二衬结构。

(6)区间隧道在有地下水的第四系地层进行暗挖,地层中有含量达60%～70%卵石层,其一般料径40～80 mm,最大粒径不小于210 mm。

14.2.2.4 施工重难点及对策措施

施工重难点及对策措施见表 14-2。

表 14-2 施工重难点及措施

序 号	重难点	重难点分析	对 策 措 施
1	渡线段大断面施工	西马区间风井～马连洼站区间隧道存在换线隧道,其中渡线段全长 103.242 m 开挖断面宽 11.5～14.5 m,高 9.25～11.35 m,拱顶距离地面约 15～17 m,拱部地层主要以砂、卵石层为主,施工风险高、难度大。因此渡线段大断面隧道工程的安全施工是本标段的施工难点	(1)采用双侧壁导坑法进行施工。 (2)施工前进行降水将水位将至开挖底面一下 1 m。 (3)拱部采用超前小导管加密或深孔注浆加固地层,严格遵循"十八字"方针,减小分块尺寸,采取短进尺、强支护,开挖掌子面及洞室及时喷射混凝土封闭,尽快封闭初期支护。 (4)加强监测,及时反馈信息指导施工。 (5)编制"暗挖施工应急预案",备好应急物资,做到有备无患
2	区间硬岩段施工	区间风井及正线 140 m 范围内存在中等风化砂岩,饱和极限抗压强度 162.89～217.30 MPa。最大揭露厚度 26.0 m。埋深约 15 m,硬岩开挖是本工程的施工难点	(1)施工前进行地质补勘,察清风井范围内具体地质情况分布。 (2)采取爆破或非爆破开挖方式。 (3)合理选择施工设备,选择最适宜该地层施工的施工方法和工艺
3	降水工程	合同段施工由于地下水的影响,土方开挖前需进行管井降水,管井降水工程量大,需加大力度尽早完成,以便后续工作的顺利开展,保证工期。降水工程的质量也影响后序工作的顺利进行,因此将其列为重点工程之一	(1)进场后对水文地质情况做进一步的详细调查。 (2)根据确定的工程总体施工进度安排降水施工设备,以确保后续工序的开展。 (3)加强降水过程中的监控量测工作,以防地表及附近建(构)筑物出现沉降或变形。以监控量测数据指导降水施工
4	近接隧道施工	单线标准断面隧道距大断面隧道最小距离仅为 0.368 m。由于该段断面变化多,跨度大,施工期间对围岩多次扰动,受力转换频繁,结构复杂,技术要求高,施工难度及风险大,因此列为重点工程之一	(1)编制详尽施工方案。 (2)选择有经验的施工班组进行施工。 (3)做好隧道间土体加固。 (4)严格控制开挖步距,加强监测,随时调整施工方案

14.2.3 自然特征

14.2.3.1 地形地貌

本区间地貌上位于永定河冲洪积扇北部,为第四纪冲洪积平原地貌。受古河道冲洪积影响,沿线附近曾分布有水塘、沼泽,经过多年的人工整治和城市建设,以前的沟、塘等已被填埋,地表已被建筑物、道路、绿地等覆盖,无明显的地貌特征。除关帝庙附近基岩埋深较浅,第四系厚度最薄处仅 0.9 m 以外,其他区域第四系厚度大于 50 m。

14.2.3.2 地质特征

地层由人工填土层、新近沉积层和第四纪沉积的黏性土、粉土、砂土、碎石土及侏罗系九龙山组基岩构成,现从上至下分别描述如下:

人工填土层(Q_4^{ml}):

粉质黏土素填土①层:黄褐色,松散～稍密,稍湿,以粉质黏土为主,含少量砖屑、砖渣、灰渣等。夹杂填土①1 透镜体。

杂填土①1 层:杂色,松散～稍密,稍湿,以建筑垃圾为主,含圆砾、卵石、砖块、混凝土块、灰渣等。

新近沉积层:

粉土②层:褐黄～褐灰色,中密～密实,稍湿～湿,含云母、氧化铁、有机质等,夹粉质黏土②1、黏土②2 及粉细砂②3 透镜体,中～高压缩性。

粉质黏土②1 层:褐黄～褐灰色,可塑～硬塑,含云母、氧化铁、有机质等,中～高压缩性。

黏土②2 层:褐黄～褐灰色,可塑,含云母、氧化铁、有机质等,中～高压缩性。

粉细砂②3 层:褐黄～褐灰色,中密,湿～饱和,主要矿物成分为石英、长石、云母。

第四纪全新世冲洪积层(Q_4^{al+pl})：

粉土③层：褐灰～褐黄色，密实，湿，含云母、氧化铁，夹粉质黏土③1 及粉细砂③3 透镜体，中压缩性。

粉质黏土③1 层：褐灰～褐黄色，可塑，含氧化铁，中压缩性。

粉细砂③3 层：褐灰～褐黄色，中密，湿～饱和，主要矿物成分为石英、长石、云母。

粉质黏土④层：褐灰～褐黄色，可塑，含氧化铁、钙质结核，夹粉土④2 透镜体，中压缩性。

粉土④2 层：褐灰～褐黄色，密实，湿，含云母、氧化铁、有机质等，中压缩性。

第四纪晚更新世冲洪积层(Q_3^{al+pl})：

卵石⑤层：杂色，密实，湿～饱和，最大粒径 80 mm，一般粒径 20～40 mm，粒径大于 20 mm 颗粒含量约为总质量 60%～70%，亚圆形，母岩成分主要为砂岩、灰岩，以细砂充填。

粉细砂⑤2 层：褐黄色，中密～密实，湿～饱和，主要矿物成分为石英、长石、云母。

粉质黏土⑤4 层：褐黄色，可塑，含氧化铁、钙质结核，中压缩性。

粉质黏土⑥层：褐黄～褐灰色，可塑～硬塑，含氧化铁、钙质结核，夹黏土⑥1、粉土⑥2 及细中砂⑥3 透镜体，中压缩性。

黏土⑥1 层：褐黄～褐灰色，可塑～硬塑，含氧化铁、钙质结核，中压缩性。

粉土⑥2 层：褐黄色，密实，湿，含氧化铁、云母、钙质结核，中～低压缩性。

细中砂⑥3 层：褐黄色，中密～密实，湿～饱和，主要矿物成分为石英、长石、云母。

卵石⑦层：杂色，密实，湿～饱和，最大粒径 100 mm，一般粒径 40～60 mm，粒径大于 20 mm 颗粒含量约为总质量 65%～75%，亚圆形，母岩成分主要为砂岩、灰岩，以细中砂充填，夹粉细砂⑦2 及粉质黏土⑦4 透镜体。

粉细砂⑦2 层：褐黄色，密实，湿～饱和，主要矿物成分为石英、长石、云母。

粉质黏土⑦4 层：褐黄～褐灰色，可塑～硬塑，含氧化铁，中～低压缩性。

粉质黏土⑧层：褐黄～褐灰色色，可塑，含氧化铁、钙质结核，夹黏土⑧1、粉土⑧2 及粉细砂⑧3 透镜体，中压缩性。

黏土⑧1 层：褐黄～褐灰色，可塑，含氧化铁、钙质结核，中压缩性。

粉土⑧2 层：褐黄～褐灰色，密实，湿，含氧化铁、云母、钙质结核，低压缩性。

粉细砂⑧3 层：褐黄色，中密～密实，饱和，主要矿物成分为石英、长石、云母。

中粗砂⑨1 层：褐黄色，中密～密实，饱和，主要矿物成分为石英、长石、云母。

粉质黏土⑨4 层：褐黄色，可塑～硬塑，含氧化铁、钙质结核，中压缩性。

粉质黏土⑩层：褐黄色，可塑～硬塑，含氧化铁、钙质结核，夹黏土⑩1 及细中砂⑩3 透镜体，中～低压缩性。

黏土⑩1 层：褐黄色，可塑，含氧化铁、钙质结核，中压缩性。

细中砂⑩3 层：褐黄色，密实，饱和，主要矿物成分为石英、长石、云母。

侏罗系九龙山组基岩层(J_{2j})：

砂岩⑭1 层：灰黑～灰绿色陆相碎屑及含火山碎屑沉积凝灰质粉砂岩，粉～细粒结构，中厚层状构造，少量巨厚层状。强风化，钙质～硅质胶结，岩芯多呈碎块状，最大揭露厚度 8.5 m。

砂岩⑭2 层：灰黑～灰绿色陆相碎屑及含火山碎屑沉积凝灰质粉砂岩，粉～细粒结构，中厚层状构造，少量巨厚层状。中等风化，钙质～硅质胶结，岩质新鲜，坚硬，完整性较好，岩芯较破碎，节理裂隙发育，饱和极限抗压强度 162.89～217.30 MPa，最大揭露厚度 26.0 m。

14.2.3.3　水文特征

本工程勘察范围内主要存在三层地下水，地下水类型分别为上层滞水(一)、潜水(二)、层间水～承压水(三)。各层水文地质条件如下：

上层滞水(一)：静止水位深度 6.1～13.2 m，标高 37.40～42.55 m。水位不连续，无明显含水层，主要接受大气降水、管沟渗漏补给，以蒸发为主要排泄方式。

潜水(二)：含水层主要为粉质黏土③1 层、粉细砂③3 层，稳定水位深度 18.9～22.0 m，标高 28.10～29.75 m。主要接受降水及侧向径流补给，以侧向径流和向下越流为主要排泄方式。勘察期间受钻探工艺的影响，部分钻孔未观测到该层水的水位，但该层水在整个场地普遍分布。

层间水～承压水(三)：含水层主要为粉质黏土⑥层、细中砂⑥3 层及卵石⑥4 层，稳定水位深度 32.1 m，标高 18.50 m。主要接受降水及侧向径流补给，以侧向径流和向下越流为主要排泄方式。

拟建场地历年最高地下水位曾接近自然地表。根据区域地质资料，拟建场地近 3～5 年最高地下水位标高在 37.0 m 左右(不含上层滞水)。地下水年变化幅度 2.0～3.0 m。

14.2.3.4 既有建(构)筑物

西马区间风井(含)～马连洼站暗挖区间主要沿永丰南路下方穿行，埋深在地面下 17 m 左右，线路西边建(构)筑物主要有中国银行、润千秋小区等，靠隧道一侧建筑高度均为 6 层。线路东边建(构)筑物主要有西山壹号院、马莲园小区、中国医学科学院药用植物园，建筑物高度均为 6 层。线路周边建(构)筑物均距隧道较远，超过一倍以上隧道埋深。

14.2.3.5 沿线管线情况

区间隧道线路基本沿路中敷设，线路所经过区域埋设有大量管线，主要有雨水、污水、通讯、电力、燃气、上水等管线。各种管线的主线基本沿道路走向敷设，与道路基本平行，并且贯穿整个区间，部分管线侵入隧道范围内。各管线的支线基本垂直于道路，与道路中间的主线相连。管线特点如下：

(1)雨水管线：雨水管有两条主线，基本分布于两侧行车道，离隧道距离较近，部分区域与隧道相交。雨水管主线埋深规律为北浅南深，北侧最浅埋深约为 2 m，南侧最深埋深约为 5.5 m，由北至南为单向下坡，坡度约为 1.46‰。道路两侧有众多支线汇入道路中间的主线，走向与道路基本垂直，在与主线的汇入点截止，沿汇入点方向为单向纵坡，以便雨水汇入主线。具体雨水管线典型位置关系如图 14-3、图 14-4、图 14-5 所示。

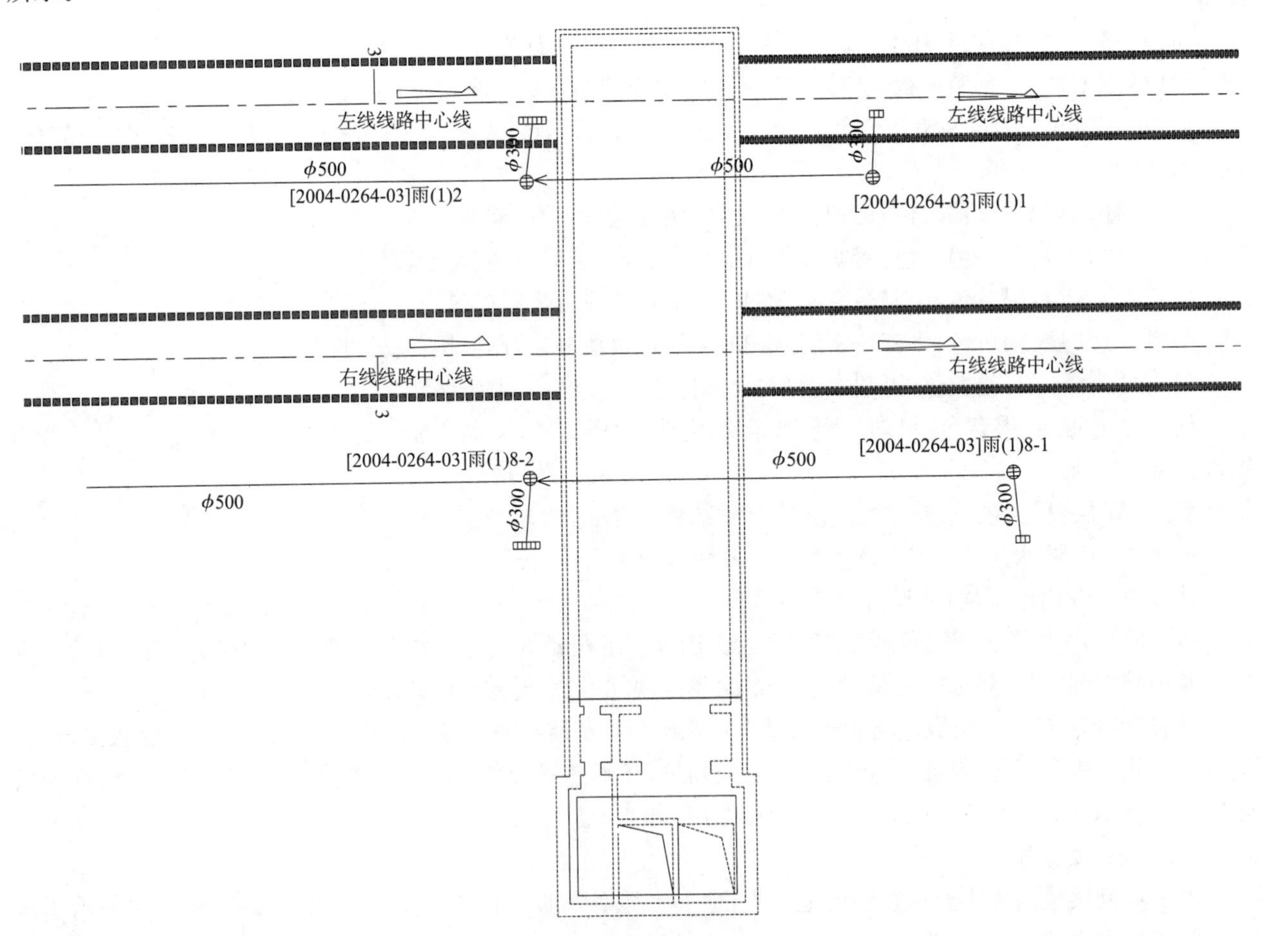

图 14-3 雨水管线典型位置关系

(2)污水管线：污水管有一条主线，基本分布于东侧行车道，部分区域与隧道相交。污水管主线埋深规律为北浅南深，北侧最浅埋深约为 3.5 m，南侧最深埋深约为 7.5 m，由北至南为单向下坡，坡度约为 1.7‰。道路两侧有众多支线汇入道路中间的主线，走向与道路基本垂直，在与主线的汇入点截止，沿汇入点方向为单向纵坡，以便污水汇入主线。

(3)电力管线：电力管线有三条主线，在西马区间内两条主线均分布于道路西侧人行道及非机动车道内，绝大部分未侵入隧道。

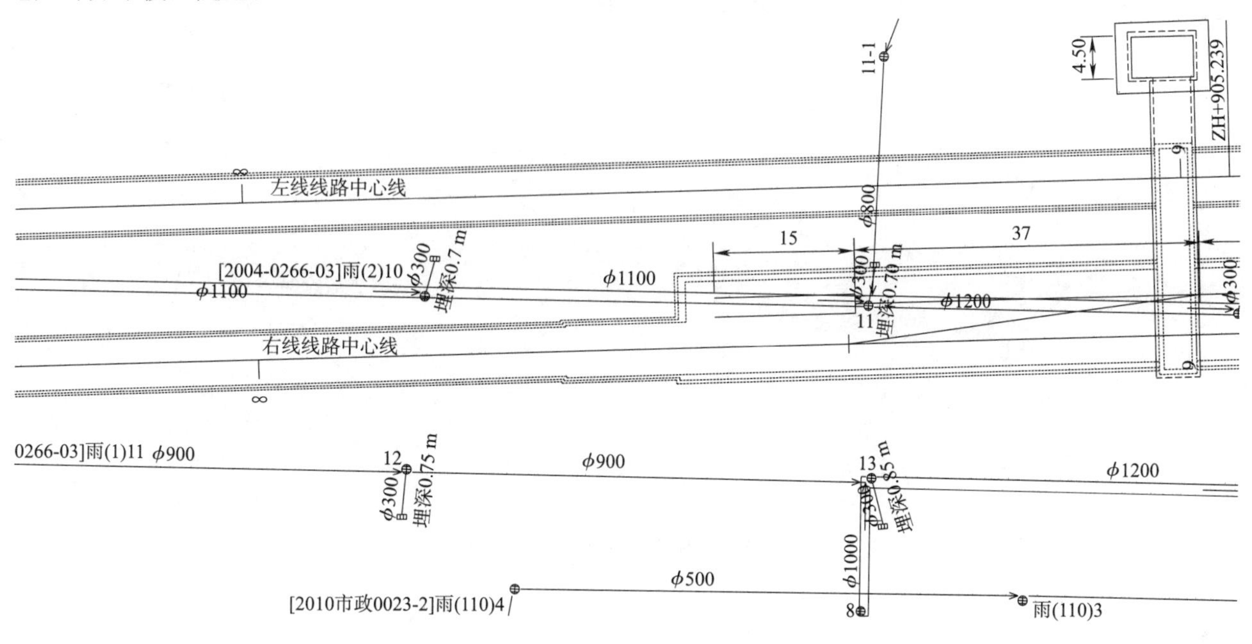

图 14-4　雨水管线典型位置关系

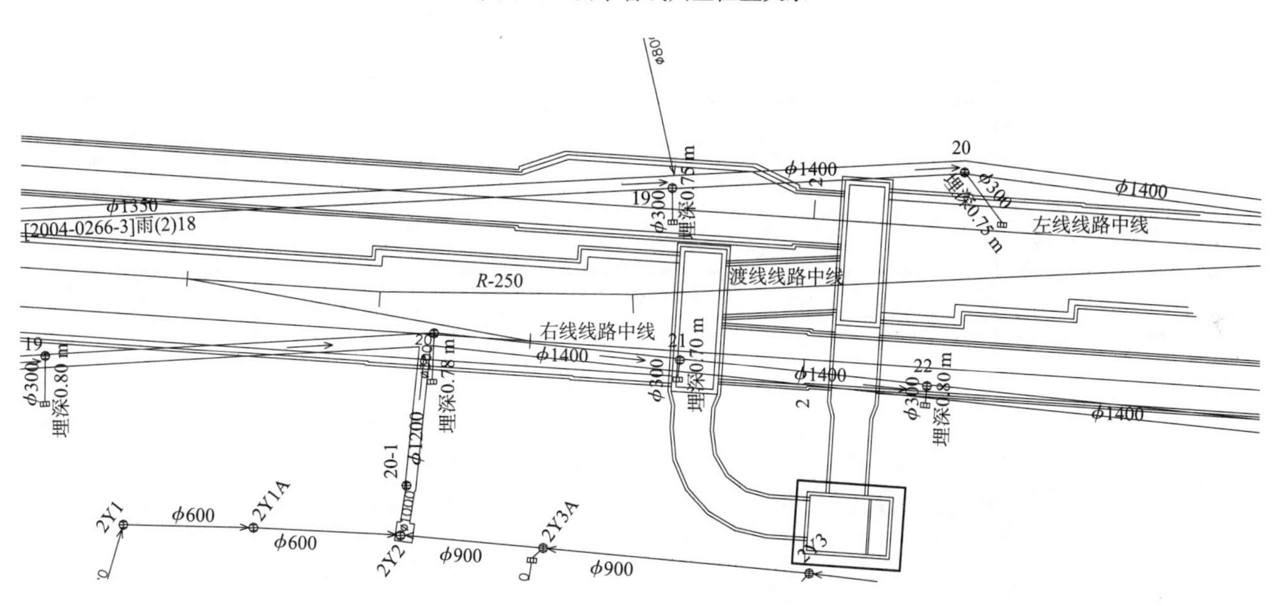

图 14-5　雨水管线典型位置关系

(4)通讯管线：通讯管线为多条通讯电线集中在管道内埋设于地下，通讯管道有三条主线，在西马区间内两条主线分布于西侧机动车道内，未侵入隧道，在马连洼北路站北侧该主线离隧道距离很近。另外一条主线在西侧道路下敷设，部分侵入右线隧道。沿主线有众多支线与主线相连或贯穿，走向基本与道路垂直，数量众多，埋深基本在 1.5～2 m 之间。

(5)燃气管线：燃气管线有一条主线，在西马区间内分布于道路西侧，未侵入隧道，且离隧道较远，支线走向基本与道路垂直，数量不多，埋深基本在 2～2.5 m 左右。典型地段燃气管线位置如图 14-6、图 14-7所示。

(6)上水管线：在西马区间内，上水管线的主线有一条，分布于道路东侧，部分侵入左线隧道。沿主线有多条支线与主线相连或贯穿，走向基本与道路垂直。上水管线典型位置关系如图 14-8、图 14-9 所示。

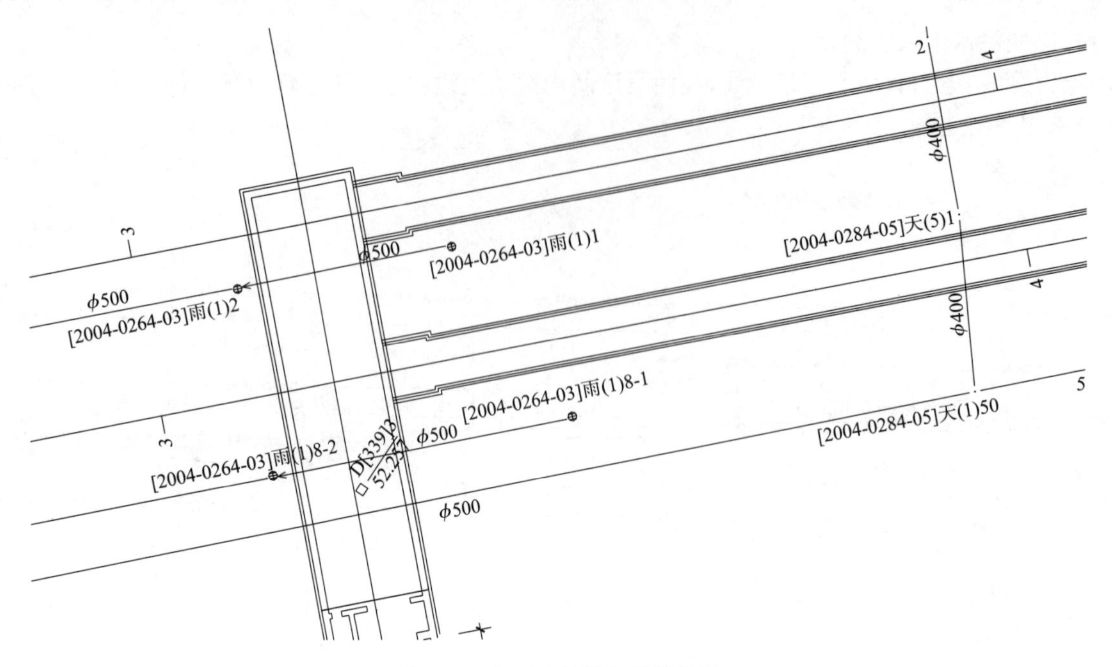

图 14-6 典型地段燃气管线位置

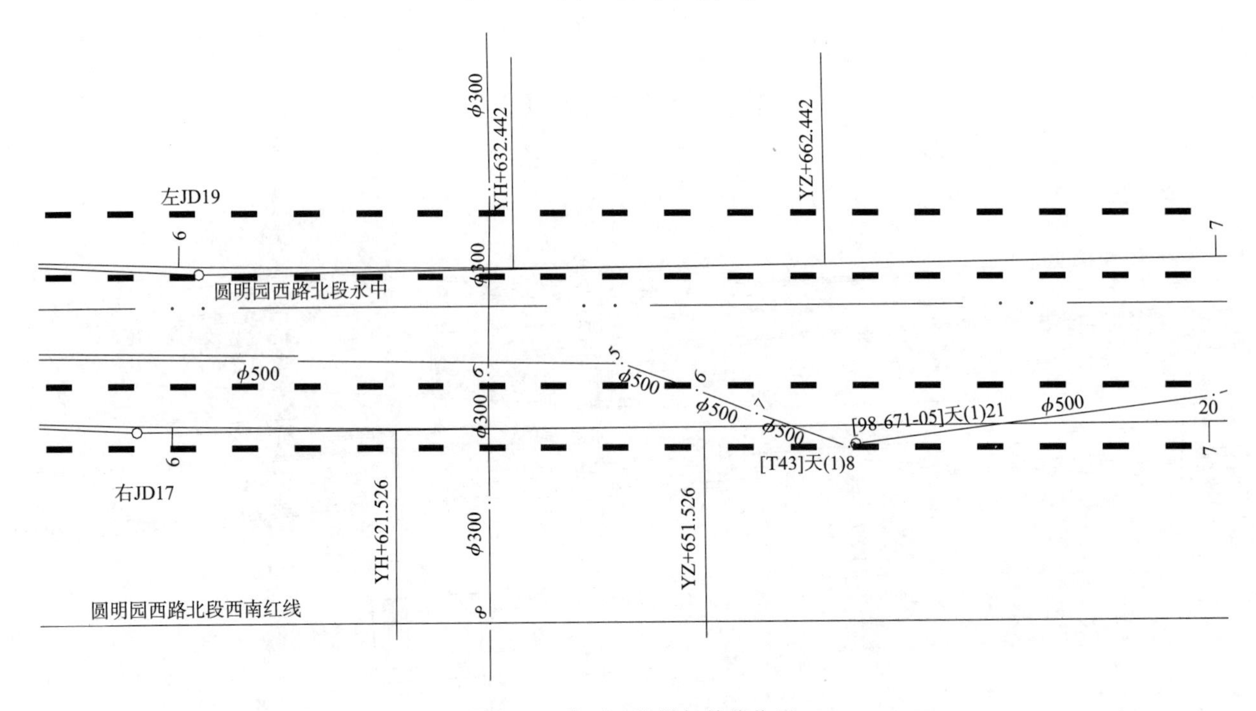

图 14-7 典型地段燃气管线位置

14.2.3.6 地面交通

马连洼站位于永丰南路与马连洼北路交叉路口地下，永丰南路为南北向的城市主干道(双向 8 车道)，与圆明园西路(双向 11 车道)相接，马连洼北路为东西向的城市主干道(双向 8 车道)，人口密集，车流量大，交通极为繁忙。

14.2.3.7 地震评价

根据《中国地震动参数区划图》(GB 18306—2001)、《铁路工程抗震设计规范》(GB 50111—2006)(2009 年版)，拟建场地地震动峰值加速度值为 0.20g，抗震设防烈度为 8 度。

根据《建筑抗震设计规范》(GB 50011—2010)附录 A，拟建场地设计地震分组为第一组，抗震设防烈度为 8 度，设计基本地震加速度值为 0.20g。

25 m 深度范围内土层等效剪切波速值 V_{se} 均在 150～250 m/s 之间。根据《铁路工程抗震设计规范》(GB 50111—2006)(2009 年版)第 4.0.1 条，判定铁路工程场地类别为Ⅲ类。

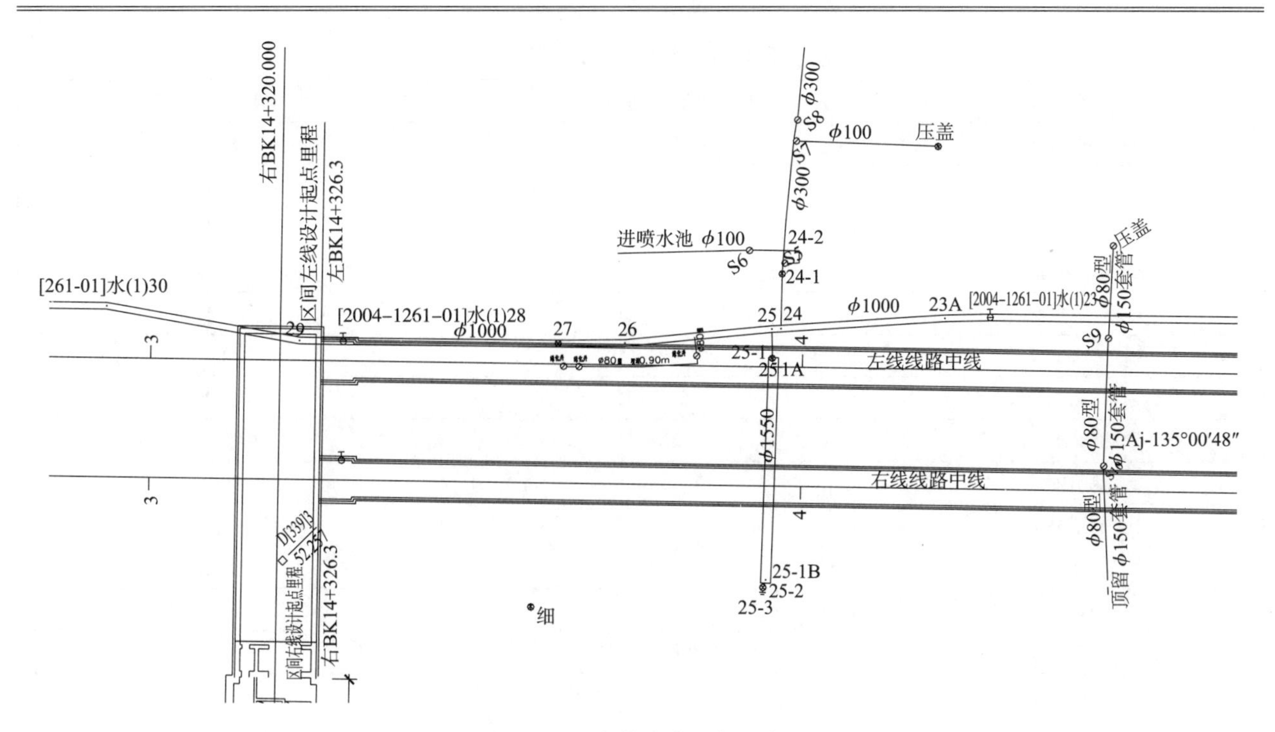

图 14-8　上水管线典型位置关系

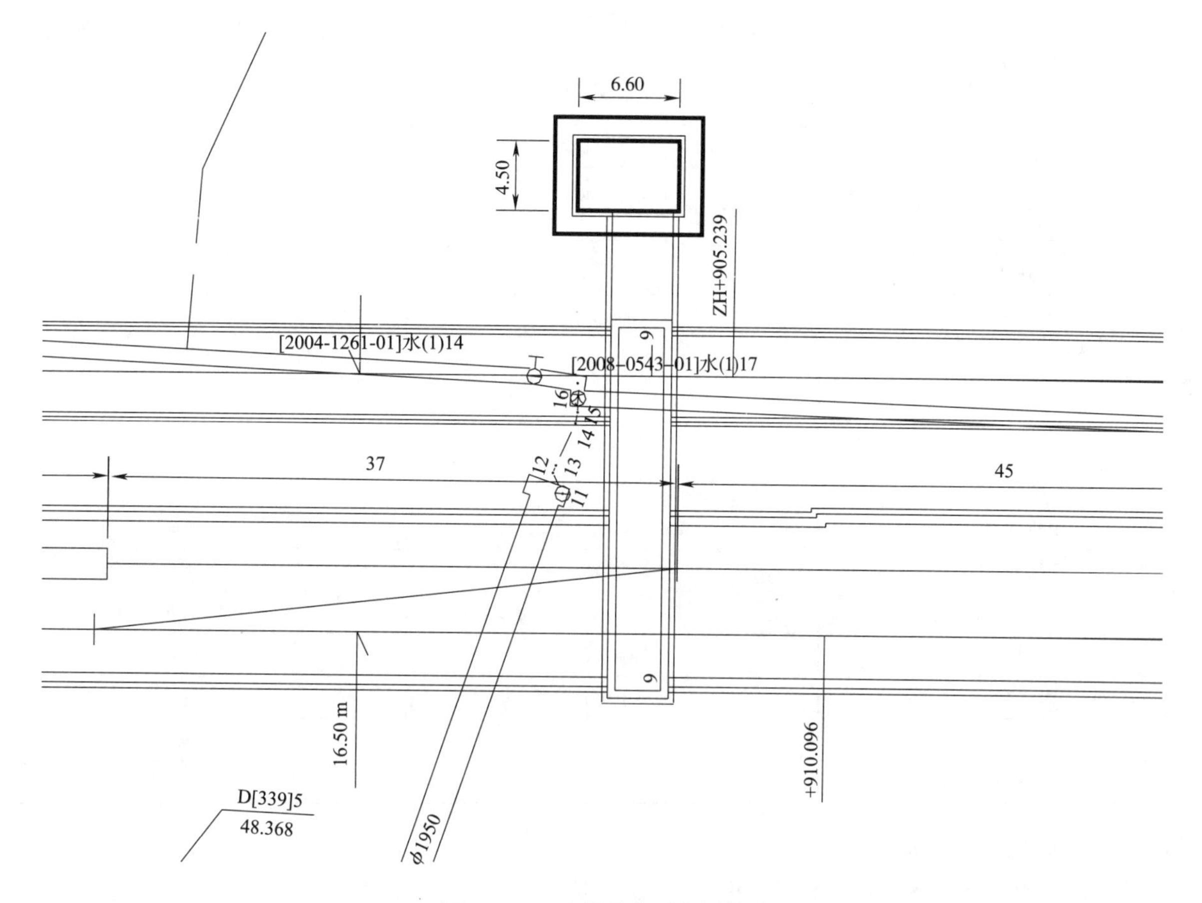

图 14-9　上水管线典型位置关系

20 m 深度范围内土层等效剪切波速值 V_{se}均在 150～250 m/s 之间。拟建场地除关帝庙附近基岩埋藏较浅部位外，覆盖层厚度大于 50 m，根据《建筑抗震设计规范》(GB 50011—2010)第 4.1.6 条，判定建筑工程场地类别为Ⅲ类。关帝庙附近覆盖层厚度在 0.9～50.0 m 之间，建筑工程场地类别为 I1～Ⅱ类。

根据《铁路工程抗震设计规范》(GB50111—2006)(2009 年版)第 4.0.1 条和《建筑抗震设计规范》(GB 50011—2010)第 4.1.3 条所判定的场地土类型结果相同，见表 14-3“场地土类型一览表”。

表 14-3 场地土类型一览表

地层名称及编号	实测剪切波速值 V_s(m/s)	场地土类型
粉质黏土素填土①	160～170	中软土
杂填土①1	150～160	软弱土～中软土
粉土②	190～220	中软土
粉质黏土②1	170～215	中软土
黏土②2	240～245	中软土
粉细砂②3	220～240(估算)	中软土
粉土③	235～245	中软土
粉质黏土③1	220～225	中软土
粉细砂③3	220～240(估算)	中软土
粉质黏土④	230～255	中软土～中硬土
粉土④2	255	中硬土
卵石⑤	265	中硬土
粉细砂⑤2	220～240(估算)	中软土
粉质黏土⑤4	220～230(估算)	中软土
粉质黏土⑥	260～295	中硬土
黏土⑥1	220～285	中软土～中硬土
粉土⑥2	285	中硬土
细中砂⑥3	260～340	中硬土
卵石⑥4	270～300(估算)	中硬土
卵石⑦	340～370(估算)	中硬土
中粗砂⑦1	340	中硬土
粉细砂⑦2	315	中硬土
粉质黏土⑦4	280～315	中硬土
粉质黏土⑧	290～325	中硬土
黏土⑧1	320	中硬土
粉土⑧2	310	中硬土
粉细砂⑧3	320～370	中硬土
中粗砂⑨1	380～420(估算)	中硬土
粉细砂⑨2	355～365	中硬土
粉质黏土⑨4	330～345	中硬土
粉质黏土⑩	340～350	中硬土
黏土⑩1	350～370(估算)	中硬土
砂岩⑭1		岩石
砂岩⑭2		岩石

14.2.3.8 当地生产物资供应情况

当地生产物资全为外地生产,可直接用货车运至工地,具体物资价格情况见表 14-4。

表 14-4 生产物资调查表

序 号	名 称	规格型号	单 价	备 注
1	商品混凝土	C30	405 元/m^3	每上调(下调)一个级配价格相应上调(下调)15 元/m^3
2	砂石料	中粗砂	90～95 元/m^3	砂石料因北京本地不允许开采,需从河北涿州进货
3	水泥	P·O425	450 元/t	散装,袋装为 480 元/t
4	钠基膨润土		420～470 元/ t	产地山东

续上表

序　　号	名　　称	规格型号	单　　价	备　　注
5	粉煤灰	二级	140～170 元/ t	散装
6	钢材	Φ12	3 720 元/t	二级螺纹钢
		Φ18	3 650 元/t	
		Φ28	3 710 元/t	

14.2.3.9　施工用水、用电情况

施工、生活用水由业主将接驳点接至各个场地，项目自行根据需要进行场地内布置。

施工用电包括三个施工场地的用电，分别为区间风井、竖井和 L2 竖井，所有用电均由业主将接驳点接至施工场地内，分别安装变压器，项目部根据施工需要进行场地内布置。由于办公和生活区临近风井施工场地，办公生活用电由风井场地内的变压器引出。

14.3　工程项目管理组织

工程项目管理组织(见附录 1)，主要包括以下内容：

(1)项目管理组织机构与职责。

(2)施工队伍及施工区段划分。

14.4　施工总体部署

14.4.1　指导思想

工程以系统工程理论进行总体规划，工期以 Project 进行控制，施工技术以本公司同类工程的丰富施工经验为基础，质量以 ISO9001 质量保证体系进行全面控制，安全以事故树进行预测分析、控制。积极贯彻落实公司的“三高六化”指导方针，即项目管理坚持高起点，立足高标准，追求高水平；即项目施工环境生态化，施工生产工厂化，施工手段机械化，施工控制数据化，施工工艺标准化，施工管理制度化，以“加强领导、强化管理、科技引路、技术先行、严格监控、确保工期、优质安全、文明规范、争创一流”为施工指导思想，以”创优质名牌，达文明样板，保合同工期，树企业信誉”的战略目标组织施工。

加强领导：由具有丰富地铁施工经验的人员组成项目经理部，项目经理具有国家注册的壹级建造师资质，项目副经理及总工程师均具有高级职称，组成强有力的项目经理部，确保合同的兑现。

强化管理：以人为本，以工程为对象，以保工期、创优质为目标，以合同为依据，强化企业的各项管理，充分挖掘生产要素的潜力，确保目标的实现。

科技引路：在总工程师的领导下，针对施工中遇到的技术难题制定课题，聘请专家和组织工程技术人员共同研究，攻克技术难关，指导现场施工，在施工技术上有所突破。

技术先行：学习新规则、新工艺，制定详细的工艺流程和计量流程，配备精良的机械设备、试验检测设备和管理通讯设备，确保新技术的实施。

严格监控：为确保本工程目标的全面实现，做出精品工程，对施工全过程将实施严谨、科学的试验和监测监控。

确保工期：确保总工期(合同工期为 2013 年 6 月 1 日～2016 年 12 月 28 日)和 2015 年区间主体洞通节点工期的顺利实现，达到铺轨条件。

优质安全：利用修建城市轨道交通工程的经验，把 ISO9001 系列标准贯穿施工全过程，高标准，严要求，确保本工程合格率 100%。坚持”安全第一、预防为主”的思想，严格操作规程，加强安全标准工地建设，有针对性地制定防坍、防管线破坏、防火等措施，确保安全生产达国标。

文明规范：切实做好标准化工地建设，文明施工，做到施工场地景观化，施工操作规范化，工艺作业程序化，最大限度减少扰民。

争创一流：树雄心、高起点，争创一流质量、一流管理、一流文明施工。

14.4.2 管理要求

(1)施工技术管理

建立健全以总工程师为首的技术管理体系,负责本工程的技术管理。对于关键工序、重点部位,成立相应的技术专业小组,对结构防水工程、围护工程、二次衬砌、支撑体系、主体混凝土工程、施工监测等项目重点把关,各负其责,解决相应的技术难点,并负责按相关技术标准、质量要求进行具体落实。针对工程项目实际,对需要涉及技术方案预先进行清理、分类和分级。

(2)计划管理

编制切实可行的网络计划,找出关键工序、关键线路,并充分考虑施工现场的各种因素可能对工程进展造成的延误及相应的预防及补救措施。

根据总体网络计划编制月、旬(周)的施工作业计划,并根据实际完成情况及时调整,实行动态管理,对施工过程中出现的进度滞后,及时发现和分析原因,并制定相应对策措施,确保工期计划的实现。

(3)质量管理

工程质量由项目经理总负责,并层层分解、层层落实,做到总体有人抓、具体有人管,责任到人,奖罚分明。

根据ISO9001质量体系要求,在开工前编制本工程的《质量计划书》,由项目部讨论通过并经上级批准后发到各施工管理人员及各作业班组,各工序施工前由技术人员根据〈技术方案〉编写下发《作业指导书》至作业层,并由技术人员组织作业班组学习,严格将《质量计划书》和《作业指导书》实施于整个施工过程中。

(4)安全管理

建立健全安全生产责任制,项目经理对项目部的安全生产工作负全责,并由一名项目副经理分管,设专职安全总监、安全员具体落实。项目部各部门、各施工队、班组层层落实,实行安全生产包保责任制。

对关键部位按照"事故易发点"管理方法重点预防。

对新进场工人必须进行三级安全教育,每名人员受教育时间必须达到50课时,各道工序施工前由安全员进行施工安全技术交底,健全安全工作每周检查讲评制度,设安全流动红旗,每月一评,奖罚分明。

(5)文明施工管理

严格执行北京市及业主有关文明施工的规定。建立健全现场文明施工管理责任制,将文明施工作为施工管理中一项重点工作来抓。

工程开工前,制定文明施工管理的具体办法要求,并定期组织检查评比。

施工场地进行全封闭管理,车辆出入要登记,管理、施工人员佩戴胸卡,场地各出入口均设保安人员管理。

土方外运采用散体物料运输车,各出口设洗车台进行冲洗,以避免对道路污染。施工中污水排放前均经过沉淀池净化达到标准后方能排入市政管道。

施工场地全部硬化,并经常保持整洁,材料、机具摆放整齐,坑内无积水、淤泥。临时堆土场周边设护墙,白天用帆布覆盖严密,土体过于干燥时,可适量洒水润湿,避免出现扬尘;空压机、发电机等采取消音措施,防止噪音污染。

施工期间,项目部组织专人对场地周边环境进行定期和不定期检查,及时处理解决居民、单位的投诉;对管线、建筑物等采用监控量测技术进行不间断的监测保护。

(6)成本管理

加强物资采购环节的管理,严把采购、运输、发放等各个环节,降低消耗,杜绝浪费,降低成本。

合理安排施工顺序及工序衔接,搞好劳力调配和生产资料的配置,组织均衡生产,避免窝工和抢工等现象,提高劳动生产率。

实施责任成本管理,做到层层有指标,人人有责任,严格控制非生产性和管理费用支出。

14.4.3 施工总目标

14.4.3.1 安全生产目标

(1)责任员工年死亡率为零,重伤率为零。

(2)杜绝爆炸、火灾、机械设备和交通责任事件。

(3)力争AAA级安全文明施工诚信工地1项，争创中铁二局安全文明标准化工地1项。争创中国中铁股份公司安全文明标准化工地1项。创建北京城市快轨建设管理有限公司、北京市海淀区安全(文明、双优)标准(达标)工地。争创北京市安全(文明、双优)标准(达标)工地1项，争创北京市安全(文明、双优)标准工地1项。

14.4.3.2　质量目标

严格执行本工程《主要技术标准及要求》，工程质量必须符合中华人民共和国国家标准，如果《主要技术标准及要求》中规定的执行标准高于国家标准，则按《主要技术标准及要求》中规定的标准执行。

重誉守约，确保合同兑现率100%。

杜绝重大工程质量事故。

严格质量体系的审核与评审，不断完善和改进，确保适应性和有效性。

14.4.3.3　工期目标

项目2013年6月1日开工，2016年12月28日竣工，施工总工期1306天，满足业主工期要求。

14.4.3.4　成本目标

遵循"先进、合理"的原则，确保成本目标符合企业的实际情况。目标在实施过程中要层层分解、落实到位，使全体工作人员都知道如何为实现成本目标做出贡献。同时组织应增强成本目标的可考核性，并通过各职能和层次成本目标的实现来保证组织总体成本目标的实现。

14.4.3.5　环境保护目标

实行信息化施工，不发生影响建(构)筑物及管线正常使用事件。严格执行北京轨道交通工程建设安全生产、文明施工管理办法和北京市市政工程现场管理办法等相关规定，制订各项切实可行的措施，确保生产用水和生活用水及碴土的弃运和堆放符合环保要求，减少施工噪声，环保达到国家标准。

我部将积极按照有关环境管理标准化的要求，全面运行GBT24001—2004环境保护体系，将工程做成绿色工程、民心工程。

14.4.3.6　文明施工目标

本工程段文明施工目标为：实施标准化管理，严格执行北京市"安全生产文明施工标准化工地"的相关要求，搞好现场文明施工，争创"北京市文明安全工地"。

14.4.3.7　节能减排目标

切实贯彻执行国家、行业和地方的有关法规、标准和技术经济政策，落实公司的相关节能减排规定，结合项目实际情况因地制宜地开展各项工作，提高能源利用率，减少施工活动对环境造成的不利影响，争创中国中铁节能、减排标准化工地。

14.4.3.8科技创新目标

本标段存在北京地铁尚未遇到的大规模硬岩地层的特点，以此为科技创新点，力争依托本项目工程申报北京市科委科研项目并能出成果。

14.4.4　总体施工布置规划

本区间利用1座风井、2座竖井、4个横通道形成12个工作面同时开挖(单线标准段采用台阶法开挖，折返线和存车线等双线部分采用双侧壁导坑法开挖)，人工装渣、电瓶车洞内无轨运输出渣，二衬单线标准段部分采用3台衬砌台车泵送浇筑，其余采用满堂支架泵送浇筑方式施工。

初支：风井横通道承担140 m硬岩段开挖工作；1号竖井承担风井与1号竖井间其余431 m的左右线隧道开挖工作，并1号井与二号井之间左线206 m标准断面和右线153 m大断面开挖工作；2号竖井2个横通道承担渡线段及区间开挖剩余工作量。如图14-10所示。

二衬：隧道二衬拟从风井横通道拼装两台标准断面衬砌台车，由北往南顺序施工左右线标准断面隧道二衬；右线大断面隧道二衬施工分别从1号竖井和二号竖井下支架跳仓施工。

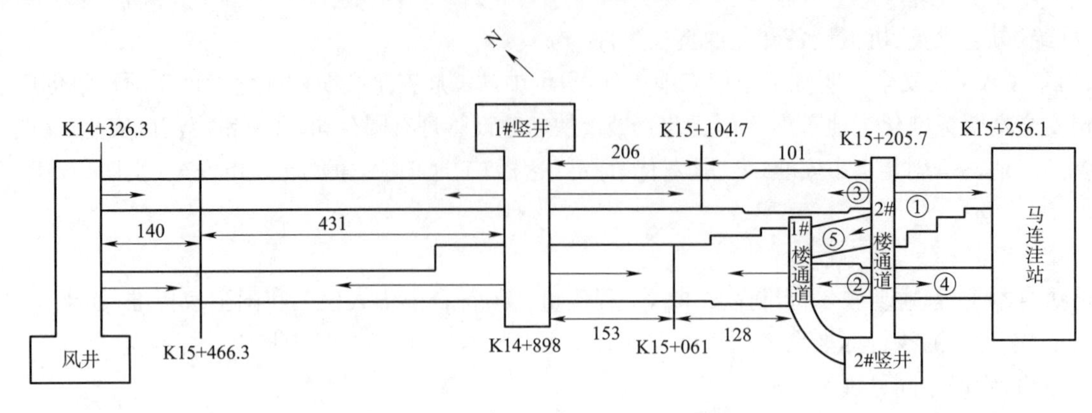

图 14-10 西马区间开挖施工筹划图

14.5 区间施工方案及主要技术措施

本区间为一完整的单位工程，包括的分部工程有：区间风井及横通道施工、1号临时竖井及横通道施工、2号临时竖井及横通道施工、区间正线隧道施工；分项工程有：锁口圈梁、土石方开挖、钢筋网、钢格栅、喷射混凝土、降水及排水、衬砌等。

14.5.1 分部工程施工方案

14.5.1.1 区间风井及横通道施工

区间风井在施工期间的作为隧道开挖的施工竖井及上一标段的盾构吊出井，采用倒挂井壁法施工初期支护，待竖井初期支护施工到底，并将二衬结构施工完成后，再破横通道马头门，正式进入横通道施工。风井初期支护施工过程中，中间设置一道工字钢直撑和每个角设置两道工字钢斜撑。由于横通道高度为 17 m，宽度为 11 m，风井横通道石方开挖采用 CRD 多导洞法施工。

14.5.1.2 1号临时竖井及横通道施工

1号临时竖井采用倒挂井壁法施工初期支护，在施工至横通道深度处，同时开挖横通道马头门，待竖井初期支护施工完成后，进入横通道施工。由于横通道高度为 11 m，宽度为 4.5 m，竖井横通道土方开挖采用三台阶法施工，并在初期支护施工的同时，架设两道工字钢临时水平支护。

14.5.1.3 2号临时竖井及横通道施工

2号临时竖井采用倒挂井壁法施工初期支护，横通道共分三层，在施工至第一层横通道临时仰拱以下 1 m 时，破 1 号横通道马头门，待 1 号横通道第一层成环 10 m 后破 2 号横通道马头门，待 2 号横通道第一层成环 6 m 后继续开挖竖井至第二层横通道仰拱以下 1 m；按上述破马头门顺序开挖 2 个横通道。

14.5.1.4 区间正线隧道施工

由于区间隧道包括标准断面、大断面等形式，针对不同的断面形式采用不同的施工方法。

标准断面暗挖施工采用台阶法留置核心土施工，纵向台阶间距＞5 m；拱部采用超前小导管注浆加固，上断面环形开挖留核心土。隧道初期支护采用钢筋格栅＋网喷混凝土，二衬结构采用轨行式台车施做。

大断面暗挖施工采用采用双侧壁导坑法施工，分为两层 6 个导洞，施工时，邻近洞室之间纵向错开 10～15 m，1、2 导洞预留核心土开挖，5、6 导洞采用台阶法开挖。二次衬砌施工采用分块模筑法施工，首先施工底部仰拱及回填混凝土，然后施工两边侧壁二衬，最后施工顶拱二衬。

14.5.2 分项工程施工方案

本区间的分项工程包括：锁口圈梁、土方开挖、石方爆破、深孔注浆、钢筋网、钢格栅、喷射混凝土、降水及排水、防水、衬砌等，除石方爆破及降水编制专项安全施工方案经专家评审后实施外，其余编制相关作业指导书书指导现场施工。

14.5.3　重难点施工方案

14.5.3.1　渡线段大断面隧道暗挖施工

(1)工程概况

本区间设站前停车线和站前渡线及侧壁风机段，断面形式多，变化频繁。

渡线段主要过渡形式为大断面过渡小断面，全部为直接过渡，如图 14-11 所示。

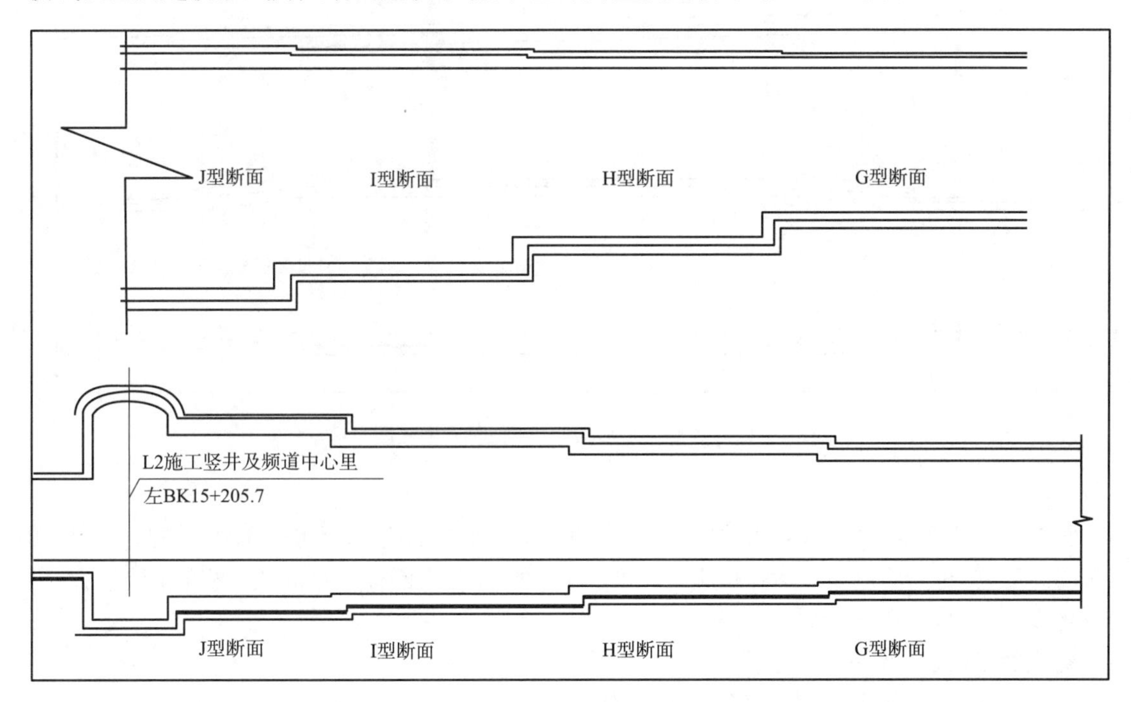

图 14-11　渡线段过渡断面平、剖面图

停车线段主要过渡形式为小断面过渡至大断面，分为直接过渡和挑高过渡两种形式，如图 14-12 所示。

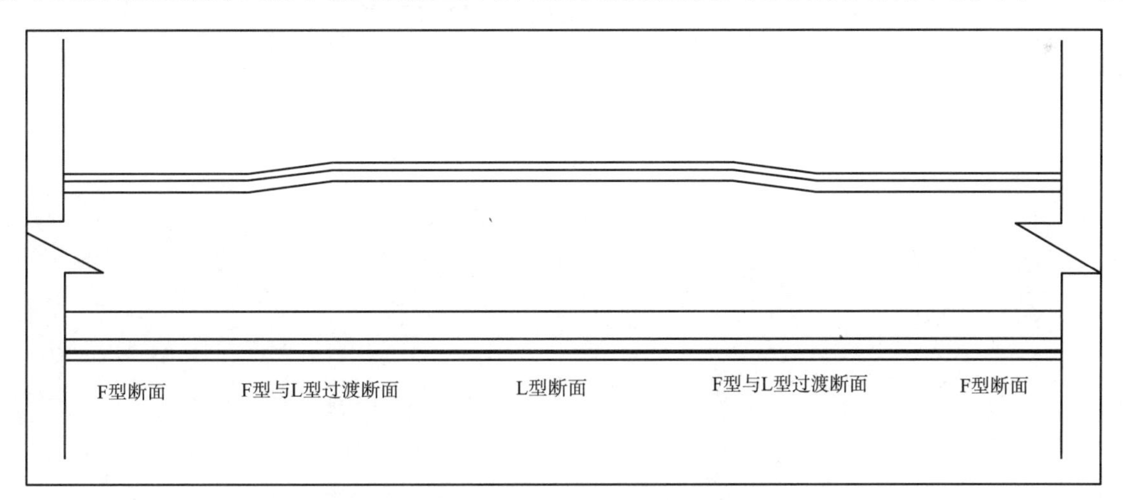

图 14-12　停车线段过渡断面平、剖面图

侧壁风机段主要过渡形式为小断面一大断面一小断面，横、纵向采用渐变扩大和渐变挑高过渡两种形式，如图 14-13 所示。

(2)渡线段施工方法

1)大断面向小断面转换施工方法

大断面上部施工至封堵端后测量组放样，打设超前导管注浆加固土体后，当大断面已经到达封堵端头的施工部分能够满足小断面分部开挖要求，小断面应在已经注浆加固的土体的保护下提前进入小断面上分部施工，待大断面下部分到达封堵端头，做完堵头后，再突变为小断面下分部进行施工。

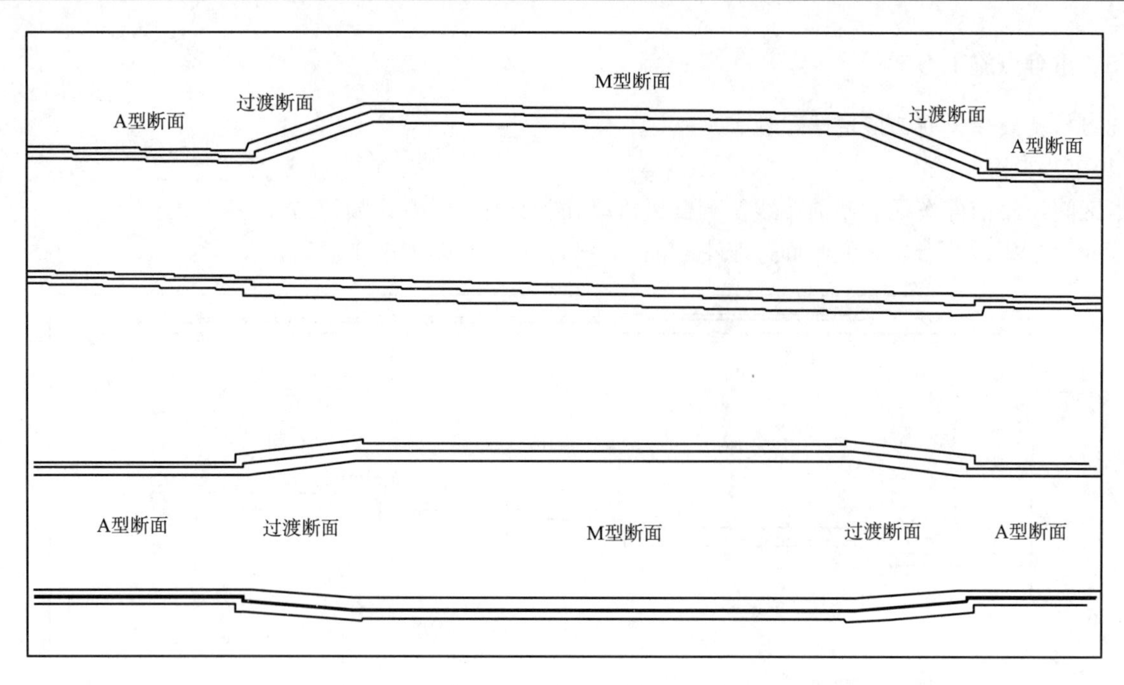

图 14-13　侧壁风机段段过渡断面平、剖面图

2)小断面向大断面转换施工方法

如小断面与大断面宽度差距较小,高差较大,可先通过上挑小断面高度,不进行加宽处理,通过连续的上挑达到相应的高度后,再向两侧加宽达到相应的宽度。如小断面与大断面高度相近,宽度相差较大,可一次挑高到相应高度,再逐步拓宽,达到相应的宽度。

3)断面变化处格栅钢架处理

将隧道开挖、支护至变断面处,变断面处格栅钢架密排 3 榀。如图 14-14 所示。

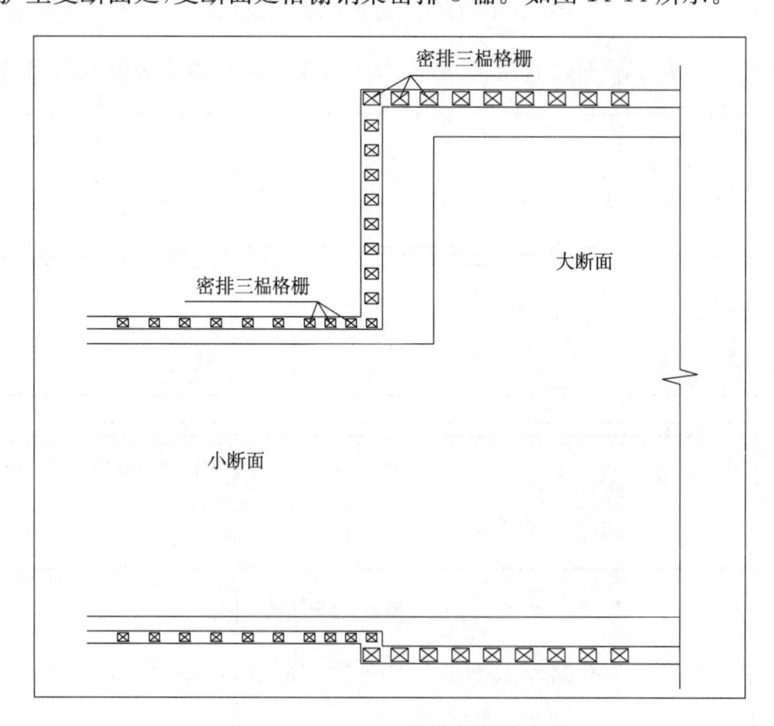

图 14-14　大断面变小断面平面示意图

4)水平注浆加固端墙土体

在开挖小断面前必须首先施作堵头墙以保证断面变化处处置结构稳定。首先在掌子面进行水平加固注浆。端墙外侧应先行用 3 m 长钢花管进行水平注浆加固土体,小导管间距 500 mm×500 mm(梅花形布置)。注浆浆液采用单液水泥浆,注浆管采用 ϕ42×3.25 钢花管,注浆压力 0.3 MPa～0.5 MPa。

14.5.3.2　近接隧道施工

(1)工程概况

单线暗挖区间隧道渡线段(BK15＋152.858～右 BK15＋256.1)范围内,单线标准断面隧道距大断面隧道最小距离仅为 0.368 m。由于该段断面变化多、跨度大,施工期间对围岩多次扰动,受力转换频繁,结构复杂,技术要求高,施工难度及风险大。

(2)近接隧道施工方法

施工时,先开挖大断面隧道,随着大断面开挖对中间土体进行加固,再开挖小断面隧道。土体加固小导管规格同超前小导管,导管材质可根据后期隧道施工条件及难易程度确定,根据平面注浆范围长度 3～6 m,注浆浆液采用单液水泥浆。小导管间距为 500 mm×500 mm 梅花形布置,插入角度和长度根据现场情况具体调整,以能够完全加固中间土为准。加固桩体直径不小于 500 mm。如图 14-15、图 14-16 所示。

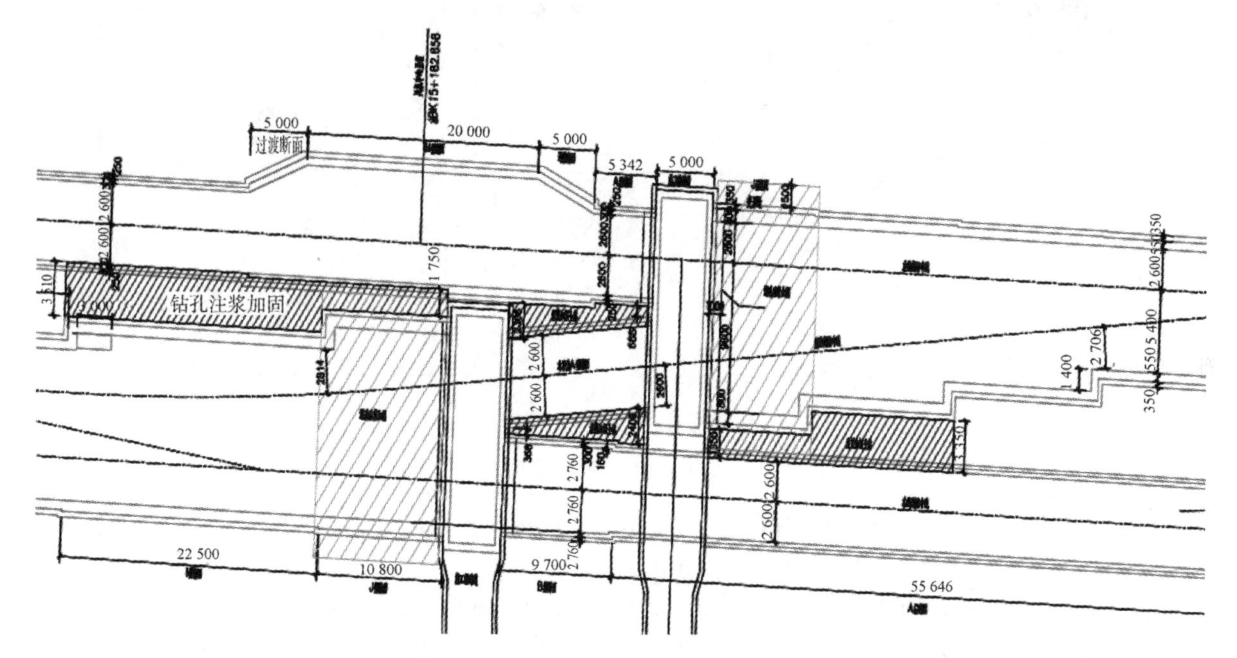

图 14-15　隧道间加固范围示意图

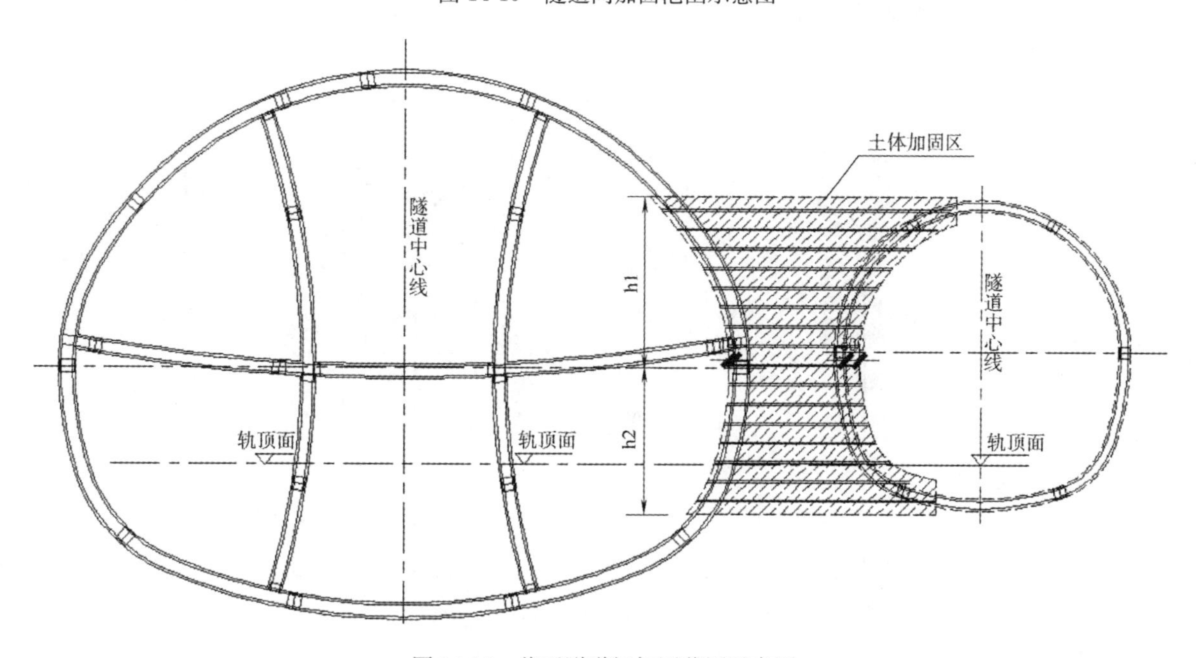

图 14-16　临近隧道间加固范围示意图

14.5.3.3　硬岩爆破施工

(1)工程概况

区间在里程左 BK14＋326.3(右 BK14＋326.3)～左 BK14＋466.3(右 BK14＋466.3)范围内存在强度

为160 MPa～220 MPa的中风化砂岩，人工或机械开挖困难，效率低，所以该段需要爆破开挖(图14-17)。综上所述，以上各种工况对整个爆破施工方案的选择、参数的选取以及减振控制措施要求很高。在整个施工过程中，必须精心设计，施工时严格控制。

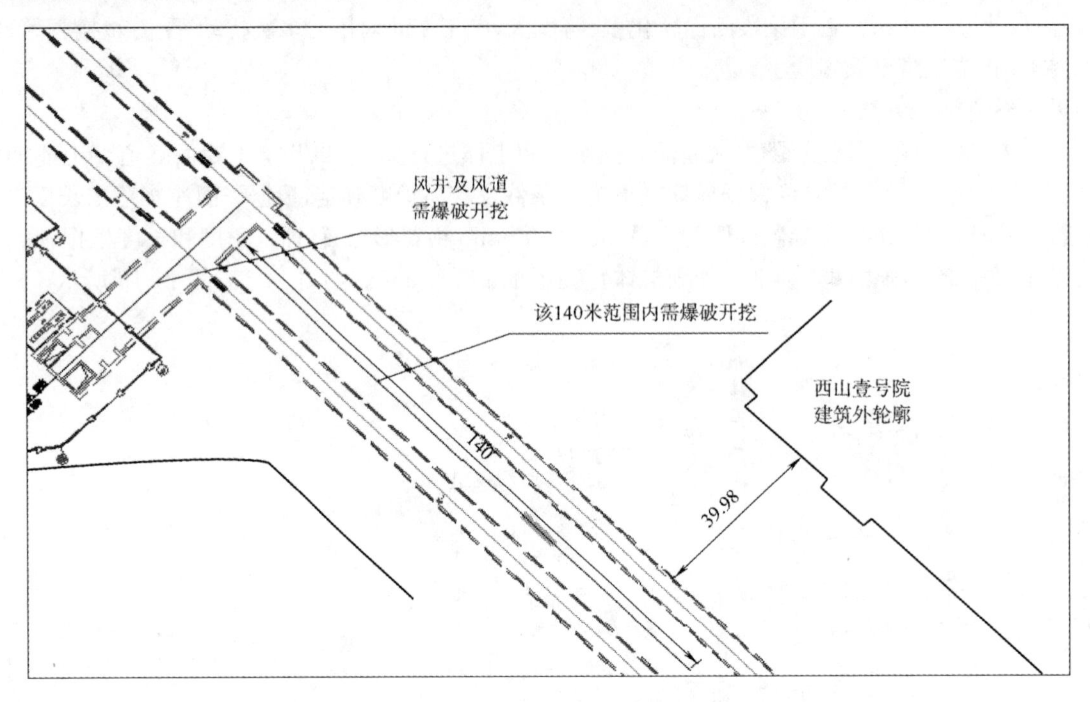

图14-17　爆破范围示意图

(2)施工方法

本区段由于地处北京五环边，周边环境复杂，按照北京市相关法规的规定，采用分包方式进行精细爆破作业。爆破材料为乳化炸药和导爆管，敏感区域用电子雷管。

爆破共分3种断面形式进行装药爆破：风井、横通道、正线标准段。风井分A、B两区分别爆破；横通道分为4层5部爆破，其中第一层分为左右两部，错开安全距离后分别爆破；标准断面由于断面小，采用全断面方式进行爆破作业。所有炮眼孔径为42 mm，每次爆破进尺为1～1.2 m。

图14-18为横通道爆破顺序图。

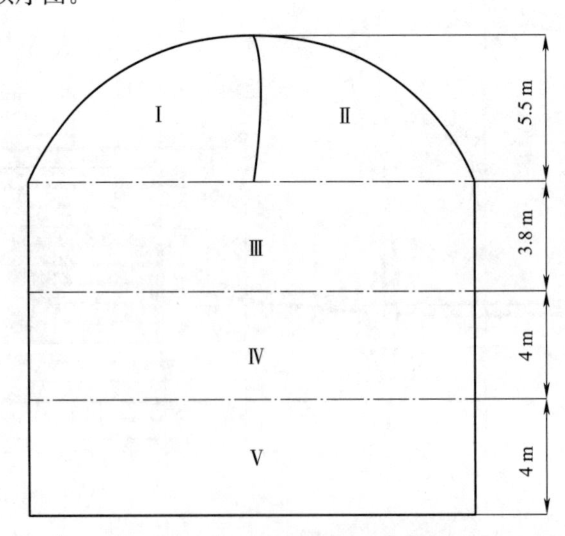

图14-18　横通道爆破顺序示意图

1)Ⅰ部分爆破参数

孔径42 mm，采用楔形掏槽方式，中间钻四排掏槽孔，孔深1.5 m，周边采用光面爆破，孔深1.2 m。炮孔布置如图14-19所示，参数设计见表14-5，采用导爆管起爆网路。

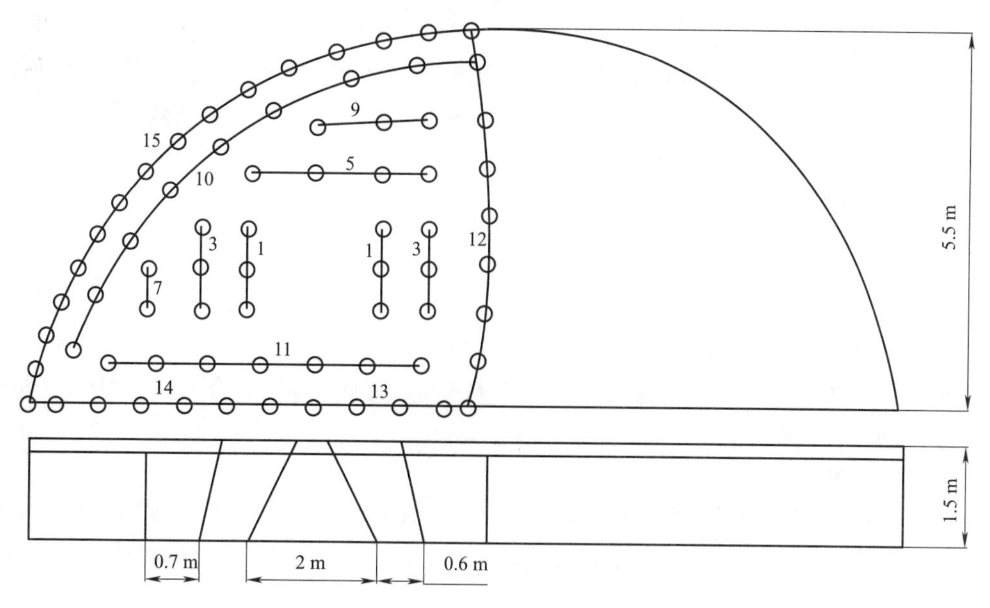

图 14-19　炮孔布置及雷管段别设计图

表 14-5　横通道Ⅰ部爆破参数设计

序　号	名　称	类　型	孔距(m)	个　数	炮孔深度(m)	雷管段别	单孔装药量(kg)
1	掏槽孔 1	60°斜孔	0.6	8	1.5	1	1.0
2	掏槽孔 2	70°斜孔	0.6	8	1.5	3	1.0
3	辅助孔	垂直孔	0.7	59	1.3	5、7、8、9、10、11、12	0.5
4	底板孔	垂直孔	0.8	18	1.3	13、14	0.6
5	周边孔	垂直孔	0.5	27	1.3	15	0.2
合计				120			61.7

2) Ⅱ部分爆破参数

Ⅱ部分与Ⅰ部分爆破参数相同。

(3) Ⅲ～Ⅴ部分开挖

采用浅孔台阶爆破方式，水平钻孔，孔径 42 mm，台阶高度 4 m，孔深 2.8 m，孔距 1.5 m，排距 1.0 m，炸药单耗 0.35 kg/m^3，单孔装药量 1.5 kg，堵塞长度 1.2 m。底板眼孔距 1.2 m，其他参数相同。周边采用光面爆破。采用导爆管起爆网路，排间微差起爆。

14.5.3.4　*降水施工*

区间隧道两侧设置降水井，将水位降至开挖面以下，保证开挖时无水作业，保证施工安全。区间的降水井采用 ϕ600 mm 管井，共计布置 233 眼，其中横通道周围布置 18 眼，区间降水井深度 35 m，横通道井深 33 m，观测井 6 眼。右 K14＋450.000～右 K14＋835.000 泵量选用 3 m^3/h，右 K14＋838.000～右 K15＋000.000 泵量选用 10 m^3/h，右 K15＋000.000～右 K15＋256.100 泵量选用 20 m^3/h，扬程大于 40.00 m。施工过程中，根据实测水位调整泵量，以满足施工降水需求。

14.5.3.4　*施工方法*

由于降水井的位置大多在道路或人行步道上，在钻孔前，先进行人工挖探，以挖到原状土为止，避免施工时破坏地下管线。一般根据场地条件在距降水井 3m 左右处围一个路面泥浆池，每 2～3 口井共用一个泥浆池。管井采用反循环或冲击钻机成孔，井径、孔深不小于设计值，井孔应保持圆正垂直。钻孔至设计深度后(一般应大于设计深度 0.5～1.0 m)，用抽筒将孔底稠泥浆掏出并测定孔深。同时加清水稀释，直到泥浆密度接近 1.05 g/cm^3，黏度为 18～20 s 为止，替浆时间为 30～60 min，现场观察以换浆后泥浆不染手为准。替浆过程中，安排好泥浆的清运或排放工作。钻孔完成后，在预制混凝土管靴上放置井管，同时水位以下井管包缠 1 层 80 目尼龙网，缓缓下放，当管口与井口相差 200mm 时，接上节井管，接头处用尼龙网裹严，以免挤入泥砂淤塞井管。竖向用 3～4 条 30 mm 宽、2～3 m 长的竹条用 2 道铅丝固定井管，为防止上下节错位，在下管前将井管依井方向立直。井管下入后立即填入 ϕ2～4 mm 干净碎石滤料。反循环钻机施工的降水井，采用空压机洗井，由地下潜水位开始分段洗，直至水清砂净，达到上下含水层水串通，再接管继续洗井，直至安装完成。

14.6 施工进度计划

14.6.1 项目施工工期总目标

本单位工程合同开工日期2013年6月1日，计划于2016年12月28日竣工，施工总工期1 306日历天。

本区间隧道前期分两个工作井同时施工，分别为：从区间风井向1＃竖井方向施工，从1＃竖井开始分别向区间风井和车站两个方向施工。

14.6.1.1 工期安排原则

(1)在本工程工期规划及实施管理上，按照保证重点、突出里程碑工期目标、强调关键工序的思路，在保证安全、质量和环保的前提下，考核节点工期目标，以节点工期保里程碑工期、以里程碑工期保关键线路、以关键线路保总工期目标。

(2)响应业主2015年地铁16号线北段通车的要求，优先安排右线施工，确保正线铺架作业顺利实施，附属结构以不影响主体结构施工为原则安排施工。

14.6.1.2 施工进度指标

施工进度指标见表14-6。

表14-6 暗挖区间施工进度指标

隧道分段		开挖及初支	二衬
标准断面	砂岩段(140 m)	0.5 m/d	平均1.8 m/d
	非砂岩段	1.5 m/d	
大断面		0.9 m/d	平均1.3 m/d
渡线段		1.0 m/d	1.5 m/d
风井		0.5 m/d	1 m/d
风道		1.5 m/d	3 m/d
临时竖井		1 m/d	2 m/d
横通道		1.5 m/d	3 m/d

14.6.2 各阶段工期安排

各阶段工期安排见表14-7。

表14-7 各阶段工期安排表

序号	阶段名称	工期(d)	开始时间	完成时间	备注
1	区间风井施工	259	2013/7/1	2014/3/16	
2	区间风井通道初支施工	68	2014/3/17	2014/5/23	
3	区间风井通道二衬施工	61	2014/12/30	2015/2/28	
4	临时竖井及横通道施工	120	2013/11/1	2014/2/28	
5	L2竖井及通道施工	150	2014/1/1	2014/5/30	
6	区间风井～临时竖井隧道初支	232	2014/3/21	2014/11/7	
7	区间风井～临时竖井隧道二衬	220	2014/10/23	2015/5/30	
8	临时竖井～L2竖井隧道初支	242	2014/3/2	2014/10/29	
9	临时竖井～L2竖井隧道二衬	303	2014/8/1	2015/5/30	
10	L2竖井～马连洼站隧道初支	70	2014/6/1	2014/8/9	
11	L2竖井～马连洼站隧道二衬	50	2014/8/10	2014/9/28	

14.6.3　里程碑工期及关键节点工期

本单位工程拟开工时间为 2013 年 6 月 1 日，于 2016 年 12 月 28 日完工，总工期 1306 天，满足业主要求完工时间。

14.6.3.1　里程碑工期

里程碑工期目标见表 14-8。

表 14-8　里程碑工期目标表

编　号	施工项目		里程碑工期要求	里程碑目标计划
1	风井	风井二衬施工完	2014 年 5 月 30 日	2013 年 4 月 30 日
		横通道首次爆破	2014 年 5 月 30 日	2014 年 5 月 30 日
2	1 号竖井	横通道完工	2014 年 4 月 30 日	2013 年 3 月 30 日
		4 个工作面全部开挖	2014 年 6 月 30 日	2014 年 6 月 30 日
3	2 号竖井	1#横通道完工	2014 年 5 月 30 日	2014 年 5 月 30 日
		2#横通道完工	2014 年 6 月 30 日	2014 年 6 月 30 日
4	区间正线	右线贯通	2014 年 12 月 30 日	2014 年 11 月 30 日
		左线贯通	2014 年 12 月 30 日	2014 年 12 月 30 日
		二衬施工完	2015 年 5 月 30 日	2015 年 4 月 30 日

14.6.3.2　标段关键节点工期

关键节点工期见表 14-9。

表 14-9　关键节点工期表

分　类	项　目	开始时间	完成时间
临时工程	混凝土拌和站	2013-6-28	2013-7-18
	钢筋加工场	2013-7-1	2013-7-10
	全封闭棚架	2013-6-10	2013-8-8
	风井场地临建	2013-5-20	2013-8-18
	1 号竖井场地临建	2013-7-1	2013-12-1
	2 号竖井场地临建	2013-11-1	2014-1-10
工程准备	配合比选定	2013-8-5	
	竖井格栅首件	2013-8-20	
	横通道格栅首件	2013-12-1	
第一次开挖	区间风井	2013-8-23	
	1 号临时竖井	2013-11-1	
	2 号临时竖井	2014-1-1	
第一次破正线马头门	区间风井	2014-3-21	
	1 号临时竖井	2014-3-3	
	2 号临时竖井	2014-6-1	
开挖贯通	左线		2014-12-1
	右线		2014-11-1
二衬完工	左线		2014-5-30
	右线		2014-4-30

14.6.4　重难点及控制性工程施工进度计划安排

(1)重难点及控制性工程工期保证措施

实行计算机信息化管理，采用 P3 计划管理软件，专人收集施工进度情况，根据计算机预报信息及时调整整个施工进度计划网络和横道图，充分发挥资源优势，确保关键工序工期。

(2)重难点及控制性工程施工进度计划安排

重难点及控制性工程施工进度计划安排见表 14-10。

表 14-10 重难点及控制性工程施工进度表

项　目	施工内容	开始时间	完成时间	持续时间(d)	备　注
区间风井～1#竖井段隧道	区间风井	2013-6-15	2013-9-14	92	
	横通道开挖	2013-9-15	2013-11-18	65	
	竖井及横通道	2013-6-20	2013-9-7	80	
	左线开挖贯通	2013-9-8	2014-6-20	286	
	右线开挖贯通	2013-9-8	2014-7-5	301	
1#竖井～马连洼站段隧道	左线开挖贯通	2013-9-8	2014-6-21	287	
	右线开挖贯通	2013-9-15	2014-9-10	361	

14.6.5 关键线路

施工准备→场地临建→竖井开挖→正线初支→二衬施工→竣工交验及其他。

14.7 主要资源配置计划

14.7.1 主要工程材料配置

14.7.1.1 主要工程材料采购供应方案

(1)“合格分供方材料”采购

招标时,为了保证工程质量和工程进度,发包人对工程质量和工程进度产生重大影响的材料设备进行控制,采用合格分供方的方式进行管理,“合格分供方材料、构件、设备”的范围包括钢材、水泥、防水材料、防水板、止水带、预应力锚具、预应力锚具、预应力钢绞线盾构管片密封垫等。对于这些材料的采购,由项目部统一组织招标采购,由施工单位与之签订合同,并将合同复印件报监理单位、北京快轨公司合同部备案。

(2)自购物资采购

1)由施工单位作为物资采购招标人进行招标采购。项目部负责编制资审文件、招标文件,组织评标(审)工作,并报上级公司备案。

2)对于构成主体工程的砂石料、土工材料及其他重要辅助材料,在快轨公司监督下实施招标采购。

14.7.1.2 主要材料供应计划

根据工程计划制定详细的材料需求计划,编制年、季度、月度材料使用计划表,施工高峰期另编制材料供应周计划,对材料实行动态管理,项目部提前与人及供应商联系,提前报送材料计划,确保按时供应,对于自购料,项目部选定多家合格供应商,确保材料满足工程需要。主要材料供应计划见表 14-11。

表 14-11 西马区间风井(含)～马连洼站主要材料供应计划表

时间＼名称	钢材(t)	水泥(t)	商品混凝土(m^3)	碎石(m^3)	中砂(t)	防水板(m^2)
2013 年 3 季	350	192	638	500	900	1 216
2013 年 4 季	1 040	450	1 100	1 170	2 117	2 097
2014 年 1 季	1 570	650		1 690	3 055	
2014 年 2 季	1 700	694	2 800	1 808	3 260	5 337
2014 年 3 季	1 670	406	8 537	1 060	1 910	16 272
2014 年 4 季	1 500		9 500			18 108
2015 年 1 季	1 200		8 518			16 236
2015 年 2 季	352		2 520			4 803
合计	9 382	2 392	33 613	6 228	11 242	64 070

4.7.1.3 材料供应保障措施

根据工程计划制定详细的材料需求计划，对材料实行动态管理，对于由招标人供料及招标人组织采购的材料供应商供应的材料，项目部提前与人及供应商联系，提前报送材料计划，确保按时供应，对于自购料，项目部通过招标已选定多家合格供应商，确保材料满足工程需要。

同时对于进场的原材料都要依据国家规范和本市区地方规定进行必要的检测和试验。对于不优良的材料一律杜绝进场。

施工项目材料供应，主要包括区间工程所需要的全部材料、工具、构件以及各种加工订货的供应。

根据工程施工图纸，计算出材料用量，按施工进度计划编制材料供应计划，组织施工项目材料及制品的订货、采购、运输、加工，并确定材料进场时间。必须保证材料需要量。并且有一定的储备量；根据材料性质要分类保管，合理使用，避免损坏和丢失。

14.7.2 主要机械配置计划

14.7.2.1 配置依据

根据暗挖隧道的施工特点、需求，并结合施工方案，综合比对分析，确定机械设备的配置，使所配置机械性能可靠、施工效率高、人机功效好，能充分满足施工需要和业主的规定。

14.7.2.2 配置原则

所配置机械立足于北京地铁暗挖施工的特点，满足北京市建委规定的绿色文明施工要求，达到技术上先进、经济上合理、生产上安全、无环境污染的总原则。既能够实现高效生产又能够安全可靠，对环境无影响。

14.7.2.3 机械设备配置计划

机械设备配置计划见表14-12。

表14-12 西马区间风井(含)～马连洼站区间机械设备配置表

序号	设备名称	额定功率、容量、吨位	数量(台)
1	空压机	20 m^3/min	3
2	空压机	10 m^3/min	1
3	通风机	2×55 kW	3
4	提升设备(带抓斗)	16 t跨距12 m	1
5	提升设备(带抓斗)	10 t跨距16 m	1
6	拌和站	JS750	2
7	动力电缆	35 m^2 以上	
8	挖掘机或耙渣机	PC40	5
9	装载机	2 m^3	2
10	注浆泵	5 MPa 30 L/min	2
11	电瓶车或三轮车		18
12	充电器		
13	混凝土输送泵	60 m^3/h	6
14	风、水管		
15	照明电缆		
16	动力电缆		
17	钢筋切断机	ϕ6－40 5.5 kW	4
18	钢筋弯曲机	ϕ6－40 4 kW	4
19	电焊机	100 kVA	18
20	钢筋调直机	3 kW	4
21	钢筋车丝机	3 kW	4
22	抽水机		8
23	木工电锯床		

续上表

序　　号	设备名称	额定功率、容量、吨位	数量(台)
24	风镐	55J	60
25	风钻	3 m^3	32
26	湿喷机	5 m^3/h 8.6 kW	15
27	插入式捣固器	5 cm直径	40
28	二衬台车		3
29	混凝土输送泵	80 kW	3

14.7.3 劳动力组织计划

14.7.3.1 劳动力计划说明

根据本工程总体施工部署及工程进度安排，本项目部在暗挖区间投入的技术工人由开挖工、起重工、钢筋工、电工、钳工、机修工、电焊工、防水工、架子工、混凝土工、喷混凝土工、木工、及机电司机等工种组成，并配备一定数量的普工。人员配置情况详见表14-13。

表14-13　西马区间风井～马连洼站人员配置情况表

作业面	序　　号	工　　种	人　　数	分班情况	主要工种内容
地面	1	起重工	3×5	三班作业	作业区内起重吊装作业
	2	装载机司机	3×5	二班作业	土方装车
	3	自卸车司机	3×20	二班作业	土方运弃
掘进班组	4	班长	3×5	三班作业	出碴、初支
	5	开挖工	3×50	三班作业	暗挖开挖
	6	混凝土喷射、钢支撑安装	3×24	三班作业	初期支护
	7	装碴及运输司机	3×12	三班作业	洞内运输
结构	8	混凝土工	3×30	三班作业	结构混凝土施工
	9	机电工	3×4	三班作业	混凝土泵送、电力线路架设、机修
	10	木工	3×24	三班作业	模板制作、安装
后勤	11	钢筋工	3×28	三班作业	钢筋、格栅制作、安装
	12	其他	3×24	三班作业	架子及辅助
总计			693		

14.7.3.2 劳动力保障措施

根据工程计划制定详细的劳动力需求计划并保持适当富余，对劳动力实行动态管理，确保劳动力始终满足产工程需要。为了保证本项目在节假日能正常施工，不因缺乏劳动力而影响工程进度，将采取如下措施保证节假日有足够的劳动力。

(1)节假日来临前，有计划分批安排部分人员休假，并按规定的时间返回单位。

(2)加强员工思想政治教育工作，使员工从思想上认识到本工程的重要性和工期的紧迫性，以及现代建筑市场竞争的激烈和残酷，让员工正确处理好企业与个人之间的关系。

(3)节日期间，将给工地员工发放节日慰问金，安排好节日生活，让员工在工地上既能过上愉快的节日，又能安心地从事施工生产。

(4)组织好精干足够的施工管理人员和架子队伍，做好施工前的各项准备工作。项目经理部精干高效，各协作队人力配置上工种齐全，持证上岗。

(5)在与劳务分包商的施工分包合同中明确约定必须按总包单位的劳动力计划提供足够的劳动力，并明确阶段性工期和总工期提前完成或延迟完成奖罚措施。

(6)新进场工人必须考核合格后才能上岗，保证工人技术素质和熟练程度，素质差、技术生疏的工人坚决更换。

(7)建立奖罚制度，开展劳动竞赛，作好班组工作、生活等的后勤保障，保持旺盛的工作热情和责任感，确保施工任务的顺利完成。

14.7.3.3　劳动力强度曲线表

施工期间劳动力强度曲线如图14-20所示。

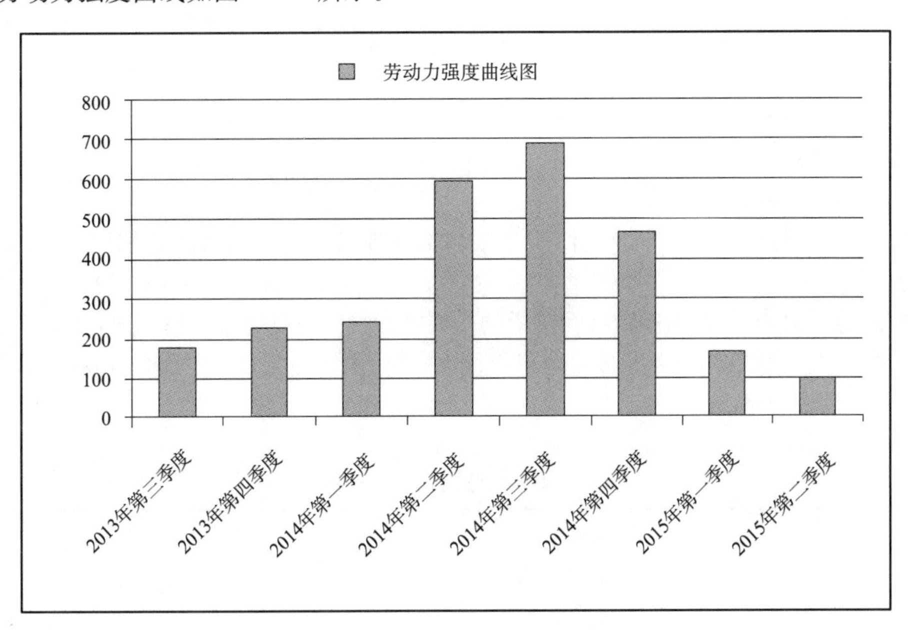

图14-20　劳动力强度曲线图

14.7.4　资金需求计划

为了满足施工进度的需求各个季度的资金需求计划见表14-14。

表14-14　资金需求计划

序　　号	时　　间	资金需求计划比例
1	2013年3季	5%
2	2013年4季	10%
3	2014年1季	15%
4	2014年2季	15%
5	2014年3季	20%
6	2014年4季	10%
7	2015年1季	10%
8	2015年2季	5%
9	2015年3季	5%
10	2015年4季～竣工	5%
合计	100%	

14.7.5　临时用地与施工用电计划

14.7.5.1　临时用地计划

(1)临时工程用地原则

施工现场生产、生活房屋的修建，料具、石料堆放和材料加工场等一切临时生产、生活设施的布置，做到分布合理，整洁有序，满足有关标准的要求，避免因临时工程修建的随意性而多占土地。

施工中修建的临时设施，必须在工程交验后规定时间内予以拆除，尽可能恢复原有地形地貌。

(2)临时工程占地计划表

临时工程用地计划详见表14-15。

表 14-15 临时工程用地计划表

土地的计划用途及类别	所需面积(m^2)	大致位置或里程范围	所需时间	
			开始日期	结束日期
项目经理部	6 700	K14+260	2013-05	2016-12
区间风井	3 300	K14+320	2013-05	2015-12
1号临时竖井	1 200	K14+898	2013-09	2015-12
2号临时竖井	1 500	K15+150	2014-01	2015-12

14.7.5.2 施工用电计划

(1)外部用电的初步安排

区间风井为暗挖区间隧道的一个工作井,由于项目部驻地及工人生活区均紧邻该施工场地,故在该区域设置两组变压器。

1号临时竖井和2号临时竖井为暗挖区间隧道的主要井,故计划在该区域设置三组变压器。施工用电部分采用临时电力线路,在施工前期用自备柴油发电机组供电,外供电线路正常供电后,发电机组作为备用电源。

(2)外部电力需求计划

外部电力需求计划详见表14-16。

表 14-16 临时用电计划表

使用场地	需求电量(kVA)	地区或里程	所需时间		永临结合意见
			起始日期	结束日期	
项目驻地及区间风井	800x2	K14+320右	2013-08	2016-12	
1号临时竖井	800+530	K14+898左	2013-09	2015-12	
2号临时竖井	800	K15+150右	2014-01	2015-12	

14.8 施工现场总体布置及规划

14.8.1 平面布置原则

施工总平面布置需要遵循以下原则:

(1)严格遵守国家、北京市有关土地资源使用方面的法律、法规。

(2)充分考虑市区内施工特点,利于交通疏解,减少对居民生活的干扰。

(3)在保证施工正常进行的前提下,尽量减少施工占地,平面布置紧凑合理,便于生产和生活。

(4)综合考虑冬季、雨季及道路附近既有设施的影响,避免场内二次迁移。

(5)满足生产需要的前提下,最大限度地减少临时设施的数量,以管理及维修简便为原则,做到投资少、利用率高。

(6)充分利用既有交通资源,尽量节约运输和装卸的时间与费用。

(7)合理布置施工现场的运输道路及各种材料堆放场、仓库和工作车间的位置,保证外购材料直达存放场地,避免二次搬运。

(8)注重卫生福利条件、满足职工生活、文化娱乐的要求,设置必要的医疗急救设施。充分考虑环境保护、防火要求,注意易燃易爆等危险品的存放,统筹考虑规划布置。

14.8.2 临时工程平面布置说明

1号竖井位于永丰路北侧绿化带内,该井承担着西马暗挖区间50%的施工任务,其位置尤为重要但场地较小,占地仅为1150 m^2 且场地为不规则多边形,给场地功能性布置造成较大难度。为达到其功能性的完整,项目领导及各职能部门共同研究指定出了一套合理型节约型的布局,利用有限的空间满足了施工需求的所有功能性布设,其中包括工地办公室、应急物资仓库、集土坑、砂石料场、电力设施及各机具的摆放场地。沿围挡一周设置排水沟及电缆挂钩,统一向西北侧排水,场地设置三级沉淀池,经沉淀后排入市政管网。

14.8.3 平面布置图

施工总平面布置主要是从整个项目部施工生产、管理的角度进行布置,施工总平面布置详见图14-21。1号、2号竖井平面布置见图14-22、图14-23。

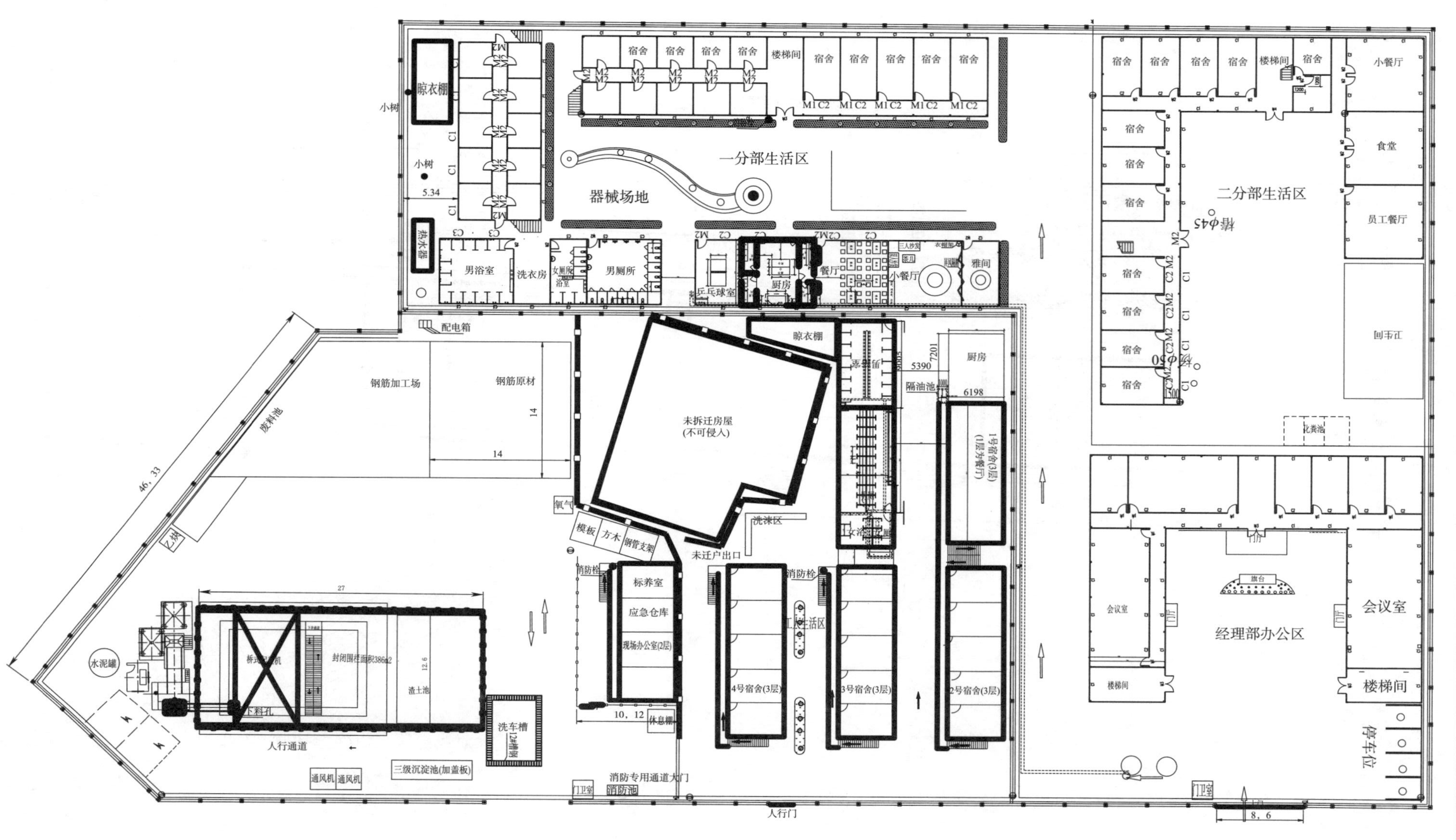

图 14-21　西马区间风井平面布置

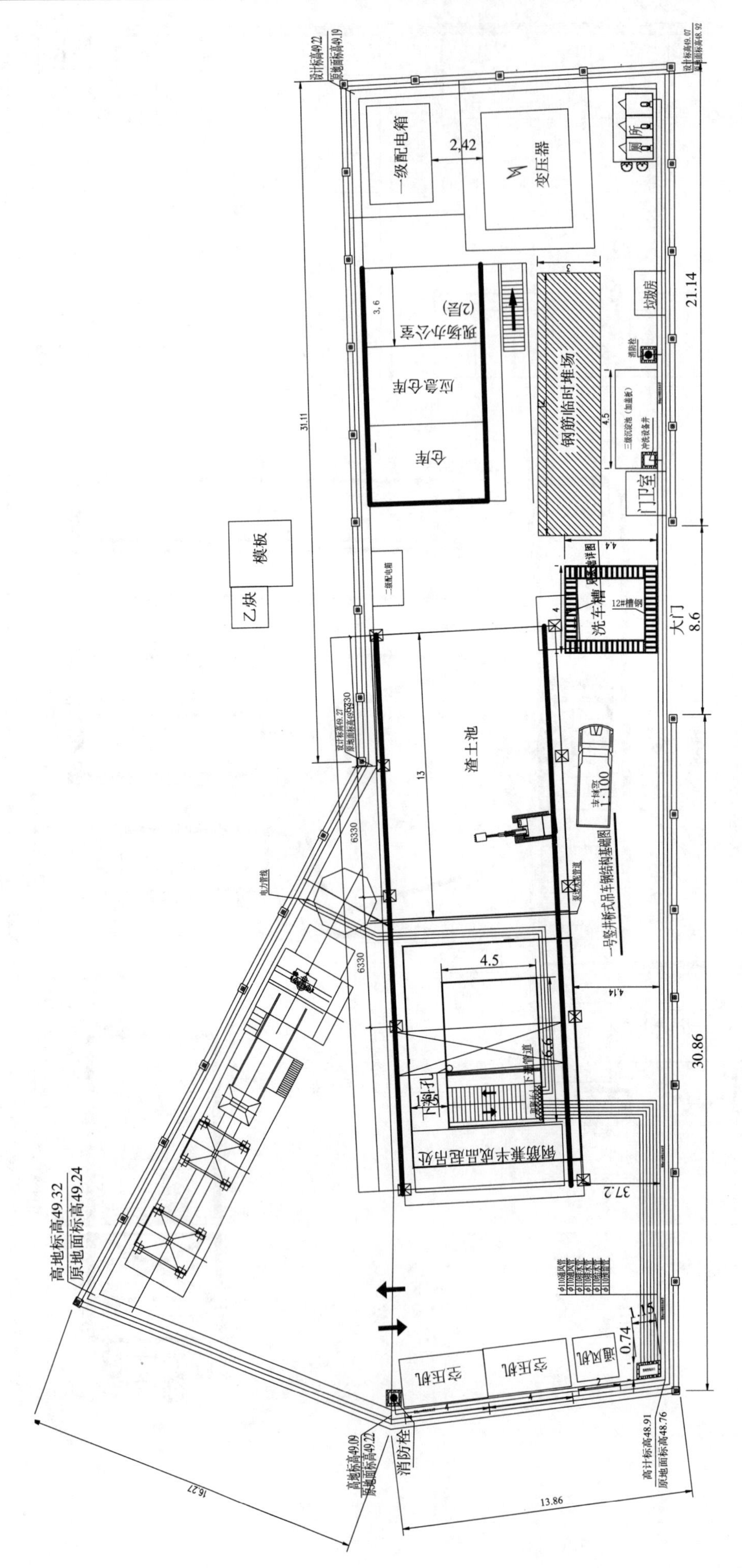

图 14-22 1号临时竖井施工场地平面布置

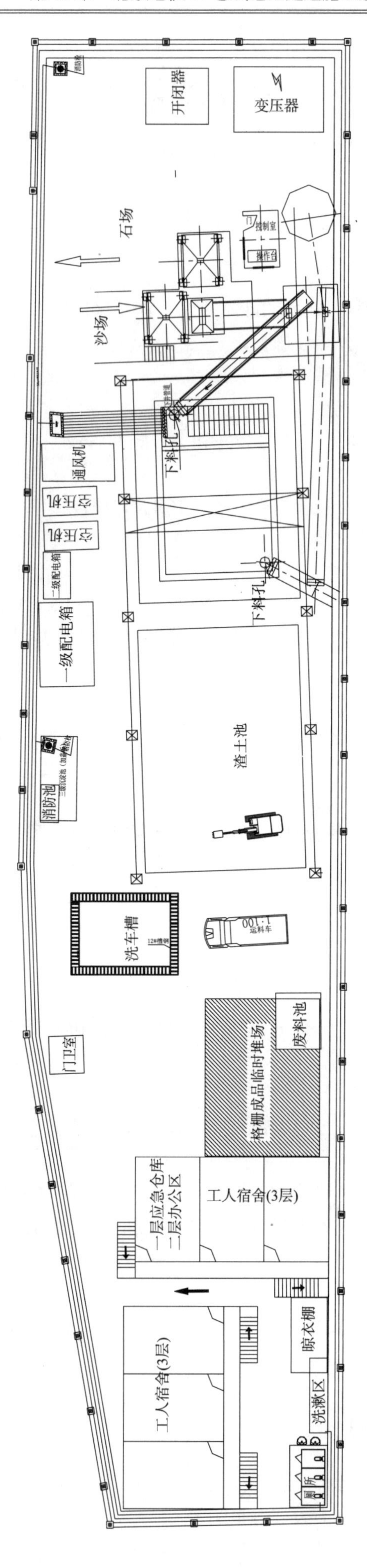

图 14-23　2 号临时竖井施工场地平面布置

14.8.4 主要临时设施

14.8.4.1 施工围挡

西马区间风井施工围挡面积 2 300 m^2，负责风井和横通道以及 1 号竖井方向两条隧道施工，围挡时间约为 22 个月。1 号竖井施工围挡面积 1 100 m^2，负责竖井及横通道和风井、2 号竖井方向 4 条隧道施工，围挡时间约为 22 个月。2 号竖井围挡面积 1 362 m^2，负责向 1 号竖井方向及马连洼站方向隧道施工，围挡时间 20 个月。

14.8.4.2 生产、生活房屋

在永丰路关帝庙北侧设置项目经理部，在西北旺站～马连洼站区间竖井设置项目区间分部，各生活及行政区域内设置食堂、浴室、厕所、试验、办公等设施。

施工临时围挡内设置料库、料场、洗车槽等生产设施。

14.8.4.3 料场及喷射混凝土搅拌设备布置

本标段喷射混凝土采用自拌，在区间风井、1 号竖井和 2 号竖井各设一座喷射混凝土搅拌站。

14.8.4.4 施工用水

施工供水直接从永丰路上的水源接口接管引至各施工场地，并埋设 DN150 给水主管路。为方便施工用水，在给水主管路沿线每隔 30 m 设一组水龙头，并设立节约用水标志。

14.8.4.5 施工用电

施工供电直接从业主提供的接入点引入。在区间风井配置 1 台 630 kVA 和 1 台 500 kVA 厢式变压器，1 号竖井配置 1 台 800 kVA 厢式变压器供暗挖区间生产用电。在 2 号竖井设置 1 台 630 kVA 厢式变压器供暗挖区间生产用电。

14.8.4.6 施工通讯

本工程主要采用程控电话、移动手机和网络通信进行现场指挥和对外联系，现场施工人员与现场指挥管理人员间采用对讲机进行联系。

14.8.4.7 消防设施

在生活区、物资存放点、钢筋制作场、模板加工场等配置相应的灭火器和灭火器材，并由专职的安全员进行管理。

14.8.4.8 洗车槽

在每一个场地的大门内都设有洗车槽及沉淀池，用于冲洗出工地的车辆及沉淀后排出的污水，使排出工地水能达到相关要求。

14.8.4.9 试验室

工地试验室设分别设在车站和区间工地现场，配齐所有试验设备和专业试验工程师，负责本工程试验工作和商品混凝土的管理工作。

14.8.4.10 污水及垃圾处理设施

工地排水采用抽水机机械排水，由抽水机从各暗挖隧道集水池抽排至地表沉淀池，经处净化后排至附近既有排水系统。

生活垃圾和建筑垃圾指定专门位置进行堆放，并堆放整齐，随时保持场地的清洁和卫生，定期将生活垃圾和建筑垃圾转运至环保部门指定的垃圾处理场进行处理，并随时对垃圾临时堆放场进行消毒处理，保证其不滋生蚊蝇。

14.8.4.11 屯土场

每个施工竖井旁各设一屯土场，以临时堆放暗挖隧道的碴土。渣土于晚上采取自卸汽车运至指定的弃土场。

14.9 工程项目综合管理措施

工程项目综合管理措施主要包括进度控制管理、工程质量管理、安全生产管理、职业健康安全管理、环境保护管理、文明施工管理、节能减排管理等内容。详见附录 2。

第15章　昆明市轨道交通盾构区间施工组织设计

15.1　编制说明

15.1.1　编制依据

(1)工程建设现行的法律、法规、标准、规范等；
(2)工程设计文件；
(3)工程施工合同、招投标文件和建设单位指导性施工组织设计；
(4)施工调查报告；
(5)现场社会条件和自然条件；
(6)本单位的生产能力、机具设备状况、技术水平等；
(7)工程项目管理的规章制度。

15.1.2　编制原则

根据本工程的特点，针对当地水文、地质条件，以预定的施工工期、质量安全保障、文明施工、环境保护、标准化管理、节能减排等目标进行编写。编制过程中，通过对各分部工程、关键工序及相互间的协调和衔接进行实施性论证，充分考虑外界不利因素对工程施工的影响，配备足够的人员和设备，制定详细的质量、安全、环境保护、工期保证措施和各项管理规章制度。

15.1.3　编制范围

环城南路站～得胜桥站盾构区间左右线隧道、区间联络通道及废水泵房、洞门等分部分项工程。其中区间右线设计里程为右ⅠCK11＋615.747～右ⅠCK12＋738.500，长1 122.753 m；左线设计里程为左ⅠCK11＋615.747～左ⅠCK12＋738.500，长1 140.351 m(其中长链17.598 m)。

15.2　工程概况

15.2.1　项目基本情况

15.2.1.1　项目简述

昆明市轨道交通首期工程市政通道配套土建施工项目由规划线网中的1号线和2号线各一段组成。首期工程建成后1、2号线在环城南路站利用站内渡线贯通运营；1、2号线延长线施工完成后实施拆分，1、2号线各自回归线网，分线运营。为避免拆分工程实施时造成二次破坏北京路的不利影响，自环城南路站将1号线向西延伸一站一区间、2号线向南延伸一站一区间，作为首期工程市政通道配套项目与首期工程同步实施。

昆明市轨道交通首期工程市政通道配套土建施工项目包括得胜桥站东端头井、昆明火车站站北端头井、环城南路站～得胜桥站区间、昆明火车站～环城南路站区间等单位工程。其中环城南路站～得胜桥站区间为1号线延长线的第一个区间，采用盾构法施工。项目总平面图如图15-1所示。

15.2.1.2　主要技术标准

正线数目：双线；
左线长度：1 140.351 m；
右线长度：1 122.753 m；
线间距：0～12 m；
覆土厚度：9.80～23.67 m；

图 15-1 昆明轨道交通市政通道配套项目施工总平面图

最大坡度：29.5‰；
最小曲线半径：350 m；
管片规格：外径 6.2 m，内径 5.5 m，环宽 1.2 m，厚度 350 mm；
管片强度：C50；
抗渗要求：P10；
抗震设防：8 度；
结构年限：100 年。

15.2.2 区间工程概况

15.2.2.1 区间工程简述

环城南路站～得胜桥站区间线路自得胜桥站出站后以 R=350 m 沿金碧路右转穿越盘龙江、得胜桥站、昆明铁路局老旧住宅区、塘双路，接着以 R=350 m 右转穿过昆铁三角大院住宅区后进入北京路，下穿首期工程 2 号线已贯通隧道。沿北京路右线先以 R=1 000 m 左转，后以 R=1 200 m 右转，左线以 R=1 200 m 左转后到达环城南路站。从得胜桥站出站后至到达环城南路站，区间左右线呈先平行、后重叠的空间曲线。区间右ⅠCK12+165.611 处设置联络通道 1 座，与废水泵房合建。区间左右线均采用盾构法施工，联络通道及废水泵房采用冻结法加固、矿山法施工。区间穿越地层主要为圆砾层、黏土层、粉土层、粉砂层及泥炭质土层。

15.2.2.2 主要工程数量

环城南路站～得胜桥站区间主要工程数量见表 15-1。

表 15-1 环～得区间工程主要工程数量表

序号	工程项目名称		单位	工程数量	备注
1	盾构掘进		m	2 263.104	
2	区间土方		m^3	71 634	
3	管片	负环管片	环	10	左右线倒用
4		正环管片	环	1 883	
5		钢 管 片	套	1	联络通道特殊管片
6	管片螺栓		套	53 004	每环 28 套
7	橡胶止水条		套	1 883	每环 1 套
8	同步注浆浆液		m^3	6 020	考虑 180%扩散率
9	端头土体加固		m^3	1 950	
10	区间井接头		个	4	
11	洞门密封装置		套	4	
12	联络通道及泵房		个	1	通道与泵房合建

15.2.2.3 工程特点

(1)设计线形复杂

本区间最小平面曲线半径350 m,最大纵坡29.5‰,均接近设计规范极限,对盾构姿态调整及纠偏灵敏度要求高;区间左右线隧道呈先平行、后重叠的空间曲线,对地层及周边环境扰动较大,对沉降控制要求高。

(2)地质条件复杂

本区间先后穿越圆砾土、黏土、粉土、饱和含水粉砂及泥炭质土等地层,地下水具微承压性,各地层的含水量、黏粒含量、内聚力、内摩擦角等影响盾构设计的关键参数差异性较大,要求盾构机具有良好的地质适应性及渣土改良能力。

(3)周边环境复杂

本区间盾构将先后穿越昆明机要通信局、盘龙江、得胜桥、昆明铁路局老旧建筑群(存在文物保护建筑)、明通河(暗河)、昆铁三角大院D级危房、昆明地铁2号线已贯通区间隧道、金碧路及北京路等城市主干道及大量地下管线,施工环境非常复杂,盾构施工技术难度大、安全风险高,被昆明市政府及轨道公司列为"昆明地铁头号风险工程"。

(4)施工场地狭小

本区间盾构始发及施工场地位于得胜桥站东端头井,该端头井采用半盖挖法施工,施工场地为长230 m、宽21 m的狭长空间,不利于盾构施工场地布置;端头井临时盖板占用750 m^2场地,左线盾构完全位于盖板下方,不利于垂直、水平运输,影响盾构施工效率。

15.2.2.4 工程重难点及针对性措施

环城南路站～得胜桥站区间盾构施工工期紧、技术难度大、安全风险高。经调查梳理,本工程主要施工重难点及针对性措施见表15-2。

表15-2 环得区间施工重难点及主要针对性措施表

序号	工程重难点	主要针对性措施
1	施工工期紧张	1. 加强组织和投入,加快端头井施工,提前达到盾构机下井组装和始发条件。 2. 加强盾构掘进施工组织管理、工序衔接,在盾构机组装调试上争取时间。 3. 加强设备维保,降低机械设备故障率,预先购买盾构机易损部件。 4. 制定严格的施工进度管理办法,科学合理分解施工任务,动态管理施工计划,及时找差距,查原因,订对策,以阶段目标保证总体计划。 5. 重点设立进度专项奖励制度,提高全体员工的施工积极性,并做到奖惩兑现、奖罚分明
2	盾构始发接收	1. 做好始发到达端头地基加固质量控制及检测验收,加固后的土体应有良好的自立性,密封性、均质性,抗压强度及渗透系数应满足设计要求。 2. 在破除洞门前先通过探孔检查实际加固质量及渗漏情况,若探孔存在漏水漏砂情况及时采取补充加固及止水措施。 3. 针对盾构重叠接收的重大风险源,采用素混凝土咬合桩+旋喷桩的优化端头加固方案,确保重叠接收安全。 4. 在洞门两侧加固区域外增设4口降水井,隔断补给来水。 5. 始发阶段,洞门破除后盾构刀盘快速靠上开挖面,尽量缩短开挖面暴露时间;出洞阶段,根据洞门渗漏情况可采取二次接收措施,保证盾体周围空隙得到有效填充,防止洞门纵向涌水涌砂。 6. 施工前制定盾构进出洞施工专项应急预案,成立应急小组,认真落实好应急物资、设备,提高应急能力,确保盾构进出洞安全
3	穿越盘龙江及得胜桥	1. 加强施工组织及设备维保,确保盾构机连续、稳定下穿河床。 2. 严格控制土仓压力、出土量及同步注浆压力,避免小埋深下穿过程中击穿盾构上部覆土,造成河床塌陷或击穿。 3. 在螺旋机出土口设置应急密封装置,为可能出现的涌水涌砂现象做好准备。 4. 加强盾尾油脂压注,合理调整管片拼装点位和盾尾间隙,避免出现盾尾渗漏。 5. 在刀盘进入河床前和盾尾脱离河床后,对成环管片进行连续二次注浆封闭。 6. 加强监测,安排专人24 h现场巡视
4	穿越建筑物及管线	1. 施工前对建筑物及管线进行必要的基础调查、物探、安全性鉴定及既有缺陷证据保全。 2. 在穿越前对盾构机及后配套设备进行调试,确保盾构连续、稳定穿越建筑物。 3. 根据现场推进技术总结,合理设定土压力、推力、刀盘转速、同步注浆量及注浆压力等关键参数,严格控制推进速度和姿态调整幅度。 4. 加强地表及建筑物监测,及时反馈监测数据指导盾构推进参数调整。 5. 对老旧建筑群、文物保护建筑及危房等,严格执行跟踪二次注浆措施

续上表

序号	工程重难点	主要针对性措施
5	重叠隧道施工	1. 制定专项施工方案、保护措施和应急预案，所有方案通过评审、报批后严格执行。 2. 先施工下部隧道，再施工上部隧道，在重叠隧道夹层部位采取插管注浆加固措施。 3. 加强重叠隧道及周边环境监测，及时跟进监测数据采取有效控制措施。 4. 对重叠段隧道采取增加管片注浆孔、增加管片含筋率等加强措施。 5. 根据施工过程中重叠隧道变形情况，采取增设管片内部型钢支撑加固措施。 6. 采取有效措施避免施工过程中盾尾漏浆
6	复杂线形施工	1. 采用带主动铰接装置的盾构机，增加在小半径曲线中的纠偏灵活性。 2. 在刀盘上设置可伸缩超挖刀，在姿态调整困难地段采取曲线外侧适量超挖的措施，降低盾构姿态调整难度。 3. 合理分配推进油缸，确保各区域推力可以充分调整，保证小半径、大纵坡掘进时能够形成足够的分区推力差。 4. 在管片拼装前多点位实测盾尾间隙、油缸行程差、管片超前量等数据，结合设计线形和盾构姿态正确选择最优管片拼装点位，减少管片与盾尾摩擦，降低姿态调整难度。 5. 加强自动测量系统的人工复核，每次换站后严格进行盾构姿态人工复测，及时对比、调整导向系统姿态参数，定期对成型隧道管片进行人工复测。 6. 当姿态控制困难、纠偏幅度较大、频繁使用主动铰接及超挖刀时，应根据地表监测结果及时采取二次注浆措施，补充地层损失和扰动。 7. 采用具有紧急制动措施的水平运输电瓶车，避免大纵坡区段水平运输事故的发生
7	不良地质施工	1. 针对地质特性对盾构设备进行优化设计，采用大开口率软土刀盘，合理配置刀具，缩小刀盘支撑臂尺寸，增加主被动搅拌臂数量。 2. 根据不同地质、不同埋深合理控制土仓压力，使开挖面产生挤压疏干效应，降低土仓内动水压力，防止砂土液化，避免形成负压。 3. 合理控制推进速度和姿态调整幅度，降低地层扰动，严格控制出土量和同步注浆量，减少地层损失，有效控制沉降。 4. 充分利用泡沫、膨润土泥浆、高分子聚合物等渣土改良剂，根据各不良地层结泥饼、易液化、易喷涌、流塑性差等不同性质，合理选取渣土改良措施，改善土仓及螺旋机工作性状，提高渣土流畅性。 5. 根据监测情况及时采取跟踪注浆、二次注浆等补强措施，控制沉降趋势，降低累计沉降。 6. 加强洞内通风，有效采取有害气体监测措施，制定防燃爆、防中毒措施及人员紧急疏散应急预案，确保施工安全

15.2.3 自然特征

15.2.3.1 地形地貌

本区间位于滇池断陷盆地北部边缘地带盘龙江Ⅱ级阶地。地形较平坦，起伏不大，总体上北高南低。拟建场地地貌上属昆明断陷湖积盆地。昆明盆地是第三纪以来沿南北向主干断裂形成的断陷河湖相沉积盆地，处在扬子准地台康滇背斜东部，受南北向构造控制，断裂构造发育、基底构造较复杂，有隐伏活动断裂存在。地面高程为 1 890.39～1 891.49 m。

15.2.3.2 地质特征

据地质勘察资料，区间施工区域内岩土层按成因自上而下可分为：第四系人工活动层（Q/4 ml/），第四系全新世冲洪积层（Q/4al＋pl/），第四系上更新世冲洪积层（Q/3al＋pl/）和第四系上更新统冲湖积层（Q/3al＋1/）四大类。本区间穿越地层详情如下：

（1）第四系人工活动层（Q/4ml/）

杂填土＜1＞1：黄褐、灰褐，稍密，稍湿。表层为路面沥青混凝土，下以黏性土为主要成分，夹碎石，多为路基结构层。连续分布。分布在盾构顶板以上。

素填土＜1＞2：黄褐、灰褐，稍密，稍湿。表层为路面沥青混凝土，下以黏性土为主要成分，夹碎石，多为路基结构层。仅部分孔段分布。分布在盾构顶板以上。

（2）第四系全新世冲洪积层（Q/4al＋pl/）

黏土＜2＞3：褐灰、深灰，可塑，湿。中压缩性。含少量有机质。局部为粉质黏土。分布连续，主要分布于盾构顶板以上。

粉土＜2＞4：褐灰、灰，稍密，饱和，中压缩性。夹粉砂薄层。局部含未分解植物根茎、叶。分布较连续。

主要分布于盾构顶板以上。

泥炭质土＜2＞5：黑灰、黑，软塑～流塑，松散，饱和，高压缩性。有机质含量约15%～50%，局部有机质含量大于60%，相变为泥炭。分布在盾构顶板以上。

(3)第四系上更新世冲洪积层(Q/3al＋pl/)

圆砾土＜3＞2：深灰、兰灰，稍～中密，饱和，低压缩性。砾石成分为砂岩、玄武岩、灰岩为主，中～微风化。磨圆度较好。大于20 mm的卵石含量在5%～10%。最大粒径50 mm。主要充填物为粉土、粉砂，局部为黏性土。连续分布。分布于盾构顶板以上及盾构穿越段。

粉砂＜3＞2-1：褐黄、灰，稍密，饱和，中压缩性。间夹粉土团块。为圆砾层中的夹层及透镜体。分布在盾构顶板以上。

黏土＜3＞2-2：褐灰、灰，可塑～软塑，湿，高压缩性。局部含少量有机质。为圆砾层中的夹层及透镜体。分布在盾构顶板以上。

(4)第四系上更新统冲湖积层(Q/3al＋1/)

粉砂＜3＞3：褐灰、灰、深灰，中～密实，饱和，中压缩性。局部地段为粉土层，局部夹腐木。分布较连续，层顶埋深16.40～23.60 m。本区间段局部被黏性土夹层分割，为盾构主要穿越土层。

黏土＜3＞3-1：灰、兰灰，可塑～硬塑，湿，中压缩性。局部为粉质黏土。连续分布，与粉砂层形成互层，为盾构主要穿越土层。

黏土＜3＞3-2：深灰、褐灰，可塑，湿，中～高压缩性。局部为粉质黏土。分布不连续。分布于盾构顶板以上及盾构穿越段。

泥炭质土＜3＞3-3：深灰、褐灰，可塑～软塑，湿，高压缩性。含有机质，局部有机质含量大于60%，相变为泥炭。分布不连续。分布于盾构顶板以上及盾构穿越段。

15.2.3.3　水文特征

据地质勘查资料，区间沿线地下水主要赋存于第四系圆砾土、含砾粉质黏土及粉土中，地下水多以潜水或上层滞水形式存在，局部具微承压。建议渗透系数按K＝16.0 m/d取值。

(1)历年最高水位

历年最高水位：本段历史最高水位为现地表下约2 m水位标高：1 888.00～1 889.50 m。

(2)地表水分布

盘龙江距本线位段较近，与本场区地下水位有联系，盘龙江则当河水水位高时，补给本场区，当河水位较低时，场区地下水往河内排泄。

(3)地下水的腐蚀性评价

拟建场区在弱透水层中的地下水对混凝土结构不具腐蚀性；在强透水层中的地下水对混凝土结构具弱腐蚀性；对钢筋混凝土结构中钢筋在干湿交替条件下不具腐蚀性；对钢结构具弱腐蚀性。

(4)抗浮、设防水位

根据场地地形地貌、历年最高水位情况、地下水补给、排泄条件等因素综合确定，设计抗浮、设防水位按现状地表下2 m，标高1 888.00(终点)～1 889.50 m(起点)考虑。

15.2.3.4　气象特征

昆明市属于低纬度高原山地季风气候。由于纬度低，海拔高，南下冷空气受到群山阻隔，形成了冬暖夏凉的宜人气候。干雨季分明，属于亚热带高原季风气候。

立体气候显著，小气候多样，全市多年平均气温16.0 ℃，最热月份平均气温19.8 ℃，极端高温31.5 ℃，最冷月份平均气温7.7 ℃，极端低温－5.4 ℃，年日照时数为2 481.2 h，无霜期227天。多年平均降水量1 002 mm。冬春两季(11月至翌年4月)干旱少雨，月平均气温在6.4 ℃以上，蒸发旺盛，蒸发量为全年的60%～70%，降水量稀少，为全年的10%～17%；夏秋季节(5月至10月)雨水充沛，月平均气温小于21.7 ℃，降水量占全年的86%～90%，其中6～9月份降水量占全年的70%～75%，全年平均大雨日数(≥25 mm)8.8天，暴雨日数(≥50 mm)1.68天。

15.2.3.5　地震参数

拟建场地地貌上属昆明断陷湖积盆地。昆明盆地是第三纪以来沿南北向主干断裂形成的断陷河湖相沉积盆地，处在扬子准地台康滇背斜东部，受南北向构造控制，断裂构造发育、基底构造较复杂，有隐伏活动断裂存在。场地附近有黑龙潭～官渡断裂通过。该断裂倾向东，断裂倾角 30°～70°，断裂破碎带以角砾岩为主，宽约 30 m。断裂在石关山以南分两支延伸，东支为主干断裂，沿黑龙潭、关上南延至官渡后进入滇池，晚近期有过活动。西断裂带经茨坝、市区东部、南坝等地，进入滇池，并交汇于普吉～西山断裂带。断裂带绝大部分被新生界掩盖。断裂面产状为舒缓波状，断裂面东，角较陡。断裂带见断层泥和具压性特征的角砾岩带。破碎带厚度大于 50 m。该断裂早期为压性结构面，晚近期活动具张性。

15.2.3.6 沿线地面环境及周边建(构)筑物

本区间主要穿越金碧路、北京路、盘龙江及昆明铁路局地块。根据现场调查，本工程盾构区间主要穿越的建(构)筑物情况见表 15-3。

表 15-3 环～得区间穿越建(构)筑物概况表

序号	建筑物名称	建筑类型	基础情况	隧道与建筑物关系	
				投影关系	与基础关系
1	省机要通信局	7 层砖混	300×300，长 7.5 m 预制桩	右线部分下穿	垂直间距 2.39 m
2	得胜桥	桩基承台	120×120，长 20.5 m 灌注桩	侧穿	水平间距 0.89 m
3	昆枢指挥部	3 层砖混	条形基础	右线下穿、左线部分下穿	垂直间距 10.3 m
4	南桥新村 44 栋	7 层砖混	380×380，长 8.2 m 沉管灌注桩	左、右线部分在其下方	垂直间距 7.35 m
5	南桥新村 21 栋、22 栋	7 层砖混	420×420，长 7.5 m 振动灌注桩	左、右线下穿	垂直间距 5.87 m
6	南桥新村 107 栋 5 单元	5 层砖混	ϕ400 锤击式成孔灌注桩	左、右线下穿	垂直间距 8.12 m
7	南桥新村 107 栋 1-4 单元	6 层砖混	ϕ400 锤击式成孔灌注桩	左、右线下穿	垂直间距 8.48 m
8	铁路工程管理所	3 层砖混	扩大基础，埋深 2.95 m	左、右线下穿	垂直间距 14 m
9	地下车库	1 层砖混	长 4.2 m 人工挖孔桩	侧穿	水平间距 1.80 m
10	昆铁三角大院 62 栋	5 层砖混	200×200，长 5.3 m 预制桩	左、右线下穿	垂直间距 13.7 m
11	昆铁三角大院 63 栋	5 层砖混	200×200，长 5.3 m 预制桩	左、右线下穿	垂直间距 13.7 m
12	昆铁三角大院 58 栋	5 层砖混	200×200，长 5.3 m 预制桩	左、右线下穿	垂直间距 13.7 m
13	昆铁三角大院 57 栋	4 层砖混	200×200，长 6.8 m 预制桩	左、右线下穿	垂直间距 10.1 m
14	市公安局特勤大队楼	6 层砖混	ϕ360 灌注桩	右线侧穿	垂直间距 12.4 m
15	华升大厦	14 层框架	ϕ400，长 11.75 m 灌注桩	侧穿	水平间距 7.8 m
16	和平村住宅楼	6 层砖混	条形基础	左线侧穿	垂直间距 7.4 m
17	建华商城	6 层砖混	ϕ530，长 17.5 m 沉管灌注桩	左线侧穿	垂直间距 1.1 m
18	海关大楼	5-7 层砖混	300×300，长 5.5 m 预制桩	侧穿	水平间距 1.10 m
19	市邮政局办公楼	3-4 层砖混	扩大基础，深 1.6 m	侧穿	水平间距 1.46 m
20	市邮政局住宅楼	7 层砖混	灌注桩，桩深 8.1 m	侧穿	水平间距 6.94 m
21	北京路人行天桥		墩底扩大基础，最长 6 m	左、右线下穿	垂直距离 4.92 m
22	云南建筑工程分公司招待所	7 层砖混	扩大基础	侧穿	水平间距 5.61 m

15.2.3.7 地下管线

本区间盾构施工及始发接收端头加固均无管线迁改要求。根据管线调查资料，在北京路下方存在一条直径 1.8 m 的污水干管，与区间隧道处于平面重叠的关系。该污水管为昆明市的主要排污干管，直径较大、埋深较深，与盾构隧道距离较近。在施工过程中应加强地面监测和应急措施，严格控制地表沉降，确保施工过程地表管线安全。

15.2.3.8 卫生防疫、地区性疾病及民俗情况

本工程施工区域处于昆明市中心城区，沿线卫生防疫及医疗系统完善，措施有效，未发现区域性地方疾病。当地民风民俗淳朴，社会治安良好。

15.3　工程项目管理组织

工程项目管理组织(见附录1),主要包括以下内容:

(1)项目管理组织机构与职责;

(2)施工队伍及施工区段划分。

15.4　施工总体部署

15.4.1　指导思想

根据区间的特点和重难点,经过全面工地现场考察,遵循“整体设计,系统建设,优质高效,一次建成”的建设方针。区间工程施工以场地准备、盾构设计制造、盾构掘进、附属工程施工为关键线路,系统策划,合理布局,综合考虑工程间的关联,统筹安排,紧密衔接。体现突出重点、兼顾一般、平行流水、均衡生产的要求。

15.4.2　施工理念

本工程以系统工程理论进行总体规划,工期以动态网络计划进行控制,施工技术管理以现场动态为基础,质量通过ISO9001质量保证体系进行全面控制,安全以事故树、生物钟进行预测分析、控制。以“加强领导、强化管理、科技引路、技术先行、严格监控、确保工期、优质安全、文明规范、争创一流”为施工指导思想,以“创优质名牌、达文明样板、保合同工期、树企业信誉”的战略目标组织施工。

加强领导:本工程由取得国家一级建造师资格证书的高级工程师任项目经理,由高级工程师担任总工程师,组成强有力的项目经理部领导班子,确保承包合同兑现。

强化管理:以人为本,以工程为对象,以保工期、创优质为目标,以合同为依据,强化企业的各项管理,充分挖掘生产要素潜力,确保目标实现。

科技引路:在总工程师的领导下,针对施工中遇到的技术难题制定课题,聘请专家和组织工程技术人员共同研究,攻克技术难关,指导现场施工,争取在施工技术上有所突破。

技术先行:学习新规则、新工艺,制定详细的工艺流程和计量流程,配备精良的机械设备、试验检测设备和管理通讯设备,确保新技术的实施。

严格监控:为确保本工程目标的全面实现,做出精品工程,对施工全过程将实施严谨、科学的试验和监测监控。

确保工期:保证在合同工期内干净利落地完成本标段全部工程,确保业主总工期的顺利实现。

优质安全:利用修建城市地下轨道交通工程的经验,把ISO9001系列标准贯穿施工全过程,高标准,严要求,确保本工程一次成优,合格率100%;坚持”安全第一、预防为主”的安全方针,严格操作规程,加强安全标准工地建设,确保安全生产达国标。

文明规范:施工现场实施标准化管理,做好文明施工,做到施工场地景观化,施工操作规范化,工艺作业程序化。

争创一流:树雄心、高起点,敢于在群英荟萃的擂台上,争创一流质量、一流管理、一流文明施工。

15.4.3　施工总体目标

15.4.3.1　安全目标

杜绝责任重大伤亡、机械设备、交通、火灾事故;杜绝责任重大中毒、管线事故;杜绝责任重大环境污染和治安、上访事件;工地安全检查达标(JGJ59—2011标准,市政、公路工程安全标准);确保安全达标,创建安全生产标准化工地。

施工期间,尽全责提高施工现场的健康性、安全性,贯彻实施健康和安全政策,无条件遵守一切安全生产、文明施工、卫生管理及治安管理等有关法规,确保社会稳定、和谐。

15.4.3.2　质量目标

本标工程质量计划达到云南省优质工程标准,争创国家优质工程,并满足全线创优规划目标要求。单位工程一次验收合格率100%,确保全部工程达到设计要求以及国家、云南省及昆明市现行的工程质量验收标准。

15.4.3.3 工期目标

环城南路站～得胜桥站盾构区间计划于2012年4月1日开工,2013年5月31完工,总工期14个月。其中,区间右线于2012年6月1日始发,2012年11月30日贯通;区间左线于2012年8月1日始发,2013年1月31日贯通;区间洞门井接头、联络通道及泵房等附属结构于2013年2月1日开工,于2013年4月30日完工。

在施工过程中对工程进度计划实施动态管理,优化施工工序,配足人、机、材、物,保证资金投入,在保证关键工序工期兑现的基础上确保整个工程工期。

15.4.3.4 成本目标

遵循“先进、合理”原则,确保成本目标符合企业责任成本要求。目标在实施过程中将层层分解、落实到位。同时组织应增强成本目标的可考核性,并通过各职能和层次成本目标的实现来保证组织总体成本目标的实现。

15.4.3.5 环境保护目标

实行信息化施工,不发生影响建(构)筑物及管线正常使用事件,制订各项切实可行的措施,确保生产用水和生活用水及渣土的弃运和堆放符合环保要求,减少施工噪声。本合同段我方制定的环保目标为:确保污水排放控制达标率100%、施工扬尘控制达标率100%、施工噪声污染控制达标率100%、固体废弃物排放控制达标率100%。采取有效措施控制污染、保护环境,环保达到国家及昆明市标准。同时严格遵守昆明市及轨道交通公司关于安全文明施工管理的相关规定。

15.4.3.6 文明施工目标

本合同段我方制定的文明施工目标为:实施标准化管理,严格执行昆明市”安全生产文明施工标准化工地”的相关要求,搞好现场文明施工,创”昆明市安全质量标准化达标工地”。

15.4.3.7 技术创新目标

紧密结合本项目的施工实际,开展“数据化控制、标准化管理”创新,以求取得经验和人才培养。

15.4.3.8 节能减排目标

我国尚处于经济快速发展阶段,作为大量消耗资源、影响环境的土建行业,应全面实施节能减排,承担起可持续发展的社会责任,在施工工程应加强能源管理,科学合理利用水、电、油品等各种资源,减少资源浪费,降低成本,总结经验,引导节能减排的健康发展。

15.4.4 总体施工组织

环城南路站～得胜桥站区间由得胜桥站始发,在环城南路站接收,盾构施工场地设于得胜桥站东端头井。本区间共投入2台土压平衡盾构机,1#盾构首先下井始发,推进区间右线;2#盾构随后始发,推进区间左线。隧道贯通后,在环城南路站将盾构机解体吊出,之后施工隧道洞门井接头、联络通道及废水泵房等附属结构。最后拆除隧道内轨道、线缆、人行通道等设施,完成堵漏、修补、嵌缝后达到竣工验收条件。盾构施工总体组织如图15-2所示。

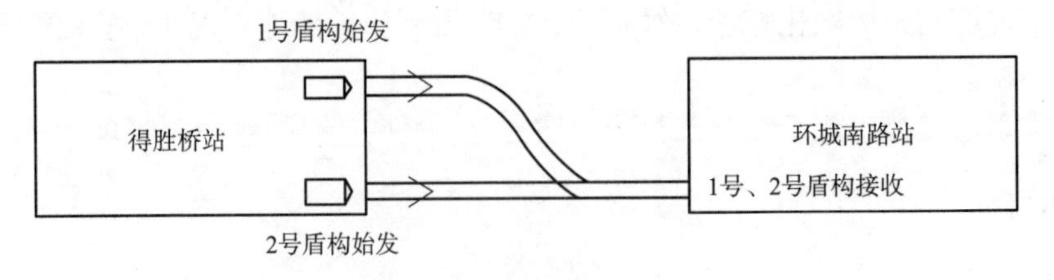

图15-2 环得区间盾构施工总体组织示意图

15.5 重难点工程施工方案

15.5.1 盾构始发施工

(1)始发端头加固

本区间左右线盾构正常平行始发,始发端头加固采用长螺旋旋喷搅拌桩加三重管高压旋喷桩工艺。加固、等强完毕后，应提前通过地表抽芯取样检测加固区域强度，并通过洞门探孔检测加固土体渗透性和自稳性。

(2)洞口密封装置

为了防止盾构机始发掘进时土体或水从洞门间隙流失，车站内衬墙施工时在洞圈预埋环状钢板，并在盾构始发前安装洞门密封装置。密封装置包括橡胶帘布板、环形钢板、扇形铰链板等，从下至上叠合后通过螺栓连接并紧固，使橡胶帘布板紧贴洞门，防止盾构始发后同步注浆浆液泄漏。

(3)始发洞门混凝土凿除

准确测量定出隧道洞门中心线，对洞口进行放样开凿。洞门凿除采用人工凿除方式，先凿除洞门围护结构表层混凝土，割除围护结构背土侧的钢筋；待盾构机安装调试完毕具备始发条件后，迅速破除剩余围护结构混凝土，并由上至下割除迎土侧钢筋。之后，盾构机迅速靠上洞门土体，以防土体因暴露时间过长引起坍方、涌水现象。

(4)负环管片的拼装

负环管片采用与隧道相同的混凝土管片。根据端头井尺寸，负环管片共 10 环，全部为闭口管。负环管片的 0 环伸入洞内 0.4～0.8 m。管片安装顺序为：先就位底部管片，再左右安装，每环相邻管片应控制环面平整度和封口尺寸。

为防止负环管片破坏盾尾刷密封，在盾壳内安设厚度不小于盾尾间隙的间隙条；负环管片按在盾壳内的正常安装位置进行拼装，并采取措施防止盾构机的旋转。第一环负环管片拼装成圆后，用下部千斤顶完成管片的后移。千斤顶总推力控制在 1 000 t 以内，并保持各组千斤顶受力均匀。管片在后移过程中，严格控制每组推进油缸的行程，保证每组推进油缸的行程差小于 10 mm。为避免负环管片下坠移位，在管片与托架间隙处每隔 50 cm 安设一处木楔。

(5)盾构始发及初始段掘进

初始段掘进长度一般为 100 m。根据土体加固情况及洞门破除过程中实际检测情况合理设定盾构始发阶段的土压力。当盾构机切口进入洞门后，马上进行洞圈帘布橡胶板的整理工作，固定铰链挡板。为避免刀具损坏洞口密封装置，在刀具和密封装置上涂抹黄油以减少摩擦力。在盾尾脱离洞口加固区后，通过管片的注浆孔均匀地向外部压注双液浆，提高洞口的密封性能。

开始始发掘进时，由于盾构处于土体加固区域，正面的土质较硬。为控制好推进轴线、保护刀盘，在穿越加固土体时土压力设定值应略低于理论值，推进速度不宜过快，盾构坡度可略大于设计坡度。待盾构出加固区后，为防止由于正面土质变化而造成突然磕头，必须将土压力的设定值调整至略高于理论值，并有效控制出土量，根据地层变形量信息反馈，及时对土压力设定值、推进速度等施工参数作及时调整。

15.5.2　盾构到达施工

15.5.2.1　接收井的准备工作

(1)接收井端头加固

本区间左右线在环城南路站上下重叠接收，接收区域存在大埋深高承压水粉砂层。为确保接收安全，到达端头地基加固采用素混凝土旋挖咬合桩加三重管高压旋喷桩工法。在盾构到达前对加固体的强度、自稳性及渗透性进行检验。

(2)接收洞门混凝土凿除

当盾构刀盘靠近接收洞门时，在洞门混凝土上开设观察孔对加固体进行观测，控制好盾构推进速度及土压力。当刀盘到达距围护结构 50 cm 处，停止盾构推进，尽可能出空土仓内的渣土，使土仓压力降至最低值，确保洞门凿除的施工安全。接收洞门凿除方法参照始发洞门凿除方法。

15.5.2.2　盾构到达段掘进

(1)盾构姿态测量

隧道贯通前应加强盾构姿态的控制，使盾构机以良好的姿态接收，准确就位在盾构接收基座上。最后 30 环的推进应增加测量的次数，不断校准盾构机掘进方向，使盾构轴线与设计轴线的偏差应控制在 30 mm 内。

(2)到达段掘进

盾构机掘进至刀盘距接收洞门 5 m 时，密切注意刀盘扭矩的变化。如出现明显上升趋势，则可判断刀盘切口抵达加固体边缘。此时应立即降低推进速度,同时适度降低土仓压力,采取刀盘面板加水、加泡沫等措施润滑切削面,使削下来的土呈流动状态,能够顺利排出。

在完成洞门围护结构凿除、刀盘脱离洞门后,应尽快推进并拼装管片,尽量缩短盾构到达时间。当最后一环管片脱出盾尾后立即用弧形钢板将钢洞圈和管片端面预埋钢板焊接成一个整体,并对管片与洞圈之间的间隙进行注浆填充。

(3)衬砌拉紧措施

盾构到达掘进时,因盾构前方土体反力急剧下降,可能出现接收段管片松弛的情况。此时应采取管片衬砌拉紧措施,在接近洞口的 10 环管片上设置[14b 槽钢,利用管片螺栓固定槽钢,约束成型管片纵向位移,防止洞口衬砌环缝松弛、张开并造成漏水。

(4)重叠接收端头井加固措施

位于重叠隧道上方的左线盾构将在环城南路站端头井中板上接收,为避免盾构机荷载造成端头井结构破坏,在中板下设置钢立柱及型钢梁支撑体系,使盾构接收荷载通过加固措施传递至底板,保护端头井结构。

15.5.3 盾构穿越盘龙江及得胜桥

区间左线在 DK11+758.314~DK11+787.038、右线在 DK11+758.714~DK11+791.111 范围下穿盘龙江,左线穿越长度为 28.7 m,右线穿越长度为 32.4 m。盾构穿越盘龙江时拱顶埋深约 5.9 m,覆土层自上而下分别为(1)1 素填土,(2)1-3 黏土层,(4)10-2 圆砾土层。盘龙江为昆明市的母亲河,主源到滇池全长 95.3 km,径流面积 903 km^2,多年平均年径流量 3.57 亿 m^3,河道流域高程为 1 890~2 280 m,径流面积最宽处为 23 km,最窄处为 7.3 km,是市政府重点环境保护对象。得胜桥沿东西方向横跨盘龙江,为昆明市保护建筑。其中西边桥头最南端桩基距离盾构隧道仅 0.89 m,对得胜桥的保护是盾构区间施工的重点。雨季施工时,由专人对河面进行巡视,洞内加强隧道监测,做好盾构施工参数控制,加强区间内抽水排水,保证施工安全。在盾构穿越该特殊段时,应保证推进施工有序、平衡、平稳。

有序:(1)施工组织有序:人、机、料的配置合理,工序的安排、衔接有序。(2)机械保养有序:机械保养定人、定期、专业、规范,做到无遗漏、标准化。(3)信息管理有序:技术交底、作业交底按部就班,自经理部至作业面指令畅通、反馈迅速。

平衡:(1)土仓压力与开挖面水土压力平衡。严格控制土仓压力,尽量保持土压平衡,不要出现过大的波动。(2)出土量与掘进进尺平衡。严格控制出土量,做到进尺量与出土量均衡。除量的控制外,还要坚持对每环渣样进行地质水文分析,发现与开挖断面地质情况不符,则马上采取措施。(3)注浆压力与水土压力平衡。除考虑注浆处的水土压力,还要考虑后方来水、开挖面来水的水压,且应使浆液不进入土仓和压坏管片和不因注浆压力过大造成击穿河道。

平稳:(1)盾构姿态平稳。推进过程应保持盾构机有良好的姿态,避免蛇行,每环姿态变化控制在较小的幅度内。(2)管片姿态平稳。做好管片选型,现场对盾尾间隙实测实量,注意管片拼装的椭圆度,防止尾刷与管片碰撞导致盾尾密封、铰接密封损坏及管片变形。(3)推进速度平稳。掘进过程中视情况向土仓内及刀盘面注入泡沫等添加材料,改善渣土性能,提高渣土的流动性和止水性,防止涌水流砂、结泥饼和喷涌现象。

15.5.4 盾构穿越首期工程 2 号线

本区间在进入北京路后,将下穿首期工程 2 号线塘子巷站~环城南路站区间。塘环区间采用盾构法先于本项目施工,本区间左右线将先后下穿其成型隧道(未运营)。两区间平面夹角约 20°,左线下穿里程范围为 DK12+215.242~DK12+273.758,影响范围长 58.516 m;右线下穿里程范围为 DK12+225.599~DK12+298.589,影响范围长 72.990 m。两区间最小垂直净距 4.43 m。控制下穿过程中塘~环区间隧道的沉降与变形是盾构施工的难点。

在下穿首期工程 2 号线既有区间隧道过程中,将严格控制土仓压力、出土量、刀盘转速、同步注浆压力等推进参数,并及时根据监测数据采取跟踪注浆和洞内二次注浆措施。同时,为确保穿越过程中既有地铁隧道的安全,将采用在本区间盾构施工前提前进行地表袖阀管注浆,加固两区间之间的夹层土体。

(1)平面加固范围

按照设计方案,下穿 2 号线区间加固范围为左 IDK12+198.106~左 IDK12+295.632,右 IDK12+

210.83～右 IDK12＋327.479，加固区总面积为 1 729 m²。下穿 2 号线平面加固范围如图 15-3 所示。

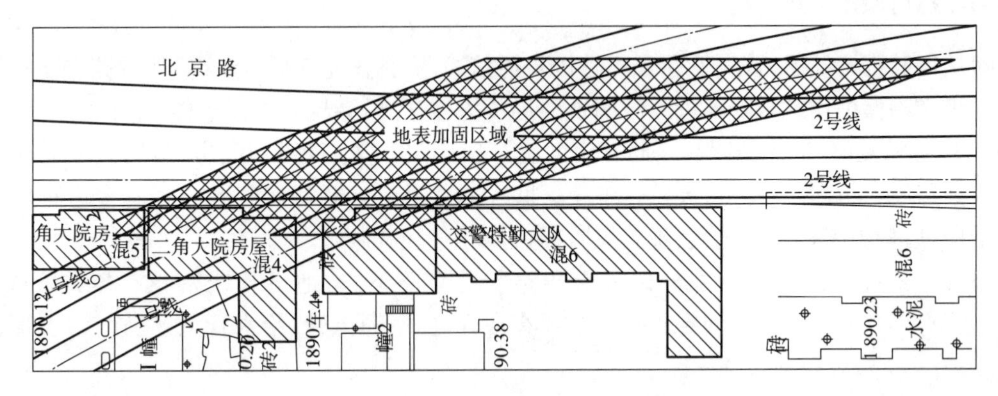

图 15-3　下穿 2 号线加固区平面位置图

(2)竖向加固范围

按照设计方案，注浆加固范围为隧道洞身左右两侧各 2 m，及隧道上方 2 m 范围内，加固体截面为 10.2 m×5.1 m 的矩形。下穿 2 号线竖向加固范围如图 15-4 所示。

(3)设计注浆孔位布置

注浆孔按照 1.5 m 的间距以梅花形布置，采用 ϕ48 袖阀管注浆。注浆孔位布置如图 15-5 所示。

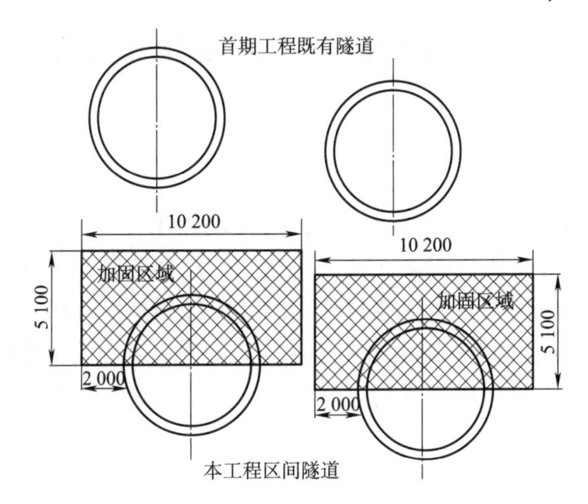

图 15-4　下穿 2 号线加固区横断面图

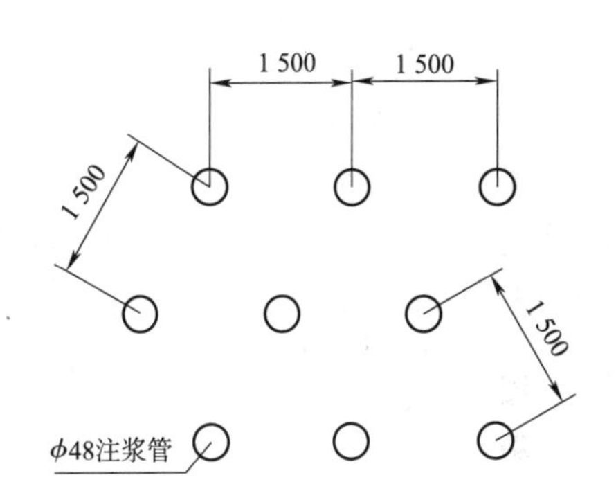

图 15-5　注浆加固孔位布置大样图

(4)袖阀管注浆加固工艺

1)注浆扩散半径按 2 m 控制，钻孔和注浆顺序由内向外。

2)钻进过程中遇涌水或因岩层破碎造成卡钻时，应停止钻进，先进行注浆扫孔。

3)注浆材料采用水泥-水玻璃双液浆，为提高浆液渗透性和可泵性的需要，可在水泥浆中加入磨细粉煤灰。注浆材料配比应根据实施效果适当调整，注浆压力宜控制在 0.5 MPa 左右，并确保不对既有建构筑物造成破坏性影响。

4)注浆结束标准：注浆压力逐步升高，当达到设计终压后，继续 20～30 L/min 的速率保持注浆 10 min 左右即可终孔。

5)袖阀管双液注浆法的技术指标

袖阀管双液注浆技术控制指标见表 15-4。

表 15-4　袖阀管双液注浆技术控制指标表

控制项目	偏差控制指标	控制项目	偏差控制指标
孔位偏差	±20 mm	注浆压力	±5%
孔距偏差	±100 mm	注浆量	±10%
钻杆垂直度	<1%	提升幅度	±15 cm

15.5.5 盾构穿越房屋建筑及管线

环得区间从得胜桥始发后，首先下穿云南省机要通信局；穿越盘龙江后，下穿昆明铁路局昆枢指挥部（建于1937年，区级文物保护建筑），随即进入昆明铁路局八大处，先后穿越6处住宅楼（建于20世纪50年代～70年代）；然后横穿塘双路，进入昆明铁路局三角大院，先后下穿4处D级别危房；最后进入北京路，近距离侧穿或下穿8处房屋建筑和1座人行天桥。整个区间左右线共计穿越房屋建筑20处，多为年代久远、基础较差的砖混结构，盾构施工技术难度大、施工风险高，是本工程的难点。

环城南路站～得胜桥站区间大部分位于金碧路与北京路下方，地下管线密集。各类管线最小埋深0.01 m，最大埋深7.97 m。盾构区间穿越范围主要存在煤气管、通讯管、给水管、燃气管、污水管、雨污合流管等管线。

15.5.5.1 调查及鉴定

在盾构穿越之前，对房屋建筑及沿线地下管线的结构形式、建筑年代、基础关系、现状质量情况等进行深入调查并形成报告，准确掌握房屋建筑及管线与区间隧洞的空间关系，为制定盾构参数、明确辅助措施提供依据。

为确保盾构穿越期间沿线房屋建筑及管线的安全、质量不受影响，在房屋管线调查报告的基础上，还应对年代久远、现状结构质量较差的建（构）筑物进行安全性鉴定和证据保全工作，提前划清质量责任，降低施工风险。

在建筑物调查过程中，对主要结构的裂缝、破损等缺陷进行详细记录和拍摄，重要照片附加示意图及说明以明确其位置。对既有质量缺陷还应进行现场标记、测量等工作。

15.5.5.2 盾构掘进施工措施

（1）下穿施工控制措施

在正式穿越过程中严格按照技术要求控制各项关键参数，合理进行渣土改良，确保出渣保持在流塑状态，避免螺旋机喷涌；精确量测每一进尺的出土量，避免出现超挖现象；严格控制总推力，合理调整推进速度，避免因推进速度过快，导致同步注浆不能有效填充盾尾与开挖面的空隙，造成沉降过大；严格控制纠偏幅度，尽量避免使用铰接油缸和超挖刀；严格控制刀盘转速，减小对土体的扰动；严格控制同步注浆量及注浆压力，避免盾尾空隙填充不足或河床被击穿的情况；在同步注浆过程中加强盾尾油脂注入，避免发生漏浆现象；当同步注浆量不足时，立即采用二次注浆措施对管片背后实施填充和补强。

（2）地面监控及监测措施

在正式穿越时，增派专职巡视人员对河面及堤岸进行24 h巡视，重点观察河面有无冒泡现象，随时与盾构机内管理人员保持联系，通报巡视情况。确保一旦发生险情，能够立即采取应急措施。在穿越过程中将监测频率加密至4次/天，随时向盾构机内管理人员反馈监测结果，动态指导推进参数优化，确保第一时间发现险情。

（3）管理组织措施

在正式穿越期间，建立领导跟机带班制度及每日技术分析会制度，对每日施工情况及监测结果进行会审，确保下穿施工能够得到24 h监控，一旦发生异常情况，能够立即正确调整盾构参数，采取有效应急措施。

15.5.6 重叠段隧道盾构施工

昆明轨道交通首期工程环城南路站为1、2号线的平行换乘站，为满足规划远期两线换乘的要求，区间隧道在邻近环城南路站位置呈交叉、重叠的复杂线形。本区间从得胜桥站平行始发，到达北京路后左线隧道逐渐骑跨至右线隧道上方，到达环城南路站时成为完全上下重叠关系（平面线间距为0 m）。重叠段全长138.50 m，最小净距1.8 m，盾构施工将对同一区域的地层造成反复扰动，容易造成地表沉降超限；重叠隧道之间的夹层土体因反复扰动自稳性降低，对地铁运营不利。盾构重叠施工的安全、质量控制是本工程的难点。

15.5.6.1 重叠隧道施工控制目标

重叠隧道盾构施工控制目标见表15-5。

表 15-5　重叠隧道施工控制目标表

序号	关键项目	控制内容	控制指标
1	下部隧道影响	附加沉降及水平位移	≤±5 mm
2		径向变形	≤5 mm
3		附加曲率半径	>15 000 mm
4		相对弯曲	<1/2 500
5	地表环境影响	地层损失	≤5‰
6		地表变形	−15 mm～+5 mm

15.5.6.2　盾构掘进施工措施

(1)为确保重叠段施工安全,应先施工下部隧道(右线),后施工上部隧道(左线),并控制左右线隧道施工进度,保证足够的安全距离(不低于 50 m)。

(2)严格控制重叠段盾构施工参数。下部隧道施工期间应加强同步注浆,及时固结成型管片,并采取必要的管片背后二次注浆措施;上部隧道施工期间应合理控制刀盘转速、推进速度、土压波动、出土量、纠偏幅度等施工参数,尽可能减小扰动,减少地层损失。

(3)加强隧道及环境监控量测,实施信息化施工,保证信息、指令畅通。上部盾构通过后由于产生卸载作用,下部隧道可能出现上浮现象,应及时采取压重、二次注浆等措施。

(4)加强近接施工的组织和技术管理措施,在近接施工前对全体施工人员进行全面详细的技术交底,切实落实各项技术措施。在重叠段施工期间,24 h 专人值班,时刻监测下部盾构隧道的沉降、变形情况,并及时反馈监测数据和巡视情况。在盾构机操作室和地面控制室张贴相关技术交底、盾构穿越流程及重点控制措施。

15.5.6.3　重叠隧道注浆加固措施

(1)重叠隧道注浆加固范围

在左右线隧道投影重叠范围全部采取注浆加固措施,加固范围应适当扩大,确保重叠段隧道安全。环城南路站～得胜桥站区间重叠段加固范围为 DK12+547.265～DK12+738.500。

(2)重叠隧道加固工艺

重叠隧道加固采用洞内插管注浆的方式,利用增设注浆孔的管片(每环 16 个)向夹层土体插入长 3 m 的钢花管,双液注浆加固土体。下方盾构机先行通过重叠段后,及时对重叠隧道夹层土体进行加固,提高土体承载力和整体性,补充地层损失,并提前为上方盾构机通过提供支撑。下方隧道加固范围为拱顶以上 180°、厚度为 3 m 的扇形区域。上方隧道通过重叠后,再次对重叠隧道夹层土体进行二次加固,加固范围为拱底以下 120°、厚度为 3 m 的扇形区域。重叠隧道注浆加固范围如图 15-6 所示。

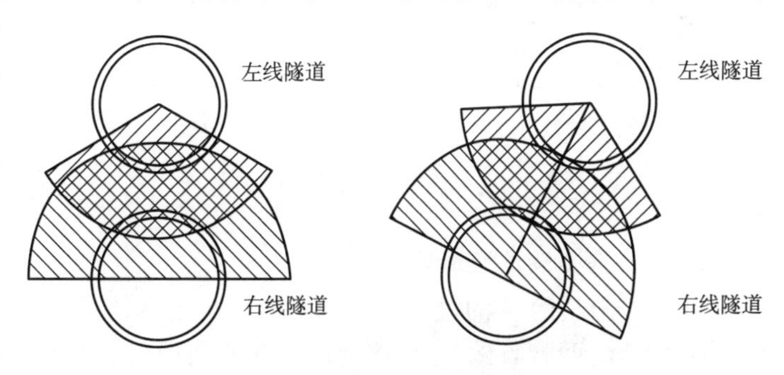

图 15-6　重叠隧道注浆加固示意图

在上部盾构机到达重叠段前,下部隧道应提前完成夹层部位土体的双液浆加固,既保证上部盾构机推进的稳定和安全,又减小下部成型隧道的变形和位移。重叠隧道盾构推进及夹层土体注浆加固施工如图 15-7 所示。

15.5.6.4　下方隧道洞内支撑措施

区间的重叠隧道最大净距均不到 1 倍洞径(6.2 m),当下方隧道施工完成后,上方盾构通过时将对已成型隧道施加额外的盾构机自重(不小于 300 t)和推进土压力(不小于 0.25 MPa)等荷载,可能造成下方隧道管片沉降、变形、开裂和渗漏点增加的情况。为避免出现上述不利影响,在洞内注浆加固仍不能满足变形控制要求的情况下,在下方隧道管片内采用增加型钢支架的措施:加工一定数量的型钢支架,在上方隧道盾构机通过重叠段的过程中跟踪支撑,循环使用,保持盾体下方的已成型隧道随时处于被支撑保护的状态,确保管片质量安全。重叠隧道管片支撑如图 15-8 所示。

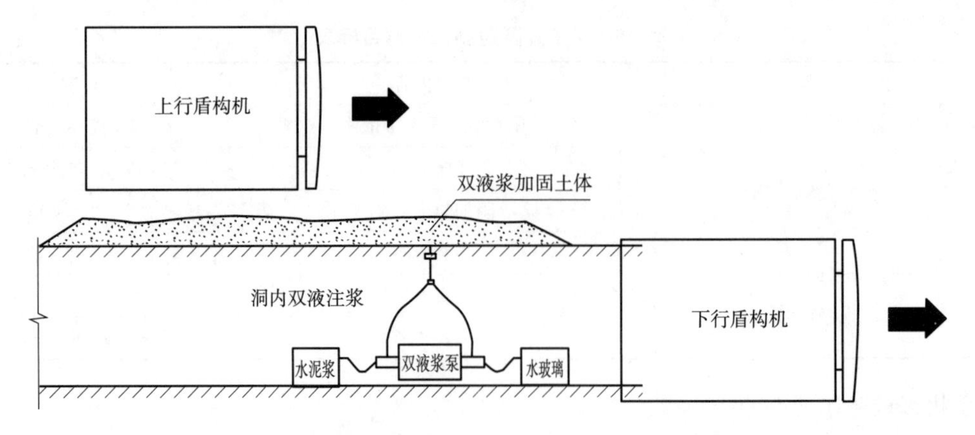

图 15-7 重叠隧道盾构推进及夹层土体注浆加固施工示意图

根据类似工程施工经验，对下行隧道的型钢支架加固范围为上行隧道盾体下方及前、后方各 40 环，按盾体长度 9 m 计算，需保持下行隧道 105 m 长的范围随时处于支护状态。架设支架的密度为每环 1 榀，共加工 88 榀。在上行盾构推进的过程中将下行隧道的支架同步前移。

支架的设计与联络通道开挖过程中对管片进行支护的支架类似，采用工字钢、H 型钢和连接角钢构成“门”字形式，架立在临时轨道的牛腿上，保证水平运输的正常进行。型钢与管片插入木楔，使其紧密相连。支架与支架之间已 H 型钢连接，使各个支撑体系形成一个整体。型钢支撑设置如图 15-9 所示。

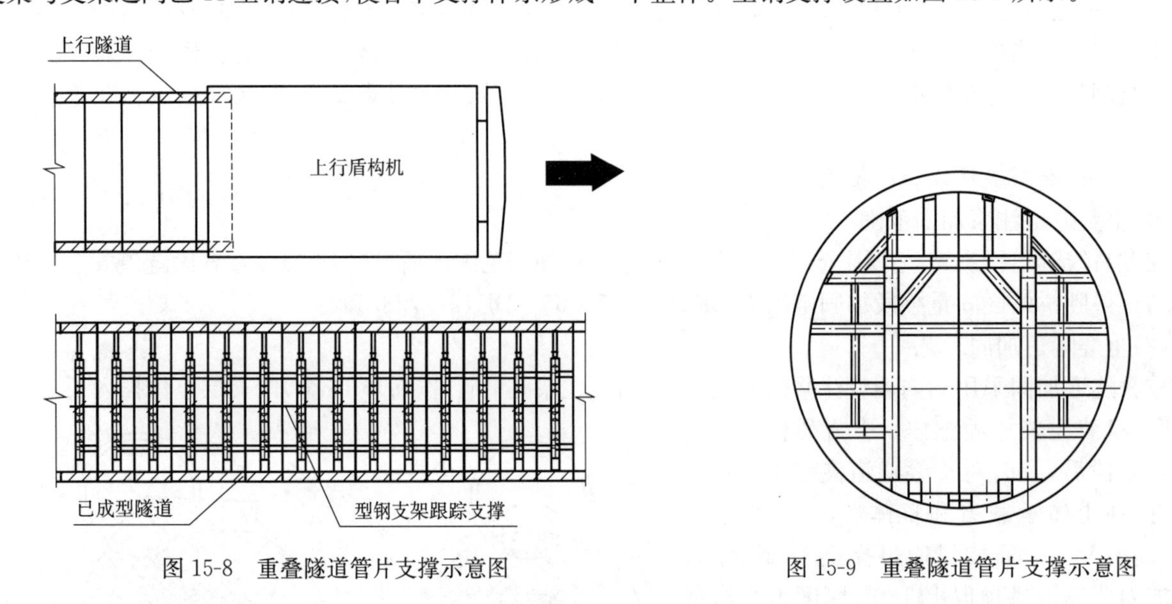

图 15-8 重叠隧道管片支撑示意图　　图 15-9 重叠隧道管片支撑示意图

15.5.6.5 重叠隧道变形监测

在上方隧道跨越的过程中，应加强下方隧道的变形监测，提高管片高程、拱顶沉降、两腰收敛、管片接缝宽度等监测项目的布点密度与监测频率。根据监测数据，及时调整上方盾构推进参数，并在下方隧道中采取洞内注浆、加密型钢支撑等措施，确保隧道安全。重叠隧道监测原则如下：

(1)监测项目：包括拱顶沉降、两腰收敛、隧道整体沉降等。

(2)布点方式：每个监测断面上，在隧顶布设 1 个拱顶沉降观测点、在隧道两腰(3、9 点位置)各布设 1 个收敛观测点、在隧底布设 1 个隧道沉降观测点。

(3)布点密度：监测断面的布设范围为下行隧道重叠区段及前后各 20 环，布设密度为每 1 环 1 个监测断面，即间距 1.2 m。重叠隧道内监测点布置如图 15-10 所示。

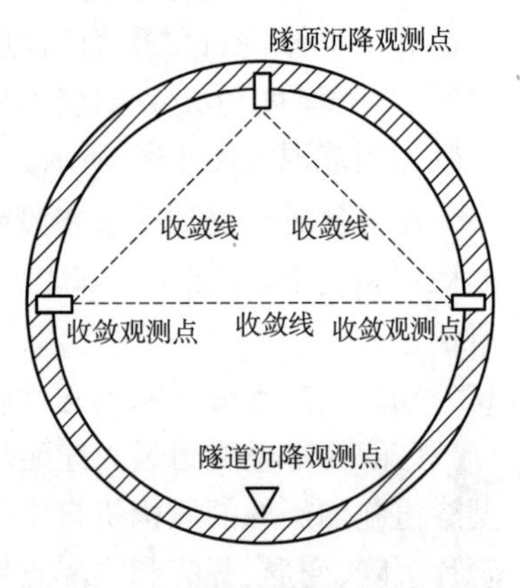

图 15-10 重叠隧道监测点布置图

(4)监测频率：上行盾构机通过重叠区段前后 20 环的时间范围，监测频

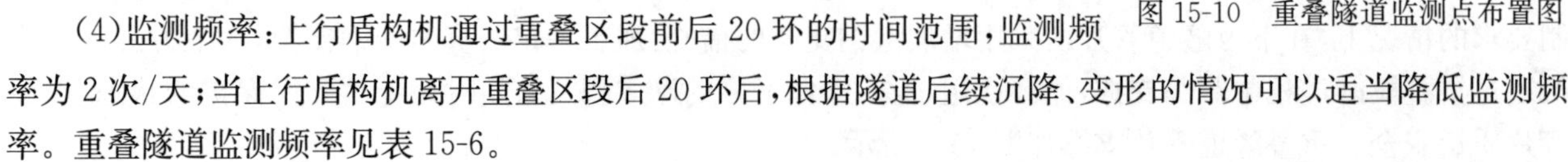
率为 2 次/天；当上行盾构机离开重叠区段后 20 环后，根据隧道后续沉降、变形的情况可以适当降低监测频率。重叠隧道监测频率见表 15-6。

表15-6　重叠隧道监测频率表

序号	监测项目	布置范围	布置间距	监测频率
1	拱顶沉降	重叠段及前后各20环	1.2 m	2次/d
2	两腰收敛	重叠段及前后各20环	1.2 m	2次/d
3	隧道沉降	重叠段及前后各20环	1.2 m	2次/d

15.5.7　小半径、大纵坡推进

本区间共存在2处350 m小半径曲线段，且曲线线路较长；区间在穿越盘龙江位置存在29.5‰的大纵坡线形。小半径、大纵坡的设计线形对盾构推进较为不利，主要存在以下困难：

(1)在盾构通过时，推进千斤顶作用于管片的推力产生的横向、垂向分力大，容易造成管片的错台、裂缝。

(2)由于姿态调整幅度大，盾尾间隙较小，管片脱出盾尾时容易被挤压变形。

(3)盾构机纠偏频繁，容易造成地层超挖，若同步注浆不及时、不足量将形成管片背后的空洞。

(4)管片姿态控制难度大增，管片拼装点位的选取要求极高。

(5)施工过程中洞内水平运输电瓶车在大纵坡段运行比较困难，易发生溜车事故，安全风险较高。

15.5.7.1　长距离小半径施工措施

(1)盾构机选型

本工程采用主动铰接式土压平衡盾构机，能更加灵活的进行盾构姿态调整和纠偏，同时也能减少因盾构曲线推进引起的过多超挖带来的土层损失，减少对周边环境的影响。

(2)管片拼装位置及盾尾间隙控制

小曲率半径段内的管片拼装至关重要，合理的周边间隙可以便于管片拼装，也便于盾构进行纠偏。

1)施工中，随时关注盾尾与管片间的间隙，一旦发现单边间隙偏小时，及时通过盾构推进方向进行调整，使得四周间隙基本相同。

2)在管片拼装时，应根据盾尾与管片间的间隙进行合理调整，使管片与盾尾间隙得以调整，便于下环管片的拼装，也便于在下环管片推进过程中盾构能够有足够的间隙进行纠偏。

3)小曲率半径段时，盾构机的盾尾与管片间间隙的变化主要体现在水平轴线两侧，当盾构机转向过快或管片楔形量与盾构姿态调整趋势不匹配时，都将导致盾尾间隙变小。为增加盾尾空间，应根据当前盾尾间隙、推进油缸行程差及管片超前量等实测参数正确选择管片拼装点位，减小小半径曲线盾构转向难度，保证管片质量。

(3)盾构纠偏量

盾构在小曲率半径段推进时，盾构机的纠偏控制尤为重要。盾构的曲线推进实际上是处于曲线的切线上，因此推进的关键是确保对盾构的头部的控制。由于曲线推进盾构环环都在纠偏，因此必须做到勤测勤纠，而每次的纠偏量应尽量小，确保楔形环面始终处于曲率半径的径向竖直面内。针对每环的纠偏量，通过计算得出盾构机左右千斤顶的行程差，通过利用盾构机千斤顶的行程差来控制其纠偏量。

(4)加强盾构测量力度

盾构机的测量是确保隧道轴线的根本，在小半径段的推进测量极为重要。

盾构采用自动测量系统测量盾构姿态，盾构掘进作业时，自动测量系统每2 min测量一次盾构姿态，为盾构推进提供实时姿态数据。在小曲率段推进时，同时适当增加隧道测量的频率，通过多次测量来确保盾构测量数据的准确性，并可以通过隧道测量数据来反馈盾构机的推进和纠偏。在施工时，如有必要可以实施跟踪测量，促使盾构机形成良好的姿态。

由于隧道转弯曲率半径小，隧道内的通视条件相对较差，因此必须多次设置新的测量点和后视点。在设置新的测量点后，应严格加以复测，确保测量点的准确性，防止造成误测。同时，由于盾构机转弯的侧向分力较大，因此可能造成成环隧道的水平位移，所以必须定期复测后视点，保证其准确性。

(5)盾尾注浆

由于曲线段推进增加了曲线推进引起的地层损失量及纠偏次数的增加导致了对土体的扰动的增加，因此在曲线段推进时应严格控制浆液的质量、注浆量和注浆压力。在施工过程中采用推进和注浆联动的方式，

注浆未达到要求时盾构暂停推进，以防止土体变形。根据施工中的变形监测情况，随时调整注浆参数，从而有效地控制轴线。根据监测情况对脱盾尾的管片进行跟踪二次注浆，控制盾尾沉降。

(6)土体损失及辅助措施

在隧道曲线段，盾构机开挖的隧道实际是一段连续折线，曲线外侧超挖不可避免。在曲线段推进时应增加曲线外侧的同步注浆量，填补施工空隙。必要时，可采取二次注浆的措施以加固隧道曲线外侧土体，确保建筑空隙得到充分填充。

15.5.7.2 大纵坡施工措施

(1)保障开挖面的稳定

大坡度区段，地层主动水土压力随着推进而时刻变化，土仓压力必须根据水土压力进行适当的调整。下坡时，由于土仓内渣土可能出现滞留，应慎重管理开挖出土量。

(2)盾构推进控制

由于盾构机重心靠近前体，具有向前方倾斜的倾向，在上坡度推进时必须加大下半部千斤顶推进能力，否则容易出现“上抛”现象造成盾构推进轴线垂直偏差超限。盾构坡度每环垂直纠偏坡度应小于2‰。

(3)管片拼装措施

每环推进结束后，必须拧紧当前管片的连接螺栓，并在下环推进时进行复紧，克服作用于管片推力产生的垂直分力，减少成环隧道浮动。拼装前应清除盾尾杂物，尽量做到盾壳内的管片居中拼装，同时保证环面平整度。

(4)同步注浆

在大坡度盾构掘进过程中，易出现同步浆液窜流甚至进入土仓的情况。因此，在大坡度施工过程中采用可硬性好、凝固时间短的同步注浆材料。

(5)隧道内运输设备

在大坡度区段，水平运输电瓶车容易发生溜车、运送物资材料掉落等事故，严重影响施工安全。为此，除正常刹车系统外，还应在电瓶车上增加电磁制动器、紧急制动器等装置。在电瓶车通过大坡度区段时，必须采取低挡、低速、稳定通行的驾驶方式。

(6)隧道内排水

由于大纵坡线形的存在，隧道内排水会滞留在开挖部，需采取排水措施，避免盾尾积水。

15.5.8 盾构穿越不良地质

15.5.8.1 盾构穿越富水粉土粉砂层

在盾构穿越粉土、粉砂层时，盾构推进阻力较大，在动水及承压水作用下，易产生管涌和流砂，在排土口出现喷涌现象，盾尾容易发生漏水、漏砂情况。盾构穿越后隧道周围的土体不稳定，增大了地面以及隧道后期沉降控制难度。盾构掘进时，既要保证开挖面土体的稳定，又要确保出土顺畅，还应控制地面后期沉降，施工难度较大。

(1)优化施工参数

1)土仓压力控制

由于粉土、粉砂层土体较不稳定，盾构推进的后期地面沉降会相对较大。因此在推进时，可在地面隆起允许的情况下，适当提高盾构机的正面平衡压力，使盾构正面的砂性土产生挤压疏干效应，降低土舱内土体的动水压力，防止螺旋输送机中砂土的液化。严格按照土压平衡模式进行掘进控制，确保土仓内土压能有效平衡地层的水土压力，避免在刀盘位置形成负压区，致使地下水涌向刀盘区域。

2)推进速度控制

在粉土、粉砂层中推进时，盾构推进速度宜控制在40 mm/min以内。通过减缓推进速度，达到降低刀盘扭矩和盾构推力的效果，同时减少对周边土体的扰动。在严格控制推进速度的情况下，保证连续均衡施工，避免盾构较长时间的搁置。

3)姿态纠偏量控制

盾构姿态变化不可过大、过频，每环纵坡变化小于2‰，水平姿态纠偏量不宜超过5 mm/环，以控制在3 mm/环内为宜。

4)螺旋输送机控制

通过控制螺旋输送机出土速度和出土口的开口度，在出土口形成土塞，起到良好的密封、保压以及防喷的作用。停止推进时关闭闸门，紧急情况应立即关闭螺旋机出土口闸门。

5)同步注浆量控制

在粉土、粉砂层中施工时，由于粉土、粉砂空隙较大，同步注浆量比一般黏土层要多，在施工中应将注浆量控制在建筑空隙的 180%～200%左右，采用可硬性浆液，同时根据监测数据适当调节。

(2)特殊措施

1)土体改良

①土体改良的作用

土体改良是为了保护刀盘以及保证盾构螺旋出土机的正常出土，在推进过程中可每隔一定距离在盾构前方及螺旋机内压注泡沫剂或膨润土。

粉土、粉砂层土体虽然含水量大，但一经挤压，水分流失，粉土、粉砂就会变得结实，使土仓进土困难，推进时大刀盘油压急剧增大。为改善大刀盘传动轴承在刀盘转动过程中所受的扭矩，采用在刀盘正面和土仓内加注泡沫剂或膨润土来降低土体强度，有利于降低大刀盘油压。

②土体改良的方法

通过压注泡沫剂膨润土改良土体，提高出土时的黏粒含量。每推进一环，加入一定浓度的泡沫剂或膨润土浆液。

泡沫剂或膨润土浆液可以在刀盘正面注入，通过刀盘后翼的搅拌，从螺旋机排出。当螺旋机油压过高时，也可以在螺旋机中注入适量的膨润土浆液。

压注泡沫剂或膨润土浆液时，应观察螺旋机的排土状态及正面土体的沉降状况，确保正面土体稳定。砂性土的渗透系数较大，孔隙水压增加较快，同时消散也较快，两者的时间差即为疏干时效。因此，千斤顶速度应与之相配合，从而使盾构推进速度达到较好的状态。

2)盾尾油脂的压注

在粉砂土中施工时，盾尾极易发生漏水、漏砂等情况。因此，施工时应严格管理盾尾油脂的压注工作。施工时，由专人负责盾尾油脂的压注工作，确保每环的盾构油脂压注量。同时，根据盾构盾尾油脂的压力表反馈信息，始终使盾尾油脂压力高于外部压力。

3)二次注浆

穿越粉土、粉砂层时，采取衬砌壁后二次注浆措施，有效地弥补因同步浆液收缩变形而引起的地面变形隐患，同时提高土体的强度，防止土体液化。

二次注浆浆液通过管片的拼装孔注入地层内，压注时必须根据实际情况和监测数据的反馈进行调整参数。结合不同的土层情况，通过选择不同部位、不同注浆量及注浆压力来确保土体稳定。二次注浆可与盾构推进施工同时进行，实现跟踪同步注浆的效果。

4)压注聚氨酯

粉土、粉砂层含水量大，透水性好，在必要时可采用压注聚氨酯措施进行隔水。

15.5.8.2　穿越圆砾层

盾构机长距离在圆砾层中掘进将出现以下情况：受砂砾石土层和较大渗透率的影响，不易形成不透水塑流性的渣土，土压平衡状况较差，土仓压力波动较大，易造成地表沉降。当渣土改良不好时螺旋输送机易发生喷涌，不但导致土仓压力损失，还会因出渣不顺影响掘进进度。刀盘、刀具由于砾石土切削的不均匀性和冲击，容易产生异常损坏，刀盘、刀具和螺旋输送机磨损都会较严重。在盾构机具备良好的密封性和抗磨性、良好的渣土改良及排渣能力等基础上，盾构掘进施工的关键在于如何确保开挖面的稳定、长距离顺利推进，这是本工程的难点。

(1)配置性能优良的加泥、泡沫、聚合物的系统；配备足够的刀盘扭矩和整机推力；增大刀盘开口率与螺旋输送机直径，保证大粒径砾石通过；刀具基座相同，软硬岩刀具可互换，可实现背装；具有完善的气压保压功能和超前加固地层的功能；刀盘、刀具和螺旋输送机等具有良好的耐磨性；螺旋输送机具有良好的抗喷涌能力；刀盘主轴承、铰接系统等均具有良好的密封功能等。

(2)刀盘前方采用泡沫，设置合适的技术参数，通过对刀盘、刀具与渣土之间增加全方位的润滑作用(泡沫经充分膨胀后扩散到整个面板)，同时在土仓内添加适量水或聚合物，全面改善渣土和易性(形成土、石、水的混合体)，形成不透水塑流性的渣土，从而建立良好的土压平衡，降低各部位磨损及提高掘进效率。良好的渣土和易性是减少磨耗及提高效率的基础。

(3)刀盘周边部分配置滚刀,中间部分配置特殊宽齿刀,使大部分渣土无须破碎即可进仓,有效降低无功消耗,提高掘进效率。

(4)推进时采用土压平衡模式掘进,严格出土量管理,控制地层损失,减少对地层的扰动。土仓压力随埋深增加,与前方土水压平衡;推进速度正常值控制在30～45 mm/min,刀盘扭矩正常值4000 kN·m左右,推力正常值10000～13000 kN左右,刀盘转速正常值1.2～1.8 rpm,并经常转换旋转方向。螺旋输送机转速,主要保持出土量与推进速度一致。严格控制盾构土仓压力及推进速度,保持开挖面的平衡和稳定,同时控制扭矩在一定范围,有利于保护刀具、降低磨损。

(5)加强刀盘的整体耐磨性,重点加强1.5 m半径以外部分和进渣口;加强螺旋机耐磨性,螺旋输送机壳体及叶片全部采用耐磨措施;单独设计刀具,增强刀具母材及表面的耐磨性,特别是刀圈耐磨性;对盾构部位上切口等容易磨损的部位进行耐磨加强。对于刀盘上刀具与开口之间的部分,增加一定量的低高度小刮刀,高度略低于原有刮刀,以全面保护刀盘面,减少其磨损。

(6)盾尾、铰接、主轴承密封满足高水压要求,定时定量均匀压注油脂或润滑油。

(7)注重同步注浆回填,实行注浆压力和注浆量双控;及时进行二次补充注浆,保证注浆的饱满程度和隧道结构的稳定。

(8)盾构施工中加强地面环境和隧道结构的监测,及时反馈信息,指导修改参数。

15.5.8.3 穿越泥炭质土层

据地勘资料显示,环城南路站～得胜桥站区间将穿越大量泥炭质土层。泥炭质土层以黏粒为主,含有较多腐蚀物,强度低,易流变,高压缩性,地基承载力差,盾构穿越时易发生"磕头"现象,地铁运营期间同样存在风险。

根据设计图纸,对泥炭质土地段采取洞内注浆加固措施。洞内注浆加固范围为隧道管片外轮廓线3 m区域,采用气腿钻机在注浆孔位置向外打设3 m长的注浆孔,并插入3 m长、直径为42 mm的注浆花管进行注浆加固。每环的加固范围为拱底向上292.5°,水泥掺量40%,水灰比1∶1。经加固土体应有良好的均质性、自立性,其28d无侧限抗压强度不小于0.8 MPa,渗透系数不大于10^{-8} cm/s。

15.5.9 一般工程施工方法及措施

15.5.9.1 盾构机组装及调试

(1)盾构机组装及调试流程

盾构机组装及调试流程如图15-11所示。

(2)盾构机吊装

本工程使用的盾构机整机重量约350 t,最大单件重量96 t。盾构机进场后运输至始发井吊装孔附近,利用一台500 t汽车吊机和一台250 t汽车吊机配合,先后将后配套台车、桥架、螺旋机、中盾、刀盘、拼装机、盾尾、仪力架等部件吊入始发井。后配套台车吊入始发井后,用电瓶车拖行至进行车站标准段;盾构主体各部件吊入始发井后,在始发托架上重新组装。

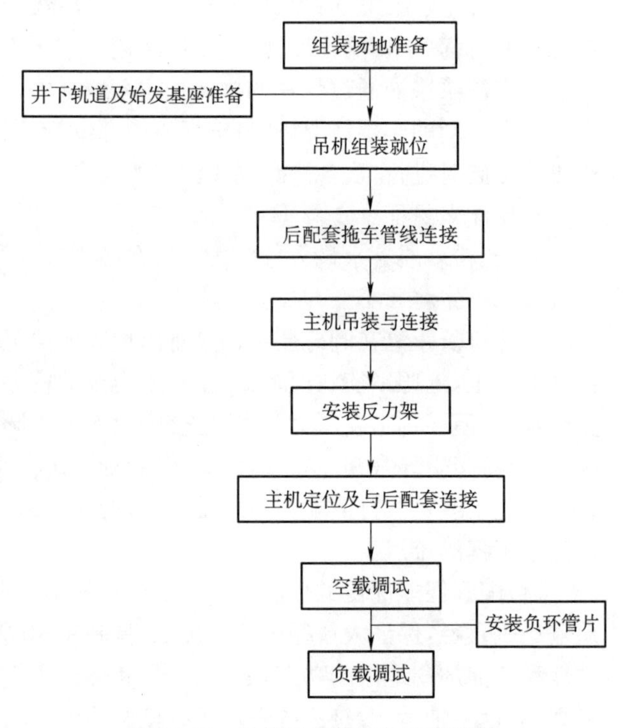

图15-11 盾构机组装及调试流程图

(3)盾构机调试

1)空载调试

盾构机组装和管线连接完毕后,即可进行空载调试。主要是检查设备是否能正常运转。主要调试内容为:配电系统、液压系统、润滑系统、冷却系统、控制系统、注浆系统以及各种仪表的校正。

2)负载调试

空载调试证明盾构机具有工作能力后,即可进行盾构机的负载调试。负载调试的主要是检查各种管线及密封设备的负载能力,对空载调试不能完成的工作进一步完善,以使盾构机的各个工作系统和辅助系统达到满足正常生产要求的工作状态。

15.5.9.2　*盾构正常段施工*

盾构机在完成始发掘进100 m后，对始发设施进行必要的调整，为正常掘进准备条件，调整工作包括：拆除负环管片、始发基座和反力架；在车站内铺设双线轨道；安装通风设施等。准备工作完成后，进入盾构正常掘进阶段。盾构正常掘进施工流程如图15-12所示。

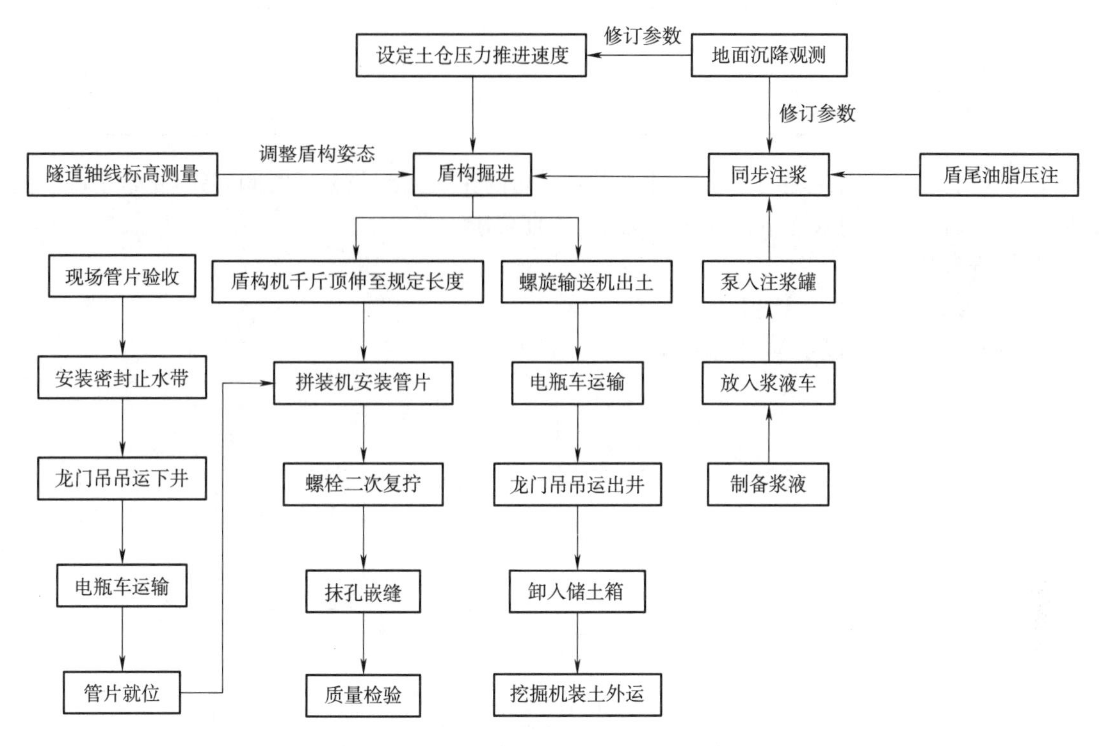

图15-12　盾构正常掘进施工流程图

(1)盾构正常掘进施工方法

1)盾构推进由操作司机在中央控制室内进行。开始推进时，依次开启皮带输送机，刀盘、螺旋输送机、推进千斤顶和同步注浆系统。盾构机的行程、上下左右四个区域千斤顶压力、螺旋输送机转速、盾构扭转、俯仰等参数将在显示屏上显示，盾构司机及时作好参数记录，并参照仪表显示以及其他人工测量和施工经验调整盾构机姿态和各项施工参数，使盾构机始终按设计的轴线推进。

2)盾构应根据当班指令设定的参数推进，推进出土与衬砌外注浆同步进行。在盾构施工中要根据不同土质和覆土厚度、地面建筑物，配合监测信息的分析，及时调整平衡压力值的设定，同时根据推进速度、出土量和地层变形的监测数据，及时调整注浆量，从而将轴线和地层变形控制在允许的范围内，地表施工后最大变形量在＋10 mm～－30 mm之内。

3)推进过程中，严格控制好推进里程，将施工测量结果不断地与计算的三维坐标相校核，及时调整。

4)盾构掘进施工全过程须严格受控，工程技术人员根据地质变化、隧道埋深、地面荷载、地表沉降、盾构机姿态、刀盘扭矩、千斤顶推力等各种勘探、测量数据信息，正确下达每班掘进指令，并即时跟踪调整。盾构机操作人员须严格执行指令，谨慎操作，对初始出现的小偏差应及时纠正，应尽量避免盾构机走“蛇”形，控制每次纠偏的量，盾构机一次纠偏量不宜过大，以减少对地层的扰动，并为管片拼装创造良好的条件。

5)开挖输出后的土体应具有良好的流塑状态、黏软稠度、低的透水性和低的内摩擦。当渣土满足不了这些要求时，需向刀盘、土舱或螺旋输送机内注入添加剂以改善渣土的性能。

6)为防止盾构掘进时，地下水及同步注浆浆液从盾尾窜入隧道，应在盾尾钢丝刷位置压注盾尾油脂，确保施工中盾尾与管片的间歇内充满盾尾油脂，以达到盾构的密封功能。施工中须不定时的进行集中润滑油脂的压注，保持盾构机各部分的正常运转。

7)施工人员应逐项、逐环、逐日做好施工记录，记录内容：盾构掘进姿态、管片拼装、同步注浆、隧道渗漏水情况等。

(2)掘进循环时间安排

盾构正常施工掘进循环时间安排见表15-7。

表 15-7　盾构掘进循环时间安排表

掘进阶段施工工序	每循环各工序作业时间(min)		
	初始掘进	到达掘进	正常掘进
掘进	100	60	30
管片安装	80	40	30
其他时间	60	50	45
每循环时间合计	240	150	105

每天按 2 班制安排作业，运输时间均在管片安装时间内完成。按照上述时间安排，正常情况下盾构施工进度可达 11 环/天，最大月进尺约 350 m 左右，满足工期要求。

(3)正常掘进参数设定

1)盾构掘进参数设定和优化流程

盾构正常掘进阶段参数设定及优化流程如图 15-13 所示。

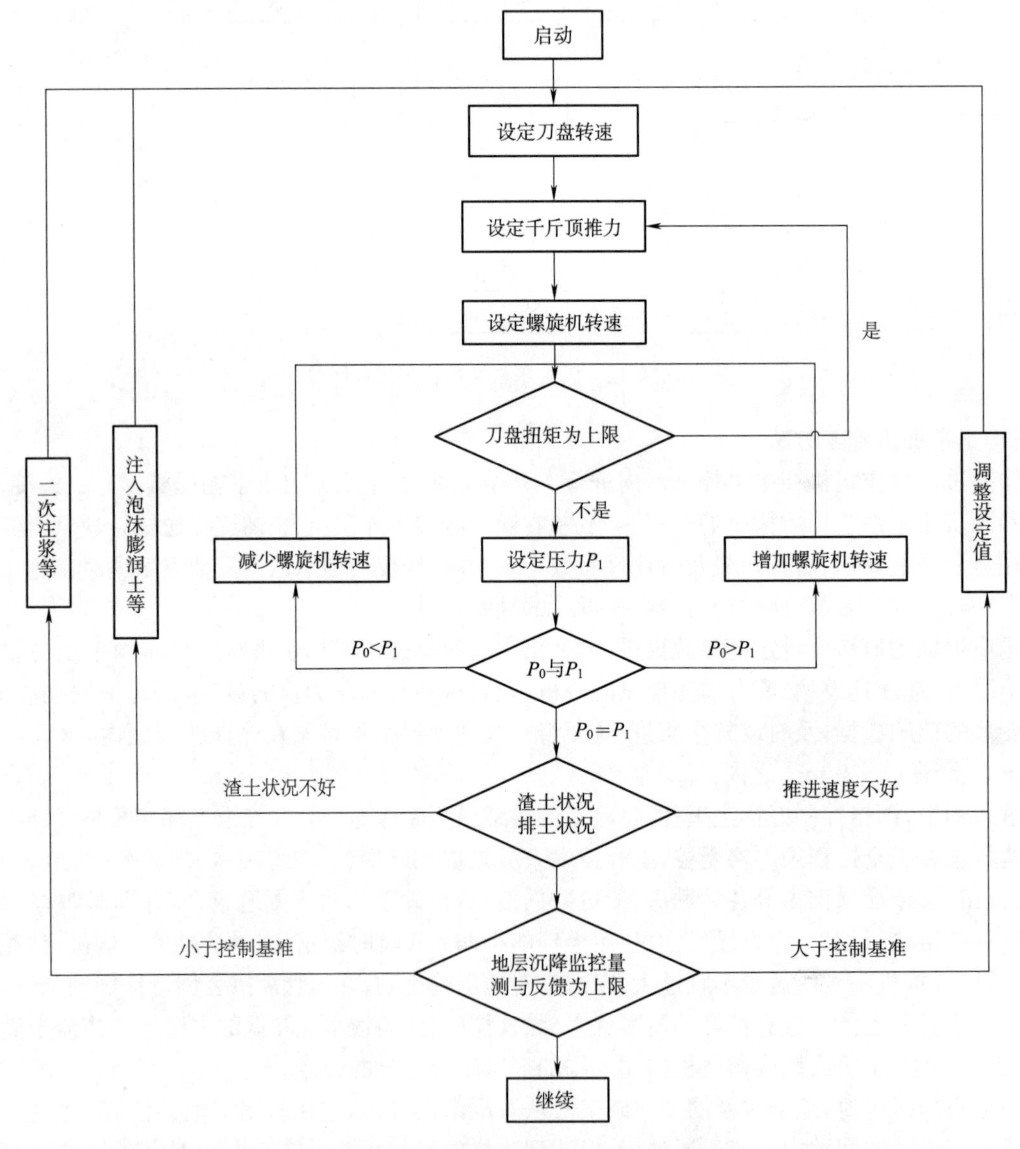

图 15-13　盾构掘进参数设定及优化流程图

2)土仓压力设定

根据招标文件提供的地质情况及隧道埋深、地下水等情况，进行理论计算切口平衡压力：$P=K_0\gamma h$(土的侧向静压力系数×土体平均重度×隧道中心埋深)。盾构在掘进施工中均可参照以上方法来取得平衡压力的设定值，初次可按 1.03P～1.10P 设定。具体施工设定值根据盾构埋深、所在位置的十层状况以及监测数据进行不断的调整。

3)推进出土量控制

每环理论出土量$=\pi D^2L/4=\pi/4\times6.35\times1.2=37.98\ m^3$/环。

实际出土量宜控制为理论值的 100%～110%，即 38～42 m^3/环。

4)推进速度：除始发、到达、穿越河流、穿越房屋建筑及其他重大风险源地段，盾构正常掘进时速度宜控制在 4～5 cm/min 之间。

5)盾构轴线控制：盾构轴线控制偏离设计轴线不得大于±50 mm。

(4)管片拼装

1)管片的验收和堆放

管片在满足龄期、达到设计强度后及出厂检验合格后方可运至施工现场，由监理单位和施工单位共同及时进行验收。经验收合格的管片利用吊车进行卸车，分类堆放。验收管片时应进行外观检查，并查看出厂合格证等。

对运输到现场的管片验收后，按标准和左、右转弯管片分类堆放。管片按生产日期及型号内弧面向上排列，堆放整齐，并应搁置在柔性垫条上，堆放高度不超过三层(车站顶板堆放高度不超过两层)。管片贮存期间，不应让管片产生有害裂纹或变形，不应污损管片，逢雨天时应覆盖塑料薄膜。管片接头和管片环接头使用的螺栓、螺母、垫圈，螺栓防水用密封垫以及防水条等附件必须分别打包，保管在固定地方，以免丢失。

2)管片的拼装形式及连接

隧道衬砌由六块预制钢筋混凝土管片拼装而成。由封顶块(F)、邻接块(L1、L2)、标准块(B1、B2、B3)各一构成。衬砌采用错缝拼装，自下而上对称拼装，封顶块和邻接块搭接 2/3，径向推上，然最后纵向插入。封顶块安装时须保证两块邻接块间有足够的插入空间。

本工程采用通用型衬砌管片，管片楔形量为 37.2 mm。管片连接采用 M30 弯螺栓，纵向每环 16 根，环向螺栓每环 12 根。

3)管片拼装工艺流程

管片拼装工艺及施工流程如图 15-14 所示。

4)管片拼装的质量要求

相邻管片允许高差≤4 mm，相邻环的环面间隙≤1 mm，纵缝相邻块块间间隙≤1 mm，衬砌成环后(刚出盾尾时)直径允许偏差：2%D(D 为隧道竖向外径)。衬砌环椭圆度≤20 mm，隧道水平轴旋转角度≤0.6°。

(5)同步注浆

盾构机的刀盘开挖直径为 6350 mm，管片外径为 6200 mm，当管片在盾尾处安装完成后盾构机向前推进，管片与土层之间形成 75 mm 的建筑间隙时，快速采用浆液材料填充此环形间隙，其目的在于：防止和减少地层沉陷，保证环境安全；保证地层压力较为均匀地径向作用于管片，限制管片位移和变形，提高结构的稳定性；作为隧道第一道防水层，加强隧道防水。

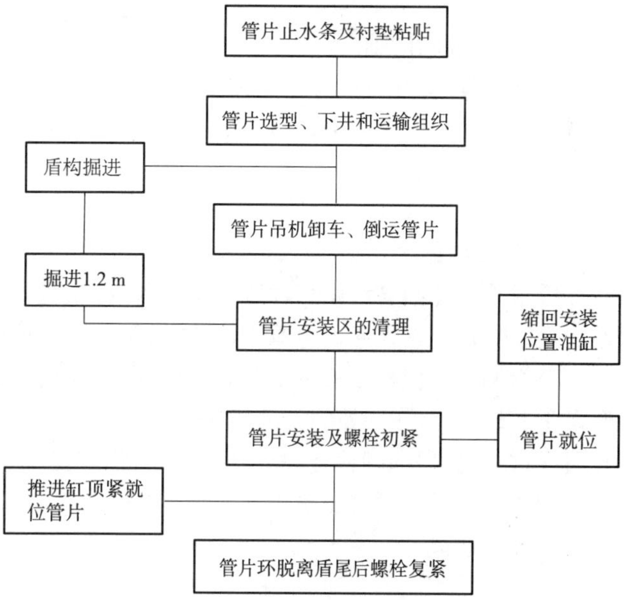

图 15-14　管片拼装工艺流程图

1)注浆方式

推进时采用盾尾同步注浆方式及时注入可硬性浆液。即在盾构机推进时，通过安装在盾尾内的内置式注浆管向管片与地层间的环形建筑空间同步注入填充浆液。

2)注浆设备

浆液由车站端头位置的浆液搅拌站拌制，由地面泵送到浆液运输车内，然后再输送至拖车上的储浆罐内使用。同步注浆采用一套独立柱塞式液压泵送设备，通过 4 条管路将同步浆液泵送至管片四周。注浆管上设压力表和阀门，可监测同步注浆流量与压力。同步注浆参数通过盾构机上的注浆控制面板手动控制，也可自动控制。

3)注浆压力控制

注浆压力可大于地层静止水土压力 0.1～0.2 MPa,在实际掘进中将不断调整。由于是从盾尾圆周上的几个点同时注浆,上部每孔的压力应比下部每孔的压力略小 0.05～0.10 MPa。根据地质和隧道的覆土厚度情况,注浆压力在砂性土中一般为 0.2～0.5 MPa,在软黏土中一般为 0.2～0.3 MPa。若注浆区域上方有构筑物时,注浆压力不得大于超载压力,注浆时应严密监测地表变形。

4)注浆量控制

盾构机在推进过程中,除了排出洞身断面上的土体外,还存在着其他方面的土体损失如超挖、纠偏和蛇形运动等。这些土体损失是通过同步注浆来获得补偿平衡的。每环同步注浆量计算如下:

$$Q=K\times\pi\times(D^2-d^2)\times L/4;$$

式中:K 为注浆扩散系数(1.3～1.8),D 为盾构机的切削外径(6 350 mm),d 为管片外径(6 200 mm)。

隧道掘进过程中,注浆量应根据不同的地质情况和地表隆陷监测情况进行调整和动态管理。一般情况下以满足控制地表隆陷降为原则。盾构通过建筑物时,每环的压浆量应大于建筑空隙的 180%,注浆压力渐近增加以满足注浆量为上限值。

5)注浆材料及配合比选择

在正式施工前,对浆液配合比进行不同的试调配及性能测定比较,优化出满足使用要求的配比。同时在试推进施工过程中对浆液的配合比核对推进后地表沉降监测情况进行相应的优化及调整。同步注浆浆液配比及性能指标见表 15-8。

表 15-8 同步注浆配比及性能指标表

项目	配比及性能指标要求			
浆液配比	水泥	粉煤灰	砂	水
	100 kg/m³	920 kg/m³	208 kg/m³	320 kg/m³
浆液性能	凝结时间	稠度	7 d 抗压强度	28 d 抗压强度
	<10 h	9～11 cm	>2 MPa	>4 MPa

(6)盾尾油脂的加注

为防止盾构掘进时,地下水及同步注浆浆液从盾尾窜入隧道,在盾尾钢丝刷位置压注盾尾油脂,以达到盾构的密封功能。在盾构始发前,足量均匀进行盾尾油脂的涂刷;推进中,按操作规范做好盾尾油脂的压注工作。

(7)纠偏控制

盾构推进中,因轴线走偏或砌环面不平倾斜,须予以纠正时,可采用调整盾构千斤顶的组合或低压石棉橡胶板进行纠偏。

1)用千斤顶组合纠偏时,可在偏离方向相反处,调低该区域千斤顶工作压力造成两区域千斤顶的行程差。应以长距离慢慢修正为原则,一次纠偏量不宜超过 5 mm。

2)纠偏用石棉橡胶板厚度分成五级,在环面粘贴纠偏时,厚度应呈阶梯形变化。当粘贴的石棉橡胶板厚度大于 3 mm 时,在同处的止水密封垫背后加贴 1.5～3 mm 全膨胀橡胶薄板,以保证环缝止水效果。粘贴好纠偏材料的管片,须检查、复核后方可下井拼装。

(8)施工通风、照明及防排水

1)施工通风

隧道内采用压入式通风,采用大功率、高性能风机,ϕ1 000 风管,送风有效距离大于 2 km,以确保远距离通风的要求。通风设备噪声满足有关要求,且应保证隧道内工作人员新鲜空气不低于每人每小时 30 m³,氧气含量不低于 20%,相对湿度为 65%～80%之间。对 H2S、CH4 等有毒有害气体配备专门的检测报警仪或复合气体检测仪进行不间断监控,严格消防管理,保证不得超出有害身体的浓度。

2)施工照明

隧道照明置于隧道腰间部位,位于衬砌环的 61°～85°之间。照明灯具采用 40 W 防潮型萤光灯,并配置 RL8B-16/2A 熔断器保护,每 10 m 布置一只。每 100 m 设一只 100 A 专用分段开关箱。

3)施工防排水

当盾构机通过含水量较大的地层时,密切注意螺旋输送机的出渣情况,可向土仓内加入泥浆或泡沫剂,使土体在螺旋机体内形成螺旋状连续体，防止地下水涌入。同时作好盾尾油脂的加注，保证盾尾的密封。

洞内施工排水：在盾构机管片拼装位置设置一台水泵，人工清除固体颗粒后，抽干洞内积水以免影响管片拼装。排水管采用 ϕ80 mm，随盾构机的掘进而延伸，洞口处设污水处理池，并用污水泵抽至地表沉淀池，经沉淀处理排入城市排污管道。

15.5.9.3　联络通道及泵房施工

(1)施工方法

本区间联络通道为直墙拱形断面，废水泵房为矩形断面，采用复合式衬砌结构。初期支护为 250 mm 厚 C25 网喷混凝土，钢拱架间距 0.5 m 一榀；二次衬砌为厚度 400 mm 的 C35、P10 模筑防水钢筋混凝土。区间联络通道及废水泵房结构如图 15-15 所示。

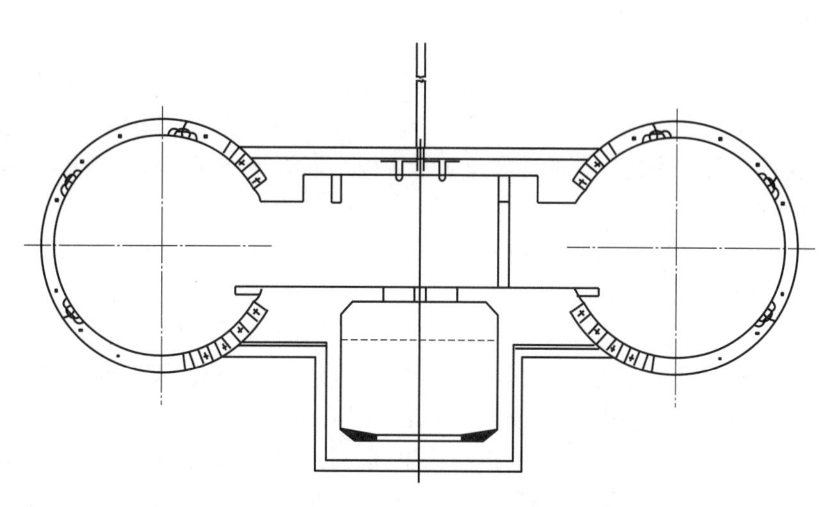

图 15-15　区间联络通道及废水泵房结构示意图

联络通道与正线隧道相接处设置开口衬砌环特殊管片，特殊衬砌环采用通缝拼装。共有 4 环特殊衬砌环(线路左、右线各 2 环)，开口衬砌环采用钢筋混凝土＋钢管片复合管片环，即 4 块钢筋混凝土管片＋2 块钢管片，其中钢管片用于特殊衬砌环开口处。

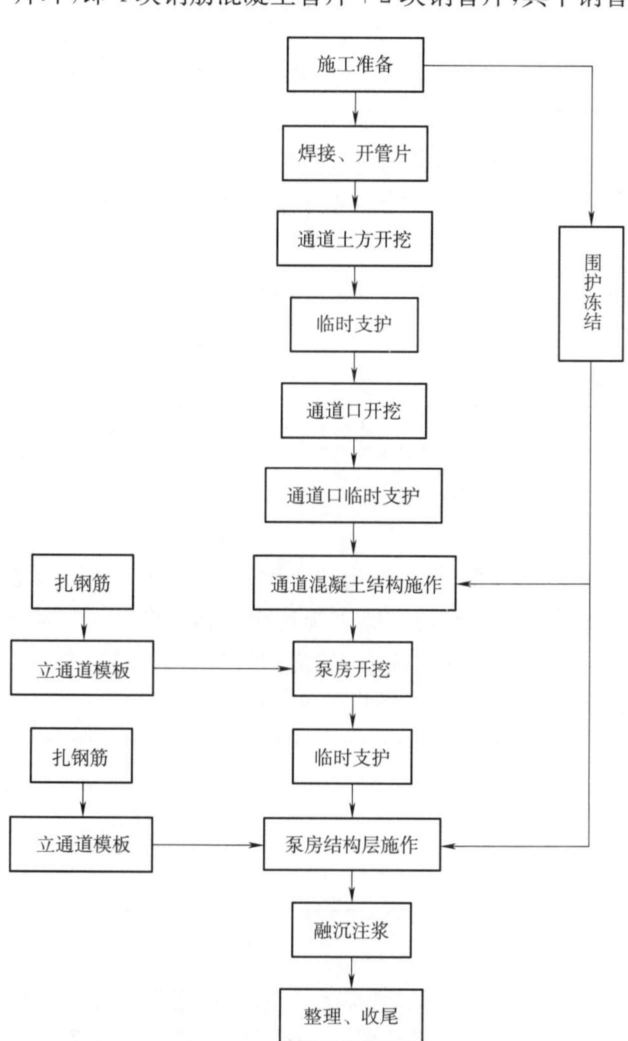

图 15-16　联络通道冻结、开挖、结构施工流程图

本区间联络通道及泵房采用冻结法加固，矿山法施工。在隧道内利用水平冻结法加固地层，使联络通道外围土体冻结，形成强度高、封闭性好的冻土帷幕。冻结加固效果经验收合格后，在冻土中采用矿山法进行联络通道的开挖构筑施工。

(2)冻结、开挖及结构施工流程

区间联络通道及废水泵房的冻结、开挖及结构施工流程如图 15-16 所示。

15.5.9.4　洞门井接头施工

(1)施工准备

井接头施工在隧道全部贯通后与联络通道施工同时进行，施工前应将洞门与隧道衬砌环状间隙用钢板封闭(此项工作已于盾构到达时完成)，并从近洞口 1～3 环内的衬砌压浆孔内向洞圈和管片间充填早凝水泥浆，确保洞圈无渗漏。待浆液凝固后，拆除洞门封闭钢板。

(2)环形保护圈钢筋绑扎、安装

根据标高、轴线控制点进行钢筋安装、绑扎，钢筋与结构预埋件应焊接牢固，钢筋搭接焊长度≥10 d(双面焊≥5 d)。由于钢筋笼较高，在安装绑扎钢筋时必须设置临时撑及支架，并挂好保护层垫层。焊接完成后，检测钢筋与管片预埋钢板、车站洞口预埋钢板是否焊牢。

(3)止水条及注浆管安装

用 303 单组分氯丁-酚醛胶粘剂粘贴并弯折定位钢筋，固定二圈水膨胀橡胶止水条，涂缓胀剂。混凝土浇筑前在管片外圆安装一圈注浆管，间隔留取若干注浆头，在井接头施工完成后若发现有渗漏水现象可以注入化学浆液止水。

(4)模板及支撑安装

洞口处模板须定制专用钢模板，确保几何尺寸正确。模板安装尺寸应准确，接缝应平齐、无间隙，确保不漏浆，并支撑牢固。两腰与顶部预留混凝土浇灌口。

(5)混凝土浇筑

混凝土浇筑前应进行检查，确认配合比、坍落度、和易性等指标符合要求，并制作混凝土试块。首先从洞门二腰预留的浇灌口浇注混凝土，然后封闭二腰浇注口，从顶部预留口继续浇注混凝土。整个洞门混凝土浇筑须一次完成，不可产生施工缝。现浇混凝土应与隧道和端墙密贴、稳固连接。混凝土捣固均匀密实，确保混凝土质量达到设计的强度及防水等级。混凝土浇筑完毕后应做好养护工作，达到强度后及时通过预留注浆孔补充注浆。

15.5.9.5 区间隧道结构防水施工

(1)防水要求

本工程防水等级为二级：区间隧道及旁通道每昼夜流水量不大于0.06 L/m，任意100 m²每昼夜渗水量不大于10 L。隧道顶部不允许滴水，侧面允许有少量，偶见湿渍，隧道内表面潮湿面积≤2/1000的总表面积，任意100 m²湿渍不超过3点，任一湿渍面积≤0.15 m²。

盾构区间防水应遵循“以防为主，防排结合，多道设防，因地制宜，综合治理”的原则。隧道防水以高精度、高强度、高抗渗性的管片自防水和管片拼装缝的三元乙丙橡胶密封条为主，以嵌缝、手孔封堵、联络通道防水、洞门防水等细部处理为辅，保证运营期间不渗漏。

(2)管片自防水

管片采用以耐久性好为特点的高性能自防水混凝土，抗渗等级P10，其质量是盾构隧道防水效果的重要保障。应加强管片钢模的质量控制，保证管片钢模的制作精度。选择合适的原材料、设计科学合理的配比，采取严格的生产过程控制措施，按照规定加强检测，保证管片成品的抗渗等级、强度和各项质量指标符合设计要求。加强地下水样化验，核查对混凝土、钢筋等的腐蚀性，视情况增加抗腐蚀措施。加强管片出厂前后的试验与检验，杜绝不合格产品出厂。加强管片堆放、运输的管理，保证管片完好无损进入安装现场。

(3)管片接缝防水

管片接缝处的防水是隧道防水的一个关键环节。管片间的外侧设置密封垫沟槽，其内设置高弹性三元乙丙橡胶密封垫。三元乙丙橡胶密封垫性能指标见表15-9。

表15-9 三元乙丙橡胶密封垫性能指标表

性能	硬度(SH)	拉伸强度(MPa)	伸长率(%)	永久压缩变形	使用寿命(年)
参数	67±5	≥10.5	≥350	≤25%	≥100

(4)嵌缝

按照设计要求，对盾构区间隧道不同区段、不同范围进行嵌缝处理，提高隧道防水质量，增强成型隧洞内部表观质量。嵌缝可弥补因止水条接头密封不严、拐角开裂或管片边角部位因施工损坏而引起的渗漏。嵌缝材料选用氯丁胶乳水泥砂浆，界面处理选用界面处理剂YJ-302及PE薄膜。不同区段需嵌缝范围见表15-10。

表15-10 不同地段嵌缝范围表

工程部位	嵌缝范围	备注
洞口段	每个洞口段24 m，共20环整环嵌缝	4个洞门段
联络通道段	联络通道前后各10 m整环	左右线均需处理
其他地段	每环拱顶45°，拱底90°范围	

(5)吊装孔及螺栓孔防水

螺栓孔的密封圈采用遇水膨胀橡胶材料，利用压密和膨胀双重作用加强防水。吊装孔迎水面在管片生产时预浇厚50 mm的同级素混凝土。吊装孔兼作注浆孔时，注浆结束后清除孔内残留物，填入弹性密封材料，并用密封塞封堵孔口。

(6)洞门防水

隧道洞门拐角多,结构复杂,是防水工作的难点。在洞门防水混凝土施工时应充分考虑收缩应力和变形开裂,做好预防工作,避免产生微小裂缝引起渗漏;在竖向施工缝及水平施工缝位置均设遇水膨胀橡胶止水条等防水装置。止水条的粘贴基面需光滑平整,并防止脱落。洞门防水施工如图15-17所示。

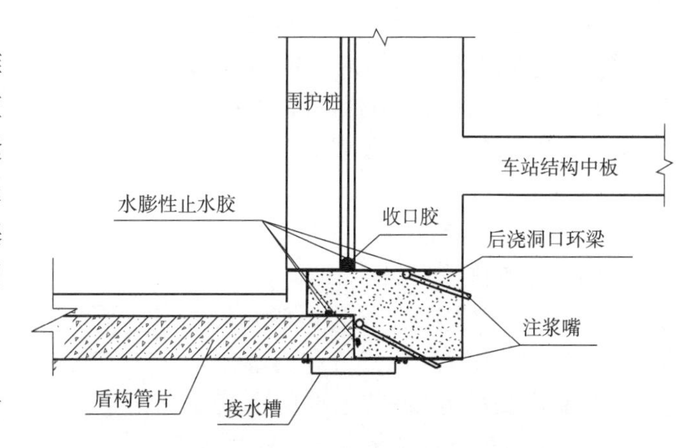

图15-17　洞口防水施工示意图

(7)联络通道及防水

首先紧贴支护层铺设自粘性防水卷材,采用冷粘法。在施作防水层时,防水板铺设应由下而上,将防水板相接,构成一封闭防水层。与管片相接的拱顶铺设的缓冲层及防水板应在支护层施工前,其边端固定于钢管片上,然后施作支护层,将边端包裹于支护层内。在浇筑二衬混凝土时拱顶预留注浆孔,当二衬混凝土完成后压注水泥浆,以填充空隙防止二衬渗水。

联络通道与区间隧道接口处,应在钢管片与支护层和结构层的接缝位置设置成环的遇水膨胀止水条及预埋注浆管,确保接口防水质量。与钢管片相接的拱顶铺设的缓冲层及防水板应在支护层施工前,其边端固定于钢管片上,然后施作支护层,将边端包裹于支护层内。遇水膨胀橡胶条于顶板、侧墙处埋设在支护层中,于底板处埋设在结构层中;预埋注浆管皆埋设于结构层中。

15.5.9.6　盾构区间隧道质量缺陷处理

(1)渗漏水处理

1)管片裂缝堵漏

当管片裂缝小于0.2 mm或渗水较小,能够满足地下铁道验收规范时,采取在裂缝面使用水泥基渗透结晶防水材料进行涂刷的处理措施;当管片裂缝大于0.2 mm,渗水明显时,先将渗水处前后各1环的环、纵缝用双快水泥临时封堵,渗水点以钻孔的形式埋置一个扁头铝管,压注亲水性环氧树脂,待浆液达到一定龄期后拔出注浆管,清洁管片。

2)环、纵缝堵漏

管片环、纵缝漏水量较大时,采用通过管片注浆孔压注水泥浆和水溶性聚氨酯的方法来堵漏,堵漏时根据注浆压力来控制。当通过压浆后还存在少量渗漏水时,可采用在渗漏处埋管压注环氧浆,达到堵漏效果。当环、纵缝漏水量较小时,可参照管片裂缝堵漏措施执行。

为了确保道床混凝土浇筑的质量,在对管片环、纵缝渗漏水点进行堵漏工作的过程中,如隧道下部也存在渗漏时,先处理该处的渗漏,然后进行其他工作。

3)注浆孔渗漏水的处理方法

若注浆孔渗漏水较小,首先清理注浆孔,并在束节内螺纹和闷头外螺纹位置涂少量双快水泥,然后将螺盖旋紧(加设止水垫圈),最后在螺盖处再用水泥封一圈,彻底堵住渗水。若注浆孔漏水较大,应先采取注浆止水措施;若注浆孔螺纹损坏,则先在孔内部用双快水泥封堵,然后在注浆孔表面用防水材料封堵。

4)螺栓孔渗水处理

在螺栓孔沿螺杆有渗漏水时,先拆除螺栓,用双快水泥在平垫圈和管片手孔之间填塞。在水泥没有初凝之前,加设新的三元乙丙弹性橡胶垫圈,并拧紧螺母,最终达到止水效果。

(2)管片破损修补

管片破碎修补采取等强原则进行。先将管片混凝土需修补的部位用清洁的水清洗基层,清除所有浮浆,油迹,粉尘等杂物;之后进行初步修补,填平需修补的破损部位;待初步修补材料干燥并达到一定强度后,进行精修补,主要为防止修补的部位出现裂缝或修补不平整。每次修补的厚度不大于35 mm,如破损深度大于35 mm,则应分层逐步修补,每次修补厚度不大于35 mm。最后用砂纸进行磨平修整。

15.5.9.7　施工测量

(1)区间施工测量内容

测量是隧道掘进轴线与设计轴线相一致的保证,是确保工程质量的前提和基础。地铁工程的测量分为施工控制测量、放样测量、贯通测量等作业内容。本盾构区间采用人工测量和盾构自动导向测量系统相结合，确保数据的准确性。盾构区间施工测量工作流程如图15-18所示。

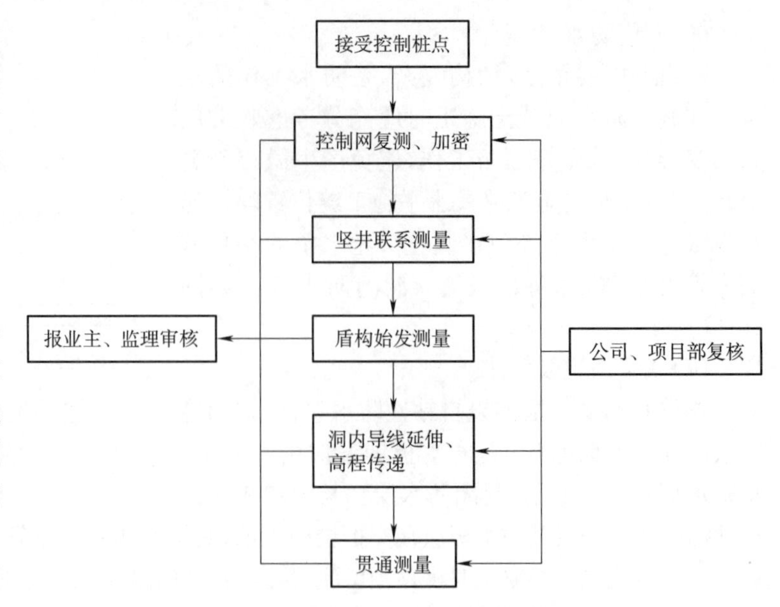

图15-18 盾构区间施工测量主要工作流程图

(2)施工控制测量

1)地面控制测量

在工程开工之前，组织公司精测队根据业主提供的工程定位资料和测量标志资料，对业主提的导线网、水准网及其他控制点用GPS静态定位技术进行复测；同时测设施工过程中使用的控制桩，并将测量成果书报请工程师及业主审查、批准。

利用业主提供的测量成果书，由公司精测队以最近的导线点为基点，引测至少三个导线点至每个端头井附近，布设成三角形，形成闭合导线网。

利用业主提供的水准网，由公司精测组以最近的水准点为基点，将水准点引测至端头井附近，测量等级达到国家二级。端头井附近至少布设两个埋设稳定的测点，以便相互校核。

2)联系测量

联系测量工作包括地面趋近导线测量、趋近水准测量、通过竖井(通道)的定向测量和传递高程测量以及地下趋近导线测量、地下趋近水准测量。

铅垂仪投点时每次投点单独进行，共投三次，三点互差≤±2 mm，按0°、90°、180°、270°四个方向投点，边长2.5 mm，取重心为最后位置，投点误差≤±0.5 mm。全站仪独立三测回测定铅垂仪的纵轴坐标互差应小于3 mm。铅垂仪的支承台与观测台应严格分离，互不影响作业。铅垂仪的基座或旋转轴应与棱镜旋转轴同轴，其偏心误差应小于0.2 mm。

陀螺经纬仪定向：独立三测回零位较差不应大于0.2格，绝对零位偏移大于0.5格，应进行零位校正，观测中的零位读数大于0.2格时应进行零位改正。测前、测后各三测回测定的陀螺经纬仪两常数平均值较差不应大于15″。测回间的陀螺方位角较差不应大于25″。两条定向边陀螺方位角之差的角值与全站仪实测角较差应小于10″。每次独立三测回测定的陀螺方位角平均值较差应小于12″。

高程传递测量：测定近井水准点高程的地面趋近水准线路应附合在地面相邻精密水准点上。采用在竖井内悬吊钢尺的方法进行高程传递测量时，地上和地下安置的两台水准仪应同时读数，并应在钢尺上悬吊与钢尺鉴定时相同质量的重锤。传递高程时，每次应独立观测三测回，每测回改变仪器高度，三测回测得地上、地下水准点的高差较差应小于3 mm。

3)地下控制测量

地下平面和高程起算点应采用直接从地面通过联系测量传递到地下的近井点。地下起算方位边不应少于2条，起算高程点不应少于2个。盾构法施工的隧道其测量标志应埋设在隧道结构的边墙上或者拱顶上，并应经常复测地下平面和高程测量控制点。

在施工推进过程中，随掘进深度，布设地下隧道控制导线点。控制导线一般平均边长100～200 m，特殊情况下不应小于60 m，角度观测中误差应在±2“之内，边长测距中误差应在2 mm之内。左、右角各测4个测回，左、右角平均值之和与360度之差小于6″，边长往返测各4测回，往返观测平均值较差小于7 mm。每次延伸施工控制导线测量前，应对已有的导线进行复核确认无误后方能进行导线引测。

地下高程控制测量起算于地下近井水准点，每100～200 m设置一个，也要以利用地下导线点作水准点，水准测量采用往返观测，其闭合差在$\pm 20\sqrt{L}$ mm(L以千米计)之内。水准测量在隧道贯通前独立进行3次，并与地面向地下传递高程同步，精度同地面精密水准测量，重复测量的高程点与原测点的高程较差应小于5 mm，并应采用逐次水准测量的加权平均值作业下次控制水准测量的起算值。

在盾构施工期间，地下控制网以闭合导线的形式布设，导线采用一高一低布置，一条边设在拱顶处一条边设在拱腰处。盾构区间洞内导线测量如图 15-19 所示。

(3)施工放样测量

1)始发测量

测出始发、接收井预留洞门中心横向和垂直向的偏差，由工程师书面认可后进行下道工序施工。按设计图在实地放样盾构基座的平面和高程位置，基座就位后立即测定与设计的偏差。定位后精确测定相对于盾构推进设计轴线的初始位置和姿态。安装在盾构内的专用测量设备就位后立即进行测量，测量成果报工程师确认。

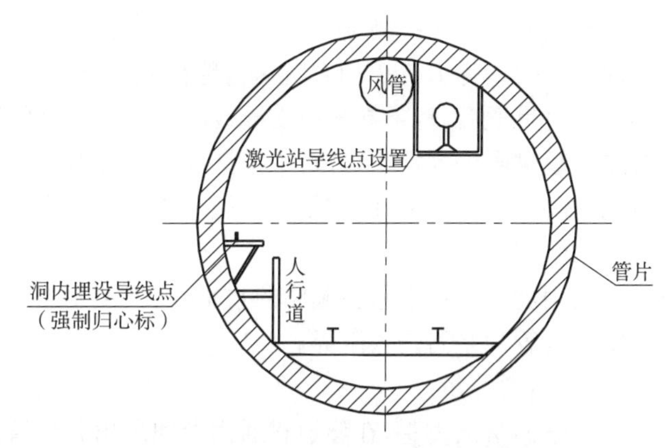

图 15-19　盾构区间洞内导线测量示意图

根据井下的导线点准确的放样出盾构的基座，基座的前点高程比设计高程提高 1.5 厘米，后点高程与设计高程一致。根据导线点准确的放出反力架的位置，并复核反力架、基座的中线是否重合、标高是否顺坡。利用地下导线点准确测设出盾构中心坐标及安装在盾构机上三个棱镜的坐标。

2)盾构姿态测量

盾构机拼装后，应进行盾构纵向轴线和径向轴线测量，其主要测量内容包括刀口、机头与机尾连接中心、盾尾之间的长度测量，盾构外壳长度测量，盾构刀口、盾尾和支承环的直径测量。盾构机掘进时姿态测量应包括其与线路中线的平面偏离、高程偏离、纵向坡度、横向旋转和切口里程的测量。盾构姿态测量误差要求见表 15-11。

表 15-11　盾构姿态测量误差要求表

测量项目	测量误差	测量项目	测量误差
平面、高程偏离值(mm)	±5	纵向坡度(‰)	±1
里程偏离值(mm)	±5	切口里程(mm)	±10
横向旋转角(″)	±3		

盾构推进测量以自动测量导向系统为主，辅以人工测量校核。

①自动测量导向系统

导向系统能够全天候的动态显示盾构机当前位置相对于隧道设计轴线的位置偏差，主司机可根据显示的偏差及时调整盾构机的掘进姿态，使得盾构机能够沿着正确的方向掘进。该系统主要组成部分有靶、激光全站仪、后视棱镜、工业计算机等。

②人工测量复核

为了保证导向系统的准确性、确保盾构机沿着正确的方向掘进，需定期对导向系统数据进行人工测量校核。置镜吊篮测量棱镜坐标，通过坐标转换可推算出盾首盾尾中心坐标并与理论值相比较，即可计算出目前的姿态并与自动测量系统相复核。

以盾构中心轴线作为 Y 轴、垂直与轴线方向为 X 轴，Z 轴即为高程方向，刀盘中心作为坐标原点。利用测量吊篮作为置镜点，前视位于盾构机前端的三个固定测点，得出当前坐标。利用固定测点与盾构机的固定几何关系，即可反算得出当前盾构机的实际姿态。人工测量复核后应立即对比自动导向系统显示姿态，及时修正导向系统参数，确保盾构掘进姿态得到正确纠偏。

3)管片测量

管片拼装测量的主要内容包括：管片拼装的水平和竖直直径、计算椭圆度、环片中心的平面和高程偏离值、环片前沿里程等。管片拼装后需测量其中心三维、旋转及俯仰度、法面、真圆度等数值。衬砌管片每环都测量，相邻衬砌环测量时重合测定 2～3 环环片。环片平面和高程测量允许误差为±15 mm。管片拼装完毕，应立即进行观测，并用报表形式及时向工程师提供测量成果，供其核查。观测的偏差值应在技术规定允许范围内，测量数据应准确、完整、记录规范。

4)贯通测量

在隧道进洞前 50 米需要复测两次地下控制网。以地面和地下控制导线点为依据，组成附合导线，并进行左右线的附合导线测量。贯通误差规定为:横向±50 mm、竖向±25 mm,极限误差为中误差的2倍,纵向贯通误差限差为$L/5\ 000$(L为区段距离)。

隧道贯通后,地下导线由支导线经与另一端基线边联测变成了附合导线,支水准变成了附合水准,当闭合差不超过限差规定时,进行平差计算。按导线点平差后的坐标值调整线路中线点,调整后再进行中线点的检测,高程应用平差后的成果。导线平差的新成果作为净空测量、调整中线、测设铺轨基标及进行变形监测的起始数据。

利用隧道贯通后重新调整的水平、高程控制点对隧道断面进行测量,所用仪器为断面仪。根据测量结果确定盾构管片是否侵入限界。

(4)贯通测量

1)平面贯通测量,在隧道贯通面处即吊出井位置处,采用坐标法从始发井向吊出井处测定贯通点坐标,并归算到预留洞口的断面和中线上,求得横向贯通误差和纵向贯通误差进行评定其标准见下表;

2)高程贯通测量,用水准仪从两端测定贯通点的高程,其互差即为竖向贯通误差。

贯通测量结果评定见表15-12。

表15-12 城市地下铁道平面与高程贯通误差限差表

项目误差	地面控制测量	联系测量	地下控制测量	总贯通中误差
横向贯通中误差	≤±25 mm	≤±20 mm	≤±30 mm	≤±50 mm
纵向贯通中误差				$L/1000$
竖向贯通中误差	≤±15 mm	≤±9 mm	≤±15 mm	≤±25 mm

3)隧道贯通后,地下导线由支导线经与另一端基线边联测变成了附合导线,支水准变成了附合水准,当闭合差不超过限差规定时,进行平差计算。

4)按导线点平差后的坐标值调整线路中线点,调整后再进行中线点的检测,高程应用平差后的成果。

15.5.9.8 施工监控测量

(1)监测项目内容

1)一般地段监测项目

常规地段的监测试验主要目的是探明地层和普通建筑物的变形,为决定盾构掘进时掘进速度、顶进力等施工参数提供依据。监测项目内容主要包括:地表沉降、地表和地中管线沉降、地面建筑物下沉和倾斜、地层水平及竖向位移、地下水位、地层孔隙水压力。

2)特殊地段监测项目

针对本区间的特殊地段,进行必要的监测和试验是保证施工顺利开展,避免重大工程事故的关键。主要包括:邻近建筑物沉降与倾斜、外表观测、各联络横通道施工监测。

3)监测项目及数量

盾构区间监测项目及数量见表15-13。

表15-13 盾构区间监测项目及数量表

序号	项　目	单项数量	说　明
1	地表沉降	545	沿轴线每50 m一个断面、6个点
2		454	沿轴线每10 m一个点(主控面)
3	地表和地中管线沉降	227	沿轴线每20 m一个点(主控面)
4	房屋建筑沉降和倾斜	364	沿建筑周边每10 m一个点
5	地层水平位移	25	整个区间共25个
6	地层竖向位移	50	整个区间共50个
7	地下水位	40	整个区间共40个
8	地层空隙水压力	42	整个区间共42个

(2)监测控制标准

盾构区间监测控制标准见表15-14。

表 15-14　监测控制标准表

序号	监测项目	控制标准
1	地表沉隆	+10～30 mm
2	建筑物沉降	−15 mm
3	建筑物倾斜	3.0‰
4	通道拱顶下沉	45 mm
5	通道净空收敛	30 mm

(3)监测频率

盾构区间监测频率见表 15-15。

表 15-15　监控量测频率表

序号	监测对象	监测项目	监测量测频率
1	地表环境	地表隆陷	掘进面前后<20 m 时 1～2 次/d
			掘进面前后<50 m 时 1 次/2d
			掘进面前后>50 m 时 1 次/周
2	地面建筑物及管线	沉降、倾斜、裂缝	掘进面前后<20 m 时 1～2 次/d
			掘进面前后<50 m 时 1 次/2d
			掘进面前后>50 m 时 1 次/周
3	隧道结构	沉降、位移、收敛变形	掘进面前后<20 m 时 1～2 次/d
			掘进面前后<50 m 时 1 次/2d
			掘进面前后>50 m 时 1 次/周

(4)数据处理及信息反馈

1)数据管理基准

采用Ⅲ级监测管理并配合位移速率作为监测管理基准，即将允许值 U_n 的 2/3 作为警告值，1/3 作为预警值，将警告值和预警值之间称为警告范围。盾构区间监测管理等级及处置措施见表 15-16。

表 15-16　监测管理等级表

管理等级	管理位移	处置措施
Ⅲ	$U_0<U_n/3$	正常施工
Ⅱ	$U_n/3\leqslant U_0\leqslant 2U_n/3$	加强监测
Ⅰ	$U_0>2U_n/3$	加强监测并采取相应工程措施

2)信息反馈

监测负责人对每次监测数据及时进行整理分析，并将分析结果以书面形式向技术部门汇报。技术部门对监测资料要及时进行评判，并将评判结果向项目总工程师汇报，同时向监理及业主工程师通报。若遇监测值达到预警值或危险值时，项目总工程师要立即汇同监测人员、项目经理及监理等分析原因，制定对策措施，以保证施工安全。监测工作提交的成果，一般包括日常监测报告、阶段监测报告和最终监测报告三个部分。

技术部门应对对监测数据进行理论分析：根据监测数据分析结果，确认、评价施工方法对构造物的影响，确保安全；根据监测数据分析结果，确认、评价地下水位变化对结构的影响；根据监测数据分析结果，确认、评价施工方法的合理性，指导下一步施工。

15.6　施工进度计划

15.6.1　施工工期总目标

本工程计划开工日期为 2012 年 4 月 1 日，计划竣工日期为 2013 年 5 月 31 完工，总工期 426 天。本工程施工工期总体安排如图 15-20 所示。

标识号	任务名称	工期	开始时间	完成时间
1	**环得区间施工计划**	**426 工作日**	**2012年4月1日**	**2013年5月31日**
2	**一、施工准备**	**61 工作日**	**2012年4月1日**	**2012年5月31日**
3	盾构机及后配套设备进场	61 工作日	2012年4月1日	2012年5月31日
4	盾构始发、到达端头加固	61 工作日	2012年4月1日	2012年5月31日
5	**二、1#盾构施工**	**214 工作日**	**2012年6月1日**	**2012年12月31日**
6	盾构吊装及调试	30 工作日	2012年6月1日	2012年6月30日
7	盾构掘进	153 工作日	2012年7月1日	2012年11月30日
8	盾构接收及吊出	31 工作日	2012年12月1日	2012年12月31日
9	**三、2#盾构施工**	**212 工作日**	**2012年8月1日**	**2013年2月28日**
10	盾构吊装及调试	31 工作日	2012年8月1日	2012年8月31日
11	盾构掘进	153 工作日	2012年9月1日	2013年1月31日
12	盾构接收及吊出	28 工作日	2013年2月1日	2013年2月28日
13	**四、附属结构施工**	**89 工作日**	**2013年2月1日**	**2013年4月30日**
14	联络通道及废水泵房施工	89 工作日	2013年2月1日	2013年4月30日
15	洞门施工	31 工作日	2013年3月1日	2013年3月31日
16	**五、收尾工程**	**31 工作日**	2013年5月1日	2013年5月31日

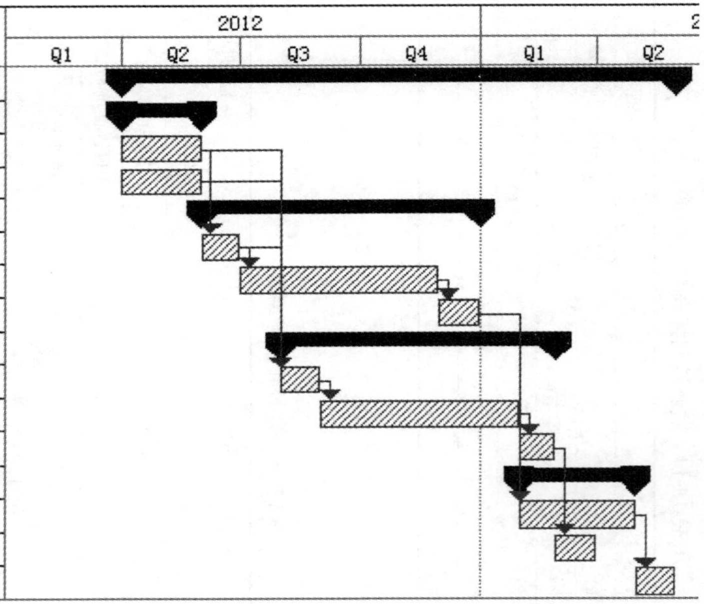

图 15-20　施工工期计划横道图

15.6.2　主要阶段工期

本工程各主要阶段施工工期见表 15-17。

表 15-17　主要施工阶段工期计划表

序号	工程项目	开工时间	完工时间	工　　期	主要工作内容
1	前期准备	2012-4-1	2012-5-31	2 个月	端头加固、盾构吊装及调试等
2	1#盾构施工	2012-6-1	2012-11-30	6 个月	推进并贯通区间右线
3	2#盾构施工	2012-8-1	2013-1-31	6 个月	推进并贯通区间左线(滞后右线 2 个月始发)
4	附属结构施工	2013-2-1	2013-4-30	3 个月	完成联络通道、洞门等附属结构施工(冻结加固提前进行)
5	收尾工程	2013-5-1	2013-5-31	1 个月	完成管片嵌缝、手孔及注浆孔封堵、质量缺陷处理等工作

15.6.3　主要施工进度指标计划

本工程各施工项目进度指标计划见表 15-18。

表 15-18　主要施工进度指标计划表

序号	施工项目	进度指标	单　　位	备　　注
1	盾构端头加固	1 000	m^3/月	1 个月完成一处端头加固
2	盾构吊装、吊拆	1	台次/月	包括组装、解体及调试
3	盾构始发、到达推进	150	m/月	
4	盾构正常推进	200	m/月	
5	盾构穿越风险地段	160	m/月	穿越河流、隧道、房屋等地段
6	联络通道冻结加固	2	月/项	包括冻结孔施工和积极冻结施工
7	联络通道开挖及结构施工	1	月/项	包括开挖、初支及二衬施工
8	洞门施工	7	天/个	共 4 个洞门

15.6.4　关键线路

施工准备→端头加固→盾构吊装→盾构始发→盾构推进→盾构接收→附属结构施工→竣工交验及其他。

15.6.5　工程接口及配合

施工场地内进行管线改迁、临时交通改道等工作均相关产权单位来完成。为确保工期,我单位将安排专人尽力和相关单位协调,快捷优质的完成前期工程工作。对于因为特殊原因未完成的前期工程,将与相关单位协调及配合。

在临时交通组织方面,将与相关单位协调,以确保改道方案能配合土建工程的施工方法及项目时程的安排,并获得交通管理部门的批准。

15.7　主要资源配置计划

15.7.1　主要工程材料供应方案

15.7.1.1　材料供应方案

材料保证:工程质量取决于原材料,首先承诺决不是价格低廉的用材原则,根据供应商的特点合理选择材料供应商。

同时对于进场的原材料都要依据国家规范和本市区地方规定进行必要的检测和试验。对于不优良的材料一律杜绝进场。

施工项目材料供应，主要包括区间工程所需要的全部材料、工具、构件以及各种加工订货的供应。其材料管理不仅包括施工过程中的材料管理，而且包括投标过程中的材料管理。其主要内容如下：

(1)根据工程预算书，计算材料用量，投标文件所确定材料价格，施工进度计划确定材料进场时间。

(2)确定施工项目供料和用料的目标及方式。

(3)确定材料需要量，储备量和供应量。

(4)组织施工项目材料及制品的订货、采购、运输、加工和储备。

(5)编制材料供应计划，保质、保量、按时满足施工的要求。

(6)根据材料性质要分类保管，合理使用，避免损坏和丢失。

15.7.1.2 *材料管理措施*

在工程施工中，由技术负责人、施工员根据施工总工期提出的生产计划，并会同材料员、核算员准确计划材料需用量，提出材料计划，项目经理批准后，由现场负责材料员采购。在确保材料供应充足及时的前提下，必须考虑实际堆场的限制。物资部由于在长期的工程材料管理工作中积累了丰富的经验，掌握一定的材料信息及货源，故而具有较强的材料组织能力。这为本工程施工中的材料管理和材料组织打下了坚实的基础。

在工程施工中，对于进场材料进行严格的质量检验，要求主要材料的质量保证资料齐全。材料进场后，分规格、型号按施工使用情况有序的堆放，零星材料设置材料仓库。

15.7.2 分年度主要材料供应计划

分年度主要材料供应计划见表15-19。

表15-19 分年度主要材料供应计划表

序号	类别	材料名称	单位	2012年	2013年	合计
1	甲供	普通管片	环	1 735	158	1 893
2	自购	钢管片	套	2	0	2
3	自购	管片螺栓	套	48 580	4 424	53 004
4	自购	橡胶止水条	套	1 725	158	1 883
5	自购	水泥	t	700	100	800
6	自购	砂	t	1 200	100	1 300
7	自购	粉煤灰	t	5 200	400	5 600
8	自购	膨润土	t	500	60	560
9	自购	商品混凝土	方	1 000	150	1 150

15.7.3 主要机械配置计划

15.7.3.1 *盾构机配置计划*

根据总体施工部署，本工程将投入2台盾构机分别用于区间左右线的推进。根据本工程地质特性及周边环境保护要求，将采购2台新造复合式土压平衡盾构机。盾构机计划于2012年3月在上海完成制造，于2012年4月运输至得胜桥站施工场地。

15.7.3.2 *盾构机性能*

根据本工程施工要求，2台新造盾构机均配有开挖系统、出渣系统、渣土改良系统、人闸气压装置、保压泵渣系统、管片安装系统、注浆系统、动力系统、控制系统、测量导向系统等设备和装置。盾构机主要性能参数见表15-20。

表 15-20 复合式土压平衡盾构机主要性能参数表

系统类别	技术指标		单 位	技术参数
外型尺寸	盾构外径		mm	6 350
	盾尾内径		mm	6 250
	盾体长度		mm	9 065
	盾构全机总长		m	58.3
推进系统	油缸数量及分区		组/区	16/4
	总推力		kN	40 000
	常规推进速度		cm/min	4.5
管片拼装机	回转力矩		kN·m	137.5
	转速		r/min	0～1.4
	提升	能力	kN	66.8×2
		行程	mm	800
	平移	能力	kN	48.1
		行程	mm	950
刀盘	结构形式		—	面板式、中间支撑、开口率38%
	转速		r/min	0～0.97
	线速度		m/min	19.32
	扭矩	最大	kN·m	6 498(120%)
		额定	kN·m	5 415(100%)
刀具配置	先行刀(焊接固定)		把	86
	切削刀(螺栓)		把	76
	中心刀(焊接)		把	1
	超挖刀		把	2
同步注浆系统	型号		—	Schwing液压柱塞砂浆泵
	数量		套	4
	注浆压力		MPa	1.0～1.5
	注浆流量		L/min	60
螺旋输送机	公称直径		mm	700
	螺距		mm	560(通过最大粒径220)
	转速		rpm	0～13
	排土能力		m^3/h	168
添加剂系统	泡沫系统注入率		—	30%
	泥浆泵注入率		—	30%
	注入口		个	24

15.7.3.3 其他施工设备配置计划

盾构施工后配套及其他施工设备配置计划见表15-21。

表 15-21 其他施工设备配置计划表

序号	设备类别	项 目	型 号	数 量	进场时间计划
1	水平运输设备	电瓶车头	40t(轨距900 mm)	3台	2012年4月
2		电瓶车电瓶	560	20箱	2012年4月
3		土厢及底盘	$16m^3$	10个	2012年4月
4		浆液车	$6\ m^2$	3台	2012年4月

续上表

序号	设备类别	项　目	型　号	数　量	进场时间计划
5	水平运输设备	管片运输平板车	15 t	5台	2012年4月
6		拖车轨道	43 kg/m	200 m	2012年4月
7		电瓶车轨道	43 kg/m	4000 m	2012年4月
8		组合轨枕	弧形	1700组	2012年4月
9		道岔	双开道岔	3组	2012年4月
10	垂直运输设备	龙门吊	40 t	1台	2012年5月
11		龙门吊行走轨道	50 kg/m	40 m	2012年5月
12	其他配套设施	拌和站	强制式组合拌浆系统	1套	2012年4月
13		充电柜	500 VA	10个	2012年4月
14		反力架及支撑		1套	2012年4月
15		始发接收托架		2套	2012年4月
16		叉车	7.5 t	1台	2012年4月
17		走道板	50×240	1500 m	2012年4月
18		高压电缆	3×35 mm^2+3×10 mm^2	1500 m	2012年5月
19		风机	2×37 kW轴流通风机	1台	2012年6月
20	端头加固设备	长螺旋搅拌桩机	SJB-1	1台	2012年4月
21		高压旋喷桩机	XP-30	2台	2012年4月
22		旋挖钻机	履带液压式	1台	2012年8月
23		注浆设备	2TGZ-60/210	2台	2012年4月
24		混凝土浇筑台架		1个	2012年8月
25	联络通道施工设备	冻结孔钻机	YT28	3套	2013年1月
26		冻结机组		1套	2013年1月
27		盐水机组		2套	2013年1月
28		水冷系统		2套	2013年1月
29		定型钢模		1套	2013年4月
30	试验设备	泥浆比重计	NB-1	2台	2012年4月
31		坍落度桶	100×200×300	2台	2012年4月
32		泥浆稠度计	TM-1006	2台	2012年4月
33		自控仪	BYS-II	1台	2012年4月
34		模具	150×150×150	20个	2012年4月
35		模具	175×185×150	20个	2012年4月
36	测量设备	全站仪	TCA1202+	2台	2012年4月
37		水准仪测微器	DS2+NA2	1台	2012年4月

15.7.4 劳动力计划

15.7.4.1 劳动力组成及机构

根据本项目盾构区间的特点和工期要求，按照合理组织、动态管理的原则，除项目经理部配备足够数量经验丰富的管理人员外，还专门设置一个盾构工区。盾构工区管理人员、主要技术操作人员均为企业正式员工，包括工区长、技术主管、机电主管、安全管理人员、土木技术人员、测量人员、试验人员、材料管理人员、盾构机操作手、机修工、电工等。在劳动力组织方面，选择与我单位长期合作、具有丰富施工经验和较高管理水平的专业盾构后配套队伍进场施工，以企业员工和社会合格劳务工相结合的组织方式组织劳动力。主要工种有：电工、机修工、钢筋工、模板工、混凝土工、龙门吊司机、电瓶车司机、叉车司机、盾构注浆手、千斤顶操作手、装吊工、开挖工、普工等。管理人员和技术人员均有大、中专以上学历，具有招标文件规定的职称和职称比例要求，具有参与国家重点工程的施工管理经验和施工技术经验。特种作业人员及技术工人都持有相关作业证书及技术等级证书，普通工人均经培训考核后，持证上岗。盾构施工主要劳动力计划见表 15-22。

表 15-22　盾构施工主要劳动力计划表

序号	劳动力类别	工作内容	数量(双机、两班)	合计人数
1	洞内跟机作业	管片拼装	4 人	32 人
2		螺栓复紧	12 人	
3		千斤顶操作	4 人	
4		双轨梁操作	4 人	
5		单轨梁操作	4 人	
6		看土及电瓶车指挥	4 人	
7	洞外配合作业	龙门吊司机	4 人	28 人
8		电瓶车司机	4 人	
9		地面挂钩	8 人	
10		井下挂钩	8 人	
11		叉车司机	4 人	
12	其他作业人员	管理人员	6 人	52 人
13		电焊工	8 人	
14		电　工	8 人	
15		库　管	2 人	
16		电瓶充电	8 人	
17		普　工	20 人	
总计			112 人	

15.7.4.2　*劳动力进场方式*

属于企业员工的工区管理人员、技术人员、操作人员、维修人员主要来自已完工项目，乘火车、飞机等交通工具到达施工现场；属于专业分包队伍的劳务人员主要来自昆明市已完工盾构施工项目，可根据施工进度直接到达本工程施工现场。

15.7.4.3　*劳动力管理*

(1)建立健全组织机构

组建精干、高效的盾构工区和作业队伍。经理部除代表公司全面履行施工承包合同、科学组织施工外，还负责盾构工区、作业队伍的人员选派及管理工作，随着工程进度及时掌握和调整人员编制，确保施工顺利、高效地进行。

(2)员工队伍的管理

管理服务人员和生产人员合理配置，形成较强的生产能力。劳动力的规模根据施工进度情况实施动态管理。进入施工现场人员，严格进行自我安全保护、环境保护、生态保护、民族风俗、宗教信仰等方面知识的培训工作，做到先培训、后上岗。

(3)社会劳务工的管理

对劳务提供单位的信誉、资质实行有效控制。对使用的劳务工工资实行登记造册，每月由项目经理部财会部负责监督发放到劳务工手中。管理组织机构和岗位职责及各种规章制度覆盖全体参与施工的劳务工。指定专业部门对作业队伍劳务工实施劳动管理和安全管理。

(4)岗前培训

为确保本标段工程施工安全和质量，所有施工人员进场前必须经过专业技术培训，并经考试合格后持证上岗。

针对本项目工程特点、技术难点、技术要求、质量标准、操作工艺等，分专业制定岗前培训计划，组织具有丰富施工经验的专家，对准备进场的管理人员和施工人员进行集中学习和培训。使所有管理和施工人员熟悉与本标段工程相关的安全生产知识、施工技术标准、质量要求、操作规程及有关规定，经理论和实践考核合格后方可进场。确保所有人员均能以饱满的热情、认真负责的工作态度、精湛的施工技术和安全优质高效的工作效率圆满完成施工任务。

(5)作业时间安排

为确保施工工期全面兑现，在盾构推进阶段实行两班制作业，24 h不间断施工。坚持每天19:00～20:00的交班会和技术总结会制度，同时利用该时段进行盾构机及后配套设备的维修保养。每月中旬实行白班12 h集中保养及人员倒班，保障机械设备正常运转，做到均衡施工。

15.7.4.4 *劳动力动态计划*

劳动力动态分布如图15-21所示。

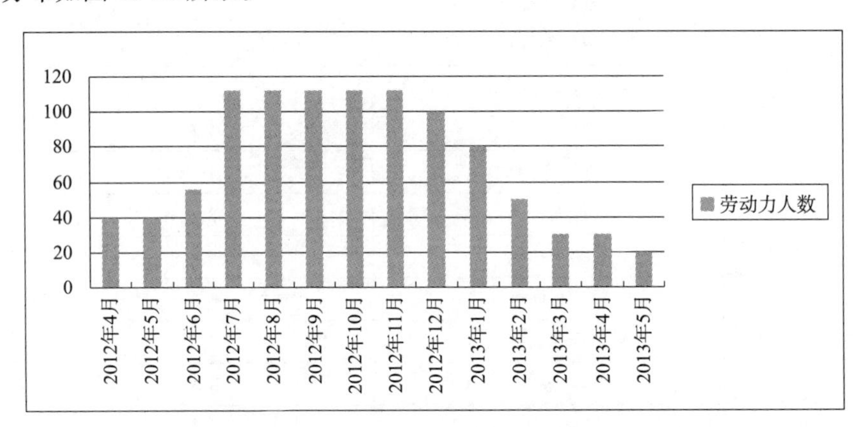

图15-21 劳动力动态计划分布图

15.7.4.5 *特殊时期劳动力保证措施*

制定农忙季节及节假日劳动力保障措施，配备相应的服务设施，保障特殊季节及节假日劳动力稳定且满足需要，具体措施如下：

(1)实现全面经济承包责任制，遵循多劳多得、少劳少得、不劳不得的分配原则，使劳动者深刻意识到缺勤可能造成的经济损失及对工程施工可能造成的影响，充分发扬劳动者的主人翁责任感，减少特殊季节及节假日劳动力缺失。

(2)建立劳动者之家，搞好业余文化生活，活跃业余生活气氛，缓解劳动者工作压力，稳定劳动者情绪，减少特殊季节及节假日劳动力缺失。加强政治思想工作，解除劳动者后顾之忧，稳定劳动者思想，减少特殊季节及节假日劳动力的缺失。

(3)建立员工家属区，配备住房、小灶具、小浴室，鼓励员工家属反探亲并给予适当补助，减少节假日员工的探亲人数，以减少节假日期间的劳动力缺失；对农忙季节和节假日不能回家的员工，除向其家人发慰问信外，给予适当补助，以人性化的管理，减少劳动力的缺失。

(4)做好特殊季节及节假日劳动力意向及动态的摸底工作，提前做好补充预案，保证施工正常进行。

15.7.5 资金使用计划

根据工程进度安排资金使用计划，资源配置按资金使用计划、合同价款控制，对资金的使用实行严格的管理，提高资金预测水平、使用水平、风险防范水平，降低资金使用成本。资金使用计划见表15-23。

表15-23 资金使用计划表

施工工期(月)	形象进度计划	分期资金计划		累计资金计划	
		金额(万元)	比例(%)	金额(万元)	比例(%)
1～2月	盾构机及后配套设备进场 始发到达端头加固	380	8%	380	8%

续上表

施工工期(月)	形象进度计划	分期资金计划		累计资金计划	
		金额(万元)	比例(%)	金额(万元)	比例(%)
3～4 月	1 号盾构吊装 1 号盾构始发掘进 150 环	330	7%	710	15%
5～6 月	1 号盾构掘进 400 环 2 号盾构吊装、始发掘进 150 环	1 130	24%	1840	40%
7～8 月	1 号盾构掘进 384 环、吊拆 2 号盾构掘进 400 环	1 598	35%	3 438	74%
9～10 月	2 号盾构掘进 399 环、吊拆 联络通道冻结加固	978	21%	4 416	95%
11～12 月	联络通道施工 洞门施工	150	3%	4 566	99%
13～14 月	收尾工程	60	1%	4 626	100%
合计		4 626	100%		

15.7.6 临时用地与施工用电计划

15.7.6.1 临时用地计划

本工程盾构施工在市政通道配套项目得胜桥站东端头井既有施工围挡内进行。围挡设于金碧路与护国路交叉口南侧路面上，占地面积 5 053 m^2，施工期间交通疏解为双向四车道，环城南路站～得胜桥站区间盾构施工需占用场地 14 个月。施工场地现场情况如图 15-22 所示。

图 15-22 施工场地现场情况照片

15.7.6.2 施工临时用电计划

本工程主要施工设备的用电功率如下：单台盾构机 2 000 kW，龙门吊 60 kW，充电设备 240 kW，拌浆设备 20 kW，井下用电 60 kW，井口用电 30 kW，隧道照明 30 kW，井口照明 30 kW，场地照明 20 kW，场区运输 30 kW，烘房 20 kW，机修、电工 20 kW，其他设施 60 kW，总装机容量合计 2 630 kW。根据工期计划，本工程施工临时用电计划见表 15-24。

表 15-24 施工临时用电计划表

施工工期(月)	施工状况	用电需求计划(kW·h)	
		当期	累计
第 1～2 月	前期工程	30 000	30 000
第 3～4 月	1 台盾构掘进	85 000	115 000
第 5～6 月	2 台盾构掘进	166 000	281 000
第 7～8 月	2 台盾构掘进	166 000	447 000
第 9～10 月	1 台盾构掘进	90 000	537 000

续上表

施工工期(月)	施工状况	用电需求计划(kW·h)	
		当期	累计
第11～14月	附属工程及收尾工程	87 000	624 000
合计		624 000	

15.8 施工现场平面布置

15.8.1 平面布置原则

施工总平面布置需要遵循以下原则：

(1)严格遵守国家、云南省和昆明市有关土地资源使用方面的法律、法规。

(2)充分考虑市区内施工特点，利于交通疏解，减少对居民生活的干扰。

(3)保证施工正常进行，尽量减少施工占地，平面布置紧凑合理，便于施工生产。

(4)综合考虑冬季、雨季及道路附近既有设施的影响，避免场内二次迁移。

(5)满足生产需要的前提下，最大限度地减少临时设施的数量，以管理及维修简便为原则，做到投资少、利用率高。

(6)充分利用既有交通资源，尽量节约运输和装卸的时间与费用。

(7)合理布置施工现场的运输道路及各种材料堆放场、仓库和工作车间的位置，保证外购材料直达存放场地，避免二次搬运。

(8)注重卫生福利条件、满足职工生活、文化娱乐的要求，设置必要的医疗急救设施。充分考虑环境保护、防火要求，统筹考虑规划布置。

15.8.2 临时工程设施布置说明

15.8.2.1 隧道外施工场地布置

(1)场地硬化

场地内施工道路利用既有城市道路或25 cm厚C25混凝土硬化，其余生产场地采用15 cm厚C15混凝土硬化。

(2)围挡大门

在围挡东、西两侧各设一处，宽8 m，作为盾构机进场及其他物资材料的运输通道。大门按照昆明轨道交通公司统一要求制作，为推拉式彩钢板结构。并在大门内侧设置“五牌一图”。门口洗车场一处座，用于冲洗出场的车辆，旁边设分级沉淀池。

(3)集土坑

在得胜桥站东端头井所有预留孔洞周围设挡土墙，将顶板全部作为集土坑，容量2244 m^3。在场地西侧设置临时小型集土坑，用于白天内倒土方。集土坑深4 m(其中地面以上0.8 m，地面以下3.2 m)，墙身厚度30 cm，坑壁和底板采用钢筋混凝土。配备挖掘机负责渣土装车。

将场地北侧的盖板系统作为场地内主要通道和出土作业平台，夜间土方外运在顶板碴池和西侧集土坑处同时进行，土方车在东西两侧同时通行。

(4)垂直运输系统

采用40 t、跨度16 m龙门吊作为垂直运输设备，左、右线盾构共用一台。龙门吊设于标准段盾构孔处，吊装范围覆盖工作井和临时集土坑。龙门吊大车行轨梁利用端头井标准段第一道混凝土支撑及下部临时型钢支撑，沿南北方向布置，行走轨采用43 kg/m钢轨。

(5)车站内水平运输系统

右线始发阶段，电瓶车出土、下料在西端临时出土孔进行，将电瓶车轨道沿线路中线布设至西端墙。在右线正常掘进阶段，电瓶车出土、下料在中间出土孔进行，轨道布置不变。

左线始发阶段，电瓶车向西通过车架范围后向南侧偏移，通过道岔后从车站立柱间穿越进入右线，在中间出土孔出土、下料。在左线正常掘进阶段，进入车站范围后从车站立柱间直接穿越进入右线，在中间出土孔出土、下料。车站内水平运输系统布置如图 15-23 所示。

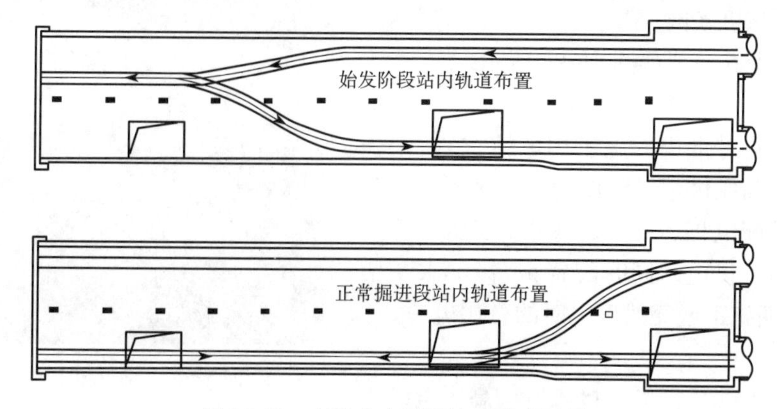

图 15-23　车站内水平运输系统布置图

(6)拌浆系统

拌和站及拌浆材料设于施工场地南侧，面积 165 m^2。拌浆系统采用 25 m^3/h 强制式拌浆设备，通过储浆罐泵送至运浆车内。水泥、粉煤灰、砂、膨润土等材料通过围挡西侧大门运输，可避免重载罐车驶入盖板。

(7)管片堆放场地及其他场地

管片、油脂、泡沫、轨道、走道板等施工材料及充电水池、维修工房、料库、养护室、监控室、工区办公室、监理办公室、清洁房等集中布置在场地东侧 1 984 m^2的空地内，中央预留 8 m 宽通道。管片等物料的运输集中在围挡东侧大门进出，避免重车驶入盖板。管片场地可保证至少堆放 30 环管片(一环两叠)。管片及其他材料的场地内倒运采用叉车运输。

(8)端头井中板

在中板中间出土孔西侧布置 2 个容积为 6 m^3的临时储浆罐，保证浆液运输效率。在中板中间出土孔北侧布置 1 个容积为 48 m^3的泥浆池，在中间用砖墙隔开，一半作为泥浆发酵池，一半作为存浆池。在扩大端头左线侧预留吊环及吊装孔，方便盖板下反力架安装及负环管片拆除。端头井中板临时设施布置如图 15-24 所示。

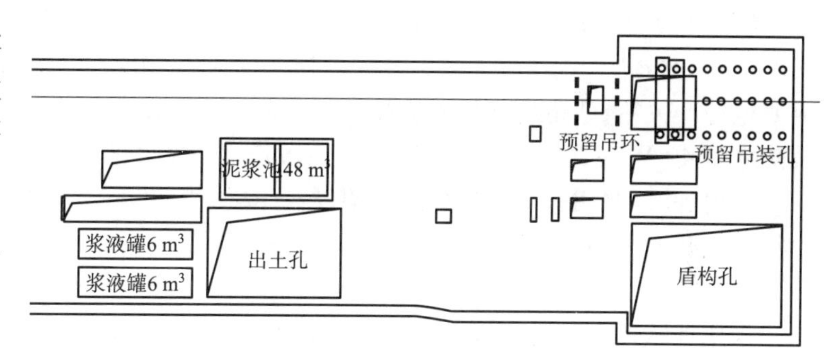

图 15-24　中板临时设施布置图

(9)医务室及消防池

在围挡东侧大门旁专门设置医务室，用于紧急救治和突发事件处置；在施工场地南侧设置消防沙池，配备各种消防设置，用于突发火灾的应急处置。

15.8.2.2　隧道内施工场地布置

(1)钢轨布置

电瓶车钢轨规格为 43 kg/m，中间为运输轨道，外侧钢轨为车架行走轨道。轨枕采用弧形组合轨枕，间距为 1.2 m。

(2)人行走道布置

人行走道位于照明灯一侧，走道板采用轻型槽钢和钢网结构，宽度 50 cm，用角铁架固定于管片螺栓孔上。走道外侧设置栏杆。

(3)隧道排水

隧道入口处设置阻水墙，端头井及隧道内配置足量的排水潜水泵，以保证隧道安全。

(4)隧道照明

线路电压 36 V，置于隧道腰间部位，位于衬砌环的 61°～85°之间。照明灯具采用 40 W 防潮型萤光灯，每10 m 布置一只，每 100 m 设一只 100 A 专用分段开关箱。

(5)隧道通风

采用压入式通风，2×37 kW 轴流通风机及 ϕ800 mm 风管将新鲜空气直接送到开挖面附近。

(6)隧道通讯

隧道与井上通讯联络采用程控电话。盾构机控制室微型计算机和井上计算机联网。

盾构隧道内临时设施布置如图 15-25 所示。

15.8.2.3 施工用电

根据两台盾构机同时推进的施工用电需求,引入金碧路北侧 10 kV 架空高压供电线路作为供电来源。配备 2 台 2 000 kVA 高压配电柜、1 台 630 kVA 变压器等配电设备进行盾构机施工供电。同时配置 1 台200 kW 柴油发电机组,作为前期施工或突然停电时的备用电源。

图 15-25 隧道内临时设施布置示意图

(1)盾构用电

根据就近安装的 10 kV 接驳点接入盾构高压电缆输送到盾构变压器。在充分考虑路载流量和电压损失的情况下,选用盾构电缆采用 YJN22-3×70 型(截面 3×70+3×25),输送至盾构高压进线开关室。电缆从端头井井口垂直往下,与盾构车架上的变压器相接,多余的电缆以 8 字形圈放在盾构的第五节车架。在隧道内用铁扎线将电缆固定于管片上,每 2 环扎设一道。每 100 m 挂“高压危险”警告牌。高压电缆送电前,必须进行电气测试,验收合格后方可使用。

(2)低压用电

施工区域的低压供电,用电缆分两路从变电所引至施工场地,系统基本布局:高压箱变→低压干线→漏电保护配电箱→支线→用电设备。

在使用中采取两级漏电保护,即总进线采用漏电保护,支线输出也采用漏电保护。

(3)照明

隧道照明系统基本布局:高压箱变→低压干线→支线→电源开关箱→分配电箱→用电设备。隧道照明线路电压为 36 V。配线方式采用 BV3×162+2×102 五线制(即 L1-L3,N,PE),在井口适当位置,设置一台照明电源开关箱,从箱式变电站接入受电系统。每百米配置一台分段配电箱。每 10 m 设配电支架 1 只和安装防水型 40 W 荧光灯一只,配置 10 A 插入式熔断器保护。

场地、井口照明采用投光灯立杆架设,灯具采用 GGD-3500 镝灯,电源电压 380 V;班组休息室等场地、生活设施照明采用荧光灯 RR-40,电源电压 220 V。

(4)电箱配备

采用地铁建设专用非标自动切换箱和分段配电箱。分段动力配电箱为三相五线制,型号为 DF-100Ⅲ,额定电流 100 A,采用 DZ47-100A/1P×3 作为电力线路馈出开关,其中动力电源部分设有断相保护器。双电源自动切换箱为三相五线制,型号为 DQ-100Ⅲ,额定电流 100 A,其中主电路自切部分的交流接触器采用 B105 规格等。

15.8.2.4 施工用水

施工用水用 $\phi80$～$\phi100$ 水管储水池接入,水管沿场地四周布置。施工场地内的接水管网主要采用 DN50、DN100 的钢管。

15.8.2.5 施工通讯

进场后,及时与电信部门联系,在施工现场办公室安装电话 4 部,并申请开通网络宽带线,管理人员配备移动电话,以便对外联络及进行网络化管理。另外,现场购置对讲机 6 部,供项目负责人及各作业班组联络使用。

15.8.2.6 施工排水

为维护市容环境卫生,工地排水后经沉淀池沉淀后,集中统一排放。沿围护结构外侧设置排水沟,兼作截水沟;沟宽 300 mm,最浅处 300 mm,按 0.2%找坡;基坑底设置 250 mm(宽)×300 mm(深)排水沟,基坑内设集水坑,集水坑尺寸为 2 m(长)×1 m(宽)×1.5 m(深),基坑内的排水通过集水坑用潜水泵抽至排水沟,排水沟的水经沉淀池沉淀后,排入市政管网。

15.8.3 平面布置图

环得区间盾构施工场地平面布置图如图 15-26 所示。

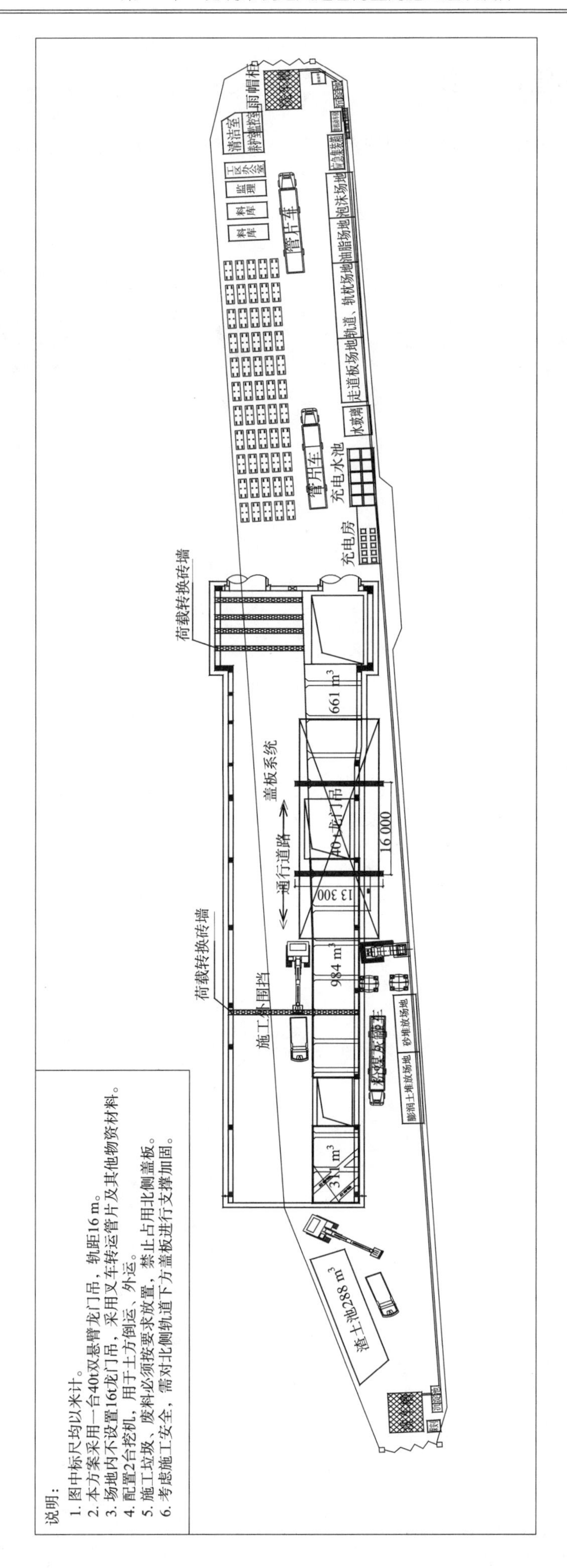

图 15-26　环得区间盾构施工场地平面布置图

15.9 工程项目综合管理措施

工程项目综合管理措施主要包括进度控制管理、工程质量管理、安全生产管理、职业健康安全管理、环境保护管理、文明施工管理、节能减排管理等内容。详见附录 2。

第 16 章　昆明地铁 3 号线马街站施工组织设计

16.1　编制说明

16.1.1　编制依据

(1)工程建设现行的法律、法规、标准、规范等；

(2)工程设计文件；

(3)工程施工合同、招投标文件和建设单位指导性施工组织设计；

(4)施工调查报告；

(5)现场社会条件和自然条件；

(6)本单位的生产能力、机具设备状况、技术水平等；

(7)工程项目管理的规章制度。

16.1.2　编制原则

(1)通过现场实地调查了解、施工资料的收集整理研究，在充分理解本工程特点、重点与难点的基础上，本着以下原则编写本工程总体施工组织设计，更详细的施工方案将在各分部分项施工方案中体现。

(2)坚持“安全第一、预防为主、防治结合”原理，确保工程施工安全可控。

(3)坚持“百年大计，质量为本”的原则，全面运行 ISO9000 质量管理体系，严格按设计文件、施工规范和技术标准施工，全方位进行施工过程控制，确保优良工程。

(4)坚持“文明施工，节能减排”的原则，全面运行 ISO14000 环境管理体系，并落实施工现场监控量测，配备先进的量测仪器和软件，加强信息化施工，采用监控系统和信息反馈系统指导施工，确保周围环境、建筑物和管线影响降到最低。

(5)坚持“精心组织、均衡生产、动态管理、有序可控，抓好重点、突破难点”的原则，根据本工程的特点，结合以往施工经验及现有技术管理水平，对本工程的重难点逐一分析，并做出针对性的技术措施，制定合理的工期保证措施，确保合同工期，兑现合同承诺。

(6)严格执行云南省、昆明市建设行政主管部门对项目施工的安全、文明、环保、卫生健康等有关要求，最大限度减少对周边环境、市民生活的影响，树立良好的工程形象和社会形象，确保安全、优质、高效的完成本工程施工生产任务。

(7)各种技术难题超前进行研究，以预防为主，坚持“因地制宜，技术可靠，经济合理”的原则，结合工程环境，合理配置资源，不断优化施工技术方案，积极应用“四新”(新技术、新材料、新工艺、新设备)成果。

16.1.3　编制范围

昆明市轨道交通 3 号线工程土建施工项目西标段马街站。

16.2　工程概况

16.2.1　项目基本情况

16.2.1.1　项目简述

昆明市轨道交通 3 号线工程由起点石咀站至终点东部客运站，线路沿春雨路、人民西路、东风西路、南屏街、东风东路敷设，为昆明市贯穿东西方向的地铁线路。线路具体走向如图 16-1 所示。

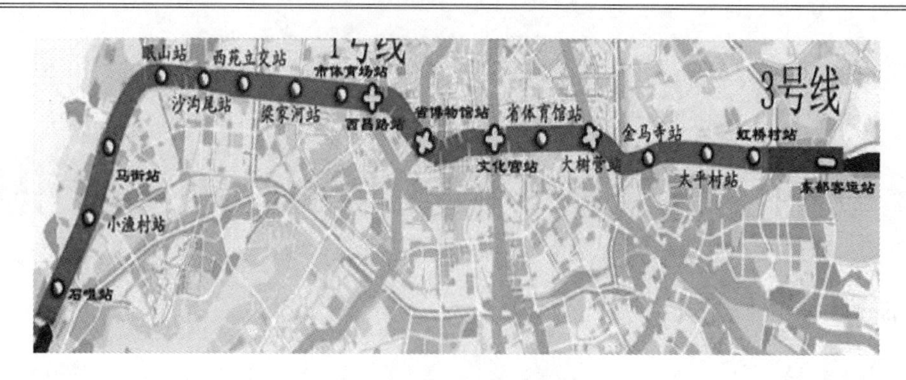

图 16-1　3 号线线路走向示意

西标段主要包括石咀站、小渔村站、马街站、市体育馆站、石咀车段出入段线、石咀明挖区间、石咀站～小渔村站区间、小渔村站～马街站区间、马街站～眠山站区间、眠山站～沙沟尾站区间、沙沟尾站～西苑立交站区间、西苑立交站～梁家河站区间、梁家河站～市体育馆站区间，共 4 座车站，7 个盾构区间，1 个明挖区间，1 个车辆段出入段线，计 13 个单位工程。

其中马街站东接眠山站，西接小渔村站，为昆明市轨道交通 3 号线工程土建施工项目(西标段)中一个地下两层岛式站台的明挖中间站，车站两端均为区间盾构接收井。

16.2.1.2　主要技术指标

基坑等级：一级；

设计使用年限：100 年；

地震设防烈度：8 度；

地下结构抗震等级：三级；

人防工程等级：常 6 级、核 6 级；

防水等级：一级。

16.2.2　标段工程概况

16.2.2.1　标段工程简述

由我单位承建的位于昆明市西山区春雨路与益宁路交叉口的马街站，为昆明市轨道交通 3 号线工程土建施工项目(西标段)中一个地下两层岛式站台的明挖中间站。

通过调查，本工程所在的春雨路为西山脚下南北向主干道，主要连接人民西路与南环路等交通要道，双向 6 车道＋2 个非机动车道宽 40 m(含人行道道路红线 58 m)，马街站位于春雨路与益宁路交叉口，沿春雨路南北布置，春雨路东侧为昆明市西部客运站，西侧为大面积底层商铺、民房，春雨路两侧绿化多为小直径香樟及松柏树，地下管线相对较多。

马街站是昆明市轨道交通 3 号线工程地下二层岛式明挖中间站。南接小渔村站，北接岷山站。春雨路为双向 6 车道，规划道路红线宽 58 m，有多条公交车线路、长途客车及大货车通行，车流量较大，交通繁忙。

马街站工程位置示意如图 16-2 所示。

图 16-2　马街站工程位置示意

马街站车站总长 175.3 m，标准段宽 19.7 m，车站底板埋深约 16.18～18.65 m，车站主体结构基坑属于一级基坑。车站共设 4 个出入口、2 组共 6 个风亭。车站有效站台中心里程 YDK6＋839.400，设计起点里程为 YDK6＋768.650，终点里程 YDK6＋943.950。站台宽 11 m，有效站台长度 118 m，有效站台中心里程处顶板覆土厚度约 3.5 m。本站东西端均为盾构吊出。围护结构采用 800 mm 厚地下连续墙内支撑围护方式。

16.2.2.2　主要工程数量

马街站主要工程数量见表 16-1。

表 16-1　主要工程数量标

序号	部位	项目名称	单位	数量	备注
1	围护结构	地连墙混凝土	m^3	9132.04	
2		地连墙钢筋	kg	1615535.13	
3		钢支撑	kg	1131250	
4		钢围檩	kg	333919	
5	主体结构及防水	混凝土	m^3	10283.8	
			m^3	1633.93	
			m^3	170.664	
6		模板	m^2	9397.086	
7		钢筋	kg	2841.43	
8		防水卷材	m^2	9456.52	
9		止水带	m	1377.7	

16.2.2.3　周边建筑物情况

站址附近主要有马街加油站、云南变压器厂、昆明西部客运站、昆明市西山建筑经营公司、昆石铁路、西山国税、北师大附中等单位。

周边建构筑物与车站关系：

(1)马街加油站距离车站主体 34.78 m，该房屋为砖混结构，基础资料未收集到，预估基础为浅埋。由于加油站内有油罐，施工期间需密切监测基坑开挖对马街加油站的影响，避免出现危及马街加油站安全的沉降。

(2)昆明奥特钢材厂为一层轻钢结构。基础资料未收集到，预估基础为浅埋。

(3)昆明市西山建筑经营公司为了层混凝土结构，距离 2 号风亭 3.8 m，基础资料未收集到，因房屋高度较低，且建筑年代久远，为了保护该建筑物安全，风道围护结构采用套管咬合桩＋内支撑的支护方式，施工中必须加强对该房屋的监测。

(4)昆明市盐政局 2 层，该房屋为砖混结构，因基础资料未收集到，预估基础为浅埋，风亭施工时拆除。

(5)西部客运站一栋混凝土 4 层(候车厅为钢架结构一层)，桩基础，无地下室，距离 B 号通道 4.3 m。

(6)两层的民用房屋一栋，该房屋为砖混结构，因基础资料未收集到，预估基础为浅埋，A 号通道施工时拆除。

(7)车站东南侧紧邻的昆石铁路距离车站主体 34.28 m，基础资料未收集到，推测为一般铁路路基基础。

16.2.2.4　车站范围内管线情况

车站范围内地下各种管网交错纵横，分布众多。对平行于车站结构，位于车站结构范围内的管线，车站主体施工期间临时改移至车站主体结构两侧，车站主体结构完工后尽量改移回原位。横跨车站结构的小直径管线施工期间悬吊保护。管线具体资料及改迁设计、管线置换及悬吊保护具体措施见相匹配的设计图纸。马街站目前调查收集主要管线统计见表 16-2。

表 16-2　马街馆站主要管线统计表

序号	类型	直径或规格	埋深(m)	材质	备注
与车站平行					
1	给水	ϕ300	1.73	灰口铸铁	
2	供电	600×150	0.68	PVC	

续上表

序号	类型	直径或规格	埋深(m)	材质	备注
与车站平行					
3	架空 10 kV			混凝土杆	
4	雨水	ϕ600	1.34	混凝土	
5	污水	ϕ700	2.57	混凝土	
6	架空通讯			混凝土杆	
7	中国电信	400×200	1.26	PVC	
8	中国移动	400×200	1.26	PVC	
9	中国联通	400×200	1.26	PVC	
10	中国铁通	400×200	1.26	PVC	
11	中国网通	400×200	1.26	PVC	
12	市有线电视	400×200	1.26	PVC	
13	省有线电视	400×200	1.26	PVC	
14	中国电信	720×500	1.6	灰管	
与车站垂直					
1	架空 10 kV			混凝土杆	
2	中国电信	400×400	1.6	PVC	
3	中国电信	360×500	1.6	灰管	
4	交通信号	150×150		PVC	
5	交通信号	100×150		PVC	

16.2.2.5 工程重难点及针对性措施

(1)主干道车站深基坑施工

本工程车站基坑处于市政主干道下,交通繁忙,两侧管线及房屋建筑密布,开挖及结构施工时需严格控制基坑变形,保证基坑的稳定和安全。我们将严格贯彻设计的意图,精心组织土方开挖的施工和过程控制,针对这个关键点,拟采取的针对性措施主要是控制基坑变形,控制周围地面沉降,以确保工程本身及周边构建筑物的安全。

1)基坑施工监控量测

基坑施工期间的信息化施工是关键,实施掌握基坑及周边建筑物、管线状态,采取积极措施控制基坑及周围建筑物、管线的变形。

①建立监控量测管理办法,对存在重大风险的施工环节进行全面监控量测,由有资质的专业监控量测队伍对基坑施工期间基坑本身及周围环境进行监控量测,并编制日、周、月报表,及时对数据进行分析处理。

②监测报表确保及时、准确,限时处理,并反馈施工,每天分部领导及技术负责人必须对监测报表进行签字处理,发出处理指令。

③施工现场监理监控系统,设置报警机制,一旦施工现场及周围环境发现异常。立即启动报警机制,及时采取措施控制。

2)支撑体系稳定性控制

钢支撑体系构造有着不同于其他支撑体系的特点,其稳定性关键取决于下列三个因素:中间支点的可靠性、稳定性;支撑活络端头稳定性;支撑楔块稳定性。拟采取措施分别对这三个因素实施控制:

①本车站标准段宽度小于 20 m,中间可以不用设置支撑点。在北端头与标准段连接段井支撑视情况可设置格构柱,格构柱与支撑连接节点充分考虑格构柱和围护结构桩之间的差异沉降,设置为可调节点,派专人随时观察、调节。

②由于钢支撑构造问题,其活络端头伸出过长很容易发生偏斜,导致进一步变形直至失稳。因此活络端头伸出长度宜小于 150 mm;如大于 150 mm,小于 300 mm 必须在端头两侧焊接 30a 槽钢加固杆(预应力施加完毕后焊接);如果发现大于 300 mm,应重新架设并在支撑中间加短中间管(200 mm 长)。

③必须保证支撑和围护结构接触面竖向垂直，同时与连续墙上预埋钢板保证有效连接，采取焊接牛腿、挡块等方式防止支撑滑移滑落。

④避免支撑超载，专门设计悬挂式楼梯货梯笼(供上下基坑)与围护结构直接连接。

⑤本基坑埋深较大，开挖过程中，由于坑内土体开挖卸载，基坑坑底可能有回弹量，为此，对坑底加强隆沉监测，出现隆起情况及时采取反压措施。

3)基坑降排水及止水

土方开挖必须在围护桩及桩顶圈梁达到设计强度后，并且保证地下水位降至基底以下 1 m 后进行，在降水的同时注意地面沉降监测，防止降水引起大面积地面沉降。

同时高度重视雨季施工的防排水措施，防止暴雨天气地面水流汇入基坑，引起土体滑坡及坑底软化，造成严重后果，因此基坑周围必须设置有效的防涌水措施，保证地面水不汇入基坑，基坑内设置有效的排水措施，如固定的大功率水泵等。

主体基坑围护结构采用地下连续墙型式，施工时应控制好成桩垂直度、泥浆比重和灌注水下混凝土质量，尤其是连续墙间的接头防水，确保止水效果。基坑开挖过程中密切观察围护结构的渗漏水情况，如有渗漏水情况，应及时进行处理。针对接缝渗漏水情况的严重程度分别采取不同的处理方式：

①若接缝严重漏水，作接缝后注浆处理，同时内墙面焊接钢板与主筋连接，周围用快速水泥封堵。

②若接缝较大漏水，则采取注浆止水。采取双液浆或聚氨酯等封堵材料，出浆管亦可为补注浆用。

4)严格时空效应开挖

通过以往施工经验及实践证明，”时空效应”原理是控制基坑变形最有效、最经济手段，施工中，将严格遵照下列方面着手进行施工：

①基坑开挖分段、分层、分单元实施，基坑分段以设计分段为准，每段开挖完成后立即浇筑素混凝土垫层和底板。分层开挖以设计支撑位置顶部为层高，标准段开挖以 6 m 宽为一个单元。每一单元应在 8 h 内开挖完成，此后 6 h 内施加完支撑预应力。

②尽可能预留土堤护壁：在基坑的两侧应预留土堤护壁，减少因开挖卸载而引起的基坑变形。具体开挖流程如图 16-3 所示。

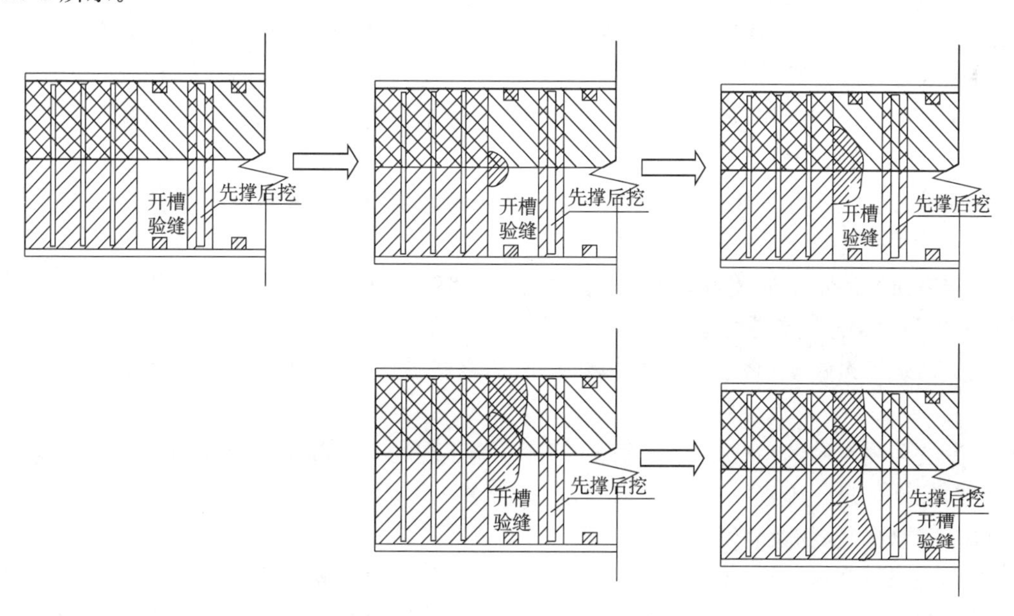

图 16-3　留土护壁开挖示意

③基坑开挖的设备保证：本车站基坑开挖分段、分层、分单元实施，因此对设备配置要求较高，如果采用常规的履带吊直接抓土，由于支撑下势必形成土墙，必须人工修平再抽槽开挖，时间延误很多，而采用小型挖掘机挖掘可以直接抽槽开挖，对”时空效应”十分有利。因此拟采用小型液压挖掘机在基坑内挖掘、水平驳送上翻、较大挖机接力装车，最后采用长臂挖掘机进行端头清底。

④支撑安装和施加预应力：以 6 m 为单元开挖后，对应的 2 根支撑应立即安装，并同时按设计要求施加预应力，自开始开挖起至支撑安装完毕的时间应控制在 12 h 内(设计要求钢支撑的安装时间不得超过 16～

20 h)。

⑤支撑复加预应力。为方便复加预应力施工,将采用体积小重量轻的高压千斤顶(工作压力 63 MPa),工人即可搬运,方便支撑预应力的复加。

⑥对长度大于 20 m 的直撑和大于 15 m 的斜撑设置稳定可靠的支承立柱桩,并随基坑开挖随时监测立柱桩,及时调整立柱桩与支撑的抱箍、楔子。

⑦采用装配式斜撑支座,大大缩短斜撑安装时间。

5)深基坑纵坡稳定性控制

基坑拟采用分层开挖的方式,纵坡的高度及留坡时间相对较小,但开挖过程中,仍应加强纵向土坡稳定控制,尤其是雨季施工,更会因排水不畅、坡脚扰动造成纵坡滑坡事故。拟采取以下防治措施:

①采用分层开挖的方式,防止放坡过长、过高。

②暴雨来临之前所有边坡应设置排水通道及积水坑,必要时铺设塑料膜防止暴雨冲刷,同时在坡脚设置大功率水泵抽水,防止坡脚浸水。

③如果遇到特殊情况,需要基坑停工较长时间,应在平台、基坑边和坡脚设置排水明沟和积水坑,并派专人抽水值班。

④在进度允许的条件下尽量采用少开工作面。

⑤坡顶严禁堆物,坡顶不允许设便道。

⑥坑内注浆孔必须用水泥浆填满,不得留空洞使得地下水渗入。

(2)管线迁移及交通疏解

车站沿春雨路西侧布置,基坑周围既有及临迁后管线繁多,存在污水、给水及军用光缆等各类管线,对沉降较为敏感。同时,车站位于春雨路与益宁路交叉口,临近昆明市西部客运站,车站西侧为西山建筑公司、制药厂及变压器厂等,必须保证周围道口正常通行,车站围挡交通疏解困难,对交通影响较大,针对上述特点及难点,采取以下措施保证施工安全顺利。

1)成立以项目经理为组长的"两迁一改"工作领导小组,设置专人在施工现场协调跟踪管线迁改及交通疏解工作,设置专职管线工程师一名,现场副经理及书记协调周围道口及交通疏解相关事宜。

2)开挖施工之前,采用管线探测仪、开挖深探沟等方式探明地下管线情况,发现不明管线及时联系业主及相关产权单位确定处理方案。

3)管线迁改后做好保护工作,迁改后的管线在图纸上标定位置,确定与施工结构的关系,并提前预埋监测点,以便施工过程中的监控量测。

4)积极跟踪配合管线迁改工作,在施工过程中全面协助配合业主及管线迁改单位迁改施工工作,加快迁改施工进度。

5)施工前详细研究制定交通疏解方案,报业主及交警部门审核确认,利用周边道路和疏解道路确保畅通,施工过程中按照交警部门要求完善道路导通措施及标识标牌。

6)因施工交通疏解道路及管线均距离基坑较近,严格按照规范设计及监测方案对周围环境进行监控量测。

7)委托有专业监测资质的单位进行施工监测工作,施工现场主要部位安装视频监控设施,监测数据限时上报,限时处理,实现信息化施工。

(3)车站施工建(构)筑物及管线保护

因线路在春雨路下穿行,道路下方的管线及道路两侧重要建(构)筑物繁多,根据初步调查马街站主要受西侧商铺拆迁及管线影响,施工前进行管线迁移,商铺逐步拆除,详细的沿线周围建筑物及管线调查见调查报告,在此不再赘述。

根据目前设计方案,车站沿线路方向的管线基本采取迁移出结构范围,横跨基坑的轻型管线采取局部悬吊保护方案。车站施工期间周围正常使用的建筑物距离基坑在 13 m 以上,部分较近建筑物已在做清理拆除准备工作。

在车站基坑施工过程对管线及周边建筑物保护最主要在于控制基坑变形及周围地面沉降,确保周围环境安全。

1)进场后,及时对现场的管线及建筑物进行全面的排查,注明管线及建筑物的实际位置、种类、材质、基础埋深等工作，与图纸进行比较，对不清楚的及时上报处理。

2)施工过程中浅层开挖时应尽量谨慎，开挖导沟(槽)若遇未探明管线时立即停工并上报处理，确定处理方案后方能继续施工。

3)对车站影响范围内的新迁改管线及既有管线埋设监测点，在施工过程中对管线进行严密监测，一旦发现位移接近控制值立即上报并及时处理，保证管线安全。

4)根据不同的管线，请管线产权单位派专业人员现场指导管线保护措施。

5)各种管线的井盖上竖立标识牌，标明禁止重型车辆走行和重物放置其上。

6)委托有资质的监测单位对地下管线和周围环境进行监测，满足信息化施工的要求。管线监测点的位移沉降量每次不得超过 3 mm，累计不超过 10 mm，如超过 10 mm 则应向专业公司和有关管理部门报告，并采取积极有效的技术措施，确保地下管线的安全。

7)与其他相关施工单位建立信息共享机制，例如双方共同影响区的构建筑物和管线的监测数据。

8)监测人员监测和判断各种施工因素对地表变形的影响，检验施工结果是否达到控制地面沉降的目标，量测土壤、墙体等的变位状态、应力等数据，作为将来设计参照依据。

9)施工人员对施工现场出现的异常情况应及时通知有关人员，严格执行安全技术操作规程，设计更改后，及时调整施工措施。

10)技术人员跟班作业，及时指导、调整施工参数，发现问题及时处理、汇报。同时派专业人员到施工现场进行监护和巡视，指导施工过程中的建筑物和管线保护。

16.2.3　自然特征

16.2.3.1　地形地貌

拟建工程位于云南省昆明市主城区，自西向东横跨昆明断陷湖积盆地中部。昆明盆地位于金沙江、南盘江、红河三流域的分水岭地带，是在中新世末期云南准平面形成以后，沿普渡河断裂带发生断陷而形成的新生代盆地，呈南北向狭长腰子形，南北长 70 余千米，东西宽 15～25 km，面积约 1 500 km^2，其中西南部还保存着 306 余平方千米的滇池水面，海拔 1 886 m。盆地四周有山地围绕，山峰海拔 2 500～2 800 km。自盆地内部向周围山区，发育显著多层夷平面地貌。本车站工程场地位于昆明盆地西侧滇池滨湖相地貌单元，地势平坦开阔，海拔高程在 1 895～1 902 m 之间，自然横坡 1°～3°，微向滇池方向倾斜。

16.2.3.2　地质特征

本工程影响深度范围内各地层由新至老描述如下(其中地层编号采用昆明市轨道 3 号线工程全线统一的地层编号)，详细物理力学性能指标见表 16-3。

根据规范可能液化的土层的初判条件，<4-5>层粉土可能为液化土层，需采用标准贯入试验进行液化判别，判别结果为：场地内局部地段的<4-5>层粉土在地震时可能产生液化现象，液化等级为轻微。

车站范围内的特殊岩土为人工填土及软土。场地范围内人工填土层主要为城市道路表层的素填土，虽然稍具压密性，但土质成分不均，均匀性差，工程性能差，其厚度一般在 1.5～4.8 m，仅在表层分布，对工程影响较小。

对工程有不利影响的特殊岩土为软土。该段发育的软土为<4-1>层淤泥质黏土、<4-2>层有机质土、<4-2-1>层泥炭质土以及<4-3-1>层软塑状黏土、<4-4-1>软塑状粉质黏土，在场地内 15 m 深度范围内呈条带状及透镜体状分布，分布厚度为 0.5～7.5 m，多呈软塑状，局部流塑，具有含水量高，孔隙比大，压缩性高，承载力低，灵敏度较高，易触变等特性，工程性质差。此外场地内软塑状<9-2-2>黏土、<9-3-2>粉质黏土及可塑状<9-4>层泥炭质土、<9-4-1>层有机质土虽然在部分指标上达不到软土标准，但以高压缩性、低抗剪强度为主要特征，一般在 15 m 深度以下呈透镜体状分布，对工程有一定不利影响。

16.2.3.3　水文特征

(1)地表水

线路经过区分布的地表径流属金沙江水系支流，均汇入滇池。本工程场地范围内无地表径流，对车站开挖无影响。

(2)地下水分布及特征

对拟建工程有影响的地下水类型为第四系孔隙潜水。

表 16-3 本工程土层主要物理力学指标建议值表

土层编号	土层名称	天然密度	天然含水量	天然孔隙比	液性指数	直快剪凝聚力	直快剪内摩擦角	压缩模量	变形模量	渗透系数	承载力特征值	钻孔灌注桩极限端阻力标准值	钻孔灌注桩极限侧阻力标准值	基底摩擦系数	可挖性分级	临时边坡率(高 8～15 m)
		ρ(g/cm^3)	ω(%)	e	I_L	c(kPa)	φ(°)	$E_{S0.1\sim0.2}$(MPa)	E_0(MPa)	K(m/d)	f_{aK}(kPa)	q_{pk}(kPa)	q_{sik}(kPa)	F(kPa)	/	/
<1-2>	素填土	1.9	/	/	/	16	8	/	/	/	120	/	22	0.25	Ⅰ	1∶1.5
<2-1>	粉质黏土(硬～可塑)	1.92	30	0.844	0.43	21.3	6.3	4.0	8	0.005	140	800	60	0.3	Ⅱ	1∶1.25
<4-1>	淤泥质黏土(流～软塑)	1.6	40	1.3	0.9	12	5	2.8	4.5	0.002	60	/	20	0.25	Ⅱ	1∶1.5
<4-2>	有机质土(软塑)	1.75	40	1.1	0.76	14.7	7.8	3	4	0.002	65	/	20	0.25	Ⅱ	1∶1.5
<4-2-1>	泥炭质土(软塑)	1.55	50	1.4	0.80	12	5.5	2.5	4	0.002	60	/	18	0.25	Ⅱ	1∶1.5
<4-3>	黏土(可塑)	1.85	28	0.95	0.55	21	6	4.8	10	0.002	130	550	60	0.3	Ⅱ	1∶1.25
<4-3-1>	黏土(软塑)	1.79	36	1.0	0.75	13.9	3.5	3.02	4.5	0.003	85	300	40	0.25	Ⅰ	1∶1.5
<4-4>	粉质黏土(可塑)	1.96	26.1	0.734	0.58	25.7	5.1	4.37	10	0.004	135	600	60	0.3	Ⅱ	1∶1.25
<4-4-1>	粉质黏土(软塑)	1.88	31.6	0.895	0.84	22.9	8.5	4.12	6	0.003	90	300	40	0.25	Ⅰ	1∶1.5
<4-5>	粉土(稍密)	1.89	22	0.749	0.44	20	12	5.0	8	0.081	140	600	38	0.30	Ⅰ	1∶1.25
<4-8>	圆砾(稍密)	2.1	28	/	/	/	32	/	38	6	250	1 500	110	0.4	Ⅱ	1∶1.25
<9-2>	黏土(可塑)	1.95	27	0.793	0.4	29.5	6	5.0	12	0.002	140	850	55	0.3	Ⅱ	1∶1.25
<9-2-1>	黏土(硬塑)	1.96	25	0.75	0.21	35	9	6.5	15	0.001	170	1 500	80	0.30	Ⅱ	1∶1
<9-2-2>	黏土(软塑)	1.85	32	0.90	0.72	24	6	4.5	0.003	110	400	40	0.25	Ⅰ		1∶1.5
<9-3>	粉质黏土(可塑)	2	23.7	0.682	0.39	32.5	7.2	5.8	12	0.003	160	800	60	0.3	Ⅱ	1∶1.25
<9-3-1>	粉质黏土(硬塑)	2.02	22.1	0.633	0.13	35.6	8.9	6.77	15	0.002	180	1 600	80	0.3	Ⅱ	1∶1
<9-3-2>	粉质黏土(软塑)	1.85	30	0.85	0.74	20	6	4.1	9	0.003	110	450	40	0.25	Ⅰ	1∶1.5
<9-4>	泥炭质土(可塑)	1.60	38	1.4	0.55	16	7	4	8	0.002	90	/	32	0.25	Ⅱ	1∶1.5
<9-4-1>	有机质土(可塑)	1.75	32	1.021	0.55	15	7	4.2	9	0.002	100	/	35	0.25	Ⅱ	1∶1.5
<9-5>	粉土(密实～中密)	2.02	20.2	0.608	0.28	35.2	10.4	8.27	19.1	0.003	160	1 100	60	0.3	Ⅰ	1∶1.25
<9-6>	粉砂(稍～中密)	2.05	25	0.60	0.35	5	20	10.5	23	0.4	180	800	45	0.3	Ⅰ	1∶1.25
<9-7-2>	圆砾(稍密)	2.1	28	/	/	/	35	/	40	6	250	2 500	110	0.4	Ⅱ	1∶1.25
<9-8>	砾砂(稍～中密)	2.1	28	/	/	/	30	/	35	10	200	2 200	100	0.40	Ⅰ	1∶1.25

孔隙潜水：主要赋存于第四系冲洪积相、冲湖积相的淤泥质黏土、粉土、粉砂、砾砂、圆砾等各含水层中。本工程场地内粉砂、砾砂、圆砾等透水性较好的含水层为深部零星分布，厚度薄，加之场地附近无地表径流，地下水补给仅靠大气降水，补给条件差，所以场地内地下水赋存条件较差，含水量较小，总体富水性较弱～中等。本次钻探钻孔内揭示的地下水位稳定埋深为地表下 0.5～6.2 m，高程为 1 891.8～1 900.3 m。

据查昆明市历史水位观测资料，场地所在工程地质单元混合地下水位长期观测稳定埋深为地表下 1.13～3.84 m，水位年变幅一般为 1～1.5 m，30 年最大变幅为 2～3 m。根据本工程收集的沿线工程勘察资料，场地附近各工程勘察期间揭示的地下水位稳定埋深高值为地表下 0.75～3.0 m，结合本次勘察揭示的地下水位分析：本场地历史最高地下水位在地表下 1 m 左右，主体结构范围内标高从小里程端至大里程端为 1 897.33～1 900.4 m，近 3～5 年最高地下水位在地表下 1.5 m 左右，主体结构范围内标高从小里程端至大里程端为 1 897.83～1 900.9 m。出入口通道等附属结构范围内历史最高地下水位及近 3～5 年最高地下水位标高按此原则由各自地面标高推算。

昆明每年 6～9 月份为大气降水的丰水期，地下水位自 6 月份开始上升，9～10 月份达到最高水位，随后逐渐下降，次年 5 月底达到最低水位。

(3)水土化学特征及腐蚀性

根据场地内及相邻区间站点场地所取水样水质分析结果，场地内地下水化学类型为 HCO_3^-—Ca^{2+} · Mg^{2+} 型以及 HCO_3^-—Ca^{2+}、HCO_3^- · SO_4^{2-}—Ca^{2+} 型水。本场地内编号为 S-2011-116 的水样水质分析结果为弱酸性，pH 值小于 6.5。综合分析本场地地层透水性、场地所处环境、地下水补给来源，根据国标《岩土工程勘察规范》(GB 50021—2001)(2009 版)判定，结果为：地下水对钢筋混凝土结构、钢筋混凝土中的钢筋腐蚀性为微腐蚀。根据国家标准《混凝土结构耐久性设计规范》(GB/T 50476—2008)进行判别，结果为：环境作用类别为化学腐蚀环境，环境作用等级为 V-C。根据《铁路混凝土结构耐久性设计暂行规定》(铁建设〔2005〕157 号)，在环境作用类别为化学侵蚀环境时，该段地下水对混凝土结构为酸性侵蚀，作用等级为 H1。根据土的腐蚀性试验结果，场地内地下水位以上土层对混凝土结构、混凝土结构中钢筋为微腐蚀性，根据电阻率测试结果，场地内各土层对钢结构为中腐蚀性。

16.2.3.4 气候特征

昆明市属于低纬度亚热带高原山地季风气候，四季如春、干雨季分明，年平均气温 16℃，年平均降水量 1002 mm，1 月～4 月、11 月～12 月份干旱少雨，5 月～10 月份雨水充沛。

16.2.3.5 地震参数

据《中国地震动参数区划图》(GB 18306—2001)、《建筑抗震设计规范》(GB 50011—2010)结合场地类别划分，昆明抗震设防烈度为 8 度，设计基本地震加速度值为 0.20g，地震动反应谱特征周期为 0.65 s，设计地震分组第三组。

据《中国地震动参数区划图》(GB 18306—2001)、《铁路工程抗震设计规范》(2009 版)结合场地类别划分，昆明抗震设防烈度为 8 度，设计基本地震加速度值为 0.20g，地震动反应谱特征周期为 0.65 s，特征周期分区为三区。

16.2.3.6 交通运输情况

本工程所在位置为昆明市西山区春雨路与益宁路交叉口，车站沿春雨路呈南北向布置，春雨路为西山脚下南北向主干道，主要连接人民西路与南环路等交通要道，双向 6 车道+2 个非机动车道宽 40 m(含人行道道路红线 58 m)。

16.2.3.7 沿线水源、电源等可资利用的情况

(1)施工用水

春雨路位于马街站北端人行道上有一消防栓，可在车站施工前在其下接入 ϕ75 mm 水管，即可满足施工期间用水需求。

(2)施工用电

在车站施工前，在车站附近安装一台 500 KVA 变压器，以满足车站施工期间施工用电需要。

16.2.3.8 当地建筑材料的分布情况

(1)钢筋

本工程钢筋拟采用昆钢、武钢等厂商生产的钢材，由厂家直接发货至施工场地。

(2)混凝土

本工程混凝土全部采用商品混凝土,距离施工现场方圆 10 km 内有多家商品混凝土搅拌站,可满足本工程施工需要。

(3)防水材料

本工程防水材料为甲控材料,供应商自业主提供的合格供应商名录中选取,并在施工前提供采购计划。

16.2.3.9 卫生防疫、地区性疾病及民俗情况

本工程周边分布有西山区人民医院、昆明市肿瘤医院、等各级医院,卫生防疫系统健全,措施有效,未发现区域性地方疾病。当地民风民俗淳朴,社会治安良好。

16.3 工程项目管理组织

工程项目管理组织(见附录 1),主要包括以下内容:

(1)项目管理组织机构与职责;

(2)施工队伍及施工区段划分。

16.4 施工总体部署

16.4.1 指导思想

按照铁道部六位一体总体要求,以“高起点开局、高标准建设、高效率推进”的三高建设为指导方针。以“标准化建设、架子队施作、一盘棋推演、六位体闪光”为项目运作指导思想。

16.4.2 施工理念

坚持“六化”施工理念。即“施工生产工厂化、施工手段机械化、施工队伍专业化、施工管理规范化、施工控制数据化、施工环境园林化”。

以“工厂化”为龙头,将施工技术与工艺按工序细分,在架子队设立作业班组(工厂)、确定流水线,形成“工厂化”生产。

“队伍专业化”和“手段机械化”是对“工厂”配置相应的人、机资源。把握人、机这两大资源,突出专业性和效率,在特定的工区和流水线上形成高效的生产能力。

“数据化”是对“工厂”施工全过程中的安全、质量、环保、工期、成本核算的控制与把握,讲究执行力,用数据说话,量化各项工作并进行评定。

“规范化”是“工厂”的行业准则和法律。针对本项目特点,以管理体系或模式构建规章制度、标准和操作流程,是“数据化”的支撑。

“园林化”是以人为本,保护生态自然和谐,构建绿色工程。针对“工厂”的人及生活、生产区的要求,对基本设施进行人性化、环保性的设置。

16.4.3 奋斗目标

根据建设单位总体施组安排及年度施工计划,以制架梁为主线,以里程碑工期为导向,以成本控制为核心,以“四新”技术为动力,以立功竞赛为抓手,铸就标准化建设魂魄,构建架子队施作骨架,舞动一盘棋推演脉搏,打造“六位一体”的闪光点,建设工地标准化管理的示范工程。

16.4.4 施工总目标

16.4.4.1 安全目标

杜绝责任重大伤亡、机械设备、交通、火灾事故;杜绝责任重大中毒、管线事故;杜绝责任重大环境污染和治安、上访事件,确保安全达标,争创昆明市“文明工地”。

施工期间,尽全责提高施工现场的健康性、安全性,贯彻实施健康和安全政策,无条件遵守一切安全生

产、文明施工、卫生管理及治安管理等有关法规，确保社会稳定、和谐。

16.4.4.2 质量目标

满足设计要求，且一次验收合格，确保全部工程达到国家现行的工程质量验收标准及招标文件的要求。确保工程质量等级达到优良，争创云南省优质结构工程。

16.4.4.3 工期目标

施工条件具备情况下，达到招标文件要求：开工时间2011年3月31日，竣工日期2013年1月31日，总工期22个月。加强管理，达到投标文件承诺的各项节点工期要求。

16.4.4.4 环境保护目标

实行信息化施工，不发生影响建(构)筑物及管线正常使用的事件。严格执行昆明轨道交通工程建设安全生产、文明施工管理办法和昆明市市政工程现场管理办法等相关规定，制订各项切实可行的措施，确保生产用水和生活用水及碴土的弃运和堆放符合环保要求，减少施工噪声，环保达到国家标准。

我部将积极按照有关环境管理标准化的要求，全面运行ISO14001环境保护体系，将工程做成绿色工程、民心工程。

16.4.4.5 管理创新目标

紧密结合本项目的施工实际，开展"数据化控制、标准化管理"创新，以求取得经验和培养人才。

16.5 车站施工方案

16.5.1 总体施工方案

根据马街站车站施工重点、难点，经过全面工地现场考察，遵循"整体设计，系统建设，优质高效，一次建成"的建设方针，车站施工以前期准备，交通疏解、围护结构、主体结构、附属工程施工为关键线路，系统策划，合理布局，综合考虑工程间的关联，统筹安排，紧密衔接。体现突出重点、兼顾一般、平行流水、均衡生产的要求。

首先进行拟建场地内的管线迁改、绿化搬迁等工作，然后进行交通疏解，将拟建场地进行围蔽，然后按照围护结构→基坑土方开挖及支撑→主体结构→顶板土方回填及道路翻浇→附属结构施工的顺序进行马街站施工。

16.5.2 分部分项施工方案

16.5.2.1 围护结构施工方案

车站采用地下连续墙作围护结构，马街站地下连续墙800 mm厚，共68幅，最大钢筋笼长度31.34 m。主要穿越素填土层、黏土层、粉土层、粉土粉砂互层等。在南北两侧端头井端墙部位选择首开幅，然后向标准段依次施工。

(1)施工设备及人员配备

设备配置见表16-4，施工人员配置见表16-5。

表16-4 设备配备表

序号	名　称	单　位	数　量	备　注
1	AX3-320电焊机	台	12	
2	50 t履带吊	台	1	
3	120 t履带吊	台	1	
4	液压抓斗	台	2	宝峨、金泰
5	潜水砂泵	台	4	
6	超声波检测器	台	1	
7	泥浆搅拌机	台	1	2 m^3
8	钢筋切断机	台	1	GJ5-40

续上表

序号	名　称	单位	数量	备　注
9	钢筋弯曲机	台	1	GJ7-40
10	钢筋对焊机	台	1	UN1-150
11	反铲(带破碎头)	台	1	
12	空压机	台	1	
13	锁口管	m	120	800 mm
14	插入式振动器	台	1	
15	泥浆泵	台	2	
16	圆锯	台	1	
17	火焊	套	2	
18	引拔机	个	2	
19	提升架	台	2	
20	泥浆检测器具	套	1	
21	刷壁器	个	1	
22	混凝土导管	m	120	ϕ250
23	试块模具	组	4	

表 16-5　施工人员配备表

序号	主要工种	数量	备　注
1	钢筋工	24	
2	电焊工	12	
3	机修工	1	
4	电工	1	
5	吊车司机	2	
6	起重指挥	2	
7	成槽机司机	3	
8	旋挖钻司机	1	
9	测量工	3	
10	混凝土工及杂工	12	
11	管理人员	7	
合　计		68	

(2)地下连续墙施工工艺流程

地下连续墙施工工艺流程见图 16-4。

(3)连续墙设备选型和工法

车站主体结构基坑采用的围护是地下连续墙，地下连续墙施工采用"地下连续墙液压抓斗工法"进行施工。该工法具有墙体刚度大、阻水性能好，振动小、噪声低、扰动小等特点，对周围环境影响小，适用多种土层条件等特点。

针对本工程成槽比较深、难度大，经过分析和比较，开挖槽段采用 SG40 液压抓斗成槽机和 KH250 履带式起重机配套的槽壁挖掘机。

(4)连续墙施工工艺与要点

1)导墙施工

由于导墙位置深度较厚的杂填土，可能存在地下构筑物、残留管线等，形成导墙深层障碍。前期清理之后，如仍发现有地下障碍物，为了地下连续墙顺利施工，必须在导墙施工前进行开挖清除，直至确定下面没有可预见的阻碍成槽施工的障碍，随后进行导墙施工。

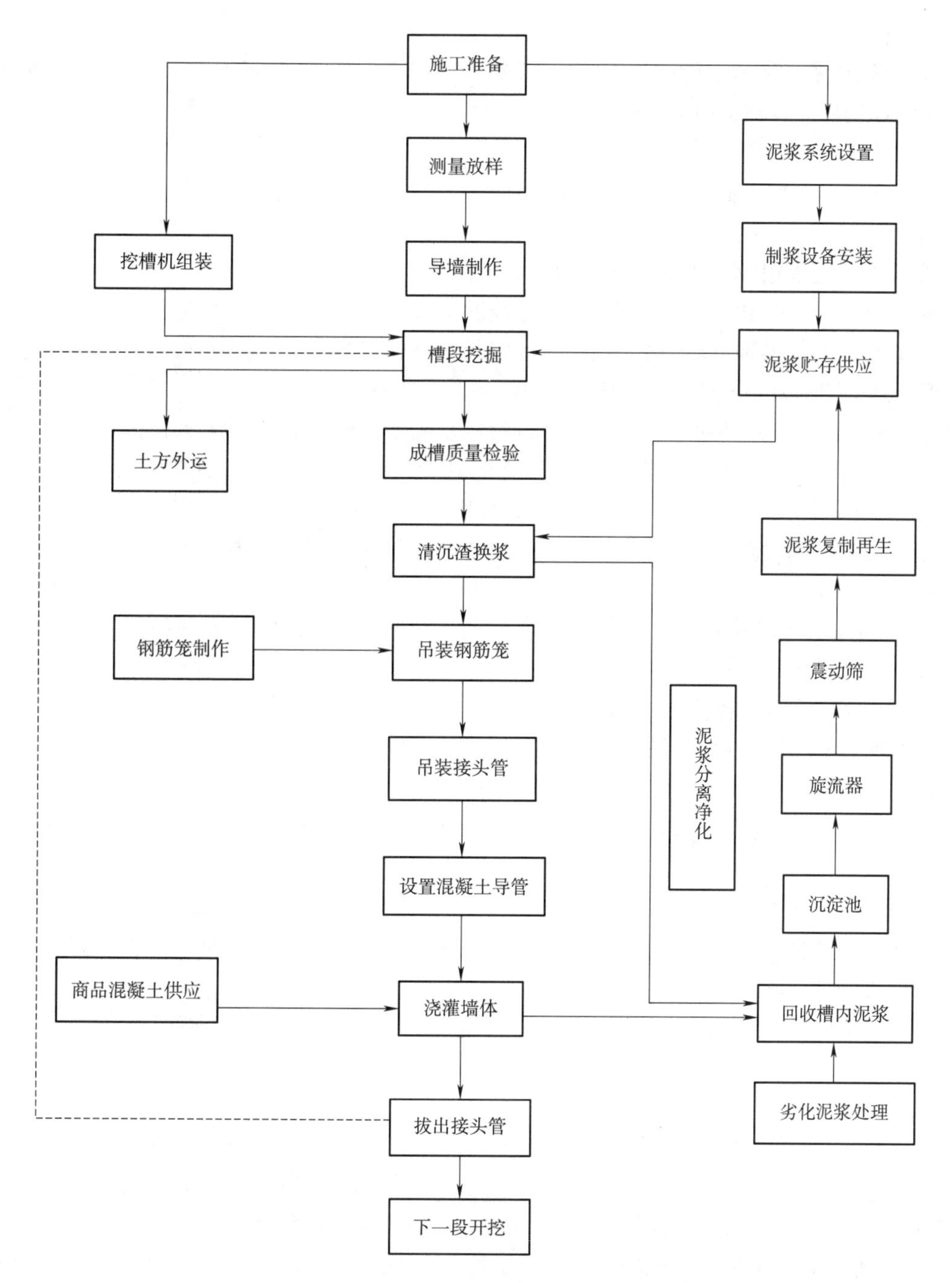

图16-4　地下连续墙施工工艺流程

在保证成槽位置的准确性和垂直精度方面，导墙的施工质量有着极为重要的作用。为了确保导墙的稳定性，本工程的导墙施工以底部深入未经扰动的原状土30 cm和在回填夯实的加固土体上制作牢固的导墙素混凝土底部基础为原则。根据测量放样在导墙位置首先大范围开挖，清除导墙施工障碍，直至原状土，然后制作素混凝土和钢混凝土导墙底板，再立模、扎筋进行导墙施工。

导墙采用钢筋混凝土结构，墙厚20 cm，配筋ϕ12@200 mm，端头井导墙净宽850 mm(导墙净宽自放样理论中心基坑侧为400 mm，背基坑侧为450 mm)；标准段导墙净宽850 mm(导墙净宽自放样理论中心基坑侧为400 mm，背基坑侧为450 mm)。为防止地表水流入槽内破坏泥浆性能，导墙顶面应高出地面10～20 cm。由于在导墙施工中地面荷载极大，为控制在承重的情况下导墙的变形，将导墙和路面一体浇捣。在绑扎路面钢筋之前，要将导墙两侧用优质黏土分层回填、压实，并在道路与导墙壁的夹角浇筑一条截面宽0.3 m、厚0.2 m的八字角来以增强导墙在受力下的稳定性。

导墙施工顺序为：平整场地→测量定位→挖槽→绑扎钢筋→支模板→浇注混凝土→拆模并设置木横撑→导墙外侧回填黏土压实。

①导墙施工技术要点

在开挖前，必须清楚了解地下管线情况，已知管线应全部搬迁完成，为了安全起见，在现场标明管线位置处先行人工开挖样沟样洞，严禁使用机械开挖。

②导墙施工放样

导墙是地下连续墙在地表面的基准物，导墙的平面位置决定了地下连续墙的平面位置，因而，导墙施工放样必需正确无误。

a. 施工测量坐标应采用业主或设计指定的城市坐标系统或专用坐标系统。

b. 导墙施工测量通常采用导线测量法，各级导线网的技术指标应符合有关规定。

c. 为了保证水准网能得到可靠的起算依据，并能检查水准点的稳定性，应在施工现场稳定位置设置三个以上水准点，点间距离以 50～100 m 为宜。

d. 施工测量的最终成果，必须用在地面上埋设稳定牢固的标桩的方法固定下来。

e. 导墙施工放样必需以工程设计图中地下连续墙的理论中心线为导墙的中心线。曲线部分采用分段折线拟合，相邻折线交点取在接头管中心，并控制基槽宽度方向拟合误差<10 mm。

f. 应在导墙沟的两侧设置可以复原导墙中心线的标桩，以便在已经开挖好导墙沟的情况下，也能随时检查导墙的走向中心线。

g. 施工测量的内业计算成果应详加核对，由测量计算者和复核校对者二人共同签名，然后提交进行三级复核，以免计算出错，使放样错误。

h. 导墙施工放样最终成果应请施工监理单位验收，否则不准浇筑导墙混凝土。

i. 为确保地连墙不超限，导墙按照设计、监理要求进行适当外放。

③导墙施工技术措施

地下连续墙施工，导墙起着成槽导向、槽段分幅定位和承担临时施工荷载等作用，施工导墙时采取下列措施：

a. 导墙是液压抓斗成槽作业的起始阶段导向物，考虑到连续墙成墙垂直度及墙体变形影响，内外导墙的净距比地下连续墙厚度加大 5 cm；导墙垂直度控制在≤3/1 000 内，以保证导墙顶面平整和定位准确并达到有关规范和施工图的要求。

b. 为确保结构净宽宽度，连续墙轴线外移 8 cm。导墙施工完成后，将地下连续墙的施工分幅号和标高标识在导墙上。

c. 导墙沟采用挖掘机开挖，人工修坡成型，潜水泵抽排坑内积水后立模灌注混凝土成型，导墙沟底设 10 cm 厚封底混凝土，导墙墙底必须落在封底混凝土上。为确保导墙间距和稳定，在导墙拆模后还要在导墙沟内用 10 cm×10 cm 方木加设两道支撑，支撑在竖向设上下两道，纵向按间隔 1 m 设置。

d. 导墙混凝土与施工场地内路面混凝土一同灌注，以利于导墙的稳定。

e. 成槽时开挖定位和垂直度控制的一个重要方面是液压抓斗张开时两侧均有导向导墙，因此为保证拐角幅第一抓定位和垂直度控制准确，在每一个拐角幅第一抓处均施工长 0.6 m 的蝴蝶节，定位抓斗抓土走向。

f. 在导墙施工全过程中，都要做好排水工作，保持导墙沟内不积水。横贯或靠近导墙沟的废弃管道必须封堵密实，以免成为漏浆通道。

g. 导墙采用双面立模，要通过脚手管等进行模板的固定并保证其稳定性。

h. 导墙的墙趾应插入未经扰动的原状土层中或有牢固、稳定的基础。

i. 现浇导墙分段施工时，水平钢筋应预留连接钢筋与邻接段导墙的水平钢筋相连接，且将接头凿毛冲刷。

j. 导墙立模结束之后，浇筑混凝土之前，应对导墙平面放样成果进行最终复核，并请监理单位验收签证。

k. 导墙混凝土浇筑完毕，拆除内模板之后，为防止导墙在侧向土压作用下产生变形、位移，应每隔 1 m 设上下两道木横撑(100 mm×100 mm)，同时禁止机械等设备在导墙周围碾压。导墙施工完毕后，应在外侧用黏土回填夯实，防止地面水从导墙背后渗入槽内，引起槽段坍方。

l. 导墙混凝土自然养护到设计强度时，方可进行成槽作业。在此之前禁止车辆和起重机等重型机械靠近导墙。

2)泥浆系统

①泥浆系统工艺流程

泥浆系统工艺流程如图16-5所示。

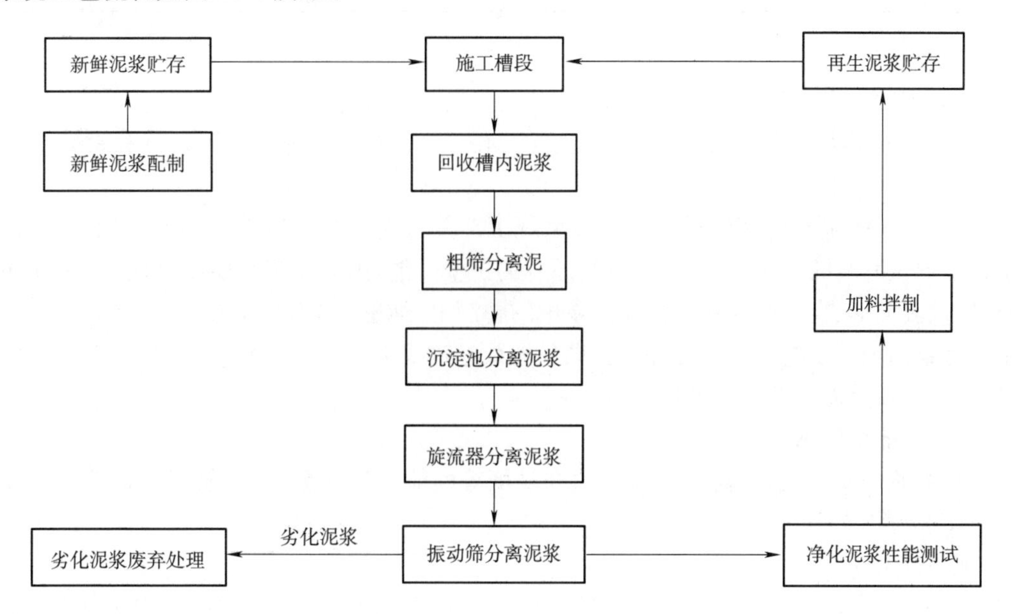

图16-5　泥浆系统工艺流程

②泥浆配置方法

泥浆配置步骤如图16-6所示。

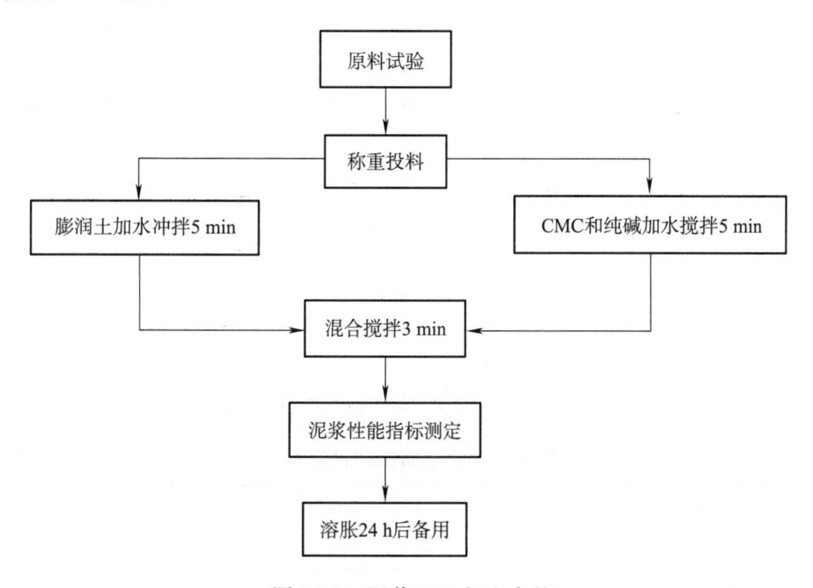

图16-6　泥浆配置方法步骤

泥浆材料：

本地下连续墙工程采用下列材料配制护壁泥浆：

膨润土：200目商品膨润土。　　水：自来水。

分散剂：纯碱(Na_2CO_3)。　　增黏剂：CMC(中黏度，粉末状)。

加重剂：200目重晶石粉。　　防漏剂：纸浆纤维。

泥浆性能指标及配合比设计见表16-6及表16-7。

表16-6　新鲜泥浆的各项性能指标表

项目	黏度(s)	比重	pH值	失水量(cc)	滤皮厚(mm)
指标	22～26	1.06～1.08	8～9	≤10	≤2

表 16-7 新鲜泥浆的基本配合比

泥浆材料	膨润土	纯碱	CMC	200 目重晶石粉	清水
1 m^3投料量(kg)	130	4	1	30	950

③泥浆使用及处理

a. 泥浆储存:整个泥浆池要保证其容量大于 600 m^3,还要保证有一定量的废浆池。

b. 泥浆循环:泥浆循环采用 3LM 型泥浆泵输送,4PL 型泥浆泵回收,由泥浆泵和软管组成泥浆循环管路。

c. 泥浆的再生处理:循环泥浆经过泥浆分离系统沉淀并将混入其中的泥沙通过高速振动筛分离之后,虽然清除了许多混入其间的土渣,但并未恢复其原有的护壁性能,因为泥浆在使用过程中,要与地基土、地下水接触,并在槽壁表面形成泥皮,这就会消耗泥浆中的膨润土、纯碱和 CMC 等成分,并受混凝土中水泥成分与有害离子的污染而削弱了的护壁性能,因此,循环泥浆经过沉淀、净化之后,还需调整其性能指标,恢复其原有的护壁性能,这就是泥浆的再生处理。

(a)净化泥浆性能指标测试

通过对净化泥浆的失水量、滤皮厚度、pH 值和黏度等性能指标的测试,了解净化泥浆中主要成分膨润土、纯碱与 CMC 等消耗的程度。

(b)补充泥浆成分

补充泥浆成分的方法是向净化泥浆中补充膨润土、纯碱和 CMC 等成分,使净化泥浆基本上恢复原有的护壁性能。

向净化泥浆中补充膨润土、纯碱和 CMC 等成分,可以采用重新投料搅拌的方法,如大量的净化泥浆都要作再生处理,为了跟上施工进度,可采用先配制浓缩新鲜泥浆,再把浓缩新鲜泥浆掺加到净化泥浆中去用泥浆泵冲拌的做法来调整净化泥浆的性能指标,使其基本上恢复原有的护壁性能。

(c)再生泥浆使用

尽管再生泥浆基本上恢复了原有的护壁性能,但总不如新鲜泥浆的性能优越,因此,再生泥浆不宜单独使用,应同新鲜泥浆掺合在一起使用。

d. 劣化泥浆处理

劣化泥浆是指浇灌墙体混凝土时同混凝土接触受水泥污染而变质劣化的泥浆和经过多次重复使用,黏度和比重已经超标却又难以分离净化使其降低黏度和比重的超标泥浆。

劣化泥浆先用泥浆箱暂时收存,再用罐车装运外弃。

④泥浆质量控制

施工过程中严格规定泥浆质量控制指标,使泥浆具有必要的性能。泥浆质量控制标准见表 16-8。

表 16-8 泥浆质量的控制标准

项次	指标名称	新制备泥浆	使用过的循环泥浆	废弃泥浆	试验方法
1	比重	<1.05	<1.20	>1.3	泥浆比重秤
2	黏度	19~21 s	19~28 s	35 s	漏斗黏度计
3	pH 值	8~9	<11	>11	石蕊 pH 试纸
4	失水量	<10 mL/30 min	<30 mL/30 min	>40 mL/30 分	泥浆滤过装置
5	泥皮厚度	1 mm	<3 mm	5 mm	泥浆滤过装置

a. 泥浆质量管理要求

各类泥浆性能指标均应符合国家规范、规范和”施组”的规定,并需经采样试验,达到合格标准的方可投入使用。

(a)泥浆制作应严格执行所规定的配合比,新拌制的泥浆应存放 24 h 以上,使膨润土充分水化后方可使用。

(b)泥浆制作中,每班进行二次质量指标检测。

(c)充分利用各种再生处理手段,提高泥浆质量和重复利用率。

(d)槽内泥浆液面应高于地下水位0.5 m以上，亦不低于导墙顶面0.3 m(除特殊情况外，但时间不宜过长)。

(e)泥浆比重超过1.3或pH值大于11时应予废弃。

(f)钢筋笼入槽，必须对槽底沉淀物进行清除，沉淀物厚度不大于100 mm。

(g)再生泥浆受水泥、砂土等污染，如检验有多项指标不合格，达到废弃值时，应予废弃。

(h)排放废泥浆土、渣，应符合政府有关部门规定和条例。

(i)废泥浆土、渣专车运送，不得污染道路，送到规定地点。

b. 泥浆指标的检测

分为三个位置槽段的上、中、下，确保槽底的泥浆比重小于1.15，便于保证混凝土的浇灌质量。

3)槽段开挖

①挖槽设备和操作工艺

a. 开挖槽段采用德国进口的HS855HD地下连续墙成槽机，具有先进的电脑控制与纠偏装置，其抓斗可做自由落体冲抓硬质沙土等，是目前国内较为先进的地下施工设备。

b. 按槽段划分，分幅施工，标准槽段(6.0 m)采用三抓成槽法开挖成槽，即每幅连续墙施工时，先抓两侧土体，后抓中心土体，如此反复开挖直至设计槽底标高为止。异型槽段严格按分幅分段进行开挖成型。

c. 挖槽施工前，应先调整好成槽机的位置，成槽机的主钢丝绳必须与槽段的中心重合。成槽机掘进时，必须做到稳、准、轻放、慢提，并用经纬仪双向监控钢丝绳、导杆的垂直度。挖完槽后用超声波测壁仪进行检测，确保成槽垂直度≤1/300。

d. 转角幅的特殊处理：

在围护结构转角处，为了保证成槽质量和成槽的尺寸，对成槽段进行合理的调整，如图16-7所示。

异型"L"槽段，采用成槽机先行开挖一短幅，再开挖另一长幅，不足两抓宽度的槽段，则采用交替互相搭接工艺直挖成槽施工。

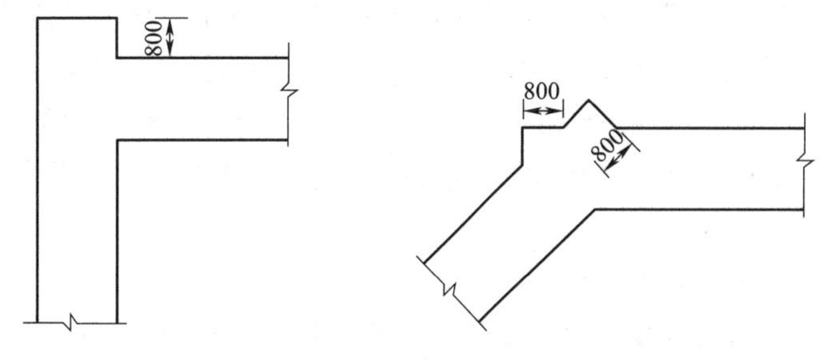

图16-7　转角处特殊处理示意(单位:mm)

e. 挖槽时，不断向槽内注入新鲜泥浆，保持泥浆面在导墙顶面以下0.3 m，且高出地下水位0.5 m。随时检查泥浆质量，及时调整泥浆符合上述指标并满足特殊地层的要求。

f. 待成槽达到设计深度后，再沿槽长方向套挖几斗，把抓斗挖单孔和隔墙时因抓斗成槽的垂直度各不相同而形成的凹凸面修理平整，保证槽段横向有良好的直线性。在抓斗沿槽长方向套挖的同时，把抓斗下放到槽段设计深度上挖除槽底沉渣。

g. 转角处异型槽段严格按规定型式开挖，挖槽施工时一旦发现异常情况应立即停止施工，分析原因并采取相应措施后，再行继续施工。

h. 雨天地下水位上升时，及时加大泥浆比重和黏度，雨量较大时暂停挖槽，并封盖槽口。

i. 在挖槽施工过程中，若发现槽内泥浆液面降低或浓渡变稀，要立即查明是否因为地下水流入或泥浆随地下水流走所致，应不断补充比重1.3以上的泥浆，同时回填槽段直到泥浆液面稳定，再重新成槽，适当提高泥浆比重，且注意观察泥浆液面变化。

②挖槽机操作要领

a. 抓斗出入导墙口时要轻放慢提，防止泥浆掀起波浪，影响导墙下面、后面的土层稳定。

b. 不论使用何种机具挖槽，在挖槽机挖土时，悬吊抓斗的钢索不能松弛，定要使钢索呈垂直张紧状态，这是保证挖槽垂直精度必需做好的关键动作。挖槽作业中，要时刻关注侧斜仪器的动向，及时纠正垂直偏差。

c. 挖槽过程中应观测槽壁变形、垂直度、泥浆液面高度，并控制抓斗速度，防止出现坍塌。当槽段挖至设计高程后，应及时检查槽位、槽深、槽宽和垂直度，并作好记录。

d. 单元槽段成槽完毕或暂停作业时，即令挖槽机离开作业槽段。

e. 为了保证工期，使白天和雨天挖槽土方难以外运时也可进行挖槽作业，工地上设置一个或两个能容纳两个施工槽段挖槽土方的集土坑，用于白天和雨天临时堆放挖槽湿土。

4)槽段检验

①槽段检验的内容:槽段的平面位置、槽段的深度、槽段的壁面垂直度、槽段的端面垂直度。

②槽段检验的工具及方法

a. 槽段平面位置偏差检测:用测锤实测槽段两端的位置,两端实测位置线与该槽段分幅线之间的偏差即为槽段平面位置偏差。

b. 槽段深度检测:用测锤实测槽段左中右三个位置的槽底深度,三个位置的平均深度即为该槽段的深度。

c. 槽段壁面垂直度检测:用超声波测壁仪器在槽段内左中右三个位置上分别扫描槽壁壁面,扫描记录中壁面最大凸出量或凹进量(以导墙面为扫描基准面)与槽段深度之比即为壁面垂直度,三个位置的平均值即为槽段壁面平均垂直度。

槽段垂直度的表示方法为:X/L。其中 X 为基坑开挖深度内壁面最大凹凸量,L 为地下连续墙深度。槽段垂直度要求 X/L 不大于 1/300。

d. 槽段端面垂直度检测:同槽段壁面垂直度检测。

e. 槽段质量评定:以实测槽段的各项数据,评定该槽段的成槽质量等级。

5)清底换浆

①清底的方法

清除槽底沉渣有沉淀法和置换法两种。

a. 沉淀法扫孔

指使用挖槽作业的液压抓斗直接挖除槽底沉渣。

由于泥浆有一定的比重和黏度,土渣在泥浆中沉降会受阻滞,沉到槽底需要一段时间,因而采用沉淀法清底要在成槽(第一次扫孔)结束 3 h 左右之后才开始。

本工程成槽和第一次扫孔结束后,将立即将钢筋笼搁置在该槽段导墙上处于悬吊状态,进行第二次扫孔清底。扫孔从槽段设计底标高以上 2 m 开始,每次下放 0.5 m,直至达到设计槽段底标高,并左右清孔至成槽边线。

b. 置换法清孔

清底开始时间:置换法在抓斗直接挖除槽底沉渣之后,进行一步清除抓斗未能挖除的细小土渣。

清底方法:使用 Dg100 空气升液器,由起重机悬吊入槽,使用 6 m^3 的空气压缩机输送压缩空气,以泥浆反循环法吸除沉积在槽底部的土渣淤泥。

清底开始时,令起重机悬吊空气升液器入槽,吊空气升液器的吸泥管不能一下子放到槽底深度,应先在离槽底 1～2 m 处进行试挖或试吸,防止吸泥管的吸入口陷进土渣里堵塞吸泥管。

清底时,吸泥管都要由浅入深,使空气升液器的喇叭口在槽段全长范围内离槽底 0.5 m 处上下左右移动,吸除槽底部土渣淤泥。

②换浆的方法

换浆是置换法清底作业的延续,当空气升液器在槽底部往复移动不再吸出土渣,实测槽底沉渣厚度不大于 10 cm 时,即可停止移动空气升液器,开始置换槽底部不符合质量要求的泥浆。

a. 清底换浆是否合格,以取样试验为准,当槽内每递增 5 m 深度及槽底处各取样点的泥浆采样试验数据都符合规定指标后,清底换浆才算合格。

b. 在清底换浆全过程中,控制好吸浆量和补浆量的平衡,不能让泥浆溢出槽外或让浆面降低到导墙顶面以下 30 cm。

6)钢筋笼制作

本工程钢筋笼在钢筋笼底模上加工成型。钢筋网根据地下连续墙墙体配筋图和单元槽段划分来制作,并按单元槽段将钢筋网制作成一个整体。

①现场设置钢筋加工场,采用活动型钢筋笼台架。该台架采用钢管和枕木制作,并使用测量仪器进行抄平,保证制作出的钢筋笼垂直度好,不走形。

②根据设计要求,地下连续墙墙体受力筋采用Ⅱ级钢筋,拉筋采用Ⅰ级钢筋 $\phi16@600\times400$ 梅花形布置,转角处拉筋需加强。制作钢筋网时,由于横向钢筋有时会阻碍导管插入,所以纵向主筋应放在内侧,横向

钢筋放在外侧；并应预先确定浇注混凝土所用的导管位置，以便于浇筑水下混凝土时导管的插入。

③为了防止钢筋笼在吊装过程中产生不可复原的变形，在加工钢筋笼时根据钢筋笼的重量、尺寸以及起吊方式和吊点布置，在钢筋笼内布置一定数量的纵向桁架。吊装的纵向桁架腹杆筋采用 25 的圆钢，每幅槽段设置两品纵向桁架，水平桁架腹杆采用 20 的圆钢，按 4 m 一道布置；

④钢筋笼制作采用电焊焊接（主筋和主筋加筋接头使用闪光对焊，起吊桁架钢板和吊点圆钢采用单面满焊）。各种钢筋焊接接头按规定作拉弯试验，试件试验合格后，方可焊接钢筋，制作钢筋笼。

⑤按翻样图布置各类钢筋，保证钢筋横平竖直，间距符合规范要求，钢筋接头焊接牢固，成型尺寸正确无误。地下连续墙钢筋笼在钢筋制作场内制作成型，并严格按设计加工制作纵向桁架钢筋和水平加强筋，按规范要求用点焊固定主筋和箍筋，以提高钢筋笼整体刚度。质检工程师应对焊接质量做严格检查，确保钢筋笼具有足够的刚度、牢固和稳定性，以保证钢筋笼在吊装到位时的安全可靠。

⑥钢筋笼在槽段内定位准确且减少可能出现的露筋现象，钢筋笼迎土面、开挖面合理设置保护层钢板。设计连续墙要求外侧保护层为 70 mm，开挖面保护层为 70 mm，本工程钢筋笼定位块采用“_/‾_”型钢板来制作，厚度 5 mm。水平方向每排设置 3 块，纵向间距 3 m。每边焊接两点保证其不脱焊。并在钢筋笼上端头加设”U”型固定吊环。主筋保护层厚度为迎坑面 70 mm，迎土面 70 mm。

⑦钢筋接驳器的安装每根焊三点，保证其位置的准确和不脱落，钢筋笼底部 500 mm 按 1∶10 收成闭合状，以利于钢筋笼的插入，每幅钢筋笼须予安装 2 根直径为 48 的墙趾注浆管，注浆管长度大于槽深 0.5 m。

⑧钢筋在搬运、堆放及吊装过程中，不得产生不可恢复变形、焊点脱离和散架等。

⑨钢筋笼的主吊环采用 32 的圆钢满焊于桁架位置，钢筋搭接长度、焊接严格按照施工规范和设计要求执行。

⑩在制作好的钢筋笼上精确量测连续墙与钢筋混凝土围图的钢筋连接器和预埋钢筋的位置，用电焊焊牢连接器、钢筋及支撑预埋钢板，连接器另一端用塑性盖子盖住端头口，外面设保护木板，用小铁丝固定牢固。钢筋连接器及相应预埋件的位置必须计算连续墙下沉造成的误差，分段制作的钢筋笼还应该精确计算分段焊接的位置，以完全确保风井结构尺寸的正确。钢筋笼制作好后，根据本幅钢筋笼所用槽段的实测导墙顶面标高来确定安装标高线，并在钢筋笼顶部吊环上用红油漆标画示出。

⑪钢筋笼制作完成后。须经检查合格后，方可进行吊装。主筋间距±10 mm，水平筋间距±20 mm，钢筋笼长度+50 mm，钢筋笼宽度±20 mm，钢筋笼厚度+0～10 mm，预埋件中心位置±10 mm。钢筋笼质量检验标准见表 16-9。

表 16-9　钢筋笼质量检验标准表

项目	允许偏差（mm）	检查频率		检查方法
		范围	点数	
长度	±50		3	
宽度	±20		3	尺量
厚度	−10		4	
主筋间距	±10	每幅	4	在任一断面连续量取主筋间距（1 m 范围内），取平均值作为一点
两排受力筋间距	±10		4	尺量
预埋件中心位置	<20		4	抽查
同一截面受拉钢筋接头截面积占钢筋总面积	≤50%（或按设计要求定）			观察

⑫钢筋笼制成品必须先通过”三检”，再填写”隐蔽工程验收报告单”，并把材料质保书、闪光对焊和原材料复试报告、试件强度报告等相应具备验收条件后请监理单位验收签证，否则不可进行吊装作业。验收后进行吊装。

7）刷壁

成槽完成后在相邻一幅已经完成地下墙的接头上必然有黏附的淤泥，如不及时清除会产生夹泥现象，造成基坑开挖过程中地下墙渗水，为此必须采取刷壁措施，当成槽完成后利用履带吊，起吊专用的刷壁器，在接头上上下反复清刷，直到提起刷壁器时不带泥为止，确保接头干净，防止基坑开挖时渗漏水现象的发生。

8)钢筋笼吊放

在钢筋笼吊放前要再次复核导墙上的4个支点的标高,根据实测标高值来确定安装标高线,并在钢筋笼顶部吊环上用红油漆标画示出,精确计算吊筋长度,确保误差在允许范围内。

钢筋笼经验收合格后,用120 t及50 t履带吊机八点起吊,空中翻转,一次整体入槽,转角处异型槽段钢筋笼也采取一次加工成型,整体吊装入槽定位安装。

钢筋笼上设置纵横向起吊桁架和吊点,使钢筋起吊时有足够的刚度,防止钢筋笼产生不可恢复的变形。

对于拐角幅钢筋笼除设置纵横向起吊桁架和吊点外,另增设"人"字桁架和斜拉杆进行加强,以防钢筋笼在空中翻转时角度发生变形。拐角处钢筋笼加强方法如图16-8所示(个别拐角幅尺寸将根据施工需要予以调整)。

对于整幅吊运,需要配置120 t和50 t履带吊各一台,120 t履带吊作为钢筋笼起吊主吊机,50 t履带吊配合起吊。采用整幅吊运安装的方案,可减少钢筋笼安置时间,有利于深槽壁体的稳定。

起吊钢筋笼时,先用主吊和副吊双机抬吊,将钢筋笼水平吊起,然后升主吊、放副吊,将钢筋笼凌空吊直。

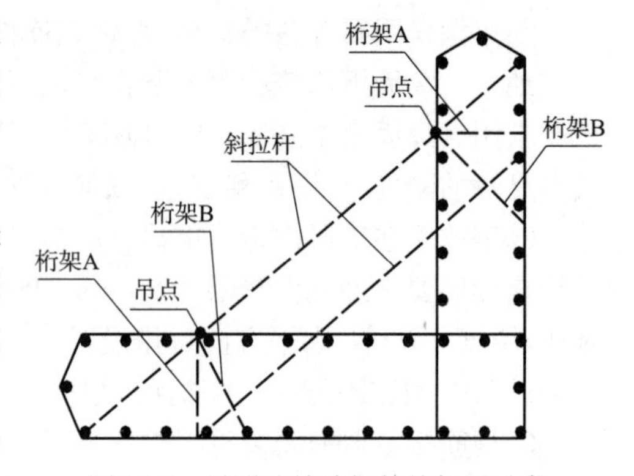

图16-8 异形连续墙钢筋笼加固示意

①吊运钢筋笼必须单独使用主吊,必须使钢筋笼呈垂直悬吊状态。

②吊运钢筋笼入槽后,用吊梁穿入钢筋笼最终吊环内,搁置在导墙顶面上。

③校核钢筋笼入槽定位的平面位置与高程偏差,并通过调整位置与高程,使钢筋笼吊装位置符合设计要求。

在安装过程中,还必须加强钢筋笼的变形控制。由于整幅钢筋笼是一个刚度极差的庞然大物,且本工程钢筋笼长度非常大,起吊时极易变形散架,发生安全事故,为此采取以下加强技术措施:

①钢筋笼设置两道纵向起吊桁架和两道纵向加强桁架,并设置横向起吊桁架和吊点,使钢筋笼起吊时有足够的刚度防止钢筋笼产生不可复原的变形。

②对于拐角幅钢筋笼除设置纵、横向起吊桁架和吊点之外,另要增设"人字"桁架和斜拉杆进行加强,以防钢筋笼在空中翻转时以生变形。为保证起吊安全,钢筋笼顶部四个吊点使用厚30 mm钢板,以下各道主吊和副吊吊点使用钢板或ϕ40圆钢与起吊桁架单面满焊。

③由于钢筋笼的重量和长度太大,吊点跨度也相应增加,为保证起吊安全和质量,所用起吊钢丝绳为专门定做的2′钢丝绳。钢筋笼抬吊方法如图16-9所示。

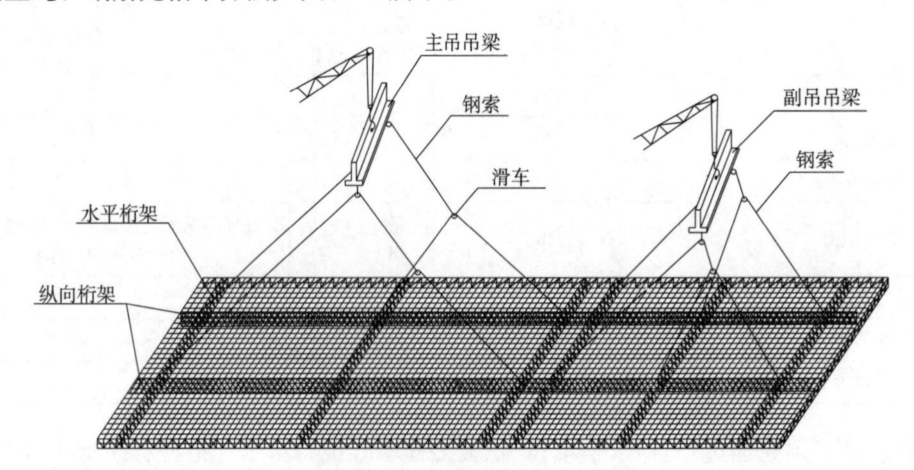

图16-9 钢筋笼抬吊方法示意

9)混凝土浇筑

浇灌墙体混凝土时,采用经过耐压试验的内径为250 mm,节长为2.5 m的快速接头钢导管。

①墙体混凝土按照浇灌水下混凝土规范要求采用高于设计强度高一个等级的商品混凝土,采用C35,水灰比不应大于0.6。每立方米混凝土中水泥用量:当粗骨料采用卵石时,不应少于370 kg;采用碎石时不应

小于400 kg。坍落度应为180～220 mm。其他要求应符合《地下铁道工程施工及验收规范》第9.2.2条、第9.2.3条和第9.2.4条的规定。

②浇灌混凝土在钢筋笼入槽后的4 h之内开始，否则应重新清孔。混凝土应均匀连续灌注，因故中断灌注时间不得超过30 min。

③根据槽段的尺寸，整个槽段设置两套导管，管径ϕ250 mm，采用法兰连接，导管下端距槽底距离控制在0.3～0.5 m范围内。混凝土由搅拌车运至孔口通过导管漏斗灌注。泥浆中混凝土浇筑时将采取措施防止流态混凝土挤入相邻槽段内，入槽时混凝土坍落度控制在18～22 cm，每幅墙混凝土浇注从底到顶必须连续进行，不得间断，混凝土应浇筑密实，防止出现蜂窝麻面现象。混凝土导管安拆，由50 t履带吊配合进行。

④混凝土浇筑过程中，应经常量测混凝土灌注量和上升高度，墙顶面混凝土面高于设计标高0.3～0.5 m。墙顶设计标高处的混凝土强度必须满足设计要求(不低于C30混凝土)，设计标高处不得有浮渣。墙头必须凿除。

⑤一期地下连续墙槽段浇筑完成并达到70%强度以上，方可进行相邻连续墙槽段的施工。

⑥浇灌混凝土过程中，混凝土不得溢出导管落入槽内，混凝土灌注速度不应低于2 m/h，同时应防止导管起拔困难，埋管深度保持在1.5～4.0 m，专用提升机抽拔导管。混凝土面高差控制在0.5 m以下。

⑦按规定要求在现场采样捣制和养护混凝土试块，每一单元槽段混凝土应制作抗压强度试件2组，每5个槽段应制作抗渗压力试件1组，每组3件，及时将达到养护龄期的试块送交试验站作试验。

⑧施工中严格控制导管提拔速度和混凝土浇注速度，应派专人测量浇注进度，做好记录。并将浇注信息及时反馈，以便施工控制。

连续墙混凝土浇筑示意如图16-10所示。

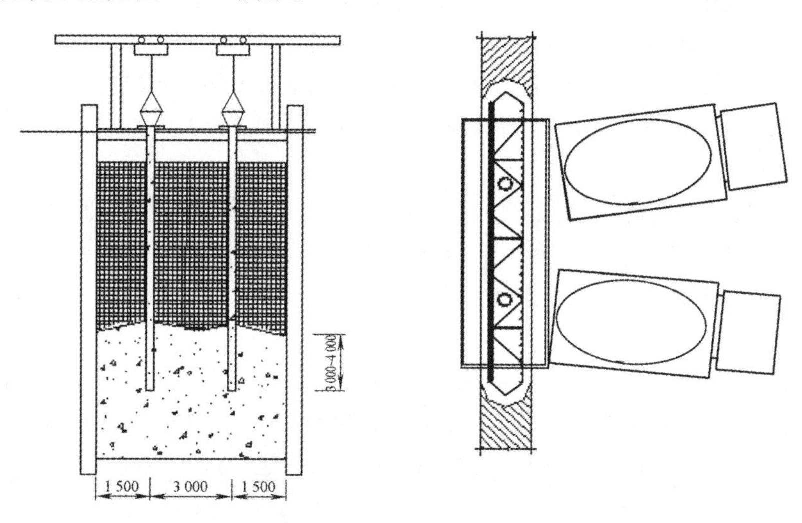

图16-10　连续墙混凝土浇注示意

10)锁口管吊装与顶拔

吊装锁口管，使用200 t履带吊分段起吊锁口管入槽，在槽口逐段拼接成设计长度后，下放到槽底。

为了防止混凝土从锁口管跟脚处绕流，应使锁口管的跟脚插入槽底土体。

锁口管由液压顶拔机顶拔，履带吊协同作业，分段拆卸。为了减小锁口管开始松动时的阻力，为了便于接头管起拔，在接头管管身外壁涂抹黄油，保持管壁光滑。可在混凝土开浇3～4 h后，启动液压顶拔机顶动锁口管，然后每间隔30 min进行一次提升，每次50～100 mm，直至终凝后全部拔出。在拔管过程中防止损坏接头处混凝土，不可使根脚脱离插入的槽底土体，以防根脚处尚未达到终凝状态的混凝土坍塌。待混凝土初凝后，拔除接头锁口管，这时在Ⅰ期槽段两端和还未开挖土方的Ⅱ期槽段之间留有一个圆孔。锁口管拔除采用200 t的千斤顶，在进行Ⅱ期槽段施工时，采用电动刷清洗接头处的交接物，不得留有夹泥或混凝土浮渣粘着物，以达到良好的止水作用。

在顶拔锁口管的过程中，要根据现场混凝土浇灌记录表，计算锁口管允许顶拔的高度，严禁早拔、多拔。

本工程除型钢接头外采用圆形接头管的形式，其工艺原理及施工过程如图16-11所示。

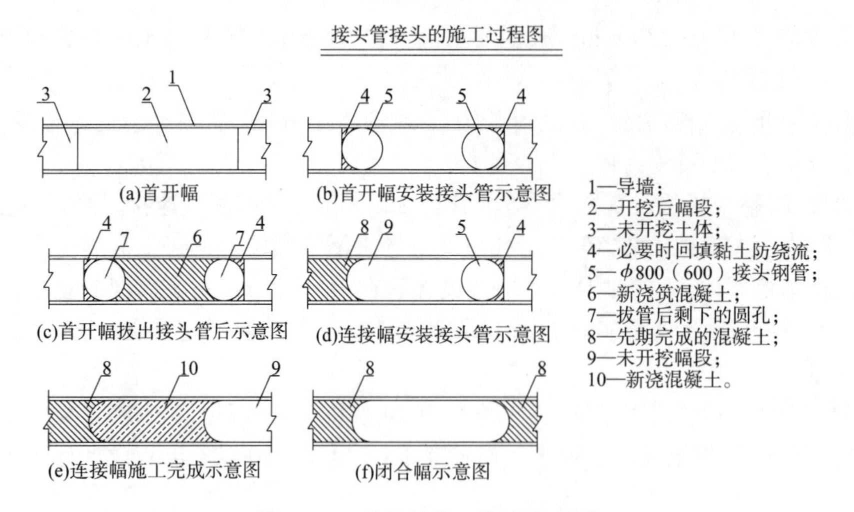

图 16-11　连续墙施工顺序示意图

11)墙趾注浆加固

据地质资料显示，在本工程施工范围内地质情况较差。按照设计要求，采取地下墙墙趾注浆工艺，防止地下墙围护结构产生隆沉现象。

施工工艺：采用直径 ϕ48 mm 钢管作为注浆管，每幅槽壁设置墙趾 ϕ48 注浆管二根，长度为上端超出地面 0.3 m，下端超出墙底 0.5 m。钢管在槽壁钢筋笼制作时预设在笼内，用点焊与钢笼连接、固定。钢筋笼分节处注浆管接头用直径 2 寸的夹布胶管连接，胶管长度 0.5～0.8 m，两端用 10＃铁丝绑扎。钢管底端 30 cm 长处为花管，用橡胶密封圈封闭。当槽壁达到设计强度后进行注浆加固墙趾。在正式注浆之前，应选择有代表性的墙段，进行注浆试验，摸清施工参数，一般注浆量每孔不少于 2 m^3。

主要技术参数：注浆压力：0.5～2.0 MPa；注浆流量：15～20 L/min；注浆量：2.0 m^3/孔。

浆液配合比：自来水∶32.5 普硅水泥∶粉煤灰∶膨润土∶外掺剂＝0.4∶1∶0.85∶0.03∶0.002。

12)冠梁施工

当地下连续墙施工完成后，开挖场地至墙顶设计标高时，对墙顶浮碴及多余部分混凝土，进行凿除，采用空压机、风镐结合人工的方法进行。并按有关部门指定槽段进行检测验收，验收合格后，进行冠梁施工，绑扎冠梁钢筋，安装模型并灌注混凝土，混凝土采用商品混凝土。

16.5.2.2　基坑降排水施工

根据地质补勘情况及邻近车站基坑开挖情况看，马街站基坑土层渗透系数较小，水位相对较低，在连续墙围护封闭后，水量较少，坑内降水井较难实施，可能无法抽出水或水量极少，对此，在围护结构封闭后基坑开挖前对基坑打设 1～2 口实验井，进行降水实验，判断是否需要进行进一步降水设计。若需要降水，按照以下工艺工法进行施工。

参考设计意图，车站每 200～300 m^2左右设置 1 口 ϕ600 mm-237 管径坑内疏干降水井，深度在基坑下 5 m 左右，深度约 22～23 m。

(1)施工设备及人员配备

施工设备配置见表 16-10，施工人员配置见表 16-11。

表 16-10　施工设备配备表

序号	设备名称	规格型号	数量	设备能力
1	成井钻机	GPS-10 型	1 台	37 kW
2	泥浆泵	3PNL	1 台	22 kW
3	86 泵		1 台	7.5 kW
4	电焊机	ZXF	1 台	5.5 kW
5	空压机	ZV	1 台	7.5 kW
6	潜水泵	150QJ10-36/4	26 台	2.2 kW/台
7	测绳	30 m	2 根	

表 16-11　施工人员配备表

工种、级别	按工程施工阶段投入劳动力情况	
	成井	运行
机操工	2	—
电工	1	1
焊工	1	1
测量工	1	—
普通工	3	3～4

(2)施工工艺流程

管井降水施工工艺流程如图 16-12 所示。

(3)主要施工工艺

1)降水井管构造

降水井管构造：孔径 600 mm，管径 273 mm，下部是桥式滤管和沉淀管；上段 4～8 m 是平管，管顶约 4 m 左右用优质黏土封实。管节一般 6 m 左右，运至现场后包滤布和拼装。

井口：井口应高于地面 0.2 m，以防止地表水渗入井内，一般采用优质黏土或水泥浆封闭，其深度不小于 4.00 m。

井壁管：降潜水井采用焊接钢管，井壁管直径 ϕ273 mm。

过滤器(滤水管)：降潜水井采用桥式滤水管，滤水管外均包二层 80 目的尼龙网，滤水管的直径与井壁管直径相同。

沉淀管：沉淀管主要起到过滤器不致因井内沉砂堵塞而影响进水的作用，沉淀管接在滤水管底部，直径与滤水管相同，长度为 1 m，沉淀管底口用铁板封死。

填砾料(中粗砂或粗砂)：填砾料前在井管内下至钻杆离孔底 0.3～0.5 m，井管上口应加固闷头密封后，从钻杆内泵送泥浆进行边冲孔边逐步调浆使孔内的泥浆比重逐步调到 1.05 以内，然后开小泵量按构造设计要求填入砾料，并随填随测量砾料的高度，直至砾料下至预定位置为止。

填黏性土封孔：为防止泥浆及地表污水从管外流入井内，在地表以下回填 4.0 m 厚的黏性土止水或采用水泥浆封闭。

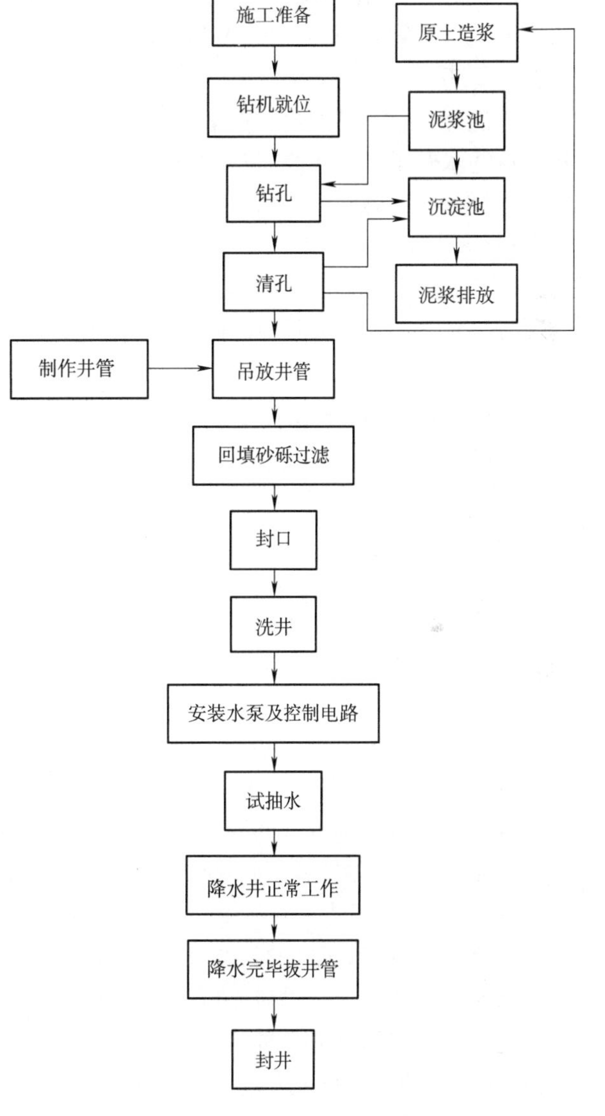

图 16-12　管井降水施工工艺流程

2)成井施工工艺与技术要求

成孔施工机械选用 GPS-10 型工程钻机及其配套设备，原土造浆护壁的成孔工艺及下井管壁、滤水管、围填砾料、黏性土等成孔工艺。井点降水井在钻孔桩格构柱完成后进行施工，其主要施工流程：放样→开挖→成孔→安装→填砂→洗孔→试抽→抽水→竣工。成孔工艺流程如下：

①测放井位：根据降水井井位平面布置图测放井位，当布置的井点受地面障碍物或施工条件的影响时，现场可做适当的调整。

②埋设护口管：护口管应插入原状土层中，管外应用黏性土封严，防止施工时管外返浆。护口管上部高出地面 0.1～0.3 m。

③安装钻机：根据测放点位摆放钻机，钻机应摆放平稳、水平。

④钻进成孔：开孔孔径为 ϕ600 mm，钻孔开孔时应保持钻进的垂直度，成孔施工采用孔内自然造浆，钻进过程中的泥浆密度保持在 1.1～1.15，当提升钻具或停工时，孔内必须压满泥浆，以防孔壁坍塌。

⑤清孔换浆：钻孔钻进至设计标高后，在提钻前将钻杆提至离孔底 0.5 m，进行冲孔清洗孔内杂物，同时将孔内的泥浆密度逐步调至 1.1，孔底沉淤小于 30 cm，返出的泥浆内不含泥块为止。

⑥下井管：管子进场后，应检查过滤器的隙缝是否符合设计要求。下管前必须测量孔深，孔深符合设计要求后，开始下井管，下管时在滤水管上下两端各设一套直径小于孔径 5 cm 的扶正器(扶正器)，以保证滤水管能居中，井管焊接要牢固、垂直，下到设计深度后，井口固定居中。

⑦填砾料(中粗砂或粗砂)：填砾料前在井管内下至钻杆离孔底 0.3～0.5 m，井管上口应加固闷头密封后，从钻杆内泵送泥浆进行边冲孔边逐步调浆使孔内的泥浆比重逐步调到 1.05，然后开小泵量按构造设计要求填入砾料，并随填随测量砾料的高度，直至砾料下至预定位置为止。

⑧井口封闭：为防止泥浆及地表污水从管外流入井内，在地表以下回填 4.0 m 厚的黏性土止水或采用水泥浆封闭。

⑨洗井：在提出钻杆前利用井管内的钻杆接上空压机抽水，待井能出水后提出钻杆再用活塞洗井，活塞必须从滤水管下部向上拉，将水拉出孔口。对出水量很少的井可将活塞在过滤器部位上下窜动，冲击孔壁泥皮，此时应向井内边注水边拉活塞。当活塞拉出的水基本不含泥砂后，可换用空压机抽水洗井，吹出管底沉淤，直至水清不含砂为止。

⑩安泵试抽：成井施工结束后，在降水井内及时放入潜水泵与真空管、排设排水管道、地面真空泵安装、电缆等，电缆与管道系统在设置时应注意避免在抽水过程中不被挖土机、吊车等碾压、碰撞损坏，应在这些设备上进行标识。抽水与排水系统安装完毕，即可开始试抽水。排水井及降水运行时应用管道将水排至场地四周的明渠内，通过排水渠道将水排入市政管道。

3)降水运行

①试运行

在试运行之前，准确测定各井口和地面标高、静止水位，然后开始试运行，以检查抽水设备、抽水与排水系统能否满足降水要求。

在降水井的成井施工阶段应边施工边抽水，即完成一口投入降水运行一口，力争在基坑开挖之前将基坑内的地下水降到基坑开挖面以下 2.0 m 深，水位降到设计深度后即暂停抽水，观测井内的恢复水位。

②降水运行

基坑内的降水井应在基坑开挖前 10～20 天进行，以便及时降低围护结构内基坑中的地下水位。

基坑降水井抽水时，潜水泵的抽水间隔时间时短时长，每次抽水井内水抽干后，应立即停泵，对于出水量较大的井每天开泵的抽水的次数相应增多。

降水过程中，作好各井的水位、抽水量的观测工作，尤其要加强对观测井的水位测定，及时掌握承压含水头的变化情况。

降水运行期间，现场实行 24 h 值班制，值班人员应认真作好各项质量记录，作到准确、齐全。

降水施工中值班人员对水位—时间变化(S-t)、水量—时间变化(Q-t)、单井涌水量(q)、降水井工作情况等作定时记录，整理图表，进行系统分析，以合理指导降水工作，提高降水运行效果。降水运行记录每天提交一份，对停止抽水的机关内应及时测量水位，每天 1～2 次。

③降水运行注意事项

作好基坑内的明排水准备工作，以防基坑开挖时遇降雨能及时将基坑内的积水抽干。

降水运行阶段应经常检查水泵的工作状态，一旦发现不正常应及时调泵并修复。

降水运行阶段应保证电源供给，如遇电网停电，有关单位需提前 2 h 通知降水施工人员，以便及时采取措施，保证降水效果。

抽水设备由专人负责定期维护和维修，并适当增加备用潜水泵和计量设备，以保证施工期间的正常使用。

④降水运行技术措施

降水运行开始阶段是降水工程的关键，为保证在开挖时及时将地下水降至开挖面以下，因此在洗井过程中，洗完一口井即投入运行一口井，尽可能提前抽水。

降水设备在施工前及时作好调试工作，确保降水设备在降水运行阶段正常运转。

工地现场要配备足潜水泵，数量大于井口数 3 台。使用的潜水泵要作好日常的保养工作，发现坏泵应立即修复，无法修复的及时更换。

降水工作应与开挖工作密切配合，根据开挖顺序、开挖进度等情况及时调整降水运行的运行数量。

降水运行阶段，电源必须保证，如遇电网停电，有关单位需提前 2 h 通知降水施工人员，以便及时采取措施，保证降水效果。

⑤井管保护措施

井位尽可能靠近支撑边，沿支撑的垂直方向距支撑约 80～100 cm

井管口设置醒目标志，做好标识工作。

随着基坑开挖深度的不断加深，井管的暴露长度不断加大，井管沿纵向与每道支撑要及时焊接钢筋加固。

挖机施工人员应做好井管保护工作。

4)封井方案

封井基本操作顺序及有关技术要求如下：

①当本基坑开挖至设计标高后，在基坑底开挖面上 0.5 m 处，在井管外焊接一块止水板，止水板外圈环宽不小于 100 mm。

②在井管外围加设过底板套管，套管与井管之间充填 M10 防水水泥砂浆。

③在套管外侧粘贴一圈缓膨胀止水条。

④向井管内灌注与底板同标号的补偿收缩混凝土。

⑤待井管内混凝土的初凝能符合要求，并确定封堵的实际效果满足要求后，即可割去所有外露的井管。

⑥割去井管后，在井管口要用钢板焊封，封井工作完毕。

5)降水常见问题及预防措施

①地下水位降不下去

a. 产生原因

洗井质量不良，砂滤层含泥量过高，孔壁泥皮在洗井过程中尚未被破坏掉，孔壁附近土层在钻孔时遗留下来的泥浆没有除净，使地下水向井内渗透的通道不畅，影响集水能力。

滤网和砂滤料规格选用不当。

水文地质资料与实际不符，井垂直度不符要求，井内沉淀物过多，井孔淤塞。

b. 预防措施及处理方法

在井点管四周灌砂滤料后立即洗井。一般在抽筒清理孔内泥浆后，用活塞洗井，或用泥浆泵冲清水与拉活塞相结合洗井，以破坏孔壁泥皮，并把附近土层内遗留的泥浆吸出，然后立即单井试抽，使附近土层内未吸净的泥浆依靠地下水不断向井内流动而清洗出来。

需要疏干的含水层均应设置滤管；滤网与砂滤料规格根据含水土层土质颗粒分析选定。

在土层复杂地段，做现场抽水试验。在钻孔过程中，对每一个井孔取样，核对原有地质资料。在下井管前，复测井孔实际深度，结合设计要求与实际水文地质情况配置井管与滤管。

在井孔内安装或调换水泵前，测量井孔的实际深度和井孔沉淀物的厚度。如果井深不足或沉淀物过厚，需对井孔进行冲洗，排除沉渣。

②降深不足

a. 产生原因

基坑局部地段的井点根数不足。

井泵型号选用不当，井点排水能力太低。

单井排水能力未能充分发挥。

水文地质资料不确切，基坑实际涌水量超过计算涌水量。

b. 预防措施及处理方法

按实际水文地质资料计算相关参数。复核井点过滤部分长度，井进出水量。

选择井泵时考虑到满足不同阶段的涌水量和降深要求。

改善和提高单井排水能力。根据含水层条件设置必要长度的滤水管，增大滤层厚度。

在降水深度不够的位置增设井点根数。

在单井最大集水能力的许可范围内，更换排水能力较大的井泵。

洗井不合格的重新洗井，以提高单井滤管的集水能力。

③回灌井回灌处理方法

根据观测井的水位和地表沉降的监测数据按需对回灌井进行回灌。用水泵把自来水抽入回灌井，使其形成隔水帷幕而改变降水曲线，从而达到减小地表沉降的目的。

6)降水效果控制

信息法施工是深井降水的一个特点，本工程周边条件复杂，要严格按照有关部门的指令对降深进行必要的控制。既要保证基坑施工正常进行，又要少影响周围建筑物，要求随时掌握降水水位，周边管线和建筑物的变形，基坑挖土深度等信息，因此，要根据不断调整深井水泵的高度，控制水位降深，以配合基坑施工。

16.5.2.3 基坑开挖及支撑架设施工

本标基坑均采用明挖顺筑法施工，马街站基坑开挖深度约 18 m，若需降水，基坑土方开挖前 20 天进行降排水，当基坑内水位低于开挖面以下 1～1.5 m，随即开始基坑开挖施工。土方开挖先从南端 1 区开始施工，挖至 5 区后开始开挖北端 8 区，最后在 6 区收口。土方开挖遵循时空效应原理，采用“分段、分层、对称、平衡、限时”的方针，保证基坑和周围环境的安全。支撑安装与土方开挖密切配合，尽量减少无支撑暴露时间，保证基坑和周围建筑物及管线安全，土方经自卸汽车外运至弃土场。

(1)施工设备及人员配备

施工设备配备见表 16-12，施工人员配备见 16-13。

表 16-12 施工设备配备表

序号	名 称	规格型号	单位	数 量	备 注
1	钢管支撑及组件	$\phi609\delta16$	t	1 733.6	含附属
2	钢围檩及钢板	I40	t	408.6	含附属
3	工具集装箱	6 m×2.2 m	个	1	支撑安装
4	应急物资集装箱	6 m×2.2 m	个	1	应急物资
5	反铲挖掘机	PC220	台	3	坑内挖土
6	反铲挖掘机	PC350	台	1	坑内挖土
7	反铲挖掘机(带破碎头)	PC60	台	1	坑内挖土
8	反铲挖掘机	PC35	台	1	坑内挖土
9	土方运输车	15 方	辆	6	土方外运
10	履带起重机	50 t	台	1	支撑安装
11	液压千斤顶	200 t	套	1	支撑加力
12	交流电焊机	ZX5	台	4	支撑架设
13	氧气乙炔焊		套	2	支撑安装
14	莱卡水准仪	NA02	台	1	测量监测
15	莱卡全站仪	1202＋	台	1	测量监测
16	精密测斜仪		套	1	测量监测
17	潜水砂泵	7.5 kW	台	8	临时排水
18	泥浆泵	7.5 kW	台	4	临时排水
19	潜水泵	QX3-35	台	8	降水施工
20	空压机带风镐		套	2	混凝土凿除
21	临时土斗	2 方	个	1	坑内收土
22	长臂挖机	20 m	台	1	最后收土备用
23	柴油发电机	30 kW	台	1	应急发电

表16-13 施工人员配备表

序号	工种	人数	备注
1	钢筋工	8	钢筋混凝土支撑
2	木工	5	钢筋混凝土支撑
3	混凝土工	5	钢筋混凝土支撑
4	电焊工	5	钢筋焊接及支撑架设
5	机修工	2	
6	电工	2	
7	吊车司机	2	支撑架设
8	起重指挥	3	支撑架设
9	挖机司机	7	土方开挖
10	测量工	3	
11	支撑安装班	8	支撑架设
12	安全员	3	
13	施工安全员	1	
14	其他杂工	10	
合 计		52	

(2)基坑挖土方案

马街站基坑开挖深度约18 m,属于比较深的基坑,基坑周围建筑物较近,基坑开挖是工程施工中控制的关键,基坑开挖和支撑的速度直接影响围护变形和安全,进而影响对周边环境的保护。

根据以往的施工经验,根据不同的开挖深度,对于明挖顺筑法施工,将采用不同的开挖方法,主要包括以下三种:

第一、二道支撑以上土体(0～5 m)采用液压挖掘机直接挖土,在条件具备的情况下,采用两台大型液压挖掘机在基坑的两侧同时挖土,一起分小段向前推进,可以极大的提高挖土速度,为提早安装支撑提供有利条件。

第二～五道支撑之间的土体(5～15 m)采用小型液压挖掘机水平挖土和大型液压挖掘机向上传递输送结合的开挖方法。在条件具备的情况下,在基坑的两侧分别采用大型液压挖掘机挖土,在基坑内分别布置一台小型液压挖掘机配合大型液压挖掘机挖土。

第五道支撑以下的土体(15 m以下)采用小型液压挖掘机水平挖土和多台挖机传递输送相结合的开挖方法。同样,在基坑内布置1～2台小型液压挖掘配合挖土。

上述三种开挖方法的长处,水平挖掘/运输分离,既解决了纵坡问题,可以多点转递运输,缓解了支撑延搁问题,施工效率接近接力挖土,极大提高挖土速度,减少基坑暴露时间,可以有效保证基坑的安全。

(3)开挖准备工作

基坑开挖前,必须完成下列准备工作,具备条件进行节点验收后条件:

1)凿除地下墙顶板劣质混凝土,制作圈梁(第一道混凝土支撑),并达到强度。

2)地基加固达到强度要求。

3)钢筋混凝土施工道路的制作并达到养护期。

4)完成基坑临边围护,预留排水沟,预降水。

5)钢支撑运送到场,并预拼若干。

6)配备施工机械,并落实好弃土地点。

(4)基坑开挖

基坑开挖按时空效应原理分为若干个单元开挖,严格规定了每个单元的挖土时间和支撑时间,以减少围护变形,其基本原则是:“土方开挖分层、分块、对称、平行、留土护壁,限时完成开挖与支撑”。

基坑分段、分块、分层开挖。

基坑开挖时“由深向浅”逐段开挖。基坑开挖分段、分层、分单元实施,出入段主体结构基坑分段开挖的位置以设计的结构分段位置为基准，再向前延伸 1.5～3 m。风井和出入口等基坑开挖不分段。按深度方向每道支撑分层，以 6 m 宽(2 根支撑)为 1 单元。

基坑沿纵向分段分层开挖。开挖第一层土时，每小段长度不超过 12 m。

在第二道及以下各道支撑的土层开挖中，每小段长度不超过 6 m。各小段土方要在 8 h 内挖完，随即在 6 h 内安装好小段支撑，并施加好轴向预应力。

车站均设置一道混凝土支撑，3～4 道钢支撑及一道混凝土支撑，在凝土支撑要求在达到设计强度后方可进行下层土方开挖施工。

1)基坑开挖坡度

基坑开挖从上到下分层分块进行，分层开挖过程中临时放坡坡度为 1∶1.5，基坑开挖到坑底标高时放坡坡度为 1∶2.5。

2)明挖顺筑基坑开挖的基本方法

基坑开挖以机械挖土为主，人工修挖为辅。

①表层土方开挖

坑内表层土方采用液压挖掘机挖土，直接装车外运。

②深层土方开挖

在坑外施工道路上布置携带 1.0 m^3 蚌式抓斗的 50 t 大吊车或长臂液压挖掘机，分层放坡挖土并将土方垂直运出坑外装车外弃。

在坑内布置小型液压挖掘机，分层放坡开挖 50 t 大吊车工作半径以外的土方和支撑下的土方，并将土方翻挖到 50 t 大吊车工作半径之内，由 50 t 大吊车将土方垂直运出坑外装车外弃。

机械挖不到的死角用人工翻挖，喂给液压挖掘机。

3)基坑开挖中的注意事项

基坑开挖时需派专人指挥挖机或吊车，注意对支撑、井点的保护。

在门口派专人疏导交通，做好土方车出工地前的清扫工作，减少尘土污染。

设置临时集土坑，保证挖土的连续性。

做好雨季及雨水天气的防水，降水工作，保证基坑的安全。

(5)钢支撑安装

两个车站支撑体系采用三道内支撑(倒撑一次)，第一道为钢筋混凝土支撑，其余为 ϕ609(t=16 mm)钢支撑。

1)钢支撑布置

在地下墙施工阶段，应一同考虑支撑的布置。在地下墙施工完成后，基坑开挖之前，应对支撑的布置进行合理的分析和调整。

支撑的布置应避开预埋钢洞圈、牛腿、结构诱导缝、施工缝、立柱、临时桩，降水井点等，且满足基坑开挖过程中小挖机起吊、考虑板预留孔等要求。根据以上施工的要求，合理调整支撑的位置，以确保基坑的安全和满足施工的需要。

2)钢支撑的使用规定

①钢支撑规格的选用必需按设计要求或按设计轴力及相关规范要求来选用。

②钢支撑施工规范化

我公司已多年从事深基坑工程施工，正反两方面经验使我们深刻认识到：基坑钢支撑的设计强度、制作精度以及是否正确使用，对基坑工程自身的安全和周边建(构)筑物及地下管线和安全具有至关重要作用，在基坑施工事故中，几乎都与支撑体系失稳有关。为此，我公司通过调研和总结形成了一套基坑施工的成功经验，在此基础上制订了企业标准《深基坑施工规程》。该规程在上海、南京、深圳、杭州、成都、昆明、长沙等地也有较好的适应性。通过在施工中应用《深基坑规程》，使钢支撑施工规范化，以确保深基坑施工的安全和质量。

③每根钢支撑的配置按总长度的不同配用一端固定段及一端活络段或两端活络段，在两支承点间，中间段最多不宜超过 3 节。

④钢支撑配置时应考虑每根总长度(活络段缩进时)比围护结构净距小 10～30 cm。

⑤钢支撑安装前应先在围护结构墙或围檩上安装支承牛腿(也可在支承端板上焊接支承件)。

⑥钢支撑应采用两点吊装，吊点一般在离端部0.2L左右为宜。

⑦钢支撑安装的容许偏差应符合下列规定：支撑两端的标高差：不大于20 mm及支撑长度的1/600；支撑挠曲度：不大于支撑长度的1/1000；支撑水平轴线偏差：不大于30 mm；支撑中心标高及同层支撑顶面的标高差：±30 mm。

⑧支撑安装完毕后，其端面与围护墙面或围檩侧面应平行，且应及时检查各节点的连接状况，经确认符合要求后方可施加预压力。

⑨施加预应力后，应再次检查并加固，其端板处空隙应用微膨胀高标号水泥砂浆或细石混凝土填实。

⑩钢支撑应用专用的设备施加预应力，预应力应分级施加，预应力值应为设计预应力值加上10%的预应力损失值。施加预应力的设备应专人负责，且应定期维护(一般半年一次)，如有异常应及时校验。

⑪钢支撑两端应有可靠的支托或吊挂措施，严防因围护变形或施工撞击而产生脱落事故。

⑫钢支撑的拆除时间一般按设计要求进行，否则应进行替代支承结构的强度及稳定安全核算后确定。

⑬支撑拆除后应进行整理，凡构件变形超过要求或局部残缺的要求进行校正修补。

⑭钢支撑应分层堆放整齐，高度一般不超过四层，底层钢支撑下面应安设垫木。

⑮钢支撑吊装就位时必须保证两端偏心块全为下偏心。钢支撑有中间支点时必须做到受力可靠。

3)钢支撑安装

钢支撑安装的质量直接影响到工程安全和施工人员的安全，对于工程质量和地表沉降有着至关重要的作用，必须引起高度重视。

①本次基坑施工的钢支撑选用ϕ609，钢支撑进场后，应有专人负责。

②钢支撑进入施工现场后都应作全面的检查验收，特别是对用于第四、第五道支撑的钢支撑，必须保证质量，进行试拼装，不符合要求的坚决不用，这一点，要求现场施工人员特别重视。

③由于端头井施工采用斜撑体系，斜撑的钢牛腿必须与钢支撑相密贴、垂直。如有缝隙应用钢板或细石混凝土充填。

④由于地下连续墙中的斜撑预埋件随地下墙有所偏斜，因此，钢牛腿与预埋件之间焊接质量一定要保证，质量员应加强对焊缝的验收，发现不合格的必须补焊，焊缝高度一定要达到设计要求。

⑤对施加支撑轴向预应力的液压装置要经常检查，使之运行正常，使量出的预应力值准确，每根支撑施加的预应力值要记录备查。为方便复加预应力施工，我公司特别在本工程中采用了体积小重量轻的超高压千斤顶(工作压力63 MPa)，工人单手即可搬运，其配套的动力站可同时驱动8台千斤顶工作。以往笨重的预应力泵组使得高空临边作业的复加预应力工作极不安全，超高压千斤顶可以较好地解决这个问题。

⑥支撑连接螺栓一定要全数栓上，不能减少螺栓数量，以免影响钢支撑的拼接质量。

⑦在基坑开挖与支撑施工中，应对地下墙的变形和地层移动进行监测，内容包括地下墙体变形观测及沉降观测、斜撑轴力的测试和邻近建筑物沉降观测。要求每天都有日报表，及时反馈资料指导施工。

4)钢支撑预应力

①各道钢支撑的预加应力，必须严格按设计要求进入预加轴力。

②支撑复加预应力：在下列情况下复加预应力：

第一次加预应力后12 h内观测预应力损失及墙体水平位移，并复加预应力至设计值。当昼夜温差过大导致支撑预应力损失时，应立即在当天低温时段复加预应力至设计值。

墙体水平位移速率超过警戒值时，可适量增加支撑轴力以控制变形，但复加后的支撑轴力和挡墙弯矩必须满足设计安全度要求。当坑内进行土体满堂加固或抽条时，应在加固后1～2 h内在加固范围复加预应力至设计值。

为方便复加预应力施工，我公司特别在本工程中采用了体积小重量轻的超高压千斤顶(工作压力63 MPa)，工人单手即可搬运，其配套的动力站可同时驱动8台千斤顶工作。以往笨重的预应力泵组使得高空临边作业的复加预应力工作极不安全，超高压千斤顶可以较好地解决这个问题。

(6)混凝土支撑施工

混凝土支撑施工采用200 mm厚的混凝土垫层做底模，侧模采用钢模进行施工。施工过程中控制好混凝土支撑标高，混凝土支撑下设20 cm的混凝土垫层。为了提供支撑施工时的场地，混凝土垫层宽于支撑

1 m。混凝土垫层要进行三次收面，保证有一个良好的平整度和光洁度。

由于混凝土支撑的养护时间较长，这样将直接影响总工期，为此拟提高混凝土支撑的混凝土标号及掺加早强剂，减少强度养护时间。

(7)基坑开挖与支撑的技术措施

1)设置坑内外降排水系统

在工程开工前，按施工组织设计做好场地上排水和基坑内的排水工作，以避免场地大量积水，基坑开挖时地表雨水和滞水大量渗入，造成基坑泡水，破坏边坡稳定，影响施工正常进行和基础工程质量。

①场地排水：

a. 在现场周围地段应修设临时或永久性排水沟，以拦截附近坡面的雨水、潜水排入施工区域内。

b. 防止基坑外面的水流入基坑内部。

②基坑内排水：

a. 在开挖基坑的一侧、两侧或四侧，或在基坑中部设置排水明(沟)沟，在四角或每隔 20～30 m 设一集水井，使地下水流汇集于集水井内，再用水泵将地下水排出基坑外。

b. 排水沟、集水井应在挖至地下水位以前设置。

c. 排水沟、集水井应设在基础轮廓线以外，排水沟边缘应离开坡脚不小于 0.3 m。

d. 排水沟深度应始终保持比挖土面低 0.4～0.5 m。

e. 集水井应比排水沟低 0.5～1.0 m，或深于抽水泵的进水阀的高度以上，并随基坑的挖深而加深，保持水流畅通，地下水位低于开挖基坑底 0.5 m。

f. 一侧设排水沟应设在地下水的上游。一般小面积基坑排水沟深 0.3～0.6 m，底宽应不小于 0.2～0.3 m，水沟的边坡为 1.1～1.5，沟底设有 0.2%～0.5%的纵坡，使水流不致阻塞。

g. 较大面积的基坑排水，水沟截面尺寸也应较大。集水井截面为 0.6 m×0.6 m～0.8 m×0.8 m，井壁用竹笼、钢筋笼或木方、木板支撑加固。至基底以下井底应填以 20cm 厚碎石或卵石，水泵抽水龙头应包以滤网，防止泥砂进入水泵。

h. 抽水应连续进行，直至基础施工完毕，回填土后才停止。如基坑周边为渗水性强的土层，水泵出水管口应远离基坑，以防抽出的水再渗回坑内。

2)斜撑支点采用预埋件和钢支座

为了确保斜撑体系的稳定性，并保证施工进度，拟在地下连续墙中设置预埋钢板承受来自斜撑的水平分力，并在预埋钢板上设置斜撑支座，通过对斜撑支座面的角度控制，使钢支撑端面与斜撑支座面正交。斜撑支座采用装配式斜撑支座，大大缩短斜撑安装时间。

3)基坑开挖与支撑的技术要点

在建筑物密集地下管线繁多的市区修建地铁深基坑，无例外地会碰到地下墙深基坑施工中的风险性问题。为确保工程安全、质量和周围环境安全，有效控制基坑支护变形和地表沉降，深基坑施工有以下技术要点：

关于技术准备工作：

①制定施工组织设计和施工操作规程。

②井点降水加固土体。

③备齐合格的支撑设备。

④打设稳定支撑的支柱桩。

⑤充分备好排除基坑积水的排水设备。

⑥切实备好出土、运输和弃土条件。

⑦地下管线的监控与保护。

开挖施工的合理程序及关键性细节：

①严格执行开挖程序。

开挖某一层(约 2.5～3.5 m 厚)的小段(约 6 m 长)的土方，要在 16 h 内完成，即在 8 h 内安设 2 根 2 根支撑并施加预应力。

②在开挖中及时测定支撑安装点，以确保支撑端部中心位置误差≤30 mm。

③在地面按数量及质量要求配置支撑。

④准确施加支撑预应力。

⑤对端头井斜撑的端部支托钢构件必须按设计要求。

⑥控制开挖段两头的土坡坡度。

⑦封堵水土流失缝隙。

⑧检查支撑桩的回弹及降水效果。

⑨坑底开挖与修整。

⑩为做到坑底平整，防止局部超挖，在设计坑底标高以上 30 cm 的土方，要用人工开挖修平，对局部开挖的洼坑要用砂填实，绝不许用烂泥回填，同时必须要设集水坑以用泵排除坑底积水。

⑪测定合适的基坑超挖量。

⑫按限定时间作好混凝土垫层及混凝土底板。

开挖最下道支撑下方时，应在逐小段开挖后，在 8～16 h 内浇筑混凝土垫层(包括混凝土垫层以下的碎石垫层或倒滤层)。

在一个基坑面开挖段整个开挖施工中，要紧跟每层开挖支撑的进展，对地下墙变形和地层移动进行监测。主要包括地下墙墙顶隆沉观测、地下墙变形观测、基坑回弹观测、地下墙两侧纵向及横向的地面沉降观测。应根据基坑每个开挖段，每层开挖中的地下墙变形等的监测反馈资料，及时根据各项监测项目在各工序的变形量及变形速率的警戒指标，及时采取措施改进施工，控制变形。

⑬地下管线的监控与保护

在一个开挖段开挖过程中，要根据需要组织专业队伍，负责保护地下管线的监控工作，每日对开挖段两侧管道地基沉降观测点至少观测一次，及时画出两侧管道地基的最大沉降量、不均匀沉降曲线以及相邻沉降(约 5 m)的沉降坡度差 Δ_i，当 Δ_i 接近控制指标时，即进行双液跟踪注浆，以控制沉降量及曲率不超过管道所允许的数值。应注意在车站两端端墙附近的墙外纵向沉降曲线的最大曲率会因端头开挖坡度的骤变而有较大幅度的增加，此处要准备用加强的跟踪注浆，以调整沉降曲率保护管线。

(8)风险识别及预防措施

基坑开挖风险识别及预防措施见表 16-14。

表 16-14　基坑开挖风险识别及预防措施

风险目标	预 防 措 施
钢支撑失稳	基坑开挖前组织一定的钢支撑、注浆材料等备用。 严格按设计分层分段开挖，并在规定的时间内架设好钢支撑。 基坑开挖过程中加强监控量测，建立预警机制。 基坑开挖过程中当监控量测出现预警时，及时增加钢支撑，并调整基坑开挖参数，控制下阶段变形值。 当周边建筑发生较大位移或沉降时，立即采取跟踪注浆措施
纵坡失稳	基坑纵向放坡不得陡于安全坡度。 在基坑施工过程中，对纵向土坡加强监测，并将结果及时反馈指导施工，确保纵向边坡的稳定。 加强基坑防排水措施。特别在雨季的基坑开挖时，纵坡面采用彩条防水布覆盖，每一个开挖台阶设置一个排水截水沟，每两个台阶设置一个汇水井以抽排积水。 纵坡失稳、局部坍塌时，应立即停止开挖，及时回填土方，加设支撑，并妥善做好排水。 边坡外控制附加荷载，当边坡出现预警时，及时卸载，避免出现滑坡事故
基底隆起及突涌	现场备齐钢材、砂袋、止水材料和一定数量的备用钢支撑以备抢险急用。 基坑开挖前做好基坑降水，并在基坑开挖过程中做好防排水措施。 当基坑有隆起的征兆时，对基坑基础下部土层进行注浆加固。 发生基底突涌或墙壁大量涌水涌土时，应立即停止开挖，撤出施工人员机械，严禁重型机械靠近。回填土方、砂袋进行压堵，立即堵截。并及时组织对墙外地表进行注浆压固，减少土体坍陷，控制位移。 基坑开挖过程中减少基坑暴露时间，挖至设计标高后及时浇注垫层和底板
土方垂直运输	在工作井四周设安全挡板，防止井边坠物伤人。起吊龙门吊等设备有限位保险装置，不带病、超负荷工作并定期检修。龙门吊操作由专人持证上岗。吊装时，施工现场有两名指挥，井上下各一名。定期检查料索具，发现断丝超标、钢丝绳棱角边损坏等现象，及时报废更换。工程弃土及零星材料吊运时，不可满斗，并进行处理，避免材料散落伤人；施工人员按正确方式佩戴好合格安全帽。配备足够亮度的照明设备，并经常由现场电工检修，保证照明设备的正常使用。加强施工人员教育，严禁向下抛物

续上表

风险目标	预 防 措 施
管线保护	成立专职管线保护工作小组,协助相关管线单位搞好管线改迁保护方案,并在施工期间,保护各类管线不被破坏。对新发现的管线,首先进行现场保护,并立即上报业主相关部门,以待处理
连续墙渗漏水	在施工现场备一定数量的橡胶软管,水泥和锚固剂以备用。如开挖后发现接头有渗漏现象,必须立即进行堵漏。如果渗水较大的地方采用在该处掏槽后埋设软管引流,在比较小的渗漏处用化学灌浆法进行堵漏。如果出现渗漏十分严重的地方采用在地下连续墙外相应的位置施工搅拌桩进行堵漏
连续墙变形	在开挖时由于连续墙迎土面局部侧压力过大而导至地下连续墙变形。如开挖过程中出形地下连续墙变形超过规范允许变形值时可采用在变形处加设钢支撑的办法。若加设钢支撑还不能满足需要时采用连续墙外相应段进行搅拌桩加固外侧土体使土自身具有一定抗侧压力的能力,从而达到控制连续墙变形的目的

16.5.2.4 主体结构施工

(1)施工设备及人员配备

施工设备配备见表16-15,施工人员配备见16-16。

表16-15 施工设备配备表

序号	机具设备名称	单位	数量	备注
1	切锯	把	6	
2	榔头	把	10	
3	(碗扣)扳手	把	10	
4	(扣件)扳手	把	10	
5	扭矩扳手	把	2	
6	拉杆卡销	个	1 000	
7	水准仪	台	1	
8	塔尺	把	2	
9	全站仪	台	1	
10	卷尺	把	10	
11	木钉	kg	50	
12	50 t吊车	台	1	
13	照明灯具	套	10	400～100 W

表16-16 施工人员配备表

序号	工种	人数	备注
1	安全总监	1	
2	专职安全工程师	1	
3	专职安全员	1	
4	兼职安全员	2	
5	架子工	30	
6	木工	35	
7	普工	20	
8	钢筋工	40	
9	混凝土工	15	
合 计		145	

(2)模板支撑体系施工

1)模板施工工艺流程控制程序

模板施工工艺流程控制程序如图16-13所示。

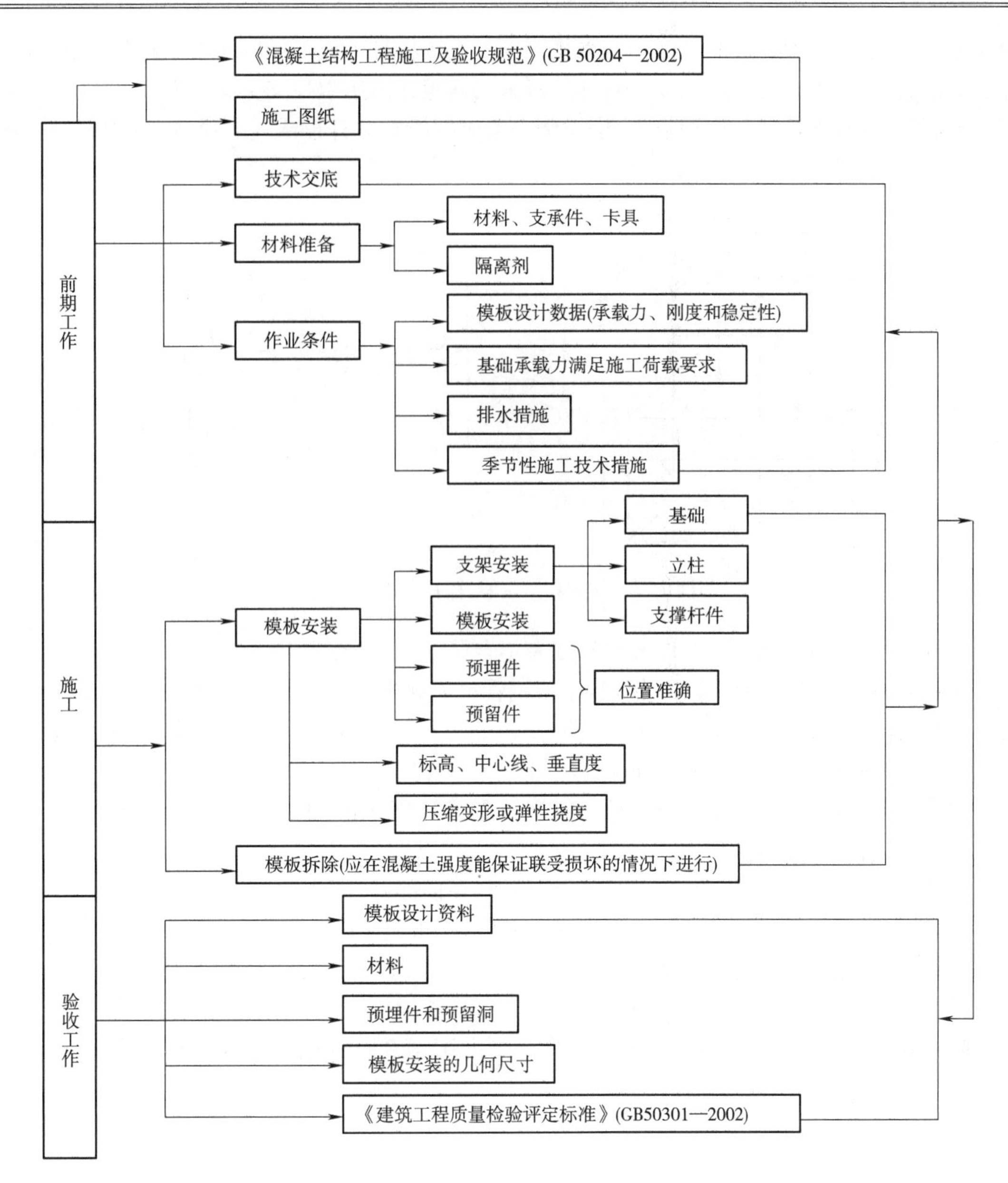

图16-13　模板施工工艺流程控制程序

2)支撑体系

结构施工均采用ϕ48碗扣式满堂脚手架支模灌注混凝土，碗扣式钢管脚手架采用每隔0.6 m设1套碗扣接头的定型立杆和两端焊有接头的定型横杆。碗扣接头可同时连接4根横杆，可以相互垂直或偏转一定的角度。

用碗扣式脚手架系列杆件搭设支撑架时，根据实际施工情况，该脚手架兼做模板支撑架，由立杆垫座(或立杆可调座)、立杆、顶杆、可调托撑以及横杆并用ϕ48钢管作剪刀撑等组成，其组架结构示意如图16-14所示。

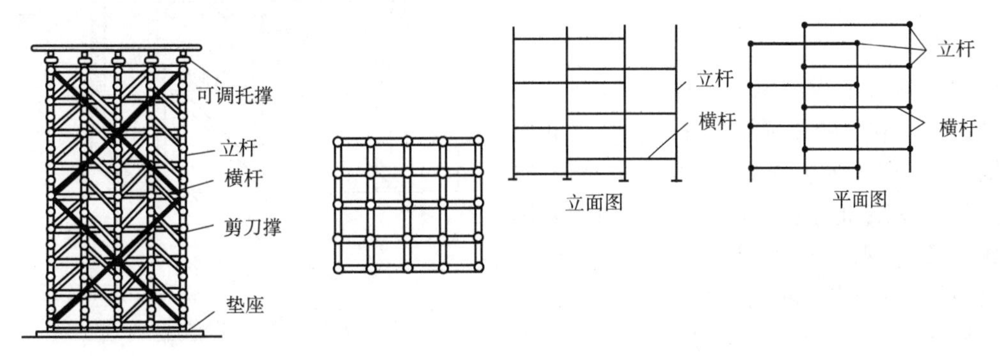

图16-14　支撑架结构示意图、支撑架交叉布置示意

当钢支撑的位置不能满足等间距立杆时，采用不同长度的横杆组成不同间距的支撑架，当所需要的立杆间距与标准横杆长度（或现有的横杆长度）不符时，可采用两组或多组组架交叉叠合布置，如上图所示。

在施工侧墙时，模板支撑架的面积较大，搭设脚手架时把所有立杆连成一个整体，并根据需要适当加设斜撑、横托撑，如图 16-15 所示。

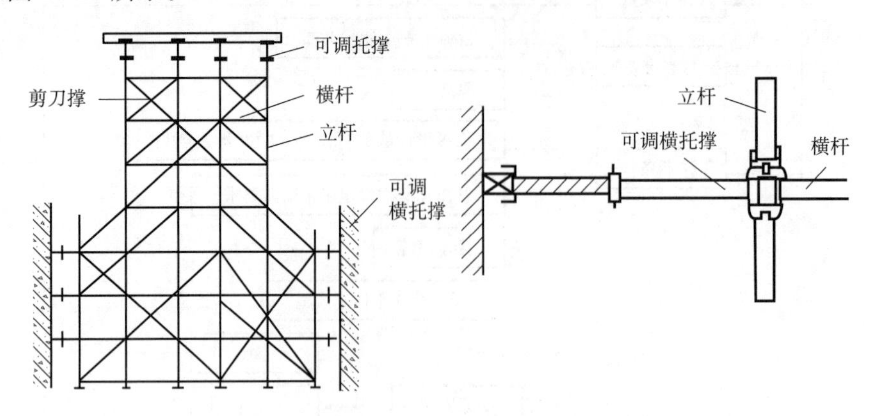

图 16-15 支撑构造示意、横托撑设置构造

搭设脚手排架前先检查钢管和扣件的质量，如有不合格产品，严禁使用。

脚手排架钢管及扣件均使用 HQ235 钢，脚手架钢管尺寸规格为 ϕ48 钢管，壁厚 3.5 mm。

浇筑楼板时用的脚手排架纵向水平杆须在横杆之上与立杆连接。纵梁浇筑时，立杆间距为 0.4 m×0.4 m，1.2 m 步距。扫地杆离地面 200 mm。

脚手排架搭设的顺序为：立杆定位→立杆→横楞→逐层上升→最上层横纵杆测量定位→剪刀撑→纵向钢管楞定位摆放→模板安装固定。

为防止支撑排架顶部钢管扣件因浇注混凝土后下滑，在顶部钢管固定十字扣件下均另加一只保险扣件。

脚手管、扣件在进场时对外观及产品合格证进行验收，不得使用。

脚手排架搭设完毕后应该有验收手续。

特殊技术要求：

楼板和顶板施工需搭设承重脚手支架，脚手支架采用 ϕ48 mm 钢管，钢管上口设调节丝杆以调节高度。

①脚手管间连接采用专用铸铁拷件，螺丝扭力不小于 5 kN·m。

②根据结构重力分布情况，布置脚手立杆密度不大于 2 m/挡。

③脚手水平管层间距为 1.7 m，剪刀撑密度为立杆的四分之一。

④当中楼板混凝土强度达到设计强度的 100%时，方可开始拆除中楼板脚手支架。

值得指出的是，本工程脚手架基本均为重载支承架，施工前将编制脚手架专项施工组织设计，对立杆、大横杆、牵杠、搁栅均必须按施工荷载验算强度，对剪刀撑、小横杆、立杆基础均按重载脚手架构造要求设置。

3）模板工程

①侧墙模板：侧墙模板内侧固定作对撑，并在模板下部加斜撑加固，在墙的顶部设内撑控制侧墙断面尺寸。侧墙模板采用 1 000 mm×1 500 mm 的大块钢模板，特殊尺寸受限和造型部位以及中顶板等采用大块清水模板；钢管水平对撑间距为 1 000 mm×500 mm，以此承受墙模传来的侧压力，其横杆间距为 600 mm。经检算，强度及变形计算均能满足要求，支架结构是安全的。具体情况如图 16-16 所示。

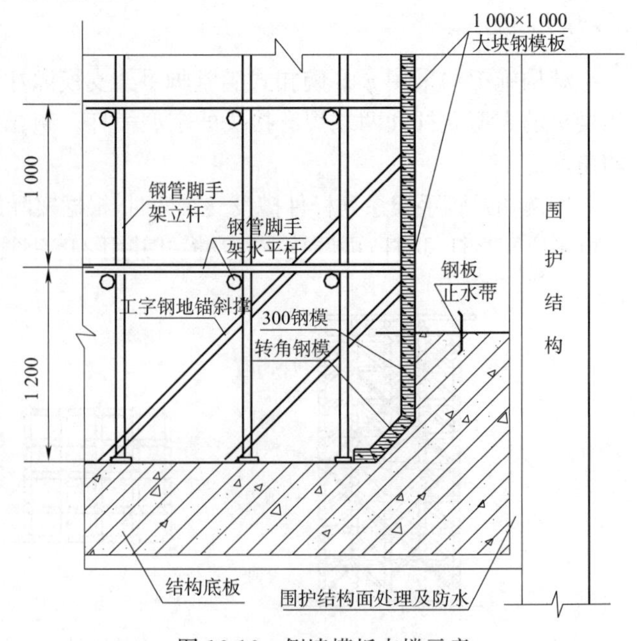

图 16-16 侧墙模板支撑示意

②板模板

结构板模板施工采用模板为“卓良”模板系列，内侧采用胶合板，胶合板厚度 18 mm，模板尺寸为 1.22 m×2.44 m，根据结构尺寸要求排板，须保证板缝横平竖直，大小均匀美观。面板下部纵向次梁为 H16 木工字卓良模板或普通方木，H16 木工字梁呈工字梁型，沿结构横截面方向间距 350 mm 布置(方木间距 300 mm)。次梁下部横向主梁为 H16 木工字卓良模板，沿顶板结构纵向间距 600 mm 布置。下部支撑为 ϕ48 碗扣式脚手架，立杆横、纵向间距为 600 mm，步距为 600 mm。为增强碗扣式脚手架的整体性，在立杆间每 4 排增设 ϕ48 钢管剪刀撑。经检算，模板各部位和支架强度、挠度等均满足要求。

③结构柱模板

主体结构柱为矩形现浇混凝土柱，其模板采用定型钢模。

④支模要求

a. 支模前必须弹好结构轴线、边线控制线，梁板及模板标高应在支撑立柱上做好标记。

b. 现浇钢筋混凝土梁、板，模板应起拱，起拱高度宜为全跨长度的 1/1 000，即跨中拱高为 30 mm。顶板结构再预留 20 mm 沉落量，以保证结构净高。

c. 侧墙立模时应按设计位置两侧各外放 2 cm，板梁钢筋下料和绑扎应考虑加大以保证有足够的钢筋混凝土保护层。

d. 拼装要求严密、平整、横平竖直，防止漏浆、错台，模板拼缝＞2 mm 时应用无色原子灰、胶泥填塞或在模板外侧粘贴封口胶带。

e. 模板表面应均匀涂抹脱模剂。

f. 预埋件绑扎或焊接在主筋上，预埋件和孔洞模板须加固牢固，确保其不变形、移位。

g. 在已浇注的混凝土强度未达到 1.2 MPa 以前，不得在其上踩踏、安装模板及支架。

h. 挡头模板采用木模，设置时须满足变形缝、施工缝中各种止水材料的设置位置，并保证其稳定、可靠、不变形、不漏浆。

⑤拆模要求

a. 拆除模板应严格按照规范要求进行，不准破坏完工后混凝土表面及梁棱角。

b. 侧墙混凝土强度应达到 2.5 MPa 可拆模。

c. 板跨度因大于 8 m，应达到设计混凝土强度标准值的 100%，方可拆除脚手架和模型。

d. 模板拆除后须清理干净并堆放整齐。

⑥施工注意事项

a. 安装前做好模板的定位基准工作；检查并清点模板及配件的规格及数量，未经修复的部件不得使用。

b. 检查合格的模板应按照安装程序堆放，多次倒用板面受损较大的模板严禁使用。

c. 模板安装前向施工班组进行技术交底。

d. 竖向模板安装的底面应采取可靠的定位措施，并按施工要求预埋支撑锚固件。

e. 模板的安装，必须经验收检查合格后，方可进行下道工序施工。

f. 模板安装检查应特别注意以下几点：立杆、支架等的规格及间距及配件的紧固情况；预埋件及预留孔洞的固定情况；模板拼缝的严密程度。

(3)钢筋混凝土结构施工

1)钢筋工程施工

①钢筋施工工艺流程控制程序

钢筋施工工艺流程控制程序如图 16-17 所示。

②原材料进场控制

所有工程结构钢筋均按照材料计划分批分量、分规格进场。进场钢筋材料必须持有产品合格证、出厂质量证明书，其化学成分及力学性能须符合规范要求。钢筋进场后由经理部试验工程师协同监理取样送检。取得合格试验报告后方可发料使用。

对有抗震要求的框架结构纵向受力钢筋检验所得的强度实测值应符合以下要求：钢筋的抗拉强度实测值与屈服强度实测值的比值不应小于 1.25；钢筋的屈服强度实测值与钢筋的强度标准值的比值，为二级抗震设计时，不应大于 1.3。

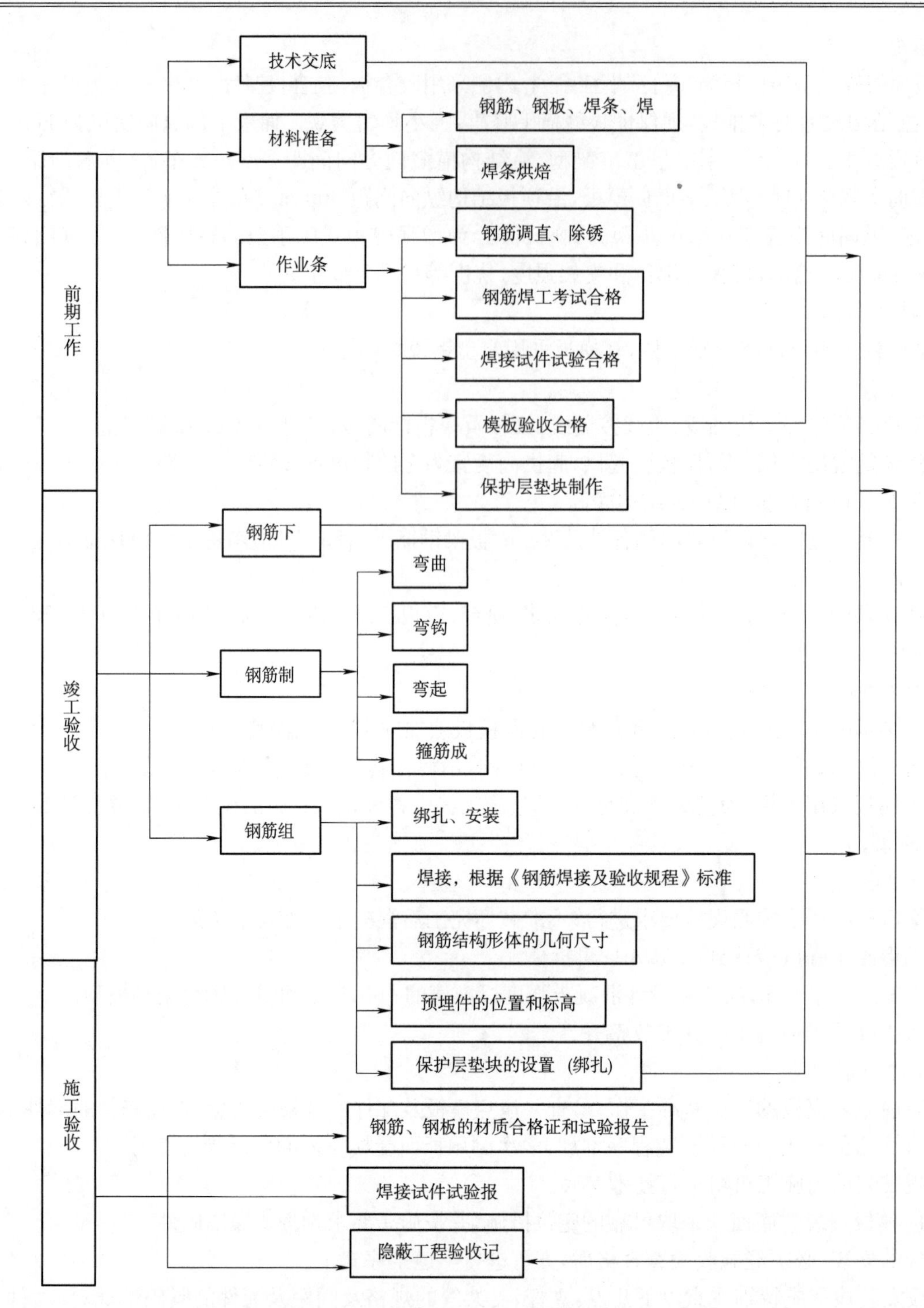

图 16-17 钢筋施工工艺流程控制程序

③钢筋堆放、标识

钢筋按规格、型号分别堆放，并用标识牌标明材料的检验、试验的质量状况，严禁不合格品用于结构工程。

钢筋堆场用钢管脚手架搭成，钢筋离地面不少于 300 mm，上面用彩条胶带覆盖以避免风雨。

钢筋投入施工前须进行表面除锈，对质量有质疑的应送检合格后方可使用。

④钢筋保护层厚度和固定控制

钢筋保护层厚度严格按照设计及规范要求。钢筋保护层厚度影响钢筋混凝土质量。

保护层厚度控制方法：墙、板底筋的保护层厚度控制采用塑料垫块，垫块厚度为保护层厚度，垫块有插口式、立式、卧式。底板可用同标号的混凝土预制垫块。垫块中埋入 20＃铁丝与受力钢筋绑扎牢固，垫块间距 1 m，墙上端应加密至 0.7 m，防止混凝土浇捣时钢筋位移。底板、顶板的上部钢筋采用加工好的钢筋固定支架进行固定控制。

⑤钢筋的构造要求

a. 钢筋接头

纵向钢筋接头优先采用机械连接或焊接接头。主要有对焊、单面搭接焊、双面搭接焊等。

受力钢筋的接头位置应设在受力较小处，接头应相互错开。当采用非焊接的搭接接头时从任一接头中心至1.3倍搭接长度的区段范围内，或采用焊接接头时在接头中心长度35d且不小于500 mm范围内，有接头的受力钢筋截面面积占受力钢筋总截面面积的百分率符合表16-17规定。

表16-17 钢筋接头施工要求

接头型式	受拉区	受压区
绑扎搭接接头	≤25%	≤50%
机械或焊接接头	≤50%	不限

受拉钢筋绑扎接头的最小搭接长度：Ⅰ级钢筋30d，d≤25 mm的Ⅱ级钢筋41d，d>25 mm的Ⅱ级钢筋47d。受力钢筋直径>22 mm采用机械连接或焊接。钢筋结构施工要求见表16-17。

b. 板钢筋

当孔洞尺寸小于300 mm时，洞边不另加钢筋，板筋由洞边绕过，不得截断；当孔洞尺寸大于300 mm时，洞边设加强钢筋，其面积不得小于被洞口截断的受力钢筋面积的一半，且不小于2ϕ20，上下排布置，钢筋锚入板内长度不小于受拉钢筋抗震锚固长度。

c. 梁钢筋

纵向钢筋接头优先采用焊接接头。梁的上部通长钢筋宜在跨中1/3净跨范围内搭接；相邻两跨的下部钢筋当直径、位置相同时，钢筋通长可在支座处搭接。下部钢筋在支座内的接头允许全部绑扎搭接，接头范围内箍筋加密至100 mm间距。

梁内箍筋采用封闭形式，箍筋末端做成135°弯钩，弯钩平直段长度≥10d。当梁的上部钢筋多排时，应增加直线段，弯钩在二排或三排钢筋以下弯折（如图16-18所示）。

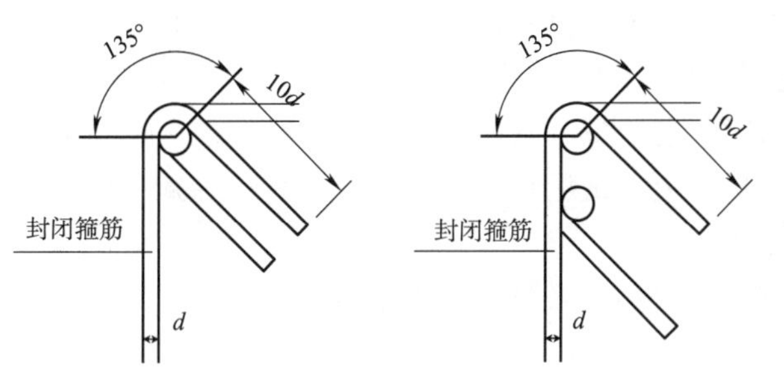

图16-18 梁柱箍筋弯钩

⑥钢筋制作、连接及安装

a. 钢筋制作

钢筋采用现场钢筋加工房集中制作加工，钢筋翻样根据施工图及国家规范标准进行翻样，钢筋加工的规范、尺寸、搭接、锚固长度须符合设计及规范要求，用吊机吊放到工作面进行施工。钢筋加工的允许偏差：受力钢筋，长度允许偏差$^{+5}_{-10}$ mm，弯起钢筋长度允许偏差±20 mm。

b. 钢筋连接

各部位受力主筋尽量采用闪光对接焊；板、梁主筋节段间钢筋的连接采用搭接焊，每节段均须按规范预留出与下节段连接的钢筋，接至所需长度；墙竖向主筋采用电渣压力焊；钢筋骨架和钢筋网片的交叉焊接宜采用点焊；拉杆中的钢筋接头，不论直径大小，一律采用焊接。对与钢筋直径在22 mm以下的可采用绑扎搭接。有关焊接应符合防杂散电流的要求。

闪光对接焊，在同条件下（钢筋的生产厂、批号、级别、直径、焊工、焊接工艺、焊机等均相同）完成的焊接接头，以200个作为一批（不足200个，也按一批计），从中抽取6个试件，三个作拉力试验，三个作冷弯试验，进行质量检查，合格后方可继续生产。

电弧焊接，帮条焊的帮条与被焊筋采用同直径、同级别的钢筋。双面焊帮条长度：不小于5d。单面焊帮条长度为双面焊的2倍。帮条与被焊搭接焊的搭接长度：双面焊不小于5d，单面焊搭接长度为双面焊的2倍。电弧焊接在无法进行双面帮条、搭接时，方可采用单面帮条、搭接焊。当每次改变钢筋级别、直径、焊条牌号和调换焊工时，应制作2个抗拉试件，试验结果大于该钢筋的抗拉强度时，方可正式施焊。

c. 钢筋安装

钢筋施工时，采取加固措施确保预埋件的安装位置准确、稳固。

按照结构要求，钢筋分层、分批进行绑扎，所有钢筋焊接接头均应按规范要求错开。对于多层钢筋，应在层间设置足够的撑筋，以保证骨架的整体刚度，防止灌注混凝土时钢筋骨架错位和变形。安装钢筋骨架（网）时，应保证其在模型中的正确位置，不得倾斜、扭曲，并不得变更保护层的规定厚度。在混凝土灌筑过程中安装钢筋骨架(网)时,不妨碍灌筑工作正常进行,避免因此造成施工接缝。钢筋骨架安装就位后,应妥善保护,不得在其上行走和递送材料。板钢筋支架如图16-19所示。

钢筋骨架应绑扎结实,并有足够的刚度,在灌筑混凝土过程中不发生任何松动。钢筋绑扎施工严格按设计规范要求的钢筋排列间距顺序自下而上施工。钢筋保护层厚度、位置及标高严格控制。在钢筋搭接部分的中心及两端(共三处),使用铁丝绑扎结实。受拉钢筋绑扎接头的最小搭接长度:Ⅰ级钢筋 $30d$,$d \leqslant 25$ mm 的Ⅱ级钢筋 $41d$,$d > 25$ mm 的Ⅱ级钢筋 $47d$。在受压区分别为 $20d$、$25d$、$30d$。钢筋施工完后,应对每个结构面预留出设计所需保护层厚度,以满足结构的设计受力状况和结构防水的要求。

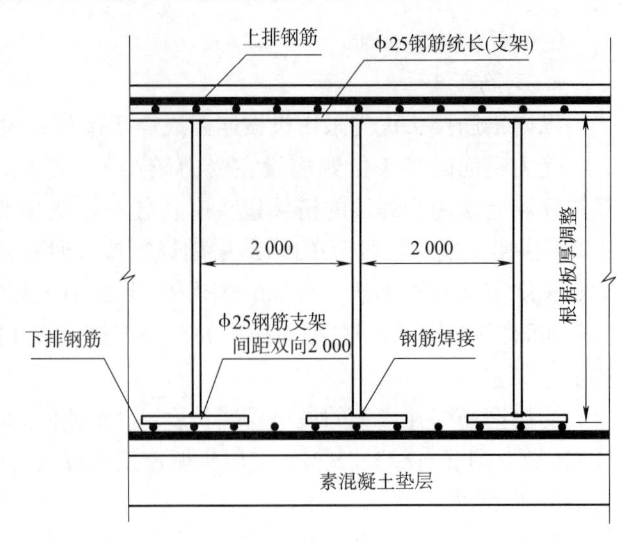

图 16-19 板钢筋支架

结构钢筋绑扎时要做好对柔性防水层的保护,具体措施见防水施工有关部分所述。

2)混凝土施工

①混凝土工程施工流程

混凝土工程施工流程如图16-20所示。

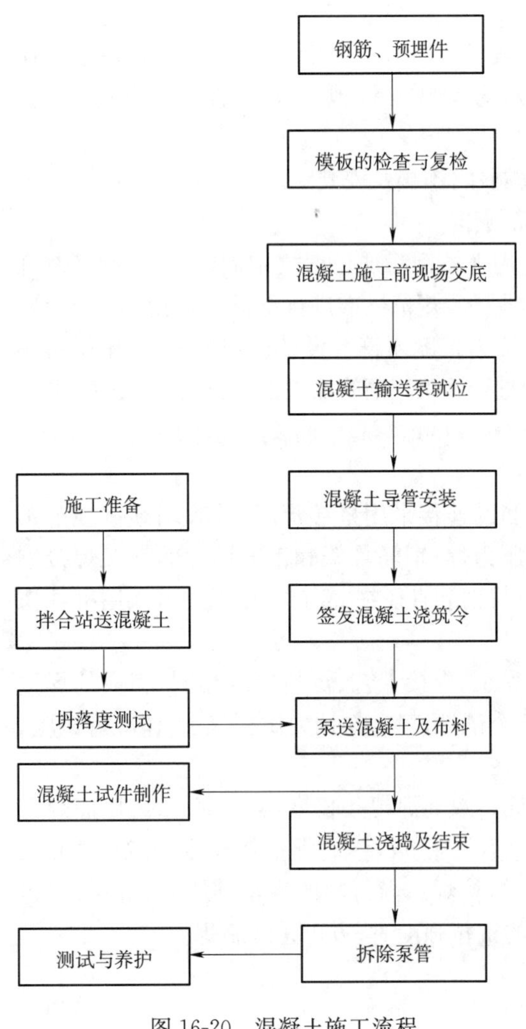

图 16-20 混凝土施工流程

②施工准备

a. 材料、配比准备

水泥选用42.5R普通硅酸盐水泥,水胶比控制在0.45以内,掺加适量粉煤灰,粉煤灰品质在Ⅱ级以上,以降低水泥水化热,并掺加缓凝减水剂,以降低水化热峰值及推迟热峰出现的时间。预拌混凝土试配时,试验室派人参与,混凝土初凝时间不得小于45 min。

结构顶板、底板、边墙等为≥P8的抗渗混凝土,混凝土中掺加密胺防水剂。砂选用中砂,含泥量不得大于1%。石子选用10～40 mm碎石,所含泥土不得呈块状或包裹石子表面,且不得大于1.0%,吸水率不得大于1.5%,水选用不含有害物质的洁净水。

b. 混凝土性能、用量准备

混凝土采用混凝土泵输送,坍落度控制在10～14 cm。采用预拌混凝土,对其质量将在预拌现场进行监督控制,每次浇筑混凝土之前,提前通知预拌现场,备好足够的原料,对砂、石、水泥、粉煤灰、外加剂等按规定进行原材料检验。

③混凝土运输和进场验收

a. 混凝土运输

预拌混凝土用混凝土运输车运输。

现场内通行派专人负责疏导车辆,统一协调指挥,以便混凝土能满足连续浇筑施工的需要。

b. 混凝土验收

搅拌车在卸料前不得出现离析和初凝现象。

混凝土拌和物质量检验及控制:

混凝土搅拌完毕在搅拌站抽检其坍落度,每工作班随机取样不得少于2次(每班第一盘除外),其检验结果作为搅拌站混凝土拌和物质量控制的依据。

混凝土运送到施工现场浇筑前,抽检混凝土坍落度,每100 m^3 混凝土或每工作班随机取样不得少于2

次，不足 100 m^3 混凝土按 100 m^3 取。施工现场的检验结果作为混凝土拌和物质量的评定依据。混凝土到达现场测定坍落度与出站前测定坍落度允许偏差不大于 20 mm。

④混凝土强度检验与评定

根据具体条件，混凝土采用普通评定方法，其每批试件组数不少于 10 组。具体验收批的划分、取样方法及取样频率根据混凝土用量大小专门确定，每 100 m^3 试件不少于 2 组。

搅拌站按规定抽取的混凝土试样制作试件后，在标准条件下养护至 28 d，其强度作为硬化后混凝土质量控制的依据。连续浇筑混凝土量为 500 m^3 以下时，留 2 组抗渗试块，每增加 250～500 m^3 增留 2 组。如使用的原材料、配合比或施工方法有变化则另行留置试块。试块在浇筑地点制作，其中一组在标准条件下养护，另一组与现场相同条件下养护，试块养护期不得少于 28 d。混凝土强度分批进行验收，每个验收项目按《建筑安装工程质量检验评定统一标准》确定，同一验收批的混凝土强度，以同批内全部标准试件的强度代表值来评定。在制作标养试件同时，还制作适量的快速养护强度检验试件，以作为质量控制过程中施工工艺和配合比调整的依据。

⑤混凝土输送

现场配备 1 台输送泵和 400 m，ϕ125 配套的输送管和各种配件。

混凝土泵送前先把储料斗内清水从管道泵出，达到湿润和清洁管道目的。然后向料斗内加入与混凝土配比相同的水泥砂浆（或 1∶2 水泥砂浆），润滑管道后即可开始泵送混凝土。开始泵送时，泵送速度宜放慢，油压变化在允许值范围内，待泵送顺利时，才用正常速度进行泵送。混凝土泵送宜连续作业，当混凝土供不及时，需降低泵送速度，泵送暂时中断时，搅拌不停止。泵送完毕清理管道时，采用空气压缩机推动清洗球，然后立即清洗混凝土泵和管道，管道拆卸后按不同规格分类堆放。

⑥混凝土浇筑与振捣

a. 混凝土浇筑

(a)浇筑混凝土应连续进行。当必须间歇时，其间歇时间宜缩短，并应在前层混凝土凝结之前，将次层混凝土浇筑完毕。若超时应按有关防水要求留置施工缝。采用“一个坡度，薄层浇注，循序推进，一次到顶”的灌注方法来缩小混凝土暴露面，以及加大浇筑强度以缩短浇注时间等措施防止产生浇注冷缝，提高结构混凝土防裂抗渗能力。

(b)侧墙混凝土的灌注必须分层对称地进行，使模板对称受力均匀，避免模板变形移位，以保证结构尺寸的准确性。对于侧墙，模板的安装的稳定性及可靠性见前验算，符合使用要求。针对侧墙混凝土灌注高度较高，人员无法下去的情形，该部分混凝土采用同样规格的细石混凝土，并采用混凝土输送泵车软管将混凝土输送至灌注面，保证混凝土自落高度不超过 1.5 m，防止石子堆积，影响混凝土质量。采用超长型号的捣固棒捣固侧墙下部混凝土。

(c)每节段均采用纵向分幅灌注，根据施工经验及现有施工技术设备水平，以每节段混凝土的灌注时间不超过 24 h 控制，组织两套浇注设备及两个作业组同时浇注。板每小时浇注数量不小于 80 m^3，侧墙分层高度为 0.5 m，1 h 时即可完成一个层位施工，可以保障连续不间断施工。以底板为例，浇捣流程如图 16-21 所示。

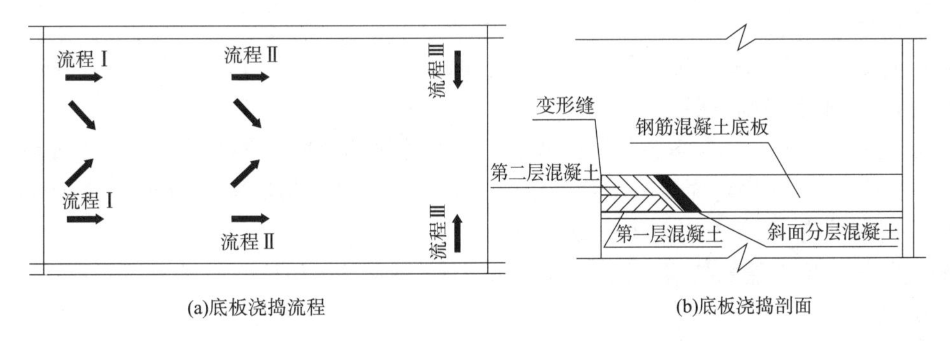

(a)底板浇捣流程　　(b)底板浇捣剖面

图 16-21　浇捣流程

b. 混凝土浇振捣

使用插入式振动器快插慢拔，插点均匀排列，逐点移动，按顺序进行，不得遗漏，做到均匀振实，每点振动

20～30 s，移动间距不大于振动棒作用半径的 1.5 倍（一般为 300～400 mm）。振捣上一层时插入下层混凝土面 50 mm，以消除两层间的接缝，以混凝土表面不再显著下降、不再出现气泡、表面泛出砂浆为准。平板振动器的移动间距能保证振动器的平板覆盖已振实部分边缘。插入振捣器避免碰撞钢筋，更不得放在钢筋上，振捣机头开始转动以后才能插入混凝土中。振完后，徐徐提出，不能过快或停转后再拔出来，振捣靠近模板时，插入式振捣器机头须与模板保持 5～10 cm 距离。

在钢筋密集区可采用 ϕ32 小型捣固器，设专人捣固，确保混凝土浇筑质量。要依次捣固密实，应避免漏捣、欠捣及超捣。要注意排除混凝土因泌水在粗骨料、水平钢筋下部生成的水分和空隙，提高混凝土与钢筋的握裹力，防止因混凝土沉落而出现的裂缝，同时又减小内部裂缝，增加混凝土密实度，从而提高抗裂及抗渗性，避免产生渗漏水的路径。混凝土振捣示意如图 16-22 所示。

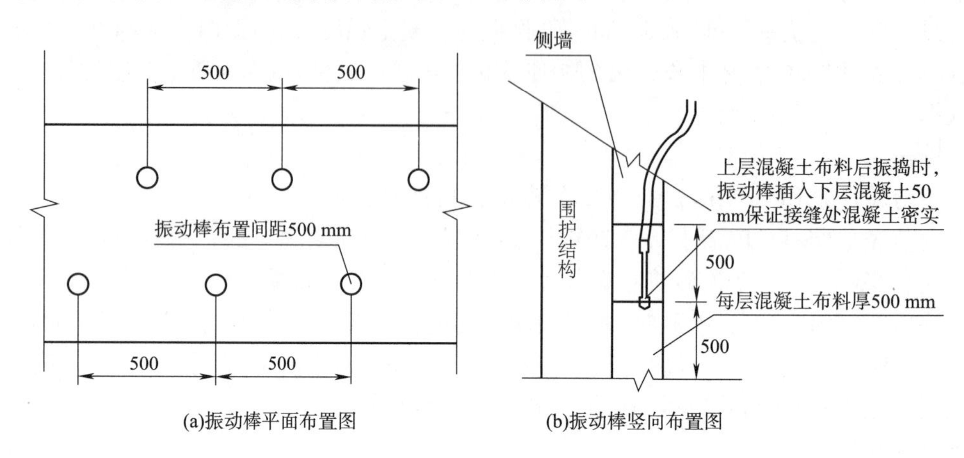

图 16-22 混凝土振捣示意

⑦混凝土的养护

混凝土浇筑完毕后，在 12 h 以内加以覆盖，并浇水养护，养护期不少于 14 d。浇水次数应能保持混凝土处于润湿状态。

结构侧墙抗渗混凝土浇筑完毕初凝后，在侧模与混凝土表面缝隙中浇水，以保持湿润。拆模待混凝土强度达到设计强度的 75%后能进行，拆完模后还得继续养护不少于 14 d。板按常规采用人工洒水与覆盖麻袋相结合的养护方法。

结构顶板混凝土终凝前对顶面混凝土压实、收浆、抹光，终凝后及时养生，养护时间不少于 14 d。顶板混凝土强度不达到设计强度前不堆放设备、材料等。养护期结束后立即施做顶板防水层及保护层，并对混凝土保护层进行养护。

⑧做好混凝土表面抹面收尾工作

顶板混凝土基面应保证 2/1 000 的平整度，且不允许做找平层。因此必须采用多次收水、多次压平，用木蟹打成细毛面，并要求从速覆盖湿草包（或先铺塑料薄膜）作湿养护，以满足粘贴、涂抹防水层时混凝土基面坚实、平整的要求。

⑨混凝土缺陷修整

a. 面积较小且数量不多的蜂窝或露石的混凝土表面，可用 1∶2～1∶2.5 的水泥砂浆抹平，在抹砂浆之前，必须用钢丝刷或加压水洗刷基层。

b. 较大面积的蜂窝、露石和露筋应按其全部深度凿去薄弱的混凝土层和个别突出的骨料颗粒，然后用钢丝刷或加压水洗刷表面，再用比原混凝土强度等级提高一级的细骨料混凝土填塞，并仔细捣实。

c. 选择修补用的砂浆、混凝土配合比时应进行配色比较；

d. 对影响混凝土结构性能的缺陷，必须会同监理、设计等有关单位研究处理。

⑩质量控制要点

a. 漏浆、麻面、孔洞防治

模板拼缝宽度超过 1.0 mm 时，用泡膜塑料填封，并在接缝处贴专用胶带纸，以防混凝土表面出现蜂窝。

按规定使用和移动振动器，防止振捣不实或漏振，中途停歇后再浇捣时，新旧接缝范围小心振捣。

模板平整光滑，安装前把粘浆清除干净，并满涂隔离剂，浇捣前对模板充分浇水湿润。

在钢筋较密部位，分次下料，缩小分层振捣的厚度，以防止出现孔洞。

b. 拆模、养护

拆模板时间以混凝土强度为依据，同时还要能保证其表面及棱角不因拆模而受损坏，才能拆除。混凝土养护方式及方法以混凝土等级、部位及厚度而定，安排专人定岗工作，质检员监督。

本工程结构采用混凝土，利用混凝土汽车泵分块进行混凝土的浇捣。

清除模板内的垃圾，浇水加以湿润，在模板下口接缝处及孔洞用水泥砂浆封实，防止漏浆。

混凝土浇捣时，面标高应予以测量控制，在支撑梁侧用红油漆做好标高标记，并弹线控制。

墙板混凝土浇捣时，应按500 mm分层浇捣振实，振捣时应以混凝土不沉陷为度。

混凝土浇捣时，应派专人看模，经常观察模板、支架、钢筋、埋件的情况，当发现变形移位时应立即组织劳动力整改。

c. 严格控制混凝土的入模温度，防止混凝土中心与表面温差过大，混凝土表面产生有害裂纹。控制混凝土入模温度不超过28 ℃，混凝土中心与表面温差<20 ℃。在夏季尽量采用夜间浇筑。板体混凝土施工过程中应进行温升监测，以便及时准确地采取保证措施，确保大体积混凝土施工质量。（混凝土浇筑温度系指混凝土振捣后，在混凝土50～100 mm深处的温度。）

d. 每节段施工缝在混凝土浇注前必须凿毛及清洗干净。侧墙纵向水平施工缝在续浇前，应灌注与原混凝土相配的至少10cm高的水泥砂浆，防止接缝处烂根。不能在浇注前灌注同等标号水泥砂浆的施工缝，如板横向施工缝，都采用涂抹YJ-302混凝土界面处理剂处理，以提高混凝土接缝处的粘接力。

⑪内部结构及泄水孔处理

内部结构施工在主体结构施工完成后进行。站台板施工时，对轨道限界、站板标高等严格控制，并根据设计的要求预留设备孔等孔洞。

当底板混凝土完成后，即可割除井点管，并利用割除遗留于底板中的井点外套管制作泄水孔。当结构施工结束，并完成顶板上覆土工作之后，再封堵泄水孔。

(4)预埋件及洞门钢环施工

结构施工过程中，根据施工设计图纸制作和预埋吊钩等预埋件，其中在盾构进出洞端头墙面上有一个预埋盾构钢洞门，加工时将钢圆环分成4～6节，以便分节安装。

钢洞门定位相当重要，安装时首先测量放样，定出洞中心标高和位置，然后在地下墙墙体上放出圆洞大样，先安装下半部半圆，然后再拼装上半部半圆，拼缝全部电焊焊接。

钢洞门固定：可在预埋于底板上的预埋钢板上焊撑头承托，并可凿出地下墙钢筋焊接撑头，在两侧固定钢洞门。在预埋钢支撑牛腿时，避开钢洞门的位置。

(5)杂散电流防护工程

为减少杂散电流和尽量避免杂散电流对地铁结构钢筋和金属管线的腐蚀及向地铁外扩散，须采取杂散电流防护措施。

杂散电流防护的总体思路是地下明挖基坑结构钢筋的焊接成一个空间体，并通过接出的端子，将残留在车站中杂散电流导出，减少对金属结构、管线产生电腐蚀，保证结构的安全和使用年限。

杂散电流防护施工主要是在结构施工中时，对本段、各段之间的板、侧墙、梁、柱等的钢筋连接提出了要求。在施工中，我们将根据设计图纸的要求，完成这项工程的施工。

(6)综合接地网工程

根据设计要求在两端头井均设备综合接地，接地网铺设完成后进行接地电阻实测，整体接地网形成后，也需要进行电阻实测，以满足要求。

接地网施工是在基坑挖至坑底，浇筑混凝土垫层时预留接地网埋设空间，以保证基坑安全，施工完成后进行电阻实测，能满足要求后，才可以施工底板。

(7)人防结构施工

本工程中人防结构包括人防预埋件、人防门等。根据设计和业主的要求，选定人防门的型号，安装规范要求施工。

隧道口人防门，根据设计的要求设置，一般在基坑土建结构施工完成、轨道铺设好进行安装。主体结构端头施工时，需要预先埋设制作人防墙的钢筋连接器，预留人防门吊装及后期混凝土浇筑的孔洞，并且在端头井封闭之前，预先吊入人防门及门框。

风井及出入口预埋角钢、预埋密闭穿墙管、预埋密闭穿套管、防爆地漏等人防预埋件，需要在结构施工后，预埋在结构中，混凝土一起浇筑。

人防结构的施工，根据人防的相关要求施工。

16.5.2.5　结构防水堵漏施工

地下工程，一方面受到地面洪涝灾害积水回灌的危害，另一方面受到岩土介质中地下水渗漏浸泡危害。地下水或地表水进入地铁结构内，使其材料霉变，电气线路、通讯、信号元件受潮损坏失灵，造成事故。因此，防水工程施工成为本工程的施工重点。

(1)施工设备及人员配备

施工设备配备见表16-18，施工人员配备见16-19。

表16-18　施工设备配备表

序号	机具名称	型号规格	单位	数量	用途
1	交直流电焊机	BX1-300-2	台	2	钢材焊接
2	喷灯		套	2	烘烤
3	裁切刀		把	5	卷材裁切
4	抹子		个	5	基层找平
5	压辊		根	5	卷材压实

表16-19　施工人员配备表

序号	工种	数量(人)	备注
1	电焊工	2人	
2	普　工	5人	
3	防水工	10人	
4	电　工	2人	
合　计		19人	

(2)防水标准、原则及体系

1)防水原则

①坚持“以防为主，刚柔结合，多道防线，综合治理”的原则，采取与其相适应的防水措施。

②在施工过程中加强以结构自防水，做好结构外全包防水，关键是处理好施工缝、变形缝的防水。

2)防水标准

①地下车站、人行通道及机电设备集中区为一级防水，不允行出现渗水部位，结构表面不得有湿渍。

②车站风道、风井等部位为二级防水，结构不允许有漏水，结构表面可有少量、偶见的湿渍，总面积小于总防水面积的6/1 000，任意100 m^{2}防水面积内的湿渍少于4处，单个湿渍的最大面积不大于0.2 m^2。

3)防水体系

①成立以项目经理为首的防水工作领导小组，由总工程师主抓此项工作，下设一名专职质量检查工程师及数名专业技术人员，抽调有多年地铁施工经验的技术工人组建专门施工队伍。

②在施工前进行专项技术、安全交底，编写作业指导书，施工时做到人人心中有数，切实保证防水施工质量。

③防水作业每班分三个班组，三班制作业，负责防水板的铺设和固定。防水施工时每班配1名技术人员跟班现场指导、监督。

④综合班组内设专人负责注浆堵水和基面处理，设5人注浆堵水，负责对漏水点进行注浆堵水或引排，确保基面无渗漏；设10人基面处理，主要负责防水板铺设前结构表面的凿处、休整、清洗以及尖锐物割除、抹顺，使基面平顺符合技术标准和防水斑铺设要求。

⑤基面处理班组配备一套气割设备，一副移动式工作平台和足够的工具。注浆班组配备KBY50-70型注浆泵和手压泵各一台及其他附属设备。

⑥防水施工实行质量负责制，经理部建立切实有效的激励机制，技术主管总负责，明确质量标准，进行责任分解，组织工序质量考核。作业班组实行责任包干，具体负责。质量监督员负责施工中的质量检查，并详细记录。

4)防水施工组织

成立以项目经理为首的防水工作领导小组，由总工程师主抓此项工作，下设一名专职质量检查工程师及数名专业技术人员，抽调有多年地铁防水施工经验的技术工人组建防水班。平时由总工程师及质检工程师对有关人员进行技术培训，使防水工作人员在各项防水施工面前人人做到心中有数，并持证上岗按规范及要求进行施工。

5)围护结构防水

地下连续墙围护结构是结构防水的第一道防线，地下连续墙防水质量的好坏，直接影响着后序基坑开挖及基坑结构的防水质量。为了保证地下连续墙的防水质量，在以下环节加强监控。

主要抓好墙体混凝土的密实度，防止出现夹泥、冷缝等不良现象。

①运用沉碴厚度测定仪，精确控制孔底沉碴厚度在设计允许范围以内。同时准确取样，严格测量，使清孔后泥浆指标符合设计要求，确保清孔质量。

②选择合适的配合比，保证混凝土抗渗标号达到设计要求，减少混凝土自身收缩。

③单元幅段灌注前拟定灌注方案，主要设备配有备用，并在灌注前试运转正常，保证灌注过程的连续性。

④钢筋笼和导管就位后，控制混凝土开灌时间间隔不超过4 h，灌注前复测沉碴厚度，必要时二次清孔。

⑤灌注水下混凝土时控制混凝土浇筑速度，准确量测混凝土面上升高度，保证混凝土面上升速度≥2 m/h，导管始终埋入混凝土面2～6 m。

6)基坑开挖阶段防水施工

该阶段防水工作主抓两个方面：控制围护结构变形及堵漏。

①控制围护结构变形方面

a. 基坑分层开挖过程中，控制好坡度，保证其稳定，可减少围护结构的变形。

b. 实行分块对称开挖，减少土体暴露时间，控制维护结构初期变形。

c. 以周边的施工监测为手段，实行信息施工，确保基坑开挖过程中的支撑轴力、变位等处于受控状态。

d. 对现象严密监视，提前进行方案论证及相应应急物资储备。

②堵漏

a. 仅有少量渗漏水的，用双快水泥回掺有堵漏灵的防水砂浆凿槽抹面处理，外加剂掺量由现场试验确定。

b. 由明显漏水点时，先引流埋管，后做注浆处理。

(3)结构混凝土自防水

1)混凝土材料

水泥：采用硅酸盐水泥、普通硅酸盐水泥或矿碴硅酸盐水泥，其强度等级宜为42.5号，含碱量(Na^2O)不超过水泥重量的0.6%。在无氯盐的环境中，配制钢筋混凝土和预应力混凝土所用各种原材料(水泥、矿物掺和料、骨料、外加剂和拌和水等)的氯离子含量分别不应超过胶凝材料重量的0.2%和0.1%。

配制耐久混凝土所用的矿物掺和料应符合下列要求：

粉煤灰应选用来料均匀、各项性能指标稳定的一级或二级灰。粉煤灰的烧失量应尽可能低并不大于4%，三氧化硫含量不大于3%。在满足强度需要的前提下，粉煤灰掺量不宜超过30%。

磨细的粒化高炉矿渣的比表面积不宜小于3 500 cm^2/g，但过高的细度也不利于控制水化热和混凝土的防裂，得采用水泥使用受潮和过期水泥不同品种或不同标号水泥不得混用。

配筋混凝土的最低强度等级、最大水胶比和单方混凝土胶凝材料以及水泥的最小用量应满足下表规定。

最低强度等级、最大水胶比、胶凝材料以及水泥最小用量满足设计及规范要求。

坍落度控制在(12±2)cm。

2)混凝土的拌和与运输

按照招标文件要求，混凝土供应采用商品混凝土，混凝土的拌和必须选材固定，计量准确，拌和时间达到规定要求。混凝土运输采用混凝土拌和车运送，且对混凝土的塌落度损失控制在1 cm以内。当混凝土由于运送距离或产生交通堵塞而引起混凝土出厂时间过长时，需要提前预计，在工厂调整配合比，严禁对由于出厂时间的混凝土掺加任何材料，以确保混凝土的入模质量。

3)防水混凝土的灌注

①模板要架立牢固，尤其是挡头板，不能出现跑模现象；混凝土挡头板做到模缝严密，避免出现水泥浆漏失现象且达到表面规则平整。

②控制泵送入模板，防水混凝土采用泵送入模时，宜将润湿砂浆接走当作他用，确保不改变入模混凝土的原有质量。混凝土泵送入模时，须经水平均匀入模，垂直控制其自由倾落高度，当自由倾落高度超过 2 m 时，应使用串筒、溜槽或在灌注面接一段水平导管。

③把好混凝土振捣关：防水混凝土振捣采用插入式振捣器，混凝土振动前应先根据结构物设计好振捣点位布置，振捣时间为 10～30 s。对新旧混凝土结合面、沉降缝、施工缝止水带位置需要严格按设计点位和时间进行控制振捣。

④防水混凝土的养护

防水混凝土灌注完毕，待终凝后应及时养生，结构养生期不少于 14 d，以防止在硬化期间产生干裂。养生根据结构混凝土不同部位分别采用喷洒水、蓄水等养生方法，保持混凝土表面湿润。

(4)结构混凝土的抗裂措施

1)结构混凝土采取分段浇筑，以减少混凝土的一次浇筑量，控制混凝土的温度应力和混凝土的收缩量。

2)相邻居两块(墙)浇筑的浇筑的间隔时间最少为 7 d，设置两条后浇带并采用补偿收缩混凝土，减少总的收缩量，提高混凝土的抗裂性。

3)混凝土中掺入适量的外加剂，并控制水泥用量，从而增加混凝土的密实性、减少水泥水化热引起的混凝土温度应力和收缩。

4)混凝土施工时，振动密实，保证混凝土的均质性和密实度，提高混凝土本身的抗裂能力。

5)混凝土表面注意提浆、压光，并严格按要求养护。

6)严格控制拆模时间及板上附加荷载。

(5)外包防水施工

车站结构采用外包围全封闭防水型式。顶板采用 EVA 自粘性防水卷材＋80 mm 厚细石混凝土保护层，底板在施工完成的混凝土垫层上施工 EVA 自粘性防水卷材＋50 mm 细石混凝土保护层，侧墙防水层先在围护结构上施工水泥砂浆找平层＋EVA 自粘性防水卷材。

1)基层处理

①铺设防水板的基面应无明水流，否则应进行初支背后的注浆或表面刚性封堵处理，待基面上无名水流后才能进行下道工序。

②铺设防水板的基面应平整，铺设防水板前应对基面进行找平处理，处理方法可采用喷射混凝土或砂浆抹面的处理方法。处理后的基面应满足下列条件：

$D/L<1/8$。其中：D——相临两凸面间凹进去的深度；L——相临两凸面间的最短距离。

③基面上不得有尖锐的毛刺部位，特别是喷射混凝土表面经常出现较大的尖锐的石子等硬物应凿除干净或用 1∶2.5 的水泥砂浆覆盖处理，避免浇筑混土时刺破防水板。

④基面上不得有铁管、钢筋、铁丝等凸出物存在，否则应从根部割除，并在割除部位用水泥砂浆覆盖处理。

⑤变形缝两侧各 50 cm 范围内的基面应采用 1∶2.5 水泥砂浆找平，便于背贴式止水带的安装以及保证分区效果。

⑥当仰拱初衬表面水量较大时，为避免积水将铺设完成的防水板浮起，宜在仰拱初衬表面设置临时排水沟。

2)铺设防水卷材

①基层清理干净后，用防水卷材配套基层处理剂涂刷于基层上，晾放至指触不粘(不粘脚)。

②节点部位按规范或设计要求进行防水加强处理。

③根据现场实际情况，安排好铺贴顺序及方向，宜在基层上弹线，以便第一幅卷材定位准确。

④将卷材粘结面对准基准线平铺在基面上，从一端将隔离纸从背面揭起，两人拉住揭下的隔离纸均匀用

力向后(或由上而下)拉,慢慢将整幅长的隔离纸全部拉出,同时将揭掉隔离纸的部分粘贴在基层上。在拉铺卷材时,应随时注意与基准线对齐,速度不宜过快,以免出现偏差难以纠正。卷材粘贴时,不得用力拉伸。卷材粘贴后,随即用胶辊(或刮板)用力向前、向外侧滚(赶)压,排出空气,使之牢固粘贴在基层上。

⑤搭接铺贴下一幅卷材时,将位于下层的卷材搭接部位的透明隔离膜揭起,将上层卷材平服粘贴在下层卷材上,卷材搭接宽度不小于100 mm。

⑥相对薄弱的部位(即卷材收头部位、卷材剪裁较多的异形部位等)应采用专用密封膏密封。

3)保护层的施工

底板防水板铺设完毕后应及时施做保护层,底板处在防水板上表面施做50 mm厚的C15细石混凝土保护层。

(6)特殊部位的防水施工

1)施工缝防水处理

施工缝用中埋式钢板止水带防水处理,同时明挖结构迎水面防水层应加铺设背贴式橡胶止水带。

①中埋式钢板止水带的施工要求

a. 钢板止水带安装时,结构顶、底板燕尾朝背水侧,侧墙水平施工缝燕尾朝背水侧,侧墙竖向施工缝燕尾朝迎水侧。

b. 镀锌钢板止水带的接头均采用焊接。

c. 止水带的位置必须定位准确,同时采取有效措施,保证在施工振捣混凝土时不会损坏止水带。浇灌下一段混凝土前,先清除施工缝面层浮碴、凿毛、钢板止水带贴合面四边满焊相连。

d. 混凝土浇筑时保证新老浇筑混凝土结合良好。水平施工缝在混凝土浇筑前先在施工缝基面上敷设水泥基渗透结晶防水涂料。

②背贴式止水带的施工要求

背贴式止水带采用宽度为35 mm的橡胶止水带。背贴式止水带采用热熔对接焊接接头,接头部位的拉伸强度不小于母材强度的80%。

2)变形缝防水处理

变形缝的处理方法为;采用钢边橡胶止水带+背贴式止水带防水。

①中埋式钢边橡胶止水带的施工要求

钢边橡胶止水带采用铁丝固定在结构钢筋上,固定间距40 cm。要求固定牢固可靠,避免浇筑和振捣混凝土时止水带倒伏影响埋入两侧混凝土中的高度。

水平设置的中埋式止水带在结构平面部位采用盆式安装,盆式开孔向上,保证浇捣混凝土时混凝土内产生的气泡顺利排出。

钢边橡胶止水带除对接外,其他接头部位(T字形、十字形)接头均采用工厂接头,不得现场进行接头处理。对接可采用冷接法,也可采用现场热硫化法接头。接头部位的抗拉强度不得小于母材强度的80%。

水平施工缝由于中埋式止水带的阻挡,止水带与围护结构之间的杂物清理比较困难。需要对施工缝表面进行认真凿毛并清理干净。

浇筑和振捣施工缝部位(尤其是侧墙水平施工缝)的混凝土时,应注意边浇筑和振捣边用手将止水带扶正。避免止水带出现大的蛇型和倒伏。

止水带部位的混凝土必须振捣充分,保证止水带与混凝土咬合密实,这是止水带发挥治水作用的关键。振捣时严禁振捣棒触及止水带。

②背贴式止水带的施工要求

背贴式止水带采用热熔对接焊接接头,接头部位的拉伸强度不小于母材强度的80%。保证背贴式止水带与混凝土咬合密实。

3)穿墙管、后补孔及接地网防水施工

①穿墙管

a. 对穿过防水混凝土结构的预埋管件采取切实有效的处理措施,结构变形或管道伸缩量较小时,穿墙管可采用主管直接埋入混凝土内的固定式防水法。

b. 埋入结构混凝土的穿墙管在浇筑混凝土前埋设,在套管中部设置止水法兰并涂刷止水胶,于模板安装前固定在所设位置。

c. 浇筑混凝土时,套管四周加强振捣,保证混凝土的质量。

d. 套管安装固定好后,在管线和套管的缝隙内填塞密封胶,并填筑石棉水泥灰,再对该缝隙注浆,保证该缝隙密实。填塞背材料后,嵌填高弹性聚氨酯密封胶对管线和套管间进行密封处理。

e. 管线穿过柔性防水层处,柔性防水层做增强处理。

f. 穿墙管较多时采用穿墙盒,盒的封口钢板与墙上预埋件焊牢,并从钢板的浇筑孔注入密封材料。

②补孔处防水施工

后补孔孔壁预留凹孔,在凹孔内设遇水膨胀橡胶止水条进行密封防水。

③接地网处防水施工

穿过底板的接地铜排,施工时在引出线穿过结构底板 1/2 处设置止水板。

a. 混凝土浇筑时,铜排处加强振捣,保证该处的混凝土质量。

b. 止水铜板和铜排之间先焊接密实,保证焊接质量,再外包绝缘材料。

c. 铜排与混凝土板面交接处用高弹密封材料密封。

16.6 施工进度计划

16.6.1 施工工期总目标

16.6.1.1 工期安排原则

响应指导性施工组织设计工期计划,综合考虑施工技术要求、施工设备效率、施工环境、气候条件等因素,确定科学合理的施工进度和工期,并满足项目总工期、阶段节点工期和重点工程工期要求。

16.6.1.2 工程进度指标

按照目前现场实际情况,结合招投标文件及施工设计图纸,马街站需在 2011 年 6 月 1 日开始施工地下连续墙导墙,并于 2012 年 12 月 31 日前完成主体结构及附属结构施工。详细施工进度计划如图 16-23 所示。车站施工进度指标见表 16-20。

表 16-20 明挖车站施工进度指标

序号	内容	施工进度指标	总数量	备注
1	地下连续墙	1 幅/天	70 幅	
2	土方开挖	800 m³/天	60 850 m³	
3	结构板	7 天/块	24 块	

16.6.2 主要阶段工期

根据西标段目前施工筹划和工期安排,马街站南端盾构接收时间 2012 年 9 月 30 日,北端盾构接收时间 2012 年 11 月 30 日。马街站施工主体结构后,西侧建筑物拆迁完成即施工西侧附属结构。东侧两个出入口施工待南端盾构施工完成后封盾构孔,交通疏解至车站顶板上,在北端盾构始发场地处绕行。即南端盾构 9 月 30 日到达后封孔,10 月 15 日开始施工东侧两个出入口,北端盾构孔占用期间绕行。

主要施工节点见表 16-21,施工进度见表 16-22。

表 16-21 主要施工计划节点表

工程名称	工作内容	工期	计划开工	计划完成	关键节点
马街站	车站围护及土方工程	180 d	2011-06-10	2012-02-24	1. 2012 年 5 月 25 日提供小～马区间接收端头加固条件。 2. 2012 年 7 月 25 日满足小马区间盾构接收条件。 3. 2012 年 7 月 18 日提供马眠区间接收端头加固条件。 4. 2012 年 9 月 18 日满足马眠区间盾构接收条件
	车站主体结构	150 d	2011-10-18	2012-04-19	
	车站西侧附属围护及土方工程	80 d	2012-05-02	2012-07-31	
	车站西侧附属主体结构	45 d	2012-07-07	2012-08-25	
	车站东侧附属围护及土方工程	45 d	2012-10-18	2012-12-11	
	车站东侧附属主体结构	30 d	2012-11-27	2012-12-31	

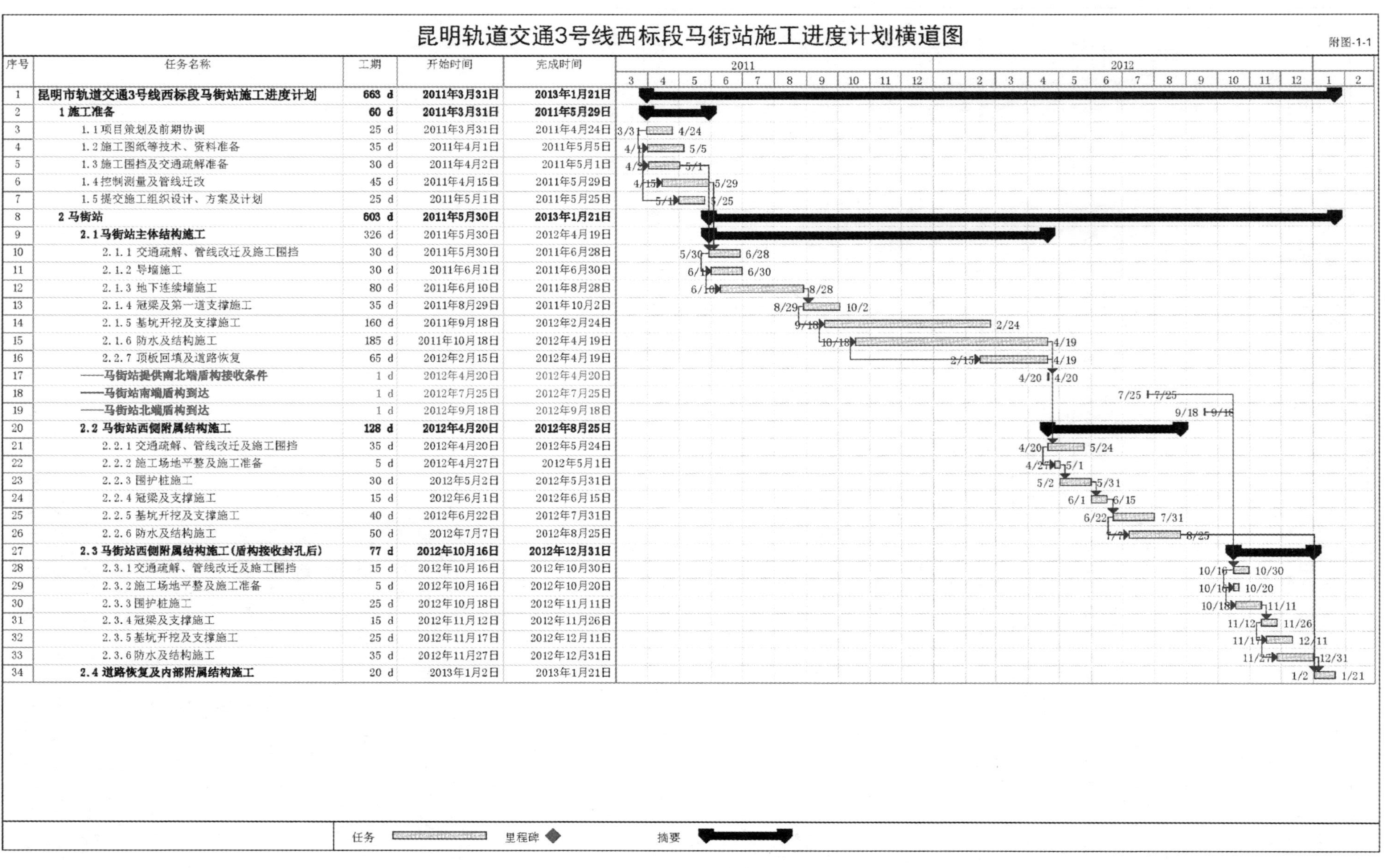

序号	任务名称	工期	开始时间	完成时间
1	**昆明市轨道交通3号线西标段马街站施工进度计划**	**663 d**	**2011年3月31日**	**2013年1月21日**
2	**1 施工准备**	**60 d**	**2011年3月31日**	**2011年5月29日**
3	1.1 项目策划及前期协调	25 d	2011年3月31日	2011年4月24日
4	1.2 施工图纸等技术、资料准备	35 d	2011年4月1日	2011年5月5日
5	1.3 施工围挡及交通疏解准备	30 d	2011年4月2日	2011年5月1日
6	1.4 控制测量及管线迁改	45 d	2011年4月15日	2011年5月29日
7	1.5 提交施工组织设计、方案及计划	25 d	2011年5月1日	2011年5月25日
8	**2 马街站**	**603 d**	**2011年5月30日**	**2013年1月21日**
9	**2.1 马街站主体结构施工**	326 d	2011年5月30日	2012年4月19日
10	2.1.1 交通疏解、管线改迁及施工围挡	30 d	2011年5月30日	2011年6月28日
11	2.1.2 导墙施工	30 d	2011年6月1日	2011年6月30日
12	2.1.3 地下连续墙施工	80 d	2011年6月10日	2011年8月28日
13	2.1.4 冠梁及第一道支撑施工	35 d	2011年8月29日	2011年10月2日
14	2.1.5 基坑开挖及支撑施工	160 d	2011年9月18日	2012年2月24日
15	2.1.6 防水及结构施工	185 d	2011年10月18日	2012年4月19日
16	2.2.7 顶板回填及道路恢复	65 d	2012年2月15日	2012年4月19日
17	**——马街站提供南北端盾构接收条件**	1 d	2012年4月20日	2012年4月20日
18	**——马街站南端盾构到达**	1 d	2012年7月25日	2012年7月25日
19	**——马街站北端盾构到达**	1 d	2012年9月18日	2012年9月18日
20	**2.2 马街站西侧附属结构施工**	**128 d**	**2012年4月20日**	**2012年8月25日**
21	2.2.1 交通疏解、管线改迁及施工围挡	35 d	2012年4月20日	2012年5月24日
22	2.2.2 施工场地平整及施工准备	5 d	2012年4月27日	2012年5月1日
23	2.2.3 围护桩施工	30 d	2012年5月2日	2012年5月31日
24	2.2.4 冠梁及支撑施工	15 d	2012年6月1日	2012年6月15日
25	2.2.5 基坑开挖及支撑施工	40 d	2012年6月22日	2012年7月31日
26	2.2.6 防水及结构施工	50 d	2012年7月7日	2012年8月25日
27	**2.3 马街站西侧附属结构施工(盾构接收封孔后)**	**77 d**	**2012年10月16日**	**2012年12月31日**
28	2.3.1 交通疏解、管线改迁及施工围挡	15 d	2012年10月16日	2012年10月30日
29	2.3.2 施工场地平整及施工准备	5 d	2012年10月16日	2012年10月20日
30	2.3.3 围护桩施工	25 d	2012年10月18日	2012年11月11日
31	2.3.4 冠梁及支撑施工	15 d	2012年11月12日	2012年11月26日
32	2.3.5 基坑开挖及支撑施工	25 d	2012年11月17日	2012年12月11日
33	2.3.6 防水及结构施工	35 d	2012年11月27日	2012年12月31日
34	**2.4 道路恢复及内部附属结构施工**	20 d	2013年1月2日	2013年1月21日

图 16-23　马街站施工进度计划横道图

表 16-22 马街站施工进度设计表

	1区			2区			3区			4区		
	开始	时间	完成	开始	时间	完成	开始	时间	完成	开始	时间	完成
支架拆除	2011/12/28	6	2012/1/3	2011/12/25	6	2011/12/31	2012/1/10	6	2012/1/16	2012/1/25	6	2012/1/31
顶板养生	2011/12/18	10	2011/12/28	2011/12/15	10	2011/12/25	2011/12/31	10	2012/1/10	2012/1/15	10	2012/1/25
顶板施工	2011/12/2	16	2011/12/18	2011/12/7	8	2011/12/15	2011/12/22	9	2011/12/31	2012/1/6	9	2012/1/15
上层拆支撑	2011/11/29	2	2011/12/1	2011/12/5	1	2011/12/6	2011/12/20	1	2011/12/21	2012/1/4	1	2012/1/5
中板养生	2011/11/22	7	2011/11/29	2011/11/28	7	2011/12/5	2011/12/13	7	2011/12/20	2011/12/28	7	2012/1/4
中板施工	2011/11/7	15	2011/11/22	2011/11/20	8	2011/11/28	2011/12/5	8	2011/12/13	2011/12/20	8	2011/12/28
下层拆支撑	2011/11/4	2	2011/11/6	2011/11/17	2	2011/11/19	2011/12/2	2	2011/12/4	2011/12/17	2	2011/12/19
底板养生	2011/10/28	7	2011/11/4	2011/11/10	7	2011/11/17	2011/11/25	7	2011/12/2	2011/12/10	7	2011/12/17
底板施工		10	2011/10/28		8	2011/11/10		8	2011/11/25		8	2011/12/10
底板见底	2011/10/18			2011/11/2			2011/11/17			2011/12/2		
	5区			6区			7区			8区		
	开始	时间	完成	开始	时间	完成	开始	时间	完成	开始	时间	完成
支架拆除	2012/2/9	6	2012/2/15	2012/4/13	6	2012/4/19	2012/3/26	6	2012/4/2	2012/3/20	6	2012/3/25
顶板养生	2012/1/30	10	2012/2/9	2012/4/3	10	2012/4/13	2012/3/20	10	2012/3/26	2012/3/14	10	2012/3/20
顶板施工	2012/1/21	9	2012/1/30	2012/3/26	8	2012/4/3	2012/3/10	9	2012/3/20	2012/3/4	9	2012/3/14
上层拆支撑	2012/1/19	1	2012/1/20	2012/3/24	1	2012/3/25	2012/3/1	1	2012/3/10	2012/2/24	1	2012/3/4
中板养生	2012/1/12	7	2012/1/19	2012/3/17	7	2012/3/24	2012/2/28	7	2012/2/29	2012/2/22	7	2012/2/23
中板施工	2012/1/4	8	2012/1/12	2012/3/9	8	2012/3/17	2012/2/21	8	2012/2/28	2012/2/15	15	2012/2/22
下层拆支撑	2012/1/1	2	2012/1/3	2012/3/6	2	2012/3/8	2012/2/13	2	2012/2/21	2012/1/31	2	2012/2/15
底板养生	2011/12/25	7	2012/1/1	2012/2/28	7	2012/3/6	2012/2/10	7	2012/2/12	2012/1/28	7	2012/1/30
底板施工	2012/12/18	8	2011/12/25	2012/2/21	8	2012/2/28	2012/2/3	8	2012/2/10	2012/1/21	8	2012/1/28
底板见底	2011/12/17			2012/2/20			2012/2/3			2012/1/21		
	5区			6区			7区			8区		

16.6.3 里程碑工期及节点工期

16.6.3.1 里程碑工期

(1)2011 年 6 月 10 日,地下连续墙开始施工。

(2)2011 年 8 月 28 日,地下连续墙施工完成。

(3)2011 年 9 月 18 日,基坑开始开挖。

(4)2011 年 10 月 18 日,防水及结构施工。

(5)2012 年 2 月 24 日,基坑开挖完成。

(6)2012 年 4 月 19 日,结构及防水施工完成。

(7)2012 年 5 月 2 日,车站西侧附属结构开始施工。

(8)2012 年 8 月 25 日,车站西侧附属结构施工完成。

(9)2012 年 10 月 18 日,车站东侧附属结构开始施工。

(10)2012 年 12 月 31 日,车站东侧附属结构施工完成。

16.6.3.2 标段关键节点工期

(1)2011 年 8 月 28 日,地下连续墙施工完成。

(2)2012 年 2 月 24 日,基坑开挖完成。

(3)2012 年 4 月 19 日,结构及防水施工完成。

(4)2012 年 4 月 20 日,马街站南北端头井提供盾构接收条件。

16.6.4　关键线路

施工准备→地下连续墙施工→基坑开挖施工→防水及结构施工→西侧附属结构施工→东侧附属结构施工→内部结构施工及道路恢复。

16.6.5　工程接口及配合

本标段工程是昆明轨道交通工程的一个组成部分，需与相邻构施工单位做好协调，而且存在界面关系及工序衔接。为做好界面协作，保证施工顺利进行，我单位将积极采取措施，做好与各联系承包商的配合工作。

(1)施工期间与相邻工程标段之间切实加强对工程测量的界面接口管理工作。在工程施工前和施工过程中对测量工作做到互通信息，对中线控制桩点和水准点的贯通测量和检测应相互闭合，控制测量工作应与相邻标段承包商彼此协调配合，避免测量事故的发生，以确保工程施工顺利进行。

(2)按设计要求和施工合同条款的规定要求，为其他工程施工创造必要的工作条件。

(3)根据设计文件要求和施工过程可能出现的作业界面接口问题，充分考虑施工接口的部位和接口工作项目内容，制定预防可能引起接口部位的安全和质量问题的预防措施和接口管理办法。为明确施工接口内容、责任和协调，对存在的接口事宜，施工技术部门指派专职工程师负责，确保业主及监理工程师的指令或协调事项得到有效的实施。

(4)接口施工交接之前，出具相应施工过程记录和有关参数，使接口单位对相应部位的情况心中有数。

16.7　主要资源配置计划

16.7.1　主要工程材料采购方案

(1)钢筋

本工程钢筋拟采用昆钢、武钢等厂商生产的钢材，由厂家直接发货至施工场地。

(2)混凝土

本工程混凝土全部采用商品混凝土，综合考虑运距、供应能力、供应商信誉等方面，拟采用距离施工现场5～6 km的筑高及恒达两家商品混凝土搅拌站生产的混凝土，即可满足本工程施工需要。

(3)防水材料

本工程防水材料为甲控材料，供应商自业主提供的合格供应商名录中选取，并在施工前提供采购计划。

16.7.2　主要物资计划

按照目前施工进度计划，按照目前取得的施工图纸资料工程量统计，本工程主要材料、周转材料数量统计、主要使用量计划见表16-23及表16-24。

表16-23　主要材料数量计划表

序号	材料名称	单位	2011年7月	2011年8月	2011年9月	2011年10月	2011年11月	2011年12月	2012年1月	2012年2月	2012年3月	2012年4月
1	钢筋	t	456	895	531	250	410	758	543	576	355	140
2	混凝土	m^3	2780	5460	2875	522	1914	3390	2049	1876	1642	688
3	水泥	t	800	850	530	0	0	0	0	0	0	0
4	防水卷材	m^2	0	0	0	380	1726	2324	1200	1657	1532	300

表16-24　主要周转材料使用计划表

序号	材料名称	单位	2011年11月	2011年12月	2012年1月	2012年2月	2012年3月	2012年4月
1	模板	m^2	1500	3365	1827	1350	1986	710
2	支架	m^3	4760	10690	6016	4369	6369	2230

16.7.3 施工机械设备

根据本工程的设计要求和工程进度要求，配置合理的施工机械设备，保证工期进度及良好的设备利用率，确保施工的顺利完成。本工程主要大型施工机械设备为两台 SG40-A 成槽机及 120t、50t 履带吊，主要施工机械设备见表 16-25。

表 16-25 主要机械设备表

序号	设备名称	规格型号	性能指标	计划数量	单位
一、明挖车站实体施工设备					
1	成槽机	SG40		3	台
2	履带吊车	QY120A	120 t	2	台
3	履带吊车	QY50A	50 t	2	台
4	汽车吊车		25 t	2	台
5	挖掘机	PC300	1.2 m^3	4	台
6	长臂挖掘机	PC200	0.8 m^3	2	台
7	挖掘机	PC-60	0.4 m^3	4	台
8	电动空压机	4L-22/8	10 m^3	4	台
9	抽水机	4BA-6	7 kW	30	台
10	千斤顶		100 t	4	个
11	插入式振动器	CZ25/35	1.1 kW	10	台
12	平板式振动器	ZB5.5	1.5 kW	2	台
13	钢筋切断机	GQ40D	40 mm	6	台
14	钢筋弯曲机	GW40	40 mm	4	台
15	钢筋调直机	GJT40	40 mm	2	台
16	对焊机	UN1-100	100 kVA	4	台
17	电焊机	BX3-400	30kVA	12	台
18	混凝土输送泵	HBT80C	80 m^3/h	4	台
19	自卸运输车	D3208	(12～20) t	16	辆
二、电力设备					
1	电力变压器	SCB9-630/10	500 kVa	2	台
2	内燃发电机	GF250	30 kW	2	台
三、检测试验设备					
1	台秤	AGT-100		2	个
2	混凝土坍落度仪	ϕ200 h=300		4	个
3	混凝土试模	各种规格		30	个
4	砂浆试模	各种规格		20	个
5	砂浆稠度仪	SC-145		1	个
6	干湿温度仪	双管式		1	个
7	游标卡尺	0～300 mm		1	个
8	标准养护室	6 m×2.2 m		2	个
9	水泥浆稠度仪			2	个
四、测量监测设备					
1	全站仪	徕卡 1202＋	2 秒级	3	台
2	电子水准仪	莱卡	NA2	1	台
3	因瓦尺	3 m		2	把
4	钢尺		30 m	5	把

续上表

序号	设备名称	规格型号	性能指标	计划数量	单位
5	支撑轴力计			130	个
6	钢筋应力计			30	个
7	光学水准仪			1	台
8	测斜仪			2	台
9	塞尺			2	把

16.7.4 劳动力计划

16.7.4.1 施工管理人员及技术人员配置计划

为本项目设立的组织机构按项目法施工要求，本着精干高效的原则进行组建，所有管理人员、技术人员、主要技术工人按要求持证上岗。

项目经理部设经理一名，负责项目全面管理工作；设副经理一名，协助项目经理做好项目的施工组织与协调、物资供应、资源配置、施工安全、文明施工、环境保护和施工进度等工作；设专职书记一名，负责项目部党、政、工、团建设及宣传、教育及培训工作；设总工程师一名，负责本项目施工技术、合同管理、安全质量等工作；设安全总监一名，负责项目安全教育培训、现场安全控制及文明施工工作。项目部共设工程部、机电部、物资部、安质环保部、合约部、综合部、财务部七个部门。主要管理人员配置见表16-26。

表16-26 主要管理人员配置

序号	部 门	人数	备 注
1	项目经理	1	
2	副经理	1	
3	书记	1	
4	总工程师	1	
5	安全总监	1	
6	工程部	12	包括监控量测、试验、档案、质检、技术、调度岗位等
7	机电部	5	包括机修、电工
8	物资部	3	
9	合约部	2	
10	安质环保部	4	
11	综合部	2	
12	财务部	2	
	合计	35	

各部门管理职责如下：

(1)项目经理

主持全面工作，全面履行项目合同，对本工程的安全、质量、工期负全责；负责项目经理部内部行政管理工作，包括人员调配、财务管理和对外协调等。

(2)副经理

主抓施工进度、安全、文明施工、资源配置和队伍管理，负责组织施工生产、各生产单位、各工序的协调和内部考核。

(3)书记

主抓项目部党、政、工、团的建设、宣传、教育培训等工作。

(4)总工程师

主抓技术工作和质量控制，分管工程管理部、质量管理部、物资设备部、计划合同部，并负责与监理单位、设计单位、质监站和业主的协调工作。

(5)安全总监

主抓施工现场安全、质量、文明施工、环境保护等工作。

(6)工程部

下设施工技术组、测量组、监测组、调度室、实验室、质量管理专业岗位。

1)组织设计文件会审,全面掌握施工图纸、合同技术规范,根据合同要求,编制施工组织设计。

2)负责工程测量、隐蔽工程的检查评定,配合设计、监理的工作。

3)根据工程具体情况,结合项目管理特点,制定施工安全、质量的保证措施。

4)归口管理变更技术洽商,建立技术及质量管理日志,做好项目技术档案管理工作。

5)掌握工程进展情况,归纳分析影响进度的因素,并提出改进措施。

6)组织重难点技术问题的攻关,负责技术交底,检查指导项目作业队的技术工作。

7)负责工程的质量,负责隐蔽工程的检查,制定质量等管理细则和保证措施。

8)组织处理质量事故。按照一体化贯标全面开展各项活动。

9)经常深入工地,检查质量技术交底的执行,有权对当事人进行处理,并对查出的问题书面汇报主管领导。

10)负责本工程的材料检验、现场试验检测的质量检验与评定。

(7)安质环保部

1)主抓工程的安全,负责隐蔽工程的检查,制定安全管理细则和保证措施。

2)组织处理安全事故。按照一体化贯标全面开展各项活动。

3)经常深入工地,检查安全技术交底的执行,有权对当事人进行处理,并对查出的问题书面汇报主管领导。

4)经常检查工地环保执行情况,并每月对环境保护的现状书面汇报主管领导。

(8)物资部

1)按施工图、施工组织设计及合同要求,负责材料订货采购、租赁,为项目施工提供保障。

2)编制材料、设备供应计划,经主管经理批准后负责实施。

3)做好各项材料消耗和库存统计工作。

(9)机电部

1)整理保管好一切机电设备的资料和报告证件等,建立管理台账。

2)根据项目管理特点,制定机电设备管理标准和实施办法,对工程使用的、机电设备的质量和管理负全责。

3)负责投入本工程的机械设备的日常维修、保养计划,确保机械设备的完好率。

(10)计划合约部及财务会计部

1)根据合同要求,结合工程具体情况,编制年、季、月施工计划、对项目成本计划和资金使用计划,确定、分解成本控制目标。

2)负责向业主提供按合同文件规定的、必须递交的证明文件,办理与业主工程款的收取、支付。

3)办理验工计价和内部承包核算。

4)负责合同管理、索赔申请、清算积累,负责与业主代表办理追加金额,处理索赔等事宜。

5)负责内部财务管理。

(11)综合部

综合部是项目经理部的综合协调部门,主要负责项目的对外联络、文秘、人事劳资、治安保卫以及内部行政事务。

1)文秘工作:所有内部及外来文件资料统一由办公室归口管理,包括文件的登记、收发、打印、复印、传真的控制与管理,编制及修改内部管理制度,拟发请示、报告、总结等。

2)人事劳资:负责干部和工人的管理、调配、考勤管理,工资、奖金分配和管理,办理地区政府、业主和监理要求提供的人员证明、职工培训等。

3)对外联络:负责与地方政府、各专业管理单位、业主代表的联络协调工作。

4)治安保卫:主要负责施工现场和职工住地的治安保卫工作。

5)行政事务:办公用品、生活用品的采购、发放和归口管理,业务用车派车,食堂及炊事员管理等。

16.7.4.2　作业人员配置计划

根据施工进度及各工序需用工种人数,合理组织管理人员和施工人员分批进驻本工程施工现场,并加强人员动态管理。

施工人员包括管理人员、车站及附属结构施工人员,车站有条件实行长白班施工。

根据目前施工计划,粗拟本工程劳动力需求计划见表 16-27。

表 16-27　劳动力需求计划表

时间	2011 年								2012 年	
	5 月	6 月	7 月	8 月	9 月	10 月	11 月	12 月	1 月	2 月
人数	45	45	65	65	70	85	95	125	140	145
时间	2012 年									
	3 月	4 月	5 月	6 月	7 月	8 月	9 月	10 月	11 月	12 月
人数	145	145	125	120	95	90	70	65	50	40

劳动力强度曲线如图 16-24 所示。

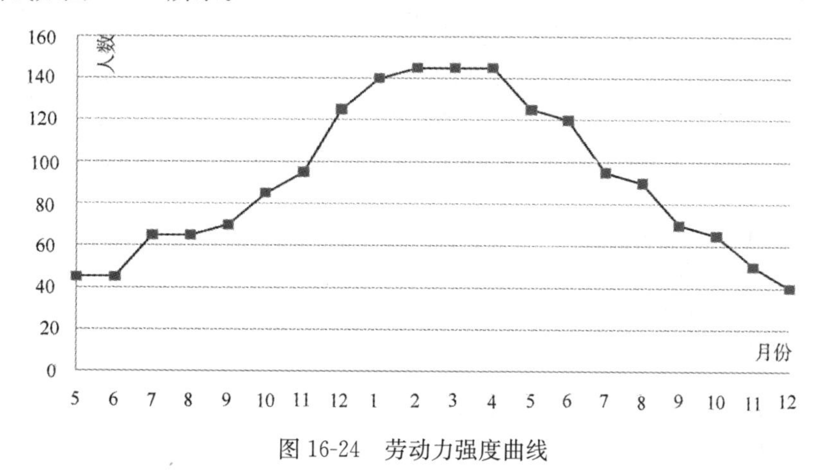

图 16-24　劳动力强度曲线

16.7.4.3　特殊时期劳动力保证措施

为保证本工程在节日期间能正常施工,不因缺乏劳动力导致工程进度缓慢,将采取如下措施保证节日期间有足够的劳动力:

(1)节日来临之前,加强员工的思想政治教育工作,使员工从思想上认识到本工程的工期十分紧张,以及现代建筑市场竞争的激烈,工程来之不易,让员工正确处理好公司与个人之间的关系。

(2)节日期间施工,给工地施工人员发节日慰问金,并安排好节日生活,让员工在工地上既能过上一个愉快的节日,又能安心从事施工生产。

(3)节日期间将调动我公司其他地区的剩余劳动力补充本工程施工,以保证节日期间施工有足够的劳动力。

16.7.5　资金使用计划

资金需求计划见表 16-28。

表 16-28　资金需求计划表

序号	时　　间	施工内容	需求金额(万元)	备　　注
1	2011 年 3～5 月	前期施工准备	500	
2	2011 年 6 月	围护结构	737	
3	2011 年 7 月	围护结构	1153	
4	2011 年 8 月	围护结构	912	
5	2011 年 9 月	基坑开挖及支撑	176	

续上表

序号	时　间	施工内容	需求金额(万元)	备　注
6	2011年10月	基坑开挖、防水及主体结构	477	
7	2011年11月	基坑开挖、防水及主体结构	733	
8	2011年12月	基坑开挖、防水及主体结构	786	
9	2012年1月	基坑开挖、防水及主体结构	743	
10	2012年2月	防水及主体结构	676	
11	2012年3月	防水及主体结构	648	
12	2012年4月	防水及主体结构	275	
13	2012年5月	西侧附属结构	1231	
14	2012年6月	西侧附属结构	207	
15	2012年7月	西侧附属结构	314	
16	2012年8月	西侧附属结构	1162	
17	2012年9月	交通疏解	54	
18	2012年10月	东侧附属结构	1009	
19	2012年11月	东侧附属结构	485	
20	2012年12月	东侧附属结构	857	
21	2013年1月	内部结构	725	
合计			13860	

16.7.6 临时用地与施工用电计划

16.7.6.1 临时用地计划

临时用地计划详见表16-29。

表16-29 马街站临时用地计划表

土地的计划用途及类别	所需面积(m^2)	所需时间	
		开始日期	结束日期
主体结构施工	9570	2011年5月	2012年4月
西侧附属结构施工	4954	2012年4月	2012年8月
东侧附属结构施工	5720	2012年10月	2012年12月

16.7.6.2 临时用电计划

临时用电计划详见表16-30。

表16-30 马街站临时用电计划表

用途及类别	需求电量(kVA)	所需时间		备　注
		起始日期	结束日期	
地下连续墙施工	400	2011-06	2011-08	
主体结构施工	153	2011-10	2012-04	
附属结构施工	400	2012-04	2012-12	

16.8 施工现场平面布置

16.8.1 施工现场布置原则

施工场地布置遵循以下原则：

(1)施工总平面布置应做到科学、合理，规范场容，施工现场搅拌站、仓库、加工厂、作业棚、材料堆场等布置应尽量靠近已有交通线路或即将修建的正式或临时交通线路，缩短运输距离。

(2)施工现场场容规范化应建立在施工平面图设计的科学合理化和物料器具定位管理标准化的基础上。根据现场实际，建立和健全施工平面图管理和现场物料器具管理标准，作为提供场容管理策划依据。

(3)结合施工条件，按照施工方案和施工进度计划的要求，认真进行施工平面图的规划、设计、布置、使用和管理。

(4)严格按照已审批的总平面图或单位工程施工平面图划定的位置，布置施工项目的主要机械设备、脚手架、密封式安全网和围挡、模具、施工临时道路、供水、供电、供气管道或线路、施工材料制品堆场及仓库、土方及建筑垃圾、变配电室、消火栓、警卫室、现场的办公、生产和生活临时设施等。

(5)施工物料器具除应按施工平面图指定位置就位布置外，应根据不同特点和性质，规范布置方式与要求，并执行码放整齐、限宽限高、上架入箱、规格分类、挂牌标识等管理标准。

(6)在施工区域周边应设置临时围护设施。工地周边围护设施高度不应低于2.5 m，临街脚手架、高压电缆、起重把杆回转半径伸至街道时，均应设置安全隔离棚。危险品库附近应有明显标志及围挡设施。

(7)施工现场应设置畅通的排水系统以及道路硬化，做到场地不积水、不积泥浆，保持道路清爽坚实。

16.8.2　马街站施工场地布置及交通疏解

布置原则：保证车站至少一侧(东侧)有7 m宽施工便道，车站两端不少于30 m长区域用于钢筋笼加工场地，并在两端设置大门出入，解决无环形道路缺点，其他设施紧凑布置。春雨路交通疏解至东侧，占用现非机动车道及绿化带作为疏解道路，交通疏解方案已审批，现正进行绿化拆迁过程中，拆迁完成后进行道路施工及围挡。

因场地限制及后期须多次搬移，场地内不搭建办公或住宿用房屋，应急物资、小型材料及物资仓库采用2.2 m×6 m×2.2 m的集装箱，工地值班临时休息室采用活动集装箱式，门卫室等使用活动岗亭。现场泥浆循环箱采用5～6个3 m×5 m×3 m自制钢板箱，钢筋加工场按照33 m×10 m布置，旁边设施10 m^{2}左右电焊机房，车站南端设置临时堆土场。沿围挡一周设置排水沟及电缆挂钩。由于马街站北高南低，统一向东南侧排水，设置三级沉淀池，经过三级沉淀后排入市政管网。马街站施工场地布置如图16-25所示。

16.8.3　施工水电接驳

按照招标文件要求及现场实际情况，根据施工场地附近接驳点及线路容量情况，积极向相关单位协调施工临时用水用电相关事宜。目前车站施工用电、用水点接驳已落实，相应设计方案已报监理业主审批中。

马街站施工用电计划在车站附近进入，在车站附近安装一台500 kVA变压器，施工用水拟在车站北端人行道消防栓下接入ϕ75 mm水管，保证车站施工用水。

16.8.3.1　*施工现场三通一平*

(1)施工道路的布设

施工道路在施工前要综合考虑现场周边的交通情况，要满足施工期间的交通、运输及消防需要，同时要满足招标文件、投标文件及文明施工的要求。施工现场的道路应畅通，有循环干道，道路应当平整坚实，有排水措施，保证不沉陷、不扬尘、不积水，防止泥土带入市政道路，道路以基坑为中心向外侧设置不小于2%的单面坡，两侧设排水设施，道路施工时应提前预埋过路管道。主干环形道路宽度不小于7 m，最小不宜小于3.5 m，道路的布设要与现场的材料、构件、仓库等堆场、吊车的位置相协调、配合。施工主要道路两侧根据工程进度适当进行绿化，为树立良好的公众形象，在场地两端及出入口处设置路标牌。

(2)场地平整

现场场地应硬化。其厚度和强度应根据地基情况并满足施工需要，软弱地段应增设钢筋，混凝土路面厚度不少于150 mm。

现场场地要平坦、通畅、整洁，并设置相应的安全防护设施和安全标志。场地应具有良好的排水系统，设置排水沟及沉淀池，现场废水不得直接排入市政污水管网。地面适当情况下应经常洒水，对粉尘源进行覆盖遮挡。

(3)给水系统

根据现场实际情况，施工用水采用镀锌管或PVC管从市政水网接入，主水管接入至各施工区域，再分配到场地内用水点，给水管均刷防腐油漆。给水管采用明敷设，在施工区域时，设置警示标识。

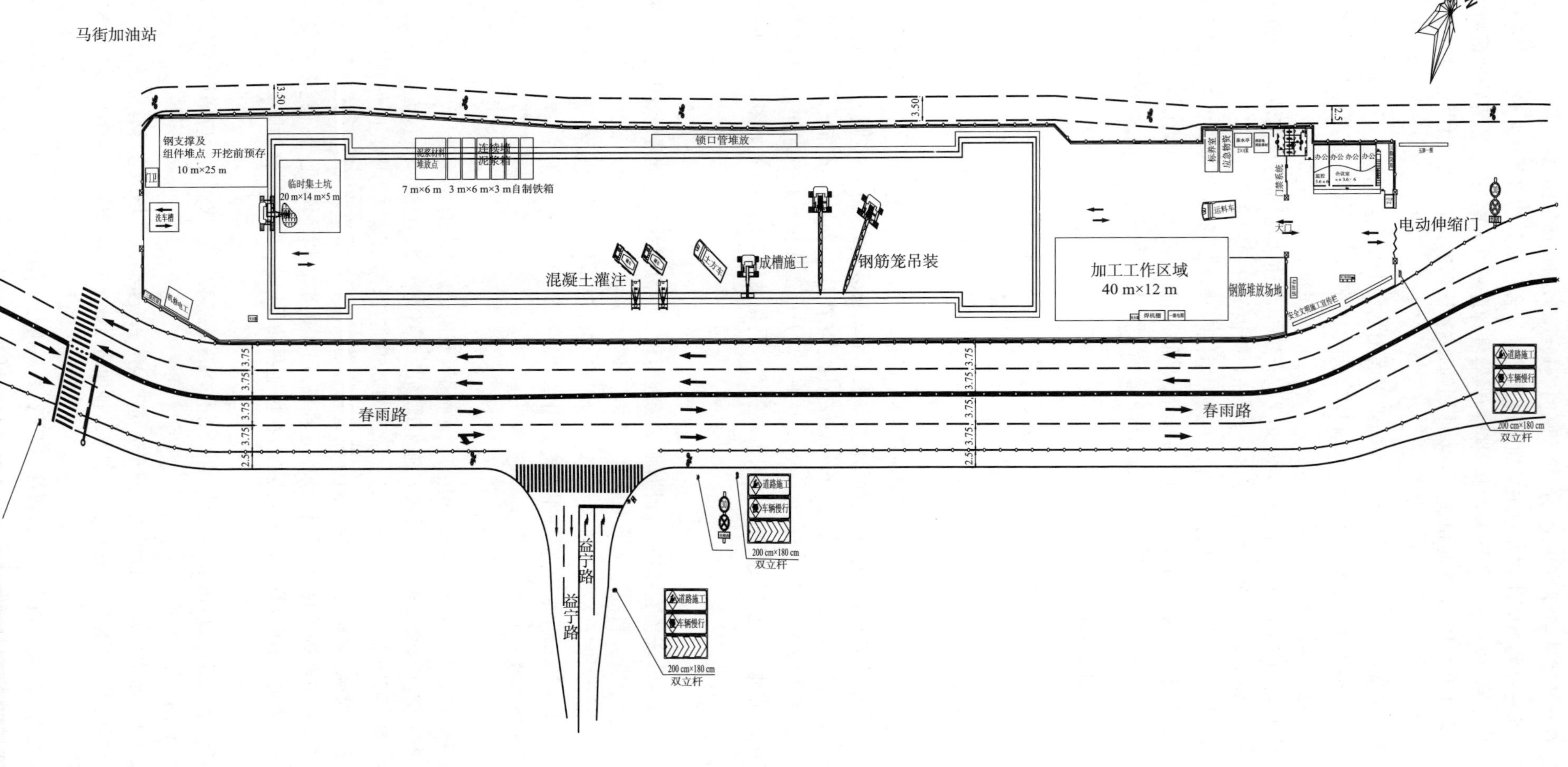

图 16-25　马街站施工场地布置图

(4)供电系统

建筑施工现场临时用电采用电源中性点直接接地的220/380 V三相五线制TN-S接零保护供电系统，使用电缆从业主提供的电源点变压器引入施工现场，并在施工区域内布置总配电箱→分配电箱→开关箱，实行三级配电、三级保护。为充分保证施工用电要求，应根据项目施工生产情况计算用电负荷，合理选择电缆大小，优化临电设施，降低临电设施投资，最大限度提高设备利用率。电缆直埋敷设，进出配电房的电缆采用电缆沟敷设，并设警示标志。

施工场地临时用电敷设示意如图16-26所示。

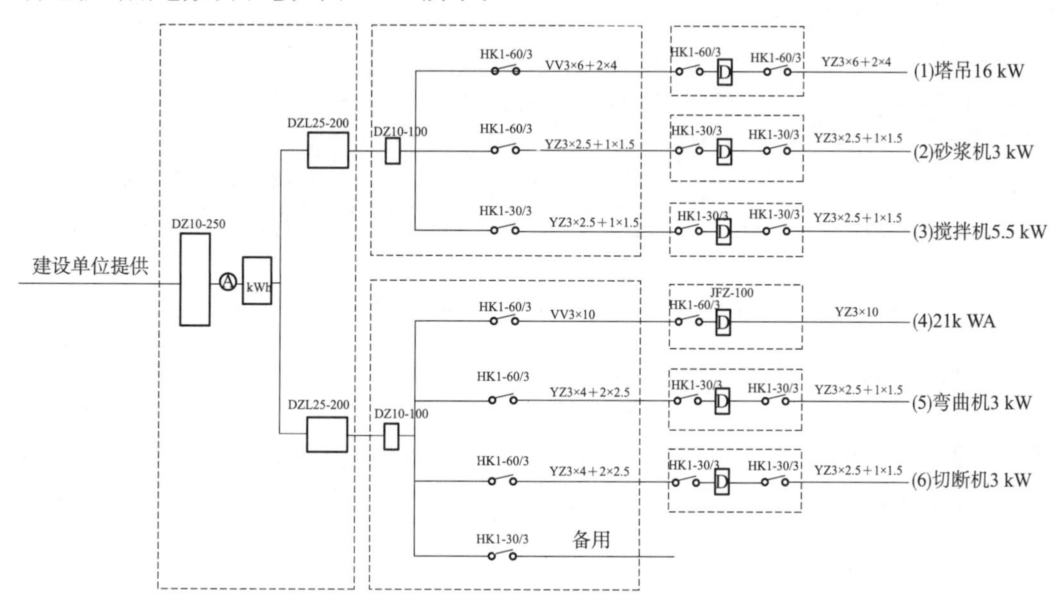

图16-26　施工场地临时用电敷设示意

16.8.3.2　排水辅助设施

(1)环形水沟做法及要求

水沟根据现场实际情况选择混凝土浇注或砖砌的形式，或在路面下切割，并用水泥砂浆抹光。排水沟的宽度不宜小于0.3 m，深度不小于0.2 m，沟底设置尽量0.2%的坡度，水沟过长时中部可设置集水坑。过路的水沟上部制作盖板，不准堆物且须保持清洁畅通。

施工场地周围排水沟示意如图16-27所示。

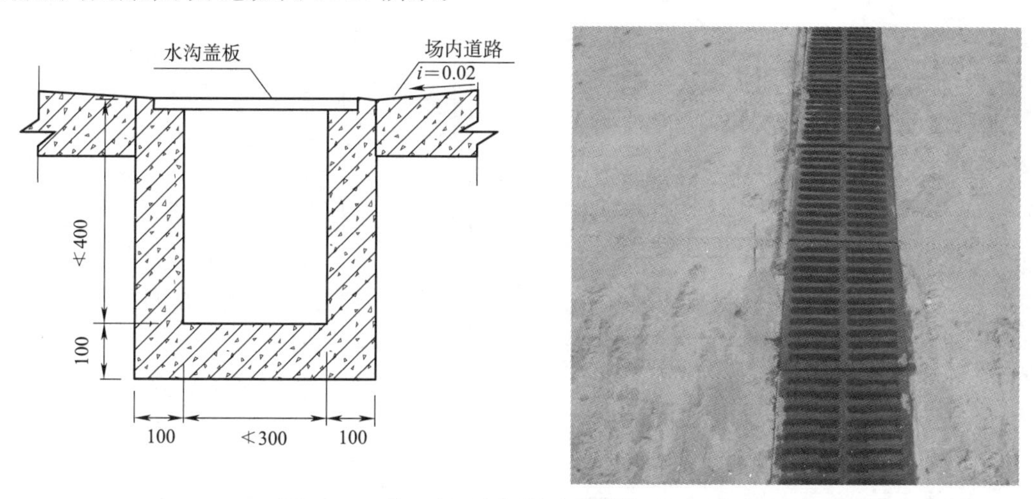

图16-27　施工场地周围排水沟示意(单位：mm)

(2)沉淀池做法及要求

施工现场沉淀池一般采用砖砌而成，也可以用混凝土浇注。容量按施工生产排放废水多少确定，池的长宽比一般不小于4 m，池的有效水深一般1.5～2 m。同时要设置防止泥浆、污物堵塞排水管道的措施。应派专人进行不定期的清理。

工地沉淀池参照示意如图16-28所示。

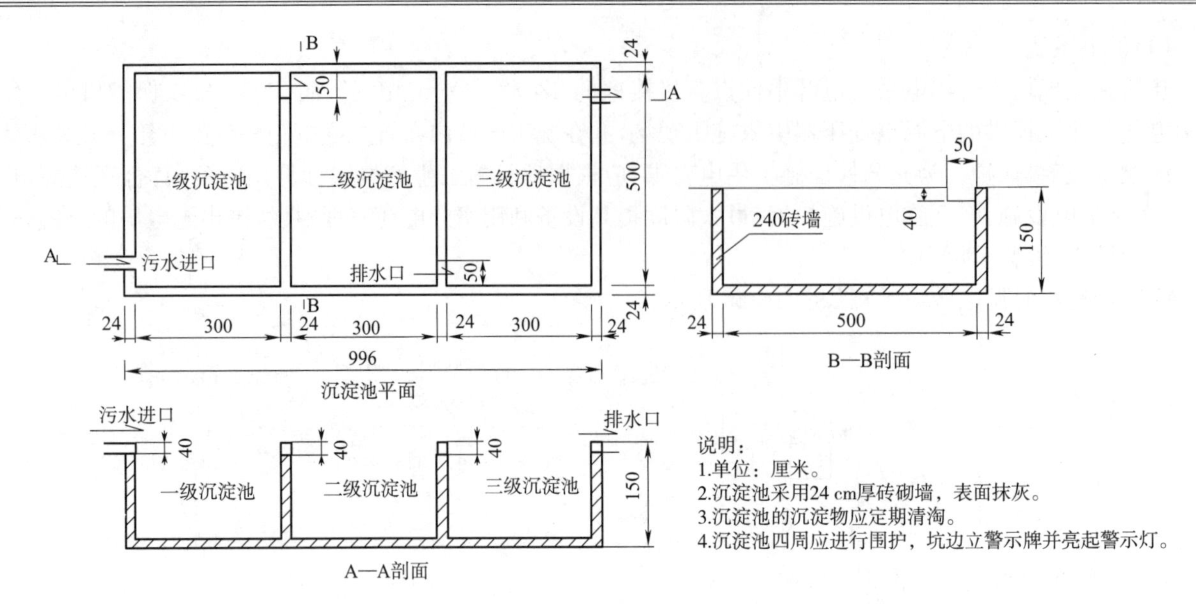

图 16-28 工地沉淀池参照示意(单位:mm)

16.8.3.3 工地大门及围挡

(1)工地大门

工地大门喷刷"中国中铁二局"字样，颜色、字体、大小参照公司管理手册，门柱采用砖柱式，规格 0.8 m×0.6 m×2.8 m，桔红色瓷砖贴面。大门尺寸根据施工需要自行确定，宽度一般在 8 m 左右。施工场地大门示意如图 16-29 所示。

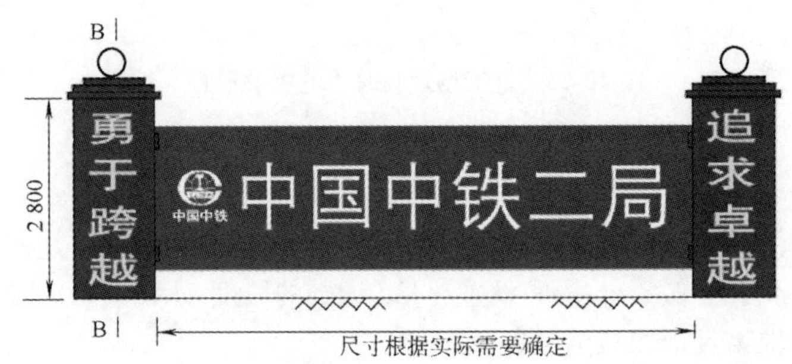

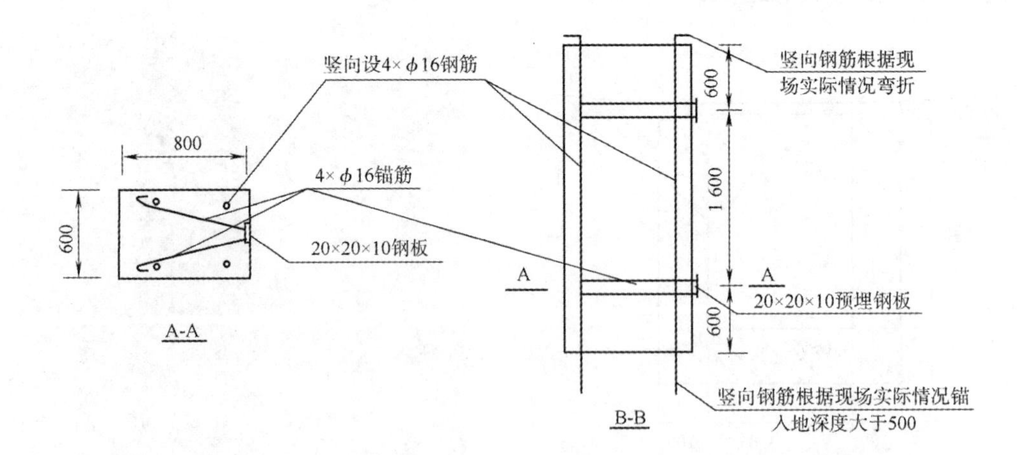

图 16-29 施工场地大门示意(单位:mm)

(2)施工围挡

施工场地围墙采用彩钢板进行围闭。彩钢板围护每幅纵向长4～4.8 m,由4块彩钢板组成,每块宽1～1.2 m,高2 m。彩钢板墙体基础宽度0.2 m,深度0.5 m,采用砖砌筑。

如遇交叉路和十字路口设置围墙应按照交警部门的规定采用通透性围墙。围挡必须用钢丝网做墙板。围墙外侧需做宣传公司的图画,如业主对围墙形式、宣传有规定,则结合公司要求一并考虑。施工围挡效果示意如图16-30所示。

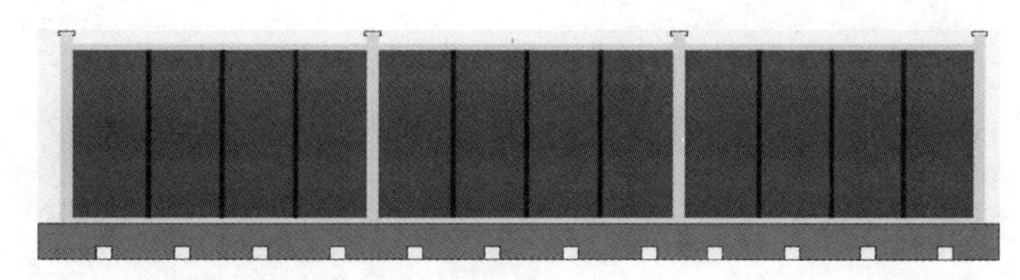

图16-30 施工围挡效果图示意

(3)洗车槽及冲洗设备

工地洗车槽示意如图16-31所示。

图16-31 工地洗车槽示意

工地门口设置洗车槽、洗车设备及负责人标识牌,门口相应设施明沟排水设施,以保证车辆出入冲洗。冲洗车辆应该尽量使用循环水,并使用专用冲洗设备以节约水资源。

16.8.3.4 临边防护设施

临边防护栏杆由上下两道横杆及栏杆柱组成。上杆离地面高度为1.2 m,下杆离地面高度为0.6 m。横杆长度大于2 m时,必须设置栏杆柱。

临边防护示意如图16-32所示。

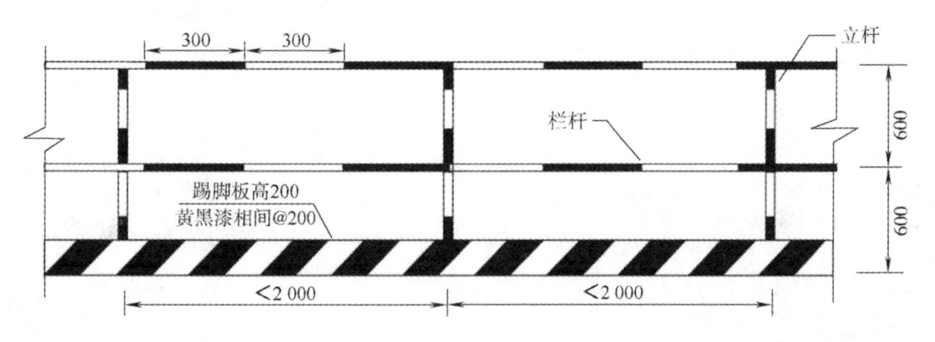

图16-32 临边防护示意

防护栏杆的钢管为ϕ48×3.5 mm,以扣件、焊接或装配固定。防护栏杆必须自上而下用密目网封闭,必要时亦可在底部横杆下沿,设置不低于180 mm的踢脚板并固定牢固,踢脚板外侧漆成黄黑斜条块警示色。

临边围护示意如图16-33所示。

防护栏杆制成后须用黑黄或红白涂装予以标识,禁止标志颜色宜采用红、白相间,警告标志宜用黄、黑相间。临边杆制作完成后,必须进行验收并挂设“安全设施验收牌”。盖板、临边应定期检查保养,栏杆色彩褪色的要重新刷漆,对损坏的栏杆、密目网、踢脚板要及时修复或更换。

图 16-33 临边围护示意

16.8.3.5 基坑及端头井上下通道

在施工期间现场施工人员进入基坑上下施工，必须制作规范的上下通道楼梯，禁止上下通道搭设在钢支撑上。如确需要使用人字型上下梯的，中间必须采用铁链连接，底部用橡胶材料固定处理。

(1)下井楼梯

下井钢梯制作要求：下井钢梯的宽度为 0.8～1 m，踏板采用花纹钢板，宽度为 250～300 mm，高度为 200 mm。相邻的两块钢板交叉不大于 50 mm，满足上、下井人员通行安全方便。制作完成后，刷防腐油漆。

下井钢梯安全设施：结构施工时，要提前预埋铁件，以提高钢梯的安全性。钢梯设置后必须制作上部栏杆，栏杆标准安全临边栏杆的标准制作。下部应全封闭，封闭材料可用钢丝网和密目网包扎。钢梯制作安置完毕后，现场管理部技术人员和施工单位安全部门进行验收，合格后方可投入使用，并设置安全设施验收牌。

简易钢梯示意如图 16-34 所示。

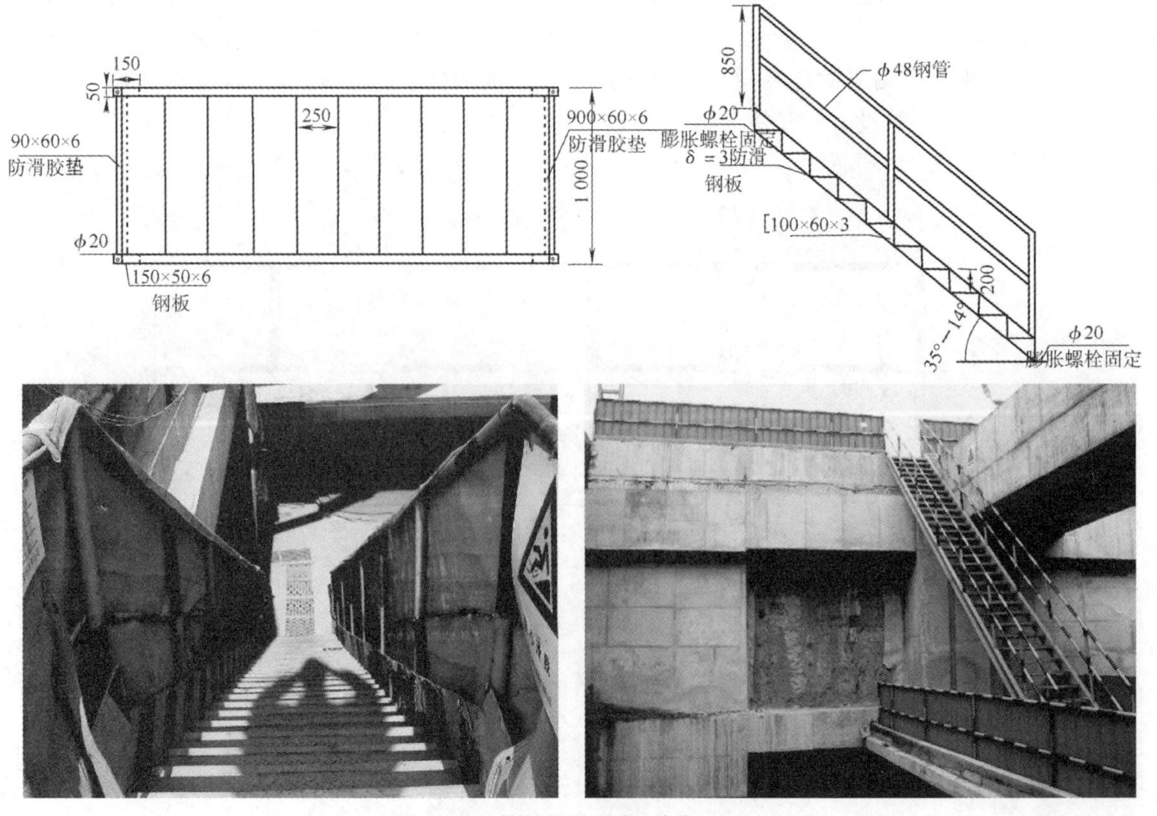

图 16-34 简易钢梯示意(单位:mm)

(2)下井梯笼

下井梯笼制作要求:使用钢材采用国家标准型材,尺寸为 3000mm×1700mm×2500mm,踏板采用花纹钢板,四周铺设钢丝网。各构件要横平竖直焊缝饱满。制作完成后,刷防腐油漆。

下井梯笼示意如图 16-35 所示。

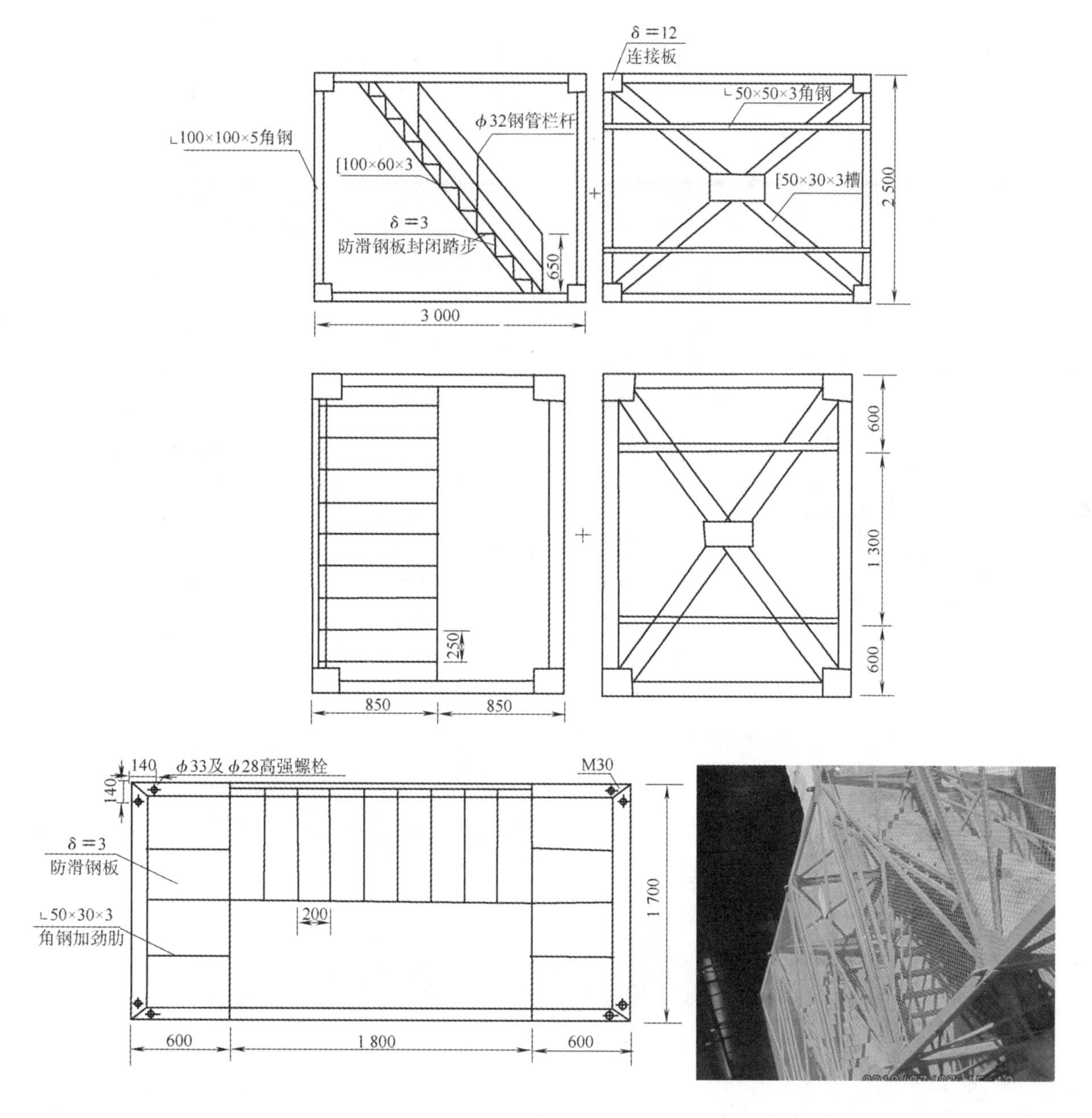

图 16-35　下井梯笼示意(单位:mm)

16.8.3.6　危险品仓库

施工现场必须设置氧气、乙炔危险品仓库,库房为可拆卸式或移动式,采用 L50 角钢 3 mm 厚板制作,底部楼空 100 mm。仓库与生活区保持安全距离,仓库占地面积不得小于 4 m^2,通风良好,有遮阳棚及隔热措施,并安装防盗锁。正面有重点防火部位管理。正面有制度和防火责任人,并挂防火警示牌。

危险品仓库示意如图 16-36 所示。

氧气乙炔气瓶推车采用钢管、扁钢托架、轮子等组成,随车配置灭火器,覆盖板等。根据气瓶尺寸确定小车外围尺寸:长 1.2 m,宽 0.3 m。气瓶推车支架可刷漆为黄黑色,醒目位置应分别漆不同的颜色并标明使用类,并挂设标识标牌,设置必要的挂管路及焊枪挂钩等,方便使用。氧气乙炔推车构造示意见图 16-37、图 16-38。

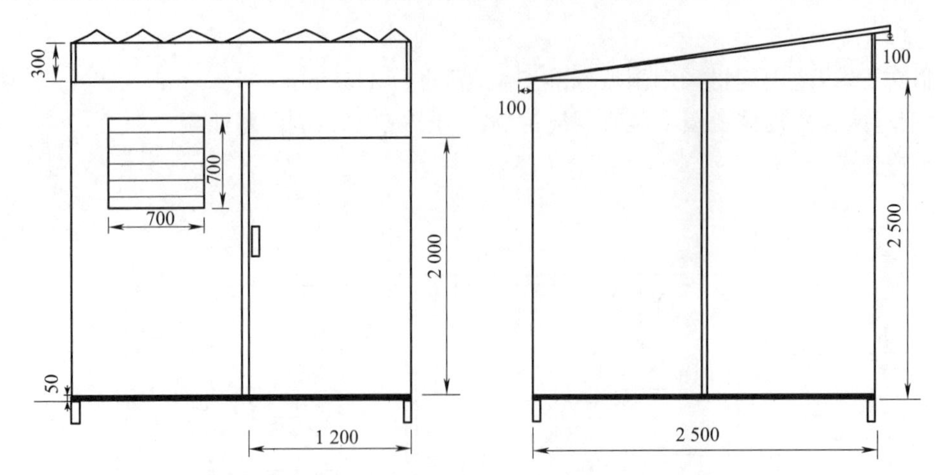

图 16-36 危险品仓库示意(单位:mm)

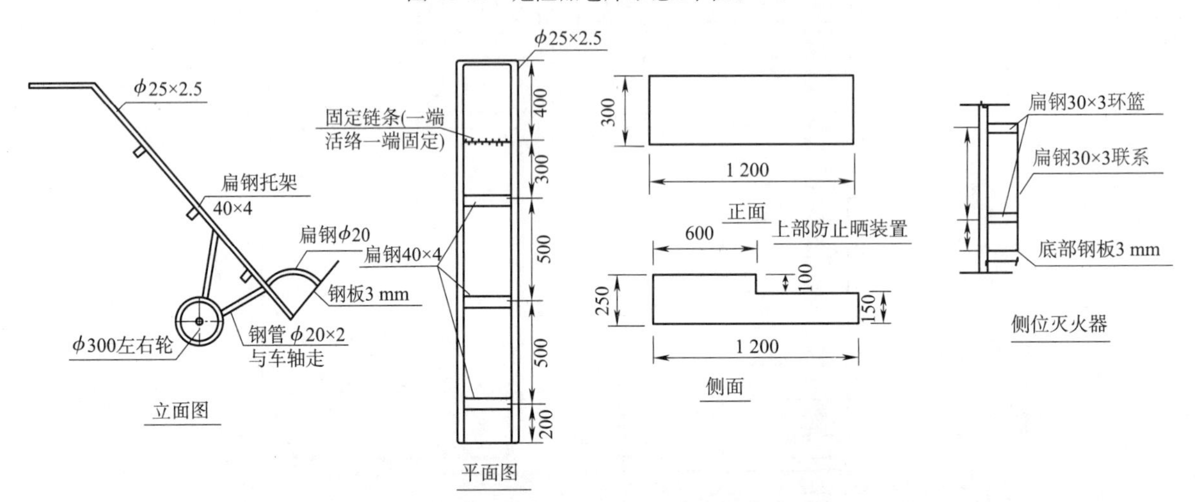

图 16-37 氧气乙炔推车构造示意(单位:mm)

图 16-38 氧气乙炔推车示意图

16.8.3.7 加工作业区

加工区必须设置专门的区域,与施工区域尽量分隔,机械维修作业等加工间采用三面彩钢板围护,里面悬挂各种警示标识、防火须知、操作牌、制度、责任人。钢筋等细长料加工场地。为方便材料转运及价格操作,可做敞开式,内设切割机、弯曲机、对焊机等加工机具。

不同需求形式作业区示意如图 16-39 所示。

图 16-39 不同需求形式作业区示意

16.9　工程项目综合管理措施

工程项目综合管理措施主要包括进度控制管理、工程质量管理、安全生产管理、职业健康安全管理、环境保护管理、文明施工管理、节能减排管理等内容。详见附录 2。

第17章　成都市规划馆综合楼施工组织设计

17.1　编制说明

17.1.1　编制依据

(1)工程建设现行的法律、法规、标准、规范等；
(2)工程设计文件；
(3)工程施工合同、招投标文件和建设单位指导性施工组织设计；
(4)施工调查报告；
(5)现场社会条件和自然条件；
(6)本单位的生产能力、机具设备状况、技术水平等；
(7)工程项目管理的规章制度。

17.1.2　编制原则

(1)本着对业主高度负责和对工程质量终身负责的原则。

(2)整个施组编制全盘考虑、统筹兼顾，做到整个施工过程中人员、机械、材料调配、质量要求、进度安排等方面协调统一、井然有序，杜绝施组中出现不合理安排，力求施组切合工程实际，思路先进，可操作性强。

(3)仔细研究图纸，明确工程特点，充分了解施工环境，准确把握业主要求，确保施工组织设计满足工程质量、安全、工期目标的要求。

17.1.3　编制范围

成都规划馆综合楼施工图范围内的土建、装饰及安装工程。

17.2　工程概况

17.2.1　项目基本情况

(1)工程总体概况(表17-1)

表17-1　工程总体概况表

序号	项　目	内　容
1	项目名称	成都规划馆综合楼
2	工程地址	成都市高新区金融城4号地块，北侧为蜀绣西街，东侧为安远路，南侧锦辉西路，西侧为泰来路
3	建筑面积	113000 m^2
4	建设单位	成都市兴城投资有限公司
5	设计单位	中国建筑西南设计研究院有限公司
6	施工单位	中国中铁二局集团有限公司
7	监理单位	四川省川建院工程建设管理有限公司

(2)建筑设计概况(表17-2)

表17-2　建筑设计概况表

建筑类别	综合楼/一类高层建筑	耐久年限	50年
建筑占地面积	17795.8 m^2	总建筑面积	113000 m^2
地上建筑面积	69150 m^2	地下建筑面积	43316 m^2

续上表

建筑类别		综合楼/一类高层建筑	耐久年限	50 年
层数	地下室 3 层，主楼地上部分 24 层，裙房地上部分 5 层（局部 8 层）			
建筑高度	99.9 m（室外地坪至主楼屋面面层）			
使用功能	规划馆	地上辅楼部分作为成都规划馆，将于 2011 年 10 月 1 日开放		
	办公楼	作为成都市规划局、国土局、建委、城建档案馆办公使用		
地下室	防水等级	一级/二级		
	防火等级	一类		
	耐火等级	一级		
	建筑等级	大型公建		
电梯设计		建筑内共设有电梯 21 部，其中 7 部为消防电梯		
车库类别		Ⅰ类地下车库		
人防		不包含人防设计		

（3）结构设计概况（表 17-3）

表 17-3　结构设计概况表

序号	项　目		内　容	
1	结构使用年限		50 年	
2	结构形式		基础结构形式	条形基础、独立柱基及筏板基础
			主体结构形式	地下三层为框架结构，地上主楼部分采用框架剪力墙结构，辅楼部分采用全钢结构
			墙体	外墙采用页岩多孔砖（MU10），出厂容重不大于 14 kN/m³，砌筑容重不大于 16 kN/m³，用 M5.0 混合砂浆砌筑。内墙采用页岩空心砖（MU5），出厂容重不大于 8 kN/m³，砌筑容重不大于 12 kN/m³，用 M5.0 混合砂浆砌筑。底层室外建筑地坪以下部分用 MU10 页岩实心砖，M7.5 水泥砂浆砌筑
3	混凝土强度等级		构件	强度等级
			楼梯、车道	C30
			过梁、圈梁、窗台卧梁、构造柱	C20
			垫层	C15
			独立基础、侧壁、底板	C35
			筏板	C40
			柱	C40（局部 C50）
			梁、板	C30（地下室顶板 C40）
4	抗震		工程设防烈度	7 度
			抗震等级	三级
5	钢筋类别		热轧钢筋 HPB235 级	
			热轧钢筋 HRB335 级	
			热轧钢筋 HRB400 级	
6	基础持力层		本工程的条形基础、独立柱基及筏板基础持力层为稍密卵石层，地基承载力特征值 $f_{ak}=350$ kPa，地下室底板下设抗浮锚杆，其布置及承载力详地下室结构施工图，基础进入持力层厚度不小于 200 mm	
7	覆土		地下室顶板覆土厚度小于 1.4 m，地下室顶板覆土相对高度不高于－0.100 m	
8	钢结构	主材	Q345B、Q345BZ15、Q345BZ25、Q345GJBZ35、ZG-20Mn5（铸钢件）	
		焊材	E43xx、E5015、E5016、E5018	
		连接螺栓	本工程采用 10.9 级摩擦型高强度螺栓，扭剪型螺杆及螺母；其他普通螺栓（安装螺栓、永久螺栓）采用 Q235；栓钉屈服强度需要≥240 MPa	

(4)安装设计概况(表 17-4)

表 17-4 安装设计概况表

专业类别	项 目	内 容
安装系统	电源	由城市电网不同区域变电站各引来 1 路 10 kV 电源供电,采用电缆埋地引入本工程地下 1 层 10 kV 配电室;地下 1 层设置 1 台主用功率为 1125 kW 的自启动柴油发电机组作为消防负荷的应急电源及非消防重要负荷的保障电源
	供配电系统及设备安装	10 kV 配电系统:采用单母线分段接线,正常运行时,两路电源同时供电;低压配电系统:变压器低压侧采用单母线分段接线
	防雷及接地保护	该建筑预计年雷击次数为 0.206 次/年,按二类防雷建筑物设防,设置防直击雷、防侧击雷、防电波侵入、防雷击电磁脉冲等保护措施。本工程低压配电系统接地型式采用 TN-S 制式,除矿物绝缘电缆利用铜护套作 PE 线外,其余回路均具有专用 PE 线。凡正常不带电,而当绝缘破坏有可能呈现电压的一切电气设备金属外壳均应与 PE 线可靠连接。本工程作总等电位联结及局部等电位联结
	通信及网络综合布线系统	通信及网络系统接入方式为有线接入方式。布线采用综合布线形式,用户语音电缆和数据光缆由负一层弱电进线间和三层网络机房提供,经封闭线槽,引至各层电井配线架(IDF)
	电缆电视系统	电视信号由市有线电视网提供 862 MHz 邻频传输。器件箱设置于-1F 弱电进线间,电视信号经前端设备处理后,通过用户电缆分配系统分配至各电视用户终端盒
	安全防范系统	设置 1 套由集成式安全管理系统和视频监控系统等子系统组成的全面的安全防范系统。监控中心设备通过统一的通信平台和管理软件与各个子系统设备联网,实现由监控中心对各子系统的自动化管理与监控
	背景音乐及紧急广播系统	根据室内各区域背景音乐及消防紧急广播的需要,采用功能分区模式,分为 7 个广播分区。广播主控设备设于负一层消防控制中心。该系统平时用作背景音乐,临时通知等广播,火灾时强制切换为紧急疏散广播,根据预定程序播送疏散通知
	火灾自动报警及消防联动控制系统	本工程为高层综合建筑裙房,火灾保护等级为一级。按功能要求及有关规定应采用总体保护方式,接入智能报警系统及配套设置。由报警控制主机,探测器(烟、温),手动报警按钮,声、光报警器,各种联动用中继器,消防联动控制柜,火警通信设备组成
	会议系统	各会议室设置满足日常行政会议的扩音及视频显示需要设备
	门禁系统	各重要机房如信息机房、展览厅、办公层等设置安全门禁系统,系统由电磁门锁、读卡器、开门按钮、门禁控制模块、双门控制器、电源组成
	电子巡更系统	在各层需要巡查的地点设置信息点位,采用离散感应式巡更系统对大楼进行管理,保安人员可以按人员、按线路、按预设时间进行巡查,采集数据统一在控制中心进行管理,以确保整个大楼无安防死角
给排水	设计范围	本工程室内及室外用地红线范围内的给水系统、热水系统、污水系统、废水系统、雨水系统、循环冷却水系统、消防系统、气体灭火系统及建筑灭火器的配置
	生活给水	本工程自亲民西街引入一根 DN200 的给水管,办公楼单独设置一个水表,规划展览馆单独设置一个水表,负一层厨房单独设置一个水表分别计量。各用水点设置水表计量,循环冷却水补水单独设置水表计量
	生活污水	采用雨、污水分流的排水体制,对生活污水、雨水分系统进行组织排放。主楼屋面雨水采用 87 斗重力流内落雨水排水系统。裙房屋面雨水采用虹吸式压力流排水系统。厨房含油废水经设于地下室的成套隔油设备处理后进入集水坑,提升至室外与生活污、废水一起排入市政污水管道。对设在地下室不能采用重力流方式排放的污、废水,设置集水坑和潜污泵提升排出
	消火栓	消火栓消防水管和自动喷水灭火水管采用加厚型内外热镀锌钢管。当管径 DN<100 mm 时,采用丝接;当管径 DN≥100 mm 时,采用沟槽式卡箍连接。消火栓消防系统的工作压力为 1.3 MPa,自动喷水灭火系统的工作压力为 1.40 MPa
	管材	生活冷、热水给水管均采用 304 型薄壁不锈钢管,专用管件连接。生活污、废水排水系统的排水管加厚型 UPVC 实壁排水管,承插粘接。地下室集水坑的压力排水管采用焊接钢管,焊接和法兰连接。阳台或露台雨水、空调凝结水、水管井排水、空调机房排水管采用硬聚氯乙烯塑料排水管(UPVC),承插粘接。消火栓消防水管和自动喷水灭火水管采用加厚型内外热镀锌钢管

(5)景观设计概况

本工程的设计图纸还在设计之中,根据总体规划,整个辅楼一层完全架空,沿蜀绣西街,安远路,锦辉西路,泰来路布置条状绿化带。

17.2.2　工程特点及重难点

17.2.2.1　施工总承包范围

除成都规划馆布展项目及本项目外接水、电、气外的全部内容，包括地下室、规划馆和办公楼三部分，总建筑面积 113000 m^2。

17.2.2.2　工程特点

本工程基坑东西长度为 121 m，南北长度为 126.75 m，大面积开挖深度为 14.45 m，属深基坑施工。

地上辅楼呈L型，共5层(局部8层)，为总建筑高度为 36 m 的大型全钢结构，建筑四周均为悬挑结构，最大悬挑达 20.8 m；最大架空跨度达 36.4 m。

地上主楼总长度 49.4 m，总宽度 34.1 m，总高度为 99.9 m，属高层建筑施工。

地下室局部基础为筏板基础，筏板厚度 2 m，属于大体积混凝土施工。

本工程属成都市重点工程，对施工质量要求极高。

17.2.2.3　工程重难点分析及措施(表 17-5)

表 17-5　成都规划馆施工重难点分析表

序号	项目	内容
1	重点、难点内容	旋挖灌注支护桩与土方开挖交叉作业，安全、质量、工期的合理平衡
	重点、难点剖析	由于本基坑工程体量较大，支护桩 253 根，土方开挖量 24 万方，而工期仅为 45 天，且处于春节期间，机械、劳动力调配均较平常困难。支护桩的施工速度、桩身强度等直接影响土方施工进度
	主要对策	为确保支护桩施工速度，调配 5 台旋挖钻机，保证每天成桩 20 根以上，同时提高支护桩混凝土等级，以获得较高的早期强度。缩短土方开挖的间隔时间。基坑支护与土方开挖均 24 h 不间断作业，确保工期
2	重点、难点内容	基础筏板大体积混凝土防裂措施
	重点、难点剖析	本工程核心筒筏板基础厚度达到 2.5 m，属于大体积混凝土，养护防裂将是质量监控重点
	主要对策	通过测温工作了解混凝土内部温度，并根据测温结果指导混凝土外部的保温、保湿等工作，以减小混凝土内外温差
3	重点、难点内容	地下车库加固，为裙楼钢构吊装提供行车路线及吊装支承点
	重点、难点剖析	本工程裙楼单层面积达到 5690 m^2，由于吊装半径过大，钢构吊装无法全部在地下室结构外围进行，吊车必须在车库顶板上行走及吊装。而裙楼钢构吊装是紧接地下室混凝土结构施工进行，混凝土结构自身强度和承载力无法满足吊装荷载要求，因此地下室结构必须进行加固
	主要对策	对吊装行车路线及吊装点范围从地下室负三层开始层层搭设加固架体，搭设纵横间距按荷载计算取得(不大于 500 mm)，顶部采用加强顶托，下部设置钢垫板和 50 厚木板以分散集中应力。吊装区域地下室顶板设计变更调整为 600 mm 高反梁形式，设计承载力提高到 9 t/m^2，同时在反梁架空区域满铺砂层，并设置路基板，以达到分散吊车集中荷载的目的，通过框架反梁将荷载传递至框架柱以及基础
4	重点、难点内容	裙楼钢结构工程量大，工期紧，施工要求高
	重点、难点剖析	根据目前设计图纸，裙楼用钢量逾 8500 t，而现场焊接、吊装工期仅为 1 个月时间左右，工期压力巨大
	主要对策	全过程参与方案设计，制定合理的生产计划，配置合理的资源，合理安排工厂生产作业，合理组织现场施工作业，是保质保量的按时完成本工程的关键所在
5	重点、难点内容	超厚钢结构焊接变形控制
	重点、难点剖析	建筑钢结构厚板现场焊接质量对建筑结构的安全至关重要，在施工过程中容易出现变形等质量问题，本工程部分钢板厚度达到 5 cm 及以上，焊接质量控制至关重要
	主要对策	在焊接作业前首先应确保材料的合格，做好焊接工艺评定试验，并针对现场的作业环境进行焊工培训，加强焊接操作过程的管理。技术上制定合理的焊接工艺流程，监测周边环境、焊接应力对焊缝产生的影响
6	重点、难点内容	大跨度异形空间钢结构的深化设计
	重点、难点剖析	大跨异型空间结构深化设计要结合工厂制作、工地安装的情况综合考虑，工厂的工艺技术和现场的施工组织设计要求对构件节点设计、拼装位置等都有特别要求
	主要对策	三维深化设计软件 Tekla Structures 能较好的满足本工程的设计需要。公司技术部就本项目成立技术研讨组，在方案设计阶段便进驻西南设计院，确保结构二次深化设计满足工期、质量要求

续上表

7	重点、难点内容	钢结构现场施工作业场地狭小,施工组织协调困难
	重点、难点剖析	本工程场地狭窄,场地周边距离四周公路的位置最大为 14 m,扣除钢筋加工场地,极小的堆放场地后,钢结构构件在施工现场无构件堆放场地,很难组织开展施工
	主要对策	根据业主提供的场地,在距离施工现场约 2 km 的办公区域平整一块场地做为钢结构的构件堆放场地和临时的现场加工区域,构件到达构件堆场后根据平面分区和楼层分别进行有序的堆放,在每个堆放区域进行标注,注明构件的位置、区域,根据每天的施工任务划分为上午、下午、晚上 3 个时段,组织 8 台平板车和 6 台汽车吊在构件堆场进行倒运,把构件倒运到施工现场满足吊装需求,但又不能在施工现场过多的积压构件,避免影响其他单位和自己的施工
8	重点、难点内容	地下室阶段垂直运输设备选择、布置困难
	重点、难点剖析	本工程地下部分钢结构由地下负二层顶开始埋置,在地下负一层顶板位置处设置有铸钢件和钢骨梁,铸钢件、单根钢骨柱的重量较重,重量区间为 10～25 t,在土建单位进行地下室施工阶段,基坑已经大开挖完成,基坑周边距离四周道路距离很窄,且基坑边缘距离钢柱的安装点吊距最远的达到 54 m,吊装设备选择困难大,选型困难,布置位置困难
	主要对策	根据地下阶段钢结构钢柱、铸钢件、钢骨梁的分布情况,三种构件全部集中在 3 个筒体位置,且铸钢件最重约为 25 t。钢柱和钢骨梁的重量采用分段可以解决掉重量问题,但铸钢件做为一个单体构件无法进行分割,所以起重设备的选择必须满足铸钢件的吊重要求。由于采用汽车吊或履带吊进行吊装,吊装半径过大,端部吊装能力有限,且吊装速度将受到很大限制,为确保工期和吊装安全,综合考虑在 3 个筒体外侧分别安装一台 SCM-C7052 塔吊进行构件的安装,塔吊的安装速度和视野均能很好的满足吊装要求
9	重点、难点内容	地上部分钢结构吊装设备选择、布置困难
	重点、难点剖析	本工程地上部分钢结构体量大,构件数量多,结构形式为独立的三个筒体,筒体之间通过桁架、钢梁连接,筒体之间的最大距离为 36.4 m,由于整个施工流程是先行施工完成筒体,再进行筒体间的桁架连接、钢梁连接。 本工程地上部分钢结构施工工期为 30 天,为确保工期的实现,只能加大吊装设备的投入,但场地狭窄,过多的吊装设备进场后根本无法展开作业,给整个吊装的布置造成很大的困难。 本工程工期完成时间已经确定,为提前展开地上部分钢结构,为后续的施工创造条件,保证整个工程在工期要求时间内完成,所以在浇注完成地下室顶板混凝土 5 天后,地上部分钢结构施工将全面开展,由于基坑开挖、吊距过远等因素的影响,地上部分钢结构施工吊车必须上地下室顶板结构上进行施工,受混凝土楼板的设计强度和凝固强度影响,对地上部分钢结构施工吊车的选择造成很大的困难
	主要对策	根据地上部分的结构形式和构件的分布情况,合理地进行构件分段,再根据重量进行吊车的选择,尽量选用自重较轻的吊车上顶板进行作业,选用 180 t 履带吊进行桁架安装施工和汽车吊进行钢柱、钢梁安装。划分吊车行车路线,在行走路线下方进行楼板加固处理,在楼板上方满铺砂层,然后在沙上铺设路基板,均匀地分散荷载。 合理地划分施工区域,细分安装节点时间和构件安装时间,制定好吊装区域和时间,合理地进行插入施工,先行模拟各个阶段的施工状况,保证能大量的上吊车作业,且不会产生窝工现场,保证吊装的安全,有序组织施工
10	重点、难点内容	斜柱、铸钢件安装难度大,测量控制难度大
	重点、难点剖析	在 B 区的首层钢柱(除楼梯位置处)全部为斜柱,相邻两根斜柱上部通过铸钢件连接在一起,由于斜柱自身连接体系在上部铸钢件和桁架安装完成前都属于不稳定体系,上部铸钢件是与下部斜柱连接,压在斜柱上,为满足工期要求,铸钢件在斜柱安装完成测量校正、焊接完成后必须立即进行安装,铸钢件安装进度将严重影响后续桁架的安装。斜柱由于下部和上部都要连接铸钢件,测量控制难度大,上部铸钢件由于连接接头位置处多达 10 个连接头,铸钢件的安装进度将严重影响后续桁架的安装进度,测量控制难度大
	主要对策	为保证工期、安装精度、安装过程中的安全,在安装斜柱前根据斜柱的定位,在斜柱下方先行安装支撑胎架,便于斜柱的临时固定和后续的测量校正,并在斜柱上拉设揽风绳。测量校正用 2 台全站仪分两个方向同时校正,控制斜柱的角度和顶端的中心点坐标,校正完成后在斜柱端部用 5 cm 厚度的马板固定牢固斜柱,避免在焊接过程中的焊接变形。 铸钢件安装前,根据铸钢件的角度方向和重心点位置方向,在铸钢件下方先行安装好支撑胎架,支撑胎架上设置千斤顶,便于铸钢件标高的调整。铸钢件校正用 2 台全站仪进行校正,校正过程中对每个接头位置处的中心点坐标和标高都校正,以保证后续够构件的安装精度
11	重点、难点内容	五层 W 形桁架安装难度大
	重点、难点剖析	五层 W 形桁架呈斜向连接在两个筒体钢柱之间,五层桁架下方的二层桁架在便跨钢柱位置处设置有 2 道水平桁架,由于五层 W 形桁架的斜向分布,造成桁架在安装过程中困难大,安装无法起吊和安装就位
	主要对策	此区域的桁架安装,先行安装完成五层桁架后再进行二层桁架安装,避免二层桁架安装完成后,五层斜向桁架无法起吊,桁架拼装采用原位斜向拼装,桁架安装采用两台 180 t 履带吊进行双机抬吊,在吊装过程中,履带吊呈前后斜向站位,避免桁架起吊碰撞到钢柱、桁架,桁架起吊到空中,高过钢柱顶后履带吊再进行移位,移动到安装点位置后,再从上方往下放置桁架,保证桁架的对位准确

续上表

12	重点、难点内容	整体的安装流程控制困难、协调组织难度大
	重点、难点剖析	本项目工程量大、结构复杂、构件数量多、构件种类多、工期紧，为保质保量，在要求工期内完成钢结构安装任务，必须多个工作面同时展开施工。由于结构原因，部分区域只能采用逆做法进行施工，施工场地的狭窄很容易造成窝工现象和安全事故的发生，造成整个施工流程和协调组织难度相当大
	主要对策	由于本工程的结构连接形式，把整个工程划分为6个施工区域进行组织施工，施工前根据三维模型进行拆图，把施工任务细化到每一天必须完成的工作内容，各个施工区域的插入时间、各个吊车的站位点，都全部在模型中模拟出来，以保证在计划时间内进入施工和吊车站位点位置又不互相干扰
13	重点、难点内容	西面悬挑结构安装困难
	重点、难点剖析	本工程西面悬挑结构悬挑长度为20.8 m，悬挑结构长，但相应的筒体结构单薄，在安装悬挑结构过程中单层的稳定性能相当差，悬挑结构复杂，在悬挑结构的二层和五层分别布置有桁架，且部分桁架的位置不对应在同一位置，三层、四层由钢柱和钢梁组成，构件数量多，在施工悬挑结构时，悬挑部位还要设汽车吊进行筒体的施工，造成整个悬挑结构安装难度相当大
	主要对策	整个悬挑结构分为三个区域进行施工，其中两个边跨区域在筒体施工完成三层结构后开始进行，中间区域在筒体施工完成后再开始施工，中间区域先行施工完成五层结构后，再施工二层结构，然后依次是三层、四层结构施工。在施工两个边跨区域时，在桁架下方设置支撑胎架，以保证桁架的稳定性。在施工中间区域五层桁架时，仍然在桁架下放设置支撑胎架，支撑胎架的位置避开下方的钢梁，确保后续的二、三、四层钢梁能够安装。在施工二层外端桁架时，同样在桁架下方设置支撑胎架，确保桁架的稳定性
14	重点、难点内容	整个工程安装过程中的结构稳定性控制难度大
	重点、难点剖析	由于本工程的结构形式为3个相对独立的筒体，筒体之间通过桁架、钢梁连接，形成一个稳定的结构。在安装过程中，筒体之间的桁架分布情况复杂，部分悬挑结构必须先安装，悬挑结构的安装很难保证结构的稳定性。其中一个区域的五层桁架必须先行安装，安装完成后再进行二层桁架安装。在进行二层桁架与五层桁架间钢柱、钢梁安装时，造成整个结构在安装过程中的稳定性很难控制
	主要对策	根据桁架的重量计算出支撑胎架的截面尺寸和选用角钢材料的规格，在进行桁架安装前，在加工场现场制作完成所有的支撑胎架和胎架底座板，运输到施工现场，根据悬挑桁架和W型桁架的安装定位点，测量放线出支撑胎架的位置，在地面上固定好支撑胎架，再进行桁架安装，这样就能保证桁架的稳定性

17.2.3 工程自然及社会条件

17.2.3.1 工程地质、水文概况

根据勘察报告，拟建场地地貌单一，无其他不良地质作用，场地和地基整体稳定，宜于建筑。场地内自上而下由第四系全新统人工填土层、第四系上更新统河流冲、洪积层组成，下伏白垩系上统灌口组(K2g)泥岩。基坑开挖至持力层时，采用钎探等方法查明下卧层情况，若发现地基实际情况与设计要求不符时须通知有关单位共同研究处理。本建筑地基存在局部软弱下卧层，待施工补勘进一步查明软弱层分布后，需与有关部门共同研究处理方案。

场地地下水类型为砂卵石层中的孔隙潜水和赋存于基岩中的裂隙水，其中孔隙潜水是本场地主要的地下水类型，其水位埋藏不深，水量丰富，对本工程基础设计和施工影响较大。第四系孔隙潜水略具承压性。场地地下水总流向自西北向东南，补给源主要是岷江水系及大气降水。勘察期间处于枯水期，地下水位埋藏相对较深，其稳定水位为9.50～10.60 m；标高484.07～485.05 m。砂卵石土渗透系数 K 值为20 m/d。

17.2.3.2 施工场地地理环境

本工程用地形状为一正方形，占地面积约为17795.79 m²。场外均为现有道路，北侧为蜀绣西街，东侧为安远路，南侧锦辉西路，西侧为泰来路。场地四周均用砌体围墙隔离。整个场地四周交通便利，道路车流量较小，出土方向上没有限重的道路、桥梁等。本开挖场地边线距离东侧的建筑物和北侧的建筑物距离达50 m以上，西侧和南侧属建筑用地，没有较大建筑物存在。根据市规划局提供的有关本工程地下管线图显示，场地内没有线缆、管道等市政设施。

地下室外墙边界紧临用地红线，最近处不及3 m，且四周都是市政道路，为我施工预留的空间相当狭小。基坑东侧外16 m处就是成都地铁一号线，有基坑安全及土体沉降要求，我方在施工过程中不能堆放大规模的材料。为了保证施工的顺利进行，需在其他地方寻找材料中转场。

17.2.3.3 项目社会影响

成都规划馆综合楼被喻为成都城市形象的名片和城市的会客厅，也是将来“成都市政府的第五办公

区”，是展示成都历史、现在和未来建设成果的平台，其中成都规划馆区域将作为2011年成都西部国际博览会的第二展区。该项目被成都市政府列为2011年重点工程，备受各级领导的高度重视和全市人民的广泛关注。

17.3 工程项目管理组织

工程项目管理组织(见附录1)，主要包括以下内容：

(1)项目管理组织机构与职责；

(2)施工队伍及施工区段划分。

17.4 施工总体部署

17.4.1 施工管理目标

17.4.1.1 安全目标

(1)杜绝员工责任死亡事故；

(2)员工重伤率控制在0.1人/亿元施工产值以内；

(3)杜绝重大交通、重大机械设备、重大火灾、一般爆炸事故；

(4)职业病发病率为零；

(5)员工在岗期间的职业健康检查率达到100%，高度危险作业人员健康检查率达到100%。

17.4.1.2 质量目标

(1)工程一次交验合格率：100%，确保“天府杯”，争创“鲁班奖”；

(2)直接经济损失10万元以上的重大质量事故为零；

(3)顾客满意度：90%以上。

17.4.1.3 工期目标

(1)计划开工日期2011年1月15日。

(2)辅楼计划竣工时间2011年9月30日，工期259天。

(3)主楼计划竣工时间2012年12月30日，工期716天。

17.4.1.4 成本目标

材料损耗率控制在定额损耗量以内，目标为定额损耗量的85%。措施费用不超过计价费率费用的80%。

17.4.1.5 环保目标

(1)废水、废气、扬尘的排放和场界噪声满足《建筑施工现场环境与卫生标准的要求》(JGJ146-2004)，建筑垃圾及废渣得到妥善处理；

(2)无一般爆炸和重大火灾事故；

(3)节能降耗，经济合理地利用资源、原料、能源和水；

(4)减少污染物的排放，杜绝污染事故的发生。

17.4.1.6 职业健康安全目标

坚持“预防为主、防治结合”的职业健康安全卫生管理方针，实行分类管理、综合治理。确保项目施工程序符合施工人员职业健康安全卫生要求，保障职工在施工过程中的安全与健康。杜绝重大中毒事件及职业病的发生。

17.4.1.7 文明施工目标

创建省部级“安全生产文明施工标准化工地”。满足地方政府、业主关于“文明施工单位”的相关要求和规定。

17.4.1.8 节能减排目标

节能减排目标见表17-6。

表 17-6　节能减排目标表

序号	名　　称	目　　标	
1	节材与材料资源利用	与四川省2009年清单定额对比	材料实际损耗率降低 30%
2	节水与水资源利用		节水器具配置比率达到 80%，实际用水量节约 30%
3	节能与能源利用		实际用电量节约 10%
4	节地与施工用地保护	临时设施占地面积有效利用率大于 90%。对临时占用土地，施工完成后恢复原貌	

17.4.2　总体施工指导思想及施工组织程序

17.4.2.1　总体施工部署原则

(1)总体施工顺序部署

本工程总的施工顺序应按照先主体、后装修，先土建、后安装的原则进行部署。在此基础上合理划分施工流水段，科学组织流水，分段、分部位组织验收，在条件允许的情况下，及时插入下道工序的施工，实现立体交叉施工，力争做到空间占满、时间连续、均匀协调有节奏。在科学合理的前提下合理部署，达到缩短单项工程工期的目的。

(2)人员配备原则

人员配备上要做到双择优：一是针对质量、工期选择优秀的、经验丰富以及有责任心的施工管理人员，将质量、工期、成本、场容等目标分解到每个人，尤其质量工作具有否决权，落实质量职责，确保质量保证体系的正常运行，抓好过程控制；二是通过考察、招标，选择优秀的外分包劳务队，并单独签订质量和工期的经济承包合同。

(3)质量、进度、成本综合协调原则

在确保质量的前提下，合理组织施工，合理安排进度，合理计划设备、周转料、劳动力的投入，从而保证工程管理目标的实现。

17.4.2.2　总体施工流程

进场后，迅速展开基坑支护作业的同时，降水作业也迅速开始。土方工程在基坑中部开挖，为支护作业留出工作面。为了保证上部辅楼钢结构及早进场，辅楼部分的土方挖运将最先完成，然后抗浮锚杆分片区进入施工。地下室结构施工顺序为：底板→地下三层竖向及顶板→地下二层竖向及顶板→地下一层及地下室顶板。上部结构分为辅楼和主楼两个独立的施工区域(图 17-1、图 17-2)。

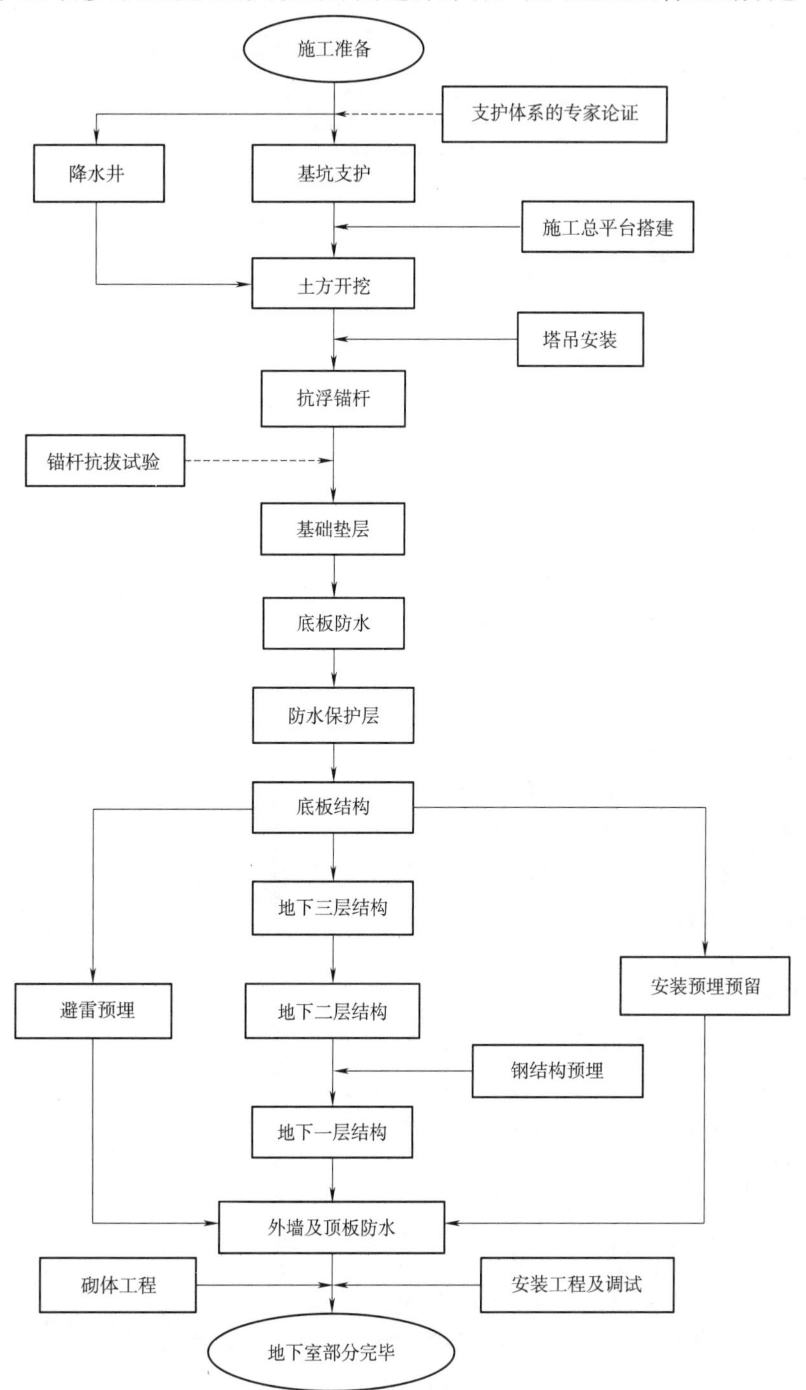

图 17-1　成都规划馆综合楼地下室施工总程序

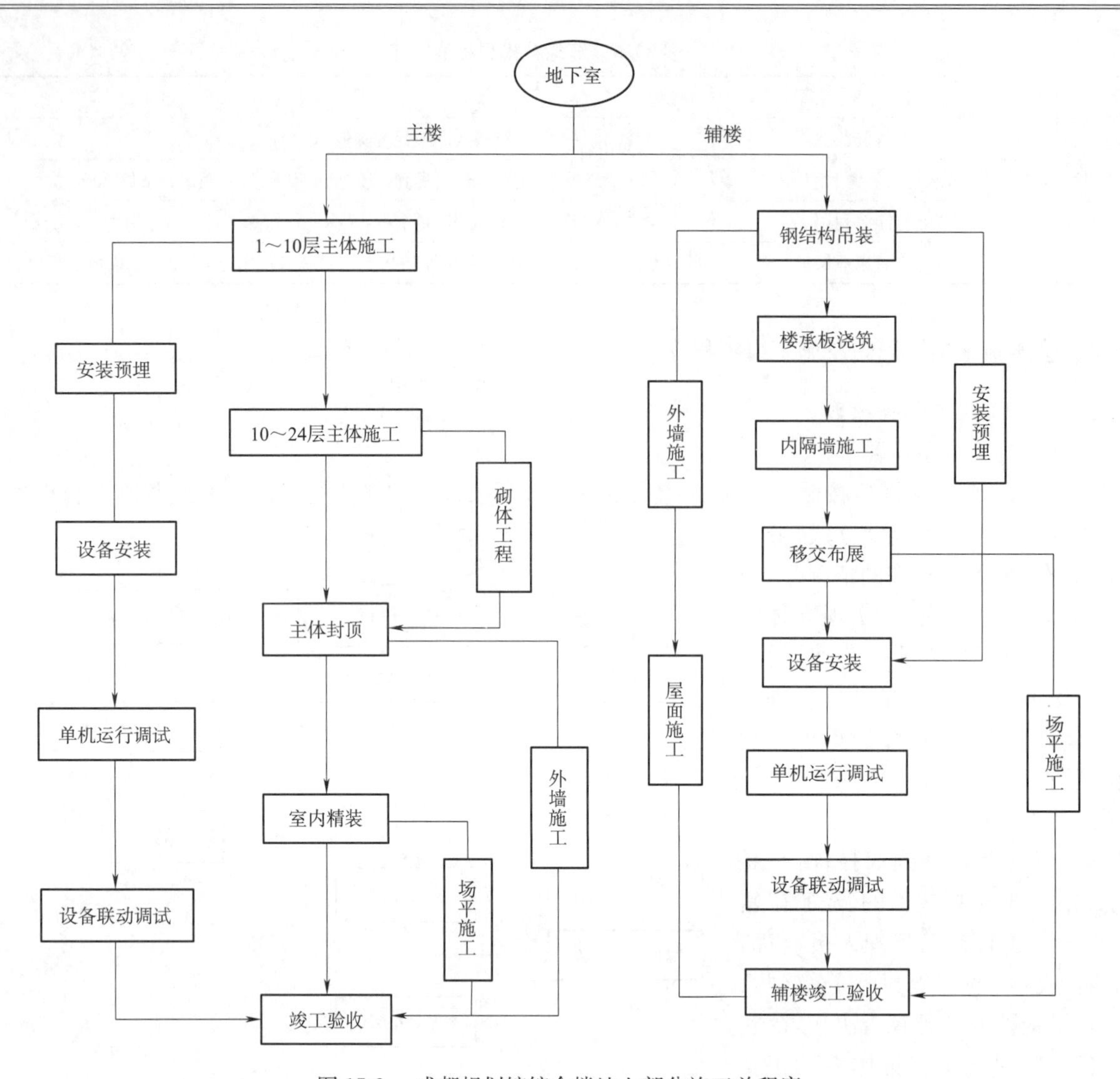

图 17-2 成都规划馆综合楼地上部分施工总程序

17.4.2.3 施工分区

(1)护壁桩施工分区

整个基坑周边共设计有护壁桩253根,为了给土方的挖运创造出工作面,将其分为东区、西区两个大的工作区域分段施工(图 17-3)。其中西区共有 99 根护壁桩,东区有 154 根。在配合土方挖运的过程中,西区的两个大门处的护壁桩必须在施工马道预留之前施工完成并达到强度要求,以满足土方运输的交叉作业需要。同时 24 口降水井也将按照此分区施工。

(2)土方开挖分区

1)水平分区

第一阶段:与西侧基坑支护交叉施工阶段,具体分区与护壁桩施工分区一致(见图 17-3),在场地的西侧中部开始挖土作业。

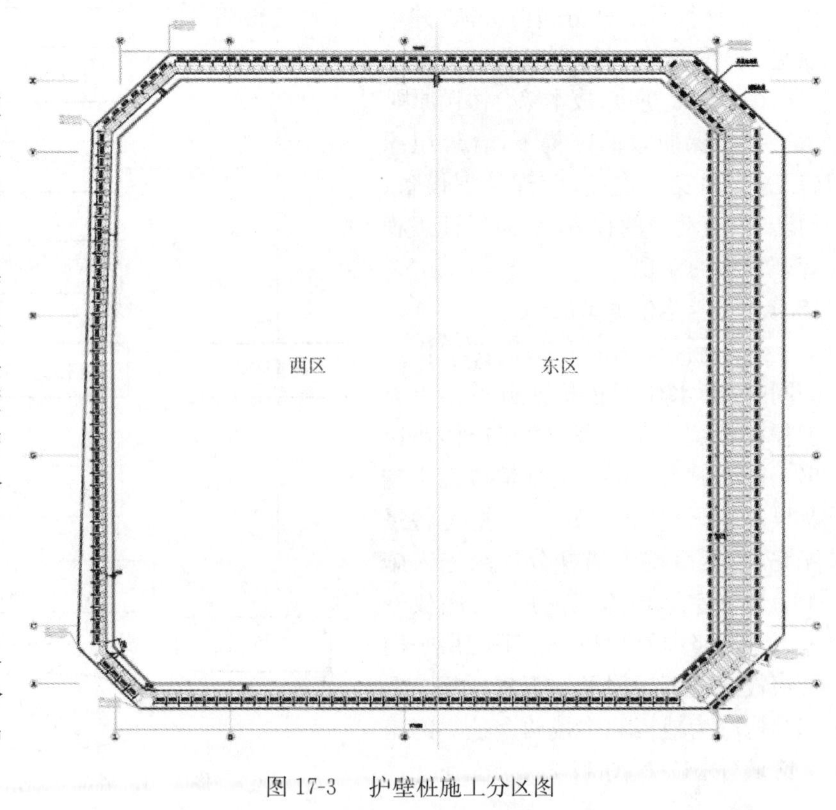

图 17-3 护壁桩施工分区图

第二阶段：土方大开挖阶段分区如图 17-4 所示。

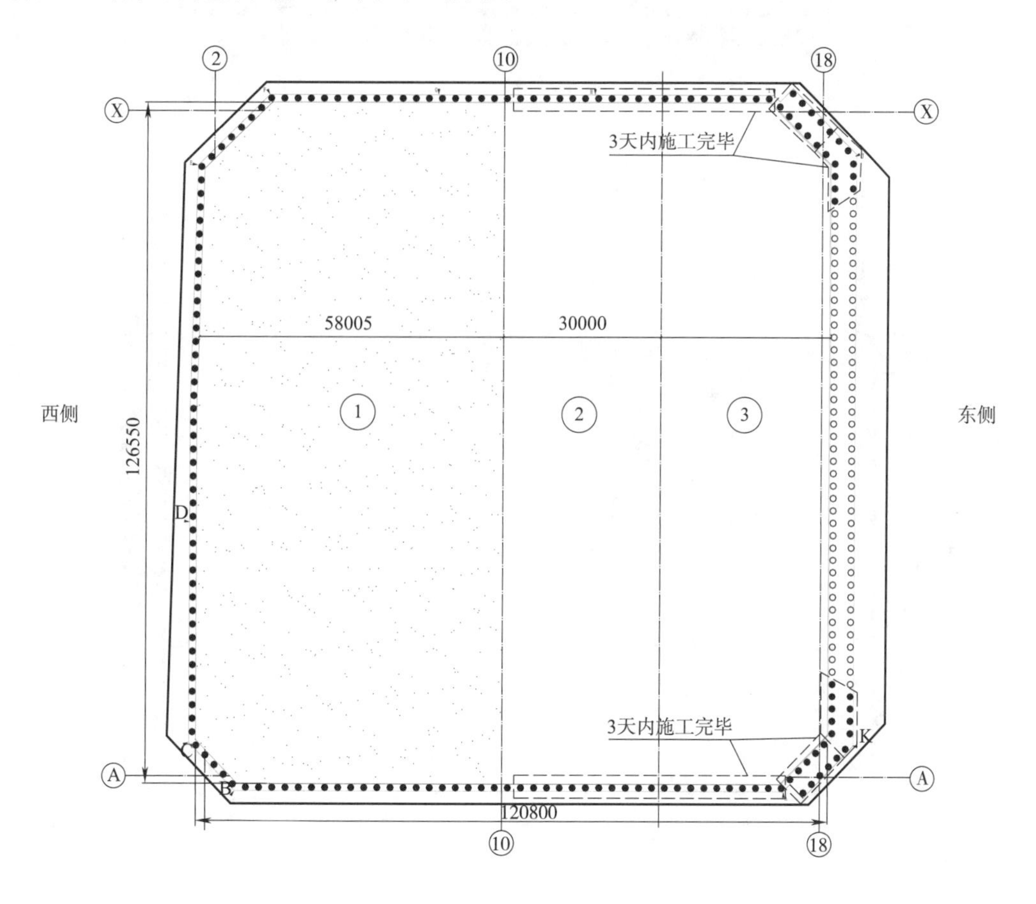

图 17-4　土方大开挖阶段施工分区图(单位:mm)

2)竖向分区(图 17-5)

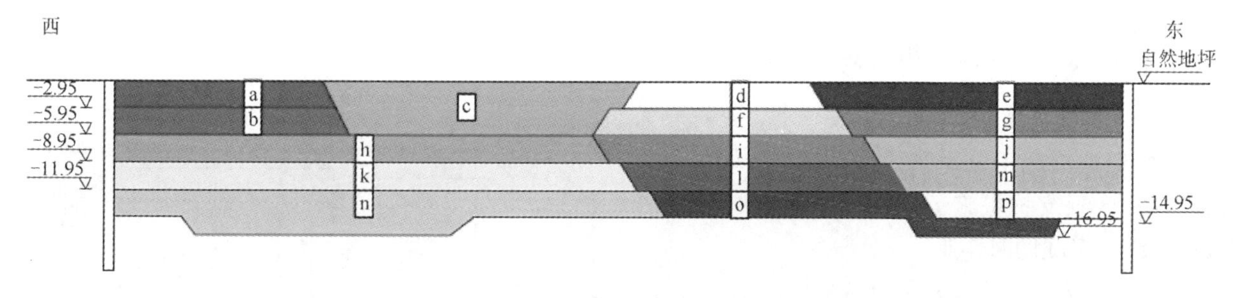

图 17-5　土方开挖竖向分区

注:竖向开挖次序为 c→a→b→d→f→e→g→j→i→m→l→p→o→h→k→n。

(3)地下室土建施工分区

根据后浇带的设置位置,将整个地下室划分为:A1 区、A2 区、B1 区、B2 区、C1 区、C2 区、D 区(图 17-6)。其中对上部钢结构影响最大,且施工难度最大的核心筒分布在 A1 区、B1 区、C2 区。三个区域内有抗浮锚杆 850 根,总面积为 6370 m^2。当土方挖除之后,最先抢出这三个区,为土建队伍尽早进场做准备。同时其他几个区 B2 区、A2 区、C1 区、D 区也将跟进,以保证钢结构合拢时间不受到影响。

(4)上部结构分区

根据主楼与辅楼之间的后浇带划分,作为两个独立的施工区域。在辅楼面向全社会开馆之后,在主楼和辅楼之间用 2.2 m 高的围墙进行隔离,以保证主楼上部施工对辅楼没有影响。

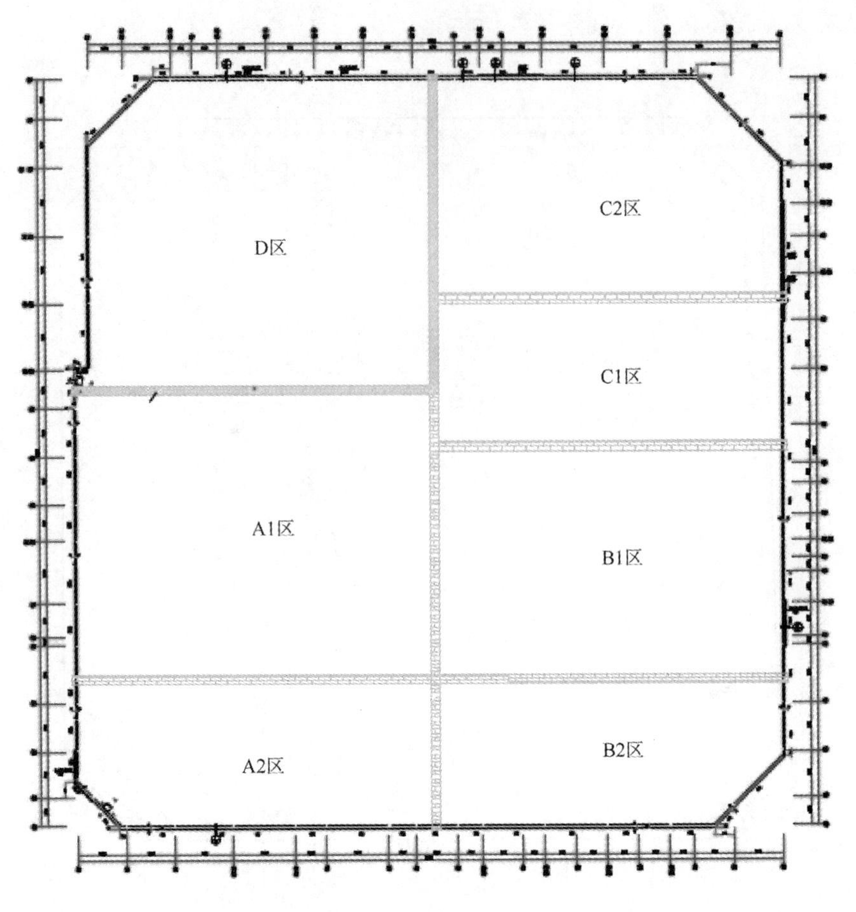

图 17-6 土建施工分区

17.5 主要工程施工方案、方法及技术措施

17.5.1 分部分项工程施工组织安排

17.5.1.1 支护阶段施工组织安排

整个支护桩施工分为东西两个区，首先完成西区的 99 根支护桩施工，再完成东区的 154 根，降水施工伴随同时作业。

17.5.1.2 土方开挖阶段施工组织安排

施工顺序见图 17-7。

第一步：首先从 A 区(场地中部西侧 35 m 宽区域)开始土方开挖，挖至场地中部区域地表以下 6 m，开挖采用放坡的方式进行，放坡系数 1∶0.5。

第二步：将 C 区挖至地表以下 6 m，在场地的西北角和西南角留马道。

第三步：对 B 区进行大开挖，挖至基底标高。

第四步：对 A 区、C 区进行大开挖，挖至基底标高。

第五步：先清理西南角马道，再清理西北角马道。

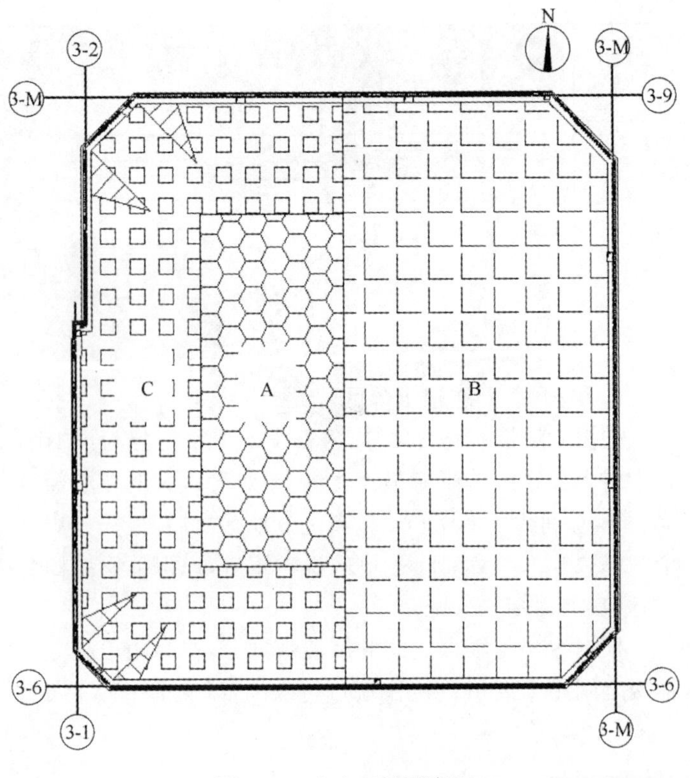

图 17-7 土方开挖顺序图

17.5.1.3　地下室施工阶段施工组织安排

根据设计后浇带将整个地下室为 A1、A2、B1、B2、C1、C2、D 七个区。为了保证钢结构的尽早进场，将 A1、B1、C2 三个区作为施工的优先区域，其他几个区也紧随其后，以保证上部钢结构的如期合拢。

地下室结构施工顺序为：抗浮锚杆施工→人工捡底→垫层→防水层及防水保护层→基础施工→负三层主体施工→负二层主体施工→负一层主体施工。

17.5.1.4　地上施工阶段组织安排

地上部分根据施工任务的不同，分为辅楼和主楼两个独立区域施工。

(1)辅楼施工

地上部分将划分多个施工区域同步展开施工。主要以三个筒体的施工做为主线，悬挑和筒体间的连接区域跟随筒体的进度情况展开施工，所以地上部分钢结构施工共划分为 6 个施工区域，分别是 A1、A2、A3、B、C1、C2，具体的分区示意如图 17-8 所示。

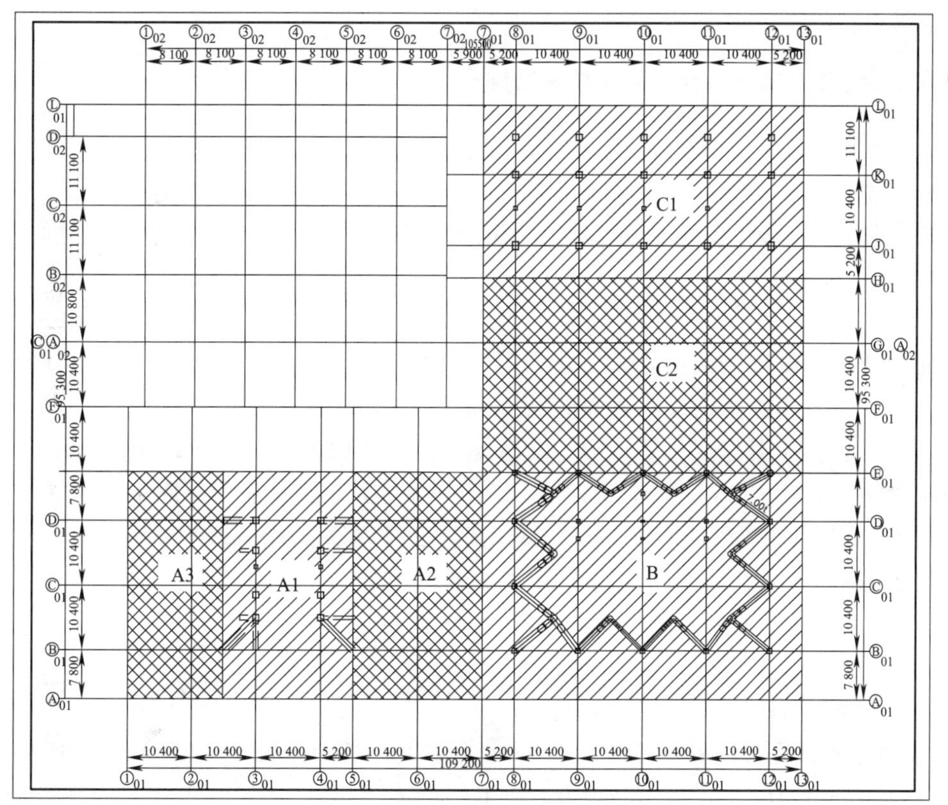

图 17-8　钢结构吊装分区

第一步：先安装 A1、B、C1 三个筒体钢柱，由 50 t 汽车吊、80 t 汽车吊和塔吊同步施工。

第二步：进行 A1、B、C1 筒体间二、三、四层桁架安装，由 50 t、80 t 汽车吊和 3 台塔吊配合施工；

第三步：开始进行筒体间部分连接构件安装和悬挑结构安装，由 150 t 履带吊进行桁架的双机抬吊施工；

第四步：筒体地上 5 层结构安装完成后开始大面积筒体间连接结构施工，其中 A2 区由于五层桁架呈 W 形分布，二层呈水平分布，因此 A2 区施工先施工五层桁架，由 2 台 150 t 履带吊抬吊倒退施工；

第五步：A2 区五层结构施工完成后再进行二层桁架施工，二层桁架施工完成后进行三层、四层钢柱、钢梁施工。

第六步：C2 区钢结构施工，由于二层和五层主桁架位置在同一轴线上，两层桁架上下对应，此区域桁架的安装：先安装一榀二层桁架后，再安装一榀同一位置的五层桁架，依次倒退施工。桁架安装由 2 台 150 t 履带吊抬吊施工。

第七步:西侧悬挑结构施工,在施工完成A1区五层结构后,开始进行中间段未施工区域施工,先施工五层结构,再施工二层结构,最后施工三层、四层结构。

第八步:在完成五层以下钢结构后,开始进行顶层钢柱、钢梁施工,顶层结构边跨位置处选用汽车吊进行施工,中间位置处选用塔吊进行施工。

第九步:完成整个辅楼钢结构施工。

钢结构主体吊装过程中,根据现场工作面提供情况进行楼板混凝土浇筑,水电安装、通风、消防等系统的施工。

第十步:完成外墙及辅楼屋面工程施工。

第十一步:场外景观、系统调试。

(2)主楼施工

地下室完成之后,首先对地上主体结构施工(可分为1层~14层、15层~24层两个阶段),砌体工程在主体完成至14层时进场施工,主体结构完成后进行室内二次结构施工、精装和外墙施工,最后完成屋面工程和场外景观工程施工。

17.5.2 重难点及控制性工程施工方法及施工技术措施

17.5.2.1 基坑施工方案

(1)基坑支护施工

本工程的基坑支护设计及施工由专业分包单位承担,承建单位为中国建筑西南勘察设计研究院有限公司,土方开挖任务由项目部自行承担。

1)工程概况

①本工程基坑东西长度为121 m,南北长度为126.75 m,开挖面积为15337 m^2。施工场内自然地面平均绝对标高约为494.8 m,建筑物室内±0.00绝对标高为495.20 m,负三层室内相对标高为-13.65 m,基础防水板厚度为0.4 m,独基上翻厚度为1.2 m。则基坑大面开挖深度为14.55 m(绝对标高480.35 m)。主楼及裙楼核心筒部分为筏板基础,筏板厚度2~2.5 m,为坑中坑,自大基底面以下开挖深度为0.8 m、1.8 m、2.3 m。开挖土质基本为黏性土和砂卵石。属深基坑工程,基坑侧壁等级为一级。

②施工期间处于枯水期,地下水位埋藏相对较深,其稳定水位为9.50~10.60 m(绝对标高484.07~485.05 m)。地下水位面位于大基底面上4~5 m。需进行基坑降水。

2)基坑支护设计

本工程采用排桩+锚索+桩间网喷支护结构。

①支护桩:支护桩采用钻孔灌注桩,桩径d=1200 mm,桩中心距s=2300(2500) mm,桩长19.5 m,沿基坑周边布置,设计混凝土强度为C30。支护桩顶设置钢筋混凝土冠梁,截面尺寸1300 mm×800 mm。混凝土强度为C35。

②锚索设计:全部设置一道锚索,局部设置2道锚索,锚索长度20 m。锚索采用5束15.24无涂层预应力钢绞线,锚索孔径150 mm,内注水灰比1∶0.5纯水泥浆,端部采用250×250×30的Q235锚垫板+锚板与护壁桩相连,形成锚拉桩。

③桩间土支护设计:桩间土采用挂钢筋网片喷射细石混凝土护壁,喷射混凝土强度等级为C20,厚度80 mm。

④地面超载按按现场实际及后期基础施工期间不同基坑段可能的地表荷载分布分段考虑;除已有建筑物外,基坑开挖线外3 m范围内禁止堆载。

3)施工工艺流程

①支护桩施工采用泥浆护壁旋挖钻孔灌注桩,由于工期紧张,配备5台旋挖钻机同时施工,其工艺流程如图17-9所示。

②锚索施工工艺:施工流程如图17-10所示。

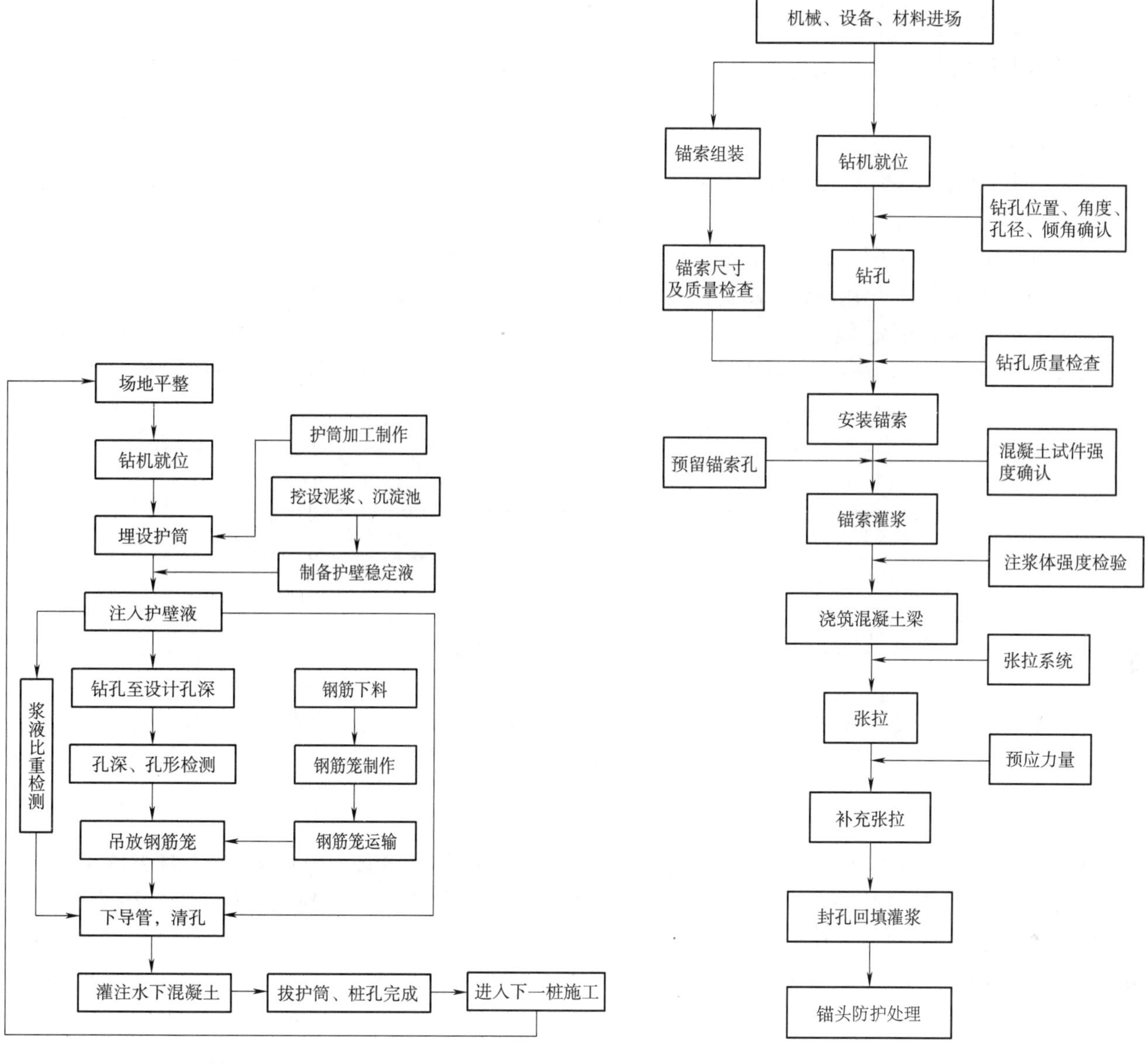

图 17-9　旋挖钻机钻孔施工工艺流程图

图 17-10　锚索施工工艺流程图

③桩间网喷施工

基坑支护桩桩间网喷与土方开挖工作交叉协调进行。开挖一层土，施工一排土钉，喷一段桩间护壁混凝土。逐层向下，逐步完成基坑施工。因此，土方开挖每一层开挖深度不得大于该层土钉的竖向间距，否则，将增加土钉施工难度及影响基坑的稳定和安全，造成不必要的损失。施工流程如图 17-11 所示。

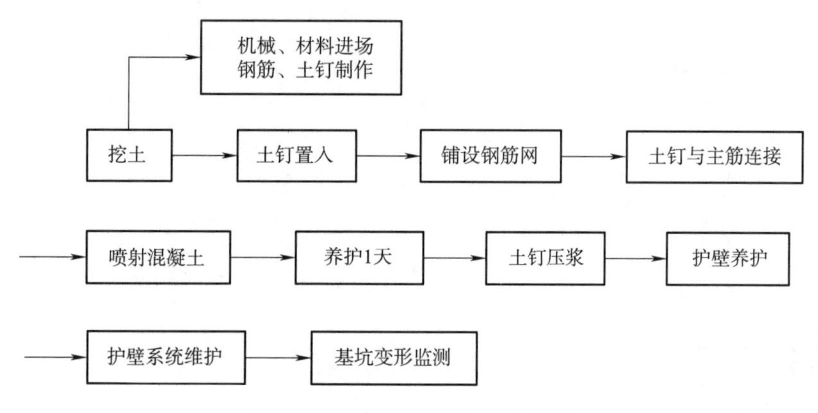

图 17-11　桩间网喷施工流程图

(2)降水施工

1)降水设计

沿基坑开挖线外 1.0 m,布井 24 口,井间距约 20 m,井深 22.5 m,采用国家定型产品钢筋混凝土管,管径 300 mm(内径),其中上部井壁管 15.00 m,中部缠丝滤水管 5.0 m,下部沉淀管 2.50 m,井管外侧围填 10～20 mm 规格砾石。井泵排量 25 m^3/h,扬程 35 m,(每个泵电机 4 kW)。排水用管道引出场外。

在电梯井、集水井等局部标高较低的位置,采用自吸泵抽取的方式将水位降低。首先检查浸水点位置,就近设置 500×500×500 汇水井,周边设置一定数量的截水沟,将水引入汇水井,在汇水井设置管径 300 mm 的滤管,利用自吸泵将水位降低。在浇筑混凝土时,待混凝土快浇筑至套管上口时,停止抽水,用膨胀混凝土将井填充密实,再用油膏封闭套管关口,防止漏水。

2)管井降水施工流程

降水井钻孔施工采用采用 1 台 CZ－22 型水文钻机泥浆护壁冲击钻进成孔。施工流程如图 17-12 所示。

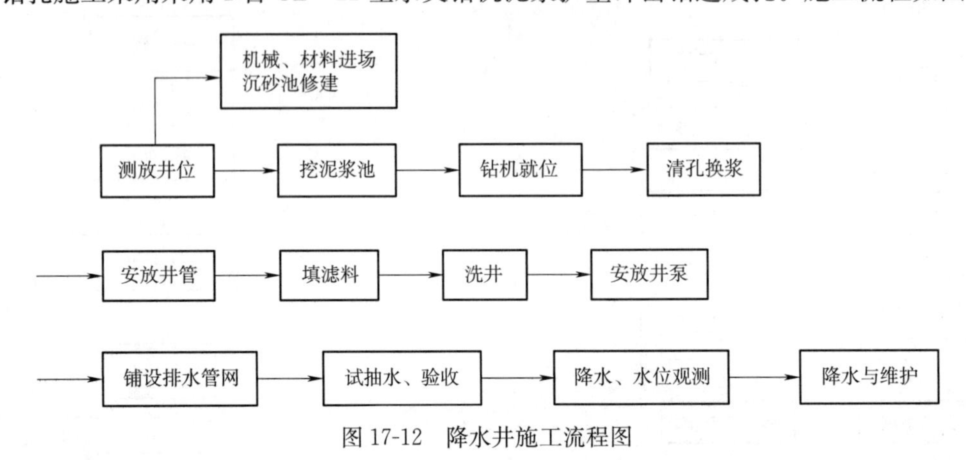

图 17-12　降水井施工流程图

(3)土方开挖施工

本工程土方开挖量大,业主给定工期仅有 30 天,工期十分紧张,应合理安排土方开挖顺序及施工机械的配备。土方开挖的组织顺序见“17.5.1.2 土方开挖阶段施工组织安排”章节。根据工程量及机械功效计算,拟配备 10 台反铲挖掘机和 100 辆渣土运输车,才能完成本工程的土方施工任务。

土方的外运也是关键,针对本工程所处的地理位置,经过与建设方协商后确定文星镇及柏合镇两个卸土地点和运输路线,如图 17-13、图 17-14 所示。施工期间在卸土场配备 2 台装载机配合土方倒运,并设置夜间照明设施,满足全天持续运土。

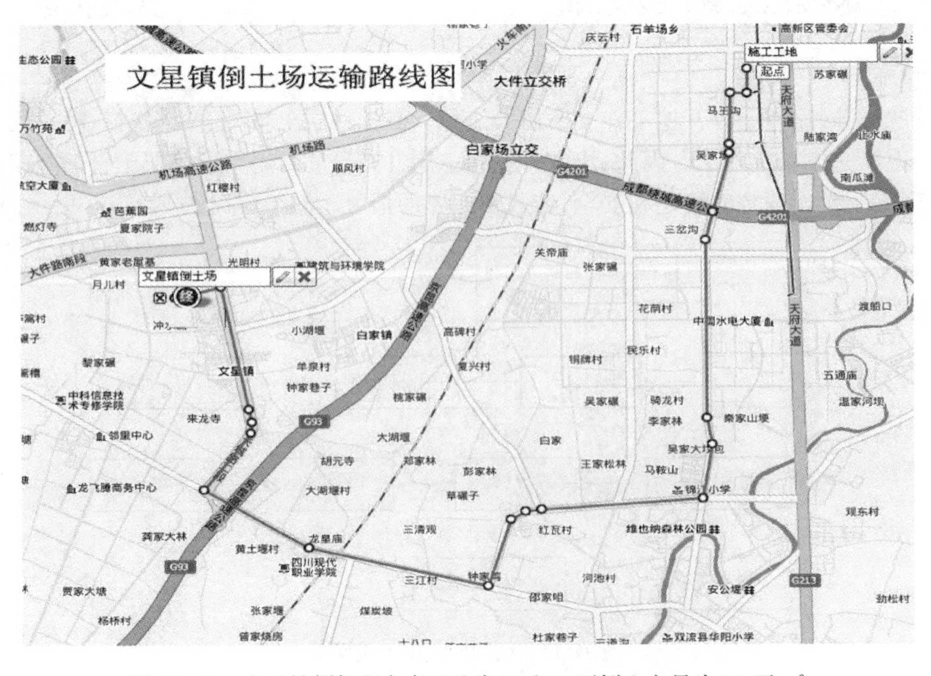

图 17-13　文星镇倒场距离本工地为 21 km,可倒土方量为 15 万 m^3

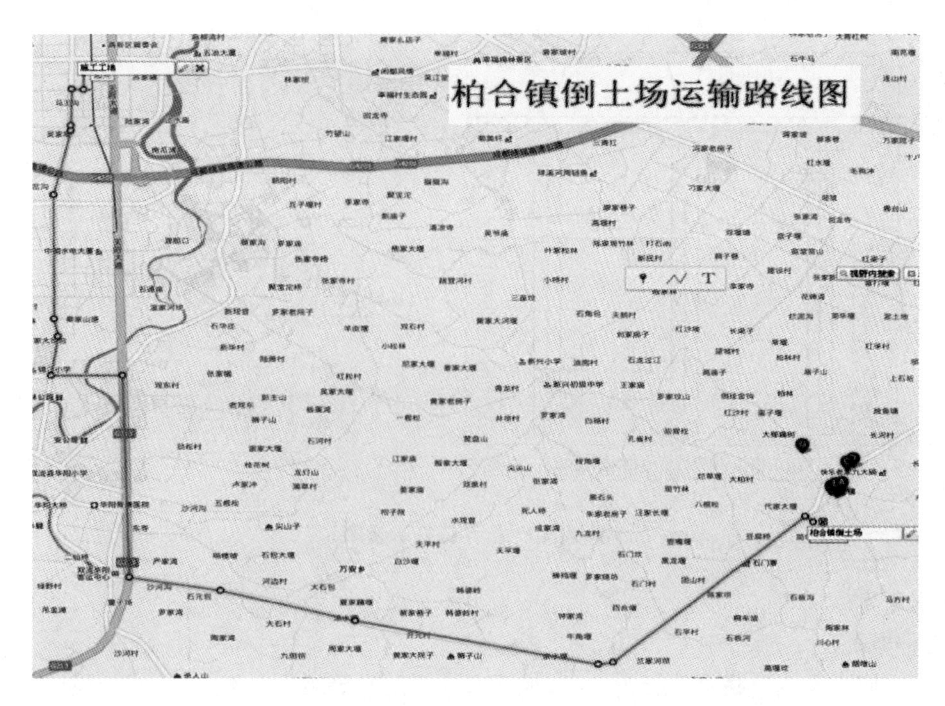

图 17-14　柏合镇倒场距离本工地为 25 km，可倒土方量为 9 万 m^3

文星镇倒土场运输路线：

施工场地→泰来路→锦程大道→益州大道北段→益州大道中段→华府大道一段→华府大道二段→双华路→长城大道二段→长城大道一段→文星镇倒土场。

柏合镇倒土场运输路线：

施工场地→泰来路→锦程大道→益州大道北段→益州大道中段→华府大道一段→天府大道南段→文星镇倒土场。

(4)基坑监测

本工程的基坑监测，由业主委托第三方监测单位进行，基坑监测内容及周期应符合设计及相关规范要求。监测数据结果应及时报送给项目部、业主、监理单位。

该基坑工程属超过一定规模的危险性较大的分部分项工程，将编制《基坑支护、降水、土方开挖专项施工方案》，经专家论证后，报公司和监理单位审批后实施。

17.5.2.2　*抗浮锚杆施工方案*

(1)抗浮锚杆设计概况

本工程在基底设计有抗浮锚杆共 1695 根，以 1.8 m 的间距分布在除筏板基础、独立基础以外区域内。单根锚杆抗拔承载力特征值为 260 kN。锚杆施工采用“压力灌浆微型桩施工工艺”，成孔应采用机械成孔，同时根据土层条件采用泥浆护壁或钢套筒护壁等措施，以避免孔壁坍塌。设计要求锚杆的孔位和孔径误差不应大于 20 mm，钻孔的轴线偏差率不应大于 2%，钻孔深度应超过设计深度不小于 500 mm。锚杆孔灌浆采用 M30 水泥砂浆，灌浆前要对锚孔进行清孔。锚筋应设置定位筋，以确保锚筋在锚孔中的位置及每根锚筋周围均有等厚的锚固浆体，锚筋的保护层厚度不小于 25 mm。

锚杆全面施工前必须作基本试验锚杆，以确定锚杆长度。试验最大加载量为抗拔承载力特征值的 2.0 倍，试验应根据不同的土层情况、锚杆长度及抗拔承载力特征值要求确定试验组数。每一种情况至少取 3 组，每组根数不得少于 3 根。验收试验锚杆根数不得小于总锚杆数量的 5%，且不应小于 6 根，试验最大加载量不应小于抗拔承载力特征值的 1.6 倍(图 17-15)。

(2)压力灌浆微型桩施工工艺流程

测量定位→钻机就位→钻孔到设计深度(钢套筒护壁)→安放钢筋笼(含注浆管)→投放碎石骨料→清洗孔及碎石料→初次注浆→二次注浆→成桩。

抗浮锚杆施工必须在土方挖运至基底之后即可进场，且需准备三班倒，要与土建队伍交叉作业。本工程将编制《抗浮锚杆专项施工方案》，具体详见该方案。

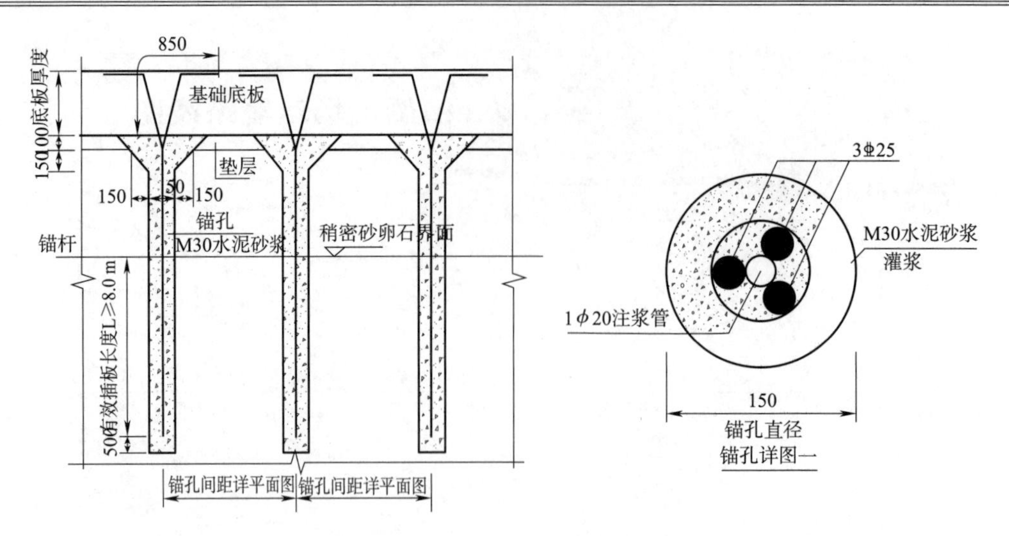

图 17-15 抗浮锚杆示意图

17.5.2.3 防水方案

(1)防水工程概况

本工程地下室底板及侧壁防水等级为二级,地下室顶板防水等级为一级。防水设计如下:

1)地下室底板:4 厚砂面聚酯胎 SBS 改性沥青防水卷材一道,同材性胶粘剂 2 道。

2)地下室侧墙:4 厚砂面聚酯胎 SBS 改性沥青防水卷材一道,同材性胶粘剂 2 道。

3)地下室顶板:2 厚高分子防水涂料,4 厚砂面聚酯胎 SBS 改性沥青防水卷材 1 道。

4)主楼保温屋面采用 3 厚砂面聚酯胎 SBS 改性沥青防水卷材 1 道,40 厚 C20 细石混凝土掺 5%防水剂。主楼架空花岗石屋面采用 2 厚高分子涂膜防水(兼隔汽层)1 道,3 厚砂面聚酯胎 SBS 改性沥青防水卷材 1 道。

5)辅楼屋面均采用 2 厚高分子涂膜防水(兼隔汽层)1 道,3 厚砂面聚酯胎 SBS 改性沥青防水卷材 1 道。

6)防滑地砖楼面刷 2 厚高分子防水涂料,侧墙上翻 500 高。釉面砖墙面刷 2 厚高分子防水涂料 1 道,做至吊顶位置。

(2)底板防水施工根据各个区域垫层施工完成顺序,相继进场施工,各区域先对筏板基础内部进行施工,再施工抗水板位置。防水施工阶段要时刻注意集水井、电梯井等部位的降水情况,派专人负责。

(3)防水施工工艺流程:

1)卷材防水:基层处理→阴阳角处、出屋面管道等部位附加防水层铺贴→卷材大面铺贴→局部休整→防水层隐蔽验收。

2)涂抹防水:层处理→阴阳角处、出屋面管道等部位附加防水层铺贴→防水涂料第一次涂刷→局部修整→防水涂料第二次涂刷→隐蔽验收。

(4)防水附加层的设置、防水搭接应符合设计及相关技术规范的要求。

本工程将编制《防水专项施工方案》,具体详见该方案。

17.5.2.4 大体积混凝土的施工方案

(1)根据各个区域的混凝土方量和工期要求,在浇筑基础混凝土过程中需配置 3 个地泵同时浇筑的机械、人力和商混供应能力。

(2)由于基础设计为防水混凝土,因此对于施工裂缝的控制相当严格。在施工过程中商混的外加剂掺加情况,要派专人进行检查。对于到位的混凝土质量要严格把关。特别是混凝土浇筑之后的温控和养护要按专项方案严格执行。

(3)成立大体积混凝土温控小组,制定温控措施方案,在浇筑混凝土时预埋测温探头。

(4)薄膜、防火草垫、彩条布,混凝土终凝之后迅速覆盖。薄膜准备 5000 m^2,防火草垫 2000 m^2,彩条布 2000 m^2。

(5)为了保证在施工过程中不因为停电而影响混凝土的浇筑,将工地预备的 250 kW 发电机作为施工应急电源。浇筑前发电机线缆和燃油应准备充足。

(6)针对 4 月份的气候,在施工过程中预备可靠的遮雨设施,在基础上用钢管搭设防水棚,下雨时在上面覆盖彩条布。

(7)整个浇筑分为四层,每层厚度为 500 mm,同时每一段的宽度为 5000 mm(图 17-16)。

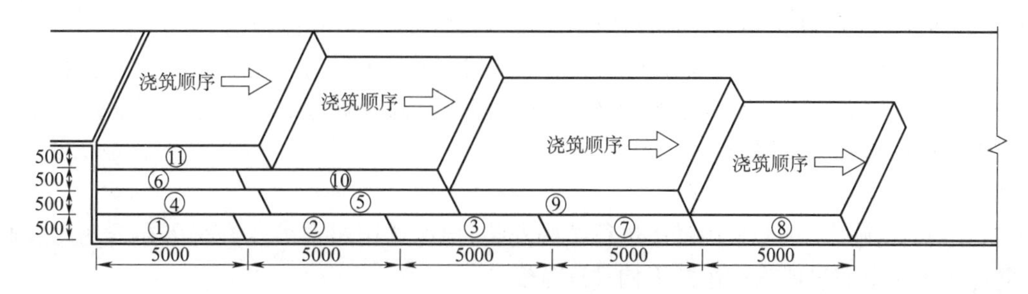

图 17-16　分段分层浇筑方式

(8) 外墙和框架柱用薄膜覆盖的方式进行养护。

本工程将编制《大体积混凝土专项施工方案》。

17.5.2.5　高支模专项施工方案

在地下室辅楼部分负一层核心筒区域之间分布着大量的类似 500×1800 的梁,同时在主楼地下室负二层汽车坡道处以及辅楼负一层核心筒处存在长度为 27 m 跨度的梁。且在主楼的地下室负一层和地上一层的层高为 5.3 m 和 5.75 m,属于搭设高度过高模板支撑体系。同时为了主楼三层的施工以及 3～9 层悬挑结构施工安全,需搭设 9.45 m 高的施工满堂架。根据设计要求施工过程中当板短向跨度≥3 m 时,模板应起拱跨度的 2‰～3‰;当梁净跨大于 5m 时模板应起拱,起拱值为跨度的 2‰～3‰,截面小者取大值。悬挑梁当 $L\geqslant 2$ m 时起拱 3‰。结合以上模板及模板支架情况,综合考虑了以往的施工经验,采用的模板及其支架方案:散拼木模及扣件式钢管脚手架,采用顶托支撑,方木为 50×100 一等锯材,48×3.5 钢管。为了保证高支模施工过程中,结构不受到破坏,高支模施工区域底部结构的钢管支撑架须保留。9.45 m 高的施工满堂架在主楼第 9 层结构强度达 100%之后才可以拆除。

该分项工程属于超过一定规模的危险性较大的分部分项工程,在施工前将编制《高支模专项施工方案》,经专家论证后,报公司和监理单位审批后实施。

17.5.2.6　钢结构工程施工方案

(1)钢结构工程概况

本工程辅楼为规划展览馆,展区部分为 5 层,办公区域为 8 层,采用大跨度钢框架支撑体系,平面呈 L 型,建筑高度 36.0 m,总用钢量约 9700 t,最大跨度达 36.4 m,最大悬挑达 20.8 m,单榀构件最重约 90 t,铸钢接头最多达 11 个,最高架空层达 21 m。钢结构模型见图 17-17。

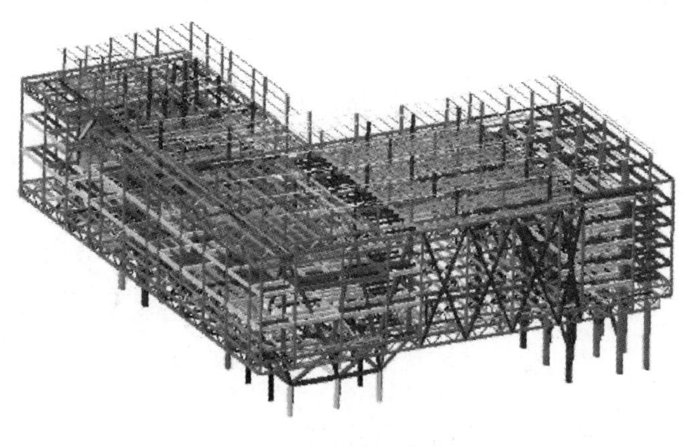

图 17-17　钢结构整体模型

(2)钢结构特征及分布情况

1)本工程钢结构特征主要如下:

①钢结构工期紧张,杆件数量多。

②钢结构由 3 个筒体组成,筒体间连接形成稳定体系。

③钢结构主要采用钢框架-支撑结构。

2)钢结构分布情况:

①钢结构分布在多层辅楼位置,地下部分钢结构插入地下负二层,地上部分钢结构由钢柱、钢梁、桁架、斜柱等组成。

②桁架主要分布在 3 个筒体之间的连接部分和悬挑结构位置,大跨度桁架仅三层结构和八层结构位置处有。

③钢柱主要分布在筒体位置,其余钢柱分布在筒体间的连接结构上,由三层起至八层结构。

④顶层钢结构钢结构由钢柱、钢梁组成。

(3)钢结构工程主要特点

本工程钢结构的特点主要集中在以下几个方面：

1)本工程钢结构由三个独立的筒体通过桁架、钢梁、斜撑连接形成整体结构。

2)本工程西面悬挑结构达到 20 m，与悬挑结构相连的筒体只有 10 多米，悬挑结构跨度大。

3)规划展馆八层结构分布有 W 形桁架，筒体间连接桁架单榀最重为 90 t。

(4)钢结构总体吊装施工部署

1)总体部署

①地下部分钢结构施工，主要采用塔吊进行结构安装，构件选用履带吊及汽车吊在堆场内装卸，根据进度，平板车倒运至现场由塔吊或汽车吊卸下构件准备安装。

②地上部分桁架安装，考虑到桁架跨度长、重量大，故采取散件运输到构件堆场，转运到安装点位置处，地面拼装整榀完成，然后由 2 台履带吊进行双机抬吊。对于长度较短的桁架采用单机吊装。

③楼面主桁架间的次杆件由塔吊和汽车吊安装。

④地上部分施工时，钢柱同样采用就近卸车、就近吊装的原则。

⑤楼面结构桁架散杆、钢梁、钢柱倒运施工现场，由于构件数量多，易受场地制约，构件只能单层堆放。

⑥桁架拼装采取平面拼装方式。

2)总体施工分区及施工顺序

①整个钢结构施工分为地下和地上两个施工阶段。其中地下部分钢结构施工，主要是钢骨柱、钢骨梁和铸钢件安装，其中钢骨柱埋入地下室标高－7.650 位置处，地下室顶层结构－2.600m 标高位置处有铸钢件。地下部分施工分区按照钢柱的分布情况进行划分，共为三个施工区域，分别是 A 区、B 区、C 区，三个分区的具体位置如图 17-18 所示。

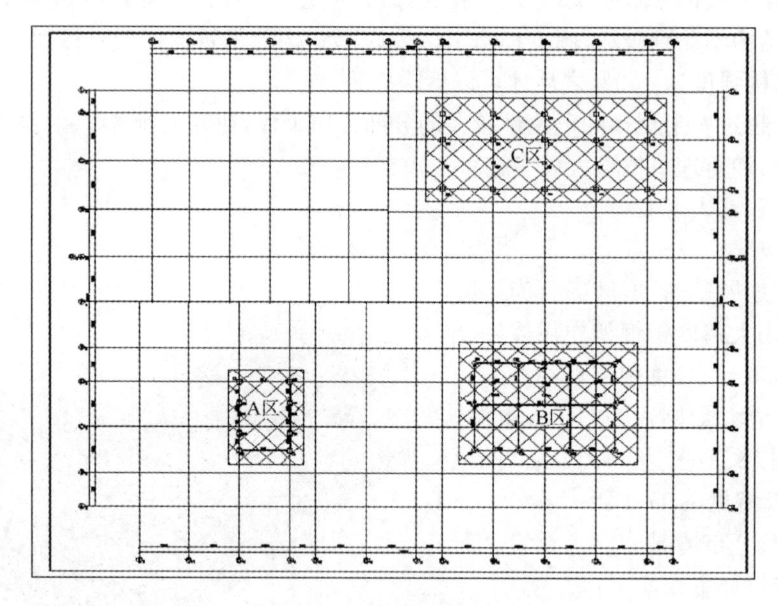

图 17-18　地下部分分区示意

②地上部分钢结构施工工期为 30 天，工期十分紧张，为确保施工目标实现，在土建单位浇筑地下室顶层楼板后，立即开始地上部分钢结构施工阶段，结合地上部分的结构形式，地上部分钢结构安装将划分多个施工区域展开施工。地上部分钢结构施工仍然以三个筒体的施工做为主线，悬挑和筒体间的连接区域根据筒体的进度插入施工，地上部分钢结构施工共划分为 6 个区域，分别是 A1、A2、A3、B、C1、C2，具体的分区示意如图 17-19 所示。

首先进行 B 区、A1 区、C1 区筒体的施工，筒体施工完成六层结构时，插入 A3 区、A2、C2 区施工。

A2 区施工顺序：八层桁架层→三层桁架→五层梁柱→六层梁柱。

A3 区先施工两侧悬挑结构，施工至八层时，插入 A3 区悬挑中间区域施工，中间区域结构八层和三层桁架的主次顺序以及桁架的位置错位，因此施工顺序：八层桁架层→三层桁架→五层梁柱→六层梁柱。

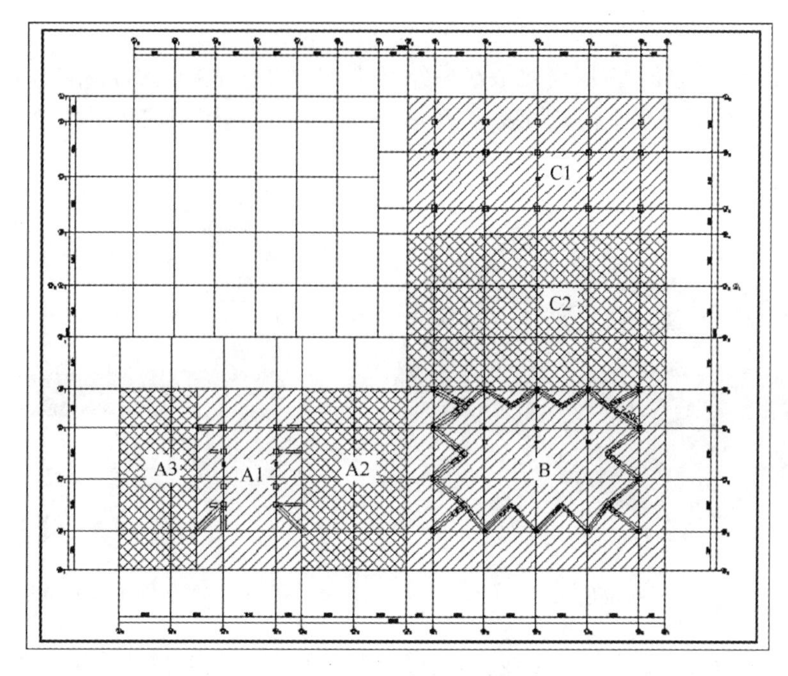

图 17-19　分区示意

C2 区施工顺序安装一榀三层桁架，接着安装一榀八层与之对应的桁架，由西往东倒退施工，主桁架施工过程中插入次桁架、钢梁的安装。

最后完成外围悬挑及顶层结构安装。

③地上部分施工步序具体如下：

步骤 1：先行安装三个筒体第二节钢柱，汽车吊和塔吊配合完成，如图 17-20 所示。

步骤 2：进行筒体间三层桁架及钢梁安装，如图 17-21 所示。

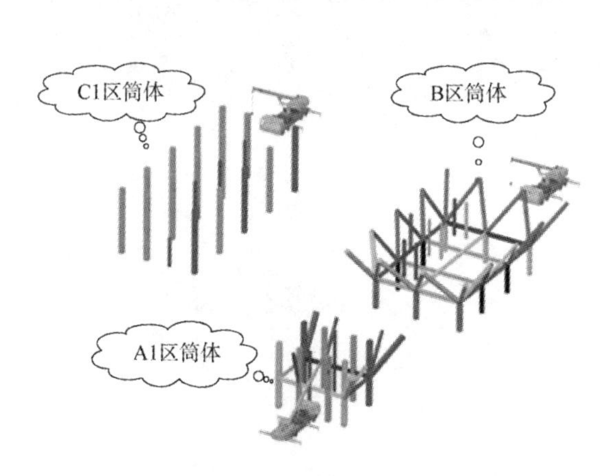

图 17-20　核心筒先行施工

图 17-21　核心筒桁架施工

步骤 3：筒体间四层钢梁安装完成时，插入三层桁架拼装，如图 17-22 所示。

步骤 4：筒体结构安装至六层时，筒体间部分连接桁架安装及西悬挑两侧结构开始安装，如图 17-23 所示。

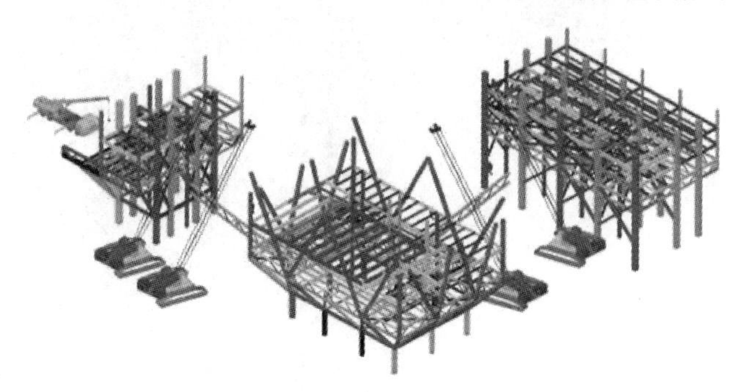

图 17-22　核心筒四层钢梁施工

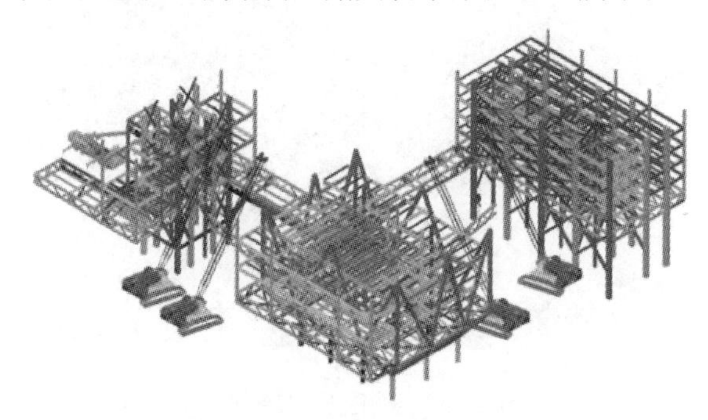

图 17-23　核心筒间连接区施工

步骤5:筒体八层结构安装完成,全面展开筒体间连接结构及悬挑施工,如图17-24所示。

A2区八层桁架呈W形分布,三层桁架呈水平分布,因此A2区先施工八层桁架,八层结构安装后进行三层桁架安装,履带吊进行下一榀主桁架吊装,汽车吊插入施工五、六层钢柱和钢梁,如图17-25所示。

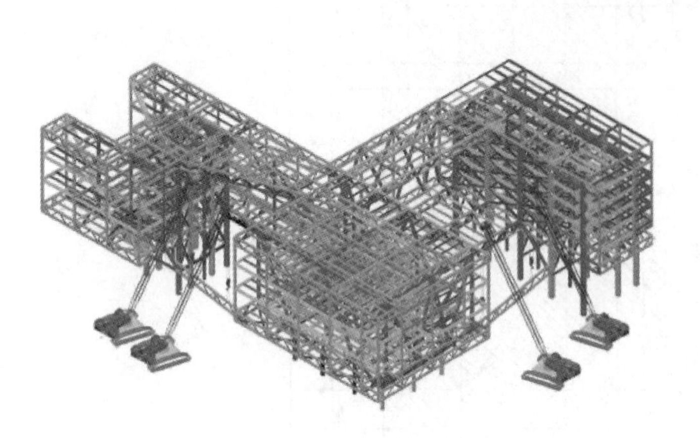

图17-24 连接区及悬挑部位施工

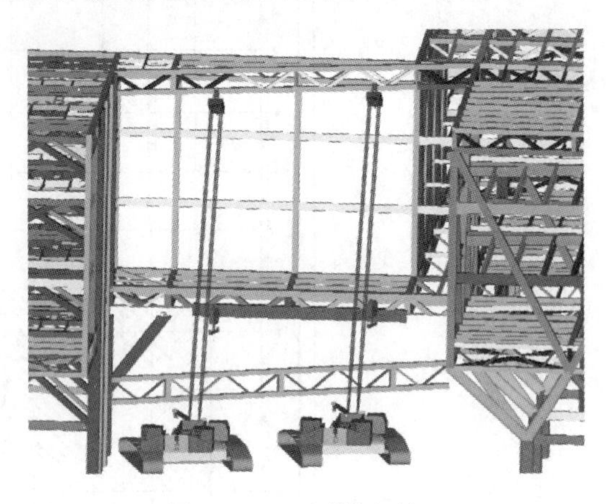

图17-25 W形桁架施工

C2区三层和八层主桁架位置在同一轴线上,两层桁架上下对应,此区域先安装一榀三层桁架后,然后安装一榀同一轴线的八层桁架,依次倒退施工,主桁架吊装完成区域,汽车吊插入次桁架、钢梁施工,如图17-26所示。

A3区两侧悬挑先行吊装,然后根据两侧八层桁架安装进度在插入施中间区域施工,施工的顺序先八层桁架→三层桁架 →五层梁柱→六层梁柱,依次完成施工,如图17-27所示。

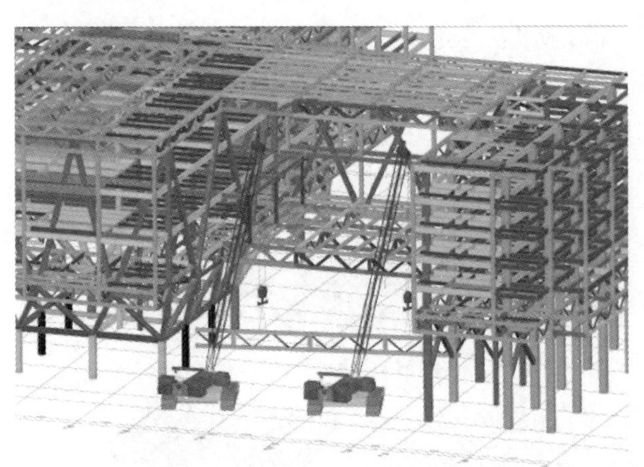

图17-26 BC连接区施工

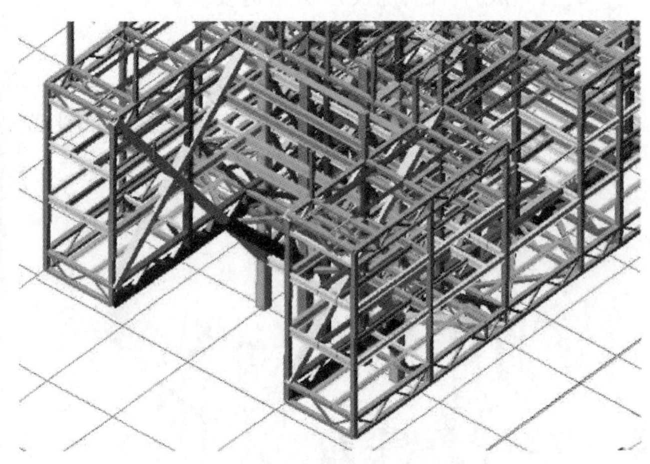

图17-27 A区悬挑部位施工

步骤6:外围悬挑及顶层结构安装,如图17-28所示。

步骤7:完成整个钢结构吊装,如图17-29所示。

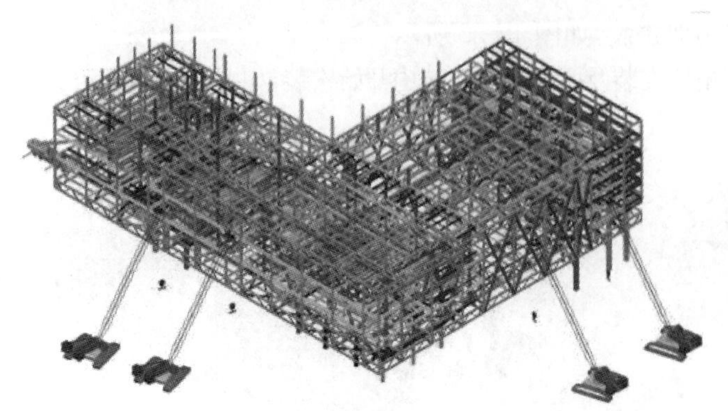

图17-28 外围及顶层钢结构施工

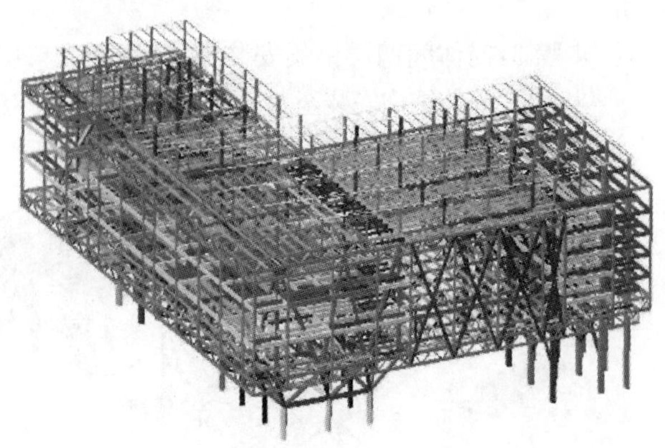

图17-29 钢结构吊装完成

(5)施工技术准备

1)钢结构深化设计

本工程钢结构施工采用专业分包，专业分包单位对钢结构进行深化设计和施工。深化设计采用专业计算机软件进行。加工制作深化图纸的设计流程：

建立结构整体模型→对构件进行分段(按加工制作、运输、吊装等要求)→加设节点(结合结构设计、加工工艺、安装方案等要求)→形成单独构件→深化设计详图。

2)焊接工艺试验评定

①本工程钢结构钢材所用钢材厚度为8～84 mm，材质为Q345B。根据规范要求，在施工前应进行不同板厚的CO_2气保焊、埋弧焊的埋弧焊单道焊接、多道焊接厚板焊接工艺评定。

②本工程楼层板部分钢柱上设置有栓钉，施工前应进行栓钉焊接的工艺试验。

③在产品加工制作前，根据材料的使用情况，用钢板厚度为60 mm的钢板试件进行火焰切割工艺测试，对于切割前已经通过抛丸预处理并涂上车间底漆的钢材。进行切割工艺测试时，试件也必须涂上同样的底漆厚度。

④对钢构件防腐系统进行车间涂装工艺试验，通过涂装工艺试验以证明油漆附着力。

⑤以上工艺试验均包括工厂、现场加工两部分，所有工艺试验均应编制作业指导书，并出具合格的试验检测报告。

(6)构件加工

加工基地位于广东珠海市金湾区平沙工业区，占地面积350亩，厂房面积6.2万多平方米，年产量近8万吨，拥有长板运输车30多辆，是华南地区钢结构行业中规模最大的生产基地。

加工基地针对本项目构件加工任务进行了从材料堆放、车间流水线安排到构件堆放场地的规划布置，拟投入H型钢、箱型钢及桁架制作流水线8条，规划硬化处理的构件堆放场地约1万平方米。

(7)施工现场准备

本工程施工时间短，地上部分钢结构施工工期为30天，为确保工程如期完成，构件、施工场地、施工人员、机械设备等的部署安排将成为决定工期的重要因素。

1)现场运输组织

根据现场的条件，钢构运输设置三个运输通道口：1号工地东北门口进入，穿过现场东边环型道路进入C2区；2号入口从锦辉西路穿过南侧围挡进入A2区；3号入口从西南门口进入通过西边环道进入A3区。

2)堆场准备

钢结构堆放原则上就近吊装位置堆放，根据现场的需求组织构件进场，构件进场后在就近的安装位置进行卸车放置，局部无法摆放的构件，卸车放置位于南北两侧临时堆放场地。

由于工期紧，现场需堆放的构件量大，且施工场地有限，不能满足堆放及桁架现场加工要求，另在距离施工现场外5 km左右的位置选择一处堆放加工场地，根据施工需求采用3台平板汽车每天进行钢构件的二次倒运。

3)地下室顶板加固

按照施工部署，地上钢结构采用大吨位汽车吊和履带吊进行吊装，且施工场地有限，需在地下室结构顶板上进行吊装作业。另根据工期安排，需在地下室顶板7天后立即进行上部钢结构施工，此时地下室顶板混凝土强度还未达到设计强度，基坑是处于未回填的状态。因此需设计和施工共同采用措施满足施工需求。与业主、设计单位共同商定的加固措施如下：

①设计对履带吊吊装作业区域进行结构加强设计，并提高混凝土标号，采用早强混凝土。

②施工单位对地下室顶板进行反撑加固，加固方式为满堂支撑架加固，因工期紧张，地下室混凝土结构的模板支撑体系在钢结构吊装期间不拆除，兼做满堂支撑架使用。

③吊车进入地下室顶板前，在吊车行走和作业区域先铺设一层50 cm厚的沙土，沙层铺设后压实。铺设完成沙后，在沙上方沿吊车行走和作业区域满铺20 cm厚钢制路基板。吊车行走出的基坑边与地下室侧向之间的空隙采用特制钢桥跨越。

④吊车行走的基坑周边满铺钢制路基板，保证基坑支护的安全。

4)构件运输

本工程构件由广东珠海运输至四川成都，运输距离2400 km，钢构件运输应做到既能满足现场安装的需要，又要保持运输工作量合理，尽量避免出现运输量前后相差较大，时松时紧的现象。运输的顺序还应与现场平面布置合理结合，对于现场易于存放或已具备存放设施的构件，可以提前运输，而对于一些大构件，又不易在露天存放或难以存放，现场暂又没有安装到的构件，应尽量不要先期运输到达施工现场。

(8)钢柱安装

1)预埋件安装

核心筒钢柱柱底位于负2层钢筋混凝土柱柱高中间，外包钢筋混凝土。其柱底的预埋件主要为柱底钢支架、钢支架柱脚预埋板。

土建施工过程中进行钢支架脚板的埋设。先进行测量放线，然后用塔吊把预埋件吊运至埋设点位置处，放置并调整好预埋件的标高，预埋件与四周的钢筋焊接固定，确保在浇注混凝土过程中预埋件不会产生偏移。地下室负二层浇注混凝土后，开始安装钢支架。用塔吊把钢支架吊运至安装点位置处，放置在预埋件上，调整标高进行测量精确校正后，进行焊接，使钢支架与预埋件焊接成整体，焊接完成后安装支架上部的钢柱连接螺杆。预埋脚板及钢支架如图17-30所示。

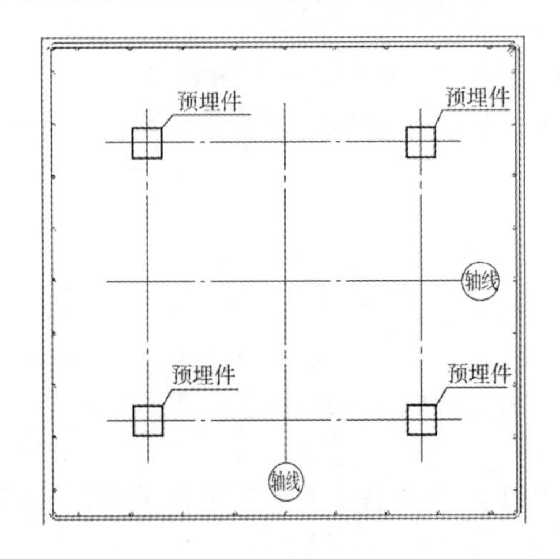

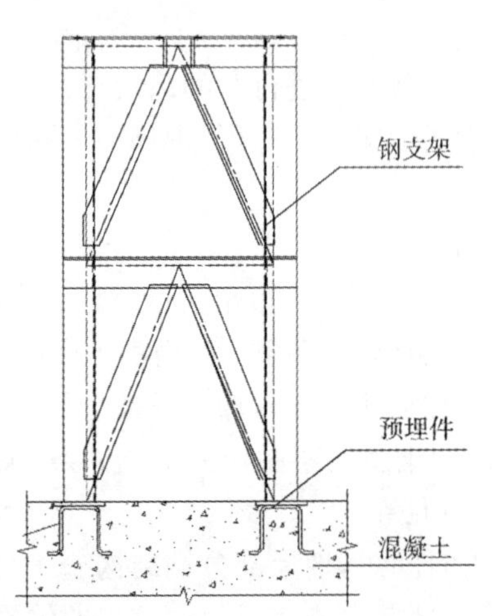

图17-30　预埋脚板及钢柱支架件布置示意图

2)直钢柱安装

本工程钢柱共分为圆管和箱型钢柱2种。其中圆管柱截面尺寸D1200×50～D1050×34，数量33根。箱型钢柱截面尺寸B1000×1000×60×60～B395×395×12×12，数量为322根。为满足构件运输和吊装要求钢柱采取分段处理。规划馆地下部分钢柱单节重量5～15 t，第一节钢柱使用塔吊安装，第二节及二节以主要使用50 t汽车吊和80 t汽车吊进行安装，塔吊配合安装。

吊装前，应先在柱身一侧安装好作业爬梯，便于人员上下作业，爬梯用双股钢丝分别绑扎柱端位置。钢柱吊点设在柱端上方吊耳位置，四点绑扎，吊装钢丝绳采用ϕ26(6×37)。钢丝绳与钢柱通过卡环连接，全部工作准备完成后，则可进行吊装。钢柱吊装测复核合格后，进行柱脚焊接固定。之后进行移交土建单位以及外包混凝土施工及柱内灌浆(仅第一节钢柱)。

下节钢柱吊装完成后，依次进行上节钢柱吊装。钢柱起吊采用两点及四点对称绑扎，单机回转法起吊。钢柱对接连接采用连接耳板，连接耳板在构件加工时一同考虑。钢柱吊车至对接部位对准落稳后，上连接耳板夹板，穿入安装螺栓，并用扳手拧紧安装螺栓，安装螺栓安装完成后，钢柱四周拉设4道揽风绳，然后松钩解出钢柱顶钢丝绳，完成钢柱安装。钢柱吊装见图17-31。

钢柱安装时，在柱连接部位搭设操作平台，安装人员通过下部钢柱柱身上的钢爬梯到达操作平台，安装人员在平台上施工时必须穿戴好安全带，安全带钩挂在操作平台上。操作平台见图17-32。

3)斜柱安装

①B区2-8～2-12轴线之间支撑楼面的钢管斜柱单节重约8～10 t，拟定80 t汽车吊进行吊装。发散型斜柱下方设置钢支撑，钢支撑采用1 m×1 m格构式钢柱，选用截面L140×12的角钢进行制作，高度约6.1 m。钢支撑布置见图17-33。

②斜柱安装选用两点吊法进行吊装，吊装设置一个5 t葫芦作为调节。考虑到在安装就位过程中施工作业人员的安全操作，5 t葫芦设置在端部位置处，如图17-34所示。

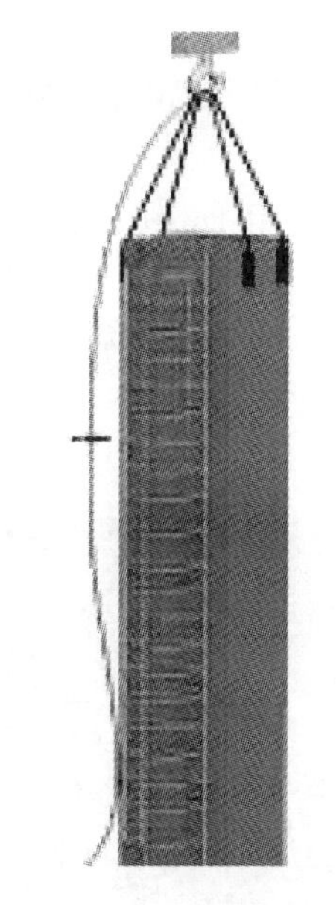

图 17-31　钢柱的吊装

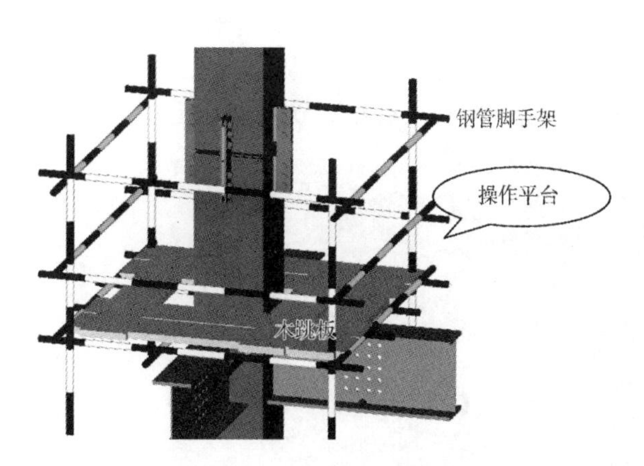

图 17-32　钢结构施工操作平台

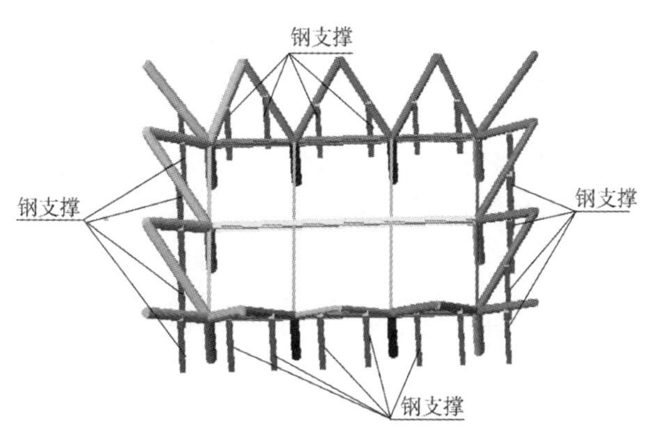

图 17-33　斜柱钢支撑设置示意图

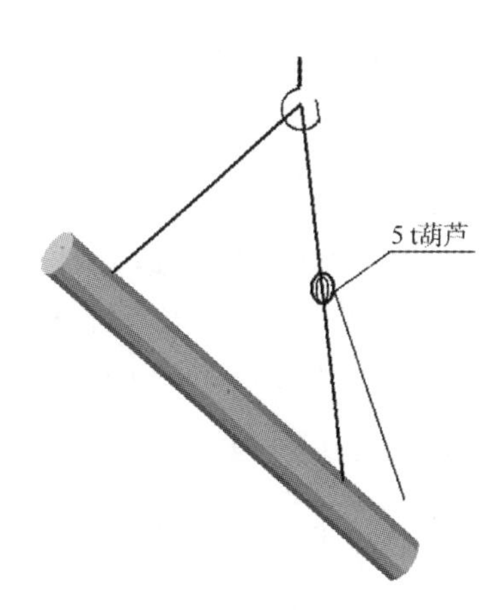

图 17-34　斜柱吊运

③吊装步骤，采用臂长约 30 m 的吊臂，在工作半径 12 m 时对已绑扎好的钢柱直接起吊。在将钢柱吊起离地面约 0.5 m 高度时，吊机停止，稳定钢柱在空中的摆动幅度，然后旋转吊臂将钢柱吊运至就位铸钢件上方，缓慢落钩，将钢柱下端对准铸钢件端口，同时调整柱子上的葫芦使柱身上所焊耳板同铸钢件提前焊接的耳板对齐、断面重合，柱顶上部用临时支撑固定并揽风绳调整，测量钢柱高度及位移，调整合格后，对称焊接码板，固定好钢柱后吊机则可松钩解绳。斜柱的最终焊接需等上部铸钢件与三层桁架安装完成后，钢柱复核合格后进行最终固定。工程实例如图 17-35 所示。

图 17-35　工程实例

4)钢柱的校正

①第一节柱柱脚的位移调整以基面中线与柱身中线对齐为标准,如有偏差可用千斤顶往反方向调整,千斤顶的反作用受力点可作用在劲性柱脚插筋的根部。见图 17-36。

②钢柱垂直度的校正采用两台经纬仪分别置于相互垂直的轴线控制线上(借用 1m 线),精确对中整平后,后视前方的同一轴线控制线,并固定照准部,然后纵转望远镜,照准钢柱头上的标尺并读数,与设计控制值相比后,判断校正方向并指挥吊装人员对钢柱进行校正,直到两个正交方向上均校正到正确位置。

③上下两节柱错口的校正可在下节柱的耳板连接处用千斤顶调整,如图 17-37 所示。

图 17-36 第一节钢柱校正示意图

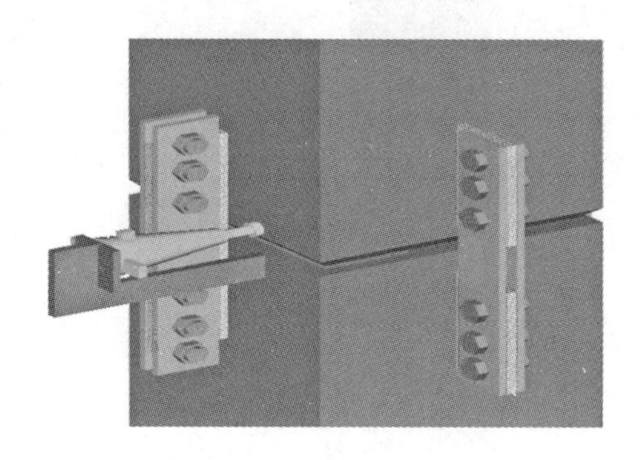

图 17-37 上部钢柱校正示意图

(9)铸钢件安装

1)概况

本工程共 29 个铸钢件,地下 12 件,地上 17 件。铸钢件最重 27 t。铸钢件主要分布 B 区,其中 A1 区结构共有 5 个铸钢节点,B 区所有圆管柱上均设置有铸钢件,钢管柱与上部桁架连接的位置也设置有铸钢件。地下铸钢件分布见图 17-38、图 17-39。

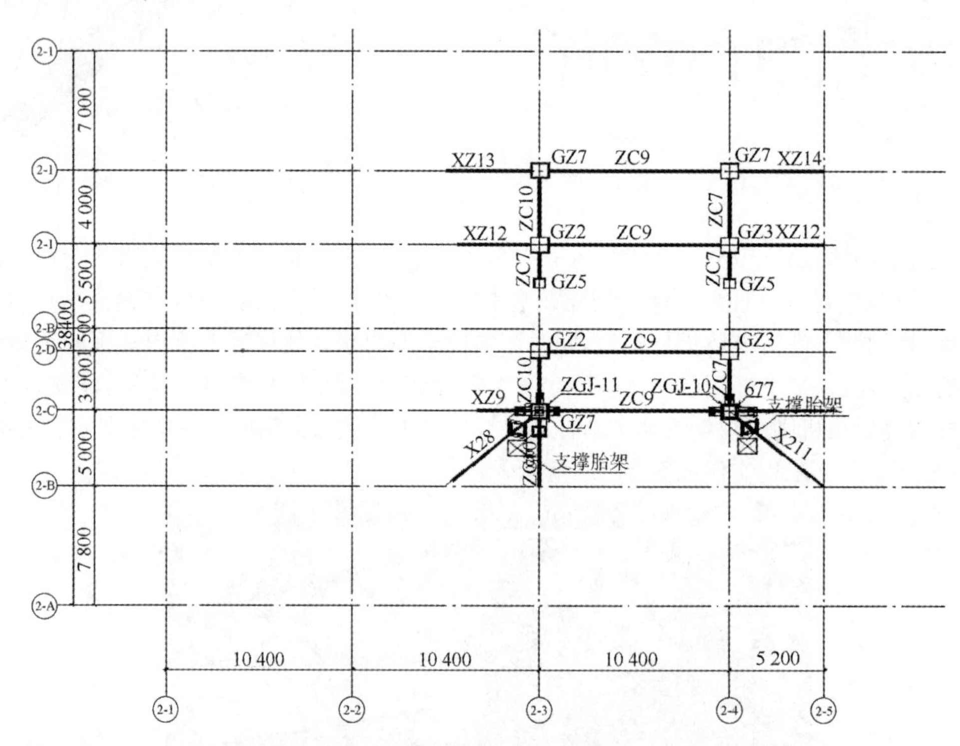

图 17-38 A 区下部铸钢件分布示意图(单位:mm)

铸钢件分为箱形铸钢件和圆管铸钢件两种,其中箱形铸钢件截面尺寸为 1000 mm×1000 mm×80 mm,箱形铸钢件上的最大连接口尺寸为 1000 mm×1300 mm×80 mm,圆管柱铸钢件截面尺寸为 1050 mm×50 mm,铸钢件样式如图 17-40、图 17-41 所示。

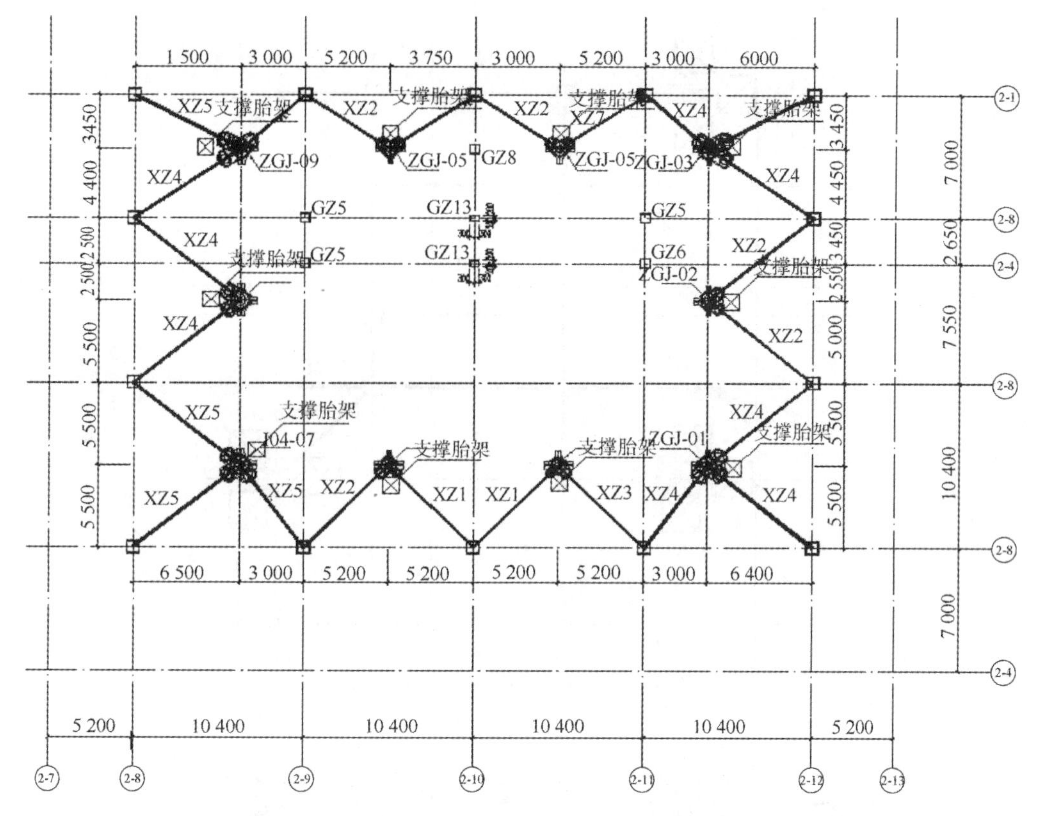

图 17-39　B 区下部铸钢件分布示意图(单位:mm)

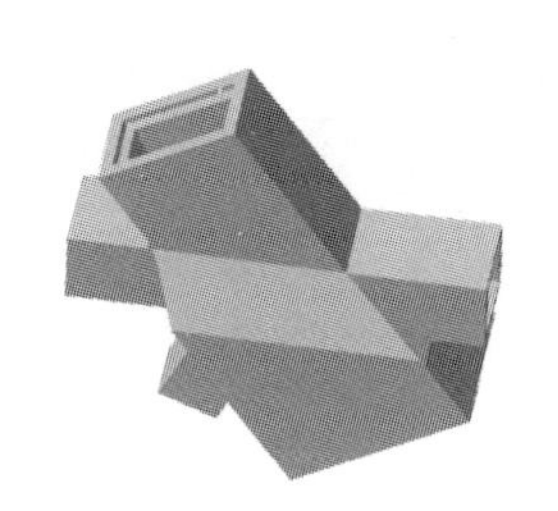

图 17-40　箱形铸钢件样式

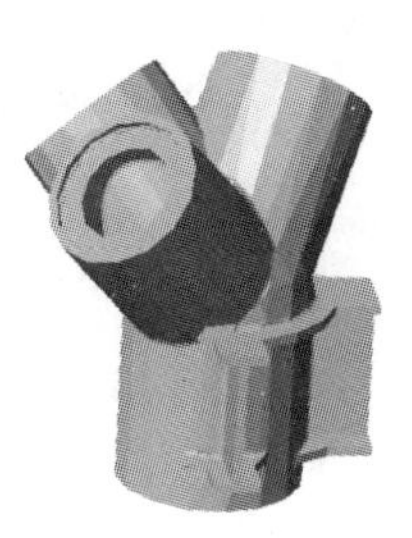

图 17-41　圆管柱铸钢件节点样式

本工程下部铸钢件上端口都连接斜柱,铸钢件的连接头方向分为多方向,且不在一个面内,造成铸钢件重心偏移轴线,因此在安装铸钢件前上端连接头的方向设置钢支撑,确保铸钢件安装后的稳定性。钢支撑采用 1 m×1 m 钢格构柱,选用 L140×12 的角钢进行制作,制作长度约 5.2 m。铸钢件支撑如图 17-42 所示。本工程铸钢件部分共设置 63 个钢支撑胎架。具体布置如图 17-43、图 17-44 所示。

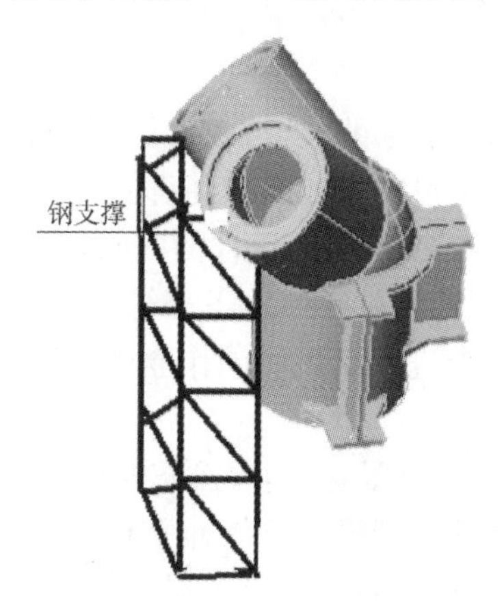

图 17-42　铸钢件钢支撑设置示意图

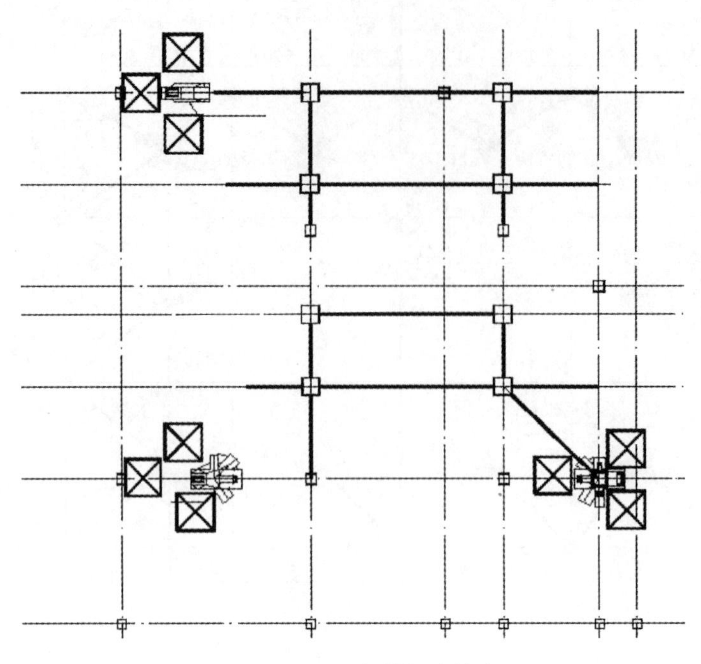

图 17-43 A 区上部铸钢支撑布置

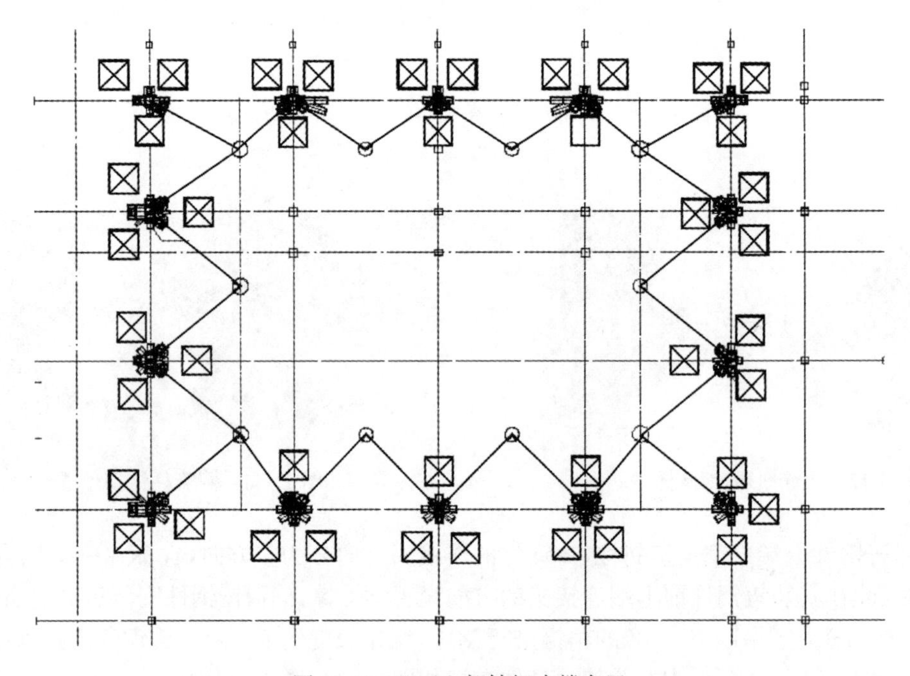

图 17-44 B 区上部铸钢支撑布置

2)铸钢件安装

铸钢件安装前,根据施工图纸标出铸钢件的方向,清理铸钢件下部的坡口,根据铸钢件的样式计算出铸钢件重心点,并在铸钢件上焊接 3 个吊装耳板,2 个吊装耳板直接用卡环和钢丝绳绑扎,另外一个吊装耳板通过一个 10 t 的葫芦和钢丝绳进行绑扎。10 t 葫芦主要起调节作用,调节铸钢件的方向,确保铸钢件在吊装过程中的整体面呈水平状态,避免受力不均造成铸钢件的偏斜。铸钢件安装除下部箱形铸钢件重量塔吊不能满足吊装要求,需要在配备 300 t 汽车吊,由汽车吊和塔吊配合进行双机协同作业外,其余的均采用塔吊单机械安装。铸钢件吊装耳板见图 17-45。

由于铸钢件的造型复杂,铸钢件表面光滑和接头位置操作空间有限,为确保操作人员进行铸钢件上端斜柱的安装及测量校正、焊接,因此在吊装前要在铸钢件接头位置处先行搭设好操作平台,操作平台采用脚手架管搭设,铺设走道板。操作平台搭设完成后经检查合格才能开始进行铸钢件的吊装。操作平台搭设示意如图 17-46 所示。

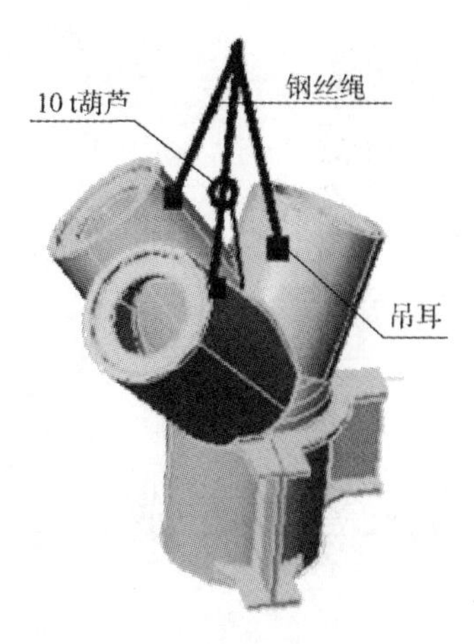

图 17-45　铸钢件吊装

图 17-46　铸钢件操作平台

(10)桁架安装

1)2-J～2-A 轴连接结构安装部署(A2 区)

①A2 区桁架安装概况

2-J～2-A 轴间主桁架共 6 榀,单片桁架最重约 90 t。轴间桁架跨度 30 m,截面高度 2.5～2.8 m,杆件分段运输,现场拼装成整体吊装。拼装采用卧式拼装,吊装时主桁架下部设置临时支撑架。主桁架的吊装采用 160 t 履带吊进行,次桁架及钢梁的吊装选用 80 t 汽车吊进行。

②安装流程

A2 区八层结构吊装完成第一榀桁架再进行三层 2-J、2-H 轴桁架吊装,三层桁架施工完成后再吊装五层、六层钢柱和钢梁施工(图 17-47)。

A2 区八层结构施工完成第二、三、四榀桁架再进行对应下方三层桁架施工,三层桁架施工完成后最后进行五层、六层钢柱、钢梁施工,依次完成 A2 区施工(图 17-47)。

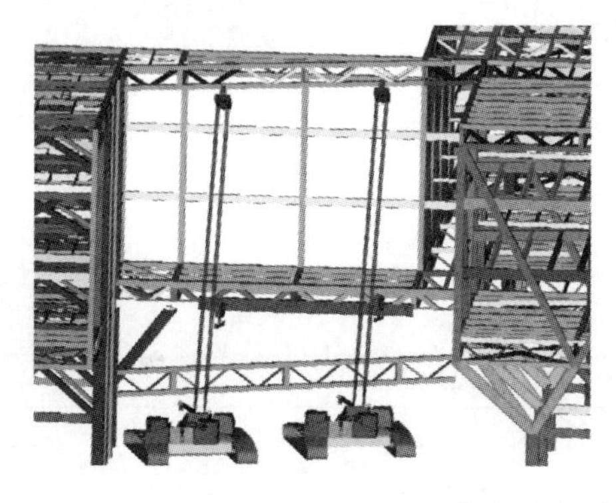
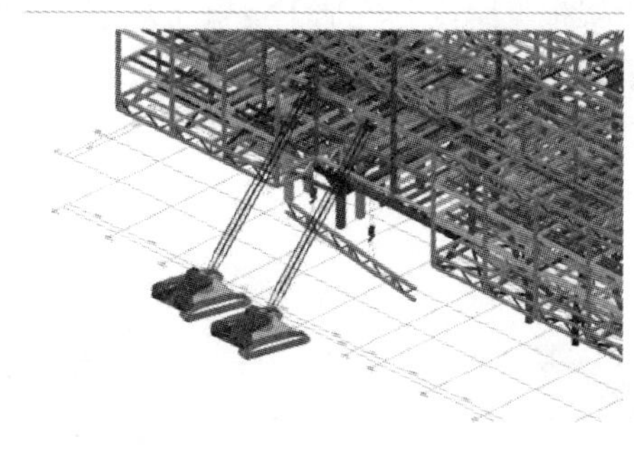

图 17-47　A2 区钢构吊装

③桁架分段

a. 2-7 轴线的 3CHJ 分八段进行加工,桁架分段情况如图 17-48 所示。

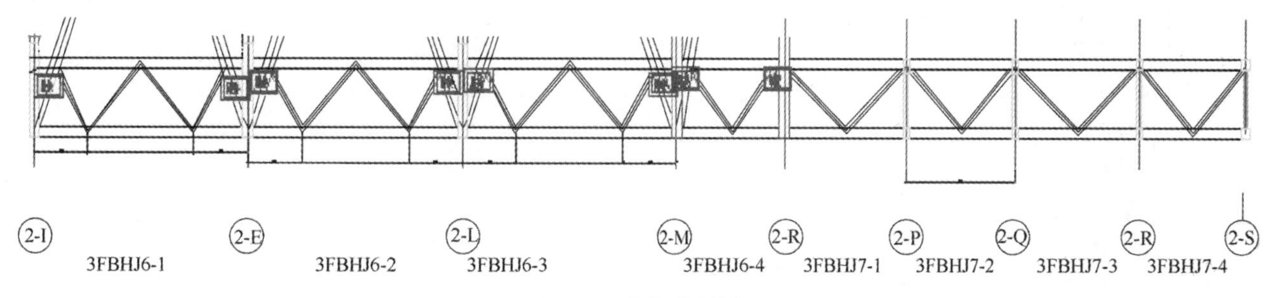

图 17-48　桁架分段情况

b. 2-H 轴线的 3ZHJ 根据轴柱的布置,分为 3 段加工,桁架分段如图 17-49 所示。

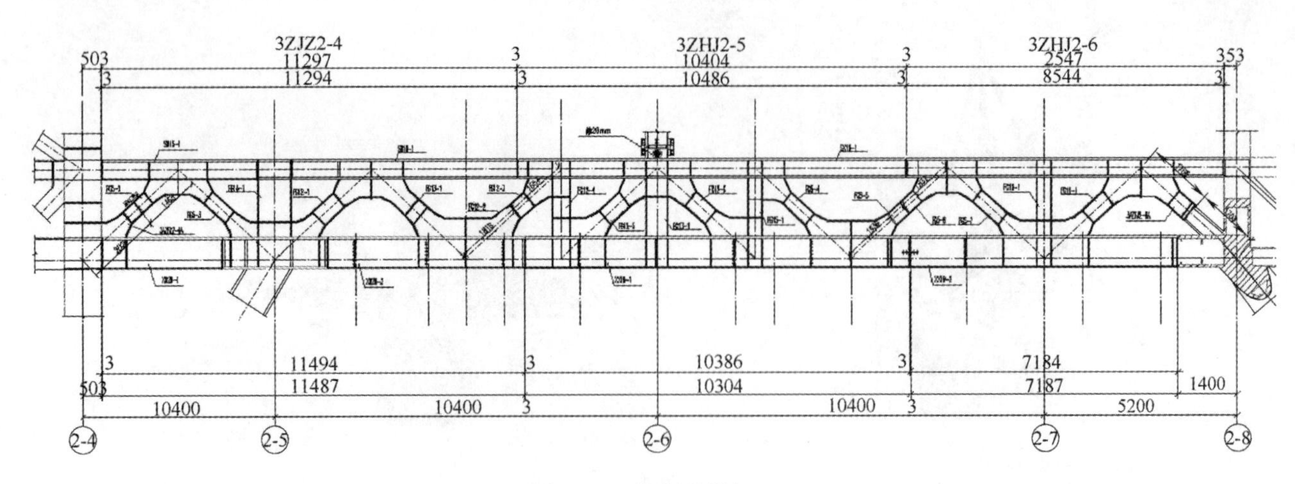

图 17-49　桁架分段加工

2)西侧悬挑结构安装部署(A3 区)

①A3 区桁架安装概况

西悬挑从 2-3 轴挑出长度为 20.8m,悬挑桁架共 25 道,最大矢高约 2.8 m。单片桁架最重约 15 t。西侧悬挑部分桁架采用分段运输,现场卧式拼装,单机整体吊装。主次桁架吊装采用 80 t 汽车吊,安装时下设置支撑体系进行稳定。

②安装流程(图 17-50)

a. A3 区悬挑两侧结构,按楼层依次施工。

b. A3 区中间区域先施工八层结构,根据八层桁架安装进度,再插入施工三层结构,最后施工五层、六层结构,依次完成施工。

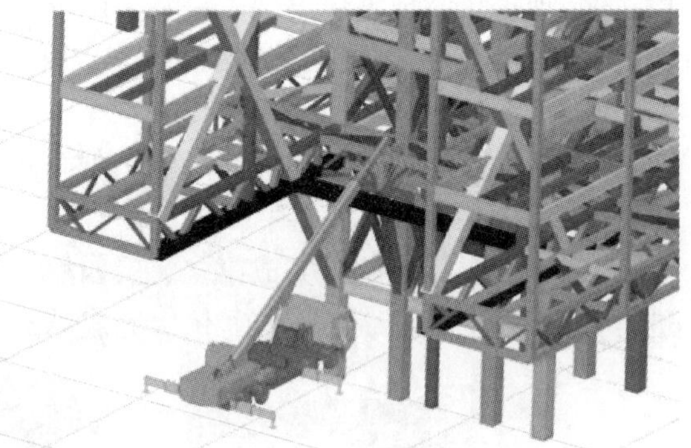

图 17-50　A 悬挑吊装

③桁架分段

悬挑结构桁架根据跨度分段加工运输至现场,其他小跨度桁架在加工厂整片加工运输至施工现场,如图 17-51 所示。结构间次桁架根据主桁架与钢柱的间距,分段进行吊装。

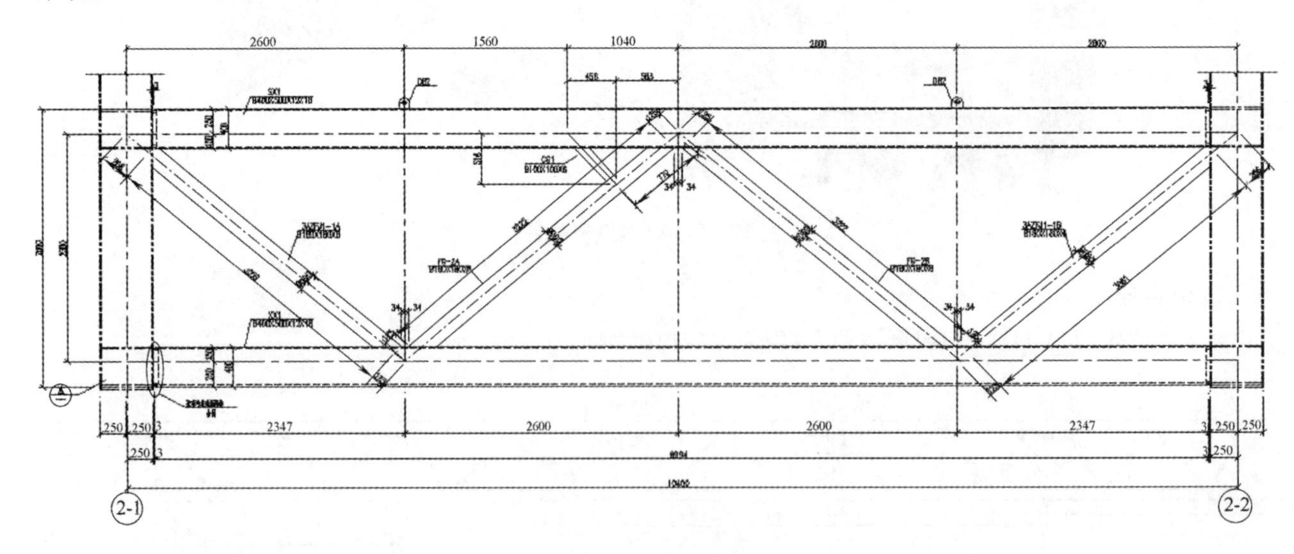

图 17-51　桁架分段

3)2-7～2-13 轴屋盖结构安装部署(C2 区)

①C2 区桁架安装概况

2-7～2-13 轴线间桁架结构,跨度最大 44.2 m,桁架矢高最高约 2.8 m。大跨度主桁架主要采用 160 t 履带吊双机抬吊,纵横向主桁架形成整体稳定体系后按单元格进行次构件安装。八层桁架施工时先安装数字轴线上主桁架，后安装字母轴线纵向次桁架，最后安装单元格内次梁。

②安装流程

C2 区 2-8 轴线主桁架开始施工，因此施工采用先施工一榀三层桁架，然后再施工一榀八层与之对应的桁架，由西往东倒退施工，施工过程中插入钢梁的安装（图 17-52）。

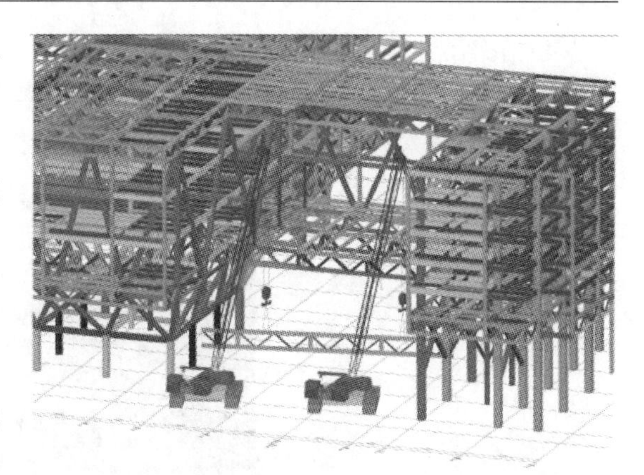

图 17-52　C 区钢构吊装

③桁架分段

a. 桁架（八层桁架为例）吊装分段情况如图 17-53 所示。

b. 三层、八层桁架分布情况基本一致。

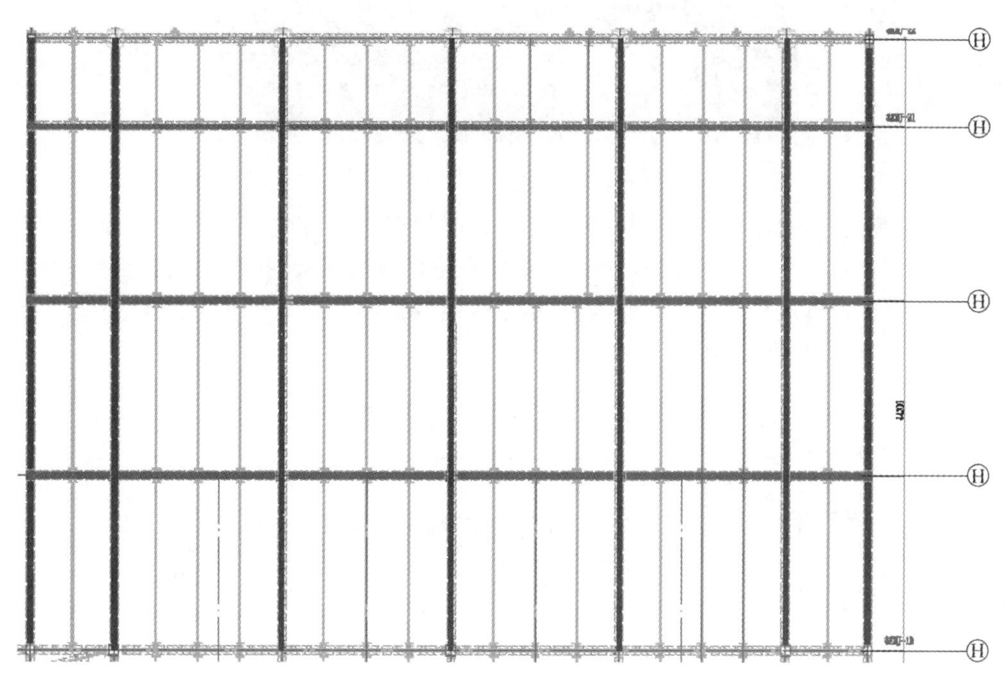

图 17-53　八层桁架钢构吊装

c. 轴线间纵向标记 8ZHJ-39、8ZHJ-40、8ZHJ-41、8ZHJ42、8ZHJ43 分三段吊装，单榀跨度最大 85.6 m，散件加工运输，现场拼装后整体进行吊装。

d. 轴线间横向桁架 8ZHJ-19、8ZHJ-20、8ZHJ-21，矢高最大 2.8 m，根据主桁架的间距进行分段。典型桁架示意如图 17-54 所示。

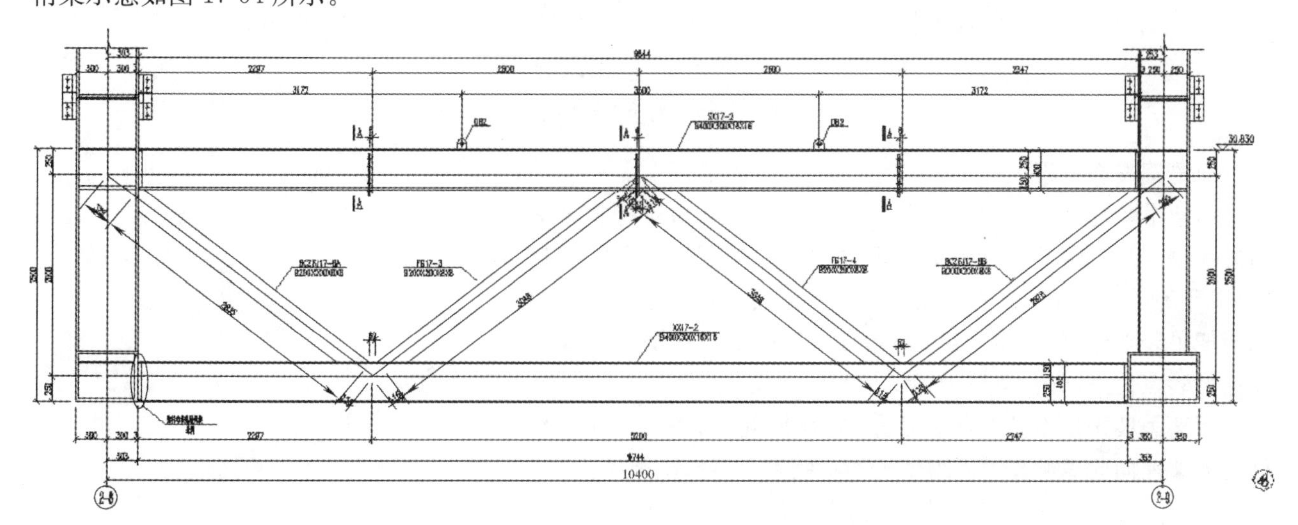

图 17-54　桁架分段

4)桁架吊装准备

本工程桁架多分布在筒体外，属于悬挑结构，安装时在其下方设置钢支撑，钢支撑采用钢格构柱，选用L140×12的角钢进行制作，长度约7.8 m。支撑胎架的大样如图17-55所示。

图17-55　桁架支撑胎架示意图

5)本工程桁架安装选用两点吊法进行起吊，桁架制作时根据工艺、运输条件作分段处理。考虑到在安装过程中便利及施工作业人员操作连贯性，桁架尽量安排原位拼装后吊装，拼装胎架共设置12组(A2区、C2区各设置6组)，桁架拼装布置在履带吊作业区域，桁架拼装成整体后最重达90 t，需对桁架拼装胎架下设钢板分散荷载。桁架拼装胎架示意如图17-56所示。

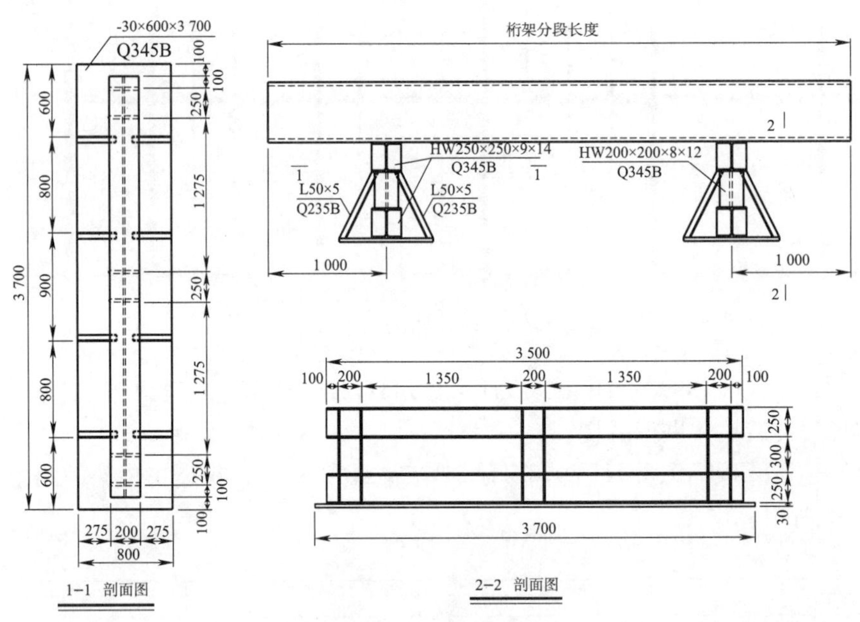

图17-56　桁架拼装胎架

6)桁架安装流程

桁架吊装前，预先在桁架下方设置支撑胎架，清理掉桁架表面的杂物，焊缝处打磨平整同时补刷油漆。检查吊车、钢丝绳、卸扣、卡环等是否合格。检查合格后履带吊通过地面行走路线行进到桁架吊装点位附近，钢丝绳、卸扣和卡环由施工人员用小车运输道吊装点位。如图17-57所示。

图17-57　桁架起吊

桁架吊装采用双机抬吊。起吊时，缓慢起勾，然后吊机平缓移动桁架前向脱离胎架。不得使桁架在胎架上有拖拉现象。

桁架安装时，高空安装人员预先到达操作平台上就位。操作人员必须穿戴好安全带，安全带钩挂在操作平台上。桁架吊运至安装点位上方 1200 mm 位置处时，安装人员进行初步对位，然后履带吊继续缓慢下钩，此时安装人员边对位置边进行桁架位置调整，待桁架完全就位开始焊接码板，临时固定桁架进行校正、焊接下步工序。

(11)楼层钢梁安装

1)安装概况

规划馆楼层钢梁显著特点为数量多、吨位小，主要分布在各楼层间。框架梁采用焊接 H 型截面，尺寸最大为 H 1400×400×25×40。钢梁跨度最大 20 m，重量最重约 15 t。典型构件示意如图 17-58 所示。

图 17-58　楼层钢梁

2)吊装准备

①吊装前，对钢梁定位轴线、标高、钢梁的标号、长度、截面尺寸、螺孔直径及位置、节点板表面质量等进行全面复核，符合要求后，才能进行安装。

②用钢丝刷清除摩擦面上的浮锈保证连接面上平整，无毛刺、飞边、油污、水、泥土等杂物。

③节点连接用的螺栓，按所需数量装入帆布包内捆扎在梁端节点处，一个节点用一个帆布包。

④次梁梁端与主梁连接处设置码板。

3)吊装方法

楼层钢梁安装与钢梁所在区间的桁架安装穿插进行，超长的钢梁采用分段制作，现场拼装后就近吊装的方法安装，钢梁的拼装及吊装采用汽车吊结合塔吊进行。

①确定好钢梁的安装位置后，将梁吊至安装点处缓慢下降使梁平稳就位，等梁与牛腿对准后，用冲钉穿孔作临时就位对中，并将另一块连接板移至相对位置穿入冲钉中，将梁两端打紧逼正，节点两侧各穿入不少 1/3 的普通螺栓临时加以紧固。

②每个节点上使用的临时螺栓和冲钉不少于安装总孔数的 1/3，临时螺栓不少于两套，冲钉不宜多于临时螺栓的 30%。

③调节好梁两端的焊接坡口间隙，并用水平尺校正钢梁与牛腿上翼缘的水平度达到设计和规范规定后，拧紧临时螺栓，将安全绳拴牢在梁两端的钢柱上。

④在完成一个独立单元柱与主梁的安装后，即可进行次梁和小梁的安装。为了加快吊装速度次梁可以采用串吊的方法进行，钢梁长度适中时，吊装采用一台汽车吊完成，吊点设置在钢梁 1/3 分段点处。拼装完成后钢梁跨度较大，采用两台汽车吊进行抬吊，设置 4 个吊点，保证吊装合力方向延长线与钢梁 1/3 分段点相交。钢梁吊运如图 17-59 所示。

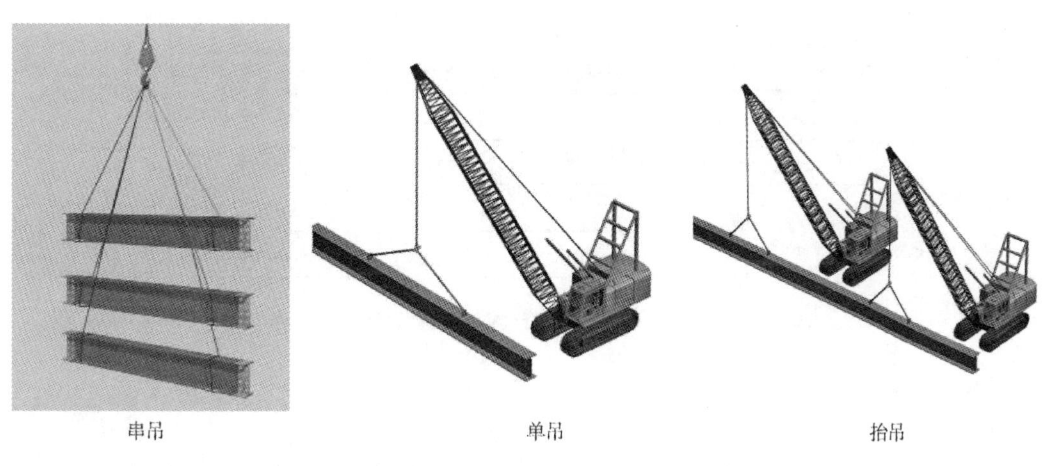

图 17-59　钢梁吊运示意图

⑤在任何一个单元钢柱与梁安装时，必须跟着校正柱子，柱间主梁调整校正完毕后，将各节点上安装螺栓拧紧，使各节点处的连接板贴合好，以保证更换高强度螺栓的安装要求。

4)钢梁安装注意事项

①钢梁的吊装顺序应严格按照钢柱的吊装顺序进行，及时形成框架，保证框架的垂直度，为后续钢梁的

安装提供方便。

②处理产生偏差的螺栓孔时，只能采用绞孔机扩孔，不得采用气割扩孔的方式。

③安装时应用临时螺栓进行临时固定，不得用高强螺栓代替安装螺栓直接穿入。

④安装后应及时拉设安全绳，以便于施工人员行走时挂安全带确保施工安全。

(12)高强螺栓安装

本工程采用 10.9 级摩擦型连接高强度螺栓，产品选用扭剪型高强度螺栓及连接副。

高强度螺栓孔必须精密钻制，钻孔精度应为 H15 级，孔径允许偏差应符合规范要求，保证高强度螺栓自由穿入螺栓孔，孔径比螺栓公称直径 d 大 1.5～2.0 mm。严禁打入，若需扩孔应用铰刀扩孔，一个节点中的扩孔数不得多于该节点孔数的 1/3，扩孔直径不得大于原孔径 2 mm。严禁用气割扩孔。

高强度螺栓连接摩擦面的加工处理，可采用喷砂、抛丸等方法，处理好的摩擦面不得有飞边、毛刺、焊疤、污损等，不允许涂漆，并采取防油污和损伤的保护措施。制作时同时进行抗滑移试验，并出具试验报告。

在运输、存放时需保证摩擦面喷砂效果符合要求。出厂时应按批附 3 套与构件相同材质相同处理方法的试件。安装前复验抗滑移系数，合格后再进行高强度螺栓组装，并不得在雨中作业。

高强螺栓安装前，节点采用普通螺栓进行临时固定，待测量校正后拆除普通螺栓，以高强螺栓代替。

1)施工工艺流程

高强络酸施工工艺流程如图 17-60 所示。

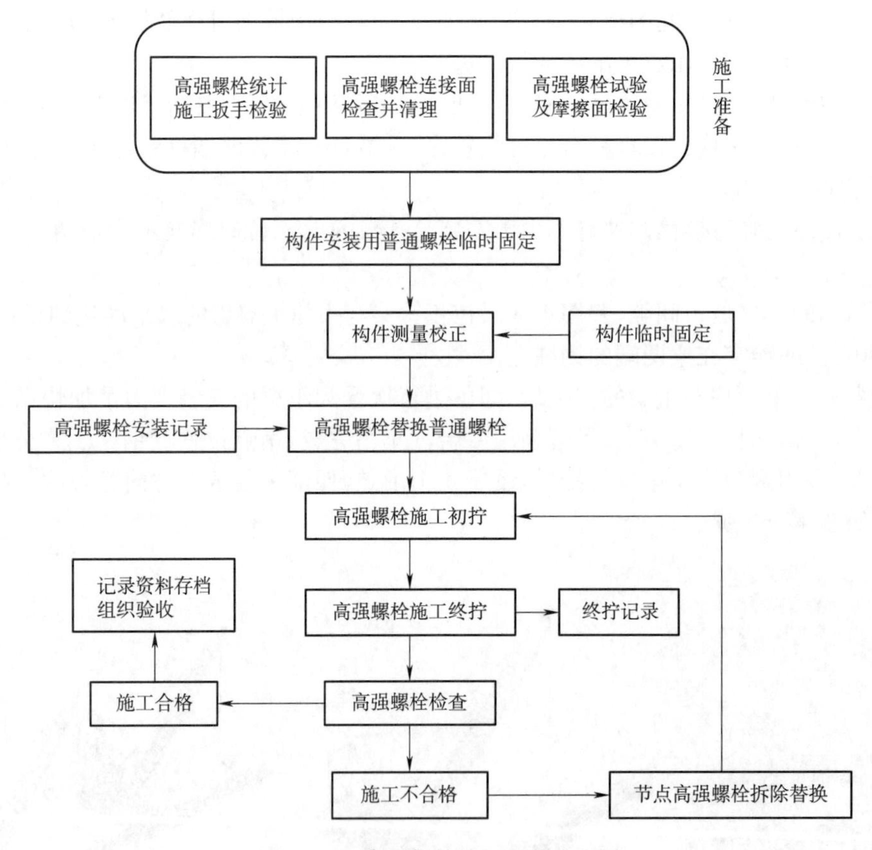

图 17-60　高强螺栓施工工艺流程图

2)螺栓进场与复检

①螺栓进场

a. 所有螺栓均按规格型号分类储放，妥善保管，避免因受潮、生锈、污染而影响其质量。开箱后的螺栓不得混放、串用，做到按计划领用。施工未完的螺栓要及时回收。

b. 高强螺栓连接副的螺栓楔负载、螺栓保证载荷、螺母、垫圈硬度在工厂进行。连接副的紧固轴力平均值由制作单位在工厂进行。

c. 以同一材料、炉号、螺纹规格、长度划分检验批进行进场复验。其中当长度≤100 mm 时，长度相差≤15 mm，螺纹长度>100 mm 时，长度相差≤20 mm，可按一长度进行检验批划分复验。

②螺栓复验

a. 连接副供货的最大批量为3000套，每批抽取八套进行轴力试验。

b. 滑移系数以钢构件制造批为单位，分别在制造厂和现场进行，每批取三组进行检验。工地进行的摩擦面系数检验，由制造厂按规范提供试件。

c. 试件与所代表的构件应为同一材质、同一摩擦面处理工艺和具有相同的表面状态，同批制造使用同一性能等级、同一直径的高强螺栓连接副。

d. 摩擦面抗滑移系数试验结果不符合设计规定时，该批构件的摩擦面应重新处理复检，合格后方可进行钢构件的安装。

e. 抗滑移系数试验应采用双摩擦面的两栓拼接的拉力试件。

f. 试件钢板的厚度 t_1、t_2 应根据钢结构工程中有代表性的板材厚度来确定，宽度 b 可以参照表17-7规定取值。试件长度应根据试验夹具的要求确定。

表17-7　试件钢板宽度

螺栓直径 d	16	20	22	24	27	30
板宽 b	100	100	105	110	120	120

3)施工注意事项

①临时螺栓安装注意事项(表17-8)

表17-8　临时螺栓安装注意事项

序号	临时螺栓安装注意事项
1	临时螺栓的数量不得少于本节点螺栓安装总数的30%且不得少于2个临时螺栓
2	组装时先用橄榄冲对准孔位，在适当位置插入临时螺栓，用扳手拧紧
3	不允许使用高强螺栓兼作临时螺栓，以防损伤螺纹引起扭矩系数的变化
4	一个安装段完成后，经检查确认符合要求方可安装高强度螺栓

②高强螺栓安装注意事项(表17-9)

表17-9　高强螺栓安装注意事项

序号	高强螺栓安装注意事项
1	装配和紧固节头时，应从安装好的一端或刚性端向自由端进行。高强螺栓的初拧和终拧，都要按照紧固顺序进行：从螺栓群中央开始，依次向外侧进行紧固
2	同一高强螺栓初拧和终拧的时间间隔，要求不得超过一天
3	雨天不得进行高强螺栓安装，摩擦面上和螺栓上不得有水及其他污物，并要注意气候变化对高强螺栓的影响
4	制作厂制作时在节点部位不应涂装油漆
5	安装前应对钢构件的摩擦面进行除锈
6	螺栓穿入方向一致，并且品种规格要按照设计要求进行安装
7	终拧检查完毕的高强螺栓节点及时进行油漆封闭

③高强螺栓检测(表17-10)

表17-10　高强螺栓检测

序号	高强螺栓检测
1	本工程所使用的螺栓均应按设计及规范要求选用其材料和规格，保证其性能符合要求
2	连接副的紧固轴力和摩擦面的抗滑移系数试验试验制作单位在工厂进行。同时由制造厂按规范提供试件，安装单位在现场进行摩擦面的抗滑移系数试验
3	连接副复验用的螺栓应在施工现场待安装的螺栓批中随机抽取，每批应抽取数量应按规定抽取足量试件进行复验
4	连接副预拉力可采用经计量检定、校准合格的轴力计进行测试
5	试验用的电测轴力计、油压轴力计、电阻应变仪、扭距扳手等计量器具，应在试验前进行标定，其误差不得超过2%

④高强螺栓安装施工检查(表 17-11)

表 17-11　高强螺栓安装施工检查

序号	安装施工检查
1	指派专业质检员按照规范要求对整个高强螺栓安装工作的完成情况进行认真检查，将检验结果记录在检验报告中，检查报告送到项目质量负责人处审批
2	扭剪型高强螺栓终拧完成后进行检查时，以拧掉尾部为合格，同时要保证有 2～3 扣以上的余丝露在螺母外圈。对于因空间限制而必须用扭矩扳手拧紧的高强螺栓，则使用经过核定的扭矩扳手用转角法进行抽验
3	如果检验时发现螺栓紧固强度未达到要求，则需要检查拧固该螺栓所使用的板手的拧固力矩(力矩的变化幅度在 10%以下视为合格)
4	高强螺栓安装检查在终拧 1 h 以后、24 h 之前完成
5	大六角头高强度螺栓，先用小锤敲击法进行普查，以防漏拧。然后对每个节点螺栓数的 10%进行扭矩检查(用转角法进行)
6	如果检查不符合规定，应再扩大检查 10%，若仍有不合格者，则整个节点的高强度螺栓应重新拧紧

(13)钢结构焊接

1)焊接概况

本工程现场焊接部位主要有钢管对接、箱型钢柱对接、钢桁架焊接，其中部分接头焊接难度较大。焊缝形式有横焊、平焊、立焊、仰焊等。本工程主体结构面广、空间位置高、焊接量大，焊接变形控制是本工程的一大重点。

①焊接接头分布(表 17-12)

表 17-12　焊接接头分布

焊缝部位	主要接头焊接形式	板厚(mm)	最大截面形状示意图	最大焊接截面尺寸
钢管柱	横焊 平焊 立焊 仰焊	50、25 20、30、34 25		圆钢管 ϕ1200×50
矩形箱型柱	横焊 平焊 立焊 仰焊	50、26 12、25		箱型 1000×1000×50
桁架主杆件	平焊 立焊 仰焊	8、16、20		箱型 500×600×20
桁架次杆件	平焊 立焊 仰焊	8		箱型 200×200×8
焊接工字型钢梁	平焊 立焊 仰焊	6、8、10、16、20、34		工字型 1100×350×20×34

②焊接方法及焊接设备选择

本工程现场焊接主要采用 CO_2 气体保护半自动焊、手工电弧焊两种方法。主要使用焊接设备示意见表 17-13。

表17-13　主要使用焊接设备

交直流电焊机	二氧化碳焊机	熔焊栓钉机	等离子切割机
焊条烘箱	空压机	半自动切割机	红外线测温仪
超声波探伤仪	焊缝检测工具箱	焊缝量规	二氧化碳流量计
等离子切割枪	碳弧气刨枪	二氧化碳电弧焊枪	焊条保温筒

2)焊接材料的选择

焊接材料根据要求采用以下匹配焊材：

手工电弧焊焊条型号见表17-14。

二氧化碳气体保护焊丝见表17-15。

表17-14　手工电弧焊焊条型号

材质	Q235B	Q345B、GS-20Mn5N
选用型号	E4315、E4316	E5015、E5016

表17-15　二氧化碳气体保护焊丝

材质	Q235B	Q345B、GS-20Mn5N
选用型号	ER49-1	ER50-3

3)焊工培训与焊工考试

①焊工培训与考试

由于每个工程所使用的钢材材质有所差异，结构的设计特点也不一样，现场开始焊接之前还需要针对工程的具体情况，对合格焊工进行培训并进行技术交底，让他们了解本工程的焊接工艺，避免盲目作业造成质量事故。

按照《建筑钢结构焊接技术规程》(JGJ81—2002)的焊工考试规定，焊工应进行培训与考核，只有取得合格证的焊工才能进入现场施焊。

②焊接技术交底

工程正式开工前必须进行充分的施工技术交底，每位焊工必须熟悉焊接工艺评定确定的最佳焊接工艺参数和注意事项，并且严格执行技术负责人批准的焊接技术要求，以保证焊缝的质量和焊接施工的顺利完成。

4)现场焊接工艺评定

在施工前要进行焊接工艺评定，评定的目的是针对各种类型的焊接节点确定出最佳焊接工艺参数，制定完整、合理、详细的工艺措施和工艺流程。

5)焊接工艺评定程序(表 17-16)

表 17-16 焊接工艺评定程序

序号	焊接工艺评定程序
1	由技术员提出焊接工艺评定任务书(焊接方法、试验项目和标准)
2	焊接责任工程师审核任务书并拟定焊接工艺评定指导书(焊接工艺规范参数)
3	焊接责任工程师依据相关国家标准，监督试件施焊及试件的检验、测试等工作
4	焊接试验室责任人负责评定送检试样的工作，并汇总评定检验结果，提出焊接工艺评定报告
5	焊接工艺评定报告经焊接责任工程师审核，企业技术总负责人批准后，正式作为编制指导生产的焊接工艺的可靠依据
6	焊接工艺评定所用设备、仪表应处于正常工作状态；钢材、焊材必须符合相应标准，试件应由本企业持有合格证书技术熟练的焊工施焊

6)工况准备

①焊接条件(表 17-17)

表 17-17 焊接条件

序号	焊接条件
1	下雨时露天不允许进行焊接施工，如须施工必须进行防雨处理，在焊接作业区域设置防雨、防风措施
2	在外界温度小于 0 ℃时，需对焊口两侧 75 mm 范围内预热至 30～50 ℃
3	若焊缝区空气湿度大于 85%，应采取加热除湿处理
4	焊缝表面干净，应无浮锈、无油漆、无水分
5	采用手工电弧焊作业(风力大于 5 m/s)和 CO_2气体保护焊(风力大于 2 m/s)作业时，未设置防风棚或没有防风措施的部位严禁施焊作业

②准备工作(表 17-18)

表 17-18 准备工作

名称	内　容
焊前清理	正式施焊前应清除焊渣、飞溅等污物。定位焊点与收弧处必须用角向磨光机修磨成缓坡状且确认无未熔合、收缩孔等缺陷
电流调试	1. 手工电弧焊：不得在木材和组对的破口内进行，应有试弧板上分别做短弧、长弧、正常弧长试焊，并核对极性。 2. 二氧化碳气体保护焊：应在试弧板上分别做焊接电流、电压、收弧电流、收弧电压对比调试
气体检验	核定气体流量、送气时间、滞后时间，确认气路无阻滞、无泄露
焊接材料	1. 本工程所需的焊接材料和辅材均有质量合格证书，施工现场设置专门的焊材存储场所，分类保管。 2. 焊条使用前均须进行烘干处理

7)焊接流程

焊接过程中要始终进行结构标高、水平度、垂直度的监控，发现异常，应及时暂停，通过改变焊接顺序和进行加热校正等处理方法，使焊接结构能够满足设计要求。流程见表 17-19。

表 17-19　焊接流程表

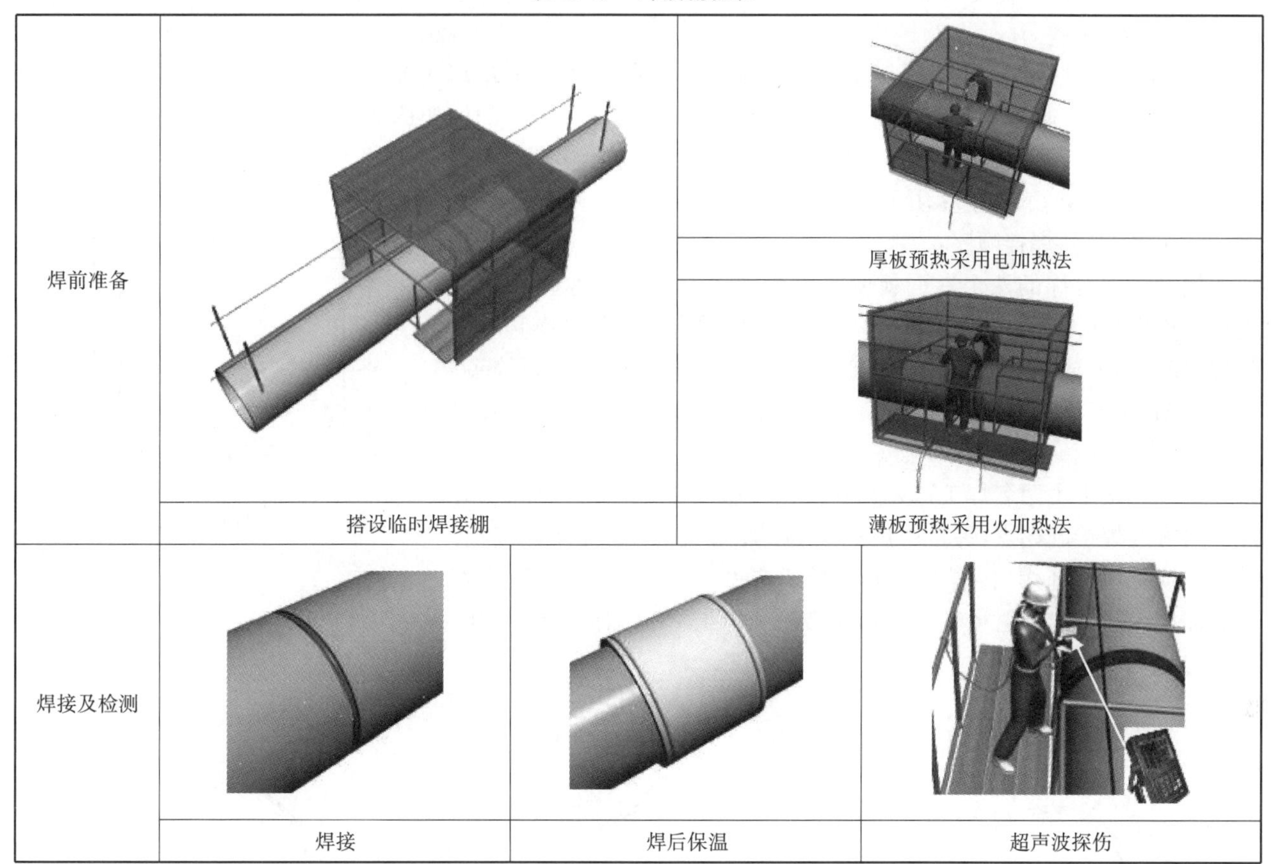

焊前准备	搭设临时焊接棚	厚板预热采用电加热法	薄板预热采用火加热法
焊接及检测	焊接	焊后保温	超声波探伤

①焊接接头形式及焊接顺序

a. 焊接部位及坡口形式

本工程焊接部位主要为柱-柱节点、梁-梁节点、桁架拼装节点。箱型柱、梁对接接头如图 17-61 所示。

图 17-61　箱型柱、梁对接接头示意图

b. 本工程焊缝形式主要为全熔透焊缝，构件板材较厚，箱型柱最厚板材为 50 mm 厚，型钢梁最厚板材为 40 mm 厚。以上部位的焊接工作均应在校正固定完毕(钢柱)或高强螺栓施工完毕(钢梁)后进行。

c. 施工中柱与柱、梁与柱、桁架与柱的施焊顺序，须遵循下述原则：

(a)就整个框架而言，柱、梁等刚性接头的焊接施工，应从整个结构的中部施焊，先形成框架而后向左、右扩展续焊。

(b)对柱、梁而言，应先完成全部柱的接头焊接。焊接时无偏差的柱，严格遵循两人对向同速。有偏差的地方，应按向左倒、右先焊，向右倒、左先焊的顺序施焊，确保柱的安装精度，然后自每一节的上一层梁始焊。进入梁焊接时，应尽量在同一柱左、右接头同时施焊，并先焊上翼缘板，后焊下翼缘板。对于柱间平梁，应先焊中部柱一端接头，不得同一柱间梁两处接头同时开焊。对于分别具有柱间平梁和层间斜支撑梁的转角柱，按柱接头→平梁接头→斜支撑梁上部接头→斜支撑梁下部接头顺序，而后逐层下行。

(c)焊接过程，要始终进行柱梁标高、水平度、垂直度的监控，发现异常，应及时暂停，通过改变焊接顺序和加热校正等特殊处理。特别在焊接完层间斜支撑梁上部接头，进行下接头焊接前，和施焊完柱间水平连梁一端接头进行另一端接头焊接前，必须对前一接头焊后收缩数据进行核查，对于应该完成的焊后收缩而未完成,应查明原因,采取促使收缩、释放等措施,不因本应变形较大的未变形、本应收缩值很低的产生较大收缩导致结构安装超差。

(d)本工程现场焊接主要采用手工电弧焊、CO_2气体保护半自动焊两种方法。焊接施工按照先柱后梁、先主梁后次梁的顺序,分层分区进行,保证每个区域都形成一个空间框架体系,以提高结构在施工过程中的整体稳定性,便于逐区调整校正,最终合拢,这在施工工艺上给高强螺栓的先行固定和焊接后逐区检测创造了条件,而且减少了安装过程中的累积误差。

d. 箱形柱-柱焊接顺序:

箱形柱中对称的两个柱面板要求由两名焊工同时对称施焊。首先在无连接板的一侧焊至1/3板厚,割去柱间连接板,并同时换侧对称施焊,接着两人分别继续在另一侧施焊,如此轮换直至焊完整个接头。具体如图17-62所示。

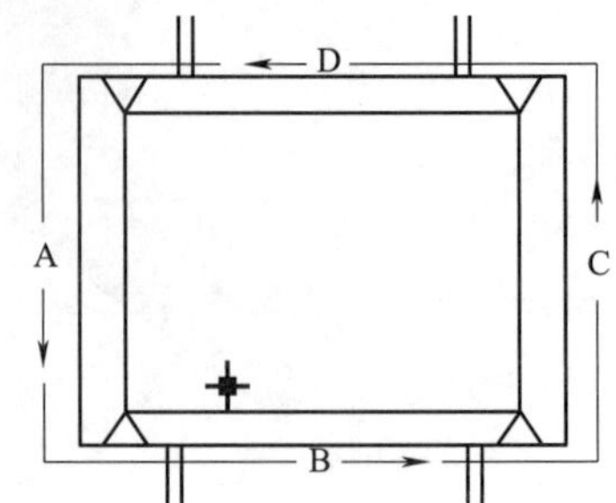

图17-62 箱形柱-柱焊接顺序

(A)、(C)焊到1/3板厚→割耳板式(B)、(D)焊到1/3板厚(A)、(B)、(C)、(D)或(A)+(B)、(C)+(D)。

e. 圆柱-柱和桁架弦杆节点焊接顺序:

圆柱焊接中由两名焊工选择相对的两耳板所在点同时对称施焊。焊至对方的焊接起始点,焊接厚度达到1/3板厚时,割去柱间连接板,并同时换侧对称施焊,接着两人分别继续在另一侧施焊,如此轮换直至焊完整个接头。当管径较厚时可采取三人、四人对称焊。具体如图17-63所示。

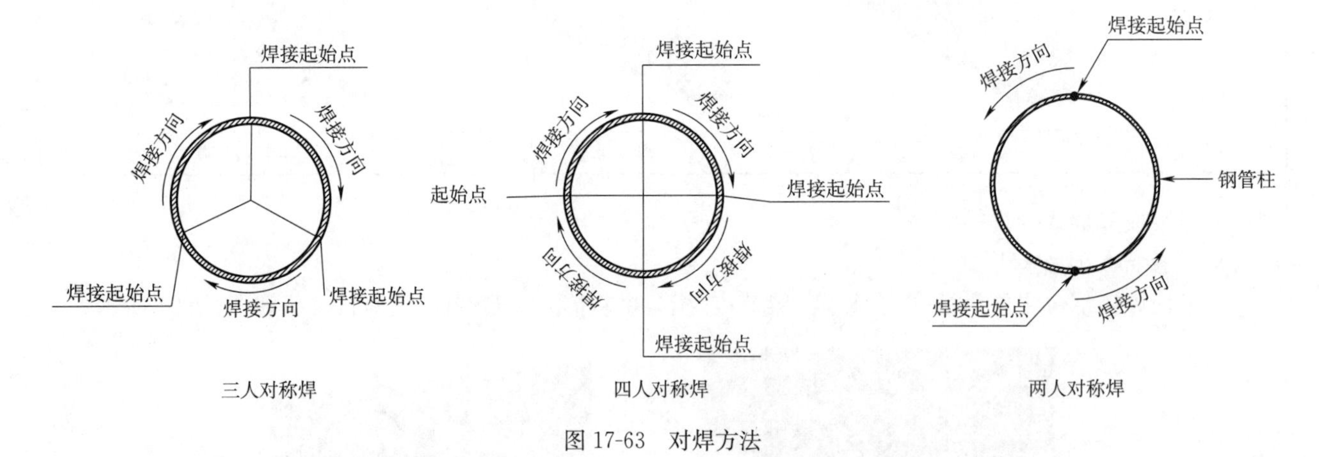

图17-63 对焊方法

圆管柱焊接顺序采用栓焊混合连接形式,即腹板采用高强螺栓连接,翼板为全熔透连接。翼缘的焊接顺序一般采用先焊下翼缘后焊上翼缘。翼板厚度大于30 mm时宜上、下翼缘轮换施焊。柱-梁节点上对称的两根梁应同时施焊,而一根梁的两端不得同时施焊作业。

8)焊接变形的控制

①下料、装配时,根据制造工艺要求,预留焊接收缩余量,预置焊接反变形。

②在得到符合要求的焊缝的前提下,尽可能采用较小的坡口尺寸。

③装配前,矫正每一构件的变形,保证装配符合装配公差表的要求。

④使用必要的装配和焊接胎架、工装夹具、工艺隔板及撑杆等刚性固定来控制焊后变形。

⑤在同一构件上焊接时,应尽可能采用热量分散,对称分布施焊。

⑥采用多层多道焊代替单层焊。

⑦双面均可焊接操作时,要采用双面对称坡口,并在多层焊时采用与构件中性轴对称的焊接顺序。

⑧T形接头板厚较大时采用开坡口角对接焊缝。

⑨对于长构件的扭曲,使坡口角度和间隙准确,电弧的指向或对中准确,以使焊缝角变形和翼板及腹板纵向变形值沿构件长度方向一致。

⑩在焊缝众多的构件组焊时或结构安装时,选择合理的焊接顺序。

9)高空焊接的质量安全控制

现场高空焊接工序是本工程结构施工的一道关键工序,其质量的好坏直接影响到工程的质量,从目前钢结构焊接施工所发生的质量事故分析看，大多在焊缝及热影响区。保证现场焊接质量应从焊接工艺制订、材料采购、资源配置、焊接施工、焊接检验等方面加大管理和监控的力度。

①现场采取“以构件组合成块、成片吊装为主，以散件吊装为辅”的吊装方法，在地面最大限度地进行构件组合，尽可能地减少高空拼装焊接量。

②单元主梁结构面的焊接顺序，先焊主约束，后焊次约束的方法，即先焊主梁拼接段，后焊主梁与铸钢节点的连接，再焊主梁与次梁的连接节点，最后焊接次梁与次梁的连接节点。

③接头拼装后，考虑工件尺寸，采取两人对称焊，都以仰焊部位起弧，以平焊部位收弧，按照仰焊→侧爬焊→侧立焊→立平焊→平焊的顺序进行。

对接头水平方向的焊接变形控制，采用双人对称均速、多层、多道焊接。

对接头垂直方向的焊接变形控制，因先后焊接对各部位的收缩量不同，一般上壁比下壁收缩量大 1.5～2.3 mm，端头中心下降约 0.5～1.2 mm，这样，可在拼装时预先将安装标高提高 2～3 mm 来进行控制。

④重要节点跟踪监测监控：焊缝在外观检查合格的前提下，经焊后≥24 h 冷却使钢材晶相组织稳定后，按设计要求对焊缝进行超声波无损检测，执行 GB 11345—89 钢焊缝手工超声波探伤方法和结果分级，规定的检验等级并出具探伤报告。为确保铸钢件出现焊后撕裂现象的及时发现，将对具有代表性的重要承力节点进行跟踪复查、监控。监控点计划 24 h 进行一次，共约 30 天，每日均须出具复检结果。

⑤搭设装配式防风棚：在焊接施工时，为了保证焊接作业在良好的作业环境下进行，在焊接施工部位搭设焊接防护棚，以防止风、雨等的侵袭。焊接防护棚要求设计成装配式整体结构，既满足整体安装的需要，又满足根据焊接部位特点进行调节的需要。

⑥在焊接区域下铺设防火布、防火棉，在焊接点挂防火盆，防止焊接火花溅落伤人 。

(14)自承式钢板施工

1)自承式钢板安装施工流程

拟定施工计划→熟悉楼层板排版图→楼层钢结构验收→楼层板打包吊运→楼层板铺设→封边板安装→绑扎附加钢筋→栓钉焊接→验收→浇筑混凝土。

2)自承式钢板堆放及吊运

①吊装及堆放

a. 堆放楼承板的地坪应基本平整，楼承板堆放不宜过高，每堆不超过 60 张。楼承板在露天堆放时，应略微倾斜放置(不宜超过 10°)，以保证水分尽快从板的缝隙中流出。楼承板触地处要加垫木，保证板材部扭曲变形(图 17-64)。

b. 吊装前，楼承板应根据排版图预先切割、编号。起吊时，每捆应有两条钢丝绳，分别捆于两端四分之一钢板长度处。宜采用专用吊具吊起。楼层板吊运如图 17-65 所示。

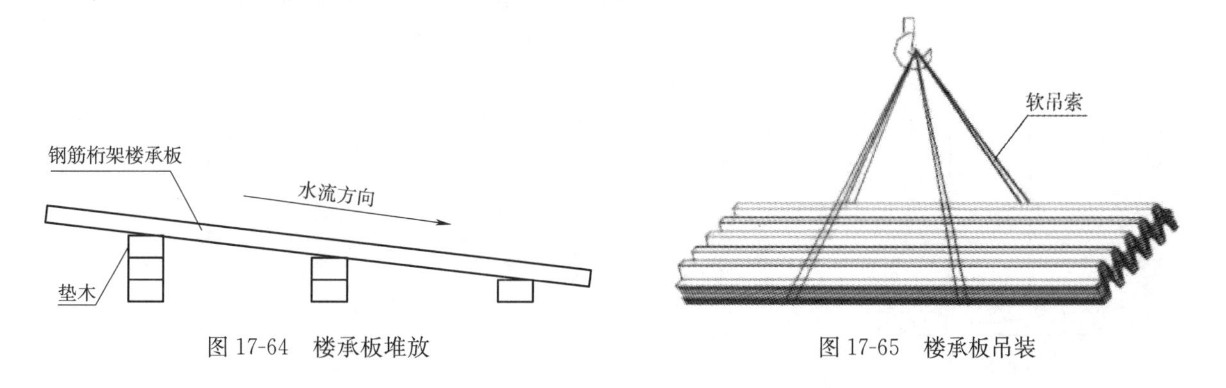

图 17-64　楼承板堆放　　图 17-65　楼承板吊装

c. 起吊前，应先行试吊，检查重心是否稳定，钢索是否会滑动，待安全可靠时方可吊起。起吊时，应从下往上楼层顺序吊料为原则，避免因先行吊放上层材料后，阻碍下面楼层的吊放作业。整叠楼承板放梁面时，应考虑梁的承载能力，避免因集中荷载过大，造成梁的变形。楼承板吊装楼层，暂不铺设时，应作可靠固定，防止飞落和滑落伤人。

②楼承板安装

a. 楼承板与主梁焊接

钢筋桁架楼承板就位后，应立即将其端部与钢梁电焊牢固，沿板宽度方向，将底模与钢梁电焊；焊接采用手工电弧焊，电焊间距≤300 mm。

b. 楼承板安装放样：先检查钢构安装尺寸，复核楼承板排版图。板与板之间的连接采用扣合方式，拉钩连接应紧密，确保在浇筑混凝土是不漏浆。楼承板以对接方式施工时，楼承板端部的基准线位于钢梁的翼板中心处。挡板施工放样，应按挡板的板长度扣除悬挑尺寸后，弹线施工。待铺设一定面积后，必须及时绑扎分布筋，以防钢筋桁架侧向失稳。

c. 边模安装

边模是阻止混凝土渗漏的关键部位，应在楼板四周及洞口位置安装并封堵好。边模封堵方法如图 17-66 所示。

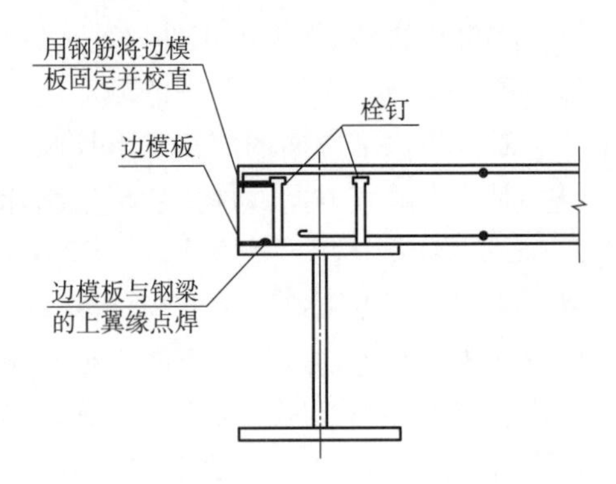

图 17-66 边模封堵方法

③楼承板现场切割

a. 所有楼承板开孔或裁切采用等离子切割机进行，切割面应力求平整。

b. 局部需要进行裁剪的压型钢板，需要充分考虑现场的实际尺寸后再进行裁剪，不得动用编排在其他部位的压型钢板。

④栓钉安装施工

a. 本工程使用专用栓钉熔焊机进行焊接施工，该设备设置专用配电箱及专用单独线路。

b. 安装前先放线，定出栓钉的准确位置，并对该点进行除锈、除漆、除油污处理，以露出金属光泽为准，并使施焊点局部平整。

c. 将瓷环摆放就位，瓷环要保持干燥。焊后要去掉瓷环，便于检查。

d. 施焊人员平稳握枪，并使枪与母材工作面垂直，然后施焊。焊后根部焊脚应均匀、饱满，以保证其强度要达到要求（采用榔头敲击栓钉成 15°～30°时，焊缝不产生裂纹）。如图 17-67 所示。

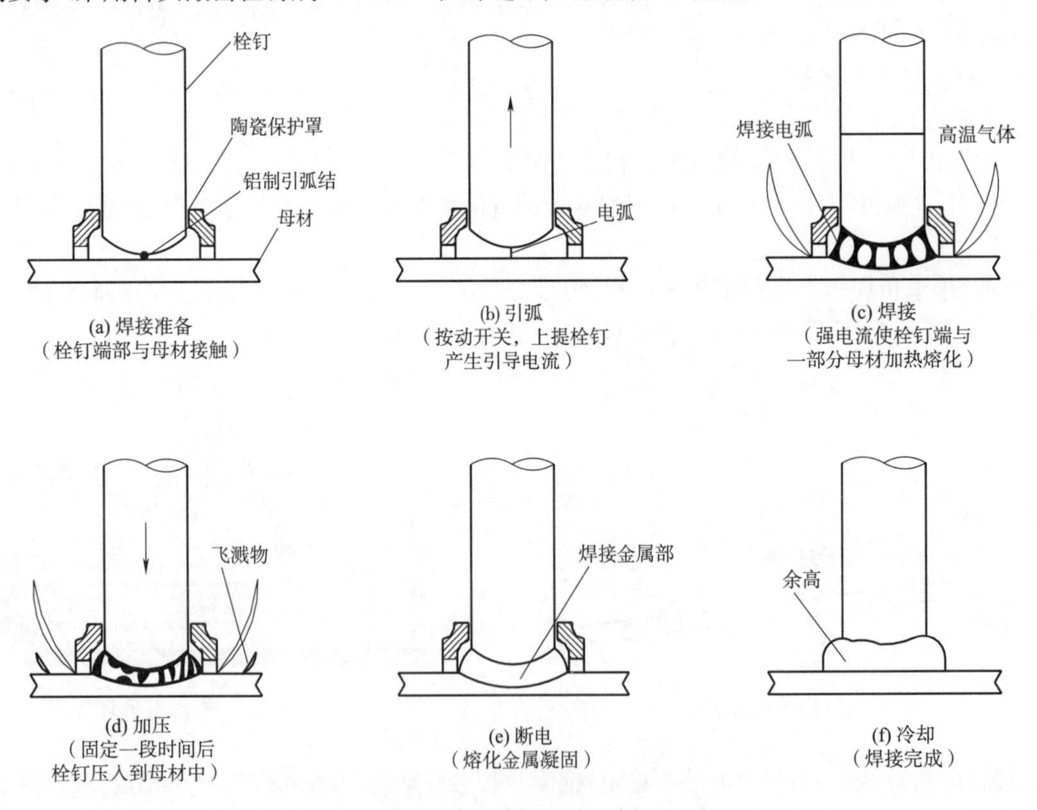

图 17-67 栓焊过程示意图

⑤栓钉安装施工注意事项

a. 栓钉必须符合规范和设计要求。如有锈蚀，需经除锈后方可使用（尤其是栓钉头和大头部不可有锈蚀和污物），严重锈蚀的栓钉不能使用。

b. 施焊点不得有水分。

c. 风天施工，焊工应站在上风头，以防止火花伤害。

d. 注意焊工的安全保护，尤其焊外围梁时，更要小心谨慎。

e. 焊工要熟练掌握焊机、焊枪的性能，搞好设备的维护保养。当焊枪卡具上出现焊瘤、烧蚀或溅上熔渣时，及时清理或更换配件，以确保施工顺利和熔焊质量。

3)混凝土浇灌

①浇混凝土前，须把楼承板上的杂物(含剪力钉上的磁套)及灰尘、油脂等其他有妨害混凝土结合的物质清除干净。

②混凝土浇筑前，楼承板面上人员、小车走动较频繁的区域，应铺设垫板，以免楼承板受损或变形，从而降低楼承板的承载能力。

③浇混凝土时，应小心避免混凝土堆积过高，以及倾倒混凝土所造成的冲击，应保持均匀一致，以避免楼承板局部出现过大的变形。倾到混凝土时，请尽量在钢梁处倾倒，并且迅速向四周摊开，以避免楼承板局部出现过大的变形。如图 17-68 所示。

图 17-68　压型钢板面浇筑混凝土

④混凝土浇筑完成后，除非楼承板底部被充分的支撑，否则混凝土在未达到 75%设计极限抗压强度前，不得在楼层面上附加任何其他载重。

⑤施工时当钢梁跨度大于压型钢板最大无支撑跨度时，在跨中位置设置临时支撑，混凝土达到 75%设计极限抗压强度后，才可拆除临时支撑。如需在楼面上堆放材料时，应以垫板承载以避免集中荷载，并应置放于主要承重结构件的上方。

(15)钢结构现场涂装

1)本工程现场构件焊接完成后即进行油漆修补及防火喷涂施工，钢结构现场涂装的主要施工任务为防火涂料的喷涂。本工程防火涂料为薄涂型防火涂料，底层喷 3 遍，每遍涂层厚度不超过 2.5 mm，面层涂饰 1～2次。采用压力约为 0.4 MPa 重力式喷枪进行喷涂。喷涂时采用移动脚手架操作平台，建筑物外部在外脚手架上操作。

2)施工流程：基层处理→搭设操作平台→拌制防火涂料→喷涂第一层→第一层干燥后，喷涂第二层直至达到设计厚度→修正、边角接口部位→检查验收→下一道工序。

3)喷涂质量要求：

①按从下往上的顺序进行喷涂。待喷涂下一遍时先将表面浮灰清理掉。每次喷涂厚度控制在 10 mm 以内，每次时间间隔为 4～12 h。

②涂装时的相对湿度不大于 85%，涂装后 4 h 内不得淋雨

③防火涂料不应有误涂、漏涂，涂层应闭合无脱层、空鼓、明显凹陷、粉化松散和浮浆等外观缺陷，乳突已剔除。

④对薄涂型防火涂料的表面裂纹宽度不应大于 0.5 mm。

⑤涂层厚度应符合耐火极限的设计要求。用涂层厚度测量仪、测针、钢尺进行检查，检查数量为同类构件的 10%但不少于 3 件。

(16)吊车选型分析

钢结构全部处于地下室结构范围之上，为满足钢结构吊装需要，共安装 3 台 7052 型塔吊，满足地下室钢柱、钢梁、铸钢件及地上部分中小型构件的吊装。另外配备数台汽车吊及履带吊进行悬挑结构及大跨度桁架梁的吊装。在此选择位于 2-H 轴的钢结构自重最大的箱型桁架梁 3ZHJ-2 进行吊装分析，该桁架梁全长 62.4 m，最大跨度位于 2-4 轴至 2-8 轴之间达 31.2 m 如见图 17-69(图中蓝色阴影部分)所示。

该桁架梁总高 2.8 m，梁上下弦均采用箱型焊接钢管，其中 SX15 采用 B500×600×25×40，材质为 Q345B。SX16 采用 B500×900×50×50，材质为 Q345BZ15。XX19 采用 B800×1000×25×34，材质为 Q345B。XX20 采用 B800×1000×50×50，材质为 Q345BZ15。该桁架梁总重 90 t，为方便加工及运输，将该梁分为 3 段，运抵工地现场原位焊接拼装后进行整体吊装(图 17-70)。

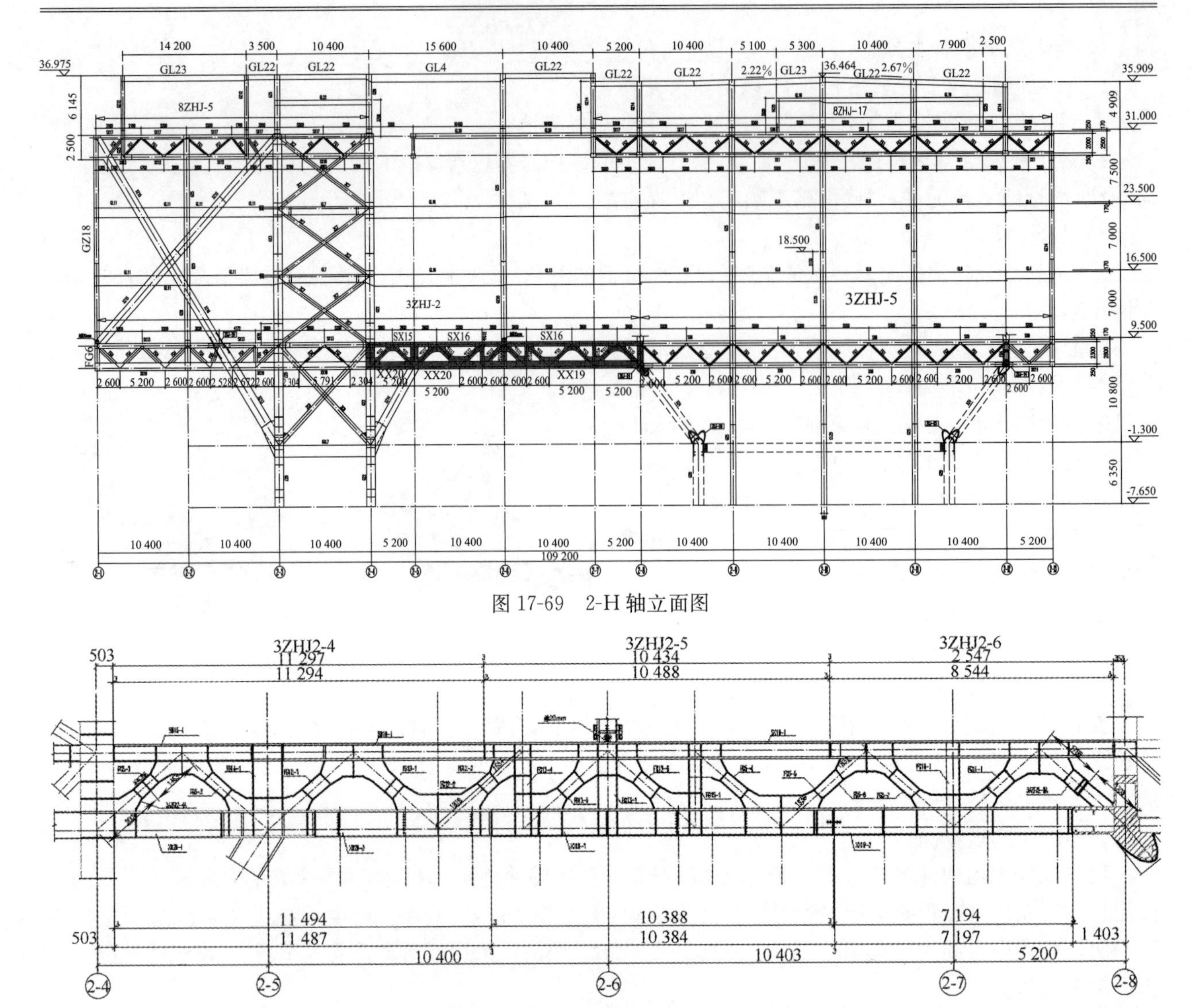

图 17-69　2-H 轴立面图

图 17-70　3ZHJ-2 桁架分段示意图

1)提升高度:3ZHJ-2 桁架梁顶标高为 9.5 m,钢结构桁架梁最高顶标高为 31 m,考虑到构件的吊装安全性能、履带吊吊钩的高度、安装时候履带吊的吊装角度,经查询吊车起重性能分析表,综合选择履带吊大臂为 45.7 m 长度。

2)吊车型号:3ZHJ-2 桁架梁总重 90 t,长 31.2 m,若采用单机吊装,根据履带吊车工况表,需要选择 400 t 的吊车,吊车自重就达 350 t 再加上吊装荷载 90 t,车库顶板将承受 15 t/m^{2}的荷载。为尽可能降低吊装区施工面荷载,考虑采用双机抬吊的方式进行吊装,以达到分散吊装荷载的目的。

经查询吊车起重性能分析表,综合考虑采用两台 180 t 履带式吊车进行大跨度桁架梁吊装,吊车自重 167 t。当臂长 45.7 m、吊距 10 m 时吊装能力为 66.6 t。根据双机抬吊的有关规定,在进行双机抬吊时履带吊的起吊能力折减 20%,只能按照 80%的起吊能力进行分析,即 66.6×2×80%=106 t>90 t,满足吊装要求。吊车性能参数见表 17-20、表 17-21。

表 17-20　180T 履带吊参数表

项　　目			数值	备　　注
最大起重量×幅度		t×m	180×5	
基本臂时自重		t	167	
主臂长度	重型主臂	m	20～83	
	轻型主臂	m	86～92	
固定副臂长度		m	13～31	
固定副臂最大起重量		t	25	

续上表

项目			数值	备注
固定副臂安装角度		°	10,30	
主臂＋固定副臂最大长度		m	71＋31	主臂长度 47～71
塔式副臂长度		m	24～51	
塔式副臂最大起重量		t	38	
塔式工况主臂工作角度		°	85、75、65	
主臂＋塔式副臂最大长度		m	56＋51	主臂长度 38～56
卷筒单绳速度	主起升	m/min	110	卷筒第六层
	副起升	m/min	110	卷筒第六层
	变幅	m/min	30	卷筒第五层
回转速度		rpm	1.4	
行走速度		km/h	1.2	
爬坡能力		%	30%	
接地比压		MPa	0.1	
总外形尺寸长×宽×高		m	10.6×7.1×3.65	不含桅杆臂架
发动机	额定功率/转速	kW/rpm	227/2000	QSL9-C305
	最大输出扭矩/转速	Nm/rpm	1505/1400	
	排放标准		U. S. EPA Tier 3 及 EU StageⅢ	
履带轨距×接地长度×履带板宽度 mm		mm	6000×7750×1100	

表 17-21 180T 履带吊车起重性能表

CRANE BOOM LIFTING CAPACITY

(Counterweight: 60.0 t, Carbody weight: 20.0 t)

Working radius (m) \ Boom length (m)	12.2*	15.2	18.3	21.3	24.4	27.4	30.5	33.5	36.6	39.6	42.7	45.7	48.8	51.8	54.9	57.9	61.0	64.0
3.0	3.75m/180.0																	
4.0	171.5	4.4m/160.0	4.9m/144.2															
5.0	140.5	141.6	141.6	5.4m/131.4	5.9m/121.3													
6.0	119.1	119.3	119.3	119.3	119.3	6.4m/112.0	6.9m/103.9											
7.0	102.0	102.7	102.7	102.7	102.7	102.7	102.5	7.4m/97.1	7.9m/90.6									
8.0	88.1	89.5	89.5	89.5	89.5	89.5	89.5	89.5	89.5	8.4m/80.3	8.9m/76.8							
9.0	76.8	79.0	79.0	79.0	79.0	79.0	79.0	79.0	79.0	78.4	76.3	9.4m/70.6						
10.0	67.7	71.5	71.5	71.5	71.5	71.5	71.5	71.5	71.5	70.2	68.4	66.6	65.4	10.5m/60.7	11.0m/56.4	11.5m/52.4		
12.0	51.4	58.8	58.7	58.6	58.5	58.4	58.3	58.2	58.2	57.8	56.5	55.1	54.0	52.8	51.5	50.5	48.3	12.5m/44.
14.0	12.4m/50.0	47.2	47.7	47.6	47.4	47.3	47.2	47.0	47.0	46.9	46.7	46.5	46.0	45.0	43.9	43.2	42.3	41.5
16.0		14.8m/41.9	40.2	40.1	39.9	39.8	39.6	39.4	39.4	39.3	39.1	38.9	38.8	38.6	38.1	37.5	36.7	36.1
18.0			17.5m/35.9	34.4	34.2	34.1	34.0	33.7	33.7	33.6	33.3	33.2	33.1	32.9	32.7	32.7	32.3	31.8
20.0				30.1	29.8	29.6	29.5	29.3	29.2	29.1	28.9	28.7	28.6	28.4	28.3	28.2	28.0	27.9
22.0				20.1m/29.9	26.5	26.3	26.2	25.9	25.8	25.7	25.5	25.3	25.3	25.0	24.9	24.8	24.6	24.5
24.0					22.7m/25.4	23.6	23.4	23.2	23.0	22.9	22.7	22.5	22.4	22.2	22.1	22.0	21.9	21.7
26.0						25.4m/22.0	21.1	20.9	20.7	20.6	20.4	20.2	20.1	19.9	19.7	19.7	19.4	19.4
28.0							19.2	19.0	18.8	18.7	18.5	18.3	18.2	18.0	17.8	17.7	17.5	17.5
30.0								17.4	17.2	17.1	16.9	16.7	16.6	16.4	16.2	16.1	15.9	15.8
32.0								30.7m/16.9	15.8	15.7	15.4	15.2	15.1	14.9	14.7	14.6	14.4	14.3
34.0									33.3m/15.0	14.4	14.2	14.0	13.9	13.6	13.5	13.4	13.2	13.1
36.0										35.9m/13.4	13.1	13.0	12.8	12.6	12.4	12.3	12.1	12.0
38.0											12.2	12.1	11.8	11.7	11.4	11.3	11.2	11.1
40.0											38.6m/12.0	11.1	11.0	10.7	10.6	10.4	10.2	10.2
42.0												41.2m/10.7	10.3	10.0	9.9	9.7	9.5	9.4
44.0													43.8m/9.7	9.4	9.2	9.0	8.9	8.8
46.0														8.7	8.5	8.4	8.2	8.1
48.0														45.5m/8.6	8.0	7.9	7.6	7.6
50.0															49.1m/7.7	7.4	7.1	7.0
52.0																51.8m/6.9	6.7	6.6
54.0																	6.2	6.2
56.0																	54.4m/6.1	5.8
58.0																		57.0m/5.5
60.0																		
62.0																		
64.0																		
66.0																		
68.0																		
70.0																		

Note: 1. Rating according to EN 13000.
2. Rating shown in [box] are determined by the strength of the boom or other structural components.
3. Instruction in the "Operator's Manual" must be strictly observed when operating the machine.
4. * With heavy duty boom top.

(17)钢结构吊装区域结构加固

1)根据施工部署，大吨位履带吊在地下室结构板上进行吊装作业，采取的加固措施为顶板上铺设500 mm厚沙层，然后再铺设6000 mm×2000 mm×200 mm的钢制路基板，通过荷载分散措施，将结构受荷面积由1.1×7.465×2=16.4 m^2扩大到2×7.465×2=29.9 m^2，吊装区面荷载减少45%。见图17-71。

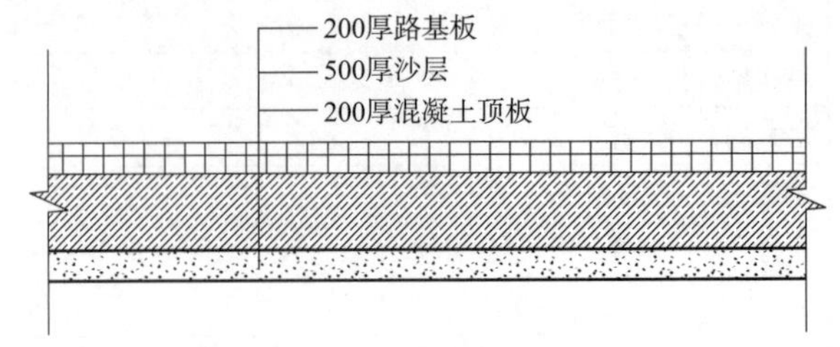

图17-71 地下室顶板荷载分散措施

2)顶板荷载分析

路基箱荷载：3000 kg/6 m/2 m×9.8=2.5 kN/m^2。

表层铺砂的荷载：18 kN/m^2×0.5 m=9 kN/m^2。

履带吊车自重(双机)：1670kN×2=3340 kN。

桁架梁自重：900 kN。

吊装总荷载计算：(1670 * 2+900)/2/6/4/+2.5+9=100 kN/m^2。

注：该荷载仅为荷载综合标准值，结构加强和支撑体系加固计算中需考虑相关分项系数。

根据设计图纸，地下室顶板结构设计荷载为4 kN/m^2～20 kN/m^2。通过计算分析钢结构吊装荷载达到44 kN/m^2～100 kN/m^2，吊装主要集中在图示中蓝色和红色阴影区域。其中蓝色区域为汽车吊吊装区域，吊装荷载为44 kN/m^2；红色区域为履带吊吊装区域，最大吊装荷载为100 kN/m^2。由于施工荷载远大于设计荷载，结构自身承载力无法满足吊装施工荷载强度的需要，因此地下室顶板必须进行加固。具体范围如图17-72所示。

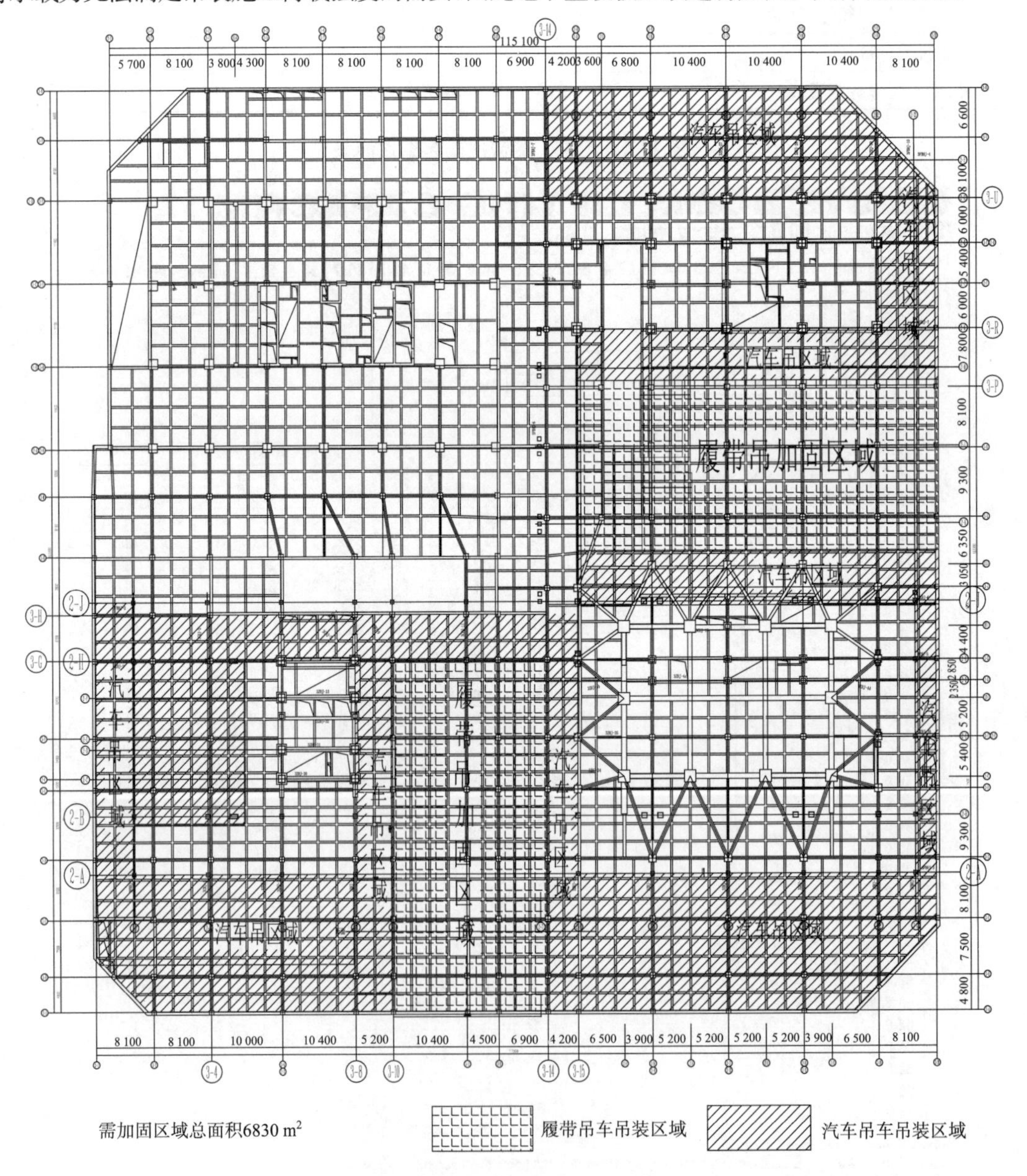

图17-72 地下室顶板加固范围

3)方案选择

地下室结构工期要求是 2011 年 5 月 15 日地下室结构封顶,总工期 45 天。地下室单层建筑面积 14300 m²,结构施工工期为 10 天/层,除去模板铺设、钢筋工程及混凝土浇筑所需时间,模板支撑体系搭设时间为 2 天/层。而支撑体系加固不能耽误结构施工,因此模板支撑体与结构加固体系必须综合考虑同步搭设。

根据分析,最终确定通过将结构框架梁加大做成反梁(不影响地下一层净高,确保使用功能),然后铺设路基板架空楼板的方式进行荷载传递,即履带吊将荷载传递给路基板→结构反梁→框架柱→基础→地基的方式。如图 17-73 所示。

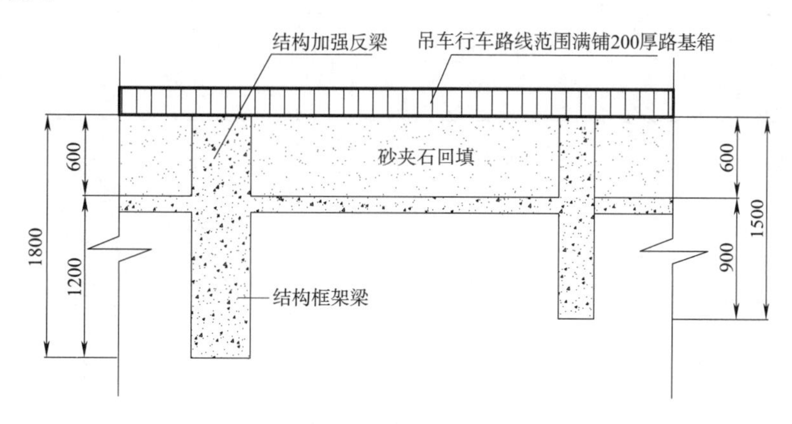

图 17-73　结构反梁架空转换

采用中国建筑科学研究院编制的“复杂空间结构分析与设计软件”PMSAP(2010 年 9 月版)建立了三维空间模型,模拟吊装工况进行计算分析。通过将 10 t/m² 的吊装荷载施加到现有结构顶板上,原设计 10.4 m 跨及 9.3 m 跨的主梁(500×1200)及次梁(300×900)均出现超筋现象,截面明显不足。现有结构抗剪及抗弯承载能力不足。如图 17-74 所示。

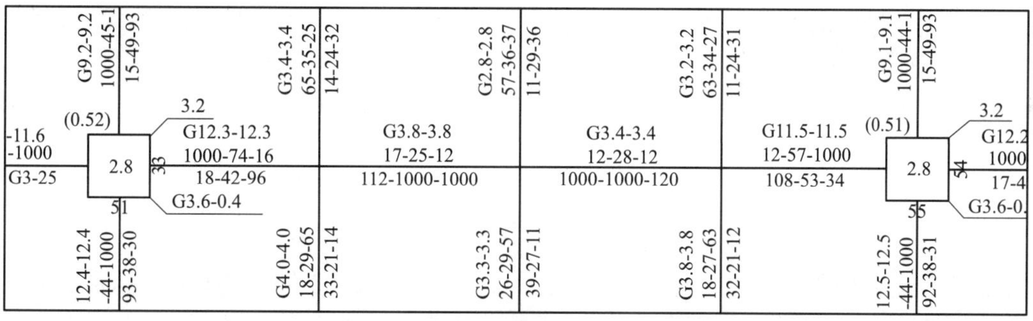

G9.2-9.2
1000-45-1
15-49-93
G3.4-3.4
65-35-25
14-24-32
G2.8-2.8
57-36-37
11-29-36
G3.2-3.2
63-34-27
11-24-31
G9.1-9.1
1000-44-1
15-49-93
-11.6
-1000
G3-25
(0.52)
2.8
3.2
G12.3-12.3
1000-74-16
18-42-96
33
51
G3.6-0.4
G3.8-3.8
17-25-12
112-1000-1000
G3.4-3.4
12-28-12
1000-1000-120
G11.5-11.5
12-57-1000
108-53-34
(0.51)
2.8
3.2
G12.2
1000
17-4
54
55
G3.6-0.
12.4-12.4
-44-1000
93-38-30
G4.0-4.0
18-29-65
33-21-14
G3.3-3.3
26-29-57
39-27-11
G3.8-3.8
18-27-63
32-21-12
12.5-12.5
-44-1000
92-38-31

图 17-74　超筋信息

根据超筋信息以及地下室顶板建筑设计做法(不影响上部景观施工深度要求),最终拟定将吊装区域地下室顶板主框梁及次梁高度增加 600 mm,以反梁形式施工。通过对结构顶板进行二次设计,增加高度后的框架梁抗剪及抗弯承载能力满足施工荷载要求,同时主梁配筋率 1.5%,次梁配筋率 1.0%均在经济配筋率范围内。钢筋用量较原设计增加约 100 t,结构施工总工期仅延长 3 天。该方案能较好的满足工期与造价的要求。受力分析结果如图 17-75～图 17-78 所示。

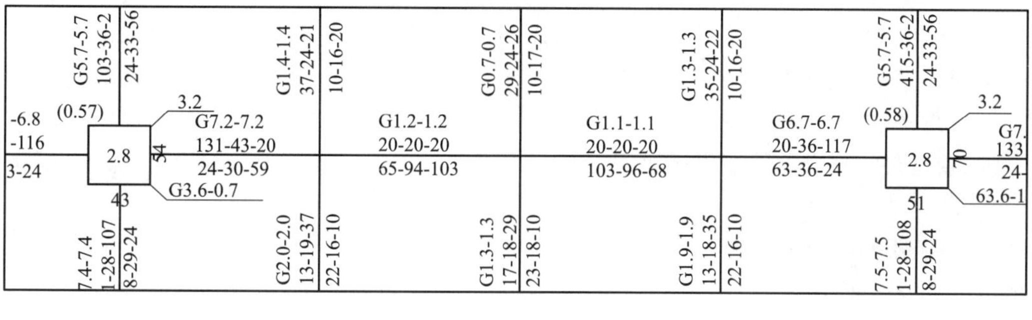

G5.7-5.7
103-36-2
24-33-56
G1.4-1.4
37-24-21
10-16-20
G0.7-0.7
29-24-26
10-17-20
G1.3-1.3
35-24-22
10-16-20
G5.7-5.7
415-36-2
24-33-56
-6.8
-116
3-24
(0.57)
2.8
3.2
G7.2-7.2
131-43-20
24-30-59
54
43
G3.6-0.7
G1.2-1.2
20-20-20
65-94-103
G1.1-1.1
20-20-20
103-96-68
G6.7-6.7
20-36-117
63-36-24
(0.58)
2.8
3.2
G7.
133
24-
70
51
63.6-1
7.4-7.4
1-28-107
8-29-24
G2.0-2.0
13-19-37
22-16-10
G1.3-1.3
17-18-29
23-18-10
G1.9-1.9
13-18-35
22-16-10
7.5-7.5
1-28-108
8-29-24

图 17-75　加强反梁配筋面积

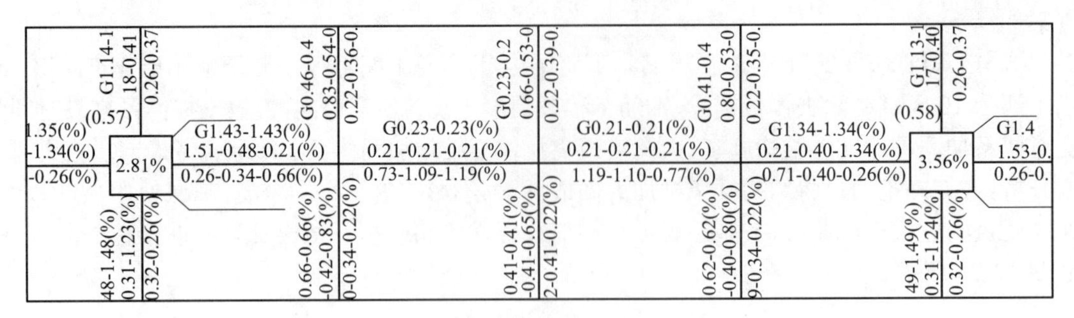

图 17-76 加强反梁配筋率

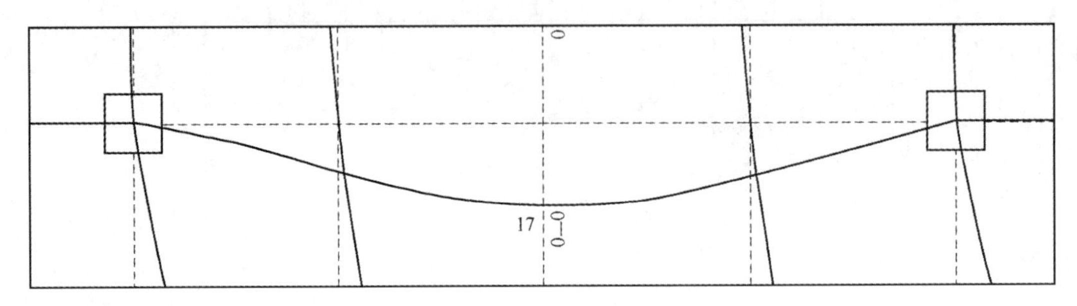

图 17-77 加强反梁最大挠度

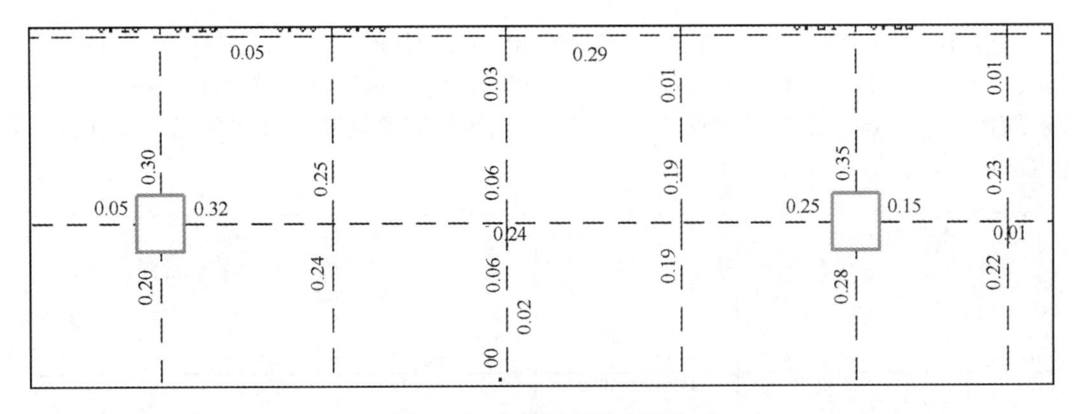

图 17-78 加强反梁最大裂缝

对在框架梁支座处上部裂缝宽度超过设计允许值 0.02 mm 及 0.05 mm，经与设计协商通过增加构造钢筋的方式进行弥补。根据成都 6 月份的气候条件，混凝土强度要达到 100%至少需要 15 天左右。为缩短混凝土强度增长的技术间隙时间，经与业主、设计单位协商将加固区域结构顶板混凝土强度由 C40 提高到 C50。为尽量减小混凝土水化反应不完全结构便承载较大荷载，可能出现裂缝的风险，决定地下室模板支撑体系待钢结构吊装完成后再进行拆除。模板支撑架搭设时对于跨度大于 4 m 的结构梁按全跨长度的 3‰进行起拱，当结构混凝土达到 C40 强度后需对混凝土结构进行一次卸载，即将模板支撑架顶托拧松后再拧紧。

通过计算各项力学指标均满足要求，同时该方式还具备以下优点：

1)结构反梁与结构同步施工，仅增加了部分钢筋(约 100 t)、模板、混凝土体量，对整个地下室结构施工工期不造成太大影响，满足项目工期要求。

2)地下室结构施工可按常规工程方式进行，工期、施工难度容易掌控。

3)框架梁加强采用增加反梁的方式，不影响室内净空，满足建筑功能施工。反梁高度为 600 mm，而室外顶板为 1.4 m 覆土，上部为硬质铺装，不影响上部施工。因此该措施对建筑功能、结构均无较大影响。

综上原因，项目最终确定地下室顶板加固方案为结构加强与支撑架加固相结合的方式。具体做法见图 17-79。

(18)多接头铸钢节点精确定位

1)铸钢节点的安装定位与校正测量

铸钢节点的安装定位与校正测量是本工程的重点，它的安装精度决定了整个裙楼结构的最终成型。由

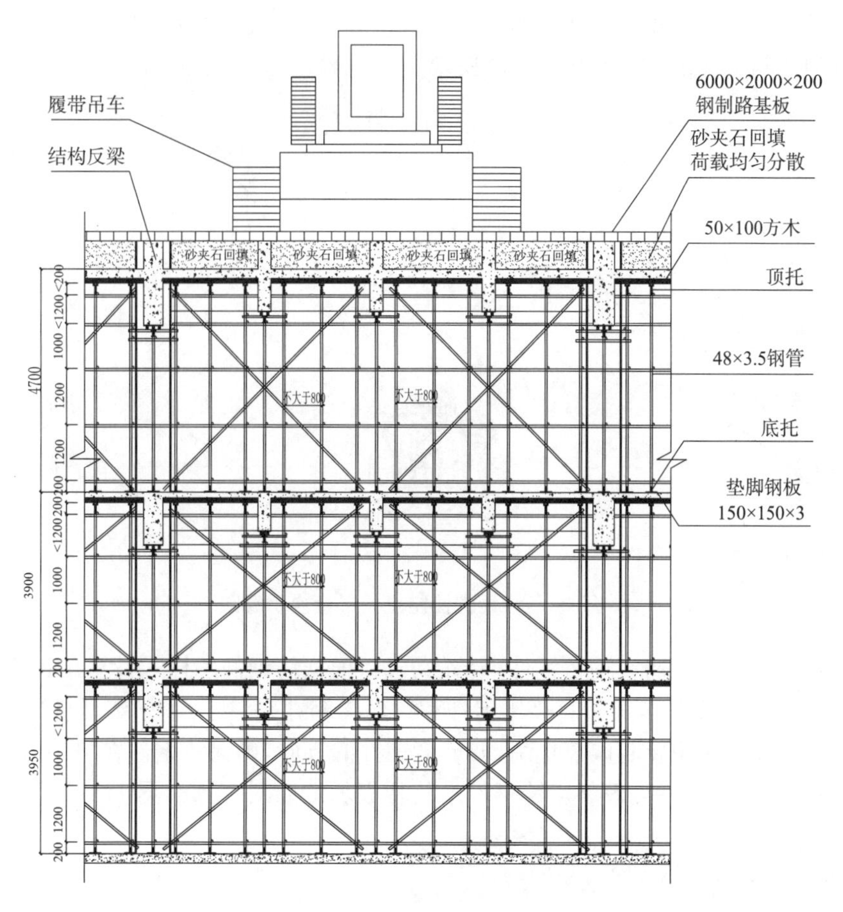

图 17-79　结构加强反梁与满堂脚手架加固断面图

于每个节点上有多个接头，各接头的三维空间形态各异(箱型、圆管型、工字钢性)，因此采用全站仪测量控制铸钢节点上的主要接头。铸钢节点定位步骤如下：

①铸钢节点安装测量流程如下：确定铸钢件吊点位置和安装方向→支撑胎架的搭设及定位→铸钢件吊装就位→铸钢节点测量校正→节点构件安装及测量校正→焊接、探伤→支撑胎架拆除与检测。

②铸钢节点测量控制点的选择：将铸钢节点各接头中心深化设计的三维坐标值转化为各端口上部500 mm 表面处的三维坐标值，该点作为现场安装控制点，选取的点间距尽量远，每个铸钢节点应选取不少于 3 个点且不再同一直线上。控制点不能过于临近端口，接头焊接过程中或焊后打磨可能会将点位破坏去除，使焊后偏差值难于测定，无法比较焊接前后的点位偏差变化，如图 17-80 所示。

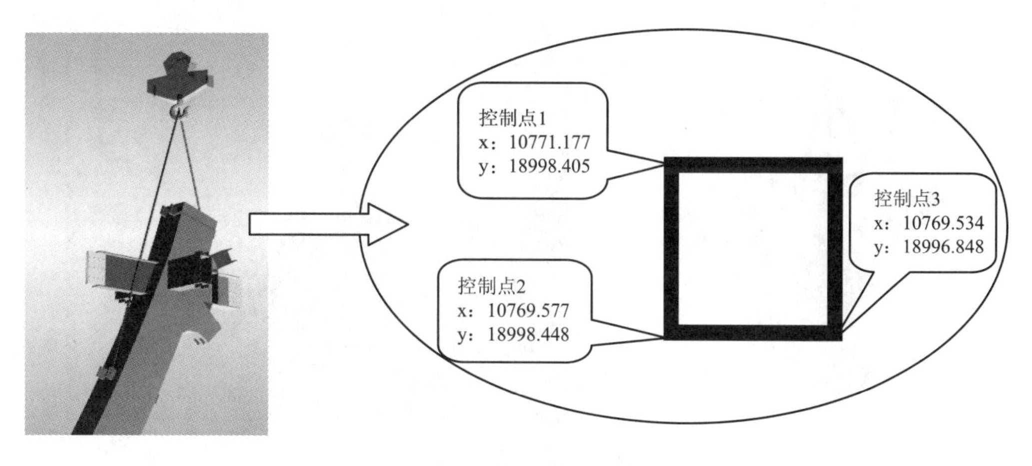

图 17-80　铸钢件支腿控制点

2)铸钢节点坐标转换：将铸钢节点的三维坐标分解为二维平面坐标与标高坐标。

3)在进行现场吊装的过程中，配备两台全站仪，其中一台进行固定观测，一台通过转换位置，对每个支腿都进行测量控制。借此保证每个支腿都能按照理论计算数据进行精确定位。在每个接头校对的过程中,固定控制点都必须时刻复测。如图 17-81、图 17-82 所示。

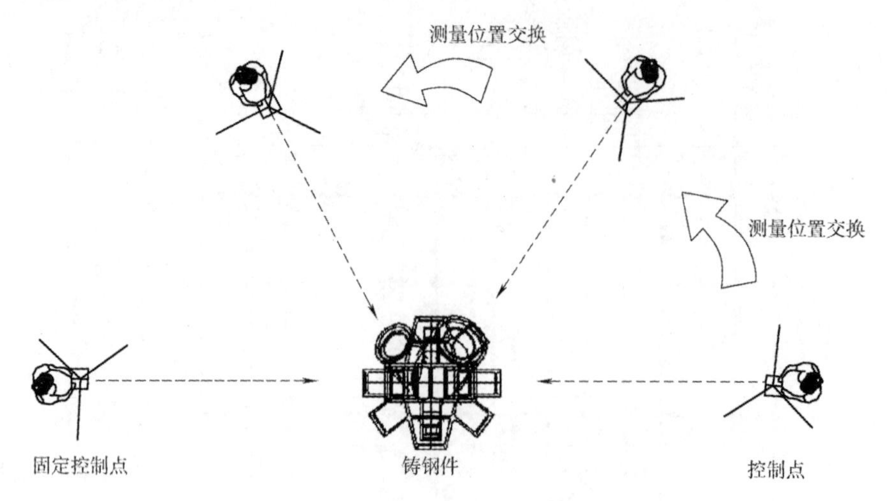

图 17-81　铸钢件控制点位置变换示意图

4)铸钢件吊装:铸钢件安装前,清理铸钢件下部的坡口,根据铸钢件的样式计算出铸钢件重心点,并在铸钢件上焊接 3 个吊装耳板,2 个吊装耳板直接用卡环和钢丝绳绑扎,另外一个吊装耳板通过一个 10 t 的葫芦和钢丝绳进行绑扎。10 t 葫芦主要起调节作用,调节铸钢件的方向,确保铸钢件在吊装过程中的整体面呈水平状态,避免受力不均造成铸钢件的偏斜。铸钢件吊装耳板示意如图 17-83、图 17-84 所示。

图 17-82　空间定位测量示意图

图 17-83　铸钢件接头剖开清理

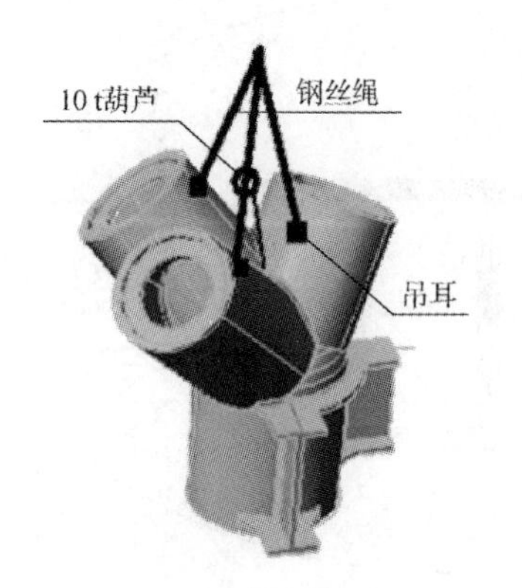

图 17-84　铸钢件吊装

5)由于铸钢架整体重量大,铸钢件定位前需搭设支撑胎架,在各方向的接头处搭设至少 1 个支撑胎架,并在每个支撑胎架顶部设一千斤顶用与调节各接头节点坐标。

6)铸钢节点校正定位：在支撑胎架搭设完成后进行节点测量校正，通过千斤顶不断的调整各个测量控制点的坐标，使所定位的铸钢件上的测量控制点的坐标与安装现场控制坐标统一，并在不同方向焊上码板临时固定。

(19)承重支撑架的卸载

承重支撑架主要设置在 A3 区大悬挑位置，支撑架全部采用格构式支撑，卸载点位于支撑架上部的十字梁上，共 9 处。卸载点支撑布置如图 17-85 所示。

1)本工程针对 A3 区悬挑部分，考虑采用整体同步卸载的方式，卸载时采用同步分级卸载的方法对支撑架进行卸载。

①卸载区域的主构件安装完成并焊接检测合格，方可完全卸载此区域，卸载时结构位移变化和应力应变满足设计要求。

②当卸载后节点竖向位移量＞40 mm 时，采用多级卸载方式。其卸载要求见表 17-22。

③卸载时，先外侧支撑，再卸载内侧支撑。

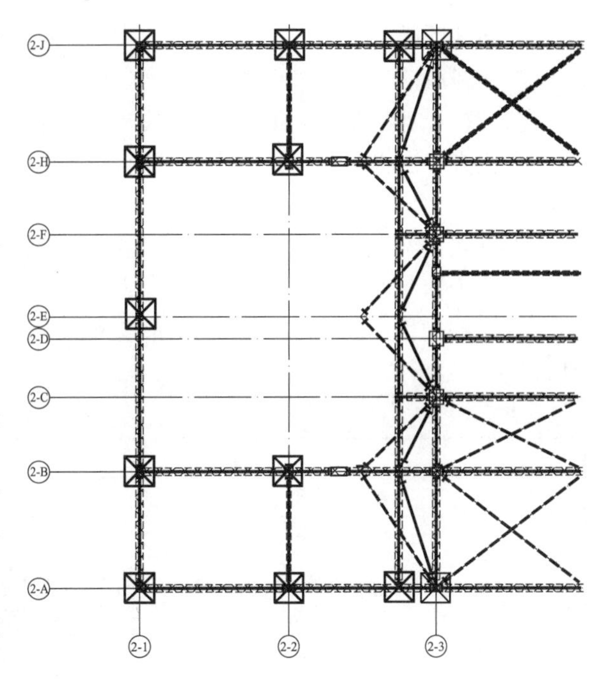

图 17-85　承重支架布置

表 17-22　分级卸载技术要求表

卸载方式	三级卸载	二级卸载
卸载要求	第一级按节点竖向位移量的 60%卸载； 第二级按节点竖向位移量的 40%卸载	第一级按节点竖向位移量的 40%卸载； 第二级按节点竖向位移量的 30%卸载； 第三级按节点竖向位移量的 30%卸载

2)同步分级卸载过程

同步分级卸载过程见表 17-23。

表 17-23　同步分级卸载过程表

序号	卸载过程示意图	说　　明
1		(1)在支撑架与构件之间设立千斤顶和通过计算确定厚度的钢板垫块； (2)千斤顶就位后，检查卸载点的各项准备工作； (3)根据卸载步骤，统一号令，扭动千斤顶使卸载点下降规定高度后，由钢板垫块支承
2		先同步启动千斤顶操作按钮，使千斤顶行程上升，将钢结构卸载点脱离钢板垫块，然后取出规定厚度的钢板，最后下降千斤顶行程，使钢结构卸载点落于钢板垫块上
3		重复上述步骤，钢结构卸载到位

3)卸载前的准备工作

①在释放前对结构进行测量,复核各结构面和各杆件的空间位置,做好测量记录。

②进行计算机仿真模拟,计算释放过程中结构变形与应力变化情况,对释放进行预控。

③检查各支撑上千斤顶的支承情况,每个支撑上只有节点中心的千斤顶对结构约束,其余辅助千斤顶约束均已解除。

④拆除桁架上安装挂架及柱顶安装措施操作架,保留防护措施架及安装脚手。

4)同步控制监测

在卸载过程中同步检测,结构变形监测用全站仪对设定的测量控制点进行坐标监控,发现异常立即停止进行检查,分析原因。监测步骤见表17-24。

表17-24 卸载同步监测表

序号	检测次数	检测进行时间	检测内容	备 注
1	第一次检测	焊接完毕后	初始应力检测	与模拟值比较
2	第二次检测	第一级卸载后	应力及结构变形检测	与模拟值比较
3	第三次检测	第二级卸载后	应力及结构变形检测	与模拟值比较
4	第四次检测	第三级卸载后	应力及结构变形检测	与模拟值比较
5	第五次检测	卸载完成后	应力及结构变形检测	与模拟值比较

5)防支撑架失稳措施

①卸载前及时了解作业当天的气象条件,当风力大于4级时应停止卸载作业。

②卸载前对支撑点基座进行检查,检查重点为支撑架基座连接的可靠性。

③支撑架设置高度大,检查为增加其侧向稳定而设置的加强措施,如抱箍、揽风绳及联系桁架等的连接是否完整、可靠,否则应采取必要的措施。

④卸载完成后支撑架应及时进行拆除。

17.5.3 一般工程施工方法施工技术措施

17.5.3.1 测量方案

本工程组织成立一支测量小组,由项目技术负责人牵头,测量工程师主测,劳务协作队伍派技术人员配合。根据业主单位提供的3个正式GPS坐标控制点(一级),建立场区内绝对坐标测量控制网(二级),根据施工总平面图,采用绝对坐标投测出各栋建筑物的控制点,然后根据控制点把主要的控制轴线引测到基坑以外不易被破坏的地方保护,作为各栋建筑物测量控制点(三级)。±0.000以下采用外控法,±0.000以上采用内控法。

(1)平面控制测量

1)平面控制网布设

平面控制应遵循先整体、后局部、高精度控制低精度的原则进行平面控制测量,平面控制网的控制点要选在安全、易保护的位置,通视条件良好,分布均匀。

2)轴线及细部放样测量

①地下部分

地下部分平面控制采用对穿直线法。根据定位后的桩位,将各轴线引测到建筑物以外的墙上,并作好标记,作为以后轴线投测的依据。

②地上部分

由于该建筑物建筑高度较高,采用传统式轴线控制已不能满足要求,该工程地上部分平面控制拟采用内控接力法进行轴线投测。在±0.000板上埋设平面控制基点,在各楼层相应位置留设放线孔,然后采用铅垂仪进行平面控制点的竖向传递。平面控制点投测完成后,采用全站仪或经纬仪进行楼层轴线及细部线的放样工作。

(2)竖向控制测量

1)施工用水准点控制基点的布设

根据业主提供的水准控制点,在施工现场需布设一组施工用水准基点,并进行复核,成果合格后,方可使用。首层柱浇筑后,将建筑物+50cm建筑标高线抄在混凝土柱上,然后用红色油漆涂抹三角(至少三处),作为以后施工标高传递用的固定标志,标志形式为红色"▼"。

2)标高向上传递方法

用检定过的钢尺,经尺长改正后,将始端“0”位对准固定三角标志,垂直向上丈量出施工层所需标高值(注意丈量时须在同一铅直面上),丈量后再用检定过的自动安平水准仪检查丈量过的三点是否在同一水平面上,若在同一水平面上,说明丈量无误,可作为施工用标高,否则需重新校核。以后各层的竖向控制均用同样方法从固定标志点丈量,以免造成误差的积累。

(3)施工测量各项技术指标

在施工测量中应严格控制精度,保证建筑物平面位置和高程的准确性。各项测量指标见表17-25～表17-29。

表17-25　建筑物平面控制主要技术指标

等级	适用范围	测角中误差(″)	边长相对中误差
二级	框架、高层、连续程度一般的建筑物	±12	1/15000

表17-26　轴线竖向投测允许误差

项　目		允许误差(mm)
每　层		3
总高 H	$H\leqslant 30$ m	5
	30 m$<H\leqslant$60 m	10
	60 m$<H\leqslant$90 m	15
	90 m$<H$	20

表17-27　水准观测主要技术要求

等级	视线长度(m)	视线高度(m)	前后视距差(m)	前后视距累计差(m)	基、辅分划读数较差(mm)	基、辅分测高差之差(mm)
三等	≤75	≥0.3	≤2	≤5	2.0	3.0
	≤100	≥0.2	≤3	≤10	3.0	5.0

表17-28　标高竖向传递允许误差

项　目		允许误差(mm)
每　层		±3
总高 H	$H\leqslant 30$ m	±5
	30 m$<H\leqslant$60 m	±10
	60 m$<H\leqslant$90 m	±15
	90 m$<H$	±20

表17-29　各部位放线允许误差

项　目		允许误差(mm)
外轮廓主轴线长度 L	$L\leqslant 30$ m	±5
	30 m$<L\leqslant$60 m	±10
	60 m$<L\leqslant$90 m	±15
	90 m$<L$	±20
细部轴线		±2
承重墙、梁、柱边线		±3
非承重墙边线		±3
门窗洞口线		±3

(4)沉降观测

该工程建筑层高较大,建筑总高度较高,故该建筑物是否均匀下沉是一个不可忽视的重要问题,也是工程验收规范中所要求的,因此必须对该工程进行沉降观测。

1)布设高级高程监测网

①进入施工现场后,应在建筑物附近(受压力传播影响外)埋设不少于3个稳定可靠的半永久性水准点作为基准点。

②基准点应选在比较稳定的位置,通视条件良好,以便在基准点上能方便地观测变形观测点。

2)沉降观测

①沉降观测点设置在沉降体上能反映沉降特征的位置。沉降观测点采用暗藏式埋设,点位应避开障碍物,便于观测和长期保存。具体沉降观测点埋设位置待进驻现场后根据实际情况布置。

②沉降观测仪器采用ZEISS电子条码精密水准仪,成果及资料采用微机处理,资料整理后及时报给设计、甲方及监理各单位。

③沉降观测的等级划分及精度要求见表17-30。

表17-30 沉降观测的等级划分及精度要求

变形测量等级	变形点的高程误差(mm)	相邻变形点的高程误差(mm)	适用范围
二等	±0.5	±0.3	一般性的高层建筑、工业建筑、高耸构筑物、滑坡监测等
三等	±1.0	±0.5	变形比较敏感的高层、古建筑、重要工程设施和滑坡等

④沉降观测的精度和方法见表17-31。

表17-31 沉降观测的精度和方法

等级	高程中误差(mm)	相邻点的高差中误差(mm)	观测方法	往返校差、附合或环线闭合差(mm)
三等	±1.0	±0.5	按规范二等水准测量方法作业	$\leqslant 0.6\sqrt{n}$

⑤观测周期

根据设计单位具体要求而定,一般根据荷载每增加一至二层观测一次或根据沉降变化量而定,但总次数不应少于12次。竣工后的观测周期,可根据建筑物的稳定情况确定。

(5)测量人员及仪器

根据本工程工作量和工作难度,设置测量责任师1名,具体负责测量工作安排、测量方案编制与实施,对测量质量、进度、安全进行管理,设测量放线工3名,在测量责任师的领导下负责现场测量的具体操作。

测量仪器见表17-45。

17.5.3.2 检测与试验方案

项目部配备试验员一名,现场设置试验室,主要负责试块试件的制作及取样、试块试件及材料送检、内业资料等工作。材料、试块试件、结构实体、使用功能的试验检测工作均由业主指定的试验检测机构进行。

项目部应对工程所有进场物资的规格、品种、数量、质量标准、出厂时间、试验结果等各项指标必须进行检验验收。对施工过程中各工序、半成品与成品的质量开展检验和试验工作,未经检验的工序不得进入下道工序施工。各检验批、分项工程、分部(子分部)工程和单位(子单位)工程应按国家《建筑工程施工质量验收统一标准》(GB 50300—2001)规定进行检验和验收。

(1)检验试验原则

1)各负其责原则

①总工负责安排检测和试验总体工作,明确主要人员责任,严格按照职责奖罚。

②各项目副经理在人力物力上支持检测和实验工作,物资设备管理部对供应设备质量负责。

③各专业施工管理部要对其负责专业负直接责任。

2)见证取样原则

①所有进场物资的复检必须接受监督、见证取样进行检验,要求试验取样、制样必须有监理单位的见证,实验人员和物资设备管理部门及分包商实验员共同参与。

②依照现行规范或者业主、监理的要求进行施工试验和进场物资复试,非见证取样的复试,也应按照取样规范的规定操作。

3)委托试验原则

凡规定需复检的材料,由技术管理部委托相应检测机构进行检测,检测合格后方可用于工程施工。

(2)检验试验工作程序

检验试验工作程序如图17-86所示。

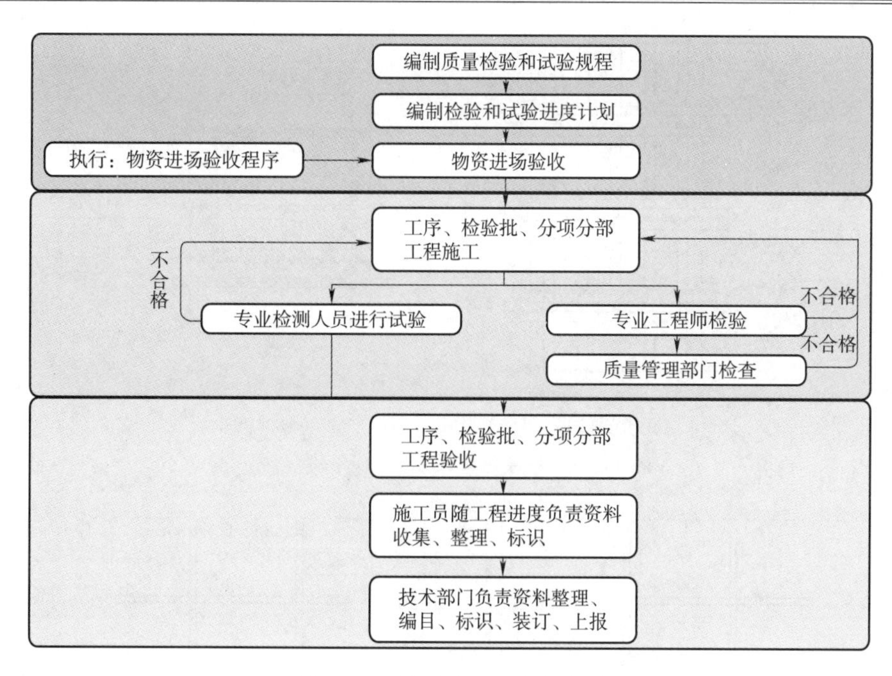

图 17-86　检验试验工作程序图

(3)检验试验内容和取样方法

检验试验的内容及取样检验要求按照相关规范、规程进行。各分项分部工程的检验批划分及质量验收按照相关质量验收规范执行。

17.5.3.3　机械设备布置方案

由于本工程工期较紧，在整个施工过程中，项目部根据施工总工程量和每项工作的工程量，合理计算出所需的施工机械需求量，并且根据其作业面大小，工作强度大小等因素进行布置。整个地下室及辅楼施工阶段，项目部将配置 4 台塔吊，其中 3 台为重型塔吊(2 台 TC7050，1 台 TC7052)分布在辅楼钢结构核心筒位置，保证其塔吊臂长 40 m 的范围内能满足 10 t 的钢结构重量吊装的需要。还有一台轻型塔吊布置在主楼的西南角，辅助地下室施工和保证主楼地上部分施工需要。进入地上施工阶段以后，在地下室顶板上安装三台施工电梯，其中两台分别布置在辅楼的西南角和东北角，余下的一台布置在主楼的西北角。施工电梯需在地下室顶板上制作电梯基础，并对地下室顶板进行加固。在电梯基础所在区域内，地下室各层采用扣件式钢管脚手架支撑加固，其中加固立杆纵横间距 500 mm，在后浇带两侧时立杆间距为 250 mm。横杆步距 1500 mm，每面均设置剪刀撑。地下室施工阶段在基坑的四个进出大门处布置混凝土地泵，同时在星辉西路和蜀绣西路分别布置两个地泵点。机械设备布置位置详见各阶段施工总平面布置图。

17.5.3.4　模板方案

主体钢筋混凝土结构模板采用由 1.8 mm 厚覆膜木胶合板、50×100 规格木枋(一等锯材)、ϕ48×3.5 钢管、扣件、高强对拉螺栓、顶托等组成的模板支撑体系。

基础施工阶段，地下室侧墙和独基、筏板基础底部均采用砖胎模。

主楼结构形式为框架剪力墙结构，框架柱主要为方柱，剪力墙均为直形墙。由此，根据该工程的结构特点和以往类似的施工经验，上部主楼主体结构全部采用以木模板为主的模板体系。在辅楼北侧和东侧有高为 9.45 m 的悬挑结构，因此在土建和最后装饰施工时需搭设满堂架进行支撑，同时为了保证在施工第 3 层至第 9 层悬挑结构的安全，此满堂架在 2011 年 7 月 1 日至 2011 年 9 月 15 日期间不拆除。

辅楼结构为钢结构，楼板为钢筋桁架楼承板结构，与钢结构连接形成有机整体，能有效地减少钢筋绑扎和模板安装加固工作量，缩短施工周期。

(1)墙柱模板施工

1)工艺流程：放线设置定位基准→抹水泥砂浆支承面→支侧模→搭支撑→调直纠偏→全面检查校核→墙柱模板群体固定→清除墙模内杂物→封闭清扫口。

2)墙柱模板系统示意如图 17-87、图 17-88、图 17-89 所示。

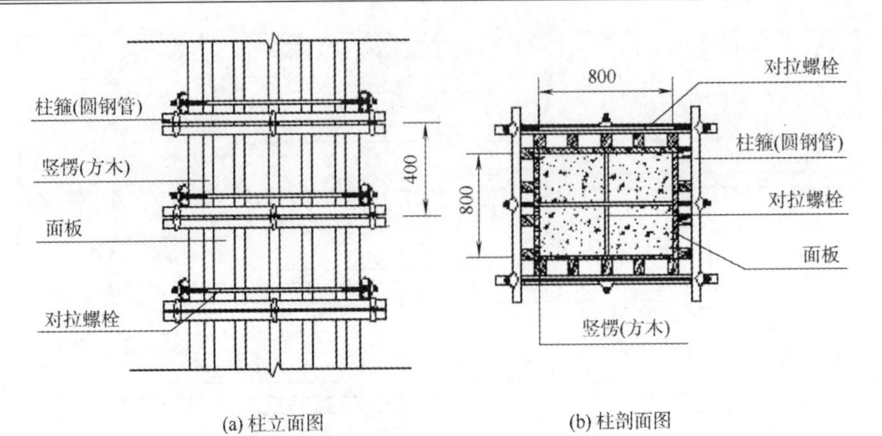

图 17-87 柱模板体系示意图(单位:mm)

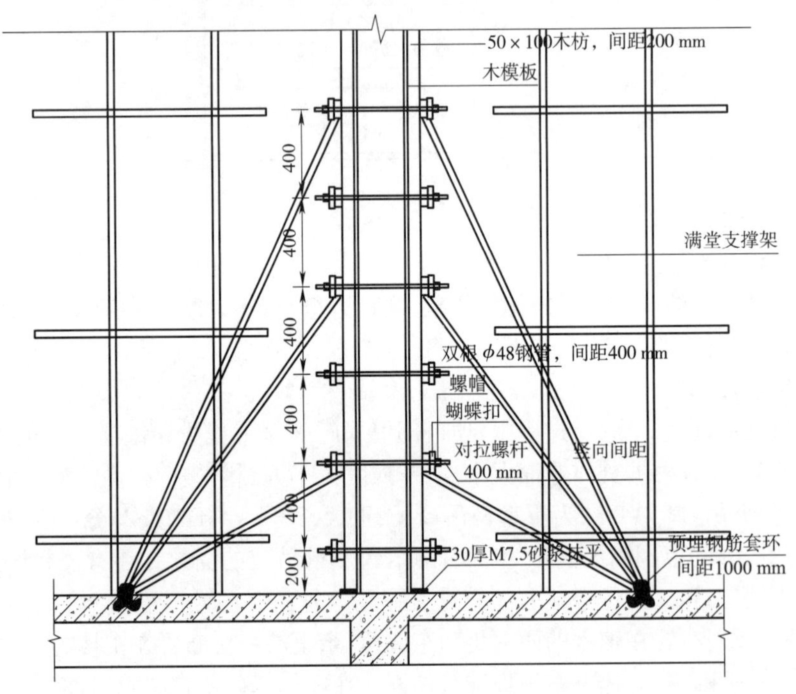

图 17-88 地下室外墙模板体系示意图(单位:mm)

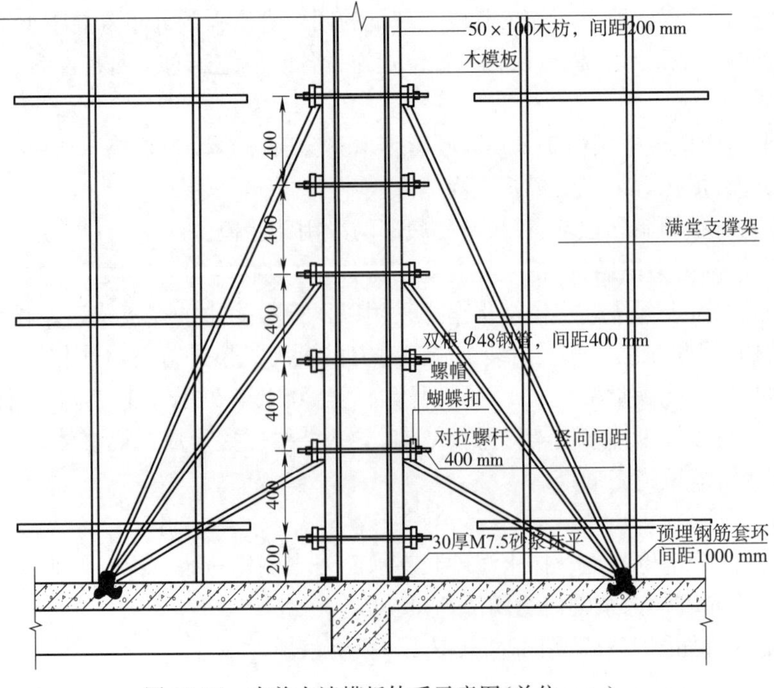

图 17-89 内剪力墙模板体系示意图(单位:mm)

(2)梁模板施工

1)工艺流程:放线→搭设支模架→支梁底模→梁模起拱→绑扎钢筋、安垫块→支梁侧模→固定梁模夹(对拉螺杆加固)→支梁、柱节点模板→检查校正→安梁口卡→相邻梁模固定。

2)梁模板系统示意如图 17-90 所示。

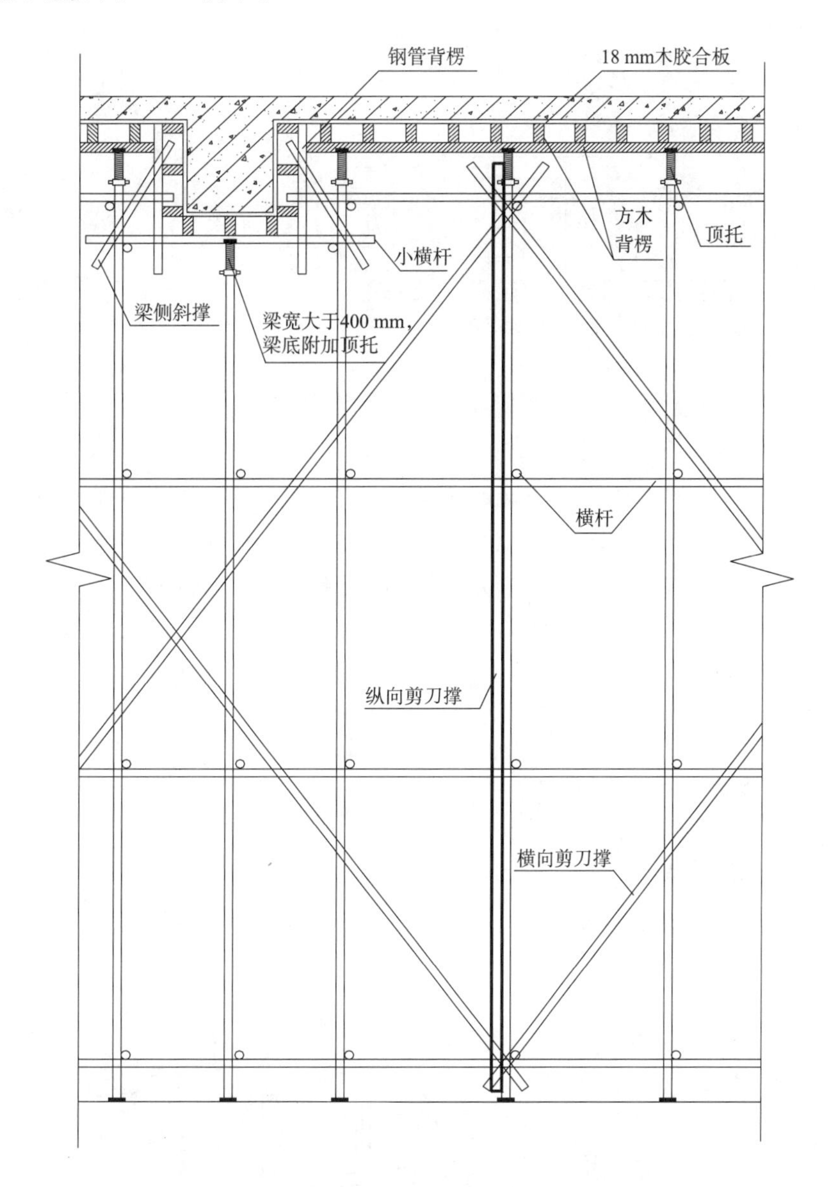

图 17-90　梁模板系统示意图

(3)板模板施工

工艺流程:复核板底标高→搭设支模架→安放龙骨→安装模板→安装柱、梁、板节点模板→安放预埋件及预留孔模等→检查校正→交付绑扎板钢筋。

(4)楼梯模板施工

1)工艺流程:安装平台梁及平台模板→安装楼梯斜梁板或楼梯底板并完成楼梯支撑系统→安装楼梯外帮侧模→安装踏步模板。

2)楼梯模板系统示意如图 17-91 所示。

17.5.3.5　钢筋工程

本工程采用热轧钢筋 HPB235 级、热轧钢筋 HRB335 级、热轧钢筋 HRB400 级。底板部分用细石混凝土直接在垫层做成条形混凝土垫块,其他地方选用花岗岩垫块。

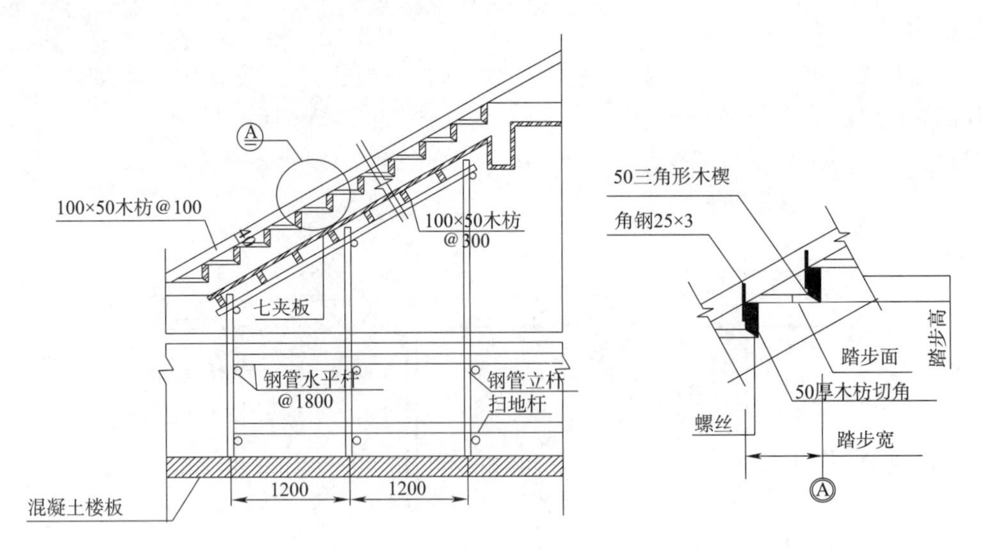

图 17-91 楼梯模板系统示意图

(1)钢筋进场验收与存放

1)对进场钢筋必须认真检验,进场钢筋要有出厂质量证明和试验报告单,每捆(盘)钢筋必须有标牌,在保证设计规格及力学性能的情况下,钢筋表面必须清洁无损伤,不得有颗粒状或片状铁锈、裂纹、结疤、折叠、油渍及漆污等,钢筋端头保证平直,无弯曲。进场钢筋由物资部牵头组织验收。

进场钢筋按规范的标准抽样做机械性能试验,同炉号、同牌号、同规格、同交货状态、同冶炼方法的钢筋≤60 t 为一批。同牌号、同规格、同冶炼方法而不同炉号组成混合批的钢筋≤60t 可作为一批,但每炉号含碳量之差≤0.02%、含锰量之差≤0.15%,经复试合格后方可使用,如不合格应从同一批次中取双倍数量试件重做各项试验,当仍有一个试件不合格,则该批钢筋为不合格品,不得直接使用到工程上。

2)钢筋运到加工工地后,必须严格按分批同等级、牌号、直径、长度分别挂牌堆放,不得混淆。存放钢筋场地要进行硬化,并设排水坡度,四周挖设排水沟,以利泄水。堆放时,钢筋下面设置支墩,离地不宜少于 150 cm,以防钢筋锈蚀和污染。钢筋原材的堆放备好篷布,下雨时进行覆盖。钢筋堆放场地设置如图 17-92 所示。

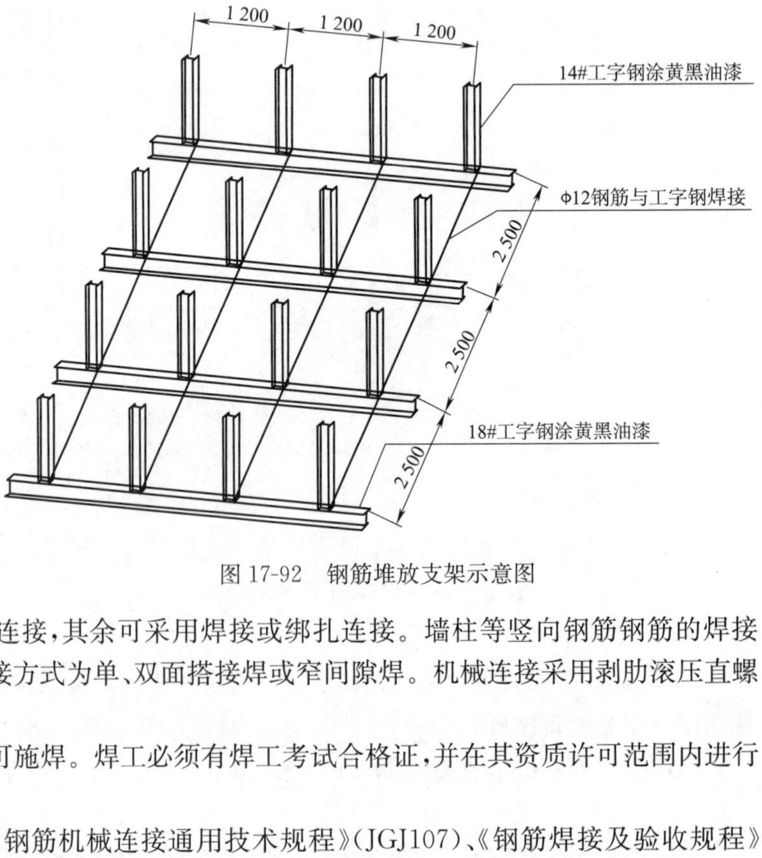

3)钢筋半成品要分部、分层、分段并按构件名称、号码顺序堆放,同一部位或同一构件的钢筋要放在一起,并有明显标识,标识上注明构件名称、部位、钢筋型号、尺寸、直径、根数。

图 17-92 钢筋堆放支架示意图

(2)钢筋连接

1)本工程纵筋直径≥22 时,采用机械连接,其余可采用焊接或绑扎连接。墙柱等竖向钢筋钢筋的焊接方式为电渣压力焊。梁、板水平钢筋的焊接方式为单、双面搭接焊或窄间隙焊。机械连接采用剥肋滚压直螺纹连接方式。

2)钢筋焊接前必须先试焊,合格后方可施焊。焊工必须有焊工考试合格证,并在其资质许可范围内进行焊接操作。

3)在施工现场,应按照国家现行标准《钢筋机械连接通用技术规程》(JGJ107)、《钢筋焊接及验收规程》(JGJ18)的规定抽取钢筋连接接头试件作力学性能检验。其质量应符合规程规定。

4)钢筋连接接头的位置应符合设计和规范要求。

(3)钢筋加工制作

1)钢筋加工制作前,对单位工程的所有钢筋按施工部位,配筋人员依据施工图、规范要求、施工方案及图纸会审、有关洽商、技术核定单、设计变更按先后顺序,把各种规格的钢筋编制《钢筋下料单》,注明钢筋的规格、形状、长度、数量、使用部位、编号等。料单报工区技术主管或钢筋工长审核,总工程师批准后方可制作,制作前画出大样图,标出下料长度和角度,放实样并标示规格数量,避免钢筋下料过程中发生错误。

2)钢筋下料时要根据配料单复核钢筋种类、直径、尺寸、根数。将同规格钢筋根据不同长度搭配统筹配料,先断长料后断短料。尽量减少短头,减少废料。断料时严禁用短尺量长料,防止量料的过程中产生累计误差。

3)钢筋切断时,在工作台上加尺寸刻度并加设控制断料尺寸用卡板。钢筋的断口要求不得有马蹄形或起弯现象。现场钢筋切断,直径小于 10 时用工具钳剪断,其他钢筋用钢筋剪断机剪断。直径 10～12 的每次剪断 2 根,直径≥14 的每次剪断 1 根。

4)盘圆钢筋使用前调直采用钢筋调直机进行调直。

5)钢筋加工前,如发现锈斑严重并已严重损坏钢筋截面或除锈后有表面严重麻点时降级使用。

(4)钢筋绑扎安装

1)钢筋绑扎前先认真熟悉图纸,检查配料表与图纸、设计是否有出入,仔细检查成品尺寸、形状是否与下料表相符。核对无误后方可进行绑扎。

2)钢筋绑扎采用铁丝绑扎,直径 ϕ12 以上钢筋采用 22 号铁丝,直径 ϕ10 以内钢筋采用 20 号铁丝。

3)板钢筋网四周两行交叉点应每点扎牢,中间部分每隔一根相互成梅花式扎牢,双向主筋的钢筋必须将全部钢筋相互交叉扎牢,相邻绑扎点的钢丝扣要成八字形绑扎(右左扣绑扎)。

4)墙筋应逐点绑扎,绑扎箍筋时,铁线扣要相互成八字形绑扎。

5)梁、柱筋搭接处的箍筋及柱立筋应满扎,柱箍筋转角与主筋交点均要绑扎,主筋与箍筋非转角部分的相交点成梅花交错绑扎。箍筋的接头即弯钩叠合处应沿柱子竖筋交错布置绑扎。绑扎箍筋时,铁线扣要相互成八字形绑扎。

6)筏板底部钢筋绑扎完毕后,用钢管搭设临时支架固定,立杆间距为 1.6 m,上下各设置一道横杆。用水平钢管连接形成骨架后再开始绑扎顶部钢筋,同时把 28 mm 的钢筋支撑间距为 1 m 梅花形布置放在绑好的筏板内,同时采用 2 根 28 mm 的斜撑钢筋间距 5 m 梅花形布置。筏板顶面最下层钢筋放在支撑上与支撑绑扎牢固,根据底部和上部钢筋大小计算出支撑的高度,筏板顶面钢筋绑扎完毕后,再撤出钢管支撑架。见图 17-93、图 17-94。

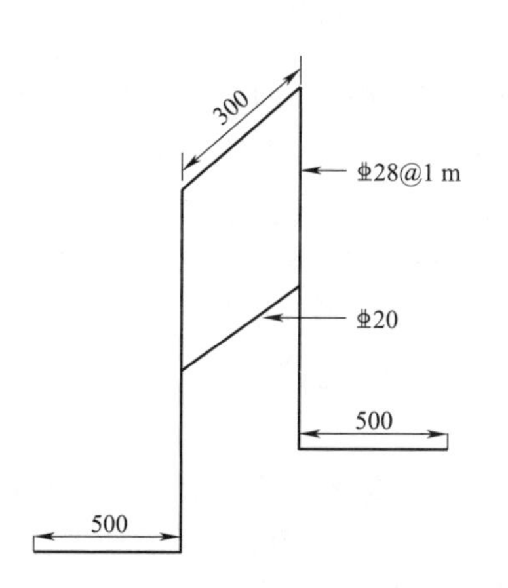

图 17-93　筏板基础支撑筋(单位:mm)

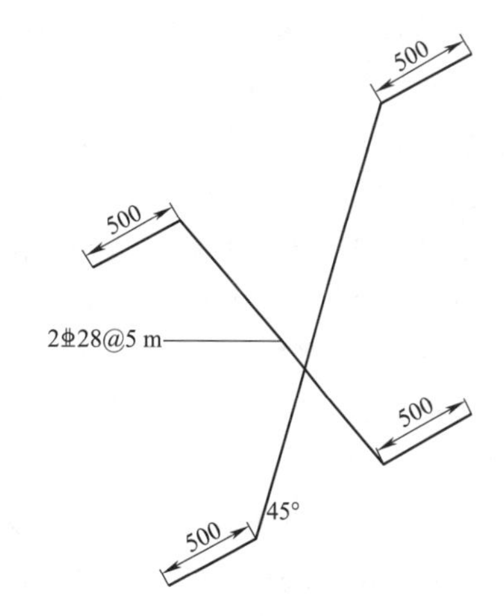

图 17-94　筏板基础斜撑(单位:mm)

7)在防水板处采用直径 16 的钢筋马凳铁,间距 800 mm 梅花形布置。在独立承台处采用直径 ϕ20 的钢筋马凳铁,间距 800 mm 梅花形布置。如图 17-95、图 17-96 所示。

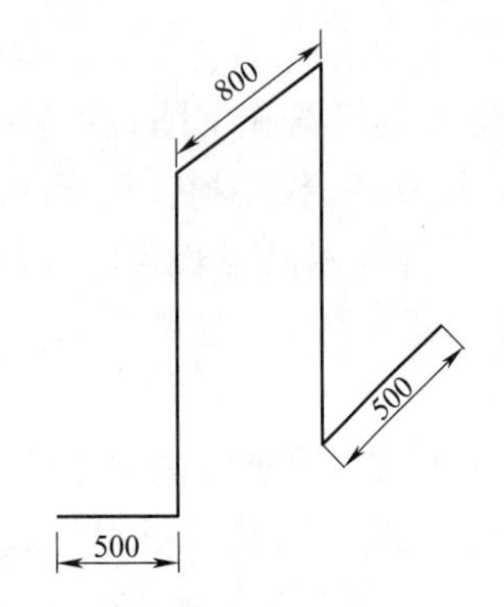

图 17-95 防水板及独立承台马凳铁(直径见文字说明)

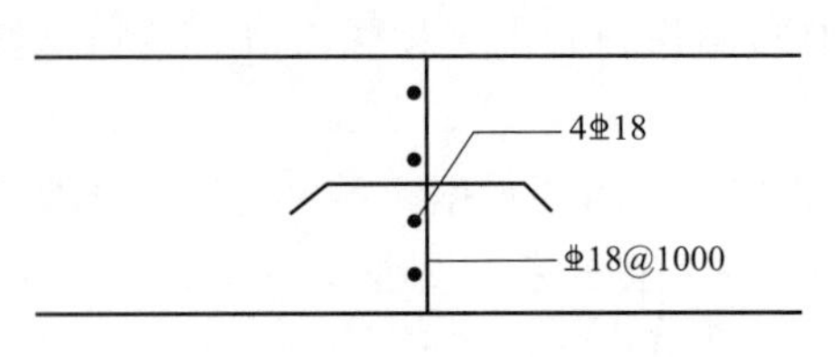

图 17-96 基础筏板后浇带处做法

8)板支持采用 ϕ16@1000 的钢筋支撑梅花形布置如图 17-97 所示。

9)绑扎地下室外墙钢筋时,沿外墙搭设双排落地脚手架,作为竖筋的支撑架和绑扎操作平台。脚手架立杆纵距以 1.2 m,横距 0.5~0.8 m,步距 1.8 m,高度为 14 m。

10)由于梁柱混凝土标号不同,在柱边向外 500 mm 处在梁中用 ϕ18@50 挂钢丝网保证低标号不流入高标号混凝土中。墙后浇带处采用 ϕ25@50,再挂钢丝网。梁后浇带采用 ϕ18@50,再挂钢丝网。

11)梁底部纵筋多于两排时,采用 ϕ25@1000 沿长度方向做垫铁,且不少于 1 根。

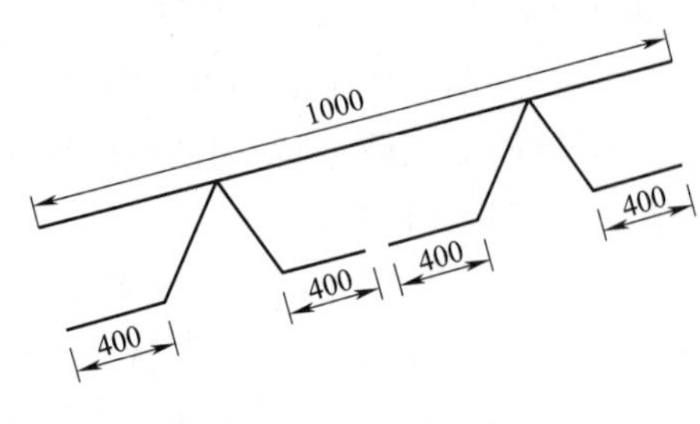

图 17-97 板支撑

17.5.3.6 土方回填工程

本工程涉及土方回填的部位有地下室负三层地面、变电所机房、地下室顶板、地下室侧墙外基坑。根据设计要求在基础顶部回填 800 厚的砂夹石(局部 1050 厚),地下室顶板回填不得大于 1500 厚的砂夹石。在地下室侧墙防水、保温等施工完成之后即可对基坑周边进行回填。

(1)本工程所有回填土均为场外购置。

(2)地下室顶板土方回填:地下室顶板土方回填共分为钢结构吊车工作位置、一层室内部分、一层室外部分。

1)由于施工场地狭窄,周边场地不能满足吊车工作的需要,且辅楼工期紧张,为不耽误工期,设计对钢结构吊车工作面位置的地下室顶板梁板进行了加强特殊处理,在混凝土浇筑后 7 天就可对该部位进行回填,保证辅楼钢结构吊装。该部位回填采用运土车通过吊车行走路基板直接将回填土运输至回填部位,然后用装载机铲运平整。

2)一层室内部分在钢结构主体全部完成后开始回填,采用小型挖掘机倒运平整。

3)一层室外回填随室外景观绿化工程进行。

(3)地下室三层室内回填在地下室加固支撑架拆除完成后进行,结构施工时在结构板上预留孔洞,自卸汽车通过该孔洞将土方下卸至负三层。在负三层安排一台小型挖掘机和一台机动三轮车进行土方倒运。

(4)地下室侧墙外部土方回填,在墙体后浇带施工完成后及地下室外墙防水保护层完成开始。为保证辅楼展览馆装修尽早开始,辅楼周边部分最先开始回填。回填时,运土车将回填土运至基坑边,然后用挖掘机抓斗将土方逐层回填。严禁直接倾倒回填。

(5)各个部位的土方回填,应按规范要求分层回填,压实度应满足设计要求。

17.5.3.7 混凝土方案

(1)本工程的混凝土分为辅楼钢结构楼承板混凝土,地下室及上部主体钢筋混凝土结构混凝土,构造柱、圈梁、楼地面细石混凝土地面等零星构件混凝土三部分。混凝土强度等级及性能要求详见具体设计文件。

(2)所用全部采用商品混凝土,选定两家商品混凝土单位供应,汽车运输,泵送混凝土。地下室施工时采用地泵和汽车泵相结合的方式,地下混凝土施工时全部采用地泵。地下室及上部主体结构施工时保证施工现场有 2 台地泵,地下室混凝土浇筑时配备 1 台汽车泵配合施工。泵车由商品混凝土供应单位配备,可根据现场需要,随时调配增加。构造柱、圈梁、楼地面等构件和部位的混凝土采用人工加斗车转运,垂直运输使用施工电梯。地下室的零星混凝土使用 2 辆机动三轮车转运,斗车和机动三轮车均由劳务单位配备。

(3)因辅楼工期紧张,楼承板的安装及混凝土浇筑在钢柱钢梁吊装过程中穿插施工,为保证施工安全,在同一部位上部楼承板安装完成后,才进行下层的混凝土浇筑工作。地下室及塔楼的钢筋混凝土结构施工时,墙柱梁板构件同时浇筑。地下室按照施工分区进行混凝土浇筑,单层分区内不允许设置施工缝。上部结构单层一次浇筑完成,不设施工缝。

(4)混凝土浇筑过程中,项目安排两人连续旁站监控施工,混凝土供应单位至少安排 1 人在施工现场负责协调联系,以保证混凝土连续浇筑和施工质量。

(5)泵送混凝土采用一泵到顶的泵送方式,浇筑工作面采用布料机进行布料。泵送混凝土时对泵管的铺设要求如下:

1)尽量缩短管线长度,少用弯管和软管,输送管的铺设应便于清洗管道、保证安全施工。

2)在同一条管线中采取相同管径的输送管,管线布置横平竖直,接头应严密,有足够强度,并能快速装拆。

3)垂直向上配管时,地面水平管道长度不宜小于垂直管长度的 1/4,且不宜小于 15 m。在混凝土泵机 Y 形管出口 3~6 m 处的输送管跟部应设置截止阀,以防止拌和物反流。

4)管道固定:混凝土垂直运输管道用钢管井架加固,钢管井架顶紧楼板,泵管穿楼板部位用木楔塞紧;水平管路铺设应平直,每个隔 3 m 使用三脚架固定。固定杆件与管道加塞木楔并垫硬橡胶抱紧泵管。泵管由水平转为竖向上转弯处加三角墩缓冲水平力。运输管道不宜利用外墙防护脚手架进行加固。配管不得直接支承在钢筋、模板及预埋件上,水平管每隔 3m 左右用支架或台垫固定。管道固定节点图如图 17-98~图17-100 所示。

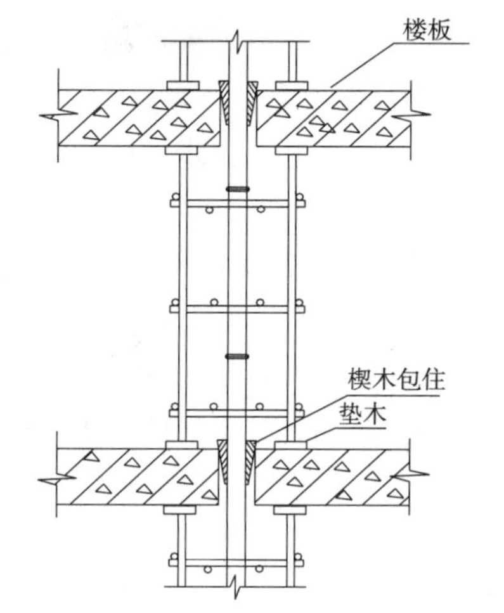

图 17-98　竖管穿楼板固定图

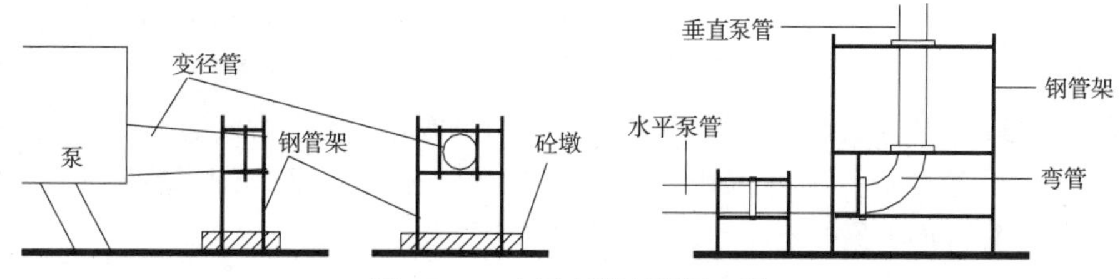

图 17-99　水平弯管泵管固定图

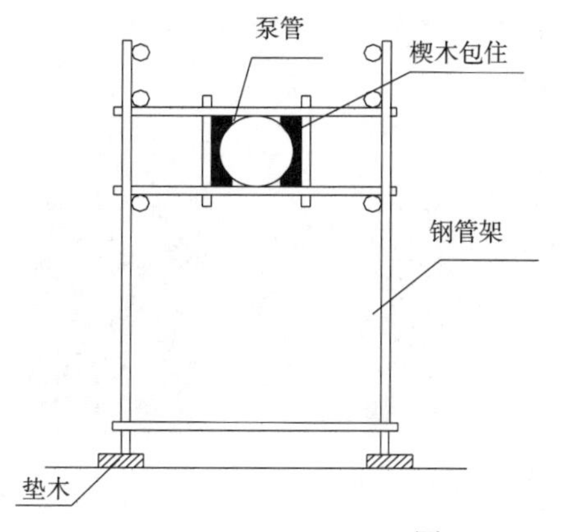

图 17-100　水平管固定图

5)布料机伸缩支腿下垫置木方,增加与模板的接触面。分散布料机对模板压力,井架用4道不小于8 mm钢丝绳拉紧固定,不得倾斜。钢丝绳端部用花兰螺栓(或卡环)与主梁钢筋拉紧(锁牢),不得固定在竖向钢筋上,并将花兰螺丝的保险销扣好,严防脱钩。机座应高于板面钢筋100 mm,不得碰撞钢筋或支设在上部结构钢筋上。布料机区域的模板及支撑应进行加固处理。

(6)辅楼楼承板混凝土浇筑时应对短向跨度大于2.5 m的楼承板进行加固,加固采用单排脚手架反向顶撑,单排脚手架立杆间距不大于1.5 m,水平杆步距不大于1.8 m,顶部水平杆与楼承板顶紧。

17.5.3.8 砌体工程

(1)砌体工程概况

地下室及主楼填充墙采用100或200厚页岩空心砖或页岩多孔砖,所有填充墙与钢筋混凝土结构构件交接处应加挂250宽、0.8厚、9×25孔的钢板网,然后抹灰。辅楼部分为轻钢龙骨硅酸钙板隔墙,无砌体工程。

外墙采用页岩多孔砖(MU10),出厂容重不大于14 kN/m³,砌筑容重不大于16 kN/m³,用M5.0混合砂浆砌筑。内墙采用页岩空心砖(MU5),出厂容重不大于8 kN/m³,砌筑容重不大于12 kN/m³,用M5.0混合砂浆砌筑。底层室外建筑地坪以下部分用MU10页岩实心砖,M7.5水泥砂浆砌筑。

(2)由于本工程设计不完善,室内墙体位置未定,无法埋设满足设计要求的预埋构造柱插筋、拉结筋,其施工方式采用后植筋。

(3)地下室砌体施工在辅楼钢结构施工完成后开始,优先辅楼设备机房及配电用房,保证辅楼按期投入使用。塔楼上部砌体结构在混凝土结构施工至10层左右开始砌体施工。

(4)地下室砌体材料运输采用机动三轮车通过汽车坡道转运,主楼上部砌体材料转运采用人工斗车通过施工电梯转运,砌块材材料也可在楼层能安装卸料平台,塔吊吊运。

(5)砌体结构施工前,应根据设计和规范要求,设计布置圈梁、构造柱,编制构造柱及圈梁布置方案,经审核批准后实施。

(6)页岩空心砖(多孔砖)工艺流程:

基地清理、墙体弹线→构造柱、拉结筋植筋→构造柱钢筋绑扎→拌制砂浆→排块撂砖→砌筑墙体→构造柱模板→浇筑构造柱混凝土→墙体顶部顶砌→清理→验评。

(7)墙底及门窗边框没设置混凝土泛水或混凝土边框时,边框应采用页岩实心砖组合砌筑。构造柱马牙槎及较大的孔洞的边框也采用页岩实心砖砌筑。

(8)构造柱顶应设置喇叭口,喇叭口应用混凝土浇筑密实成牛腿状,模板拆除后将其凿除。

(9)砌体每天砌筑高度不宜超过1.8 m。顶砌在下部砌体完成后7d进行,采用斜砌,斜砌角度宜为60°左右,砌筑砂浆应密实。

(10)穿墙管线应先制作和安装预埋套管,然后才开始砌筑墙体。暗埋管线的线槽应使用机械开槽,严禁用人工剔凿。在墙体上严禁开水平槽,应采用45°槽。管线埋设完成后,采用细石混凝土填塞密实。

(11)烟道、风井内壁应随砌随抹灰。

(12)砌体施工节点样板如图17-101、图17-102所示。

图17-101 穿墙管线套管预留预埋

17.5.3.9　脚手架方案

(1)脚手架方案选择

1)地下室外墙施工选用双排落地式脚手架。钢管采用 ϕ48×3.5,立杆间距 1.5 m,小横杆长 0.8 m,步距 1.8 m,在作业面铺设 30 cm 宽、5 cm 厚的木质脚手板。顶部用竹笆板搭设一层防护。

2)辅楼部分:由于整个辅楼部分的外边缘高度为 31.2 m,为给外墙施工提供足够的操作平台,选择双排落地式脚手架。钢管采用 ϕ48×3.5,其中立杆间距 1.5 m,小横杆长 1.05 m,步距 1.8 m,在作业面铺设30 cm 宽、5 cm 厚的木质脚手板。该落地脚手架应编制专项施工方案,报公司和监理单位审核批准后实施。

图 17-102　构造柱马牙槎组砌及顶部牛腿

3)主楼部分:

①主楼西侧及南侧第 1 层搭设双排落地式脚手架,从 2 层开始使用导座式升降脚手架,1 层的落地脚手架作为上部提升架原位拼装的支架使用,待提升架拼装完成后拆除。

②主楼北侧 1～7 层外凸,并在 7 层顶缩进形成局部屋面,7 层顶为花架梁结构。因此该侧 1～7 层采用双排落地脚手架,脚手架高 32 m。8～9 层为双排落地脚手架,脚手架底部落在 7 层屋面上。该脚手架作为上部提升架的原位拼装支架使用,待提升架拼装完成后拆除。10 层以上采用导座式升降脚手架。该侧落地脚手架施工应编制专项施工方案,报公司及监理单位审核批准后方可实施。

③主楼东侧 1 至 8 层与辅楼紧密相接,尽在该侧临边做防护栏杆。9 层为双排落地脚手架,脚手架底部落在辅楼屋面上。该脚手架作为上部附着式提升架原位拼装的支架使用,待提升架拼装完成后拆除。

④主楼使用的导座式升降脚手架架体全高 18.1 m,架体宽度 0.90 m(内外排立杆中心距),10 步架,架体步高 1.80 m,立杆纵距 1.8 m。外排满设剪刀撑搭设至顶。剪刀撑与每根立杆均必须用扣件扣牢,相邻剪刀撑宽度约为 5～6 m,与水平夹度应在 45°～60°之间。在外排每步架的 0.6 m、1.2 m 处搭设扶手杆。架体上部悬臂高度不得大于 3.6 m。

4)该工程的导座式升降脚手架施工应编制编制专项施工方案,报公司及监理单位审核批准后方可实施。

(2)落地脚手架施工工艺

1)搭设操作流程

定位→设置通长脚手板、底座→纵向扫地杆→立杆→横向扫地杆→小横杆→大横杆→剪刀撑→连墙件→铺脚手板→扎防护栏杆→扎安全网。

2)本脚手架高度大于 24 m,除拐角须设置横向斜撑外,中间每隔 6 跨设置一道。横向斜撑应在同一节间,由底层至顶层呈之字型连续布置。

3)连墙件

连墙件靠近主节点设置,偏离主节点的距离不大于 300 mm。连墙件从第一步纵向水平杆处开始设置。本脚手架采用刚性连墙件,连墙件采用直径 48 mm、壁厚 3.5 mm 的焊接钢管,连墙件与脚手架连接采用扣件。连墙件的布置原则:竖向间距为 $2h$(h 为步距),水平间距为 $3a$(a 为立杆间距)。布置时,不超过 40 m^2 必须设置一个连墙件。连墙件与框柱连接牢固,本工程柱间距离最大为 8.1 m,当连墙件间距不能满足要求时,可按图 17-103 设置。

(3)导座式升降脚手架施工工艺

1)升降脚手架结构主要由导轨主框架、水平支承框架、附墙固定导向座、提升设备、防坠装置等组成。本工程共使用导座式升降脚手架周长 167.0 m,共布置 4 组 49 个导座式升降脚手架机位。

2)导轨主框架

导轨主框架由导轨和竖向框架构成,二者合成一个整体,其作用是承受架体负荷并将架体负荷传递到附着支承装置,竖向主框架采用钢管焊接结构,为便于拆装,分为上下两节。

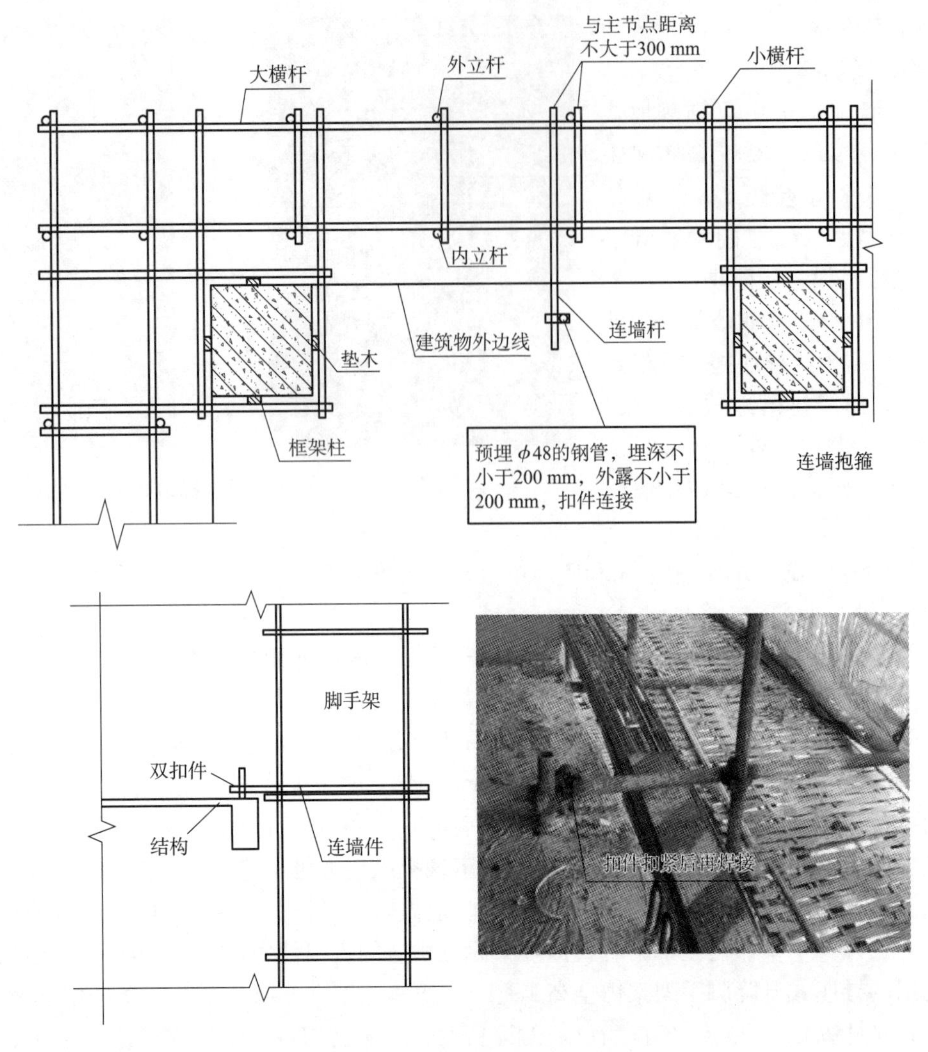

图 17-103　脚手架连墙件设置图

3)水平支承框架由钢管焊接的标准节和可调连杆组装而成，支承框架的水平、竖直四个面都是由杆件组成的成型珩架，支承框架通过螺栓安装在架体的底部。其作用是承受架体竖向荷载，并将竖向荷载传递给竖向主框架。

4)附着支承装置

附着支承装置即导向座，其作用是平衡承受主框架传递来的的重力和倾覆力矩，并将重力和倾覆力矩传递到建筑物上。导向座同时设有防倾、防坠安全装置，是附着升降脚手架承力、导向、防倾三者合一的附着支承装置。附着支承装置由固定导向座和摆针式防坠安全器组成。

①固定导向座由可调节移动的导向滚轮座和导向滚轮组成，固定导向座通过穿墙螺栓与结构混凝土固定。

②摆针式防坠装置是以速度变化为传递信号的机械自动卡阻式防坠器。其主要结构特征为：摆针通过摆针轴与固定在导座上的轴座相连接，摆针弹簧的两端分别连接在摆针与轴座上，而导座与导轨之间为滑套连接，导轨可在导座中上下滑动。其工作原理为：导轨件在附墙固定导向座的约束下而向下慢速运动时，运动中的导轨件的连接杆进入附墙固定导向座中并与摆针的底部接触推挤后，通过摆针，然后摆针在复位弹簧的弹力作用瞬间内弹回复位，摆针将恢复到摆动前的初始状态，完成一次摆动，紧接着另一个连接杆又进入导向座中，重复以上过程，连接杆将不断慢速向下通过导向座中，重复以上过程，实现架体安全下降。同理，导轨件同样可向上运动而不断顺利通过附墙固定导向座。当导轨件快速下降或坠落时，摆针还未完成一次摆动，摆针未恢复到初状态，此时另一个连接杆已进入摆针摆动的范围内，导轨连接杆被卡住，起到了防下坠的目的。工作原理见图 17-104。

5)提升设备与吊挂件

提升设备由电动葫芦和上吊挂件、下部双管吊点、斜拉杆、钢丝绳及电控线路等组成，通过吊挂件固定在

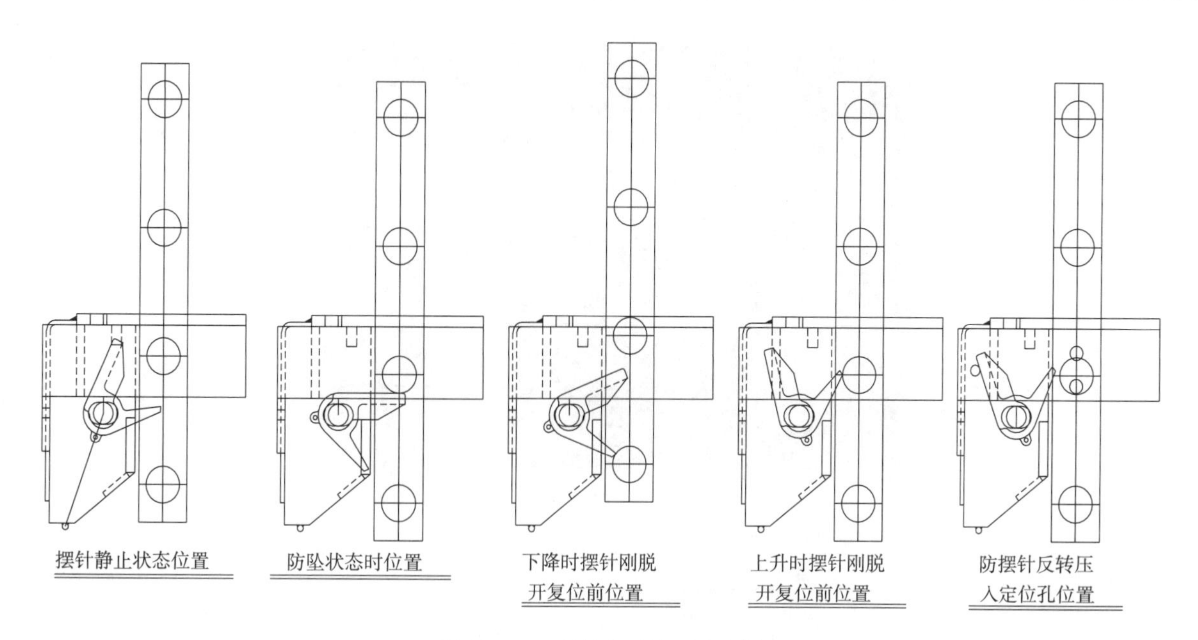

图 17-104　摆针防坠装置原理图

建筑结构上，形成独立的提升体系。

6)组装程序流程：

组装水平支撑框架→预留穿墙螺栓孔→吊装导轨主框架→组装架体→安装导向件→搭设其余架体→安装提升设备→搭设卸料平台→调试→验收。

7)升降流程：清除架体附加荷载→检查架体、导向座→撤离非工作人员→调试葫芦点控制设备→张紧链条→拆除架体约束→提升(下降)架体→拆除定位夹具→提升(下降)架体到限位→拆除脱轨导向座→安装导向座→调整架体水平度→安装定位夹具→恢复安全防护→全面检查→验收。

8)架体连墙件的设置同落地脚手架，见图 17-103。

9)升降脚手架结构如图 17-105、图 17-106 所示。

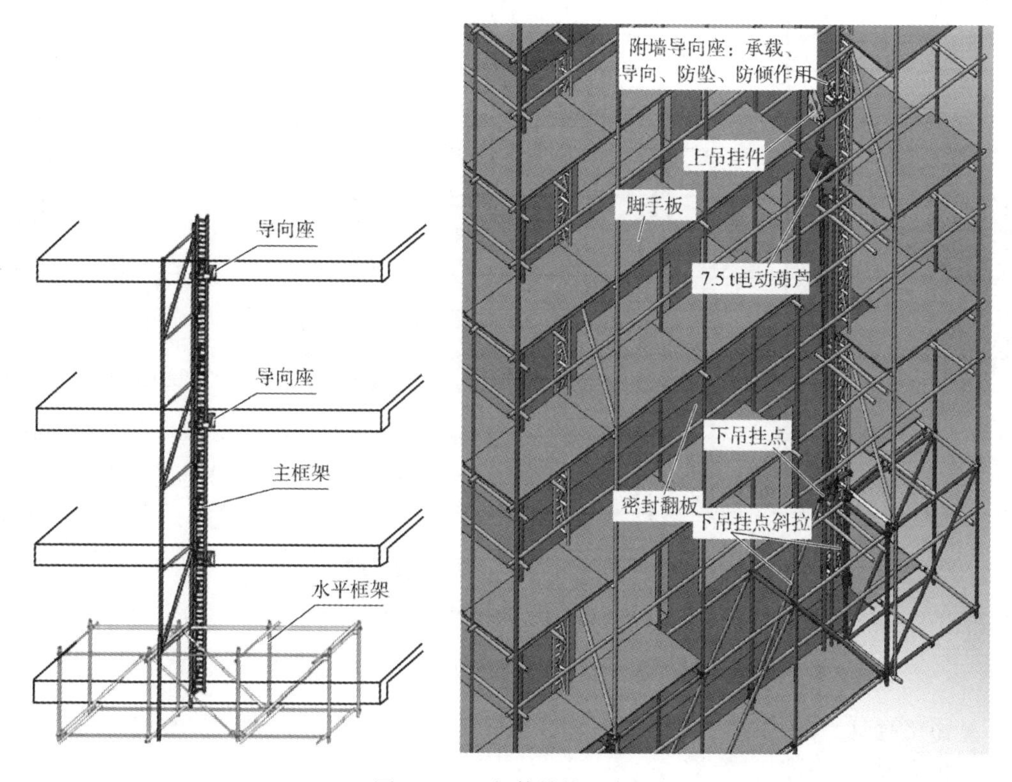

图 17-105　架体结构示意图

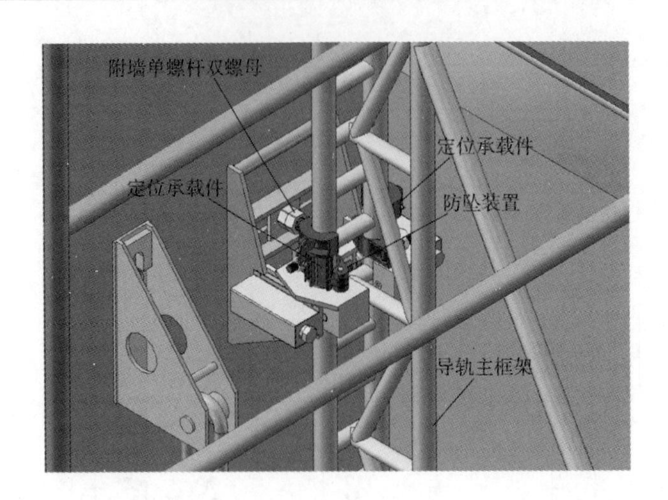

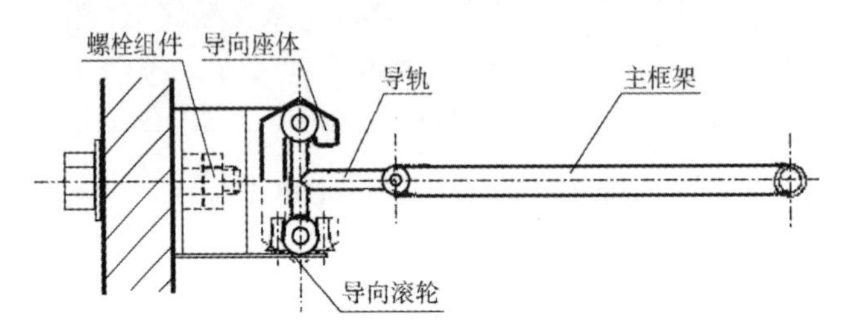

图 17-106 附墙固定导向座示意图

10)升降脚手架立面如图 17-107 所示。

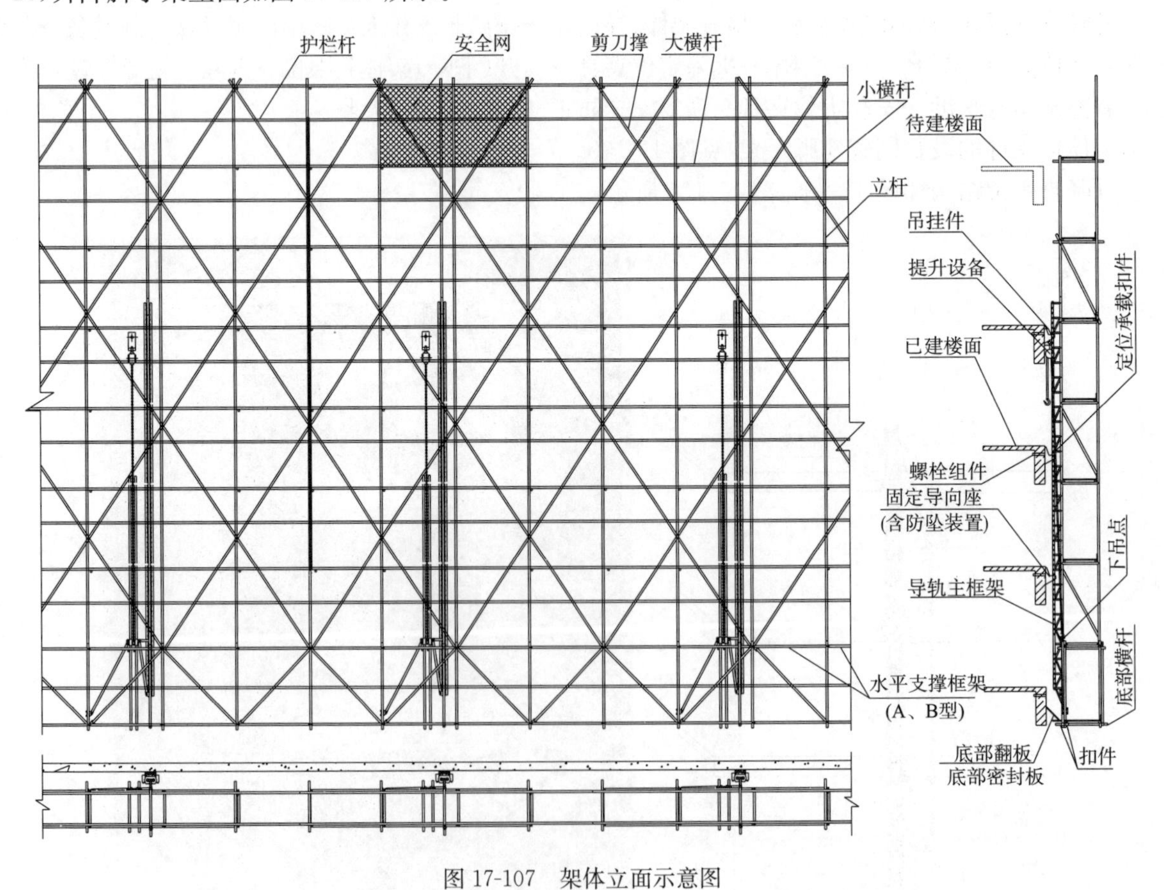

图 17-107 架体立面示意图

17.5.3.10 *屋面工程*

(1)屋面工程概况

本工程屋面主要做法见表 17-32。

表 17-32　屋面做法表

部位	主楼屋顶屋面	辅楼屋顶屋面	主楼、辅楼休闲屋面
类型	平屋面	坡屋面(结构找坡)	平屋面
屋面做法	1. 屋面结构层,刷纯水泥浆一道; 2. 最薄 20 厚水泥膨胀珍珠岩找坡; 3. 20 厚 1∶3 水泥砂浆找平层; 4. 刷冷底子油一道; 5. 3 厚厚砂面聚酯胎 SBS 改性沥青防水卷材一道,与墙体相接处上翻至建筑完成面 250 mm 高处,阴角及转角部位、管井周边设置附加层,最小宽度 30 mm; 6. 30 厚聚苯乙烯挤塑板(容重:30 kg/m³); 7. 20 厚 1∶3 水泥砂浆保护层; 8. 40 厚 C20 细石混凝土随打随抹光,内掺 5%防水剂,内配 ϕ6.5@200 双向钢筋,分仓按柱网最大 6 m×6 m,缝宽 20,防水油膏嵌缝; 9. 20 厚 1∶3 水泥砂浆结合层; 10. 6～8 厚 300×300 防滑地砖面层,勾缝	1. 屋面结构层,刷纯水泥浆一道; 2. 2 厚高分子涂膜防水; 3. 15 厚 1∶3 水泥砂浆找平层; 4. 30 厚聚苯乙烯挤塑板(容重:30 kg/m³); 5. 15 厚 1∶3 水泥砂浆找平层; 6. 刷底胶剂一道,材性同防水材料; 7. 3 厚砂面聚酯胎 SBS 改性沥青防水卷材一道,与墙体相接处上翻至建筑完成面 250 mm 高处,阴角及转角部位、管井周边设置附加层,最小宽度 30 mm; 8. 20 厚 1∶3 水泥砂浆保护层; 9. 40 厚 C20 细石混凝土随打随抹光,内掺 5%防水剂,内配 ϕ6.5@200 双向钢筋,分仓按柱网最大 6 m×6 m,缝宽 20,防水油膏嵌缝; 10. 铺贴人工草皮	1. 上翻钢筋混凝土梁,表面抹光; 2. 2 厚高分子涂膜防水; 3. 15 厚 1∶3 水泥砂浆找平层 4. 刷底胶剂一道,材性同防水材料; 5. 3 厚砂面聚酯胎 SBS 改性沥青防水卷材一道,与墙体相接处上翻至建筑完成面 250 mm 高处,阴角及转角部位、管井周边设置附加层,最小宽度 30 mm; 6. 20 厚 1∶3 干硬性水泥砂浆结合层上撒 2 厚干水泥并洒适量清水; 7. 20 厚花岗石刻痕

(2)屋面主要施工工艺流程

1)找平层、保护层、装饰面层施工见装修施工方案章节。

2)防水层施工见防水施工方案章节。

3)水泥膨胀珍珠岩施工流程:

四周弹线找坡→基层处理→搅拌→做标高墩找坡→铺设排气管道→铺水泥膨胀珍珠岩→滚压密实→拍边休整→养护。

4)屋面挤塑保温板施工:

基层处理→管根堵孔、固定→弹线找坡度→铺设隔气层→板块状保温层粘贴→拍(刮)平→补填板缝→检查验收→抹找平层。

5)每道防水层施工完成后均应按规范要求做蓄水试验或洒水试验,试验合格后方可进行下一道工序的施工。

(3)屋面主要防水节点图

屋面主要防水节点如图 17-108 所示。

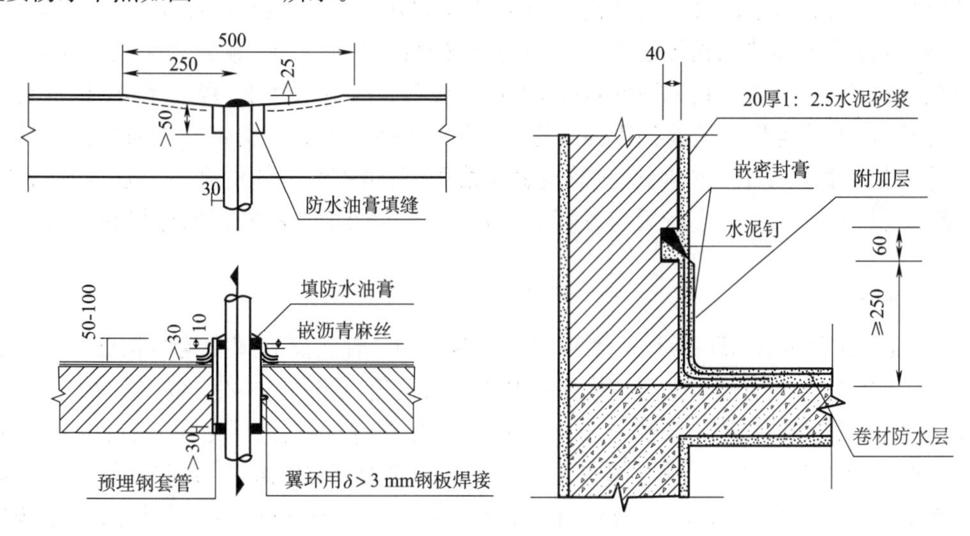

图 17-108　屋面细部防水节点图

17.5.3.10　节能保温工程施工方案

(1)本工程涉及保温项目见表 17-33。

表 17-33　节能保温措施表

节能保温设计说明		
部位	保温材料	备注
地下室外墙	40 厚聚苯乙烯板	沥青粘结
辅楼外墙部分	40 厚岩棉	
主楼屋面	30 厚聚苯乙烯挤塑板	
主楼外墙	40 厚岩棉	
外门窗工程	断桥隔热铝合金中空玻璃门窗	

(2)地下室外墙及屋面保温主要施工内容为保温板粘贴，随该部位的防水施工一同考虑。在保温层施工完成后，应及时进行找平层或保护层的施工，起到对保温层成品保护的作用。

(3)外墙墙面保温工程随外立面装修工程一同考虑，主要施工内容为保温岩棉板在墙体上的安装固定。

(4)本工程采用的外门窗均为断桥隔热铝合金中空玻璃门窗，在选择门窗采购和加工环节考虑。门窗采购订货前，应协同监理单位、建设单位共同进行样品确认，达到设计和规范的保温性能要求。

17.5.4　安装工程施工方案

本工程室内电气工程包括：变配电系统，电力配电系统，照明系统，电气节能及环保，建筑设备监控系统(BAS)，防雷系统，接地及电气安全系统，剩余电流电气火灾监控系统，能耗计量管理系统。弱电工程包括：通信及网络综合布线系统，有线电视系统，安全防范系统，电梯运行监控系统，背景音乐及紧急广播系统，火灾自动报警及消防联动控制系统，会议系统，门禁系统，电子巡更系统，环幕电影放映系统。

给排水工程包括：室内及室外用地红线范围内的给水系统，热水系统，污水系统，废水系统，雨水系统，循环冷却水系统，消防系统，气体灭火系统及建筑灭火器的配置。

设备安装工程包括展览区与主楼分别设置集中空调系统，空调负荷及冷、热源，空调水系统。

整个安装施工将伴随着土建施工的进度进场作业。

17.5.4.1　电气分部工程

(1)施工流程

施工流程如图 17-109 所示。

(2)防雷与接地

防雷与接地系统主要利用建筑物内结构钢筋做接地体引下线及均压环，结构以外的接地体连接采用钢锌扁钢、圆钢、铜排或多芯绝缘铜导线等。各种连接材料如扁钢、圆钢、铜排均采用焊接，要求圆钢一律双面焊接，焊接长度不小于 $6D$。扁钢三面焊接，焊接长度≥2 倍扁钢宽度，焊缝平整、饱满，无夹渣、咬肉现象。在混凝土结构外的各焊点应涂沥青漆 2 道，以避免腐蚀。屋面避雷带应涂银粉漆 2 道。所有进出建筑物的金属体，如各种供水管、供油、供汽及金属穿线管、各类铠装电缆的金属外皮与总等电位箱连接，室内各类管道、金属构件、风管等应就近与各等电位箱连接，并与屋面的防雷网连接在一起。如图 17-110 所示。

(3)电气工程配管

本工程选用紧定式套接管(JD≤32)及镀锌钢管(DN≥40)，管线安装随土建结构施工进度在混凝土板及剪力墙上采用暗配形式，在后砌墙上采用剔槽暗敷的形式配管，少量地方如设备用房等采用明配。所有配管工程必须以设计图纸为依据，严格按图施工，不得随意改变管材材质、设计走向、连接位置，如必须改变位置走向等，除在图上标示清楚外，同时办理有关变更手续。暗配等宜沿最近的路线敷设，尽量减少弯头个数，埋入墙或地面混凝土中的管外壁离结构表面的净距应不小于 30 mm，进入落地式配电箱的管路应排列整齐，高度一致，管口应高出基础面不小于 50 mm。所有穿线钢管均采用冷弯法，弯曲半径暗配管不得小于管外径的 8 倍，明配管不得小于管外径的 6 倍，管材弯曲处严禁有折皱、凹凸、裂缝等现象，管子弯扁度不得大于管径的 10%，管路长度超过一定距离时，管路中间应加装接线盒或大一级管径。如图 17-111 所示。

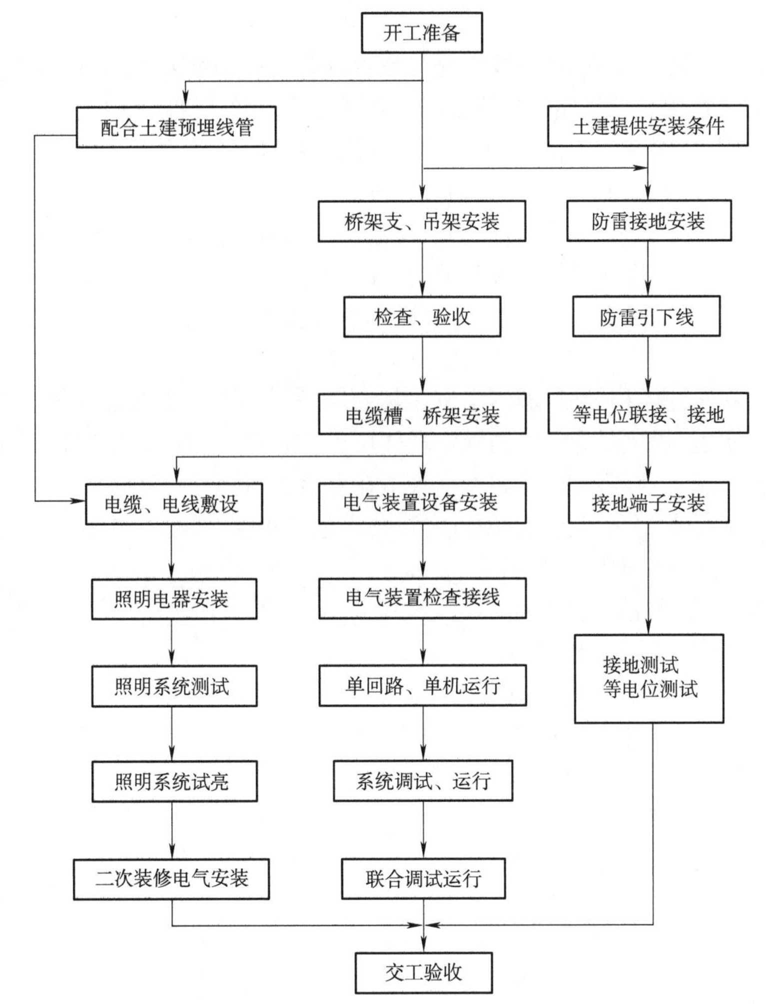

图 17-109　电气安装工程施工流程图

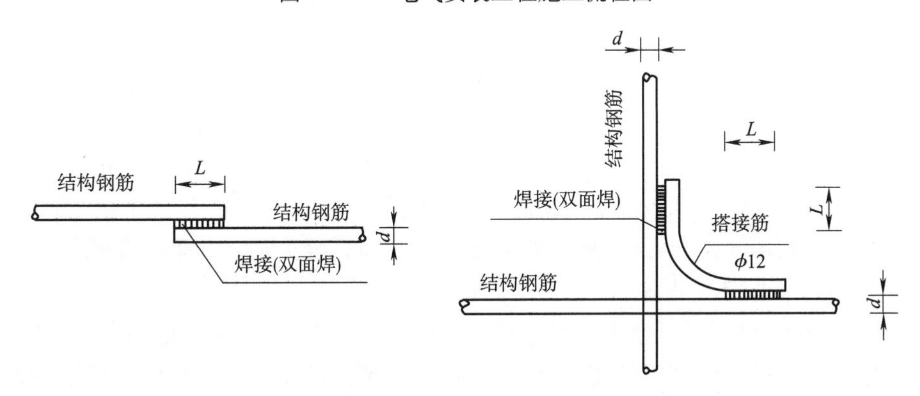

图 17-110　防雷接地安装示意

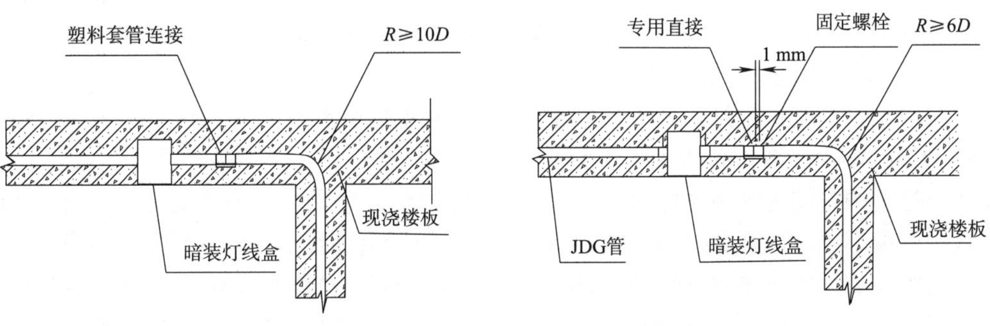

图 17-111　铁接线盒在板内敷设

(4)管内穿线

在进行管内穿线前应先检查配管走向、线路连接是否符合设计图纸要求,并进行管内清扫,以清除主体施工过程中管内残留的杂物、积水等。清扫管路,可用钢丝绑扎棉丝从管路一头穿入,从另一头拉出,或使用空气压缩机从管路一侧吹气,将管内杂物、积水清除。穿线前钢管应套好护口,以防管口损坏导线的绝缘层。穿入管内的导线根数、回路严格按图纸施工,原则上导线总截面包括绝缘层不应超过管内截面的40%,不同电压、不同回路的导线不得穿入同一根管内,而同一交流回路的导线必须穿入同一管内。导线进出接线盒、开关盒、电气设备应作好接线预留。一般进入开关盒、灯头盒预留100~150 mm;进入照明、动力配电箱等,按箱体的半周长预留;进入电动机等动力设备,一般按0.5 m预留。

(5)电缆桥架安装

电缆桥架安装一般在土建结构完成,墙体砌筑抹灰完成,不会污损的情况下进行。电缆桥架及封闭式母线槽在施工前必须先与水道、通风各专业协调确定在楼层、通道等的位置,以保证各专业的管道均能安装就位,排布合理,符合设计及施工规范要求,比如电气管道在上、水管在下等原则。

电缆桥架支架采用成品支架,电缆桥架安装前,按与土建及水道、暖通专业协调的位置,首先进行放线定位,安装吊件、支架等,支吊件间距1.5~2 m。然后进行托臂安装,托臂与吊支件之间使用专用连接片固定,以保证支架与桥架本体之间保持垂直不会受重力作用发生倾斜下垂。再安装桥架本体,桥架本体应使用专业连接板连接牢固,并用专业固定螺栓将桥身固定在托臂上,以防桥架滑脱。最后使用热镀锌扁钢−40×4沿桥架敷设一条PE接地干线,此接地干线应与桥架本身及支吊件保持良好的电气连接。明装桥架和线管采用4 mm²软铜线连接。桥架安装如图17-112所示。

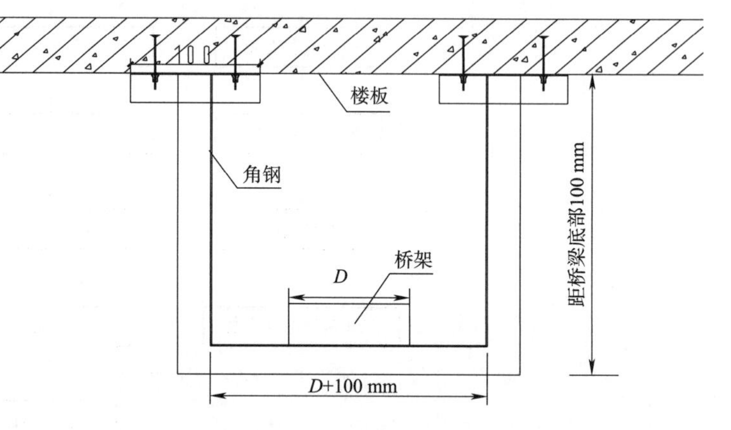

图17-112 桥架支架示意图

(6)电缆敷设工程

本工程安装使用的各类电缆一律使用国家定点企业产品,全部电缆必须有厂家出厂的质量检验合格证,合格证上应标明电缆规模、型号、电缆长度、各种数据等。电缆到货后首先进行外观检查,检查电缆外皮是否有凹凸绞拧现象,电缆头是否密封良好。当外观检查无误后,即可使用1000 V摇表进行绝缘检查。一般要求各相间电阻不得小于1 MΩ。电缆交货供货时间一般选择在接近安装期附近,由供货厂家直接送货到工地。电缆运到工地后,应用吊车配合,水平移动顺电缆缠紧方向轻轻推动。如果电缆到货不能尽快安装应放置于干燥通风的库房,并采取防潮措施。

安装前应首先检查是否已经具备电缆敷设条件,如配电房、电缆竖井、电缆地沟是否已经砌筑、抹灰粉刷完成,电缆桥架支架等是否已经全部安装完成,地沟井道及桥架内的杂物是否均已清理干净。在施工前电缆路径的各转角处,应设圆木保护,以防电缆外皮被各种硬物锐角划伤。

电缆敷设过程中统一指挥、协调工作。用对讲机与施工人员保持联络,随时控制电缆的停放。电缆布放到位后,应由各层人员马上将电缆固定在支架上,在电缆两端处预留好适宜的接头长度后,即可将电缆切断。电缆端头一般按下列长度预留,电缆进出配电箱、配电柜,按盘面的半周长预留,电缆进入电动机等设备一般按0.5 m预留,以便制作电缆头及在盘柜内绑扎之用。

电缆直埋或水平敷设应在全长预留适量裕度,并作一定波浪形敷设。在竖井及墙上的电缆支架间距为1.5 m,支架高低偏差不大于5 mm,支架安装完成后,作接地干线。

电缆在敷设过程中应按施工顺序排列整齐,一般塑料护套电缆最小转弯半径不得小于10倍的电缆外径。安装过程中电缆不允许出现绞拧、交叉等现象,并联使用的电缆长度应相等且并列敷设。三相系统中使用的单芯电缆应绑扎成三角形排列,使用尼龙扎带均匀绑扎牢固。电缆敷完成后应及时用鞍形电缆卡将电缆固定在支架或桥架上,并挂好电缆标志牌。在下列地点必须悬挂电缆标志牌:电缆起点、终点、电缆转弯处、电缆进出竖井处、直线段每隔30 m。电缆标志牌一律选用铝合金铭牌,标志牌上标明回路名称、线路编号、电缆的型号、规格、电缆起止点、电缆的长度等，并联使用的电缆还应有顺序号。标志牌的规格应统一，标志字迹清晰、不易脱落，悬挂位置便于检查并固定牢靠。安装过程如图 17-113 所示。

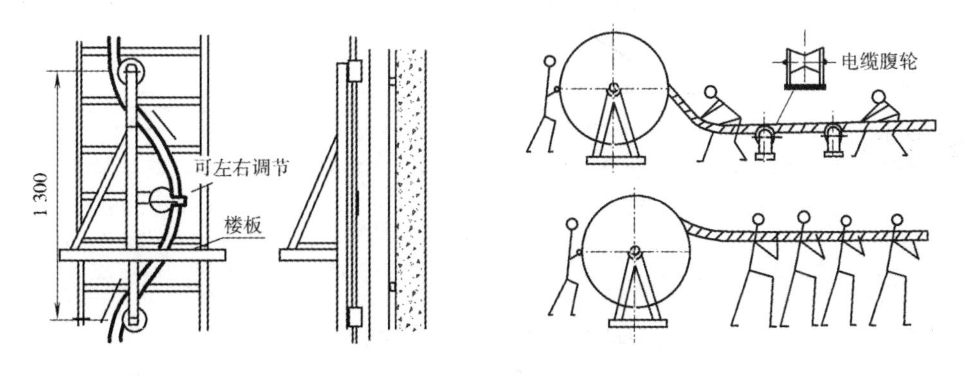

图 17-113　电缆安装示意图

(7)BTTZ 电缆施工方案

1)施工流程

施工准备→ 现场实测、订货，到货查验→固定支架及电缆卡子的安装→敷设电缆→电缆固定→中间接头安装→终端接头安装→防火分区防火封堵→系统绝缘复测→终端接头接线安装→试运行及交验。

2)矿物绝缘电缆敷设

①矿物绝缘电缆在室内沿电缆桥架敷设，电缆沟内敷设，支架卡敷设，墙面及平顶直接敷设时，其敷设方法按普通电缆沿上述敷设方式进行。当沿电缆桥架或支架敷设时，应在电缆桥架及支架(含接地)安装完毕并检查合格后进行。

②现场搬运：截面小重量并不很重的矿物绝缘电缆的搬运可采用人工搬运。若现场条件允许，也可以采用机械(如塔吊、施工电梯等)搬运。但在搬运时均应做好电缆的防护工作，以免损坏电缆。

③敷设时如果采用人工方法将整盘电缆松开，则无论是垂直还是水平敷设，敷设过程都要注意应将整盘电缆慢慢地一起转动松开。

④当采用机械地面提升或楼顶放下两种方式敷设电缆时，均有设在顶层的转角滑轮，其作用十分重要。选用时应注意：该滑轮承受最大重力必须是电缆自重的 2 倍(经验值)，而且应留有充足的承力余地。

⑤线路的整理：

a. 同一路线敷设完毕好后，应对线路进行整理及固定，以满足施工要求。

b. 整直后应捆绑在一起，每整好一路再敷另外一路，以免搞错。整理时应从上到下、从前到后、从始到末逐段进行。在转弯处，应将电缆按规定的弯曲半径进行弯曲。

c. 为做到整齐、美观，整个电缆的走向(包括平直部分和弯曲部分)应全部为平行走向，转弯处的弯曲半径应一致，固定点间距做到整齐且都符合规定的要求。

3)矿物绝缘电缆固定

①矿物绝缘电缆固定是在矿物绝缘电缆全部敷设后依顺序将电缆放入电缆卡子内，垂直敷设部分从上往下逐层进行，逐个夹紧。

②设部分由近到远逐个夹紧。在夹紧的同时应注意调直。在相同走向处敷设时，应根据电缆的分岔口位置由近到远逐根布线，以避免电缆交叉而影响美观。

③电缆固定时，禁止使用导磁金属夹具，以防止涡流产生热效应，也应避免单芯电缆穿过闭合的导磁孔洞，如防火封堵钢板、配电柜(箱)进出处等。

4)中间接头安装如图 17-114 所示。

选择同电缆规格相匹配的中间联接器。在需中间连接的电缆端部依次套入中接封套的封套螺母、压缩环和封套本体，套入连接套管，密封罐、线芯以及中间连接端子的绝缘制作好后，先将一端中接封套与电缆固定，而后旋入连接套管，最后再固定另一端的中间封套，使电缆与封套、封套与连接套管紧密地连接在一起。

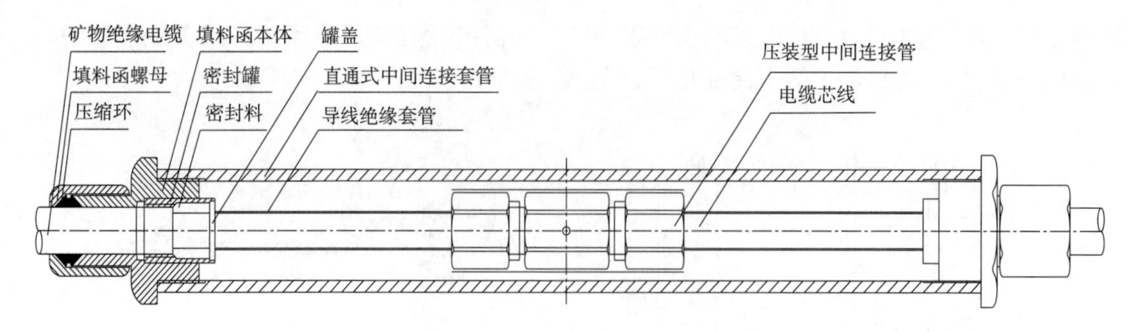

图 17-114 中间接头示意图

5)终端接头安装

①电缆端头依次套入封套螺母、压缩环、封套本体,移至电缆固定位置。

②将封套本体大端穿入孔板,在孔板的另一面将接地片套入封套本体大端,而后轻微旋入束紧螺母。

③电缆终端制作好后伸出适当长度,用扳手先后将封套螺母、束紧螺母旋紧,使电缆与封套、封套与孔板牢靠地固定。如图 17-115 所示。

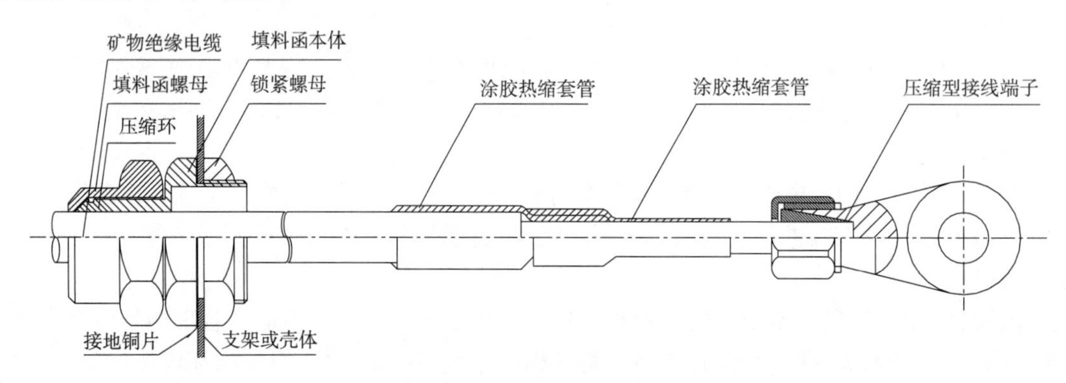

图 17-115 终端接头示意图

6)防火分区防火封堵

①竖向穿越楼板:在楼板的下方用膨胀螺栓固定防火隔板,将孔洞封死,填入防火堵料,在楼板上方同样用膨胀螺栓固定防火隔板。

②横向穿越防火分区:在穿墙处填入防火堵料,用膨胀螺栓于两端固定防火隔板,将孔洞封死。

③防火堵料必须选用经国家鉴定的定型产品,使用前应首先检查产品质量,是否过期,然后严格按照厂家技术要求进行配制使用。

7)系统绝缘复测

所有矿物绝缘电缆安装完毕后,在端头接入配电柜(箱)至开关前,应用 1000 V 兆欧表对其进行系统绝缘电阻复测并作记录,相间、相零及对地(铜护套)绝缘电阻应≥200 MΩ 且三相数值基本平衡。

8)终端接头接线安装

线路固定好、绝缘电阻测试合格后,应进行终端线头的接入配电柜(或接线箱),接入开关时应保证相序、相位正确,终端附件固定牢靠,接地保护连接安全可靠。矿物绝缘电缆的回路标记应清晰,编号准确,并在其首端、末端和分支处设标志牌。

(8)母线槽安装工程

1)施工流程

设备开箱清点检查→支架制作→支架安装→母线槽安装→系统测试→送电运行。

设备开箱清点检查:

①设备开箱清点检查,应由建设单位或供货商,施工单位共同进行并作好记录。

②母线槽分段标志清晰齐全,外观无损伤变形,内部无损伤,母线螺栓固定搭截面应平整,其镀银无麻面、起皮及未覆盖部分,绝缘电阻合格。

③根据母线槽排列图和装箱单,检查母线槽、进线箱、插接开关箱及附件,其规格、数量应符合要求。

2)支架安装

①支架和吊架安装时必须拉线或吊线锤,以保证成排支架或吊架的横平竖直,并按规定间距设置支架和吊架。

②母线槽的拐弯处以及与配电箱,柜连接处必须安装支架,直线段支架间距不应大于 2 m,支架和吊架必须安装牢固。

3)母线槽安装

①按照母线槽排列图,将各节母线槽、插接开关箱、进线箱运至各安装地点。

②安装前应逐节摇测母线槽的绝缘电阻,电阻值不得小于 10 MΩ。

③按母线槽排列图,从起始端(或电气竖井入口处)开始向上,向前安装。

④曲线母线槽在插接母线槽组装中要根据其部位进行选择:L 型水平弯头应用于平卧、水平安装的转弯,也应用于垂直安装与侧卧水平安装的过渡。L 型垂直弯头应用于侧卧安装的转弯,也应用于垂直安装与平卧安装之间的过渡。T 型垂直弯头应用于侧卧安装的转弯,也应用于垂直安装与平卧安装之间的过渡。Z 型水平弯头应用于母线平卧安装的转弯。Z 型垂直弯头应用于母线侧卧安装的转弯,变容器母线槽应用于大容量母线槽向小容量母线槽的过渡。

4)母线槽的连接

①将母线槽的小头插入另一节母线槽的大头中去,在母线间及母线外侧垫上配套的绝缘板,再穿上绝缘螺栓加平垫片。弹簧垫圈,然后拧上螺母,用力矩扳手紧固,达到规定力矩即可,最后固定好上下盖板。

②母线连接用绝缘螺栓连接。630A 以下母线槽力矩必须达到 55 N·m,800A 以上力上力矩必须达到 115 N·m(M10 为 55 N·m,M16 为 115 N·m)。

③母线槽连接好后,其外壳即已连接成为一个接地干线,将进线母线槽、分线开关线外壳上的接地螺栓与母线槽外壳之间用 16 mm^2 软铜线连接好。对于三线四线制,做好与地相连通。

5)分段测试

母线在连接过程中可按楼层数或母线槽段数,每连接到一定长度便测试一次,并做好记录,随时控制接头处的绝缘情况,分段测试一直持续到母线安装完后的系统测试。

6)试运行

母线槽送电前,要将母线槽全线进行认真清扫,母线槽上不得挂连杂物和积有灰尘。检查母线之间的连接螺栓以及紧固件等有无松动现象。用兆欧表摇测相间、相对零、相对地的绝缘电阻,并做好记录。检查测试符合要求后送电空载运行 24 h 无异常现象,办理验收手续,交建设单位使用,同时提交验收资料(包括设计图纸、设计变更记录、产品合格证、说明书、测试记录、试运行记录等)。

7)安装注意事项

①母线槽安装完毕后进一步调整,确保母线槽的垂直度和水平度。

②母线槽直线段安装时,每 100 m 左右要加一膨胀节。

③在安装中,必须做好防水防潮和防异物进入措施,安装完毕要关门上锁。

④母线槽外壳接地跨接板连接应牢固防止松动,母线槽外壳两端应与保护接地相连接。

(9)高低压配电箱(柜)安装工程

产品订货应选用原两部定点认证厂家,设备订货宜安排在具备安装条件时到货,以便减少库存时间。设备到货须及时检查设备型号、回路位置等是否符合合同及设计图纸要求,并组织甲方、监理及设计单位进行检查验收,必要时在设备进行工厂化加工过程中进行现场检验,发现不符合设计要求的地方及时予以纠正。设备到货后应先放置于清洁干燥的库房内,在安装前先落实土建如下工作是否已经完成:

1)配电房、设备房的室内装饰工程是否已全面完成,房间门窗是否安装完成,屋面、地面是否有渗漏现象,土建已完成配电柜的基础施工。配电柜基础如图 17-116 所示。

2)各类预埋件是否已安装完成,是否符合设备安装条件。

3)设备安装开始后不能再进行施工的其他工序是否全部完成。

(10)发电机安装

1)本工程暂考虑使用汽车吊通过预留吊装孔吊装。

2)在设备吊装下方放方木、滚杠或采用若干垫片,使其和柴油发电机的基础座找平。

3)柴油发电机吊入后,可用吊链及滚杠拉至柴油发电机房基础位。

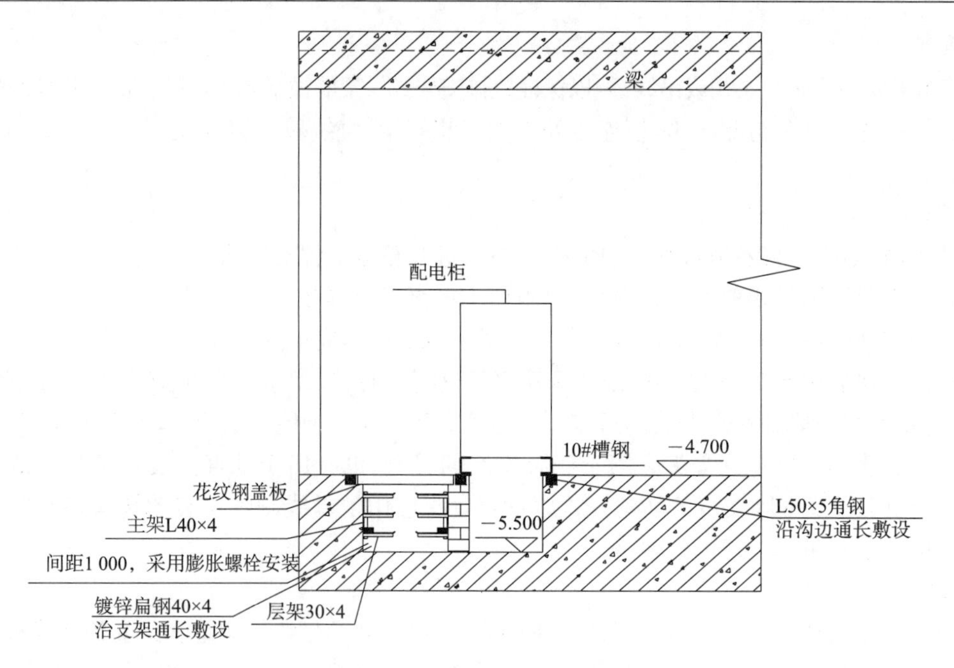

图 17-116 配电柜基础示意图

(11)灯具、开关、插座等末端设备安装

灯具、开关、插座等末端设备配合装修安装。

(12)弱电工程安装

本工程弱电工程在结构施工阶段根据图纸暂做墙体配管，二次结构阶段线槽施工，整个系统需二次装修确定后，根据弱电工程设备厂家深化设计后细化施工方案。

1)弱电系统施工方法应按遵循电气线管施工原则。

①为增强传输线路抗干扰能力，线槽、穿线钢管除按普通电气要求跨接外，将钢管与金属器件箱，金属用户出线盒焊接成整体的接地系统，以增加屏蔽。

②保护管、盒不得在烟道或其他发热墙面敷设，保护管与其他管道间最小距离应符合通讯设计施工要求。

③敷设于多尘、潮湿的地域电缆保护管道必须做密封处理。

2)综合布线系统，统一规化，统一设计形成的一套完整的布线系统，具有实用性，先进性、灵活性、可扩充性的特点。

①机架安装完毕后，垂直差度不应大于 3 mm，机架前应留有 1.5 m 的空间，背面离墙距应大于 0.8 m，壁挂式机柜底距地面宜为 300～800 mm。

②配线设备机架采用下走线方式时，架底位置与电缆线孔相对应各直列垂直倾斜误差不应大于 3 mm，底座水平误差每平方米不应大于 2 mm。

③交接箱或暗线箱宜暗设在墙体内，预留墙洞安装，箱底高出地面宜为 500～1000 mm。

④信息插座安装在活动地板或地面上，应固定在接线盒内，安装在墙体上宜高出地面 300 mm。

⑤电缆桥架及线槽安装，其水平度每米偏差不应超过 2 mm，垂直安装与地面垂直度偏差不超过 3 mm，两线槽拼接处水平偏差不应超过 2 mm。

⑥安装机架、配线设备及金属钢管，槽道接地体应符合设计要求，保持良好接地。

3)缆线敷设

①缆线布放前应核对规格、程式、路由及位置与设计规定相符，布放时应把电源线、信号电缆、对电缆、光缆及建筑物内其他弱电系统的缆线分离布放，并应有冗余，在交接间，设备间对绞电缆预留长度一般为 3～6 m，工作区为 0.3～0.6 m，光缆在设备端预留长度一般为 5～10 m。

②缆线弯曲半径：非屏蔽 4 对电缆的弯曲半径应至少为电缆外径的 4 倍，左施工中至少为 8 倍，屏蔽对绞电缆的弯曲半径至少为电缆外径的 10 倍。

③光缆的弯曲半径应至少为光缆外径的 15 倍，施工中至少为 20 倍。

④对绞线在与信息插座相连时，必须按色标和线对顺序进行连接，插座类型、色标和偏号应符合规定。

⑤对绞电缆与信息插座的卡接端子连接时，应按先近后远、先下后上的顺序进行卡接，屏蔽对绞电缆的屏蔽层与插件终端处屏蔽罩可靠接触，缆线屏蔽层应与接插件屏蔽罩 360 度圆周接触，接触长度不宜小于 10 mm。

⑥各类跳线缆线和接插件间接触应良好，接线无误，标志齐全，跳线选用类型应符合设计要求，各类跳线长度应符合设计要求，一般对绞电缆不应超过 5 m，光缆不应超过 10 m。

⑦缆线在终端前，必须检查标签颜色和数字含义，并按顺序终端，对绞电缆与插接件连接应认准线号，线位色标，不得颠倒和错接，终端每对对绞线应尽量保持扭绞状态，非扭绞长度对于 5 类线不应大于 13 mm，4 类线不大于 25 mm。

(13)火灾探测器安装

1)探测器至墙壁、梁边的水平距离不应小于 0.5 m。

2)探测器周围 0.5 m 内不应有遮挡物。

3)探测器至通风送风口边的水平距离不应小于 1.5 m，至多孔送风顶棚孔口的水平距离，不应小于 0.5 m。

4)探测器宜水平安装，如必须倾斜安装，倾斜角不应大于 45°。

5)探测器的“+”线应为红色，“−”线应为蓝色，其余线根据不同用途采用其他颜色区分，但同一工程中相同用途的导线颜色应一致。探测器确认灯，应面向便于人员观察的主要入口方面。

6)手动火灾报警按钮，应安装在墙上距地(楼)面高度 1.5 m，安装应牢固不得倾斜，其外接导线，应留有不少于 10 cm 的余量，且在其分部应有明显标志。

7)火灾报警控制器在墙上安装时，其底边距地(楼)面高度不应小于 1.5 m 落地安装时，其底宜高出地坪 0.1～0.2 m，当安装在轻质墙上时，为防止倾斜，应采取加固措施。

8)消防控制设备在安装前，应进行功能检查，不合格者，不得安装。设备的外接导线，当采用金属软管作套管时，其长度不宜大于 1 m，并采用管卡固定，其固定点间距不应大于 0.5 m。

9)工地接地线应采用铜芯绝缘导线或电缆，不得利用镀锌扁铁或金属软管，由消防控制器引接地体的工作接地线，通过墙壁时，应采用钢管或其他保护套管。

17.5.4.2　给排水(含自动喷水灭火及消火栓)分部工程

(1)施工流程

施工流程如图 17-117 所示。

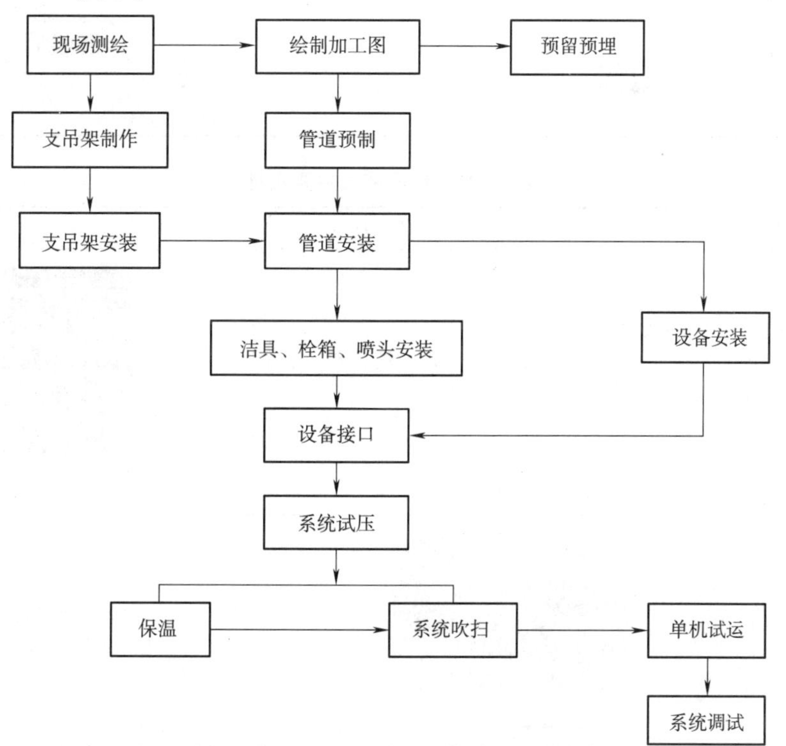

图 17-117　给排水安装工程施工流程图

(2)给排水工程预留预埋

根据本工程建筑结构特点,给排水工程的套管分类见表 17-34。

表 17-34　给排水工程预留预埋分类表

序号	套管名称	安装部位	固定方式	套管材料
1	穿墙刚性套管	管道穿剪力墙及后砌墙处	剪力墙处套管需与结构钢筋绑扎固定,一次浇注在墙体内。后砌墙处套管摆放平整后用,水泥砂浆砌筑固定	各种型号钢管
2	穿楼板钢套管	管道穿越楼板处	套管中部架设钢筋于楼板上,套管下部水泥砂浆吊模固定	各种型号钢管
3	刚性防水套管	建筑外墙管道出户处,地下消防水池管道入口处	剪力墙处套管需与结构钢筋绑扎固定,一次浇注在墙体内	各种型号钢管、钢板环翼
4	柔性防水套管	地下消防水池管道入口处	剪力墙处套管需与结构钢筋绑扎固定,一次浇注在墙体内	各种型号钢管、钢板环翼、法兰
5	人防套管	人防内管道穿越楼板、剪力墙及后砌墙处	剪力墙处套管需与结构钢筋绑扎固定,一次浇注在墙体内	各种型号钢管、钢板环翼

(3)薄壁不锈钢管施工

1)施工流程:断管→清理→放橡胶圈→画线→插管→压环→检查。

2)主要施工方法

①在断管之前需做现场测量,跟施工图纸做比对,如建筑尺寸无误,才可按图下料。

②断管施工主要机具见表 17-35。环压施工主要机具见表 17-36。

③薄壁不锈钢管道与阀门、水表、水嘴等的连接采用转换接头,严禁在薄壁不锈钢管上套丝。

表 17-35　给排水断管机具表

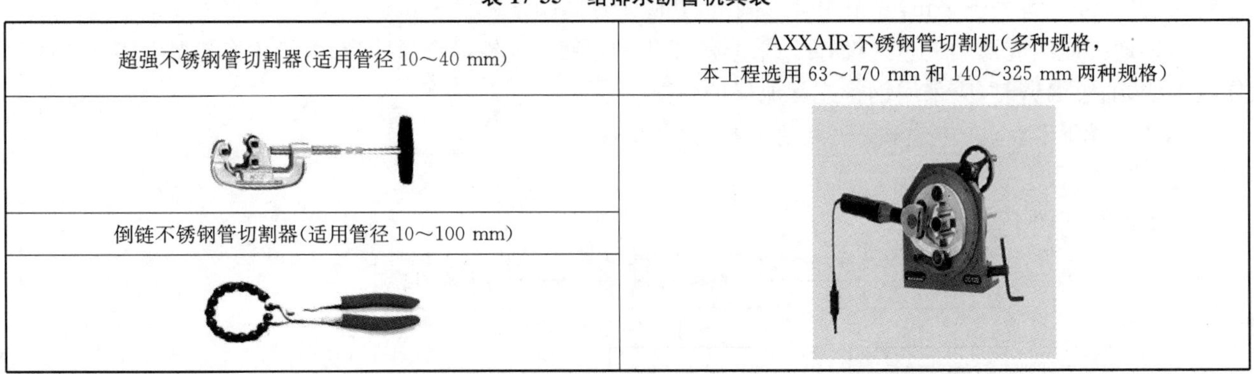

超强不锈钢管切割器(适用管径 10～40 mm)	AXXAIR 不锈钢管切割机(多种规格,本工程选用 63～170 mm 和 140～325 mm 两种规格)
倒链不锈钢管切割器(适用管径 10～100 mm)	

表 17-36　环压施工主要机具

环压工具			
不锈钢管液压环压钳(适用 10～80 mm 规格)。 薄壁不锈钢环压管件端口部分有环状凹槽,且槽内装有橡胶密封圈,安装时用环压钳使凹槽凸部缩径,使薄壁不锈钢管道、管件承插部位卡成六角形			
序号	安装步骤	安装图片	安装说明
1	断管		使用切管设备切断管子,为避免刺伤密封圈,使用专用锉刀将毛刺完全除净,将密封橡胶圈放置适当位置

续上表

序号	安装步骤	安装图片	安装说明
2	画线		使用画线器在管端画标记线一周，做记号，以保证管子插入深度正确
3	插管		将管子笔直地插入挤压式管件内，注意不要碰伤橡密封圈，并确认管件端部与画线位置的距离，公称直径10～25 mm时为3 mm；公称直径32～100 mm时为5 mm
4	环压		把环压工具钳口的环状凹槽与管件端部内装有橡胶圈的环状凸部靠紧，钳口应与管子轴心线垂直，开始作业后，凹槽部应咬紧管件，直到产生轻微振动才可结束环压连接过程
5	确认环压尺寸		用六角量规确认尺寸是否正确，封压处完全插入六角量规即封压正确

④管道加工时，插入加工机械的长度见表 17-37。

表 17-37　管子插入长度基准值(mm)

管径	10	15	20～25	32	40	50	65	80	100
插入长度基准值	18	21	24	39	47	52	53	60	75

(4)虹吸雨水管道施工

1)虹吸雨水斗安装(适用于混凝土及种植屋面)如图 17-118 所示。

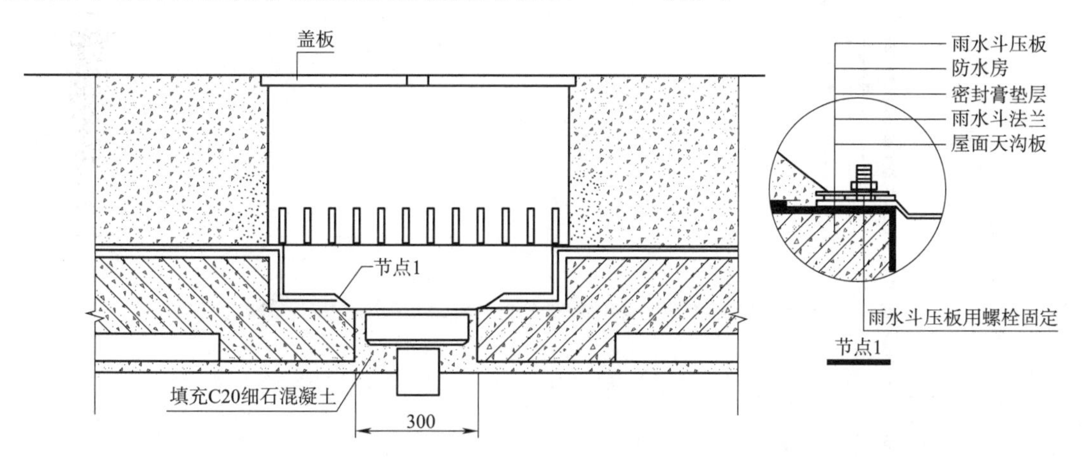

图 17-118　虹吸雨水斗安装示意图

2)不锈钢与 HDPEE 管连接,如图 17-119 所示。

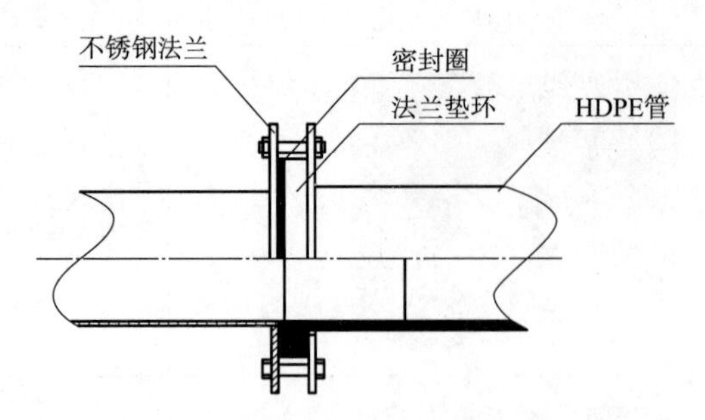

图 17-119 不锈钢与 HDPE 管连接

3)HDPEE 管道安装

①HDPE 管管道安装技术要求见表 17-38 和图 17-120。

表 17-38 HDPE 管道安装技术要求

项　　目	最大安装间距
悬吊滑动管卡的安装间距:L_{X-1}	10D
悬吊固定管卡的安装间距:L_{X-2}	5.0 m
固定片的安装间距:L_{X-3}	2.5 m
立管管卡的安装间距:L_{L-1}	15D
立管固定管卡安装间距:L_{L-2}	6.0 m

注:D 表示管道的直径。

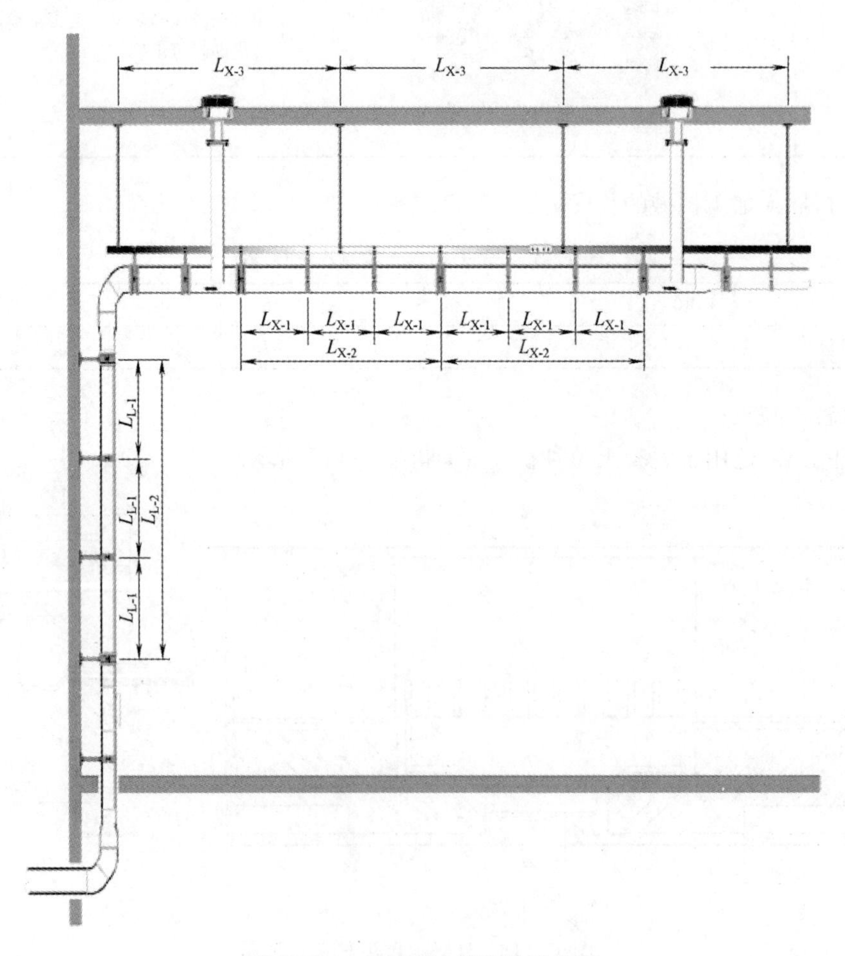

图 17-120 虹吸雨水管安装示意图

②首先清理管材管口部分内外表面，必须清洁无污染。

③使用热熔(或电容)焊机连接管道及配件(焊机使用必须严格遵守操作规程)。

④将预制好的管道安装在支吊架上。

(5)阀门安装

阀门耐压试验：在每批进场的阀门(同品牌、同规格、同型号)中抽查 10%的数量，且不少于一个。对于安装在主干管上起切断作用的闭路阀门，逐个作强度和严密性试验，试验压力为阀门的出厂规定压力。

阀门安装：阀门安装时仔细核对阀件的型号与规格是否符合设计要求。阀体上标示箭头与介质流动方向一致。

试验要求：强度试验压力为公称压力的 1.5 倍，严密性试验压力为公称压力的 1.1 倍，试验压力在试验持续时间内保持不变，且壳体填料及阀瓣密封面无泄漏。

(6)管道保温

本工程保温拟按室外明露给水管，消防管和室内热水管，回水管和平顶内需要防结露的管道等须保温，保温做法详见 87S1510《管道和设备保温》。室外明露给水管采用 CAS 铝镁质保温材料，用金属铝板加固保护。室内管道保温材料采用 CAS 铝镁质保温材料。热水管、热水回水管道、热媒管、热交换器保温厚度为 40 mm，暗管和平顶内防结露管厚度为 20 mm。

(7)卫生洁具安装

工艺流程：安装准备→卫生洁具及配件检验→卫生洁具本体安装→卫生洁具配件安装→卫生洁具与墙地缝处理→通水试验→卫生洁具外观检查→竣工验收。

安装卫生洁具时，宜采用预埋支架或用膨胀螺栓进行固定。陶瓷件与支架接触处宜平稳妥贴。用膨胀螺栓固定时，螺栓加软垫。管道或附件与洁具的陶瓷连接外，应垫以胶皮、油灰等垫料或填料。大便器、小便器排水出口承插接头应用油灰填充。固定脸盆等排水接头时，应通过旋紧螺母来实现。

大便器安装：将大便器试安装在存水弯管上，用红砖在大便器四周临时垫好，核对位置和标高要求后，用水泥砂浆砌好大便器四周经湿润的红砖，在存水弯周围抹拌制好的灰膏，取下大便器在承台内煨沙填实，重新把大便器放回稳平找正，用油膏将大便器和存水弯连接紧密，填料要充满整个平台。

地漏采用高水封防返溢地漏，如用普通地漏必须加存水弯。

(8)水泵/水箱安装

1)水泵安装：

①安装前应检查离心泵规格、型号、扬程、流量，电动机的型号、功率、转速，其叶轮是否有摩擦现象，内部是否有污物，水泵配件是否齐全等。均合乎要求后方可安装。

②安装时，先在基础上弹出十字中心线，泵座四边也划出中心点，并在地脚螺栓孔的四周用扁铲铲平，使螺栓孔周围都在一个水平面上。

③将泵吊起穿入地脚螺栓，对准基础的中心线及泵座的中心线放在基础上。

④水泵地脚螺栓和垫铁安设，找正、找平。

2)水箱安装：

①根据施工总体部署，结合临时用水布置原则，生活水箱需提前进场安装，与水箱相关的土建部份(基础浇筑、水箱间砌体、抹灰等)需提前完成。

②水箱安装参照 02S101《矩形给水箱》。

③水箱安装前对基础进行验收、测平。安装前，水箱底座要找平。底座内要预埋铁构件，用槽钢做支座，支座与底座要衔接紧密。槽钢支座要均匀受力，能使水箱水平放置。水箱安装好后用槽钢做加强支撑，避免水箱满水后膨胀变形。水箱坐标允许偏差为 15 mm，标高允许偏差为±5 mm，垂直度允许偏差为 1 mm。安装完成后须作盛水试验。将水箱完全充满水，2 h 后用小锤沿焊缝两侧约 150 mm 的地方轻敲，检查是否有渗漏。水箱就位后，按图纸设计安装进水管、出水管、溢流管、排污管、水位信号管等，安装好后，进行水压试验和保温处理。

(9)热镀锌钢管施工

1)镀锌管道螺纹连接：

①管螺纹加工时根据管径的不同，选用电动套丝机加工。

②螺纹连接时，先将管端螺纹抹上铅油，然后顺着螺纹缠少许麻丝，将管子螺纹与部件对正，用手徐徐拧上，再用管钳上紧。管件和管道应同心连接，不能发生偏移及产生角度。

③安装螺纹零件时按旋紧方向一次装好，不得回扭。管道连接牢固，管螺纹根部有外露螺纹，接口处无外露油麻。

2）热镀锌钢管沟槽连接

①管道滚槽加工如图17-121所示。

图17-121　管道压槽实例图

检查滚沟槽机上下滚轮和限位，调整螺母刻度，必须与需加工管道尺寸相符，接电源打开开关，试机运转是否正常。钢管定尺截断，并去管口毛刺。检查管道末端必须断面与管道轴线垂直，无裂纹，无毛边，以保证加工后管道沟槽合格。

钢管调平放入滚槽机滚轮之间。把管道插入下滚轮，注意一定要到位，保持平行，如管道较长，需在另一端架上支架。下压手动液压泵使滚轮顶到钢管外壁。滚轮顶到钢管外壁时，使手动液压泵回油阀关闭并调节刻度到管子尺寸刻位处。踏动滚槽机开关同时下压手动液压泵，到达标尺位置。

②管道接头安装如图17-122～图17-125所示。

图17-122　密封圈涂润滑剂

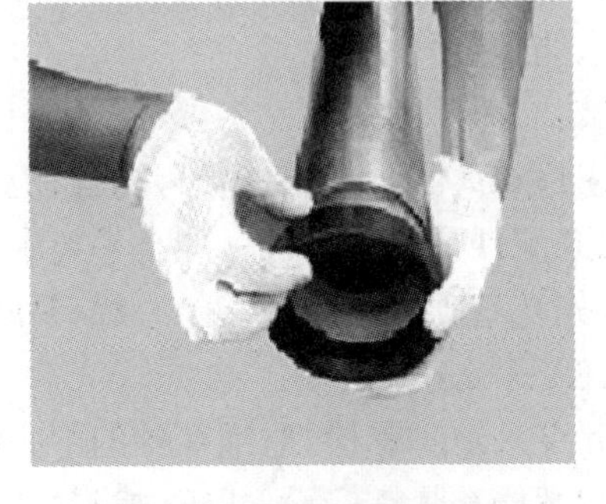

图17-123　套入密封圈

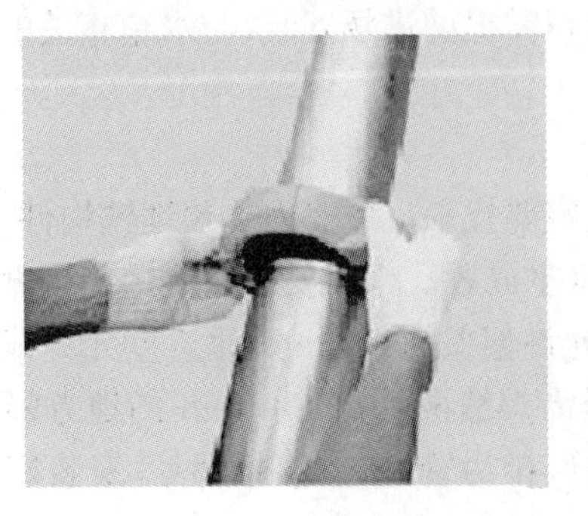

图17-124　套入管件

图17-125　紧固螺栓

③机械三通安装见图17-126～图17-129。

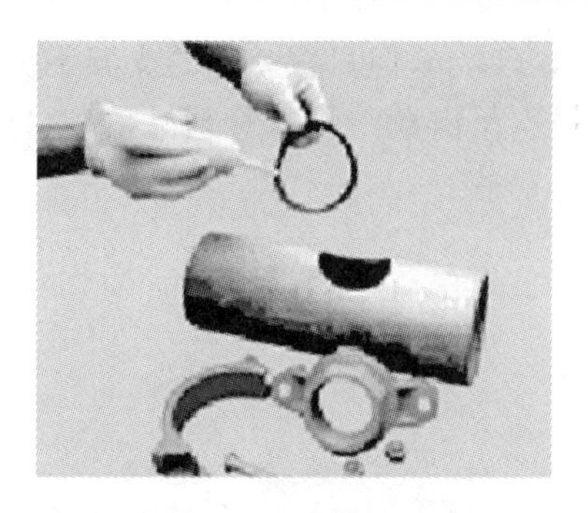

图 17-126　密封圈涂润滑剂

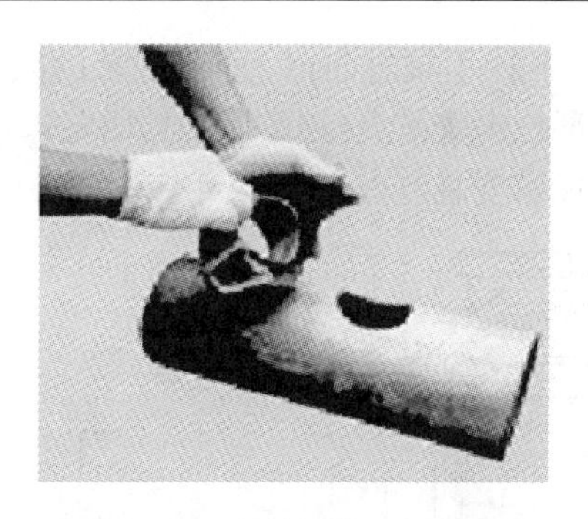

图 17-127　密封圈放入机械三通

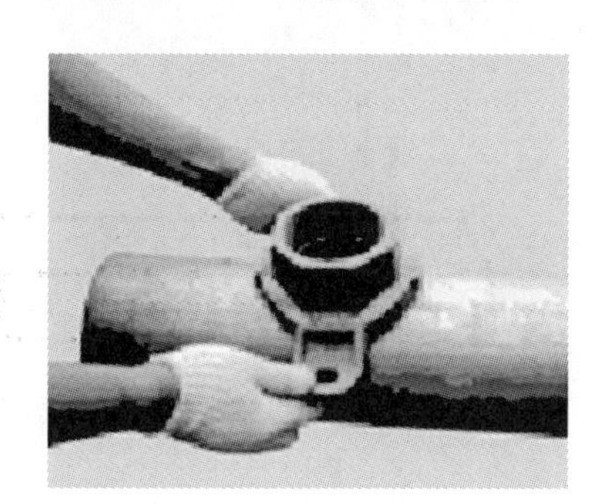

图 17-128　套入管件

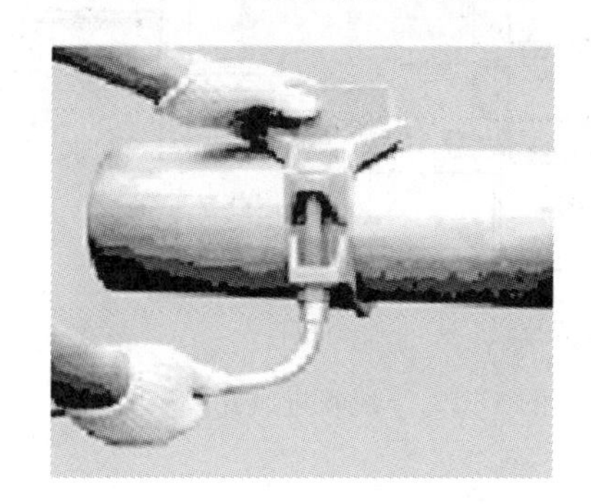

图 17-129　紧固螺栓

17.5.4.3　采暖通风及空调工程

(1)施工流程

施工流程如图 17-130 所示。

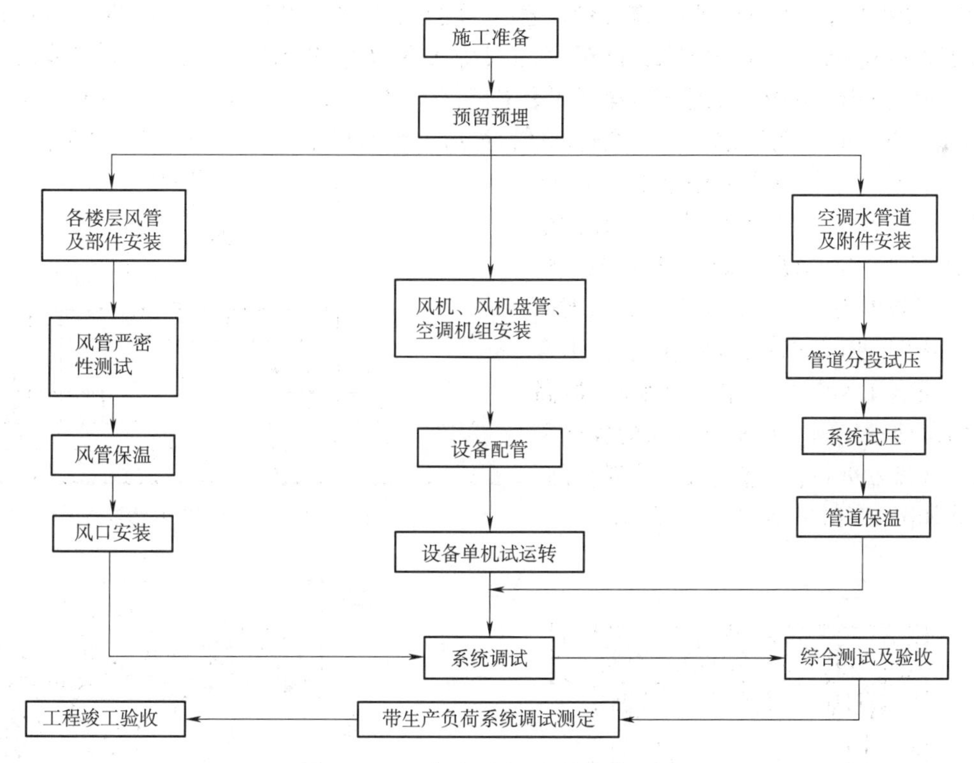

图 17-130　采暖通风工程施工流程图

(2)风管安装

风管利用外用电梯运至楼层,按系统编号就位后组对,一般 1～12 m 为一段,法兰螺栓朝一侧,法兰间垫 δ=3～5 mm 石棉橡胶垫,按对称的方法均匀拧紧螺栓,并随时调整平直度。风管支吊架按国标 T616 加工,刷红丹防锈漆 2 道除锈。支吊架固定牢靠,并避开风口、调节阀,且不能直接吊在风管法兰上。防火阀、消声器单独设支架,支吊架间距应符合水平安装的风管大边长 L<400 mm 时,间距不超过 4 m;风管大边长

$L \geqslant 400$ mm时，间距不超过3 m。垂直安装的风管，间距不大于4 m，但每根立管的支架不少于2个。吊装前在楼板相应部位设置吊点(用膨胀螺栓固定)，通过吊索滑轮，吊链葫芦将风管起吊，并通过移动脚手架安装吊架横担。风管安装节点见图17-131、图17-132。

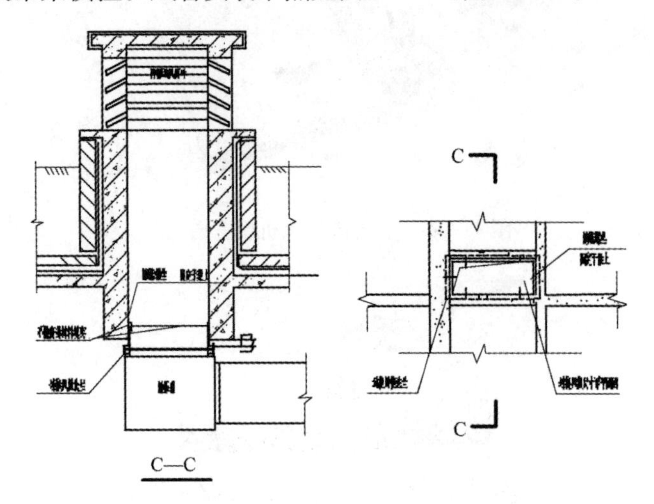

图17-131 风管进风井节点图

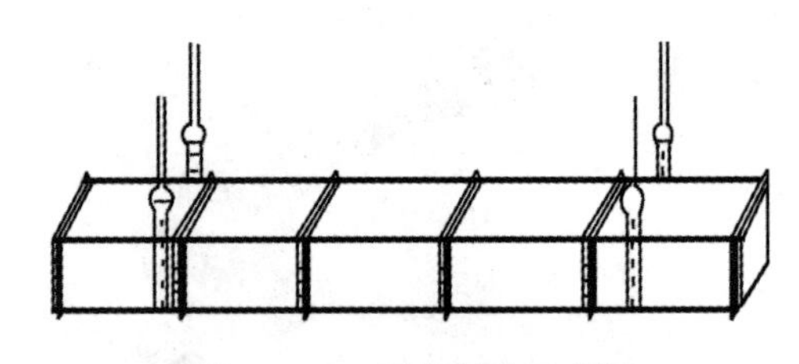

图17-132 风管吊装示意图

(3)风管阀件安装

防火阀、排烟阀安装正确。常闭多叶送风口、常闭多叶排烟口安装平正、牢固、美观，与建筑饰面或墙面紧贴。风口与风管连接紧密牢固，边框与建筑饰面贴实。外表面平整不变形，调节灵活，同一厅室、房间的相同风口安装高度一致，排列整齐、美观。

(4)空调水管安装

空调管道支架拟采用木垫式管架，用膨胀螺栓固定。硬木卡瓦厚度同保温层厚度相同，宽度与支架横梁宽度一致，并用沥青浸泡防腐。支吊架安装前除锈，刷红丹防锈漆、灰色磁化漆各2道。支吊架安装位置正确，牢固可靠，水平管道支吊架间距按最大管道支架间距表采用，立管支架层高小于5 m时，每层设一个，层高大于或等于5 m时，每层设两个。管道安装，按先主管、立管，最后支管的顺序安装。钢管的焊接执行壁厚大于等于4 mm的焊件坡口形式采用"V"型，壁厚小于4 mm的采用I型坡口。安装的管道应与墙壁平行，提供维修空间，留出足够的净空高度和保持通道顺畅。管道水平安装时，其坡度为0.003，最小为0.002，坡向同流向，中间不得下凹(存水)、上凸(存气)。水管系统的最低点设置DN25的泄水管及闸阀，最高处设DN20的自动排气阀。自动排气阀的放气管应接至地漏或洗涤盆处，自动排气阀前装截止阀。空调水管安装如图17-133～图17-135所示。

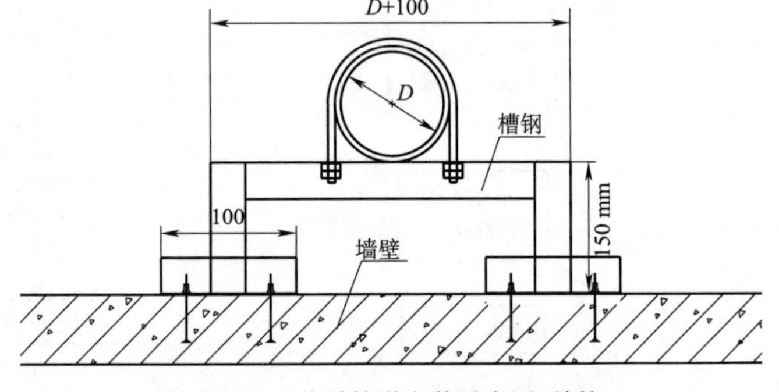

图17-133 井道管道安装示意图(单管)

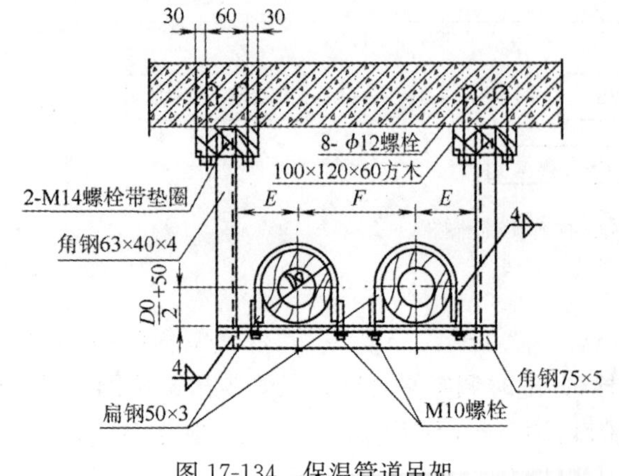

图17-134 保温管道吊架

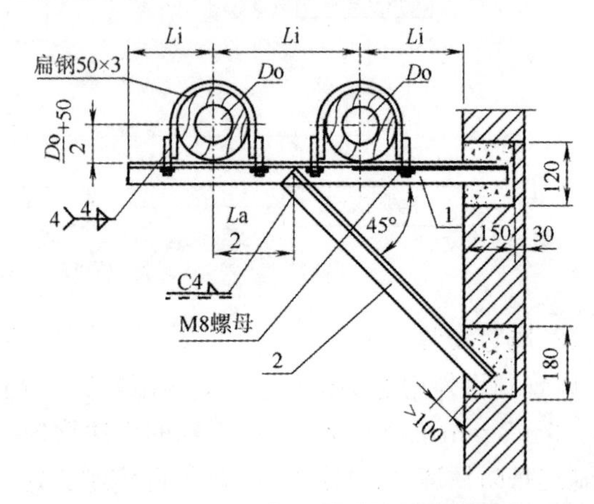

图17-135 保温管道三角支架

(5)保温

空调风管保温遵循板材下料要准确,切割面要平齐,裁料时要使水平、垂直面搭接处以短面两头顶在大面上。风管保温在严密性试验及隐蔽验收合格后进行。玻璃棉保温采用保温钉固定,保温钉与风管、部件表面粘接牢固,均匀布置,其数量底面不少于每平方米 16 个,侧面不少于 12 个,顶面不少于 6 个。保温层表面平整,严密。绝热材料与风管、部件表面应紧密贴合,无缝隙,绝热层纵横向的接缝应错开。保温材料铺接缝处必须用胶带缠紧,同一平面尽量不使用小块保温材料。《通风与空调过程施工质量验收规范》规定:"风管法兰部位的绝缘层厚度,不应小于风管绝缘层厚度的 0.8 倍"。法兰处单独剪一块 150～200 mm 宽的保温材料将法兰缠紧,与管壁保温接缝处用胶带缠紧,松紧度要适宜,不得损坏保温材料保温。保温材料层必须密实,无裂缝、空隙等缺陷,表面必须平整,采用卷材或板材时允许偏差 1 mm。空调水管道拟采用闭孔发泡橡塑保温,冷凝水管道保温厚度为 12 mm。

(6)风机盘管安装

1)工艺流程:预检→施工准备→电机检查接线→表冷器水压试验→吊架制作安装→风机盘管安装→连接配管→检验。

2)风机盘管安装必须平稳、牢固。同冷热媒水管连接应在系统冲洗排污之后,以防堵塞热交换器。与进出水管的连接严禁渗漏,凝结水管的坡度必须符合排水要求,严禁倒坡。吊装风机盘管应单独设置支、吊架,并应便于拆卸和维修,支、吊架吊杆与空调器采用双螺母紧固,吊装后保持水平,保证冷凝水畅通地流到指定位置。暗装卧式风机盘管下部的吊顶应留有活动检查口。风管、回风箱及风口与空调器机组连接处应严密、牢固。

(7)空调主要设备安装

水泵安装前应对水泵基础进行复核验收,基础尺寸、标高、地脚螺栓的纵横向偏差应符合标准规范要求。按设备的技术文件的规定清点泵的零部件,并做好记录,对缺损件应与供应商联系妥善解决。管口的保护物和堵盖应完善。核对泵的主要安装尺寸应与工程设计相符。水泵就位后应根据标准要求找平找正,其横向水平度不应超 0.1 mm/m,水平联轴器轴向倾斜 0.12 mm/m,径向位移不超过 0.1 mm。找平找正后进行管道附件安装。安装不锈钢伸缩节时,应保证在自由状态下连接,不得强力连接。在阀门附近要设固定支架。立式水泵安装及隔振,优选国家建筑标准设计《立式水泵隔振及其安装》图集(125SS6512)中隔振器为 JSD 橡胶隔振器的,若水泵型号与图集上不符,按 JSD 橡胶隔振器选择方法选用偏大的 JSD 橡胶隔振器及钢板。空调机组安装遵循安装前应检查内部是否有杂物,部件是否安装正确、牢固。换热器表面有无损伤。过滤器安装牢固、紧密,无破损。冷热媒水管与空调机组连接应平直,并有足够的操作维修空间。凝结水管采用软性连接,并用喉箍紧固严禁渗漏,坡度应正确,排水应设存水弯。凝结水应畅通地流到指定的位置,水盘无积水现象。通风机安装执行屋顶安装的风机应有防雨水措施,固定牢固。落地安装通风机采用落地支架安装,支架与风机底座之间垫橡胶减振垫,并用垫铁找平找正。天花板吊装通风机安装采用减震吊架减振。

17.5.4.4　*设备单机调试及系统联动调试*

(1)电气设备调试

1)电气设备调试流程如图 17-136 所示。

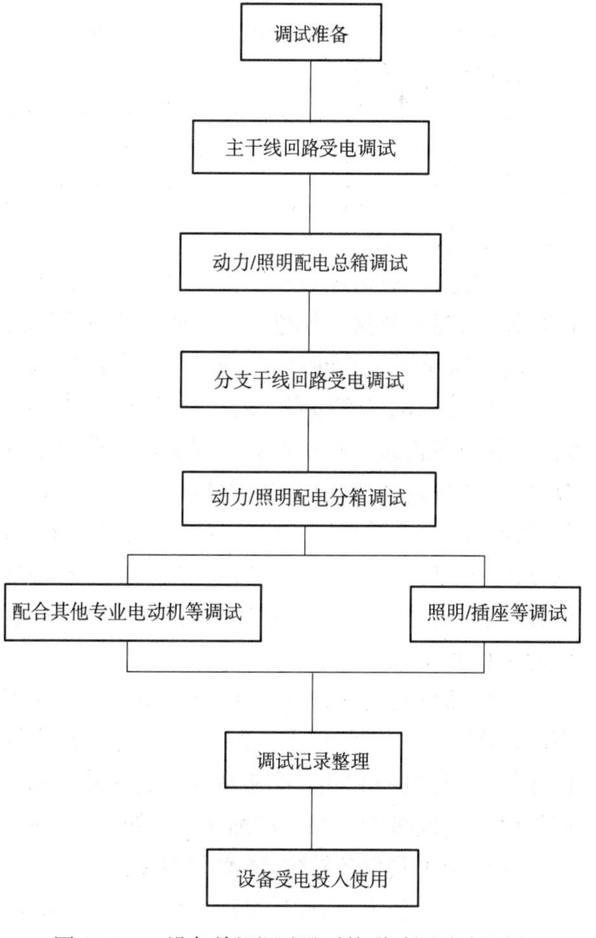

图 17-136　设备单机调试及系统联动调试流程图

2)系统要求

电气管线敷设完毕,穿线完毕。各种灯具接线完,各种开关面板接线完。管线经过绝缘电阻测试合格。

配电箱安装完毕，且经过绝缘测试合格。桥架、电缆敷设完毕，电缆绝缘测试合格。母线敷设完毕，绝缘测试合格。配电箱、柜安装完毕，绝缘测试合格。各种高低压配电柜安装完毕，测试合格。

3)调试方法

①先检查各种照明配电柜是否已全部切断电源。

②再检查各灯具是否测试合格及接线准确。

③由于本工程电气供配电分区域设计，根据电气设计竖向系统分区独立调试，调试从上到下，逐层逐区域调试。

④选择照明配电箱，先引来临时电源，把该照明配电箱进线开关断开，且把正式进线先拆除，然后接上临时电源，送上电源。先打开箱内1路照明控制开关，再开启相关的照明灯具，正常，打开另一路照明控制开关。接着逐步打开照明配电箱内的全部开关。

⑤然后采用相同的方法进行调试第二个照明配电箱，逐步调试完顶层的所有照明配电箱，再往下层调试，采用相同的方法直至所有的照明配电箱全部调试完。

⑥所有分段分区域分系统调试完后，进行总体送电运行调试。先切断各区的照明控制箱开关，配电间上锁，然后对照明主干线电缆、封闭母线空载送电，运行24 h后作一次全面的检查，发现问题及时解决。由上往下逐层开始各回路送电，边送边查看，发现问题及时解决。有双电源作切换系统调试，以确保双电源切换正常。

⑦在调试的同时作好调试记录，并填写竣工资料。

(2)弱电系统调试

1)系统调试前先检查机械安装部分是否符合要求，检查线路有无错接、短接、开路等现象，排除故障后才能开始调试。注意检查避雷针和避雷网的连接情况，保证接地良好。

2)系统前端部分、干线部分、分支分配部分分别单独调试完毕后，将系统连接起来，再进行系统调试。

3)系统调试主要调节各频道信号平衡，以利于克服传输分配系统产生的交调、互调现象。调整各补偿单元、延长放大器等，使UHF频段与VHF频段各频道电平输出基本一致，达到设计要求。

4)系统调试完成后，办理交付使用手续。

(3)空调系统调试

通风系统安装完成后必须进行严格的全系统运行调试，调试合格后才能投入正式的带负荷运行。系统调试分系统用流量等比分配法，从系统最不利环路处开始逐渐调向风机，调节各风阀开闭大小，使整个系统风量分配均匀。系统综合效果测定时，仪表测试测定点应满足要求，系统连续运转不少于8 h。调试各项参数应满足设计要求。

1)作业条件：通风系统设备、风管等必须全部安装完毕，运转调试之前会同建设单位进行全面检查，全部符合设计、施工及验收规范和工程质量验收标准的要求，才能进行试运转和调试。通风系统风量调试之前，先应对风机单机试运转，设备完好符合设计要求后，方可进行调工作。

2)运转调试之前做好下列工作准备：首先，对全系统进行彻底的检查，确保设备安装正确，管道连接无误，且设备单机试运转正常。调试前熟悉整个系统及自动化调节的全过程并准备好调试所需的仪器仪表，检查电源、系统运转所需用的电及压缩空气等应具备使用条件，现场清理干净，检查各紧固部件，该加油处加足润滑油。应有运转调试内容包括调试目的要求、时间进度计划、调试项目、程序和采取的方法等。按运转调试方案，备好仪表和工具及调试记录表格。熟悉通风系统的全部设计资料、计算的状态参数、设计意图，掌握风管系统、电系统的工作原理，风道系统的调节阀，防火阀、排烟阀、送风口和回风口内的阀板。叶片应在开启的工作状态位置。

3)仪器仪表要求：通风系统调试所使用的仪器仪表应有出厂合格证明书和鉴定文件。严格执行计量法，不准在调试工作上使用无合格印、证或超过检定周期已经检定不合格的仪器仪表。必须了解各种常用测试仪表的构造原理和性能，严格掌握它们的使用和校验方法规定的操作步骤进行测试。综合效果测定时，所使用的仪表精度级别应高于被测对象的级别。搬运和使用仪器仪表要轻拿轻放，防止振动和摔不使用仪表时应放在专用工具仪表箱内，防潮防污秽。

4)主要仪表工具：测量风速的仪表，测量风压的仪表，其他常用的电工仪表、转数表、粒子计数器、级仪、钢卷尺、手电钻、活板子、改锥、无丝钳子、铁锤凳手电筒、对讲机、计算器、测打等。

(4)给排水系统调试

1)给水系统

本工程办公区域采用低位水箱向上供水方式,根据本工程供水特点,管道压力试验分为地下室区域、辅楼区域及主楼区域分区试压,先支管压力试验,再进行井道主管压力试验,最终整体通水。整体通水时在固定几个接口处安排专人查看,检查管道是否压力试验合格。空调冷却水系统管线超长,可分段试压,分段试压合格后,再焊接管道整体试压。整体试压时,排专人查看焊接处,检查管道压力试压是否合格。

①调试要求:

a. 室外给水管道、室内给水管道等,工作介质为液体的管道一般应进行水冲洗,如不能用水冲洗或不能满足清洁要求时,可采用空气进行吹洗,当应采取相应措施。

b. 水冲洗的排放管必须接入可靠通畅的排水管网,并保证排泄物的畅通和安全。排放管的截面不应小于被冲洗管截面的 60%。

c. 冲洗用水采用城市给水管网接入的饮用水。

d. 水冲洗应以管内可能达到的最大流量或不小于 1.5 m/s 的流速进行。

e. 水冲洗应连续进行。当设计无规定时,则以出口的水色和透明度与入口处的透明度目测一致为合格。

f. 饮用水系统冲净污物后,按氯粉:水=20g:1 m^3 比例加入氯消毒,在管道中置存 24 h,然后再用饮用水冲洗,目测出水口的水色和透明度必须与入口处水质一致。

g. 管道系统的冲洗、消毒应在管道试压合格后,调试、运行前进行。

h. 饮用水水箱,由施工单位清理干净,并把所有部件进行完善后,在进行运行调试。

②调试方法:

a. 把进入各用水点的阀门全部关闭严密。

b. 把各分支系统上的控制阀门关闭,并把水箱口处阀门关闭严密。

c. 由室外给水网给蓄水池供水,并对浮球阀经水位调试调整,确保浮球阀的正常工作。待蓄水池注满水后,检查蓄水池的出水管处是否有渗漏等现象。完毕后由电气专业配合启动水泵,检查给水设备的供水是否正常。待正常后,检查是否有水的渗漏,合格后并做好记录备查。

d. 本工程生活给水通过生活水泵送人高位水箱后,通过高位水箱向下供水,另再加生活加压泵二次加压向上层高位水箱供水,高位水箱再向下供水。高位水箱供水后,关闭所有支系统的阀门后,打开给水主管阀门对水箱进行注水,检查不渗不漏后开始支系统的调试,支系统由下向上进行,每调试一处必须严格检查阀门压盖、水嘴、冲洗阀、活接、丝扣、大便器、小便器等连接处是否严密,确保不渗不漏,并做好记录,按要求填写好竣工资料。

2)排水系统

①把潜水泵平稳地安放在集水坑的底部,并检查潜水泵于排水管道之间的卡口是否连接牢固。

②液位控制器调整到设计要求的水位高度,并检查反应是否灵敏。

③检查阀门和止回阀是否严密,安装方向是否正确。

④自动控制箱拉上电源,集水坑注水,使其达到要求的水位,测试液位自动控制装置的动作,并做好调试记录。

⑤在调试期间,派专人 24 h 值班,确保地下室集水坑中的水及时排出室外,避免其他设备被浸没。

⑥各排水系统按要求做好通球试验,确保排水管道畅通无阻。卫生器具作存水试验,确保卫生设备不渗不漏。

3)通水试验

通水试验从上至下逐层逐间进行,先开启最末端的给水龙头(龙头过滤网暂拆掉)。待该间给水管内杂质冲洗掉,水质较清时,再开启其他水龙头放水。同时检查排水管路有无堵、漏,器具排水支管连接是否紧密,排水口是否畅通。各间用水点调试完毕后,同时开启每一个排水立管所接收器具之 1/3 的用水点,以给水系统最大设计流量、流速进行管路冲洗,观察各用水点压力、流量能否满足用水要求,各排水立管和排水横干管是否畅通。

(5)消防调试

1)调试前的准备

①调试前要查验设备的型号、规格、数量、备品、备件等是否符合设计要求。

②按施工要求和《火灾自动报警系统施工及验收规范》检查系统的施工质量。

③主机及其有关的联动设备已经安装就位,消防控制室的室内环境已清洗干净。

④外围线路已全部放线回消防控制室,用兆欧表、万能表测试各线路是否存在错线、开路、虚焊和线间与线对地的短路现象,如发现线路故障,应及时排除,直至满足规范要求为止,随后才可进行机内接线,再进行主机自检。

2)报警控制系统的联合调试

①进行消防电源投切试验:当断开主电源开关,备用电源应能投入;当合上主电源开关,主电源应能恢复供电。

②线路测试:根据现场情况,进行线路复检,确认无故障后,进行设备开通调试工作。

③与水灭火系统联动:用程序启动喷淋泵,或用手动启动消防栓泵,系统应能接收到泵的启动、运行或故障信号。打开湿式报警阀旁的放水阀,延时 30 s 水力警铃应鸣响,开关动作,此时,系统应接收到有关信号,再经一段延时,喷淋泵应启动。从喷淋系统末端放水阀放水,系统将接收到水流指示器和湿式报警阀的动作信号,系统应重复前节动作。分别揿动系统的各电动阀开关,系统应能接收到信号。揿动系统中任何一处的碎玻璃按扭,即能启动消防栓泵,系统亦能接收到相应信号。

④与电梯联动:从系统用程序或手动迫降电梯至首层,并能接收其反馈信号。

⑤切非消防电源:从系统用程序或手动切除非消防电源。

⑥防火卷帘控制:从系统用程序或手动分两级降下防火卷帘,并接收其反馈信号。

⑦与消防事故广播系统联动:区域报警控制系统应设置应急广播的控制装置。

⑧与事故照明系统联动:从系统用程序或手动强制起动运行事故照明系统。

⑨火灾复示盘的试验:从系统用程序试验火灾复示盘的有关功能。

3)开通调试

①集中系统与探测控制器的网络连接器的调试。

②集中系统与各区域系统的互控调试。

③区域系统之间的互控试验。

④集中系统与 PC 机之间的调试。

⑤集中系统与彩色显示器之间的调试。

4)系统运行

按系统调试程序进行系统功能自检。连续无故障运行 120 h 后写出开通调试报告。

17.5.4.5 消防验收专项配合方案

按照规定:建筑工程竣工后,建设单位应向公安消防机构提出工程竣工消防验收申请,经验收合格后才能投入使用。建筑工程消防验收的主要内容及重点如下。

(1)验收主要内容

1)总平面布局和平面布置中涉及消防安全的防火间距、消防车道、消防水源等。

2)建筑的火灾危险性类别和耐火等级。

3)建筑防火防烟分区和建筑构造。

4)安全疏散和消防电梯。

5)消防给水和自动灭火系统。

6)防烟、排烟和通风、空调系统。

7)消防电源及其配电。

8)火灾应急照明、应急广播和疏散指示标志。

9)火灾自动报警系统和消防控制室。

10)建筑内部装修。

11)建筑灭火器配置。

12)国家工程建设标准中有关消防安全的其他内容。

13)查验消防产品有效文件和供货证明。

(2)验收重点

1)检查竣工图纸、资料和《建筑工程消防验收申报表》的内容及与消防机构审核意见是否与工程一致。

2)检查《建筑工程消防设计审核意见书》中提出的消防问题,在工程中是否予以整改。

3)检查各类消防设施、设备的施工安装质量及性能。

4)抽查测试消防设施功能及联动情况。

5)针对上述建筑工程消防验收中的主要内容和验收重点,在施工阶段总包单位协助建设单位做好以下工作:

①对于涉及建筑隔断、消防设施改造、墙体材料变更等内容的设计变更或二次深化设计,应检查是否提交消防机构审核通过。

②在装修方案明确后,对于涉及消防验收的装修材料应联系消防检测机构进行现场封样,并进行材料检测。对于消防检测不合格的装修材料应予以更换。

③电力、通风等专业应与消防监控系统密切配合,保证消防设施功能及联动。

④消防验收前,总包配合消防检测单位做好消检、电检工作。

17.5.5 装饰装修施工方案

17.5.5.1 施工内容

本项目装饰装修工程施工内容主要包括以下几个方面:

(1)外装修:干挂石材幕墙,点支玻璃幕墙,隐框、半隐框玻璃幕墙,干挂铝单板,外墙涂料,金属铝板顶棚等。

(2)室内装修:轻钢龙骨硅酸钙板隔墙、水泥砂浆墙面、内涂料墙面、吸声墙面、块料面层地面、水泥豆石地面、抗静电地面、铝合金龙骨吊顶、墙柱面石材干挂、内墙涂料。

(3)门窗工程:铝合金门窗安装、木门安装、感应门、全玻门安装、玻璃(百叶)天窗等。

(4)栏板栏杆:不锈钢栏杆、玻璃栏板。

17.5.5.2 施工组织安排

(1)室内抹灰工程随砌体工程施工,吊顶、门窗工程、室内地面工程在抹灰工程之后施工。室内装修采用移动脚手架作业施工。

(2)外墙装修工程的干挂预埋件随主体钢筋混凝土结构一同进行,幕墙的安装在外墙结构完成后进行。幕墙安装采用吊篮施工作业,自上而下进行幕墙的安装。

(3)外立面装修需进行二次深化设计工作。幕墙工程开工前,就应当组织分包队伍进行幕墙图纸的深化设计工作,完成深化设计图,并编制完成幕墙施工专项施工方案。幕墙工程的施工实行样板制,开工前应积极与业主、设计单位沟通,尽快完成石材、金属板、玻璃等材料的样板确认工作。

(4)装饰装修材料的垂直运输采用施工电梯进行,辅楼布置3台,主楼布置2台。

17.5.5.3 室内墙柱面装修施工

(1)轻钢龙骨硅酸钙板隔墙

1)施工流程

弹线→安装天地龙骨→安装竖龙骨→安装通贯龙骨→机电管线安装→门窗洞口制作→安装硅酸钙板(一侧)→安装填充材料(保温岩棉、吸声材料)→安装另一层面板。

2)施工要点

①天地龙骨与建筑顶、地连接时,先用膨胀螺栓在地面上安装镀锌钢板,然后天地龙骨与镀锌钢板焊接。竖龙骨与砖、混凝土墙柱连接时采用射钉固定,与钢结构连接采用焊接。

②有门窗者要从门窗洞口开始分别向两侧排列,间距不大于设计规定。门窗洞口的竖龙骨采用镀锌槽钢加固。

③隔墙中设置有开关插座、配电箱、消火栓、挂墙洁具的位置必须另行设置安装独立钢支架,严禁消火栓、挂墙卫生洁具等设施直接安装在轻钢龙骨墙上。

④一侧面板的安装,宜竖向铺设,长边接缝应落在竖龙骨上。面板就位后采用自攻螺钉将板材与龙骨紧

密连接，自攻螺钉距板边缘距离应为 10～15 mm，自攻螺钉进入龙骨内的长度不小于 10 mm。自攻螺钉间距沿板边不大于 200 mm，中间不大于 300 mm。自攻螺钉钉帽涂刷防锈涂料。

⑤安装保温或吸声材料时，应避免受潮，尽量与另一侧封闭板同时进行，应铺满填平。

⑥安装另一侧面板时，配置的板缝不得与对面的板缝在同一根龙骨上，间距同上。

⑦面板的接缝应使用石膏腻子嵌满，丁字及十字相接的阴角部位还应粘贴接缝带。

(2)抹灰工程

1)施工流程：基层处理→浇水湿润→抹灰饼→墙面充筋→分层抹灰→设置分格缝→保护成品。

2)施工要点：

①抹灰前，砖砌体应清除表面杂物、灰尘，并洒水湿润。混凝土、加气混凝土墙面应在表面洒水湿润后涂刷掺胶的水泥浆。

②抹灰厚度大于 35 mm、不同材料基体交接处，采取挂钢丝网加强。钢丝网与各基体的搭接宽度不小于 100 mm。钢丝网应钉牢、绷紧。

③墙、柱、门窗洞口的阳角采用 1∶2 水泥砂浆做暗护角，护角高度不小于 2 m，每侧宽度部小于 50 mm。

(3)内墙面喷涂(乳胶漆)

1)施工流程

基层处理→修补腻子→满刮腻子→施涂第一遍乳液薄涂料→施涂第二遍乳液薄涂料→施涂第三遍乳液薄涂料。

2)施工要点

①刮腻子：刮腻子的遍数可由基层或墙面的平整度来决定，一般情况为三遍。腻子的配合比为重量比，有两种，一是适用于室内的腻子，二是适用于外墙、厨房、厕所、浴室的腻子，请勿用错。刮腻子第一、二遍用胶皮刮板横、竖向满刮，一刮紧接着一刮板，接头不得留槎，每刮一刮板最后收头时，要注意收的要干净利落。干燥后用 1 号砂纸磨，将浮腻子及斑迹磨平磨光，再将墙面清扫干净。第三遍用胶皮刮板找补腻子，用钢片刮板满刮腻子，将墙面等基层刮平刮光，干燥后用细砂纸磨光。注意不要漏磨或将腻子磨穿。

②先将墙面清扫干净，再刷涂料，干燥后复补腻子，待复补腻子干燥后用砂纸磨光，并清扫干净。施涂第三遍涂料时，应连续迅速操作，涂刷时从一头开始，逐渐涂刷向另一头，要注意上下顺刷互相衔接，后一排笔紧接前一排笔，避免出现干燥后再处理接头。

(4)墙柱面石材干挂

1)工艺流程

测量放线→钻眼开槽→挂件安装→石材安装→密封嵌胶。

2)施工要点

①用测量工具从上至下找出垂直及水平基线，在墙面上弹出墨线，弹线分格时应考虑石材厚度及石材内皮距结构表面的间距。

②按设计要求在板端面需钻孔的位置，预先划线，集中钻孔，孔径一般为 5mm，孔深宜 30mm，孔的纵向要与端面垂直一致。

③按放出的墨线和设计挂件的规格、数量的要求安装挂件，同时以测力板手检测膨胀螺和连接螺母的旋紧力度，使之达到设计质量的要求。

④在板材端面的孔中，灌入适量的环氧树脂混合料并插入锚固销。环氧树脂混合料的配合比要保证有适当的凝固时间，应视具体而定，一般在 4～8 h 为宜，避免过早凝固而出现脆裂，过慢凝固而产生松动。

⑤一般由主要的立面或主要的观赏面开始，由下而上依次按一个方向顺序安装，尽量避免交叉作业，以减少偏差，并注意板材色泽的一致性。每层安装完成，应作一次外形误差的调校，并以测力板手对挂件螺栓旋紧力进行抽检复验。

⑥每一施工段安装后经检查无误，可清扫拼接缝，填入橡胶条，然后进行硅胶涂封。板缝打胶密封时，在板缝两侧靠缝粘贴 10～15 mm 塑料胶带，防止嵌缝时污染板面。

(5)瓷砖墙面施工

1)施工流程

基层处理→抹底层砂浆→排砖弹线→浸砖→镶贴面砖→勾缝清理。

2)施工要点

①施工前清理基层的灰尘、油污,并提前浇水湿润基层。对于混凝土基层要凿毛或涂刷界面剂。底层灰稍干后,根据瓷砖规格进行排砖弹线。

②用 10 mm 厚 1∶3 水泥砂浆打底,分层抹灰,表面木抹拉毛。

③瓷砖粘贴前应放入净水中浸泡 2 h 以上,取出擦干后使用。粘贴应自下而上进行,瓷砖背面抹水泥砂浆结合层,要求砂浆饱满,并随时用靠尺检查平整度,同时保证缝宽一直。

④粘贴完成后,用勾缝胶、白水泥勾缝或擦缝,最后用布将表面清理干净。

17.5.5.4　外墙面装修施工

外墙面装修中的抹灰、涂料施工同内墙施工,在此不再叙述,以下仅为干挂石材幕墙、玻璃幕墙、金属铝板吊顶的施工工艺。

外立面装修需进行二次深化设计工作。幕墙工程开工前,就应当组织分包队伍进行幕墙图纸的深化设计工作,完成深化设计图,并编制完成幕墙施工专项施工方案。

(1)金属与石材幕墙施工

1)干挂石材幕墙施工流程

本工程的石材幕墙为背栓式连接石材幕墙,其施工流程如图 17-137 所示。

2)施工要点

①施工准备。在大面积施工前应做好样板,样板经业主、设计单位同意后,方可大面积施工。

②幕墙安装施工前,现场的施工吊篮已完成安装,并经相关部门检查验收同意使用。

③预埋件安装随主体结构施工进度安装。土建施工完成后应进行预埋件的位置、牢固性检查。当预埋件偏差超出相关要求时,及时进行处理。

④根据主体结构的基准轴线和水准点进行准确定位,对照幕墙施工图将转角位置、轴线位置、变高截面位进行复核检查,确保放线准确。测量时应控制分配测量误差,不能使误差积累。测量放线应在风力不大于 4 级的情况下进行,并要采取避风措施。

⑤金属骨架的安装:根据施工放样图检查放线位置。先安装同立面两端的立柱,然后拉通线顺序安装中间立柱。将各施工水平控制线引至立柱上,并用水平尺校核按照设计图尺寸安装金属横梁。焊接时要采用对称焊,以减少因焊接产生的变形。检查焊缝质量合格后,刷防锈漆。金属骨架完工后应通过隐蔽检查后,进行下道工序。

⑥防火、保温材料的安装:在每层楼板与石板幕墙之间不能有空隙,应用镀锌钢板和防火棉形成防火带。在窗框四周嵌缝处应用保温材料防护,防止冷桥形成。外墙保温层施工时,保温层应在金属骨架内填塞,固定要严密、牢固。

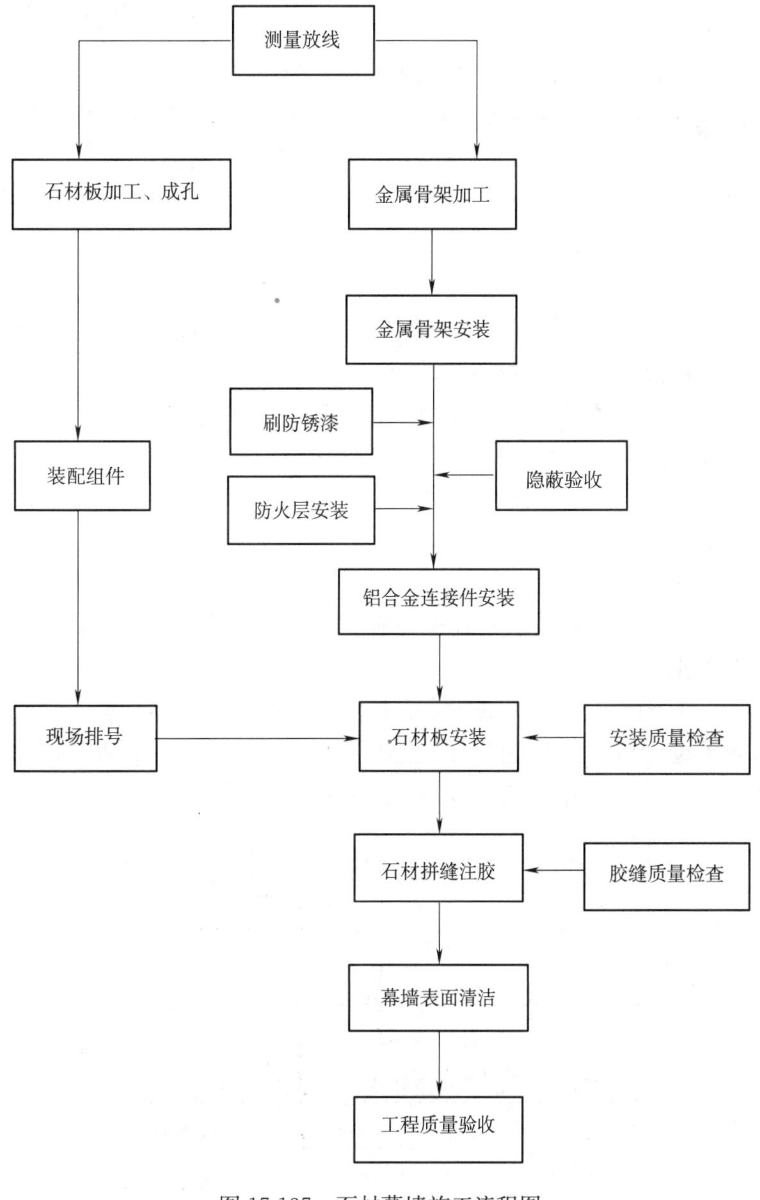

图 17-137　石材幕墙施工流程图

⑦连接件安装：连接件应选用生产厂家的配套产品。连接件与金属骨架的连接应按照现行规范要求施工作业，根据螺栓材质确定是否需要采取防锈、防腐蚀措施。

⑧石材板加工、成孔

a. 严格控制石材色差、尺寸偏差以及破损，若有明显色差、破损、缺楞、裂痕、掉角等石材不得使用，石材板颜色和花纹协调一致，将合格石材板按图纸进行编号分类。

b. 石材板成孔：采用专用设备进行磨削柱状孔、拓孔和清孔。如图 17-138 所示。

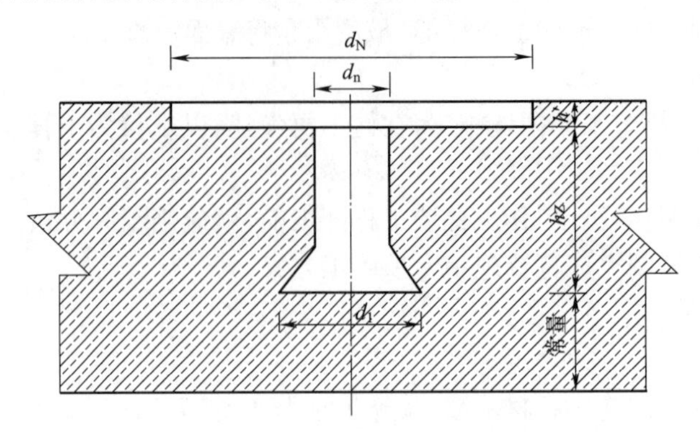

图 17-138　石材板成孔剖面图

c. 用专用石材背栓钻孔设备对石材板进行成孔作业，在石材板背面上下两边进行磨孔，孔位距边缘 100 mm～180 mm，横向间距不宜大于 600 mm。设备使用与背栓型号、连接形式匹配的钻头，利用气压成孔技术进行磨孔、拓孔，对石材板不会造成损伤。石材板成孔后，对孔径、孔深、拓底孔进行检查，合格后方能安装背栓。

d. 石材板的成孔加工尺寸及背栓数量应符合规范要求。

e. 背栓植入：

(a)施工流程：安置工作台(台面放置合适的橡胶板)→放置已成孔的石材板→将背栓植入石材板孔中→完成背栓紧固→组件抗拉拔试验。

(b)根据背栓型号确定背栓植入紧固方法，非旋进式背栓——使用专用工具击胀(抽拉)，使胀管端扩张紧固；旋进式背栓——旋进螺栓使胀管端扩张紧固。

(c)在背拴表面设置尼龙网套，可提高了背拴挂件的抗震性能，排除背栓与石材板硬性接触而降低热胀冷缩效应。

⑨石材板安装

a. 石材幕墙安装且宜先完成窗洞口四周的石材板镶边。安装完每一楼层后，要注意调整垂直度误差，不要积累。

b. 石板与不锈钢或铝合金挂件应用环氧树脂型石材专用结构胶粘结，粘结前将石屑冲洗干净，干燥后方可进行粘结施工，并应按所选取用胶的技术要求进行养护固化。石材结构胶的施工厚度宜为 2～3 mm。

c. 安装节点如图 17-139～图 17-142 所示。

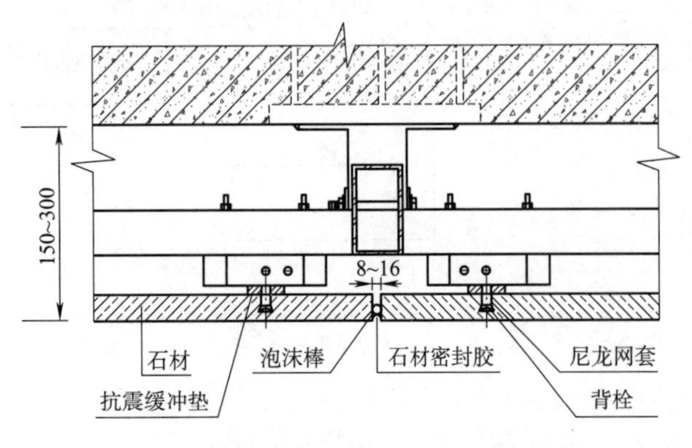

图 17-139　石材幕墙横剖面节点图

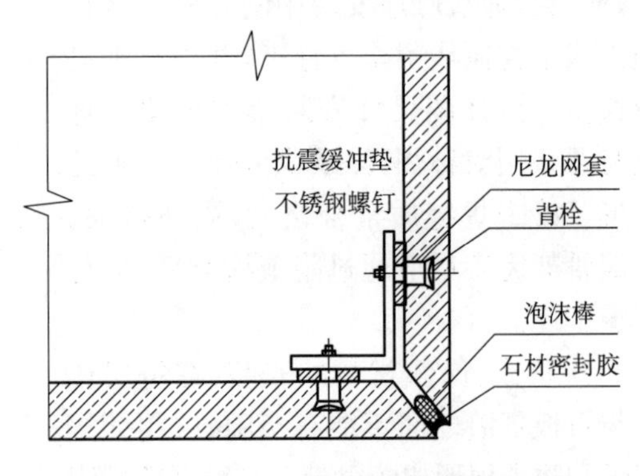

图 17-140　石材幕墙转角剖面节点图

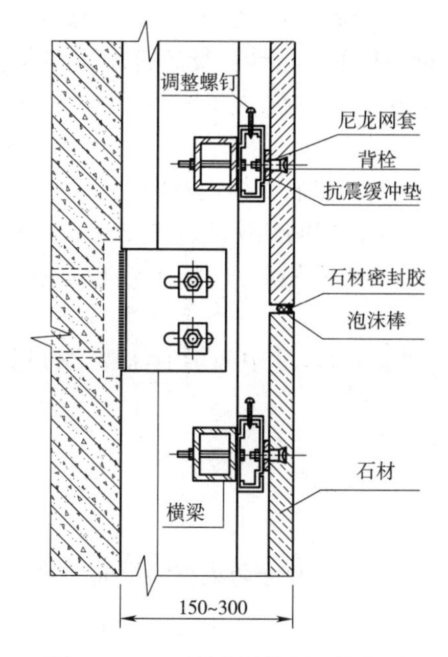

图 17-141　石材幕墙纵剖面节点图

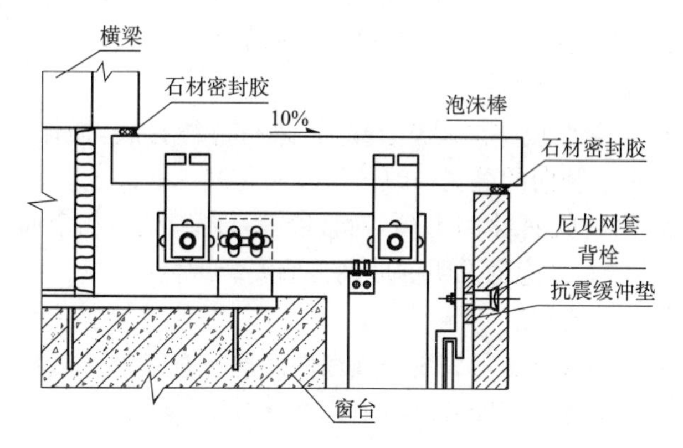

图 17-142　石材幕墙窗台剖面节点图

⑩石材板拼缝口处理

石材密封胶注胶前必须进行相溶性试验和耐污染试验，合格后方可使用。打胶时嵌以直径 7 mm 的聚氯乙烯泡沫棒，然后在板缝两侧粘贴保护胶带，再用专用工具将结构密封胶注入板缝，并使之均匀饱满。注胶厚度不应小于缝宽度的一半和 4 mm，也不能超过缝宽度。

(2)玻璃幕墙施工

本工程的玻璃幕墙有点支玻璃幕墙和隐框、半隐框玻璃幕墙两种形式。点支玻璃幕墙位于辅楼一层，施工时搭设双排落地脚手架。

1)材料要求：点支玻璃幕墙为钢化玻璃，隐框、半隐框玻璃幕墙的玻璃为中空 LOW-E 玻璃。玻璃的厚度和性能应符合设计要求，质量符合国家现行标准的规定。其他材料均应有出厂合格证及性能检测报告，均应符合国家及地方现行相关标准的规定。

2)玻璃幕墙材料选用耐候材料，金属材料和零配件除不锈钢外，钢材均要进行表面热镀锌处理或采取其他有效防腐措施，铝合金应进行表面阳极氧化处理或其他表面处理。

3)硅酮结构密封胶，硅酮耐候密封胶要有与所接确材料的相容性试验报告。

4)玻璃幕墙施工前，应对主体结构进行复测，按照实测结果对幕墙工程进行深化设计，并编制深化设计文件及专项施工方案，经业主及设计单位同意后方可施工。

5)点支玻璃幕墙

①施工流程

测量放线→预埋件埋设检查和确认→支撑钢结构体系安装→驳接座焊接→驳接爪安装→玻璃板块吊运安装→玻璃块孔位调整、固定驳接头→调整剂打胶→幕墙清洗机清理。

②施工要点：

a. 用经纬仪在墙面上放出纵横向轴线，在建筑物上弹墨线或用花篮螺丝固定钢丝绳进行定位，确定驳接座、钢结构桁架的安装位置。

b. 钢结构支撑体系与主体钢结构焊接连接，安装就位后，应及时进行隐蔽验收。钢结构表面应按设计要求涂装设计要求的防腐、防火涂料及面漆。钢结构的吊装以手动葫芦为主、人工辅助的方式进行。焊接及安装偏差应符合钢结构施工规范的要求。

c. 驳接座的焊接时，先进行精确定位，定位误差满足规范要求，焊接质量达到设计要求。

d. 驳接爪的安装主要是通过拧紧螺杆使之与驳接座上预先焊好的螺母螺栓连接而固定。安装时压紧螺杆必须拧紧，然后对驳接爪的平面平整度，通过爪件的三维调整，使玻璃面板的位置准确，爪件表面与玻璃面平行。

e. 玻璃面板安装前,检查调整脚手架,保证有足够的空间吊装玻璃。检查钢爪之间的中心距离水平度,确认与玻璃的尺寸相符后才可吊装。安装使用专用吸盘,安装前根据玻璃的重量计算吸盘的数量,并清洁玻璃表面和吸盘上的灰尘,严禁使用吸力不足的吸盘。玻璃起吊运以手动葫芦为主、人工辅助的方式。玻璃安装应从上到下进行安装。

f. 当玻璃板块上部有夹槽时,让上部先入槽;当下部有槽时,先把氯丁胶放入槽内,然后将玻璃慢慢放入槽中,再用泡沫填充棒固定住玻璃,防止玻璃在槽内摆动造成意外伤害。中间部位的玻璃先在玻璃上安装驳接头,玻璃定位后,再把驳接头与钢爪连接。驳接头与玻璃孔之间先放置专用尼龙套,且尼龙套内外双面打防水胶,防止渗漏。

g. 玻璃面板整体调整合格后,进行嵌缝打胶,操作时现在缝两侧贴胶带,缝中间填泡沫棒,最后打胶。应保证水平竖向的缝宽一致。

h. 密封胶灌封 24 h 后,对幕墙进行渗漏试验和全面清洗。

6)隐框、半隐框及明框玻璃幕墙安装工艺

①施工流程

施工准备→测量放线→预埋件处理→连接角码安装→立柱安装→横梁安装→防火材料层间封堵→结构玻璃装配组件制作安装→清洁检查→竣工验收。

②施工要点

a. 根据土建单位提供的中心线及标高点,对已完工的土建结构进行测量。根据土建标高基准线测预埋件标高中心线,检查预埋件标高、位置偏差,找出幕墙立柱与建筑轴线的关系,整理以上测量结果,确定幕墙立柱分隔的调整处理方案。后补预埋件。

b. 为节约铝材和减少现场加工,在立柱材料订购时,附上准确的立柱加工图,委托铝材生产厂家按图加工。立柱安装前,先把芯套(接长立柱与立柱用,上下层立柱之间留 20 mm 以上的伸缩缝)插入立柱内,然后在立柱上钻孔,将连接角码用不锈钢螺栓安装在立柱上,二者之间用防腐垫片隔开。立柱安装顺序由下至上。

c. 连接角码安装:连接角码焊接钢板。连接角码端部在焊接钢板外无法时,切短角码,增加焊缝长度。角码侧边无法焊接时,切去角码边缘,留出焊缝。预埋板两个方向偏差很大时,补钢板;预埋板凹入或倾斜过大时,补加垫板。

横梁制作安装:用水准仪把楼层标高线引到立柱上。以楼层标高线为基准,在立柱侧面标出横梁位置。将横梁两端的连接件(铝角码)和弹性橡胶垫安装在立柱的预定位置,要求安装牢固、接缝严密。横梁的安装应由下向上进行。

d. 结构玻璃装配组件制作安装:确定玻璃板块在立面上的水平、垂直位置,并在主框格上划线。玻璃板块临时固定后对板块进行调整,调整完成后用压块把玻璃板块固定在主框格上。

e. 耐候硅酮密封胶嵌缝:充分清洁板材间缝隙,充分清洁粘结面,加以干燥。为调整缝的深度,避免三边粘胶,缝内填泡沫塑料棒。在缝两侧贴保护胶纸保护玻璃不被污染。注胶后将胶缝表面抹平,去掉多余的胶。注胶完毕,将保护纸撕掉,必要时用溶剂擦拭玻璃。胶在未完全硬化前,不要沾染灰尘和划伤。不应在雨天、夜晚打胶。

f. 全部完成后对幕墙表面进行全面清洁处理。

7)玻璃幕墙安装施工应对下列项目进行隐蔽验收:

①构件与主体结构的连接节点的安装。

②幕墙四周、幕墙内表面与主体结构之间间隙节点的安装。

③幕墙伸缩缝、沉降缝、防震缝及墙面转角节点的安装。

④幕墙防雷接地节点的安装。

⑤防火材料和隔烟层的安装。

⑥其他带有隐蔽性质的项目。

17.5.5.5 顶棚施工

(1)铝扣板顶棚

1)施工流程

顶棚标高弹水平线→细化排版→安装转换钢支架→安装水电管线→安装主、次龙骨→安装罩面板→清理。

2)施工要点

①根据楼层标高以上50 mm水平控制线，按照设计标高，沿墙顶四周，弹出顶棚标高水平线，并沿顶棚的标高水平线，在墙上划好龙骨分挡位置线。

②安装主龙骨吊杆：在弹好顶棚标高水平线及龙骨位置线后，确定吊杆下端头的标高，安装预先加工好的吊筋。吊筋安装用ϕ8膨胀螺钉固定在顶棚上，吊筋间距控制在1.2～1.5 m范围内。

③安装主龙骨：主龙骨选用UC38轻钢龙骨，间距控制在900～1200 mm范围内。安装时采用与主龙骨配套的吊挂件与吊筋连接。

④安装边龙骨：按装配后的天花净高要求和标高控制线，在墙四周预埋防腐木楔并用圆钉固定25×25烤漆龙骨，圆钉间距不大于300 mm，或者采用钢钉固定，其间距不得大于300 mm。要求边龙骨安装前墙面抹灰、刮腻子找平后进行。

⑤安装次龙骨：根据铝扣板的规格尺寸(300 mm×300 mm×6 mm或500 mm×500 mm×8mm等)，安装三角次龙骨，三角龙骨通过吊挂件，吊挂在主龙骨上。当次龙骨长度需多根延续接长时，用次龙骨连接件，在吊挂次龙骨的同时，将相对端头相连接，并先拉线控制纵横标高调直后固定。

⑥安装铝扣板：铝扣板安装时在装配面积的中间位置垂直三角龙骨拉同一条基准线，对齐基准线后向两边安装。安装时，严禁野蛮装卸，必须顺着翻边部位顺序轻压，将方板两边完全卡进龙骨后，再推紧。或者采用自攻螺丝直接固定在次龙骨上，自攻螺丝间距200～300 mm。

⑦清理：铝扣板安装完后，需用布把板面全部擦试干净，不得有污物及手印等。

⑧铝扣板安装节点如图17-143所示。

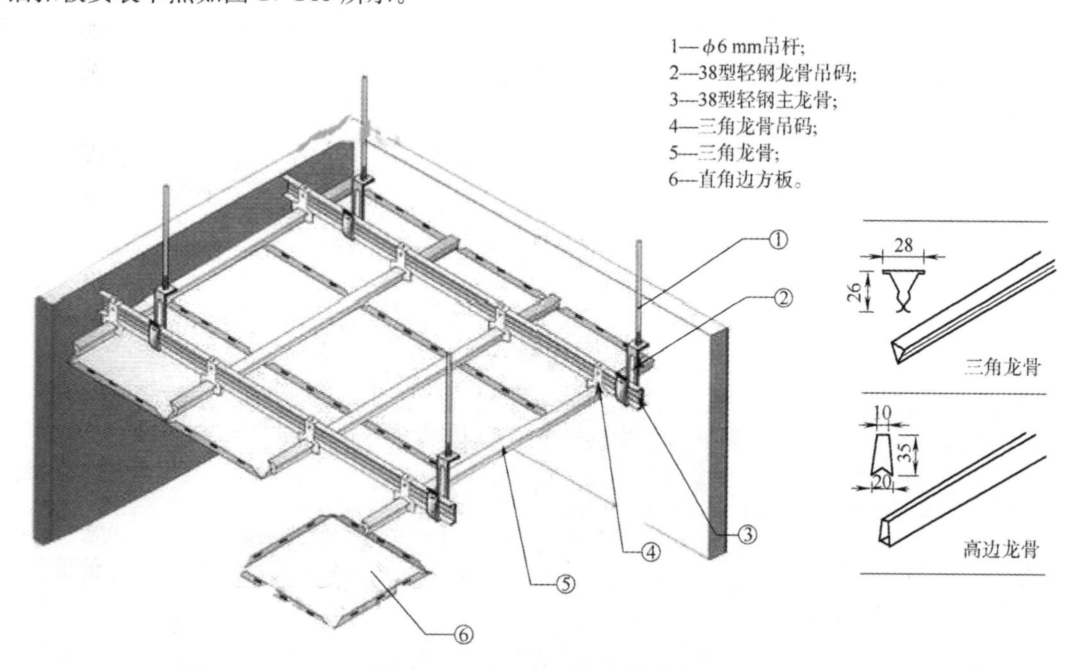

图17-143　铝扣板顶棚安装节点图

(2)轻钢龙骨石膏板吊顶

1)施工流程

弹线→安装吊杆→安装龙骨→填玻璃棉→安装面板。

2)施工要点见表17-39。

表17-39　石膏板吊顶操作要点表

序号	施工主要步骤	吸声顶棚施工工艺要点
1	弹线	①沿墙面和柱面四周弹出水平线，水平允许偏差控制在±5 mm。 ②按设计要求在楼板底部面上弹出主龙骨的位置线及吊杆位置

续上表

序号	施工主要步骤	吸声顶棚施工工艺要点
2	安装吊杆	①吊杆宜用全牙镀锌丝杆(用 $\phi8$ 钢筋制作,但须刷防锈漆),上端与预埋件焊牢(焊接处需刷防锈漆),下端套丝,配好螺帽。螺帽一般为二只,一只防止挂件向上活动,一只承受吊顶荷载。 ②板或梁上预留吊构或预埋件时,吊杆可直接焊接在预埋件上。当梁和板无预埋件时,在吊点位置上,用冲击钻打膨胀管螺栓,然后将吊杆上端可与一段角铁焊牢,角铁的另一边钻孔后用膨胀螺栓固定在楼板混凝土上。 ③当吊杆与设备相遇时,应调整吊杆。如用角铁、槽钢等在设备下部安装挑梁,吊杆固定在挑梁上,以保证吊杆的间距满足要求
3	安装龙骨	①吊杆安装好后,将主龙骨用吊挂件连接在吊杆上,拧紧螺钉,上下卡牢。主龙骨按不小于房间短向跨度的1/200起拱。主龙骨接长可用接插件连接,同时宜在连接处增设吊杆。主龙骨安装后应及时校正其标高位置。 ②次龙骨的安装:用连接件将次龙骨固定在主龙骨的下面,次龙骨应紧贴主龙骨安装,并根据罩面板布置的需要,在罩面板接缝处安装横撑龙骨。 ③安装好的吊顶龙骨应牢固可靠,连接件应错位安装。当吊顶与上面楼板底的高度超过 1.5m 时,宜在吊杆处设置一定的反撑,以防止吊杆刚度不足,导致反向变形,引起吊顶罩面板开裂
4	填玻璃棉	在安装好主龙骨的骨架内墙放玻璃棉,填充玻璃棉厚度要求和竖向龙骨宽窄一样,玻璃棉要求填满,玻璃棉的容重必须满足设计要求
5	安装面板	①先将板就位,板的两端需准确地落在横龙骨中央(留缝隙)板的端头应错位,错位距离应以横龙骨距离成整倍数,板长边均应在一条线上,即留贯通纵缝,安装时应事先计划好,从吊顶顶棚边角开始,逐块排列推进,非规格板留在最后的边角处,与墙柱边连接处应留 6 mm 左右间隙。铺设不允许多点同时作业,以免产生内应力。 ②板就位后,用电钻将板与龙骨钻通,再上 40 mm×25 mm 自攻螺丝拧紧,自攻螺丝间距应在 150～200 mm,螺钉嵌入板内深度在 0.5～1mm。钉头应与板面垂直且略入埋板面。钉眼应作防锈处理,钉眼用腻子刮平。 ③接缝内用嵌缝腻子满填刮平,用专用纸带封住接缝隙,并用底层腻子薄覆一层。待第一层薄覆腻子凝固后,抹第二道专用嵌缝腻子,轻抹底面并修边,凝固后,用 150#砂纸打磨其表面,直至符合要求为止

17.5.5.6 楼地面施工

(1)水泥豆石地面

1)施工流程

基层清理→找标高、放线→素水泥浆结合层→水泥豆石找平层→水泥豆石压实赶光。

2)操作要点见表 17-40。

表 17-40 水泥豆石地面施工要点表

序号	施工主要步骤	水泥豆石施工工艺要点
1	基层清理	清除基层的淤泥和杂物;基层表面平整度应控制在 15 mm 内
2	找标高、放线	根据水平标准线和设计厚度,在四周墙、柱上弹出面层的上平标高控制线。根据墙上水平标高控制线,向下量出各层做法标高,在墙上弹出控制标高线。面积较大时,底层地面可视基层情况采用控制桩或细石混凝土做找平墩控制垫层标高。楼层地面采用细石混凝土做找平墩控制垫层标高
3	素水泥结合层	在混凝土垫层上刷一道素水泥浆一道,让面层与底层更加粘贴牢固
4	水泥豆石找平层	①用大杠将豆石混凝土刮平,立即用木抹子搓平,并随时用 2 m 靠尺检查平整度。 ②第一遍抹压:在搓平后立即用铁抹子轻轻抹压一遍直到出浆为止,面层均匀,与基层结合紧密牢固。 ③第二遍抹压:当面层砂浆初凝后(上人有脚印但不下陷),用铁抹子把凹凸、砂眼填实抹平,注意不得漏压,以消除表面汽泡、孔隙等缺陷
5	水泥豆石压实赶光	①用大杠将豆石混凝土刮平,立即用木抹子搓平,并随时用 2 m 靠尺检查平整度。 ②第一遍抹压:在搓平后立即用铁抹子轻轻抹压一遍直到出浆为止,面层均匀,与基层结合紧密牢固。 ③第二遍抹压:当面层砂浆初凝后(上人有脚印但不下陷),用铁抹子把凹凸、砂眼填实抹平,注意不得漏压,以消除表面汽泡、孔隙等缺陷。 ④第三抹压:当面层砂浆终凝前(上人有轻微脚印),用铁抹子用力抹压。把所有抹纹压平压光,达到面层表面密实光洁

(2)瓷砖面层地面施工

1)施工流程

基地处理→放线→浸砖→基底湿润、刷水泥浆或界面剂→铺设结合层砂浆→铺砖→养护→勾缝→检查验收。

2)施工要点

①基层处理:把沾在基层上的浮浆、落地灰等用钢丝刷清理掉,再用扫帚将浮土清扫干净。

②根据水平标准线和设计厚度,在四周墙、柱上弹出面层的上平标高控制线。

③瓷砖铺贴前,应在水中充分浸泡,保证铺贴后不致吸走灰浆中的水分而粘结不牢。浸水后的瓷砖应阴干备用,以瓷砖表面有潮湿感但手按无水迹为准。

④将砖放在干拌料上用橡皮锤敲打找平,之后将砖拿起,在干拌料上浇适量水泥浆,同时在转上涂素水泥膏,再将砖放在找过平的干拌料上,用橡皮锤将瓷砖按方正、标高控制线坐正。

⑤当砖面层铺贴完成 24 h 内,应进行养护,养护时间不得小于 7 d。

⑥当面层强度达到可上人的时候,用相同的水泥膏进行勾缝,缝应低于砖面 0.5～1 mm。

(3)石材地面施工

1)施工流程

基层处理→放线试拼石材→基底湿润、刷水泥浆或界面剂→铺设结合层砂浆→铺设石材→养护→勾缝→检查验收。

2)施工要点:同瓷砖地面施工。

(4)架空防静电地板施工

1)施工流程

基层处理与清理→找中、套方、分格、定位弹线→安装固定可调支架和引条→铺设活动地板面层→清擦和打蜡。

2)施工要点

①基层处理与清理:抗静电地板地面位置的基底应用水泥砂浆或细石混凝土找平。

②弹线:先根据房间平面尺寸、设备布置、地板模数等情况选择板块铺设方向。根据选定的铺设方法进行找中、套方、分格、定位弹线工作。既要把面层分格线划在室内四周墙面上,又要把分格线在基层上面。

③安装固定可调支架和引条:在方格网交点处安放可调支座,架上横梁转动支座螺杆,先用小线和水平尺调整支座面高度至全室等高,待有钢支柱和横梁构成框架一体后,用水平仪抄平。

④铺设活动地板面层:首先检查活动地板面层下铺设的电缆、管线,确保无误后才能铺设活动地面层。

⑤清擦和打蜡:铺贴作业完成后,将地面清洁干净,并应涂覆防静电蜡保护。

(5)地毯的施工方法

1)施工流程

基层处理→弹线→地毯剪裁→钉倒刺板挂毯条→铺设衬垫→铺设地毯→细部处理及清理。

2)施工要点

①基层处理:铺设地毯的基层,应用水泥砂浆或细石混凝土找平,要求表面平整、光滑、洁净,如有油污,须用丙酮或松节油擦净。如为水泥地面,应具有一定的强度,含水率不大于 8%,表面平整偏差不大于 4 mm。

②弹线:要严格按照设计图纸对各个不同部位和房间的的铺设尺寸进行度量,检查铺设部位的方正情况,并在地面弹出地毯的铺设基准线和分格定位线。活动地毯应根据地毯的尺寸,在房间内弹出定位网格线。

③地毯剪裁:用裁边机断下地毯料,每段地毯的长度要比房间长出 2 cm 左右,宽度要以裁去地毯边缘线后的尺寸计算。大面积房厅应在施工地点剪裁拼缝。

④钉倒刺板挂毯条:沿房间或走道四周踢脚板边缘,用高强水泥钉将倒刺板钉在基层上(钉朝向墙的方向),其间距约 40 cm 左右。倒刺板应离开踢脚板面 8～10 mm,以便于钉牢倒刺板。

⑤铺设衬垫:将衬垫采用点粘法刷胶或聚醋酸乙烯乳胶,粘在地面基层上,要离开倒刺板 10 mm 左右。

⑥铺设地毯:先将毯的一条长边固定在倒刺板上,毛边掩到踢脚板下,用地毯撑子拉伸地毯。拉伸时,用手压住地毯撑,用膝撞击地毯撑,从一边一步一步推向另一边。如一遍未能拉平,重复拉伸,直至拉平为止。然后将地毯固定在另一条倒刺板上,掩好毛边。长出的地毯,用裁割刀割掉。一个方向拉伸完毕,再进行另一个方向的拉伸,直至四个边都固定在倒刺板上。铺粘地毯时,先在房间一边涂刷胶粘剂后,铺放已预先裁割的地毯,然后用地毯撑子,向两边撑拉,再沿墙边刷两条胶粘剂,将地毯压平掩边。

⑦细部处理清理：地毯与其他地面材料交接出和门口等部位，用收口条做收口处理。地毯铺设完毕，固定收口条后，用吸尘器清扫干净，并将毯面上脱落的绒毛等彻底清理干净。

17.5.5.7 门窗工程

(1)铝合金门窗的制作安装

1)铝合金门窗的制作安装选用专业分包单位施工，专业分包进场施工前，应对设计图进行深化设计，并选定门窗材料，并经业主和设计单位同意后才可进行加工制作。

2)在安装前，应到先施工现场检查洞口数量、尺寸是否和图纸符合，并按照控制线检查门窗是否符合安装要求，发现洞口偏差需调整时及时要求土建施工单位进行处理。

3)断桥铝合金门窗施工前需选进行样板施工，样板完成后经项目部自检合格后，报监理、甲方上级单位联合验收合格后，方可展开大面积施工。

4)门窗安装施工流程

弹线定位→洞口处理→钢副框安装→钢副框塞缝收口→铝窗成品进场→主框临时固定并校正→主框与副框连接固定→主框与副框间隙塞缝→外框打胶密封→窗框密封质量验收→窗扇及玻璃安装→玻璃安装密封验收→五金件安装→清理验收。

5)施工要点

①根据设计图纸中门窗安装位置、尺寸和标高，依据门窗中线向两边量出门窗边线，以顶层门窗边线为准，用线坠或经纬仪将门窗边线下引，并在各层门窗口处划线标记，对个别不直的口边进行处理

②门窗框与墙体的连接部位采用混凝边框或实心混凝土砌筑。尺寸偏差应符合规范要求。

③钢副框采用热镀锌矩管，用固定连接片和膨胀螺栓与主体结构连接固定，膨胀螺栓与钢副框点焊固定，防止螺栓松动脱落，点焊外涂刷油漆防腐。

④钢副框与墙体间缝隙用防水砂浆塞缝填充密实。钢附框与外挂保温板接口处，打发泡胶密实，防止渗水。

⑤铝合金窗主框运至窗口，立在钢副框上，根据设计要求调整好窗框的的位置后，用木楔临时固定，然后用自攻螺钉将铝框与副框连接，。自攻螺钉采用 M5×50 不锈钢，平头螺钉。螺钉固定时距主框上下角部距离不大于 180 mm，主框中间固定点间距不大于 500 mm 均匀设置。

⑥待主框在钢副框上固定完成后，铝框与基层之间使用耐候密封胶密封，颜色根据密封胶打成三角形，斜面宽度不超过 16 mm，并保证表面平顺，边缘无锯齿状。

⑦门窗扇及玻璃安装：固定玻璃安装时用塑料垫片支撑，调整好左右间距后，扣好玻璃压条。固定玻璃压条扣好后，内侧用胶条固定，并在玻璃外侧打密封胶。当玻璃单块尺寸较小时，可用双手夹住就位，如果单块玻璃尺寸较大，为便于操作，需使用玻璃吸盘。窗扇玻璃安装时要用玻璃垫片卡紧，打完密封胶后 48 h 内不允许开启，以防止窗扇变形、下坠。

⑧门窗安装完成后，进行表面清洗处理。

(2)感应门安装施工

1)施工流程

放线→地导轨安装→钢横梁安装→安装机箱→装门扇→调试。

2)操作要点

①水准仪抄平、线坠吊垂直，先弹出地导轨滑槽控制边线，弹出横梁安装中心线和标高控制线。

②撬出欲装轨道位置的预埋木枋条，按弹好的轨道滑槽控制线进行剔凿修整，满足安装要求后埋设安装下轨道，注意下轨道总长度为开启门宽度的 2 倍+100 mm。并注意下轨道顶标高应与地坪面层标高一致或略低 3 mm 以内。

③自动门钢横梁一般常用[16～[22 规格的槽钢加工制作，两端焊接固定在门洞两侧的钢筋混凝土门柱或墙的预埋铁件上，预埋件厚度常选 $\delta=8\sim10$ mm 为宜。安装时按事先弹好的标高控制线和钢横梁中心位置线进行对位，并特别注意用水平尺复核水平度后进行对称施焊。

④自动门传动控制机箱及自控探测装置都固定安装在钢横梁上，其固定连接方式有钢横梁打孔穿螺栓固定方式和钢横梁上焊接连接板再连接固定的方式。注意钢横梁上钻孔或焊接连接板在钢横梁安装前完成。

⑤安装滑动门扇前，先检查轨道顺直、平滑，不顺滑处用磨光机打磨平滑后。滑动门扇尽头装弹性限位材料。要求门扇滑动平稳、顺畅。

⑥接通电源，调整微波传感器的探测角度和反应灵敏度，使其达到最佳工作状态。

⑦自动门上部钢横梁安装是安装过程中的重要环节，装有机械装置和电控装置的机箱固定在其上，故要求钢梁及钢梁与洞侧连接有一定的强度、刚度和稳定性。地导轨和钢横梁安装，要注意它们之间在两个方向上的平行度。

(3)全玻门安装

1)施工流程

固定部分底托安装→固定部分玻璃板安装→活动玻璃门扇成型就位→门扇固定→拉手安装。

2)施工要点

①固定玻璃安装

a. 固定部分底托安装：不锈钢、铜皮或钛金饰面的木底托常采用在地面上冲击钻孔，打入硬木楔，然后用大钉将木底托固定于地面，然后用万能胶将镜面金属饰面板粘卡在底托木枋上。

b. 固定玻璃安装：固定部分的玻璃一般在现场实测尺寸后现场裁割。注意宽度尺寸的测量从安装位置的底部、中部和顶部分别进行测量，选择最小尺寸为玻璃板宽度的裁割尺寸。玻璃板的高度方向，应小于实测尺寸 5 mm 进行裁割。玻璃裁割后，将其四周作倒角处理。

c. 安装时用玻璃吸盘将玻璃板吸牢，然后进行玻璃就位。先把玻璃板上边插入门框底面的限位槽内，然后将其下边安放于木底托上的镜面金属包面对口缝内。底托木方上钉木条板，使其距玻璃板面 3～4 mm，木条板上涂刷万能胶，将镜面金属皮(不锈钢或钛金)压折盖过木条。

d. 玻璃门固定部分的玻璃板就位稳妥后，即在顶部限位槽处和底部底托固定处，以及玻璃板与框柱的对缝处等均注胶密封。最后用刀片刮净胶迹。

②活动玻璃门扇成型就位

a. 在玻璃门扇的上下金属横档内划线，以便按线固定转动销的销孔板和地弹簧的转动轴连接板。

b. 把上下横档分别装在厚玻璃门扇上下两端，并进行门扇高度的测量。若门扇高度不足，可在上下横挡内加垫胶合板条进行调节(活动扇玻璃板应在加工厂裁割、倒角、打孔，玻璃高度尺寸宜小于设计尺寸或现场测量尺寸 5 mm)。门扇高度调整确定后，在玻璃板与金属横档内的两侧空隙处，由两边同时插入小木条，轻轻打入稳实，然后在小木条、门扇玻璃及横档之间的缝隙中注入玻璃胶。

c. 门扇固定：先将门框横梁上的定位销本身的调节螺钉调出横梁平面 1～2 mm，再将玻璃门扇竖起来，把门扇下横档内的转动销连接件的孔位对准地弹簧的转动销轴，转动门扇将孔位套入销轴上。再将门扇上横档中的转动连接件的孔对准门框横梁上的定位销，将定位销调出插入孔内 15 mm 左右。

d. 拉手安装：全玻门扇玻璃板上拉手连接孔一般是根据事先选定的拉手形式、规格在加工厂加工好的，安装拉手时以连接部分插入孔洞略有松动余地为宜。安装时在拉手插入玻璃的部分涂抹玻璃胶。

e. 大块固定或活动扇玻璃板上应贴色带或醒目字样，以防人员进出视觉错误造成碰撞。办公家俱、大件物品进出搬运时，全玻门应加隔屏蔽板或高弹材料进行保护。全玻门附近不得堆放脚手、跳板、机具等大件硬物，不再作施工通道，尽量减少人员出入。

17.5.5.8　不锈钢玻璃栏板施工

(1)施工流程

放线→玻璃卡槽安装→立柱安装→外侧踢脚构件安装→玻璃安装→不锈钢扶手安装→不锈钢踢脚安装→玻璃打胶成品保护。

(2)施工要点

1)依据弹好的栏杆位置控制线，测定基脚和柱脚胀栓位置线。

2)按胀栓位置钻孔、打入膨胀螺栓，安装玻璃卡槽角钢，找平找直后与膨胀螺栓固定，角钢安装前刷防锈漆 2 道，安装时用 1∶2 水泥砂浆座浆。安装前应在∟ 110×70×10 的角钢立面上按@300 呈之字形钻 ϕ16 孔焊 ϕ14 螺帽并拧上螺丝。

3)立柱安装：按立柱预埋钢板膨胀螺栓位置钻孔，打入 M12 膨胀螺栓，安装钢板与胀栓固定，然后立柱安于钢板上，先按一个区段两端立柱，调正垂直后与钢板焊接。拉通线以同样方法安装中央其余部分立柱。

4)钢化玻璃安装:在玻璃卡槽内安放 6 mm 厚橡胶垫,将 19 mm 厚钢化玻璃放进卡槽内橡胶垫上,然后在玻璃两侧填塞橡胶条,并在卡槽角钢一侧间隙内放 3 mm 厚通长钢板,拧紧角钢上调节螺丝(M14),螺丝成之字形抵住钢板,钢板受力顶住玻璃,以控制玻璃左右位置和垂直度,逐块从中间向两侧进行安装,待玻璃全部安好后(指一个区段),必须再次拉通线调平、调直、调垂直。

5)不锈钢扶手安装:先将不锈钢衬管用螺栓固定在不锈钢板立柱两侧,不锈钢扶手套在衬管上,开小孔焊接后打磨。

6)打胶:玻璃与不锈钢踢脚,玻璃与不锈钢扶手之间打硅酮密封胶。

17.6 施工进度计划

17.6.1 工期安排原则

(1)响应合同文件中工期要求,综合考虑施工技术要求、施工设备效率、施工环境、气候条件等因素,确定科学合理的施工进度和工期,并满足项目总工期、阶段节点工期和重点工程工期要求。

(2)以主体结构施工工期为控制主线,向下安排基坑支护、土方开挖施工,穿插安排二次结构工程、装修工程、安装工程的施工。

(3)为满足辅楼展览馆先期投入使用的要求,优先安排辅楼部分的基础、地下室、上部结构和装饰装修、安装工程的施工。

17.6.2 项目施工工期总目标

本工程计划开工日期 2011 年 1 月 15 日,辅楼计划竣工日期 2011 年 9 月 30 日,计划工期 259 天。主楼竣工日期 2012 年 12 月 30 日,计划工期 716 天。

17.6.3 各阶段、节点工期安排

辅楼规划展览馆与综合办公主楼分为两个时间节点竣工交付。根据总体的工期要求,地下室主体施工阶段必须局部在 5 月 1 日前完成,为上部结构施工尽早抢出施工面。整个地下室的结构验收计划在 2011 年 6 月 10 日,辅楼在 9 月 30 日竣工验收,主楼要求 2012 年 9 月 30 日竣工验收。部分工期安排见表 17-41。

表 17-41 关键节点工期安排

重难点节点工期安排		
项　　目	开始时间	结束时间
基坑支护及降水工程	2011 年 1 月 15 日	2011 年 3 月 20 日
土方大开挖	2011 年 1 月 28 日	2011 年 3 月 12 日
地下室主体结构施工	2011 年 3 月 11 日	2011 年 5 月 20 日
外墙分段防水、回填	2011 年 5 月 10 日	2011 年 6 月 20 日
地下负三层土方回填及地面施工	2011 年 6 月 15 日	2011 年 6 月 29 日
地下室安装工程	2011 年 3 月 27 日	2011 年 8 月 20 日
辅楼钢结构吊装	2011 年 4 月 21 日	2011 年 6 月 8 日
辅楼外墙施工	2011 年 6 月 10 日	2011 年 8 月 10 日
主楼主体结构施工	2011 年 5 月 21 日	2011 年 12 月 10 日
主楼室内装饰施工	2011 年 10 月 21 日	2012 年 8 月 31 日
主楼外幕墙施工	2011 年 5 月 21 日	2012 年 7 月 30 日
主楼室外景观工程	2012 年 7 月 10 日	2012 年 8 月 31 日
主楼竣工验收	2012 年 9 月 16 日	2012 年 9 月 30 日

17.6.4 施工进度计划横道图

成都规划馆综合楼施工总进度计划横道图见图 7-144。

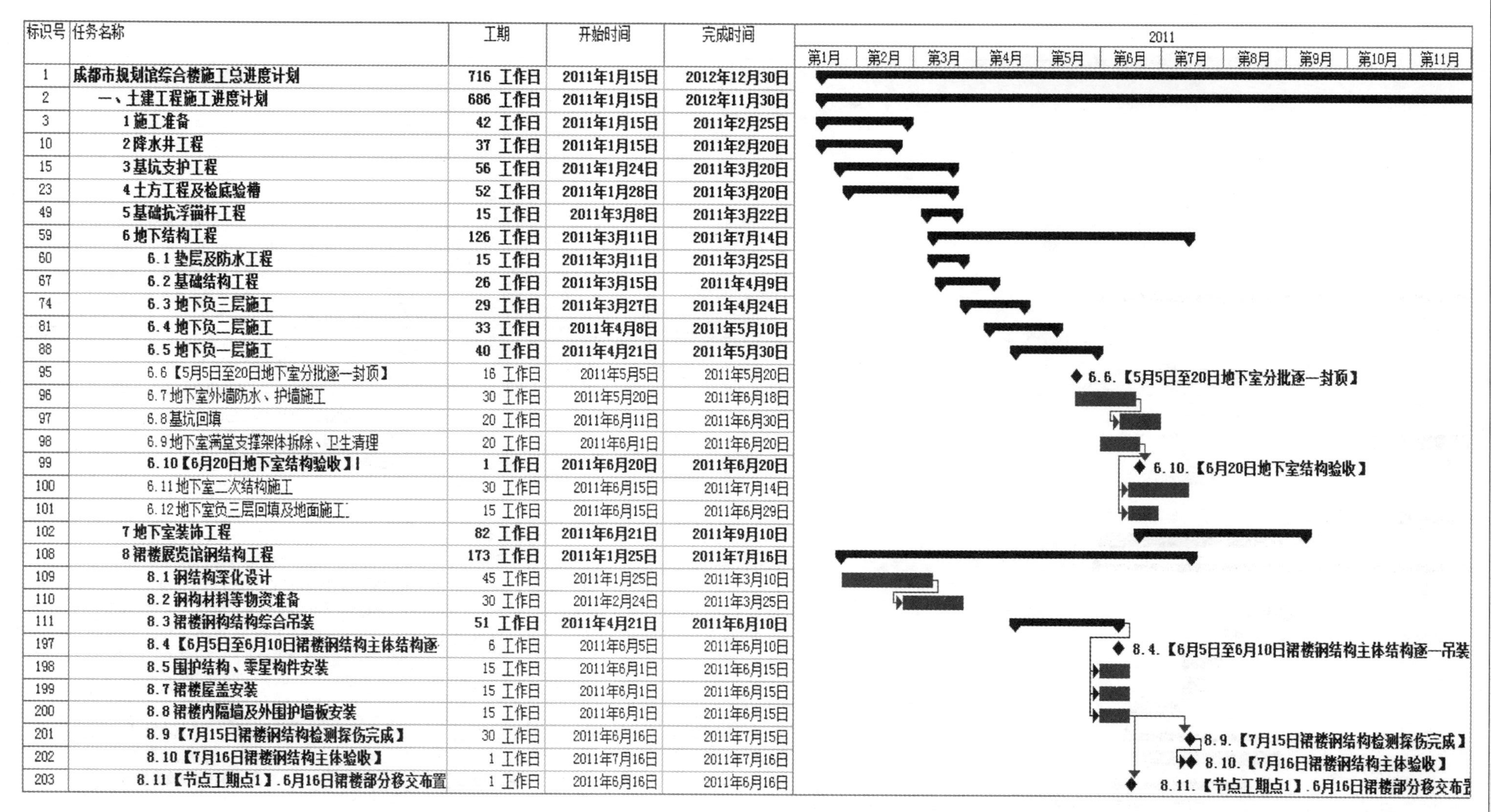

标识号	任务名称	工期	开始时间	完成时间
1	成都市规划馆综合楼施工总进度计划	716 工作日	2011年1月15日	2012年12月30日
2	一、土建工程施工进度计划	686 工作日	2011年1月15日	2012年11月30日
3	1 施工准备	42 工作日	2011年1月15日	2011年2月25日
10	2 降水井工程	37 工作日	2011年1月15日	2011年2月20日
15	3 基坑支护工程	56 工作日	2011年1月24日	2011年3月20日
23	4 土方工程及检底验槽	52 工作日	2011年1月28日	2011年3月20日
49	5 基础抗浮锚杆工程	15 工作日	2011年3月8日	2011年3月22日
59	6 地下结构工程	126 工作日	2011年3月11日	2011年7月14日
60	6.1 垫层及防水工程	15 工作日	2011年3月11日	2011年3月25日
67	6.2 基础结构工程	26 工作日	2011年3月15日	2011年4月9日
74	6.3 地下负三层施工	29 工作日	2011年3月27日	2011年4月24日
81	6.4 地下负二层施工	33 工作日	2011年4月8日	2011年5月10日
88	6.5 地下负一层施工	40 工作日	2011年4月21日	2011年5月30日
95	6.6【5月5日至20日地下室分批逐一封顶】	16 工作日	2011年5月5日	2011年5月20日
96	6.7 地下室外墙防水、护墙施工	30 工作日	2011年5月20日	2011年6月18日
97	6.8 基坑回填	20 工作日	2011年6月11日	2011年6月30日
98	6.9 地下室满堂支撑架体拆除、卫生清理	20 工作日	2011年6月1日	2011年6月20日
99	6.10【6月20日地下室结构验收】	1 工作日	2011年6月20日	2011年6月20日
100	6.11 地下室二次结构施工	30 工作日	2011年6月15日	2011年7月14日
101	6.12 地下室负三层回填及地面施工	15 工作日	2011年6月15日	2011年6月29日
102	7 地下室装饰工程	82 工作日	2011年6月21日	2011年9月10日
108	8 裙楼展览馆钢结构工程	173 工作日	2011年1月25日	2011年7月16日
109	8.1 钢结构深化设计	45 工作日	2011年1月25日	2011年3月10日
110	8.2 钢构材料等物资准备	30 工作日	2011年2月24日	2011年3月25日
111	8.3 裙楼钢构结构综合吊装	51 工作日	2011年4月21日	2011年6月10日
197	8.4【6月5日至6月10日裙楼钢结构主体结构逐	6 工作日	2011年6月5日	2011年6月10日
198	8.5 围护结构、零星构件安装	15 工作日	2011年6月1日	2011年6月15日
199	8.7 裙楼屋盖安装	15 工作日	2011年6月1日	2011年6月15日
200	8.8 裙楼内隔墙及外围护墙板安装	15 工作日	2011年6月1日	2011年6月15日
201	8.9【7月15日裙楼钢结构检测探伤完成】	30 工作日	2011年6月16日	2011年7月15日
202	8.10【7月16日裙楼钢结构主体验收】	1 工作日	2011年7月16日	2011年7月16日
203	8.11【节点工期点1】.6月16日裙楼部分移交布置	1 工作日	2011年6月16日	2011年6月16日

图 17-144　成都规划馆综合楼施工总进度计划横道图

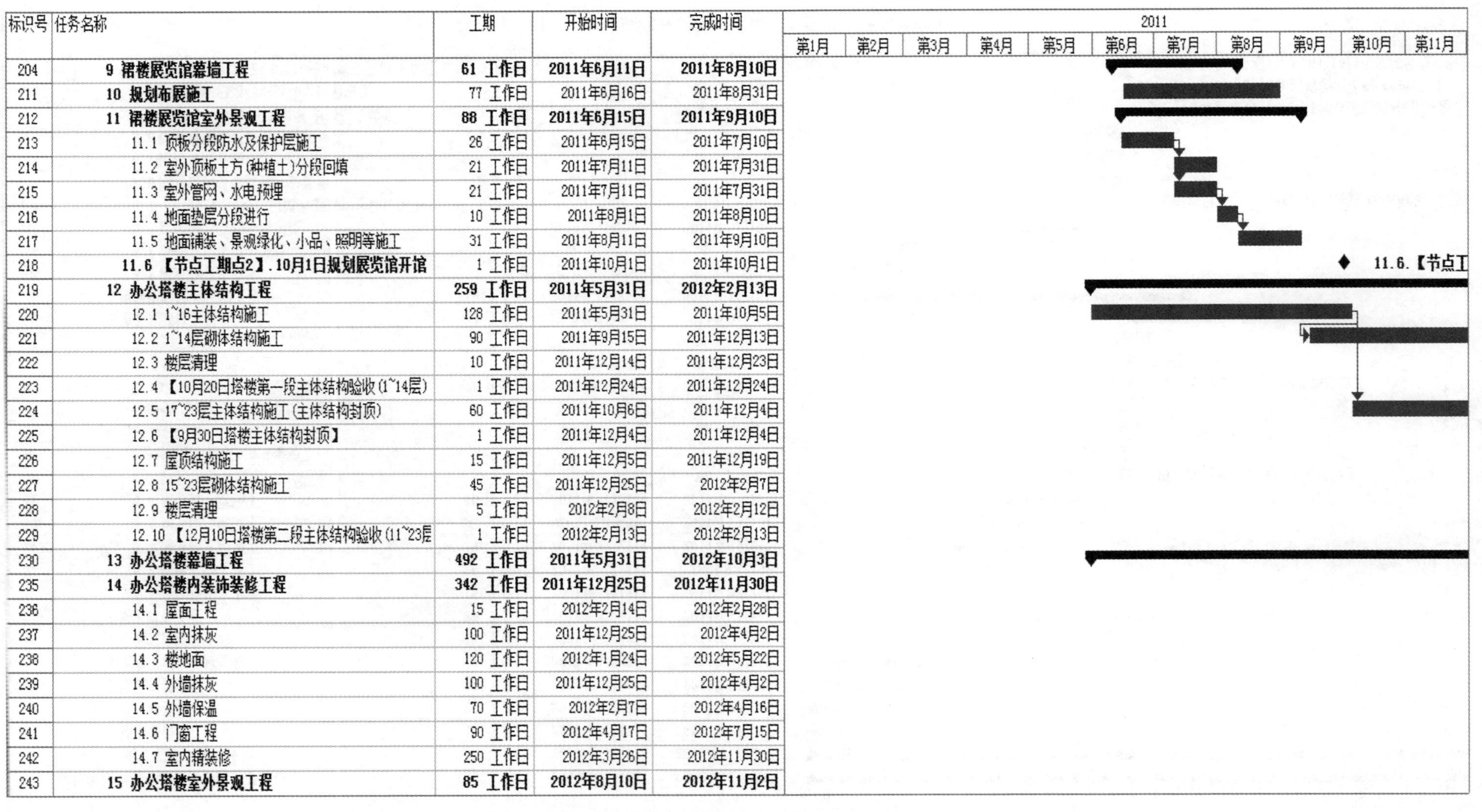

标识号	任务名称	工期	开始时间	完成时间
204	**9 裙楼展览馆幕墙工程**	**61 工作日**	**2011年6月11日**	**2011年8月10日**
211	**10 规划布展施工**	77 工作日	2011年6月16日	2011年8月31日
212	**11 裙楼展览馆室外景观工程**	**88 工作日**	**2011年6月15日**	**2011年9月10日**
213	11.1 顶板分段防水及保护层施工	26 工作日	2011年6月15日	2011年7月10日
214	11.2 室外顶板土方(种植土)分段回填	21 工作日	2011年7月11日	2011年7月31日
215	11.3 室外管网、水电预埋	21 工作日	2011年7月11日	2011年7月31日
216	11.4 地面垫层分段进行	10 工作日	2011年8月1日	2011年8月10日
217	11.5 地面铺装、景观绿化、小品、照明等施工	31 工作日	2011年8月11日	2011年9月10日
218	**11.6 【节点工期点2】.10月1日规划展览馆开馆**	1 工作日	2011年10月1日	2011年10月1日
219	**12 办公塔楼主体结构工程**	**259 工作日**	**2011年5月31日**	**2012年2月13日**
220	12.1 1~16主体结构施工	128 工作日	2011年5月31日	2011年10月5日
221	12.2 1~14层砌体结构施工	90 工作日	2011年9月15日	2011年12月13日
222	12.3 楼层清理	10 工作日	2011年12月14日	2011年12月23日
223	12.4 【10月20日塔楼第一段主体结构验收(1~14层)	1 工作日	2011年12月24日	2011年12月24日
224	12.5 17~23层主体结构施工(主体结构封顶)	60 工作日	2011年10月6日	2011年12月4日
225	12.6 【9月30日塔楼主体结构封顶】	1 工作日	2011年12月4日	2011年12月4日
226	12.7 屋顶结构施工	15 工作日	2011年12月5日	2011年12月19日
227	12.8 15~23层砌体结构施工	45 工作日	2011年12月25日	2012年2月7日
228	12.9 楼层清理	5 工作日	2012年2月8日	2012年2月12日
229	12.10 【12月10日塔楼第二段主体结构验收(11~23层	1 工作日	2012年2月13日	2012年2月13日
230	**13 办公塔楼幕墙工程**	**492 工作日**	**2011年5月31日**	**2012年10月3日**
235	**14 办公塔楼内装饰装修工程**	**342 工作日**	**2011年12月25日**	**2012年11月30日**
236	14.1 屋面工程	15 工作日	2012年2月14日	2012年2月28日
237	14.2 室内抹灰	100 工作日	2011年12月25日	2012年4月2日
238	14.3 楼地面	120 工作日	2012年1月24日	2012年5月22日
239	14.4 外墙抹灰	100 工作日	2011年12月25日	2012年4月2日
240	14.5 外墙保温	70 工作日	2012年2月7日	2012年4月16日
241	14.6 门窗工程	90 工作日	2012年4月17日	2012年7月15日
242	14.7 室内精装修	250 工作日	2012年3月26日	2012年11月30日
243	**15 办公塔楼室外景观工程**	**85 工作日**	**2012年8月10日**	**2012年11月2日**

图 17-144　成都规划馆综合楼施工总进度计划横道图(续)

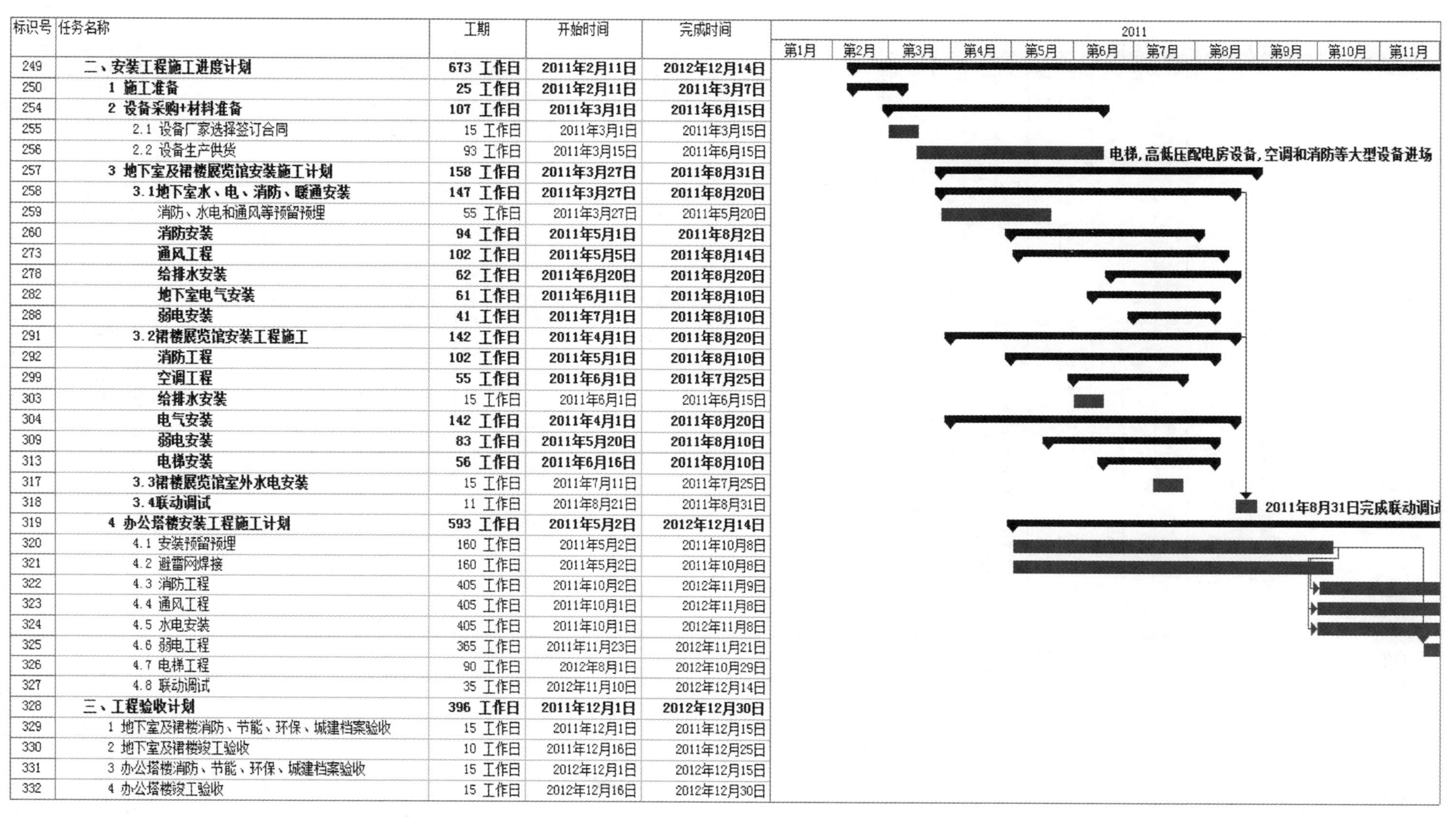

标识号	任务名称	工期	开始时间	完成时间
249	**二、安装工程施工进度计划**	**673 工作日**	**2011年2月11日**	**2012年12月14日**
250	**1 施工准备**	**25 工作日**	**2011年2月11日**	**2011年3月7日**
254	**2 设备采购+材料准备**	**107 工作日**	**2011年3月1日**	**2011年6月15日**
255	2.1 设备厂家选择签订合同	15 工作日	2011年3月1日	2011年3月15日
256	2.2 设备生产供货	93 工作日	2011年3月15日	2011年6月15日
257	**3 地下室及裙楼展览馆安装施工计划**	**158 工作日**	**2011年3月27日**	**2011年8月31日**
258	**3.1地下室水、电、消防、暖通安装**	**147 工作日**	**2011年3月27日**	**2011年8月20日**
259	消防、水电和通风等预留预埋	55 工作日	2011年3月27日	2011年5月20日
260	**消防安装**	**94 工作日**	**2011年5月1日**	**2011年8月2日**
273	**通风工程**	**102 工作日**	**2011年5月5日**	**2011年8月14日**
278	**给排水安装**	**62 工作日**	**2011年6月20日**	**2011年8月20日**
282	**地下室电气安装**	**61 工作日**	**2011年6月11日**	**2011年8月10日**
288	**弱电安装**	**41 工作日**	**2011年7月1日**	**2011年8月10日**
291	**3.2裙楼展览馆安装工程施工**	**142 工作日**	**2011年4月1日**	**2011年8月20日**
292	**消防工程**	**102 工作日**	**2011年5月1日**	**2011年8月10日**
299	**空调工程**	**55 工作日**	**2011年6月1日**	**2011年7月25日**
303	**给排水安装**	15 工作日	2011年6月1日	2011年6月15日
304	**电气安装**	**142 工作日**	**2011年4月1日**	**2011年8月20日**
309	**弱电安装**	**83 工作日**	**2011年5月20日**	**2011年8月10日**
313	**电梯安装**	**56 工作日**	**2011年6月16日**	**2011年8月10日**
317	**3.3裙楼展览馆室外水电安装**	15 工作日	2011年7月11日	2011年7月25日
318	**3.4联动调试**	11 工作日	2011年8月21日	2011年8月31日
319	**4 办公塔楼安装工程施工计划**	**593 工作日**	**2011年5月2日**	**2012年12月14日**
320	4.1 安装预留预埋	160 工作日	2011年5月2日	2011年10月8日
321	4.2 避雷网焊接	160 工作日	2011年5月2日	2011年10月8日
322	4.3 消防工程	405 工作日	2011年10月2日	2012年11月9日
323	4.4 通风工程	405 工作日	2011年10月1日	2012年11月8日
324	4.5 水电安装	405 工作日	2011年10月1日	2012年11月8日
325	4.6 弱电工程	365 工作日	2011年11月23日	2012年11月21日
326	4.7 电梯工程	90 工作日	2012年8月1日	2012年10月29日
327	4.8 联动调试	35 工作日	2012年11月10日	2012年12月14日
328	**三、工程验收计划**	**396 工作日**	**2011年12月1日**	**2012年12月30日**
329	1 地下室及裙楼消防、节能、环保、城建档案验收	15 工作日	2011年12月1日	2011年12月15日
330	2 地下室及裙楼竣工验收	10 工作日	2011年12月16日	2011年12月25日
331	3 办公塔楼消防、节能、环保、城建档案验收	15 工作日	2012年12月1日	2012年12月15日
332	4 办公塔楼竣工验收	15 工作日	2012年12月16日	2012年12月30日

图 17-144　成都规划馆综合楼施工总进度计划横道图(续)

17.7 主要资源配置计划

17.7.1 施工管理及技术人员配置计划(表 17-42)

表 17-42 成都规划馆综合楼项目部现场管理人员分工表

序号	施工部位及内容	管理责任	姓 名	备 注
1	全项目	总协调、总负责人	侯 海	项目经理
2	全项目	现场总体协调	马 翔	党支部书记
3	全项目	现场安全质量总负责	邓万广	常务副经理
4	全项目	技术总负责、土建生产负责人	何 志	副经理、总工
5	全项目	安装技术、生产负责人	秦少平	副经理
6	全项目	装饰工程技术、生产负责人	魏小东	副经理
7	全项目	工程部长,实施性方案编制、主体结构验收、创优技术资料准备、竣工结算资料	周文峰	配合成本部做好变更、签证工作
8	地上部分	现场负责人	刘纹建	
		土建技术主管	郭道翼	
		外装技术主管	刘 静	包括辅楼后续工作
		内装饰工程工区主任	骆泽顺	
		内装饰工程技术主管	冯少雄	
		内装饰工程现场工长	魏 海	
9	地下部分	现场负责人	毛业华	
		现场技术主管	郭道翼	
		现场工长	张 凡	
10	全项目	施工测量	高富强	组长
			元巨洋	
11	全项目	混凝土工程	赵明亮	组长
			杨 超	
12	全项目	钢筋工程	潘启波	组长
13	全项目	模板工程	唐正嘉	组长
			董勤犁	
14	安装工程	现场负责人	孙明镜	
		现场技术主管	何清明	暖通组长
		暖通工程	王 兵	工 长
		给排水工程	盛 洋	工 长
			曾 林	组 长
		电气工程	郑明华	组 长

17.7.2 劳动力组织计划

根据施工的不同阶段、工程量的大小以及进度计划的安排等,计算出各专业劳动力的定额工日数,再通过综合考虑工效系数和时间利用系数计算出各专业月份劳动力平均人数,同时结合现场钢骨柱施工阶段工效低、钢结构预埋、工期紧、劳动力昼夜施工等特点,合理组织各专业施工人员即构成了月份劳动力需用计划。

项目部工程开工后及时组织专业素质高的劳务人员进场,以保证现场的施工能够优质、高效的进行。同时我们还将根据工程进度中特殊时段的需要,储备一定数量的人力资源以供项目临时调用。

劳动力计划安排见表 17-43。

表 17-43　劳动力计划表

施工阶段工种	2011												2012 年								
	1 月	2 月	3 月	4 月	5 月	6 月	7 月	8 月	9 月	10 月	11 月	12 月	1 月	2 月	3 月	4 月	5 月	6 月	7 月	8 月	9 月
	土方挖运及支护			地下室主体结构		地上部分															
普工	50	50	50	30	30	50	40	50	50	50	50	50	30	30	30	30	30	30	30	30	30
瓦工	20	20	30	30	60	60	30	40	40	40	40	40	5	5	5	5	5	5	5	5	5
降水支护	30	50	23	——	——	——	——	——	——	——	——	——	——	——	——	——	——	——	——	——	——
抹灰工	30	30	30	10	10	80	80	80	30	40	40	40	40	20	5	5	5	5	5	5	5
防水工	——	——	20	5	20	20	2	——	——	——	——	20	2	——	——	——	——	——	10	2	——
钢筋工	30	30	120	200	200	60	60	60	60	10	10	10	5	5	2	2	2	2	2	2	2
木工	5	20	120	400	400	120	120	120	120	20	20	20	5	5	5	5	5	5	5	5	5
混凝土工	50	50	90	90	60	60	30	30	30	30	15	15	5	5	5	5	5	5	5	5	5
架子工	——	——	20	70	70	20	20	20	20	20	20	20	20	20	5	2	2	2	2	2	2
测量工	5	5	10	10	10	10	5	5	5	5	5	5	2	2	2	2	2	2	2	2	2
钢结构工人	——	——	——	60	120	492	120	50	20	——	——	——	——	——	——	——	——	——	——	——	——
机操工	50	120	100	10	10	10	10	10	10	10	10	10	5	5	5	5	2	2	2	2	2
焊工	16	16	16	16	16	16	16	16	16	10	10	10	5	5	5	5	5	5	3	1	1
电工	5	5	12	40	40	80	80	80	80	80	80	80	50	30	30	30	30	30	30	10	5
水暖工	——	——	12	40	40	80	80	80	80	80	80	80	50	30	30	30	30	30	30	10	5
内装饰	——	——	——	——	30	100	30	——	——	——	——	——	300	300	300	300	300	300	300	300	50
外墙装饰	——	——	——	——	——	80	120	120	50	——	——	——	——	——	——	——	——	——	100	100	——
室外景观	——	——	——	——	——	20	50	80	80	——	——	——	——	——	——	——	——	——	50	50	——
合计	291	396	653	1011	1116	1358	893	841	691	395	380	400	524	462	429	426	423	423	581	531	119

注：机操手在地下室阶段包括土方挖运的司机、吊车司机等各类机械操作员。钢结构工人包含了钢结构施工所需的各类工种的工人。内装饰工人包括精装过程中的各类工种的工人以及辅楼阶段外围护隔板施工工人。

17.7.3　主要机械设备配置计划

17.7.3.1　施工机械设备配置(表 17-44)

表 17-44　施工机械设备配置表

序号		机械设备名称		规格型号	需用数量	进出场时间	备　注
1	1	支护结构及土方施工阶段	旋挖机钻机	山河智能 25 型	5 台	2011.1.24～2011.2.25	
2	2		装载机(柴油)	ZL50C	2 台	2011.1.24～2011.3.20	
3	3		挖掘机	260	3 台	2011.1.24～2011.3.25	
4	4		挖掘机	60	1 台	2011.1.24～2011.3.26	
5	5		履带吊	70 t	1 台	2011.1.24～2011.2.25	
6	6		汽车吊	25 t	3 台	2011.1.24～2011.3.25	
7	7		汽车吊	16 t	3 台	2011.1.24～2011.3.25	
8	8		汽车吊	70 t	1 台	2011.1.24～2011.3.25	
9	9		锚固工程钻机	RD-90 型	6 台	2011.2.24～2011.3.20	成都哈迈
10	10		柴油空压机	L20/8 型	3 台	2011.2.14～2011.3.20	美国产
11	11		柴油空压机	L22/8-a 型	3 台	2011.2.14～2011.3.22	柳州产
12	12		钢筋切断机	GQ40B 型	1 台	2011.1.24～2011.2.15	重庆博昌

续上表

序号		机械设备名称		规格型号	需用数量	进出场时间	备　注
13	13	支护结构及土方施工阶段	钢筋调直机	GT4/14 型	2 台	2011.1.24～2011.2.15	重庆博昌
14	14		钢筋弯曲机	GW40B 型	2 台	2011.1.24～2011.2.15	重庆博昌
15	15		电焊机	UN1-515	8 台	2011.1.24～2011.2.25	
16	16		水泥砂浆泵	BWS200/10 型	3 台	2011.1.24～2011.3.22	
17	17		搅拌机	JJS-10 型	2 台	2011.2.14～2011.3.20	
18	18		制浆机	ZJ-400	1 台	2011.2.14～2011.3.20	
19	19		反铲挖掘机	400	10 台	2011.1.28～2011.3.20	平均数量
20	20		载重自卸汽车	20 t	140～160 辆	2011.1.28～2011.3.20	平均数量
21	21		反铲挖掘机	400	12 台	2011.1.28～2011.3.20	高峰数量
22	22		推土机	T180	2 台	2011.1.28～2011.3.20	
23	23		装载机	50	6 台	2011.1.28～2011.3.20	
24	24		高压洗车机	扬程 20 m	4 台	2011.1.28～2011.3.20	洗车
25	25		潜水泵	扬程 20 m	4 台	2011.1.28～2011.3.20	洗车
26	1	地下室施工阶段	塔吊	TC7050	2 台	2011.3.6～2011.7.1	
27	2		塔吊	TC7052	1 台	2011.3.6～2011.7.1	
28	3		塔吊	5510	1 台	2011.3.6～2011.9.30	
29	4		混凝土泵	HBT-60c	4 台	2011.3.15～2011.5.20	
30	5		混凝土平板振动器		12 台	2011.3.15～2011.5.20	
31	6		混凝土振动棒		20 条	2011.3.15～2011.5.20	
32	7		磨光机		4 台	2011.3.15～2011.5.20	
33	8		对焊机	UN-100	4 台	2011.3.15～2011.5.20	
34	9		交流焊机		8 台	2011.3.15～2011.5.20	
35	10		墩粗直螺纹轧机		4 套	2011.3.15～2011.5.20	
36	11		钢筋切断机	GQ-40	4 台	2011.3.15～2011.5.20	
37	12		钢筋弯曲机	GW-40	8 台	2011.3.15～2011.5.20	
38	13		对焊机		4 台	2011.3.15～2011.5.20	
39	14		木工电锯	JD-400	4 台	2011.3.15～2011.5.20	
40	15		木工平刨	BD-150	4 台	2011.3.15～2011.5.20	
41	16		潜水泵		24 台	2011.3.24～2011.12.10	
42	17		高压水泵		1 台	2011.3.15～2011.5.20	
43	18		洗车高压水泵		4 台	2011.3.15～2011.5.20	
44	1	主楼部分施工阶段	混凝土泵	HBT-60c	2 台	2011.5.21～2011.9.30	
45	2		混凝土平板振动器		3 台	2011.5.21～2011.9.30	
46	3		混凝土振动棒		5 条	2011.5.21～2011.9.30	
47	4		磨光机		1 台	2011.5.21～2011.9.30	
48	5		对焊机	UN-100	1 台	2011.5.21～2011.9.30	
49	6		交流焊机		8 台	2011.5.21～2011.9.30	
50	7		墩粗直螺纹轧机		1 套	2011.5.21～2011.9.30	
51	8		钢筋切断机	GQ-40	1 台	2011.5.21～2011.9.30	
52	9		钢筋弯曲机	GW-40	2 台	2011.5.21～2011.9.30	
53	10		对焊机		1 台	2011.5.21～2011.9.30	
54	11		木工电锯	JD-400	1 台	2011.5.21～2011.9.30	
55	12		木工平刨	BD-150	1 台	2011.5.21～2011.9.30	

续上表

序号		机械设备名称		规格型号	需用数量	进出场时间	备　注
56	13	主楼部分施工阶段	潜水泵		2 台	2011.5.21～2012.7.31	
57	14		高压水泵		1 台	2011.5.21～2012.7.31	
58	15		洗车高压水泵		1 台	2011.5.21～2012.7.31	
59	16		施工电梯		1 台	2011.8.1～2012.7.31	
60	17		外墙吊篮		12 台	2011.12.4～2012.7.10	
61	18		塔吊	5510	1 台	2011.5.21～2011.9.30	
62	1	辅楼部分施工阶段	150 t 履带吊	150 t	4 台	2011.4.21～2011.6.15	
63	2		150 t 履带吊	100 t	2 台	2011.5.1～2011.6.10	
64	3		150 t 履带吊	150 t	1 台	2011.5.1～2011.6.15	
65	4		90 t 汽车吊	QY90	8 台	2011.5.1～2011.6.15	
66	5		50 t 汽车吊	QY50	22 台	2011.5.1～2011.6.15	
67	6		塔吊	TC7050/TC7052	3 台	2011.3.6～2011.7.1	
68	7		吊蓝		30 台	2011.7.2～2011.8.5	
69	8		30 t 大型平板车		6 台	2011.4.21～2011.6.15	
70	9		CO_2气体保护焊机	500	30 台	2011.4.21～2011.6.15	
71	10		栓顶熔焊机	SS2500 型	2 台	2011.4.21～2011.6.15	
72	11		直流焊机		16 台	2011.4.21～2011.6.15	
73	12		碳弧气刨机	SS-630	4 台	2011.4.21～2011.6.15	
74	13		氧气、乙炔		40 套	2011.4.21～2011.6.15	
75	14		烤箱		1 台	2011.4.21～2011.6.15	
76	15		空气压缩机	V-1.05/10	4 台	2011.4.21～2011.6.15	
77	16		角向磨光机	ϕ125	40 台	2011.4.21～2011.6.15	
78	17		超声波探伤仪	CTS-22A	1 台	2011.4.21～2011.6.15	
79	18		施工电梯		2 台	2011.6.15～2011.9.15	

17.7.3.2　测量及试验仪器配置

(1)施工测量仪器(表 17-45)

表 17-45　施工测量仪器配置表

序号	设备名称	出厂编号	管理编号	量限规格	精度等级	备　注
1	水准仪	84141	A	0°～360°	±1″	
2	水准仪	H00200	A	0°～360°	±1″	
3	水准仪	H05950	A	0°～360°	±1″	
4	全站仪	S61155	A	0°～360°;0～1000 m	±1″;1×10^{-6}	
5	经纬仪	661238	A	0°～360°	±1″	
6	垂准仪	10444	A	0°～360°	±1″	
7	钢卷尺	/	B	50 m	±(0.03+0.03L)mm	
8	钢卷尺	/	C	7.5 m	±(0.03+0.03L)mm	
9	钢卷尺	/	C	7.5 m	±(0.03+0.03L)mm	
10	钢卷尺	/	C	5 m	±(0.03+0.03L)mm	
11	钢卷尺	/	C	5 m	±(0.03+0.03L)mm	

(2)施工试验仪器(表 17-46)

表 17-46 施工试验仪器配置表

序号	材料名称	规格型号	单位	数量	备注
1	混凝土温湿度控制室	控制面积 20 m^2	间	1	
2	二手窗式空调	1 匹	台	1	
3	混凝土振动台	800×800	台	1	
4	混凝土抗压试模(塑料)	100×100×100	组	30	
5	混凝土抗渗试模(塑料)	150×165×175	组	5	
6	砂浆抗压试模(塑料)	70.7×70.7×70.7	组	10	
7	混凝土坍落度测定仪(含捣棒等)	100×200×300	套	1	
8	混凝土强度回弹仪	轻型	台	1	
9	拆模用小型空压机	1Pa	台	1	
10	温湿度测定仪		支	2	
11	最高最低温度计		支	1	
12	钢筋间距扫描仪		台	1	
13	台秤	100 kg/20 g	台	1	
14	大体积混凝土测温仪	$<$30 ℃(25 ℃环境下)	台	2	
15	大体积混凝土测温线	500 mm	根	110	
16	大体积混凝土测温线	1 500 mm	根	80	
17	大体积混凝土测温线	2 000 mm	根	20	
18	大体积混凝土测温线	2 500 mm	根	80	
19	大体积混凝土测温线	3 000 mm	根	20	
20	圆锥轻型动力触探仪	10 kg	台	5	

17.7.4 主要物资材料供应计划

主要物资材料供应计划见表 17-47、表 17-48。

表 17-47 主要周转材料需求计划

施工阶段	材料	单位	数量	备注
地下室	48×3.5 钢管	t	3 500	地下室不考虑周转,全部三层周转料
	顶托	万个	7.5	
	50×100 木方	m^3	3 000	
	扣件	万个	75	
	胶合板	万 m^2	9.5	
辅楼	48×3.5 钢管	t	200	外架及室内操作平台
	木板	方	66	
	扣件	万个	3.8	
主楼	48×3.5 钢管	t	690	四层模板支撑架及外脚手架、外防护栏杆周转料
	顶托	万个	1.2	
	50×100 木方	m^3	469	
	扣件	万个	13.5	
	胶合板	万 m^2	1.8	

表 17-48　主要设计工程量估算

施工阶段	分项工程	单位	预计工程量	备　注
支护及土方施工	土方工程	方	24 万	
	降水井	口	24	
	支护桩	根	253	
	桩间网喷	m^2	8 558	
地下室	地下室防水	m^2	44 661	
	钢筋工程	t	569.76	HPB235 级
		t	61.5	HRB335 级
		t	4 428	HRB400 级
	混凝土工程	m^3	8 892	C30
		m^3	5 052	C35
		m^3	17 559	C40
		m^3	1 248	C50
		m^3	426	C60
	模板	m^2	114 925	
辅楼	钢结构	t	9 700	
	混凝土	m^3	3 782	
	隔墙	m^3	4 570	
	抹灰	m^2	77 385	
	玻璃幕墙	m^2	9 744	
	干挂石材	m^2	6 820	
	钢龙骨铝板	m^2	1 389.51	
	防火门	m^2	1 598	
主楼	钢筋工程	t	2 728	
	混凝土工程	m^3	17 099	
	模板	m^2	80 000	

注：以上为方便施工准备而进行的估算，其他工程量在图纸确定之后进行准确计算。根据施工材料定额估算出工程材料需求计划。

17.7.5　资金需求计划

资金需求计划见表 17-49。

表 17-49　资金需求计划表

序号	施工时间	施工内容	资金需求(万元)	备　注
1	2011 年 1 月	施工准备、临时设施等	500	现场供水、供电、围墙、办公区、生活区
2	2011 年 2 月	基坑支护工程、大宗材料订购	1 000	旋挖灌注桩、网喷、土钉墙施工，钢筋、钢材等大宗材料订购
3	2011 年 3 月	基坑工程、土石方挖运	2 000	
4	2011 年 4 月	地下室结构工程、安装预留预埋、钢结构构件工厂加工	2 000	
5	2011 年 5 月	地下室结构工程、安装预留预埋、钢结构构件工厂加工、现场吊装、主楼基坑工程	4 000	
6	2011 年 6 月	地下室结构工程、安装预留预埋、钢结构吊装、电梯等设备订购、主楼区域地下室工程	6 000	电梯、空调、弱电等设备订购
7	2011 年 7 月	钢结构吊装、外装幕墙工程、辅楼室内精装修、安装工程、主楼区域地下室工程	6 000	

续上表

序号	施工时间	施工内容	资金需求(万元)	备　注
8	2011年8月	钢结构吊装、辅楼外装幕墙工程、辅楼室内精装修、安装工程、辅楼地下室装饰工程、主楼区域地下室工程	6 000	
9	2011年9月	外装幕墙工程、辅楼室内精装修、安装工程、辅楼地下室装饰工程、室外工程、主楼结构工程(1～3层)	7 000	辅楼具备开馆条件
10	2011年10月	主楼结构工程(4～7层)、辅楼地下室装饰工程、辅楼八层局部装饰工程、安装工程	3 000	
11	2011年11月	主楼结构工程(8～11层)、辅楼地下室装饰工程、辅楼八层局部装饰工程、安装工程	2 000	
12	2011年12月	主楼结构工程(12～15层)、辅楼地下室装饰工程、辅楼八层局部装饰工程、安装工程	1 000	
13	2012年1月	主楼主体结构(16、17、18层)、地下室装修(涂料)、辅楼规委会装修、安装工程	1 500	春节间隙10天
14	2012年2月	主楼主体结构(19、20层)、砌体工程、地下室装修(涂料、地面)、辅楼规委会装修、安装工程	1 800	春节间隙10天
15	2012年3月	主楼主体结构(21～24层,结构封顶)、砌体工程、地下室装修(涂料、地面)、辅楼食堂及办公区精装修、安装工程	3 000	主体结构封顶、1～17层主体结构验收
16	2012年4月	屋顶花架、砌体工程、抹灰工程、外装幕墙工程、地下室装修(涂料、地面)、辅楼食堂及办公区精装修、安装工程	3 500	
17	2012年5月	砌体工程、抹灰工程、外装幕墙工程、地下室装修(涂料、地面)、辅楼食堂及办公区精装修、主楼室内精装修、安装工程	5 000	主楼精装插入、进入订货周期
18	2012年6月	抹灰工程、外装幕墙工程、辅楼食堂及办公区精装修、主楼室内精装修、电梯工程、安装工程	6 000	电梯进场安装、主楼精装4个工作面全面启动、安装订货高峰期
19	2012年7月	外装幕墙工程、主楼室内精装修、安装工程	4 000	
20	2012年8月	外装幕墙工程、主楼室内精装修、安装工程	3 000	
21	2012年9月	外装幕墙工程、主楼室内精装修、安装工程	2 500	
22	2012年10月	主楼室内精装修、安装工程	2 000	
23	2012年11月	主楼室内精装修、安装工程	2 000	
24	2012年12月	主楼室内精装修、安装工程等收尾工作	1 000	
25	合计		75 800	

17.8 施工现场平面布置

17.8.1 地下室施工阶段平面布置

根据施工场地的特点,为了方便地下室施工,将本阶段的施工材料加工场地分布在基坑的东西两侧,其中西侧的布置两个5 m×8 m的钢筋加工棚,东侧布置两个6 m×8 m的钢筋加工棚。由于地下室钢筋型号较多,特在每侧钢筋加工棚的中间27 m宽的区域作为钢筋原材料堆场,而且钢筋半成品堆场分布在每侧的两端与各自服务的区域相对应。

地下室施工时,基坑周边场地狭窄,为保证基坑支护的安全,基坑周边不能堆放大量钢筋,另在场外(距离施工现场3 km的生活区)设置2000 m²,作为材料临时中转场,以保证全工程随时有1 000 t的钢筋储备。该钢筋场地进出地面进行硬化处理,做法如图17-146所示。

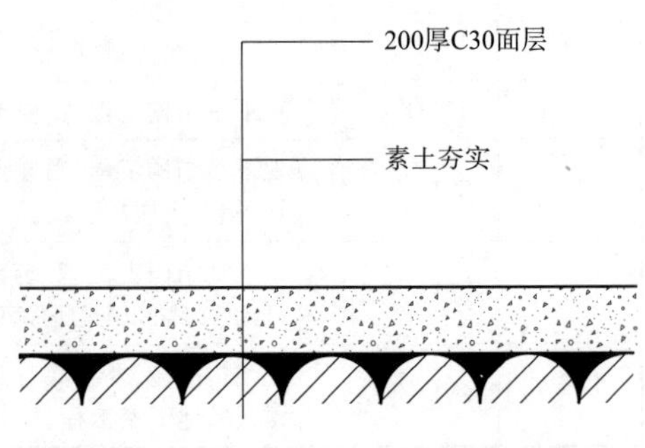

图17-145　钢筋堆场地面硬化图

由于基坑南北两侧围墙距离基坑边缘防护只有3 m,只能作为人行通道使用。在场地内不能形成环形施工道路,只能借助周边的市政道路作为我材料周转的通道。且在施工过程中须用的钢管、模板等周转材料都不能堆放在自有场地内，因此将申请长期占用市政道路作为堆场(图 17-146)。

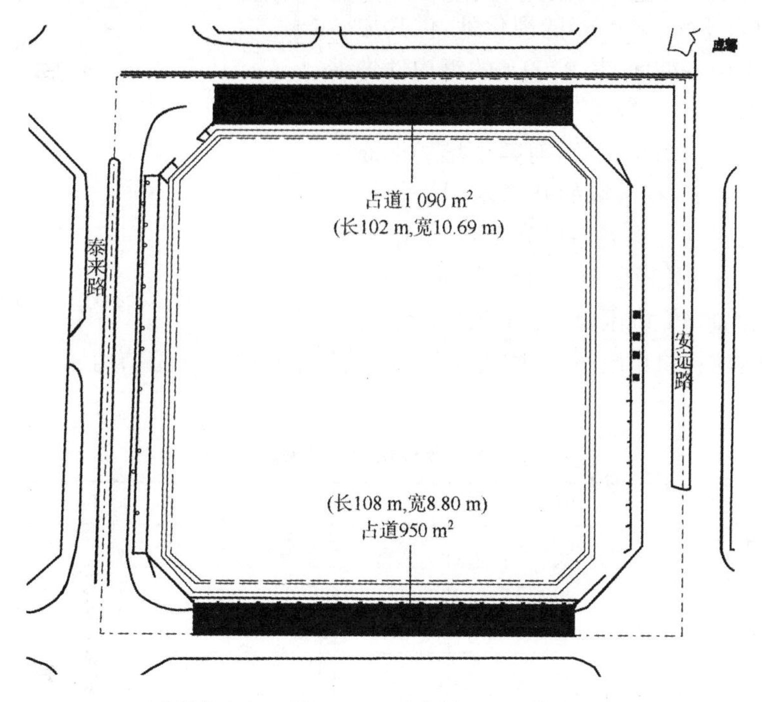

(北侧长 102 m、宽 10.69 m，南侧长 108 m、宽 8.8 m)

图 17-146　地下室施工阶段占道区域

在各个区域浇筑混凝土过程中，地泵布置在锦辉西路、泰来路、亲民西路主要交通道路上，届时必须设置道路警示标识和临时围墙对占用道路进行隔离。根据设计图纸与现有基坑的比较，在基坑的东南侧、东北侧两个转角处和西北侧搭建施工临时通道，以保证地下室施工阶段人员通行使用。

由于原有业主提供的施工围墙在我建筑红线范围内，阻碍了基坑支护和降水施工，须先进行拆除，再根据施工需要重新在场地范围内进行围护。为了保证土方挖运工程的场地交通畅通，特在场地的四角均布置施工大门，安装监控设备和 3 m×8 m 的铁花门，且每个大门处布置回形沟、三级沉淀池和集水坑，安装冲洗设备。

在场地东西两侧各布置一台箱变(西侧 630 kVA，东侧 400 kVA)和一级配电房。在四周的围墙上布置支架，所有的电缆均通过支架有序的布置。在基坑靠围墙一侧设置 300 mm 宽的排水沟，场地用 C30 混凝土硬化后，做 2%找坡，将雨水导入排水沟，再有序地排入市政雨水井。雨水沟做法如图 17-147 所示。

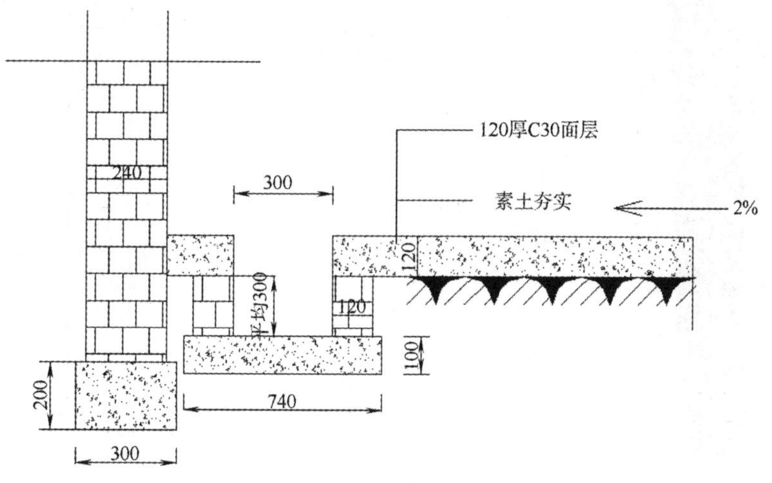

图 17-147　围墙及排水沟

17.8.2　钢结构吊装及辅楼装饰阶段平面布置

(1)场外钢结构堆场布置

地下室施工至负二层的时，钢结构的部分构件将从其加工工厂运至施工现场。由于施工现场内没有堆放、组装的空间，特在距离施工区 2 km 外的锦程大道和成汉南路交界的空地内开辟 4000 m^2 的硬化地，供其加工、拼装、分类。钢结构施工期间，其 9700 t 的钢构件先在此进行安装施工准备，再运至现场。

为满足钢结构加工和运输的需要，对整个堆场地面进行如下处理：先素土夯实，有水坑的软弱基层必须换填，再购买沙夹石铺设压实，沙夹石厚度为 1000 mm，场地按 2%的坡度找平。场地处理如图 17-148 所示。

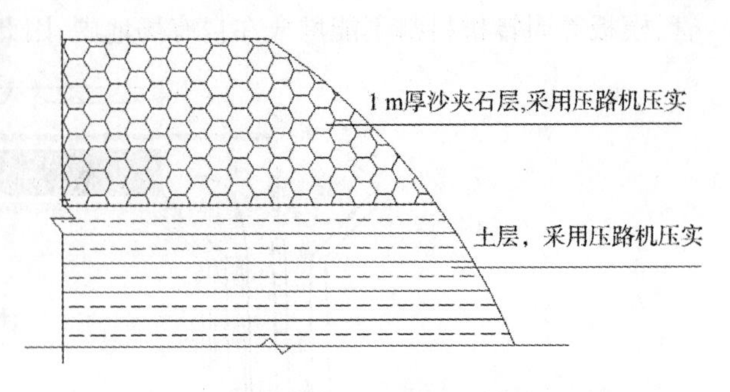

图 17-148 钢结构加工场地地面处理示意图

钢结构堆场周边设置 2.2 m 围墙、大门和冲洗设备。该加工场地业主前期无法提供市政供电，场地内布置柴油发电机供电。钢结构加工区临时设施修建内容见表 17-50。

表 17-50 钢结构堆场临时设施施工计划表

序号	名称	单位	数量	做 法
1	硬化面积	m^2	4 000	1 000 厚沙夹石
2	排水沟	m	120	实心砖砌
3	冲洗设备	套	1	
4	铁花门	樘	1	宽 8 m、高 3 m
5	岗亭	个	1	成品活动板房
6	围墙	m	115	240 厚、2.2 高实心砖墙，双面抹灰刮腻子涂白

(2)施工现场布置

在钢结构吊装阶段，由于工期紧、体量大，整个辅楼将四面同时开工，大量的钢构件将由场外堆场二次周转至施工现场，进行分批、分类、分区域堆放，届时将占用锦辉西路、泰来路、亲民西路。占道施工范围如图 17-149 所示。

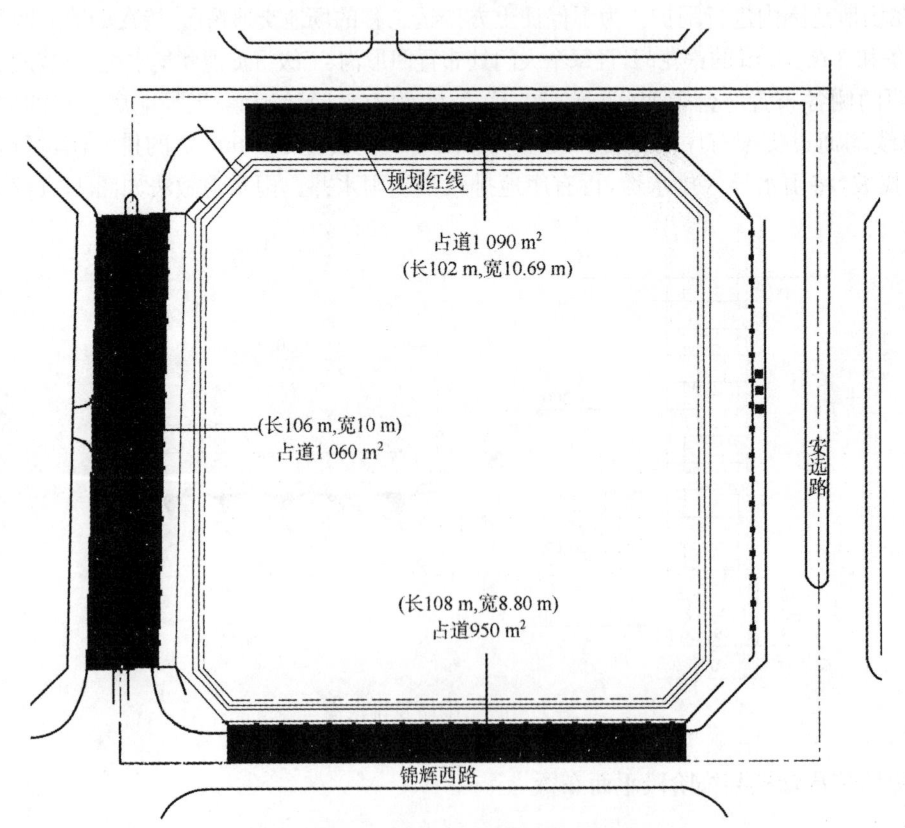

图 17-149 钢结构吊装期间占道区域(面积 3100 m^2)

辅楼钢结构施工时，其周边的临时施工围墙和各类土建临时设施都将进行拆除，购买彩钢围墙对占用的市政道路和施工场地进行围护。同时由于地下室尚未验收，地下室外墙周边土方不能回填，因此在基坑顶边与地下室顶板之间用钢桥搭建施工通道(具体详见钢结构施工方案)。

在施工现场布置四台箱变(两台 630 kVA，两台 400 kVA)。对辅楼部分场地租用临时围墙进行围护。

辅楼钢结构吊装完成之后，辅楼幕墙装饰装修、安装工程施工时，应需要占道施工。占道范围同钢结构吊装阶段。装修施工时地下室三层的模板支撑架的拆除材料的转运，不得占用装修施工场地。地下室的安装工程的加工场地及设备将堆放在成汉南路和锦程大道相交的空地内，距离施工现场约 3 km，待地下室工作面出来之后运往现场。

17.8.3　主楼施工阶段平面布置

主楼主体施工阶段原有本区域内的钢筋加工棚和材料堆场进行保留，同时在地下室顶板上规划相应区域作为模板和其他材料堆场。2011 年 9 月 30 日前，在地下室顶板上，购买彩钢围墙将主楼与辅楼区域进行隔离，以保证规划馆开馆阶段周边的环境美化。同时规定塔吊的旋转角度，以保证辅楼的安全。

17.8.4　生产及生活临时设施准备

(1)办公生活区临时设施

由于施工区场地狭窄，不能提供员工住宿及办公地点。在与业主的协调之后，在距施工区 2 km 的锦程大道和成汉南路交界的空地内搭建生活区及钢结构加工区。项目部组织 3 辆车专门进行人员接送。按照四川省省级安全生产文明施工标准化工地的相关规定及中铁二局集团关于标准化工地建设的要求进行部署，办公生活区临时设施修建内容见表 17-51。

表 17-51　办公、生活区临时设施施工计划表

序号	名称	单位	数量	做　法
1	硬化面积	m^2	2 860	平均 150 厚 C30 混凝土
2	绿化面积	m^2	620	种植草皮，树木
3	办公区建筑面积	m^2	1 152	装配式轻钢活动板房
4	宿舍建筑面积	m^2	4 317	装配式轻钢活动板房
5	开水房厕所、浴室面积	m^2	345.5	装配式轻钢活动板房
6	职工食堂面积	m^2	208	砌体，钢结构屋盖
7	劳务食堂面积	m^2	940	钢结构
8	材料堆场	m^2	1 160	钢筋、模板等中转场
9	钢筋加工棚	m^2	68	箍筋加工
10	钢结构加工场硬化面积	m^2	4 000	500 mm 卵石铺设
11	围墙长度	m	608	240 厚实心砖墙高 2.2 米双面抹灰刮腻子涂白
12	排水沟	m	500	砖砌排水沟，成品沟盖板
13	隔油池	个	2	砖砌(1.5 m×3 m)
14	化粪池	个	3	砖砌(5 m×3 m)
15	大门	扇	2	8 m 长电动推拉门
16	防盗监控设施	套	1	

(2)生产区布置

生产区临时设施修建内容见表 17-52。

表 17-52　生产区临时设施施工计划表

序号	名称	单位	数量	做　法
1	临时围墙	m	517	0.24 厚，2.2 m 高实心砖砌双面抹灰刮腻子涂白
2	钢筋加工棚	m^2	80	2 个，长 8 m、宽 5 m
		m^2	96	2 个，长 8 m、宽 6 m

续上表

序号	名称	单位	数量	做　法
3	一级配电房	间	2	成品活动板房
4	养护室	m^2	20	成品活动板房，长 5 m、宽 4 m
5	卫生间	m^2	32.4	成品活动板房，长 9 m、宽 3.6 m
6	木工棚	m^2	60	4 个，长 5 m、宽 4 m
7	箱变	台	4	
8	扣件池	m^2	24	长 6 m、宽 2 m 实心砖砌
9	占道面积	m^2	870	
10	硬化面积	m^2	3 300	C30 混凝土平均 150 mm 厚
11	排水沟	m	613	300 mm 宽、300 mm 深，包括回形沟
12	水池	个	4	长 6 m、宽 2 m、深 1.5 m
13	铁花门	樘	4	3 m×8 m

注：施工区各个阶段的临时设施根据施工进度相应调整。

17.8.5　临水临电施工

本工程主要由市电供生产、生活使用，发电机备用。由于工期紧张，市电未正常时采用发电机供生产、生活使用。生产用水采用地下降水，生活用水采用市政供水。

17.8.5.1　生产区、生活区临时用电

(1)生产区用电设备确及定负荷计算见表 17-53。

表 17-53　生产区临时用电计算表

序号	设备名称	数量(台)	单机功率(kW)	总功率(kW)
1	塔 吊	1	45	45
2	施工电梯	2	22	44
3	混凝土输送泵(地泵)	2	110	220
4	钢筋机械连接套丝机	1	3	3
5	钢筋弯曲机	2	3	6
6	钢筋切断机	1	3	3
7	钢筋调直机	1	1.5	1.5
8	对焊机	1	100	100
9	交流焊机	4	24	96
10	木工园锯	1	3	3
11	木工平压刨	1	7.5	7.5
12	砂浆搅拌机	0	4	0
13	平板振动器	6	6	36
14	插入式振动器	10	1.5	15
15	潜水泵	30	4	120
16	高压水泵	1	22	22
17	洗车高压水泵	4	1.1	4.4
18	镝灯	8	3.5	28
19	碘钨灯	40	1	40
20	照明、水电安装及其他			80
21	CO_2焊机 YD500KH1	30	32.5	975
22	交流焊机 BX-500	16	39	624
23	空压机 W-0.9/8	4	7.5	30
24	塔吊 SCM-C7050	3	110	330
合计				2 833.4

(2)生活区用电设备确及定负荷计算

生活区用电设备确及定负荷计算见表 17-54。

表 17-54　生活区临时用电计算表

序号	位置	负荷(kW)	数量	总负荷(kW)	备　注
1	1#职工住宿(3F*5房)	2.3	15	34.5	
2	2#职工住宿(3F*5房)	2.3	15	34.5	
3	会议室	28.5	1	28.5	
4	分包管理室(2F*4房)	2.3	8	18.4	
5	职工1#办公室(2F*5房)	2.3	10	23	
6	职工2#办公室(2F*6房)	2.3	12	27.6	
7	1#夫妻房(1F*20+1*10房)	0.3	30	9	
8	2#宿舍(3F*10房)	0.3	30	9	
9	3宿舍(3F*10房)	0.3	30	9	
10	4宿舍(3F*10房)	0.3	30	9	
11	5#宿舍(3F*10房)	0.3	30	9	
12	6#宿舍(3F*10房)	0.3	30	9	
13	职工食堂	19	1	19	
14	劳务食堂	65	1	65	
15	劳务厕所1、浴室	4.5	3	13.5	
16	劳务厕所2、浴室	4.5	3	13.5	
17	职工厕所、浴室	4.5	3	13.5	
18	开水点	12	4	48	
19	室外照明	0.004	70	0.28	
20	室外景观	0.02	12	0.24	
21	水泵房	2	5	10	
22	门卫	1	1	1	
23	钢筋加工房	110	1	110	
24	汇总			514.52	

(3)箱变的配置

根据负荷计算,生产区拟采用 630 kVA 及 400 kVA 变压器各两台,并利用相邻的一台变压器的 630A 回路。生活区拟采用 400 kVA 变压器各两台。

(4)配电箱配置及线缆规格

由负荷计算电流,根据电流选择总开最大载流量和分开最大载流量,具选择开关品牌为柏立 BALL,结合开关尺寸和配电箱配置规范设计配电箱尺寸。选择电缆品牌为 YJLV/0.6-1KV 铝芯电缆型电缆,结合电缆型号和电流确定电缆截面积。

(5)电缆敷设:本工程采用临时用电采用穿 PVC 管沿围墙明敷。

(6)将按照规范要求编制临时用电专项施工方案,报公司及监理单位审批,审核批准后组织实施,临电设施完成后,由监理单位组织对其进行检查验收,验收合格后投入使用。

17.8.5.2　生产区、生活区临时用水

本工程临时用水主要采用地下降水和市政给水共用,生活用水采用市政给水,其他用水采用地下降水。

(1)临时供水

1)水源:生产区由甲方指定的给水点引入一根管径为 100 的接水口。临水管网为生活、生产合用管网,临时供水管网呈枝状布置。生活区在施工现场打井取水,修建蓄水池沉淀过滤池,饮用水从邻近小区接水表使用市政用水。

2)编制临时用水专项施工方案,根据现场实际情况计算并确定每个配水点的给水管管径。

3)给水管道直埋部分采用 PE 给水管(PN=1.6 MPa),明装部分采用 PPR 管,热熔连接。

(2)临时排水系统

1)生活区生活污水及卫生间排水排至化粪池,化粪池由工作人员定期进行抽水清掏。临时厕所采用水冲厕所并设蹲便器、面盆及小便器。

2)排水管道采用 PVC 管,粘接连接。

(3)消防系统

消防用水与施工用水共用一套管道系统。在室外设置蓄水池,存蓄降水井排水及接市政用水,蓄水池容积为 50 m^3,并设置加压泵为 4 台,两用一备。由于是临时消火栓系统,故室内消火栓系统按一股充实水柱到达任何部位,保护半径为 25 m 考虑布置。楼内竖管采用 DN100,竖管上每层设室内消火栓,室内消火栓设计采用 19 mm 喷嘴,DN65 栓口,25 m 长麻质水龙带。室外消火栓按不大于 50 m 的间距布置 18 个室外地下式消火栓,管径为 DN100。室外消火栓供水直接由室外市政管网供给,室外的用水分别取自较近的取水点。消火栓处昼夜设有明显标志,配备足够的水龙带,周围 3 m 内不准存放物品。地下消火栓符合防火规范。施工现场的室外临时消防管网环状布置敷设,办公区配 3 个室外消火栓及 8 具灭火器,工人生活区配 4 个室外消火栓及 20 具灭火器,加工现场配一个消火栓及两具灭火器。

在施工过程当中严格按照国家和地方的相关法规及规范执行,以最大限度地发挥消防系统的作用。施工完毕,当系统投入运行以后,对泵房派专人值班,并对消防设备及器材定期检查与维护,以保证消防系统随时都能正常启动及使用。

17.8.5.3 施工总平面布置图

各阶段施工总平面布置及生活区平面布置见图 17-150～图 17-153。

17.9 工程项目综合管理措施

工程项目综合管理措施主要包括进度控制管理、工程质量管理、安全生产管理、职业健康安全管理、环境保护管理、文明施工管理、节能减排管理等内容。详见附录 2。

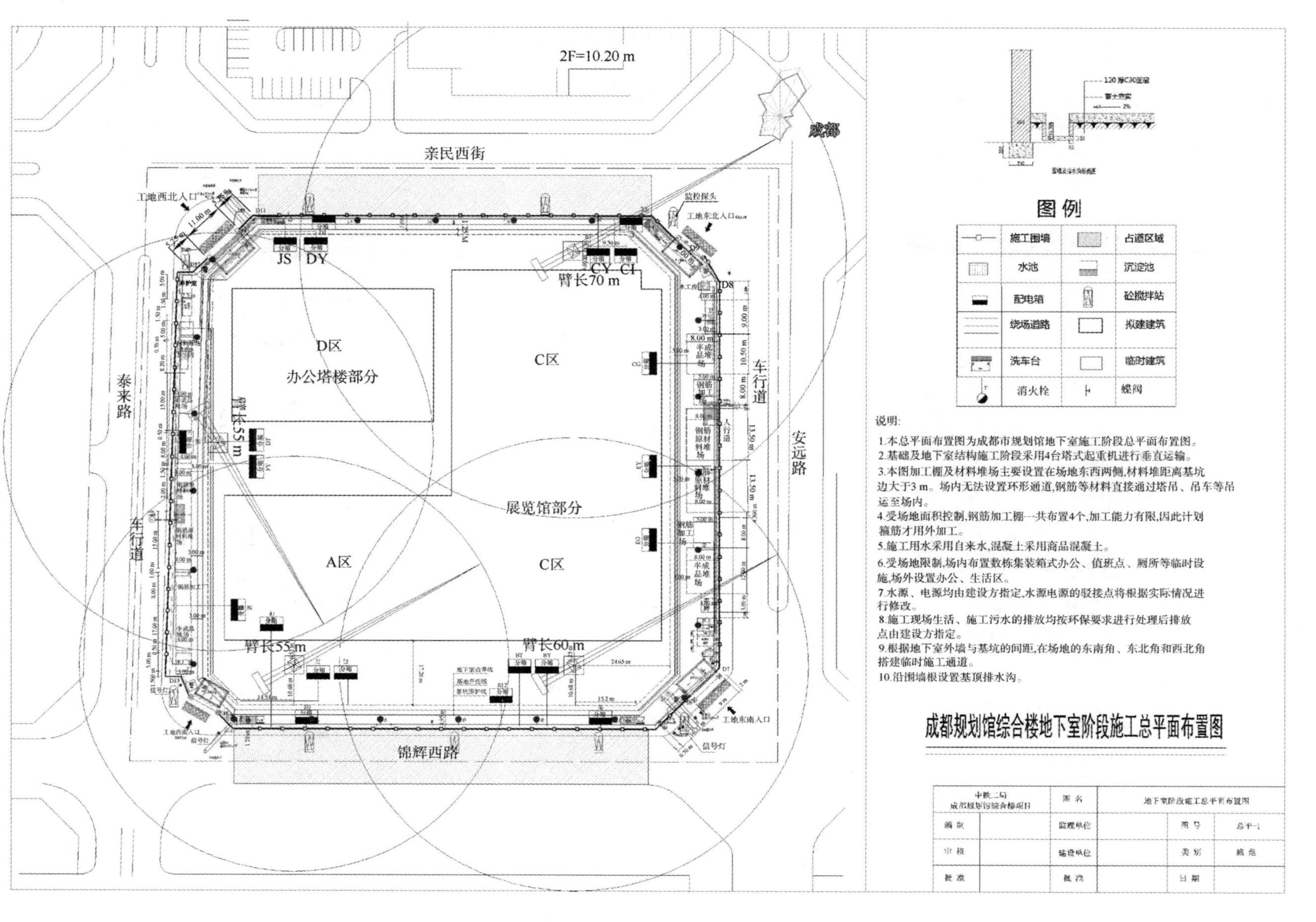

图 17-150　地下室施工阶段总平面布置图

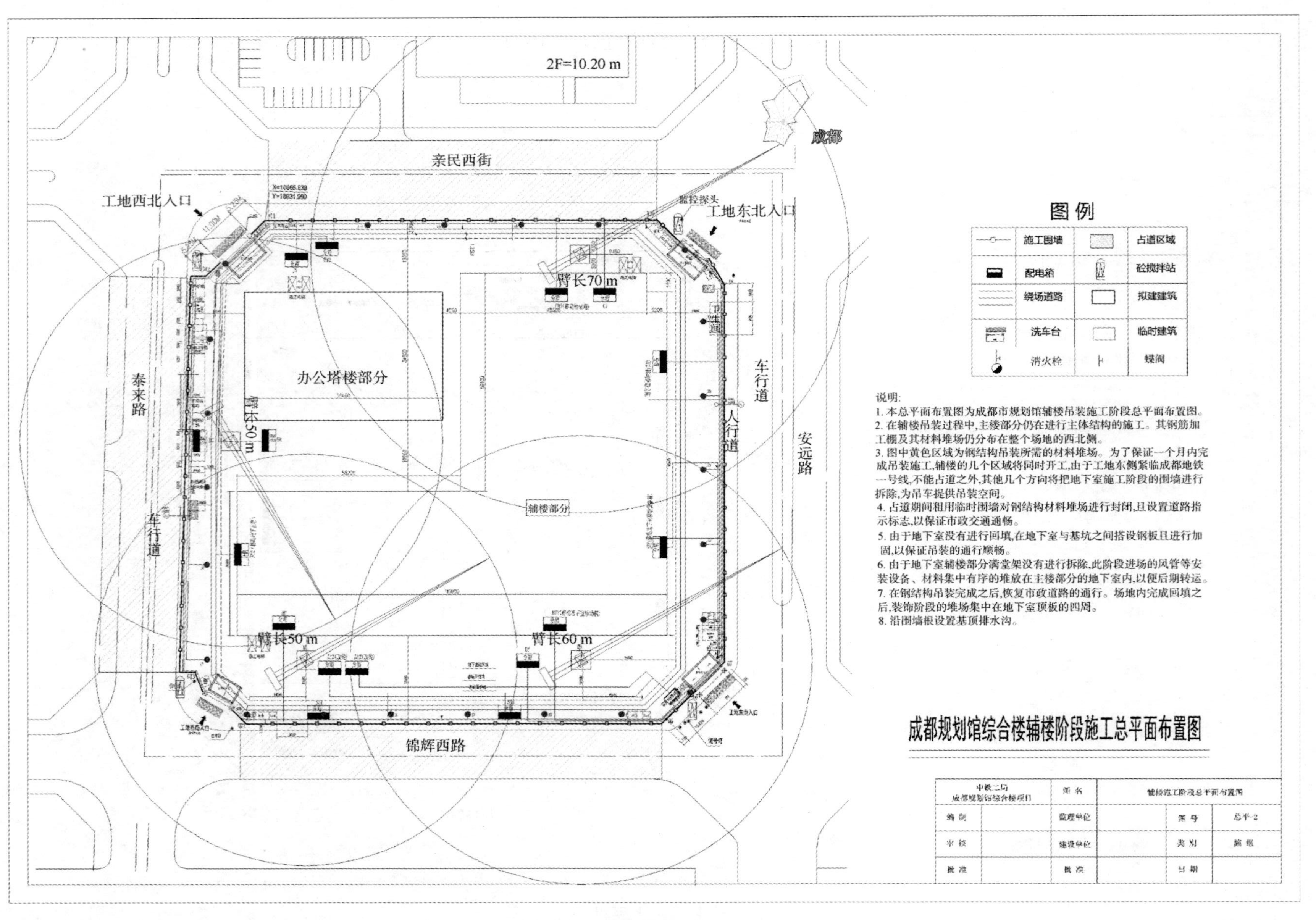

图 17-151 辅楼施工阶段总平面布置图

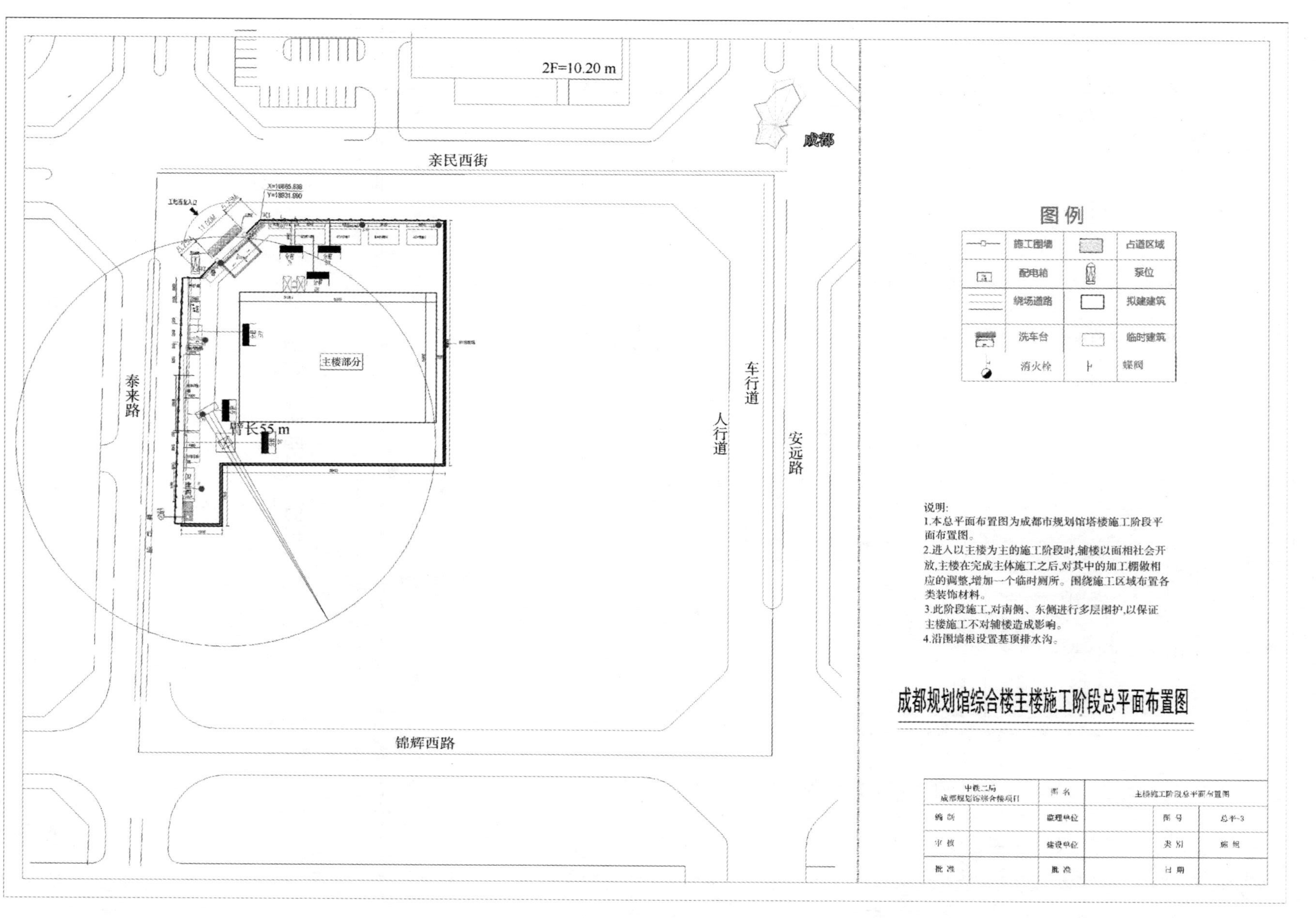

图 17-152　主楼施工阶段总平面布置图

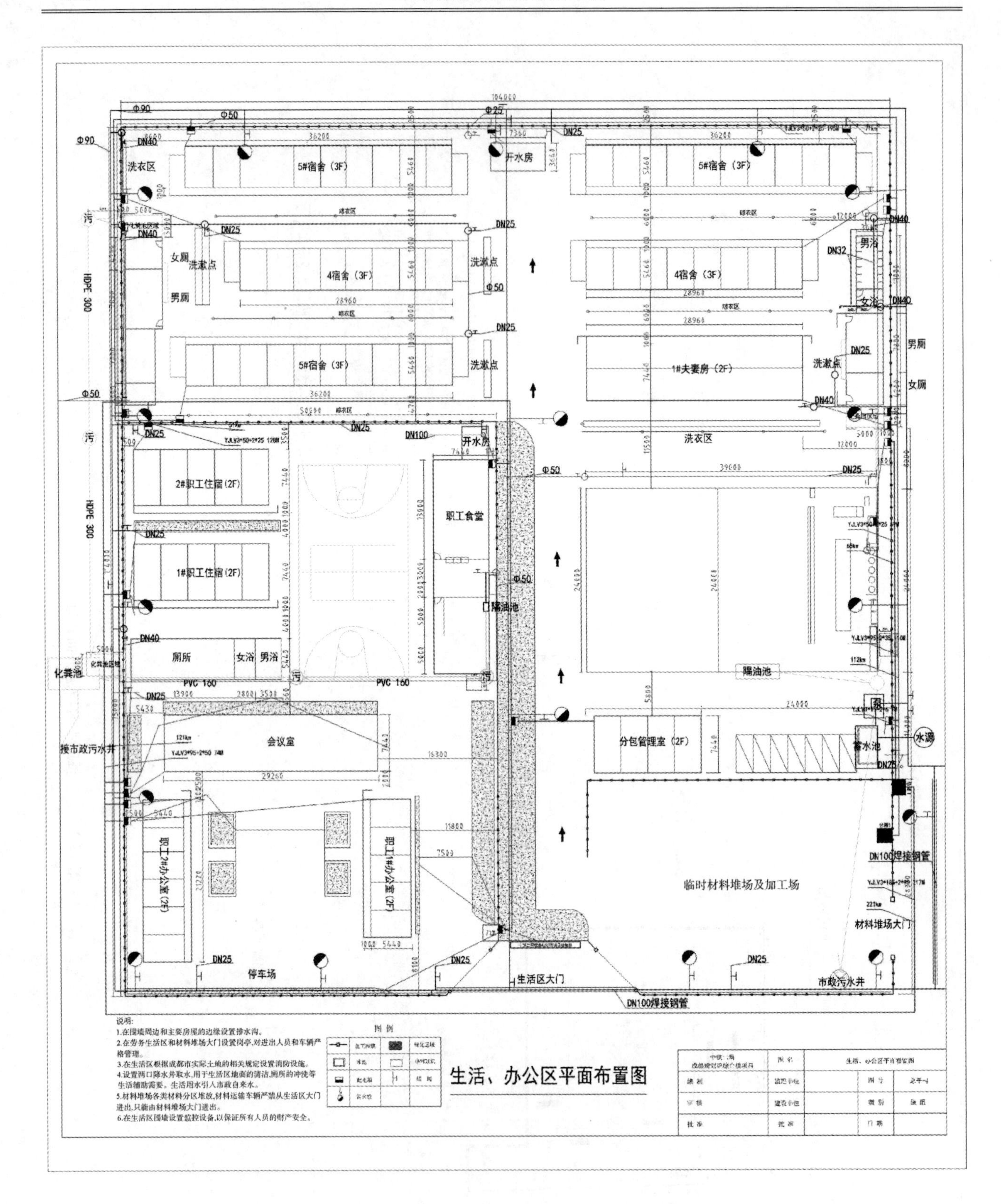

图 17-153 办公、生活区临时设施总平面布置图

第 18 章　广深港客运专线深圳北站施工组织设计

18.1　编制说明

18.1.1　编制依据

(1)工程建设现行的法律、法规、标准、规范等;

(2)工程设计文件;

(3)工程施工合同、招投标文件和建设单位指导性施工组织设计;

(4)施工调查报告;

(5)现场社会条件和自然条件;

(6)本单位的生产能力、机具设备状况、技术水平等;

(7)工程项目管理的规章制度。

18.1.2　编制范围

新建广深港客运专线广深段羊台山隧道出口以南综合工程合同段,即设计里程 DK97＋172～DK104＋500 范围内的深圳北站房建工程,内容包括主站房、无站台雨棚、轨道交通、铁路用地范围以内车站范围以外室外等工程,涵盖整个站房的基础工程,主体结构工程,二次结构初装修工程,室内室外精装修工程,给排水、暖通、消防、设备工程,建筑电气工程,强弱电工程,煤气工程,环境工程等。达到铁道部颁布的客运专线工程质量验收标准,满足设计开通速度要求标准,并办理交验为止的全过程。

18.1.3　可行性研究、深化设计、初步设计批复情况

(1)本项目可行性研究已于 2005 年 9 月 19 日经铁道部批准。

(2)深化设计:钢结构工程深化设计根据所到阶段咨询图由专业联合承包单位逐步进行深化设计(2009 年 3 月 5 日收到基础、预埋件图、2009 年 7 月 14 日收到全套咨询图),安装及装修工程分别于 2009 年 7 月 14 日和 8 月 10 日收到的建筑和安装咨询图开始深化设计。

(3)初步设计批复已于 2008 年 10 月 27 日经铁道部批复。

18.1.4　设计图纸及说明书

18.1.4.1　设计图纸供应情况

设计图纸供应情况见表 18-1。

表 18-1　设计图纸供应情况一览表

序号	图纸类别	图纸编号	出图日期(报审版)	出图日期(正式版)
1	建筑	站房—深圳北站车建施(建)—0201 第一、二、三册	2009.07.10	2010.02.09
		无站台柱雨棚—深圳北站车建施(建)—0201 第一、二册		
2	结构	站房—深圳北站车建施(结)—0201 第一、二、三、四册	2009.07.10	2010.02.09
		无站台柱雨棚—深圳北站车建施(结)—0201 第一册		
3	安装	深圳北站车建施(水)—0201 第一册	2009.07.10	2010.02.09
		深圳北站车建施(电)—0201 第一册		
		深圳北站车建施(暖)—0201 第一册		

18.1.4.2　设计说明书

广深港客运专线羊台山隧道出口至新深圳站段综合工程(ZH-3 标段)设计说明书(招标用)。

18.1.5 施工调查情况

根据本工程的实际情况，施工前应已进行调查研究，主要掌握下列几方面情况和资料：现场地形及现有建筑物和构筑物的情况；工程地质与水文地质资料；气象资料；工程用地、交通运输及排水条件；施工供水、供电条件；工程材料和施工机械供应条件；既有线情况；结合工程特点和现场条件的其他情况和资料。

18.1.6 主要法规及行业标准

详见附录3。

18.2 工程概况

18.2.1 项目基本情况

深圳北站工程是国家“十一五”期间的重点工程之一，也是实现粤港同城及优化沿海地区与中西部经济圈资源互通的“全球性物流枢纽城市”的中心(如图18-1所示)，位于广深港高速铁路和厦深客运专线的交汇处——深圳市龙华新区，它集铁路、地铁综合换乘，长途汽车、公交车、出租车、旅游大巴以及社会车辆等多种交通方式接驳为一体，是当前国内接驳功能齐全、设施先进的综合交通枢纽。

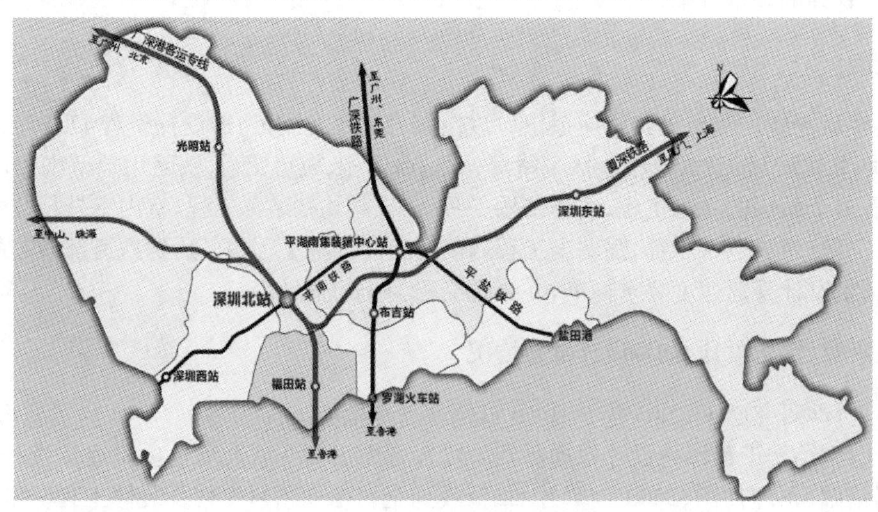

图18-1 深圳北站工程地理位置示意图

深圳北站综合交通枢纽工程由深圳北站和东、西广场三部分组成，东西长950 m，南北宽480 m，建筑面积59.4万 m^2。其中，深圳北站建筑面积18.2万 m^2，建筑高度43.6 m，工程分为地下二层、地上四层，主要由地铁5号站台层、国铁站台层、高架候车层、商务预留层；地铁4、6号线站厅层等组成。钢结构最大跨度86 m，最大悬挑63 m，钢结构总用钢量6.3万t，混凝土68.6万 m^3。东广场主要功能为轨道交通4、5、6号线车站、公交车、出租车及高铁车站之间的互相换乘。西广场主要功能为社会车、出租车、长途汽车、旅游大巴及高铁车站之间的相互换乘。

本工程基础形式为桩基础和天然基础，主体为超长无缝钢管混凝土柱与钢—混凝土楼板组合梁框架结构体系，屋盖为“上平下曲”形态的纵横双向桁架体系。

深圳北站项目建设情况见表18-2。

表18-2 深圳北站工程项目情况一览表

序号	项　目	内　容
1	工程名称	广深港客运专线ZH-3标深圳北站工程
2	工程地址	深圳市宝安区龙华镇
3	建设单位	广深港客运专线有限责任公司
4	设计单位	中铁第四勘察设计院集团有限公司 深圳大学建筑设计研究院
5	监理单位	北京铁城建设监理有限责任公司—华南铁路建设监理公司联合体

续上表

序号	项　目	内　容
6	质量监督单位	铁道部安全质量监督总站广州安全质量监督站
7	施工总包单位	中铁二局股份有限公司
8	施工主要单位	中铁二局第四工程有限公司(一分部)深圳中铁二局工程有限公司(二分部)中铁二局电务工程有限公司(三分部)中铁二局集团装饰装修工程有限公司(四分部)浙江杭萧钢构股份有限公司(钢构分部)
9	资金来源	铁路建设基金、深圳市财政、银行贷款
10	合同承包范围	深圳北站站房全部建筑安装工程,包括土建、给排水工程、暖通工程、精装修工程、消防工程、设备工程、电气工程、煤气工程、环境工程等
11	结算方式	按月预付、季度结算、竣工清算方式
12	合同工期	598 日历天
13	合同质量目标	工程一次验收合格率 100%,确保全部工程质量,全面达到铁道部颁布的客运专线工程质量验收标准,并满足设计开通速度要求标准。
14	地理位置	深圳北站位于留仙大道、上塘路、玉龙路和站场西侧规划路围合区域。建筑主体位于广深港客运专线 DK102＋528～DK103＋075 里程段,正线(左中线)左 190 m 至右 160 m 范围间
15	地上、地下物情况	有既有平南铁路、平南铁路便线,在建平南铁路新线、地铁五号线、新区大道以及轨道交通四、六号线,另外有 DN1000 和 DN1200 两根给水管明敷南北走向穿过站区
16	现场水电供应情况	施工用电:从深圳体育运动学校变配电室引入施工用电,安装输电线路和变压器。 施工用水:从穿越站场的 DN1000 给水管上开口引水(开口尺寸 DN100

18.2.2　标段工程概况

18.2.2.1　工程建筑概况

工程建筑概况见表 18-3。

表 18-3　工程建筑概况表

<table>
<tr><th>序号</th><th>项目</th><th colspan="4">内　容</th></tr>
<tr><td>1</td><td>建筑功能</td><td colspan="4">集国铁、口岸、轨道交通、长途汽车、各种城市常规公交于一体的大型综合高速铁路客运车站</td></tr>
<tr><td>2</td><td>建筑特点</td><td colspan="4">本工程分主站房和雨棚两部分:主站房有车站站台层、站台夹层、高架候车层、4#、6# 线车站层等候车、售票、办公、设备等功能型用房,大空间,大跨度,使用功能齐全,要求很高;雨棚为无站台柱雨棚</td></tr>
<tr><td rowspan="11">3</td><td rowspan="11">建筑面积</td><td>总建筑面积(m²)</td><td>182 074</td><td rowspan="10">用地面积(m²)</td><td rowspan="10">152 290</td></tr>
<tr><td>站台层(m²)</td><td>13 234</td></tr>
<tr><td>站台夹层(m²)</td><td>3 292</td></tr>
<tr><td>高架候车层(m²)</td><td>52 569</td></tr>
<tr><td>楼梯(m²)</td><td>5 478</td></tr>
<tr><td>防空地下室(m²)(不计入建筑面积)</td><td>1 492</td></tr>
<tr><td>站前平台(m²)</td><td>34 146</td></tr>
<tr><td>主体屋面东西侧悬挑(m²)</td><td>4 292</td></tr>
<tr><td>无站台柱雨棚(m²)</td><td>68 488</td></tr>
<tr><td>4#、6# 轨道交通(m²)(不计入建筑面积)</td><td>27 125</td></tr>
<tr><td>地下建筑面积(m²)</td><td>1 492</td><td>地上建筑面积(m²)</td><td>180 582</td></tr>
<tr><td rowspan="2">4</td><td rowspan="2">建筑层数</td><td>地上</td><td colspan="3">共四层:站台层、站台夹层、高架层、预留层建筑总高 43.602 m</td></tr>
<tr><td>地下</td><td colspan="3">一层(消防泵房)</td></tr>
<tr><td rowspan="2">5</td><td rowspan="2">建筑层高</td><td>地上部分层高(m)</td><td colspan="3">站台层:4.5;站台夹层:4.2;高架层 8.7;预留层 5.93</td></tr>
<tr><td>地下部分层高(m)</td><td colspan="3">3.5</td></tr>
<tr><td rowspan="2">6</td><td rowspan="2">建筑高度</td><td>±0.000 标高(m)</td><td>81.96</td><td>室内外高差(m)</td><td>0.15</td></tr>
<tr><td>檐口高度(m)</td><td colspan="3">东广场 43.602;西广场 32.747</td></tr>
<tr><td rowspan="2">7</td><td rowspan="2">建筑平面</td><td>横轴编号</td><td>1-1～1-8 轴、
2-1～2-10 轴</td><td>纵轴编号</td><td>1/OA 轴～J 轴</td></tr>
<tr><td>横轴距离</td><td>28 m/11 m/27 m/18 m/11 m
总长 435 m</td><td>纵轴距离</td><td>21.5 m/33.5 m/25.75 m/43 m/42.56 m/
42.75 m/18 m/9 m/17 m 总长 339 m</td></tr>
</table>

续上表

序号	项目		内　容
8	建筑防火		防火分类为二类高层民用建筑，耐火等级不低于二级，所有钢结构均应涂刷防火涂料；各功能分区均有两个以上对外直接出口或疏散楼梯，大面积厅室均有两个以上的疏散门；设置专用消防电梯
9	建筑防水	地下	防水等级二级，抗渗等级不低于 S8 防水混凝土，采用外防水
		屋面	防水等级Ⅱ级，防水层合理使用年限为 15 年。钢筋混凝土砼屋面选用 1.2 厚高分子防水卷材，1.5 厚高分子防水涂料；其他屋面选用达到相当于二级防水等级的屋面复合材料
		厨卫间	防水均采用迎水面防水，地面防水层设在结构层的找平层上面，2 厚聚氨酯防水涂料，水池防水结构混凝土砼等级不得低于 S8，水池内壁和池底设防水附加层，该防水采用 20 mm 厚聚合物水泥砂浆
10	外装修		站台层外立面采用 30 厚花岗石板及玻璃组合幕墙；高架站厅层周圈立面采用双向单索点式玻璃幕墙，玻璃采用钢化透明反射(LOW-E)中空玻璃
11	屋面		钢筋混凝土混凝土砼屋面：屋面做法应符合《屋面工程技术规范》(GB 50345-2004)的有关要求。本工程钢筋混凝土屋面采用柔性防水、防水层选用 1.5 厚聚氨酯防水涂料＋1.2 厚聚乙烯共混防水卷材。屋面保温层采用挤塑聚苯板。 金属屋盖工程：包括站房屋盖及站台雨棚屋盖两份，站房屋盖平面尺寸东西长 409 m，南北宽 208 m。由铝板及玻璃屋面，铝板及玻璃顶棚(室内外)，屋盖南、北两侧铝管百页立面三个主要部分组成。站台雨棚屋盖分为南、北两部分。单块平面尺寸东西长 274 m，南北宽 130 m，包含铝板屋面及铝板顶棚
12	内装修	顶棚	金属网顶棚：用于站台层上，高架层楼板下部部位。覆盖范围包括站台上部顶棚(标高 6.10 m)，东旅客平台顶棚(标高 6.10 m)、西旅客平台顶棚(标高 6.10 m)。顶棚材料选用厚度为 2 mm，孔距为 25 mm×25 mm 的不锈钢丝网
		地面	室内地面混凝土垫层纵横设置伸缩缝(纵向平头缝，横向假缝)。细石混凝土地面及砂浆地面均应设置分格缝。站台层用房中防潮地面，防潮层采用 2 厚聚氨酯防涂膜，设于碎石及混合砂浆垫层顶面上。花岗石地面、楼面采用"防碱保护剂"对石材 6 个面进行保护处理，避免返碱现象。高架层候车室设玻璃采光地面。散水：站台层部分用房与地面交接处设散水采用 60 厚 C15 混凝土，面做 20 厚 1:2.5 水泥砂浆找平层
		内墙	玻化砖、玻璃隔断、花岗石、木装饰板、乳胶漆、无尘涂料、吸声内墙、瓷砖、铝板、玻璃幕墙等
		门窗	电动感应门、地弹玻璃门、实木门、不锈钢门窗、铝合金门窗、不锈钢窗、木窗、双层密封窗安全门、甲级防火门、乙级防火门、甲级防火卷帘等
		电梯	旅客电梯 12 部、自动扶梯 54 部

18.2.2.2　工程结构概况

工程结构概况见表 18-4。

表 18-4　工程结构概况表

序号	项目		内　容	
1	结构形式	基础结构形式	桩基：扩底钻孔灌注桩，预制混凝土管桩，承台	
		主站房主体结构形式	下部为钢管混凝土柱与钢—混凝土楼板组合梁框架结构，屋盖为双向双层不规则截面桁架钢结构	
		雨棚结构形式	由四向分叉钢管斜柱汇交支承于钢管混凝土柱顶端形成连续多跨空间网格结构，每网格为方环索弦支双向连续网格钢梁体系	
2	地下水	含水层	主要含水层为冲洪积砂层及花岗岩的风化残积土层地下水，按其赋存介质不同可分为三种类型：人工填土中的上层滞水；赋存于第四系地层孔隙中的孔隙水；基岩裂隙水	
		地下水位	地下水位埋深在 2.60～8.30 m，绝对标高介于 69.30～81.80 m	
		地下水质	设计水位	绝对标高 79.00 m
			场地地下水在强透水性地层中对混凝土结构具中等腐蚀性，在弱透水地层中对混凝土结构具弱腐蚀性，对钢结构具弱腐蚀性，	
3	地基	持力层	天然地基以坡残积粉质黏土层和花岗岩全风化层为持力层；预制桩以花岗岩强风化层为桩端持力层；人工挖孔桩及钻(冲)孔灌注桩以花岗岩弱风化层作桩端持力层	
		地基承载力	250～1000 kPa	
4	地下防水	混凝土自防水	抗渗(抗渗等级不得低于 S8)防水混凝土	
		材料防水	水泥基渗透结晶型材料	

续上表

<table>
<tr><th>序号</th><th>项目</th><th colspan="3">内　　容</th></tr>
<tr><td rowspan="5">5</td><td rowspan="5">钢结构</td><td>站房钢管柱、屋面桁架</td><td colspan="2">截面尺寸 P140×3～P2500×50</td></tr>
<tr><td>Y型柱八边形钢柱</td><td colspan="2">截面尺寸 4000×2500×50</td></tr>
<tr><td>框架梁及屋面、楼面次梁</td><td colspan="2">H型钢梁 H250×250×4×10～H2 300×1 600×50×84
箱体钢梁 B2 300×2 200×60×84</td></tr>
<tr><td>铸钢节点</td><td colspan="2">Y柱上部节点及屋盖支撑柱</td></tr>
<tr><td>钢丝束</td><td colspan="2">$\phi30$、$\phi40$</td></tr>
<tr><td rowspan="7">6</td><td rowspan="7">混凝土强度等级</td><td>桩</td><td colspan="2">C30、C40</td></tr>
<tr><td>地下室板底板</td><td colspan="2">C40</td></tr>
<tr><td>钢管混凝土柱</td><td colspan="2">自密实 C60</td></tr>
<tr><td>承台、基础梁</td><td colspan="2">C40</td></tr>
<tr><td>钢筋混凝土柱</td><td colspan="2">C40</td></tr>
<tr><td>框架梁、次梁</td><td colspan="2">C30</td></tr>
<tr><td>楼板、阳台板</td><td colspan="2">C30</td></tr>
<tr><td rowspan="2">7</td><td rowspan="2">抗震等级</td><td>工程设防烈度</td><td colspan="2">7度，按8度采取相应抗震措施</td></tr>
<tr><td>等级</td><td colspan="2">一级</td></tr>
<tr><td rowspan="2">8</td><td colspan="2" rowspan="2">站台夹层</td><td>设置位置</td><td>东、西两侧</td></tr>
<tr><td>结构形式</td><td>混凝土框架结构</td></tr>
<tr><td>9</td><td colspan="2">二次结构砌筑</td><td colspan="2">地上砌体工程除特别说明外，均选用200厚加气混凝土砌体(600 kg/m^3)，墙体与不同材料的界面接缝处应采用专用砂浆及玻纤网格布加强。加气混凝土砌块砌筑砂浆抗压强度≥7.5PM</td></tr>
</table>

18.2.2.3 工程安装专业概况

工程安装概况见表18-5～表18-9。

表18-5 工程给排水概况表

<table>
<tr><th>序号</th><th colspan="2">项　　目</th><th colspan="2">内　　容</th></tr>
<tr><td rowspan="6">1</td><td rowspan="6">给水系统</td><td>室外给水</td><td colspan="2">深圳北站站前新区大道两侧均设有DN600供水干管，由城市自来水直接供水，不设给水加压设备及贮配水构筑物，车站分别从新区大道两侧的DN600管道上引入两根DN300给水管，在站区范围内布置成环状管网，在股道间的站场排水沟内设旅客列车上水栓，上水栓软管采用自动回卷装置</td></tr>
<tr><td>室内冷水</td><td colspan="2">水源为城市自来水，市政给水压力0.35 MPa。供水区域分站房用水、商业用水、公安警队用水、讯号机房用水等四个分部分别计量，除站房屋面冲洗用水采用加压供水方式外，其余均采用市政水直接加压供水方式。站房最高日用水量1300 m^3，最大时用水量130 m^3</td></tr>
<tr><td>热水</td><td colspan="2">职工休息室生活热水由贵宾休息室卫生间电加热贮热式热水器供应生活，一般候车大厅卫生间不供给生活热水</td></tr>
<tr><td>直饮水</td><td colspan="2">商务候车室设直饮水供应，每一处直饮水供应点，从生活给水管路引出给水管，通过终端直饮水处理装置处理后，供给冷热水直饮净化水，取水方式：杯接采用感应式取水方式，对嘴饮采用手压式</td></tr>
<tr><td rowspan="2">消防给水</td><td>室外消防</td><td>消防水源分别从新区大道两侧的DN600管道上引入两根DN300给水管，在站区范围内布置成环状管网，站房外设室外消火栓，间距120 m，设计秒流量20 L/s，水压不小于10 m充实水柱；基本站台设地下式消火栓，间距50 m，配备口径65 mm、长25 m的消防水带6条，口径19 mm的直流水枪3支；其他站台仅在两端各设一座消火栓；列车消防管道设在站台下方，设计秒流量15 L/s，水压按双栓不小于10 m充实水柱</td></tr>
<tr><td>室内消火栓给水</td><td>采用临时高压给水系统，由设置在西站台地下消防水泵与设置在高架层西侧商业夹层顶上消防水箱联合供水。管网布置在9.0 m平台下面，连接9.0 m平台上下室内消火栓，在室外设2套消防水泵接合器。室内消火栓系统用水量20 L/s，火灾延续时间2 h，一次灭火用水量144 m^3；消火栓箱内均配置启动室内消火栓泵按钮，长25 m的消防水龙带，口径19 mm的直流水枪，长25 m的自救卷盘，消火栓充实水柱不小于13 m；室内消火栓泵选用2台，1用1备，流量30 L/s，扬程80 m</td></tr>
</table>

续上表

序号	项　目			内　容
1	给水系统	消防给水	室内自动喷淋给水	1. 采用闭式、临时高压给水系统，由消防水泵和消费水箱联合供水，管网设置增压稳压给水设备。 2. 自喷系统按中危险Ⅱ级设计。设计喷淋用水量 3030 L/s，火灾延续时间 1 h，一次灭火用水量 108 m^3。 3. 自动喷淋系统采用自动喷淋泵变频供水，自动喷淋泵 2 台，1 用 1 备，室外设二套消防水泵接合器； 4. 喷头采用闭式快速响应玻璃喷头，动作温度：厨房 93℃，其余房间 68℃。有吊顶处采用隐蔽型喷头，无吊顶处采用直立型喷头
			挡烟玻璃冷却喷水保护	旅客出站通廊与周边功能用房设置玻璃分离，采用冷却喷水保护。采用临时高压消防给水系统，由消防水泵和消防水箱联合供水，管网上设置增压稳压给水设备保证管网内水压，系统用水量 20 L/s，火灾延续时间 1 h 计。挡烟玻璃冷却喷水泵可由报警阀上压力开关起动，也可由消防控制中心启动。系统在室外设 2 套水泵接合器
			大空间智能型主动喷水灭火系统	1. 高架候车室为约 5 万平米的大空间，采用大空间智能型主动喷水灭火系统的标准型自动扫描射水高空水炮灭火装置； 2. 高空水炮灭火装置主要设计参数：标准射水流量 5 L/s，标准工作压力 0.6 MPa，接口 25 mm，保护半径 32 m 设计同时开启喷头数 9 个，设计流量 45 L/s，火灾延续时间 1 h，一次灭火用水量 162 m^3； 3. 大空间主动灭火系统由大空间主动灭火系统泵变频供水，2 台，1 用 1 备，室外设 3 套消防水泵接合器； 4. 高空水炮灭火装置环状供水管网布置在站房上平下曲的大屋面构架层内，52 个水炮灭火装置隐藏在曲线的天花凹槽里，但应露出水炮炮口和智能型红外探头主件
			消防水池、水箱、泵房	1. 在站房西站台地下层设 2 个消防水池，容积 558 m^3。水池内贮存有 2 h 室内消火栓系统用水量 144 m^3，1h 自动喷水系统用水量 108 m^3，1 h 挡烟玻璃冷却喷水保护用水量 72 m^3，1h 大空间智能型主动喷水灭火系统用水量 162 m^3。 2. 室内消防系统均采用临时高压制式，在高架层西侧商业夹层顶上设高位水箱一座，有效容积 18 m^3。 3. 为满足最低点消防压力，室内消防系统均采用稳压水泵和稳压罐加压的方式
			气体灭火	信号楼的电源室、机械室等设置无管网柜式 ZQW150 型六氟丙烷气体灭火系统，通讯机械室 8 套，信号楼机房 3 套，信号楼机械室 2 套，电源室 2 套，发电机房 2 套
			灭火器配置	四电用房（通信、信号、电力、电化）配置 MT7CO2 灭火器，其他严重危险等级场所配置 MF/ABC5 干粉灭火器，中、轻危险等级场所配置 MS/T9 水型灭火器。灭火器箱设置在各个室内消防栓箱内，每个灭火器箱内设 2 具防毒面具
2	排水系统	污水系统	列车卸污站设置及卸污方式	本站为旅客列车卸污站，设有旅客列车集便污水地面接收设施。车站采用固定式真空卸污方式，设卸污接收线 2 条，每条接收线设 18 个卸污接收口，采用自动启闭真空接收枪。车站南广场一侧设真空泵房一座，内设固定储能罐式真空卸污设备 1 套
			污水处理及排污方案	不同的污水性质及受纳水体不同，采用不同的处理工艺。列车集便污水经厌氧池处理，粪便污水经化粪池处理，厨房含油废水经隔油池处理。车站污水经处理后分别排入新区大道及玉龙路上的市政下水道内
			高架大平台排水	因平台跨度大，部分地面及空调机房排水不可能采用重力排出，拟采用进口的、无臭味逸出、长距离的密闭式压力排污装置。
		雨水系统	屋面雨水	屋面雨水采用虹吸雨水的方式收集，以便雨水管路管径更小，能够以压力流的方式布置管路，雨水经过虹吸雨水斗收集后，经过暗埋在柱子里的雨水立管排入室外雨水系统

表 18-6　工程暖通及空调概况表

序号	项　目	内　容
1	设计范围	1. 深圳北站客运站房（包括高架层：广厅，候车厅，出站通廊，出站厅，售票厅，配属管理和设备用房；站台层：贵宾候车室，基本站台候车室，售票厅，配套管理及设备用房，并入的公安，乘警队，单身宿舍，通信及信号用房等）。 2. 东，西广场部分高架人行平台（90.862 m 标高层）。 3. 地面层人行平台及内部停车场（81.690 m 标高层）。 4. 南北站台端范围内的站台及附属工程。 5. 地铁 4、6 号线站厅层

续上表

序号	项目		内容
1	设计范围	空调冷负荷	1. 贵宾厅采用独立数码变容量空调系统。 2. 弱电信号用房采用数码变容量空调系统与分体空调相结合的方式。 3. 办公用房及候车室和售票厅等采用水冷集中式空调系统。 总空调面积67 000 m^2，总空调冷负荷18 245 kW
		冷源及冷媒	1. 集中空调冷源采用水冷离心式与水冷螺杆式冷水机组相结合的方式，3台1 200RT，1台410RT，共4台，均为380 V常电压冷冻机，冷媒分别采用R123、R134a，冷冻水供回水温度7 ℃、12 ℃，冷却水供回水温度32 ℃、37 ℃。 2. 贵宾候车室冷热源采用数码变容量空调系统，夏季供冷，冬季供热，室外机安装在站台顶板下。 3. 工艺设备用房冷热源亦采用数码变容量空调系统，室外机安装在站台顶板下，部分值班控制用房采用分体空调机
2	空调设计	空调风系统	1. 候车厅及售票厅等大空间区域采用变风量的全空气系统。 2. 公安办公区和间修间等小房间采用新风加风机盘管的水一空气系统。 3. 高架候车层设计划分多个空调区域，分别采用球型喷口、散流器、百叶风口、风机盘管结合的送风方式，在候车室两侧设两列侧向球型喷口送风，中央部位再加两列小型送风单元以满足中间区域的空调要求。空调风柜安装于夹层内。 4. 高架层南北两侧的配套服务用房的屋顶为预留商业开发区，设计为其预设空调风柜南北各6台，共12台；风柜分别设在高架层1-6空调机房内。 5. 对空调温湿度和洁净度要求较高的铁路调度控制信号、通信和客运自动化等工艺设备用房，设数码变容量空调系统，并设新风换气系统，保证长期连续运行。 6. 消防控制中心等分散设备用房设分体空调系统，独立运行。 7. 所有直接对外开门处(包括高架层通往站台层的楼梯口出)均设置空气幕
		空调水系统	1. 制冷机房设在站台层西侧，本设计选用三台1 200RT(4 220 kW)的水冷离心式冷水机组和一台410RT(1 441 kW)的水冷螺杆式机组，并配置五台冷冻水泵及五台冷却水泵，均为四用一备。 2. 水路系统采用一给水泵变流量系统冷水机组，冷冻水泵及冷却水泵均设在站台西侧的制冷机房内，冷却塔设在西侧基本站台外的空地处。 3. 冷冻水系系统： 由冷水机组制备的7 ℃的冷冻水经冷冻水泵加压进入分水器，经各分支回路把冷冻水送至各末端设备，12 ℃的回水汇入集水器经过滤后再返回冷水机组．容积2.0 m的膨胀水箱设在高架层内商业夹层屋顶。空调系统补水由自来水直接供水．制冷机房内的冷冻水分集水器间加设压差旁通装置。 4. 冷却水由冷却塔冷却后温度降为32 ℃，再由冷却水泵送至冷水机组，温度升为37 ℃的冷却水再回到冷却塔被冷却
3	通风系统设计	通风系统设计	1. 高架候车层的外围结构的玻璃幕墙上设置可开启外窗；屋面下吊顶内设有50个机械排风系统，用于大厅上空的余热和污浊空气的处理。 2. 站台层(±0.000 m)按室外空间考虑，采用自然通风。 3. 冷冻机房、变配电室、消防泵房等机电设备用房按各专业工艺要求设置相应的机械送排风系统。 4. 卫生间及吸烟室等设置机械排风系统。 5. 高低压配电室及部分信号控制用房设有气体灭火设施的房间设置全自动机械排风系统。 6. 站房内的厨房操作间设置独立的家用排油烟净化装置
		通风系统防火措施	1. 所有进出空调通风机房的风管，穿越防火分区的风管，穿越楼板的主风管与支风管相连接处的支风管上均设置70 ℃防火调节阀。 2. 除卫生间、厕所等竖向设置的新风、排风系统的水平支管上设置的防火阀外，穿越防火分区的防火阀均有电信号至消防控制室
4	防排烟系统设计		1. 候车站台上空设有机械排烟系统。 2. 基本站台候车室及售票大厅上空设有机械排烟系统。 3. 站台层东侧的公安办公用房、售票办公用房以及西侧的信息办公用房等的走道均设有机械排烟系统。 4. 站台层至高架层的垂直电梯按消防电梯考虑，在电梯筒内设有加压送风系统。 5. 所有排烟系统风机应能在280 ℃气流使用条件下连续运行30 min。排烟风机前加设280 ℃时能自动关闭的防火阀，防火阀关闭时连锁排烟风机关机。 6. 本工程的防排烟系统要求能在消防控制中心集中监控并能远程启停；所有普通通风系统均要求能在楼宇自控中心远程监控和起停；所有通风排烟系统均要求能在现场控制开启以便于检修和试验。 7. 发生火灾时应立即切断所有非消防设备的电源。 8. 因站台层南北两侧的办公用房的疏散楼梯间没有外窗，故在楼梯间最高处加设横截面积不小于2 m^2的管道自然排烟。 9. 高架层采用自然通风排烟方式。 10. 高架层内的小型商业用房内设有机械排烟系统

续上表

<table>
<tr><th>序号</th><th colspan="2">项　目</th><th>内　　容</th></tr>
<tr><td rowspan="5">5</td><td rowspan="5">空调系统控制</td><td>主机系统</td><td>空调制冷机组、循环水泵、冷却塔等空调冷源系统设备采用“中央空调节能模糊控制系统”统一监控运行调节，以使系统能够根据室外气象条件及室内负荷的变化自动调节系统各设备的运行状态</td></tr>
<tr><td>空调末端风柜风盘系统</td><td>1. 空调末端风柜的新风管、回风管上均加设电动调节阀，根据室内设置的温湿度及 CO_2 等测量仪反馈的信号自动控制新回比及送风状态参数。
2. 风机盘管的冷冻水回水管上设开关型电动两通阀，与温控器和三速开关组成独立的控制单元，自成系统</td></tr>
<tr><td>空调水系统</td><td>空调冷冻水为变流量系统，在空调机组、新风机组的回水管上设置动态平衡电动调节阀，风机盘管的回水管上设置动态平衡电动两通阀，各支路间加装静态平衡阀，水泵采用变频调速方式，并设有最低流量限制措施，以保证主机正常运转</td></tr>
<tr><td>系统监测</td><td>本工程所有空调通风系统的运转设备、电控元件的相关开关状态、反馈信号、故障报警、开关控制等信息均需在监控中心内实现远程集中监控</td></tr>
<tr><td>空调计费</td><td>设计仅预留空调分户计费措施，暂按 200 个计费点考虑，计费系统由专业厂商提供，楼宇 BAS 需考虑系统容量及接入的可行性</td></tr>
</table>

表 18-7　工程电力及电气概况表

<table>
<tr><th>序号</th><th colspan="3">项　目</th><th>内　　容</th></tr>
<tr><td rowspan="7">1</td><td rowspan="7">强电部分</td><td colspan="2">变配电系统</td><td>招标范围外</td></tr>
<tr><td colspan="2">光伏发电系统</td><td>深圳北站屋顶光伏发电系统由 1260 块 220Wp(最大功率)和 1260 块 180Wp(最大功率)的单晶硅太阳能电池组件、2 台集中型并网逆变器、汇线盒、屋面线槽、交流配电箱、电缆以及监控系统等构成。整个光伏系统分成 2 个子方阵，每个子方阵配备 1 台大型并网逆变器。同时由一套数据采集监控系统完成对整个采光顶并网发电系统的数据采集与监控。线槽顺骨架和钢结构铺设，对电缆起到良好的隐藏和保护作用。该光伏系统安装面积约为 7320 m²，系统总功率为 504 kW。光伏屋顶发电系统与市电并网，由于光伏发电的高峰期是上午的 9 点到下午的 3 点，而此时正是火车站用电高峰期，光伏发电可以起到缓解用电高峰期用电压力的作用，与市电很好地互补，缓解电网压力，使整个用电系统更加安全稳定</td></tr>
<tr><td>动力配电系统</td><td>配电原则</td><td>1. 一级负荷供电由站房 10/0.4 kV 变电所低压两端母线各馈出一个回路至电源切换箱处供电，一级负荷中特别重要的负荷由应急柴油发电机、EPS 作为后备电源；
2. 二级负荷供电从站房 10/0.4 kV 变电所馈出单回路供电，如：车站照明、污水泵、车站维修电源、电动卷帘门、自动扶梯(不作疏散用)等；
3. 三级负荷供电由站房 10/0.4 kV 变电所三级负荷母线馈出单回路供电，采用树干式配电网络供电，在变电所任一路电源失电时，切除三级负荷母线总开关</td></tr>
<tr><td></td><td>动力设备配电</td><td>站房内设 10/0.4 kV 变电所四座，其中站台层西端辅助用房设空调变电所 1 座，专供空调主机房空调设备用电。
在站台层西端辅助用房内另设 1 座 10/0.4 kV 综合变电所，主供站台层动力设备配电、站台层专业机房用电、站台层照明用电及站场动力照明用电。在高架候车层左右两侧辅助用房中间部位各设一座 10/0.4 kV 变电所，主供高架候车层动力设备及高架候车层专业机房用电与高架候车层功能照明用电。车站的景观照明用电亦在该变电所内预留</td></tr>
<tr><td rowspan="2">照照明系统</td><td>照明种类及标准</td><td>1. 正常照明：站厅、站台公共区照明采用悬挂灯炭装，光源为金属卤素灯；
2. 景观及节假日场景照明：站厅层结合顶棚 LED 光源采用具有低能耗、超长寿命、绿色环保性能和特点的 LED 新光源；
3. 设备及管理用房照明：采用荧光灯和节能灯；
4. 应急照明：在主要管理办公房间，站厅及站台的公共区域，主要设备机房的重要场所设置应急照明；
5. 广告照明：在进、出站厅等公共区域配电小间内预留广告照明电源箱；
6. 安全电压照明：在自动扶梯下检修通道等处设置安全电压照明，安全电压照明由 24 V 安全变压器供电</td></tr>
<tr><td>照明配电及控制</td><td>1. 公共区照明及广告照明设两级控制，在配电室就地控制和通过 BAS 在机电设备监控室集中统一控制；
2. 设备管理用房照明就地设开关手动控制；
3. 公共区疏散照明不设控制，为常明灯</td></tr>
<tr><td>2</td><td colspan="3">建筑物防雷及接地</td><td>1. 本建筑属超大型公共建筑，按二类防雷建筑设计，深圳北站利用金属屋面作为接闪器，利用钢结构柱、混凝土结构柱内、玻璃幕墙主筋作为防雷引下线，建筑物内所有金属结构，外墙金属门窗、玻璃幕、铝板金属支架等均与防雷引下线可靠连接，另采取防侧雷及等电位联结等措施。
2. 利用基础底板内作为自然接地体，采用综合接地形式，与防雷引下线、工频接地引下线、弱电工作接地引下线等可靠接地，接地电阻小于 1 Ω</td></tr>
</table>

表 18-8　工程消防报警概况表

序号	项　　目	内　　容
1	说明	1. 本工程为多层公共建筑，属一级保护，设控制中心型火灾自动报警系统，由火灾自动报警系统、消防联动控制系统、控制中心图形管理系统、火灾应急广播系统、消防专用通信系统组成； 2. 火灾自动报警和联动控制系统采用一级监控方式设置，在控制中心设置 FAS 系统管理主机，并设置图形软件，与环境与设备监控系统一起设置显示屏，具有与自动灭火、环境与安防、门禁等系统的接口，可以通过协议将火灾信息传至各系统公共完成整个车站的救灾
2	火灾自动报警系统	火灾报警部分由火灾报警探测器(分点式及大空间探测器)手动报警按钮、消火栓按钮等设备构成。 1. 点式火灾报警探测器设置位置：在办公室、独立用房、楼梯及电梯前室、餐厅、走廊、高度不超过 8 m 的候车室、售票厅、检票室、休息室等处设置点式感烟探测器；在开水间、茶水间、厨房、地下车库、发电机房等处设置点式感温探测器。 2. 大空间探测器设置位置：在公共区域的中央通廊、普通候车、口岸进出站等空间大，顶棚距地面高的地方设置大空间专用探测器，具体设置如下：在高顶棚的公共区域预期烟气易聚集处设置视频火灾安全监控系统和高空 ZDMS0.6/5SYA 型自动跟踪定位射流灭火装置系统联合组成的复合探测方式。 控系统设置：在候车大厅共设置 48 套双波段图像火灾探测器，36 套线型光束图像感烟探测器
3	消防联动控制	1. 联动控制系统是由消防控制主机、联动控制台、控制模块与现场强电、空调、消防水、防排烟等设备融为一体的控制系统，在消防控制室可以实现对消防设备的手动和自动控制。 2. 联动控制对象：消火栓系统、自动喷淋系统、防排烟系统、防火卷帘系统、非消防电源切断系统、电梯迫降系统、自动灭火系统
4	消防通信系统	消防控制中心消防通讯主机具有和消防固定对讲电话及消防电话插 孔的直接通话功能。消防固定对讲电话每部一对专用线，消防电话插孔每个防火分区一对专用线
5	应急广播系统	本车站内公共区域及办公场所不独立设置应急广播系统，应急广播系统与车站广播系统共用，但应急广播播音区域受消防控制中心控制，在非常状况下消防中心控制切除应急广播播音区域的播音业务

表 18-9　工程建筑智能概况表

序号	项　　目	内　　容
1	说明	该枢纽楼宇自控系统主要目的在于将枢纽内各类型机电设备的信息进行分析、归类、处理、判断，采用集散型控制系统和最优化的控制手段对各系统设备进行集中监控和管理，使各子系统设备始终处于有条不紊、协同一致的高效、有序状态运行。在创造出一个高效、舒适、安全的工作环境下，降低各系统造价，尽量节省能耗和日常管理的各项费用，保证系统充分运行，使投资能得到一个良好的回报
2	机电设备监控系统	1. 站房机电设备监控系统 BAS 系统由中央监控中心、现场控制器、设备末端传感器、执行器及第三方数据集成系统组成。 2. BAS 系统采用全 LONWork 通信协议实现高速、稳定的数据收发。 3. 监控中心采用 100M 冗余快速以太网结构，配置的主要设备有 1 台监控主机、6 台网络控制器、打印机及 UPS 等设备组成。 4. 现场控制器网络由 182 台 DDC 控制器与 107 个 I/O 扩展模块组成。 5. 设备末端传感器由温/湿度传感器、电动执行机构、变频控制器等设备组成，各类监控点位接入就近 DDC 及 I/O 扩展模块。 6. 为实现对整个站场机电系统的全面监控管理，BAS 作为主控平台利用目前成熟稳定的第三方开放数据接口对以下子系统进行智能集成化管理(VRV 空调集成子系统、客运系统集成子系统、发电机集成子系统、智能照明集成子系统、EPS 备用电源集成子系统、冷冻站数据集成子系统、光伏发电集成子系统、变配电集成子系统)

18.2.2.4　节能及环保简况

(1)建筑节能及环保简况

工程按夏热冬暖气候区设计，主立面东南向，迎风面布置，获得良好自然通风，遮阳采用水平阳台遮阳与其他形式遮阳相结合。建筑主要节能措施：

1)站台层站房外墙、地下室外墙采用 200 厚加气混凝土砌块(600 kg/m^3)，外加 30 厚聚塑聚苯板作隔热层，钢筋混凝土屋面上采用 30 厚聚塑聚苯板隔热层。

2)玻璃幕墙采用 LOW-E 中空玻璃，外窗采用夹胶玻璃。

3)屋盖顶棚采用 100 厚玻璃棉板绝热层。

4)高架层地面采用 80 厚挤塑聚苯板作隔热层。

(2)给排水节能及环保简况

给排水节能及环保措施如下：

1)卫生器具采用环保节能的卫生器具,大便器水箱不大于 6L,蹲便器、小便斗和洗手盆均采用感应式给水。

2)屋面雨水专门收集后进入地铁 4、6 号线雨水收集泵房,处理后供广场绿化、水景及地面冲洗。

3)采用新型良好的管材及接口部件避免管网漏损。

4)给水水泵采用变频控制,使水泵实际工作时工况在水泵的高效段。

(3)空调机通风防排烟节能及环保简况

空调机通风防排烟环保及节能措施如下:

1)卫生间设有集中排风系统;

2)发电机房的进排风口由环保专业公司设计并安装消声装置;

3)发电机燃烧烟气由环保专业公司设计并安装油烟净化装置;

4)职工厨房内预留有厨房烟气净化及排除条件,具体设备选型及施工由厨房设备公司统一设计及安装;

5)空调系统风柜及新风系统均加设空气净化装置;

6)卫生间集中排风系统加设空气净化装置,以净化分解卫生间内排出的有害物;

7)空调通风系统均加设有消声设备;

8)空调通风系统设备安装均加设减振装置;

9)制冷系统采用环保型制冷剂;

10)分体空调能效比均需大于 3.2;

11)大空间用房采用分层空调方式,降低能耗;

12)空调主机及水泵等采用模糊节能控制技术;

13)主机及水泵均采用变流量控制技术;

14)空调风柜采用变流量及变风量技术;

15)大空间用房采用喷口送风方式;

16)部分排风采用全热回收方式;

17)贵宾候车室及部分信息用房采用数码变容量空调技术等;

18)全空气系统均能实现全新风运行。

(4)电气节能及环保简况

1)照明功率密度:进出站大厅,高档候车室,售票厅 13 W/m^2,普通候车室,休息厅 11 W/m^2,有棚站台 8 W/m^2,机械通讯,控制机房及辅助用房 11 W/m^2。

2)照明设计选用节能环保型灯具。室外照明灯具全部为防水型,室内灯具采用高效节能型,功率因素不低于 0.9,所以灯具底座设有接地端子。如高架层、站台层及基本站台候车室等照明均选用陶瓷高光效金属卤化物灯具,办公及其他辅助用房选用节能荧光灯,配电子镇流器。

3)照明控制:大面积公共场所采用智能照明控制系统,通过分布式控制网对灯具进行自动化管理,既可就地在服务员室等地通过面板控制,也可在控制中心控制,其他房间采用就地控制。

4)铁路客运照明照度标准较高,为旅客乘车服务创造了良好的照明环境,但是在夜间没有旅客时,站台就没必要保持高标准照度。为了达到节能降耗目的,将站台照明灯分为夜间值班灯和行车灯自动控制,采用计算机局域网方式接入车站 BAS 系统。

5)车站设太阳能光伏发电系统,在屋顶设约 7 800 m^2 太阳能光伏板,采用 1 260 块 180Wp 和 1 260 块 220Wp 的单晶硅太阳能组件,系统总功率约为 504 kWp。

18.2.2.5 雨棚及其他工程简况

本工程无站台柱雨棚为主站房南北两侧对称布置,东西方向柱距 28 m,南北方向柱距 43 m。底部落地柱采用钢管混凝土柱,四向分叉钢管斜柱汇交支撑与落地柱顶端,斜柱向四个方向伸出 7 m 和 10.75 m,形成雨棚顶盖 14×21.5 m 网格的连续多跨空间结构。

1. 站房及雨棚主要工程数量

站房及雨棚主要工程数量见表 18-10～表 18-12。

表18-10　站房主要工程数量表

序号	名　称	单位	数量	备　注
一	车站建筑总面积	m^2	181 035	
1	房屋建筑面积	m^2	74 573	
(1)	站台面(±0.000)	m^2	13 211	
	基本站台候车室	m^2	3 223	
	贵宾候车室	m^2	1 045	
	售票区	m^2	1 139	
	设备用房	m^2	3 526	
	办公用房	m^2	653	
	栋房屋	m^2	3 625	
(2)	站台层夹层	m^2	3 295	
	办公用房	m^2	918	
	设备房屋	m^2	224	
	并栋房屋	m^2	2 153	
(3)	高架候车层	m^2	52 589	
	东进站广厅	m^2	1 299	
	西进站广厅	m^2	1 387	
	普通旅客候车室	m^2	35 312	
	南出站廊、厅	m^2	5 335	
	北出站廊、厅	m^2	5 318	
	售票区	m^2	2 587	
	售票办公	m^2	162	
	设备用房	m^2	1 189	
(4)	楼梯(±0.000～8.700 m)	m^2	5 478	
(5)	防空地下室	m^2	1 463	不计入建筑面积
2	站前平台	m^2	34 146	
	±0.000 m站台层人行平台	m^2	7 503	
	8.700 m高架层人行平台	m^2	26 643	
3	主体屋面南北侧悬挑	m^2	4 292	
4	无站台柱雨棚	m^2	68 024	钢结构覆盖面积
5	自动扶梯、电梯	部	66	
	自动扶梯	部	54	
	旅客电梯	部	12	
6	轨道交通	m^2	27 125	不计入建筑面积
二	房屋建筑装修			
1	站厅			
(1)	楼地面			
	地砖	m^2	2 573	
	花岗石	m^2	57 540	
	玻璃地面	m^2	360	
	1.1 m高不锈钢栏杆扶手	m	384	
	2.2 m高不锈钢栏杆扶手	m	1 512	
(2)	墙面			
	干挂玻化砖墙面	m^2	3 709	

续上表

序号	名　　称	单位	数量	备　　注
	玻璃隔断	m^2	1 761	
	吊挂式防火玻璃幕墙	m^2	4 465	
	点驳式防火玻璃幕墙	m^2	6 195	
	室内墙面挂铝板幕墙	m^2	2 827	
	拉索幕墙	m^2	20 904	
(3)	天棚			
	铝合金条型板吊顶(封闭式)	m^2	5 480	
	铝合金条型板吊顶(开放式)	m^2	13 406	
	铝合金方形板吊顶	m^2	942	
	站房室内曲线铝板吊顶	m^2	50 492	
	玻璃和铝板组合屋面(铝板部分)	m^2	136 169	
	南北立面金属装饰防雨百页	m^2	10 134	
(4)	油漆、涂料、裱糊工程			
	开放式铝合金方形板吊顶内深灰色涂料	m^2	17 428	
	拉索幕墙桁架喷涂氟碳漆	m^2	2 102	
	站内钢柱氟碳漆	m^2	11 425	
	抹灰面刷乳胶漆 三遍	m^2	7 584	
2	站台	m^2		
(1)	楼地面	m^2		
	地砖	m^2	6 284	
	花岗石	m^2	80 225	
	汉白玉	m^2	900	
(2)	墙面	m^2		
	面砖墙面	m^2	2 684	
	框架式玻璃幕墙及铝板幕墙	m^2	4 100	
	吊挂式全玻幕墙	m^2	1 519	
(3)	天棚			
	金属网架吊顶	m^2	40 652	
	铝合金条型板吊顶(开放式)	m^2	3 367	
	铝合金方形板吊顶	m^2	2 683	
(4)	油漆、涂料、裱糊工程			
	抹灰面油漆	m^2	485	
	刷喷涂料	m^2	255	
3	门窗工程			
	防火门	樘	202	
	防火卷帘门	樘	18	
	电动伸缩门	樘	17	
	电动伸缩折叠门	樘	14	
	不锈钢全玻地弹门	樘	7	
4	室外平台花岗石	m^2	22 210	
三	铁路用地范围以内、车站建筑范围以外的室外工程	m^2	5 492	
1	车道	m^2	2 472	
2	停车场	m^2	248	
3	绿化	m^2	2 772	

表 18-11　钢结构主要工程数量表

序号	项目名称	单位	工程量	备　注
一	站房			
1	钢管柱	t	4 846	
2	Y 形柱(防火涂料 H 型 30 mm)	t	5 868	
3	钢梁(9.00 m 层及 18.8 m)(含防火漆,其中主要结构部分刷防火涂料 H 型 30 厚,次要结构部分 3 厚,主要结构面积约占总面积的 15%)	t	23 722.39	
4	钢梁(辅助房)(含防火漆)	t	1 270.82	
5	9.00 m 以上辅助房钢柱制安(含防火漆)	t	251.67	
6	钢平台制作安装(9 m 层马道及空调夹层)	t	950.00	
7	钢走道、钢平台制作安装(通廊上人天窗钢结构)	t	212.84	
8	钢梯	t	1 362.89	
9	钢屋架(含防火涂料 3 mm)	t	11 673	
10	铸钢节点制安	t	3 248.00	
	合计	t	53 405.61	
二	室外及附属(东步行平台)			
1	钢梯	t	18.4	
2	钢结构盆式支座	套	8	
3	西步行平台(地上土建部分	t		
4	钢梯	t	83.2	
5	钢结构盆式支座	套	8	
	合计	t	101.6	
三	站台			
1	钢管柱(防火涂料 H 型 30 mm)	t	1 164.07	
2	钢屋架(防火涂料 3 mm)	t	4 836.40	
3	铸钢节点制安	t	112.54	
4	钢管柱(A/B 轴增加部分)	t	777.45	
5	钢梯(真空卸污泵房)	t	3.84	
	合计	t	6 894.30	
四	螺栓、栓钉			
1	高强螺栓	t	13 000	
2	普通螺栓	t	46 850	
3	栓钉	t	445 800	
	总计	t	60 401.51	

表 18-12　安装工程主要工程数量表

智能建筑系统				
序号	项目名称	单位	数量	备　注
1	桥架敷设	m	1 598	
2	SC 配管	m	27 644	
3	穿内穿线	m	90 924	
4	BAS 中央操作站设备(含服务器\打开印机\UPS\网络控制器)	台	18	
5	DDC 控制器	套	294	
6	楼控末端传感器设备	个	1 127	

续上表

消防工程				
序号	项目名称	单位	数量	备　注
一	消防水系统			
1	消防水系统镀锌钢管	m	25 370	
2	水灭火系统喷头安装	个	3 000	
3	消火栓	套	223	
4	手提式磷酸铵盐干粉灭火器	个	422	
5	水灭火系统温感式水幕装置	个	21 216	
6	阀门	个	323	
7	消防水泵接合器	个	9	
8	水灭火系统末端试水装置	个	10	
9	隔膜式气压水罐	台	2	
10	多级离心消防泵	套	8	
11	压力表	套	90	
12	温度仪表	个	25	
13	水灭火系统水流指示器	个	92	
14	防水套管	个	25	
二	消防气体灭火装置	套	52	
三	消防火灾自动报警系统			
1	消防桥架	m	7 277	
2	SC 配管	m	7 000	
3	管内穿线	m	142 100	
4	点型感烟安装	只	1 532	
5	消防栓破玻璃按钮	只	272	
6	控制模块	只	691	
7	消防报警一体机(含控制柜\报警备用电\警报装置\微机)	套	1	
8	火灾早期视频监控控制器(含防火并行处理器\视频切换器\云台\监视器\控制台\大屏幕显示装置)	套	1	
9	消防水炮落地式报警联动一体机(含集中控制台\报警按钮\通用模块\警报装置)	套	1	
10	电气火灾报警系统地式报警联动一体机	套	1	
四	火灾早期视频监控系统			
1	光截面接收器	台	36	
2	反向光接收机	台	114	
五	高空消防水炮	门	44	
六	电气火灾报警系统			
1	温度监测探头	只	300	
2	ACS 监控模块安装	只	161	
3	电流变送器	只	121	

通风与空调工程				
序号	项目名称	单位	数量	备　注
1	冷水机组	台	4	
2	不锈钢方形逆流环保冷却塔 LSN-600 型	台	7	
3	双吸式水泵	台	10	

续上表

通风与空调工程				
序号	项目名称	单位	数量	备　注
4	数码涡旋空调室外机组	台	95	
5	二管制卧式暗装风机盘管 FP-04	台	182	
6	空气处理机	台	116	
7	全热新风换气机	台	5	
8	通风机	台	103	
9	空调水系统用方形膨胀水箱(有效容积 2 立方米)	台	1	
10	空气幕 FM-1512 型	台	315	
11	集水器长 4.2 m,直径 1 m	台	1	
12	分水器长 4.2 m,直径 1 m	台	1	
13	光氢离子空气净化器 FAC-5	套	253	
14	分体空调 1.5 匹	套	39	
15	水系统阀门		1 655	
16	压力表	个	265	
17	温度计	个	245	
18	流量计(孔板)	个	8	
19	冷热量计	个	200	
20	风系统阀门	个	1 474	
21	风口汇总	个	2 868	
22	静压箱	个	219	
23	消声器	个	120	
24	水管辐射长度	m	15 000	
25	镀锌钢板面积	m^2	35 000	
26	中央空调节能控制系统	套	1	
27	中央空调计费系统	套	1	
给排水工程				
序号	项目名称	单位	数量	备　注
1	柔性抗震铸铁管	m	2 070	
2	虹吸 HDPE 管	m	21 878	
3	不锈钢给水管	m	6 713	
4	地漏安装	个	120	
5	坐式大便器安装	套	35	
6	蹲式大便器安装	套	275	
7	挂小便器安装	套	129	
8	冷热水感应洗手盆安装	组	177	
9	冷水感应洗手盆安装	组	12	
10	残疾人大便器安装	套	12	
11	热水器安装	台	27	
12	洗涤盆安装	组	28	
13	饮水终端安装	套	12	
14	虹吸雨水斗安装	个	687	
15	雨水斗 57-150 安装	个	35	
16	钢柱内立管灌沙放沙	根	164	

续上表

给排水工程				
序号	项目名称	单位	数量	备　注
17	阀门(含截止阀\闸阀)	个	292	
18	潜污泵安装	台	9	
19	真空卸污机组(包含卸污接收口)安装	套	1	
电气及照明工程				
序号	项目名称	单位	数量	备　注
1	低压封闭式插接母线槽安装	10 m	24	
2	动力箱安装	台	365	
3	照明配电箱	台	40	
4	铜芯电力电缆	100 m	6 890.5	
5	控制电缆	100 m	105	
6	电力电缆终端头	个	7 000	
7	槽式桥架	10 m	930	
8	暗配钢管	100 m	1 237.5	
9	钢支架配钢管	100 m	332	
10	翘板开关安装	10 套	90	
11	地面插座	10 套	138	
12	荧光灯具安装	10 套	60	
13	陶瓷金卤灯	10 套	386	
14	其他灯具(含壁灯\吸顶灯\镜前灯\防水防尘灯\节能筒灯)	10 套	150	
15	诱导\指示灯安装	10 套	130	
16	标识照明系统	套	1	
17	景观照明系统	套	1	
18	智能灯光照明系统	套	1	
19	光伏发电系统	套	1	

18.2.3 自然条件

18.2.3.1 地质特征

1. 工程地质

深圳市属于华南褶皱系的紫金～惠阳凹褶断束。位于东西向的高要至惠来断裂带的南侧，是北东向莲花山断裂带西北支的五华～深圳断裂亚带的南西段展布区。本区地质构造比较复杂，以断裂构造为主。褶皱构造多与断裂相伴产出，由于受到多次断裂作用及岩浆侵入的破坏，多数不太完整。北东向的五华～深圳断裂带斜贯全区，是区内的主导构造。自晚更新世晚期以来，深圳市内的构造活动明显减弱，现今仍在活动，但活动较弱，属地壳基本稳定区域。

2. 不良地质及特殊土

(1)人工填土

原始地貌为丘间谷地，后经人工推填整平的地段分布有人工填土层，主要成分为花岗岩风化残积土，局部夹有花岗岩碎、块石，除已有道路路基范围内，已人工压实外，其余均呈松散状，承载力低，尤其经雨水浸泡后强度剧减，场地内厚度分布变化较大，勘探揭露厚度 0.5～13.80 m，场地内现有地铁 5 号线在进行挖填施工活动，受其影响，填土的厚度仍在变化之中。

(2)软土

零星分布于谷地，由淤泥、淤泥质土组成，灰黑色，流塑～软塑状，具有低强度高压缩性等特点。场地内分布范围不大，厚1.0～3.5 m。

(3)花岗岩风化残积土

坡残积粉质黏土层，由花岗岩风化残积而成；花岗岩全风化土，岩石已风化成土状，颗粒组成变化较大，上述土层矿物组分相近，含有较多由原造岩矿物风化变质形成的高岭土、蒙脱石等黏土矿物，但原有的石英不被风化，仍成颗粒状，因高岭土、蒙脱石等黏土矿物亲水性好，上述土层具有天然状态下物理力学性质较好，承载力较高，但在饱水状态下一经扰动，强度锐降，极易软化。

18.2.3.2　水文特征

1. 地表水

地表无河流通过，局部地势低洼处降雨过后有少量积水。

2. 主要含水层及地下水类型

场地内主要含水层为冲洪积砂层及花岗岩的风化残积土层，地下水按其赋存介质不同可分为三种类型：人工填土中的上层滞水；赋存于第四系地层孔隙中的孔隙水；基岩裂隙水。

对车站建筑基础影响较大的主要为第四系地层中的孔隙水和基岩裂隙水。第四系孔隙水接受大气降水及地表水的渗入补给，水位随季节及降水变化而变化，勘察期间，测得地下水位埋深在2.60～8.30 m间；基岩裂隙水包括风化裂隙水和构造裂隙水，由于节理裂隙发育密度和贯通性差异较大，受构造影响不一，基岩富水性不均一，其主要补给来源为第四系地层中的孔隙水，属大气降水和地表水间接补给。

18.2.3.3　地震基本烈度

近场区断裂比较发育，这些断裂主要发育在南部、西部和北部，尤其是南部，是区域性五华—深圳断裂带通过的地区，其次是西部东莞—深圳断裂带。这些断裂绝大部分在晚第四纪期间活动性不明显示，未见切割错动全新世地层，历史上未发生过$Ms \geqslant 4\frac{3}{4}$级破坏性地震，仅零星散布Ml2-3级小震。因此近场地震构造环境比较稳定。

18.2.3.4　气象特征

深圳地区属热带季风海洋性气候，冬季无严寒，夏季湿热多雨，由于地处沿海，受南亚季候风影响，台风、暴雨及冷峰都比较强烈，造成冬春季节多阴雨并有冷空气侵袭，但无冰雪，丘陵区偶有霜冻，雨季长，夏秋汛期多台风暴雨，对铁路建筑物影响较大。

年平均气温21.9℃～22.4℃，最热月7月为28.1℃～28.8℃，最冷月1月为13.0℃～14.6℃，极端最高气温为37.3℃～38.5℃，极端最低气温−1.9℃～2.5℃。夏季超过35℃的高温年平均只有3～7天，冬季寒潮次数年平均只有0.3～1.0次。多年平均相对湿度80%。雨量充沛，但干、湿季明显，受海洋季风影响，平均年降雨量1 600～2 200 mm，有的年份可多达2 200～3 300 mm以上，但有的年份却只有1 000～1 300 mm，雨量集中在雨季的4～9月份，占年降雨量的80%左右。

年平均风速2.9～3.9 m/s。台风登陆地区，平均最大风速达25～30 m/s，最大风速35.4 m/s，冬季最大风速达14～18 m/s左右。

主要灾难性天气：强台风和暴雨。台风登陆时间一般为5月至10月，并以7～9月多见。台风出现时，沿线各地极大风速可达12级以下，同时出现洪涝灾害。场区暴雨强度相当大。一次最大降雨量可高达580～800 mm，其中24 h最大降雨量达200～400 mm以上。

18.2.4　工程建设条件

18.2.4.1　用电条件

站房的临时用电方案根据现场机械设备的配置、施工平面布置和《施工现场临时用电安全技术规范》要求编制。外部供电方式采用就近接T接市政供电网络，并配备发电机组，满足停电或其电量不足时施工需要。

本方案分为桩基施工、站台层结构施工和高架层施工三个阶段，分别根据各阶段的施工用电量进行计算，取其最大值作为本工程临时用电所需变压器容量的计算依据。根据不同阶段的不同用电需求，制定相应用电配置方案，满足施工需要，待钢结构等主体施工时再编制临电专项施工方案。

18.2.4.2　用水条件

本工程临时用水包括施工用水(含桩基施工用水)，现场生活用水，消防用水(工人住宿生活区不设现场，工人生活区生活用水不计;混凝土采用商品混凝土,混凝土用水量不计)。临时给水管径选用 DN100,可以满足临时用水的需要。

1. 给水管网布置

根据本站房的总体高度(43.602 m)建筑规模大和《建设工程施工现场安全防护、场容卫生、环境保护及保卫消防标准》的要求,本工程现场施工、消防采用从市政给水管网直接供水,主干管选用环行管网供水方式,进入楼层后的竖管采用树状管网供水方式。市政 DN800 和 DN1 200 两输水给水管南北方向从站房 B、C 轴之间穿过,本站房拟在 DN800 给水管的南端开口,管径 DN100,设置总阀门井(内设水表)一个,主干管沿站房施工道路的一侧、基坑边、围墙边敷设,分区段设置控制阀门,每区段预留施工用水接口,确保站房施工用水和消防用水的连续性和可靠性。

主干管管材选用焊接钢管埋地敷设,沿线按消防要求布置地上式消火栓(DN65),每个消火栓根部接一支管,管径 DN25,安装 DN25 球阀两个,满足桩基础施工阶段用水要求;随着结构的施工,将给水管引至主体结构层内,共引入 10 根立管,管径为 DN65,沿柱子敷设(间距不影响柱面装修),在各施工层引出 DN50 消火栓接口一个,接支管 DN32,安装 DN20 球阀两个,满足主体施工时用水要求;办公区由主干管单独引 DN65 给水管保证办公区用水要求。

2. 排水管网布置:

因在现场办公区和加工区内设置了厕所,故施工现场排水有生活污水、雨水、地下施工废水等。为保证污、雨水符合相关的排放标准,采用污水、雨水两个排水系统。

(1)污水系统:

在厕所旁边设一化粪池,厕所出水管先进入化粪池,再排入污水井,最后再排入市政污水井。采用双壁波纹管。坡度采用 1%。化粪池设在比较容易清掏的地方,并设置检修口。

(2)雨水、施工废水系统:

考虑在雨季雨水和施工废水能畅通有序排放,保证施工和生活,从而在施工现场道路一侧设排水明沟收集地面雨水和施工废水,由于施工现场区雨水、废水含泥沙比较多,在排水沟低端设沉砂池,雨水和废水经沉砂池 3 级沉淀过滤后再排入市政雨水井。

1)管径计算

本工程临时用水包括施工用水量 q_1(L/S)(包括桩基施工用水),现场生活用水量 q_2(L/S),消防用水量 q_3(L/S)。(工人住宿生活区不设现场,工人生活区生活用水不计;混凝土采用商品混凝土,混凝土用水量不计)

2)施工用水 q_1:

每天平均用水量按下列公式计算:

$$q_1=1/(8\times3600)\times\sum qv/t \quad (每天 8 h 工作制)$$

式中　q_1——生产用水平均流量(L/s);

q——生产用水指标(L);

v——工程数量;

t——按施工组织、施工计划安排的各分项工程的工期。

砌砖用水指标　130 L/m³　按砌筑 200 m³/d

抹灰用水指标　30 L/m²　按抹灰 300 m²/d

养护用水指标　400 L/m²　按建筑 200 m²/d

$$q_1=130\times200+30\times300+400\times200=115\ 000\ \text{L/d}$$

$$q_1=115\ 000\times1/(8\times3\ 600)=3.99\ \text{L/s}$$

3)施工现场生活用水量:

$$q_2=\frac{P_1N_2K_3}{t\times8\times3\ 600}+\frac{P_2N_3K_4}{24\times3\ 600}$$

式中　P_1——施工现场高峰昼夜人数(取 2100);

N_2——施工现场生活用水定额(取 30 L/s);

K_3——施工现场用水不均衡系数(取 1.5);

t ——每天工作班数，按2班计算。

$$q_2=\frac{P_1N_2K_3}{t\times8\times3\ 600}+\frac{2\ 100\times30\times1.5}{2\times8\times3\ 600}=1.6\ \text{L/s}$$

消防用水量 q_3：根据规定，现场面积在 250 000 m^2 以内者同时发生火警2次，消防用水定额按 10～15 L/s 考虑。根据现场总占地面积，q_3 按 10 L/s 考虑。

4)总用水量计算：

$$q_1+q_2<q_3$$
$$Q=10\ \text{L/s}$$

总用水量 $Q=10$ L/s，考虑增加10%，以补偿水管漏水等不可避免的损失，故总水量：

$$Q_{总}=1.1\times Q=10\times1.1=11\ \text{L/s}$$

5)供水管径：

施工及生活用水管径的计算：

$$D_1=\sqrt{\frac{4\times Q_{总}}{\pi\times V\times1000}}=\sqrt{\frac{4\times11}{3.14\times1.5\times1000}}=0.097\ \text{mm}$$

式中　V——水管内的流速，取1.5 m/s。

确定临时给水管径选用DN100，可以满足临时用水的需要。

18.2.4.3　交通运输条件(场区内)

广深港客运专线深圳北站车站建筑，总体规划范围为留仙大道、上塘路、玉龙路和站场西侧规划路围合区域。

深圳北站的交通运输通道主要有：玉龙路旁施工便道与既有新区大道是我部站房南端施工的主要通道，其中玉龙路旁施工便道作为连接站房与外界的重要通道将一直使用到工程完工，而既有新区大道由于其基坑开挖和临时改迁水管的影响，站房施工进场时已不能作为南北向的施工通道。随着平南铁路既有线拆除和便线通车，将搭设两座跨便线钢架桥作为站房东侧，1-7、1-8轴区域的主要施工通道；另外，为解决东广场Y型钢柱施工通道问题及满足平南铁路新线两侧基础施工需要，修建了两条临时施工通道：一条由玉龙路东侧引进的便道作为东广场的施工通道，一条由通过西侧钢便桥进入平南铁路新线的施工通道。

18.2.4.4　周边环境条件及交叉施工情况

规划的深圳北站建筑场地位于丘陵地区，原生地貌为平缓低丘及丘间谷地，海拔高程为70.2～104.8 m，相对高差约30 m。既有建筑主要有平南铁路和新区大道，以及零星简易房，平南铁路以路堑挖方形式自东向西穿过场区，其路肩标高在69～72 m间；新区大道为2007年新建成通车的城市道路，路面标高在80 m左右，受上述人工活动影响，地貌已发生了较大的变化，夷平后的地面高程多介于77～84 m间，其中场地南侧填土较厚。

平南铁路既有线、新线、便线，地铁5号线以及新修成的新区大道，两根Φ1200市政供水管等分别呈东西、南北向穿越场地，将主站房施工场地分成多个独立孤岛，基础和主体机构交叉施工影响大。此外，沿上述道路两侧有大量电力、燃气、通讯等电缆，也会给车站工程的施工带来较大的影响。除了已施工市政工程的影响外，还受到各单位、各专业之间的配合协调、场地运输、行政规定等制约。

1. 周边施工单位分布情况

东侧为中铁四局及中铁建工负责施工的地铁5号线区间和东广场综合工程；南侧为中铁四局负责施工的玉龙路高架桥工程；西侧为中铁建工负责施工的西广场综合工程；北侧为中铁建工负责施工的留仙大道高架桥工程和中铁二十三局负责的平南铁路便线工程。同时在项目部红线内有中铁四局负责施工的新区大道改造工程、地铁5号线区间和地铁4、6号线高架铺轨工程(如图18-2所示)。另有中铁二十三局负责的平南铁路新线工程位于项目部站房区域内。

2. 新区大道交叉施工情况

(1)既有新区大道为双向八车道市政主干道，位于项目部站房A～C轴区域。设计新线南移40 m后从站房2/0A～B轴区域下穿过站房，平均基底高程约56.700 m(站房81.690 m为±0.000标高)。中铁四局已于2008年9月采用明挖法开始其基坑施工，在其施工基坑内及边坡上均有深圳北站桩基础。交叉情况结构详图如图18-3所示。

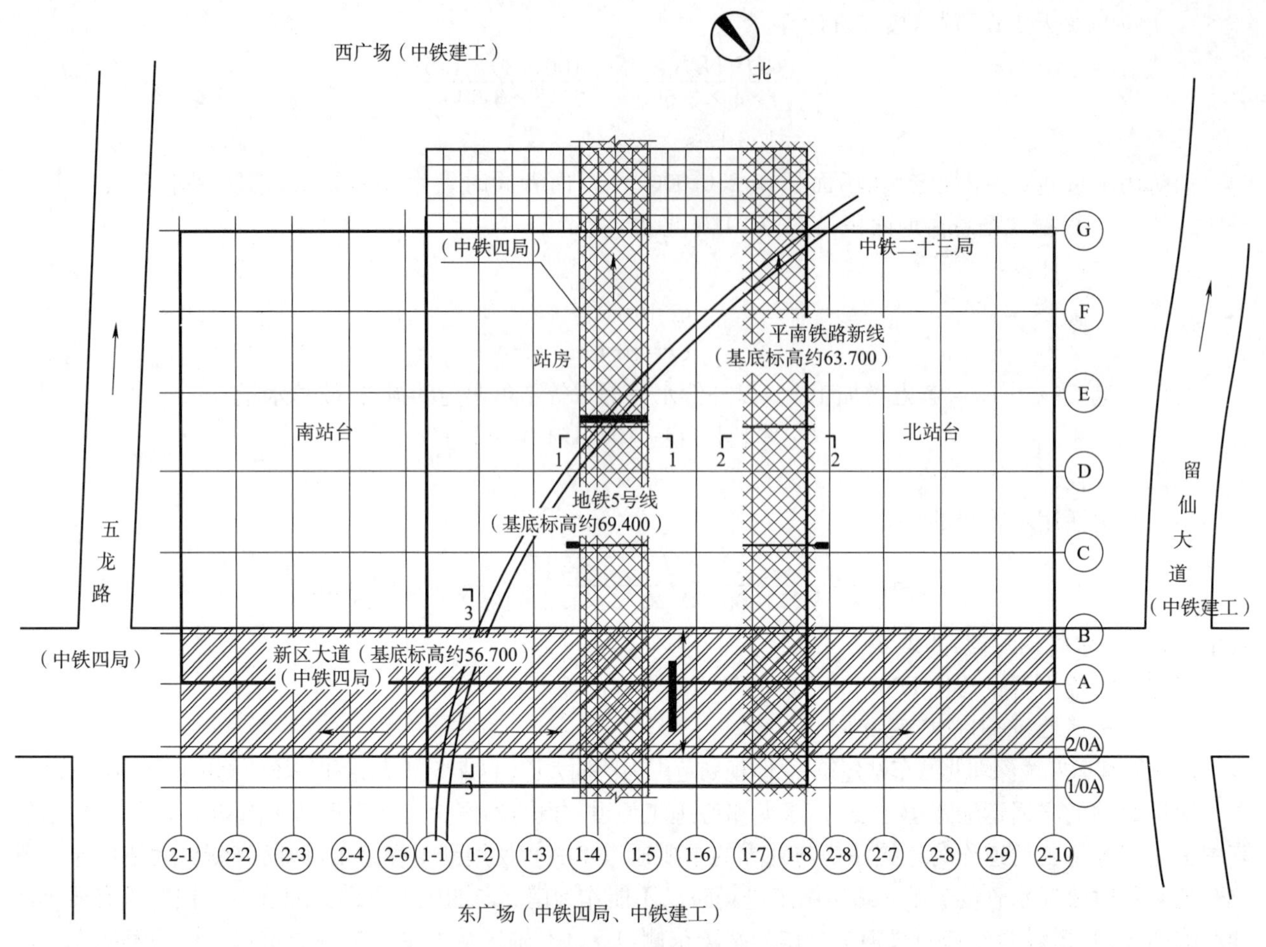

图 18-2　周边施工单位分布情况图

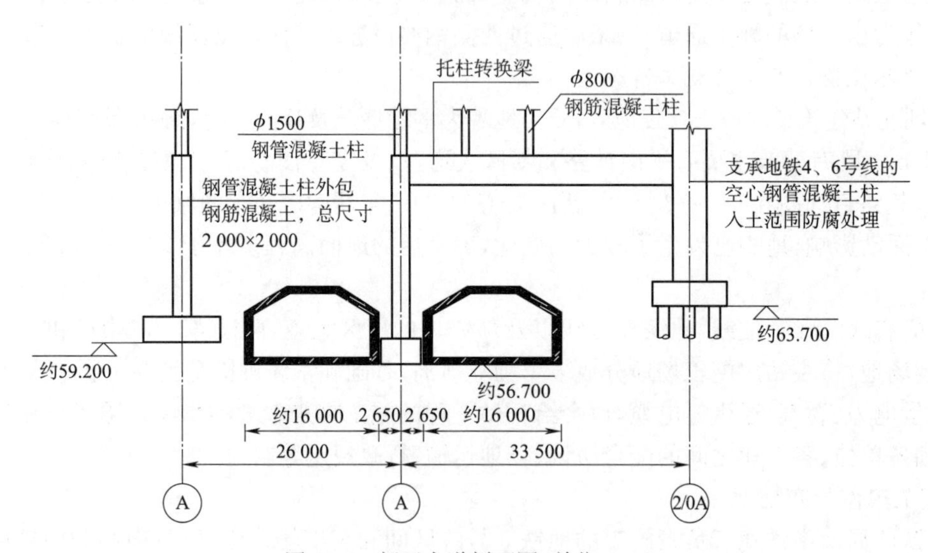

图 18-3　新区大道剖面图(单位:mm)

(2)新区大道 1-4～1-8 轴交 2/0A～B 轴区域。A 轴基础位于其双向框架结构中间;B 轴基础在新区大道基坑开挖边坡上;2/0A 轴基础位于新区大道基坑开挖边坡上。

(3)新区大道 1-1～1-3 轴交 2/0A～B 轴区域。由于该区域受平南铁路既有线影响,需等待既有平南铁路桥拆除后方可施工。

3. 平南铁路交叉施工情况

既有平南铁路斜穿站房,深圳西站发出列车主要经过此干线出城,日发列车 29 对。平南铁路新线在站房内下穿通过(标高位于新区大道与站房±0.000 之间),采用明挖法已开始施工,同时在项目部站台区域修建临时便线。受新线和便线影响共计 184 根桩,102 个承台。既有线的拆迁需等待临时便线的通车。交叉结构详图如图 18-4 所示。

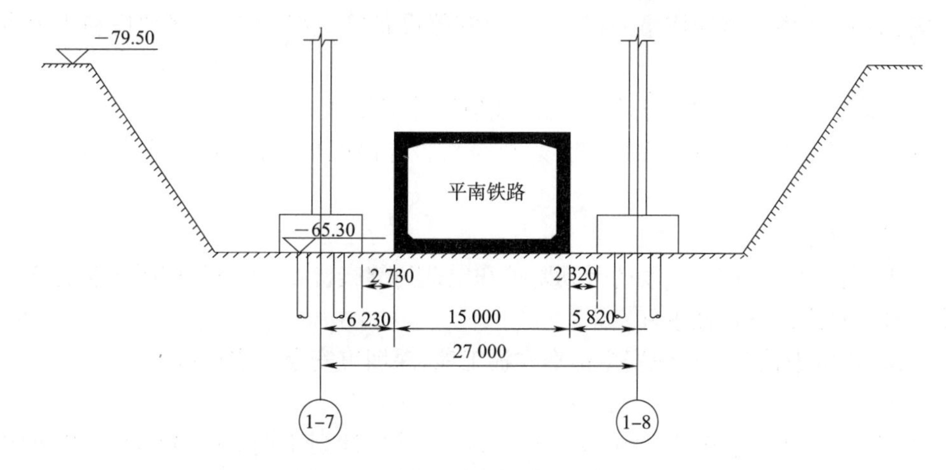

图 18-4　平南铁路剖面图(单位:mm)

4. 地铁 5 号线交叉施工情况

地铁 5 号线区间采用隧道的形式通过站房。受其影响共计 62 根桩,26 个承台。交叉结构详图如图 18-5 所示。

5. 玉龙路、留仙大道交叉施工情况

玉龙路和留仙大道为市政主干道,深圳北站的施工通道以这两条干道为主。其玉龙路和留仙大道高架桥工程开始后,深圳北站的进出车辆需从其桥下通过。

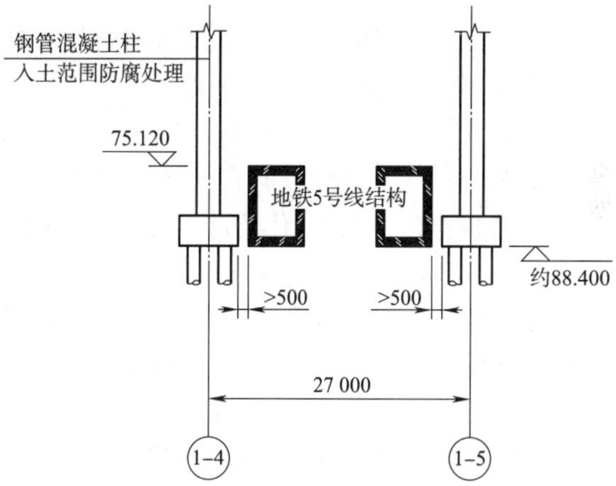

图 18-5　地铁 5 号线剖面图(单位:mm)

18.3　工程项目管理组织

工程项目管理组织(见附录 1),主要包括以下内容:

(1)项目管理组织机构与职责;

(2)施工队伍及施工区段划分。

18.4　施工总体部署

18.4.1　总体施工指导思想

总体施工指导思想是:弘扬开路先锋精神,做实三项工作,实现四项目标。即:扎实做好精细管理、外部协调、科技攻关三项工作;全面实现建造国家级优质工程、创造高层次科技成果、打造高素质项目团队、塑造良好企业形象的四项目标。

18.4.2　施工总目标

18.4.2.1　质量目标

1. 工程质量符合国家和铁道部有关标准、规范及设计要求。

2. 工程质量无隐患、主体工程质量零缺陷,检验批、分项、分部工程施工检验合格率 100%,单位工程一次验收合格率 100%。

3. 杜绝一般及以上工程质量事故发生。

4. 内业文档资料真实可靠,整齐完备,满足部颁有关文档资料管理办法的要求。

5. 深圳北站工程创省部级优质奖,争创詹天佑奖、鲁班奖工程。

18.4.2.2　安全目标

1. 杜绝员工死亡责任事故,员工年重伤控制在 0.1 人/亿元产值以下。

2. 杜绝既有线施工行车一般以上事故，减少险性事故。

3. 杜绝火灾、锅炉、压力容器爆炸事故，锅炉压力容器设备检定率100%，锅炉房和压力容器设备合格率100%。

4. 杜绝因施工造成的燃气、供电、通信、供水管线损坏等责任事故。

5. 杜绝因施工造成的高坠、物打、触电、坍塌、机械伤害等惯性事故、交通中断、周边建(构)物损坏等责任施工；

6. 杜绝一般以上交通事故。

7. 对从事有害作业的人员进行必要的劳动防护和定期的健康检查，预防和控制职业病危害。

8. 杜绝影响社会稳定的群体性事件发生。

9. 创建公司级、中国中铁总公司级安全标准样板工地，深圳市安全文明工地。

18.4.2.3 工期目标

合同工期：20个月(2008年10月10～2010年5月31日)，计划工期2008年11月25日开工，2010年12月23日完成全部建筑安装工程，工程总工期25个月。

18.4.2.4 文明施工及环境保护目标

1. 施工及生活废水、废气排放，建筑垃圾处理、弃渣等符合国家、铁道部、深圳市政府规定，固体废弃物分类堆放，交由专业部门无害处理。

2. 施工扬尘得到有效控制，施工场界噪声控制达标。

3. 杜绝因火灾、爆炸、有害气体泄露等造成的环境污染责任事故。

4. 积极推广新技术，优化施工方案，节约能源，降低消耗，减少污染物的排放。

18.4.2.5 科技创新规划目标

通过复杂环境下站房工程施工积累经验，形成深圳北站成套施工技术，分8个子课题展开研究，创股份公司科学技术一等奖，争创省部级科技进步奖。

1. 65 m悬挑钢结构屋盖施工技术

大悬挑结构在钢结构建筑中比较常见，特别各种标志性建筑，而根据各工程的特点悬挑结构施工技术有着各自不同的特点，本工程悬挑结构悬挑跨度大，杆件重，为斜坡悬挑，施工过程中需解决以下几个技术难点：

(1)进行受力分析，确定安装顺序。

(2)结合结构特点选择吊装设备。

(3)对悬挑桁架进行合理分段。

(4)进行结构受力分析，设计支撑胎架体系。

(5)解决空间结构测量定位。

(6)通过计算分析，合理布置支撑点，及确定支撑拆除卸载顺序。

2. 超厚钢结构焊接变形控制探讨

建筑钢结构厚板现场焊接质量对建筑结构的安全至关重要，在施工过程中容易出现变形等质量问题。施工单位在焊接作业前首先应确保材料的合格，做好焊接工艺评定试验，并针对现场的作业环境进行焊工培训，加强焊接操作过程的管理。在原材料合格的前提下，由合格的焊工按照评定合格的焊接工艺施工，厚板现场焊接的质量一定是可以得到保证的。

(1)研究制定合理的焊接工艺流程。

(2)研究周边环境等对厚板焊接的影响差量。

(3)监测焊接应力对焊缝产生的影响。

3. 大跨度异形空间钢结构的深化设计

这次主要针对深圳火车北站项目的大跨度异型空间钢结构的深化设计进行深入的研究。这种大跨异型空间结构深化设计要结合工厂制作、工地安装的情况综合考虑。现工厂的工艺技术和现场的施工组织设计要求对构件节点设计、拼装位置等都有特别要求。

三维深化设计软件 Tekla Structures 能较好的满足本工程的设计需要，但由于本工程的复杂，使得该软件自带程序不足够满足本工程设计需要，故在此基础上进行的二次开发就显得非常重要，事实上也是本次深化设计成败的关键之一。

关键技术问题：

(1)三维深化设计软件的选型。

(2)配合构件制作安装的节点设计及其在软件的实现。

(3)人员培训。

(4)深化设计软件二次开发。

4. 复杂异型空间钢结构测量控制技术

(1)研究大跨度桁架拼装及安装时测量的控制技术要领。

(2)研究如何更准确监测空间异型杆件连接的安装精度。

(3)培养理论操作一体化的高技术测量专业人才，并针对火车站的空间结构体系制定完善的测量施工方案及施工测量工艺。

5. 超大型钢箱柱施工工艺研究

根据本工程4 m巨型钢柱的特点，截面尺寸大，钢板厚度厚、且设置有内环板，双层钢板组成，如何解决巨型箱柱的吊装问题，巨型箱柱的分段、分节点的设置问题；安装就位后的焊接，如何能保证钢柱对接时全部能够焊接到位，巨型箱柱在施工现场的拼装问题以及拼装过程中的保证措施，巨型箱柱拼装焊接完成后如何进行吊装，以及吊装设备的选择和吊装的手续等内容，上述内容将做为巨型箱柱的重点研究课题。

6. 高空大跨度钢结构吊装技术研究

根据当前的发展形式，国家加大对铁路建设的投入，因此火车站站房数量将进一步加大，而站房结构基本为钢结构，特别对于现在的站房设施要求进一步提高的前提下，站房钢结构基本为大跨度，大悬挑结构，以此来满足现代设计及人文要求。所以站房大跨度钢结构将作为今后发展的一个重要的趋势。

特别是近年来对于大跨度钢结构吊装技术提出的各种规范性要求，同时对钢结构吊装要求其各种作业人员必须持特种作业人员上岗。

7. 多连跨无站台柱雨棚四边形环索弦支体系施工技术

广深港客运专线ZH-3标主站房无站台柱雨棚的结构形式，屋盖在张拉前为不稳定结构，无法按常规办法独立安装，需通过支撑辅助措施安装完成上弦杆件然后进行张拉方能形成稳定体系。施工过程中需解决以下几个问题：

(1)分析确定多连跨无站台柱雨棚张拉屋盖的施工顺序。

(2)在不稳定状态下上弦杆件的安装技术。

(3)辅助支撑体系的计算及设计。

(4)分析结构受力情况，进行各节点的张拉排序和张拉应力的控制。

8. 客运专线车站系统设备安装集成技术。

(1)LED发光顶棚系统探讨。

(2)车站机电设备监控系统。

(3)大空间智能型喷水灭火系统的研究。

(4)屋顶太阳能电池节能系统探讨。

(5)照明智能集中控制系统研究。

18.4.2.6　节能减排目标

为加强节能减排管理，提高能源利用效率，实现节能减排、保护环境、降本增效的可持续发展目标，建立节约型企业，依据《中华人民共和国节约能源法》(以下简称《节能法》)、国务院《关于加强节能工作的决定》、《关于进一步加强中国中铁股份有限公司节能减排工作的通知(中铁程办〔2008〕126号)》、《关于印发中国铁路工程中国中铁股份有限公司节能减排考核奖惩办法的通知(中铁程办〔2008〕133)》以及相关法律、法规，制定专项实施方案。到2009年底，万元营业收入综合能耗比基期下降16%，到"十一五"末，实现能耗下降20%的目标。

18.4.3　总体施工组织程序

18.4.3.1　施工准备

1. 土建施工准备

技术准备按时间进程分为前、中、后三个阶段，前期是基础，中期是强化，后期是完善，需要做到项目齐全，标准正确，内容完善，计划超前，交底及时，重在落实。进场后立即展开技术准备工作，技术准备工作分为内业和外业准备。

(1)内业准备

1)审核施工图纸，做好会审记录，编写审核报告；

2)临时工程设计方案确定；

3)编制施工组织设计；

4)编制施工工艺标准和保证措施；

5)制定技术管理办法和实施细则；

6)制定创优规划、明确创优目标；

7)进行岗前技术培训。

(2)外业准备：

1)现场详细调查；

2)现场交接桩与复测；

3)料源合格性测试分析、定点；

4)测量仪器的计量标定；

5)测量放线。

(3)资源准备

1)劳动力组织：投入本工程的施工力量拟从公司各方组成专业施工队，并根据施工作业面的变化和工作量适时动态调整。

2)物资材料准备：本工程所需材料品种多、供货时间相对集中，应周密安排好材料供应计划、超前考虑，避免短货、缺货现象发生。各种材料本着先试验、后定点，并经业主及监理工程师确认后，才能订购，严格进场材料抽检制度，把好原材料质量关，杜绝伪劣材料进场。

3)施工机械设备、仪器准备：主要机械设备、仪器均从公司各方自有机械设备、仪器中调配，少量不足拟从社会租赁或购置。所有机械设备及工器具应严格按照一般机械的有关规定和产品的专门规定进行定期检查和维修保养，以保证它们处于良好和安全的工作状态，日常保养、检测及维护工作应尽可能安排在非工作时间进行，以确保工程施工不间断地进行。

(4)现场准备

队伍进场后，立即开展生产准备各项工作，生产准备工作进展好坏，是关系到工程能否准点开工的重要环节，应高度重视，严密组织，做到有条不紊，忙而不乱。重点应抓好以下几方面工作：

1)拆迁、清障：积极配合业主搞好房屋拆迁工作，加快拆迁进度；同时及时与有关单位取得联系，认真勘查，探明地下管线、构筑物分布情况，做出明显标识，并做好记录，加强保护措施，为下一步制定处理方案做好准备。

2)三通一平：根据施工实际需要和施工总平面布置要求，快速有序的组织临时工程的施工。首先，按现场平面布置总图要求，尽快开通施工便道，并根据业主提供的水源、电源，架设施工电力主干线，敷设施工供水主干管，将水、电引至各主要施工工点，做好现场临时水、电及消防等系统安装。然后，迅速展开施工临时设施的修建，调配机具设备的就位、调试，组织工程所需材料陆续进场。

3)坐标点的引入：由业主邀请测绘设计院进行定位桩及建筑红线和坐标点的引入工作，现场交接桩与复测，然后依据设计图纸、业主提供的坐标点和已知水准点，复核建筑物控制桩，引入高程控制网水准点，做好现场控制网测量，并及时报验监理，同时实施对桩点的保护。

2. 钢结构施工准备

(1)深化设计准备

由于本工程设计图纸是根据施工顺序分步、分阶段进行提供，考虑到深化设计的周期时间，应尽可能提前介入，组织进行深化设计。

1)同步进行深化设计工作：从2008年10月下旬，我公司已经派驻设计人员进入设计院，加强与设计院的沟通，随时了解设计进度，同步进行深化设计工作。

2)加强与设计院沟通：取得设计院的支持，使得我们可以提前进入材料采购程序。

3)深化设计的人员保证:为了保证本工程深化设计的进度,公司已经集中了25人的本工程深化设计组,驻扎工厂,从人员上保证深化设计的完成。

(2)材料及构件采购与运输

1)根据图纸提前提出材料采购清单,以便材料采购拥有足够的采供时间,保证材料能够尽早到达加工厂。

2)大截面圆管构件(≥900 mm)定尺采购,从广东韶钢汽车发运到合肥紫金卷管厂卷管(运输距离约1 170 km),钢管卷制完成后汽车发运到珠海加工厂二次加工(运输距离约1 550 km)。运距长,运输周期长,需专人跟踪了解材料的情况、材料出厂后在运输过程中状况,确保材料能按期到达。

3)小截面圆管构件材料(直径<500 mm)定尺采购,从天津厂家汽车发运到珠海加工厂二次加工(运输距离约2 750 km)。运距长,运输周期长,需专人跟踪了解材料的情况、材料出厂后在运输过程中状况,确保材料能按期到达。

4)框架层所用钢板材料,从广东韶钢汽车发运到珠海加工厂进行构件加工(运输距离约480 km)。

5)钢结构构件在珠海加工厂加工完毕后,采用汽车分批运送到深圳北站堆场进行拼装(运距约350 km)。

由于构件材料数量多,运距及运输周期长,需专人跟踪了解材料的情况、材料出厂后在运输过程中状况,确保材料能按期到达。

(3)工厂制作准备

根据本工程特点,就近服务,提高反应速度,是保证构件供应的原则。因此本工程主要安排在杭萧钢构珠海加工基地完成。珠海加工工厂的准备与安排如下:

根据本工程的构件特点,重新调整设备布局,更好的满足本工程的情况,此工作已于2009年2月完成。

配合本工程构件特点,新近添置800多万元的加工设备,已采购安装到位,调试完成。

内部进行产能调配,7月份以后,珠海加工基地的90%产能全部用于深圳北站钢结构工程的加工。

工厂新制作一个2万m^2的堆场,场地参照现场构件堆场全部硬化,采用C25混凝土浇筑,厚度200 mm,并配备32 t龙门吊,作为工厂专门堆场,当图纸材料到位不按顺序时,先生产部分构件在工厂堆放,以保证工厂产能。

项目部编制构件加工计划表,每天由工厂对每条构件的加工状态进行填写,提前预支每条构件的状态,发现异常及时调整。保证顺利制作、顺利运输、顺利安装,保证现场安装能够分步提交工作面给下道工序。

(4)现场施工准备

针对本工程的实际情况,制定详细的安装方案,投入足够的人力物力保证本工程的工期。并根据现场的施工条件,不断完善改进施工方案。

调整人力资源,做好遍地开花的准备,由于前期图纸、材料、场地的影响,可以预料后期的施工压力将十分巨大,我们已经准备好600多名施工技术工人,随时待命,做好了多开工作面的准备。

进行施工临时堆场、场内转运及吊装通道、拼装场地等的规划布置,并进行施工。

进行拼装胎架的制作与规划布置、支撑制作准备。

专人确认机械设备的准备情况,及时组织机械设备按照预定计划进场,并派专人检查维修。

3. 安装施工准备

(1)设计方案的审查

初步设计确定以后,应提与设计单位沟通,掌握初步设计方案情况,使方案设计方案,在质量、功能、工艺技术等方面均能更符合深圳北站的要求,并便于安装施工,为以后施工创造便利。

由于机电设备安装子系统较多,因此需考虑深化设计的周期时间,应尽可能提前介入,组织进行深化设计。

1)同步进行深化设计工作:从设计之初就提出"设计跟遂"制度,指派系统工程师提前跟设计院相关设计师进行沟通,随时了解设计进度,加快加强深化设计工作。

2)加强与设计院沟通:取得设计院的支持,提前得到深化图纸。

3)深化设计的人员保证:为了保证本工程深化设计的进度,项目分部已经集中了25人的本工程深化设计组,驻扎工厂,从人力上保证深化设计的完成。

(2)熟悉施工图纸

1)检查施工图纸是否完整和齐全;施工图纸是否符合国家有关工程设计和施工的方针及政策。

2)施工图纸与其设计说明在内容上是否一致;施工图纸及其各组成部分间有无矛盾和错误。各专业图对同一部位的开门方向、开窗位置、设备标注尺寸等是否一致,各专业预埋件、沟、槽、管、洞是否与土建图一致

3)熟悉安装工艺流程和技术要求;审查设备安装图纸与其相配合的土建图纸,在坐标和标高尺寸上是否一致,土建施工的质量标准能否满足设备安装的工艺要求;弄清建筑物与地下构筑物、管线间的相互关系。

(3)设备、材料准备

材料的供应由项目部依据工程的进度计划和实际的工程进度,按实提出采购申请计划,经审批后由材料部进行采购或者甲方提供。材料采购应在考核合格的供应商内进行采购。材料供应商应提供相应产品合格证、消防流通领域证等有效证件,以防不合格产品进入现场。材料进场后,及时向甲方代表和监理公司进行报验。

因部分系统设备为"甲供"设备,所以分部需按实际工程进度提早向项目部提供设备材料采购计划,以便设备按时、按量到场保证施工工期。

设备、材料进场后需第一时间请监理及相关人员进行检验,完善检验相关手续。坚持"不合格品不进场"原则严把质量关。

(4)现场施工准备

1)施工场地测量、划分

根据给定永久性坐标和高程,按照建筑总平面图要求,进行施工场地划分,设置场区永久性控制测量标桩。

2)施工场地用水、电条件

利用总包提供的电力满足施工用电。施工用水利用市政自来水。施工期间主要利用无线电对讲机作为主要通信工具。

3)做好"四通一平",认真设置消火栓

确保施工现场水通、电通、道路畅通、通讯畅通和场地平整;按消防要求,设置足够数量的消火栓。

4)临时设施

按照施工平面图和施工设施需要量计划,建造各项施工临时设施,为正式开工准备好用房。

5)组织施工机具进场

根据施工机具需要量计划,按施工平面图要求,组织施工机械、设备和工具进场,按规定地点和方式存放,并应进行相应的保养和试运转等项工作。

6)组织建筑材料进场

根据建筑材料、构(配)件和制品需要量计划,组织其进场,按规定地点和方式储存或堆放。

7)做好季节性施工准备

按照施工组织设计要求,认真落实冬施、雨施和高温季节施工项目的施工设施和技术组织措施。

8)设备水平运输时,严防出现颠簸、倾翻现象,设备不得横放、倒置等,防止发生伤人、损伤设备现象。

9)设备吊装时,应由专业起重工负责,采取合理稳妥的吊运技术措施,特别注意防止碰撞,索具必须牢固可靠,钢丝绳与设备接触要放置夹布橡胶、木板或套上橡胶管,以保护设备的本体(大型设备吊装方案另编制)。

10)在施工前必须对每个施工人员及现场管理人员进行安全教育培训,经考核后持证上岗。工班长、作业队长、现场技术负责人必须熟悉施工图纸,了解现场各施工机具操作要点。

4. 装修施工准备

建立图纸会审制度,在每个分项工程开始施工前,进行图纸审核,着重注意各专业间交叉配合,互通设计细节,核对空间尺寸,研究交叉配合中的相关问题,施工尺寸及标高需重点复核。施工前,将土建、水、电等工程的图纸进行互审,从中发现各专业设计中的矛盾,予以解决。

根据施工组织迅速组织人员和机械设备上场,严格按照图纸所示,清理工地范围内妨碍施工的各种构筑物、障碍物,为临时工程和主体工程施工创造条件。修建施工运输便道等临时工程,做好各项施工准备,迅速

展开施工。施工队伍和机械设备进场施工做到“三快”：进场快、安家快、开工快，迅速掀起施工生产高潮，确保总工期目标的实现。

通过各种宣传方式，积极宣传新建工程的深远意义，使当地民众家喻户晓，从而赢得社会的理解、关注与支持。自觉遵守与维护当地政府的有关条例、规定，规范行为、遵章守纪。同有关行政单位、公益企事业单位保持较密切的联系，维护当地群众的利益，确保工程顺利完成。

(1)成立项目经理部，按《施工组织设计》配备管理人员。

(2)按照 GB/T19001—2000 idt ISO9001：2000 标准建立本工程质量管理体系。

(3)按照 GB/T24001—2004 idt ISO14001：2004 标准建立环境管理体系。

(4)按照 GB/T28001—2001 标准建立职业健康及安全管理体系。

(5)选择素质高的劳务作业队，分期分批组织劳动力进场，并进行入场教育及质量、安全技术交底，明确任务目标。

(6)按经批准的施工总平面布置图搭设现场生产、生活设施，进行进场道路修建、场地硬化，保证交通道路畅通、规则整齐。

(7)进行临时水、电及消防等系统安装。

(8)根据施工组织设计中的机械设备配备表，分阶段配备各种施工机具进场。

(9)合理安排、精心组织各种周转材料进场准备工作。

(10)做好市场调查，及时掌握市场信息，选择优质的供货商采购施工所需物资，进场检验合格后方可投入使用。

18.4.3.2　*施工区域划分*

1. 平面总体分区图

根据本工程特点，在施工总体部署时分成车站土建工程、车站钢结构工程、车站设备和装修四个相对独立的体系进行部署，由于多线路、多施工单位交叉施工，本工程总体施工顺序为：先地下后地上，先局部后整体，以新区大道、地铁 5 号线、平南铁路等区域为关键控制线路分区段施工，合理布置、科学组织，做好各工序之间衔接，最大限度开展平行施工，由下至上流水作业，确保工程总工期实现。

(1)基础工程分区

基础工程包括预制管柱基、扩大头钻孔灌注桩、人工挖孔桩、承台及天然基础、地下部分钢柱吊装，根据图纸及现场新区大道、地铁 5 号线、平南铁路施工情况将本工程基础施工分为四大区域。

基础施工阶段如图 18-6 所示。

(2)主体结构工程分区

主体结构工程包括±0.00 站台层、4.5 m 夹层板、9 m 高架层板、15 m 层商业预留层板、18 m 层结构板、地上部分钢柱、钢梁以及屋盖桁架结构。主体结构主要为钢结构且钢结构工程具有大跨度、大悬挑、大截面的特点，钢构件的拼装、安装占用场地比较大及安装难度较大，应以钢结构安装为主控线。针对深圳火车站工程的特点及图纸要求，钢结构工程可以分为两个独立的部分进行施工：无站台柱雨棚与主站房。

主站房部分可划分为钢柱安装、桁架安装、9.0 m 标高候车厅楼层梁施工、1-1 轴—1-2 轴及 1-7—1-8 轴 13.8 m 标高候车商务厅楼层梁施工、1/0A-2/0A 轴 18.8 m 标高 4 号线和 6 号线轻轨支撑承台梁施工以及 1/0A 轴和 H 轴以外悬挑结构的施工。根据本工程钢结构自身特点及目前主体结构施工总体安排情况。

施工分区和施工流程：站房主体结构施工走向为由东西向中间合拢，主要分为 7 个区域，19 个分区：A1～H3 区。主体施工阶段分区如图 18-7 所示。

(3)二次结构及装饰装修分区

二次结构及装饰装修分区基本依据站房主体结构平面分区进行划分，同样分为 8 个区域进行施工，施工顺序依据钢结构施工走向进行。

2. 竖向总体分层图

本工程工程竖向分层主要分为 5 层，如±0.00 站台层、4.5 m 夹层、9 m 高架候车层、15 m 商业预留层、18 m 四、六号线站厅层。

18.4.3.3　*施工顺序*

1. 整体施工总流程图(如图 18-8 所示)

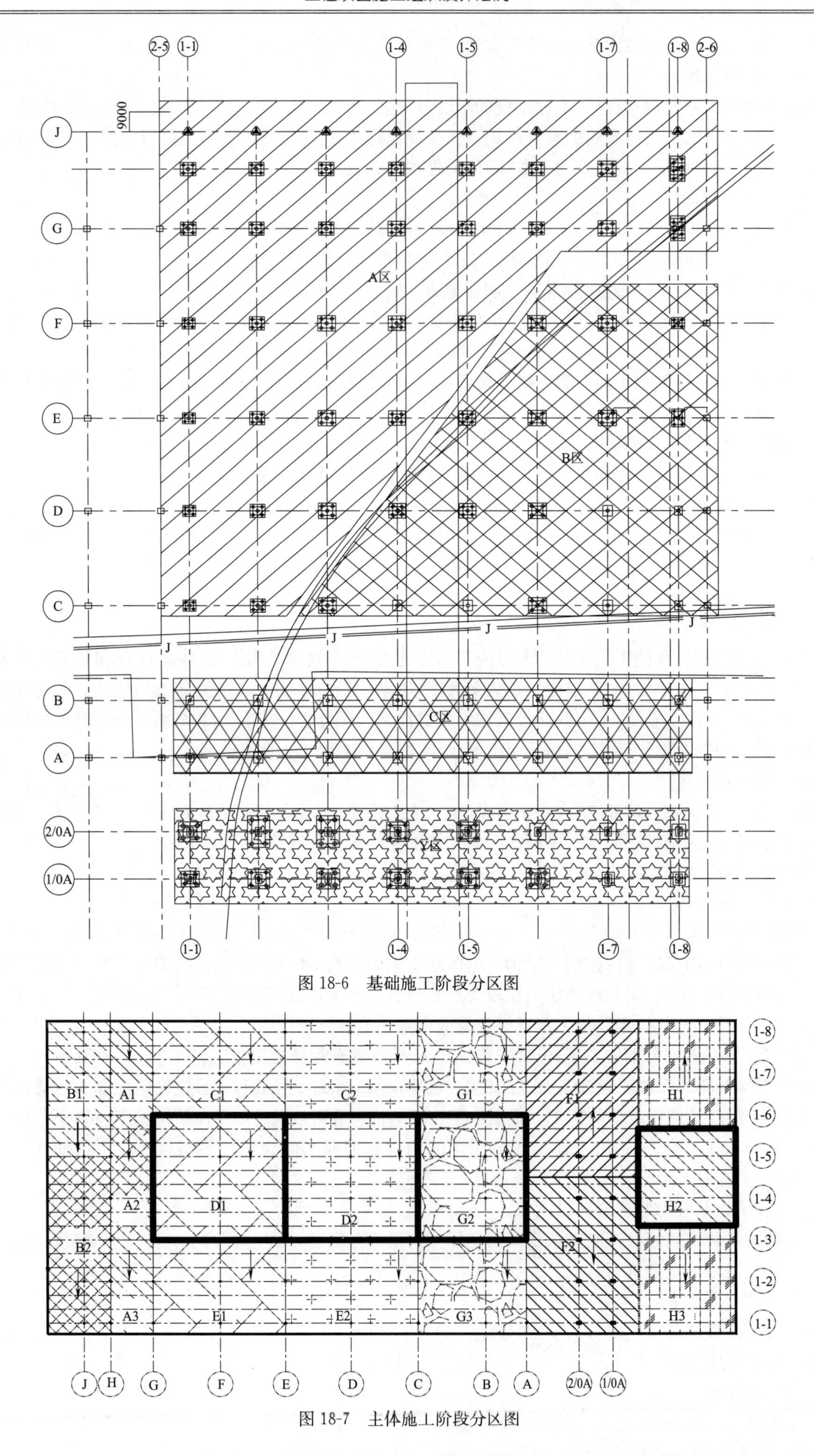

图 18-6　基础施工阶段分区图

图 18-7　主体施工阶段分区图

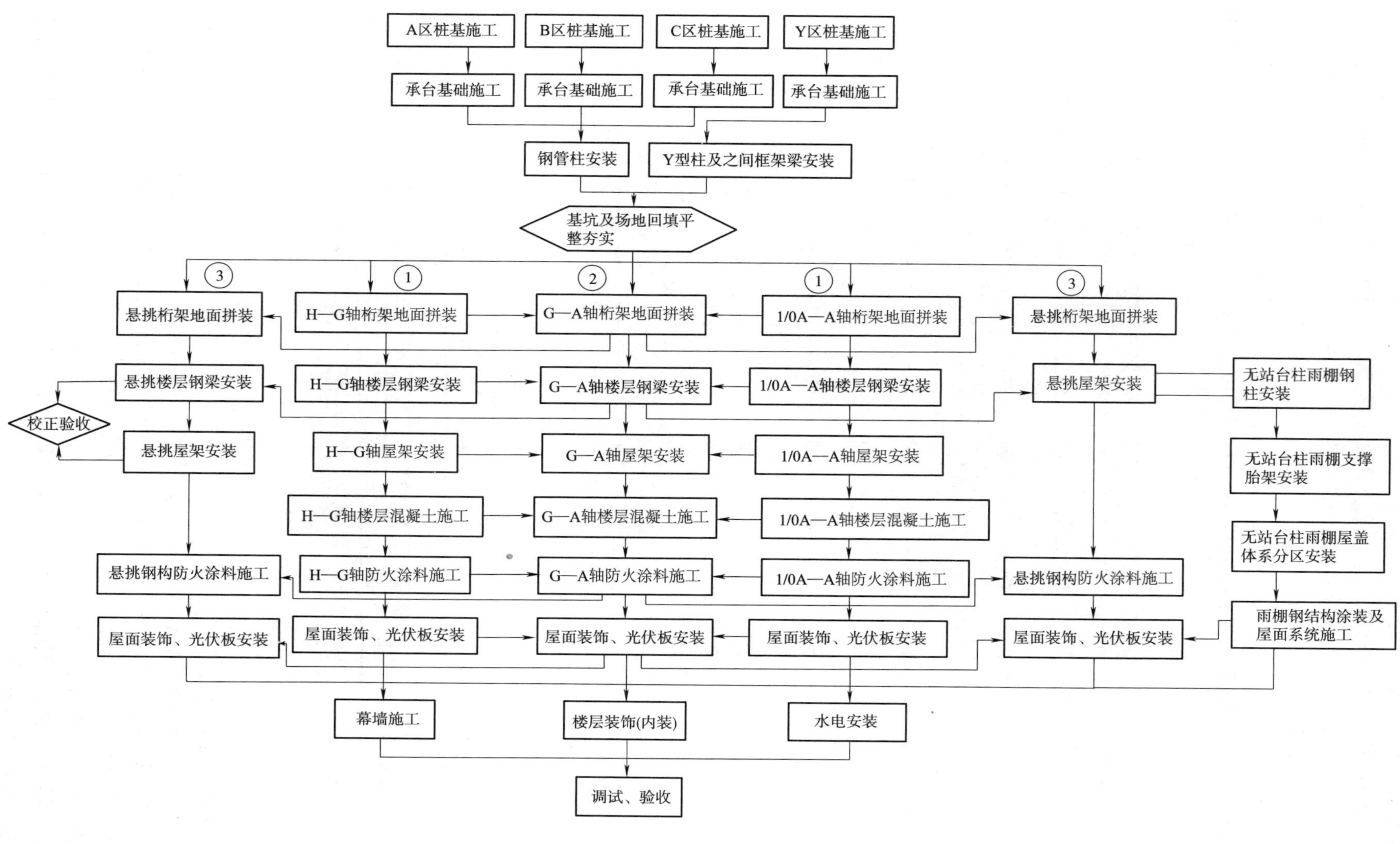

图 18-8　整体施工总流程图

2. 地下结构施工顺序图

根据地下部分钢柱的形式分为圆管柱和 Y 型柱 2 种形式钢柱，其中根据施工现场具体的施工情况，综合进行分析，以新区大道既有线和平南铁路既有线道路为界，吊装分区共分为 4 个施工大区，每个施工大区安排一个施工队伍进行组织施工，4 个施工区域分别是 A 区、B 区、C 区、Y 区。

4 个施工区域可以同时安排 4 个施工队伍进行组织施工，这 4 个施工区域根据施工条件和交叉情况，各个施工区域再次进行划分，按照最急施工区域和需要及时提供作业面的区域划分，各个施工区域分区如图 18-9 所示。

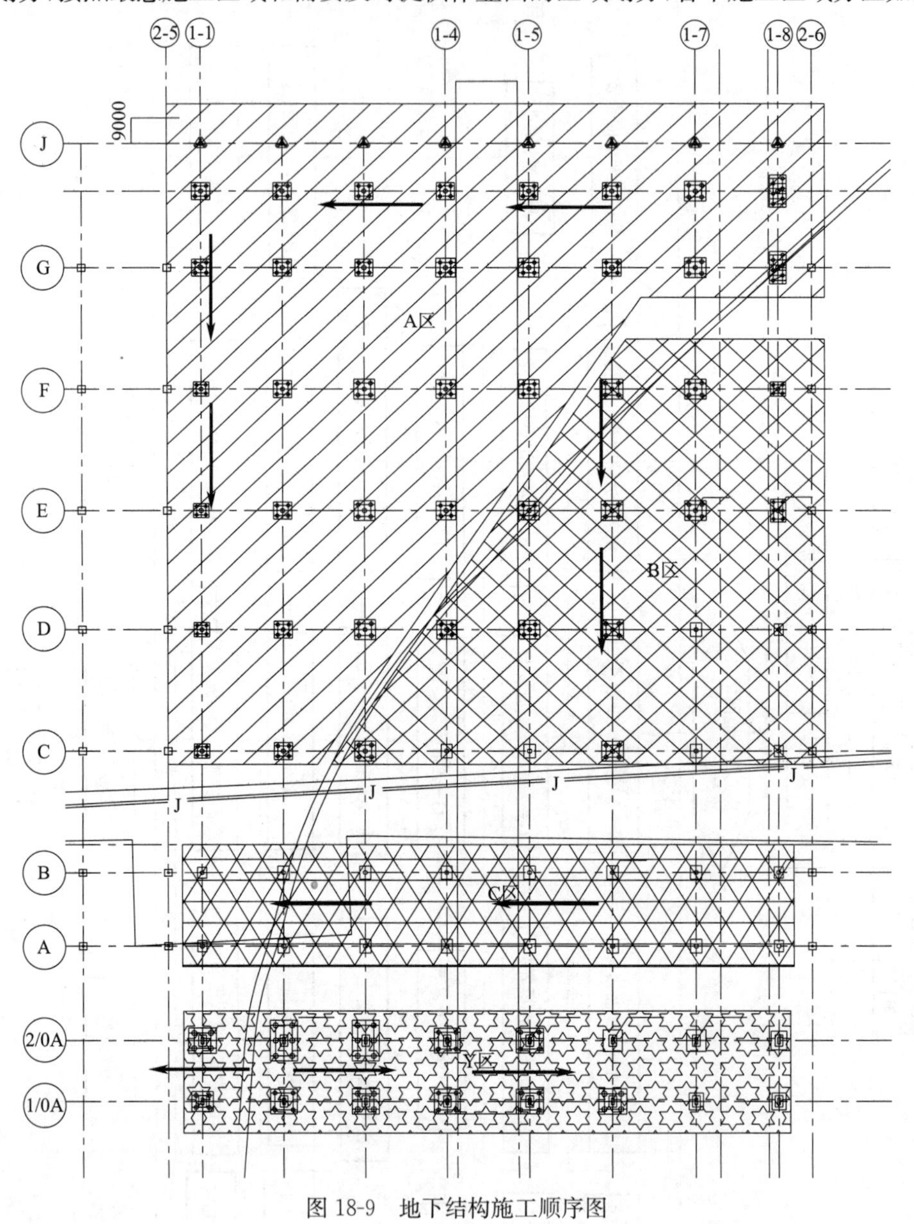

图 18-9 地下结构施工顺序图

3. 地上结构施工顺序图

首先同步进行 G～H 轴(A 区)及 Y 柱上部结构施工(F 区)，G～H 轴屋盖施工完成部分后插入进行 E～G 轴、C～E 轴结构施工，东西侧悬挑(B 区及 F 区)待相邻区间上部屋盖结构施工完成后进行，站房合龙段设置在 A～C 轴区间(G 区)，地上结构施工顺序如图 18-10 所示。

4. 雨棚结构施工顺序图

由于施工场地小，主站房钢结构工程量大，构件多，钢结构主站房基本施工完成后，开始南北雨棚施工，雨棚结构施工如图 18-11 所示。

5. 装饰装修工程施工顺序图

装饰装修工程在上部主体工程分区完成后分区组织施工，其总体施工流程如图 18-12 所示。

6. 设备安装工程施工顺序图

设备安装工程根据主体结构工程分区进展情况穿插进行施工，各专业设备安装流程如图 18-13 所示。

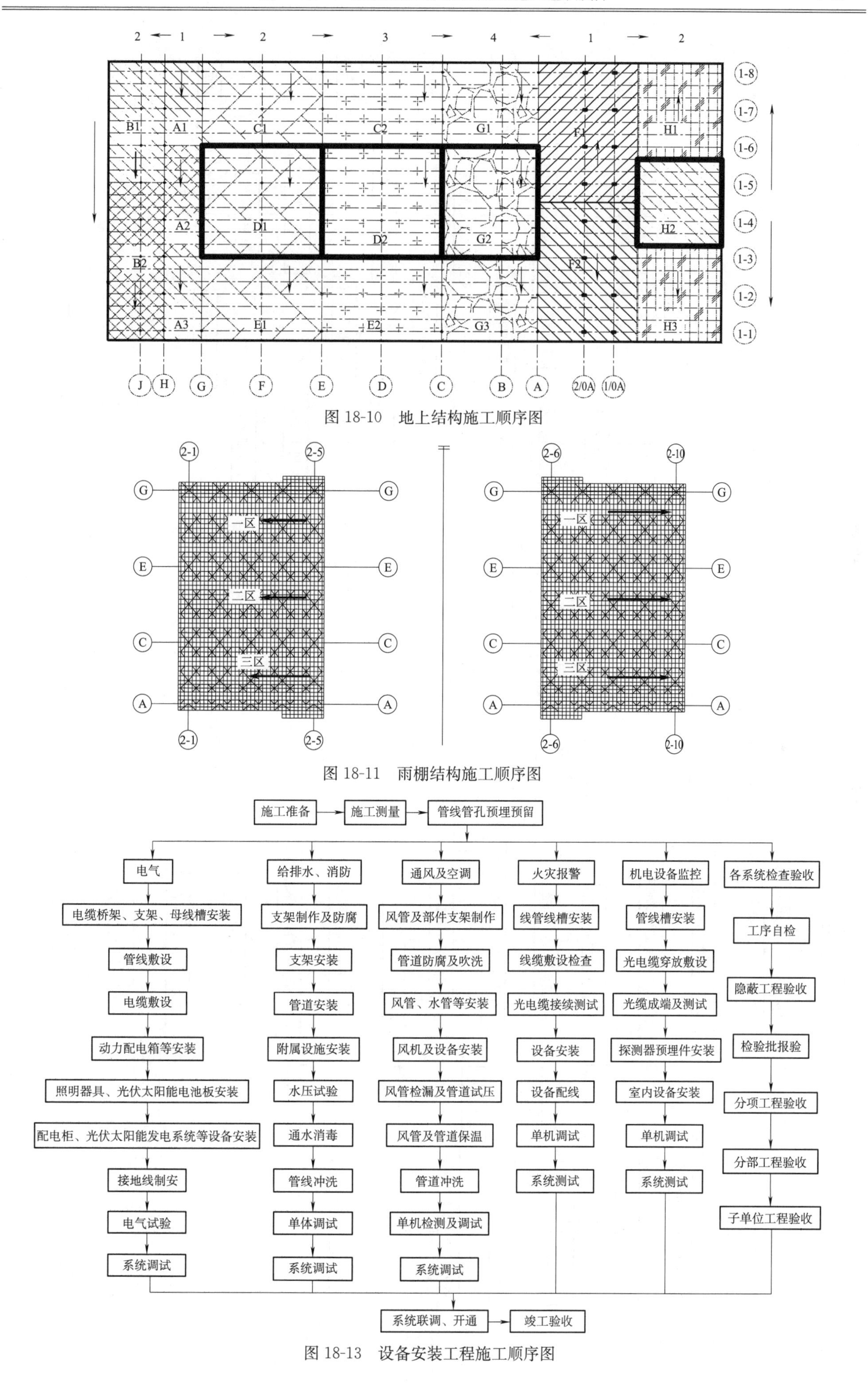

图 18-10　地上结构施工顺序图

图 18-11　雨棚结构施工顺序图

图 18-13　设备安装工程施工顺序图

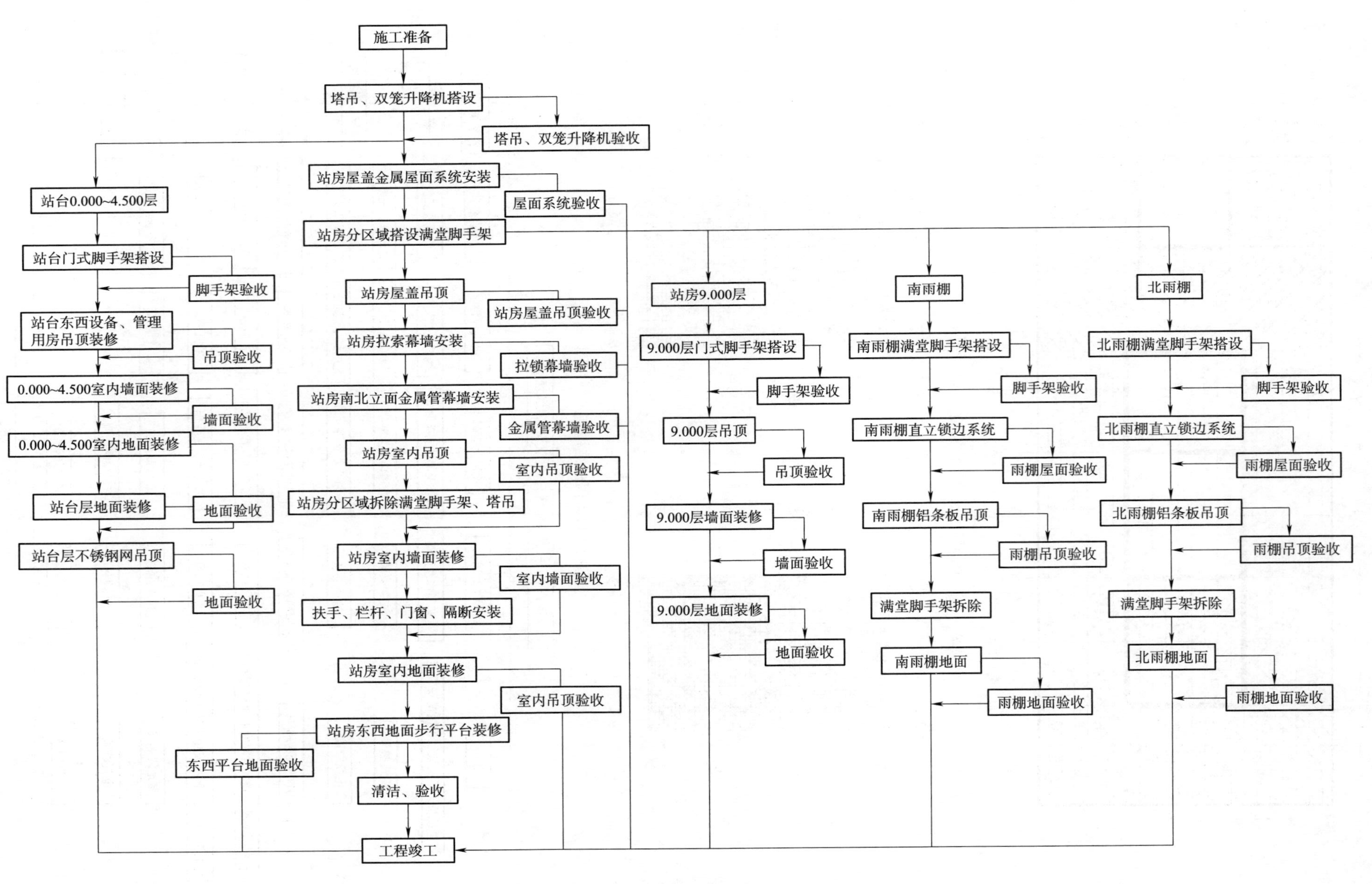

图 18-12 装饰装修工程施工顺序图

18.5　控制工程和重点工程施工方案

18.5.1　总体施工方案和单位工程、分部分项施工方案

18.5.1.1　工程测量

1. 施工条件

工程定位放线:测量设备经过计量检测,测绘院交桩完毕。

基础工程测量:标高控制点由城市水准点引测至建筑物周边,同时经过闭合符合要求。轴线控制点由测绘院所交桩位进行支线测放,形成控制网,经过闭合符合要求,并及时进行平差。

主体工程测量:由控制桩位测放建立天顶法的控制点完毕,同时经过闭合,其测角中误差、边长相对中误差符合要求;标高控制点引测到建筑物上。

2. 工程测量总体部署

(1)技术准备

项目部由项目技术负责人组织,仔细学习施工图纸和施工规范,熟悉、校核施工图轴线尺寸、结构尺寸和各层各部位的标高变化及其相互间的关系。对照总图,现场勘察、校测建筑用地红线桩点、坐标、高程及相邻建筑物关系。

(2)设备及人员配置

主要测量仪器、工具及材料:测量仪器准备:全站仪(OTS632NL)1 台,带 2 个单棱镜;自动安平水准仪 2 台、经纬仪 1 台;5 m 塔尺 2 把;50 m 钢卷尺 2 把。水准仪、铁钉、油漆、5 m 小卷尺、50 m 钢卷尺、水准尺、(搭尺)、坠子、直径 0.5～1 mm 线、墨斗、三角板、工程笔、手锤、扫帚、水平尺、水平连通管等。

以上测量仪器均应在施工前检定合格,确保测量数据的准确。

人员配备:测量工 9 人,验线员 1 人,上述人员均持有上岗证书。

3. 测量施工方法

(1)定位依据:建筑物定位放线定位采用施工总平面图上建筑物的坐标和测绘院提供的工程测量结果,各坐标控制点成果见表 18-13,工程控制桩如图 18-14 所示。

表 18-13　各坐标控制点的成果表

点号	X 坐标(m)	Y 坐标(m)	高程(m)	备　注
159-1	2 501 309.597	502 427.611		
160	2 501 164.745	5 021 812.211		
KZ1	2 501 695.454	502 565.984		
KZ3	2 501 467.66	502 496.125		
KZ4	2 501 501.167	502 412.703		
KZ6	2 501 739.487	502 496.125		

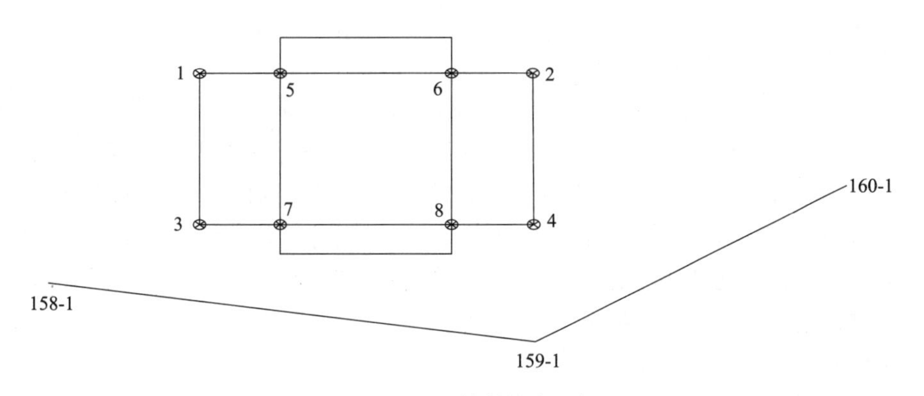

图 18-14　工程控制桩点坐标图

(2)平面控制网的建立:内业计算出总平面图中坐标点位与建筑物轴线之间的关系,根据建筑物的具体位置及测绘院所提供的坐标控制桩位测放出平面控制网(具体位置见附图),以对建筑物平面位置进行有效控制。

(3)平面控制网的测设:根据内业的计算,利用全站仪测放出平面控制网每点的坐标。平面控制网点的做法为:

1)在现有的混凝土面上做点:在混凝土面上钉上钢钉,以钢钉上的十字交叉点为准,并用红色油漆作上标记、写上编号。

2)在自然地坪上做点:先在控制网点位置下挖 250 mm×250 mm×500 mm 的坑,在坑内点位土坑内浇注混凝土,混凝土上安放 10×10 的预埋钢筋,在预埋钢筋上用钢钉凿出孔径不大于 2 mm 的小孔,并用红色油漆将桩位标出,控制桩完成以后,用砖砌筑一个保护井,将桩位妥善保护。

(4)平面控制点的选择根据现场条件,优先考虑长边控制短边,并且通视条件良好,并定期复测。

(5)各轴线的测设:利用所建立平面控制网及图纸所反映相关尺寸测设各主要轴线,将平面控制网引测到建筑物范围内,测设时要以两端控制线为准,经全站仪和钢尺量距测放出其余各轴线。

(6)高程控制:利用铁四院提供的工程水准测量成果,在现场建立水准控制网:分别在北站台、南南站台以及主站房建立三个临时水准点,水准点的设置为:下挖 250 mm×250 mm×500 m 的坑,在坑内点位土坑内浇筑混凝土,混凝土中埋入一根 ϕ20 的圆头钢筋,出混凝土面 2～3 cm,在其周围用红色油漆将点位标出,控制点完成以后,用砖砌筑一个保护井,将桩位妥善保护。

(7)轴线控制网和高程控制网建立后验线员进行复核合格后报工程监理。

4. 主体施工测量方法

(1)地下室顶板封顶后主体施工前,要先对建筑物的控制网进行全面校验,合格后再进行定位放线。

(2)首层定位放线:利用建筑物四周及中间轴线控制点,架设全站仪向首层地面施测轴线,用钢尺复核建筑物轴线尺寸,误差在允许范围内(±10 mm),中间轴线整尺分出。依轴线放出柱边线、电梯井、楼梯间、墙边线及控制线。利用钢尺沿结构外墙向上竖直测量,从每一流水段向上引测,以便于相互校核和适应分段施工需要。

(3)钢支架测量方法:

本工程钢支架采用散件运输到施工现场,其中钢支架立杆全部为散件,支架平板为整体在加工厂制作完成后运输到施工现场。钢支架的安装流程为:立杆安装焊接完成后在进行平板安装。

(4)墙体标高控制。在浇注墙体混凝土之前,用水平仪将标高引测到墙体钢筋上,标高点上挂小白线。浇注墙体混凝土时,用木棍或钢筋棍做好标尺,随着浇注混凝土,随时控制标高。

(5)顶板模板混凝土标高控制。在支设顶板模板之前,将 50 cm 水平控制线弹到墙体上,以此为依据,将标高线引测到支设模板下的龙骨上,在模板中间的支撑钢管上弹出 50 cm 水平控制线。用钢尺测量起拱的高度。支设顶板模板时以此为依据进行。顶板混凝土浇注之前在墙体钢筋上按照顶板的标高固定 50×50 的角钢,做为顶板混凝土的浇筑控制线,确保混凝土顶板的标高准确。开间较大的房屋,在中间用钢筋做标高桩,标高桩焊在钢筋马凳上,每 3 m 设置标高桩,作为控制标高依据。

5. 机电安装测量方法

(1)定位放线

机电设备安装放线主要以土建控制线、控制点为基础,测设前认真熟悉审核机电设计图纸,弄清各种管线、设备与建筑轴线、建筑物、柱、墙体、楼地面标高等在平面上、立面上的相对位置关系,检查复核土建控制线、控制点是否准确,利用建筑层高控制线或楼地面标高线确定机电各种管线的标高位置,利用与建筑轴线、建筑物、柱、墙体的相对平面位置关系确定机电各种管线的平面位置,各种机电管线首先确定第一个控制点的坐标,做好标记,再根据管线的坡度、走向等确定另一控制点,在墙体或地面上弹出墨线,或者在空间上作支点挂线,接着就可以进行管线设备安装。

(2)测量精度控制

只要在不影响建筑装饰的基础上,各种管线的标高、平面位置可以进行调整。因各中管线较多且相互交叉重叠,各种管线之间的标高平面位置关系要严格控制。

6. 高程控制

高程控制沿结构外墙向上竖直测量。测量时采用通尺进行，避免累计误差。本工程在建筑物的四周中间部位向上引测，引测时对各个施工段进行校核。

(1)引测步骤

1)根据±0.000水平线，测出相同起始标高(+1.000)。

2)用钢尺沿铅直方向向上量至施工层标高+1.00 m处，作为施工层水平控制。各层的标高线均由各处的起始标高线向上直接量取。高差超过一整钢尺时，在该层精确测定第二条起始标高线，作为再向上引侧的依据。

3)将水准仪安置到施工层，核测由下向上传递上来各水平线，误差±5mm以内，在各层抄平时，后视两条水平线做校核。

(2)标高施测要点

1)观测时，尽量前后等长。测设水平线时，采用直接调整水准仪的仪器高度，使后视时视线正对准水平线。

2)所用钢尺必须经过检测，量高差时，应铅直并用标准拉力。同时要进行尺长和温度的校正。

7. 装饰工程测量

(1)在装修工程施工测量前，除应熟悉图纸、验算有关测量数据外，还应该核对图上的平面和高程坐标系统与现场是否相符，对所用的测量控制点及其成果进行检查与校测，无误后方可作为装修控制引线。

(2)结构施工时，主体拆模后及时将+50 cm线抄测在墙身，弹上墨线，以此做地面面层施工、门窗安装、吊顶施工标高控制线，要求结构施工按装饰施工测量的精度要求，及时将装饰工程所需的控制点、线弹划并固定在已建好的地面、墙面、梁、顶板、门窗洞口等处。

(3)装饰工程施工测量所测设的水平线、铅垂线与竖直投测应符合如下要求：

1)水平线(室内、室外)每3 m两端高差应小于1 mm，同一条水平线的标高允许误差为±3 mm。在不便于使用水准仪的地方，可安装连通管水准器找平。

2)室外铅垂线使用经纬仪投测，两次投测偏差应小于2 mm。

3)室内铅垂线可用线坠投测，其精度应高于1/3000。

4)外墙装饰测量主要依据结构轴线按设计图纸尺寸，分出窗口两　侧控制线及外墙分格控制线，依据首层外±50 mm分出窗口上下控制线，允许偏差±5 mm。

5)建筑物四大角吊铅重钢丝用以控制大角及墙面垂直，平整度修补。

8. 建筑沉降观测

建筑沉降观测点依据设计提供埋设位置我方负责埋设。施工期间每月观测一次，沉降观测应随施工进度及时观测，做好详细记录。

18.5.1.2　基础工程

1. 预应力预制混凝土管桩

(1)施工准备

1)作好"三通一平"工作，处理好高空和地下障碍物，保证场地坚固且有足够承载力。施工场地周围保持排水畅通，防止雨天积水和软化地面。

2)放线定位，从基点引出测量放桩基线，准确放出桩位中心。用不同方法测量复核，再通知业主和监理单位进行复核，并做好签认工作。

3)根据现场条件及情况，确定好打桩顺序和方向。

4)混凝土管桩在有资质的预制加工厂订制。

5)施工机具准备：根据工程设计要求，本工程打桩选用D25型、D18型导杆式柴油锤进行作业，配备15T履带吊3台配合作业。

(2)施工工艺流程(如图18-15所示)

(3)施工方法

1)预制桩施打

①预制混凝土管桩基础采用有锤击法施工。

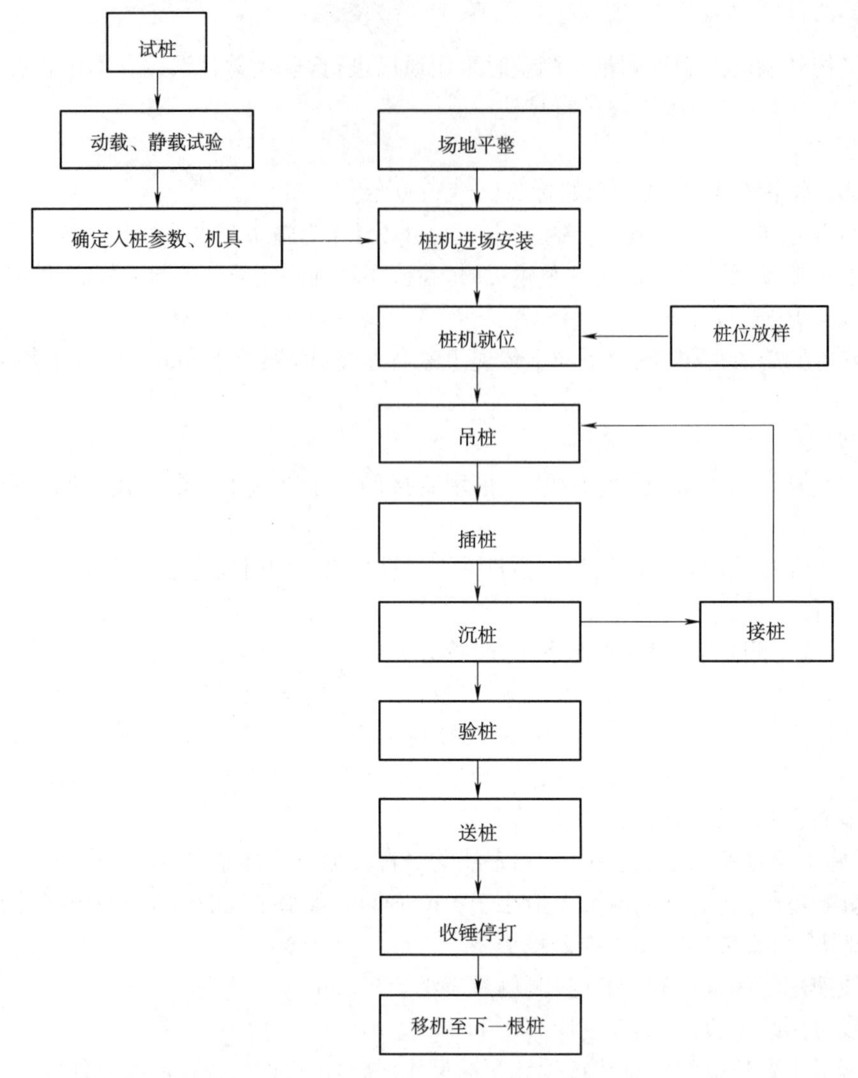

图 18-15　管桩施工工艺流程图

②材料进场检验：预制管桩进场应有进场合格证，每批桩进场时，认真做好检验工作。

③试桩：根据设计要求先打试桩以便核对地质条件，检验打桩的技术参数，确定收锤标准，在试桩收锤时请有关单位参加，共同确定桩的收锤标准。

④配桩：根据地质资料和规范要求的收锤标准配桩，或按最后三阵，每阵十击的贯入度规定值配桩。

2)正式打桩

①打桩时，用导板夹具或桩箍将桩嵌固在桩架两导柱中，桩位置及垂直度经较正后，始终将锤连同桩帽压在桩顶，开始沉桩。桩锤、桩帽与桩身中心线要一致。

②桩顶不平时，用厚纸板垫平或环氧树脂砂浆补抹平整。桩顶用适合桩头尺寸的桩帽和弹性垫层，以缓和打桩的冲击。桩帽用钢板制成，并用硬木或绳垫承托。桩帽与桩周围的间隙为 5～10 mm。

③开始沉桩应起锤轻压并轻击数锤，观察桩身、桩架、桩锤等垂直一致，始可转入正常施工。桩插入时的垂直度偏差不得超过 0.5%。当桩顶标高较低，须送桩入土时，用钢制送桩放于桩头上，锤击送桩将桩送入土中。

④混凝土预制桩长度受运输条件和打桩架高度限制，一般分成数节制作，分节打入，现场接桩。接桩采用焊接法施工。预制混凝土管桩时，在管桩两头各预埋一块低碳钢板，施工现场用 E43 焊条将上下两根管桩焊接牢固。

⑤打桩过程中要作好打桩记录，尤其是对不同标高、不同地质的打桩记录。

⑥收锤控制：

每根桩收锤时应有监理工程师在场，与现场技术人员共同确定收锤结果。

桩端位于一般土层时，以控制桩端设计标高为主，贯入度可作为参考。

桩端达到硬塑的黏性土、中密以上粉土、砂土、碎石类土、风化岩时，以贯入度控制为主，桩端标高可作参考。

测量桩的最后的贯入度，满足试桩后确定的最后三阵(每阵 10 击)的贯入度要求时，可以收锤。

未详尽处见专项施工方案，本施工组织设计从略。

2. 人工挖孔灌注桩

(1)施工准备

1)施工场地做好“三通一平”。

2)认真进行图纸会审，编写施工技术措施，对作业人员进行总体技术交底。

3)开工前作好施工人员的安全质量教育，不参加教育人员与未经考试合格者不许上岗。

4)现场的施工材料要按平面布置图或业主指定位置分类，分型号堆放整齐。

5)各种机械设备要检修完好，试运正常，运至现场后要按指定位置安装就位。

6)施工前应认真复核测量基线、水准点及桩位。桩基轴线的定位点及施工地区附近所设的水准点设置在不受桩基施工影响处。

7)钢筋混凝土原材料进行验收与复验。

8)地下障碍物复查。施工进场后，现场技术人员会同业主、监理和相关单位先进行地下障碍物的复查工作，复查清楚后，绘制详细的地下管线保护状况图报监理工程师，并在现场放出障碍物的位置线。

(2)施工工艺流程(如图 18-16 所示)

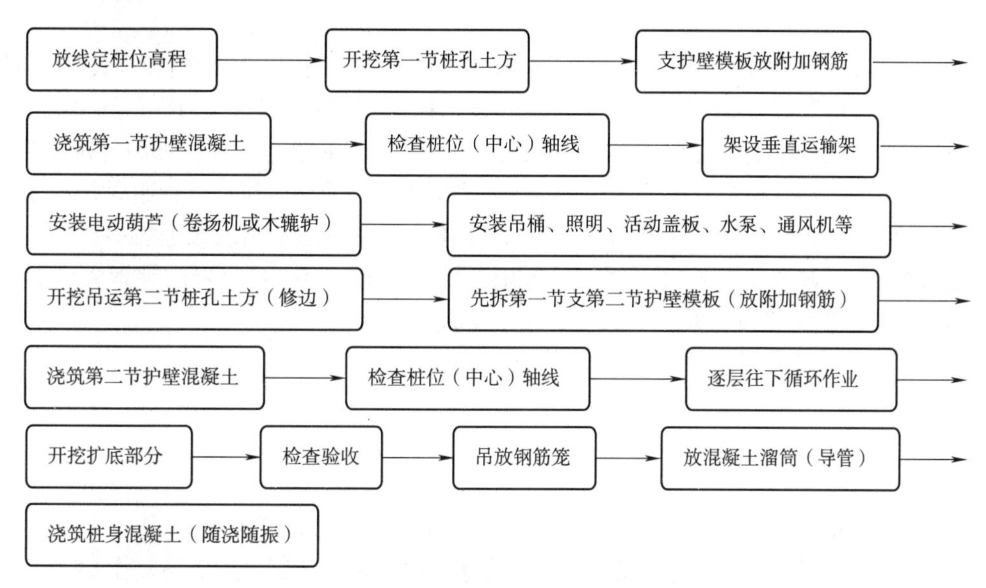

图 18-16　人工挖孔桩施工工艺流程图

(3)施工方法

1)测量放样

平整场地后，进行桩位放样，在桩位处浇混凝土，埋设钢筋标注桩的中心点，并做好护桩。对每条桩编号，将编号写在混凝土表面。桩位放样完成后，请监理工程师复核。

2)人工挖孔桩成孔

①挖孔

开孔前先施工第一节锁口混凝土护壁，护壁应比场地面高出 200～300 mm，以防地面物体直接滚入孔桩内。挖孔作业采用人工逐层开挖，一般情况下每层挖深 1.0 m，用钢模支护一节混凝土护壁。每天进深为 1～2 节，当天挖的孔桩当天浇筑护壁混凝土。当遇到局部或厚度不大于 1.5 m 的流动性淤泥层或溶洞时，每节护壁的高度可减至 0.3～0.5 m，并随挖、随护壁；遇到岩层时则采用控制爆破进行开挖，爆破时应密打眼，少装药，尽量减少对孔壁岩石的扰动；若有断裂带、构造岩时必须挖穿，确保桩端支承于设计基岩上并满足嵌岩要求。

②开挖扩底部分

桩底可分为扩底和不扩底两种情况。挖扩底桩应先将扩底部位桩身的圆柱体挖好，再按扩底部位的尺寸、形状自上而下削土扩充成设计图纸的要求；如设计无明确要求，扩底直径一般为 1.5～3.0 d。扩底部位的变径尺寸为 1∶3。

③出土

桩孔出土采用简易卷扬机人力提升，人工用斗车运至弃土点，集中用装载机装车运走。

④终孔

当桩孔挖至设计深度时，及时通知监理、业主代表及相关单位，确认桩底岩样，以确定桩底。

3)钢筋笼制作及吊装

桩身钢筋采取现场制作、孔内吊装成形的方法施工。制作钢筋时应满足设计和规范要求，桩中钢筋采用闪光对接焊连接，同一截面内钢筋接头面积不得超过钢筋总面积的 50%，接头错开距离应大于 35 d；桩中箍筋均采用焊接封闭箍，焊接长度应符合设计及规范要求；钢筋笼每隔 2 m 设加强箍筋，并按规范要求每 2 m 设架立筋，架立筋十字形布置，以确保钢筋笼成形。当成孔验收合格后，应立即下钢筋笼，及时浇注混凝土(具体参照钻孔桩钢筋笼制作及吊装)。

4)桩身混凝土浇筑

桩身采用商品混凝土浇筑，浇筑前必须作好各种施工准备，要将孔底沉渣和积水清理干净，清后若超过 4 h 未浇筑混凝土，则应重新清理检查，确保一次连续浇筑成桩。混凝土浇筑应注意如下问题：

①混凝土由孔口设置的串筒下料至孔底，串筒底端出料口混凝土浇筑面不得大于 2 m，防止混凝土产生离析现象。

②采取分层振捣，振捣的层厚不大于 0.5 m。振捣以垂直插入为主，操作做到快插慢拨，并使插点均匀排列，防止漏振；振捣上层混凝土时，应插入下层 5～10 cm，以保证混凝土上下层的总体结合。

③在有少量渗水的桩孔中浇筑混凝土时，混凝土浇筑点必须选在完全无水或无渗水位置进行。混凝土浇筑点固定在桩孔一侧，斜向分层浇筑，浇筑点混凝土必须保持高出积水表面，然后四周赶堆，防止浇筑时混凝土从积水中通过而发生离析。如属上部渗水，则要设置接水装置将渗水引入大桶内用抽水机排除。

④当桩内渗水量大于规范要求时(孔中水位上升速度大于 6 mm/min)，应采用导管浇筑水下混凝土，导管提升采用 8 t 吊车(具体参照钻孔桩水下混凝土灌注方法)。

未详尽处见专项施工方案，本施工组织设计从略。

3. 冲击成孔灌注桩

(1)施工准备

1)施工场地做好“三通一平”。

2)认真进行图纸会审，编写施工技术措施，对作业人员进行总体技术交底。

3)开工前作好施工人员的安全质量教育，不参加教育人员与未经考试合格者不许上岗。

4)现场的施工材料要按平面布置图或业主指定位置分类，分型号堆放整齐。

5)各种机械设备要检修完好，试运正常，运至现场后要按指定位置安装就位。

6)施工前应认真复核测量基线、水准点及桩位。桩基轴线的定位点及施工地区附近所设的水准点设置在不受桩基施工影响处。

7)钢筋混凝土原材料进行验收与复验。

(2)施工工艺流程

测量放样→埋设护筒→挖泥浆池→冲孔机就位→冲孔→泥浆护壁及清孔→钢筋笼加工及吊放→浇筑混凝土。

(3)施工方法

1)测量放样

平整场地后，进行桩位放样，在桩位处浇混凝土，埋设钢筋标注桩的中心点，并做好护桩。对每条桩编号，将编号写在混凝土表面。桩位放样完成后，请监理工程师复核。

2)埋设护筒

采用 δ=6 mm 厚钢板护筒，顶面要高出地面 30 cm。护筒内径应大于钻头直径，冲击钻宜大于200 mm。护筒埋设深度根据土质和地下水位而定，在黏性土中不宜小于 1 m；在砂土中不宜小于 1.5 m，并应保持孔内泥浆面高出地下水位1 m以上。

3)挖泥浆池

在桩位附近适当位置挖一个1 m见方，深约0.5 m的泥浆池。此泥浆池仅作冲孔时孔内泥浆循环使用。采用泥浆循环的方法掏渣，准备红泥作泥浆用。

4)冲孔

护筒埋设结束后将冲孔机就位，冲孔机摆放平稳，钻机底座用钢管支垫，钻机摆放就位后对机具及机座稳定性等进行全面检查，用水平尺检查钻机摆放是否水平，吊线检查钻机摆放是否正确。

通过卷扬机悬吊冲锤的冲击力把硬质或岩层破碎成孔，泥渣部分挤入孔壁，大部分采用泥浆循环的方法掏出。操作时，要先在孔口埋设护筒，然后冲孔机就位，使冲锤中心对准护筒中心，开始应低锤密击，锤高0.4～0.6 m，并及时加片石、砂砾(或石子)和黏土泥浆护壁，使孔壁挤压密实，直至孔深达护筒底以下3～4 m后，才可加快速度，将锤提高至1.5～2.0 m以上转入正常冲击，并随时测定和控制泥浆比重。当在黏土和亚黏土层中冲击时，应采用中小冲程(0.5～1.0 m)冲孔，并补充稀泥浆或清水，避免糊粘；如地下水位低，要加水补充，发现漏水及时补充，并应保持孔内水位高于地下水位1.5 m左右，以防坍孔；遇岩层表面不平或倾斜，应抛入20～30 cm厚块石，使孔底表面略平，然后低锤快击使成一紧密平台后，再进行正常冲击，同时泥浆比重可降到1.2左右，以减少黏锤阻力，但又不能过低，避免岩渣浮不上来，掏渣困难。

5)泥浆护壁及清孔

在钻进过程中，应随时补充泥浆，调整泥浆比重。

冲孔达到设计要求深度后，应尽量把孔底沉渣捞清，以免影响桩的承载力。可吊入清孔导管，用水泵压入清水换浆。

6)钢筋笼加工及吊放

钢筋笼组装在桩基工程附近地面平卧进行，方法是在地面上设二排轻轨，先将加劲箍按间距排列在轻轨上，按划线逐根放上主筋并与之点焊焊接，控制平整度误差不大于50 mm。上下节主筋接头错开50%，螺旋箍筋每隔1～1.5箍与主筋按梅花形用电弧焊点焊固定。在钢筋笼四侧主筋上每隔5 m设置一个Φ20 mm耳环作定位垫块之用，使保护层保持7 cm，钢筋笼外形尺寸要严格控制，比孔小11～12 cm。

钢筋笼就位，用吊车吊放入孔内就位，并固定在孔口钢护筒上，使其在浇筑混凝土过程中不向上浮起，也不下沉。

7)浇筑混凝土

采用垂直导管水下浇筑混凝土的方法。导管内径用300 mm，用2～3 mm厚钢板卷焊而成，每节长2～2.5 m，并配几节1～1.5 m的调节长度用的短管，由管端粗丝扣连接，接头处用橡胶垫圈封防水，接头外部应光滑，使之在钢筋笼内上拔不挂住钢筋。

开导管方法采用球胆隔水塞，球胆预先塞在混凝土漏斗下口，当混凝土浇灌后，从导管下口压出漂浮泥浆表面。在整个浇灌过程中，混凝土导管应埋入混凝土中2～4 m，最小埋深不得小于1.5 m，亦不宜大于6 m，埋入太深，将会影响混凝土充分地流动。导管随浇灌随提升，避免提升过快造成混凝土脱空现象，或提升过晚而造成埋管拔不出的的事故。浇灌时利用不停浇灌及导管出口混凝土的压力差，使混凝土不断从导管内挤出，使混凝土面逐渐均匀上升，槽内的泥浆逐渐被混凝土置换而排出槽外，流入泥浆池内。

未详尽处见专项施工方案，本施工组织设计从略。

4. 钻孔扩底灌注桩

(1)施工准备

1)进行图纸会审，编写施工技术措施，对作业人员进行总体技术交底。

2)开工前作好施工人员的安全质量教育，不参加教育人员与未经考试合格者不许上岗。

3)现场的施工材料要按平面布置图或业主指定位置分类，分型号堆放整齐。

4)各种机械设备要检修完好，试运正常，运至现场后要按指定位置安装就位。

5)施工前应认真复核测量基线、水准点及桩位。桩基轴线的定位点及施工地区附近所设的水准点设置在不受桩基施工影响处。

6)进行钢筋混凝土原材料的验收与复验。

(2)技术准备

1)钻孔扩底桩桩身结构要素

扩底桩一般由直孔段、扩底段组成。扩底段能有效地清除孔底钻渣,确保桩端最大截面承受端承力,提高扩底桩的工程质量。

2)钻机选型(表 18-14)

表 18-14 钻孔桩钻机选型表

性能系数 / 型号	最大钻孔直径(mm)	最大扩底直径(mm)	砂石浆排量(m^3/h)	钻孔规格(mm)	备注
GPS−26	2 200	4 400	200	168×10	转盘式
GPS−20	2 000	4 000	180	219×15	转盘式

3)扩底钻头结构特点及选型

结合本工程施工的特点,决定采用两种类型的扩底钻头,一类是三翼合金扩底钻头(MRS),另一类是双翼滚刀扩底钻头(MMR),结构示意图如图 18-17、图 18-18 所示。

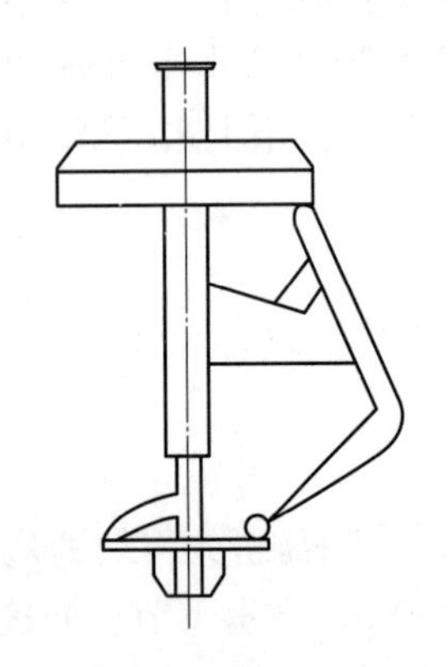

图 18-17 三翼合金扩底钻头

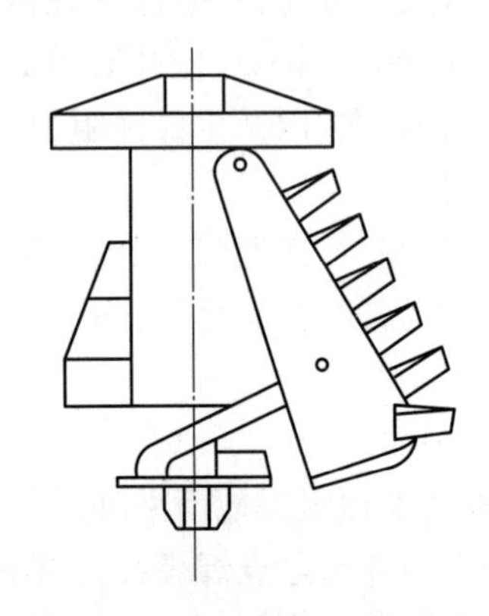

图 18-18 双翼滚刀扩底钻头

①三翼合金扩底钻头基本结构为三翼下开式,扩底后成桩形状如图 18-19 所示。

②双翼滚刀扩底钻头基本结构为下开式,采用对称双翼,中心管为四方结构,能可靠地将回转扭矩传递到扩底翼上。扩底后成桩形状如图 18-20 所示。

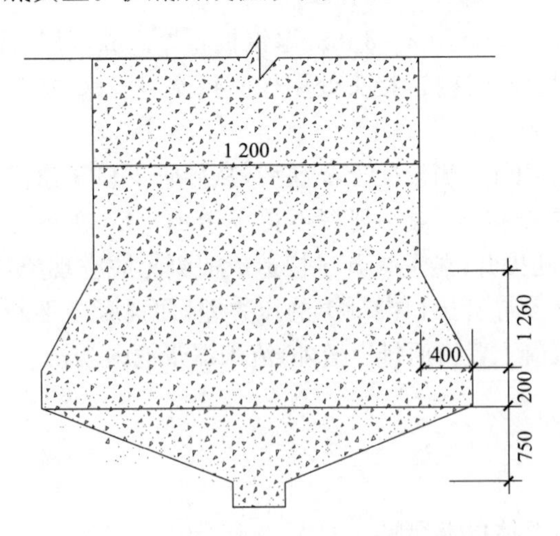

图 18-19 三翼钻头 P2a 扩底孔底形状示意图

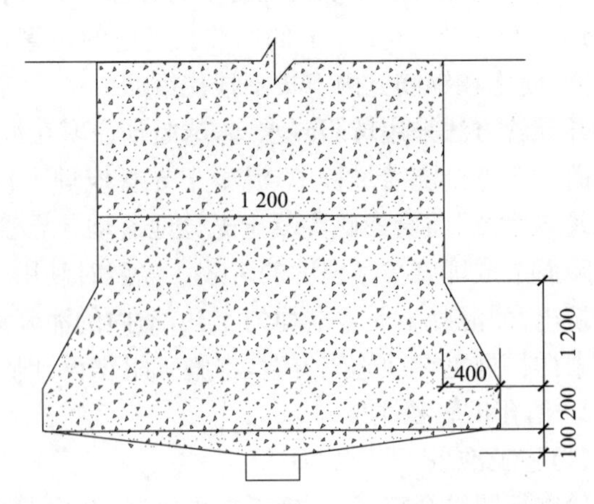

图 18-20 双翼钻头 P2a 扩底孔底形状示意图

(3)施工工艺流程(如图 18-21 所示)

(4)施工方法

1)测量定位

桩位测量采用全站仪、钢尺丈量法。但在桩位测定前,需对所用的测量基点进行复核,使其符合各种平面尺寸关系后方可使用该基点。

桩位测定分初、复测,分别为挖埋护筒前和埋设护筒后,复测合格后,打入 ϕ10 钢筋一根,作为钻机定位

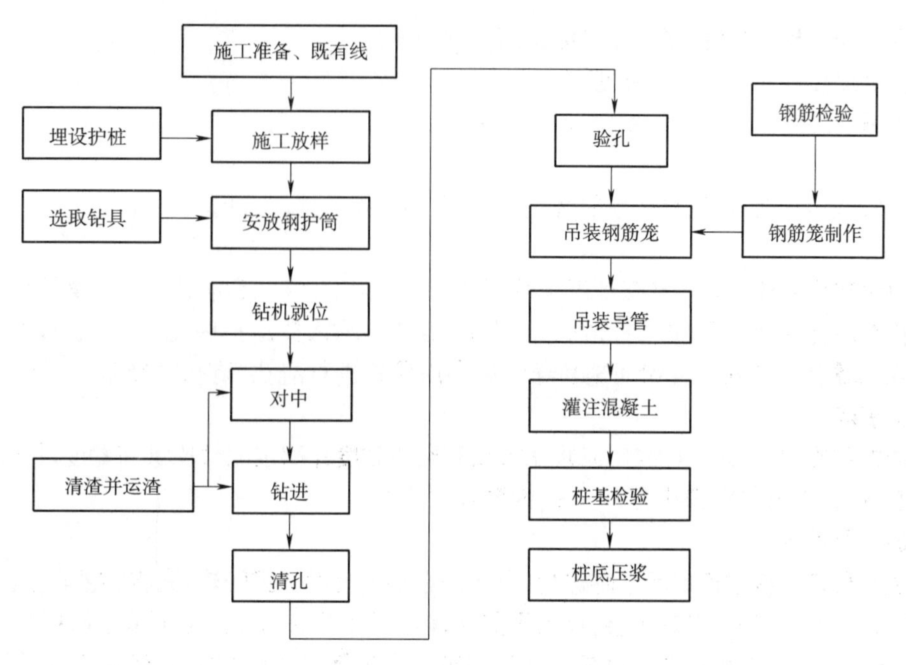

图 18-21　钻孔桩施工工艺流程图

标志，然后用水准仪测定其护筒标高后，经现场监理验收合格后方可就位施工。

2）埋设护筒

钻孔桩的孔口护筒是保护孔口，隔离上部杂填松散物，防止孔口塌陷的必要措施，也是控制定位，标高的基准点。因此，在钻孔灌注桩施工每根工程桩施工前埋设护筒。

护筒选用大于桩径 10 cm 的钢制护筒，埋入深度以满足隔离杂填土，防止孔口塌陷为准，护筒四周间隙用黏土回填并捣实，以确保护筒稳定牢固。

3）钻机就位

钻机就位时，转盘中心对准桩位中心标志的偏差应小于 20 mm，并用水平尺校对转盘水平，并做到天车中心、转盘中心与桩位中心成一垂直线。

4）成孔

本工程采用反循环回转钻进方法，钻进参数控制范围如下：

钻压：6～15 kPa；　　　　　　转速：40～128 r/min。

施工中应根据地层情况合理选择钻进参数，一般开孔宜轻压慢转，正常钻进时钻进速度控制在 10 m/h 以内，临近终孔前放慢钻速以便及时排出钻屑，减少孔内沉渣。

通过 3PN 泥浆泵将循环池内的泥浆泵入钻杆内，从钻头返出，钻头切削土体形成的泥浆从钻杆与孔壁的环状间隙内上返至孔口，再通过立式排污泵或泥浆沟排入循环池，从而形成泥浆循环系统。现场备用立式排污泵。

5）扩底钻进

直孔钻进至设计孔深后，换扩底钻头进行扩底钻进，工艺过程为：

①检查钻头收缩与张开是否灵活，各部件及其焊接，各销轴连接是否牢固。

②根据桩径所需的最大扩底直径，确定其行程。

③准确测量孔深，当扩底钻头下放至孔底，在主动钻杆上作扩底的起点和终点标记。

④钻头下入孔底后，使冲洗液充分循环后才能空钻转动，空钻正常后才能加压钻进。

⑤钻进时缓慢给压，逐渐张开扩翼，切削岩层扩底，反循环排渣。钻进时应用最低档转速，通过卷扬机放绳速度控制钻进速度小于 10 cm/min。

⑥扩底到位后轻轻地渐渐提动钻具，使之产生一定的向上收缩力，在径向和轴向的双重作用下，收扰钻头，慢慢提出孔外。

6）护壁

根据本工程地质岩土物理性能，选用原地层自然造浆，地表调节泥浆物理性能。根据不同的地质情况，选用不同的泥浆性能参数，泥浆性能多数指标控制范围如下：

一清泥浆比重≤1.3，　　　　黏度：20～26 s；

二清泥浆比重：1.05～1.15，　　黏度：18～22 s；

含砂率≤3%。

泥浆性能一般选择原则是：易塌孔地层选用较大值，不易塌孔地层选用较小值。

7)清孔

本工程采用两次反循环清孔。在保证泥浆性能的同时，必须在终孔后清孔一次和灌注前清孔一次。

第一次清孔在成孔结束时利用钻杆清孔，调制性能好的泥浆替换孔内泥浆与钻屑，时间一般控制在60 min左右。第二次清孔是在下好钢筋笼和导管后利用导管进行清孔，清孔时经常上下窜动导管，以便能将孔底周围虚土清除干挣。

清孔后沉渣控制在100 mm以内，用泥浆比重仪和漏斗黏度计测定泥浆比重和黏度，符合要求后方可进行水下混凝土灌注，并在第二次清孔后30 min内灌入混凝土。

8)钢筋笼加工及吊放

钢筋笼组装在桩基工程附近地面平卧进行，方法是在地面上设二排轻轨，先将加劲箍按间距排列在轻轨上，按划线逐根放上主筋并与之点焊焊接，控制平整度误差不大于50 mm。上下节主筋接头错开50%，螺旋箍筋每隔1～1.5箍与主筋按梅花形用电弧焊点焊固定。在钢筋笼四侧主筋上每隔5 m设置一个ϕ20 mm耳环作定位垫块之用，使保护层保持7 cm，钢筋笼外形尺寸要严格控制，比孔小11～12 cm。

钢筋笼就位，用吊车吊放入孔内就位，并固定在孔口钢护筒上，使其在浇筑混凝土过程中不向上浮起，也不下沉。

9)浇筑混凝土

采用垂直导管水下浇筑混凝土的方法。导管内径用300 mm，用2～3 mm厚钢板卷焊而成，每节长2～2.5 m，并配几节1～1.5 m的调节长度用的短管，由管端粗丝扣连接，接头处用橡胶垫圈封防水，接头外部应光滑，使之在钢筋笼内上拔不挂住钢筋。

开导管方法采用球胆隔水塞，球胆预先塞在混凝土漏斗下口，当混凝土浇灌后，从导管下口压出漂浮泥浆表面。在整个浇灌过程中，混凝土导管应埋入混凝土中2～4 m，最小埋深不得小于1.5 m，亦不宜大于6 m，埋入太深，将会影响混凝土充分地流动。导管随浇灌随提升，避免提升过快造成混凝土脱空现象，或提升过晚而造成埋管拔不出的的事故。浇灌时利用不停浇灌及导管出口混凝土的压力差，便混凝土不断从导管内挤出，使混凝土面逐渐均匀上升，槽内的泥浆逐渐被混凝土置换而排出槽外，流入泥浆池内。

10)后压浆施工

根据设计图纸要求，本工程钻孔灌注桩采用后压浆施工工艺。

压浆于成桩2天后开始。正式压浆作业前，应进行试桩压浆，对浆液水灰比、注浆压力、注浆量等工艺参数调整优化，最终确定设计工艺参数，并根据实际情况调整压浆工艺参数。

(5)钻孔扩底桩质量控制

钻孔桩成桩质量要求：混凝土强度必须符合设计要求，桩无断层或夹层，钻孔桩桩底不高于设计标高，桩头凿除预留部分后无残余松散层和薄弱混凝土层。

1)扩底质量检测

①检查扩底钻头是否安放到位

主要通过机上余尺的数值可以判断扩底钻头是否安放到位。

②检测扩底钻头所扩最大直径

根据最大扩底直径，确定扩底钻头的行程，在主动钻杆上作扩底的起点和终点标记，通过行程可控制扩底直径。

③根据灌注量检测孔形

初灌结束后报据所灌注的混凝土量与孔底混凝土面上升高度的关系来判断 孔形状和扩底直径 。

2)成桩质量检测

检测的主要方法有动测、声测管检测、钻孔取芯及现场静载荷试验。

未详尽处见专项施工方案，本施工组织设计从略。

5. 深基坑施工

(1)施工安排

开挖施工的难点是在挖土的同时需进行部分区段的破桩和补边坡工作，以及出土口及道路拥挤、狭窄，同时要为护坡锚杆施工创造条件。

1)施工准备工作

①技术准备

研究地质报告、确定水位标高、确定开挖范围及深度。土方开挖和护坡工程、降水工程有效地结合起来、统筹进行安排，使交叉施工合理衔接，并互相创造条件。根据施工进度计划及土方运距，合理配置挖土机械及运输车辆。

②整平场地

依据业主提供地下管线图，查明场内地下管线位置，在建设单位负责移走管线保证安全后或避开管线进行施工。清除混凝土面及其他地面障碍物。

③设置测量控制网

进行平面控制网的测设、高程控制，轴线控制网和高程控制网建立后验线员进行复核合格后报监理验收。

2)施工组织

土方挖运工程与其他分项工程相互关联，并配合基坑支护队伍，进行分层施工。单个基坑每层开挖深度为2倍插筋垂直间距，在1.25～1.8 m之间，等喷锚支护工作完成后再开挖第二层，开挖施工进度安排15个工作日完成，之后紧接进行基坑内基础施工。

(2)基坑开挖方案设计

1)降水方案设计

本基坑主要采用喷射井点的方式进行降水，根据勘察报告中水文地质情况，主要降低全风化或强风化花岗岩中的地下水，拟采用2.5型圆心式喷射管井进行降水，降水管应深入到全风化或强风化花岗岩以下，一般应深入基础基坑底面以下1 m，如遇弱风化层，应深入到弱风化层1 m为宜，成孔深度比滤管底深1 m以下，外管直径68 mm，间距为3 m布置。地表水通过自然散水排入市政管网内。

2)支护方案设计

本工程采用明挖放坡施工(如图18-22所示)，基坑开挖深度约为4～26.5 m，基坑顶面标高约为74.0～81.5 m。

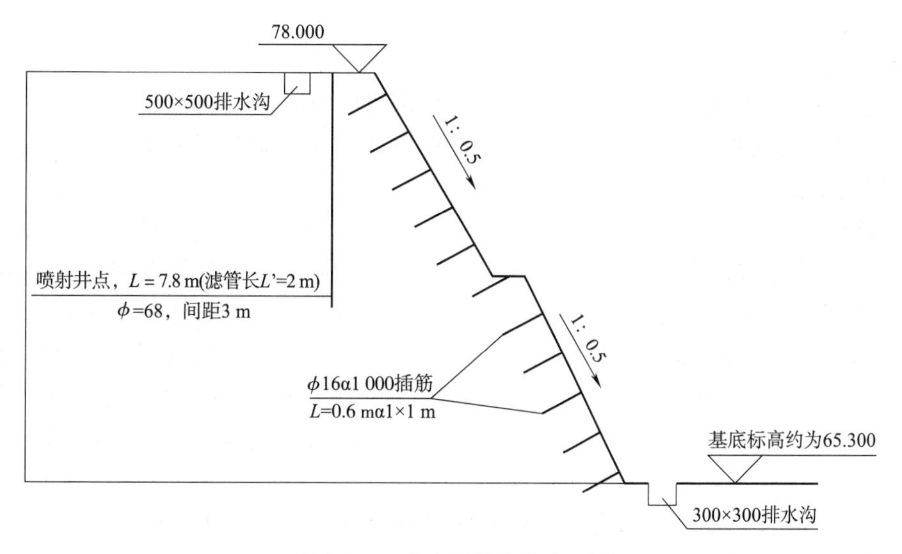

图18-22　井点及排水沟布置图

按设计采取1∶0.5～1∶1.25放坡，并进行插筋挂网喷混凝土支护，放坡级数根据基坑深度和放坡率考虑。施工过程中，当深基坑小于10 m时，坡顶3 m范围内禁止堆载≥20 kPa重物，当深基坑大于10 m时，坡顶4 m范围内禁止堆载≥20 kPa重物。基坑安全系数取值：整体稳定性安全系数应≥1.3(二级支护结构)。

3)监测方案设计

为确保边坡安全施工,应在边坡开挖的过程中设置必要的监测点,每个承台基坑在距坡顶边缘1 m处设坡体位移监测点,以预测和反馈信息并指导施工,必要时修改设计,确保工期和施工安全。根据《建筑地基基础工程质量验收规范》(GB 50202—2002)中的规定,结合工程实际情况。基坑变形的监控值具体如下:基坑边坡最大位移30 mm且小于0.25%H(H为基坑开挖深度),地面最大沉降30 mm。

①观测方法及观测要求:

根据《工程测量规范》(GB 50026—2007)中的有关规定,变形测量等级为三级。变形点的点位中误差为±6 mm。

②水平位移观测:

采用全站仪,测角精度6”,视准线法测量坡顶位移,其测点埋设偏离基准线的距离不应大于2 cm。

③监测频率

井点降水前,首先对观测点进行一次全面检查,在降水与在开挖过程中,每天观测一次。每次大、暴雨后应立即观测1次。在支护阶段,基坑开挖第一步完毕、坑顶散水做完后,进行基准点及观测点的布设。开挖期间每天观测一次;基坑全部开挖完毕后的15天中每3天观测一次;其后15天观测一次至观测结束。

(3)施工工艺流程图(如图18-23所示)

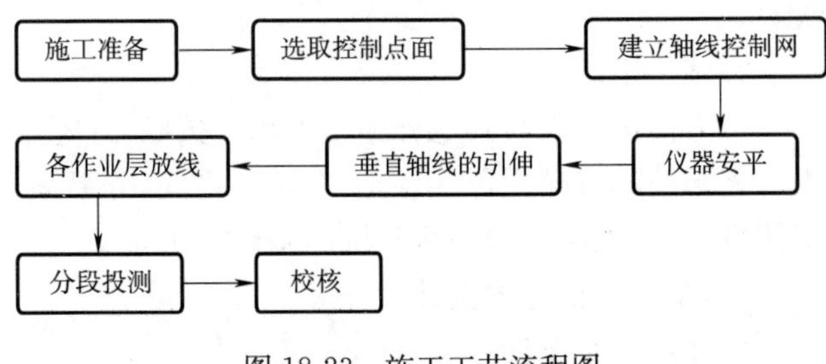

图18-23　施工工艺流程图

(4)施工方法

1)施工测量

采用全站仪坐标放样法投测施测面上控制点的测设精度按Ⅰ级平面控制实施,水准路线按三等水准测量进行。测量控制的重点是边坡的定位、土层开挖标高的控制、桩基及独立基础的定位和高程控制。

①平面控制

根据一级控制网中的控制点,采用全站仪,极坐标法和直角坐标法,测定各支护体系的平面位置和主体结构平面位置。拟采用外控法进行基础平面轴线的控制,利用地面上轴线控制点,向基坑内投测各条轴线。并对投射的轴线进行闭合核查,核查无误后方可以此为准开始施工。

②高程控制

所有控制点的标高由现场建立的水准控制网引测用水准仪、塔尺传递高程。施工阶段标高传递用钢尺配合水准仪将标高传递到基坑内。

2)降水施工方法

①集水沟排水法

基坑顶部设厚300 mm×宽500 m×高500 mm和底部设厚300 mm×宽300 m×高300 mm排水沟,基坑底部积水按集水明排方式进行,每隔30～40 m设集水井,集水井沟底较排水沟底低0.5 m,对集水井中的积水采用水泵排出基坑外。

②喷射井点降水法

井点管埋设:成孔方法采用套管冲枪冲孔,加水及压缩空气排泥,当套管内含泥量测定小于5%时,才下井管及灌砂,然后再将套管拔起。冲孔直径为400～600 mm,深度应比滤管底深1 m以上。孔口在地面以下1.5 m的一段用黏土砼夯实,其余填灌碎石。下管时,水泵应先开始运转,以便每下好一根井管,立即与总管接通(不接回水管)后及时进行单根试抽排泥,并测定真空度,待井管出水变清后为止,地面测定真空度不宜小于93.3 kPa。全部井点管沉设完毕后,再接通回水总管,全面试抽,然后让工作水循环进行正式工作。

井点运行:各套进水总管均应用阀门隔开,各套回水管应分开。开泵时压力要小于0.3 MPa,然后逐步开足压力。如发现井点管周围有翻砂、冒水现象,应立即关闭井管检修。工作水应保持清洁,试抽两天后应更换清水,此后视水质污浊程度定期更换清水,以便减轻工作水对喷嘴及水泵叶轮等的磨损。

井点拆除:地下建筑物竣工并进行回填、夯实至地下水位线以上时,方可拆除井点系统。拔出井点管可借助于倒链或杠杆式起重机。所留孔洞,下部用砂,上部1～2 m用黏土填实。

3)土石方施工方法

①根据现场施工作业条件，B 轴线深基坑开挖施工坡道设在南端，分层分段从南端向北进行施工。2/0A 和 1/0A 轴线开挖道路设在东面，施工流向从东北向西南推进，此两轴线基坑基本为独立基坑，开挖作业根据现场实际开挖。

②基坑土方用反铲挖土机下入基坑分层开挖，基坑内配以小型推土机堆集土，土方用翻斗汽车运出。

③在深基坑挖土外运经过路段统一设置一个混凝土洗车池，洗车池车道宽 6～8 m，长 16～20 m。

④采用分段分层开挖，出土尽量使坡面符合设计要求。预留坡道的坡道角度控制在 5°～8°，以方便运土。坡道面铺设砖渣等硬质材料，抗滑并防止车辆塌陷。

⑤基坑开挖时先开挖基坑四周轮廓，中心预留 1～2 m 部分土体待支护好后分层开挖。

⑥基坑开挖结合支护一起施工，保证开挖基坑的稳定，第一排插筋施工完成后，再开挖第二层土，依次类推，下面土体每层挖深 1.3 m。

⑦基坑开挖的同时，在基坑坑顶周围设置 ϕ48 钢管安全防护栏并开挖排水沟。

⑧每挖一层土，基坑周围设置简易排水沟，将地下水引入水沟，在排水沟四角区位设临时集水井，从集水井用水泵抽排汇集水至顶部排水管网。

⑨当遇到原有基础承台等混凝土件时，采用液压风炮机进行拆除。

4)边坡支护

①挖土

分层开挖深度应根据插筋间距确定，且小于设计规定。在完成上层作业面的喷混凝土面层强度达到设计强度 70%以前，不得进行下部地层深度的开挖。

基坑的边壁宜采用小型机具或铲锹进行切削坡以保证边坡平整，并保证侧平面不出现渗水。在限定的时间内完成支护，即及时设置插筋或喷射混凝土。基坑在水平方向的开挖也应分段进行。一般可取 10～20 m。应连续进行作业，缩短边壁土体的裸露时间。对于自稳能力差的土体如软塑状的黏性土砼和无天然粘结力的砂土必须立即进行支护。

②插筋施工

钻孔后要进行清孔检查，成孔后应及时安设插筋。

插筋置入孔中前，应先设置定位架，保证钢筋处在钻孔的中心部位，支架沿钉长间距 2 m，支架的构造应不妨碍注浆时的浆液自由流动。

插筋置入孔中后，注浆时导管底端应先插入孔底，在注浆同时将导管以匀速缓慢撤出，保证孔中气体能全部逸出。

③喷射混凝土

在喷射混凝土前，面层内的钢筋片应固定在边壁上并符合规定的保护层厚度要求。

喷射混凝土厚度为 8～10 cm，终凝后 2 h，应根据当地条件连续洒水养护 5～7 h。

未详尽处见专项施工方案，本施工组织设计从略。

6. 桩基承台及独立基础

(1)施工准备

1)施工场地做好“三通一平”。

2)认真进行图纸会审，编写施工技术措施，对作业人员进行总体技术交底。

3)开工前作好施工人员的安全质量教育，不参加教育人员与未经考试合格者不许上岗。

4)现场的施工材料要按平面布置图或业主指定位置分类，分型号堆放整齐。

5)各种机械设备要检修完好，试运正常，运至现场后要按指定位置安装就位。

6)施工前应认真复核测量基线、水准点及桩位。桩基轴线的定位点及施工地区附近所设的水准点设置在不受桩基施工影响处。

7)钢筋混凝土原材料进行验收与复验

(2)施工工艺流程(如图 18-24 所示)

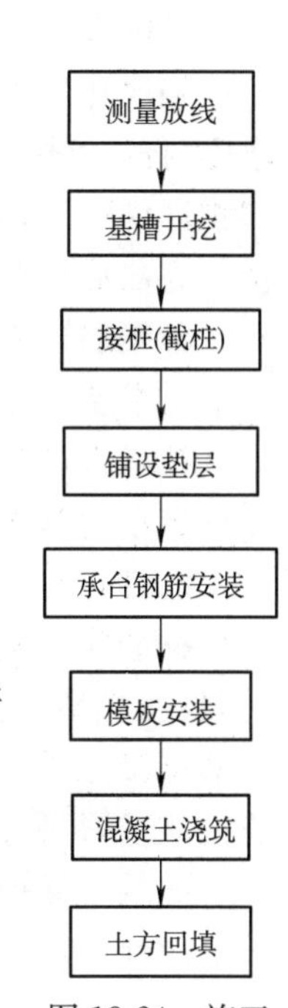

图 18-24　施工工艺流程图

(3)施工方法

1)测量放线

测量放线前，需对所用的测量基点进行复核。

测量放出地面承台(独立基础)开挖线，基底开挖线每边比设计尺寸放大1～2 m作为后续作业面，做好开挖控制桩并加以保护，同时测量地面标高，做好高程控制桩并加以保护，严格控制开挖尺寸，防止超挖。

2)基槽开挖

基槽开挖过程中，根据现场情况按规范《建筑边坡工程技术规范》(GB 50330—2002)确定放坡坡率，保证边坡稳定。

机械开挖至基底设计标高以上30 cm，转为人工开挖，直至基底设计标高或基底设计持力层嵌岩深度。

开挖到位后，人工在基坑底部四周沿边坡坡脚挖出截面尺寸为30 cm×20 cm的排水沟，并在基底一角设置一个50 cm×50 cm×100 cm的集水坑，同时在地面距基坑边0.5 m处用沙袋筑起水坎，并在水坎外挖好截水沟，防止雨水流入基槽，冲刷边坡。基坑周围用钢管架做好防护栏，挂防护网，并挂设危险警示标志。

基槽开挖过程中，测量人员要经常监测基槽尺寸、基底标高，避免出现基底尺寸不足、超挖或欠挖情况。开挖完成后，测量人员对基坑各角点进行复核，检测基坑是否出现偏位。如出现超挖情况，应根据现场情况采取相应措施处理。

3)接桩或截桩

预制管桩长度固定，施工过程中会有接桩或截桩情况；挖(钻/冲)桩承台开挖后需截桩，保证桩头质量及锚入承台长度。

测量人员由桩顶标高确定截桩长度，并在桩身做好明确标记。

①预制管桩接桩

预制管桩接桩采用焊接形式，使用E506焊条。桩头对接上下节平面偏差不超过10 mm，垂直度偏差不得大于1%。接桩完成后，桩顶以下1 500 mm处以3 mm厚钢板封住内孔，以上范围内内孔用C30混凝土(掺UEA微膨胀剂)灌注饱满，并均布6B16插筋，锚入承台长度为40d，螺旋箍筋A8@200。

②截桩

管桩截桩采用锯桩器切割，严禁用大锤横向敲击或强行扳拉截桩。

挖孔桩截桩时，对桩顶标高可以进行直观控制，灌注混凝土时为保证桩头质量，桩顶标高比设计稍高。截桩时只需剔去桩顶浮浆并人工凿平至桩顶设计标高即可。

钻/冲孔桩截桩时，测量人员做好标记后，施工人员将桩顶标高以上40d(d为钢筋笼主筋直径，单位为mm)范围内面层混凝土凿去，露出桩身钢筋，用切割机将钢筋在锚固长度顶端切断，在桩顶设计标高以上5 cm处，用风镐沿桩身一圈每20 cm间距钻进一个30 cm深孔洞，平设三根钢钎，环向120°放置，待轻敲入桩稳定后，三钎同时用力，截断桩头，桩头截断后用吊车掉出基坑。

4)铺设垫层

强风化岩面基础及嵌岩基础开挖完成后，基底地质情况需报地勘、监理单位确认，地质情况符合设计要求方可铺设垫层。测量人员确定出垫层边线后，钢筋绑扎和模板安装同时进行。钢筋绑扎完成后，进行钢结构预埋件布设，为后续钢结构施工做好准备。模板安装完成后立即进行混凝土浇筑，浇筑时做到振捣密实，浇筑完成后注意洒水养护。

5)钢筋加工及安装

①准备工作

技术人员根据设计图纸结合施工实际情况配筋下料，施工人员根据料表加工钢筋并转运至现场，测量组放样出承台轴线及边线，然后进行底筋绑扎。

②绑扎底筋

钢筋应按顺序绑扎，先长轴后短轴，由一端向另一端依次进行。操作时按图纸要求划线、铺铁、穿箍、绑扎，最后成型，钢筋的绑扎用ϕ0.7～1.0 mm铁丝按逐点改变绕丝方向交错扎结牢固，交叉点采用梅花跳扎。钢筋连接方式视现场情况有直螺纹套筒、绑扎、单面搭接焊等，对各种连接方式，严格按照规范要求控制钢筋连接质量，每种接头试验人员现场取样送检。

混凝土保护层垫块全部采用砂浆垫块。在绑扎底部钢筋前先将混凝土保护垫块安放并固定好。底部钢筋下的保护层垫块，厚度为100 mm，间隔1 m。

③安装钢管柱托架、吊装钢管柱

托架安装完毕后，钢管柱吊装须等垫层混凝土达到设计强度的50%方可进行。

④绑扎面筋及环筋

以上工序完成后，现场工长、质检员严格检查钢筋的规格、形状、尺寸、数量、间距、锚固长度、接头设置、预埋件的位置、混凝土保护垫块等是否符合设计及规范要求，然后报监理验收。

6)测温点布设

选用 WZCT—10 型热电偶作为测温元件，数显的电子测温仪(量程 0℃ ～300℃)作为仪表。承台混凝土温度监测点的布置以真实地反映出混凝土体的温度分布场、降温速度、冷却效果为原则。按测温点平面分布(如图 18-25、图 18-26 所示)，从基础顶部插入 12 根型号为 B20 的竖直通长钢筋，传感器按设计高度固定在钢筋上，避免传感器位置在混凝土浇筑时改变，不能达到设计测温效果。埋设工作安排在浇注前的 12 h 进行，避免温度传感器丢失和破坏。传感器与测温仪的接口用铠装信号线引出至基础顶部位，在混凝土浇筑前用胶布缠裹好。

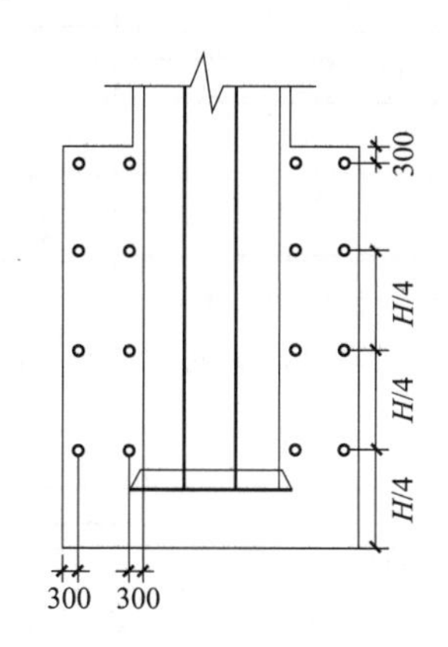

图 18-25　测温点埋设侧面示意图

H—基础高度

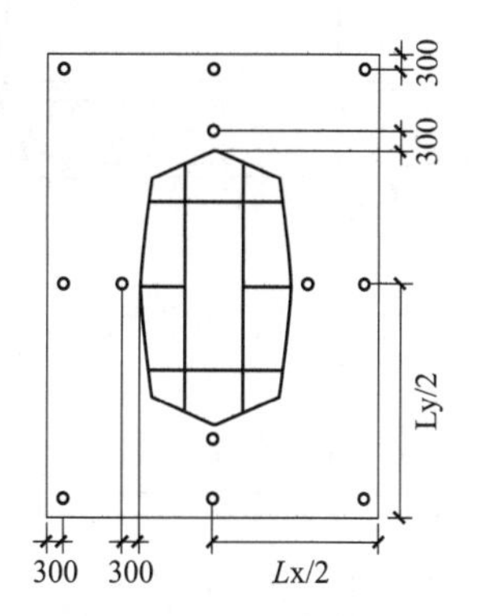

图 18-26　测温点埋设平面示意图

Lx—承台宽度；Ly—承台长度

7)模板安装

①模板选择

本工程为广深港客运专线 ZH-3 标深圳北站(土建)工程，承台及独立基础较多且截面尺寸不一，除 Y 型柱大体积混凝土承台采用预制大钢模外，其他承台及独立基础采用组合钢模。

模板选择时根据承台、基础梁的截面尺寸从预制好的钢模中选择合适尺寸的钢模进行组合。若钢模板不符合模数时，可另加木模板补缝，模板缝隙间采用白乳胶进行密封。

大体积混凝土施工，计划采用东莞东桥钢构厂生产的全钢预制模板，支撑体系为外挂桁架。

模板的主要技术参数：面板为 6 mm 厚钢板；横背楞采用 12 号槽钢；肋板采用 12 mm×125 mm 钢板；边框采用 125 mm×12 mm 的等边角钢；模板最大高度为 3.5 m。模板在生产前，按最不利条件进行了设计计算，确保能够满足大体积混凝土的施工。

模板选择时根据承台、基础梁的截面尺寸从预制好的钢模中选择合适尺寸的钢模进行组合。

②模板安装

安装前对模板表面进行清洁、校正、涂脱膜剂。模板安装过程应用吊锤控制好模板的垂直度，安装时随时用吊锤进行复核。模板安装及固定示意如图 18-27～图 18-29 所示。

8)混凝土浇筑

①混凝土浇注前模板内的垃圾等杂物要清除干净，垫层、模板应浇水加以润湿。采用混凝土输送泵浇筑。

②混凝土入模温度控制

大体积混凝土施工，首先要控制混凝土浇筑入模温度。在高温施工季节，可采用冷却拌和用水，对砂石料进行遮阳覆盖，并用水喷淋冷却等方法，最大限度的降低混凝土入模温度。其次，混凝土浇筑温度，主要是混凝土在浇筑过程中的温度，浇筑温度直接影响混凝土体内的温度场，是引起混凝土内部收缩裂缝的最主要原因。要合理部署施工，尽量避免在炎热天气浇筑大体积混凝土。在夏季，采用混凝土输送泵进行浇筑时，对处于日照中的泵管，进行遮盖或包裹以降温。

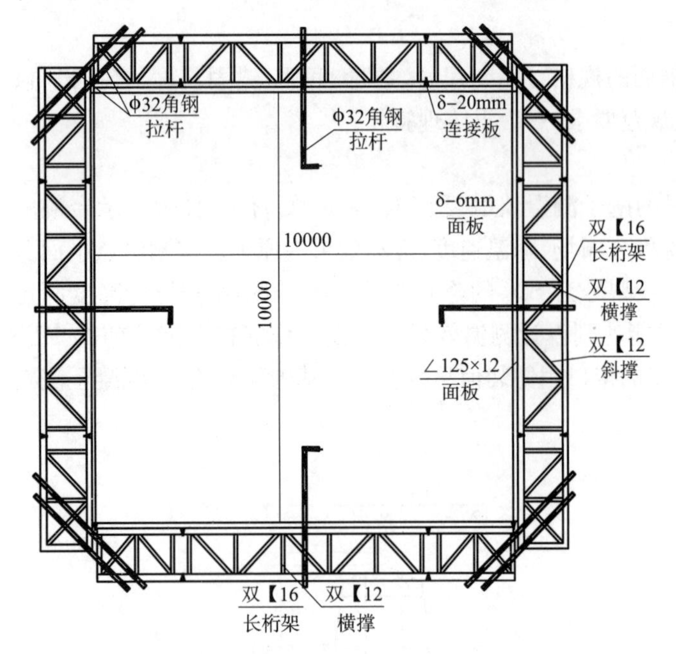

图 18-27 模板安装及固定平面示意图

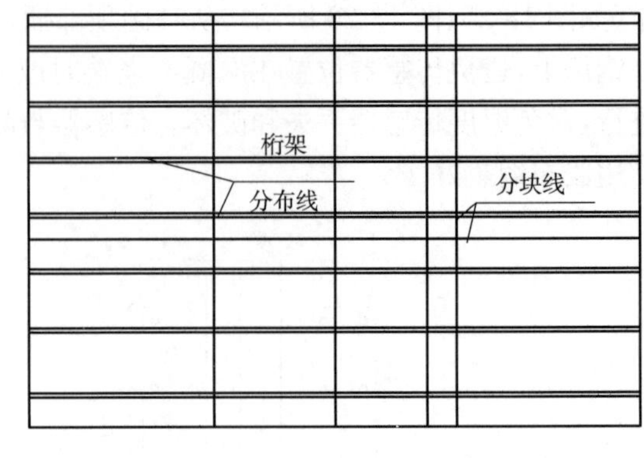

图 18-28 模板安装及固定侧面示意图

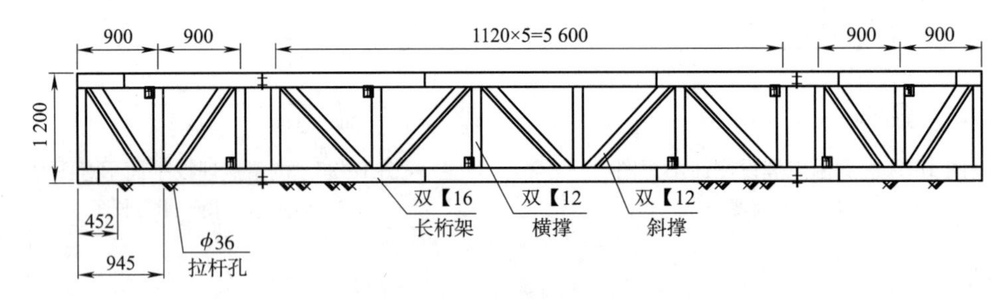

图 18-29 外挂桁架示意图

③振捣

基础混凝土浇筑采用分层浇筑，一次到顶的施工方法。振捣厚度通常以 500 mm 为宜，且振捣棒要插入下一层混凝土 50 mm，并且必须在下层混凝土初凝前振捣完。插入式振动棒进行斜向振捣，振捣时在每一位置上应连续振动一定的时间，采取快插慢拔的方式，以混凝土表面不再明显下沉，不冒气泡，均匀出现浆液为准，移动时应成排依次振捣前进，前后位置和排与排间相互搭接应有 3～5 cm，防止漏振。混凝土浇筑完毕后，应在混凝土初凝之后终凝之前进行表面抹压，排除上表面的泌水，用木拍反复抹压密实，消除最先出现的表面裂缝，提高混凝土防水性能和表面观感。

④泌水、浮浆处理

由于混凝土坍落度大，浇筑面广，在浇筑和振捣后，必然有大量的泌水和浮浆顺着混凝土坡面流淌，在低洼的地方沉积。为此，在混凝土的浇筑过程中，先在未浇筑的一边设置集水坑，同时准备 1 台～2 台水泵排干承台内的积水。

⑤混凝土试件制取

混凝土试件应在浇筑地点随机抽取。

9)混凝土养护

①减小混凝土表内温差的方式

混凝土浇注完毕后用塑料薄膜加两层草袋覆盖的方式加强保温，并及时开启冷却循环水，将混凝土表内温差控制在 25℃以内。

②加强温度监控

在养护中要加强温度监测和管理，第 1～5 天每 2 h 测温 1 次，第 6 天后每 4 h 测温 1 次，直至温度稳定为止。及时调整保温和养护措施，延缓升降温速率，保证混凝土表面和内部最大温差不超过 25℃，防止因温度应力而造成混凝土开裂。

未详尽处见专项施工方案，本施工组织设计从略。

7. 基坑回填

混凝土达到一定强度后拆模，拆模后进行外观质量及尺寸检查。如有缺陷，应立即采取相应措施处理，并报监理验收。验收合格后方可进行回填。承台及独立基础侧回填应采用级配砂石分层夯实，压实系数不小于 0.94。

(1)施工准备

1)认真进行图纸会审，编写施工方案，对作业人员进行技术交底。

2)施工前通过振动压实试验，确定砂石最大干密度后再回填。

3)正式回填前，在现场进行注水振动密实试验，确定虚铺厚度及振捣时间；正式碾压前，在现场进行碾压试验，确定压实厚度及密实度，确定碾压遍数。

4)开工前作好施工人员的安全质量教育，不参加教育人员与考试不合格者不许上岗。

5)各种机械设备要检修完好，试运正常，运至现场后要按指定位置安装就位。

6)级配砂石材料，宜采用质地坚硬的中砂、粗砂、碎(卵)石，砂石级配符合国家《建筑用砂》及《建筑用卵石、碎石》标准。

7)级配砂石材料不得含有草根、垃圾等有机物杂物。含泥量不宜超过 5%。碎石或卵石最大粒径不得大于垫层或虚铺厚度的 2/3。

(2)施工工艺流程(如图 18-30 所示)

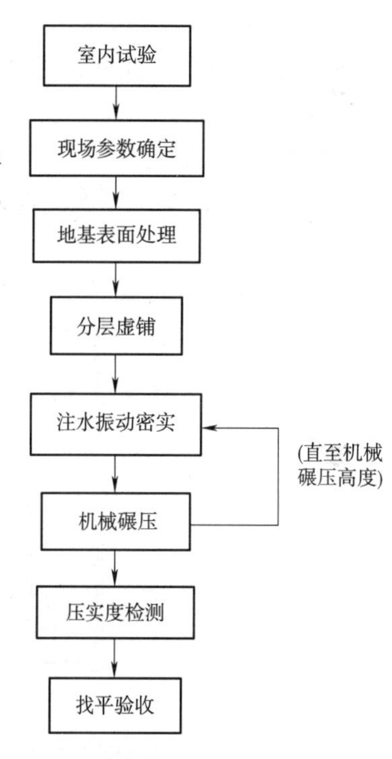

图 18-30　施工工艺流程图

(3)施工方法

1)室内试验

人工级配砂石按照体积比，碎石 20～40 mm 掺量 50%，碎石 5～31.5 mm 掺量 20%，粗中砂掺量 30%配制，并依据《铁路工程土工试验规程》(TB 10102—2004)要求，通过振动压实试验得出级配砂石最大干密度及最佳含水量。

2)现场工艺参数确定

在正式施工前，应在现场进行注水振动密实试验、碾压试验，确定虚铺厚度、振动时间及碾压遍数，直到压实度达到设计要求，获得施工工艺参数。

3)地基表面处理

将地基上表面的浮土和杂物清除干净，平整原有地基，并妥善保护基坑边坡，防止塌土混入砂石垫层中。基坑附近如有低于基坑的孔洞、沟壑等，应在未填砂石前加以填实处理。

4)分层虚铺

①采用注水振动密实方法回填时，考虑到 70 型振动棒有效振捣深度为 50～60 mm，因此摊铺砂石的厚度，一般不超过 50 cm，分层厚度用木桩控制。当回填至可采用机械碾压的高度后，铺筑厚度按不超过 35cm 控制。

②采用注水振动密实方法回填时，当每一层级配砂石填铺完毕，即向基坑内注水，注水高度控制在刚好淹没该层砂石；当回填至可采用机械碾压高度时，应根据其干湿程度和气候条件，碾压前适当地洒水以保持砂石的最佳含水量，一般应大于最佳含水量的 1%～2%。

5)注水振动密实

基坑底部机械不能到位的地方，采用注水振动密实。注水回填振动法采用插入式振动棒将砂石振捣密实。振捣时采用斜向振捣法，振捣时在每一位置上应连续振动一定的时间，采取快插慢拔的方式，移动时应成排依次振捣前进，防止漏振。

6)机械碾压

采用 10 t 平碾压路机往复碾压，碾压速度控制在 2 km/h，碾压次数以达到要求密实度为准，一般不少于 4 遍，其轮距搭接不小于 50 cm。边缘和转角处应用直式打夯机补夯密实。

7)压实度检测

施工时应分层找平，振压密实，采用灌砂法进行压实度检测。下层密实度合格后，方可进行上层施工。

8)找平验收

最后一层压(振)完成后,表面应拉线找平,并且要符合设计规定的标高。

8. 钢柱外包混凝土

(1)施工准备

1)施工场地做好“三通一平”。

2)认真进行图纸会审,编写施工技术措施,对作业人员进行总体技术交底。

3)开工前作好施工人员安全质量教育,不参加教育人员与未经考试合格者不许上岗。

4)现场的施工材料要按平面布置图或业主指定位置分类,分型号堆放整齐。

5)各种机械设备要检修完好,试运正常,运至现场后要按指定位置安装就位。

6)施工前应认真复核测量基线、水准点及桩位。桩基轴线的定位点及施工地区附近所设的水准点设置在不受桩基施工影响处。

7)钢筋混凝土原材料进行验收与复验。

(2)施工工艺流程(如图18-31所示)

(3)施工方法

1)测量放线

测量放线前,需对所用的测量基点进行复核,使其符合各种平面尺寸关系后方可使用该基点。测量放出钢柱外包混凝土4个角点,用墨斗弹出边线;做好高程控制桩并加以保护,在钢柱上用红色油漆作好外包混凝土顶标高标识,以便施工时控制外包混凝土标高。

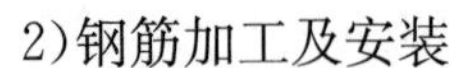

2)钢筋加工及安装

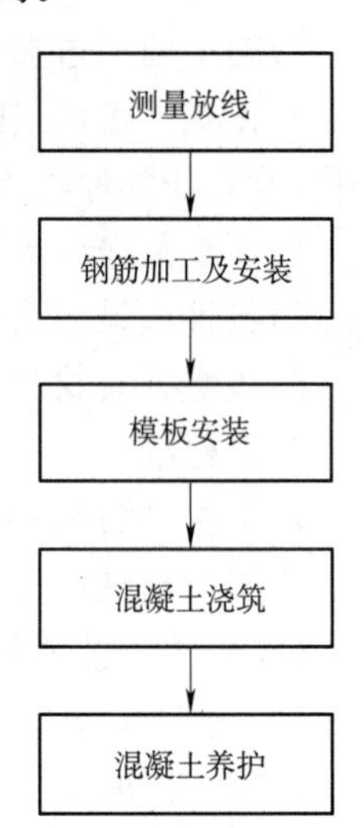

图18-31 施工工艺流程图

钢柱外包混凝土钢筋配置如下图18-32、图18-33所示。

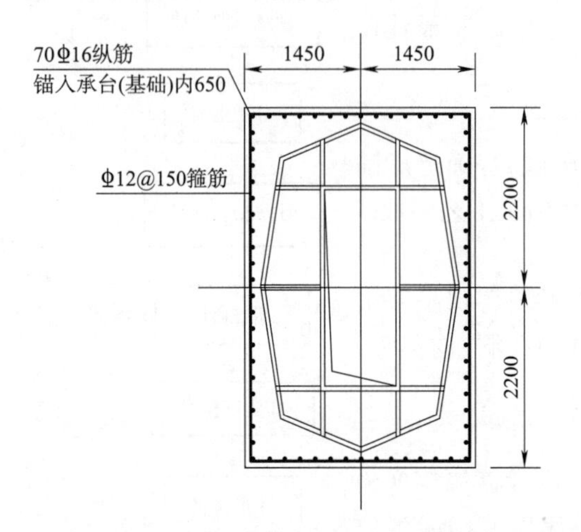

图18-32 Y型柱外包混凝土钢筋大样图

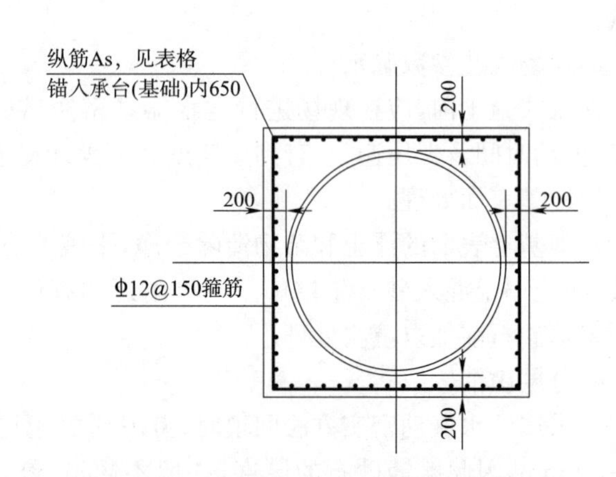

图18-33 圆钢柱外包混凝土钢筋大样图

技术人员根据设计图纸结合施工实际情况配筋下料,施工人员根据料表加工钢筋并转运至现场;搭设作业平台,核对设计图纸确认预留孔洞及管线的准确位置,安装预埋钢筋及预埋件,不得遗漏或位移。钢筋安装完成后,设置混凝土保护层垫块。垫块采用与外包混凝土同强度砂浆制作而成,厚度为30 mm,在钢筋骨架外侧以1 m×1 m间距呈梅花形布置。

3)模板选择及安装

①模板选择

采用木模板进行施工,模板的主要技术参数如下:

面板为18 mm厚木模板,竖背楞采用100 mm×100 mm方木,柱箍采用【10双拼槽钢;螺杆为ϕ32、ϕ20、ϕ16圆钢。

Y型柱对应的外包混凝土尺寸为4400 mm×2900 mm。

②模板安装

安装前对模板表面进行清洁、校正、涂脱膜剂,模板缝隙间采用白胶进行密封,模板底部采用砂浆封底,防止漏浆。

模板安装时随时用吊锤控制好垂直度，并进行复核；安装完成后要保证整体的稳定性，牢固，不松动。模板安装及固定示意图如图18-34、图18-35所示。

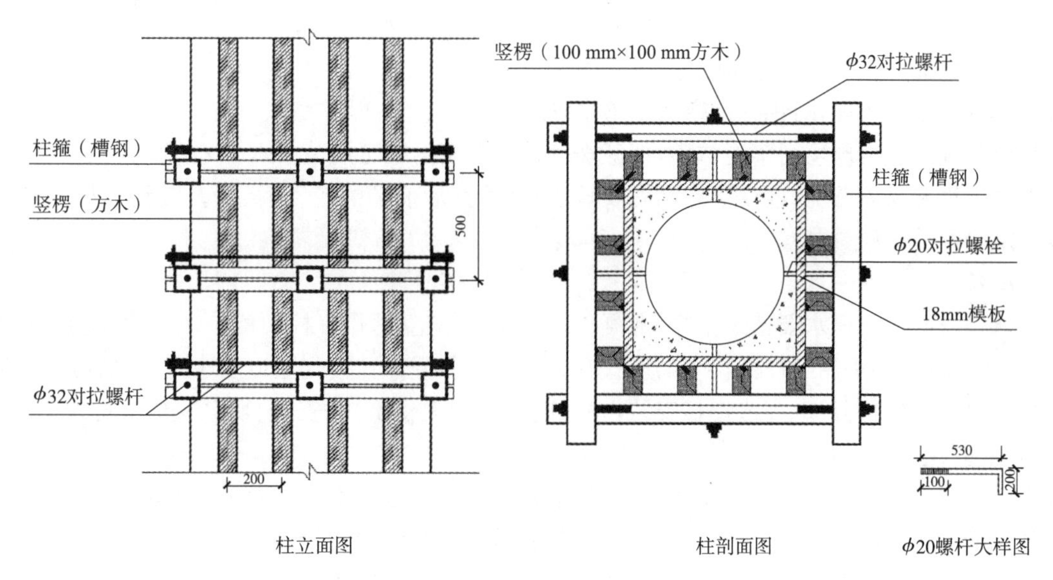

图18-34　圆钢柱外包混凝土模板安装示意图

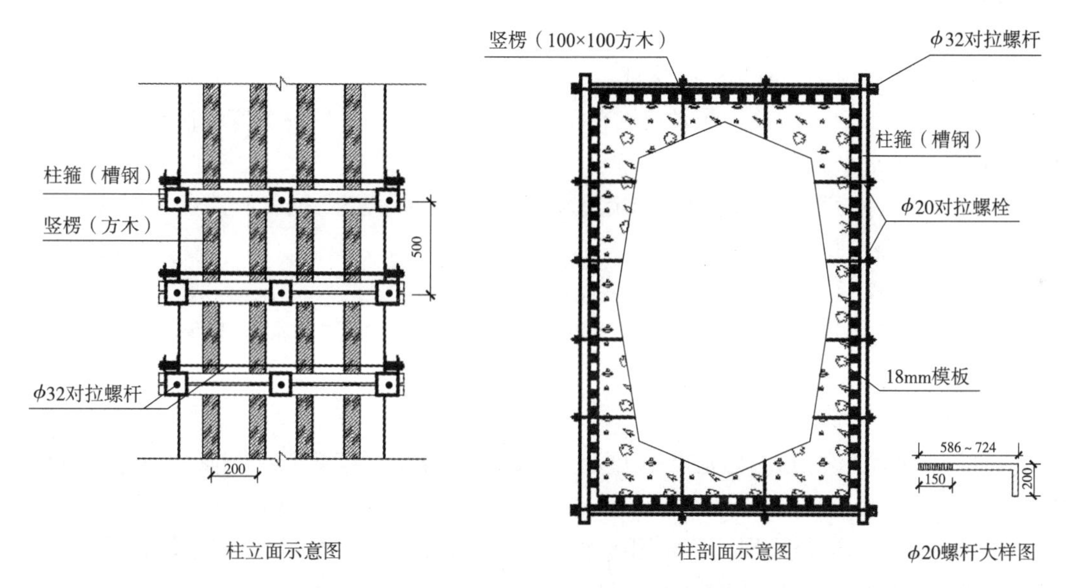

图18-35　Y型柱外包混凝土模板安装示意图

4)混凝土浇筑

①混凝土浇注前模板内的垃圾等杂物要清除干净，垫层、模板应浇水加以湿润。混凝土采用输送泵浇筑。

②振捣

混凝土浇筑过程中采用插入式振动棒进行振捣。采用斜向振捣法，振捣时在每一位置上应连续振动一定的时间，采取快插慢拔的方式，移动时应成排依次振捣前进，防止漏振。

③养护

混凝土养护在浇注后应及时进行，混凝土终凝后采用浇水覆盖塑料薄膜养护，浇水次数以保持混凝土湿润为宜，混凝土养护用水应与拌制用水相同，为保证结构混凝土强度，构件要持续养护7～15 d，对掺用缓凝型外加剂或有抗渗要求的混凝土，不得少于14 d。混凝土试件应在浇筑地点随机抽取。

未详尽处见专项施工方案，本施工组织设计从略。

9. 钢柱自密实填芯混凝土

(1)施工准备

1)技术准备:

①认真进行图纸会审,编写施工方案,对作业人员进行技术交底。

②提前 24 h 检查钢柱内是否有积水和其杂物,要求柱内无积水。

③施工前必须提前 24 h 通知混凝土拌和站备料。

④每次开盘前报验监理,对钢柱内杂物及落水管进行检查。

⑤每盘按照规范进行现场坍落度试验,保证坍落扩展度满足施工规范要求。

⑥根据每根钢柱具体情况,改变泵车高度及输送管(尤其最前端的胶管)长度。做到混凝土自由下落高度在规范规定的≤5 m 范围内。

2)现场准备

浇筑前,钢柱内碎渣、积水要清理干净;混凝土浇筑完后,应立即作好柱顶覆盖,防止掉落碎渣、积水。

施工中,各分部之间采用工序交接单的形式互相配合。各分部在接到上道工序交接单后,方可实施下道工序,工序安排如下:钢构分部(完成钢柱安装,并保证钢柱内无积水)→安装分部(完成穿柱水管安装)→土建分部(浇筑混凝土)。

3)开工前作好施工人员的安全质量教育,不参加教育人员与考试不合格者不许上岗。

4)各种机械设备要检修完好,试运正常,运至现场后要按指定位置安装就位。

5)材料准备

①自密实混凝土的原材料质量,特别是骨料粒径级配、针片状含量、含泥量、含水率应经常检测,根据检测结果及时调整配合比。

②水泥、掺合料、外加剂必须有出厂合格证。

③粗骨料粒径 5~31.5 mm,其含泥量控制在 1%之内;细骨料的细度模数宜控制在 2.5~2.9 之间。

④拌和用水采用自来水。

⑤混凝土出厂时应检验其工作性,包括测定坍落度、扩展度、流动性、抗离析性和填充性(方法见附录),观察有无分层、离析。经检验合格,方可出厂。

(2)施工工艺流程

搭设灯笼架(或者爬梯)→清底→测设每段浇筑高度→开盘准备→浇筑混凝土→试块留置→养护。

(3)施工方法

1)搭设灯笼架(或者爬梯)

根据每段浇筑高度,沿钢柱搭设灯笼架(高度小于 5 m 的悬挂爬梯),浇筑时安排一人观察混凝土面高度。

2)清底

浇筑前,对钢柱内积水进行清理。首先用潜水泵抽去大量积水,底部少量积水采用竹杆绑海绵蘸吸或在天气晴朗时,移开管口封闭物,自然风干。

3)测设每段浇筑高度

原则上填芯混凝土一次浇筑到顶,尽量不留施工缝,但部分钢柱安装过高,为保证混凝土自由下落高度≤5 m,只能分段浇筑,施工缝留置在钢柱接缝下 10 cm 处。

4)开盘准备

①根据待浇混凝土结构物的情况,应与拌和站提前一天对生产速度、运输时间及浇筑速度进行协调,制定合理的生产、运输及浇筑计划,避免运输过程或现场停置时间过长,确保混凝土拌和物的分送与浇筑时间在其工作性保持期内完成。

②混凝土到达现场后,应高速旋转 1 min 以上方可卸料,严格按照设计要求对混凝土进行现场抽检。若混凝土性能不满足设计要求(CCES02-2004 标准中Ⅱ级指标要求:坍落扩展度(SF)为(600±50) mm,L 型仪 $H_2/H_1 \geqslant 0.8$),一概不得浇筑,应立即登记罐车车牌,通知拌和站调换该车混凝土。直到混凝土性能满足要求后,方能浇筑。

③卸料前运输车如因交通阻塞等意外情况在卸料前需对混凝土的流动性进行调整,可加入适量外加剂,并高速旋转 3 min,使混凝土均匀一致,经检测合格后方可卸料。外加剂的掺量应事先经试验确定。

5)混凝土浇筑及试块留置

浇筑填芯混凝土时,泵车将出料软管伸入钢柱,若软管长度不能满足混凝土自由下落高度≤5 m,则接长软管。浇筑时的最大自由落下高度宜在 5 m 以下,浇筑点之间最大水平距离不宜超过 7 m;分层浇筑时,应在下层混凝土初凝前将上一层混凝土浇筑完毕。浇筑混凝土前,现场试验人员要在监理见证下随机检测混凝土坍落扩展度,并按照每 50 m^3 留置一组试块,每根钢柱填芯应最少有 1 组试块,且每个浇筑台班不得少于 1 组,每组 3 件。

混凝土浇筑应保持其连续性,当停泵时间过长,混凝土不能达到要求的工作性时,应及时清除泵和泵管中的混凝土,重新浇筑。

混凝土浇筑后,静停过程中将因气泡溢出导致混凝土沉降,应在浇筑时适当提高浇筑标高。

注意:自密实混凝土浇筑时不用振捣,试块制作也不得采取任何振捣措施,试块制作分二次将留样混凝土装入试模,中间间隔 30 s,刮去多余量后,收面抹平。

6)养护:

混凝土浇筑完毕,应有专人负责养护,用湿麻袋覆盖或其他类似手段,保持混凝土外露部分的湿度,养护时间不少于 7 d。

未详尽处见专项施工方案,本施工组织设计从略。

18.5.1.3　站房主体结构工程

1. 站房钢结构工程

(1)站房钢结构概况

1)整体概况

主站房东西长 409 m,南北宽 208 m,建筑高度 43.602 m,最大跨度约 86 m,最大悬挑约 65 m。主站房为超长无缝结构,下部主体结构采用钢管混凝土柱与钢－混凝土楼板组合梁框架结构体系,上部屋盖采用"上平下曲"形态的纵横双向桁架体系;根据结构特点、吊装难度区分,站房钢结构部分主要集中在以下几个位置,如图 18-36～图 18-39 所示。

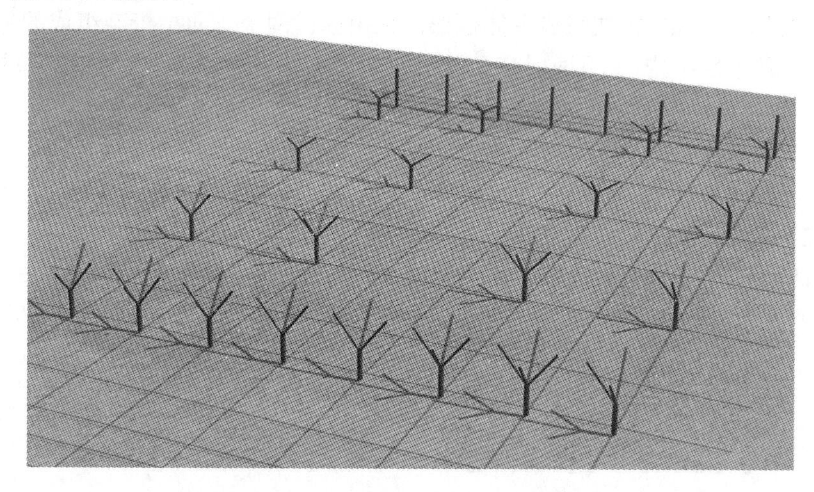

图 18-36　支撑屋盖体系的钢管混凝土柱

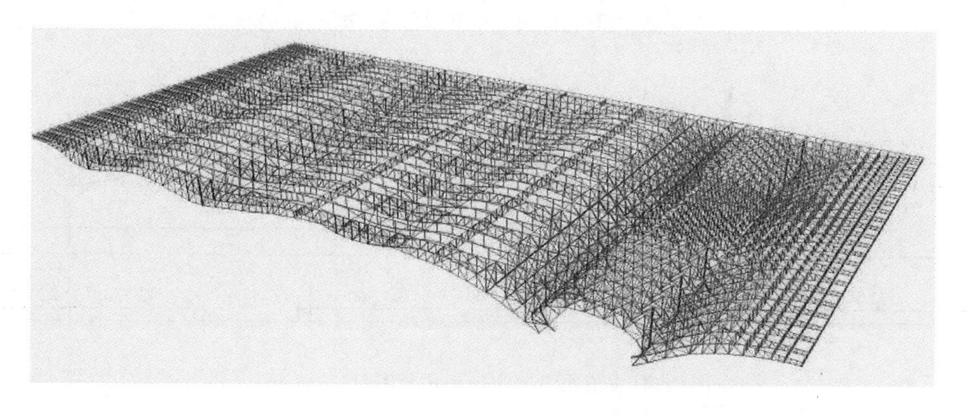

图 18-37　上部钢桁架屋盖

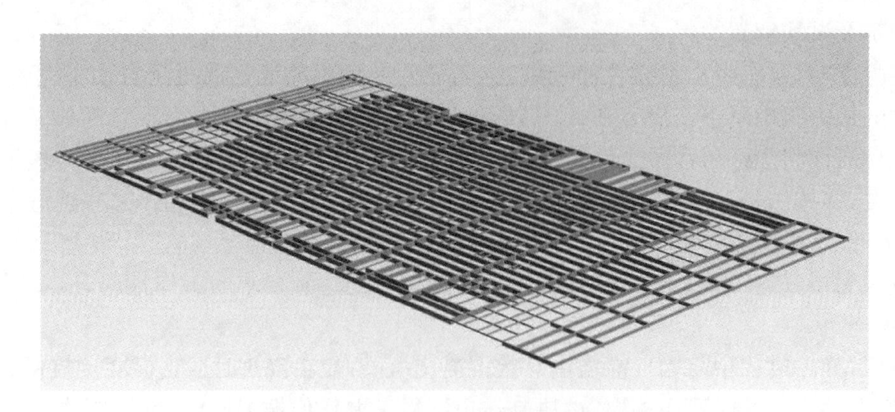

图 18-38 8.862 m标高处钢框架结构

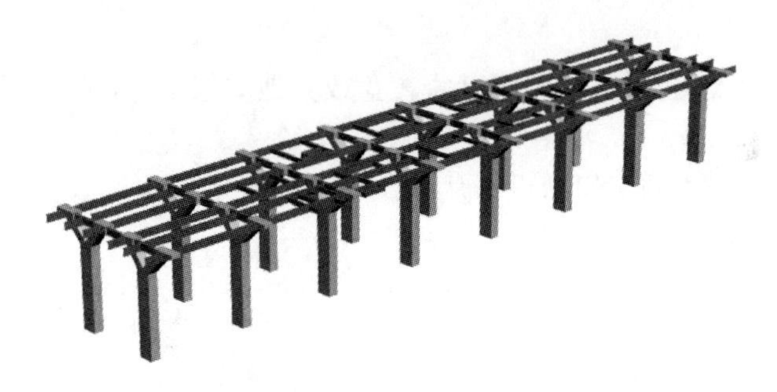

图 18-39 支撑地铁 4 号线、6 号线的 Y 型柱及平台框架

2)主要特点

①主站房上部屋盖体系特殊、结构新颖

屋盖部分分为主结构和次结构。主结构支承在站房钢管混凝土柱及地铁 4、6 号线八边型钢混凝土柱上，由纵横两个方向的"上平下曲"桁架组成主体框架。在由纵横两个方向主桁架组成的每个约 27 m×27 m 大网格中间，采用如图所示次结构，上下两层交叉梁由竖向撑杆联系在一起，再通过斜拉杆将部分荷载传递给周围主结构的桁架。

②桁架跨度大，矢高及重量大

主桁架跨度为 54～86 m 不等(如图 18-40、图 18-41 所示)，桁架矢高大部分大于 10 m，桁架分段后单片重量在 40～120 t 之间。

③屋盖悬挑大；屋盖结构东侧悬挑 63 m，西侧悬挑 22.7 m。

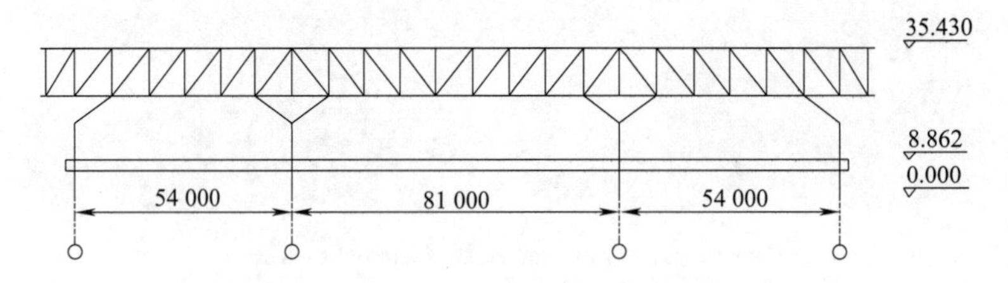

图 18-40 南北横向主桁架示意图(单位：mm)

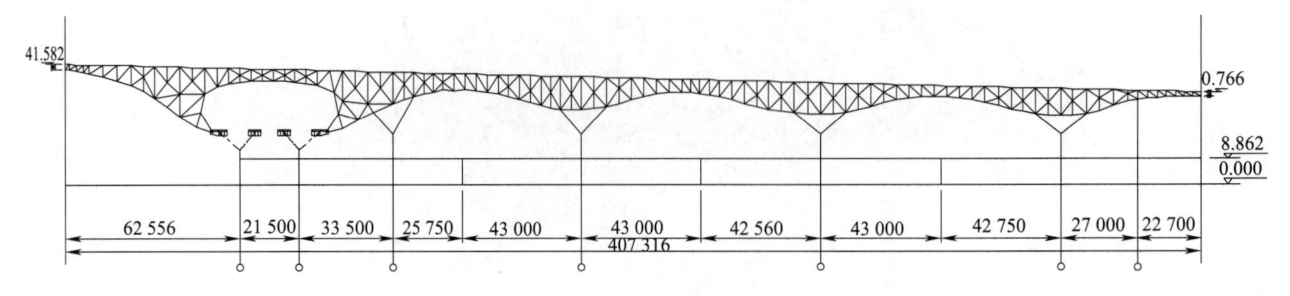

图 18-41 东西纵向主桁架示意图(单位：mm)

(2)主要构件的制作

1)八边型钢柱加工

①原材料

原材料检查:八边型钢柱钢板厚度较大,为避免材料缺陷引起结构安全,应对钢柱本体原材料进行超声波检查。为了减少工作量,检查可以按炉号随机抽检一张钢板,检查应100%进行。检验方法参见相关钢板超声波探伤方法,验收标准遵照合同或图纸。当合同或图纸无相关约定时,按最低要求检验。

钢板预处理:八边型钢柱组成部件截面较宽大,本体、零件材料采取板材预处理方式,即钢板原材料先抛丸,上车间底漆(漆膜厚度≤25 μm)。

②作业准备

拼板前的准备工作:清理场地,将有碍拼接的材料;杂物清除干净,场地不得水。按拼板任务单及领料单领取所需拼接的钢板,根据排版图对所领钢板的材质、厚度、尺寸、板数进行认真的核对。吊运钢板至拼接场地,为防止钢板弯折变形,必须使用专用吊具。操作工应采用醒目的油漆圈出钢板炉批号,并按拼接图要求,对钢板进行划线,拼接后长度方向的余量为30 mm,并经检验员检查合格。炉批号应记录在检验原始记录中。在拼接前,如其中一部分钢板事先需下料的。则应对此钢板按拼接图要求进行划线、下料,并将炉批号移植到每一主材零件板上面。

③下料注意事项

下料尺寸应增加切割缝每条3 mm(50 mm板)。切割前应预热至60℃。拼接宽度不应小于300 mm,注意拼接焊缝避开节点区域200 mm以上。

④拼板焊接头坡口加工

采用半自动切割机对坡口进行加工;气割时,应控制切割工艺参数,具体见表18-15、表18-16。

表18-15　直条机切割工艺参数

钢板厚度(mm)	割嘴号码	氧气压力(MPa)	丙烷气压力(MPa)	气割速度(mm/min)
40～60	4#	0.45	0.04	300～250
>60	5#	0.6	0.04	250～230

表18-16　半自动切割工艺参数

钢板厚度(mm)	割嘴号码	氧气压力(MPa)	乙炔气压力(MPa)	气割速度(mm/min)
25～50	2#	0.4	0.04	250～400
>50	3#	0.5	0.04	160～250

按坡口位置划出基准线,调整割嘴位置,使割嘴始终对准基准线,并保持割嘴与钢板一定的角度(坡口角度)。钢板的切割线与号料线的允许偏差应符合下列规定:

手工切割:±1.5 mm;半自动切割:±1.0 mm。

平板拼焊坡口型式由设计图纸决定。坡口面及坡口两侧20 mm范围内(待焊接区域)必须打磨干净并保持干燥,不得有油、锈和其他污物。

⑤气割表面质量要求

平面度(用B表示):指沿切割面方向垂直于切割面上的凹凸程度,按照切割面钢板厚度(t)计算。上边缘融化程度(用S表示):指气割过程中烧塌情况,表明是否产生塌面及开成间断后连续性的融滴及融化条壮物。气割表面质量要求见表18-17。

表18-17　气割表面质量要求

表面割纹深度(G值)	平面度公差(B值)		上边缘融化程度(S值)
≤100 μm	板厚$t>25$	≤1.0%×t	上缘有圆角 咬边宽度≤1.0 mm
	板厚$t\leq25$	≤2.0%×t	
G	B　t		

注:表面割纹深度用G表示指切割面波纹峰与谷之间距离(取任意五点的平均值)。

⑥焊材控制

领取定位焊需要的焊条(碱性焊条应按规定烘焙好)或焊丝,领取埋弧自动焊所需要的焊丝和已烘焙好的焊剂,焊条和焊剂的领用量应控制在每班的用量内,由钢板的材质和厚度决定,具体规定见表 18-18。

表 18-18 定位焊用的焊条、焊丝牌号规格

钢板		手工电弧焊焊条		CO_2气保焊焊丝	
牌号	规格(mm)	牌号	规格(mm)	牌号	规格(mm)
Q345	δ>20	J506	ϕ4.0	ER50-6	ϕ1.2

埋弧自动焊要的焊丝的牌号和规格,焊剂的牌号由钢板的材质和厚度及钢结构安全度决定,埋弧焊用焊丝还需盘至焊机专用焊丝盘中,盘丝过程中应进行去油处理,盘好丝的焊丝盘上应粘贴标签(标签内容应有焊材牌号、规格和检验编号等内容)。具体规定见表 18-19。

表 18-19 埋弧自动焊要的焊丝的牌号、规格及焊剂的牌号

钢板		埋弧焊焊丝		埋弧焊焊剂	
牌号	规格(mm)	牌号	规格(mm)	牌号	规格
Q345	δ>14	HO8MnA	ϕ4.0	SJ101	——

焊剂(SJ101)烘干参数:烘烤温度 300℃,保温时间 2 h。焊条 Exx15、Exx16 烘干参数:烘烤温度 350℃,保温时间 2 h。

2)拼接钢板的装配

①对需拼接的钢板吊至焊接位置。

②装配构件允许错边量不得大于 3 mm。

③为保证焊接后钢板尽可能平整,采用 X 形坡口,为保证板材拼接的直线度,以及尽可能减少清根工作量,装配时应顶紧间隙,宜采用埋弧焊直接打底拓展熔深。当没有把握采用埋弧焊打底时,可以采用 CO_2 气体保护焊打底焊接。此时应将坡口钝边缩小至 2～3 mm,如图 18-42 所示。

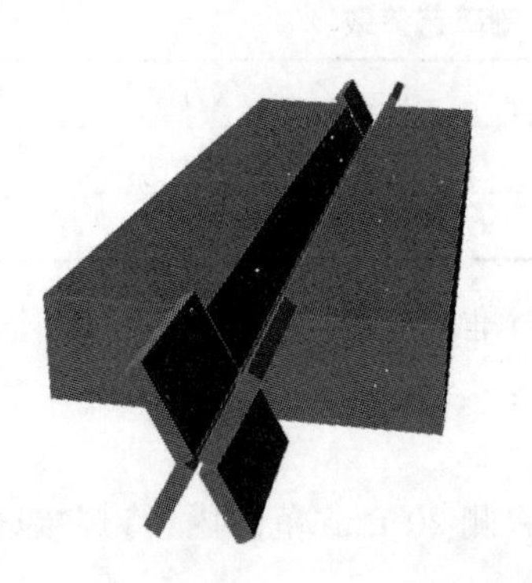

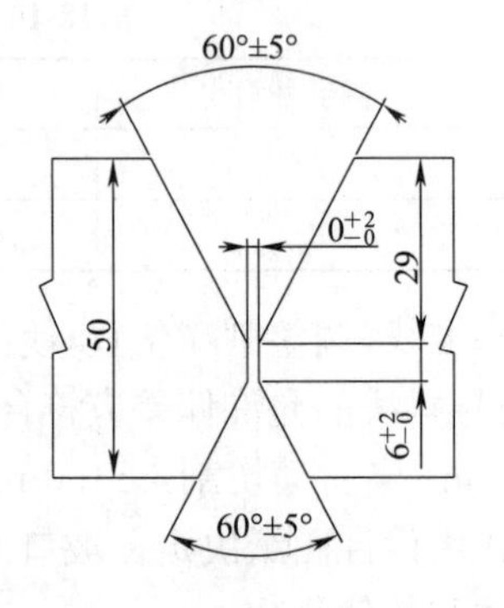

图 18-42 拼接坡口形式

④定位焊:定位点焊须由合格焊工担任,焊接方法为手工电弧焊或 CO_2 气保焊。采用的焊条或焊丝按相关规定,定位点焊长度为≥40 mm,间隔 300～400 mm。

⑤钢板拼缝两端装焊引弧板和熄弧板,其材质应与焊拼板相同,厚度不宜小于 8 mm,其长度应大于或等于 100 mm,其宽度应大于坡口深度。

⑥装配完成后,操作工在自检合格后须经检验员检查合格后方可进入正式焊接。

3)焊接

①预热

采用火焰加热预热,预热范围为两倍钢板宽度,预热温度 80℃。预热温度测量点位应取两边及中间的预热区间边缘处,且远离加热火焰。

②焊接参数见表 18-20。

表 18-20 焊接参数表

焊道	焊接方法	焊丝/直径	保护	电流(A)	电压(V)	速度(cm/min)
打底	CO_2气体保护焊	ϕ1.2	CO_2～100%	240～280	28～30	30～40
	埋弧焊	ϕ4.0	SJ101	450～550	28～32	40～50
填充	埋弧焊	ϕ4.0	SJ101	500～600	30～34	35～45
盖面	埋弧焊	ϕ4.0	SJ101	500～600	30～34	25～40

③焊接顺序

先焊接大坡口侧的 1/3 深度的坡口焊缝。然后翻身清根，清根采用碳弧气刨。焊接小坡口侧焊缝，直至焊满。在翻身焊接大坡口侧剩余焊缝，直至焊满。

④钢板拼接后校正

应采用火焰加热校正，矫正温度限制在 900℃以下。

4)下料、坡口

①翼板、腹板的下料。

对火焰切割设备的检查：检查气源与切割设备间的胶管连接有无漏气，气源是否正常。检查射吸式割矩是否正常，各割矩的风线是否呈笔直而清晰的圆柱体，否则应采用通针清理割咀的内孔。对多头火焰切割机还应检查割矩的纵向行走机构、横向调节机械、上下调节机构是否处于正常状态。

根据任务单，排版图，仔细核对钢板的牌号、宽度、长度和厚度是否符合要求。吊运钢板至合适的切割位置，为防止钢板弯折，必须使用专用吊具。调整钢板的位置，保证钢板的两侧面与切割方向平行，保证整张钢板处于水平一致状态，并清理钢板表面。在钢板端部，按排版图或制作清单要求的下料宽度进行划线。划线时，应考虑割缝的宽度：当板厚等于 50 mm 时，割缝宽度为 3 mm。考虑型钢焊接收缩，对 50 mm 壁厚的箱体，其腹板的焊接收缩量按 4 mm 补偿。

②切割参数表见表 18-21。

表 18-21 切割参数表

钢板厚度(mm)	割嘴号码	切割氧气压力(MPa)	丙烷气压力(MPa)	气割速度(mm/min)
36～60	2#～3#	0.69～0.78	0.04～0.05	300～360

钢板厚度大于 38 mm，应预热至 60℃。

③坡口。

坡口火焰切割参数参照氧乙炔下料参数，速度适当调慢。坡口加工方法为半自动气割机，本体材料坡口形式如图 18-43 所示。

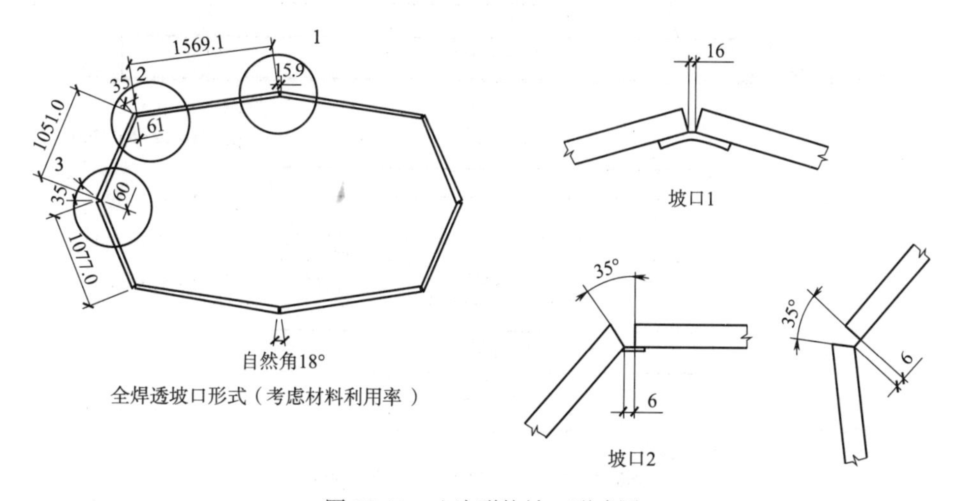

图 18-43 八边形柱坡口形式图

④箱型柱组立步骤如图 18-44 所示。

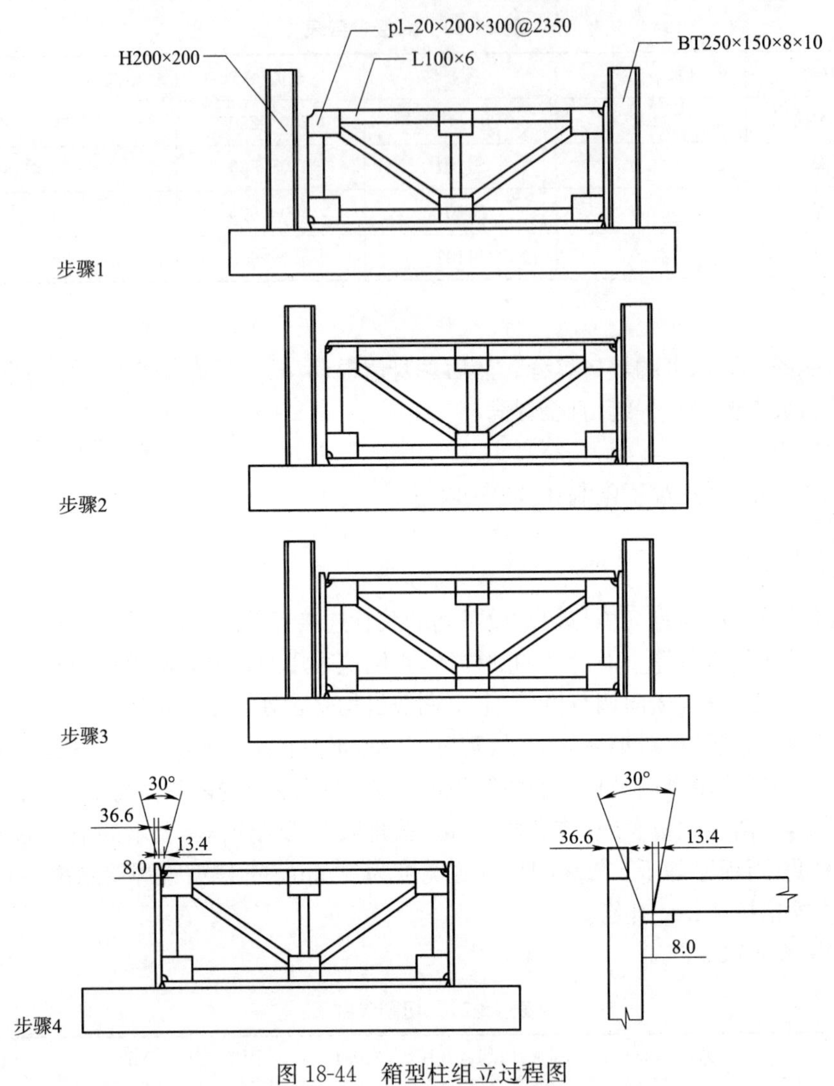

图 18-44 箱型柱组立过程图

⑤八边形钢柱组立胎架如图 18-45 所示。

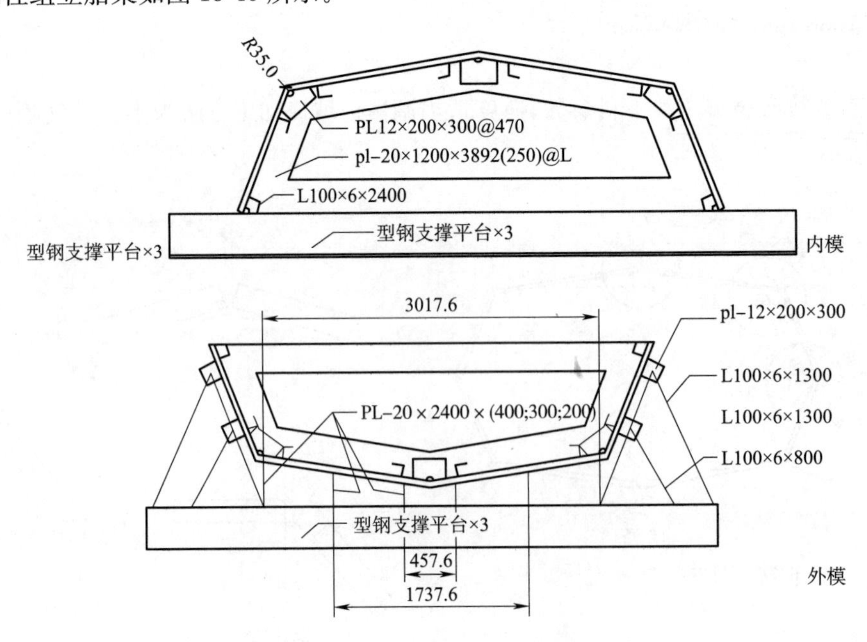

图 18-45 八边形柱组立胎架图

平台、垫铁应校正水平，使支撑受力的任意两点之间的高度绝对差值控制在 2 mm 以内。靠山应吊线校正垂直度，使截面高度范围内垂直度小于 1 mm。

⑥八边形钢柱组立(标准件)如图 18-46 所示。

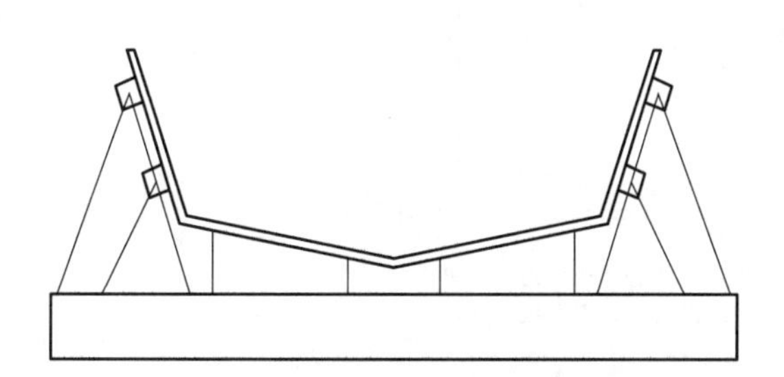
第一步：外胎架上组立、点固焊接

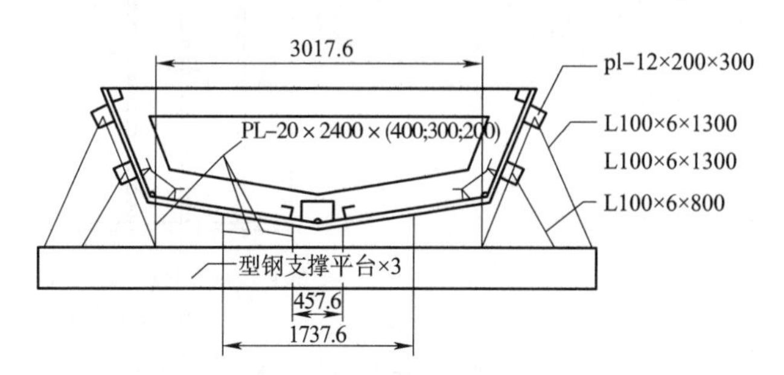

第二步：安装内胎架

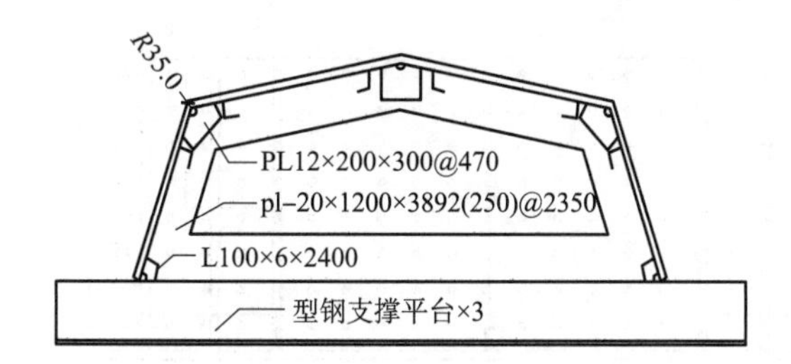

第三步：翻身置于钢平台上进行打底及部分填充焊接

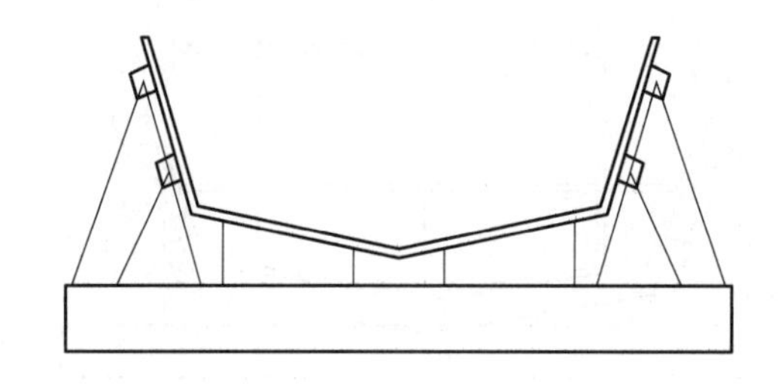
第四步：焊后翻身安置与外胎架固定后拆除内胎架

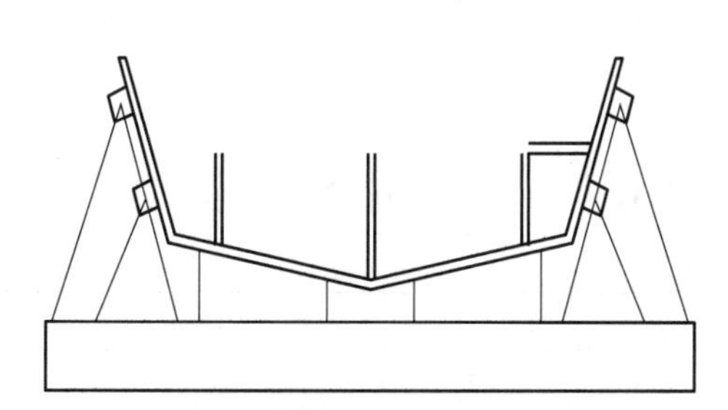
第五步：划线按图装配焊接缀板（一对）

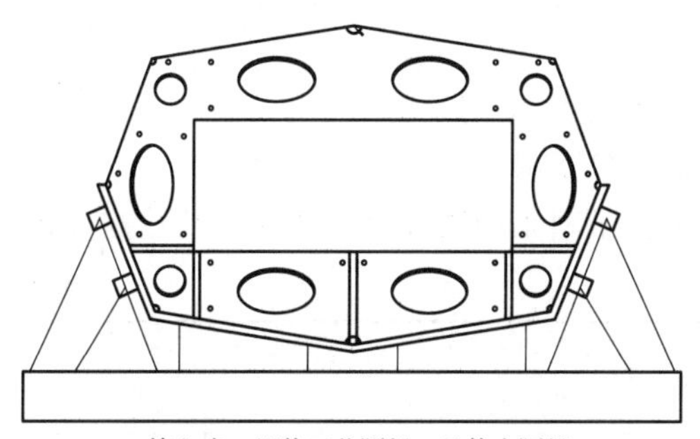
第六步：组装工艺隔板、及传力隔板

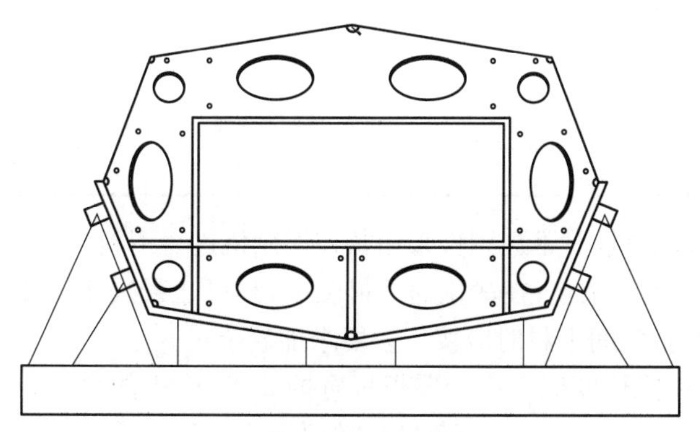
第七步：组装内箱体

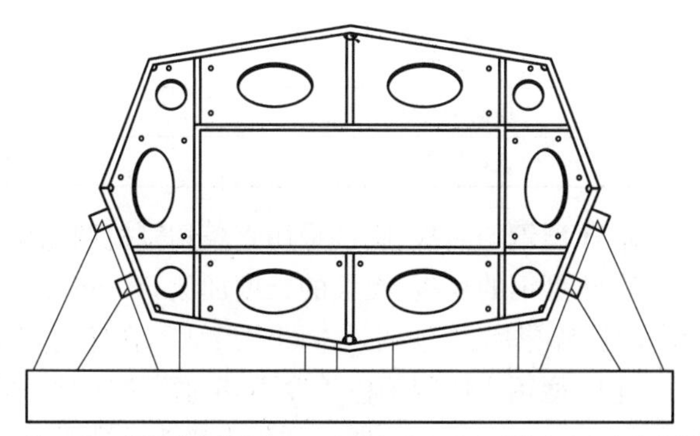
第八步：装焊其余的缀板，一节柱级装，盖上另外半个八角柱壳体

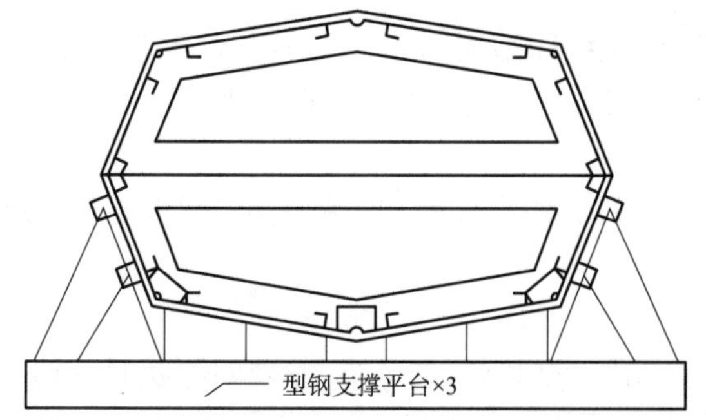

第九步：一节柱组装时，外壳应独立组装焊接装焊时，应保留内模保持截面形状

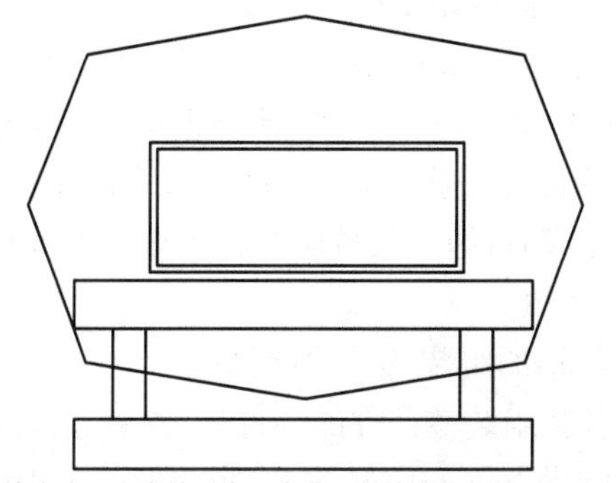
第十步：在支撑平台上安装、焊接底板焊接时，底板背面必须绑扎高度不小于150的型钢

图　18-46

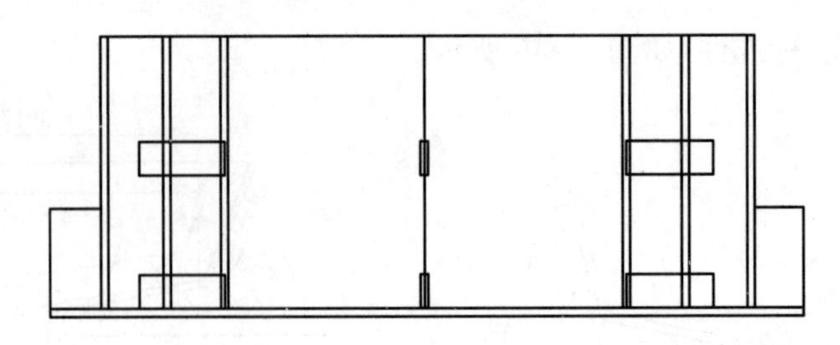

第十一步：将钢柱竖立划线装配半数柱脚加劲作为靠山然后组装外壳将其余柱脚加劲装配后固定外壳位置后，装焊缀板

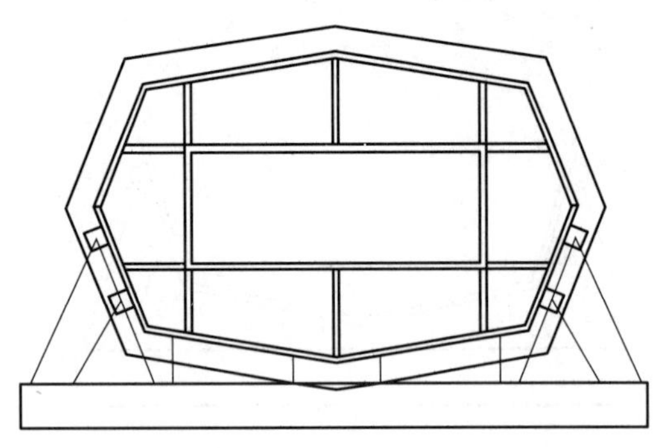

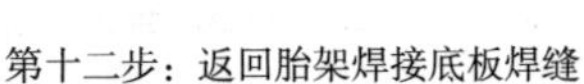

第十二步：返回胎架焊接底板焊缝

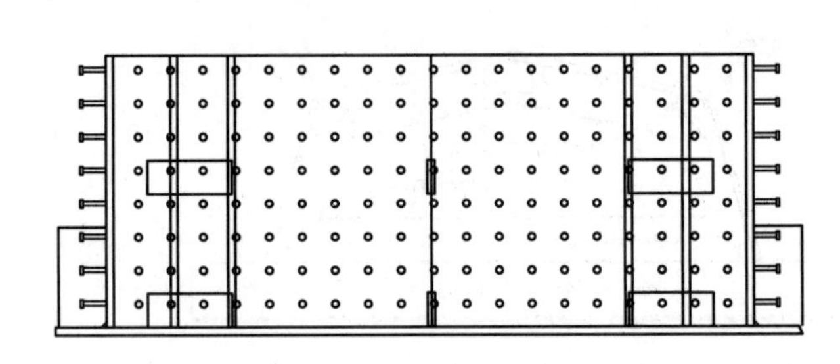

第十三步：最后焊接栓钉

图 18-46 八边形钢柱组立图

5)焊接 H 型钢梁制作

①零件下料

零件下料采用数控火焰切割机及数控直条切割机进行切割加工，切割质量应符合表 18-22 要求。

表 18-22 切割允许偏差

项　目	允许偏差	备　注
零件宽度，长度	±2.0	
切割面平面度	0.05*T*，且不大于 1.5	*T* 为板厚
割纹深度	0.2	
局部缺口深度	1.0	
与板面垂直度	不大于 0.025*T*	*T* 为板厚
条料侧弯	不大于 3 mm	

对 H 型钢的翼板、腹板采用直条切割机两面同时垂直下料，对不规则件采用数控切割机进行下料。

对 H 型钢的翼板、腹板的长度加放 50 mm 余量，宽度不放余量；在深化的下料图中，其尺寸系按净尺寸标注，但应在图纸中说明，“本图中尺寸不含任何余量”，准备车间下料时应按工艺要求加放余量。

当 H 型钢主体因钢板长度不够而需拼接时，其翼板对接长度应不小于翼板板宽的 2 倍，腹板的最小长度应在 600 mm 及以上，同一零件中接头的数量不超过 2 个；同时，在进行套料时必须保证腹板与翼板的对接焊缝错开距离满足 200 mm 以上。

H 型钢附件(如 H 型钢牛腿)应由生产部进行长度套料，并由 H 型钢流水线进行组焊、下料及钻孔等加工工序，如图 18-47 所示。当 H 型钢梁两端与牛腿连接时，宜将梁与牛腿组焊成一根 H 型钢，再将两端牛腿整体下料、钻孔、可避免梁与牛腿出现高度差。

下料完成后，施工人员应按材质进行色标移植，同时对下料后的零件标注工程名称、钢板规格、零件编号，并归类存放。

②H 型钢的组装、钻孔及锁口

核对各待组装零部件的零件号，检验零件规格是否符合图纸及切割标准要求，发现问题及时反馈；检查焊接或装配设备等的完好性，发现问题及时上报返修；根据 H 型钢的截面尺寸，可采用 H 型钢流水线及人工胎架法，当采用人工胎架法时，根据腹板与水平面的位置关系，将胎架分为水平组装胎架和竖直组装胎架，胎架示意图如图 18-48 所示。

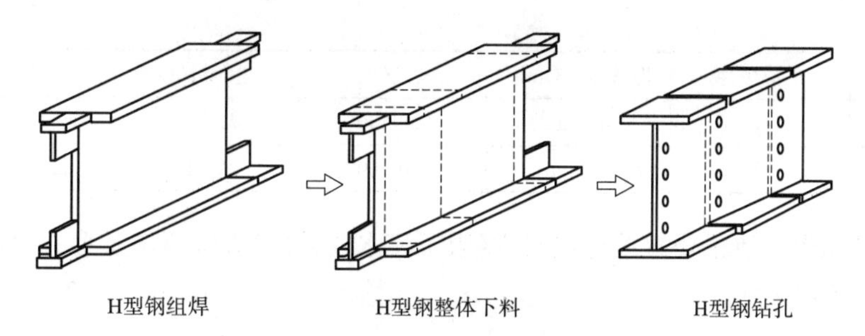

图 18-47　H 型钢流水线组焊、下料及钻孔

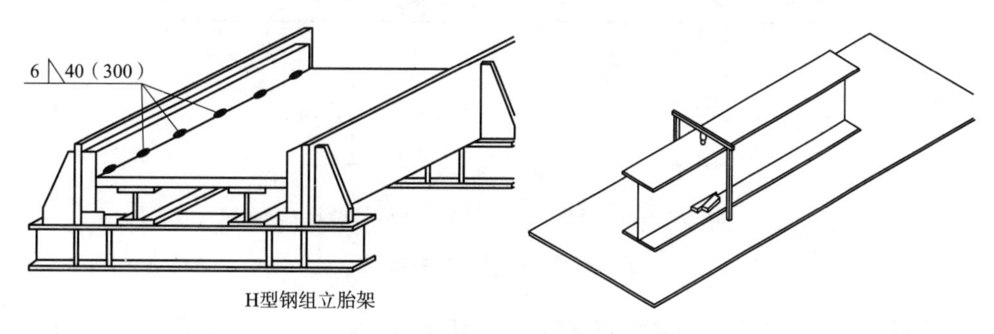

图 18-48　H 型钢竖直(组立机组立)

检查零件的外观切割质量,对零件外观质量不符合要求处进行修补或用磨光机进行打磨;根据 H 型钢的板厚、坡口要求制备引弧板及引出板,引弧板及引出板的坡口形式应与 H 型钢的坡口形式相同,引弧及引出长度应不小于 60 mm,其材质应与母材相同;当 H 型钢的腹板需要开坡口时,应采用半自动火焰切割机进行,其主体坡口形式应符合图纸要求;坡口加工完后,必须对坡口面及附近 50 mm 范围内进行修磨,清除割渣及氧化皮等杂物,同时,对全熔透焊和部分熔透焊的坡口,在其过渡处应修磨出过渡段,使其平滑衔接,过渡按 1∶2 的比例。

③H 型钢的焊接

H 型钢在焊接前,应在 H 型钢的两端头设置"T"形引弧板及引出板(如图 18-49 所示),引弧板及引出板长度应大于或等于 150 mm,宽度应大于或等于 100 mm,焊缝引出长度应大于或等于 60 mm。引弧板及引出板应用气割切除,严禁锤击去除。

H 型钢的焊接采用门型埋弧焊机及小车式埋弧焊机两种方式进行。焊接顺序如图 18-50 所示。

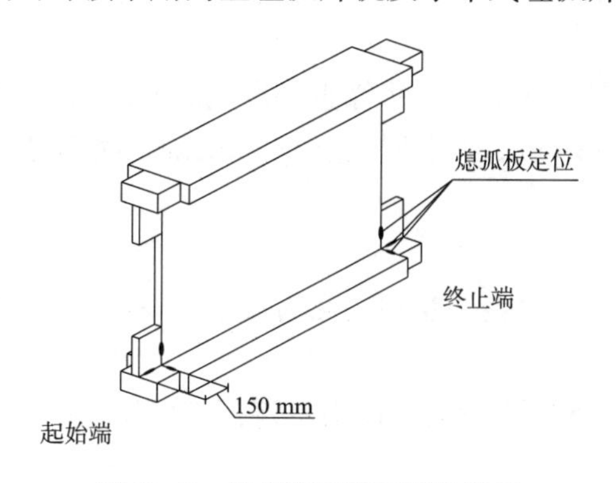

图 18-49　H 型钢引熄弧板的设置

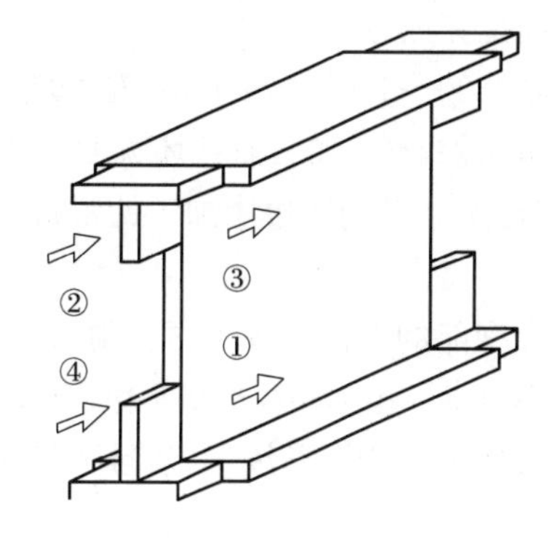

图 18-50　焊接顺序的选择

H 型钢船型位置角焊缝自动埋弧焊的焊接参数可按表 18-23 选取。

表 18-23　焊接参数表

板厚	间隙	电源极性	焊丝直径(mm)	电流(A)	电压(V)	速度(m/h)	伸出长度(mm)
6	≤1	反	ϕ4 mm	500-550	30-32	32～34	25-30
8	≤1	反	ϕ4 mm	550-600	30-32	32～34	25-30
10	≤2	反	ϕ4 mm	550-600	30-32	30～32	30-35

续上表

板厚	间隙	电源极性	焊丝直径(mm)	电流(A)	电压(V)	速度(m/h)	伸出长度(mm)
12	≤2	反	ϕ4 mm	600-650	32-34	30～32	30-35
14	≤3	反	ϕ4 mm	650-700	32-34	28～30	30-35

H 型钢流水线埋弧焊不清根全熔透焊接技术(限于流水线采用)焊缝要求及形式:根据 H 型钢的腹板板厚,其焊缝形式如图 18-51 所示。

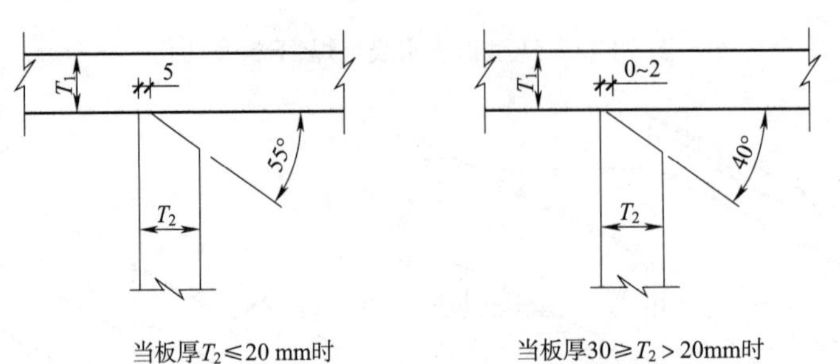

图 18-51 H 型钢焊缝形式

坡口加工:坡口的加工采用半自动火焰切割机进行,切割后的坡口表面宽度应一致并应进行割渣及氧化物清理;H 型钢组装可由 H 型钢组立机进行,定位焊采用气保焊,ϕ1.2 mm 焊丝;埋弧自动焊丝的选择应与钢材材质相匹配。焊接胎架:将 H 型钢放置在胎架上后,其斜置角度应按图 18-52 所示。

④H 型钢的矫正:当翼板厚度在 45 mm 及以下时,可采用 H 型钢翼缘矫正机进行矫正。当翼板厚度在 45 mm 以上时,采用合理焊接工艺顺序辅以手工火焰矫正。矫正后的表面,不应有明显的凹面或损伤,划痕深度不得大于 0.5 mm。

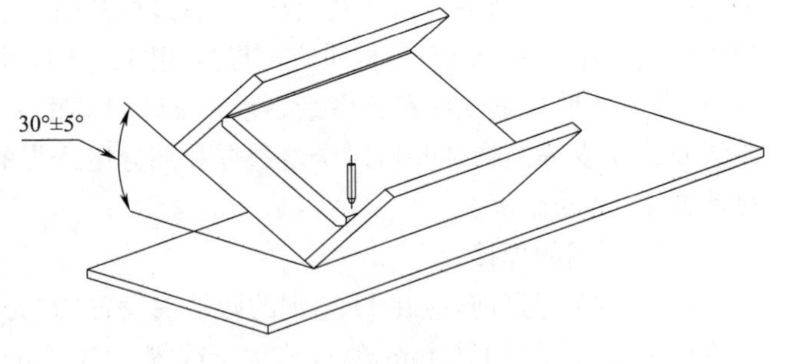

图 18-52 H 型钢斜置角度

6)钢管柱制作

①下料(火焰切割)

采用数码火焰切割机下料。

②铣边

钢板火焰下料或定宽尺寸的钢板首先要进行焊接坡口的加工,该工序对钢板成型前的两边共 6 个面通过一次铣削加工完成。

铣削速度:800～1500 mm/min;铣削最大板长 12500 mm,加工边缘直线度≤2 mm;加工面粗糙度 25;相邻两边夹角误差±6′;加工前板坯宽度工艺留量 2～15 mm;加工后板宽±1 mm;加工面不得有局部黑皮,毛刺,棱边和台阶. 铣削属边缘加工的常规工艺。

③预弯

预弯是成型前的直接准备工序。预弯段直接影响钢管最终成型后的几何尺寸误差,即圆度、棱角度。该机配置预弯模具共 7 套,其中上模 5 套,下模 2 套。

模具预弯成型段为渐开线形式,且下模角度可根据计算进行调节以满足该模具使用范围内的最佳圆弧成型段。

前后预弯过度段 600 mm+300 mm(避免 30 mm 以上厚板步进预弯时出现撕裂或拉伸,保证全长预弯直线度一致无波浪状)。

④弯曲成型

根据板料规格,材质等设定参数如折弯压力,上模规格,下模开口,折弯深度,步长等等,生成程序即可进行首件试折。首折的 PC 参数按理论计算后角度由大到小进行现场修正,直至与内圆弧样板吻合时定出 PC 参数。

ϕ400～ϕ1422 mm 范围内的钢管一般采用单直缝焊缝,其成型后的管坯开口宽度应控制在能脱离上模垫板的最小尺寸。其直度偏差不大于 5 mm,轴向错位不大于 5 mm。

⑤合缝预焊

成型后的开缝管在合缝机上零间隙对接，并连续自动 CO_2 气保焊预焊打底，其规范严格按焊接工艺执行。要求焊波均匀平齐，无深窝形咬边，焊瘤，弧坑裂纹等缺陷。严禁电弧灼伤母材。

⑥内焊

预焊清理后的钢管即可进入内缝焊接工序，该工序为双丝自动埋弧焊，其焊接过程全程电视监控，电控调节焊缝跟踪。其焊接规范严格按工艺执行。

⑦外焊

内焊结束进入外焊缝焊接工序，该工序为三丝自动埋弧焊接，其焊接过程全程电视监控，电控调节焊缝跟踪。其焊接规范严格按工艺执行。

⑧矫直

焊接后变形弯曲的钢管需要经过校直才能达到标准允许的直线度。

⑨精整

校直后的钢管进入整形工序，钢管有O形模具强制精确整形，以达到较高的圆度和直度。

⑩焊缝探伤检验

焊接完毕即可进行全焊缝100%超声波探伤检测。对有标准规定的缺陷须100%返修合格并超声波检测判定。构件检验方法及允许偏差见表18-24。

表18-24 构件检验方法及允许偏差表

序号	检查内容	公差(mm)	检查方法
1	构件长度	±3	钢卷尺
2	牛腿长度	±2	钢卷尺
3	立柱轴线与弦杆轴线的垂直度	2	经纬仪
4	弦杆中心线与弦杆轴线偏差	$+L/1\ 000$	钢卷尺
5	弦杆的旁弯	$\pm L/1\ 000$	拉线、角尺
6	构件的扭曲	4	拉线、角尺
7	接口处截面错位	2 mm	游标卡尺
8	起拱度	0 mm～+10 mm	游标卡尺

注：L 为构件长度。

7)箱体的加工

①施工准备

a. 材料

钢材的品种、规格、性能应符合设计要求和国家现行有关产品标准的规定；进口钢材产品的质量应符合设计和合同规定的要求；均应具有产品质量合格证明文件。

焊接材料包括焊条、焊丝、焊剂和焊接保护气体等，均必须具有产品质量合格证明文件、生产厂名及产品使用说明书等。

焊条应符合国家现行标准《碳钢焊条》(GB/T5117)、《低合金钢焊条》(GB/T5118)的规定。

焊丝和焊剂：埋弧自动焊和气体保护焊焊丝的各项性能指标，应分别符合《埋弧焊用碳钢焊丝和焊剂》(GB/T5293)、《埋弧焊用低合金钢焊丝和焊剂》(GB/12470)、《熔化焊用钢丝》(GB/T14957)、《气体保护焊用焊丝》(GB/T8110)的各项规定。被选用的焊丝牌号必须与相应的钢材等级、焊剂和保护气体的成分相匹配。

CO_2 气体应符合《焊接用二氧化碳》(HG/T2537)的规定。

b. 配套设施

配套材料：引弧、引出板、定位板等。

主要设备：箱形钢组立机、隔板组立机、端面铣床、定位焊用焊机、电渣焊机、砂磨机、烤枪、碳刨等。

主要量具：钢尺、平尺、塞尺、角尺、焊缝量规等。

②操作工艺

a. 零件下料

零件下料可采用数控等离子切割机、数控火焰切割机及火焰直条切割机进行切割加工，切割质量应符合8-25表要求。

表18-25 切割质量允许偏差表

项　　目	允许偏差	备　　注
零件宽度、长度	±2.0 mm	
	±1.0 mm	
切割面平面度	0.05T，且不大于1.5 mm	T为板厚
割纹深度	0.2 mm	
局部缺口深度	1.0 mm	
与板面垂直度	不大于0.025T	T为板厚
条料侧弯	不大于3 mm	

对箱体的翼板、腹板采用直条切割机两侧同时垂直下料，对不规则件采用数控切割机进行下料，但应对首件进行跟踪检查。

对箱体梁截面的翼板、腹板长度加放50 mm余量，宽度不放余量；在深化的下料图中，其尺寸系按净尺寸标注，但应在图纸中说明，“本图中尺寸不含任何余量”，准备车间下料时应按工艺要求加放余量。

当箱体主体因钢板长度不够而需拼接时，其面板的最小长度应在600 mm及以上，同一零件中接头的数量不超过2个；同时，在进行套料时必须保证腹板与翼板的对接焊缝错开距离满足500 mm以上。

b. 坡口加工

坡口加工采用半自动火焰切割机进行切割，在坡口切割之前应对钢板进行划线，如图18-53所示。

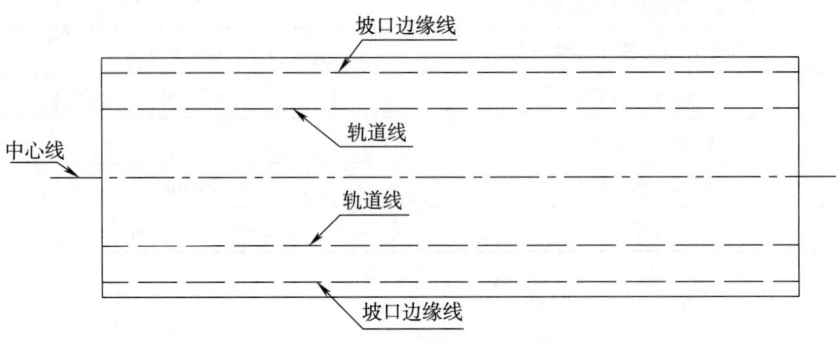

图18-53 坡口划线示意图

坡口加工的形式如图18-54所示。

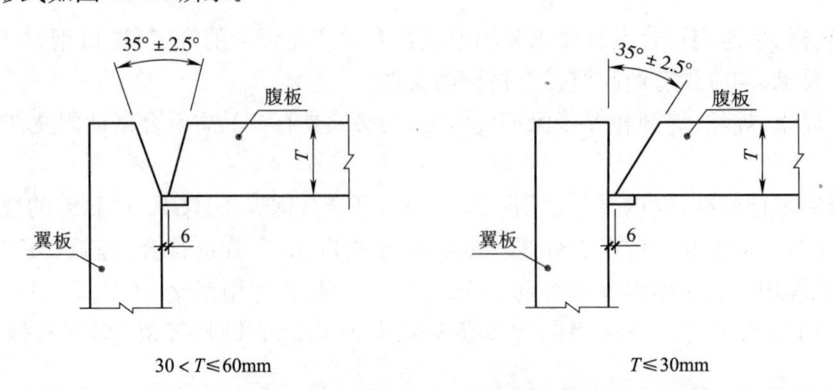

图18-54 坡口加工形式图

坡口切割完毕后，对坡口面及附近50 mm范围内进行打磨，清除割渣、氧化皮等杂物，对零件切割质量不符合要求处进行修补、打磨。

c. 划线

以下翼板顶端基准线作为基准，在下翼板及两块腹板的内侧划出各隔板装配用线，并做好标记，如图

18-55 所示。

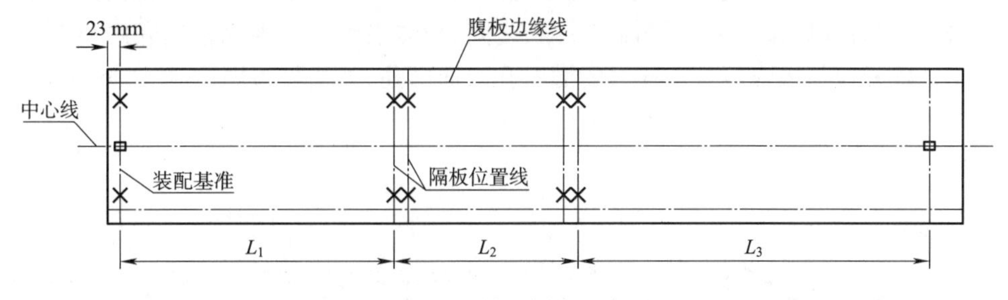

图 18-55 坡口划线示意图

在进行垫板安装时，先以中心线为基准安装一侧垫板，然后再以安装好的垫板端面为基准安装另一侧垫板，应严格控制两垫板外缘之间的距离，其允许偏差控制在 1 mm 内。定位焊缝采取气保焊断续焊缝焊接，焊缝长度 60 mm，间距 300 mm。

d. 隔板装配

为控制箱体的外形尺寸，箱体隔板的外形尺寸十分重要，由于隔板外形较大，为提高材料的利用率，隔板采用四块钢板拼焊而成的加工方法，为此在专用钢板平台上制作隔板组装焊接模具，以保证隔板的外形尺寸一致。

e. 隔板定位

把划好线的下翼板置于装配平台上，把已装配好的各隔板定位在下翼板上，隔板与下翼板之间的装配间隙不得大于 0.5 mm，定位好后，检验隔板垂直度，隔板与下翼板的垂直度不得大于 1 mm。如图 18-56 所示。

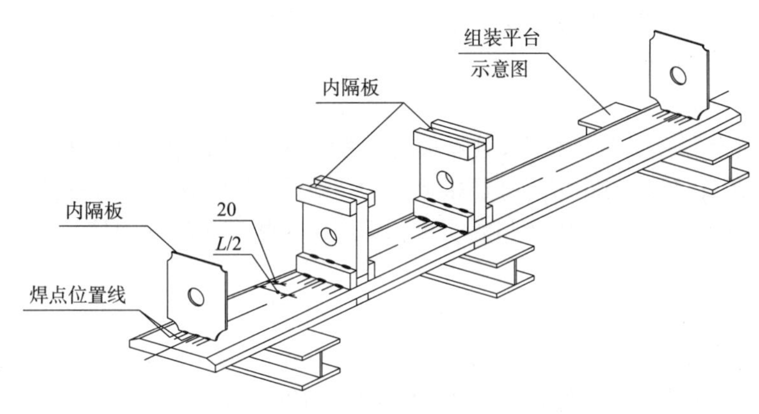

图 18-56 隔板定位

注：箱型体内隔板与翼板点焊长度 60～90 mm，定位焊距离零件端头为 20 mm。

f. 两侧腹板装配

装配两侧腹板时，必须使隔板对准腹板上所划的位置，翼板与腹板之间的垂直度不得大于 1 mm，然后对腹板与隔板及腹板与翼板之间的焊缝进行定位焊。如图 18-57 所示。

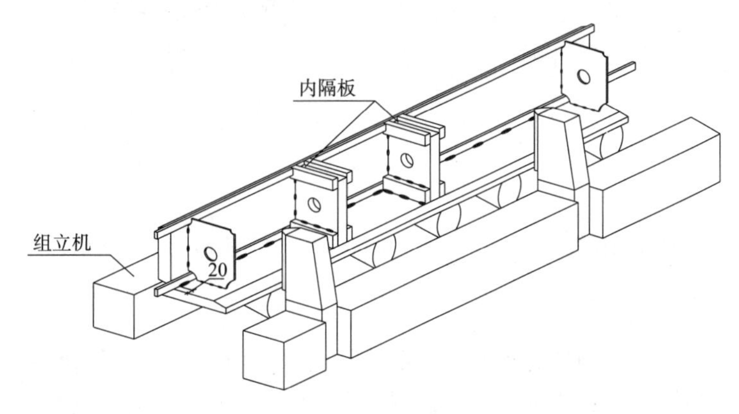

图 18-57 两侧腹板装配

注：箱型体内隔板与腹板及腹板与翼板的定位焊长度 60～90 mm，定位焊距离零件端头为 20 mm。

利用BOX组立机的顶紧及夹紧装置，将箱体的面板与隔板紧密贴紧，在胎架上组装图如图18-58所示。

箱体工艺隔板的设置及焊接要求：当相临内隔板之间、箱体端到最近内隔板之间距离≥2000 mm时，应加设工艺隔板，工艺隔板应与内隔板开一样大的灌浆孔或通气孔，工艺隔板厚度为12 mm(除图纸设计说明外)，与钢柱面板采用三边双面间断角焊缝焊接，焊缝长度60 mm，焊脚尺寸7 mm，工艺隔板定位点焊分布如图18-59所示。

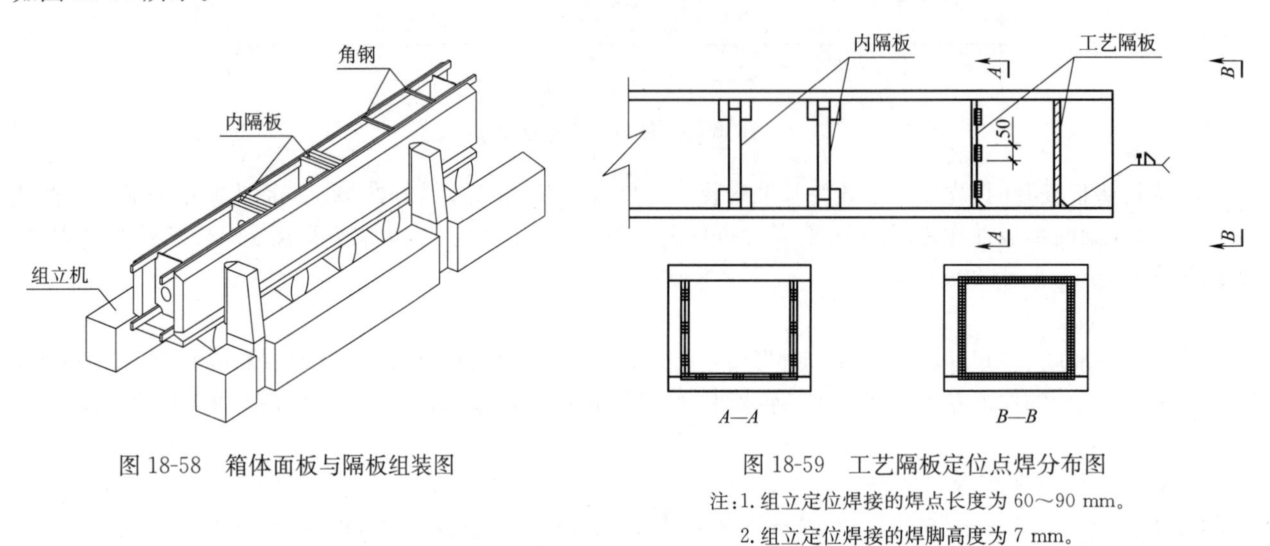

图18-58 箱体面板与隔板组装图

图18-59 工艺隔板定位点焊分布图

注：1. 组立定位焊接的焊点长度为60～90 mm。

2. 组立定位焊接的焊脚高度为7 mm。

如图18-59*A-A*截面所示，箱体内的工艺隔板，按三面断续角焊缝即可；*B-B*截面，在钢柱柱脚处的隔板应四面焊接，并保证良好的外观成形。

g. 隔板焊接

将已形成U型的箱体吊至装配平台上，对隔板与腹板之间的双面角焊缝进行焊接，焊接位置可选择平焊或立焊，为避免构件翻身，隔板与腹板焊缝可采用立焊，隔板与下翼板之间的焊缝采用定位置焊焊接固定隔板的稳定性，待组装好上翼缘板后，隔板与翼缘板的焊缝采用熔嘴电渣焊焊接。

h. 盖上翼板

将箱体重新吊至组立机平台，利用组立机上部压紧装置装配上翼板。如图18-60所示。

组装埋弧焊焊接所需的引弧板及引出板，起始端引弧板及熄弧端，引出板长度为150 mm，宽度为100 mm；熄弧端的坡口可利用碳弧气刨进行加工，组装如图18-61所示。

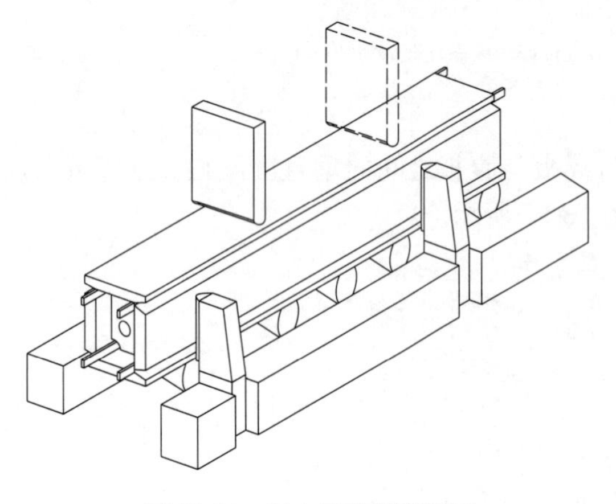

图18-60 组立机装配翼板图

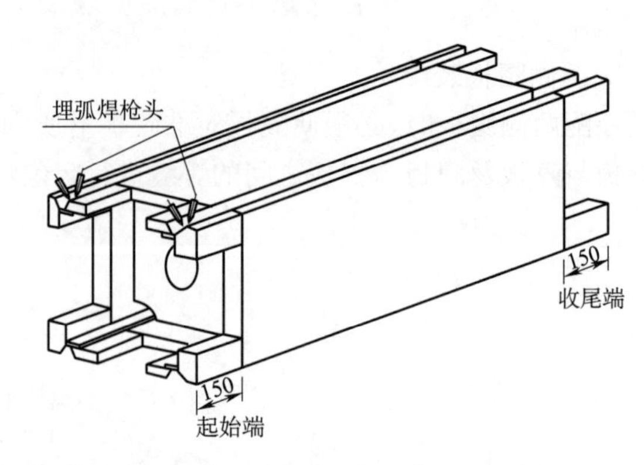

图18-61 组装引弧板和熄弧板设置图

i. 构件翻身

当构件内部隔板需焊四边时，构件必须翻身，翻身时在箱体两端设置吊耳，利用吊钩钩住吊耳缓慢翻身，杜绝翻身时野蛮操作，对构件表面造成损伤。另外，特别要求所有杆件均需设置吊耳，减少杆件在工序转移过程中产生的损伤。吊耳不割除，在构件车间内部转移、出厂发运、工地拼装等过程中使用。吊耳安装示意图如图18-62所示。

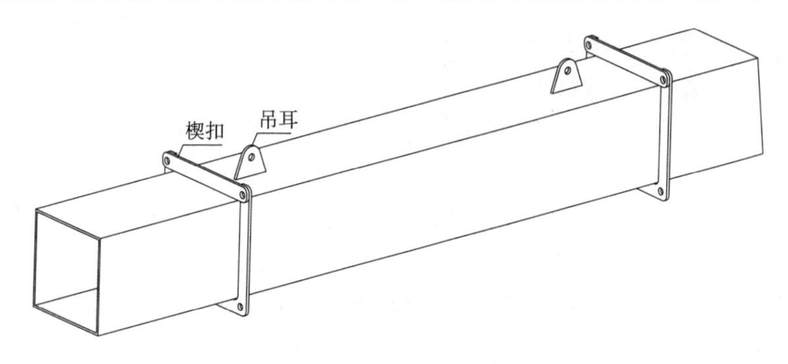

图 18-62　吊耳安装示意图

j. 安装现场吊装用连接耳板

由于桁架连接耳板样式较多，所以焊接耳板时必须根据深化图纸选择正确的连接耳板，以免发生错误。

安装连接耳板前必须划出构件中心线及耳板位置线，再进行连接耳板的装配和焊接，焊接时采用气保焊。焊接过程中需注意包角焊缝的焊接，避免产生咬边等缺陷。

k. 隔板第四条边焊接

当深化图中杆件内部设有隔板时，对隔板的第四条边与翼板进行焊接。焊接时，焊工只能从端口进入箱体内部，由于箱体空间狭小，空气流通困难，所以隔板与翼缘板的两条焊缝应采用熔嘴电渣焊焊接，焊接时应对称施焊。

l. 四条纵缝的焊接

四条纵缝由打底层，中间层，盖面层组成。打底层焊接方法采用气保焊，中间层和盖面层采用埋弧焊。当板厚小于 30 mm 时，先进行打底焊，然后埋弧焊盖面，打底层高度为低于母材表面 3 mm，盖面余高为 0～3 mm；当板厚大于 30 mm 时，先进行打底焊，然后埋弧焊焊接中间层，最后埋弧焊盖面，打底层高度为 15～20 mm，中间层焊接完毕后应低于母材表面 3 mm，盖面余高为 0～3 mm。当打底层或中间层完成后，进行埋弧焊盖面之前，必须对焊缝进行检查，确保盖面前坡口内焊缝高低的均匀性，并且对焊道局部凹凸处进行修补和打磨（注意：板厚≥25 mm 以上时，焊接前必须按照要求进行预热）。

焊接顺序：BOX 流水线焊接时必须保证两台焊机同步同规范同方向进行，避免箱体由于热输入不平衡造成弯曲变形。

焊接材料及焊接参数选择（见表 18-26）：埋弧焊焊接材料选用锦泰公司的 ER50-6 实芯焊丝，配合 SJ101 焊剂。气保焊焊接材料选用锦泰公司的 JM-58 实芯焊丝。

表 18-26　箱型直线构件坡口平焊单丝埋弧焊焊接工艺参数

序号	板厚	焊道	焊丝直径(mm)	电流(A)	电压(V)	速度(m/h)	伸出长度(mm)
1	8～18	盖面	ϕ4.0 mm	650～680	35-38	36～40	25±5
2	20～25	盖面	ϕ4.0 mm	650～680	35-38	33～36	25±5
3	30～35	填充层	ϕ4.0 mm	650～680	35～38	34～36	30±5
		盖面层 1	ϕ4.0 mm	580～600	30～32	34～36	25±5
		盖面层 2	ϕ4.0 mm	550～580	30～32	36～38	25±5
4	40～50	填充层	ϕ4.0 mm	670～690	36～40	36～40	25±5
		盖面层 1	ϕ4.0 mm	600～620	32～34	34～36	25±5
		盖面层 2	ϕ4.0 mm	580～600	30～32	36～38	25±5
		盖面层 3	ϕ4.0 mm	580～600	30～32	36～38	25±5
5	60～70	填充层	ϕ4.0 mm	670～690	36～40	36～40	25±5
		盖面层 1	ϕ4.0 mm	600～620	32～34	34～36	25±5
		盖面层 2	ϕ4.0 mm	600～620	32～34	34～36	25±5
		盖面层 3	ϕ4.0 mm	600～620	32～34	34～36	25±5
		盖面层 4	ϕ4.0 mm	580～600	30～32	40～44	25±5

(3)钢构件运输及二次转运

1)材料及构件采购与运输

①根据图纸提前提出材料采购清单,以便材料采购拥有足够的采供时间,保证材料能够尽早到达加工厂。

②大截面圆管构件(≥900 mm)定尺采购,从广东韶钢汽车发运到合肥紫金卷管厂卷管(运输距离约1 170 km),钢管卷制完成后汽车发运到珠海加工厂二次加工(运输距离约 1 550 km)。运距长,运输周期长,需专人跟踪了解材料的情况、材料出厂后在运输过程中状况,确保材料能按期到达。

③小截面圆管构件材料(直径<500 mm)定尺采购,从天津厂家汽车发运到珠海加工厂二次加工(运输距离约 2 750 km)。运距长,运输周期长,需专人跟踪了解材料的情况、材料出厂后在运输过程中状况,确保材料能按期到达。

④框架层所用钢板材料,从广东韶钢汽车发运到珠海加工厂进行构件加工(运输距离约 480 km)。

⑤钢构件主要在珠海加工厂加工完成后采用汽车运输的方式运输到安装现场(运输距离约 350 km),其中铸钢件直接从铸钢厂家(江苏靖江)运输到施工现场(运输距离约 1 300 km)。

⑥由于构件材料数量多,运距及运输周期长,需专人跟踪了解材料的情况、材料出厂后在运输过程中状况,确保材料能按期到达。钢构件典型运输方式如图 18-63 所示。

钢柱运输方式

钢梁运输方式

屋面桁架杆件运输方式

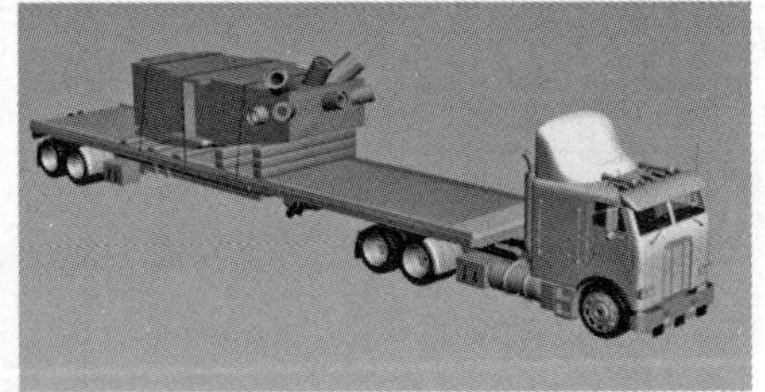

铸钢节点运输方式

图 18-63 各类钢构件运输方式图

2)构件二次转运

构件进场后需要从位于南咽喉区的堆放场地转运到拼装场地,拼装完成后再运输到吊装位置进行安装。由于堆场与拼装及安装位置较远,需要二次转运。

由于构件单支重量大,构件从堆场到拼装场地采用租用的大型平板拖车转运,C 轴以西构件转运距离在1 km之内,C 轴以东结构由于市政给水管道的影响,需绕新区大道、梅龙路进入安装场地,转运距离在 5 km以内。

构件在拼装场地拼装完成后,需要采用自制平板小车运输通过轴线间通道运输到安装位置。主桁架转运示意如图 18-64 所示。

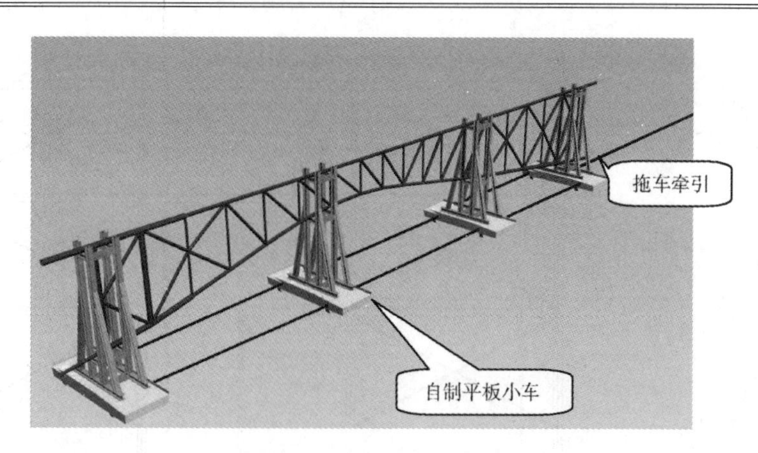

图 18-64　主桁架转运示意图

(4)钢构件拼装胎架

拼装胎架共设计为三种(见表 18-27):桁架立式拼装胎架、桁架卧式拼装胎架以及大跨度重型钢梁拼装支架。

表 18-27　拼装胎架设计表

序号	名称	示意	杆件类型	数量	用途	备注
01	桁架立式拼装胎架		H 型钢及圆管		屋面桁架拼装	固定式及活动式两种
02	桁架卧式拼装支架		H 型钢		屋面桁架拼装	
03	钢梁拼装支架		H 型钢		钢梁拼装	

1)桁架立式拼装胎架立杆(如图 18-65 所示)采用 H 型钢截面,桁架支撑牛腿高度根据桁架截面高度的变化进行调节,桁架立杆间距根据桁架长度及拼接点位置进行调节,中间设置支撑,增加侧向稳定,固定式桁架的拼装胎架采用混凝土基础。主要工程量见表 18-28。

表 18-28　拼装胎架主要工程数量表

序号	品名	规格	数量	单位	用途
1	拼装胎架	H 型钢及圆管	2 966	t	钢构件拼装
	型钢胎架		2 900	t	
	预埋件		66	t	
2	固定式胎架基础混凝土		420	m^3	
	基础钢筋		132	t	
	活动式胎架钢平台基座	路基板	340	t	

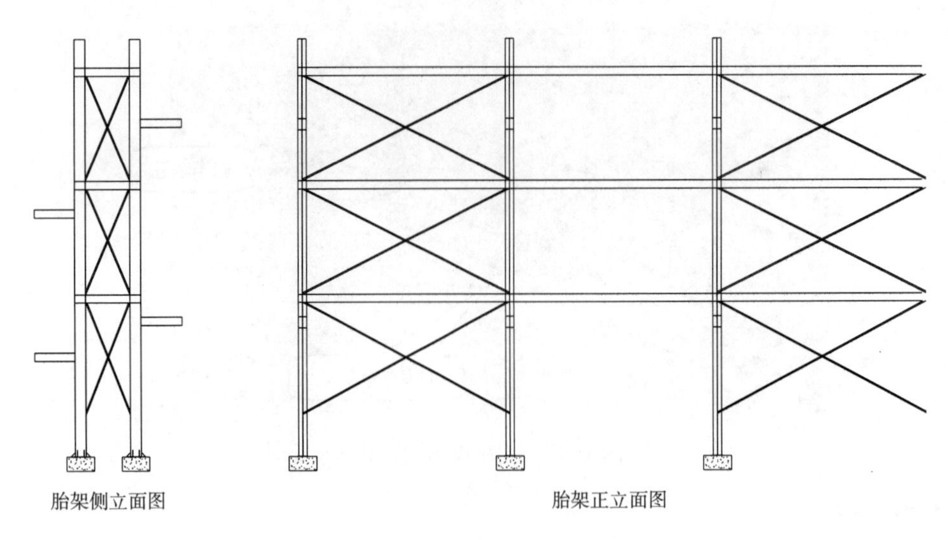

图 18-65　活动式立式拼装胎架

(5)钢结构安装

1)钢柱安装

本工程钢柱共分为圆管和 Y 型钢柱 2 种。

其中圆管柱截面尺寸 ϕ1200～ϕ2500,圆管柱数量为 72 根,单根钢柱最长为 33.84 m,单根最重为 48.74 t。

Y 型钢柱数量共 16 根,其中 Y 型柱下部为箱型柱,上部为 Y 型支撑。下部空心钢管柱平面尺寸为 4000×2500,采用八角形截面;Y 型钢管柱尺寸为 2000×2500,七边形结构。

空心钢管柱与 Y 型钢管柱连接采用铸钢节点,Y 型钢管柱上部屋盖连接亦采用铸钢节点。

钢柱重量大、长度长,为满足构件运输和吊装要求,对钢柱采用分节处理方才能满足施工要求。钢柱分节示意未详尽处见专项施工方案,本施工组织设计从略。

①圆管柱安装

主站房 A-J 轴线之间钢管柱单节重约 10～25 t,拟定 100 t 履带吊进行吊装。第一节安装完成后进行测量校正并做固定后,移交土建单位进行柱内混凝土灌浆,以及进行外包混凝土施工和回填工作,待回填夯实后进行上部钢柱安装,如图 18-66、图 18-67 所示。

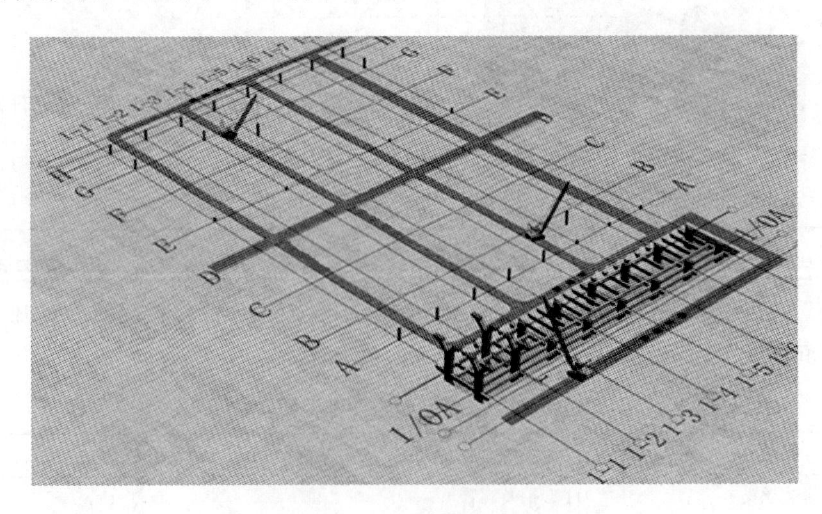

图 18-66　下部钢柱的安装

②斜柱段安装

主站房 A-G 轴线之间支撑屋盖的钢管斜柱(带铸钢锥管)单节重约 10～18 t,拟定 100 t 履带吊进行吊装。安装时设置临时支撑,如图 18-68 所示。

图 18-67　钢管柱对接节点大样图

图 18-68　钢管斜柱临时支撑图

③Y 型柱安装

高架地铁4、6号线支撑体系由Y型柱及箱型钢梁组成，构件体积重量大，钢柱截面尺寸4 m×2.5 m，单根重量达365 t。

a. Y型柱分段

为确保整个Y型钢柱的安装、以及方便运输，综合考虑对Y型钢进行分节处理。分段示意未详尽处见专项施工方案，本施工组织设计从略。

b. Y型柱吊装

安装流程如图18-69所示。

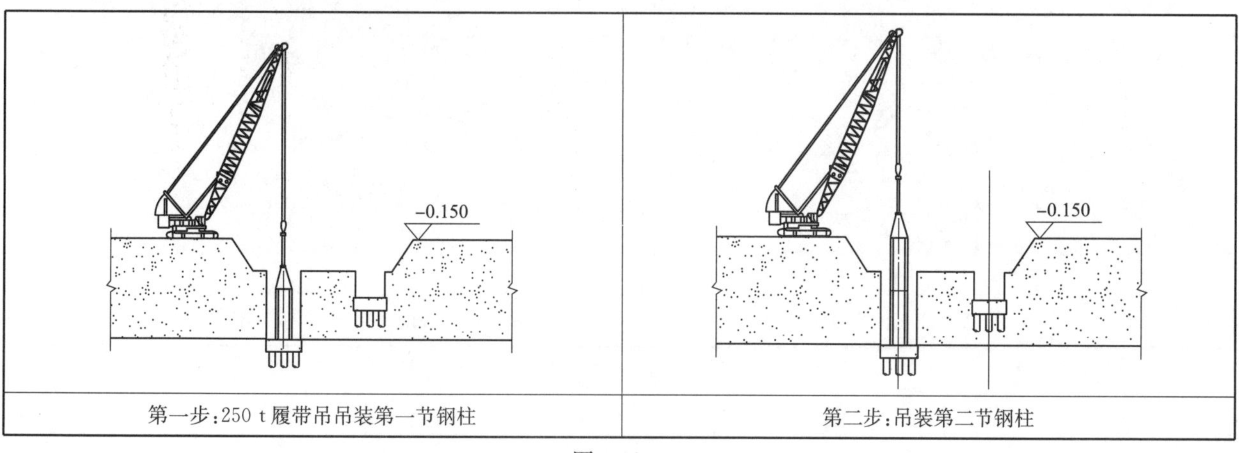

图　18-69

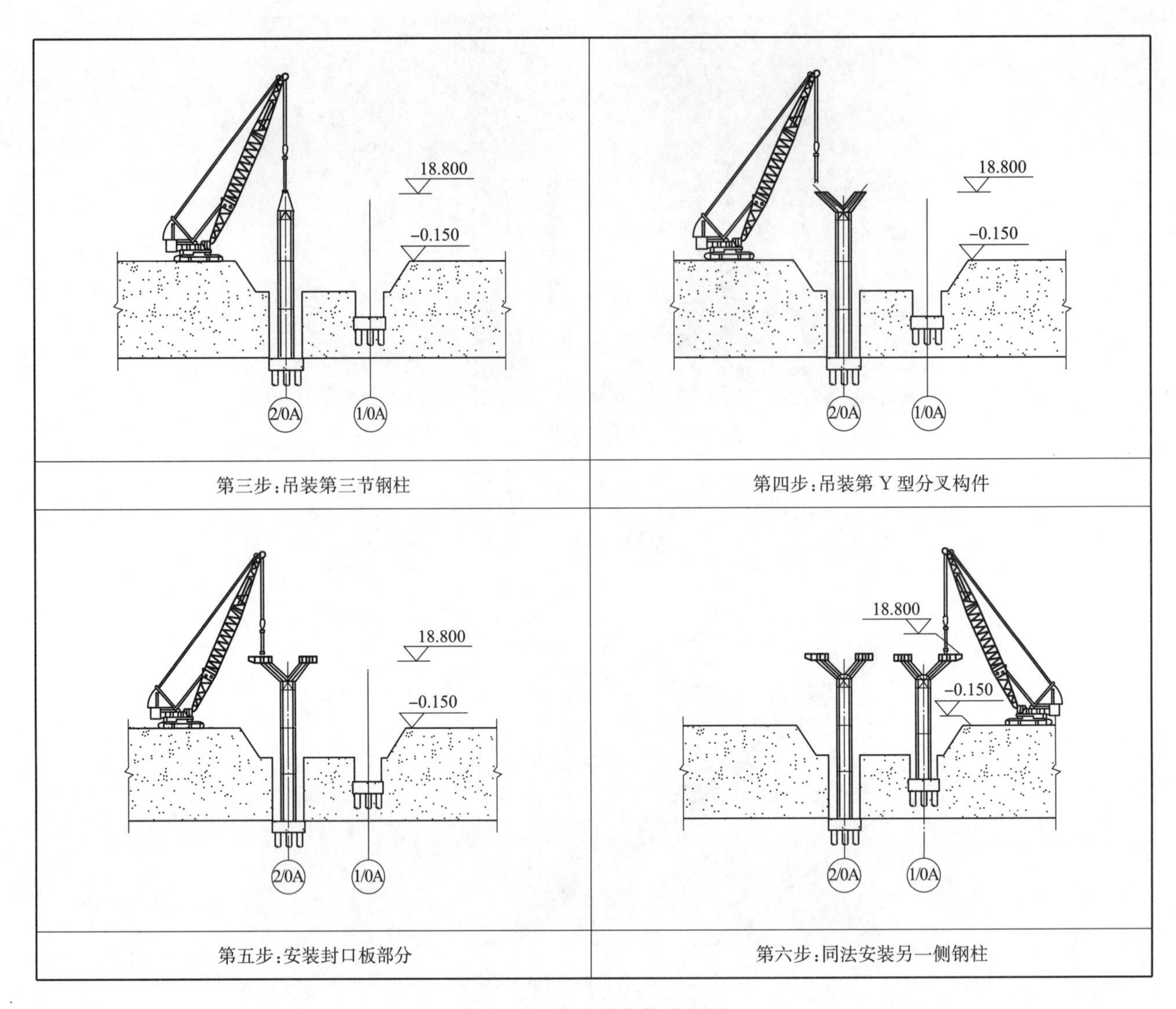

图 18-69 Y型柱安装流程图

c. Y型钢柱铸钢节点域施工（如图 18-70 所示）

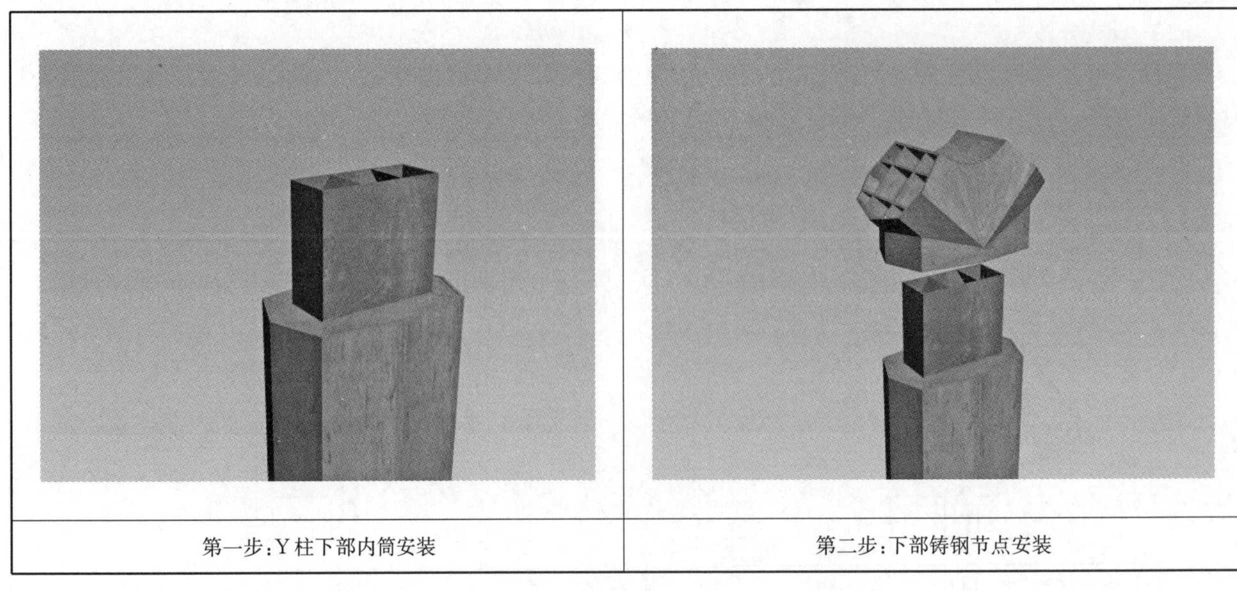

图 18-70

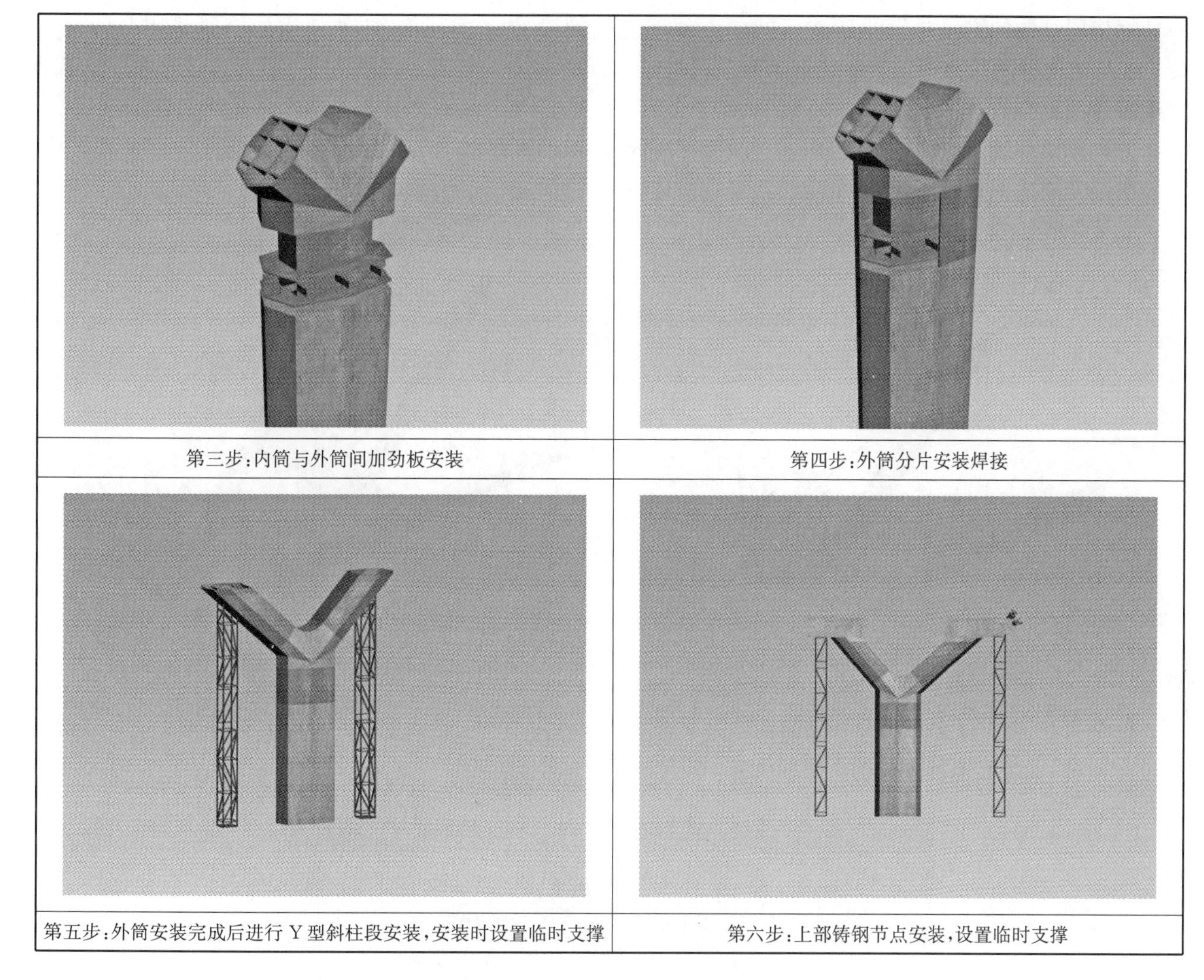

图 18-70　铸钢件安装流程图

2）框架层钢梁安装

站房钢框架层钢梁主要位于 8.862 m 标高、15 m 高夹层及 18.8 m4、6 号线高架平台。其中 8.862 m 层构件的显著特点为跨度大，吨位重，主要分布在 A～G 轴线间。框架梁采用焊接 H 型及箱体截面，尺寸最大为 H 2 300 mm×1 600 mm×50 mm×84 mm、B2 300 mm×2 200 mm×60 mm×84 mm。箱型钢梁跨度 27 m，单支最大重量约 132 t；H 型钢梁最大跨度为 43 m，重量最重约 86 t，采用蜂窝梁。典型构件示意如图 18-71 所示。

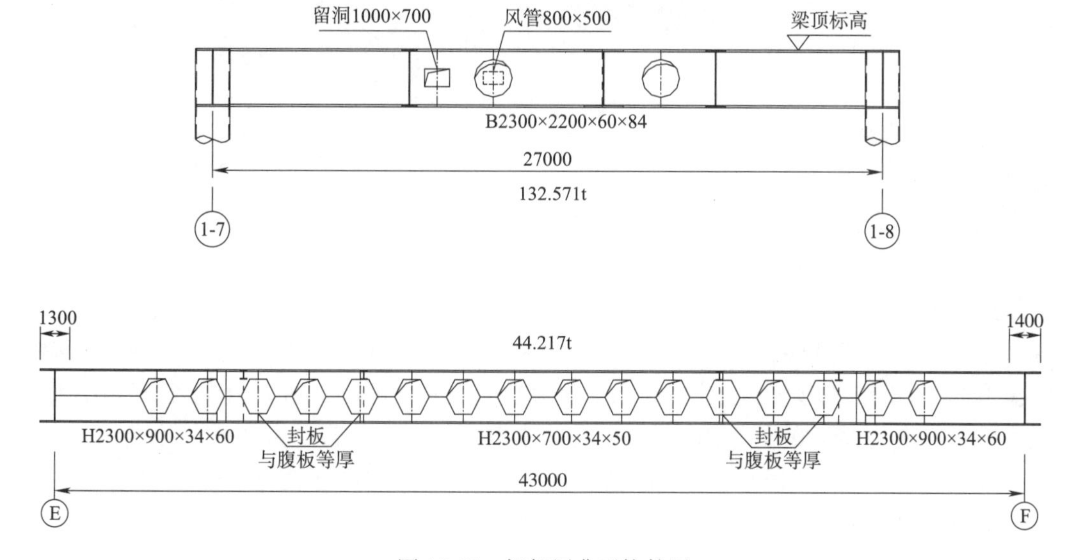

图 18-71　框架层典型构件图

框架层结构的安装与钢梁所在区间的上部屋盖桁架安装穿插进行，超长超重的钢梁采用分段制作(27 m跨钢梁分两段加工，43 m跨钢梁分三段加工)，现场拼装后双机抬吊的方法安装，钢梁的拼装及吊装采用履带吊结合汽车吊进行。

分段钢梁长度适中时，吊装采用一台履带吊完成，吊点设置在钢梁1/3分段点处，如图18-72所示。

拼装完成后钢梁跨度较大，采用两台履带吊进行抬吊，设置4个吊点，保证吊装合力方向延长线与钢梁1/3分段点相交，如图18-73所示。

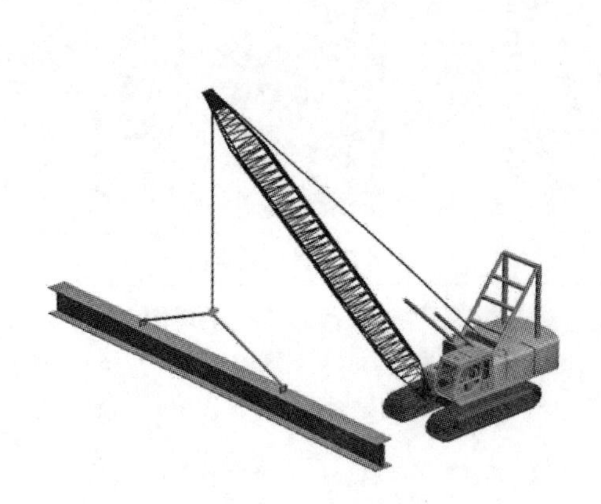

图18-72　单机吊装图

图18-73　双机抬吊图

位于1-1～1-2轴及1-7～1-8轴的箱体钢梁跨度27 m，共10支，最大重量约132 t，采用两台150 t履带吊进行抬吊，安装时下部设置两个临时支撑，如图18-74所示。

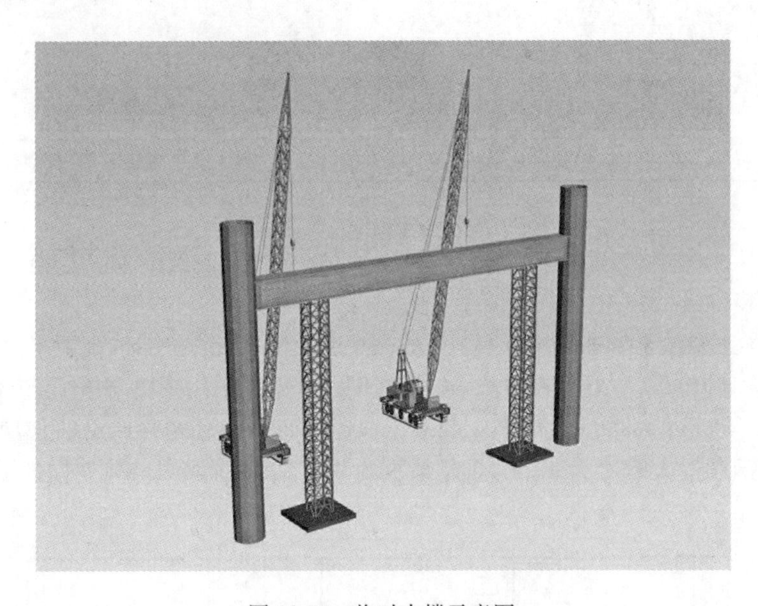

图18-74　临时支撑示意图

3)屋盖合龙的控制

根据屋盖结构的形式及整体施工顺序安排情况，分区施工的屋面桁架合龙点设置在A～C轴线间，A～C轴屋面桁架施工阶段进行屋盖合龙。

①合龙温度的控制：

根据深圳市50多年的气象记录，深圳市年平均气温为22.5℃，最高气温为38.7℃，最低气温为0.2℃。

平均气温升高：历年年平均气温变化曲线和5年滑动平均曲线可以看到，在上世纪80年代中以前，深圳年平均气温呈波动性变化，而80年代中以后气温迅速上升，90年代升温更为显著，升温幅度冬季比夏季明显，夜晚比白天的明显。1996年以后年平均气温均在23℃以上，2002年高达23.9℃，为53年最高记录，2009年气温情况见表18-29。

表 18-29　2009 年各季气温趋势预报表

季	2009 年	30 年平均
1	17～18	16.4
2	25～26	25.3
3	28～29	28.0
4	22～23	20.5

综合考虑以上各方面因素，拟选定(22±5)℃(钢结构本体温度)进行屋盖的合龙。

②尽量选择在与合龙时相近的温度条件下或低于该温度的条件下进行屋盖结构的安装，以方便屋盖桁架的进档。结合 A～C 轴屋盖结构安装时的实际情况，确定合龙屋盖桁架的安装长度和安装预留间隙，以减少合龙杆件的焊接量及焊接残余应力，确保焊接质量。

③为确保合龙段桁架施工过程中的安全，合龙段安装就位后，除弦杆的合龙焊接口外，其余接口部位需及时进行焊接，以增加结构的整体稳定性。

4)屋盖及悬挑结构安装

①Y 柱上部屋盖结构安装

a. 概况

Y 柱上部屋盖结构做为本工程施工的重点和难点部分，屋盖部分桁架上弦标高最大约 40.334 m，分段后桁架最大跨度 87.3 m，桁架矢高最大约 21 m，单榀桁架最重约 215 t，如图 18-75 所示。

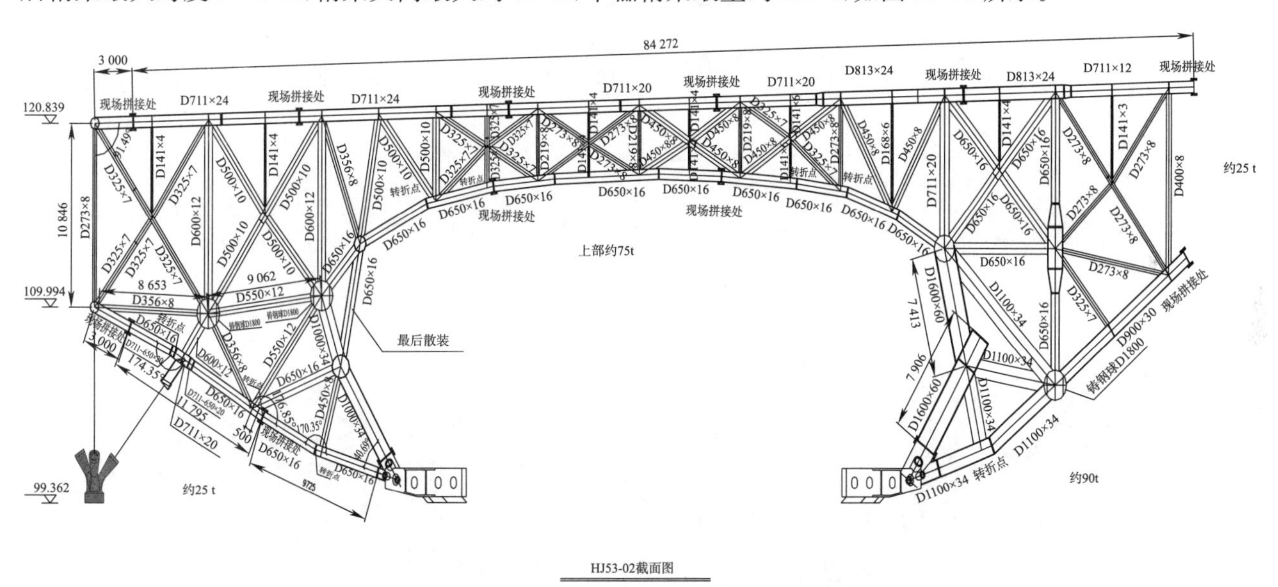

图 18-75　Y 型柱上部屋盖结构图

b. 施工方法

Y 型钢柱上部屋盖桁架杆件为散件运输。

地铁 5 号线主结构以上部分的 Y 柱区域桁架(主要为 1-3 轴～1-6 轴区间)采用散拼的方式，即在下部搭设拼装胎架，散件原位组装，拼装胎架兼做桁架支撑，如图 18-76 所示。

其余部分的 Y 柱区域桁架，现场在 Y 柱 1-1 轴及 1-8 轴外侧搭设拼装胎架，主桁架在平台拼装完成后，采用履带吊吊装就位，主桁架下部设置支撑体系。

主桁架拼装选用履带吊及汽车吊，每相邻两榀桁架安装完成后进行中间次桁架的安装，次桁架主要采用塔吊及汽车吊、履带吊进行吊装，形成整体稳定体系后逐轴推进施工。

c. 施工分区及顺序

Y 柱上部屋盖施工阶段根据屋面桁架的结构形式，分为以下几个安装区域：

1-1 轴线～1/1-4 轴线(F2 区)、2/1-4 轴线～1-8 轴线(F1 区)，两个区域同步进行。先进行下部高架平台结构施工，后进行上部屋盖结构施工。

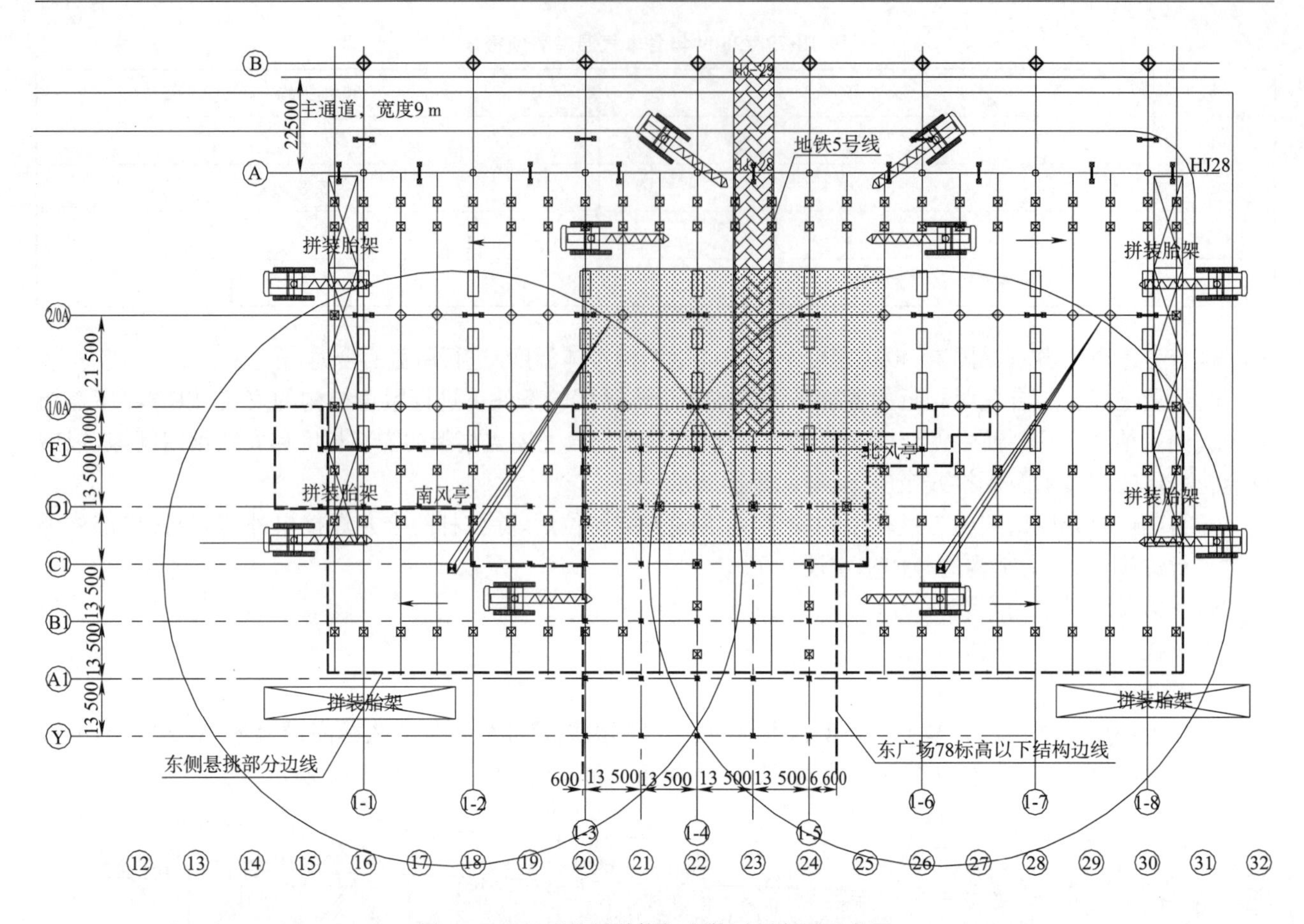

图 18-76 Y 型柱屋盖桁架安装平面布置示意图

根据 F 区桁架的截面形式，共有以下两种施工方法，如图 18-77、图 18-78 所示。

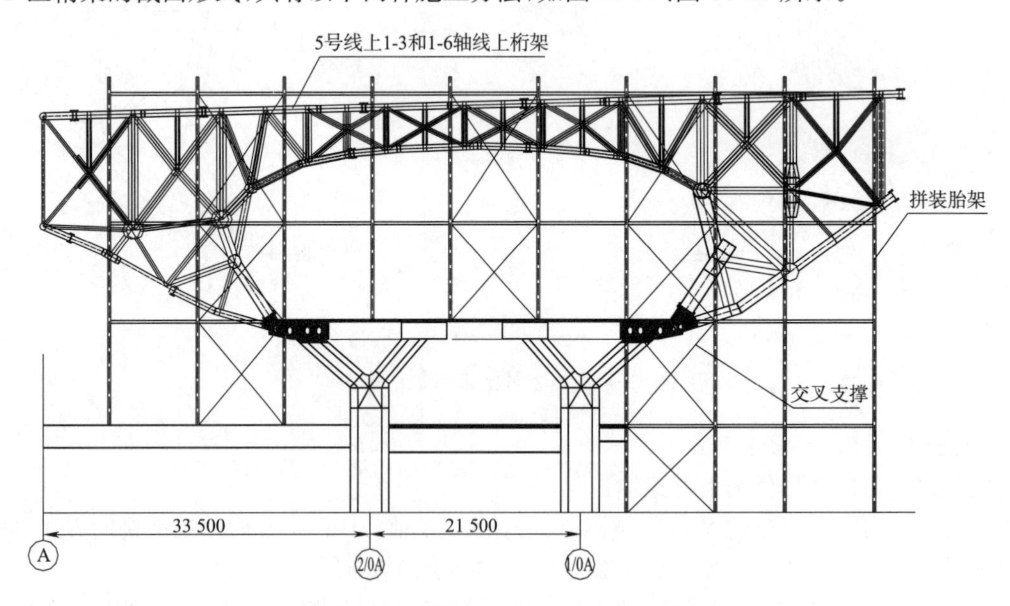

图 18-77 1-3 轴～1-6 轴桁架散拼示意图

其中下部的桁架进行散拼，上部桁架现场拼装后整体进行吊装。

②东侧悬挑结构安装

a. 概况

东广场悬挑从 1/0A 轴计算挑出长度为 63 m，经分段后悬挑结构安装长度 33 m。悬挑结构由悬挑主桁架和桁架间连接次桁架组成，东侧悬挑桁架 24 榀，最大矢高约 11 m，单片桁架最重 42 t。东侧悬挑结构示意图如图 18-79 所示。

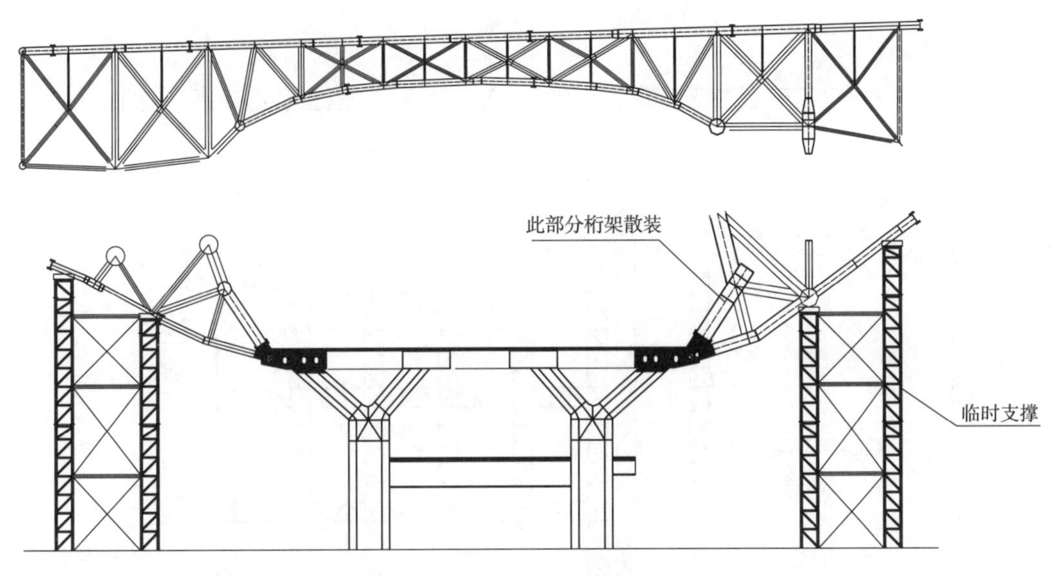

图 18-78　桁架散装加整体吊装示意图

图 18-79　东悬挑结构示意图

b. 施工方法

东侧悬挑桁架跨度大，截面高度高，杆件采用散件运输，五号线车站结构平面投影外部分(H1、H3 区)主桁架现场拼装后采用大型履带吊整体吊装，次杆件采用散件运输，2 台固定式塔吊进行散拼。

5 号线车站结构区域上部悬挑屋盖结构，因 5 号线结构顶板受力限制，须在五号线车站结构顶板上采用转换钢柱及贝雷梁搭设转换平台。平台格构柱布置在车站结构顶板钢筋混凝土柱位置，转换梁采用贝雷架搭设，铺上钢板后再在该平台上搭设高架散拼平台，散拼平台采用格构式支撑架搭设到桁架下部，搭设高度约 38 m，最后采用塔吊进行散拼，如图 18-80 所示。

c. 施工分区及顺序

根据悬挑桁架的结构形式，分为以下三个安装区域：

H3 区：1-1 轴线～1/1-3 轴线；H1 区：2/1-5 轴线～1-8 轴线；H2 区：1/1-3 轴线～2/1-5 轴线。

施工顺序为：先平行安装 H3、H1 区域悬挑部分的屋面桁架及次杆件，最后安装 H2 区域悬挑部分的屋面结构。

③G～H 轴屋盖结构安装

a. 概况

G～H 轴间纵向主桁架共 10 榀(如图 18-81 所示)，桁架最大矢高约 9.4 m。单片桁架最重约 25 t。

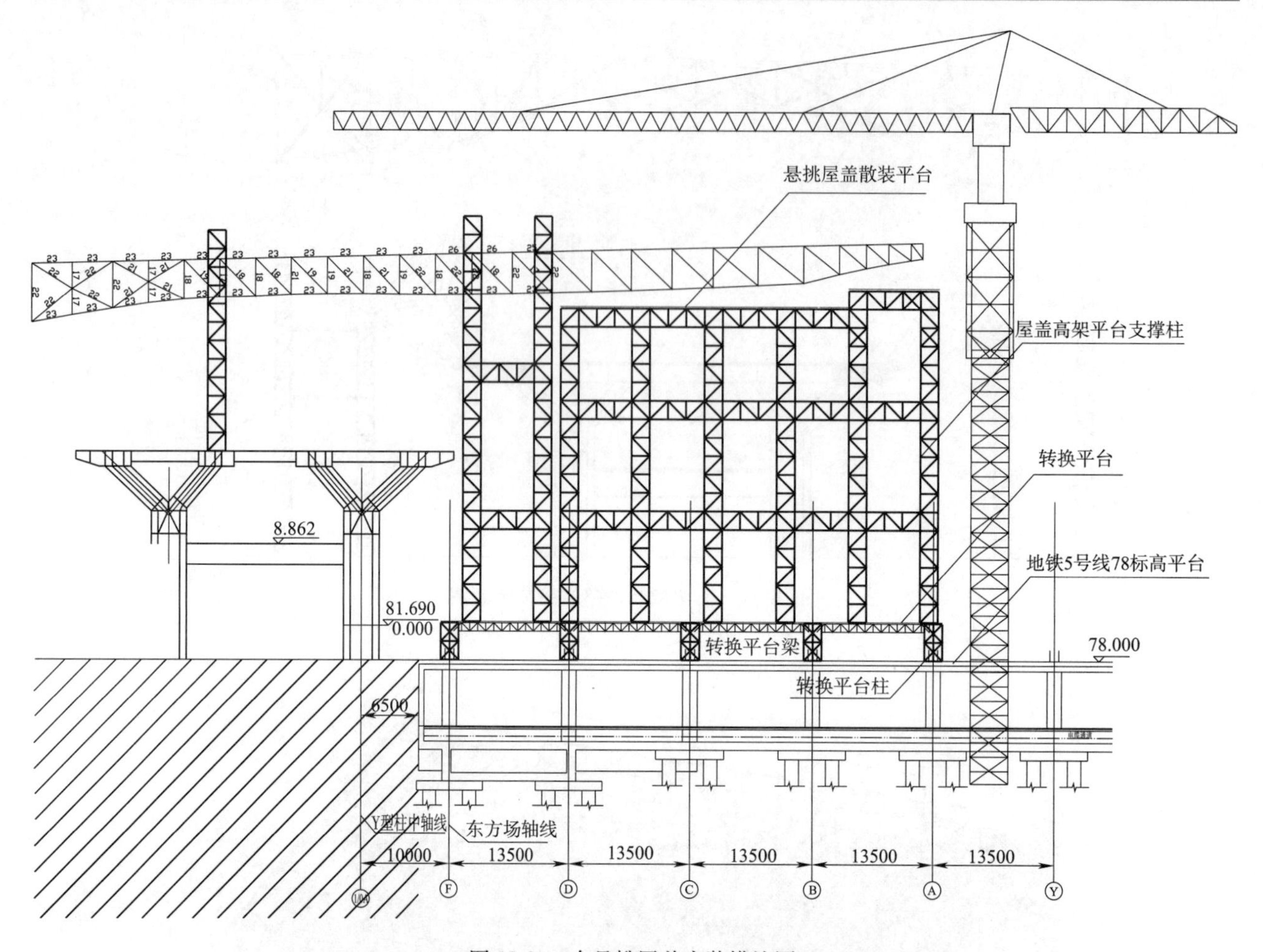

图 18-80　东悬挑屋盖安装措施图

图 18-81　G～H 轴屋盖结构示意图

b. 施工思路

G～H 轴桁架跨度 27 m，截面高度 9.4～2.8 m，杆件全部采用散件运输，现场拼装后再整体吊装。拼装采用立式拼装，吊装时主桁架下部设置临时支撑架。

主桁架采用 2 台 100 t 履带吊进行，次构件的吊装选用 50 t 汽车吊进行。

c. 施工分区及施工顺序

G～H 轴结构根据区域内结构形式，分为以下三个安装区域：

1-6 轴线～1/8 轴线（A1 区）、1-3 轴线～1/6 轴线（A2 区）、1/1 轴线～1/3 轴线（A3 区）。施工顺序为 A1→A2→A3。

d. 施工方法

桁架根据分段情况，最长约 27 m，主桁架吊装选用 2 台 100 t 履带吊分组单机进行吊装。在桁架拼装完成后，经过探伤检查合格后开始吊装。施工流程图如图 18-82 所示。

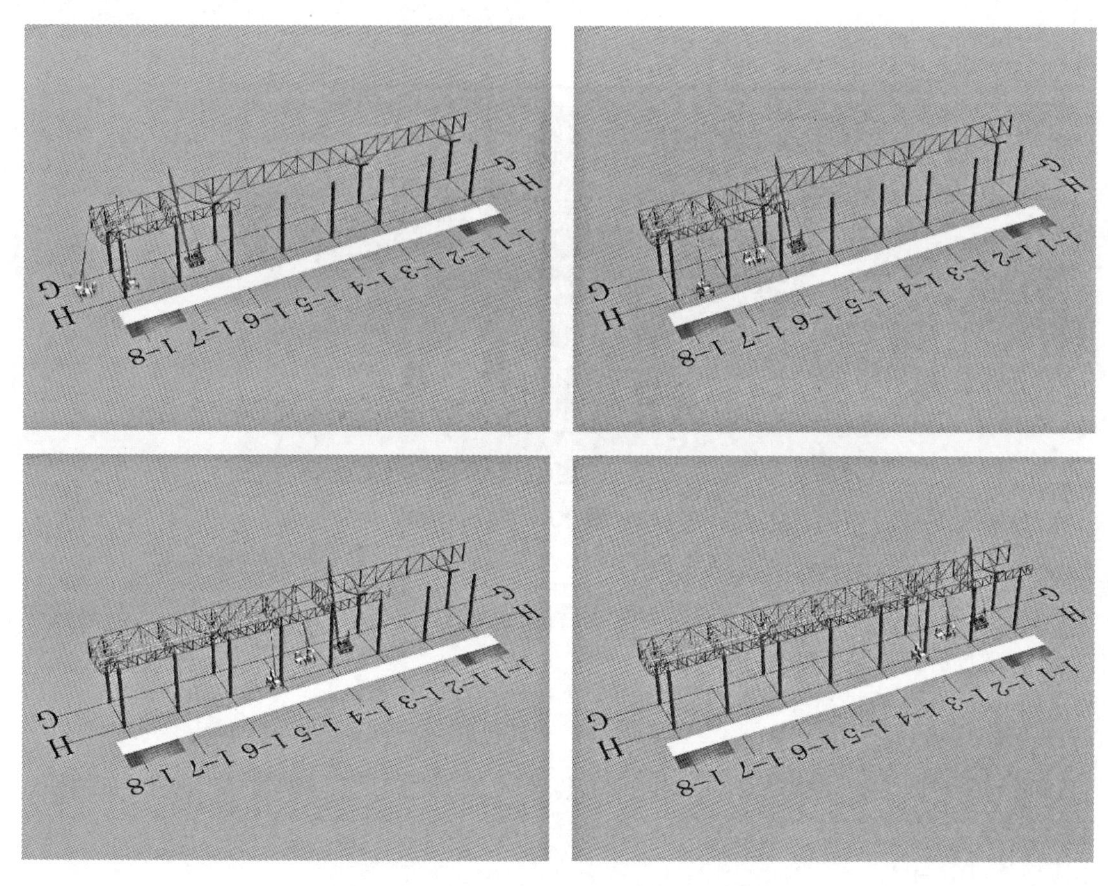

图 18-82　G～H 轴屋盖结构安装流程示意图

G～H 轴线间安装单元的次结构主要由上下弦杆、直腹杆及斜拉杆组成，采用 50 t 汽车吊进行散件安装。典型安装单元轴侧图如图 18-83 所示。

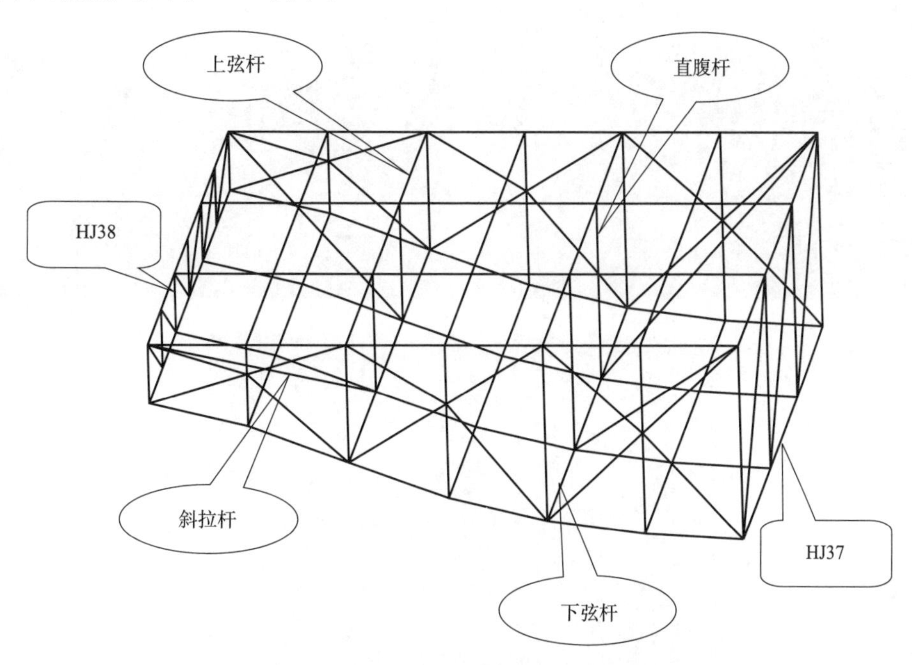

图 18-83　G～H 轴屋盖典型单元轴测图

单元的外框完成后即进行单元间次桁架及上下弦杆、腹杆、斜拉杆构件的安装。

④西侧悬挑结构安装

a. 概况

西广场悬挑从H轴计算挑出长度为22.7 m,悬挑桁架24 榀,最大矢高约2.8 m。单片桁架最重约16 t,如图18-84所示。

图18-84 西悬挑屋盖结构示意图

b. 施工思路

H轴线外侧悬挑待G～H轴线间结构安装完成后进行,施工时从中部向两侧推进。西侧悬挑部分桁架采用散件运输,现场卧式拼装,单机整体吊装。

吊装采用两台100 t履带吊分组进行,安装时下设置支撑体系进行稳定。

c. 施工分区及施工顺序

G～H轴结构根据区域内结构形式,分为两个安装区域:1-5轴线～1/8轴线(B1区)、1-1轴线～1/5轴线(B2区)。

施工顺序为:B1→B2。

施工流程图如图18-85所示。

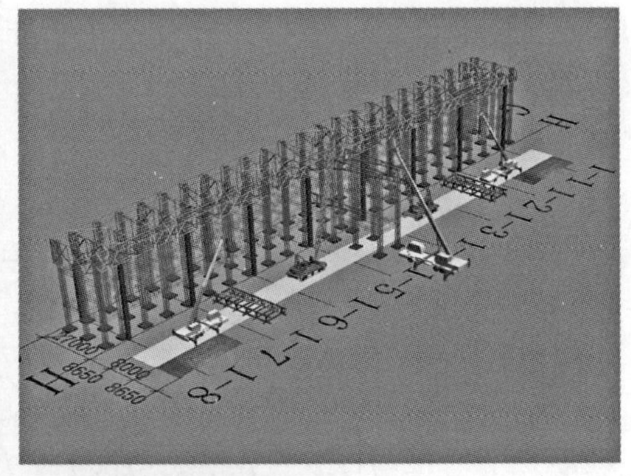

图18-85 西悬挑屋盖结构安装流程示意图

d. 施工方法

西侧悬挑结构现场拼装后单机整体进行吊装。主桁架间次杆件采用50 t汽车吊散件进行吊装。

⑤A～G轴屋盖结构安装

a. 概况

A～G轴线间屋盖桁架结构，跨度最大85.6 m，桁架矢高最高约11.6 m。桁架杆件采用圆管结构，管径从ϕ450～700，壁厚从8～24 mm不等，如图18-86、图18-87所示。

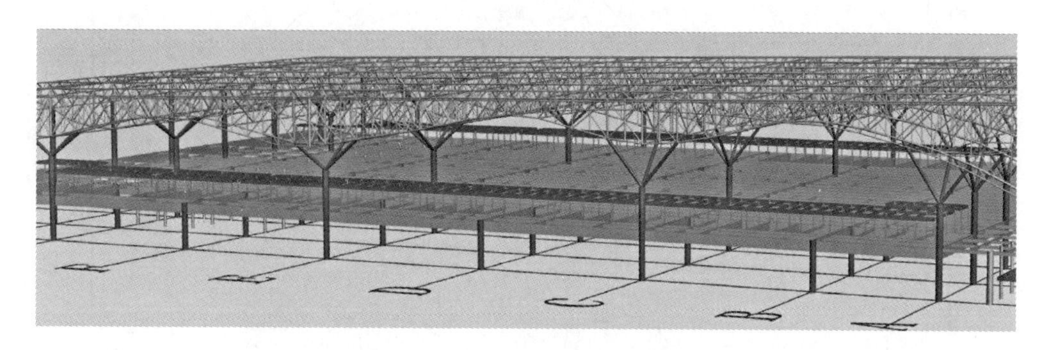

图18-86　A～G轴屋盖结构示意图

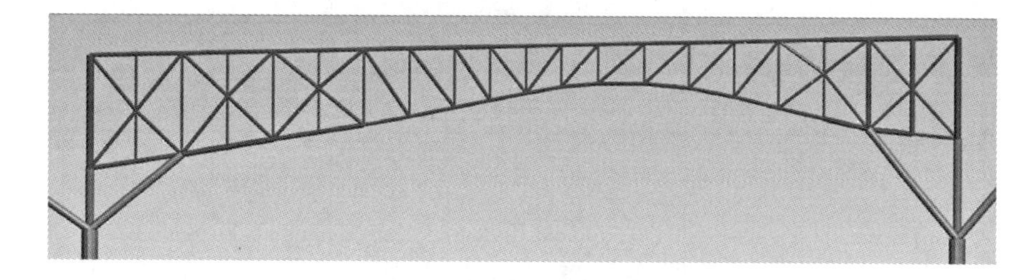

图18-87　典型东西纵向桁架示意图

b. 施工思路

A～G轴线间屋盖桁架结构的安装是西侧G～H轴线间屋盖结构安装完成后进行。

屋盖及框架层钢梁交叉进行施工。单元内先进行框架层施工，后进行屋盖桁架施工，单元间逐轴逐跨呈梯形推进。屋盖结构支撑设置于9 m框架层钢梁，部分设置于地面。大跨度桁架及钢梁采用分段加工，现场拼装，整体吊装的方式安装。

钢柱及框架层钢梁主要选用150 t、100 t履带吊及汽车吊进行安装；大跨度主桁架主要采用大吨位履带吊双机抬吊，纵横向主桁架形成整体稳定体系后按分割后的单元格进行屋面次构件安装。

屋盖桁架施工时先安装字母轴线上横向主桁架，后安装数字轴线上纵向主桁架，再安装轴线间横向主桁架，最后补装单元格内次构件。

c. 施工分区及施工顺序

分为以下几个安装区域：E～G轴线（C1、D1、E1区）；C～E轴线（C2、D2、E2区）；A～C轴线（G1、G2、G3区），如图18-88所示。

施工方向均为1-8轴→1-1轴（从北到南）。

施工流程图如图18-89所示。

d. 施工方法

A～G轴线间纵向主桁架分三段吊装，单榀跨度最大85.6 m，散件加工运输，现场拼装后进行整体吊装。屋面桁架在南侧拼装场地拼装完成后，转运到安装位置进行安装。每个区间设置一条从南侧拼装场地到安装位置的主桁架运输通道，桁架转运采用自制平板小车运输，双机抬吊使用扁担，四点吊装示意如图18-90所示。

纵向主桁架间的横向主桁架，矢高最大8.4 m，最小5.3 m，根据纵向桁架的间距进行分段，分为27 m/段进行吊装，如图18-91所示。

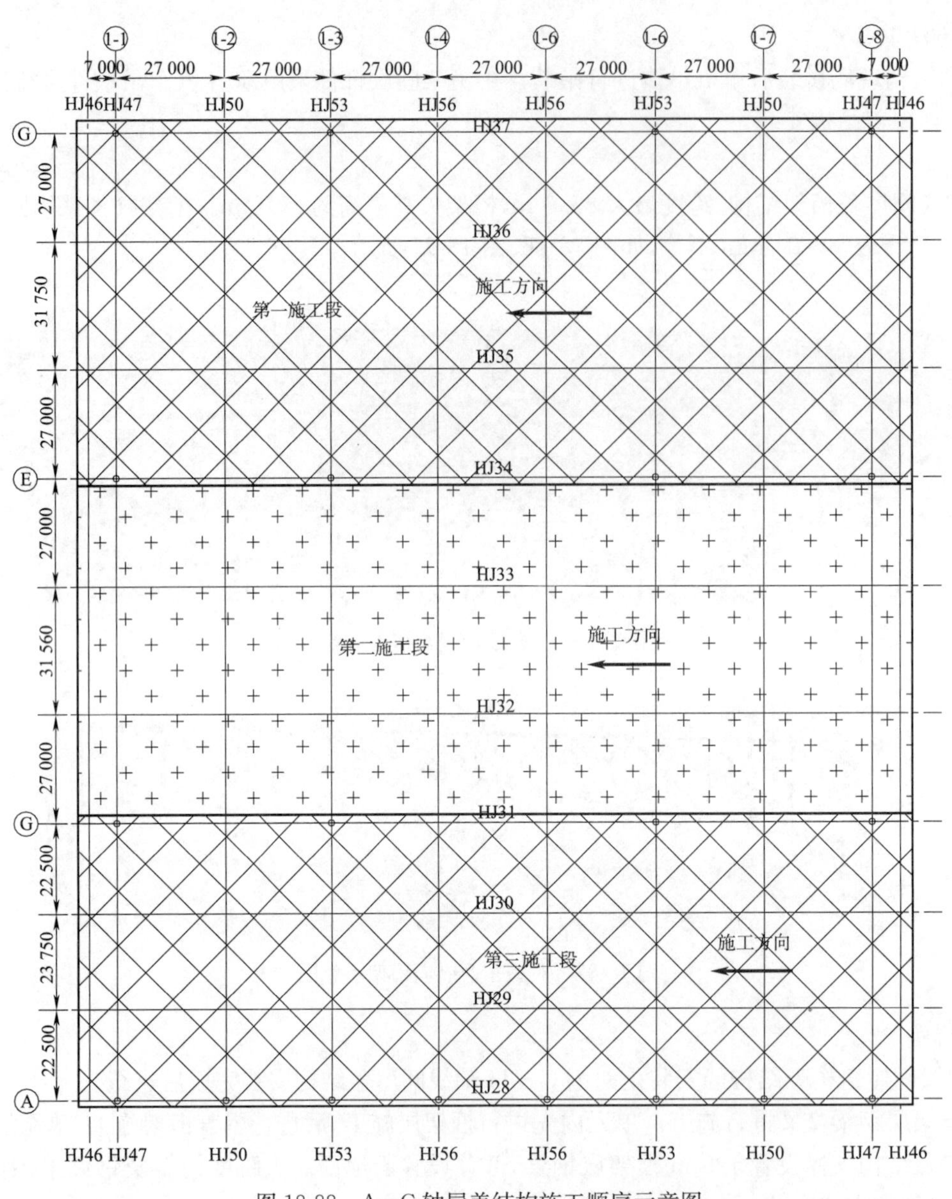

图 18-88 A～G 轴屋盖结构施工顺序示意图

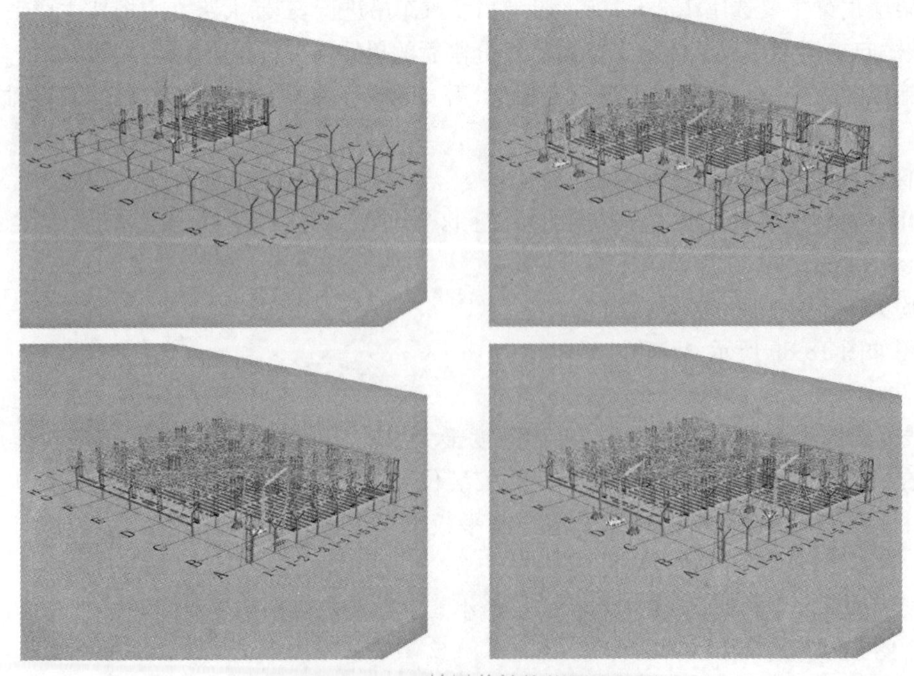

图 18-89 A～G 轴屋盖结构施工流程图

图 18-90　A～G 轴屋盖结构吊装示意图

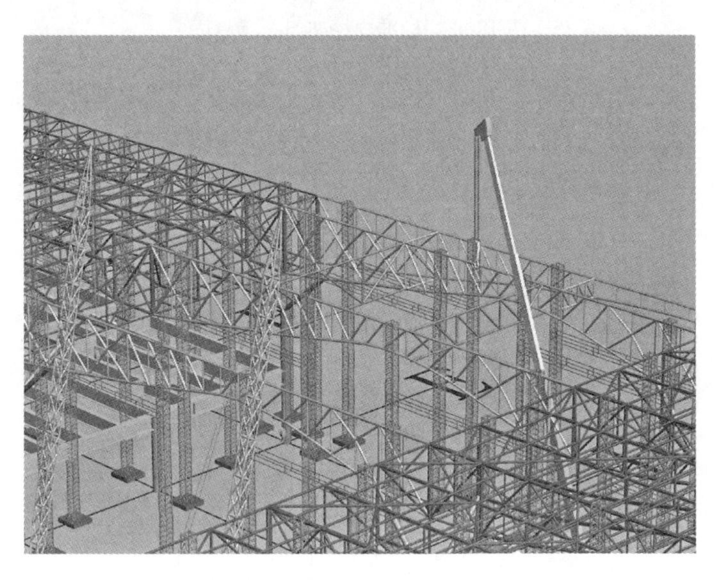

图 18-91　A～G 轴屋盖结构次杆件吊装示意图

次构件主要集中在每个施工区域的安装单元格内，合计 63 个。单元格次构件由上下弦杆、腹杆、斜拉杆构件组成，采用汽车吊及履带吊散件进行安装。

(6)临时支撑方案

本工程主桁架、悬挑结构、重型钢梁、Y 柱上部铸钢节点及雨棚结构安装时需设置临时支撑架。

1)支撑架根据实际需要共设计为以下几类：

①标准组合式支撑架：主要应用于屋盖纵向桁架跨中及悬挑部分。

②格构式非标准组合式支撑架：主要应用于屋盖横向主桁架及纵向主桁架端部。

③非标准临时支撑：主要应用于重型钢梁支撑架，Y 柱上部铸钢节点位置，支撑单独进行设计。

④雨棚结构安装采用格构式可移动支撑架。

⑤东悬挑部分地铁 5 号线站台层上部采用满堂脚手支撑架。

支撑架的基础根据实际需要分别设置于 9 m 层框架梁及地面上；桁架矢高大，支撑点布置于桁架上弦。

2)临时支撑设计要求：

①根据吊装要求，主桁架吊装需设置临时支撑，以便桁架就位，按主桁架的重量进行计算，确定临时支架的形式采用框架体系，并根据受力的不同，进行临时支架的合理设计。

②在上部结构安装后，还通过支撑架对桁架进行测量校正，结构全部完成后通过支撑架进行卸载作业。因此支撑的节点设计应满足构件校正及卸载的要求。

③临时支撑的设计还应具备通用性及标准化的要求。

3)2 m×2 m 标准组合式支撑架设计

承重支撑架将采用自行设计、制作的临时支撑架。如图 18-92 所示。

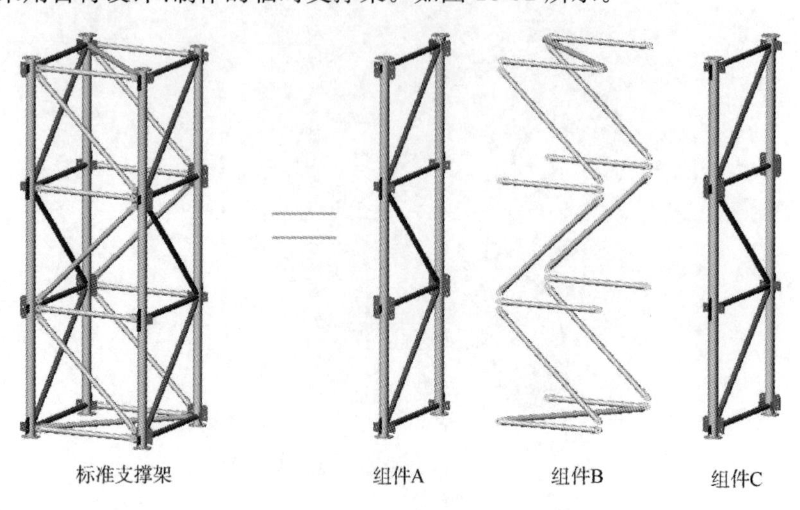

图 18-92　标准支撑架组合示意图

支撑架下部采用标准架，截面规格 2 m×2 m×6 m，立杆及腹杆均采用圆管截面，如图 18-93 所示。上部根据桁架高度变化情况，设计为两片 H 型钢支撑，支撑横梁采用可调节式，如图 18-94 所示。

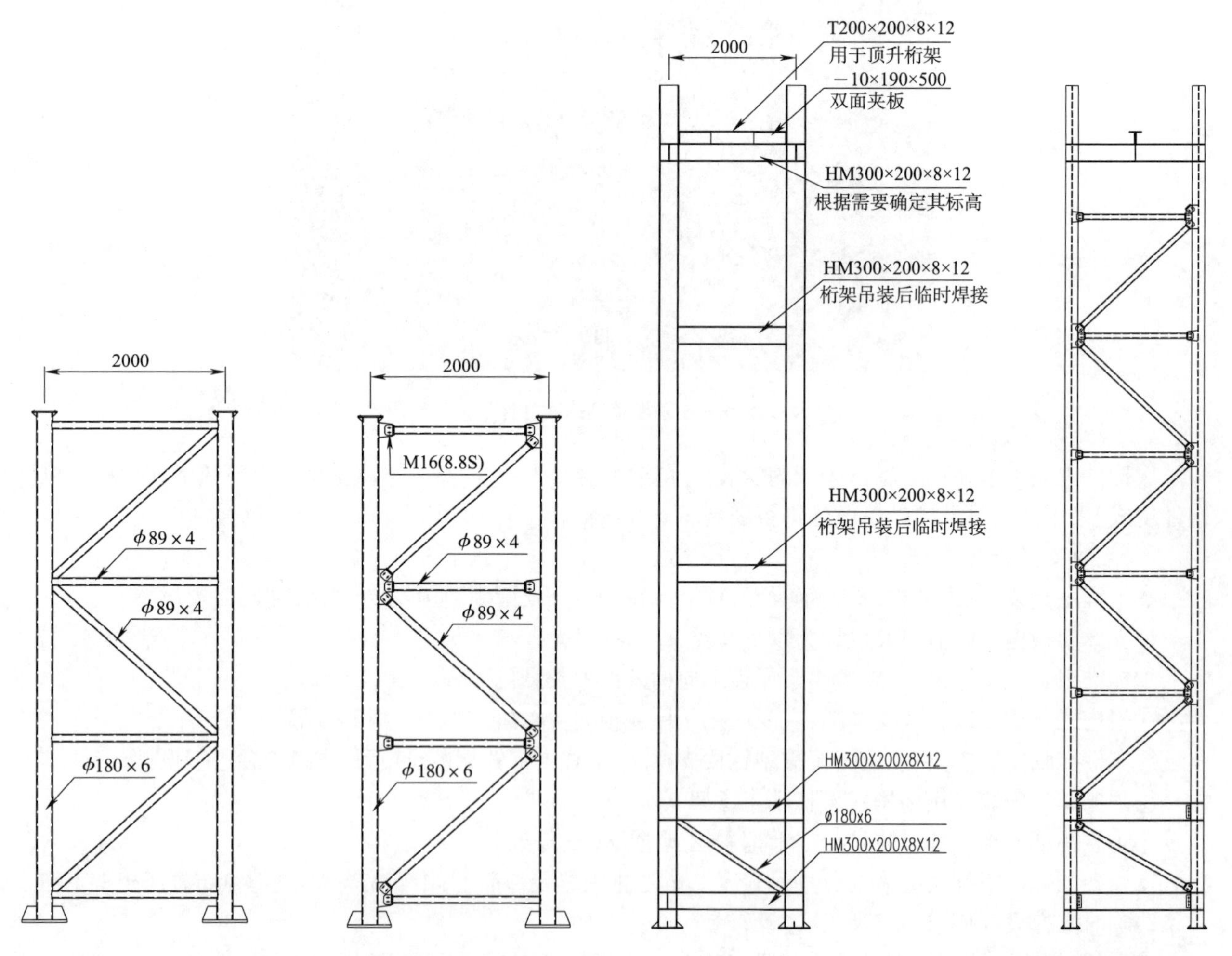

图 18-93　2 m×2 m×6 m 标准支撑架立面图　　图 18-94　2 m×2 m×6 m 标准支撑架剖面图

支撑架立柱采用法兰系统对接，组件 B 与组件 A、C 之间采用螺栓连接。方便支撑架的安装、拆除，缩短施工周期，同时也方便支撑架的运输及堆放。

支撑架部分设置在地面，基础采用固定式混凝土基础。

4)支撑架的计算

设计时选取 HJ50～53 间下布设的支撑进行验算,支撑高度最大约 42 m,计算时采用 Sap2 000 计算软件进行,荷载计算情况如如图 18-95 所示。

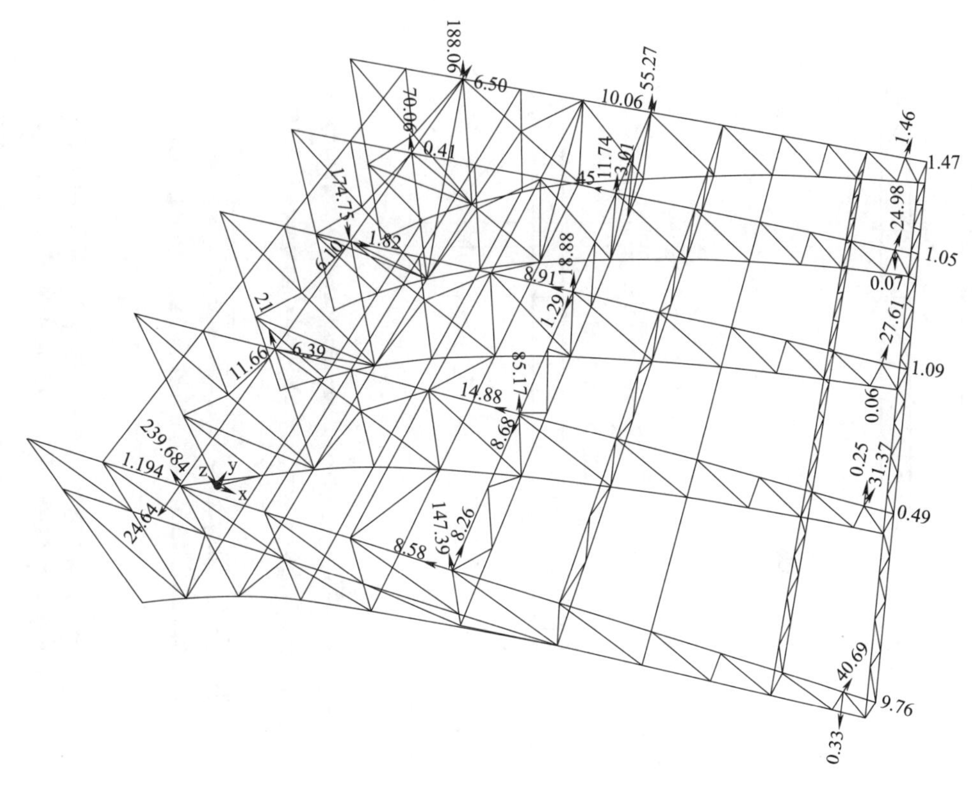

图 18-95　支撑架受力情况计算图

支撑梁承受荷载情况如图 18-96 所示。

5)2 m×2 m 标准组合式支撑架基础设计

临时支撑采用独立式混凝土基础,根据临时支撑计算荷载,每个独立支柱竖向传递荷载约为 100 kN,如图 18-97 所示。

基础设计通过计算,满足施工要求。

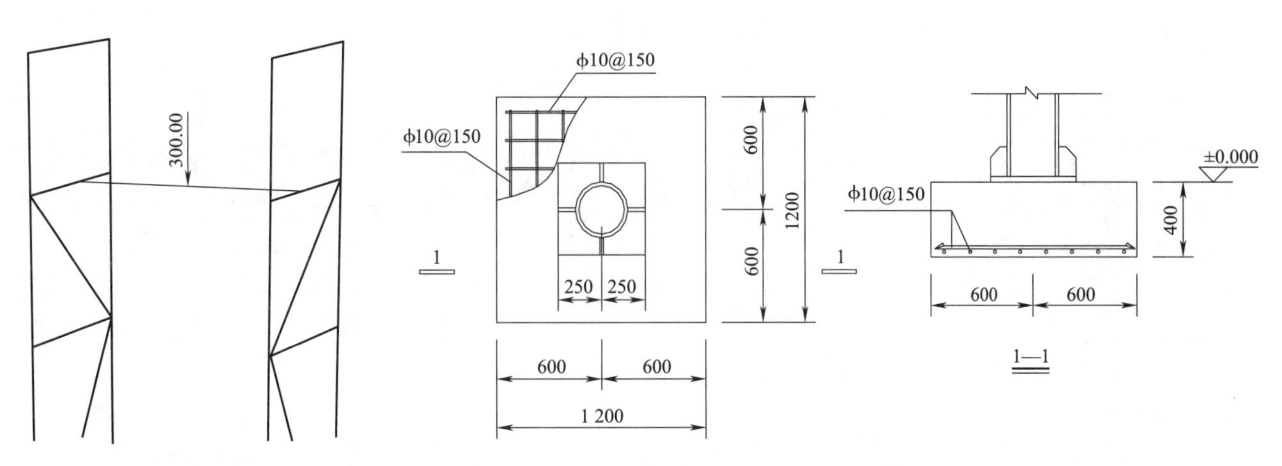

图 18-96　支撑架受荷载情况图

图 18-97　临时支撑基础大样图

6)1 m×1 m 标准组合式支撑架设计

承重支撑架将采用自行设计、制作的临时支撑架,如图 18-98 所示。

支撑架下部采用标准架,截面规格 1 m×1 m×6 m,立杆及腹杆均采用角钢截面。顶部采用桁架式支撑,桁架上弦采用 H 型钢。结构模型如如图 18-99 所示。

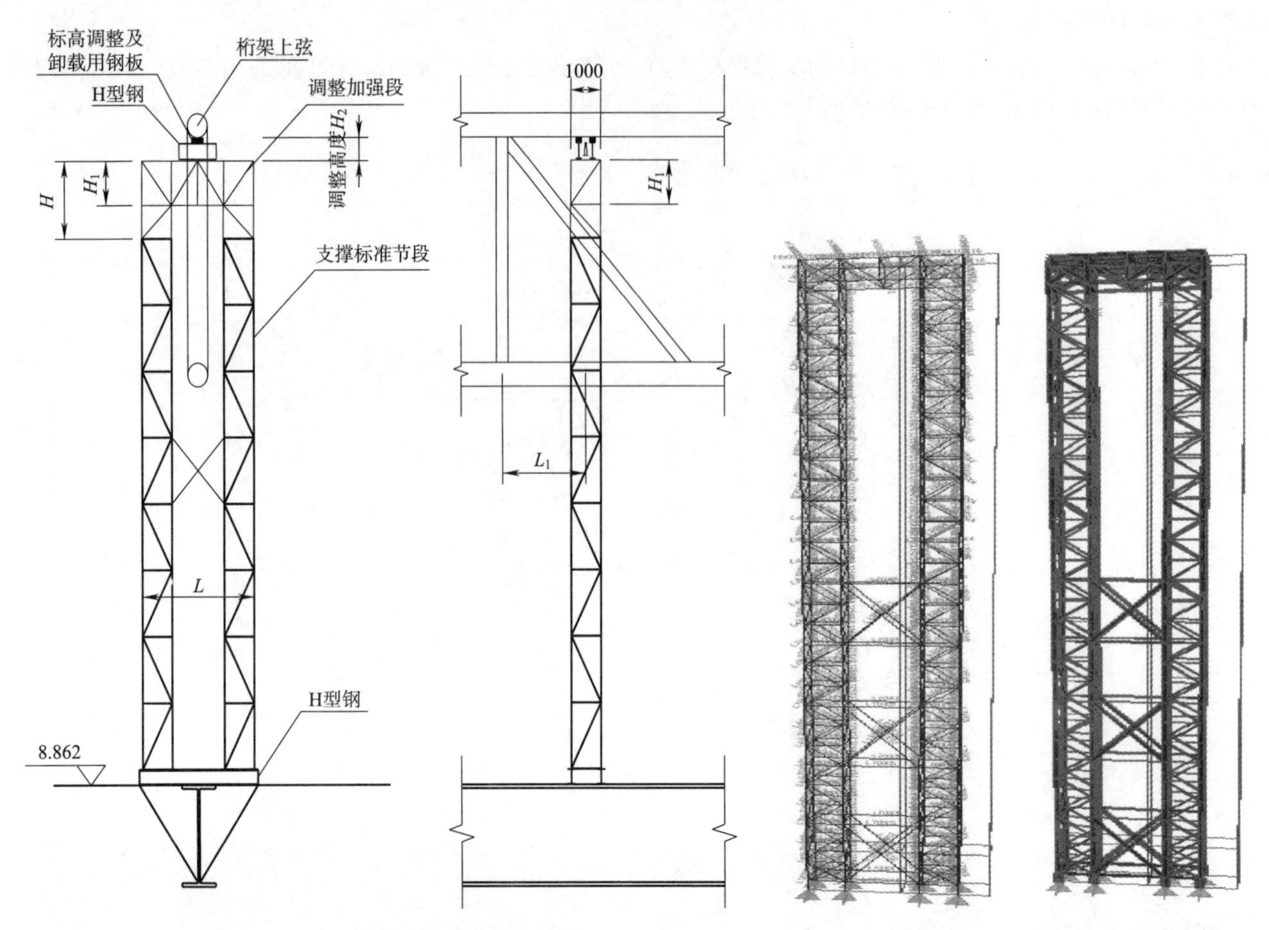

图 18-98　1 m×1 m 标准组合式支撑图　　图 18-99　1 m×1 m 标准组合式支撑结构模型图

7)支撑基础

支撑架的基础根据实际需要分别设置于 9 m 层框架梁及地面上；东悬挑部分的支撑基础采用路基板；落地式临时支撑采用独立式混凝土基础，当支撑设置于 9 m 层钢梁上时，为增加钢梁稳定，需设置侧向支撑，未详尽处见专项施工方案，此处从略。

8)支撑布置

①典型桁架临时支撑立面布置示意如图 18-100 所示。

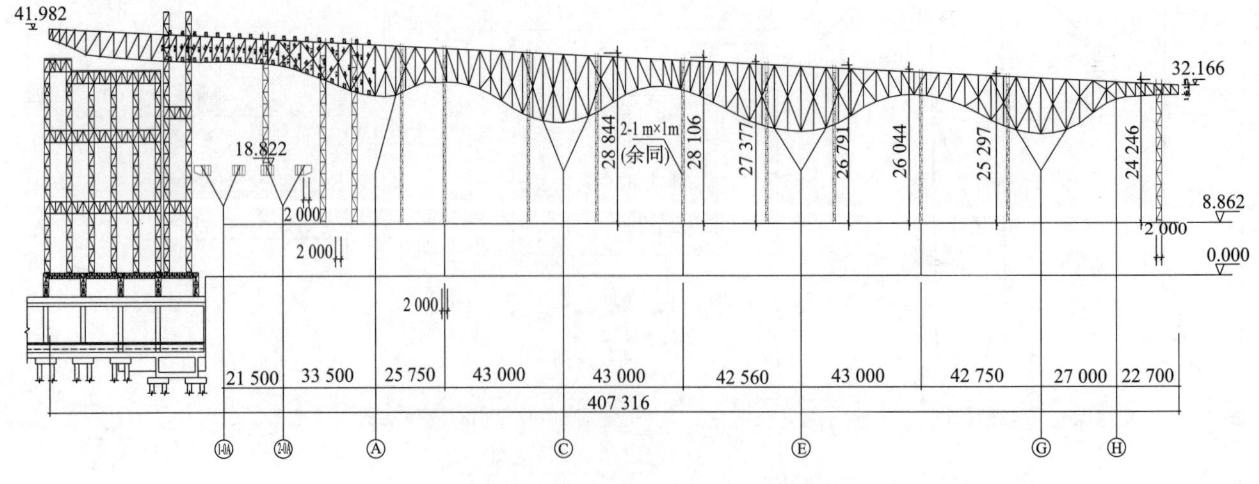

图 18-100　纵向桁架支撑立面布置

②临时支撑的设置要求：

临时支架在整个结构吊装过程中起着十分重要的作用，在结构吊装阶段，几乎所有重量都将有临时支撑承担，吊装结束后，又通过临时支撑对结构进行卸载，所以临时支撑的设置将按吊装要求严格设置。

③主站房临时支撑工程量见表18-30。

表18-30　主站房临时支撑工程数量表

序号	品名	规格	数量	单位	用途
1	屋盖及钢梁支撑、平台系统	角钢、H型钢及圆管、贝雷架			
2	型钢支撑架		8700	t	
3	转换及高架平台		3350	t	
4	钢轨	QU70	800	m	
5	预埋件		48	t	
6	基础混凝土		1250	m^3	
7	基础钢筋		46	t	

9)支撑连接加强措施

临时支撑设置高度大，最高约42 m，为增加临时支撑的侧向稳定，拟定以下几种措施：

①设置抱箍，与相邻钢柱连为一体。如图18-101所示。

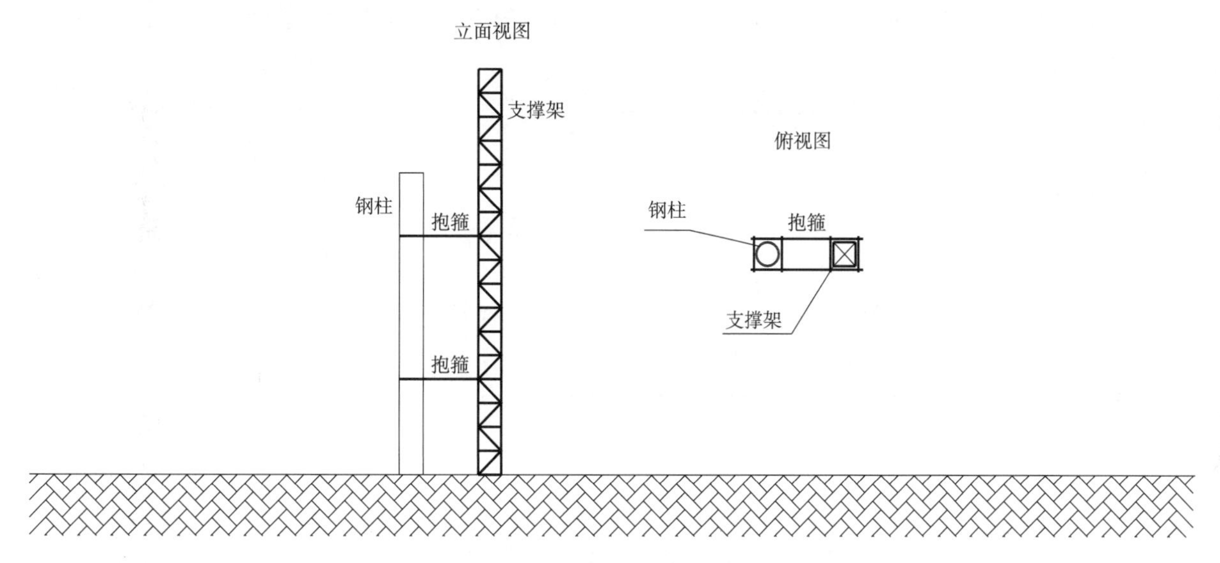

图18-101　临时支撑设置抱箍

②相邻临时支撑通过联系桁架组成支撑单元以增加稳定性。如图18-102所示。

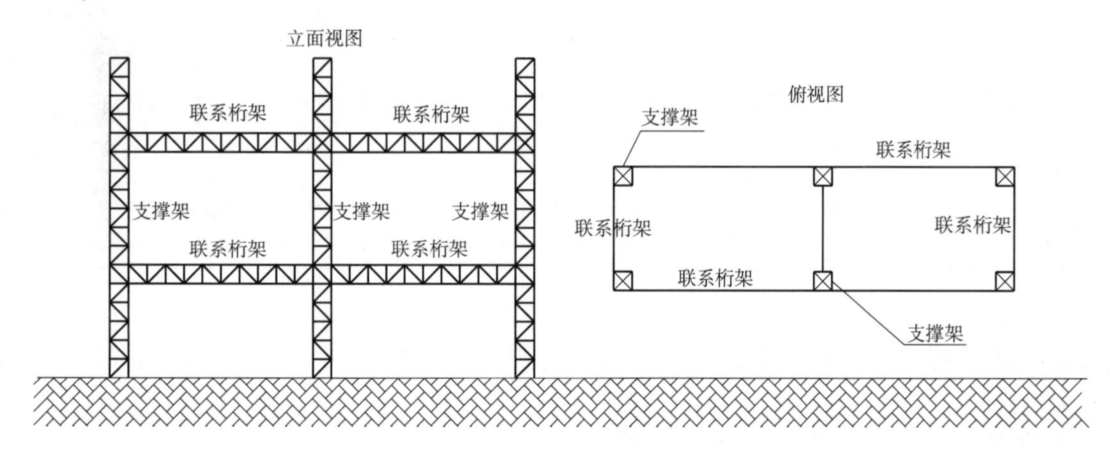

图18-102　临时支撑设置联系桁架

③设置揽风绳，如图18-103所示。

10)支撑架的安全监测

为了保证整个钢屋盖安装过程的安全，避免承重支撑架出现失稳、倾覆或倒塌，宜对其进行现场监测。

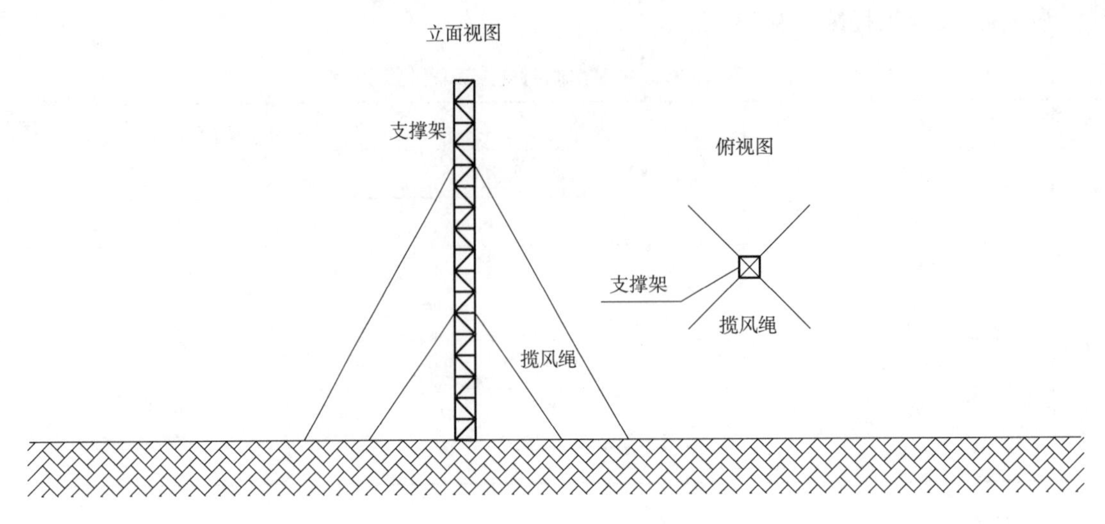

图 18-103　临时支撑设置揽风绳

现场选取吊装过程和卸载过程的最不利工况进行监测，以掌握控制点的变位和控制截面的应力变化，确保承重支撑架结构安全和控制点位形满足要求，以达到钢屋盖安装施工满足规范设计要求。

①具体监测方法：

施工过程中主要采用目测和仪器监测。目测，观察支撑架变形；在支撑架主要承重立杆上贴应变片，检测立杆变形。

②施工监测流程：

布置监测点→布设发射片→位移沉降观测→数据成果误差分析→编写监测报告。

施工过程受支撑架自身、上部钢结构安装、施工措施、气候变化等影响，对支撑架产生的位移与沉降进行监测，及时掌握支撑架的动态，确保结构安装精度和施工安全。监测种类、频率、设备见表 18-31。

表 18-31　监测种类、频率、设备汇总表

监测位置与频率		监测内容	监测方法	监测设备
变形监测（1 次/区）	临时支撑支撑架	水平位移监测	全站仪与百分表测量	高精度型全站仪
沉降观测（次/半月）	临时支撑支撑架	沉降监测	精密水准仪测量	精密水准仪
监测目的	施工过程对支撑架进行沉降和位移监测，及时获取各施工阶段支撑架的变形情况。将监测获得的数据与事先理论计算的变形数据进行比较，及时调整施工方法和措施，保证施工过程中支撑架的稳定性及安全性			

③监测步骤

支撑架在钢结构的安装卸载过程中都起着一个非常重要的环节，主要监测支撑架立杆的位移和沉降。监测步骤如下：

a. 支撑搭设完成后，用全站仪测量各立杆的初始状态参数。

b. 根据模拟分析计算结果，在受力集中、变形大的部位布设监测点。用全站仪监测位移；在支撑架平台千斤顶附近立杆粘贴一个有利于监测的标志，用于监测支撑架管的位移与沉降。

c. 安装过程时，监测每次参数变化，依此判断安装或释放过程的安全性。如发现支撑架沉降量超过计算预定值，应立即停止释放，寻找原因，采取对应措施，确保安全。

(7)支撑卸载方案

1)卸载工况概述

上部屋盖桁架施工阶段临时支撑架主要设置在A轴东侧Y柱上部结构及悬挑、H轴西侧悬挑及A～G轴纵横向屋盖主桁架下方。

屋盖部分临时支撑架全部采用格构式支撑,卸载点位于于支撑桁架上弦杆的横梁上。

2)卸载基本原则

①卸载区域的主构件安装完成,相邻区间长方向桁架安装完成,方可完全卸载此区域;

②中间区域卸载中,先卸载跨中支撑,再卸载支座处支撑;

③两悬挑部分卸载时,先卸载最外侧支撑,再卸载内侧支撑;

④尽量采用一次性卸载方案,当卸载后节点竖向位移量>40 mm时,采用多级卸载方式。

a. 二级卸载方式:

第一级按节点竖向位移量的60%卸载;

第二级按节点竖向位移量的40%卸载。

b. 三级卸载方式:

第一级按节点竖向位移量的40%卸载;

第二级按节点竖向位移量的30%卸载;

第三级按节点竖向位移量的30%卸载。

⑤所选取的卸载方案的每次卸载量需要依据计算结构卸载前后的变形量进行确定,以保证卸载过程中结构稳定安全,其位移变化和应力应变满足设计要求。

3)卸载总体思路

卸载过程考虑采用分施工阶段进行卸载。

根据工程的具体情况,将整个工程分为以下几大部分:

①G轴外悬挑部分;

②E-G轴间部分;

③C-E轴间部分;

④A-C轴间部分;

⑤A轴外悬挑部分。

采取边安装边卸载的方式,卸载时采用同步分级或一次同步卸载的方法对所有桁架下支撑架进行卸载。

运用有限元软件SAP2000V12版进行施工阶段安装及卸载的计算分析,计算结果列入施工阶段验算章节。根据计算出的卸载前后各卸载点的位移变化,确定其卸载方式。

2. 现浇楼板工程

(1)工程概况

广深港客运专线深圳北站车站建筑9 m高架层板,设计作为深圳北站候车厅、出站通廊、出站厅、售票厅、配属管理和设备用房的支承平台,设计板厚160 cm,钢筋双层双向,混凝土强度标号C30,建筑面积约74573 m^2。

本工程室内标高±0.000相当于绝对标高81.690 m(1985国家高程基准),现有地面标高约－2.29 m,9 m高架层板板底标高为8.862 m,主站房15 m商务夹层、G轴以东的9 m层、Y型柱区域的18.8 m层钢筋混凝土楼板体系采用加钢次梁式的自承式楼板体系,其余站房夹层、G轴以西楼板施工仍旧采用支架现浇。

(2)施工准备

根据现场的起重设备、进场路线、质量检查以及露天存放等因素等来拟订钢筋桁架模板的搬入地点与存放计划。

装载钢筋桁架模板的车辆到达施工现场后,填写货运签收单及其他交接手续,并组织现场验收。

经检验的钢筋桁架模板,采用起重设备卸货,沿事先拟订的进场路线,按安装位置以及安装顺序存放,并有明确的标记。

钢筋桁架模板水平叠放,绑扎成捆,捆与捆之间垫枕木,叠放高度不得超过三捆。

(3)施工工艺流程及施工方案

1)施工工艺流程(如图 18-104 所示)

图 18-104 施工工艺流程

2)施工方法

①钢筋桁架模板的吊装

货物进场后,将包装捆轻卸在指定存放场地,同一个区域,相当长度的包装捆三捆一排整齐排列,底部垫平枕木。有特殊长度的或不同区域的包装捆单独吊运,存放时需注意区别标志。

吊装前,应按照货运清单编号明确包装捆所在区域,若并排三捆长度相当,并在同一区域的,则采用三捆型高空吊架,若长度特殊不能三捆同时起吊的或不在同一区域的单捆模板,则采用单捆型高空吊架吊运。

吊运时需注意:

a. 确认高空风速是否允许吊运,若遇 6 级以上大风,应停止吊运作业。

b. 核对标签,明确包装捆所在区域,在相应位置划出基准线。

c. 检查吊件是否锁扣牢固。

d. 人员做好安全准备工作，特别是高空作业人员必须系好安全带，各就各位。

②边模施工

根据边模板规格，施工前必须仔细阅读图纸，选准边模板型号、确定边模板搭接长度。

安装时，将边模板紧贴钢梁面。边模板与钢梁表面每隔300 mm间距点焊25 mm长、2 mm高焊缝。安装楼承板前，必须检查所有边模是否已经按施工图要求安装完毕，方可进行该区域钢筋桁架模板安装。边模板是阻止混凝土渗漏的关键部件，封堵方法如图18-105所示。

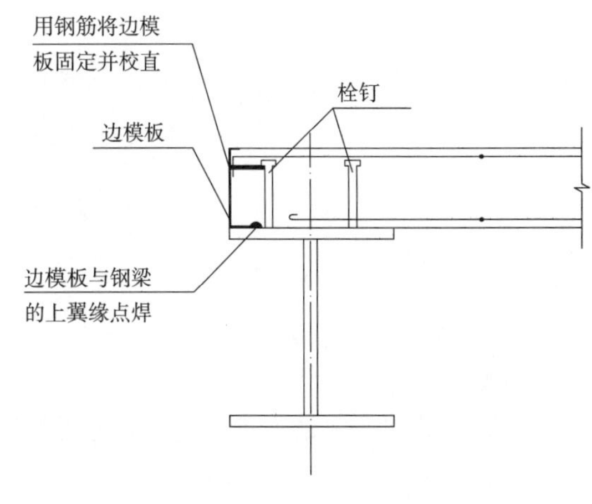

图18-105　边模封堵方法

边模板拉线校直，调节适当后，利用钢筋一端与栓钉点焊，一端与边模板点焊，将边模固定。

③钢筋桁架模板的安装

a. 一般要求

依照钢筋桁架模板排版图及节点图铺设钢筋桁架模板、绑扎钢筋；对有一定斜度的钢筋桁架模板，必须按照该位置模板放样图的位置铺设。

平面形状变化之处，对铺设造成影响的应将钢筋桁架模板切割，可采用机械或氧割进行，再将端部的支座竖向钢筋和支座水平钢筋还原就位之后进行安装，遇腹杆筋被切断时应将腹杆筋与支座竖向钢筋点焊固定。

钢筋桁架模板的搭接长度(指钢梁的上翼缘边缘与端部竖向支座钢筋的距离)应满足设计要求。底部镀锌钢板与钢梁的搭接长度要满足在浇注混凝土时不漏浆。

b. 模板安装

对准基准线，安装第一块板，并依次安装其他板，钢筋桁架模板连接采用扣合方式，板与板之间的拉钩连接应紧密，保证浇筑混凝土时不漏浆，同时注意排板方向要一致，以保证穿附加钢筋的便捷性。对于排版方向成90°或一定角度时，应根据施工图钢筋排布方案，由下至上，仔细、正确地进行绑扎。

钢筋桁架模板就位之后，应立即将其端部的支座竖向钢筋与钢梁点焊牢固，沿板长度方向，将钢板与钢梁点焊。以避免大风或施工错动的影响改变板基准线的位置。

待铺设一定的面积之后，应及时绑扎上部分布钢筋。

板端及板边与梁重叠处，不得有缝隙。

全面检查，保证无漏浆部位的存在。

④附加钢筋工程

施工顺序：设置下部附加钢筋→设置上部附加钢筋→设置洞边附加筋→设置支座负弯矩钢筋及连接钢筋。

必须按设计要求设置楼板附加受力钢筋、支座连接筋及负筋，连接筋应与钢筋桁架绑扎或焊接。

楼板上要开洞口应事先确定，设计认可；必须按设计要求设洞口边加强筋。

在附加钢筋施工过程中，应注意做好对已铺设好的钢筋桁架模板的保护工作，不宜在镀锌板面上行走或踩踏。禁止随意振动、切断钢筋桁架。

⑤混凝土工程

在浇注混凝土时，应注意浇注工具的选择，尽量减小对模板的冲击。

施工缝处振捣时，应避免将已初凝的混凝土振裂。

混凝土浇注过程中，应及时将混凝土铲平分散，严禁将混凝土堆积过高。

具体计算及施工方案详见专项施工方案，此处从略。

3. 雨棚钢结构工程

(1)雨棚钢结构概况

无站台柱雨棚东西长262.6 m，南北宽130 m，建筑高度18.1 m。站台雨棚被主站房分为绕轴对称的左右两翼，采用以四边形环索弦支双向连续网格钢梁体系为屋盖基本单元，如图18-106所示。

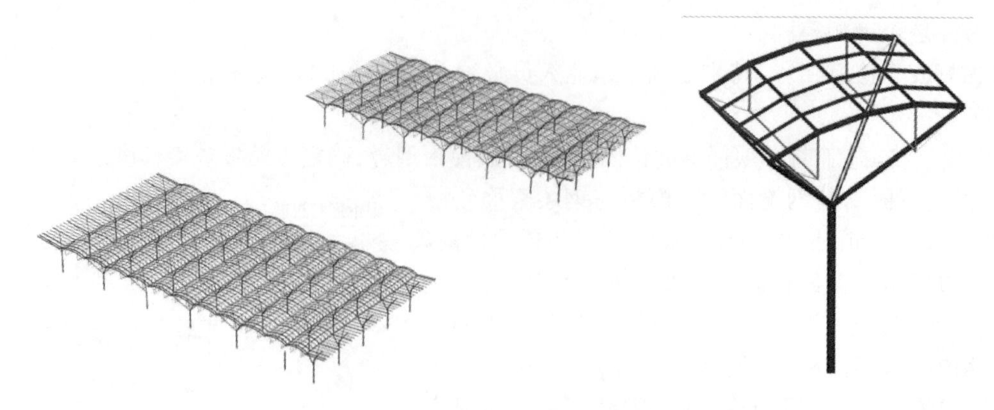

图 18-106　雨棚伞状单元结构示意图

(2)雨棚钢结构安装

1)施工方法

雨棚钢结构在主站房施工完成后进行施工,从南北两侧同时向外进行。采用独立格构式胎架、高空散件原位组装分区施工。在每个结构单元搭设独立胎架支撑体系,通过行履带吊将结构部件吊至高空散件安装,结构单元片区形成整体稳定后,独立胎架移至下一区间施工。安装机械主要采用 4 台 SC1000 型履带吊,两侧各 2 台。

2)伞状单元施工流程如图 18-107 所示。

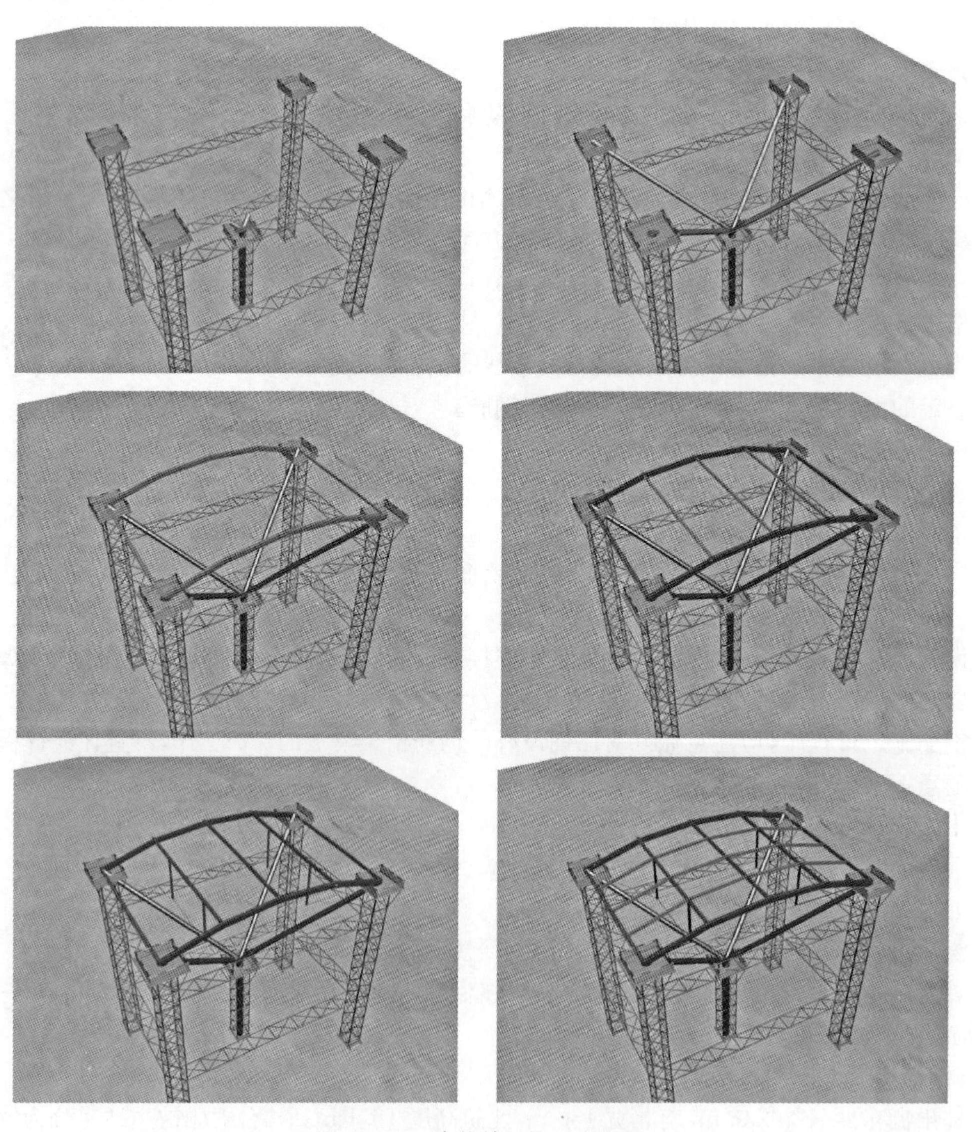

图 18-107　伞状单元施工流程图

(3)四边形环索弦支结构拉索施工

1)工程概况

站台雨棚部分被主站房分为绕轴对称的左右两翼，采用以四边形环索弦支双向连续网格钢梁体系为屋盖基本单元，顶端汇交四向分叉钢管斜柱的钢管混凝土柱网为支承的连续多跨空间结构体系，面积约 68024 m^2。该工程钢拉杆、拉索的总数量为都为 864 根。钢棒型号为 RODD60、RODD70、RODD85 三种型号，拉索直径为 ϕ30(37ϕ5)和 ϕ40(55ϕ5)两种型号，其中索体总重量为 79 t，钢拉杆体总重量为 178 t，锚具重量约为 300 t，则钢拉杆与拉索(索体、杆体＋锚具)总重量约为 550 t。

2)施工流程

①站台雨棚结构基本施工流程为：先施工立柱、交叉斜柱及网格梁，然后安装撑杆、环索及钢棒拉杆，最后按顺序对各跨钢棒拉杆进行分级分批施工张拉。

②拉索及钢拉杆制作

拉索和钢拉杆均为甲方采购成品，运至现场安装。拉索采用破断强度为 1670 MPa 高强镀锌钢丝束索体，钢丝的质量和性能应满足《桥梁缆索用热镀锌钢丝》(GB/T17101—2008)中的规定，索体的弹性模量不应小于 1.95GPa。索体护层材料采用高密度聚乙烯，其技术性能应满足行业标准《建筑缆索用高密度聚乙烯塑料》(CJ/T3078)中的规定。锚具的强度应符合钢索破断后而锚具和连接件均不能破断的准则。锚具、销轴和螺杆均为锻件，锚具采用合金结构钢，其技术性能应满足国家标准《合金结构钢》(GB 3077)的规定；销轴和螺杆采用优质碳素结构钢，其技术性能应满足国家标准《优质碳素结构钢》(GB 699)中的有关规定。锚具组件表面镀锌厚度 40～60 μm，如图 18-108、图 18-109 所示。

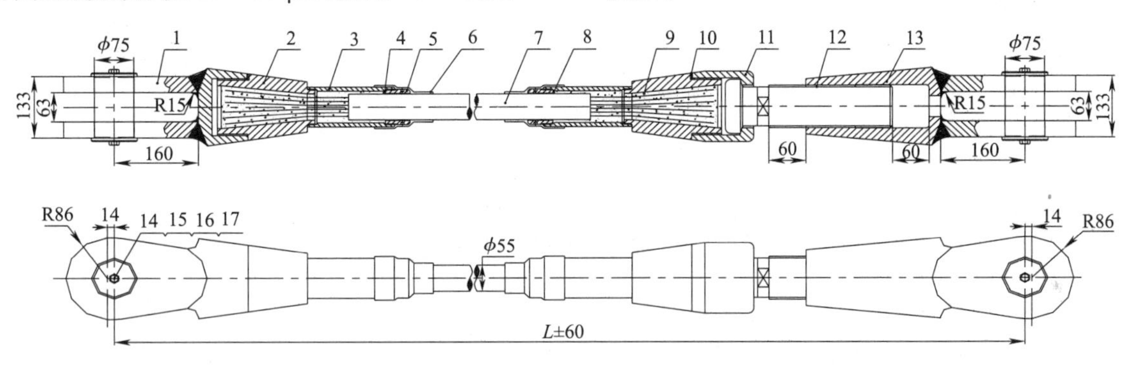

图 18-108　拉索 55ϕ5 示意图(图注编号略)

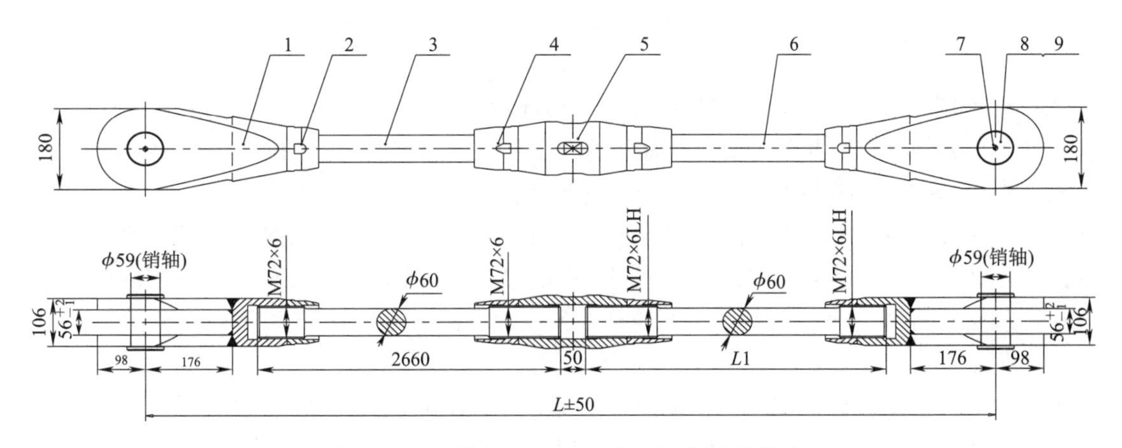

图 18-109　钢拉杆 RODD60 示意图(图注编号略)

采用等强合金钢棒钢拉杆，杆体须端部锻造镦粗后整体热处理达到力学性能要求。杆体力学性能要求：ReH≥345 MPa，Rm≥470 MPa，A≥21%，Z≥50%，Akv≥27J(－20℃)。U-U 型，表面喷涂环氧富锌漆，厚度 60～100 μm。拉杆及其连接零部件检查与验收应满足国家标准《钢拉杆》(GB/T20934—2007)要求。

③钢拉杆以及拉索安装

采用单元地面拼装后再整体吊装方案，钢拉杆以及拉索的安装可以在地面进行安装，与总包地面拼装同时进行，包括四边形环形拉索安装以及钢拉杆的安装。

a. 拉索安装:等钢结构竖向撑杆与拉索索夹节点焊接好并定位后,将四根拉索分别与拉索索夹耳板连接。

b. 钢拉杆安装:将钢拉杆下部接头与索夹连接,并安装索夹扣,最后把钢拉杆上部与上部钢梁简单连接,方便吊装完后与节点上耳板连接施工。如图 18-110 所示。

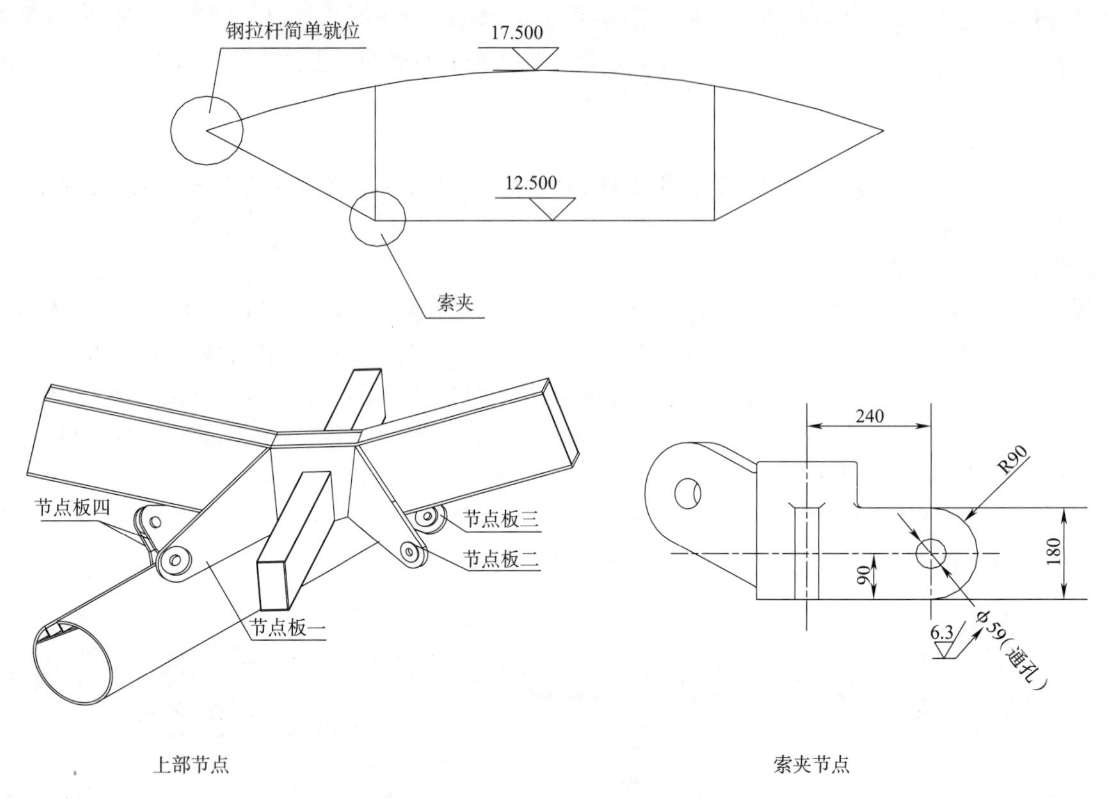

图 18-110 钢拉杆、索夹、上部节点图

④预应力张拉顺序

根据钢结构安装进度以及结构设计张拉原则以及顺序,并综合考虑现场可能出现的实际情况以及工期、造价多方面因素,初步制定预应力张拉细化顺序按如下方式进行(另一个雨棚按此方案进行张拉施工):

a. 区分柱上四边形环索单元(四叉斜柱正上方的单元)与柱间四边形环索单元(非四叉斜柱正上方的单元);

b. 先张拉柱上四边形环索单元,后张拉柱间四边形环索单元;

c. 张拉柱上单元钢棒时每批次选取基本对称的四个单元同时张拉,先张拉结构跨中区域单元,后张拉结构边缘区域单元,各单元钢棒的张拉初始预应力度控制为 0.14 左右(约 20 t);

d. 张拉柱间单元钢棒时也采用对称张拉方式,先张拉结构跨中区域单元钢棒,后张拉结构边缘区域单元钢棒;先张拉长跨向柱间单元,各单元钢棒的张拉初始预应力度控制在 0.11～0.13 范围内(约 15 t);

e. 张拉短跨向柱间单元,各单元钢棒的张拉初始预应力度控制为 0.145～0.15(约 20 t)。

⑤钢拉杆张拉

由于张拉单元具有柔性特性,故只能在钢拉杆上部节点位置对其进行张拉,该处标高为 15.5 m。而总包钢结构安装采用地面拼装然后吊装的方式进行钢结构安装,没有搭设脚手架,并且需要在安装以及张拉施工时对索夹节点处需对钢拉杆以及拉索进行调节,故应在在张拉节点处搭设 9×12 m 的张拉平台,承载力为 6 t。

张拉采用双千斤顶并联张拉系统。如图 18-111、图 18-112 所示,需要特制夹具、拉杆、调心螺栓和螺母等一套工装。计划采用两个 26 t 千斤顶进行张拉。

左右两翼每翼 16 根钢拉杆需要同时张拉,所以需要以上张拉系统 32 套。张拉前检查油路及线路连接情况,避免高空作业出现连接混乱。预张拉,确保油压与油缸杆位移正常后进行分级张拉。同步 1 级张拉、缓慢加载,保证张拉位移与调节套筒旋转跟进同步。

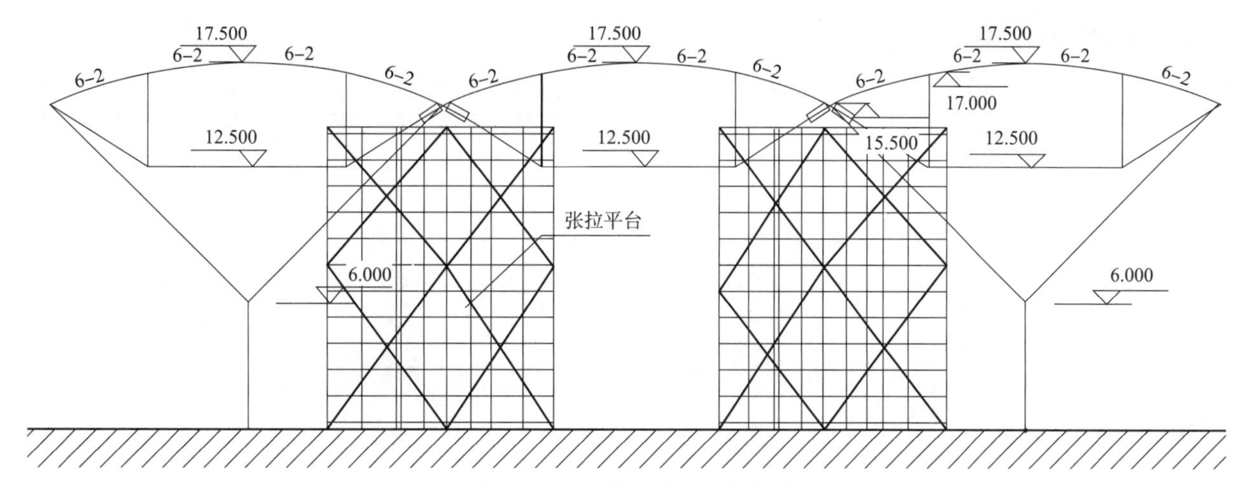

图 18-111　雨棚张拉平台搭设图

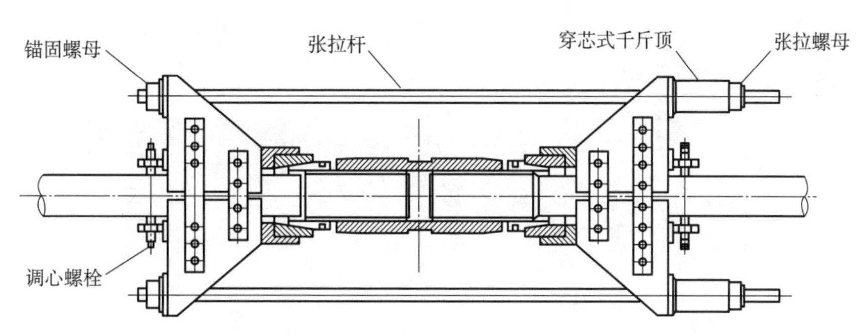

图 18-112　张拉设备

(4)雨棚施工阶段临时支撑布置

雨棚支撑卸载：张拉施工拉索逐步达到设计应力，钢结构向上拱，脱离临时支撑既完成卸载，如图 18-113 所示。

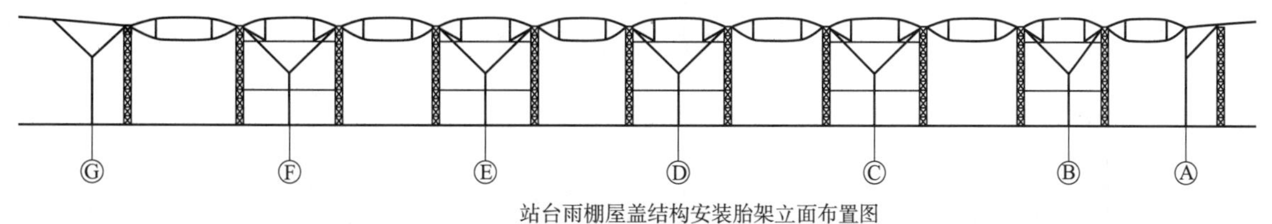

站台雨棚屋盖结构安装胎架立面布置图

说明：
1. 安装胎架采用格构式可移动胎架，雨棚南北两边同时施工，一侧各12个。
2. 雨棚采用4台SCC1000型履带吊进行吊装，南北两侧各2台，南北两侧同时从中间向两边进行施工。

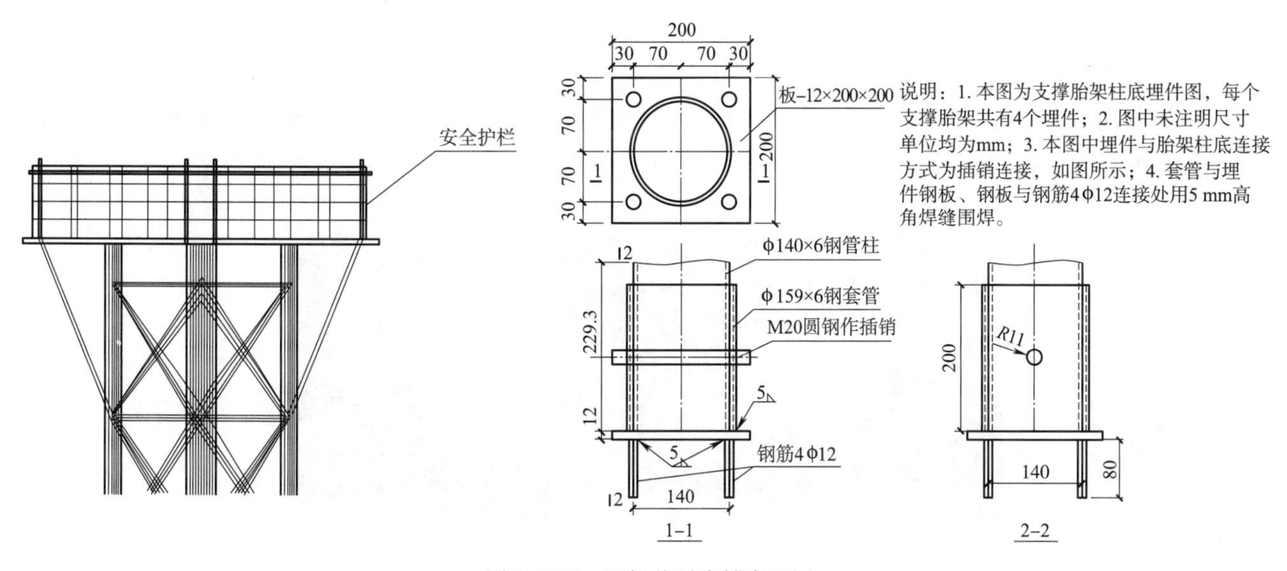

图 18-113　雨棚临时支撑布置图

雨棚临时支撑工程数量详见表 18-32。

表 18-32　站房雨棚临时支撑工程量表

序号	品名	规格	数量	单位	用途
1	拼装胎架	角钢、H 型钢及圆管、贝雷架	t	440	
2	型钢支撑架		t	2700	
3	预埋件		t	18	
4	基础混凝土		m^3	250	
5	基础钢筋		t	16	

18.5.1.4　室内控制性装修方案

1. 天棚施工

(1)铝合金格栅吊顶

根据楼层标高水平线,用尺竖向量至顶棚设计标高,沿墙、柱四周弹顶棚标高水平线,并沿顶棚的标高水平线,在墙或柱上划好龙骨分档位置线。如图 18-114 所示。

图 18-114　铝合金隔栅吊顶施工效果图

安装龙骨吊杆:确定吊杆下端头的标高,按大龙骨位置及吊挂间距,将吊杆无螺栓丝扣的一端用与楼板膨胀螺栓固定,施工中应避开梁主筋。

安装龙骨:根据设计要求将龙骨吊至规定高度,并将其标高校正准确。

安装附加龙骨、角龙骨、连接龙骨等。

安装铝合金格栅:在吊挂安装时随时校正其标高,务使格栅底标高与周边墙上所弹之顶棚标高线取平,不得有偏差。

(2)铝合金、穿孔铝合金条板吊顶

在装铝合金板及穿孔铝合金条板施工前,先检查骨架质量,重点检查吊杆顺直,受力均匀,龙骨间距不大于 500 mm(潮湿环境设计要求适当减小间距),龙骨下表面平顺无下坠感,主、配件连接紧密、牢固等,确认合格方可装订。如图 18-115 所示。

图 18-115　穿孔铝合金条板施工效果图

吊顶内填充吸声材料的品种和铺设厚度应符合设计要求，并有防散落措施。

板的切割，沿切割折断，使切割板的边缘平直方正，无缺楞掉角等缺陷。

铺板固定，将铝合金板及穿孔铝合金条板的边和(包封边)与支撑龙骨相垂直铺设。铝合金板对接时应靠紧，但不得强压就位。可从一板角或中间行列开始，不宜同时铺设。

要求板缝顺直，宽窄一致，不得有错缝现象。

接缝，铝合金板及穿孔铝合金条板对接时要靠紧，但不能强压就位，对接缝要错开，墙两面的接缝不能落在同一根龙骨上；采用双层板时，第二层板的拉缝不能与第一层的接缝落在同一竖直龙骨上，双层石膏板应错缝拼接。

2. 地面施工

(1)花岗岩面层

材料准备：天然大理石、花岗石的品种、规格应符合设计要求，技术等级、光泽度、外观质量要求，应符合国家标准《天然大理石建筑板材》、《花岗石建筑板材》的规定，其允许偏差和外观要求见表 18-33。

表 18-33　石材地面偏差及外观要求

种　类	允许偏差(mm)			外观要求
	长度、宽度	厚度	平整度最大偏差值	
花岗石板材	+0 −1	±2	长度≥400：0.6 长度≥800：0.8	板材表面光洁、明亮，色泽鲜明。边角方正，无扭曲
大理石板材		+1 −2		

(2)石材面层操作工艺

工艺流程如图 18-116 所示，石材面层铺贴基本构造如图 18-117 所示。

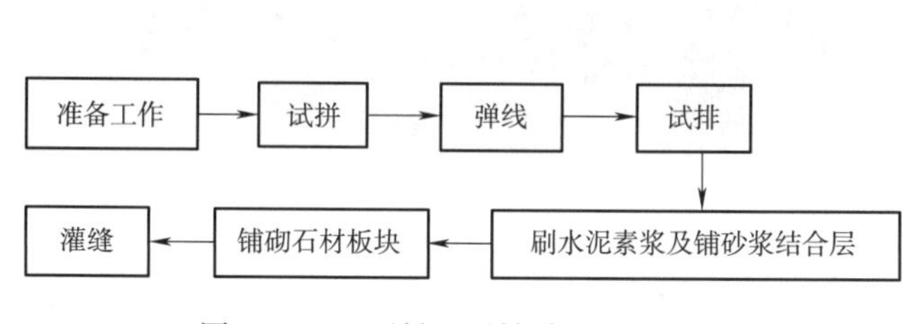

图 18-116　石材面层铺贴工艺流程图

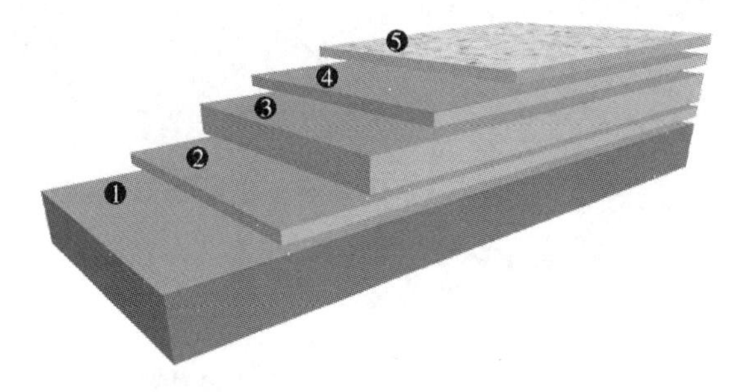

图 18-117　石材面层铺贴构造示意图
1—结构层；2—胶浆结合层；3—干硬性水泥砂浆层；4—胶浆结合层；5—石材面层

(3)质量标准

1)主控项目

①大理石、花岗石面层所用板块的品种、质量应符合设计要求。

检验方法：观察检查和检查材质合格记录。

②面层与下一层应结合牢固，无空鼓。

检验方法：用小锤轻击检查。(凡单块板块边角有局部空鼓，且每自然间(标准间)不超过总数的 5%可不计)

③大理石、花岗石面层的表面应洁净、平整、无磨痕，且应图案清晰、色泽一致、接缝均匀、周边顺直、镶嵌正确、板块无裂纹、掉角、缺楞等缺陷。

检验方法：观察检查。

④踢脚线表面应洁净，高度一致、结合牢固、出墙厚度一致。

检验方法：观察和用小锤轻击及钢尺检查。

⑤楼梯踏步和台阶板块的缝隙宽度应一致、齿角整齐，楼层梯段相邻踏步高度差不应大于 10mm，防滑条应顺直、牢固。

检验方法：观察和用钢尺检查。

⑥面层表面的坡度应符合设计要求，不倒泛水、无积水；与地漏、管道结合处应严密牢固，无渗漏。

检验方法：观察、泼水或坡度尺及蓄水检查。

⑦石材面层铺贴允许偏差和检验方法应符合表18-34的规定。

表18-34 石材面层铺贴允许偏差和检验方法

项次	项目	允许偏差(mm)		检验方法
		大理石、花岗岩	碎拼石材	
1	表面平整度	1	3	用2 m靠尺和楔形塞尺检查
2	缝格平直	2	—	拉5 m线和用钢尺检查
3	接缝高低差	0.5	—	用钢尺和楔形塞尺检查
4	踢脚线上口平直	1	—	拉5 m线和用钢尺检查
5	板块间隙宽度	1	—	用钢尺检查

(4)成品保护

1)运输花岗石板块和水泥砂浆时，应采取措施防止碰撞已做完的墙面、门口等。

2)铺砌花岗石板块及碎拼大理石板块过程中，操作人员应做到随铺随用干布揩净大理石面上的水泥浆痕迹。

3)在花岗石地面或碎拼大理石地面上行走时，找平层水泥砂浆的抗压强度不得低于1.2 MPa。

4)花岗石地面或碎拼大理石地面完工后，房间应封闭或在其表面加以覆盖保护。如图18-118、图18-119所示。

图18-118 花岗岩石材地面效果图一

图18-119 花岗岩石材地面效果图二

(5)质量通病的防治

1)板面空鼓：由于混凝土垫层清理不净或浇水湿润不够，刷素水泥浆不均匀或刷的面积过大、时间过长已风干，干硬性水泥砂浆任意加水，花岗石板面有浮土末浸水湿润等等因素，都易引起空鼓。因此必须严格遵守操作工艺要求，基层必须清理干净，结合层砂浆不得加水，随铺随刷一层水泥浆，大理石板块在铺砌前必须浸水湿润。

2)接缝高低不平、缝子宽窄不匀：主要原因是板块本身有厚薄及宽窄不匀、窜角、翘曲等缺陷，铺砌时未严格拉通线进行控制等因素，均易产生接缝高低不平、缝子不匀等缺陷。所以应预先严格挑选板块，凡是翘曲、拱背、宽窄不方正等块材剔除不予使用。铺设标准块后，应向两侧和后退方向顺序铺设，并随时用水平尺和直尺找准，缝子必须拉通线不能有偏差。房间内的标高线要有专人负责引入，且各房间和楼道内的标高必须相通一致。

3)过门口处板块易活动：一般铺砌板块时均从门框以内操作，而门框以外与楼道相接的空隙(即墙宽范围内)面积均后铺砌，由于过早上人，易造成此处活动。在进行板块翻样提加工定货时，应同时考虑此处的板块尺寸，并同时加工，以便铺砌楼道地面板块时同时操作。

4)防止浅色石材反碱、咬色和翘曲变形措施。

在石材铺贴施工中，因石材的结构特性，化学成分不同，某些石材会对水泥的碱性环境产生不良反应，具体表现为反碱、咬色、翘曲变形等情况，而浅色石材尤为突出。根据我分部大量的施工实践和经验积累，针对这样一些石材，采取有效防护措施，能保证在使用后不影响装饰效果。

①消除石材反碱、咬色：在其板背及板侧涂加不同性质的涂层，形成保护膜，以防止这些石材在碱性环境下产生反应。

②除石板起翘：由于单块石板面积大，内应力不均匀和石板吸水造成铺设过程中产生一定程度的起翘，采用沙袋等进行重压，起到很好的效果。

3. 墙面施工

(1)墙面砖施工

1)材料准备

①面砖的表面应光洁、方正、平整、质地坚固，边缘应整齐，其品种、规格、尺寸、色泽、图案应均匀一致，必须符合必须符合设计选定的样品。不得有缺楞、掉角、暗痕和裂纹等缺陷。进场的面砖应具有产品合格证，按规定现场抽样做试验，其性能指标均应符合现行国家标准的规定，在试验报告确定其达到设计要求等级且各项指标都符合规定要求后方能使用，釉面砖的吸水率不得大于10%。

②水泥：硅酸盐水泥、普通硅酸盐水泥；其标号不应低于425号，并严禁混用不同品种、不同标号的水泥。进场水泥应有出厂证明和复试报告，若出厂超过三个月，应按实验结果等级使用。

③白水泥：白水泥应为325号以上，并符合设计和规范质量标准的要求。

④砂：中砂或粗砂，过8 mm孔径筛子，其含泥量不应大于3%。

⑤机具准备：笤帚、方尺、手锹、錾子、铁锤、木抹子、刮杠、橡胶锤子、小型切割机、打磨机等。

⑥技术准备：上道工序自检、交接检完成。审查图纸和编制方案，同时向施工班组进行技术、质量和安全交底。

2)作业条件

①预留孔洞及排水管等应处理完毕，门窗框扇已固定好，并用1∶3水泥砂浆将缝隙堵塞严实，铝合金门窗框边缝所用嵌塞材料应符合设计要求，且应堵塞密实，并事先粘贴好保护膜。

②墙面基层扫灰、清浮浆，脚手眼、窗台、窗套等用防水砂浆砌堵严实。

③提前做好选砖的工作，预先用木条方框(按砖的规格尺寸)模子，拆包后每块进行套选，长、宽、厚公差不得超过±1 mm，平整度用直尺检查，不得超过±0.5 mm。挑选过程中按花型、颜色分别堆放。外观有裂缝、掉角和表面上有缺陷的板剔出。避免墙砖颜色不一致，影响美观。

④有艺术图型要求的地面，在施工前应绘制施工大样图，并做出样板间，经检查合格后，方可大面积施工。

⑤大面积施前先放大样，做好样板墙，确定面砖缝隙宽度等施工工艺及操作要点，并向施工人员做好交底工作，样板墙完成后必须由质监部门签定合格后，还要经过设计、甲方和施工单位共同认定，方可组织按样板墙要求进行大面积施工。

3)操作工艺

①工艺流程(如图18-120所示)。

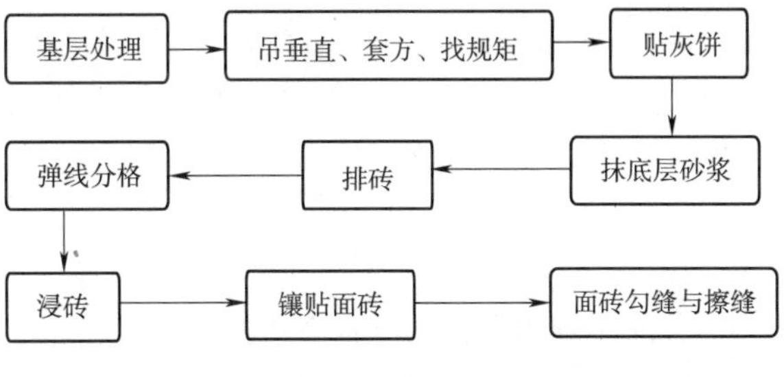

基层处理 → 吊垂直、套方、找规矩 → 贴灰饼 → 抹底层砂浆 → 排砖 → 弹线分格 → 浸砖 → 镶贴面砖 → 面砖勾缝与擦缝

图18-120　墙砖施工工艺流程图

②基层处理：

a. 基层为混凝土墙面时，将混凝土基层上的杂物清理掉，并用錾子剔掉砂浆落地灰，用钢丝刷刷净浮浆层。如基层有油污时，应用10%火碱水刷净，并用清水及时将其上的碱液冲净、晾干，然后用1∶1的水泥细砂内掺水重20%的801胶，喷或用笤帚甩到墙上，其甩点要均匀，终凝后浇水养护，直至水泥砂浆疙瘩全部粘到混凝土光面上，并有较高的强度(手掰不动)为止。

b. 基层为砖墙面时，砖墙面必须清扫干净，浇水湿润。

c. 基层为加气混凝土表面时，用水充分湿润加气混凝土，在缺棱掉角处刷聚合物水泥浆一道，用1∶3∶9混合砂浆分层补平，待干燥后，钉金属网一层并绷紧。在金属网上分层抹1∶1∶6混合砂浆打底(最好采用机械喷射工艺)，砂浆与金属网应结合牢固，最后用木抹子搓平，隔天浇水养护。

d. 吊垂直、套方、找规矩：大墙面和门窗口边线找规矩，必须统一进行，弹出垂直线，并决定面砖出墙尺寸，分墙面设点，做灰饼。横线则以楼层为水平基准线交圈控制，竖向线则以大墙转角或垛子为基准控制，每层打底时则以此灰饼作为基准点进行冲筋，使其底层灰做到横平竖直，窗台口注意流水坡度。

e. 抹底层砂浆(打底)：先将墙面浇水湿润，刷一道掺水10%的801胶水泥素浆，紧跟着分层分遍抹底层砂浆(常温下1∶3水泥砂浆)打底，头遍厚度为6 mm厚，然后用木抹子搓平，隔天浇水养护；待第一遍六至七成干时，即可抹第二遍，厚度约8～12 mm，随即用木杠刮平、木抹搓毛，隔天浇水养护，若需抹第三遍，操作方法同上，直到把底层砂浆抹平为止。

f. 弹线分格：待基层灰六至七成干时，即可按图纸要求进行分段分格弹线，同时亦可进行贴标准点的工作，以控制面层出墙尺寸及垂直、平整度。

③排砖

a. 根据大样图及墙面尺寸进行横竖向排砖，以保证面砖缝隙均匀，符合设计图纸要求，注意大墙面、垛子、阳角窗口要排整砖，排整砖要排到次要部位，且不能小于砖边长的三分之二，在一面整墙上不能出现一行以上的非整砖排列。同时也要注意布局的一致性和对称性，如遇有突出的卡件，如管线、电器开关、卫生设备等，应整砖套割吻合，不得用非整砖随意拼凑镶贴。

b. 待基层灰六至七成干时，在已验收合格的抹灰面上根据排砖尺寸，在四周大角和门窗洞口放出整砖控制线，并同时贴上面砖带作标准点，以控制面层出墙尺寸及垂直、平整度；上下吊直，挂双线(细尼龙线)保证镶贴面砖的精确度；用靠尺校正平整度，尤其阳角的侧面要挂直。

c. 浸砖：将面砖放入净水中浸泡2 h以上，取出待表面晾干或擦净后，方可使用。

④贴砖

a. 镶贴应自上而下进行；也可分段进行，在每一分段或分块内的面砖，均为自上而下镶贴，整间或独立部位宜一次完成，一次不能完成者，可将茬口留在施工缝或阴角处。注意墙面砖最下一排砖宜待地面砖完成后再贴。

b. 满铺素水泥浆(掺适时801胶)，厚度6 mm，贴上后用橡皮锤轻轻敲打，使之附线。镶贴时应位置准确，仔细拍实，使其表面平整，接缝宽度的调整应在水泥浆初凝前进行，干后用与面层同颜色的水泥浆将缝嵌平。

c. 在门窗洞口、柱子、墙垛等阴阳角处面砖必须顺缝转通；阳角要磨成45°角进行拼角。如图18-121所示。

图18-121　墙砖施工效果图

⑤勾缝、擦缝

a. 勾缝：勾缝前，先对面砖进行修边、修角，将贴砖时残留在砖缝中的砂浆清理干净。勾缝时先勾水平缝再勾竖缝；勾好的缝要求凹进面砖表面2 mm；勾缝应深浅一致、平滑密实、无砂眼裂纹，砖缝的交叉处应色成八字角。

b. 擦缝：如面砖采用密缝贴时，可对砖缝进行擦缝。用抹子将与砖同色的水泥摊施在砖缝处，用刮板将水泥往小缝里刮满、刮实、刮严，再用棉丝擦布将表面擦干净，小缝里的浮砂可用潮湿干净的软毛刷轻轻带出。

4)质量标准

①主控项目

a. 饰面砖的品种、规格、颜色和性能应符合设计要求。

检验方法：观察、检查产品合格证书、进场验收记录和性能检测报告和复验报告。

b. 饰面砖粘贴工程的找平、防水、粘结和勾缝材料及施工方法应符合设计要求及国家现行产品标准和工程技术标准的规定。

检验方法：检查产品合格证书、复验报告和隐蔽工程验收记录。

c. 饰面砖粘贴必须牢固。

检验方法：检查样板件粘结强度检测报告和施工记录。

d. 满粘法施工的饰面砖工程应无空鼓裂缝。

检验方法:观察;用小锤轻击检查。

②一般项目

a. 饰面砖表面应平整、洁净、色泽一致、无裂痕和缺损。

检验方法:观察。

b. 阴阳角处搭接方式、非整砖使用部位应符合设计要求。

检验方法:观察。

c. 墙面突出物周围的饰面砖应整砖套割吻合,边缘应整齐。墙裙、贴脸突出墙面的厚度应一致。

检验方法:观察;尺量检查。

d. 饰面砖接缝应平直、光滑,填嵌应连续、密实。宽度和深度应符合设计要求。

检验方法:观察;尺量检查。

e. 有排水要求的部位应做滴水线(槽)。滴水线(槽)应顺直流水坡向应正确,坡度应符合设计要求。检验方法:观察;用水平尺检查。

f. 饰面砖粘贴允许偏差和检验方法应符合表 18-35 的规定。

表 18-35　饰面砖粘贴允许偏差和检验方法

项次	项目	允许偏差(mm)		检验方法
		外墙面砖	内墙面砖	
1	立面垂直度	3	2	用 2 m 垂直检测尺检查
2	表面平整度	4	3	用 2 m 靠尺和塞尺检查
3	阴阳角方正	3	3	用直角检测尺检查
4	接缝直线度	3	2	拉 5 m 线,不足 5 m 拉通线,用钢直尺检查
5	接缝高低差	1	0.5	用钢直尺和塞尺检查
6	接缝宽度	1	1	用钢直尺检查

(2)墙面乳胶漆施工

1)乳胶漆施工工艺流程(如图 18-122 所示)

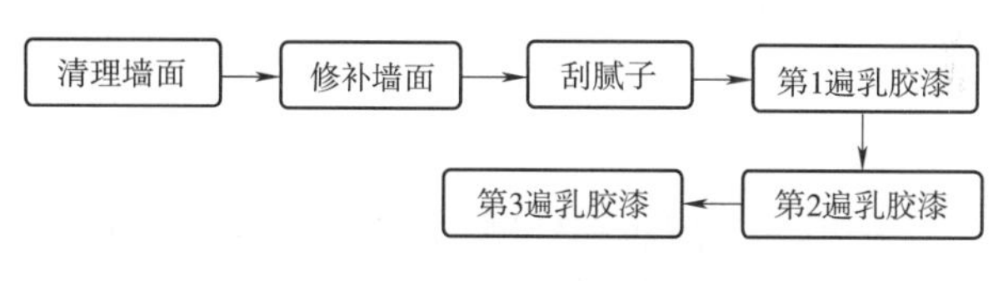

图 18-122　乳胶漆施工工艺流程图

2)乳胶漆施工方法

①清理墙面

将墙面起皮及松动处清除干净,并用水泥砂浆补抹,将残留灰渣铲干净,然后将墙面扫净。

②修补墙面

用水石膏将墙面磕碰处及坑洼缝隙等处找平,干燥后用砂纸将凸出处磨掉,将浮尘扫净。

③刮腻子

刮腻子遍数可由墙面平整程度决定,一般情况为三遍,腻子重量配比为乳胶∶滑石粉(或大白粉)∶2%羧甲基纤维素=1∶5∶3.5。易受潮面用聚醋酸乙烯乳液∶水泥∶水=1∶5∶1 耐水性腻子。第一遍用胶皮刮板横向满刮,一刮板紧接着一刮板,接头不得留槎,每刮一刮板最后收头要干净利落。干燥后磨砂纸,将浮腻子及斑迹磨光,再将墙面清扫干净。第二遍用胶皮刮板竖向满刮,所用材料及方法同第一遍腻子,干燥后砂纸磨平并清扫干净。第三遍用胶皮刮板找补腻子或用钢片刮板满刮腻子,将墙面刮平刮光,干燥后用细砂纸磨平磨光,不得遗漏或将腻子磨穿。

④刷第一遍乳胶漆

涂刷顺序是先刷顶板后刷墙面,墙面是先上后下。先将墙面清扫干净,用布将墙面粉尘擦掉。乳胶漆用排笔涂刷,使用新排笔时,将排笔上的浮毛和不牢固的毛理掉。乳胶漆使用前应搅拌均匀,适当加水稀释,防止头遍漆刷不开。干燥后复补腻子,再干燥后用砂纸磨光,清扫干净。

⑤刷第二遍乳胶漆

操作要求同第一遍,使用前充分搅拌,如不很稠,不宜加水,以防透底。漆膜干燥后,用细砂纸将墙面小疙瘩和排笔毛打磨掉,磨光滑后清扫干净。

⑥刷第三遍乳胶漆

做法同第二遍乳胶漆。由于乳胶漆膜干燥较快，应连续迅速操作，涂刷时从一头开始，逐渐刷向另一头，要上下顺刷互相衔接，后一排笔紧接前一排笔，避免出现干燥后接头。如图 18-123 所示。

图 18-123 辊涂涂装、喷涂涂装示意图

3)质量标准

①主控项目

a. 乳胶漆涂饰工程所用涂料的品种、型号和性能应符合设计要求。

检验方法：检查产品合格证书、性能检测报告和进场验收记录。

b. 乳胶漆涂饰工程的颜色、图案应符合设计要求。

检验方法：观察。

c. 乳胶漆涂饰工程应涂饰均匀、粘结牢固，不得漏涂、透底、起皮和掉粉。

检验方法：观察；手摸检查。

d. 乳胶漆涂饰工程的基层处理应符合以下要求：

混凝土或抹灰基层在涂饰涂料前应涂刷抗碱封闭底漆。基层腻子应平整、坚实、牢固、无粉化、起皮和裂缝；内墙腻子的粘结强度应符合建筑室内用腻子(JG/T 3049)的规定。检验方法：观察；手摸检查；检查施工记录。

②一般项目

a. 乳胶漆施工允许偏差和检验方法应符合表 18-36 的规定。

表 18-36 乳胶漆施工允许偏差和检验方法

项次	项目	普通涂饰	高级涂饰	检验方法
1	颜色	均匀一致	均匀一致	观察
2	光泽、光滑	光泽基本均匀、光滑无挡手感	光滑、光泽均匀一致	观察、手摸检查
3	刷纹	刷纹通顺	无刷纹	观察
4	裹棱、流坠、皱皮	明显处不允许	不允许	观察
5	装饰线、争色线直线度允许偏差(mm)	2	1	拉 5 m 线，不足 5 m 拉通线用钢直尺检查

b. 涂层与其他装修材料和设备衔接处应吻合，界面应清晰。

检验方法：观察。

4)成品保护

①施涂前首先清理好周围环境，防止粉尘飞扬而影响涂饰质量。

②施涂时应做好成品保护措施，不得污染窗台、门窗、玻璃、地面、及墙面电器面板等已完成的分项工程。

③涂饰墙面完工后，要妥善保护，不得磕碰、污染墙面。

5)质量通病的防治

①表面粗糙：基层处理彻底，打磨平整、刮腻子时将腻子收净，干燥后打磨平、清理净，腻子用料要细。

②漆膜开裂:基层粉尘必须清理干净,墙面平整 ,腻子厚薄均匀,前道腻子干透后才刮二道腻子。

③反碱、咬色:涂装遍数不能跟的太紧,应遵循全理的施工顺序,严防室内跑水、漏水形成水痕。

④透底:涂装前要将基层表面处理干净,涂装前保持腻子大面色彩均匀,无花感。涂装遍数与涂料调度要达到遮盖要求。

⑤划痕:刮腻子后认真磨砂纸找平,找补腻子要认真仔细。

(3)石材干挂安装

1)施工准备

①材料准备:

石材:根据设计要求,确定石材的品种、颜色、花纹和尺寸规格,并严格控制、检查其抗折。抗拉及抗压强度,吸水率、耐冻融循环等性能。

合成树脂胶粘剂:用于粘贴石材背面的柔性背衬材料,要求具有防水和耐老化性能。

玻璃纤维网格布:石材的背衬材料。

防水胶泥:用于密封连接件

防污胶条:用于石材边缘防止污染。

嵌缝膏:用于嵌填石材接缝。

罩面涂料:用于大理石表面防风化、防污染。

膨胀螺栓、连接铁件、连接不锈钢针等配套的铁垫板、垫圈、螺帽及与骨架固定的各种设计和安装所需要的连接件的质量,必须符合要求。

②机具准备:云石机、台钻、无齿切割锯、冲击钻、手枪钻、电焊机。

③技术准备:上道工序自检、交接检完成。审查图纸和编制方案,同时向施工班组进行技术、质量和安全交底。

2)作业条件

①检查石材的质量、规格、品种、数量、力学性能和物理性能是否符合设计要求,并进行表面处理工作。

②搭设双排架子处理结构基层,并作好隐预检记录,合格后方可进行安装工序。

③电及设备、墙上预留预埋件已安装完。垂直运输机具均事先准备好。

④门窗已安装完毕,安装质量符合要求。

⑤大面积施工前应先做样板,经相关部门鉴定合格后,方可组织班组施工。

3)操作工艺

①工艺流程(如图18-124所示)。

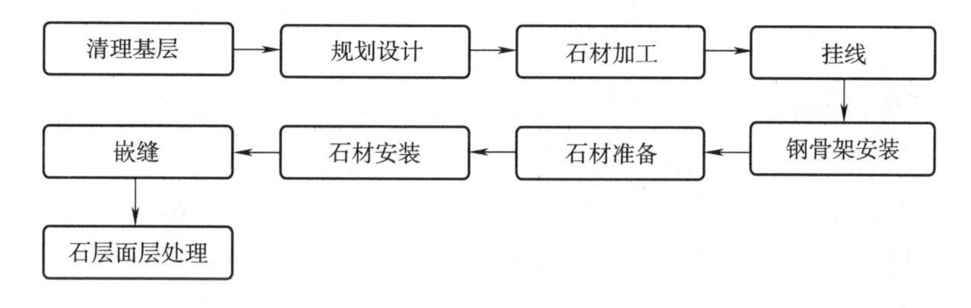

图18-124　石材干挂安装工艺流程图

②清理基层:在预做饰面石材的结构表面,同时进行吊直、套方、找规矩,弹出垂直线和水平线。并根据设计图纸和实际需要弹出安装石材的位置线和分块线。

③规划设计:根据设计图纸尺寸和石材品种,以及实地施工测量,设计出石材布置图,并根据石材布置图做出石材加工清单,石材加工清单应标明石材的品质、厚度、加工尺寸、使用部位、加工数量和编号等。

④石材加工:按照石材加工清单的要求进行加工,在石材的侧面标明石材的编号、加工尺寸,并按每一批的加工单进行分类和分批加工、到场。

⑤挂线:按设计图纸要求,石材安装前要事先用经纬仪打出大角两个面的竖向控制线,最好弹在离大角20 cm的位置上,以便随时检查垂直挂线的准确性,保证顺利安装。竖向挂线宜用$\phi1.0 \sim \phi1.2$的钢丝为好,下边沉铁随高度而定,一般40 m以下高度沉铁重量为8～10 kg,上端挂在专用的挂线角钢架上,角钢架用

膨胀螺栓固定在建筑物大角的顶端，一定要挂在牢固、准确、不易碰动的地方，要注意保护和经常检查，并在控制线的上、下作出标记。

⑥钢骨架安装：

a. 预埋件固定：在结构表面弹好水平线，按设计图纸及石板料钻孔位置，准确的弹在围护结构墙上并作好标记，然后按点打孔，打孔使用冲击钻，打孔时先用尖錾子在预先弹好的点上凿一个点，然后用钻打孔，若遇结构里的钢筋时，可以将孔位在水平方向移动或往上抬高，要连接铁件时利用可调余量再调回。成孔要求与结构表面垂直，成孔后把孔内的灰粉用小勾勺掏出，安放膨胀螺栓，宜将本层所需的膨胀螺栓全部安装就位。放入 250×200×8 镀锌钢板预埋件紧固。各个节点完成后，报监理验收。

b. 立柱、横梁的安装：钢骨架立柱采用槽钢。先将转接件(角码)与预埋件焊接，槽钢立柱与转接件焊接(或不锈钢螺栓连接)，焊接前检查、校正、调整，使其符合技术要求；底层槽钢立柱安装好后，再安装上一层槽钢。立柱安装好以后，检查分格情况，符合规范要求后进行横梁(角钢)的安装。横梁的安装应由上往下装，角钢校正、调整就位后与立柱焊接牢固。依据水平横向线进行安装，先将横梁与立柱点焊接，水平调校准确后再焊死。所有钢骨钢、预埋件都必须进行热镀锌处理，所有焊缝进行防锈防腐处理，完成后报甲方、监理进行隐蔽验收。

⑦石材准备：

a. 工地收货：收货要设专人负责管理，要认真检查材料的规格、型号是否正确，与料单是否相符，发现石材颜色明显不一致的，要单独码放，以便退还给厂家，如有裂纹、缺棱掉角的，要修理后再用，严重的不得使用。还要注意石材堆放场地要夯实，垫 10 cm×10 cm 通长方木，让其高出地面 8 cm 以上，方木上最好钉上橡胶条，让石材按 75°，立放斜靠在专用的钢架上，每块石材之间要用塑料薄膜隔开靠紧码放，防止粘在一起和倾斜。

b. 石材安装前再加工：首先用比色法对石材的颜色进行挑选分类；安装在同一面的石材颜色应一致，并根据设计尺寸和图纸要求，将专用模具固定在台钻上，进行石材打孔。为保证位置准确垂直，要钉一个定型石板托架，使石板放在托架上，要打孔的小面与钻头垂直，使孔成型后准确无误，孔深为 20 mm，孔径为 5 mm，钻头为 4.5 mm。随后在石材背面刷不饱和树脂胶，主要采用一布二胶的作法，布为无碱、无捻 24 目的玻璃丝布，石板在刷头遍胶前，先把编号写在石板上，并将石板上的浮灰及杂污清除干净，如锯锈、铁沫子，用钢丝刷、粗砂纸将其除掉再刷头遍胶，胶要随用随配，防止固化后造成浪费。要注意边角地方一定要刷好，特别是打孔的部位是个薄弱区域，必须刷到，布要铺满，刷完头遍胶，在铺贴玻璃纤维网格布时要从一边一遍一遍用刷子赶平，铺平后再刷二遍胶，刷子沾胶不要过多，防止流到石材小面，给嵌缝带来困难，出现质量问题。

⑧石材安装：

a. 支底层饰面板托架：把预先加工好的支托支在将要安装的底层石板上面。支托要支承牢固，相互之间要连接好，也可和架子接在一起，支架安好后，顺支托方向钉铺通长的 50 mm 厚木板，木板上口要在同一个水平面上，以保证石材上下面处在同一水平面上。

b. 底层石板安装：把侧面的连接铁件安好，便可把底层面板靠角上的一块就位。方法是用夹具暂时固定，先将石板侧孔抹胶，调整铁件，插固定钢针，调整面板固定。依次按顺序安装底层面板，待底层面板全部就位后，检查一下各板水平是否在一条线上，如有高低不平的要进行调整；低的可用木楔垫平；高的可轻轻适当退出点木楔，退到面板上口在一条水平线上为止；先调整好面板的水平与垂直度，再检查板缝，板缝宽应按设计要求，板缝均匀，将板缝嵌紧被衬条，嵌缝高度要高于 25 cm。其后用 1∶2.5 的用白水泥配制的砂浆，灌于底层面板内 20 cm 高，砂浆表面上设排水管。

c. 板上孔抹胶及插连接钢针：把 1∶1.5 的白水泥环氧树脂倒入固化剂、促进剂，用小棒搅匀，用小棒将配好的胶抹入孔中，再把长 40 mm 的 $\phi 4$ 连接钢针通过平板上的小孔插入直至面板孔，上钢针前检查其有无伤痕，长度是否满足要求，钢针安装要保证垂直。

d. 调整固定：面板暂时固定后，调整水平度，如板面上口不平，可在板底的一端下口的连接平钢板上垫一相应的双股铜丝垫，若铜丝粗，可用小锤砸扁，若高，可把另一端下口用以上方法垫一下。调整垂直度，并调整面板上口的不锈钢连接件的距墙空隙，直至面板垂直。

e. 顶部面板安装：顶部最后一层面板除了按一般石板安装要求外，安装调整后，在结构与石板的缝隙里吊一通长的 20 mm 厚木条，木条上平为石板上口下去 250 mm，吊点可设在连接铁件上，可采用铅丝吊木条，木条吊好后，即在石板与墙面之间的空隙里塞放聚苯板，聚苯板条要略宽于空隙，以便填塞严实，防止灌浆时漏浆，造成蜂窝、孔洞等，灌浆至石板口下 20 mm 作为压顶盖板之用。

⑨嵌缝：沿面板边缘贴防污条，应选用 4 cm 左右的纸带型不干胶带，边沿要贴齐、贴严，在大理石板间缝隙处嵌弹性背衬条，背衬条也可用 8 mm 厚的高连发泡片剪成 10 mm 宽的条，背衬条嵌好后离装修面 5 mm，最后在背衬条外用嵌缝枪把中性硅胶打入缝内，打胶时用力要均，走枪要稳而慢。如胶面不太平顺，可用不锈钢小勺刮平，小勺要随用随擦干净，嵌底层石板缝时，要注意不要堵塞流水管。根据石板颜色可在胶中加适量矿物质颜料。

⑩石层面层处理：把大理石、花岗石表面的防污条掀掉，用棉丝将石板擦净，如图 18-125～图 18-127 所示。

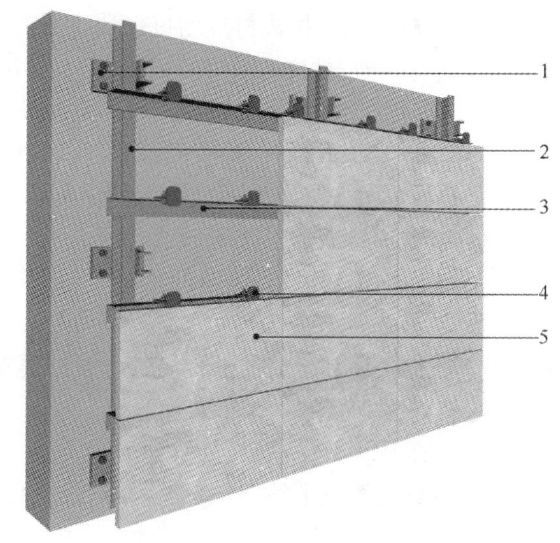

图 18-125　石材干挂施工示意图

1—后置镀锌钢板；2—镀锌槽钢；3—镀锌角钢；4—干挂码；5—石材

图 18-126　石材干挂墙面效果图

图 18-127　石材干挂柱面效果图

有胶或其他粘接牢固的杂物，可用开刀轻轻铲除，用棉丝沾丙酮擦至干净。在刷罩面剂的施工前，应掌握和了解天气趋势，阴雨天和 4 级以上风天不得施工，防止污染漆膜；冬、雨季可在避风条件好的室内操作，刷在板块面上。罩面剂按配合比在刷前半小时对好，注意区别底漆和面漆，最好分阶段操作。配制罩面剂要搅匀，防止成膜时不均。涂刷要用羊毛刷，沾漆不宜过多，防止流挂，尽量少回刷，以免有刷痕，要求无气泡、不漏刷，刷的平整要有光泽。

4）质量标准

①主控项目

a. 石材工程所用材料的品种、规格、性能和等级应符合设计要求及国家现行产品标准和工程技术规范的规定。石材的弯曲强度不应小于 8.0 MPa；吸水率应小于 0.8%。石材不锈钢挂件厚度不应小于 3.0 mm。

检验方法：观察；尺量检查；检查产品合格证书、性能检测报告、材料进场验收记录和复验报告。

b. 石材墙面的造型、立面分格、颜色、光泽、花纹和图案应符合设计要求。

检验方法：观察。

c. 石材孔槽的数量、深度、位置、尺寸应符合设计要求。

检验方法：检查进场验收记录或施工记录。

d. 石材墙面在主体结构上的预埋件和后置埋件的位置、数量及后置埋件的拉拔力必须符合设计要求。

检验方法：检查拉拔力检测报告和隐蔽工程验收记录。

e. 石材网架立柱与主体结构预埋件的连接、立柱与横梁的连接、连接件与金属框架的连接、连接件与石材面板的连接必须符合设计要求，安装必须牢固。

检验方法：手扳检查；检查隐蔽工程验收记录。

f. 金属框架和连接件的防腐处理应符合设计要求。

检验方法：检查隐蔽工程验收记录。

g. 各种结构变形缝、墙角的连接节点应符合设计要求和技术标准的规定。

检验方法：检查隐蔽工程验收记录和施工记录。

h. 石材表面和板缝的处理应符合设计要求。

检验方法：观察。

②一般项目

a. 石材表面应平整、洁净、无污染、缺损和裂痕。颜色和花纹应协调一致，无明显色差、无明显修痕。

检验方法：观察。

b. 石材接缝应横平竖直、宽窄均匀；阴阳角石板压向应正确，板边合缝应顺直；凸凹线出墙厚度应一致，上下口应平直；石材面板上洞口、槽边应套割吻合，边缘应整齐。

检验方法：观察；尺量检查。

c. 石材干挂墙面允许偏差和检验方法应符合表18-37的要求。

表18-37 石材干挂墙面允许偏差和检验方法

项次	项目	允许偏差(mm)		检验方法
		光面	毛面	
1	立面垂直度	3	3	用2 m托线板和尺量检查
2	表面平整度	2	3	用2 m托线板和尺量检查
3	阴阳角方正	2	4	用20 cm方尺和塞尺检查
4	接缝平直	3	4	用5 m小线和尺量检查
5	墙裙上口平直	2	3	用5 m小线和尺量检查
6	接缝高低差	1	—	用钢板短尺和塞尺检查
7	接缝宽度	1	2	用尺量检查

5)成品保护

①要及时清擦干净残留在门窗框、玻璃和金属饰面板上的污物，如密封胶、手印、尘土、水等杂物，宜粘贴保护膜，预防污染、锈蚀。

②认真贯彻合理施工顺序，少数工种(水、电、通风、设备安装等)的活应做在前面，防止损坏、污染外挂石材饰面板。

③拆改架子和上料时，严禁碰撞干挂石材饰面板。

④完活后，易破损部分的棱角处要钉护角保护，其他工种操作时不得划伤面漆和碰坏石材。

⑤刷罩面剂未干燥前要保持施工环境的干净。

⑥已完工的外挂石材应设专人看管，遇有危害成品的行为，应立即制止，并严肃处理。

6)质量通病的防治

①墙面色泽不一：施工前应对石材板块采用色板对色、认真的挑选分类，安装时须进行试拼。

②线角不直、缝格不匀：施工前要认真按照图纸尺寸，核对结构施工的实际尺寸；分段分块弹线要仔细，施工时拉线要直、勤吊线校正。

③打胶、嵌缝不细：这与渗漏和美观有非常密切的关系，尤其要注意窗套口的周边、立面凹凸变化的节点、不同材料交接处、伸缩缝、披水坡度和窗台以及挑檐与墙面等交接处。首先操作人员必须认真坚持有人检查与无人检查一个样，其次管理人员要一步一个脚印，每步架完成后都要进行认真细致的检查验收。

④墙面脏、斜视有胶痕：其主要原因是多方面的，一是操作工艺造成，即自下而上的安装方法和工艺直接给成品保护带来一定的难度，越是高层其难度就越大；二是操作人员必须养成随干随清擦的良好习惯；三是

要加强成品保护的管理和教育工作;四是竣工前要自上而下地进行全面彻底的清擦。

(4)铝板墙面

1)施工工艺如下:

①铝板的尺寸、规格、形状、材质、图案等,必须符合设计图纸的要求。

②铝板的固定配件、螺栓螺丝等,设计无要求时,应采用不锈钢制品;采用焊接安装时,焊条材质应与母材相同。

③根据铝板的材质、尺寸规格,在安装面积较大的饰面时,必须考虑留设由于温度变化而发生伸缩的变形缝。为不影响质量,美观和装饰效果,必要时可设能伸缩的接缝,以免翘曲起拱。

④铝板安装应按设计要求排列组合。安装时,按施工墨线,拉水平通线及挂垂线进行安装。安装一般应按从左到右、从下向上的顺序进行。无特殊要求时,安装立面上不得使用小于1/2的小块装饰板,且立面的两侧及上下(设计无要求时)必须对称。板与平顶交接处,其板面应伸入平顶50 mm左右与平顶相接。阴阳角拼接棱角应顺直;铝板拼接图案、颜色应谐调自然,接缝宽窄一致。

⑤铝板安装必须牢固。采用焊接安装时(装饰板一般较薄),必须掌握好电流、电压大小及施焊温度,以免板面爆穿或饰板表面变色、翘曲起拱,影响安装质量和美观。

⑥采用螺丝安装时,不得使用滑牙螺丝。铝板安装平整度有误差时,应用金属薄势片进行调整。为保证饰板牢固,固定饰板的螺丝应拧紧,螺丝拧入基层的长度不得少于5牙。

⑦铝板安装完成后,将需嵌密封胶的缝隙等部位,在清理干净后实施嵌胶作业。密封胶的材质、品种须符合设计要求及有关标准规定。嵌胶时,表面必须干燥并根据缝隙大小、深浅,调整油膏枪嘴大小,嵌好密封胶。

⑧铝板安装结束后,对饰品进行清洁整修等工作。

4. 站台设施施工

雨棚屋盖面积约68 400 m^2,采用满堂脚手架施工,按照施工区域划分情况进行流水施工。如图18-128所示。

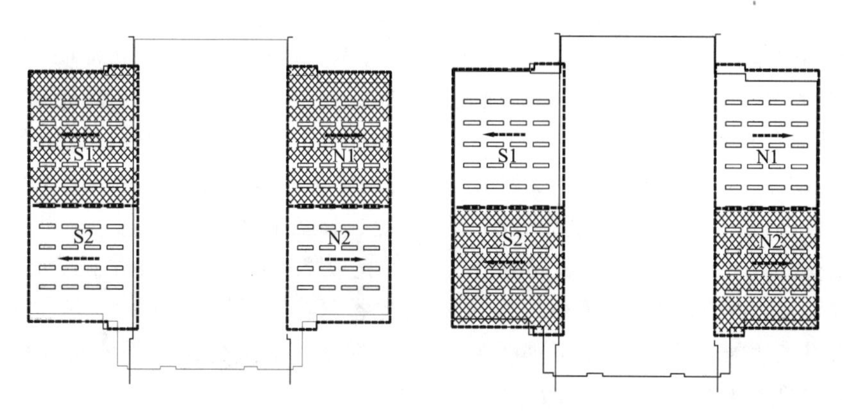

图18-128　站台施工区域划分及施工方向

雨棚金属屋面采用直立锁边系统安装方式,材料为1 mm厚铝合金板,用3 mm厚铝合金封檐板收边。直立锁边压型金属板负担防水、保温、支撑等基本功能,尤其在防水方面具有很好的技术优势。很多工程实践表明,直立锁边压型金属板作为屋面防水系统,技术成熟、施工方便,具有其他方式不可比拟的防水效果和耐久性。雨棚屋盖施工流程如下:安全通道搭设→测量放线→屋面檩条→屋面保温面安装→屋面板安装→装饰檐口。

雨棚吊顶材料为1 mm厚铝合金条型吊顶板,工艺流程如下:施工准备→弹线定位→吊筋安装→主龙骨安装、调平→次龙骨安装固定→隐蔽验收→铝合金条板安装→验收。

雨棚屋盖施工完毕后随即进行地面石材的铺贴。雨棚地面石材安装的特点为整体施工面积很大。施工中控制水平度相应较大。为了控制石材的平整度,高精度的统一标高非常必要。本工程采用激光垂直准仪及激光旋转示线仪测量放线,保证这么大区域内的水平标高达到高精度标准。

站台层装饰是交叉作业的集中区域,涉及的单位多,是施工的重点。站台层划分为4个流水施工段,天棚和墙面工程采用门式脚手架施工。如图18-129所示。

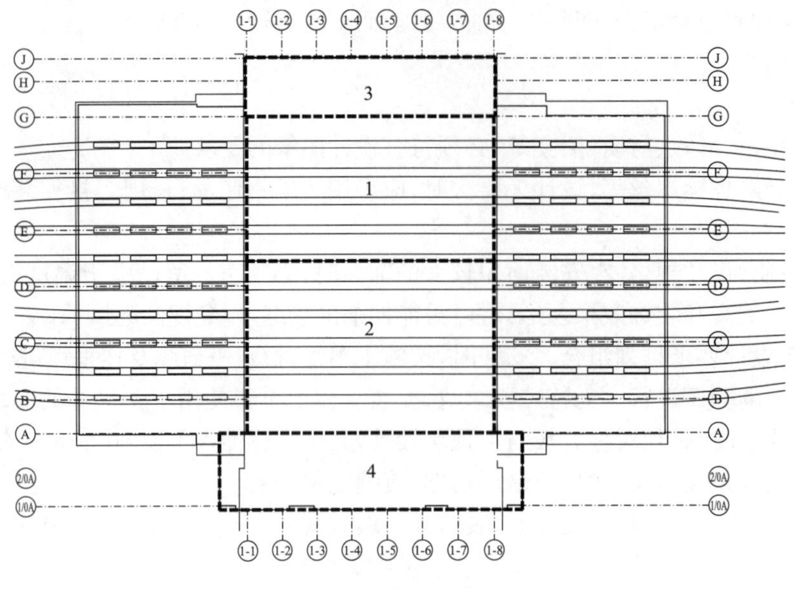

图 18-129　站台层流水施工段

1、2 施工区域为候车站台，天棚吊顶采用不锈钢网吊顶，吊顶内喷涂深灰色涂料。地面铺贴花岗石，安全线材料为 40 mm 厚汉白玉石材，盲道采用 40 mm 厚陶瓷地砖铺贴。

3、4 施工区域主要为功能房、售票厅，贵宾候车厅设在 4 施工区域，即站台层东侧平台。外墙主要采用铝板幕墙和有框玻璃幕墙。贵宾室装饰施工的工艺，是体现装饰工艺水平、管理水平的重要地方，需加强这个区域的施工工艺水平控制。

18.5.1.5　室外工程装修方案

1. 拉索式点接玻璃幕墙施工

(1)基本概况

本工程共有拉索幕墙 20904 余 m^2，建筑面积居全国首位。拉索式点接玻璃幕墙的施工与设计十分紧密，设计时必须预先考虑施工的步骤，尤其必须预先规定好张拉预应力的步骤，实际施工时必须严格按照规定的步骤进行，如果稍有改变，就有可能引起内力很大变化，会使支承结构严重超载，因此，施工人员必须清楚设计人员的意图，设计人员必须做好技术交底并在关键的施工阶段亲临现场指导。为使预应力均匀分布，双层索(承重索、稳定索)要同时张拉，最理想方案全部预应力分三个循环。

第一个循环完成预应力的 50%，第二、第三个循环各完成 25%，三个循环张拉完成达到 100%的预应力，要求钢爪支座标高的变化控制在尽量小的范围，这种轮番张拉完成后，索的形状基本不变。

为使拉索幕墙施工达到设计要求、保证幕墙结构安全，在施工前进行拉索幕墙抗风压模拟试验，并组织专家组进行论证。试验场地占地 2320 m^2，如图 18-130 所示。

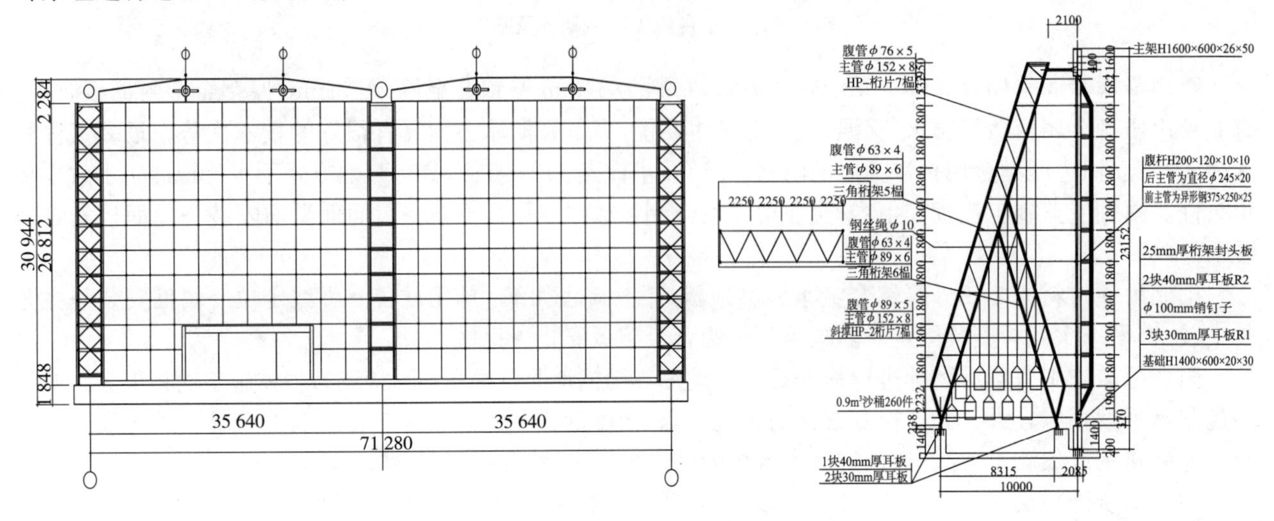

图 18-130　拉索幕墙抗风压试验示意图

(2)安装施工流程

测量定位→支承结构制作安装→索安装→索张拉→不锈钢驳接爪的安装及调整→玻璃安装→板块调节→紧固→注胶→清洗→竣工验收。

(3)幕墙的施工方法

1)测量定位：按设计轴线及标高，分别测量屋面梁或支承钢(混凝土)梁，地锚(水平基础梁)纵向轴线及标高，形成三维立体控制网，从而满足幕墙、支承结构、索、钢爪定位的要求。

2)施工人员学习领会设计要求，统一思想，统一指挥，统一行动。技术人员切实做好技术交底工作，施工时并到现场检查统一实况。

3)支承结构的安装。在钢结构主桁架上设箱型钢梁的锚敦，根据钢索的空间位置在箱型钢梁上找出钢索与钢梁的焊接(锚固)位置，此时应注意主梁在幕墙自重、钢索预应力等作用下产生的挠度，予以反变形预调。

4)地锚安装：在地锚的预埋件上用螺栓固定 20mm 厚底板，然后将钢筋板焊接于底板上形成倒 T 型连接件。

5)钢索体系的安装：

①按照设计要求及订购合同条款验收钢索，查验合格证、质保书等；

②根据钢索的设计长度及在设计预应拉力作用下，钢索延伸长度落料；

③制作索的上索头和下索头；

④将索桁架上索头固定在锚墩上；

⑤用千斤顶张拉钢索并将下索头与锚板用钢销连接；

⑥依此安装幕墙立面全部索；

⑦穿水平索，并固定；

6)钢索张拉，调节钢索预应力值：

①钢索张拉顺序为：承重索和稳定索同时张拉。

②钢索张拉准备工作：

在钢索上安装振动测试仪；

准备张拉设备(千斤顶)和力矩扳手；

准备测试记录本；

明确钢索预应力设计值。

③钢索张拉步骤：

第一循环：按张拉顺序用千斤顶施加张拉力，并调节丝杆，边调节边观察力矩扳手和振动测试仪数据，使钢索预应力达设计值的 50%。

第二循环：按张拉顺序用千斤顶施加张拉力，并调节丝杆，边调节边观察力矩扳手和振动测试仪数据，使钢索预应力达设计值的 75%。

第三循环：按张拉顺序用千斤顶施加张拉力，并调节丝杆，边调节边观察力矩扳手和振动测试仪数据，使钢索预应力达设计值的 100%。这种轮番张拉完成后，索的形状基本不变，从而使钢爪支座标高的变化量较小。

7)安装钢爪

安装钢爪时注意十字钢爪臂与水平成 45°夹角，H 型钢爪主爪臂与水平成 90°夹角。如图 18-131 所示。

图 18-131　钢爪安装示意图

8)检测

钢爪装完后，应按施工图要求认真检测钢爪中心距、轴线水平度、整体平面度和垂直度，若达不到规定的精度，要重新调整，直至满足精度要求。

9)面板玻璃

根据测量定位的结果和有关要求、规范，设计符合客观实际的玻璃板块，按业主要求订货。玻璃进场后要按验收程序组织验收玻璃。玻璃安装顺序应按设计位置、玻璃尺寸编号，自上而下安装玻璃。玻璃接缝宽度顺直及高低差符合要求。用沉(浮)头连接件与钢爪固定连接，最后清理接缝并注胶。

(4)质量保证及措施

1)预埋件安装质量

①箱型钢梁上的锚固件应重点检测锚固的水平位置。

②地锚预埋件，应重点检测标高以保证地锚底板面上的装饰层厚度的要求。

2)箱型钢梁安装质量

①箱型钢梁：检测纵横轴线位置，尤其应检查箱型钢梁与钢结构主桁架焊接位置偏差，以保证日后安装竖索的垂直精度及幕墙立面定位精度。

②钢索施加预应力将使箱型钢梁产生挠曲，箱型钢梁应有足够刚度以抵抗预应力使其产生的挠曲，以保证幕墙安装完成后，竖索上端在同一水平位置上。

3)地锚的安装质量

①检查其轴线位置及其与箱型钢梁上上索头位置间的偏差，以保证索的垂直精度；

②检查地锚筋板孔的标高是否一致；

③检查地锚底板与预埋件、底板与筋板的焊接质量，有必要时并作探伤抽验；

④做好后置件的拉拔抽检试验。

4)钢索的安装质量

①对钢索原材料按国家标准进行验收，进行强度复查，并逐根进行外观检查；

②对索头的预紧应力及钢索张拉后的延伸长度进行试验检测；

③对索头的制作质量进行检查；

④检查索的垂直度；

⑤索桁架安装完成后，检查索桁架整体平面度。

5)钢爪的安装质量，其紧固后的整体圆柱度及钢爪坐标位置。

6)玻璃的安装质量：

①对玻璃的材料质量进行检查，出厂合格证、检验报告等；

②对玻璃的加工尺寸、磨边、安装孔眼的位置偏差、精度及研磨质量检查；

③玻璃表面缺陷(如缺楞、掉角、划痕等)检查；

④玻璃接缝宽度、顺直、高低差等偏差检测；

⑤玻璃固定件的紧固程度；

⑥胶缝外观检查，应符合表 18-38～表 18-41 的规定。

表 18-38 支承结构构件加工允许偏差表

名称	项目	指标			检测方法
钢拉索	长度偏差 mm	＜6 m	6～10 m	＞10 m	专用拉伸测定仪
		±5	±8	±10	
	外观	表面光亮，无锈斑，钢绞线不允许有断丝及其他明显的机械损伤			目测
	钢索压管接头表面粗糙度	不宜大于 Ra3.2			目测
锚固件	上锚墩位置偏差	1.0			用经纬仪
	上锚墩角度	±15°			用激光经纬仪
	地锚	±1.0			用激光经纬仪

表 18-39 索桁架施工质量允许偏差表

序号	项目		允许偏差(mm)	检查方法
1	上固定点	标高	±1.0	用水平仪
		轴线位移	±1.0	用经纬仪
2	上固定点	标高	±1.0	用水平仪
		轴线位移	±1.0	用水平仪

续上表

序号	项目		允许偏差(mm)	检查方法
3	索桁架垂直度	$H\leqslant 10$ m	1.0	用经纬仪
		10 m$<H\leqslant 20$ m	1.5	用激光经纬仪
		20 m$<H\leqslant 40$ m	2.0	用激光经纬仪
		40 m$<H$	2.0	用激光经纬仪
4	两桁架间对角线差	$H\leqslant 10$ m	1.5	用钢卷尺
		10 m$<H\leqslant 20$ m	2.0	用钢卷尺
		20 m$<H\leqslant 40$ m	3.0	用钢卷尺
		40 m$<H$	4.5	用钢卷尺
5	索桁架跨度	$L\leqslant 10$ m	±1.0	用钢卷尺
		10 m$<L\leqslant 20$ m	±1.5	用钢卷尺
		20 m$<L\leqslant 40$ m	±2.0	用钢卷尺
		40 m$<L$	±3.0	用钢卷尺
6	相邻两索桁架间距(上、下固定点处)		±1.0	用钢卷尺
7	连系杆	标高	±1.0	用水平仪
		长度	±1.0	用钢卷尺

表 18-40　钢爪安装允许偏差

序号	项目		允许偏差(mm)	检查方法
1	相邻两钢爪套中心间距		±1.0	用钢卷尺
2	相邻两钢爪套中心高差		±1.0	用钢板尺
3	相邻三钢爪水平度		1.0	用水平仪
4	相邻两索桁架、相邻两钢爪套中心对角线差	$H<2$ m	1.0	用钢卷尺
		$H>2$ m	1.5	用钢卷尺
5	同一钢爪两孔水平偏差		1.0	用水平仪
6	爪臂与水平夹角偏差		15°	角度尺

表 18-41　玻璃面板安装质量允许偏差

序号	项目		允许偏差(mm)	检查方法
1	相邻两玻璃面接缝高差		1.0	用深度尺
2	上、下两块玻璃接缝垂直偏差		1.0	水平仪
3	左右两块玻璃接缝水平偏差		1.0	水平仪
4	玻璃外表面垂直接缝偏差	$H\leqslant 20$ m	3.0	经纬仪
		$H>20$ m	5.0	
5	玻璃外表面水平接缝偏差	$L\leqslant 20$ m	2.5	激光水平仪
		$L>20$ m	4.0	
6	胶缝宽度(与设计值比)		±1.5	用卡尺

2. 站房屋盖施工

(1)铝单板、玻璃安装系统

1)工序交接

屋盖施工的前道工序是钢结构屋盖桁架吊装工程，这里的工序交接即指与钢结构屋盖桁架吊装工程移交。

屋盖施工开工前一周进行钢结构屋盖桁架吊装移交，参加单位有业主、监理、局指挥部、我分部、钢结构分部和屋盖施工承包商。移交内容主要是相关部位的钢结构。要求钢结构分部先提供完整的测量资料，然后由其他各方共同检查，并记录不合格的部位和项目。

检查方法：直线度的检查方法为经纬仪测量和拉线相结合，间距的检查方法为实测：顶面是否在设计的曲面上需要通过拉线检测，即垂直于檩条长度方向接线，检查各行顶面与拉线的高差，是否有突变的高差，注意拉线不能跨过屋面曲线的反弯点。桁架间同一位置的高程误差用水平仪测量。

钢结构移交时如发现超过标准允许误差的部位，必须在屋盖安装前进行调整。直线度和间距是两个相互关联的项目，如出现偏差超标时，通过改变檩条的位置来调整；个别顶面不在屋面曲线上时，可通过改变檩条上的垫板的高低来调整。

2)完善的安全措施

首先沿屋盖四周搭建高于 1.2 m 的防护栏，并按施工分区要求满铺大眼网于工作面以下，防止高空坠落。

施工人员进入现场必须佩戴安全帽，系好安全带，并配备劳保用品，焊接时，电焊工须戴防护面罩和手套，要将易燃物品清理干净，并检查电源线及焊把线是否完好无损。若与其他施工有交叉作业的情况，还应作好隔离措施。

3)测量放线

熟悉图纸，对于作业的操作，首先要对有关图纸有全面的了解，不仅是对雨棚屋盖施工图，对土建建筑、钢结构图也需要了解，主要了解立面变化的位置、标高、变化的特点，对图纸全面掌握需对照实际施工进行。

对整个工程进行分区、编制测量计划，对于工作量较大的或是较复杂的工程，测量要分类有序的进行，在对建筑物轮廓测量前要编制测量计划，对所测量对象进行分区、分面、分部的计划测量，然后进行综合，测量区域的划分在一般情况下遵循以立面划分为基础，以立面变化为界限的原则，全方位进行测量。在对整个工程进行分区(可在图纸上完成，也可在现场完成)后。就对每个区进行测量，根据实际情况，可一区一区进行，也可以几个区同时进行，在测量时首先找到关键层。

确定了基准测量层后随后即要确定基准测量线。轴线是建筑物的基准线，金属屋面和墙面施工定位前，首先要与土建共同确定基准轴线或复核土建的基准轴线。

关键层、基准轴线确定后，随后确定的就是关键点，关键点在关键层寻找，但不一定在基准轴上，且不低于两个。

放线从关键点开始，先放水平线，用水准仪进行水平线的放线，一般的放线采用花蓝螺丝收紧(俗称紧线器)，然后吊线(垂线)，放线时要注意风力大于 4 级时须用光学经纬仪、铅直激光仪及水准仪。

根据放线后的现场情况，对实际施工的钢结构进行测量。测量时注意：多把米尺同时测量时要考虑米尺的误差，即测量前要对尺；测量点要统一；测量结构要随时记录，记录清单要清楚明了。

数据记录整理分类：对测量的结果，要进行整理，对各种结果进行分类，同时对照建筑图进行误差寻找得出误差结果。

处理数据：对数据进行处理后，要是误差大，需调整的位置进行处理，提出切实可行的处理方案。同时，将资料整理成册上报设计室，同时进行下一道工序的工作。

4)施工工艺流程(如图 18-132 所示)

5)屋盖单元体加工(如图 18-133 所示)

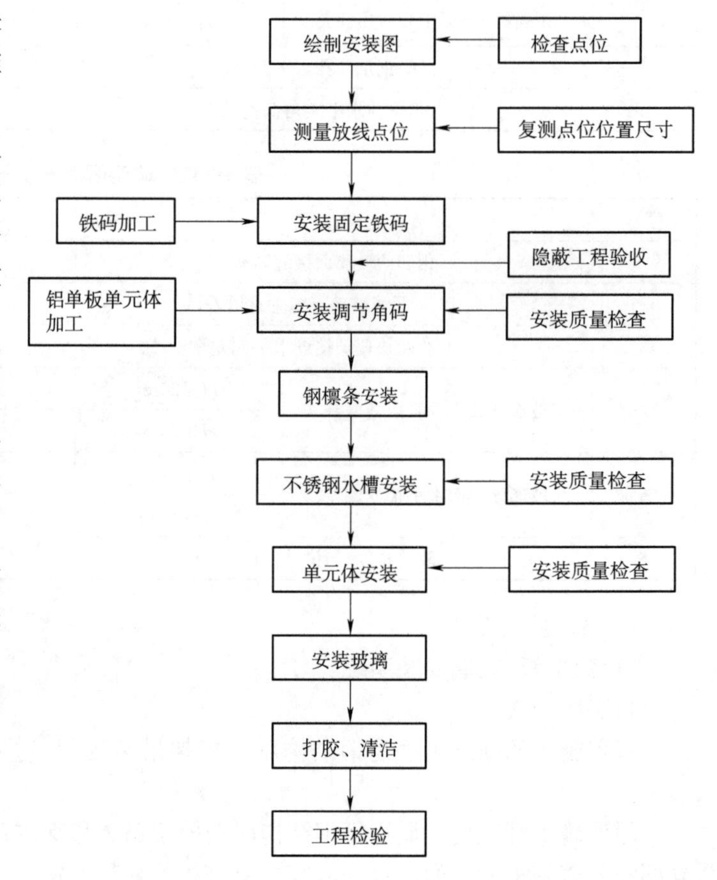

图 18 132　铝单板、玻璃屋盖工艺流程图

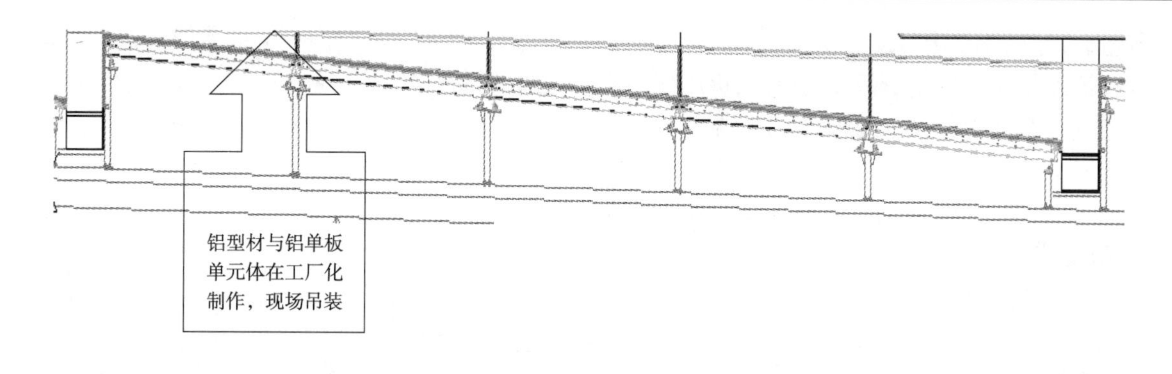

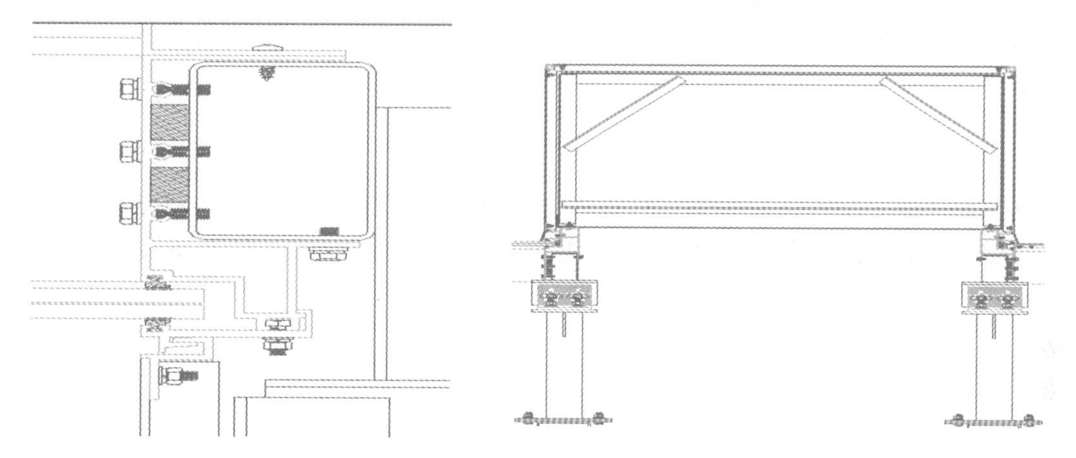

图18-133　单元体加工图

(2)光伏玻璃系统

1)基本概况

太阳能光伏发电系统规划安装容量约为500.4 kWp(最大功率)，光伏玻璃面积共约7 800 m^2。本工程太阳能发电系统采用并网运行方式，系统以电网作为储能装置不设蓄电池。光伏发电系统以0.4 kV电压等级上网，光伏发电站内不设0.4 kV母线，每个逆变器均通过交流配电柜转接入负荷端。

2)光伏玻璃安装

①主要质量控制点

a. 光伏玻璃合格检验。

b. 光伏玻璃安装就位。

②光伏玻璃合格检验

检查光伏玻璃的规格是否符合设计要求，重点在玻璃的厚度，设计要求保证玻璃具有足够的挠度。检查光伏玻璃的出厂合格证明书等事项。

③太阳电池安装就位

a. 检查太阳电池槽、盖和极柱是否有物理性损伤，太阳电池是否有损坏，批号是否清楚一致，标识是否清晰。用万用表检测太阳电池极性是否正确，并检测记录太阳电池开路电压，做好原始记录。太阳电池应按正负极进行排列。

b. 清除太阳电池外表污垢，可用清水、湿布，不得用干布、掸子进行清洁。太阳电池安装平衡，间距均匀，同一排列的太阳电池槽应高低一致，排列整齐。连接条及抽头的接线应正确，接头连接部分应涂以电力复合脂，螺丝紧固。

参照最新《建筑幕墙与采光顶设计施工安装验收及标准规范全书》的进行防水处理。

c. 太阳电池连接检查。

太阳电池整组及每只相互间联接极性必须严格按要求联接，导电部分联接应牢固，端子连接排等所有接触面用细钢丝刷处理，使之呈金属光亮，减少接触电阻，避免发热，太阳电池检查时应使用绝缘工具，以避免发生两极短路现象。

d. 对已安装的铝板、玻璃进行测量放线，定出光伏玻璃安装位置后进行光伏玻璃的安装。

④直流屏柜整体操作试验

a. 直流屏柜应调试完毕，手动、稳流、稳压各种充电方式试验合格。

b. 直流屏接线符合设计要求，操作控制，保护，信号、测量仪表及各回路接 线操作正确。

c. 太阳电池与负载连接前，电源开关应置于“断开”位置，同时太阳电池的正极与充电装置或负载的正极相连接，太阳电池的负极与充电装置或负载的负极相连接。

(3)防雷接地

1)主要质量控制点

①接地网及接地极敷设深度。

②接地外露部分平直度。

③搭接面焊接及防腐处理。

2)施工方案

①按设计尺寸制作好接地极，将接地极打入地下，其顶面埋入地下深度应符合设计，相邻两接地极间距离应不小于 5 m。

②接地母线埋入地下深度需符合设计。接地母线的连接方式采用扁钢水平搭接和扁钢水平分支两种形式，建筑物四周的接地母线与其基础的距离应大于 1.5 m。接地网的外缘应成闭合环状，转角成圆弧，圆弧半径不宜小于均压带间距的一半，约 6～7 m。电缆沟和电缆隧道内的接地扁钢应与主接网连接焊成电气通路。

③户内接地装置施工。

a. 敷设户内接地装置应选择在便于检查，同时又不妨碍设备拆卸和检检修位置。

b. 接地母线应水平敷设，也可与建筑物倾斜结构平行敷设，无墙时沿地敷设，避免高低起伏及弯曲现象。

c. 户内接地母线水平敷设时离地面高度、接地母线与建筑物墙壁内的间隙按设计施工。

d. 户内接地母线跨越建筑物伸缩缝、沉降处应设置补偿器，补偿器可采用接地母线本身弯成弧状代替。

e. 户内接地母线通过门处应埋入地板平面下 100 mm，通过墙壁和楼板时应事先预埋或穿管。

④设备接地。

a. 所有需接地的设备和构架应可靠的就近与主接地网相连。

b. 配电装置重要电气设备及杆塔的接地引下线。

c. 计算机房按设计和制造厂家要求进行接地。

⑤接地电阻测量。

a. 独立避雷针用单独接地装置的接地电阻测试，采用接地摇表进行测试，接地装置与主接地网分离，距离不应小于 3 m。

b. 主接地装置的接地电阻采用工频电流、电压法测量。

3. 站房屋盖吊顶施工

(1)基本概况

站房屋盖长 413 m，宽 208 m，高 41.33 m，采用铝单板、管帘形成波浪形吊顶(见下图)。钢结构屋盖吊顶高度较高，拟采用吊篮进行施工。如图 18-134 所示。

图 18-134　站房波浪形吊顶

(2)施工流程(如图 18-135 所示)

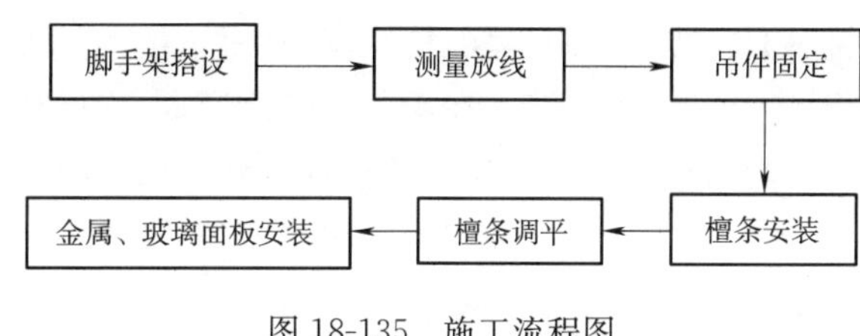

图 18-135　施工流程图

(3)吊顶施工

目前工地吊顶工程没有设预埋件,可根据设计规定选用焊接技术来固定钢角码。

1)按设计要求和施工规范规定确定桁架与角码接焊的长度;

2)钢架与连接角码的连接要牢固,这里的连接件是指的转接角码,连接方法(是套丝连接还是焊接)按设计规定办理。

3)安装龙骨:

钢檩条的安装一般是从大厅的一端依次安装到另外一端,高低跨部分,先安装高跨而后再安装低跨;先安装主檩条,后安装一级檩条,对于检修口照明灯、钢结构柱、排水管等部位,在安装檩条的同时,应将尺寸及部位留出,在口的四周加设封边横撑龙骨,而且检修口处的主檩条应加设吊杆。吊顶中心一般轻型灯具可固定在檩条上;重型灯具应按设计要求重新加设吊杆,不应固定在檩条上,对特殊造型的吊灯,施工时根据具体情况而定。

4)安装灯头和通风罩等不得污染和损坏吊顶,吊顶安装完后,后继工作作业时应采取保护措施以防污染。

(4)质量标准

1)暗龙骨质量标准

主控项目

①适用于以钢檩条、轻钢龙骨、铝合金龙骨、木龙骨等骨架以石膏板、金属板、矿棉板、木板、型料板或格栅等为饰面材料的暗龙骨吊顶的验收。

②吊顶标高、尺寸、主控项目、起拱和造型应符合设计要求。

③饰面材料的材质、品种、规格、图案和颜色应符合设计要求。

④暗龙骨吊顶工程的吊杆、龙骨和饰面材料的安装必须牢固,板面平整、板缝纵横直顺、宽窄均匀一致。

⑤吊杆、龙骨的材质、规格、安装间距及连接方式应符合设计要求。金属吊杆、龙骨应经过表面防腐处理。

一般项目

①饰面材料表面应洁净色泽一致,不得有翘曲、裂缝及缺损。压条应平直,宽窄一致。

②饰面板上的灯具、烟感器、喷淋头、风口箅子等设备的位置应合理、美观与金属面板的交接应吻合,严密。

③金属吊杆、龙骨的接缝应均匀一致,角缝应吻合,表面应平整,无翘曲、锤印。

④饰面板上的灯具,烟感器、喷淋头、风口篦子等设备的位置应合理、美观与饰面板的交接应吻合、严密。

⑤金属龙骨的接缝应平整,吻合,颜色一致,不得有划伤、擦伤等表面缺陷。

⑥吊顶内填充吸声材料的品种和铺设厚应符合设计要求,并应有防散落措施。

4. 雨棚屋盖施工

(1)雨棚金属屋面直立锁边系统安装

1)施工工序

安全通道搭设→测量防线→屋面檩条、钢丝网安装→屋面保温面安装→屋面板安装→装饰檐口最后安装。

2)工序交接

金属屋面系统安装的前道工序是钢结构屋架安装工程,这里的工序交接即指与钢结构桁架安装工程移交。

金属屋面系统施工开工前一周进行钢结构屋架移交,参加单位有业主、监理、钢构分部和三分部。移交内容主要是相关部位的钢结构。要求钢结构承包商先提供完整的测量资料,然后由四方共同检查,并记录不合格的部位和项目。

检查方法:直线度的检查方法为经纬仪测量和拉线相结合;间距的检查方法为实测;顶面是否在设计的

曲面上，则需要通过拉线检测，即垂直于檩条长度方向接线，检查各行顶面与拉线的高差，是否有突变的高差，注意拉线不能跨过屋面曲线的反弯点。桁架间同一位置的高程误差用水平仪测量。

钢结构移交时如发现超过标准允许误差的部位，必须在屋面和墙面系统安装前进行调整。直线度和间距是两个相互关联的项目，如出现偏差超标时，通过改变檩条的位置来调整；个别顶面不在屋面曲线上时，可通过改变檩条上的垫板的高低来调整。

3)完善的安全措施

首先沿屋面四周搭建高于 1.2 m 的防护栏，并按施工分区要求满铺安全网于工作面以下，防止高空坠落。

施工人员进入现场必须佩戴安全帽，系好安全带，并配备劳保用品，焊接时，电焊工须戴防护面罩和手套，要将易燃物品清理干净，并检查电源线及焊把线是否完好无损。若与其他施工有交叉作业的情况，还应作好隔离措施。

高空临时堆放材料使用承重平台架，其承载能力为 200 kg/m^2，应结实、牢靠。

4)测量放线

熟悉图纸，对于作业的操作，首先要对有关图纸有全面的了解，不仅是对金属屋面和墙面施工图，对土建建筑、钢结构图也需要了解，主要了解立面变化的位置、标高、变化的特点，对图纸全面掌握需对照实际施工进行。

对整个工程进行分区、分面、编制测量计划，对于工作量较大的或是较复杂的工程，测量要分类有序地进行，在对建筑物轮廓测量前要编制测量计划，对所测量对象进行分区、分面、分部的有计划的测量，然后进行综合，测量区域的划分在一般情况下遵循以立面划分为基础，以立面变化为界限的原则，全方位进行测量。在对整个工程进行分区(可在图纸上完成，也可在现场完成)后。就对每个区进行测量，根据实际情况，可一区一区进行，也可以几个区同时进行，在测量时首先找到关键层。

确定了基准测量层后随即要确定基准测量线。轴线是建筑物的基准线，金属屋面和墙面施工定位前，首先要与土建共同确定基准轴线或复核土建的基准轴线。

关键层、基准轴线确定后，随之确定的就是关键点，关键点在关键层寻找，但不一定在基准轴上，且不低于两个。

放线从关键点开始，先放水平线，用水准仪进行水平线的放线，一般的放线采用花蓝螺丝收紧(俗称紧线器)，然后吊线(垂线)，放线时要注意风力大于 4 级时须用光学经纬仪、铅直激光仪及水准仪。

根据放线后的现场情况，对实际施工的土建结构进行测量。测量时注意：多把米尺同时测量时要考虑米尺的误差，即测量前要对尺；测量点要统一；测量结构要随时记录，记录清单要清楚明了。

数据记录整理分类：对测量的结果，要进行整理，对各种结果进行分类，同时对照建筑图进行误差寻找，得出误差结果。

处理数据：对数据进行处理后，如果误差大，则需对相应位置进行处理，提出切实可行的处理方案。同时，将资料(原始)整理成册上报设计室，同时进行下一道工序的工作。

5)屋面板的吊装

本工程屋面面板为通长板。根据施工经验，屋面板的垂直运输长度 30 m 以内将采取在雨棚一侧的天沟里斜拉铁丝到地面，然后将加工成型的屋面板沿着铁丝拉到屋面，屋面板在拉设过程中要做好装饰面的保护措施，避免屋面板同铁丝接触的地方出现划痕。

6)屋面板的安装方向

屋面板安装时，应从一侧向另一侧施工，且从屋檐向屋脊连续铺设，安装第一块屋面板时，压型板的母边应放在一侧，且安装屋面板时应逆主导风向施工。

7)安装铝合金 600-65 型金属压型板

步骤 1：先焊接檩条。拉钢丝网。铺保温棉。铝合金 600-65 型金属屋面板的固定首先通过隐藏的铝合金固定支架与屋面檩条固定。

步骤 2：檐口处和天沟处使用自攻螺丝固定屋面板。如图 18-136 所示。

步骤 3：堵头的安装，须在屋面板下安装堵头。如图 18-137 所示。

步骤 4：并用逆时针方向固定一边面板，完毕后将第二块屋面板与第一面板的邻边互相咬边连接。如图 18-138 所示。

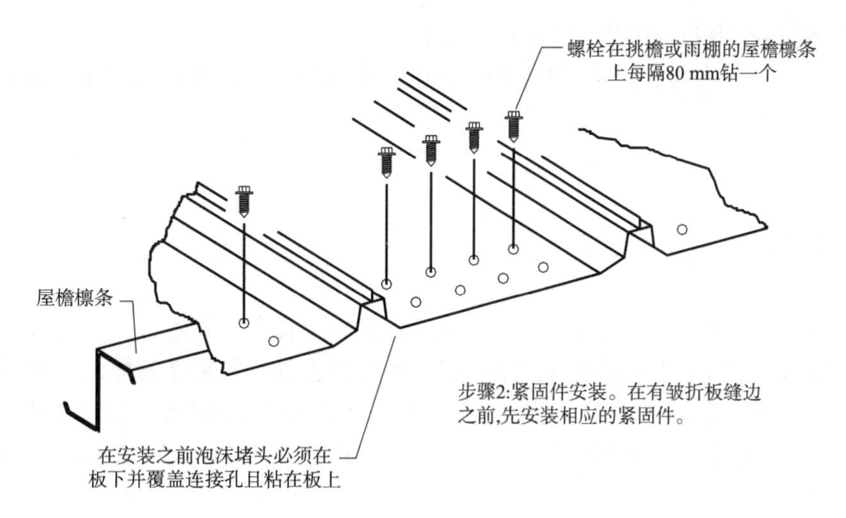

图 18-136　紧固件安装

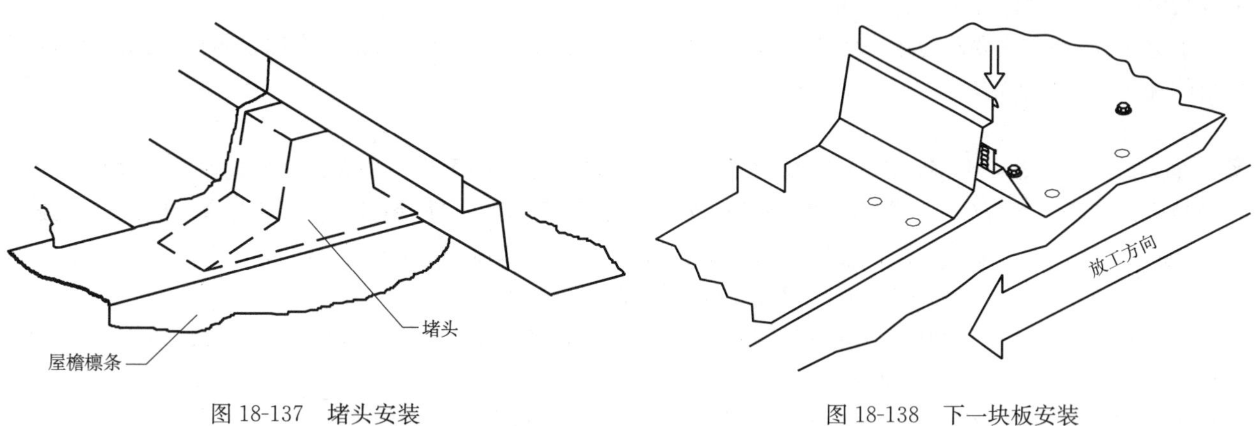

图 18-137　堵头安装　　图 18-138　下一块板安装

接着按相同的方法将第三块与第二块面板的邻边卡口连接。以下循环操作。

8)固定支架

将铝合金 600-65 型金属压型板支架用自攻螺钉按测量好的距离固定在檩条上。

步骤 1:在屋面檩条上测量弹线,定出屋面支架在屋面檩条的位置。

步骤 2:将支架的脚钩钩在铝合金 600-65 型屋面板的雄边上,调整支架至合适位置。

步骤 3:使用手枪钻将自攻螺丝穿过屋面支架的预留孔和檩条连接起来。

注意事项:支架必须安装在弹出的定位线上,安装好后,必须确保连接件的脚钩位于连接件的中间部位。

9)金属压型板接缝处理

使用屋面锁边机从屋檐处开始手工进行锁边,从屋檐锁边至距屋檐 456 mm,以便给锁边机留足够的空间。手工缝边机在每一放置点缝合 152 mm(工具长度为 152 mm)一般需要三次放置才得到要求的起始空间。使用电动缝边机从屋檐开始向屋脊方向开始锁边。如图 18-139 所示。

图 18-139　金属压型板接缝处理

屋面缝边机缝边结束后,最后 456 mm 需手动进行缝边处理。处理方法同开始缝边处理。

10)避雷施工

按设计要求施工。如要在金属压型板上安装避雷支架,然后再装上避雷带即可。

11)堵头的安装

堵头的形状应与屋面的压型钢板相一致,用弹性堵头,采用金属制作。堵头安装时,用密封材料封闭。

步骤1:堵头安装前,在檩条或填沟顶部贴防水胶带。

步骤2:安装堵头安置与密封胶带上,将密封胶涂在堵头的上部。最后将面板安在堵头上并将其固定。

12)泛水板与包边安装

屋面安装完毕后,进行泛水及包边的安装。泛水板及包边的材料应与所在部件的压型板相同,其板型要符合防水要求。

(2)雨棚条型铝板吊顶系统安装

1)测量放线

吊顶的控制性标高、轴线平面放线结合楼地面放线和墙柱面放线一同进行。标高放线和平面控制线引自墙、柱面线和轴线,将吊顶设计标高和平面总的形态,特别是造型高差起浮的标志点在梁柱面上部或采用吊顶固定吊杆的方式进行标记,要求保证一定的密度,能反应吊顶造型的造型。这项工作一方面是为下一步工作创造条件,另一方面是现有吊顶内情况的检查和复核,如风管、水管、电管、结构梁柱等情况的复核。

2)深化设计

在取得了第一手的现场实测资料后,首先开始进行吊顶的深化设计。这方面工作要与材料供应商密切配合,特别注意材料的加工工艺和构造方式。

细化设计:一方面要确定吊顶铝板的分隔尺寸,为施工提供必要的依据;第二方面是通过深化设计,确定材料的加工图和加工清单。

3)放样开线

在深化设计的基础上进行详细的放样绷线工作。对特别复杂的吊顶造型和构件要制作1∶1的模型,与此同时根据图纸在吊顶的节点部分,如吊挂处、支架边缘,吊顶转达折处,吊筋位置、屋面檐口处进行开线工作,以便标识出以上控制点(线)的位置。对复杂的部位,应在顶部制作1∶1的大样,以上工作须反复进行标高、平面尺寸、垂直度等方面核对工作,以确保放样绷线的准确性。

放线和放样绷线工作须要采用的仪器和工具:经纬仪、吊线锤、水准仪、塔尺、标杆、卷尺、线绳、水平管、靠尺、冲击钻、电焊机、角铁、钢筋头。

放线和放样绷线工作应认真做好记录,有关数据报设计室以便设计调整或修改设计。

4)吊顶钢支架安装

吊顶钢支架采用镀锌角钢和螺杆,主要是为铝板吊顶钢龙骨提供支撑之用。金属吊顶支架跨度超过1.5 m,采用$\phi8$吊筋和5#角钢,跨度为1.5 m内采用$\phi8$吊筋和L40×4角钢,支架间距应严格按照图纸确定。

所有钢构件均为镀锌,焊点部位须补刷防锈漆。

5)条型铝板吊顶安装

条型铝板每块板边上的挂钩设计,不但可安装在龙骨中,亦可使铝单板单独拆卸,并有小斜边设计。装吊系统许多常规吊件都可使用,包括配有能迅速、准确定位的快速安装弹簧夹吊杆。安装时,将每一块条型铝板向上推插入龙骨,使吊顶板边的凸孔卡进龙骨上。龙骨吊杆用$\phi8$吊筋,间距为1 200 mm。在墙面弹水平线,按照设计要求在顶板上划出吊点的位置,采用双层暗架式龙骨系统,$\phi8$吊筋通过暗架龙骨垂直吊扣将上层暗架龙骨连接起来,上层龙骨间距为1 200 mm;上层龙骨与下层龙骨连接采用暗架龙骨十字连扣,下层龙骨间距900 mm。龙骨与龙骨之间连接采用暗架龙骨边接件。要注意龙骨的连接应错位进行。龙骨通过检查、调平后即可安装条型铝板,一切妥当后揭掉板面的保护膜。

18.5.1.6 安装工程

1. 通风与空调工程

(1)施工流程图(如图18-140所示)

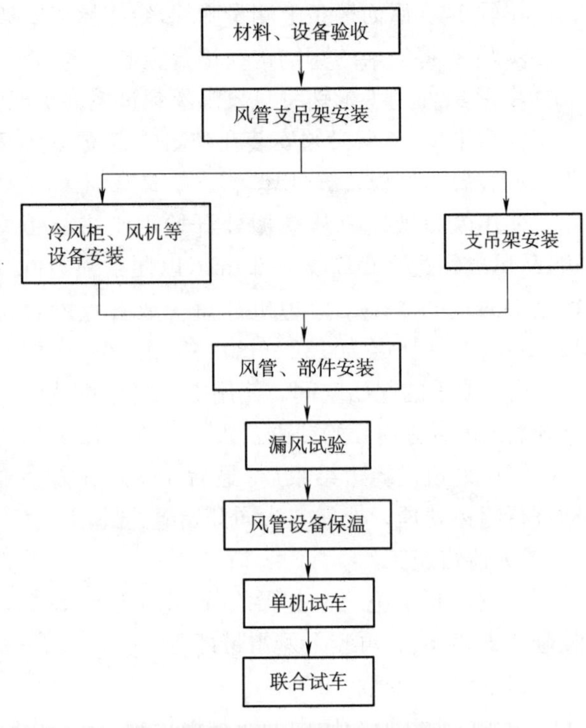

图18-140 施工流程图

(2)风管制作

1)材料要求

所使用板材、型钢的主要材料应具有出厂合格证明或质量鉴定文件。制作风管及配件的钢板厚度应符合规范标准的规定。

2)操作工艺(如图 18-141 所示)

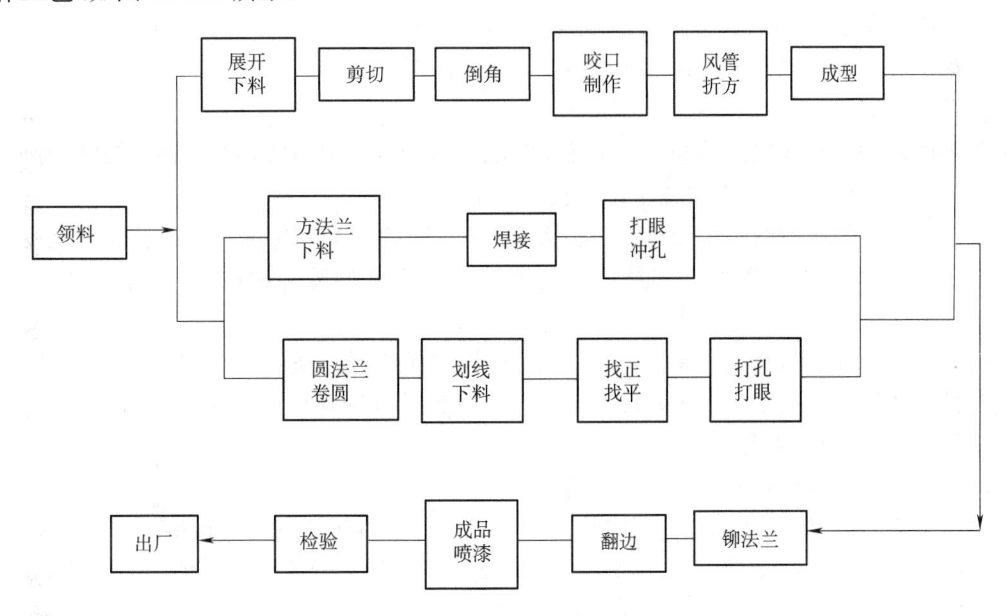

图 18-141　操作工艺图

划线的基本线有:直角线、垂直平分线、平行线、角平分线、直线等分、圆等分等。展开方法采用平行线法、放射线法和三角线法。根据图及大样风管不同的几何形状和规格、分别进行划线展开。

板材剪切必须进行下料的复核,以免有误,按划线形状用机械剪刀和手工剪刀进行剪切。剪切时,手严禁伸入机械压板空隙中。上刀架不准放置工具等物品,调整板料时,脚不能放在踏板上。使用固定式振动剪两手要扶稳钢板,手离刀口不得小于 5cm,用力均匀适当。

板材下料后在轧口之前,必须用倒角机或剪刀进行倒角工作。金属薄板制作的风管采用咬口连接、铆钉连接、焊接等不同方法,不同板材咬口宽度和留量根据板材厚度而定,均需符合规范要求。

铆钉连接时,必须使铆钉中心线垂直于板面,铆钉头把板材压紧,使板缝密合并且铆钉排列整齐、均匀。板材之间铆接,中间不加垫料,设计有规定时,按设计要求进行。咬口连接根据使用范围选择咬口形式。适用范围可参照表 18-42 的规定。

表 18-42　常用咬口及其适用范围

名　称	适用范围
单咬口	用于板材的拼接和圆形风管的闭合咬口
立咬口	用于圆形弯管或直管的管节咬口
联合角咬口	用于矩形风管、弯管、三通管及四通管的咬接
转角咬口	较多的用于矩形直管的咬缝,和有净化要求的空调系统,有时也用于弯管或三通管的转角咬口缝
按扣式咬口	现在矩形风管大多采用此咬口,有时也用于弯管、三通管或四通管

咬口时手指距滚轮护壳不小于 5 cm,手不准放在咬口轨道上,扶稳板料。

咬口后的板料将画好的折方线放在折方机上,置于下模的中心线,操作时使机械上刀片中心线与下模中心线重合,折成所需要的角度。

折方时应互相配合并与折方机保持一定距离,以免被翻转的钢板或配重碰伤。

制作圆风管时,将咬口两端拍成圆弧状放在卷圆机上圈圆,按风管圆径规格适当调整上、下辊间距,操作时,手不得直接压钢板。

折方或卷圆后的钢板用合口机或手工进行合缝,操作时,用力均匀,不宜过重。单、双口确实咬合,无胀裂和半咬口现象。

3)矩形风管法兰加工

法兰由四根角钢组焊而成,划线下料时注意使焊成后的法兰内径不能小于风管的外径,用型钢切割机按线切断。

下料调直后放在冲床上冲出铆钉孔及螺栓孔,中、低压系统金属风管孔距不应大于 150 mm,高压系统金属风管孔距不应大于 100 mm,非金属风管孔距不应大于 120 mm,四角处均应有螺孔。

冲孔后的角钢放在焊接平台上进行焊接,焊接时按各规格模具卡紧。

4)圆形风管法兰加工

将整根角钢或扁钢放在冷煨法兰卷圆机上按所需法兰直径调整机械的可调零件,卷成螺旋形状后取下。

将卷好后的型钢画线割开,逐个放在平台上找平找正。

调整的各法兰进行焊接、冲孔,矩形风管边长大于或等于 630 mm 和保温风管边长大于或等于 800 mm,其管段长度在 1.2 m 以上均应采取加固措施。在风管内铆法兰腰箍冲眼时,管外配合人员面部要避开冲孔。

风管与法兰组合成形时,风管与扁钢法兰可用翻边连接,与角钢法兰连接时,风管壁厚小于或等于 1.5 mm 可采用翻边铆接。风管壁厚大于 1.5 mm 可采用翻边点焊和沿风管管口周边满焊,点焊时法兰与管壁外表面贴合;满焊时法兰应伸出风管管口 4～5 mm。

风管与法兰铆接前先进行技术质量复核,合格后将法兰套在风管上,管端留出 10 mm 左右翻边量,管折方线与法兰平面垂直,然后使用液压铆钉钳或手动夹眼钳用铆钉将风管与法兰铆固,并留出四周翻边,翻边应平整,不应遮住螺孔,四角应铲平,不应出现豁口,以免漏风。风管与小部件(嘴子、短支管等)连接处、三通、四通分支处要严密、缝隙处利用锡焊或密封胶堵严以免漏风。使用锡焊、熔锡时锡液不许着水,防止飞溅伤人,盐酸要妥善保管。

风管喷漆防腐在低温(低于+5℃)和潮湿(相对温度不大于 80%)的环境下不施工,喷漆前清除表面灰尘、污垢与锈斑并保持干燥。喷漆时使漆膜均匀,不得有堆积、漏涂、皱纹、气泡及混色等缺陷。

风管成品检验后按图中主干管、支管系统的顺序写出连接号码及工程简称,合理堆放码好。

(3)风管及部件安装

1)材料

各种安装材料具有出厂合格证明书或质量鉴定文件及产品清单。风管成品无变形、扭曲、开裂、孔洞,法兰脱落、法兰开焊、漏铆、漏打螺栓眼等缺陷,阀体、消声器、罩体、风口等部件等调节装置灵活,消声片,油漆层无损伤,安装使用的螺栓、螺母、垫圈、垫料、自攻螺丝、铆钉、拉铆钉、电焊条、气焊条、焊丝、不锈钢焊丝、石棉布、帆布、射钉、膨胀螺栓等材料,符合产品质量要求。

2)操作工艺(如图 18-142 所示)

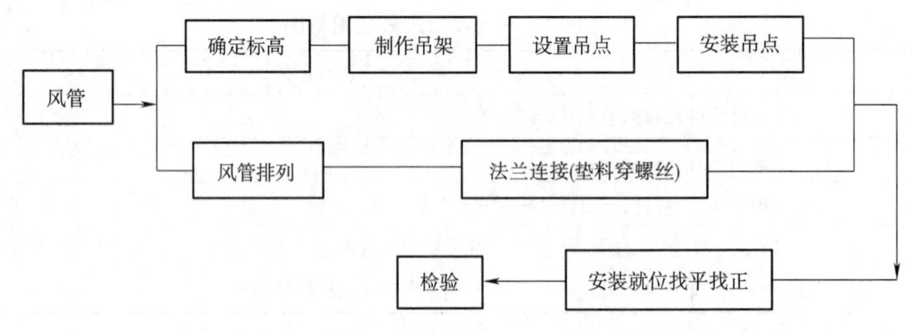

图 18-142 施工工艺流程图

按照设计图纸并参照土建基准线找出风管标高。风管支、吊架的制作按照《通风空调工程》(91SB6)用料规格和做法制作。

支架的悬臂、吊架的吊铁采用角钢或槽钢制成;斜撑的材料为角钢;吊杆采用圆钢;扁铁用来制作抱箍。

支、吊架在制作前,首先对型钢进行矫正。矫正的方法分冷矫正和热矫正两种。小型钢材采用冷矫正,较大的型钢须加热到 900℃左右后进行热矫正。矫正的顺序先矫正扭曲,后矫正弯曲。

钢材切断和打孔，使用使用专用工具，抱箍的圆弧与风管圆弧一致。支架的焊缝饱满，保证具有足够的承载能力。

吊杆圆钢根据风管安装标高适当截取，套丝长度适宜，丝扣末端不超出托盘最低点。风管支、吊架制作完毕后，进行除锈，刷一遍防锈漆。根据吊架形式设置吊点，采用预埋件法、膨胀螺栓法等。

3)安装吊架

按风管的中心线找出吊杆敷设位置，单吊杆在风管的中心线上；双吊杆按托盘的螺孔间距或风管的中心线对称安装，吊杆根据吊件形式焊在吊件上或挂在吊件上。

立管管卡安装时，应先把最上面的一个管件固定好，再用线锤在中心处吊线，下面的管卡即可按线进行固定。

当风管较长时，需要安装成排支架时，把两端的安好，然后以两端的支架为基准，用拉线法找出中间支架的标高进行安装。

4)风管排列法兰连接

为保证法兰接口的严密性，法兰之间应有垫料。法兰垫料按设计要求设置，明白各种垫料的使用范围，无特殊要求使用橡胶板。

法兰连接时，清除法兰表面的异物和积水，把两个法兰先对正，穿上几条螺栓并戴上螺母，暂时不要上紧。然后用尖冲塞进穿不上螺栓的螺孔中，把两个螺孔撬正，直到所有螺栓都穿上后，再把螺栓拧紧，为避免螺栓滑扣，紧螺栓时按十字交叉逐步均匀地拧紧。连接好的风管，以两端法兰为准，拉线检查风管连接直线度。

按设计要求选用垫料，安装时垫料不准挤入或凸入管内，法兰连接后严禁往法兰缝隙填塞垫料。

风管安装先干管后支管，采用预制后吊装法和在支架上逐节连接法。

5)风管吊装

首先根据现场具体情况，在梁柱上选择两个可靠的吊点，然后挂好倒链或滑轮。

用麻绳将风管捆绑结实，塑料风管吊装时，用长木板托住风管的底部，四周用软性材料做垫层，绳索不直接捆绑在风管上。

起吊时，当风管离地200～300 mm时，停止起吊，仔细检查倒链或滑轮受力点和捆绑风管的绳索，绳扣是否牢靠，风管的重心是否正确。没问题后再继续起吊。

风管放在支、吊架后，将所有托盘和吊杆连接好，确认风管稳固后，才可以解开绳扣。

对于不便悬挂滑轮或因受场地限制，不能进行吊装时，采用分节安装，将风管分节用绳索拉到脚手架上，然后抬到支架上对正法兰逐节安装。

6)消声器安装

消声器安装前检查消声器支吊架等固定件的位置是否正确，膨胀螺栓是否安装牢固、可靠。支吊架必须能保证所承担的荷载。

为了便于调节标高，在吊杆端部套有50～60 mm的丝扣，以便消声器找平找正。也可在托铁上加垫的方法找平找正。

安装消声器时，保持消声器的安装方向的正确性，保证消声器与风管或管件的法兰连接紧密、牢固。

7)风机安装

风机安装前根据设计图纸，产品样本或风机实物对设备基础进行检查，清除泥土杂物和地脚螺栓预留孔内的杂物并根据建筑物轴线、边缘线及标高线放出安装基准线，符合要求后方可开始安装。

整体安装风机，吊装时直接将风机放在基础上，用垫铁找平，找正，垫铁放在地脚螺栓两侧并且垫铁成对使用。风机安装好后同组垫铁点焊在一起，以免受力时松动。

风机安装在有减震器的机座上时，地面先找水平，使各组减震承受的荷载压缩量均匀，不偏心，安装后采取保护措施，防止损坏。

通风机的轴线保持水平，风机与电动机用连轴器连接时，两轴中心线在同一直线上。

8)风机盘管安装

安装风机盘管前首先检查支吊架和托盘，支吊架平整牢固，位置正确，吊杆不自动摆动，吊杆与托盘连接紧固平正。

安装前对风机盘管进行单机通电试验和水压试验，风机盘管运转正常，机械部分无磨损，水压试验合格后方可安装。

风机盘管进出水管安装时，进出水管螺纹连接用聚四佛乙烯生料带进行密封，进出水管与外接管路连接平顺过渡，连接时用力适度，不得损坏风机盘管。

安装时机组保持其相对的垂直和水平，排水软管不得压扁、折弯，保证凝水盘内凝结水排水畅通。

(4)空调水系统管道安装

1)按设计图纸画出管路的位置、管径、变径、预留口、坡向、阀门及卡架位置等施工草图，在实际安装的结构位置做上标记，按标记分段量出实际安装的准确尺寸，记录在施工草图上，然后按草图尺寸预制加工。

2)从总入口端的干管开始操作，总入口端头加好临时丝堵以备以后试压用。把预制完的管道运到安装部位按编号依次排开。安装前清扫管内壁，丝扣管道抹好铅油缠好麻，用管钳按编号依次拧紧，丝扣外露2～3 扣，安装完后找直找正，复核甩口的位置、方向及变径无误，清理麻头。所有管口加好临时丝堵。安装凝结水管时水管的坡度符合排水要求，在冷冻水回水管最高处安装自动排气阀，使管道内的气体能排放出去。

3)立管安装用线坠吊直找正从下至上安装，将预制好的立管按编号分层排开，按顺序安装，校核甩口的高度、方向。正确无误后加好临时丝堵。立管上阀门朝向正确，便于操作检修。

4)支干管安装，根据风机盘管、组合式空调器以及干管的甩口位置，将预制好的支管从干管甩口处依次逐段安装，根据支管长度加临时固定卡，待支管找平找正栽好卡件后，去掉临时固定卡，上好临时丝堵。

5)管道试压：单项试压在干管敷设完成后或隐藏部位的管道安装完毕，按设计和规范要求进行水压实验。合格后通知甲方、监理办理验收手续。

6)管道冲洗：管道水流的冲洗在管道试压合格后，调试运行前进行。冲洗时拆下设备及过滤网，冲洗完毕后重新安上设备及过滤网。管道设备进水口、出水口选择适当的位置，并保证将管道内的杂物冲洗干净为宜。冲洗时以系统内可能达到的最大压力和流量进行，直到出水口处水色透明，与入水口处目测一致为合格。

7)管道防腐保温：管道试压冲洗合格后，管道外壁刷两道防锈底漆防腐并按设计要求进行保温。

(5)设备安装

1)冷水机组安装

机组安装前，应检查机组基础的平整度、强度及其尺寸大小是否符合要求。

机组相邻安装时，机组之间的距离应保持在 1.0～1.5 m之间。

机组不能贴墙布置，机组和墙的距离不小于 1.0～1.5 m。

离心式冷水机组属高速回转机械，对安装有较高要求。安装过程中即使很小的偏差，也会造成及其运转不平稳和剧烈振动。

机组的找水平应在油位等处的机加工面上测量，纵横向允许偏差不得大于 0.1‰。水平度不符合要求时，可用垫铁或支撑螺钉调整。冷水机组的减振可用氯丁橡胶隔振器或弹簧减振器。

冷水机组跟所有管道均采用柔性连接。

2)水泵安装

水泵的安装必须在水泵基础已达到强度情况下进行。

整体安装的泵，纵向安装水平偏差不应大于 0.1‰，横向安装水平偏差不应大于 0.2‰，应在泵的进出口阀兰面和其他水平面上进行测量。

水泵吸入管尽量减少弯头，靠近水泵应有一段直管，其长度至少为 2 倍管径，吸入管上升的坡度值为 0.005。

水泵配管安装应从水泵开始向外安装，水泵配管及其附件的重量不得加压在水泵上。

水泵配管应配有减振软接头。水泵吸入管上需装设水过滤器，出水管装设止回阀。

3)冷却塔安装

冷却塔要安装在通风良好的地方，不能装在通风差和湿气回流处，以免降低效果。

冷却塔需安装自动补水管、快速补水管和排污管。

冷却塔安装应水平，单台冷却塔安装水平度和垂直度允许偏差均为 2‰。多台冷却塔安装时，各台冷却塔的水面高度应一致，高差不大于 30 mm。

4)空调机组安装

安装前,要认真阅读厂家提供的产品样本及安装使用说明书。并特别注意机组的进出风方向、进出水方向、过滤器的抽出方向等。

根据新风机箱的动荷载,合理选择吊装方案基调杆直径大小,保证吊挂安全。并合理选用减振措施。

机箱安装后,应进行水平调节。并且进出水管、冷凝水管连接应严密,不得漏水。

机箱的送风口与送风管道连接时采用帆布软管连接形式。

5)落地式组合式空调箱

空调箱操作面及外接管一侧应留有充分空间,供操作、维修使用。

现场组装的机组要保证其严密性,其漏风量必须符合现行国家标准《组合式空调机组》(GB/T 14294)的规定。

组合式空调机组上的各种管道连接,要注意其进出口方向,不得接反。机组下部冷凝水排放管的水封高度应符合设计要求,并且冷凝水管应有一定的坡度(≥5%),保证冷凝水顺利排出。

空调机组的进出风口与风管间应用帆布软接头连接。

(6)VRV及分体空调的安装

1)安装准备

选择室内机组安装位置时:空气的入口和出口应无障碍;支架应能承担空调器的重量;便于与室外机管道连接;便于从下面取出过滤网。

空调器采用遥控器操作应注意:安装位置无应可能隔断遥控器信号的障碍物;不要把遥控器置于直接接受阳光照射或靠近火源地方;遥控器与电视机或立体声音产生不良影响。

选择室外机组应注意:安装位置应干燥、光线充足,如果受太阳直射则必须有遮阳罩。支架应能承受室外机的重量,并且避免噪声和振动。利于减小室外的噪声和排出氯体。机器四周按说明书规定留出足够空间。室外机不要安装在能被强风吹到,可能有可燃气体汇漏或容易堵塞通道的地方。如果安装在高处,一定要保证支脚牢固。

2)机组的固定

机组固定总的要求是安全、可靠、防振。如在室外墙上固定安装角铁支架时,为了方便操作,可采用搭脚手架的办法。也可以有40 mm×40 mm角铁焊接制作两个可以固定在窗台上的活动支架,在支架上绑好跳板,操作人员系好安全带,便可比较方便地开展工作。

3)管道连接

室内外机组连接用的制冷管有两根,细的为高压液管,粗的为低压液管。原装管已退火酸洗处理,较软,表面无氧化层和油污,一般都盘绕着。盘绕的原管在展开时,一定要小心,连接管必须退绕伸直,不要将管子弄折裂,安放在地面上的制冷剂管严禁置重物,管口要包好,以防进入水分和灰尘。部分机级所带的管子有一段是可绕软管,这部分可绕软管就放于室内侧,可绕软管弯曲时角度不要太小,且应尽可能在管子中部弯曲,弯曲半径越大越好。校直管子时,切铁反复弯曲,弯管处的弯曲半径应等于或大于100 mm。连接管路时,有充填阀的这一端应连接在便于维护的机组一端,在安装一次性快速接头的机组时,这一点必须引起注意。为了使空调器的制冷管不暴露在外面,一般原机带有成形的圆筒状体温管,在管子与压缩机,管子与管子之间的接头部分要用保温毡包好,表面用胶带包扎。室内机组都带有排水管,检查时,可以从室内排水管口处注入一些水,检查排水是否通畅,最后,安装完毕后在过墙也洞要用油封泥封来严。

4)导线的连接

分体式空调器的电源导线、控制导线均在安装现场连接,安装时要按电气接线图连接,不可接错。

5)排空气

先拧开二通和三通阀上的螺母和三通阀维修口螺母,再将二通阀的阀杆逆时针转动约90°,这时阀被打开,保持10 s,然后将阀关闭,将三通阀维修口上顶针推开3 s,放开1 min这样重复三次,用内六角板手将二通阀和三通阀都置于打开位置,准备机组试运转。

6)延长制冷剂管及补充制冷剂

分体式空调室内外制冷剂连接管的长度应在规定范围之内,说明书对连接管最大长度和室内外机组最大高度差一般都有介绍。延长管制冷剂的补充量因机组型号而异，也随着管道长度、管径大小而变化。

(7)系统调试

设备试运行及系统调试应在保证设备及管道安装以及接线正确无误的基础上才能进行。所有调试用仪表均应精确可靠。

1)水系统调试

单泵试运转之前，应先关闭其出口手动阀，全开入口手动阀及水路系统中其他有关阀门(如末端设备阀门，冷水机组阀门)，起动水泵后再慢慢打开水泵出口阀门直至达到设计规定的扬程(通过压力表核对)。检查水泵的工作状态是否正常。

a. 冷冻水泵联合试运转及调试：

首先按单台水泵的试运转程序操作，待所有水泵均运行正常同时调整各水泵的工作参数(通过其出口阀)以达到设计要求。

通过各层环路水阀的开度调节，使各冷水环路的压差保持相等。

调整各空调机及风机盘管支路的手动阀，使各支路及空调机组进出水的压差保持相等。

重新调整各层环路的手动阀，使各环路水压差达到设计值。

重新调整各水泵出口手动阀，直至达到水泵设计工作参数。

检查各空调机组进出水压差是否达到使用要求值，若不符合，再进行上述(3)～(5)步骤，经几次调整后应达到各空调机组及其他支路压差相同并满足使用要求值。

b. 冷却水泵联合试运转及调试：

先按单台泵的试运转操作，待所有泵运行正常，调整各冷却塔进水手动阀开度保证各塔出水均匀相同．之后调整冷水机组冷却水进出水阀，保证各机组进出水压差相同，最后调整水泵出水手动阀使各水泵满足设计工作参数。

调试工作尚需由主机模糊控制系统设备供应商一并参与进行。

2)风系统调试

①风系统调试应在室内外空气参数达到设计参数的前提下进行。

②关闭各风机出口阀，起动风机后再慢慢打开该风阀，使风机正常运转。检查风机的运行状态。

③调整各风口(或支路风阀)，使各风口(或支路)的风量比例达到本设计的要求。

④重新调整风路总管风阀，使风机达到设计参数。

⑤检查各支路(或风口)的风量，是否满足设计要求。若不满足，再进行上述③、④两步骤。

⑥所有电动风阀在调试时均应处于全开状态。

3)VRV 系统调试

为了运输安全，在压缩机的防振橡胶垫上，有的装有两块涂有黄漆的垫片，有的在压缩机下垫有硬泡洒块或木块。在试运转前必须将它们取出，才能使橡胶或减振弹簧起到减振作用。

电路电压应在额定电压 90%～110%之间。

接线柱在接地点的阴搞应 1 m 以上，若阴搞低于 1 m，有可能发生漏电事故。

启动机器前，查明室外管道止流阀是否已完全打开。

涡旋式和转子压缩机不能反转，确定回转方向后，电源相线不能互换，更不能随意下压压缩机交流接触器的压钮。检查完毕后，空调的安调过程就结束了，可以进行试运行。

2. 给水排水工程

给排水、采暖(含水消防)工程施工顺序的总体原则为：

先预留预埋，后管道安装；先地下管，后地上管；先安支架，后安主管，再安支管；先架空，后地面；先设备就位，后工艺配管；小管径避让大管径；压力管避让重力管；为了配合总体进度，对于土建优先施工的要提前给予配合。

(1)给排水采暖(含水消防)工程施工工艺流程

1)给水(包括生活给水、直饮水、热水、水消防)系统(如图 18-143 所示)。

2)排水(包括生活污水、废水、雨水)系统(如图 18-144 所示)。

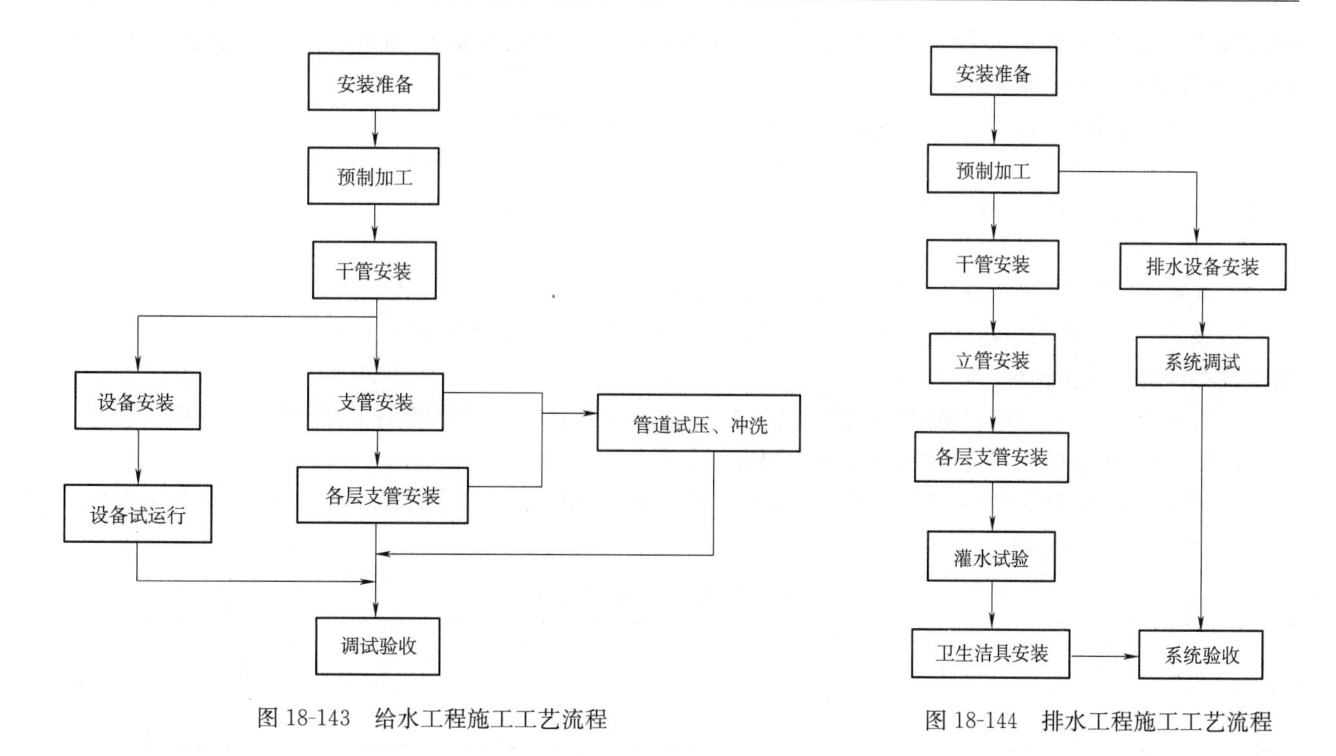

图18-143　给水工程施工工艺流程

图18-144　排水工程施工工艺流程

(2)防腐：金属管道、管件、支架、容器等应进行防腐处理

1)涂底漆之前必须除去表面的灰尘、污垢、锈斑、焊渣等物，必须清除内部污垢和杂物。

2)防腐层应涂刷厚度均匀，不得有脱皮、起泡、流淌和漏涂现象。

3)自然干燥的现场涂漆，应防止漆膜沾染污物或损坏，漆膜未干燥固化前，不得进行工序的施工。

4)安装好后无法涂漆，或不宜涂漆的部位，安装前应预先涂漆，在安装中注意保护漆膜的完好。

5)焊口部位，应加强防腐并严格检查。

6)各种管道和容器应在试压合格后方可进行防腐等工作。

(3)保温

有防结露要求的给水管道及所有热水管道、设备均做保温。设有埋地的或埋设在墙内的给水管、热供回水管均做防腐处理。设在管井、吊顶内公共部分电气设备上部给水管及一些吊顶内、公共部分的排水管均做防结露保温。

1)保温材料及制品应有产品合格证和材料性能测试检验数据，在进入施工现场的每批保温材料中，应任选1～2组试样进行导热系数测定，导热系数超过设计取定值5%以上的材料不得使用。

2)保温应在管道试压及涂漆合格后进行。

3)保护层施工应符合如下规定：

①金属保护壳可采用咬口、铆接、搭接等方法施工，外表应整齐美观。

②户外金属保护外壳的纵横接缝应顺水，其纵向接缝应设在侧面，保护壳与外墙面或屋顶的交接处应设泛水。

③用玻璃布、塑料薄膜作保护层，搭接应均匀，且松紧适度。

(4)材料要求

所有送达工地的管道管配件、设备均应为簇新的，并着有标记标示，以利辨认不同的等级，管材管配件、设备均应有材质单、出厂合格证，均应符合设计及各标准要求。

1)UPVC管、PPR管以及其他塑料管等，内外表面应光滑，无气泡、裂纹，管壁薄厚均匀，色泽一致，管件造型应规矩、光滑、无毛刺。承插口有梢度，并与插口配套。

2)铸铁管及管件要求：管壁薄厚均匀，内外光滑整洁，不得有砂眼、裂纹、毛刺和少疙瘩。

3)热镀锌钢管：管壁内外镀锌均匀、无锈蚀、无毛刺等现象。

4)焊接钢管、无缝钢管、管材不得有弯曲、锈蚀、毛刺、重皮及凹凸不平现象。

5)阀门的规格型号必须符合各项技术及使用要求，阀体铸造规矩，表面光洁、无裂纹，开关灵活，关闭严密，填料密封完好无渗漏，手柄完整无损坏，热水系统阀门要符合温度的要求，所有送抵工地的阀门均应为簇新的，并有标示以利辨别等级。

6)各种型钢薄厚均匀，无锈蚀、重皮，不得弯曲，应有材质合格证。

7)设备名称、型号和规格符合设计要求，表面无锈蚀、损坏，无缺件，进出口封闭良好，易损备件、安装和检修工具以及设备所带资料齐全。

(5)预留预埋

1)认真审阅图纸，了解设计意图。掌握系统工艺流程。

2)根据专业图纸与土建结构留洞图对比，如果一致按结构留洞图预留预埋。否则以专业图为依据，建筑结构图为辅进行预留预埋。

3)管道穿外墙、水池或有防水要求的墙体均做柔性防水套管。穿过厚度小于等于 300mm 的混凝土墙时，应使墙壁一边加厚或两边加厚，加厚部分的直径至少为法兰外径大 200mm。

4)所有套管均采用国家标准钢管制作。刚性防水套管及刚性密闭套管的翼环采用钢板，套管内壁防腐，其大小及厚度见表 18-43。

表 18-43 套管大小及厚度表

管径	DN50	DN65	DN80	DN100	DN125	DN150	DN200	DN250	DN300	DN350	DN400
翼环厚度(mm)	10	10	10	10	10	10	12	12	14	14	14
翼环直径(mm)	225	230	250	270	290	330	385	435	500	550	600

5)密闭套管穿墙时与墙平齐。保温管道套管应根据保温层厚度将保温后的外径根据标准图集选择套管。

6)没有特殊要求的管道预留预埋时应使管道安装方便。在管道或保温层外皮上、下部留有不小于 150 mm 的净空。

7)所有预留预埋套管应位置准确，绑扎稳固，套管内填充实物，以免混凝土进入套管，预留预埋在基础内的套管应按设计坡度预留预埋。

8)安装套管时不能割筋。如必须割筋时必须通报土建技术主管，经同意后才可进行施工。

9)合模前，根据设计图纸仔细核对标高、平面位置及数量是否正确，固定是否平正、牢固，正确无误后方可报请监理单位检查并作好隐检记录。

10)混凝土浇筑时派专业人员值班，如有位移情况及时纠正。留洞采用钢管预留预埋时待混凝土初凝时上人把套管拔下，且不能损坏结构。

(6)套管安装

1)在楼板处设置钢套管时，套管上端应高出楼板完成面 20 mm，厨房及卫生间应高出 50 mm，下端与楼板面平，预埋上下层时，中心线需垂直，管道与套管空隙间要用阻燃密实封膏和防水油膏处理。

2)管道穿地下层防水墙体应做防水套管，管道穿越混凝土水池或穿越外墙时，应做柔性防水套管。

(7)管道支架

1)根据管道所在的空间位置，管径大小等到要选择适宜的支、吊、托架。

2)支架位置正确，埋设平整、牢固，与管道接触紧密，固定牢固，不得影响结构安全。

3)水平管道安装：根据管道的标高、坡度、管径大小，先安装首、末端支架，用 22# 钢丝或棉线在型钢表面管中心位置上拉直绷紧，根据各种管道支架间距要求进行中间型钢支架安装，以保证管道平直和坡度正确。

4)垂直管道安装：垂直管道上应先装上最高处支架，用 22# 钢丝或棉线吊上线坠绑在支架管道中心线上，再安装下面支架以保证管垂直。

5)管道支架的间距必须符合相关规范的规定。

6)支架制作完毕必须除锈、清焊渣，并及时涂上防锈底漆和面漆。

(8)管道施工

1)根据施工图纸画出管道分路管径、变径、预留管口、阀门位置等施工草图，在实际安装结构位置上做上标记，按标记分段量出实际安装准确尺寸，记录在施工草图上，然后按草图测得尺寸预制加工。

2)立管明装或在管井内安装，要核对甩口高度是否正确，支管甩口加好临时丝堵，立管阀门应朝向便于操作的方向。

3)管道成排安装时,直线部分应相互平行,当管道水平或垂直并行时;应与直线部分保持等距。同时应与墙壁平行,并保持室内净空要求和保持人行通道畅通,并须与其他设施和建筑结构维持足够间距。

4)各类管道根据图纸或规范要求的坡度施工,以保证系统能排水和排气。

5)在整个装配系统的前后及过程中采取一切措施以防止管道受污染或堵塞。每天施工前和施工后应对管道提供适当的保护以防止湿气或其他杂物污染整个系统或堵塞管道。

6)在系统的高位及适当位置设置自动排气阀,每一管段的低位及适当位置应设置排水阀,终端泄空管应位于地台完成面之上 150 mm。

7)与设备连接的管道应设独立支承,使设备不至于因管道重量或膨胀面承受应力。

8)当管道跨越建筑物的伸缩缝和有可能移动的地方时应安装伸缩器,以抵消任何造成此移动的应力。

9)冷热水管上下平行安装,热水管应在冷水管上,垂直安装热水管在冷水管左侧。

10)所有暗装管道不论其长度多少,安装后必须进行水压试验,合格后在现场由业主代表签署确认方能通知土建单位进行回填或封闭。

11)管件的切割应平滑和精巧,且不损坏管件,切割管道应采用切割器,管子端部应绞口以去除毛口,保持端面光滑。

12)螺纹连接(镀锌钢管、热镀锌钢管或焊接钢管或(衬涂)复合钢管)

①套丝采用自动套丝机,丝口应端正、清楚、完整、光滑,断丝或缺丝总长不得超过全螺纹长度的 10%。

②管端、管螺纹清理加工后,应进行防腐、密封处理,宜采用防锈密封胶和聚四氟乙烯生料带缠绕螺纹,同时应用色笔在管壁上标记拧入深度。

③连接处采用铅油麻丝做填料,先在丝口上顺时针缠绕麻丝,再均匀涂满铅油,用手拧入 2～3 口,最后用管钳一次装紧。严禁倒回,安装完毕后,清除多余的麻丝。

13)焊接连接(无缝钢管或焊接钢管)

①管道组对前,必须按要求打坡口,留出对口间隙。坡口采用机械方法,也可采用氧气乙炔切割,但必须清除其表面的氧化皮,并将影响焊接质量的凹凸不平处打磨平整。

②管子对口时,要求坡口端面的倾斜偏差不大于管子外径的 1%,且不得超过 3 mm。

③管子在安装前,应对管子、管件、阀门等进行检查,按设计要求核对无误后方可安装,内部应清理干净不存杂物。

④管子对口应检查平直度,在距接口中心 200 mm 处测量平直度,全长允许偏差为 10 mm。

⑤法兰连接时应保持平行,其偏差不大于法兰的 1.5‰,且不大于 2 mm,并不得用紧螺栓的方法消除歪斜。

⑥管道两相邻环形焊缝中心之间距离不小于 2 mm,在有缝管上焊接管时,支管外壁与其他焊缝中心的距离,应大于支管外径,且不小于 70 mm。

⑦采用手工电弧焊,多层施焊。每层焊接完成后,应将表层氧化物、熔渣清除干净,若发现缺陷应用砂轮打磨后补焊合格方可进行下一层焊接。

⑧不得在对口间隙夹焊帮条或用加热法缩小间隙施焊。纵向、环向焊缝都应错开有支架的地方,支架上不得有焊缝,焊缝距支架间距不小于 100 mm,焊缝外观不得有熔化金属流到焊缝外未熔化的母材上,焊缝和热影响区表面不得有裂纹、气孔、弧坑和灰渣等缺陷。表面光顺、均匀,焊缝与母材应平缓过渡,不得有咬边、未焊满的现象。

14)沟槽连接(镀锌钢管、无缝钢管、衬涂复合钢管)

输送热水的沟槽式管道接头应采用热水专用橡胶密封圈,输送冷水的沟槽式管道接头采用冷水专用橡胶密封圈。

①优先采用成品沟槽式涂塑管件。

②采用机械截管,截面垂直轴心。

③管外壁端面应用机械加工 1/2 壁厚的圆角,切口平整无毛刺。

④采用专用沟槽机压槽,压槽时管段保持水平,钢管与滚槽机止面呈 90°,压槽时持续渐进,槽深符合规范要求。

⑤与橡胶密封圈接触的管外端平整光滑，不得有划伤橡胶圈或影响密封的毛刺。

⑥衬(涂)塑复合钢管道沟槽连接时应检查橡胶密封圈是否匹配，涂润滑剂，并将其套在一根管段的末端；将对接的另一根管段套上，将胶圈移至连接段中央。将卡箍套在胶圈外，并将边缘卡在沟槽中。将带变形块的螺栓插入螺栓孔，并将螺母均匀轮换旋紧。管段支架不能支撑在管件沟槽处。管段涂塑除涂内壁外，还应涂管口端和管端外壁与橡胶密封圈接触部位。

⑦安装机械三通、四通的钢管用专用开孔机开孔，开孔位置准确，孔口光滑无毛刺、残渣，将机械三通、四通卡箍置于孔洞上，橡胶密封圈与孔洞间隙要均匀，紧固螺栓到位。

15)热熔连接(HDPE管)

将热熔工具接通电源，到达工作温度指示灯亮后方能开始操作。切割管材时，必须使端面垂直于管轴线。管材切断一般使用管子或管道切割机，必要时可使用锋利的钢锯，但切割后管材断面应去除毛边和毛刺。管材与管件连接端面必须清洁、干燥无油。用卡尺和合适的笔在管端测量并标绘出热熔深度，热熔深度应符合表18-44。

表18-44 热熔连接技术要求

公称外径(mm)	热熔深度(mm)	加热时间(s)	加工时间(s)	冷却时间(min)
50	22	18	6	5
63	24	24	6	6
75	26	30	10	8
90	32	40	10	8
110	38.5	50	15	10

熔接弯头或三通时，按设计图纸要求，应注意其方向，在管件和管材的直线方向上，用辅助标志标出位置。

连接时，应旋转地把管端导入加热套内，插入到所标志的深度，同时，无旋转地把管件推到加热头上，达到规定标志处。加热时间必须满足上表的规定(也可按热熔工具生产厂家的规定)。达到加热时间后，立即把管材与管件从加热套的加热头上同时取下，迅速地、无旋转地、直线均匀地插入到所标深度，使接头处形成均匀凸缘。在规定的加工时间内，刚熔接好的接头还可校正，但严禁旋转。

(9)卫生器具安装

1)按设计要求的国家规范和选用的标准图集对卫生器具安装位置进行准确定位，复核预留孔洞，不符合要求的进行洗孔修正。

2)卫生器具安装前，对各组装零部件进行临时组对、检查，确定器具无任何缺陷后方能安装。

3)卫生器具安装完毕进行蓄水试验，合格后临时封堵卫生器具，防止污物进入，待土建全部施工完毕再将封堵物清除干净。

(10)给水管道试压

1)管道试压分单项和系统试压，单项试压是在干管敷设后或隐蔽部位的管道安装完毕后进行，系统试压是在全部干、立、支管安装完毕后进行。

2)首先打开整个管路中所有控制阀门，隔开或拆除不能参与试压的设备和管网。

3)将试压泵、阀门、压力表、进水管等接在管路上并灌水，待满水后将管道系统内空气排净(放气阀流出水为止)，关闭放气阀。待灌满后关闭进水阀。

4)用手动试压泵或电动试压泵加压，压力逐渐升高，分2～3次升到试验压力。当压力达到试验压力时停止加压。

5)系统试压，金属及复合给水管道系统在试验压力下观测10 min，压力降不应大于0.02 MPa，然后降到工作压力进行观察，应不渗不漏，塑料管应在试验压力下稳压1 h，压力降不得超过0.05 MPa，然后在工作压力的1.15倍状态下稳压2 h，压力降不得超过0.03 MPa，应不渗不漏。

6)试验过程中如发生泄漏，不得带压修理。缺陷消除后，应重新试验。

7)试压合格，报请监理验收，及时核对记录，填好《管道系统试验记录》。

8)系统试验完毕，应将管网中的水排尽，并卸下临时用堵头，装上给水配件。

(11)立管灌沙、放沙

为防止钢柱内 HDPE 立管被二分部在混凝土浇注时损坏，我部在钢柱内立管安装完成后需做立管灌沙保护施工。在灌沙施工中应符合以下要求：

1)施工用沙为细河沙，且其中不含石子。

2)灌沙施工分为立管灌沙和横管灌沙，立管灌沙使用滑轮把沙子送到立管顶部，由上向下的进行灌沙，在灌沙时应注意加水，保证沙子在立管内的密实度。横管灌沙从立柱出口开始往内灌，使沙子充满立管。

3)钢柱内立管两端开口在灌沙施工完成后应封堵，其中出口端应留出水孔，便于管内水排出。

(12)排水管道的灌水试压

1)参加试验的管道已经安装完毕，并按施工图纸严格检查，确定试验已具备条件。管道试压前，应按照设计方提供的流程图，划定试压系统，确定试验压力，每一个系统应在相关流程图标出有关管线，并附上相应的单线图。试验用压力表精度不应低于 1.5 级，最大量程为试验压力的 1.5～2 倍，表壳的直径不应小于 150 mm，使用前应校正，试验系统上的压力表不少于 2 块。

2)管道水压试验时应符合下列规定：

①管道升压时，管道内气体应排净，升压过程中，当发现弹簧压力计表针摆动、不稳，且升压较慢时，应重新排气后再升压。

②应分级升压，每升一级应检查管身及接口，当无异常现象时再继续升压。

③水压试验时，严禁对管身、接口进行敲打或修补缺陷，遇有缺陷时应做出标记，卸压后修补。

3)管道水压试验的试验压力为 1.5 P。

4)水压升至试验压力后保持恒压 10 min，检查接口、管身，无破损及漏水现象，管道强度试验为合格。

5)管道强度试验合格后进行严密性试验，停压 10～30 min 以无渗漏或小于规范允许渗水量时，严密性试验为合格。

6)铺设、暗装、保温的给水管道在隐蔽前做好单项水压试验。管道系统安装完后进行综合水压试验。水压试验时放净空气，充满水后进行加压，当压力升到规定要求时停止加压，进行检查。

7)如各接口和阀门均无渗漏，持续到规定时间，观察其压力下降在允许范围内，通知有关人员验收，办理交接手续。把水泄净，遭破损的镀锌层和外露丝扣处做好防腐处理，再进行隐蔽工作。

(13)管道系统冲洗

1)管道系统强度和严密性试验合格后，分段进行冲洗。对于管道内杂物较多的管道系统，可在试压前进行。

2)冲洗顺序按主管、支管、疏排管依次进行。

3)冲洗前，将系统内的仪表予以保护，并将流量孔板、喷嘴、滤网、温度计、节流阀及止回阀阀芯等部件拆除，妥善保管，待冲洗后再重新装上。

4)不允许需冲洗的设备及管道与冲洗系统隔离。

5)对未能冲洗或冲洗后可能留存杂物的管道，用其他方法补充清理。

6)冲洗时，管道内的脏物不得进入设备，设备吹出的脏物也不得进入管道。

7)如管道分支较多，末端截面积较小时，可将干管中的阀门拆掉 1～2 个，分段进行冲洗。

8)冲洗时，用锤(热水铜管用木锤)敲打管子，对焊缝、死角和管底部部位应重点敲打，但不得损伤管子。

9)冲洗前，考虑管道支、吊架的牢固程度，必要时应予加固。

10)冲洗水接至排水井或排水沟，保证排泄顺畅和安全。冲洗时，以系统内可能达到的最大压力和流量进行，直到出口处的水色和透明度与入口处目测一致为合格。冲洗合格后，报请监理验收，填好《管道系统冲洗记录》。

(14)虹吸雨水斗安装

本工程设计采用的 TY90 和 TY110 型雨水斗，专用于金属屋面天沟里，雨水斗与金属天沟连接方式为氩弧焊接与往普通虹吸雨水斗压环连接方式不同，焊接连接方式使用寿命长，连接自然，排水效果也会更好。在雨水斗的安装施工中要保证天沟平直，同一天沟内的雨水斗标高要一致，雨水斗要固定。装修分部在屋面施工时在雨水斗安装位置留孔，安装时将不锈钢底盘平放在孔的正上方(确保底盘与面板顶面标高一致)，同时封堵焊接空隙。如图 18-145 所示。

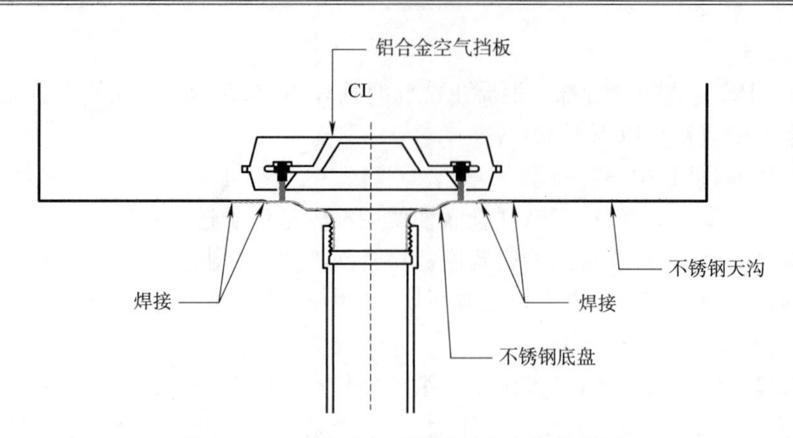

图 18-145 雨水斗与不锈钢天沟安装示意图

要点及难点阐述：

1)不锈钢金属天沟板以及不锈钢雨水斗壁厚都较薄，与普通不锈钢板尺寸相差悬殊，因较薄钢板容易变形，且天沟操作空间小，焊口尺寸要求精度又较高，故在焊接过程实现很好的融合和规范的连接存在一定难度。

2)不锈钢的导热性差，使钢板容易塌陷，出现漏焊、不完全焊以及焊漏现象。

3)钨极氩弧焊接是一种明弧焊，电弧稳定，热量比较集中，在惰性气体保护下，焊接熔池纯净，焊缝质量较好。但是在焊接不锈钢，特别是奥氏体不锈钢时，焊缝背面需要进行保护，否则将产生严重的氧化，影响焊缝成形和焊缝质量。为此需采取如下焊接工艺措施。

①焊接接头采用插入式组对，可增加钢板的厚度，采用角焊缝接头形式。

②为防止钢板的塌陷，并使焊缝背面得到保护，采用分段断续焊接，同时要及时进行水冷。

③由于操作空间小、壁厚薄，采用较小的焊接规范。氩弧焊机要求具有高频引弧性能，焊接电流具有递增和衰减性能，焊接电流在小电流下具有很好的稳弧性能等基本功能。

④焊接操作过程需要进行特殊的训练或使用专业的人员操作。如图 18-146 所示。

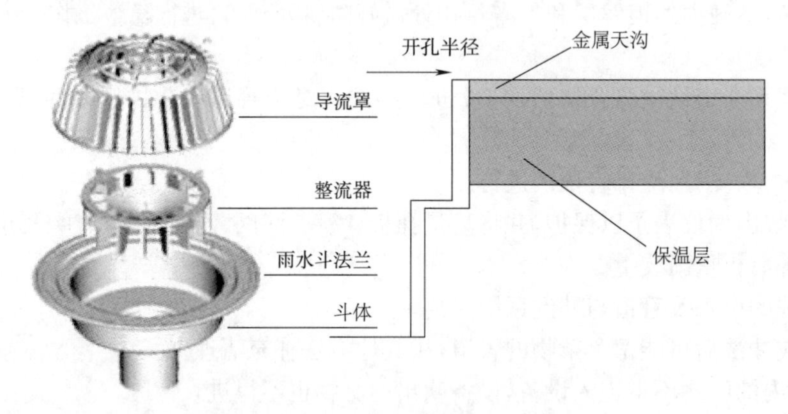

图 18-146 天沟不锈钢虹吸雨水斗安装示意图

4)雨水斗与金属屋面天沟用氩弧焊连接，雨水斗本身自带不锈钢短管，连接雨水斗与虹吸雨水管道时，在短管下面焊接不锈钢法兰，雨水涂塑钢管上面采用沟槽法兰，两者再采用法兰连接 。

5)雨水斗与金属屋面天沟焊接完后在焊缝周围应涂上一层防水膏。

6)雨水斗导流罩采用不锈钢自攻螺栓固定，罩与斗体间加橡塑胶垫密封。

(15)设备安装

1)工艺流程(如图 18-147 所示)

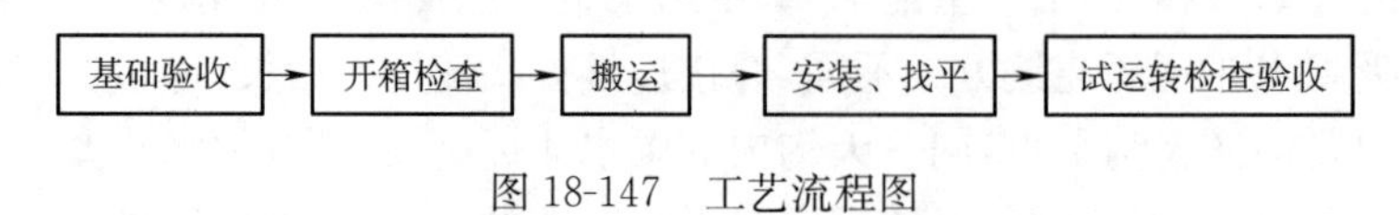

图 18-147 工艺流程图

2)设备安装前对土建基础、预埋件进行校验,基础强度必须达到设计要求,设备基础、预埋件位置、外形尺寸、标高偏差必须在规范允许范围内。

3)设备到货后要进行开箱验收,检查设备是否符合设计要求的名称、型号、规格、质量、安装说明书和产品合格证,检查设备有无缺件,表面有无损坏和锈蚀,设备和易损备件、安装和检修工具以及设备所带的资料应齐全,设备的进出口应封闭良好,随机的零部件应齐全无缺损。

4)设备安装时,在同一房间内安装同类设备、管道附件等,应美观,无特殊要求应安装在同一中心线或同一高度,设备必须用符合规范要求的垫铁找正调平。

3. 消防工程

(1)消防水系统

1)施工工艺流程(如图 18-148 所示)

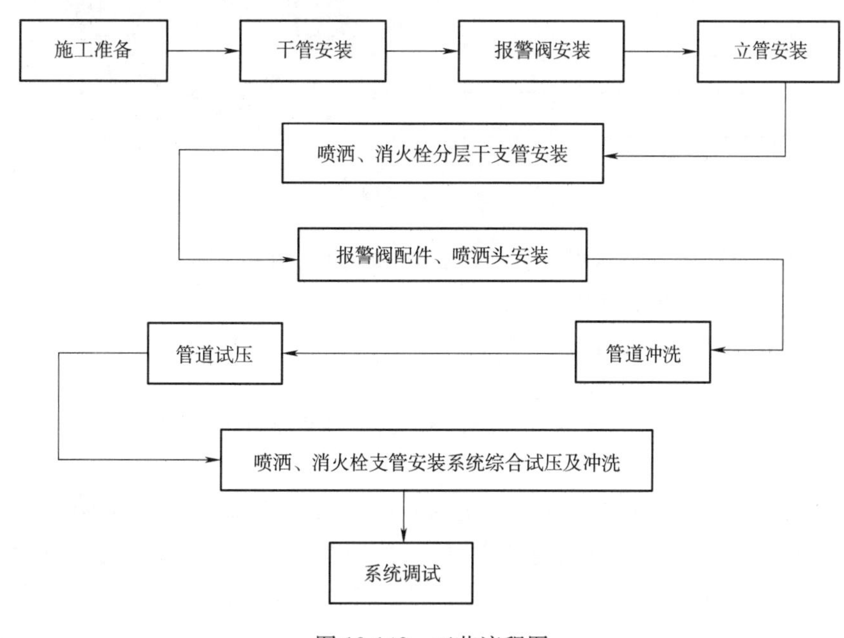

图 18-148　工艺流程图

2)管道安装工艺及要求

本工程使用的管材有热浸镀锌钢管 DN≤100 mm 时,采用螺纹连接。

DN>100 mm 时,采用沟槽连接。管道加工前,一是进行质量证明文件的复验,二是外观检查。

①管道在穿越变形缝时,安装柔性金属波纹管进行过渡。管道安装完毕后,其穿墙体、楼板处的套管内用不燃材料填充。

②管道在安装间隙中,必须将管口封闭,以免管内遭受污染。

③多根管道纵横交错在一起时,正确处理管道之间的关系的原则是:小口径管道让大口径管道,低温低压管道让高温高压管道,给水管道让排水管道,有压管道让无压道,金属管道让非金属管道,无毒无害介质管道让有毒有害介质管道,管件少的管道让管件多的管道。

3)管道焊接工艺及要求

①对接焊接的钢管端面应当与钢管轴线垂直。偏斜值最大不能超过 1.5 mm。

②壁厚不同的钢管对焊时,两管壁厚之差不得大于管壁厚度的 15%,并不得超过 3 mm。

③钢管焊接时应垫牢,不得搬动,不得将钢管悬空或处于外力作用下施焊。焊缝焊接完毕应自然缓慢冷却,不得用冷水骤冷。

④管道弯头的弯曲部分不允许有对接焊缝,焊缝与弯曲起点的距离不得小于钢管外径,并不得小于 100 mm,冲压弯头除外。管道上的焊缝不准在支架上或吊架内,焊缝离支(吊)架不得小于 100 mm。管道穿墙或穿洞等要加套管,套管内不准有焊缝。

4)管道沟槽工艺及要求

①管道沟槽连接在工程中大于 DN100 的镀锌钢管使用沟槽连接。沟槽连接是一种快捷高效的管道安

装方式。

②安装前使用专用的压槽机，在管道的一端滚压出一圈 2.5 mm 深的沟槽，沟槽的宽度是个定值，不需考虑。将管道的两端对接后，在管道外边套上一个专用的橡胶圈，两边的搭接要相等。将两半卡箍扣住橡胶圈，卡箍的凸缘正好卡进管端压出的沟槽里，拧紧卡箍两侧的螺栓即可。如图 18-149 所示。

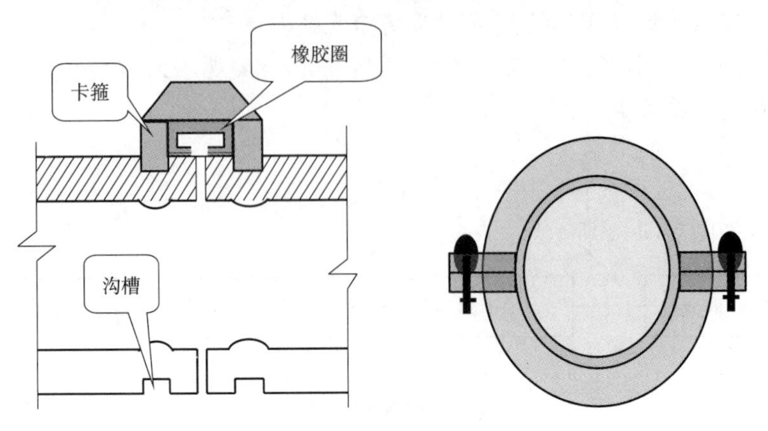

图 18-149 管道沟槽示意图

③管道的端面一定要与管身成 90°，无毛刺，管端 50 mm 范围内光滑整洁。

④操作人员一定要掌握压槽机的使用方法。

⑤为使密封圈易于安装，可以先在管道的外面涂一薄层洗涤灵液，做为润滑剂。

5)消防水泵和稳压泵安装工艺及要求

①安装底座：当基础的尺寸、位置、标高符合设计要求后，将底座置于基础上，套上地脚螺栓，调整底座的纵横中心位置与设计位置相一致。

②地脚螺栓的安装要求：地脚螺栓的不垂直度不大于 10/1 000。地脚螺栓距孔壁的距离不应小于 15 mm，其底端不应碰顶留孔底。安装前应将地脚螺栓上的油脂和污垢消除干净地脚螺拴拧紧后，用水泥砂浆将底座与基础之间的缝隙嵌填充实，再用混凝土将底座下的空间填满填实，以保证底座的稳定。

③水泵和电动机的吊装：吊装工具可用三角架和倒链滑车。起吊时，钢丝绳应系在泵体和电机吊环上，不允许在轴承座或轴上，以免损伤轴承座和使轴弯曲。

6)喷水头安装工艺及要求

①安装喷头不得对喷头进行拆装、改动，并严格禁止给喷头附加任何装饰性涂层。

②安装在易受机械损伤处的喷头要加设喷头防护罩。

③当喷头的公称直径小于 10 mm 时，应在配水干管或配水管上安装过滤器。

④同一根配水支管上喷头的间距及相邻配水支管的间距应根据系统的喷头强度、喷头的流量系数、工作压力确定，并不应大于相关规范的规定，且不宜小于 2.4 m。

⑤标准直立、下垂型喷头溅水盘与顶板的距离，不应小于 75 mm，且不宜大于 150 mm。(吊顶型、吊顶下安装的喷头除外)。

⑥快速响应早期灭火喷头的溅水盘与顶板的距离见表 18-45。

表 18-45 灭火喷头与顶板的距离(mm)

喷头安装方式	直立型		下垂型	
	不应小于	不应大于	不应小于	不应大于
溅水盘与顶板的距离	100	150	150	360

⑦平齐型吊顶喷头安装前应预留出 60 mm 直径的孔洞。

⑧半隐蔽型和隐蔽型吊顶喷头安装前应预留出孔洞，孔洞的尺寸及安装方法。

7)室内消火栓安装工艺及要求

①栓口中心距地面的高度为 1.1 m。消火栓中心距箱侧面距离为 140 mm，距箱后内表面为 100 mm，设置在消火栓箱内的消火栓栓口朝外。室内消火栓安装在明显、易取的地点。消火栓箱安装要牢固平稳不能倾斜。

②明装消火栓箱安装时，箱底距地面高度为 0.95 m，箱背四角距箱边沿 50 mm 处钻孔，用 Φ6×70 螺丝四个固定于墙上，也可用角铁支架支承。

③半暗或暗装消火栓箱，在箱两侧近箱背角上，距箱边 50 mm 上钻孔，用木螺丝固定于墙体，或用木楔在箱体与砖墙间塞紧，箱体四周缝隙用砂装填塞抹平。

④消火栓箱内胶管卷盘或水龙带挂架、水龙带和水枪。在工程验收前安装水龙带与水枪和快速接头，用中 1.6 紫铜丝绑扎，缠绕铜丝排列紧密，绕 3～4 圈以上绞头。

8)大空间智能型主动喷水灭火系统(高空水炮)安装工艺及要求

①设置大空间智能型主动喷水灭火系统的场所，当喷头或高空水炮为边墙或悬空式安装，且喷头及高空水炮以上空间无可燃物时，设置场所的净空高度可不受限制。

②各种喷头和高空水炮应下垂式安装。

③同一个隔间内宜采用一种喷头或高空水炮，如要混合采用多种喷头或高空水炮，且合用一组供水设施时，应在供水管路的水流指示器前，将供水管道分开设置，并根据不同喷头的工作压力要求、安装高度及管道水头损失来设置减压装置。

9)水系统试压和冲洗工艺及要求

水压试验要用不含油质及酸碱等杂质的洁净水作为介质，其强度试验程序由充水升压、强度检查几个步骤完成。

①水压试验的充水点一般选在系统或管段的较低处，加压装置可选用手摇泵、电动试压泵或电动离心泵，充水前将系统的阀门全部打开，同时打开各高点的放气阀，关闭最低点的排水阀，连接好进水管、压力表和打压泵等，即可向管网充水，待系统中空气全部排净后，关闭放气阀和进水阀，全面检查管道系统有无漏水现象，如有漏水及时修理。

②升压及强度试验：管道充满水后应无漏水现象，即可通过加压泵缓慢地加压，当压力表指针开始动作时，应停止加压，对系统进行全面检查，发现泄漏及时处理，当升压到一定数值时，应停下来对管道进行检查，无问题时再继续加压，一般分 2～3 次升至试验压力，停止升压迅速关闭进水阀，观察压力表，如压力表指针摆动，说明排气不良，应打开放气阀再次排气，并加至试验压力，然后记录时间停压检查，稳压 30 min 内，管网无泄漏和无变形，且压降不大于 0.05 MPa，强度试验合格。

③水压试验的严密性试验应在系统冲洗合格后进行，试验压力为工作压力，稳压 24 h，无泄漏为合格。

④管网冲洗应在试压强度合格后分段进行，冲洗顺序应先室外后室内，先地下后地上，室内部分的冲洗应按配水干管、配水管、配水支管的顺序冲洗。

⑤管网冲洗前要做好冲洗水的排放工作，排放管道的截面不应小于被冲洗管道截面的 60%。

⑥管网冲洗宜用水冲洗，不得用海水或含有腐蚀性化学物质的溶液进行冲洗。

⑦冲洗前应对系统的仪表采取保护措施，止回阀和报警阀等应拆除，冲洗工作结束后应及时复位。冲洗前应对管道支架、吊架进行检查，必要时应采取加固措施。冲洗直径大于 100 mm 的管道时，应对其焊缝、死角和底部进行敲打，但不得损伤管道。

⑧管网冲洗的水流速度不宜小于 3 m/s。管网的地上管道与地下管道连接时，应在管底部加设堵头，对地下管道进行冲洗。

⑨水冲洗应连续进行，以出口的水色、透明度与入口处基本一致为合格。水冲洗的水流方向应与灭火时自动喷水系统水流方向一致。

⑩管网冲洗后应将存水排尽，需要时可用压缩空气吹干或采取其他保护措施。管网冲洗后要填写系统冲洗记录表。

10)气体灭火系统施工规范及工艺

①贮存容器的操作面距墙或操作面之间的距离不宜小于 1 m，以便安装工作和今后的维护保养。

②贮存容器内的灭火剂的充装与增压应在生产厂内完成。

③贮存容器上的压力表应朝向操作面，安装高度和方向应一致。

④安装贮存容器的支、框架应固定牢靠，且应做防腐处理。

⑤贮存容器正面应标明设计规定的灭火剂名称和贮存容器的编号，以便维护管理。

(2)火灾自动报警系统

1)布线

①在管内或线槽内的布线,应在建筑抹灰及地面工程结束后进行,管内或线槽内不应有积水及杂物。

②火灾自动报警系统应单独布线,系统内不同电压等级、不同电流类别的线路,不应布在同一管内或线槽的同一槽孔内。

③导线在管内或线槽内,不应有接头或扭结。导线的接头,应在接线盒内焊接或用端子连接。

④从接线盒、线槽等处引到探测器底座、控制设备、扬声器的线路,当采用金属软管保护时,其长度不应大于 1.5 m。

⑤敷设在多尘或潮湿场所管路的管口和管子连接处,均应作密封处理。

⑥金属管子入盒,盒外侧应套锁母,内侧应装护口;在吊顶内敷设时,盒的内外侧均应套锁母。塑料管入盒应采取相应固定措施。

⑦明敷设各类管路和线槽时,应采用单独的卡具吊装或支撑物固定。吊装线槽或管路的吊杆直径不应小于 6 mm。

2)控制器类设备的安装

①火灾报警控制器、可燃气体报警控制器、区域显示器、消防联动控制器等控制器类设备(以下称控制器)在墙上安装时,其底边距地(楼)面高度宜为 1.3～1.5 m,其靠近门轴的侧面距墙不应小于 0.5 m,正面操作距离不应小于 1.2 m;落地安装时,其底边宜高出地(楼)面 0.1～0.2 m。

②控制器应安装牢固,不应倾斜;安装在轻质墙上时,应采取加固措施。

③控制器的主电源应有明显的永久性标志,并应直接与消防电源连接,严禁使用电源插头。控制器与其外接备用电源之间应直接连接。

3)探测器的安装

①点型感烟、感温火灾探测器的安装,应符合下列要求:

a. 探测器至墙壁、梁边的水平距离,不应小于 0.5 m。

b. 探测器周围水平距离 0.5 m 内,不应有遮挡物。

c. 探测器至空调送风口最近边的水平距离,不应小于 1.5 m;至多孔送风顶棚孔口的水平距离,不应小于 0.5 m。

d. 在宽度小于 3 m 的内走道顶棚上安装探测器时,宜居中安装。点型感温火灾探测器的安装间距,不应超过 10 m;点型感烟火灾探测器的安装间距,不应超过 15 m。探测器至端墙的距离,不应大于安装间距的一半。

e. 探测器宜水平安装,当确需倾斜安装时,倾斜角不应大于 45°。

②线型红外光束感烟火灾探测器的安装,应符合下列要求:

a. 当探测区域的高度不大于 20 m 时,光束轴线至顶棚的垂直距离宜为 0.3～1.0 m;当探测区域的高度大于 20 m 时,光束轴线距探测区域的地(楼)面高度不宜超过 20 m。

b. 发射器和接收器之间的探测区域长度不宜超过 100 m。

c. 相邻两组探测器的水平距离不应大于 14 m。探测器至侧墙水平距离不应大于 7 m,且不应小于 0.5 m。

d. 发射器和接收器之间的光路上应无遮挡物或干扰源。

e. 发射器和接收器应安装牢固,并不应产生位移。

③缆式线型感温火灾探测器

a. 在电缆桥架、变压器等设备上安装时,宜采用接触式布置。

b. 在各种皮带输送装置上敷设时,宜敷设在装置的过热点附近。

敷设在顶棚下方的线型差温火灾探测器,至顶棚距离宜为 0.1 m,相邻探测器之间水平距离不宜大于 5 m;探测器至墙壁距离宜为 1～1.5 m。

④可燃气体探测器的安装应符合下列要求:

a. 安装位置应根据探测气体密度确定。若其密度小于空气密度,探测器应位于可能出现泄漏点的上方或探测气体的最高可能聚集点上方;若其密度大于或等于空气密度,探测器应位于可能出现泄漏点的下方。

b. 在探测器周围应适当留出更换和标定的空间。

c. 在有防爆要求的场所，应按防爆要求施工。

d. 线型可燃气体探测器在安装时，应使发射器和接收器的窗口避免日光直射，且在发射器与接收器之间不应有遮挡物，两组探测器之间的距离不应大于14 m。

e. 探测器的底座应安装牢固，与导线连接必须可靠压接或焊接。当采用焊接时，不应使用带腐蚀性的助焊剂。

f. 探测器底座的连接导线，应留有不小于150 mm的余量，且在其端部应有明显标志。

g. 探测器底座的穿线孔宜封堵，安装完毕的探测器底座应采取保护措施。

h. 探测器报警确认灯应朝向便于人员观察的主要入口方向。

4)手动火灾报警按钮安装

①手动火灾报警按钮应安装在明显和便于操作的部位。当安装在墙上时，其底边距地(楼)面高度宜为1.3～1.5 m。

②手动火灾报警按钮应安装牢固，不应倾斜。

③手动火灾报警按钮的连接导线应留有不小于150 mm的余量，且在其端部应有明显标志。

5)火灾应急广播扬声器和火灾警报装置安装

①火灾应急广播扬声器和火灾警报装置安装应牢固可靠，表面不应有破损。

②火灾光警报装置应安装在安全出口附近明显处，距地面1.8 m以上。光警报器与消防应急疏散指示标志不宜在同一面墙上，安装在同一面墙上时，距离应大于1 m。

③扬声器和火灾声警报装置宜在报警区域内均匀安装。

6)消防专用电话安装

①消防电话、电话插孔、带电话插孔的手动报警按钮宜安装在明显、便于操作的位置；当在墙面上安装时，其底边距地(楼)面高度宜为1.3～1.5 m。

②消防电话和电话插孔应有明显的永久性标志。

7)系统接地

①交流供电和36 V以上直流供电的消防用电设备的金属外壳应有接地保护，接地线应与电气保护接地干线(PE)相连接。

②接地装置施工完毕后，应按规定测量接地电阻，并作记录。

③火灾自动报警系统是现代传感技术与计算机控制技术相结合的高科技产品，而外部一些不可预见的干扰将对其产生重要影响，系统接地是抑制干扰的最重要措施。系统接地不良，轻则使该系统产生不明故障或火警误报，重则造成设备的永久损坏。火灾自动报警接地系统一般都按规定设有保护接地和工作接地。火灾报警系统的保护接地如果无特殊要求，应按照《工业与民用电力装置的接地设计规范》进行，即凡是在火灾自动报警系统中，引入有交流供电设备的金属外壳都要按规定，采用专用接零干线引入接地装置，作好保护接地。不准将系统接地与保护接地或电源中性线连接在一起。

④在实际施工中，通常采用联合接地(共同接地)的方式，应采用专用接地干线由消防控制室接地板引至接地体。专用接地干线应该选用截面积不小于25 mm^2的塑料绝缘铜芯电线或电缆两根。联合接地时，接地电阻值应小于1 Ω。

⑤由消防控制室接地板引至各消防设备的接地线，应选用铜芯绝缘软线，其线芯截面积不应小于4 mm^2。

⑥系统采用控制器端单点接地方式，施工中应将系统中控制器的接地点连接在同一点，由这一连接点接入屏蔽地线连接端。除此之外，该系统中的总线、通讯线、广播线、对讲线等均不得与任何形式的地线或中性线连接，以防止设备的误动作。

⑦接地装置施工过程中，分不同阶段做电气接地装置隐检、接地电阻摇测等质量检查记录。

⑧系统安装完毕后，组织技术人员仔细检查、核对线路的敷设及接线正确与否，检查元件安装是否正确，所有探测器、变送器等一次元件及所有设备要试验测试合格，单体模拟试验测试变送器等的输出信号完全正确后，才能与主机的接口进行连接，使信号进入主机。

⑨防雷保护：本工程消防系统所用电子设备的雷电电磁脉冲防护等级按B级防护。

⑩接地保护：消防控制中心与建筑物防雷采用共用接地体，接地电阻不应大于1 Ω。交流供电电源采用

TN-S 系统,机房内设置局部等电位接地端子(LEB),机房设备 外壳及地板防静电接地均采用专用接地线与之连接,专用接地线应选用多股铜芯绝缘导 线,其线芯截面积不应小于 4 mm^2。从机房局部等电位接地端子(LEB)引专用接地干线 至接地体,接地干线应选用多股铜芯绝缘导线,其线芯截面积不应小于 25 mm^2。

(3)消防全系统调试

1)系统稳压调试

压力设置的原则主要是使消防给水管道系统最不利点的压力始终保持消防所需的压力。要求设定压力,压力设定后应进行压力限位试验,观察加压水泵在压力下限时能否启泵,在达到系统设置的上限时能否停止。

2)室内消火栓系统调试

消火栓系统在完成管道及组件安装后,应首先进行水压强度试验。

①做水压试验时应考虑试验时的环境温度,如果环境温度低于 5℃时,水压试验应采取防冻措施。

②水压强度试验的测试点应设在系统管网的最低点。

③消火栓系统水压严密性试验:消火桂系统在进行完水压强度试验后应进行系统水压严密性试验。试验压力应为设计工作压力,稳压为 24 h,应无泄漏。

④系统工作压力设定:消火栓系统在系统水压和严密性试验结束后,进行稳压设施的压力设定,稳压设施的稳压值应保证最不利点消火栓的静压力值满足设计要求。当设计无要求时最不利点消火栓的静压力应不小于 0.2 MPa。

3)自动喷水灭火系统调试

①自动喷水灭火系统在进行水压强度试验前应拆下不能参与试压的设备、仪表、阀门及附件进行隔离或拆除。对于加设临时盲板应准确,盲板的数量、位置应确定,以便试验结束后拆除。

②水压强度试验压力同消火栓系统相同。

③自动喷水灭火系统在进行完水压试验后应进行系统水压严密性试验。试验压力应为设计工作压力,稳压 24 h,应无泄漏。

4)消防泵的调试

①在消防泵房内通过开闭有关阀门将消防泵出水和回水构成循环回路,保证试验时启动消防泵不会对消防管网造成超压。

②将消防泵控制装置转入到手动状态,通过消防泵控制装置的手动按钮启动主泵,用钳型电流表测量启动电流,用秒表记录水泵从启动到正常出水运行的时间,该时间不应大于 5 min,如果启动时间过长,应调节启动装置内的时间继电器,减少降压过程的时间。

③主泵运行后观察主泵控制装置上的启动信号灯是否正常,水泵运行时是否有周期性噪音发出,水泵基础连接是否牢固,通过转速仪测量实际转速是否与水泵额定转速一致,通过消防泵控制装置上的停止按钮停止消防泵。

④将消防泵控制装置转入到自动状态,利用短路线短接消防泵控制装置远程自动启动端子,分别启动主泵和备用泵,并用万能表测量消防泵控制装置消防泵运行信号远程输出端子是否有信号输出。

⑤对双电源自动切换装置实施自动切换,测量备用电源相序是否与主电源相序相同。

⑥利用备用电源切换时消防泵应在 1.5 min 内投入正常运行。

5)火灾报警控制器调试

①调试前应切断火灾报警控制器的所有外部控制连线,并将任一个总线回路的火灾探测器以及该总线回路上的手动火灾报警按钮等部件连接后,方可接通电源。

②按现行国家标准《火灾报警控制器》(GB 4717)的有关要求对控制器进行功能检查并记录。

6)点型感烟、感温火灾控测器调试

①采用专用的检测仪器或模拟火灾的方法,逐个检查每只火灾探测器的报警功能,探测器应能发出火灾报警信号。

②对于不可恢复的火灾探测器应采取模拟报警方法逐个检查其报警功能,探测器应能发出火灾报警信号。当有备品时,可抽样检查其报警功能。

7)线型感温火灾控制器调试

①在不可恢复的探测器上模拟火警和故障，探测器应能分别发出火灾报警和故障信号。

②可恢复的探测器可采用专用检测仪器或模拟火灾的办法使其发出火灾报警信号，并在终端盒上模拟故障，探测器应能分别发出火灾报警和故障信号。

8)红外束感烟火灾探测器调试

①调整探测器的光路调节装置，使探测器处于正常监视状态。

②用减光率为0.9 dB的减光片遮挡光路，探测器不应发出火灾报警信号。

③用产品生产企业设定减光率(1.0～10.0 dB)的减光片遮挡光路，探测器应发出火灾报警信号。

④用减光率为11.5 dB的减光片遮挡光路，探测器应发出故障信号或火灾报警信号。

9)手动火灾报警按钮调试

①对可恢复的手动火灾报警按钮，施加适当的推力使报警按钮动作，报警按钮应发出火灾报警信号。

②对不可恢复的手动火灾报警按钮应采用模拟动作的方法使报警按钮发出火灾报警信号(当有备用启动零件时，可抽样进行动作试验)，报警按钮应发出火灾报警信号。

10)消防联动控制器调试

①将消防联动控制器与火灾报警控制器、任一回路的输入/输出模块及该回路模块控制的受控设备相连接，切断所有受控现场设备的控制连线，接通电源。

②按现行国家标准《消防联动控制系统》(GB 16806)的有关规定检查消防联动控制系统内各类用电设备的各项控制、接收反馈信号(可模拟现场设备启动信号)和显示功能。

③使消防联动控制器分别处于自动工作和手动工作状态，检查其状态显示，并按现行国家标准《消防联动控制系统》(GB 16806)的有关规定进行功能检查并记录。

④接通所有启动后可以恢复的受控现场设备，使消防联动控制器的工作状态处于自动状态，按现行国家标准《消防联动控制系统》(GB 16806)的有关规定和设计的联动逻辑关系进行功能检查并记录。

⑤使消防联动控制器的工作状态处于手动状态，按现行国家标准《消防联动控制系统》(GB 16806)的有关规定和设计的联动逻辑关系依次手动启动相应的受控设备，检查消防联动控制器发出联动信号情况、模块动作情况、受控设备的动作情况、受控现场设备动作情况、接收反馈信号(对于启动后不能恢复的受控现场设备，可模拟现场设备启动反馈信号)及各种显示情况。

⑥对于直接用火灾探测器作为触发器件的自动灭火控制系统除符合有关规定外，尚应按现行国家标准《火灾自动报警系统设计规范》(GB 50116)规定进行功能检查。

11)消防电话调试

①在消防控制室与所有消防电话、电话插孔之间互相呼叫与通话，总机应能显示每部分机或电话插孔的位置，呼叫铃声和通话语音应清晰。

②消防控制室的外线电话与另外一部外线电话模拟报警电话通话，语音应清晰。

③检查群呼、录音等功能，各项功能均应符合要求。

12)消防应急广播设备调试

①以手动方式在消防控制室对所有广播分区进行选区广播，对所有共用扬声器进行强行切换；应急广播应以最大功率输出。

②对扩音机和备用扩音机进行全负荷试验，应急广播的语音应清晰。

③对接入联动系统的消防应急广播设备系统，使其处于自动工作状态，然后按设计的逻辑关系，检查应急广播的工作情况，系统应按设计的逻辑广播。

④使任意一个扬声器断路，其他扬声器的工作状态不应受影响。

13)消防设备应急电源调试

①切断应急电源应急输出时直接启动设备的连线，接通应急电源的主电源。

②按下述要求检查应急电源的控制功能和转换功能，并观察其输入电压、输出电压、输出电流、主电工作状态、应急工作状态、电池组及各单节电池电压的显示情况，做好记录，显示情况应与产品使用说明书规定相符，并满足要求。

③断开应急电源的负载，按有关要求检查应急电源的保护功能，并做好记录。

④将应急电源接上等效于满负载的模拟负载，使其处于应急工作状态，应急工作时间应大于设计应急工

作时间的1.5倍，且不小于产品标称的应急工作时间。

⑤使应急电源充电回路与电池之间、电池与电池之间连线断线，应急电源应在100 s内发出声、光故障信号，声故障信号应能手动消除。

14)防火卷帘控制器调试

①防火卷帘控制器应与消防联动控制器、火灾探测器、卷门机连接并通电，防火卷帘控制器应处于正常监视状态。

②手动操作防火卷帘控制器的按钮，防火卷帘控制器应能向消防联动控制器发出防火卷帘启、闭和停止的反馈信号。

③用于疏散通道的防火卷帘控制器应具有两步关闭的功能，并应向消防联动控制器发出反馈信号。防火卷帘控制器接收到首次火灾报警信号后，应能控制防火卷帘自动关闭到中位处停止；接收到二次报警信号后，应能控制防火卷帘继续关闭至全闭状态。

④用于分隔防火分区的防火卷帘控制器在接收到防火分区内任一火灾报警信号后，应能控制防火卷帘到全关闭状态，并应向消防联动控制器发出反馈信号。

15)防排烟系统调试

①检查风道是否畅通及有无漏风，然后把正压送风口手动打开，观察机械部分打开是否顺畅，有无卡堵现象(电气自动开启可在联动调试时进行)。在风机室手动启动风机，利用微压仪测量余压值，防烟楼梯间余压值应为40 Pa～50 Pa，前室、合用前室、消防电梯前室的余压值应为25 Pa～30 Pa。在风机室手动停止风机，采用短路方式在风机室模拟远程启动风机，并测量风机启动后是否向消防控制室反馈启动信号。

②采用短路方式在风机室模拟远程启动排烟风机，并测量风机启动后是否有向消防控制室反馈启动信号。

③手动关闭防火阀，测量关闭后防火阀的信号反馈输出。

16)气体灭火系统调试

①在自动状态下，当控制器接收到火灾自动报警控制器发出的启动控制信号以后，输出正确的声光报警信号，经过规定时间的延时后，灭火剂或气体应能正确喷入被试防护区内，且能从被试防护区的每个喷嘴喷出。

②在手动状态下，按下防护区门口的紧急启动按钮，当控制器接收到相应的启动控制信号以后，输出正确的声光报警信号，经过规定时间的延时后，灭火气体应能正确喷入被试防护区内，且能从被试防护区的每个喷嘴喷出。

③模拟试验在电气启动全部失灵的情况下的机械应急启动，压下相应防护区域的先导控制器手柄，气体应能正确喷出，松开手柄后应能停止喷放。

④分别在自动和手动状态下，在延时时间内，按下防护区门口的紧急截止按钮，报警控制器应不再输出启动信号。

⑤灭火剂或气体应能喷入被试防护区内，并应能从被试防护区的每个喷头喷出。

⑥储罐间内的设备和对应防护区内的灭火剂输送管道无明显晃动和机械性损坏。

4. 电气及照明工程

(1)主要施工流程(如图18-150所示)

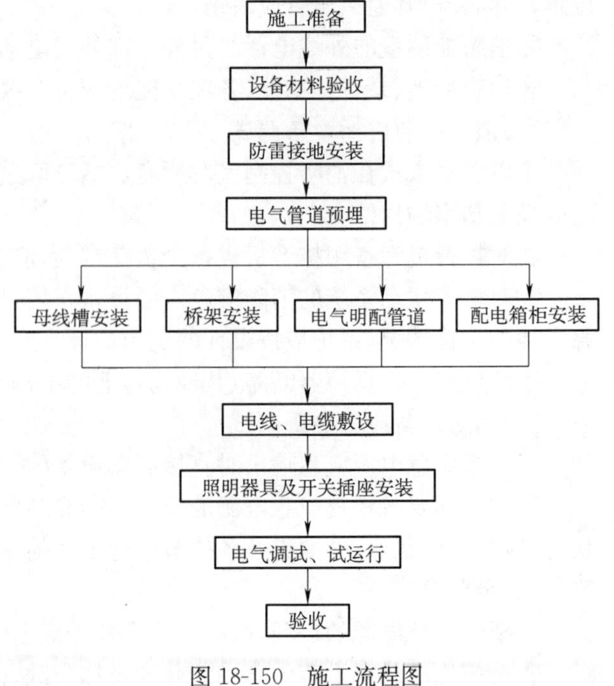

图18-150 施工流程图

(2)管线敷设

1)线管敷设工艺流程

施工准备、预制加工→测定箱盒位置→箱盒固定→管路连接及敷设→钢管接地→防腐处理→技术复核→检查验收→清管穿铁线。

2)施工方法

①线管选择

暗敷设电气导管采用焊接钢管，明配导管选用镀锌钢管，钢管焊缝均匀，无劈里裂、砂眼、棱刺和凹扁现象。钢管内壁做防腐，具备产品合格证。

②钢管加工

钢管加工煨弯采用冷煨法，管径20 mm及以下的用手扳煨管器，管径为25 mm及以上的管道用液压煨管器，管的弯曲半径必须达到管外径的10倍以上，弯扁度不大于0.1D。管道在切断时采用砂轮锯或钢锯，断口处平齐不歪斜，管口刮锉光滑，无毛刺并清除管内铁屑。

③管路连接

暗配焊接钢管的连接采用套管焊接，不做专用跨接线，套管长度不得小于连接管径的2.2倍，连接管口的对口处应在套管的中心，焊口焊接牢固严密。

明配镀锌钢管采用丝扣连接或专用连接头，丝扣连接需做专用跨接地线，跨接地线为铜芯软线，截面大于4 mm^2；套接紧定式连接钢管(JDG管)采用专用连接配件连接，紧定螺丝用专用工具将螺帽拧断，管路连接处不需做专用跨接地线。金属导管严禁对口熔接；镀锌和壁厚小于2mm的钢导管不得套管熔焊连接。

④线管敷设

按设计和质量标准要求确定好与线管相连的配电箱、盘、开关盒、灯头盒、插座盒等的准确位置，现浇混凝土中的箱、盒需加支铁固定。线管在下列情况下应增设接线盒或增大管径：每超30 m无弯曲时、每超过20 m有1个弯时、每超过15 m有2个弯时、每超过8 m有3个弯时。

线管进入箱、盒时管口露出箱盒应小于5 mm，暗配管用跨接地线焊接固定在盒棱边或专用接地爪上；明配管及天棚内丝接导管进入箱、盒里外带锁紧螺母，内螺母上紧后，露丝2～4扣，加内护口；箱、盒开孔应整齐并与管径相吻合，一管一孔，不得开长孔。钢管进入落地式柜、台、箱、盘内的管口，高出基础面50～80 mm。暗配钢管保护层厚度不得小于15 mm，钢管经过变形缝需做变形处理。见表18-46。

表18-46　钢管中间管卡最大距离(mm)

壁　厚	钢管直径(mm)				
	15～20	25～32	32～40	50～65	65以上
壁厚>2 mm钢管	1 500	2 000	2 500	2 500	3 500
壁厚≤2 mm钢管	1 000	1 500	2 000	2 000	——

(3)防雷及接地施工

1)工艺流程

防雷接地体焊接→接地干线→接地引出件焊接→引下线、等电位及均压环安装→引下线与屋面接闪器连接处引出→接闪器安装。

2)施工方法

防雷接地的材质与布局应按设计确定。

本工程利用基础底板内钢筋网做接地体，将基础底板内钢筋按照引下线间距形成网格，网格钢筋采用2根通长钢筋进行焊接，其余底板钢筋为绑扎连接。接地体接地电阻值不得大于0.5 Ω，当达不到要求时，增设接地体，直至满足设计要求为止。

利用柱内不小于ϕ16 mm的两根钢筋或钢管柱内钢管做引下线，柱子内钢筋引下线与底板钢筋采用－50×5热镀锌扁钢进行焊接，与屋面避雷网、避雷针可靠连接(焊接)。

在结构外墙内－1.5 m处敷设－50×5热镀锌扁钢做等电位体，等电位体与接地体采用－50×5热镀锌扁钢进行连接，连接点与防雷引下线位置相对应。

镀锌圆钢与镀锌圆钢、镀锌圆钢与镀锌扁钢焊接点采用双面焊接，搭接长度不小于钢筋直径的6倍；镀锌扁钢间的搭接不少于三面施焊，搭接长度不小于扁钢宽度的2倍；镀锌扁钢与镀锌钢管(或角钢)焊接时，除应在其接触部位两侧进行焊接外，还要直接将扁钢本身弯成弧形(或直角形)，紧帖3/4钢管(或角钢)表面，上下两侧施焊；在隐蔽之前必须进行复核。

接地体(线)焊接处焊缝应饱满并有足够的机械强度，不得有夹渣、咬肉、裂纹、虚焊、气孔等缺陷，焊接处药皮敲净后做防腐处理(混凝土结构内不做防腐)。

建筑物等电位联结干线应从与接地装置有不少于2处直接连接的接地干线或总等电位箱引出，等电位联结干线或局部等电位箱间的连接线形成环形网路，环形网路应就近与等电位联结干线或局部等电位箱连接。支线间不应串联连接。等电位联结的可接近裸露导体或其他金属部件、构件与支线连接应可靠，熔焊、钎焊或机械紧固应导通正常。需等电位联结的高级装修金属部件或零件，应有专用接线螺栓与等电位联结支线连接，且有标识；连接处螺帽紧固、防松零件齐全。

(4)成套配电控制箱安装

1)工艺流程

基础型钢制作安装→电线导管、电缆导管检查→安装柜、箱→接地或接零连接→电线电缆压接→柜(箱)内配线校线→盘柜调试→试运验收。

2)施工方法

①基础型钢安装

基础型钢预先调直、除锈、刷防锈底漆，型钢架采用预制或现场组装的方法。按照图纸标注位置，将型钢架焊牢在基础预埋铁上，用水准仪及水平尺找平、校正。配电箱安装用铁架固定，或用金属膨胀螺栓固定。铁架加工按尺寸下料，找好角钢平直度，将埋注端做成燕尾形，然后除锈、刷防锈漆。基础型钢尺寸按设计要求安装，其顶部平直度和侧面平直度每米均不超过 1 mm，全长不超过 5 mm。基础型钢与接地母线连接时，将接地扁钢引入并与基础型钢两端焊牢，焊缝长度为扁钢宽度的 2 倍。

②配电箱安装

按照施工图纸，先编好设备号、位号，按顺序将箱体安放在基础型钢上。箱就位找正、找平，然后柜体与基础型钢固定，柜体与柜体、柜体与侧挡板均用镀锌螺栓连接。箱漆层应完整无损、色泽一致。固定电器的支架均应刷漆。配电箱明装高度为底边距地 1.2 m，暗装高度为底边距地 1.4 m。

③试验调整

高压试验应由当地供电部门许可的试验单位进行，试验标准符合国家规范、当地供电部门的规定及产品技术资料要求。试验内容包括高压柜、母线、避雷器、高压瓷瓶、电压互感器、电流互感器、高压开关等。调整内容为过流继电器、时间继电器、信号继电器、机械连锁等。

④试运验收

在前期准备工作一切就绪后，由供电部门检查合格，将电源送进变配电室，经过验电校相无误，空载运行 24 h 无异常现象后，办理验收手续，交建设单位使用。同时提交产品合格证、说明书、实验报告单等技术资料。

3)质量要求

①柜箱的金属柜架及基础型钢必须接地(零)可靠；装有电器的可开启门，门和柜架的接地端子间应用裸编织线连接，且有标识。

②低压成套柜、动力(照明)配电箱应有可靠的电击保护。柜、箱内保护导体应有裸露的连接外部保护导体的端子。

③手车、抽出式成套配电柜推拉应灵活，无卡阻碰撞现象。动触头与静触头的中心线应一致，且触头连接紧密。投入时，接地触头先于主触头接触，接地触头后于主触头脱开。

④柜箱间线路的线间和线间绝缘电阻值、馈电线路必须大于 0.5 MΩ，二次回路必须大于 1 MΩ。

⑤配电箱内配线整齐，无绞接现象，回路标示齐全；导线连接紧密，不伤芯线、不断股，同一端子上导线连接不多于 2 根，防松垫圈等零件齐全。明装配电箱距地高度为 1.2 m，暗装配电箱距地 1.4 m，暗装配电箱盖紧贴墙面。

(5)线槽、桥架、配线

1)工艺流程

预留孔洞→定位弹线→支架制作、安装→线槽、桥架安装→保护接地安装→槽内配线、桥架内电缆敷设→线路检查及绝缘测试。

2)施工方法

①预留孔洞施工

预留孔洞时，根据土建建筑、设备安装坐标、安装高度进行放线定位，将预加工好的框架固定在标出的位置上，调直，待混凝土凝固，模板拆除后，拆下框架，抹平洞口。

②定位弹线

根据设计图确定电气器具的安装位置，按照从始端至终端，先干线后支线的方式，找好水平及垂直线，沿线路的中心弹出，按照设计图要求及施工规范规定，分匀挡距用笔标出具体位置。

③支架、吊架制作、安装

支架和吊架下料准确，尺寸偏差控制在 5 mm 内，切口处无毛刺、卷边。

钢支架与吊架焊接牢固，无变形、焊缝均匀平整，支架与吊架应安装牢固，横平竖直，在有坡度的建筑部位，支架与吊架有相同坡度。

固定支点间距一般为 1.5～3 m，垂直安装的支架间距不大于 2 m。在进出接线盒、箱，拐角、转弯和变形缝两端及丁字接头的三端 500 mm 以内应设支持点。支架与吊架距离上层楼板和侧面墙不小于 150～200 mm，距离地面不低于 100～150 mm。

④线槽、桥架安装

金属线槽、桥架及其附件应采用经过镀锌处理的定型产品。线槽、桥架平整，无扭曲变形，内壁无毛刺，各种附件齐全。

线槽、桥架的接口平整，连接可采用内连接或外连接，接缝处紧密平直，连接板两端不少于 2 个有防松动螺帽或防松垫圈的连接固定螺栓，螺母置于线槽外侧。非镀锌线槽、桥架连接的两端应有跨接线，跨接线为不小于 4 mm^2 的铜芯软线。线槽盖装上后应平直，无翘角，出线口的位置要准确。线槽、桥架的所有非带电部分的铁件均应相互连接和跨接，使之成为一个连续导体，并做好整体接地，金属线槽、桥架不能作为设备的接地导体，金属线槽、桥架全长不少于 2 处与接地干线连接。

⑤直线段钢制电缆桥架长度超过 30 m 时，设伸缩节；线槽、桥架经过建筑物的变形缝（伸缩缝、沉降缝）时，应断开，并用内连接板搭接，不需固定，保护地线和导线均应有补偿余量。

⑥电缆测试

1 kV 及以下电缆，用 1 000 V 兆欧表测量线间及线对地的绝缘电阻应符合产品技术标准。

电缆测试完毕，应将电缆头用橡皮包布密封后再用黑色布包好。

⑦电缆牵引

该工程电缆较大，必须采用人工牵引为主放电缆，卷扬机辅助，选择的卷扬机的牵引力和速度应符合国家规范的要求，机械敷设电缆的速度不宜超过 15 m/min。

电缆人工牵引示意图，如图 18-151 所示。

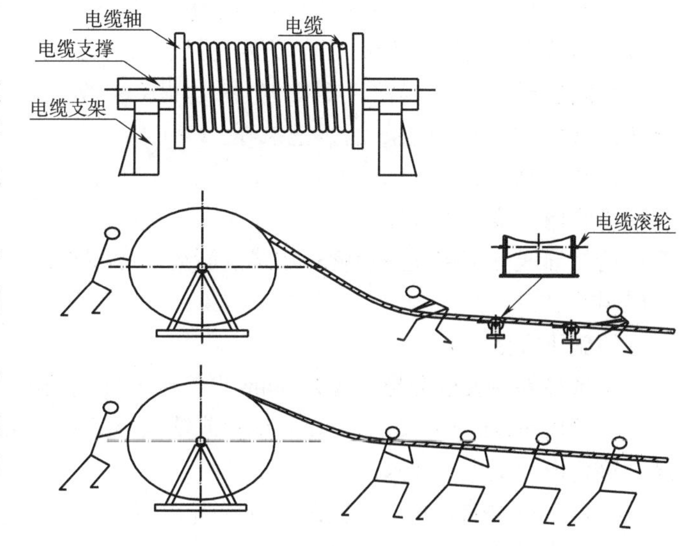

图 18-151　电缆人工牵引示意图

⑧电缆敷设

水平敷设应分不同等级，电压电缆分层敷设，低压在下方，高压在上方。每层敷设排列要整齐、不得有交叉，拐弯处应以最大截面电缆允许弯曲半径为准。垂直敷设，最好自上而下敷设，但在敷设时在电缆轴附近和部分楼层应采取防滑措施。垂直敷设时，每敷设一根，应立即卡固一根。每隔 2 m 处固定在每个支架上或桥架上。在建筑物伸缩缝、沉降缝处应将电缆摆放成“S”形。交流单芯电力电缆敷设，应布置在同侧支架上，当按紧贴的正三角形排列时，应每隔 1 m 用绑带扎牢。

⑨挂标志牌

直埋电缆进出建筑物，电缆井及两端要挂标志牌。沿支架、桥架敷设的电缆在其两端、拐弯处，交叉处应挂标志牌。标志牌应注明电缆编号、规格、型号及电压等。标志牌规格要一致，并有防腐性能，挂装要牢固。

⑩低压电缆热缩终端头制作

电缆头制作应防止尘埃、杂物落入绝缘内，严禁在雾或雨中施工。施工前应检查电缆绝缘状况良好，检查附件规格应与电缆一致，零部件齐全无损伤，绝缘材料不得受潮，密封材料不得失效。电缆头制作完毕后，分开工作零线，接地保护线和屏蔽线，安装时分别接地。

(6)封闭式母线安装

1)工艺流程

设备点件检查→支架制作安装→封闭式母线安装→检查送电验收。

2)施工方法

①设备检查

核对沿母线敷设全长方向有无障碍物，有无与建筑结构或设备管道、通风等安装部件交叉的现象，放线测量出母线加工尺寸、支架尺寸，并划出支架安装距离及剔洞或固定件安装位置。

母线进入现场应根据母线及支架敷设的不同情况，核对是否与图纸相符。检查设备及附件，分段标志应清晰齐全，外观无损伤变形，母线绝缘电阻符合设计要求。

②支架制作安装

支架的加工制作按选好的型号、测量好的尺寸断料制作，断料严禁气焊切割，加工尺寸最大误差为5 mm。支架上钻孔用台钻或手电钻，不得用气焊割孔，孔径不得大于固定螺栓直径2 mm。封闭插接母线的拐弯处以及与箱(盘)连接处必须加支架。直段插接母线支架的距离不大于2 m。膨胀螺栓固定支架不少于两条。一个吊架应用两根吊杆，固定牢固，螺扣外露2～4扣，膨胀螺栓应加平垫和弹簧垫，吊架应用双螺母夹紧。支架及支架与预埋件焊接处刷防腐油漆，油漆均匀无遗漏，不污染建筑物。

③封闭式母线槽安装

封闭式母线槽按设计和产品和技术文件规定进行组装，组装前对每段进行绝缘电阻测试，测试结果符合设计要求，并做好记录。母线槽固定距离不大于2.5 m，水平敷设距地高度不小于2.2 m。母线槽接地可靠，母线与设备连接采用软连接，母线紧固螺栓由厂家配套提供，采用力矩扳手紧固。母线槽沿墙水平安装高度不小于2.2 m，可靠地固定在支架上；母线槽悬挂吊装时，吊杆直径与母线重量相适应，螺母应能调节；封闭式母线槽垂直安装时，沿墙或柱子处，应做固定支架，过楼板处加装防震装置，并做防水台。封闭式母线槽长度超过40 m时，应设置伸缩节，跨越建筑物的伸缩缝或沉降缝处，要采取补偿措施，在订货时，提出此项要求。封闭式母线安装母线与外壳同心，允许偏差为±5 mm；段与段连接时，两相邻段母线及外壳对准，连接后不使母线及外壳受额外应力；母线的连接方法符合产品技术文件要求。

④试运行验收

运行验收条件：变配电室已经达到送电条件，土建、装饰工程及其他工程全部完工，并清理干净，与插接式母线连接设备及连线安装完毕，绝缘良好。

空载运行24 h无异常，办理验收手续，提交验收资料。验收资料包括交工验收单、变更洽商记录、产品合格证、说明书、测试记录、运行记录等。

(7)管内穿线

1)管内穿线施工顺序

选择导线→穿带线→扫管→放线及断线→导线与带线绑扎→带护口→穿线→导线接头→接头包扎→绝缘电阻测试。

2)施工方法

①选择导线要区分导线规格，同时严格区分导线颜色。

②管内带线选用ϕ1.2～2 mm钢丝或铁丝，在穿带线的同时检查管路是否畅通，管路走向及箱、盒位置是否符合设计施工图要求。

③将布条两端牢固地绑扎在管内带线上，两人来回拉动带线，清除管内灰尘、泥水等杂物。

④放线时导线置于放线架或放线车上，断线时要全面考虑导线的预留长度。

⑤电线、电缆穿管注意事项：

穿线前应将管内的积水和杂物清扫干净，管口应有保护措施；导线在管内不得有接头和扭结，导线接头应放在接线盒内。同一交流回路的导线必须穿于同一管内。不同回路、不同电压等级以及交、直流导线，不得穿入同一管内，但下列情况除外：标称电压为50 V以下的回路；同一花灯的几个回炉；同类照明的几个回路，但管内导线不得多于8根；同一设备或同一流水作业线设备的电力回路和无特殊防干扰要求的控制回路。三相或单相的交流单芯电缆，不得单独穿于钢导管内。导线外径总截面不得大于导管内径截面面积的

40%。使用锡焊法连接铜导线时，焊锡应灌得饱满，不应使用酸性焊剂。

⑥线路检查和绝缘测量

照明线路一般选用500 V，0～500 MΩ兆欧表。照明绝缘线路在电气器具未安装前进行线路绝缘测量时，应将灯头盒内导线分开，开关盒内导线连道，干线和支线分开测量。在电气器具全部安装完毕，送电前进行检测时，应先将线路上的开关，刀闸、仪表、设备等用电开关全部置于断开位置。其绝缘电阻应不小于2 MΩ，线管穿线合格。

(8)照明灯具安装

1)普通座式灯头安装

①塑料(木)台的安装。将接灯线从塑料(木)台的出线孔中穿出，将塑料(木)台紧贴住建筑物表面，塑料(木)台的安装孔对准灯头盒螺孔，用机螺丝将塑料(木)台固定牢固。

②把从塑料(木)台甩出的导线留出适当维修长度，削出线芯，然后推入灯头盒内，线芯应高出塑料(木)台的台面。接头处需用粘胶带和黑胶布分层包扎紧密。将包扎好的接头调顺。

③自在器吊灯安装：首先根据灯具的安装高度及数量，把吊线全部预先掐好，应保证在吊线全部放下后，其灯泡底部距地面高度为800～1100 mm之间。削出线芯，然后盘圈、搪锡。根据已掐好的吊线长度断取软塑料管，并将塑料管的两端管头剪成两半，其长度为20 mm，然后把吊线穿入塑料管。把自在器穿套在塑料管上。将吊盒盖和灯口盖分别套入吊线两端，挽好保险扣，再将剪成两半的软塑料管端头紧密搭接，加热粘合，然后将灯线压在吊盒和灯口螺柱上。对于相线，并作好标记，最后按塑料(木)台安装接头方法将吊线灯安装好。

2)日光灯安装

①吸顶日光灯安装：根据设计图确定日光灯的位置，将日光灯贴紧建筑物表面，日光灯的灯箱应完全遮盖住灯头盒，对着灯头盒的位置打好进线孔，将电源线甩入灯箱，在进线孔处应套上腊管或塑料管以保护导线。找好灯头盒螺孔的位置，在灯箱的底板上用电钻打好孔，用机螺丝拧牢固，在灯箱的另一端应使用胀管、螺栓加以固定。如果日光灯是安装在吊顶上的，应该用自攻螺丝将灯箱固定在龙骨上。灯箱固定好后，将电源线压入灯箱内的端子板(瓷接头)上，把灯具的反光板固定在灯箱上，并将灯箱调整顺直，最后把日光灯管装好。

②吊链日光灯安装：根据灯具的安装高度，将全部吊链编好，把吊链挂在灯箱挂钩上，并且在建筑物顶棚上安装好塑料(木)台，将导线依顺序编叉在吊链内，并引入灯箱，在灯箱的进线孔处应套上塑料管以保护导线，压入灯箱内的端子板(瓷接头)内。将灯具导线和灯头盒中甩出的电源线连接，并用压线帽压接。理顺接头扣于法兰盘内，法兰盘(吊盒)的中心应与塑料(木)台的中心对正，用木螺丝将其拧牢固。将灯具的反光板用机螺丝固定在灯箱上，调整好灯脚，最后将灯管装好。

3)各型花灯安装

①组合式吸顶灯安装：根据预埋的螺栓和灯头盒的位置，在灯具的托板上用电钻开好安装孔和出线孔，安装时将托板托起，将电源线和从灯具甩出的导线连接并包扎严密。应尽可能的把导线塞入灯头盒内，然后把托板的安装孔对准预埋螺栓，使托板四周和顶棚贴紧，用螺母将其拧紧，调整好各个灯口，悬挂好灯具的各种装饰物，并上好灯管和灯泡。

②吊式灯安装：将灯具托起，并把预埋好的吊杆插入灯具内，把吊挂销钉插入后要将其尾部掰开成燕尾状，并且将其压平。导线接好头，包扎严实，理顺后向上推起灯具上部的扣碗，将接头扣于其内，且将扣碗紧贴顶棚，拧紧固定螺丝。调整好各个灯口，上好灯泡，最后再配上灯罩。

4)嵌入式灯具的安装

根据灯具的外型尺寸确定其支架的支撑点，再根据灯具的具体重量经过认真核算，选用支架的型材制作支架，做好后，根据灯具的安装位置，用预埋件或用胀管螺栓把支架固定牢固。轻型光带的支架可以直接固定在主龙骨上；大型光带必须先下好预埋件，将光带的支架用螺丝固定在预埋件上，固定好支架将光带的灯箱用机螺丝固定在支架上，再将电源线引入灯箱与灯具的导线连接并压接紧密。调整各个灯口和灯脚，装上灯泡或灯管，上好灯罩，最后调整灯具的边框应与顶棚面的装修直线平行。如果灯具对称安装，其纵向中心轴线应在同一直线上，偏斜不应大于5 mm。

5)壁灯的安装

先根据灯具的外形选择合适的木台或木板,把灯具摆放在上面,四周留出的余量要对称,然后用电钻在木板上开好出线孔和安装孔,在灯具的底板上也开好安装孔,将灯具的灯头线从木台(板)的出线孔中甩出,在墙壁上的灯头盒内接头,并包扎严密,将接头塞入盒内。把木台或木板对正灯头盒,贴紧墙面,可用机螺丝将木台直接固定在盒子耳朵上,如为木板就应该用胀管固定。调整木台或木板,使其平正不歪斜,再用机螺丝将灯具拧在木台或木板上,最后配好灯泡、灯伞或灯罩。安装在室外的壁灯应打好泄水孔。

6)开关安装:同一建筑物、构筑物的开关采用同一系列的产品,开关的切断方向应一致,且操作灵活,接点接触可靠;开关通断必须控制相线,严禁控制零线;开关安装位置应便于操作,距门框150~200 mm,成排安装的开关高度应一致,高低差不大于2 mm。

7)插座安装:同一室内安装的插座高低差不应大于5 mm,成排安装的插座不应大于2 mm;暗设的插座应有专用盒,盖板应端正紧贴墙面。单相二、三孔插座面对插座的右极接相线,左极接零线,保护接地线应在上方。单相三孔、三相四孔及三相五孔插座的接地(PE)或接零(PEN)线接在上孔;插座的接地端子不与零线端子连接,同一场所的三相插座,接线的相序一致;接地线在插座间不串联连接。电话电视终端盒及信息插座与电源插座间距不应小于300 mm。

(9)不间断电源安装

1)不间断电源的整流装置、逆变装置和静态开关装置的规格、型号必须符合设计要求。内部结线连接正确,紧固件齐全,可靠不松动,焊接连接无脱落现象。

2)不间断电源的输入、输出各级保护系统和输出的电压稳定性、波形畸变系数、频率、相位、静态开关的动作等各项技术性能指标试验调整必须符合产品技术文件要求,且符合设计文件要求。

3)不间断电源装置间连线的线间、线对地间绝缘电阻值应大于0.5 MΩ。

4)不间断电源输出端的中性线(N极),必须与由接地装置直接引来的接地干线相连接,做重复接地。

5)安放不间断电源的机架组装应横平竖直,水平度、垂直度允许偏差不应大于1.5‰,紧固件齐全。

6)引入或引出不间断电源装置的主回路电线、电缆和控制电线、电缆应分别穿保护管敷设,在电缆支架上平行敷设应保护150 mm的距离;电线、电缆的屏蔽护套接地连接可靠,与接地干线就近连接,紧固件齐全。

7)不间断电源装置的可接近裸露导体应接地(PE)或接零(PEN)可靠,且有标识。

8)不间断电源正常运行时产生的A声级噪声,不应大于45dB;输出额定电流为5A及以下的小型不间断电源噪声,不应大于30 dB。

9)作为应急照明和指示用的应急集中电源柜应急供电时间必须大于90 min。

(10)智能照明模块安装

1)照度传感器的安装

为了更充分地利用自然光,我们在火车站最高处及透光性最好的地方安装照度传感器。符合MR现场总线的设计要求。安装在室外可以选用防水型照度传感器,安装在室内可以选用普通型照度传感器。

由于RS485总线实行长距离传输(1 200 m以上),而且其传输线通常暴露于户外,因此极易因为雷击等原因引入过电压。而RS485收发器工作电压较低(5 V左右),其本身耐压耐压范围也非常窄(−7 V~+12 V),一旦过压引入,就会击穿损坏,导致通讯中断,设备无法运行。在有强烈的浪涌能量出现时,甚至可以看到收发器爆裂,线路板焦糊的现象,造成巨大的经济损失。

因此,我们把总线上的容易烧毁通信接口芯片与照度传感器分离,把通信接口芯片安装在多功能输入模块,便于安装与维修。多功能输入模块应安装在室内控制面板旁边或是易于安装维修的地方。

2)智能控制模块安装

智能控制模块安装在相应区域的配电箱内,如图18-152所示,模块采用丁导轨方式安装(安装简洁方便,有利于维修),模块与模块上下之间的距离保持20 cm,以便强电接线。每个控制模块都需要220 V电源供电。

3)智能调光控制箱安装

智能调光控制箱安装在相应区域的配电箱旁,如图18-153所示。

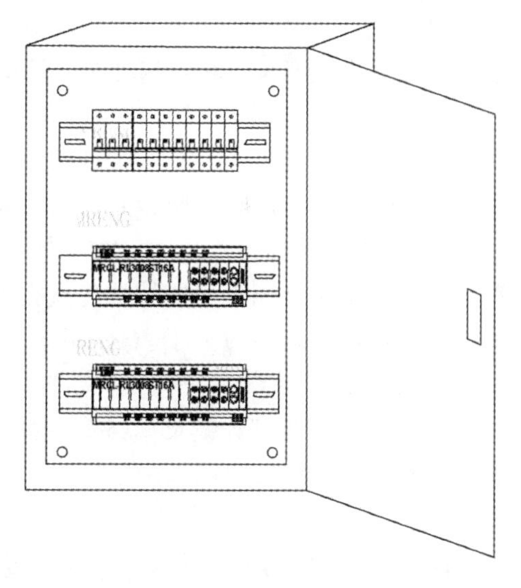

图 18-152　模块图

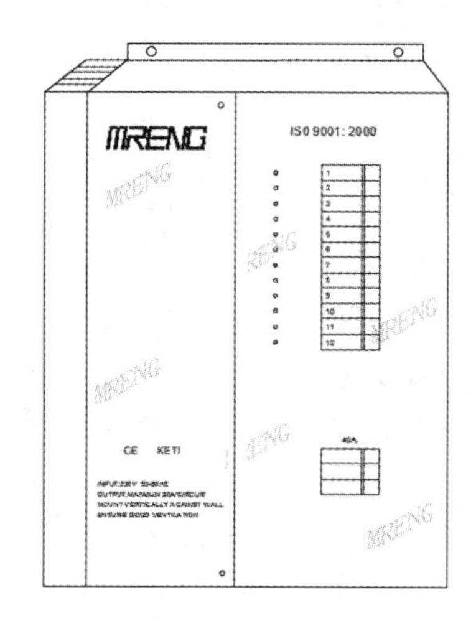

图 18-153　控制箱图

智能调光控制箱采用挂墙的方式安装(需要钻四个孔安装膨胀螺丝),调光控制箱需要三相五线制供电。

(11)景观照明系统

1)工艺流程(如图 18-154 所示)

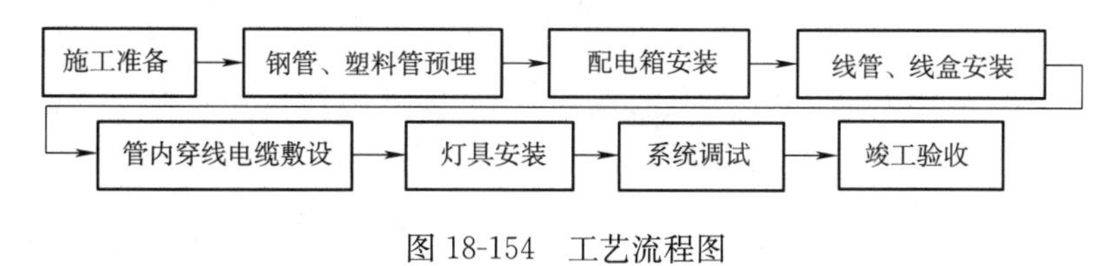

图 18-154　工艺流程图

2)施工准备

根据施工图纸中的技术要求,准备齐全相关的现行有效规范、国家标准图集等技术资料。编制总施工需用材料计划表,组建施工班组,对班组进行详细的技术交底、安全教育、安全技术交底,针对不同的工序下达施工任务单,使用新材料、新工艺的工序需事先对工人进行技能培训。

3)线管、线盒安装

施工班组应根据施工员下达的施工任务单及技术交底结合施工图纸进行工。

①线管、线盒安装工艺流程(如图 18-155 所示)

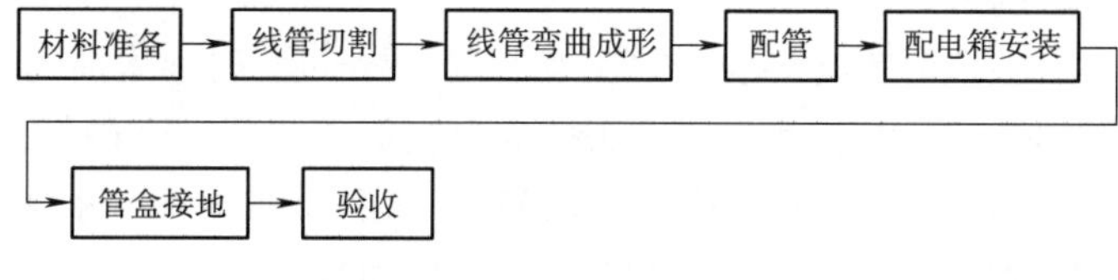

图 18-155　工艺流程图

②线管切割

线管应在施工现场确定具体长度,按需进行切割。用细齿手工锯将管子平稳锯断,不能将要锯断的管子折断。钢管管径在 DN32 以上可采用砂轮切割机切断。线管断口处应与管轴线垂直,并用挫刀或钳子将管口毛刺去掉,使之整齐、光滑、平整,若有马蹄口应重新切断。

③线管弯曲成形

DN32 以上的钢管采用电动弯管器进行弯曲,DN32 以下的钢管和 PVC 电工套管采用手动弯管器弯曲,管子弯曲处不应有折皱、凹陷和裂缝,且弯扁程度不大于管外径的 10%,弯曲半径应不小于管外径的 6 倍,当埋设于地下或混凝土内时,其弯曲半径应不小于管外径的 10 倍。

④配管

配管时应沿最近的路线敷设、减少弯曲,管子进入落地式配电箱(柜)时排列整齐,管口宜高出配电箱(柜)基础地面 50～80 mm。当线管穿过设备或建筑物、构筑物基础时应采取保护措施,穿过伸缩缝时要安装补偿接线箱。当电线保护管遇到下列情况之一时,中间应增设接线盒或拉线盒。管长每超过 30 m,无弯曲;管长每超过 20 m,有一个弯曲;管长每超过 15 m,有二个弯曲;管长每超过 8 m,有三个弯曲。注:接线盒或拉线盒的位置应便于穿线，以不影响观感为宜。

塑料管配管：检查塑料管是否有折扁和裂缝，管内是否有铁屑及毛刺，切断口应平整，管口应光滑。KBG管安装时连接处应符合下列要求：

管与管的对口处应位于套管的中心，管与盒(箱)或设备的连接要位置准确，固定可靠，观感良好。塑料管与盒(箱)的连接处应将管用锁紧螺母固定。当塑料管与设备直接连接时，应将管敷设到设备的接线盒内。与设备间接连接时，对室内干燥场所，塑料管端部应增设金属软管引入设备的接线盒内。对室外或地下室潮湿场所，管端部应增设防水弯头，导线应加套保护软管，软管与塑料管接头处用专用连接器件进行连接，软管弯成滴水弯后，再引入设备接线盒内。与设备连接的塑料管管口与地面的距离应大于200 mm。

4)配电箱体及线盒安装

①配电箱体安装前应与配电箱厂家协作，订货时注明各个配电箱进出线管数量及规格等，由厂家生产时一次成型加工。箱体必须安装牢固，与墙面齐平，四周封堵严密无空隙，垂直度偏差不能大于3 mm。箱体安装后应按下列②中的规定连接。

②箱内设备安装及接线应符合以下要求：安装箱内设备前应把箱内杂物清理干净，使内表面清洁无污物；核对施工图并按厂家说明书安装好箱内的开关、漏电保护器、汇流排等设备；箱内布线应整齐、美观，线排要做到横平竖直，转弯半径一致，但不能损伤导线外表面的绝缘层；接线应牢固，剥线时要测量准确，裸露部分不能露在接线端头的外面；同一端子上导线不能超过两根，PE线和N线都必须经过各自汇流排采用螺栓连接，且各有标识；导线在箱内余量适当，各回路编号齐全、清楚、正确；安装线盒时应分清开关盒及灯头盒选用的材质(应有有效的送检报告)，开关及插座应采用专用盒，塑料线盒应由阻燃材料制成。并根据施工图纸和现场实际情况定位放线，确定线盒的安装位置，放线可采用钢丝线或棉线，用不同颜色的粉笔标示出各种线盒在板面上的位置，位于墙上的线盒要先确定标高，再用墨线弹出其安装位置。线盒定位后要固定牢靠，墙上同一室内的开关和插座的高度差不宜大于5 mm，并列安装的开关或插座盒的高度差不宜大于1 mm，并列安装的开关插座盒盒边间距不宜小于20 mm，线盒四周应与墙抹灰面平齐。

5)管内穿线

①选择导线

根据规范规定，L1、L2、L3分别为黄、绿、红色线、N线为淡蓝色线，开关控制线为白色线，PE线为黄绿双色线。电线进场前应按批查验合格证，对其进行外观检查，抽检的电线绝缘层完整无损，厚度均匀。

②穿钢丝及清扫管路

穿线前应将管内的杂物及积水清除干净，保持清洁通畅；将合适规格的钢丝穿放好，穿线管路较长时，预埋阶段可以先穿好铁丝。

③放线及管内穿线

放线时应将导线平放在地上，剖开外包装时不得损伤导线。抽出导线的内圈，并将其放长一点。当导线数量2～3根时，将导线端头插入引线钢丝端部一圈内折回，如数量较多时，为防止端头在管内被卡住或滑脱，要把其端部线芯剥出并斜错排好与引线钢丝一端缠绕好后，再穿入管中。穿线前，钢管管口要加装塑料护口圈。按施工图设计穿放合适规格和数量的导线。管内导线不得有接头，绝缘层不得损坏，导线不得扭曲。穿线完毕后管口应进行密封。

6)电缆敷设

①电缆沿桥架敷设时，为防止电缆排列不整齐，交叉严重，须事先将电缆排列好，单层敷设，敷设一根整理一根，卡固一根，桥架上电缆在其首层两侧，转弯及每5～10 m处进行固定，并在首层、尾端转弯处及50 m处设置编号、型号及起止点标记。

②电缆在桥架上可以无间距敷设，排列应整齐，不交叉，转弯处其弯曲半径不小于电缆外径的10倍。

③缆头制作及安装。

准备工作：准备所需材料和工具，并核对电缆规格、型号。剥削电缆视具体安装位置决定其长度。导线裸露长度为线鼻子孔深+5 mm。剥削电缆外保护层不能伤及电缆绝缘层，更不能伤及线芯。

包缠聚氯乙烯软手套：从线芯分叉口根部开始，用聚氯乙烯带在线芯上包缠1～3层，包带应拉紧，松紧度一致，不应有打绞，折皱现象。将与线芯截面相对应规格的软手套套紧内包层，再用聚氯乙烯带和粘胶带包缠手套的指部。从手指根部开始至高出手指口约2～3 cm处，手指根部包四层，端部包二层，塑料粘胶带包在最外面，成一个锥体状。

压接线鼻子：线芯剥切长度为鼻子孔深＋5 mm，将裸线芯伸入到接线鼻子根部，压接牢固。接线鼻子装好后用聚氯乙烯带在裸线芯部分勒绕填实，然后用塑料粘胶带进行包缠，直到满足绝缘要求为止。不同相位应采用不同颜色的粘胶带。

7)灯具安装

①泛光灯、投光灯、LED灯具安装前对灯具检查。

②灯头的接线要求：相线接在中心触点的端子上，零线接在螺纹的端子上。灯头的绝缘外壳不得有破损和漏电，对带开关的灯头不应有裸露的金属部分。

③灯安装要牢固、垂直。

④保护接地，接地电阻应小于10 Ω，符合规范和标准的要求。

⑤LED灯具根据控制系统要求进行安装调试。

8)路灯安装

①同一广场、桥梁的路灯安装高度(从光源到地面)、仰角、装灯方向宜保持一致。

②基础坑开挖尺寸应符合设计规定，基础混凝土强度等级不应低于C20，基础内电缆护管从基础中心穿础并应超出基础平面30～50 mm。浇制钢筋混凝土基础前必须排除坑内积水。

③灯具安装纵向中心线和灯臂纵向中心线应一致，灯具横向水平线应与地面平行，紧固后目测应无歪斜。

④灯头固定牢靠，可调灯头应按设计调整至正确位置，灯头接线应符合设计规定。

⑤在灯臂、灯盘、灯杆内穿线不得有接头，穿线孔口或管口应光滑、无毛刺，并应采用绝缘套管或包扎，包扎长度不得小于200 mm。

⑥路灯安装使用的灯杆、灯臂、抱箍、螺栓、压板等金属构件应进行热镀锌处理，各种螺母紧固，宜加垫片和弹簧垫。紧固后螺出螺母不得少于两个螺距。

9)型挡板日光灯安装

①根据灯具与吊顶内接线盒之间的距离，进行断线及配制金属软管，但金属软管必须与盒、灯具可靠接地，金属软管长度不行大于1.2 m，如果采用阻燃喷塑金属软管可不做跨接地线。

②金属软管连接必须采用配套的软管接头与接线盒及灯箱可靠连接，严禁有导线明露。

10)下照式嵌灯安装

①按施工图确定灯口位置及直径大小交土建在吊顶板上开孔。

②土建封板时，将电源线由开好的板洞引出，封好板后将金属软管引入灯具接线盒，压牢电源线．然后将灯从装入洞口，用灯具本身的的卡具与吊顶板紧密固定。

③顶板或吊顶内的接线盒与灯具灯灯盒灯气连接时，采用金属软管，金属软管与接线盒固定时，应采用专用接头，并做跨接地线，采用带阻燃喷塑层的金属软管可不用做跨接地线。

④调整灯具与顶板平整牢固，上好灯管或灯泡。

11)光带的安装

根据灯具的外型尺寸及重量制作吊架，再根据灯具的安装位置，把吊架固定在预埋件或胀管螺栓上。光带的吊架必须单独安装，大型光带必须先做好预埋件。吊架固定好后将光带的灯箱用螺丝固定在吊架上，再将接线盒内电源线穿入阻燃金属软管引入灯箱，电源线与灯具的导线涮锡连接并包扎紧密。调整各灯脚，装上灯管和灯罩，最后根据吊顶平面高速灯具的直线度和水平度，

12)草坪灯安装

根据规格型号来制作混凝土底座，并根据灯具的安装孔在现浇混凝土底座上面预埋固定灯具的预埋件或螺栓，根据进线孔预埋好灯具进出管线的导管。电线管进孔后有保护和密封措施，然后导线涮锡，接入灯口，上好灯泡和灯罩。

13)建筑物彩灯的安装

①建筑物顶部彩灯管按明管敷设，具有防雨功能，管路间、管路与灯头盒螺纹连接，金属导管及彩灯的构架、钢索可接近裸露导体接地(PE)或接零(PEN)可靠。

②垂直彩灯或为管线暗埋墙上固定应根据情况利用脚手架或外墙悬挂吊篮施工。

③墙上固定灯具可采用打膨胀螺钉固定方式，不得采用木楔。

④利用悬挂钢丝绳固定彩灯时可将整条彩灯螺旋缠绕在钢丝绳上以减少因风吹而导致的导线与钢丝绳磨擦。

⑤灯具内留线的长度应适宜，多股软线线头应搪锡，接线猴子压接牢固可靠。

⑥应注意统一配线颜色以区分相线与零线，对于螺口灯座中心簧片应接相线，不得混淆。

⑦安装的彩灯灯泡颜色应符合设计要求。

⑧彩灯配线管路按明配管敷设，具有防雨功能，管路间、管路与灯头盒间螺纹连接，金属导管及彩灯的构架、钢索可接近裸露导体接地或接零可靠。

⑨垂直彩灯悬挂挑臂采用不小于 10 号的槽钢。端部吊挂钢索用的吊钩螺栓直径不小于 10 mm，螺栓在槽钢上固定，两侧有螺帽，且加平垫及弹簧垫圈坚固。

⑩悬挂钢丝绳直径不小于 4.5 mm，底把圆钢直径不小于 16 mm，地锚采用架空外线用接线备用，埋设深度大于 1.5 mm。

14)建筑物外墙射灯、泛光灯的安装

①将灯具用镀锌螺栓固定在安装支架上，螺栓应加平垫及弹簧垫圈坚固。

②从电源接线盒中引电源线至灯具接线盒，电源线应穿金属软管保护。

③进行灯内接线灯具内留线的长度应适宜，多股软线应搪锡，接线猴子压接牢固可靠。

④检查灯具防水情况。

⑤灯泡、灯具变压器等发热部件应避开易燃物品。

(12)光伏太阳能发电系统

1)施工前期检查事项

①检查设备的主要尺寸、安装位置、设备外表有无变形、缺陷、脱漆、破损、裂痕、撞击痕迹等。

②单晶硅太阳能组件：有无变形、接插件、接触可靠、焊点均应光滑发亮，不能有腐蚀的现象，不允许用外接线。

2)安装工艺流程图(如图 18-156 所示)

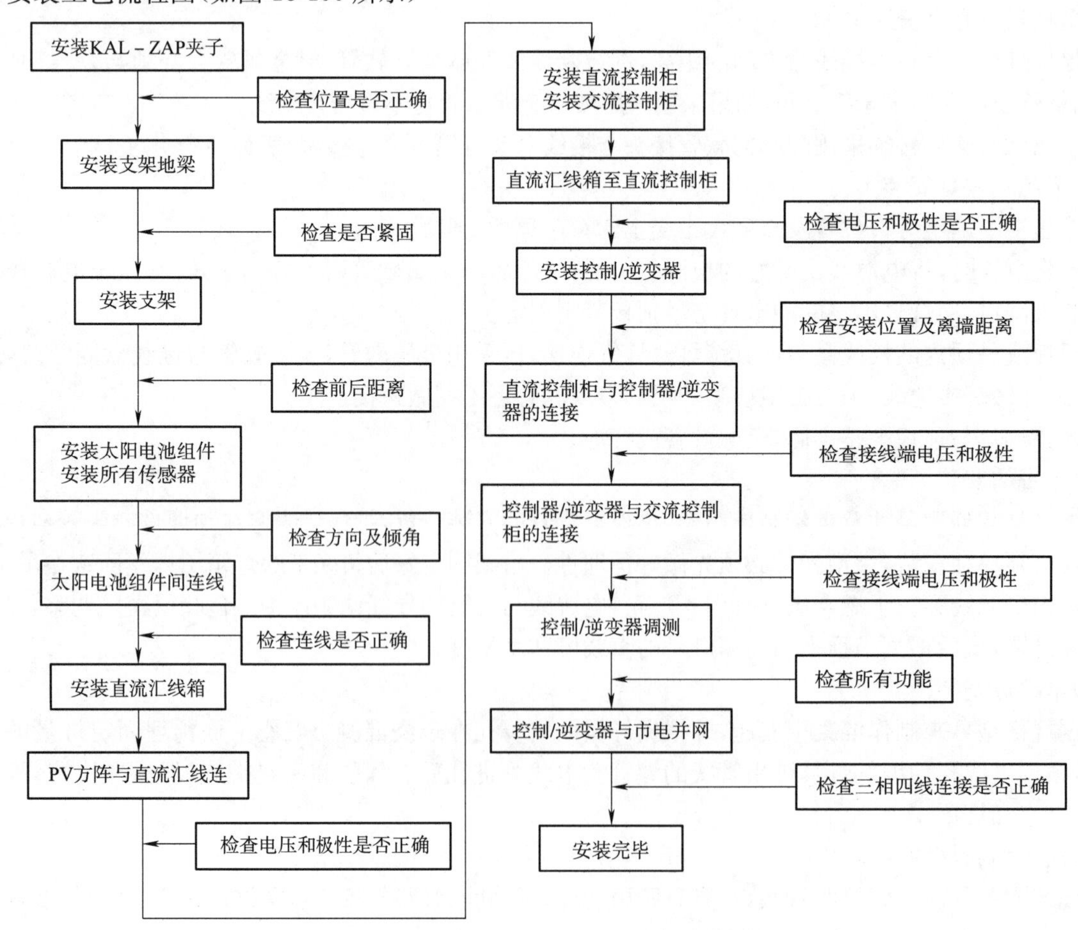

图 18-156　工艺流程图

3)主要施工内容

①金属雨棚支架安装及桥架敷设、光伏组件安装、汇线盒安装与接线、光电板MC电缆敷设和接线。

②屋面下区域电缆导管和电缆敷设。

③屋面下与机房的桥架、电缆敷设。

④配电室逆变器、配电柜等设备的安装和接线。

⑤系统测试调试。

4)光伏组件的安装注意事项

①光伏发电系统在设计制造完成后,要运到现场进行安装。在运输中所有部件都要妥善包装。如组件等易碎物品要用木箱装运,以免损坏。

②在阳光下安装时注意不要同时接触组件的正、负极,以免电击。必要时可用不透明材料覆盖后再接线或安装。

③安装组件时要轻拿轻放,严禁碰撞、敲击,以免损坏。

④注意各组件控制器、逆变器等极性不要接反。

⑤安装时,要避免人员在光伏组件上操作,如特殊需要时,要采取保护措施。严禁在光伏组件上堆放工具和杂物。

⑥电器元件应保持通风、干燥、清洁。

⑦光伏组件安装完毕后应及时进行清洗,保持光伏组件表面的清洁。

5)光伏电池组件与光伏电池方阵

电池组件是由单晶硅通过合理的组串构成的光伏电池板,光伏电池方阵则是由光伏电池组件在通过合理的组串而成。电池组件宽度为1.1 m,长度暂定为1.5 m,光电板MC电缆敷设跟随光电板安装同时进行,即边安装光电板边敷设MC电缆边接线。

此光伏屋顶是由1 260块220 Wp(最大功率)和1 260块180 Wp(最大功率)的光伏组件构成,采用高效单晶硅太阳能电池片,光伏系统总功率为504 kW。分为两个子方阵。如图18-157、图18-158所示。

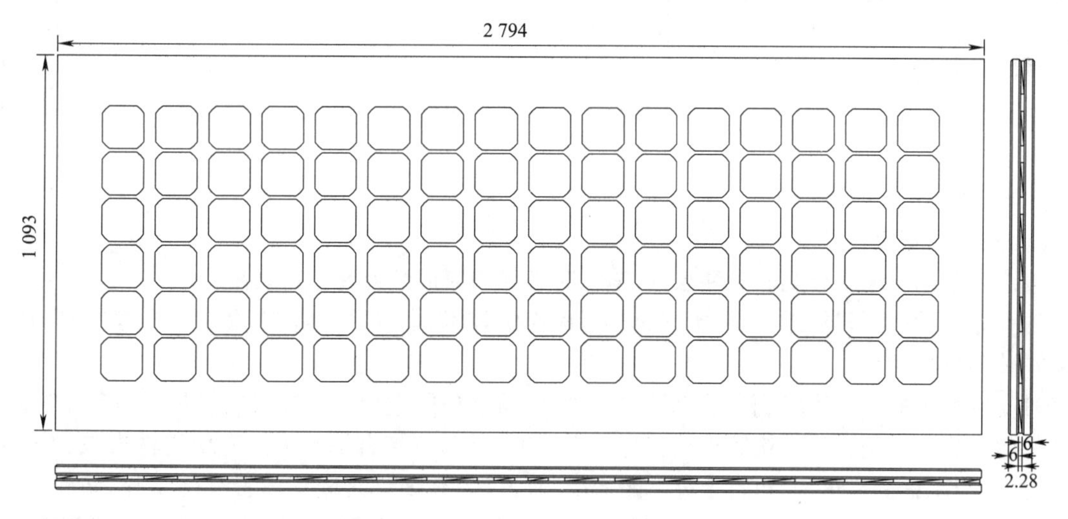

图18-157　光伏组件(一)(220 Wp)

6)太阳能光伏方阵内的电缆敷设

通过太阳能电池组件自带的引出线连接。此电气连接在光伏屋面上完成;在此位置的电气连接中,必须对方阵的引出电缆线进行正负极标识。接线方式为:MC插头、插座连接,P(+)/N(−)线连接,MC电缆接线方式如图18-159所示。

7)逆变器到交流控制柜的电缆线敷设

深圳北站屋顶光伏系统配置了1台300 kW和1台200 kW的集中型并网逆变器。逆变器输出为标准的380V三相交流工业用电,可以直接并与电网中。逆变器与交流控制柜放置在同一配电房内,两者距离较近,电气连接采用二芯交联聚氯乙烯绝缘氯乙烯护套耐火电力电缆。接线方式为:L/N,并对电缆线作对应编号。

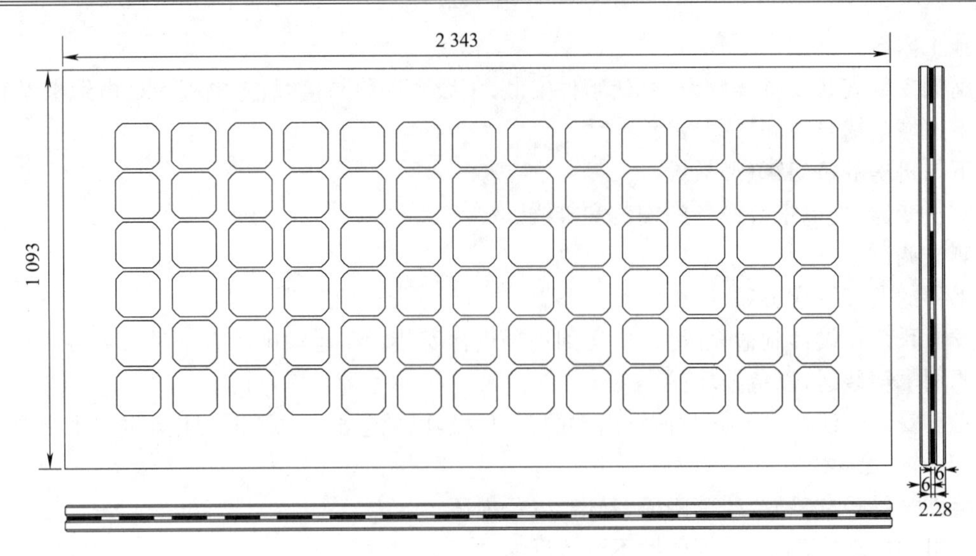

图 18-158　光伏组件(二)(180 Wp)

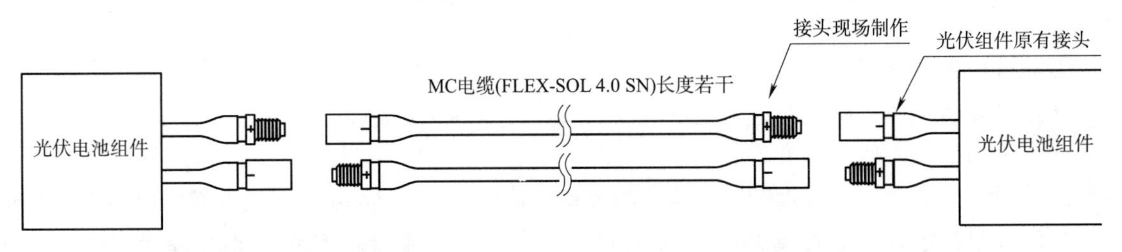

图 18-159　光伏电池组件之间 MC 电缆连接示意图

8)直流控制柜到逆变器的电缆线敷设

由于两者放在同一配电房内,两者距离较近。故采用二芯交联聚氯乙烯绝缘氯乙烯护套耐火电力电缆,型号为;接线方式为:P(+)/N(−),并对电缆线作对应编号。

9)交流控制柜到市电并网

系统交流输出额定电压为 3PEN×380V;此次电气连接采用 5 芯低烟无卤交联聚氯乙烯绝缘氯乙烯护套耐火电力电缆与市电母线连接,型号为:DYWL-ZR-YJV 4×70 mm^2+1×50 mm^2。敷设方式:桥架敷设;接线方式为 L1/L2/L3/N/PE。

10)屋面光伏板安装施工

所有电缆均采用电缆穿金属软管和敷设,施工时必须与屋面装修专业密切配合。

根据深圳北站屋面的建筑结构型式,并充分考虑光伏技术、电气系统等因素,此光伏系统屋面采用了传统的隐框式玻璃幕墙结构。

先通过支座将纵向龙骨固定到主体钢结构上,然后通过角码连接和焊接将横向龙骨固定在纵向龙骨上,而在工厂里将铝副框采用硅酮结构胶粘结到光伏组件上,最后将带有铝副框的光伏组件安放到横纵向龙骨上,通过扣件将铝副框固定牢固,再打上硅酮耐候密封胶。各金属件之间均设置柔性垫片,防止因碰撞产生的噪音。其构件截面或几个构件组合截面所形成的空腔采用等压原理进行设计,使空腔内空气与室外相等,防止室外空气压力将雨水压入腔内,以提高防水渗漏性能。并在会产生冷凝水的部位,留有泄水孔道,水集中后由孔道排出。型材与边框连接处均用硅硐密封胶进行覆盖密封,密封材料能在长期压力下保持弹性。

此种安装方式施工手段灵活,工艺成熟,主体结构适应能力强,安装简单快捷,安装成本低,清洗维护方便,是目前建筑幕墙应用最多的结构形式之一。其采用密封胶接逢处理,水密性和气密性良好,并具有很好的保温、隔声及降噪能力,也具有一定的抗层间位移能力,抗震性能好。

11)监测系统施工

采用一套监控系统完成对整个光伏发电系统的数据采集与实时远程监控。监控系统主要包括数据采集控制器、数据采集传感器、风速传感器、监控电脑及其他相关附件。本系统采用数据采集控制器对并网逆变器和各种气象数据能够很好的进行全面监控。

①可监控的数据如下:实时气象状况、光伏发电状态、电源界面、发电量值。

②施工要点：

光伏系统的监测系统主要工程是对光伏发电系统进行实时监测，能有效地反映光伏发电系统运行情况；本光伏系统的监测系统主要有逆变器(通信卡)、PC、显示屏、通信电缆组成；其中PC和显示屏放置在监控室需要由设计院提供其详细位置。

系统电气连接如下：逆变器(通信卡)、PC之间的连接采用串联方式连接，其之间的连接介质为RS485通信线。

通信线的敷设：主要为配电室内逆变器间与PC的联接，采用敷桥架或线管走线。

12)控制箱(柜)安装

①控制箱安装场所具备安装条件，控制柜所在配电室土建应具备内粉刷完成、室内杂物清理干净、门窗已装好的基本条件。

②柜(盘)本体外观检查应无损伤及变形，油漆完整无损，有损伤、损坏及时进行修复。

③柜(盘)内部检查：电器装置及元件、绝缘瓷件齐全，无损伤、裂纹等缺陷。

④控制箱(柜)定位：根据设计要求现场确定配电箱(柜)位置以及现场实际设备安装情况，按照箱(柜)的外形尺寸进行弹线定位。

⑤基础型钢安装：按图纸要求预制加工基础型钢架，并做好防腐处理，按施工图纸所标位置，将预制好的基础型钢架放在预留铁件上，找平、找正后将基础型钢架、预埋铁件、垫片用电焊焊牢，最终基础型钢顶部宜高出抹平地面10 mm。

⑥基础型钢接地：基础型钢安装完毕后，应将接地线与基础型钢的两端焊牢，焊接面为扁钢宽度的二倍，然后与柜接地排可靠连接。并做好防腐处理。

⑦控制柜安装：按施工图的布置，将配电柜按照顺序逐一就位在基础型钢上。单独柜(盘)进行柜面和侧面的垂直度的调整可用加垫铁的方法解决，但不可超过三片，并焊接牢固。成列柜(盘)各台就位后，应对柜的水平度及盘面偏差进行调整，安装垂直度允许偏差为1.5‰，相互间接缝不应大于2 mm，成列盘面偏差不应大于5 mm。

⑧柜(盘)调整结束后，应用螺栓将柜体与基础型钢进行紧固。

⑨柜(盘)接地：每台柜(盘)单独与基础型钢连接，可采用铜线将柜内PE排与接地螺栓可靠联结，并必须加弹簧垫圈进行防松处理。每扇柜门应分别用铜芯线与PE排可靠连接。

⑩低压成套配电柜试验：每路配电开关及保护装置的规格、型号，应符合设计要求；馈线相间和相对地间的绝缘电阻值应大于0.5 MΩ，二次回路必须大于1 MΩ；电气装置的交流工频耐压试验电压为1 kV，当绝缘电阻值大于10 MΩ时，可采用2 500 V兆欧表摇测替代，试验持续时间1 min，无击穿闪络现象。

13)控制箱(柜)接线

①用1 kV摇表对电缆重新进行检测，合格后方能进行电缆头的制作，电缆头制作好后即可与空气开关等器具进行连接，连接要牢固紧密。电缆通电前要进行绝缘检测，测量数值记录下来并作为技术资料。

②控制箱(柜)内进出线排列整齐，零线和保护线分别在汇流排上连接，不得绞接，其回路名称标识齐全清晰。

③导线连接紧密，不伤芯线，不断股。垫圈下螺丝两侧压的导线截面积相同，同一端子上导线连接不多于2根，防松垫圈等零件齐全。

④线号、回路号标志清晰。

⑤注意各组件控制器、逆变器等极性不能接反。

14)直流汇线箱、MC电缆敷设及接线

①光电板MC电缆敷设跟随光电板安装同时进行，即边安装光电板边敷设MC电缆边接线。

②直流汇线箱安装在靠近光伏电池方阵屋面下。

③MC电缆敷设：靠近结构的光伏组件的MC电缆布置在设置在结构内两侧的铝槽中。而中间部位的光伏组件的MC电缆则隐藏在板块之间的胶缝处。

④MC电缆接线时注意接线的"＋""－"极，串联接线时："＋"接"－"，并联接线时："＋"接"＋"，"－"接"－"。应选用不同颜色导线作为正极(红)、负极(蓝)和串联连接线。

⑤线号、回路号标志清晰，方阵的输出端应有明显的极性标志和子方阵的编号标志。

⑥MC电缆接线是属带电作业，最高电压可达350 V，必须戴合格的绝缘手套作业，并做好安全防护措施。

⑦在阳光下接线时注意不要同时接触组件的正、负极，以免电击，必要时可用不透明材料覆盖后再接线。

⑧MC电缆敷设及接线时，应以一个直流汇线箱所辖区域进行，即完成了一个直流汇线箱所辖区域的电缆敷设及接线后，才进行下一个汇线盒所辖区域作业。

15)接地与防雷

①防直击雷：本系统屋面太阳能光伏屋面的金属支架及其他金属构件均应与屋面避雷带或防雷引下线可靠连接。

②防感应雷：为防止感应雷给系统设备造成损坏，本系统在必要的地方装设有浪涌保护器。

直流控制柜：为保护逆变器不受直流系统引入感应雷破坏，在直流控制柜内安装直流防雷器，采用JD150K825D浪涌保护器串接C65H-50A/3P断路器再接入主电路的正负极。

交流控制柜：为保护逆变器不受市电引入感应雷破坏，在交流控制柜内安装防雷器，采用YD40K385QH/3P+N交流防雷器串接C65H-50A/3P断路器再接到交流输出线上，同时防雷器接地端与PE线连接。

③接地：本工程光伏屋面太阳能电站中直流系统采用不接地系统，交流系统采用TN-S接地系统(与本建筑接地系统一致)。所有电气设备正常不带电金属外壳均应可靠接地。光伏屋面太阳能电站接地系统与建筑内其他接地系统共用同一接地体，联合接地体接地电阻应不大于0.5 Ω。

16)光电板的存放和测试

光伏组件应存放在指定的区域，并安排专人看管。存放区域应采取防雨、防砸、防碰，防化学腐蚀等措施。存放时应排放整齐，固定牢靠，相互间不得叠压。电气元件应存放在室内，并安排专人保管。室内应保持干燥和通风。

①光伏组件应存放在指定的区域，并安排专人看管。存放区域应采取防雨、防砸、防碰，防化学腐蚀等措施。存放时应排放整齐，固定牢靠，相互间不得叠压。

②光电板组件上架安装前，必须经过测试合格方可安装，并对每个光电板组件的测试作相应记录存档。

③光电板组件测试方法：目测和万用表检测。

④光电板组件测试内容：外观完好、开路电压。

(13)系统调试

照明、动力系统：照明系统在正式送电前，必须分层分区通临时电进行试电调试，配电主干线通临时电空载试电，动力系统单体进行空载通临时电调试控制箱的控制性能。

1)照明通电试运行：照明系统通电，灯具回路控制应与照明配电箱及回路的标识一致；开关与灯具控制顺序相对应，风扇的转向及调速开关应正常；公共建筑照明系统通电连续试运行时间应为24 h，所有照明灯具均应开启，且每2 h记录运行状态1次，连续试运行时间内无故障。

2)低压电气动力设备试验和试运行：

设备接地或接零→动力成套配电箱(控制柜)工频耐压试验→保护装置的动作试验→通电→控制回路模拟动作试验→电气与机械转动一致→空载试运行。

①试运行前，相关电气设备和线路应按规范的规定试验合格。

②现场单独安装的低压电器交接试验项目应符合规范规定。

③成套配电(控制)柜、台、箱、盘的运行电压、电流正常，各种仪表指示正常。

④电动机应试通电，检查转向和机械转动有无异常情况；可空载试运行的电动机，时间一般为2 h，记录空载电流，且检查机身和轴承的温升。

⑤交流电动机在空载状态下(不投料)可启动次数及间隔时间应符合产品技术条件的要求；无要求时，连续启动2次的时间间隔不应小于5 min，再次启动应在电动机冷却至常温下。空载状态(不投料)运行，应记录电流、电压、温度、运行时间等有关数据，且应符合建筑设备或工艺装置的空载状态运行(不投料)要求。

⑥大容量(630 A及以上)导线或母线连接处，在设计计算负荷运行情况下应做温度抽测记录，温升值稳定且不大于设计值。

⑦电动执行机构的动作方向及指示，应与工艺装置的设计要求保持一致。

5. 智能建筑系统

(1)施工工艺流程图(如图 18-160 所示)

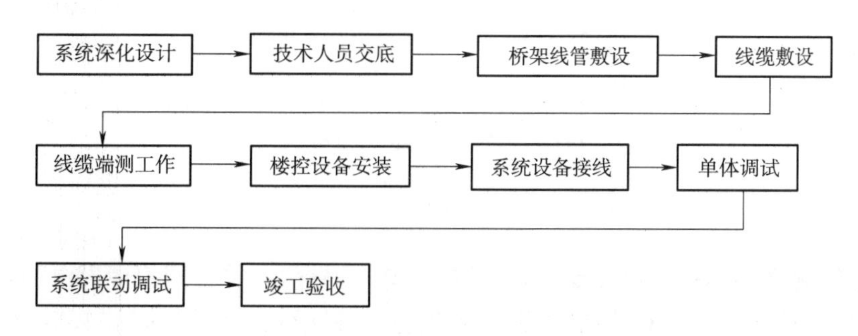

图 18-160　施工工艺流程图

(2)电缆桥架安装

1)电缆桥架安装要求(如图 18-161 所示)

①桥架应平整,无扭曲变形,内壁无毛刺,各种附件齐全。

②桥架的接口应平整,接缝处应紧密平直。桥架盖装上后应平整,无翘角,出线口的位置准确。

③在吊顶内敷设时,如果检修需要破坏吊顶板时应留有检修孔。

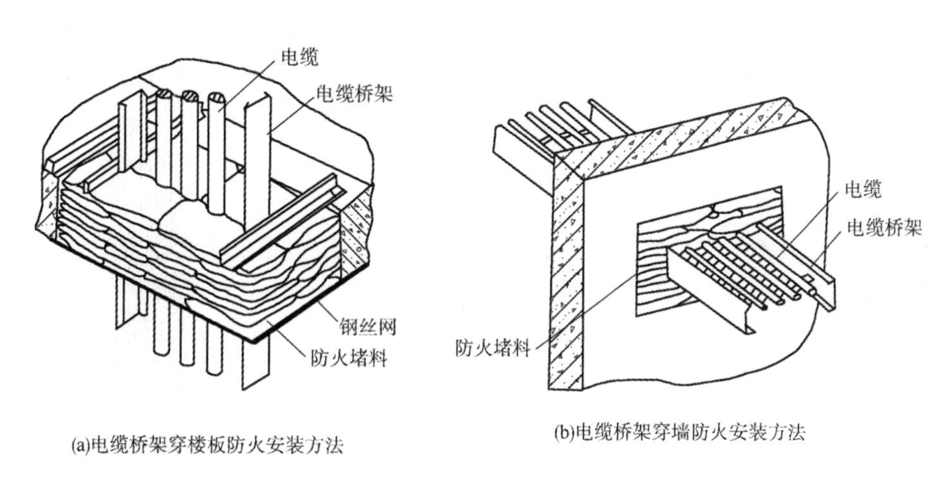

图 18-161　电缆桥架安装方法

④不允许将穿过墙壁的桥架与墙上的孔洞一起抹死,应留 2-5CM 的缝隙。

⑤桥架的所有非导电部分的铁件均应相互连接和跨接,使之成为一个连续导体,并做好整体接地。

⑥桥架经过建筑物的变形缝(伸缩缝、沉降缝)时,桥架本身应断开,槽内用内连接板搭接,不需固定。保护地线和槽内导线均应留有补偿余量。

⑦敷设在竖井、吊顶、通道、夹层及设备层等处的桥架应符合《高层民用建筑设计防火规范》(GB50045-95)的有关防火要求。

⑧几组电缆桥架在同一高度平行安装时,各相邻电缆桥架间应考虑维护、检修距离及桥架出管方便。

2)金属桥架保护地线安装

①保护地线应根据设计图要求敷设在桥架内一侧,接地处螺丝直径不应小于 6 mm;并且需要加平垫和弹簧垫圈,烤漆桥架还要加爪型垫片后用螺母压接牢固。

②金属电缆桥架及其支架首端和末端均应与接地(PE)或接零(PEN)干线相连接。电缆桥架的宽度在 100 mm 以内(含 100),两段桥架用连接板连接处(及连接板做地线时),每端螺丝固定点不少于 4 个;宽度在 200 mm 以上(含 200),两段桥架用连接板保护地线每段螺丝固定点不少于 6 个。

③支、托架接地:采用 ϕ10 镀锌螺丝加平垫和弹簧垫圈,烤漆的桥架与支、托架还须加爪型垫片后用螺母将支、托架与桥架压接牢靠。

(3)明、暗线管敷设方法(如图 18-162、图 18-163 所示)

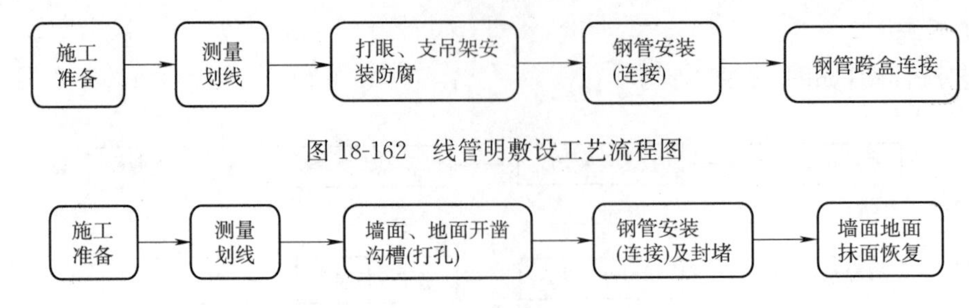

图 18-162　线管明敷设工艺流程图

图 18-163　线管预埋敷设工艺流程图

1)薄壁管、厚壁管规格必须符合设计要求,产品应具有合格证,并符合国家或部颁的技术标准。

2)管材外观无严重锈蚀、折扁、裂缝;管内无铁屑及毛刺等缺点;管壁厚薄均匀,镀锌管镀层均匀、光滑,无严重脱落现象。

3)管路要沿最近线路敷设,尽量减少弯曲,水平或垂直敷设的管路允许偏差值在 2 m 以内均为 3 mm,全长配管偏差不超过管子内径 1/2。

4)在多尘和潮湿场所的管口管子连接处及不进入盒的垂直敷设的上口穿线后都应密封处理;进入盒的管子应顺直并用锁紧螺母或护口帽固定,露出锁紧螺母的丝扣为 2～4 扣;与设备连接时,应将管子接到设备内,管口距地面高度一般不低于 200 mm,如不能接入时,应在管口处加接保护设备引入设备内,并须采用软管接头连接,但不得利用金属软管作接地导体;在室外或潮湿房屋内,管口处还应加防水弯头。

5)为便于穿线,对管路长度每超过 20 m,无弯曲时;管路长度每超过 15 m,有一个弯曲时;管路长度每超过 10 m,有两个弯曲时;管路长度每超过 6 m,有三个弯曲时,均应在中间安装过线盒、箱或加大一级管径以便穿线。在盒、箱上开孔,应采用机械方法,不准用气焊、电焊开孔,暗敷箱、盒一般先用水泥固定,并应采取有效防堵措施,防止水泥浆侵入。箱、盒内应清洁无杂物。箱、盒并列安装时,盒箱间拼装尺寸应一致,盒、箱间用短管、锁紧螺母连接。

6)明配管弯曲半径一般不小于管外径的 6 倍;如只有一个弯时,则不小于管外径的 4 倍;暗配管弯曲半径一般不小于管外径的 6 倍;埋设于地下或混凝土楼板内时,则不应小于管外径的 10 倍。

7)弯管半径不小于管外径的 6 倍;扁铁支架不小于 30 mm×3 mm,角钢支架不小于 25 mm×25 mm×3 mm。

8)管路弯曲处不应有折皱、凹穴等缺陷,弯扁程度不应大于管外径的 10%,配管接头不宜设在弯曲处,埋地管不宜把弯曲部分表露地面,镀锌钢管不准用热煨弯使锌层脱落。

9)套丝连接的薄、厚壁管在管接头两端应跨接地线。成排管路之间的跨接线截面应按大的管径规格选择;跨接线应弯曲成于管路形状相近的圆弧形进行跨接;管与箱、盒间跨接线应按接入箱、盒中大的管径规格选择;由电源箱引出的末端支管应构成环形接地。

10)明配管应排列整齐,固定点距均匀。管卡与管终端、转弯处中点、电气设备或接线盒边缘的距离应为 150 mm。管路中管卡距离应为 1500 mm。

11)暗管采用镀锌钢管时,布放护套缆线和主干缆线时,直线管道的管径利用率应为 50%～60%,弯管道为 40%～50%。布放 4 对双绞电缆时。

12)暗配的管子宜沿最近的路线敷设并应减少弯曲;埋入管或混凝土内的管子离表面距离不应小于 15 mm。

13)埋入地下管不宜穿过设备基础,如过基础时应加保护管。

14)暗管敷设方式:随墙配管;大模板混凝土墙配管;现浇混凝土楼板配管;预制圆孔板上配管。

(4)线缆敷设方法

1)线缆敷设应根据受控设备位置,在桥架内由里到外整齐排列。

2)对于使用线缆规格相同的设备,放缆时应先远后近。

3)线缆敷设原则上先远后近,先集中后分散。敷设前先实测长度,两端预留 1.0～1.5 m,根据实测值对每盘电缆的敷设根数进行分配。补偿导线或电线穿管时,宜用钢线引导,穿线时涂抹适量滑石粉,不准强拉硬拽。不同信号、不同电压等级和本安电缆在槽盒内分开敷设。

4)与工艺设备、管道绝热层表面之间的距离应大于 200 mm,与其他工艺设备、管道表面之间的距离应大于150 mm,线缆不应有中间接头,必须接头时,正极丝与正极丝、负极丝与负极丝应分别缠绕,用气焊熔接或压接。有屏蔽层时,应确保屏蔽层连接良好,外包绝缘带,做好隐蔽工程记录。

(5)线缆配电

1)核查电缆号准确无误后,按实际所需并留有余量后做好电缆头,电缆头用绝缘胶带包扎,密封处涂刷一层环氧树脂防潮或用热塑管热封,电缆头应牢固、美观、排列整齐。

2)屏蔽电缆的屏蔽层露出保护层15～20 mm,用铜线捆扎两圈,接地线焊接在屏蔽层上。

3)接线时,各回路的正负芯线颜色保持一致。

4)备用芯线按图纸接到备用端子上或绕成弹簧状置于电缆头部。

5)一个端子上最多连接二根导线。

(6)接地

1)接地系统分为保护接地和工作接地两种。接地对于抑制干扰信号、保证测量精度、保护人身及设备安全、保证高产稳产具有十分重要的作用。

2)保护接地与装置电气系统接地网相连,一般接地电阻≤4 Ω。

3)工作接地包括信号回路接地、屏蔽接地和本安系统接地。其中信号回路接地和屏蔽接地与仪表系统接地网相连接,接地电阻符合制造厂标准;独立设置本安接地系统时,单独的本安接地极与装置电气系统的接地网或其他接地网之间的距离≥4.0 m,接地电阻≤1 Ω或符合制造厂标准。

4)电缆屏蔽层应在控制室一端接地,接到仪表设备的接地汇流排上,信号屏蔽层在整个电缆连接中应保持连续。

5)接地线采用多股铜芯绞线,采用压接法连接。

6)接地线的绝缘护套颜色宜为黄绿相间色,两端应有标牌表明接地类型。

(7)系统设备安装

1)中央控制及网络通迅安装

①垂直、平正、牢固。

②垂直度允许偏差1.5 mm/m。

③水平方向的倾斜度允许偏差为1 mm/m。

④相邻设备顶部高度允许偏差为2 mm。

⑤相邻设备接缝处平面度允许偏差为1 mm。

⑥相邻设备间接缝的间隙,不大于2 mm。

2)现场控制设备(Honeywell PUL6438及XIO－LDE10、LAE8)的安装

①设备外形完整,内外表面漆层完好。

②设备外形尺寸、设备内主板以及接线端口的型号和规格,应该符合设计规定。

③有底座设备的底座尺寸,应与设备相符,其直线允许偏差为1 mm/m,当底座的总长超过5 m时,全长允许偏差为5 mm。

④设备底座安装时,其上表面应保持水平,水平方向的倾斜度允许偏差为1 mm/m,当底座的总长超过5 m时,全长允许偏差为5 mm。

3)风管式温/湿度传感器安装

①风管型温/湿度传感器应安装在风速稳,并能正确反映风管温湿度的位置。

②风管型温/湿度传感器应安装在便于调试、维修的地方。

③风管型温/湿度传感器应安装在风管保温层施工之后完成。

④风管型温/湿度传感器应安装在风管的直管段,如不能安装在直管段,则应避开风管内通风死角的位置安装。

⑤风管型温/湿度传感器应避开蒸汽放空口。

4)空气质量传感器安装

①为保证测量结果的准确性,空气质量传感器的安装位置应选在典型测量气体容易散发的地方。

②为保证测量结果的准确性,空气质量传感器应距离大型用电设备如风机、变频器等1 m以上。

③控制器质量传感器的安装位置应该避免阳光直射或者气流组织收到干扰的地方。

5)压差开关安装

①风压压差开关安装离地高度不应小于0.5 m。

②风压压差开关的安装应在风管保温层完成之后。

③风压压差开关应安装在便于调试、维修的位置地方。

④风压压差开关引出管的安装不应影响空调器本体的密封性。

⑤风压压差开关的线路通过软管与压差开关连接。

⑥风压压差开关应避开蒸汽放空口。

⑦空气风压开关内的薄膜应处于垂直平面位置。

6)电动风阀执行器安装

①风阀控制器上的开闭箭头的指向应与风门开闭方向一致。

②风阀控制器与风阀门轴的连接应固定牢固。

③风阀的机械机构开闭应灵活,无松动或卡涩现象。

④风阀控制器安装后,风阀控制器的开闭指示位应与风阀实际状况一致,风阀控制器宜面向便于观察的位置。

⑤风阀控制器应与风阀门轴垂直安装。

⑥风阀控制器在安装前宜进行手动模拟动作。

⑦风阀控制器的输出力矩必须与风阀所需的相配,符合设计要求。

⑧当风阀控制器不能直接与风门挡板轴相连接时,则可通过附件与挡板轴相连时,其附件装置必须保证风阀控制器旋转角度的调整范围。

7)电动二通调节水阀安装

①电动阀阀体上箭头的指向应与水流方向一致。

②电动阀执行机构应固定牢固,阀门整体应处于便于操作的位置,手动操作机构面向外操作。

③电动阀应垂直安装于水平管道上,尤其对大口径电动阀不能有倾斜。

④有阀位指示装置的电动阀,阀位指示装置应面向便于观察的位置。

⑤电动阀一般安装在回水管上。

⑥电动阀在管道冲洗前,应完全打开,清除污物。

⑦电动调节阀安装时,应避免给调节阀带来附加压力,当调节阀安装在管道较长的地方时,其阀体部分应安装支架和采取避振措施。

⑧安装在便于调试、维修地方。

8)液位开关安装

①水位开关的安装不能挨着水箱/池的壁。

②水位开关应该悬空安装,低水位的开关不能挨着水箱/池的底。

③水位开关应安装在便于调试、维修的位置地方。

(8)楼控系统工程调试

1)一般规定

①楼控调试工作应由熟悉建筑设备与BA系统设备的调试专业队伍来进行,现场操作人员应经本专业培训、熟悉施工,考核合格后并在专业工程师指导下才允许操作。

②应根据本工程楼控设计和本规范的要求编制的工程的调试大纲,并经审查确认后组织实施,调试大纲应博爱阔调试程序、测试项目、方法、测试用的仪表一起和相关的技术标准等。

③本系统与其他子系统的通讯测试及联动监控等,除了本系统调试大纲有规定外,一般不属于本规范范围内。

④楼控系统调试应确保受控各子系统已完成自身调试工作并交付验收合格之后进行。以避免交叉调试过种中遇到设备损坏情况。

⑤受控设备手动操作应运行正常。

2)设备外观及安装状况检查

①按图纸个供应商提供产品说明书,核对楼控设备(包括现场的传感器、变送器、阀门、执行机构、控

制盘等)型号、规格、数量、产地等主要技术数据、设备主要部分的尺寸、安装位置、设备外表有无变形和缺陷等。

②印刷电路板质量检查:有无变形,接插件是否灵活、接触可靠、焊点均应光滑发亮、不能有腐蚀现象、无剥落和老化现象、不允许用外接线。

③设备柜内外配线检查:应无缺损、断线、配线标记是否完善。

④设备的各种接地:应符合图纸和本规定的要求,联结牢固、接触良好。

⑤设备的各种接地:应紧密,无松动现象,无裸露导电部分。

3)设备外部联线检查

①楼控的设备、各类传感器、变送器、阀门、执行机构、控制盘、通讯接口必须全部按图纸和本规定的相关要求在现场安装就位。

②楼控的系统设备与外围设备及其他系统的外部联线,应保证施工图、系统接线图、监控点数表相符。如有变动,应在竣工图上按实际改正,并附有变更资料和依据。

③外部联线核对时,应从端子上拆下来,使用较线器或万用表,确保外部联线、线路端子编号、选用线缆线的型号规格按图纸要求一一对应,并核对电控柜中与BA相关的二次回路电气图,严防强电电源串入楼控设备。

④按图纸、监控点数表、接口界面的要求检查DI点逻辑值,DO点动作值输出信号范围,AI点量程范围,AO点动作值或者输出信号范围以及通讯借口的数据格式,通讯协议等是否符合图纸和各子系统之间相互约定的技术要求等。

18.5.2　其他重点及难点专项技术措施方案

18.5.2.1　平南铁路上部结构施工

在进行平南铁路新线上部框架层及屋盖桁架施工过程中,箱涵需及时进行回填,由于上部结构施工时平南铁路线上部覆土层厚度为2 m,采用大吨位吊车进行吊装,施工阶段吊车最大接地荷载约181.1 kN/m^2。经验算箱涵不能承担上部结构施工的荷载,拟采用铺设钢箱梁的方式减小对平南铁路线箱涵的施工荷载,保证结构安全。

钢箱梁沿平南铁路箱涵上部满布铺设,以分散施工荷载。钢箱梁拟采用2 000 mm×400 mm,长度10 500 mm,截面形式如图18-164所示。

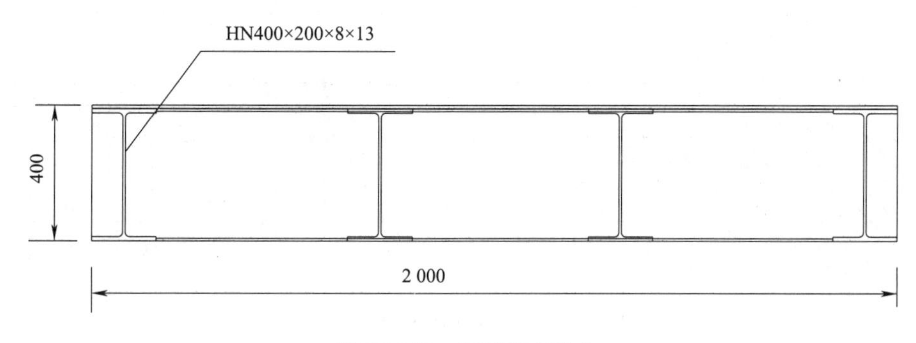

图18-164　钢梁截面形式

18.5.2.2　地铁5号线箱涵上部结构施工

本工程地铁5号线穿过主站房,5号线位置处于1-4轴～1-5轴之间,5号线箱涵通过主站站房区域施工,其中1/0A～F轴之间段为大开挖施工,F轴～J轴段为在地下开挖施工。

在进行上部框架层及屋盖桁架施工过程中,5号线箱涵需及时进行回填,由于上部结构施工时采用大吨位吊车进行吊装,施工阶段明挖段Y柱区域吊车最大接地荷载约181.1 kN/m^2,A轴线以西吊车最大接地荷载约141.2 kN/m^2。

经验算箱涵不能承担上部结构施工的荷载,因此拟采用铺设路基板方式分散对箱涵的荷载,以保证结构安全。钢箱梁沿地铁5号线箱涵上部满布铺设,以分散施工荷载。钢箱梁拟采用2 000 mm×400 mm,长度14 000 mm,截面形式如图18-165所示。

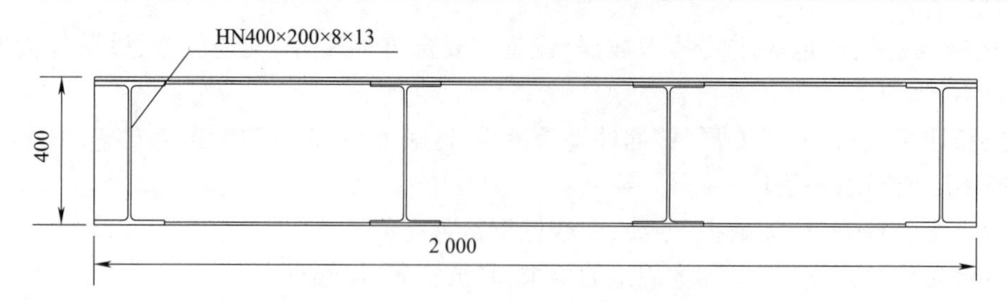

图 18-165 钢梁截面形式(单位:mm)

18.5.2.3 东广场地铁5号线站台上部结构施工

东广场5号线车站区域施工至78 m标高交由我方进行上部结构施工,结构施工阶段区域最大施工接地荷载分别为181.1 kN/m²及130.9 kN/m²。结构顶板区域由于不能够承受过大的施工荷载,采取的措施如下:

(1)搭设高架钢平台做为悬挑杆件的散拼作业面,如图18-166所示。

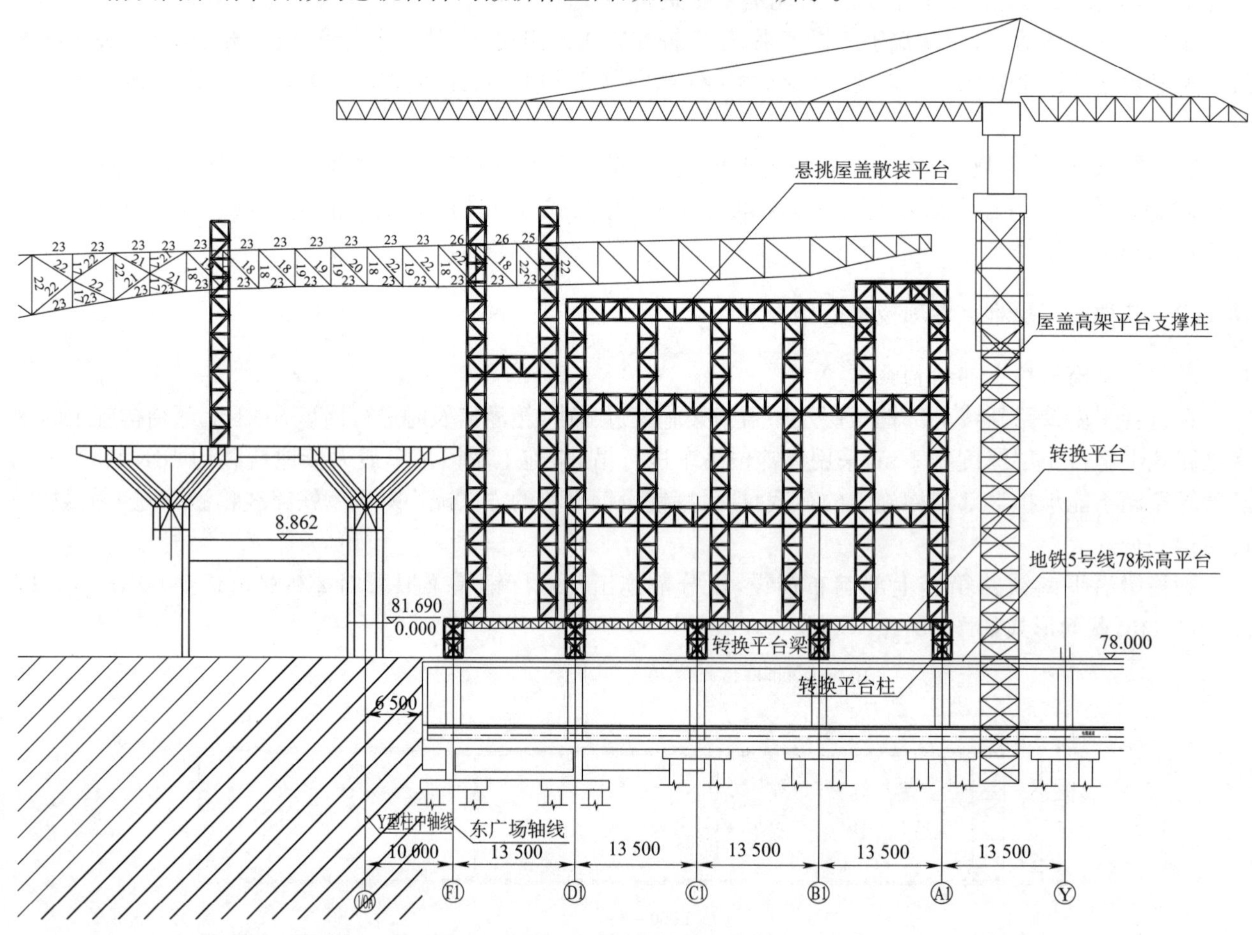

图 18-166 高架钢平台(单位:mm)

(2)对78标高结构顶板进行加强。

采用钢箱梁作为支撑架的基础平台,钢箱梁设置在78标高顶板横梁上,顶板上部施工范围内满铺,以分散施工荷载。路基箱拟采用2 000 mm×400 mm,长度13 500 mm,截面形式如图18-167所示。

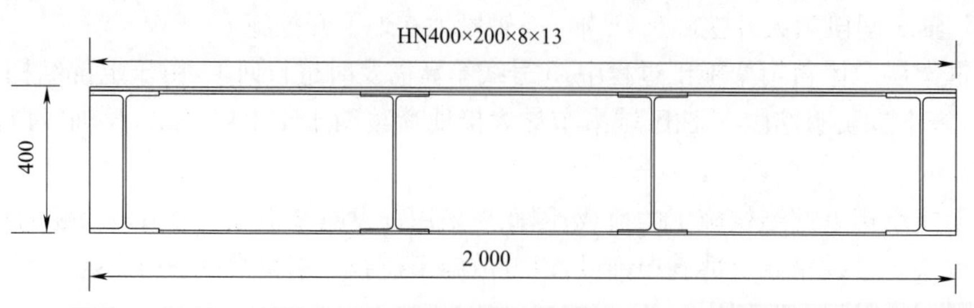

图 18-167 钢梁截面形式(单位:mm)

使传递到钢箱梁的上部施工荷载传至顶板横梁上。使施工荷载传递到地面上，避免结构板面的破坏。

(3)选用大型吊车及塔吊进行主桁架及散件的安装。

东侧Y柱上部屋盖施工时配置两台400 t履带吊，站位于东广场5号线站台边线外侧进行屋面主桁架的吊装，如图18-168所示。

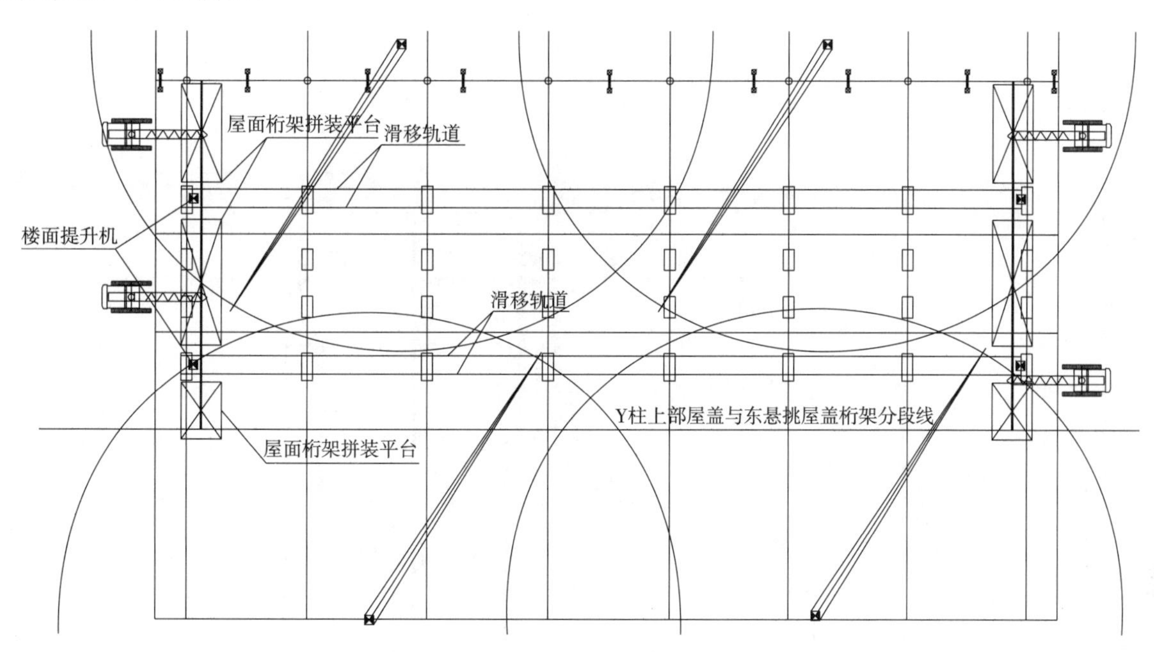

图18-168　Y型柱履带吊布置及塔吊吊装覆盖范围

18.6　施工进度安排

18.6.1　项目施工工期总目标

2008年11月25日开工，2010年12月23日日完成全部建筑安装工程，总工期25个月，详见图18-169。

18.6.2　站房、雨棚及站台、设备安装节点工期安排

(1)桩基、承台施工：2009年11月25日～2009年11月20日；

(2)主体混凝土结构、钢结构施工：2009年9月11日～2010年11月7日；

(3)站台雨棚区基础、主体工程施工：2010年3月1日～2010年8月20日；

(4)四电设备用房2010年5月1日提供安装设备；

(5)装饰装修施工：2010年3月11日～2010年12月15日；

(6)安装工程施工：2009年4月1日～2010年12月15日；

(7)设备调试验收：2010年10月10日～2010年12月22日。

18.6.3　一般工程施工进度计划安排(见表18-47)

表18-47　一般工程施工进度安排

序号	项　目	计划开工时间	计划完工时间	计划施工时间	
				月	日历天
1	基础工程	2008.11.15	2009.11.20	12	361
2	主体结构	2009.09.11	2010.11.07	14	423
3	装修工程	2010.03.11	2010.12.15	9	280
4	水电及设备安装工程	2009.04.01	2010.12.15	21	624
5	设备调试、验收	2010.10.10	2010.12.22	2	74

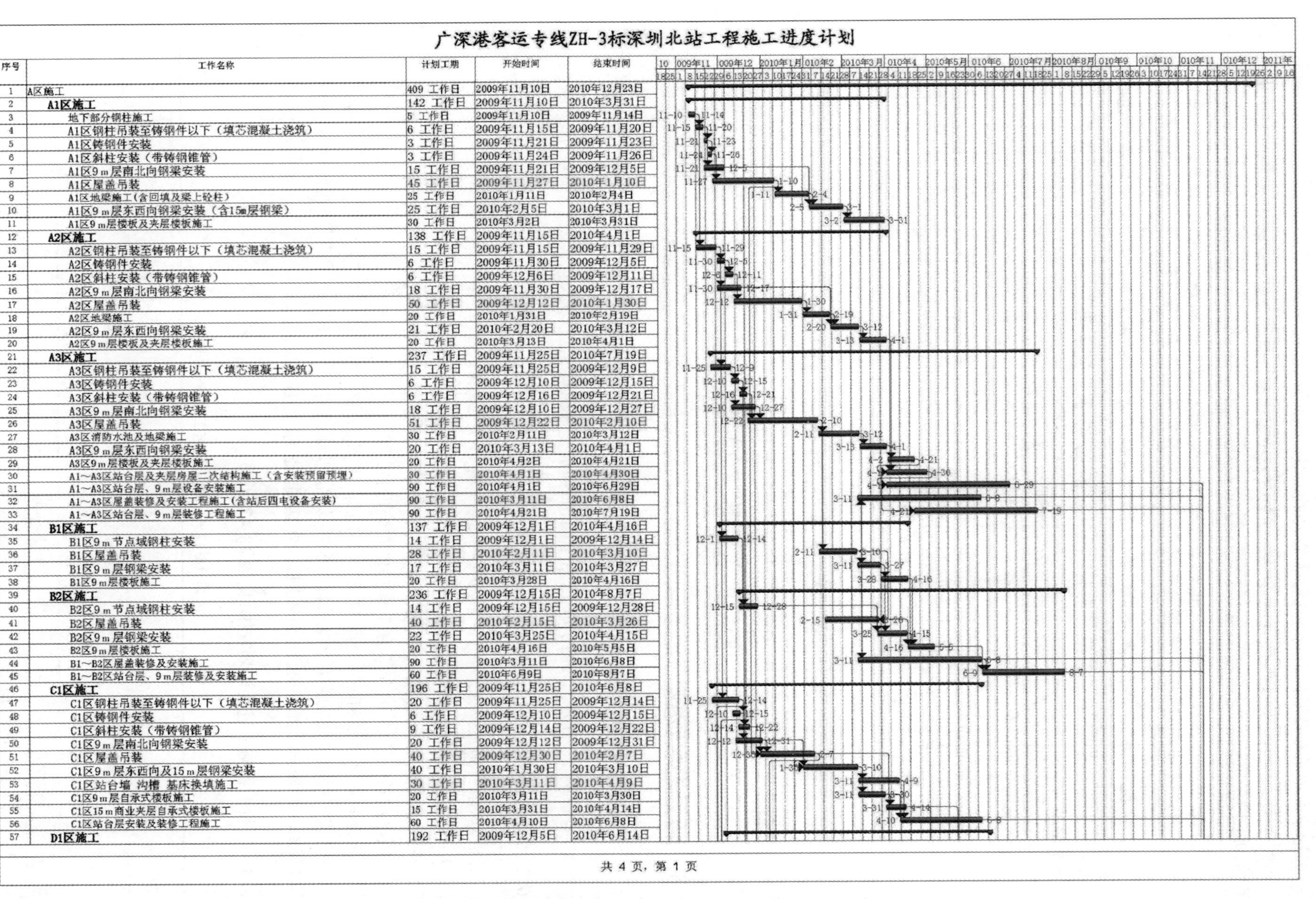

广深港客运专线ZH-3标深圳北站工程施工进度计划

序号	工作名称	计划工期	开始时间	结束时间
1	A区施工	409 工作日	2009年11月10日	2010年12月23日
2	A1区施工	142 工作日	2009年11月10日	2010年3月31日
3	地下部分钢柱施工	5 工作日	2009年11月10日	2009年11月14日
4	A1区钢柱吊装至铸钢件以下（填芯混凝土浇筑）	6 工作日	2009年11月15日	2009年11月20日
5	A1区铸钢件安装	3 工作日	2009年11月21日	2009年11月23日
6	A1区斜柱安装（带铸钢锥管）	3 工作日	2009年11月24日	2009年11月26日
7	A1区9 m层南北向钢梁安装	15 工作日	2009年11月21日	2009年12月5日
8	A1区屋盖吊装	45 工作日	2009年11月27日	2010年1月10日
9	A1区地梁施工（含回填及梁上砼柱）	25 工作日	2010年1月11日	2010年2月4日
10	A1区9 m层东西向钢梁安装（含15m层钢梁）	25 工作日	2010年2月5日	2010年3月1日
11	A1区9 m层楼板及夹层楼板施工	30 工作日	2010年3月2日	2010年3月31日
12	A2区施工	138 工作日	2009年11月15日	2010年4月1日
13	A2区钢柱吊装至铸钢件以下（填芯混凝土浇筑）	15 工作日	2009年11月15日	2009年11月29日
14	A2区铸钢件安装	6 工作日	2009年11月30日	2009年12月5日
15	A2区斜柱安装（带铸钢锥管）	6 工作日	2009年12月6日	2009年12月11日
16	A2区9 m层南北向钢梁安装	18 工作日	2009年11月30日	2009年12月17日
17	A2区屋盖吊装	50 工作日	2009年12月12日	2010年1月30日
18	A2区地梁施工	20 工作日	2010年1月31日	2010年2月19日
19	A2区9 m层东西向钢梁安装	21 工作日	2010年2月20日	2010年3月12日
20	A2区9 m层楼板及夹层楼板施工	20 工作日	2010年3月13日	2010年4月1日
21	A3区施工	237 工作日	2009年11月25日	2010年7月19日
22	A3区钢柱吊装至铸钢件以下（填芯混凝土浇筑）	15 工作日	2009年11月25日	2009年12月9日
23	A3区铸钢件安装	6 工作日	2009年12月10日	2009年12月15日
24	A3区斜柱安装（带铸钢锥管）	6 工作日	2009年12月16日	2009年12月21日
25	A3区9 m层南北向钢梁安装	18 工作日	2009年12月10日	2009年12月27日
26	A3区屋盖吊装	51 工作日	2009年12月22日	2010年2月10日
27	A3区消防水池及地梁施工	30 工作日	2010年2月11日	2010年3月12日
28	A3区9 m层东西向钢梁安装	20 工作日	2010年3月13日	2010年4月1日
29	A3区9 m层楼板及夹层楼板施工	20 工作日	2010年4月2日	2010年4月21日
30	A1～A3区站台层及夹层房屋二次结构施工（含安装预留预埋）	30 工作日	2010年4月1日	2010年4月30日
31	A1～A3区站台层、9 m层设备安装施工	90 工作日	2010年4月1日	2010年6月29日
32	A1～A3区屋盖装修及安装工程施工（含站后四电设备安装）	90 工作日	2010年3月11日	2010年6月8日
33	A1～A3区站台层、9 m层装修工程施工	90 工作日	2010年4月21日	2010年7月19日
34	B1区施工	137 工作日	2009年12月1日	2010年4月16日
35	B1区9 m节点域钢柱安装	14 工作日	2009年12月1日	2009年12月14日
36	B1区屋盖吊装	28 工作日	2010年2月11日	2010年3月10日
37	B1区9 m层钢梁安装	17 工作日	2010年3月11日	2010年3月27日
38	B1区9 m层楼板施工	20 工作日	2010年3月28日	2010年4月16日
39	B2区施工	236 工作日	2009年12月15日	2010年8月7日
40	B2区9 m节点域钢柱安装	14 工作日	2009年12月15日	2009年12月28日
41	B2区屋盖吊装	40 工作日	2010年2月15日	2010年3月26日
42	B2区9 m层钢梁安装	22 工作日	2010年3月25日	2010年4月15日
43	B2区9 m层楼板施工	20 工作日	2010年4月16日	2010年5月5日
44	B1～B2区屋盖装修及安装施工	90 工作日	2010年3月11日	2010年6月8日
45	B1～B2区站台层、9 m层装修及安装施工	60 工作日	2010年6月9日	2010年8月7日
46	C1区施工	196 工作日	2009年11月25日	2010年6月8日
47	C1区钢柱吊装至铸钢件以下（填芯混凝土浇筑）	20 工作日	2009年11月25日	2009年12月14日
48	C1区铸钢件安装	6 工作日	2009年12月10日	2009年12月15日
49	C1区斜柱安装（带铸钢锥管）	9 工作日	2009年12月14日	2009年12月22日
50	C1区9 m层南北向钢梁安装	20 工作日	2009年12月12日	2009年12月31日
51	C1区屋盖吊装	40 工作日	2009年12月30日	2010年2月7日
52	C1区9 m层东西向及15 m层钢梁安装	40 工作日	2010年1月30日	2010年3月10日
53	C1区站台墙 沟槽 基床换填施工	30 工作日	2010年3月11日	2010年4月9日
54	C1区9m层自承式楼板施工	20 工作日	2010年3月11日	2010年3月30日
55	C1区15 m商业夹层自承式楼板施工	15 工作日	2010年3月31日	2010年4月14日
56	C1区站台层安装及装修工程施工	60 工作日	2010年4月10日	2010年6月8日
57	D1区施工	192 工作日	2009年12月5日	2010年6月14日

共 4 页，第 1 页

图 18-169　广深港客运专线 ZH-3 标深圳北站施工进度计划横道图

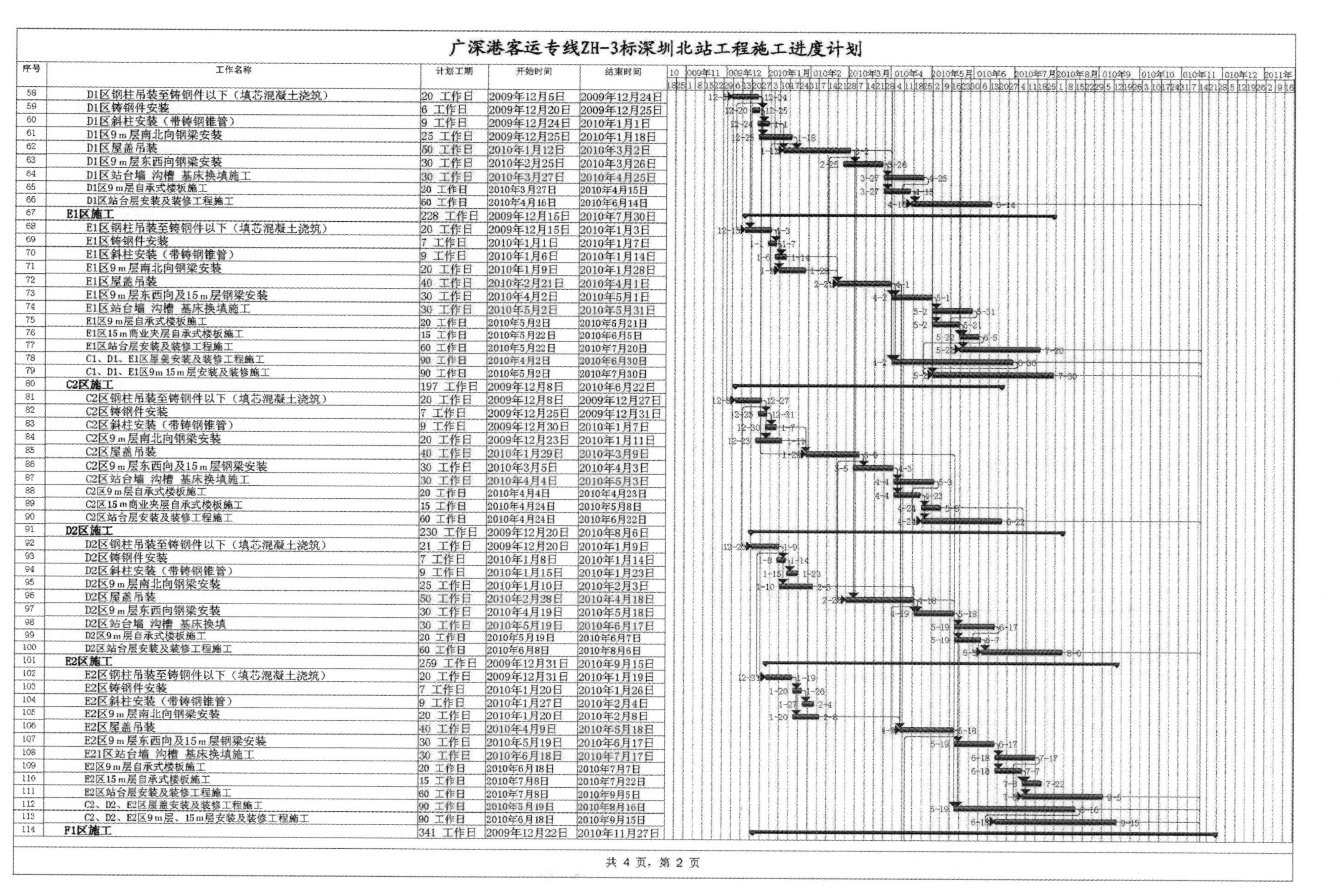

广深港客运专线ZH-3标深圳北站工程施工进度计划

序号	工作名称	计划工期	开始时间	结束时间
58	D1区钢柱吊装至铸钢件以下（填芯混凝土浇筑）	20 工作日	2009年12月5日	2009年12月24日
59	D1区铸钢件安装	6 工作日	2009年12月20日	2009年12月25日
60	D1区斜柱安装（带铸钢锥管）	9 工作日	2009年12月24日	2010年1月1日
61	D1区9 m层南北向钢梁安装	25 工作日	2009年12月25日	2010年1月18日
62	D1区屋盖吊装	50 工作日	2010年1月12日	2010年3月2日
63	D1区9 m层东西向钢梁安装	30 工作日	2010年2月25日	2010年3月26日
64	D1区站台墙 沟槽 基床换填施工	30 工作日	2010年3月27日	2010年4月25日
65	D1区9 m层自承式楼板施工	20 工作日	2010年3月27日	2010年4月15日
66	D1区站台层安装及装修工程施工	60 工作日	2010年4月16日	2010年6月14日
67	**E1区施工**	228 工作日	2009年12月15日	2010年7月30日
68	E1区钢柱吊装至铸钢件以下（填芯混凝土浇筑）	20 工作日	2009年12月15日	2010年1月3日
69	E1区铸钢件安装	7 工作日	2010年1月1日	2010年1月7日
70	E1区斜柱安装（带铸钢锥管）	9 工作日	2010年1月6日	2010年1月14日
71	E1区9 m层南北向钢梁安装	20 工作日	2010年1月9日	2010年1月28日
72	E1区屋盖吊装	40 工作日	2010年2月21日	2010年4月1日
73	E1区9 m层东西向及15 m层钢梁安装	30 工作日	2010年4月2日	2010年5月1日
74	E1区站台墙 沟槽 基床换填施工	30 工作日	2010年5月2日	2010年5月31日
75	E1区9 m层自承式楼板施工	20 工作日	2010年5月2日	2010年5月21日
76	E1区15 m商业夹层自承式楼板施工	15 工作日	2010年5月22日	2010年6月5日
77	E1区站台层安装及装修工程施工	60 工作日	2010年5月22日	2010年7月20日
78	C1、D1、E1区屋盖安装及装修工程施工	90 工作日	2010年4月2日	2010年6月30日
79	C1、D1、E1区9 m 15 m层安装及装修施工	90 工作日	2010年5月2日	2010年7月30日
80	**C2区施工**	197 工作日	2009年12月8日	2010年6月22日
81	C2区钢柱吊装至铸钢件以下（填芯混凝土浇筑）	20 工作日	2009年12月8日	2009年12月27日
82	C2区铸钢件安装	7 工作日	2009年12月25日	2009年12月31日
83	C2区斜柱安装（带铸钢锥管）	9 工作日	2009年12月30日	2010年1月7日
84	C2区9 m层南北向钢梁安装	20 工作日	2009年12月23日	2010年1月11日
85	C2区屋盖吊装	40 工作日	2010年1月29日	2010年3月9日
86	C2区9 m层东西向及15 m层钢梁安装	30 工作日	2010年3月5日	2010年4月3日
87	C2区站台墙 沟槽 基床换填施工	30 工作日	2010年4月4日	2010年5月3日
88	C2区9 m层自承式楼板施工	20 工作日	2010年4月4日	2010年4月23日
89	C2区15 m商业夹层自承式楼板施工	15 工作日	2010年4月24日	2010年5月8日
90	C2区站台层安装及装修工程施工	60 工作日	2010年4月24日	2010年6月22日
91	**D2区施工**	230 工作日	2009年12月20日	2010年8月6日
92	D2区钢柱吊装至铸钢件以下（填芯混凝土浇筑）	21 工作日	2009年12月20日	2010年1月9日
93	D2区铸钢件安装	7 工作日	2010年1月8日	2010年1月14日
94	D2区斜柱安装（带铸钢锥管）	9 工作日	2010年1月15日	2010年1月23日
95	D2区9 m层南北向钢梁安装	25 工作日	2010年1月10日	2010年2月3日
96	D2区屋盖吊装	50 工作日	2010年2月28日	2010年4月18日
97	D2区9 m层东西向钢梁安装	30 工作日	2010年4月19日	2010年5月18日
98	D2区站台墙 沟槽 基床换填	30 工作日	2010年5月19日	2010年6月17日
99	D2区9 m层自承式楼板施工	20 工作日	2010年5月19日	2010年6月7日
100	D2区站台层安装及装修工程施工	60 工作日	2010年6月8日	2010年8月6日
101	**E2区施工**	259 工作日	2009年12月31日	2010年9月15日
102	E2区钢柱吊装至铸钢件以下（填芯混凝土浇筑）	20 工作日	2009年12月31日	2010年1月19日
103	E2区铸钢件安装	7 工作日	2010年1月20日	2010年1月26日
104	E2区斜柱安装（带铸钢锥管）	9 工作日	2010年1月27日	2010年2月4日
105	E2区9 m层南北向钢梁安装	20 工作日	2010年1月20日	2010年2月8日
106	E2区屋盖吊装	40 工作日	2010年4月9日	2010年5月18日
107	E2区9 m层东西向及15 m层钢梁安装	30 工作日	2010年5月19日	2010年6月17日
108	E21区站台墙 沟槽 基床换填施工	30 工作日	2010年6月18日	2010年7月17日
109	E2区9 m层自承式楼板施工	20 工作日	2010年6月18日	2010年7月7日
110	E2区15 m层自承式楼板施工	15 工作日	2010年7月8日	2010年7月22日
111	E2区站台层安装及装修工程施工	60 工作日	2010年7月8日	2010年9月5日
112	C2、D2、E2区屋盖安装及装修工程施工	90 工作日	2010年5月19日	2010年8月16日
113	C2、D2、E2区9 m层、15 m层安装及装修工程施工	90 工作日	2010年6月18日	2010年9月15日
114	**F1区施工**	341 工作日	2009年12月22日	2010年11月27日

共 4 页，第 2 页

图 18-169　广深港客运专线 ZH-3 标深圳北站施工进度计划横道图(续)

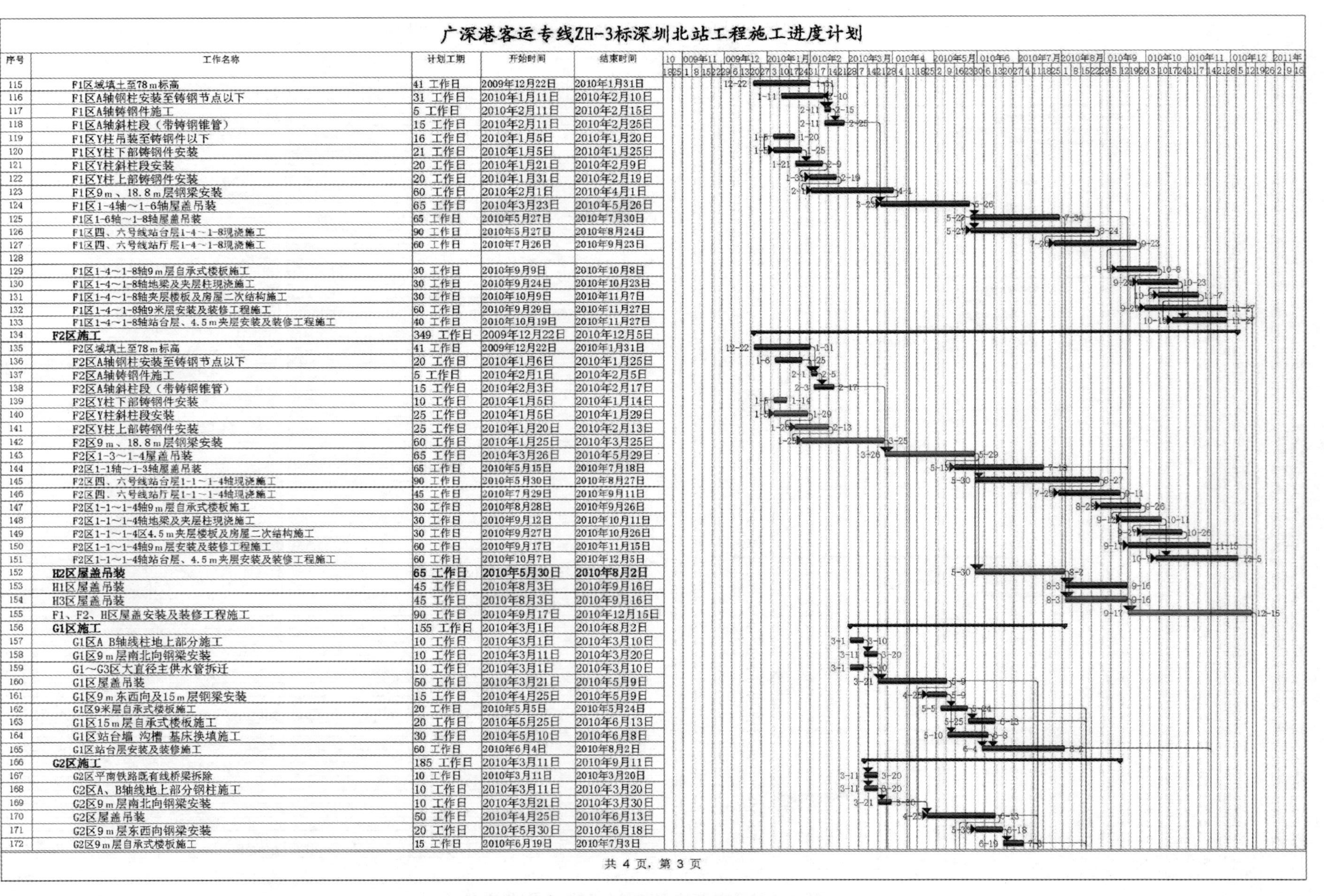

广深港客运专线ZH-3标深圳北站工程施工进度计划

序号	工作名称	计划工期	开始时间	结束时间
115	F1区域填土至78 m标高	41 工作日	2009年12月22日	2010年1月31日
116	F1区A轴钢柱安装至铸钢节点以下	31 工作日	2010年1月11日	2010年2月10日
117	F1区A轴铸钢件施工	5 工作日	2010年2月11日	2010年2月15日
118	F1区A轴斜柱段（带铸钢锥管）	15 工作日	2010年2月11日	2010年2月25日
119	F1区Y柱吊装至铸钢件以下	16 工作日	2010年1月5日	2010年1月20日
120	F1区Y柱下部铸钢件安装	21 工作日	2010年1月5日	2010年1月25日
121	F1区Y柱斜柱段安装	20 工作日	2010年1月21日	2010年2月9日
122	F1区Y柱上部铸钢件安装	20 工作日	2010年1月31日	2010年2月19日
123	F1区9 m、18.8 m层钢梁安装	60 工作日	2010年2月1日	2010年4月1日
124	F1区1-4轴～1-6轴屋盖吊装	65 工作日	2010年3月23日	2010年5月26日
125	F1区1-6轴～1-8轴屋盖吊装	65 工作日	2010年5月27日	2010年7月30日
126	F1区四、六号线站台层1-4～1-8现浇施工	90 工作日	2010年5月27日	2010年8月24日
127	F1区四、六号线站厅层1-4～1-8现浇施工	60 工作日	2010年7月26日	2010年9月23日
128				
129	F1区1-4～1-8轴9 m层自承式楼板施工	30 工作日	2010年9月9日	2010年10月8日
130	F1区1-4～1-8轴地梁及夹层柱现浇施工	30 工作日	2010年9月24日	2010年10月23日
131	F1区1-4～1-8轴夹层楼板及房屋二次结构施工	30 工作日	2010年10月9日	2010年11月7日
132	F1区1-4～1-8轴9米层安装及装修工程施工	60 工作日	2010年9月29日	2010年11月27日
133	F1区1-4～1-8轴站台层、4.5 m夹层安装及装修工程施工	40 工作日	2010年10月19日	2010年11月27日
134	**F2区施工**	349 工作日	2009年12月22日	2010年12月5日
135	F2区域填土至78 m标高	41 工作日	2009年12月22日	2010年1月31日
136	F2区A轴钢柱安装至铸钢节点以下	20 工作日	2010年1月6日	2010年1月25日
137	F2区A轴铸钢件施工	5 工作日	2010年2月1日	2010年2月5日
138	F2区A轴斜柱段（带铸钢锥管）	15 工作日	2010年2月3日	2010年2月17日
139	F2区Y柱下部铸钢件安装	10 工作日	2010年1月5日	2010年1月14日
140	F2区Y柱斜柱段安装	25 工作日	2010年1月5日	2010年1月29日
141	F2区Y柱上部铸钢件安装	25 工作日	2010年1月20日	2010年2月13日
142	F2区9 m、18.8 m层钢梁安装	60 工作日	2010年1月25日	2010年3月25日
143	F2区1-3～1-4屋盖吊装	65 工作日	2010年3月26日	2010年5月29日
144	F2区1-1轴～1-3轴屋盖吊装	65 工作日	2010年5月15日	2010年7月18日
145	F2区四、六号线站台层1-1～1-4轴现浇施工	90 工作日	2010年5月30日	2010年8月27日
146	F2区四、六号线站厅层1-1～1-4轴现浇施工	45 工作日	2010年7月29日	2010年9月11日
147	F2区1-1～1-4轴9 m层自承式楼板施工	30 工作日	2010年8月28日	2010年9月26日
148	F2区1-1～1-4轴地梁及夹层柱现浇施工	30 工作日	2010年9月12日	2010年10月11日
149	F2区1-1～1-4区4.5 m夹层楼板及房屋二次结构施工	30 工作日	2010年9月27日	2010年10月26日
150	F2区1-1～1-4轴9 m层安装及装修工程施工	60 工作日	2010年9月17日	2010年11月15日
151	F2区1-1～1-4轴站台层、4.5 m夹层安装及装修工程施工	60 工作日	2010年10月7日	2010年12月5日
152	**H2区屋盖吊装**	**65 工作日**	**2010年5月30日**	**2010年8月2日**
153	H1区屋盖吊装	45 工作日	2010年8月3日	2010年9月16日
154	H3区屋盖吊装	45 工作日	2010年8月3日	2010年9月16日
155	F1、F2、H区屋盖安装及装修工程施工	90 工作日	2010年9月17日	2010年12月15日
156	**G1区施工**	155 工作日	2010年3月1日	2010年8月2日
157	G1区A B轴线柱地上部分施工	10 工作日	2010年3月1日	2010年3月10日
158	G1区9 m层南北向钢梁安装	10 工作日	2010年3月11日	2010年3月20日
159	G1～G3区大直径主供水管拆迁	10 工作日	2010年3月1日	2010年3月10日
160	G1区屋盖吊装	50 工作日	2010年3月21日	2010年5月9日
161	G1区9 m东西向及15 m层钢梁安装	15 工作日	2010年4月25日	2010年5月9日
162	G1区9米层自承式楼板施工	20 工作日	2010年5月5日	2010年5月24日
163	G1区15 m层自承式楼板施工	20 工作日	2010年5月25日	2010年6月13日
164	G1区站台墙 沟槽 基床换填施工	30 工作日	2010年5月10日	2010年6月8日
165	G1区站台层安装及装修施工	60 工作日	2010年6月4日	2010年8月2日
166	**G2区施工**	185 工作日	2010年3月11日	2010年9月11日
167	G2区平南铁路既有线桥梁拆除	10 工作日	2010年3月11日	2010年3月20日
168	G2区A、B轴线地上部分钢柱施工	10 工作日	2010年3月11日	2010年3月20日
169	G2区9 m层南北向钢梁安装	10 工作日	2010年3月21日	2010年3月30日
170	G2区屋盖吊装	50 工作日	2010年4月25日	2010年6月13日
171	G2区9 m层东西向钢梁安装	20 工作日	2010年5月30日	2010年6月18日
172	G2区9 m层自承式楼板施工	15 工作日	2010年6月19日	2010年7月3日

共 4 页，第 3 页

图 18-169　广深港客运专线 ZH-3 标深圳北站施工进度计划横道图(续)

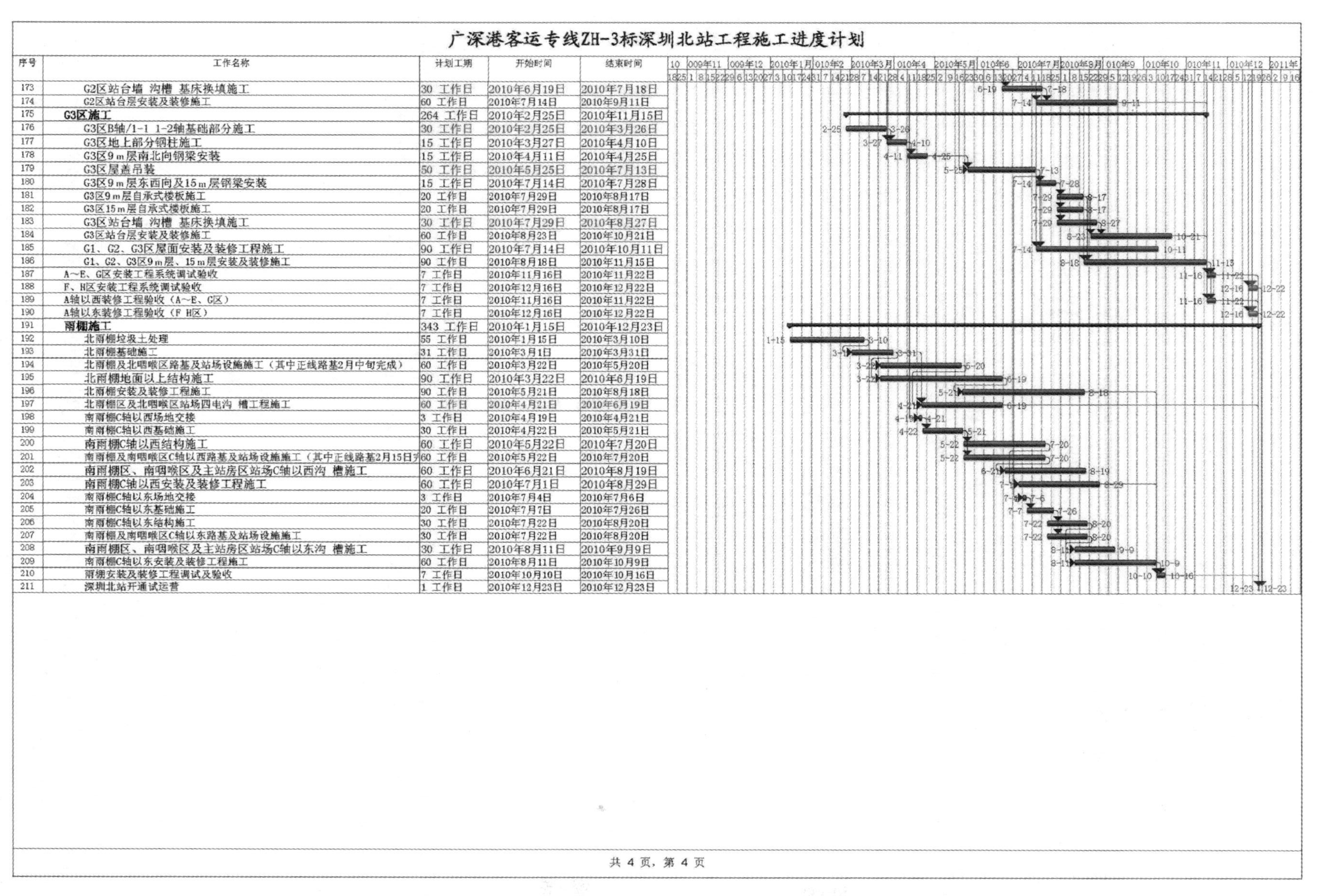

序号	工作名称	计划工期	开始时间	结束时间
173	G2区站台墙 沟槽 基床换填施工	30 工作日	2010年6月19日	2010年7月18日
174	G2区站台层安装及装修施工	60 工作日	2010年7月14日	2010年9月11日
175	**G3区施工**	264 工作日	2010年2月25日	2010年11月15日
176	G3区B轴/1-1 1-2轴基础部分施工	30 工作日	2010年2月25日	2010年3月26日
177	G3区地上部分钢柱施工	15 工作日	2010年3月27日	2010年4月10日
178	G3区9 m层南北向钢梁安装	15 工作日	2010年4月11日	2010年4月25日
179	G3区屋盖吊装	50 工作日	2010年5月25日	2010年7月13日
180	G3区9 m层东西向及15 m层钢梁安装	15 工作日	2010年7月14日	2010年7月28日
181	G3区9 m层自承式楼板施工	20 工作日	2010年7月29日	2010年8月17日
182	G3区15 m层自承式楼板施工	20 工作日	2010年7月29日	2010年8月17日
183	G3区站台墙 沟槽 基床换填施工	30 工作日	2010年7月29日	2010年8月27日
184	G3区站台层安装及装修施工	60 工作日	2010年8月23日	2010年10月21日
185	G1、G2、G3区屋面安装及装修工程施工	90 工作日	2010年7月14日	2010年10月11日
186	G1、G2、G3区9 m层、15 m层安装及装修施工	90 工作日	2010年8月18日	2010年11月15日
187	A～E、G区安装工程系统调试验收	7 工作日	2010年11月16日	2010年11月22日
188	F、H区安装工程系统调试验收	7 工作日	2010年12月16日	2010年12月22日
189	A轴以西装修工程验收（A～E、G区）	7 工作日	2010年11月16日	2010年11月22日
190	A轴以东装修工程验收（F H区）	7 工作日	2010年12月16日	2010年12月22日
191	**雨棚施工**	343 工作日	2010年1月15日	2010年12月23日
192	北雨棚垃圾土处理	55 工作日	2010年1月15日	2010年3月10日
193	北雨棚基础施工	31 工作日	2010年3月1日	2010年3月31日
194	北雨棚及北咽喉区路基及站场设施施工（其中正线路基2月中旬完成）	60 工作日	2010年3月22日	2010年5月20日
195	北雨棚地面以上结构施工	90 工作日	2010年3月22日	2010年6月19日
196	北雨棚安装及装修工程施工	90 工作日	2010年5月21日	2010年8月18日
197	北雨棚区及北咽喉区站场四电沟 槽工程施工	60 工作日	2010年4月21日	2010年6月19日
198	南雨棚C轴以西场地交接	3 工作日	2010年4月19日	2010年4月21日
199	南雨棚C轴以西基础施工	30 工作日	2010年4月22日	2010年5月21日
200	南雨棚C轴以西结构施工	60 工作日	2010年5月22日	2010年7月20日
201	南雨棚及南咽喉区C轴以西路基及站场设施施工（其中正线路基2月15日完	60 工作日	2010年5月22日	2010年7月20日
202	南雨棚区、南咽喉区及主站房区站场C轴以西沟 槽施工	60 工作日	2010年6月21日	2010年8月19日
203	南雨棚C轴以西安装及装修工程施工	60 工作日	2010年7月1日	2010年8月29日
204	南雨棚C轴以东场地交接	3 工作日	2010年7月4日	2010年7月6日
205	南雨棚C轴以东基础施工	20 工作日	2010年7月7日	2010年7月26日
206	南雨棚C轴以东结构施工	30 工作日	2010年7月22日	2010年8月20日
207	南雨棚及南咽喉区C轴以东路基及站场设施施工	30 工作日	2010年7月22日	2010年8月20日
208	南雨棚区、南咽喉区及主站房区站场C轴以东沟 槽施工	30 工作日	2010年8月11日	2010年9月9日
209	南雨棚C轴以东安装及装修工程施工	60 工作日	2010年8月11日	2010年10月9日
210	雨棚安装及装修工程调试及验收	7 工作日	2010年10月10日	2010年10月16日
211	深圳北站开通试运营	1 工作日	2010年12月23日	2010年12月23日

图 18-169　广深港客运专线 ZH-3 标深圳北站施工进度计划横道图(续)

18.6.4 目前工期滞后的情况说明

18.6.4.1 新区大道改建的影响

改建市政道路——新区大道从南到北横穿站房，新区大道进入北站区域段为明挖暗埋段，车站 2/0A 轴、A、B 轴线基础共有 36 个位于其基坑中。

经过多方努力和协调，该区域的回填到 2010 年 1 月底才完成，2 月 5 号交接了该区域的 1-3 轴～1-6 轴的工作面，比计划交接工作面的时间晚了 5 个多月。目前，1-1 轴～1-3 轴由于受地铁 5 号线南风亭结构施工影响，推迟到 3 月 5 日移交工作面。

18.6.4.2 平南铁路改线的影响

(1)平南铁路便线及既有线的影响。平南铁路既有线斜穿北站的主站房，共计影响站内的 19 个基础的施工。平南铁路便线应于 2009 年 3 月 31 日建成开通，4 月 10 日拆除既有线。实际于 2009 年 5 月 9 日开通便线，5 月 20 日拆除既有线交接工作面，比计划拆除时间延迟 40 天。

(2)平南铁路新线的影响。平南铁路新线从 1-7 轴～1-8 轴间东西向穿越站房，新线结构施工应于 2009 年 6 月 30 日前完成，将工作面提交给站房施工。实际上，站房范围内的结构 10 月底才完成，比计划完成时间延迟 4 个月。

(3)便线的拆除。平南铁路便线从北雨棚 2-6～2-8 之间斜穿，对北雨棚施工造成直接影响。平南铁路新线应于 2009 年 8 月 31 日建成通车，拆除便线并交接场地基站房施工，实际上，新线开通及便线拆除推迟到 2010 年 1 月 15 日才完成。比原定场地交接时间滞后 4 个多月。

18.6.4.3 地铁五号线的影响

地铁 5 号线从 1-4 轴～1-5 轴间穿过主站房，其中 1/0A～F 轴之间段为明挖施工。地铁 5 号线站房内的区间结构应于 2009 年 8 月 31 日完成交接作业面。实际上，站房内的区间结构 10 月底才基本完成，比计划完成时间滞后 2 个月。

18.6.4.4 临时供水管的影响

两根市政给水管平行布置，斜穿过南北雨棚及站房结构的 B、C、D 轴线间，在深圳北站施工红线范围内总长度约 450 m。整个施工区域场地被市政给水管及原新区大道分割成东、西两大块，导致各区域的施工不能连贯进行，不仅对基础工程施工造成严重干扰，对地上部分结构施工也造成很大的影响。

目前，各方虽多次积极协调深圳市有关部门及施工单位尽快迁改该临时供水管，预计要推迟到 3 月 5 日左右。

综上所述，由于受配套市政、地铁等项目交叉施工干扰的影响，深圳北站工期总体上滞后约 5 个半月。根据我部编制的施工组织设计的工期安排，后续施工每月需完成必须完成钢构件安装 11 000 t，水电管路安装 30 万 m，电线及电缆敷设 11 万 m，设备安装 250 台，玻璃幕墙安装 5 000 m^2，地面铺贴 5 万 m^2，天棚 7 万 m^2，施工任务特别繁重，工期压力巨大。

18.6.5 关于工期调整安排说明

18.6.5.1 总体施工顺序

(1)由于工期滞后较多，因此地面部分的结构、安装及装修工程施工平面以 A 轴为界分为东、西两个作业面平行施工。

1)西广场施工作业面根据结构南、北向轴线分为 A、B、C、D、E、G 六个大区域，每个大区域又根据结构东西向轴线分为 2～3 个小区域，便于组织流水作业。

2)东广场作业面分为 F、H 两个区域，其中 F 区域为 Y 型柱区域，土建结构、钢结构及安装、装修工程量最大，加上港铁公司将 4 号、6 号线高架站台层交给我方施工，更是增加了工作量，是整个车站今年开通的控制性区域，因此，该区域拟分为 F1、F2 两个小区域平行施工，以加快施工进度；受地铁五号线结构承载能力的影响，同时，为后续 4 号、6 号线施工尽早提供作业面，该区域的屋盖钢结构主桁架采用现场拼装滑移方法安装，次杆件采用塔吊安装施工。H 区域为东广场悬挑部分，分为 H1、H2、H3 三个区域，其中 H2 区域为地铁五号线结构范围，搭设作业平台，采用散拼法进行施工。

18.6.5.2　立面上分层方法及施工顺序

(1)G～H 轴:该区域是车站及"四电"设备集中的区域,根据结构设计图分为四层施工,即地面层、4.5 m 夹层、9 m 层、屋盖层。钢结构施工时由下往上逐层、逐柱进行施工,最后施工屋盖钢结构。现浇楼板施工时同样由下往上施工,即先施工地面层地梁,再施工夹层楼板,最后施工 9 m 层楼板。安装及装修工程安排在各区域结构施工完成后分区插入施工。

(2)A～G 轴:该区域为站场股道区域,根据结构设计图分为四层施工,即地面层、9 m 层、15 m 夹层、屋盖层。钢结构施工由下往上逐层、逐柱进行施工,最后施工屋盖钢结构。9 m、15 m 层现浇楼板改为自承式楼板,安排在钢结构屋盖施工完毕后分区平行施工,安装及装修工程安排在各区域钢结构及现浇楼板施工完成后分区插入施工。

(3)1/0A～A 轴:该区域为 Y 型柱及东广场悬挑区域,土建结构、钢结构及安装、装修工程量最大,同时,港铁公司将 4 号、6 号线高架站台层交给我方施工。根据施工图,竖向共分为 5 层结构进行施工,即地面层、4.5 m 夹层、9 m 层、18.8 m 层、屋盖及 4、6 号线站台层。

Y 型柱钢结构由下往上分段施工,楼板钢梁先安装 18.8 m 层,再安装 9 m 层。屋盖主桁架则在该区域南、北端头安装高架拼装胎架拼装,利用 Y 型柱 18.8 m 层钢梁铺设滑移轨道,采用滑移法安装到位,再焊接固定。其余次杆件采用塔吊逐根散拼再焊接成整体屋盖。

4 号、6 号线站台层安排在屋盖施工完成后,分跨插入施工,与屋盖钢结构施工形成流水作业。18.8 m 层楼板则安排在 4 号、6 号线站台层现浇完成后分跨插入施工,与 4 号、6 号线站台层现浇施工形成流水作业。9 m 层楼板则安排在 18.8 m 层楼板现浇完成后分跨插入施工,并与之形成流水作业。最后施工 4.5 m 夹层及地梁。

该区域的安装及装修工程安排在各区域钢结构及现浇层施工完成后分区、分层插入施工。

18.6.5.3　分区节点工期安排

(1)A 区

1)该区域是车站及"四电"设备集中的区域,按照业主今年 1 月份节点工期要求,该区域的"四电"设备房必须在 4 月 30 日前提供,因此西广场作业面首先从 A 区开始施工。目前,该区域的钢结屋盖已经完成,开始安装 9 m 层剩余钢梁。地梁也基本施工完毕。3 月份计划配备两套支架、模板,完成 A1、A2 区的 9 m 层及夹层楼板,4 月份完成 A3 区的楼板及 A1、A2、A3 区的二次结构、初装修,达到"四电"设备进场安装的条件,保证业主要求的节点工期。

2)该区域的屋盖装修施工安排在 3 月中旬开始施工样板块,月底完成样板块的安装和验收,6 月 8 日完成该区域的屋盖装修施工,工期三个月。

3)该区域站台层、9 m 层的设备安装安排在主体结构完成后进行,与二次结构施工平行展开,装修工程则创插于安装工程中进行交叉进行,工期均为三个月。

(2)C、D、E、G 区域工期安排说明

1)钢结构施工。该区域为站场股道区域,目前该区域已没有外界干扰因素的影响,屋盖、9 m 层钢梁安装推进顺利。其中 C1、D1 屋盖已经安装完毕,E1、C2、D2 三个区域的主桁架、次桁架已基本安装完毕,目前,该区域配备了 250 t 吊车 4 台、150 t 吊车 2 台、100 t 吊车 2 台,已经按照屋盖主桁架、次桁架及次杆件、9 m 层三道工序平行展开施工,钢结构的安装进度基本满足计划进度要求,可以保证在 5 月份完成屋盖吊装,6 月份完成剩余 9 m 层钢梁吊装。

2)楼板施工。根据"2.23"审查会议精神,考虑到地面站台、路基及四电沟槽施工的要求,该区域的楼板改为自承式楼板。因此,楼板施工安排在 9 m 层钢梁完成后分区插入施工。施工时间:2010 年 3 月 11 日～2010 年 7 月 11 日,工期 4 个月,平均 20 天完成一个小区域的楼板施工。

15 m 层楼板安排在 9 米层楼板施工完成后进行,与相应区域的 9 m 层楼板流水作业。为加快施工进度,减少施工干扰,便于后续安装、装修提早插入施工,因此 15 m 层楼板改为自承式楼板。计划施工时间:2010 年 3 月 31 日～2010 年 7 月 22 日,工期 3 个月零 22 天。

3)站台墙、路基及沟槽施工。由于支架现浇楼板改为自承式楼板,因此,站台墙、路基及沟槽施工可以在 9 m 层钢梁安装完成后与自承式楼板施工平行进行,计划施工时间:2010 年 3 月 11 日～2010 年 7 月 17 日,工期 4 个月零 6 天。

4)站台层安装及装修施工。安排在 9 m 层楼板现浇完成后分区穿插进行,每个分区的施工时间为 2 个月,计划施工时间:2010 年 4 月 10 日～2010 年 8 月 6 日,工期 4 个月。

5)G 区工期安排说明:

根据"2.23"审查会议的精神,影响施工的供水管拟定 3 月 10 日开始拆除,3 月 20 日拆除完毕,该区域的钢结构屋盖主桁架吊装施工安排即从 3 月 20 日开始。计划施工时间:2010 年 3 月 21 日～2010 年 7 月 13 日,工期 4 个月。该区域其余的楼板、站台墙、路基及沟槽施工、站台层安装及装修施工在钢结构完成分区插入施工,具体工期安排见网络图。

6)关于正线站台墙施工说明:

正线站台墙位于 C2、D2、E2 区的 D、E 轴之间,其开挖深度达 2 m 左右,宜安排在雨季前施工完毕。因此,在 C2、D2、E2 区的主桁架吊装完毕后,可单独插入正线站台墙的施工。

18.6.5.4 F、H 区域工期安排说明

(1)回填与场地交接。目前,该区域新区大道 1-6 以北及 Y 型柱区域的 1-3 以南部分场地仍然尚未交接。下一步,项目部需加大协调力度,月底前完成场地交接并回填,3 月 10 日前完成剩余回填工作量,达到吊装 1-1～1-3、1-6～1-8 区域 18.8 m 层、9 m 层钢梁的条件。

(2)屋盖钢结构吊装前的施工准备。利用目前已进场的 2 台吊车,开辟南北 2 个工作面平行施工,3 月 25 日、4 月 1 日分别完成 F2、F1 区域的 18.8 m 层、9 m 层钢梁的吊装,铺设好滑移轨道,达到安装屋盖主桁架的条件。

南北端的屋盖主桁架的拼装胎架从 3 月 5 日开始安装,3 月 25 日前安装完毕达到组装屋盖主桁架的条件。

(3)屋盖钢结构工期安排。屋盖主桁架滑移安装由南、北端的 2 个拼装胎架平行进行拼装并滑移到位,计划施工时间:2010 年 3 月 23 日～2010 年 7 月 30 日,工期 4 个月。为给 4、6 号线站台层现浇施工尽早提供工作面,其中 F1 区域的 1-4～1-6 屋盖、F2 区域的 1-3～1-4 屋盖必须在 5 月下旬完成,交接工作面。H 区域钢结构屋盖安排在 F 区域的相应部分的屋盖完成后穿插施工,与 F 区域的屋盖钢结构形成流水作业,计划 2010 年 5 月 30 日开始安装,2010 年 9 月 16 日完成,工期 3 个半月。

(4)4 号、6 号线站台层现浇梁、板的工期安排。根据轨道办、中铁南方公司的有关纪要精神,4、6 号线站台层现浇梁、板交给我方施工,且要求在 3 个月内完成站台层现浇梁、板,工期紧迫。因此,在屋盖 1-3～1-6 轴钢结构完成后插入 4 号、6 号线站台层现浇梁、板施工,计划配备 4 孔梁的模板支架,开辟 2 个作业面平行施工,5 月 27 日开始 1-4～1-8 轴站台层现浇梁、板施工,8 月 24 日完工;5 月 30 平行开始 1-1～1-4 轴站台层现浇梁、板施工,8 月 27 日完工。

(5)现浇楼板工期安排。由于 Y 柱区域是车站今年开通的控制性区域,因此,该区域的 18.8 m、9 m 层楼板均改为自承式楼板施工。安排在 4、6 号线站台层相应区域的现浇梁、板施工完成后即穿插进行188 m、9 m 层楼板施工,其中 18.8 m 层计划 7 月 26 日开始,9 月 23 日完成,9 m 层与 18.8 m 层穿插进行流水作业,计划 8 月 28 开始,10 月 8 日完成。

夹层柱及楼板则安排在 9 m 层施工完成后分区插入施工,并于 9 m 层楼板形成流水作业。

(6)屋盖安装及装修工程施工。F、H 区域屋盖安装及装修工程安排在该区域钢结构屋盖全部完成后施工,计划 2010 年 9 月 17 日开始施工,2010 年 12 月 15 日完成。

(7)9 m 层、站台层安装及装修工程施工。由于 9 m 层改为自承式楼板,因此 9 m 层装修及安装工程安排在楼板现浇完成后分区插入施工。站台层安装及装修施工安排在 9 m 层楼板及夹层楼板、二次结构施工完成后分区插入施工,与 9 m 层形成流水作业。

18.6.6 关于抢工措施

(1)目前,我部已经收到深圳北站建筑结构及安装工程的全套咨询图纸。通过对咨询图纸的反复研究和对比,结合国内同类型工程的经验,将原设计的 G 轴以东的 9 m 层、15 m 商务夹层、Y 型柱区域的 18.8 m 层钢筋混凝土楼板体系优化为自承式楼板体系,这样能大大缩短现浇楼板这一关键工序的施工工期,同时,更有利于组织后续"四电"沟槽、站台墙、安装和装修工程的施工,可缩短工期约 2 个月。

(2)加大钢结构的施工组织力度。钢结构是深圳北站的龙头,只有保证了钢结构施工的工期,才能保证

北站的开通工期。下一步,我们将增加 150 t 吊车 4 台、100 t 吊车 4 台,将西广场作业面开辟成多工序平行作业的施工面,确保 7 月中旬完成西广场钢结构屋盖,为后续安装、装修施工提供条件。同时,利用目前良好的气候条件,抓紧组织东广场的施工,确保 3 月底开始安装屋盖的主桁架,7 月底完成屋盖及 9 m 层钢梁安装。

(3)继续积极推进安装设备的采购。我们将充分依靠业主,继续大力推进机电设备采购工作。3 月份计划完成 3 批次的设备采购工作,所有设备采购在 4 月中旬以前全部完成,保证后续设备安装的顺利进行。

(4)配合设计做好装修深化设计。目前,装修设计方案已基本确定,下一步,我们将继续配合设计单位做好深化设计工作,3 月下旬施工屋盖装修的样板块,4 月中旬施工拉索幕墙的样板块,为下一步大面积开展装修施工创造条件。

(5)继续做好对外协调。深圳北站周边市政配套工程多、规模大、工期紧,且与深圳北站同步施工和开通,因此,不可避免地与北站施工发生一些干扰。下一步,我们将继续紧紧倚靠南方公司、市政府的各级部门,树立大局观念和大局意识,配合和服从整体协调和安排,尽快完成东广场剩余的场地交接,为深圳北站的施工创造良好的外部条件。

18.7　主要资源配置计划

18.7.1　施工管理及技术人员配置计划(见表 18-48)

表 18-48　施工管理人员及技术人员配置计划表(单位:人)

工种	人员数量					
	项目部	第二分部	第三分部	第四分部	钢构分部	备注
管理人员	40	34	21	35	38	
测量工		4	8	8	5	
试验工		3	5	10	5	
合计	40	41	34	53	48	

18.7.2　工程劳动力安排计划表(见表 18-49)

表 18-49　劳动力组织计划表(单位:人)

工种	人员数量					
	项目部	第二分部	第三分部	第四分部	钢构分部	备注
管理人员	40	34	21	35	38	
混凝土工		50		20		
机械工		5	25	45	30	
司机		2	5	45	25	
起重工		5	5	16	30	
电工		4	90	100	10	
木工		60	5	100		
修理工		6	150	40	14	
钢筋工		60		50		
电焊工		20	60	180	300	
瓦工		25		140		
测量工		4	8	8	5	
试验工		3	5	10	5	

续上表

工种	人员数量					
	项目部	第二分部	第三分部	第四分部	钢构分部	备注
安全防护		6	11	25	15	
安装工			260	60	150	
抹灰工		30		400		
架子工		60	70	100	10	
普工		20	20	45	30	
合计	40	360	735	1419	637	

18.7.3 主要机械设备配置计划(见表 18-50)

表 18-50 主要机械设备配置表

项目	设备名称	数量	运转情况	备　注
土建	1.5 m^3液压挖掘机	5	正常	基坑土方开挖等
	推土机	4	正常	基坑回填
	KLB8T-18C 柴油打桩机	5	正常	管桩施工
	YZ18C 压路机	3	正常	基坑回填、场坪碾压
	CFG30 旋转钻机	14	正常	桩基施工
	HGY 混凝土布料机	4	正常	混凝土施工
	ZLC40A 装载机	4	正常	场坪工程、基坑回填
	其他设备	96	正常	详见专项施工方案
钢结构工程	400 t 履带吊	2	良好	主框架、悬挑、Y 型柱区域吊装
	250 t 履带吊	8	良好	主框架、桁架、Y 型柱吊装
	150 t 履带吊	12	良好	桁架及钢梁吊装
	100 t 履带吊	10	良好	桁架、钢梁拼装,钢柱、雨篷吊装卸车及转运
	50 t 履带吊	8	良好	卸车次构件吊装、转运及拼装
	240 t 汽车吊	4	良好	桁架及钢梁
	150 t 汽车吊	4	良好	桁架及钢梁
	80～100 t 汽车吊	8	良好	卸车次构件吊装、转运及拼装
	50 t 汽车吊	10	良好	卸车次构件吊装、转运及拼装
	25 t 汽车吊	8	良好	卸车、拼装、支撑等辅助安装
	C7050 塔吊	4	良好	结构吊装
	焊机	180	良好	CO_2气体保护焊、栓钉熔焊机、直流焊机
	检测仪器	19	良好	J_2-J_3经纬仪、S_2水平仪、DZJ3-L1 激光铅垂仪、TTPS-400 全站仪、CTS-22A 超声波探伤仪
	碳弧气刨机	8	良好	焊接返修
装修工程	QTZ80 塔吊	8	良好	屋盖吊装
	双龙门升降架	8	良好	SC200/200TD
	测量仪器	9	良好	全站仪、水准仪、激光测量仪等
	其他设备	356	良好	详见装修专项施工组织设计
安装工程	1.5 m^3液压挖掘机	1	正常	排水沟开挖
	QTZ80 塔吊	4	良好	屋盖吊装
	25 t 汽车吊	12	良好	卸车、拼装、支撑等辅助安装
	电动举升机	10	良好	设备检修

续上表

项目	设备名称	数量	运转情况	备　注
安装工程	电动葫芦	20	良好	设备辅助吊装
	焊机	30	良好	给排水、消防管道焊接
	氩弧焊机	10	良好	不锈钢管焊接、虹吸雨水斗安装
	检测仪器	4	良好	详见安装专项施工组织设计

18.7.4 主要物资材料及设备供应计划表

18.7.4.1 土建剩余主要材料供应计划(见表18-51)

表18-51 土建主要材料供应计划表

序号	材料名称	数量	单位	供应日期	备　注
1	水泥	4 352.9	t	2009年12月～2010年6月	混凝土原材料
2	砂	11 790.1	t	2009年12月～2010年6月	
3	石子	17 100.3	t	2009年12月～2010年6月	
4	粉煤灰	836.1	t	2009年12月～2010年6月	
5	矿粉渣	1 298.3	t	2009年12月～2010年6月	
6	减水剂	69.8	t	2009年12月～2010年6月	
7	防腐剂	324.4	t	2009年12月～2010年6月	
8	模板	45 000	m^2	2009年12月～2010年3月	
9	Φ12螺纹钢	1 160.3	t	2009年12月～2010年6月	钢筋原材
10	Φ14螺纹钢	542.5	t	2009年12月～2010年6月	
11	Φ16螺纹钢	59.3	t	2009年12月～2010年6月	

18.7.4.2 钢结构主要材料供应计划(见表18-52)

表18-52 钢结构主要材料供应计划表

序号	材料名称	单位	重量	供应日期	备　注
1	钢管柱	t	7 039	2009年1月～2009年9月	钢材重量均依据送审图计算
2	Y型柱	t	5 868	2009年1月～2009年9月	
3	钢梁	t	24 994	2009年8月～2009年12月	
4	铸钢件	t	16 509	2009年8月～2009年11月	
5	屋面桁架	t	3 360	2009年9月～2010年01月	

18.7.4.3 机电安装主要设备材料供应计划(见表18-53)

表18-53 机电安装主要设备供应计划表

序号	设备材料名称	型号/规格	单位	数量	到货地点	招标完成时间	到货日期	供货周期
一、消防火灾自动报警系统								
1	10回路火灾报警控制器，带联动琴台柜	PTW-3300/10L/CCAB-CTL	套	2	深圳北站	2010.3	2010.5	2个月
2	8通道多线控制卡	POM-8C	套	4	深圳北站	2010.3	2010.5	2个月
3	消防广播	/	套	59	深圳北站	2010.3	2010.5	2个月
4	消防电话	/	套	12	深圳北站	2010.3	2010.5	2个月
5	智能感温探测器	PTW-300T	台	6	深圳北站	2010.3	2010.5	2个月
6	智能感烟探测器	PTW-300P	台	1532	深圳北站	2010.3	2010.5	2个月
7	智能感烟、感温探测器	/	套	5	深圳北站	2010.3	2010.5	2个月

续上表

序号	设备材料名称	型号/规格	单位	数量	到货地点	招标完成时间	到货日期	供货周期
8	手动报警按钮(带电话插孔)	M300K	套	45	深圳北站	2010.3	2010.5	2个月
9	报警警铃	SSM24-6	个	45	深圳北站	2010.3	2010.5	2个月
10	消火栓按钮	J-XAP-M-M500H/P	个	272	深圳北站	2010.3	2010.5	2个月
11	消防直通电话	/	个	47	深圳北站	2010.3	2010.5	2个月
12	控制模块	PCM-3	个	324	深圳北站	2010.3	2010.5	2个月
13	信号模块	PMM-3	个	367	深圳北站	2010.3	2010.5	2个月
二、消防双波段及线形光束图像报警系统								
1	双波段图像火灾探测器	LIAN-DC830	套	40	深圳北站	2010.3	2010.5	2个月
2	双波段图像火灾探测器	LIAN-DC1020	套	8	深圳北站	2010.3	2010.5	2个月
3	光截面接收器	LIAN-GMR100	只	36	深圳北站	2010.3	2010.5	2个月
4	光截面发射器	LIAN-GMT100	只	144	深圳北站	2010.3	2010.5	2个月
5	DC24V 电源	LIAN-PS3/5	台	18	深圳北站	2010.3	2010.5	2个月
6	支架	LIAN-PB1	只	36	深圳北站	2010.3	2010.5	2个月
7	支架	LIAN-PB2	只	48	深圳北站	2010.3	2010.5	2个月
8	光截面探测模块	LIAN-DMS02	块	36	深圳北站	2010.3	2010.5	2个月
9	双波段探测模块	LIAN-DMF02	块	48	深圳北站	2010.3	2010.5	2个月
10	信息处理主机	LIAN-CPM100	套	1	深圳北站	2010.3	2010.5	2个月
11	控制器	LIAN-CCON16	台	1	深圳北站	2010.3	2010.5	2个月
12	防火并行处理器	LIAN-PFCD16	台	6	深圳北站	2010.3	2010.5	2个月
13	视频切换器	LIAN-VP3201	台	3	深圳北站	2010.3	2010.5	2个月
14	矩阵切换器	AB80-60VR48-8	台	1	深圳北站	2010.3	2010.5	2个月
15	矩阵键盘	AB60-884M	套	1	深圳北站	2010.3	2010.5	2个月
16	监视器	SMC-212F	台	6	深圳北站	2010.3	2010.5	2个月
17	操作台	LIAN-CTV	套	1	深圳北站	2010.3	2010.5	2个月
18	屏幕墙	LIAN-TVW	套	1	深圳北站	2010.3	2010.5	2个月
19	不间断电源	STK-C6K/2H	台	1	深圳北站	2010.3	2010.5	2个月
20	自动拨号器	TIGER-911	台	1	深圳北站	2010.3	2010.5	2个月
21	硬盘录像机	DS-8004HS-S	台	1	深圳北站	2010.3	2010.5	2个月
三、消防高空水炮系统								
1	自动跟踪定位射流灭火装置(含探测、中心控制机)	ZSS-25B	台	44	深圳北站	2010.3	2010.5	2个月
2	系统现场区域控制箱(含模块、电源)	/	台	2	深圳北站	2010.3	2010.5	2个月
3	通用模块	/	只	46	深圳北站	2010.3	2010.5	2个月
4	消防炮专用电磁阀	/	只	44	深圳北站	2010.3	2010.5	2个月
5	水流指示器	/	只	44	深圳北站	2010.3	2010.5	2个月
6	手动信号阀	/	只	44	深圳北站	2010.3	2010.5	2个月
7	联动柜	/	台	1	深圳北站	2010.3	2010.5	2个月
四、消防电气火灾报警系统								
1	线缆温度监测探头	Tx	个	121	深圳北站	2010.3	2010.5	2个月
2	剩余电流监测探头	YR-	个	121	深圳北站	2010.3	2010.5	2个月
3	电气火灾监控模块	EF-ACS/RT	个	121	深圳北站	2010.3	2010.5	2个月
4	电气火灾监控主机	EF-ACS/B128	套	1	深圳北站	2010.3	2010.5	2个月

续上表

序号	设备材料名称	型号/规格	单位	数量	到货地点	招标完成时间	到货日期	供货周期
五、楼宇自控系统								
1	风门挡板驱动器(10N)	CN6110A1003	支	196	深圳北站	2010.3	2010.5	2个月
2	滤网压差开关	DPS400	支	104	深圳北站	2010.3	2010.5	2个月
3	风机压差开关	DPS1000	支	183	深圳北站	2010.3	2010.5	2个月
4	风管式温湿度传感器	H7080B2103	支	317	深圳北站	2010.3	2010.5	2个月
5	直接数字式控制器(LON通讯)	PUL6438S	台	170	深圳北站	2010.3	2010.5	2个月
6	数字扩展模块(10 DI)	XIO-LDE10	台	46	深圳北站	2010.3	2010.5	2个月
7	数字扩展模块(8 AI)	XIO-LAE8	台	23	深圳北站	2010.3	2010.5	2个月
8	风管式 CO_2 传感器	VC1008T-KS	支	98	深圳北站	2010.3	2010.5	2个月
9	控制盘(配套机箱)	PANEL(500×550×200)	件	116	深圳北站	2010.3	2010.5	2个月
10	WEB中央操作监控软件)网络版)	WEB-S-AX	套	1	深圳北站	2010.3	2010.5	2个月
11	WEB600网络型控制器	WEB-600	套	6	深圳北站	2010.3	2010.5	2个月
12	WEB600精密电源后备电池	NPB-PWR-UN-H	套	6	深圳北站	2010.3	2010.5	2个月
13	中央操作站电脑	主操作站PC,19寸屏幕	套	1	深圳北站	2010.3	2010.5	2个月
14	高速针式打印机	LQ-1600系列	台	1	深圳北站	2010.3	2010.5	2个月
15	UPS后备电源供电设备	UPS	台	1	深圳北站	2010.3	2010.5	2个月
16	数据交换机系统	24口高速交换机	个	1	深圳北站	2010.3	2010.5	2个月
17	中间继电器(含底座)2触点	Shenle REALY	套	450	深圳北站	2010.3	2010.5	2个月
18	变压器	99-XFR	只	116	深圳北站	2010.3	2010.5	2个月
19	中央操作站电脑	主操作站PC,19寸屏幕	套	1	深圳北站	2010.3	2010.5	2个月
20	高速针式打印机	LQ-1600系列	台	1	深圳北站	2010.3	2010.5	2个月
21	UPS后备电源供电设备	UPS	个	1	深圳北站	2010.3	2010.5	2个月
22	光纤收发器	TP-Link系列	套	4	深圳北站	2010.3	2010.5	2个月
23	数据交换机系统	24口高速交换机	个	1	深圳北站	2010.3	2010.5	2个月
24	Windows 2003标准版	SOFTWARE	套	1	深圳北站	2010.3	2010.5	2个月
25	IBMS组态系统开发软件(OPC1000点数据库,Modbus接口卡、IE浏览)	LCom6.0	套	1	深圳北站	2010.3	2010.5	2个月
六、给排水系统								
1	屋顶虹吸雨水斗	TY90	套	652	深圳北站	2010.3	2010.5	2个月
2	屋顶虹吸雨水斗	TY110	套	16	深圳北站	2010.3	2010.5	2个月
3	电开水器	KSQ-3额定容量28L	台	31	深圳北站	2010.3	2010.5	2个月
4	客车上水栓及自动回卷系统	DN32	套	162	深圳北站	2010.3	2010.5	2个月
5	股道控制机	/	套	9	深圳北站	2010.3	2010.5	2个月
6	潜污泵	WQ-3kW	套	2	深圳北站	2010.3	2010.5	2个月
7	潜污泵	WQ-55kW	套	3	深圳北站	2010.3	2010.5	2个月
8	真空卸污机组	/	套	1	深圳北站	2010.3	2010.5	2个月
9	终端饮水设备	KY-800AC	套	1	深圳北站	2010.3	2010.5	2个月
10	容积式电热水器	/	套	12	深圳北站	2010.3	2010.5	2个月
11	倒流防止器	DN600	套	14	深圳北站	2010.3	2010.5	2个月
七、消防给水系统								
1	湿式消防自动报警阀	ZSFZ150 DN150 1.2MPa	个	5	深圳北站	2010.3	2010.5	2个月
2	湿式消防自动报警阀	ZSFZ100 DN100 1.2MPa	个	2	深圳北站	2010.3	2010.5	2个月

续上表

序号	设备材料名称	型号/规格	单位	数量	到货地点	招标完成时间	到货日期	供货周期
3	消火栓给水泵	XBD-63Pva2UNN3002 型 N=30 kW,Q=20 L/s,H=55 m	台	2	深圳北站	2010.3	2010.5	2个月
4	自动喷淋给水泵	XBD-63Pva2UNN3002 型 N=30 kW,Q=20 L/s,H=55 m	台	2	深圳北站	2010.3	2010.5	2个月
5	高空水炮给水泵	XBD-83Pva3UNN9002 型 N=90 kW,Q=45 L/s,H=120 m	台	2	深圳北站	2010.3	2010.5	2个月
6	玻璃水保护给水泵	XBD-63Pva2UNN3002 型 N=30 kW,Q=20 L/s,H=70 m	台	2	深圳北站	2010.3	2010.5	2个月
7	冲洗水泵	SV416F30T 型 N=3 kW,Q=1.81 L/s,H=75 m	台	2	深圳北站	2010.3	2010.5	2个月
8	潜水排污泵	1315.180SH_274 型 N=4.4 kW,Q=11.5 L/s,H=15 m	台	2	深圳北站	2010.3	2010.5	2个月
9	稳压泵	25LGW3-10X4N=1.5 kW,P_1=0.16 MPa,$P2$=0.30 MPa,P_{s1}=0.33 MPa,P_{s2}=0.38 MPa	台	2	深圳北站	2010.3	2010.5	2个月
10	稳压泵	25LGW3-10X9N=2.2 kW,P_1=0.65 MPa,P_2=0.78 MPa,P_{s1}=0.0.81 MPa,P_{s2}=0.86 MPa	台	2	深圳北站	2010.3	2010.5	2个月
八、气体灭火消防系统								
1	气体灭火控制器	JB-QB-QM200	台	2	深圳北站	2010.3	2010.5	2个月
2	气体灭火控制器	JB-QB-QM100	台	2	深圳北站	2010.3	2010.5	2个月
3	气体灭火控制器	JB-QB-QMK04	台	4	深圳北站	2010.3	2010.5	2个月
4	气体灭火控制器	JB-QB-QMK02	台	1	深圳北站	2010.3	2010.5	2个月
5	感温探测器	JYW-ZOM-CA2005	个	88	深圳北站	2010.3	2010.5	2个月
6	感烟探测器	JTY-GD-CA3302	个	48	深圳北站	2010.3	2010.5	2个月
7	声光报警器	BHZ-B-1	个	26	深圳北站	2010.3	2010.5	2个月
8	区域启动/停止盒	QZ100	个	25	深圳北站	2010.3	2010.5	2个月
九、电气系统								
1	动力配电箱	/	台	58	深圳北站	2010.3	2010.5	2个月
2	双电源切换箱	/	台	28	深圳北站	2010.3	2010.5	2个月
3	插座检修箱	/	台	7	深圳北站	2010.3	2010.5	2个月
4	动力控制箱	/	台	26	深圳北站	2010.3	2010.5	2个月
5	动力双电源控制箱	/	台	29	深圳北站	2010.3	2010.5	2个月
6	真空卸污泵控制箱	/	台	2	深圳北站	2010.3	2010.5	2个月
7	消防泵进线柜	/	台	1	深圳北站	2010.3	2010.5	2个月
8	消防泵控制箱	/	台	5	深圳北站	2010.3	2010.5	2个月
9	照明双电源切换箱	/	台	29	深圳北站	2010.3	2010.5	2个月
10	照明配电箱	/	台	89	深圳北站	2010.3	2010.5	2个月
11	空调控制箱	/	台	119	深圳北站	2010.3	2010.5	2个月
12	EPS	输出功率 90 kW,应急时间不小于 90 min	台	1	深圳北站	2010.3	2010.5	2个月
13	EPS	输出功率 45 kW,应急时间不小于 90 min	台	1	深圳北站	2010.3	2010.5	2个月

续上表

序号	设备材料名称	型号/规格	单位	数量	到货地点	招标完成时间	到货日期	供货周期
14	EPS	输出功率 30 kW，应急时间不小于 90 min	台	1	深圳北站	2010.3	2010.5	2个月
15	光伏发电系统	/	套	1	深圳北站	2010.3	2010.5	2个月
16	6路开关控制模块	MRCL-RL3006ST16A＊3	个	43	深圳北站	2010.3	2010.5	2个月
17	8路开关控制模块	MRCL-RL3008ST16A＊5	个	35	深圳北站	2010.3	2010.5	2个月
18	4路负载反馈自锁模块	MRCL-RL3004ST20AZSF＊1	个	11	深圳北站	2010.3	2010.5	2个月
19	6路负载反馈自锁模块	MRCL-RL3006ST20AZSF＊1	个	25	深圳北站	2010.3	2010.5	2个月
20	可编程控制面板	/	个	4	深圳北站	2010.3	2010.5	2个月
21	照度感应器	/	个	4	深圳北站	2010.3	2010.5	2个月
22	景观照明系统	/	套	1	深圳北站	2010.3	2010.5	2个月
23	路由配电箱	/	台	10	深圳北站	2010.3	2010.5	2个月
24	智能照明系统BA系统接口	SWEBI-GATAWAY	套	1	深圳北站	2010.3	2010.5	2个月
25	集中控制型语音安全出口标志灯	HCN-BZ-X-URAX/08/AS/Y	个	204	深圳北站	2010.3	2010.5	2个月
26	集中控制型可调向标志灯	HCN-BZ-X-URAX/07/AS/T	个	13	深圳北站	2010.3	2010.5	2个月
27	集中控制型单向标志灯	HCN-BZ-X-URAX/03/AS	个	65	深圳北站	2010.3	2010.5	2个月
28	集中控制型导光流子灯	HCN-DX-X-URA32/Z	个	686	深圳北站	2010.3	2010.5	2个月
29	集中控制型导光流母灯	HCN-DX-X-URA32/M	个	144	深圳北站	2010.3	2010.5	2个月
30	集中控制型疏散照明灯	HCN-ZM-X-NEP52XL	个	118	深圳北站	2010.3	2010.5	2个月
31	标识照明	/	套	1	深圳北站	2010.3	2010.5	2个月
32	封闭式母线槽	2 000 A	m	400	深圳北站	2010.3	2010.5	2个月
33	封闭式母线槽	800 A	m	120	深圳北站	2010.3	2010.5	2个月
十、通风空调系统								
1	水冷离心式冷水机组	4220 kW(1 200RT)	台	3	深圳北站	2010.3	2010.5	2个月
2	水冷螺杆式冷水机组	1445 kW(411RT)	台	1	深圳北站	2010.3	2010.5	2个月
3	不锈钢方形逆流环保冷却塔	LSN-600型	台	7	深圳北站	2010.3	2010.5	2个月
4	双吸式冷冻水泵	KP 8015-3/4	台	3	深圳北站	2010.3	2010.5	2个月
5	双吸式冷冻水泵	KP 5015-9/0	台	2	深圳北站	2010.3	2010.5	2个月
6	双吸式冷冻水泵	KP 1015-3/4	台	3	深圳北站	2010.3	2010.5	2个月
7	双吸式冷冻水泵	KP 6012-3/4	台	2	深圳北站	2010.3	2010.5	2个月
8	数码涡旋空调室外机组VRV	MDV-32P	台	2	深圳北站	2010.3	2010.5	2个月
9	数码涡旋空调室外机组VRV	MDV-48P	台	2	深圳北站	2010.3	2010.5	2个月
10	数码涡旋空调室外机组VRV	MDV-24P	台	1	深圳北站	2010.3	2010.5	2个月
11	数码涡旋空调室外机组VRV	MDV-36P	台	1	深圳北站	2010.3	2010.5	2个月
12	数码涡旋空调室内空气处理机组MDV	MDV-D56DL	台	2	深圳北站	2010.3	2010.5	2个月
13	数码涡旋空调室内空气处理机组MDV	MDV-D80DL	台	6	深圳北站	2010.3	2010.5	2个月
14	数码涡旋空调室内空气处理机组MDV	MDV-D112DL	台	7	深圳北站	2010.3	2010.5	2个月
15	数码涡旋空调室内空气处理机组MDV	MDV-D36Q4	台	2	深圳北站	2010.3	2010.5	2个月
16	数码涡旋空调室内空气处理机组MDV	MDV-D45Q4	台	3	深圳北站	2010.3	2010.5	2个月
17	数码涡旋空调室内空气处理机组MDV	MDV-D56Q4	台	2	深圳北站	2010.3	2010.5	2个月
18	数码涡旋空调室内空气处理机组MDV	MDV-D80Q4	台	12	深圳北站	2010.3	2010.5	2个月

续上表

序号	设备材料名称	型号/规格	单位	数量	到货地点	招标完成时间	到货日期	供货周期
19	数码涡旋空调室内空气处理机组 MDV	MDV-D90Q4	台	4	深圳北站	2010.3	2010.5	2个月
20	数码涡旋空调室内空气处理机组 MDV	MDV-D112Q4	台	4	深圳北站	2010.3	2010.5	2个月
21	数码涡旋空调室内空气处理机组 MDV	MDV-D36T2	台	6	深圳北站	2010.3	2010.5	2个月
22	数码涡旋空调室内空气处理机组 MDV	MDV-D45T2	台	1	深圳北站	2010.3	2010.5	2个月
23	数码涡旋空调室内空气处理机组 MDV	MDV-D56T2	台	6	深圳北站	2010.3	2010.5	2个月
24	数码涡旋空调室内空气处理机组 MDV	MDV-D71T2	台	2	深圳北站	2010.3	2010.5	2个月
25	组合式变风量空气处理机组	CLCP012	台	20	深圳北站	2010.3	2010.5	2个月
26	组合式变风量空气处理机组	CLCP020	台	20	深圳北站	2010.3	2010.5	2个月
27	组合式变风量空气处理机组	CLCP025	台	22	深圳北站	2010.3	2010.5	2个月
28	组合式变风量空气处理机组	CLCP030	台	5	深圳北站	2010.3	2010.5	2个月
29	组合式变风量空气处理机组	CLCP035	台	2	深圳北站	2010.3	2010.5	2个月
30	组合式变风量空气处理机组	CLCP037	台	6	深圳北站	2010.3	2010.5	2个月
31	组合式变风量空气处理机组	CLCP043	台	3	深圳北站	2010.3	2010.5	2个月
32	组合式变风量空气处理机组	CLCP043	台	6	深圳北站	2010.3	2010.5	2个月
33	立式空气处理机变风量型	LCLCP012	台	12	深圳北站	2010.3	2010.5	2个月
34	吊装空气处理机变风量型	LWHA95	台	13	深圳北站	2010.3	2010.5	2个月
35	吊装空气处理机	LWHA040	台	1	深圳北站	2010.3	2010.5	2个月
36	卧式新风处理机	LWHA013	台	4	深圳北站	2010.3	2010.5	2个月
37	立式新风处理机	LPCQ006	台	1	深圳北站	2010.3	2010.5	2个月
38	卧式新风处理机	WPCQ006	台	1	深圳北站	2010.3	2010.5	2个月
39	吊顶式全热新风换气机	XFHQ-20	台	3	深圳北站	2010.3	2010.5	2个月
40	吊顶式全热新风换气机	XFHQ-10	台	1	深圳北站	2010.3	2010.5	2个月
41	吊顶式全热新风换气机	XFHQ-05	台	1	深圳北站	2010.3	2010.5	2个月
42	防爆轴流风机	BT35-11型No4.5	台	1	深圳北站	2010.3	2010.5	2个月
43	低噪声柜式离心风机	DT20型No2	台	50	深圳北站	2010.3	2010.5	2个月
44	低噪声柜式离心风机	DT20型No3	台	4	深圳北站	2010.3	2010.5	2个月
45	低噪声柜式离心风机(排烟型)	DT15型No4	台	2	深圳北站	2010.3	2010.5	2个月
46	低噪声柜式离心风机	DT9型No4	台	2	深圳北站	2010.3	2010.5	2个月
47	排烟轴流风机	HTF-D型No10-C	台	13	深圳北站	2010.3	2010.5	2个月
48	低噪声柜式离心风机	DT30型No3	台	4	深圳北站	2010.3	2010.5	2个月
49	低噪声轴流风机	SHF型No3-C	台	2	深圳北站	2010.3	2010.5	2个月
50	低噪声柜式离心风机	DT10型No2	台	2	深圳北站	2010.3	2010.5	2个月
51	低噪声柜式离心风机	DT15型No4	台	2	深圳北站	2010.3	2010.5	2个月
52	排烟轴流风机	HTF-D型No9-B	台	5	深圳北站	2010.3	2010.5	2个月
53	低噪声高效轴流风机	SHF型No7-B	台	1	深圳北站	2010.3	2010.5	2个月
54	排烟轴流风机	HTF-P型No10-C	台	5	深圳北站	2010.3	2010.5	2个月
55	排烟轴流风机	HTF-P型No8-C	台	2	深圳北站	2010.3	2010.5	2个月
56	防爆轴流风机配装联动防雨百叶	BT35-11型No4.5	台	3	深圳北站	2010.3	2010.5	2个月
57	低噪声柜式离心风机	DT12型No3	台	1	深圳北站	2010.3	2010.5	2个月
58	低噪声柜式离心风机	DT15型No3	台	1	深圳北站	2010.3	2010.5	2个月
59	低噪声轴流风机	SHF型No3-C	台	3	深圳北站	2010.3	2010.5	2个月

续上表

序号	设备材料名称	型号/规格	单位	数量	到货地点	招标完成时间	到货日期	供货周期
60	低噪声轴流风机	SHF 型 No10-A	台	1	深圳北站	2010.3	2010.5	2 个月
61	空调水系统用方型膨胀水箱	有效容积 2 m^3	个	1	深圳北站	2010.3	2010.5	2 个月
62	压差旁通装置 DN250	DN250	台	1	深圳北站	2010.3	2010.5	2 个月
63	中央空调节能控制系统	见暖通专业相关图纸	套	1	深圳北站	2010.3	2010.5	2 个月
64	冷冻机房、冷却塔控制配电箱	见强电专业相关图纸	台	11	深圳北站	2010.3	2010.5	2 个月
65	中央空调计费系统	暂按 200 点位计	套	1	深圳北站	2010.3	2010.5	2 个月
66	中央空调冷凝器自动在线清洗装置	HCTCS-350S-G，电压 380V 功率 N(最大)＝3 kW	台	3	深圳北站	2010.3	2010.5	2 个月
67	中央空调冷凝器自动在线清洗装置	HCTCS-250S-G，电压 380V 功率 N(最大)＝3 kW	台	1	深圳北站	2010.3	2010.5	2 个月
68	厨房排油烟净化设备	厨房设备公司一并设计供货	台	2	深圳北站	2010.3	2010.5	2 个月

18.7.4.4　装修工程主要设备材料供应计划(见表 18-54)

表 18-54　装修工程主要材料供应计划表

序号	材料名称	单位	数量	供应时间	备　注
1	屋盖钢龙骨	t	4 605	2009.11～2010.6	
2	铝板	m^2	215 366	2009.11～2010.9	
3	雨棚钢龙骨	t	1 685	2010.2～2010.8	
4	花岗石	m^2	159 975	2010.1～2010.9	
5	幕墙玻璃	m^2	33 083	2010.3～2010.8	

18.7.5　主要周转材料计划表(见表 18-55)

表 18-55　主要周转材料计划表

项目	周转材料名称	单位	规格	工程数量	备　注
土建	ϕ48×3.5 钢管	t	ϕ48	4 000	
	彩钢板	m^2	/	15 000	
	碗扣架钢管	t	ϕ48	500	
	各类卡扣	万个		220	
	木模板	m^2		95 000	
	定型钢模	t		120	
	对拉螺杆	t		100	
	100 mm×50 mm 木方	m^3		30 000	
	脚手板 50 mm 厚	m^3		24 000	
	防火安全网	m^2		80 000	
钢结构	彩钢板	m^2	/	5 000	
	脚手架	t	ϕ48	200	
	竹架板	m^2	/	10 000	
	钢丝绳	m	ϕ9～46	30 000	
	安全网	张	2×6 m	2 000	
	彩条布	m^2	/	20 000	
	枕木	m^3	2×0.2×0.16	64	
	木方	m^3		50	

续上表

项目	周转材料名称	单位	规格	工程数量	备　注
装修工程	彩钢板	m^2	/	3 000	
	脚手架	t	ϕ48	450	
	竹架板	m^2	/	15 000	
	钢丝绳	m	ϕ9～46	35 000	
	安全网	张	2×6 m	12 000	
安装工程	彩钢板	m^2	/	2 000	
	脚手架	t	ϕ48	400	
	竹架板	m^2	/	12 000	
	钢丝绳	m	ϕ9～46	30 000	
	安全网	张	2×6 m	12 000	
	彩条布	m^2	/	50 000	

18.7.6 资金需求计划表(见表18-56)

表18-56 资金需求计划表

时间(季度)	计划安排	
	分期	累计
	百分率(%)	百分率(%)
2008年第四季度	5	5
2009年第一季度	7	12
2009年第二季度	8	20
2009年第三季度	10	30
2009年第四季度	11	41
2010年第一季度	25	66
2010年第二季度	18	84
2010年第三季度	8	92
2010年第四季度	3	95
质量保修期	5	100

18.8 施工现场平面布置

18.8.1 施工现场布置

18.8.1.1 施工现场布置原则

根据本工程结构类型、场地条件及周边环境等特点，在现场平面布置时充分考虑各种因素及施工需要，合理进行布局，并遵循如下原则：

(1)综合考虑房建及高架候车厅、站台及无站台柱雨棚、线路、新区大道、平南铁路和地铁5号线等工程形成交叉施工，且必须保证平南铁路正常运营。因此施工总平面布置必须随不同阶段的施工要求进行动态的调整，才能确保整体施工目标的实现，同时尽量减少临时设施的变动。

(2)施工现场生产区、生活区、办公区划分明确，避免区域交叉。施工现场生产道路地面采用混凝土硬化，并设消防通道，宽度不小于6 m。

(3)各种设施的建造既要满足生产、生活需要，又要避免破坏生态环境。施工现场搞好“四通一平”，生活区和施工现场建设上下水设施。

(4)占地面积大,但红线内临时用地面积很小,红线外区域全为轨道交通的施工工地。受其影响,临时设施只能布置在我部施工场地内。

(5)既有平南铁路呈对角线的样式穿过站房区域,在基础施工阶段将工地分割为两个不同的部分。考虑到唯一通道平南铁路桥使用的不确定性,加工场和料场需在平南铁路两边单独布置。

(6)新区大道影响了站房1/0A轴、2/0A轴、A轴和B轴四根轴线的桩基施工。其中2/0A轴、B轴和A轴位于新区大道基坑内或边坡上。以上几根轴线的材料与经中铁四局新区大道的施工通道进入。而1/0A轴则被单独孤立在新区大道东边,需考虑新区大道全面施工后的影响。

18.8.1.2 办公区临时设施

1. 围墙、大门

本工程工地围墙采用240 mm厚砖墙,高度2.5 m,双面抹灰刷白色涂料;外墙面可由招标人和施工单位进行宣传性装饰,围墙要保持整洁,严禁乱涂乱画;每5 m设置240 mm×240 mm砖跺。

综合现场情况,本工程分不同阶段总共设三个大门(北侧两个,南侧一个),型钢骨架,面覆2 mm厚钢板。大门宽6 m,高2.2 m,两扇钢大门。

2. 办公及生活区布置

现场办公区布置在站台靠近玉龙路,一幢二层彩钢板房;工人宿舍租用红线外民房;浴室、厕所等为120 mm厚砖墙,双面抹灰刷白色涂料(食堂及浴室内墙1.8 m以下贴白色瓷砖,厕所1.2 m以下贴白色瓷砖),地面铺防滑地砖。办公及生活区室外地面采用100 mm厚C15混凝土硬化。

3. 场地硬化、绿化,施工道路

绿化点缀施工现场:除建筑物占地范围以外的场地予以硬化,在围墙周边、生活办公区等适当的地方进行绿化。工地施工道路,用200厚C25混凝土硬化,路面宽度为6 m,其他场地用120 mm厚的C20混凝土硬化。

4. 临时水电

根据前期柱基础施工机械设备、加工区、办公区的用电负荷要求,共设五台变压器,先暂装两台500 kVA的变压器(从深圳体育运动学校变电室T接),待钢结构施工进场后再增加三台500 kVA的变压器,实行三级配电,变压器低压侧设总配电箱,在办公区、施工区、临时施工道路边设置分配电箱,每台用电设备专设开关箱,实行一机一闸一漏一箱。

施工用水直接从市政给水管接入,根据各用水点位置和消防要求,沿施工道路的一侧环状管网布置,设分区阀门和地上式消火栓,实行分区供水。

5. 现场排水设施

沿所有施工道路的一侧修建1 000 mm×500 mm的砖砌排水沟收集施工场地地表水和施工废水(经沉淀)排入市政雨水管管网,生活污水经化粪池处理后排入市政污水管网。

6. 其他

由于场地限制,钢结构进场后,只在现场布置加工场和堆料场,工人住宿、生活均不设在施工现场。

18.8.2 地下部分总体部署

本工程由于工期紧、施工任务重,且多个施工单位交叉施工,为确保施工进度和施工质量,所以地下部分钢柱吊装选用4组安装作业人员进行组织施工,其中圆管柱吊装3组,Y型钢柱吊装1组。根据施工现场的施工进度计划安排,先行施工主站房,然后进行两边雨棚施工。钢柱采用分段加工制作,运输至现场后分段吊装,圆管柱采用50 t、80 t、150 t、240 t汽车吊吊装,具体的汽车吊选择根据钢柱重量和吊距重量进行确认,Y柱采用240 t和150 t汽车吊吊装,局部交叉作业区域根据现场的实际情况进行调整。地下部分施工总平面布置详见图18-170地下部分施工总平面图。

18.8.2.1 地下钢柱吊装总平图布置

现场交叉作业多,新区大道、地铁五号线、平南铁路旧线、平南铁路便线、平南铁路新线存在大开挖或是存在既有的坑槽,地下部分钢柱安装时大部分坑槽尚未回填,所以钢柱吊装运输通道需设计多个入口,及钢柱运输通道需分区块分阶段进行铺设,局部坑槽需要回填以便构件运输和汽车吊的行走。地下部分钢柱吊装运输通道通过加宽和硬化处理后,同时作为地上部分钢构吊装的运输通道。

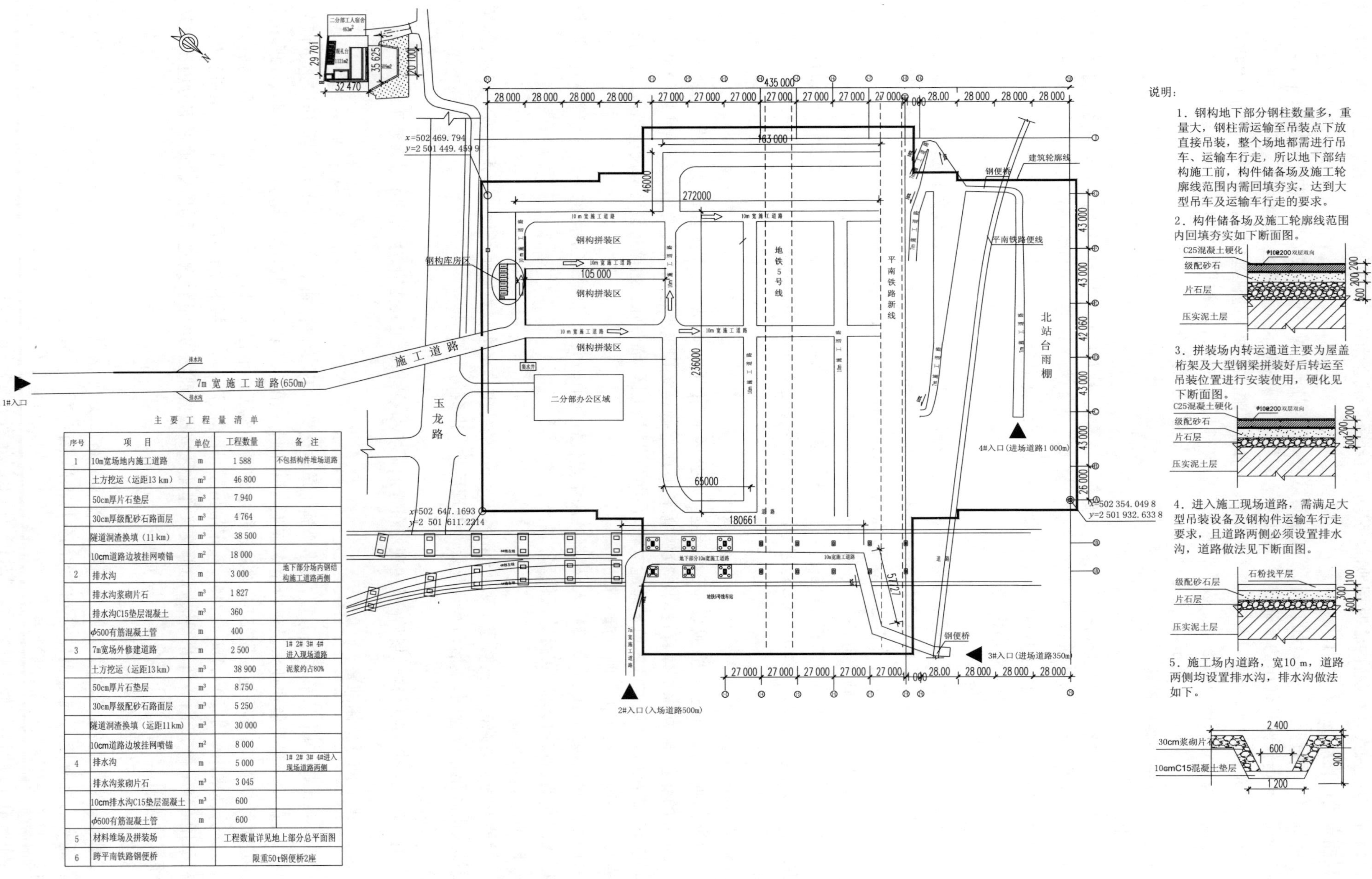

主 要 工 程 量 清 单

序号	项　目	单位	工程数量	备　注
1	10m宽场地内施工道路	m	1 588	不包括构件堆场道路
	土方挖运（运距13 km）	m³	46 800	
	50cm厚片石垫层	m³	7 940	
	30cm厚级配砂石路面层	m³	4 764	
	隧道洞渣换填（11 km）	m³	38 500	
	10cm道路边坡挂网喷锚	m²	18 000	
2	排水沟	m	3 000	地下部分场内钢结构施工道路两侧
	排水沟浆砌片石	m³	1 827	
	排水沟C15垫层混凝土	m³	360	
	ϕ500有筋混凝土管	m	400	
3	7m宽场外修建道路	m	2 500	1# 2# 3# 4#进入现场道路
	土方挖运（运距13 km）	m³	38 900	泥浆约占80%
	50cm厚片石垫层	m³	8 750	
	30cm厚级配砂石路面层	m³	5 250	
	隧道洞渣换填（运距11 km）	m³	30 000	
	10cm道路边坡挂网喷锚	m²	8 000	
4	排水沟	m	5 000	1# 2# 3# 4#进入现场道路两侧
	排水沟浆砌片石	m³	3 045	
	10cm排水沟C15垫层混凝土	m³	600	
	ϕ500有筋混凝土管	m	600	
5	材料堆场及拼装场	工程数量详见地上部分总平面图		
6	跨平南铁路钢便桥	限重50 t钢便桥2座		

图 18-170　地下部分施工总平面图

根据现场的条件，钢构运输设置四个运输通道口，1# 入口从深圳北站南侧新区大道进入，穿过玉龙路从现场项目分部办公室旁经过；2# 入口从深圳北站东南侧玉龙路穿过平南铁路旧线通往 2/0A 轴；3# 入口从深圳北站东北侧新区大道交留仙大道进入；4# 入口从深圳北站西南侧通过钢便桥进入 1-8 轴区域。钢柱运输通道经过碾压平整泥地后，再铺设粗 500 mm 厚的片石，然后铺设 200 mm 厚碎石及石粉并碾压平整。

地下部分钢柱安装阶段，以现有的管理员办公室北侧 12 m×36 m 的场地作为钢结构库房用地，钢结构库房地面浇注混凝土并搭设临建板房。

钢柱堆放原则上就近吊装位置堆放，由于施工现场场地有限，根据现场的需求组织钢柱进场，钢柱进场后就近钢柱的安装位置进行卸车放置，局部无法摆放的构件，卸车放置位于站房南侧的临时堆放场地，由于 Y 柱单节较重，构件二次倒运困难，因此 Y 型钢柱的堆放统一堆放于靠近 2/0A 轴的 Y 柱堆放场上。

18.8.3　地上部分施工部署

18.8.3.1　施工场地布置及排水规划

深圳北站主体结构为钢结构且钢结构工程具有大跨度、大悬挑、大截面的特点，钢构件的拼装、安装占用场地比较大及安装难度较大，应以钢结构安装为主控线。地上部分钢结构工程可以分为两个独立的部分进行施工：主站房与无站台柱雨棚。主站房又分为 8 个施工区域即 A～H 区、雨棚施工分为南北两个区域。根据由于深圳北站周边施工场地有限，临时设施根据主站房和雨棚的施工顺序来布置。主站房钢结构总重量约 6 万 t，其构件堆放、拼装以及临时支撑材料堆放均需要大面积的场地。项目部在南雨棚区、北雨棚区以及深圳北站以南线路咽喉区等三处设置钢构件堆场、钢构件拼装场、周转材料堆场以保证钢结构施工的正常进行。

18.8.3.2　钢构件堆场

地上部分钢构件堆场位于南咽喉区，如总平面布置，从既有施工便道引入堆放场地一条临时道路，并从玉龙路雨水箱涵处引出一条施工临时道路与既有道路连接。堆放场地硬化处理，并场内设置 10 m 宽运输通道，作为材料和人员进入现场的主要通道。堆放场地及施工道路均采用 C25 混凝土浇筑，厚度 200 mm，堆放场地四周采用脚手管搭设彩钢板围挡，出入口处设置临时用房。

18.8.3.3　钢构件拼装场地

地上部分钢构件拼装场地主要位于南北雨棚区，如总平面布置，从玉龙路高架处引入一条施工道路进入拼装场地。拼装场地硬化处理，场内设置运输通道多条，作为构件进入现场的主要通道。拼装场地采用 C25 混凝土浇筑，厚度 200 mm，堆放场地四周采用脚手管搭设围挡，南侧设置工具间及库房约 300 m^2。

18.8.3.4　钢构件转运通道

站房上部结构施工阶段，每条字母轴线间设置一条构件转运及大型机械设备通行的施工通道。通道宽 10 m，硬化处理，采用 C25 混凝土浇筑，厚度 200 mm。工程施工辅助设施工程数量如表 18-57 所示，地上部分施工总平面布置详见图 18-171。

表 18-57　施工辅助设施工程数量表

序号	项目名称	数量	单位	备注
一	地下部分			
1	10 m 宽场地内施工道路	1 588	m	
	土方挖运(运距 13 km)	46 800	m^3	
	50 cm 厚片石垫层	7 940	m^3	
	30 cm 厚级配砂石路面层	4 764	m^3	
	隧道洞渣换填(运距 11 km)	38 500	m^3	
	10 cm 道路边坡挂网喷锚	18 000	m^2	
2	场地内临时排水沟	3 000	m	
	排水沟浆砌片石	1 827	m^3	
	10 cm 排水沟 C15 垫层混凝土	360	m^3	m^3
	ϕ500 有筋混凝土管	400	m	

续上表

序号	项目名称	数量	单位	备注
3	7 m宽场外修建道路	2 500	m	
	土方挖运	38 900	m^3	
	50 cm厚片石垫层	8 750	m^3	
	30 cm厚级配砂石路面层	5 250	m^3	
	隧道洞渣换填(运距11 km)	30 000	m^3	
	10 cm道路边坡挂网喷锚	8 000	m^2	
4	场外道路排水沟	5 000	m	
	排水沟浆砌片石	3 045	m^3	
	10 cm排水沟C15垫层混凝土	600	m^3	
	ϕ500有筋混凝土管	600	m	
5	跨平南铁路钢便桥	2	座	
二	地上部分			
1	堆场、拼装场地	71 238	m^2	
	土方挖运(约13 km)	66 972	m^3	
	50 cm厚片石垫层	35 619	m^3	
	20 cm厚级配砂石铺面层	14 247.6	m^3	
	20 cm厚C25混凝土	14 247.6	m^3	
	ϕ10圆钢	866.254	t	
	排水沟	3 989	m	
	排水沟浆砌片石	2 433	m^3	
	排水沟C15垫层混凝土	478	m^3	
	ϕ500有筋混凝土管	500	m	
2	10 m宽场内道路	5 192	m	
	土方挖运	9 000	m^3	
	50 cm厚片石垫层	25 960	m^3	
	30 cm厚级配砂石基层	10 384	m^3	
	20 cm厚C25混凝土路面层	10 384	m^3	
	隧道洞渣回填(运距11 km)	8 500	m^3	
	ϕ10圆钢	631.4	t	
3	场内排水沟	5 000	m	
	排水沟浆砌片石	3 045	m^3	
	排水沟C15垫层混凝土	600	m^3	
	ϕ500有筋混凝土管	400	m	
4	钢筋混凝土砼路面、堆场破除	24 631.6	m^3	
5	破除钢筋混凝土砼外运(运距13 km)	24 631.6	m^3	

18.8.4 各阶段站房及雨棚施工平面布置图

深圳北站地下部分施工主要分为土方开挖、基础施工两个阶段，地上部分主体结构施工、设备安装及装修两个施工个阶段，各施工阶段总平面布置详见图18-172、图18-173、插页图18-174及插页图18-175。施工阶段平面布置中需采取的措施工程数量见表18-58。

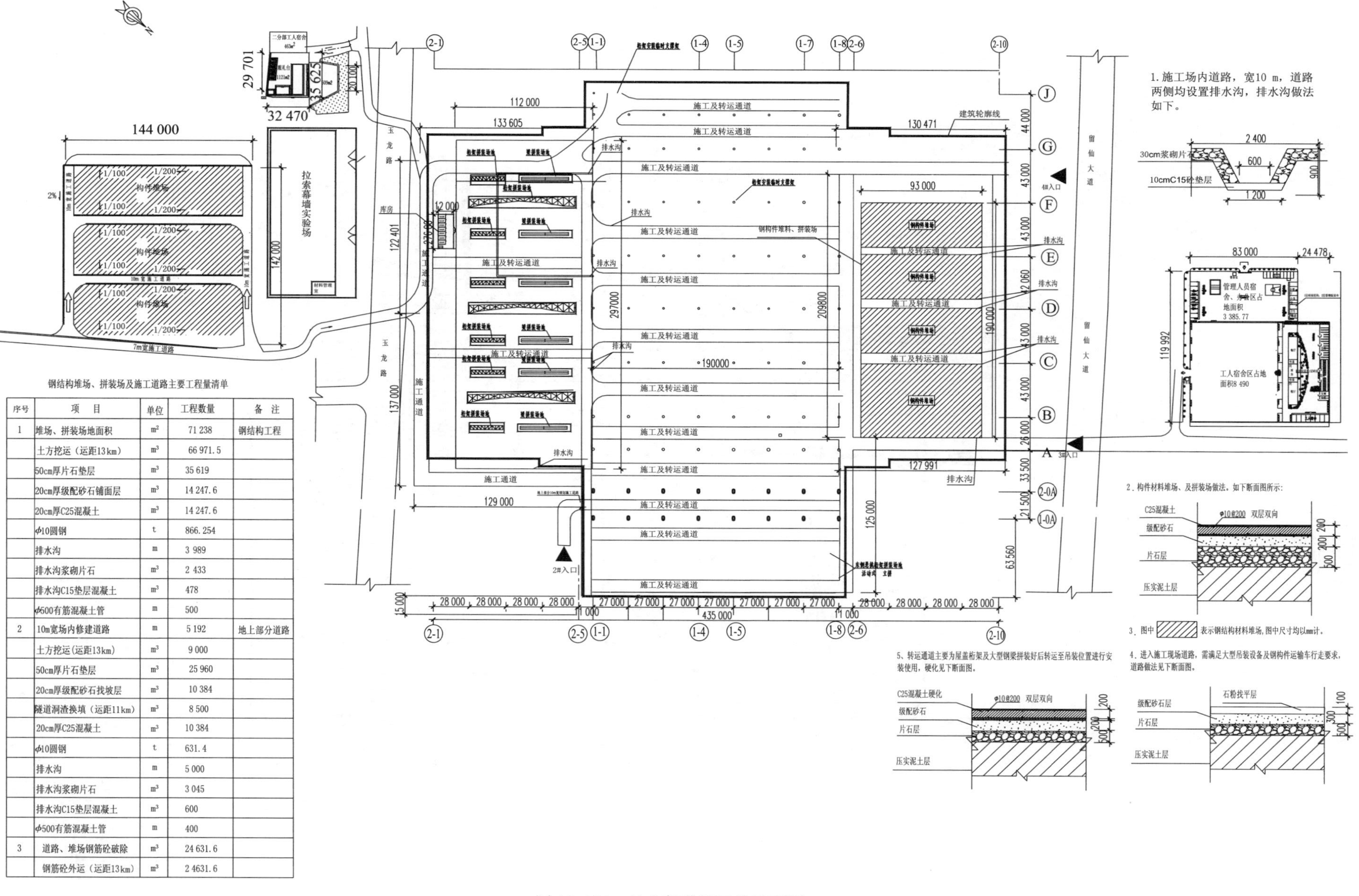

钢结构堆场、拼装场及施工道路主要工程量清单

序号	项　目	单位	工程数量	备　注
1	堆场、拼装场地面积	m²	71 238	钢结构工程
	土方挖运（运距13 km）	m³	66 971.5	
	50cm厚片石垫层	m³	35 619	
	20cm厚级配砂石铺面层	m³	14 247.6	
	20cm厚C25混凝土	m³	14 247.6	
	ϕ10圆钢	t	866.254	
	排水沟	m	3 989	
	排水沟浆砌片石	m³	2 433	
	排水沟C15垫层混凝土	m³	478	
	ϕ600有筋混凝土管	m	500	
2	10m宽场内修建道路	m	5 192	地上部分道路
	土方挖运(运距13km)	m³	9 000	
	50cm厚片石垫层	m³	25 960	
	20cm厚级配砂石找坡层	m³	10 384	
	隧道洞渣换填（运距11km）	m³	8 500	
	20cm厚C25混凝土	m³	10 384	
	ϕ10圆钢	t	631.4	
	排水沟	m	5 000	
	排水沟浆砌片石	m³	3 045	
	排水沟C15垫层混凝土	m³	600	
	ϕ500有筋混凝土管	m	400	
3	道路、堆场钢筋砼破除	m³	24 631.6	
	钢筋砼外运（运距13km）	m³	2 4631.6	

图 18-171　地上部分施工总平面图

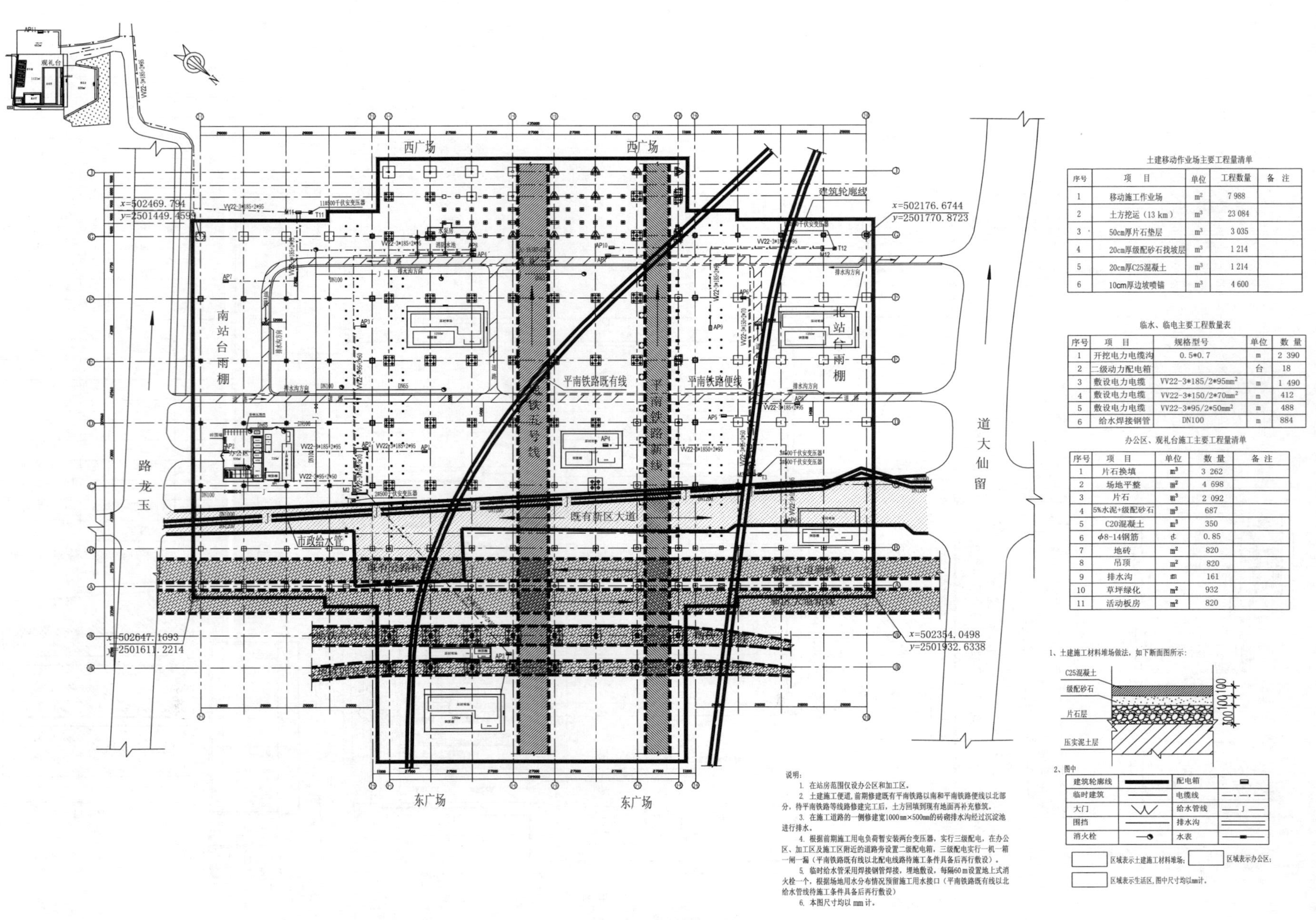

土建移动作业场主要工程量清单

序号	项　目	单位	工程数量	备　注
1	移动施工作业场	m^2	7 988	
2	土方挖运（13 km）	m^3	23 084	
3	50cm厚片石垫层	m^3	3 035	
4	20cm厚级配砂石找坡层	m^3	1 214	
5	20cm厚C25混凝土	m^3	1 214	
6	10cm厚边坡喷锚	m^3	4 600	

临水、临电主要工程数量表

序号	项　目	规格型号	单位	数　量
1	开挖电力电缆沟	0.5*0.7	m	2 390
2	二级动力配电箱		台	18
3	敷设电力电缆	VV22-3*185/2*95mm^2	m	1 490
4	敷设电力电缆	VV22-3*150/2*70mm^2	m	412
5	敷设电力电缆	VV22-3*95/2*50mm^2	m	488
6	给水焊接钢管	DN100	m	884

办公区、观礼台施工主要工程量清单

序号	项　目	单位	数　量	备　注
1	片石换填	m^3	3 262	
2	场地平整	m^2	4 698	
3	片石	m^3	2 092	
4	5%水泥+级配砂石	m^3	687	
5	C20混凝土	m^3	350	
6	ф8-14钢筋	t	0.85	
7	地砖	m^2	820	
8	吊顶	m^2	820	
9	排水沟	m	161	
10	草坪绿化	m^2	932	
11	活动板房	m^2	820	

1、土建施工材料堆场做法，如下断面图所示：

C25混凝土　级配砂石　片石层　压实泥土层

2、图中

建筑轮廓线		配电箱	
临时建筑		电缆线	
大门		给水管线	
围挡		排水沟	
消火栓		水表	

区域表示土建施工材料堆场；区域表示办公区；区域表示生活区，图中尺寸均以mm计。

说明：

1. 在站房范围仅设办公区和加工区。
2. 土建施工便道，前期修建既有平南铁路以南和平南铁路便线以北部分，待平南铁路等线路修建完工后，土方回填到现有地面再补充修筑。
3. 在施工道路的一侧修建宽1000mm×500mm的砖砌排水沟经过沉淀池进行排水。
4. 根据前期施工用电负荷暂安装两台变压器，实行三级配电，在办公区、加工区及施工区附近的道路旁设置二级配电箱，三级配电实行一机一箱一闸一漏（平南铁路既有线以北配电线路待施工条件具备后再行敷设）。
5. 临时给水管采用焊接钢管焊接，埋地敷设，每隔60 m设置地上式消火栓一个，根据场地用水分布情况预留施工用水接口（平南铁路既有线以北给水管线待施工条件具备后再行敷设）
6. 本图尺寸均以 mm 计。

图 18-172　深圳北站基础施工平面布置图

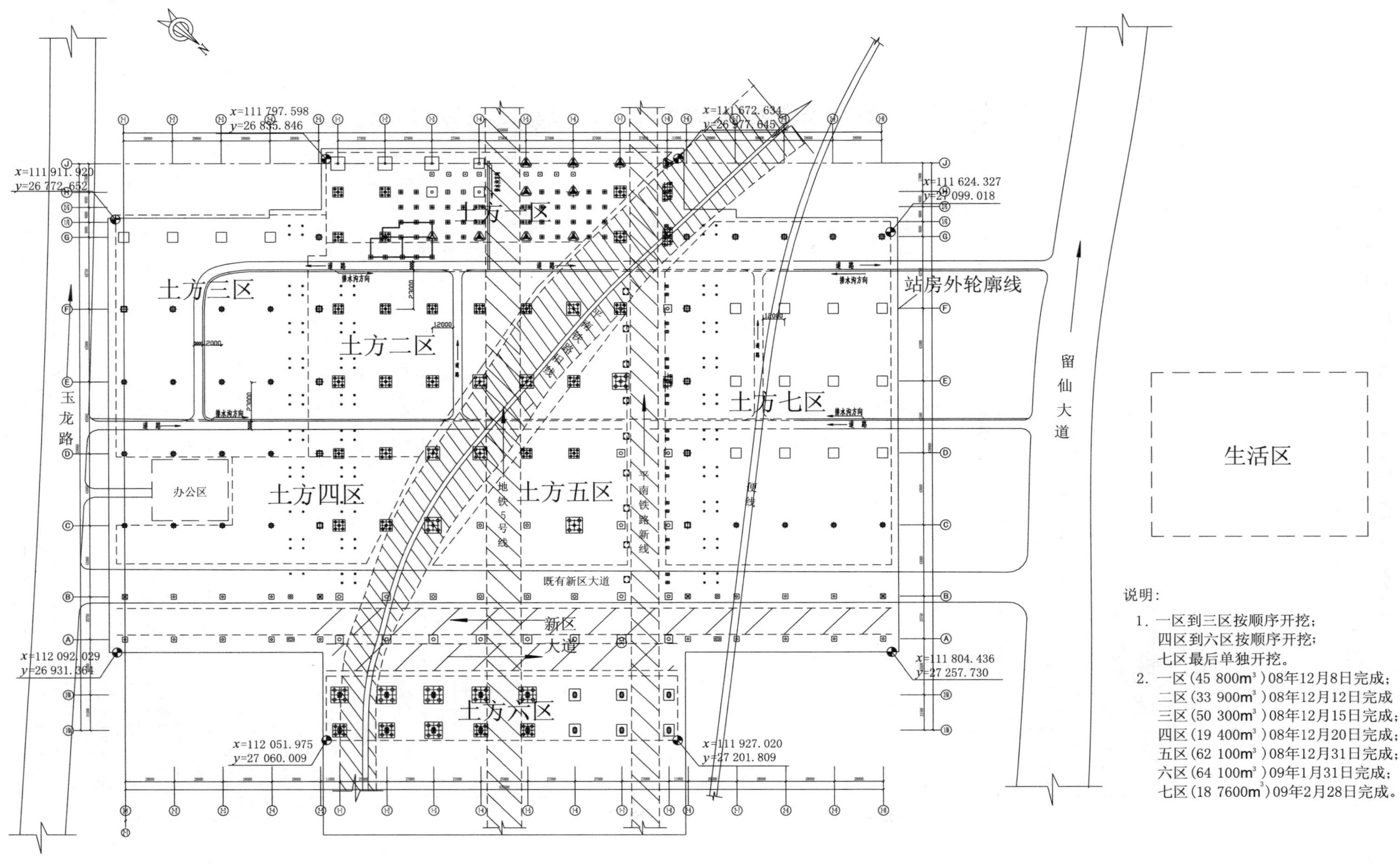

图 18-173　深圳北站土方开挖平面布置图

表 18-58 各阶段平面布置施工措施工程数量表

序号	项目名称	规格	数量	单位	用途
一	土建施工部分				
1	移动施工作业场		7 988	m	土建
	土方挖运(运距 13 km)		23 084	m^3	
	50 cm 厚片石垫层		3 035	m^3	
	20 cm 厚级配砂石找坡层		1 214	m^3	
	20 cm 厚 C25 混凝土		1 214	m^3	
	10 cm 厚边坡喷锚		4 600	m^2	
2	场地内排水沟		161	m	
	排水沟浆砌片石		180	m^3	
	排水沟 C15 垫层混凝土		72	m^3	
二	主体阶段部分				
1	拼装胎架	H 型钢及圆管	2 966	t	钢构件拼装
	型钢胎架(H 型钢及圆管)		2 900	t	
	预埋件		66	t	
2	固定式胎架基础混凝土		420	m^3	
	基础钢筋		18	t	
3	活动式胎架钢平台基座	路基板	340	t	
4	屋盖及钢梁支撑系统	角钢、H 型钢及圆管、贝雷架			
	型钢支撑架		11 400	t	
	转换及高架平台		3 350	t	
	钢轨	QU70	800	m	
	预埋件		132	t	
	基础混凝土		1 500	m^3	
	基础钢筋		62	t	
5	跨 5 号线 平南铁路钢梁	2×0.4	5 600	t	履带吊行走
6	固定式塔吊基础	7.5×7.5	4	座	钢结构
	10 cm 厚 C15 混凝土垫层		36	m^3	
	5 m 厚 C30 混凝土基座		1 125	m^3	
	20 二级螺纹钢		37.9	t	
	钢支脚		4	副	
7	市政供水管钢支撑架		8	t	
8	操作平台				
	钢丝网片	/	6 000	m^2	操作平台
	钢爬梯	ϕ12	50	t	操作平台
	角钢		400	t	
	焊接平台	角钢	80	t	操作平台
	操作吊篮	角钢	120	t	操作平台
三	安装、装修部分				
1	拉索幕墙实验场地		8 976	m^2	装修
	土方挖运(约 13 km)		8 809	m^3	
	50 cm 厚片石垫层		4 488	m^3	
	20 cm 厚级配砂石找坡层		1 795.2	m^3	

续上表

序号	项目名称	规格	数量	单位	用途
	20 cm 厚 C25 混凝土		1 795.2	m^3	
	10 cm 厚基坑边坡处理		2 660	m^2	
	ϕ16 钢筋		18	t	
	独立基础 C30 混凝土		166	m^3	
	预埋铁件		10	t	
	拉索幕墙钢结构桁架		220.31	t	
2	场地排水沟		2 000	m	
	排水沟浆砌片石		1 400	m^3	
	排水沟 C15 垫层混凝土		300	m^3	
	ϕ500 有筋混凝土管		80	m	
3	操作平台				
	钢丝网片	/	10 000	m^2	
	钢爬梯	自制	70	t	
	焊接平台	自制	120	t	
	操作吊篮	自制	220	t	

18.9　工程项目综合管理措施

工程项目综合管理措施主要包括进度控制管理、工程质量管理、安全生产管理、职业健康安全管理、环境保护管理、文明施工管理、节能减排管理等内容。详见附录 2。

附录 1 工程项目管理组织

1. 组织机构与职责

(1)组织机构

为了加强项目管理,确保工程建设工期、质量、安全、保护生态环境,全面实现建设目标,针对标段工程项目的特点,确定组建相应的“工程项目经理部”承担施工任务。项目经理部设七部一室,即工程技术部、安全质量部、计划财务部、成部、协调部、物资供应部、综合部及中心试验室。根据项目特点和工程情况,项目经理部下设多个项目部。项目经理部和各项目部,均由公司抽调专业技术能力强、综合素质高的工程技术和管理人员组成。组织机构设置如附图 1-1 所示。

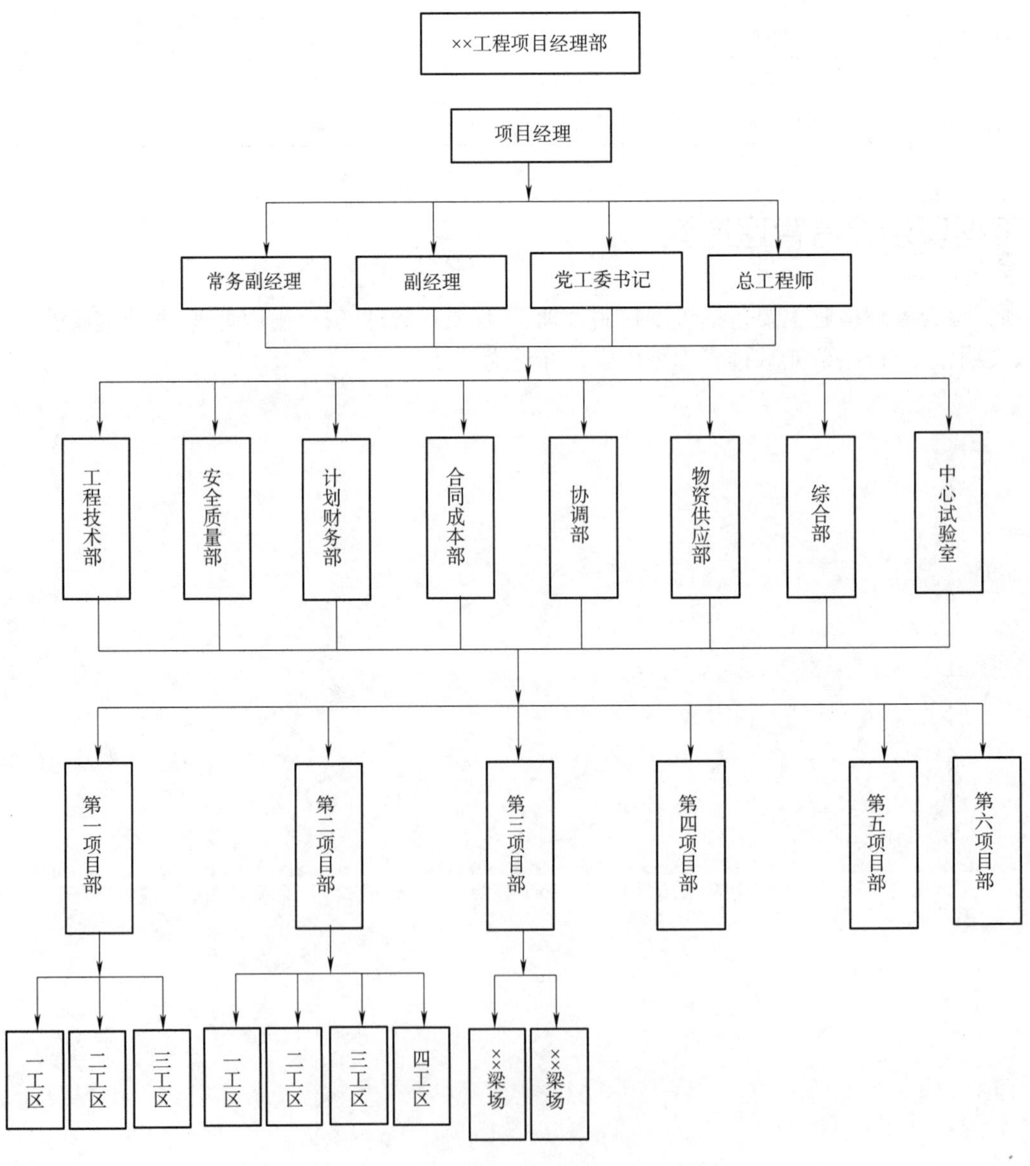

附图 1-1 工程项目经理部机构设置图

(2)主要职责

项目经理:全面负责工程项目的组织、指挥、协调与控制,确保实现项目目标。

项目副经理:负责施工生产管理,严把安全质量生产关,把安全质量责任落实到位。

项目党工委书记:负责管段的征地拆迁、对外宣传及文明施工策划和党建工作。

项目总工程师:对工程质量、施工技术、计量测试等负技术领导责任。全面负责技术管理工作,管理和指导施工技术部工作;负责组织图纸会审、技术交底、施工过程质量控制、检查与验收、技术总结等;负责组织施工技术方案、施工组织设计及质量计划的编制及批准后的实施;负责组织新技术、新工艺、新设备、新材料及先进科技成果的推广和应用;负责组织科研攻关项目,解决工程施工中的关键施工技术和重大技术难题。

工程技术部:负责工程进度管理和协调,编制进度计划、定期跟踪进度计划执行情况、采取纠偏措施,确保实现进度计划;负责编制施工组织设计、施工工艺和实施过程中的监管;负责组织设计图纸核对、技术交底、过程监控、编制竣工资料和技术总结、工程保修和后期服务;负责控制测量、放线定位测量、竣工测量;负责组织推广应用"四新"技术,针对技术难题开展科技攻关;参与验工计价工作。

安全质量部:负责质量管理规划、管理、监察职能。负责全面质量管理,指导工程项目 QC 小组活动,检查、指导、评定工程质量;编制安全计划、安全技术方案并组织贯彻落实;组织定期安全检查和抽查,发现事故隐患,及时监督整改;负责对危险源提出预防措施,制定抢险预案;定期组织对参建员工进行安全教育;负责建立健全环境保护责任体系,制定环保、水保规划与措施,并督促各作业队抓好贯彻落实,做到文明施工;负责施工过程中遇到的文物保护工作。

合同成本部:负责合同管理和向业主办理验工计价、内部承包合同的制定、签定和管理,指导作业队开展责任成核算;对工序进行定额测定及分析,适时提出各工序定额并分析各项目定额单价。

计划财务部:负责项目的财务管理、承包合同、成控制、成核算。参与合同评审,组织开展成预算、计划、核算、分析、控制、考核。负责资金管理,确保资金安全和专款专用。

协调部:负责管理和协调"三电"及油、水管线迁改及征地拆迁、临时用地等工作,确保工程项目的顺利进行和如期完成。

物资供应部:负责物资设备采购和管理,制定物资设备管理制度;根据业主的物资设备供应方案,积极配合做好"统一采购、集中配送"的物资设备采购计划,按招标结果和配送中心的分配数量与中标厂商签订供货合同;负责物资设备的现场质量验收和管理、确保材料、设备质量。

中心试验室:负责工程材料和工程质量的检验、试验,指导工地试验室做好现场各种原材料试件和混凝土试件的样品采集、测试、检验,提出各种混和料的施工配合比等试验数据;配合各科研项目完成试验工作,作好资料整理及分析。

综合部:负责项目经理部人事、劳资、党政、文秘、后勤、接待及对外关系协调等工作。负责建立和维护项目信息管理、视频电话会议和工程视频监控网络等系统;负责处理指挥部在施工过程中必须记录的数据管理工作,包括施工记录、各种项目管理信息、图片和录像等资料的收集、整理。

2. 施工队伍分布及施工区段划分

第一项目部:承担正线 DK19+411～DK39+006 段(19.595 km)线下工程施工。包括路基及附属工程、桥梁下部和上部现浇梁及其桥面系、涵洞及通道、轨道底座混凝土、除雨棚外的站场土建工程等项目。正线管段长 19.595 km。

第二项目部:承担正线 DK39+006～DK56+290、支线及联络线的线下工程施工。包括路基及附属工程、桥梁下部和上部现浇梁及其桥面系、涵洞及通道、漓堆隧道及洞口雨棚、轨道底座混凝土、车站地面以下的房屋建筑及其附属工程、除雨棚外的站场土建工程等项目。正线管段长 17.284 km,支线及联络长 9.774 km。

第三项目部:承担简支箱梁制、运、架及其相应范围内桥面系(不包括上部现浇梁范围)和除底座混凝土以外的轨道工程施工。

第四项目部:承担车站地面以上的房屋建筑,站场给排水、设备安装工程、雨棚及站场附属工程施工。

第五项目部:承担"三电"及油、水管线迁改、征地拆迁工程。

第六项目部:承担支线车站房屋建筑、站场给排水、设备安装、雨棚及附属工程施工。

物资公司:负责主要物资的采购与供应工作,协助公司经理部履行物资管理职责。

附录 2　工程项目综合管理措施

一、进度管理

1. 工期保证体系

根据总体建设工期进行倒排，以制架梁为施工主线，统筹线下各分项、分部及单位工程施工；以无砟轨道施工为施工红线，对重、难点工程进行过程控制，明确关门工期；建立工期保证体系(附图 2-1)。

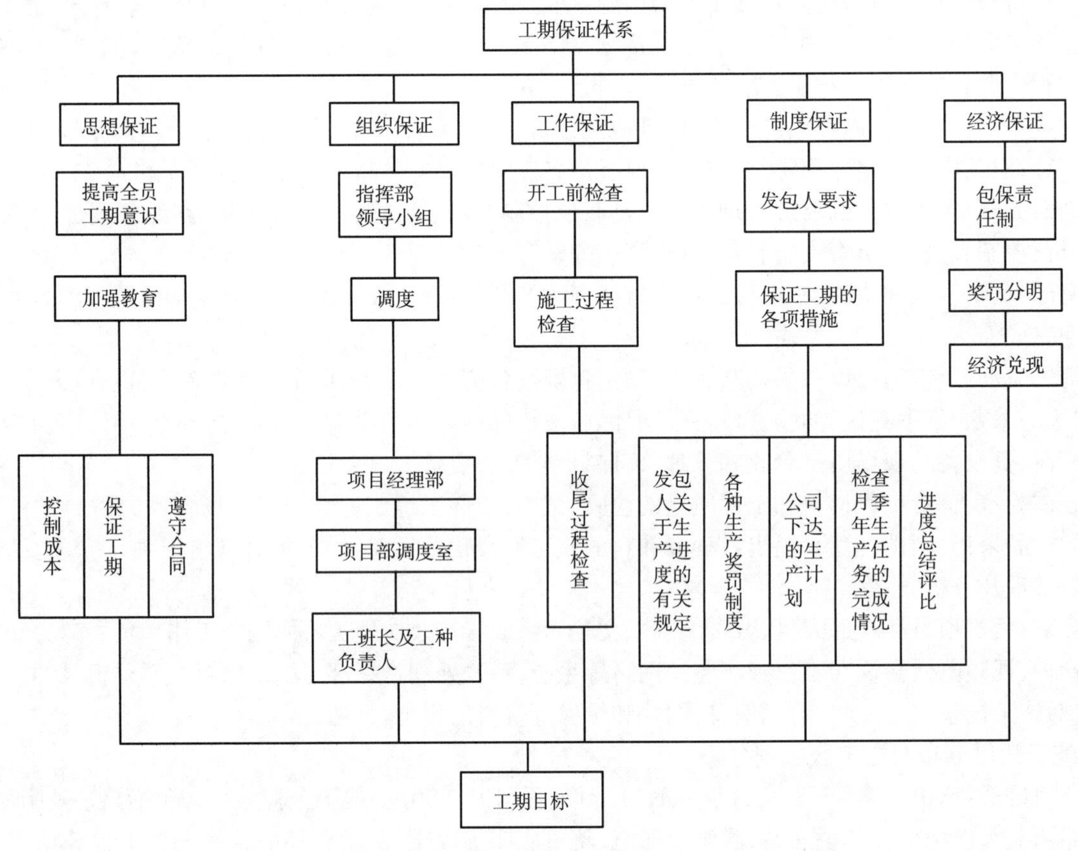

附图 2-1　工期保证体系框图

2. 组织保证措施

(1)实行与进度计划挂钩的工资制度，使全体员工的切身经济利益与工期密切联系，激发员工积极性。

(2)严格按照批准的施工组织设计、节点工期安排施工。根据经理部编制的年、季、月施工计划，各分部、作业队编制周、日计划，并按周检查计划执行情况。经理部每半月召开一次施工进度分析会，每月召开一次施工总结会。施工全过程按网络计划管理，确保关键工序按计划进行，若有滞后，立即采取措施予以弥补。

(3)配备与进度要求相适应、状态良好的机械设备和周转料具，储备足够的零配件；配备相应数量的维修人员，加强机械设备的维修保养，提高机械的完好率和使用率，保证足够的生产能力，保证施工生产的连续进行。

(4)根据施工计划的要求，编制逐月物资采购计划，抓好材料的采购、储备和供应，保证施工生产有充实的物资作保证，防止发生停工待料。

3. 管理保证措施

结合标段工程实际，以构建一个结构清晰、职责分明、体现"六位一体"管理要求的标准化管理体系，实现管理制度标准化、人员配备标准化、现场管理标准化、过程控制标准化。

标准化管理的宗旨：

①建设理念。以人为、服务运输、强简末、系统优化、着眼发展。

②“三高”建设方针。高起点开局、高标准管理、高效率推进。

③“六化”施工理念。施工生产工厂化、施工手段机械化、施工队伍专业化、施工管理规范化、施工控制数据化、施工环境园林化。

④施工目标。高标准、高质量、高效率，建设精品工程、技术创新工程、文明环保工程。

成立标准化管理组织机构：

为加强标准化管理，项目部成立以经理为组长，副经理、总工程师、书记及各部门负责人为成员的标准化管理领导小组，下设办公室(挂靠安全质量部)，主要负责日常事务工作。

标准化管理领导小组工作职能：

制定标准化推进计划，明确工作分工，检查各单位对标准化施工的执行情况。

(1)建立标准化管理制度

从文明工地建设、架子队管理、工装设备、原材料、环保水保、工地试验室、现场技术资料等方面提出具体标准，构建管理制度标准化、人员配备标准化、现场管理标准化、过程控制标准化。

1)管理制度标准化：建立结构清晰、职责分明、内容稳定的管理制度。

2)人员配备标准化：履行投标承诺，配齐各岗位人员，实现岗位设置满足管理要求，人员素质满足岗位要求。强化员工技术培训，实现全员持证上岗。

3)现场管理标准化：生活、施工、安全生产防护设施统一化，确保施工人员职业健康安全。

4)过程控制标准化：建立健全项目管理目标、责任、分级控制系统和评价体系，明确安全、质量、环保水保、文明施工等控制要点，确保过程控制的有序可控，实现工程建设目标。

(2)施工生产实现“三大转变”

1)由工地化作业向工厂化作业的转变

梁场建设，逐步实现工艺、工装工厂化作业，通过配置数控程度高的钢筋自动生产线，设置视频监控系统和混凝土生产管理系统，研发预应力自动张拉体系，致力于建成“技术领先、工艺创新、工装完善、质量数控、设备先进、环境优美”的梁场。

2)由人工作业向机械作业的转变

全面引进钢筋笼成型机、钢筋自动生产线、隧道湿喷台车及仰拱移动模架、水沟电缆槽等先进设备，研发旋挖钻掏渣筒等设备工艺，尽可能用机械化作业代替人工作业，提高工作效率和质量，逐步实现人工作业向机械化作业转变。

3)由人工控制向自动化控制的转变

在自动化控制方面，引进混凝土拌和站生产管理系统、工程建设管理系统、预制箱梁预应力自动张拉系统、无砟轨道板预应力自动张拉系统等，逐步实现由人工控制向自动化控制的转变。

4. 技术保证措施

(1)路基工程

1)施工前，作好征地拆迁、施工图纸复核、土源选择及试验工作，作好地基地质核对和检测，做到早开工。

2)根据工程施工条件、自然条件、后续工程工期要求，不断优化调整施工组织设计，合理组织安排施工，做到工序衔接合理有序。保证重点工程、控制工程施工进度。

3)配备足够数量的挖、运、摊、压及试验检测设备，缩短单一工序作业时间，加快施工进度。

4)加强施工质量、安全、环水保工作，做到施工质量、安全、环水保与工期的有机结合。

5)做好路基工程与“四电”相关工程、运架梁、无砟轨道施工接口，保证后序工程施工。

(2)桥梁工程

1)控制性工程、重点工程做好动态施工组织设计，并按施工组织设计合理调整资源配置，保证其施工工期服从全线计划工期。

2)对结构新、施工难的工程，制定多种施工方案进行比选，选择安全、经济、合理方案实施。

3)尽早做好施工材料、设备的准备，争取利用第一个枯水期完成水中、岸边基础及下部工程。

4)对工期紧的工程，采用先进设备、先进工艺施工，提高施工进度。

(3)箱梁预制、架设

1)规划布局制梁场,根据梁场生产能力、制架梁任务、架梁进度等指标,合理安排制架梁进度。

2)制梁试生产期间,严格按照铁道部《预应力混凝土铁路桥简支梁》要求进行质量检验,保证一次取证通过,尽早进入正式生产。

3)合理设计制梁场平面布局,使各工序紧密流水作业,减少相互干扰,加快台座与模板的周转。

4)配足拌和设备、台座、模板以及场地、人员等生产资源,科学合理组织实施。

5)加强对运梁机、架梁机、移梁机等专用机械设备的日常维修,减少故障;做好专用机械设备备用件的采购储备,一旦发生故障尽快更换恢复施工。

6)提前订购专用设备,抓好运输进场和架梁机的拼装速度,做好运梁通道维护,保证运梁速度,保证架梁进度。

7)优化调配支座注浆材料的强度和流动度 ,便于注浆工艺操作,便于注浆体的快速固结,使得架梁机快速过孔。

8)开展工艺创新研究,节省关键工序作业时间,实现快速作业,缩短制梁和架梁循环作业时间,做到五天一个制梁循环,半天一个架梁循环。

9)提前做好架梁机调头的各项准备,减少调头发生的时间。

10)提前做好冬季雨季的施工准备,做好制梁场的材料储备和防排水措施,保证道路畅通,减少不良季节对施工进度的影响。

11)做好夜间运梁、架梁的施工组织,保证良好的照明与通讯。加强夜间安全措施,保证夜间制梁、架梁的连续和安全施工。

12)制梁用料量大,需认真组织供应。

(4)隧道工程

1)积极与地方政府和相关单位协调解决征地拆迁、弃渣场位置和风、水、电、道路等临时设施,争取早日开工。

2)控制性的重难点工程,编制专项实施性施工组织计划,合理安排资源配置,优先安排开工。

3)长大隧道合理设置辅助坑道,均衡分配任务,实施均衡施工。

4)根据施工地质条件做好动态设计,及时调整施工方法,加强地质预报和监控量测,防止坍方事故发生。

5)采用先进设备,先进工艺,提高施工进度。

(5)无砟轨道工程

1)在无砟轨道施工前,做好施工调研,全面掌握施工技术条件、工装选型、人员及机具设备配置、施工进度指标、质量控制要求等。

2)明确无砟轨道施工工艺流程,制定无砟轨道施工作业指导书,指导现场施工。

3)合理划分无砟轨道施工作业面,制定详细施工计划,明确各施工作业面施工任务、工期及进度指标要求。

4)根据既有道路、引入道路、施工便道等情况,结合结构物分布,制定施工物流组织方案。

5. 资源保证措施

(1)抓好设备物资采购、储备和供应。做到渠道畅通、质量优良、供应及时,满足施工生产需要。

(2)加强对梁体模型、运梁车、架桥机、轨排框架等施工关键设备的设计、制造、运输、组装、调试等环节的控制,委派专业技术人员驻厂,把好关制造质量关并逐项验收合格。

(3)对钢材、水泥、砂石等消耗量大的材料,应选择两家以上大厂同时供应,防止出现意外断货。建立充足的仓库和储料场,提前作好材料储备。

6. 特殊季节施工措施

(1)冬季施工措施

连续 5 天室外昼夜平均气温低于+5 ℃或最低气温低于−3 ℃时,应按冬季施工进行施工管理。

1)混凝土施工管理

加强混凝土原材料控制。保证砂石料中无冰块;对水泥、骨料、砂进行蓬布覆盖,避免受冻;拌和站设立棚盖及热源,拌和棚温度不低于 15 ℃;设预热水箱,使拌和水的水温达 60 ℃。

安排在冬季施工的混凝土，添加防冻复合早强剂，掺量为水泥用量的 1%～2%，溶成 30%～35%的溶液同拌和水一起加入搅拌机内，拌和时间不少于 3 min，确保混凝土出仓温度大于 15 ℃，混凝土入仓温度大于 5 ℃。

尽可能缩短混凝土的运输时间，在运输机具上采取保温措施。

浇筑完毕的混凝土表面要清除泌水，及时用塑料薄膜遮罩表面，再用麻袋覆盖，进行蓄热养护。

2）桥梁基础、墩身、现浇梁施工应充分考虑高性能混凝土自身水化热特点，优先采用蓄热保温工艺，必要时在局部体积较小部位辅助采用低温加热工艺。混凝土浇筑后尽早采取必要的保湿措施。

3）重视预应力张拉灌浆材料、配合比和工艺的选择，严格控制泌水，优先选用早强型灌浆材料。冬季施工不应采用水冲洗预应力管道，应在灌浆前将孔道内积水（冰）清理干净。

4）冬季开挖基槽时，应周密计划，做到连续施工，以防基槽底层原土冻结。气温低于 0℃时，应预留 30 cm 厚的原土或覆盖防冻物。

5）路基施工应控制填筑的材料不受冻，选择适宜的温度时间段进行。

6）高度重视冬季施工的组织管理。应根据各单项工程特点制定具体实施方案，进行施工工艺设计。切实落实各项冬季施工方案和措施，保证施工安全和工程质量。

7）高度重视冬季施工的组织管理。应根据各单项工程特点制定具体实施方案，进行施工工艺设计。切实落实各项冬季施工方案和措施，保证施工安全和工程质量。

8）工程车辆在大雪及结冰路面区段坡道运行，必须采取车辆轮胎防滑措施，降低行车速度，杜绝交通事故；轨行车辆作业机械如吊车、轨道车、架线及作业车等，当位于坡道作业或连接时，采取防溜放措施，并减速慢行，确保人身安全及施工机械完好；雪天严禁吊装作业。

9）雨、雪、大风等恶劣气候期间，派专人进行施工项目巡检，出现异常立即通报，采取措施。

（2）夏季施工措施

1）大体积混凝土施工，要控制混凝土的入模温度。高温季节施工时，采用低温水拌制混凝土，并采取对骨料进行喷水降温或搭设遮阳棚等，对混凝土运输机具进行保温防晒等措施，降低混凝土的拌和温度，控制混凝土的入模温度控制在 25 ℃以内。

2）耐久性混凝土的浇筑，应尽量选择在一天中气温适宜时进行。混凝土的入模温度为 5 ℃～30 ℃，夏季气温较高时采用冷却水拌和混凝土，使其入模温度符合要求。模板的温度为 5 ℃～35 ℃，夏季气温较高时采用冷却水喷洒模板，并采取遮荫措施。

3）夏季防洪、防暑、防雷电措施。

搞好防暑降温工作。在高温下作业，除确保工地现场开水供应外，还应因地制宜增加盐水及降温消暑饮用品。工地调度要合理安排高温季节作业时间和作业项目，采取降温措施。有些项目可以安排在夜间施工。

防汛技术组织措施：一是加强与气象部门、水文部门联系，掌握雨情水情，按当地政府和建设方的防汛要求，组织好防汛队伍，备足防汛物资和器材，安排专人 24 h 防汛值班，确保通讯联络畅通。二是施工中注意保护好防汛设施，不损坏沿线排水系统，不因施工而削弱河流、堰塘、堤坝的抗汛能力，不因施工引起雨水冲刷线路或引起既有排水设施的淤塞，并注意疏通河道沟渠，确保水流畅通。三是在汛期到来前将施工机械设备、材料物资转移到高处，并昼夜巡查，发现险情迅速消除。四是要顾全大局，服从当地防汛部门和建设方的统一调配，不论何地发生险情，要自觉投入抢险。

（3）雨季施工措施

1）成立抗洪防汛领导小组，建立雨季值班制度。在雨季来临之前，公司、施工单位要建立雨季施工领导小组，责任到人，分片包保。在雨季施工期间定期检查，严格雨季施工“雨前、雨中、雨后”三检制，对发现的问题及时整改。

2）成立防洪抢险突击队，平时施工作业，雨时防汛抢险。每个施工现场均要备足防汛器材、物资，包括雨衣，雨鞋，铁锹，草袋，水泵等，做到人员设备齐全、措施有力、落实到位，防洪抢险专用物资任何人不得随意调用。

3）雨季及洪水期间，与当地气象水文部门取得联系，及时获得气象预报，掌握汛情，合理安排和指导施工，做好施工期间的防洪排涝工作。建立雨季值班制度，专人负责协调与周边部门、企事业单位的防汛事宜。

4)编制雨季施工作业指导书,制定防洪抗汛预案,作为雨季施工中的强制性执行文件,严格执行。

5)在雨季施工时,施工现场应及时排除积水,加强对支架、脚手架和土方工程的检查,防止倾倒和坍塌。对处于洪水可能淹没地带的机械设备、材料等应做好防范措施,施工人员要做好安全撤离的准备。长时间在雨季中作业的工程,应根据条件搭设防雨棚。施工中遇有暴风雨应暂停施工。

6)跨越河道、航道施工,施工栈桥设计要征得有关部门同意,满足泄洪能力。水中墩台施工要避开雨季汛期,洪水到来前,完成栈桥和墩位平台等大临设施的施工,同时施工完成大部分主桥桩基,以便安全渡洪,洪水期过后,迅速施工完成主桥承台和墩身。

7)路基填筑做到随挖、随运、随填、随压,以确保路堤质量。每层填土表面做成2%～4%的横坡,并应填平,雨前和收工前将铺填的松土碾压密实,不积水。雨季施工路基级配碎石时,应确保碾压时的含水量控制在由工艺试验确定的施工允许含水量范围内;施工路基级配碎石前监理应按程序对路基基床底层进行检查,符合验标要求方可进入下道工序。雨后进入路基施工必须待填层面晾干后或采取其他措施,并确认填料含水量合格后才能开工。

8)雨季进行混凝土及圬工作业严格执行施工规范,拌和站及砂石料仓均设遮雨棚,墩台混凝土施工设避水棚,随时掌握天气预报,尽量避开雨天浇筑混凝土。

9)加强对深基坑、深路堑边坡观测及邻近公路、铁路施工等雨季汛期安全巡视。

10)现场中、小型设备必须按规定加防雨罩或搭防雨棚,机电设备要安装好接地安全装置,机动电闸箱的漏电保护装置安全可靠;施工电缆、电线尽量埋入地下,外露的电杆、电线采取可靠的固定措施;雨季前对现场设备作绝缘检测。

11)对停用的机械设备以及钢材、水泥等材料采取遮雨、防潮措施,现场物资的存放台等均应垫高,防止雨水浸泡。

12)加强对临时施工便道维护与整修,确保其路面平整、无坑洼、无积水。

13)雨季时派专人在危险地段值班,重点加强对深基坑、深路堑边坡观测,及跨河道、航道、邻近公路、铁路施工等施工的安全巡视,并派专人对施工区排水系统进行检查和清理,确保排水系统排水通畅。为防止未完成路基防护的地段雨水对边坡冲刷,要求监理督促施工单位加强防护,及时用原填料夯填恢复。

14)严格控制基坑开挖数量,已开挖的基坑(主要指土质基坑、易塌方坑)要求当日开挖,当日立杆整正,开挖时必须支模防护以防坍塌。

7. 其他保证措施

(1)与地方政府主管部门的配合措施

施工期间,积极与地方政府、村镇及有关治安、交通安全、质量监督等部门联系,主动争取地方政府的指导和支持,遵守国家及地方政府的有关法规,配合地方政府做好施工区域内的治安、交通等工作,确保施工的顺利进行。

处理好与地方各级政府之间的关系,做好征地拆迁,临时用水、电、道路,环保,复耕等各项工作,并尊重沿线村民宗教信仰和生活习惯。

(2)与建设单位的配合措施

项目经理部积极做好与建设单位沟通和联系,服从建设单位的有关协调。在施工过程中,积极与建设单位配合。严格履行合同规定的各项权利和义务。

严格执行建设单位有关工程质量、工期、安全、文明施工、环境保护的管理制度;严格按照建设单位同意的施工场地平面图布置施工场地,按时向建设单位报送有关报表。积极参加建设单位组织的有关施工的会议,主动配合建设单位的各项检查工作,接受建设单位对施工提出的各项要求,按建设单位的要求进行改进和落实。

严格执行建设单位关于与地方政府行政主管部门、设计单位、监理单位的协作配合,积极主动为相关单位的检查、监督工作提供条件。

(3)与监理的配合措施

全面履行合同,履行投标时作出的承诺。

在工程在开工前,先向监理工程师提供详细的施工方案、施工计划,提供机械设备配置情况、人员组织、原材料检验报告、混凝土设计成果和测量放线资料等,经监理工程师认可后开始施工。

配合监理单位做好施工过程中的质量管理。在内部专检及“三检”制的基础上，接受监理工程师的验收和检查，并按照监理工程师的要求予以整改。对隐蔽工程进行检查、验收、签证工作，对原材料施工机械设备的检查和施工工艺的审批等。

接受工程质量检查，主要有工序检查、施工过程中的验收、单位工程验收和全部工程竣工验收，接受质量缺陷责任期的质量检查。

配合监理单位做好工程施工的投资管理工作，主要内容包括工程的计量支付、工程变更、费用索赔以及按照合同规定的价格调整等。

积极配合监理单位对工程施工进度的监督和管理，配合监理单位做好工程开工令审批、制定和调整工程施工进度计划，确保工程施工工期计划的实现。

(4)与设计单位的配合措施

组织参加设计交底，弄清设计意图，建立整个施工过程中的情况通报制度，对工程施工过程中遇到的设计问题，做好记录，及时与设计单位取得联系。

优化施工方案，重大施工方案的变更都应与设计单位沟通，征求意见。

加强对工程地质条件及水文地质条件的复核检查，对于与设计资料不符的地质情况要及时与设计单位取得联系，为完善工程设计提供必要的资料。

积极配合设计单位做好设计管理和现场资料的收集工作。积极配合设计单位的现场配合设计组，接受设计人员的监督。

(5)与后续工程配合措施

及时作好已完线下工程的技术总结工作，为后续工程的施工提供各方面支持，配合后续有关单位进行相关作业。

成立现场施工协调小组，由对工程有较全面认识的总工程师任组长、各专业技术负责人任组员的现场施工协调小组，全面负责施工交接过程中出现的各种问题。凡后续工程施工对上道已完工程会产生损伤或污染的，施工前必须先采取对应的保护措施后方可进行施工。各专业之间的衔接及内部协调管理必须服从项目经理部的统一安排。管段与其他单位的工序衔接时，必须积极服从建设单位或监理工程师的统一协调指挥。

后续工程施工之前，上道已完工程必须提供必要的施工、技术条件，并设专人在上下工序的衔接中做好协调工作。上道已完工程验收合格并经现场监理工程师签认后方可进入后续工程的施工。相互之间的衔接安排必须合理，过渡顺利。

(6)交通配合措施

主动与当地交通部门取得联系，协调配合，确定合理的施工运输方案，积极与各有关部门联系，并按有关部门的具体要求制定安全防护措施。

施工机动车辆在国道或地方道路上运行，遵守地方政策和交警部门的管理规定，遵守《中华人民共和国道路交通安全法》，维护交通秩序，保证运输安全。

所有机动车辆始终保持完好状态，经常检修，定期保养。

施工所用机械设备、材料存放不侵入既有公路，且不影响交通。

大型机械行驶，事先对既有公路的路面宽度、桥涵宽度和通过荷载等进行调查，需加宽道路和加固桥涵时，与当地交通部门联系，征得同意后方可进行。车辆通过后或施工结束后，恢复原状。

施工便道和既有公路交汇处，引起足够重视，设立安全警示标志、安全监督岗，并专人指挥施工车辆。在交通运输繁忙的便道口，设立安全警示标牌、安全监督岗，指挥行人和车辆，确保汽车运输及行人安全。

二、工程质量管理

1. 质量管理机构

建立由项目经理、副经理、总工程师、安全总监、各部门负责人、各分部经理参与组成的项目经理部质量管理领导小组，领导和组织实施项目质量管理、兑现质量目标；项目经理部领导小组负责组织领导分部、作业队(架子队)质量小组、自检小组和 QC 小组开展质量管理活动。安全质量部是工程实施过程中质量管理的执行机构，在进行质量专检的同时，对质量管理制度、标准和规定的执行情况进行监督、检查，实行质量管理

"一票否决权"。质量管理机构如附图 2-2 所示。

2. 质量保证体系

为保证工程项目顺利实施和兑现工程质量目标，根据 ISO9001 质量管理体系标准和企业质量管理体系文件规定，从组织机构、思想教育、技术管理、施工管理以及规章制度等五个方面建立符合工程项目的质量保证体系。如附图 2-3 所示。

3. 质量管理职责

项目经理是质量总负责人，对最终工程质量和工作质量全面负责，对承建的工程质量负主要领导责任；主管生产的副经理对工程质量负直接领导责任；项目部总工程师对工程质量负技术管理责任；相关部门负责人对工程质量负职责范围内相应的质量管理责任。直接组织工程项目施工的分部项目经理，对所辖工程范围的

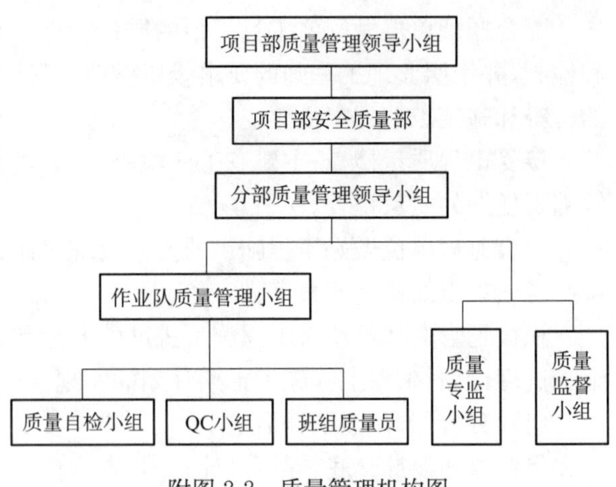

附图 2-2　质量管理机构图

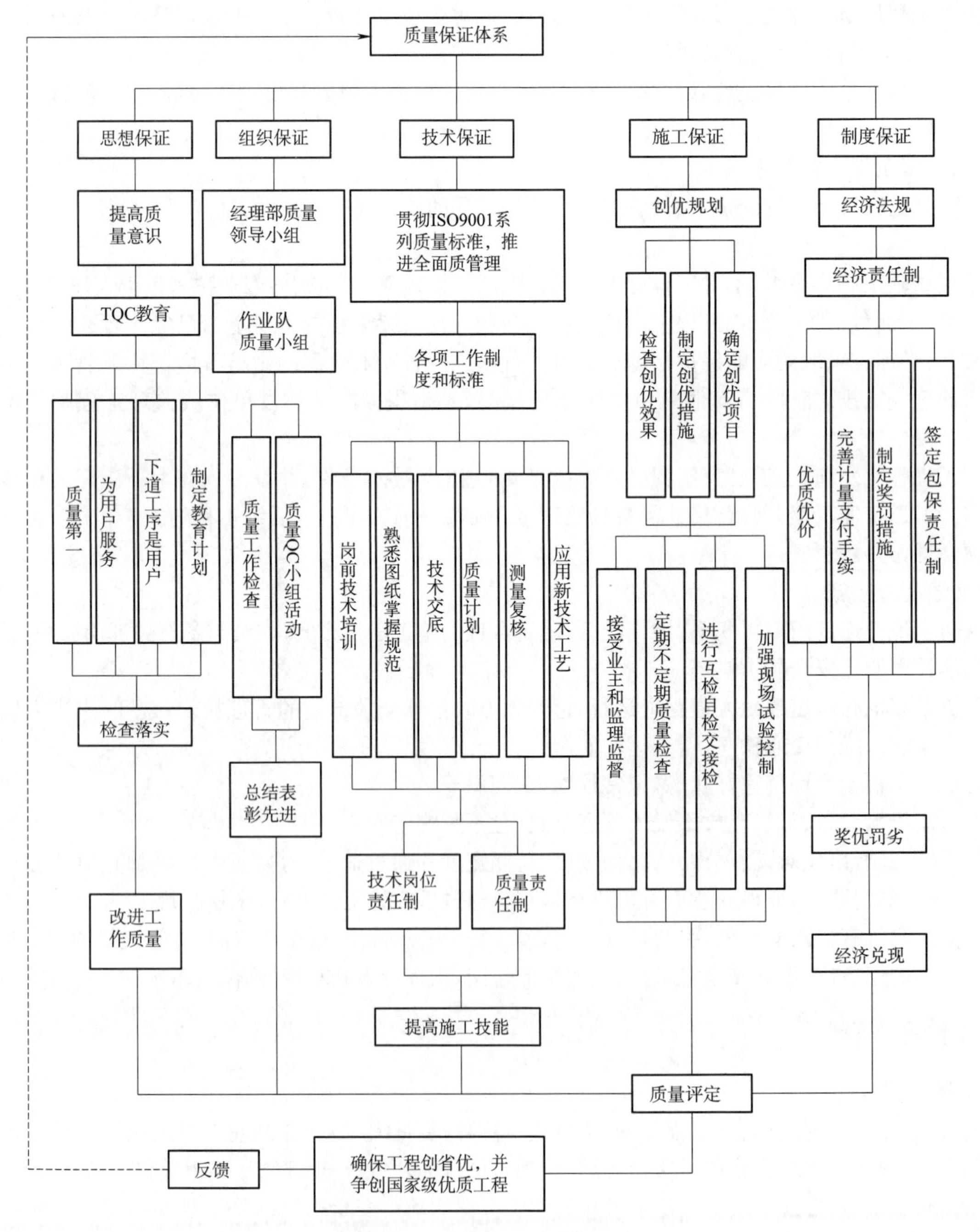

附图 2-3　质量保证体系框图

工程质量负领导责任；技术负责人对所辖工程范围的工程质量负领导和技术管理责任。各专职质量管理人员、各类技职人员、各工种施工人员对岗位的工作质量、工序及相关产品的质量负直接责任。

4. 创优规划

为实现项目的创优规划目标，结合工程特点和创优要求，各级管理部门的工作要进行分解，执行工程质量终身负责制，做到质量管理机构完善，质量保证体系健全，落实工作质量保证措施有力。针对工程技术难点开展全面质量管理活动，优化施工工艺，确保工序质量和整体工程优良。

项目经理部成立创优领导小组，由项目经理任组长，项目副经理和总工程师任副组长，工程技术部、安全质量部、计划财务部、成本部、协调部、物资供应部、综合部及中心试验室的负责人为成员，负责全面质量管理工作，各项目部的经理、总工程师具体落实创优措施，并定期召开质量分析会，制定不同时期不同工程项目的质量对策措施，督促落实，实现全面创优局面。

每单元工程建立工程质量创优体系，成立以项目经理为首的全面质量管理领导小组，工程技术部根据工程规模，制定创优计划和详细的创优措施，成立相应的创优攻关小组，定期或不定期举行活动，分析质量、工期、安全、管理成本存在问题，制定对策，采取措施不断提高工程质量。工程质量创优保证体系详如附图 2-4 所示。

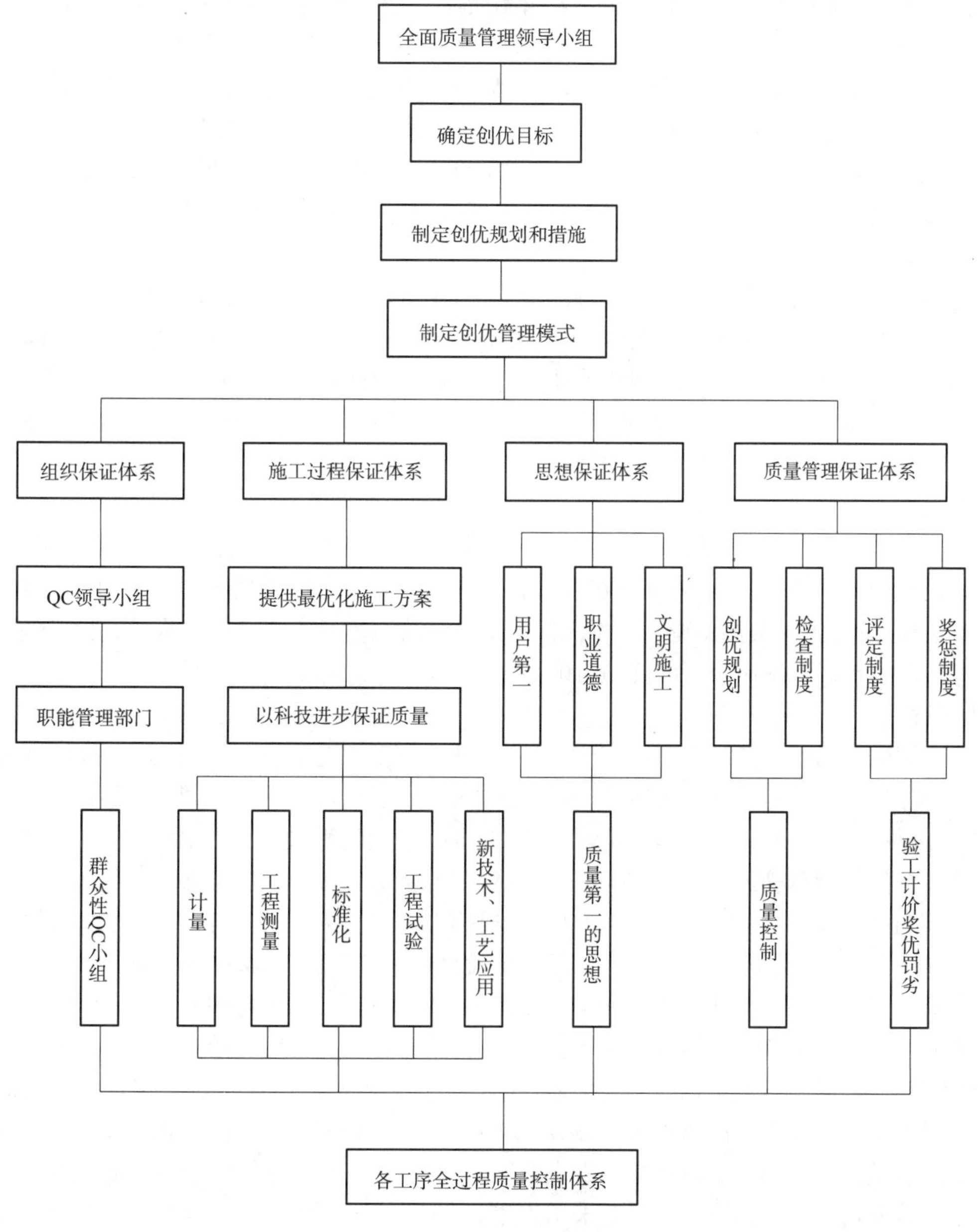

附图 2-4 工程质量创优保证体系

全面推行ISO 19001标准质量管理模式，编制执行项目质量计划，广泛开展群众性的QC小组技术攻关活动，严格按照质量保证体系和质量保证措施进行施工过程控制。

组织专业施工队伍进场施工，科学组织、合理配置资源，强化质量标准化工地建设，实行现场标准化管理，做到文明施工。

实行样板引路，抓好各类工程的施工质量，树立工程样板，以点带面。

主要工序编制施工作业指导书，从工艺、工序的每个环节控制工程质量，把各项措施落到实处。

5. 质量管理目标

(1)工程质量达到国家、行业验收标准，符合设计文件和有关技术规范要求；单位工程一次验收合格率100%。

(2)杜绝直接经济损失100万元及以上的质量事故，遏制直接经济损失100万元以下的质量事故。

6. 质量控制措施

(1)路基工程

1)地基处理。加强岩溶路基、软土等地基处理过程控制，强化软基处理等施工方法及工艺控制，施工前先进行工艺试验，取得工艺参数后，再全面铺开；充分利用全线CFG桩基试验成果，加强CFG桩基钻孔和浇筑混凝土过程工艺监控，杜绝"二次断桩"现象；采用无损检测对CFG桩基进行完整性检测，评价合格后方可进行路基体填筑施工。

2)路基填筑。严格填料筛选和检验、土质改良试验和检验；实施试验段先行，取得有关工艺参数后大面积施工；严格控制填土压实密度，要特别重视路基过渡段的施工，对于边角部位采用小型机械配合碾压、夯实；基床表层的级配碎石施工采用有自动计量装置的拌和设备集中拌和，摊铺机铺筑。

3)基床表层防水层。先进行摊铺工艺和渗漏性能试验，取得工艺参数后再大面积施工，保证防水层厚度达标、密实。

4)路基过渡段。主要安排在旱季施工，填料采用工厂化生产，压实标准及检测频率均按设计要求和验标要求控制。过渡段碾压采用重型压路机、涵台背后采用小型压路机或平板振动夯进行碾压，确保压实质量。沉降观测控制严格按设计要求埋设沉降观测桩并进行观测，在过渡段施工的过程中以及施工完毕的一定时间内必须进行沉降观测，并根据观测数据分析判断该过渡段土体的变形趋势和稳定性。当路基和桥、横向构造物过渡时应同时对桥梁、横向构造进行观测比较。

5)相关工程施工。路基相关工程指路基内及路肩上各种附属构筑物(包括电缆槽、接触网、声屏障、电缆过轨钢管、防灾安全监控等设备基础)要求与路基填筑同步施工。确保不因设计、施工而损坏和路基工程的稳固和安全。接触网支柱基础、声屏障基础在基床表层施工前完成。电缆槽及声屏障基础在路基基床表层级配碎石压实达到标准后，在两侧路肩上采用机械切割出台阶后进行安装。电缆沟槽、电缆过轨钢管以及线间集水井施工须严格控制对基床表层的扰动与破坏。

(2)桥梁工程

1)基础。采用先进钻孔设备和工艺，必要时先进行桩基施工工艺试验；严格钻孔过程控制，保证成孔质量；强化混凝土浇筑过程监控，保证浇筑质量；落实侵蚀地段混凝土防侵蚀措施，保证混凝土的耐久性达到设计要求；对桩基进行无损检测，评价桩基完整性；做好桩基综合接地埋设工作，确保接地性能满足设计要求；做好承台钢筋布置和接茬钢筋埋设工作，保证承台混凝土与桩基和墩身连接牢固。

2)墩台。控制好模板刚度、平顺度、拼缝大小；按规范工艺进行混凝土浇筑，落实侵蚀地段混凝土防侵蚀措施；做好墩身综合接地埋设工作，确保接地性能满足设计要求；准确控制墩帽预留锚栓孔位置和深度，杜绝"二次修凿"现象；做好墩身混凝土降温防裂措施，完善墩身养护工艺，保证养护时间，减少表面裂纹。

3)简支箱梁。采用大型整体钢模，厂(场)制梁的模板采用自动化程度高的液压系统，现浇梁采用整体钢模，提高模板拼装效率和精度；严格钢筋绑扎工艺控制，实行分块绑扎、整体吊装连接；混凝土保护层垫块采用厂制高性能混凝土垫块或高性能塑料垫块，保证梁体混凝土保护层厚度和耐久性能要求；准确控制预应力钢筋位置，保证预埋管道材质和位置；严格混凝土浇筑工艺控制，从原材料、入模温度、含气量、浇筑顺序等方面控制混凝土浇筑质量；强化梁体养护工作，采用先进、可行的养护工艺，控制养护温度及变化速率；准确测定管道摩阻力，保证施加的预应力达到设计要求；严格梁体徐变上拱变形控制，保证线性变化符合设计和规范要求。

4)混凝土连续梁。做好桥梁施工期间的监控与监测,确保桥梁线形符合设计要求;每节段混凝土浇筑完毕后,张拉预应力时除满足张拉所要求的混凝土强度外,且必须保证梁体混凝土龄期大于5天,减少后期混凝土收缩徐变;预应力管道注浆要严格按工艺施工,防止管道内出现空洞。

5)桥面系。严格工艺控制,保证桥面系安装规范,满足站后工程要求,做好接口工作。桥面人行步板在梁场集中预制,应采用塑料模板,震动台震动;钢栏杆制作时应采用吹砂除锈设备严格除锈,在厂内加工。

(3)隧道工程

1)开挖。加强超前地质预报,坚持先预报后开挖的施工原则;强化爆破设计,严格控制超欠挖;将变形观测纳入工序管理,及时进行量测分析,指导施工。

2)支护喷锚。严格按设计要求布设支护杆件;保证喷射混凝土强度和厚度;二次衬砌及时跟进。

3)防水层。采用双缝焊接工艺,保证焊缝密实和宽度,对焊缝进行渗水试验;防水板按断面横向一次整体铺设、纵向搭接15 cm;采用无钉挂设方式与围岩或喷锚混凝土层连接,禁止采用"射钉"挂设,保证防水板铺设平顺、不渗不漏。

4)混凝土衬砌。采用整体台车,减少模板拼装次数和接缝,提高衬砌混凝土整体性能;按规范工艺进行混凝土浇筑,落实侵蚀地段混凝土防侵蚀措施;采用雷达检测仪器对衬砌混凝土进行无损检测,保证衬砌厚度、密实度和耐久性达到设计要求;精确定位接触网滑道;做好隧道综合接地埋设工作,确保接地性能满足设计要求。

(4)轨道工程

无砟轨道轨枕板质量控制以工装配备和工艺过程控制为重点,落实驻场监造和出厂成品检验。试验段先行,取得工艺参数后大面积施工。

无砟道床施工前,须对线下桥梁、路基、隧道工程的沉降变形进行评估,合格后方可进行无砟道床施工;要测设基标,采用成套机械和模块标准化的无砟轨道施工,控制无砟轨道的铺设精度。

(5)附属工程

支挡或防护工程,要加强过程质量控制,保证工程质量合格。

混凝土挡墙质量控制:测量放样、基础开挖、基础地质核查、混凝土配合比设计、集中强制拌和、模板安装、混凝土浇筑、反滤层设置、排水沟渠接口、拆模及养生。其中反滤层材料质量保证,厚度足够,在施工中不得污染及被砂浆固结,泄水孔通顺,以保障排水通畅,保证排水沟顺直,坡度合乎要求并与现场实际排水方向相符,做好与桥、隧等接口,并顺利与地方排水系统衔接。

(6)高性能混凝土

高性能混凝土的主要特点:对原材料的品质要求高;强度除了需要满足结构荷载效应的需求,还需要满足环境效应下混凝土耐久性的需求;有抗裂性对比试验要求;有抗渗性、抗氯离子渗透性、抗冻性、耐蚀性和耐磨性等耐久性的要求;配合比设计试验周期比普通混凝土长1~2个月。

施工过程中应从原材料进场、配合比设计、拌制、运输、浇筑、振捣、养护、拆模等多方面严格要求。质量控制要点如下:

1)制定严密的施工组织设计,建立完善的施工质量保证体系和健全的施工质量检验制度,明确施工质量检验方法。

2)使用优质原材料和外加剂。

选用C3A和碱含量较低非早强型硅酸盐水泥或普通硅酸盐水泥,尽量减少水泥的水化热和自收缩,有利于提高抗裂性能。

细骨料选用级配合理、质地均匀坚固、吸水率低、空隙率小的洁净天然中粗河砂,选用粒形良好、质地均匀坚固、线胀系数小的洁净的碎石,采用二级配粗骨料,严格控制骨料的针片状颗粒含量和孔隙率;尽量降低拌和用水,减少胶凝材料的用量。

适量掺加烧失量较小、粉煤灰细度筛余量较小、磨细矿渣粉比表面积适中、品质稳定均匀、来源固定的优质矿物掺和料,降低水化热和减少拌和水,改善水化产物的微结构,改善浆体及骨料界面结构,并增加混凝土后期强度与密实性,提高混凝土耐久性能。

采用具有高效减水、适量引气、能细化混凝土孔结构、能明显改善或提高混凝土耐久性能的外加剂。

所有原材料做到先检后用。钢筋必须实行工厂化集中加工。

3)优化配合比设计,提前试验选定。在满足设计、施工要求的情况下,尽量减少水泥和胶凝材料的用量。

4)高性能混凝土全部采用拌和站集中搅拌。采用电子计量系统计量,原材料严格按照施工配合比准确称量。冬季、夏季和大体积混凝土必须经过热工计算,采取温度控制措施。

5)混凝土运输车运送,并把距离、工程量、施工环境等因素考虑进生产中。

6)根据不同的结构断面尺寸、施工环境、施工条件做好浇筑方案。

7)控制模板与混凝土温差,混凝土入模后,及时按照事先确定的振捣工艺路线和方式及时振捣密实,不得随意加密振捣点和漏振。适时埋入测温原器件,以监测混凝土内部温度。

8)按要求做混凝土试件,并按要求分别进行同条件、标准养护。

9)预制梁、轨道板等预制件宜先进行蒸汽养护,达到规范要求后再继续进行保温保湿自然养护。养护过程中控制混凝土内部与外部、混凝土与环境温差。

10)混凝土拆模强度应符合设计或有关规范的规定,拆模按照立模顺序逆向进行。

11)混凝土拆模后,如表面有粗糙、不平整、蜂窝、孔洞、疏松麻面和缺棱掉角等缺陷或不良外观时,应认真分析缺陷产生的原因,及时报告监理和建设单位,不得自行处理。

12)混凝土施工过程中应严格按照设计和规范要求进行检验。

三、安全生产管理

1. 安全生产保证体系

(1)安全管理组织机构

根据安全生产管理办法的规定,成立以项目经理、安全总监、总工程师、副经理、部门负责人、各分部经理组成的安全生产管理领导小组。安全生产管理领导小组下设办公室(挂靠安全质量部),主要负责日常事务工作。各分部成立相应的安全生产管理领导小组,领导和组织实施标段安全生产管理,共同接受客专公司安全生产领导小组的领导,建立完整的安全生产管理组织机构和安全生产保证体系,制订各类安全生产管理制度,兑现标段安全生产目标。安全生产保证体系如附图 2-5 所示。

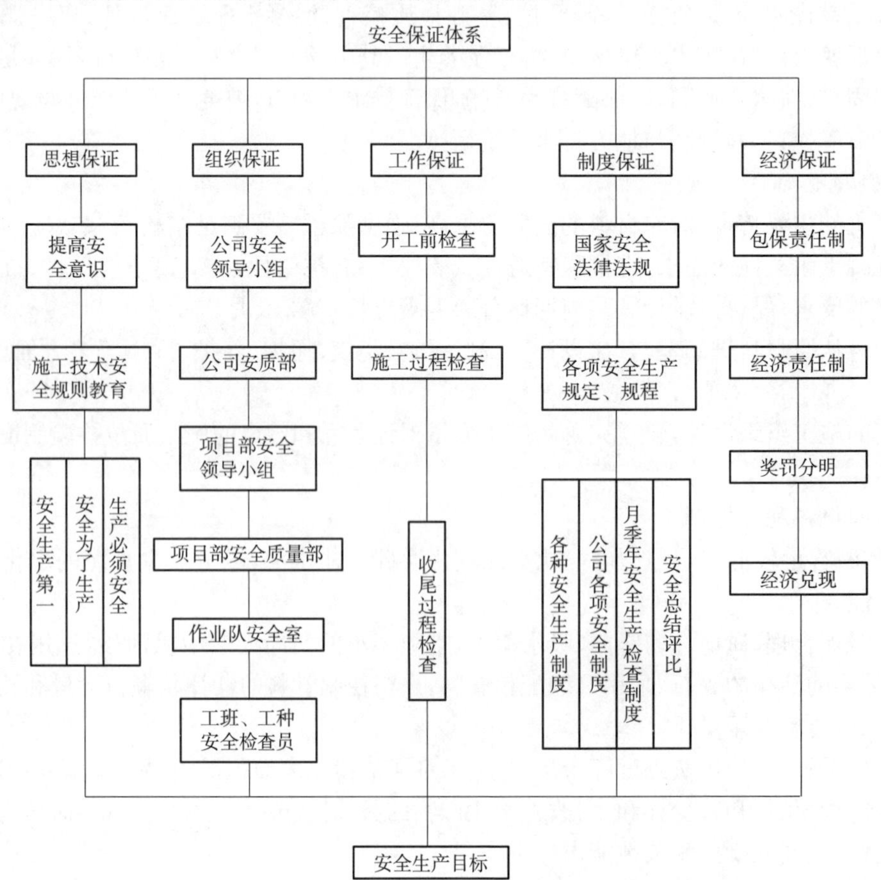

附图 2-5 安全保证体系框图

(2)安全管理职责

建立安全生产责任制,检查、考核各级领导、各部门安全生产责任制落实情况;确定安全生产管理方针和目标;制定安全生产管理办法;定期组织安全生产检查,组织安全生产应急预案;依照国家及铁道部有关安全生产法律法规的规定,及时上报安全生产事故情况,积极配合安全生产事故的调查。

(3)检查制度

项目部将对各分部开展定期或不定期的安全检查。每月将组织有关人员对管段内工点安全大检查,及时向各分部通报情况,限期整改。同时将检查结果纳入考评。

2. 安全生产管理目标

(1)杜绝较大及以上生产安全责任事故,遏制一般事故;公司年度百亿元销售收入责任事故死亡人数不大于 1 人,力争实现"零死亡"目标;

(2)杜绝一般 B 类及以上铁路交通责任事故,遏制一般 C、D 类铁路交通责任事故;

(3)杜绝特大及以上道路交通责任事故,杜绝较大及以上火灾责任事故和机械设备责任事故,杜绝锅炉、压力容器爆炸责任事故;

(4)争创中国中铁及以上安全标准工地若干个。

3. 安全生产管理重点

根据地质条件、地形地貌,确定风险源及风险级别,纳入安全生产管理重点。

(1)隧道施工(重点是隧道浅埋,泥岩风化剥落、危岩落石、顺层偏压不良地质段落,易坍方,为低瓦斯的施工安全控制;隧道弃渣防次生地质灾害)。

(2)桥梁施工(重点是高墩施工防高空坠落和落物伤人;跨越既有公路桥梁的安全防护;防现浇梁支架垮塌、防掉梁、防起重机和架桥机倾覆)。

(3)高边坡路基、深基坑施工管理。

(4)火工品管理。

(5)机械设备的安全使用,交通车辆安全管理。

(6)临时用电的安全管理等。

4. 安全生产保证措施

按照 GB/T28001—2001 劳动卫生保障管理体系标准的要求,建立项目安全生产保证体系,制定安全包保责任制,逐级签订安全承包合同。达到全员参加,全面管理的目的,充分体现"管生产必须管安全"和"安全生产、人人有责"的管理机制。认真编制安全生产保证计划和各项施工组织设计,并严格按保证计划和专项施组的安全要求进行管理、实施。在编制施工技术方案的同时,相应编制各分项工程的安全技术措施,确保安全管理目标的实现。

(1)安全制度和保证措施

制定安全管理规章制度。做到有制度、有考核、有奖惩,使各项工作有章可循。主要包括安全生产监督制度;安全生产责任制度;安全生产教育培训制度;安全技术措施交底制度;特种作业人员持证上岗制度;自升式架设设施装拆及检测制度;操作规程、防护用具和书面告知制度;安全检查考核制度;现场危险源管理制度;专项安全方案编制审批与施工制度;施工现场安全生产事故应急救援制度;事故报告报告制度;其他各种安全管理规定。

(2)安全管理综合措施

1)安全生产教育与培训

项目经理部经常开展安全生产宣传教育活动,使广大员工真正认识到安全生产的重要性、必要性,牢固树立"安全第一,预防为主"的思想,自觉地遵守各项安全生产法令和规章制度。

项目开工前,由安全质量部对所有参建员工进行上岗前的安全教育,并做好记录。教育内容包括:安全技术知识、各工种操作规程、安全制度、工程特点及该工程的危险源等。经考试合格后,方可上岗作业。对于从事电器、爆破、焊接、机动车驾驶、张拉等特殊工种的人员,经过专业培训,获得《安全操作合格证》后,方准持证上岗。

2)安全生产检查

开工前的安全检查;工程开工前,由项目安全领导小组会同有关部门,对将开工的项目进行全面的安全检查验收,检查验收的主要内容包括:施工组织设计是否有安全措施,施工机械设备是否配齐安全防护装置,安全防护设施是否符合要求，施工人员是否经过安全教育和培训并考试合格，施工方案是否进行交底，施工安全责任制是否建立，施工中潜在事故和紧急情况是否有应急预案等。

定期安全生产检查：项目经理每月组织一次由有关职能部门的负责人和项目专职安全员参加的安全生产大检查，并积极配合上一级进行专项和重点检查；作业队每旬进行一次检查；班组每日进行自检、互检、交接班检查。

经常性的安全检查：安检工程师、安全员日常巡回安全检查。使用《事故易发点检查表》每日进行检查，检查重点：爆破施工、炸药库设置及危爆物品管理、施工用电、机械设备、脚手架工程、模板工程、焊接作业、季节性施工等。

专业性的安全检查：针对施工现场的重大危险源，项目经理部专职安全员负责对施工现场的特种作业安全、现场的施工技术安全进行检查。设备管理人员负责对现场大中型设备的使用、运转、维修进行检查。

季节性、节假日安全生产专项检查：夏季检查防洪、防暑、防雷电措施落实情况；冬季检查防冻、防煤气中毒、防火、防滑措施落实情况；春秋季检查防风、防火措施落实情况；节假日加班及节假日前后安全生产检查。

(3)安全技术方案的编制与审批

开工前制订好安全生产保证计划，编制安全技术措施，经有关部门批准，报安全监理审核，建立施工组织设计和重大方案的论证制度，确保施工方案的安全可靠性。

对于石方爆破工程、脚手架工程、模板工程、钢筋焊接加工、车辆运输、施工用电、跨既有高速公路、通航河道、不良地质隧道施工等安全重点防范工程，结合现场和实际情况，单独编制安全技术方案。

(4)施工安全措施费

项目经理部按《铁路建设工程安全生产管理办法》的规定将安全施工措施费用于安全生产，并建立专项台帐，不得挪作他用。

(5)安全奖罚措施

按项目经理部安全生产管理办法中的奖罚规定执行。

5. 安全风险控制

(1)安全风险控制技术措施。针对不同工程、不同安全控制要点，制订相应的预警应急预案，并进行试验或演习。对跨越高速公路的桥梁(连续梁)采取门式排架全封闭防护等技术措施规避安全风险。对风险隧道开展超前地质预测预报，围岩量测监控，瓦斯监测，地表及构筑物量测监控等工作，并将其纳入工序管理。抓施工源头和施工防护措施，制定实施性施工组织方案并严格执行。

(2)视频监控。对确定为一级风险管理的重点隧道工程，实施工点视频监控。

6. 预警机制和应急预案

(1)预警机制

建立预警机制和制定应急预案贯彻落实“安全第一、预防为主、常备不懈”的方针，规范各分部应急管理工作，提高应对风险和防范事故的能力，最大限度减少人员伤亡、财产损失、环境损害和社会影响。各分部要建立健全组织保证体系，按照统一领导、分级负责、责任到人、反应及时、措施果断、依靠科学、加强合作的原则，编制应急预案。应急处置方案要做到事故类型和危害程度清楚，应急管理责任明确，应对措施正确有效，应急响应及时迅速，应急资源准备充分。应急预案编制过程中，要注重全体人员的参与和培训，使所有与事故有关人员均了解危险源的危险性、掌握应急处置方案和技能。现场处置方案要具体、简单、针对性强。现场处置方案要根据风险评估及危险性控制措施逐一编制，事故相关人员应知应会，做到熟练掌握，能迅速反应、正确处置。

(2)应急预案

为有效预防、及时控制和消除施工过程中紧急突发灾情的危害，保障施工人员健康与生命安全，维护正常的施工生产秩序，根椐突发性事件防范应急预案专项机制要求，依据国家有关安全生产的法律法规、结合工程特点，为应对可能发生的灾情事件制定安全应急救援预案及措施。

紧急、突发事件、灾情是指在施工期间由由于人为或自然因素引起突然发生，可能造成施工人员伤亡、财产损失严重或严重影响施工生产秩序的重大事故和灾害。

突发事件应急工作，遵循“预防为主、常备不懈”的方针，贯彻统一领导、分级负责、反应及时、措施果断、依靠科学、加强合作的原则。

各分部定期、经常对可能发生的突发灾情的事故源进行检查、处理，降低其发生的可能性，不定期的召开相关人员讨论,研究预案并进行必要的演练,将相关物资、设备、设施、所需经费列入工程成。

根据工程特点,进行危险源分析,制定施工安全事故应急救援预案。

应急救援预案内容包括:隧道瓦斯爆炸事故应急预案、隧道坍方事故应急预案、隧道顶水库漏水应急预案、坍塌倒塌事故应急预案、高处坠落事故应急预案、机械设备伤害事故应急预案、物体打击事故应急预案、触电事故应急预案、火灾事故应急预案、架桥机作业应急预案等。

设立以项目经理为第一责任人的应急预案领导小组,小组成员含项目副经理、总工程师、书记及其他各部门负责人的组织机构,并落实到人,建立应急救援体系,明确各级单位及人员职责;建立危险源的监测及预警机制,加强危险源监测,发现异常,按程序上报,畅通信息上报渠道,及时处置预警信息;针对事故危害程度、影响范围和单位控制事态的能力,将事故分为不同的等级,按照分级负责的原则,明确应急响应级别;根据事故的大小和发展态势,明确应急指挥、应急行动、资源调配、应急避险、扩大应急等响应程序;明确应急终止的条件;事故现场得以控制,环境符合有关标准,导致次生、衍生事故隐患消除后,经事故现场应急指挥机构批准后,现场应急结束。

应急救援流程图如附图 2-6 所示。

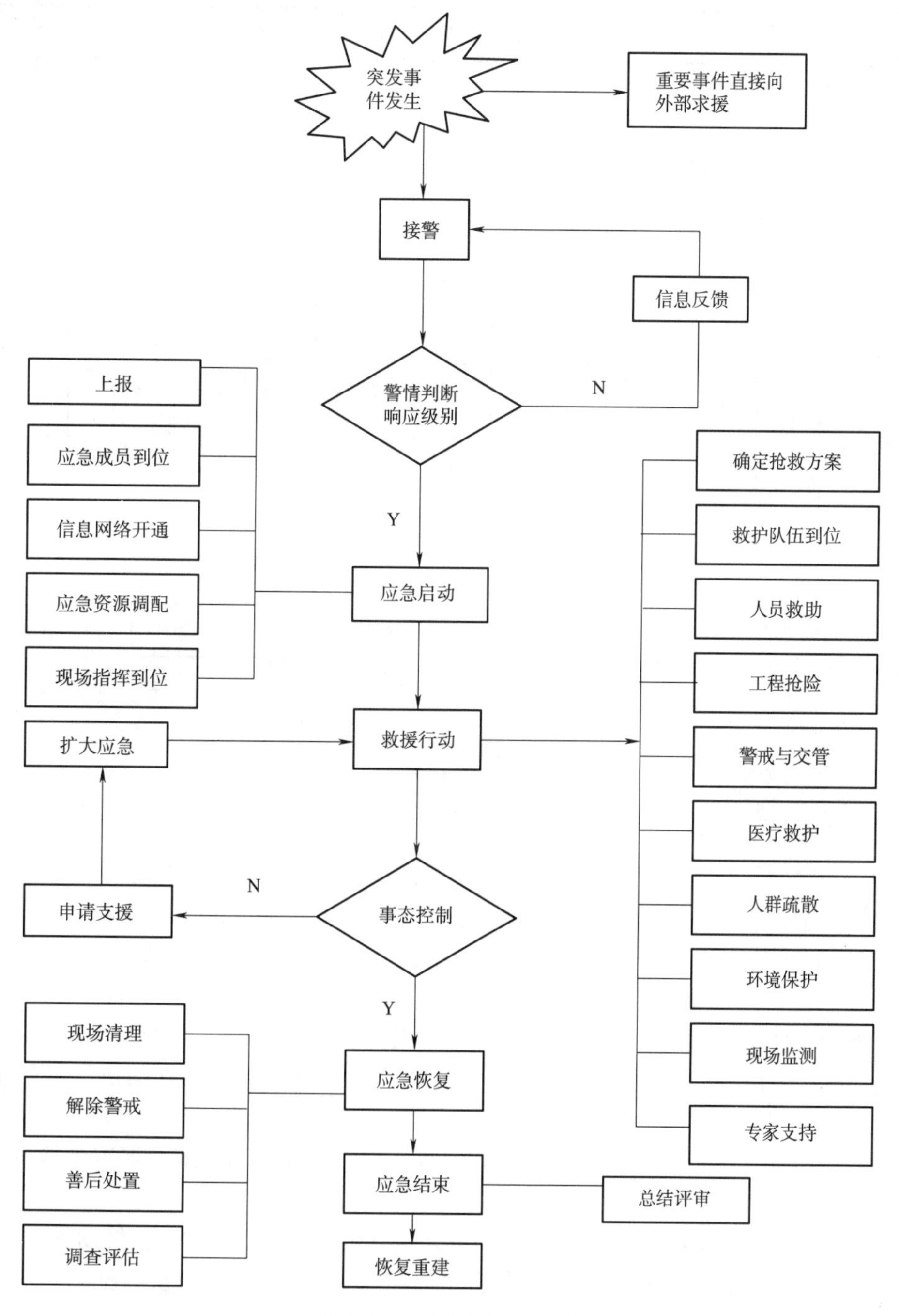

附图 2-6 应急救援流程图

四、职业健康安全管理

1. 职业健康安全目标

坚持“预防为主、防治结合”的职业健康安全卫生管理方针，实行分类管理、综合治理。确保项目施工工程序符合施工人员职业健康安全卫生要求，保障职工在施工过程中的安全与健康。杜绝重大中毒事件及职业病的发生。

2. 职业健康安全管理体系

施工中严格遵照《中华人民共和国劳动法》，从思想、组织、技术、施工保障、工会组织等五个方面确保项目施工程序符合施工人员职业健康卫生要求，保障职工在施工过程中的健康。职业健康安全管理体系如附图 2-7 所示。

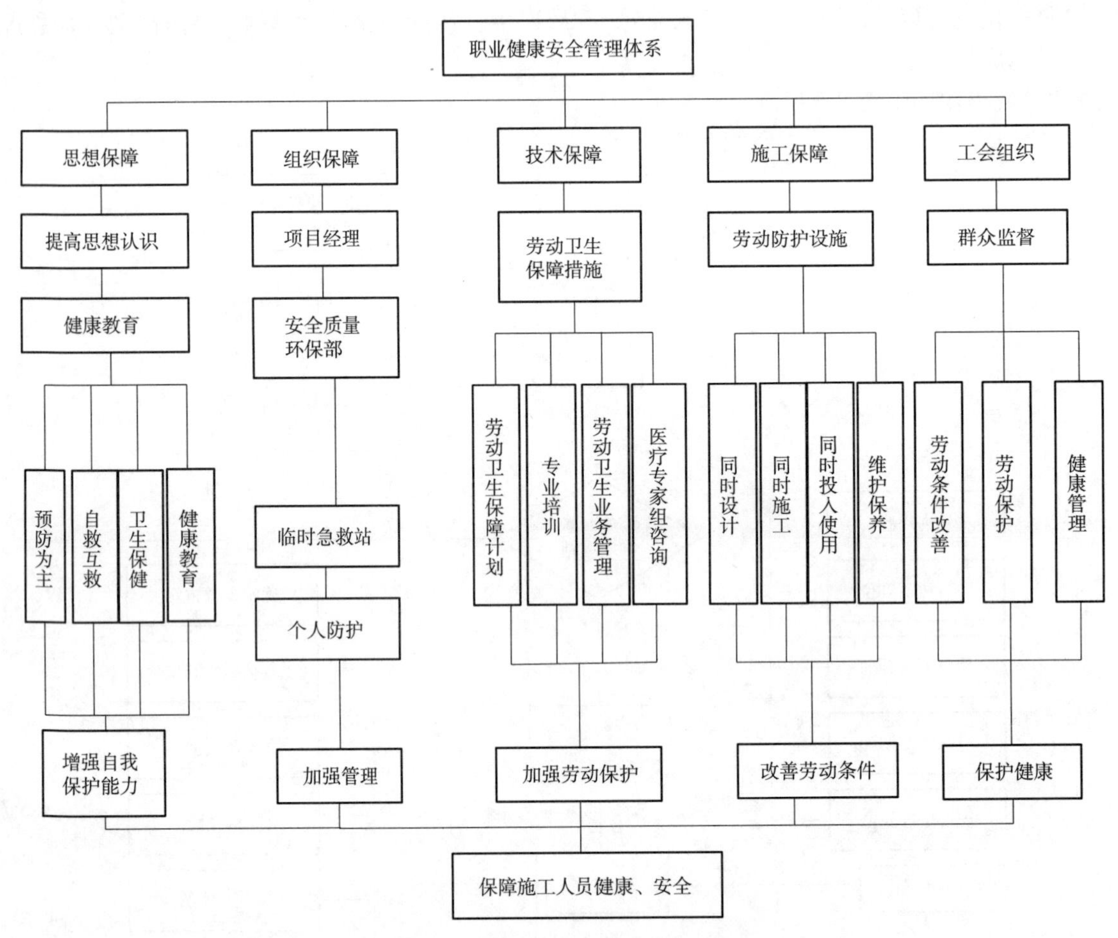

附图 2-7　职业健康安全管理体系框图

3. 管理制度

按照职业健康安全管理的要求，落实各级管理人员和操作人员的职业健康责任制，做到纵向到底、横向到边，各自做好岗位的职业病防范工作，由劳动卫生领导小组组织有关人员对职工进行健康安全教育和培训。

实行逐级职业健康防范技术交底制，由经理部组织有关人员进行详细的技术交底，凡参加技术交底的人员要履行签字手续，并保存资料。项目经理部专职人员对职业健康安全技术措施的执行情况进行监督检查，并做好记录。

建立传染病报告制度。建立卫生监督体制，公司卫生部门经常性地到工地开展卫生检查工作和医疗防疫工作。

建立劳动卫生检查制度。对生产区、生活区定期或不定期进行劳动卫生检查，贯彻预防为主的方针，全面做好预防工作，落实各项防疫措施，认真搞好环境、室内和饮食卫生。达到国家职业卫生标准和卫生要求，创造舒适、整洁、卫生、安全的生活环境。

依法组织职工参加项目劳动卫生工作民主管理和民主监督，维护职工的劳动卫生保护合法权益。

4. 保障措施

为了做好施工期间的劳动卫生保障工作，将对沿线铁路展开卫生防疫调查工作，并编写《健康教育手册》。主要进行地方病、疫源性疾病防治、劳动卫生、劳动保护、膳食营养、行政生活管理等基本知识培训和抢救技术以及医疗、预防、保健设备的使用。保持驻地环境整洁，尽可能减少对环境植被的破坏，有条件时应植树。

(1)贯彻执行 OHSAS18000 职业安全健康体系，认真做好施工调查，了解当地流行病或传染病的发生时间与防治办法。

(2)定期按时发放劳保用品，并保证特殊工种的防护服、防护罩、眼镜等用品有充足的库存。做好劳动保护工作，尤其是砂石料场等工作人员的劳动保护。搞好施工洒水降尘等措施，所有高危险环境施工人员定期进行体检，发现有异常情况的作业人员立即调换工种，避免引起更大损失。

(3)做好水源保护工作，确保饮用水的卫生。

(4)搞好工地食堂卫生和居住环境卫生。根据不同环境不同要求由保健医生专人负责经常进行消毒工作。

(5)定期给施工人员发放安全帽、水鞋、雨衣、手套、手灯和防护面具等安全生产用材料、工具及劳动保护用品的及时供应。

符合安全生产的质量要求，教育职工正确使用个人劳动保护用品。

建立卫生监督体制，公司卫生部门经常到工地开展卫生检查工作和医疗防疫工作，定期体检，确保健康。

(6)建造足够的主、副食品库，以保障新鲜肉食、蔬菜供应储备，并考虑防鼠设备。

教育职工不能吃当地野生动物或野生植物，以免发生食物中毒或传染病。

生活区要相对集中，周围设置围栏，避免野生动物进入生活区。区内定期进行消毒，杀灭可能传播疾病的昆虫。严禁随意丢弃垃圾，定点收集处理。

五、环境保护管理

1. 环保管理体系

成立以项目经理为第一责任人的环保领导小组，小组成员含项目副经理、总工程师、工程部长、专职环保工程师及其他各部门负责人。工程管理部主要负责日常事务工作。负责制定详细的环、水保管理制度和各项措施，提出环保问题和解决办法。专业环保工程师负责施工现场的有关环保技术方面的工作。环境保护管理体系框图如附图 2-8 所示。

2. 环境因素识别

(1)环境保护评价组织

分管环保工作的项目部领导负责审批重要环境因素和重大风险因素。

项目部环水保部负责组织环境和风险因素的识别、登记、评价工作，确定重大环境和风险因素。

(2)环境保护评价原则

1)识别环境因素考虑过去、现在、将来三种时态及正常、异常、紧急三种状态。

2)识别环境因素要考虑以下类型：对大气的污染、对水体的污染、对土壤的污染、固体废物污染物、噪声对周边环境的影响等。

3)评价环境因素时应考虑对环境影响的规模、范围、发生频率、社会关注程度、法律法规的符合性及资源消耗等。

4)根据现场调查及工程实际，确定工程环境因素，结合法律法规和相关要求，组织有关人员对所识别的环境因素进行评价。对重要环境因素，必要时请当地环保部门参与。

(3)环境保护评价方法

1)环境影响评价采用三因子综合分析法，即分别判断每一环境因素对空气、水和生态影响程度，予以量化，将量化的数值相加，获得每一个环境因素对环境影响的程度。

2)环境因素对每一种介质的影响，应考虑其影响的属性、程度和频率。以 1(低)、2(中)、4(高)三种分值进行评价，三个分值相乘得出该环境因素对某一环境介质(空气、水、生态)影响程度的量化结果。

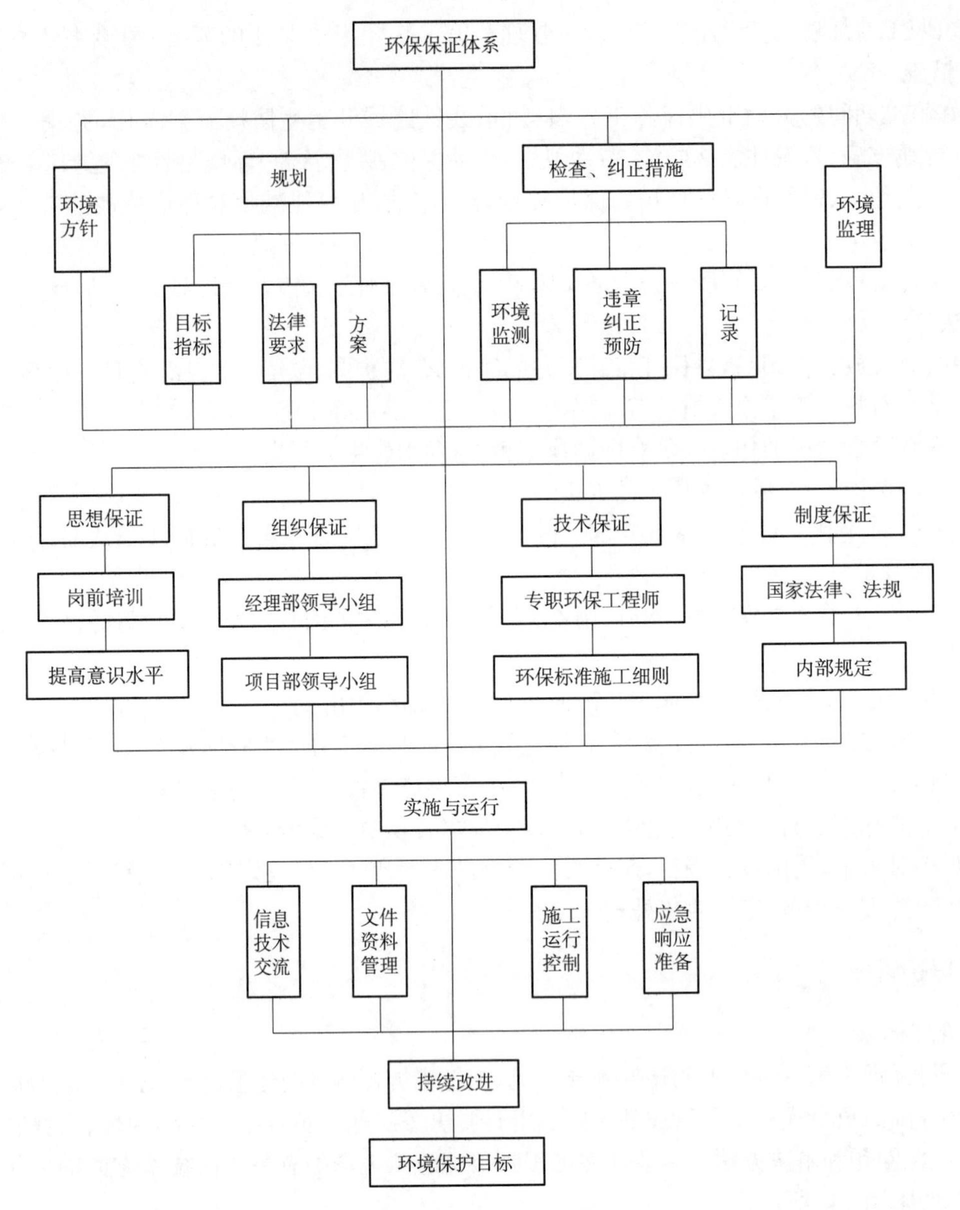

附图 2-8　环境保护管理体系框图

3)把三个因子的数值相加，得到一个总分值，并按如下评分标准确定环境影响的 A、B、C 等级：

4)A：总分值≥9；B：6≤总分值<9；C：总分值<6。

5)每一个环境因素根据其环境影响，分别对该 6 个指标进行评价，若某一环境因素不涉及某些指标，则对该项不予评价。任何一个环境因素只要评出一个“A”即为重要环境因素。

6)对评价出的重要环境因素，由工程部编制出重要环境清单上报分管环境工作的主管领导审批。

7)对重大环境因素控制，可采取以下措施：制定目标、指标、管理方案；制定各项管理措施；培训与教育；制定应急预案；加强现场监督检查；制定过程控制措施。

当环境因素在管理过程中有变化或出现新的内容时，安质部应组织相关人员对工程环境因素进行识别。

3. 环保目标和指标

(1)环境保护目标

1)环境保护方针

环境污染控制有效，土地资源节约利用，工程绿化完善美观，节能、节材和水保措施落实到位，努力建成一流的资源节约型、环境友好型铁路。

严格遵守国家《环境保护法》、《水土保持法》等有关规定，在当地环保水利部门和发包人审批的范围内施工，贯彻“预防为主、保护优先、防治结合、强化管理”的方针，坚持“谁污染谁治理、谁破坏谁恢复”的原则，实施 ISO14000 系列标准，做到预防污染、持续改进，环保水保与工程建设同步进行，营造绿色通道。

2)环保目标

杜绝环境污染事件,实现污染源排放物达到国家及施工所在地政府主管部门规定的排放标准。新建项目的环境保护做到“三同时”,实现节能减排的各项目标。

(2)环境保护指标

环境影响因素主要分为噪声、扬尘与烟尘、污水、废弃物、隧道施工五大类。

1)噪声标准

按照《中华人民共和国环境噪声污染防治法》和《铁路边界噪声限值及其测量方法》规定执行。

①有明显场界时,施工场界噪声限值:早6点~晚10点,不超过70 db;晚10点~早6点,不超过55 db。

②夜间施工需到当地环保局办理报批手续。

2)污水排放标准

生活污水:先经过隔油池处理,达到国家二级排放标准;生产污水:排放前无明显悬浮物,达到国家二级排放标准。

3)空气标准

扬尘:施工现场目测15 m以外无扬尘;汽车、机械尾气:符合国家规定。

4)固体废弃物标准

场内分类存放,提高回收率;充分利用下脚料,减少废弃物;按指定位置排放,减少占地和环境破坏;运输途中无遗洒。

5)隧道施工标准

洞内粉尘浓度不超过2 mg/m^4;洞内甲烷气体浓度不超过1%;环境因素调查与评价标准。

要求项目部各分部结合项目工程特点,对隧道工程、路基工程、桥梁工程、生活区等方面的环境因素进行识别,填写对环境产生影响的施工机械设备、施工活动、污水、废弃物等内容的《环境因素调查表》,组织相关人员进行分析评价,填写《环境因素评价表》,确定重大环境因素。

4. 环境保护管理措施

制定环境保护计划。包括污染治理计划(项目包括防治废气、废水、固体废物和噪声);污染排放控制计划;污染源考核计划;建设项目环境影响评价和“三同时”计划。

实施环境保护计划的主要措施是逐级建立环境保护目标责任制度。责任书的主要内容包括:环境保护工作的目标;环境保护计划中的各主要指标;实施环境保护计划管理所采取的措施;落实责任书的有关考核奖惩要求;并从沿线地表植被、野生动物、自然保护区、自然景观、河流水质保护等方面量化具体环保要求。

实行层层签订环境保护目标责任书,将环保责任逐级分解落实到项目部、作业队(架子队)以至个人。年终公布目标责任书考核结果,并兑现奖惩。

环境保护计划工作安排专人负责,经常了解和检查环境保护计划的执行情况,定期组织开展环保计划人员的培训,认真作好环保计划各项指标的统计。

环境保护计划实施定期检查制度。检查的内容包括计划中各主要指标的完成、环保法规的执行、目标责任书的落实等内容。检查结果通报所属各单位,并抄报上级计划和环保等有关部门。

(1)制度保证措施

做好生态环境保护的宣传教育工作,提高认识,强化职工的环保意识。

严格执行有关环境保护的国家法律、法规和施工技术细则规定的强制性条款;严格执行当地政府对环境影响和水土保持的有关要求;认真贯彻发包人制定的环境保护措施。

临近自然保护区、风景名胜的工点、路段要严格遵守国家及当地政府有关规定,严格规定作业程序和施工人员,尽量缩短工期,不因施工作业使其自然风貌 、景观受到损害。

工程执行环境影响评价指导施工制度和环境保护“三同时”管理制度。在施工期间落实环保设计要求,建立环保检查制度、环保工作记录制度、环保措施审查及临时工程核对优化制度、环保奖惩制度、环保一票否决制等一整套环保管理制度体系,定期检查,发现问题及时处理,对违反有关环境保护法律、法规的及时移交相关部门处理,并无条件接受环境监理单位的指导和监督。使环境管理实现程序化、规范化运作,取得实效。

(2)防止噪声污染措施

施工过程中产生的噪声对动植物和人体损害均较大,为了保护环境,应尽量减少噪声污染,避免夜间作业。对机械设备产生的超分贝噪声利用消音设备减噪。

(3)防止水污染措施

施工营地生活废水就近排入不外流的地表水体,严禁将生活污水直接排放至江河中,对于含沙量大且浑浊的施工生产废水,采用沉砂池处理后再排放,含油废水经隔油池处理后排放,防止油污染地表和水体。

(4)维护生态平衡,避免人为恶化环境措施

加强生态环境保护的宣传工作,使全体参建员工充分认识环境保护的重要性和必要性,加强环保意识。制定详细的环境保护措施,建立严格的检查制度,避免人为恶化环境。保护好铁路沿线的植被、水环境、大气环境、自然生态环境、土壤结构、自然保护区、野生动植物,维护生态平衡系统。

(5)地表植被的保护

合理规划施工便道、施工场地,固定行车路线、便道宽度,限制施工人员的活动范围,尽量少扰动地表、少破坏地表植被。

(6)生产生活垃圾处理及油料管理

施工营地设置集中垃圾收集地,设专人管理,经无害化处理后排放,定期填埋,严禁就地焚烧。对营地生活垃圾(包括施工废弃物)集中装运至指定垃圾处理场处理。对不能处理的垃圾运至有处理设施的厂处理。

油和废油的管理:施工机械维修、油料存放地面应硬化,减少油品的跑、冒、滴、漏,所有油罐有明显的标志,在不使用时要密封;严禁随意倾倒含油废水,集中处理。

严禁将生活污水直接排放至江河中,含油废水经隔油池处理后排放,防止油污染地表和水体。生活污水经化粪池处理后排放。

(7)生态环境保护措施

征地拆迁范围内的野生植物,根据《中华人民共和国野生动植物保护条例》向有关部门申报,根据野生植物行政主管部门的意见采取措施,合理保护植物资源。保护施工沿线的古树和其他珍稀树种,防止对古树造成损伤。

5. 水保措施

(1)水保管理体系

成立以项目经理为第一责任人的水土保持领导小组,小组成员由项目副经理、总工程师、书记,各部门负责人组成,下设办公室(挂靠工程管理部),主要负责日常事务工作。负责施工现场的有关技术、方案的制定、执行、检查、落实、评估等。建立与地方各级水保主管部门沟通机制,主动按受监督检查。水保管理体系如附图 2-9 所示。

(2)水保总体要求

根据《中华人民共和国水土保持法》对于水土流失的防治原则:"谁开发谁保护,谁造成水土流失谁负责治理"。凡在生产建设过程中造成水土流失的,都必须采取相应的防治措施对水土流失进行治理。

根据工程水土流失的特点、危害程度和防治目标,水土保持采取分区、分期防治:

1)分区:分为项目建设区和直接影响区两部分,主要以项目建设区作为重点防治区,其又分为主体工程区、取土场区、弃土场区及临时工程用地区 4 个大区。

2)分期:工程建设前期以工程措施为主,因地制宜,辅以生物措施相结合,快速有效地遏制水土流失,后期主要以植物措施为主,防止水土流失,改善生态环境。

(3)水保管理措施

1)主体工程区保护措施

建立水土流失防治体系,在施工区,按照设计及时完成系统、全面的水土保持工程措施,形成完整的水土流失防治体系。

工程施工严禁切割、阻挡地表径流的畅通,不得强行改变径流的方向或改沟、改河,保证地表径流的排泄。

基础施工的弃土及时运输到指定弃渣场堆放,不得堆弃河滩;开挖山体边坡时,及时采取有效的防护措施,以减少水土流失。

工程附近有集中式饮用水源取水时,临时堆渣场地和施工污水处理设施与水源的距离符合有关法规的要求,临时堆渣场采取设置挡渣墙等措施、污水处理设施采取防渗漏措施,防止水质恶化。

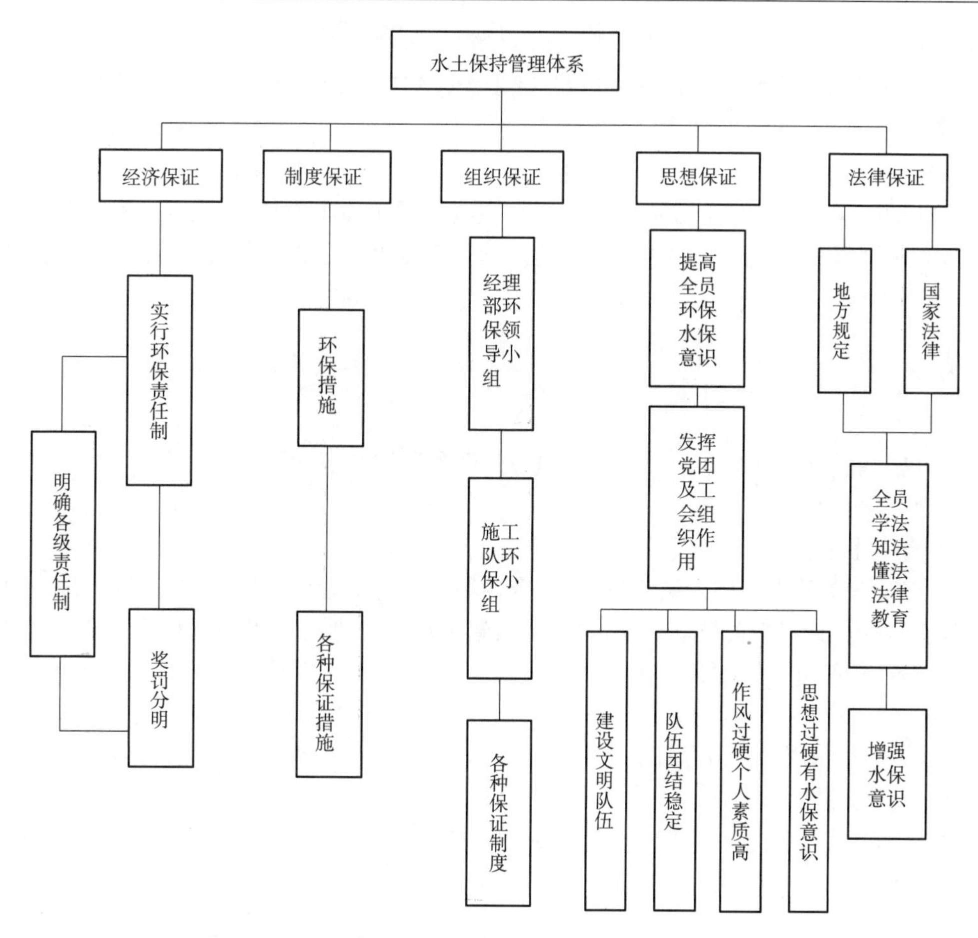

附图 2-9　水保管理体系框图

施工结束，及时清除水中杂物，做到工完场净，并及时恢复原地貌。

2)弃土场区保护措施

采取挡土墙、护坡工程以及综合排水工程和土地整治等水土保持措施，设置渣场排水系统、拦渣墙，堆渣后回填表土，表面平整，人工夯实，坡面植物防护，恢复植被。

3)临时工程用地区保护措施

施工中的临时占地，应将原有的地表有肥力土壤推至一旁，待施工完毕后，再将这些熟土推至恢复原有表层，以利于今后恢复耕种。根据当地的自然情况，对裸露地除硬覆盖外，还应种植适合地区的长绿植物等美化措施，使工程建设造成的地表裸露面尽可能恢复植被。

工程建设形成的其他裸露地表，均应绿化栽植，防止产生新增的水土流失源。植物防护措施配置要求土地整治与造林种草措施相结合，对树种选择要做到适地适树，并结合生活及美化要求，可适当选择具有观赏价值的树种，在具体布设上防护林带要合理密植，注意乔、灌、草合理搭配，绿化和美化有机结合，形成综合性保水保土防护体系。

4)土地复垦

使用临时用地要报经当地国土、水保等部门批准，尽量少占耕地(特别是基本农田)，能占劣地的不占好地，并签定临时用地协议。

临时用地要严格按照《铁路建设项目临时用地复垦工作的通知》(铁建设〔2008〕104 号)执行，加强土地复垦工作。按设计编制的并经省(自治区)国土厅评审通过的《土地复垦方案》进行复垦。

①主体工程施工复垦

主体工程施工时，需先剥离表层熟土，集中堆存、防护。施工结束后及时把剥离的表层熟土回填至周围的临时用地复垦区内，或用作路基边坡和护坡网格内以及线路两侧绿化带的覆土改造。

②取、弃土场土地复垦

先剥离表层熟土，集中堆放在渣场两侧，取弃土工作完成后，利用剥离的熟土进行复垦，并按设计修建土地复垦区的排灌系统。

③施工便道土地复垦

施工便道应利用已有的乡村道路或其他道路，减少新建施工便道对土地的占用，对能复垦的施工便道进行翻松、平整，利用主体工程表土或周边客土进行复垦。

④施工场地土地复垦

施工场地选址时，在满足就近使用原则的前提下，尽量利用周边的闲置场地，减少临时工程的占地。施工场地平整时，应先剥离表土暂存，临时防护措施。施工完工后，将场地暂存的表层熟土重新覆盖，用于复耕。

六、文明施工管理

1. 文明施工目标

做到现场布局合理，施工组织有序，材料堆码整齐，设备停放有序，标识标志醒目，环境整洁干净，实现施工现场标准化、规范化管理。

2. 文明施工组织机构

成立以项目经理为首的文明施工组织机构，健全各项文明施工管理制度。在各级负责人中明确分工，落实文明施工现场责任区，制定相关规章制度，确保文明施工现场管理有章可循。科学合理地组织生产，保证现场施工紧张、有秩、均衡进行。加强各施工队伍间的紧密配合，减少矛盾产生。加强现场施工管理，减少对周围环境的影响。

文明施工组织机构如附图 2-10 所示。

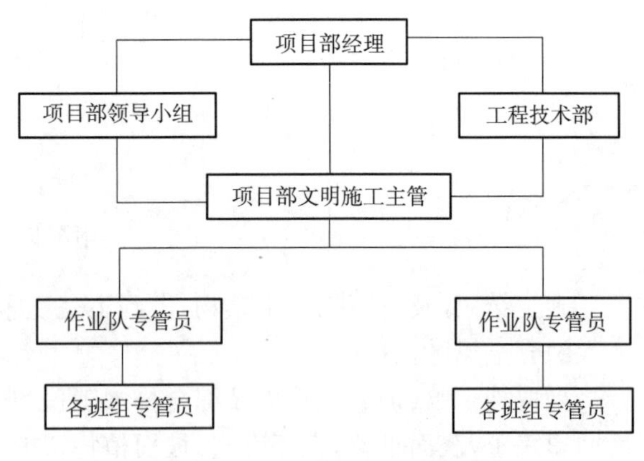

附图 2-10　文明施工组织机构图

3. 文明施工管理制度

建立文明施工标准化工地考评管理制度，通过日常或定期检查，综合考评和奖励。

4. 文明施工管理措施

(1)合理布设施工场地、道路及营区；

(2)施工场地、道路、营地边界清楚，排水畅通；

(3)水电管线架设规范，材料加工场地、预制场地、材料堆放场地硬化，成品、半成品及原材料堆放整齐，生产、生活垃圾管理到位；

(4)现场"标牌"齐全美观。施工现场标牌分投资较大的单位工程、小型工程、临时工程三种情况制作；对于投资较大的单位工程(含特大、大、中桥，隧道、制梁场、整段路基工程、路基试验段等)，应设立"七牌一图"——工程项目简介及质监举报电话牌、工程项目责任人员牌、安全生产制度牌、消防保卫制度牌、环境保护制度牌、工程创优牌、文明施工牌、工地施工总平面布置图。

对于特大、大桥的每个墩台应设立标识牌，说明此墩的号数、桩数、桩长、墩高等情况。隧道洞口应该设立标识牌，说明隧道名称、长度等情况。高风险隧道、长大隧道设立工作状态牌。对于小型工程，应设立工点标识牌。对于临时工程(混凝土搅拌站、料库等)应设立材料(设备)状态标识牌、出(入)口警示牌、人性化警示用语牌、安全标志等。

(5)各类标志、标牌按《铁路建设项目现场安全文明标志的通知》(建技〔2009〕44 号)执行。

(6)场区内组织管理机构、工作职责、工作制度、现场总平面布置图、施工形象进度图上墙(牌)。

(7)施工作业人员规范着装，并佩戴安全帽和岗位胸卡。

(8)尊重当地风俗习惯，处理好与当地群众的关系。

5. 文物保护措施

施工前向当地文物保护部门了解施工场地文物情况，建立文物保护和管理措施，宣传到每一个参建职工。遵守国家有关文物保护政策、法规，对场地提前勘察。组织全体员工认真学习《文物保护法》，切实增强文物保护意识。让所有施工人员真正懂得文物和地下遗迹属国家所有，是珍贵的国家财产，必须倍加珍惜，悉心呵护。

开工前仔细阅读图纸和设计文件，认真研读当地历史资料，并向当地文物保护单位进行调查，对可能隐藏有文物的地点制定相应对策。对施工过程中影响到的文物和古树采取保护措施，对于要迁移的树木在园林单位确认后委托园林部门负责迁移，对需要保护的文物，在文物单位的指导下提出保护方案，通报文物保护单位，并组织现场保护。

施工时，发现有历史文物、古墓、古生物化石及矿藏等或有考古、地质研究价值的物品时，立即停工，及时向发包人、当地政府、文物管理单位报告，并采取严密的保护措施，派专人看守，绝不允许任何人随意移动和损坏，直到专业或政府部门人员到场。配合文物管理部门做好必要的保护工作，对文物遗迹的各类现场保护情况及时书面报告发包人。

七、节能减排管理

1. 节能减排管理目标

(1)为搞好节能减排工作，不断提高原材料的综合利用水平。通过节能减排工作的有效实施，加强现场管理及施工过程控制。

(2)通过优化施工工艺，优化施工方案，强化成预控，减少窝工浪费，使施工中的各个环节始终处于受控状态，在施工过程中保证质量的基础上寻求最优性价比，为整个项目部提高经济效益。

(3)加大投资力度，坚决淘汰掉落后的施工设备，引进节能环保的新型施工设备，采用新型节能的照明设备，节约用水用电，力争水电油消耗量同比降低 5 个百分点。

(4)对施工中产生的废水、废弃物进行集中处理，严禁污染当地环境，控制噪声污染，尽量避免在夜间使用大型设备。初步形成“绿色”工地。

(5)通过节能减排工作的有效开展，真正提高大家节约的责任意识，使节能成为大家的自觉行为，人人都能从一点一滴做起，实现节能降耗从我做起，逐步形成节能减排标准化工地，带动整个项目各项工作的顺利开展。

(6)通过节能减排标准化工地建设试点的实施，总结出一套科学、完整的标准化工地建设管理体系，并将其管理体系在指挥部管段内各工点进行推广应用。

2. 节能减排管理体系

为做好节能减排工作，确保节能减排工作的实施效果，结合《中铁二局股份有限公司节能减排标准化工地建设实施指南(试行)》，制定节能减排管理体系如附图 2-11 所示。通过节能减排管理体系的建立、运行和改进，对施工现场的活动、过程及要素进行控制和优化，实现节能减排管理方针和达到预期的能源消耗或使用目标。

节能减排管理工作，以降低能源消耗、提高能源利用效率为目的，针对施工活动的能源使用或能源消耗，利用系统的思想和过程方法，在明确目标、职责、程序和资源要求的基础上，进行全面策划、实施、检查和改进，以高效节能产品、实用节能技术和方法以及最佳管理实践为基础，减少能源消耗，提高能源利用效率。而且通过持续改进的管理，采用切实可行的方法确保施工现场能源使用的持续进行、能源节约的效果不断得以保持和改进，从而实现能源节约的战略目标。

3. 节能减排管理措施

节能减排标准化工地建设以综合管理、节材、节能、节水、节地和环境保护为主要内容，结合标段各个工点的施工特点，制定了以下技术措施：

(1)按照 PDCA 循环方法对节能减排实施动态管理，加强施工准备、材料采购、现场施工等阶段的管理。建立节能减排相关档案，定期按照《设备能源消耗统计表》、《用电用水情况统计表》要求统计监测报表，并通过汇总后的统计分析确定节能减排工作的完成情况。

(2)根据施工进度、材料周转计划、库存情况等制定物料综合管理计划，合理确定采购和库存数量。

(3)做好材料预算计划和进场验收管理制度，确保材料质量合格和数量准确；对进场材料加强管理，保证材料质量状态及减少损耗；做好材料的堆放规划，减少二次搬运。

(4)钢筋加工采用工厂化集中加工，减少施工现场钢筋断料的浪费；对可回收利用的材料，集中回收再利用。

(5)抓好采暖、空调、照明系统及办公设备节能减排；办公区域夏季室内空调温度设置不低于 26 ℃，冬季室内空调温度设置不高于 20 ℃；减少电脑、复印机、打印机、饮水机等耗能设备的待机能耗；优先使用绿色节

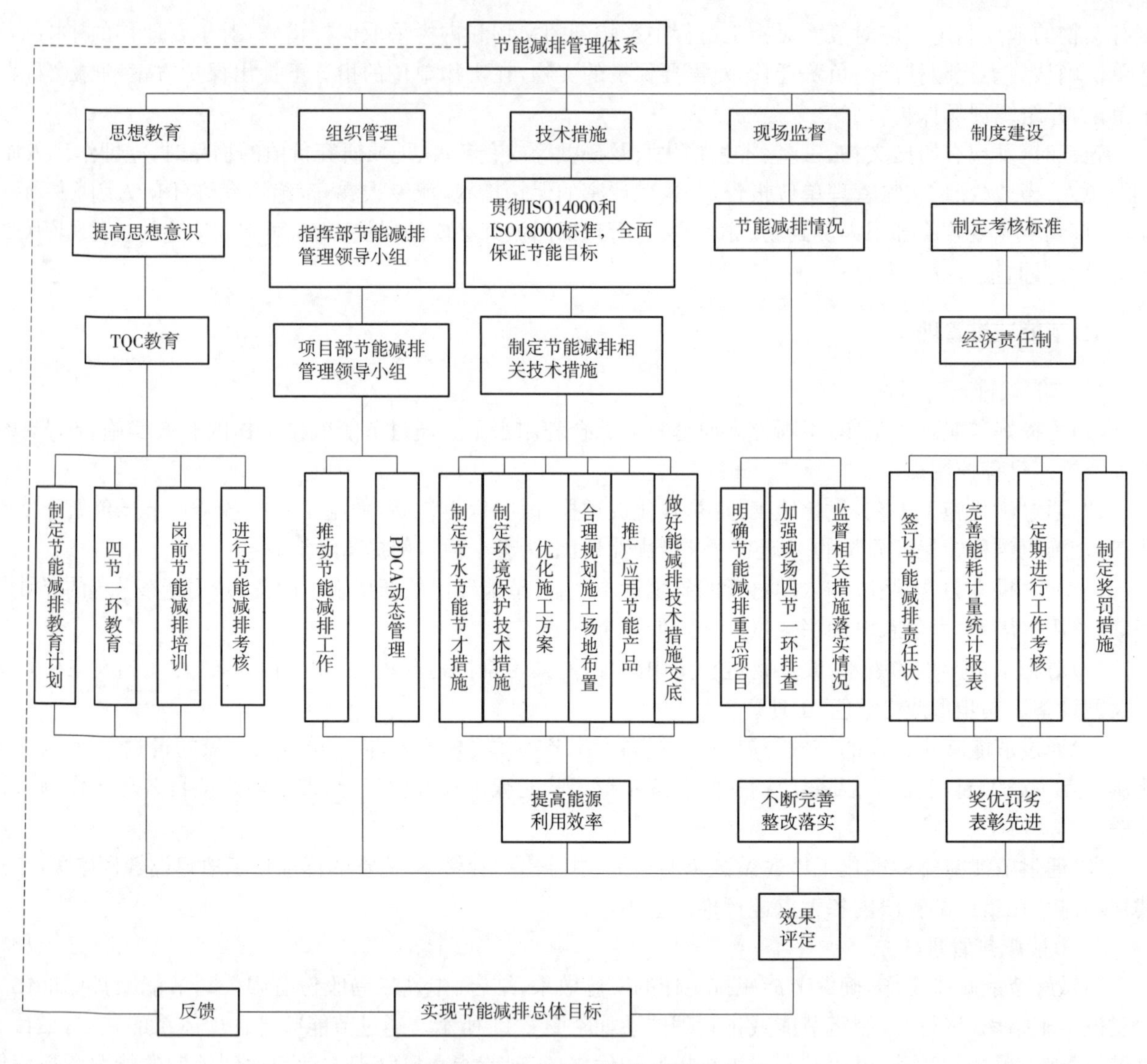

附图 2-11　节能减排管理体系

能照明灯具，办公区域尽量使用自然光，走廊、通道等照明要求较低的场所，安装自动控制开关。随手关闭水龙头，减少水流排放。对用水设备及时检查，杜绝“跑、冒、滴、漏”现象并及时修复。

(6)提高施工机械设备的使用率和满载率，开展用电、用油计量，完善设备档案，及时维修保养，使机械设备保持低耗、高效的状态。

(7)施工现场搅拌站、仓库、加工厂、作业棚、材料堆场等布置，应尽量靠近已有交通线路或即将修建的正式或临时交通线路，缩短运输距离。临时便道尽量利用已有道路，减少道路占用土地。

(8)减少废水、废气、废渣的排放，对施工区域的施工废水设置沉淀池；对泥浆及弃土、渣要集中处理，不得随意倾倒；生活区设置隔油池、化粪池，对生活区的废水进行收集和清理；严格控制扬尘产生，对易飞扬物质采取有效措施，如洒水、地面硬化等措施。

(9)施工现场应使用低噪音、低振动的机具，对噪声和振动大的应采取隔音与隔振措施，爆破施工尽量在白天施工，晚上 22:00 后不得进行爆破施工。

(10)施工破坏的植被、造成的裸土，施工结束后应恢复或进行合理绿化，避免土壤侵蚀和流失。

附录3 现行常用技术规范标准目录索引(截止2014年7月)

序号	标准规范名称	标准号	备 注
1	铁路旅客车站建筑设计规范(2011局部修订)	GB50226—2007	住房和城乡建设部公告第1146号
2	铁路路基设计规范(2009年局部修订)	TB10001—2005	铁建设〔2009〕62号
3	铁路桥涵设计基本规范(2013年局部修订)	TB10002.1—2005	铁总建设〔2013〕92号
4	铁路桥梁钢结构设计规范(2009年局部修订)	TB10002.2—2005	铁建设〔2009〕62号
5	铁路桥涵钢筋混凝土和预应力混凝土结构设计规范(2013年局部修订)	TB10002.3—2005	铁总建设〔2013〕52号
6	铁路桥涵混凝土和砌体结构设计规范(2009年局部修订)	TB10002.4—2005	铁建设〔2009〕62号
7	铁路桥涵地基和基础设计规范(2009年局部修订)	TB10002.5—2005	铁建设〔2009〕62号
8	铁路隧道设计规范(2013年局部修订)	TB10003—2005	铁总建设〔2013〕52号
9	铁路混凝土结构耐久性设计规范	TB10005—2010	
10	铁路给水排水设计规范	TB10010—2008	
11	铁路房屋建筑设计标准	TB10011—98	
12	铁路工程节能设计规范	TB10016—2006	
13	铁路路基支挡结构设计规范(2009年局部修订)	TB10025—2006	铁建设〔2009〕22号
14	铁路特殊路基设计规范(2009年局部修订)	TB10035—2006	铁建设〔2009〕62号
15	铁路工程设计防火规范(2012年局部修订)	TB10063—2007	铁建设〔2012〕144号
16	铁路站场道路和排水设计规范(2009年局部修订)	TB10066—2000	铁建设〔2009〕62号
17	铁路站场客货运设备设计规范(2009年局部修订)	TB10067—2000	铁建设〔2009〕62号
18	铁路轨道设计规范(2009年局部修订)	TB10082—2005	铁建设〔2009〕62号
19	铁路旅客车站无障碍设计规范(2009年局部修订)	TB10083—2005	铁建设〔2009〕62号
20	铁路工程测量规范	TB10101—2009	
21	铁路工程土工试验规程	TB10102—2010	
22	铁路工程地基处理技术规程(2013年局部修订)	TB10106—2010	铁总建设〔2013〕52号
23	铁路路基填筑工程连续压实控制技术规程	TB10108—2011	
24	铁路隧道辅助坑道技术规范	TB10109—95	
25	铁路混凝土梁支架法现浇施工技术规程	TB10110—2011	
26	铁路路基土工合成材料应用设计规范(2009年局部修订)	TB10118—2006	铁建设〔2009〕62号
27	铁路瓦斯隧道技术规范(2009年局部修订)	TB10120—2002	铁建设〔2009〕62号
28	铁路隧道监控量测技术规程	TB10121—2007	
29	铁路路堑边坡光面(预裂)爆破技术规程	TB10122—2008	
30	铁路钢桥制造规范	TB10212—2009	
31	铁路钢桥高强度螺栓连续施工规定	TBJ214—92	
32	铁路工程基桩检测技术规程	TB10218—2008	
33	铁路隧道衬砌质量无损检测规程	TB10223—2004	J341—2004
34	铁路工程基本作业施工安全技术规程	TB10301—2009	
35	铁路路基工程施工安全技术规程	TB10302—2009	
36	铁路桥涵工程施工安全技术规程	TB10303—2009	
37	铁路隧道工程施工安全技术规程	TB10304—2009	

续上表

序号	标准规范名称	标准号	备　注
38	铁路轨道工程施工安全技术规程	TB10305—2009	
39	铁路通信、信号、电力、电力牵引供电施工安全技术规程	TB10306—2009	
40	铁路轨道工程施工质量验收标准(2009年局部修订)	TB10413—2003	铁建设〔2009〕62号
41	铁路路基工程施工质量验收标准(2009年局部修订)	TB10414—2003	铁建设〔2009〕62号
42	铁路桥涵工程施工质量验收标准(2009年局部修订)	TB10415—2003	铁建设〔2009〕62号
43	铁路隧道工程施工质量验收标准(2009年局部修订)	TB10417—2003	铁建设〔2009〕62号
44	铁路信号工程施工质量验收标准(2009年局部修订)	TB10419—2003	铁建设〔2009〕62
45	铁路电力工程施工质量验收标准(2009年局部修订)	TB10420—2003	铁建设〔2009〕62号
46	铁路电力牵引供电工程施工质量验收标准(2009年局部修订)	TB10421—2003	铁建设〔2009〕62号
47	铁路给水排水工程施工质量验收标准	TB10422—2010	
48	铁路站场工程施工质量验收标准(2007年局部修订)	TB10423—2003	铁建设〔2007〕159号
49	铁路混凝土工程施工质量验收标准(2013年局部修订)	TB10424—2010	铁总建设〔2013〕52号
50	铁路混凝土强度检验评定标准	TB10425—94	
51	铁路工程结构混凝土强度检测规程	TB10426—2004	J342—2004
52	铁路工程环境保护设计规范	TB10501—98	
53	高速铁路工程测量规范	TB10601—2009	
54	高速铁路设计规范(试行)(2012年局部修订)	TB10621—2009	铁建设〔2012〕29号
55	高速铁路路基工程施工质量验收标准	TB10751—2010	
56	高速铁路桥涵工程施工质量验收标准	TB10752—2010	
57	高速铁路隧道工程施工质量验收标准(2013年局部修订)	TB10753—2010	铁总建设〔2013〕52号
58	高速铁路轨道工程施工质量验收标准	TB10754—2010	
59	高速铁路通信工程施工质量验收标准	TB10755—2010	
60	高速铁路信号工程施工质量验收标准(2012年局部修订)	TB10756—2010	铁建设〔2012〕29号
61	高速铁路电力工程施工质量验收标准	TB10757—2010	
62	高速铁路电力牵引供电工程施工质量验收标准	TB10758—2010	
63	高速铁路工程静态验收技术规范	TB10760—2013	
64	高速铁路工程动态验收技术规范	TB10761—2013	
65	铁路路基边坡绿色防护技术暂行规定	建技〔2003〕7号	
66	新建时速200～250公里客运专线铁路设计暂行规定(2012年局部修订)	铁建设〔2012〕29号	
67	客运专线铁路无碴轨道铺设条件评估技术指南(2008年局部修订)	铁建设〔2008〕147号	
68	铁路架桥机架梁暂行规程(2009年局部修订)	铁建设〔2009〕62号	
69	铁路隧道设计施工有关标准补充规定	铁建设〔2007〕88号	
70	铁路隧道全断面岩石掘进机法技术指南	铁建设〔2007〕106号	
71	铁路隧道超前地质预报技术指南	铁建设〔2008〕105号	
72	铁路大型临时工程和过渡工程设计暂行规定	铁建设〔2008〕189号	
73	铁路隧道工程施工技术指南(2013年局部修订)	TZ204—2008	经规标准〔2008〕176号，铁总建设〔2013〕52号
74	铁路隧道防排水施工技术指南	TZ331—2009	经规标准〔2009〕73号
75	铁路给水排水施工技术指南	TZ209—2009	经规标准〔2009〕73号
76	有砟轨道铁路铺砟整道施工作业指南	铁建设〔2009〕141号	
77	铁路混凝土工程施工技术指南(2013年局部修订)	铁建设〔2010〕241号	铁总建设〔2013〕52号
78	高速铁路路基工程施工技术指南	铁建设〔2010〕241号	
79	高速铁路桥涵工程施工技术指南	铁建设〔2010〕241号	

续上表

序号	标准规范名称	标准号	备　注
80	高速铁路隧道工程施工技术指南	铁建设〔2010〕241号	
81	高速铁路轨道工程施工技术指南	铁建设〔2010〕241号	
82	高速铁路通信工程施工技术指南	铁建设〔2010〕241号	
83	高速铁路信号工程施工技术指南(2012年局部修订)	铁建设〔2012〕29号	
84	高速铁路电力工程施工技术指南	铁建设〔2010〕241号	
85	高速铁路电力牵引供电工程施工技术指南	铁建设〔2010〕241号	
86	铁路工程基本作业施工安全技术规程	TB10301—2009	铁建设〔2009〕181号
87	改建既有线和增建第二线铁路工程施工技术暂行规定	铁建设〔2008〕14号	
88	铁路通信、信号、电力、电力牵引供电工程施工安全技术规程	TB10306—2009	铁建设〔2009〕181号
89	铁路通信工程施工技术指南	TZ205—2009	经规标准〔2009〕2号
90	客货共线铁路信号工程施工技术指南	TZ206—2007	经规标准〔2007〕158号
91	铁路信号ZPW-2000轨道电路工程施工技术指南	经规标准〔2011〕86号	
92	铁路信号计轴设备通用技术条件	TB/T2296—2001	
93	铁路信号计轴应用系统技术条件	TB/T3189—2007	
94	铁路电力工程施工技术指南	TZ207—2007	经规标准〔2007〕164号
95	客货共线铁路电力牵引供电工程施工技术指南	TZ10208—2008	经规标准〔2008〕30号
96	铁路电力牵引供电接触网支柱施工作业指南	TZ371—2009	经规标准〔2009〕266号
97	客货共线铁路工程竣工验收动态检测指导意见	铁建设〔2008〕133号	
98	铁路运输通信工程施工质量验收标准	TB10418—2003	铁建设〔2003〕127号
99	铁路GSM-R数字移动通信工程施工质量验收暂行标准	铁建设〔2007〕163号	
100	铁路旅客车站服务信息系统工程施工质量验收标准	TB10427—2011	铁建设〔2011〕90号
101	铁路信号工程施工质量验收标准	TB10419—2003	铁建设〔2003〕127号
102	铁路电力工程施工质量验收标准	TB10420—2003	铁建设〔2003〕127号
103	公路路基设计规范	JTG D30—2004	
104	公路水泥混凝土路面设计规范	JTG D40—2002	
105	公路泥青路面设计规范	JTG D50—2006	
106	公路桥涵设计通用规范	JTG D60—2004	
107	公路钢筋混凝土及预应力混凝土桥涵设计规范	JTG D62—2004	
108	公路桥涵地基与基础设计规范	JTG D63—2007	
109	公路隧道设计规范	JTG D70—2004	
110	公路路基施工技术规范	JTG F10—2006	
111	公路水泥混凝土路面施工设计规范	JTG F30—2003	
112	公路路面基层施工技术规范	JTJ 034—2000	
113	公路沥青路面施工技术规范	JTG F40—2004	
114	《公路桥涵施工技术规范》实施手册	JT G /T F 50—2011	
115	公路隧道施工技术规范	JTG F60—2009	
116	公路交通安全设施施工技术规范	JTG F71—2006	
117	公路隧道施工技术细则	JTG/T F60—2009	
118	公路工程竣（交）工验收办法与实施细则	交公路发〔2010〕65号	
119	公路工程基桩动测技术规程	JTG/T F81—01—2004	
120	公路水泥混凝土路面滑模施工技术规程	JTJ 037.1—2000	
121	公路工程水泥及水泥混凝土试验规程	JTG F30—2005	
122	公路土工试验规程	JTG F40—2007	

续上表

序号	标准规范名称	标准号	备　注
123	公路工程岩石试验规程	JTG F41—2005	
124	公路工程集料试验规程	JTG F42—2005	
125	公路工程土工合成材料试验规程	JTG F50—2006	
126	公路工程沥青及沥青混合料试验规程	JYJ 052—2000	
127	公路工程无机结合料稳定材料试验规程	JTG F51—2009	
128	公路路基路面现场测试规程	JTG F60—2008	
129	公路隧道交通工程与附属设施施工技术规范	JTG/T F72—2011	
130	采空区公路设计与施工技术细则	JTG/T D31—2011	
131	建筑地基基础设计规范	GB 50007—2011	
132	城市道路交通设施设计规范	GB 50688—2011	
133	建筑抗震设计规范	GB 50011—2010	
134	城市桥梁设计规范	CJJ 11—2011	
135	城市桥梁抗震设计规范	CJJ 166—2011	
136	城市道路工程设计规范	CJJ 37—2012	
137	城镇道路路面设计规范	CJJ 1698—2012	
138	公路排水设计规范	JTG/TD33—2012	
139	地铁设计规范	GB50157—2013	
140	地下铁道工程施工及验收规范(2003 局部修订)	GB50299—99	
141	建筑结构荷载规范	GB50009—2012	
142	地下工程防水技术规范	GB50108—2008	
143	地下防水工程质量验收规范	GB50208—2012	
144	盾构法隧道施工与验收规范	GB 50446—2008	
145	建筑地基处理技术规范	JGJ79—2012	
146	人民防空工程施工及验收规范	GB 50134—2004	
147	铁路隧道施工规范	TB10204—2002	
148	铁路工程抗震设计规范(局部修订)	GB 50111—2009	
149	建筑与市政降水工程技术规范	JGJ/T111—98	
150	城市轨道交通工程测量规范	GB 50308—2008	
151	城市轨道交通工程项目建设标准	建标 104—2008	
152	工程测量规范	GB 50026—2007	
153	建筑地基处理技术规范	JGJ 79—2002	
154	建筑基坑支护技术规程	JGJ 120—2012	
155	锚杆喷射混凝土支护技术规范	GB 50086—2001	
156	建筑边坡工程技术规范	GB 50330—2002	
157	建筑桩基技术规范	JGJ 94—2008	
158	高层建筑筏形与箱形基础技术规范	JGJ 6—2011	
159	钢筋混凝土升板结构技术规范	GBJ 130—1990	
160	大体积混凝土施工规范	GB 50496—2009	
161	装配式大板居住建筑结构设计与施工规程	JGJ 1—1991	
162	高层建筑混凝土结构技术规程	JGJ 3—2010	
163	轻骨料混凝土结构设计规程	JGJ 12—2006	
164	冷拔低碳钢丝应用技术规程	JGJ 19—2010	
165	无粘结预应力混凝土结构技术规程	JGJ 92—2004	

续上表

序号	标准规范名称	标准号	备 注
166	冷轧带肋钢筋混凝土结构技术规程	JGJ 95—2011	
167	钢筋焊接网混凝土结构技术规程	JGJ 114—2003	
168	冷轧扭钢筋混凝土构件技术规程	JGJ 115—2006	
169	型钢混凝土组合结构技术规程	JGJ 138—2001	
170	混凝土结构后锚固技术规程	JGJ 145—2004	
171	混凝土异形柱结构技术规程	JGJ 149—2006	
172	多孔砖砌体结构技术规范	JGJ 137—2001	
173	高层民用建筑钢结构技术规程	JGJ 99—1998	
174	空间网格结构技术规程	JGJ 7—2010	
175	烟囱工程施工及验收规范	GB 50078—2008	
176	给水排水构筑物工程施工及验收规范	GB 50141—2008	
177	建筑防腐蚀工程施工及验收规范	GB 50212—2002	
178	民用建筑工程室内环境污染控制规范	GB 50325—2010	
179	住宅装饰装修工程施工规范	GB 50327—2001	
180	屋面工程技术规范	GB 50345—2012	
181	坡屋面工程技术规范	GB 50693—2011	
182	建筑内部装修防火施工及验收规范	GB 50354—2005	
183	玻璃幕墙工程技术规范	JGJ 102—2003	
184	塑料门窗工程技术规程	JGJ 103—2008	
185	外墙饰面砖工程施工及验收规程	JGJ 126—2000	
186	金属与石材幕墙工程技术规范	JGJ 133—2001	
187	外墙外保温工程技术规程	JGJ 144—2004	
188	种植屋面工程技术规程	JGJ 155—2007	
189	机械喷涂抹灰施工规程	JGJ/T 105—2011	
190	自流平地面工程技术规程	JGJ/T 175—2009	
191	V形折板屋盖设计与施工规程	JGJ T 21—1993	
192	建筑涂饰工程施工及验收规程	JGJ T 29—2003	
193	建筑电气工程施工质量验收规范	GB 50303—2002	
194	综合布线系统工程验收规范	GB 50312—2007	
195	智能建筑工程质量验收规范	GB 50339—2003	
196	电气装置安装施工及验收规范	GB 50169—2006	
197	通风与空调工程质量验收规范	GB 50243—2002	
198	建筑给水排水及采暖工程施工质量验收规范	GB 50242—2002	
199	火灾自动报警系统施工及验收规范	GB 50166—2007	
200	自动喷水灭火系统施工及验收规范	GB 50261—2005	
201	气体灭火系统施工及验收规范	GB 50263—2007	
202	泡沫灭火系统施工及验收规范	GB 50281—2006	
203	建筑物电子信息系统防雷技术规范	GB 50343—2012	
204	固定消防炮灭火系统施工与验收规范	GB 50498—2009	
205	公共建筑节能改造技术规范	JGJ 176—2009	
206	滑动模板工程技术规范	GB 50113—2005	
207	组合钢模板技术规范	GB 50214—2001	
208	硬泡聚氨酯保温防水工程技术规范	GB 50404—2007	

续上表

序号	标准规范名称	标准号	备　注
209	建筑工程冬期施工规程	JGJ 104－2011	
210	钢筋机械连接技术规程(附条文说明)	JGJ 107－2010	
211	钢筋焊接及验收规程	JGJ 18－2012	
212	建筑工程大模板技术规程(附条文说明)	JGJ 74－2003	
213	建筑钢结构焊接技术规程	JGJ 81－2002	
214	钢结构高强度螺栓连接技术规程	JGJ 82－2011	
215	预应力筋用锚具、夹具和连接器应用技术规程	JGJ 85－2010	
216	钢框胶合板模板技术规程	JGJ 96－2011	
217	混凝土泵送施工技术规程	JGJ/T 10－2011	
218	混凝土外加剂应用技术规范	GB 50119－2003	
219	混凝土质量控制标准	GB 50164－2011	
220	土工合成材料应用技术规范	GB 50290－1998	
221	混凝土强度检验评定标准	GB/T 50107－2010	
222	铁路混凝土强度检验评定标准	TB 10425－1994	
223	粉煤灰混凝土应用技术规范	GBJ 146－1990	
224	普通混凝土拌和物性能试验方法标准	GB/T 50080－2002	
225	普通混凝土力学性能试验方法标准	GB/T 50081－2002	
226	木骨架组合墙体技术规范	GB/T 50361－2005	
227	水泥基灌浆材料应用技术规范	GB/T 50448－2008	
228	建筑玻璃应用技术规程	JGJ 113－2009	
229	清水混凝土应用技术规程	JGJ 169－2009	
230	轻骨料混凝土技术规程(附条文说明)	JGJ 51－2002	
231	普通混凝土用砂、石质量及检验方法标准	JGJ 52－2006	
232	普通混凝土配合比设计规程	JGJ 55－2011	
233	混凝土用水标准(附条文说明)	JGJ 63－2006	
234	砌筑砂浆配合比设计规程	JGJ 98－2010	
235	混凝土小型空心砌块建筑技术规程	JGJ/T 14－2011	
236	早期推定混凝土强度试验方法标准	JGJ/T 15－2008	
237	建筑轻质条板隔墙技术规程	JGJ/T 157－2008	
238	蒸压加气混凝土建筑应用技术规程	JGJ/T 17－2008	
239	补偿收缩混凝土应用技术规程	JGJ/T 178－2009	
240	钢筋焊接接头试验方法标准	JGJ/T 27－2001	
241	建筑砂浆基本性能试验方法标准	JGJ/T 70－2009	
242	混凝土结构试验方法标准	GB/T 50152－2012	
243	砌体工程现场检测技术标准	GB/T 50315－2011	
244	木结构试验方法标准	GB/T 50329－2002	
245	建筑结构检测技术标准	GB/T 50344－2004	
246	建筑工程建筑面积计算规范	GB/T 50353－2005	
247	建筑基坑工程监测技术规范	GB 50497－2009	
248	建筑变形测量规范	JGJ 8－2007	
249	回弹法检测混凝土抗压强度技术规程	JGJ/T 23－2011	
250	建筑基桩检测技术规范	JGJ 106－2003	
251	建筑工程饰面砖粘结强度检验标准	JGJ 110　2008